INHALT

IMPRESSUM

HEEL Verlag GmbH
Gut Pottscheidt
53639 Königswinter
Tel.: 02223 9230-0
Fax: 02223 9230-13
Info@heel-verlag.de
www.heel-verlag.de

Verantwortlich für den textlichen Inhalt:
Günther Zink

Redaktion:
Günther Zink (Leitung)
Thorsten Elbrigmann
Gestaltung, Satz und Lithographie:
InterMedia – Lemke e. K., Heiligenhaus

Druck:
PNB Print, Lettland

Anzeigendisposition:
Steffen Wagner
s.wagner@heel-verlag.de
Tel.: 02223 9230-53
Fax: 02223 9230-26

Es gilt die Preisliste für Anzeigen Nr. 39

Printed in Latvia
1. Auflage 2025

ISBN 978-3-69019-007-7
ISSN 2198-5065

VORWORT

Liebe Oldtimer-Fans,

das erste Viertel dieses Jahrhunderts ist bereits vorbei. Das ist in vielerlei Hinsicht interessant, aus unserer Perspektive vor allem, weil weitere Generationen von Automobilen in ein Alter kommen, in dem sie nicht mehr das sind, was sie – mit Ausnahmen – zumeist ursprünglich waren: alltäglich.
Oft gibt es Diskussionen, welches Modell das Recht auf einen Titel hat. Welches ein Oldtimer sein darf, welches ein Youngtimer, ein Instant Classic oder wie auch immer wir und andere sie bezeichnen. Dabei kommt es eigentlich nur auf die Perspektive an: Es ist die eigene Motivation, genau diesem Modell seine Leidenschaft zu widmen. Mit ihm Lebenszeit zu verbringen, es zu fahren, zu pflegen und es, auch das zählt dazu, anderen zu zeigen und manchmal auch zu erklären. Die Zeit der Dogmen sollte überwunden sein. Ob Opel Laubfrosch oder BMW Isetta, ob BMW 2002 oder Mercedes-Benz R 129, ob Porsche Cayenne oder Fiat Punto: Was wirklich zählt, ist die individuelle Geschichte hinter dem Auto. Und diese zu bewahren und zu erzählen. Jedes Auto ist dabei auch stets der Ausdruck eines individuellen kulturellen Formats. Uns, denen die Wahl des Fahrzeugs nie egal sein kann, bietet ein Mehr an Vielfalt immer auch ein Mehr an freier Ausdrucksmöglichkeit. Und das ist ein Gewinn, egal, aus welchem der 140 Jahre, in denen es bereits Automobile gibt, das Modell stammt, in dem wir unterwegs sind.
Dennoch hat es die Oldtimerbranche derzeit nicht leicht. Die Themen reichen von teils hoch problematischer Teileversorgung, einem Mangel an kompetenten Nachwuchsmechanikern bis hin zu Betriebsschließungen, weil der Übergang in die nächste Generation nicht gelingen wollte. Genug Aufgaben also, dennoch verlieren wir die Autos nicht aus dem Fokus: Wie jedes Jahr bietet Ihnen auch die 39. Ausgabe des Oldtimerkatalogs wieder einen ergänzten und aktualisierten, tiefen Einblick in das, was uns bewegt. Die Marktpreise, dies sei der Vollständigkeit halber erwähnt, basieren aus technischen Gründen auf Daten von Anfang 2025. Wir bitten, dies bei der Nutzung zu berücksichtigen.

Ihr
Günther Zink

östol
OLDTIMER
OILS
SINCE 1915
www.oestol.de
MADE IN GERMANY

DIE GROSSE ROCHADE

Die Messelandschaft rund um klassische Fahrzeuge ist im Umbruch. Wer als Sieger und Verlierer aus den Umwälzungen hervorgeht, wird 2026 entschieden.

Über Jahrzehnte galt die Techno Classica in Essen als Maß aller Dinge. Jetzt sortiert sich die Messelandschaft neu.

In der Branche wussten es alle: Die Stuttgarter Retro Classics hatte Hunger auf mehr. Immer wieder versuchte sich der Veranstalter der Messe, die Retro Promotion, in der Übernahme der größeren Techno Classica in Essen, hinter der die SIHA steht. Lange Jahre galt das feindliche Projekt als unrealistisch, doch nun ist es gewiss: Die Messe Essen und die Techno Classica haben sich nach dreieinhalb Jahrzehnten getrennt. Ab 2026 werden die großen Flächen in Essen im Frühjahr von der Retro Classics bespielt.

Das hatte zur Folge, dass viele die Techno Classica bereits abschrieben. Über Jahrzehnte ein Erfolgskonzept, als glanzvolle „Klassik-Weltmesse" tituliert und jetzt untergegangen – doch das stimmte so keineswegs: Die Techno Classica macht weiter, ab sofort jeweils Ende September in Dortmund. Das Konzept, so die SIHA, wird sich verändern. Was bleibt, ist die betonte Internationalität und ein qualitativ hochwertiges Angebot. Die Techno Classica solle weder zu einer regionalen Veranstaltung schrumpfen, noch soll sie Schnittstellen

Auf der Moto d'Epoca in Bologna stehen italienische Marken deutlich im Mittelpunkt. Das Publikum ist allerdings zunehmend internationaler geworden.

zu Verbrauchermessen suchen – also keine Whirlpools oder Schwarzwälder Schinken zwischen Chrom und Blech.

Zwei Größen, zwei Konzepte. Das kommende Jahr wird zeigen, in welcher Form die Retro Classics das Publikum in Essen lockt. Wettbewerb belebt zwar das Geschäft, doch Bracheninsider sind sich nicht sicher, ob der Markt die Tendenz zu einem Überangebot an Messen klaglos hinnimmt.

Das gilt nicht nur für das mit Attraktionen, Größe und Vielfalt umworbene Publikum, das Eintrittskarten kauft und die

Ob der ursprüngliche Markt in Bockhorn, der Jahresauftakt in Bremen, die bunte Klassikwelt am Bodensee oder die Stuttgarter Retro Classics: So bunt wie die Szene zeigen sich auch die sehr unterschiedlichen Veranstaltungsformate.

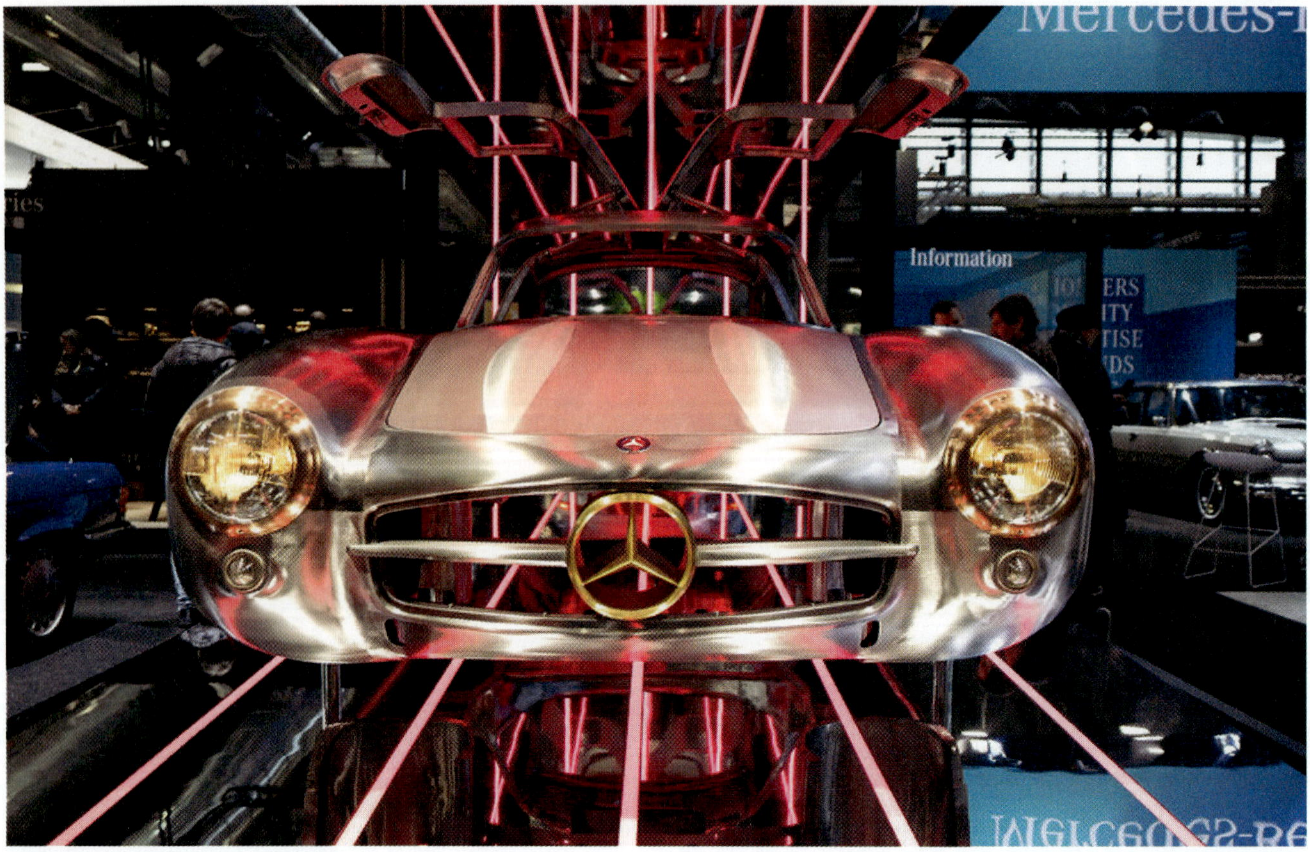

Mit Glanz und Gloria zeigen die Hersteller nur noch vereinzelt ihre Historie. Die betont transatlantische Rétromobile in Paris jedenfalls ist Mercedes-Benz noch einen Werksauftritt wert.

Hallen flutet. Auch für die Aussteller ist ein zusätzlicher Messetermin eine logistische wie finanzielle Herausforderung, die viele Betriebe vor eine Entscheidung stellt – Retro oder Techno? Beides? Letztlich steht zu befürchten, dass über das zusätzliche Angebot nur wenig zu gewinnen ist. Das liegt auch daran, dass generell das Modell Messe unter Druck geraten ist. So sind die großen Automessen von einst – zum Beispiel die IAA oder der Genfer Salon – nur noch Schatten ihrer selbst. Mit Oldtimern funktionierte es besser, doch auch hier zeigte der massive Rückzug der Industrie als Aussteller erhebliche Folgen.

Hatten vor einem Jahrzehnt Hersteller wie Mercedes-Benz, BMW oder die Volkswagen-Gruppe selbstverständlich große Hallen gebucht (und bezahlt), fehlt diese Unterstützung heute massiv. Händler füllen nun die Flächen, dazu kommen die Clubs, die traditionell eine wichtige Rolle spielen, mittlerweile jedoch zunehmend überaltern und zudem weder finanzkräftig noch professionell genug aufgestellt sind, um eine atemberaubende Marken- oder Modellpräsenz auf einer Messe zu zaubern, die das Publikum überrascht und begeistert.

Heute fächert sich das Spektrum der Oldtimermessen in Deutschland breiter auf denn je. Einen tatsächlich internationalen Anspruch verfolgt weiterhin die Techno Classica mit ihrer auch künftig engen Verzahnung in die hierzulande oft unterschätzten Benelux-Länder, aber auch Skandinavien. Die Retro Classics hatte in Stuttgart ihre Fühler stets nach Süden ausgestreckt. Wie es ihr in Essen gelingen wird, wird sich zeigen. Zunehmend stark und interessant sind in den vergangenen Jahren Bremen und Friedrichshafen geworden. Im Norden startet im Januar stets mit viel Energie das Oldtimerjahr, auch wenn die Bremen Classic Motor Show hauptsächlich ein regionaler Bezug prägt. Ähnliches gilt für die Klassikwelt Bodensee im Sommer, die als besonderen Reiz Boote, Schiffe und

Flugzeuge einbindet. Als urtümliche Keimzellen der Oldtimerbranche haben die Veterama und der Bockhorner Teilemarkt es bis ins Heute geschafft. Sie erlebten zwar einen Wandel, schafften es aber über die Generationen, leidenschaftliche Teilnehmer und Besucher in großer Treue an sich zu binden.

Im europäischen Kontext spielen zwei weitere große Namen eine bedeutende Rolle. Zum einen ist das die legendäre Rétromobile in Paris, die jeden Februar stattfindet und nicht nur mit ihrer Größe, sondern zuverlässig auch mit ihrer Qualität beeindruckt. Das verschafft ihr Attraktivität auch jenseits des Atlantiks – vermutlich ist bei keiner anderen europäischen Messe der Anteil an Besuchern aus den USA ähnlich hoch. Als zweiter wichtiger Termin im internationalen Kontext hat sich mittlerweile die Auto Moto d'Epoca in Italien durchgesetzt. Mit ihrem Umzug vor zwei Jahren von Padua nach Bologna wuchs sie strategisch und lädt in das Herz einer Gegend ein, in der automobile Leidenschaft eine zentrale Rolle spielt. Ferrari ist hier zu Hause, Lamborghini nicht weit, viele große Namen – auch Sammler. Das fasziniert viele.

Neben den klassischen Messen mit ihren Angeboten an Fahrzeugen und Ersatzteilen, an Dienstleistungen und Ausrüstung, zieht es viele Besucher auch zu Veranstaltungen anderer Art. Zahllose Clubs veranstalten Treffen und Ausfahrten, historischer Motorsport spielt eine wesentliche Rolle, auch viele große und kleine Rallyes locken Teilnehmer: Es gibt jedoch bis heute keine verlässlichen Zahlen, die dieses Segment der Oldtimerbranche spiegeln. Interessant wären sie – und vermutlich lägen sie deutlich höher als manche Vermutung. ■

Die Techno Classica zieht um: Ab 2026 findet sie in einem neuen Format in Dortmund statt – und rutscht vom Frühling in den September.

CABRIO-BOOMER

Der in den 1990er-Jahren begonnene und bis in die frühen 2000er-Jahre anhaltende Roadster-Boom wirkt bis heute auf den Klassiker-Markt nach: Ein großes Angebot sorgt für – noch – teils extrem günstige Preise, besonders für 20 Jahre alte Exemplare.

Der erste SLK war einst der meistverkaufte Roadster Deutschlands. Nicht alle, aber überdurchschnittlich viele Exemplare haben gut gepflegt die Zeit überstanden.

Der Mazda MX-5 trat Ende der 1980er-Jahre, als klassische leichtgewichtige Roadster mit Hinterradantrieb und knackigem Handling praktisch ausgestorben waren, einen regelrechten Boom los. Britische Hersteller, wie MG und Triumph, hatten ihre Roadster-Produktion eingestellt, und es gab außer teuren Sportwagen, wie etwa dem Porsche 911 oder exotischen Modellen von Lotus, kaum Alternativen. Mazda grätschte in die Marktlücke und brachte 1989 mit dem MX-5 einen erschwinglichen, zuverlässigen und fahrspaßorientierten Roadster auf den Markt – inspiriert von Roadstern wie dem Lotus Elan. Der Erfolg war enorm – er ist mit 1.210.661 gebauten Exemplaren (Stand Februar 2024) der weltweit meistverkaufte Roadster. Kein Wunder, dass andere Hersteller dem Mazda-Vorbild folgten und neue Kreationen auf den

Petzoldt's
seit 1988
Pflegeprodukte für Oldtimerliebhaber
RAGGTOPP
BALLISTOL
AUTOSOL
RENOVO
ROT WEISS
ECROMAL
Universal-Reiniger
Glanz-Reiniger
Spezial-Reiniger
Premium Feinschleif Politur
Premium Hochglanz Politur
Premium Waschversiegelung
Premium Wasch-Wachs
Premium Wachs
Premium Kunststoff-Pflege
Premium Reinigungspolitur
Gummi-Pflege
Feinschleif Politur
Premium Hochglanz Politur
Reinigungsknete
Klassik-Glass
Lackversiegelung für alle Lackarten
473 ml
Regenerations-Pinselstift
www.Petzoldts.de
Petzoldt's OHG • Tel.: (0 23 31) 48 33 40 • Fax 48 33 410

Selbst die teuren Porsche 718 Boxster und Cayman haben hohe Stückzahlen erreicht. Entsprechend groß ist die Auswahl heute.

Markt warfen. Hier einige Beispiele: Vom Mercedes-Benz SLK der ersten Baureihe R 170 wurden von 1996 bis 2004 genau 311.089 Stück gebaut – er war seinerzeit vor dem Mazda MX-5 der meistverkaufte Roadster Deutschlands. Seine Nachfolger der Baureihe R 171 überschwemmten den Markt von 2004 bis 2011 mit 311.222 Einheiten. Die SLK-Konkurrenz konnte da nicht mithalten: Der Porsche Boxster der zweiten Generation (Typ 987) verkaufte sich in den Modelljahren 2004 bis 2012 zirka 170.000-mal. Die erste Generation des Audi TT Roadsters (Typ 8N) brachte es in seiner Bauzeit von 1998 bis 2006 auf 91.387 Exemplare, der BMW Z4 der ersten Generation E85 wurde als Cabrio von 2002 bis 2008 in Deutschland 38.538-mal zugelassen. Der Opel Tigra Twin Top auf Basis des Corsa brachte es zwischen 2004 und 2010 auf 35.645 Zulassungen.

Kein Wunder, dass derzeit es ein üppiges Angebot zweisitziger offener Sportwagen-Klassiker auf dem Markt gibt. Und auch hier gilt das Prinzip von Angebot und Nachfrage: Ein großes Angebot trifft auf eine – auch wegen der aktuellen unsicheren Wirtschaftslage – nur begrenzte Nachfrage. Die Folge: Selten zuvor war es so günstig, sich eine üppige Portion Fahrspaß im offenen Zweisitzer zu gönnen. Preislich besonders attraktiv sind die Spezies im Youngtimer-Eintrittsalter von 20 Jahren. Sie haben die Markwert-Talsohle erreicht – und bis auf wenige Ausnahmen zum Höhenflug angesetzt. Wer von den Niedrigpreisen profitieren will, sollte jetzt zugreifen. Während die Marktwerte von 2005 bis 2020 um bis zu 80 Prozent unter die damaligen Neupreise fielen (und somit Restwerten von 20 Prozent entsprechen), stiegen bei den meisten Roadstern die Durchschnittspreise in den letzten fünf Jahren – beim Audi TT gar um bis zu 31 Prozent.

Bemerkenswert: Der kleine Opel Tigra mit seinem elektrohydraulischen Stahl-Klappdach hat in den letzten fünf Jahren preislich um 28 Prozent zugelegt – ist aber mit einem durchschnittlichen Marktwert von 5.100 Euro immer noch ein Schnäppchen. Am anderen Ende der Preissteigerungsskala der letzten fünf Jahre rangiert der Mercedes-Benz SLK – mit einem Verlust von 15 Prozent. Ein beträchtlicher Teil von ihnen wurde in spekulativer Absicht als Sammelobjekt gekauft – eine Rechnung, die wegen der hohen Produktionszahlen nicht den hohen Erwartungen entsprechend aufging. Zudem wurden viele Fahrzeuge nicht als Gebrauchswagen eingesetzt, sondern als Klassiker in spe gehegt und gepflegt. Der natürliche Schwund hielt sich somit in Grenzen – ebenso wie die Nachfrage. Prognosen über die weitere Entwicklung sind leider nicht möglich: Die derzeitigen wirtschaftlichen und politischen Rahmenbedingen bergen zu viele Unwägbarkeiten. ■

DIE ZUKUNFT GESTALTEN

Nichts bleibt, wie es ist. Das gilt auch für Oldtimerwerkstätten: Hier schlägt die Demografie gleich doppelt zu. Es fehlt nicht nur beständig an Personal, sondern auch an Nachfolgern, die Betriebe übernehmen und entwickeln.

Junge Schrauber, altes Fahrzeug: Diesen De Dion-Bouton aus dem Jahr 1900 setzen Konrad Gattner (24, links) und Jona Höing (21) nach einem Unfallschaden instand. Beide arbeiten bei der Dipl.-Ing. Hans Robert Schramm GmbH

„Wenn ein Ende, dann ein richtiges Ende", sagt Peter Eberhard, 68. Seine Werkstatt ist in Rüsselsheim, was eine gewisse Nähe zu Opel vermuten lässt. Volltreffer: Seit über 30 Jahren kümmert sich Peter Eberhard um Opel. Sein Fachwissen, seine Kenntnisse, sein Teilelager: Legende in der Szene. Wie lange er noch weitermachen will, fragen wir ihn. „Ein, vielleicht zwei Jahre", sagt er, „dann ist Schluss."

Doch damit sperrt kein Gerüstbauer seinen Laden zu, kein Maler, auch kein Bäcker. Alles ehrenwertes Handwerk, doch mit einer soliden, aktuellen Ausbildung lässt sich in diesen Branchen starten, sogar als Bäcker, der in alter Tradition handwerklich backen möchte.

Bei Peter Eberhard ist es anders. Zu zweit war er die meiste Zeit seines Arbeitslebens, doch sein Altgeselle ist vor drei Jahren in den Ruhestand gegangen, mit 70. Heute kommt er noch bisweilen, wenn die Aufgaben besonders knifflig sind oder vier Hände notwendig. Peter Eberhard liebt, was er tut, mag seine Kunden, den Kontakt, die Autos. Er weiß, was er kann, wie viel er kann – und dass ihn niemand ersetzt. Doch Wehmut wegen des nahenden Endes verspürt er nicht: „Mir wird es ja nicht langweilig

Als Opel-Experte besitzt Peter Eberhard aus Rüsselsheim einen exzellenten Ruf. Kurz vor seinem Ruhestand ist ein Nachfolger noch nicht in Sicht.

werden“, sagt er. Das große Haus, der Garten, und ja, seine Oldtimer. Seine.

Um die seiner Kunden wird er sich nicht mehr kümmern. Peter Eberhard hat nie ausgebildet, „das kostet viel Zeit, und die war nie da“, sagt er. Ihm war sein Fokus auf die Arbeit und sein kleines, stabiles Team wichtiger als ständige Fluktuation. Kinder hat er keine.

Andere machen das anders, Hans Robert Schramm aus Oberursel zum Beispiel. Er führt heute mit seinem Bruder Jochen den vor 120 Jahren gegründeten Betrieb fort, der einst eine Metallschmelze war, heute jedoch unter den Namen Medidenta Schramm und Dipl.-Ing.-Hans Robert Schramm GmbH eine Kombination aus Oldtimerwerkstatt mit besonderem Fokus auf Elektrotechnik, Teilenachfertigung und -handel bietet. Er bildet aus, zwei Lehrlinge lernen derzeit bei ihm. Sie werden Mechatroniker, einen passenderen Ausbildungsberuf gibt es nicht. „Das Berufsbild geht in der Praxis weit darüber hinaus“, sagt er, „und meine Jungs sind immer die Klassenbesten.“ Im Prinzip keine Überraschung, denn die Ausbildung am Klassiker ist breit und fundamental.

Die aktuelle Classic Studie des Marktforschungsinstituts wolk nikolic/BBE nennt klare Zahlen: Besonders der Fachkräftemangel trifft die Branche hart.

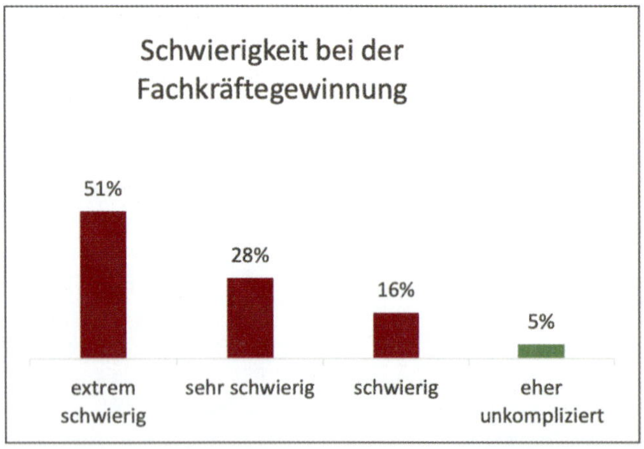

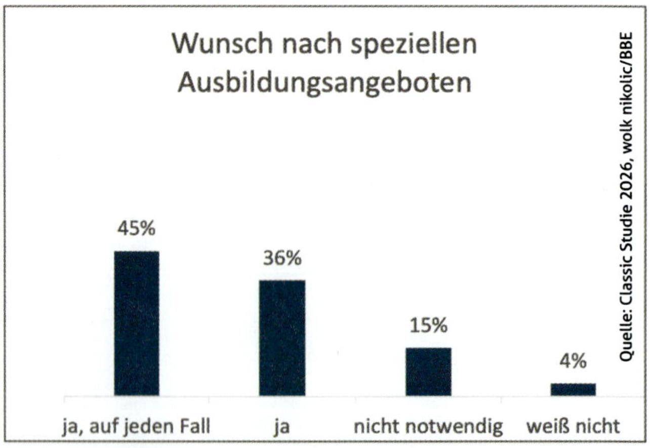

42% haben große Probleme bei der Teilebeschaffung

28% haben Probleme bei der Nachfolgersuche

63% verlieren ältere Fachkräfte

Tom Fischer (oben rechts) aus Brannenburg setzt auf Ausbildung: Aktuell arbeiten in seiner hoch spezialisierten Werkstatt die Auszubildenden Christopher Plotzki (20), Thomas Bracht (21), Mika Hanssum (22, untere Reihe von links nach rechts), Deaon Woggon (26) und Andreas Holzner (20, obere Reihe von links nach rechts).

Einzelne Handwerkskammern beklagen allerdings, dass die Auszubildenden zu wenig moderne Technik lernen. Die guten Leistungen der Gesellen sprechen jedoch durchweg eine andere Sprache. „Wir benötigen dringend junge Leute, die ein Faible für die alte Technik und Mechanik haben," sagt Robert Schramm, „der Schulabschluss spielt dabei keine Rolle." Doch viele, sagt Schramm, hätten kein Interesse mehr am permanenten Lösen vielschichtiger, individueller Aufgaben.

Doch das fordert der Alltag, wenn in der Werkstatt ein Unfallwagen steht, der nach seinem Abflug in den Straßengraben eine Reparatur fordert. Nichts Besonderes? Doch, wenn es ein De Dion-Bouton aus dem Jahr 1899 ist, der bei Robert Schramm in der Werkstatt steht und in zwei Wochen auf der nächsten

„Selbst in der Automobilindustrie gibt es mehr Austausch als in den Werkstätten für historische Fahrzeuge."

Franz Cremer, Ex-BMW-Manager und Initiator Classic meets Future

CLASSIC MEETS FUTURE

Veranstaltung laufen soll. „Wir haben sogar eine Rahmenrichtlehre für dieses Modell angefertigt", sagt Schramm, „ohne Nachdenken geht das nicht. Das sind keine Standardarbeiten."

Obwohl die kürzlich vom Marktforschungsinstitut wolk nikolic/BBE veröffentlichte jährliche Branchenstudie sagt, dass der durchschnittliche Besitzer einer Oldtimerwerkstatt bereits über 56 Jahre alt ist (und somit immerhin noch jünger als sein Kunde), setzt sich die Überzeugung, die Branche bedürfe eines Verjüngungsprozesses, nur schwer durch. Das dürfte zum einen daran liegen, dass 95 Prozent der Werkstätten die Gewinnung von Fachkräften als schwierig bis extrem schwierig beurteilen. Immerhin 81 Prozent wünschen sich spezielle Ausbildungsangebote, um den Nachwuchs besser an das Thema heranzuführen.

In diese Richtung jedoch kommt Bewegung in die Branche. Seit Kurzem gibt es als berufsergänzende Ausbildung einen Lehrgang zum „Zertifizierten Experten für Young- und Oldtimertechnik", angeboten von der Akademie der Hochschule für Wirtschaft und Umwelt Nürtingen-Geislingen.

Hinter diesem Programm steht Prof. Dr. M.S. Reinhold Bopp, der gemeinsam mit dem Technikexperten Thorsten Kern (Kern-Akademie, Neuffen) und weiteren Spezialisten und Partnern in sechs zweitägigen Modulen tief in die Oldtimerthematik einsteigt. Allerdings bleiben aktuell einige Themenfelder noch offen: Kenntnisse über Restaurierungen oder Karosseriebau werden hier nicht vermittelt – bislang. Der Kurs kostet 4000 Euro, bewerben darf sich jeder, auch Enthusiasten. Doch zum Bestehen der anspruchsvollen Zertifikatsprüfung sind profunde Vorkenntnisse durchaus nützlich. Die Reaktionen sind bislang durchweg positiv, was die massiv steigende Nachfrage beweist. War ursprünglich für 2026 ein einziger Kurs angesetzt, könnten es nun vier werden. „Ein Luxusproblem, dem wir uns gerne stellen", sagt ZET-Initiator Bopp, „wichtig wäre jedoch,

„Fachkräfte gewinnt man nicht über Mund-zu-Mund-Propaganda, die attraktive digitale Präsenz ist ein Muss."

Gerd Heinemann, Verantwortlicher Studienautor der wolk nikolic BBE Classic Studie 2025

dass wir nun Sponsoren und Partner finden, die uns mit für den Kurs benötigten Komponenten oder Spenden unterstützen." Er möchte kleine Gruppen und einen maximalen Praxisanteil beibehalten, doch das sei betriebswirtschaftlich sehr anspruchsvoll umzusetzen, so Reinhold Bopp.

Eine wichtige Initiative, die sich bereits vor einigen Jahren des Themas Nachwuchs angenommen hat, trägt den Namen Classic meets Future. Hinter dieser losen Gruppe stehen der Brannenburger Werkstattinhaber und Restaurierer Tom Fischer (Tom Fischer Classic & Race Car Service) sowie der ehemalige BMW-Manager Franz Cremer. Beide wollen gemeinsam mit Partnern und Unterstützern einen Fokus auf dieses Thema legen. Auch Hans Robert Schramm ist Mitglied der Gruppe. Classic meets Future versucht, Inhalte zu sortieren und zu moderieren, Probleme zu erkennen und die richtigen Ansprechpartner zu adressieren. Viel Wissen, viel Erfahrung kommen hier aus der alltäglichen Praxis.

Einen Booster setzt Tom Fischer bereits aktiv ein: die KI. Wer bezweifelt, dass traditionelle Handwerkstechniken und tiefes technisches Verständnis mit dieser hochaktuellen Form von Datenverarbeitung zusammengehen können, wird staunen. Tom Fischer steigert mit praktisch eingesetzter KI nicht nur erheblich die Effizienz der Arbeit, sondern macht auch seine Arbeitsplätze für junge Menschen attraktiver, die zwar gerne an exquisiten Autos arbeiten, aber dennoch am Puls der Zeit leben.

Die Idee dahinter: Tom Fischer hat seinen Archivbestand an Werkstatt- und Reparaturliteratur gescannt und ihn von einer an diese Aufgabe angepassten KI via eines Large Language Models durcharbeiten lassen. Alle Daten bleiben innerhalb der Werkstatt-Infrastruktur. Jetzt können Mitarbeiter einfach eine Frage prompten, zum Beispiel: „Wie prüfe ich diese Lichtmaschine auf Funktion?" Tom Fischers KI kennt die Antwort. „Sie hat Zugriff auf mein gesamtes Archiv, unabhängig von der Sprache oder wie versteckt die gesuchte Information irgendwo steht", sagt Tom Fischer.

Das Ergebnis des Aufwands, seine gesamte Literatur zu digitalisieren und die KI zu konfigurieren, hat ihn schnell überzeugt. Ein Auszubildender, berichtet er, habe allein mit wenigen Fragen an die KI sich das Wissen verschafft, eine Lichtmaschine ohne weitere Unterstützung korrekt zu prüfen und den Fehler zu finden. „Die KI hilft uns, die Effizienz zu steigern, Wissen zu bewahren und historische Daten viel besser zu nutzen", sagt Tom Fischer.

Auch der DEUVET plant, sich in seinem Verständnis als Bundesverband für Oldtimer und Youngtimer des Themas Nachwuchsförderung künftig intensiver anzunehmen. Interessant ist für alle jedenfalls ein Blick in das Nachbarland Schweiz, das uns mit seiner breiten Förderung junger Enthusiasten und einer umfassenden, anerkannten Restauratorenausbildung deutlich voraus ist.

Doch ein größerer Aufgabenblock lauert vermutlich an anderer Stelle: Eigentümer etablierter, stabil aufgestellter, profitabler Betriebe schaffen es vielfach nicht, einen Nachfolger zu finden, der bereit ist, das über Jahrzehnte aufgebaute Geschäft zu übernehmen. Aktuell volle Auftragsbücher und lange Wartezeiten für Kunden sind nur ein Aspekt der Bewertung. Denn Risiken drohen durchaus, der demografische Wandel ist ein zentrales Thema: Die Kunden stammen heute oft aus der geburtenstarken und saturierten Baby-Boomer-Generation. Doch wie wird es in zehn Jahren aussehen? Welche Eigentümer werden sich dann um die große Flotte an Oldti-

„In unserem ZET wird handwerklich gearbeitet, mit sehr intensiver Betreuung. Wichtig wäre jedoch, dass wir nun Sponsoren und Partner finden, die uns mit Komponenten oder Messeinrichtungen unterstützen."

Prof. Dr.-Ing. M. S. Reinhold Bopp, Leiter des Lehrgangs „Zertifizierter Experten für Young- und Oldtimertechnik" (ZET) an der Hochschule Nürtingen-Geislingen

mern kümmern? Aktuell wächst der Bestand an historischen Fahrzeugen jährlich weiter im hohen einstelligen Prozentbereich. Ob die Oldtimerflotte auf Dauer noch genügend Liebhaber findet, die für die Freude am Thema die Kosten und den Aufwand akzeptieren, der stets anfällt, wird zu einer der spannenden Fragen der Zukunft. Auch, was das für die künftige Preisentwicklung der Fahrzeuge bedeutet.

Dazu kommt, dass weder die schwierige Teileversorgung, die aufwendige Personalsuche noch regulatorische Vorgaben die Führung eines Oldtimerbetriebs auf längere Sicht einfacher machen. Die BBE-Studie untermauert diese Sicht. Rund 18.000 Werkstätten in Deutschland beschäftigen sich zumindest am Rande mit Young- und Oldtimern, sagt die BBE-Studie. Knapp 1700 Werkstätten fokussieren sich auf Klassiker, über die Hälfte davon ist vom Zentralverband Deutsches Kraftfahrzeuggewerbe (ZDK) zertifiziert. Über 4000 hoch spezialisierte Arbeitsplätze gibt es allein in Deutschland. Doch auch die Risiken listet die Studie auf: Unter dem Verlust älterer Fachkräfte leiden derzeit 63 Prozent, mit der Teilebeschaffung kämpfen 42 Prozent und Probleme bei der Suche eines Nachfolgers nennen 28 Prozent.

Opel-Eberhard in Rüsselsheim wird schließen, und es wird nur eine von vielen spezialisierten Werkstätten sein, die der Szene fehlen werden. Mini-Mengers ist ein weiterer Kandidat. Seit Jahrzehnten ist Dierk Mengers in der Szene bekannt, er ist 86 – und hadert mit der Wahl eines Nachfolgers. Auf seinem Techno-Classica-Stand ließ er ein Plakat aufhängen: „Es sind noch geschätzt 1.000.000 Mini weltweit vorhanden. Genug für Spezialisten, noch 100 Jahre daran zu arbeiten, zu restaurieren, zu verändern, instandzusetzen, umzurüsten, zu pflegen." Doch viele Eigentümer in der Branche stellen hohe Anforderungen an den potenziellen Nachfolger und haben ein sehr eigenes Bild von ihm. Somit scheitert ein Übergang häufig nicht nur am geforderten Kaufpreis und der damit verbundenen Risikoabwägung, sondern schlicht an der nötigen Eigenschaft mancher in die Jahre gekommenen Selfmade-Patriarchen, Freiräume zu geben und für den künftigen Weg Veränderungen zu akzeptieren. Und letztlich auch, vom eigenen Werk loszulassen.

Im Unterschied zu den Machern der Aufbaugeneration, die parallel mit der Oldtimerszene Stück für Stück wachsen konnten, liegen heute die Einstiegshürden hoch. Manchmal gelingt es auch, wie der Volkswagen-Spezialist Gebrüder Behling in Sottrum bei Bremen beweist, der seinen Betrieb in die Hände der nächsten Generation übergeben konnte, reibungslos, wie es selten funktioniert. Künftig haben die drei Söhne Silas, Jarno und Leon Behling das Steuer in der Hand.

Es ist aktuell schwer vorstellbar, wie diese riesige Transformation in der Summe gelingen kann, auch wenn das Thema zunehmend wahrgenommen wird. Denn allen ist mittlerweile klar: Wenn die großen Namen und ihre Betriebe verschwunden sind, wird viel mehr fehlen als nur fachlich qualifiziertes Perso-

Auf eine praxisnahe Ausbildung setzt der Lehrgang zum „Zertifizierten Experten für Young- und Oldtimertechnik", den die Akademie der Hochschule für Wirtschaft und Umwelt Nürtingen-Geislingen in sechs zweitägigen Modulen anbietet. Das akademische Programm ergänzt Technikexperte Thorsten Kern mit profunden Einblicken in die Technik.

nal. Es ist simpel: Es muss der Mechaniker nicht nur verstehen, wie ein Vergaser funktioniert und zu reparieren ist. Er benötigt auch eine verlässliche Quelle für die benötigten Ersatzteile und nicht zuletzt eine Werkstatt, in der er arbeiten kann. Vielleicht wäre ein richtiger Schritt, der Agonie mit einem funktionierenden Kommunikationsformat zu begegnen, eine Art Branchenverband, der die Probleme und Aufgaben benennen und adressieren kann. Mit Classic meets Future ist ein erster Schritt in der Praxis gemacht. Auch in der Politik ist das Problem bekannt: Die Mitglieder des Parlamentskreises Automobiles Kulturgut behalten auf ihren Sitzungen das Thema stets im Blick und koordinieren verschiedene Ansätze.

Doch aktuell verliert die Branche jedes Jahr weitere Betriebe, die für immer schließen. Und mit jedem geht unwiderruflich unendlich viel Wissen und Können verloren. Was daraus für die Oldtimerbesitzer folgt, lässt sich heute nur ahnen. In wenigen Jahren werden wir es erleben. ■

Beim Volkswagen-Spezialisten Gebrüder Behling in Sottrum bei Bremen sitzt mit den Brüdern Silas, Jarno und Leon die nächste Generation bereits in den Startlöchern. Ihre Eltern Mona und Harald Behling (links) sowie Onkel Ralf Behling werden den Übergang begleiten.

IN R 8102

YOUNGSTER

YOUNGSTER steht über diesem Kapitel. Es sind die Autos, die nachkommen. Die noch nicht etabliert sind, bei denen die Reaktionen auf der Straße noch sehr unterschiedlich sind. Für die meisten Unbeteiligten sind es noch ganz normale Gebrauchtwagen, einige wenige Modelle wie die Supersportler und Luxuslimousinen ausgenommen. Für viele Besitzer und Fahrer gilt das ebenso: Sie fahren ein Auto, das in die Jahre kommt – dennoch, nicht deswegen. Der Grat zwischen günstig und kultig kann sehr schmal sein. Dogmen helfen nicht weiter, die einzige Relevanz findet sich in der eigenen Motivation, die zu dieser Wahl führt.

Jedes Jahr wächst der Bestand an klassischen Fahrzeugen. Nicht schnell, nicht unerwartet, jedoch kontinuierlich. Die aktuelle Classic Studie von wolk nikolic BBE spricht von einem jährlichen Zuwachs der Personenwagen, die zwischen 15 und 19 Jahre alt sind, in Höhe von 15 Prozent. Um neun Prozent wachsen die sogenannten Youngtimer, in der Studie sind es Fahrzeuge in einem Alter zwischen 20 und 29 Jahren. Oder in absoluten Zahlen ausgedrückt: Auf 1,67 Millionen Oldtimer kommen rund fünf Millionen Youngtimer ab 20 Jahren. Welche und wie viele tatsächlich in Sammlerhände kommen werden, bleibt jedoch offen.

Tendenziell werden die Autos auf unseren Straßen immer älter. Allen Vermutungen zum Trotz, dass ein Zuviel an Elektronik und komplexer Ausstattung den Aufwand der Erhaltung unzumutbar nach oben treibt, ist derzeit das Gegenteil der Fall. Raffte früher der Rost zuverlässig nahezu jedes Auto in seinen ersten zehn Jahren dahin, erwarten wir heute Karosserien, die nach zwei, drei Jahrzehnten noch zusammenhalten. Doch ein Betrieb im Alltag bedeutet Verschleiß – und verschlissene Autos werden älter, allerdings nicht sammelwürdig.

Um ein Auto gut über die Jahre zu bringen, um es am Ende als Oldtimer gewürdigt zu sehen, braucht es mehr als viele Jahre. Faszination, Leidenschaft und Enthusiasmus: Das sind Faktoren, die keiner Norm folgen. Den einen locken Exemplare der Roadster-Renaissance wie ein Mazda MX-5 oder ein BMW Z4, andere mögen sportliche SUV wie ein Porsche Cayenne oder ein Audi Q7. Auch Kleinwagen wie der Fiat Panda oder der Opel Corsa haben enge Freunde. Die Baujahre dieser Nachwuchs-Klassiker liegen längst in den Nullerjahren.

Wer diesen Oldtimerkatalog in den Händen hält und bis hierher gelesen hat, lässt sich von Autos faszinieren. Anderen, die insbesondere den Oldtimern in spe harsche Kritik entgegenbringen, können wir entgegnen: Gebt ihnen Zeit. Viele werden den Klassikerstatus nicht erreichen, weil sie der Alltag auffrisst. Doch die, die durchkommen, haben jede Aufmerksamkeit verdient. Mit den folgenden Seiten beginnt sie.

Alfa Romeo Brera 2005–2010

Mit Leidenschaft legte Alfa Romeo im Jahr 2005 in der Coupé-Klasse ein neues Modell auf: den Brera. Unverwechselbar machte ihn seine Front mit ihrem pointierten Dreier-Scheinwerferset, die das Scudetto flankierten. Die sauberen, stimmigen Linien stammten von Italdesign, dem Studio von Giugiaro. Finalisiert hat den Brera noch das Centro Stile Alfa Romeo im alten Stammwerk Arese, bevor dort die Lichter ausgingen. Das Coupé ließ sich mit einem großen Glasdach namens Skyview ergänzen, die Ausstattung reichte bis ins Luxussegment mit Leder von Poltrona Frau. Kritik gab's aber damals auch: Zu schwer und frontlastig fiele der Zweisitzer aus, was Fahrwerk und Lenkung nicht wettmachen konnten. Die Vierzylinder galten wenig profiliert, ebenso die drei Diesel. Was gut zum Brera passt, der auf der Architektur des 159 basierte, ist der klassische V6 mit 3,2 Litern Hubraum und 260 PS – sparsam war der wiederum nicht. Einige Versionen gab es mit Allradantrieb, und eine Modellpflege stand 2008 an. Den Namen Brera hatte Alfa Romeo übrigens einer berühmten Mailänder Kunstakademie entliehen.

Bild: © Alfa Romeo

Motor/Antrieb	
Bauart	Vier-/Fünfzylinder (Reihe), V6
Lage/Antrieb	Front/Front, 4x4
Hubraum in cm³	1742 bis 3195
PS/min	170/4000 bis 260/6200
Vmax in km/h	224 bis 250
Karosserie	
Bauart	Coupé
Tragstruktur	selbsttragend
Material	Stahlblech
Stückzahl und Marktsituation	
Produktionszahl	21.786
Verfügbarkeit	gut
Teilesituation	gut
Unterhaltskosten	mittel

Alfa Romeo Spider (Tipo 939) 2006–2010

Für Alfa Romeo sind die Spider-Modelle die Ikonen schlechthin. Die offenen Sportler standen für Dolce Vita und Leichtigkeit, aber auch für Agilität und Charme. Dennoch zögerten die Italiener, denn nach dem Baustopp des Vorgängers Tipo 939 im Jahr 2004 ließen sie sich zwei Jahre Zeit: Im Frühjahr 2006 zeigte sich das neue Modell erstmals der Öffentlichkeit. Es war dem Brera wie aus dem Gesicht geschnitten, auch technisch lehnte er sich eng an das Coupé an – so gab es ihn ebenso mit dem klassischen 3,2-Liter V6 oder mit Dieselmotoren. Wie beim Brera traf auch den Spider die Kritik an dem viel zu hohen Gewicht und der unangenehmen Kopflastigkeit. Bereits 2010 zog Alfa Romeo beim Spider wieder den Stecker, der Funke zu den Fans war nicht übergesprungen. Mit ihm schloss sich das Kapitel der grandiosen Alfa Romeo Spider. Den Nachfolger, den Alfa Romeo in Kooperation mit Mazda auf Basis des MX-5 mit eigenen Motoren konfigurieren wollte, hatte die Konzernmutter am Ende als Fiat 124 Spider ausgewiesen.

Bild: © Alfa Romeo

Motor/Antrieb	
Bauart	Vier-/Fünfzylinder (Reihe), V6
Lage/Antrieb	Front/Front, 4x4
Hubraum in cm³	1742 bis 3195
PS/min	170/4000 bis 260/6200
Vmax in km/h	224 bis 250
Karosserie	
Bauart	Cabrio
Tragstruktur	selbsttragend
Material	Stahlblech
Stückzahl und Marktsituation	
Produktionszahl	12.488
Verfügbarkeit	gut
Teilesituation	gut
Unterhaltskosten	mittel

Alfa Romeo 8C Competizione, 8C Spider 2007-2010

Mit dem 8C Competizione setzte Alfa Romeo einen großen Traum in Realität um: einmal wieder zu zeigen, zu welch' großartigen Modellen die Marke aus Mailand einst fähig war. Das Design stammte von Wolfgang Egger, die Initiative zu diesem Projekt wurde von privater Seite stark vorangetrieben. So entstand ein Entwurf, der als Prototyp 2003 auf der IAA stand und vier Jahre später in einer Kleinserie gebaut werden konnte. Es entstanden je 500 Exemplare des Coupés 8C Competizione und (ab 2008) des 8C Spider – um eine Zuteilung mussten sich Interessenten bewerben. 81 Fahrzeuge sollen nach Deutschland gegangen sein. Unter der Kohlefaser-Karosserie steckt die konstruktive Struktur des Maserati Coupés, als Antrieb kam ein optimierter V8-Motor zum Einsatz, dessen Konstruktion ursprünglich von Ferrari stammte, modifiziert jedoch 4,7 statt 4,2 Liter Hubraum aufwies und 450 PS leistete. Ein automatisiertes Schaltgetriebe organisiert die Kraftübertragung, lässt sich jedoch auch via Schaltwippen schalten. Einen Nachfolger gab es für den 8C Competizione und Spider nicht.

Bild: © Alfa Romeo

Motor/Antrieb	
Bauart	V8
Lage/Antrieb	Front/Heck
Hubraum in cm³	4691
PS/min	450/7000
Vmax in km/h	292, 295
Karosserie	
Bauart	Coupé, Cabrio
Tragstruktur	selbsttragend
Material	Kunststoff
Stückzahl und Marktsituation	
Produktionszahl	je 500 Coupés und Spider
Verfügbarkeit	schlecht
Teilesituation	sehr gut
Unterhaltskosten	hoch

Alfa Romeo 4C, 4C Spider (Tipo 960) 2013-2020

Nur knapp über 1000 Kilogramm Leergewicht, ein Karbon-Monocoque und ein Mittelmotor samt Sechsgang-Doppelkupplungsgetriebe sind die perfekten Zutaten für einen verführerischen Sportwagen. Der war Alfa Romeo mit dem 4C ohne Zweifel gelungen. Das 4C steht für vier Zylinder, den 1,8 Liter großen Motor spendierte die Giulietta. Alfa Romeo überarbeitete ihn jedoch, verringerte das Gewicht um rund zwölf Kilogramm und erhöhte die Leistung auf 240 PS bei 6000/min. Zudem unterstützte Maserati in Modena mit seiner Kleinserienkompetenz und baute den 4C als Coupé und Spider nach Manufakturmethode. Nicht nur Fans der Marke jubelten: „Ein zweisitziges Paradies" sei der 4C, der nicht nur schön sei, sondern auch sensationell fahre, schrieb Heinrich Lingner 2014 in *auto motor und sport*. Mit ihm hatte Alfa Romeo nochmals bewiesen, dass sie nicht nur Autos bauen können, sondern auch die Leidenschaft dafür haben. Nach dem Serienstart des 4C als Coupé im Jahr 2013 folgten 2015 die Spider-Varianten, bei denen das Dachteil herausnehmbar war.

Bild: © Alfa Romeo

Motor/Antrieb	
Bauart	Vierzylinder (Reihe)
Lage/Antrieb	Mitte/Heck
Hubraum in cm³	1742
PS/min	240/6000
Vmax in km/h	258
Karosserie	
Bauart	Coupé (auch mit entfernbarem Dachteil)
Tragstruktur	Monocoque
Material	Kunststoff
Stückzahl und Marktsituation	
Produktionszahl	k.A.
Verfügbarkeit	gut
Teilesituation	gut
Unterhaltskosten	hoch

Alpina D3, D3 Bi-Turbo (E90, E91, E92) 2005-2013

Mit einem Vierzylinder-Diesel überraschte Alpina im Jahr 2005 die automobile Fachwelt. Es folgte Kopfschütteln bei denen, die von Alpina trompetenden Motorensound und hochdrehende Sechszylinder erwarteten – und Lob von denen, die den neuen D3 fuhren: Seine überraschende Agilität faszinierte sie ebenso wie seine unglaubliche Sparsamkeit. Alpina hatte mit Turbo-Spezialist Garrett einen speziellen Lader entwickelt, alles mit viel Engagement und Können abgestimmt. Im Jahr 2008 legte Alpina mit dem Bi-Turbo nochmals nach: Nun kam der Motor aus dem 123d zum Einsatz, bei dem sich ab 3000/min ein zweiter Lader zuschaltete. Mit 400 Nm Drehmoment bewies der Alpina-3er den Erfolg der Ingenieure aus Buchloe. Tester wie Götz Leyrer von *auto motor und sport* lobten den D3 Bi-Turbo als „rundum erfreuliches Automobil", das nicht zuletzt mit seinem exzellenten Handling und herausragenden Bremsen überzeugte.

Bild: © Alpina

Motor/Antrieb	
Bauart	Vierzylinder (Reihe)
Lage/Antrieb	Front/Heck
Hubraum in cm³	1995
PS/min	200/4000 bis 214/4000
Vmax in km/h	234 bis 244
Karosserie	
Bauart	Lim. (4-türig), Kombi (4-türig), Coupé
Tragstruktur	selbsttragend
Material	Stahlblech
Stückzahl und Marktsituation	
Produktionszahl	D3: 866; D3 Bi-Turbo: 1301
Verfügbarkeit	gut
Teilesituation	gut
Unterhaltskosten	mittel

Aston Martin V12 Vanquish, V12 Vanquish S 2001-2007

Als Aston Martin den Vanquish vorstellte, gab es die D-Mark noch. Den stolzen Betrag von 446.000 Mark (rund 228.000 Euro) kostete im Jahr 2001 das noble, große Coupé mit seinem famosen V12-Motor. Außen trug der Brite kein Lametta, zeigte jedoch Muskeln, ohne an Distinktion zu verlieren. Ein Bodybuilder im Tweed-Sakko quasi, der mit 467 PS und knapp sechs Litern Hubraum auch die 1,8 Tonnen Kampfgewicht locker wegsteckte. Das Fahrwerk stimmte Lotus sportlich ab, gönnte der Vanquish-Besatzung jedoch einen ordentlichen Restkomfort. Dank der präzisen Lenkung hatte auch der Fahrer Spaß, wenn es kurviger zuging – trotz des riesigen Motors in der Front. Das Chassis klebte Aston Martin aus Aluminiumteilen zusammen, auch Kohlefaser findet sich. Ebenfalls aus Alu entstand die Karosserie des Vanquish, alles vom Feinsten also. Als Vanquish S geriet er noch ein wenig agiler, statt 304 erreichte er nur bis zu 321 km/h. Als Filmstar reüssierte er ebenso: Pierce Brosnan fuhr ihn 2002 als Dienstwagen in „Stirb an einem anderen Tag" („Die Another Day").

Bild: © Aston Martin

Motor/Antrieb	
Bauart	V12
Lage/Antrieb	Front/Heck
Hubraum in cm³	5935
PS/min	467/6500, 528/7000
Vmax in km/h	306, 321
Karosserie	
Bauart	Coupé
Tragstruktur	selbsttragend
Material	Stahlblech
Stückzahl und Marktsituation	
Produktionszahl	k.A.
Verfügbarkeit	gut
Teilesituation	gut
Unterhaltskosten	hoch

Aston Martin V8 Vantage, V8 Vantage S, V12 Vantage, V12 Vantage S 2005-2017

In den Nullerjahren hatte sich eine zwar nicht volksnahe, dennoch recht populäre Klasse von Sportwagen etabliert. Die magische 100.000-Euro-Schwelle reizten die Hersteller zunehmend aus, und auch Aston Martin fand 2005 eine Antwort auf Porsche 997, Lamborghini Gallardo, Audi R8 und Ferrari 430: Der von Henrik Fisker entworfene V8 Vantage punktete mit Exklusivität, einem dank Transaxle sehr ausgewogenen Gewichtsverhältnis und insgesamt eher distinguiertem als krawalligem Charakter. Gegen Aufpreis kombinierte Aston Martin den von Jaguar stammenden V8 mit einem automatisierten Sport-Shift-Getriebe, per Schaltpaddel am Lenkrad bedienbar. Tester lobten die Verarbeitung ebenso wie seine steife Karosserie, was auch für die besonders reizvolle Cabrio-Variante galt. Deren Stoffdach öffnete vollautomatisch, sogar bis Tempo 50. Den Vantage rüstete Aston Martin ab 2009 auch mit einem V12-Motor aus, zudem gab es zahllose Sondermodelle.

Bild: © Aston Martin

Motor/Antrieb	
Bauart	V8, V12
Lage/Antrieb	Front/Heck
Hubraum in cm³	4280 bis 5935
PS/min	385/7000 bis 603/7000
Vmax in km/h	280 bis 330
Karosserie	
Bauart	Coupé, Cabrio
Tragstruktur	selbsttragend
Material	Aluminium
Stückzahl und Marktsituation	
Produktionszahl	k.A.
Verfügbarkeit	gut
Teilesituation	gut
Unterhaltskosten	hoch

Audi RS4 (Typ B5) 1999-2001

Der RS4 gilt als Erbe des RS2, des ersten Überflieger-Kombis von Audi. An dieser zweiten Auflage auf der Basis des Nachfolge-Kombis hatte Porsche jedoch keinen Anteil mehr. Der RS4 entstand komplett bei der quattro GmbH, die als Tochterfirma mittlerweile die Verantwortung für die Konstruktion der Sportmodelle übernommen hatte. Als Antrieb nutzte Audi einen 2,7-Liter-V6, den Cosworth für seinen neuen Einsatz modifizierte – unter anderem mit optimierten Zylinderköpfen und größeren Turboladern und Ladeluftkühlern, zudem wurden das Motormanagement und die Auspuffanlage angepasst. 380 PS und über einen weiten Bereich nutzbare 440 Nm Drehmoment waren das eindrucksvolle Ergebnis. Ein manuelles Sechsganggetriebe und Allradantrieb übertragen die Kraft des RS4. Trotz seines hohen Preises von 127.000 Mark war die Nachfrage deutlich höher, als sie Audi erwartet hatte. 6030 Exemplare fanden einen Käufer, rund die Hälfte davon soll heute noch existieren.

Bild: © Audi

Motor/Antrieb	
Bauart	V6
Lage/Antrieb	Front/4x4
Hubraum in cm³	2671
PS/min	380/7000
Vmax in km/h	250
Karosserie	
Bauart	Kombi (4-türig)
Tragstruktur	selbsttragend
Material	Stahlblech
Stückzahl und Marktsituation	
Produktionszahl	6030
Verfügbarkeit	ausreichend
Teilesituation	sehr gut
Unterhaltskosten	hoch

Audi RS6, RS6 plus (Typ C5) 2002-2004

Die Erfolge des RS2 und RS4 ermutigten Audi, auch auf der A6-Baureihe ein supersportliches Derivat aufzubauen. So entstand der RS6, den Audi als Kombi – in der Haussprache Avant genannt – und Limousine anbot, was den RS6 vom RS4 unterschied. Aus dem 4,2 Liter großen V8-Fünfventiler mobilisierte Spezialist Cosworth via zweier Turbolader gewaltige 450 PS, dazu standen 560 Nm bei bereits 1950/Min bereit. Der Auftritt des RS6 war nur dezent verändert, die üppigen Räder samt der etwas verbreiterten Radläufe fielen am stärksten auf. Allerdings hatte die quattro GmbH, die den RS6 entwickelt und gebaut hatte, die Karosserien so verstärkt, dass sie mit der Mehrleistung problemlos zurecht kamen. Die Kraftübertragung übernahm ein Fünfgangautomatikgetriebe, das auch eine manuelle Gangwahl zuließ. Das Sportahrwerk des RS6 ließ mit seiner Härte keinen Zweifel an den Möglichkeiten des RS6, dessen Reserven – nicht zuletzt wegen des Allradantriebs – enorm waren. Zum Ende der Bauzeit verfeinerte Audi das RS6-Menü nochmals: Der RS6 plus bot nochmals 30 PS mehr.

Bild: © Audi

Motor/Antrieb	
Bauart	V8
Lage/Antrieb	Front/4x4
Hubraum in cm³	4172
PS/min	450/5700, 480/6000
Vmax in km/h	250, 280
Karosserie	
Bauart	Limousine (4-türig), Kombi (4-türig)
Tragstruktur	selbsttragend
Material	Stahlblech
Stückzahl und Marktsituation	
Produktionszahl	8081
Verfügbarkeit	ausreichend
Teilesituation	sehr gut
Unterhaltskosten	hoch

Audi R8 4.2 FSI quattro, R8 5.2 FSI quattro, R8 V10 (Typ 42, Typ 4S) 2006–2023

„Gebaut aus unseren stärksten Ideen“, stand in den Anzeigen, die den R8 zu Beginn seiner eindrucksvollen Karriere zeigten. Die Benzindirekteinspritzung FSI gehört dazu, der Allradantrieb quattro, die Positionierung des V8 in der Mitte und der Leichtbau mittels Audi Space Frame. Der neue Audi R8 rangelte erfolgreich mit Platzhirschen wie dem Porsche Carrera 4S: Mit 301 km/h Spitze überholte er den Klassiker aus Zuffenhausen (288 km/h), und zwar auf eine beeindruckend distinguierte Art, wie Tester Jörn Thomas 2007 in *auto motor und sport* schrieb. Das war Ziel der Audi-Ingenieure – der Serien-R8 sollte an die Langstreckenrennwagen Audi R8 erinnern, die allein in Le Mans fünf Siege errungen hatten. Im Jahr 2009 ergänzte Audi den R8 mit einer Spyder genannten offenen Version, 2010 folgte der V10-Motor. Eine Modellpflege sorgte 2012 für kleine Korrekturen, 2014 kam der überarbeitete Nachfolger.

Bild: © Audi

Motor/Antrieb	
Bauart	V8, V10
Lage/Antrieb	Mitte/Heck, 4x4
Hubraum in cm³	4163, 5204
PS/min	420/7800 bis 610/8250
Vmax in km/h	300 bis 330
Karosserie	
Bauart	Coupé (auch mit entfernbarem Dachteil)
Tragstruktur	Space Frame
Material	Aluminium
Stückzahl und Marktsituation	
Produktionszahl	Coupé: 19.861; Spyder: 6176
Verfügbarkeit	sehr gut
Teilesituation	sehr gut
Unterhaltskosten	hoch

Bentley Continental GT, GT Speed, GTC, GTC Speed (S1) 2003-2011

Sechs Jahre nach der Bentley-Übernahme durch Volkswagen zeigte der von Grund auf neue Continental GT, wie sich VW-Guru Ferdinand Piëch einen luxuriösen englischen Sportwagen vorstellte. Das Coupé basierte auf Technik des VW Phaeton und Audi A8. Auch der aufwendige Zwölfzylinder mit seiner charakteristischen, platzsparenden W-Anordnung stammte aus dem Phaeton, erhielt jedoch einen Turbolader – und lieferte so 560 PS. Die eher kompakte Karosserie im Format der Mercedes-Benz E-Klasse erinnert mit ihren Linien an die mächtigen Bentleys der 1950er-Jahre, blieb somit allerdings auch ein eher nur theoretischer Viersitzer. Mit dem GTC folgte 2006 eine offene Version, deren Dach VW-Tochter Karmann in Osnabrück fertigte. Nochmals mehr Leistung, nämlich 610 PS, bot ab 2007 der GT Speed, im Supersports gab es ab 2009 sogar 630 PS. Im Jahr 2011 trat ein optisch nur wenig veränderter Nachfolger an.

Bild: © Bentley

Motor/Antrieb	
Bauart	W12
Lage/Antrieb	Front/4x4
Hubraum in cm³	5998
PS/min	560/6100 bis 630/6000
Vmax in km/h	318 bis 329
Karosserie	
Bauart	Coupé, Cabrio
Tragstruktur	selbsttragend
Material	Stahlblech
Stückzahl und Marktsituation	
Produktionszahl	ca. 23.400
Verfügbarkeit	sehr gut
Teilesituation	sehr gut
Unterhaltskosten	mittel

BMW 318Ci, 320Ci, 320Cd, 323Ci, 325Ci, 328Ci, 330Ci, 330Cd (Baureihe E46) 1999-2006

Im April 1999 ergänzte ein neues, überaus erfolgreiches und bis heute beliebtes Coupé die im Vorjahr gestartete neue 3er-Baureihe E46. Wieder betrieb BMW eine Menge Aufwand: Die zweitürigen Karosserien fallen etwas länger und breiter, zudem um 46 Millimeter niedriger aus. Zunächst ging es als 323Ci und 328Ci an den Start, wenig später gefolgt von einem 320Ci und – als Vierzylinder – einem 318Ci. Im Jahr 2000 folgte die Cabrio-Variante, zudem löste der 325Ci den 323Ci ab, während der neue 3,0-Liter-Sechszylinder (Motorenbaureihe M54) im 330Ci die Palette ergänzte. Ab der Modellpflege 2003 waren die Coupés auch mit zwei Direkteinspritzer-Dieselmotoren erhältlich. Einen Rückruf während der Bauzeit betraf das Bremspedal, und 2013 musste ein Teil der Produktion wegen möglicherweise plötzlich auslösender Beifahrerairbags in die Werkstatt.

Bild: © BMW AG Konzernarchiv

Motor/Antrieb	
Bauart	Vier-/Sechszylinder (Reihe)
Lage/Antrieb	Front/Heck
Hubraum in cm³	1895 bis 2979
PS/min	118/5500 bis 231/5900
Vmax in km/h	206 bis 250
Karosserie	
Bauart	Coupé, Cabrio
Tragstruktur	selbsttragend
Material	Stahlblech
Stückzahl und Marktsituation	
Produktionszahl	k.A.
Verfügbarkeit	sehr gut
Teilesituation	sehr gut
Unterhaltskosten	mittel

BMW 730i/Li, 735i/Li, 740i/Li, 745i/Li, 750i/Li, 760i/Li, 730d/Ld, 740d, 745d, Hydrogen 7 (Werkscodes E65, E66, E67) 2001–2008

Selten hatte ein BMW für derart heftige Ablehnung gesorgt wie 2001 die vierte Auflage des 7ers: Das aufgesetzt wirkende Heck empfand die Klientel als provokant, überhaupt trat der neue Siebener ungewohnt wuchtig auf. Der verantwortliche Design-Chef Chris Bangle jedoch verteidigte den neuen Stil und musste dennoch ein Facelift mit geglätteter Front im Jahr 2005 dulden. Heute gilt der E65 als Charakterkopf – und bietet einigen Fortschritt: So führte BMW mit diesem Modell das neue Bedienkonzept iDrive ein und baute mit dem Hydrogen 7 (Werkscode E67) eine Kleinauflage mit Wasserstoffantrieb. In zeitgenössischen Tests, zum Beispiel gegen Audi A8 und Mercedes-Benz S 500, spielte der Siebener klassische BMW-Tugenden wie Agilität und knackiges Fahrwerk aus.

Bild: © BMW AG Konzernarchiv

Motor/Antrieb	
Bauart	Sechszylinder (Reihe), V8, V12
Lage/Antrieb	Front/Heck
Hubraum in cm^3	2979 bis 5972
PS/min	218/4000 bis 445/6000
Vmax in km/h	238 bis 250
Karosserie	
Bauart	Limousine (4-türig)
Tragstruktur	Space Frame
Material	Stahlblech
Stückzahl und Marktsituation	
Produktionszahl	k.A.
Verfügbarkeit	sehr gut
Teilesituation	sehr gut
Unterhaltskosten	hoch

BMW 630i, 645Ci, 650i, M6, 635d (E63, E64) 2003–2010

Dieser 6er folgte dem 8er nach – und basierte wiederum auf der technischen Basis des damals aktuellen 5er (E60). BMW kehrte damit zur alten Nomenklatur zurück, beließ die Positionierung des als Coupé und ab April 2004 auch als Cabrio lieferbaren Modells jedoch in der Oberklasse. Als 630i trieb ihn der 3,0 Liter große Reihensechszylinder an, ab 2007 auch als Diesel im 635d. Im 645Ci und seinem Nachfolger 650i kamen V8-Motoren zum Einsatz, zunächst mit 4,4 Litern, dann mit 4,8 Litern Hubraum. Die Krönung der Modellreihe übernahm jedoch der M6 mit seinem 507 PS starken V10, der dem damaligen Hochdrehzahlkonzept der Marke BMW folgte und seine Leistung bei 7750 Umdrehungen abgab – ein begeisterndes Triebwerk. Mehr Diskussionen gab es über das Design des 6ers, das von Chris Bangle stammte. Heute gilt es bereits als ikonografisches Zeichen des radikalen Aufbruchs des Automobildesigns der frühen 2000er Jahre, das bei BMW startete.

Bild: © BMW AG

Motor/Antrieb	
Bauart	Sechszylinder (Reihe), V8, V10
Lage/Antrieb	Front/Heck
Hubraum in cm^3	2993 bis 4999
PS/min	258/6600 bis 507/7750
Vmax in km/h	250
Karosserie	
Bauart	Coupé, Cabriolet
Tragstruktur	selbsttragend
Material	Stahlblech
Stückzahl und Marktsituation	
Produktionszahl	k.A.
Verfügbarkeit	sehr gut
Teilesituation	sehr gut
Unterhaltskosten	hoch

BMW Z4 Roadster (E85) 2002-2008

Nach dem veritablen Erfolg des Roadsters Z3 setzte BMW mit dem Z4 ab 2002 auf einen neu konstruierten Nachfolger. Auch er wurde im US-Werk bei Spartanburg gebaut, folgte jedoch den Wünschen der vielen amerikanischen Kunden und geriet somit deutlich üppiger und luxuriöser als sein Vorgänger, unter anderem mit einer heizbaren Heckscheibe aus Glas. Für eine Verbesserung sorgte die neue Hinterachse in Mehrlenkerkonstruktion, zudem setzte BMW erstmals auf eine (oft kritisierte) Servolenkung mit Elektrounterstützung. Markant ist die Optik des Z4: Das charakterstarke Design entstand unter der Ägide von Chris Bangle, dessen ungewohnte Volumina, gekrümmten Flächen und messerscharf gezogenen Kanten so markant wie für manchen Betrachter gewöhnungsbedürftig waren. Nach einem drastischen Einbruch der Verkaufszahlen ab 2004 überarbeitete BMW seinen Roadster zum Frühjahr 2006, unter anderem mit neuen Motoren. Die Spitze markierte nun der 343 PS starke Z4 M.

Bild: © BMW

Motor/Antrieb	
Bauart	Vier-/Sechszylinder (Reihe)
Lage/Antrieb	Front/Heck
Hubraum in cm^3	1995 bis 3346
PS/min	150/6200 bis 343/7900
Vmax in km/h	220 bis 270
Karosserie	
Bauart	Roadster
Tragstruktur	selbsttragend
Material	Stahlblech
Stückzahl und Marktsituation	
Produktionszahl	180.856
Verfügbarkeit	sehr gut
Teilesituation	sehr gut
Unterhaltskosten	mittel

BMW Z4 Coupé (E86) 2006-2008

Dieses Coupé ist ein Edelstein für Kenner – und ein Tipp für alle, die auf hohe Fahr- wie Wertrendite setzen. BMW hatte mit dem E86 auf Z4-Basis einen Nachfolger für das polarisierende Z3 Coupé geschaffen. Die Karosserie folgte den Ideen Chris Bangles, keine einfache Kost, jedoch eindrucksvoll. Das gilt bis heute für die beiden starken Saugmotoren, mit denen BMW den Z4 bestückte: Der 3.0si erhielt einen 265 PS starken 3,0-Liter-Sechszylinder, in Reihe natürlich, während das Z4 M Coupé den 3,2 Liter großen, 343 PS starken Motor aus dem M3 nutzen durfte. Das Fahrwerk stimmte BMW bewusst sportlich ab, und am besten fährt sich ein Z4 Coupé mit handgeschaltetem Getriebe – Automatik ist klar die zweite Wahl. Mit nur 17.094 gebauten Exemplaren kam das Coupé auf weniger als 10 Prozent Anteil in der Z4-Baureihe, zudem gab es keinen Nachfolger mehr. Die große Nachfrage und stabile Preise beweisen längst, dass die Szene den Wert dieses Modells erkannt hat.

Bild: © BMW

Motor/Antrieb	
Bauart	Sechszylinder (Reihe)
Lage/Antrieb	Front/Heck
Hubraum in cm^3	2996, 3246
PS/min	265/6000, 343/7900
Vmax in km/h	250
Karosserie	
Bauart	Coupé
Tragstruktur	selbsttragend
Material	Stahlblech
Stückzahl und Marktsituation	
Produktionszahl	17.094
Verfügbarkeit	sehr gut
Teilesituation	sehr gut
Unterhaltskosten	mittel

BMW M3 (E90, E90 LCI, E92, E92 LCI, E93, E93 LCI) 2008-2013

Selbstverständlich erhielt auch die 3er-Reihe der Nullerjahre ihr potentes M3-Derivat. BMW startete mit dem M3 Coupé (E92) im September 2007, im Frühjahr 2008 folgte mit der M3-Limousine (E90) der erste M3-Viertürer seit dem E36 sowie das Cabrio (E93). Besonders reizvoll fiel die Motorwahl aus: BMW setzte auf den famosen Vierliter-V8, der mit 420 PS bei 8300/min bis heute viel Begeisterung auslöst – Hochdrehzahlkonzept nannte BMW es damals betont süffisant technoid. Der Motor dreht und geht, dass es eine unbändige Freude ist, dazu kommt als Option das superflinke, dabei komfortable Siebengang-Doppelkupplungsgetriebe samt Drivelogic, ein System, mit dem der Fahrer die Schaltcharakteristik vorwählen kann. Schaltpaddel am Lenkrad lassen ihn zudem jederzeit eingreifen. Per Knopfdruck einstellbare Dämpfer baute BMW gegen Aufpreis ein. Zum Abschluss dieser M3-Baureihe konfigurierte BMW das Sondermodell M3 CRT mit 4,4 Litern Hubraum und 450 PS, sportlicherem Fahrwerk und Bremsen.

Bild: © BMW

Motor/Antrieb	
Bauart	V8
Lage/Antrieb	Front/Heck
Hubraum in cm³	3999, 4400
PS/min	420/8300, 450/8300
Vmax in km/h	250, 290
Karosserie	
Bauart	Limousine (4-türig), Coupé, Cabrio
Tragstruktur	selbsttragend
Material	Stahlblech
Stückzahl und Marktsituation	
Produktionszahl	k.A.
Verfügbarkeit	ausreichend
Teilesituation	sehr gut
Unterhaltskosten	hoch

Bristol Fighter, Fighter S, Fighter T 2004–2009

Mit dem Fighter wollte die elitäre wie skurrile Automobil-Manufaktur Bristol nochmals durchstarten. Eine Finanzspritze hatte das Unternehmen wiederbelebt und das neue Coupé ermöglicht. Mit Flügeltüren, zwei Sitzplätzen und – theoretisch – knapp 340 km/h Höchstgeschwindigkeit versuchte der Fighter sein Revier im Luxussegment zu markieren. Sein V10 trieb im Hauptberuf die Chrysler Viper an, acht Liter Hubraum und 525 PS garantieren ordentlichen Leistungsüberschuss. Bristol kombinierte diese Gewalt mit einem handgeschalteten Sechsgang-Getriebe. Bequem und stark war der neue Bristol ausgefallen, aber auf elektronische Fahrhilfen verzichteten die Ingenieure ebenso wie auf den nötigen Abtrieb durch aerodynamische Hilfsmittel. Innen stattete Bristol den Fighter betont feudal und komfortabel aus, einige Instrumente saßen wie in einem Flugzeug im Dachhimmel. Sogar mit einem Motorstundenzähler konnte der Fighter dienen. Käufer fanden sich kaum, nur zwischen10 und 20 Stück des Fighter sollen entstanden sein.

Bild: © Bristol

Motor/Antrieb	
Bauart	V10
Lage/Antrieb	Front/Heck
Hubraum in cm³	7994
PS/min	523/5500 bis 1027/5600
Vmax in km/h	340 bis 360
Karosserie	
Bauart	Coupé
Tragstruktur	Plattformrahmen
Material	Aluminium, Kunststoff
Stückzahl und Marktsituation	
Produktionszahl	max. 45
Verfügbarkeit	schlecht
Teilesituation	schwierig
Unterhaltskosten	hoch

Bugatti Veyron 16.4 2005-2014

1001 PS. 16 Zylinder. Vier Turbolader. Ferdinand Piëch, Porsche-Enkel, Volkswagen-Chef und Autoliebhaber, wollte das Absolute schaffen: das schnellste Serienautomobil der Welt, ein Fahrzeug, das dem 1998 übernommenen Markennamen Bugatti zur Ehre gereichen sollte. Geld mussten die immerhin mindestens 1,2 Mio. Euro teuren Veyron 16.4 nie verdienen – das ließ den Ideen freien Lauf. 2001 stand die Entscheidung, 2003 fuhr der erste Prototyp. Zwei Jahre später war der erste Veyron 16.4 am traditionsreichen elsässischen Standort Molsheim montiert worden. Als Antrieb diente dem nach spezieller Freischaltung über 400 km/h schnellen Supersportwagen ein von Volkswagen gefertigter Doppel-V-16-Zylinder-Motor, ein Siebengang-Doppelkupplungsgetriebe sorgte für die Kraftübertragung. Seit 2009 offeriert Bugatti mit dem Grand Sport eine offene Variante, und 2010 löste der Super Sport mit 1200 PS die erste Ausführung ab. 2014 ist die Produktion nach 300 Coupés und 150 Roadstern eingestellt worden.

Bild: © Bugatti

Motor/Antrieb	
Bauart	Doppel-V-16
Lage/Antrieb	Mitte/4x4
Hubraum in cm³	7993
PS/min	1001/6000, 1200/6400
Vmax in km/h	407, 415
Karosserie	
Bauart	Coupé, Roadster
Tragstruktur	Monocoque
Material	Kunststoff, Aluminium
Stückzahl und Marktsituation	
Produktionszahl	300 Coupés, 150 Roadster
Verfügbarkeit	ausreichend
Teilesituation	sehr gut
Unterhaltskosten	hoch

Chrysler PT Cruiser 2000-2010

Mit dem Chrysler PT Cruiser zog zur Jahrtausendwende der Retro-Charme in die Welt der hoch aufgeschossenen Kombi-Limousinen ein, die man beinahe als Van bezeichnen kann – ähnlich wie Renault Scénic oder Fiat Multipla. Der PT Cruiser suchte die optische Verwandtschaft zum Sportwagen-Konzernbruder Plymouth Prowler, vereinte trendigen Ami-Schick mit einem Hauch von 1930er-Ästhetik, reichlich Platz und Komfort. Innen blieb der PT Cruiser dagegen bieder. Zeitgenössische Tests kritisierten zudem die in Kombination mit Automatik asthmatisch dröhnenden Motoren mit nur 1,6 und 2,0 Litern Hubraum. Flott wurde der PT Cruiser erst mit den später eingesetzten 2,4-Liter-Motoren (141 PS, beim Turbo: 223 PS), sparsam dagegen mit einem 2,2-Liter-Diesel. Ein kleines Facelift 2005 verschaffte ihm akzentuiertere Scheinwerfer und eine akzeptable Interieurqualität. Lediglich ein kurzes Gastspiel war dem PT Cruiser als Cabrio vergönnt: Es wurde lediglich von 2004 bis 2007 gefertigt.

Bild: © Chrysler

Motor/Antrieb	
Bauart	Vierzylinder (Reihe)
Lage/Antrieb	Front/Front
Hubraum in cm³	1598, 1996, 2148, 2429
PS/min	116/6300 bis 223/5100
Vmax in km/h	166 bis 205
Karosserie	
Bauart	Kombi (5-türig), Cabrio
Tragstruktur	selbsttragend
Material	Stahlblech
Stückzahl und Marktsituation	
Produktionszahl	k.A.
Verfügbarkeit	ausreichend
Teilesituation	gut
Unterhaltskosten	mittel

Citroën C3 Pluriel 2003-2010

Auf der Basis des C3 realisierte Citroën ein außergewöhnliches Cabriolet. Ein wenig im Geiste des 2CV, der legendären Ente, wollte der Pluriel auftreten: Sein Verdeck ließ sich wie bei einer Cabrio-Limousine stufenweise öffnen, dabei blieben die Seitenscheiben stehen. Zudem konnten die beiden zwölf Kilogramm wiegenden Dachbögen demontiert werden, was zu einem komplett geöffneten Fahrzeug führte – eine allerdings äußerst aufwändige Maßnahme, die sich die meisten Pluriel-Eigner sparten. Noch dazu finden die Holme im Fahrzeug keinen Platz. Sogar als Pickup sah Citroën seinen Pluriel: Bei umgelegter Rücksitzbank und der nach unten geöffneten Heckklappe ergab sich eine große Ladefläche. Auch in Details wie den Scheinwerfern oder Rückleuchten unterschied sich der Pluriel von der C3-Baureihe, zudem gab es ihn sogar in einer bivalenten Ausführung, die sich mit Benzin sowie Erdgas fahren ließ. In seiner verspielten Einzigartigkeit zeigte sich der vielseitige Pluriel unverwechselbar als typischer Citroën.

Bild: © Citroën

Motor/Antrieb	
Bauart	Vierzylinder (Reihe)
Lage/Antrieb	Front/Front
Hubraum in cm³	1360, 1398, 1587
PS/min	73/5400 bis 109/5750
Vmax in km/h	158 bis 188
Karosserie	
Bauart	Cabriolimousine
Tragstruktur	selbsttragend
Material	Stahlblech
Stückzahl und Marktsituation	
Produktionszahl	109.682
Verfügbarkeit	üppig
Teilesituation	sehr gut
Unterhaltskosten	niedrig

Citroën C6 2005–2012

Selten gab es ein Modell, das sicherer als Instant Classic galt als der Citroën C6: Vom breiten Publikum kaum wahrgenommen, geriet der große Citroën von Beginn an zur Ikone für ausgewiesene Markenfans und Liebhaber eines anderen, individuellen Stils. Allein schon das eigenwillige Heck mit der konkaven Scheibe, die auf diese Weise länger sauber bleiben soll: So exaltiert traut sich das kein anderer Hersteller – im C6 lebte Citroën auf, wie es sich die Fans wünschten. Längst gibt es Fanclubs und Treffen, die besten Merkmale für eine emotionale Bindung zu einem Auto-Typ. Als Motorisierung bot der C6 drei Diesel (170 bis 241 PS) und einen V6-Benziner (211 PS). Beeindruckender jedoch ist das einzigartige Hydractive-Fahrwerk.

Bild: © Citroën

Motor/Antrieb	
Bauart	Vierzylinder (Reihe), V6
Lage/Antrieb	Front/Front
Hubraum in cm³	2179 bis 2992
PS/min	170/4000 bis 241/3800
Vmax in km/h	217 bis 240
Karosserie	
Bauart	Limousine (4-türig)
Tragstruktur	selbsttragend
Material	Stahlblech
Stückzahl und Marktsituation	
Produktionszahl	23.384
Verfügbarkeit	sehr gut
Teilesituation	sehr gut
Unterhaltskosten	hoch

Corvette, Corvette Z06, Corvette ZR1 (C6) 2005–2013

In ihrer sechsten Auflage erschien die Corvette als Coupé und Cabrio, verheimlichte jedoch ihren Familiennamen Chevrolet, der zu weltlich für den Sportwagen klang. Sie fiel kürzer und leichter aus als ihr Vorgänger, war superstark und agil. Ein Small-Block-V8 liefert, ohne Turbo atmend, so stolze wie ehrliche 404 PS und 546 Nm Drehmoment. Und das, obwohl die Nockenwelle weiterhin unten liegt und vorne wie hinten quer montierte Blattfedern arbeiten. Ein grundehrliches Auto aus Stahl und Alu, nur die äußere Hülle bleibt traditionell aus glasfaserverstärktem Kunststoff. Das Getriebe sitzt im Heck, und dieses Transaxle-Prinzip sorgt für ein überraschend ausgewogenes Handling. Überhaupt punktete die Corvette in zeitgenössischen Tests in nahezu allen Belangen, sogar beim Bremsen, der Steifigkeit der Karosserie und dem allgemeinen Qualitätseindruck. Schnell ist sie bis heute: Über 300 km/h schafft schon das Basis-Modell. Noch rasanter und druckvoller fielen die Z06 und die kompressorgeladene ZR1 (ab 2007) aus.

Bild: © General Motors

Motor/Antrieb	
Bauart	V8
Lage/Antrieb	Front/Heck
Hubraum in cm³	5967 bis 7012
PS/min	405/6000 bis 647/6500
Vmax in km/h	300 bis 330
Karosserie	
Bauart	Coupé, Cabrio
Tragstruktur	Rahmen
Material	Kunststoff
Stückzahl und Marktsituation	
Produktionszahl	ca. 215.100
Verfügbarkeit	sehr gut
Teilesituation	sehr gut
Unterhaltskosten	mittel

Daihatsu Copen 2002–2010

Schon klasse, was die Japaner so auf kleinstem Raum bauten: den Daihatsu Copen zum Beispiel. Ein Roadster der Kei-Car-Klasse, superkompakt also und im Handschmeichlerdesign, dazu mit einem sich zusammenfaltenden Hardtop aus Aluminium, das hinter den Sitzen verschwindet. Gut, für viel mehr ist auch kein Platz in dem 850 Kilogramm leichten Wagen, der für enormen Fahrspaß sorgt. Ein wenig vom Audi TT, dazu eine Prise New Beetle – der Copen formte sich aus dem Zeitgeist. Knapp 2500 Exemplare sollen den Weg nach Deutschland gefunden haben; zunächst importierte Daihatsu übrigens ausschließlich rechtsgesteuerte Modelle. Als Basismotor diente zunächst ein turbogeladener, drehfreudiger und nur 660 Kubikzentimeter großer Vierzylinder, als Alternative kam eine 1,3-Liter-Variante. Der Copen fand in Japan schnell einen großen Fankreis, bei uns blieb er stets eine Spezialität. Mit einem gut ausgestatteten Sondermodell beendete er seine Karriere in Deutschland.

Bild: © Daihatsu

Motor/Antrieb	
Bauart	Vierzylinder (Reihe)
Lage/Antrieb	Front/front
Hubraum in cm³	660, 1200
PS/min	64 bei 6000 bis 87 bei 6000
Vmax in km/h	160, 180
Karosserie	
Bauart	Roadster
Tragstruktur	selbsttragend
Material	Stahlblech
Stückzahl und Marktsituation	
Produktionszahl	k.A.
Verfügbarkeit	gut
Teilesituation	gut
Unterhaltskosten	mittel

De Tomaso Mangusta (Qvale) 1999-2002

Welch wirre Geschichte: Da hatte der kleine italienische Hersteller De Tomaso Mitte der 1990er-Jahre versucht, mit einem neuen Modell namens Biguà wieder die Kurve in Richtung Erfolg zu bekommen. Vorbild soll der TVR Griffith gewesen sein, und 1996 stand der von Marcello Gandini gezeichnete Prototyp auf dem Genfer Salon. Ohne Erfolg, denn das Geld war zu knapp, um eine Produktion samt nötigem Marketing starten zu können. In Mangusta umbenannt, verkaufte De Tomaso das von einem Ford-V8 angetriebene Projekt an Bruce Qvale, Sohn eines amerikanischen Automobilimporteurs mit norwegischen Wurzeln. Im Jahr 2000 gründete er den Hersteller Qvale in Modena, scheiterte jedoch mit dem Versuch, den aufwändig gefertigten Mangusta zu etablieren. Nach rund 280 gebauten Exemplaren war Schluss, die Rechte am Mangusta gingen an die MG Rover Group, die den Sportwagen als MG X Power SV für kurze Zeit nochmals wiederbelebten.

Bild: © Qvale Auto

Motor/Antrieb	
Bauart	V8
Lage/Antrieb	Front/Heck
Hubraum in cm³	4601
PS/min	265 bis 280/6500
Vmax in km/h	250
Karosserie	
Bauart	Coupé
Tragstruktur	selbsttragend
Material	Stahlblech
Stückzahl und Marktsituation	
Produktionszahl	unter 300
Verfügbarkeit	ausreichend
Teilesituation	gut
Unterhaltskosten	mittel

Dodge Ram (Gen III) 2002–2009

Noch größer, noch wuchtiger gestaltete Dodge die dritte Generation des beliebten und erfolgreichen Ram Trucks. Es blieb bei der traditionellen Technik mit stabilem Leiterrahmen und großen Motoren, doch der Auftritt geriet noch wuchtiger und selbstbewusster. Dodge bot den Ram zunächst in zwei Karosserie-Versionen an, mit Regular Cab oder Quad Cab. Erst 2006 folgte die Mega Cab, eine Zwischenlösung mit Notsitzen. Wie wenig die Trucks mit Arbeit und wie viel mit Spaß zu tun hatten, zeigte gut die Motorenpalette: Dodge offerierte nicht nur Reihensechszylinder und V6, sondern auch den 5,7-Liter-Hemi-V8 mit rund 340 PS. Die Krone allerdings erhielt der SRT10, der mit seinem 8,3 Liter großen V10 aus der Dodge Viper zur Legende wurde: Der rockte mit über 500 PS, 730 Nm und einem Rekordeintrag als schnellstes Serienmodell der Pick-up-Welt. Wer jedoch tatsächlich auf Drehmoment setzte, dem genügte der 6,7-Liter-Reihensechser von Cummins: Mit 880 Nm erledigte er jede Aufgabe mit spielerischer Leichtigkeit.

Bild: © FCA Dodge Heritage

Motor/Antrieb	
Bauart	Sechszylinder (Reihe), V6, V8, V10
Lage/Antrieb	Front/Heck
Hubraum in cm³	5900 bis 8285
PS/min	218 bis 505
Vmax in km/h	k.A.
Karosserie	
Bauart	Pick-up (2-/4-türig)
Tragstruktur	Kastenrahmen
Material	Stahlblech
Stückzahl und Marktsituation	
Produktionszahl	k.A.
Verfügbarkeit	gut
Teilesituation	gut
Unterhaltskosten	mittel

Dodge Viper SRT 10 2012–2017

Nach mehr als einem Jahr Pause kam 2012 die fünfte Auflage der Viper. Anfangs trug sie nur den Namen SRT, kurz für Street and Racing Technology, die für Tuning zuständige Division des Herstellers Dodge. Entwickelt hatten das neue Modell Ingenieure in Auburn Hill, dem Hauptsitz von Chrysler und Dodge, wo man Unterstützung bei seinen „italienischen Freunden" von Ferrari und Maserati angefordert hatte, wie Chefdesigner Ralph Gilles bei einer Präsentation verriet. Unter anderem profitierte die Tragstruktur von einem Träger aus Magnesium und anderen Technologien, was die neue Viper um 50 Prozent steifer werden ließ. Dazu stieg die Leistung nochmals, das Drehmoment auch – und zwar auf den Rekordwert von 814 Nm, mehr als bei jedem anderen Saugmotor. Dodge musste jedoch 2015 erkennen, dass alle Leidenschaft nicht genügte, ausreichend Käufer zu locken. Im Jahr 2014 waren es weltweit nur 760, und so beendete die Viper ihre Karriere im Jahr 2017 zu ihrem 25. Geburtstag.

Bild: © Dodge

Motor/Antrieb	
Bauart	V10
Lage/Antrieb	Front/Heck
Hubraum in cm³	8382
PS/min	649/5600
Vmax in km/h	330
Karosserie	
Bauart	Coupé, Cabrio
Tragstruktur	Rohrrahmen
Material	Kunststoff
Stückzahl und Marktsituation	
Produktionszahl	k.A.
Verfügbarkeit	gut
Teilesituation	gut
Unterhaltskosten	hoch

Dodge Challenger SE, SXT, R/T, SRT 8, SRT Hellcat, SRT Demon, SRT 392, R/T Scat Pack 2008–2023

Als Dodge im Jahr 2006 eine Fingerübung im Retro-Design auf der Detroiter Auto Show zeigte, ahnte niemand die gewaltige Karriere des überpotenten Zweitürers. Als Basis diente der Unterbau – ja! – des Mercedes-Benz W 210, der E-Klasse mit den vier Augen. Das Überbleibsel der DaimlerChrysler-Liaison bot eine gute Basis (besonders die Hinterachse), die Dodge mit einem 6,1 Liter großen Hemi-V8, Schaltgetriebe und einer intensiven optischen Reminiszenz an die frühen 1970er-Jahre würzte. Den Erfolg baute Dodge mit einem Downsizing aus und bot ab 2009 auch den V6-Pentastar mit 3,5 Litern Hubraum an. Das andere Ende feierten Fans mehr: Dodge bot ab Ende 2014 den SRT Hellcat an, einen Hemi mit Kompressor, was drei Jahre später der Challenger Demon nochmals toppte: Sein 6,2 Liter großer V8 stellt über 850 PS bereit, sein Drehmoment liegt bei gewaltigen 1044 Nm.

Bild: © Dodge

Motor/Antrieb	
Bauart	V6, V8
Lage/Antrieb	Front/Heck
Hubraum in cm³	3518 bis 6407
PS/min	258 bis 1039
Vmax in km/h	k.A.
Karosserie	
Bauart	Coupé
Tragstruktur	selbsttragend
Material	Stahlblech
Stückzahl und Marktsituation	
Produktionszahl	k.A.
Verfügbarkeit	gut
Teilesituation	gut
Unterhaltskosten	hoch

Ferrari 550 Maranello, 550 Barchetta Pininfarina — 1996-2001

Auf dem Nürburgring stellte Ferrari 1996 seine neue Frontmotor-Berlinetta vor. Der 550 Maranello trat den aktiven Beweis an, dass auch ein in der Front montierter V12-Motor eine erhebliche Fahrdynamik garantieren kann, wenn das Getriebe in Transaxle-Manier hinten sitzt und alle Parameter stimmen. Der 550-Vorgänger, der F512M, folgte noch dem Mittelmotorkonzept. Luca di Montezemolo, damals Ferrari-Chef, wies auf die vielen Vorteile hin, die das weniger pointiert-sportliche Konzept bot. Der Neue war leiser, geräumiger, komfortabler und sicherer zu fahren. Als Orientierung diente Ferrari der 456 GT, dessen 5,5 Liter großen V12 die Ingenieure modernisierten und fitter machten. Das Gesamtpaket mit der von Pininfarina gestalteten und aufwendig aerodynamisch feingeschliffenen Karosserie überzeugte rundum. Im Herbst 2000 folgte mit der Barchetta eine offene Version des schnellen, raren und nicht sonderlich kompakten Sportlers.

Bild: © Ferrari

Motor/Antrieb	
Bauart	V12
Lage/Antrieb	Front/Heck
Hubraum in cm³	5474
PS/min	485/7000
Vmax in km/h	320
Karosserie	
Bauart	Coupé, Cabrio
Tragstruktur	Rohrrahmen
Material	Feran
Stückzahl und Marktsituation	
Produktionszahl	3083; Barchetta: 448
Verfügbarkeit	gut
Teilesituation	sehr gut
Unterhaltskosten	hoch

Ferrari 360 Modena, 360 Spider — 1999-2005

Als Nachfolger des erfolgreichen Ferrari 355 bot der 1999 präsentierte 360 Modena bekannte Zutaten: Den grandiosen V8-Mittelmotor hatte Ferrari mit 3,6 Liter Hubraum und zunächst 400 PS (bei 8500/min!) leicht gesteigert. Gemeinsam mit Alcoa entstand ein neues Space-Frame-Chassis aus Aluminium, das um rund 40 Prozent steifer ausfiel als der Aufbau des Vorgängers. Auch in die Karosserie investierten die Italiener viel Arbeit: Immerhin 5400 Stunden verbrachten sie im Windkanal, bis die Form aus Aluminium perfekt passte. Das Ergebnis kann sich sehen lassen: Ohne Heckspoiler erzielt der Wagen einen Ground Effect von 180 Kilogramm bei Tempo 290. Den 360 Modena – Modena war Enzo Ferraris Geburtsstadt – gab es wie seinen Vorgänger als Coupé und (ab 2000) als Spider mit Stoffverdeck, das sogenannte Sunroof Coupé dagegen kam nur auf geringe Stückzahlen. Gegen üppigen Aufpreis stattete Ferrari auch den 360 Modena mit sequenzieller F1-Paddelschaltung aus. Serienmäßig war ein Sechsgang-Schaltgetriebe verbaut.

Bild: © Pininfarina

Motor/Antrieb	
Bauart	V8
Lage/Antrieb	Mitte/Heck
Hubraum in cm³	3586
PS/min	400/8500
Vmax in km/h	293, 296
Karosserie	
Bauart	Coupé, Cabrio
Tragstruktur	selbsttragend
Material	Aluminium
Stückzahl und Marktsituation	
Produktionszahl	Coupé: 8500; Spider: 7500
Verfügbarkeit	gut
Teilesituation	sehr gut
Unterhaltskosten	hoch

Ferrari Enzo Ferrari — 2002–2004

Auf eine lange Reihe großer Ahnen blickte der von 2002 bis 2004 gebaute Ferrari Enzo Ferrari (er hieß wirklich so) zurück. Mit seinem Namen adelte er den übergroßen Firmenpatriarchen Enzo Ferrari (1898–1988) – und umgekehrt. Als Erbe von Modellen wie F40 und F50 sowie, weiter zurückliegend, 288 GTO und 250 GTO, hatte er die Aufgabe, sich an die Spitze der Supersportwagen-Elite zu setzen. Keine leichte Aufgabe, immerhin tummelten sich zu Beginn der 2000er-Jahre dort auch ein Mercedes-Benz SLR, ein Porsche Carrera GT, ein Koenigsegg CC8S oder ein McLaren F1. Den Enzo trieb ein Sechs-Liter-V12 mit 660 PS voran, und selbstverständlich steckte wieder jede Menge Formel-1-Technik unter der von Pininfarina entwickelten Karbon-Karosserie. Die Spitze mit über 350 km/h belegte eindrucksvoll, wie stimmig das Gesamtwerk geraten war. Exakt 400 Exemplare des Enzo baute Ferrari, wovon die Zuschläge für die ursprünglich geplanten 349 Stück bereits vor Baustart verteilt worden waren.

Bild: © Ferrari

Motor/Antrieb	
Bauart	V12
Lage/Antrieb	Mitte/Heck
Hubraum in cm³	5998
PS/min	660/7800
Vmax in km/h	355
Karosserie	
Bauart	Coupé
Tragstruktur	selbsttragend
Material	Karbon
Stückzahl und Marktsituation	
Produktionszahl	400
Verfügbarkeit	gut
Teilesituation	sehr gut
Unterhaltskosten	hoch

Ferrari 575M Maranello, 575 Superamerica — 2002-2006

Auf den ersten Blick sieht ein Ferrari 575M Maranello so aus wie sein Vorgänger, der Ferrari 550. Die Zahl und der Buchstabe weisen auf die konkreten Veränderungen hin: Mit 5,75 statt 5,0 Liter Hubraum und 515 PS statt 485 PS legte der neue V12-Sportwagen aus Maranello die Latte wieder ein wenig höher. Das „M" steht hier für „modificato", also modifiziert, was zum Beispiel das neue Fahrwerk mit einzeln elektronisch ansteuerbaren Dämpfern meinte. Neu war auch die Option eines automatisierten Schaltgetriebes, bei dem der Fahrer mittels zweier Wippen am Lenkrad die sechs Gänge blitzschnell nach Formel-1-Manier schalten konnte. Ferrari fertigte den 575M Maranello zunächst nur als Berlinetta, also Coupé, erst zum Ende der Bauzeit folgte eine offene und zudem leistungsgesteigerte Version in einer Kleinauflage von 559 Stück: Bei ihr drehte sich das gläserne Dachteil, dessen Transparenz elektrisch einstellbar war, beim Öffnen in zehn Sekunden spektakulär um die Querachse nach hinten. Der Name Superamerica erinnerte an legendäre Ferrari-Modelle der 1950er-Jahre.

Bild: © Ferrari

Motor/Antrieb	
Bauart	V12
Lage/Antrieb	Front/Heck
Hubraum in cm³	5748
PS/min	515/7250, 540/7250
Vmax in km/h	320 bis 325
Karosserie	
Bauart	Coupé (auch mit entfernbarem Dachteil)
Tragstruktur	Rohrrahmen
Material	Feran
Stückzahl und Marktsituation	
Produktionszahl	Superamerica: 559
Verfügbarkeit	gut
Teilesituation	sehr gut
Unterhaltskosten	hoch

Ferrari 612 Scaglietti — 2004–2010

Mit dem 612 Scaglietti führte Ferrari die Tradition der großen 2+2-sitzigen Sportcoupés fort. Sein Design stammt von Pininfarina, den Namen Scaglietti trägt das Coupé nur zu Ehren des großen Auto-Designers und Karosseriebauers Sergio Scaglietti (1920-2011), der Enzo Ferrari seit 1937 kannte. Angetrieben wird der 612 von einem 5,7 Liter großen V12-Motor, der weit hinter der Vorderachse sitzt – und so nicht nur für eine gute Gewichtsverteilung sorgt, sondern auch eine souveräne Linie mit betont langer Motorhaube ermöglichte. Traditionell fokussieren die großen 2+2-sitzigen Ferrari-Modelle auf luxuriöses, schnelles Reisen. Dennoch stattete Ferrari den 612 Scaglietti auf Wunsch mit dem sequenziellen F1-Getriebe aus (ab 2009 sogar Serie) und bot eine Sportabgasanlage an. Für Sammler besonders reizvoll ist das Sondermodell „Sessanta", das Ferrari 2007 zu seinem 60-jährigen Bestehen genau 60 Mal fertigte – mit zweifarbigem Lack und Glasdach.

Bild: © Pininfarina

Motor/Antrieb	
Bauart	V12
Lage/Antrieb	Front/Heck
Hubraum in cm³	5748
PS/min	540 bei 7250
Vmax in km/h	320
Karosserie	
Bauart	Coupé
Tragstruktur	selbsttragend
Material	Aluminium
Stückzahl und Marktsituation	
Produktionszahl	ca. 3000
Verfügbarkeit	gut
Teilesituation	gut
Unterhaltskosten	hoch

Ferrari F430, F430 Spider, 430 Scuderia, Scuderia Spider 16M — 2005–2009

Auf den populären Ferrari 360 folgte 2005 der F430. Der in der Mitte platzierte, 4,3 Liter große V8-Sauger des neuen Einstiegsmodells leistete immerhin 490 PS, genug für 315 km/h. Von Beginn an gab es einen Spider mit Stoffverdeck. Zwei Jahre nach Serienanlauf ergänzte Ferrari die Reihe mit dem 430 Scuderia, die zulassungsfähige Version des F430 Challenge, die leichter, stärker und somit schneller war. "Komfortabel bis messerscharf und höllenschnell – aber nie mittelmotortückisch", fasste Jörn Thomas in auto motor und sport den 430 Scuderia begeistert zusammen. Mit dem Scuderia Spider 16M folgte sogar eine offene Ausgabe dieses Sportmodells, bei der das F1 genannte, blitzschnell schaltende sequenzielle Sechsgang-Getriebe Standard war. Beim F430 bot es Ferrari gegen Aufpreis an. Die 430-Modelle verfügten zudem im Lenkrad über einen „Manettino" genannten Drehschalter: Mit ihm lassen sich verschiedene Parameter schnell verstellen und so das Fahrverhalten den Bedingungen anpassen.

Bild: © Ferrari

Motor/Antrieb	
Bauart	V8
Lage/Antrieb	Mitte/Heck
Hubraum in cm³	4308
PS/min	490/8500, 510/8500
Vmax in km/h	312 bis 320
Karosserie	
Bauart	Coupé, Cabrio
Tragstruktur	selbsttragend
Material	Aluminium
Stückzahl und Marktsituation	
Produktionszahl	ca. 15.000
Verfügbarkeit	gut
Teilesituation	gut
Unterhaltskosten	hoch

Ferrari 599 GTB Fiorano, 599 GTO, SA Aperta — 2006–2012

Im Zusammenspiel des zwischen Vorderachse und Schottwand platzierten V12 und dem hinten liegenden Getriebe gelang Ferrari ein fein ausbalancierter Sportwagen mit 620 PS, zudem ein Coupé mit Reisequalitäten. Pininfarina gestaltete den Auftritt mit ruhigen Linien, doch einer unübersehbar muskulösen Präsenz, die aerodynamisch ausgefeilt funktionierte: Bei Vmax, das sind rund 330 km/h, erzeugt der Luftstrom des 599 GTB Fiorano rund 200 kg Anpressdruck. Chassis wie Karosserie bestehen aus Aluminium. Nahezu alle Exemplare der Baureihe erhielten die automatisierte, superschnelle F1-Schaltung. Der sechs Liter große V12 basierte auf dem Triebwerk des Enzo, erhielt jedoch Pleuel aus Stahl statt Titan und musste auch auf die variablen Ansaugwege verzichten. Dafür sorgte das F1 Trac genannte Traktionssystem für Furore, das Michael Schumacher abgestimmt hatte: Mit F1 Trac gelingt der Sprint von 0 auf 100 km/h in nur 3,7 Sekunden.

Bild: © Ferrari

Motor/Antrieb	
Bauart	V12
Lage/Antrieb	Front/Heck
Hubraum in cm³	5999
PS/min	620/7600, 670/8250
Vmax in km/h	über 330
Karosserie	
Bauart	Coupé, Cabrio
Tragstruktur	selbsttragend
Material	Aluminium
Stückzahl und Marktsituation	
Produktionszahl	k.A.
Verfügbarkeit	gut
Teilesituation	gut
Unterhaltskosten	hoch

Ford Focus RS — 2002–2003

Als Nachfolger des Ford Escort war 1998 der Focus gestartet. Der Name war neu, ebenso das Design im damals modischen New-Edge-Stil – was jedoch blieb, war der Erfolg. Vier Jahre nach der Premiere schob Ford einen richtigen Leckerbissen nach, der sportlich, jedoch nicht krawallig auftrat: Der Focus RS profitierte von einem 2,0-Liter-Turbo mit 215 PS. Mit hinten einzeln aufgehängten Rädern bot bereits die Basisversion einen für die Klasse unüblichen Standard, doch der Focus RS erhielt zudem eine enorm zupackende Brembo-Bremsanlage, 18-Zoll-Leichtmetallräder, ein Getrag-Sechsgang-Sportgetriebe, eine Rennkupplung sowie ein Sperrdifferenzial. Die Insassen nahmen vorne auf Sparco-Sportsitzen Platz. Ford hatte den Focus RS weltweit auf 4501 Exemplare limitiert, ein Grund dafür, warum bereits ein Jahr später die Produktion wieder endete. Übrigens: Ford wies die Baunummer auf einer exklusiven Plakette im Innenraum aus und lieferte den Athleten ausschließlich zweitürig und in der Farbe Imperial Blue aus.

Bild: © Ford AG

Motor/Antrieb	
Bauart	Vierzylinder (Reihe)
Lage/Antrieb	Front/Front
Hubraum in cm³	1988
PS/min	215/7000
Vmax in km/h	216
Karosserie	
Bauart	Limousine (3-türig)
Tragstruktur	selbsttragend
Material	Stahlblech
Stückzahl und Marktsituation	
Produktionszahl	4501
Verfügbarkeit	ausreichend
Teilesituation	gut
Unterhaltskosten	hoch

Ford Streetka 2003–2005

In den Jahren 2003 bis 2005 leistete sich der Massenhersteller Ford einen kleinen Solitär: den Streetka, einen Roadster auf der Grundlage des Dauerläufers Ka, der wiederum auf der Fiesta-Bodengruppe aufbaute. Gefertigt hat den Zweisitzer der italienische Kleinserien- und Cabriospezialist Pininfarina mit viel Handarbeit, wobei der Ur-Entwurf – eine Studie namens Saetta – von Ghia stammte und bereits im Jahr 1996 gezeigt wurde. Seine Designsprache folgte dem New-Edge-Stil jener Jahre, dennoch wirkte der Streetka deutlich akzentuierter als der Ka. Dazu kamen sportliche 16-Zoll-Räder, auf Wunsch lieferte Ford ab 2004 für den Streetka auch ein Hardtop. Auswahl bei den Motoren gab es keine: Der Streetka wurde ausschließlich mit dem 1,6-Liter-Duratec-Vierzylinder gebaut, der 95 PS leistete. Begeisternder als der Motor geriet das gut abgestimmte Fahrwerk des offenen Ford, das trotz der überschaubaren Kraftentfaltung noch heute eine Menge Fahrvergnügen auf kurvigen Straßen garantiert.

Bild: © Ford

Motor/Antrieb	
Bauart	Vierzylinder (Reihe)
Lage/Antrieb	Front/Front
Hubraum in cm³	1599
PS/min	95/5500
Vmax in km/h	173
Karosserie	
Bauart	Roadster
Tragstruktur	selbsttragend
Material	Stahlblech
Stückzahl und Marktsituation	
Produktionszahl	ca. 37.000
Verfügbarkeit	üppig
Teilesituation	sehr gut
Unterhaltskosten	niedrig

Ford GT 2004-2006

Einen Ford, der mit 550 Kompressor-PS einen massiven sportlichen Ehrgeiz entwickelte, hatte es lange nicht gegeben, als 2004 der amerikanische Auto-Konzern das Modell GT vorstellte. Mit großer Geste blickte Ford Anfang des Jahrtausends zurück auf die eigene Geschichte, erhob Retro zur neuen Religion und nannte sein hoch emotionales Programm Living Legends – mit von der Partie waren je ein Thunderbird- und Mustang-Remake, letzteres mit dauerhaftem Erfolg bis heute. Für den harten Werkseinsatz war die GT-Neuauflage zwar nie gedacht, dennoch entwickelten eine Reihe von engagierten Tuning- und Rennsportschmieden Varianten für unterschiedliche FIA-Gruppen. Für Ford war der GT ein Leistungsbeweis des eigenen Könnens, für die (meist aus Amerika stammenden) Fans ein willkommener Leckerbissen, der auf das Image der Marke Ford stark einzahlte. Nicht ohne Grund: Der GT gilt bis heute als beeindruckend schnell, mit gutem Fahrwerk und Bremsen. Seine Lenkung stammte übrigens von Aston Martin, damals im Ford-Universum zu Hause.

Bild: © Ford

Motor/Antrieb	
Bauart	V8
Lage/Antrieb	Mitte/Heck
Hubraum in cm³	5409
PS/min	550/6500
Vmax in km/h	330
Karosserie	
Bauart	Coupé
Tragstruktur	Space Frame
Material	Aluminium
Stückzahl und Marktsituation	
Produktionszahl	4038
Verfügbarkeit	ausreichend
Teilesituation	gut
Unterhaltskosten	hoch

Ford Shelby GT500, GT500KR 2006-2008

Der Name klingt wie Donnerhall: Shelby steht für schiere Power. Der Shelby GT500 sollte an den legendären GT 500 anknüpfen, mit dem Ford 1967 der erstarkten Corvette Paroli bot. Das gelang der Neuauflage 2006 ebenso: Mit 500 Kompressor-PS und 650 Nm Drehmoment, die ein getunter 5,4-Liter-V8 bereitstellte, klingt und fährt der Shelby GT 500 der Nullerjahre brutal und sieht herrlich böse aus. Grundsätzlich blieb Ford auf der traditionellen Schiene, hinten zum Beispiel kümmert sich weiterhin eine Starrachse um die Radführung, und das Sechsganggetriebe will von Hand geschaltet werden. Das klappt alles gut, beim Fahren bleibt der so wild auftretende Shelby erstaunlich zivil, auch dank elektronischer Hilfen wie einer nahezu ständig aktivierten Antischlupfregulierung. Auch das Bremsen klappt gut: Die Bauteile stammen vom italienischen Zulieferer Brembo. Eine nochmals stärkere Version mit dem Namen GT500KR legte Ford 2008 nach.

Bild: © Ford

Motor/Antrieb	
Bauart	V8
Lage/Antrieb	Front/Heck
Hubraum in cm³	4601 bis 5409
PS/min	324/5750 bis 548/6250
Vmax in km/h	ca. 280
Karosserie	
Bauart	Coupé, Cabrio
Tragstruktur	selbsttragend
Material	Stahlblech
Stückzahl und Marktsituation	
Produktionszahl	k.A.
Verfügbarkeit	gut
Teilesituation	gut
Unterhaltskosten	mittel

Ford Mustang GT Bullitt 2008

Im Jahr 1968 beförderte Steve McQueen alias Lieutenant Frank Bullitt einen dunkelgrünen Ford Mustang Fastback zur Filmlegende – mit einer materialmordenden Verfolgungsjagd durch die Straßen von San Francisco. Im neuen Jahrtausend bot Ford den Bullitt-Mustang jenen Best Agern zum Kauf an, die das dunkelgrüne Coupé einst auf der Kinoleinwand anschmachteten. Die Filmauto-Farbe „Dark Highland Green" ließ Ford dafür aufleben, ebenso das „Torque Thrust"-Design der alten American Racing-Räder. Wie das Filmauto kam der Bullitt auf Basis des topausgestatteten Mustang GT Premium ohne Pony im Grill aus, am Heck klebte eine Bullitt-Plakette. Aus seinem 4,6-Liter-V8 schöpft das Kraftcoupé 315 PS, die der Fahrer mit einem Tremec-Fünfganggetriebe portioniert. Wegen seiner Limitierung auf 5808 Exemplare gehört das Sondermodell heute zu den gesuchtesten Mustangs der fünften Generation.

Bild: © Ford Motor Company

Motor/Antrieb	
Bauart	V8
Lage/Antrieb	Front/Heck
Hubraum in cm³	4600
PS/min	315/6000
Vmax in km/h	250
Karosserie	
Bauart	Coupé
Tragstruktur	selbsttragend
Material	Stahlblech
Stückzahl und Marktsituation	
Produktionszahl	5.808
Verfügbarkeit	ausreichend
Teilesituation	sehr gut
Unterhaltskosten	hoch

Ford Thunderbird (Serie XI, „Retro-Bird") 2002–2005

Der Thunderbird, der große Donnervogel, hebt 2002 nach einer Pause von fünf Jahren zu seinem letzten Flug ab. Der damalige Ford-Designchef J Mays überzeugt den Konzern mit seiner Reminiszenz an das Ur-Modell. Es ist jener J Mays, der auch den New Beetle und den Audi 80 B3 entworfen hat. Der neue T-Bird räumt auf mit den kantigen und eher einfallslosen Thunderbird-Varianten der 1970er bis 1990er Jahre. In pastelligem Hellgelb und Türkis beschwört der offene Zweisitzer mit seinem aus dem Jaguar-Regal stammenden V8 und konventioneller Technik aus dem Lincoln LS einen eher melodischen Rock'n'Roll herauf. Ford rechnet sich Chancen aus und hofft auf bis zu 25.000 Käufer aus aller Welt pro Jahr. Das wird nichts: Nur etwas über 55.000 Stück entstehen ab 2002. Am 1. Juli 2005 verlässt der letzte Thunderbird das Produktionsband.

Bild: © Ford Motor Company

Motor/Antrieb	
Bauart	V8
Lage/Antrieb	Front/Heck
Hubraum in cm³	3950
PS/min	256/6100
Vmax in km/h	220
Karosserie	
Bauart	Cabriolet
Tragstruktur	selbsttragend
Material	Stahlblech
Stückzahl und Marktsituation	
Produktionszahl	55.137
Verfügbarkeit	gut
Teilesituation	gut
Unterhaltskosten	mittel

Gumpert Apollo, Apollo S, Apollo Enraged, Apollo R 2005–2013

Ex-Audi-Motorsport-Chef Roland Gumpert hatte einen Traum: einen eigenen Supersportwagen, nein, einen Rennwagen mit Straßenzulassung, der seinen Namen tragen sollte. Im Dezember 2005 startete die Produktion im thüringischen Altenburg. Der Karosseriekörper des Apollo baute auf einem Gitterrohrrahmen auf, die sichtbaren Teile des Bodys entstanden entweder aus glas- oder kohlefaserverstärktem Kunststoff. In seiner Basisausführung leistete der Apollo bereits 650 PS, die über ein sequenzielles Sechsganggetriebe die Hinterräder antreiben. Gegen Aufpreis zündete Gumpert weitere Leistungsstufen, bis zu 860 PS waren bestellbar. Zeitweise hielt der Apollo den Rundenrekord für Fahrzeuge mit Straßenzulassung auf der Nordschleife des Nürburgrings sowie auf der Hausstrecke der TV-Show „Top Gear". Geholfen hatte es nicht: 2013 musste Gumpert Insolvenz anmelden.

Motor/Antrieb	
Bauart	V8
Lage/Antrieb	Mitte/Heck
Hubraum in cm³	4163
PS/min	650/6500 bis 860/k.A.
Vmax in km/h	308 bis 360
Karosserie	
Bauart	Coupé
Tragstruktur	Rohrrahmen
Material	Kunststoff
Stückzahl und Marktsituation	
Produktionszahl	k.A.
Verfügbarkeit	ausreichend
Teilesituation	ausreichend
Unterhaltskosten	hoch

Honda NSX, NSX Type R, NSX Type S, NSX Type S Zero, NSX-T (NA2) 1997–2002

Honda blieb bei der Neuauflage des NSX seinem Schema treu: Wieder saß ein V6 quer in der Mitte, nun mit 3,2 Liter Hubraum und zunächst 280 PS. Die sechs Gänge sortierte der Fahrer von Hand, allerdings bot Honda weiterhin den 3,0-Liter-V6 mit Viergang-Automatik und 256 PS an. In einigen Aspekten brachte der NSX Innovationen: Er galt als erstes seriengefertigtes Auto mit selbsttragender Aluminiumkarosserie, neu war auch das variable Sperrdifferenzial und das Drive-by-Wire-Gaspedal. Noch 2002 unterzog Honda den NSX einer Modellpflege, bei der die Klappscheinwerfer festen Xenon-Scheinwerfern weichen mussten. Als NSX-T bot Honda eine Variante mit herausnehmbarem Dachteil an, zudem gab es Kleinserien mit gesteigerter Leistung und verringertem Gewicht. Letztlich galt der NSX in den frühen 2000ern bereits als in die Jahre gekommen und konnte vorrangig mit seinem Individualismus und japanischem Perfektionsstreben punkten.

Bild: © Honda

Motor/Antrieb	
Bauart	V6
Lage/Antrieb	Mitte/Heck
Hubraum in cm³	2977, 3200
PS/min	256 bis 300
Vmax in km/h	ca. 270
Karosserie	
Bauart	Coupé (auch mit entfernbarem Dachteil)
Tragstruktur	selbsttragend
Material	Aluminium
Stückzahl und Marktsituation	
Produktionszahl	ca. 18.000
Verfügbarkeit	ausreichend
Teilesituation	ausreichend
Unterhaltskosten	hoch

Jaguar XK8, XKR (Baureihe X100) 1996-2005

Mitte der 1990er Jahre startete Jaguar in die Neuzeit durch. Der Vorgänger XJS war bereits seit 1975 in Produktion, stilvoll zwar, aber nicht mehr konkurrenzfähig. Mit dem XK8 und der Sportversion XKR knüpfte Jaguar, damals zu Ford gehörend, dann allerdings eher an das Image der frühen E-Types an: Das Sportliche dominierte den Luxus. Als Motor setzte Jaguar ein selbst entwickeltes V8-Leichtmetall-Triebwerk mit 4,0 Liter Hubraum ein (Code: AJ-V8), das leicht ausfiel, dazu eine hohe Laufkultur aufwies und sich sehr elastisch gab. Im XKR kam es mit Kompressoraufladung zum Einsatz. Zur Kraftübertragung setzte Jaguar zunächst eine Fünfgangautomatik ein, ab 2002 folgte, gemeinsam mit dem auf 4,2 Liter vergrößerten V8, ein Sechsgangautomat. Ein handgeschaltetes Getriebe gab es für die XK8 und XKR nicht.

Bild: © Jaguar

Motor/Antrieb	
Bauart	V8
Lage/Antrieb	Front/Heck
Hubraum in cm³	3996, 4196
PS/min	284/6100 bis 396/6100
Vmax in km/h	250
Karosserie	
Bauart	Coupé, Cabriolet
Tragstruktur	selbsttragend
Material	Stahlblech
Stückzahl und Marktsituation	
Produktionszahl	k.A.
Verfügbarkeit	üppig
Teilesituation	sehr gut
Unterhaltskosten	mittel

Jaguar XJ6, XJ8, XJR (X350 und X358) 2003–209

Das Design? Pure Evolution. Viel Technik steuerte die damalige Mutter Ford bei. Dieser XJ, intern X350 genannt, mit seinen urbritischen Manieren und Auftritt ist exakt das, was Fans erwarten. Dabei trumpft die mittlerweile dritte komplette Neukonstruktion des Klassikers XJ mit einem modernen Aluminium-Rückgrat, Luftfahrwerk und Sechsgang-Automatik auf. Holz, Leder und etwas Luxus sind selbstverständlich. Den 3,0 Liter großen Einstiegs-V6 und die beiden V8 (298 und 395 PS) ergänzt ab 2004 ein sparsamer, 2,7 Liter großer Diesel-V6 mit 207 PS. Ein großes Facelift folgt 2006 mit dem X358. Insbesondere die schärfer geschnittene Frontpartie fällt hierbei ins Auge. Mit dem Titel Sovereign gibt es den XJ als gepanzerte Version, ebenfalls im Angebot ist er als High-End-Luxusvariante Daimler Super Eight, den auch das britische Königshaus nutzt.

Bild: © Jaguar

Motor/Antrieb	
Bauart	V6, V8
Lage/Antrieb	Front/Heck
Hubraum in cm^3	2720 bis 4196
PS/min	207/4000 bis 395/6100
Vmax in km/h	222 bis 250
Karosserie	
Bauart	Limousine (4-türig)
Tragstruktur	selbsttragend
Material	Stahlblech
Stückzahl und Marktsituation	
Produktionszahl	83.556
Verfügbarkeit	ausreichend
Teilesituation	gut
Unterhaltskosten	hoch

Koenigsegg CCR 2004-2006

Tempo war der Antrieb: Koenigsegg strebte nach der Krone des Speed Kings, die das schnellste Serienfahrzeug mit Straßenzulassung für sich reklamieren durfte. Der CCR, der die dritte Evolutionsstufe des schwedischen Supersportwagens darstellte, löste im Februar 2005 tatsächlich mit knapp 395 km/h den McLaren F1 ab. Lange währte das Glück nicht, denn schon drei Monate später riss der neue Bugatti Veyron die 400-km/h-Marke. Doch immerhin bewies dieser Erfolg die Klasse des schwedischen Sportlers, der sich von seinem direkten Vorgänger CC8S durch Optimierungen unterschied – sichtbar vor allem durch den Heckspoiler. Als Antrieb kam ein kompressorgeladener V8 zum Einsatz, dessen Basis von Audi stammte. Und er fuhr sich tadellos, wie das Magazin *sport auto* neidlos anerkannte, nachdem es dem CCR auf der Nürburgring-Nordschleife auf den Puls gefühlt hatte: Souverän und keineswegs nervös gab sich der Schwede, dazu umgänglich und dennoch sauschnell.

Bild: © Koenigsegg

Motor/Antrieb	
Bauart	V8
Lage/Antrieb	Mitte/Heck
Hubraum in cm^3	4800
PS/min	817/6900
Vmax in km/h	395
Karosserie	
Bauart	Coupé (auch mit entfernbarem Dachteil)
Tragstruktur	Karbon, Rohrrahmen
Material	Karbon
Stückzahl und Marktsituation	
Produktionszahl	14
Verfügbarkeit	ausreichend
Teilesituation	gut
Unterhaltskosten	hoch

KTM X-Bow seit 2008

Eine starke, radikale Idee hatte der österreichische Motorradhersteller KTM 2006: Er entwickelte gemeinsam mit einem Designbüro die ultimative Fahrmaschine auf vier Rädern. Wen krawalliger Auftritt nicht stört, bekommt mit dem X-Bow (sprich: Crossbow, zu deutsch Armbrust) ein leichtes, präzises Sportgerät an die Hand, das auf kurvigen Landstraßen puristischen Fahrgenuss verspricht. Ein Carbon-Monocoque sichert eine leichte, steife Struktur, die aufwändige Technik stammt durchweg aus dem Rennsport. Als Antrieb wählt KTM einen 2-Liter-Direkteinspritzer von Audi, der bereits in der kleinen Version 240 PS leistet. Ein Sechsganggetriebe übernimmt die Kraftübertragung, das Lenkrad ist abnehmbar. Eine Helmpflicht besteht übrigens nicht, zudem ist der X-Bow zulassungsfähig. Es gab verschiedene Sonderserien, 2008 beispielsweise 100 Exemplare des Dallara, der Name des Mitentwicklers aus Italien. Zu den Spezialitäten des X-Bow zählten ein speziell abgestimmtes Fahrwerk sowie Leichtmetallräder mit Zentralverschluss.

Bild: © KTM

Motor/Antrieb	
Bauart	Vierzylinder (Reihe)
Lage/Antrieb	Mitte/Heck
Hubraum in cm^3	1984
PS/min	240 bei 6000
Vmax in km/h	220
Karosserie	
Bauart	Roadster
Tragstruktur	Monocoque
Material	Karbon
Stückzahl und Marktsituation	
Produktionszahl	k.A.
Verfügbarkeit	ausreichend
Teilesituation	sehr gut
Unterhaltskosten	mittel

Lancia Thesis 2002-2009

Der letzte große Lancia kam 2002 mit dem Thesis auf den Markt. Er basierte dabei nicht auf dem Alfa Romeo 166, sondern nutzte eine eigene Bodengruppe. Um Käufer zu überzeugen, wählte Lancias damaliger Chefdesigner Michael Vernon Robinson starke Mittel: Als Grundlage diente die 2001 gezeigte Studie Lancia Dialogos, an die der Thesis sich optisch anlehnte. Weder Front noch Heck sind mit anderen Modellen verwechselbar, und im Innenraum legte Lancia viel Wert auf hochwertige Materialien und sorgfältige Verarbeitung. Eine gute Ausstattung kam hinzu, zum Beispiel mit Drei-Zonen-Klimaautomatik, einem Bose-Soundsystem und optional Massagesitzen. Ebenso konstruierte Lancia ein aufwändiges Fahrwerk – unterm Strich galt der Thesis als wahrer Lustgarten für italophile Technik- und Luxus-Aficionados. Über die Bauzeit bot Lancia den Thesis mit vier Benzinern von 2,0 bis 3,2 Liter an (185 bis 230 PS), dazu kamen drei Versionen des 2,4-Liter-Reihenfünfzylinder-Diesel (150 bis 185 PS). Zudem gab es einige Sondermodelle mit nochmals hochwertigerer Innenausstattung.

Bild: © Lancia

Motor/Antrieb	
Bauart	Fünfzylinder (Reihe), V6
Lage/Antrieb	Front/Front
Hubraum in cm^3	1998 bis 3179
PS/min	150/4000 bis 230/6200
Vmax in km/h	206 bis 240
Karosserie	
Bauart	Limousine (4-türig)
Tragstruktur	selbsttragend
Material	Stahlblech
Stückzahl und Marktsituation	
Produktionszahl	ca. 18.600
Verfügbarkeit	ausreichend
Teilesituation	gut
Unterhaltskosten	mittel

Lamborghini Murciélago, Murciélago Roadster, Murciélago LP640, Murciélago LP640 Roadster, Reventón, Murciélago LP670-4 SV — 2001–2010

Der Name Murciélago stammte von einem heroischen Kampfstier, die kantigen Linien zollten dem unbarmherzigen Auftritt des Countach Tribut. Designer Luc Donckerwolke stand hinter dem Entwurf; es war der erste, den Lamborghini unter dem Dach von Audi entwickelte. Als Nachfolger des Diablo stand er unter besonderer Beobachtung der Sportwagen-Fans. Doch Audi zauderte nicht: Im Murciélago kam wieder ein längs in der Mitte platzierter, 6,2 Liter großer V12 zum Einsatz, der zunächst 580 PS leistete. Typisch war der Allradantrieb, geschaltet wurden die sechs Gänge von Hand oder über eine sequenzielle Automatik. Im Jahr 2005 ergänzte ein Roadster die Baureihe, mit 320 km/h das schnellste offene Serienautomobil der Welt. Eine überarbeitete Coupé-Version folgte 2006, das Kürzel LP640 steht als Chiffre für die Einbaulage des Motors und die PS-Zahl. Unter einigen Sonderserien sticht der 2007 präsentierte Reventón besonders hervor.

Bild: © Lamborghini

Motor/Antrieb	
Bauart	V12
Lage/Antrieb	Mitte/4x4
Hubraum in cm^3	6192, 6496
PS/min	580 bis 670
Vmax in km/h	330 bis 342
Karosserie	
Bauart	Coupé, Cabrio
Tragstruktur	Rohrrahmen
Material	Kunststoff
Stückzahl und Marktsituation	
Produktionszahl	Coupé: 3084; Cabrio: 899
Verfügbarkeit	gut
Teilesituation	gut
Unterhaltskosten	hoch

Lamborghini Gallardo — 2003-2013

Auf immerhin über zehn Jahre Bauzeit und mehr als 14.000 gebaute Exemplare kam der Lamborghini Gallardo, der durch die markanten Linien des Designers Luc Donckerwolke kein Alter zu kennen scheint. Der Name des Mittelmotorsportwagens stammt aus der spanischen Kampfstierwelt, eine Tradition, die Lamborghini 1966 mit dem Miura begonnen hatte. Seit 1998 gehört das Unternehmen zu Audi, was sich unter anderem im Allradantrieb und dem Aluminium-Space Frame zeigt. Der Gallardo blieb unterhalb des größeren Murciélago (2001–2010) das Einstiegsmodell der Marke. Ab 2006 ergänzte ein Spyder das Angebot, 2008 folgte eine Modellpflege, zu der auch ein neuer V10 zählte, der nun 5,2 statt 5,0 Liter bot und 560 PS statt 500 PS leistete. Ein kleines Facelift folgte 2012, rund ein Jahr vor dem Baustopp.

Bild: © Lamborghini

Motor/Antrieb	
Bauart	V10
Lage/Antrieb	Mitte/4x4
Hubraum in cm^3	4961, 5204
PS/min	500/7800 bis 560/8000
Vmax in km/h	309 bis 325
Karosserie	
Bauart	Coupé, Cabrio
Tragstruktur	Space Frame
Material	Aluminium
Stückzahl und Marktsituation	
Produktionszahl	14.022
Verfügbarkeit	gut
Teilesituation	sehr gut
Unterhaltskosten	hoch

Lotus Elise, Elise 111, Elise 111S, Elise 111R, Elise R, Elise SC, Elise Club Racer (Serie 2) — 2000–2010

Der Charakter des kleinen Sportwagens blieb in der zweiten Auflage so unverändert wie sein Format. Retuschen gab es an der Karosserie, insbesondere der Front, der Lufteinlässe und der Dachlinie. Auch das Fahrwerk zeigte sich optimiert, zum Beispiel mit strafferen Federn und Bilstein-Stoßdämpfern, die über getrennte Zug- und Druckstufen verfügen. Eine Servolenkung blieb weiterhin außen vor. Zudem baute Lotus die Modellreihe aus. Bereits 2002 folgte die Elise 111S, ebenfalls mit Rover-Motor, der jedoch 156 PS statt 122 PS leistete. Wieder zwei Jahre später folgte die Elise 111R (ab 2006: Elise R). Das Modell trieb ein Toyota-Vierzylinder an, der 192 PS leistete – Rover war inzwischen insolvent geraten, was Lotus zur Umstellung der gesamten Baureihe nötigte, zugleich aber ein Antiblockiersystem für alle Elise ermöglichte. Mit der Elise SC (SC für supercharged) folgte 2008 eine sportliche Version mit Kompressoraufladung, hinzu kam ein Heckflügel.

Bild: © Lotus

Motor/Antrieb	
Bauart	Vierzylinder (Reihe)
Lage/Antrieb	Mitte/Heck
Hubraum in cm^3	1796
PS/min	122 bis 222
Vmax in km/h	200 bis 241
Karosserie	
Bauart	Roadster
Tragstruktur	Monocoque
Material	Kunststoff
Stückzahl und Marktsituation	
Produktionszahl	k.A.
Verfügbarkeit	gut
Teilesituation	gut
Unterhaltskosten	mittel

Lotus 340R — 2000

In einer auf 340 Exemplare limitierten Auflage brachte Lotus den 340R auf den Markt. Als Basis der radikalen, dennoch straßenzugelassenen Fahrmaschine im Stile eines Karts diente die damalige Elise, bei der Lotus die Karosserie maximal reduziert hatte: Die Räder standen frei, es gab zudem weder Türen noch ein Dach. Produziert wurde der nur knapp 700 Kilogramm wiegende 340R im britischen Hethel, wo das Lotus-Stammwerk zu Hause ist. Als Motor kam, wie bei der Elise, der Vierzylinder der Rover-K-Serie zum Einsatz. Mit 209 km/h Spitze punktete der 340R weniger mit absoluten Fahrleistungen als vielmehr mit seinem optimierten (Slalom-)Handling. Sogar eine eigene Reifenkreation von Yokohama gab es für den 340R, von dem bereits vor Fertigungsanlauf alle Fahrzeuge verkauft waren. Eine Wahl bei der Farbe ließ Lotus den Kunden nicht: Alle wurden in Silber und Schwarz lackiert, Extras gab es – mit Ausnahme einer Alarmanlage – nicht. Gut ein Drittel der Produktion verblieb in England, den Rest exportierte Lotus in europäische Länder und nach Japan.

Bild: © gemeinfrei

Motor/Antrieb	
Bauart	Vierzylinder (Reihe)
Lage/Antrieb	Mitte/Heck
Hubraum in cm^3	1796
PS/min	179/7800, 190/7500
Vmax in km/h	209
Karosserie	
Bauart	Roadster
Tragstruktur	Monocoque
Material	Kunststoff
Stückzahl und Marktsituation	
Produktionszahl	340
Verfügbarkeit	schlecht
Teilesituation	ausreichend
Unterhaltskosten	hoch

Lotus Exige (Series 1) 2000-2001

Wem die Elise im Jahr 2000 noch zu spaßbetont war und ernsthafter in Richtung Rundenzeiten oder Kurvenräuberei zielte, dem half Lotus mit einem Modell namens Exige. Optisch ähnelte es der Basis, erhielt jedoch eine geschlossene Coupé-Karosserie mit einer markanten Lufthutze auf dem Dach. Weil es auch innen schnell heiß wurde, lieferte Lotus den Exige auf Wunsch mit einer Klimaanlage aus – eine nötige, dennoch dem puristischen Konzept entgegenlaufende Strategie. Die Karosserie fiel breiter aus, bestand größtenteils aus GFK und trug vorn wie hinten Spoiler, die für einen erheblichen Abtrieb sorgten. Die serienmäßigen 179 PS stammen aus einem Rover-Vierzylinder, auf Wunsch mobilsierte das Werk per Tuning bis zu 195 PS – das bringt die weniger als 800 Kilogramm Leergewicht ordentlich auf Zack. Dazu kommen ein sportlicher ausgelegtes Fahrwerk mit neuer Feder- und Dämpferkennung, für den Renneinsatz konzipierte Bremsen und speziell von Yokohama entwickelte, weiche und somit griffige Reifen.

Bild: © Lotus

Motor/Antrieb	
Bauart	Vierzylinder (Reihe)
Lage/Antrieb	Mitte/Heck
Hubraum in cm^3	1796
PS/min	179/7800
Vmax in km/h	k.A.
Karosserie	
Bauart	Coupé
Tragstruktur	Monocoque
Material	Kunststoff
Stückzahl und Marktsituation	
Produktionszahl	604
Verfügbarkeit	ausreichend
Teilesituation	gut
Unterhaltskosten	hoch

Mazda MX5 (NB, NB-FL) 1998-2005

Im Jahr 1997 legte Mazda die zweite Version des Überraschungserfolgs MX5 auf. Die Klappscheinwerfer waren verschwunden, nun prägten flache Ovale die Front – eine Entscheidung, die viele Fans bedauerten. Dennoch tastete Mazda die grundlegenden Charakterzüge des authentischen, offenen Zweisitzers nicht an. Die Motorleistung stieg moderat auf 110 PS beim 1,6-Liter-Vierzylinder, das 1,8 Liter große Pendant lieferte nun 140 PS. Ein erstes, nur kleines Facelift folgte 2001, mit ihm kam die Option einer Automatik. Ein zweites Facelift folgte 2003. Besonders reizvoll war die Variante zum zehnjährigen Jubiläum des MX5 1999: Immerhin 7500 Exemplare des *10th Anniversary* entstanden, die nicht nur optisch mit ihrem Lack in Saphirblau-Metallic, einem Nardi-Lenkrad und Schaltknauf auffielen, sondern auch ein Sechsgang-Getriebe, ein Bilstein-Fahrwerk und eine Domstrebe erhielten. Die Epoche des zweiten MX5 markierte die letzte Hochzeit der modernen Roadster: Der MX5 trat damals gegen den BMW Z3, den Alfa Romeo Spider und auch die Fiat Barchetta an, um nur einige zu nennen.

Bild: © Mazda

Motor/Antrieb	
Bauart	Vierzylinder (Reihe)
Lage/Antrieb	Front/Heck
Hubraum in cm^3	1598, 1840
PS/min	110/6500 bis 146/7000
Vmax in km/h	191 bis 208
Karosserie	
Bauart	Cabrio
Tragstruktur	selbsttragend
Material	Stahlblech
Stückzahl und Marktsituation	
Produktionszahl	290.123
Verfügbarkeit	sehr gut
Teilesituation	gut
Unterhaltskosten	mittel

Mercedes Benz CL 500, CL 600, CL 55 AMG, CL 63 AMG, CL 65 AMG (C 215) 1999–2006

Im Jahr 1999 präsentiert Mercedes-Benz in Genf ein neues, großes Coupé. Die Baureihe C 215 startete mit dem CL 500, der auf den bekannten wie famosen Fünf-Liter-V8 setzte. Ein Jahr später folgte mit dem CL 600 das Top-Modell mit V12-Triebwerk, das über Doppelzündung, automatische Zylinderabschaltung und sechs Katalysatoren verfügte. Außen setzte Mercedes-Benz auf das Vier-Augen-Gesicht, zudem erhielt der noble Reisewagen alles, was gut, neu und teuer war. Von Haus aus hatte Mercedes-Benz mit aufwändigem Leichtbau immerhin 340 Kilogramm Gewicht im Vergleich zur Vorgängerbaureihe eingespart. Mit dem CL 55 AMG und dem CL 63 AMG folgten zwei betont sportlich-starke Varianten des C 215. Im Jahr 2002 gab es die erste dezente Modellpflege. Auch unterm Blech tat sich etwas – so konnte der CL 600 von einer Biturbo-Aufladung profitieren.

Bild: © Daimler

Motor/Antrieb	
Bauart	V8, V12
Lage/Antrieb	Front/Heck
Hubraum in cm^3	4966 bis 6258
PS/min	306/5600 bis 612/4800
Vmax in km/h	250, 300 (abgeregelt)
Karosserie	
Bauart	Coupé
Tragstruktur	selbsttragend
Material	Stahlblech
Stückzahl und Marktsituation	
Produktionszahl	47.984
Verfügbarkeit	sehr gut
Teilesituation	sehr gut
Unterhaltskosten	hoch

Mercedes-Benz SL 280, SL 300, SL 350, SL 500, SL 55 AMG, SL 63 AMG, SL 600, SL 65 AMG (R 230) 2001–2011

Während BMW den Futurismus ausprobierte, blieb Mercedes-Benz seinen traditionellen Werten treu: Die SL-Baureihe, die 2001 erschien, folgte in ihren Proportionen und Design-Werten dem klassischen Roadster-Layout. Neu allerdings war das so genannte Variodach aus Blech, das sich elektrohydraulisch in den Kofferraum falten ließ. Mit knapp über zehn Jahren Produktionszeit bewies der R 230 Beständigkeit in Zeiten schneller Veränderung. Der R 230 profitierte von zwei Modellpflegen, die erste griff Ende 2005, die zweite tiefgreifendere im Frühjahr 2008, die vor allem die Front revidierte. So verschwanden die etwas barock wirkenden Doppelscheinwerfer zugunsten einzelner, frei geformter Scheinwerfer, die sich an denen des CLS orientierten.

Bild: © Daimler AG

Motor/Antrieb	
Bauart	V6, V8, V12
Lage/Antrieb	Front/Heck
Hubraum in cm^3	2996 bis 5980
PS/min	231/6000 bis 670/5400
Vmax in km/h	250
Karosserie	
Bauart	Cabriolet
Tragstruktur	selbsttragend
Material	Stahlblech
Stückzahl und Marktsituation	
Produktionszahl	k.A.
Verfügbarkeit	sehr gut
Teilesituation	sehr gut
Unterhaltskosten	hoch

Mercedes-Benz SLR McLaren, SLR 722 Edition, Roadster SLR 722 S, SLR 722 GT, SLR Stirling Moss — 2003–2009

2003 bekommt der exklusive Club der Supersportler ein neues Mitglied: Im neuen SLR, Baureihe 199, vereinen Mercedes-Benz und McLaren ihre Kompetenzen zu einem verlässlichen Rennsportwagen für die Straße. Die seitlichen Kiemen und die spektakulären Schmetterlingstüren erinnern an das Uhlenhaut-Coupé und die 300 SL-Flügeltürer, die großen Vorfahren aus den 1950er Jahren. Coupé und Roadster mit ihrer extrem langen Motorhaube klotzen mit Sidepipes und einem Heckspoiler, der sich beim Bremsen aufstellt. Mercedes-Benz schreibt mindestens 435.000 Euro auf die Rechnung, beim Sondermodell SLR 722 Edition auch deutlich mehr. Später folgt mit dem Roadster 722 S eine offene Version. Beide sind auf 150 Exemplare limitiert.

Bild: © Daimler AG

Motor/Antrieb	
Bauart	V8
Lage/Antrieb	Front/Heck
Hubraum in cm³	5439
PS/min	626/6500 bis 680
Vmax in km/h	334 bis 337
Karosserie	
Bauart	Coupé, Roadster
Tragstruktur	Karbon
Material	Karbon
Stückzahl und Marktsituation	
Produktionszahl	2.157
Verfügbarkeit	ausreichend
Teilesituation	gut
Unterhaltskosten	hoch

Mercedes-Benz SLS AMG (C 197, R 197) — 2009–2014

Der Mercedes-Benz SLS AMG, werksintern als Coupé mit C 197 und als Roadster mit R 197 bezeichnet, galt schon von dem Moment an, als er die Werkshallen verließ, als sammlungswürdiger Klassiker. Dieser erste von AMG eigenständig entwickelte Wagen knüpfte an die Tradition des legendären Uhlenhaut-Coupés 300 SLR und dem folgenden 300 SL (1954-1957) an. Der Supersportwagen mit Flügeltüren debütierte auf der IAA im September 2009 und wurde bis 2014 in etwas über 5000 Exemplaren gebaut. Das SLS steht für Sport Super Leicht. Ein Aluminiumprofilrahmen, der nur etwa 240 Kilogramm wiegt, bildet das Rückgrat des Wagens. Alle SLS AMG treibt ein V8-Saugmotor mit Trockensumpfschmierung (werksinterne Bezeichnung M 159) an, der 571, 591 oder 631 PS leistet. Das Siebengang-Doppelkupplungsgetriebe sitzt in Transaxle-Manier an der Hinterachse. Popularität erlangte der Wagen als Safety Car in der Formel 1.

Bild: © Daimler

Motor/Antrieb	
Bauart	V8
Lage/Antrieb	Front/Heck
Hubraum in cm³	6208
PS/min	571/6800 bis 631/7400
Vmax in km/h	315 bis 320
Karosserie	
Bauart	Coupé, Roadster
Tragstruktur	Space Frame
Material	Aluminium
Stückzahl und Marktsituation	
Produktionszahl	k.A.
Verfügbarkeit	gut
Teilesituation	sehr gut
Unterhaltskosten	hoch

Mini (Gen 1) — 2001–2006

Mit dem neuen Mini gelang BMW im Jahr 2001 doch noch ein Coup nach dem Rover-Debakel der 1990er-Jahre. Neben Rolls-Royce transformierten die Bayern auch die Charakterzüge des Kleinwagenklassikers, der bis 2000 gebaut wurde, ins neue Jahrtausend. Dies gelang durch die Übernahme typischer, klassischer Mini-Designelemente, zugleich jedoch passte BMW die Dimensionen den Anforderungen der Zeit an. Die erste Generation des neuen Mini blieb noch einigermaßen übersichtlich: Neben dem One bot BMW eine Dieselvariante (One D mit Toyota-Motor) und den sportlicheren Cooper an, ergänzt ab März 2002 durch den Cooper S. Dazu kam im Sommer 2004 neben einem ersten Facelift das schnell sehr beliebte Mini Cabrio, das es nicht als Diesel gab. Reizvoll war bei ihm die Idee des Verdecks: Das vordere Dachteil ließ sich auch wie ein Schiebedach nach hinten fahren. Von Beginn an profitierte der neue Mini von der starken Strahlkraft des Namens und seinem sportlichen Handling, seine Reputation litt jedoch anfangs unter erheblichen Qualitätsmängeln.

Bild: © BMW

Motor/Antrieb	
Bauart	Vierzylinder (Reihe)
Lage/Antrieb	Front/Front
Hubraum in cm³	1364, 1598
PS/min	75/4000 bis 218/7100
Vmax in km/h	165 bis 240
Karosserie	
Bauart	Limousine (2-türig), Cabrio
Tragstruktur	selbsttragend
Material	Stahlblech
Stückzahl und Marktsituation	
Produktionszahl	k.A.
Verfügbarkeit	sehr gut
Teilesituation	sehr gut
Unterhaltskosten	niedrig

MG ZT 260+ — 2003–2005

Kurz, bevor der chinesische Hersteller NAC die Marken MG und Rover übernahm, schraubten die Engländer einen 4,6 Liter mächtigen V8-Motor samt Fünfgang-Getriebe aus dem Ford Mustang unter die Haube, längs statt quer, wie bei MG sonst üblich. In Folge ging es dort so eng zu, dass die MG-Ingenieure den Wagen von Vorderrad- auf Heckantrieb umrüsten mussten und ein Sperrdifferenzial ab Werk vorsahen. Nicht nur die Hinterachse entstand neu, auch Bodengruppe, Getriebetunnel und Klimaanlage passten nicht mehr – unterm Strich ein aberwitziger Aufwand für ein exaltiertes Auto-Projekt, das allerdings nicht ansatzweise so spurtstark und schnell ausfiel, wie man es hätte erwarten können. Von außen verrät, abgesehen von vier Endrohren, nahezu nichts den 260-PS-V8. Den raren MG ZT 260+ gab es zudem als Kombi (MG ZT-T 260+), die Preise in Deutschland begannen offiziell bei 45.750 Euro. Nur 40 Exemplare sollen offiziell hierzulande verkauft worden sein.

Bild: © MG

Motor/Antrieb	
Bauart	V8
Lage/Antrieb	Front/Heck
Hubraum in cm³	4601
PS/min	260/5000
Vmax in km/h	250
Karosserie	
Bauart	Limousine (4-türig), Kombi
Tragstruktur	selbsttragend
Material	Stahlblech
Stückzahl und Marktsituation	
Produktionszahl	k.A.
Verfügbarkeit	ausreichend
Teilesituation	gut
Unterhaltskosten	mittel

Morgan Aero 8 — 2001-2018

Viel Mut zum Skurrilen hatten sie bei Morgan in Malvern Link: Zur Jahrtausendwende mixten sie dort einen mehr als wilden Cocktail aus Tradition und Moderne. Irgendwie musste bei der ersten Neukonstruktion seit 64 Jahren der mächtige Antriebsblock aus einem 4,4-Liter-BMW-V8 samt Getrag-Getriebe und Radaufhängungen unter die knappe Aluminiumhülle passen, die formal an die Morgan-Historie erinnern und dennoch aerodynamisch sowie zeitgemäß ausfallen sollte. Die Front erntete dann viel Spott wegen der schielenden Scheinwerfer, die aus dem VW Beetle stammten, und tief im Inneren fanden sich neben einer verklebten Aluminiumstruktur sogar noch Eschenholz-Elemente. Morgan baute den Aero 8 zunächst in einer offenen Version, die zwar für die Marke mit seltsamen Extras wie elektrischen Fensterhebern aufwartete, dafür aber die tief ausgeschnittene Türen vermissen ließ. Bessere Sitze, mehr Platz im Inneren und ein überzeugendes Fahrwerk mit viel Bodenhaftung und einem Hauch von Komfort waren neu bei Morgan.

Bild: © Morgan

Motor/Antrieb	
Bauart	V8
Lage/Antrieb	Front/Heck
Hubraum in cm³	4398, 4799
PS/min	286/5500 bis 367/6300
Vmax in km/h	273
Karosserie	
Bauart	Coupé, Roadster
Tragstruktur	Monocoque
Material	Aluminium
Stückzahl und Marktsituation	
Produktionszahl	ca. 830
Verfügbarkeit	ausreichend
Teilesituation	gut
Unterhaltskosten	hoch

Nissan Skyline GT-R R34, R34 GT-R V-Spec, R34 GT-R V-Spec II — 1998–2002

Nissan blieb seinem Schema treu und konfigurierte die 1999 erschienene Ausbaustufe der Skyline-Baureihe, die als Typ R34 geführt wird, mit dem Sechszylindermotor des Vorgängers. Als Spitzenmodell nominierte Nissan wieder den GT-R. An den 2,6 Litern Hubraum und der Leistung, die dank zweier Turbolader mindestens 280 PS bei 6800/min betrug, änderte sich nichts. Ein Getrag-Sechsganggetriebe verteilte den Vortrieb auf alle vier Räder, eine aufwändige Mehrlenkerachse führte die Hinterräder. Über 250 km/h Höchstgeschwindigkeit waren möglich, doch die neue GT-R-Auflage gab sich etwas handlicher, da Nissan dem R34 nicht nur wieder die Allradlenkung Super-HICAS, sondern auch einen 55 Millimeter kürzeren Radstand zugestanden hatte. Mit zahllosen Sondermodellen und Ausstattungslinien zelebrierte Nissan die Liebe der Fans zu dieser Modellreihe, um die sich eine große Tuningszene etabliert hat. Besonders in Japan bauen Spezialisten Motoren bis zu über 1000 PS auf.

Bild: © Nissan

Motor/Antrieb	
Bauart	Sechszylinder (Reihe)
Lage/Antrieb	Front/4x4
Hubraum in cm³	2568
PS/min	280/6800
Vmax in km/h	180 bis 250
Karosserie	
Bauart	Coupé
Tragstruktur	selbsttragend
Material	Stahlblech
Stückzahl und Marktsituation	
Produktionszahl	ca. 11.000
Verfügbarkeit	schlecht
Teilesituation	ausreichend
Unterhaltskosten	hoch

Nissan 350 Z — 2002–2009

Generation fünf des Z-Modells startete im Sommer 2002. Mit einem längs eingebauten 3,5-Liter-V6 mit 24 Ventilen, der anfangs 280 PS, ab 2005 bereits 301 PS und ab 2007 dann 313 PS leistete, trat der Nissan-Sportler auf Augenhöhe zum Wettbewerb an. Er knüpfte an seinen Vorgänger an, den 300 ZX, den Nissan 1996 gestoppt hatte, weil die Produktion zu teuer geworden war. Auch der neue Z, den es ebenso als Roadster gab, erhielt wieder Hinterradantrieb, zudem ein Sechsganggetriebe oder – auf Wunsch – eine Fünfgangautomatik. Problematisch erwiesen sich für Nissan die Karosserien: Mit einer Reihe von Maßnahmen, Domstreben zum Beispiel, erhielt der 350Z die nötige Aussteifung. Ab Werk lieferte Nissan ein elektronisches Stabilitätsprogramm, und in vielen Exportmodellen kamen hochwertige Brembo-Bremsen zum Einsatz.

Bild: © Nissan

Motor/Antrieb	
Bauart	V6
Lage/Antrieb	Front/Heck
Hubraum in cm³	3498
PS/min	280/6200 bis 313/6800
Vmax in km/h	250
Karosserie	
Bauart	Coupé, Roadster
Tragstruktur	selbsttragend
Material	Stahlblech
Stückzahl und Marktsituation	
Produktionszahl	k.A.
Verfügbarkeit	gut
Teilesituation	gut
Unterhaltskosten	mittel

Nissan 370Z, 370Z Roadster, 370Z Nismo — 2009-2020

Die intern Z34 genannte Generation war die sechste der Z-Sportwagen. Sie erhielt einen 3,7 Liter großen V6, für dessen Leistungsausbeute von 331 PS bei immerhin 7000/min ein variabler Ventilhub sorgte. Zudem profitierte der Z34 von einer tiefgreifenden Überarbeitung unter dem Blech. Nissan brachte mehr Steifheit in die Struktur, kürzte Länge und Radstand deutlich, verbreiterte Spur und Radhäuser. Zudem erhielt der preislich interessante 370Z nun Türen und Hauben aus Aluminium, was neben weiteren Maßnahmen das Gewicht der Neuauflage reduzierte. Zusätzlich zur Coupé-Version bot Nissan ab 2009 wieder eine Roadster-Variante an. Serienmäßig war der 370Z mit einem Sechsgang-Schaltgetriebe ausgerüstet, wobei Nissan auch ein System offerierte, das die Drehzahlen vor dem Schalten anpasst. Auch eine Siebengang-Automatik war auf Wunsch lieferbar. Mit dem Nismo folgte 2009 eine auf 331 PS gesteigerte Sportversion, die bis 2013 dem US-amerikanischen Markt vorbehalten blieb.

Bild: © Nissan

Motor/Antrieb	
Bauart	Sechszylinder (Reihe)
Lage/Antrieb	Front/Heck
Hubraum in cm³	3696
PS/min	331/7000 bis 344/7400
Vmax in km/h	250
Karosserie	
Bauart	Coupé, Roadster
Tragstruktur	selbsttragend
Material	Stahlblech
Stückzahl und Marktsituation	
Produktionszahl	k.A.
Verfügbarkeit	gut
Teilesituation	gut
Unterhaltskosten	mittel

Noble M12 GTO, GTO-3, GTO-3R, M400 — 2000-2010

Im Jahr 1999 startete Lee Noble in Leeds die Produktion von Sportwagen. Er ließ die Teile in Südafrika fertigen, nur die Endmontage erfolgte in England. Das erste in kleiner Serie gebaute Modell war der M12 GTO, ein zweisitziger Mittelmotor-Sportwagen, den ein 2,5 Liter großer Ford-V6-Duratec-Motor antrieb. Nur gut 1050 Kilogramm Gewicht und 310 PS boten eine gute Basis für exzellentes Handling. Als GTO-3 erhielt der Noble eine 356 PS starke 3,0-Liter-Version des Ford-V6, ebenso wie der GTO-3R. Der jedoch war komfortabler ausgestattet, dazu kam ein Sechsganggetriebe samt Sperrdifferenzial – trotz etwas mehr Gewicht blieb er schnell: In 3,8 Sekunden sprintete er von 0 auf 100, und erst bei rund 275 km/h endete die Beschleunigung. Mit dem M400 positionierte die Manufaktur ab 2004 eine 431 PS starke, betont sportliche Version des Coupés. 2019 bot RM Sotheby's ein 2007 gebautes Exemplar mit nur 3400 Meilen an, fand jedoch für die erwarteten 75.000 Dollar keinen Käufer.

Bild: © RM Sotheby's

Motor/Antrieb	
Bauart	V6
Lage/Antrieb	Mitte/Heck
Hubraum in cm³	2500, 2986
PS/min	310/6000 bis 431/6500
Vmax in km/h	270 bis 301
Karosserie	
Bauart	Coupé
Tragstruktur	Spaceframe
Material	Kunststoff
Stückzahl und Marktsituation	
Produktionszahl	k.A.
Verfügbarkeit	schlecht
Teilesituation	mittel
Unterhaltskosten	hoch

Opel Speedster — 2001-2005

Was Opel Speedster heißt, ist unterm Strich eigentlich ein Lotus: Denn in deren Werk in Hethel, Norfolk, bauten sie auch das deutsche Derivat der Lotus Elise 2, das zudem in England als Vauxhall VX220 und in Asien als Daewoo Speedster vermarktet wurde. Das Design fiel schärfer und markanter aus, und mit nur 1,12 Metern Höhe wirkt der Speedster extrem sportlich für einen Opel. Nicht einmal ordentlich schließen und vor Regen schützen ließ er sich. Den Vortrieb übernahm ein 2,2 Liter großer Vierzylinder (147 PS) aus dem Astra, der wie im Lotus in der Mitte saß (für Opel ein Novum) und so für eine gute Gewichtsbalance sorgte. Das Chassis des 870 Kilogramm leichten Zweisitzers bildet eine Aluminiumstruktur, die Karosserie besteht aus glasfaserverstärktem Kunststoff. Im September 2003 folgte eine 2,0 Liter große Turbo-Variante des Speedster, die 200 PS leistete. Auch Fahrwerk, Ausstattung und Karosseriedetails wertete Opel auf. Die Nachfrage nach dem teuren Speedster blieb jedoch hinter den Erwartungen deutlich zurück.

Bild: © Opel

Motor/Antrieb	
Bauart	Vierzylinder (Reihe)
Lage/Antrieb	Mitte/Heck
Hubraum in cm³	1998, 2198
PS/min	147/5800 und 200/5500
Vmax in km/h	217, über 240
Karosserie	
Bauart	Roadster
Tragstruktur	Monocoque
Material	Kunststoff
Stückzahl und Marktsituation	
Produktionszahl	7.207
Verfügbarkeit	gut
Teilesituation	gut
Unterhaltskosten	mittel

Opel GT — 2007-2009

Der Opel GT gilt als Nachfolger des Speedster, fiel jedoch bei Weitem nicht so kompromisslos aus. Das lag bereits an der Basis: Der GT nutzt die deutlich größere Kappa-Konzernplattform und wurde in den USA gebaut, gemeinsam mit seinen weitgehend baugleichen Geschwistern Pontiac Solstice, Saturn Sky und Daewoo G2X. Den Antrieb übernahm ein 264 PS starker 2,0-Liter-Vierzylinder mit zweiflutiger Turboaufladung und Benzindirekteinspritzung, der auch in den Opel-OPC-Modellen Verwendung fand. ABS, EPS und Traktionskontrolle sind serienmäßig an Bord, letztere zudem regulierbar. Auch der im Vergleich zum Speedster viel kultiviertere GT blieb in Sachen Verkaufszahlen eher enttäuschend.

Bild: © GM

Motor/Antrieb	
Bauart	Vierzylinder (Reihe)
Lage/Antrieb	Front/Heck
Hubraum in cm³	1998
PS/min	264/5300
Vmax in km/h	229
Karosserie	
Bauart	Roadster
Tragstruktur	Monocoque
Material	Kunststoff
Stückzahl und Marktsituation	
Produktionszahl	7519
Verfügbarkeit	gut
Teilesituation	sehr gut
Unterhaltskosten	mittel

Pagani Zonda C12, Zonda S, Zonda F, Zonda R, Zonda Cinque — 1999–heute

Horacio Pagani heißt der Mann hinter diesen Hypercars: Der 1955 in Argentinien geborene Ingenieur und Konstrukteur arbeitete für Renault und Lamborghini, gründete jedoch 1992 in Modena sein eigenes Unternehmen, mit dem er den Zonda entwickelte, einen extremen Sportwagen mit Karbon-Karosserie. Er rüstete ihn mit V12-Motoren von Mercedes-Benz AMG aus, und auch die Optik, so Pagani, sei von den damaligen Gruppe-C-Rennwagen von Mercedes-Benz inspiriert. 1999 konnte er seinen ersten Pagani Zonda C12 auf dem Genfer Salon präsentieren. Ein Jahr später erschien der Zonda S mit einem Sieben-Liter-V12, 2003 ein Roadster. Mit dem Zonda F kam die nächste Ausbaustufe, auch ihn gab es als Coupé und Roadster, der für Pagani auch einigen wirtschaftlichen Erfolg brachte. Die Modelle R und Cinque gingen anschließend an den Start, beides pure Rennmaschinen mit der Option auf Straßenzulassung. Viele teils limitiert aufgelegte Sondermodelle und Einzelstücke folgten.

Bild: © Pagani

Motor/Antrieb	
Bauart	V12
Lage/Antrieb	Mitte/Heck
Hubraum in cm³	5980, 7291
PS/min	450/5200 bis 800/k.A.
Vmax in km/h	298 bis über 355
Karosserie	
Bauart	Coupé, Roadster
Tragstruktur	Monocoque
Material	Karbon
Stückzahl und Marktsituation	
Produktionszahl	ca. 140
Verfügbarkeit	ausreichend
Teilesituation	gut
Unterhaltskosten	sehr hoch

Plymouth Prowler 1997-2002

Parallel zur Dodge Viper entstand der Plymouth Prowler, ein Auto, das sich kaum klassifizieren lässt. Er war sportlich und sehr offen, sah jedoch nach Comic aus: In ihm verdichtete sich karikaturhaft die Erinnerung an die große US-amerikanische Autokultur einer längst vergangenen Jugend. Damals bauten sich junge Wilde heiße Hot Rods, 1997 feierte der Prowler ihre Ideen. Allerdings blieb er keine Studie, sondern gelangte tatsächlich ins reguläre Programm von Plymouth. Seine enge Karosserie ließ keinen Platz für einen Gepäckraum, daher bot Plymouth zunächst einen passenden Anhänger an. Die Ausstattung jedoch fiel zeitgemäß aus, Seitenaufprallschutz und Airbags waren an Bord. Als Antrieb wählte Plymouth einen V6 mit zunächst 217 PS, ab 1998 kam mit der zweiten Serie eine 256 PS starke Version zum Einsatz. Die Viergangautomatik saß an der Hinterachse. Als Plymouth 2001 als Marke aufgeben musste, übernahm Konzernmutter Chrysler den Prowler für ein letztes Baujahr.

Bild: © Plymouth

Motor/Antrieb	
Bauart	V6
Lage/Antrieb	Front/Heck
Hubraum in cm³	3500
PS/min	217/5850, 256/6400
Vmax in km/h	190, 203
Karosserie	
Bauart	Cabrio
Tragstruktur	Monocoque
Material	Aluminium
Stückzahl und Marktsituation	
Produktionszahl	11.702
Verfügbarkeit	ausreichend
Teilesituation	ausreichend
Unterhaltskosten	mittel

Porsche Cayenne (Gen 1, Typ 9PA) 2002-2010

Mit dem Cayenne erschloss sich Porsche Ende 2002 mutig ein völlig neues Geschäftsfeld. Wuchtige, viertürige SUV, die geradezu den Gegenpol zu dem markierten, was Porsche seit Ende der 1940er Jahre ausgemacht hatte – zweitürige Sportwagen mit einer relativen Nähe zum Motorsport. Doch das Wagnis glückte: Die Nachfrage, hauptsächlich von neuen Kunden, entwickelte sich gewaltig. Porsche war, um die Entwicklungskosten in den Griff zu bekommen, eine Kooperation mit Volkswagen eingegangen, was einige Gleichteile wie Türen und Dach, aber auch im Bereich der Technik, erklärt. Um die Motoren, Getriebe und Fahrwerk jedoch kümmerte sich Porsche selbst. Seine Laufbahn begann der Cayenne mit einem neuen 4,5-Liter-V8-Sauger, der den SUV mit seinen 340 PS auf immerhin 242 km/h beschleunigte. Ab 2002 kam als Variante der Cayenne Turbo dazu. 2004 rundete ein V6, dessen Grundkonzept von Volkswagen stammte und den Porsche gründlich optimiert hatte, die Cayenne-Palette nach unten ab.

Bild: © Porsche

Motor/Antrieb	
Bauart	V6, VR6, V8
Lage/Antrieb	Front/4x4
Hubraum in cm³	2967 bis 4806
PS/min	240/4000 bis 550/6000
Vmax in km/h	214 bis 280
Karosserie	
Bauart	Kombi (5-türig)
Tragstruktur	selbsttragend
Material	Stahlblech
Stückzahl und Marktsituation	
Produktionszahl	k.A.
Verfügbarkeit	sehr gut
Teilesituation	sehr gut
Unterhaltskosten	hoch

Porsche 911 Carrera 4S (996) 2001-2005

Das Konzept des Carrera 4S hatte Porsche bereits beim Vorgänger 993 erprobt – und war selbst ein wenig überrascht vom großen Erfolg. Kein Wunder also, dass die Produktstrategen daran anknüpften: Der neue Carrera 4S kombinierte wieder den Auftritt des Turbo (jedoch ohne Heckspoiler, ohne seitliche Lufteinlässe) mit dem Saugmotor des Carrera. Auch mit Tiptronic stattete Porsche nun den wuchtigen Standard-Carrera aus. Porsche erhielt viel positive Resonanz auf dieses Konzept, sodass sich die Produktmanager zu einem weiteren Spin-off entschieden, der ab Modelljahr 2004 zur Verfügung stand: Als Karosserie diente nun eine Mischung aus Turbo und Cabrio – also wieder ein breites Heck ohne Spoiler, doch nach oben hin ein Verdeck, während im Motorraum der normale Motor des Carrera arbeitete. Wegen des zusätzlichen Gewichts und Rollwiderstands blieben die 4S-Versionen um eine Nuance langsamer und träger als ihre technische Basis Carrera. Doch die heiße Optik und der starke Auftritt machten das für viele Fans wett.

Bild: © Porsche

Motor/Antrieb	
Bauart	Sechszylinder (Boxer)
Lage/Antrieb	Heck/4x4
Hubraum in cm³	3596
PS/min	320/6800
Vmax in km/h	280
Karosserie	
Bauart	Coupé, Cabrio
Tragstruktur	selbsttragend
Material	Stahlblech
Stückzahl und Marktsituation	
Produktionszahl	k.A.
Verfügbarkeit	gut
Teilesituation	sehr gut
Unterhaltskosten	hoch

Porsche Carrera GT 2003–2006

Der Carrera GT entstand aus einer Art Resteverwertung im Sinne schwäbischer Ingenieure: Aus einem abgeblasenen Le-Mans-Projekt hatte Porsche noch einen großartigen V10-Motor und ein Chassis übrig, beides bildete die Basis des Carrera GT. Sein Monocoque sowie der Aggregateträger aus kohlenstofffaserverstärktem Kunststoff galten als innovative Meisterleistung. Zudem lieferte Porsche den Carrera GT serienmäßig mit Sechskolben-Keramikbremsen aus, die auf Augenhöhe mit dem 612 PS starken und über 330 km/h schnellen Carrera GT agierten. Das Sechsgang-Schaltgetriebe kombinierte Porsche mit einer Zweischeiben-Keramik-Trockenkupplung, der Antrieb erfolgte allein über die Hinterräder, was durchaus Fahrkönnen erfordert. Als prominenter Mitentwickler trat Rallye-Ikone Walter Röhrl auf, der sich auf dem Nürburgring um die Feinabstimmung des Fahrwerks kümmerte. Nur 1282 Exemplare des rein für den Straßeneinsatz konfigurierten Fahrzeugs hat Porsche bis 2006 im Werk Leipzig gefertigt, für jedes von ihnen fielen 175 Stunden Handarbeit an.

Bild: © Porsche

Motor/Antrieb	
Bauart	V10
Lage/Antrieb	Mitte/Heck
Hubraum in cm³	5733
PS/min	612/8000
Vmax in km/h	334
Karosserie	
Bauart	Coupé
Tragstruktur	Monocoque
Material	Kunststoff
Stückzahl und Marktsituation	
Produktionszahl	1.282
Verfügbarkeit	ausreichend
Teilesituation	gut
Unterhaltskosten	hoch

Porsche Cayman S 3.4, Cayman 2.7, Cayman R, Cayman S Sport (987C) — 2005–2013

Seine Premiere feierte das Boxster-Coupé Cayman als S-Version: Porsche ließ der Super-Version den Vortritt. Als Antrieb kam der 295 PS starke 3,4-Liter-Wasserboxer mit VarioCam Plus zum Einsatz. Ein Sechsganggetriebe war Standard, gegen Aufpreis montierte Porsche die Fünf-Gang-Tiptronic, die jedoch 40 Kilogramm zusätzliches Gewicht mit sich brachte. Als zweites Modell folgte 2006 der Cayman 2.7. Die Basis-Version der Baureihe mobilisierte aus 2,7 Liter Hubraum 245 PS bei 6500/min, ein Drehmoment von 273 Nm stand zwischen 4600 und 6000/min bereit. Im Unterschied zur S-Version stattete Porsche den Cayman 2.7 mit einem Fünfganggetriebe aus, sechs Gänge gab es im Sportpaket, Tiptronic auf Wunsch. Der Cayman R ergänzte 2010 das Portfolio mit 10 PS mehr Leistung und 55 Kilogramm weniger Gewicht. Optisch wiesen ein fester Heckspoiler, schwarz umrandete Scheinwerfer und Porsche-Schriftzüge an den Türen auf das R-Modell hin.

Bild: © Porsche

Motor/Antrieb	
Bauart	Sechszylinder (Boxer)
Lage/Antrieb	Mitte/Heck
Hubraum in cm³	2687 bis 3436
PS/min	245/6500 bis 330/7400
Vmax in km/h	258 bis 277
Karosserie	
Bauart	Coupé
Tragstruktur	selbsttragend
Material	Stahlblech
Stückzahl und Marktsituation	
Produktionszahl	k.A.
Verfügbarkeit	sehr gut
Teilesituation	sehr gut
Unterhaltskosten	hoch

Porsche 911 (997) — 2004-2012

997 nannte Porsche intern die sechste Generation des Longsellers 911. Auf dem Markt hieß das Modell 911 Carrera. Dem Unternehmen ging es nach einer existenzbedrohenden Krise nun wieder deutlich besser, auch dank des Cayenne-Erfolgs. Zudem söhnte sich Porsche mit dem 997 wieder mit seinen gusseisernen Fans aus. Die Wasserkühlung blieb zwar, doch das Design griff alte Werte wieder behutsam auf – mit seinen runden Scheinwerfern, der (besonders beim Carrera 4) betonten Taille und den Verzicht auf manchen allzu modischen Design-Schnickschnack, unter dem der Vorgänger 996 noch litt. 80 Prozent des 997 seien neu konstruiert, betonte Porsche, hielt jedoch dabei an bekannten Werten wie dem 3,6-Liter-Wasserboxer fest. Ab April 2005 gab es den 997 auch als Cabrio, 2006 ergänzt von Targa-Varianten mit der bereits bekannten Glasdach-Lösung und ausschließlich in Kombination mit Allradantrieb. 2008 folgte die erste Modellpflege, inklusive neuer Motoren mit Benzindirekteinspritzung.

Bild: © Porsche

Motor/Antrieb	
Bauart	Sechszylinder (Boxer)
Lage/Antrieb	Heck/Heck, 4x4
Hubraum in cm³	3596 bis 3824
PS/min	325/6800 bis 620/6550
Vmax in km/h	280 bis 330
Karosserie	
Bauart	Coupé, Cabrio
Tragstruktur	selbsttragend
Material	Stahlblech
Stückzahl und Marktsituation	
Produktionszahl	k.A.
Verfügbarkeit	sehr gut
Teilesituation	sehr gut
Unterhaltskosten	hoch

Renault Avantime — 2001-2003

Mit dem Avantime bewies Renault große Innovationsfreude. Er war eine Mischung aus Van und Coupé – und seiner Zeit voraus, die derartige Crossover-Modelle noch nicht kannte. Als technische Basis wählte Renault den damals aktuellen Espace, den Fertigungsauftrag hatte man an Matra vergeben. Eine Herausforderung für die Konstrukteure stellten die beiden riesigen und schweren Doppelgelenktüren dar. Die Karosserie bestand, wie beim Espace, aus Kunststoff, der auf einen tragenden Rahmen montiert war. Neben zwei Benzinern – einem Reihenvierzylinder und einem V6 – war auch ein 2,2-Liter-Turbodiesel im Angebot. Der Avantime blieb für Renault und Matra ein finanzielles Fiasko, viele Auto-Fans freuten sich dagegen über die Realisierung dieses ambitionierten, unkonventionellen Entwurfs.

Bild: © Renault

Motor/Antrieb	
Bauart	Vierzylinder (Reihe), V6
Lage/Antrieb	Front/Front
Hubraum in cm³	1998, 2188, 2946
PS/min	150/4000 bis 207/6000
Vmax in km/h	190 bis 220
Karosserie	
Bauart	Coupé
Tragstruktur	selbsttragend
Material	Stahlblech/Kunststoff
Stückzahl und Marktsituation	
Produktionszahl	4685
Verfügbarkeit	ausreichend
Teilesituation	ausreichend
Unterhaltskosten	hoch

Renault Clio Sport V6 — 2000–2005

Renault tat mit dem Clio das, was die Franzosen mit dem R5 genau 20 Jahre zuvor bereits durchexerziert hatten: Sie klemmten dem Subkompakten einen superpotenten Motor hinter die Vordersitze, zogen die Karosserie kräftig in die Breite, so dass üppige Räder samt Bremsen darunter passten. Als Clio Sport V6 trat der wilde Kleine im Jahr 2000 an, kostete mindestens 75.000 Mark (umgerechnet etwa 38.500 Euro) und bot mit seinem zentralen, 226 PS starken Dreiliter-V6 die beste Garantie für maximales Fahrvergnügen. Viel vom Ur-Clio blieb da nicht übrig, sogar der Radstand fiel um 38 Millimeter länger aus, die Spurweite hinten gar um 115 Millimeter. Montieren ließ Renault den Clio Sport V6 zunächst bei Tom Walkishaw Racing in Schweden, die zweite Serie ab Dezember 2002 dagegen bei Alpine im französischen Dieppe. Sie erhielt einen mit 254 PS nochmals stärkeren Mittelmotor, während der Hinterradantrieb und das Sechsgangschaltgetriebe dem Clio Sport erhalten blieben.

Bild: © Renault

Motor/Antrieb	
Bauart	V6
Lage/Antrieb	Mitte/Heck
Hubraum in cm³	2946
PS/min	226/6000; 254/7150
Vmax in km/h	235 bis 250
Karosserie	
Bauart	Limousine (3-türig)
Tragstruktur	selbsttragend
Material	Stahlblech
Stückzahl und Marktsituation	
Produktionszahl	2935
Verfügbarkeit	ausreichend
Teilesituation	schwierig
Unterhaltskosten	hoch

Rolls-Royce Phantom VII 2003-2017

Die Aufgabe, für Rolls-Royce eine Zukunft zu definieren, war um die Jahrtausendwende nicht einfach. BMW hatte die Markenrechte gekauft, sonst nichts. Somit entstand unter dem Code RR01 nicht nur ein von Grund auf neu entwickeltes Fahrzeug der Luxusklasse, sondern zugleich ein neues Werk im englischen Goodwood. BMW zog bei der Entwicklung alle Register, nutzte die Erfahrung aus der 7er-Serie und vorhandene Fertigungskapazitäten. So wurde der knapp 6,8 Liter große V12-Motor im Werk München gebaut, die Karosserien stammten aus Dingolfing. Lackiert wurden sie in Goodwood, wo auch die Montage und Individualisierung stattfanden. Der Handarbeitsanteil lag bewusst hoch. BMW gelang es mit dem Phantom VII tatsächlich, an das große Erbe der Engländer anzuknüpfen und ein glaubwürdiges Automobil der Top-Liga zu schaffen, das viel selbstverständlich wirkenden Vorsprung zum Rest der automobilen Welt erzielte. Rolls-Royce bot zudem Varianten mit längerem Radstand sowie Coupé- und Cabrio-Karosserien an.

Bild: © Rolls-Royce

Motor/Antrieb	
Bauart	V12
Lage/Antrieb	Front/Heck
Hubraum in cm³	6749
PS/min	460/5350
Vmax in km/h	240
Karosserie	
Bauart	Limousine (4-türig), Coupé, Cabriolet
Tragstruktur	selbsttragend
Material	Stahlblech
Stückzahl und Marktsituation	
Produktionszahl	k.A.
Verfügbarkeit	sehr gut
Teilesituation	sehr gut
Unterhaltskosten	hoch

Saab 9-3 II (Typ YS3F, 1. Generation) 2002–2011

Mit dem zweiten 9-3 kehrte Saab einer alten Tradition den Rücken: Den Neuen gab es nicht mehr als Schrägheck, eine Karosserieform, die über Jahrzehnte charakteristisch für Saab-Modelle war. Stattdessen setzte Saab auf die Stufenheck-Version, bot jedoch auch einen Kombi („SportCombi") und wiederum ein Cabriolet an. Neu dagegen waren die Allradvariante XWD, sowie der 9-3X, der erste SUV der Marke. Der 9-3 II basierte zwar auf der Epsilon-Plattform von General Motors, auf der auch der Opel Vectra C und der ebenfalls von Saab gebaute Cadillac BLS basierten, doch über zwei Drittel des 9-3 II stammten aus eigenen Entwicklungen – deswegen hatte nach der Saab-Pleite General Motors keinen Anspruch auf Lizenzrechte. Modellpflegemaßnahmen ließ Saab dem 9-3 II in den Jahren 2007 und 2011 angedeihen, die jeweils auch mit optischen Änderungen einhergingen, mit denen sich der kompakte Saab am größeren Modell 9-5 orientierte. Ab 2011 trug der 9-3 II den Zusatznamen Griffin. Der Saab 9-3 II bewies zudem mit fünf Sternen im NCAP-Crashtest eine hohe Sicherheit im Falle eines Unfalles.

Bild: © Saab

Motor/Antrieb	
Bauart	Vierzylinder (Reihe), V6
Lage/Antrieb	Front/Front, 4x4
Hubraum in cm³	1796 bis 2792
PS/min	122/5800 bis 280/5500
Vmax in km/h	200 bis 250
Karosserie	
Bauart	Limousine (4-türig), Kombi, Cabrio
Tragstruktur	selbsttragend
Material	Stahlblech
Stückzahl und Marktsituation	
Produktionszahl	k.A.
Verfügbarkeit	ausreichend
Teilesituation	gut
Unterhaltskosten	mittel

Saab 9-5 (Typ YS3G; 2. Generation) 2010–2011

Nur sehr holprig ging es mit der zweiten Generation des Saab 9-5 los. Der Hersteller war bereits in massiven finanziellen Schwierigkeiten, und immer wieder musste Saab die Bänder anhalten, weil Zulieferer Teile aus Protest gegen unbezahlte Rechnungen zurückhielten. Mit dem SportSedan hatte die Fertigung begonnen, der SportCombi war für 2011 geplant, kam jedoch über eine kleine Versuchsserie nie hinaus – auch, weil General Motors dem zunehmend zahlungsunfähigen Saab-Konzern keine Lizenzen mehr erteilen wollte. Als Basis des zweiten 9-5 diente die Epsilon-II-Plattform, auf der unter anderem der Opel Insignia aufbaute – der neue Saab 9-5 jedoch wies einen um elf Zentimeter längeren Radstand auf. Neben den von Opel in Kaiserslautern gebauten Ecotec-II-Vierzylindern offerierte Saab im 9-5 auch einen Holden-V6 sowie 2,0 Liter große Diesel-Vierzylinder von Fiat. Ende 2011 musste Saab die Produktion endgültig beenden, insbesondere durch die weiterhin strikte Weigerung von General Motors in Sachen Lizenzen.

Bild: © Saab

Motor/Antrieb	
Bauart	Vierzylinder (Reihe), V6
Lage/Antrieb	Front/Front
Hubraum in cm³	1598 bis 2792
PS/min	160/4000 bis 300/5500
Vmax in km/h	209 bis 250
Karosserie	
Bauart	Limousine (4-türig), Kombi
Tragstruktur	selbsttragend
Material	Stahlblech
Stückzahl und Marktsituation	
Produktionszahl	11.280
Verfügbarkeit	ausreichend
Teilesituation	gut
Unterhaltskosten	mittel

Saab 9-3 II (Typ YTN, 2. Generation) 2013–2014

2013 sollte es nach der Pleite groß weitergehen mit Saab – eine Auffanggesellschaft namens NEVS (National Electrical Vehicle Sweden) wollte mit Geldmitteln aus China die Produktion des massiv überarbeiteten Modells 9-3 wieder aufnehmen, das um alle von General Motors beanspruchten Teile bereinigt worden war. Doch die Fertigung lief nur schleppend an, während die Saab AB, ein Konzern der Luftfahrt- und Rüstungsindustrie und nicht identisch mit dem einstigen Fahrzeugbauer Saab, auf die Markenrechte pochte und 2014 nicht nur die Verwendung des Logos untersagte, sondern nun auch die Nutzung des Namens Saab. Zudem blieb zugesagtes Geld aus China ohne Freigabe, was nicht nur die Fertigung stoppte, sondern auch die Planungen für ein Elektrofahrzeug auf Basis des 9-3 II zunächst vereitelte. 2019 schließlich konnte NEVS in seinem Werk in Tianjin (China) die Produktion des ehemaligen Saab 9-3 II mit Elektromotor aufnehmen. Der Vertrieb bleibt auf den chinesischen Markt beschränkt.

Bild: © Saab

Motor/Antrieb	
Bauart	Vierzylinder (Reihe)
Lage/Antrieb	Front/Front
Hubraum in cm³	1998
PS/min	220/5300
Vmax in km/h	230
Karosserie	
Bauart	Limousine (4-türig)
Tragstruktur	selbsttragend
Material	Stahlblech
Stückzahl und Marktsituation	
Produktionszahl	k.A.
Verfügbarkeit	ausreichend
Teilesituation	gut
Unterhaltskosten	mittel

Skoda Octavia RS 2001–2005

25 Jahre nach Produktionseinstellung des klassischen Skoda Octavia brachte die tschechische Marke 1996 den neuen Octavia (Typ 1U) mit Volkswagen-Technik heraus. Der Kompakte mit den Abmessungen der unteren Mittelklasse lockte mit einem Kampfpreis von anfangs 16.999 D-Mark scharenweise Golf-Käufer an und schrieb vom Start weg eine Erfolgsgeschichte. Eine Spur schärfer ging es ab dem Herbst 2001 zur Sache: Der Skoda Octavia RS (in einigen Märkten: VRS) markierte mit 180 PS, einem um 15 Millimeter tiefergesetzten Fahrwerk, Spoilerpaket und dem überarbeiteten Innenraum des Facelift-Modells den Sportler im Skoda-Team. Noch heute überzeugt er als optisch und technisch gelungenes Fahrzeug, das als Youngster mit Alltagsqualitäten überzeugt. Platz, Kraft, Schnelligkeit (235 km/h) und überschaubare Kosten machen den RS zu einem treuen Begleiter. Skoda lieferte ihn in Rallye-Rot, Lemon-Gelb, Silber-Diamant-Metallic und Black-Magic-Perleffekt bis zum Modellwechsel 2004 aus.

Bild: © Skoda

Motor/Antrieb	
Bauart	Vierzylinder (Reihe)
Lage/Antrieb	Front/Front
Hubraum in cm³	1781
PS/min	180/5500
Vmax in km/h	235
Karosserie	
Bauart	Limousine (4-türig)
Tragstruktur	selbsttragend
Material	Stahlblech
Stückzahl und Marktsituation	
Produktionszahl	k.A.
Verfügbarkeit	ausreichend
Teilesituation	gut
Unterhaltskosten	mittel

smart Crossblade 2002-2003

Als Crossblade feierte der radikale Zweisitzer 2002 in Genf Premiere, im Juni startete die Produktion. Via Elektronik war seine Leistung auf 70 PS gewachsen, dafür fehlten Dach, Frontscheibe und sogar Türen. Nur der Überrollbügel blieb. Als Motorrad auf vier Rädern pries Smart den Crossblade an. Regen ist kein Problem: Nach einem Wolkenbruch fließt das Wasser über vier Ablaufkanäle in der Kunststoffbodenwanne ab. Auch die Sitzflächen werden entwässert, nur der Airbag sollte mittels mitgelieferter Haube vor Regen geschützt werden. Ebenfalls serienmäßig: eine Persenning zum Schutz vor Sonne und Regen. Der extrovertierte Crossblade besitzt bereits Sammlerstatus – allein schon wegen seiner auf 2000 Exemplare limitierten Auflage.

Bild: © Daimler AG

Motor/Antrieb	
Bauart	Dreizylinder (Reihe)
Lage/Antrieb	Heck/Heck
Hubraum in cm³	599
PS/min	70/5470
Vmax in km/h	135 (abgeregelt)
Karosserie	
Bauart	Roadster
Tragstruktur	selbsttragend
Material	Kunststoff
Stückzahl und Marktsituation	
Produktionszahl	2.000
Verfügbarkeit	sehr gut
Teilesituation	sehr gut
Unterhaltskosten	niedrig

smart Roadster, Roadster-Coupé 2003-2005

Woher die Idee stammte, dürfte klar sein: Die kleinen, spaßorientierten Roadster der 1960er Jahre brachten die Smart-Vordenker 1998 dazu, eine zeitgemäße Alternative zu entwerfen. 1999 zeigten sie einen Roadster als Prototyp, der Erfolg führte zur Serienproduktion – in zwei Versionen, die sich jedoch nur durch den großen Heckdeckel unterscheiden. Beide besitzen ein Stoffverdeck, das sich herausnehmen lässt. Als Motorisierung dient beiden der 698 cm³ große Turbo-Dreizylinder mit 82 PS, wobei der Roadster auch in einer 61-PS-Variante im Angebot war. Fahrerisch reizvoller dagegen sind die agilen Brabus-Modelle: Sie leisten 101 PS. Nach nur zwei Jahren stellte Smart die Produktion wieder ein.

Bild: © Daimler AG

Motor/Antrieb	
Bauart	Dreizylinder (Reihe)
Lage/Antrieb	Heck/Heck
Hubraum in cm³	698
PS/min	61/5250 bis 101/5250
Vmax in km/h	160 bis 195
Karosserie	
Bauart	Coupé, Roadster
Tragstruktur	selbsttragend
Material	Kunststoff
Stückzahl und Marktsituation	
Produktionszahl	ca. 43.000
Verfügbarkeit	sehr gut
Teilesituation	sehr gut
Unterhaltskosten	niedrig

Tesla Roadster 2008–2012

Ob dieses Modell, das 2008 auf den Markt kam, die automobile Welt gründlich auf den Kopf gestellt hat, wird erst die Zukunft entscheiden. Die Chance jedoch, dass Teslas erstes Serienmodell als eine Art Urknall in die Automobilgeschichte eingehen wird, ist relativ hoch: Der Elektro-Roadster bewies erstmals, wie sexy und cool diese Antriebsart sein kann. Als Basis nutzte das damals noch unbekannte Unternehmen Tesla das Know-how von Lotus: Der Tesla Roadster folgte in Aufbau und Linie dem Lotus Elise, die Engländer übernahmen auch die Fertigung für Tesla. Staunend berichtete die Presse über den 292 PS starken Sportler, der in nur 3,7 Sekunden aus dem Stand auf 100 km/h beschleunigte und eine Reichweite von über 200 Kilometern erzielte, bei zurückhaltender Fahrweise auch mehr. Als Energiespeicher dienten über 6800 gekoppelte, kleine Lithium-Ionen-Standardakkus, die Tesla mit einer Kühlflüssigkeit in einem vorgegebenen Temperaturfenster hält. Sie speicherten 56 kWh, ein Upgrade bietet mittlerweile 70 kWh Kapazität.

Bild: © Tesla

Motor/Antrieb	
Bauart	Drei-Phasen-Elektromotor
Lage/Antrieb	Mitte/Heck
Hubraum in cm³	–
PS/min	292/14.000
Vmax in km/h	200
Karosserie	
Bauart	Roadster
Tragstruktur	Monocoque
Material	Karbon
Stückzahl und Marktsituation	
Produktionszahl	k.A.
Verfügbarkeit	ausreichend
Teilesituation	gut
Unterhaltskosten	mittel

Toyota MR2, MR2 Edition S, MR2 TTE (W30) 1999-2007

Die dritte und letzte Auflage des Sportzweisitzers MR2 erschien 1999 und trat nicht mehr als Coupé, sondern als Roadster auf, ganz der Mode der Zeit entsprechend. Toyota legte Wert auf einen sportlichen Auftritt, der aus der Celica stammende 1,8-Liter-Vierzylinder blieb in der Mitte des Wagens. Seine 140 PS kommen mit den rund 1000 Kilogramm Leergewicht gut klar, zudem überzeugt der MR2 mit sportlichem Handling und guter Balance, kann aber mit Tücken im Grenzbereich ungeübte Fahrer überfordern. Gut gelungen war Toyota das Fünfgang-Getriebe, das sich exakt und mit kurzen Wegen schalten lässt. In der SMT-Version bot der MR2 sogar ein sequenzielles Schaltgetriebe, das mit einem kurzen Schaltknüppel oder via Lenkradtasten zu bedienen war. Der agile Roadster bot zwar kaum Stauraum für Gepäck, dafür ein Verdeck, das sich in wenigen Sekunden öffnen lässt. Eine kleine Überarbeitung gönnte Toyota dem MR2 im Frühjahr 2003, gleichzeitig bot die Toyota-Tochter TTE die Option einer Turbo-Nachrüstung. Im Jahr 2005 ergänzte das Sondermodell Edition S die MR2-Palette.

Bild: © Toyota

Motor/Antrieb	
Bauart	Vierzylinder (Reihe)
Lage/Antrieb	Mitte/Heck
Hubraum in cm³	1794
PS/min	140/6400
Vmax in km/h	210
Karosserie	
Bauart	Cabrio
Tragstruktur	selbsttragend
Material	Stahlblech
Stückzahl und Marktsituation	
Produktionszahl	ca. 78.000
Verfügbarkeit	gut
Teilesituation	gut
Unterhaltskosten	mittel

Volkswagen Lupo 3L TDI 1999–2005

Mit gewaltigem technologischen Aufwand gelang es Volkswagen unter Ferdinand Piëchs Führerschaft, das weltweit erste Drei-Liter-Auto anzubieten – mit großem Widerhall, nicht jedoch mit wirtschaftlichem Erfolg. Obwohl der Lupo 3L in der Anschaffung teuer war, deckten die Erlöse bei Weitem nicht die enorm aufwändigen konstruktiven Lösungen, die für eine bessere Aerodynamik sorgten und 150 Kilogramm Gewicht einsparten: So besaß der Lupo 3L zum Beispiel eine deutlich leichtere Heckklappe aus Aluminium und Magnesium, leichtere Sitze und Fahrwerksteile sowie dünnes Spezialglas. Er besaß eine komplexe, elektronisch gesteuerte Schalthydraulik, zudem den ersten Dreizylinder von Volkswagen – kein abgespecktes Triebwerk, sondern eine Hi-Tech-Lösung mit einem Turbo, der über eine variable Geometrie verfügt, dazu kommt ein Ladeluftkühler und eine Ausgleichswelle. Im Gegenzug reizt der Lupo 3L bis heute als kompromissloses Ingenieursauto, das in seiner Konsequenz einzigartig geblieben ist.

Bild: © Volkswagen

Motor/Antrieb	
Bauart	Dreizylinder (Reihe)
Lage/Antrieb	Front/Front
Hubraum in cm³	1191
PS/min	45/4000
Vmax in km/h	165
Karosserie	
Bauart	Limousine (3-türig)
Tragstruktur	selbsttragend
Material	Stahlblech
Stückzahl und Marktsituation	
Produktionszahl	ca. 27.000
Verfügbarkeit	ausreichend
Teilesituation	gut
Unterhaltskosten	niedrig

Volkswagen R32 (Golf IV) 2002-2004

Nur 5000 Exemplare des Super-Golf R32 hatte Volkswagen bauen wollen, doch am Ende hatten sich über 12.000 Kunden für den mindestens 32.000 Euro teuren Allradler entschieden. Das R stand bei Volkswagen für Racing, die Zahl 32 für den 3,2 Liter großen, vorne quer verbauten und sehr kompakten VR6-Motor, einen Vierventiler, der 241 PS ablieferte und für hervorragende Fahrwerte sorgte. Kritik erhielt der R32 für sein enorm hart abgestimmtes Fahrwerk, Lob dagegen für optimale Traktion, problemloses Handling und starke Bremsen, deren vordere Scheiben der schnelle Golf aus dem Passat W8 übernommen hatte. Nach außen fällt der R32 bis heute mit seinen drei großen Luftöffnungen in der Bugschürze, Seitenschwellern, Dachspoiler und zwei Endrohren links und rechts auf. Per Klappensteuerung sorgt die zweiflutige Abgasanlage für eine Extraportion kernigen Sound beim Beschleunigen. Gegen Aufpreis lieferte Volkswagen statt des Sechsganggetriebes bereits das Doppelkupplungsgetriebe DSG.

Bild: © Volkswagen

Motor/Antrieb	
Bauart	VR6
Lage/Antrieb	Front/4x4
Hubraum in cm³	3189
PS/min	241/6250
Vmax in km/h	247
Karosserie	
Bauart	Limousine (3-türig)
Tragstruktur	selbsttragend
Material	Stahlblech
Stückzahl und Marktsituation	
Produktionszahl	ca. 12.000
Verfügbarkeit	ausreichend
Teilesituation	sehr gut
Unterhaltskosten	mittel

Volkswagen Phaeton 6.0 W12 2003-2005

Mit dem Phaeton griff Volkswagen nach den Sternen der automobilen Oberklasse. Man muss es Ferdinand Piëch, dem geistigen Vater des Modells, lassen: Er besaß Mut und einen langen Atem. Und forderte höchste Qualität, wie der Phaeton außen und innen zeigte. Auch der Motor, ein sechs Liter großer Zwölfzylinder in ungewöhnlicher W-Bauart – also drei Zylinderreihen, die sich aus der Kombination von zwei VR6-Motoren ergaben. 420 PS leistete das Triebwerk, das auch im Audi A8 zum Einsatz kam. Maximaler Aufwand wurde auch beim Interieur betrieben: So bot der Phaeton bereits eine für jeden Passagier einzeln einstellbare Klimaautomatik und eine erstklassige Verarbeitung, „hochwertiger als die S-Klasse", wie *Auto Bild* damals lobte. Auch über eine Reihe von Assistenzsystemen wie einem Abstandsregeltempomat verfügte der Phaeton bereits. Die Fertigung der W12-Modelle erfolgte, wie bei allen Phaeton, in der Gläsernen Manufaktur Dresden.

Bild: © Volkswagen

Motor/Antrieb	
Bauart	W12
Lage/Antrieb	Front/4x4
Hubraum in cm³	5998
PS/min	420/6000
Vmax in km/h	250
Karosserie	
Bauart	Limousine (4-türig)
Tragstruktur	selbsttragend
Material	Stahlblech
Stückzahl und Marktsituation	
Produktionszahl	84.235
Verfügbarkeit	gut
Teilesituation	sehr gut
Unterhaltskosten	hoch

OLDTIMER

Das Classic Data Prinzip

SO DEFINIERT CLASSIC DATA DIE ZUSTANDSNOTEN

NOTE 1
Makelloser Zustand. Keine Mängel, Beschädigungen oder Gebrauchsspuren an der Technik und an der Optik. Komplett und perfekt restauriertes Spitzenfahrzeug. Wie neu (oder besser). Sehr selten. Ein Fahrzeug, auf das man begeistert zugeht und bei dem man auch bei genauer Prüfung keine Mängel feststellt. Basis für die Bewertung in die Zustandsnote 1 ist der angenommene Zustand bei Erstauslieferung, d.h. der ehemalige Neuwagenzustand des entsprechenden Herstellers.

NOTE 2
Guter Zustand. Mängelfrei, aber mit leichten (!) Gebrauchsspuren. Entweder seltener, guter unrestaurierter Originalzustand oder fachgerecht restauriert. Technisch und optisch einwandfrei mit leichten Gebrauchsspuren. Ein Fahrzeug, auf das man begeistert zugeht, aber an dem man bei näherer Betrachtung leichte Gebrauchsspuren findet. Diese leichten Gebrauchsspuren sollten sich in der nachvollziehbaren, geringen Gesamtlaufleistung bzw. Laufleistung nach der Restauration widerspiegeln. Entsprechend niedrig ist auch der Verschleißgrad der Technik.

NOTE 3
Gebrauchter Zustand. Fahrzeuge ohne größere technische und optische Mängel, voll fahrbereit und verkehrssicher. Keine Durchrostungen. Keine sofortigen Arbeiten notwendig. Ein Fahrzeug, auf das man zugeht und bei näherer Betrachtung unschwer Gebrauchsspuren und diverse kleinere Mängel erkennt. Die Gebrauchsspuren und Mängel sollten sich in der nachvollziehbaren Gesamtlaufleistung bzw. Laufleistung nach einer Restauration widerspiegeln. Entsprechend hierzu ist auch der Verschleißgrad der Technik.

NOTE 4
Verbrauchter Zustand. Nur eingeschränkt fahrbereit. Sofortige Arbeiten zur erfolgreichen Abnahme gem. § 29 StVZO sind notwendig. Leichtere bis mittlere Durchrostungen. Fahrzeug komplett in den einzelnen Baugruppen aber nicht zwingend unbeschädigt. Ein Fahrzeug, auf das man zugeht und bei dem diverse Mängel schon aus der Entfernung erkennbar sind. Eine nähere Inaugenscheinnahme zeigt deutliche Verschleißspuren.

NOTE 5
Restaurierungsbedürftiger Zustand. Fahrzeuge im mangelhaften, nicht fahrbereiten Gesamtzustand. Umfangreiche Arbeiten in allen Baugruppen erforderlich. Fahrzeug nicht zwingend komplett. Ein Fahrzeug, bei dem selbst der Laie sofort deutliche Mängel und/oder Fehlteile erkennt. Könnte auch als Teileträger verwendet werden.

Von A bis Z

Abarth (I) • 1949 bis 1971, seit 2007

Zahllose Rekorde und Siege begründeten den weltweiten Ruhm von Abarth. Schon 1949 hatte der gebürtige Wiener Karl „Carlo" Abarth (1908-1979) gemeinsam mit Armando Scagliarini eine kleine Automobilschmiede in Bologna gegründet, die jedoch bald in Turin ansässig war. Der früher erfolgreiche Motorradrennfahrer und italienische Porsche-Vertreter Abarth besaß durch seine Tätigkeit bei Cisitalia zwischen 1946 und 1949 beste Erfahrungen im Bau von Renn- und Sportwagen. Sein erstes Auto stellte Carlo Abarth 1950 vor: Der Abarth 205 basierte auf einem Cisitalia-Entwurf und erreichte mit einem getunten Vierzylinder aus dem Fiat 1100 bereits Tempo 190. Berühmt wurde Carlo Abarth jedoch mit seinen giftigen Kleinwagen, die oft auf Fiat-Basis entstanden. Für die populären Baureihen wie Fiat 500 und 600 bot er zudem Tuning in verschiedenen Leistungsstufen an. Einige Abarth-Modelle basierten auch auf Modellen von Alfa Romeo, Simca oder Porsche. Die Motorsporterfolge überzeugten: Bis zu 600 Renn- und Klassensiege verbuchten Abarth-Fahrzeuge – pro Jahr! Dies ließ die Marke auch außerhalb Italiens zum Mythos werden, die Nachfrage stieg: Carlo Abarth konnte sich über eine gute Exportquote freuen. Sein Stern- und Markenzeichen, den Skorpion, nutzte Carlo Abarth auch bei der Fertigung von Sport-Auspuffanlagen und Tuning-Kits. Die Gewinne aus der Zubehörfertigung halfen, die teuren Kleinserien und den Rennsport, Abarths große Leidenschaft, zu finanzieren. Nicht zuletzt wegen langer, zäher Streiks gab es dennoch finanzielle Probleme: 1971 musste der damals 63-Jährige sein Unternehmen verkaufen, Fiat griff zu. Der Turiner Auto-Gigant nutzte den klangvollen Namen zunächst für Motorsportaktivitäten, später durften sportliche Fiat-Modelle den klangvollen Namen als Zusatz tragen. Seit 2007 ist die Fiat-Tochter Abarth wieder als Marke aktiv: Die sportlichsten Fiat-Modelle werden seither unter dem Markennamen Abarth angeboten.

Inzwischen hat auch Abarth seine Vergangenheit entdeckt und vermarktet sie professionell. Ein umfangreiches Archiv wurde aufgebaut, und 2015 eröffnete eine 900 Quadratmeter große Werkstatt für Fahrzeugrestaurierungen im Turiner Stadtteil Mirafiori. Abarth Classiche bietet seither einen offiziellen Weg, klassische Modelle der Marke zu restaurieren und zu zertifizieren.

Im Jahr 2022 begann mit dem Abarth 500 e der Umstieg auf Elektroantriebe, 2024 folgte der 600e. Die Fans der rebellischen kleinen Fiat-Modelle lässt dies etwas ratlos zurück.

Mit dem Skorpion im Wappen zeigt Abarth sein Wesen: Klein und giftig treten die Modelle auf Fiat-Basis an.
Bild: © Stellantis

Bild: © Fiat AG

Vater schneller Kleinwagen und Zubehör-König: Karl „Carlo" Abarth (1908-1979).

Bild: © FCA

Abarth folgt mit dem Klassik-Konzept den Großen: Seit 2015 bieten die Italiener in Turin Werksrestaurierungen an.

Fiat 600 Derivazione Abarth 750, Fiat Abarth 850 TC, Fiat Abarth 1000 TC (Radiale S1, Radiale S2) — 1957-1971

Die bekannteste aller Abarth-Kreationen startete 1959 ganz dezent: Unter unscheinbaren, allerdings oft zweifarbig lackierten Fiat 600-Karosserien verbargen sich anfangs die auf 41,5 PS getunten Fiat-Vierzylinder, die den in der Gran-Turismo-Klasse homologierten Wagen auf über 130 km/h beschleunigten. Zahlungskräftige Kunden bekamen auf Wunsch auch sportliche Coupé-Karosserien, die von Viotti und Zagato geschneidert wurden. Die Leistungsschraube zog Abarth bis 1971 stetig an. Zuletzt verfügten die inzwischen oft mit martialisch geformten Kunststoffteilen umbauten Kleinwagen über eine erstaunliche Potenz: Mit bis zu 112 PS Leistung touchierten sie sogar die 200-km/h-Marke. Es gab den Abarth in zahllosen Varianten, heute kommen eine Menge Fälschungen dazu. Besonders wegen der hohen Preise, die für gute Exemplare gefordert werden, ist eine genaue Prüfung der Historie zu empfehlen.

Bild: © FCA

Preise	1	2	3	4	5
Fiat 850 TC, L2t	70.000	47.000	34.000	24.000	k.N.
Fiat 1000 TCR, L2t	72.000	49.000	35.000	25.000	k.N.

Motor/Antrieb	
Bauart	Vierzylinder (Reihe)
Lage/Antrieb	Heck/Heck
Hubraum in cm³	747, 847, 982
PS/min	41,5/4800 bis 112/8200
Vmax in km/h	130 bis 210
Karosserie	
Bauart	Limousine (2-türig)
Tragstruktur	selbsttragend
Material	Stahlblech
Stückzahl und Marktsituation	
Produktionszahl	k.A.
Verfügbarkeit	schlecht
Teilesituation	schwierig
Unterhaltskosten	mittel

Fiat Abarth Coupé Record Monza GT, Fiat Abarth Bialbero (Bialbero 700, Bialbero 1000) 1960-1966

Die bürgerliche Basis ist dem sportlichen Coupé mit dem knappen Zagato-Blechkleid nicht mehr anzusehen: Auch der ursprünglich Fiat Abarth Coupé Record Monza GT genannte Bialbero stammt vom biederen Fiat 600 D ab. Allerdings verfügt der Turiner Kleinwagen nach der Kur bei Carlo Abarth über zwei obenliegende Nockenwellen. Mit knapp 700 und 1000 Kubikzentimeter waren die Hubraum-Volumina auf die damals aktuellen Sportklassements abgestimmt. Das Potenzial, das Abarth den kleinen Triebwerken entlockte, raubte den Sportwagen-Piloten der 1960er Jahre den Atem. Bereits im ersten Baujahr wurde das Coupé mit seinem gerade ein Liter großen, aber bereits auf 91 PS erstarkten Aggregat jenseits der 200-km/h-Marke gestoppt.

Bild: © FCA

Preise	1	2	3	4	5
Fiat 750 Record Monza, Cpe	128.000	86.000	64.000	43.000	k.N.
Fiat 1000 GT (Bialbero), Cpe	k.N.	170.000	125.000	88.000	k.N.

Motor/Antrieb	
Bauart	Vierzylinder (Reihe)
Lage/Antrieb	Heck/Heck
Hubraum in cm³	695, 982
PS/min	64/7900 bis 104/8000
Vmax in km/h	180 bis 218
Karosserie	
Bauart	Coupé
Tragstruktur	Rohrrahmen
Material	Aluminium
Stückzahl und Marktsituation	
Produktionszahl	k.A.
Verfügbarkeit	gegen null
Teilesituation	sehr schwierig
Unterhaltskosten	mittel

Fiat Abarth 595 (595, 595 SS, 695, 695 SS) 1963-1971

Carlo Abarth nahm sich auch der Kleinsten an: Fiat hatte 1957 den kompakten Nuova 500 vorgestellt. Nach anfänglichen Tuningmaßnahmen ohne tiefe Eingriffe am Motor bohrte die Turiner Sportwagen-Manufaktur das Aggregat ab 1963 auf, änderte die Nockenwelle und das Ansaugrohr. Die Verdichtung wuchs von 7 auf 9,5:1, und ein größerer Vergaser ließ die Leistung steigen: 27 statt 18 PS sorgten für eine Höchstgeschwindigkeit von 130 km/h – das Basis-Modell von Fiat überwand mühsam die 90 km/h-Marke. Damit fuhren die handlichen Abarth 595 auch weit stärkeren Konkurrenten davon. Dabei blieb das Äußere dezent: Unter der hinteren Stoßstange ragten lediglich zwei freche Endrohre der legendären Abarth-Auspuffanlage hervor, und die Stahlfelgen waren den heute sehr raren Leichtmetall-Exemplaren von Campagnolo gewichen.

Bild: © Ralf Christian Kunkel

Preise	1	2	3	4	5
Fiat 595 SS, L2t	60.000	40.000	30.000	20.000	k.N.
Fiat 695 SS, L2t	67.000	44.000	33.000	23.000	k.N.

Motor/Antrieb	
Bauart	Zweizylinder (Reihe)
Lage/Antrieb	Heck/Heck
Hubraum in cm³	594, 695
PS/min	27/5000 bis 38/5200
Vmax in km/h	120 bis 140
Karosserie	
Bauart	Limousine (2-türig)
Tragstruktur	selbsttragend
Material	Stahlblech
Stückzahl und Marktsituation	
Produktionszahl	k.A.
Verfügbarkeit	gegen null
Teilesituation	schwierig
Unterhaltskosten	mittel

Simca Abarth 1150 (1150, S, SS und Corsa) 1963-1965

Nicht nur italienische Kleinwagen fanden Carlo Abarths Gefallen. Auch die kompakte, viertürige Limousine, die als Simca 1000 ab 1961 gebaut wurde, hatte es dem Tuner angetan, weil sie – wie die kleinen Fiat – den Motor im Heck trug. Nach der Leistungskur bei Carlo Abarth mobilisierte das wassergekühlte Vierzylinder-Aggregat des Franzosen zwischen 55 und 85 PS. Die schnellen Simca Abarth entstanden nur in kleiner Stückzahl. Als ganz besondere Leckerbissen gelten die raren Coupés auf der Basis des Simca 1000: Unter den eleganten Karosserien verbergen sich wilde Triebwerke, die aus bis zu zwei Liter Hubraum über 200 PS mobilisieren – erst bei 170 km/h geht ihnen die Puste aus. Später übernahm Simca selbst das Tunen der kleinen Viertürer und bot die schnellen Versionen des Kleinwagens unter dem Namen „Rallye" an.

Bild: © FCA

Preise	1	2	3	4	5
Simca 1150, L4t	31.000	21.000	16.000	11.000	k.N.

Motor/Antrieb	
Bauart	Vierzylinder (Reihe)
Lage/Antrieb	Heck/Heck
Hubraum in cm³	1137
PS/min	55/5600 bis 85/6500
Vmax in km/h	150 bis 175
Karosserie	
Bauart	Limousine (4-türig)
Tragstruktur	selbsttragend
Material	Stahlblech
Stückzahl und Marktsituation	
Produktionszahl	k.A.
Verfügbarkeit	gegen null
Teilesituation	sehr schwierig
Unterhaltskosten	mittel

Abarth OT 1000 (OT 1000 Coupé und Spider, OTS 1000 Coupé, OTR 1000 Coupé) 1966-1969

Das bürgerliche Fiat 850 Coupé lieferte die Basis für den athletischen Abarth OT 1000, der in verschiedenen Motor-Ausführungen angeboten wurde: Als OT (Omologato Turismo), OTS und OTR. Die beiden leistungsstärkeren Modelle tragen den Wasserkühler in der Front der Coupé-Karosserie. Einige Exemplare verfügen über Kotflügelverbreiterungen, unter denen auch extreme Rennbereifung Platz findet. Teilweise platzierte Abarth das Reserverad aus Gewichtsgründen im Bug, wo es nach vorne herausragte und somit gleichzeitig auch als Rammschutz fungierte. Die OTR-Versionen besitzen Abarth-Hochleistungszylinderköpfe, mitunter wurden auch andere Motoren im Heck der Fiat-Karosserie montiert. In der Basisausführung gab es den Abarth OT 1000 auch mit der offenen Karosserie des Fiat 850 Spider.

Bild: © FCA

Preise	1	2	3	4	5
Fiat OT 1000, Cpe	68.000	45.000	35.000	24.000	k.N.
Fiat OTR 1000, Cpe	108.000	73.000	53.000	37.000	k.N.

Motor/Antrieb	
Bauart	Vierzylinder (Reihe)
Lage/Antrieb	Heck/Heck
Hubraum in cm³	982
PS/min	68/6400
Vmax in km/h	160
Karosserie	
Bauart	Coupé
Tragstruktur	selbsttragend
Material	Stahlblech
Stückzahl und Marktsituation	
Produktionszahl	k.A.
Verfügbarkeit	schlecht
Teilesituation	schwierig
Unterhaltskosten	mittel

Fiat Abarth 1300 Scorpione (Scorpione S, Scorpione SS) 1968-1971

Das 1968 als Lombardi Grand Prix präsentierte Coupé wurde von Abarth in Scorpione umgetauft – der Skorpion ist das Abarth-Wappentier. Der Zweisitzer besitzt eine selbsttragende Karosserie aus Aluminium und Kunststoff, deren Linien ganz dem entsprachen, was Ende der Sechziger modern war: kantig und weniger fließend, als es die Mode in den Jahren zuvor noch vorgeschrieben hatte. Die Scheinwerfer blieben unter Klappen im flachen Bug verborgen. Als Basis diente dem Scorpione der Fiat 850 Sport, im Heck allerdings rumorte ein auf 1,3 Liter aufgebohrter Fiat-124-Motor und sorgte für eine Spitze von rund 180 km/h. Preislich bewegt sich das Coupé heute noch nicht in den hohen Abarth-Regionen – vielleicht auch, weil das Triebwerk mit seiner seitlichen Nockenwelle technisch weniger aufwändig ist und lediglich die SS-Version über vier Scheibenbremsen verfügt.

Bild: © Günther Zink

Preise	1	2	3	4	5
Fiat 1300 Scorpione, Cpe	51.000	34.000	25.000	16.000	k.N.

Motor/Antrieb	
Bauart	Vierzylinder (Reihe)
Lage/Antrieb	Heck/Heck
Hubraum in cm³	1280
PS/min	75/6000
Vmax in km/h	185
Karosserie	
Bauart	Coupé
Tragstruktur	Plattformrahmen
Material	Kunststoff / Aluminium
Stückzahl und Marktsituation	
Produktionszahl	k.A.
Verfügbarkeit	schlecht
Teilesituation	sehr schwierig
Unterhaltskosten	mittel

Fiat 124 Abarth Rally 1972-1977

Der 1966 vorgestellte Fiat 124 Spider bildete die Basis für das potente Rallye-Fahrzeug. Allerdings inspirierte der von Altmeister Pininfarina entworfene zweisitzige Spider nicht mehr Carlo Abarth, der zwei Jahre zuvor sein Werk an den Turiner Großserienhersteller Fiat verkauft hatte. Sein berühmter Name lebte allerdings weiter: Mit Überrollbügel und Hardtop ausstaffiert, mauserte sich der Schönling zum ernst zu nehmenden Sportgerät. Sofort zu erkennen waren die für den Renneinsatz präparierten Spider an den fehlenden Stoßstangen und den beiden mattschwarz lackierten Hauben. Der in seiner ersten Version von 105 auf 128 PS erstarkte Spider verdankte seine Leistungssteigerung unter anderem zwei Weber-Doppelvergasern, einem Fächerkrümmer und dem Abarth-Doppelauspuff. Hinten ersetzte eine McPherson-Einzelradaufhängung die Spider-Starrachse.

Bild: © FCA

Preise	1	2	3	4	5
Fiat 124 Rally, Cab	91.200	65.300	49.900	29.800	13.900

Motor/Antrieb	
Bauart	Vierzylinder (Reihe)
Lage/Antrieb	Front/Heck
Hubraum in cm³	1756
PS/min	128/5200, 180/7000, 200/7200
Vmax in km/h	über 190
Karosserie	
Bauart	Hardtop
Tragstruktur	selbsttragend
Material	Stahlblech
Stückzahl und Marktsituation	
Produktionszahl	k.A.
Verfügbarkeit	schlecht
Teilesituation	schwierig
Unterhaltskosten	hoch

AC (GB) • seit 1901

Ein offenes Lastendreirad mit dem schlichten Namen Auto-Carrier (AC) markiert 1905 den Ursprung des Herstellers aus dem britischen Thames Ditton in Surrey. Automobilgeschichte schrieb AC jedoch erst einige Jahrzehnte später mit Sportwagen wie der AC Cobra.

Ein erstes Automobil hatte AC schon 1913 vorgestellt, und sechs Jahre später begann das Werk mit der Fertigung eines Sechszylindermotors aus Leichtmetall, der über zwei Liter Hubraum verfügte. Das Triebwerk konnte, kaum verändert, bis 1963 in Produktion bleiben.

Nach dem Zweiten Weltkrieg versuchte AC im Massenmarkt Fuß zu fassen. Der Kleinwagen Petite erinnerte mit seinen drei Rädern an die Anfänge von 1905, blieb aber ein erfolgloses Intermezzo. Mehr Fortune hatte AC mit der cleveren Entscheidung, die Sportwagen-Traditon fortzusetzen. Der Ace führte ab 1953 das fort, was bereits in den zwanziger Jahren begonnen hatte. AC war damals durch Erfolge im Motorsport populär geworden.

Der Ace wurde zum Vorläufer der Cobra, die sich zu einer der großen Sportwagen-Ikonen der Automobilgeschichte entwickelte. Die Briten hatten sie in Zusammenarbeit mit dem legendären Amerikaner Carroll Shelby entwickelt. Heute lebt die Cobra in zahlreichen mehr oder weniger gelungenen Nachbauten weiter. Doch auch Fahrzeuge mit dem Markennamen AC lebten weiter, ab 1986 gab es ein Joint Venture zwischen Ford und dem Rechteinhaber. 1996 ging der Name erst zu Pride Automotive, dann zu Acedes Holdings. Anschließend fertigte eine Firma namens AC Car Group in Malta Fahrzeuge, 2009 schloss die deutsche Firma AC Automotive ein Joint Venture.

Bild: © AC

Höllenkraft, heute mehr denn je: Der neue AC Cobra GT Roadster ist ein Supercar mit Herkunft.

Bild: © AC

Sogar der AC Ace entsteht als Neuwagen. Wahlweise ist er mit Benzin- oder Elektromotor bestellbar.

In England dagegen firmiert ein Unternehmen mit dem Namen AC Cars. Es nutzt die Rechte an den Marken AC, AC Cobra, Ace und AC Bristol, deren Eigentümerin weiterhin die Acedes Holdings ist. Im Herbst 2020 hat sie eine Serie von zwölf Reproduktionen des 1963er Siegerwagens von Le Mans zum Stückpreis von 600.000 Pfund angekündigt. Sie werden den Namen AC Cobra Le Mans electric tragen, heißt es, und einen 617 PS starken Elektromotor erhalten, um den sich der Technologiepartner Falcon Electric kümmert. Die Karosserien samt der aerodynamischen Hardtops stammten von der Division AC Heritage. Wichtigstes Projekt des Herstellers, der sich als der älteste Englands rühmt, ist der AC Cobra GT Roadster. Erste Exemplare haben das Werk im Sommer 2025 verlassen, nach über sechs Jahren Arbeit und großen Investitionen. Der AC Cobra GT Roadster ist extrem leicht und verfügt über eine außergewöhnliche Torsionssteifigkeit. Mit seinem einzigartigen Aluminium-Spaceframe-Chassis, einer Karosserie aus Vollcarbon und einem klangvollen 5,0-Liter-V8-Motor gilt der neue AC Cobra GT Roadster als würdige Fortsetzung der legendären Cobras aus den 1960er Jahren. Seine Leistung, sein Grad an Innovation und Exklusivität erreicht ein Level, das in keiner früheren AC Cobra zu finden war.

AC Ace, Ace Bristol 1953-1963

Rennwagen-Konstrukteur John Tojeiro entwickelte dieses automobile Meisterstück, das weitgehend in Handarbeit zusammengesetzt wurde: Der Gitterrohrrahmen trug eine leichte Aluminiumkarosserie, deren harmonische Form die stilistische Ähnlichkeit zur Ferrari 166 Barchetta nicht verhehlen konnte. Die Räder waren rundum einzeln aufgehängt, als Antrieb hatte AC den altbekannten Sechszylindermotor wiederbelebt, der nach einer Überarbeitung nun 86 PS bei 4500 Touren leistete. Damit lief das Ace (zu deutsch: Ass) 160 km/h. Wer schnell unterwegs sein wollte, konnte sich ab 1956 auch für einen Zweiliter-Sechszylinder von Bristol entscheiden, der auf dem berühmten BMW 328-Triebwerk basierte. Mit diesem 130 PS starken Triebwerk verbuchte der Ace zahllose Rennerfolge für AC. Heute erreichen die raren frühen Modelle ein hohes Preisniveau.

Bild: © Ralf Christian Kunkel

Preise	1	2	3	4	5
AC Ace, Rds	300.000	220.000	165.000	104.000	60.000
AC Ace Bristol, Rds	350.000	260.000	190.000	115.000	65.000

Motor/Antrieb	
Bauart	Sechszylinder (Reihe)
Lage/Antrieb	Front/Heck
Hubraum in cm³	1991, 1971
PS/min	86/4500 bis 130/5750
Vmax in km/h	160 bis 200
Karosserie	
Bauart	Roadster
Tragstruktur	Rohrrahmen
Material	Aluminium
Stückzahl und Marktsituation	
Produktionszahl	226, 466
Verfügbarkeit	schlecht
Teilesituation	sehr schwierig
Unterhaltskosten	mittel

AC Aceca, Aceca Bristol 1954-1963

Ebenfalls zu den großen automobilen Raritäten zählt die in nur rund 320 Exemplaren gebaute Coupé-Version des AC Ace. Die eleganten Linien stammen aus der Hand von AC-Direktor Alan Turner. Überaus praktische Attribute kennzeichneten das Coupé, das wie der Roadster eine Karosserie aus Aluminium trug: Eine große Heckklappe garantierte guten Zugang zum Gepäckabteil. Zudem konnte der Aceca auch sportlich überzeugen, speziell, wenn er das potente Bristol-Triebwerk unter der Haube trug. Mit dem knapp zwei Liter großen Aggregat beschleunigte das Coupé, trotz der Gewichtszunahme gegenüber der offenen Version, auf respektable 200 km/h – nicht zuletzt auch dank der besseren Aerodynamik der geschlossenen Karosserie. Ab 1957 offerierte das Werk wahlweise auch Scheibenbremsen an der Vorderachse, eine sinnvolle Maßnahme.

Bild: © Jürgen Schlegelmilch

Preise	1	2	3	4	5
AC Aceca , Cpe	160.000	114.000	76.000	44.000	27.000
AC Aceca Bristol , Cpe	188.000	134.000	89.000	51.000	31.000

Motor/Antrieb	
Bauart	Sechszylinder (Reihe)
Lage/Antrieb	Front/Heck
Hubraum in cm³	1991, 1971
PS/min	86/4500 bis 130/5750
Vmax in km/h	160 bis 200
Karosserie	
Bauart	Coupé
Tragstruktur	Rohrrahmen
Material	Aluminium
Stückzahl und Marktsituation	
Produktionszahl	150, 169
Verfügbarkeit	schlecht
Teilesituation	schwierig
Unterhaltskosten	mittel

AC Greyhound 1959-1963

AC trug dem Wunsch nach mehr Platz und Komfort mit dem Greyhound Rechnung, den der englische Hersteller 1959 präsentierte. Seine Karosserie bot Platz für vier Passagiere, doch aufgrund seiner Größe wirkte er nicht so kompromisslos wie das knapper geschnittene Coupé Aceca. Dafür hatte AC die antiquierten Querblattfedern an der Vorderachse ausgemustert und durch Schraubenfedern ersetzt, hinten führten Längslenker die Achse exakter als bisher. Für den Antrieb sorgten die bewährten AC-Sechszylinder oder – für kurze Zeit – die kräftigeren Bristol-Maschinen. Für die gebotene Leistung verlangte AC einen hohen Preis, der viele potenzielle Interessenten der Konkurrenz in die Arme trieb. Mit nur 82 gebauten Exemplaren ist der Greyhound sehr rar, trotzdem liegen die Preise – gemessen an einer Rarität wie dieser – auf günstigem Niveau.

Bild: © Jürgen Schlegelmilch

Preise	1	2	3	4	5
AC Greyhound, Cpe	102.000	76.000	50.000	29.000	17.000

Motor/Antrieb	
Bauart	Sechszylinder (Reihe)
Lage/Antrieb	Front/Heck
Hubraum in cm³	1971, 2198
PS/min	102/5800 bis 126/6000
Vmax in km/h	185 bis 200
Karosserie	
Bauart	Coupé
Tragstruktur	Rohrrahmen
Material	Aluminium
Stückzahl und Marktsituation	
Produktionszahl	82
Verfügbarkeit	gegen null
Teilesituation	schwierig
Unterhaltskosten	mittel

AC Ace 2,6 L 1961-1963

Neue Konkurrenz im Markt der knappen Roadster zwang Anfang der sechziger Jahre AC zum Handeln: Der taufrische Jaguar E-Type war nicht nur stärker, sondern auch deutlich billiger als die bisher angebotenen Ace und Aceca. Ken Rudd, Tuner und Rennfahrer, nahm im Auftrag von AC die Überarbeitung der Modelle in Angriff. Als Basis der neuen Motoren diente der Reihensechszylinder aus dem Ford Zephyr, aus dem Rudd bis zu 170 PS zauberte. In insgesamt fünf Varianten bot AC das 2,6 Liter große Triebwerk an, das als Ruddspeed-Motor bekannt wurde. Der Sechszylinder passte ohne große Änderungen an der Karosserie unter die langgestreckte vordere Haube. Mit ihrer niedrigeren Front lassen sich die 2,6 Liter-Modelle jedoch klar von ihren Vorgängern unterscheiden. Mit nur 36 gebauten Exemplaren zählt das Zwischenmodell heute zu den großen Raritäten.

Bild: © Jürgen Schlegelmilch

Preise	1	2	3	4	5
AC Ace 2,6 L, Rds	320.000	230.000	175.000	100.000	56.000

Motor/Antrieb	
Bauart	Sechszylinder (Reihe)
Lage/Antrieb	Front/Heck
Hubraum in cm³	2553
PS/min	90/4400 bis 170/5500
Vmax in km/h	155 bis 220
Karosserie	
Bauart	Roadster
Tragstruktur	Rohrrahmen
Material	Aluminium
Stückzahl und Marktsituation	
Produktionszahl	36
Verfügbarkeit	gegen null
Teilesituation	schwierig
Unterhaltskosten	hoch

AC Cobra 260/289 — 1962-1965

Das Ass aus Thames Ditton lief 1962 modifiziert zu neuer Bestform auf: Die bulligere Aluminium-Karosserie, die AC auf ein verstärktes Chassis schraubte, ließ schon optisch keinen Zweifel an der Leistungskur. Herzstück der Cobra war ein Ford V8-Motor, der mit 4,3 und 4,7 Litern Hubraum für den Aufbruch in eine neue Leistungswelt sorgte. Bis zu 339 PS katapultierten den Roadster auf 280 km/h – damals raubte dieser Wert noch mehr den Atem als heute. Verantwortlich für die Leistungsexplosion war kein Geringerer als Carroll Shelby, der seit Jahren von der prickelnden Symbiose aus europäischem Fahrwerk und potentem US-V8 träumte. Gefertigt wurde die Cobra weiterhin in Großbritannien, allerdings montierte Shelbys Werkstatt den Motor in Los Angeles. Rennsportfans aus aller Welt lief das Wasser im Mund zusammen – und für AC wurde die Cobra trotz geringer Stückzahlen ein wirtschaftlicher Erfolg.

Preise	1	2	3	4	5
AC Cobra 260, Rds	950.000	750.000	560.000	k.N.	k.N.
AC Cobra 289, Rds	1.100.000	920.000	680.000	k.N.	k.N.

Motor/Antrieb	
Bauart	V8
Lage/Antrieb	Front/Heck
Hubraum in cm³	4260, 4727
PS/min	264/5800 bis 339/6000
Vmax in km/h	240 bis 280
Karosserie	
Bauart	Roadster
Tragstruktur	Rohrrahmen
Material	Aluminium
Stückzahl und Marktsituation	
Produktionszahl	75, 590
Verfügbarkeit	schlecht
Teilesituation	schwierig
Unterhaltskosten	hoch

AC 428 — 1965-1973

1965 bemühte sich AC um einen Nachfolger, der die giftige Cobra beerben sollte. Der AC 428 gab sich wesentlich zivilisierter und komfortabler – ab Werk war sein Gestühl beispielsweise mit Leder überzogen. Die Aluminium-Karosserie des neuen AC, der als Coupé und Cabrio angeboten wurde, zeichnete der Italiener Pietro Frua. Das erklärt auch die formale Ähnlichkeit mit dem Maserati Mistral. Trotz seiner eleganten Form fuhr sich der neue AC-Hoffnungsträger nicht in die Herzen der Fans, obwohl die technischen Daten viel versprachen: Sieben Liter Hubraum und stattliche 425 PS Leistung ermöglichten eine Höchstgeschwindigkeit von rund 240 Stundenkilometer. Doch den Cobra-Piloten war der Neue zu verweichlicht geraten. Sie liebten ihre brachiale Cobra und wollten keinen Gran Turismo, wie ihn der AC 428 verkörperte.

Bild: © gemeinfrei/Charles01

Preise	1	2	3	4	5
AC 428, Rds	210.000	150.000	110.000	84.000	k.N.

Motor/Antrieb	
Bauart	V8
Lage/Antrieb	Front/Heck
Hubraum in cm³	6989, 7033
PS/min	350/4600 bis 425/6000
Vmax in km/h	230 bis 240
Karosserie	
Bauart	Coupé, Cabriolet
Tragstruktur	Rohrrahmen
Material	Aluminium
Stückzahl und Marktsituation	
Produktionszahl	51, 29
Verfügbarkeit	schlecht
Teilesituation	ausreichend
Unterhaltskosten	hoch

AC Cobra 427 (Shelby Cobra) — 1965-1967

Durch das stete Weiterdrehen an der Leistungsspirale entwickelte sich der einst schlichte AC Ace endgültig zur Sportwagenlegende. Aus rund sieben Litern Hubraum stellte der bis zu 485 PS starke Ford-V8 ein nahezu grenzenloses Drehmoment zur Verfügung. Mit dieser Motorisierung knackte die Cobra auch erstmals die 300 km/h-Marke. Endlich ersetzten die Konstrukteure auch die antiquierte Lösung mit vorderer Querblattfeder durch Schraubenfedern, zudem gab es weitere Modifikationen am Fahrwerk: Die ultrabreiten Reifen, von bauchigen Kotflügeln verdeckt, sorgten in den sechziger Jahren für Verzückung. Um die gewaltige Leistung zu verkraften, musste das Chassis abermals verstärkt werden. Doch der Aufwand hatte sich gelohnt – der Konkurrenz blieb im Rauch der durchdrehenden Reifen nur das Nachsehen. Vorsicht: Heute befinden sich viele Nachbauten im Angebot.

Preise	1	2	3	4	5
AC Cobra 427, Rds	1.300.000	1.050.000	830.000	k.N.	k.N.

Motor/Antrieb	
Bauart	V8
Lage/Antrieb	Front/Heck
Hubraum in cm³	6989
PS/min	425/6000 bis 485/6500
Vmax in km/h	280 bis 300
Karosserie	
Bauart	Roadster
Tragstruktur	Rohrrahmen
Material	Aluminium
Stückzahl und Marktsituation	
Produktionszahl	410
Verfügbarkeit	schlecht
Teilesituation	schwierig
Unterhaltskosten	hoch

AC 289 Sports — 1966-1968

Im Schatten der wilden Cobra fuhr der AC 289 Sports. Der mit einem 4,7 Liter großen V8-Triebwerk bestückte Roadster wirkte gegen sie fast brav, trotz seiner 275 PS und den 240 km/h Höchstgeschwindigkeit, die ihm immer noch einen vorderen Platz in den Sportwagen-Charts der sechziger Jahre bescherten. Trotz der guten Werte war der schwächeren Ausgabe der Cobra kein Erfolg auf dem Markt beschieden, obwohl sie ebenfalls von den Modifikationen profitiert hatte, die AC der Cobra hatte angedeihen lassen. Der AC 289 Sports wurde, im Gegensatz zur Cobra, komplett in Großbritannien gefertigt. Mit nur 27 gebauten Exemplaren zählt er zu den rarsten AC-Modellen überhaupt – ein Leckerbissen für Sammler, die Geduld beim Suchen und das nötige Kapital für den seltenen Roadster haben.

Bild: © Archiv HEEL Verlag

Preise	1	2	3	4	5
AC Cobra 289 , Rds	1.150.000	980.000	690.000	k.N.	k.N.

Motor/Antrieb	
Bauart	V8
Lage/Antrieb	Front/Heck
Hubraum in cm³	4727
PS/min	275/6000
Vmax in km/h	240
Karosserie	
Bauart	Roadster
Tragstruktur	Rohrrahmen
Material	Aluminium
Stückzahl und Marktsituation	
Produktionszahl	27
Verfügbarkeit	gegen null
Teilesituation	ausreichend
Unterhaltskosten	hoch

A

AC 3000 ME 1979-1984

Einen letzten Versuch startet AC Ende der Siebziger mit dem 3000 ME. Die Kunststoffkarosserie des Coupés besaß einen traditionellen Kastenrahmen. Herausnehmbare Dacheinsätze sorgten für Cabrio-Feeling. Formal folgt der 3000 ME dem Diablo, einer Studie, die AC auf mehreren Auto-Salons gezeigt hatte. Doch die Fans, noch berauscht von Cobra & Co., wandten sich gähnend ab: Ein müder Dreiliter-Essex-V6 von Ford produzierte magere 138 PS, das Spitzentempo pendelte um 210 Stundenkilometer – kein Thema für die leistungsverwöhnte AC-Klientel. Als zusätzliche Schwierigkeit trug der hohe Preis zur absoluten Erfolglosigkeit bei. Den AC-Verantwortlichen in Thames Ditton gelang lediglich der Verkauf von 82 Exemplaren. Auch der Versuch der neuen Firmen-Eigner scheiterte, das Coupé in Schottland als Ecosse Signature weiter zu bauen.

Bild: © Archiv HEEL Verlag

Preise	1	2	3	4	5
AC 3000 ME, Cpe	32.500	23.200	15.500	9.100	4.800

Motor/Antrieb	
Bauart	V6
Lage/Antrieb	Front/Heck
Hubraum in cm³	2994
PS/min	138/5000
Vmax in km/h	210
Karosserie	
Bauart	Coupé
Tragstruktur	Kastenrahmen
Material	Kunststoff
Stückzahl und Marktsituation	
Produktionszahl	82
Verfügbarkeit	schlecht
Teilesituation	schwierig
Unterhaltskosten	hoch

Adler (D) • 1900-1939

Wie viele andere Automobil-Pioniere fertigten die Frankfurter Adler-Werke zunächst Schreibmaschinen und Fahrräder – sehr erfolgreich übrigens. Im Jahr 1900 entschied sich der Unternehmer und Adler-Eigentümer Hans Kleyer zum Bau von Automobilen.

In den zwanziger und dreißiger Jahren genossen die Adler-Modelle einen hervorragenden Ruf. Neben Vier- und Sechszylindermotoren baute Adler ab 1938 auch einen Reihen-Achtzylinder, der unter anderem mit Karosserien angeboten wurde, die der Bauhaus-Architekt Walter Gropius entworfen hatte. Adler verfügte über keinen eigenen Karosseriebau, sondern ließ alle Aufbauten von renommierten Firmen wie Ambi-Budd oder Karmann anfertigen.

Berühmtheit erlangte Adler mit dem populären Modell Trumpf, das bereits über Frontantrieb und Schwingachsen verfügte. Ab 1936 gab es den Trumpf auch mit einer fortschrittlichen Stromlinienkarosserie, die formal das umsetzte, was das zu jener Zeit entstehende Autobahnnetz forderte: Geschwindigkeit.

1937 stellte Adler mit dem 2,5 Liter Sport das letzte Modell vor, das ebenfalls eine aerodynamisch günstige Karosserie besaß. Der Antrieb des bis zu 150 Stundenkilometer schnellen Sechszylinder-Wagens lag allerdings wieder im Heck.

Der Zweite Weltkrieg war das Aus für die berühmte Marke. Bomben hatten das Werksgelände zum Teil zerstört, und eine ursprünglich geplante Wiederbelebung des Trumpf nach dem Krieg wurde verworfen – Adler beschränkte sich wieder auf den Bau von Schreibmaschinen. Viele treue Kunden, über Jahre zufriedene Adler-Besitzer, trauerten dem Ende der Adler-Automobile nach.

Adler Trumpf, Primus, Trumpf Junior 1932-1941

Mit dem Adler Trumpf gelang dem Frankfurter Hersteller ein großer Erfolg: Über 100.000 Exemplare verließen die Werkshallen. Der kleine Wagen verfügte mit Frontantrieb und Einzelradaufhängung über revolutionäre technische Merkmale. Angetrieben wurde er zunächst von einem 32 PS starken und 1,5 Liter großen Vierzylinder-Motor. Das Schwestermodell Primus war gleich motorisiert, verfügte aber über einen konventionellen Heckantrieb. Adler bot den Trumpf in verschiedenen Karosserievarianten an: Die Kunden konnten im Laufe der Bauzeit zwischen Limousine, Roadster, Cabrio und Cabriolimousine wählen. Nur anfangs bestand der Aufbau aus Sperrholz und Kunstleder, bereits ab 1935 verwendete Adler Stahlblech.

Preise	1	2	3	4	5
Adler Trumpf, L2t	22.900	17.600	12.600	5.900	2.500
Adler Trumpf Junior (1E), L2t	23.500	18.100	10.300	6.000	2.900
Primus, L2t	29.800	22.900	13.200	6.700	3.200

Motor/Antrieb	
Bauart	Vierzylinder (Reihe)
Lage/Antrieb	Front/Front bzw. Heck
Hubraum in cm³	1504, 1645
PS/min	32/4000, 38/3800
Vmax in km/h	90 bis 100
Karosserie	
Bauart	Limousine (2-türig), Roadster, Cabriolet
Tragstruktur	Kastenrahmen
Material	Holz/Leder bzw. Stahlblech
Stückzahl und Marktsituation	
Produktionszahl	100.000
Verfügbarkeit	schlecht
Teilesituation	schwierig
Unterhaltskosten	mittel

Adler 2,5 Liter („Adler Autobahn") 1937-1940

Das letzte Adler-Modell wurde 1937 dem Publikum vorgestellt. Der 2,5 Liter große Motor der Limousine, die wieder eine – für damalige Verhältnisse – futuristische Karosserie in Stromlinienform trug, ersetzte zwei der bislang eingesetzten Triebwerke: Der Trumpf hatte ein 1,7 Liter großes Aggregat besessen, der Diplomat ein Dreiliter-Triebwerk. Angetrieben wurde der Adler, der in der Standardausführung 58 PS leistete, wieder konventionell im Heck. Während die Höchstgeschwindigkeit dieser Version bei 125 km/h lag, war die Ausführung Sport über 150 km/h schnell – mit einem Motor, der 80 PS leistete. Das als Adler Autobahn bekannt gewordene Modell galt 1937 als eine der modernsten Automobilkonstruktionen und stieß auf großes Interesse. Karosseriebauer Karmann lieferte als besondere Spezialität ein zweitüriges Cabriolet.

Bild: © Karmann

Preise	1	2	3	4	5
Adler 2,5 Liter, L4t	174.000	113.000	84.600	k.N.	k.N.

Motor/Antrieb	
Bauart	Sechszylinder (Reihe)
Lage/Antrieb	Front/Heck
Hubraum in cm³	2499
PS/min	58/3800 bis 80/3900
Vmax in km/h	125 bis 150
Karosserie	
Bauart	Limousine (4-türig), Cabriolet (2-türig)
Tragstruktur	Plattformrahmen
Material	Stahlblech
Stückzahl und Marktsituation	
Produktionszahl	5300
Verfügbarkeit	schlecht
Teilesituation	sehr schwierig
Unterhaltskosten	hoch

Alfa Romeo (I) • seit 1910

Die Societá Anonima Lombarda Fabbrica Automobili, kurz A.L.F.A., war 1910 aus dem hochmodernen, allerdings konkursnahen Werk des französischen Automobilfabrikanten Alexandre Darracq hervorgegangen, der sich in Mailand niedergelassen hatte. 1915 übernahm der neapolitanische Ingenieur Nicola Romeo die Leitung des Werks. Die Produktion von Kriegsgerät hatte ihn finanziell unabhängig gemacht. Nach den ersten Erfolgen um 1918 nannte sich das Unternehmen Alfa Romeo. Zwei Symbole Mailands, dem Sitz des Unternehmens, prägen bereits seit 1910 das Firmenzeichen: Das rote Kreuz stammt aus dem Mailänder Stadtwappen, die Schlange geht auf den Visconti-Clan zurück.

Das Alfa-Wappen gilt als eines der ältesten Markenzeichen der Automobilbranche.

Durch zahllose Sporterfolge bekam der Name bald einen magischen Klang, und 1925 gewann ein Alfa Romeo sogar die erste Weltmeisterschaft. Die Mailänder kümmerten sich mit teuren, exklusiven, technisch avancierten und stets sportlichen Fahrzeugen ausschließlich um das obere Segment des Marktes. Schon 1924 prügelten unerschrockene Piloten den Alfa-Rennwagen P2 mit über 220 km/h über die staubigen Pisten.

Er gab dem Kunstnamen Alfa ein Gesicht: Nicola Romeo (1876–1938).

Der Aufbruch in die fünfziger Jahre gelang nur mit einem radikalen Umdenken. Die noblen Kleinstserien der 6C-Modelle liefen gegen 1950 langsam aus, abgelöst vom ersten in Serie hergestellten Alfa, dem 1900 mit seinem hochmodernen Vierzylindermotor. Das Publikum respektierte diesen Schritt, auch weil Alfa Romeo sich stets mit interessanten Coupé- und Cabriomodellen gut in Szene zu setzen wusste.

Später, ab den Siebzigern, wurde es schwierig: Der Alfasud, als Retter des Unternehmens propagiert und konzeptionell wie technisch überzeugend, geriet für das Unternehmen zur Falle. Die wirtschaftliche und politische Krise im Italien jener Jahre führte zu massiven Streiks und zum Boykott, dazu gesellte sich eine unglückselige Konzerndoktrin, nachdem Alfa Romeo – nach vergeblichem Schulterschluss mit Nissan – 1986 von Fiat einverleibt worden war: Die neue Firmenstrategie zwängte den sportlichen Alfa Romeo-Modellen fortan Frontantrieb auf.

Früh am Start war Alfa Romeo ab 1911 beim strapaziösen Straßenrennen Targa Flotro auf Sizilien – diese Aufnahme stammt aus dem Jahr 1912.

Bild: © Stellantis

Da war es erstaunlich, dass den Norditalienern nach den so nüchternen, emotionslosen Jahren abermals eine radikale Kehrtwende gelang. Alfa Romeo begeisterte wieder mit Modellen wie dem 164 und vor allem dem 156, der 1998 sogar zum Auto des Jahres gewählt wurde – als erster Alfa Romeo. Die Marke konnte ihre italophile, sportlich anspruchsvolle Klientel mit agilen Varianten und prägnantem Design wieder begeistern.

Doch Fiat Auto bewies auf Dauer keine glückliche Hand. Einige der führenden Köpfe, die hinter der Marke Alfa Romeo standen und voller Elan angetreten waren, schmissen schnell wieder das Handtuch – oder wurden hinauskomplimentiert. 2007 ging Designchef Wolfgang Egger, und Gerüchten zufolge hatte VW-Drahtzieher Ferdinand Piëch großes Interesse an einem Kauf. Doch Sergio Marchionne, der im Juli 2018 gestorbene Fiat-Chrysler-Boss, ließ nicht los.

Der von 2013-2020 verkaufte Alfa Romeo 4C zeigt die Ambitionen der Italiener: sportlich, leicht, kompakt und sehr begeisternd – ein idealer Imageträger für die Marken-DNA. Davon profitieren inzwischen die neue Giulia (seit 2016), das SUV namens Stelvio (seit 2017) und das Hybrid-SUV Tonale. Die Marke belebt das, und auch aus der Oldtimerszene kommt eine spürbar zunehmende Aufmerksamkeit.

Ende 2017 hatte Alfa Romeo die Rückkehr in die Formel 1 verkündet: Nach 37 Jahren war der große italienische Name wieder in der Top-Klasse vertreten, allerdings nur in der Rolle als Hauptsponsor. Hinter dem Alfa Romeo Racing Team steckt das Schweizer Unternehmen Sauber Motorsport AG. Die Motoren stammen, wie seit 2010 bei Sauber üblich, von Ferrari. Ab der Saison 2022 ersetzte der Finne Valtteri Bottas seinen Landsmann Kimi Raikkönen. Zweiter Fahrer für das Team, das unter dem Namen Alfa Romeo Racing Orlen antrat, war der Chinese und Formel-2-Aufsteiger Guanyu Zhou. Im Sommer 2022 kündigte Alfa Romeo bereits wieder den Ausstieg an – parallel zu der Nachricht von Audi, zur Formel 1 zurückzukehren und bei Sauber einzusteigen.

Eher überschaubar bleibt auch das Modellprogramm der sportlichen Italiener mit den Modellen Junior, Giulia, Tonale sowie Stelvio. Auch künftig soll in Italien produziert werden, Hybridversionen und weitere Modelle sollen folgen. Die aktuellen Dieselvarianten sind bis Ende 2027 bestellbar. Schon 2026 kehren die ikonischen Quadrifoglio-Versionen zurück. Ebenso betont Alfa Romeo: Die Marke sei nicht zu verkaufen – es hatte Spekulationen gegeben, Stellantis wolle sich trennen.

Mit dem Tipo 158 setzte Alfa Romeo ab 1937 Zeichen. Er war 13 Jahre lang im Einsatz und gilt als einer der erfolgreichsten Monoposto der Motorsportgeschichte.

Bild: © Stellantis

Sturm und Drang: die 6C-Modellreihe

Dass sich Kundeninteresse und allgemeines Renommee durch Aufsehen erregende Rennsiege steigern lassen, erkannte Alfa Romeo schon früh. So stellten die Mailänder Ingenieure bereits wenige Jahre nach der Firmengründung den luxuriösen Limousinen eigens für den Motorsport entwickelte Modelle zur Seite – mit großem Erfolg: Schon zu Beginn der 1920er Jahre gehörten die schnellen Vier- und Sechszylinder mit dem Visconti-Wappen im Kühler zu den bevorzugten Wettbewerbsgefährten italienischer Sportfahrer.

Richtig in Fahrt kam die Produktion ab 1927 mit der Entwicklung eines neuen Sport- und Tourenwagenmodells, dessen Name auf seinen neuen Reihensechszylindermotor verwies: 6C („sei cilindri").

Ebenso zahllos wie die Varianten der Karosserien waren die sportlichen Erfolge, die die als zuverlässig und standfest geltenden 6C-Modelle ihrem Mutterhaus bescherten. Dazu zählte bereits 1928 auch der erste von elf Alfa Romeo-Siegen beim Straßenrennen Mille Miglia, den tausend Meilen von Brescia nach Rom und zurück: Auf einem 6C 1500 Sport Spider mit Zagato-Karosserie fuhren Giuseppe Campari und Giulio Ramponi nach 19 Stunden, 14 Minuten und sechs Sekunden als erstes Team durchs Ziel.

Mit technischen Leckerbissen wie Einzelradaufhängung und der steten Weiterentwicklung der kraftvollen Sechszylinder-Triebwerke bescherte die 6C-Reihe der Marke Alfa Romeo einen exquisiten Namen. Die zwischen 1927 und 1953 in den Hubraumvarianten 1500, 1750, 1900, 2300 und 2500 cm^3 gebauten Modelle wurden bereits wenige Jahre nach ihrem Produktionsende als begehrte Klassiker gehandelt.

Heute sind besonders die exquisiten Sportaufbauten namhafter Couturiers wie Pinin Farina, Zagato und Touring begehrt. Die Freude der Sammler ist jedoch nicht ungetrübt: Das hohe Preisniveau hat dazu geführt, dass zunehmend Reproduktionen der exquisiten Zweisitzer angeboten werden. Deren Historie wurde dann nicht selten so kunstvoll gedengelt wie das neue Blech, unter dem als Basis das gestrandete Chassis einer Limousine dient.

Alfa Romeo 6C 1500 — 1927-1929

Leicht und schnell sollte er werden, der neue Tourenwagen, den der junge Ingenieur Vittorio Jano (1891 bis 1965) für Alfa Romeo entwickelte. Jano war bereits Vater des erfolgreichen Rennsportmodells P2. Im April 1925 war das erste Exemplar des 6C 1500 auf dem Mailänder Salon zu sehen, doch erst zwei Jahre später konnte Alfa Romeo die ersten Fahrzeuge an Kunden ausliefern. Der 6C 1500 entstand zunächst in der Version Normale mit 44 PS. 1928 kam die Ausführung Sport dazu (54 PS), und für Sporteinsätze bot Alfa Romeo eine Variante namens Super Sport an, die auch mit Kompressor geordert werden konnte (60 bis 84 PS). Für die vielen Siege, unter anderem bei der Mille Miglia oder dem Giro di Sicilia, sorgte jedoch weniger die Motorleistung: Der Wagen überzeugte als Gesamtkonzeption, er war leicht und bremste gut. Die erfolgreichen neuen Sechszylindermodelle bauten den Ruf der Marke aus und setzten mit außergewöhnlichen Fahrleistungen einen neuen Standard in der Mittelklasse.

Bild: © CHEKANDINO Archives

Preise	1	2	3	4	5
6C 1500 Normale, L4T	175.000	115.000	78.200	36.800	k.N.

Motor/Antrieb	
Bauart	Sechszylinder (Reihe)
Lage/Antrieb	Front/Heck
Hubraum in cm³	1487
PS/min	44 bis 84
Vmax in km/h	110
Karosserie	
Bauart	Lim (4-türig), Cab, Coupé, Rds
Tragstruktur	Kastenrahmen
Material	Stahlblech
Stückzahl und Marktsituation	
Produktionszahl	862
Verfügbarkeit	schlecht
Teilesituation	sehr schwierig
Unterhaltskosten	hoch

Alfa Romeo 6C 1750 — 1929-1933

Bereits im Jahr seiner Präsentation bewies der 6C 1750 sein Können: Er siegte – wie 1928 bereits sein Vorgänger 6C 1500 – bei der Mille Miglia, jenem harten Straßenrennen, das damals seine dritte Auflage feierte. In den Sport-Versionen besaßen die Triebwerke zwei Nockenwellen, und besonders als Super Sport (später Gran Sport) feierte die erfolgreiche Alfa Romeo-Baureihe einen Sieg nach dem anderen: Mit Kompressor leisteten die aufgeladenen Motoren nun bis zu 102 PS, in jenen Jahren eine beeindruckende Zahl. Besonders sportlich geriet der knapp geschnittene, zweisitzige Roadster von Zagato, der heute als eine der großen Ikonen der Automobilgeschichte gilt. Auch andere Karosseriespezialisten wie Castagna, Touring oder Viotti entwarfen für zahlungskräftige Kunden Aufbauten für den 6C 1750 – manche fielen betont elegant und luxuriös aus. Bis hin zu sechssitzigen Limousinen reichte das breite Angebot.

Bild: © CHEKANDINO Archives

Preise	1	2	3	4	5
6C 1750, Rds	1.800.000	1.200.000	770.000	k.N.	k.N.

Motor/Antrieb	
Bauart	Sechszylinder (Reihe)
Lage/Antrieb	Front/Heck
Hubraum in cm³	1752
PS/min	46 bis 102
Vmax in km/h	110 bis 170
Karosserie	
Bauart	Lim (4-türig), Cab, Coupé, Rds
Tragstruktur	Kastenrahmen
Material	Stahlblech o. Stahlbl./Alu.
Stückzahl und Marktsituation	
Produktionszahl	2259
Verfügbarkeit	schlecht
Teilesituation	sehr schwierig
Unterhaltskosten	hoch

Alfa Romeo 6C 2500 — 1939-1953

Alfa Romeo baute ab 1939 die Modelle 6C 2500, zunächst als Limousine, ab 1939 auch als Cabrio. Die zahllosen Karosserien entwarfen und lieferten verschiedene Spezialisten, unter anderem kamen sie von Touring aus Mailand. Die fast 2,5 Liter großen Sechszylindermotoren leisteten zwischen 87 und 110 PS. Alfa Romeo setzte nach 1946 die Produktion dieser Modelle fort, der 6C 2500 wurde bis 1953 angeboten. Insgesamt sollen allerdings weniger als 2000 dieser großen, aber überaus eleganten Gran Turismo-Wagen gebaut worden sein. Heute sind sie deswegen teuer und aufgrund der schlechten Ersatzteilversorgung nur mit viel Engagement zu unterhalten. Doch diese Herausforderung wird mit einem grandiosen Fahrvergnügen belohnt. Die Ausstrahlung des 6C 2500, des letzten Alfa Romeo mit Wurzeln in der ruhmreichen Vorkriegsepoche der Marke, fasziniert heute mehr denn je.

Bild: © Alfa Romeo

Preise	1	2	3	4	5
6C 2500, Cab	390.000	280.000	210.000	120.000	k.N.

Motor/Antrieb	
Bauart	Sechszylinder (Reihe)
Lage/Antrieb	Front/Heck
Hubraum in cm³	2443
PS/min	87 bis 110
Vmax in km/h	155 bis 170
Karosserie	
Bauart	Limousine (4-türig), Coupé, Cab
Tragstruktur	Kastenrahmen
Material	Stahlblech
Stückzahl und Marktsituation	
Produktionszahl	ca. 2000
Verfügbarkeit	schlecht
Teilesituation	sehr schwierig
Unterhaltskosten	hoch

Die absolute Spitze: die 8C-Modelle

Alfa Romeo benötigte Jahrzehnte, bevor es gelang, die große, eigene Legende zu reanimieren, die einst den Mythos der Marke prägte. Erst 2003 belebten die Italiener mit ihrem viel beachteten Supersportler 8C Competizione eine Ikone wieder, deren Geschichte über 70 Jahre zuvor ihren Beginn genommen hatte.

Im April 1931 feierte der Alfa Romeo 8C auf der London Motor Show sein Debüt. Sein Kürzel 8C stand für „otto cilindri", zu deutsch: acht Zylinder. Der Block bestand zunächst aus Grauguss, später – wie die Zylinderköpfe von Beginn an – aus Leichtmetall. Zwei obenliegende Nockenwellen zählten längst zum Alfa-Standard. Der 8C brillierte nach anfänglichen Problemen bei großen Rennen: Noch 1931 siegte er bei der Targa Florio auf Sizilien, er gewann mehrere Male in Le Mans und schließlich auch die Mille Miglia, in Italien ein Volksfest ersten Ranges. Auch Privatkunden kamen in den Genuss der exquisiten 8C-Modelle: Alfa Romeo lieferte die Achtzylinder-Chassis in einer kurzen Variante für sportliche Spider-Aufbauten und mit langem Radstand für luxuriösere Karosserien.

Im Herbst 1935 präsentierte Alfa auf der London Motor-Show mit dem 8C 2900 A den Nachfolger. Er galt als einer der leidenschaftlichsten Sportwagen seiner Zeit, sein kompromissloser Motor entsprach nahezu Grand-Prix-Spezifikationen. Ab 1937 gab es den 8C 2900 B, eine etwas zivilere Version, dennoch weiterhin ein Superlativ: Kein anderer Serienwagen der Welt war schneller. Doch wegen der hohen Preise blieb die Stückzahl gering.

Bild: © Alfa Romeo

Umso größer war das Interesse an diesen italienischen Vorkriegs-Delikatessen Jahrzehnte später. Heute zählen die Alfa Romeo 8C-Modelle zu den teuersten Fahrzeugen auf dem Oldtimer-Markt.

Alfa Romeo 8C 2300, 8C 2900 — 1931-1939

Die 8C-Modelle von Alfa galten durch ihre kompromisslose Mixtur aus Sportlichkeit und Leistung als Superlative ihrer Zeit. Der 8C 2300 verdankte seine Zusatzbezeichnung dem Hubraum von 2336 Kubikzentimetern. Ohne Kompressor leistete das Triebwerk bereits 142 PS, mit Hilfe zweier Roots-Kompressoren stieg die Leistung auf bis zu 180 PS. Dem 8C 2300 folgte 1935 der 8C 2900 A und 1937 die zivilere Version B. Vom 8C entstanden nicht nur Rennversionen wie die Modelle mit illustren Namen wie „Spider Corsa", „Monza" oder „Le Mans", sondern auch Fahrzeuge für betuchte Privatkunden. Für deren Karosserien zeichneten meist namhafte Couturiers wie Touring, Zagato oder auch Vanden Plas verantwortlich.

Bild: © Alfa Romeo

Preise	1	2	3	4	5
8C 2300 (kurz), Rds	je nach Originalität und Historie bis zu 11 Mio. Euro				
8C 2900, Rds	je nach Originalität und Historie über 12 Mio. Euro				

Motor/Antrieb	
Bauart	Achtzylinder (Reihe)
Lage/Antrieb	Front/Heck
Hubraum in cm³	2336, 2905
PS/min	142 bis 180
Vmax in km/h	k. A.
Karosserie	
Bauart	Limousine, Spid, Cab, Cpe
Tragstruktur	Kastenrahmen
Material	Stahlblech
Stückzahl und Marktsituation	
Produktionszahl	rund 200
Verfügbarkeit	schlecht
Teilesituation	sehr schwierig
Unterhaltskosten	hoch

Neue Schritte: Alfa Romeo 1900, 2000 (Serie 102) und 2600 (Serie 106)

Es waren Flugzeugmotoren und eine leicht abgeänderte Version des Vorkriegsmodells 6C 2500, die Alfa Romeo in den ersten Jahren nach dem Zweiten Weltkrieg ein Überleben sicherten. Doch die mondänen Luxuskarossen und schnellen Sportmodelle wollten nicht mehr so recht in die neue Zeit passen, die sich zunehmend in selbsttragenden Karosserien und geräumigen Pontonformen spiegelte.

Die Mailänder Autobauer nutzten die Aufbruchstimmung der Ära und leiteten den entscheidenden Dreh ein: Die bislang gepflegte Chassis-Fertigung legten sie zu den Akten und präsentierten auf dem Pariser Autosalon 1950 mit dem 1900 ihr erstes Modell mit selbsttragender, fest mit dem Fahrgestell verschweißter Karosserie.

Dass die neue Modellreihe deutlich abgespeckter auftrat als die Vorkriegsvarianten mit ihren Chassis, förderte die Agilität in bestem Alfa-Sinne: Besonders die viertürige „Millenove"-Limousine, in Italien Berlina genannt, galt bei Auto-Kennern rasch als Sportskanone. Die Welt der 1900-Coupés dagegen war mehr der Boulevard, das Flanieren und Promenieren. Mehr als hundert verschiedene Entwürfe sollen entstanden sein, die neue Bauweise sorgte also keineswegs, wie von manchem befürchtet, zu einer Simplifizierung oder Uniformierung der Karosserielinien.

Egal, ob mit zwei oder vier Türen: Für Alfa Romeo bedeutete der 1900 nicht nur einen gelungen Start in die 1950er Jahre, mit über 17.400 hergestellten Einheiten gelang den Mailändern auch der Aufstieg vom Nischen- zum Volumenhersteller – damit war ein gutes Fundament gelegt.

Dennoch behielt Alfa das althergebrachte Sechszylinder-Segment fest im Blick. Ab 1957 sollten der 2000, nach 1962 der 2600 an die ruhmreichen Zeiten anknüpfen; schließlich saß die Brieftasche bei manch Wirtschaftswunder-Verwöhntem wieder locker. Doch die Alfa-Kalkulatoren verlangten viel Geld: Nur rund 6000 Käufer fanden sich für die beiden Sechszylinder-Versionen – kein großer Erfolg also. Doch Alfa Romeo verdiente damals sein Geld bereits mit einer anderen Schönheit – ihr Name: Giulietta.

Alfa Romeo 1900 Berlina (Alfa Romeo 1900, 1900 TI, 1900 Super, 1900 TI Super, 1900 Primavera) — 1950-1958

Auf dem Pariser Salon des Jahres 1950 stellte Alfa Romeo eine rundum neue Limousine vor, die mit ihrer modernen Konstruktion überzeugte. Die Karosserie in zeitgemäßer Ponton-Form war selbsttragend, und Alfa Romeo hatte damit nicht nur die Tradition des Rahmenbaus hinter sich gelassen. So war der 1900 („Millenove") das erste Modell der Mailänder Marke, bei dem sich das Lenkrad serienmäßig auf der linken Seite befand. Wer das Vergnügen hatte, ihn zu fahren, lobte sein effektives Fahrwerk, das seine Anleihen am Sportwagenbau kaum leugnete – und den agilen Doppelnockenwellen-Motor mit einem Zylinderkopf aus Leichtmetall. Das neue Triebwerk besaß zwar nur vier Zylinder und einen Hubraum von 1,9 Litern, was für Alfa-Verhältnisse als überaus bescheiden galt. Das ließ sich vom Preis keineswegs sagen: Der 1900 kostete soviel wie zwei Mercedes-Benz 170.

Bild: © Alfa Romeo

Preise	1	2	3	4	5
1900, L4t	44.700	28.500	19.200	11.900	6.700

Motor/Antrieb	
Bauart	Vierzylinder (Reihe)
Lage/Antrieb	Front/Heck
Hubraum in cm³	1885, 1975
PS/min	90/5200 bis 115/5500
Vmax in km/h	150 bis 180
Karosserie	
Bauart	Limousine (4-türig)
Tragstruktur	selbsttragend
Material	Stahlblech
Stückzahl und Marktsituation	
Produktionszahl	17.243
Verfügbarkeit	schlecht
Teilesituation	sehr schwierig
Unterhaltskosten	mittel

Alfa Romeo 1900 Coupé und Cabriolet — 1950-1959

Neben der viertürigen Berlina-Limousine präsentierte Alfa Romeo 1951 auch eine zweitürige Version des Millenove. Ironischerweise blieb es den eleganten Coupés verwehrt, den Ruf der sportlichen Familienlimousine ebenfalls zu erlangen. Zu den Revieren der teuren Coupés und Cabriolets – die Preise lagen damals auf dem Niveau des Mercedes-Benz 300 SL, jenem legendären Flügeltürer – gehörten eher die mondänen Boulevards in Rom oder Sanremo. Dabei galten die Millenove-Coupés als sehr wandlungsreich, wie zahlreiche Couturiers, darunter Pininfarina, Bertone, Ghia oder Vignale, bewiesen. Nicht zuletzt ihre begehrten Karosserie-Entwürfe sorgten als Einzelstücke oder Kleinserien dafür, dass die Coupés und Cabriolets der Millenove-Serie heute nicht minder begehrt sind als die raren Design-Ikonen der Vorkriegs-Ära.

Bild: © Alfa Romeo

Preise	1	2	3	4	5
1900 CSS Touring, Cpe	238.000	176.000	116.000	75.100	k.N.

Motor/Antrieb	
Bauart	Vierzylinder (Reihe)
Lage/Antrieb	Front/Heck
Hubraum in cm³	1884, 1975
PS/min	90/5200 bis 115/5500
Vmax in km/h	150 bis 180
Karosserie	
Bauart	Coupé, Cabriolet
Tragstruktur	Rohrrahmen/selbsttragend
Material	Stahlbl. o. Stahlbl./Aluminium
Stückzahl und Marktsituation	
Produktionszahl	k. A.
Verfügbarkeit	schlecht
Teilesituation	sehr schwierig
Unterhaltskosten	mittel

A

Alfa Romeo 2000 Berlina, 2000 Spider 1958-1961

1957 stellte Alfa den Nachfolger des inzwischen etwas gealterten 1900 vor, dessen Technik er aber weitgehend übernahm. Der Spider mit seinem um 22 Zentimeter verkürzten Fahrgestell trägt die gleiche Typbezeichnung wie der spätere Fastback-Spider der siebziger Jahre. Seine 2+2-sitzige Karosserie, die mit ruhigen Linien und ausgewogenen Proportionen überzeugte, stammte von Touring. Selbst für diese schweren Modelle griff Alfa unverständlicherweise noch auf Trommelbremsen zurück, die Fahrsicherheit litt darunter erheblich. Über dieses Manko vermochte auch das neue, vollsynchronisierte Fünfganggetriebe nicht hinwegzutrösten. Schon 1962 folgte mit der Modellreihe 2600 die Ablösung, die mit sechs statt nur vier Zylindern deutlich agiler war.

Bild: © Alfa Romeo

Preise	1	2	3	4	5
2000 Berlina (1958-1961), L4t	36.400	23.700	16.600	8.700	3.600
2000 Spider (1958-1961), Cab	99.000	77.500	47.000	24.600	14.000

Motor/Antrieb	
Bauart	Vierzylinder (Reihe)
Lage/Antrieb	Front/Heck
Hubraum in cm³	1975
PS/min	105/5300 bis 115/5700
Vmax in km/h	165 bis 180
Karosserie	
Bauart	Limousine (4-türig), Cab, Cpé
Tragstruktur	selbsttragend
Material	Stahlblech
Stückzahl und Marktsituation	
Produktionszahl	2799, 3443
Verfügbarkeit	schlecht
Teilesituation	sehr schwierig
Unterhaltskosten	hoch

Alfa Romeo 2000 Sprint, 2600 Sprint 1959-1966

Einen stilistischen Vorgriff auf künftige Baureihen zeigte das Alfa-Coupé der frühen sechziger Jahre. Die Front mit den später für Alfa charakteristischen Doppelscheinwerfern zeugt davon. Der 2000 Sprint wurde 1962 vom 2600 Sprint abgelöst und parallel zu den offenen Modellen angeboten. Der Karosserieentwurf des Coupés stammt von Bertones Zeichenbrettern. Erneuter Kritik an den bislang unzureichenden Bremsen war Alfa Romeo ausgewichen und stattete zumindest die Sechszylinder-Variante jetzt mit standesgemäßen Scheibenbremsen an allen vier Rädern aus. In der Karosserie unterschied sich das 2000 vom 2600 Coupé noch weniger als die beiden Spider-Modelle. Die preisliche Distanz zwischen den Sechszylinder- und Vierzylinder-Coupés ist heute nicht allzu groß. Probleme gibt es allerdings mit der Ersatzteilversorgung.

Bild: © Jürgen Schlegelmilch

Preise	1	2	3	4	5
2000 Sprint (1959-1962), Cpe	53.900	35.000	24.300	11.900	7.800
2600 Sprint (1962-1966), Cpe	70.400	44.900	30.800	15.400	9.700

Motor/Antrieb	
Bauart	Vier-/Sechszylinder (Reihe)
Lage/Antrieb	Front/Heck
Hubraum in cm³	1975, 2584
PS/min	115/5900 bis 145/5900
Vmax in km/h	180 bis 200
Karosserie	
Bauart	Coupé
Tragstruktur	selbsttragend
Material	Stahlblech
Stückzahl und Marktsituation	
Produktionszahl	704, 6999
Verfügbarkeit	schlecht
Teilesituation	schwierig
Unterhaltskosten	hoch

Alfa Romeo 2600 Berlina, 2600 Spider, 2600 SZ (Zagato) 1962-1968

Von außen können sie nur Experten unterscheiden: Der Spider mit dem 2,6-Liter-Sechszylinder-Motor wird gerne mit dem 30 PS schwächeren Vorgänger verwechselt, dem 2000 Spider. Kleine Modifikationen an der Front und der Motorhaube künden von der neuen Motortechnik, die Alfa Romeo im Jahr 1962 auf dem Markt einführte. Die zwei Zylinder mehr sorgten nicht nur für ein deutliches Leistungs- und Drehmomentplus, auch der Auspuffklang verbesserte sich – der neue Sound war unvergleichlich. Die resultierenden 145 PS ließen den mit langen Überhängen gezeichneten Wagen die 200-km/h-Schallmauer erreichen und so den sportlichen Ruf der Marke unterstreichen. Der bis 1968 gebauten Limousine dagegen mussten 130 PS genügen, während die SZ genannte Coupé-Version von Zagato, von der 105 Exemplare gefertigt wurden, sogar bis zu 175 PS leistete. Die Leistungskur konnte den Verkauf allerdings nicht beflügeln.

Bild: © Alfa Romeo

Preise	1	2	3	4	5
2600 Berlina, L4t	41.500	27.300	19.100	10.200	4.300
2600 Spider, Cab	110.000	85.500	61.400	33.600	20.500

Motor/Antrieb	
Bauart	Sechszylinder (Reihe)
Lage/Antrieb	Front/Heck
Hubraum in cm³	2584
PS/min	145 bis 175
Vmax in km/h	175 bis 210
Karosserie	
Bauart	Limousine (4-türig), Cab, Cpé
Tragstruktur	selbsttragend
Material	Stahlblech
Stückzahl und Marktsituation	
Produktionszahl	2038 (Berlina), 2255 (Spi)
Verfügbarkeit	schlecht
Teilesituation	schwierig
Unterhaltskosten	hoch

Che bella donna: Alfa Romeo Giulietta und Giulia (Serien 750 und 101)

Alfa Romeo wurde schon früh für die Qualität seiner automobilen Erzeugnisse hoch gelobt – in Deutschland allerdings gab es nur einen kleinen Kreis, der die italienische Marke wirklich kannte. Das sollte sich ab 1955 ändern: Mit der Vorstellung der Giulietta lancierte Alfa ein Modell auf dem Markt, das die Herzen alter und neuer Markenfreunde im Sturm erobern sollte. Die Garanten für diesen Erfolg: optimale Straßenlage, absolute Spurstabilität und ausgezeichnete Kurvenfestigkeit. Eigenschaften, mit denen die zudem sehr hübsche Giulietta konkurrenzlos die 1,3-Liter-Klasse dominierte und somit zur echten Alternative für alle Sportfahrer avancierte, die keinen Porsche wollten.

Ob als elegantes Sprint-Coupé, familienfreundliche Berlina, als modisch-eleganter Spider oder als seltenes Bertone-Coupé Sprint Speziale – kein Alfa-Modell war für den Mailänder Hersteller während der goldenen Epoche des Wirtschaftswunders so wichtig wie die Giulietta, die mit knapp 200.000 gebauten Einheiten zur bis dahin erfolgreichsten Baureihe der Marke avancierte.

Dem Julchen, wie sich der Name Giulietta übersetzen lässt, gelang es, die Marke Alfa Romeo auch nördlich der Alpen populär zu machen. In einer Zeit der großen Italiensehnsucht hatte man die sportliche Italienerin mit offenen Armen empfangen.

Alfa Romeo Giulietta Sprint, Giulia Sprint — 1954-1965

Auf eine lange Produktionszeit kann das Giulietta Sprint Coupé zurückblicken – elf Jahre waren in einer Ära jährlich wechselnder Karosseriedesigns eine Ewigkeit. Dennoch sind zwischen 1954 und 1965 nur rund 36.000 Exemplare entstanden. In seiner 1,3-Liter-Version leistete der dohc-Vierzylinder zunächst 65 PS, später wurden daraus in der Veloce-Variante agile 92 PS. Wegen seines überzeugenden Gesamtkonzepts genoss das kompakte Coupé schon bald legendären Ruf. Wesentlich beteiligt daran war auch Bertone, der die harmonische Form entworfen hatte. Einen gravierenden Kritikpunkt jedoch gab es: die Bremsen. Erst kurz vor Produktionsende rüstete Alfa Romeo einige hundert Modelle mit Scheibenbremsen aus. Die im gleichen Jahr eingeführte, äußerlich nahezu gleiche 1,6-Liter-Version namens Giulia wirkte nicht mehr ganz so lebhaft wie die 1300er, ist aber heute kaum weniger beliebt.

Bild: © Alfa Romeo

Preise	1	2	3	4	5
Giulietta Sprint (1959-1962), Cpe	69.400	49.400	31.400	20.000	10.500
Giulia Sprint (1962-1963), Cpe	55.100	38.500	25.700	15.200	7.600

Motor/Antrieb	
Bauart	Vierzylinder (Reihe)
Lage/Antrieb	Front/Heck
Hubraum in cm³	1290, 1570
PS/min	65/6100 bis 92/6200
Vmax in km/h	150 bis 180
Karosserie	
Bauart	Coupé
Tragstruktur	selbsttragend
Material	Stahlblech
Stückzahl und Marktsituation	
Produktionszahl	36.149
Verfügbarkeit	ausreichend
Teilesituation	schwierig
Unterhaltskosten	mittel

Alfa Romeo Giulietta Berlina — 1955-1965

Nicht ganz so elegant wie beim Coupé wirkte die Formgebung der Giulietta Berlina. Die Kundschaft störte dies kaum: Der Mittelklasse-Viertürer fand über 130.000 Käufer und vermittelte dem Markencredo entsprechend genügend sportlichen Touch, ohne eine familiäre Nutzung einzuschränken. Besonders leistungsfreudig (und heute entsprechend teuer) war die 1957 eingeführte TI-Version, die zunächst 65 PS und später sogar 74 PS leistete. Mit ihren Fahrleistungen bot sie weit größeren Kalibern Paroli und sicherte Alfa ein begeistertes Publikum. Für das nötige Sicherheitspolster sorgte ein spurtreues Fahrwerk, das auch heißblütige Piloten nicht vor unlösbare Aufgaben stellte. Neben den reizvollen Alfa-Coupés und Cabrios ist diese kompakte Limousine eine interessante Alternative, die oft für Überraschung sorgt – schöne Exemplare sind allerdings rar geworden.

Bild: © Alfa Romeo

Preise	1	2	3	4	5
Giulietta (1955-1959), L4t	30.700	19.900	13.100	6.900	2.700
Giulietta Ti (1957-1959), L4t	38.100	24.600	16.200	8.400	3.400
Giulietta Ti (1961-1963), L4t	27.500	17.900	11.900	6.200	2.500

Motor/Antrieb	
Bauart	Vierzylinder (Reihe)
Lage/Antrieb	Front/Heck
Hubraum in cm³	1290
PS/min	53/5200 bis 74/6200
Vmax in km/h	140 bis 165
Karosserie	
Bauart	Limousine (4-türig)
Tragstruktur	selbsttragend
Material	Stahlblech
Stückzahl und Marktsituation	
Produktionszahl	131.876
Verfügbarkeit	schlecht
Teilesituation	sehr schwierig
Unterhaltskosten	mittel

Alfa Romeo Giulietta Spider, Giulietta Spider Veloce, Giulia Spider, Giulia Spider Veloce — 1955-1965

Die Giulietta war Alfas erstes Großserien-Cabrio, und Pinin Farina lieferte mit der Gestaltung ein weiteres Meisterwerk italienischer Auto-Mode. Mit einer sportlichen, kompakten und eleganten Karosserie überzeugte das offene Julchen die Fans. Das einfach zu bedienende Verdeck verschwand im geöffneten Zustand hinter den Passagieren. Die Modellentwicklung des Spider entspricht der Sprint-Chronologie weitgehend: Zunächst gab es leistungsgesteigerte Veloce-Modelle, ergänzt ab 1962 durch die 1,6-Liter-Version Giulia Spider. Diesem Triebwerk fehlte zwar die begeisternde Spritzigkeit, die der 1300er bot, gab sich insgesamt aber alltagstauglicher. Besonders selten, da dem Spider vorbehalten, blieb die Variante mit dem 112 PS starken 1,6-Liter-Veloce-Aggregat, das nur in den Jahren 1964 und 1965 erhältlich war.

Bild: © Alfa Romeo

Preise	1	2	3	4	5
Giulietta Spider (1955-1959), Cab	94.100	62.400	43.700	25.400	12.700
Giulietta Spider Veloce (1960-1962), Cab	100.000	66.200	46.400	26.900	13.500
Giulia Spider (1962-1965), Cab	100.000	66.500	46.900	27.100	13.700
Giulia Spider Veloce (1964-1965), Cab	104.900	69.600	48.600	28.300	14.300

Motor/Antrieb	
Bauart	Vierzylinder (Reihe)
Lage/Antrieb	Front/Heck
Hubraum in cm³	1290, 1570
PS/min	65/6100 bis 112/6500
Vmax in km/h	155 bis 180
Karosserie	
Bauart	Cabriolet
Tragstruktur	selbsttragend
Material	Stahlblech
Stückzahl und Marktsituation	
Produktionszahl	26.346
Verfügbarkeit	ausreichend
Teilesituation	schwierig
Unterhaltskosten	mittel

Alfa Romeo Giulietta Sprint Speciale („Giulietta SS") Giulia Sprint Speciale („Giulia SS") — 1957-1966

Extravaganter und weniger populär war die Formgebung bei den von Bertone gezeichneten Spezialausführungen des Giulietta Coupés, die nach dem Übergang zur 1,6-Liter-Maschine Giulia Sprint Speciale genannt wurden. Dieses exklusive und individuelle Spitzenmodell der Baureihe blieb mit einer Stückzahl von knapp 2800 sehr selten. Durch Leistungssteigerungen und ein serienmäßiges Fünfganggetriebe erreichten die Sprint Speciale beeindruckende Fahrleistungen, woran auch die aerodynamisch gezeichneten Karosserien ihren Anteil hatten. Im Motorsport konnten sie sich trotz ihrer Agilität nicht durchsetzen. So nahmen die Sprint Speciale eher die Rolle luxuriöser Sportcoupés ein, obwohl sie im Alltag wegen ihrer ausladenden Formen als unpraktisch galten und sich ihr Innenraum stark aufheizte.

Preise	1	2	3	4	5
Giulietta SS, Cpe	133.000	105.000	71.300	38.000	k.N.
Giulia SS, Cpe	138.000	100.000	66.500	33.300	k.N.

Motor/Antrieb	
Bauart	Vierzylinder (Reihe)
Lage/Antrieb	Front/Heck
Hubraum in cm³	1290, 1570
PS/min	100/6500 bis 112/6500
Vmax in km/h	200
Karosserie	
Bauart	Coupé
Tragstruktur	selbsttragend
Material	Stahlblech
Stückzahl und Marktsituation	
Produktionszahl	2766
Verfügbarkeit	gegen null
Teilesituation	schwierig
Unterhaltskosten	mittel

Alfa Romeo Giulietta SZ 1960-1962

Eine ganz andere Linie als der von Bertone gestaltete Sprint Speciale vertrat der auf gleicher Basis entstandene Alfa Romeo SZ. Die glattflächige, kompakte Karosserie trat charmant auf, war aber für den harten Rennsport konzipiert. Aus diesem Grund zeigte sich der Innenraum mit abgespeckter Ausstattung, was für ein geringeres Kampfgewicht sorgte. In der Praxis sah der SZ nicht nur kompakter und handlicher aus, sondern überzeugte im Vergleich zu den Sprint Speciale-Modellen und den Serien-Coupés auf der Rennstrecke überaus nachhaltig und erwies sich als fast unschlagbare Waffe, sofern Könner am Lenkrad saßen. Die letzten 30 gebauten Fahrzeuge ließen sich dank Scheibenbremsen wirkungsvoller verzögern und sind an einer gestreckteren Karosserie mit Abrisskante am Heck zu erkennen. Ein absoluter Traum, sogar für verwöhnte Gourmets.

Bild: © Alfa Romeo

Preise	1	2	3	4	5
Giulietta SZ S1, Cpe	k.N.	423.000	324.000	k.N.	k.N.

Motor/Antrieb	
Bauart	Vierzylinder (Reihe)
Lage/Antrieb	Front/Heck
Hubraum in cm^3	1290
PS/min	100/6500
Vmax in km/h	200
Karosserie	
Bauart	Coupé
Tragstruktur	Plattformrahmen
Material	Aluminium
Stückzahl und Marktsituation	
Produktionszahl	210
Verfügbarkeit	gegen null
Teilesituation	schwierig
Unterhaltskosten	mittel

Mailänder Multitalent: die variable Baureihe 105

Behutsam ging der Wechsel von der Giulietta auf die Giulia vor sich. Giulia hießen zunächst auch ausgewählte Giulietta-Modelle wie die Sprint- und Spider-Versionen, die mit dem neuen 1,6-Liter-Motor ausgerüstet wurden.

1962 präsentierte Alfa dann jenes Modell, das heute wie kein anderes mit dem Namen Giulia in Verbindung steht: eine zweckmäßige, alle bis dahin gepflegten Designmuster das Hauses Alfa Romeo verneinende Limousine, die intern unter der Bezeichnung 105 erschien. Trotz des betont sachlichen Auftritts wollten die Alfa-Verantwortlichen nicht darauf verzichten, unter Verwendung des bissigen Zweinockenwellen-Triebwerks einen überaus sportlich zu bewegenden Viertürer zu konstruieren.

Diesem Naturell folgten dann auch die schicken Coupés. Ob als Giulia Sprint GT, 1300 GT Junior, 1750 GTV, 2000 GTV oder als Renn-Heißsporn Giulia Sprint GTA – noch heute gehören die zeitlosen Zweitürer der Baureihe 105 zu den großen Klassikern der sechziger Jahre schlechthin – und das keineswegs nur bei Alfa-Fans.

Wie ideenreich die Mailänder ihre Modelle der Mittelklasse unters Volk zu bringen versuchten, zeigt auch der Spider, die offene Version der Baureihe 105. Ob anfänglich als rundlicher Duetto oder in Folge als schärfer konturierter Fastback – mit dem Spider gelang den Alfa-Managern ein Bestseller, dessen Grundkonzept sich später selbst unter der Vorherrschaft des Fiat-Konzerns noch über viele Jahre bewährte.

Nach dem Ende der Baureihe 105 setzte Alfa Romeo mit zwei weiteren Baureihen die große Spider-Tradition fort. Fand der Tipo 916 (1994 – 2005) trotz seines Frontantriebs noch Freunde, ärgerte der Tipo 939 (2006 – 2010) die Fans zudem mit Dieselmotoren, zu denen die schwerfälligen australischen Holden-V6-Benziner eine schlechte Alternative bildeten. Wesentlich reizvoller fiel dagegen der Alfa Romeo 4C aus, der von 2013 bis 2020 gefertigt wurde. Er begeisterte fahrerisch, war jedoch kein Spider im klassischen Sinn mehr.

Alfa Romeo Giulia (Giulia, Giulia Nuova) 1962-1978

Mit der Giulia gelang Alfa Romeo die seltene Symbiose aus Erfolg und Sympathie. Sportliche Technik, eine Linie voller Charakter und italienisches Flair bescherten der Limousine mit den markanten Doppelscheinwerfern ein Image, auf das sich Alfa Romeo selbst heute noch gerne beruft. Dabei sah es 1962 noch nicht nach dem großen Wurf aus: Kritiker bemängelten eine zu kantige, emotionslose Form und die vorderen Trommelbremsen. Die stehenden Pedale und der Schalthebel am Lenkrad – für das immerhin fünfgängige Getriebe – waren ihnen ebenfalls suspekt. Alfa nahm sich die Kritik zu Herzen und pflegte die Giulia über die Jahre zu einem begehrenswerten Modell, das in zahllosen Leistungsstufen mit 1,3- und 1,6-Liter-Motoren zu ordern war. Die geglättete (allerdings auch von ihren ursprünglichen Charakterzügen befreite) Giulia Nuova leitete 1974 das letzte Kapitel der erfolgreichen Modellreihe ein.

Bild: © Alfa Romeo

Preise	1	2	3	4	5
Giulia 1300 (1964-1971), L4t	23.000	15.800	9.800	4.600	2.100
Giulia Super (1965-1971), L4t	38.700	26.400	16.400	7.600	3.400
Giulia Nuova 1300 (1974-1978), L4t	22.000	15.000	9.500	4.400	2.100
Giulia Nuova 1600 (Ser. 1974-1978), L4t	29.200	19.900	12.300	5.900	2.500

Motor/Antrieb	
Bauart	Vierzylinder (Reihe)
Lage/Antrieb	Front/Heck
Hubraum in cm^3	1290, 1570
PS/min	78/6000 bis 112/6500
Vmax in km/h	160 bis 185
Karosserie	
Bauart	Limousine (4-türig)
Tragstruktur	selbsttragend
Material	Stahlblech
Stückzahl und Marktsituation	
Produktionszahl	k.A.
Verfügbarkeit	gut
Teilesituation	ausreichend
Unterhaltskosten	mittel

Alfa Romeo Giulia Sprint GT (GTC, GTA, GTV), GT 1300 Junior, 1750 GTV, 2000 GTV („Bertone-Coupé") 1963-1977

Den komfortableren und alltagstauglichen Nachfolger der kleinen Giulietta/Giulia Sprint-Coupés stellte Alfa Romeo 1963 vor. Basis war die im Vorjahr präsentierte Giulia 1600 TI, allerdings mit verkürztem Radstand und stärkeren Motoren. In die Alfa-Geschichte gingen die in insgesamt 16 Versionen gebauten Coupés kurz als „Bertone" ein – die genauen Typenbezeichnungen wechselten ständig. Der elegante, schnörkellose und dabei kraftvolle Entwurf gelang Bertone meisterlich. Besonders begehrt sind heute die frühen Modelle mit der auffälligen Kantenhaube. In vier Hubraum-Varianten gab es die kraftvollen wie robusten Reihenvierzylinder, die alle über zwei obenliegende Nockenwellen verfügten. Besonders rar und begehrt sind die GTC genannten Cabrioversionen und die GTA, die als Sportderivate mit Doppelzündung und Aluminiumkarosserie an den Start gingen.

Bild: © Alfa Romeo

Preise	1	2	3	4	5
Giulia Sprint GT (1963-1966), Cpe	62.400	44.800	30.300	13.500	5.400
GT 1300 Junior (1966-1970), Cpe	48.000	33.200	22.800	11.300	4.300
1750 GT (1967-1969), Cpe	53.300	38.100	25.700	12.700	4.700
2000 GTV (Ser. 1971-1977), Cpe	49.900	35.600	25.000	13.000	5.300

Motor/Antrieb	
Bauart	Vierzylinder (Reihe)
Lage/Antrieb	Front/Heck
Hubraum in cm^3	1290, 1570, 1779, 1962
PS/min	87/6000 bis 131/5500
Vmax in km/h	170 bis 200
Karosserie	
Bauart	Coupé, Cabriolet
Tragstruktur	selbsttragend
Material	Stahlblech
Stückzahl und Marktsituation	
Produktionszahl	222.805
Verfügbarkeit	gut
Teilesituation	ausreichend
Unterhaltskosten	mittel

Alfa Romeo Spider „Duetto" (Spider 1600 Duetto, Spider 1750, Spider 1300) 1966-1970

Die lange und erfolgreiche Geschichte des Alfa Spider begann im März 1966 in Turin. Erst später wurde aus dem zunächst offiziell „Osso di Sepia", zu deutsch Tintenfischschulp, genannten Sportwagen der Duetto. In Europa hagelte es wegen des hübschen, aber als verweichlicht geschmähten Hecks zunächst harsche Kritik an dem Pininfarina-Entwurf. Die Amerikaner dagegen nahmen den Frischluft-Alfa begeistert auf: Nach einer tragenden Rolle im Kino-Klassiker „Die Reifeprüfung" mit einem jugendlichen Dustin Hoffman avancierte der Alfa als „Graduate Car" zum passenden Geschenk reicher Westküsten-Eltern. 1968 ersetzte Alfa den 1600er-Ur-Duetto durch den heute besonders gesuchten 1750 Spider Veloce mit 113 PS. Als Spar-Modell trat später sogar eine 1300er Variante an, die direkt gegen den preiswerteren Konkurrenten Fiat 124 Spider positioniert war.

Bild: © Alfa Romeo

Preise	1	2	3	4	5
Spider 1300 Junior (1968-1970), Cab	49.600	33.200	23.200	12.300	6.300
1600 Duetto Spider (1966-1967), Cab	56.500	37.900	26.500	14.300	7.300
1750 Spider Veloce (1967-1969), Cab	60.000	40.200	28.100	15.200	7.800

Motor/Antrieb	
Bauart	Vierzylinder (Reihe)
Lage/Antrieb	Front/Heck
Hubraum in cm³	1290, 1570, 1779
PS/min	87/6000 bis 113/5000
Vmax in km/h	170 bis 190
Karosserie	
Bauart	Cabriolet
Tragstruktur	selbsttragend
Material	Stahlblech
Stückzahl und Marktsituation	
Produktionszahl	6325
Verfügbarkeit	schlecht
Teilesituation	ausreichend
Unterhaltskosten	mittel

Alfa Romeo 1750 und 2000 Berlina 1967-1977

Den Weg aus dem Schatten der erfolgreichen Giulia hat die etwas geräumigere und leistungsfähigere Limousine nie geschafft. 1967 löste sie – mit der traditionsreichen Chiffre 1750 – etwas verspätet die bereits Jahre zuvor eingestellte 2000 Berlina ab. Das Design des 1750 Berlina orientierte sich zwar an der Giulia, geriet aber glattflächiger und wirkte insgesamt wuchtiger. Nach dem Debüt mit dem knapp 1,8 Liter großen Vierzylinder legte Alfa Romeo 1971 mit einer noch agileren Zwei-Liter-Variante nach. Beide Motoren gab es in der Giulia nicht – ein Grund für den durchaus beeindruckenden Erfolg: Mit insgesamt mehr als 190.000 Exemplaren verkaufte sich die größte Limousine im damaligen Alfa-Programm wesentlich besser als alle bisherigen Alfa-Viertürer. Die beiden Versionen galten als ausgereift – nur der Rost schlug auch hier fast immer gnadenlos zu und dezimierte den Bestand drastisch. Das macht die Suche heute schwierig, wie auch ständig steigende Preise beweisen.

Bild: © Alfa Romeo

Preise	1	2	3	4	5
1750 Berlina (1967-1972), L4t	20.800	14.300	8.800	4.200	1.900
2000 Berlina (1971-1977), L4t	23.700	16.200	10.000	4.700	2.100

Motor/Antrieb	
Bauart	Vierzylinder (Reihe)
Lage/Antrieb	Front/Heck
Hubraum in cm³	1779, 1962
PS/min	115/5500 bis 131/5500
Vmax in km/h	180 bis 195
Karosserie	
Bauart	Limousine (4-türig)
Tragstruktur	selbsttragend
Material	Stahlblech
Stückzahl und Marktsituation	
Produktionszahl	101.880, 89.840
Verfügbarkeit	schlecht
Teilesituation	schwierig
Unterhaltskosten	mittel

Alfa Romeo Junior Zagato, Zagato 1.6 1969-1975

1969 erinnerte sich Alfa Romeo an die Tradition der fünfziger Jahre und knüpfte mit einem neuen, sportlich-individuellen Coupé an die imageträchtige Ära an. Das Coupé füllte mit seiner modernen Linie eine kleine Nische und wurde nur in geringer Stückzahl produziert. Dennoch hat es eine Weile gedauert, bis der Wert dieses Wagens auf dem Klassiker-Markt die Seltenheit widerspiegelte. Nicht auf den ersten Blick war erkennbar, dass der üppig verglaste Aufbau aus der Feder Zagatos stammte: Der Karossier hatte auf einige seiner sonst typischen Stylingelemente verzichtet. Technisch basierte der Zagato Junior auf den üblichen 1,3- und 1,6-Liter Bertone-Coupés. Gute Exemplare sind kaum zu finden und inzwischen recht teuer. Vor nicht kompletten Schnäppchen warnen Experten: Ersatzteile für den Junior Zagato werden inzwischen mit Gold aufgewogen.

Bild: © Alfa Romeo

Preise	1	2	3	4	5
Junior Zagato 1300, Cpe	44.400	35.200	20.600	11.800	6.900
Junior Zagato 1600, Cpe	59.400	39.700	27.400	16.200	8.800

Motor/Antrieb	
Bauart	Vierzylinder (Reihe)
Lage/Antrieb	Front/Heck
Hubraum in cm³	1290, 1570
PS/min	87/6000 bis 109/6000
Vmax in km/h	180 bis 195
Karosserie	
Bauart	Coupé
Tragstruktur	selbsttragend
Material	Stahlblech
Stückzahl und Marktsituation	
Produktionszahl	1106, 403
Verfügbarkeit	schlecht
Teilesituation	schwierig
Unterhaltskosten	mittel

A

Alfa Romeo Spider 1750, Spider 1300, 2000 Spider Veloce, Spider Junior 1600 („Fastback") 1969-1982

Mit einem satten Schnitt retuschierte Altmeister Pininfarina seinen eigenen Entwurf: Das rundliche Heck war passé, der hintere Abschluss geriet sehr kantig, was dem Spider der zweiten Serie den Beinamen Fastback einbrachte. Auch die Traditionalisten unter den Fans, die das Duetto-Styling als zu verweichlicht empfunden hatten, wurden durch die markantere Optik der zweiten Spider-Auflage wieder versöhnt. Alfa Romeo bot ab 1971 den 2000 Spider Veloce an, mit 131 PS markierte er die Krönung der Modellreihe. Wie in den kleineren Triebwerken übernehmen zwei obenliegende Nockenwellen das Öffnen und Schließen der Ventile. Bis 1982 boten die verschiedenen Motorisierungen immer Fahrspaß pur – die Fans lieben den knackigen Fastback-Spider bis heute ganz besonders, nicht zuletzt, weil er zu vertretbaren Preisen viel Gegenleistung bietet.

Bild: © Alfa Romeo

Preise	1	2	3	4	5
Spider 1300 Junior (1974-1977), Cab	27.500	17.900	12.500	6.400	3.000
1600 Spider (1974-1982), Cab	30.800	20.000	14.100	7.100	3.500
1750 Spider Fastback (1969-1971), Cab	34.800	22.600	15.900	8.100	4.000
2000 Spider Veloce (1971-1975), Cab	33.700	22.100	15.400	7.800	3.800

Motor/Antrieb	
Bauart	Vierzylinder (Reihe)
Lage/Antrieb	Front/Heck
Hubraum in cm³	1300, 1570, 1750, 1962
PS/min	87/6000 bis 131/6000
Vmax in km/h	170 bis 195
Karosserie	
Bauart	Cabriolet
Tragstruktur	selbsttragend
Material	Stahlblech
Stückzahl und Marktsituation	
Produktionszahl	ca. 56.000
Verfügbarkeit	gut
Teilesituation	gut
Unterhaltskosten	mittel

Alfa Romeo Spider („Spoiler-Spider", „Gummilippe") 1982-1990

Alfa testete nach dem großen Fastback-Erfolg die Nerven der Fans. Eine mächtige Spoilerlippe am Heck beschwor den Zeitgeist der Achtziger. Auch an der Front montierten die Italiener aerodynamische Formteile. Die Plexiglas-Kappen, die beim Vorgänger die Scheinwerfer elegant verkleideten, entfielen dagegen. Besonders die deutschen Fans störten sich massiv an dem neuen Plastik-Zierrat: Es gab verschiedene Umbausätze im Zubehörhandel, mit denen nach dem Abbau der Heckspoiler die Narben im Blech abgedeckt werden konnten. Auch die Motoren waren entzaubert: Sie gaben sich zugeschnürter als früher, weil der wichtige US-Markt mit seinen Abgasbestimmungen die Leistung immer weiter beschnitt. Noch heute ist der „Spoiler-Spider" der unbeliebteste aller offenen Alfa-Modelle, was sich auch in den günstigen Preisen niederschlägt.

Bild: © Alfa Romeo

Preise	1	2	3	4	5
Spider 1600, Cab	26.200	15.700	10.400	5.300	2.500
Spider 2000, Cab	29.100	17.500	11.600	5.900	2.800

Motor/Antrieb	
Bauart	Vierzylinder (Reihe)
Lage/Antrieb	Front/Heck
Hubraum in cm³	1570, 1962
PS/min	103/5500 bis 127/5300
Vmax in km/h	180 bis 190
Karosserie	
Bauart	Cabriolet
Tragstruktur	selbsttragend
Material	Stahlblech
Stückzahl und Marktsituation	
Produktionszahl	ca. 34.000
Verfügbarkeit	üppig
Teilesituation	gut
Unterhaltskosten	mittel

Alfa Romeo Spider („Nuovo") 1990-1993

In seine letzte Runde schickte Alfa Romeo 1990 den Spider, der immerhin seit 1966 in den Prospekten der Italiener zu finden war. Die verantwortlichen Stylisten hatten nach dem Gummilippen-Desaster die klassischen Linien wiederentdeckt. Alfa Romeo offerierte seinen inzwischen zum Klassiker avancierten Zweisitzer zwar modernisiert, doch mit einem Schuss Retro-Appeal: Spoiler waren kein Thema mehr, und die Form erinnerte an die erfolgreiche Fastback-Version der siebziger Jahre. Unter dem überarbeiteten Blechkleid blieben jedoch die zugeschnürten 1,6- und 2,0-Liter-dohc-Motoren des Spoiler-Modells erhalten. Der Facelift-Spider war der Letzte der alten Alfa-Garde, die noch über traditionellen Heckantrieb und längs eingebaute Motoren verfügte: Seinen keilförmigen Nachfolger setzte Alfa Romeo auf eine Fiat-Plattform – mit Frontantrieb.

Bild: © Alfa Romeo

Preise	1	2	3	4	5
Spider 2,0, Cab	33.200	19.600	11.900	6.100	2.900

Motor/Antrieb	
Bauart	Vierzylinder (Reihe)
Lage/Antrieb	Front/Heck
Hubraum in cm³	1570, 1962
PS/min	109/6000 bis 120/5800
Vmax in km/h	180 bis 195
Karosserie	
Bauart	Cabriolet
Tragstruktur	selbsttragend
Material	Stahlblech
Stückzahl und Marktsituation	
Produktionszahl	k.A.
Verfügbarkeit	üppig
Teilesituation	sehr gut
Unterhaltskosten	mittel

Alfa extrem: außergewöhnliche Entwürfe einer großen Marke

Zurück zu den Wurzeln – nur wenige Alfa Romeo-Modelle der jüngeren Vergangenheit ließen noch die alte Größe der Marke spüren. In den 1920er Jahren hatten die Modelle aus Mailand zu einem exquisiten Zirkel gezählt. Alfa Romeo baute filigrane Technik in schnelle Autos, und Rennsiege standen auf der Tagesordnung.

Später kam der Erfolg auf breiter Basis. Zwar stand der Fahrspaß stets weit oben, doch den großen, kompromisslosen Geist der frühen Jahre atmeten Giulia & Co nicht mehr.

Zwei Modelle jedoch führt die Firmenchronik auf, die mit ihrer ungestümen Exaltiertheit den fest umrissenen Rahmen des restlichen Modellprogramms bedenkenlos sprengten.

Das erste Beispiel stammt aus dem Jahr 1970. Es ist der speziell für die Weltausstellung in Kanada entworfene Alfa Romeo Montreal, der die Basis einer Giulia mit dem grandiosen Rennmotor des Typs 33 verband. Die 2,6 Liter große V8-Konstruktion mit ihren vier obenliegenden Nockenwellen garantierte den Mailändern sogar eine Rückkehr in die Liga der Hersteller reinrassiger Sportwagen – und das über erstaunlich lange sieben Jahre.

Ganz anders das zweite Extrem, mit dem Alfa Romeo ein weiteres Mal das eigene Können in der hohen Automobilbaukunst unter Beweis stellte: Lediglich 150 Exemplare des insgesamt auf 1000 Fahrzeuge limitierten Zagato-Coupés S.Z. waren zwischen 1989 und 1991 für den deutschen Markt verfügbar.

Die Nachfrage allerdings schien noch geringer – zu unausgereift, zu teuer sei er, bemängelten die, die ihn kaufen sollten.

Anschließend herrschte über Jahre Funkstille. Doch zuletzt regte sich Alfa Romeo wieder, aller Probleme zum Trotz: Erst waren Sammler über den 8C Competizione (2007-2010) beglückt, von 2013 bis 2019 begeistert der 4C Sportwagenfans.

Alfa Romeo Montreal 1970-1977

Noch heute erscheint dieses Coupé attraktiv: Die Form mit ihren verspielten Details, der leistungsstarke, 2,6 Liter große und 200 PS starke Achtzylindermotor machen den extravaganten Montreal begehrenswert. Die Karriere des Supersportlers war jedoch glücklos verlaufen: Er verkaufte sich schlecht. Das Konzept verfehlte seine Wirkung, weil er statt des geplanten Mittelmotors das Triebwerk unter der vorderen Haube trug – die üppigen Lufteinlässe hinter den Türen wurden so zur Farce. Die Basis des Fahrwerks stammt aus der Giulia, die hintere Starrachse erwies sich allerdings schnell als überfordert. Äußerst interessant ist dagegen die Geschichte des Triebwerks, das Alfa Romeo erfolgreich aus dem reinrassigen Rennmotor des legendären Tipo 33 extrahierte und es sogar schaffte, ihm weitgehend alltagstaugliche und kultivierte Manieren beizubringen.

Bild: © Jürgen Schlegelmilch

Preise	1	2	3	4	5
Montreal, Cpe	93.100	60.000	40.400	32.600	17.200

Motor/Antrieb	
Bauart	V8
Lage/Antrieb	Front/Heck
Hubraum in cm³	2593
PS/min	200 bei 6500
Vmax in km/h	220
Karosserie	
Bauart	Coupé
Tragstruktur	selbsttragend
Material	Stahlblech
Stückzahl und Marktsituation	
Produktionszahl	3925
Verfügbarkeit	ausreichend
Teilesituation	schwierig
Unterhaltskosten	hoch

Alfa Romeo S.Z., R.Z. 1989-1994

Zagato schuf für Alfa Romeo diese Vision, die heute, im Rückblick, einen Moment des Aufbruchs kennzeichnet. Die Mailänder begannen, wieder an sich und ihre alten Werte zu glauben: Moderne Technologien, faszinierendes Design und Sportlichkeit verbanden sich im S.Z. zum spannendsten Alfa seit langem. Basis für das zunächst als Coupé (S.Z.), später als Roadster (R.Z.) angebotene Modell war der Alfa 75 mit seinem 3.0-V6-Motor, der hier 210 PS freisetzte. Die extrem keilförmige, bewusst experimentell auftretende Karosserie bestand aus modernen Kunststoffmaterialien, das Fahrwerk senkte sich bei zunehmender Geschwindigkeit ab. Das respektvolle Kopfnicken einiger Fans reichte allerdings nicht für einen durchschlagenden Erfolg des 1989 auf dem Genfer Salon präsentierten Modells: Trotz limitierter Auflage standen viele Exemplare über Jahre unverkäuflich in den Schaufenstern treuer Alfa Romeo-Händler.

Bild: © Alfa Romeo

Preise	1	2	3	4	5
S.Z., Cpe	76.000	55.900	45.600	27.900	k.N.
R.Z., Rds	90.300	65.200	52.200	32.600	k.N.

Motor/Antrieb	
Bauart	V6
Lage/Antrieb	Front/Heck
Hubraum in cm³	2959
PS/min	207/6200, 210/6200
Vmax in km/h	245; Roadster: 230
Karosserie	
Bauart	Coupé, Roadster
Tragstruktur	selbsttragende Struktur
Material	Kunststoff
Stückzahl und Marktsituation	
Produktionszahl	1000 (R.Z.)
Verfügbarkeit	gut
Teilesituation	ausreichend
Unterhaltskosten	hoch

Die Ideale zerfielen zu Staub: der Alfasud und seine Erben

Ambitionierte Besserverdiener und italophile Autoliebhaber hatten die sportliche Giulia zum Erfolg getragen. Doch Alfa Romeo wollte mehr: Ein Auto fürs Volk sollte neue Kundenkreise erschließen.

Radikal neu war der Alfasud, dazu auch richtig gut. Trotzdem steht er im Verdacht, Alfa Romeo das Genick gebrochen zu haben. Die Marke stand zwar unter Kontrolle des italienischen Staates, war aber dennoch unabhängig von anderen Herstellern.

Die Form des Alfasud war ihrer Zeit um Jahre voraus, das Konzept mit Frontantrieb, temperamentvollem wie laufruhigem Boxermotor, großem Raumangebot und hervorragenden Fahreigenschaften galt als exzellent; besonders konnte die Sport-Variante Alfasud ti begeistern. Rudolf Hruska war der verantwortliche Ingenieur hinter dem Alfasud, ein erfahrener Auto-Mann, der einst gemeinsam mit Ferdinand Porsche am Entwurf des Volkswagens gearbeitet hatte. 1971 präsentierte Alfa Romeo den Alfasud nicht ohne Stolz und mit großer Erwartung auf dem Turiner Salon.

Doch alles kam anders. Denn der ambitionierte Alfasud, den Alfa im neuen süditalienischen Werk – „Alfa sud", der Süd-Alfa – vom Band laufen ließ, scheiterte auf ganzer Linie. Das lag an verschiedenen Faktoren: Misswirtschaft war einer, aber auch die politisch-gesellschaftliche Krise in Italien mit ihren zahllosen Streiks trug ihren Teil dazu bei – und nicht zuletzt sorgte pure Ignoranz für Zorn. Die Werker nebelten Lack auf bereits angerostete Rohkarossen.

Rasch war der Ruf ruiniert, und die einst durchaus große Alfasud-Flotte hat sich schon früh auf nahezu null dezimiert. Der Wagen bröselte seinen Besitzern förmlich unter den Fingern weg.

Ohne Fortune blieb auch der Arna, jenes Kompakt-Modell, das 1984 einer unglücklichen Kooperation zwischen Alfa und Nissan entsprang. Ein Alfa Romeo mit japanischer Karosserie und Interieur – das ging selbst für die verbliebenen Freunde der Marke dann nicht mehr zusammen, aller aufopfernden Loyalität zum Trotz.

Trotz aller Tragik hinterließ der Alfasud noch ein paar Spuren. Seine Boxermotoren haben in den Nachfolgemodellen Arna, Alfa 33 und 145 noch bis 1996 überlebt.

Alfa Romeo Alfasud 1972-1983

Ecco, so sah sie aus: Mit dem Alfasud antwortete Alfa Romeo auf die Anforderungen der 1970er Jahre. Sein 1,2 Liter großer, wassergekühlter Boxermotor vermittelte mit zwei oben liegenden Nockenwellen ungeahnten Fahrspaß in der unteren Mittelklasse. Ebenso ungewöhnlich für die Alfa-Klientel war der Frontantrieb, ohne den jedoch in diesem Marktsegment kein Konzept funktionieren konnte: Er sparte Raum und Kosten. Seine vorderen Scheibenbremsen galten damals noch keineswegs als Muss, und auch die Aufhängung der Vorderräder an McPherson-Federbeinen zeigt die Präferenzen der Alfa-Techniker. Neben der 1,2-Liter-Variante offerierte Alfa Romeo weitere Motoren, doch das Basistriebwerk blieb das einzige, das während der gesamten Bauzeit angeboten wurde. Dass der Alfasud gegen Konkurrenten wie den VW Golf oder den Ford Escort keine Chance hatte, lag an vielem – jedoch sicher nicht an seinen konzeptionellen Qualitäten.

Bild: © Alfa Romeo

Preise	1	2	3	4	5
Alfasud 1.2 (1972-1977), L4t	15.600	10.500	6.700	3.500	1.400
Alfasud 1.3 (1981-1982), L2t	13.700	9.500	5.500	2.900	1.100

Motor/Antrieb	
Bauart	Vierzylinder (Boxer)
Lage/Antrieb	Front/Front
Hubraum in cm³	1186, 1286, 1351, 1490
PS/min	63/6000 bis 105/6500
Vmax in km/h	160 bis 185
Karosserie	
Bauart	Limousine (2-/4-türig)
Tragstruktur	selbsttragend
Material	Stahlblech
Stückzahl und Marktsituation	
Produktionszahl	715.170
Verfügbarkeit	schlecht
Teilesituation	ausreichend
Unterhaltskosten	mittel

Alfa Romeo Alfasud Giardinetta 1975-1981

Alfasud-Modelle sind inzwischen aus dem Straßenbild nahezu völlig verschwunden – der Rost ist daran Schuld. Das gilt verstärkt für die in nur 5899 Exemplaren gebaute Kombi-Variante des Frontantriebs-Boxers, die den traditionellen Beinamen Giardinetta trug. Unter den Kunden war auch die italienische Polizei. Technisch unterschied sich der Alfasud Kombi nicht von seinen Limousinen-Brüdern, und das kastenförmige Heck mit der langen Seitenscheibe wirkte stilistisch durchaus harmonisch. Die Modellentwicklung unterschied sich von der Schrägheck-Limousine: Mehr als 71 PS waren ab Werk nicht zu bekommen. Allein die geringe Stückzahl macht den Alfasud Giardinetta heute schon zum sammelnswerten Wagen, der zudem mit einem hohen Praxisnutzen und robuster Technik überzeugen kann. Allerdings liegt die Chance, ein solides Exemplar zu finden, nahezu bei null.

Bild: © Alfa Romeo

Preise	1	2	3	4	5
Alfasud Giardinetta, Kom	18.300	12.800	7.900	4.200	1.600

Motor/Antrieb	
Bauart	Vierzylinder (Boxer)
Lage/Antrieb	Front/Front
Hubraum in cm³	1186, 1286, 1351
PS/min	63/6000 bis 71/6000
Vmax in km/h	153 bis 155
Karosserie	
Bauart	Kombi (3-türig)
Tragstruktur	selbsttragend
Material	Stahlblech
Stückzahl und Marktsituation	
Produktionszahl	5899
Verfügbarkeit	schlecht
Teilesituation	ausreichend
Unterhaltskosten	mittel

Alfa Romeo Alfasud Sprint, Sprint Veloce 1976-1987

Das im Stil der siebziger Jahre kantig gestylte, ausgewogen proportionierte Coupé, das eher ein Vier- denn ein 2+2-Sitzer war, litt unter heftiger Korrosion. Erst kurz vor Ende seiner Bauzeit griff Alfa Romeo mit Rostschutzmaßnahmen ein – die letzten Baujahre gelten somit als etwas resistenter. Die Coupé-Version baute Alfa Romeo immerhin fünf Jahre länger als den kompakten Schrägheck-Alfasud, der seine gesamte Technik dem Sprint zur Verfügung stellte. In der schwächsten Sprint-Version tat ein 1,3 Liter großer Boxer mit 75 PS Dienst, nach oben setzte mit 1,5 Litern Hubraum und 105 PS der vibrationsarme, besonders drehfreudige Motor im Sprint Veloce das Limit – das entsprach dem Niveau der GTI-Klasse jener Jahre. Ein Facelift, das Alfa dem Sprint angedeihen ließ, bedauern die Fans heute besonders: Die Modelle der späten Jahre müssen mit Plastik- statt Chromstoßstangen leben. Immerhin ist das Rost-Risiko etwas kleiner.

Bild: © Alfa Romeo

Preise	1	2	3	4	5
Alfasud Sprint 1.3 (1976-1979), Cpe	19.600	13.800	8.600	4.800	1.800
Alfasud Sprint Veloce (1979-1983), Cpe	21.200	14.800	9.200	4.900	1.900

Motor/Antrieb	
Bauart	Vierzylinder (Boxer)
Lage/Antrieb	Front/Front
Hubraum in cm³	1286, 1351, 1490
PS/min	75/6000 bis 105/6000
Vmax in km/h	170 bis 190
Karosserie	
Bauart	Coupé
Tragstruktur	selbsttragend
Material	Stahlblech
Stückzahl und Marktsituation	
Produktionszahl	ca. 100.000
Verfügbarkeit	ausreichend
Teilesituation	ausreichend
Unterhaltskosten	mittel

Alfa Romeo Arna 1.2, Arna L, Arna SL, Arna TI 1984-1986

Anfang der achtziger Jahre kooperierte Alfa Romeo mit dem japanischen Autoriesen Nissan. Ziel war die gemeinsame Entwicklung und wirtschaftliche Fertigung eines populären Kompaktwagens hoher Qualität. Als Alfa Romeo Arna stand das Ergebnis auf der IAA 1983. Die Japaner hatten eine schlichte und moderne, jedoch völlig emotionslose Karosserie auf Basis des erfolgreichen Cherry konstruiert. Alfa Romeo steuerte das Gros der Technik bei. Im Arna 1,2 mussten zunächst 60 PS reichen, deutlich attraktiver war der im zweiten Modelljahr verfügbare 1,35 Liter große Boxer mit 86 PS. Der Arna war mit seinem modernen Fahrwerk und serienmäßigem Fünfganggetriebe auf der Höhe seiner Zeit. Viele Freunde fand der Italo-Japaner jedoch nicht: Keine 40.000 Kunden griffen in den drei Produktionsjahren zu. Nach der Alfa Romeo-Übernahme durch Fiat endete die Zusammenarbeit mit Nissan.

Bild: © Alfa Romeo

Preise	1	2	3	4	5
Arna 1.2, L3t	8.500	4.900	3.400	1.600	700

Motor/Antrieb	
Bauart	Vierzylinder (Boxer)
Lage/Antrieb	Front/Front
Hubraum in cm³	1178, 1337, 1350
PS/min	60/6000 bis 86/5000
Vmax in km/h	152 bis 172
Karosserie	
Bauart	Limousine (3-/5-türig)
Tragstruktur	selbsttragend
Material	Stahlblech
Stückzahl und Marktsituation	
Produktionszahl	38.587
Verfügbarkeit	ausreichend
Teilesituation	gut
Unterhaltskosten	niedrig

Alfa Romeo 33 1.7 QV, 33 1.7 QV S 1990-1994

Einen rundum überarbeiteten 33 (intern: Typ 907A) stellte Alfa Romeo 1990 vor. Der Auftritt des Nuova 33 folgte nun den anderen Modellen der Marke, so gerieten die Heckleuchten deutlich schmaler, um den Stil des großen 164 (seit 1988) aufzugreifen. Die Front dagegen orientierte sich eher am Alfa 75. Mit der zweiten Serie boten die Mailänder auch einen neuen Motor an: Den bekannten 1,7 Liter großen Boxer gab es nun auch mit 16 Ventilen, der sich mit seinen 132 PS (ohne Kat: 136 PS) in der Kompaktklasse gut durchsetzen konnte. Damit erreichte er eine Spitze von immerhin 205 km/h. Alfa lieferte die Topmotorisierung auch in der Sportwagon genannten Kombi-Version des 33. Als 1.7 QV S erhielt der 33 eine sportlichere Ausstattung. Sogar mit ABS war die 1,7-Liter-Version bestellbar.

Bild: © Alfa Romeo

Preise	1	2	3	4	5
33 1.7 IE 16V Perm. 4 QV S, (KAT), Kom	22.100	12.000	4.900	2.000	1.100

Motor/Antrieb	
Bauart	Vierzylinder (Boxer)
Lage/Antrieb	Front/Front
Hubraum in cm³	1712
PS/min	132 bei 6500
Vmax in km/h	205
Karosserie	
Bauart	Limousine (4-türig), Kombi
Tragstruktur	selbsttragend
Material	Stahlblech
Stückzahl und Marktsituation	
Produktionszahl	866.958 (alle Alfa Romeo 33)
Verfügbarkeit	ausreichend
Teilesituation	ausreichend
Unterhaltskosten	mittel

Alfa Romeo 145 1.4, 1.4 Twin Spark, 1.6, 1.6 Twin Spark, 1.8 Twin Spark, 2.0 Twin Spark 16V Quadrifoglio Verde, TD, 2.0 TD — 1994-2001

Gegen die Mitbewerber vom Schlage eines VW Golf oder Mazda 323 C schickte Alfa ab 1994 einen kompakten Charakterkopf ins Rennen: den Alfa Romeo 145. Er folgte auf den Alfa 33, übernahm anfangs noch dessen Boxermotor, löste sich jedoch formal stark von ihm. Das praktische Kombiheck schaffte Platz, innen wie außen machte der neue, kleine Alfa, der auf der Basis des Fiat Tipo aufbaute, eine gute Figur. Er blieb in Deutschland ein Außenseiter, doch gerade in der Top-Variante Quadrifoglio Verde als 2.0 Twin Spark 16V wusste er mit seinen bis zu 155 PS sportlich zu gefallen. Alfa Romeo überarbeitete den 145 zwei Mal: Ende 1996 erfolgte das erste Facelift mit verbesserter Serienausstattung und größerer Motorenpalette, das zweite Update ließ Alfa dem 145 im Jahr 1998 angedeihen. Ab nun gehörten zum Beispiel Seitenairbags zur Serienausstattung. 2001 löste der 147 den 145 ab.

Bild: © Alfa Romeo

Preise	1	2	3	4	5
145 TS, L3t	k.N.	2.600	1.600	700	k.N.

Motor/Antrieb	
Bauart	Vierzylinder (Boxer, Reihe)
Lage/Antrieb	Front/Front
Hubraum in cm³	1351 bis 1970
PS/min	90/4100 bis 155/6400
Vmax in km/h	178 bis 211
Karosserie	
Bauart	Kombi (3-türig)
Tragstruktur	selbsttragend
Material	Stahlblech
Stückzahl und Marktsituation	
Produktionszahl	k.A.
Verfügbarkeit	ausreichend
Teilesituation	ausreichend
Unterhaltskosten	mittel

Die Töchter der Giulia: Alfetta, GTV, GTV6 (Serie 116)

1972 brachte nicht nur die in Süditalien gestartete Produktion des neuen Alfasud die Geschäftsaktivitäten von Alfa Romeo gehörig in Bewegung. Auch auf den Fließbändern des Mailänder Stammwerkes gab es Neues zu sehen: Als Nachfolger der erfolgreichen 1750 Berlina wurde das neue Modell Alfetta vorgestellt. Zunächst mit 1,8-Liter-Motor ausgestattet, folgte der viertürigen Limousine bald das flotte Coupé Alfetta GT, das eine einigermaßen familienfreundliche Fortbewegung in sportlichem Outfit ermöglichte. Als Krönung des Alfetta GT-Konzepts debütierte 1980 der GTV 6, der mit seinem 2,5-Liter-Sechszylinder Einspritzmotor den Ur-Alfetta GT in Sachen Leistung deutlich überflügelte.

Dass die Alfetta-Modellreihe bis in die 1990er Jahre von den Alfisti eher stiefmütterlich behandelt wurde, hing nicht zuletzt am betörenden Charme der Giulia. In ihrem Glanz kämpften die kaum minder raffiniert konstruierten Alfetta-Limousinen und Coupés um ihre kleine Chance. Immerhin, die Mauerblümchen-Existenz hat sich inzwischen ihrem Ende zugeneigt: Seit einigen Jahren kümmert sich eine wachsende Fangemeinde um Giulias so lange kaum beachtete Töchter.

Alfa Romeo Alfetta (Serie 1) — 1972-1977

Aufwändige Technik erhielt 1972 der neue Alfetta. Er trat die Nachfolge des 1750 Berlina an, während die 2000er Version weitergebaut wurde. Der Motor der Alfetta saß wie üblich vorne, das Getriebe dagegen samt Kupplung flanschten die Ingenieure an der Hinterachse an. Diese aufwändige Anordnung garantierte, wie es schon in den 1930er Jahren Alfa Romeo Grand Prix-Rennwagen bewiesen haben, eine optimale Gewichtsverteilung – zum Preis einer auf Dauer hakeligen Bedienung. Viel Ruhm hatten die einstigen „Alfetta"-Modelle der Marke eingebracht: 1950 gewann Giuseppe Farina im Typ 158 die erste aller Formel 1-Weltmeisterschaften. Die Wiederaufnahme der Konstruktionsidee sicherte der Limousine den berühmten Namen. Kritik erntete die kantige Linie, die auf Bertone zurückging, während die DeDion-Hinterachse und das überaus sportliche Handling der Limousine als wahre Delikatessen galten.

Bild: © Alfa Romeo

Preise	1	2	3	4	5
Alfetta, L4t	28.200	16.700	11.100	3.800	1.900

Motor/Antrieb	
Bauart	Vierzylinder (Reihe)
Lage/Antrieb	Front/Heck
Hubraum in cm³	1779
PS/min	121/5500
Vmax in km/h	185
Karosserie	
Bauart	Limousine (4-türig)
Tragstruktur	selbsttragend
Material	Stahlblech
Stückzahl und Marktsituation	
Produktionszahl	102.960
Verfügbarkeit	schlecht
Teilesituation	ausreichend
Unterhaltskosten	mittel

Alfa Romeo Alfetta GT 1.6, GTV 2000 — 1974-1980

Eine Zeit lang baute Alfa Romeo die Alfetta GT und GTV parallel zum Coupé auf Giulia-Basis. Trotz des größeren Erfolgs und der längeren Karriere, die dem Coupé im Vergleich zur Alfetta-Limousine vergönnt war, akzeptierten die Alfa-Fans den kantigen, von Giugiaro gestylten Zweitürer nie als den wahren Nachfolger des geliebten Bertone-Coupés. Zu wenig Emotion, zudem fehlte es dem Alfetta-Coupé – wie auch der Limousine – an dynamischen Qualitäten. Alfa Romeo rüstete die Alfetta GT in ihren immerhin zwölf Jahren Bauzeit mit verschiedenen Vierzylindermotoren aus, denen auch Turbolader zur Leistungssteigerung verhalfen. Das heutige Preisniveau liegt deutlich unter den Bertone-Coupés, allerdings schreckt die große Rostanfälligkeit der Karosserie viele Alfisti ab. Gut erhaltene Exemplare sind die große Ausnahme.

Bild: © Alfa Romeo

Preise	1	2	3	4	5
Alfetta GT 1800 (1974-1976), Cpe	26.600	15.200	10.200	5.200	1.900
Alfetta GTV 2000 (1976-1980), Cpe	28.500	16.200	10.900	5.600	2.100

Motor/Antrieb	
Bauart	Vierzylinder (Reihe)
Lage/Antrieb	Front/Heck
Hubraum in cm^3	1570, 1779, 1962
PS/min	109/5600 bis 150/5500
Vmax in km/h	180 bis 210
Karosserie	
Bauart	Coupé
Tragstruktur	selbsttragend
Material	Stahlblech
Stückzahl und Marktsituation	
Produktionszahl	120.000
Verfügbarkeit	ausreichend
Teilesituation	ausreichend
Unterhaltskosten	mittel

Alfa Romeo GTV 2.0, GTV 6 2.5 — 1980-1986

Alfa Romeo wertete 1980 die sportliche GTV-Baureihe deutlich auf. Nach einer gründlichen Modellpflege erhielt das neue Spitzenmodell den neuen 2,5 Liter großen V6-Motor, der aus dem Alfa Sei stammte und mit 158 PS für jede Menge Dynamik sorgte. Der Buckel auf der Motorhaube stellte die Potenz nach außen dar, war aber auch konstruktiv nötig: Das Aggregat baute zu hoch für die flache GTV-Front. Nicht nur Kraft und große Laufkultur, auch der sonore Sound des brillanten V6-Motors begeisterte die Fans. So blieb das etwas schwächere Zweiliter-Aggregat deutlich farbloser, war aber in Italien wegen der dortigen Steuergesetzgebung trotzdem sehr beliebt. Heute gilt besonders der agile GTV 6 2.5 als gesuchter Klassiker der Zukunft. Daran ändert auch der in späteren Baujahren üppige Plastik-Einsatz rund um die Karosserie nichts.

Bild: © Alfa Romeo

Preise	1	2	3	4	5
Alfetta GTV 6 2.5, Cpe	39.900	22.700	15.300	6.800	2.500

Motor/Antrieb	
Bauart	Vierzylinder (Reihe), V6
Lage/Antrieb	Front/Heck
Hubraum in cm^3	1962, 2492
PS/min	130/5400 bis 158/5200
Vmax in km/h	190 bis 210
Karosserie	
Bauart	Coupé
Tragstruktur	selbsttragend
Material	Stahlblech
Stückzahl und Marktsituation	
Produktionszahl	k.A.
Verfügbarkeit	gut
Teilesituation	gut
Unterhaltskosten	hoch

Die letzten Originale: Nuova Giulietta, Alfa 6, 90, 75

Ende der 1970er Jahre bemühte sich Alfa Romeo, eine weitere Baureihe neben der Alfetta zu etablieren. Für den passenden Glanz sollte der klangvolle und bestens eingeführte Modellname „Giulietta" sorgen. Nicht wenige Fans des Ur-Julchens jedoch zürnten über diese Anmaßung erheblich.

Technisch entpuppte sich die Nuova Giulietta zunächst als Mixtur aus Giulia und Alfetta, ihr Fahrverhalten wurde gegenüber der Alfetta klar in Richtung sportlicher Komfort verbessert. Für markentreue Aufsteiger stellten die Mailänder 1979 den Alfa 6 („sei" wie sechs) vor, dessen Name bereits verriet, dass es sich um ein von einem Sechszylinder angetriebenes Modell handelte – das Flaggschiff des Konzerns.

Für treue Alfetta-Fans brach indes 1985 ein neues Zeitalter an: Dank altbewährter Transaxle-Bauweise brillierte auch der Alfetta-Nachfolger Alfa 90 mit überragenden Fahreigenschaften. Das Doppelprogramm in der gehobenen Mittelklasse endete erst mit dem Alfa 75, der – als Nachfolger der Nuova Giulietta konzipiert – dann ebenfalls den Alfa 90 beerbte. Eine Aufgabe, die der Alfa 75 mit besten Voraussetzungen anging: So stellte schon seine Fahrwerksanordnung sicher, dass bekennende Alfisti keinen Grund zur Beschwerde hatten – sie entsprach exakt der des Alfa 90.

Alfa Romeo Giulietta (1.3, 1.6, 1.8, 2.0) — 1977-1985

Trotz des süßen Klangs des Namens, der zudem an frühere Erfolge erinnerte, musste sich die kantige Giulietta ihren Durchbruch mühsam erkämpfen. Die Technik des neuen Julchens hatte Alfa Romeo von der Alfetta weitgehend übernommen, allerdings startete die Giulietta-Palette mit einem 1,3 Liter großen Motor. Für heftige Diskussionen hatte 1977 der optische Auftritt des neuen Alfa-Modells gesorgt: Die extreme Keilform mit dem hohen, kurzen Stummelheck war zwar – wie wir heute wissen – richtungweisend, aber noch völlig ungewohnt. Ein weiteres Problem für Alfa Romeo war die geringe Abgrenzung zum Schwestermodell Alfetta: Nicht nur die Charakteristik, auch die Technik und das Raumangebot waren weitgehend identisch. Besonders in Italien stieß der ab 1983 angebotene, zwei Liter große Turbodiesel auf großes Interesse. Übler Rost, nonchalante Verarbeitung und wilde Alfa-Jockeys haben die Giulietta-Modelle inzwischen nachhaltig eliminiert.

Bild: © Alfa Romeo

Preise	1	2	3	4	5
Giulietta 1,6 (1981-1986), L4t	13.700	8.400	5.400	2.200	800
Giulietta 2,0 (1981-1986), L4t	19.100	11.900	7.700	2.900	1.200

Motor/Antrieb	
Bauart	Vierzylinder (Reihe)
Lage/Antrieb	Front/Heck
Hubraum in cm^3	1290, 1570, 1779, 1962
PS/min	87/6000 bis 130/5500
Vmax in km/h	165 bis 190
Karosserie	
Bauart	Limousine (4-türig)
Tragstruktur	selbsttragend
Material	Stahlblech
Stückzahl und Marktsituation	
Produktionszahl	370.028
Verfügbarkeit	gut
Teilesituation	gut
Unterhaltskosten	mittel

Alfa Romeo Alfa 6 („Alfa Sei") 1979-1986

Sechs Zylinder, sechs Vergaser: Mit einem neuen 2,5-Liter-V6-Motor wollte Alfa Romeo in der gehobenen Mittelklasse ein Wort mitsprechen. Es gelang jedoch nicht einmal ein Achtungserfolg: Keine 10.000 Kunden konnten die Italiener von ihrem Alfa 6 überzeugen. Das lag nach einem rostreichen Jahrzehnt am miserablen Ruf der Marke, aber auch am wuchtigen, wenig eleganten Auftritt des großen Viertürers. An den enttäuschenden Verkaufszahlen konnte auch die Modellpflege nichts mehr ändern: Weder der Einspritz-Motor noch das 2,5-Liter-Dieselaggregat sorgten für steigendes Interesse. Für die wenigen Limousinen-Fans unter den Alfisti gilt die große Limousine heute als skurrile Rarität, die Schwächen des „Sei" muss man allerdings akzeptieren. Der Trost: Selbst gut erhaltene Einspritzmodelle der letzten Baujahre sind günstig zu haben.

Bild: © Alfa Romeo

Preise	1	2	3	4	5
Alfa 6 2,5 (1979-1983), L4t	18.800	12.500	8.300	3.400	1.600

Motor/Antrieb	
Bauart	Vierzylinder (Reihe), V6
Lage/Antrieb	Front/Heck
Hubraum in cm³	1997, 2492, 2494
PS/min	107/4800 bis 160/5600
Vmax in km/h	175 bis 190
Karosserie	
Bauart	Limousine (4-türig)
Tragstruktur	selbsttragend
Material	Stahlblech
Stückzahl und Marktsituation	
Produktionszahl	9827
Verfügbarkeit	schlecht
Teilesituation	schwierig
Unterhaltskosten	hoch

Alfa Romeo Alfa 90 1984-1987

Unter der weitgehend neuen Karosserie des Alfa 90 lebte die Alfetta auch nach 1984 fort. Das galt neben dem Fahrwerk auch für die Motoren: Die sportlichen Vierzylinder-Triebwerke wurden ergänzt durch den seidenweich laufenden, überaus agilen V6 und einen drehmomentstarken Diesel. Einen grundlegenderen Ansatz für das neue Modell verboten die knappen finanziellen Mittel. Trotzdem gönnten die Alfa Romeo-Konstrukteure dem neuen Modell einen teuren Gag: Ein selbsttätig ausfahrender Frontspoiler sollte für dezente Sportlichkeit sorgen. Mehr als eine Spielerei war dies jedoch nicht. Mit über 44.000 verkauften Exemplaren in vier Jahren stimmte der Kundenzuspruch optimistisch, trotzdem konnte Alfa Romeo seine Eigenständigkeit nicht sichern. Die Übernahme durch Fiat folgte und führte bald zu einer völligen Neuorientierung aller Alfa Romeo-Modelle.

Bild: © Alfa Romeo

Preise	1	2	3	4	5
Alfa 90, L4t	12.800	8.600	3.700	1.400	600

Motor/Antrieb	
Bauart	Vierzylinder (Reihe), V6
Lage/Antrieb	Front/Heck
Hubraum in cm³	1779, 1962, 2393, 2492
PS/min	100/4200 bis 158/5600
Vmax in km/h	170 bis 200
Karosserie	
Bauart	Limousine (4-türig)
Tragstruktur	selbsttragend
Material	Stahlblech
Stückzahl und Marktsituation	
Produktionszahl	44.585
Verfügbarkeit	schlecht
Teilesituation	ausreichend
Unterhaltskosten	mittel

Alfa Romeo Alfa 75 1985-1992

Seinem kantig-flächigen Äußeren konnten selbst Alfa-Anhänger nicht nur Positives abgewinnen. Doch selbst wenn der Alfa 75 nicht jedem Ästheten genügte, liebten und lieben ihn andere um so mehr: Hinter seiner postmodernen Fassade im Stile der späten 1980er Jahre versteckt sich überzeugende Mailänder Technik. Neben den klassischen Alfa-Vier- und Sechszylindermotoren und einem überzeugenden Fahrwerk wartete der 75 zudem noch mit traditionellem Heckantrieb auf – und ist damit der Letzte seiner Marke. Diese Positionen auf der Haben-Seite reichten jedoch nicht aus, um den oftmals mehr für schlechte Verarbeitung und anfällige Elektronik bekannten 75 vor galoppierendem Preis- und Imageverfall zur bewahren. Später wurde etlichen 75-Exemplaren ihre Technik auf ganz andere Weise zum Verhängnis: So dienten altgediente V6-Limousinen nicht selten Sammlern der begehrteren GTV 6-Modelle als Schlachtobjekte.

Bild: © Alfa Romeo

Preise	1	2	3	4	5
Alfa 75 1.8, L4T	11.300	6.800	4.500	1.800	600

Motor/Antrieb	
Bauart	Vierzylinder (Reihe), V6
Lage/Antrieb	Front/Heck
Hubraum in cm³	1560-1962, 2492, 2959
PS/min	110/5800 bis 185/5600
Vmax in km/h	180 bis 220
Karosserie	
Bauart	Limousine (4-türig)
Tragstruktur	selbsttragend
Material	Stahlblech
Stückzahl und Marktsituation	
Produktionszahl	387.000
Verfügbarkeit	gut
Teilesituation	gut
Unterhaltskosten	mittel

Eine neue Ära beginnt: Die frontgetriebenen Modelle der Mailänder Traditionsmarke

Alles hat ein Ende. Auch die Zeiten traditioneller Alfa-Sonderlösungen, die unter dem Dach des Fiat-Konzerns keine Zukunft mehr hatten. Viele Fans sahen das Aus ihrer geliebten Marke gekommen: Schon die Ankündigung einer gemeinsamen Frontantriebsplattform mit Fiat, Lancia und Saab war ihnen ein Gräuel.

Dabei übersahen sie zwei Dinge: Zum einen war schon lange vor der Fiat-Übernahme das neue Limousinen-Projekt beschlossene Sache, zum anderen hätte das marode Staatsunternehmen – bei allem Herzblut und Liebe zum Automobil – eine eigenständige Entwicklung aus eigener Kraft nicht mehr stemmen können. So gesehen ist der 1987 vorgestellte Alfa 164 tatsächlich das erste Modell einer neuen Ära der Mailänder Marke.

Einer erfolgreichen Ära, lässt sich heute im Rückblick sagen. Denn nicht nur der von Pininfarina sehr eigenständig, sofort wiedererkennbar und dennoch souverän gestaltete Alfa 164 geriet zu einem respektierten Modell, das Alfa immerhin zehn Jahre lang bauen konnte und an das sein Nachfolger 166 zwar ab 1998 anknüpfen konnte, aber auch nicht mehr. Denn neue Impulse, wie es der 164 tat, konnte er nicht mehr setzen.

Das wiederum gelang dem 156, den Alfa Romeo 1997 als Nachfolger für den optisch spröden 155 auf den Markt brachte. Er schlug richtig ein: Die Reaktionen waren überaus positiv, die Stückzahlen stiegen in ungeahnte Höhen. Vor allem fiel eines auf: Alfa hatte die Emotionalität des Designs wiederentdeckt. Verantwortlich für die 156-Linie war Walter de Silva, der später zu Seat und dann zu Volkswagen wechselte. Bis Ende 2005 war der 156 im Angebot. Seinen Nachfolger, den 159, ereilte das gleiche Schicksal wie den 166: An den Sex-Appeal des Originals kam der Neue nicht heran.

A

Alfa Romeo Alfa 164 — 1987-1997

Von Alfa hatte 1987 niemand einen großen Wurf erwartet. Die einst so stolze Marke litt unter Phantasielosigkeit, und nun schnürte die starke Mutter Fiat das Korsett noch enger. Und dann das: Alfa präsentierte mit dem 164 eine ausgewachsene Limousine, die praktischen Nutzen bot und dennoch zu Herzen ging, obwohl sie auf die Bodengruppe zurückgriff, die auch Fiat Croma, Lancia Thema und Saab 9000 besaßen. Das Styling stammte von Pininfarina, es galt als gelungen und ist bis heute unverwechselbar. Die Motorenpalette des 164 startete mit einem 2,0-Liter-Vierzylinder. Den Leistungsgipfel markierte der begeisternde 3,0-Liter-V6, der bis zu 232 PS leistete. Als Alternative war auch ein 2,5-Liter-Turbodiesel im 164 erhältlich.

Bild: © Alfa Romeo

Preise	1	2	3	4	5
Alfa 164 3.0 V6, L4T	14.900	9.000	4.600	2.400	900
Alfa 164 Q4, L4t	32.100	19.200	9.900	5.200	2.000

Motor/Antrieb	
Bauart	Vierzylinder (Reihe), V6
Lage/Antrieb	Front/Front, 4x4
Hubraum in cm³	1962, 1995, 2500, 2959
PS/min	117/4200 bis 232/6300
Vmax in km/h	200 bis 240
Karosserie	
Bauart	Limousine (4-türig)
Tragstruktur	selbsttragend
Material	Stahlblech
Stückzahl und Marktsituation	
Produktionszahl	273.000
Verfügbarkeit	gut
Teilesituation	gut
Unterhaltskosten	mittel

Alfa Romeo 155 — 1992-1998

Der 155 war das zweite Alfa-Modell, das unter Fiat-Regie entstand. Als Plattform diente der Fiat Tipo – und das bedeutete Frontantrieb, Quermotoren sowie grundlegende Anpassungen am Fahrwerk. Kurz: Der alte Alfa-Charakter war verloren gegangen. Die keilförmige Karosserie jedoch, ein Entwurf von IDEA, stand in der Tradition von Nuova Giulietta und dem 155-Vorgänger Alfa 75. Sie bot zudem handfeste Vorteile: Der Fond fiel üppig aus, ebenso der Kofferraum mit seinen 525 Litern. Besonders reizvoll ist der 155 mit dem 2,5-Liter-V6 sowie dem 2,0-Liter-Turbo, den Alfa mit dem Allradantrieb des Lancia Delta integrale kombinierte. Der 155 feierte einige Sporterfolge: So gewann Ex-Formel-1-Fahrer Gabriele Tarquini 1994 die Britische Tourenwagenmeisterschaft mit einem Alfa 155 TS. Auch in der populären DTM sorgte der 155 für Aufsehen.

Bild: © Alfa Romeo

Preise	1	2	3	4	5
155 2.0, L4T	k.N.	5.500	3.200	1.400	k.N.
Alfa 155 2.5 V6, L4t	k.N.	8.100	3.900	1.800	k.N.

Motor/Antrieb	
Bauart	Vierzylinder (Reihe), V6
Lage/Antrieb	Front/Front, 4x4
Hubraum in cm³	1598-1995, 2492, 2499
PS/min	90/4100 bis 165/5800
Vmax in km/h	
Karosserie	
Bauart	Limousine (4-türig)
Tragstruktur	selbsttragend
Material	Stahlblech
Stückzahl und Marktsituation	
Produktionszahl	ca. 195.000
Verfügbarkeit	gut
Teilesituation	gut
Unterhaltskosten	mittel

Alfa Romeo Spider (Tipo 916) — 1994-2005

Seit seinem Debüt 1966 war der Spider stets der Alte geblieben, trotz vieler Überarbeitungen. Doch 1994 hatte Alfa das Konzept komplett neu erdacht – der neue Tipo 916 folgte der Doktrin des Frontantriebs mit Quermotoren. Als Basis diente die Bodengruppe des Fiat Tipo, auf der eine Karosserie in radikaler Keilform saß, die wie eh und je beim Spider Pininfarina entwarf. Sechs Motor-Varianten beflügelten den Tipo 916: Überarbeitete Fiat-Triebwerke bildeten die Basis, der reizvolle Alfa-V6 die Spitze der Spider-Palette. Während der Frontantrieb teils kräftig an den Vorderrädern zerrte, konnte das aufwändige Fahrwerk – vorne McPherson, hinten Mehrlenkerachse – im Handling punkten. 2003 gönnte Alfa Romeo dem Langläufer eine neue Front, die das Scudetto stärker betonte.

Bild: © Alfa Romeo

Preise	1	2	3	4	5
Spider 2.0 (2000-2004), Cab	10.200	6.000	2.900	1.500	k.N.

Motor/Antrieb	
Bauart	Vierzylinder (Reihe), V6
Lage/Antrieb	Front/Front
Hubraum in cm³	1747, 1970, 2959, 3179
PS/min	144/6500 bis 240/6200
Vmax in km/h	205 bis 242
Karosserie	
Bauart	Cabriolet
Tragstruktur	selbsttragend
Material	Stahlblech
Stückzahl und Marktsituation	
Produktionszahl	ca. 39.000
Verfügbarkeit	sehr gut
Teilesituation	gut
Unterhaltskosten	mittel

Alfa Romeo GTV (Tipo 916) — 1994-2005

1994 ging für Alfa-Fans der Entzug zu Ende: Endlich war wieder ein Sportcoupé im Angebot! Und was für eines – ein markanter Keil mit einem starken Schnitt im Heck, unterstrichen von einer starken Sicke. Pininfarina-Designer Enrico Fumia waren mit GTV und Spider zwei unverwechselbare Auto-Ikonen der 1990er Jahre gelungen. Dass Alfa damals unter strengem Spardiktat stand, ging allerdings nach hinten los: Da die ursprünglich angedachte Fiat-Tipo-Hinterachse sich im Alfa als unfahrbar erwies, musste später eine neue Mehrlenkerachse entwickelt werden, dazu kam eine riesige, aufwändige Motorhaube aus einem neuartigen Kunststoff. Auch musste Alfa den Frontantrieb in den Griff bekommen, und das mit bis zu 3,2 Liter großen, 240 PS starken V6-Motoren – ständig rubbelten die breiten Vorderreifen über den Asphalt auf der Suche nach Traktion. Braver gaben sich da die kleineren Triebwerke mit 1,8 und 2,0 Litern aus dem Fiat-Regal. Noch 2003, gut zwei Jahre vor dem Bauende, spendierte Alfa dem GTV eine neue Front.

Bild: © Alfa Romeo

Preise	1	2	3	4	5
GTV 2.0 TS, Cpe	10.700	6.300	3.900	1.300	k. N.

Motor/Antrieb	
Bauart	Vierzylinder (Reihe), V6
Lage/Antrieb	Front/Front
Hubraum in cm³	1747, 1970, 1996-3179
PS/min	144/6500 bis 240/6200
Vmax in km/h	205 bis 255
Karosserie	
Bauart	Coupé
Tragstruktur	selbsttragend
Material	Stahlblech
Stückzahl und Marktsituation	
Produktionszahl	ca. 80.000
Verfügbarkeit	sehr gut
Teilesituation	gut
Unterhaltskosten	mittel

Alfa Romeo 156 1997-2005

So richtig in Fahrt war Alfa nicht mehr, als die Italiener sich Mitte der 1990er Jahre zusammenrissen – und mit dem 156 alles richtig machten. Ein emotionales, starkes Design, das mit den Jahren reifte, ohne zu veralten. Dazu herrliche Technik, besonders die V6-Motoren mit ihren zwei obenliegenden Nockenwellen – optisch wie akustisch ein Genuss. Ein inspiriertes Auto, der 156: Die Baureihe gilt als sicherer Anwärter für einen künftigen Kult-Status. Sogar als Diesel wurde er gelobt, immerhin war der 156 JTD der erste Selbstzünder mit Common-Rail-Einspritzung. Natürlich steckte dann doch eine Menge Alfa in jedem 156: Qualitätsprobleme nervten frühe Kunden, an vielen Stellen mussten die Italiener technisch nachbessern. 2000 folgte eine knapp geschnittene, schicke Kombi-Variante namens Sportwagon, 2001 die wilde Sport-Version 156 GTA. Ein Facelift folgte 2003. Zwei Jahre später löste der 159 die Baureihe ab.

Bild: © Alfa Romeo

Preise	1	2	3	4	5
Alfa 156 2.0 Twin Spark, L4t	k.N.	4.500	2.500	1.400	k. N.
Alfa 156 2.5 V6. L4t	k.N.	6.300	3.600	1.800	k. N.

Motor/Antrieb	
Bauart	Vier-, Fünfzylinder (Reihe), V6
Lage/Antrieb	Front/Front, 4x4
Hubraum in cm³	1598-3179
PS/min	105/4000 bis 250/6200
Vmax in km/h	188 bis 250
Karosserie	
Bauart	Limousine (4-türig), Kombi
Tragstruktur	selbsttragend
Material	Stahlblech
Stückzahl und Marktsituation	
Produktionszahl	k.A.
Verfügbarkeit	gut
Teilesituation	gut
Unterhaltskosten	mittel

Alfa Romeo 166 1998-2007

Sein Vorgänger, der kantige 164, hatte trotz seines Frontantriebs viel für Alfa Romeo geleistet: Mit ihm wurde die Marke wieder wahrgenommen. Der 166 genannte Nachfolger kam 1998 und übernahm in großen Teilen den konstruktiven Unterbau seines Vorläufers. Die Radaufhängungen jedoch hatte Alfa Romeo überarbeitet: vorne gab es nun doppelte Querlenker, hinten eine Multilink-Achskonstruktion. Neben einem Zweiliter-Vierzylinder gab es im 166 den bekannten, quer eingebauten V6, der zwischen 2,0 und 3,2 Liter groß war und bis zu 240 PS leistete. Die Fünfzylinder-Dieselmotoren, alle 2,4 Liter groß, lieferten 136 bis 185 PS. Alfa gönnte seinem Top-Modell 2003 ein Facelift.

Bild: © Alfa Romeo

Preise	1	2	3	4	5
Alfa 166 2.0 Twin Spark, L4t	k. N.	5.400	3.000	1.600	600
Alfa 166 3.0 V6, L4t	k. N.	9.800	4.600	2.400	800

Motor/Antrieb	
Bauart	Vier-/Fünfzylinder (Reihe), V6
Lage/Antrieb	Front/Front
Hubraum in cm³	1970 bis 3179
PS/min	136/4000 bis 240/6200
Vmax in km/h	202 bis 245
Karosserie	
Bauart	Limousine (4-türig)
Tragstruktur	selbsttragend
Material	Stahlblech
Stückzahl und Marktsituation	
Produktionszahl	96.575
Verfügbarkeit	gut
Teilesituation	gut
Unterhaltskosten	mittel

ALPINA (D) • seit 1965 (als Hersteller seit 1983)

Alpina ist eine Legende. Alles begann mit der Leidenschaft von Burkard Bovensiepen, 1936 geboren, für den Motorsport und schnelle Autos. Anfang der 1960er Jahre entwickelte er eine Weber-Doppelvergaseranlage für den neuen BMW 1500 – und lieferte 90 PS! Das war ein Plus von 15 Prozent im Vergleich zur Serie. BMW gab die Anlage frei und Bovensiepen gründete am 1. Januar 1965 in Kaufbeuren sein Unternehmen Alpina. Zwei Jahre später entstand sein Firmenlogo, das – mittlerweile leicht verändert – heute eine Kurbelwelle und zwei Ansaugtrichter zeigt. 1968 startete Alpina in eine erfolgreiche Zeit im Tourenwagensport, unter anderem mit Größen wie Niki Lauda, Jacky Ickx, Hans Stuck und James Hunt am Steuer.

1978 zeigte das mittlerweile in Buchloe ansässige Unternehmen erstmals eigene Straßenmodelle. Für den BMW Alpina B6 diente der erste 3er-BMW (Baureihe E21) als Basis, den Bovensiepen mit einem 2,8-Liter-Sechszylinder versorgte. Auf Basis des 5er (Baureihe E12) entstand der BMW Alpina B7 Turbo mit 300 PS – damals die schnellste Serienlimousine der Welt. Auch im 6er-Coupé bot Alpina dieses Triebwerk an. Der Erfolg kam rasch und Alpina exportierte nach England, in die Schweiz und nach Japan, neue Modelle folgten. Typisch für Alpina sind seither die auffälligen Dekorstreifen auf den Flanken der Modelle. Einen Meilenstein absolvierte Alpina 1983, als das Kraftfahrtbundesamt Alpina offiziell als Automobilhersteller registrierte. In den Fahrzeugpapieren hatte sich Alpina allerdings schon vorher als Hersteller eintragen lassen. 1999 startete Alpina erstmals in der Dieselklasse – und baute mit dem D10 Biturbo wiederum die stärkste Diesellimousine der Welt.

Inzwischen fertigt Alpina die Fahrzeuge nicht mehr im eigenen Haus, sondern liefert seine Komponenten an BMW, wo sie am Band verbaut werden. Auch der Vertrieb läuft – trotz des Herstellerstatus – über BMW-Händler. Bis heute besitzen Alpina-Modelle den Ruf, sehr individuell, hochwertig und zugleich überaus potent zu sein. Rund 1200 bis 1500 Fahrzeuge entstanden pro Jahr, gefertigt von etwa 300 Mitarbeitern (2022). Seit 1979 ist Alpina zudem auch als Importeur und Investor in exklusive Weine tätig.

2022 dann der Paukenschlag: BMW übernimmt die Markenrechte an Alpina. Ende 2025 beendet Alpina die Produktion von Neuwagen. Wartung, und Ersatzteilhandel bleiben im Portfolio, ebenso die Weine. Außerdem sollen unter dem Namen Bovensiepen auch künftig noch Automobile entstehen.

BMW Alpina B6 2,8 1978-1983

1978 kam die erste grundlegende Alpina-Konfiguration auf die Straße: Als 3er-BMW der Baureihe E21, in den Burkard Bovensiepen den 2,8-Liter-Sechszylinder (Typ M30) des 528i implantiert hatte. Den B6 2,8 lieferte Alpina zunächst mit 200 PS aus, 23 PS mehr als im 5er-BMW. Ab 1981 standen sogar 218 PS zur Verfügung, genug, um auf der Autobahn Porsche-911-Piloten zu ärgern. Für das PS-Plus waren geschmiedete Spezialkolben, eine geänderte Nockenwelle, bearbeitete Brennräume und eine Doppelrohr-Auspuffanlage von Gillet verantwortlich. Zudem bot der B6 2,8 als erstes Serienautomobil eine vollelektronische Zündanlage, dazu kam ein maßgeschneidertes Getrag-Fünfganggetriebe. Auch im Innenraum hinterließ Bovensiepen seine Handschrift: Er montierte zwei Recaro-Sitze, die wie die Rücksitzbank mit speziellem Alpina-Stoff bezogen waren, dazu gab es ein Momo-Vierspeichen-Lederlenkrad. Außen zeigten Front- und Heckspoiler sowie Alpina-Leichtmetallräder den sportlichen Anspruch. Das seitliche Dekorset gab es auf Wunsch.

Bild: © Alpina

Preise	1	2	3	4	5
B6 2,8 (E21) 1978-1981, 200 PS, L2t	89.000	60.900	42.000	23.100	k.N.
B6 2,8 (E21) 1981-1983, 218 PS, L2t	94.000	64.200	44.800	24.400	k.N.

Motor/Antrieb	
Bauart	Sechszylinder (Reihe)
Lage/Antrieb	Front/Heck
Hubraum in cm³	2788
PS/min	200, 218/6000
Vmax in km/h	225, 229
Karosserie	
Bauart	Limousine (2-türig)
Tragstruktur	selbsttragend
Material	Stahlblech
Stückzahl und Marktsituation	
Produktionszahl	355
Verfügbarkeit	schlecht
Teilesituation	ausreichend
Unterhaltskosten	mittel

BMW Alpina B7 Turbo 1978-1982

Auf der IAA 1978 zeigte Alpina den schnellsten Viertürer der Welt – den 530 Turbo, der wenig später in B7 Turbo umbenannt wurde. Er basierte auf dem damals aktuellen 5er (E12). Alpina-Chefkonstrukteur Fritz Indra hatte den vibrationsarm laufenden 3,0-Liter-Sechszylinder gewählt und einen KKK-Lader adaptiert, dessen Ladedruck (zwischen 0,55 und 0,85 bar Überdruck) der Fahrer via Handrad regulieren konnte. Das Ergebnis, auch dank Ladeluftkühler und raffinierter Feinarbeit wie einer kombinierten Aufladung, der Pierburg-Einspritzung, einer prozessorgesteuerten Zündung und eines exakt berechneten Ansaugsystems, lag auf einem für die zweite Hälfte der 1980er Jahre beeindruckenden Niveau: 250 bis 300 PS standen je nach Ladedruck zur Verfügung. Eine spezielle Getrag-Fünfgangbox hat Alpina seinem Turbo-Modell ebenfalls verordnet, sowie größere Bremsen, Räder und ein sorgfältig abgestimmtes Fahrwerk. Für den B7 verlangte Alpina anfangs 59.920 Mark.

Bild: © Alpina

Preise	1	2	3	4	5
B7 Turbo (E12), 1978-1982, L4t	118.000	78.900	51.300	25.700	k.N.
B7 S Turbo (E12) 1982, L4t	133.000	90.000	61.600	29.700	k.N.

Motor/Antrieb	
Bauart	Sechszylinder (Reihe)
Lage/Antrieb	Front/Heck
Hubraum in cm³	2986
PS/min	300/6000
Vmax in km/h	250
Karosserie	
Bauart	Limousine (4-türig)
Tragstruktur	selbsttragend
Material	Stahlblech
Stückzahl und Marktsituation	
Produktionszahl	149
Verfügbarkeit	schlecht
Teilesituation	ausreichend
Unterhaltskosten	mittel

BMW Alpina C1 2,3 1980-1982

Als BMW 1975 den neuen 3er (Baureihe E21) auf den Markt gebracht hatte, stand Burkard Bovensiepen für die Käufer wenig später parat – zunächst noch in bester Tuner-Tradition: Alpina bot zunächst vier unterschiedliche Leistungspakete für die BMW-Vierzylindermotoren an, die auf den Kits basierten, die zuvor schon für den 2002 bereitstanden. Zudem brachte Alpina 1980 den C1 2,3, der auf dem 323i basierte, den BMW bereits 1978 ins Programm genommen hatte. Den Sechszylindermotor modifizierte Alpina mit überarbeiteten Brennräumen in Halbkugelform, neuen Kolben, leichteren Pleueln und einer anderen Nockenwelle. So stieg die Leistung um 27 auf 170 PS. Typisch Alpina: Die Optimierung war so gut, dass zugleich der Kraftstoffverbrauch sank. Neben einigen Dutzend Exemplaren, die in Buchloe bei Alpina direkt entstanden sind, gab es die Option, bereits ausgelieferte 323i auf C1-Spezifikation von BMW-Werkstätten umrüsten zu lassen.

Bild: © Jürgen Schlegelmilch

Preise	1	2	3	4	5
C1 2,3 (E21), 170 PS, L2t	75.700	50.000	34.600	19.400	k.N.

Motor/Antrieb	
Bauart	Sechszylinder (Reihe)
Lage/Antrieb	Front/Heck
Hubraum in cm³	2315
PS/min	170/6000
Vmax in km/h	209
Karosserie	
Bauart	Limousine (2-türig)
Tragstruktur	selbsttragend
Material	Stahlblech
Stückzahl und Marktsituation	
Produktionszahl	426*
Verfügbarkeit	ausreichend
Teilesituation	ausreichend
Unterhaltskosten	mittel

* inkl. Umbauten durch BMW-Händler

BMW Alpina C2 2,5, C2 2,7 1985-1987

Die C2-Modelle, die Alpina auf der zweiten Serie des erfolgreichen BMW 3er (E30) baute, basierten auf serienmäßigen 325i mit 170 PS. Die Leistung der Sechszylinder-Triebwerke (BMW-Code M20) steigerte Alpina beim C2 2,5 auf 185 PS, 74 Exemplare wurden gebaut. Der C2 galt seinerzeit als der stärkste 3er, den es ab Werk gab – bis BMW 1986 den neuen M3 zeigte, der mit 195 PS die Messlatte höher legte. Alpina antwortete mit dem C2 2,7, der sich mit 210 PS und einer Spitze von rund 230 km/h wieder nach oben absetzen konnte. Vom C2 2,7 entstanden 108 Fahrzeuge ohne Katalysator, weitere 52 mit einer von Alpina selbst entwickelter, aufwändiger Abgasreinigung (204 PS). Während es den C2 2,5 nur als Limousine gab, bot Alpina den C2 2,7 sogar als Cabrio und in einer Allrad-Version an – das sind wahre Raritäten unter Raritäten.

Bild: © Alpina

Preise	1	2	3	4	5
C2 2,7 (E30), L2t	86.000	53.000	38.900	20.000	k.N.
C2 2,7 (E30), Cab	109.000	74.600	54.100	32.600	k.N.

Motor/Antrieb	
Bauart	Sechszylinder (Reihe)
Lage/Antrieb	Front/Heck, 4x4
Hubraum in cm³	2693
PS/min	185 bis 210/6000
Vmax in km/h	220 bis 230
Karosserie	
Bauart	Limousine (2-/4-türig), Cabrio
Tragstruktur	selbsttragend
Material	Stahlblech
Stückzahl und Marktsituation	
Produktionszahl	234
Verfügbarkeit	ausreichend
Teilesituation	ausreichend
Unterhaltskosten	mittel

BMW Alpina B3 2,7 — 1987-1992

Auf die bisherigen C2-Modelle ließ Alpina den Typ B3 folgen. Als Basis des neuen Modells B3 2,7 diente der BMW 325i der E30-Baureihe. Den serienmäßigen 2,5-Liter-Reihensechszylinder modifizierte Alpina gründlich. Das neue Triebwerk, aufgebaut übrigens auf der eta-Variante, trug die Alpina-Bezeichnung C2/2 – und bot 204 PS bei 2,7 Liter Hubraum. Die BMW-Spezialisten aus dem Allgäu erreichten dies unter anderem durch sechs Millimeter mehr Kolbenhub, einen aufwändig bearbeiteten Zylinderkopf mit halbkugelförmigen Brennräumen und einen sorgfältig abgestimmten Edelstahl-Fächerkrümmer. Eine Mischung, die begeisterte: Stets stark und mächtig, dennoch kultiviert und schaltfaul ließ sich dieser Alpina-Dreier bewegen. Die Karosserie konnte der Kunde übrigens frei wählen: Alpina lieferte den B3 2,7 als zwei- oder viertürige Limousine, als Touring oder Cabrio. Sogar Wünsche nach Allradantrieb konnte Alpina erfüllen. Der B3 2,7 war Ende der 1980er Jahre die günstigste Möglichkeit, einen neuen Alpina zu bestellen.

Bild: © Alpina

Preise	1	2	3	4	5
B3 2.7 (E30), L2t	88.000	57.000	34.500	17.000	k.N.
B3 2.7 (E30), Cab	104.000	67.000	49.400	28.400	k.N.
B3 2.7 (E30), Kom	89.000	57.800	38.900	18.900	k.N.

Motor/Antrieb	
Bauart	Sechszylinder (Reihe)
Lage/Antrieb	Front/Heck, 4x4
Hubraum in cm^3	2693
PS/min	204 bei 6000
Vmax in km/h	230
Karosserie	
Bauart	Lim (2-/4-türig), Kom (5-türig), Cab
Tragstruktur	selbsttragend
Material	Stahlblech
Stückzahl und Marktsituation	
Produktionszahl	257
Verfügbarkeit	ausreichend
Teilesituation	ausreichend
Unterhaltskosten	mittel

BMW Alpina B6 3,5 S — 1987-1990

Ein absolutes Sahnestück präsentierte Alpina mit dem B6 3,5 S. Als Basis griffen die Allgäuer Spezialisten zu nicht weniger als einem M3 (E30), den sie in ihrer Manufaktur aufwändig optimierten. Der serienmäßige Vierzylinder wich dabei dem BMW-3,5-Liter-Sechszylinder, den Alpina mit einem bearbeiteten Zylinderkopf und einer optimierten Auspuffanlage von 218 auf 261 PS (ohne Kat) trimmte. Schon im Drehzahlkeller sei Kraft in Hülle und Fülle vorhanden, lobte damals ein Test in *auto motor und sport*. Im Verbund mit dem agilen M3-Fahrwerk und den Acht-Zoll-Alpina-Rädern ergibt sich eine beeindruckende Fahrdynamik, das Handling ist exzellent. Von außen gibt sich der B6 3,5 S unauffällig, sofern man dieses Attribut dem M3 überhaupt zuschreiben kann: Nur die Alpina-Streifen wiesen auf die Veredelung hin – sowie die Typenschilder vorne und hinten. Seine famosen Eigenschaften und die minimale Stückzahl – Alpina hat nur 62 Stück gebaut – haben ihn längst zu einem begehrten Sammlerstück werden lassen.

Bild: © Alpina

Preise	1	2	3	4	5
B6 3,5 S (E30), L2t	165.000	130.000	83.000	40.000	k.N.

Motor/Antrieb	
Bauart	Sechszylinder (Reihe)
Lage/Antrieb	Front/Heck
Hubraum in cm^3	3430
PS/min	254/5800
Vmax in km/h	251
Karosserie	
Bauart	Limousine (2-türig)
Tragstruktur	selbsttragend
Material	Stahlblech
Stückzahl und Marktsituation	
Produktionszahl	62
Verfügbarkeit	schlecht
Teilesituation	ausreichend
Unterhaltskosten	hoch

BMW Alpina B10 Biturbo (Baureihe BMW E34) 1989-1994

Mit diesem Modell hat sich Alpina selbst übertroffen: 1989 war der B10 Biturbo mit 288 km/h die schnellste Serienlimousine der Welt. Der legendäre Autotester und Rennfahrer Paul Frère kommentierte in einem US-Magazin, dass für ihn der Biturbo schlicht der beste Viertürer der Welt sei. Auch Götz Leyrer lobte in *auto motor und sport*, der B10 Biturbo sei der „absolute Fünfer". Bovensiepens Team hatte in zweijähriger Entwicklungsarbeit folgende Lösung gezaubert: Als Basis diente der BMW 535i (E34), der ab Werk 211 PS leistete. Zwei parallel geschaltete Garrett-Turbolader mit elektronischer Ladedruckregelung, Ladeluftkühler und eine neu konstruierte Auspuffanlage stellten im B10 Biturbo gewaltige 360 PS und 550 Nm zur Verfügung. Dazu kamen große Girling-Bremsen, 17-Zoll-Alpina-Räder, ein clever abgestimmtes Fahrwerk und sogar eine serienmäßige Antischlupfregelung. 143.000 Mark kostete der B10 Biturbo bei seiner Markteinführung.

Bild: © Alpina

Preise	1	2	3	4	5
B10 Biturbo (E34), L4t	115.000	69.000	50.000	25.000	k.N.

Motor/Antrieb	
Bauart	Sechszylinder (Reihe)
Lage/Antrieb	Front/Heck
Hubraum in cm^3	3430
PS/min	360/6000
Vmax in km/h	288
Karosserie	
Bauart	Limousine (4-türig)
Tragstruktur	selbsttragend
Material	Stahlblech
Stückzahl und Marktsituation	
Produktionszahl	507
Verfügbarkeit	schlecht
Teilesituation	ausreichend
Unterhaltskosten	hoch

BMW Alpina B12 5,0 (Baureihe BMW E32), Alpina B12 5,7, B12 6,0 (auf Baureihe BMW E38) — 1988-2001

Ab 1988 widmete sich Alpina auch Modellen mit Zwölfzylinder-Motor, den BMW im Jahr zuvor auf den Markt gebracht hatte. Den Beginn markierte der 7er der Baureihe E32, dessen Fünfliter-V12-Aggregat Alpina zunächst im Hubraum unverändert ließ, jedoch die Leistung – unter anderem durch Adaption von Mahle-Kolben und tiefgreifenden Änderungen im Ventiltrieb – von 299 PS (220 kW) auf 350 (257 kW) anhob. Das Fahrwerk und die Bremsen passte Alpina an die gestiegenen Fahrleistungen an. Da man sich nicht an die freiwillige Limitierung der Höchstgeschwindigkeit auf 250 km/h halten musste, konnten B12-Fahrer die Leistung auskosten – ihr 7er lief rund 275 km/h schnell. Auch die Nachfolger-Baureihe E38 (1994 bis 2001) bot Alpina ab 1995 wieder als B12 an, nun mit einer Hubraumaufstockung von 5,4 auf 5,7 Liter und, ab 1999, auf 6,0 Liter. Damit stieg die Höchstgeschwindigkeit auf über 290 km/h.

Bild: © Alpina

Preise	1	2	3	4	5
B12 5,0 (E32), L4t	76.600	49.500	32.500	14.000	k.N.
B12 5,7 (E38), L4t	80.500	55.300	35.400	16.000	k.N.
B12 6,0 (E38), L4t	91.000	63.000	41.000	18.500	k.N.

Motor/Antrieb	
Bauart	V12
Lage/Antrieb	Front/Heck
Hubraum in cm^3	4998, 5646, 5980
PS/min	350/5300 bis 430/5400
Vmax in km/h	275 bis 291
Karosserie	
Bauart	Limousine (4-türig)
Tragstruktur	selbsttragend
Material	Stahlblech
Stückzahl und Marktsituation	
Produktionszahl	305; 202; 94
Verfügbarkeit	ausreichend
Teilesituation	ausreichend
Unterhaltskosten	hoch

BMW Alpina B12 5,0 Coupé, B12 5,7 Coupé 1990-1996

Wie der 7er-Limousine nahm sich Alpina auch der V12-motorisierten 850i-Coupés an. Zunächst blieb der Hubraum unverändert, doch tiefe Eingriffe ins Motorinnere, eine umprogrammierte Motronic sowie ein angepasstes Fahrwerk garantierten ab 1991 ein grundlegend fortgeschrittenes Fahrerlebnis. Im 1992 vorgestellten B12 5,7 Coupé, das zusätzlich von einem Plus an Hubraum profitierte, führte Alpina als erster Hersteller ein elektronisches System zur Kupplungsbedienung ein, die Shiftronic. Das Schalten übernimmt ein Getrag-Sechsganggetriebe, der Fahrer kann aktiv über Lenkradtasten die Gänge wählen. Innovativ ging Alpina auch das Thema Abgasreinigung an: Gemeinsam mit BMW und dem Spezialisten Emitec wurde ein elektrisch beheizbarer Metall-Katalysator entwickelt – eine Weltpremiere.

Bild: © Alpina

Preise	1	2	3	4	5
B12 5,0 (E31), Cpe	140.000	96.000	71.000	36.500	k.N.
B12 5,7 (E31), Cpe	188.000	144.000	110.000	56.600	k.N.

Motor/Antrieb	
Bauart	V12
Lage/Antrieb	Front/Heck
Hubraum in cm³	4998, 5646
PS/min	350/5300 bis 416/5400
Vmax in km/h	280 bis 300
Karosserie	
Bauart	Coupé
Tragstruktur	selbsttragend
Material	Stahlblech
Stückzahl und Marktsituation	
Produktionszahl	97; 57
Verfügbarkeit	ausreichend
Teilesituation	ausreichend
Unterhaltskosten	hoch

BMW Alpina Roadster Limited Edition 1990-1991

Die gern kurz RLE (für Roadster Limited Edition) genannte Alpina-Interpretation des BMW Z1 erschien 1991: Statt des oft im Z1 als zu schwachbrüstig kritisierten 2,5-Liter-Sechszylinders implantierte Alpina das 2,7 Liter große Aggregat aus dem hauseigenen Modell B3/2, wodurch dem RLE immerhin 200 PS zur Verfügung standen. Dennoch ging es dem in nur 66 Exemplaren produzierten RLE mehr um Lifestyle und Luxus denn um Leistung: Die Beschleunigung von null auf 100 konnte mit 7,1 Sekunden sportlich ambitionierte Fahrer nicht überzeugen. Sammler hingegen griffen zu, trotz des immens hohen Preises von 116.000 Mark (1987). Die Hälfte der Produktion soll nach Japan verkauft worden sein. Übrigens hat Alpina rund ein halbes Dutzend BMW Z1 nachträglich im Auftrag auf RLE-Spezifikationen umgebaut. Sie tragen jedoch keine Alpina-Fahrgestellnummer.

Bild: © Alpina

Preise	1	2	3	4	5
Roadster Limited Edition, Cab	120.000	91.800	58.800	32.100	k.N.

Motor/Antrieb	
Bauart	Sechszylinder (Reihe)
Lage/Antrieb	Front/Heck
Hubraum in cm³	2693
PS/min	200/6000
Vmax in km/h	231
Karosserie	
Bauart	Roadster
Tragstruktur	selbsttragend
Material	Stahlblech
Stückzahl und Marktsituation	
Produktionszahl	74
Verfügbarkeit	schlecht
Teilesituation	ausreichend
Unterhaltskosten	hoch

BMW Alpina B6 2,8 1992-1993

Die zweite Auflage des B6 2,8 schickte Alpina 1991 ins Rennen: Auf Basis der E36-Baureihe präsentierte Alpina das Modell auf dem Genfer Salon. Statt des damals größten von BMW im 3er angebotenen Motors, dem 2,5-Liter-Sechszylinder im 325i, setzte Alpina ein auf 2,8 Liter vergrößertes Triebwerk auf Basis des neuen BMW-24-Ventilers ein. Mahle-Kolben, geänderte Nockenwellen und ein optimiertes Abgassystem unterstützten die Maßnahmen zur Leistungssteigerung. Neben dem serienmäßigen Fünfgangschaltgetriebe von ZF konnten Alpina-Kunden auch ein Automatikgetriebe wählen. Das Fahrwerk baut auf Bilstein-Gasdämpfern und -federbeinen auf, die vorderen Bremsen passte Alpina der von 192 PS auf 240 PS gestiegenen Leistung an. Die Chroniken melden 41 gebaute Coupés, 178 Limousinen – und 136 Touring-Modelle, die ausschließlich nach Japan exportiert wurden.

Bild: © Alpina

Preise	1	2	3	4	5
B6 2,8 (E36), L4t	35.100	23.100	14.700	6.300	k.N.
B6 2,8 (E36), Cpe	40.700	26.800	20.000	8.400	k.N.

Motor/Antrieb	
Bauart	Sechszylinder (Reihe)
Lage/Antrieb	Front/Heck
Hubraum in cm³	2752
PS/min	240
Vmax in km/h	über 250
Karosserie	
Bauart	Limousine, Coupé, Kombi (5-türig)
Tragstruktur	selbsttragend
Material	Stahlblech
Stückzahl und Marktsituation	
Produktionszahl	355
Verfügbarkeit	ausreichend
Teilesituation	ausreichend
Unterhaltskosten	hoch

BMW Alpina B8 4,6 — 1995-1998

Was BMW nicht gelang, setzte Alpina um – wenn auch mit erheblichem Aufwand: Ab 1995 gab es einen 3er der Baureihe E36 mit V8-Motor. Angeblich waren 42 Modifikationen im Karosseriebereich nötig, um für die Aufnahme des V8 bereit zu sein, der zudem von oben und nicht, wie üblich, von unten montiert werden musste. Aufwand auch beim Motor: BMW goss eigene Blöcke für Alpina, um die gewünschte Hubraumaufstockung von 4,0 auf 4,6 Liter zu gewährleisten. Zusammen mit einer Reihe anderer Maßnahmen wie Mahle-Kolben oder einer angepassten Motronic, leistete der B8 4,6 nicht nur überzeugende 333 PS, sondern bot auch 350 Nm Drehmoment bereits bei 1000/min. Alpina bot ihn ausschließlich mit einem Sechsgang-Schaltgetriebe von Getrag an. Als besondere Rarität gelten die 23 produzierten Cabriolets des Typs B8 4,6.

Bild: © Alpina

Preise	1	2	3	4	5
B8 4,6 (E36), Cpe	79.800	52.500	36.800	17.300	k.N.
B8 4,6 (E36), Cab	84.700	55.700	38.300	20.000	k.N.

Motor/Antrieb	
Bauart	V8
Lage/Antrieb	Front/Heck
Hubraum in cm³	4619
PS/min	333/5700
Vmax in km/h	über 280
Karosserie	
Bauart	Lim. (2-/4-türig), Coupé, Kombi (5-türig)
Tragstruktur	selbsttragend
Material	Stahlblech
Stückzahl und Marktsituation	
Produktionszahl	221
Verfügbarkeit	ausreichend
Teilesituation	ausreichend
Unterhaltskosten	hoch

Alpine (F) • 1955 bis 1995, seit 2017

Mit dem Renault 4CV, diesem populären französischen Kleinwagen, begann Anfang der 1950er Jahre die Geschichte der Sportwagenmanufaktur Alpine. Jean Rédélé, 1922 als Sohn eines Renault-Händlers in Dieppe geboren, übernahm 1946 die Firma seines Vaters. Mit seinen 24 Jahren galt er als jüngster Konzessionär Frankreichs.

Er war auch begeisterter Rallyefahrer. Unter anderem errang Jean Rédélé mit einem Renault 4 CV den Klassensieg beim legendären Straßenrennen Mille Miglia. 1954 gewann er den Coupe des Alpes. Im Jahr darauf zeigte Rédélé ein kleines, leichtes Sportcoupé, für dessen Basis er einen Renault 4 CV nutzte. Die flache, hübsche GFK-Karosserie hatte der italienische Auto-Designer Giovanni Michelotti entworfen. Rédélé setzte auf Fahrspaß zu günstigem Preis – und auf Renn- und Rallye-Erfolge. „Alpine 106" nannte er das Werk in Erinnerung an seinen Sieg in den Alpen.

Jean Rédélé konnte mit Renault-Unterstützung eine Kleinserie auflegen. Der Typ 106 soll, so berichten Chroniken, in rund 650 Exemplaren gebaut worden sein. Der Nachfolger A108 wurde nicht nur in Frankreich, sondern auch im brasilianischen Willys-Werk in Lizenz gefertigt. Und im Rennsport wurde Alpine schnell zu einer festen Größe.

Mit dem A110 reagierte Alpine ab 1963 auf die stetig steigende Nachfrage und erreichte zum ersten Mal auch nennenswerte Stückzahlen. Ab 1965 konnten Kunden ihre Alpine A110 bereits bei jedem Renault-Händler bestellen. 1971 zog Alpine in ein neues, größeres Werk vor den Toren Dieppes. Schon zwei Jahre später übernahm Renault die Aktienmehrheit des kleinen Herstellers, der fortan unter dem Namen „Renault Alpine" firmierte.

In jenen Jahren waren die Heckmotor-Coupés immer wieder als „französischer Porsche" apostrophiert worden. Nicht allein ihre Fahrleistungen gaben dafür den Ausschlag, sondern auch ihr teilweise recht tückisches Fahrverhalten. Ihrem Erfolg stand das nicht im Wege; Könner bändigten die wilden, kleinen Renault-Coupés mit Genuss. 1971 und 1973 siegten A110 bei der Rallye Monte Carlo, und 1973 ging die neu gegründete Rallye-Weltmeisterschaft ebenfalls an Alpine. Bis heute gilt der A110 als Alpine-Ikone schlechthin, obwohl dem A310 mit seinem Gesamtsieg beim 24-Stunden-Rennen von Le Mans 1978 der größte Erfolg für Alpine glückte. Dennoch verkaufte Jean Rédélé noch im selben Jahr seine restlichen Anteile, die er an Alpine noch hielt.

1984 kam der Alpine GTA auf den Markt, der ab 1991 – nach einigen Modifikationen – als Modell A610 weiterlebte. 1994 stoppte Renault die Produktion, zu tief waren die Verkaufszahlen inzwischen abgesackt. Nur 818 Stück des A610 sollen entstanden sein. Später begann Renault, das ehemalige Alpine-Werk in Dieppe zur Fertigung von Sportmodellen zu nutzen. So entstanden hier verschiedene R5-Derivate einschließlich des R5 Turbo, ebenso Modelle auf Clio- und Megane-Basis.

Jean Rédélé, der sich 1978 aus seinem ehemaligen Unternehmen zurückgezogen hatte, starb 85-jährig im August 2007 in Paris. 2016 zeigte die Renault-Tochter die Studie eines neuen Modells (Bild rechts), im Dezember desselben Jahres startete eine erste Reservierungsrunde für ein auf 1955 Exemplare limitiertes Sondermodell zum Serienanlauf. Spezielle Alpine Zentren übernehmen die Auslieferung seit Frühjahr 2018. Fans und Presse reagierten begeistert auf den leichten, fahraktiven Sportwagen, den ein aufgeladener 1,8-Liter-Reihenvierzylinder antreibt. In der Serie trägt er nun den Namen seines berühmten Vorgängers: A110. Neben den zwei Versionen „Pure" – als reduziertes Modell – und der eher luxuriösen Ausführung „Légende" steht seit Oktober 2019 zusätzlich die 292 PS starke S-Version bei den Händlern. 2021 ergänzte der Légende als GT 2021 mit dem stärkeren Triebwerk des A 110 S das Portfolio.

In 2022 brachte Alpine gleich mehrere Sondermodelle des A110 heraus. Das Wichtigste zu Ehren des 100. Geburtstages von Firmengründer Jean Rédélé: auf 100 Stück limitiert, lackiert in Montebello-Grau mit schwarzem Dach. Seit 2024 ergänzt der A290 das Programm, eine Tuning-Version des Renault 5 E-Tech. Neu ist der A390, ein rein elektrischer SUV.

Bild: © Alpine

Im Frühjahr 2023 war das 300 PS starke Sondermodell A110 R lieferbar. Seine Spitze: 285 km/h.

Alpine A106 — 1955-1961

Die Idee kam von Jean Rédélé, dem jungen Renault-Händler und erfolgreichen Rallyepiloten: Auf Basis des Renault 4CV ließ er bei den Brüdern Chappe ein kleines, leichtes Sportcoupé entwickeln. Vom Großserienprodukt stammten Bodengruppe samt Antrieb, dazu Teile des Interieurs und die Beleuchtung. Als Frontscheibe kam bis 1957 die Heckscheibe des Mitelklassemodells Renault Frégate zum Einsatz. Das erste Fahrzeug dengelten die Chappe-Brüder noch aus Stahlblech, in der ab 1955 folgenden Kleinserie erhielt der A106 genannte Sportwagen eine Karosserie aus verstärktem Polyesterkunststoff, sogar einzelne Cabrios entstanden. Nur gut 500 Kilogramm wogen die lediglich 3,70 Meter langen Fahrzeuge, die zunächst die 4CV-Vierzylinder mit knapp 750 cm³ Hubraum vorantrieben. Klassensiege bei der Mille Miglia brachten große Aufmerksamkeit, und Alpine bot rasch getunte Motoren an, die für den Wettbewerbseinsatz vorbereitet waren. Ab 1957 erhielt der A106 den Motor des Renault Dauphine.

Bild: © Renault

Preise	1	2	3	4	5
A 106, Cpe	68.600	51.900	36.300	20.600	12.700

Motor/Antrieb	
Bauart	Vierzylinder (Reihe)
Lage/Antrieb	Heck/Heck
Hubraum in cm³	747 bis 904
PS/min	21/4400 bis 59/6250
Vmax in km/h	ca. 150
Karosserie	
Bauart	Coupé; Cabriolet
Tragstruktur	Plattformrahmen
Material	Kunststoff
Stückzahl und Marktsituation	
Produktionszahl	ca. 350
Verfügbarkeit	schlecht
Teilesituation	schwierig
Unterhaltskosten	mittel

Alpine A110 — 1961-1976

Die niedrige Kunststoffkarosserie des A110 umschloss einen steifen Zentralrohrrahmen und war lediglich 113 Zentimeter hoch. Marcel Hubert hatte die Form entworfen, unter der zunächst die Mechanik des Renault 8 Platz gefunden hatte. In seiner mildesten Form leistete das serienmäßige Triebwerk mit 956 cm³ nur 48 PS, doch rüstete Alpine schnell auf: Besonders die Variante mit dem 1300-cm³-Vierzylinder war überaus beliebt und brillierte nicht nur auf den Rallye-Pisten, sondern machte auch im Straßenbetrieb Spaß – das Fahrverhalten und die Spontaneität des Heckmotor-Coupés begeisterten die Fans, mit dem Lärm und der Enge im Cockpit konnten sie leben. Eine Herausforderung liebten sie besonders: In schnellen Kurven neigte der A110 zunehmend zum typischen Heckmotor-Übersteuern, das auch der stark negative Sturz der Hinterachse nicht verhindern konnte.

Bild: © Renault

Preise	1	2	3	4	5
A110 (V 70), Cpe	91.000	69.100	45.600	29.200	16.100
A110 (1300G), Cpe	124.000	95.000	62.000	40.000	22.000
A110 (1600S), Cpe	123.000	94.000	62.000	39.600	21.800
A110 (1600 SC/SI), Cpe	135.000	103.000	68.000	43.400	23.900

Motor/Antrieb	
Bauart	Vierzylinder (Reihe)
Lage/Antrieb	Heck/Heck
Hubraum in cm³	956, 1108, 1255 bis 1565
PS/min	48/5200 bis 140/6100
Vmax in km/h	160 bis 215
Karosserie	
Bauart	Coupé
Tragstruktur	Rohrrahmen
Material	Kunststoff
Stückzahl und Marktsituation	
Produktionszahl	7160
Verfügbarkeit	ausreichend
Teilesituation	ausreichend
Unterhaltskosten	mittel

Alpine A310 — 1971-1976

Auf dem Genfer Salon im Frühjahr 1971 präsentierte Alpine den Nachfolger des etwas ungehobelten A110. Unter der Kunststoffkarosserie, die ganz im Stil der frühen Siebziger recht kantig gezeichnet war, fanden die Passagiere deutlich mehr Raum als in der Ur-Alpine. Der vom Renault 16TX abgeleitete Motor mit 1,6 Liter Hubraum saß weiterhin im Heck und leistete 127 PS, gab sich aber etwas rau. Nicht besonders begeistert zeigten sich die Fans, die von der neuen Alpine mehr Sportlichkeit und weniger Luxus erwartet hatten – doch Alpine hatte an die Verkaufszahlen gedacht und die Wünsche der Sportfahrer in den Hintergrund gerückt. Trotzdem griffen nur rund 2300 Käufer zu. Heute steht die Vierzylinder-Variante des A310 im Schatten ihres potenten Nachfolgers, der die Karosserieform übernahm und aufgrund zahlreicher Detailverbesserungen das rundum empfehlenswertere Auto ist.

Bild: © Renault

Preise	1	2	3	4	5
A310 (1600VE), Cpe	50.500	33.500	22.700	10.900	4.700
A310 inj. (1600VF), Cpe	42.300	28.000	19.000	9.100	3.900

Motor/Antrieb	
Bauart	Vierzylinder (Reihe)
Lage/Antrieb	Heck/Heck
Hubraum in cm³	1605
PS/min	127/6250
Vmax in km/h	205
Karosserie	
Bauart	Coupé
Tragstruktur	Rohrrahmen
Material	Kunststoff
Stückzahl und Marktsituation	
Produktionszahl	2340
Verfügbarkeit	schlecht
Teilesituation	ausreichend
Unterhaltskosten	mittel

Alpine A310 V6 — 1977-1985

Mit dem Einbau des leistungsgesteigerten V6 aus dem Renault 30 veränderte der A 310 zwar nicht sein Gesicht, aber sein Charakter gewann an Stärke: Das knapp 2,7 Liter große Triebwerk leistete 150 PS und beschleunigte das Coupé auf rund 230 km/h. Renault hatte inzwischen die Kontrolle über Alpine übernommen. Damit waren auch die Anforderungen an die Fertigungsqualität der Fahrzeuge gestiegen. So verbesserten die neuen Hausherren den Korrosionsschutz erheblich, auch in Sachen Zuverlässigkeit konnten die neuen Alpine besser überzeugen. Bis 1985 verkaufte sich die französische Antwort auf den Porsche 911 in immerhin knapp 11.000 Exemplaren. Durch stete Modellpflege blieb der Hecktriebler bis zuletzt technisch auf der Höhe seiner Zeit. Heute ist er wegen der akzeptablen Preise ein guter Tipp für Sportwagen-Fans mit frankophiler Neigung.

Bild: © Renault

Preise	1	2	3	4	5
A310 V6 (2700VA), Cpe	44.100	29.300	19.500	9.600	4.100

Motor/Antrieb	
Bauart	V6
Lage/Antrieb	Heck/Heck
Hubraum in cm³	2667
PS/min	150/6000
Vmax in km/h	235
Karosserie	
Bauart	Coupé
Tragstruktur	Zentralträgerrahmen
Material	Kunststoff
Stückzahl und Marktsituation	
Produktionszahl	10.749
Verfügbarkeit	üppig
Teilesituation	sehr gut
Unterhaltskosten	hoch

Alpine V6 GT, V6 Turbo — 1984-1991

1984 krempelte Renault seine Sportwagen-Produktion gründlich um: weniger Handarbeit, ein neuer Name und ein weiterentwickeltes Design, das sich – ebenso wie die gesamte Ausrichtung des neuen Modells – nicht mehr auf Renneinsätze richtete, sondern mehr die Qualitäten eines Reise-Coupés fokussierte. So hieß das Modell intern auch GTA, kurz für Gran Turisme Alpine. Was ihm allerdings blieb, war GFK als leichtes, rostfreies Material für die Karosserie, die sich nun nicht mehr vom Rahmen trennen ließ. Ab 1985 gab es den 160 PS starken V6 GT auch als V6 Turbo mit Turbolader, der aus dem Renault 25 stammte. Optisch unterschied sich die aufgeladene Alpine bis auf einige Details nicht von der Vergaserversion, bot allerdings mit 185 (Kat) oder 200 PS überzeugendere Fahrleistungen. Die erste Charge von V6 GT und V6 Turbo trug übrigens Renault-Embleme – obwohl stets Alpine als Hersteller in den Papieren stand.

Bild: © Renault

Preise	1	2	3	4	5
V 6 GT (GTA), Cpe	41.000	30.300	18.500	9.400	3.900
V 6 Turbo (GTA) (Kat), Cpe	42.800	31.700	19.300	9.900	4.100

Motor/Antrieb	
Bauart	V6
Lage/Antrieb	Heck/Heck
Hubraum in cm^3	2458, 2849
PS/min	160/5750 bis 200/5700
Vmax in km/h	235 bis 250
Karosserie	
Bauart	Coupé
Tragstruktur	Zentralträgerrahmen
Material	Kunststoff
Stückzahl und Marktsituation	
Produktionszahl	k.A.
Verfügbarkeit	ausreichend
Teilesituation	ausreichend
Unterhaltskosten	hoch

Alpine A610 Turbo — 1991-1995

Alpine wollte es noch einmal wissen: 1991 debütierte das Modell A610 mit einem gründlich überarbeiteten V6. Drei Liter Hubraum und andere Turbolader hatten die Leistung auf 250 PS steigen lassen. Außen folgte er der Linie seines Vorgängers V6, insbesondere der US-Version, die bereits mit Klappscheinwerfern ausgestattet war. Mit 265 km/h Spitze, rund 100.000 Mark Neupreis und einer gehobenen, luxuriösen Ausstattung, die Klimaanlage, Zentralverriegelung und eine Hifi-Stereoanlage umfasste, zielte Alpine mit dem A610 in die Sportwagen-Topliga. Sogar ABS baute Alpine in Dieppe serienmäßig in alle A610 ein. Das aufwändig gefertigte Fahrzeug brachte jedoch wenig Erfolg: Nur 818 Exemplare sind in fünf Jahren entstanden, obwohl Alpine mit verschiedenen Sondermodellen versuchte, den A610 besser zu vermarkten. Sogar als Safety Car durfte der A610 im Juli 1994 beim Formel-1-Rennen in Silverstone starten. Geholfen hat der Aufwand nicht mehr: 1995 musste Alpine die Produktion stoppen.

Bild: © Alpine

Preise	1	2	3	4	5
A610, Cpe	52.000	39.100	23.800	12.200	5.100

Motor/Antrieb	
Bauart	V6
Lage/Antrieb	Heck/Heck
Hubraum in cm^3	2963
PS/min	250 bei 5750
Vmax in km/h	265
Karosserie	
Bauart	Coupé
Tragstruktur	Zentralträgerrahmen
Material	Kunststoff
Stückzahl und Marktsituation	
Produktionszahl	818
Verfügbarkeit	ausreichend
Teilesituation	ausreichend
Unterhaltskosten	hoch

Alvis (GB) • 1919 bis 1968, seit 2010

Das erste Auto der Marke Alvis war 1920 auf den Markt gekommen. Zudem stellte die Firma Armeefahrzeuge und Flugmotoren her. Besonders mit ihren leistungsfähigen Sportwagen und luxuriösen Limousinen erwarb sich Alvis einen guten Ruf. Auch die Qualität der Fahrzeuge aus dem englischen Coventry galt als vorbildlich.

Trotz der Zerstörung der Werksanlagen im Zweiten Weltkrieg konnte die Produktion bereits 1946 wieder aufgenommen werden. Zunächst fertigte Alvis nur die viertürige Limousine Typ 14, deren Wurzeln noch in den dreißiger Jahren lagen. Die erste Nachkriegskonstruktion wurde 1950 vorgestellt. Der Schweizer Karossier Hermann Graber verhalf mit seinen klaren Ponton-Entwürfen der Marke zu besonderer Identität.

Alvis Chef-Konstrukteur war übrigens Alec Issigonis, der später mit dem Entwurf des Mini unsterblich wurde. 1965 kaufte Rover die Marke Alvis, allerdings ohne große Ambitionen, sie weiterleben zu lassen: Bereits zwei Jahre später stellten die neuen Hausherren die Personenwagen-Produktion ein.

Inzwischen gibt es wieder eine Alvis Car Company Ltd, die seit 2010 das 4,3-Liter-Modell aus der Vorkriegszeit als so genannte „Continuation Series" baut, also Neuwagen mit weitergeführten Chassisnummern. Es habe 1940 die Freigabe für 77 weitere Fahrzeuge gegeben, heißt es bei Alvis, und die setze man nun um. Im Angebot sind fünf Modelle nach historischem Vorbild – einschließlich des Graber Coupés und Cabriolets. Auch die Technik, wie der 4,3-Liter-Sechszylinder, orientiert sich an der ursprünglichen Ausführung, allerdings entschied sich Alvis, bei den neu gebauten Fahrzeugen moderne Elemente wie eine Benzineinspritzung und hydraulische Bremsen nachzurüsten.

Alvis 14, 14 Sports, 14 Special Sports — 1946-1950

Eine klassische viertürige Limousine mit konservativer Linienführung war das erste Nachkriegsmodell der britischen Nobelmarke und kam bereits 1946 auf den Markt. Die Entwicklung war freilich nicht neu, sondern stammte noch aus der Vorkriegszeit. Der 1,9-Liter-Vierzylindermotor war eine Alvis-Eigenentwicklung und wurde in verschiedenen Leistungsstufen angeboten. Der stabile Kastenrahmen und die beiden Starrachsen waren typisch für die einfache, aber zuverlässige Konstruktion. Das Modell 14 Sports leistete zwei PS mehr, und der Special Sports kam mit seinem 71 PS starken Motor sogar auf beachtliche 140 Stundenkilometer Höchstgeschwindigkeit.

Bild: © Red Simon

Preise	1	2	3	4	5
TA 14, L4t	25.500	17.500	12.100	5.100	2.400
TA 14, Cab	41.200	28.200	19.000	8.300	4.000

Motor/Antrieb	
Bauart	Vierzylinder (Reihe)
Lage/Antrieb	Front/Heck
Hubraum in cm^3	1892
PS/min	66/4000 bis 71/4000
Vmax in km/h	120 bis 140
Karosserie	
Bauart	Limousine (4-türig), Cabriolet
Tragstruktur	Kastenrahmen
Material	Stahlblech
Stückzahl und Marktsituation	
Produktionszahl	3311
Verfügbarkeit	schlecht
Teilesituation	sehr schwierig
Unterhaltskosten	mittel

Alvis TC 108/G, TD 21, TF 21 — 1956-1967

Als kleiner Hersteller leistete sich Alvis den Luxus zahlreicher Karosserie-Varianten. Das Kastenrahmenchassis mit dem Radstand von 2,83 Meter blieb dabei unverändert. Alvis bot seine Coupés und Cabriolets mit Karosserien an, die der Schweizer Hermann Graber entworfen hatte. Die Linien waren klar und zurückhaltend, sie wirken noch heute in ihrer zeitlosen Schönheit. Der grazile Dachaufbau mit den schmalen Fensterpfosten über dem kompakten Pontonkörper gilt als Meisterwerk. Gebaut wurden die Karosserien von Hermann Graber und, zum größten Teil, von Rolls-Royce-Lieferant Park Ward. Der stilvolle Innenraum war mit viel Holz und Leder ausstaffiert, er bot Platz für vier bis fünf Passagiere. Der recht moderne Alvis-Reihensechszylinder mit drei Litern Hubraum erhielt mit den Jahren stetig mehr Leistung – bis zu kräftigen 150 PS.

Bild: © Archiv HEEL Verlag

Preise	1	2	3	4	5
TC 21, L4t	36.100	24.900	17.100	7.500	3.900
TD 21, L2t	35.400	24.400	16.200	8.400	4.000
TE 21, L2t	40.800	28.100	18.300	9.500	4.600

Motor/Antrieb	
Bauart	Sechszylinder (Reihe)
Lage/Antrieb	Front/Heck
Hubraum in cm³	2993
PS/min	104/4000 bis 150/4750
Vmax in km/h	165 bis 200
Karosserie	
Bauart	Coupé, Cabriolet
Tragstruktur	Kastenrahmen
Material	Aluminium/Stahlblech
Stückzahl und Marktsituation	
Produktionszahl	1548
Verfügbarkeit	ausreichend
Teilesituation	schwierig
Unterhaltskosten	hoch

American Motors Corporation (USA, F) • 1954 bis 1988

Die American Motors Corporation (AMC) war 1954 in Detroit durch die Verbindung von Hudson und Nash entstanden. 1957 ließ AMC diese beiden Markennamen auslaufen und gab allen Modellen den Namen Rambler. Dieser Name hatte bereits zwischen 1900 und 1913 eine Rolle gespielt – als Vorläuferfirma von Nash.

1968 geriet AMC unter Druck, ausgelöst von den großen Konkurrenten auf dem amerikanischen Markt.

American Motors

Aus dieser Lage konnte sich der Konzern mit Kompaktwagen befreien, die auf dem US-Markt erst Jahre später angeboten wurden. 1970 kam Jeep unter das AMC-Dach, später kooperierte AMC mit Renault, bevor die Franzosen die Amerikaner im Jahr 1980 mehrheitlich übernahmen.

Ab 1986 fertigte die nun französisch gesteuerte AMC bereits Komponenten für Chrysler, und 1987 kaufte Chrysler sämtliche Aktien der American Motors Corporation. Unter Chrysler fungierte AMC als Dach für die Jeep- und Eagle-Modelle.

Bild: © gemeinfrei/Thesupermat

Unter dem Namen Alliance vermarktete AMC eine Variante des Renault 9. Es gab ihn sogar als Cabriolet.

AMC Rambler Marlin — 1965-1967

Mit einem weitgefassten Motorenangebot versuchte AMC das Modell Rambler Marlin erfolgreich zu vermarkten. Reihensechszylindermotoren kamen dabei ebenso zum Einsatz wie V8-Triebwerke mit über 5,6 Litern Hubraum. Das Leistungsspektrum der Aggregate reichte von maßvollen 147 PS bis hin zu standesgemäßen 284 PS. Attraktion des ausschließlich zweitürig lieferbaren Marlin war das schnittige Dach, das insbesondere sportlich wirkte, wenn es mit schwarzem Vinyl bezogen war. Technisch bot der Wagen konventionelle US-Kost mit einem simplen, für niedrige Geschwindigkeiten ausgelegten Fahrwerk. Nachfolger wurde der mit über 235.000 Exemplaren weitaus erfolgreichere Javelin, der weniger Limousinenstil an den Tag legte und dem Trend zu mehr Leistung mit bis zu 330 PS starken Motoren folgte.

Bild: © Archiv HEEL Verlag

Preise	1	2	3	4	5
Marlin V8 (Hardtop), Cpe	k.N.	23.500	15.000	6.200	k.N.

Motor/Antrieb	
Bauart	Sechszylinder (Reihe), V8
Lage/Antrieb	Front/Heck
Hubraum in cm³	3799-5622
PS/min	147/4300 bis 284/4800
Vmax in km/h	160 bis 200
Karosserie	
Bauart	Hardtop
Tragstruktur	selbsttragend
Material	Stahlblech
Stückzahl und Marktsituation	
Produktionszahl	17.419
Verfügbarkeit	ausreichend
Teilesituation	ausreichend
Unterhaltskosten	hoch

Javelin, Javelin SST — 1967-1974

Der Javelin ist Modell und Marke zugleich. Mit dem Coupé will AMC 1967 die populäre Klasse der Pony Cars aufmischen, die der Ford Mustang beherrscht. Der Javelin soll auch in Europa durchstarten. Karmann in Osnabrück wird als Partner gewonnen, doch letztlich entstehen im Zweigwerk Rheine ab 1968 nur 281 Javelin. Der luxuriöse SST verwöhnt mit verstellbaren Vordersitzlehnen, mit Holzimitat an Türen und Armaturenbrett sowie einem Sportlenkrad. Unter der Haube lauern bis zu 6,6 Liter Hubraum und 340 SAE-PS, während es der kleinste Sechszylinder nur auf magere 101 SAE-PS bringt. Europäische Sportfahrer erschaudern vor der hinteren Starrachse an Blattfedern samt Trommelbremsen. Der Javelin tritt anfangs mit einem zweigeteilten Kühlergrill auf, 1970 folgt eine überarbeitete, etwas größere Karosserie mit Zitaten der Rennsportvarianten.

Bild: © AMC

Preise	1	2	3	4	5
Javelin V8, Cpe	k.N.	35.200	22.500	9.900	k.N.

Motor/Antrieb	
Bauart	Sechszylinder (Reihe), V8
Lage/Antrieb	Front/Heck
Hubraum in cm³	5392 bis 6571
PS/min	101/3600 bis 335/5000
Vmax in km/h	150 bis 220
Karosserie	
Bauart	Coupé
Tragstruktur	selbsttragend
Material	Stahlblech
Stückzahl und Marktsituation	
Produktionszahl	k.A.
Verfügbarkeit	ausreichend
Teilesituation	gut
Unterhaltskosten	mittel

AMC Gremlin 1970-1978

Auch bei dem kleinen, 1970 lancierten AMC Gremlin war die Bandbreite möglicher Motorisierungen groß. Neben den bei amerikanischen Herstellern üblichen Sechs- und Achtzylindertriebwerken mit bis zu fünf Litern Hubraum und 152 PS wurden auch zwei Liter große Vierzylindertriebwerke installiert, die Audi beisteuerte. Das gefällige, von unnötigem Schnörkel freie Styling konnte sogar den europäischen Geschmack halbwegs treffen, praktischer Nutzwert bis hin zur separat zu öffnenden Heckscheibe wussten zu gefallen. Besonders beliebt waren die Sondermodelle „X" und „Levi's". 1978 ließ AMC dem Gremlin ein grundlegendes Facelift angedeihen: Anschließend hieß der Wagen dann Spirit und zeigte sich mit einer deutlich retuschierten Karosserie, deren Styling wesentlich konventioneller ausgefallen war.

Bild: © Archiv HEEL Verlag

Preise	1	2	3	4	5
Gremlin, L2t	25.800	16.100	9.600	4.200	2.200

Motor/Antrieb	
Bauart	Vier-/Sechszylinder (Reihe), V8
Lage/Antrieb	Front/Heck
Hubraum in cm³	1984 bis 4981
PS/min	81/5000 bis 152/4200
Vmax in km/h	145 bis 175
Karosserie	
Bauart	Limousine (2-türig)
Tragstruktur	selbsttragend
Material	Stahlblech
Stückzahl und Marktsituation	
Produktionszahl	k.A.
Verfügbarkeit	gegen null
Teilesituation	ausreichend
Unterhaltskosten	hoch

AMC Pacer 1975-1980

Große Hoffnungen setzte AMC in den neuen Pacer, den der Konzern 1975 als „the first wide small car" – zu deutsch: der erste große Kleinwagen – vorstellte. Die Verantwortlichen hofften, damit auf Fords Pinto und den Chevrolet Vega die richtige Antwort gefunden zu haben. Besonders ambitioniert waren die Pläne hinsichtlich der Technik: Der kompakte Schrägheck-Wagen sollte von einem Wankel-Motor angetrieben werden, den General Motors in den frühen siebziger Jahren entwickelt hatte. Doch dazu kam es nicht, und die kurzfristig eingesetzten Komponenten verwässerten das ursprüngliche Konzept: Der schwere und durstige Sechszylinder konnte nicht überzeugen, er beeinträchtigte zudem das Handling. So blieb das zukunftsweisende Design mit den ins Dach greifenden Türen ohne technische Entsprechung – 1980 wurde der erfolglose Pacer eingestellt.

Bild: © Archiv HEEL Verlag

Preise	1	2	3	4	5
Pacer, L3t	23.800	14.800	8.900	3.900	2.200

Motor/Antrieb	
Bauart	Sechszylinder (Reihe), V8
Lage/Antrieb	Front/Heck
Hubraum in cm³	4235, 4981
PS/min	112/3200 bis 127/3200
Vmax in km/h	140 bis 170
Karosserie	
Bauart	Limousine (3-türig), Kombi
Tragstruktur	selbsttragend
Material	Stahlblech
Stückzahl und Marktsituation	
Produktionszahl	280.858
Verfügbarkeit	gut
Teilesituation	schwierig
Unterhaltskosten	mittel

AMC Eagle 1979-1987

Der Eagle war ein wahrer Pionier der damals noch nicht abzusehenden SUV- und Crossover-Welle: Hersteller AMC mischte erstmals traditionelle Karosserieformen wie einen Kombi oder ein Coupé mit Geländewagen-Genen – heraus kam ein höhergelegtes, allradgetriebenes Alltagsfahrzeug, jedoch kein Geländewagen. Die insgesamt sechs unterschiedlichen Karosserien entlehnte AMC seinen anderen Baureihen wie Spirit, Gremlin oder Concorde, sogar ein höhergelegtes Allrad-Cabriolet entstand im Eagle-Format. Anfangs erhielten alle Eagle ab Werk den aus dem Jeep bekannten Qudra-Trac-Allradantrieb, bei dem ein Verteilergetriebe automatisch die Kraft zwischen Vorder- und Hinterachse splittete. Ab 1982 ließen sich die Vorderräder bei Bedarf von Hand zuschalten; AMC nannte das System Select Drive. Wenig begeistern konnten allerdings die aufgrund der strengen Gesetzgebung müden Motoren: AMC lieferte nach Wunsch einen Reihenvier- oder -sechszylinder mit 2,5 und 4,2 Litern Hubraum, die von Pontiac stammten.

Bild: © Archiv HEEL Verlag

Preise	1	2	3	4	5
Eagle 4x4, Kom	k. N.	17.200	10.000	4.500	k. N.

Motor/Antrieb	
Bauart	Vier-/Sechszylinder (Reihe)
Lage/Antrieb	Front/Heck, 4x4
Hubraum in cm³	2477, 4229
PS/min	89 bei 4000 bis 118 bei 3500
Vmax in km/h	150 bis 160
Karosserie	
Bauart	Lim (2-/4-türig), Cpe, Kom, Cab
Tragstruktur	selbsttragend
Material	Stahlblech
Stückzahl und Marktsituation	
Produktionszahl	191.709
Verfügbarkeit	ausreichend
Teilesituation	gut
Unterhaltskosten	mittel

A

AMG (D) • 1967-2005 (seit 2005: Mercedes-AMG)

Am 1. Juni 1967 begann die Erfolgsgeschichte mit einem kleinen, doch ambitionierten Schritt: Hans Werner Aufrecht und Erhard Melcher gründeten in Großaspach eine Firma mit dem selten sperrigen Namen „Aufrecht Melcher Großaspach Ingenieurbüro – Konstruktion und Versuch zur Entwicklung von Rennmotoren", den sie klugerweise rasch mit den Anfangsbuchstaben der ersten drei Worte abkürzten: A wie Aufrecht, M wie Melcher, G wie Großaspach.

Aufrecht wie Melcher waren zuvor bei Daimler-Benz in der Entwicklung tätig gewesen, Schwerpunkt Rennmotoren. Doch die Konzernzentrale hatte 1964 Abstand vom Motorsport genommen, selbst das Tourenwagensegment interessierte nicht mehr. Den 300-SE-Motor, an dem Aufrecht und Melcher schon als Angestellte gefeilt hatten, bauten sie nun privat fertig. Mit Manfred Schieck ließen sie einen ehemaligen Kollegen in dem Auto starten, der in der Saison 1965 zehn Siege in der Deutschen Tourenwagenmeisterschaft abräumte. Das war eine Sensation, und für die beiden Endzwanziger gab es den Anlass, bei ihrem Arbeitgeber zu kündigen und es mit dem zu versuchen, was man heute Start-up nennen könnte: Alles auf eine Karte setzen, an die andere (noch) nicht glauben. Bei Aufrecht und Melcher blieb es der Motorsport. So staunte die Szene, als Aufrecht und Melcher wenig später einen Mercedes-Benz 300 SEL 6.3 auf die Piste schickten, ausgerechnet jene schwere Staatskarosse, die sie günstig verunfallt gekauft hatten, um sie nach einer intensiven Werkstattkur breit, böse und mit einem gepimpten Motor auf die Rennstrecke zu entlassen. Über 400 PS leistete der V8 nach dem radikalen Aufrüstprogramm, das alles aufbot, was an klassischem Motortuning machbar war. Dazu zählten leichtere, fein ausgewogene Kolben und Pleuel sowie schärfere Nockenwellen, die über optimierte Kipphebel größere Ventile ansteuerten.

Ihr neuer Rennwagen sorgte für Furore, weil das schwere, sperrige Ding alles stehen ließ, was sich sonst so auf den Pisten tummelte. 1971 vor allem, als ihr AMG Mercedes 300 SEL 6.8 beim 24-Stunden-Rennen in Spa-Francorchamps seine Klasse gewann und auf Platz zwei des Gesamtklassements fuhr, so wild und wuchtig, dass dieser erste aller AMG den Spitznamen „Rote Sau" erhielt. Warum sie den Riesen einsetzten, war klar: Aufrecht und Melcher hatten zielgerichtet zum stärksten Motor ihres ehemaligen Arbeitgebers greifen wollen. Private Rennteams meldeten sich – und orderten die ersten Motoren von den Spezialisten. Ein weiteres, noch ertragreicheres Geschäftsmodell fanden die beiden Jungunternehmer im Anschluss. Mit ihrem handwerklichen Können verhalfen sie Serienmodellen mit dem Stern zu mehr Leistung, ganz zu Beginn bei einem V8. Das begann sehr dezent, doch in den 1970er Jahren rückten die Wünsche der Kunden nach mehr optischer Wahrnehmbarkeit weiter ins Zentrum. Den allzu spießigen Chrom schraubte AMG ab, stattdessen zierten mattschwarze Teile die optimierten Fahrzeuge. Später folgten Spoiler-Pakete, und immer mehr verstand die Szene – längst auch in allen großen Exportmärkten – AMG als spannende Marke. 1976 folgte ein Umzug nach Affalterbach. Rund ein Dutzend Mitarbeiter beschäftigte AMG damals.

Triumph der „Roten Sau": 1971 räuberte der wilde AMG-Viertürer auf Rang zwei in Spa-Francorchamps.

Motorsport hatte AMG während dieser ersten Erfolgsphase nicht weiter betrieben. Eine Rückkehr gelang erst 1982, immer interessierter beäugt vom großen Konzern mit dem Stern, der in den tüftelnden Ingenieuren keine Konkurrenz, sondern Entwicklungspotenzial sah. 1984 gelang Erhard Melcher der nächste Schritt: Er entwickelte einen eigenen Zylinderkopf mit Vierventiltechnik. Zwei Jahre später tüftelte AMG den fünf Liter großen V8 unter die Haube eines E-Klasse-Coupés, das unter dem Begriff „The Hammer" berühmt wurde.

Mit dem 190er räumte AMG ab: Hier Ellen Lohr auf dem Nürburgring am 10. Juni 1993.

1988 entschied sich der Daimler-Benz-Vorstand, AMG als offiziellen Motorsportpartner zu unterstützen, 1990 vertiefte sich die Kooperation nochmals. Seither laufen Vertrieb, Wartung und Reparatur von AMG-Fahrzeugen über das offizielle, weltweite Netz, das Mercedes-Benz unterhält. Die Reputation und Anerkennung stiegen damit weiter, als Hersteller im juristischen Sinn jedoch fungierte AMG nie.

Allein die Zahl von 50 DTM-Siegen des ersten 190ers aus jener Epoche sprechen bis heute eine klare Sprache. AMG und Mercedes-Benz hatten eine profitable Verzahnung gestartet, die auch die Produktion größerer Stückzahlen ermöglichte. 1990 beschäftigte AMG bereits 400 Mitarbeiter, ein neues Werk kam hinzu. Immerhin 5000 Exemplare des Mercedes-Benz C 36 AMG entstanden in Folge, bis 1999 der sich inzwischen zur DaimlerChrysler AG gemauserte Konzern 51 Prozent der Geschäftsanteile von Aufrecht und Melcher übernahm. Der nächste Schritt folgte 2005: Seither gehört AMG zu 100 Prozent zur Daimler AG, womit sich auch das Verständnis der Marke AMG wandelte: Aus dem Drei-Buchstaben-Anhängsel hatten Marketingstrategen den neuen Namen „Mercedes-AMG" geformt, der sich zur Marke für die besonders leistungsorientierten Modelle mit dem Stern entwickelte. 26 sind aktuell im Angebot, ihre Spanne reicht von der A-Klasse über SUV-Modelle bis hin zu den großen Coupés. Zudem ist AMG seit 1996 in der Formel 1 sichtbar: Safety Car sowie Medical Car stammten bereits damals von AMG. Seit der Saison 2012 ist AMG auch als Marke im Starterfeld der Formel 1 sichtbar.

Mercedes-Benz 190 E 3.2 AMG — 1987-1994

Seit Mercedes-Benz 1987 den kleinen 190er mit dem 3,2-Liter-Sechszylinder ausrüstete, bot auch diese Fahrzeugklasse eine interessante Basis für die Tuning-Experten bei AMG. Während 1989 der Werks-Evo mit großem Spoilerwerk antrat, blieb die AMG-Version des Baby-Benz sehr bescheiden. Dezente Spoiler setzten Akzente, die Radhäuser waren vollgepackt, und unter der Haube leistete der 3,2-Liter-Sechszylindermotor immerhin 245 PS. Nur 200 Exemplare hat AMG einst als Neuwagen verkauft, dennoch galt das für die kleine Manufaktur als Meilenstein. Zu dieser Zahl kommen viele Umbausätze zum nachträglichen Aufrüsten eines Serienmodells. Für Sammler ist heute der Unterschied interessant, weil Werkswagen stets spürbar teurer gehandelt werden. Als Neuheit wies der 190 E 3.2 AMG übrigens ein Fahrwerk auf, das über eine vollautomatische, elektronische Dämpferverstellung verfügte und damit Fahrsicherheit wie Komfort eindrucksvoll erhöhte. Als schnörkelloses, kompaktes, starkes Fahrzeug gewann er sich viele treue Freunde.

Bild: © Daimler

Preise	1	2	3	4	5
190 E 3.2 AMG (W 201), L4t	125.000	65.000	32.000	k.N.	k.N.

Motor/Antrieb	
Bauart	Sechszylinder (Reihe)
Lage/Antrieb	Front/Heck
Hubraum in cm^3	3206
PS/min	234 bei 5750
Vmax in km/h	244
Karosserie	
Bauart	Limousine (4-türig)
Tragstruktur	selbsttragend
Material	Stahlblech
Stückzahl und Marktsituation	
Produktionszahl	200
Verfügbarkeit	schwierig
Teilesituation	ausreichend
Unterhaltskosten	hoch

Mercedes-Benz C 36 AMG

1993-1997

Mit dem C 36 AMG begann die Epoche des gemeinsamen Entwickelns mit Mercedes. Der C 36 AMG profitierte von einem 3,6 Liter großen Reihensechszylinder, der mit seinen 280 PS den kompakten Mercedes kräftig nach vorne schob. Als Basis diente den AMG-Ingenieuren der C 280 Sport. Nicht nur motorseitig griff AMG ein, sondern montierte zum Beispiel die große Bremsanlage, die sonst im 600 SL oder E 420 ihren Dienst tat. Ein AMG-Sportfahrwerk und -Räder waren für knapp 100.000 Mark Einstandspreis selbstverständlich. Doch Kritik gab's auch: Weil kein passendes Schaltgetriebe zur Wahl stand, entschied sich AMG zunächst für eine Viergangautomatik – das wollte nicht so recht harmonieren. Ab 1996 kam eine Fünfstufenautomatik zum Einsatz. Typisch für AMG war die sorgfältig komplettierte Ausstattung, inklusive des reizvollen, AMG-eigenen Kombiinstruments.

Bild: © Daimler

Preise	1	2	3	4	5
C 36 AMG (W 202), L4t	45.100	26.600	14.100	6.200	k.N.

Motor/Antrieb	
Bauart	Sechszylinder (Reihe)
Lage/Antrieb	Front/Heck
Hubraum in cm³	3606
PS/min	280 bei 5750
Vmax in km/h	250
Karosserie	
Bauart	Limousine (4-türig)
Tragstruktur	selbsttragend
Material	Stahlblech
Stückzahl und Marktsituation	
Produktionszahl	5221
Verfügbarkeit	schwierig
Teilesituation	ausreichend
Unterhaltskosten	hoch

Mercedes-Benz E60 AMG

1993-1994

Das ist die blaue Mauritius mit dem Stern: Als Legende und grandiose Rarität der AMG-Geschichte besitzt der E60 AMG weitaus mehr Fans, als es Fahrzeuge gibt. AMG baute den „Hammer", so sein Rufname, ab 1993 auf Basis des drei Jahre früher vorgestellten Mercedes-Benz 500 E (W 124). Dessen 326 PS schraubte AMG auf 374, später nominell 381 PS, meist mit Streuung nach oben. Eine Vierstufenautomatik sortierte die Gänge – das war das einzige Getriebe, das damals die bis zu 580 Nm verarbeiten konnte, die der von AMG gründlich überarbeitete und verfeinerte V8 anbieten konnte. Eine eigene Kurbelwelle erhöhte den Hub, die Zylinder bohrte AMG auf, sodass der E60 AMG auf glatte sechs Liter Hubraum kam. Der Über-Mercedes, der einst (ab!) rund 180.000 Mark kostete, wurde bereits über das offizielle Mercedes-Benz Programm vertrieben. Seine Stückzahl blieb mit knapp 150 gering, darunter befanden sich zwölf Exemplare einer so genannten Limited Edition.

Bild: © Daimler

Preise	1	2	3	4	5
E60 AMG (W 124), L4t	220.000	135.000	73.000	42.000	18.000

Motor/Antrieb	
Bauart	V8
Lage/Antrieb	Front/Heck
Hubraum in cm³	5956
PS/min	374 bis 381 bei 5500
Vmax in km/h	250
Karosserie	
Bauart	Limousine (4-türig)
Tragstruktur	selbsttragend
Material	Stahlblech
Stückzahl und Marktsituation	
Produktionszahl	ca. 150
Verfügbarkeit	sehr schwierig
Teilesituation	ausreichend
Unterhaltskosten	hoch

Amphicar (D) • 1961–1968

Der Ingenieur Hanns Trippel befasste sich bereits in den dreißiger Jahren mit der Konstruktion von Schwimmwagen. Eine erste Serienfertigung startete er während des Zweiten Weltkriegs im Elsaß. Zu Beginn der sechziger Jahre erhielt er einen Entwicklungsauftrag der amerikanischen Amphicar Corporation: Trippel baute einen dreisitzigen Prototyp, der zwar nicht in Serie ging, aber das Interesse der Quandt-Gruppe weckte.

Quandt erwarb eine Lizenz, ließ den Schwimmwagen weiterentwickeln und beauftragte die Industrie-Werke Karlsruhe mit der Fertigung. Ab 1961 lief in deren Zweigwerken in Lübeck und Berlin die Serienproduktion an. Ende 1962 wurde die Fertigung ganz an die Spree verlagert.

Befriedigende Absatzzahlen erreichte der Amphicar allerdings nie. Das letzte Exemplar rollte im März 1968 vom Band.

Bild: © Archiv HEEL Verlag

Amphicar (Modell 770)

1961-1968

Nur etwa 3800 Käufer begeisterten sich für das Unikum, das der Autotester Fritz B. Busch einmal als „schlechtes Automobil und ebenso schlechtes Boot" bezeichnete. Ursprünglich sollte der Amphicar auf dem amerikanischen Zweit- und Drittwagen-Markt auftrumpfen, er enttäuschte aber mit mäßigen Fahrleistungen, hohem Preis, dünnem Servicenetz und zahlreichen Kinderkrankheiten. Den Motor kaufte Amphicar aus England zu: Er stammte aus dem Triumph Herald, saß bei dem Amphibien-Cabriolet allerdings im Heck und trieb wahlweise die Hinterräder oder zwei Flügelschrauben aus Kunststoff an. Nach 1965 wurde der Amphicar nur noch in geringen Stückzahlen auf Bestellung gefertigt.

Bild: © Jürgen Schlegelmilch

Preise	1	2	3	4	5
Mod. 770, Cab	87.000	61.000	41.000	24.000	12.500

Motor/Antrieb	
Bauart	Vierzylinder (Reihe)
Lage/Antrieb	Heck/Heck
Hubraum in cm³	1147
PS/min	38/4750
Vmax in km/h	115
Karosserie	
Bauart	Cabriolet
Tragstruktur	selbsttragend
Material	Stahlblech
Stückzahl und Marktsituation	
Produktionszahl	3800
Verfügbarkeit	gegen null
Teilesituation	sehr schwierig
Unterhaltskosten	mittel

A

Armstrong-Siddeley (GB) • 1919–1960

Die Marke Armstrong-Siddeley war bereits 1919 aus einer Fusion hervorgegangen, nachdem sich die Armstrong-Whitworth-Werke mit Siddeley-Deasy zu einem Konzern zusammenschlossen. Sie gehörte zur Hawker-Siddeley-Gruppe, die hauptsächlich im Flugzeugbau tätig war. In den zwanziger und dreißiger Jahren bot die englische Marke solide Tourenwagen an. Nach dem Zweiten Weltkrieg fasste sie schnell wieder Fuß: Schon 1945 präsentierte Armstrong-Siddeley mit dem Modell Lancaster eine Neukonstruktion auf dem Markt. In Kooperation mit renommierten Designern entstanden einige Sonderkarosserien, beispielsweise das Ghia Coupé auf der Basis des Lancaster. Auch der italienische Karossier Michelotti lieferte exklusive Entwürfe.

Mitte 1960 musste Armstrong-Siddeley die Autoproduktion aus Kostengründen einstellen. Gemeinsam mit der Rootes-Gruppe war der Hersteller allerdings noch an der Produktion des Sunbeam Alpine beteiligt.

Sapphire 346, Star Sapphire 1952-1960

Als luxuriöser Wagen im konventionellen britischen Knife-and-edge-Style – zu deutsch: Messerkanten-Stil – machte der Armstrong-Siddeley eine würdige Figur neben der Konkurrenz von Daimler, Bentley und Jaguar. Die konservative Gestaltung verbarg den damals modernen Sechszylindermotor, der bereits halbkugelförmige Brennräume aufwies. Als erste britische Marke führte Armstrong-Siddeley 1956 eine hydraulische Servolenkung ein. Die Sapphire Limousine bot mit ihrer verlängerten Karosserie sogar Platz für sieben Passagiere. 1959 kam der Star Sapphire ins Programm, er besitzt einen etwas flacheren Kühler und einen vier Liter großen Motor, der mit 167 PS für überaus akzeptable Fahrwerte sorgt. Armstrong-Siddeley zählte, trotz des Qualitätsanspruchs, nie zu den besonders teuren Marken. Das gilt auch heute noch: Ein cleverer Kauf für Anglophile.

Bild: © Archiv HEEL Verlag

Preise	1	2	3	4	5
Sapphire 346, L4t	26.000	18.600	11.400	6.000	2.700
Star Sapphire, L4t	29.100	20.900	12.800	6.700	3.000

Motor/Antrieb	
Bauart	Sechszylinder (Reihe)
Lage/Antrieb	Front/Heck
Hubraum in cm³	3435 bis 3990
PS/min	121/4200, 167/4250
Vmax in km/h	140 bis 165
Karosserie	
Bauart	Limousine (4-türig)
Tragstruktur	Kastenrahmen
Material	Stahlblech
Stückzahl und Marktsituation	
Produktionszahl	7207, 180
Verfügbarkeit	schlecht
Teilesituation	schwierig
Unterhaltskosten	hoch

Sapphire 234, 236 1955-1957

Im Oktober 1955 präsentierte Armstrong-Siddeley ein völlig neues Modell. Die moderne Karosserie orientierte sich an der modischen Pontonform, zitierte aber gleichzeitig noch die klassischen Kotflügelrundungen des Sapphire 346, von dem auch Rahmen und Fahrwerk stammten. Neben einem leistungsstarken Vierzylinder mit 2,3 Liter Hubraum, der 122 PS leistete, konnten die Kunden auch einen nahezu gleich großen Sechszylinder ordern, der mit 86 PS die deutlich schwächere Variante darstellte – dafür aber besonders komfortorientiert war. Nach nur drei Jahren und rund 600 gebauten Exemplaren endete die Produktion des Sapphire 234 und 236 bereits Ende 1957. Einen Nachfolger gab es nicht mehr: Den Auftrag an Giovanni Michelotti, der ursprünglich das neue Modell entwerfen sollte, zog Armstrong-Siddeley wieder zurück.

Bild: © Archiv HEEL Verlag

Preise	1	2	3	4	5
Sapphire 234, L4t	23.200	16.600	10.200	5.300	2.400
Sapphire 236, L4t	20.700	14.300	9.100	4.800	2.100

Motor/Antrieb	
Bauart	Vier-/Sechszylinder (Reihe)
Lage/Antrieb	Front/Heck
Hubraum in cm³	2290, 2309
PS/min	86/4500 bis 122/5000
Vmax in km/h	140 bis 160
Karosserie	
Bauart	Limousine (4-türig)
Tragstruktur	Kastenrahmen
Material	Stahlblech
Stückzahl und Marktsituation	
Produktionszahl	603
Verfügbarkeit	gegen null
Teilesituation	sehr schwierig
Unterhaltskosten	mittel

Arnolt Bristol (USA) • 1949-1971

Stanley Harold „Wacky" Arnolt war als Automobilhersteller kein Neuling mehr, als er 1953 auf der International Motor Show den Bristol-Stand besuchte. Der Amerikaner, ein ehemaliger Händler und Hersteller von Fahrzeugzubehör, hatte die Jahre zuvor immerhin rund 100 Sportcoupés und Cabrios bauen lassen und verkauft. Seine Arnolt MG basierten auf MG TD-Fahrgestellen und -Technik, die er mit einer individuellen Karosserie versah, die er bei Bertone in Auftrag gegeben hatte. Arnolt verfolgte große Pläne: Er wünschte sich seine eigene Sportwagenmarke, und das Bristol-Chassis sollte als Basis dienen. Die Briten zeigten Interesse, denn Bristols Verkaufsleiter James Watt sah die Chance, auf diese Weise endlich auf dem wichtigen US-Markt Fuß zu fassen. Basis des von Wacky Arnolt favorisierten Roadsters sollte der Bristol 404 werden. Der Wegfall der teuren und schweren englischen Karosserie versprach überschaubare Fertigungspreise und Gewichtsersparnis. Für Arnolt standen gute Fahrleistungen und ein sportlicher Auftritt im Mittelpunkt seines Konzepts. Wo er Blech knackig formen lassen konnte, wusste er schließlich bereits – bei Bertone. Dort hatte er, dank des Erfolgs seiner Arnolt MG-Serie, inzwischen den Posten des Vize-Präsidenten inne.

Arnolt-Bristol 1955-1960

Was für eine kuriose Mischung: Englische Bristol-Technik, die auf deutschen BMW Entwicklungen basiert, eine italienische Karosserie von Bertone und amerikanischer Unternehmungsgeist formten 1953 den spektakulären Prototyp des Arnolt-Bristol. Ab 1955 ging das Projekt nach und nach in Produktion, von Serie darf bei 142 gebauten Exemplaren kaum gesprochen werden. Eine bestechende Leistung war Designer Franco Scaglione gelungen, der damals in Diensten von Bertone-Design stand: Denn einer flachen, sportlichen Karosserie stand stets die turmähnliche Architektur jenes berühmten Vorkriegs-Reihensechszylinders im Weg, der einst schon den BMW 328 beflügelt hatte. Mit messerscharfen Kanten in den hochgezogenen Kotflügeln löste er das Problem. Neben der zahmeren Version namens „de Luxe" offerierte Wacky Arnolt auch den rennfertigen „Bolide" und ein Coupé, das allerdings nur sechs Mal gebaut wurde.

Preise	1	2	3	4	5
Bolide, Rds	380.000	290.000	220.000	k.N.	k.N.

Motor/Antrieb	
Bauart	Sechszylinder (Reihe)
Lage/Antrieb	Front/Heck
Hubraum in cm^3	1971
PS/min	132 bei 5000
Vmax in km/h	185
Karosserie	
Bauart	Roadster
Tragstruktur	Kastenrahmen
Material	Stahlblech
Stückzahl und Marktsituation	
Produktionszahl	142 (davon 6 Coupés)
Verfügbarkeit	schlecht
Teilesituation	ausreichend
Unterhaltskosten	hoch

ASA (I) • 1962–1967

Nur fünf Jahre lang, zwischen 1962 und 1967, existierte die Marke ASA. Das große Ziel, einen konkurrenzfähigen kleinen Sportwagen auf dem europäischen und amerikanischen Markt zu etablieren, hatte der Hersteller aus Mailand nicht erreicht. Wesentlich beteiligt an der Entwicklung der kompakten Sportwagen war Enzo Ferrari, der die Modelle allerdings nicht unter seinem Markennamen vertreiben wollte.

Bereits 1961 war auf dem Genfer Salon ein erster Prototyp vorgestellt worden, für den Bertone die Karosserie gezeichnet hatte. Kurz darauf kam ASA ins Spiel, und bereits Ende 1962 stand das fertige ASA 1000 GT Coupé auf dem Autosalon in Turin.

Der große Erfolg ließ jedoch auf sich warten. Die Produktion der hübschen Coupés und Cabrios geriet teurer als erwartet – ASA musste 1967 die Produktion wieder einstellen.

ASA 1000 GT („Mille") 1962-1967

Unter der von Bertone gezeichneten Karosserie, die beste italienische Styling-Tradition ausdrückt, findet sich zwar nur ein kleiner Vierzylinder mit einem guten Liter Hubraum. Doch das kleine, von Ferrari entworfene Aggregat leistet üppige 91 PS – genug, um den kompakten Sportler auf rund 190 Stundenkilometer zu beschleunigen. Eine Literleistung von nahezu 100 PS galt in den frühen sechziger Jahren als hoch respektabel. Das Getriebe bot neben seinen vier Gängen noch einen zusätzlichen Overdrive an. Fahrwerksseitig ging ASA keine Experimente ein: Neben der vorderen Einzelradaufhängung gab es hinten eine traditionelle Starrachse mit Längslenkern. Die Verzögerung übernahmen rundum Scheibenbremsen. Den ASA Mille – Mille ist das italienische Wort für Tausend – gab es neben der Coupé- auch in einer Spider-Version mit Kunststoff-Karosserie.

Bild: © Archiv HEEL Verlag

Preise	1	2	3	4	5
1000 GT, Cpe	149.000	109.000	87.000	41.000	18.000

Motor/Antrieb	
Bauart	Vierzylinder (Reihe)
Lage/Antrieb	Front/Heck
Hubraum in cm^3	1032
PS/min	91/6800
Vmax in km/h	185
Karosserie	
Bauart	Coupé, Cabriolet
Tragstruktur	Rohrrahmen
Material	Stahlblech/Kunststoff
Stückzahl und Marktsituation	
Produktionszahl	k.A.
Verfügbarkeit	gegen null
Teilesituation	sehr schwierig
Unterhaltskosten	hoch

Aston Martin (GB) • seit 1914

Mehrere Male war Lionel Martin (1878–1945) auf Singer am Bergrennen von Aston Hill gestartet. Weil er dennoch nicht glücklich mit seinem Wagen war, beschloss er, gemeinsam mit seinem Geschäftspartner Robert Bramford einen für diese Aufgabe geeigneteren Sportwagen zu konstruieren. Das neue Modell nannten sie kurzerhand Aston Martin – das Rennen und der Mann.

Schnelle Renn- und Sportfahrzeuge standen ab 1914 im Mittelpunkt der jungen Firma. 1920 begann die Produktion, und ab 1925 wechselte die wirtschaftlich nie gesunde Firma mehrere Male die Besitzer. Dennoch gelangen Aston Martin beeindruckende Auftritte bei großen Rennen wie der Mille Miglia, in Spa oder den 24-Stunden-Rennen von Le Mans.

Nach dem Zweiten Weltkrieg kämpfte der respektierte Hersteller weiter mit finanziellen Schwierigkeiten. 1947 gipfelten die Probleme mit dem Verkauf der Firma an den Industriellen David Brown (1904–1993), der auch die angeschlagene Marke Lagonda erwarb. Die Karosserien bezog Brown bei Tickford – praktisch, denn auch diese Firma gehörte ihm. Cabriolet-Karosserien fertigten auch der Schweizer Hermann Graber und der italienische Spezialist Bertone. Bis 1965 baute Aston Martin zudem Karosserien in Lizenz nach Touring-Superleggera-Rezept. Die bis

ASTON MARTIN

ASTON MARTIN

1972 üblichen Modellkürzel „DB" folgerten übrigens aus den Anfangsbuchstaben des Aston Martin-Besitzers David Brown.

1954 zog die Firma nach Newport Pagnell um. Mit dem James-Bond-Film „Goldfinger", in dem Sean Connery einen DB5 fuhr, errang die Marke weltweite Popularität. Nachdem in den 1970er Jahren die finanzielle Lage des Unternehmens sich abermals verschlechterte, ging es ab 1972 mehrere Male in neue Hände über. Die Fahrzeugentwicklung litt darunter, auch der Export in die USA schwächelte, weil die amerikanischen Zulassungsbehörden eine zunehmend aufwändige und leistungssenkende Abgasreinigung forderten.

1986 gab es einen ersten Kontakt zwischen Ford und Aston Martin, und 1989 übernahm Ford schließlich den Sport- und Nobelwagen-Hersteller als Sanierungsfall. Er zählte fortan zur Premier Automotive Group (PAG), in der Ford weitere illustre Namen wie Jaguar, Daimler, Land Rover, Rover und Volvo sammelte. Der 1993 präsentierte DB7 knüpfte zumindest mit seinem Namen an alte Traditionen an. David Brown selbst, damals bereits 89-jährig, schlug diese Rückbesinnung vor.

Der DB7 wurde zum bis dahin erfolgreichsten Modell der Firmengeschichte. Die Marke fing sich, und sogar James Bond fuhr wieder Aston Martin: Mehrmals hatte er einen DB5 (unter anderem 1995 in „Goldeneye", 1997 in „Der Morgen stirbt nie") pilotiert, gefolgt von einem V12 Vanquish (2002, „Stirb an einem anderen Tag"). Der DBS durfte 2006 in „Casino Royale" sogar seine Premiere feiern.

Bild: © Aston Martin

Sir David Brown (1904-1993) übernahm Aston Martin 1947 und führte die Marke zum Erfolg.

Eine zentrale Figur im Aston Martin-Universum wurde im Jahr 2000 Ulrich Bez, der früher bei Porsche als Vorstand die Technik verantwortete. Erfolgreich gelang sein mutiger Vorstoß in die gut besetzte Liga populärer Sportwagen, in der sich ein Porsche 911 oder Ferrari 430 tummelten: Aston Martin erreichte mit dem V8 Vantage ab 2005 die höchsten Stückzahlen seiner Firmengeschichte.

2007 zog Ford einen Schlussstrich unter sein Luxusmarken-Engagement und verkaufte die Aston Martin-Anteile an eine private Investorengruppe. Daran beteiligte sich unter anderem der Aston Martin-Verwaltungsratschef David Richards. Ebenfalls im Jahr 2007 verließ Aston Martin das alte Stammwerk in Newport Pagnell. Die traditionsreichen Produktionshallen wurden zugunsten eines Neubaugebietes abgerissen und Aston Martin fertigt seither in Gaydon.

Ende 2012 übernahm der italienische Finanzinvestor Investindustrial einen Anteil von 37,5 Prozent im Zuge einer Kapitalerhöhung. Als weiterer Großaktionär bleibt die Gruppe Investment Dar aus Kuweit bei Aston Martin an Bord.

Bild: © Aston Martin

Mit dem Valkyrie lieferte Aston Martin 2021 seinen eindrucksvollen Beitrag zu kleinen Kreis der weltweiten Supersportwagen.

Ende 2013 hatte zudem Daimler fünf Prozent der Anteile übernommen und liefert seither Mercedes-AMG-Motoren sowie Elektronikkomponenten an die Engländer. Anfang Oktober 2018 wagte Aston Martin den Börsengang unter dem Namen Aston Martin Lagonda Global Holdings plc. Anfang 2020 stieg der kanadische Geschäftsmann und Miteigentümer des Formel-1-Teams Racing Point, Lawrence Stroll, mit einem Anteil von 16,7 Prozent ein. Aston Martin kehrte 2021 als Werksteam mit den Fahrern Lance Stroll und Sebastian Vettel wieder in die Königsklasse des Motorsports zurück.

Ebenfalls 2021 erregte Aston Martin mit dem Supersportwagen Valkyrie Aufsehen, den ein hoch drehender V12-Saugmotor mit 6,5 Litern Hubraum antreibt, zudem verfügt er über ein Energy Recovery System, das aus der Formel 1 bekannt ist. Beeindruckend ist die Systemleistung von 1155 PS.

Aston Martin 1.5 Litre First Series, International, Le Mans, Mark II, Ulster — 1927-1936

Zwar ging es Mitte der 1920er Jahre finanziell bei der kleinen englischen Sportwagenmanufaktur drunter und drüber, dennoch konnte Aston Martin 1927 einen ambitionierten 1,5 Liter großen Vierzylinder vorstellen, der immerhin rund 70 PS lieferte. Möglich machten das eine obenliegende Nockenwelle und speziell geformte Brennkammern. Aston Martin fokussierte die Modelle auf die Ansprüche ambitionierter Privatpiloten, die Stückzahlen blieben in jenen Jahren sehr gering (Le Mans: 129 Ex.,Ulster: 24 Ex.). 1928 zeigte Aston Martin das Modell International, das flacher baute und auf die Werkswagen zurückging, die in Le Mans gestartet waren: 1931 gelang dort ein Klassensieg und ein fünfter Gesamtplatz. Der Mark II folgte 1934. Er erhielt ein neues Chassis, stärkere Bremsen und einen überarbeiteten Motor. Zudem lieferte Aston Martin den 1.5 Litre in zwei Radständen und verschiedenen Karosserietypen.

Preise	1	2	3	4	5
1,5 Litre Mark II Long Chassis, Tou	300.000	224.000	169.000	k. N.	k.N.

Motor/Antrieb	
Bauart	Vierzylinder (Reihe)
Lage/Antrieb	Front/Heck
Hubraum in cm³	1481
PS/min	70/4750, 85/5250
Vmax in km/h	k.A.
Karosserie	
Bauart	Roadster
Tragstruktur	Kastenrahmen
Material	Stahlblech
Stückzahl und Marktsituation	
Produktionszahl	Interntational: 121
Verfügbarkeit	schlecht
Teilesituation	schwierig
Unterhaltskosten	hoch

Aston Martin DB2 (DB2, DB2 Vantage, DB2/4 MkI, DB 2/4 MkII, DB2/4 MkIII) — 1950-1959

Bei Aston Martin bediente man sich bereits 1949 nur der feinsten Zutaten. Den 2,5 Liter großen Reihensechszylinder hatte Walter Owen Bentley persönlich entworfen, und ein Rohrrahmen trug die Aluminiumkarosserie, deren spannungsvolle Kurven keine Zweifel an der Potenz des Sportwagens ließen. Auch als Cabriolet und in einer Hardtop-Version bot Aston Martin den DB2 an. Richtig heiß dagegen waren die Vantage getauften Sportversionen mit 120 PS, die 1950 bereits über 200 km/h schnell waren. Die Erfolge im Motorsport sorgten für ein gutes Image und kurbelten den Verkauf an. Ab 1953 bot Aston Martin den DB2/4 an: Er war bei gleichem Radstand etwas länger und garantierte mit seinem zunächst auf Wunsch erhältlichen Dreiliter-Motor Leistung im Überfluss. Mit leicht retuschierter Karosserie verfügt der DB2/4 MkIII ab 1957 abermals über mehr Leistung.

Bild: © Aston Martin

Preise	1	2	3	4	5
DB 2, Cpe	231.000	175.000	128.000	76.000	38.000
DB 2/4 Mk I, Cpe	233.000	165.000	120.000	70.000	36.000
DB 2/4 Mk II, Cpe	247.000	176.000	128.000	75.000	38.000
DB 2/4 Mk III, Cpe	257.000	182.000	133.000	77.000	39.000

Motor/Antrieb	
Bauart	Sechszylinder (Reihe)
Lage/Antrieb	Front/Heck
Hubraum in cm³	2580, 2922
PS/min	106/5000 bis 180/5000
Vmax in km/h	175 bis 200
Karosserie	
Bauart	Coupé, Cabriolet
Tragstruktur	Rohrrahmen
Material	Aluminium
Stückzahl und Marktsituation	
Produktionszahl	1725
Verfügbarkeit	gegen null
Teilesituation	schwierig
Unterhaltskosten	hoch

Aston Martin DB4, DB4 GT Touring, DB4 GT Zagato 1958-1963

Verfeinerte Karosserielinien mit italienisch wirkenden Akzenten kennzeichneten den DB2/4-Nachfolger. Einen markanten Fortschritt markierte der DB4 auch technisch: Er ist komplett neu konstruiert – inklusive Fahrwerkstechnik und Aluminium-Motor. Dieses 3,7 Liter große Aggregat mit zwei obenliegenden Nockenwellen leistete zunächst 240 PS und ermöglichte den Sprung in das von den italienischen Marken dominierte Sportwagen-Oberhaus. Eine selten gebaute GT-Version mit 13 Zentimeter kürzerem Radstand leistete gar stolze 302 PS. Der DB4 war mit seiner Alu-Karosserie in Superleggera-Bauweise nicht nur teuer, sondern auch gut. Aufpreis wurde für die Cabriolet-Version mit der Beizeichnung Convertible verlangt. Eine Sonderkarosserie schneiderte Zagato: Dieses Modell hieß DB4 GT Zagato.

Bild: © Aston Martin

Preise	1	2	3	4	5
DB 4, Cpe	490.000	380.000	280.000	197.000	126.000
DB 4, Cab	910.000	710.000	580.000	410.000	250.000

Motor/Antrieb	
Bauart	Sechszylinder (Reihe)
Lage/Antrieb	Front/Heck
Hubraum in cm³	3670
PS/min	243/5500 bis 302/6000
Vmax in km/h	225 bis 240
Karosserie	
Bauart	Coupé, Cabriolet
Tragstruktur	Plattformrahmen
Material	Aluminium
Stückzahl und Marktsituation	
Produktionszahl	1212
Verfügbarkeit	schlecht
Teilesituation	ausreichend
Unterhaltskosten	hoch

Aston Martin DB5 1963-1965

Besonders schwer haben es meist die Nachfolger eines erfolgreichen Sportwagen-Modells: Mit mehr Gewicht lassen eben auch die Fahrleistungen nach. Dennoch zählt der DB5 unter den Kennern zu den begehrenswertesten der späteren Aston Martin-Modelle: Zum einen benutzte es Sean Connery imageträchtig als Agent 007 im Kino-Welthit „Goldfinger". Doch nicht nur James Bond sorgte für die wohlwollende Aufnahme des DB5: Sein Stil, Leistungsvermögen und seine Reife überzeugten eindrucksvoll. Mit der gegenüber dem DB4 leicht geänderten Front- und Heckpartie sowie dem auf volle vier Liter vergrößerten Hubraum sind heute die offenen Volante-Versionen besonders gesucht. Nach Abklingen der spektakulären Preisschübe gegen Ende der achtziger Jahre haben sich die DB5-Preise auf stattlichem Niveau stabilisiert.

Bild: © Aston Martin

Preise	1	2	3	4	5
DB 5, Cpe	670.000	510.000	380.000	243.000	143.000

Motor/Antrieb	
Bauart	Sechszylinder (Reihe)
Lage/Antrieb	Front/Heck
Hubraum in cm³	3995
PS/min	286/5500 bis 330/5750
Vmax in km/h	240 bis 260
Karosserie	
Bauart	Coupé, Cabriolet
Tragstruktur	Plattformrahmen
Material	Aluminium
Stückzahl und Marktsituation	
Produktionszahl	1063
Verfügbarkeit	schlecht
Teilesituation	ausreichend
Unterhaltskosten	hoch

Aston Martin DB6 MkI, MkII, Volante, Vantage 1965-1970

Mit einem etwas veränderten Charakter trat der DB6 das Erbe des DB5 an: Mehr Komfort und Platz machten das Fahrzeug schwerer und unhandlicher. Weil dies schon nicht zu den großen Tugenden des Vorgängers gezählt hatte, nahmen ihm die Kunden das nicht sonderlich übel. Mit seiner Spoilerkante am Heck wich der DB6 etwas vom klassischen Erscheinungsbild ab. Die Motorleistung blieb zwar auf dem Papier gleich, auf Wunsch lieferbare Luxusaccessoires wie Klimaanlage und Servolenkung machten das Fahrzeug aber unsportlicher und deutlich behäbiger – der US-Exportmarkt forderte seinen Tribut. Allein die gestiegenen Verkaufszahlen sprechen für das modifizierte Konzept.

Bild: © Aston Martin

Preise	1	2	3	4	5
DB 6 Mk I/Mk II, Cpe	340.000	240.000	179.000	129.000	79.000
DB 6 Mk I/Mk II Volante, Cab	740.000	570.000	430.000	320.000	207.000

Motor/Antrieb	
Bauart	Sechszylinder (Reihe)
Lage/Antrieb	Front/Heck
Hubraum in cm³	3995
PS/min	286/5500 bis 330/5750
Vmax in km/h	240 bis 260
Karosserie	
Bauart	Coupé, Cabriolet
Tragstruktur	Plattformrahmen
Material	Aluminium
Stückzahl und Marktsituation	
Produktionszahl	1755
Verfügbarkeit	schlecht
Teilesituation	ausreichend
Unterhaltskosten	hoch

Aston Martin DBS, DBS Vantage, DBS V8 1967-1972

Bereits zwei Jahre nach der Einführung des DB6 stellte Aston Martin den DBS vor. Die völlig neuen Karosserielinien waren der aktuellen Mode gefolgt – in den späten Sechzigern diktierte die scharfe Kante den guten Geschmack. Unter der Haube montierte Aston Martin weiterhin den alten Reihensechszylinder mit vier Litern Hubraum. 1969 erfolgte dann der sensationelle Umstieg auf einen Achtzylinder-V-Motor, den der hauseigene Motorenentwickler Tadek Marek konstruiert hatte. Mit üppigen 5,3 Litern Hubraum mangelte es weder an Drehmoment noch an Leistung: Rund 340 PS stellte der Motor bei 5800 Umdrehungen zur Verfügung, was für eine Höchstgeschwindigkeit von 270 Stundenkilometern ausreichte. Die Benzineinspritzung besitzt allerdings einige gewöhnungsbedürftige Eigenarten – unter 2500/min geht nichts, trotz Hubraum und Leistung. Der Ruf des DBS litt zudem enorm unter vielen Pannen.

Bild: © Aston Martin

Preise	1	2	3	4	5
DBS, Cpe	137.000	91.000	62.000	35.000	18.000
DBS V8, Cpe	158.000	104.000	71.000	42.000	23.000

Motor/Antrieb	
Bauart	Sechszylinder (Reihe), V8
Lage/Antrieb	Front/Heck
Hubraum in cm³	3995, 5340
PS/min	286/5500 bis 340/5800
Vmax in km/h	240 bis 270
Karosserie	
Bauart	Coupé
Tragstruktur	Plattformrahmen
Material	Aluminium
Stückzahl und Marktsituation	
Produktionszahl	405 (V8)
Verfügbarkeit	ausreichend
Teilesituation	ausreichend
Unterhaltskosten	hoch

Aston Martin V8 1969-1989

Der Rückzug David Browns aus der Firma bescherte dem kleinen Hersteller schwere Zeiten: Die allgemeine Wirtschaftskrise sorgte für Absatzschwierigkeiten, zudem trug der Besitzerwechsel einige Unruhe in die Belegschaft – aber man hielt tapfer durch. Die Finanzmittel waren knapp, und so reichte es nur für ein paar dezente Modifikationen. Die wenig begeisternde Einspritzung des Vorgängermodells DBS V8 hatte Aston Martin verbannt und die Gemischaufbereitung einer soliden und überaus zuverlässigen Weber-Vergaserbatterie übertragen – das mag nach technologischem Rückschritt klingen, doch Nutzwert und Fahrspaß profitierten von der traditionellen Form der Gemischaufbereitung. Zudem mobilisierte der potente V8 durch diese Maßnahme noch ein paar PS mehr als sein pannengeplagter Vorgänger. Die einigermaßen guten Stückzahlen verdankt der Aston Martin V8 vor allem seiner langen Präsenz am Markt.

Bild: © Aston Martin

Preise	1	2	3	4	5
V8 (Ser. 1972-1979), Cpe	128.000	87.000	59.000	30.000	18.000

Motor/Antrieb	
Bauart	V8
Lage/Antrieb	Front/Heck
Hubraum in cm^3	5340
PS/min	375/5900
Vmax in km/h	275
Karosserie	
Bauart	Coupé
Tragstruktur	Plattformrahmen
Material	Aluminium
Stückzahl und Marktsituation	
Produktionszahl	1600
Verfügbarkeit	gut
Teilesituation	gut
Unterhaltskosten	hoch

Aston Martin Lagonda 1976-1991

Nach extrem langer Anlaufzeit kam 1976 ein außergewöhnlich ambitioniertes Projekt zur Serienfertigung. Aston Martin hatte sich in den Jahren zuvor finanziell voll auf die Entwicklung des Lagonda konzentriert. Das Ergebnis fiel kompromisslos aus und überzeugte so nicht jeden: Die Überlegungen im Hause Aston Martin hatten eine viertürige Super-Luxuslimousine ergeben, die zahlreiche futuristische Features aufwies und sündhaft teuer war. Die tiefe, gestreckte Karosserie zeigte sich in kantigem Design mit langen Überhängen vorn und hinten. Trotz der äußeren Größe ging es im Innenraum, der mit edelsten Materialien ausgestattet war, nicht sehr geräumig zu. Der Lagonda brachte Aston Martin keinen wirklich großen Erfolg, sicherte aber eine Zeit lang das Überleben der Firma. Zumindest am Motor lag es nicht: Es kam der Achtzylinder aus dem DBS V8 zum Einsatz, der allerdings nicht ganz so herzhaft wie im Coupé zubeißen durfte.

Bild: © Aston Martin

Preise	1	2	3	4	5
Lagonda , L4t	115.000	66.000	36.000	20.000	10.000

Motor/Antrieb	
Bauart	V8
Lage/Antrieb	Front/Heck
Hubraum in cm^3	5340
PS/min	304/5000
Vmax in km/h	230
Karosserie	
Bauart	Limousine (4-türig)
Tragstruktur	Rohrrahmen
Material	Aluminium
Stückzahl und Marktsituation	
Produktionszahl	k.A.
Verfügbarkeit	ausreichend
Teilesituation	gut
Unterhaltskosten	hoch

Aston Martin V8 Volante 1978-1989

Die letzte klassische Neuerscheinung brachte Aston Martin 1978 auf den Markt. In Newport Pagnell hatten die Konstrukteure aus dem 2+2-sitzigen V8-Coupé ein optisch sehr ansprechendes, überzeugendes Cabriolet geschneidert, den V8 Volante. Als Motorisierung tat weiterhin der potente Achtzylinder seinen Dienst, und trotz des zusätzlichen Gewichts wirkte der Motor auch hier niemals angestrengt. Aston Martin ließ auch die übrige Technik unberührt. Das Verdeck konnte der Volante-Eigner per Knopfdruck öffnen und schließen lassen. Es schützte dank dicker Fütterung auch im Winter gut vor den Unbilden des Wetters. Das exklusive Vergnügen, einen V8 Volante zu fahren, ließ sich der britische Hoflieferant – Prinz Charles liebt seinen Volante – auch fürstlich entlohnen. 1978 kostete die offene V8-Variante immerhin knapp 135.000 Mark – das war Rolls-Royce-Niveau.

Bild: © Aston Martin

Preise	1	2	3	4	5
V8 Volante, Cab	210.000	141.000	92.000	46.000	32.000

Motor/Antrieb	
Bauart	V8
Lage/Antrieb	Front/Heck
Hubraum in cm^3	5340
PS/min	300/5000
Vmax in km/h	235
Karosserie	
Bauart	Cabriolet
Tragstruktur	Plattformrahmen
Material	Aluminium
Stückzahl und Marktsituation	
Produktionszahl	ca. 800
Verfügbarkeit	gut
Teilesituation	sehr gut
Unterhaltskosten	hoch

Aston Martin Virage, Vantage 1989-2000

Virage, französisch für Kurve, nannte Aston Martin seinen neuen Gran Turismo, den die Briten im Jahr 1988 auf der Birmingham Motor Show als Nachfolger ihrer antiquierten V8-Baureihe präsentierten. Mit der Auslieferung seines Luxussportlers begann Aston Martin allerdings erst im Jahr 1990, zwei Jahre später folgte der offene Volante. Sex-Appeal in Form sinnlicher Rundungen suchen wir am Virage vergeblich. Lediglich der zeitlose Aston-Martin-Kühlergrill erinnert noch an insulanische Klassik. Infolge des knappen Entwicklungsbudgets mussten die Ingenieure in die Teileregale großer Hersteller greifen. So stammten die Frontscheinwerfer vom Audi 200 C3, die Rückleuchten dagegen vom VW Scirocco II. Bis 1995 entstanden in Newport Pagnell 365 Virage. Vom optisch stimmigeren Topmodell Vantage fertigte Aston Martin zwischen 1993 und 2000 knapp 280 Stück. 507 Kompressor-PS machten diesen Über-Virage über 280 km/h schnell.

Bild: © Aston Martin

Preise	1	2	3	4	5
Virage, Cpe	81.000	53.000	36.000	22.000	k.N.

Motor/Antrieb	
Bauart	V8
Lage/Antrieb	Front/Heck
Hubraum in cm^3	5340, 6347
PS/min	310/6000, 507/6000
Vmax in km/h	250, 280
Karosserie	
Bauart	Coupé, Cabriolet
Tragstruktur	selbsttragend
Material	Aluminium
Stückzahl und Marktsituation	
Produktionszahl	365 (Virage), 280 (Vantage)
Verfügbarkeit	gut
Teilesituation	gut
Unterhaltskosten	hoch

Aston Martin DB7 1994-2004

Mit dem Einstieg von Ford bei Aston Martin und der kompletten Übernahme 1994 kam Schwung in die Modellpalette: Der Aston Martin DB7 erschien 1994 auf dem Markt und vertraute auf die Plattform des Jaguar XJS – Jaguar gehörte damals ebenfalls zu Ford, wie Mazda: Im Teileregal des 323 fanden sich passende Rückleuchten für den DB7. Anders als der bisherige DBS, die Vantage-Modelle und der Virage nutzte der neue DB7 nicht mehr einen V8, sondern zunächst einen Reihen-Sechszylinder. Mit einem Facelift 1999 hielt zudem wieder ein V12 Einzug in den Motorraum des DB7. Für das Design des Wagens zeichnete der Schotte Ian Callum verantwortlich, der von Ghia kam und später für Jaguar tätig war. Aston Martin landete mit dem DB7 als Coupé und Cabrio, das wieder den Namen Volante trug, einen großen Erfolg: Über 7000 Mal griffen Kunden zu, bei weitem die höchste Stückzahl eines Modells der Marke.

Bild: © Aston Martin

Preise	1	2	3	4	5
DB 7, Cpe	48.000	34.000	24.000	15.000	k.N.

Motor/Antrieb	
Bauart	Sechszylinder (Reihe), V12
Lage/Antrieb	Front/Heck
Hubraum in cm^3	3200, 5900
PS/min	340/5500 bis 441/6000
Vmax in km/h	250 bis über 300
Karosserie	
Bauart	Coupé, Cabriolet
Tragstruktur	selbsttragend
Material	Stahlblech
Stückzahl und Marktsituation	
Produktionszahl	ca. 7000
Verfügbarkeit	gut
Teilesituation	gut
Unterhaltskosten	hoch

Audi (D) • 1909-1939, seit 1965

1965 reaktivierte der Volkswagen-Konzern die damals schon weitgehend vergessene Vorkriegsmarke Audi aus dem sächsischen Zwickau, deren letzte Personenwagen-Neukonstruktion im Jahr 1938 erschienen war.

Die Gründung der Marke Audi geht auf den Autopionier August Horch zurück: Horch hatte sich 1909 von seinen bisherigen Geschäftspartnern trennen müssen und durfte laut Gerichtsbeschluss seinen eigenen Familiennamen nicht mehr als Marke benutzen. Der zehnjährige Heinrich Fikentscher, Sohn eines Freundes von Horch, kam auf die geniale Idee, „Horch" ins Lateinische zu übersetzen: „Audi".

Erfand 1909 den Namen Audi: der zehnjährige Heinrich Fikentscher (zweiter von links).

Horch begann, Audi-Modelle zu bauen. Sein drittes Modell, der Typ C, gewann von 1912 bis 1914 in Folge die Österreichische Alpenfahrt und machte die Marke bekannt. Die wirtschaftliche Krise Ende der zwanziger Jahre traf auch Audi, und 1928 übernahm DKW das angeschlagene Unternehmen. 1932 folgte

Die vier Ringe erinnern bis heute an den Zusammenschluss der Auto Union im Jahr 1932.

die Zwangsfusion mit Horch und der Autosparte von Wanderer zur Auto Union – vier Ringe symbolisierten fortan die vier beteiligten Marken. Den Zweiten Weltkrieg überlebte DKW als einziger des Quartetts: Ein neuer Start glückte in Ingolstadt. Doch 1958 übernahm Daimler-Benz das finanzschwache Unternehmen, um es bereits 1965 an Volkswagen weiterzuveräußern.

Frühes Logo: Am Anfang zierte die Zahl 1 jeden Audi-Kühler – als Zeichen für den Führungsanspruch.

Unter der VW-Führung fand die DKW-Ära mit ihren teils innig geliebten, teils verspotteten Zweitaktmotoren schnell ihr Ende: Mit modernen Mittelklassemodellen und neuen Viertakt-Mitteldruckmotoren – interessanterweise ursprünglich vom Mercedes-Benz-Techniker Ludwig Kraus für die Stuttgarter entwickelt – sicherte sich die wiederbelebte Marke Audi schnell Erfolge.

Als Hersteller fungierte jedoch weiterhin die Auto Union, die sich 1969 mit NSU zur NSU Auto Union AG zusammenschloss. Erst seit 1985 heißt auch das Unternehmen Audi AG. Die vier Ringe jedoch sind bis heute geblieben – obwohl DKW, Horch und Wanderer längst Geschichte sind. Dafür zählen inzwischen Lamborghini (seit 1998) sowie die Motorradmarke Ducati (seit 2012) zum Portfolio des weiterhin in Ingolstadt angesiedelten Unternehmens. Ebenso zu Audi gehört die 2009 lancierte Marke e-tron, die als Ergänzung alle Elektro- und Plug-in-Hybridfahrzeuge enthält.

Im Umfeld des Abgasskandals rückte Audi seit 2015 in den Fokus. Es folgte ein umfassender Pflichtrückruf verschiedener Modelle, zudem gab es ab 2017 Durchsuchungen und im Juni 2018 die Fest-

Audi und die drei italienischen Traditionsmarken Lamborghini, Ducati und Italdesign bilden gemeinsam den Audi-Konzern.

nahme des Vorstandschefs Rupert Stadler wegen Verdunkelungsgefahr. Erst im November 2018 kam er aus der Untersuchungshaft gegen Kaution und Auflagen wieder frei. Ab September 2020 musste Stadler sich vor dem Landgericht München II verantworten, im Mai 2023 ein Geständnis abgelegt. Im Juni 2023 folgte das Urteil: Rupert Stadler wurde zu einer Bewährungsstrafe von 21 Monaten wegen Betrugs durch Unterlassen verurteilt. Der Haftbefehl wurde aufgehoben, Stadler zahlte 1,1 Millionen Euro, allerdings ist das Urteil noch nicht rechtskräftig.

Bei Audi blieb es unruhig. Markus Duesmann leitete das Unternehmen ab 2020. Er kündigte an, die Entwicklung von neuen Verbrennern zugunsten der Elektromobilität zu stoppen. Duesmann musste seinen Posten zwei Jahre vor Vertragsablauf bereits 2023 wieder verlassen. Sein Nachfolger, Gernot Döllner, setzt weiter auf Elektro, will die bestehenden Verbrenner jedoch länger in Produktion halten. Seit 2024 führt er auch das Entwicklungsressort.

In China sorgte Audi im Jahr 2025 für Aufsehen, als es dort die neue Submarke AUDI vorstellte – ein bekannter Name zwar, doch die historischen vier Ringe entfielen.

Seit 2025 gibt es in China die Submarke AUDI, die ohne die vier Ringe auskommen muss.

A

Sächsische Sänften

Nur wenige Unternehmen sind von so tief greifenden Brüchen gezeichnet wie Audi. Weder kreisrunde noch ovale Signets trugen die frühen Modelle des Zwickauer Autobauers, sondern es war eine selbstbewusste, aufrechte Eins, die ab 1922 den Audi-Kühler zierte – eine klare Ansage, welche Kundschaft das 1909 von August Horch gegründete Unternehmen im Visier hatte.

Vom ersten Linkslenker der Welt bis hin zum Achtzylinder-Pullmann namens Imperator demonstrierte Audi seinen Anspruch, innovative und leistungsstarke Fahrzeuge für vermögende Kunden zu bauen. Selbst neben den Auto-Union-Schwestern DKW, Wanderer und Horch, die 1932 mit Audi zur Auto Union fusionierten, blieb die Eins auf dem Kühler: Mit den Front-Modellen begründete die Zwickauer Fahrzeugschmiede ihre Tradition als Frontantriebhersteller, mit dem 920 lancierte sie kurz vor Kriegsbeginn einen formschönen Sechszylinder mit schnittiger Schnauze.

Zum Schicksal wurde dem Hersteller die Produktionsheimat im sächsischen Zwickau: Mit der 1945 begonnenen Demontage der Produktionsanlagen durch die russischen Besatzer verschwand Audi für dreißig Jahre aus den Zulassungsstatistiken der Wirtschaftswunderzeit. Erst ab 1965 zierte der althergebrachte Name wieder Neufahrzeuge, allerdings ohne die Eins auf dem Kühler – die sollte allein den Vorkriegs-Modellen vorbehalten bleiben.

Audi Typ R Imperator 1928-1932

Keine Innovationen, sondern schiere Größe forderte im Jahr 1928 August Horch, Direktor der Firma Audi, von seinem neusten Modell. Um das zu werden, was die Ziffer Eins als Symbol auf dem Kühlerdeckel versprach, ließ der Automobilpionier einen Reihenachtzylinder entwickeln. Es war der erste Achtzylinder für Audi, der mit knapp fünf Litern Hubraum und 100 PS Leistung seinen Führungsanspruch untermauerte. Dafür war seine Konstruktion konservativer ausgefallen als der kleinere Sechszylinder, den Audi im Programm hatte und der mit seiner obenliegenden Nockenwelle schon damals für Audi einen Vorsprung durch Technik bedeutete. Der üppig dimensionierte Imperator trat Ende der 1930er Jahre hauptsächlich gegen die Konkurrenz von Horch an, ohne großen Erfolg freilich. Die Situation spiegelte die Ironie des Schicksals: August Horch hatte seine Firma Horch 1909 im Streit verlassen müssen.

Bild: © Audi Tradition

Preise	1	2	3	4	5
Imperator, Tou	k.N.	k.N.	k.N.	k.N.	k.N.

Motor/Antrieb	
Bauart	Achtzylinder (Reihe)
Lage/Antrieb	Front/Heck
Hubraum in cm³	4872
PS/min	100/3300
Vmax in km/h	120
Karosserie	
Bauart	Lim (4-türig), Cab (2-/4-türig)
Tragstruktur	Kastenrahmen
Material	Holz, Aluminium und Stahlblech
Stückzahl und Marktsituation	
Produktionszahl	145
Verfügbarkeit	gegen null
Teilesituation	sehr schwierig
Unterhaltskosten	hoch

Audi Front (Typ UW, 225, 225 Luxus) 1933-1938

Anfang der 1930er Jahre war in Deutschland der Frontantrieb in Mode gekommen. Neben DKW offerierten Adler und NAG, Stoewer und Tornax kleine bis mittelgroße Modelle mit angetriebener Vorderachse. Nachdem 1932 die Auto Union aus Audi, DKW, Horch und Wanderer entstanden war, gab es für die in finanzielle Not geratene Firma Audi neue Hoffnung: Aus dem Know-how des Firmenverbundes konstruierte man ein neues Mittelklasse-Modell. DKW hatte seit 1931 Erfahrungen mit dem Frontantrieb sammeln können und Wanderer einen geeigneten Motor im Programm, den Ferdinand Porsche konstruiert hatte. Horch dagegen konnte Karosserien liefern. Die moderne Technik jedoch fand in den wirtschaftlich zunehmend schwierigen Zeiten der ausgehenden 30er Jahre nur wenig Zuspruch bei den Käufern, belegt heute jedoch die lange Frontantriebstradition der Marke Audi.

Bild: © Audi Tradition

Preise	1	2	3	4	5
Front UW 225, Cab	220.000	170.000	100.000	60.000	k.N.

Motor/Antrieb	
Bauart	Sechszylinder (Reihe)
Lage/Antrieb	Front/Front
Hubraum in cm³	1950, 2257
PS/min	40/3500, 50/3300, 55/3800
Vmax in km/h	100 bis 105
Karosserie	
Bauart	Lim, Cab, Rds (Einzelstück)
Tragstruktur	Zentralkastenrahmen
Material	Holz, Stahlblech
Stückzahl und Marktsituation	
Produktionszahl	4408 (inkl. 25 Spezial-Cab)
Verfügbarkeit	schlecht
Teilesituation	sehr schwierig
Unterhaltskosten	hoch

Audi 920 1938-1940

Mit dem Modell 920 endete die erste Ära der Audi-Geschichte in schwierigen Zeiten. Trotz vieler Versuche, zunächst alleine, seit 1932 im Verbund der Auto Union, gelang es der Marke von August Horch nicht mehr, an die frühen Erfolge anzuknüpfen. Auch der Audi Front hatte die Wende nicht geschafft. Als dann 1938 Audi das Modell 920 präsentierte, hoffte das Werk mit den kleinsten Produktionszahlen im Auto Union-Verbund noch auf steigende Akzeptanz beim Publikum. Vergeblich, denn der Zweite Weltkrieg begann. In Friedenszeiten hätte das gehobene Mittelklasse-Modell mit seinem 3,2 Liter großen ohc-Sechszylinder sicher gute Chancen gehabt.

Bild: © Audi Tradition

Preise	1	2	3	4	5
920, Cab	290.000	200.000	140.000	80.000	k.N.

Motor/Antrieb	
Bauart	Sechszylinder (Reihe)
Lage/Antrieb	Front/Heck
Hubraum in cm³	3281
PS/min	75/3000
Vmax in km/h	130
Karosserie	
Bauart	Limousine, Cabriolet
Tragstruktur	Kastenrahmen
Material	Holz, Stahlblech
Stückzahl und Marktsituation	
Produktionszahl	1281
Verfügbarkeit	schlecht
Teilesituation	sehr schwierig
Unterhaltskosten	hoch

Vier gewinnt

Beißende Zweitaktfahnen und nerviges Motorengeratter gehörten bis in die 1960er Jahre zu den zunehmend aus der Mode kommenden Fahrzeugen von DKW, die seit Kriegsende das Logo der Auto-Union trugen. Ab Mitte der 1960er Jahre war Schluss mit den bläulichen Abgasfahnen: Die neue Konzernmutter VW hatte den schwer verkäuflichen Zweitakt-Ingolstädtern ein Viertakt-Herz implantiert. Aus DKW wurde Audi, und dessen Verantwortliche zeigten nun, wie sich aus einem Flop ein Bestseller machen ließ. Nur wenige optische Retuschen und ein neues Triebwerk waren nötig, um aus dem glücklosen DKW F 102 einen Erfolgstypen zu machen, der einer ganzen Audi-Generation ein Gesicht geben sollte: Ob Audi 60, Audi 75 oder Audi 80 – der mobile Einstand der wiederbelebten Marke glückte und kam bei der Kundschaft glänzend an. Schon 1966 vollendeten die Audi-Ingenieure mit dem Super 90 einen modernen Mittelklasse-Wurf, der nicht nur mit der Neuen Klasse aus München konkurrierte, sondern stilistisch auch einen Ausblick auf die künftige Audi 100-Modellreihe gab, die den Status von Audi als geschickter Mittelklasse-Macher nachhaltig festigte.

Audi (Audi 75, Audi 80, Audi Super 90, Audi 60) — 1965-1972

Aus dem glücklosen DKW-Mittelklassemodell F 102 entstand 1965 der erste Nachkriegs-Audi. Für seine Konstruktion zeichnete der ehemalige Mercedes-Ingenieur Ludwig Kraus verantwortlich: Noch im Daimler-Benz-Auftrag brachte er die Viertakt-Version des Audi zur Serienreife. Als „Mitteldruckmotor" erregte das Triebwerk mit einer hohen Verdichtung von 1:11,2 Aufsehen. Der neue Audi, der keine weitere Modellbezeichnung trug, war vom Start weg ein Erfolg. Aus ihm entwickelte der Ingolstädter Hersteller eine weit verzweigte Modellfamilie: Zur zwei- und viertürigen Limousine kam 1966 ein Kombi namens Variant sowie die stärkeren Typen Audi 80 und Super 90. 1968 ersetzte der Audi 75 das Urmodell mit 72 PS. Besonders populär war das preiswerte Einsteigermodell Audi 60, das sich rund 230.000 Mal verkaufen ließ.

Bild: © Audi Tradition

Preise	1	2	3	4	5
Audi (1965-1968), L4t	14.100	10.000	5.500	1.700	700
Audi 60 (1968-1970), L4t	12.100	8.100	5.300	1.700	700
Audi 75, L4t	13.400	8.900	5.100	1.700	700
Audi Super 90 (Ser. 1966-1970), L4t	15.800	10.700	6.600	2.300	1.200

Motor/Antrieb	
Bauart	Vierzylinder (Reihe)
Lage/Antrieb	Front/Front
Hubraum in cm^3	1496, 1696, 1770
PS/min	55/4750 bis 90/5200
Vmax in km/h	137 bis 163
Karosserie	
Bauart	Lim (2-türig), Lim (4-türig), Kombi
Tragstruktur	selbsttragend
Material	Stahlblech
Stückzahl und Marktsituation	
Produktionszahl	416.852
Verfügbarkeit	ausreichend
Teilesituation	schwierig
Unterhaltskosten	mittel

Kleiner mit großer Klappe

Selbst nach über drei Jahrzehnten hat der Ingolstädter Kleinwagen nichts von seiner Modernität verloren. Zwar hatten Franzosen, Italiener und Engländer die Marktnische der sparsamen und praktischen Kleinwagen bereits besetzt, doch Ingolstadts kleinster Herr der Ringe kam gerade noch recht, um die bundesdeutsche Kundschaft mit schlankem Hartplastikvolant und übersichtlichen Abmessungen in das neue Kleinwagen-Zeitalter zu chauffieren. Gut 180.000 Audi 50 verließen bis 1978 die Werkshallen, sein Karosseriekonzept sollte indes im Polo I bis 1981 weiterleben. Dass sich der Wolfsburger nicht zuletzt durch seinen niedrigeren Preis besser verkaufen ließ, bekam dem Audi 50 aus heutiger Sicht gar nicht mal so schlecht: Auch wenn der Audi-Winzling nie dem Stand eines Low-Budget-Oldies entrinnen konnte, wussten ihn seine Fans gerade im Vergleich zum schnöden Polo-Bruder stets zu würdigen – eine Ehre, die auch heute mit einem Aufgeld von durchschnittlich tausend Euro bezahlt werden will.

Der Audi 50 blieb ohne Nachfolger. Erst über 20 Jahre nach seiner Einstellung nahm Audi mit dem A2 wieder einen neuen Anlauf in der Kompaktklasse. Doch auch dieser Versuch war nicht von durchschlagendem Erfolg gekrönt: Der 1999 vorgestellte Wagen war zu ambitioniert und teuer, um viele Kunden zu finden. Auch er wurde, wie einst der Audi 50, ohne Nachfolger eingestellt.

Seit 2010 gibt es den Audi A1, einen teuren, auf dem VW Polo basierenden Kleinwagen, der 2018 in seine zweite Auflage ging. Bereits 2011 hatte Audi die Studie A2 Concept präsentiert. Der rein elektrisch angetriebene Kleinwagen wurde in der Presse als wichtiger Baustein für das Audi-Modellprogramm gesehen, eine Serienfertigung sollte 2016 beginnen. Er verschwand jedoch schnell wieder in der Versenkung.

Audi 50 — 1974-1978

Unter dem Einfluss der Ölkrise wurde 1974 der neue Audi 50 sofort zum Verkaufsschlager – und ein halbes Jahr nach Serienanlauf im September 1974 adoptierte ihn die Konzernmutter VW als optisch identischen VW Polo. Damit war sein weiteres Schicksal besiegelt: Volkswagen stellte die Produktion des kompakten Audi 50 im Juli 1978 nach nur 181.000 Exemplaren ein. Damit ist der Audi 50 ein interessantes Stück Automobilgeschichte: Als erster deutscher Kleinwagen erschloss er jene Marktlücke, die neben dem VW Polo auch von Ford Fiesta und Opel Corsa besetzt wurde. Es gab den Audi 50 in den zwei Ausstattungsversionen LS und GLS, seine Motoren leisteten 50 oder 60 PS. Gute, rostfreie Exemplare sind zwar bereits große Raritäten, ohne jedoch teuer zu sein: Die Nachfrage ist immer noch gleich null. Gerade deswegen lohnt sich das Aufheben.

Bild: © Audi Tradition

Preise	1	2	3	4	5
50 (1975-1977), L2t	12.400	8.900	5.800	2.400	1.300

Motor/Antrieb	
Bauart	Vierzylinder (Reihe)
Lage/Antrieb	Front/Front
Hubraum in cm^3	1093, 1272
PS/min	50/5800, 60/6000, 60/5600
Vmax in km/h	142, 152
Karosserie	
Bauart	Limousine (2-türig)
Tragstruktur	selbsttragend
Material	Stahlblech
Stückzahl und Marktsituation	
Produktionszahl	180.812
Verfügbarkeit	üppig
Teilesituation	schwierig
Unterhaltskosten	niedrig

A

Vergessene Vorbilder: Der Audi 80, 1991–1995

Zurückhaltend und solide war sein Auftritt, standfest und unproblematisch seine Technik: Nur wenige 70er Jahre-Fahrzeuge haben der automobilen Mittelklasse so viele Tugenden beigebracht, wie der Audi 80. Mit großem Erfolg, wie heute vielfach vergessen wird: Gut 1,1 Millionen Kunden kauften allein in den 1970er Jahren einen Audi 80, zur Freude der Audi-Mutter Volkswagen, die auf Basis der Konzeption des kantigen Typen 1973 ein eigenes Mittelklassemodell namens Passat herausbringen konnte.

Mehr Eigenständigkeit kennzeichnete die zweite Serie, die ab 1975 mit rechteckigen Scheinwerfern und überarbeiteten Extremitäten den optischen Abstand zum VW-Pendant vergrößerte. Den Brandstifter unter den 80er-Biedermännern sollte der Audi 80 GTE darstellen, der mit dreistelliger PS-Leistung nicht nur zu Bauzeiten die wohl begehrteste Variante des sachlichen Ingolstädters darstellt. Egal, ob gemächliche L-Version oder spritzige GT-Variante: Wer auf gepflegte 70er-Jahre-Atmosphäre zum kleinen Preis steht, ist mit den ersten Audi 80 bestens bedient. Inzwischen sind auch die jüngeren Baureihen eindeutig auf dem Wege zur Klassiker-Karriere.

Audi 80 — 1972-1978

Mit dem ersten Audi 80 wird ein Auto-Meilenstein zum Sammlerstück: Der kantige Mittelklassewagen war der Wegbereiter eines Baukasten-Systems, das später die Erfolgsmodelle VW Passat, Golf und Scirocco möglich machte und den kränkelnden VW-Konzern aus der Krise rettete. Der Audi 80 kam im Sommer 1972 als komplette Neukonstruktion auf den Markt. Es gab ihn mit sechs verschiedenen Ausstattungspaketen (Audi 80 sowie L, S, LS, GL, GT) sowie vier Motorvarianten von 55 bis 100 PS. Besonderen Anklang fanden neben der unprätentiösen, modernen Form die guten Fahreigenschaften des Audi 80: Als eines der weltweit ersten Serienautos wies er mit dem Lenkrollradius null eine bremsstabile Lenkung auf. Heute sind die Audi 80 der ersten Serie fast vergessen – zu Unrecht, wenn man ihren automobilhistorischen Stellenwert berücksichtigt.

Bild: © Audi Tradition

Preise	1	2	3	4	5
80 (1972-1976), L4t	12.000	7.800	4.800	1.400	700
80 (1976-1978), L4t	11.600	7.100	4.600	1.400	700

Motor/Antrieb	
Bauart	Vierzylinder (Reihe)
Lage/Antrieb	Front/Front
Hubraum in cm³	1297, 1471, 1588
PS/min	55/5500, 100/6000, 110/6100
Vmax in km/h	147 bis 181
Karosserie	
Bauart	Lim (2-türig), Lim (4-türig)
Tragstruktur	selbsttragend
Material	Stahlblech
Stückzahl und Marktsituation	
Produktionszahl	1.103.766
Verfügbarkeit	üppig
Teilesituation	schwierig
Unterhaltskosten	mittel

Audi 80 GTE — 1975-1978

Audi konnte auch etwas flotter. Gegen das eher bürgerliche Image der Audi 80-Modelle hatten die Ingolstädter bereits 1973 den sportlichen Audi 80 GT positioniert, den es nur als Zweitürer gab. Mit 100 PS, attraktiver 70er-Bereifung und sportlichen Accessoires hat Audi zwei Jahre vor dem Golf GTI erahnt, wohin der Trend laufen würde. Im Herbst 1975 brachte Audi dann den 80 GTE: Die Aufrüstung des 80 GT mit einer Bosch K-Jetronic unterstrich das agile Image der Limousine, die es ab Januar 1976 sogar als Viertürer gab. Mit 110 PS erreichte der familientaugliche Audi eine Spitze von 181 km/h. Damit bestand er auch gegen potente Wettbewerber wie den Ford Escort RS oder den Opel Ascona Sport. Im Herbst 1976 fielen zur Modellpflege die Rundscheinwerfer den damals modernen Rechteckleuchten zum Opfer.

Bild: © Audi Tradition

Preise	1	2	3	4	5
80 GTE, L2t	22.900	14.500	9.300	2.800	1.200

Motor/Antrieb	
Bauart	Vierzylinder (Reihe)
Lage/Antrieb	Front/Front
Hubraum in cm³	1588
PS/min	110/6100
Vmax in km/h	178
Karosserie	
Bauart	Lim (2-türig), Lim (4-türig)
Tragstruktur	selbsttragend
Material	Stahlblech
Stückzahl und Marktsituation	
Produktionszahl	k.A.
Verfügbarkeit	schwierig
Teilesituation	gut
Unterhaltskosten	mittel

Audi 80 (Werkscode B2, Typ 81) — 1978-1986

Der erste Audi 80 war ein Erfolg, an den die Ingolstädter anzuknüpfen versuchten. Das kantige Design stammte zunächst aus der Hand Claus Luthes, war dann – nach Luthes Weggang zu BMW – jedoch von Giorgetto Giugiaro weiterentwickelt worden – die Ähnlichkeit der formalen Sprache mit dem Golf I ist somit erklärbar. Im Vergleich zur ersten Generation des Audi 80 war die zweite Auflage in ihren Dimensionen gewachsen, zudem gab es auf Wunsch vier Türen: Damit festigte der Audi 80 in der Klasse der Familienlimousinen seine Position. Audi nutzte die bisherige Technik weiter, baute jedoch sukzessive die Motorisierungsoptionen aus: 1980 ergänzte ein Diesel (1,6 Liter) das Programm, 1981 der aus dem Audi 100 stammende Fünfzylinder. 1984 verlor der Audi 80 im Zuge einer Modellpflege dieses Aggregat an den neuen Audi 90.

Bild: © Audi Tradition

Preise	1	2	3	4	5
80 1.6, L4T	9.800	5.100	2.900	1.100	600

Motor/Antrieb	
Bauart	Vier-, Fünfzylinder (Reihe)
Lage/Antrieb	Front/Front
Hubraum in cm³	1272-1944
PS/min	54/4800 bis 115/5400
Vmax in km/h	140 bis 184
Karosserie	
Bauart	Limousine (2-/4-türig)
Tragstruktur	selbsttragend
Material	Stahlblech
Stückzahl und Marktsituation	
Produktionszahl	k.A.
Verfügbarkeit	gut
Teilesituation	schwierig
Unterhaltskosten	mittel

Audi 80 (B3 bzw. Typ 89) 1986-1990

Der Audi 80 galt seit 1972 als das Erfolgsmodell der Ingolstädter. Zudem hatte er Anfang der 1970er Jahre Volkswagen gerettet, indem er dem ersten Passat seine technische Basis zur Verfügung stellte. 1986 kam die dritte Auflage: Audi hatte den bislang kantigen 80er aerodynamisch gerundet und ihm eine moderne Karosserie verpasst. Obwohl die Abmessungen des Neuen knapper ausfielen als die seines Vorgängers, bot er innen etwas mehr Platz. Audi hatte die Technik überarbeitet, unter anderem gab es nun Proconten, ein mechanisches Sicherheitssystem, das die Lenksäule bei einem Frontalcrash vom Fahrer wegzog. Vom einstigen Schwestermodell Passat hatte sich dieser Audi 80 endgültig emanzipiert. Die damals bereits vollverzinkte Karosserie hat dafür gesorgt, dass heute noch viele gut erhaltene Exemplare dieses Youngtimers angeboten werden.

Bild: © Audi Tradition

Preise	1	2	3	4	5
80 2.0 Kat (115 PS), L4T	k. N.	7.600	3.300	800	300
80 Quattro Kat (137 PS), L4t	k. N.	11.700	6.500	2.900	600

Motor/Antrieb	
Bauart	Vierzylinder (Reihe)
Lage/Antrieb	Front/Front, 4x4
Hubraum in cm³	1588-1984
PS/min	54/4800 bis 137/6000
Vmax in km/h	153 bis 210
Karosserie	
Bauart	Limousine (4-türig)
Tragstruktur	selbsttragend
Material	Stahlblech
Stückzahl und Marktsituation	
Produktionszahl	k.A.
Verfügbarkeit	sehr gut
Teilesituation	gut
Unterhaltskosten	mittel

Audi Coupé (Werkscode B3) 1988-1996

Das Audi Coupé sieht aus wie eine zweitürige Sport-Version des Audi 80, doch das stimmt so nicht: Audi hat das Coupé der Baureihe B3 von Grund auf eigenständig konstruiert und die Optik an die Baureihe 80 angelehnt, nur hier ergänzt durch ein coupétypisches Heck mit großer, am Dach angelenkter Klappe. Nach der Einführung des Modells 1988 mit einem 2,3-Liter-Fünfzylinder, den es als 2.3 E mit 136 PS und als 20V mit 170 PS gab, folgte 1990 bereits der potente S2 mit zunächst 220 PS. Die bewusst steif ausgelegte Coupé-Karosserie schuf auch die Basis für das damals neue Audi Cabrio. 1991 gönnte Audi dem Coupé ein Facelift, ebenso ersetzten V6-Motoren mit 2,6 und 2,8 Litern den Fünfzylinder. Bis auf die schwächste Version lieferte Audi sämtliche Coupé-Varianten auf Wunsch mit Allradantrieb aus, für einige Motorisierungen war ein Automatikgetriebe wählbar. 1996 stellte Audi die Produktion ein, ohne einen Nachfolger präsentieren zu können.

Bild: © Audi AG

Preise	1	2	3	4	5
Coupé 2.0 E (Typ 89), Cpe	k. N.	8.200	4.000	1.500	600
Coupé 2.8 E (Typ 89), Cpe	k.N.	11.400	7.300	2.700	1.000

Motor/Antrieb	
Bauart	Vier-/Fünfzylinder (Reihe), V6
Lage/Antrieb	Front/Front, 4x4
Hubraum in cm³	1984 bis 2771
PS/min	113 bis 230
Vmax in km/h	196 bis 248
Karosserie	
Bauart	Coupé
Tragstruktur	selbsttragend
Material	Stahlblech
Stückzahl und Marktsituation	
Produktionszahl	k.A.
Verfügbarkeit	sehr gut
Teilesituation	gut
Unterhaltskosten	mitel

Audi 80 1.6, 1.6 E, 1.9 TD, 1.9 TDI, 2.0, 2.0 E, 2.0 E 16V, 2.3 E, 2.6 E, 2.8 E, S2, (Werkscode B4, Typ 8C) 1991-1995

Einen so radikalen Schritt wie für seinen Vorgänger, den B3, ging Audi Ende 1994 beim letzten Vertreter der erfolgreichen 80er-Baureihe nicht: Ähnlich wie Mercedes-Benz setzten die Ingolstädter nun auf einen so genannten Plakettengrill, der in die Motorhaube integriert war. Auch konstruktiv fanden sich viele Elemente des Vorgängers wieder. Der erstmals in dieser Modellreihe erhältliche Sechszylinder bedeutete eine Aufwertung, und auch optisch hoben sich diese Modelle in der Frontansicht ab. Neu war im Audi 80 zudem der Fünfzylinder – bislang war er dem Modell 90 vorbehalten geblieben, dessen Name nun (zumindest für Europa) entfiel. Der B4 geriet außerdem knapp acht Zentimeter länger, weil die neue Verbundlenkerhinterachse mehr Raum forderte. Ein gutes Jahr nach dem Start der Limousine gingen die überaus beliebten Kombi-Versionen ins Rennen, wieder Avant genannt.

Bild: © Audi Tradition

Preise	1	2	3	4	5
80 2.6 E (B4), L4t	k.N.	5.400	2.700	1.300	k.N.
80 Avant 2.8 E (B4), Kom	k.N.	8.400	4.300	2.800	600

Motor/Antrieb	
Bauart	Vier-/Fünfzylinder (Reihe), V6
Lage/Antrieb	Front/Front, 4x4
Hubraum in cm³	1595-2771
PS/min	71/5400 bis 230/5900
Vmax in km/h	162 bis 248
Karosserie	
Bauart	Limousine (4-türig), Kombi (5-türig)
Tragstruktur	selbsttragend
Material	Stahlblech
Stückzahl und Marktsituation	
Produktionszahl	k.A.
Verfügbarkeit	sehr gut
Teilesituation	sehr gut
Unterhaltskosten	mittel

Audi Cabriolet 1991-2000

Im Jahr 1991 legte Audi einen weiteren Grundstein jenes Fundaments, auf dem der Premium-Ruf der Marke bis heute fußt: Das Audi Cabriolet glänzte wie seine Brüder mit exzellenter Verarbeitungsqualität. Niemand kam auf die Idee, dem Audi Cabriolet jenes spießige Hutträgerimage nachzusagen, das dem 80 stets anhaftete – und das gilt bis heute. Mit dem bügellosen, klar gezeichneten Imagebringer schufen die Ingolstädter ein zeitloses Auto. Solide, elegant, beinahe schon cool. 1995 trauten sich die Bayern sogar, einen 90-PS-Turbodiesel unter die Motorhaube zu packen – ein Selbstzünder in einem deutschen Edel-Cabriolet, das galt lange Zeit als undenkbar. Immer reizvoll: der temperamentvolle Fünfzylinder mit 133 PS, den es beim Debüt ausschließlich gab. Auch nicht schlecht: die starken V6 mit 2,6 und 2,8 Litern Hubraum.

Bild: © Audi Tradition

Preise	1	2	3	4	5
Cabriolet 2.0 E, Cab	k.N.	10.400	5.000	2.100	1.000

Motor/Antrieb	
Bauart	Vier-/Fünfzylinder (Reihe), V6
Lage/Antrieb	Front/Front
Hubraum in cm³	1781 bis 2771
PS/min	90/4000 bis 174/5500
Vmax in km/h	175 bis 218
Karosserie	
Bauart	Cabriolet
Tragstruktur	selbsttragend
Material	Stahlblech
Stückzahl und Marktsituation	
Produktionszahl	k. A.
Verfügbarkeit	sehr gut
Teilesituation	gut
Unterhaltskosten	mittel

Audi Avant RS2 1994-1996

Für das Überraschungspaket RS2 kooperierte Audi mit Porsche. Die Ingolstädter griffen zunächst zu einem Audi 80 Avant (Baureihe B4 8C) und dem hauseigenen 2,2-Liter-Reihenfünfzylinder mit 20 Ventilen. Diesen hatte Audi mit einer Reihe von Maßnahmen von 230 auf 315 PS gesteigert – zum Beispiel mit größerem Turbolader und Ladeluftkühler. Das Fahrwerk hatte Audi gemeinsam mit Porsche überarbeitet, die Bremsen entlieh man zunächst dem Porsche 993 und nach kurzer Zeit kam die Anlage des 993 Turbo zum Einsatz. Außen zitieren verschiedene Bauteile wie Räder, vordere Blinker oder Schriftzüge die Porsche-Nähe. Die verführerische Mischung aus Familientauglichkeit und dem technischen Niveau der Top-Sportwagenklasse kostete üppige 98.900 Mark (1994), das Konzept ging dennoch auf: Der RS2 verschob das Audi-Image ein gutes Stück in Richtung Technik-Kompetenz. Auf Sonderwunsch fertigte Audi übrigens vier Limousinen mit RS2-Spezifikation.

Bild: © Audi Tradition

Preise	1	2	3	4	5
RS 2 Avant, Kom	105.000	73.000	40.000	k.N.	k.N.

Motor/Antrieb	
Bauart	Fünfzylinder (Reihe)
Lage/Antrieb	Front/4x4
Hubraum in cm^3	2226
PS/min	315/6500
Vmax in km/h	262
Karosserie	
Bauart	Limousine (4-türig); Kombi (5-türig)
Tragstruktur	selbsttragend
Material	Stahlblech
Stückzahl und Marktsituation	
Produktionszahl	2891 (4 Limousinen)
Verfügbarkeit	schlecht
Teilesituation	ausreichend
Unterhaltskosten	hoch

Fronttriebler streben nach oben.

Er war wahrlich kein echter 68er, auch wenn er eine ganze Fahrzeugklasse revolutionierte: Als der Audi 100 im November 1968 präsentiert wurde, glich dies einer Kampfansage an die etablierten Hersteller der oberen Mittelklasse. Als einzige frontgetriebene deutsche Produktion seiner Klasse entwickelte sich die erste Serie des Audi 100 mit knapp 800.000 Exemplaren zu einem wahren Bestseller und formte die Basis für eine eigene Typenreihe, die die Zukunft des jungen Konzerns nachhaltig sicherte. Viel Beifall für einen Typ, dem als angehender Klassiker die Anerkennung der Oldie-Fans versagt bleiben sollte. So sehr Audi auch bei der zweiten 100er-Serie an der sachlichen Linienführung festhielt, so diskret verschwanden sie aus dem Straßenbild. Ähnlich erging es auch dem 200er, dem robusten Reise-Audi, der ab 1980 mit Doppelscheinwerfern und Turbo-Version in der automobilen Oberklasse wilderte. Doch Bleifußorgien, Fünfthandmarter oder harte Fron in Diensten einer reisefreudigen Klientel haben seinen Bestand längst drastisch dezimiert. Ein anderer kam durch: Dank flottem Rücken gelangten die klassisch gezeichneten Audi 100 S-Coupés zu berechtigter Oldtimer-Anerkennung. Auch wenn dem zeitlosen Zweitürer kein wirtschaftlicher Erfolg beschieden war, polierte er das Image der neuen Marke, deren Ringe so mancher Zeitgenosse noch in den Endsiebzigern mit dem Stigma des näselnden Zweitaktgezeters verband, gehörig auf.

Audi 100 Limousine (Werkscode C1) 1968-1976

In die gehobene Mittelklasse drang Audi im Spätherbst 1968 mit der ersten Auflage des 100 ein: Die neue Limousine füllte mit großem Erfolg eine Marktlücke, die sich damals zwischen Opel, Ford und Mercedes auftat. Anfangs bot Audi den 100 nur als Viertürer an, eine elegante Zweitürer-Limousine folgte 1969. Drei Ausstattungs- und Leistungsstufen enthielt die frühe Modellpalette: Die Motoren, deren Layout vom Super 90 abstammte, leisteten 80, 90 und 100 PS. Im September 1971 erschien das Spitzenmodell 100 GL mit üppiger Serienausstattung und dem 112-PS-Motor des Coupés. Gleichzeitig löste ein 85-PS-Aggregat die beiden schwächsten Varianten ab. Die 100-PS-Version wurde durchgehend bis zum Serienende im August 1976 angeboten. Eine sanfte Modellpflege im Herbst 1973 hatte die Attraktivität des Audi 100 erhalten.

Bild: © Audi Tradition

Preise	1	2	3	4	5
Audi 100 1,8 (1968-1971), L4t	21.600	15.700	9.800	2.700	1.000
Audi 100 1,9 GL, L4t	26.400	18.600	12.600	3.000	1.100

Motor/Antrieb	
Bauart	Vierzylinder (Reihe)
Lage/Antrieb	Front/Front
Hubraum in cm^3	1760, 1871
PS/min	80/5000 bis 112/5700
Vmax in km/h	156 bis 180
Karosserie	
Bauart	Lim (2-türig), Lim (4-türig)
Tragstruktur	selbsttragend
Material	Stahlblech
Stückzahl und Marktsituation	
Produktionszahl	796.787
Verfügbarkeit	gut
Teilesituation	schwierig
Unterhaltskosten	mittel

Audi 100 Coupé S 1970-1976

Auf der IAA 1969 stellte Audi ein Coupé auf Basis der 100er-Reihe vor, das Mitte Oktober 1970 in Serie ging. Die Karosserie des Spitzenmodells erinnerte an zeitgenössische Sportwagen wie Maserati Ghibli oder Fiat Dino, unter dem eleganten Blech steckte allerdings die fast unveränderte Technik der Limousine. Den Motor hatten die Audi-Ingenieure auf 1,9 Liter Hubraum aufgebohrt und mit einer Solex-Zweivergaseranlage veredelt: Das Coupé erreichte damit eine Leistung von 115 PS, die 1972 jedoch um drei PS reduziert wurde – die Zweivergaseranlage lieferte zu schlechte Abgaswerte. Mit einer Gesamtauflage von 30.687 Exemplaren war das Coupé, das 1970 stolze 14.000 Mark kostete, kein Markterfolg. Als Imageträger rentierte es sich für Audi dennoch. Mit dem Erscheinen der zweiten Audi 100-Generation im August 1976 endete auch die Produktion des Coupés, das vorerst keinen Nachfolger fand.

Bild: © Audi Tradition

Preise	1	2	3	4	5
100 Coupé S (1971-1975), Cpe	57.000	41.800	27.100	13.800	6.800

Motor/Antrieb	
Bauart	Vierzylinder (Reihe)
Lage/Antrieb	Front/Front
Hubraum in cm^3	1871
PS/min	112/5700, 115/5500
Vmax in km/h	185
Karosserie	
Bauart	Coupé
Tragstruktur	selbsttragend
Material	Stahlblech
Stückzahl und Marktsituation	
Produktionszahl	30.687
Verfügbarkeit	gut
Teilesituation	schwierig
Unterhaltskosten	mittel

Audi 100 (Werkscode C43) — 1976-1982

Der Audi 100 der ersten Generation ist längst zum Oldtimer geworden, aber auch sein kantiger Nachfolger ist sehr selten geworden. Bei der Weiterentwicklung zur zweiten Serie, die Audi intern C43 nannte, standen die beiden Aspekte Sicherheit und Komfort im Mittelpunkt. Die Kunden konnten unter zwei Vierzylindern mit 1,6 und 2 Litern sowie einem 2,2 Liter großen Fünfzylinder wählen, für einen länger bauenden Sechszylinder hätte es bei dem Fronttriebler nur bei Quereinbau Platz gegeben. So wurde Audi nicht müde, die Vorteile der ungewohnten Zylinderzahl zu unterstreichen: In Laufruhe, Dynamik und Wirtschaftlichkeit entsprach er einem prestigeträchtigen Sechszylinder, ohne dessen Kosten in Fertigung und Wartung zu verursachen.

Bild: © Audi Tradition

Preise	1	2	3	4	5
100 2,0 (C43), L4t	13.600	8.100	4.100	1.300	700
100 Avant 2,0 (C43), L5t	13.900	8.400	5.000	1.700	900

Motor/Antrieb	
Bauart	Vierzylinder (Reihe), Fünfzylinder (Reihe)
Lage/Antrieb	Front/Front
Hubraum in cm³	1588, 1984, 2144
PS/min	85/5600, 115/5500, 136/5700
Vmax in km/h	160 bis 190
Karosserie	
Bauart	Lim (2-türig), Lim (4-türig)
Tragstruktur	selbsttragend
Material	Stahlblech
Stückzahl und Marktsituation	
Produktionszahl	896.299
Verfügbarkeit	gut
Teilesituation	schwierig
Unterhaltskosten	niedrig

Audi 200 (200, 200 5E, 200 5T) — 1980-1982

Audis erster Vorstoß in die Oberklasse geriet zwar nicht unambitioniert, wurde aber auch kein Erfolg: Der Marke fehlte es Anfang der achtziger Jahre noch am Image, zudem wirkte das Design des neuen 200 weit bürgerlicher als seine Technik. Für oberflächliche Beobachter unterschied er sich nur durch die vier kleinen Rechteck-Scheinwerfer vom billigeren Audi 100. Es gab von Februar 1980 bis August 1982 zwei Versionen des Audi-Topmodells, nämlich einmal den 200 5E mit dem 136-PS-Motor des Audi 100 und zum anderen den 200 5T mit Abgas-Turbolader und einer Leistung von 170 PS. Beide fielen durch ihre ungewöhnlich reichhaltige Serienausstattung auf – es war die Zeit, als sich Mercedes noch jede Petitesse extra bezahlen ließ. Ein gut erhaltener 200 5T hat als Klassiker des neuen Jahrtausends Potenzial. Technik-Defekte kommen allerdings teuer zu stehen.

Bild: © Classic Data

Preise	1	2	3	4	5
200 5E, L4t	22.700	14.400	8.400	3.100	1.500
200 5T, L4t	24.700	17.300	10.600	3.600	2.000

Motor/Antrieb	
Bauart	Fünfzylinder (Reihe)
Lage/Antrieb	Front/Front
Hubraum in cm³	2144
PS/min	136/5700 bis 170/5300
Vmax in km/h	184 bis 203
Karosserie	
Bauart	Limousine (4-türig)
Tragstruktur	selbsttragend
Material	Stahlblech
Stückzahl und Marktsituation	
Produktionszahl	ca. 50.000
Verfügbarkeit	gut
Teilesituation	schwierig
Unterhaltskosten	hoch

Audi 100 (C3 bzw. Typ 44) — 1986-1991

Als Audi 1982 den neuen 100 zeigte, erregte sein innovatives Design Aufsehen. Der neue Audi 100 galt damals mit einem c_W-Wert von 0,30 als strömungsgünstigste Limousine der Welt. Dahinter steckte viel Detailarbeit. So schlossen zum Beispiel die Seitenscheiben bündig mit der Karosserie ab. Die schräg liegenden Glasflächen führten jedoch im Sommer zu einer starken Aufheizung des Innenraums, was in vielen Tests kritisiert wurde. 1985 begann Audi, die Karosserien aus verzinktem Blech zu fertigen. Auch mit seinen markanten Fünfzylindermotoren setzte der Audi 100 C3 Akzente. Die Ingolstädter wollten nicht solider sein als Mercedes, nicht sportlicher als BMW – sondern wirtschaftliche, fortschrittliche Autos bauen.

Bild: © Audi Tradition

Preise	1	2	3	4	5
100 2,0 (Typ 44), L4T	k.N.	8.900	3.300	1.700	k.N.
100 Quattro Kat (88 PS), L4t	k.N.	11.100	4.800	2.600	k.N.
100 Quattro Kat 2.3, L4t	k.N.	13.600	6.800	3.100	k.N.
100 TD, L4t	k.N.	5.200	2.000	1.000	k.N.

Motor/Antrieb	
Bauart	Vier-/Fünfzylinder (Reihe)
Lage/Antrieb	Front/Front, 4x4
Hubraum in cm³	1781/1921-2460
PS/min	70/4800 bis 165/5500
Vmax in km/h	151 bis 216
Karosserie	
Bauart	Lim (4-türig), KombiLim (4-türig)
Tragstruktur	selbsttragend
Material	Stahlblech
Stückzahl und Marktsituation	
Produktionszahl	k.A.
Verfügbarkeit	sehr gut
Teilesituation	schwierig
Unterhaltskosten	mittel

Audi 200 (Werkscode C3, Typ 44) — 1983-1991

Auch die zweite Auflage des Audi 200 basierte wieder auf der damals aktuellen Audi-100-Baureihe. Äußerlich unterschied sich das Ingolstädter Top-Modell durch breitere Scheinwerfergläser und serienmäßige Nebelscheinwerfer, auch Motorhaube, Frontspoiler und Heckblende hatte Audi geändert. Ab 1984 gab es den 200 auch als Avant, zudem war der permanente Allradantrieb quattro wählbar, nicht jedoch in Verbindung mit der damals noch verbauten Dreistufenautomatik. Die Motorisierung des 200 basiert auf der Palette des Audi 100: Fünfzylindermotoren zwischen 2,1 und 2,3 Liter, auch Turbo-Varianten wie der sportliche 20-Ventiler mit 2,2-Liter-Hubraum kamen zum Einsatz. Er lieferte im Audi 200 quattro 20 V immerhin 220 PS und bot eine Höchstgeschwindigkeit von rund 240 km/h – das waren damals überaus konkurrenzfähige Fahrleistungen.

Bild: © Audi AG

Preise	1	2	3	4	5
200 Turbo (83-88), L4t	k.N.	17.600	8.600	4.100	k.N.
200 Quattro (Kat), L4t	k.N.	25.500	14.100	5.400	k.N.

Motor/Antrieb	
Bauart	Fünfzylinder (Reihe)
Lage/Antrieb	Front/Front, 4x4
Hubraum in cm³	2144, 2226
PS/min	136 bei 5700 bis 220 bei 5700
Vmax in km/h	200 bis 242
Karosserie	
Bauart	Limousine (4-/5-türig)
Tragstruktur	selbsttragend
Material	Stahlblech
Stückzahl und Marktsituation	
Produktionszahl	k.A.
Verfügbarkeit	schlecht
Teilesituation	schwierig
Unterhaltskosten	hoch

Brachial bis brav

Vorsprung durch Technik – kaum ein Fahrzeug hatte den Audi-Werbespruch in fast allen Facetten so zurückgestrahlt, wie die Sport-Coupé-Varianten der Ingolstädter Fahrzeugschmiede, genauer: die Versionen namens Quattro, die mit pausbackigen Kotflügeln und permanentem Allradantrieb nicht nur in der Sportwagenwelt neue Maßstäbe setzten, sondern Audi aus dem seichten Mittelmaß in die Premium-Klasse katapultierten. Egal, ob als Ur-Quattro, Quattro 20 V oder bärenstarke Kurzversion namens Sport Quattro – Audi glückte mit dessen Entwicklung eine erhebliche Rufaufwertung, der auch ein unverschämt hoher Preis für die streng limitierte Sport Quattro-Edition nichts anhaben konnte.

Anders erging es der braver gearteten Coupé-Variante: Ohne den markanten Kampfanzug des Brachial-Bruders kam das technisch auf dem Audi 80 basierende Coupé nicht selten in den Ruf eines Quattro für Arme. Dabei hatte auch das normale Coupé an der Verwirklichung des Vorsprungs durch Technik partizipiert: Besonders die Fünfzylinder-GT-Modelle gehören mittlerweile zu den beliebtesten Coupé-Varianten aus Ingolstadt.

Audi Coupé 1980-1987

Die bürgerliche Variante des Quattro erschien im September 1980 mit dem Audi Coupé, das die Form des feudalen Vierradlers mit der sanften Technik des Audi 80 verband. Das Coupé – Grundpreis ab 22.000 Mark – profitiert bis heute von der engen stilistischen Verwandtschaft: Laien halten es mitunter für das ehemalige Audi-Spitzenmodell. Dabei erreichte es bis zum Serienende 1987 mit einer Gesamt-Stückzahl von 207.000 Exemplaren die fast 20-fache Verbreitung des Quattro und wird heute noch meist zum Billigpreis verramscht. Die Modellpalette reichte vom GL-Coupé mit mageren 75 PS bis zum 136 PS starken Allrad-Modell, das 1984 ins Programm kam. Es durfte den klangvollen Beinamen Quattro tragen. Besonders interessant für Youngtimer-Jäger: Die ersten G-Kat-Versionen des Audi Coupés kamen 1985 auf den Markt.

Bild: © Audi Tradition

Preise	1	2	3	4	5
Coupé GT (1980-1984), Cpe	26.100	13.700	9.400	3.500	1.300
Coupé GT (1984-1987), Cpe	18.500	9.800	6.200	2.300	700

Motor/Antrieb	
Bauart	Vier-/Fünfzylinder (Reihe)
Lage/Antrieb	Front/4x4
Hubraum in cm^3	1781, 1921, 1944, 2226
PS/min	75/4500 bis 136/5700
Vmax in km/h	170 bis 200
Karosserie	
Bauart	Coupé
Tragstruktur	selbsttragend
Material	Stahlblech
Stückzahl und Marktsituation	
Produktionszahl	207.657
Verfügbarkeit	üppig
Teilesituation	gut
Unterhaltskosten	hoch

Audi quattro 1980-1990

Seine eigene Legende kreierte der Ur-quattro in den achtziger Jahren mit unzähligen Siegen und dem Gewinn der Rallye-Weltmeisterschaft der Jahre 1982 und 1983. Seine Karriere begann auf dem Genfer Salon im März 1980. Im November desselben Jahres startete Audi die Serienproduktion des 200-PS-Coupés mit Turbomotor, Ladeluftkühlung und permanentem Allradantrieb. Sein Grundpreis von 50.000 Mark verdoppelte sich bis zum Produktionsstopp im Herbst 1991, dazwischen lagen immer wieder dezente Retuschen: 1982 etwa kamen serienmäßige LED-Instrumente zum Einsatz, 1984 gab es breitere Reifen, ein härteres Fahrwerk und das Anti-Blockiersystem ABS.

Bild: © Audi Tradition

Preise	1	2	3	4	5
quattro Coupé (1984-1987), Cpe	77.200	59.900	33.300	18.400	k.N.

Motor/Antrieb	
Bauart	Fünfzylinder (Reihe)
Lage/Antrieb	Front/4x4
Hubraum in cm^3	2144
PS/min	200/5800
Vmax in km/h	235
Karosserie	
Bauart	Coupé
Tragstruktur	selbsttragend
Material	Stahlblech
Stückzahl und Marktsituation	
Produktionszahl	11.429
Verfügbarkeit	gut
Teilesituation	gut
Unterhaltskosten	hoch

Audi 80 quattro 1982-1984

Audi rühmt sich, auch als Wegbereiter der Allrad-Technik für die Masse zu gelten. Die frühen Vertreter des 4x4-Konzepts, das Audi werbewirksam und einprägend „quattro" nannte, gaben sich mitunter sogar betont alltagstauglich. Der Audi 80 quattro war das erste Beispiel. Sein Fünfzylinder leistete 136 PS, doch ab 1983 bot Audi den 80 quattro auch in einer preiswerteren, leistungsärmeren Variante mit Zweiliter-Fünfzylinder an, die 115 PS leistete. Ihn gab es auch als Zweitürer. Dennoch blieben die Verkaufszahlen des 80 quattro deutlich hinter den Erwartungen zurück: Die Vision vom Familien-Allradler konnte sich nicht in dem Maße durchsetzen, wie es Audi sich ursprünglich erhofft hatte. Das Mehr an Preis, Gewicht und Verbrauch vermochte die Masse der Kunden nicht zu überzeugen.

Bild: © Audi Tradition

Preise	1	2	3	4	5
Audi 80 quattro (136 PS), L4t	35.100	18.200	10.400	5.500	2.700

Motor/Antrieb	
Bauart	Fünfzylinder (Reihe)
Lage/Antrieb	Front/4x4
Hubraum in cm^3	1944, 2144
PS/min	115/5400, 136/5900
Vmax in km/h	184, 195
Karosserie	
Bauart	Lim (2-türig), Lim (4-türig)
Tragstruktur	selbsttragend
Material	Stahlblech
Stückzahl und Marktsituation	
Produktionszahl	k.A.
Verfügbarkeit	asureichend
Teilesituation	asureichend
Unterhaltskosten	mittel

Audi Sport quattro 1984-1985

Audi und Sport – diese Kombination wurde geschaffen, sie entstand aus dem Nichts. Besondere Bedeutung kam dabei einer heiß gemachten Version des Audi quattro Coupé zu, dem Sport quattro. Noch heute ist der „Kurze“, wie ihn Fans wegen des verkürzten hinteren Segments seiner Fahrgastzelle nennen, eindeutig der begehrteste Audi der 1980er Jahre. Nicht ohne Grund, denn Audi hatte von ihm nur 220 Stück gefertigt – die Mindestmenge, die für eine sportrechtliche Freigabe notwendig war. Der Sport quattro war kein Typ für Kompromisse, was nicht nur seine extrem sportliche, auf den Rallye-Einsatz getrimmte Leistung und seine straffe Fahrwerksauslegung bewiesen. Auch sein Preis war Spitze: Mit knapp 200.000 DM avancierte der skurrile Kraftprotz zum teuersten deutschen Serienauto seiner Zeit. Sogar den Porsche turbo ließ er dabei hinter sich.

Bild: © Audi Tradition

Preise	1	2	3	4	5
Audi Sport quattro, Cpe	500.000	410.000	320.000	180.000	k.N.

Motor/Antrieb	
Bauart	Fünfzylinder (Reihe)
Lage/Antrieb	Front/4x4
Hubraum in cm³	2133
PS/min	306/6700
Vmax in km/h	250
Karosserie	
Bauart	Coupé
Tragstruktur	selbsttragend
Material	Stahlblech
Stückzahl und Marktsituation	
Produktionszahl	220
Verfügbarkeit	schlecht
Teilesituation	ausreichend
Unterhaltskosten	hoch

Audi setzt mit dem TT auf Purismus und Reduktion

Mit großen Augen verfolgte das internationale Publikum auf der IAA 1995 die Präsentation auf dem Audi-Stand: Die markante Coupé-Studie nahm sich formal zurück, setzte dabei auf starke geometrische Elemente und wirkte auf faszinierende Weise technoid. Entworfen hatte das Fahrzeug Freeman Thomas, ein amerikanischer Designer in VW-Diensten, der auch die Form des Beetle gestaltet hatte. Der Audi TT erhielt umgehend Lob: „Er spiegelt tatsächlich, wie von den Vorständen beschworen, den Geist früher Auto Union-Rennwagen ebenso wider wie den Einfluss seiner Prototypen-Vorgänger Quattro Spyder und Avus“, urteilte Eckhard Eybl über den ersten TT-Auftritt in *auto motor und sport*. Er wies bereits darauf hin, dass die Serienchancen des TT deutlich besser sein dürften als sie es bei seinen stilistischen Vorbildern waren. Dafür sprach, dass Audi als TT-Basis den künftigen A3 gewählt hatte, dazu kam das bereits weit fortgeschrittene Baukastensystem, das Volkswagen und Audi aufgebaut hatten. Die Studie versprach mit einem 150 PS starken 1,8-Liter-Vierzylinder-Turbo und permanentem Allradantrieb eine kräftige wie realistische Basis für eine künftige Fertigung ab 1998, so Autor Eybl. Er lag exakt richtig: Mit Modelljahr 1999 startete Audi die Produktion der ersten Auflage (intern: 8N), die Audi bis 2006 produzierte – als Coupé und Roadster, den Audi als Studie 1995 auf der Tokyo Motor Show vorgestellt hatte. Die zweite Generation (intern: 8J) lief von 2006 bis 2014 vom Band, von da an bis 2023 der FV/8S. Danach wurde die Baureihe TT eingestellt. Eine Neuauflage ist derzeit aber in der Diskussion.

Bild: © Audi AG

Audi TT 1.8 T, 1.8 T quattro, 1.8 T quattro sport, 3.2 quattro (1. Generation, 8N) 1998-2006

Als Audi 1998 den neuen TT zeigte, kam umgehend Applaus: Das Serienmodell hatte sich den innovativen Charme und die technoide Kompetenz der 1995er Studie bis ins Detail erhalten. Als Antrieb dienten zwei Versionen des 1,8-Liter-Turbomotors mit 150 und 180 PS; 2005 hob Audi die Leistung auf 163 und 190 PS. Zudem ergänzte der 3.2 quattro mit 250 PS starkem VR6-Triebwerk und Allradantrieb das Portfolio. Auch die 1,8-Liter-Turbo-Version gab es als quattro, die ab 1998 über 225 PS verfügte, als Sportmodell (ab 2005) sogar 240 PS. Ein dramatisches Kapitel des frühen TT blieb bis heute in Erinnerung: Die sportlichen Audi besaßen eine großartige Fahrdynamik mit einem späten, jedoch enorm schmalen Grenzbereich. Nach mehreren Unfällen mit Todesopfern erhielten ab 2000 alle TT den zunächst nicht gewollten Heckspoiler sowie ESP. Bereits ausgelieferte Fahrzeuge wurden am Fahrwerk nachgebessert, Spoiler und ESP auf Wunsch montiert.

Bild: © Audi AG

Preise	1	2	3	4	5
TT 1,8 T, Cpe	k.N.	10.700	5.900	3.600	k.N.
TT 1,8 T, Cab	k.N.	12.000	6.500	3.800	k.N.
TT 1,8 T quattro, Cpe	k.N.	11.800	6.600	4.200	k.N.
TT 1,8 T quattro, Cab	k.N.	12.600	7.800	4.500	k.N.

Motor/Antrieb	
Bauart	Vierzylinder (Reihe), VR6
Lage/Antrieb	Front/Front, 4x4
Hubraum in cm³	1781, 3189
PS/min	150/5700 bis 250/6300
Vmax in km/h	228 bis 250
Karosserie	
Bauart	Coupé
Tragstruktur	selbsttragend
Material	Stahlblech
Stückzahl und Marktsituation	
Produktionszahl	178.838
Verfügbarkeit	üppig
Teilesituation	sehr gut
Unterhaltskosten	mittel

Futurismus ohne Zukunft: Der Audi A2

Ferdinand Piëch, der Audi auf Trab gebracht hatte, war 1997 schon seit fünf Jahren nicht mehr in Ingolstadt. Doch den unbedingten Willen, mit konstruktivem Können und einer Liebe zu technologischen Lösungen in die Zukunft zu blicken, hat er hinterlassen (und aus Wolfsburg mit eingesteuert): So entstanden ab 1996 zwei Konzeptstudien mit dem Namen Al2, für deren ambitioniertes Design Peter Schreyer, Gerhard Pfefferle, Stefan Sielaff und Luc Donckerwolke verantwortlich waren.

Die erste Version, Light Blue genannt, zeigte Audi auf der IAA 1997 in Frankfurt: Verwundert rieb sich die Branche die Augen über diese Zukunftsvision – der Al2 trat nicht nur im damals ungewöhnlichen Format eines kompakten Vans auf, sondern zeigte eine sehr ruhige, bewusst sachliche und konstruktive Ästhetik. Trotz seiner flächigen Flanken setzte der Al2 bewusst auf Leichtbau und blickte mit einer Reihe ungewöhnlicher Lösungen in die Zukunft: Das überlegte Design führte zu einem beachtlichen c_W-Wert von 0,25, dazu bot das Innere eine Menge Raum. Der Al2 trat mit allem an, was Audi an Fortschritt zu bieten hatte. Dazu zählte eine Karosseriestruktur aus speziellen Aluminiumprofilen, Audi Space Frame genannt. Rund ein Viertel wog der Al2 weniger als Serienfahrzeuge vergleichbarer Größe. Innen spielten viele transparente Details – zum Beispiel ein lichtdurchlässiger Himmel – optisch mit dem Thema Leichtbau.

Bild: © Audi AG

Auf die 1997 vorgestellten Al2-Studie Light Blue folgte das „Cabrio-Pick-up“: Beides sind Vorläufer des A2.

Einen zweiten Al2 präsentierte Audi auf dem Salon in Tokio, ebenfalls noch 1997. Diese Open End genannte Variante besaß zwei Türen, ein lichtdurchlässiges Stoffverdeck, das sich nach vorne (!) aufrollen ließ, und eine 160 mal 95 Zentimeter große Ladefläche – eine Art Cabrio-Pickup, das urban, schick und robust zugleich sein wollte.

Aus diesen Studien entstand in Folge tatsächlich ein ambitioniertes Serienmodell, der Audi A2, dem jedoch – auch wegen seines hohen Preises – kein großer Erfolg beschieden war. Sechs Jahre nach der Einstellung im Jahr 2006 knüpfte Audi nochmals an die visionäre Baureihe an: 2011 zeigten die Ingolstädter ein Modell mit dem Namen Audi A2 concept, das als modernisierter A2 antrat. Doch der diente nur als Träger einiger Ideen, propagierte wieder den Leichtbau, ohne jedoch am Ende mehr werden zu dürfen als eine Momentaufnahme der aktuellen Möglichkeiten.

Klassisches Raum-Konzept auf Premiumniveau mit Platz für vier Personen: Der rein elektrisch angetriebene A2 concept stand 2011 als Ausblick auf die elektrische Mobilität der Zukunft auf der 64. IAA.

Bild: © Audi AG

Audi A2 1.4, 1.6 FSI, 1.2 3L, 1.4 TDI — 1999-2005

Mit dem A2 hat sich Audi ein Denkmal gesetzt: Er zeigte, wie Leichtbau (unter 900 Kilogramm!) und Aerodynamik in einem cleveren Auto-Format funktionieren kann. „Ein Auto für betuchte Minimalisten" sei er, kommentierte *auto motor und sport*. Tatsächlich lag der Grundpreis für den technologisch anspruchsvollen A2 hoch, zudem schätzte nicht jeder das sachliche Design und die ungewohnten Proportionen des schmalen Wagens. Besonders passend für die A2-Palette fiel der 1.2 3L aus, das erste fünftürige Drei-Liter-Auto. Es setzte auf einen 61 PS starken Diesel und erhielt zahlreiche Optimierungen. Letztlich geriet der A2 jedoch für Audi zur Enttäuschung: Mit 60.000 verkauften A2 pro Jahr hatten die Planer gerechnet. Doch in den sieben Jahren seiner Produktion erreichte die Gesamtbauzahl keine 180.000 Exemplare – was immerhin dazu führte, dass der ambitionierte A2 nie zu einem gewöhnlichen Gebrauchtwagen verkam, sondern stets von Menschen gewählt wurde, die das Besondere suchten.

Bild: © Audi AG

Preise	1	2	3	4	5
A2 1.6 FSi, L5t	k.N.	7.300	4.700	2.200	k.N.
A2 3L TDi, L5t	k.N.	5.100	3.200	1.500	k.N.

Motor/Antrieb	
Bauart	Drei-/Vierzylinder (Reihe)
Lage/Antrieb	Front/Front
Hubraum in cm³	1191, 1390, 1422, 1598
PS/min	61/4000 bis 110/5800
Vmax in km/h	168 bis 202
Karosserie	
Bauart	Limousine (4-türig)
Tragstruktur	Space Frame
Material	Aluminium
Stückzahl und Marktsituation	
Produktionszahl	176.377
Verfügbarkeit	gut
Teilesituation	gut
Unterhaltskosten	mittel

Audi wählt Luxus: Der Weg in die Oberklasse

Automobile Oberklasse im Zeichen der vier Ringe? Was Autokenner noch in den 1980er Jahren allein in der Vorkriegszeit verorteten, erlebte ab 1988 eine Renaissance. Erstmals nach Kriegsende wagte sich Audi mit dem V8 wieder in das Segment der Luxuslimousinen. Als noch unbekannter Gegenspieler der etablierten Mercedes-Benz S-Klasse und des noch als „Jungen Wilden" geltenden 7er-BMW musste der neue Herr der Ringe einiges bieten: Wer aus dem Nichts kommt und in der Oberklasse um Vertrauen kämpft, ist auf ein starkes Selbstbewusstsein angewiesen. „Prestige einfach im Sinne des hohen Ansehens, weniger als Geltungsbedürfnis", tröstete ein Audi V8-Werbespot und zählte auf souveräne Käufer: „Die andere Art des Ansehens", hieß der Slogan.

Damit tat sich der Audi V8 jedoch noch schwer. Was auch daran lag, dass er optisch zu stark an die bekannten Audi 100/200-Limousinen erinnerte. Da half es auch nichts, dass Audi zu Beginn auf eine sehr umfangreiche Serienausstattung setzte. Denn dieser Luxus trieb den Preis nach oben, ebenso der serienmäßige Allradantrieb, der in der Oberklasse eher als kurios denn als sinnvoll galt.

Doch der Mut hat sich gelohnt. Für Audi bedeutete der V8 einen deutlichen Schritt zur Anerkennung als innovativer, hochwertiger Hersteller leistungsfähiger Automobile. Selbst im Motorsport war der Audi V8 erfolgreich: 1990 gewann Hans-Joachim Stuck und 1991 Frank Biela die Deutsche Tourenwagen Meisterschaft mit einem Audi Flaggschiff.

Als Nachfolger etablierte Audi 1994 den A8 mit dem innovativen Space Frame, der dann tatsächlich auf Erfolgskurs kam.

Bild: © Audi AG

Saison 1991: Audi verteidigt als erster Hersteller seinen DTM-Titel.

Audi V8 (Typ D1) — 1988-1994

Zwar hatten die Ingenieure mit dem V8 ein technisch weitgehend neues Fahrzeug konstruiert, unter anderem mit einem potenten Achtzylinder, der aus zwei Golf GTI-Treibsätzen entstanden ist. Doch zu nah war die Karosserie am Audi 100 geblieben, auf der sie auch basierte. Damit fiel insbesondere im Fond das Platzangebot zu knapp aus. Auch eine 30 Zentimeter längere Version bot Audi als V8L an, genutzt hat es wenig: Der Verkauf blieb weit hinter den Erwartungen zurück. Selbst als Youngtimer ist der Audi V8 ein Auto für Individualisten geblieben. Vorsicht ist geboten: Durch Engpässe in der Ersatzteilversorgung droht manchem Audi V8 bereits der Zwangsstillstand. Deshalb am besten vor dem Kauf über die aktuelle Lage informieren.

Bild: © Audi Tradition

Preise	1	2	3	4	5
Audi V8, L4t	k.N.	21.700	10.900	5.200	k.N.

Motor/Antrieb	
Bauart	V8
Lage/Antrieb	Front/4x4
Hubraum in cm³	3562, 4172
PS/min	250/5800, 280/5800
Vmax in km/h	235 bis 252
Karosserie	
Bauart	Limousine (4-türig)
Tragstruktur	selbsttragend
Material	Stahlblech
Stückzahl und Marktsituation	
Produktionszahl	ca. 21.000
Verfügbarkeit	ausreichend
Teilesituation	schwierig
Unterhaltskosten	hoch

Audi A8 (Typ D2) — 1994-2002

Mitte der 1990er wollte es Audi dann wissen – oder genauer: Ferdinand Piëch hatte beschlossen, dass Audi an die Spitze muss. Er selbst führte zwar seit Januar 1993 in Wolfsburg die VW-Geschäfte, dennoch reichte seine Macht problemlos bis Ingolstadt. Nach dem späteren Mercedes-Motto „Das Beste oder nichts" entstand dort der Nachfolger des etwas hausbackenen und glücklosen V8. Die Ingenieure durften nun eine Oberklasse-Limousine aus feinsten Zutaten formen: Als tragende Struktur diente ein neuartiger Space Frame aus Aluminium, auch die Außenhaut bestand aus diesem Material – eine Weltpremiere in dieser Klasse. Der A8 konnte auch mit einem Zwölfzylindertriebwerk punkten, einem nach seiner Bauweise W12 genannten Sechs-Liter-Aggregat. Ebenfalls ungewöhnlich war der Audi A8 3.3 TDI, der mit einem V8-Diesel für Aufsehen sorgte. Doch auch Einsteigerversionen mit V6-Motorisierung hatte Audi nun im Angebot – und reinem Frontantrieb, ebenfalls ungewöhnlich in der Top-Klasse. Optional gab es den A8 auch als Langversion.

Bild: © Audi AG

Preise	1	2	3	4	5
Audi A8 4.2 quattro, L4t	k.N.	11.000	6.000	3.900	k.N.

Motor/Antrieb	
Bauart	V6, V8, W12
Lage/Antrieb	Front/Front, 4x4
Hubraum in cm^3	2771 bis 5998
PS/min	150 bei 4000 bis 420 bei 6000
Vmax in km/h	213 bis 250
Karosserie	
Bauart	Limousine (4-türig)
Tragstruktur	Space Frame
Material	Aluminium
Stückzahl und Marktsituation	
Produktionszahl	105.092
Verfügbarkeit	ausreichend
Teilesituation	gut
Unterhaltskosten	hoch

Austin (GB) • 1905 bis 1952, als Marke bis 1987, ab 2015

Im Jahr 1905 gründete Baron Herbert Austin sein eigenes Unternehmen, zuvor hatte er bei Wolseley gearbeitet. Die Firma Austin Motor Company in Birmingham wuchs dank des erfolgreichen Kleinwagens mit dem Namen „Seven" rasch zu einem der größten Autohersteller Englands. 1952 schloss sich die Austin Motor Co. mit der Nuffield Group (mit Morris, MG, Wolseley und Riley) zur British Motor Company (BMC) zusammen. Im gleichen Jahr begann eine Kooperation mit Donald Healey, woraus die Marke Austin-Healey hervorging.

Schon 1958 präsentierte man ein kompaktes Modell mit praktischer Heckklappe, dessen Design von Pinin Farina stammte. Aus der Modellreihe Princess wurde ab 1958 eine eigene Marke. 1959 kam der Mini auf den Markt, der zwar als sensationell galt, doch niemand wagte, einen über Jahrzehnte anhaltenden Erfolg vorauszusagen.

Die für Laien kaum mehr nachvollziehbaren Fusionen gingen 1966 weiter: Damals entstand die British Motor Holding BMH aus dem Zusammenschluss von BMC mit Jaguar und Daimler. 1968 ging diese Gruppe in der BLMC auf, der British Leyland Motor Corporation. Leyland hatte Triumph und Rover mitgebracht. Dass aber damit kaum Probleme gelöst waren, zeigt der Branchenspott, der die Firma in British Elend umtaufte. Jaguar gehörte von 1989, Land Rover von 2000 an zu Ford. 2008 verkauften die Amerikaner beide Unternehmen an den indischen Konzern Tata Motors. Rover ging nach dem BMW-Intermezzo und dem Zusammenschluss mit MG im Jahr 2005 in die Insolvenz. Noch im gleichen Jahr übernahm die chinesische Nanjing Automobile Corporation das Unternehmen MG Rover. Die Namensrechte an Austin wollten sie ursprünglich für eigene Produkte nutzen. Inzwischen gehört die Marke wieder einem Engländer: Am 1. Mai 2015 gründete Peter Valaitis eine Firma namens Austin Motor Company Ltd., die seit 2022 mit dem Austin Arrow einen kleinen offenen Zweisitzer anbietet. Der elektrisch betriebene, sehr klassisch aussehende Wagen leistet 15 kW und soll eine Reichweite von 100 Meilen (161 km) haben. Er ist als L7e-Fahrzeug homologiert.

Austin arbeitete in den 1930er Jahren auch mit dem Hersteller Swallow Sidecars zusammen.

Birmingham Museums Trust

Der Gründer und Politiker Sir Herbert Austin in einem der erfolgreichen kleinen Austin 7, der 1922 vorgestellt wurde.

Klassische Optik, doch mit Elektroantrieb: Der neue Austin Arrow ist als L7e-Fahrzeug homologiert.

Austin Seven — 1922-1939

Schon 1922 führte Austin das Modell Seven ein, ein bald sehr beliebter Kleinwagen mit knapp 750 cm^3 großem Vierzylindermotor, der als Limousine bis zu vier Personen Platz bot. Lizenzausführungen bauten unter anderem Dixi in Deutschland, Rosengart in Frankreich und Bantam in Amerika. Nachdem BMW die Eisenacher Firma Dixi übernommen hatte, boten ihn die Bayern zunächst als 3/15 an. Es gab ihn mit verschiedenen Aufbauten als Tourer, Roadster und Limousine mit jeweils 10 PS. Die Leistung stieg jedoch stetig: Der Nippy Tourer, zwischen 1933 und 1934 gebaut, kam bereits auf 23 PS, der bis 1935 gebaute Speedy Tourer machte seinem Namen mit 30 PS alle Ehre. Zusätzlich bereicherten zahlreiche Sonderkarosserien das Angebot. Der Big Seven, von 1934 bis 1939 im Verkauf, galt als relativ modernes Auto.

Bild: © Mario De Rosa

Preise	1	2	3	4	5
Seven Chummy (1922-1929), Tou	17.300	10.600	6.800	3.700	1.200
Seven Swallow (1929-1932), L2t	18.400	10.100	6.100	2.400	1.000
Seven Ruby (1934-1939), L2t	15.200	8.700	4.900	1.900	800

Motor/Antrieb	
Bauart	Vierzylinder (Reihe)
Lage/Antrieb	Front/Heck
Hubraum in cm^3	747,5
PS/min	10/3200, 15/3000
Vmax in km/h	75
Karosserie	
Bauart	Limousine (2-türig), Cabriolet, Roadster
Tragstruktur	Kastenrahmen
Material	Stahlblech
Stückzahl und Marktsituation	
Produktionszahl	290.000
Verfügbarkeit	gut
Teilesituation	gut
Unterhaltskosten	niedrig

A

Austin A 135 Princess 1947-1956

An noble Gefährte von Bentley, Daimler oder gar Rolls-Royce erinnert die üppige Linienführung des großen Austin, der wie eine Chauffeur-Limousine erscheint. Für die nach Understatement strebenden Briten war er eine charaktervolle Alternative zu den etwas größeren, dabei aber wesentlich teureren Modellen der Konkurrenz. Sachliche Gründe waren gegen den A 135 kaum anzubringen: Er bot Luxus in Hülle und Fülle – seine herrschaftlichen Dimensionen überzeugten nicht nur außen, sondern auch innen. Als Antrieb diente dem Austin A 135 Princess ein mit 132 PS überaus potenter Reihensechszylinder mit vier Litern Hubraum, der eine Höchstgeschwindigkeit von rund 130 km/h ermöglichte. So fehlt dem großen Austin bis heute eigentlich nichts – außer Prestige. Die Preise blieben deswegen aus Käufersicht auf erfreulichem Niveau.

Bild: © David Hodges Collection

Preise	1	2	3	4	5
A 135 Princess, L4t	24.700	17.700	10.900	6.200	2.200

Motor/Antrieb	
Bauart	Sechszylinder (Reihe)
Lage/Antrieb	Front/Heck
Hubraum in cm³	3995
PS/min	132/3700
Vmax in km/h	130
Karosserie	
Bauart	Limousine (4-türig)
Tragstruktur	Kastenrahmen
Material	Stahlblech
Stückzahl und Marktsituation	
Produktionszahl	6000
Verfügbarkeit	schlecht
Teilesituation	schwierig
Unterhaltskosten	hoch

Austin A 90 Atlantic 1949-1952

Mit den großen Blechflächen und seinem dritten Scheinwerfer besitzt der A 90 Atlantic die Anmutung eines Zyklopen. Die eigenwillige Gestaltung ist sicher Teil des Reizes bei diesem Klassiker, der vor allem für den große Stückzahlen fassenden amerikanischen Markt entwickelt wurde. Dort fand das zweitürige Coupé allerdings kaum Anklang, nicht einmal für die fortschrittliche Cabrio-Version konnten sich die Amerikaner erwärmen, obwohl die sogar bereits über ein elektrisches Dach verfügte. Während der Austin A 90 Atlantic nach kaum 10.000 gebauten Exemplaren sang- und klanglos aus dem Programm gestrichen wurde, durfte der Motor noch Karriere machen: Der 2,7 Liter große Vierzylinder, der 89 PS leistete und den Atlantic auf immerhin 140 Stundenkilometer beschleunigte, weckte im Austin-Healey 100/4 sportliche Ambitionen.

Bild: © David Hodges Collection

Preise	1	2	3	4	5
A 90 Atlantic, L2t	20.600	13.800	8.400	4.700	2.300
A 90 Atlantic, Cab	31.500	21.700	13.800	6.900	3.500

Motor/Antrieb	
Bauart	Vierzylinder (Reihe)
Lage/Antrieb	Front/Heck
Hubraum in cm³	2660
PS/min	89/4000
Vmax in km/h	140
Karosserie	
Bauart	Coupé, Cabriolet
Tragstruktur	Kastenrahmen
Material	Stahlblech
Stückzahl und Marktsituation	
Produktionszahl	ca. 10.000
Verfügbarkeit	gegen null
Teilesituation	schwierig
Unterhaltskosten	mittel

Austin A 30, A 35 1951-1959

In einer Zeit, in der Autos generell als Luxus galten, durften Kleinwagen aussehen wie miniaturisierte Großlimousinen – und niemand nahm Anstoß daran oder lachte darüber. Heute wirkt der A 30 dagegen skurril, weil er so klein ist und doch alle formalen Attribute der Großen an sich trägt. Doch der kleine Austin wurde aufgrund seiner robusten Konstruktion und des ansprechenden Raumangebots durchaus ernst genommen. Rund 600.000 Verkäufe in achtjähriger Marktpräsenz sprechen für seinen Erfolg. Allein die starke Konkurrenz verhinderte noch bessere Ergebnisse, beispielsweise konkurrierte der kompakte Austin mit dem Morris Minor. Die kurzen Viertürer A 30 und A 35 konnten damals wie heute mit guter Alltagstauglichkeit überzeugen. Die Motorisierung lässt allerdings keine überschwängliche Fahrfreude aufkommen.

Bild: © Archiv HEEL Verlag

Preise	1	2	3	4	5
A 30, L4t	9.300	6.300	4.100	1.600	900
A 35, L4t	10.600	6.800	4.700	2.000	1.000

Motor/Antrieb	
Bauart	Vierzylinder (Reihe)
Lage/Antrieb	Front/Heck
Hubraum in cm³	803, 948
PS/min	30/4800 bis 35/4750
Vmax in km/h	105 bis 110
Karosserie	
Bauart	Lim (2-/4-türig), Kombi (3-türig)
Tragstruktur	selbsttragend
Material	Stahlblech
Stückzahl und Marktsituation	
Produktionszahl	225.000, 375.000
Verfügbarkeit	schlecht
Teilesituation	schwierig
Unterhaltskosten	niedrig

Austin A 40 Sports Tourer 1951-1953

Eine Seltenheit mit außergewöhnlichen Merkmalen ist dieses Modell des Massenherstellers Austin. Die recht ansprechend gestylte Karosserie aus Aluminium erinnert manchen Betrachter an frühe Jensen-Modelle und sitzt auf einem Kastenrahmen. Noch eleganter sieht der zweitürige Brite mit geöffnetem Verdeck aus: Das Klappdach ist in umgelegtem Zustand voll in der Karosserie versenkt. Mit dem 1,2 Liter großen Vierzylinder ist die Motorisierung nicht besonders üppig ausgefallen. Sammler reizt besonders die geringe Stückzahl, zudem machen günstige Unterhalts- und Anschaffungskosten den A 40 Sports Tourer weiter interessant. Problematischer ist es allerdings, an eines der raren überlebenden Exemplare zu kommen. Karosseriearbeiten sind materialbedingt aufwändig, allerdings stellt dafür die Technik den Restaurator nicht vor unlösbare Probleme.

Bild: © David Hodges Collection

Preise	1	2	3	4	5
A 40 Sports, Cab	19.300	13.500	8.700	4.100	2.200

Motor/Antrieb	
Bauart	Vierzylinder (Reihe)
Lage/Antrieb	Front/Heck
Hubraum in cm³	1200
PS/min	50/4400
Vmax in km/h	125
Karosserie	
Bauart	Cabriolet
Tragstruktur	Kastenrahmen
Material	Aluminium
Stückzahl und Marktsituation	
Produktionszahl	3800
Verfügbarkeit	gegen null
Teilesituation	schwierig
Unterhaltskosten	niedrig

Austin A 40 Somerset — 1952-1954

Auf Effekthascherei konnte Austin verzichten: Als solide Konstruktion der unteren Mittelklasse bediente das 1952 präsentierte Modell A 40 Somerset die Kundschaft auf ehrliche Weise. Das biedere Mobil wurde von dem bewährten 1,2-Liter-Vierzylindermotor angetrieben, was den Ansprüchen der damaligen Käuferschaft in Sachen Fahrleistungen denn auch völlig genügte. Trotzdem war der A 40 Somerset mit seiner gefälligen Stahlblechkarosserie, die auf einem Kastenrahmen montiert war, kein Erfolg. Er verschwand nach nur zwei Jahren Bauzeit wieder von der Bildfläche – heute ist er rar.

Bild: © Nissan

Preise	1	2	3	4	5
A 40 Somerset, L4t	11.800	7.400	4.700	2.000	1.000

Motor/Antrieb	
Bauart	Vierzylinder (Reihe)
Lage/Antrieb	Front/Heck
Hubraum in cm³	1200
PS/min	43/4300
Vmax in km/h	115
Karosserie	
Bauart	Limousine (4-türig)
Tragstruktur	Kastenrahmen
Material	Stahlblech
Stückzahl und Marktsituation	
Produktionszahl	k.A.
Verfügbarkeit	gegen null
Teilesituation	schwierig
Unterhaltskosten	niedrig

Austin A 40 Farina — 1958-1967

Irgendwie misstrauten die entscheidenden Köpfe im BMC-Konzern den heimischen Designern, die bei der automobilen Massenware so manche Stilblüte hervorgebracht hatten. So hatte sich Austin Ende der fünfziger Jahre an den italienischen Meister Pinin Farina gewandt. Das Ergebnis dieser Zusammenarbeit zeigte ansehnliche Resultate: Der neue Austin A 40 überzeugte im Frühjahr 1958 mit glatten, klaren Linien, die eine erfreuliche Abkehr von der alten, schwülstigen Form bedeuteten. Fortschritt brachte auch die Variabilität des Innenraums mit Durchlademöglichkeit. Beim Modell „Countryman" gab es sogar eine zweigeteilte Hecktür – die Scheibe schwenkte nach oben, das Unterteil nach unten, so konnte das Heck komplett geöffnet werden. Dieser interessante Wagen, einer der ersten Schrägheck-Kleinwagen, konnte immerhin zehn Jahre am Markt bestehen.

Bild: © David Hodges Collection

Preise	1	2	3	4	5
A 40 Farina, L2t	9.900	6.600	3.300	1.500	500
A 40 Farina Countryman, Kom	9.800	6.400	3.300	1.600	600

Motor/Antrieb	
Bauart	Vierzylinder (Reihe)
Lage/Antrieb	Front/Heck
Hubraum in cm³	948, 1098
PS/min	34,5/4750 bis 48/5100
Vmax in km/h	115 bis 130
Karosserie	
Bauart	Kombi (3-türig)
Tragstruktur	selbsttragend
Material	Stahlblech
Stückzahl und Marktsituation	
Produktionszahl	340.000
Verfügbarkeit	ausreichend
Teilesituation	ausreichend
Unterhaltskosten	niedrig

Austin A 55, A 60 — 1959-1969

Bis Ende der fünfziger Jahre waren alle mittleren BMC-Modelle bei Pinin Farina gestylt worden – also auch die Schwestermodelle A 55 und A 60. Diese Versionen konnten auch als MG und Wolseley geordert werden: „Badge engineering" nennt sich das bis heute, wenn mit einem anderen Emblem aus einem bekannten ein neues Auto gemacht wird. Die modischen Heckflossen an dem etwas hochbeinig auftretenden Viertürer wirkten überzogen, und auch der farbig abgesetzte Zierstreifen verhindert die zeitlose Eleganz, die einen Entwurf wie den des Mini auszeichnet. Auf technische Experimente wurde in guter Austin-Tradition verzichtet, die BMC-Einheitsmotoren in Kombination mit der robusten Fahrwerkstechnik fanden den Beifall der Käufer. Rostvorsorge war allerdings noch ein kaum verbreitetes Fremdwort: So haben nur wenige A 55 und A 60 überlebt.

Bild: © David Hodges Collection

Preise	1	2	3	4	5
A 55 Cambridge (1959-1961), L4t	14.500	8.900	5.700	3.000	1.200
A 60 Cambridge (1961-1969), L4t	14.800	9.000	5.800	3.100	1.200

Motor/Antrieb	
Bauart	Vierzylinder (Reihe)
Lage/Antrieb	Front/Front
Hubraum in cm³	1489, 1622
PS/min	56/4400 bis 62/4500
Vmax in km/h	125 bis 135
Karosserie	
Bauart	Limousine (4-türig), Kombi (5-türig)
Tragstruktur	selbsttragend
Material	Stahlblech
Stückzahl und Marktsituation	
Produktionszahl	k.A.
Verfügbarkeit	schlecht
Teilesituation	ausreichend
Unterhaltskosten	niedrig

Austin Seven, Austin Mini 850, Morris 850 („Mini") — 1959-1967

Von innen nach außen habe BMC-Chefkonstrukteur Alec Issigonis den neuen Kleinwagen entwickelt, war 1959 in der Werbung zu lesen. Auf nur etwas mehr als drei Metern Länge fanden vier Personen Platz – das hatte es bisher noch nicht gegeben. Um den Kleinwagen möglichst kurz bauen zu können, hatte Issigonis den knapp 850 cm³ großen Vierzylinder nicht längs, sondern quer unter die vordere Haube gesetzt. Die 37,5 PS reichten für spritzige 120 Stundenkilometer Höchstgeschwindigkeit, und besonders reizvoll war für viele Besitzer, dass sich die Motoren leicht tunen ließen. Das geringe Gewicht und das durchdachte Fahrwerk mit hinterer Einzelradaufhängung machten den kleinen Fronttriebler sehr fahraktiv und sicher. Der zunächst Austin Seven 850 und Morris Mini Minor genannte Kleinwagen machte als Mini eine Jahrzehnte währende Karriere.

Preise	1	2	3	4	5
Seven („Mini"), L2t	22.100	13.700	8.700	4.600	2.500

Motor/Antrieb	
Bauart	Vierzylinder (Reihe)
Lage/Antrieb	Front/Front
Hubraum in cm³	848, 998
PS/min	34,5/5500
Vmax in km/h	120
Karosserie	
Bauart	Lim (2-türig), Kombi (3-türig), Pick-Up
Tragstruktur	selbsttragend
Material	Stahlblech
Stückzahl und Marktsituation	
Produktionszahl	k.A.
Verfügbarkeit	schlecht
Teilesituation	gut
Unterhaltskosten	hoch

Austin 1100, Austin 1300 1963-1974

Einen Welterfolg vom Schlage des Mini zu wiederholen, fällt auch einer anerkannten Größe wie Alec Issigonis schwer. Dem Austin 1100 war zwar ein beachtlicher Erfolg gegönnt, doch er erreichte nicht die Zeitlosigkeit und den sprühenden Charme des Originals. Der ideenreiche Wagen zeigte technisch klare Parallelen zum Mini, gewährte jedoch deutlich mehr Platz im Innenraum und bot sich daher als ideales Aufsteiger-Fahrzeug für Mini-Besitzer an. Parallel bot der englische BMC-Konzern wieder weitgehend identische MG- und Wolseley-Versionen an, die sich hauptsächlich in der Ausstattung unterschieden. Als edelste Fassung glänzt der Vanden Plas Princess im Innenraum mit einer von Holz und Leder dominierten, typisch englischen Atmosphäre. Diese Ausführung ist jedoch gesuchter und entsprechend teuer.

Bild: © David Hodges Collection

Preise	1	2	3	4	5
1100, L4t	8.700	5.500	3.000	1.000	400
1,3, L4t	9.100	5.600	3.100	1.100	400

Motor/Antrieb	
Bauart	Vierzylinder (Reihe)
Lage/Antrieb	Front/Front
Hubraum in cm³	1098, 1275
PS/min	48/5100 bis 71/6000
Vmax in km/h	130 bis 155
Karosserie	
Bauart	Lim (2-/4-türig), Kombi (3-türig)
Tragstruktur	selbsttragend
Material	Stahlblech
Stückzahl und Marktsituation	
Produktionszahl	1.052.000
Verfügbarkeit	gut
Teilesituation	ausreichend
Unterhaltskosten	niedrig

Austin 1800 1964-1975

Mit einer Schrägheck-Limousine versuchte Austin, das Marktsegment oberhalb der 1100 und 1300 zu erobern. Das Layout mit seinem schicken Fließheck galt im Herbst 1964 als letzter Schrei und bot zudem ein außergewöhnliches Raumangebot im Inneren. Die werksintern als ADO 17 bezeichneten Modelle gab es nur als Viertürer. Austin bot sie in einer Standard- und einer Luxusversion an. Den Antrieb übernahm ein quer eingebauter Vierzylinder, der seine 84 SAE-PS über ein Vierganggetriebe an die Vorderräder weitergab. Als Federung hatten die Engländer das aus den Mini-Modellen bekannte Hydrolastic-System gewählt. Große Verbreitung fand der Austin 1800 trotz seines überaus zeitgemäßen Auftretens jedoch nicht – auf dem Kontinent fehlten ihm Händlernetz und Reputation.

Bild: © Archiv HEEL Verlag

Preise	1	2	3	4	5
1800, L4t	10.400	7.100	4.200	1.600	800

Motor/Antrieb	
Bauart	Vierzylinder (Reihe)
Lage/Antrieb	Front/Front
Hubraum in cm³	1798
PS/min	84/5300
Vmax in km/h	145
Karosserie	
Bauart	Limousine (4-türig)
Tragstruktur	selbsttragend
Material	Stahlblech
Stückzahl und Marktsituation	
Produktionszahl	ca. 210.000
Verfügbarkeit	ausreichend
Teilesituation	ausreichend
Unterhaltskosten	niedrig

Austin 3 Litre 1968-1971

Nur drei Jahre währte Austins Ausflug in die automoblie Oberklasse: Der Dreiliter hatte weder Vorgänger noch Nachfolger. Letzteres darf bei nur rund 10.000 Exemplaren, die Austin absetzen konnte, auch nicht verwundern. Vielleicht hat es an den Fahrleistungen gelegen: Von einem Drei-Liter-Sechszylinder erwartete man auch Ende der 1960er Jahre mehr als 125 SAE-PS und 160 km/h. Mehr überzeugen konnten dagegen Goodies wie serienmäßige Armstrong-Niveauregulierung und Servolenkung, auf Wunsch gab es sogar ein automatisches Getriebe – das hörte sich schon besser an. Auch die Optik galt durchaus als gelungen. Austin blieb auch beim 3 Litre der Hydrolastic-Verbundfederung mit Gummifederkissen treu. Heute hat Austins Großer in England seine Fangemeinde – auf den Kontinent wurde er nicht offiziell exportiert und blieb bis heute weitgehend unbekannt. Für Freunde rarer Reisewagen exzellent!

Bild: © David Hodges Collection

Preise	1	2	3	4	5
3.0 Litre, L4t	20.600	12.900	8.500	2.900	1.100

Motor/Antrieb	
Bauart	Sechszylinder (Reihe)
Lage/Antrieb	Front/Front
Hubraum in cm³	2912
PS/min	125/4750
Vmax in km/h	160
Karosserie	
Bauart	Limousine (4-türig)
Tragstruktur	selbsttragend
Material	Stahlblech
Stückzahl und Marktsituation	
Produktionszahl	ca. 10.000
Verfügbarkeit	schlecht
Teilesituation	ausreichend
Unterhaltskosten	mittel

Austin Maxi 1500, Maxi 1750 1969-1981

Mit dem Maxi brachte Austin nach seinem Debüt am 24. April 1969 neue Bewegung in die Mittelklasse, zumindest in Großbritannien. Der Name Maxi spielt mit dem Erfolg des Kleinsten, des Mini. Gleichzeitig zeigt er den Anspruch an das Konzept: Maximaler Raum auf überschaubarer Gesamtlänge. Das Karosserielayout mit Schrägheck und großer Heckklappe garantiert das, zudem sorgte der lange Radstand für guten Komfort. Unter der Haube arbeitete zunächst ein 1,5 Liter großer, quer eingebauter Vierzylinder mit obenliegender Nockenwelle. Der Frontanrieb war so selbstverständlich wie die bekannte Hydrolastic-Verbundfederung, die alle Austin jener Jahre auszeichnet. Dabei verfügt jedes Rad über ein eigenes Gummifederelement, die der vorderen und hinteren Räder sind auf jeder Seite über Rohrleitungen miteinander verbunden.

Bild: © David Hodges Collection

Preise	1	2	3	4	5
Maxi, L5t	k.N.	3.500	2.200	800	k.N.

Motor/Antrieb	
Bauart	Vierzylinder (Reihe)
Lage/Antrieb	Front/Front
Hubraum in cm³	1485, 1721
PS/min	74/5500 und 72/4900
Vmax in km/h	140 und 148
Karosserie	
Bauart	Lim (3-türig), Lim (5-türig),
Tragstruktur	selbsttragend
Material	Stahlblech
Stückzahl und Marktsituation	
Produktionszahl	ca. 472.000
Verfügbarkeit	ausreichend
Teilesituation	ausreichend
Unterhaltskosten	niedrig

Austin Allegro 1973-1982

Die British Leyland Motor Corporation (BLMC) setzte 1973 große Hoffnungen in ihr intern ADO67 genanntes Projekt, einen Wagen der Kompaktklasse. Der Austin Allegro (auch als Vanden Plas 1500 und 1700 sowie als Innocenti Regent verkauft) sollte in ganz Europa neue Marktanteile erobern. Seine Form erinnerte im Profil an den Austin Maxi, fiel jedoch weicher aus. Das Fahrwerk mit Hydragas-Verbundfederung galt als modern, die Motoren hingegen nicht. Im Innenraum überraschte die erste Serie mit einem seltsam eckigen Lenkrad, Quartic genannt. Dem Allegro gelang nicht der von BLMC erhoffte Erfolg: Nur rund 640.000 Einheiten rollten in neun Jahren zu den Händlern. Die Gründe: miserable Qualität, eine kleine Heckklappe und starke Konkurrenz, insbesondere durch Ford Escort und Vauxhall Viva. 2008 wurde der Austin Allegro zu „Britain's worst-ever car" gewählt.

Bild: © Austin

Preise	1	2	3	4	5
Allegro, L4t	k.N.	3.900	2.400	900	k.N.

Motor/Antrieb	
Bauart	Vierzylinder (Reihe)
Lage/Antrieb	Front/Front
Hubraum in cm³	998, 1098, 1275, 1485, 1748
PS/min	50/5250 bis 91/5000
Vmax in km/h	120 bis 155
Karosserie	
Bauart	Lim (3-türig), Lim (5-türig)
Tragstruktur	selbsttragend
Material	Stahlblech
Stückzahl und Marktsituation	
Produktionszahl	ca. 640.000
Verfügbarkeit	schlecht
Teilesituation	ausreichend
Unterhaltskosten	mittel

Austin Princess 1800 HL, Princess 2200 HLS 1975-1979

Mit neuer, keilförmiger Karosserie präsentierte sich im Frühjahr 1975 der Princess als neues Mittelklasse-Modell des Leyland-Konzerns – gleichzeitig als Austin und Morris Princess. Ende des Jahres fielen die Markennamen weg, die Princess-Modelle liefen fortan quasi als eigene Marke. Der Austin-typische Frontantrieb mit quer eingebautem Motor – weltbekannt durch den Mini – wurde beibehalten. Zwei grundverschiedene Maschinen standen zur Wahl: der 1800 HL erhielt einen Vierzylinder mit seitlicher Nockenwelle, den 2200 HLS trieb ein OHC-Sechszylinder an. Besonderheit beider Prinzessinen war jedoch die Hydragas-Federung. Die Zusätze HL und HLS wiesen auf die Luxusausstattungen hin.

Im kontinentalen Europa waren die Princess zwar erhältlich, spielten jedoch keine Rolle – damals hatte der Markt kein Interesse, heute keine Chance: Der Rost hat sie fast alle geholt.

Bild: © David Hodges Collection

Preise	1	2	3	4	5
Princess 1800 HL, L4t	k.N.	5.200	3.000	1.400	500
Princess 2200 HLS, L4t	k.N.	6.000	3.500	1.500	600

Motor/Antrieb	
Bauart	Vier-/Sechszylinder (Reihe)
Lage/Antrieb	Front/Front
Hubraum in cm³	1798, 2227
PS/min	82/5200, 110/5250
Vmax in km/h	158 bis 171
Karosserie	
Bauart	Limousine (4-türig)
Tragstruktur	selbsttragend
Material	Stahlblech
Stückzahl und Marktsituation	
Produktionszahl	k.A.
Verfügbarkeit	schlecht
Teilesituation	ausreichend
Unterhaltskosten	mittel

Austin Maestro, Montego 1983-1994

Unter schwierigen wirtschaftlichen Vorzeichen hatte British Leyland schon Mitte der 1970er Jahre mit der Entwicklung des Allegro-Nachfolgers begonnen. Doch erst 1983 konnte der Maestro seine Premiere feiern – als optisch bereits veraltetes Modell. Tester lobten tapfer die Spritsparvariante 1.3 HLE und den flotten MG Maestro 2.0 EFI. Die Top-Versionen des Maestro (MG und Vanden Plas) verfügten zunächst sogar über digitale Anzeigen und einen sprechenden Bordcomputer, zudem ergänzte 1989 der auf 500 Exemplare limitierte, 154 PS starke MG Turbo das Programm. Ein Turbodiesel mit 90 PS folgte 1992. Ab 1994 gelangten aus bulgarischer und chinesischer Lizenzfertigung noch bis 2005 fabrikneue Maestro auf den Markt. Die Stufenheck-Variante Montego und den Kombi Montego Estate fertigte Austin von 1984 bis 1994. Damit begleitete das Trio den endgültigen Untergang der einst so stolzen britischen Automobilindustrie.

Bild: © Austin

Preise	1	2	3	4	5
Maestro 1.3, L5t	k.N.	2.700	1.500	400	k.N.
Montego 2.0, L4t	k.N.	3.600	2.000	600	k.N.

Motor/Antrieb	
Bauart	Vierzylinder (Reihe)
Lage/Antrieb	Front/Front
Hubraum in cm³	1275, 1598, 1994
PS/min	64/5500 bis 154/5100
Vmax in km/h	ca. 145 bis 210
Karosserie	
Bauart	Lim (4-/5-türig), Kombi (5-türig)
Tragstruktur	selbsttragend
Material	Stahlblech
Stückzahl und Marktsituation	
Produktionszahl	ca. 605.000 (Maestro)
Verfügbarkeit	ausreichend
Teilesituation	ausreichend
Unterhaltskosten	mittel

Austin MG Metro Turbo 1983-1988

MG war bis 1980 als Marke selbstständig, danach durfte das Kürzel für „Morris Garage" eine Zeit lang nur die Sport-Modelle der unter dem Dach der British Motor Corporation (BMC) weiterhin aktiven Schwestermarke Austin zieren – also reduziert auf eine Ausstattungsvariante. Für die 180 km/h schnellere Top-Version des kompakten Metro wählten die Austin-Ingenieure den bekannten 1275-cm³-Motor aus dem Mini, modifizierten ihn und montierten sogar einen Turbolader. Das ist einer der Gründe, warum der flotteste Straßen-Metro (es gab zudem noch eine Gruppe-B-Version namens Metro 6R4) heute so selten ist – leistungshungrige Mini-Fans haben oft die problemlos passende Technik aus abgehalfterten MG Metro Turbo transplantiert. Als Turbo gab es den MG Metro übrigens nur als Dreitürer.

Bild: © John Purvis

Preise	1	2	3	4	5
MG Metro Turbo, L3t	k.N.	6.000	3.500	1.000	k.N.

Motor/Antrieb	
Bauart	Vierzylinder (Reihe)
Lage/Antrieb	Front/Front
Hubraum in cm³	1256
PS/min	90/6200
Vmax in km/h	180
Karosserie	
Bauart	Limousine (3-türig)
Tragstruktur	selbsttragend
Material	Stahlblech
Stückzahl und Marktsituation	
Produktionszahl	k.A.
Verfügbarkeit	schlecht
Teilesituation	ausreichend
Unterhaltskosten	mittel

A

Austin-Healey (GB) • 1953-1971

Nach einer Karriere als Werkstattchef und Werksrennfahrer bei Invicta kam Donald Healey 1934 zu Triumph. Seinen Traum vom eigenen Sportwagen erfüllte er sich 1952 mit dem Healey 100. Die große Resonanz auf den hinreißenden wie kräftigen Roadster rief mit Austin einen starken Partner aufs Parkett.

Sir Leonard Lord schloss mit Healey einen Vertrag, der vorsah, den Sportwagen unter dem Label Austin-Healey zu vermarkten. Austin stellte dafür Produktionskapazitäten in Longbridge zur Verfügung. 1958 ergänzte der Sprite die Palette nach unten. Das Ende nahte 1968, als der BMC-Konzern entschied, den „Big Healey" aufzugeben, um dem Triumph TR 5 die Zukunft zu sichern. Mit einem Sprite endete 1971 die Produktion des letzten Austin-Healey. Genau genommen war der Markenname schon kurz zuvor gestorben: Weil die Namensrechte entfallen waren, durften die letzten Exemplare nur noch Austin Sprite heißen.

Über 80.000 verkaufte Exemplare sorgen heute für eine gute Verfügbarkeit bei diesem englischen Klassiker: der Austin-Healey Sprite ab Baujahr 1961.

Bild: © Archiv HEEL Verlag

Austin-Healey 100 („100/4", „Hundred") 1953-1956

„Hundred" hatte der Visionär Donald Healey sein Meisterstück getauft, um allen die Potenz des Wagens schmackhaft zu machen: 100 Meilen war der knapp geschnittene Roadster schnell, rund 160 Stundenkilometer. Auf der London Motor Show strömten 1952 die Besucher in Scharen zu Healeys Stand. Einer von ihnen war Sir Leonard Lord, der Healey sofort einen Vertrag über die Fertigung in den Austin-Werken in Longbridge anbot. Der in Austin-Healey umgetaufte Roadster trägt unter seiner langen Front den 2,7 Liter großen Vierzylinder aus dem Austin A90 Atlantic. Ein Dreiganggetriebe mit Overdrive gibt die 91 PS an die Hinterräder weiter. Rennerfolge führten zum Sondermodell Austin-Healey 100 S, das mit Scheibenbremsen, 134 PS Leistung und einer modifizierten Leichtmetall-Karosserie zu den absoluten Leckerbissen für Automobil-Gourmets zählt.

Bild: © Archiv HEEL Verlag

Preise	1	2	3	4	5
100/4 BN1, Rds	78.900	54.200	37.000	24.700	17.000
100/4 BN2, Rds	83.300	57.800	40.100	26.100	18.000

Motor/Antrieb	
Bauart	Vierzylinder (Reihe)
Lage/Antrieb	Front/Heck
Hubraum in cm³	2660
PS/min	91/4000 bis 134/4700
Vmax in km/h	160 bis 200
Karosserie	
Bauart	Roadster
Tragstruktur	Kastenrahmen
Material	Stahlblech
Stückzahl und Marktsituation	
Produktionszahl	12.853
Verfügbarkeit	gegen null
Teilesituation	ausreichend
Unterhaltskosten	hoch

Austin-Healey 100/6 („Big Healey", „The Pig") 1956-1959

Der Erfolg ließ nicht lange auf sich warten. Besonders die Amerikaner liebten den „Big Healey", und ab 1956 taten sie es noch mehr: Mit einem Morris-Sechszylinder, der ebenfalls über 2,6 Liter Hubraum verfügte, verbesserte sich die Laufkultur des Sportlers. Der große Healey wurde allerdings schwerer und sein Radstand länger – durch Notsitze wuchs er sogar zum 2+2. Die Amerikaner allerdings goutierten diese Kompromisse, besonders, als Austin-Healey 1957 die Leistung auf 118 PS angehoben hatte. In der Tiefe seines Herzens blieb der kernige Brite das, was er ursprünglich sein wollte: „The Pig", die Sau, lautete sein Spitzname wegen seines mitunter Furcht einflößenden Fahrverhaltens. Noch mehr galt das für die Sportversionen, die üppige 150 PS auf die Pisten der späten fünfziger Jahre brachten.

Bild: © Jürgen Schlegelmilch

Preise	1	2	3	4	5
100/6 BN4, Rds	63.800	44.200	26.400	15.300	8.400
100/6 BN6, Rds	64.500	44.700	26.700	15.500	8.500

Motor/Antrieb	
Bauart	Sechszylinder (Reihe)
Lage/Antrieb	Front/Heck
Hubraum in cm³	2639
PS/min	103/4600 bis 118/4750
Vmax in km/h	170 bis 175
Karosserie	
Bauart	Roadster
Tragstruktur	Kastenrahmen
Material	Stahlblech
Stückzahl und Marktsituation	
Produktionszahl	14.436
Verfügbarkeit	ausreichend
Teilesituation	ausreichend
Unterhaltskosten	hoch

Austin Healey Sprite MkI („Frog", „Frosch") 1958-1961

Nach den großen Erfolgen mit dem „Big Healey" folgte 1958 der zweite Streich der jungen Marke. Der Markt sei reif für einen preisgünstigen, kleinen Roadster, befanden Donald Healey und Sir Leonard Lord – der Sprite (zu deutsch: Kobold) war geboren. Das passte, doch die knubbligen Lampen auf der Motorhaube begründeten mit Frog (zu deutsch: Frosch) einen anderen Kosenamen. Beliebt war die eigenständig geformte Front damals nicht, wie zahllose Umbausätze bewiesen. Mit seinen 42,5 PS flitzte der preiswerte und überaus agile Volkssportler in die Herzen der nicht ganz so betuchten Sportwagen-Fans, die gerne den Schraubenschlüssel in die Hand nahmen: Tuning war kein Problem bei den technisch simplen Konstruktionen jener Jahre. Ab Werk offerierte Austin-Healey sogar einen Shorrock-Kompressor, der die Leistung auf über 60 PS pushte.

Bild: © Archiv HEEL Verlag

Preise	1	2	3	4	5
Sprite Mk I, Rds	25.900	18.900	10.900	5.800	3.000

Motor/Antrieb	
Bauart	Vierzylinder (Reihe)
Lage/Antrieb	Front/Heck
Hubraum in cm³	948
PS/min	42,5/5000
Vmax in km/h	130
Karosserie	
Bauart	Roadster
Tragstruktur	selbsttragend
Material	Stahlblech
Stückzahl und Marktsituation	
Produktionszahl	38.999
Verfügbarkeit	ausreichend
Teilesituation	ausreichend
Unterhaltskosten	niedrig

Austin-Healey 3000 — 1959-1968

Mit dem Austin-Healey 3000 wurde die Sau gesellschaftsfähig. Statt der flattrigen Plastikplane der frühen Tage trug er ein bequemes Klappverdeck und bediente so eine Klientel, die nicht den harten Roadster von einst, sondern mehr ein sportliches, aber auch bequemes Cabriolet suchte. Das tat dem Erfolg des mit einem drei Liter großen Sechszylindermotor ausgestatteten Austin-Healey 3000 keinen Abbruch: Stetige Modellpflege, relativ gute Verarbeitungsqualität und eine Leistungssteigerung bis auf 148 PS sorgten für Begeisterung bei den Fans – bis 1968 der Schock kam: Der BMC-Konzern stoppte die Produktion des „Big Healey". Er musste Platz machen für den Triumph TR5, denn für zwei Konkurrenzmodelle im eigenen Konzern sahen die Verantwortlichen keinen Platz. Einen Nachfolger hat es nie gegeben.

Bild: © Archiv HEEL Verlag

Preise	1	2	3	4	5
3000 Mk I BT7, Rds	66.500	45.500	26.300	15.000	8.700
3000 MkII BJ7, Rds	70.700	48.500	27.900	15.900	9.400
3000 MkII BT7, Rds	66.000	45.100	26.500	14.800	8.800
3000 MkIII BJ8, Rds	73.700	50.400	29.400	17.100	10.400

Motor/Antrieb	
Bauart	Sechszylinder (Reihe)
Lage/Antrieb	Front/Heck
Hubraum in cm^3	2912
PS/min	124/4600 bis 148/5250
Vmax in km/h	180 bis 195
Karosserie	
Bauart	Roadster, Cabriolet
Tragstruktur	Kastenrahmen
Material	Stahlblech
Stückzahl und Marktsituation	
Produktionszahl	42.917
Verfügbarkeit	ausreichend
Teilesituation	ausreichend
Unterhaltskosten	hoch

Austin-Healey Sprite MkII, MkIII, MkIV, Austin Sprite MkIV — 1961-1971

In die zweite Runde schickte Austin-Healey einen deutlich gestrafften Sprite, der viel von seiner Schrulligkeit verloren hatte. Die Lampen saßen brav in den Kotflügeln, sein Grill grinste nicht mehr so frech wie beim Vorgänger. Selbst das Heck war erwachsener geworden und trug jetzt eine Kofferklappe. Mit dem Gewicht stieg auch die Leistung, und in seiner letzten Version mit dem 65 PS starken 1300er Motor blieb der Sprite trotz seines kompakten Äußeren stets ein Brite mit echtem Sportsgeist – selbst als Kurbelscheiben und Klappverdeck von den Segnungen des Fortschritts berichteten. Über 80.000 Käufer entschieden sich für den Sprite. So ist das Angebot heute reichlich, die Preise sind moderat und die Ersatzteillage hervorragend. 1971 lief der letzte Sprite vom Band. Das Schwestermodell MG Midget überlebte ihn um acht Jahre.

Bild: © Archiv HEEL Verlag

Preise	1	2	3	4	5
Sprite Mk II (1962-1964), Rds	22.700	14.400	9.300	4.500	2.000
Sprite MkIII (1964-1966), Rds	21.500	13.600	8.700	4.200	1.800
Sprite MkIV (1966-1969), Rds	21.300	13.400	8.700	4.200	1.900
Sprite MkIV (1969-1971), Rds	20.000	12.500	8.100	3.900	1.700

Motor/Antrieb	
Bauart	Vierzylinder (Reihe)
Lage/Antrieb	Front/Heck
Hubraum in cm^3	948, 1098, 1275
PS/min	46/5000 bis 65/6000
Vmax in km/h	140 bis 155
Karosserie	
Bauart	Cabriolet
Tragstruktur	selbsttragend
Material	Stahlblech
Stückzahl und Marktsituation	
Produktionszahl	80.363
Verfügbarkeit	gut
Teilesituation	gut
Unterhaltskosten	niedrig

Autobianchi (I) • 1955-1995

Die Fabrikanlagen der Marke Bianchi, 1899 gegründet, waren im Zweiten Weltkrieg weitgehend zerstört worden. An eine Wiederaufnahme der Produktion war zunächst nicht zu denken.

Erst ab 1950 gab es erste Prototypen einer Limousine, die jedoch nicht in Serie ging. 1955 gründeten Fiat und Pirelli gemeinsam die Autobianchi S.p.A., um einen neuen Kleinwagen zu bauen. Er erschien im Herbst 1957 als Bianchina 500 und basierte auf dem Fiat 500 Nuova. Einen Aufschwung erlebte Autobianchi mit dem Modell Primula, der erste Vierzylinder, der noch heute gültige Prinzipien der Kompaktklasse vorweg nahm: Frontantrieb, quer installierter Motor, Schrägheck mit großer Klappe.

Fiat übernahm nach und nach die gesamten Autobianchi-Aktien. Ab 1975 gehörte Autobianchi zur Fiat-Marke Lancia, die Fahrzeuge wurden jedoch nur noch in Italien als Autobianchi vermarktet – in allen Exportländern hießen sie Lancia, auch wenn noch das alte Firmensignet montiert war. Das gilt ebenfalls für den A112-Nachfolger, den Kleinwagen Y10, der von 1985 bis 1995 gebaut worden war. Er trug zum letzten Mal das Logo und den Namen Autobianchi.

Autobianchi Bianchina — 1957-1977

Auf der Basis des neuen Fiat 500 baute Autobianchi seine Bianchina. Die Technik entsprach weitgehend dem Massenmodell, allerdings spendierten die Designer der Front und dem Heck des Kleinwagens ein neues Design. Neben dem knapp geschnittenen Bianchina Coupé gab es die geräumige Berlina Quattroposti, eine viersitzige Limousine. Allerdings fiel das beim Fiat 500 Nuova serienmäßige Faltdach weg, doch Frischluft-Fans konnten zum Bianchina Cabriolet greifen: ein außergewöhnlich hübsches offenes Auto, das immerhin 8000 Liebhaber fand. Auch in einer Kombi-Version war die Bianchina erhältlich: Die Nobelausführung hieß Panoramica und bot große Fensterflächen und eine praktische Heckklappe. Nach 1970 baute Autobianchi zwar noch die einfache Bianchina Giardinera, doch die Karosserie entsprach jetzt weitgehend dem Fiat 500.

Bild: © Jürgen Schlegelmilch

Preise	1	2	3	4	5
Bianchina, L2t	15.500	10.500	6.600	3.100	1.200
Bianchina, Cab	39.400	26.800	18.100	8.700	3.500

Motor/Antrieb	
Bauart	Zweizylinder (Reihe)
Lage/Antrieb	Heck/Heck
Hubraum in cm^3	479, 499
PS/min	18/4000 bis 21/4600
Vmax in km/h	90 bis 95
Karosserie	
Bauart	Lim (2-türig), Cpe, Cab, Kombi
Tragstruktur	selbsttragend
Material	Stahlblech
Stückzahl und Marktsituation	
Produktionszahl	k.A.
Verfügbarkeit	gut
Teilesituation	gut
Unterhaltskosten	niedrig

A

Autobianchi Primula 1964-1970

Zu einer Zeit, als der Käfer noch sehr munter krabbelte, hatten sich die Italiener schon auf weit fortschrittlichere Konzepte besonnen. Ein wenig beachteter Trendsetter war der Autobianchi Primula, der 1964 der Öffentlichkeit vorgestellt wurde. Mit quer eingebautem Frontmotor, Vorderradantrieb, großer Heckklappe und variablem Innenraum setzte er die Maßstäbe in der Kompaktklasse, die bis heute gültig sind. Für ein Auto seiner Klasse bot er besonders viel Platz. Um auch die konservativere Kundschaft zu bedienen, stellte Autobianchi der Schrägheckversion auch eine klassische viertürige Limousine zur Seite. Ergänzt wurde die Baureihe durch ein von Touring karossiertes Coupé, optisch besonders attraktiv und mit herkömmlichem Kofferraumdeckel bestückt. Hier sorgte der 1,4-Liter-Motor des Fiat 124 für bessere Fahrleistungen.

Bild: © Archiv HEEL Verlag

Preise	1	2	3	4	5
Primula 1200, L3t	12.400	8.100	5.300	2.200	900
Primula 1200, Cpe	15.200	10.000	6.500	2.700	1.200

Motor/Antrieb	
Bauart	Vierzylinder (Reihe)
Lage/Antrieb	Front/Front
Hubraum in cm³	1197, 1221, 1438
PS/min	59/5400 bis 75/5500
Vmax in km/h	135 bis 155
Karosserie	
Bauart	Lim (3-türig), Lim (4-türig), Cpe
Tragstruktur	selbsttragend
Material	Stahlblech
Stückzahl und Marktsituation	
Produktionszahl	k.A.
Verfügbarkeit	gegen null
Teilesituation	sehr schwierig
Unterhaltskosten	mittel

Autobianchi A111 1969-1973

Autobianchi war mit der Entwicklung neuer Modelle wohl zu beschäftigt, um phantasievollere Typenbezeichnungen zu finden. So tauften die Italiener ihre neue Mittelklasselimousine schlicht A111. Die große formale Ähnlichkeit zum Fiat 124 machte den Wagen unauffällig, dabei glänzte er nicht nur durch eine deutlich bessere Ausstattung. Auch auf technischer Seite hatte Autobianchi gewirkt: Der 75 PS starke Reihenvierzylinder gab seine Kraft an die Vorderräder ab. In vielen Exportmärkten hatte Citroën den Vertrieb übernommen. Auf deutschen Straßen blieb er im Gegensatz zum weit verbreiteten Fiat-Modell dennoch ein Außenseiter. Nach nur vierjähriger Produktionszeit stellte Autobianchi die Produktion des A111 wieder ein. Heute sind nur wenige Exemplare nicht völlig vom Rost zerfressen – und die sind schwer zu finden.

Bild: © Archiv HEEL Verlag

Preise	1	2	3	4	5
A111, L4t	11.900	8.100	5.500	2.400	800

Motor/Antrieb	
Bauart	Vierzylinder (Reihe)
Lage/Antrieb	Front/Front
Hubraum in cm³	1438
PS/min	75/5500
Vmax in km/h	155
Karosserie	
Bauart	Limousine (4-türig)
Tragstruktur	selbsttragend
Material	Stahlblech
Stückzahl und Marktsituation	
Produktionszahl	k.A.
Verfügbarkeit	gegen null
Teilesituation	schwierig
Unterhaltskosten	mittel

Autobianchi A112, A112 Abarth, A112 Junior 1969-1986

Die Zählweise bei Autobianchi hat niemand so recht verstanden: Der A112 war um Klassen kleiner als der ebenfalls 1969 vorgestellte A111. Vor der Entwicklung des Kompaktwagens mag sich Autobianchi das erfolgreiche Konzept des damals bereits zehn Jahre alten Austin Mini genau angesehen haben. Die Umsetzung gelang ihnen entsprechend moderner: Mit praktischer Heckklappe, raumökonomisch sinnvoll quergestellten Motoren und Frontantrieb wusste der Kleine zudem mit spritzigen, sparsamen Motoren zu überzeugen. In der Tradition des Mini Cooper stellten die Italiener dem Basismodell eine dynamische Abarth-Version mit 58 PS zur Seite, die mit ihrer mattschwarz lackierten Motorhaube auch optisch vom Leistungszuwachs kündete. Die Eingliederung in die Marke Lancia brachte motorseitige Veränderungen, und der Erfolg des 1980 überarbeiteten Modells hielt bis 1986 an.

Bild: © J. Schlegelmilch

Preise	1	2	3	4	5
A112 (44 PS), L2t	11.600	7.300	4.100	1.700	700
A112 Junior, L2t	9.400	5.900	3.300	1.400	600

Motor/Antrieb	
Bauart	Vierzylinder (Reihe)
Lage/Antrieb	Front/Front
Hubraum in cm³	903, 982
PS/min	44/6000 bis 70/6600
Vmax in km/h	140 bis 160
Karosserie	
Bauart	Limousine (2-türig)
Tragstruktur	selbsttragend
Material	Stahlblech
Stückzahl und Marktsituation	
Produktionszahl	k.A.
Verfügbarkeit	ausreichend
Teilesituation	ausreichend
Unterhaltskosten	niedrig

Avanti (USA) • 1965-1991

Der Werdegang der kleinen Firma Avanti zeugt von einer der vielen Skurrilitäten, die das vergangene Jahrhundert zum Thema Automobilgeschichte geschrieben hat.

1965 wurde das Unternehmen in Amerika von zwei Studebaker-Händlern gegründet. Nate Altman und Leo Newman hatten ihr Ziel klar definiert: Die Firma sollte den von Raymond Loewy designten Studebaker Avanti weiterbauen. Mit dessen Ende hatten sich Kenner und Liebhaber nicht abfinden wollen, nachdem Studebaker 1963 die Tore schließen musste. Das neue Unternehmen übernahm die notwendigen Fertigungswerkzeuge und Ersatzteile in South Bend, Indiana, der alten Studebaker-Heimat. Auch die Rechte gehörten zu diesem Paket.

Einige ehemalige Studebaker-Mitarbeiter fanden beim Weiterbau des Avanti wieder Arbeit. Äußerlich folgte der Avanti II seinem Vorgänger, jedoch musste der neue Hersteller nun auf andere Technik setzen. Viel Glück war der weitgehend auf Handarbeit beruhenden Produktion nicht beschieden: Als die Firmengründer Altman und Newman starben, ging das Unternehmen in die Hände von Stephen Blake, einem Avanti-Fan und Makler. Sogar Cabriolets entstanden nun. Doch 1986 folgte der Konkurs, ein Macher namens Michael Kelly übernahm und stellte auf GM-Technik um. 1989 folgte ihm John J. Carafo nach und verlegte die Fertigung nach Youngstown, Ohio. Nun gab es den Avanti sogar als viertürige Limousine. 1991 war Schluss – vorerst.

Denn Mitte der 1990er Jahre ging es mit einer Studie weiter, und 2001 gab es abermals einen Avanti in überarbeitetem Design. Nun stand die Fabrik in Villa Rica, Georgia. Genug des Durcheinanders? Nein: 2004 saß erstmals Ford-Technik unter den Avanti-Karosserien. Und 2006 verlegten die Eigentümer die Fertigung ins mexikanische Cancun. Dort endete noch im gleichen Jahr die Produktion.

Avanti II 1969-1990

Weil sich zwei ehemalige Studebaker-Vertragshändler mit dem Produktionsende des Avanti nicht abfinden wollten, gründeten sie einfach eine neue Firma, die das interessante Coupé weiterbauen sollte. Der Plan gelang überraschenderweise. Die Form der von Stardesigner Raymond Loewy entworfenen Karosserie blieb nahezu unberührt, nur Details passte Avanti an: So trug der Avanti II beispielsweise integrierte Stoßfänger. Ein größerer Wandel vollzog sich unter dem Blech. Die Produktion der Original-Motoren war ebenfalls beendet worden, weshalb der Avanti II mit großvolumigen Achtzylindermotoren von Chevrolet ausgerüstet wurde. Im Zuge der Modellentwicklung, die nach außen nicht immer sofort sichtbar wurde, ergänzte ab 1985 eine Cabrioversion das charaktervolle Coupé. Erst 1990 endete die Fertigung.

Bild: © Archiv HEEL Verlag

Preise	1	2	3	4	5
Avanti II bis 1984, Cpe	k.N.	27.600	19.800	9.600	k.N.

Motor/Antrieb	
Bauart	V8
Lage/Antrieb	Front/Heck
Hubraum in cm^3	5354, 5733, 6573, 5001
PS/min	152/4000 bis 304/4800
Vmax in km/h	170 bis 200
Karosserie	
Bauart	Lim (2-türig), Cabriolet
Tragstruktur	Kastenrahmen
Material	Kunststoff
Stückzahl und Marktsituation	
Produktionszahl	k.A.
Verfügbarkeit	ausreichend
Teilesituation	ausreichend
Unterhaltskosten	hoch

Bentley (GB) • seit 1919

W.O. Bentley (1888–1971).

1919 präsentierte Walter Owen Bentley, den alle Welt stets voller Respekt W.O. nannte, sein erstes Automobil. Der damals 31-Jährige stammte aus einer gut situierten wie kinderreichen Familie. Er liebte Motorräder, ließ sich in einem Lokomotiv-Werk ausbilden und importierte, zusammen mit einem Bruder, Automobile ins Vereinigte Königreich. Und er galt als Perfektionist.

Sein Plan war, den ersten ernst zu nehmenden Sportwagen Großbritanniens zu bauen. 1921 kam der erste Bentley auf den Markt: 80 PS leistete der drei Liter große Vierzylinder, der bereits vier Ventile pro Brennraum und eine obenliegende Nockenwelle aufwies. Doch die neuen Bentley waren nicht nur schnell, sondern überzeugten auch mit guten Fahreigenschaften.

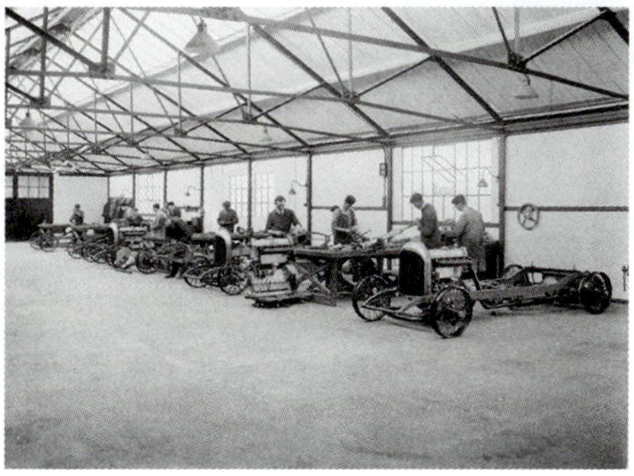

Handarbeit für außergewöhnliche Automobile: Bentley-Werk in Cricklewood.

Schwere Tourenwagen und Limousinen folgten, doch es waren die Rennwagen, deren großartige Erfolge bei den 24 Stunden von Le Mans und anderen Rennen die Marke Bentley berühmt machten. Wie so oft in jenen Jahren, verlor der Gründer immer mehr Macht im eigenen Unternehmen. Investoren hatten das Sagen, ohne das Unternehmen vor den Wirren der weltweiten Wirtschaftskrise Ende der zwanziger Jahre retten zu können.

Über eine unbekannte Subfirma kaufte Rolls-Royce 1931 den bankrotten Konkurrenten Bentley auf. Der Markenname Bentley durfte unter dem neuen Dach zwar bleiben, mit der Eigenständigkeit der technischen Entwicklung jedoch war es vorbei: Die neuen Bentley-Modelle basierten fortan auf Rolls-Royce-Technik, und statt Sport und Leistung standen überlegene Qualität und Zuverlässigkeit im Vordergrund. Für W.O. Bentley eine schwere Zeit: Bis 1935 musste er noch bei Rolls-Royce arbeiten, bevor er zu Lagonda wechselte.

Etwas kleiner und billiger als der entsprechende Rolls-Royce, ging 1946 der Bentley Mk VI als erstes Nachkriegsmodell in Serie. Immer ähnlicher wurden sich Bentley und Rolls-Royce in den folgenden Jahren, bis sie sich letztlich nur noch durch ihre markentypischen Kühlergesichter unterschieden. Die Bentley wurden jedoch weiterhin als eher sportliche Wagen für den Selbstfahrer positioniert, sie wirkten zudem diskreter als die Schwestermodelle von Rolls-Royce, hinter deren Lenkrädern sich oft Chauffeure fanden.

Als die beiden Marken in den späten neunziger Jahren zum Verkauf standen, rangelten sich BMW und Volkswagen um die mondänen wie prestigeträchtigen Namen. Das Tauziehen zwischen Ferdinand Piëch, damals VW-Chef in Wolfsburg, und Bernd Pischetsrieder, der BMW in München vorstand, zählt zu einer höchst spannenden Anekdote der Automobilgeschichte. Heute hat Bentley unter dem Dach der Volkswagen Gruppe Unterschlupf gefunden, während die Bayern bei Rolls-Royce das Sagen haben. So endete nach rund 70 Jahren die Zwangsehe von Bentley und Rolls-Royce. Die Zukunft, so verkündete Bentley 2022, wird elektrisch werden. Und das schon ab 2030. Grundlage hierfür: die Premium Plattform Electric (PPE), auf der auch Audi, Porsche und Lamborghini aufbauen will. Ebenfalls seit 2022 gehört Bentley unter dem Volkswagen-Dach zur Audi Group.

Im Sommer 2025 zeigte Bentley die Studie EXP 15. Inspiriert vom legendären Bentley Speed Six „Blue Train" (1930) erlaubt sie einen Ausblick auf das erste vollelektrische Modell der Marke.

Bentley 3 Litre, Speed, Super Sports 1921-1929

Bereits 1919 stellte Bentley den 3 Litre vor, allerdings zeigten sich erst zwei Jahre später die Motoren serienreif. Betont sportlich und entsprechend teuer waren die meist mit offenen Tourer-Aufbauten gefertigten Fahrzeuge. Zur Legende wurde das Modell, als es 1924 und 1927 das 24-Stunden-Rennen von Le Mans gewann. Der Bentley 3 Litre fiel deutlich größer und mächtiger als viele Konkurrenten aus, was Ettore Bugatti zur Aussage brachte, Bentley baue die schnellsten Lastwagen der Welt. Dabei war die Technik vom Feinsten: Bentleys Drei-Liter-Vierzylinder bot bereits vier Ventile und zwei Zündkerzen pro Zylinder, dazu eine obenliegende Nockenwelle. Mit dem Blue Label kennzeichnete Bentley seine Standardmodelle, das Red Label trugen 3 Litre mit höher verdichteten Motoren, während das Green Label die Hochleistungsmodelle auszeichnete, die mindestens 160 km/h schnell waren. Zudem gab es 1926 erste Versuche, die Motoren mit Kompressoren aufzuladen.

Preise	1	2	3	4	5
3 Litre, Tou	k. N.	230.000	150.000	100.000	k. N.

Motor/Antrieb	
Bauart	Vierzylinder
Lage/Antrieb	Front/Heck
Hubraum in cm^3	2996
PS/min	70 bei 3200
Vmax in km/h	130 bis 162
Karosserie	
Bauart	Lim (4-türig), Cpe, Cab, Rds
Tragstruktur	Kastenrahmen
Material	verschiedene
Stückzahl und Marktsituation	
Produktionszahl	3 Li: 1088; Speed 513
Verfügbarkeit	schlecht
Teilesituation	schwierig
Unterhaltskosten	hoch

Bentley 6½ Litre, Speed Six 1926-1930

Trotz aller Begeisterung über die Sporterfolge der Marke, sehnten sich einige Bentley-Kunden nach einer komfortableren Weise der Fortbewegung. Das Ergebnis waren schwere Saloon-Karosserien auf dem 3-Litre-Chassis. Eine wenig überzeugende Kombination, fand Bentley und steuerte gegen: Größere Chassis und ein mehr als doppelt so großer auf dem 3 Litre basierender Reihensechsylinder ermöglichten alle Formen von Aufbauten, und passend zu den unterschiedlichen Kundenwünschen lieferte Bentley das Chassis in zahlreichen Radständen. Außerdem folgte doch noch eine Motorsport-Version: 1928 ging der heute legendäre Speed Six an den Start, höher verdichtet, mit optimierten Steuerzeiten und zwei SU-Vergasern. 1929 und 1930 siegten Werksrennwagen in den 24-Stunden-Rennen von Le Mans. Zudem gewann Bentley-Boss Woolf Barnato 1930 eine Wette: Von Cannes aus startete er in seinem Speed Six zeitgleich mit dem legendären Schnellzug „Le train bleu" – und traf trotz schweren Regens unterwegs in seinem Londoner Club ein, noch bevor der Zug Calais erreichte.

Preise	1	2	3	4	5
6½ Litre Speed Six, Tou	1.300.000	1.00.000	800.000	500.000	k. N.

Motor/Antrieb	
Bauart	Sechszylinder (Reihe)
Lage/Antrieb	Front/Heck
Hubraum in cm^3	6597
PS/min	147 bei 3500, 180 bei 3500
Vmax in km/h	k.A.
Karosserie	
Bauart	Lim (4-türig), Cpe, Cab, Rds, Kast
Tragstruktur	Kastenrahmen
Material	verschiedene
Stückzahl und Marktsituation	
Produktionszahl	6 $^1/_2$ Li.: 362; Speed Six: 182
Verfügbarkeit	schlecht
Teilesituation	schwierig
Unterhaltskosten	hoch

Bentley 4½ Litre, Blower 1927-1931

Den neuen 6½ Litre gab es bereits – ein gewaltiger Sechszylinder in einem Auto das beeindruckte, jedoch unter enormem Reifenverschleiß litt. Der bisherige 3 Litre dagegen schien inzwischen an seinen Grenzen angelangt. Die Lösung: Bentley reduzierte den großen Sechs- auf Vierzylinder – das Ergebnis war der neue 4½ Litre, der wiederum vier Ventile pro Zylinder sowie eine obenliegende Nockenwelle aufwies. Über das Thema Leistungssteigerung gab es damals im Hause Bentley unterschiedliche Meinungen: W. O. Bentley setzte auf mehr Hubraum und missbilligte die Versuche, die Leistung mittels eines Kompressors anzuheben. Diesen Weg ging jedoch das Team um Sir Henry Birkin, der als einer der legendären Bentley Boys Rennen bestritt. Gegen den anfänglichen Widerstand des Unternehmens, und mit privatem Kapital, setzten sie ihre Pläne um und 1930 gingen zwei Blower Bentley in Le Mans an den Start – sie erwiesen sich jedoch nicht als standfest. Der Sieg gelang einem Bentley Speed Six, der offiziell vom Werk eingesetzt wurde.

Bild: © CHEKANDINO Archives

Preise	1	2	3	4	5
4½ Litre, Tou	650.000	500.000	400.000	300.000	k. N.

Motor/Antrieb	
Bauart	Vierzylinder
Lage/Antrieb	Front/Heck
Hubraum in cm^3	4398
PS/min	110 bis 240 bei 4200
Vmax in km/h	
Karosserie	
Bauart	Coupé, Cabriolet, Roadster
Tragstruktur	Kastenrahmen
Material	verschiedene
Stückzahl und Marktsituation	
Produktionszahl	k.A.
Verfügbarkeit	schlecht
Teilesituation	schwierig
Unterhaltskosten	hoch

Bentley 3.5 Litre 1933-1936

Die Bentley-Modelle aus den Jahren nach 1933, zwei Jahre nach der Übernahme der Marke durch Rolls-Royce, sind solide gebaut und mit Karosserien verschiedener Hersteller versehen. Der 3.5 Litre verfügt über einen Sechszylindermotor, der wie die restliche Technik recht robust ist. Das 115 PS starke Aggregat schöpft seine Kraft unter anderem aus zwei Kompressoren – mit einer Höchstgeschwindigkeit von knapp 150 Stundenkilometern verband der Bentley die Agilität eines Sportwagens mit äußerst angenehmem Komfort. Das Werk bewarb den 3.5 Litre als „The Silent Sports Car", den ruhigen Sportwagen. Es gab ihn als Cabriolet oder Saloon, als Tourer oder Shooting Brake. Wie üblich wird heute für die offenen Versionen erheblicher Aufpreis im Vergleich zu den geschlossenen gezahlt.

Bild: © Dieter Rebmann

Preise	1	2	3	4	5
3,5 Litre, L4t	94.000	64.000	39.000	24.000	12.000
3,5 Litre, Cab	210.000	142.000	90.000	58.000	35.000

Motor/Antrieb	
Bauart	Sechszylinder (Reihe)
Lage/Antrieb	Front/Heck
Hubraum in cm^3	3669
PS/min	115/k.A.
Vmax in km/h	148
Karosserie	
Bauart	Cab, Lim (4-türig), Tourer
Tragstruktur	Kastenrahmen
Material	Stahlblech
Stückzahl und Marktsituation	
Produktionszahl	1177
Verfügbarkeit	gegen null
Teilesituation	sehr schwierig
Unterhaltskosten	hoch

Bentley Mk VI

1946-1952

Auch in der Nobelklasse hieß es nach 1945 Verzicht zu üben. Einen Beitrag der ganz speziellen Art dazu lieferte das relativ kompakt gehaltene Modell Mk VI, das ebenso wie das Schwestermodell Silver Dawn der Marke Rolls-Royce mit zwei Motoren antrat, die über 4,3 und 4,6 Liter Hubraum verfügten. Sparen hieß auch, eine Karosserie von der Stange zu verbauen: Standard Steel presste die Bleche in weiterhin opulente Formen. Leider hat sich das Blech auf Dauer als wenig resistent gegen Rost erwiesen. Das ist bis heute an den Preisen zu merken, die für das sonst übliche Niveau dieser Marke etwas moderater ausfallen. Eine Ausnahme machen dagegen die Sonderkarosserien der verschiedenen Spezialisten, die deutlich höher gehandelt werden. Wie üblich werden zudem auch beim Bentley Mk VI die offenen Versionen mit deutlichen Aufschlägen belegt.

Bild: © Ralf Christian Kunkel

Preise	1	2	3	4	5
Mk VI 4,3 Litre, L4t	54.900	38.100	24.900	14.400	7.800

Motor/Antrieb	
Bauart	Sechszylinder (Reihe)
Lage/Antrieb	Front/Heck
Hubraum in cm^3	4257, 4566
PS/min	k.A.
Vmax in km/h	150 bis 160
Karosserie	
Bauart	Limousine (4-türig), Cabriolet
Tragstruktur	Kastenrahmen
Material	Stahlblech
Stückzahl und Marktsituation	
Produktionszahl	5201
Verfügbarkeit	gegen null
Teilesituation	schwierig
Unterhaltskosten	hoch

Bentley R Continental

1952-1955

Schon 1949 hatte H. J. Mulliner einen Bentley mit Fließheckkarosserie entworfen. Diese Idee tauchte Anfang 1952 wieder auf: Als Continental Sports Saloon besaß er einen mit 1:7,25 höher verdichteten und daher leistungsstärkeren Motor. Bentley wie auch Rolls-Royce schwiegen jedoch weiterhin beharrlich, wenn es um Leistungsangaben ging. Jedenfalls reichte die Kraft für ordentliche Fahrleistungen, rund 200 Stundenkilometer Höchstgeschwindigkeit erreichte der aerodynamische Stromlinien-Bentley, der so zum schnellsten serienmäßig gebauten viersitzigen Sportwagen der Welt wurde. Der Name Continental war ein Hinweis auf die höheren Geschwindigkeiten, die auf dem Festland gefahren wurden. Die eleganten Fastback-Bentleys mit ihrer sportlich-schlanken Erscheinung erzielen heute sehr hohe Preise.

Bild: © Bentley

Preise	1	2	3	4	5
R Continental, Cpe	1.000.000	720.000	500.000	390.000	k.N.

Motor/Antrieb	
Bauart	Sechszylinder (Reihe), V8
Lage/Antrieb	Front/Heck
Hubraum in cm^3	4566, 6230
PS/min	k.A.
Vmax in km/h	190 bis 200
Karosserie	
Bauart	Lim (2-/4-türig), Cpe, Cab
Tragstruktur	Kastenrahmen
Material	Stahlblech
Stückzahl und Marktsituation	
Produktionszahl	207
Verfügbarkeit	ausreichend
Teilesituation	ausreichend
Unterhaltskosten	hoch

Bentley R-Type (B7)

1952-1955

Auf eine nur dreijährige Bauzeit kann der R-Type zurückblicken. Kein Wunder, denn im Grunde waren die Unterschiede zum Mk VI kaum zu bemerken: Der Kundengunst leistete der vergrößerte Gepäckraum ebenso wenig Vortrieb wie die neue, elektrisch beheizbare Heckscheibe oder das auf Wunsch lieferbare General-Motors-Automatikgetriebe Hydramatic, das Rolls-Royce überarbeitet und seinen Anforderungen angepasst hatte. Den Antrieb besorgte nun ausschließlich das 4,6 Liter große Aggregat, das mit 1:6,4 denkbar niedrig verdichtet war. Es lief ruhig und komfortabel, allerdings war die auch hier als ausreichend angegebene Leistung nicht allzu üppig vorhanden: die Fahrleistungen waren nicht berauschend. Folglich hielt sich die Kundschaft zurück, und Bentley fand weniger Interessenten als noch für den Mark VI.

Bild: © Bentley

Preise	1	2	3	4	5
R-Type, L4t	58.800	40.600	26.400	15.200	7.800

Motor/Antrieb	
Bauart	Sechszylinder (Reihe)
Lage/Antrieb	Front/Heck
Hubraum in cm^3	4566, 4887
PS/min	k.A.
Vmax in km/h	160 bis 190
Karosserie	
Bauart	Limousine (4-türig)
Tragstruktur	Kastenrahmen
Material	Stahlblech
Stückzahl und Marktsituation	
Produktionszahl	2320
Verfügbarkeit	gegen null
Teilesituation	schwierig
Unterhaltskosten	hoch

Bentley S1, S2, S3 — 1955-1966

Zunächst war es nur eine neue Karosserie, die den S1 wesentlich vom bisher gebauten R-Type unterschied. Das war immerhin ein deutlicher Fortschritt. Die Erscheinung war jetzt moderner und glattflächiger, dennoch blieb das markentypische, konservative Erscheinungsbild erhalten. Unter dem edlen Blech hatte sich zunächst allerdings kaum etwas getan: Beim Modell S1 übernahm wieder die alte Sechszylindermaschine den Vortrieb, allerdings war der Hubraum jetzt auf knapp 4,9 Liter gestiegen. Ab 1959 kam in der S2-Serie der 6,2 Liter große V-Achtzylinder zum Einsatz. Das hob die Fahrleistungen der 5,25 bis 5,38 Meter langen Luxuswagen endlich auf ein standesgemäßes Niveau an – auf bis zu 180 Stundenkilometer konnten die Chauffeure beschleunigen. Neben dem Saloon gab es Limousinen auf verlängerten Chassis und Drophead Coupé genannte Cabriolets.

Bild: © Bentley

Preise	1	2	3	4	5
S1, L4t	66.600	42.200	26.900	15.100	7.100
S2, L4t	60.800	39.400	25.900	14.600	6.600
S3, L4t	70.600	45.100	28.800	16.000	7.500

Motor/Antrieb	
Bauart	Sechszylinder (Reihe), V8
Lage/Antrieb	Front/Heck
Hubraum in cm³	4566, 6230
PS/min	k.A.
Vmax in km/h	165 bis 180
Karosserie	
Bauart	Limousine (4-türig), Tourer
Tragstruktur	Kastenrahmen
Material	Stahlblech
Stückzahl und Marktsituation	
Produktionszahl	7357
Verfügbarkeit	ausreichend
Teilesituation	ausreichend
Unterhaltskosten	hoch

Bentley Series T — 1965-1980

Den Übergang zu modernen Konstruktionsmethoden vollzog Bentley analog zu Rolls-Royce bei dem Modell T-Saloon: Selbsttragende Karosserie, Einzelrad-Aufhängung und Scheibenbremsen an allen vier Rädern vermittelten ein neues Fahrgefühl. Die pontonförmige Karosserie wirkte trotz deutlicher Straffung weiterhin recht konservativ gestylt und wurde vom Publikum gut angenommen. Von einer eigenen Markenidentität war beim Bentley T im Vergleich zum Rolls-Royce Silver Shadow außer dem typischen Bentley-Kühlergesicht nichts übrig geblieben. Unter der vieldiskutierten Karosserie von 5,17 Meter Länge ähnelten sich die beiden Modelle wie ein Ei dem anderen. Die kontinuierliche Weiterentwicklung umfasste 1969 schließlich auch das Armaturenbrett mit Polsterumrahmung und versenkt angeordneten Schaltern.

Bild: © Bentley

Preise	1	2	3	4	5
T1 6,8 Litre, L4t	38.100	22.100	12.800	6.400	2.600
T2, L4t	40.100	23.200	13.500	6.800	2.700

Motor/Antrieb	
Bauart	V8
Lage/Antrieb	Front/Heck
Hubraum in cm³	6230, 6750
PS/min	260
Vmax in km/h	190
Karosserie	
Bauart	Limousine (4-türig)
Tragstruktur	selbsttragend
Material	Stahlblech
Stückzahl und Marktsituation	
Produktionszahl	1712 (bis 1976)
Verfügbarkeit	ausreichend
Teilesituation	ausreichend
Unterhaltskosten	hoch

Bentley Series T Corniche — 1966-1977

Ohne technische Änderungen platzierte Bentley auch die zweitürigen Coupé- und Cabriolet-Versionen auf Basis der T-Limousine. Auch sie entsprachen den jeweiligen Rolls-Royce-Varianten, nur die Kühlermaske präsentierte sich im markentypischen Stil. Den sportlicheren Auftritt der Zweitürer dokumentierte nach außen ein dezenter Hüftknick, ansonsten blieb es bei der strengen und konservativen Formgebung. Von der sehr viel größeren optischen Eigenständigkeit der alten Continental-Modelle war bei der modernen Baureihe leider nichts übrig geblieben. Die selbsttragenden Karosserien ließen die große Individualität, wie sie einst üblich war, nicht mehr zu. Immer noch beruft sich Bentley auf die große Sportwagen-Tradition der Marke, die in den Rennerfolgen der zwanziger und dreißiger Jahre gründet.

Bild: © Bentley

Preise	1	2	3	4	5
Corniche, Cpe	68.000	41.000	26.500	14.500	k.N.
Corniche, Cab	84.000	59.200	40.700	20.400	k.N.

Motor/Antrieb	
Bauart	V8
Lage/Antrieb	Front/Heck
Hubraum in cm³	6230, 6750
PS/min	260
Vmax in km/h	190
Karosserie	
Bauart	Coupé, Cabriolet
Tragstruktur	selbsttragend
Material	Stahlblech
Stückzahl und Marktsituation	
Produktionszahl	k.A.
Verfügbarkeit	ausreichend
Teilesituation	ausreichend
Unterhaltskosten	hoch

Bentley Mulsanne, Mulsanne Turbo, Mulsanne Turbo R, Mulsanne S, Eight — 1980-1997

Auch 1980 marschierte Bentley noch im Rhythmus mit Rolls Royce: Zeitgleich mit dem neuen Modell Silver Spirit zeigte Bentley den bis auf den Grill baugleichen Mulsanne – und somit das erste Modell, das einen eigenen Namen trug. Mulsanne heißt eine Kurve der Rennstrecke von Le Mans, einem Ort, an dem Bentley in den 1920er Jahren große Rennerfolge feierte. Doch das Profil der neuen Bentley-Limousine schärfte sich erst 1982, als eine Turbo-Version rund 45 Extra-PS spendierte und den Wagen spürbar schneller beschleunigen ließ. Ihm folgte 1987 der Turbo R, der nun deutlich fahraktiver ausgelegt war, was der Marke überraschend viele neue Kunden brachte. Schwerer taten sich da der Mulsanne S, der sich optisch und in seiner Ausstattung am Turbo orientierte, jedoch den Saugmotor behielt, und der Bentley Eight, ein deutlich einfacher ausgestattetes und preiswerteres Einsteigermodell.

Bild: © gemeinfrei

Preise	1	2	3	4	5
Mulsanne, L4t	k.N.	21.400	13.600	6.700	k. N.

Motor/Antrieb	
Bauart	V8
Lage/Antrieb	Front/Heck
Hubraum in cm³	6750
PS/min	ca. 200, 245
Vmax in km/h	190 und 215
Karosserie	
Bauart	Limousine (4-türig)
Tragstruktur	selbsttragend
Material	Stahlblech
Stückzahl und Marktsituation	
Produktionszahl	3755, Turbo R: ca. 6000
Verfügbarkeit	ausreichend
Teilesituation	ausreichend
Unterhaltskosten	hoch

hanhart
×
PORSCHEFAHRER
417 ES MOKKA FLYBACK DATE
Auf 200 Exemplare limitierte Sonderedition des legendären Flyback-Chronographen mit glatter Lünette und Zifferblatt in Dunkelbraun.
€ 2890,-

Bentley Continental R, Continental R Mulliner — 1991-2002

Er fährt etwas im Windschatten der jüngeren Modelle: Dabei fertigte das Bentley-Werk im englischen Crewe den Continental R immerhin zwölf lange Jahre. Entstanden ist das noble, teure Coupé 1991, sieben Jahre, bevor der Volkswagen-Konzern die Zügel bei den Engländern in die Hand nahm. Herausragend ist dieses Modell, weil es weder – wie seine Vorgänger – eine Rolls-Royce-Karosserie nutzte, noch auf Volkswagen-Komponenten zugriff, wie es spätere Bentley-Modelle taten. Als Motor wählte Bentley das Triebwerk aus dem Turbo R, einen Alu-V8, den ein Garett-Turbolader zusätzlich befeuerte. 389 PS und gewaltige 750 Nm bei nur 2000/min waren das beeindruckende Ergebnis. Wem das nicht genügte, der bestellte die „Mulliner"-Version: Die Ausstattung besprach der Besteller individuell mit dem Werk, das beim Motor von sich aus bereits nachgelegt hatte. Ein Mulliner bot mit 426 PS und 875 Nm rekordverdächtige Werte.

Bild: © Bentley

Preise	1	2	3	4	5
Continental R, Cpe	61.900	40.000	29.000	k. N.	k. N.

Motor/Antrieb	
Bauart	V8
Lage/Antrieb	Front/Heck
Hubraum in cm^3	6750
PS/min	89/4000, 426/4000
Vmax in km/h	249 bis 273
Karosserie	
Bauart	Coupé
Tragstruktur	selbsttragend
Material	Stahlblech
Stückzahl und Marktsituation	
Produktionszahl	1420
Verfügbarkeit	ausreichend
Teilesituation	ausreichend
Unterhaltskosten	hoch

Berkeley (GB) • 1956-1961

Berkeley begann 1956 mit dem Bau von kleinen Sportwagen. Der Wohnwagen-Hersteller präsentierte ein leichtes und preiswertes Fahrzeug, das optisch überzeugen konnte. Konstruiert hatte es Lawrence Bond. Berkeley bot verschiedene Zwei- und Viertaktmotoren an, die Schwächsten leisteten gerade 15 PS. Den größten Erfolg verbuchte Berkeley mit dem Excelsior, einem ab 1958 gebauten Dreirad mit einem 328 Kubikzentimeter großen Motor. Es wurde mit rund 900 Exemplaren der Bestseller von Berkeley. Lange währte der bescheidene Erfolg nicht: Schon 1960 geriet Berkeley in Schwierigkeiten. Mit dem neuen Modell Bandit, das mit einem Ford-Anglia-Motor in Serie gehen sollte, hatte sich die kleine Marke finanziell übernommen.

Das Berkeley-Logo zierte die kleinen Sportler.

Berkeley 328, SE 492, Sports 322 — 1956-1959

Eine Kunststoffkarosserie mit einlaminierter Metallverstärkung sowie rundum einzeln aufgehängte Räder kennzeichnen die ungewöhnliche Kleinwagenkonstruktion, die Berkeley 1956 präsentiert hatte. Mit kleinen Zweitaktmotoren von Anzani und Excelsior kam das Leichtgewicht auf ansehnliche Fahrleistungen – mit bis zu 130 Stundenkilometern Höchstgeschwindigkeit überraschte die Leistungswilligkeit der lediglich zwischen 328 und 500 cm^3 großen Triebwerke. Zwei Erwachsene und notfalls auch zwei Kinder durften mitfahren, zudem gab es ein Coupédach aus Polyester als Extra. Das Reserverad fand sich unter dem Armaturenbrett vor dem Beifahrer. Berkeley konnte vor allem junge Leute für den offenen Sportwagen gewinnen, der noch in die Ära vor dem Austin-Healey Sprite fiel: Die günstigen Preise konnten damals viele Interessenten überzeugen.

Bild: © Archiv Günther Zink

Preise	1	2	3	4	5
Berkeley B 65, Rds	21.400	13.200	8.100	4.200	1.800

Motor/Antrieb	
Bauart	Zwei-/Dreizylinder-Zweitaktmotor
Lage/Antrieb	Front/Heck
Hubraum in cm^3	322, 328, 492
PS/min	15/5000, 18/5000, 30/5500
Vmax in km/h	100 bis 130
Karosserie	
Bauart	Roadster
Tragstruktur	teilw. selbsttragend
Material	Kunststoff
Stückzahl und Marktsituation	
Produktionszahl	666 (SE 492); 350 (B 328)
Verfügbarkeit	gegen null
Teilesituation	sehr schwierig
Unterhaltskosten	mittel

Berkeley B 95, 105 Twosome — 1959-1960

Keine besonders glückliche Hand scheint Berkeley bei der Umgestaltung der Wagenfront bei dem Nachfolger des Ur-Roadsters gehabt zu haben. Der neue Berkeley Twosome trug jetzt einen stehenden Kühlergrill und normale, stehende Scheinwerfer, die nicht mehr unter aerodynamischen Plastikhauben verborgen waren. Was allerdings blieb, war das sensationell niedrige Gewicht von nur rund 350 Kilogramm. Daher konnte der kleine Fronttriebler überraschende Fahrleistungen bieten. Den Antrieb übernahmen Royal Enfield-Motoren: der Meteor beim B 95, der Constellation beim B 105. In Anbetracht der knappen Abmessungen bot der Berkeley ein geräumiges Cockpit und konnte auf Wunsch sogar mit einem Hardtop aus Kunststoff ausgerüstet werden. Heute tauchen Berkeleys nur vereinzelt auf dem Klassikermarkt auf, am häufigsten natürlich in Großbritannien – und die Preise sind durchaus attraktiv.

Bild: © Archiv HEEL Verlag

Preise	1	2	3	4	5
B 95 Twosome, Rds	25.100	15.300	8.800	3.800	1.900
B 105 Twosome, Rds	k. N	15.800	9.100	3.900	k. N.

Motor/Antrieb	
Bauart	Zweizylinder (Reihe)
Lage/Antrieb	Front/Heck
Hubraum in cm^3	692
PS/min	41/5500 bis 51/6250
Vmax in km/h	155 bis 170
Karosserie	
Bauart	Roadster
Tragstruktur	teilw. selbsttragend
Material	Kunststoff
Stückzahl und Marktsituation	
Produktionszahl	60 (B 95); 40 (B 105)
Verfügbarkeit	gegen null
Teilesituation	schwierig
Unterhaltskosten	niedrig

Bitter (D) • 1971-1986

Als kleinste Automobilfabrik Deutschlands machte seit 1971 die Sportwagen-Manufaktur des ehemaligen Rennfahrers Erich Bitter von sich reden. Bitter, der gute Beziehungen zu Opel unterhielt, entwickelte einen Coupé-Prototyp des Designers Pietro Frua auf Diplomat-V8-Basis zur Serienreife weiter.

In Schwelm, einer Kleinstadt in Westfalen, baute er 1973 seine eigene Automarke auf. Als die Diplomat-Serie 1977 einschlief, präsentierte der alerte Einzelunternehmer ein neues Coupé auf Basis des Opel Senator A 3.0 E. 1986 geriet Bitter in wirtschaftliche Schwierigkeiten und musste die Produktion des SC einstellen, obwohl die Nachfrage überraschend kräftig ausgefallen war. Erich Bitter plante vor Jahren ein Comeback: Auf dem Genfer Salon 1994 stellte er den Prototyp einer Luxus-Limousine mit Omega MV6-Technik aus, 2003 folgte der Bitter CD2, den Bitter auf Basis des Pontiac GTO entwickelte. Beide Modelle gingen nicht in Serienfertigung.

Lange arbeitete Erich Bitter (1933–2023) tapfer an seinem Comeback. Helfen sollten Projekte wie der Bitter Vero (2007) auf Basis des australischen Holden Statesman und der kompaktere Bitter Vero Sport (2009). Der letzte Versuch war ein Insignia by Bitter (2010). Es ist noch heute beeindruckend, wie Erich Bitter alle Rollen besetzte: Er diente über Jahrzehnte als Entwickler, Konstrukteur, Testfahrer, Marketingchef und Verkäufer – ein begeisterter „Car Guy" alter Schule.

Bild: © Opel Automobile GmbH

B

Bitter CD 1973-1979

Mit dem Bitter CD erhielt Opel ohne allzu große eigene Investitionen ein Topmodell der Exklusiv-Klasse. Vertrieben wurde das Gran-Turismo-Coupé über ausgewählte Opel-Händler. Die Herstellung des Bitter CD hatte die Karosseriefabrik Baur in Stuttgart übernommen. Unter dem Designer-Kleid befand sich die Serientechnik des damaligen Diplomat V8 mit 230-PS-Chevrolet-Motor und 3-Gang Turbo-Hydramatic-Automatikgetriebe. Feines Leder und edle Hölzer untermauerten den Oberklasse-Anspruch des Autos, zu dessen prominentesten Fahrern die Fußball-Legende Paul Breitner zählte. Der Kaufpreis war nicht niedrig: Immerhin 60.000 Mark verlangte Erich Bitter für das exklusive Coupé. Insgesamt entschieden sich 395 Kunden für einen Bitter CD. Heute ist die Nachfrage gedämpft: Mit etwas Glück lässt sich ein gutes Exemplar zu vernünftigem Preis auftreiben.

Bild: © Archiv HEEL Verlag

Preise	1	2	3	4	5
CD, Cpe	90.000	66.000	42.800	23.500	13.300

Motor/Antrieb	
Bauart	V8
Lage/Antrieb	Front/Heck
Hubraum in cm³	5354
PS/min	230 bei 4700
Vmax in km/h	210
Karosserie	
Bauart	Coupé
Tragstruktur	selbsttragend
Material	Stahlblech
Stückzahl und Marktsituation	
Produktionszahl	395
Verfügbarkeit	schlecht
Teilesituation	ausreichend
Unterhaltskosten	hoch

Bitter SC 1981-1986

Weniger glücklich verlief die Karriere des Bitter SC auf der Basis des Senator 3.0 E. Dieses Coupé ließ Erich Bitter bei Giovanni Michelotti entwerfen, der sich sichtlich von den Linien des Ferrari 400 inspirieren ließ. Die gediegene Linie des SC fand speziell auf dem US-Markt große Resonanz, allerdings hatte Erich Bitter mit massiven Qualitätsproblemen zu kämpfen: Weil Baur mit der Fertigung des BMW M1 ausgelastet war, wurden die Karosserien in Italien gefertigt und in Schwelm endmontiert. Das Finish wurde besser, als Steyr-Puch in Graz die Montage übernahm. Rund 600 Exemplare entstanden bis 1986, die meisten mit dem 3,9-Liter-Motor, der 15.000 Mark Aufpreis kostete und den Preis des SC auf die 100.000 Mark-Grenze trieb. Es gab außerdem etwa 20 Cabriolets, eine Handvoll Viertürer-Limousinen und einige Bitter SC mit Ferguson-Allradantrieb.

Preise	1	2	3	4	5
SC, Cpe	43.000	30.000	20.500	11.900	5.400

Motor/Antrieb	
Bauart	Sechszylinder (Reihe)
Lage/Antrieb	Front/Heck
Hubraum in cm³	2968, 3849
PS/min	180/5800, 210/5100
Vmax in km/h	200 bis 225
Karosserie	
Bauart	Cpe, Cab, Lim (4-türig)
Tragstruktur	selbsttragend
Material	Stahlblech
Stückzahl und Marktsituation	
Produktionszahl	ca. 600
Verfügbarkeit	gut
Teilesituation	gut
Unterhaltskosten	hoch

Bizzarrini (I) • 1964-1969

Dr. Giotto Bizzarrini (1926–2023) arbeitete als Ingenieur bei Alfa Romeo und Ferrari. 1961 machte er sich selbständig und gründete die Firma Autostar, die sich mit der Motorenentwicklung beschäftigte. Ab 1964 hieß sein Betrieb Prototipi Bizzarrini. Vor allem in Amerika verkauften sich seine Wagen gut, doch die Stückzahlen waren stets gering. Noch 1968 präsentierte Bizzarrini die Studie Manta, die Giorgetto Giugiaro gezeichnet hatte. 1969 bereits musste Bizzarrini jedoch die Produktion in Livorno aufgrund der schlechten Finanzlage einstellen. Der Ingenieur arbeitete zukünftig an anderen Produkten mit.

Bild: © Jürgen Schlegelmilch

Bizzarrini 5300, GT Strada 5300 — 1965-1969

Ein vielversprechendes Konzept stellte Bizzarrini auf die Räder: Mit der Erfahrung aus der Entwicklung des Ferrari 250 GTO baute die kleine Firma aus Livorno den GT 5300, der wie eine supersportliche Version des Iso Grifo anmutet. Die schwungvolle und kraftvoll wirkende Karosserie aus Aluminium basierte auf einem halbselbsttragenden Rahmen, das Fahrwerk mit einer DeDion-Hinterachse wies rundum Scheibenbremsen auf. Zur Gewichtsersparnis trug auch die spartanische Ausstattung bei. Die großvolumigen Chevrolet-Motoren sorgten für herausragende Fahrleistungen, doch im Wettbewerb war der Wagen trotz leichterer Kunststoffkarosserie nicht besonders konkurrenzfähig. Im Alltag fehlte der anspruchsvollen Klientel dagegen ein Mindestmaß an Komfort.

Bild: © BMW AG Konzernarchiv

Preise	1	2	3	4	5
Bizzarini 5300, Cpe	910.000	670.000	510.000	k.N.	k.N.

Motor/Antrieb	
Bauart	V8
Lage/Antrieb	Front/Heck
Hubraum in cm³	5351
PS/min	350/5800 bis 425/6000
Vmax in km/h	270 bis 290
Karosserie	
Bauart	Coupé, Cabriolet
Tragstruktur	Plattformrahmen
Material	Aluminium/Kunststoff
Stückzahl und Marktsituation	
Produktionszahl	149
Verfügbarkeit	gegen null
Teilesituation	schwierig
Unterhaltskosten	hoch

Bizzarrini 1900 Europa — 1966-1969

Auch ein zweites Projekt von Bizzarrini baute auf Großserienkomponenten auf. Das 1966 vorgestellte Modell 1900 Europa wurde von dem 1,9-Liter-Vierzylindermotor aus dem Opel GT angetrieben. Die Karosserie aus Kunststoff wies praktisch die gleichen, wenn auch etwas verkleinerten Linien des potenten GT 5300 auf. Mit Einzelradaufhängung und Scheibenbremsen rundum betrieb der kleine italienische Sportwagenhersteller auch beim Fahrwerk großen Aufwand. Im Renneinsatz blieb der 1900 Europa allerdings erfolglos: In der Zwei-Liter-Klasse dominierten die Produkte anderer Hersteller. Auch der 1900 SS mit 120 PS half der Marke Bizzarrini nicht weiter. Die Verkaufszahlen blieben weit hinter den Erwartungen zurück, obwohl das Preisniveau auf erträglicher Höhe lag.

Preise	1	2	3	4	5
1900 Europa, Cpe	360.000	280.000	210.000	115.000	k.N.

Motor/Antrieb	
Bauart	Vierzylinder (Reihe)
Lage/Antrieb	Front/Heck
Hubraum in cm³	1897
PS/min	110/5600 bis 120/5800
Vmax in km/h	195 bis 225
Karosserie	
Bauart	Coupé
Tragstruktur	Plattformrahmen
Material	Kunststoff
Stückzahl und Marktsituation	
Produktionszahl	15
Verfügbarkeit	gegen null
Teilesituation	ausreichend
Unterhaltskosten	mittel

BMW (D) • seit 1916 (Automobilbau seit 1928)

Im Ersten Weltkrieg fanden erstmals auch Kämpfe am Himmel statt. Umgehend nutzten die Maschinenbauunternehmen ihre neuen Chancen. Die Rapp Motorenwerke in München gehörten dazu. Ab 1917 hießen sie Bayerische Motorenwerke, ihr kreisrundes Markenzeichen zeigte die Landesfarben Bayerns, Weiß und Blau. Erst viel später, Ende der 1920er, verglich man erstmals das Logo mit einem sich drehenden Propeller.

1922 übernahmen die Bayerischen Flugzeugwerke (BFW) – ehemals Gustav Otto Flugmaschinenfabrik – den Namen BMW samt den Fertigungseinrichtungen für den Motorenbau.

Aufgrund der komplexen Unternehmensverflechtungen hat BMW später rückwirkend den 9. März 1916 zum eigentlichen Gründungsdatum festgelegt. Nach 1918 untersagten die Versailler Verträge den Deutschen als Kriegsverlierer den Bau von Flugzeugen. BMW dachte um und lieferte bereits ab 1920 einen Boxermotor an zahlreiche Motorradhersteller.

Drei Jahre später begann mit dem Motorrad R 32 der Bau eigener Fahrzeuge. Der Aufstieg zum ersten Automobil – der von Dixi in Eisenach übernommene Typ 3/15 – gelang in den 1930er Jahren schnell. BMW machte sich einen Namen als ehrgeiziger Hersteller anspruchsvoller Sportwagen, Limousinen und Cabriolets. Doch der Automobilbau spielte neben Flugmotoren, Militärgerät und Motorrädern vorläufig noch eine Nebenrolle.

Schwierig gestaltete sich der Neubeginn nach 1945. Das Eisenacher Werk lag unerreichbar in der Sowjetzone, das Stammwerk in München-Milbertshofen wurde komplett demontiert. Die 1950er Jahre verbrachte BMW am Existenzminimum, denn weder mit der Repräsentationslimousine 501 noch mit den schönen aber wirtschaftlich erfolglosen Sportwagen 507 und 503 ließ sich Geld verdienen. Die Kleinstwagen BMW Isetta und 600 generierten – wie einst der Dixi – dagegen zwar Umsatz, boten aber kein Image. 1959 stand BMW vor dem Ruin, Daimler-Benz wollte das Ruder übernehmen. Erst in letzter Sekunde verhinderten die Aktionäre den Coup.

Die Keimzelle des Unternehmens an der heutigen Lerchenauer Straße im Münchner Stadtteil Milbertshofen ist seit 2016 wieder im Firmenbesitz und beherbergt die Classic-Abteilung von BMW.

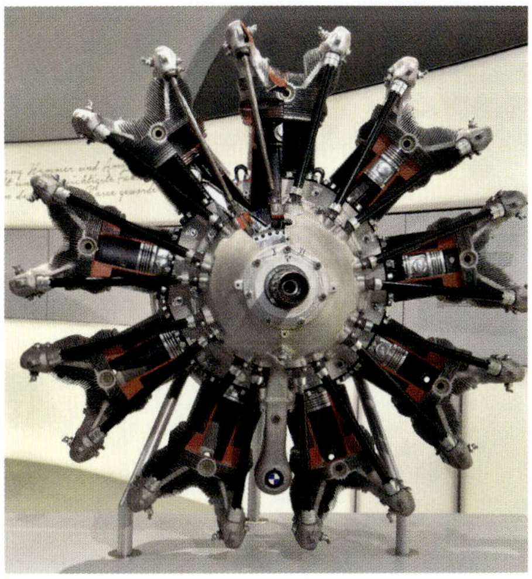

Drei BMW-Sternmotoren sorgen bei der Ju 52 von 1934 für den Antrieb.

Mit großem Ehrgeiz gelang der Aufschwung dann in den 1960er Jahren. Zunächst sorgte die Neue Klasse für Furore, 1966 zeigte der neue BMW 1600-2 erstmals Muskeln in der Mittelklasse, zudem kaufte BMW die Dingolfinger Automobilfabrik von Hans Glas.

Mit der 3er-, 5er- und 7er-Reihe setzte BMW in den 1970er Jahren weiter konsequent auf Modernität und Dynamik. Damit waren die richtigen Fundamente gelegt, wie die bis heute andauernde Erfolgsstory beweist.

Selbst das verlustreiche Rover-Engagement hat BMW verkraftet: Von 1994 bis 2000 hielt BMW die Rover Group mit den Marken Land Rover, Mini, MG und Rover im Portfolio. Die Kooperation gestaltete sich mühsam und führte nicht zum erhofften Erfolg. Am Ende schlingerte MG-Rover unter neuen, chinesischen Eigentümern in eine bis heute unklare Zukunft, Land Rover übernahm zunächst Ford, während alleine Mini als erfolgreiche Marke bei BMW verbleiben durfte. 1997 hatten die Münchner, unabhängig von ihrem Rover-Engagement, Rolls-Royce als weitere englische Marke dazu genommen.

Noch zwei weitere Namen spielen heute im Umfeld von BMW eine prägnante Rolle. Eine davon ist die 1993 gegründete BMW M GmbH, deren Aufgabe die Entwicklung der sportlichen Modelle ist. Zudem sind die Individualisierungsprogramme und Fahrertrainings in dieser Einheit gebündelt. BMW M geht auf die BMW Motorsport GmbH zurück, die bereits 1972 ihre Tätigkeit aufgenommen hatte und sich zunächst auf Motorsport-Einsätze konzentrierte – bis hin zu Formel-1-Triebwerken.

Einen weiteren Impuls setzte die 2010 gegründete Marke BMW i. Sie dient als Plattform für die Vermarktung von Fahrzeugen mit elektrischem Antrieb. Bereits 2013 schickte BMW den kompakten i3 (bis 2022) und den Sportwagen i8 (bis 2020) ins Rennen.

Nach dem M1 ist der ab 2022 angebotene XM die erste komplette Eigenentwicklung der M GmbH.

B

Eisenacher Spezialitäten: Die Vorkriegsmodelle

Wenn auch das erste Automobil von BMW, der im Volksmund „Dixi" genannte Typ 3/15 PS, keine Eigenentwicklung war, wurde es doch zur Basis einer rasanten Erfolgsstory.

Dieser Wagen war im Programm des Eisenacher Automobilherstellers Dixi unter der Bezeichnung 3/15 PS DA1: die „Deutsche Ausführung" – daher das Kürzel „DA" – des englischen Austin Seven. 1928 hatte BMW die in Zahlungsschwierigkeiten geratene thüringische Firma übernommen und somit auch die deutschen Lizenzrechte. Im so entstandenen Eisenacher BMW-Werk lief der 3/15 weiter – ohne je offiziell BMW Dixi zu heißen. Eine Eigenkonstruktion war dagegen bereits jener Sechszylindermotor, der zunächst den Typ 303 antrieb und in immer größeren Versionen zum Erfolgs-Motor des PKW-Programms wurde – gipfelnd im legendären BMW 328, der die große Sporttradition begründete.

Am 22. März 1929 verlässt das erste BMW-Automobil die Produktionshalle in Berlin-Johannisthal.

Bild: © BMW AG Konzernarchiv

BMW 3/15, 3/20 („BMW Dixi") 1929-1932

Nach Übernahme der Firma Dixi wurde der Typ 3/15 PS DA1 zunächst unverändert weiter produziert, im Folgejahr dann entscheidend verbessert. Die Limousine erhielt mit dem Suffix DA2 eine breitere Ganzstahlkarosserie ohne Trittbretter und zahlreiche Änderungen wie Vierrad-Bremsanlage, Kurbelfenster oder vergrößerte Heckscheibe. Die offenen Tourenwagen lieferten die Eisenacher in Leichtbauweise mit Kunstlederbezug und Zelluloidfensterscheiben. 1930 folgten Zwei- und Viersitzer-Cabriolet, später verschiedene Spezialversionen. 1932 kündigte BMW den Lizenzvertrag mit Austin und konstruierte den Kleinen komplett um: Es entstand der BMW 3/20 PS, ein neu konstruierter 20-PS-Vierzylinder in einer vergrößerten, im Sindelfinger Daimler-Benz-Werk in vier Versionen gebauten Karosserie mit Kastenrahmen und Pendelachse.

Bild: © BMW AG Konzernarchiv

Preise	1	2	3	4	5
3/15 DA 2, L2t	17.900	11.400	6.900	3.700	1.400
3/15 DA 2, Cab	27.000	20.900	14.400	8.300	3.300
3/20, L2t	23.600	17.500	11.000	5.700	2.300
3/20, Cab	27.900	20.200	12.700	6.300	2.600

Motor/Antrieb	
Bauart	Vierzylinder (Reihe)
Lage/Antrieb	Front/Heck
Hubraum in cm³	749
PS/min	15/3000
Vmax in km/h	75
Karosserie	
Bauart	Lim (2-türig), Rdst, Cab
Tragstruktur	Kastenrahmen
Material	Stahlblech
Stückzahl und Marktsituation	
Produktionszahl	16.948
Verfügbarkeit	schlecht
Teilesituation	schwierig
Unterhaltskosten	mittel

BMW 315 1934-1937

Schon 1933 hatte BMW mit dem Modell 303 den Aufstieg in die Sechszylinder-Liga gewagt. Auf der Basis dieser nur 1,2 Liter großen Konstruktion entstanden in den kommenden Jahren eine ganze Reihe an Motoren, die BMW berühmt machten: Die kleinen Sechszylinder mit 1,5 und zwei Litern Hubraum überzeugten durch Temperament und erlaubten in Verbindung mit dem leichten und dennoch stabilen Rahmen sowie kompakten Karosserien Fahrleistungen, die im damaligen Vergleich durchaus als sportlich einzustufen waren. In ihrer Klasse mussten die kleinen BMW Modelle kaum Konkurrenz fürchten. Ein Problem blieb jedoch: Die 240 Zentimeter Radstand waren für zweisitzige Sportwagen ausreichend, doch Karosserien für vier Personen forderten von den Passagieren große Zugeständnisse.

Bild: © BMW AG Konzernarchiv

Preise	1	2	3	4	5
315, Cab	48.400	34.900	23.300	10.100	4.000

Motor/Antrieb	
Bauart	Sechszylinder (Reihe)
Lage/Antrieb	Front/Heck
Hubraum in cm³	1490
PS/min	34/4000
Vmax in km/h	100
Karosserie	
Bauart	Lim (2-türig), Cabriolet
Tragstruktur	Rohrrahmen
Material	Stahlblech
Stückzahl und Marktsituation	
Produktionszahl	9765
Verfügbarkeit	schlecht
Teilesituation	schwierig
Unterhaltskosten	mittel

BMW 326 1936-1941

Den zweiten Schritt der Evolution beschritten die in Eisenach tätigen Münchner Autobauer mit dem 326, der 1936 debütierte. Er war von Grund auf neu konzipiert. Mit 287 Zentimetern Radstand zeigte er sich erwachsener als seine kompakten Vorgänger, bot Platz und Komfort – hier setzte BMW mehr auf repräsentative Gediegenheit als auf sportliche Leistungen. Der von zwei Solex-Vergasern versorgte Sechszylinder baute sehr kurz und begeisterte durch Drehmoment und Elastizität. Der 326 wurde zum meistverkauften Vorkriegs-BMW und bot großes Potenzial: Auf ihm basierte der berühmte BMW 328, jener Meilenstein der BMW Geschichte. Als Ableitung des Modells 326 erschien 1939 der etwas schwächere Typ 321 mit nur einem Vergaser.

Bild: © BMW AG Konzernarchiv

Preise	1	2	3	4	5
326, Cab	123.000	93.000	58.600	30.700	k.N.

Motor/Antrieb	
Bauart	Sechszylinder (Reihe)
Lage/Antrieb	Front/Heck
Hubraum in cm³	1971
PS/min	50/3750
Vmax in km/h	120
Karosserie	
Bauart	Lim (4-türig), Cab (2-/4-türig), Cpe
Tragstruktur	Kastenrahmen
Material	Stahlblech
Stückzahl und Marktsituation	
Produktionszahl	k.A.
Verfügbarkeit	gegen null
Teilesituation	schwierig
Unterhaltskosten	mittel

BMW 328 — 1936-1940

Viele Rennerfolge gingen auf das Konto des BMW 328, dem berühmtesten Vorkriegsmodell der Marke. Beim Eifelrennen auf dem Nürburgring triumphierte 1936 ein BMW 328, im Folgejahr stellten die Bayern die Serienversion der Öffentlichkeit vor. Den Sechszylindermotor hatten die Konstrukteure aus dem bekannten 326 entlehnt, nicht ohne ihn kräftig zu überarbeiten: Die Motorleistung war um über 50 Prozent auf jetzt 80 PS gestiegen. Möglich war das durch drei statt bisher zwei Vergaser und schräg hängende Ventile, die einen optimierten, halbkugelähnlichen Brennraum ermöglichten. Die Nockenwelle war allerdings im unteren Teil des Blocks geblieben – die Kosten einer obenliegenden Konstruktion hatten die Münchner gescheut. Nur 464 Exemplare des nicht nur sportlichen, sondern auch überaus kultivierten Roadsters waren bis 1940 entstanden.

Bild: © BMW AG Konzernarchiv

Preise	1	2	3	4	5
328, Rds	600.000	470.000	334.800	241.800	k.N.

Motor/Antrieb	
Bauart	Sechszylinder (Reihe)
Lage/Antrieb	Front/Heck
Hubraum in cm³	1971
PS/min	80/4500
Vmax in km/h	160
Karosserie	
Bauart	Roadster
Tragstruktur	Kastenrahmen
Material	Stahlblech
Stückzahl und Marktsituation	
Produktionszahl	464
Verfügbarkeit	gegen null
Teilesituation	sehr schwierig
Unterhaltskosten	hoch

BMW 327 — 1937-1941

Als sportliches Cabriolet stellte BMW kurz nach der Präsentation des 328 Roadster den neuen 327 vor. Er war der zivilere Nachfolger des BMW 326. Von ihm hatten die Konstrukteure den Reihensechszylinder übernommen, seine Leistung allerdings nur milde auf 55 PS angehoben. Auch Chassis und Fahrwerk waren überarbeitet worden: Die Torsionsstäbe hatten ausgedient, und wie beim neuen 328 sorgten Halbelliptikfedern mit hydraulischen Stoßdämpfern für gute Straßenlage. Die Form des nur 1939 auch als Coupé angebotenen 327 galt damals zu Recht als eine der vollkommensten Serienkarosserien. Zudem lagen die Fahrleistungen mit 125 km/h Höchstgeschwindigkeit fast auf Sportwagen-Niveau. Vielen Kunden reichte das noch nicht: Fast ein Drittel der Produktion wurde, mit dem 80 PS starken Motor aus dem 328 ausgestattet, als Sondermodell BMW 327/28 verkauft.

Bild: © BMW AG Konzernarchiv

Preise	1	2	3	4	5
327, Cpe	153.000	104.000	73.000	40.000	k.N.
327, Cab	175.000	120.000	84.000	46.000	k.N.

Motor/Antrieb	
Bauart	Sechszylinder (Reihe)
Lage/Antrieb	Front/Heck
Hubraum in cm³	1971
PS/min	55/4500
Vmax in km/h	125
Karosserie	
Bauart	Cabriolet, Coupé
Tragstruktur	Kastenrahmen
Material	Stahlblech
Stückzahl und Marktsituation	
Produktionszahl	327: 1304; 327/28: 569
Verfügbarkeit	schlecht
Teilesituation	sehr schwierig
Unterhaltskosten	hoch

Bayrischer Barock

Das erste Nachkriegsmodell präsentierte BMW mit dem Modell 501 erst im Herbst 1951: eine großzügige Repräsentationslimousine in karger Zeit. Der elegante Bolide zitierte mit geschwungener Linienführung die noble Ästhetik der 1930er Jahre – so entstand bald der Spitzname „Barockengel". Unter dem geschwungenen Blech arbeitete der nur leicht modifizierte ohv-Sechszylinder aus den Vorkriegs-Limousinen, der allerdings anfangs Probleme bereitete. Dagegen begeisterte die gute Verarbeitung des Mercedes-220-Konkurrenten. Hohes Ansehen genossen ab 1954 die V8-Versionen mit 2,6 und später gar 3,2 Litern Hubraum. Mit über 20.000 verkauften Wagen waren die Barockengel durchaus erfolgreich – aber nicht für BMW: Pro Fahrzeug legten die Münchner rund 4000 Mark zu. So subventionierten Motorrad- und Isetta-Käufer die luxuriöse Limousine – das konnte nicht lange gut gehen.

Für die Marke nur ein Verlustgeschäft, heute äußerst seltene und teure Schönheiten: die „Barockengel" von BMW.

Bild: © BMW AG Konzernarchiv

BMW 501 (501, 501 A, 501 B, 501 Sechszylinder, 501 Cabriolet und Coupé) — 1952-1958

Der BMW 501 wartete, trotz altbackener Kastenrahmen-Konstruktion, mit einem komfortablen Fahrwerk auf – mit Drehstab-Federung, Kegelzahnrad-Lenkung und Doppel-Querlenkern, ferner mit modischen Annehmlichkeiten wie Lenkradschaltung oder hydraulischer Kupplungshilfe. Allerdings war die 65-PS-Maschine im Urmodell des 501 mit dem schweren Sechssitzer überfordert. Besser lief das 72-PS-Modell ab 1954, es ermöglichte stattliche 145 km/h. Bis 1958 blieb der BMW 501 im Programm, ab 1955 lautete die Werks-Bezeichnung – zur Unterscheidung vom neuen V8 – offiziell „501 Sechszylinder". Vorübergehend war auch unter der Bezeichnung 501 B ein Basismodell mit sparsamerer Ausstattung im Angebot. Ab 1954 fertigte das Karosseriewerk Baur 45 Cabriolets – heute besonders gesuchte Raritäten.

Bild: © BMW AG Konzernarchiv

Preise	1	2	3	4	5
501, L4t	39.900	26.700	15.500	6.900	2.300
501 B, L4t	37.000	23.200	13.600	6.100	1.800

Motor/Antrieb	
Bauart	Sechszylinder (Reihe)
Lage/Antrieb	Front/Heck
Hubraum in cm³	1971, 2077
PS/min	65/4400, 72/4500
Vmax in km/h	135, 145
Karosserie	
Bauart	Limousine (4-türig)
Tragstruktur	Kastenrahmen
Material	Stahlblech
Stückzahl und Marktsituation	
Produktionszahl	8936
Verfügbarkeit	gegen null
Teilesituation	schwierig
Unterhaltskosten	mittel

BMW 501 V8 (501 V8, 502, 2600, 3200 L, 3200 S) 1954-1964

Zu hohem Ansehen kamen die Barockengel ab 1954 mit ihrem neu entwickelten V8-Motor. In seiner frühesten Version leistete er milde 95 PS und ermöglichte 160 km/h Höchstgeschwindigkeit. 1955 wurde eine auf 3,2 Liter Hubraum vergrößerte Version mit 120 PS nachgeschoben. Zu erkennen waren die V8-Modelle an ihren integrierten Nebellampen, dem reicheren Chromschmuck, Blinkern statt Winkern und – ab Modelljahr 1956 – einer vergrößerten Heckscheibe. Die V8-Reihe gipfelte 1961 im 160 PS starken Spitzenmodell 3200 S, das mit 190 km/h als schnellste deutsche Serien-Limousine seiner Zeit einen exzellenten Ruf genoss. Die Exklusivität ließ sich mit Hilfe der Karossiers Baur und Authenrieth steigern, die den V8 zum Cabriolet und Coupé umbauten. Diese wenigen Exemplare zählen heute zu den Hochpreis-Klassikern.

Bild: © BMW AG Konzernarchiv

Preise	1	2	3	4	5
501 V8, L4t	55.400	33.600	19.300	8.500	2.900
502 3,2 Liter, L4t	59.500	36.200	21.500	8.900	3.000
2600, L4t	52.600	31.100	17.700	7.800	3.200
3200 S, L4t	60.200	36.400	21.700	8.500	3.200

Motor/Antrieb	
Bauart	V8
Lage/Antrieb	Front/Heck
Hubraum in cm³	2580, 3168
PS/min	100/4800 bis 160/5600
Vmax in km/h	162 bis 190
Karosserie	
Bauart	Lim (4-türig), Cab (2-/4-türig), Cpe
Tragstruktur	Kastenrahmen
Material	Stahlblech
Stückzahl und Marktsituation	
Produktionszahl	ca. 13.224
Verfügbarkeit	schlecht
Teilesituation	sehr schwierig
Unterhaltskosten	hoch

Das andere Extrem: BMW-Kleinwagen

Der Einstieg des Motorradherstellers BMW in den Kleinstwagenmarkt erschien logisch: Die originelle Isetta – BMW bezeichnete sie als Motocoupé – sollte in den frühen Wirtschaftswunderjahren Motorrad fahrenden BMW-Kunden den markentreuen Aufstieg zum geschlossenen Automobil ermöglichen. Mit den Zweirädern hatte der als Stadtwagen sehr praktische Winzling immerhin den Motor gemeinsam. Doch der steigende Wohlstand ließ auch die Ansprüche der Kundschaft wachsen, und BMW antwortete mit dem Typ 600, einer viersitzigen Stretch-Isetta, in den sich schon – mit etwas gutem Willen – eine kleine Familie verfrachten ließ. Einen immer noch kleinen, aber doch erwachsen und elegant wirkenden Kompaktwagen präsentierte BMW auf der IAA 1959: Der BMW 700 war ein richtiges Auto, sogar mit sportlichem Appeal – und BMW in dieser Klasse gerüstet für die 1960er Jahre.

Bild: © BMW AG Konzernarchiv

Ein BMW 700 jagt um das Hafenbecken: Rallye Monte-Carlo, 1961.

BMW Isetta 250, Isetta 300 1955-1962

Ursprünglich war die Isetta eine Konstruktion des italienischen Kühlschrank-Herstellers ISO. Die deutsche Nachbau-Lizenz sicherte sich 1954 BMW. Als Antriebsaggregat wählte BMW den Einzylinder-Motor des Motorrads R 25, der auf der rechten Fahrzeugseite eingebaut wurde. Mit der Spurweite von nur 52 Zentimetern sparte BMW das Differenzial; Export-Modelle für Österreich und England hatten aus Besteuerungsgründen nur drei Räder. Ab Anfang 1956 gab es die Isetta auch mit 300-cm³-Motor, und ab Herbst 1956 legte BMW eine verfeinerte Version auf, die bis zum Serienende in Produktion blieb. Sie erhielt seitliche Schiebefenster, während frühe Isetta an der hinteren Panoramascheibe zu erkennen sind.

Bild: © Jürgen Schlegelmilch

Preise	1	2	3	4	5
Isetta 250, MCpe	28.700	18.600	10.600	5.700	3.500
Isetta 300, MCpe	30.200	19.300	11.100	6.200	3.500

Motor/Antrieb	
Bauart	Einzylinder-Viertaktmotor
Lage/Antrieb	Heck/Heck
Hubraum in cm³	245, 298
PS/min	12/5800, 13/5200
Vmax in km/h	85, 95
Karosserie	
Bauart	Coupé
Tragstruktur	Rohrrahmen
Material	Stahlblech
Stückzahl und Marktsituation	
Produktionszahl	161.360
Verfügbarkeit	gut
Teilesituation	ausreichend
Unterhaltskosten	niedrig

BMW 600 1957-1959

Auch der BMW 600 besaß die prägnante Fronttür à la Isetta, aber zusätzlich noch einen zweiten Einstieg auf der rechten Wagenseite. Angetrieben wurde der 600er von einem Zweizylinder-Boxermotor, dessen knappe 20 PS mit 550 kg Wagengewicht kämpfen mussten. Die Fahrleistungen lagen kaum über Isetta-Niveau; immerhin bot der 600 als richtiges Vierrad-Auto die bessere Straßenlage, nicht zuletzt dank moderner Schräglenker-Hinterachse. Der Auftritt des gut konstruierten und verarbeiteten BMW 600 war erwachsener und kultivierter als die Erscheinung der kugeligen Isetta. Zum Verhängnis wurde dem Kompakt-BMW aber der hohe Preis von 3985 Mark: Dafür gab es bereits einen VW Käfer – und der war wesentlich geräumiger als der BMW 600, auch, was den Kofferraum betraf: Der fehlte dem Isetta-Nachfolger ganz.

Bild: © BMW AG Konzernarchiv

Preise	1	2	3	4	5
600, Klw	34.700	23.500	16.100	8.900	5.200

Motor/Antrieb	
Bauart	Zweizylinder (Boxer)
Lage/Antrieb	Heck/Heck
Hubraum in cm³	582
PS/min	19,5/4500
Vmax in km/h	103
Karosserie	
Bauart	Coupé
Tragstruktur	Rohrrahmen
Material	Stahlblech
Stückzahl und Marktsituation	
Produktionszahl	34.813
Verfügbarkeit	schlecht
Teilesituation	ausreichend
Unterhaltskosten	niedrig

B

BMW 700 Coupé (700 Coupé, LS Coupé, 700 Sport, 700 CS Coupé) 1959-1965

Der bessere Kauf war die Coupé-Version des 700 objektiv gesehen nicht: Sie enthielt, obwohl 300 Mark teurer, den selben Motor wie die Limousine und hatte damit nicht einmal einen Leistungsvorsprung – den Sport-Appeal erzeugte allein die schnittige Coupé-Karosse. Im Alltag störte allerdings das stark eingeschränkte Platzangebot, bedingt durch die schräg stehende Heckscheibe. Erst 1960 emanzipierte sich das Coupé als die schärfere Version: Im 700 Sport leistete der Zweizylinder-Boxer jetzt 40 PS und beschleunigte auf 135 km/h – zu einem unbescheidenen Preis von immerhin 5850 Mark. Ab 1963 hieß die schnelle Version 700 CS. Sie blieb bis Mai 1964 im Programm; anschließend gab es das gelängte LS Coupé auf Wunsch mit dem 40-PS-Aggregat. Die Karosserien der LS-Coupés fertigte übrigens die Karosseriefirma Baur in Stuttgart.

Bild: © BMW AG Konzernarchiv

Preise	1	2	3	4	5
700, Cpe	22.700	15.100	9.600	5.400	2.100
700 Sport/CS, Cpe	26.000	17.200	10.400	6.000	2.500
700 LS, Cpe	19.400	12.700	8.400	4.700	1.900

Motor/Antrieb	
Bauart	Zweizylinder (Boxer)
Lage/Antrieb	Heck/Heck
Hubraum in cm³	697
PS/min	30/5000 bis 40/5700
Vmax in km/h	125 bis 135
Karosserie	
Bauart	Coupé
Tragstruktur	selbsttragend
Material	Stahlblech
Stückzahl und Marktsituation	
Produktionszahl	31.062
Verfügbarkeit	gegen null
Teilesituation	ausreichend
Unterhaltskosten	niedrig

BMW 700 Limousine (700, LS) 1959-1965

Großen Anteil am Aufschwung der Marke BMW hatte der BMW 700, ein kerniger Kleinwagen, dessen Karosserie der italienische Designer Giovanni Michelotti entworfen hatte. Sein Zweizylinder-Boxermotor stammte konstruktiv vom glücklosen BMW 600, leistete hier aber 30 PS. Stolze 4760 Mark rief BMW für den 700 auf, trotzdem wurde er nach seinem Debüt im Dezember 1959 sofort zum Markterfolg: Er galt als sportlichster Kleinwagen seiner Zeit, was zahlreiche Rennsport-Erfolge untermauerten. Ab März 1962 hieß der 700er BMW LS: Der Wagen war 32 Zentimeter länger und wesentlich geräumiger geworden, aber nicht teurer. Ein ursprünglich vorgesehener Vierzylinder-Motor kam leider nicht mehr zum Einsatz. Bei ihrer Einstellung Ende 1965 wirkte die 700-Serie bereits arg altbacken: Im Jahr darauf erschien als Nachfolger bereits der 02.

Bild: © BMW AG Konzernarchiv

Preise	1	2	3	4	5
700, L2t	16.100	10.800	7.100	3.900	1.600
700 LS, L2t	15.100	10.200	6.700	3.500	1.500

Motor/Antrieb	
Bauart	Zweizylinder (Boxer)
Lage/Antrieb	Heck/Heck
Hubraum in cm³	697
PS/min	30/5000, 32/5000
Vmax in km/h	120
Karosserie	
Bauart	Limousine (2-türig)
Tragstruktur	selbsttragend
Material	Stahlblech
Stückzahl und Marktsituation	
Produktionszahl	154.557
Verfügbarkeit	gut
Teilesituation	ausreichend
Unterhaltskosten	niedrig

BMW 700 Cabriolet 1961-1964

Die gesuchteste und wertvollste Variante des BMW 700 ist heute das Cabriolet: Es erzielt Liebhaberpreise bis zu 28.100 Euro. Seine Karosserie, ebenfalls von Giovanni Michelotti entworfen, fertigte der Blech-Spezialist Baur in Stuttgart, den 40-PS-Motor nahm BMW vom Band der Sport-Modelle. Mit seinem Grundpreis von beinahe 7000 Mark stieß das kleine Cabriolet, das nur mit dem kurzen Radstand der Ur-700er zu haben war, allerdings bereits in die Preisregionen der damaligen Mittelklasse vor – zu teuer für den kleinen Wagen, der mit 135 km/h Höchstgeschwindigkeit nicht zu den Schnellsten im Land zählte. Die Nachfrage hielt sich deshalb in engen Grenzen: Zu mehr als einer sehr bescheidenen Gesamtauflage von 2592 Wagen reichte das Käuferinteresse nicht.

Bild: © Jürgen Schlegelmilch

Preise	1	2	3	4	5
700 Cabriolet, Cab	45.100	29.500	20.300	9.900	4.500

Motor/Antrieb	
Bauart	Zweizylinder (Boxer)
Lage/Antrieb	Heck/Heck
Hubraum in cm³	697
PS/min	40/5700
Vmax in km/h	135
Karosserie	
Bauart	Cabriolet
Tragstruktur	selbsttragend
Material	Stahlblech
Stückzahl und Marktsituation	
Produktionszahl	2592
Verfügbarkeit	gegen null
Teilesituation	ausreichend
Unterhaltskosten	niedrig

Münchner Träume: Die Sportwagen der 1950er Jahre

Die Cabrios beziehungsweise Coupés 507, 503 und 3200 CS hatten manche Gemeinsamkeit: Sie waren zu ihrer Zeit unbezahlbare Traumautos von unvergleichlicher Eleganz – und sind es noch heute. Mit 507 und 503 setzten sich sowohl ihr Designer Albrecht Graf Goertz als auch BMW selbst ein Denkmal; auch der von Bertone geschneiderte 3200 CS war durchaus gelungen, zitierte aber schon die Formensprache der 1960er Jahre. Mit 140 bis 160 PS waren die drei üppig motorisiert, mit brillanter Technik ausgestattet und bestens verarbeitet. Neben dem erheblichen Imagegewinn war ihnen leider auch der wirtschaftliche Misserfolg gemein, sie brachten es jeweils nur auf dreistellige Stückzahlen – ein bedauerlicher Ausdruck von Exklusivität.

BMW Hauptversammlung 1959: Die Weichen werden neu gestellt.

Zunehmend wurden die exklusiven Modelle zu einem unkalkulierbaren Abenteuer. 1958 stand BMW kurz vor dem Aus, und eine Übernahme von Daimler-Benz schien nur noch Formsache. Die Aktionäre jedoch stimmten dem nicht zu, und BMW durfte überleben.

B

BMW 507 — 1955-1959

Graf Goertz' Meisterstück war Hauptattraktion der Frankfurter IAA 1955. Noch heute zählen Auto-Kenner den BMW 507 zu den schönsten Sportwagen, die je gebaut wurden. Nicht minder attraktiv war seine Technik: Die deutschen Exemplare des luxuriösen Sport-Cabriolets lieferte BMW mit einem 150 PS starken V8-Motor. Befeuert durch zwei Zenith-Doppelvergaser brachte er den Renner auf maximal 220 km/h. Für den Export in die USA gab es eine etwas höher verdichtete Variante mit 165 PS. Die Leichtmetall-Karosserie des von BMW als Touring Sport-Roadster bezeichneten 507 war auf dem Chassis des 502 aufgebaut, auch das Fahrwerk war eng verwandt. Die letzten 507 stattete BMW mit Scheibenbremsen an der Vorderachse aus. Trotz allem: In drei Jahren waren nur 251 Kunden bereit, für einen 507 runde 27.000 Mark anzulegen.

Bild: © BMW AG Konzernarchiv

Preise	1	2	3	4	5
507, Cab	2.000.000	1.700.000	1.500.000	1.200.000	k.N.

Motor/Antrieb	
Bauart	V8
Lage/Antrieb	Front/Heck
Hubraum in cm^3	3168
PS/min	150 oder 165/5000
Vmax in km/h	200 bis 220
Karosserie	
Bauart	Cabriolet
Tragstruktur	Kastenrahmen
Material	Aluminium
Stückzahl und Marktsituation	
Produktionszahl	251+1 Prototyp
Verfügbarkeit	gegen null
Teilesituation	sehr schwierig
Unterhaltskosten	hoch

BMW 503 Coupé und Cabriolet — 1956-1959

Sein Preis von fast 30.000 Mark machte den BMW 503 selbst für gut betuchte Kunden kaum erschwinglich. BMW lancierte den 503 zur IAA 1955 als eleganten Reisesportwagen und milderes Pendant zum neuen 507. Anders als der 507 war der BMW 503 nicht nur als Cabriolet, sondern auch als Coupé lieferbar. Die Serienausstattung war überaus üppig ausgefallen: So zählten elektrische Fensterheber und – erstmals in Deutschland – ein automatisches Verdeck zu den aufwändigen Extras. Unter der langen Motorhaube arbeitete der BMW V8-Motor mit 140 PS. Die späten Exemplare erhielten den 150-PS-Motor des 507 und vordere Scheibenbremsen. Der 503 blieb stets eine große Rarität und steht bis heute im Schatten des legendären 507, was sich auch im deutlich niedrigeren Preisniveau widerspiegelt.

Bild: © BMW AG Konzernarchiv

Preise	1	2	3	4	5
503, Cpe	291.000	194.000	115.400	65.000	k.N.
503, Cab	329.800	258.000	165.900	120.300	k.N.

Motor/Antrieb	
Bauart	V8
Lage/Antrieb	Front/Heck
Hubraum in cm^3	3168
PS/min	140/4800, 150/5000
Vmax in km/h	190
Karosserie	
Bauart	Coupé, Cabriolet
Tragstruktur	Kastenrahmen
Material	Aluminium
Stückzahl und Marktsituation	
Produktionszahl	412
Verfügbarkeit	gegen null
Teilesituation	schwierig
Unterhaltskosten	hoch

BMW 3200 CS — 1961-1965

Als neues Spitzenmodell etablierte BMW auf der IAA 1961 das Luxus-Coupé 3200 CS. Es war als Nachfolger des 503 gedacht, und wie bei diesem blieb es bei einer Kleinst-Serie – bescheidene 587 Exemplare konnte BMW verkaufen. Nicht nur die Form stammte vom italienischen Karossier Nuccio Bertone, das Blechkleid wurde auch in dessen Werk in Turin gefertigt. Im Konkurrenz-Vergleich jener Jahre wirkte sie erstaunlich schlicht und zurückhaltend. Sie zeigt allerdings zum ersten Mal ein Stilmittel, das später zum BMW Kennzeichen werden sollte: den typischen Fenster-Knick in der C-Säule, den der bayerische Hersteller noch heute zitiert. Ein letztes Mal kam im 3200 CS der berühmte V8-Motor in seiner finalen Leistungsstufe mit 160 PS zum Einsatz. Er beschleunigte das Anderthalb-Tonnen-Auto auf 200 km/h.

Bild: © Jürgen Schlegelmilch

Preise	1	2	3	4	5
3200, Cpe	101.700	79.400	54.700	35.300	22.100

Motor/Antrieb	
Bauart	V8
Lage/Antrieb	Front/Heck
Hubraum in cm^3	3168
PS/min	160/5600
Vmax in km/h	200
Karosserie	
Bauart	Coupé
Tragstruktur	Kastenrahmen
Material	Stahlblech
Stückzahl und Marktsituation	
Produktionszahl	587
Verfügbarkeit	schlecht
Teilesituation	schwierig
Unterhaltskosten	hoch

Phönix aus der Asche: Die „Neue Klasse"

Er war ein Unikum auf der Frankfurter IAA 1961: Dort glänzte eine BMW 1500 genannte, zukunftsweisende Limousine mit einer sportlich-eleganten Karosserie in Michelottis Trapez-Ästhetik auf dem Stand von BMW. Die Fachwelt hatte deren längst überfällige Besetzung der Mittelklasse zwar erwartet, aber kaum jemand hatte dem darbenden Münchner Hersteller einen solchen Wurf zugetraut. Presse und Publikum waren begeistert: Endlich fand BMW zu seiner Hochform der Vorkriegszeit zurück. Eine dezente Limousine im gehobenen Segment, aber mit betont sportlicher Note: Das gab es bis dato hier zu Lande nicht. Insofern schuf BMW tatsächlich eine im Sinne der Baureihenbezeichnung „Neue Klasse". Dieses Erfolgskonzept ermöglichte den Bayern den Wiederaufstieg in die Bundesliga der Autobauer und ist noch heute zentrales Segment im Modellprogramm: die 5er-Reihe.

Hubert Hahne kurbelt am Steuer seines BMW 1800 TI (1964).

© BMW AG Konzernarchiv

BMW 1500 und 1600 („Neue Klasse", Werkscode E1) — 1961-1966

Sogar sein selbstbewusster Preis von 9500 Mark stand dem großen Erfolg des BMW 1500 nicht im Weg: Bereits ein Jahr nach Produktionsbeginn im Februar 1962 hatten die Bayern mehr als 20.000 Wagen verkauft – trotz teilweise verheerender Kinderkrankheiten des neuen Modells. Der neu entwickelte 1500er ohc-Motor leistete 80 PS, das Fahrwerk – mit vorderen Scheibenbremsen und, erstmals bei BMW, McPherson-Federbeinen – zeigte sich dieser für damalige Begriffe satten Leistung aber völlig gewachsen. Der 1500 wurde bereits Ende 1964 durch den BMW 1600 ersetzt. Der sah identisch aus, bot gerade drei PS mehr – aber er war ein rundum ausgereiftes Auto, was die Kundschaft allerdings nicht honorierte. Die Produktion lief im Frühjahr 1966 angesichts des großen Erfolges des zwischenzeitlich hinzu gekommenen BMW 1800 aus.

Bild: © BMW AG Konzernarchiv

Preise	1	2	3	4	5
1500, L4t	17.500	12.100	6.300	2.900	1.300
1,6, L4t	19.200	12.600	6.600	3.000	1.300

Motor/Antrieb	
Bauart	Vierzylinder (Reihe)
Lage/Antrieb	Front/Heck
Hubraum in cm^3	1499, 1573
PS/min	80/5700, 83/5500
Vmax in km/h	148 bis 155
Karosserie	
Bauart	Limousine (4-türig)
Tragstruktur	selbsttragend
Material	Stahlblech
Stückzahl und Marktsituation	
Produktionszahl	k.A.
Verfügbarkeit	schlecht
Teilesituation	schwierig
Unterhaltskosten	mittel

BMW 1800, 1800 TI, 1800 TI/SA („Neue Klasse", Werkscode E1) — 1963-1971

Die nächste Runde läutete auf der IAA 1963 der BMW 1800 ein: Vom 1500 unterschied er sich optisch nur durch die umlaufende Chromleiste an der Gürtellinie – wesentlich war der überarbeitete Motor mit verlängertem Hub und 90 PS Leistung. Anfang 1964 kam der 1800 TI mit zwei Doppel-Flachstromvergasern und 110 PS. Als Topmodell wandte sich der heute hoch gehandelte 1800 TI/SA – für Sport-Ausführung – mit 130 PS zwischen Ende 1964 und Herbst 1965 in einer Kleinserie von 200 Wagen an private Sportfahrer. Der 1800 TI lief im Herbst 1968 aus, gleichzeitig erhielt das Basismodell 1800 eine neue Maschine: Block und Kolben des 2000 in Verbindung mit der Kurbelwelle des 1600 ergaben einen elastischeren, laufruhigen Kurzhubmotor. So blieb er, nun mit schwarzem Kühlergrill und ganz zum Schluss mit BMW 2000-Optik versehen, bis Ende 1971 im Programm.

Bild: © BMW AG Konzernarchiv

Preise	1	2	3	4	5
1800 (1963-1970), L4t	20.800	12.800	6.800	3.100	1.400
1800 (1971), L4t	19.600	12.500	6.700	3.000	1.400
1800 TI, L4t	32.700	21.200	12.800	5.800	2.900

Motor/Antrieb	
Bauart	Vierzylinder (Reihe)
Lage/Antrieb	Front/Heck
Hubraum in cm^3	1773, 1766
PS/min	90/5250, 110/5800, 130/6100
Vmax in km/h	162 bis 186
Karosserie	
Bauart	Limousine (4-türig)
Tragstruktur	selbsttragend
Material	Stahlblech
Stückzahl und Marktsituation	
Produktionszahl	k.A.
Verfügbarkeit	schlecht
Teilesituation	schwierig
Unterhaltskosten	mittel

BMW 2000, 2000 TI, 2000 tilux, 2000 tii („Neue Klasse", Werkscode E1) — 1966-1972

Mit der Zweiliter-Version fanden die Limousinen der Neuen Klasse 1966 zum Höhepunkt ihrer bemerkenswerten Karriere. Zu erkennen waren sie zunächst nur an den Rechteck-Scheinwerfern – und an ihren erstaunlichen Fahrleistungen. Den Anfang machten im Januar 1966 die Modelle 2000 (100 PS) und 2000 TI (120 PS). Der Basis-2000 wurde bis Juni 1972 produziert, während der 2000 TI bereits 1968 durch den verfeinerten 2000 tilux ersetzt wurde. Im gleichen Jahr erhielten alle 2000-Modelle eine Diagonal-Zweikreisbremsanlage. Den 2000 tilux wiederum löste Anfang 1970 der 2000 tii mit 130-PS-Motor und Kugelfischer-Benzineinspritzung ab. Mit nur 1952 gebauten Exemplaren ist er heute besonders rar. Die sportlichen Varianten sind sehr gesucht und in gutem Zustand nur schwer zu finden – zu viel Spaß hat das Schnellfahren mit diesen Autos gemacht.

Bild: © BMW AG Konzernarchiv

Preise	1	2	3	4	5
2000, L4t	23.900	16.500	9.300	4.300	1.700
2000 TI, L4t	34.700	23.200	13.600	6.200	3.100
2000 tii, L4t	39.900	26.700	15.300	6.700	3.400
2000 tilux, L4t	39.400	26.300	14.700	6.500	3.300

Motor/Antrieb	
Bauart	Vierzylinder (Reihe)
Lage/Antrieb	Front/Heck
Hubraum in cm^3	1990
PS/min	100/5500, 120/5500, 130/5800
Vmax in km/h	164 bis 185
Karosserie	
Bauart	Limousine (4-türig)
Tragstruktur	selbsttragend
Material	Stahlblech
Stückzahl und Marktsituation	
Produktionszahl	329.626
Verfügbarkeit	schlecht
Teilesituation	ausreichend
Unterhaltskosten	mittel

Formel CS: Die erfolgreichen BMW-Coupés

Mitte der 1960er Jahre hatte BMW erkannt, dass traumhafte Sportcoupés der Spitzenklasse der Marke zwar Ruhm bringen, im Preissegment eines Eigenheims aber keine Stückzahlen zu erzielen sind. Daher sollten zukünftige Coupés in der etwas zivileren marktüblichen Oberklasse angesiedelt werden. Schließlich lebt ein Coupé vom Design, und 120 PS sorgen bereits für reichlich Freude am Fahren. Schon mit der ersten neuen Baureihe, gebaut bei Karmann wie übrigens folgende Modelle auch, ging die Rechnung auf: Die Typen 2000 C und CS fanden mehr als 11.000 Käufer. 1968 legte BMW nach: Die nachfolgende Baureihe – 2800 CS bis 3,0 CSL – wurde noch eleganter und technisch attraktiver, allerdings mit 22 bis 42 Tausend Mark auch deutlich teurer. Dennoch konnten über 30.000 Exemplare des nun größten Mercedes-SL-Rivalen abgesetzt werden. Der ganz große Wurf war jedoch die 6er-Reihe: Mehr als zwölf Jahre währte die Erfolgsstory des attraktiven Dauer(b)renners.

Bild: © BMW AG Konzernarchiv

Der Coupé-Bau hat bei BMW eine lange Tradition.

B

BMW 2000 C und 2000 CS — 1965-1970

Die in der BMW Designabteilung entworfene und von Karmann gebaute Karosserie des neuen Gran Turismo-Coupés entsprach mit eleganten, glatten Linien und betonter Hüfte dem Zeitgeist. Lediglich die Frontpartie mit ihren eigentümlich geformten Breitband-Scheinwerfern blieb umstritten; der Volksmund sprach despektierlich vom Schlitzaugen-Coupé. Dagegen begeisterte das extravagante Interieur. Technisch basierten die Coupés auf den Limousinen der Neuen Klasse, teilweise auch umgekehrt: Die Motoren der späteren 2000-Limousinen sorgten hier bereits ab Juni 1965 für Vortrieb. Der C leistete 100 PS; die 120-PS-Version brachte den 2000 CS-Fahrer in 12 Sekunden auf Hundert, begleitet vom typischen kernig-rauen Sound der BMW-Vierzylinder. Und mit einer Spitze von 185 km/h war man im CS-Coupé anno 1965 King of the Road – solange sich kein Porsche näherte.

Bild: © BMW AG Konzernarchiv

Preise	1	2	3	4	5
2000 C, Cpe	41.000	27.300	16.300	8.100	3.200
2000 CS, Cpe	42.500	28.900	17.100	8.600	3.800

Motor/Antrieb	
Bauart	Vierzylinder (Reihe)
Lage/Antrieb	Front/Heck
Hubraum in cm³	1990
PS/min	100/5500, 120/5500
Vmax in km/h	168 bis 185
Karosserie	
Bauart	Coupé
Tragstruktur	selbsttragend
Material	Stahlblech
Stückzahl und Marktsituation	
Produktionszahl	2837, 8883
Verfügbarkeit	schlecht
Teilesituation	ausreichend
Unterhaltskosten	mittel

BMW CS (2800 CS, 3,0 CS, 3,0 CSL, 3,0 CSi, 2,5 CS) — 1968-1975

Zum Kult-Auto wurde die zweite Auflage des CS-Coupés, die BMW zusammen mit den E3-Limousinen präsentierte. Der BMW 2800 CS besaß die prinzipiell gleiche Karmann-Karosserie wie sein Vorgänger, er profitierte aber von Retuschen wie dem geänderten Bug mit konventionellem Grill und Doppellampen. Vor allem überzeugten nun die Fahrleistungen von Sportwagen-Format: Sein 170-PS-Motor ermöglichte 206 km/h und eine Zehn-Sekunden-Beschleunigung von null auf 100. Den großen Erfolg verdanken die CS-Coupés nicht zuletzt den zahllosen Motorsport-Erfolgen. 1971 erschienen die Modelle 3,0 CS und 3,0 CSi mit 180 beziehungsweise 200 PS sowie das Rennsport-Basismodell 3,0 CSL, das schon serienmäßig mit zuletzt 206 PS und 220 km/h Höchsttempo begeisterte. Im Ölkrisenjahr 1974 begegnete BMW dem neuen Reizthema Spritverbrauch mit dem abgemagerten Modell 2,5 CS mit 150 PS.

Bild: © BMW AG Konzernarchiv

Preise	1	2	3	4	5
2,5 CS, Cpe	56.600	39.600	25.800	12.300	5.200
3,0 CS, Cpe	82.300	56.400	37.400	17.600	6.700
3,0 CSi, Cpe	89.900	60.800	40.800	20.200	9.100

Motor/Antrieb	
Bauart	Sechszylinder (Reihe)
Lage/Antrieb	Front/Heck
Hubraum in cm³	2494 bis 3153
PS/min	150/6000 bis 206/5600
Vmax in km/h	201 bis 220
Karosserie	
Bauart	Coupé
Tragstruktur	selbsttragend
Material	Stahlblech
Stückzahl und Marktsituation	
Produktionszahl	30.546
Verfügbarkeit	gut
Teilesituation	gut
Unterhaltskosten	hoch

BMW 6er Reihe, Werkscode E 24 (628 CSi, 630 CS, 633 CSi, 635 CSi, M 635 CSi) — 1976-1989

Als gediegenes Gran Turismo-Coupé mit vier Sitzplätzen und souveräner Leistung verteidigte die 6er Reihe ein typisches BMW-Terrain. Auf dem Genfer Salon 1976 wurden die Oberklasse-Coupés, die technisch zunächst auf der 5er Reihe (E 12) basierten, optisch dabei eher an die großen 7er-BMWs angelehnt waren, erstmals gezeigt. Sie ließen sich trotz hoher Preise und anfänglicher Verarbeitungsmängel gut verkaufen. Ab 1982 entstand der 6er auf Basis der Nachfolgereihe des 5ers (E 28). Als Sammlerstück fasziniert heute speziell der M 635 CSi, der 1983 mit dem 286-PS-Motor des M1 auf den Markt kam und zuletzt die üppige Summe von 110.000 Mark kostete. Das Gros im heutigen Angebot stellen dagegen die milderen Modelle vom 628 CSi bis zum 633 CSi und vor allem der ausgewogene 635 CSi. Er und der M 635 CSi waren ab 1985 bis zum Serienstopp 1989 auch mit G-Kat lieferbar.

Bild: © BMW AG Konzernarchiv

Preise	1	2	3	4	5
630 CS, Cpe	49.300	27.500	14.000	6.400	2.400
633 CSi, Cpe	50.700	28.500	14.600	6.700	2.500
635 CSi, Cpe	58.700	33.000	17.100	7.400	2.900

Motor/Antrieb	
Bauart	Sechszylinder (Reihe)
Lage/Antrieb	Front/Heck
Hubraum in cm³	2788 bis 3453
PS/min	184/5800 bis 286/6500
Vmax in km/h	210 bis 255
Karosserie	
Bauart	Coupé
Tragstruktur	selbsttragend
Material	Stahlblech
Stückzahl und Marktsituation	
Produktionszahl	86.216
Verfügbarkeit	üppig
Teilesituation	sehr gut
Unterhaltskosten	hoch

Deutsche Giulia: Die 02er-Reihe

Wünschten sich Autofans in den frühen 1960er Jahren eine sportliche Kompakt-Limousine, wurden sie von deutschen Herstellern abgewiesen – und dann nicht selten beim Alfa-Romeo-Händler fündig. Das änderte sich auf dem Genfer Salon 1966: Dort stellte BMW den Typ 1600-2 als Basis einer neuen Baureihe vor. Die „-2" stand für die zwei Türen, mit denen er sich von den stets viertürigen Modellen der neuen Klasse unterschied. Von Beginn an landete der agile BMW einen durchschlagenden Markterfolg – zu Recht, denn die moderne, kompakte Limousine mit ihrer klaren, unprätentiösen Form war groß genug für komfortablen Alltagseinsatz mit oder ohne Familie, bot aber gleichzeitig mit sportlichem Fahrwerk und Motor richtigen Fahrspaß. Schnell wurden die kleinen BMWs der später so genannten 02er-Reihe zum Inbegriff der dynamischen Sportlimousine jenseits aller Biederkeit. Die Münchner eroberten mit dem 02 ein Segment, das sie mit der 3er-Reihe bis heute erfolgreich verteidigen.

© Jürgen Schlegelmilch

Dank guter Ersatzteillage: Auf Basis einer Originalkarosse und aus rund 4000 Ersatzteilen entstand im Mai 2005 bei BMW Mobile Tradition letztmalig ein neuer 2002 tii.

BMW 1600-2, 1602, 1802, 2002, 1502 („02er-Reihe") 1966-1977

Schon der 1600-2, Urmodell der 02er-Reihe, war mit dem 85 PS-Motor und dem modifizierten Fahrwerk aus der Neuen Klasse flott unterwegs. Es sollte immer besser kommen: Der 1600 TI mit zwei Vergasern brachte es 1967 bereits auf 105 PS und schon im Folgejahr begeisterte die Topversion 2002 ti mit stolzen 120 PS (ab 1971: 2002 tii, 130 PS). Parallel wuchs die Ausstattung: Zweikreis-Servobremsen, Ausstellfenster, Drehzahlmesser, Automatik als Option. Ab 1971 füllte der 1802 die Lücke zwischen 1602 und dem Zweiliter. Modellgepflegt fuhren die 02er zur IAA 1973 mit eckigen Rückleuchten und schwarzem Kühlergrill. Als 1975 nach neun erfolgreichen Jahren die erste 3er Reihe die Nachfolge antrat, ging der Null-Zwo nicht in Pension, sondern in eine letzte Ehrenrunde: Als preiswertes Basismodel 1502 mit 75 PS rannte er noch bis 1977.

Bild: © BMW AG Konzernarchiv

Preise	1	2	3	4	5
1502, L2t	21.100	13.700	8.500	4.800	1.800
1602, L2t	24.000	15.600	9.600	5.500	2.100
1802 (71-73), L2t	28.300	19.200	11.000	6.300	2.400
2002 (68-73), L2t	32.400	21.200	12.500	7.300	2.600

Motor/Antrieb	
Bauart	Vierzylinder (Reihe)
Lage/Antrieb	Front/Heck
Hubraum in cm³	1573 bis 1990
PS/min	75/5800, 105/5500
Vmax in km/h	157 bis 173
Karosserie	
Bauart	Limousine (2-türig)
Tragstruktur	selbsttragend
Material	Stahlblech
Stückzahl und Marktsituation	
Produktionszahl	753.000
Verfügbarkeit	ausreichend
Teilesituation	gut
Unterhaltskosten	mittel

BMW 1600-2 Cabriolet, 2002 Cabriolet 1967-1971

Ein elegantes Cabriolet mit voll versenkbarem Verdeck schmückte den BMW-Stand auf der 1967er IAA. Der gelungene Umbau stammte – natürlich – vom Stuttgarter Karossier Baur und zog noch im gleichen Jahr für 11.980 Mark ins offizielle BMW-Programm ein. Leider standen Finish-Probleme der größeren Verbreitung im Weg: Die Festigkeit der Karosserien ließ anfangs ebenso zu wünschen übrig wie ihr Korrosionsschutz. So blieben die vollständig geöffneten 02er-BMW eine große Rarität: Nur 1682 Cabriolets entstanden auf der Basis des 1600-2, dazu kam 1971 eine Serie von lediglich 200 offenen 2002, die mit ihren zusätzlichen Karosserie-Verstärkungen etwas stabiler waren. Ihre Seltenheit hat zu relativ hohen Preisen geführt – und Versuchen, nachträglich aufgeschnittene 2002-Limousinen als teure Originale zu verkaufen.

Bild: © BMW AG Konzernarchiv

Preise	1	2	3	4	5
1600, Cab	60.300	39.600	26.600	15.800	6.900
2002, Cab	71.700	46.600	30.300	19.600	9.000

Motor/Antrieb	
Bauart	Vierzylinder (Reihe)
Lage/Antrieb	Front/Heck
Hubraum in cm³	1573 bis 1990
PS/min	85/5700 bis 100/5500
Vmax in km/h	162 bis 173
Karosserie	
Bauart	Cabriolet
Tragstruktur	selbsttragend
Material	Stahlblech
Stückzahl und Marktsituation	
Produktionszahl	1882
Verfügbarkeit	gegen null
Teilesituation	gut
Unterhaltskosten	mittel

BMW 2002 Baur Cabriolet 1971-1975

Als „Targa-Cabriolet" sind diese Versionen des kompakten 02er bis heute bekannt, obwohl das Targa-Label seit 1965 von Porsche geschützt ist. Im BMW-Programm hieß die überarbeitete Open-Air-Version des 2002 offiziell schlicht „Cabriolet". Doch die Ära des 02-Vollcabriolets war endgültig vorbei, zu groß waren die Probleme mit der sich verwindenden Karosserie gewesen. Nun sorgte ein Überroll-Bügel für mehr Schutz und einen steiferen Aufbau, doch die Optik trübte den Open-Air-Genuss vieler Cabrio-Fans. Andererseits entsprach der blecherne Henkel voll und ganz dem Sicherheits-Trend jener Jahre. Die Fertigung hatte wieder der Stuttgarter Cabrio-Spezialist Baur übernommen. Obwohl das Cabriolet fast 15.000 Mark teuer war, fand es immerhin 2272 Käufer. Gesuchter bleibt aber das uneingeschränkt geöffnete Vorgänger-Modell.

Bild: © Jürgen Schlegelmilch

Preise	1	2	3	4	5
2002 Baur-Cabrio, HD	49.000	33.000	22.000	12.000	4.300

Motor/Antrieb	
Bauart	Vierzylinder (Reihe)
Lage/Antrieb	Front/Heck
Hubraum in cm³	1990
PS/min	100/5500
Vmax in km/h	173
Karosserie	
Bauart	Cabriolet
Tragstruktur	selbsttragend
Material	Stahlblech
Stückzahl und Marktsituation	
Produktionszahl	2272
Verfügbarkeit	ausreichend
Teilesituation	gut
Unterhaltskosten	mittel

B

BMW touring (1600 touring, 1800 touring, 2000 touring, 2000 tii touring) 1971-1974

Bereits Anfang 1971 erschien der ideelle Vorgänger der heutigen Compact-Modelle: Hinter der Bezeichnung touring standen 02er mit leicht verkürzter Karosserie, Fließheck und dritter Tür. Den üppigen Preisaufschlag von rund 700 Mark fanden viele Kunden unverständlich und blieben bei der konventionellen Stufenheck-Variante. So konnte BMW nur rund 30.000 Exemplare bauen und nahm schon 1974 diese Karosserie-Spielart wieder aus dem Programm. Den 1600 touring gab es nur bis September 1972, ab 1973 änderten sich die Modellbezeichnungen in BMW Touring 1800, 2000 und 2000 tii. Die höhere Seitenwindempfindlichkeit der Schrägheck-Versionen war in Testberichten stets kritisiert worden. Noch heute ist die Stufenheck-Limousine in Fan-Kreisen populärer als die ungewohnte Schrägheck-Optik.

Bild: © BMW AG Konzernarchiv

Preise	1	2	3	4	5
1600 touring, Kom	29.100	18.800	12.600	7.400	2.700
1800 touring, Kom	32.300	21.200	14.000	8.100	2.900
2000 touring, Kom	35.700	24.200	16.000	9.300	3.500

Motor/Antrieb	
Bauart	Vierzylinder (Reihe)
Lage/Antrieb	Front/Heck
Hubraum in cm³	1573 bis 1990
PS/min	85/5700 bis 130/5800
Vmax in km/h	162 bis 190
Karosserie	
Bauart	Limousine (2-türig)
Tragstruktur	selbsttragend
Material	Stahlblech
Stückzahl und Marktsituation	
Produktionszahl	30.206
Verfügbarkeit	ausreichend
Teilesituation	gut
Unterhaltskosten	mittel

BMW 2002 turbo 1973-1974

Kaum einem Kompaktwagen war es beschieden, Traum und Trauma gleichermaßen zu sein – der 2002 turbo hat es geschafft. Als Technologieträger mit KKK-Abgasturbolader und 170 PS preschte er direkt in die Zeit der Ölkrisen-Fahrverbote und blieb deshalb nur ein Jahr lang im BMW-Programm. Der Kompakt-Sportler galt aus mehreren Gründen als unzeitgemäß: Einmal verbrauchte er laut damaligen Testberichten zu viel Supersprit, zum anderen wurde die ursprünglich vorgesehene Turbo-Spiegelschrift auf dem Frontspoiler als Provokation gewertet, die sogar der Deutsche Bundestag erörterte. In der Serie blieb die Frontschürze deswegen unbeschriftet, der Aufkleber wurde jedoch oft nachgerüstet. Der hohe Preis von fast genau 20.000 Mark und das unschickliche Krawall-Image sorgten dafür, dass der 2002 turbo eine Kleinserien-Kostbarkeit in einer Auflage von nur 1672 Exemplaren blieb.

Bild: © BMW AG Konzernarchiv

Preise	1	2	3	4	5
2002 turbo, L2t	121.000	92.000	71.500	41.200	k.N.

Motor/Antrieb	
Bauart	Vierzylinder (Reihe)
Lage/Antrieb	Front/Heck
Hubraum in cm³	1990
PS/min	170/5800
Vmax in km/h	211
Karosserie	
Bauart	Limousine (2-türig)
Tragstruktur	selbsttragend
Material	Stahlblech
Stückzahl und Marktsituation	
Produktionszahl	1672
Verfügbarkeit	schlecht
Teilesituation	ausreichend
Unterhaltskosten	hoch

Gläsernes Erbe: Die BMW-Glas-Modelle

Nach dem Aufkauf der Firma Glas durch BMW im Sommer 1967 gestalteten die Münchner die Fortführung der Dingolfinger Modelle recht unterschiedlich. Der einzige ernsthafte Versuch, ein Glas-Produkt ins eigene Programm einzugliedern, war der BMW 1600 GT, eine Weiterentwicklung des Glas 1300 GT. Er schleppte sich nur bis August 1968 durchs BMW-Programm, die letzten Exemplare ließen sich nur mit hohen Preisnachlässen verkaufen. Übrigens wurden auch zwei Cabriolets in Handarbeit gefertigt, gelangten aber nie ins reguläre Angebot.

Das Flaggschiff der ehemaligen Glas-Flotte, der 2600 V8, wurde ebenfalls ins Verkaufsprogramm übernommen, allerdings unter dem Namen Glas – und dies, obwohl man den im Volksmund Glaserati genannten stolzen V8 mit BMW-Emblemen versehen und seine Maschine überarbeitet hatte. Der alte Name aber hielt den Prestigewert des noblen Coupés in Grenzen; offensichtlich wollte man die geplanten neuen BMW CS-Modelle vor hauseigener Konkurrenz bewahren. Als ungeliebtes Kuckucksei blieb der Glas 3000 V8 nur noch kurz im Programm. Bis Mai 1968 fanden sich 389 Käufer.

Einen weiten Weg ging der Glas 1700: Die Münchner überließen seine Produktion der südafrikanischen BMW-Dependance, wo die elegante, von Frua entworfene Limousine ab 1968 entstand: Optisch bis auf die BMW-Embleme unverändert und mit aus München importierten BMW-Triebwerken ausgestattet, lief der Glas 1700 als BMW 1800 GL, später 1800 SA und ab 1970 in der stärkeren Version BMW 2000 SA in Pretoria vom Band. Nach einer Modellpflege im Jahr 1973 erhielten die beiden jetzt als BMW 1804 und 2004 bezeichneten Afrikaner einen modernen BMW-Bug mit Doppelscheinwerfen. Etwa 12.000 der exklusiven Glas-BMW waren entstanden, als die Produktion 1975 zugunsten der 5er-Reihe (E12) gestoppt wurde. Damit war auch der letzte Pkw von Hans Glas Geschichte.

BMW 1600 GT 1967-1968

Eine wahre Rarität im BMW-Modellprogramm war der 1600 GT. Nach der Übernahme von Glas hatte BMW das hübsche Coupé aus Dingolfing ins eigene Modellprogramm gehievt. So wirkt auch die adaptierte BMW-Niere im Grill arg bemüht, dem neuen Modell im Programm eine eindeutige Identität zu geben. Auch unter dem Blech jedoch hatte BMW eigene Vorstellungen durchgesetzt: Der adoptierte Glas trug unter dem Blech jetzt Motor, Getriebe und Hinterachse des BMW 1600-2 Ti. Der Preis allerdings war auf 15.850 Mark gestiegen, außerdem stand der BMW 1600 GT im unguten Ruf, ein Auslaufmodell zu sein. Tatsächlich blieb er nur von Juni 1967 bis August 1968 im Programm. Der Ausverkauf des 1600 GT schleppte sich noch bis zum Ende des Jahres 1968 hin. Zuletzt war der Preis des BMW-Glas-Zwitters sogar auf 10.990 Mark gesunken.

Preise	1	2	3	4	5
1600 GT, Cpe	77.600	60.100	38.800	29.100	15.500

Motor/Antrieb	
Bauart	Vierzylinder (Reihe)
Lage/Antrieb	Front/Heck
Hubraum in cm³	1573
PS/min	105/6000
Vmax in km/h	185
Karosserie	
Bauart	Coupé
Tragstruktur	selbsttragend
Material	Stahlblech
Stückzahl und Marktsituation	
Produktionszahl	1259
Verfügbarkeit	schlecht
Teilesituation	schwierig
Unterhaltskosten	mittel

Mittelklasse neu definiert

Zehn Jahre war die Neue Klasse bereits auf dem Markt, als 1972 die 5er-Reihe ihr Erbe im Segment der sportlichen Mittelklasselimousine antrat. Die mit Fokus auf Sicherheit und Komfort völlig neu konstruierte Karosserie war größer geraten, ohne Dynamik einzubüßen. So gerüstet führte der 5er das Konzept des Vorgängers fort, setzte jedoch neue Maßstäbe in seiner Klasse. Selbst der Name war eine Novität: Die Bezeichnung spiegelte erstmals nicht technische Daten wie Hubraum wieder, sondern ließ eine Einordnung in eine Modellreihe zu. Der neue BMW überzeugte mit modernen Sechszylindern, und auch in Leistung, Komfort und Design war die erste 5er-Reihe, Werkscode E12, so zeitlos, dass der erste Generationenwechsel 1981 einen kaum veränderten Nachfolger (Werkscode E28) zeigte. Erst 1988 erschien mit dem dritten 5er-BMW, Werkscode E34, wieder ein optisch und technisch grundlegend neuer Wagen. Allen Generationen gemeinsam war und ist jedoch die Treue zum Konzept – und der große Erfolg.

BMW 5er-Reihe, Werkscode E12 (518, 520, 520i, 525, 528, 528i, 530i, M 535i) 1972-1981

Die neue große Mittelklasse war mit ihrer modernen und eleganten Linie vom Start weg ein Erfolg. Zwar waren zunächst nur 520 und 520i im Angebot, deren aus dem BMW 2000 übernommener Zweiliter-Vierzylinder sich mit der gewachsenen Karosse etwas schwer tat, doch schon 1973 gab BMW mit dem 145-PS-Sechszylinder im 525i den Startschuss für ungetrübte Freude am Fahren. Der 528 knackte 1975 die 200km/h-Grenze. Besonderes Sammlerstück ist heute der erste M 535i mit satten 218 PS. Anderes Extrem waren die 90 PS des 518: BMW antwortete mit ihm auf die Ölkrise. 1977 wurde die Karosserie sanft überarbeitet, die Modelle 520 und 520i erhielten Sechszylinder, während der neue 528i bis zu 184 PS bot. Der E12 verkaufte sich knapp 700.000 mal und gilt bis heute als Sinnbild einer fortschrittlichen Limousine der 1970er Jahre.

Bild: © BMW AG Konzernarchiv

Preise	1	2	3	4	5
518 (1974-1976), L4t	17.000	9.000	4.500	1.900	800
520 (1972-1976), L4t	23.300	13.000	7.200	2.300	1.000
525 (1973-1976), L4t	29.000	15.800	9.200	3.400	1.400
528 (1975-1977), L4t	34.000	18.000	10.400	4.200	1.700

Motor/Antrieb	
Bauart	Vier-/Sechszylinder (Reihe)
Lage/Antrieb	Front/Heck
Hubraum in cm³	1766 bis 3453
PS/min	90/5500 bis 218/5200
Vmax in km/h	160 bis 222
Karosserie	
Bauart	Limousine (4-türig)
Tragstruktur	selbsttragend
Material	Stahlblech
Stückzahl und Marktsituation	
Produktionszahl	699.094
Verfügbarkeit	gut
Teilesituation	sehr gut
Unterhaltskosten	hoch

5er-Reihe, Werkscode E28 (518, 518i, 520i, 520e, 524d, 524td, 525i, 528i, 535i/M535i, M5) 1981-1987

1981 erschien die zweite Generation des 5ers (Werkscode E28). Doch im Wesentlichen war der Neue der Alte geblieben, der sich mit retuschierter Front- und Heckpartie von seinem Vorgänger unterschied. Auch die Motorenpalette war weitgehend bekannt, die Neuerungen kamen sukzessive: ABS gab es ab 1982 als Option (Serie ab 1986), 1983 erschien mit dem 524td erstmals ein Turbodiesel-5er mit 115 PS sowie der Sondertyp 525e (e für eta): Er verband den Hubraum des 528i mit der Leistung des 520i. Das versprach hohes Drehmoment bei kleiner Drehzahl und geringem Verbrauch. Technisch ging die Rechnung auf, aber die Kundschaft verschmähte den sanften Riesen. Der eta ist heute Geheimtipp, zumal er ab 1984 der erste mit Katalysator gebaute 5er war. Mehr Biss bot ab 1985 der 535i/M535i mit 185 PS, Superstar war jedoch der M5: der dezent bespoilerte Exklusiv-Renner brachte es mit 286 PS auf 245 km/h.

Bild: © BMW AG Konzernarchiv

Preise	1	2	3	4	5
518, L4t	14.200	7.800	4.800	1.400	700
520i (o.Kat), L4t	18.400	10.600	5.700	2.000	1.000
528i, L4t	29.600	16.800	9.400	3.400	1.400

Motor/Antrieb	
Bauart	Vier-/Sechszylinder (Reihe)
Lage/Antrieb	Front/Heck
Hubraum in cm³	1766, 1990-3453
PS/min	86/4600 bis 286/6500
Vmax in km/h	165 bis 245
Karosserie	
Bauart	Limousine (4-türig)
Tragstruktur	selbsttragend
Material	Stahlblech
Stückzahl und Marktsituation	
Produktionszahl	k.A.
Verfügbarkeit	üppig
Teilesituation	gut
Unterhaltskosten	mittel

BMW 5er-Reihe, Werkscode E34 (518i, 518g, 520i, 524 td, 525i, 525ix 525td, 525tds, 530i, 535i, 540i) 1988-1996

Mit der dritten Auflage der 5er-Reihe landete BMW einen Volltreffer: Über 1,33 Millionen Exemplare konnte BMW in acht Jahren Bauzeit verkaufen – für die gehobene Mittelklasse ein respektabler Wert. BMW konnte mit dem E34 seine Position als großer Hersteller deutlich ausbauen; auch Mercedes-Benz nahm nicht zuletzt wegen der Erfolgs des E34 die Münchner ernster als bisher. Für das Design des E34 war Claus Luthe verantwortlich, der den neuen 5er optisch an den ebenfalls von ihm gezeichneten 7er (E32, 1986 bis 1994) anlehnte. Neben einer Vielzahl an Vier- und vor allem Sechszylinder-Varianten gab es ab 1992 auch V8-Motoren. Selten bestellt wurde die Allradversion, ein Novum in der 5er-Reihe. Ab 1991 ergänzte die Kombi-Variante Touring die 5er-Modellpalette.

Bild: © BMW AG Konzernarchiv

Preise	1	2	3	4	5
520i, L4T	15.900	8.500	4.000	1.400	600
525i (88-90), L4T	20.100	11.100	5.700	2.000	800

Motor/Antrieb	
Bauart	Vier-/Sechszylinder (Reihe), V8
Lage/Antrieb	Front/Heck, 4x4
Hubraum in cm³	1796-3982
PS/min	105/5300 bis 286/5800
Vmax in km/h	190 bis 250
Karosserie	
Bauart	Limousine (4-türig), Kombi
Tragstruktur	selbsttragend
Material	Stahlblech
Stückzahl und Marktsituation	
Produktionszahl	1.331.056
Verfügbarkeit	üppig
Teilesituation	sehr gut
Unterhaltskosten	mittel

BMW M5, Werkscode E34 1988-1995

Der erste M5 war im Kleid der Vorgängerbaureihe E28 erschienen – und die positiven Reaktionen hatten BMW Mut zu einer Neuauflage gemacht. So startete der M5 der Baureihe E34 kurz nach den Massenmodellen, noch traditionell mit Reihensechszylinder und 3,5 Litern Hubraum (315 PS). Ab 1992 stieg der Hubraum auf 3,8 Liter (340 PS). Neu und ungewöhnlich war, dass die BMW Motorsporttochter mit dem prägnanten Namen M GmbH nun nicht nur die Limousine in M5-Version anbot, sondern auch den Touring: Als Kombi für die ganz schnelle Familie. Damit begründeten die Münchner ein kleines, hoch exklusives Segment, das bis heute seine Liebhaber findet. Wie zu erwarten, geriet der M5 als erstes Modell der E34-Baureihe in den Fokus der Sammler. Top-Exemplare sind jedoch selten.

Bild: © BMW AG Konzernarchiv

Preise	1	2	3	4	5
M5 (92-95), L4t	77.000	46.200	29.700	13.100	6.000

Motor/Antrieb	
Bauart	Sechszylinder (Reihe)
Lage/Antrieb	Front/Heck
Hubraum in cm³	3535, 3795
PS/min	315/6900, 340/6900
Vmax in km/h	250
Karosserie	
Bauart	Limousine (4-türig), Kombi
Tragstruktur	selbsttragend
Material	Stahlblech
Stückzahl und Marktsituation	
Produktionszahl	k.A.
Verfügbarkeit	ausreichend
Teilesituation	gut
Unterhaltskosten	hoch

BMW 520i, 523i, 525i, 528i, 530i, 535i, 540i, M5; 520d, 525td, 525tds, 525d, 530d (Werkscode E39), 1995-2004

Allein wegen der Motoren, die BMW in den 5ern der Baureihe E39 angeboten hatte, gelten diese sportlich orientierten Limousinen und Kombis – in München stets Touring genannt – heute als reizvoll. Kritik gab es 1995 am Styling, weniger an den ruhigen Linien der aerodynamisch optimierten Karosserie, sondern vielmehr an Details wie den typischen Doppelscheinwerfern, die nun wie beim 3er der Baureihe E36 erstmals hinter einem Deckglas saßen. Gewicht war für BMW ein wichtiges Thema: Der E39 geriet leichter als sein Vorgänger, auch wegen seines Fahrwerks aus Leichtmetall. Ein Gedicht sind die Reihensechszylinder ebenso wie die V8. Sie zeugen vom Können der Münchner und ihrer Raffinesse in vielen Details. Als besonders reizvoll gelten der 540i mit 4,4-Liter-V8 und das 400 PS starke Topmodell M5, den ein 5,0-Liter-V8 antreibt. Die Diesel spielen heute dagegen eine untergeordnete Rolle.

Bild: © BMW AG Konzernarchiv

Preise	1	2	3	4	5
520i, L4t	11.000	6.200	2.800	1.200	500
528i, L4t	16.400	9.300	4.700	2.300	1.000
540i, L4t	21.800	12.000	8.100	3.700	1.500
M5	82.000	45.700	25.500	11.600	4.800

Motor/Antrieb	
Bauart	Vier-/Sechszylinder (Reihe), V8
Lage/Antrieb	Front/Heck
Hubraum in cm³	1951-4941
PS/min	136/4000 bis 400/6600
Vmax in km/h	198 bis 250
Karosserie	
Bauart	Limousine (4-türig), Kombi (5-türig)
Tragstruktur	selbsttragend
Material	Stahlblech
Stückzahl und Marktsituation	
Produktionszahl	Lim: 1,21 Mio; Kom: 266.000
Verfügbarkeit	sehr gut
Teilesituation	gut
Unterhaltskosten	mittel

Optimierter Erfolg: Die 3er-Reihe

Die 3er-Reihe beerbte 1975 die populäre 02er-Reihe. Geblieben war die Idee des kompakten Sportlers, der jetzt in völlig neuem, etwas größerem Dress antrat: glatter, sachlicher, aber auch repräsentativer – und teurer. Wie sein Vorgänger, galt der Ur-3er (E21) wieder als Maßstab seiner Klasse und avancierte zum damals erfolgreichsten BMW-Wurf aller Zeiten. Die zweite Auflage (E30) setzte den Erfolg fort, nicht zuletzt durch die größere Vielfalt, mit der weitere Zielgruppen gewonnen werden konnten: Die viertürige Version und mehr noch der Touring genannte Kombi sicherten Nutzwert, das Vollcabriolet und das Kraftpaket M3 den Genussfaktor. Einige (viele waren es nicht) Allrad-Freaks begeisterten sich ab 1985 für den 325iX. Zudem war die 3er-Reihe schon immer eine dankbare Basis für Tuning-Maßnahmen, dies galt ebenso für die dritte Auflage (E36) – sie hat bereits Klassikerstatus erlangt. Auch gut erhaltene Exemplare des Nachfolgers E46 werden bereits knapp …

Erfolgsmodell: Ab 2019 steht mit dem G20 die siebte Generation des Münchener Bestsellers bei den Händlern.

Bild: © BMW AG Konzernarchiv

BMW 3er-Reihe, Werkscode E21 (315, 316, 318, 318i, 320, 320i, 323i) 1975-1983

Die bisherige 02-Kundschaft nahm den Neuling gut auf, nur Puristen bedauerten sein Abrücken von spartanischer Sportlichkeit. Kritisiert wurde im Premierenjahr 1975 das allzu schlicht ausgefallene Heck, woraufhin BMW eine schwarze, geriffelte Kunststoffblende zwischen den Rückleuchten nachreichte. Den Anfang machten die Modelle 316 und 318 mit runden Einzel-Scheinwerfern und die Typen 320 und 320i mit Doppellampen. 1977 fiel der 320i weg, der 320 erhielt den neuen Sechszylindermotor mit 122 PS. Dem Ideal Leistung vor Größe am Nächsten kam im Folgejahr das 143 PS starke Topmodell BMW 323i – für viele Jahre Inbegriff der sportlichen Limousine schlechthin. 1981 rundeten die Münchner das Programm mit dem 315 nach unten ab: 75 PS reichten für brave Bürger. Erfolgstyp wurde dagegen ab 1980 der neue 318i.

Bild: © BMW AG Konzernarchiv

Preise	1	2	3	4	5
316, L2t	18.600	9.500	5.100	2.300	1.000
318i, L2t	20.600	10.800	5.900	2.600	1.100
320i, L2t	27.600	16.000	9.200	4.700	1.500
323i, L2t	38.100	24.600	13.500	7.300	2.600

Motor/Antrieb	
Bauart	Vier-/Sechszylinder (Reihe)
Lage/Antrieb	Front/Heck
Hubraum in cm³	1563-1977, 1990, 2315
PS/min	75/5800 bis 143/6000
Vmax in km/h	160 bis 195
Karosserie	
Bauart	Limousine (2-türig)
Tragstruktur	selbsttragend
Material	Stahlblech
Stückzahl und Marktsituation	
Produktionszahl	ca. 1,36 Mio
Verfügbarkeit	gut
Teilesituation	sehr gut
Unterhaltskosten	hoch

BMW Baur Topcabriolet (Werkscode E21) 1977-1982

Wie schon bei seinem Vorgänger steuerte Baur auch zum ersten Dreier-Modell ein Cabriolet bei. Wie gewohnt trug es einen massiv wirkenden Überrollbügel mit mattschwarzem Zierstreifen. Für Open-Air-Events konnte das Dachmittelteil heraus genommen und im Kofferraum verstaut werden; für zusätzlichen Frischluft-Bedarf war das Dachteil hinter dem Bügel als Faltverdeck ausgeführt. Bei geschlossenem Heckteil ließ es sich offen und zugfrei reisen. Die Baur-Cabriolets waren etwa 6000 Mark teurer als ihre geschlossenen Serien-Pendants, dennoch fertigte der schwäbische Spezialbetrieb rund 4600 Exemplare des offenen E21. Der Vertrieb erfolgte über das offizielle BMW-Händlernetz. Das Baur-Cabriolet blieb bei Liebhabern lange unbeachtet, inzwischen aber werden die wenigen erhaltenen halboffenen 3er geschätzt und gesucht.

Bild: © BMW AG Konzernarchiv

Preise	1	2	3	4	5
Baur TC 320/6 (E 21), Cab	35.000	19.000	11.600	5.200	2.100

Motor/Antrieb	
Bauart	Vier-/Sechszylinder (Reihe)
Lage/Antrieb	Front/Heck
Hubraum in cm³	1563 bis 2315
PS/min	75/5800 bis 143/6000
Vmax in km/h	160 bis 192
Karosserie	
Bauart	Cabriolet
Tragstruktur	selbsttragend
Material	Stahlblech
Stückzahl und Marktsituation	
Produktionszahl	4595
Verfügbarkeit	ausreichend
Teilesituation	gut
Unterhaltskosten	mittel

BMW 316, 316i, 318i, 318iS, 320i, 320iS, 323i, 325i, 325iX, 325e, 324d, 324td (Werkscode E30) 1982-1991

1982 startete BMW mit der zweiten Auflage der 3er-Reihe, deren Form Boyke Boyer unter Designchef Claus Luthe gestaltet hatte. Während es den Vorgänger nur als Zweitürer gab, bot BMW ab Herbst 1983 den E30 auch als Viertürer an, weitere Versionen wie ein Vollcabriolet und Kombi folgten. Neu waren zudem Dieselmotoren: 1985 nagelte der 324d (86 PS/63 kW) den BMW-Fans entgegen, ab 1987 gab es den 324td (115 PS/85 kW) – analog zur 5er-Reihe (E28). Zudem ersetzte BMW den etablierten 323i durch den neuen 325i, der auf Wunsch – Premiere im 3er – im 325iX über Allradantrieb verfügte. Als drehmomentstarkes Sparmodell etablierte BMW den 325e/eta. Eine große Modellpflege folgte 1987, äußerlich sofort am Wegfall der Chromstoßfänger zu erkennen. Der Bau der E30-Limousine endete im April 1991.

Bild: © BMW AG Konzernarchiv

Preise	1	2	3	4	5
318 is (E30), L2t	31.400	18.100	9.500	3.800	1.400
320i Kat (E30), L4t	23.100	12.600	6.400	2.900	1.000
325i Kat (E30), L4t	31.400	17.600	9.800	3.800	1.400

Motor/Antrieb	
Bauart	Vier-/Sechszylinder (Reihe)
Lage/Antrieb	Front/Heck, 4x4
Hubraum in cm³	1573 bis 2693
PS/min	86/4600 bis 170/5800
Vmax in km/h	156 bis 216
Karosserie	
Bauart	Limousine (2-/4-türig)
Tragstruktur	selbsttragend
Material	Stahlblech
Stückzahl und Marktsituation	
Produktionszahl	ca, 1,9 Mio.
Verfügbarkeit	gut
Teilesituation	sehr gut
Unterhaltskosten	mittel

BMW 316i, 318i, 320i, 325i, 324td Touring (Werkscode E30) 1987-1994

Ein BMW als Lastesel: Noch in den späten 1970er Jahren klang das so unvorstellbar wie ein Fünfer mit Dieselmotor. Beides kam nur wenig später. Für den Kombi reanimierten die Münchner den Namen eines kompakten Dreier-Ahnen: Touring – einst eine avancierte, aber vollends glücklose Kombination aus Raumangebot, Form und Sportlichkeit auf der Basis der 02-Modelle. Der neue Versuch auf Dreier-Basis ließ dessen Schicksal schnell vergessen. Als erster vollwertiger Kombi mit BMW-Logo schrieb der neue Touring nicht nur Marken-Geschichte, sondern es gelang ihm sogar überraschend schnell, zu einer der tragenden Säulen der 3er-Reihe zu werden, weil er den Nerv einer tennisverrückten Yuppie-Generation exakt traf. BMW bot ihn zunächst als 320i und 325i/iX an, was die Positionierung unterstrich. Erst anschließend folgten 316i, 318i und sogar ein 324td.

Bild: © BMW AG Konzernarchiv

Preise	1	2	3	4	5
320i Touring (E30), Kom	25.200	13.500	6.200	2.900	1.100
325i Touring (E30), Kom	32.300	18.200	8.900	3.000	1.100

Motor/Antrieb	
Bauart	Vier-/Sechszylinder (Reihe)
Lage/Antrieb	Front/Heck, 4x4
Hubraum in cm³	1573 bis 2494
PS/min	100/5500 bis 170/5800
Vmax in km/h	176 bis 214
Karosserie	
Bauart	Kombi
Tragstruktur	selbsttragend
Material	Stahlblech
Stückzahl und Marktsituation	
Produktionszahl	ca. 100.000
Verfügbarkeit	gut
Teilesituation	sehr gut
Unterhaltskosten	mittel

BMW 318i, 320i, 325i Cabriolet (Werkscode E30) 1985-1993

Klein war sie geworden, die Fangemeinde offener BMW-Modelle. Doch sie litt, denn allein Baur war mit einer Cabriolimousine der traditionsreichen Karosseriegattung treu geblieben. Erst rund 15 Jahre nach dem Produktionsende des BMW 1600-2 Cabriolets stellten die Münchner 1985 wieder eine bügellose Frischluftvariante auf die Räder. Mutig, doch mit ihrem erwachsenen, seriösen Auftritt erwiesen sich die offenen 320i und 325i als Wegbereiter des Cabrio-Booms, der dann in den 1990er Jahren richtig Schwung aufnehmen sollte. Der Erfolg beflügelte BMW. So folgten auf die beiden Sechszylinder-Cabrios noch Ende der 1980er Jahre eine offene M3-Version sowie 1990 das 318i Cabriolet als Einstiegsmodell, beide mit vier Zylindern. Alle Varianten der 3er Cabrios haben ihr Tal der Tränen durchfahren. Wer heute noch günstig an ein gutes Exemplar kommen möchte, muss bereits suchen.

Bild: © BMW AG Konzernarchiv

Preise	1	2	3	4	5
325i Cabriolet (E30), Cab	43.500	23.900	16.300	6.000	2.300

Motor/Antrieb	
Bauart	Vier-/Sechszylinder (Reihe)
Lage/Antrieb	Front/Heck
Hubraum in cm³	1795, 1990, 2494
PS/min	102/5800-170/5800
Vmax in km/h	185 bis 216
Karosserie	
Bauart	Cabriolet
Tragstruktur	selbsttragend
Material	Stahlblech
Stückzahl und Marktsituation	
Produktionszahl	ca. 200.000
Verfügbarkeit	gut
Teilesituation	sehr gut
Unterhaltskosten	mittel

BMW 316, 316i, 318i, 318iS, 320i, 323i, 325i, 325iX, 325e, 324d, 324td TC2 (Werkscode E30) — 1982-1991

Der Stuttgarter Karosseriespezialist Baur kümmerte sich auch um eine Frischluft-Version der zweiten Dreier-Reihe. Das Konzept blieb unverändert: Baur bestellte zweitürige Limousinen, entfernte den Dachaufbau und schweißte einen stabilsierenden Überrollbügel ein. Das Faltverdeck im Heck (zu Beginn noch aus PVC-Material) und ein herausnehmbares Dachteil boten viele Spielarten des Offenfahrens. Zwar erschien bei BMW ab 1985 mit dem Vollcabrio eine übermächtige Konkurrenz, die den Erfolg der Baur-Top-Cabriolets (Kürzel TC) spürbar einbremste. Dennoch konnte Baur insgesamt 10.865 Exemplare umrüsten, die weiterhin bei allen BMW-Verkaufsstellen bestellbar waren. Der TC2 ließ sich mit allen Motorisierungen und sogar mit Allradantrieb kombinieren – nur als M3 gab es ihn nicht. Baur baute damals auf Wunsch für knapp 7000 Mark übrigens auch im Kundenauftrag angelieferte Zweitürer um.

Bild: © J. Schönfelder

Preise	1	2	3	4	5
Baur TC 318i (E30), Cal	24.300	12.700	6.500	2.500	1.000
Baur TC 325i (E30), Cal	33.300	17.800	9.200	3.200	1.200

Motor/Antrieb	
Bauart	Vier-/Sechszylinder (Reihe)
Lage/Antrieb	Front/Heck
Hubraum in cm³	1573 bis 2693
PS/min	86/4600 bis 170/5800
Vmax in km/h	156 bis 216
Karosserie	
Bauart	Cabriolimousine (2-/4-türig)
Tragstruktur	selbsttragend
Material	Stahlblech
Stückzahl und Marktsituation	
Produktionszahl	10.865
Verfügbarkeit	ausreichend
Teilesituation	gut
Unterhaltskosten	mittel

BMW M3 (Werkscode E30) — 1986-1991

Wer in den 1970er Jahren den Einstieg in den wilden BMW 2002 turbo verpasst hatte, musste bis 1986 warten: Erst mit dem BMW M3 stand wieder ein veritables Sportgerät aus München in den Preislisten. Der M3 trug dicke Pausbacken, einen üppigen Heckflügel und bot ein stimmiges Technik-Paket – der 2,3 Liter große Vierzylinder kam ohne Turboaufladung aus, wollte dafür stets ambitioniert mit hohen Drehzahlen gefahren werden. Aufwändig versteiften die BMW-Ingenieure die Karosserie und feilten an ihrer Aerodynamik, was zu einer flacheren Heckscheibe und einem modifizierten, höher angesetzten Kofferraumdeckel aus GFK führte. Das brachte mehr Abtrieb, der Geradeauslauf geriet stabiler. Die Frontscheibe war zudem geklebt, auch dies geschah aus aerodynamischen Gründen. Sehr agil, aber doch kurios zeigte sich dagegen das M3 Cabrio, das in einer Kleinserie entstand. Die offene Karosserie widersprach dem Grundgedanken des M3-Konzepts – Fans fand das Modell dennoch.

Bild: © BMW AG Konzernarchiv

Preise	1	2	3	4	5
M3 (E30), L2t	105.000	84.000	54.000	31.100	11.800

Motor/Antrieb	
Bauart	Vierzylinder (Reihe)
Lage/Antrieb	Front/Heck
Hubraum in cm³	2302
PS/min	195 bis 215/6750
Vmax in km/h	240
Karosserie	
Bauart	Limousine (2-türig), Cabriolet
Tragstruktur	selbsttragend
Material	Stahlblech
Stückzahl und Marktsituation	
Produktionszahl	17.970 Lim, 786 Cab
Verfügbarkeit	ausreichend
Teilesituation	gut
Unterhaltskosten	mittel

BMW M3 Sport Evolution — 1990

Als Sport Evolution trieb es der BMW M3 nochmals wilder: Er gab sich als kompromissloser Rennsportler mit Straßenzulassung. Enorm präzise, leichtfüßig und in Kurven lange neutral zeigte sich dieses auf 600 Exemplare limitierte Spitzenmodell auf dem Asphalt. Auf ihm baute BMW die Tourenwagen-Modelle für den Motorsport auf. Mehr Bohrung und mehr Hub brachten 2,5 Liter Hubraum, gierig nach Drehzahlen ist der Vierzylinder jedoch geblieben: Seine (heute eher beschaulichen) 238 PS stellt er erst bei rund 7000/min zur Verfügung. Laufkultur war eindeutig nicht das Ziel, im Gegenteil: Der M3 Sport Evolution klingt aggressiv, er vibriert und will jeden Kompromiss vermeiden. Optisch folgten die Homologationsmodelle weitestgehend der Serie. Allerdings fielen die Nebelscheinwerfer weg – hier sind bei ihm Lufteinlässe, die zur Bremsenkühlung dienen. An Bord hatte der Sport Evolution zudem eine elektronische Dämpfersteuerung, die BMW kurz EDC (Electronic Damper Control) nannte.

Bild: © BMW AG Konzernarchiv

Preise	1	2	3	4	5
M3 Sport Evolution (E30), L2t	300.000	190.000	120.000	k.N.	k.N.

Motor/Antrieb	
Bauart	Vierzylinder (Reihe)
Lage/Antrieb	Front/Heck
Hubraum in cm³	2467
PS/min	238 bei 7000
Vmax in km/h	248
Karosserie	
Bauart	Limousine (2-türig)
Tragstruktur	selbsttragend
Material	Stahlblech
Stückzahl und Marktsituation	
Produktionszahl	600
Verfügbarkeit	schlecht
Teilesituation	gut
Unterhaltskosten	hoch

BMW 316i, 318i, 318is, 318ti, 320i, 323i, 323ti, 325i, 328i (Werkscode E36) — 1990-1998

Der dritte 3er kam im Oktober 1990, mit ihm setzte BMW den Erfolg in der Klasse der kompakten Limousinen fort. Der Diesel blieb, doch den Allradantrieb hatte BMW gestrichen, die Nachfrage war gering geblieben. Auch gab es keine Limousine als Zweitürer mehr – diese Rolle übernahm ab dem E36 das sehr viel eigenständiger und sportlicher auftretende Coupé. Und als Compact, dem 3er mit dem um gut 22 Zentimeter verkürzten Stummelheck, den BMW ab 1994 in der Golf-Klasse antreten ließ. Der E36 wies erstmals ein Deckglas über den charakteristischen Doppelscheinwerfern auf, ein Detail, über das Fans seinerzeit heftig diskutierten. Das Design stammte von Claus Luthe, der mit dem E36 die BMW-Linie neu definierte. Besonders überzeugend gerieten auch Fahrkomfort und Handling: Der E36 beeindruckte Autotester auf der ganzen Welt.

Bild: © BMW AG Konzernarchiv

Preise	1	2	3	4	5
320i (E36), L4t	11.500	6.200	3.700	1.500	700
323i (E36), L4t	14.900	8.000	4.500	1.600	1.000
328i (E36), L4t	19.600	10.300	5.700	2.200	1.000

Motor/Antrieb	
Bauart	Vier-/Sechszylinder (Reihe)
Lage/Antrieb	Front/Heck
Hubraum in cm³	1596 bis 2793
PS/min	102/5500 bis 193/5300
Vmax in km/h	189 bis 230
Karosserie	
Bauart	Limousine (4-türig)
Tragstruktur	selbsttragend
Material	Stahlblech
Stückzahl und Marktsituation	
Produktionszahl	Baureihe E36: ca. 2,5 Mio.
Verfügbarkeit	gut
Teilesituation	sehr gut
Unterhaltskosten	mittel

BMW 316i, 318iS, 318ti, 320i, 323i, 323ti, 325i, 328i Coupé (Werkscode E36) — 1992-1999

Im Unterschied zum Vorgänger präsentierte BMW beim E36 erstmals eine reine Coupé-Version des 3ers: Es fiel flacher, breiter und sportlicher aus als eine lediglich auf zwei Türen reduzierte Limousinen-Karosserie. Als das Coupé Ende 1991 seine Premiere feierte, besaß es eine rundum individuelle Karosserie mit eigenen Blechteilen. Sogar die Rücklichter unterscheiden sich von der Limousine, die Windschutzscheibe war nach hinten gerückt, dafür musste das Cockpit gekürzt werden – die Sitzposition ließ sich nicht ändern. In Gesamtlänge und Radstand entsprechen die E36-Coupés den Viertürer-Varianten. Neben den Top-Motorisierungen bot BMW das Coupé auch mit dem kleinen 1,6-Liter-Vierzylinder an, nicht jedoch mit Diesel-Triebwerken. Das Coupé stellte auch die passende Basis für das E36-Cabriolet

Bild: © BMW AG Konzernarchiv

Preise	1	2	3	4	5
320i (E36), Cpe	14.400	7.900	3.800	1.900	1.000
325i (E36), Cpe	26.700	14.200	6.200	2.200	1.100

Motor/Antrieb	
Bauart	Vier-/Sechszylinder (Reihe)
Lage/Antrieb	Front/Heck
Hubraum in cm³	1596 bis 2793
PS/min	102/5500 bis 193/5300
Vmax in km/h	189 bis 230
Karosserie	
Bauart	Coupé
Tragstruktur	selbsttragend
Material	Stahlblech
Stückzahl und Marktsituation	
Produktionszahl	Baureihe E36: ca. 2,5 Mio.
Verfügbarkeit	gut
Teilesituation	sehr gut
Unterhaltskosten	mittel

BMW 316i, 318i, 320i, 323i, 323ti, 328i Touring (Werkscode E36) — 1995-1999

Nach dem überraschend deutlichen Erfolg des Kombi-Dreiers der Vorgängerbaureihe E30 lag es für BMW auf der Hand, auch den E36 wieder als Touring zu konfigurieren. Das hatten die Münchner gelernt: Sportlichkeit findet gerade in diesem Format auf dem Markt viele Freunde. Dennoch ließ sich BMW bis zum Frühjahr 1995 Zeit mit dem neuen Lifestyle-Kombi, der deutlich größer ausfiel als das Vorgängermodell. Ganz nach Wunsch liefert BMW jede Motor-Variante im Touring, nur als M-Version gab es den E36 nie. Damit fiel dem 328i Touring die Rolle des Top-Kombis zu: Mit seinen 193 PS aus 2,8 Litern Hubraum konnte der BMW-Reihensechser begeistern – die Presse lobte ihn Dank seiner überzeugenden (und bei BMW damals überraschenden) Kraftentfaltung aus dem Keller als „Drehmoment-Wunder", so *auto motor und sport*. Auch schön schaltfaul sei man mit ihm noch sehr schnell unterwegs.

Bild: © BMW AG Konzernarchiv

Preise	1	2	3	4	5
328i Touring (E36), Kom	20.600	11.300	5.900	2.500	1.200

Motor/Antrieb	
Bauart	Vier-/Sechszylinder (Reihe)
Lage/Antrieb	Front/Heck
Hubraum in cm³	1596 bis 2793
PS/min	102/5500 bis 193/5300
Vmax in km/h	189 bis 236
Karosserie	
Bauart	Kombi
Tragstruktur	selbsttragend
Material	Stahlblech
Stückzahl und Marktsituation	
Produktionszahl	k.A.
Verfügbarkeit	gut
Teilesituation	sehr gut
Unterhaltskosten	mittel

BMW 318i, 320i, 323i, 325i, 328i Cabriolet (Werkscode E36/C2) — 1993-1999

Mit einem derartigen Erfolg der Vorgänger-Cabrios der Baureihe E30 hatte in München kaum jemand gerechnet. Doch weil die Produktionszahlen alle Erwartungen weit übertroffen hatten, war nicht nur die Fortsetzung des Konzepts geplant, sondern zudem dessen Verfeinerung: Statt wie bisher auf der Limousine basierte das neue E36-Cabrio auf Basis des neuen Coupés, das eine durchgehend anders gestaltete Karosserie erhielt als die Limousine. Das ließ das neue 3er-Cabrio 1993 viel eleganter und sportlicher auftreten als das bisherige Modell, auch in Sachen Ausstattung und Komfort machte BMW einen großen Schritt nach vorne. Bei den Motorisierungen zeigte sich BMW sehr offen, nur der kleine 316i kam nicht in Frage – und nicht die Diesel-Versionen. Damals konnten sich die Münchner einen Selbstzünder unter blauem Himmel noch nicht vorstellen.

Bild: © BMW AG Konzernarchiv

Preise	1	2	3	4	5
320i Cabriolet (E36), Cab	23.200	11.300	5.500	2.600	1.100
325i Cabriolet (E36), Cab	28.600	16.000	6.900	3.100	1.300

Motor/Antrieb	
Bauart	Vier-/Sechszylinder (Reihe)
Lage/Antrieb	Front/Heck
Hubraum in cm³	1796 bis 2793
PS/min	113/5500 bis 193/5300
Vmax in km/h	194 bis 230
Karosserie	
Bauart	Cabriolet
Tragstruktur	selbsttragend
Material	Stahlblech
Stückzahl und Marktsituation	
Produktionszahl	k.A.
Verfügbarkeit	sehr gut
Teilesituation	sehr gut
Unterhaltskosten	mittel

BMW 316i, 318i, 318iS, 318tds, 320i, 325i, 325td, 325tds, 328i TC4 (Werkscode E36/4Cab) — 1992-1996

Es liest sich wie eine Geschichte aus einer anderen Zeit: Ein renommierter Karosseriebaubetrieb nimmt sich eine Limousine eines etablierten Herstellers vor, um ein viertüriges (!) Cabriolet zu bauen. Baur hatte mit geöffneten BMW-Versionen schon über Jahrzehnte Erfahrung. Um sich eine Nische zu sichern, grub Baur ein altes Karosseriekonzept nochmals aus: die Cabriolimousine. Auf der Basis der viertürigen E36-Variante entstand in Stuttgart eine außergewöhnliche Frischluftvariante mit herausnehmbarem vorderem Dachteil, das in einer speziellen Halterung im Kofferraum Platz fand, und einem hinteren Landaulet-Faltverdeck. Motor und Ausstattung richteten sich nach dem BMW-Lieferprogramm, doch die Kunden bissen nicht an – zu teuer, zu skurril fiel die TC4 (TC für Top Cabriolet) genannte Lösung aus. Nach nur 310 Exemplaren stoppte die Baur-Insolvenz die Produktion.

Bild: © Archiv Baur

Preise	1	2	3	4	5
320i TC, Cab	30.600	18.100	9.100	5.200	2.200
328i TC, Cab	35.700	20.100	9.600	5.300	2.200

Motor/Antrieb	
Bauart	Vier-/Sechszylinder (Reihe)
Lage/Antrieb	Front/Heck
Hubraum in cm³	1596 bis 2793
PS/min	102 bei 5500 bis 193 bei 5300
Vmax in km/h	189 bis 230
Karosserie	
Bauart	Cabriolimousine
Tragstruktur	selbsttragend
Material	Stahlblech
Stückzahl und Marktsituation	
Produktionszahl	310
Verfügbarkeit	ausreichend
Teilesituation	gut
Unterhaltskosten	mittel

B

BMW M3 (Werkscode E36) 1992-1994

Der erste M3 auf der Basis der Baureihe E30 war noch ein wenig ingenieurtechnisches Experiment, die zweite Auflage des kleinen Wilden schon ein Ergebnis strategischen Marketings: BMW plante bereits mit einem entsprechenden Markt. Den schon fröhlichen Übermut konnten Interessenten an den Wahlmöglichkeiten ablesen: BMW lieferte den neuen M3 nicht nur als Limousine und Coupé, sondern auch als Cabriolet – obwohl sich diese Genuss-Karosserie mit dem streng motorsportlichen Gedanken der M GmbH kaum vereinbaren ließ. Einen M3 Touring dagegen gab es nicht – der M-Kombi blieb dem 5er vorbehalten. Die Sechszylinder folgten dem klassischen BMW-Ideal. Sie lieferten mit 3,0-Liter-Hubraum für ihre Zeit üppige 286 PS (ab 1995: 3,2-Liter mit 321 PS) und wurden bei 250 km/h elektronisch abgeregelt.

Bild: © BMW AG Konzernarchiv

Preise	1	2	3	4	5
M3 (E36), Cpe	63.700	37.700	21.600	9.700	4.100

Motor/Antrieb	
Bauart	Sechszylinder (Reihe)
Lage/Antrieb	Front/Heck
Hubraum in cm³	2990, 3201
PS/min	286/7000 bis 321/7400
Vmax in km/h	250
Karosserie	
Bauart	Limousine (4-türig), Coupé, Cabriolet
Tragstruktur	selbsttragend
Material	Stahlblech
Stückzahl und Marktsituation	
Produktionszahl	71.242
Verfügbarkeit	gut
Teilesituation	sehr gut
Unterhaltskosten	hoch

BMW Z3 1.8, 1.9, 1.9i, 2.0, 2.2i, 2.8, 2.8i, 3.0i (Werkscode E36/7) 1995-2002

Sicher, das wird ein Klassiker: BMW baut den ersten knappen Roadster seit – ja, seit wann? Der Z1 blieb eine ambitionierte Randerscheinung, der 700 war eher ein Cabrio, und dann fällt der Blick bereits zurück auf den legendären 328. Als 1995 die Produktion des Z3 im neuen amerikanischen BMW-Werk startete, hatte der Mazda MX-5 gezeigt, dass die Nische der frechen, kleinen Roadster gar nicht so klein war wie lange gedacht. Der Z3, der auf dem 3er Compact (E36) basiert, wurde jedenfalls mit offenen Armen empfangen: Knapp 280.000 Exemplare verkaufte BMW bis zum Produktionsstopp 2002. Clever war die Marketingstrategie, die dem Z3 einen Auftritt im James-Bond-Abenteuer „Golden Eye" sicherte. Vom kleinen 1,8-Liter Vierzylinder bis zum potenten Z3 M Roadster spielte BMW die gesamte Leistungsklaviatur mit großem Erfolg.

Bild: © BMW AG Konzernarchiv

Preise	1	2	3	4	5
Z3 Roadster 1.9, Cab	21.600	11.300	5.300	2.700	1.200
Z3 Roadster 2.8, Cab	33.100	19.200	10.000	4.900	2.000

Motor/Antrieb	
Bauart	Vier-, Sechszylinder (Reihe)
Lage/Antrieb	Front/Heck
Hubraum in cm³	1796-2979
PS/min	115/5500 bis 231/5900
Vmax in km/h	196 bis 250
Karosserie	
Bauart	Roadster
Tragstruktur	selbsttragend
Material	Stahlblech
Stückzahl und Marktsituation	
Produktionszahl	ca. 297.000 (inkl. Coupé)
Verfügbarkeit	sehr gut
Teilesituation	sehr gut
Unterhaltskosten	mittel

BMW Z3 Coupé 2.8, 2.8i, 3.0i; Z3 M Coupé (Werkscode: E36/8) 1995-2002

Ist es schön, dieses Coupé? Die Antworten gehen weit auseinander. Der Z3 als Coupé polarisiert: Dieser im Prinzip klassisch geformte Shooting Break fand glühende Verehrer – und dann gab es Menschen, die seine Form nicht verstanden. Das spielt heute keine Rolle mehr, denn die, die sich für ihn interessieren, sind Fans. Es gibt gute Gründe für den geschlossenen Z3: Er ist seltener, wegen des Blechdachs steifer und im Zweifel stärker, weil er in der Basis-Version bereits den wundervollen 2,8-Liter-Reihensechszylinder erhielt. Nach oben rundete der Z3 M 3,2 mit 325 PS die kleine Baureihe ab. Auch als Coupé ist der Z3 ein reiner Zweisitzer, was in Verbindung mit den gelieferten Motoren ein ultimatives Statement in Sachen Sportlichkeit liefert. Ein toller BMW – und ein sicherer Kandidat für den Klassiker-Status.

Bild: © Jürgen Schlegelmilch

Preise	1	2	3	4	5
Z3 Coupé 3.0, Cpe	48.800	27.300	16.200	8.700	3.600

Motor/Antrieb	
Bauart	Sechszylinder (Reihe)
Lage/Antrieb	Front/Heck
Hubraum in cm³	2793, 2979, 3201
PS/min	192/5300 bis 325/5900
Vmax in km/h	229 bis 250
Karosserie	
Bauart	Coupé
Tragstruktur	selbsttragend
Material	Stahlblech
Stückzahl und Marktsituation	
Produktionszahl	ca. 297.000 (inkl. Roadster)
Verfügbarkeit	sehr gut
Teilesituation	gut
Unterhaltskosten	mittel

BMW M3 (Baureihe E46/2S, E46/2CS) 2000-2006

BMW wusste, dass es klappen würde: Die Erfolge der beiden Vorgänger hatten bewiesen, wie wichtig ein sportliches Top-Modell für den 3er ist. In der Baureihe E46 legte BMW zwei Varianten auf: Der M3 erschien im Juni 2000 als Coupé, im April 2001 folgte das Cabriolet. Der 3,25 Liter große Reihensechszylinder leistete 343 PS bei gewaltigen 7900/min, das Drehmoment lag bei überzeugenden 365 Nm bei 4900/min. Als spezielle Version für ambitionierte Piloten fertigte BMW den M3 CSL (360 PS). Als rarster straßenzugelassener E46 dürfte der M3 GTR gelten: Der mit einem Renn-V8 ausgestattete Homologationswagen für die American Le Mans Series wurde weniger als ein Dutzend Mal gebaut.

Bild: © BMW AG Konzernarchiv

Preise	1	2	3	4	5
M3 Coupé (E46), Cpe	69.000	40.500	22.500	11.500	5.000
M3 CSL (E46), Cpe	150.000	99.000	70.000	k.N.	k.N.

Motor/Antrieb	
Bauart	Sechszylinder (Reihe)
Lage/Antrieb	Front/Heck
Hubraum in cm³	3246
PS/min	343/7900
Vmax in km/h	250
Karosserie	
Bauart	Limousine (2-türig), Cabriolet
Tragstruktur	selbsttragend
Material	Stahlblech
Stückzahl und Marktsituation	
Produktionszahl	k.A.
Verfügbarkeit	gut
Teilesituation	gut
Unterhaltskosten	hoch

Wettlauf in der Oberklasse – Der 7er und seine Vorgänger

Nach fünfjähriger Oberklassen-Abstinenz stellte BMW im Herbst 1968 mit der Baureihe E3 wieder eine Premium-Limousine vor – als Konkurrenz zu den Sechszylindern aus Stuttgart, zu diesen aber völlig konträr: Mit den Typen 2500 und 2800 setzten die Münchner auf ein modernes, sportliches Konzept und Design statt auf repräsentative Gediegenheit. Der jugendlich-straff wirkende BMW E3 punktete gegenüber dem eher altbackenen Pendant Mercedes W 108 mit agilen Motoren und knackigem Fahrwerk, bot allerdings – bei ähnlichem Preisniveau – nicht dessen Prestige. Deutlich aufholen konnte ab 1977 die 7er-Reihe; der dynamische Groß-BMW war zum Begriff geworden – und zur Alternative zur oft als zu protzig empfundenen Barock-S-Klasse W 116. Noch mehr Boden konnte ab 1986 die zweite Generation (E32) gut machen: Die von Claus Luthe und Ercole Spada gestaltete zweite 7er-Reihe gilt als stilistisch außerordentlich gelungen. Der 1994 erschienene Nachfolger (E38) bot viel neue Technik, sein Design wirkte jedoch weniger akzentuiert.

Ahnengalerie: Die 7er-Reihe.

© BMW AG Konzernarchiv

B

BMW 2500, 3,0 S, 3,0 Si, 2,8 L, 3,0 L, 3,3 L, 3,3 Li (Werkscode E3) — 1968-1977

In den beiden Urmodellen der intern E3 getauften Reihe, 2500 und 2800, arbeitete erstmals ein neu entwickelter Reihensechszylinder, hier in zwei Hubraumgrößen mit 150 respektive 170 PS, der in zahlreichen Variationen in über zwanzig Baujahren Karriere machen sollte. Im E3 war 1971 der Dreiliter der nächste Schritt: als BMW 3,0 S mit 180 PS und in der Einspritzversion als 200 PS starker 3,0 Si – zusammen mit dem sportlich-straffen Fahrwerk Garant für Freude am Fahren. Imposant war auch der optische Auftritt aller E3 mit Doppelscheinwerfern und zunächst verchromtem, ab 1973 mattschwarzem Kühlergrill. 3,0 S und 2800 wichen 1975 der verfeinerten Neuauflage mit langem Radstand als 2,8 L, 3,0 L und 3,3 L. Letzterer war als Spitzenmodell der E3-Reihe besonders luxuriös ausgestattet und wurde kurz vor Serienende auch in der mit L-Jetronic-Einspritzung verfeinerten Version 3,3 Li angeboten.

Bild: © BMW AG Konzernarchiv

Preise	1	2	3	4	5
2500, L4t	23.000	18.500	10.100	4.800	1.200
2,8 L, L4t	23.900	19.000	10.500	4.700	1.300
3,0 S, L4t	24.400	19.300	11.000	4.800	1.400
3,3 Li, L4t	42.800	31.200	18.800	8.000	3.100

Motor/Antrieb	
Bauart	Sechszylinder (Reihe)
Lage/Antrieb	Front/Heck
Hubraum in cm³	2494 bis 3295
PS/min	150/6000 bis 200/5500
Vmax in km/h	190 bis 210
Karosserie	
Bauart	Limousine (4-türig)
Tragstruktur	selbsttragend
Material	Stahlblech
Stückzahl und Marktsituation	
Produktionszahl	ca. 222.000
Verfügbarkeit	ausreichend
Teilesituation	gut
Unterhaltskosten	hoch

BMW 728, 728i, 730, 732i, 733i, 735i, 745i (Werkscode E23) — 1977-1986

Wie schon in der Reihe E3 waren die Typen der neuen 7er-Reihe zwar nicht ganz so präzise verarbeitet wie die Stuttgarter S-Klasse, dafür überzeugten sie mit ihren kultivierten, drehfreudigen und elastischen Sechszylinder-Motoren. Die Produktion startete mit den Vergaser-Modellen 728 und 730 sowie dem Einspritzer 733i. Schon zwei Jahre später präsentierte BMW die optimierten Typen 728i, 732i und 735i. Als Topmodell fungierte ab 1980 der 745i mit 3,2 Litern Hubraum. Ein KKK-Turbolader mobilisierte 252 PS, die immerhin gut für 226 km/h waren. Die ohnehin üppige Serienausstattung ließ sich mit den Extra-Paketen Highline (weißes Lederinterieur) und Executive (Büffelleder-Ausstattung) aufwerten – heute kultige Klassiker. 1982 brachte eine sanfte Modellpflege nur geringfügige Retuschen und technische Modifikationen, zwei Jahre später erhielten alle Versionen serienmäßig ABS.

Bild: © BMW AG Konzernarchiv

Preise	1	2	3	4	5
728i, L4t	31.900	18.200	7.900	2.900	1.200
732i, L4t	31.400	17.600	7.700	2.600	1.100
735i, L4t	40.400	21.900	10.400	3.600	1.500

Motor/Antrieb	
Bauart	Sechszylinder (Reihe)
Lage/Antrieb	Front/Heck
Hubraum in cm³	2788 bis 3430
PS/min	170/5800 bis 252/4900
Vmax in km/h	195 bis 230
Karosserie	
Bauart	Limousine (4-türig)
Tragstruktur	selbsttragend
Material	Stahlblech
Stückzahl und Marktsituation	
Produktionszahl	285.000
Verfügbarkeit	schlecht
Teilesituation	sehr gut
Unterhaltskosten	hoch

BMW 730i, 735i, 740i (Werkscode E32) — 1986-1994

Im September 1986 ging die zweite Auflage des BMW-Flaggschiffs ins Rennen um die Oberklasse: Der intern E32 genannte 7er trat neu gerüstet gegen den Führenden, die Stuttgarter S-Klasse, an. Im Auftritt wirkte der Neue gestreckter und eleganter, ein Entwurf des italienischen Designers Ercole Spada, umgesetzt vom damaligen BMW-Designchef Claus Luthe – beide formten auch den ein Jahr später vorgestellten 5er (E34). Der 7er startete seine Karriere mit zwei Sechszylindern (730i, 735i), wobei die Variante 730i ab 1992 unter gleicher Bezeichnung auf Wunsch auch mit dem neuen 32-Ventil-V8-Motor erhältlich war. Dieses Triebwerk löste zudem in einer 4,0-Liter-Version den 735i ab. Bereits ab 1987 hatte BMW zudem einen V12 im Angebot (siehe folgenden Eintrag), erkennbar an der breiten Doppelniere, die jedoch ab 1992 auch die neuen V8-Motoren tragen durften. Dieselmotoren gab es im E32 noch nicht. Neu im E32: Alle Modelle gab es auch als Langversion.

Bild: © BMW AG Konzernarchiv

Preise	1	2	3	4	5
735i Kat (E32) L4t	27.600	15.200	6.900	3.000	1.200
740i (E32) L4t	34.000	18.700	8.500	3.600	1.500

Motor/Antrieb	
Bauart	Sechszylinder (Reihe), V8
Lage/Antrieb	Front/Heck
Hubraum in cm³	2985, 2997, 3430, 3982
PS/min	188/5800 bis 286/5800
Vmax in km/h	222 bis 240
Karosserie	
Bauart	Limousine (4-türig)
Tragstruktur	selbsttragend
Material	Stahlblech
Stückzahl und Marktsituation	
Produktionszahl	k.A.
Verfügbarkeit	ausreichend
Teilesituation	sehr gut
Unterhaltskosten	hoch

B

BMW 750i, 750iL (Werkscode E32) 1987-1994

V12 – dieses Kürzel war bis in die 1980er Jahre Luxuslimousinen vorbehalten, die aus der Vorkriegszeit stammten. BMW knüpfte 1987 mit viel Elan daran an: Mit dem 750iL – „i" für Injection, „L" für Langversion – übernahmen die Münchner nach langem Wettrüsten mit Mercedes nicht nur die technologische Führung in der Klasse der High-End-Sänften, sondern markierten zugleich eine Trendwende. Der zunächst mit ungläubigem Staunen aufgenommene Zwölfender des 750i verschaffte dem Image der Marke einen Quantensprung. Auch wenn der bayerische Luxusliner knapp zwei Tonnen Gewicht auf die Waage brachte, ließ er keinen Zweifel an seiner sportlichen Abstammung. Dies wurde ihm im späteren Leben oft zum Verhängnis. In den Händen einer leistungshungrigen, oft finanziell unflexiblen Klientel röchelten viele Super-Siebener als Gebrauchte einem würdelosen Ende entgegen.

Bild: © BMW AG Konzernarchiv

Preise	1	2	3	4	5
750i (E32), L4t	35.000	19.400	8.900	3.700	1.500
750iL (E32), L4t	40.200	22.200	10.200	4.200	1.800

Motor/Antrieb	
Bauart	V12
Lage/Antrieb	Front/Heck
Hubraum in cm³	4988
PS/min	300/5200
Vmax in km/h	250
Karosserie	
Bauart	Limousine (4-türig)
Tragstruktur	selbsttragend
Material	Stahlblech
Stückzahl und Marktsituation	
Produktionszahl	k. A.
Verfügbarkeit	ausreichend
Teilesituation	sehr gut
Unterhaltskosten	hoch

BMW 725tds, 730d, 740d, 728i, 730i, 735i, 740i, 740iL, 750i, 750iL (Werkscode E38) 1994-2001

Der neue BMW 7er machte zwar vieles etwas besser als seine Vorgänger, ein Revolutionär war er jedoch nicht. Gut, BMW hatte für ihn eine aufwändige Hinterachse konstruiert, um den Vorsprung in der für das Markenprofil wichtigen Agilität und Sportlichkeit zu wahren. Zunächst gab es den E38 als 730i und 740i mit V8-Motoren, gefolgt vom V12 im 750i und dem Reihensechszylinder im 728i. Sogar ein Diesel hielt jetzt in der BMW-Oberklasse Einzug: Der 725tds galt vielen Interessenten zwar noch nicht als standesgemäß, doch die Entwicklung war nicht mehr aufzuhalten. Mit der Modellpflege 1998 kam nicht nur die variable Nockenwellensteuerung VANOS für die V8-Motoren, sondern auch der 730d mit einem direkteinspritzenden 3,0-Liter-Reihensechser. Ein V8-Diesel mit 3,9 Litern Hubraum folgte, mit 245 PS (180 kW) war der neue 740d damals der stärkste Diesel-Personenwagen der Welt.

Bild: © BMW AG Konzernarchiv

Preise	1	2	3	4	5
735i (E38), L4t	23.200	12.900	7.100	3.300	1.400
740iL (E38), L4t	30.100	16.800	11.000	4.600	1.900
750i (E38), L4t	29.500	16.300	9.100	3.900	1.700

Motor/Antrieb	
Bauart	Sechszylinder (Reihe), V8, V12
Lage/Antrieb	Front/Heck
Hubraum in cm³	2497 bis 5379
PS/min	143/4600 bis 326/5000
Vmax in km/h	227-250
Karosserie	
Bauart	Limousine (4-türig)
Tragstruktur	selbsttragend
Material	Stahlblech
Stückzahl und Marktsituation	
Produktionszahl	327.560
Verfügbarkeit	ausreichend
Teilesituation	sehr gut
Unterhaltskosten	hoch

Einzelgänger auf neuen Wegen

Abseits des Massengeschäfts mit Großserienfahrzeugen entstanden bei BMW auch individuelle Typen, gedacht als Imageträger oder als Versuchsballon für neue Fahrzeugklassen. Ob die Münchner mit dem M1 lediglich den Ruf der weißblauen Marke als Topadresse für innovative Sportcoupés nach oben hin ausbauen wollten oder tatsächlich beabsichtigten, sich im Segment der Edelsportwagen zwischen Ferrari und Lamborghini zu etablieren, ist nicht überliefert. Ein Meilenstein war der Serienrennwagen in jedem Fall. Zehn Jahre später folgte wieder ein Solitär: der Z1, als erster Roadster seit fünf Jahrzehnten ein gewagtes Novum – und Trendsetter: Der Z1 darf als Auslöser des Roadster-Booms der 1990er Jahre gelten. Allerdings war anno 1988 die Zeit noch nicht reif: Nach anfänglichem Boom verebbte die Nachfrage schnell; schon nach drei Produktionsjahren war Schluss.

Der M1 spielte über Jahre im Motorsport eine gewichtige Rolle – hier Helmut Henzler am Steuer eines M1 der Procar-Serie.

Bild: © BMW AG Konzernarchiv

BMW M1 (Werkscode E26) 1978-1981

Schon als Neuwagen war der BMW M1 ein Klassiker: ein neuer Supersportwagen mit vertrautem Markenemblem – und nicht nur auf Rennstrecken zu bewundern, sondern bei jedem BMW-Händler erhältlich. Die Karosserie hatte Giorgio Giugiaro entworfen, produziert werden sollte die geplante Auflage von 450 Stück ursprünglich bei Lamborghini. Kurz vor Serien-Anlauf kam es allerdings zum Bruch zwischen den beiden Marken; Baur in Stuttgart übernahm den Auftrag. Seine Premiere erlebte der M1 auf dem Pariser Salon im Herbst 1978, der Listenpreis betrug anfangs exakt 100.000 Mark. Die Straßenversion leistete 277 PS; BMW produzierte außerdem 49 Rennsport-M1 in Varianten mit 470 und 850 PS. Die letzten M1 verkauften sich nur noch schleppend und weit unter dem späteren Listenpreis von 113.000 Mark, so dass der M1 ohne Nachfolger blieb.

Bild: © BMW AG Konzernarchiv

Preise	1	2	3	4	5
M1, Cpe	610.000	470.000	340.000	k.N.	k.N.

Motor/Antrieb	
Bauart	Sechszylinder (Reihe)
Lage/Antrieb	Mitte/Heck
Hubraum in cm³	3453
PS/min	277/6500
Vmax in km/h	260
Karosserie	
Bauart	Coupé
Tragstruktur	Rohrrahmen
Material	Kunststoff
Stückzahl und Marktsituation	
Produktionszahl	450
Verfügbarkeit	schlecht
Teilesituation	sehr gut
Unterhaltskosten	hoch

BMW Z1 — 1988-1991

Zum Spekulationsobjekt geriet der Z1 bei seiner Premiere im Juni 1988: Zum Serienanlauf lagen über 5000 Bestellungen vor, überwiegend von Spekulanten unterzeichnet, die meist vergeblich versuchten, den BMW-Roadster mit deftigen Aufpreisen weiterzuverkaufen. Nach dem ersten Boom beruhigte sich schließlich die Nachfrage so deutlich, dass BMW die vorbestellten Teile aufbrauchte und 1991 die Serienproduktion stoppte. Der Z1 war ein klassischer Roadster mit der Technik des 325i, einfachem Klappverdeck und – als besonderem Gimmick – elektrisch versenkbaren Türen. Die Karosserie bestand aus einem selbsttragenden, mit Kunststoffteilen beplankten Stahlblech-Gerüst. Da die meisten der rund 8000 gebauten Z1 in Sammlerhand reifen durften, sind viele der angebotenen Fahrzeuge in gutem Zustand.

Bild: © BMW AG Konzernarchiv

Preise	1	2	3	4	5
Z1, Rds	68.900	49.800	35.600	22.000	9.300

Motor/Antrieb	
Bauart	Sechszylinder (Reihe)
Lage/Antrieb	Front/Heck
Hubraum in cm³	2494
PS/min	170/5800
Vmax in km/h	220
Karosserie	
Bauart	Roadster
Tragstruktur	Kastenrahmen
Material	Stahlblech
Stückzahl und Marktsituation	
Produktionszahl	8000
Verfügbarkeit	üppig
Teilesituation	sehr gut
Unterhaltskosten	hoch

BMW 850i, 850CSi, 850Ci, 840Ci (Werkscode E31) — 1989-1999

Große Coupés haben Tradition bei BMW. Doch dieser Brauch drohte Mitte der 1980er Jahre zu enden. Die Sechser-Coupés hatten ihren Zenit bereits hinter sich, und ein Nachfolger ließ auf sich warten. Umso größer war die Überraschung, als die Münchner 1989 einen völlig neu entwickelten Luxus-Keil namens 850i präsentierten. Das Sportcoupé begeisterte nicht nur mit dem Neuesten, was die BMW-Entwicklungsabteilung zu bieten hatte, sondern setzte auch mit dem Prestige trächtigen V12-Motor der Limousine ein exquisites Ausrufezeichen in der Klasse der vornehmen Luxus-Zweitürer. Das Achter-Coupé, das es in knapp 8000 Exemplaren auch als V8-Variante namens 840i/Ci gab, markierte bis zum Millenium preislich das obere Ende der BMW-Luxusklasse. Die Zeit der fallenden Preise sind aber auch beim 8er vorbei, der Trend geht nach oben.

Bild: © BMW AG Konzernarchiv

Preise	1	2	3	4	5
850i, Cpe	68.900	39.300	23.000	10.400	4.400
850CSi, Cpe	145.000	89.000	51.000	k.N.	k.N.
850Ci, Cpe	74.300	48.200	28.100	12.400	5.200
840Ci, Cpe	73.200	44.800	26.200	12.100	5.000

Motor/Antrieb	
Bauart	V8, V12
Lage/Antrieb	Front/Heck
Hubraum in cm³	3982, 4988
PS/min	286/5800 bis 380/5500
Vmax in km/h	250
Karosserie	
Bauart	Coupé
Tragstruktur	selbsttragend
Material	Stahlblech
Stückzahl und Marktsituation	
Produktionszahl	k. A.
Verfügbarkeit	ausreichend
Teilesituation	sehr gut
Unterhaltskosten	hoch

BMW Z8 — 2000-2003

BMW hatte einst den 507 gebaut, der das Unternehmen zwar viel Geld kostete, aber auch zur Ikone der Marke wurde. Ganz oben, ganz vorne mit dabei sein im Supersportwagen-Segment, das wollte BMW wieder zum Jahrtausendwechsel: Mit hohem handwerklichen Aufwand in der Fertigung und einem gewollt retrospektiven Design entstand der neue Z8. BMW bewies mit Spaceframe und einer Karosserie aus Aluminium, dem 400 PS starken 5,0-Liter-V8 des BMW M5 und einem Sechsgang-Schaltgetriebe den Anspruch auf die Top-Liga. Die internationale Top-Klientel griff zu, ein kommerzieller Erfolg stellte sich jedoch nicht ein: Nach nur 5703 gebauten Z8 (davon 555 in Alpina-Ausführung) war Schluss. Immerhin: Der BMW 507 war einst nur auf 252 Exemplare gekommen.

Bild: © BMW AG Konzernarchiv

Preise	1	2	3	4	5
Z8, Cab	250.000	190.000	140.000	k.N.	k.N.

Motor/Antrieb	
Bauart	V8
Lage/Antrieb	Front/Heck
Hubraum in cm³	4941
PS/min	400/6600
Vmax in km/h	265 bis 290
Karosserie	
Bauart	Roadster
Tragstruktur	Spaceframe
Material	Aluminium
Stückzahl und Marktsituation	
Produktionszahl	5.703
Verfügbarkeit	ausreichend
Teilesituation	sehr gut
Unterhaltskosten	hoch

BMW wagt den Ausbau: Start in die SUV-Klasse

Auch wenn die 1990er Jahre noch nicht unter einer globalen Kurztaktigkeit litten, wie sie heute alles dominiert, sah sich BMW im letzten Jahrzehnt des zu Ende gehenden Jahrtausends als ein Konzern auf der Suche nach neuen Segmenten. Nischen sollten es keine sein, sie wären zu klein für aufwändige Neuentwicklungen, die der bayerische Hersteller sich vorgenommen hatte. Rover, seit 1994 im Portfolio, strauchelte inzwischen seinem Ende entgegen, dafür konnte sich BMW 1998 in einem Coup die Marken- und Namensrechte an Rolls-Royce sichern. Doch der englische Luxus genügte nicht als Zukunftsstrategie.

BMW setzte alles auf eine Karte. Die Expansion in Richtung Zukunft sollte mit einem neuartigen, innovativen Fahrzeugkonzept gelingen, das es auf diese Weise bisher so noch nicht gegeben hatte: Am 10. Januar 1999 zeigte BMW auf der Detroit Motor Show erstmals das neue Modell X5. Der neue BMW sei kein SUV, sondern ein SAV, ein Sports Activity Vehicle, diktierten die Bayern den Journalisten in den Block, eine tatsächlich funktionierende Lösung, die sich auf der Straße sportlich wie für die Marke gewohnt gab, dabei dennoch im Gelände nicht so schnell aufgab. Traditionell orientierte BMW-Kunden schrien auf oder schüttelten zumindest den Kopf ob eines so neumodischen Unfugs, doch das nickte die Münchner Zentrale damals weg. Chef im Haus war zu jener Zeit noch Bernd Pischetsrieder, der just dann gehen musste, als der X5 die Welt erstmals beglückte. Das jedoch lag nicht an der Wette auf eine SAV-Zukunft, sondern am Debakel und den hohen Kosten, die das englische Einkaufsabenteuer um Rover bei BMW hinterlassen hatte.

Auch Land Rover zählte in den frühen X5-Tagen noch zu BMW. Doch der Range Rover, so sah man es bei BMW, sei von seinen Genen her ein stadtfein eingekleideter Geländewagen. Der neue X5 dagegen trug, so BMW, die Expertise fahraktiver Autos für die Straße in zumindest leichtes Gelände. Letztlich ging es BMW nie um eine ernsthafte Offroad-Tauglichkeit, auch wenn entsprechend konfigurierte Exemplare durchaus anständige Ergebnisse bei Rallyes zeigten, insbesondere der X5cc bei der Paris–Dakar von 2003 bis 2005 – die vom privaten Team

X-Raid eingesetzten Fahrzeuge gewannen die Dieselklasse sogar zwei Mal in Folge. Ziel war vielmehr das Erschließen einer neuen Klientel, hauptsächlich in den USA, im Nahen Osten sowie Asien. Dort nahmen die Käufer zwar Tradition ernst, suchten jedoch die Überlegenheit großer Karosserien und starker Motoren. Ein weiterer wichtiger Faktor für BMW war die Expansion in die USA auf Produktionsseite: Werk 10 (oder passenderweise römisch X geschrieben) entstand in Spartanburg, South Carolina. Es ist eine Tochterfirma der BMW AG.

Daimler-Benz hatte Mitte der 1990er Jahre in den USA bereits ein Werk eröffnet.

Für BMW ging das anfangs gewagt wirkende Konzept auf. Der X5 setzte einen neuen Standard, und ihm folgten als weitere Modelle mit ähnlicher Grundkonzeption, nur etwas kompakter, die X3- und X1-Baureihen nach.

Bild: © BMW AG Konzernarchiv

BMW X5 3.0i, 4.4i, 4.6is, 4.8is; 3.0d (Werkscode E53) **1999-2006**

Mit dem X5 verhalf BMW der neuen Gattung großer SUV zu ihrer ersten Benchmark. Kein anderes Modell konnte um den Jahrtausendwechsel in der Synthese aus Sportlimousine und Allradfahrzeug den X5 toppen. Statt auf Reduktionsgetriebe oder schweren Leiterrahmen setzte BMW auf ein agiles, aufwändiges Fahrwerk mit Einzelradaufhängung und maximale Crashsicherheit, wie sie in der Pkw-Welt Standard waren. Seine Karriere begann der von Beginn an enorm nachgefragte X5 mit einem 3,0-Liter-Reihensechszylinder und einem 4,4 Liter großen V8, 2001 folgten der X5 4.6is als Benziner sowie ein Diesel mit der Bezeichnung X5 3.0d. Gemeinsam mit einem optischen Facelift erhielt die Baureihe im Oktober 2003 neue Motoren sowie das weiter verfeinerte BMW-Allradsystem xDrive. Im Frühjahr 2004 ersetzte der X5 4.8is den 4,6-Liter-V8.

Bild: © BMW AG Konzernarchiv

Preise	1	2	3	4	5
X5 3.0i, SUV	k.N.	9.500	6.000	3.900	k.N.
X5 4.4i	k.N.	11.500	7.300	4.800	k.N.
X5 4.6is	k.N.	17.900	11.600	7.600	k.N.

Motor/Antrieb	
Bauart	Sechszylinder (Reihe), V8
Lage/Antrieb	Front/4x4
Hubraum in cm³	2926–4799
PS/min	184/4000 bis 360/6200
Vmax in km/h	200 bis 246
Karosserie	
Bauart	Kombi (5-türig)
Tragstruktur	selbsttragend
Material	Stahlblech
Stückzahl und Marktsituation	
Produktionszahl	k.A.
Verfügbarkeit	sehr gut
Teilesituation	gut
Unterhaltskosten	mittel

Bond (GB) • 1949-1974

Als Sharp's Commercial Ltd. begann der englische Automobilhersteller in Preston, Grafschaft Lancashire, im Jahr 1948 seine Tätigkeit. Firmengründer war Lawrie Bond (1907–1974), der seine Karriere mit dem Bau kleiner 500-Kubikzentimeter-Rennwagen startete.

1948 präsentierte er ein erstes, dreirädriges Kleinstfahrzeug, das ein Einzylinder antrieb, der über der Vorderachse platziert war.

Die puppigen Fahrzeuge erwarben sich rasch einen guten Ruf. Kein anderer Kleinstwagen war derart erfolgreich wie der Minicar der Sharp's Commerical Ltd. Mit den Jahren wuchsen die Modelle in Breite und Ausstattung, doch erst in den 1960er-Jahren gab es größere Neuerungen: 1964 endete die Minicar-Produktion nach 24.484 Exemplaren, und 1965 kam ein Nachfolger namens 875, der den Motor des Hillman Imp im Heck trug. Der Viersitzer verkaufte sich jedoch nur noch schleppend.

Ab Herbst 1965 firmierte der Hersteller nun offiziell als Bond Cars Ltd. Bereits 1963 hatte er mit dem Bond Equipe erstmals ein vierrädriges Auto auf dem Markt angeboten. Doch die Kassen blieben weiterhin leer, und 1970 griff Reliant zu und übernahm den Mitbewerber. Damit war das Ende der Modelle 875 und Equipe besiegelt.

Die Marke Bond durfte noch einige Jahre weiterleben: Der Bond Bug begleitete (zumindest auf den Plakaten) meist junge Mädchen mit sehr kurzen Röcken in die Londoner Innenstadt. 1974 jedoch war die Luft bei Bond endgültig raus.

Bond Equipe (GT 2+2, GT 4 S, 2 Litre GT) **1963-1971**

Mit einer selbst entwickelten Kunststoffkarosserie nahm Bond 1963 die Fertigung des Equipe auf. Zunächst kam der Equipe GT 2+2 auf den Markt, gefolgt vom GT 4 S, der später als einzige Version weitergebaut wurde. Chassis, Türen und Frontscheibe entliehen die Bond-Konstrukteure vom Triumph Herald, der Motor versah üblicherweise im Spitfire seinen Dienst. Beim späteren 2 Litre GT, der eine neue Karosserie erhalten hatte, sorgte der Motor des Triumph Vitesse mit sechs Zylindern für einen adäquaten Vortrieb. Mit seinem lang auslaufenden Heck sah der Equipe recht eigenwillig aus, doch konnte man ihm eine gewisse Ausstrahlung nicht absprechen. Besonders reizvoll war das Interieur: Es glänzte mit klassischer britischer Aufmachung. Hierzulande sind die preiswerten Equipe-Modelle nahezu unbekannt.

Bild: © Archiv Günther Zink

Preise	1	2	3	4	5
Equipe GT 4 S, Cpe	14.100	9.400	5.300	2.900	1.100
Equipe 2 Litre GT, Cpe	26.500	17.500	10.200	5.100	2.100

Motor/Antrieb	
Bauart	Vier-/Sechszylinder (Reihe)
Lage/Antrieb	Front/Heck
Hubraum in cm³	1147, 1296, 1998
PS/min	63/5750 bis 105/5300
Vmax in km/h	150 bis 170
Karosserie	
Bauart	Coupé, Cabriolet
Tragstruktur	Rohrrahmen
Material	Stahlblech
Stückzahl und Marktsituation	
Produktionszahl	571, 1431
Verfügbarkeit	schlecht
Teilesituation	schwierig
Unterhaltskosten	mittel

Bond Bug 700 (700, 700 E, 700 ES) 1971-1975

Schräger geht's kaum: Wer nicht warten mag, bis der Smart ein Klassiker wird, sollte sich den Bond Bug ansehen. Er ist radikal anders als die bisher bekannten Dreiräder, die von Englands Steuergesetzen bevorzugt wurden. Tom Karen von Ogle Design lieferte den Entwurf, der in glasfaserverstärktem Kunststoff umgesetzt wurde. Es gab den Bond Bug nur in einer Farbe: Tangerine. Bond hatte als Zielgruppe die trendige Londoner Jugend im Visier, und mit seinem 700 (ab 1973: 750) Kubikzentimeter großen Reliant-Leichtmetall-Vierzylinder geriet der kleine Faustkeil mit seinen 29 PS überraschend flott. Statt Türen gibt es nur eine große Klappe, die sich so spektakulär öffnet wie sonst nur bei der Isetta. Viel Platz bietet der Innenraum nicht: Der Bug sitzt eng wie eine Röhrenjeans. Maximal zwei können in ihm reisen.

Bild: © Michael Herbold

Preise	1	2	3	4	5
Bond Bug 700, Klw	22.300	13.400	8.100	3.200	1.500

Motor/Antrieb	
Bauart	Vierzylinder (Reihe)
Lage/Antrieb	Heck/Heck
Hubraum in cm³	701
PS/min	29/5000
Vmax in km/h	122
Karosserie	
Bauart	Kleinwagen
Tragstruktur	Kastenrahmen
Material	Kunststoff
Stückzahl und Marktsituation	
Produktionszahl	k.A.
Verfügbarkeit	gegen null
Teilesituation	schwierig
Unterhaltskosten	niedrig

Borgward (D) • 1939-1961, 2008-2022

Zum nationalen Rührstück geriet 1961 der Zusammenbruch der Bremer Borgward-Gruppe: Mit ihr verschwand einer der innovativsten Automobilkonzerne mit einem Schlag vom Markt. An seiner Spitze stand bis kurz vor Schluss ein einzelner Mann: Carl F. W. Borgward, Jahrgang 1890, gelernter Schlosser und Automobilkonstrukteur mit legendärem Gespür für die Bedürfnisse des Marktes.

Seine Karriere hatte 1919 mit einem Zulieferbetrieb für Kühler und Kotflügel begonnen. 1925 präsentierte er den „Blitzkarren", ein Liefer-Dreirad, das prädestiniert war für Handwerker und Händler. Vier Jahre später gelang es Borgward und seinem Partner Wilhelm Tecklenborg, den renommierten Hansa-Lloyd-Konzern aufzukaufen. Ab 1930 entstanden Personenwagen aus eigener Konstruktion, 1939 erstmals unter dem Markennamen Borgward. Inzwischen war Borgward der alleinige Besitzer seiner Unternehmen.

Nach dem Zweiten Weltkrieg erhielt der einstige Rüstungsfabrikant nach einem anfänglichen Verbot bereits 1948 von den Alliierten die Erlaubnis zurück, seine Werke zu führen. Es folgten dreizehn triumphale Jahre. Von Borgward stammte mit dem Hansa das erste moderne deutsche Auto. Seine Pontonkarosserie und der obengesteuerte Motor wiesen den Weg in die 1950er Jahre.

1954 begann die Isabella ihre große Karriere, zudem engagierte sich Borgward mit beachtlichem Erfolg im Motorsport – allerdings nur bis 1958, das Geld wurde knapp. In die Arabella setzte Borgward große Hoffnungen – der moderne, schicke Kleinwagen besaß die richtigen Anlagen und musste doch scheitern. Die zu große Eile bei der Entwicklung wurde der Arabella wie dem gesamten Unternehmen zum Verhängnis.

Als Folge einer Kapitalschwäche kam 1961 das jähe Aus für Borgward. Die Tragik dieses Scheiterns nach törichten Rettungs- und Übernahmeversuchen wird noch heute heiß diskutiert.

Automobilbau in Bremen: Stapellauf eines Borgward Hansa 1500 (um 1950).

Im Jahr 2017 hatte Borgward noch Visionen: So stellte man sich eine neue Isabella vor.

Bild: © CHEKANDINO ARCHIVES

Carl F. W. Borgward zerbrach nach dem Niedergang seines Lebenswerks. Er starb im Juli 1963.

Seit 2005 versuchte sein Enkel, Christian Borgward, die Marke wiederzubeleben. So entstand 2008 die Borgward AG in der Schweiz sowie 2015 die Borgward Group AG in Stuttgart, die zum chinesischen Nutzfahrzeughersteller Beiqi Foton Motor gehörte. 2015 feierte der Borgward BX7 in Frankfurt Premiere, seit Sommer 2016 wird er in China produziert und verkauft. Kleinere Modelle, der BX5 und der BX6 TS, hatte Borgward ebenfalls angekündigt. Das Unternehmen wollte zwischenzeitlich sogar ein Montagewerk in Bremen errichten. Diese Pläne scheiterten allerdings ebenso wie die Rückkehr auf den deutschen Markt – letztlich kamen das hiesige Management und die Führung in China nicht auf einen gemeinsamen Nenner. 2020 wurden im chinesischen Markt lediglich noch rund 8700 Borgward verkauft. Am 8. April 2022 meldete Bejing Borgward dann offiziell Insolvenz an. Damit scheint das Schicksal der Marke einmal mehr besiegelt.

Borgward 2300 Cabriolet 1939-1942

Im Oktober 1939 stellte Carl F. W. Borgward den 2300 vor, den es mit vier Türen als Limousine und Cabriolimousine sowie als zweitüriges Cabriolet gab. Borgward war, nachdem er sich von seinem Teilhaber getrennt hatte, Alleininhaber der Firma und nannte die neuen Modelle nicht mehr Hansa, sondern Borgward. Der 2300 sollte den erst zwei Jahre alten 2000 ablösen. Das neue Modell erhielt einen 2,3 Liter großen Sechszylindermotor, der solide 55 PS leistete. Es kostete in seiner Standardausführung als Limousine 4350 Reichsmark – und war somit kein Sonderangebot. Nur rund 1000 Exemplare des 2300 verließen bis zum Jahr 1942 die Bremer Fertigungshallen. Ende des Jahres musste die Produktion der Personenwagen in Deutschland wegen des Zweiten Weltkriegs ganz eingestellt werden, um Fertigungskapazitäten für kriegswichtige Transportmittel frei zu halten.

Preise	1	2	3	4	5
2300 Cabriolet, Cab	k.N.	89.000	63.000	26.000	k.N.

Motor/Antrieb	
Bauart	Sechszylinder (Reihe)
Lage/Antrieb	Front/Heck
Hubraum in cm³	2247
PS/min	55/3800
Vmax in km/h	100
Karosserie	
Bauart	Lim (4-türig), Cab-Lim, Cab
Tragstruktur	Kastenrahmen
Material	Stahlblech
Stückzahl und Marktsituation	
Produktionszahl	ca. 1000
Verfügbarkeit	gegen null
Teilesituation	sehr schwierig
Unterhaltskosten	hoch

Borgward Hansa (Hansa 1500, Hansa 1800, Hansa 1800 Diesel) 1949-1954

Drei Superlative umgaben die Premiere des Borgward Hansa 1500 auf der Hannover Messe von 1949: Er war das erste komplett neu konstruierte deutsche Nachkriegs-Automobil, er trug die erste Ponton-Karosserie der jungen Republik und zeigte Fahrtrichtungs-Änderungen erstmals mit Blinkleuchten statt Winkern an. Ab 1950 gab es den Hansa 1500 zudem noch mit Automatik-Getriebe – auch diese Innovation führte Borgward auf dem deutschen Markt ein. Das Auto behauptete sich aber tapfer in jener kleinen Marktlücke, die sich zwischen Opel und Mercedes auftat. Typisch für Borgward war die besondere Modell-Vielzahl: Es gab zwei- und viertürige Limousinen, einen Kombi, ein Viersitzer-Cabriolet und eine offene Sportversion mit „Carrera"-Motor und zwei Vergasern.

Bild: © Dieter Rebmann

Preise	1	2	3	4	5
Hansa 1500, L2t	20.400	14.100	10.700	3.900	1.100
Hansa 1800, L4t	22.100	15.300	11.500	4.400	1.200

Motor/Antrieb	
Bauart	Vierzylinder (Reihe)
Lage/Antrieb	Front/Heck
Hubraum in cm³	1498 bis 1758
PS/min	42/3700 bis 66/4400
Vmax in km/h	105 bis 150
Karosserie	
Bauart	Lim (2-/4-türig), Kom (2-türig), Cab
Tragstruktur	Plattformrahmen
Material	Stahlblech
Stückzahl und Marktsituation	
Produktionszahl	23.140, 8531, 3490
Verfügbarkeit	gegen null
Teilesituation	sehr schwierig
Unterhaltskosten	mittel

Borgward Hansa 2400, Hansa 2400 Pullman 1952-1958

Borgwards Versuche in der Oberklasse waren in den 50er Jahren ambitioniert, aber erstaunlich glücklos. Den Anfang machte im November 1952 der Borgward Hansa 2400 mit selbsttragender Fließheckkarosserie und 82-PS-Sechszylindermotor. Zur Serienausstattung zählte anfangs ein automatisches Getriebe, das aber durch seine Kinderkrankheiten auffiel. Später hielt Borgward auch eine konventionelle Viergang-Schaltung bereit. Selbst eine Pullman-Version mit 20 Zentimeter längerem Radstand brachte die Verkaufszahlen ab 1953 nicht auf Trab: Nach nur rund 1000 Wagen erschien 1955 der Nachfolger mit stärkerem Motor und gefälligerem Design. Auch dieser Wagen hieß Borgward Hansa 2400 Pullman, er war ausgereift, aber chancenlos gegen Mercedes 220 und Opel Kapitän: Bis 1958 verließen nur 356 handgebaute Exemplare das Bremer Werk.

Bild: © Walter Richleske

Preise	1	2	3	4	5
Hansa 2400 Pullmann (1955-1958), L4t	185.000	130.000	79.000	40.000	20.000

Motor/Antrieb	
Bauart	Sechszylinder (Reihe)
Lage/Antrieb	Front/Heck
Hubraum in cm³	2337 bis 2238
PS/min	82/4500 bis 100/5000
Vmax in km/h	145 bis 155
Karosserie	
Bauart	Limousine (4-türig)
Tragstruktur	selbsttragend
Material	Stahlblech
Stückzahl und Marktsituation	
Produktionszahl	1032, 356
Verfügbarkeit	gegen null
Teilesituation	schwierig
Unterhaltskosten	mittel

Borgward Isabella (Isabella, Isabella TS, Isabella de luxe, Isabella Combi) 1954-1961

Sein erfolgreichstes Automobil präsentierte Carl F. W. Borgward im Juni 1954: die Isabella. Ursprünglich hieß sie schlicht Hansa 1500 – Isabella war anfangs nur ein Tarnname. Er passte gut zur femininen Form des Mittelklasse-Autos, aber nicht zur etwas rustikalen Technik und zum herzhaften Laufgeräusch des 60-PS-Motors. Die Isabella kostete knapp 7000 Mark und bot damit enorm viel Auto fürs Geld, wenngleich Kinderkrankheiten ihren guten Ruf verdunkelten. Dennoch ließ sie sich prächtig verkaufen und gründete eine attraktive Modellfamilie: 1955 kam die TS-Version mit 75 PS und ein Combi (tatsächlich mit C am Anfang!), 1957 erschien die besonders luxuriöse TS de luxe-Version. 1958 wurde der Rhombus im Kühlergrill kleiner, zudem gab es elegantere Rückleuchten. Kurz vor Serienende im Sommer 1961 legte Borgward noch ein „Modell 1962" auf Band – es ist heute besonders rar.

Bild: © Jürgen Schlegelmilch

Preise	1	2	3	4	5
Isabella (1954-1958), L2t	28.500	19.400	12.200	5.900	3.400
Isabella (1958-1961), L2t	26.900	18.000	11.300	5.400	3.200
Isabella TS (1954-1958), L2t	30.200	20.200	12.700	6.300	3.500
Isabella TS (1958-1961), L2t	28.400	19.100	12.100	5.800	3.400

Motor/Antrieb	
Bauart	Vierzylinder (Reihe)
Lage/Antrieb	Front/Heck
Hubraum in cm³	1493
PS/min	60/4700 bis 75/5200
Vmax in km/h	135 bis 150
Karosserie	
Bauart	Limousine (2-türig), Kombi (2-türig)
Tragstruktur	selbsttragend
Material	Stahlblech
Stückzahl und Marktsituation	
Produktionszahl	202.872
Verfügbarkeit	ausreichend
Teilesituation	ausreichend
Unterhaltskosten	mittel

Borgward Isabella Cabriolet 1956-1959

Sowohl die Coupé- wie die Limousinenvariante der Isabella waren auch als Cabriolet-Versionen lieferbar, für deren Produktion der Kölner Karosseriebaubetrieb Karl Deutsch sorgte. Deutsch erhielt Rohkarosserien aus Bremen, schnitt das Dach ab, schweißte Verstärkungen ein und besorgte die Endmontage. Das Finish der Umbauten war Deutsch-typisch lasch: Cabrio-Isabellen rosteten wesentlich schneller als ihre Großserien-Pendants. Wie viele offene Isabellen zwischen 1955 (Coupé: 1957) und 1961 entstanden, ist heute nicht mehr nachvollziehbar: Experten schätzen ihre Zahl auf etwa 20 Coupés und 500 bis 800 Limousinen. Häufig handelt es sich aber bei Exemplaren, die heute auf Treffen erscheinen, nicht um Originale, sondern um Nachbauten, mit deren Produktion sich bislang mindestens drei verschiedene Anbieter befassten.

Bild: © Jürgen Schlegelmilch

Preise	1	2	3	4	5
Isabella Cabriolet, Cab	93.000	70.000	53.000	31.000	k.N.

Motor/Antrieb	
Bauart	Vierzylinder (Reihe)
Lage/Antrieb	Front/Heck
Hubraum in cm³	1493
PS/min	60/4700 bis 75/5200
Vmax in km/h	135 bis 150
Karosserie	
Bauart	Cabriolet
Tragstruktur	selbsttragend
Material	Stahlblech
Stückzahl und Marktsituation	
Produktionszahl	k.A.
Verfügbarkeit	gegen null
Teilesituation	ausreichend
Unterhaltskosten	mittel

Borgward Isabella Coupé 1957-1961

Die ersten beiden Isabella Coupés entstanden 1956 in der Borgward-Entwicklungsabteilung, eines davon erhielt Carl Borgwards Gattin zu Weihnachten zum Geschenk. Die Serienfertigung begann Anfang 1957, und obwohl Borgward den Preis im letzten Moment von 10.500 auf 10.925 Mark erhöhte, wurde das Coupé sofort zum Markterfolg. Besonders gut verkaufte es sich in Nordamerika: Zwar war es dort teurer als ein Cadillac de Ville, doch die Amerikaner liebten die elegante Erscheinung der Isabella. Insgesamt entstanden bis 1961 rund 11.000 Coupés; entgegen anderer Quellen waren sie allesamt mit dem 75-PS-Motor der Isabella TS ausgestattet. Bis heute ist das Coupé das gesuchteste und populärste Fahrzeug der Borgward-Gruppe. Nicht wenige Exemplare wurden von Fans aus den USA nach Deutschland zurück importiert.

Bild: © Jürgen Schlegelmilch

Preise	1	2	3	4	5
Isabella Coupé (1957-1958), Cpe	64.600	43.400	27.400	13.400	8.200
Isabella Coupé (1958-1961), Cpe	61.600	41.300	26.100	12.800	7.800

Motor/Antrieb	
Bauart	Vierzylinder (Reihe)
Lage/Antrieb	Front/Heck
Hubraum in cm³	1493
PS/min	75/5200
Vmax in km/h	135 bis 150
Karosserie	
Bauart	Coupé
Tragstruktur	selbsttragend
Material	Stahlblech
Stückzahl und Marktsituation	
Produktionszahl	11.000
Verfügbarkeit	schlecht
Teilesituation	ausreichend
Unterhaltskosten	mittel

Lloyd (Borgward) Arabella (Arabella, Arabella 34, Arabella de luxe) 1959-1963

Als DKW auf der IAA 1957 den Prototyp des Junior zeigte, gab Carl F. W. Borgward seinen Lloyd-Leuten den Auftrag zum Bau eines Konkurrenzmodells. So entstand die Arabella unter großem Zeitdruck, was sich mit verheerenden Kinderkrankheiten rächte: Der Mittelklasse-Lloyd war nicht wasserdicht (Volksmund: „Aqua Bella"), die Getriebe laut und schwach synchronisiert. Die Arabella war aber technisch auf der Höhe ihrer Zeit. Zur Serienausstattung gehörten unter anderem Verbundglas-Frontscheibe, umklappbare Rückbank und eine Warnleuchte für defekte Rücklichter! Ab November 1960 trug die Arabella den prestigeträchtigeren Borgward-Schriftzug am Kühlergrill, gleichzeitig erschienen das Magermodell Arabella 34 und die Luxusversion Arabella de luxe. 1961 endete die Produktion, aber bis 1963 wurden noch 1493 de luxe-Modelle aus vorhandenen Teilen montiert.

Bild: © Lothar Spurzem

Preise	1	2	3	4	5
Arabella, L2t	17.200	11.700	7.300	4.500	1.500

Motor/Antrieb	
Bauart	Vierzylinder (Boxer)
Lage/Antrieb	Front/Front
Hubraum in cm³	897
PS/min	34/4700, 38/4800, 45/5300
Vmax in km/h	120 bis 133
Karosserie	
Bauart	Limousine (2-türig)
Tragstruktur	Zentralträgerrahmen
Material	Stahlblech
Stückzahl und Marktsituation	
Produktionszahl	47.042
Verfügbarkeit	ausreichend
Teilesituation	schwierig
Unterhaltskosten	niedrig

Borgward P 100 („Der große Borgward") 1960-1961

Eine kurze Karriere war dem letzten neuen Borgward-Modell vergönnt, das in der Werbung schlicht „Der große Borgward" hieß. 1959 wurde der Prototyp dieses Mercedes-220-Rivalen auf der IAA präsentiert, im Herbst 1960 lief die Produktion an: Inzwischen hatte der Sechszylinder ein Luftfederungs-System erhalten, das Borgward zusammen mit Bosch und Firestone-Phönix entwickelt hatte. Der Absatz lief sehr gut, bis sich Anfang 1961 dunkle Wolken über der Borgward-Gruppe zusammenzogen. Der Konzern galt als insolvent, die Verkäufe rutschten ab. Es blieb bis Juli 1961 bei 2587 Exemplaren des Großwagens, der heute ein besonders warnendes Beispiel mühsamer Teilebeschaffung darstellt. Der Konkursverwalter verkaufte die Fertigungsanlagen 1963 nach Mexiko, wo von 1967 bis 1970 noch einmal 2500 Wagen in Kleinserie montiert wurden.

Bild: © Walter Richleske

Preise	1	2	3	4	5
2,3 Liter P 100, L4t	55.000	39.000	23.500	13.900	7.000

Motor/Antrieb	
Bauart	Sechszylinder (Reihe)
Lage/Antrieb	Front/Heck
Hubraum in cm³	2238
PS/min	100/5000
Vmax in km/h	160
Karosserie	
Bauart	Limousine (4-türig)
Tragstruktur	selbsttragend
Material	Stahlblech
Stückzahl und Marktsituation	
Produktionszahl	2587
Verfügbarkeit	schlecht
Teilesituation	ausreichend
Unterhaltskosten	hoch

Bristol (GB) • 1945-2020

Die Idee des Automobilbaus hatte der britische Flugzeughersteller Bristol schon während des Zweiten Weltkriegs, doch erst zu Friedenszeiten kam es zu einer Vereinbarung mit dem Sportwagenhersteller Frazer-Nash.

Offizielles Debüt des ersten Bristol war dann im Frühling 1947 auf dem Genfer Salon. Die Ähnlichkeiten zu BMW-Modellen sind historisch begründet: Als Reparationsleistungen hatte Bristol-Generaldirektor H. J. Aldington die Pläne der BMW-Modelle 326, 327 und 328 erhalten.

1959 begann Bristol eine Zusammenarbeit mit Zagato. Im Herbst 1960 verkaufte die Bristol-Siddeley-Gruppe die Bristol-Autoabteilung an den bisherigen Geschäftsführer George White und den Rennfahrer Tony Crook. Bald hatten die BMW-Motoren ausgedient, und Bristol setzte zukünftig auf großvolumige V8-Motoren, die der amerikanische Chrysler-Konzern zulieferte.

Bristol-Automobile wurden stets in kleinsten Stückzahlen gebaut. Nachdem es Bristol lange gelungen war, alle Untiefen des Marktes zu umschiffen, nahm die finanzielle Not Anfang 2011 überhand. Am 3. März 2011 musste Bristol Insolvenz anmelden, die Produktion wurde eingestellt und alle 22 Mitarbeiter entlassen. Einen Monat später wurde bekannt, dass die Firma Kamkorp Autokraft das Unternehmen gekauft habe. Kamkorp ist auch Eigentümer des Unternehmens Frazer-Nash Research, einem anderen großen Namen englischer Automobilgeschichte. Frazer-Nash entwickelt heute Elektro- und Hybridantriebe. Hinter Kamkorp, einer britisch-schweizerischen Holding, steht Kamal Siddiqi, ein indischstämmiger Geschäftsmann.

Kamkorp versprach nach dem Kauf, rasch die Pläne für die Zukunft Bristols zu verkünden. Man betont, der einzige Hersteller von Luxusautomobilen zu sein, der einen privaten britischen Eigentümer hat. Zudem blieb der einzigartige Showroom an der Kensington High Street in London geöffnet. Ein neues Ersatzteil- und Restaurierungszentrum eröffnete Bristol 2014 in Brentford, West London. Im Jahr 2016 präsentierte Bristol das erste Serienmodell nach der Übernahme durch Kamkorp: Den zweitürigen, offenen Sportwagen namens Bullet befeuerte ein 370 PS starker 4,8- Liter-V8 aus dem BMW-Regal. Den für 2017 geplanten Start der Serienfertigung ließ Bristol jedoch platzen. 2020 wurde das Unternehmen aufgelöst. Allerdings soll der neue Investor und Markeneigentümer Jason Wharton an einem Comeback arbeiten – für 2021 hatte er einen Re-Start in zwei Stufen angekündigt: Schon 2022 sollten Neuauflagen der Modelle 411, Fighter und Speedster wieder Geld in die Kassen spülen, das gelang nicht. Ein neuer Viersitzer sollte ebenfalls kommen. Doch außer diesen Ankündigungen geschah nichts. Somit schwebt die Marke weiter zwischen Hoffnung auf Wiedergeburt und Untergang.

Bristol 400 — 1947-1950

Richtig neu war der erste Bristol nicht: Sein gesamtes Layout entsprach dem Vorkriegs-BMW 326. So stellte sich der erste Bristol als facegeliftetes Exemplar der deutschen Limousine dar. Sogar der nierenartig geformte Grill entsprach dem deutschen Vorbild. Auch der epochale Sechszylindermotor – eine BMW-Entwicklung für den 328 – mit zwei Litern Hubraum fand wieder Verwendung. Die 81 und 86 PS starken Aggregate sorgten für eine Höchstgeschwindigkeit von rund 145 km/h. Eine Zentralschmierung bot Komfort. Die aufwändige Handarbeit bei der Bristol-Produktion und ein hohes Qualitätsniveau erfuhren ihren Niederschlag in hohen Preisen, die jedoch das Publikum nicht abschreckten. Es ließen sich genügend Käufer für die Produkte mit der exquisiten Ausstrahlung finden.

Bild: © Bristol

Preise	1	2	3	4	5
400, L2t	64.000	44.000	33.300	13.500	5.700

Motor/Antrieb	
Bauart	Sechszylinder (Reihe)
Lage/Antrieb	Front/Heck
Hubraum in cm³	1971
PS/min	81/4500 bis 86/4500
Vmax in km/h	135 bis 145
Karosserie	
Bauart	Limousine (2-türig)
Tragstruktur	Plattformrahmen
Material	Aluminium, Stahlblech
Stückzahl und Marktsituation	
Produktionszahl	680
Verfügbarkeit	schlecht
Teilesituation	sehr schwierig
Unterhaltskosten	hoch

Bristol 401, 402, 403 — 1948-1954

Mit nochmals verfeinerten Linien trat der Bristol 401 ab 1948 an die Seite des Bristol 400. Die in noch geringerer Stückzahl als die Limousine gefertigten Cabriolets hießen Bristol 402, ihre Karosserie hatte der italienische Designer Pinin Farina gestaltet. Auch der 403, der über eine stärker dimensionierte Kurbelwelle und größere Ventile verfügte, dokumentierte die Erfahrungen von Bristol aus dem Flugzeugbau mit seiner aerodynamisch wohlgeformten Karosserie. Selbst an komplizierte Techniken wagten sich die Engländer: Sie stellten Aluminium-Karosserien in Superleggera-Leichtbauweise her, die Lizenzrechte dazu hatten sie vom Patentinhaber Touring gekauft. Am Bristol-Bug prangte immer noch eine Doppelniere, ein Relikt aus der Vorkriegszeit – auch diese Bristol-Modelle gehen noch auf die BMW 327-Basis zurück.

Bild: © Archiv HEEL Verlag

Preise	1	2	3	4	5
401, L2t	66.000	445.000	34.200	14.100	5.800
402, Cab	220.000	160.000	110.000	70.000	k.N.
403, L2t	68.000	48.000	34.200	17.100	6.700

Motor/Antrieb	
Bauart	Sechszylinder (Reihe)
Lage/Antrieb	Front/Heck
Hubraum in cm³	1971
PS/min	86/4500 bis 107/5000
Vmax in km/h	160 bis 170
Karosserie	
Bauart	Lim (2-türig), Cabriolet
Tragstruktur	Plattformrahmen
Material	Aluminium
Stückzahl und Marktsituation	
Produktionszahl	650, 300
Verfügbarkeit	schlecht
Teilesituation	schwierig
Unterhaltskosten	hoch

Bristol 404, 405 — 1953-1957

Der 404 ist eine Weiterentwicklung des Typs 403, die mit einer glattflächigeren Karosserie und neuer Front noch schnittiger wirkte. Der Radstand wurde gegenüber dem 401 um 45 Zentimeter auf 2,45 Meter verkürzt, die Technik änderte sich nur im Detail. Als verlängerter 404 kam 1954 das erste viertürige Modell der Marke unter der Bezeichnung 405 auf den Markt. Das Interesse an dem hochpreisigen Produkt hielt sich in Anbetracht der zahlreichen Konkurrenzfahrzeuge in Grenzen. Der Motor wirkte leicht angestrengt und außer der eigenständigen Karosserielinie boten die Bristol keine nennenswerten Vorteile mehr gegenüber ihren Mitbewerbern.

Preise	1	2	3	4	5
404, Cpe	160.000	120.000	80.000	50.000	20.000
405, L4t	63.000	42.000	25.700	13.300	6.200

Motor/Antrieb	
Bauart	Sechszylinder (Reihe)
Lage/Antrieb	Front/Heck
Hubraum in cm³	1971
PS/min	107/5000 bis 127/5000
Vmax in km/h	175 bis 190
Karosserie	
Bauart	Limousine (2-/4-türig)
Tragstruktur	Plattformrahmen
Material	Aluminium, Stahlblech
Stückzahl und Marktsituation	
Produktionszahl	297
Verfügbarkeit	gegen null
Teilesituation	schwierig
Unterhaltskosten	hoch

Bristol 405 Cabriolet 1954-1955

Ob als Drophead-Coupé oder Cabriolet bezeichnet, der Bristol 405 wirkte besonders von vorn mit dem lochartigen Lufteinlass etwas ungelenk gestylt. Unglücklich auch das riesige Verdeck mit kleiner Rückscheibe und sichtbehinderndem Bereich zur Seite. Zudem war es bei diesem, wie bei den wenigen anderen Cabriolets der Marke, um die Verwindungssteifigkeit des Chassis nicht zum Besten bestellt. Das entsprach nicht dem hohen Qualitätsanspruch der sonstigen Bristol-Produkte, die preislich am obersten Ende der Preisskala angesiedelt waren. Technisch basierte das Cabrio auf dem Limousinen-Modell.

Bild: © Bristol

Preise	1	2	3	4	5
405 D, Cab	170.000	130.000	90.000	65.000	30.000

Motor/Antrieb	
Bauart	Sechszylinder (Reihe)
Lage/Antrieb	Front/Heck
Hubraum in cm^3	1971
PS/min	107/5000
Vmax in km/h	170
Karosserie	
Bauart	Cabriolet
Tragstruktur	Plattformrahmen
Material	Aluminium, Stahlblech
Stückzahl und Marktsituation	
Produktionszahl	43
Verfügbarkeit	gegen null
Teilesituation	schwierig
Unterhaltskosten	hoch

Bristol 406 1958-1961

Im Herbst 1957 debütierte der Bristol 406 als viersitziges Stufenheck-Coupé. Gegenüber dem 405 hatte sich die Karosserie nur gering geändert, doch der auf 2,2 Liter vergrößerte Motor, vier Dunlop-Scheibenbremsen und eine neue Hinterachse dokumentierten den technischen Fortschritt. Der 406 kann als Urvater aller Bristol-Modelle der nächsten zwanzig Jahre gelten – auf den 406 bauen sie alle auf. Die Form des 406 geht auf einen Entwurf der Firma Beutler zurück, der jedoch von den Bristol-Designern neu interpretiert wurde. Die Produktion blieb jedoch hinter den Erwartungen zurück: Keine 300 Exemplare konnte Bristol von seinem Modell 406 verkaufen.

Bild: © Bristol

Preise	1	2	3	4	5
406, L2t	57.000	37.000	23.500	12.000	5.200

Motor/Antrieb	
Bauart	Sechszylinder (Reihe)
Lage/Antrieb	Front/Heck
Hubraum in cm^3	2216
PS/min	107/4700
Vmax in km/h	170
Karosserie	
Bauart	Limousine (2-türig)
Tragstruktur	Plattformrahmen
Material	Aluminium
Stückzahl und Marktsituation	
Produktionszahl	292
Verfügbarkeit	schlecht
Teilesituation	schwierig
Unterhaltskosten	hoch

Bristol 407 1961-1963

Die gestiegenen Ansprüche einer reichen Kundschaft, die bereit war, für ihre Automobile viel Geld auszugeben, konnten mit dem ausgereizten ehemaligen BMW-Triebwerk nicht weiter befriedigt werden. So suchte und fand Bristol einen geeigneten Ersatz: Die Engländer griffen zu einem schlicht aufgebauten Stoßstangen-V8 von Chrysler. Mit dem US-Aggregat waren alle Leistungssorgen beseitigt. Die Kundschaft hatte damit glücklicherweise keine Probleme und akzeptierte den Hybriden. Mit viel Hubraum und ordentlicher Leistung stieß der 407 in neue Geschwindigkeitsbereiche vor: bis zu 200 km/h waren möglich. Fahrwerksmodifikationen mit Schraubenfedern an der Vorderachse sorgten dafür, dass Bristol um seine 407-Kundschaft selbst dann nicht bangen musste, wenn diese etwas mehr Gas gegeben hatte.

Bild: © Archiv HEEL Verlag

Preise	1	2	3	4	5
407, L2t	58.000	38.000	24.000	14.000	6.500

Motor/Antrieb	
Bauart	V8
Lage/Antrieb	Front/Heck
Hubraum in cm^3	5130
PS/min	250/4400
Vmax in km/h	200
Karosserie	
Bauart	Limousine (2-türig)
Tragstruktur	Plattformrahmen
Material	Aluminium
Stückzahl und Marktsituation	
Produktionszahl	300
Verfügbarkeit	schlecht
Teilesituation	ausreichend
Unterhaltskosten	hoch

Bristol 410 1967-1969

Auf den ersten Blick bot der neue Bristol 410 nichts Neues: Nur marginal unterschied er sich von seinem Vorgänger 409. Diese Politik der zurückhaltenden Erneuerung war typisch für Bristol in jenen Jahren: Für eine komplett neue Konstruktion fehlte die nötige Nachfrage – und somit das Geld. Immerhin hatten die Bristol-Gestalter sich der Front angenommen. Die Scheinwerfer saßen ab sofort harmonisch in den Kotflügeln, der Grill nahm die Zusatzscheinwerfer auf und wuchs in die Breite. Kleinere Räder sollten das Handling verbessern. Was blieb, war das hinter dem linken Vorderrad verpackte Ersatzrad – und der Chrysler-V8, auf den Bristol im 410 das letzte Mal zurückgriff. Jahrzehnte später tauchte ein roter 410 in der englischen Krimiserie „Inspector Lynley" auf – als hoch individuelles Fahrzeug eines leicht spleenigen Kriminalbeamten.

Preise	1	2	3	4	5
410, L2t	67.000	48.000	28.400	16.600	9.300

Motor/Antrieb	
Bauart	V8
Lage/Antrieb	Front/Heck
Hubraum in cm^3	5211
PS/min	254/4400
Vmax in km/h	210
Karosserie	
Bauart	Limousine (2-türig)
Tragstruktur	Kastenrahmen
Material	Aluminium
Stückzahl und Marktsituation	
Produktionszahl	79
Verfügbarkeit	schlecht
Teilesituation	ausreichend
Unterhaltskosten	hoch

Bristol 411 1970-1975

Bristol blieb sich treu: Mit typischer Linienführung trat auch der ab 1970 angebotene Typ 411 an. Außer geänderten Zierleisten an der Wagenflanke hatte sich aber noch mehr getan: Stolze 6,6 Liter Hubraum bescherten kräftige 340 PS, über die Benzinverbräuche dachte man zu jener Zeit noch nicht intensiv nach. Diese Power-Version erfreute sich bei Liebhabern eines weiterhin wachsenden Zuspruchs, der vor allem dadurch gefördert wird, dass die Firma Bristol immer noch existiert und dem Restaurierer mit Know-how und Teilen unterstützend zur Seite steht.

Bild: © Bristol

Preise	1	2	3	4	5
411/411 S2, L2t	68.000	49.000	28.400	17.100	9.300
411 S 3/S 4/S 5, L2t	72.000	51.000	30.900	18.100	9.400

Motor/Antrieb	
Bauart	V8
Lage/Antrieb	Front/Heck
Hubraum in cm³	6556
PS/min	340/5200
Vmax in km/h	225
Karosserie	
Bauart	Limousine (2-türig)
Tragstruktur	Kastenrahmen
Material	Aluminium
Stückzahl und Marktsituation	
Produktionszahl	600
Verfügbarkeit	ausreichend
Teilesituation	ausreichend
Unterhaltskosten	hoch

Bristol 412 (S1, S2, S3 Beaufighter, USA, Beaufort) 1975-1993

Was ist anachronistisch? Eine Automobilfirma, die Mitte der 1970er Jahre ein offenes Modell lancierte. Bristol tat das, und die Engländer hatten das Design dafür bei Zagato in Auftrag gegeben. Dort schaute man beim Lancia Beta Spider nach, der zwar ein Pininfarina-Design trug, jedoch bei Zagato gebaut wurde. Die Karosserie des Bristol 412 fertigte zunächst der kleine Karosserie-Spezialist Maggiora, spätere entstanden bei Bristol im englischen Filton. Typisch war das Layout für die damalige Zeit: Offene Autos erhielten häufig einen massiven Überrollbügel mit herausnehmbarem Dachteil und kleinem Faltverdeck im Fond. Technisch basierte der Bristol 412 auf dem Modell 411. 1980 erschien der Beaufighter, der erste Engländer mit Turbo – er war mit über 240 km/h enorm schnell.

Bild: © Bristol

Preise	1	2	3	4	5
412, HD	58.000	38.000	22.100	9.500	4.300

Motor/Antrieb	
Bauart	V8
Lage/Antrieb	Front/Heck
Hubraum in cm³	5898, 6556
PS/min	172/4000 bis 210/4400
Vmax in km/h	200 bis 241
Karosserie	
Bauart	Cabrio-Limousine, Cabrio
Tragstruktur	Kastenrahmen
Material	Aluminium
Stückzahl und Marktsituation	
Produktionszahl	k.A.
Verfügbarkeit	schlecht
Teilesituation	ausreichend
Unterhaltskosten	hoch

Bristol 603 E, 603 S (Series 1, Series 2) 1976-1982

Das war ein großer Sprung: Bristol hatte einst ab 400 gezählt und war nun bei 411 und der offenen Variante 412 angelangt. Also 413? Mitnichten. Das neue Modell nannte der schrullige Kleinstserienhersteller 603 – angeblich, weil die Stadt Bristol 1976 ihr 603. Jubiläum feierte. Mit ähnlicher Logik baute Bristol ja auch Autos ... Der 603 folgte dem Design-Trend der Zeit nach kantigeren Linien und einem Fließheck, zudem war es die erste Karosserie, die Bristol im eigenen Werk fertigte – und für Form und Qualität Kritik einstecken musste. Dabei blieb auch manches gleich: Als Basis diente weiterhin der schwere Rahmen, und auch der neue Bristol verstaute die Reserveräder wieder unter dem vorderen Kotflügel. Der 603 S erhielt einen 5,9-Liter-V8 von Chrysler mit Vierfachvergasern, der selten gebaute 603 E musste mit einem 5,2-Liter-V8 auskommen – das E stand natürlich für Economy.

Bild: © Alice Volkwardsen

Preise	1	2	3	4	5
603 E, Cpe	54.000	34.000	19.400	8.600	4.000

Motor/Antrieb	
Bauart	V8
Lage/Antrieb	Front/Heck
Hubraum in cm³	5210, 5898
PS/min	147/4000 bis 172/4000
Vmax in km/h	bis 225
Karosserie	
Bauart	Coupé
Tragstruktur	Kastenrahmen
Material	Stahlblech
Stückzahl und Marktsituation	
Produktionszahl	ca. 80
Verfügbarkeit	schlecht
Teilesituation	ausreichend
Unterhaltskosten	hoch

Bugatti (F) • 1909-1956, 1991-1995, seit 1998

„Nichts ist zu schön, nichts ist zu teuer" lautete Ettore Bugattis Motto. Der Sohn einer italienischen Künstlerfamilie, 1881 in Mailand geboren, liebte Technik und Mechanik schon als Jugendlicher. Nach einem kurzen Besuch der Mailänder Kunstakademie ließ er sich beim Fahrradhersteller Prinetti & Stucchi ausbilden. Mit 17 Jahren schraubte Ettore Bugatti zwei Motoren an ein Dreirad und nahm an seinen ersten Rennen teil – der Start einer großen Karriere.

1898 baute er für Prinetti & Stucchi den Typ 1, das erste vierrädrige Motorfahrzeug von Bugatti. Drei Jahre später wurde Baron de Dietrich auf den Typ 2 aufmerksam, der auf dem Mailänder Automobilsalon eine Medaille gewann. Der elsässische Fahrzeugbauer nahm Bugatti sofort unter Vertrag. Zwischen 1902 und 1904 entstanden unter dem Namen de Dietrich-Bugatti rund 100 Automobile der Typen 3, 4 und 5.

Die Typen 6 und 7 entstanden 1904 unter dem Namen Hermes in Kooperation mit Emil Mathis. 1907 wechselte Bugatti zur Gasmotorenfabrik Deutz nach Köln und entwickelte dort zwei langhubige Vierzylinder (Typ 8 und 9). Viel Ehrgeiz trieb Bugatti: Auf eigene Rechnung konstruierte er in seinem Keller ein kleines Chassis mit einem Vierzylindermotor und Kardanwellenantrieb.

1909 startete seine Molsheimer Zeit. Alle seine Automobile trugen das ovale Bugatti-Emblem, und auf dem Salon in Paris staunte das Publikum 1910

Bild: © Bugatti

Ettore Bugatti (15.09.1881-21.08.1947).

Bild: © Bugatti

Das VW-Kapitel endete 2021: Nun findet sich Bugatti mit Rimac unter einem neuen Dach, Porsche ist auch beteiligt.

über die fortschrittliche Technik, die hohe Qualität und das beeindruckende Design der elsässischen Entwürfe.

Wichtig wurden die Rennerfolge für Bugatti: Durch sie wurde Bugatti berühmt. Zugleich lieferten die Sporteinsätze wichtige Erfahrungen für den Bau von Straßenfahrzeugen. 1924 startete der erste Bugatti Typ 35 beim Grand Prix von Lyon. In den Folgejahren errang dieser Rennwagen mehr Siege als jeder andere dieser Epoche.

Zwischen 1926 und 1930 baute Bugatti den kleinen Typ 40 Tourer mit Vierzylindermotor, der aus 1,5 Litern Hubraum 45 PS mobilisierte. Der charakteristische, hufeisenförmige Kühlergrill fand sich auch an den Achtzylindermodellen, sei es der zwischen 1927 und 1931 gebaute Typ 44 Tourer mit Dreiliter-Achtzylindermotor und 80 PS oder der zwischen 1929 und 1935 gebaute Typ 46 Roadster mit fast 5,4 Litern Hubraum und 140 PS. Edle, filigrane Technik kennzeichnete auch die Typ 55 Roadster (1932 bis 1935) mit ihren 2,3 Liter großen Achtzylindern, die 160 PS freisetzten.

Berühmt wurde auch der T 57, der zwischen 1934 und 1940 als Limousine und Cabriolet offeriert wurde. Dessen 3,25 Liter großer Achtzylinder leistete 135 PS. Der nach dem Krieg gebaute Typ 101 mit pontonförmiger Karosserie blieb äußerst selten. Bis heute unvergessen sind der legendäre Royale (Typ 41) von 1926 und die Bugatti-Ikone schlechthin, das Atlantic Coupé (Typ 57 S) von 1936.

1939 beendete der Krieg die Produktion. Zaghafte Versuche, nach 1945 in Molsheim die Produktion wieder aufzunehmen, scheiterten, zudem starb Ettore Bugatti 1947. Auch der Versuch, 1956 mit einem Rennwagen an alte Erfolge anzuknüpfen, schlug fehl. Nach 7950 Exemplaren übernahm die Rüstungsgruppe Hispano-Suiza-Mercier die Rechte.

1991 flammte das Bugatti-Fieber kurz auf: Im norditalienischen Modena entstanden unter der Regie des Unternehmers Romano Artioli 139 Exemplare des EB 110, seinerzeit der schnellste Sportwagen der Welt. Doch schon 1995 stand die Firma vor der Pleite.

Seit 1998 hält Volkswagen die Markenrechte. Dieser nächste Versuch, Ettore Bugattis Erbe mit einem neuen Modell wieder zu beleben, hat einen langen Anlauf gebraucht. Im Herbst 2005 lieferte die noble Manufaktur im elsässischen Molsheim die ersten Fahrzeuge des Modells Veyron 16.4 aus. Die von vornherein auf 300 Exemplare festgesetzte Kleinstserie erfüllte das Versprechen, das mit über 400 km/h schnellste Serienauto der Welt zu sein.

Nach zahlreichen Sondermodellen, dem offenen Grand Sport und dem nochmals schnelleren Super Sport läuft die Produktion der Veyron-Serie nach zehn Jahren aus. Der nach dem monegassischen Rennfahrer Louis Chiron benannte Nachfolger des Veyron wurde im Februar 2016 auf dem 86. Genfer Auto-Salon vorgestellt: Der allradangetriebene Chiron (Grundpreis 2,4 Millionen Euro) verfügt über einen Sechzehnzylinder-W-Motor mit 7993 cm³ Hubraum und 1500 PS. Basierend auf dem Chiron präsentierte Bugatti im August 2018 im Rahmen des Pebble Beach Concours d'Elegance den ebenfalls nach einem französischen Rennfahrer benannten Divo. Preis für den auf 40 Exemplare limitierten 1500-PS-Supersportwagen: fünf Millionen Euro.

Im Jahr 2021 begann ein weiteres, neues Kapitel für Bugatti: Bugatti Automobiles fand sich in einem neuen Joint Venture wieder, das Porsche mit dem agilen kroatischen Hypercar-Produzenten und Technologie-Entwickler Rimac gegründet hatten. An Rimac ist Porsche zudem direkt beteiligt. Der neue Hersteller mit Sitz in Zagreb trägt den Namen Bugatti-Rimac. Als Marke soll Bugatti im elsässischen Molsheim bestehen bleiben.

Bugatti Typ 13 Brescia, Typ 15, Typ 17, Typ 22, Typ 23 — 1910-1919

Mit dem Typ 13 begann die Molsheimer Epoche der Bugatti-Modelle: Ettore Bugatti verfolgte hier seine „Pur Sang"-Idee weiter, also das Credo des reinrassigen, leichten, präzisen, schnellen Automobils. Anfang 1910 startete die Fertigung des Typ 13, wobei im ersten Jahr nur fünf Chassis gebaut werden konnten, 1911 folgten bereits 75 Fahrzeuge. Der 1327 cm³ große Vierzylinder verfügte über eine obenliegende Nockenwelle, die von einer Königswelle angetrieben wurde. Eigensinnige, nämlich gekrümmte „Bananenstößel" betätigten die Ventile. Schnell stieg die Leistung von anfangs rund 15 auf 30 PS, besonders der Drehzahlbereich von über 4000/min war für damalige Verhältnisse beeindruckend. Bugatti lieferte mit den Typen 15 und 17 (ab 1913: Typ 22 und Typ 23) auch zwei längere Radstände. Nachhaltig beeindruckt haben das Publikum die anhaltenden Erfolge der kleinen Sportwagen bei einer Vielzahl von Straßen- und Bergrennen – die Fahrleistungen der leichten Fahrzeuge waren enorm.

Bild: © Mario De Rosa

Preise	1	2	3	4	5
Type 22, Tou	230.000	160.000	110.000	k. N.	k. N.

Motor/Antrieb	
Bauart	Vierzylinder (Reihe)
Lage/Antrieb	Front/Heck
Hubraum in cm³	1327
PS/min	15 bis 30 bei 4500
Vmax in km/h	bis 160
Karosserie	
Bauart	Roadster
Tragstruktur	Profilrahmen
Material	Aluminiumblech
Stückzahl und Marktsituation	
Produktionszahl	2005 (alle Brescia-Modelle)
Verfügbarkeit	schlecht
Teilesituation	schwierig
Unterhaltskosten	hoch

Bugatti 35, 35B — 1924-1930

Ob Ettore Bugatti 1924 bei der Präsentation des Typs 35 ahnte, dass dieser bald erfolgreichster Rennwagen der Welt werden würde? Sicher nicht, obwohl der Neue das Zeug dazu mitbrachte: Sein Zweiblock-Achtzylinder mit Dreiventil-Technik leistete zunächst 95 PS aus zwei Litern Hubraum, das reichte bei 750 kg Fahrzeuggewicht für knapp 200 km/h – Bugattis konsequente Leichtbauweise mit kompakter Aluminiumkarosserie und – erstmals – Alu-Rädern zahlte sich aus. So gerüstet fuhren die Bugatti 35 bis 1930 über 2000 Rennsiege ein – Weltmeister war die Marke schon 1926 geworden. Den größten Erfolg errang aber 1929 der Brite William Grover unter seinem Pseudonym Williams: den Sieg beim ersten Grand Prix von Monaco. Mit seinem Typ 35B, der mit vergrößertem Hubraum und Roots-Kompressor 135 PS leistete, fuhr er seinen Konkurrenten – unter ihnen Caracciola – davon.

Bild: © Bugatti

Preise	1	2	3	4	5
35/35B, Rwg	je nach Originalität und Historie bis zu 4 Mio. Euro				

Motor/Antrieb	
Bauart	Achtzylinder (Reihe)
Lage/Antrieb	Front/Heck
Hubraum in cm³	1991, 2261
PS/min	95/5000 bis 135/5000
Vmax in km/h	190 bis 215
Karosserie	
Bauart	Roadster
Tragstruktur	Rohrrahmen
Material	Aluminiumblech
Stückzahl und Marktsituation	
Produktionszahl	200
Verfügbarkeit	schlecht
Teilesituation	schwierig
Unterhaltskosten	hoch

Bugatti Typ 37 — 1925-1930

Bis heute gilt der Typ 37 als eine der Bugatti-Ikonen: Er galt, wie der Typ 35, als Rennwagen, kostete jedoch nur rund die Hälfte, da statt des Achtzylinder-Motors ein 1,5 Liter großer Vierzylinder zum Einsatz kam. Mit gleitgelagerter Kurbelwelle und Batteriezündung galt er als schnell, stark und zuverlässig, leicht war er sowieso. Ab dem Frühjahr 1928 lieferte Bugatti mit dem Typ 37A eine Kompressor-Variante nach, und schon nach wenigen Monaten ersetzte diese Version den nicht aufgeladenen Typ 37 komplett. Ausgesprochen beliebt waren die Fahrzeuge wegen ihres herausragenden Handlings und ihrer Agilität, und in der kleinen Voiturette-Klasse, in der Fahrzeuge mit Motoren bis 1500 cm³ Hubraum antraten, fuhren sie die Konkurrenz reihenweise in Grund und Boden. Die seilzugbetätigte Trommelbrems-Anlage optimierte Bugatti in den späten 1920er Jahren: Nun erhielt der kleine Sportler die mächtigen, verrippten Trommeln aus den größeren Achtzylinder-Modellen des Typs T35.

Bild: © Bugatti

Preise	1	2	3	4	5
Type 37, Rwg	750.000	640.000	480.000	k. N.	k. N.

Motor/Antrieb	
Bauart	Vierzylinder (Reihe)
Lage/Antrieb	Front/Heck
Hubraum in cm³	1496
PS/min	60 bei 4700
Vmax in km/h	k.A.
Karosserie	
Bauart	Roadster
Tragstruktur	Profilrahmen
Material	Aluminiumblech
Stückzahl und Marktsituation	
Produktionszahl	286
Verfügbarkeit	schlecht
Teilesituation	schwierig
Unterhaltskosten	hoch

Bugatti Royale (Typ 41) — 1926-1933

Mehr Opulenz auf vier Rädern hat es nie gegeben: Der Bugatti Royale lotete das Machbare in allen Disziplinen aus – Luxus, Laufruhe, Stärke, Größe, Preis. Im damaligen Wettlauf um die Weltspitze des Automobilbaus wollte Ettore Bugatti ganz vorne sein. 14,7 Liter (ab 1932: 12,7 Liter) Hubraum unterstrichen diese Anstrengungen, dazu kam eine Leistung von bis zu 300 PS – jedoch auch ein Gewicht jenseits der drei Tonnen. Nur sechs Chassis konnte Bugatti in acht Jahren verkaufen, was dem enorm hohen Preis, der 1929 einsetzenden Weltwirtschaftskrise sowie einem in seiner Kundenwahl oft eigensinnig agierenden Firmenchef geschuldet war, der dennoch ab 1929 rund 100 der riesigen Triebwerke fertigen ließ. Sie kamen ab 1935 in Schienen-Triebwagen der französischen Bahn zum Einsatz. Schon als Neuwagen galt der Royale als Legende, und später wurde er zu einer der ersten Ikonen des beginnenden Oldtimerinteresses in den 1980er Jahren. Alle sechs Fahrzeuge haben überlebt – ein Exemplar gehört heute Volkswagen, dem Eigentümer der Marke Bugatti.

Bild: © Bugatti

Preise	1	2	3	4	5
Bugatti Royale (Typ 41), L4t	k. N.	k. N.	k. N.	k. N.	k. N.

Motor/Antrieb	
Bauart	Achtzylinder (Reihe)
Lage/Antrieb	Front/Heck
Hubraum in cm³	12.763, 14.720
PS/min	ca. 300 bei 3000
Vmax in km/h	200
Karosserie	
Bauart	Limousine, Coupé, Cabriolet
Tragstruktur	Profilrahmen
Material	Stahlblech
Stückzahl und Marktsituation	
Produktionszahl	6
Verfügbarkeit	gegen null
Teilesituation	sehr schwierig
Unterhaltskosten	hoch

Bugatti Typ 50 — 1930-1934

Mit dem Typ 50 gelang Ettore Bugatti auf dem Pariser Salon von 1930 eine Überraschung. Das neue Modell besaß – ein Novum bei Bugatti – einen Reihenachtzylinder-Motor mit zwei obenliegenden Nockenwellen, wie es Experten bereits von Alfa Romeo- und Maserati-Rennmotoren kannten. Angetrieben wurden die beiden Nockenwellen von einem Kunstwerk aus Zahnrädern. Ettore Bugatti hatte den Typ 50 als starken Tourensportwagen entworfen, und so ähnelte der konstruktive Aufbau von Rahmen, Achsen und Bremsen dem Typ 46, der 1929 vorgestellt worden war. Bis zu 190 Stundenkilometer schnell waren die exklusiven Fahrzeuge aus dem Elsass. Einige der vielen Karosserievarianten hatte Jean Bugatti entworfen, der Sohn Ettores – sie waren mitunter sehr progressiv ausgefallen.

Bild: © Bugatti

Preise	1	2	3	4	5
Typ 50, L2t	1.000.000	800.000	k.N.	k.N.	k.N.

Motor/Antrieb	
Bauart	Achtzylinder (Reihe)
Lage/Antrieb	Front/Heck
Hubraum in cm³	4972
PS/min	225/4000
Vmax in km/h	170 bis 190
Karosserie	
Bauart	Coupé, Cabriolet
Tragstruktur	Kastenrahmen
Material	Stahlblech
Stückzahl und Marktsituation	
Produktionszahl	k.A.
Verfügbarkeit	gegen null
Teilesituation	sehr schwierig
Unterhaltskosten	hoch

Bugatti Typ 57 — 1934-1940

Mit dem Typ 57, den Ettore Bugatti 1933 auf dem Pariser Automobilsalon vorstellte, begann für die kleine Firma im Elsass das letzte Kapitel: Nach dem Typ 57 produzierte Bugatti kein Auto mehr in Serie. Unter der langen Haube fand sich ein 3,3 Liter großer Reihenachtzylinder, dessen traumhaft ruhige, grafische Form bis heute bewundert wird. Er leistete rund 135 PS und besaß zwei obenliegende Nockenwellen, die von Zahnrädern angetrieben wurden. Vorne montierte Bugatti wieder eine hohlgeschmiedete Starrachse, und alle vier Räder wurden von extrem großen, stark verrippten Trommelbremsen verzögert, die über aufwändig geführte Seilzüge betätigt wurden. Die Serienkarosserien hatte wiederum Jean Bugatti entworfen, deren Formen nach Alpenpässen benannt wurden. Gefertigt hat sie der Karosseriebauer Gangloff in Colmar.

Bild: © Oldtimer Markt/G. Schulz

Preise	1	2	3	4	5
Typ 57 (Ventoux), L2t	820.000	590.000	460.000	310.000	k.N.
Typ 57 (Galibier), L4t	460.000	330.000	260.000	170.000	k.N.

Motor/Antrieb	
Bauart	Achtzylinder (Reihe)
Lage/Antrieb	Front/Heck
Hubraum in cm³	3257
PS/min	135/5000
Vmax in km/h	160
Karosserie	
Bauart	Coupé, Cabriolet
Tragstruktur	Kastenrahmen
Material	Stahlblech
Stückzahl und Marktsituation	
Produktionszahl	725
Verfügbarkeit	gegen null
Teilesituation	sehr schwierig
Unterhaltskosten	hoch

Bugatti EB 110, EB 110 SS 1991-1993

Am 22. September 1995 war der Traum von Romano Artioli geplatzt. Der Italiener hatte als Händler für Suzuki, Lotus und Ferrari ein Vermögen verdient und einen Teil davon in einem Projekt versenkt, das hätte funktionieren können – aber gescheitert ist. 1991 hatte Artioli seinen ersten Bugatti präsentiert, den EB 110. Mit zwölf Zylindern und Allradantrieb hatte er seinen Entwicklern eine gewaltige Aufgabe gestellt. Der EB 110 beeindruckte mit Leistung und Daten, nicht jeder jedoch wollte an seinem Design gefallen finden. Als extravagante italienische Lösung mit wohlklingendem französischen Traditionsnamen konnte er sich auf dem kleinen Nischenmarkt der Supersportwagen nicht gegen Ferrari oder Lamborghini durchsetzen – auch, weil Sporterfolge fehlten. Artioli, der von 1993 bis 1996 auch Lotus besaß, muss aber nicht darben: Volkswagen hat ihm den Namen Bugatti gut bezahlt.

Bild: © Jürgen Schlegelmilch

Preise	1	2	3	4	5
EB 110, Cpe	3.500.000	2.600.000	1.700.000	k.N.	k.N.

Motor/Antrieb	
Bauart	V12
Lage/Antrieb	Mitte/4x4
Hubraum in cm³	3500
PS/min	560/8000
Vmax in km/h	342
Karosserie	
Bauart	Coupé
Tragstruktur	Karbon
Material	Leichtmetall
Stückzahl und Marktsituation	
Produktionszahl	30 oder 154
Verfügbarkeit	schlecht
Teilesituation	schwierig
Unterhaltskosten	hoch

Buick (USA) • seit 1903

Luxuriöse Studie mit Zukunftsappeal: Buick Y-Job (1938).

Buick wurde 1903 vom ehemaligen schottischen Installateur und späteren Wasserbauingenieur David Dunbar Buick gegründet. Misserfolge kosteten den durch Aktienspekulation reich gewordenen Buick schnell viel Geld. So kam schon 1904 William Durant an die Spitze des Unternehmens. Ab 1908 wurde rund um Buick der General Motors-Konzern aufgebaut. Auch Charles Nash und Walter P. Chrysler sorgten nun für Erfolg der Marke Buick. So kam es, dass Buick-Automobile immer erfolgreicher wurden, während David Duncan Buick 1929 verarmt starb.

Meilensteine für das Unternehmen waren der voluminöse Reihenachtzylinder, der 1931 erschien und bis 1953 im Programm blieb. Mit dem Roadmaster erschien 1948 das erste amerikanische Automobil mit Automatikgetriebe, und noch heute gilt Buick als der „Pionier des Drehmomentwandlers".

Für gewisses Aufsehen hatten Anfang der 1980er Jahre die 1,8 Liter großen Vierzylinder mit Turbolader gesorgt.

Aktuell bedient Buick Kunden in den USA, Kanada, Mexico und vor allem in China.

Buick Series 40 1951-1954

Wahrlich keine Revolutionen gab es bei Buick zu Beginn der fünfziger Jahre: Die altbekannten, überaus soliden Reihenachtzylinder fanden weiterhin Platz unter dem voluminös geformten Blech. Das Baukasten-System bei Buick umfasste seit 1946 drei Modellreihen: Series 40 Special, Series 50 Super und Series 70 Roadmaster, die über unterschiedliche Radstände verfügten. Erst 1954 wurde das Programm erweitert. Die unterschiedlichen Karosserievarianten ergaben die exakte Modellbezeichnung. Das billigste Modell war 1951 der Buick 41, eine viertürige Limousine, die auch als Special fourdoor Sedan bezeichnet wurde. Dagegen markierte der Buick 48 D als zweitüriger De Luxe Sedan das obere Ende der 40er-Reihe. Typisch für Buick waren die „Portholes" oder „Ventiports" genannten Lufteinlassattrappen an den Flanken.

Preise	1	2	3	4	5
Special De Luxe (1951-1953), L2t	34.200	22.900	14.300	5.600	k.N.
Special De Luxe, L4t	28.400	19.000	11.900	4.700	k.N.
Special De Luxe HT Coupé (1951-53), Cpe	42.000	28.200	17.500	6.900	k.N.

Motor/Antrieb	
Bauart	Achtzylinder (Reihe)
Lage/Antrieb	Front/Heck
Hubraum in cm³	4068
PS/min	108/3600
Vmax in km/h	140
Karosserie	
Bauart	Lim (4-türig), Lim (2-türig), Cpe
Tragstruktur	Kastenrahmen
Material	Stahlblech
Stückzahl und Marktsituation	
Produktionszahl	k.A.
Verfügbarkeit	schlecht
Teilesituation	schwierig
Unterhaltskosten	mittel

Buick Skylark (Convertible Coupé) 1953-1954

Aus Anlass des 50-jährigen Firmenjubiläums begrenzte Buick die Stückzahl des üppigen Skylark Convertible Coupés und hoffte, durch diese Maßnahme den soeben neu eingeführten V-Achtzylindertriebwerken zusätzliche Publizität zu verschaffen. Der Reihenmotor war also out, prächtiger Chromschmuck und verspieltes Design allem Anschein nach in. Der reich verzierte Skylark wollte eine Kombination aus Coupé und Cabriolet sein, doch die Angelegenheit hatte einen stolzen Preis: Der angestrebte Prestigegewinn für die Marke wurde erreicht, auch wenn die Stückzahlen klein blieben: Nur rund 2500 Interessenten fanden sich für das Modell. Das weniger attraktive 54er-Modell war noch schwieriger an den Mann zu bringen: nur 836 Kunden griffen zu.

Bild: © GM Corp.

Preise	1	2	3	4	5
Skylark Ser. 100 (1954), Cab	156.000	105.000	65.000	26.000	k.N.
Roadmaster Skylark (1953), Cab	145.000	97.000	60.000	24.000	k.N.

Motor/Antrieb	
Bauart	V8
Lage/Antrieb	Front/Heck
Hubraum in cm³	5276
PS/min	188/4000 bis 200/4100
Vmax in km/h	165
Karosserie	
Bauart	Cabriolet
Tragstruktur	Kastenrahmen
Material	Stahlblech
Stückzahl und Marktsituation	
Produktionszahl	2526
Verfügbarkeit	gegen null
Teilesituation	schwierig
Unterhaltskosten	hoch

Buick Riviera 1963-1965

Noch 1963 fertigte Buick seine Fahrzeuge nach dem traditionellen Prinzip, bei dem die Karosserie auf einem Kastenrahmen ruht. Das war auch bei dem eleganten, von GM-Chefstylist Bill Mitchell entworfenen Modell Riviera so. Der Modellname hatte auch nach 1965 weiterhin Bestand, doch gerade dieses erste Modell mit seinen selbstbewussten 6,6 und 7 Liter großen Achtzylindern, die weit über 300 PS freisetzten, überzeugt den Freund großvolumiger US-Klassiker. Der Name sollte die Ambitionen widerspiegeln, auf dem europäischen Luxus-Markt Fuß zu fassen, doch das Fahrwerk zeigte sich typisch kontinentalamerikanisch: simpel aufgebaut und von der Power ebenso schnell überfordert wie die wenig standfesten Bremsen.

Bild: © GM Corp.

Preise	1	2	3	4	5
Riviera, Cpe	45.300	28.300	17.700	7.600	3.900

Motor/Antrieb	
Bauart	V8
Lage/Antrieb	Front/Heck
Hubraum in cm³	6569, 6970
PS/min	325/4400 bis 365/4400
Vmax in km/h	180 bis 190
Karosserie	
Bauart	Hardtop
Tragstruktur	Kastenrahmen
Material	Stahlblech
Stückzahl und Marktsituation	
Produktionszahl	112.144
Verfügbarkeit	schlecht
Teilesituation	schwierig
Unterhaltskosten	hoch

Buick Wildcat 1963-1970

„Wildcat", auf deutsch: Wildkatze, hatte Buick bereits 1953 eine Studie genannt. Neun Jahre später tauchte dieser Name wieder auf, nun bei einem Modell, das zunächst nichts anderes war als ein besonders potenter Vertreter der Invicta-Reihe: als Coupé mit starkem 6,6-Liter-V8 (401 cui). Bereits 1963 schickte Buick den Wildcat in die Selbständigkeit einer eigenen Modellreihe. Zum zweitürigen Hardtop-Coupé kam eine viertürige Variante als Ergänzung, zudem ein Cabrio. 1964 folgte eine viertürige Limousine mit B-Säulen. Allen gemeinsam war der große 6,6-Liter-Motor, zu dem es ab 1964 eine 7,0-Liter-Variante gab (425 cui), die 340 oder 360 PS leistete. Ab Werk kam der Wildcat übrigens mit einem Dreigang-Schaltgetriebe, eine Version mit vier Gängen oder eine Dreigang-Automatik kosteten Aufpreis.

Bild: © GM Corp.

Preise	1	2	3	4	5
Wildcat, Cpe	42.100	27.200	16.500	7.600	3.700

Motor/Antrieb	
Bauart	V8
Lage/Antrieb	Front/Heck
Hubraum in cm³	6569, 6970, 7468
PS/min	319/4400 bis 375/4600
Vmax in km/h	ca. 180 bis 225
Karosserie	
Bauart	Coupé
Tragstruktur	Kastenrahmen
Material	Stahlblech
Stückzahl und Marktsituation	
Produktionszahl	k.A.
Verfügbarkeit	schlecht
Teilesituation	ausreichend
Unterhaltskosten	hoch

Buick Century (3. Generation) 1973-1977

Als Buick 1973 einen neuen Century auf den Markt brachte, nutzte man einen altgedienten Namen: Bereits zwischen 1936 bis 1942 und 1954 und 1958 hatte Buick Baureihen im Angebot, die „Century" hießen. Doch es wurde noch verwirrender: Denn der 1973er Century ist im Prinzip nichts anderes als ein umbenannter 1972er Skylark, der den GM „A body" nutzte. Auch der Century war als Coupé, Limousine und Station Wagon lieferbar. Als Standard galt zunächst der 5,7-Liter-V8 (350 cui) mit 150 bzw. 175 PS, nach oben abgerundet mit einem 250 PS starken 7,5-Liter-V8 (455 cui) in der Version Gran Sport. Doch der Trend der Zeit ging eindeutig in die andere Richtung: Buick lieferte den Century auch mit einem kleinen V6-Motor (3,8 Liter, 231 cui) mit nur 110 PS. Bis heute bekannt ist der Century der dritten Generation durch seine Auftritte in „Kojak", wo ihn Telly Savalas fuhr.

Bild: © GM Corp.

Preise	1	2	3	4	5
Century, Cpe	19.500	11.400	7.200	3.400	1.700

Motor/Antrieb	
Bauart	V6, V8
Lage/Antrieb	Front/Heck
Hubraum in cm³	3786, 5737, 6605, 7468
PS/min	110/3900 bis 167/3800
Vmax in km/h	ca. 150 bis 180
Karosserie	
Bauart	Limousine (4-türig), Coupé, Kombi
Tragstruktur	Kastenrahmen
Material	Stahlblech
Stückzahl und Marktsituation	
Produktionszahl	k.A.
Verfügbarkeit	ausreichend
Teilesituation	ausreichend
Unterhaltskosten	mittel

Buick GNX 1987

Mit dem potenten Buick Grand National auf Basis des kreuzbraven Mittelklasse-Coupés Regal preschte die GM-Marke Anfang der 1980er Jahre ins dahinsiechende Pony-Car-Segment. Der Name des ausschließlich in schwarz erhältlichen Grand National-Derivats erinnert an die Königsklasse des prestigeträchtigen NASCAR-Sports, in der Buick 1982 den Gewinn der Konstrukteursmeisterschaft feiern konnte. Die Power-Variante GNX befeuerte nicht etwa ein dicker V8-Motor klassischer US-Machart, sondern ein 3,8-Liter-V6, zwangsbeatmet von einem Garrett-T3-Turbolader. In dieser Konfiguration leistet das Topmodell der Serie ungehobelte 276 PS. Zu erkennen war der Höhepunkt der Grand National-Baureihe an seiner bereinigten Optik ohne Markenembleme und speziellen 16-Zoll-Rädern in schwarz. Außerdem sind alle GNX durchnummeriert und mit einer Plakette am Armaturenträger versehen. Zum Modelljahr 1988 verabschiedete sich Buick auch in dieser Klasse vom Hinterradantrieb, was gleichzeitig das Aus für die Grand National/GNX-Modelle bedeutete.

Bild: © Lingenfelter

Preise	1	2	3	4	5
GNX, Cpe	157.000	101.000	84.000	44.000	k.N.

Motor/Antrieb	
Bauart	V6
Lage/Antrieb	Front/Heck
Hubraum in cm³	3791
PS/min	276/4400
Vmax in km/h	über 220
Karosserie	
Bauart	Limousine (2-türig)
Tragstruktur	selbsttragend
Material	Stahlblech
Stückzahl und Marktsituation	
Produktionszahl	547
Verfügbarkeit	schlecht
Teilesituation	ausreichend
Unterhaltskosten	hoch

Buick Roadmaster (8. Generation) 1991-1996

Als Buick 1991 ein neues Modell im gehobenen Bereich der „B bodies" anbot, griff man auf den altgedienten Namen „Roadmaster" zurück, der bereits zwischen 1936 und 1958 für sieben Generationen so genannter „Full-size"-Modelle Verwendung gefunden hatte. Nach 33 Jahren kehrte der Buick Roadmaster 1991 zurück. Er war baugleich mit dem damaligen Chevrolet Caprice und dem Oldsmobile Custom Cruiser. Mit großem V8-Motor (5,0 und 5,7 Liter), Heckantrieb und großen Ausmaßen (Kombi: 5,53 Meter Länge) gelten sie heute als die letzten Vertreter der klassischen amerikanischen Automobilbautradition. Insbesondere der Station Wagon: Als Kombi trug der Roadmaster serienmäßig eine Seitenverkleidung im Holz-Look – die selbstverständlich aus Kunststoff bestand.

Bild: © GM Corp.

Preise	1	2	3	4	5
Roadmaster, L4t	k.N.	10.200	7.100	3.200	k.N.

Motor/Antrieb	
Bauart	V8
Lage/Antrieb	Front/Heck
Hubraum in cm³	5002, 5733
PS/min	173/4200 bis 264/5000
Vmax in km/h	ca. 180 bis 220
Karosserie	
Bauart	Limousine (4-türig), Kombi
Tragstruktur	Kastenrahmen
Material	Stahlblech
Stückzahl und Marktsituation	
Produktionszahl	225.455
Verfügbarkeit	ausreichend
Teilesituation	ausreichend
Unterhaltskosten	mittel

Buick Park Avenue 1990-1996

Vor 1990 war „Park Avenue" nur eine luxuriöse Ausstattungslinie der Electra-Modelle. Dann jedoch etablierte Buick mit dem „Park Avenue" selbstbewusst eine neue Baureihe im oberen Segment. Als Antrieb diente der hauseigene, enorm zuverlässige V6-Motor mit 3,8 Liter Hubraum und 173 PS, ab 1992 ergänzt von einer Variante mit Kompressor, die 208 PS leistete, jedoch in Europa offiziell nicht lieferbar war. Buick legte mit dem frontgetriebenen Park Avenue wieder ein Bekenntnis zu Größe und Luxus ab, bemühte sich dennoch um einen niedrigen Verbrauch. Das gelang, weil die Aerodynamik erstaunlich gut gelungen war (Luftwiderstandsbeiwert 0,31) und zudem das Gewicht mit rund 1,6 Tonnen im Verhältnis zur Fahrzeuggröße überschaubar ausfiel. In Deutschland lagen die Neupreise für den Park Avenue enorm hoch, entsprechend selten ist er heute. 1996 kam der Nachfolger, der nochmals etwas größer ausfiel.

Bild: © GM Corp.

Preise	1	2	3	4	5
Park Avenue, L4t	k.N.	6.400	3.700	1.500	k.N.

Motor/Antrieb	
Bauart	V6
Lage/Antrieb	Front/Front
Hubraum in cm³	3789
PS/min	173/4800 bis 243/5200
Vmax in km/h	191 bis 220
Karosserie	
Bauart	Limousine (4-türig)
Tragstruktur	selbsttragend
Material	Stahlblech
Stückzahl und Marktsituation	
Produktionszahl	410.000
Verfügbarkeit	ausreichend
Teilesituation	ausreichend
Unterhaltskosten	mittel

Cadillac (USA) • seit 1902

Wer weiß heute, dass bei Cadillac eigentlich Henry Ford seine Finger im Spiel hatte? Er war es, der mit der Henry Ford Company die Grundlagen schuf. Als er das Unternehmen 1903 verließ, um die Ford Motor Company zu gründen, übernahm ein gewisser Henry M. Leland seine Anteile. Fortan gab es die Marke Cadillac, dem Gründer Detroits zu Ehren, der 1701 die Stadt gegründet hatte: Antoine de la Mothe Cadillac.

Das erste Modell erschien 1902. Sieben Jahre später wurde Cadillac zur dritten Marke bei General Motors – neben Buick und Oldsmobile. 1917 zog sich Henry Leland zurück und gründete Lincoln.

Cadillac war auf verschiedenen Gebieten ein Pionier: 1912 gab es Cadillac-Modelle bereits mit elektrischer Beleuchtung und Anlasser, ein in jener Zeit unglaublicher Luxus. Ab 1915 bot das Unternehmen V8-Motoren an und schuf sich zunehmend eine Position im Luxus-Segment. Vierradbremsen kamen 1924 dazu, synchronisierte Getriebe gab es ab 1928. Großvolumige V12-Motoren (ab 1931) und V16-Triebwerke (ab 1930) ergänzten das exklusive Angebot.

Gigantomanie zieht sich wie ein roter Faden durch die Cadillac-Geschichte: 1948 erfand der von Flugzeugen inspirierte Chef-Stylist Harley Earl die Heckflossen, die als Mode bis in die 1960er Jahre aktuell sein sollten. Klimaanlagen bot Cadillac ab 1953, vier Jahre später gab es den Eldorado Brougham auf Wunsch mit Luftfederung.

Groß blieben die Modelle der Luxus-Division des GM-Konzerns: Mit einem 8,2 Liter großen V8 sollte das Modell Eldorado 1967 zum größten Fronttriebler der Welt werden. Etwas hilflos verknappte Cadillac die Hubräume, als die Energiekrise an ein Überdenken alter Leitlinien gemahnte – auf sieben Liter …

Designer Harley Earl am Steuer eines LaSalle (1927). Neben ihm steht Cadillac-Manager Lawrence Fisher.

Ein Vierzylinder mit Cadillac-Logo kam erst in den 1980er Jahren. Heute bietet Cadillac mit dem BLS sogar ein Modell an, das ausschließlich in Europa gebaut und verkauft wird. Der BLS (2006 bis 2009) basierte auf Baugruppen, die vom Opel Vectra und Saab-Modellen stammten.

Aufbruch ins Übermorgen: Von Harley Earl stammte die Idee, einem Automobil Heckflossen wachsen zu lassen (Designskizze 1949).

Von 2012 bis 2019 bot Cadillac den ATS an, der gegen Mittelklasse-Modelle wie den BMW 3er aufgestellt war. Aktuell hat Cadillac in den USA noch vier SUV-Modelle sowie die Limousinen CT4 und CT5 im Angebot. Der vollelektrische Lyriq startete im Jahr 2023 und ist auch in Deutschland erhältlich. Ebenso im Angebot ist der etwas kompaktere Optiq sowie der größere Vistiq. Darüber platziert Cadillcac noch den Escalade, der jedoch nicht in Deutschland angeboten wird.

Cadillac V-16 — 1930-1940

Cadillac hatte ein klares Ziel: die Spitze der Spitze. „Die Leistung von 16 Zylindern, komplette Individualität im Stil", so umriss der Hersteller sein nobles Gefährt. Den V16-Motor hatte Cadillac aus zwei V8-Triebwerken mit dem Ziel entwickelt, einen Antrieb neuer Dimension zu schaffen. Nicht in Format oder Leistung, sondern in überlegenem Drehmoment und Sanftheit der Kraftentfaltung. Der Cadillac V-16 gilt als erstes Serienautomobil mit 16 Zylindern, dazu kam als Finesse ein automatischer Ventilspielausgleich mit Hydrostößeln. Den Aufbau konnten Kunden frei wählen und nach Wunsch gestalten lassen, wie es damals in dieser Klasse üblich war. Cadillac verwies insbesondere auf den Karosseriebauer Fleetwood, der zu Fisher gehörte, wo General Motors (und somit Cadillac) seit 1919 das Sagen hatten. So entstanden Roadster, Phaetons oder Limousinen in vielfältiger, meist sehr traditioneller Form. 1935 änderte Cadillac den Namen der Baureihe in Series 90, eine Überarbeitung erfolgte jedoch erst 1938.

Bild: © Cadillac Heritage

Preise	1	2	3	4	5
V16 (Series 452)	280.000	230.000	180.000	k.N.	k.N.

Motor/Antrieb	
Bauart	V16
Lage/Antrieb	Front/Heck
Hubraum in cm³	7407; 7063
PS/min	165 bis 185
Vmax in km/h	k.A.
Karosserie	
Bauart	Aufbau nach Wunsch
Tragstruktur	Kastenrahmen
Material	Stahlblech
Stückzahl und Marktsituation	
Produktionszahl	ca. 4300
Verfügbarkeit	schlecht
Teilesituation	schlecht
Unterhaltskosten	hoch

Cadillac Eldorado Convertible Coupé — 1953

Wahrlich ungehemmt präsentiert sich dieses Luxus-Cabriolet, das mit einer wahren Orgie in Chrom und Zierrat dem Ideal des amerikanischen Straßenkreuzers doch recht nahe kommt. Von der übereilten Einführung moderner Baumethoden wie etwa selbsttragenden Karosserien hielt man bei Cadillac nichts, warum auch? Auf dem schweren Kastenrahmen ließ es sich viel schöner spielen – jährlich kamen zu Beginn der fünfziger Jahre neue Modelle auf den Markt. Im deutlichen Kontrast zu der wuchtigen Karosserie des Cadillac Eldorado stand die flache, geradezu zierliche Panorama-Windschutzscheibe. Der Hubraum-Boom war 1953 erst bei 5,4 Litern angekommen, doch auch die daraus geschöpften 210 PS sorgten für guten Vortrieb, der ja in Amerika nur teilweise ausgekostet werden konnte. Das 1953er Modell blieb jedenfalls mit nur 532 gebauten Exemplaren eine echte Rarität.

Bild: © Cadillac

Preise	1	2	3	4	5
Eldorado Ser. 62, Cab	215.000	154.000	94.000	60.000	k.N.

Motor/Antrieb	
Bauart	V8
Lage/Antrieb	Front/Heck
Hubraum in cm³	5424
PS/min	210/4000
Vmax in km/h	170
Karosserie	
Bauart	Cabriolet
Tragstruktur	Kastenrahmen
Material	Stahlblech
Stückzahl und Marktsituation	
Produktionszahl	532
Verfügbarkeit	gegen null
Teilesituation	schwierig
Unterhaltskosten	hoch

Cadillac Eldorado Brougham — 1957-1958

Die Heckflossenmode strebte stetig und unaufhaltsam ihrem Höhepunkt entgegen, doch kurz bevor es soweit war, stellte Cadillac zum Modelljahrgang 1957 diesen auffälligen Viertürer vor. Die Hardtop-Limousine mit dem unlackierten Edelstahldach sollte alles in sich vereinen, was gut und teuer ist. Von den Trinkbechern im Handschuhfach bis hin zur aufwändigen Luftfederung steckte Cadillac alles Erdenkbare an Ausstattung und Luxus in den Eldorado Brougham, der in der Folge extrem teuer war und nur geringen Absatz fand. Mit insgesamt nur gut 700 Fahrzeugen aus den Jahren 1957/58 gehört er zu den größten Raritäten auf dem Markt amerikanischer Klassiker. Die Folgemodelle der nächsten Jahre sahen dann schon wieder anders aus.

Bild: © Cadillac

Preise	1	2	3	4	5
Eldorado Brougham, Cpe	161.500	121.500	86.200	49.000	28.200

Motor/Antrieb	
Bauart	V8
Lage/Antrieb	Front/Heck
Hubraum in cm³	5972
PS/min	310/4800 bis 330/4800
Vmax in km/h	190
Karosserie	
Bauart	Hardtop
Tragstruktur	Kastenrahmen
Material	Stahlblech
Stückzahl und Marktsituation	
Produktionszahl	400, 304
Verfügbarkeit	gegen null
Teilesituation	schwierig
Unterhaltskosten	hoch

Cadillac Series 62 Convertible und Eldorado Biarritz — 1959

Da waren sie nun endlich, die schier unendlichen Heckflossen der amerikanischen Autowelt. So hoch wie hier streckten sie sich nirgendwo, weder zuvor noch danach. Doch statt raketenhafter Aerodynamik waren sie nicht mehr als ein optischer Gag, der allerdings weite Kreise gezogen hatte. Auch motorseitig erfasste den amerikanischen Autokonzern die Gigantomanie, doch der Hubraum des Achtzylindermotors war mit 6,4 Litern noch von der höchsten Blütezeit entfernt. Mit über sechs Metern Länge wäre der Series 62 Cadillac auf europäischen Straßen kaum vorstellbar gewesen. Die üppige Karosserie ruhte noch immer auf dem althergebrachten Kastenrahmen und das Fahrwerk mit seiner deutlichen Auslegung in Richtung Komfort war für flottes Fahren kaum geeignet. Heute gilt der 1959 Cadillac als Ikone des Fünfziger Jahre-Stylings.

Bild: © Cadillac

Preise	1	2	3	4	5
Ser. 62, Cab	139.000	86.000	55.000	24.000	13.000
Eldorado Biarritz, Cab	245.000	149.000	93.700	42.500	19.600

Motor/Antrieb	
Bauart	V8
Lage/Antrieb	Front/Heck
Hubraum in cm^3	6384
PS/min	309/4600 bis 350/4800
Vmax in km/h	175 bis 185
Karosserie	
Bauart	Cabriolet
Tragstruktur	Kastenrahmen
Material	Stahlblech
Stückzahl und Marktsituation	
Produktionszahl	12.450
Verfügbarkeit	ausreichend
Teilesituation	ausreichend
Unterhaltskosten	hoch

Cadillac Fleetwood Eldorado Hardtop Coupé — 1967-1970

Die jährlichen Modellwechsel hatten den Vorteil, dass die Heckflossenmode nicht ewig beibehalten wurde. Der Trend zu mehr Hubraum hielt jedoch weiterhin an. Fünf oder sechs Liter davon waren bald nicht mehr genug für eine standesgemäße Cadillac-Motorisierung, sieben Liter sollten es wenigstens sein, besser 7,7 oder gar 8,2 Liter. Mit 345 bis 406 PS kämpften sie sich gegen das Gewicht der höchst komfortabel ausgestatteten Coupés durch. Trotz Beibehaltung des Kastenrahmens war auch eine technische Umorientierung bemerkenswert: Der Eldorado dürfte einer der größten je gebauten Fronttriebler sein. Mit fast 100.000 gebauten Exemplaren war der Verkaufserfolg dieser opulenten Modelle beträchtlich.

Bild: © Cadillac

Preise	1	2	3	4	5
Fleetwood Eldorado, Cpe	33.100	22.100	13.500	6.800	3.600

Motor/Antrieb	
Bauart	V8
Lage/Antrieb	Front/Front
Hubraum in cm^3	7025, 7729, 8194
PS/min	345/4600 bis 406/4400
Vmax in km/h	185 bis 195
Karosserie	
Bauart	Hardtop
Tragstruktur	Kastenrahmen
Material	Stahlblech
Stückzahl und Marktsituation	
Produktionszahl	ca. 100.000
Verfügbarkeit	ausreichend
Teilesituation	ausreichend
Unterhaltskosten	hoch

Cadillac Fleetwood Eldorado (2. Generation) — 1971-1978

1971 kam die zweite Generation des gewaltigen Personal Luxury Car mit Frontantrieb auf den Markt. Das neue Design fiel schwülstiger aus, dafür entschied sich Cadillac, nun auch eine Cabriolet-Version des Eldorado aufzulegen – diese gab es beim Vorgänger nicht. Konstruktiv leisteten sich die riesigen Zweitürer keine Extravaganzen: Die üppige Karosserie saß auf einem traditionellen Kastenrahmen mit hinteren Schraubenfedern. Zunächst trieb den Eldorado der große 8,2-Liter-V8 an, der mit den Jahren jedoch immer weiter gedrosselt wurde, um die zunehmend restriktiven Emissionsvorgaben zu erfüllen. Ein neuer 7,0-Liter-V8 löste das Aggregat 1976 ab – nur noch 180 PS mühten sich nun mit dem rund zweieinhalb Tonnen schweren Eldorado ab. 1975 folgte ein Facelift, unter anderem entfielen in die Abdeckungen der Hinterräder. Noch üppiger ausgestattet waren die Varianten Biarritz und Biarritz Classic.

Bild: © GM Corp.

Preise	1	2	3	4	5
Fleetwood Eldorado, Cpe	31.400	20.900	13.200	6.700	2.900

Motor/Antrieb	
Bauart	V8
Lage/Antrieb	Front/Front
Hubraum in cm^3	6966, 8194
PS/min	180 bis 235 bei 3600
Vmax in km/h	175 bis 200
Karosserie	
Bauart	Cabriolet, Coupé
Tragstruktur	Kastenrahmen
Material	Stahlblech
Stückzahl und Marktsituation	
Produktionszahl	ca. 328.000
Verfügbarkeit	ausreichend
Teilesituation	ausreichend
Unterhaltskosten	hoch

Cadillac Seville 1975-1980

1975 startete Cadillac die Seville-Baureihe, deren Name von den Hardtop-Varianten der legendären Eldorado-Modelle aus den 1950er-Jahren stammte. Formal fiel die Neuauflage jedoch völlig anders aus: Aus amerikanischer Sicht relativ kompakt (dennoch in den Dimensionen einer Mercedes S-Klasse!) und dabei betont luxuriös, um die traditionelle Cadillac-Kundschaft zufriedenzustellen. Der hohe Preis der Seville-Modelle stand ihrem Erfolg nicht im Weg, vielleicht auch, weil Cadillac ihnen ein eigenständiges, sehr geradliniges Design gegönnt hatte. Als technische Basis nutzte die General-Motors-Division Cadillac vorhandene Komponenten, zum Beispiel die bekannte X-Plattform, die jedoch aufgewertet und angepasst wurde. Kultig und für Sammler besonders interessant sind Sondermodelle wie der Seville Elegante mit hochwertiger Ausstattung und einer Zweifarbenlackierung oder der betont luxuriöse Seville Gucci. Schräg: Ab 1978 gab es sogar einen Diesel-V8 im Seville.

Bild: © GM Corp.

Preise	1	2	3	4	5
Seville (76-79), L4t	22.700	13.400	8.400	4.000	2.000

Motor/Antrieb	
Bauart	V8
Lage/Antrieb	Front/Heck
Hubraum in cm³	5.700
PS/min	127 bei 3600 bis 193 bei 3600
Vmax in km/h	150 bis 185
Karosserie	
Bauart	Limousine (4-türig)
Tragstruktur	selbsttragend
Material	Stahlblech
Stückzahl und Marktsituation	
Produktionszahl	ca. 215.000
Verfügbarkeit	ausreichend
Teilesituation	ausreichend
Unterhaltskosten	hoch

Cadillac Seville (Gen. II) 1980-1985

Wer den V8-Diesel im Vorgänger schräg fand, darf ab 1980 über die zweite Generation des Cadillac Seville auch optisch staunen. Die Linie des kurzen, aufgesetzt wirkenden Kofferraums fällt ungewohnt stark ab. Der große Designer Bill Mitchell erinnert mit seinem Spätwerk an britische Oberklasse-Limousinen der 1930er Jahre. Den in Blech geformten Historismus unterstreicht Cadillac zudem mit einer optionalen Zweifarblackierung. Übrigens: Lincoln Continental und Chrysler Imperial folgen später mit ähnlichen Konzepten. Technisch schaut Cadillac voraus, wie Kofferraum-Zuziehhilfe, elektronischer Tachometer und Zylinderabschaltung zur Kraftstoffreduzierung beweisen. Wobei sich der V8 mit sechs oder gar nur vier laufenden Zylindern oft so unwohl fühlt, dass er auf null Zylinder herunterfährt. Ein Jahr später kassiert Cadillac diese Lösung.

Bild: © GM Corp.

Preise	1	2	3	4	5
Seville (81-85), L4t	19.600	11.700	7.200	3.500	1.800

Motor/Antrieb	
Bauart	V6, V8
Lage/Antrieb	Front/Front
Hubraum in cm³	4087 bis 6045
PS/min	107/2800 bis 147/3600
Vmax in km/h	175 bis 185
Karosserie	
Bauart	Limousine (4-türig)
Tragstruktur	selbsttragend
Material	Stahlblech
Stückzahl und Marktsituation	
Produktionszahl	ca. 198.000
Verfügbarkeit	ausreichend
Teilesituation	ausreichend
Unterhaltskosten	hoch

Cadillac Allanté 1987-1993

Auf den Namen Allanté hörte Ende der 1980er Jahre Cadillacs Versuch, in der Liga des Mercedes-Benz SL mitzumischen. In der Tat stellte der vorderradgetriebene Achtzylinder-Roadster eine reizvolle Alternative zum teutonischen Boulevard-Cruiser dar, trotz seines kopflastigen Layouts – wäre da nicht ein astronomischer Neupreis von 54.000 Dollar. Doch der Allanté war im Jahr 1987 nicht zufällig das mit Abstand teuerste Modell im Cadillac-Programm, schließlich geriet seine Entstehung zum logistischen Super-GAU. General Motors ließ die vorgefertigten Bodengruppen tatsächlich von Detroit nach Turin fliegen, wo das Cabriolet bei Pininfarina seinen italienischen Maßanzug erhielt. Danach ging es per Fracht-Jumbo zurück in die Vereinigten Staaten zur Endmontage. Nur 21.430 Exemplare entstanden bis 1993, Cadillac hatte mit doppelt so vielen Autos gerechnet. Bei uns bleibt der Ami-SL mit Italian Dressing eine unterschätzte Rarität, wenn auch eine mit Stil.

Bild: © GM Corp.

Preise	1	2	3	4	5
Allante, Cab	k.N.	16.100	9.500	4.600	k.N.

Motor/Antrieb	
Bauart	V8
Lage/Antrieb	Front/Front
Hubraum in cm³	4467
PS/min	203/4400
Vmax in km/h	210
Karosserie	
Bauart	Cabriolet
Tragstruktur	selbsttragend
Material	Stahlblech
Stückzahl und Marktsituation	
Produktionszahl	21.430
Verfügbarkeit	gut
Teilesituation	ausreichend
Unterhaltskosten	hoch

Caterham (GB) • seit 1974

Nach der Einstellung des populären Lotus Seven war sich der Lotus-Händler Graham Nearn sicher, dass es weiterhin Nachfrage nach dem kompromisslosen Sportler geben würde. So erwarb er von Colin Chapman die Produktions- und Namensrechte sowie die Werkzeuge zur weiteren Fertigung des Sportwagens.

Ab Mai 1973 konnte Caterham die Neuauflage des Super Seven anbieten. Zunächst erschien er in der S4-Version, von der jedoch nur 38 Exemplare gebaut wurden. 1974 wechselte Caterham auf den puristischeren Vorgänger S3. Als Motorisierung setzte Caterham auf Ford-Motoren mit 1,3 und 1,6 Litern Hubraum, doch auch Lotus-Motoren (126 PS) waren lieferbar. Die Caterham-Exemplare trugen hinten Starrachsen des Morris Ital, ab 1980 stammten sie vom Ford Escort. Nach 1985 waren auch DeDion-Konstruktionen lieferbar.

1994 präsentierte Caterham sogar ein domestiziertes, gut aussehendes Cabriolet auf der modifizierten Basis des Super Seven.

Ein Erfolg jedoch blieb aus – vom Caterham 21 sollen nur 49 Exemplare entstanden sein.

An der radikalen Ausrichtung des Urmodells hält Caterham bis heute fest. Das Layout der Modelle hat sich kaum verändert, und aktuell bietet der deutsche Importeur die Fahrzeuge in fünf Leistungsstufen an – von 80 PS aus einem kompakten Suzuki-Motorradtriebwerk bis hin zu 310-Kompressor-PS. Hier peitscht ein Zweiliter-Kompressor-Motor von Cosworth das nur rund 500 Kilogramm wiegende Gefährt voran. Diese stärkste Version ist jedoch nicht mehr für den Straßenbetrieb zulassungsfähig. Dort ist bei 245 PS und 9000/min Schluss – mehr als genug, für grandiosen, ungefilterten asphaltnahen Fahrspaß.

Am 31. März 2021 übernahm die japanische VT Holding die Firma. Aktuell sind acht Modell im Angebot, einige im Renntrim und nicht zulassungsfähig. Die Motoren stammen von Suzuki (660 cm³) und Ford (2,0 Liter).

Caterham Super Seven 1974 bis heute

Flach, offen, hart und ehrlich – der Super Seven ist bis heute die erste Wahl, wenn es um pures Fahrvergnügen geht. Ihm gebührt das Prädikat des einzigen Motorrads mit vier Rädern, ein Freizeitspaß mit Tradition. Der echte Seven aus Lotus-Produktion besaß noch eine sehr treue Fangemeinde, die nach dem Fertigungsende des Originals schließlich von Caterham bedient wurde. Firmenbesitzer Graham Nearn hatte von Colin Chapman die Rechte zur Neuauflage des S III-Modells mitsamt Werkzeugen erworben. Dank stetiger Modellpflege konnte das reizvolle Fahrzeug sogar schwierigste Typzulassungshürden passieren. Im Laufe der Jahre griffen viele Veränderungen und Optimierungen: Neben simplen Ford- und Rover-Vierzylindern kamen aufwändige Lotus Twin Cams zum Einsatz, zudem Motorradtriebwerke von Honda und Suzuki. Als leichte, radikale und technisch verfeinerte Ausgaben gibt es den Seven bis heute in verschiedensten Leistungsstufen.

Preise	1	2	3	4	5
Super Seven, Rds	k.N.	27.800	18.100	10.200	k.N.

Motor/Antrieb	
Bauart	Vierzylinder (Reihe)
Lage/Antrieb	Front/Heck
Hubraum in cm^3	1599
PS/min	84/5500
Vmax in km/h	165
Karosserie	
Bauart	Roadster
Tragstruktur	Rohrrahmen
Material	Kunststoff, Aluminium
Stückzahl und Marktsituation	
Produktionszahl	ca. 4000
Verfügbarkeit	üppig
Teilesituation	sehr gut
Unterhaltskosten	mittel

C

Champion (D) • 1947-1954

Die Geschichte der Champion-Kleinwagen wirkt wie eine Verkettung von Pleiten, Pech und Pannen. Sie begann damit, dass der ehemalige BMW-Ingenieur Hermann Holbein 1948 die Lizenz für ein Kleinst-Cabriolet namens Champion 250 erwarb. Die Konstruktion stammte vom Friedrichshafener Getriebehersteller ZF.

Das erste Champion-Werk stand in Herrlingen bei Ulm, Holbein suchte aber nach weiteren Geldgebern und stieß auf eine westfälische Investorengruppe, zu der unter anderem die Benteler-Werke und der Backpulver-Konzern Dr. Oetker zählten. So zog die Champion-Fabrik 1951 nach Paderborn-Mönkeloh um und startete dort die Produktion des neuen, zweisitzigen Champion 400. Nach einem Jahr folgte der Konkurs, aber zwei Champion-Händler verpflanzten die Fabrik 1952/53 nach Ludwigshafen am Rhein. Ihrer „Rheinischen Automobil Fabrik" (RAF) ging jedoch bereits Ende 1953 das Geld aus. Ein Hochstapler namens Henning Thorndahl wagte in Ludwigshafen den vierten Versuch – er verschwand 1954 spurlos und hinterließ ebenfalls nur Schulden. Die Motorradfabrik Maico in Pfäffingen übernahm die Fertigungs-Einrichtungen und baute den Champion 400 von 1955 bis 1956 unter eigenem Namen weiter.

Champion 250, 400, 400 H, 500 G und Maico MC 400 H, 500 G 1948-1956

Der Champion 250 war ein Zweisitzer von simpelster Konstruktion, der es von 1948 bis 1951 auf immerhin 400 Kaufverträge brachte. Im Rücken des Fahrers brüllte ein 250er Triumph-Einzylindermotor mit sechs PS, später gab es auch einen Doppelkolbenmotor mit 10 PS. Wesentlich verfeinert trat 1951 der Champion 400 an, eine Eigen-Konstruktion des Firmenchefs, die sich ideell am Fiat Topolino orientiert hatte. Hier sorgte ein ILO-Twin mit 14 PS für Vortrieb. Die rundliche Cabrio-Limousine galt als Kleinwagen für gehobene Ansprüche, bot aber wiederum nur zwei Sitzplätze. Die Rheinische Automobil Fabrik fertigte den Champion 400 H mit Heinkel-Motor und 15 PS sowie das Modell 500 G, einen viersitzigen Kombi mit 452-cm^3-Motor. Maico fertigte beide Modelle bis 1956 weiter; allerdings entstanden insgesamt nur 41 Exemplare des Kombis.

Bild: © Archiv Günther Zink

Preise	1	2	3	4	5
Champion 250, Cal	28.000	20.000	15.000	9.000	7.000
Champion 400, Cal	50.000	37.000	24.000	15.000	9.000

Motor/Antrieb	
Bauart	Ein-/Zweizylinder-Zweitaktmotor
Lage/Antrieb	Heck/Heck
Hubraum in cm^3	250, 398, 452
PS/min	6/4700 bis 18/4000
Vmax in km/h	60 bis 92
Karosserie	
Bauart	Rdst, Cab-Lim, Lim (2-türig), Kom (3-türig)
Tragstruktur	Zentralträgerrahmen
Material	Stahlblech
Stückzahl und Marktsituation	
Produktionszahl	ca. 5500 (250, 400)
Verfügbarkeit	gegen null
Teilesituation	schwierig
Unterhaltskosten	niedrig

Chevrolet (USA) • seit 1911

Hätte es um 1890 im schweizerischen Uhrenhandel nicht gekriselt, hätte es nie Automobile der Marke Chevrolet gegeben. Doch die Familie Chevrolet, heimisch im Jura, floh nach Burgund, in der Hoffnung, dort Arbeit zu finden. Sohn Louis liebte die Mechanik. Da der Weg zu Uhren ihm in der neuen Heimat versperrt blieb, heuerte er in einer Fahrradwerkstatt an. Als er die ersten Automobile reparieren durfte, hatte er seine Bestimmung gefunden.

Mit 22 Jahren wanderte er 1900 nach Amerika aus. Er fand Arbeit in den Dependancen von Fiat America und De Dion-Bouton und startete 1905 als Rennfahrer. Er soll, so berichten die Annalen, einer der kühnsten und besten Piloten der Welt gewesen sein.

1908 begann Chevrolet mit seinem Bruder für William C. Durant, dem Gründer von General Motors, an der Entwicklung der Marke Buick zu arbeiten. Zwei Jahre später entstand die „Chevrolet Motor Company Of Michigan". Schon 1913 kriselte die Kooperation: Louis Chevrolet stieg aus seinem Unternehmen aus, überließ aber alle Markenrechte dem cleveren Durant. Ein rasanter Erfolg schlug sich auch kommerziell nieder und sicherte ihm in Folge die Kontrolle der General Motors Gruppe – einschließlich Chevrolet. Das Glück jedoch blieb nicht lange auf seiner Seite.

Chevrolet lieferte die Basisfahrzeuge des Konzerns, entwickelte sich weiterhin sehr gut und konnte zeitweise sogar Ford den ersten

Gebürtiger Schweizer, ruhmreicher Rennfahrer und unermüdlicher Konstrukteur:Louis Joseph Chevrolet (1878-1941).

Bild: © Ford Motor Company

Rang unter den Automobilherstellern streitig machen – zum Beispiel 1927, als Ford die Tin Lizzy-Produktion einstellte und Chevrolet erstmalig über eine Million Autos im Jahr verkaufen konnte.

Den ersten großen Schritt nach dem Zweiten Weltkrieg machte Chevrolet 1953 mit der Corvette. Damit gelang ein großer Wurf, es war das erste rein amerikanische Cabriolet der Nachkriegszeit. Zu eigenen V8-Motoren entschloss sich das Unternehmen erst 1955, und bis 1960 sollte es noch dauern, bis Chevrolet die alte Rahmenbauweise abschrieb und selbsttragende Karosserien entwickelte. Unrühmlich entwickelte sich das 1959 präsentierte Modell Corvair mit seinem luftgekühlten Boxermotor im Heck. Seine mangelnde Sicherheit schrieb in den Folgejahren Geschichte: Verbraucheranwalt Ralph Nader hatte in spektakulären Prozessen ein Exempel statuiert.

Chevrolet blieb die Einstiegsmarke des GM-Konzerns, spielte jedoch in Europa kaum eine Rolle. Ein kurzes Gastspiel gab die Marke zwischen 2005 und 2015, als bei GM in Südkorea entwickelte Daewoo-Modelle mit Chevrolet-Logo im Angebot waren. Letztlich wollte die amerikanische Mutter der deutschen Tochter Opel das Leben nicht allzu schwer machen. Eine Verbindung der beiden gab es noch über den Plug-in-Hybriden Opel Ampera, der 2009 auf Basis des zwei Jahre zuvor erstmals gezeigten Chevrolet Volt entstanden war.

Nur Camaro und Corvette, die altgedienten US-Sportler, blieben in Europa stets weiter im Fokus. Bei der Corvette griffen die Marketingstrategen übrigens zum Rotstift: Solange Daewoo-Modelle als Chevrolet liefen, hatten sie den traditionellen Markennamen aus der Modellbezeichnung der Corvette gestrichen

In den USA bleibt Chevrolet ein Vollsortimenter mit dem Kleinwagen Spark über Sportwagen und SUV bis hin zu leichten Nutzfahrzeugen. In Deutschland wird aktuell die Corvette Stingray, die Corvette Z06 und die E-Ray mit Hybridantrieb angeboten.

Der Herzschlag Amerikas: Die Corvette-Sportwagen

Kein Automobildesigner prägte das amerikanische Straßenbild der 1950er Jahre so wie Harley Earl. In den Jahren seines Wirkens war der GM-Chefdesigner eine der treibenden Kräfte. Seine Panoramascheiben, Hardtop-Dächer und immer höheren Heckflossen gelten als exaltierte Stilblüten jener Epoche. Doch Earl zeigte sich auch vom Jaguar XK 120 angetan. Ihn vor Augen, feilte er am Entwurf eines knapp geschnittenen, zweisitzigen Sportroadsters für die Marke Chevrolet.

Sein Auto sollte eine Karosserie aus modernem Kunstharz tragen. 1953 war es schließlich soweit: Die ersten Corvette standen in den Schaufenstern der GM-Vertragshändler. Und zwar länger als erwartet, denn zunächst lief der Verkauf nur schleppend. Mit ihrem veralteten Sechszylinder konnten die Corvette nicht punkten; einen V8 gab es erst ab 1955.

Die Wende kam mit einem großen Facelift für das Modelljahr 1956. Von da an gehörte die Corvette zu den Begehrlichkeiten der Rock'n'Roll-Generation. Im Jahr 1963 folgte die zweite Auflage, mit der die Marke nun sogar erfolgreich Motorsport betrieb. Die zweite Auflage des Sportwagens trug außerdem erstmals versenkbare Scheinwerfer, ein Merkmal, das bis zur Corvette C5 überlebte.

Über Jahrzehnte hinweg definierte sich „America's Number One Sportscar" eher über spektakuläres Design und große Motoren, als durch fahrdynamische Qualitäten zu glänzen. Erst die 2005 eingeführte sechste Generation bot ein Handling, mit dem sich die Corvette vor den Mitbewerbern aus Zuffenhausen und Maranello nicht mehr verstecken muss. Im Juli 2019 wurde die achte Generation (C8) der Corvette vorgestellt. Wieder ist ein 6,2 Liter großer V8 montiert, hinzu kommt erstmals ein achtstufiges Doppelkupplungsgetriebe.

Chevrolet Corvette 1953-1955

Der ehrenwerte Versuch von Chevrolet, ein kompaktes, offenes Auto in europäischem Format für amerikanische Käufer zu bauen, schlug in seiner ersten Fassung fehl. Man hatte eine eigentümliche Mischung zusammengebraut: optisch außen wie innen ein verspielter Ami, mit einer leichten Kunststoff-Karosserie auf dem Kastenrahmen, dem knapp geschnittenen Verdeck nach Art britischer Roadster und einem trägen Sechszylindertriebwerk aus Gusseisen. Mit Mühe verkaufte man über 4500 dieser ersten Corvette in drei Jahren. Dem Bedürfnis nach standesgemäßer Motorleistung suchte man durch Hubraumerweiterung entgegen zu kommen, doch auch der 4,3-Liter-Reihensechszylinder mühte sich mit dem Sportler ab – mit nicht zufriedenstellendem Ergebnis.

Bild: © Jürgen Schlegelmilch

Preise	1	2	3	4	5
Corvette 1953 (3.9 R6), Rds	279.000	197.000	130.000	k.N.	k.N.
Corvette 1954 (3.9 R6), Rds	114.000	81.000	53.000	30.000	k.N.
Corvette 1955 (4.3 V8), Rds	185.000	130.000	85.000	48.000	k.N.

Motor/Antrieb	
Bauart	Sechszylinder (Reihe)
Lage/Antrieb	Front/Heck
Hubraum in cm^3	3859, 4342
PS/min	150/4200 bis 195/5000
Vmax in km/h	165 bis 175
Karosserie	
Bauart	Roadster
Tragstruktur	Kastenrahmen
Material	Kunststoff
Stückzahl und Marktsituation	
Produktionszahl	4640
Verfügbarkeit	schlecht
Teilesituation	ausreichend
Unterhaltskosten	hoch

Chevrolet Corvette 1956-1962

Besseren Einklang mit der sportlichen Ausstrahlung versprach die Corvette ab 1956. Die komplett überarbeitete Kunststoffkarosserie barg nun ausschließlich Achtzylindermotoren, die mit 225 bis 360 PS für stramme Fahrleistungen sorgten – der erste Ford Thunderbird hatte Chevrolet gezeigt, wie man mit einem ähnlichen Konzept Erfolg haben konnte. Nun verkaufte sich auch der Sport-Chevy ordentlich. Dem einheimischen Publikum wurde eine sehr große Auswahl an Sonderausstattungen angeboten, doch das Fahrwerk zeigte sich trotz üppiger Motorleistung ernsthaften Anforderungen kaum gewachsen. Die blattgefederte Starrachse im Heck und rundum Trommelbremsen machten ein Ausnutzen der gebotenen Leistung im Zweifelsfall höchst riskant.

Bild: © Chevrolet

Preise	1	2	3	4	5
Corvette V8 (1956-1957), Cab	132.000	93.000	62.000	35.000	k.N.
Corvette V8 (1957-1959), Cab	140.000	99.000	65.000	37.000	k.N.
Corvette V8 (1959-61), Cab	116.000	81.000	54.000	30.000	k.N.
Corvette V8 (1961-62), Cab	123.000	86.000	57.000	32.000	k.N.

Motor/Antrieb	
Bauart	V8
Lage/Antrieb	Front/Heck
Hubraum in cm^3	4342, 5359
PS/min	225/5200 bis 360/6000
Vmax in km/h	185 bis 230
Karosserie	
Bauart	Cabriolet
Tragstruktur	Kastenrahmen
Material	Kunststoff
Stückzahl und Marktsituation	
Produktionszahl	64.375
Verfügbarkeit	ausreichend
Teilesituation	ausreichend
Unterhaltskosten	hoch

Chevrolet Corvette Sting Ray 1963-1967

Nach ungewöhnlicher Modellkonstanz schob Chevrolet 1963 die nächste Corvette-Generation in die Verkaufsräume. Diesmal wurde neben dem Cabriolet auch ein Coupé angeboten, das sich in seinem ersten Modelljahr durch das unterteilte Rückfenster auszeichnete. Neben mehr Hubraum und mehr Leistung machten sich die Ingenieure Gott sei Dank auch auf die Suche nach einem besseren Fahrwerk. Mit einer hinteren Einzelradaufhängung und Scheibenbremsen wurden sie schließlich auch fündig. Die weiterhin aus Kunststoff gefertigten Karosserien fanden unverändert Platz auf einem Kastenrahmen. Insgesamt fast 120.000 verkaufte Corvette waren mehr als ein Achtungserfolg – das Cabriolet war dabei deutlich beliebter als das Coupé.

Bild: © Dieter Rebmann

Preise	1	2	3	4	5
Corvette Sting Ray (Split Window), Cpe	165.000	113.000	80.000	39.000	k.N.
Corvette Sting Ray 327/250 (64-65), Cpe	91.000	63.000	44.000	22.000	k.N.
Corvette Sting Ray 327/300 (63-64), Cab	97.000	67.000	47.000	23.000	k.N.
Corvette Sting Ray 327/350 (65-67), Cab	114.000	78.000	55.000	27.000	k.N.

Motor/Antrieb	
Bauart	V8
Lage/Antrieb	Front/Heck
Hubraum in cm³	5359, 6997
PS/min	250/4400 bis 335/5800
Vmax in km/h	190 bis 240
Karosserie	
Bauart	Coupé, Cabriolet
Tragstruktur	Kastenrahmen
Material	Kunststoff
Stückzahl und Marktsituation	
Produktionszahl	45.546 Cpe, 72.418 Cab
Verfügbarkeit	ausreichend
Teilesituation	ausreichend
Unterhaltskosten	hoch

Chevrolet Corvette 1967-1972

1967 nahm nun die vierte Corvette-Generation Formen an – und sie waren aufregend gelungen. Was die schwungvoll gezeichnete Hülle mit den betonten Radhäusern schon im Stand versprach, wurde auf der Straße Wirklichkeit: Fahrdynamik satt dank viel Leistung aus Hubraum. Mit bis zu 7,4 Litern Volumen waren die Motoren nicht nur üppig dimensioniert, sondern mit 465 PS (allerdings nach SAE-Norm) auch bullenstark. Neben dem Cabriolet wurde wiederum ein Coupé angeboten, dessen Dach aber mit herausnehmbaren Hälften nicht dazu zwang, auf Frischluftspaß völlig zu verzichten. Mit rund 150.000 gebauten Wagen war das Konzept weiterhin sehr erfolgreich, als der Konkurrent Thunderbird schon die Flügel eingeklappt hatte.

Bild: © Chevrolet

Preise	1	2	3	4	5
Corvette Sting Ray 327/300 (67-68), Cpe	58.500	42.700	27.900	14.500	9.500
Corvette Stingray 350/350 (69-71), Cpe	60.000	43.700	28.600	14.900	9.900
Corvette Stingray 350/300 (69-71), Cab	54.100	39.300	25.700	13.400	8.900
Corvette Stingray 454/360 (71-72), Cab	55.100	40.300	26.200	13.600	9.200

Motor/Antrieb	
Bauart	V8
Lage/Antrieb	Front/Heck
Hubraum in cm³	5359 bis 7440
PS/min	300/4800 bis 465/5200
Vmax in km/h	200 bis 250
Karosserie	
Bauart	Coupé, Cabriolet
Tragstruktur	Kastenrahmen
Material	Kunststoff
Stückzahl und Marktsituation	
Produktionszahl	ca. 150.000
Verfügbarkeit	gut
Teilesituation	sehr gut
Unterhaltskosten	hoch

Chevrolet Corvette 1978-1982

Die charakteristische Wespentaillen-Form war der Corvette nach dem Modellwechsel im Jahr 1978 geblieben. Hubraum und Leistung dagegen hatte Chevrolet erheblich reduziert – die Corvette war wieder zahm geworden. Die neue Devise: das neue Modell habe sicherer, sparsamer und umweltfreundlicher zu sein. Die einst zierlichen Chromstoßstangen waren nachgiebigen Plastikprallschürzen gewichen, die zwar alle gesetzlichen Forderungen wirkungsvoll umsetzten, der zuvor eleganten Optik aber ein Ende setzten. Dennoch verkaufte sich die Corvette besser als je zuvor. Über 210.000 Fahrzeuge in knapp fünf Jahren waren ein beachtlicher Erfolg. Wie bisher ruhte die Kunststoffkarosserie auf einem schweren Kastenrahmen. Wer eine wirklich leistungsstarke Version suchte, musste fortan den Tuningspezialisten seines Vertrauens fragen.

Bild: © Chevrolet

Preise	1	2	3	4	5
Corvette Stingray 350/220 (78-79), Cpe	34.300	25.000	16.300	8.600	5.600
Corvette Stingray 350/190 (80-82), Cpe	31.200	23.000	15.000	8.000	5.200

Motor/Antrieb	
Bauart	V8
Lage/Antrieb	Front/Heck
Hubraum in cm³	5657, 5733
PS/min	180/4000 bis 220/5200
Vmax in km/h	185 bis 200
Karosserie	
Bauart	Coupé, Cabriolet
Tragstruktur	Kastenrahmen
Material	Kunststoff
Stückzahl und Marktsituation	
Produktionszahl	212.235
Verfügbarkeit	üppig
Teilesituation	sehr gut
Unterhaltskosten	hoch

Chevrolet Corvette C4 1984-1996

Im Jahr 1984 stellt Chevrolet endlich die vierte Generation der Corvette vor. Das Vorgängermodell hat zu diesem Zeitpunkt bereits 15 Jahre auf dem Buckel. Die Außenhaut des bullig gestylten US-Sportlers ist auch diesmal aus Glasfaser gefertigt, ebenso hält man am V8-Frontmotor fest. Chevrolet liefert seinen Kult-Sportwagen serienmäßig mit einer Viergang-Automatik, auf Wunsch auch mit einem Schaltgetriebe aus. Anfangs leistet die C4 relativ bescheidene 204 PS aus 5,7 Litern Hubraum. 1989 soll es die 375 PS starke Corvette ZR-1 richten und den etablierten Sportwagenschmieden Europas das Fürchten lehren. 1995 erscheint das auf 1000 Exemplare limitierte Sondermodell „Grand Sport", eine Anspielung auf die Renn-Corvetten der 60er Jahre. Zwei Jahre später, 1997, folgt die Ablösung durch die Corvette C5.

Bild: © Chevrolet

Preise	1	2	3	4	5
Corvette C4 (84-86), Cpe	27.300	16.100	10.100	4.200	2.100
Corvette C4 ZR1 (89-90), Cab	58.700	34.300	21.800	9.200	4.500
Corvette C4 Convertible (87-90) Cab	38.500	22.700	14.300	6.000	2.900

Motor/Antrieb	
Bauart	V8
Lage/Antrieb	Front/Heck
Hubraum in cm³	5733
PS/min	204/4200 bis 411/5800
Vmax in km/h	240 bis 280
Karosserie	
Bauart	Coupé, Cabriolet
Tragstruktur	selbsttragend
Material	Kunststoff
Stückzahl und Marktsituation	
Produktionszahl	k.A.
Verfügbarkeit	üppig
Teilesituation	sehr gut
Unterhaltskosten	mittel

Beliebte Mittelklasse: Die Bel Air-Familie

Das Land der unbegrenzten Möglichkeiten gibt in den 1950er Jahren einen schnellen Takt vor. Nicht nur der Rock'n'Roll hämmert über den Atlantik, auch in konservativeren Kreisen bleibt alles in atemloser Bewegung. So etablieren Detroits „Big Three", General Motors, Ford und Chrysler, Modellzyklen mit einer Haltbarkeit von gerade einem Jahr. Dann folgt eine neue Runde, und kosmetisch aufgefrischt starten die Autos in ihr neues Modelljahr, dessen Namen sie zur Unterscheidung tragen.

Die Optik zählt, besonders bei GM. Immer dramatischere Auftritte zelebriert die Marke, die Designer adaptieren die Formensprache der Luft- und Raumfahrt und skizzieren skurril-futuristische Karosserien. Selbst die in vielen hundertausend Exemplaren verkaufte Mittelklasse kann sich vor Glamour, Chrom und blechernen Zierleitwerken kaum retten. „Bel Air" nennt Chevrolet ab 1953 die Top-Versionen seiner massenkompatiblen Baureihe, und schon dieser Name beweist, wie wichtig Verführung, Träume und Sehnsüchte sind. In dieser Zeit scheint alles möglich, was bereits die Karosserie-Vielfalt zeigt: Den Bel Air gab es als Limousine mit zwei oder vier Türen, als Coupé und Cabriolet, aber auch in zwei Hardtop-Ausführungen und zwei Station Wagons. Insbesondere der „Nomad", die dreitürige Kombi-Version des Bel Air, gilt schnell als Stil-Ikone.

Aus dem Top-Modell wird eine Baureihe, und nachdem die Jahrgänge 1955 und 1956 sehr gut ankommen, übertrifft sich das Designerteam der GM-Volumenmarke für das Modelljahr 1957 selbst: Der extravagante Auftritt des heute legendären Bel Air 1957 täuscht sogar über die Tatsache hinweg, dass der Mittelklasse-Chevy längst auch eine technische Überarbeitung nötig hätte. Der Bel Air gilt als Cadillac fürs Volk. Die Kunden spüren einen Hauch der Oberklassen-Aura. Doch 1959 muss er sich dem neuen Impala unterordnen, der nun die Rolle des Luxusmodells übernimmt. Mit den Jahren verschiebt sich die Modell-Hierarchie innerhalb der US-Marke weiter. Als Chevrolet die Bel Air-Baureihe 1976 einstellt, gilt er als die günstigste Offerte der Mittelklasse. Tatsächlich kommt der späte Bel Air bei weitem nicht mehr an seine legendären Zeiten Ende der 1950er Jahre heran.

2002 erinnert die Studie eines Retro-Bel Air an die großen Zeiten. Es gibt leise Hoffnungen auf eine Serienfertigung des Lifestile-Cabrio. Sie bestätigen sich nicht: Der Bel Air bleibt Geschichte.

Chevrolet Bel Air Nomad — 1955

Für amerikanische Verhältnisse trug der Bel Air Nomad ein geradezu sportlich anmutendes Kleid, das gleichzeitig als Urvater eines neuen Konzepts angesehen werden kann. Sportliche Kombis mit zwei Türen hatte die Welt noch nicht gesehen – und im Grunde auch nicht gebraucht. Die Kombination des großen Gepäckraums mit der zweitürigen Bauweise überzeugte so auch nur relativ wenige Kunden, doch setzte Chevrolet auch in den beiden Folgejahren auf das Konzept, dem stärkere Motoren gut zu Gesicht gestanden hätten. So blieb es bei dürftigen 121 bis 182 PS amerikanischer Norm, die aus 3,8 bis 4,3 Liter großen Sechszylinder- und V8-Motoren geschöpft wurden. Später erhielten auch konventionelle Kombis den Beinamen Nomad.

Preise	1	2	3	4	5
Bel Air Nomad, Kom	99.800	63.400	39.700	18.400	8.100

Motor/Antrieb	
Bauart	Sechszylinder (Reihe), V8
Lage/Antrieb	Front/Heck
Hubraum in cm^3	3859 bis 4342
PS/min	121/3800 bis 182/4600
Vmax in km/h	135 bis 165
Karosserie	
Bauart	Kombi (3-türig)
Tragstruktur	Kastenrahmen
Material	Stahlblech
Stückzahl und Marktsituation	
Produktionszahl	8386
Verfügbarkeit	schlecht
Teilesituation	schwierig
Unterhaltskosten	hoch

Chevrolet Bel Air Convertible — 1957

Die unbeschwerte Zeit des Größen-, Flossen- und Hubraumwachstums hatte begonnen: Das normale amerikanische Auto war zwar nicht unbedingt ein Cabriolet, doch konstruktiv ähnelte es diesem Modell: mit schwerem Kastenrahmen und schlichtem Fahrwerk, zweifarbiger Lackierung, chromschwelgender Wagenfront und reichlich Verzierungen samt Panoramascheibe. Die Wahl des Bel Air-Motors konnten Interessenten nur zwischen einem gut 3,8 Liter großen Sechszylinder, der allerdings nur 138 PS leistete, und einem gut 4,6 Liter großen V-Achtzylinder mit 274 PS treffen. Doch auch bei dem stärkeren Modell blieben die Fahrleistungen bescheiden, und das komfortbetont abgestimmte Starrachsfahrwerk verbot eine schnittig-europäische Fahrweise von selbst.

Preise	1	2	3	4	5
Bel Air, Cab	204.000	129.000	81.000	37.000	16.000

Motor/Antrieb	
Bauart	Sechszylinder (Reihe), V8
Lage/Antrieb	Front/Heck
Hubraum in cm^3	3859 bis 4637
PS/min	138/4200 bis 274/6000
Vmax in km/h	140 bis 179
Karosserie	
Bauart	Cabriolet
Tragstruktur	Kastenrahmen
Material	Stahlblech
Stückzahl und Marktsituation	
Produktionszahl	47.562
Verfügbarkeit	ausreichend
Teilesituation	ausreichend
Unterhaltskosten	hoch

Bild: © GM Corp.

Masse für die Mitte: Impala und Caprice

Im Jahr 1958, passend zum 50. Geburtstag von General Motors, renoviert Chevrolet seine komplette Modellpalette von Grund auf – und nicht nur oberflächlich, wie sonst üblich. Das komplette 1959er-Modelljahr legt an Format und Gewicht zu, die alten Motoren verschwinden. Optisch lehnen sich die Chevrolet-Modelle immer mehr an die Cadillac-Oberklasse an. Gleichzeitig gibt es erstmals einen „Top Of The Line"-Bel Air, der den Namenszusatz Impala trägt. Eine flotte, weit springende südafrikanische Antilopenart steht Pate – aha.

Charakteristisch für die frühen Impala-Modelle sind die sechs Leuchteinheiten am Heck. 1959, im Jahr als die Tailfins am größten sind, wird der Impala zum eigenständigen Modell gekürt. Der Ur-Impala hat bis heute nichts von seinem gigantomanischen Charme verloren, vor allem dank seines unerhört zerklüfteten Hecks, das ihn wie einen frühen Prototyp des Batmobiles aussehen lässt. Das Auto polarisiert, doch Chevrolet hatte seinen Designern bewusst keine Grenzen gesetzt.

Auf Basis des 1959er-Impala entstand zudem der erste El Camino, ein Pickup, mit dem Chevrolet auf den bereits zwei Jahre zuvor erschienenen Ford Ranchero antwortet. Bis 1965 bleibt der Impala das teuerste Auto im Chevrolet-Programm, bevor der Caprice auf den Markt kommt. Der rangiert in Sachen Luxus, Größe und Leistung abermals höher.

Der Impala wird rasch zum bekanntesten Chevrolet-Modell, gleichzeitig ist er das erfolgreichste Automobil auf dem US-Markt. Es gibt ihn unter anderem als Cabriolet, Coupé, Limousine und als viertürige Hardtop-Version, die ohne B-Säulen auskommt. Auch als Station Wagon ist der Impala im Angebot, der ab 1969 für zwei Jahre Kingswood heißt.

1985 endet die Ära der klassischen Caprice-Modelle, die jedoch inzwischen die Rolle eines Einsteigermodells übernehmen. Nach einem kurzen Zwischenspiel von 1994 bis 1996 legt Chevrolet Ende der 1990er Jahre den Impala neu auf, nun als Mittelklassemodell mit Frontantrieb und V6-Motoren. Ab 2006 bietet Chevrolet jedoch wieder eine Impala-Version mit 5,4-Liter-V8. Diese inzwischen achte Generation wird in Kanada montiert und teilte sich die Bodengruppe mit anderen Mittelklasse-Modellen aus dem General-Motors-Konzern.

Chevrolet Impala 1957-1985

Die Modellbezeichnung Impala hielt sich bis 1985, ab dem Erscheinen des Caprice als eigenständiges Modell im Jahr 1966 allerdings als in der Mittelklasse positioniertes Modell. Nach 1976 war er sogar der günstigste Chevrolet – um 1994 als Spitzenmodell wiederbelebt zu werden. Beeindruckende Heckflossen in horizontaler Anordnung zeigte beispielsweise das 1959er Modell Impala Sport-Sedan. Nach praktisch jährlichen Karosseriemodifikationen gab es zu Anfang der 1970er auch recht geradlinig gezeichnete Modelle wie das Impala Cabrio, das mit einem elektrisch betätigten Verdeck, Zentralverriegelung, elektrischer Sitzverstellung und vier Fensterhebern die komfortable Art des Offenfahrens gewährleistete. Sein knapp 6,5 Liter großer V8-Motor leistet 212 PS. Die Modellbezeichnung Impala hielt sich bis 1985, obwohl das Auto schon lange auf den Namen Caprice hörte.

Bild: © GM Corp.

Preise	1	2	3	4	5
Impala (1969), Cab	43.800	29.800	18.800	7.500	2.300
Impala Sport Sedan (1959-1960), L4t	42.500	27.400	18.300	7.400	3.700

Motor/Antrieb	
Bauart	Sechszylinder (Reihe), V6, V8
Lage/Antrieb	Front/Heck
Hubraum in cm³	3856 bis 7443
PS/min	137/4000 bis 395/4800
Vmax in km/h	150 bis 230
Karosserie	
Bauart	Lim (2-/4-türig), Kom, Cpe, Cab
Tragstruktur	Kastenrahmen
Material	Stahlblech
Stückzahl und Marktsituation	
Produktionszahl	k.A.
Verfügbarkeit	ausreichend
Teilesituation	gut
Unterhaltskosten	hoch

Chevrolet Caprice (1. Generation, Series 166) 1966-1970

1965 gab sich der Caprice noch als Luxus-Version des Impala zufrieden, der als schicke Hardtop-Limousine daherkam. Doch 1966 setzte sich der Caprice als eigene Modellreihe nach oben ab. Chevrolet schickte auch das Grundmodell mit einem 4,6-Liter-V8 ins Rennen, die Topmotorisierung war ein 7,0 Liter messender „Turbo Jet"-V8 – es waren Zeiten, in denen Vati ohne Argwohn noch aus dem Vollen schöpfte. Denn praktisch waren die Caprice: Den fünftürigen Estate, also Kombi, gab's mit sechs oder gar neun Sitzplätzen, dazu wieder die elegante Hardtop-Limousine mit vier Türen oder auch ein Coupé, das 1968 sogar ohne B-Säulen zu den Händlern rollte – allerdings nur ein knappes Jahr lang. 1969 gönnte Chevrolet der Caprice-Riege ein noch ausladenderes Blechkleid und nahm dem Kombi seinen Namen Caprice: Bis 1972 hieß der Luxus-Raumwagen nur Chevrolet Kingswood – oder als nobles Top-Modell, mit Plastikholz an den Flanken, Kingswood Estate.

Bild: © GM Corp.

Preise	1	2	3	4	5
Caprice (Serie 166), L4t	32.700	22.100	14.200	5.700	1.500

Motor/Antrieb	
Bauart	V8
Lage/Antrieb	Front/Heck
Hubraum in cm³	4638 bis 6997
PS/min	220/4800 bis 395/5400
Vmax in km/h	150 bis 230
Karosserie	
Bauart	Lim (4-türig), Cpe, Kom (5-türig)
Tragstruktur	Kastenrahmen
Material	Stahlblech
Stückzahl und Marktsituation	
Produktionszahl	k.A.
Verfügbarkeit	ausreichend
Teilesituation	gut
Unterhaltskosten	hoch

Chevrolet Caprice (2. Generation) 1971-1976

Unter dem Label „Full Size" erlebte der Caprice seine zweite Auflage. Der Radstand wuchs, das Design fiel ebenso üppiger aus und spiegelte das Selbstverständnis der großen Modelle. Auch das Interieur passte sich dem an: Ein moderner, liegender Tacho, Holzoptik, dazu eine aufwändige Polsterung samt Mittelarmlehne bei den Limousinen boten angemessenen Luxus. Weiterhin offerierte Chevrolet eine Kingswood genannte Kombiversion, die größer denn je ausfiel und über einen nochmals längeren Radstand verfügte. Zudem verfügte sie hinten weiterhin über eine Starrachse mit Blattfedern, im Unterschied zu den Limousinen und Coupés mit ihrer Einzelradaufhängung und Schraubenfedern. Schick fiel das Heck der Kombis dieser Baureihe aus: Glide Away hieß das System, mit dem sich die Heckscheibe nach oben ins Dach fahren ließ, während die darunterliegende Blechpartie nach unten verschwand. Bis zu acht Personen fanden in diesen ausladenden Kombis Platz. Als Antrieb bot Chevrolet verschiedene Versionen der Small- und Big-Block-V8.

Bild: © GM Corp.

Preise	1	2	3	4	5
Caprice Classic, L4t	23.000	16.700	10.500	5.100	2.400

Motor/Antrieb	
Bauart	V8
Lage/Antrieb	Front/Heck
Hubraum in cm³	5735, 6554, 7440
PS/min	165 bis 225
Vmax in km/h	k.A.
Karosserie	
Bauart	Lim (2-/4-türig), Kom (5-türig), Cpe, Cab
Tragstruktur	Kastenrahmen
Material	Stahlblech
Stückzahl und Marktsituation	
Produktionszahl	k.A.
Verfügbarkeit	ausreichend
Teilesituation	gut
Unterhaltskosten	hoch

Chevrolet Caprice, Caprice Classic (3. Generation, Serie 1B) 1976-1990

Nach dem Schock der Ölkrise dachte Amerika um – auch Chevrolet. Die als Project 77 entwickelte dritte Auflage des Caprice erschien 1976 und fiel, obwohl weiterhin ein Vertreter der Full-Size-Klasse, deutlich kompakter aus. Innen jedoch bot er nicht weniger Raum, insbesondere das Gepäckabteil wuchs sogar deutlich. Die Kombis fassten, wie bisher, bis zu acht Passagiere, wobei in den ersten beiden Reihen je drei Personen nebeneinander saßen, in der dritten Reihe blickten zwei Fahrgäste durch die Heckscheibe. Statt der Glide-Away-Lösung des Vorgängers gab es eine dreh- und klappbare Tür. Eigenwillig fiel die Heckscheibe des Caprice Classic Landau Coupés aus, die Chevrolet in einem speziellen Verfahren aus drei Teilen scharfkantig zusammenschweißte. Wichtig war auch das Thema Verbrauch: Nun gab es neben V8-Benzinern auch V8-Diesel und sogar Sechszylinder. Zudem sorgten 1980 und 1986 zwei große Facelifts für eine Aktualisierung der dritten Auflage des Caprice.

Bild: © GM Corp.

Preise	1	2	3	4	5
Caprice Classic, Cpe	k. N.	18.000	11.000	4.400	k. N.

Motor/Antrieb	
Bauart	Sechszylinder (Reihe), V6, V8
Lage/Antrieb	Front/Heck
Hubraum in cm³	3856 bis 7443
PS/min	105 bis 170
Vmax in km/h	bis 200
Karosserie	
Bauart	Limousine (2-/4-türig), Kombi, Coupé
Tragstruktur	Kastenrahmen
Material	Stahlblech
Stückzahl und Marktsituation	
Produktionszahl	k.A.
Verfügbarkeit	gut
Teilesituation	gut
Unterhaltskosten	hoch

Chevrolet Caprice, Caprice Classic, Impala SS (4. Generation) — 1990-1996

Während in der Tiefe der Konstruktion bei der vierten Generation des Caprice alles beim Alten blieb, zeigte das Design deutlich den formalen Anspruch der 1990er Jahre: Alles geriet runder, zumindest optisch wirkte er deutlich aerodynamischer als sein betont kantiger Vorgänger, ohne jedoch an Eleganz zu gewinnen – insbesondere der Blick von schräg hinten verlockte Kritiker zur spöttelnden Bemerkung, die plumpe Form erinnere an einen gestrandeten Wal. Heute ist diese einzigartige Form, die der Caprice Wagon (Kombi) mit seinem enorm voluminösen Heck noch auf die Spitze trieb, unter anderem aus diesem Grund in den Fokus von Liebhabern gerückt. Ein weiteres Plus tragen bis heute einige Caprice der vierten Generation unter der Haube: Nicht nur amerikanische Polizisten liebten die Modellreihe wegen des optional erhältlichen LT1-Motors, einem auf gut 260 PS gedrosselten Corvette-V8, der den Full-Size-Sedan zum schnellen Einsatzwagen werden ließ.

Bild: © GM Corp.

Preise	1	2	3	4	5
Caprice, L4t	k. N.	9.700	5.900	2.400	k. N.

Motor/Antrieb	
Bauart	V8
Lage/Antrieb	Front/Heck
Hubraum in cm³	5001, 5733
PS/min	172 bei 4200, 182 bei 4000
Vmax in km/h	bis 200
Karosserie	
Bauart	Limousine (4-türig), Kombi (5-türig)
Tragstruktur	Kastenrahmen
Material	Stahlblech
Stückzahl und Marktsituation	
Produktionszahl	k.A.
Verfügbarkeit	gut
Teilesituation	gut
Unterhaltskosten	hoch

Mutiges Konzept mit Heckmotor: Die Corvair-Modelle

Unterhalb von Corvette und Thunderbird gibt es auf dem US-Markt Ende der 1950er Jahre keine sportlich ausgelegten Kompaktwagen, die mit einem günstigen Preis auf Einsteiger zielen. Chevrolet wird in dieser Klasse 1959 aktiv: Der Corvair sorgt mit seinem ungewöhnlichen Konzept für einiges Aufsehen.

Wie kommt die General Motors-Marke Chevrolet auf die Idee des luftgekühlten Heckmotors? Ganz einach: Der Erfolg der importierten Volkswagen und Porsche macht Mut. Kompakte Wagen, zuverlässige Technik, gute Qualität – der gute Ruf reizt Chevrolet, als es um die Entwicklung eines neuen Modells geht, das für Einsteiger maßgeschneidert werden soll. Altbekannte Wege – V8 vorne, Antrieb hinten – verlässt Chevrolet dabei. Der Corvair wird deutlich größer als der Käfer, es gibt ihn zudem nicht nur als Cabriolet und Zweitürer, sondern auch als echtes Coupé, als viertürige Limousine und als ausgewachsenen Kombi.

1964 startet die zweite Auflage des Corvair, und es dauert nur ein Jahr, bis ein Anwalt namens Ralph Nader sein Ende einleitet. Sein Vorwurf: Das unberechenbare Fahrverhalten des hecklastigen Corvair habe zahlreiche Unfälle verursacht, darüber hinaus habe die amerikanische Automobilindustrie versäumt, ausreichend in die passive und aktive Sicherheit ihrer Produkte zu investieren. Die Kampagne schlägt ein: Als extremer Übersteuerer gilt der Corvair mit einem Schlag als brandgefährlich – kein Wunder, kennt der amerikanische Durchschnittsfahrer nur schwerfällige Untersteuerer, die in jede Kurve gezwungen werden wollen. Dass ein Corvair hier gerne Haken schlägt, irritiert sie enorm.

Der Corvair bleibt nun bleiern bei den Händlern stehen. 1969 stellt Chevrolet sein Heckmotor-Modell ein, ohne den Versuch zu unternehmen, am Fahrwerk nachzubessern. Er sei für General Motors kein Erfolg gewesen, hört man heute immer wieder. Das stimmt so nicht: In den zehn Jahren seines Bestehens findet er immerhin rund 1,5 Millionen Käufer.

Gegen den Ford Mustang, der seit Mitte der 1960er Jahre erfolgreich das Potenzial für preiswerte, sportive und etwas knapper geschnittene Autos auslotet, bleibt der Corvair ohne Chance. Hier hat Chevrolet mit dem Camaro (ab 1967) allerdings bereits einen neuen Pfeil im Köcher. Als eigentlichen Nachfolger platziert Chevrolet jedoch 1971 den Chevrolet Vega, ein „Subcompact" im sportlichen Dress.

Chevrolet Corvair (Serie 1) — 1959-1964

Als der Käfer in Europa und Amerika noch quicklebendig war, Ende der fünfziger Jahre, sahen sich die Chevrolet-Mannen dazu hingerissen, ebenfalls ein Fahrzeug mit Heckmotor nach dem Boxerprinzip zu bauen. Das luftgekühlte Sechszylindertriebwerk wurde hinter der Hinterachse angeordnet. Damit erreichte man trotz nicht allzu großer Abmessungen ein großzügiges Raumangebot für die Passagiere, doch das Fahrverhalten litt unter der unausgewogenen Gewichtsverteilung. Kritik rief auch die mangelhafte Standfestigkeit der 2,3 bis 2,7 Liter großen Motoren hervor. Überzeugen konnte jedoch die gelungene Karosserie, die besonders das Cabriolet sehr gut kleidete, aber auch die zwei- und viertürige Limousine ebenso wie den Kombi adrett aussehen ließ.

Bild: © GM Corp.

Preise	1	2	3	4	5
Corvair Monza (1960-1964), Cpe	22.900	15.200	9.500	3.700	1.700
Corvair Monza (1962-1964), Cab	28.800	19.200	12.100	4.700	2.400

Motor/Antrieb	
Bauart	Sechszylinder (Boxer)
Lage/Antrieb	Heck/Heck
Hubraum in cm³	2287, 2371, 2688
PS/min	80/4400 bis 150/4000
Vmax in km/h	140 bis 175
Karosserie	
Bauart	Lim (2-/4-türig), Kom (5-türig), Cab
Tragstruktur	selbsttragend
Material	Stahlblech
Stückzahl und Marktsituation	
Produktionszahl	1.271.089
Verfügbarkeit	schlecht
Teilesituation	schwierig
Unterhaltskosten	hoch

Chevrolet Corvair (Serie 2) — 1965-1969

Chevrolet nahm sich die Kritik zu Herzen und überarbeitete nach immerhin fünfjähriger Produktion das Fahrwerk des Corvair. Die Karosserie des Heckmotorwagens zeigte sich in neuer Form, konnte aber nicht so überzeugen wie beim noch gefälligeren Vorgänger. Hier wurde der Boxermotor nur noch mit 2,7 Litern Hubraum verwendet, der Topversion pustete ein Turbolader die Leistung ein. Doch damit war längst nicht alles gut. Anwalt Ralph Nader hatte den Corvair berechtigterweise angegriffen und eine Prozesslawine ausgelöst, in der es um Schadenersatzansprüche für mit dem Corvair erlittene Verkehrsunfälle ging, deren Ursache in der unzureichenden Konstruktionsqualität des Wagens gesehen wurde. Das Vertrauen der Kunden war verloren, und nach zehn Jahren und über 1,5 Millionen verkauften Exemplaren war das Heckmotorabenteuer von Chevrolet beendet.

Bild: © Chevrolet

Preise	1	2	3	4	5
Corvair Monza (Ser. 2), Cpe	28.600	19.000	12.100	4.700	2.500
Corvair Monza (Ser. 2), Cab	32.800	21.500	13.600	5.300	2.400

Motor/Antrieb	
Bauart	Sechszylinder (Boxer)
Lage/Antrieb	Heck/Heck
Hubraum in cm³	2688
PS/min	95/3600 bis 180/4400
Vmax in km/h	145 bis 185
Karosserie	
Bauart	Lim (2-/4-türig), Hardtop, Cab
Tragstruktur	selbsttragend
Material	Stahlblech
Stückzahl und Marktsituation	
Produktionszahl	387.923
Verfügbarkeit	schlecht
Teilesituation	schwierig
Unterhaltskosten	hoch

General Motors auf Pony-Jagd: Der Chevrolet Camaro

Ohne den Ford Mustang hätte es den Chevrolet Camaro nie gegeben, heißt es. Tatsächlich denkt man bei General Motors bereits in den frühen 1960er Jahren über einen solchen Fahrzeugtyp nach, baut dann allerdings zunächst weiterhin auf den unkonventionellen Corvair. Bis Ford 1964 die Mustang-Bombe platzen lässt – und Amerika Kopf steht. Die Pony Cars boomen im Handumdrehen.

General Motors reagiert unverzüglich: In nur zwei Jahren entwickeln die Chevrolet-Ingenieure aus dem Nichts die erste Generation ihres Pony Cars. Bereits im Sommer 1966 steht der Camaro bei den Händlern. Chevrolet kann einen beachtlichen Anteil potenzieller Mustang-Interessenten davon überzeugen, einen Camaro zu kaufen. Im ersten Jahr sind es immerhin über 220.000 Exemplare, darunter allein gut 25.000 Cabriolets. Die größte Hürde ist damit geschafft, und die Geschichte des Camaro wird zur Erfolgsstory, auch wenn der Pony Car-Boom in den beginnenden 1970er Jahren bereits spürbar nachlässt. Doch das bekommt auch die Konkurrenz zu spüren.

Der erschwingliche Sportwagen hält sich bis ins neue Jahrtausend im Portfolio des Automobil-Giganten. Im Jahre 2002 wird die Baureihe – inzwischen in vierter Generation gefertigt – aufgrund stark abgeschwächter Nachfrage aus dem Sortiment gestrichen. Auf den Rückzug folgt vier Jahre später ein Déjà-Vu-Erlebnis: Vom Erfolg des Retro-Mustang inspiriert, zeigt Chevrolet auf der Detroit Motor Show 2006 ein Camaro Concept Car im Late-1960ies-Outfit. Der Verkaufsstart der fünften Camaro-Generation, die in Australien konstruiert wurde, folgte im Frühjahr 2009. Gebaut wird er zunächst in einem General Motors-Werk in Kanada, später wieder in Michigan, USA. 2015 präsentierte Chevrolet die sechste Generation des Camaro.

Chevrolet Camaro 1967-1969

Pony-Cars nannten die Amis sie, weil sie so kompakt und niedlich waren: Doch für europäische Verhältnisse waren es bombastische Autos, das galt besonders beim Blick auf den Motor. Ausgelöst hatte den Trend Ford mit dem Mustang, Chevrolet nutzte den Sog mit dem Camaro. Der Verkaufserfolg kam schnell, eine große Zahl von Motorversionen traf fast jeden Geschmack – die Palette reichte bis zu 330 PS aus 6,5 Litern Hubraum. Damit waren die Einfach-Fahrwerke zwar hoffnungslos überfordert, doch um Kurven ging es Camaro-Fans noch nie: Auf der Quartermile schnell zu sein, das zählte für die Muscle Cars. Simple Technik macht das Abenteuer kalkulierbar. Neben dem 2+2-sitzigen Coupé bot Chevrolet auch ein Cabriolet an, mit dem die Show noch ein bisschen besser gelang. Kleinere Retuschen hielten die Karosserie über die Jahre auf der Höhe des amerikanischen Geschmacks.

Bild: © Chevrolet

Preise	1	2	3	4	5
Camaro (6 Zyl.), Cpe	47.000	29.600	18.500	8.800	4.400
Camaro (327/210 V8), Cpe	57.500	36.200	22.600	10.800	5.300
Camaro RS (327/210 V8) Cab	87.300	55.000	34.300	16.400	8.100

Motor/Antrieb	
Bauart	Sechszylinder (Reihe), V8
Lage/Antrieb	Front/Heck
Hubraum in cm³	3769 bis 6489
PS/min	142/4200 bis 330/4800
Vmax in km/h	145 bis 210
Karosserie	
Bauart	Hardtop, Cabriolet
Tragstruktur	selbsttragend
Material	Stahlblech
Stückzahl und Marktsituation	
Produktionszahl	k.A.
Verfügbarkeit	ausreichend
Teilesituation	ausreichend
Unterhaltskosten	hoch

Chevrolet Camaro SS Convertible 1967-1969

Das Baukastensystem von Chevrolet ermöglichte eine schier unendliche Zahl an Kombinationen – und manche davon reüssierten in so genannten „Packages", die der Kunde buchen konnte. Dazu zählte auch die Option „SS". Das Kürzel stand für Super Sports, und passend dazu bot ein mit diesem Paket gelieferter Camaro die Auswahl aus vier verschiedenen Motoren – vom 350 cui (5,7 Liter, 295 PS) bis zum 396 cui Big Block der L78-Serie (6,5 Liter, 375 PS), einem großen V8 mit gewaltigen Rochester-Quadra-Jet-Four-Barrell-Vergasern und Doppelauspuffanlage. Zudem hatte Chevrolet das Fahrwerk der erhöhten Leistung angepasst. Show musste freilich auch sein: Die SS-Modelle erhielten Lufteinlässe auf der Haube, die jedoch nur Fake waren, und zudem spezielle Embleme sowie eine Art Bauchbinde um die Frontpartie, von Chevrolet „Accent Blend" genannt. Speziell fiel auch die Bereifung aus: Die Gummis der SS-Modelle trugen an der Flanke je einen feinen roten Streifen.

Bild: © Chevrolet

Preise	1	2	3	4	5
Camaro SS (350/290 V8), Cab	82.300	51.800	32.300	15.400	7.600

Motor/Antrieb	
Bauart	V8
Lage/Antrieb	Front/Heck
Hubraum in cm³	5733 bis 6489
PS/min	295 bis 375 bei 4800
Vmax in km/h	bis 220
Karosserie	
Bauart	Cabriolet
Tragstruktur	selbsttragend
Material	Stahlblech
Stückzahl und Marktsituation	
Produktionszahl	k.A.
Verfügbarkeit	ausreichend
Teilesituation	ausreichend
Unterhaltskosten	hoch

Chevrolet Camaro 1970-1974

Mit seinem neuen Styling traf der Camaro der zweiten Generation besser den europäischen Geschmack. Als Basis-Motorisierung kam zunächst ein immerhin 4,1 Liter großer Sechszylinder zum Einsatz, die Spitze markierte ein 6,6-Liter-V8 mit 300 PS. Technisch basierte der neue Camaro auf dem Vorgängermodell, doch die bessere Aerodynamik der neuen Karosserie sorgte für höhere Spitzengeschwindigkeiten. Probleme drohten dem Sportcoupé von anderer Seite: Die Ölkrise ließ die Nachfrage einbrechen, die Motoren verloren wegen der Umstellung auf nun bleifreien Sprit an Kompression und somit Leistung. Zudem litt General Motors 1971 unter einem großen, 67 Tage dauernden Streik – die Zukunft des Camaro stand in diesen Jahren mehrfach auf der Kippe. Übrigens bot Chevrolet für die Camaro der zweiten Generation keine Cabrio-Ausführung an.

Bild: © Chevrolet

Preise	1	2	3	4	5
Camaro 6 Zyl. (70-71), Cpe	40.100	28.400	18.000	9.400	5.400
Camaro RS 350/270 (70-71), Cpe	62.200	44.000	27.900	14.600	8.400
Camaro 350/250 (72-73 Cpe	46.500	32.900	20.900	10.900	6.300

Motor/Antrieb	
Bauart	Sechszylinder (Reihe), V8
Lage/Antrieb	Front/Heck
Hubraum in cm³	4094, 5028, 5733, 6590
PS/min	100/3600 bis 300/6000
Vmax in km/h	160 bis 220
Karosserie	
Bauart	Coupé
Tragstruktur	selbsttragend
Material	Stahlblech
Stückzahl und Marktsituation	
Produktionszahl	ca. 150.000
Verfügbarkeit	ausreichend
Teilesituation	ausreichend
Unterhaltskosten	hoch

Chevrolet Camaro 1982-1992

Im Januar 1982 rollte Chevrolet die dritte Generation seines Camaro in die Showrooms. Der Neue basierte wie seine Vorgänger auf der F-Body-Plattform von GM. Nun gab es jedoch eine Benzineinspritzung und zudem einen nur 90 PS starken 2,5-Liter-Reihenvierzylinder als Basismotor. Ein Fünfliter-V8 war erst im höher positionierten Sport-Modell Z28 Serie, dazwischen rangierte die Berlinetta mit einem 2,8-Liter-V6 sowie dem starken Z28-V8 als Option. Camaro Nummer drei überträgt seine Kraft über ein Viergang-Schaltgetriebe, wahlweise eine Dreigang-Automatik, an die Hinterräder. Zum Modelljahr 1983 lancierte Chevrolet eine Fünfgang-Schaltbox und eine flinkere Viergang-Automatik. Die progressiv gestaltete Hülle des GM-Ponys schwörte dem Ami-Barock früherer Jahre ab. Im Debütjahr stellt Chevrolet mit dem Camaro das Pace Car bei den 500 Meilen von Indianapolis; daraus folgte ein Sondermodell, das es später auch in einer limitierten Auflage von 6000 Exemplaren zu kaufen gab.

Bild: © GM Corp.

Preise	1	2	3	4	5
Camaro (1982-1992) 104 PS, Cpe	k.N.	9.000	5.300	3.200	k.N.

Motor/Antrieb	
Bauart	Vierzylinder (Reihe), V6, V8
Lage/Antrieb	Front/Heck
Hubraum in cm^3	2471 bis 6590
PS/min	90/4400 bis 193/4800
Vmax in km/h	160 bis 210
Karosserie	
Bauart	Coupé
Tragstruktur	selbsttragend
Material	Stahlblech
Stückzahl und Marktsituation	
Produktionszahl	k.A.
Verfügbarkeit	ausreichend
Teilesituation	gut
Unterhaltskosten	mittel

Chevrolet Camaro IROC-Z 1986-1990

Beim International Race of Champions (IROC) maßen sich die besten Fahrer der US-Rennszene. Mitte der 80er stellte Chevrolet mit dem Camaro das Einheits-Auto für dieses Mega-Event. Zum Modelljahr 1985 war schließlich der Camaro IROC-Z beim Chevrolet-Dealer zu haben, ein umfangreiches Upgrade für das sportliche Camaro-Topmodell Z28 – mit knackigerem Fahrwerk samt härterer Bilstein-Dämpfer, einer besseren Einspritzanlage aus der Corvette, geringerer Bodenfreiheit und einem sportlichen Spoiler-/Schwellerpaket. Der neue Top-Motor LB9, ein 5,7-Liter-V8, war ausschließlich für Z28 und IROC-Z bestellbar und leistete immerhin 228 PS. Der IROC-Z gehört heute zu den begehrenswertesten Versionen der dritten Camaro-Generation. Trotz einer beachtlichen Stückzahl sind unverbastelte Exemplare, ob Coupé oder Cabriolet, äußerst selten, weil die Camaros der 1980er Jahre lange zu den billigsten Einsteiger-Muscle-Cars gehörten.

Bild: © GM Corp.

Preise	1	2	3	4	5
Camaro IROC 190 PS, Cpe	k.N.	13.600	7.900	4.700	k.N.

Motor/Antrieb	
Bauart	V8
Lage/Antrieb	Front/Heck
Hubraum in cm^3	5733
PS/min	228/4400
Vmax in km/h	220
Karosserie	
Bauart	Coupé
Tragstruktur	selbsttragend
Material	Stahlblech
Stückzahl und Marktsituation	
Produktionszahl	k.A.
Verfügbarkeit	ausreichend
Teilesituation	gut
Unterhaltskosten	mittel

Chrysler (USA) • seit 1924

Als Walter Percy Chrysler 1924 mit dem Bau eigener Automobile startete, war er alles andere als ein draufgängerischer Entrepreneur. Im Gegenteil: Er besaß viel Erfahrung in der Branche, war Präsident von Buick sowie stellvertretender Direktor von General Motors gewesen, hatte an der Sanierung anderer Hersteller wie Willys-Overland und Maxwell-Chalmers gearbeitet.

Drei Ingenieure hatten 1923 den Auftrag Chryslers erhalten, ein Automobil nach seinen Vorstellungen zu entwickeln. Wie gut Chryslers Gespür für die Bedürfnisse des Marktes war, zeigte der schnelle Erfolg: Bestellungen für 50 Millionen Dollar gingen ein, und schon ein Jahr später rollten 32.000 Fahrzeuge mit dem Chrysler-Logo über Amerikas Highways. Die Kunden ließen sich von den Vorzügen des neuen Chrysler Six leicht überzeugen: Die damals noch unübliche Vierradbremse, Komfort durch Stoßdämpfer und dazu ein sensationell günstiger Preis von 1335 Dollar initiierten den Erfolg von Chrysler als Marke.

Bild: © Chrysler

Das erste Auto mit seinem Namen erschien 1924: Walter P. Chrysler (1875-1940).

1928 baute Walter P. Chrysler sein Imperium aus. Er kaufte Dodge und schuf mit Plymouth und De Soto zwei neue Marken unter dem gemeinsamen Dach. Mit dem Airflow, der eine Stromlinienkarosserie trug, war Chrysler seiner Zeit allerdings voraus. Das Modell floppte.

Nach dem Zweiten Weltkrieg baute Chrysler zunächst die alten Modelle weiter, optisch nur leicht verändert. 1951 ging es dann voran: Der erste Hemi-V8 kam auf den Markt, zwei Jahre später folgten mit dem Power Flite ein automatisches Getriebe sowie eine erste Klimaanlage. Bis 1960 hingegen hielt Chrysler an der Rahmenbauweise fest, riesige Karosserien, üppige Leistung und bequeme Bedienung schienen wichtiger als innovative Fahrzeugtechnik. Doch die Marschrichtung stimmte, wie der Erfolg bewies.

Die Amerikaner übernahmen Simca/Talbot in Frankreich sowie die englische Rootes-Gruppe, die über die Marken Hillman, Humber und Sunbeam verfügte. Doch die siebziger Jahre wandten sich gegen Chrysler, der Abschwung war dramatisch. Die groß angedachte europäische Offensive scheiterte, Chrysler stand am Abgrund. Nach wenigen Jahren stieß der Konzern seine Einkäufe an den Peugeot-Citroën-Konzern ab. 1983 schrieb er wieder schwarze Zahlen – die Einführung der kompakteren K-Modelle hatte sich gerechnet.

1988 kehrte Chrysler schließlich auf den deutschen Markt zurück – mit dem Jeep Cherokee, dem Voyager und dem LeBaron Cabriolet.

CHRYSLER

Richtig große Lettern in den Zeitungen bescherte Chrysler allerdings erst der im Mai 1998 angekündigte Zusammenschluss mit Daimler-Benz zum neuen Konzern DaimlerChrysler. Nie jedoch wuchsen die beiden Unternehmen wirklich so eng zusammen, wie es der neue Name erhoffte. Die Ehe kriselte und im Jahr 2007 erfolgte die von Insidern oft prophezeite Trennung. Der Finanzinvestor Cerberus Capital Management kaufte den Unternehmenszweig zum 3. August desselben Jahres auf. Das war die Geburtsstunde der Chrysler LLC, an der die neue Daimler AG eine 19,9-prozentige Minderheitsbeteilung hält. Im Oktober 2008 bilanziert Daimler den Wert dieses Anteils nach Abschreibungen und Gebühren mit null Dollar.

Ende April 2009 musste Chrysler Insolvenz anmelden. Als Chrysler Group ging es im Juni 2009 weiter, Fiat übernahm bis 2014 die vollständige Kontrolle. Im Oktober 2014 war die inzwischen auf dem Markt wieder erfolgreiche Chrysler Group gemeinsam mit Fiat in der niederländischen Holding FCA (Fiat Chrysler Automobiles) aufgegangen. Damit endete auch die Verwendung des berühmten Chrysler-Logos, dem Pentastar (Fünfstern). Seit Januar 2021 gehört Fiat Chrysler Automobiles wie auch die französische PSA Group zum neu entstandenen niederländischen Automobilkonzern Stellantis.

Chrysler Serie 75, Serie 77 — 1929-1930

In die lukrative Mittelklasse zielte Chrysler im Jahr der Weltwirtschaftskrise 1929. Ausgestattet waren die konservativ gestalteten, zuverlässigen Modelle mit einem vier Liter großen Reihensechszylinder, einem robusten, drehmomentstarken Aggregat mit seitlicher Nockenwelle sowie einem Dreiganggetriebe. Mehr Spannung gab's auf der Karosserieseite: Rund ein Dutzend Versionen sind hier überliefert. Die besser ausgestattete Serie 77 profitierte unter anderem von einem Vierganggetriebe. Die Chrysler-Modelle genossen den Ruf, solide konstruiert und zuverlässig gebaut zu sein. Unter den Marken Plymouth und Dodge setzte Chrysler auch auf einfachere, kostengünstigere Ausführungen der Baureihe. Seinen guten Ruf, auch in Europa, hatte sich Chrysler hart verdient: Von 1925 bis 1931 waren Chrysler 75 exportfördernd im populären Motorsport aktiv – zum Beispiel bei den 24 Stunden von Le Mans und bei der Mille Miglia, wo 1929 ein Chrysler 75 sogar einen Klassensieg erringen konnte.

Bild: © BMW AG/Concorso d'Eleganza Villa d'Este

Preise	1	2	3	4	5
Serie 77, Tou	60.500	41.000	23.000	12.000	6.000

Motor/Antrieb	
Bauart	Sechszylinder (Reihe)
Lage/Antrieb	Front/Heck
Hubraum in cm³	4083
PS/min	84 bei 3400
Vmax in km/h	k.A.
Karosserie	
Bauart	Limousine, Cabriolet, Roadster
Tragstruktur	Kastenrahmen
Material	Stahlblech
Stückzahl und Marktsituation	
Produktionszahl	46.850, Serie 77: 9913
Verfügbarkeit	ausreichend
Teilesituation	schwierig
Unterhaltskosten	mittel

Chrysler Airflow — 1934-1937

Inspiriert von Militärflugzeugen und den Flugformationen vorüberziehender Wildgänse richtete Chrysler-Ingenieur Carl Breer ein einfaches Testlabor mit improvisiertem Windtunnel ein. Unterstützung erhielt er von seinen Kollegen Fred Zeder und Owen Skelton, ebenso dabei war Luftfahrt-Pionier Orville Wright. Das Ergebnis ihrer Versuche war skurril: Alle Chrysler-Modelle waren am windschlüpfigsten, wenn sie rückwärtsfuhren. Carl Breer vermutete deshalb, dass die ideale Karosserie eine zeppelinförmige Schnauze habe. Außerdem müsste sich das Heck nach hinten verjüngen, um die Luft ideal an der Fahrgastzelle vorbei zu führen. Breers Ideen gingen mit dem Chrysler Airflow im Jahr 1934 in Serie, doch den mehrheitlich konservativ orientierten Käufern gefiel der Wagen mit seinem progressiven Art-Déco-Kleid nicht. Die Verkaufszahlen entwickelten sich so miserabel, dass Chrysler bereits drei Jahre später die Produktion einstellte.

Bild: © FCA

Preise	1	2	3	4	5
Airflow, L4t	49.000	33.000	20.000	12.000	4.000

Motor/Antrieb	
Bauart	Achtzylinder (Reihe)
Lage/Antrieb	Front/Heck
Hubraum in cm³	5302
PS/min	115 bis 123 bei 3400
Vmax in km/h	145
Karosserie	
Bauart	Limousine (2-/4-türig)
Tragstruktur	Kastenrahmen
Material	Stahlblech
Stückzahl und Marktsituation	
Produktionszahl	k.A.
Verfügbarkeit	schlecht
Teilesituation	schwierig
Unterhaltskosten	hoch

Chrysler 300 Hardtop Coupé — 1955

Ein großes Luxuscoupé mit kraftstrotzendem Motor stellte sich Chrysler 1955 in die Verkaufsräume: Das 300 Hardtop Coupé zeigte ein dem amerikanischen Geschmack entsprechend barockes Blechkleid, das auf einem Kastenrahmen ruhte. Die zurückhaltende Eleganz mit dem harmonischen Dachaufbau lockte zwar nur 1725 Käufer, die aber durften genießen: Das V8-Triebwerk war mit 5,4 Litern Hubraum zwar noch nicht rekordverdächtig groß, doch sie genossen eine Leistungsausbeute von 306 PS. Damit ließ sich der Chrysler 300 äußerst kraftvoll beschleunigen, und wenn es sein musste, war erst bei 200 km/h Schluss. Aufgrund seiner halbkugelförmigen – hemisphärischen – Brennräume werden Motor und Modell gerne kurz und prägnant „Hemi" genannt.

Bild: © Chrysler

Preise	1	2	3	4	5
300 Hardtop, Cpe	73.700	49.000	32.500	13.000	6.500

Motor/Antrieb	
Bauart	V8
Lage/Antrieb	Front/Heck
Hubraum in cm³	5426
PS/min	306/5200
Vmax in km/h	200
Karosserie	
Bauart	Hardtop
Tragstruktur	Kastenrahmen
Material	Stahlblech
Stückzahl und Marktsituation	
Produktionszahl	1725
Verfügbarkeit	schlecht
Teilesituation	schwierig
Unterhaltskosten	hoch

Chrysler New Yorker Wagon — 1958

Kombis gab es schon früh in Amerika, doch 1958 wusste noch niemand so richtig etwas anzufangen mit der Kombination aus Limousine und Lastwagen. Bauern fuhren ihre Pickups, Familienväter dagegen Limousinen. Der Chrysler New Yorker Wagon kombinierte Raum und Komfort, und die Marketing-Strategen hatten eine Art Landedelmann als typischen Kunden im Visier. Der große Kombi wurde von einem V8-Motor angetrieben, der in der De Luxe-Version über 5,4 Liter Hubraum verfügt und rund 210 PS freisetzt – das reicht immerhin für eine Höchstgeschwindigkeit von rund 170 km/h. Bei diesem Tempo zeigt sich das Fahrwerk allerdings deutlich überfordert. Wichtig war das nicht, ist es bis heute nicht: Kultig sind hier Größe, Chrom und Flossen. Schnell sollen andere fahren.

Bild: © Chrysler

Preise	1	2	3	4	5
New Yorker Town & Country Wagon, Kom	44.100	34.200	20.700	12.700	k.N.

Motor/Antrieb	
Bauart	V8
Lage/Antrieb	Front/Heck
Hubraum in cm³	5426
PS/min	208/4400
Vmax in km/h	150 bis 170
Karosserie	
Bauart	Kombi
Tragstruktur	Kastenrahmen
Material	Stahlblech
Stückzahl und Marktsituation	
Produktionszahl	k.A.
Verfügbarkeit	gegen null
Teilesituation	schwierig
Unterhaltskosten	hoch

C

Chrysler Imperial Crown Southampton 1961

Sechs Jahre später wandelte Chrysler auf eigentümlichen Pfaden. Das Design des Imperial Crown Southampton zeigte eine Fülle grotesk anmutender Gimmicks. Die riesigen Flossen am Heck wiesen ein ähnliches Format auf wie die des Cadillac Biarritz Convertible, doch Designer Virgil Exner hatte auch der Front Auffälligkeiten verpasst: Die Doppelscheinwerfer standen frei zwischen einem sorgsam integrierten Grill. Mit satten 6,8 Litern Hubraum und 350 PS war dieses lange, schwere Modell sogar recht flott. Spätere Imperial Crown traten übrigens weit schlichter auf und waren auch als Zweitürer zu haben. Die Motoren wuchsen dabei stetig weiter: erst bei über 7,2 Litern Hubraum war Schluss.

Bild: © Chrysler

Preise	1	2	3	4	5
Imperial Crown South. HT (4-türig), Cpe	37.000	25.500	15.100	6.100	3.000
Imperial Crown South. HT (2-türig), Cpe	59.400	42.400	24.200	9.700	4.800
Imperial Crown, Cab	82.000	57.800	33.500	13.400	6.700

Motor/Antrieb	
Bauart	V8
Lage/Antrieb	Front/Heck
Hubraum in cm³	6768
PS/min	350/4600
Vmax in km/h	180
Karosserie	
Bauart	Lim (4-türig), Cpe, Cab
Tragstruktur	Kastenrahmen
Material	Stahlblech
Stückzahl und Marktsituation	
Produktionszahl	12.258
Verfügbarkeit	schlecht
Teilesituation	schwierig
Unterhaltskosten	hoch

Chrysler LeBaron 1986-1995

Die amerikanische Automobilindustrie griff schon immer auf andere Klassifizierungen zurück als die Europäer. Den LeBaron ordneten sie beispielsweise in „personal luxury" ein. Den LeBaron-Coupés und -Cabrios, die auf der J-Plattform aufbauten, ließ Chrysler eine durchaus ansprechende Karosserie schneidern, die besonders durch die von Klappen verdeckten Scheinwerfer auffiel. Als Motoren kamen 2,2- und 2,5-Liter-Vierzylinder zum Einsatz, die meisten mit Turbolader. Die Spitze markierte ein 3,0-Liter-V6 von Mitsubishi. 1993 folgte eine Modellpflege, der unter anderem die markanten Scheinwerferklappen zum Opfer fielen. Übrigens, neu war der Name LeBaron 1987 nicht gewesen: Zwischen 1957 und 1975 hatten die Top-Modelle von Chryslers Luxus-Marke „Imperial" so geheißen. Verwirrend auch, dass es 1985 bis 1989 einen LeBaron GTS als Fünftürer gab – der ein völlig anderes Modell war.

Bild: © Chrysler

Preise	1	2	3	4	5
LeBaron (88-89), Cab	k.N.	6.900	3.700	1.500	k.N.

Motor/Antrieb	
Bauart	Vierzylinder (Reihe), V6
Lage/Antrieb	Front/Front
Hubraum in cm³	2213, 2501, 2972
PS/min	101/4800 bis 176/5200
Vmax in km/h	ca. 165 bis 185
Karosserie	
Bauart	Coupé, Cabrio
Tragstruktur	selbsttragend
Material	Stahlblech
Stückzahl und Marktsituation	
Produktionszahl	k. A.
Verfügbarkeit	sehr gut
Teilesituation	gut
Unterhaltskosten	mittel

Chrysler Voyager 1988-1991

Im Jahr 1974 debütierte mit dem Plymouth Voyager Amerikas erster Minivan; ein Auto, das Epoche machte. Die Idee zu Chryslers kompaktem Raumfahrzeug stammte von Automanager Lee Iacocca, dem geistigen Vater des Ford Mustang. Er verstand früh, dass die Zukunft nicht den Straßenkreuzern gehört und erdachte unter anderem das kompakte K-Car. Nach einem äußerst erfolgreichen US-Start brachte die Marke mit dem Pentastar ihren Voyager schließlich auch nach Europa – jedoch als Chrysler. Zur Wahl stehen Vier- und Sechszylinder-Motoren, die ihre Kraft über eine Fünfgang-Schaltbox, wahlweise eine Dreigang-Automatik, an die Vorderräder liefern. Das Konzept mit den drei Türen plus großer Schiebetür und sieben Sitzen bleibt bestehen. Schon zwei Jahre nach dem Europa-Auftakt des Voyager folgt schließlich die dritte Voyager-Generation im modernen Aero-Design.

Bild: © Chrysler

Preise	1	2	3	4	5
Voyager 3.0 SE 143 PS, Kom	8.000	4.400	2.600	1.000	k.N.

Motor/Antrieb	
Bauart	Vierzylinder (Reihe), V6
Lage/Antrieb	Front/Front
Hubraum in cm³	2501, 2972, 3301
PS/min	101/4800 bis 152/4800
Vmax in km/h	150 bis 180
Karosserie	
Bauart	Kleinbus
Tragstruktur	selbsttragend
Material	Stahlblech
Marktsituation	
Produktionszahl	k.A.
Verfügbarkeit	gut
Teilesituation	gut
Unterhaltskosten	mittel

Chrysler Viper RT/10, GTS 1991-2002

Chrysler hatte sich 1992 auf alte US-Autotraditionen berufen: großer Motor, viel Kraft, knappe Karosserie. Ein bisschen schielten sie auf die amerikanische Sportwagen-Ikone schlechthin, den AC Cobra. Als Basis für den Motor griff Chrysler auf ein V10-Lastwagen-Triebwerk zurück, dessen Block jedoch für die Viper aus Aluminium entstand. An dieser Entwicklungsarbeit war Lamborghini beteiligt, damals zu Chrysler gehörend. Acht Liter Hubraum, anfangs 400 PS und rund 300 km/h Spitze waren das beeindruckende Ergebnis. Den Aufbau besorgte Chrysler mit einem Stahlrohrrahmen, der eine Beplankung aus Kunststoff trug – entweder als Roadster (RT/10) oder Coupé (GTS, ab 1998). Die Ausstattung blieb rudimentär, sogar eine Klimaanlage kam erst 1994 als Option. Doch in der Kritik stand die Viper hauptsächlich wegen unverantwortlich schwacher Bremsen.

Bild: © Chrysler

Preise	1	2	3	4	5
Viper RT/10, HD	k.N.	50.700	36.900	21.100	k.N.
Viper GTS, Cpe	k.N.	52.600	38.200	k.N.	k.N.

Motor/Antrieb	
Bauart	V10
Lage/Antrieb	Front/Heck
Hubraum in cm³	7990
PS/min	384/5100 bis 456/5200
Vmax in km/h	265 bis 290
Karosserie	
Bauart	Roadster, Coupé
Tragstruktur	Rohrrahmen
Material	Kunststoff
Marktsituation	
Produktionszahl	ca. 17.100
Verfügbarkeit	ausreichend
Teilesituation	sehr gut
Unterhaltskosten	hoch

Chrysler (Europe)

Richtig unübersichtlich wird das Firmendurcheinander ab den 1960er Jahren, dabei tragen die Engländer mit ihren komplexen Strukturen hier nur einen Teil bei. Bei Chrysler Europe, die als Division der nordamerikanischen Chrysler Corp. 1967 gegründet wurde, war es die britische Rootes Group, ein im Jahre 1913 als Handelsgesellschaft gegründetes Unternehmen, das im Laufe seiner Geschichte Marken wie Hillman, Humber, Singer, Sunbeam und Talbot eingekauft hatte. 1969 stieß Barreiros, ein spanischer Motoren-, Last- und Personenwagenproduzent zu Chrysler Europe. 1970 folgte das Unternehmen Simca, das 1934 von Fiat in Frankreich gegründet wurde und später als Käufer von Fords Frankreich-Dependance agierte. Hintergrund der Chrysler-Aktivitäten war der Versuch, in Europa stärker Fuß zu fassen, ähnlich den Strategien, wie sie Ford und General Motors verfolgten, die beiden anderen großen US-Hersteller. Entsprechend waren der Gründung der Europa-Sparte 1969 einige Ankäufe von Aktienpaketen vorausgegangen, ebenso der 1962 gescheiterte Versuch, Leyland Motors zu übernehmen. Die Aktivitäten von Chrysler Europe teilten sich auf in Chrysler (United Kingdom), dem Nachfolger der Rootes Group, und Chrysler (France) als Simca-Erben. Ab 1976 traten die in Großbritannien gebauten Fahrzeuge als Chrysler auf, die alten Namen wie Hillman, Humber oder Sunbeam verschwanden. In Frankreich blieb Simca dagegen präsent, wenn auch in Kombination mit dem Chrysler-Markenzeichen, dem Fünfstern. Die Strategie scheiterte letztlich, weil die willkürlich benannten Produkte die Kunden nicht überzeugen konnten und zudem die Synergieeffekte ausblieben – 1978 kaufte PSA Peugeot Citroën das Konstrukt Chrysler Europe für einen US-Dollar.

C

Chrysler Sunbeam 930, 1300, 1600 Ti (Typ R424) 1977–1981

Ab 1977 versuchte der in Schottland gebaute Chrysler Sunbeam in der Golf-Klasse mitzumischen. Als Basis diente dem Dreitürer die verkürzte Bodengruppe des Hillman Avenger, einer heckgetriebenen Mittelklasse-Limousine, obwohl eine Simca-Frontantriebsplattform verfügbar gewesen wäre. Doch eine schnelle Entwicklung ging vor, ebenso spielten nationale Aspekte eine Rolle, da einen Großteil der Entwicklungskosten die öffentliche Hand übernahm, nachdem Chrysler Europe nach unzähligen Streiks mit einem Abzug aus Großbritannien gedroht hatte. Während die Linien des Kompaktwagens zeitgemäß modern ausfielen, fehlte es an Karosserievarianten. Schön, doch unpraktisch war die Heckklappe, die lediglich aus der hinteren Scheibe bestand, was eine enorm hohe Ladekante zur Folge hatte. Nach der Übernahme von Chrysler Europe durch PSA Peugeot Citroën im Jahre 1978 blieb der Wagen im Programm, hieß nun jedoch Talbot Sunbeam.

Bild: © Archiv HEEL Verlag

Preise	1	2	3	4	5
Sunbeam 930, L3t	k.N.	4.200	2.000	700	k.N.

Motor/Antrieb	
Bauart	Vierzylinder (Reihe)
Lage/Antrieb	Front/Heck
Hubraum in cm^3	928, 1295, 1598
PS/min	43/5000 bis 70/4800
Vmax in km/h	129 bis 153
Karosserie	
Bauart	Limousine (3-türig))
Tragstruktur	selbsttragend
Material	Stahlblech
Stückzahl und Marktsituation	
Produktionszahl	k.A.
Verfügbarkeit	schlecht
Teilesituation	schwierig
Unterhaltskosten	niedrig

Cistialia (I) • 1946–1964

Dass die Marke Cisitalia heute nicht nur Oldtimerfans etwas sagt, liegt an einer Entscheidung, die bereits im Jahr 1951 fiel: Damals nahm das Museum of Modern Art in New York, kurz MoMa genannt, einen Cisitalia 202 GS nach Abschluss einer Ausstellung von acht Automobilen nicht nur in seine ständige Sammlung auf, sondern stellte das rote italienische Coupé auch plakativ aus. Der Grund: Es sei eine „Skulptur in Bewegung", so der soeben zum Kurator der Abteilung Architektur und Design berufene Arthur Drexler. Eine Karosserie wie diese stehe für die bahnbrechende ästhetische Moderne, die sich in dem für die Gesellschaft so wichtigen Objekt Automobil manifestiere. Das alles war zwar weniger Cisitalias Verdienst, sondern mehr die Leistung von Battista „Pinin" Farina – doch festzuhalten bleibt: Norditalien bestimmte nach dem Ende des Zweiten Weltkriegs durchaus die Richtung, in der sich die Automobilindustrie zu bewegen gedachte.

Piero Dusio (1899–1975) war der Kopf hinter der Marke Cisitalia. Das Kunstwort stand für „Compagnia Industriale Sportiva Italiana". Der Fußballer, Textilunternehmer und Auto-Afficionado Dusio hatte sie bereits 1943 in Turin gegründet, zunächst als Maschinenbauer und Werkstattausrüster. Doch er wollte Großes erreichen, und bereits 1943 begann Dusio mit den Planungen zu einem Renn-Monoposto mit Fiat-Technik. Motor und Hinterachse entstammten dem Fiat 1100, der Topolino spendierte die vorderen Radaufhängungen.

Mit fünf strukturell ähnlich aufgebauten Fahrzeugen, nun jedoch mit verschiedenen offenen und geschlossenen Karosserien versehen, ging Cisitalia 1947 beim legendär harten Straßenrennen Mille Miglia an den Start. Nach einem Alfa Romeo 8C 2900B, ein Auto aus einer anderen Liga, folgten im Gesamtklassement gleich drei Cisitalia. Auf Platz zwei fuhr Nationalheld Tazio Nuvolari, der zuvor im strömenden Regen mit dem Verteiler seines Cisitalia Probleme bekommen hatte.

Bild: © Porsche

Ab 1948 konstruierte Porsche im Auftrag für Cisitalia den ambitionierten Typ 360 als Grand-Prix-Rennwagen mit V12-Motor.

Der Erfolge hebelte die Popularität der kleinen, jungen Marke. Zudem galt Piero Dusio als ein begnadeter Netzwerker. Ob Battista „Pinin" Farina als Designer, Dante Giacosa als Fiat-Konstrukteur, Aerodynamiker Giovanni Savonuzzi, Tuner Carlo Abarth oder Konstrukteur Ferdinand Porsche: Piero Dusio kannte sie alle – und er band sie erfolgreich in seine Ideen ein.

So übernahm Porsche damals den Auftrag, einen 1,5 Liter großen V12 für ein Grand-Prix-Projekt zu entwerfen. Mit den Erfahrungen aus seiner Konstruktion für die Auto-Union-Silberpfeile setzte der ambitionierte Porsche die Pläne um. Zwei Lader hebelten die Leistung auf über 400 PS, und der Cisitalia 360, so sein Name, sollte zudem einen zuschaltbaren Vorderradantrieb erhalten. Während Porsche, wie üblich, das technisch Mögliche enthusiastisch auslotete, ging Piero Dusio in Italien Ende 1948 das Geld aus. Er floh nach Argentinien, nahm das Projekt mit und machte dort weiter.

Doch Cisitalia war noch nicht am Ende. Pieros Sohn Carlo machte in der Automobilstadt Turin mit dem Automobilbau weiter, griff weiter zur technischen Basis des Fiat 1100 und kombinierte Großserientechnik mit ausgesprochen modernen Karosserien – so entstand der 202 GS, der mit der musealen Würdigung einen außergewöhnlichen Ritterschlag erhielt. Doch als bald Wettbewerber wie Ferrari und Maserati mit eigener Technik punkteten, verlor Cisitalia den Anschluss. Später folgten noch weitere Einzelstücke und Kleinserien auf Fiat-Basis, oft mit Pausen, bis 1964 die Schere aus Kosten und Erlös zu weit auseinander klaffte und Cisitalia seine Tore schließen musste.

C

Cisitalia 202 GS — 1947–1952

Der 202 Gran Sport gilt als die Ikone der Marke – und, um fair zu sein, heute insbesondere als Ikone Pininfarinas. Farina hatte die Linien im Ende der 1940er Jahre neuen, sehr modernen Ponton-Stil entworfen. Er verzichtete auf ausgestellte Kotflügel, integrierte die Scheinwerfer, reduzierte zudem Formen und Linien. Farina zeichnete auch eine Cabrio-Version, die jedoch nur wenige Male gebaut wurde. Die Produktion der Karosserien hatte Cisitalia an Vignale übergeben und kombinierte den eleganten Aufbau mit robuster Großserientechnik von Fiat, lediglich die Zylinderköpfe waren eine eigene Entwicklung. Das bremste die Exklusivität, und in Verbindung mit den hohen Preisen, die Cisitalia in der von großen Entbehrungen geprägten Nachkriegszeit für seine Fahrzeuge verlangte, blieb die Stückzahl mit geschätzt 170 Exemplaren überschaubar.

Bild: © BMW

Preise	1	2	3	4	5
Cisitalia 202 Grand Sport, Cpe	420.000	310.000	250.000	175.000	k.N.
Cisitalia 202 Cabriolet, Cab	620.000	470.000	380.000	270.000	k.N.

Motor/Antrieb	
Bauart	Vierzylinder (Reihe)
Lage/Antrieb	Front/Heck
Hubraum in cm³	1089
PS/min	50/5500 bis 60/5500
Vmax in km/h	160 bis 170
Karosserie	
Bauart	Coupé, Cabrio
Tragstruktur	Rohrrahmen
Material	Stahlblech
Stückzahl und Marktsituation	
Produktionszahl	ca. 170
Verfügbarkeit	schlecht
Teilesituation	schwierig
Unterhaltskosten	hoch

Citroën (F) • seit 1919

Bild: © Citroën

Initiierte neue Fertigungsmethoden in Europa: André Citroën (1878-1935).

Mit erst 29 Jahren übernahm der Ingenieur André Citroën 1908 die Leitung des französischen Automobilherstellers Mors. Schon 1904 hatte er mit Partnern eine Zahnradfabrik gegründet, die sich auf Winkelverzahnungen spezialisiert hatte. Ab 1913 baute er Spezialgetriebe für Automobile und Schiffe – einschließlich der Titanic. Der Doppelwinkel, als Symbol dieser Technik, wurde so zu seinem Markenzeichen. André Citroën hatte die Entwicklung zum Patent angemeldet.

Als er im Ersten Weltkrieg an der Front feststellen musste, dass der Nachschub zu wenige Granaten liefern konnte, offerierte er der Regierung einen Plan. Auf einem Gelände am Quai Javel in Paris produzierte der Unternehmer Citroën bald über 50.000 Granaten – am Tag.

André Citroën kopierte amerikanische Fertigungstechnologie und wollte Fords Erfolge im Automobilbau in Europa wiederholen. Zudem trieb ihn der Ehrgeiz, Louis Renault zu übertreffen.

1919 verkaufte Citroën mit dem Typ A sein erstes Automobil. Schnell konnte sich die Marke mit fortschrittlichen Produkten neben Peugeot und Renault etablieren. Auch die Fließbandfertigung, die Citroën tatsächlich als erster europäischer Automobilhersteller einführte, war zukunftsorientiert.

Die Firma wuchs schnell. 1922 erschien der B2 sowie der kleine, bald sehr beliebte Typ C. Für Furore sorgten die Publicity-Aktionen Citroëns: Neben einer großen Leuchtreklame am Eiffelturm faszinierten das Publikum die abenteuerlichen Afrika-Durchquerungen und China-Fahrten mit speziell für diesen Zweck konstruierten Halbkettenfahrzeugen auf Basis des Typs 10 HP B2.

Mit dem Traction Avant gelang Citroën 1934 schließlich ein automobiler Meilenstein, der selbst nach dem Zweiten Weltkrieg noch zeitgemäßer war als viele Modelle der Konkurrenz. Doch selbst die in einem halben Jahr verkauften 20.000 Exemplare halfen nicht, die drohende Pleite abzuwenden – zu viel hatte André Citroën in Innovationen gesteckt. Und sein privates Vermögen hatte er inzwischen in Casinos verspielt.

Am 21. Dezember 1934 war Citroën pleite. Anfang 1935 übernahm Michelin das Steuer. Im Sommer darauf stirbt André Citroën als gebrochener Mann.

Den großen Aufstieg seiner Firma zu erleben blieb ihm so verwehrt: Der Traction Avant geriet zu einem großen Erfolg, und 1935 kam die Idee, einen stabilen, bequemen und dennoch anspruchslosen Kleinwagen zu entwickeln. Der Krieg verschob den Start des 2 CV zwar auf 1949 – dem Erfolg der minimalistischen Revolution tat dies aber keinen Abbruch. Über Jahrzehnte blieb das Konzept gültig. Auch avantgardistischen Lösungen verschrieb man sich, wie 1955 der DS 19 bewies – ein weiteres Modell, mit dem die Franzosen ein Kapitel Automobilgeschichte schrieben.

Der Erfolg hielt bis in die siebziger Jahre. Dann geriet Citroën abermals in Bedrängnis, und 1975

Bild: © Citroën

Eine Million alte Francs für ein Automobil der Zukunft: Am Ende des Pariser Salon 1955 waren 80.000 Kaufverträge für einen DS abgeschlossen. Dabei waren bis zur Ausstellung erst drei Exemplare fertig …

Bild: © Citroën

Große Werbung am Eiffelturm: Citroën setzte auf Innovation.

schlug ein lauernder Löwe zu: Die neue Gruppe PSA Peugeot Citroën war entstanden. Auf der Suche nach neuen Möglichkeiten, die besonderen Werte der automobilen Avantgarde zeitgemäß zu vermarkten, hatte Citroën 2010 die Premiumreihe DS präsentiert – DS steht für „Distinctive Automobiles", erinnert jedoch auch bewusst an das legendäre Modell DS. Im Juni 2014 wurde DS Automobiles als eigene Marke etabliert. Seit 2016 weist sie auch das Kraftfahrtbundesamt in seinen Statistiken als solche auf. Seit Januar 2021 gehört sie gemeinsam mit Citroën zur Stellantis-Gruppe mit administrativem Sitz in den Niederlanden.

Die Produktion lief auf Hochtouren: Im Auslieferungslager am Quai de Javel wurden die DS auf die Auslieferung vorbereitet.

Bild: © Citroën

Robuste Volksfreunde: die frühen Citroën-Modelle

Schon lange bevor die wegweisenden und bis heute so populären Frontantriebsmodelle „Traction Avant" 1934 auf den Markt gekommen waren, hatte der französische Automobilpionier André Citroën mit seinen Fahrzeugen auf sich aufmerksam gemacht.

Schon wenige Jahre nach der Gründung des Unternehmens im Jahre 1919 hatten sich die Modelle mit dem charakteristischen Doppelwinkel einen guten Ruf erworben. Sie galten als robust und zuverlässig. Ihr Einsatz auf Rennstrecken bewies das ebenso wie ihre Teilnahme an abenteuerlichen und bereits sehr professionell vermarkteten Expeditionen.

André Citroën schuf Masse mit Klasse: Das galt bereits für das erste aller Citroën-Modelle, den Typ A aus dem Jahr 1919. Sehr beliebt war der Typ C5 Trefle, aber auch die Ende der 1920er Jahre vorgestellten Vier- und Sechszylindermodelle AC4 und AC6.

Mit diesen Konstruktionen war Citroën früh einer der großen, wichtigen Automobilhersteller der Welt geworden. Schon in den 1920er Jahren hatte Citroën als einer der wenigen Hersteller bereits fünfstellige Jahresproduktionszahlen erreicht.

Citroën AC4 — 1929-1932

Gut und preiswert waren die frühen Citroën-Modelle, von denen besonders der Trefle, ein offiziell C3 und steuerlich 5 HP bezeichneter Dreisitzer, große Popularität genoss. Er wurde zwischen 1922 und 1926 mit 856 cm³ großem Vierzylinder, der elf PS leistete, angeboten. Der B 12/14 genannte Tourer wurde von 1926 bis 1929 verkauft. Mit 1539 ccm Hubraum, auf vier Zylinder verteilt, kam er auf 22 PS. Erfolg hatte auch der anschließend bis 1932 gebaute AC4, eine viertürige Limousine mit 1628 cm³ Hubraum und 30 PS. Dessen Nachfolger, der 8 CV, erhielt den Spitznamen Rosalie. 1929 stellte Citroën den ersten Sechszylinder vor, den C6 mit 2442 cm³ Hubraum und vergleichsweise mageren 42 PS. Dieses Modell blieb bis 1934 im Angebot und wurde vom 15 CV abgelöst, der auch nach dem Krieg noch gebaut wurde.

Bild: © Citroën

Preise	1	2	3	4	5
AC4, L4t	26.100	17.200	12.300	7.400	2.900

Motor/Antrieb	
Bauart	Vierzylinder (Reihe)
Lage/Antrieb	Front/Heck
Hubraum in cm³	1628
PS/min	30/3000
Vmax in km/h	90
Karosserie	
Bauart	Limousine (4-türig)
Tragstruktur	Kastenrahmen
Material	Stahlblech
Stückzahl und Marktsituation	
Produktionszahl	65.000
Verfügbarkeit	schlecht
Teilesituation	sehr schwierig
Unterhaltskosten	mittel

Alle Kraft nach vorn: Die Frontantriebsmodelle Traction Avant

Mit einer großen finanziellen Kraftanstrengung gelang Citroën im Mai 1934 ein maßgeblicher Schritt nach vorne: Im neuen Modell, dem 7 CV Traction Avant, setzte Firmengründer und -leiter André Citroën zahllose avancierte technische Ideen um. Einzeln betrachtet konnten sie zwar in jenen Jahren nicht mehr als revolutionär gelten, doch andererseits waren sie bisher nie in derart geballter Form kombiniert wie bei diesem neuen Automobil aus Paris.

So erregte der Traction Avant viel Aufsehen. Ganz besonders auch, weil der erfolgreiche französische Hersteller den Traction Avant nicht als exklusives Spitzenprodukt, sondern als neues Massenmodell der Mittelklasse auf dem Markt platzierte. Neben dem Vorderradantrieb (daher auch der Name „Traction Avant": Antrieb vorne) besaß die Limousine eine selbsttragende Karosserie, die nach amerikanischen Ambi-Budd-Lizenzen gefertigt wurde. Dazu kamen eine Platz sparende Drehstabfederung und ein Motor, der neben nassen Zylinderlaufbuchsen auch bereits hängende Ventile aufwies. Völlig neue Maßstäbe setzte zu ihrer Zeit die Straßenlage des neuen Citroën-Modells – sie galt als phänomenal.

Der Start des Traction Avant hatte jedoch beinahe das Ende des Unternehmens bedeutet: Mit den nötigen Investitionen und dem Bau einer neuen Fabrik an der Seine hatte sich André Citroën finanziell übernommen. Für die Brüder Michelin war das die Chance, Anfang 1935 Citroën zu übernehmen. Fortan bestimmten sie die Firmenpolitik des Automobilherstellers. Am Traction Avant mussten sie wenig ändern: Bis 1957 lief er – mit Ausnahme der Kriegsjahre – vom Band. Damit kam er auf eine Bauzeit von über 23 Jahren, ein neuer Weltrekord.

André Citroën konnte den Erfolg seines Engagements nicht mehr erleben. Dass viele der Impulse, die er gegeben hatte, richtig waren, bewies erst die Geschichte.

C

Citroën 11 CV („Traction Avant") 1934-1957

Moderne Technik ließ den 11 CV zum Dauerbrenner werden. Auch heute noch sind die Konstruktionsprinzipien gültig, die bei diesem Modell schon ab 1934 zu haben waren: selbsttragende Karosserie, Frontantrieb, ohv-Motor, Torsionsstab-Federung. Als „Gangsterwagen" ging die Konstruktion in die Geschichte ein: Die Konstruktion des 11 CV soll sich dank guter Leistung und Straßenlage am besten als Fluchtauto geeignet haben. Sehr rar blieben die Coupé- und Cabrio-Versionen, die heute zu deutlich höheren Preisen gehandelt werden. Den Traction Avant genannten 11 CV gab es in zahlreichen verschiedenen Ausführungen, unter anderem als Modelle légère mit 2,91 Meter Radstand und als large mit 3,09 Meter Radstand. Der längste war jedoch der Familiale mit 3,27 Meter langer Basis bei 4,82 Meter Außenlänge. Die Limousinen sind bei guter Auswahl immer noch recht günstig zu haben.

Preise	1	2	3	4	5
11 B (1947-1952), L4t	31.000	20.500	14.000	7.400	2.600
11 BL (47-52), L4t	28.000	18.600	12.800	6.800	2.400
11 B Koffer (52-57), Kom	29.700	19.600	13.500	7.300	2.500
11 B Familiale (53-57), L4t	33.200	22.000	14.800	7.800	2.700

Motor/Antrieb	
Bauart	Vierzylinder (Reihe)
Lage/Antrieb	Front/Front
Hubraum in cm³	1911
PS/min	56/3800 bis 63/4000
Vmax in km/h	115 bis 130
Karosserie	
Bauart	Lim (4-türig), Kom (5-türig), Cpe, Cab
Tragstruktur	selbsttragend
Material	Stahlblech
Stückzahl und Marktsituation	
Produktionszahl	530.315
Verfügbarkeit	ausreichend
Teilesituation	ausreichend
Unterhaltskosten	mittel

Citroën 15 CV („Traction Avant") 1938-1955

Das auch Citroën 15 Six genannte Modell entspricht weitgehend dem 11 CV large, doch übertraf es ihn um elf Zentimeter an Außenlänge. Wie alle Citroën nach dem Krieg wurde auch der 15 CV zunächst nur in schwarz ausgeliefert. Ab 1950 kamen Luxusversionen mit Chrom und farbiger Lackierung auf den Markt, technische Verbesserungen betrafen besonders die Bremsen. Nach langjähriger Entwicklungsarbeit erhielten für den Inlandsmarkt bestimmte 15 CV die Gas-Flüssigkeits-Federung Hydropneumatik, die aber zunächst nur an der Hinterachse eingesetzt wurde. Die Sechszylinder-Gangster-Citroën sind heute wesentlich schwieriger zu bekommen als ihre kleinen Brüder, entsprechend höher fallen die Preisforderungen aus.

Bild: © Citroën

Preise	1	2	3	4	5
15 Six (D) (1947-1952), L4t	46.900	31.000	21.100	11.200	4.000
15-six Koffer (1952-1954), L4t	45.300	30.000	20.400	10.800	3.900
15-six (H) (1954-1955), L4t	53.000	34.900	23.800	12.600	4.500

Motor/Antrieb	
Bauart	Sechszylinder (Reihe)
Lage/Antrieb	Front/Front
Hubraum in cm³	2867
PS/min	77/3800 bis 80/4000
Vmax in km/h	130 bis 135
Karosserie	
Bauart	Limousine (4-türig)
Tragstruktur	selbsttragend
Material	Stahlblech
Stückzahl und Marktsituation	
Produktionszahl	50.602
Verfügbarkeit	schlecht
Teilesituation	ausreichend
Unterhaltskosten	hoch

Simple Sänfte: Der 2 CV

In Frankreich klappte sie, die Synthese aus automobilem Minimalismus und der Leichtigkeit des Seins: Der Citroën 2 CV übernahm die Rolle des französischen Volkswagens mit einem unvergleichlichen Charme.

Das unterschied ihn von der teutonischen Solidität des deutschen Pendants, dem Käfer. Dabei einte sie manches: Es ging um Mobilität für Viele, um einen bezahlbaren Preis und Anspruchslosigkeit im täglichen Umgang. Auch die Fixpunkte auf der Zeitskala liegen ähnlich. Entwickelt hat Citroën den 2 CV bereits in den 1930er Jahren. Damals entstand auch der deutsche Volkswagen. Dass sie sich so eklatant unterschieden, mag in der Motivation der Auftraggeber liegen: Unter Hitler waren Konstrukteure auf der Suche nach einem kriegstauglichen Automobil, während der damalige Citroën-Generaldirektor Pierre Boulanger 1936 seinen Auftrag mit „vier Sitzen unter einer Art Schirm" beschrieb. Eine erste Serie entstand. Doch sie wurde, als der Zweite Weltkrieg losbrach, rasch verschrottet.

Erst am 7. Oktober 1948 erblickte die breite Öffentlichkeit auf dem Pariser Salon jenen inzwischen nochmals überarbeiteten Entwurf des 2 CV, hinter dem der Citroën-Konstrukteur André Lefèbvre stand. Spartanischer ging es kaum: Simples Wellblech umhüllte das Einfachstmobil, ein simples Rolldach schloss es nach oben. Aber: Es gab vier Türen und einen Motor mit neun PS. Zu wenig? Nicht für einen durchschlagenden Erfolg. Citroën wurde von einer stürmischen Nachfrage überrollt. So vergingen auch rund zehn Jahre, ehe Citroën sich entschloss, den 2 CV auch jenseits der französischen Landesgrenzen anzubieten.

Den später geläufigen deutschen Spitznamen „Ente" hatte der 2 CV übrigens einem Preisausschreiben zu verdanken, in Frankreich nutzte man dagegen seinen wahren Namen: Döschewo, was nichts anderes ist, als 2 CV französisch auszusprechen. Die Bezeichnung basiert auf den zwei Steuer-PS, die sein Motor zunächst leistete.

Größer als je geahnt geriet der Erfolg der simplen Sänfte. Allein über 3,86 Millionen des 2 CV rollten bis zum Produktionsstopp 1990 in alle Welt, Nutzfahrzeugmodelle und Weiterentwicklungen wie Dyane und Méhari nicht eingerechnet. Sie erreichten jedoch nie die Beliebtheit des Urmodells.

Besonders verehrt wurde Frankreichs Volksmobil übrigens in Deutschland, wo es in seinen späten Jahren sogar deutlich erfolgreicher war als im Mutterland selbst.

Citroën 2 CV („Wellblechente"; A, AZ, AZ Berline, AU, AZU, AZLP) 1949-1960

Schon vor dem Zweiten Weltkrieg hatte die Entwicklung des 2 CV begonnen, vorgestellt hat Citroën das Modell allerdings erst auf dem Pariser Salon 1948. Dort war die anfängliche Skepsis groß: Die französische Presse goss zunächst kräftig Häme über den als primitiv und hässlich empfundenen Entwurf aus, was die Franzosen nicht daran hinderte, schnell in großer Liebe zu entbrennen – 1,3 Millionen Besucher will Citroën auf seinem Messestand gezählt haben. Die Ente wurde in den 1950er Jahren zum Volkswagen der Franzosen, kein Wunder bei den Vorteilen des pragmatisch konstruierten und gezeichneten Viertürers: Eine Mininmalmotorisierung machte Betrieb und Unterhalt denkbar günstig, Platzangebot und Nutzwert waren hoch, aber vor allem überzeugte die selbst auf miserablen Strecken weich und sensibel ansprechende Federung. Die Ente war schon damals auf dem Weg zur Legende.

Bild: © Citroën

Preise	1	2	3	4	5
2 CV AZ (1955-1957), Cal	21.100	13.800	9.200	4.100	1.600
2 CV AZL (1957-1961), Cal	19.700	12.700	8.400	3.800	1.600

Motor/Antrieb	
Bauart	Zweizylinder (Boxer)
Lage/Antrieb	Front/Front
Hubraum in cm³	375, 425, 602
PS/min	9/3500 bis 12/3500
Vmax in km/h	65 bis 100
Karosserie	
Bauart	Cabrio-Lim (4-türig), Kom (3-türig)
Tragstruktur	Plattformrahmen
Material	Stahlblech
Stückzahl und Marktsituation	
Produktionszahl	676.504 (ohne Kombi)
Verfügbarkeit	ausreichend
Teilesituation	schwierig
Unterhaltskosten	niedrig

Citroën 2 CV 4x4 Sahara 1958-1966

Für Aufsehen sorgte 1958 der 2 CV Sahara, der entsprechend seinem Beinamen für die Wüste entwickelt worden war. Zwei unabhängig voneinander eingebaute Motoren mit jeweils 13 bis 16 PS trieben die Vorder- und Hinterräder an. Das Reserverad auf der Motorhaube verriet die spezielle Konstruktion, die immerhin bis zu 110 Stundenkilometer schnell war. Auf den gewohnten Gepäckraum im Heck musste hier verzichtet werden. Auch die geänderten Radausschnitte hinten und ein Tankstutzen in der Fahrertür ließen die Besonderheit dieses Fahrzeugs erahnen. Trotz geringer Nachfrage blieb das Modell immerhin gut acht Jahre im Markenprogramm. Heute lässt die rare Allrad-Version der Ente die Augen der Fans leuchten – bei nur 694 gebauten Exemplaren ist jedoch die Chance, ein Exemplar kaufen zu können, äußerst gering.

Bild: © Citroën

Preise	1	2	3	4	5
2 CV Sahara, L4t	128.000	96.000	66.000	46.000	32.000

Motor/Antrieb	
Bauart	2 x Zweizylinder (Boxer)
Lage/Antrieb	Front/Heck/4x4
Hubraum in cm³	2 x 425
PS/min	26/4500, 32/5000
Vmax in km/h	100 bis 110
Karosserie	
Bauart	Limousine (4-türig)
Tragstruktur	Plattformrahmen
Material	Stahlblech
Stückzahl und Marktsituation	
Produktionszahl	694
Verfügbarkeit	gegen null
Teilesituation	schwierig
Unterhaltskosten	niedrig

Citroën 2 CV („Ente"; AZ, AZLP, AZU, AZL, AZA, AZAM, AZAM Export, AK, 4, 6, AZ L4, AZ L6, AKS 400, 4 AZU, Special, 6 Special, 6 Club, Charleston), 3 CV (AK) 1960-1990

Bis 1990 gab es die Ente als Neuwagen. Längst war sie ein Anachronismus, wirkte wie die Replica eines Klassikers, der sie doch selbst war. Optisch blieb sie über die Jahrzehnte fast unverändert, abgesehen vom Ersatz der Wellblechhaube 1960. Andererseits gab es knapp ein Dutzend Varianten, die sich meist in Technik und Ausstattung unterschieden. Nachdem die Ente Frankreich motorisiert hatte, entdeckte sie die alternativ-studentische und linksintellektuelle Szene. Die Ente wurde so schon zu Lebzeiten zum Kultobjekt: Als Fanal gegen Macht und Materialismus schenkte sie Genuss im Kleinen. Schon deswegen wird sie ohne Nachfolger bleiben – leider.

Bild: © Dieter Rebmann

Preise	1	2	3	4	5
2 CV AZAM (63-70), L4t	20.100	12.800	8.400	3.700	1.500
2 CV 6 (70-90), L4t	19.700	12.500	8.200	3.700	1.500

Motor/Antrieb	
Bauart	Zweizylinder (Boxer)
Lage/Antrieb	Front/Front
Hubraum in cm³	425, 435, 597, 602
PS/min	12,5/4200 bis 29/5750
Vmax in km/h	70 bis 113
Karosserie	
Bauart	Cabrio-Lim (4-türig), Kom (3-türig)
Tragstruktur	Plattformrahmen
Material	Stahlblech
Stückzahl und Marktsituation	
Produktionszahl	3.198.779 (ohne Kombi)
Verfügbarkeit	gut
Teilesituation	gut
Unterhaltskosten	niedrig

Citroën Ami (Ami 6, Ami 8, Ami Super) 1961-1977

Als die Ente Anfang der sechziger Jahre auf der Champs-Elysées etwas zu bäuerlich wirkte, präsentierte Citroën ein neues Modell, das dem Chic der Großstadt Rechnung trug: den Ami 6, oder auf französisch l'Ami 6. Das klang wie „la missis", ein eigensinniger wie komfortabler Entwurf auf der Basis des 2 CV, der neben seinem Plattformrahmen und dem schaukeligen Fahrwerk auch den Zweizylinder-Boxer spendierte. Im Ami 6 stellte der jetzt 602 cm³ große Motor stadtgerechte 22 PS zur Verfügung. Das skurrile Äußere gipfelte in einer Motorhaube, die gut durchgeknetet wirkte, und einer Heckscheibe, die entgegen aller Regeln nach innen gekippt war – Ford hatte Ähnliches beim Anglia versucht. 1969 löste der Ami 8 mit einer leicht korrigierten Karosserie den erfolgreichen Vorgänger ab. Er besaß vordere Scheibenbremsen und war auf 32 PS erstarkt.

Bild: © Citroën

Preise	1	2	3	4	5
Ami 6, L4t	20.100	14.100	8.900	3.600	1.700
Ami 8, L4t	12.900	9.100	5.700	2.800	1.100
Ami Super, L4t	15.300	10.700	6.800	3.500	1.400

Motor/Antrieb	
Bauart	Zwei-/Vierzylinder (Boxer)
Lage/Antrieb	Front/Front
Hubraum in cm³	602, 1015
PS/min	22/4500 bis 54/6500
Vmax in km/h	105 bis 140
Karosserie	
Bauart	Limousine (4-türig), Kombi (5-türig)
Tragstruktur	Plattformrahmen
Material	Stahlblech
Stückzahl und Marktsituation	
Produktionszahl	1.840.159
Verfügbarkeit	schlecht
Teilesituation	schwierig
Unterhaltskosten	niedrig

Citroën Dyane 4, Dyane 6 1967-1981

Ende 1967 versuchte Citroën, das Konzept der Ente zu modernisieren. Die in ihren Gesichtszügen gestraffte Karosserie saß auf dem 2 CV-Fahrgestell, die Motoren kamen aus der Ente und dem Ami 6. Wie das Original hatte auch der Dyane ein Rolldach, das man für den Transport sperriger Güter auch samt Heckklappe komplett entfernen konnte. Vorteile hatte der Dyane auch im Innenraum zu bieten, denn es gab ein vollständigeres Instrumentarium, eine bessere Lüftung und aufwändigere Sitze. Selbst in Frankreich sind gute Dyane inzwischen knapp geworden, obwohl Citroën bis zum Produktionsstopp im Jahr 1981 immerhin über 1,1 Millionen dieser Luxus-Enten gebaut hatte.

Bild: © Citroën

Preise	1	2	3	4	5
Dyane (1969-1975), L4t	13.700	8.500	4.800	1.900	800
Dyane 6 (1969-1984), L4t	15.100	9.500	5.400	2.200	900

Motor/Antrieb	
Bauart	Zweizylinder (Boxer)
Lage/Antrieb	Front/Front
Hubraum in cm³	425, 435, 602
PS/min	18/4750 bis 28/5750
Vmax in km/h	100 bis 115
Karosserie	
Bauart	Limousine (4-türig), Kombi (3-türig)
Tragstruktur	Plattformrahmen
Material	Stahlblech
Stückzahl und Marktsituation	
Produktionszahl	1.104.145
Verfügbarkeit	ausreichend
Teilesituation	gut
Unterhaltskosten	niedrig

C

Citroën 6 Méhari 1968-1988

Nicht nur als Freizeitauto, das an den südlichen Küsten Frankreichs Urlauber mobil machte, sondern auch als vielseitiges Arbeitstier stellte Citroën bereits im Mai 1968 den Méhari vor, der auf der Plattform des 2 CV und Dyane stand. Der tür- und dachlose Aufbau der äußerst widerstandsfähigen Kunststoffkarosserie erinnerte an den Mini-Moke, doch deutsche Typprüfer sahen ernste Gefahren fürs Leben: Die als leicht brennbar abgewertete Hülle fand hierzulande keine Gnade. Dach, Türen und Seitenscheiben wurden ebenfalls angeboten. Erst nach rund 20 Jahren endete die Bauzeit des leichten Fronttrieblers.

Bild: © Citroën

Preise	1	2	3	4	5
Méhari (1968-1978), Tou	25.600	16.500	11.200	5.300	1.900

Motor/Antrieb	
Bauart	Zweizylinder (Boxer)
Lage/Antrieb	Front/Front
Hubraum in cm³	602
PS/min	28/5750, 32/5750
Vmax in km/h	110 bis 120
Karosserie	
Bauart	Roadster
Tragstruktur	Plattformrahmen
Material	Kunststoff
Stückzahl und Marktsituation	
Produktionszahl	144.953
Verfügbarkeit	ausreichend
Teilesituation	gut
Unterhaltskosten	niedrig

Die Göttliche schreibt Geschichte: Die DS- und ID-Modelle

Zu den herausragenden Entwürfen des ersten Auto-Jahrhunderts zählt eine Limousine, die 1955 durch eine unfassbare Modernität die Welt verblüffte. Und dazu dieser klangvolle, verführerische und vorherahnende Name: DS. Citroën hatte seiner neuartigen Limousine den Erfolg bereits wortspielerisch mit auf den Weg gegeben. Das in Frankreich „Deesse" gesprochene Kürzel DS heißt nichts anderes als Göttin.

Der neue DS folgte dem einstigen Innovationsträger Traction Avant nicht nur nach, sondern führte auch seinen Anspruch in würdiger Weise fort. Mit der DS bekam der automobile Fortschritt ein sehr konkretes Bild.

Der DS glänzte mit technisch aufwändigen Lösungen wie einer hydropneumatischen Federung samt automatischem Niveauausgleich, besaß Scheibenbremsen und eine Servolenkung. Nicht zu vergessen die stromlinienförmige Karosserie, die für großes Aufsehen sorgte, allerdings keineswegs überall auf Wohlwollen stieß.

Doch der futuristische Auftritt wirkte letztlich stilbildend für die Identität des Autoherstellers, der mit der DS seinen Ruf festigte, seine Fahrzeuge im Geist der Avantgarde zu erschaffen. Bis heute wirkt das Design erfrischend jung und zukunftsorientiert. Interessant ist auch, wie fundamental sich die Visionen der damals durchaus ebenfalls ambitionierten amerikanischen Automobilkonstrukteure von ihren französischen Kollegen unterschieden.

Kein Zweifel: Mit dem DS, der zwischen 1957 und 1975 auch als Basismodell namens „ID" (sprich „Idee") zu haben war, gelang Citroën nicht nur einer der großen automobilen Entwürfe des 20. Jahrhunderts, sondern auch ein dauerhafter Erfolg.

Citroën DS 19 1955-1968

Wenn eine Novität das Prädikat sensationell wirklich verdiente, dann war es der DS 19, der im Oktober 1955 vorgestellt wurde. Viele begeisterte Käufer fanden sich sofort. Die Skeptiker sahen in den technischen Eigenarten Probleme, was sich als voreilig herausstellte. Die hydropneumatische Federung für die vier einzeln aufgehängten Räder machte wenig Sorgen, der Motor, in der Grundkonstruktion mit der 11 CV-Maschine gleich, war völlig unproblematisch. Allerdings erforderten automatische Kupplung, hydraulische Getriebebetätigung und hydraulisches Bremssystem ebenso einiges an Gewöhnung wie die Lenkung oder auch die Eigenarten der futuristischen Interieur-Gestaltung.

Bild: © Citroën

Preise	1	2	3	4	5
DS 19 (1962-1965), L4t	42.200	27.800	18.800	8.700	4.000
DS 19 (1966-1967), L4t	53.200	34.700	23.900	10.900	5.000
DS 19 (1967-1968), L4t	50.500	32.900	22.600	10.400	4.800

Motor/Antrieb	
Bauart	Vierzylinder (Reihe)
Lage/Antrieb	Front/Front
Hubraum in cm³	1911
PS/min	75/4500 bis 84/5250
Vmax in km/h	150 bis 160
Karosserie	
Bauart	Limousine (4-türig)
Tragstruktur	Plattformrahmen
Material	Stahlblech
Stückzahl und Marktsituation	
Produktionszahl	1.415.719
Verfügbarkeit	ausreichend
Teilesituation	gut
Unterhaltskosten	mittel

Citroën ID 19 1957-1969

Mit der Einstellung des 11 CV Traction Avant im Mai 1957 startete Citroën eine abgespeckte Version des DS 19. Als ID 19 – sprich Idee 19! – hatte diese auch technisch vereinfachte Ausführung einen günstigeren Preis. Die Bremse war nicht mehr an die Hydraulik gekoppelt und der Kupplungsautomat wich einer üblichen Betätigung. Der Motor wurde auf 62 PS gedrosselt. Bis auf den fehlenden Chromschmuck blieb die avantgardistische Karosserie unangetastet und auch das Federungssystem des DS wurde unverändert beibehalten. 1958 ergänzte das fast fünf Meter lange Kombimodell mit dem traditionellen Beinamen Break die Modelle Normale und Luxe.

Bild: © Citroën

Preise	1	2	3	4	5
ID 19 (1962-1964), L4t	36.700	24.000	16.500	7.600	3.500
ID 19 (1967-1968), L4t	41.200	27.000	18.600	8.600	3.800
ID 19 Break (1962-1965), Kom	52.100	31.800	22.400	10.500	5.500
ID 19 Break (1967-1968) Kom	51.200	31.200	22.000	10.400	5.400

Motor/Antrieb	
Bauart	Vierzylinder (Reihe)
Lage/Antrieb	Front/Front
Hubraum in cm³	1911, 1985
PS/min	62/4000 bis 84/5250
Vmax in km/h	135 bis 150
Karosserie	
Bauart	Limousine (4-türig), Kombi (5-türig)
Tragstruktur	Plattformrahmen
Material	Stahlblech
Stückzahl und Marktsituation	
Produktionszahl	k.A.
Verfügbarkeit	ausreichend
Teilesituation	gut
Unterhaltskosten	mittel

C

Citroën DS und ID 19 Cabriolet 1958-1965

Zur Krönung französischen Fahrgefühls laden die Cabrios auf DS/ID-Basis ein. 1958 hatte Henri Chapron, ein exquisiter französischer Karossier, seine Frischluft-Version der extravaganten Citroën-Limousine präsentiert. Die zweitürigen Cabriolets kosteten ein kleines Vermögen, was zu recht bescheidenen Stückzahlen führte. Dafür erfüllte Chapron seinen Kunden beinahe jeden Wunsch – er baute eine Klimaanlage ebenso ein wie ein hydraulisches Verdeck. Ab 1960 entstanden dann die so genannten Werks-Cabrios mit reduzierter Ausstattung zu moderateren Preisen. Zudem gab es noch eine Reihe kleinerer Serien offener DS/ID. Noch rarer als die Cabrios sind dagegen die eigentümlich geformten Coupés, die ebenfalls Chapron für einen betuchten Kundenkreis fertigte.

Bild: © Citroën

Preise	1	2	3	4	5
DS 19 „Usine" (1961-1965), Cab	210.000	147.000	107.000	57.000	28.000

Motor/Antrieb	
Bauart	Vierzylinder (Reihe)
Lage/Antrieb	Front/Front
Hubraum in cm^3	1911, 1985
PS/min	75/4500 bis 84/5250
Vmax in km/h	150 bis 160
Karosserie	
Bauart	Cabriolet
Tragstruktur	Plattformrahmen
Material	Stahlblech
Stückzahl und Marktsituation	
Produktionszahl	1325
Verfügbarkeit	gegen null
Teilesituation	ausreichend
Unterhaltskosten	mittel

Citroën DS 20 1967-1971

Bereits im Herbst des Jahres 1967 erhielten die ID- und DS-Modelle eine modernisierte Fahrzeugfront, bei der die Scheinwerfer hinter Deckgläsern montiert waren. Eine technische Innovation stellten zudem mitlenkende Scheinwerfer dar, mit denen zunächst nur das Luxus-Modell Pallas sowie das Cabriolet serienmäßig ausgestattet wurden. Ab 1968 gab es den Franzosen-Gleiter auch als DS 20, der einen neuen Vierzylinder-Motor mit 1985 cm^3 und 90 PS erhielt – genug, um die weiterhin extravagant auftretende Limousine auf rund 170 Stundenkilometer zu beschleunigen. Zusätzlich bot Citroën den DS nun mit manuellem, halb- oder vollautomatischem Getriebe an. Die Unterschiede zu den spartanischer ausgestatteten ID-Modellen fielen zunehmend geringer aus, bis der Name ID im Herbst 1969 komplett entfiel und Citroën die gesamte Baureihe als D-Modell führte.

Bild: © Citroën

Preise	1	2	3	4	5
DS 20 (1968-1969), L4t	44.600	29.200	20.000	9.200	4.200
DS 20 (1971-1975), L4t	40.100	26.200	18.000	8.300	3.700

Motor/Antrieb	
Bauart	Vierzylinder (Reihe)
Lage/Antrieb	Front/Heck
Hubraum in cm^3	1985
PS/min	84/5250, 90/5500
Vmax in km/h	165, 167
Karosserie	
Bauart	Limousine (4-türig), Kombi (5-türig)
Tragstruktur	Plattformrahmen
Material	Stahlblech
Stückzahl und Marktsituation	
Produktionszahl	k. A.
Verfügbarkeit	ausreichend
Teilesituation	gut
Unterhaltskosten	mittel

Citroën DS 23, DS 23ie 1972-1975

Als DS 23 ging die legendäre Citroën-Limousine in ihre letzte Runde. Ihr Vierzylinder verfügte nun über 2,35 Liter Hubraum, der daraus 110 PS zur Verfügung stellte. Wer mehr wünschte, griff zur flotteren Version DS 23ie, die über eine Bosch D-Jetronic verfügte und 126 PS leistete. Beide Motor-Varianten gaben sich elastisch: Ihr Drehmomentverlauf hatte davon profitiert, dass sich der Hubraum der Vorgängerin DS 21 um 0,2 Liter erhöht hatte. Auch den DS 23 gab es wieder als Limousine und Break sowie in luxuriöser Pallas-Ausführung. Gegen entsprechenden Aufpreis offerierte Citroën sogar eine Klimaanlage. Dem Nachfolger CX hinterließ er seinen Motor: Der CX 2400 nutzte das DS 23-Triebwerk mit leichten Veränderungen weiter.

Bild: © Citroën

Preise	1	2	3	4	5
DS 23, L4t	51.400	33.000	22.100	10.000	4.600
DS 23ie, L4t	54.400	34.800	23.500	10.600	5.000

Motor/Antrieb	
Bauart	Vierzylinder (Reihe)
Lage/Antrieb	Front/Front
Hubraum in cm^3	2347
PS/min	110/5500 und 126/5500
Vmax in km/h	179,188
Karosserie	
Bauart	Limousine (4-türig), Kombi (5-türig)
Tragstruktur	Plattformrahmen
Material	Stahlblech
Stückzahl und Marktsituation	
Produktionszahl	k.A.
Verfügbarkeit	ausreichend
Teilesituation	ausreichend
Unterhaltskosten	mittel

Kleine Göttin: Die Citroën GS

„Auch dieser Citroën weist, ähnlich wie seine großen Brüder, in die Zukunft – allerdings zu konsumfreudigem Preis", resümierte das Fachblatt „auto motor und sport" 1971 zum Citroën GS, der mit zeitgemäßer Kompaktkarosserie, praktischer Schrägheckklappe und Design-Elementen der großen DS-Modellreihe aufwartete.

Doch auch jenseits der Karosserieform trugen die GS-Modelle Gene der großen Schwester in sich: So machten die vielfach bewunderte Hydropneumatik und Scheibenbremsen rundum die moderne Mittelklasse-Limousine zum wahren Trendsetter des Faktors Technik, der die 1970er Jahre mitbestimmte.

Deutlich weniger avantgardistisch ging es dagegen im Motorraum zu. Denn obwohl anfänglich eine progressive Motorisierung mit einem Wankeltriebwerk angedacht war, blieb es bei einigen wenigen „Birotor"-Pilotfahrzeugen. Unter der Haube zogen letztlich konventionelle Vierzylinder-Boxermotoren ein, die nicht nur eine aufwändige Lärmdämmung erforderten, sondern denen es auch an Durchzugskraft fehlte – ein Defizit, das die GS-Modelle um einen der Göttin vergleichbaren Status in der Mittelklasse brachte.

C

Citroën GS 1970-1987

Im Jahr 1970 führte Citroën als neues Modell in der Mittelklasse den GS ein. Seine funktionelle Schrägheck-Karosserie war weit weniger ausgefallen gestaltet als bei der großen Schwester. Bemerkenswert aber das Fahrwerk, denn in dieser Klasse hatte niemand mit der inzwischen ausgereiften Hydropneumatik gerechnet. Dem überragenden Fahrkomfort standen jedoch einige Ungereimtheiten in der Bedienung gegenüber, auch der schwachbrüstige Boxermotor konnte allenfalls in Sachen Drehfreude überzeugen. Kaltstartschwierigkeiten plagten das geräumige Auto, das im Zuge späterer Modellpflege auch mit Heckklappe ausgerüstet wurde. Im extravaganten Cockpit leuchtete anfangs ein Lupentacho mit der zusätzlichen Angabe des Anhaltewegs, die Handbremse war ins Armaturenbrett integriert.

Bild: © Citroën

Preise	1	2	3	4	5
GS 1,0 (1972-1977), L4t	15.400	10.300	5.700	2.400	1.000
GS 1,3 (1973-1977), L4t	16.300	10.800	6.100	2.700	1.100

Motor/Antrieb	
Bauart	Vierzylinder (Boxer)
Lage/Antrieb	Front/Front
Hubraum in cm³	1015, 1299
PS/min	54/6500 bis 65/5500
Vmax in km/h	145 bis 160
Karosserie	
Bauart	Limousine (4-türig), Kombi (5-türig)
Tragstruktur	selbsttragend
Material	Stahlblech
Stückzahl und Marktsituation	
Produktionszahl	k.A.
Verfügbarkeit	schlecht
Teilesituation	schwierig
Unterhaltskosten	mittel

Citroën GS Birotor 1974-1975

Innovation war Tradition bei Citroën. Und so kooperierten die Franzosen schon ab 1964 abseits der Öffentlichkeit mit dem Wankel-Spezialisten NSU. Auch die Franzosen waren der Meinung, der Rotationskolbenmotor würde gut in die zukünftige Mittelklasse passen. Im Saarland wurde eigens ein Werk errichtet, wo zunächst, wiederum heimlich, eine Testserie von Wankel-Ami 8 enstand. Endlose Versuchsreihen später präsentierte man auf der IAA 1973 den Birotor als Topmodell der GS-Baureihe. Doch der Rotarier kam nicht an. Zu teuer war der optisch kaum vom Basis-GS unterscheidbare Birotor. Noch mehr schreckte in der Ölkrise 1973/74 der Verbrauch von 14 Litern. Nach einem Jahr zog man die Notbremse, gewaltsam und beispiellos: Citroën versuchte, die 847 produzierten Wankel-GS zurück zu kaufen, um sie zu verschrotten. Nur gut 300 Stück, von Kunden und Händlern zurückgehalten, sollen überlebt haben.

Bild: © Citroën

Preise	1	2	3	4	5
GS Birotor, L4t	40.000	27.000	16.000	7.000	k.N.

Motor/Antrieb	
Bauart	Zweischeiben-Wankel
Lage/Antrieb	Front/Front
Hubraum in cm³	2 x 498
PS/min	106/6500
Vmax in km/h	175
Karosserie	
Bauart	Limousine (4-türig)
Tragstruktur	selbsttragend
Material	Stahlblech
Stückzahl und Marktsituation	
Produktionszahl	847
Verfügbarkeit	gegen null
Teilesituation	sehr schwierig
Unterhaltskosten	hoch

Nouvelle Limousine: Die Baureihen CX und XM

Sachlich, windschnittig und flach – so sollte er aussehen, der Nachfolger der über lange Jahre erfolgreichen DS, die schon zu Lebzeiten zu einer Legende geworden war.

Ein solches Erbe anzutreten ist nicht einfach, zu hoch geschraubt sind meist die Erwartungen. Als 1974 unter der nüchternen Bezeichnung CX das neue Modell auf den Markt kam, zeigte sich die gespannte Öffentlichkeit zunächst tatsächlich enttäuscht. Zu niedrig, zu kurz, zu kühl empfand die Stammkundschaft die Limousine. Natürlich, nach Traction Avant und DS erwartete man nun den dritten ganz großen Wurf.

Der gelang aus damaliger Sicht nicht. Selbst wenn das Interieur in bester Tradition des Hauses geriet: Ergonomisch, leicht bedienbar und futuristisch wirkten die Bedienelemente – Formgebungen, an denen sich die Kommentare durchaus schieden. Avantgarde vom Feinsten war es für Andersdenkende, unverständliche Ufo-Stilistik dagegen für den Durchschnittskäufer.

Eine besondere Kreation gelang Citroën mit der Kombiversion Break, die nicht nur bei Großfamilien auf Interesse stieß, sondern auch Karosseriebaubetriebe wie Tissier oder Mike's Garage auf den Plan rief. Sie bauten den Break mit Hilfe einer doppelten Hinterachse zur Mutter aller Express-Transporter um – legendär sind die Geschichten ehemaliger Zeitungskuriere, die nachts mit hohem Tempo durch Mitteleuropa rasten: Der CX Loadrunner, so einer der Namen, ist der wahre Urahn der heutigen Sprinter-Klasse.

In die Ahnengalerie der legendären DS und CX reihte sich 1989 der XM als Vertreter eigenwilliger, exzentrischer Citroën-Limousinen ein.

Citroën CX 1974-1989

Die Erwartungen waren hoch, als Citroën den CX vorstellte. Und dann kam das: Die Form rief Kritiker auf den Plan, zudem litt das neue Modell unter Kinderkrankheiten – und auf einen Sechszylindermotor musste die Klientel auch weiterhin verzichten. Dabei hätte ein weniger rauer Motor gut zum komfortablen CX gepasst, doch die Franzosen beschieden sich auf das technisch Bewährte. Dazu zählte immerhin die Hydropneumatik, und als zusätzliche Portion Extravaganz setzte das Armaturenbrett Akzente. Auf selbsttätig zurückstellende Blinker galt es weiterhin zu verzichten, gute Material- und Fertigungsqualität zählte nicht zu den Prioritäten der Citroën-Macher. Rost raffte die frühen CX daher schnell dahin – merke: Wer sich rar macht, wird noch schneller kultig. Frühe, originale Exemplare gibt es kaum noch auf dem Markt.

Bild: © Citroën

Preise	1	2	3	4	5
CX 2000 (1974-1979), L4t	18.800	13.300	8.500	3.200	1.100
CX 2200 (1975-1978), L4t	19.700	14.000	9.100	3.400	1.200

Motor/Antrieb	
Bauart	Vierzylinder (Reihe)
Lage/Antrieb	Front/Front
Hubraum in cm³	1975-2482
PS/min	66/4500 bis 115/5600
Vmax in km/h	146 bis 186
Karosserie	
Bauart	Limousine (4-türig)
Tragstruktur	selbsttragend
Material	Stahlblech
Stückzahl und Marktsituation	
Produktionszahl	k.A.
Verfügbarkeit	schlecht
Teilesituation	ausreichend
Unterhaltskosten	mittel

Citroën CX GTi, Turbo, Prestige 1975-1989

Neben den doch etwas mager geratenen Basisversionen des CX brachte Citroën in der Folge auch attraktivere Versionen ihres großen Modells heraus. Mit verlängertem Radstand konnte er als Prestige nicht nur als Staatslimousine überzeugen, sondern fand sich auch in privater Hand nicht selten wieder. Auch der GTi, zunächst mit 2,4 Liter, später mit 2,5 Liter großem Vierzylinder, kombinierte das etwas straffer abgestimmte Fahrwerk mit sportlichen Fahrleistungen – das Interieur war diesem neuen Auftritt angepasst. 1985 erschien dann die nochmals kräftigere Turbo-Variante, die das Gefühl von Leistungsmangel nie aufkommen ließ, aber auch brav mit reichlich Superbenzin gefüttert werden musste. Die späten Versionen sind noch häufiger auf dem Markt vertreten, und ab und an ist auch ein gutes Exemplar darunter. Fans suchen längst intensiv.

Bild: © Citroën

Preise	1	2	3	4	5
CX GTi, L4t	22.400	16.000	10.300	3.900	1.400
CX GTi Turbo, L4t	29.400	21.000	13.500	5.100	1.800

Motor/Antrieb	
Bauart	Vierzylinder (Reihe)
Lage/Antrieb	Front/Front
Hubraum in cm³	2347 bis 2482
PS/min	115/5750 bis 168/5000
Vmax in km/h	185 bis 220
Karosserie	
Bauart	Limousine (4-türig)
Tragstruktur	selbsttragend
Material	Stahlblech
Stückzahl und Marktsituation	
Produktionszahl	k.A.
Verfügbarkeit	ausreichend
Teilesituation	ausreichend
Unterhaltskosten	mittel

Citroën CX Break 1976-1989

Dass ein Kombi auch jenseits der Handwerkstransporter im Edel-Segment positionierbar ist, erkannte Citroën schon vor Mercedes-Benz. So war der Break dann auch schärfster Konkurrent des Stuttgarter T-Modells, wenn es darum ging, Golfausrüstung und Schalenkoffer standesgemäß zu transportieren – wobei der wuchtige Franzose den größeren Laderaum bot. In puncto Fahrsicherheit und Verarbeitung fiel der Citroën zwar zurück, war aber gut ausgestattet und trotzdem rund 25 Prozent billiger als der Kollege mit dem Stern – für viele Kunden kaufentscheidend. Die Modellpalette reichte vom 66 PS-Diesel bis zum 128 PS-Einspritzer im CX 25 der späten 1980er Jahre – natürlich schon mit Katalysator. Für Großfamilien hielt Citroën eine Spezialversion bereit: Der Familiale bot auf drei Sitzbänken acht Personen Platz.

Bild: © Citroën

Preise	1	2	3	4	5
CX 2.0 Break (76-79), Kom	20.400	14.500	9.400	3.500	1.300
CX 2500 Diesel (78-82), Kom	21.600	15.400	9.700	3.700	1.300

Motor/Antrieb	
Bauart	Vierzylinder (Reihe)
Lage/Antrieb	Front/Front
Hubraum in cm³	1972 bis 2331
PS/min	66/4500 bis 128/4800
Vmax in km/h	146 bis 192
Karosserie	
Bauart	Kombi (5-türig)
Tragstruktur	selbsttragend
Material	Stahlblech
Stückzahl und Marktsituation	
Produktionszahl	k.A.
Verfügbarkeit	ausreichend
Teilesituation	ausreichend
Unterhaltskosten	mittel

Citroën XM 1989-2000

1990 gewann der von Bertone gestylte XM den Titel „Auto des Jahres". Im Jahr darauf ergänzte eine wieder „Break" genannte, äußerst geräumige Kombi-Version die Schrägheck-Limousine. Sie entstand beim Karosseriespezialisten Heuliez. Trotz der mit zwölf Jahren langen Bauzeit konnte Citroën nur rund 300.000 Exemplare des XM absetzen, unter anderem wegen ständiger Elektronik-Probleme. Das betraf besonders die Steuerung der aufwändigen Hydractive, einer neuen Entwicklungsstufe der Hydropneumatik. Citroën bot den XM mit Reihenvierzylindern (Diesel und Benzin) sowie V6-Motoren an. Auch mechanisch gab es Ärger: Der Vierventiler-V6, mit 200 PS der stärkste XM-Motor, war nicht besonders haltbar. Als Nachfolger des im Jahr 2000 eingestellten XM gilt der C6, der jedoch erst 2005 erschien.

Bild: © Citroën

Preise	1	2	3	4	5
XM V6, L4t	k.N.	10.000	5.900	2.300	k.N.

Motor/Antrieb	
Bauart	Vierzylinder (Reihe), V6
Lage/Antrieb	Front/Front
Hubraum in cm³	1998-2448, 2946, 2975
PS/min	82/4600 bis 200/6000
Vmax in km/h	176 bis 230
Karosserie	
Bauart	Lim (4-türig), Kombi (5-türig)
Tragstruktur	selbsttragend
Material	Stahlblech
Stückzahl und Marktsituation	
Produktionszahl	ca. 300.000
Verfügbarkeit	ausreichend
Teilesituation	ausreichend
Unterhaltskosten	mittel

Neuauflagen in der Mittelklasse: BX und Xantia

Zur Vorstellung im Jahr 1982 präsentierte sich der Citroën BX ganz als Kind des neuen Jahrzehnts. Er sollte die Lücke zwischen dem GSA und den CX-Modellen schließen. Sachlich-streng geriet seine Linienführung, die bereits mit Computerunterstützung entworfen wurde, was ihn sogar windschnittiger werden ließ, als er von außen wirkte. Der Aufbau war teilverzinkt, die Hauben wurden aus Kunststoff gefertigt und waren deswegen zwar rostresistent, doch recht labil.

Vielen Freunden der Marke Citroën erschien der neue BX allerdings als zu klobig und wenig feingeistig. Doch wer sich die Zeit für eine Probefahrt nahm, wurde selten enttäuscht: Trotz seines als unelegant empfundenen Erscheinungsbildes mussten BX-Piloten nicht auf die markentypischen Fahreigenschaften verzichten. Dank seines hydropneumatischen Fahrwerks verfügte der BX zudem über das gewohnt sichere und komfortable Fahrgefühl, das längst typisch für Citroën geworden war.

Weniger glücklich proportioniert gerieten die Kombi-Versionen der Citroën-Mittelklasse. Denn um Produktionskosten einzusparen, liefen die traditionell Break genannten BX-Kombis mit unverändertem Radstand und den gleichen Fondtüren wie die Schrägheck-Limousine von den Bändern des PSA-Konzerns.

Citroën hatt den BX immerhin bis 1994 gebaut. Als Nachfolger lancierte der Hersteller 1993 den Xantia, dem zwei Jahre später abermals ein Break folgte.

Citroën BX, BX 14, BX 16, BX 19 — 1982-1994

Ursprünglich bot Citroën den BX in drei Ausführungen mit 62 bis 90 PS an. Der Erfolg des BX kam schnell, und er ließ die Zahl von Ausstattungsvariationen und Motortypen schnell steigen. Der Break (Kombi) und die Sport-Version folgten 1985, und im Folgejahr debütierten – zeitgleich mit optischer Modellpflege – der GTI mit 125 PS und die ersten Katalysator-Ausführungen. Gut verkauften sich die attraktiven Diesel-Modelle, die zusammen mit dem Renault 21 erheblich zum Selbstzünder-Boom in der Mittelklasse beitrugen – nicht nur in Frankreich.

Bild: © Citroën

Preise	1	2	3	4	5
BX 16 , L5t	k.N.	4.100	2.400	1.000	400
BX 19, L5t	k.N.	4.700	2.700	1.200	500
BX GTi, L5t	k.N.	7.800	4.300	2.100	900

Motor/Antrieb	
Bauart	Vierzylinder (Reihe)
Lage/Antrieb	Front/Front
Hubraum in cm^3	1360, 1569, 1580, 1891
PS/min	62/5500 bis 125/5500
Vmax in km/h	155 bis 198
Karosserie	
Bauart	Limousine (5-türig)
Tragstruktur	selbsttragend
Material	Stahlblech
Stückzahl und Marktsituation	
Produktionszahl	k.A.
Verfügbarkeit	gut
Teilesituation	gut
Unterhaltskosten	mittel

Citroën Xantia 1,6i, 1,8i, 1,8i 16V, 2,9i, 16V, 2,0i 16V, 2,0 TCT, 3,0 V6, 1,9 D, 1,9 SD, 1,9 Turbo D, 2,0 HDI, 2,1 Turbo — 1993-2001

Auf den BX folgte 1993 der Xantia, intern Typ X genannt. Zunächst zeigte ihn Citroën als fünftürige Schrägheck-Limousine, 1995 kam eine Kombiversion namens Break hinzu. Der Xantia bot klassenunüblichen Komfort dank seines hydropneumatischen Fahrwerks, das bei höherer Motorleistung zusätzliche Verfeinerungen bot. Ebenfalls an Bord war eine kinematisch mitlenkende Hinterachse, wie sie aus dem ZX bekannt war. Das Bertone-Design knüpfte an den XM an. Zeitgenössische Tester bemängelten zu weiche Sitze, eine laute Geräuschkulisse und (je nach Motor) einen hohen Verbrauch. Insgesamt standen über die Jahre acht verschiedene Benziner und fünf Diesel-Aggregate zur Verfügung. Zwei Modellpflegen (1994 und 1997) veränderten den grundsätzlichen Auftritt kaum. Nach seiner Produktionseinstellung in Europa wurde der Xantia noch bis ins Jahr 2010 im Iran gefertigt.

Bild: © Citroën

Preise	1	2	3	4	5
Xantia 2.0 16V, L5t	k.N.	4.000	2.500	1.100	k.N.
Xantia TCT Activa, L5t	k.N.	7.300	4.600	2.100	k.N.

Motor/Antrieb	
Bauart	Vierzylinder (Reihe), V6
Lage/Antrieb	Front/Front
Hubraum in cm^3	1580 bis 2946
PS/min	68/4600 bis 190/5500
Vmax in km/h	160 bis 230
Karosserie	
Bauart	Limousine (5-türig), Kombi (5-türig)
Tragstruktur	selbsttragend
Material	Stahlblech
Stückzahl und Marktsituation	
Produktionszahl	k.A.
Verfügbarkeit	gut
Teilesituation	gut
Unterhaltskosten	mittel

Citroën startet in der kleinen Klasse: Erst LN, dann Visa

Alles andere als avantgardistisch hat der erste Kleinwagen der Marke Citroën auf die Zeitgenossen gewirkt. In der Tat ließ der kompakte Franzose so ziemlich alles vermissen, was einen typischen Entwurf mit Doppelwinkel-Logo bisher ausgemacht hatte.

Doch der LN war keine Folge einer freiwillig verordneten Mutlosigkeit, sondern Ergebnis einer fundamentalen Neuausrichtung des Unternehmens. Mit dem neuen Mini kam das erste Produkt der Liaison zwischen Peugeot und Citroën auf den Markt. Die Allianz firmierte ab 1976 als PSA-Konzern.

So vereinigte der kleine LN die Technik von Citroën mit der Karosserie des Peugeot 104. Trotz kontinuierlicher Aufwertung wollte Citroëns Kleinwagen nie der Durchbruch glücken. Und selbst heute adelt ihn lediglich der Status, als Stammvater aller Citroën-Kompaktmodelle zu gelten.

Darunter fällt insbesondere der Visa, der endlich wieder das Prädikat der Unverwechselbarkeit trug. Der Kleinwagen sorgte für einen Hauch Avantgarde zumindest zeitweise in der kleinen Klasse. Kein Wunder, schließlich zeigte der Visa auch die Handschrift des erfahrenen Citroën-Hausdesigners Jean Giret. Es war seine letzte Arbeit, und so schloss sich mit dem Visa auch stilistisch ein außergewöhnliches Kapitel des Automobildesigns.

Citroën LN, LNA 1976-1986

Wie funktioniert der Auto-Baukasten eines Konzerns? Bei PSA nahm Citroën Karosserie und Fahrwerk des Peugeot 104, änderte Front und Heck etwas ab und setzte den Zweizylinder-Boxer der Dyane ein – fertig war der Kleinwagen Citroën LN. Der in der Werbung „Spatz von Paris" genannte LN bewährte sich zwar als robuster Einkaufswagen, Fahrspaß kam mit der etwas überforderten 600er Maschine aber kaum auf. Daran änderte auch der 1979 nachgeschobene LNA mit nur 50 Kubikzentimeter respektive zwei PS mehr nichts. Erst der 1981 präsentierte neue LNA wurde seinem Namen – das A stand für Athlétique – gerecht. Der Kleine, inzwischen optisch modernisiert, besaß nun einen Reihenvierzylinder, der aus 1,1 Litern 50 PS leistete und ihm Geschwindigkeitswelten von knapp über 140 km/h erschloss.

Bild: © Citroën

Preise	1	2	3	4	5
LN, L3t	k.N.	4.500	2.500	1.000	300

Motor/Antrieb	
Bauart	Vierzylinder (Reihe)
Lage/Antrieb	Front/Front
Hubraum in cm³	597, 647, 1008, 1116
PS/min	23,5/5750/5500 bis 54/6500
Vmax in km/h	120 bis 145
Karosserie	
Bauart	Limousine (3-türig)
Tragstruktur	selbsttragend
Material	Stahlblech
Stückzahl und Marktsituation	
Produktionszahl	k.A.
Verfügbarkeit	gut
Teilesituation	gut
Unterhaltskosten	niedrig

Citroën Visa, Visa Special, Visa Super, Visa Club, Visa GT, Visa RD, Visa TRS, Visa GTI 1978-1988

Zunächst war der Visa, der verspätete Ami 8-Nachfolger, Citroëns Sorgenkind. Erst mit dem 1981 gelifteten Gesicht und nach dem Auslaufen seines Hauptkonkurrenten Peugeot 104 (im Rahmen des Peugeot-Konzernbaukastens waren beide konstruktiv identisch!), wurde der Visa zum Bestseller. Aus der Vielfalt an Modellen sticht eine Spezialversion heraus: die 1983 vorgestellte Cabrio-Limousine Plein Air. Der viertürige Frischluft-Franzose geriet zur Neuinterpretation der Ente und bot charmanten Fahrspaß. Obwohl er solide und preiswert war, blieb er selten. Ganze zwei Jahre war der Plein Air im Programm, lieblose Vermarktung und das neue 205-Cabrio machten ihm den Garaus.

Bild: © Citroën

Preise	1	2	3	4	5
Visa 0.6 (81-85), L5t	k.N.	3.400	2.200	900	400
Visa 1.1 (82-85), L5t	k.N.	3.600	2.300	1.000	400

Motor/Antrieb	
Bauart	Zweizyl. (Boxer), Vierzyl. (Reihe)
Lage/Antrieb	Front/Front
Hubraum in cm³	647, 1116-1757
PS/min	36/5500 bis 105/6250
Vmax in km/h	125 bis 188
Karosserie	
Bauart	Limousine (5-türig)
Tragstruktur	selbsttragend
Material	Stahlblech
Stückzahl und Marktsituation	
Produktionszahl	k.A.
Verfügbarkeit	gut
Teilesituation	gut
Unterhaltskosten	niedrig

Citroën AX Sport, AX GT, AX GTi 1987-1996

Keine 3,50 Meter messen, aber mit knapp 100 PS über die Boulevards fegen: So zeigten sich ab 1987 die flottesten unter den kantigen Mini-Citroën mit dem Kürzel AX. Erst gab es den AX Sport, bei dem ein Doppelvergaser dem 1,3-Liter-Vierzylinder immerhin 95 PS entlockte. Schon Ende 1988 stellte ihn Citroën ein, doch den Ersatz gab es bereits – seit Anfang des Jahres fertigten die Franzosen den AX GT mit jedoch nur 84 PS, der ab Sommer 1991 einen Kat bekam und dann nur noch magere 75 PS lieferte. Flott dagegen zeigte sich wieder der AX GTi mit Bosch Motronic, der sogar auf 95 PS bei 6600/min kam und einen besonders kecken Heckspoiler am oberen Scheibenende trug – Plastik-Kotflügelverbreiterungen, teils in Wagenfarbe, hatten sie alle. Besonders in Motorsportkreisen liebt man die kleine Box: leicht, klein, stark und preiswert dazu – was wünscht man sich mehr?

Bild: © Citroën

Preise	1	2	3	4	5
AX Sport (95 PS), L3t	k.N.	9.800	5.800	2.200	1.000

Motor/Antrieb	
Bauart	Vierzylinder (Reihe)
Lage/Antrieb	Front/Front
Hubraum in cm³	1294
Leistung PS/min	75/5800 bis 95/6600
Vmax in km/h	176 bis 186
Karosserie	
Bauart	Limousine (3-türig)
Tragstruktur	selbsttragend
Material	Stahlblech
Marktsituation	
Produktionszahl	k.A.
Verfügbarkeit	ausreichend
Teilesituation	gut
Unterhaltskosten	niedrig

Gran Turismo auf französisch: Der Citroën SM

Eine sportliche DS beschäftigte einige Ingenieure bei Citroën bereits während der 1960er Jahre immer wieder. Darunter befand sich auch der Konstrukteur der Traction Avant-, 2 CV- und DS-Motoren, Walter Beccia. Als Ende 1967 Maserati und Citroën eine Kooperation beschlossen hatten, aus der dann sogar eine 60-prozentige Mehrheitsbeteiligung wurde, geriet der Plan Ende der 1960er Jahre in greifbare Nähe: Bei Maserati in Modena sollte ein flach gehaltenes V6-Kraftpaket entstehen. Für einen adäquaten, etwas exaltierten Auftritt zeichnete Citroën-Designer Robert Opron verantwortlich.

Das italo-französische Gemeinschaftsprojekt faszinierte nicht nur die Freunde reinrassiger Sportwagen: Mit dem SM gelang Citroën ein hinreißendes Gran Turismo-Coupé, das die Bedürfnisse einer nach Statussymbolen heischenden Klientel ebenso bediente wie vermögende Liebhaber sportlicher Exklusivfahrzeuge. Das sollte auf Dauer so bleiben: Auch heute gehören die edlen Avantgardisten noch immer zu den bestaunten Klassikern des Citroën-Konzerns – dass die SM-Flundern nur rund 13.000 Mal gebaut wurden, macht die Verfügbarkeit nicht einfacher.

Citroën SM — 1970-1975

Lange schon war von einem französischen Gran Turismo mit sechs Zylindern gemunkelt worden, als 1970 schließlich der SM in Genf vor der Fachwelt präsentiert wurde. Das viersitzige Coupé hatte eine sehr windschlüpfige Karosserie erhalten, besaß eine hydropneumatische Federung und einen 90-Grad-V6-Motor mit vier obenliegenden Nockenwellen. Citroën-Charakteristika wie das Einspeichen-Lenkrad, die Knopfbremse und eine extrem direkte Servolenkung sorgten für Fahreigenschaften, die viel Einfühlungsvermögen erforderten. Und die komplexe Technik bildete eine große Herausforderung selbst für erfahrene Citroën-Meister. Wegen der nur mäßigen Zuverlässigkeit der SM-Konfiguration geriet dies zur großen (und für Besitzer teuren) Tücke des ambitionierten Projekts.

Bild: © Citroën

Preise	1	2	3	4	5
SM, Cpe	72.400	47.700	30.200	15.100	6.100
SM inj., Cpe	77.600	51.200	32.500	16.300	6.500

Motor/Antrieb	
Bauart	V6
Lage/Antrieb	Front/Front
Hubraum in cm³	2670
PS/min	170/5500 bis 178/5500
Vmax in km/h	225
Karosserie	
Bauart	Coupé
Tragstruktur	Plattformrahmen
Material	Stahlblech
Stückzahl und Marktsituation	
Produktionszahl	12.920
Verfügbarkeit	schlecht
Teilesituation	schwierig
Unterhaltskosten	hoch

Cizeta (USA) • 1988-1995

Claudio Zampolli betrieb seit den 1970er Jahren an der Westküste der Vereinigten Staaten einen Servicebetrieb für italienische Sportwagen. Wer damals im Großraum Los Angeles einen Lamborghini Miura besaß und einen Ölwechsel oder eine Getriebeüberholung benötigte, ging zu jenem Mann, der in seiner Heimat unter Ferruccio Lamborghini an Miura, Countach und Espada mitgebaut hatte. In den 1980er Jahren beschloss jener Zampolli dann, dass die Zeit reif sei: für ein eigenes Auto, das seine Initialen im Namen tragen soll – C.Z., italienisch gesprochen Ci Zeta.

Er suchte potenzielle Geldgeber aus dem Showbiz und gewann am Ende Musikmogul Giorgio Moroder, ebenfalls italienischer Abstammung, für sein Projekt. Seine Idee hätte ambitionierter kaum sein können: ein Supersportwagen mit quer eingebautem Sechzehnzylinder-Mittelmotor. Der Motor eines Cizeta V16T übertrumpfte mit seinem Leistungsüberfluss damals die Konkurrenz von Ferrari und Lamborghini mit Leichtigkeit. Die überlegenen Fahrleistungen des in Norditalien gebauten Wagens stellte die Polizei damals sogar von Amts wegen fest, als der Direttore mit 325 km/h in eine Radarfalle raste.

Den Strafzettel über drei Millionen Lire zahlte Zampolli angeblich nie. Letztendlich stolperte Cizeta Automobili jedoch nicht über unbezahlte Tickets, sondern über eine Prüfung der Steuerbehörde. Die brachte zwar nur geringe Unstimmigkeiten in den Büchern ans Licht, lähmte aber über Monate die Fabrik und schädigte zudem das Vertrauen der Hausbank in die kleine Firma. Schon bevor der erste Prototyp fertig war, knarzte es zudem zwischen Zampolli und Moroder, weil der eine keine Kompromisse duldete, der andere dagegen eher das schnelle Geld witterte. Zampolli überließ seinem Investor den Prototypen und erhielt im Gegenzug seine Firmenanteile zurück. Doch da war die kleine Fabrik in Modena schon in finanzielle Schieflage geraten. Am Ende baute die Cizeta Automobili S.p.A. nur elf Autos.

Cizeta V16T — 1989-1995

Sein quer eingebauter Sechzehnzylindermotor machte den Cizeta V16T (T für „trasversale" = quer) seinerzeit einzigartig. Für das Design seines 540 PS starken Supercars konnte Cizeta damals Marcello Gandini gewinnen, der schon Ikonen wie den Lamborghini Miura gezeichnet hatte. Es brauchte allerdings zwei Anläufe zum endgültigen Design, weil der erste Entwurf Gandinis aussah wie ein aufgeblasener Lamborghini Urraco – und den habe er nie gemocht, so Cizeta-Schöpfer Claudio Zampolli. Die sichtbaren Karosserieteile des V16T bestehen aus Leichtmetall, darunter verbirgt sich ein Gitterrohrrahmen. Der 64-Ventiler mit seinen zwei obenliegenden Nockenwellen pro Zylinderbank ist um 15 Grad nach vorn geneigt eingebaut, um einen niedrigeren Schwerpunkt zu erreichen. Das Manövrieren mit der 2,06 Meter breiten Utopie fordert den Fahrer zur Umsicht auf, das Bellen des V16 erinnerte die Tester damals allerdings eher an das Klangbild eines Achtzylinders. Nur elf Exemplare des V16T entstanden, darunter ein offener V16T Spyder.

Bild: © Christian Herb

Preise	1	2	3	4	5
V16T, Cpe	k.N.	k.N.	k.N.	k.N.	k.N.

Motor/Antrieb	
Bauart	V16
Lage/Antrieb	Mitte/Heck
Hubraum in cm³	5995
PS/min	540 bei 8000
Vmax in km/h	328
Karosserie	
Bauart	Coupé, Roadster
Tragstruktur	Gitterrohrrahmen
Material	Leichtmetall
Stückzahl und Marktsituation	
Produktionszahl	11
Verfügbarkeit	schlecht
Teilesituation	schwierig
Unterhaltskosten	hoch

DAF (NL) • 1958-1975

Das einzige holländische Automobilwerk, die „van Doorne's Automobielfabrieken", ging aus einer 1928 gegründeten Anhängerfabrik hervor. 1950 begann man mit dem Bau von Lastwagen, bald schon zeigte sich Erfolg.

1958 stellte DAF seinen ersten Kleinwagen vor, den DAF 600: Besonderes Kennzeichen war die stufenlose Kraftübertragung per Keilriemen, die so genannte Variomatic. Das System wurde perfektioniert und der Kleinwagen etablierte sich recht bald. Die ersten Modelle hatten einen eigens konstruierten Zweizylinder-Boxermotor, beim DAF 55 griff man auf das Triebwerk des Renault 10 zurück. Formal wirkte Giovanni Michelotti mit, wie schon beim 1966 eingeführten DAF 44.

Der ab 1972 gebaute DAF 66 wandelte sich zum Volvo 66, nachdem die Schweden 1973 zunächst 33 Prozent des Kapitals übernommen hatten. Die Anteile erhöhten sich 1975 auf 75 Prozent, der niederländische Staat wurde im Gegenzug Hauptaktionär bei Volvo.

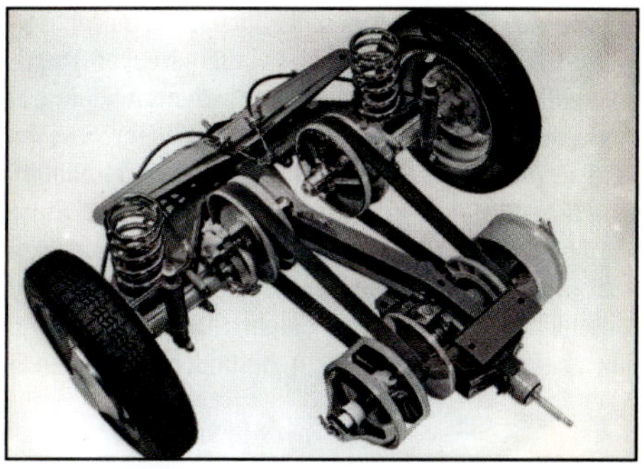

Bild: © Archiv HEEL Verlag

DAF 600, 750, Daffodil, 33 — 1959-1974

Aus dem Blickwinkel der fünfziger Jahre betrachtet wirkt der holländische Kleinwagen gar nicht mehr so skurril, wie er heute anmutet. Hinter dem faltigen Gesicht sorgten kleine Zweizylinder-Boxermotoren für Mobilität von bis zu vier Personen. Die moderne selbsttragende Struktur wies an sich keine Besonderheiten auf, wäre da nicht jenes Variomatic genannte stufenlose Automatikgetriebe. Im Februar 1958 stellte DAF das Modell 600 mit eigens konstruiertem Zweizylinder-Boxermotor vor, 1961 erschien auch eine Pick-up-Version. Im gleichen Jahr kam der stärkere DAF 750 sowie die Daffodil genannte Luxusversion mit geänderter Frontpartie. 1963 folgte zusätzlich ein Kombi, ab Herbst hießen alle Modelle Daffodil, trugen aber noch Zusatzbezeichnungen (Standard, de Luxe). Der wendige Kleinwagen hieß ab 1967 DAF 33.

Bild: © Archiv HEEL Verlag

Preise	1	2	3	4	5
600 (1959-1963), L2t	13.300	8.100	6.000	2.200	800
750 (1961-1963), L2t	11.500	7.000	5.200	1.900	700
Daffodil (1961-1963), L2t	12.100	7.400	5.400	1.900	700
Daffodil 33 (1967-1974), L2t	7.600	4.600	3.400	1.300	400

Motor/Antrieb	
Bauart	Zweizylinder (Boxer)
Lage/Antrieb	Front/Heck
Hubraum in cm³	590, 746
PS/min	19/4000 bis 32/5000
Vmax in km/h	90 bis 120
Karosserie	
Bauart	Limousine (2-türig), Kombi (3-türig)
Tragstruktur	selbsttragend
Material	Stahlblech
Stückzahl und Marktsituation	
Produktionszahl	312.367
Verfügbarkeit	schlecht
Teilesituation	sehr schwierig
Unterhaltskosten	niedrig

DAF 44 1966-1975

Als Nachfolger des etwas fragilen DAF 33 stellten die Niederländer ein weit gefälligeres Auto auf die Räder. Stylistisch waren große Fortschritte zu erkennen, aber schließlich hatte Giovanni Michelotti dafür gesorgt, dass die 23 Zentimeter längere Neukonstruktion eine attraktivere Blechhülle erhielt, die aber durchaus Anklänge an den Vorgänger aufwies. Der Motor war auf 844 cm³ vergrößert worden und leistete nun 34 PS, das Fahrwerk mit hinterer Einzelradaufhängung wurde überarbeitet und den Erfordernissen angepasst. Entsprechend dem Größenwachstum wurde auch der Innenraum aufgewertet. Die Variomatic hatte sich bestens bewährt, und Kritiker des Systems hat die Geschichte eines Besseren belehrt: Die stufenlose Automatik steht auch heutigen Kleinwagen gut, besonders im dichten Stadtverkehr.

Preise	1	2	3	4	5
44 (1966-1974), L2t	7.300	4.400	3.300	1.200	500
44 (1968-1974), Kom	8.100	4.900	3.600	1.400	600

Motor/Antrieb	
Bauart	Zweizylinder (Boxer)
Lage/Antrieb	Front/Heck
Hubraum in cm³	844
PS/min	34/4500
Vmax in km/h	125
Karosserie	
Bauart	Lim (2-türig), Kombi (3-türig)
Tragstruktur	selbsttragend
Material	Stahlblech
Stückzahl und Marktsituation	
Produktionszahl	167.905
Verfügbarkeit	ausreichend
Teilesituation	sehr schwierig
Unterhaltskosten	niedrig

DAF 55 und 66, Coupé 1967-1975

Der kleine Zweizylinder-Boxermotor schien endgültig ausgereizt, zu groß waren die Ansprüche der Kunden geworden. Daher wandte sich DAF an Renault, die für das neue Modell 55 den passenden 1,1-Liter-Vierzylinder aus dem Renault 10 abgaben. Mit dem 55 gelang ab 1967 der Durchbruch zur unteren Mittelklasse, Scheibenbremsen vorn und eine neue Vorderachse verbesserten die Konstruktion. 1972 ersetzte der DAF 66 den 55, seine Merkmale: eine neue Front und eine DeDion-Hinterachse. 1973 erschien die 1,3-Liter-Version unter der Zusatzbezeichnung Marathon als eine Reminiszenz an die Marathon de la Route Teilnahme auf dem Nürburgring. Das 55 Coupé von 1968 war sieben Zentimeter flacher als die Limousine und wurde erst nach dem Kombimodell eingeführt. Mit gleicher Linie war auch das 66 Coupé am Markt.

Bild: © Archiv Günther Zink

Preise	1	2	3	4	5
55 (1967-1972), L2t	8.600	5.100	3.900	1.300	300
55 Coupé (1968-1972), Cpe	12.600	7.500	5.100	2.000	900
66 (1972-1975), L2t	7.400	4.500	3.300	1.300	400
66 1300 Marathon Coupé (1973-1975), Cpe	12.800	7.700	5.200	2.100	1.000

Motor/Antrieb	
Bauart	Vierzylinder (Reihe)
Lage/Antrieb	Front/Heck
Hubraum in cm³	1108, 1289
PS/min	45/5000 bis 57/5200
Vmax in km/h	135 bis 150
Karosserie	
Bauart	Lim (2-türig), Cpe, Kombi (3-türig)
Tragstruktur	selbsttragend
Material	Stahlblech
Stückzahl und Marktsituation	
Produktionszahl	164.231, 146.297
Verfügbarkeit	ausreichend
Teilesituation	schwierig
Unterhaltskosten	niedrig

Daihatsu (JAP) • seit 1907

Das 1907 als „Hatsudoki Seizo Kabushiki Kaisha Co." in Dai bei Osaka gegründete Unternehmen produzierte zunächst Motoren. 1930 debütierte mit einem Dreiradlaster das erste Fahrzeug.

Ab 1951 stellte die jetzt unter dem Namen „Daihatsu Kyoko Co." auftretende Firma zunächst den Dreiradwagen Bee (Biene) vor, der einen ansehnlichen Erfolg verbuchte. Ab 1963 baute Daihatsu zudem den Personenwagen Compagno, 1966 kam der Gellow hinzu. 1967 stieg Toyota bei Daihatsu ein; die folgenden Modelle Consorte und Charmant basierten auf den zeitgenössischen Toyota Corolla.

Erst die Mitte der 1970er Jahre folgenden Modelle waren wieder eigenständige Daihatsu-Entwicklungen.

Mit dem Charade startete Daihatsu 1978 die Export-Offensive nach Europa. Gut 35 Jahre später gab der seit 1998 zum Toyota-Konzern gehörende Hersteller bekannt, dass man sich zum 31. Januar 2013 aus dem deutschen Neuwagengeschäft zurückzieht. Ausgesuchte Servicebetriebe kümmern sich seitdem um den Altfahrzeugbestand.

Das stilisierte D steht für die Stadt Dai.

Daihatsu Charade 1000, Charade Coupé 1978-1983

Mit dem Charade war Daihatsu 1978 erstmals auf dem euopäischen Markt vertreten. In Japan war der Kleinwagen gerade zum Auto des Jahres gewählt worden, aber auch bei uns fiel der Charade durch sein cleveres Styling auf, das den Fünftürer im Polo-Format größer und erwachsener wirken ließ als er tatsächlich war. Unverwechselbar geriet das Coupé mit seinen kreisförmigen Bullaugen in der C-Säule. Der mit drei Zylindern bemerkenswert unkonventionelle Motor war eine moderne, sorgfältig konstruierte ohc-Maschine mit vierfach gelagerter Kurbelwelle. Daihatsu erklärte das ungewohnte Dreizylinder-Konzept mit der idealen Zylindergröße von 330 cm³. Tatsächlich erwies sich die Maschine als durchzugskräftig, kultiviert und sparsam. Das relativ geringe Drehzahlniveau ließ sich durch ein optionales Fünfgang-Getriebe weiter senken.

Bild: © Archiv Günther Zink

Preise	1	2	3	4	5
Charade, L4t	k.N.	6.600	3.200	1.000	k.N.

Motor/Antrieb	
Bauart	Dreizylinder (Reihe)
Lage/Antrieb	Front/Front
Hubraum in cm³	993 bis 986
PS/min	50/5500 bis 52/5600
Vmax in km/h	138 bis 140
Karosserie	
Bauart	Lim (5-türig), Cpe (3türig)
Tragstruktur	selbsttragend
Material	Stahlblech
Stückzahl und Marktsituation	
Produktionszahl	k.A.
Verfügbarkeit	ausreichend
Teilesituation	schwierig
Unterhaltskosten	niedrig

Daimler (GB) • seit 1897

Die Daimler-Geschichte ist wechselhaft, aber von Dauer. Schon 1891 wurden in England erste Motoren, die Gottlieb Daimler entworfen hatte, in Lizenz gefertigt. Am 14. Januar 1896 gründete Frederick Simms die Daimler Motor Company in Coventry – wo später das Zentrum des britischen Automobilbaus entstehen sollte. 1897 ließ Simms hier mit das erste Automobil bauen.

Schon 1904 endete jedoch die Geschäftsbeziehung zur deutschen Firma Daimler. Von Beginn an fungierte Daimler als britischer Hoflieferant, und die Kings und Queens fuhren und fahren bis zum heutigen Tage die noblen Limousinen. Ambitionierten Entwicklungen wie einem V12-Aggregat im Jahr 1927 und einem Drehschiebermotor folgten finanzielle Engpässe. Bereits seit 1910 gehörte Daimler zu BSA, 1931 kaufte man Lanchester dazu.

1960 übernimmt Jaguar den angeschlagenen Hersteller Daimler Motor Syndicate Ltd. – fortan treten die nobelsten Jaguar-Modelle unter dem Daimler-Label auf. Ab 1989 bestimmte Ford bei Jaguar und somit auch über Daimler, der ältesten Automobilmarke des Vereinigten Königreichs. Nachdem Jaguar ab 2003 zunächst keine Daimler-Modelle mehr angeboten hat, besann sich der Hersteller wenig später wieder seiner Traditionen: Als er 2005 wieder eine noble Limousine auf XJ-Basis und mit Daimler-Wappen ankündigte, standen die Kunden zwar nicht sofort Schlange. Aber es gab Anerkennung – und die Queen, immerhin, ließ eine Order schicken. Heute gehört Daimler zusammen mit Jaguar zum indischen Konzern Tata Motors.

D

Daimler Majestic — 1958-1962

Als noble Limousine mit klassischen Linien und nicht übertrieben protzigem Auftritt überzeugte der Majestic mehr als nur die Kundschaft am britischen Hof. Dieses 1958 eingeführte Modell wartete mit den Qualitäten auf, die für den Markenruf so typisch waren: mit einer soliden Ausführung in handwerklich einwandfreier Qualität, gediegener Ausstattung sowie traditionellem Interieur mit reichlich Holz und Leder. Auch technisch gab man sich anspruchsvoll, beispielsweise mit der Vierrad-Scheibenbremsanlage. Antiquiert wirkte dagegen der langhubige Reihensechszylinder, doch seine Leistung konnte weitgehend überzeugen.

Bild: © Archiv HEEL Verlag

Preise	1	2	3	4	5
Majestic, L4t	24.100	17.900	11.400	5.600	2.000

Motor/Antrieb	
Bauart	Sechszylinder (Reihe)
Lage/Antrieb	Front/Heck
Hubraum in cm³	3794
PS/min	147/4400
Vmax in km/h	160
Karosserie	
Bauart	Limousine (4-türig)
Tragstruktur	Kastenrahmen
Material	Stahlblech
Stückzahl und Marktsituation	
Produktionszahl	940
Verfügbarkeit	schlecht
Teilesituation	schwierig
Unterhaltskosten	hoch

Daimler Dart, SP 250 — 1959-1964

Als Daimler Dart wurde er vorgestellt, als SP 250 ging er in Serie. Bei diesem zweiten Versuch von Daimler, nach dem Conquest Roadster und Drophead Coupé von 1954 bis 1957 in diesem Marktsegment Fuß zu fassen, wurde erstmals der lange angekündigte kleine V8-Motor eingesetzt, ein Kurzhuber mit halbkugeligen Brennräumen, der mit einem Vierganggetriebe kombiniert wurde. Die Polyester-Karosserie überraschte ebenso wie die gewagte und übertrieben verspielt wirkende Form des Zweisitzers, daran scheiden sich bis heute die Geister. Ausgeprägte Heckflossen und eine stark abfallende Front mit auffälligem Grill prägen seine Optik.

Bild: © Jürgen Schlegelmilch

Preise	1	2	3	4	5
SP 250 (Dart), Cab	47.500	34.900	23.700	10.000	4.100

Motor/Antrieb	
Bauart	V8
Lage/Antrieb	Front/Heck
Hubraum in cm³	2548
PS/min	142/5800
Vmax in km/h	200
Karosserie	
Bauart	Roadster
Tragstruktur	Kastenrahmen
Material	Kunststoff
Stückzahl und Marktsituation	
Produktionszahl	2648
Verfügbarkeit	schlecht
Teilesituation	ausreichend
Unterhaltskosten	hoch

Daimler Majestic Major — 1960-1968

Beliebter noch als der normale Majestic war die Pullman-Version: Daimler hatte ab 1960 den verlängerten, aber ansonsten kaum veränderten Majestic Major im Programm. Dieses nochmals besser ausgestattete Modell gab es auch mit dem normalen Majestic-Radstand und es war so schwer, dass der Sechszylindermotor überfordert gewesen wäre. Konsequenterweise setzte der Hersteller daher einen neuen Motor ein. Der selbstkonstruierte Aluminium-Achtzylinder sorgte dann auch für stramme Fahrleistungen, er war drehfreudig und stark. Eine luxuriöse Alternative zu entsprechenden deutschen Liebhaber-Limousinen ist der 1180 mal gebaute Majestic allemal.

Bild: © Daimler

Preise	1	2	3	4	5
Majestic Major, L4t	34.500	23.600	16.000	7.600	2.700

Motor/Antrieb	
Bauart	V8
Lage/Antrieb	Front/Heck
Hubraum in cm³	4561
PS/min	223/5500
Vmax in km/h	185
Karosserie	
Bauart	Limousine (4-türig)
Tragstruktur	Kastenrahmen
Material	Stahlblech
Stückzahl und Marktsituation	
Produktionszahl	1180
Verfügbarkeit	schlecht
Teilesituation	schwierig
Unterhaltskosten	hoch

Daimler V8 Saloon — 1962-1969

Mit seiner gewissen technischen Eigenständigkeit konnte der V8 Saloon als der letzte in großen Stückzahlen hergestellte Daimler Interesse wecken. Die Probleme sind allerdings vorprogrammiert, weil die Ersatzteilversorgung hohen Einsatz an Geduld, Findigkeit und finanziellen Mitteln bedeuten kann. Mit dem aus dem SP 250 bekannten, kleinvolumigen Achtzylindermotor ließen sich beachtliche Fahrleistungen erreichen, und gerade an dieses Triebwerk erinnern sich Enthusiasten besonders gerne. Die Verkaufszahlen waren recht ansehnlich, wobei viele Exemplare rechtsgelenkt ausgeliefert wurden.

Bild: © Archiv HEEL Verlag

Preise	1	2	3	4	5
2,5 Litre V8, L4t	42.100	26.900	16.700	8.200	4.200
V8 250, L4t	40.200	25.700	15.900	7.800	4.000

Motor/Antrieb	
Bauart	V8
Lage/Antrieb	Front/Heck
Hubraum in cm³	2548
PS/min	142/5800
Vmax in km/h	185
Karosserie	
Bauart	Limousine (4-türig)
Tragstruktur	selbsttragend
Material	Stahlblech
Stückzahl und Marktsituation	
Produktionszahl	17.620
Verfügbarkeit	ausreichend
Teilesituation	schwierig
Unterhaltskosten	hoch

Daimler Limousine — 1968-1992

Hier rollt das Empire in seiner ganzen königlichen Pracht: Von 1968 bis 1992 bot Daimler den stattlichen 5,7 Meter langen Chauffeurswagen an – es war das letzte originäre Daimler-Modell. Bis zu acht Passagiere fanden ausreichend Platz im so genannten DS 420. Der Chauffeur steuert die von Pressed Steel Fisher und Motor Panels geschneiderte, selbsttragende Stahlblechkarosserie vor einer Trennscheibe, darf sich aber am üppigen Wurzelholz des Armaturenbretts erfreuen. Mit seiner Einzelradaufhängung, die im Prinzip der des Jaguar XJ entspricht, schaukelt sich die noble Limousine bei eiligeren Lenkbewegungen zwar unschicklich auf, doch dafür ist sie schließlich nie gebaut worden. Der Reihensechszylinder stammt ebenfalls aus dem Jaguar 420 G, die drei Gänge sortiert eine Borg-Warner-Automatik. 4,2 Liter Hubraum reichen, um den leer rund 2,3 Tonnen schweren Daimler auf bis zu 180 km/h zu beschleunigen.

Bild: © Jaguar

Preise	1	2	3	4	5
DS 420 Limousine, L4t	27.600	19.000	11.700	5.900	2.300

Motor/Antrieb	
Bauart	Sechszylinder (Reihe)
Lage/Antrieb	Front/Heck
Hubraum in cm³	4235
PS/min	167 bis 240
Vmax in km/h	180
Karosserie	
Bauart	Limousine (4-türig)
Tragstruktur	selbsttragend
Material	Stahlblech
Stückzahl und Marktsituation	
Produktionszahl	4116
Verfügbarkeit	ausreichend
Teilesituation	gut
Unterhaltskosten	hoch

Daimler Sovereign, Double Six — 1973-1979

Schon die kleine Daimler-Limousine V8 Saloon glich dem Jaguar Mk II zum Verwechseln. Mit dem Sovereign/Double Six hatte sich die Eigenständigkeit der Marke Daimler – abgesehen von der pompösen Limousine – vollkommen verflüchtigt. Allein die Gestaltung des Kühlergrills und einige Ausstattungsdetails unterschieden die Daimler von den parallel angebotenen Jaguar XJ-Modellen, technische Unterschiede lassen sich nicht ausmachen. Auch die Modellentwicklung erfolgte völlig synchron. Eine Duplizität der Ereignisse blieb nicht aus: An der Verarbeitung und Haltbarkeit blieb besonders bei den ersten Serien einiges zu wünschen übrig. Unterhalt und Instandhaltung sind heute nicht weniger kostspielige Angelegenheiten als damals.

Bild: © Jaguar

Preise	1	2	3	4	5
Sovereign S1 4.2 Liter, L4t	36.900	22.400	11.300	5.200	2.200
Sovereign S2, L4t	29.000	17.800	9.000	3.800	1.500
Double Six S1, L4t	45.600	25.400	15.600	7.200	2.700

Motor/Antrieb	
Bauart	Sechszylinder (Reihe), V12
Lage/Antrieb	Front/Heck
Hubraum in cm³	4235, 5343
PS/min	186/5200 bis 254/5500
Vmax in km/h	205 bis 230
Karosserie	
Bauart	Limousine (4-türig)
Tragstruktur	selbsttragend
Material	Stahlblech
Stückzahl und Marktsituation	
Produktionszahl	k.A.
Verfügbarkeit	gut
Teilesituation	sehr gut
Unterhaltskosten	hoch

Daimler 4.2 Sovereign, 4.2 Vanden Plas, Double Six, Double Six Vanden Plas (Serie 3) — 1979–1992

Mit einem Budget von rund sieben Millionen Pfund überarbeitete Jaguar Ende der 1970er Jahre seine Luxuslimousine – und damit auch die Topmodelle, die weiter das Daimler-Label trugen. Auffällig war der im hinteren Bereich deutlich höhere Dachaufbau, der mehr Komfort und Licht im Innenraum garantierte. Die Stoßfänger trugen nun Auflagen aus Gummi. Wie bisher zeigten sich die Daimler-Versionen betont luxuriös ausgestattet, glichen technisch jedoch den Jaguar-Modellen. Änderungen zur Serie 2 waren unter anderem die Einspritzanlage für die 4,2-Liter-Sechszylinder sowie ab 1981 ein neuer, benzinsparender Zylinderkopf für den V12. Im Oktober 1982 ließ Jaguar wissen, dass der Name Daimler nun auch in Europa keine Verwendung mehr fände; in den USA hatte man ihn schon zuvor fallengelassen. Grund war angeblich eine zunehmende Verwechslung mit Daimler-Benz. Anstelle des alten Namens trat die bisherige Ausstattungsbezeichnung Sovereign.

Bild: © Jaguar

Preise	1	2	3	4	5
Sovereign S3 4.2 Liter, L4t	25.300	15.600	7.900	3.300	1.400

Motor/Antrieb	
Bauart	Sechszylinder (Reihe), V12
Lage/Antrieb	Front/Heck
Hubraum in cm³	4235, 5343
PS/min	208 bei 5000 bis 303 bei 5500
Vmax in km/h	205 bis 229
Karosserie	
Bauart	Limousine (4-türig)
Tragstruktur	selbsttragend
Material	Stahlblech
Stückzahl und Marktsituation	
Produktionszahl	22.268; Double Six: 10.029
Verfügbarkeit	ausreichend
Teilesituation	gut
Unterhaltskosten	hoch

Datsun, Nissan (JAP) • seit 1912

Die Geschichte von Nissan beginnt bereits 1912. Als Vorläufer des heutigen Konzerns gelten die Kwaishisha Car Works, das erste Auto hieß D.A.T. 1925 fusionierte man mit JitsuyoJidosho, einem kleinen Autohersteller, doch 1931 übernahm die Firma Tobata Imono die Werke.

Das nächste neue Modell trug den Namen Datson, auf deutsch: der Sohn des Dat. Daraus wurde Datsun. Die Firma wechselte 1934 den Namen in Nissan Motor Company, das letzte Automobil mit dem Namen Datsun entstand 1983. Nach dem Zweiten Weltkrieg ging es mit Vorkriegsprodukten weiter, ab 1952 gab es ein Lizenzabkommen mit Austin. International baute Nissan auf den amerikanischen Markt, Kanada und Australien folgten. 1966 fusionierte Nissan mit Prince Motors. Erst 1972 kamen Datsun von Nissan auch nach Deutschland, das 123. Exportland für die Japaner. Zu Beginn der achtziger Jahre entwickelte man gemeinsam mit Alfa Romeo das wenig erfolgreiche Modell Arna. Seit 1984 produziert Nissan auch im englischen Sunderland.

2012 kündigte Nissan die Rückkehr der Marke Datsun an. Sie steht seit 2014 in den Märkten Indonesien, Südafrika, Indien und Russland für preiswerte Modelle. Eine Rückkehr nach Europa ist jedoch nicht geplant.

DATSUN

Rote Sonne: Das Datsun-Logo ist längst Geschichte.

Datsun Sports 1500 (Fairlady SPL310), Sports 1600 (Fairlady SPL311), Sports 2000 (Fairlady SRL311) 1963-1970

Da war er schon, der Blick aus Japan nach Europa und Amerika: Datsun hatte klar erkannt, dass die Engländer mit ihren zahllosen kleinen Roadstern gute Erfolge erzielten. In diesen Markt wollte Nissan einsteigen und entwickelte in den 1950er Jahren einen Sportwagen, der 1959 als Datsun Fairlady auf den heimischen Markt kam und außerhalb Japans Datsun Sports hieß. 1960 begann der Export in die USA. Doch die Stückzahlen blieben minimal, bis Nissan 1963 mit dem Sports 1500 eine nächste Auflage präsentierte, die nun konkurrenzfähig auftrat. 1967 folgte eine Zweiliter-Version, die mit enormer Leistung (150 PS), Tempo (200 km/h) sowie einem günstigen Preis überzeugte. Für Nissan spielten die Sport-Modelle eine wichtige Rolle in der Imagebildung. Übrigens hatte das Design der Fahrzeuge einst für Irritation gesorgt, weil es dem MGB sehr ähnelte. Beide Modelle waren jedoch so zeitnah erschienen, dass eine Übernahme von Designelementen eher unwahrscheinlich scheint.

Bild: © Nissan

Preise	1	2	3	4	5
Fairlady 1.5, 86 PS, Cab	36.600	24.600	17.000	9.400	3.600
Sports 2000, Cab	46.700	31.400	21.700	11.900	4.500

Motor/Antrieb	
Bauart	Vierzylinder (Reihe)
Lage/Antrieb	Front/Heck
Hubraum in cm^3	1488, 1595, 1982
PS/min	71/5000, 97/6000, 150/6000
Vmax in km/h	150 bis 200
Karosserie	
Bauart	Roadster
Tragstruktur	Kastenrahmen
Material	Stahlblech
Stückzahl und Marktsituation	
Produktionszahl	k.A.
Verfügbarkeit	schlecht
Teilesituation	schwierig
Unterhaltskosten	mittel

Datsun Coupé 1600 (Nissan Silvia, CSP311) 1964-1968

Eines der rarsten und schönsten japanischen Automobile ist zugleich eines der unbekanntesten: 1964 präsentierte Nissan das Coupé auf der Tokio Motor Show, damals noch auf 1500er-Basis. Das Design stammte von Kazuo Kimura, den kein geringerer als Albrecht Graf Goertz unterstützt hatte – der später einen dieser Wagen (1965) eine Zeit lang in New York gefahren haben soll. Trotz der in den USA überschwänglichen Aufnahme des nun als 1600er gebauten Coupés entschied sich Nissan, das Modell nicht in Übersee zu vermarkten – es war zu kompakt ausgefallen für die Ansprüche des amerikanischen Marktes. Basierend auf dem Modell Sports (in Japan: Fairlady) entstanden letztlich nur handgefertigte 554 Exemplare des Coupés, bis auf eines alle rechtsgelenkt. Die meisten blieben in Japan, denn der einzige offizielle Exportmarkt war Australien – mit 49 gelieferten Fahrzeugen. Einige Coupés gelangten später auf private Initiative in die USA.

Bild: © GNU Free Documentation License

Preise	1	2	3	4	5
160J SSS, Cpe	k.N.	10.700	7.100	3.000	1.100

Motor/Antrieb	
Bauart	Vierzylinder
Lage/Antrieb	Front/Heck
Hubraum in cm^3	1595
PS/min	97/6000
Vmax in km/h	170
Karosserie	
Bauart	Coupé
Tragstruktur	Kastenrahmen
Material	Stahlblech
Stückzahl und Marktsituation	
Produktionszahl	554
Verfügbarkeit	sehr schwierig
Teilesituation	schwierig
Unterhaltskosten	mittel

Datsun Skyline GT-R (Gen. I, PGC10) 1969-1972

Früh begann Nissan mit dem sportlichen Ausbau der eher braven Skyline-Baureihe. Veritable Rennsportwagen waren das Ziel, und so entstand bereits 1964 der Prince Skyline GT, der mit seinem Zwei-Liter-Sechszylinder in der japanischen Motorsportszene eindrucksvolle Zeichen setzte. Ihm folgte im Februar 1969 der Skyline 2000 GT-R als Einsatzgefährt für Tourenwagenrennen. Nissan hatte veritable Rennwagentechnik unter einer zwar modernen, jedoch eher gewöhnlichen Limousinenkarosserie mit zunächst vier Türen versteckt: Der Vierventiler (der Erste in einem Serienfahrzeug) mit doppelten, obenliegenden Nockenwellen stammte aus dem Prototyp-Rennwagen Nissan R380. Er leistete satte 150 PS, zudem bot sein Fahrwerk rundum Einzelradaufhängung. Damit lieferte er in Japan für das Nissan-Werksteam bis zu dessen Rückzug 1972 stolze 52 Siege – und schuf so die Basis für seine Unsterblichkeit. Ab 1970 nutzte Nissan die zweitürige Hardtop-Karosserie für den Sportler.

Bild: © Nissan Heritage

Preise	1	2	3	4	5
Skyline GT-R (Gen. I), Cpe	k.N.	k.N.	k.N.	k.N.	k.N.

Motor/Antrieb	
Bauart	Sechszylinder (Reihe)
Lage/Antrieb	Front/Heck
Hubraum in cm^3	1989
PS/min	150/7000
Vmax in km/h	200
Karosserie	
Bauart	Limousine (2-/4-türig)
Tragstruktur	selbsttragend
Material	Stahlblech
Stückzahl und Marktsituation	
Produktionszahl	1945
Verfügbarkeit	schlecht
Teilesituation	schlecht
Unterhaltskosten	mittel

D

Datsun Cherry, 100A, 120A (Typ E10) 1970-1974

Cherry, die Kirsche, hieß ab 1970 der neue Kleinwagen des japanischen Herstellers Nissan. Mit ihm stellte Nissan auf Frontantrieb um, zugleich spendierten die Asiaten ihrem neuen Kompakten rundum eine Einzelradaufhängung. Die 1,0 und 1,2 Liter großen Motoren der Nissan-A-Baureihe mussten noch mit untenliegenden Nockenwellen auskommen. Intern trug die erste, optisch noch barock ausfallende und unverwechselbare Cherry-Generation den Code E10 und wurde in Deutschland nicht als Cherry, sondern als Datsun 100A und 120A vermarktet – in dieser stärkeren Version jedoch nur als Coupé, das 1971 startete. Die kleinen Limousinen besaßen wahlweise zwei oder vier Türen, auch eine schick-skurrile Fließheck-Kombi-Variante war im Angebot.

Bild: © Nissan

Preise	1	2	3	4	5
Cherry 1.2 , L2t	k.N.	7.400	4.300	2.400	k.N.
Cherry 1.2 (52 PS), Cpe	k.N.	8.400	4.800	2.800	k.N.

Motor/Antrieb	
Bauart	Vierzylinder (Reihe)
Lage/Antrieb	Front/Front
Hubraum in cm³	988, 1171
PS/min	45/6000, 52/6000
Vmax in km/h	140 bis 160
Karosserie	
Bauart	Lim (2-/4-türig), Cpe, Kombi (3-türig)
Tragstruktur	selbsttragend
Material	Stahlblech
Stückzahl und Marktsituation	
Produktionszahl	k.A.
Verfügbarkeit	schlecht
Teilesituation	sehr schwierig
Unterhaltskosten	niedrig

Datsun 240K-GT, Nissan Skyline (C110) 1972-1977

1957 war die erste Version des Skyline auf den Markt gekommen, damals entwickelt und gebaut von einem unabhängigen Hersteller namens Prince. Nissan übernahm Prince 1966 und gliederte den Skyline in die eigene Modellpalette ein. Ab Herbst 1972 lieferte Nissan die vierte Skyline-Generation aus, die ab Sommer 1974 unter dem Namen Datsun 240K-GT auf den deutschen Markt kam, der den Mittelklasse-Japaner skeptisch beäugte. Den Antrieb übernahm der Reihensechszylinder des 240 Z in gedrosselter Form. Hinten trampelte im Export-Skyline keine Starrachse, sondern Nissan baute einzeln an Schräglenkern aufgehängte Räder ein. Der 240K-GT galt mit Gasdruckdämpfern, höhenverstellbarem Lenkrad, Drehzahlmesser und heizbarer Heckscheibe als außergewöhnlich gut ausgestattet.

Bild: © Nissan

Preise	1	2	3	4	5
Skyline 240K-GT, Cpe	75.000	44.000	27.200	14.000	7.000

Motor/Antrieb	
Bauart	Sechszylinder (Reihe)
Lage/Antrieb	Front/Heck
Hubraum in cm³	2370
PS/min	113/5000
Vmax in km/h	165
Karosserie	
Bauart	Lim (4-türig), Cpe, Kombi (3-türig)
Tragstruktur	selbsttragend
Material	Stahlblech
Stückzahl und Marktsituation	
Produktionszahl	ca. 670.500
Verfügbarkeit	schlecht
Teilesituation	sehr schwierig
Unterhaltskosten	mittel

Datsun Sunny 120Y (B210) 1974-1977

Es war eine Zeit, in der europäische Kunden noch nicht an Autos aus Fernost dachten. Bis die Japaner diese nationalen Loyalitäten aufzubrechen versuchten mit Modellen wie dem nur 3,95 Meter langen, für damalige europäische Verhältnisse – besonders in der Ausstattung „Excellence" – ungewöhnlich gut ausgestatteten Sunny. Zwar fiel das Design für Europäer recht ungewöhnlich aus, doch das stand einem ersten Achtungserfolg der kompakten Importmodelle nicht im Wege – und macht sie heute außerordentlich kultig. Ihre große Seltenheit in der Klassikerszene haben sie dem frühen Rost zu verdanken, denn mechanisch zeigte sich die Baureihe 120Y durchweg robust. Zudem galten die Sunny als sehr agil für ihre Zeit, auch wenn der kleine Japaner sich noch mit einer blattgefederten Starrachse begnügen musste. Auf Wunsch konnte der Sunny auch mit Automatikgetriebe geliefert werden.

Bild: © Nissan

Preise	1	2	3	4	5
Sunny 120Y, 1.2, 52 PS, L4t	k.N.	7.400	4.600	2.200	800
Sunny 120Y, 1.2, 52 PS, Cpe	k.N.	10.000	6.100	3.000	1.100

Motor/Antrieb	
Bauart	Vierzylinder (Reihe)
Lage/Antrieb	Front/Heck
Hubraum in cm³	1170
PS/min	52/6000 bis 80/6400
Vmax in km/h	150 bis 168
Karosserie	
Bauart	Lim (2-/4-türig), Cpé, Kom (3-türig)
Tragstruktur	selbsttragend
Material	Stahlblech
Stückzahl und Marktsituation	
Produktionszahl	2.360.670
Verfügbarkeit	schlecht
Teilesituation	schwierig
Unterhaltskosten	mittel

Datsun Laurel 200, Laurel 240 1977-1980

Die Geschichte des Laurel liest sich etwas verwirrend. Denn Nissan bot dieses Modell der gehobenen Mittelklasse unter dem Namen Datsun an, dabei ging es ursprünglich auf eine Entwicklung des japanischen Automobilherstellers Prince zurück. Den hatte Nissan jedoch im Jahr 1966 übernommen. 1968 kam die erste Version des Modells Laurel auf den Markt, 1972 folgte die zweite Auflage. 1977 schließlich versuchte Nissan, mit der dritten Modellgeneration auch in Deutschland zu punkten: Hierzulande war ausschließlich die viertürige Stufenheck-Limousine im Angebot, nicht jedoch das Coupé oder die viertürige Hardtop-Limousine. Deutsche Laurel-Kunden konnten zwischen einem 2,0-Liter- und einem 2,4-Liter-Reihensechszylinder mit obenliegender Nockenwelle wählen (96 PS und 113 PS). Wiederholt Kritik erntete das Fahrwerk mit seiner hinteren Starrachse. Trotz guter Ausstattung zu günstigem Preis blieb der Laurel ein Exot auf deutschen Straßen.

Bild: © Nissan

Preise	1	2	3	4	5
Laurel 2.0, L4t	k.N.	9.200	5.100	2.300	k.N.
Laurel 2.4, L4t	k.N.	10.100	5.600	2.500	k.N.
Laurel 2.4 ,L4t	k.N.	8.300	4.600	2.100	k.N.
Laurel 2.8 Diesel, L4t	k.N.	6.100	3.400	1.500	k.N.

Motor/Antrieb	
Bauart	Sechszylinder (Reihe)
Lage/Antrieb	Front/Heck
Hubraum in cm³	1978, 2369
PS/min	96/5400, 113/5200
Vmax in km/h	165, 170
Karosserie	
Bauart	Limousine (4-türig)
Tragstruktur	selbsttragend
Material	Stahlblech
Stückzahl und Marktsituation	
Produktionszahl	k.A.
Verfügbarkeit	schlecht
Teilesituation	schlecht
Unterhaltskosten	mittel

Datsun Bluebird 1979-1983

Den Bluebird gab es erstmals bereits 1957. Doch erst 1972 fanden wenige Exemplare ihren Weg nach Deutschland. 1979 startete schließlich die mittlerweile siebte Modellgeneration des japanischen Mittelklasse-Wagens, den Nissan als Limousine, Coupé und Kombi anbot. Die intern PL910 genannte Baureihe verfügte als letzte über den klassischen Heckantrieb. Dafür bot der Bluebird hinten bereits eine Schräglenker-Einzelradaufhängung, nur der Kombi blieb aus Platzgründen weiterhin der Starrachse treu. Vorne spendierte Nissan seinem betont sachlich gezeichneten Mittelklasse-Modell sogar innenbelüftete Scheibenbremsen. Lenkrad und Fahrersitz waren höhenverstellbar, es gab eine Kartenleselampe und eine grünlich glimmende Digitaluhr.

Bild: © Nissan

Preise	1	2	3	4	5
Bluebird 1.8, L4t	k.N.	7.000	3.600	1.400	k.N.
Bluebird, Cpe	k.N.	11.000	5.600	2.100	800
Bluebird Diesel, L4t	k.N.	3.700	1.900	700	k.N.

Motor/Antrieb	
Bauart	Vierzylinder (Reihe)
Lage/Antrieb	Front/Heck
Hubraum in cm³	1758
PS/min	88/5750 bis 90/5600
Vmax in km/h	160 bis 168
Karosserie	
Bauart	Lim (4-türig), Kombi (5-türig), Cpe
Tragstruktur	selbsttragend
Material	Stahlblech
Stückzahl und Marktsituation	
Produktionszahl	k.A.
Verfügbarkeit	schlecht
Teilesituation	schlecht
Unterhaltskosten	mittel

Datsun 240 Z 1969-1974

Schon seit 1969 verkaufte Datsun das zweitürige Sportcoupé 240 Z Fairlady. Erst ab 1973 kam es auch nach Deutschland, wo sich der zweisitzige Hecktriebler allerdings nur geringster Wertschätzung erfreute. Gerade einmal 303 dieser formal so attraktiven Sportler fanden Absatz. Der 2,4 Liter große Reihensechszylindermotor basierte auf dem Triebwerk des Bluebird und leistete 130 PS bei 5600/min. Mit seiner guten Ausstattung, die neben der Verbundglasfrontscheibe eine heizbare Heckscheibe, Drehzahlmesser, Motor- und Gepäckraumbeleuchtung sowie ein Radio enthielt, wurde es für moderate 17.600 Mark angeboten. Das Cockpit war im Alfa-Stil für engagierte Piloten sehr informativ eingerichtet. 1971 und 1973 gewannen diese Wagen die berüchtigte East African Safari – ein weiterer Grund, die Nippon-Coupés in Ehren zu halten.

Bild: © Nissan

Preise	1	2	3	4	5
240 Z, Cpe	50.500	39.100	25.100	10.600	4.500

Motor/Antrieb	
Bauart	Sechszylinder (Reihe)
Lage/Antrieb	Front/Heck
Hubraum in cm³	2393
PS/min	130/5600
Vmax in km/h	190
Karosserie	
Bauart	Coupé
Tragstruktur	selbsttragend
Material	Stahlblech
Stückzahl und Marktsituation	
Produktionszahl	150.076
Verfügbarkeit	schlecht
Teilesituation	ausreichend
Unterhaltskosten	hoch

Datsun 260 Z 2+2 1975-1979

Auf den ersten Blick erkennbar an der Form des hinteren Seitenfensters, schickte Nissan ab 1975 den verlängerten Z ins Rennen um die Publikumsgunst. Mit mehr Hubraum und leicht reduzierter Leistung, die Katalysatorpflicht in einigen Ländern wollte es so, war der Radstand um 30 Zentimeter verlängert. So entstanden die Notsitze hinten. Front- und Heckspoiler zeigten jedoch auch die sportlichen Ambitionen des Sechszylindermodells, das für knapp 24.000 Mark angeboten wurde und serienmäßig mit Leichtmetallrädern bestückt war. Ab Januar 1977 wird die Motorleistung mit 129 statt 126 PS angegeben. Mit rund 1650 Verkäufen in den Jahren 1975 bis 1979 in Deutschland übte man sich hierzulande aber weiterhin in ausgeprägter Zurückhaltung.

Bild: © Nissan

Preise	1	2	3	4	5
260 Z, Cpe	40.000	31.000	20.000	8.400	3.600

Motor/Antrieb	
Bauart	Sechszylinder (Reihe)
Lage/Antrieb	Front/Heck
Hubraum in cm³	2547
PS/min	126/5500 bis 129/5500
Vmax in km/h	195
Karosserie	
Bauart	Coupé
Tragstruktur	selbsttragend
Material	Stahlblech
Stückzahl und Marktsituation	
Produktionszahl	ca. 100.000
Verfügbarkeit	ausreichend
Teilesituation	ausreichend
Unterhaltskosten	mittel

Datsun 280 ZX/ZXT 1979-1984

1978 wurde der Nachfolger des 260 Z als 280 ZX vorgestellt. Analog zur Modellbezeichnung war auch hier der Hubraum vergrößert worden, die Leistung stieg jedoch nur unwesentlich auf zunächst 140 PS. Die gelungenen Linien der Vorgänger fanden sich auch bei diesem Modell wieder, doch der Luftwiderstand war erheblich verbessert worden. Mit Einspritztechnik statt SU-Horizontalvergasern und einer Servolenkung war der 280 ZX der damals teuerste japanische Wagen in Deutschland, er kostete 28.500 Mark. 1980 steigt die Motorleistung auf 147 PS, das T-Bar-Roof, herausnehmbare Dachhälften, wird als Option geliefert. Ab 1982 leistet der Wagen 150 PS, 1983 kommt zusätzlich die 200 PS starke Turbo-Version ins Angebot, sie kostet stolze 39.495 Mark. Der normale ZX ohne T-Dach fällt aus dem Programm. Im Juni 1984 wird der Import offiziell eingestellt.

Bild: © Nissan

Preise	1	2	3	4	5
280 ZX, Cpe	30.000	19.000	10.500	5.900	1.800
280 ZXT, HD	36.500	23.300	12.200	7.200	2.400

Motor/Antrieb	
Bauart	Sechszylinder (Reihe)
Lage/Antrieb	Front/Heck
Hubraum in cm³	2753
PS/min	140/5200 bis 200/5200
Vmax in km/h	200 bis 230
Karosserie	
Bauart	Coupé
Tragstruktur	selbsttragend
Material	Stahlblech
Stückzahl und Marktsituation	
Produktionszahl	ca. 500.000
Verfügbarkeit	gut
Teilesituation	gut
Unterhaltskosten	hoch

Datsun Patrol (Typ 160) — 1980-1989

In seiner bereits dritten Version kam der 1951 erstmals vorgestellte Nissan Patrol nach Deutschland. 1981 startete der Verkauf, und Nissan bot den robusten und nun etwas komfortableren Geländewagen mit langem wie kurzem Radstand an. Die Zweitürer trugen ein abnehmbares Hardtop aus GFK. Zunächst waren nur zwei Sechszylindermotoren im Angebot, ein 2,8 Liter großer Benziner sowie ein 3,3 Liter großer Diesel. Ein Turbodiesel, ebenfalls mit 3,3 Litern Hubraum, folgte ab 1983. Der Antrieb über die Vorderachse war zuschaltbar, sie war wie die Hinterachse starr ausgeführt. Eine leichte Überarbeitung gönnte Nissan dem Patrol 1984: Nun trug seine Front eckige statt runde Scheinwerfer, der Grill sah etwas moderner aus. Eine Lizenzproduktion des Patrol gab es ab 1983 in Barcelona, Spanien.

Bild: © Nissan

Preise	1	2	3	4	5
Patrol 2.8, Glw	k.N.	13.000	7.900	4.300	k.N.

Motor/Antrieb	
Bauart	Sechszylinder (Reihe)
Lage/Antrieb	Front/4x4
Hubraum in cm³	2753, 3246
PS/min	95/3600 bis 134/5200
Vmax in km/h	130 bis 150
Karosserie	
Bauart	Kombi (3-/5-türig)
Tragstruktur	Kastenrahmen
Material	Stahlblech
Stückzahl und Marktsituation	
Produktionszahl	k. A.
Verfügbarkeit	schlecht
Teilesituation	ausreichend
Unterhaltskosten	mittel

Nissan Prairie (M10) — 1981-1988

Sehr kastig fiel der Prairie aus, ein im Prinzip unspektakulärer Kombi – wenn er nur nicht so hoch gewesen wäre und hinten über Schiebetüren verfügt hätte. Doch genau damit hat Nissan Geschichte geschrieben: mit dem ersten Mini-Van, treffsicher in der Mittelklasse platziert. „So ein Auto hat die Welt noch nicht gesehen…", titelte stolz ein deutschsprachiger Prospekt. Doch der ungewöhnliche Wagen mit dem seltsamen Namen – unter Prairie hätte das Publikum eher einen Offroader erwartet – stieß 1982 in Europa noch auf verhaltene Aufnahme. Die solide Technik hatte Nissan vom Modell Stanza übernommen, allerdings gab es den Prairie sogar mit einer zuschaltbaren Hinterachse als 4x4. Der Mini-Van kam ohne B-Säule aus und bot einer kompletten Familie samt Sperrgepäck problemlos genügend Raum, obwohl er mit 4,09 Meter Länge zehn Zentimeter kürzer ausfiel als beispielsweise ein Volkswagen Jetta. Heute gilt der Prairie als Minivan-Pionier, der seiner Zeit ein Stück zu weit voraus gewesen war.

Bild: © Nissan

Preise	1	2	3	4	5
Prairie (M10) 1.8, 88 PS, Kom	k.N.	3.100	1.500	300	k.N.

Motor/Antrieb	
Bauart	Vierzylinder (Reihe)
Lage/Antrieb	Front/Front, 4x4
Hubraum in cm³	1488, 1809, 1974
PS/min	85/5600 bis 97/5200
Vmax in km/h	145 bis 160
Karosserie	
Bauart	Kombi (5-türig)
Tragstruktur	selbsttragend
Material	Stahlblech
Stückzahl und Marktsituation	
Produktionszahl	k.A.
Verfügbarkeit	ausreichend
Teilesituation	gut
Unterhaltskosten	niedrig

Nissan 200 SX, Silvia (S12) — 1983-1989

Mit zwei Coupé-Karosserien bot Nissan den intern S12 genannten 200 SX an, der in Europa den Namen Silvia trug: Neben einer Schrägheckkarosserie gab es das Mittelklassecoupé auch mit kantigem Stufenheck, das jedoch nicht nach Europa geliefert wurde – ebensowenig wie der Dreiliter-V6. Für den deutschen Markt wählte Nissan einen 145 PS starken Zweiliter-16V-Vierzylinder, den 1985 ein 1,8-Liter-16V-Turbomotor ergänzte. Als Topmodell fungierte der Silvia Grand Prix mit auffälligen Kotflügelverbreiterungen und einer Lufthutze auf der Motorhaube. Ein Facelift ließ Nissan 1987 folgen – die charakteristischen Klappscheinwerfer blieben ihm dabei erhalten. Tester lobten zwar das unproblematische Fahrwerk, die Fahrleistungen und die Funktionalität, bemängelten jedoch die mangelnde Elastizität des Motors und den geringen Komfort. Für die Servolenkung kassierte Nissan damals zwar 1000 Mark extra, lieferte allerdings Leichtmetallräder und eine Scheinwerferreinigungsanlage serienmäßig mit.

Bild: © Nissan

Preise	1	2	3	4	5
200 SX, Cpe	k.N.	14.800	9.000	5.300	k.N.

Motor/Antrieb	
Bauart	Vierzylinder (Reihe), V6
Lage/Antrieb	Front/Heck
Hubraum in cm³	1809, 1974, 1990, 2960
PS/min	98/5600 bis 160/5200
Vmax in km/h	165 bis 210
Karosserie	
Bauart	Coupé
Tragstruktur	selbsttragend
Material	Stahlblech
Stückzahl und Marktsituation	
Produktionszahl	k.A.
Verfügbarkeit	schlecht
Teilesituation	ausreichend
Unterhaltskosten	mittel

Datsun 300 ZX, Nissan 300 ZX — 1983-1989

Auf die knackigen Vorläufer 240 Z, 260 Z und 280 ZX ließ Datsun 1983 den 300 ZX folgen. Die neue Generation war äußerst erfolgreich, besonders in den USA. Der 300 ZX hatte eine deutlich modernisierte und aerodynamisch günstigere Karosserie erhalten, der allerdings das typische Gesicht der Z-Cars verlorengegangen war. Unterm Blech blieb das klassische Layout aus Frontmotor mit Heckantrieb erhalten, nur sorgte nun statt des 2,8 Liter großen Reihensechszylinders ein 3,0-Liter-V6 für Vortrieb. Wahlweise war er mit Turboaufladung lieferbar. In die Laufzeit des 300 ZX fiel die Umbenennung von Datsun in Nissan. 1986 änderten sich einige Details, doch Großes tat sich erst 1989, als der Nachfolger mit gleichem Namen und interner Bezeichnung Z32 antrat.

Bild: © Nissan

Preise	1	2	3	4	5
300 ZX 3.0, Cpe	k.N.	15.500	9.000	3.700	k.N.

Motor/Antrieb	
Bauart	V6
Lage/Antrieb	Front/Heck
Hubraum in cm³	2960
PS/min	170/5600 bis 208/5200
Vmax in km/h	220 bis 230
Karosserie	
Bauart	Coupé
Tragstruktur	selbsttragend
Material	Stahlblech
Stückzahl und Marktsituation	
Produktionszahl	k. A.
Verfügbarkeit	ausreichend
Teilesituation	ausreichend
Unterhaltskosten	mittel

Nissan Terrano I 1986-1995

Wie bereits mit dem Prairie betrat Nissan auch mit dem Terrano Neuland. Die zwei Jahrzehnte später allgegenwärtigen SUV (Sport Utility Vehicle) waren noch nicht bekannt, und so tat sich Nissan mit dem neuen dreitürigen Modell und seinem zuschaltbaren Allradantrieb in Europa anfangs schwer. Einfacher war es in den USA, wo der Terrano hauptsächlich mit einem 3,0-Liter-V6 als Pathfinder angeboten wurde: Dort hatten bereits Modelle wie der Toyota 4Runner dieses Marktsegment erfolgreich erschlossen. Basis des Terrano war der Nissan Pick-up, der mit einer geschlossenen Kombikarosserie versehen wurde. Ab 1990 ergänzte Nissan den Ur-Terrano mit einer fünftürigen Version, zudem gab es – wie nochmals 1993 – ein Facelift. Bereits 1986 hatte Nissan einen 2,7 Liter großen Turbodiesel angeboten, der zunächst für den europäischen Markt gedacht war, jedoch auch in den USA als Option angeboten wurde. Zudem gab es den Terrano als Saugdiesel.

Bild: © Nissan

Preise	1	2	3	4	5
Terrano 2.4, 103 PS, Glw	k.N.	8.300	4.700	1.500	k.N.
Terrano V6, Glw	k.N.	8.500	4.800	1.600	k.N.

Motor/Antrieb	
Bauart	Vierzylinder (Reihe), V6
Lage/Antrieb	Front/4x4
Hubraum in cm³	2388, 2663, 2960
PS/min	100/4000 bis 148/4600
Vmax in km/h	150 bis 165
Karosserie	
Bauart	Kombi (3-/5-türig)
Tragstruktur	selbsttragend
Material	Stahlblech
Stückzahl und Marktsituation	
Produktionszahl	k. A.
Verfügbarkeit	ausreichend
Teilesituation	gut
Unterhaltskosten	niedrig

D

Nissan Skyline GT-R R32 (3. Generation) 1989-1994

Im Prinzip ist ein Skyline ja nichts Aufregendes: Seit 1957 produzierte Nissan dieses Modell der Mittelklasse, stets auch in einer Coupé-Variante. Schon bei den Vorgängern hatte Nissan Sportversionen aufgelegt, allerdings noch in limitierter Stückzahl. Beim R32, der dritten Auflage des Sportlers, packte Nissan feinste Technik unter das Blech: einen begeisternden, spontan hochdrehenden, starken 2,6-Liter-Biturbo-Sechszylinder mit (mindestens) 280 PS, zudem Allradantrieb und Allradlenkung – ein System namens HICAS, das von Nissan stammte. Nach außen zeigten eine üppige Frontschürze, breite Kotflügel und ein voluminöser Heckspoiler den sportlichen Anspruch. Nismo, die hauseigene Motorsportabteilung, bot zudem verschiedene werksgetunte Ausführungen an.

Bild: © Nissan

Preise	1	2	3	4	5
Skyline GT-R (R32), Cpe	k.N.	58.900	33.500	17.800	k.N.

Motor/Antrieb	
Bauart	Sechszylinder (Reihe)
Lage/Antrieb	Front/4x4
Hubraum in cm³	2569
PS/min	280 bei 6800
Vmax in km/h	über 250
Karosserie	
Bauart	Coupé
Tragstruktur	selbsttragend
Material	Stahlblech
Stückzahl und Marktsituation	
Produktionszahl	k. A.
Verfügbarkeit	ausreichend
Teilesituation	ausreichend
Unterhaltskosten	hoch

Nissan 100NX (Baureihe B13) 1990-1995

Mit einem kleinen Sportcoupé versuchte Nissan ab 1990 zu punkten. Während Mazda mit dem MX-5 einen ungeahnten Publikumserfolg verbuchte, blieb der 100NX weniger beachtet. Das Sportcoupé basierte auf der Basis des Nissan Sunny (Baureihe N14) und war mit zunächst zwei Motorvarianten lieferbar, beide mit doppelten, obenliegenden Nockenwellen und vier Ventilen pro Zylinder. Reizvoll waren die beiden aus dem Dach herausnehmbaren Gläser, wobei ein Mittelsteg stehen blieb, der für Stabilität der Karosserie sorgte. Die rahmenlosen Türen vermittelten dennoch ein Cabrio-ähnliches Fahrgefühl. 1993 ergänzte Nissan das Angebot um eine 100NX SR genannte Variante, die allerdings nun ein fest montiertes Stahldach (SR für steel roof) besaß. Bis heute ist die Front des 100NX mit seinen tief liegenden Scheinwerfern unverwechselbar.

Bild: © Nissan

Preise	1	2	3	4	5
100NX Gti, Cpe	k.N.	6.600	4.100	1.900	k.N.

Motor/Antrieb	
Bauart	Vierzylinder (Reihe)
Lage/Antrieb	Front/Front
Hubraum in cm³	1500, 1598, 1839, 1998
PS/min	90/6000 bis 143/6400
Vmax in km/h	ca. 170 bis 210
Karosserie	
Bauart	Coupé (auch mit entfernbarem Dachteil)
Tragstruktur	selbsttragend
Material	Stahlblech
Stückzahl und Marktsituation	
Produktionszahl	k.A.
Verfügbarkeit	gut
Teilesituation	gut
Unterhaltskosten	niedrig

Nissan Figaro 1991

Das Spiel mit dem Retro-Design hatten die Japaner schon früh entdeckt. Gezielt sprachen die meist kleinen Modelle Emotionen an – wie der Nissan Figaro, der sich an den Formen des Wirtschaftswunder-Kleinwagens Gutbrod Superior und dem AWZ Zwickau P70 Coupé orientierte, jedoch einen modernen, 76 PS starken 1,0-Liter-Benzinmotor mit Turboaufladung und Automatikgetriebe besaß. Als Basis nutzte Nissan den pragmatischen Kleinwagen Micra, den der Figaro mit viel Charme auflud: Er war so knuffig, dass die auf 20.000 Exemplare limitierte Auflage so begehrt war, dass Neuwagen-Verträge phasenweise sogar per Los zugeteilt wurden. Der Figaro ist nur als Rechtslenker gebaut worden, von denen auch einige in Deutschland laufen. Inzwischen ist er als früher Vertreter des Retro-Trends noch schwieriger zu fassen als früher: Nun kommt er selbst ins Klassiker-Alter, ohne ein Oldtimer nach dem allgemeinen Bild zu sein.

Bild: © Nissan

Preise	1	2	3	4	5
Figaro, Cab	k.N.	16.800	8.500	4.300	1.800

Motor/Antrieb	
Bauart	Vierzylinder (Reihe)
Lage/Antrieb	Front/Front
Hubraum in cm³	987
PS/min	76/6000
Vmax in km/h	150
Karosserie	
Bauart	Cabrio-Limousine
Tragstruktur	selbsttragend
Material	Stahlblech
Stückzahl und Marktsituation	
Produktionszahl	20.000
Verfügbarkeit	ausreichend
Teilesituation	gut
Unterhaltskosten	niedrig

DeLorean (USA) • 1975-1982

Ein äußerst kurzes und wenig ruhmreiches, dafür publicityträchtiges Dasein führte die Firma DeLorean. Vom damals 40-jährigen Ex-GM-Manager John Zachary De Lorean 1975 gegründet und mit britischen Regierungsgeldern finanziell üppig ausgestattet, sollte in Nordirland eine Autofabrik für Arbeitsplätze und Zukunftsicherung sorgen.

Doch das Produkt überzeugte den Markt nicht, die erhofften (und benötigten) Stückzahlen wurden nie erreicht. Mit dem Erlös aus Unmengen von Kokain wollte De Lorean seine Firma aus der finanziellen Klemme retten, so schien es. Andere Stimmen sprechen von einem grandiosen Komplott. Was damals wirklich geschah, weiß die Öffentlichkeit bis heute nicht – sicher war nur, dass alles verloren war. Ein weiteres dramatisches Kapitel Automobilgeschichte ging zu Ende. John Zachary De Lorean lebte seither zurückgezogen und starb am 19. März 2005.

Für das Jahr 2017 hatten Investoren eine Kleinserienproduktion zur Wiederauflage des DeLorean angekündigt, woraus jedoch nichts wurde. 2022 wurde mit dem DeLorean Alpha 5 ein Elektrosportler mit Flügeltüren angekündigt. Er sollte 2024 in einer Auflage von 88 Stück auf den Markt kommen. Doch das geschah nicht.

Bild: © Delorean Motor

Der Kinoerfolg „Zurück in die Zukunft" machte John Zachary De Lorean´s Konstruktion 1985 zum Kultobjekt.

DeLorean 1981-1982

Leistungsfähigkeit und lange Lebensdauer durch den Einsatz neuer Materialien waren die Ansprüche, die DeLorean an sein Auto stellte, doch das futuristische Coupé mit seinem Edelstahl beplanken GFK-Karosseriekörper machte keine glänzende Karriere. Geldmangel trieb die neu aus dem irischen Boden gestampfte Fabrik schon 1982 in die Hände eines Zwangsverwalters. Von dem anspruchsvollen Zweisitzer entstanden nur gut 8500 Exemplare. Giugiaro zeichnete für das Design des Flügeltürers verantwortlich, in seinem Heck saß der wenig eloquente Euro-V6-Motor. Mit hochwertiger Ausstattung, wenn auch ohne besondere Ausstrahlung und einem von Lotus für den Esprit entwickelten Zentralträger-Chassis vermittelte das Projekt zu wenig Reize für einen größeren Erfolg. Die negativen Schlagzeilen schwemmten den Exoten ins Abseits.

Preise	1	2	3	4	5
DeLorean, Cpe	84.200	59.300	41.000	22.800	k.N.

Motor/Antrieb	
Bauart	V6
Lage/Antrieb	Heck/Heck
Hubraum in cm³	2849
PS/min	132/5500
Vmax in km/h	200
Karosserie	
Bauart	Coupé
Tragstruktur	Zentralträgerrahmen
Material	Edelstahl
Stückzahl und Marktsituation	
Produktionszahl	8583
Verfügbarkeit	ausreichend
Teilesituation	schwierig
Unterhaltskosten	hoch

De Soto (USA) • 1929-1961

Auf dem amerikanischen Automobilmarkt der 1920er Jahre herrschte alles andere als Langeweile. Walter P. Chrysler hatte 1924 den Bau von Automobilen gestartet, und im Juli 1928 übernahm er den weitaus größeren, aber strauchelnden Konkurrenten Dodge. Nur wenig vorher hatte er bereits zwei neue Marken präsentiert, Plymouth und De Soto, deren Produktion im gleichen Werk stattfand. Während Plymouth jedoch gegen die Massenware von Ford und Chevrolet antreten sollte, platzierte Chrysler die De Soto-Modelle etwas darüber. Namenspatron der neuen Marke unter dem Chrysler-Dach war Hernando de Soto, ein spanischer Eroberer, der 1541 den Mississippi entdeckt hatte. Das erste Jahr geriet für die neuen De Soto-Modelle bereits zum Erfolg: Aus dem Stand konnten über 81.000 Fahrzeuge verkauft werden. In den 1930er Jahren folgten die wegweisenden, aber damals recht unbeliebten Modelle „Airflow" und „Airstream" mit Stromlinienkarosserien.

1949 erhielten die Vorkriegsmodelle ein Update, gefolgt vom neuen „Forward Design" im Jahr 1955. Die Verkaufszahlen schossen bis 1957 nach oben. Das war's jedoch: Die Kurve zeigte fortan steil nach unten, auch durch Fehler in der Markenführung: Chrysler kannibalisierte sich letztlich selbst.

Zum 30. November 1960 kam die Nachricht, dass De Soto als Marke nicht weiter existieren wird. Keine zwei Monate lag es damals zurück, dass man noch die 1961er Modellpalette vorgestellt hatte. Doch nach über zwei Millionen gebauten Fahrzeugen hatte De Soto keine Zukunft mehr.

De Soto Firedome, Fireflite 1957-1958

Im Konzert der Heckflossen spielte die Chrysler-Nobelmarke De Soto frühzeitig mit. Das 1957 angebotene Modell Fireflite Sportsman bestach mit besonders prächtigen Exemplaren dieses Design-Gags. Der klassische Aufbau des Modells mit stabilem Trägerrahmen ermöglichte problemlos ein breites Angebot an Karosserien – zwei- und viertürige Limousinen, Kombis, Hardtop-Coupés und nicht zuletzt auch Cabrios. Die Gestaltung der Front nahm den im Jahr darauf vorgestellten Ford Thunderbird vorweg. Als Antrieb kamen durchweg voluminöse V8-Triebwerke zum Einsatz: Mit 5,3 bis 5,9 Litern Hubraum und 248 bis 345 PS schoben sie die schweren, langen Geräte mit beachtlicher Wirkung voran.

Preise	1	2	3	4	5
Fireflite Sportsman HT, Cpe	40.500	22.500	14.400	7.200	k.N.
Fireflite, Cab	121.000	74.000	46.000	19.000	9.000

Motor/Antrieb	
Bauart	V8
Lage/Antrieb	Front/Heck
Hubraum in cm³	5907
PS/min	299/4600, 309/4600
Vmax in km/h	155 bis 180
Karosserie	
Bauart	Lim (2/4-türig), Hardtop, Cab, Kom
Tragstruktur	Kastenrahmen
Material	Stahlblech
Stückzahl und Marktsituation	
Produktionszahl	29.430
Verfügbarkeit	schlecht
Teilesituation	schwierig
Unterhaltskosten	hoch

Bild: © Archiv HEEL Verlag

De Tomaso (I) • seit 1959

Alejandro de Tomaso, ein Argentinier mit italienisch-spanischen Vorfahren, kam 1955 nach Italien. Er feierte zunächst als Rennfahrer für Maserati und OSCA einige Erfolge. 1959 gründete er die De Tomaso Automobili, die zunächst einen Monoposto-Rennwagen baute. 1962 folgte sogar ein kurzer, ergebnisloser Ausflug in die Formel 1.

Im folgenden Jahr präsentierte De Tomaso sein erstes Modell, den Vallelunga, der viel Beachtung fand. Mitte der Sechziger kaufte sich der amerikanische Elektrokonzern Rowan bei Ghia ein und übernahm gleichzeitig die Mehrheit an De Tomaso. 1970 kaufte Ford von De Tomaso das Konzept zu einem Mittelmotor-Sportwagen, der dann als Pantera Debüt feierte. Zwei Jahre später trennten sich die Partner wieder – Qualitätsmängel wurden als Gründe angeführt. In den folgenden Jahren kaufte De Tomaso die Motorradmarken Moto Guzzi und Benelli, später auch die Auto-Label Maserati und Innocenti, die italienische Leyland-Filiale. Sogar die Karosseriebauer Carrozzeria Vignale und Carrozzeria Ghia hatte sich De Tomaso einverleibt. Als die finanziellen Probleme zunahmen, musste sich der Firmensammler wieder von seinen Schätzen trennen.

Bild: © De Tomaso

Inspirationsquellen sind die De Tomaso-Rennwagen der 60er Jahre wie Sport 1000, Sport 2000 und P70.

Doch Alejandro de Tomaso gab nicht auf. Mit den Modellen Guarà und Biguà versuchte er ab 1993 die Rückkehr als Automobilproduzent, ein wirklicher Erfolg war ihm damit nicht vergönnt. Er starb 2003, drei Jahre später war seiner Firma De Tomaso Automobili endgültig das Geld ausgegangen. 2009 kaufte die Firma IAI (Innovation in Auto Industry) die Markenrechte und zeigte auf dem Genfer Salon 2011 eine SUV-Studie mit dem Namen SLC, die später in Deauville umbenannt wurde. Im Sommer 2012 kam die Nachricht vom Ende. Inzwischen gehören die Markenrechte dem chinesischen Konsortium Consolidated Ideal Team Venture. Dort plante man die Aufnahme der Produktion eines SUV-Crossovers mit dem Traditionsnamen Deauville. Das Projekt blieb jedoch stecken.

Im Jahr 2022 kam die Nachricht, dass der bereits 2019 in Goodwood präsentierte De Tomaso P72 im Stile des Pantera nun wirklich entstehen soll. 72 Stück sind geplant, gebaut am Nürburgring. Das Herz: ein Fünfliter-V8 von Ford mit Kompressor. Im Mai 2025 präsentierte De Tomaso den ersten Serien-P 72. Danach sollten weitere Fahrzeuge ausgeliefert werden, was jedoch noch nicht geschehen ist.

De Tomaso Vallelunga — 1965-1967

Das erste Modell, mit dem De Tomaso auf dem Markt erschien, wurde von einem überarbeiteten 1,5-Liter-Vierzylinder-Triebwerk von Ford befeuert. Ghia entwarf die hübsche Coupé-Karosserie, deren Linien sogar vom Museum of Modern Art in New York gewürdigt wurden. Ein Zentralrohrrahmen mit zusätzlichen Hilfsrohren und mittragendem Motor-/Getriebeblock war leider so wenig verwindungssteif, dass das Fahrverhalten darunter litt. Das attraktive Coupé gewann trotzdem 1965 die italienische Meisterschaft in seiner Klasse – ein großer Erfolg für die aufstrebende Marke. Als Prototyp zeigte De Tomaso auch eine Spider-Version mit dem Namen Pampero. In Serie ging der offene Vallelunga jedoch nie.

Bild: © Günther Zink

Preise	1	2	3	4	5
Vallelunga, Cpe	290.000	210.000	161.000	120.000	k.N.

Motor/Antrieb	
Bauart	Vierzylinder (Reihe)
Lage/Antrieb	Mitte/Heck
Hubraum in cm³	1499
PS/min	105/6000
Vmax in km/h	200
Karosserie	
Bauart	Coupé
Tragstruktur	Zentralträgerrahmen
Material	Kunststoff oder Aluminium
Stückzahl und Marktsituation	
Produktionszahl	50 (Kunststoff), 5 (Alu)
Verfügbarkeit	gegen null
Teilesituation	schwierig
Unterhaltskosten	mittel

De Tomaso Mangusta — 1967-1972

Aggressive Optik, kombiniert mit südländischer Finesse und der schieren Kraft eines Fünf-Liter-V8 von Ford: Der Mangusta bot 1967 eine explosive Mischung zu erstaunlich günstigem Preis. Er sollte vor allem eines sein: schnell. Mit rund sechs Sekunden, die er mit seinem 305-PS-Triebwerk von 0 auf 100 km/h brauchte, stach er fast alle Konkurrenten aus. Unter der flachen Karosserie, die Giorgetto Giugiaro entworfen hatte, saß der Motor hinter den Sitzen. Das aufwändige Chassis, ursprünglich für den Rennsport entwickelt, bot einige Reserven, reagierte im Grenzbereich mitunter aber tückisch. Die geringe Verwindungssteifigkeit sorgte bei den Piloten für Kopfzerbrechen, auch die mangelnde Sorgfalt bei der Verarbeitung machte sie nicht glücklich. Insgesamt verließen nur rund 400 Exemplare das Werk.

Bild: © Archiv Günther Zink

Preise	1	2	3	4	5
Mangusta, Cpe	400.000	270.000	200.000	90.000	50.000

Motor/Antrieb	
Bauart	V8
Lage/Antrieb	Mitte/Heck
Hubraum in cm³	4728
PS/min	305/6200
Vmax in km/h	240
Karosserie	
Bauart	Coupé
Tragstruktur	Zentralträgerrahmen
Material	Stahlblech
Stückzahl und Marktsituation	
Produktionszahl	ca. 400
Verfügbarkeit	gegen null
Teilesituation	schwierig
Unterhaltskosten	hoch

D

De Tomaso Deauville 1970-1986

Eleganz und Höchstleistung verband DeTomaso bei der viertürigen Limousine Deauville, die parallel zum Pantera auf den Markt gekommen war. Mit ihm teilte er auch wesentliche technische Komponenten, nur saß der große V8 unter der vorderen Haube. Immerhin 16 Jahre lang baute De Tomaso den exquisiten Reisewagen. Wohl auch wegen des hohen Preises setzten die Italiener nur 320 Exemplare des Deauville ab – viel zu wenig, um damit Geld verdienen zu können. Vielleicht wäre der Erfolg größer gewesen, wenn etwas mehr Liebe zum Detail in die Fertigung der bis zu 240 km/h schnellen Limousinen investiert worden wäre. So bleibt heute der Einstiegspreis relativ niedrig, der Ärger mit einer gewissen Unzuverlässigkeit ist aus diesem Grund freilich vorprogrammiert.

Bild: © Archiv HEEL Verlag

Preise	1	2	3	4	5
Deauville, L4t	79.000	57.000	41.000	23.000	13.000

Motor/Antrieb	
Bauart	V8
Lage/Antrieb	Front/Heck
Hubraum in cm³	5796
PS/min	270/5600 bis 330/5400
Vmax in km/h	220 bis 240
Karosserie	
Bauart	Limousine (4-türig)
Tragstruktur	selbsttragend
Material	Stahlblech
Stückzahl und Marktsituation	
Produktionszahl	320
Verfügbarkeit	schlecht
Teilesituation	ausreichend
Unterhaltskosten	hoch

De Tomaso Pantera, Pantera L und GTS 1970-1994

Mit dem Pantera gelang De Tomaso erstmals ein kommerzieller Erfolg. Sein Hubraum war mit knapp 5,8 Litern gewaltig, rund 330 PS brachte der potente Ford-V8 an die Hinterräder. Tom Tjaarda entwarf die Coupé-Karosserie, die deutlich mehr Raum bot als die des Vorgängers Mangusta. Obwohl sie Ghia-Wappen trug, entstand sie bei Vignale. Zudem war die von Giampaolo Dallara entwickelte selbsttragende Monocoque-Struktur wesentlich steifer, und aus dem Rennsport entlehnte Elemente der Radaufhängungen bescherten nun eine einwandfreie Straßenlage. Inzwischen kontrollierte Ford die Marke und erwartete für sein Investment Verkaufserfolge. Für den Pantera sprach das Preis-Leistungs-Verhältnis. Dass der dauerhafte Erfolg ausblieb, lag an der zögerlichen Reaktion des amerikanischen Marktes, für den der Pantera mit seiner schönen Hülle und seinem V8 maßgeschneidert war. Im Hauptexportmarkt USA bremsten die Energiekrise und strenge Abgasbestimmungen den Absatz erheblich.

Preise	1	2	3	4	5
Pantera, Cpe	138.000	105.000	73.100	39.100	k.N.
Pantera GTS, Cpe	166.000	126.000	88.600	47.400	k.N.

Motor/Antrieb	
Bauart	V8
Lage/Antrieb	Mitte/Heck
Hubraum in cm³	5796
PS/min	240/5500 bis 330/6000
Vmax in km/h	235 bis 270
Karosserie	
Bauart	Coupé
Tragstruktur	selbsttragend
Material	Stahlblech
Stückzahl und Marktsituation	
Produktionszahl	ca. 10.000
Verfügbarkeit	gut
Teilesituation	ausreichend
Unterhaltskosten	hoch

De Tomaso Longchamp, GTS und Cabriolet 1972-1990

Nur zwei Jahre nach dem Pantera-Debüt präsentierte De Tomaso mit dem Longchamp einen weiteren Dauerbrenner. Das kantige Coupé bot etwas Platz für zwei Personen im Fond. Unter der knackig geschnittenen Karosserie sorgte ein 5,8 Liter großer V8 für prächtigen Schub. Trotz der gewaltigen Leistung zwischen 270 und 330 PS war der Longchamp kein reinrassiger Sportwagen. Besonders seine komfortable Ausstattung und das serienmäßige Automatikgetriebe kennzeichneten ihn eher als schnellen Reise-GT. Nur auf Wunsch erhielten die Kunden ein Fünfgang-Schaltgetriebe. Den GTS präsentierte De Tomaso mit einer verbreiterten Karosserie, und ab 1980 gab es sogar ein Cabrio. Trotz der langen Bauzeit eliminierte der Hersteller nie den Hauptkritikpunkt: Die Finish-Qualitäten blieben bis zuletzt zweifelhaft.

Bild: © Archiv Günther Zink

Preise	1	2	3	4	5
Longchamp (1972-1980), Cpe	86.000	56.000	37.000	22.000	12.000

Motor/Antrieb	
Bauart	V8
Lage/Antrieb	Front/Heck
Hubraum in cm³	5796
PS/min	270/5600 bis 330/5400
Vmax in km/h	220 bis 240
Karosserie	
Bauart	Coupé, Cabriolet
Tragstruktur	selbsttragend
Material	Stahlblech
Stückzahl und Marktsituation	
Produktionszahl	600
Verfügbarkeit	ausreichend
Teilesituation	ausreichend
Unterhaltskosten	hoch

De Tomaso Guarà 1993-2004

Der Guarà startete mit großen Ambitionen in einer schwierigen Zeit: Als er im Frühjahr 1993 auf dem Genfer Salon stand, sollte er den Geist des Mangusta und Pantera aufgreifen. Doch Patriarch Alejandro de Tomaso fiel aus, nachdem er wenige Wochen zuvor einen Schlaganfall erlitten hatte. Als Basis des Guarà diente der Maserati Barchetta aus dem Vorjahr – Maserati hatte ebenfalls de Tomaso gehört. Doch 1993 übernahm Fiat Maserati komplett, und der Erlös half De Tomaso, den Guarà marktfähig zu machen. Auf einem Zentralrohrrahmenchassis baute De Tomaso neben einer Coupé-Version auch eine radikal offene Barchetta sowie einen Spyder, der über eine Frontscheibe verfügte. Bis 1998 trieben V8-Motoren von BMW den Guarà an, anschließend wechselte De Tomaso zu Ford-V8, die zwar größer und schwerer, doch erheblich günstiger im Einkauf waren. Damit stieg das Gewicht der Fahrzeuge allerdings um rund 200 Kilogramm. Mit der Insolvenz von De Tomaso 2004 endete die Produktion.

Bild: © gemeinfrei

Preise	1	2	3	4	5
Guara, Cpe	120.000	68.000	51.000	k.N.	k.N.
Guara Spyder, Cab	270.000	150.000	115.000	k.N.	k.N.

Motor/Antrieb	
Bauart	V8
Lage/Antrieb	Mitte/Heck
Hubraum in cm³	3982, 4600
PS/min	304/5000, 320
Vmax in km/h	270
Karosserie	
Bauart	Coupé, Cabriolet, Roadster
Tragstruktur	Zentralrohrrahmen
Material	Kunststoff
Stückzahl und Marktsituation	
Produktionszahl	35
Verfügbarkeit	schlecht
Teilesituation	schwierig
Unterhaltskosten	hoch

DKW (D) • 1928-1966

Eigentlich war Jörgen Skafte Rasmussen Däne. Aber nach seinem Ingenieurstudium hatte er sich 1904 in Sachsen selbständig gemacht. In Zschopau begann er 1916 mit Dampfkraftwagen – daher stammt das Kürzel DKW – zu experimentieren. Die Versuche blieben erfolglos, doch drei Jahre später übernahm Rasmussen die Rechte an einem kleinen Zweitaktmotörchen, das er als Spielzeugmotor anbot: Des Knaben Wunsch war die neue Interpretation der drei Buchstaben. Der Motor wuchs an Volumen und Leistung, trieb Fahrräder und ab 1922 Motorräder an – „Das Kleine Wunder" hieß DKW fortan. Das Werk wurde zum weltweit bedeutendsten Motorradhersteller der zwanziger Jahre.

Der Erfolg ermöglichte Rasmussen 1928, mit Audi einen Hersteller gehobener Automobile zu übernehmen. Im gleichen Jahr erschien der erste DKW-Kleinwagen, angetrieben von einem 600 ccm großen Zweizylinder-Zweitakter. 1931 präsentierte DKW den Front (F1). Dieser Kleinwagen mit Frontantrieb wurde zum beliebtesten und meist gekauften Kleinwagen jener Epoche. Ein Jahr später konnte Rasmussen seine Unternehmen DKW und Audi in die neu gegründete Auto Union eingliedern.

Als einziger der vier Auto Union-Marken war es DKW vergönnt, die Nachkriegszeit zu erleben. Sämtliche Werke des Marken-Verbunds lagen nach dem Zweiten Weltkrieg in der Ostzone; sie wurden von den Sowjets enteignet und bis zum letzten Lichtschalter demontiert. Doch zahlreiche der kleinen DKW-Modelle hatten den Krieg überlebt, und ehemalige Werks-Mitarbeiter gründeten in Ingolstadt Ende 1945 das „Zentraldepot für Auto Union Ersatzteile GmbH".

Auf der Hannover Messe 1949 präsentierte DKW bereits eine neue Entwicklung, die erste Nachkriegsdeutschlands: den Schnelltransporter. Zudem war die Produktion von Motorrädern wieder angelaufen, und in Düsseldorf entstand 1950 ein zweites Werk für Personenwagen. Teilweise wurden die Produkte des Zweitakt-Konzerns auch unter dem alten Markennamen Auto Union vertrieben.

DKW genoss neue Popularität, war dabei jedoch nie unumstritten. Ende der fünfziger Jahre geriet die Marke durch das strikte Festhalten am umstrittenen Zweitakt-Prinzip ins Abseits. Selbst die Übernahme durch Daimler-Benz im Jahr 1958 brachte DKW nicht mehr in Fahrt. Die Stuttgarter veräußerten den kränkelnden Patienten an Volkswagen, der 1964 mit der Wiederbelebung des Markennamens Audi einen tiefgreifenden wie erfolgreichen Relaunch startete – mit einem Wehmutstropfen freilich: DKW zog für immer in die Annalen der Geschichte ein.

Bild: © Audi AG

Erfolgreicher Industrieller und DKW-Gründer: Jörgen Skafte Rasmussen (1878–1964).

1928 erschien mit dem P15 Roadster das erste DKW-Automobil.

Vorboten eines modernen Konzepts: Die ersten DKW-Fronttriebler

Frontantrieb und ein quer eingebauter Motor zählen seit den 1970er Jahren zu den Selbstverständlichkeiten des Automobilbaus. Ihre Ursprünge reichen weit zurück: Erste Umsetzungen in eine Serie basieren auf einem kleinen Automobil mit Zweitaktmotor, der bislang in Motorrädern des Hauses eingesetzt wurde.

Unter dem Namen DKW F1 verhalf das clever konzipierte kleine Automobil seinem Mutterkonzern aus dem Stand zu einer Großserie. Der Erfolg seines Konzepts war durchschlagend: Aus dem Straßenbild der 1930er Jahre waren der DKW „Frontwagen", so die gesetzlich geschützte Bezeichnung, und seine Nachfahren nicht mehr wegzudenken.

Ob später als Reichs- oder Meisterklasse, ob anfänglich mit kunstlederbespanntem Holzaufbau oder später mit modernem Zentralkastenrahmen: Die „Frontwagen" von DKW mauserten sich schnell zum wahren Volks-Wagen der Kriegs- und Nachkriegszeit – nicht zuletzt auch deshalb, weil die deutsche Wehrmacht sie wegen des geschmähten Zweitaktmotors nicht für den Kriegseinsatz beschlagnahmen wollte.

Bild: © Audi AG

DKW F1 (Front) 1931-1933

1931 sorgte DKW mit seinem neuen Kleinwagenmodell F1 (Front) für Wirbel in Deutschland. Denn der DKW F1 war das erste europäische Großserienfahrzeug mit Frontantrieb. Technisches Herzstück des kleinen Bestsellers aus Sachsen waren die erfolgreichen Zweitaktmotoren aus konzerneigener Produktion, die leicht und wegen der großen Stückzahl auch preiswert herzustellen waren. Der F1 wurde so zu einem der ersten Automobile in Deutschland, die ein breites Publikum ansprachen.

Preise	1	2	3	4	5
F1 Front, Cab	19.000	13.500	9.200	6.100	3.000

Bild: © Audi Tradition

Motor/Antrieb	
Bauart	Zweizylinder-Zweitaktmotor (Reihe)
Lage/Antrieb	Front/Front
Hubraum in cm³	490, 584
PS/min	15 bis 18/3200
Vmax in km/h	75 bis 80
Karosserie	
Bauart	Roadster, Cabrio
Tragstruktur	Kastenrahmen
Material	Holz
Stückzahl und Marktsituation	
Produktionszahl	4353
Verfügbarkeit	gegen null
Teilesituation	schlecht
Unterhaltskosten	niedrig

D

DKW Reichs- und Meisterklasse (F4, F5 und F7) 1931-1942

Eine Weiterentwicklung des ersten DKW-Frontwagens F1 boten die Modelle der Reichs- und Meisterklasse. Den Anfang machte 1932 die so genannte Meisterklasse (F4), die – technisch ganz der alte F1 – mit verlängertem Radstand und eleganter gestalteten Formen aufwartete. Ab Sommer 1933 erhielt die Meisterklasse eine leichte Kraftspritze: Rund 700 Kubikzentimeter sollten sie von nun an von der gut 600 Kubikzentimeter starken Version trennen, die unter der Bezeichnung Reichsklasse verkauft wurde. Bevor beide Reihen 1937 mit dem F7 eine einheitliche Karosserie erhielten, hatten beide 1935 bereits unter der Typenbezeichnung F5 einen modernen Zentralkastenrahmen statt des bisher verwendeten Holzaufbaus bekommen.

Bild: © Audi AG

Preise	1	2	3	4	5
F8 (1931-1939), L2t	19.000	14.100	8.100	4.000	1.400

Motor/Antrieb	
Bauart	Zweizylinder-Zweitaktmotor (Reihe)
Lage/Antrieb	Front/Front
Hubraum in cm³	584, 692
PS/min	15/3500, 20/3500
Vmax in km/h	75 bis 90
Karosserie	
Bauart	Limousine, Kombi, Cabriolet
Tragstruktur	Kastenrahmen
Material	Holz
Stückzahl und Marktsituation	
Produktionszahl	insgesamt: rund 218.000
Verfügbarkeit	schlecht
Teilesituation	schwierig
Unterhaltskosten	niedrig

Die großen DKW: Die Sonderklasse-Modelle

Abseits der kleinen Zweizylinder-Zweitakter, die der Front-Baureihe zum Erfolg verhalfen, versuchte DKW Anfang der 1930er Jahre auch ein Vierzylindermodell zu etablieren.

Das notwendige Know-how sollten die dem Firmeneigner Jörgen Skafte Rasmussen unterstehenden Ingenieure des 1928 übernommenen Herstellers Audi liefern. Zum bekanntesten Vertreter der großen DKW-Modelle avancierte ab 1932 die so genannte Sonderklasse mit Vierzylinder-Ladepumpen-Zweitaktmotor. Ab 1937 krönten ein ausgereiftes Fahrgestell und eine Stahlblechkarosserie die Serie der so genannten „großen DKW". 1940 endete die Produktion kriegsbedingt. Eine große Zukunft wäre den DKW-Vierzylindern allerdings auch in Friedenszeiten kaum beschieden gewesen: So hatte DKW bereits geplant, den Nachfolger der Sonderklasse ebenfalls mit dem Dreizylinder-Zweitakter der für 1940 angedachten F9-Serie auszustatten.

DKW Sonderklasse 1932-1940

Mit vier Zylindern ist das Hauptmerkmal der DKW-Sonderklasse schnell genannt. Beim Karosserieaufbau blieb DKW dagegen den althergebrachten Konstruktionsprinzipien treu. So basierte auch die Sonderklasse wieder auf einem Chassis, das eine Karosserie aus kunstlederbezogenem Sperrholz trug. Diese Konstruktion bot Vorteile: Sie war leicht und dämpfte Geräusche und Vibrationen wesentlich besser als eine Stahlblechkonstruktion, zudem war sie billiger – es brauchte weder Pressen noch Schweißgeräte. Allerdings besaß die rahmenlose Holzhaut den Nachteil des schnellen Alterns: Sie quittierte die ständigen Belastungen meist damit, dass sie auseinanderbrach. Erst 1937 erschien die zweite Serie, die über eine Stahlblech-Karosserie verfügte. Für den Antrieb sorgte – natürlich – ein Zweitaktaggregat, das in der Sonderklasse vier Zylinder besaß und zunächst 25, später 32 PS leistete.

Bild: © Audi AG

Preise	1	2	3	4	5
Sonderklasse (1937-1940), L2t	25.200	15.100	8.900	4.300	1.500
Sonderklasse (1932-1934), L2t	22.700	16.200	9.400	4.900	1.600

Motor/Antrieb	
Bauart	V4-Zweitaktmotor
Lage/Antrieb	Front/Front
Hubraum in cm³	990, 1054
PS/min	25/3200, 32/3800
Vmax in km/h	90 bis 95
Karosserie	
Bauart	Limousine, Cabriolet
Tragstruktur	Kastenrahmen
Material	Holz, Stahlblech
Stückzahl und Marktsituation	
Produktionszahl	k.A.
Verfügbarkeit	schlecht
Teilesituation	sehr schwierig
Unterhaltskosten	mittel

Alles in zwei Takten: Die DKW-Wirtschaftswundermodelle

Der Verlust der sächsischen Werke durch den Zweiten Weltkrieg zwang den Teil der Auto Union-Manager, die in den Westen übergesiedelt waren, zu einem Neuanfang. Auch sie griffen jedoch wie ihre ehemaligen Kollegen in der sowjetisch besetzten Zone, der späteren DDR, auf vorhandene Vorkriegsentwicklungen zurück. Weit stärker als es die rundlichen, gefälligen Karosserievarianten der Typen F89 oder F91 zunächst vermuten lassen, basieren diese technisch auf den Mittelklassemodellen der späten 1930er Jahre, allen voran der DKW F8. Durch ihre stete Weiterentwicklung des konsequent beibehaltenen Zweitaktmotors wurden die eleganten Mittelklasse-DKW zu Ikonen der Wirtschaftswunderzeit.

In den 1960er Jahren allerdings lief die Zeit ab für das Zweitakt-Prinzip: DKW jedoch schätzte die Situation zu lange falsch ein und präsentierte mit dem F 102 noch 1964 eine aufwändige, aber letztlich erfolglose Weiterentwicklung des hauseigenen Zweitakt-Motorkonzepts. Erst unter der nun wiederbelebten Markenbezeichnung Audi und mit einem völlig neuen Viertakt-Triebwerk erlangte der letzte „große DKW" wieder die Gunst der Käufer.

DKW Reichs- und Meisterklasse (F8) — 1939-1942

Der DKW F8 – ebenfalls in den Versionen Reichsklasse (589 Kubikzentimeter) und Meisterklasse (692 Kubikzentimeter) erhältlich – unterscheidet sich von seinem Vorgänger durch einen breiteren Rahmen und eine andere Vorderachsaufhängung. Neben seinen Vorläufern gehörte der DKW F8 vor allem nach dem Krieg zu den alltäglichen Transportmitteln. Seine Karriere ging sogar über das Kriegsende 1945 hinaus: So tragen die ersten Nachkriegsmodelle der westdeutschen Auto Union ebenfalls die altbekannte DKW F8-Technik in sich wie die Fahrzeuge der frühen Autoproduktion in der DDR, wo der F8 noch bis in die 1950er Jahre vom DDR-Industrieverband Fahrzeugbau (IFA) hergestellt wurde.

Bild: © Audi AG

Preise	1	2	3	4	5
F8-700, Cab	29.400	21.500	14.700	7.400	2.700

Motor/Antrieb	
Bauart	Zweizylinder-Zweitakt (Reihe)
Lage/Antrieb	Front/Front
Hubraum in cm³	589, 692
PS/min	18 bis 20/3500
Vmax in km/h	80 bis 85
Karosserie	
Bauart	Limousine (2-türig), Cabriolet
Tragstruktur	Kastenrahmen
Material	Holz
Stückzahl und Marktsituation	
Produktionszahl	49.605
Verfügbarkeit	schlecht
Teilesituation	schlecht
Unterhaltskosten	niedrig

DKW F89L, F800/Typ 30, F800/3 Typ 3 3=6 (Schnellaster) — 1949-1962

Auch wenn er heute nur noch wenigen bekannt ist: Der DKW Schnellaster war nach dem Zweiten Weltkrieg deutlich früher am Start als der später so übermächtige Konkurrent, der VW-Bus. Mit Zweitakter und Frontantrieb natürlich, wie es üblich war bei DKW – das bedeutete simple, günstige und unkomplizierte Technik. 1949 zeigte DKW mit dem F89L das erste in Ingolstadt gebaut Automobil auf der Exportmesse in Hannover. Mit anfangs 20 PS transportierte er in Kastenwagen-Version immerhin 750 Kilogramm Nutzlast mit bis 4,2 Kubikmeter Volumen. Den wesentlichen Vorteil des Schnellasters zeigte DKW gern auf Werbefotos: Weil er den Motor nicht wie der VW-Bus im Heck trug, ließen sich von hinten auch sperrige Güter problemlos laden. Der Schnellaster entstand in vielen Varianten, zudem fertigten Karosseriebauer sehr individuelle Aufbauten.

Bild: © Audi AG

Preise	1	2	3	4	5
F800/3 Schnellaster, Kast	53.800	38.200	27.000	15.600	8.400

Motor/Antrieb	
Bauart	Zweizylinder-Zweitaktmotor
Lage/Antrieb	Front/Front
Hubraum in cm³	688, 792, 896
PS/min	20 bei 3600 bis 32 bei 4000
Vmax in km/h	60 bis 80
Karosserie	
Bauart	Kleinbus
Tragstruktur	Kastenrahmen
Material	Stahlblech
Stückzahl und Marktsituation	
Produktionszahl	k.A.
Verfügbarkeit	schlecht
Teilesituation	schlecht
Unterhaltskosten	niedrig

DKW Meisterklasse (F 89) — 1950-1954

Mit volkstümlichen Kleinwagen war DKW in den dreißiger Jahren zu Ruhm gekommen. So waren viele treue Kunden von der neuen Meisterklasse enttäuscht: Der neue Fronttriebler war zu groß, mit fast 6000 Mark auch zu teuer, vor allem aber war er zu schwach. Der Zweizylinder-Motor mit 23 PS kämpfte gegen 870 Kilogramm Wagengewicht. Das Triebwerk stammte noch aus dem Vorkriegsmodell F8, die rundliche Karosserie dagegen war bereits um 1939 entwickelt worden. Bis Januar 1953 lieferte DKW die Meisterklasse (Spötter riefen „Kleistermasse") mit Dreigang-, danach mit Vierganggetriebe, stets mit dem DKW-typischen Freilauf. Neben der zweitürigen Limousine gab es den Universal, einen Kombi mit Holz-Aufbau nach US-Art. Erst 1953 erhielt der Kasten-DKW eine Ganzstahlkarosserie. Exklusiv waren die von Hebmüller gebauten Coupés sowie die Cabriolets, die Karmann fertigte.

Bild: © Audi AG

Preise	1	2	3	4	5
F 89 Meisterklasse, L2t	17.000	11.600	6.700	3.500	1.500
F 89 Meisterklasse, Cab	41.300	27.700	17.000	9.000	3.500

Motor/Antrieb	
Bauart	Zweizylinder-Zweitaktmotor
Lage/Antrieb	Front/Front
Hubraum in cm³	684
PS/min	23/4200
Vmax in km/h	100
Karosserie	
Bauart	Lim (2-türig), Cpe, Cab, Kom (3-türig)
Tragstruktur	Kastenrahmen
Material	Stahlblech
Stückzahl und Marktsituation	
Produktionszahl	59.475
Verfügbarkeit	schlecht
Teilesituation	schwierig
Unterhaltskosten	niedrig

DKW Sonderklasse (F 91) — 1953-1955

Fast unverändert war die typische DKW-Karosserie geblieben, aber im Bug der Sonderklasse arbeitete ein neuer Dreizylinder-Zweitakt-Motor, der etwas erstarkt war und immerhin 34 PS freisetzte. Jetzt überzeugte der DKW mit zeitgemäßen Fahrleistungen: Mit einer Höchstgeschwindigkeit von 120 km/h galt die Sonderklasse in den frühen fünfziger Jahren als überaus agil. Mit ihrem hohen Preis von 6040 Mark sprachen die DKW-Modelle allerdings mehr Liebhaber als Normalverbraucher an. Sie konnten aus einem fein gestuften Modellprogramm wählen: Es gab die Sonderklasse als Normal- und besser ausgestattete Spezial-Limousine, als Universal sowie als zwei- und viersitziges Cabriolet oder Coupé, das allerdings mehr eine elegante Hardtop-Limousine nach amerikanischem Vorbild war: Seine Seitenfenster ließen sich voll versenken – es gab dazwischen keine störende B-Säule.

Bild: © Audi AG

Preise	1	2	3	4	5
F 91 Sonderklasse, L2t	18.200	12.400	7.300	3.600	1.700
F 91 Sonderklasse, Cab	40.200	27.400	16.700	9.300	4.400

Motor/Antrieb	
Bauart	Dreizylinder-Zweitaktmotor
Lage/Antrieb	Front/Front
Hubraum in cm³	896
PS/min	34/4000
Vmax in km/h	120
Karosserie	
Bauart	Lim (2-türig), Cpe, Kombi (3-türig)
Tragstruktur	Kastenrahmen
Material	Stahlblech
Stückzahl und Marktsituation	
Produktionszahl	57.407
Verfügbarkeit	gegen null
Teilesituation	ausreichend
Unterhaltskosten	niedrig

DKW 3=6 (F 93/94, „Großer DKW") 1955-1959

Die dritte DKW-Mittelklasse-Generation war im Prinzip eine geliftete Sonderklasse: Zu den Modellpflege-Maßnahmen zählten die um zehn Zentimeter verbreiterte Karosserie und der auf 38 PS erstarkte Motor. Neu war auch die Modellbezeichnung 3=6: Sie sollte anschaulich dokumentieren, dass der ventillose Dreizylinder-Zweitakter so kultiviert wie ein Sechszylinder-Viertaktmotor liefe. Das Modellprogramm rundete DKW mit einem Viertürer ab, der sich mit dem Universal einen um zehn Zentimeter verlängerten Radstand teilte. Beide Versionen hörten werksintern auf den Modell-Code F 94. Das Kürzel F 93 dagegen kennzeichnete die Zweitürer-Limousinen, Coupés und Cabriolets. 1957 erschien der 3=6 mit 40 PS, und ab dem gleichen Jahr waren die vorderen Türen nicht mehr in der Mitte, sondern an der A-Säule angeschlagen.

Bild: © Audi AG

Preise	1	2	3	4	5
3=6, L2t	19.100	12.900	7.500	3.900	1.700
3=6, Kom	25.400	17.200	10.400	5.400	2.200
3=6, L4t	21.900	14.900	9.000	4.600	1.900

Motor/Antrieb	
Bauart	Dreizylinder-Zweitaktmotor
Lage/Antrieb	Front/Front
Hubraum in cm^3	896
PS/min	38/4200, 40/4250
Vmax in km/h	115 bis 123
Karosserie	
Bauart	Lim (2-/4-türig), Cpe, Kom (3-türig), Cab
Tragstruktur	Kastenrahmen
Material	Stahlblech
Stückzahl und Marktsituation	
Produktionszahl	157.331
Verfügbarkeit	schlecht
Teilesituation	ausreichend
Unterhaltskosten	niedrig

Auto Union 1000 und 1000 S 1958-1963

Das Festhalten am Zweitakt-Prinzip zog DKW immer mehr nach unten: Geräusch und Geruch machten die ventillosen Motoren unpopulär. Gleichzeitig kam die Entwicklung neuer Modelle nur schleppend in Gang. Zur Überbrückung erschien eine optimierte Version des bisherigen 3=6. Um das Image zu heben, trugen die 1000er-Modelle den Vorkriegs-Namen Auto Union. Die Karosserie war anfangs nur sanft retuschiert worden, der Motor leistete nun 44 PS aus 980 cm^3. Schon 1959 folgte eine optische Renovierung: Der Auto Union 1000 bekam eine vordere Panoramascheibe und ein Hochkant-Tachometer nach Mercedes-Art angepasst. Endpunkt der Modellreihe war der 1000 S mit 50 PS, der von 1959 bis 1963 gebaut wurde. 1961 erschien der 1000 S mit vorderen Scheibenbremsen und neuentwickelter Frischöl-Automatik.

Bild: © Audi AG

Preise	1	2	3	4	5
AU 1000, L2t	17.100	11.800	7.700	3.300	1.600
AU 1000, L4t	19.200	13.100	8.600	3.700	1.700
AU 1000, Cpe	22.000	15.000	9.900	4.300	2.000

Motor/Antrieb	
Bauart	Dreizylinder-Zweitaktmotor
Lage/Antrieb	Front/Front
Hubraum in cm^3	981
PS/min	44/4500 bis 50/4500
Vmax in km/h	120 bis 135
Karosserie	
Bauart	Lim (2-/4-türig), Cpe, Kom (3-türig)
Tragstruktur	Kastenrahmen
Material	Stahlblech
Stückzahl und Marktsituation	
Produktionszahl	187.429
Verfügbarkeit	schlecht
Teilesituation	ausreichend
Unterhaltskosten	niedrig

DKW F 102 1964-1966

Auf der IAA 1963 stand der DKW F 102, der Nachfolger des Auto Union 1000 S: Es war die letzte Zweitakt-Neukonstruktion auf westdeutschem Boden. Ab März 1964 war er lieferbar, doch das Interesse blieb verhalten: DKW-Fans fanden seine Form zu nüchtern, zudem ruinierten Kinderkrankheiten seinen Ruf. Darüber hinaus kosteten Verarbeitungsmängel und hoher Verbrauch viele Sympathiepunkte. Mit dem DKW-Verkauf an Volkswagen bekam der F 102 noch eine zweite Chance: Als Audi, mit gestrafftem Design und Viertakt-Triebwerk startete er in ein zweites Leben. Für den letzten DKW endete das Leben schwierig: Bis weit ins Jahr 1967 dauerte der Abverkauf restlicher Halden-Exemplare, die alle deutlich unter dem Listenpreis von 6850 Mark an die letzten Zweitaktfans gingen.

Bild: © Audi AG

Preise	1	2	3	4	5
F 102, L2t	16.800	10.500	6.500	2.900	1.300
F 102, L4t	17.400	10.900	6.700	3.000	1.300

Motor/Antrieb	
Bauart	Dreizylinder-Zweitaktmotor
Lage/Antrieb	Front/Front
Hubraum in cm^3	1175
PS/min	60/4500
Vmax in km/h	135
Karosserie	
Bauart	Lim (2-türig), Lim (4-türig)
Tragstruktur	selbsttragend
Material	Stahlblech
Stückzahl und Marktsituation	
Produktionszahl	52.753
Verfügbarkeit	schlecht
Teilesituation	schwierig
Unterhaltskosten	niedrig

Der Käfer-Konkurrent

Angetreten war er als großer Konkurrent des VW Käfer. Doch es kam anders: Dem DKW Junior blieb im Wettstreit um die Hauptrolle in der Mittelklasse letztlich nur der Part eines Nebendarstellers.

Dabei waren die großen Hoffnungen, die DKW auf das neue Modell setzte, zunächst nicht unbegründet: Mit moderner Technik und elegantem Blechkleid rangierte der adrette DKW preislich im Mittelfeld eines Segments, in dem sich 1959 neben dem Platzhirsch von Volkswagen auch BMW mit dem Typ 700 und Lloyd mit der Arabella tummelten.

Trotz Luxus-Version, Roadster-Variante F12 und dem verzweifelten Versuch, mit Hilfe einer Frischöl-Automatik der Blaufahne und der Unbequemlichkeit des Zweitakt-Prinzips den Garaus zu machen, war die Zweitaktära im Automobilbau spätestens Mitte der 1960er Jahre vorüber – allein dies musste die große Mission des kleinen DKW vereiteln, dem Käfer auf Augenhöhe entgegenzutreten. Wie der Junior jedoch mit einem adäquaten Viertakt-Triebwerk abgeschnitten hätte, wurde zu einer damals heiß diskutierten Frage. Vielleicht gäbe es dann DKW noch heute – statt Audi.

DKW Junior und Junior de Luxe 1959-1963

Erst 1959 begann DKW die Produktion eines neuen, kleinen Modells, das sich angestammte Kunden so lange vergeblich gewünscht hatten. Ein Prototyp des Junior war bereits auf der IAA 1957 zu sehen gewesen; allerdings sollte es zwei Jahre dauern, bis die Serie in einem neuen Ingolstädter Werksteil anlief. Der Junior hatte seinem Konkurrent Käfer seine modische Linie, die Geräumigkeit seiner Karosserie und das sichere Fahrverhalten voraus. Umstritten blieb jedoch stets der DKW-typische Dreizylinder-Zweitakter im Bug des Fronttrieblers. 1961 kam eine de Luxe-Version mit etwas mehr Ausstattung, Hubraum und Drehmoment, vor allem aber mit der neu entwickelten Frischöl-Automatik. Sie ersparte das lästige Öl-Beimischen an der Tankstelle und reduzierte das Mischverhältnis auf 1:100.

Bild: © Audi AG

Preise	1	2	3	4	5
Junior, L2t	15.000	9.400	5.800	2.400	1.100
Junior de Luxe, L2t	16.100	10.100	6.200	2.600	1.200

Motor/Antrieb	
Bauart	Dreizylinder-Zweitaktmotor
Lage/Antrieb	Front/Front
Hubraum in cm³	741, 796
PS/min	34/4300
Vmax in km/h	115
Karosserie	
Bauart	Limousine (2-türig)
Tragstruktur	Kastenrahmen
Material	Stahlblech
Stückzahl und Marktsituation	
Produktionszahl	237.587
Verfügbarkeit	schlecht
Teilesituation	schwierig
Unterhaltskosten	niedrig

D

DKW F11, F12, F12 Roadster 1963-1965

Ab 1962 musste der Junior gegen harte Konkurrenz kämpfen: Opel Kadett und Ford 12 M P4 machten ihm das Leben schwer. Die Antwort hieß F12, eine verfeinerte Junior-Version, erkennbar an der eckigeren hinteren Dachlinie und der zurückgesetzten Trapezlinie an den Scheinwerfern. Im Bug näselte ein überarbeiteter Motor mit 889 cm³ Hubraum und 40 PS; zudem war das Interieur gediegener geworden. Der F12 galt als Mercedes unter den damaligen Kleinwagen, litt aber unter dem unseligen Ölfahnen-Image. Daran änderte 1964 auch der F12 Roadster nichts, ein Cabriolet mit zwei Sitzplätzen und 50 PS, für das sich in nur einem Jahr Bauzeit ganze 6640 Käufer entschieden. Erfolglos blieb auch das Sparmodell F11 mit 34-PS-Junior-Technik. Der Volkswagen-Konzern, nach der Übernahme von DKW dazu in der Lage, stellte im Juni 1965 die Produktion des Käfer-Konkurrenten ein.

Bild: © Audi AG

Preise	1	2	3	4	5
F 11, L2t	14.700	9.300	5.700	2.400	1.100
F 12, L2t	16.600	10.400	6.400	2.700	1.200

Motor/Antrieb	
Bauart	Dreizylinder-Zweitaktmotor
Lage/Antrieb	Front/Front
Hubraum in cm³	796, 889
PS/min	34/4300 bis 45/4500
Vmax in km/h	116 bis 128
Karosserie	
Bauart	Limousine (2-türig), Cabriolet
Tragstruktur	Kastenrahmen
Material	Stahlblech
Stückzahl und Marktsituation	
Produktionszahl	113.244, Cabrio 6640
Verfügbarkeit	ausreichend
Teilesituation	ausreichend
Unterhaltskosten	niedrig

DKW Spezial: Coupés und Geländewagen

Solide Familienautos, auch tüchtige Kleinwagen, allesamt mit Frontantrieb und Zweitaktmotor: Das kennzeichnete die DKW-Produktpalette. Autos für Jedermann, unprätentiös, wenn auch nicht ohne Schick. Dabei erinnerte das alte Dach der „Auto Union" noch immer an Zeiten, in denen es neben der automobilen Standardkost noch Modelle der Mittelklasse (Wanderer, Audi) und Oberklasse (Horch) gab.

Doch auch in den 1950er Jahren mussten verwöhnte Freunde der Marke nicht darben. Die Exklusivität kehrte ab 1956 mit dem Kunststoff-Coupé Monza zurück, das offiziell zwar nie in den Preislisten auftauchte, aber dennoch für einiges Aufsehen sorgte. Professioneller im Auftritt war der wenig später erschienene Auto Union 1000 Sp, der (wie auch der Auto Union 1000 und 1000 S) den Markennamen DKW ganz verweigerte.

Auch betuchtere Kunden konnten sich nun einen Traumwagen mit vier Ringen kaufen. Die Zahl der Interessenten hielt sich jedoch deutlich im Rahmen, zu sehr lastete bereits das Stigma des asthmatischen Zweitakters auf dem Image des sportlich auftretenden Modells.

Eine ganz andere Zielgruppe hatte der 1955 erschienene Munga vor Augen: Er sollte der neu geschaffenen Bundeswehr Mobilität verleihen. Tatsächlich erhielt DKW den Auftrag, obwohl das deutsche Militär im Zweiten Weltkrieg Zweitakter noch strikt gemieden hatte. Der Munga blieb, wie auch der Auto Union 1000 Sp, ohne Nachfolger.

DKW 3=6 Monza 1956-1958

Das sportliche Kunststoff-Coupé war im offiziellen DKW-Verkaufsprogramm nie gelistet: Es entstand auf private Initiative eines engagierten Heidelberger Händlers bei den Karossiers Dannenhauer & Stauss (Stuttgart), Maßholder (Heidelberg) und Schenk (Stuttgart). Die Zweisitzer basierten auf den DKW-Modellen 3=6 bzw. Auto Union 1000 S und kosteten rund 10.500 Mark. Mit seiner leichten GFK-Karosserie wog der Monza über 100 Kilogramm weniger als seine Serien-Pendants, damit war er um 10 km/h schneller. Immerhin fanden sich rund 110 Zweitakt-Enthusiasten, die den exklusiven Dreizylinder bestellten. Nachdem DKW den neuen 1000 Sp auf den Markt gebracht hatte, entschied das Werk, die Lieferung von Basis-Fahrgestellen einzustellen.

Bild: © Audi AG

Preise	1	2	3	4	5
3=6 Monza, Cpe	105.000	78.000	59.000	41.000	k.N.

Motor/Antrieb	
Bauart	Dreizylinder-Zweitaktmotor
Lage/Antrieb	Front/Front
Hubraum in cm³	896, 981
PS/min	40/4200 bis 50/4500
Vmax in km/h	135 bis 150
Karosserie	
Bauart	Coupé
Tragstruktur	Kastenrahmen
Material	Kunststoff
Stückzahl und Marktsituation	
Produktionszahl	ca. 110
Verfügbarkeit	gegen null
Teilesituation	schwierig
Unterhaltskosten	niedrig

Auto Union 1000 Sp — 1958-1965

Das Kürzel „Sp" stand nicht etwa für Sport, sondern für die Spezial-Karosserie des DKW-Topmodells. Gebaut wurde sie bei Baur in Stuttgart. Ihr Design war eine Arbeit der DKW-Gestalter, die sich sichtlich am Traumwagen-Stil des damaligen Ford Thunderbird orientiert hatten. Speziell das Heck mit runden Rückleuchten und spitzen Heckflossen sah dem V8-Sportler ähnlich. Dank einer etwas höheren Verdichtung leistete der Dreizylinder-Zweitakt-Motor aus der Limousine jetzt 55 PS, was dem Niveau des damaligen Opel Rekord entsprach – aufregende Fahrleistungen verhieß der 1000 Sp also nicht. So blieb das Topmodell, lieferbar als Cabriolet und Coupé, ein Sonderfall für hartgesottene DKW- und Zweitakt-Fans. Sie mussten sich von 10.750 Mark trennen, um eines der exakt 5000 Coupés oder 1640 Cabriolets besitzen zu können.

Bild: © Jürgen Schlegelmilch

Preise	1	2	3	4	5
AU 1000 SP, Cpe	35.300	25.600	17.300	7.300	3.500
AU 1000 SP, Rds	52.500	37.200	25.200	10.500	5.200

Motor/Antrieb	
Bauart	Dreizylinder-Zweitaktmotor
Lage/Antrieb	Front/Front
Hubraum in cm^3	980
PS/min	55/4500
Vmax in km/h	140
Karosserie	
Bauart	Coupé, Cabriolet
Tragstruktur	Kastenrahmen
Material	Stahlblech
Stückzahl und Marktsituation	
Produktionszahl	6640
Verfügbarkeit	schlecht
Teilesituation	ausreichend
Unterhaltskosten	niedrig

D

DKW Munga — 1955-1968

Der Name Munga ist ein charmantes Kürzel für das Wort-Ungetüm „Mehrzweck-Universal-Geländefahrzeug mit Allradantrieb". Bis 1962 hieß der Allradler allerdings schlicht DKW Geländewagen. Entwickelt wurde er ab 1953 im Zuge einer Ausschreibung für die damals neu gegründete Bundeswehr. In ausführlichen Tests setzte sich das DKW-Produkt dann gegen Rivalen der Marken Goliath und Porsche durch. Die Technik des Munga, der mit vier, sechs und acht Sitzplätzen lieferbar war, lehnte sich an die DKW-Personenwagen an: Im Laufe seiner Bauzeit machte er alle Entwicklungsstufen des Dreizylinder-Zweitaktmotors mit. Allerdings überlebte der Munga den letzten zivilen DKW um mehr als drei Jahre: Bis Dezember 1968 erfüllte DKW die Produktionsaufträge des Heers. Ab 1957 konnten den Munga auch Privatkäufer ordern, sie taten es jedoch selten.

Bild: © Volkswagen AG

Preise	1	2	3	4	5
Munga, Glw	18.800	13.100	7.400	3.000	900

Motor/Antrieb	
Bauart	Dreizylinder-Zweitaktmotor
Lage/Antrieb	Front/4x4
Hubraum in cm^3	896 bis 980
PS/min	38/4200 bis 44/4500
Vmax in km/h	98
Karosserie	
Bauart	Cabriolet
Tragstruktur	Kastenrahmen
Material	Stahlblech
Stückzahl und Marktsituation	
Produktionszahl	46.750
Verfügbarkeit	ausreichend
Teilesituation	ausreichend
Unterhaltskosten	niedrig

Dodge (USA) • seit 1914

Am 14. November 1914 gründeten die Gebrüder John und Horace Dodge ein Unternehmen, das sich mit dem Bau von Automobilen beschäftigte. Als Fahrradproduzenten und Zulieferer für Oldsmobile und Henry Ford hatten die Dodge-Brüder bereits ein Vermögen verdient, als sie mit „Old Betsey", ihrem ersten Automobil, einen guten Erfolg verbuchen konnten. Der fünfsitzige Tourer kostete damals 795 Dollar und glänzte durch Robustheit und Zuverlässigkeit. Damit hatte Dodge seine Linie gefunden: kein Luxus, wenig Glamour, dafür kraftvolle und dauerhafte Technik. Bereits 1920 stand Dodge auf Platz zwei der US-Bestsellerliste – direkt hinter Ford. Seit 1916 montierte das in Hamtrack bei Detroit ansässige Werk Stahlkarosserien nach dem Budd-Patent. Tragischerweise starben die beiden Dodge-Brüder im Jahr 1920 an Lungenentzündung, die Leitung des Unternehmens übernahm der bisherige Generaldirektor Frederick J. Haynes.

Dodge wuchs schnell: Bereits 1925 produzierte das Werk rund 1000 Automobile täglich. Trotzdem gab es Finanzprobleme, und so übernahm 1928 der aufstrebende Walter Chrysler den Hersteller.

Dodge blieb eine Marke im Chrysler-Konzern, musste jedoch ohne eigenständiges Modellpro-

Bild: © Dodge

gramm auskommen. Während der DaimlerChrysler Ära (1998-2007) war vergeblich versucht worden, die Marke Dodge wieder in Europa einzuführen: Aber Dodge war schlicht zu unbekannt. Nachdem Fiat 2009 mit 20 Prozent bei Chrysler eingestiegen war und seit Anfang 2014 die Amerikaner komplett übernommen hatten, tat sich allerdings einiges: Die in den USA erfolgreichen RAM Pickups wurden in die eigene Marke RAM ausgelagert, und auch Viper war zu einer eigenen Marke geworden. Ihre Produktion endete am 17. August 2017.

Statt des Widderkopfes im Logo tragen die heutigen Dodge-Modelle lediglich einen Schriftzug mit zwei roten, Sportlichkeit symbolisierenden Streifen. Auch wenn der offizielle Verkauf in Deutschland lange eingestellt blieb, importieren bis heute freie Händler erfolgreich eine Reihe von Dodge-Modellen – zum Beispiel den Challenger und den Charger. Mittlerweile gibt es auch wieder eine offizielle Vertriebsstruktur für Dodge und auch RAM.

Die Marken Dodge und RAM gehören seit Januar 2021 zum niederländischen Stellantis-Konsortium.

D

Dodge Custom Royale 1955-1959

Der Dodge Custom Royale war das Top-Modell des amerikanischen Herstellers. Immer weniger waren Autos nur Autos, immer wichtiger wurde der psychologische Effekt: Größe, Glamour und Show zogen in die Suburbs der boomenden amerikanischen Super-Citys ein. Die schiere Länge half dabei nur dem Ego der Besitzer, ebenso der funkelnde Chrom: Schlimm für sie, dass fast jedes Jahr neue Modelle auf den Markt kamen, durch die die Vorjahreskollektion veraltet aussah. Dodge, eine Marke der Chrysler-Gruppe, gab den 1957er Modellen einen aggressiveren Touch. Sie lagen zudem tiefer, während sich die Heckflossen in einer Gegenbewegung noch ein bisschen weiter gen Himmel streckten. Und trotz der Größe und des Gewichts war ein Schuss Sportlichkeit zu spüren: Zeitgenössische Testberichte dokumentieren einen Sprint von 0 auf 100 in rund zehn Sekunden.

Bild: © Dodge

Preise	1	2	3	4	5
Custom Royal Lancer (1955-1956), Cpe	47.000	31.300	19.700	8.000	4.000
Custom Royal (1955-1956), Cab	89.000	59.000	37.000	15.000	8.000

Motor/Antrieb	
Bauart	V8
Lage/Antrieb	Front/Heck
Hubraum in cm³	5907
PS/min	270/4600
Vmax in km/h	190
Karosserie	
Bauart	Coupé, Cabriolet, Hardtop
Tragstruktur	Kastenrahmen
Material	Stahlblech
Stückzahl und Marktsituation	
Produktionszahl	k.A.
Verfügbarkeit	schlecht
Teilesituation	schwierig
Unterhaltskosten	hoch

Dodge Coronet 1958-1959

Das Styling der Dodge-Modelle zwischen 1957 und 1959 löst bei der Kundschaft keine Begeisterungsstürme aus. Es sei zu überladen – im Amerika der 1950er Jahre will das etwas heißen. Vor allem die üppig verchromten Augenbrauen über den Doppelscheinwerfern, die den Straßenkreuzern einen aggressiven Gesichtsausdruck verleihen, ernten Kritik. Auf technischer Seite ist Dodge jedoch weiterhin gut aufgestellt, auch wenn der 5,3-Liter-Hemi ab 1958 durch einen günstiger zu produzierenden „Wedgehead"-V8 ersetzt wird. Dank der attraktiven Motorisierungen bleiben die Verkaufszahlen einigermaßen stabil. Das 1959er-Modell leistet mit dem aufgebohrten, 6,3 Liter großen D-500-Triebwerk als Einspritzer großzügige 350 PS und gilt damit als einer der frühen High Performance Cars.

Bild: © Dodge

Preise	1	2	3	4	5
Coronet, L4t	44.000	30.600	19.600	7.700	3.900
Coronet, Hardtop	52.900	35.200	22.100	8.900	4.500
Coronet, Cab	74.600	49.600	31.200	12.500	6.300

Motor/Antrieb	
Bauart	Sechszylinder (Reihe), V8
Lage/Antrieb	Front/Heck
Hubraum in cm³	3770 bis 6286
PS/min	137/3600 bis 350/5000
Vmax in km/h	145 bis 175
Karosserie	
Bauart	Lim (2-/4-türig), Hardtop, Cab
Tragstruktur	Kastenrahmen
Material	Stahlblech
Stückzahl und Marktsituation	
Produktionszahl	ca. 174.000
Verfügbarkeit	schlecht
Teilesituation	ausreichend
Unterhaltskosten	mittel

Dodge Monaco (Gen. 1) 1965-1968

Als neue Krönung der Dodge-Modellpalette trat der neue Monaco 1965 an. Er löste den wenig beliebten Custom 880 ab, den Dodge 1962 vorgestellt hatte. Den Monaco lancierte Dodge zu Beginn seiner Karriere als zweitürige Hardtop-Ausführung, was jedoch nichts anderes meinte als ein festes Coupé-Dach. Der Standardmotor war zunächst ein 6,3-Liter-V8 (383 cui), größere Motoren waren ebenfalls bestellbar. Ab 1966 wurde der Monaco in Monaco 500 umbenannt, als normale Monaco-Modelle rückten nun zusätzlich viertürige Limousinen – mit und ohne B-Säule – sowie Kombis nach. Ein Cabriolet gab es nicht, auch wenn der Modellname Dodge Monaco in Kanada für eine offene Version des Sport Fury verwendet wurde. Darüber hinaus unterschied sich die weitere Modellpolitik für den kanadischen Markt erheblich, unter anderem gab es den Dodge Monaco dort sogar mit einem Reihensechszylinder. 1967 erhielt die Monaco-Baureihe für das letzte Jahr der ersten Generation noch eine gründlich überarbeitete Karosserie.

Bild: © FCA

Preise	1	2	3	4	5
Monaco (Gen. I), Cpe	33.800	20.000	12.400	4.900	2.800

Motor/Antrieb	
Bauart	V8
Lage/Antrieb	Front/Heck
Hubraum in cm³	6286 bis 7206
PS/min	274/4400 bis 355/4400
Vmax in km/h	185 bis 195
Karosserie	
Bauart	Coupé, Kombi, Limousine (4-türig)
Tragstruktur	Kastenrahmen
Material	Stahlblech
Stückzahl und Marktsituation	
Produktionszahl	k.A.
Verfügbarkeit	ausreichend
Teilesituation	ausreichend
Unterhaltskosten	mittel

Dodge Charger R/T 440 — 1968

Gegen Pontiacs GTO hatte Dodge bereits zum Modelljahr 1966 den Charger ins Ampelrennen geschickt. Das Kraftcoupé basierte auf der B-Plattform von GM („B-Body"). Der 330 PS starke 6,3-Liter-V8 (383 cui) galt seinerzeit als goldene Mitte zwischen den Basismotoren sowie der Speerspitze aus 426 Hemi (7 Liter) und 440 (7,2 Liter). Der mächtige R/T – Kürzel für das US-Automagazin „Road and Track" – mit dem 425-PS-Hemi hakt die 100 km/h aus dem Stand in 5,7 Sekunden ab, was auch nach heutigen Maßstäben noch verdammt schnell ist. Das Design der Charger-Modelljahre 1968 bis 1970 stammte von Richard Sias, der ihnen (anstatt eines Fließhecks wie beim Ur-Modell) eine klassische Coupé-Silhouette mit extrem ausladendem Heck („Flying Buttress") zeichnete. Das 1968er Modell mit den runden Heckleuchten ohne „Center Devider" im Kühlergrill gilt unter Fans als der Charger schlechthin. Im Action-Krimi „Bullitt" schrieb er zudem als Fluchtwagen der Bösewichte Filmgeschichte.

Preise	1	2	3	4	5
Charger 318 V8, Cpe	74.700	53.000	37.400	14.900	k.N.
Charger R/T, Cpe	99.300	70.500	49.700	19.800	k.N.
Charger R/T Hemi, Cpe	167.000	118.000	83.000	34.000	k.N.

Motor/Antrieb	
Bauart	V8
Lage/Antrieb	Front/Heck
Hubraum in cm^3	7210
PS/min	380 bei 4600
Vmax in km/h	ca. 190
Karosserie	
Bauart	Coupé
Tragstruktur	selbsttragend
Material	Stahlblech
Stückzahl und Marktsituation	
Produktionszahl	
Verfügbarkeit	ausreichend
Teilesituation	gut
Unterhaltskosten	mittel

Dodge Charger Daytona — 1969

Nachdem sich die in der NASCAR vertretenen Hersteller bereits seit Mitte der 1960er Jahre eine erbitterte Schlacht um den günstigsten cw-Wert lieferten, testet Dodge sein Steckenpferd Charger im Apollo-Jahr mit einer aerodynamischen Frontverkleidung. Zwar liefert die Entwicklung den erwarteten Zeitgewinn, allerdings wird das Heck bei höherem Tempo gefährlich instabil – bei einem Renntempo von deutlich über 200 km/h ein unzumutbares Risiko für die Piloten. Die Lösung des Problems sind zwei 60 Zentimeter hohe Tailfins mit aufgesetztem Heckflügel. Die zivile Version ensteht bei einer Spezialfirma in Detroit. Dodge verliert mit jedem verkauften Charger Daytona über 1500 Dollar und sträubt sich aus diesem Grund dagegen, auf die über 1200 Vorbestellungen einzugehen. Die Produktion wird nach knapp über 500 gebauten Fahrzeugen eingestellt – für die Homologation genügte das.

Bild: © Dodge

Preise	1	2	3	4	5
Charger Daytona, Cpe	k.N.	290.000	210.000	85.000	k.N.

Motor/Antrieb	
Bauart	V8
Lage/Antrieb	Front/Heck
Hubraum in cm^3	6974 bis 7206
PS/min	380/4600 bis 431/5000
Vmax in km/h	190 bis 235
Karosserie	
Bauart	Coupé
Tragstruktur	Kastenrahmen
Material	Stahlblech
Stückzahl und Marktsituation	
Produktionszahl	ca. 500
Verfügbarkeit	schlecht
Teilesituation	ausreichend
Unterhaltskosten	mittel

Dodge Challenger — 1970-1974

Als Dodge den Challenger Ende des Jahres 1969 auf den Markt bringt, scheint die Marke mit dem Widderkopf zu spät zu kommen. Das Ende des PS-Wettrüstens gilt als besiegelt – horrende Versicherungs-Prämien sorgen dafür. Außerdem steht die Ölkrise vor der Tür. Dennoch wird der Challenger ein Erfolg – dank knalliger Farben wie „Plum Crazy", „Top Banana", „Go Mango" oder „Rallye Red" und Motoren mit beachtlichem Leistungsvermögen. Angefangen beim 145 PS starken 3,7-Liter-Slant-Six bis hin zum 425-PS-Hemi-V8. Vinyldach und Rallye-Streifen gibt es gegen Aufpreis. Im ersten Jahr setzt Dodge über 83.000 Exemplare des „Herausforderers" (deutsch für Challenger) ab. Für das Modelljahr 1972 nimmt Dodge alle Hochleistungs-Motoren aus dem Programm, 1974 wird die Challenger-Produktion eingestellt.

Bild: © Dodge

Preise	1	2	3	4	5
Challenger 383 V8 (1970), Cpe	84.100	59.900	42.500	17.100	8.400
Challenger R/T 440 V8 (1970), Cab	103.900	73.900	52.500	21.200	10.400
Challenger 340 V8 (71-73) Cpe	65.900	46.700	33.300	13.300	6.600

Motor/Antrieb	
Bauart	Sechszylinder (Reihe), V8
Lage/Antrieb	Front/Heck
Hubraum in cm^3	3682 bis 7206
PS/min	145/4000 bis 425/5000
Vmax in km/h	160 bis 235
Karosserie	
Bauart	Coupé, Cabriolet
Tragstruktur	Kastenrahmen
Material	Stahlblech
Stückzahl und Marktsituation	
Produktionszahl	ca. 165.600
Verfügbarkeit	gut
Teilesituation	ausreichend
Unterhaltskosten	mittel

Dodge Dart 170, 270, GT, Charger — 1963-1966

Im Jahr 1963 startete die dritte Auflage der Dart-Baureihe, die große Popularität genoss. Sie zeigte eine deutlich geglättete, nicht so exaltierte Karosserie wie die der Vorläufer. Der Dodge Dart trat auf Basis des A-Body gegen den parallel gebauten Plymouth und Chrysler Valiant an – beide Marken gehörten ebenso zum Chrysler-Konzern. In den 1960er-Jahren zählten diese Fünf-Meter-Autos zu den so genannten Compacts, und Dodge fertigte den Dart nicht nur als klassische zwei- und viertürige Limousine, sondern auch als Hardtop Coupé, Cabriolet und fünftürigen Kombi, der etwas länger ausfiel. Zunächst mussten sich die Dart-Modelle mit Sechszylindern begnügen, die einen Hubraum von mindestens 2,8 Litern aufwiesen. Ab 1964 stand auch ein 4,5 Liter (273 cui) großer V8-Motor mit 182 PS Leistung zur Wahl, getoppt ab 1965 von einer Performance-Version mit dem Namenszusatz Charger, die 235 PS leistete. Als Getriebe standen manuelle Drei- und Viergang-schalter zur Wahl, ebenso eine Dreigang-Torqueflite-Automatik.

Bild: © Dodge

Preise	1	2	3	4	5
Dart 270, Cab	35.500	22.000	13.800	5.800	3.100
Dart GT, Cab	44.800	26.800	16.700	6.900	3.700

Motor/Antrieb	
Bauart	Sechszylinder (Reihe), V8
Lage/Antrieb	Front/Heck
Hubraum in cm^3	2800 bis 4500
PS/min	101/4400 bis 235/5200
Vmax in km/h	145 bis 185
Karosserie	
Bauart	Lim (2-/4-türig), Hardtop, Cab, Kom
Tragstruktur	selbsttragend
Material	Stahlblech
Stückzahl und Marktsituation	
Produktionszahl	ca. 583.000
Verfügbarkeit	gut
Teilesituation	ausreichend
Unterhaltskosten	mittel

Dodge Dart 1967-1976

Mit einem überarbeiteten Design schickte Dodge 1967 die mittlerweile vierte Auflage des Dart ins Rennen um die Gunst der Käufer, die sich in der Klasse der Compacts umsahen. Er fiel nüchterner aus und traf damit den Geschmack der Zeit – mit dem Dart zog Dodge an den Konkurrenzmodellen von Ford und General Motors vorbei. Mit der neuen Version entfiel der Station Wagon, während Zwei- und Viertürer sowie Hardtop- und Cabrio-Ausführungen im Angebot blieben. Zu den technischen Änderungen zählten 1967 (endlich) ein Zweikreis-Bremssystem und eine Sicherheitslenksäule. Eine optimierte Rahmenstruktur erlaubte den Einsatz größerer Motoren. Neben den kleinen Sechszylindern, die es weiterhin gab, setzte Dodge zunehmend auf V8-Power. Besonders reizvoll fiel 1968 der Hemi Dart aus, der in nur 80 Exemplaren entstand. Sein 426 cui (7,0 Liter) Hemi-V8 war, wie das gesamte Fahrzeug, konsequent auf Drag Racing ausgerichtet.

Bild: © Dodge

Preise	1	2	3	4	5
Dart, L4t	31.400	19.500	12.200	5.100	2.700
Dart, Hardtop	32.500	20.100	12.500	5.100	2.700

Motor/Antrieb	
Bauart	Sechszylinder (Reihe), V8
Lage/Antrieb	Front/Heck
Hubraum in cm^3	3249 bis 5562
PS/min	127/4400 bis 279/6980
Vmax in km/h	150 bis 210
Karosserie	
Bauart	Limousine (2-/4-türig), Hardtop (2-türig)
Tragstruktur	selbsttragend
Material	Stahlblech
Stückzahl und Marktsituation	
Produktionszahl	k.A.
Verfügbarkeit	gut
Teilesituation	ausreichend
Unterhaltskosten	mittel

D

Ein Konzept für Jahrzehnte: Die Dodge D-Series und RAM

Als Dodge 1960 die Trucks – also: Pickups – der D-Series lancierte, konnte die Marke unter dem Chrysler-Dach bereits auf einige erfolgreiche Jahrzehnte in diesem Marktsegment zurückschauen. Schon in den 1920ern waren Dodge-Leichtlastwagen erfolgreich und erwarben sich einen guten Ruf. Zudem versorgte Dodge die US-Armee mit Fahrzeugen. Nach den Modellen der B- und C-Series in den 1950er Jahren stellte Dodge mit der D-Series ein überzeugendes Programm auf. Die neuen Modelle, modern und technisch auf der Höhe der Zeit, erhielten gute Kritiken und verkauften sich sehr gut. Kunden fanden sich nicht allein im Heimatmarkt Nordamerika. Dodge gelangen zudem einige Exporterfolge, einige ausländische Montagewerke fertigten ebenfalls die Baureihe, zum Beispiel in Kanada, Israel, Kolumbien oder Argentinien. Der Entwurf von 1960 legte die Basis für eine kontinuierliche Weiterentwicklung der D-Series über drei Jahrzehnte. Erst 1993 folgte ein von Grund auf neu entwickeltes Modell mit dem Namen Ram, das jedoch die Traditionen weiter fortführte.

Schon zuvor, 1981, war der Name Ram (deutsch: Widder) offiziell zurückgekehrt und wurde später sogar als eigene Marke genutzt. Bereits zwischen den 1930er und 1950er Jahren hatte er bei Dodge als Logo Verwendung gefunden, um die Robustheit und Leistungsfähigkeit der leichten Dodge-Nutzfahrzeugflotte zu signalisieren.

RAM

Dodge D-Series (Gen. 1) 1960-1965

Als der Dodge Pickup der D-Series 1960 auf den Markt kam, wirkte er mit seiner Doppelscheinwerfer-Front sehr modern. Auch der so genannte Sweptline-Aufbau, mit dem die durchgängige Seitenflanke ohne freistehende hintere Kotflügel gemeint war, unterstrich dies. 1963 folgte erstmals die Option eines Crew-Cab-Modells mit vier Türen. Als Motorisierung stand den Kunden die gesamte Palette an Chrysler-V8 ab der 5,2-Liter-Smallblock-Variante (318 cui) zur Verfügung – nicht jedoch das Hemi-Triebwerk. Gegen Aufpreis lieferte Dodge jedoch einen 7,0-Liter-Big-Block (426 cui) mit 365 PS. In diesem High Performance Package enthalten waren eine Dreigang-Automatik, ein spezieller Drehzahlmesser, Servolenkung (!), Doppelauspuff und Drehmomentabstützungen an der Hinterachse. Zusätzlich führten die Preislisten zwei Reihensechszylinder mit 2,7 und 3,6 Litern Hubraum. Reizvoll war die 1964 vorgestellte Lifestyle-Variante Custom Sports Special. Sie verfügte über ein spezielles Dekor sowie Sportsitze und Teppiche.

Bild: © FCA/Dodge Heritage

Preise	1	2	3	4	5
D-200 (Gen. I), Pickup	47.300	32.900	20.800	10.600	k.N.

Motor/Antrieb	
Bauart	Sechszylinder (Reihe), V8
Lage/Antrieb	Front/Heck, 4x4
Hubraum in cm^3	2786 bis 6980
PS/min	101 bis 390 bei 4800
Vmax in km/h	k.A.
Karosserie	
Bauart	Pick-up (2-/4-türig)
Tragstruktur	Kastenrahmen
Material	Stahlblech
Stückzahl und Marktsituation	
Produktionszahl	k.A.
Verfügbarkeit	gut
Teilesituation	gut
Unterhaltskosten	mittel

Dodge D-Series (Gen. 2) 1965-1971

Mit der zweiten Generation der D-Modelle ging eine Retusche der Karosserie einher. Die charakteristischen Doppelscheinwerfer waren verschwunden, zudem änderten sich einige weitere Details wie die Heckklappe. Mit dem neuen Modell erfolgte der Wechsel von Small-Block-V8 der A-Serie zum Big Block der B- und RB-Serie, den es in einem halben Dutzend Varianten gab. Das größte serienmäßig bestellbare Aggregat war nun ein 7,5-Liter-V8 (461 cui). Zudem fand sich weiterhin ein Sechszylinder im Angebot. Automatische Dreiganggetriebe gab es gegen Aufpreis. Dodge lieferte die zweite Generation der D-Series in vier Radständen, die maximale Länge der Ladefläche betrug 2,70 Meter. Die Kabine war, wie schon beim Vorgänger, auf Wunsch mit vier Türen und einer zweiten Sitzbank lieferbar. Ebenso gab es die Auswahl aus vier Ausstattungslinien und dem sehr seltenen „Dude Sport Trim Package". Die Dodge D-Series blieb, auch wegen ihrer günstigen Preise, weiter sehr populär und wurde für einige Jahre sogar in Israel montiert.

Bild: © Barrett-Jackson

Preise	1	2	3	4	5
D-200 (Gen. II), Pickup	35.500	25.000	15.600	7.900	k.N.

Motor/Antrieb	
Bauart	Sechszylinder (Reihe), V8
Lage/Antrieb	Front/Heck, 4x4
Hubraum in cm^3	3628 bis 5913
PS/min	145 bis 320
Vmax in km/h	k.A.
Karosserie	
Bauart	Pick-up (2-/4-türig)
Tragstruktur	Kastenrahmen
Material	Stahlblech
Stückzahl und Marktsituation	
Produktionszahl	k.A.
Verfügbarkeit	gut
Teilesituation	gut
Unterhaltskosten	mittel

D

E

Dodge D-Series (Gen. 3) 1972-1980

Optisch boten die D-Series-Pickups eine leichte Überarbeitung zum Start in die dritte Runde. Front und Heck trugen ein neues Design, auch die Kabine erfuhr einige Verbesserungen, zum Beispiel als verlängerte, jedoch weiter zweitürige Club Cab. Dodge gönnte dem Pickup zudem nun einzeln aufgehängte Vorderräder, ein überfälliger Schritt weg von der robusten, aber antiquierten Vorkriegs-Lastwagentechnik. Käufer hatten nun die Wahl unter acht Motoren, weiterhin beginnend mit einem Reihensechszylinder. Als größte reguläre Option diente ein 7,2-Liter-V8 (440 cui), der unter anderem im legendären, starken und schnellen „Li'l Red Express" zu Popularität kam. Weitere begehrte Lifestyle-Sondermodelle nannte Dodge Warlock, Macho Power Wagon und Midnite Express. Zudem fanden sich ab 1978 erstmals Diesel-Motoren als späte Reaktion auf die Ölkrise in den Preislisten. Dodge nutzte dabei einen 4,0-Liter-Sechszylinder von Partner Mitsubishi, der 105 PS und 230 Nm lieferte – schwache Werte, die trotz der Sparsamkeit des Motors in den USA nicht überzeugen konnten.

Bild: © FCA/Dodge Heritage

Preise	1	2	3	4	5
D/W-150 (Gen. III)/RAM, Pickup	k.N.	18.500	11.300	4.100	k.N.

Motor/Antrieb	
Bauart	Sechszylinder (Reihe), V8
Lage/Antrieb	Front/Heck, 4x4
Hubraum in cm³	2786 bis 7206
PS/min	101 bis 255
Vmax in km/h	k.A.
Karosserie	
Bauart	Pick-up (2-/4-türig)
Tragstruktur	Kastenrahmen
Material	Stahlblech
Stückzahl und Marktsituation	
Produktionszahl	k.A.
Verfügbarkeit	gut
Teilesituation	gut
Unterhaltskosten	mittel

Duesenberg (USA) • 1920-1937

Trotz nur rund 1250 gebauten Fahrzeugen galt die amerikanische Marke Duesenberg als erstaunlich erfolgreich. Schließlich konzentrierte sich Duesenberg auf die Herstellung nobelster Luxus-Automobile: Schon die Modelle mit Standard-Karosserie kosteten mehr als die europäischen Spitzenautomobile jener Zeit – und weder Rolls-Royce noch Hispano-Suiza bauten damals preiswerte Autos.

Als Einwanderer waren die deutschen Brüder Fred und August Duesenberg aus dem westfälischen Lippe in den 1880er Jahren nach Iowa gekommen. Sie fertigten bald Fahrräder und ab 1910 auch Hochleistungsmotoren, zunächst mit vier Zylindern. Einer der ersten Reihenachtzylinder-Motoren, vermutlich sogar der erste überhaupt, war 1919 fertig. Er verfügte über 4,3 Liter Hubraum und 88 PS, Duesenberg setzte ihn im Modell A ein. 1928 lancierte der Hersteller das Modell J mit sagenumwobenen 265 PS aus 6,9 Litern. Sein Motor verfügte über zwei obenliegende Nockenwellen, damals eine außergewöhnliche technische Delikatesse.

Ab 1932 ergänzte der 310 PS starke SJ mit Kompressor das noble Angebot. Das letzte offiziell fertiggestellte Fahrgestell, ein SJ Speedster, ging an den indischen Maharaja Holkar of Indore. Doch auch nach der Schließung der Werke entstanden noch einige wenige Autos in Chicago. Verschiedene Wiederbelebungsversuche sind gescheitert, zuletzt um die Jahrtausendwende.

Duesenberg Model J 1928-1937

Die Gebrüder Duesenberg hatten sich nicht wenig vorgenommen: Ihr neues Model J, das sie 1928 vorstellten, sollte das „aufwändigste Auto der Welt" werden, hatten sie verkündet. Angetrieben wurde das luxuriöse Cabriolet von einem 6,9 Liter großen Reihenachtzylinder, der bis zu 265 PS freisetzte und das voluminöse Auto auf bis zu 185 Stundenkilometer beschleunigte. Den Motor mit seinen zwei obenliegenden Nockenwellen lieferte Lycoming zu, ein Unternehmen der Cord-Gruppe, zu der Duesenberg seit 1926 ebenfalls gehörte. Der Aufwand bei der Fertigung klingt unglaublich: Jedes Chassis musste eine 500-Meilen-Testfahrt auf dem Rennkurs von Indianapolis absolvieren, bevor es von ausgewählten Karosseriebauern mit einem Aufbau nach Wunsch des Kunden versehen wurde.

Bild: © Ivar Engerud

Preise	1	2	3	4	5
Mod. J Dual Cowl, Tou	2.800.000	2.200.000	1.800.000	k.N.	k.N.

Motor/Antrieb	
Bauart	Achtzylinder (Reihe)
Lage/Antrieb	Front/Heck
Hubraum in cm³	6882
PS/min	210/4500 bis 265/4500
Vmax in km/h	185
Karosserie	
Bauart	Cabriolet
Tragstruktur	Kastenrahmen
Material	Stahlblech
Stückzahl und Marktsituation	
Produktionszahl	470
Verfügbarkeit	gegen null
Teilesituation	sehr schwierig
Unterhaltskosten	hoch

Edsel (USA) • 1957-1960

Als Marke, die Ford-Kunden den Aufstieg zum noblen Lincoln verkürzen sollte, wurde Edsel 1957 von Marketingstrategen aus der Taufe gehoben. Danach sollte Edsel zwischen Mercury und Lincoln platziert sein.

Die in kürzester Zeit auf insgesamt 18 Einzelmodelle (!) aufgeblähte Produktlinie mit vier Baureihen konnte technisch nichts wesentlich Neues bieten. In gut zweijähriger Produktionszeit ließen sich nur 110.850 Käufer vom Edsel überzeugen – angesichts der geleisteten Investitionen ein Mega-Flop, der mindestens 250 Millionen Dollar gekostet haben soll. Heftiger Spott blieb nicht aus.

Heute hat sich die Stimmung gewandelt. Aus dem ungeliebten Edsel entwickelte sich ein gesuchtes Sammlerstück, das aufgrund seiner unglücklichen Geschichte besonders interessant ist.

Er war Namensgeber für die Marke: Edsel Ford, hier beim Spatenstich für das neue Werk in Dagenham bei London.

Edsel Corsair 1958-1959

Corsair nannte Edsel seine zweithöchste Modellreihe. Darüber gab es nur im Modelljahr 1958 noch den Edsel Citation, der noch nobler und aufwändiger ausgestattet war. Den Corsair gab es in insgesamt vier Karosserievarianten: Als viertürige Limousine und Hardtop-Saloon (wie abgebildet), zudem gab es ein Hardtop Coupé und ein Cabriolet. Edsel montierte als Antrieb selbstverständlich einen V8, der mit 5,4 Litern die damals übliche Größe aufwies. Als Super Express V8 trug der Edsel Corsair einen 307 PS starken und 5,9 Liter großen V8 unter der Haube. Erfolg hatte keine dieser Varianten. Daran können das grauenhafte Fahrwerk und die gleichermaßen miserablen Bremsen keine besondere Schuld getragen haben, schließlich bot die Konkurrenz in jenen Jahren kaum Besseres. Doch der Corsair galt, wie die anderen Edsel, als anstößig, weil er den vaginös empfundenen Grill vor sich her trug.

Bild: © Archiv HEEL Verlag

Preise	1	2	3	4	5
Corsair Hardtop (4-türig), Cpe	33.500	23.700	13.000	7.400	3.000
Corsair Hardtop (2-türig), Cpe	41.300	29.000	16.000	8.600	3.800
Corsair, Cab	43.500	30.500	16.800	9.000	4.000

Motor/Antrieb	
Bauart	V8
Lage/Antrieb	Front/Heck
Hubraum in cm³	5440, 5911
PS/min	228/4600, 307/4600
Vmax in km/h	160 bis 175
Karosserie	
Bauart	Lim, Coupé, Cabriolet
Tragstruktur	Kastenrahmen
Material	Stahlblech
Stückzahl und Marktsituation	
Produktionszahl	k.A.
Verfügbarkeit	schlecht
Teilesituation	schwierig
Unterhaltskosten	hoch

E

Edsel Ranger 1958-1960

Nur zwei Jahre dauerte das Abenteuer Edsel, das sich der Ford-Mutterkonzern gegen Ende der fünfziger Jahre leistete. Die Retortenmarke Edsel bot beispielsweise als kleines Modell den Ranger als zwei- und viertürige Limousine, als Kombi und Cabriolet an, stets mit großvolumigen V-Achtzylindern bestückt, die über 300 PS leisteten. Mit ungewöhnlich schwülstigem Styling und konservativer Technik weckte die Baureihe jedoch keine besonderen Begehrlichkeiten und verkaufte sich weit schleppender als erhofft. Die 1959er-Modelle bekamen dann auch kleinere Sechszylindermotoren ab 3,7 Liter mit nur 145 PS, doch auch damit entwickelte sich Edsel nicht zum Publikumsliebling. So reichte es gerade noch zur Vorstellung des Jahrgangs 1960, der dann als Abgesang nur noch kleinste Stückzahlen erreichte.

Bild: © Archiv HEEL Verlag

Preise	1	2	3	4	5
Ranger Hardtop, Cpe	33.400	21.900	13.300	6.300	2.700
Ranger, L4t	33.000	21.600	13.100	6.300	2.700

Motor/Antrieb	
Bauart	Sechszylinder (Reihe), V8
Lage/Antrieb	Front/Heck
Hubraum in cm³	3655, V8: 5440, 6710
PS/min	147/4000; V8: 303 bis 345/4600
Vmax in km/h	150; V8: 180 bis 195
Karosserie	
Bauart	Lim (2-/4-türig), Hardtop, Kom (3-türig)
Tragstruktur	Kastenrahmen
Material	Stahlblech
Stückzahl und Marktsituation	
Produktionszahl	24.049
Verfügbarkeit	schlecht
Teilesituation	schwierig
Unterhaltskosten	hoch

Edsel Pacer 1958

Nur im Jahr 1958 baute Edsel den Pacer, ein Modell, das etwas über der Einstiegsvariante Ranger positioniert war. Das zeigte sich in einer glamouröseren Ausstattung. So erhielt der Pacer im Fond konturierte Sitze, Nylonbezüge, zweifarbige Teppiche und mehr Chrom. Als Basis diente Ford-Technik, die wählbaren Motorisierungen entsprachen der Ranger-Palette. Eine Klimaanlage, Drehzahlmesser, Radio und sogar eine Heizung lieferte Edsel nur gegen Mehrpreis. Ebenso gab es als Standard allein ein Dreigang-Schaltgetriebe, eine Dreistufen-Automatik war als Extra erhältlich – oder die Teletouch-Automatik, die – damals der letzte Schrei – über Wähltasten im Lenkrad bedienbar war, jedoch gerne ausfiel. Vom Pacer konnte Edsel keine 21.000 Exemplare verkaufen, dabei war er nicht nur als viertürige Limousine im Angebot, sondern zudem als Hardtop (zwei- sowie viertürig) sowie als Cabriolet.

Bild: © Archiv HEEL Verlag

Preise	1	2	3	4	5
Pacer, L4t	31.500	20.700	12.400	5.900	2.500
Pacer, Cab	71.200	49.100	27.500	12.600	5.800

Motor/Antrieb	
Bauart	V8
Lage/Antrieb	Front/Heck
Hubraum in cm³	5911
PS/min	300 bei 4600
Vmax in km/h	ca. 170
Karosserie	
Bauart	Limousine (2-/4-türig), Cabriolet
Tragstruktur	Kastenrahmen
Material	Stahlblech
Stückzahl und Marktsituation	
Produktionszahl	20.988
Verfügbarkeit	schlecht
Teilesituation	schwierig
Unterhaltskosten	hoch

Elva (GB) • 1955-1968

„Elle va", sagen die Franzosen, was übersetzt so viel wie „sie rennt" bedeutet. Diesen Klang übernahm der Engländer Frank Nichols für seinen Rennwagen, den er in den frühen 1950er-Jahren mit seinem Mechaniker „Mac" Witts aufgebaut hatte. Als Antrieb fungierte ein seitengesteuertes 1,2-Liter-Ford-Triebwerk, das Witts aufwändig umbaute. Über 20 Exemplare dieses schlicht Elva Mk I genannten Modells soll es gegeben haben. Die Chroniken verzeichnen immerhin einige Erfolge bei Clubrennen in Großbritannien und Amerika.

1958 offerierte das kleine Unternehmen mit dem „Courier" ein erstes straßentaugliches Modell. Dank Kunststoffkarosserie ließ es sich verhältnismäßig preiswert herstellen. Zu dieser Zeit kämpfte Elva gegen Lotus um Marktanteile, auch den amerikanischen Markt hatten die Engländer fest im Visier. Das desaströse Geschäftsgebaren des US-Importeurs machte Elva jedoch einen Strich durch die Rechnung.

Im Anschluss übernahm Trojan von Elva die Herstellung des Courier. 1965 ging die Firma abermals in neue Hände über, nämlich in die von Ken Shepard Sports Cars. Drei Jahre blieben noch, dann waren die Elva-Modelle Geschichte. Knapp 700 Fahrzeuge sollen entstanden sein.

Elva Courier, Mk II, Mk III, Mk IV, Mk IV S, 4/4 — 1958-1968

Neben Rennwagen baute Elva auch sportliche Straßenmodelle, deren Stückzahlen allerdings relativ bescheiden blieben. Der Kunststoff-Roadster Courier zeigte mit seinem etwas pummeligen Heck nicht rundum ausgewogene Linien. Im Innenraum besaß der Brite, wie damals üblich, zentral angeordnete Rundinstrumente. Während der zehnjährigen Bauzeit kamen MG-, Ford- und BMC-Motoren zum Einsatz, die 1,5 bis 1,8 Liter Hubraum aufwiesen. Die Straßenlage war in jedem Fall überzeugend. Die geringe Stückzahl von rund 670 gefertigten Courier macht die kleinen Sportler heute in einem kleinen Kennerkreis zur begehrten Rarität.

Preise	1	2	3	4	5
Courier/MK II, Rds	36.700	25.000	15.300	8.400	4.800
Courier Mk III/MK IV, Rds	29.100	21.500	13.500	6.300	2.100
Courier Mk III/MK IV, Cpe	19.700	14.600	9.100	4.300	1.300

Motor/Antrieb	
Bauart	Vierzylinder (Reihe)
Lage/Antrieb	Front/Heck
Hubraum in cm^3	1498, 1588, 1622, 1798
PS/min	80/5500 bis 98/5400
Vmax in km/h	160 bis 175
Karosserie	
Bauart	Roadster, Coupé
Tragstruktur	Rohrrahmen
Material	Kunststoff
Stückzahl und Marktsituation	
Produktionszahl	ca. 670
Verfügbarkeit	gegen null
Teilesituation	ausreichend
Unterhaltskosten	mittel

E

Enzmann (CH) • 1957-1968, 2001-2013

Die Familie Enzmann aus Schüpfheim im Kanton Luzern hatte sich über Jahrzehnte hinweg einen Namen gemacht – mit einem florierenden Hotelbetrieb namens „Goldener Adler". Mitte der 1950er Jahre jedoch geht eine neue Enzmann-Generation aus sechs Brüdern höchst unterschiedliche Wege, vom Gastronom über Arzt und Physiker bis hin zum Kfz-Mechaniker. Und nicht etwa der, der die Garage Enzmann führt, tut sich als Haupttreiber einer Sportwagen-Kreation auf VW-Fahrgestell hervor, sondern der Doktor der Medizin: Dr. Emil Enzmann.

Ab etwa 1953 klopft er Bleche über eine Holzform und verbindet diese später auf einem Rohrrahmen, um so ein Negativ zu erhalten, mit dessen Hilfe er eine GFK-Karosserie aus 24 Einzelteilen erstellen kann. Statt Türen gibt es Einbuchtungen in den Flanken des flachen Roadsters, die wie Steigbügel funktionieren. Auf der IAA 1957 feiert der Roadster Premiere auf dem Stand 506, wovon die Schweizer mit Augenzwinkern den Namen ihres neuen Modells ableiten. Anfangs liefert Volkswagen noch Fahrgestelle, später erschwert Wolfsburg kleinen Karosseriebaubetrieben das Leben: keine Werksunterstützung mehr! Emil Enzmann kauft kurzerhand neue Käfer und verkauft alle Aufbauteile weiter – meist an Versicherungen, die ihren Klienten so die günstige Reparatur ihrer Unfallwagen schmackhaft machen.

Zwischen 1957 und 1968 entstehen etwas über 100 Enzmann 506, alle in viel Handarbeit gefertigt.

In den 1960er Jahren bekannt für individuelle GFK-Konstruktionen auf VW-Typ1-Basis: Garage Enzmann in der Schweiz.

Bild: © Enzmann

Ein geplantes Nachfolgemodell realisiert der kleine Betrieb jedoch nicht mehr. Wie lange Enzmann den 506 baut – die Angaben schwanken zwischen 1964 und 1968 – und was aus den Lizenzen geworden ist, die Enzmann nach Norwegen und Dänemark verkauft hat, ist nicht abschließend geklärt. Fest steht, dass einst sogar ein Prototyp mit DKW-Technik entstand, einige Enzmann bis in die USA gelangt sind und Enzmann 1968 letztmals als Hersteller im Katalog der Schweizer Automobil Revue geführt wird. 1996 und 2001 starten Initiativen zur Wiederbelebung der Marke: Ein Freund Emil Enzmanns, Hermann Tobler, versucht es als erster – erfolglos, danach stellt der Sohn von Emil Enzmann, Kari Enzmann, etwa zehn „New Enzmann" her. Heute kümmert sich ein Club namens „Enzmann-Innung" um die verbliebenen rund 40 Enzmann 506 und arbeitet deren teils sehr interessante Geschichte auf. Von den Automobilbau-Ambitionen sieht man in Schüpfheim heute nichts mehr. Nur das Hotel Adler, das gibt es noch.

Enzmann 506 — 1957-1968

Kleine Sportwagen auf dem Fahrgestell des Volkswagens sind in den 50er Jahren der Renner. Auch Enzmann versucht sich an diesem Thema. So entsteht ein Spyder aus GFK, der wegen seiner fehlenden Türen äußerst verwindungssteif und dabei wunderbar leicht ausfällt. Nur etwa 550 Kilogramm wiegt der fahrfertige Wagen, was schon mit der serienmäßigen Käfer-Motorisierung mit schmalen 30 PS zu satten Fahrleistungen führt. Doch Enzmann hat noch mehr Leistungsasse im Ärmel: Per MAG-Kompressor sind 42 PS drin, mit den Okrasa-Motoren von Tuning-Legende Oettinger sogar bis zu 52 PS. Selbst Porsche-Motoren sind wählbar. Die Preise für einen zulassungsfertigen Enzmann 506 liegen unter 10.000 Franken, die Karosserie als Bausatz gibt es schon für 4000 Franken. Kundenwünsche realisiert die Manufaktur allerdings immer gern.

Preise	1	2	3	4	5
506 (VW-Technik), Rds	k.N.	128.000	96.000	59.000	k.N.

Motor/Antrieb	
Bauart	Vierzylinder (Boxer)
Lage/Antrieb	Heck/Heck
Hubraum in cm^3	1192, 1285
PS/min	30/3400 bis 52/4250
Vmax in km/h	120 bis 165
Karosserie	
Bauart	Roadster
Tragstruktur	Plattformrahmen
Material	Kunststoff
Stückzahl und Marktsituation	
Produktionszahl	106
Verfügbarkeit	gegen null
Teilesituation	ausreichend
Unterhaltskosten	mittel

Bild: © Archiv HEEL Verlag

Facel Vega (F) • 1954-1964

Karosserien und Blechteile für Panhard und Simca stellte Facel schon einige Zeit in der Umgebung von Paris her, bevor das Unternehmen 1954 mit dem Facel-Vega ein erstes eigenes Auto vorstellte. Mit amerikanischer Technik, die von De Soto, Chrysler und Plymouth stammte, trat Facel das Erbe der großen französischen Marken an.

Rohrrahmen mit aufgeschraubter Karosserie, Dunlop-Vierrad-Scheibenbremsen (ab 1960) und ein vornehm elegantes Styling sind das Markenzeichen aller Facel-Vega. Firmenchef Jean C. Daninos versuchte darüber hinaus, auch mit einem preiswerten Wagen ins Geschäft zu kommen. Mutig schickte er 1959 den Facellia mit einem selbst entwickelten Motor in den Wettbewerb. Seine technischen Unzulänglichkeiten zerstörten jedoch schnell den guten Ruf der Marke und ruinierten sie schließlich. Im Herbst 1964 musste die Produktion aufgrund finanzieller Probleme eingestellt werden.

F

Facel Vega FV, FV1, FV2, FV2B, FV3, FV3B, FV4 — 1954-1958

Facel hieß der Hersteller, Vega sein erstes Modell, das er 1955 vorstellen konnte. Drei Jahre lang waren die luxuriösen Coupés und Cabriolets im Programm. Begonnen hatte die Entwicklung bereits 1951. Unter einer voluminösen, dabei elegant gezeichneten Karosserie sorgte ein 4,5 Liter großer Chrysler-V8-Motor für eine üppige Leistung von 180 PS, ein Viergangschaltgetriebe war Serie. Dem Stand der damaligen Technik entsprach die Trommelbremsanlage, die sich jedoch mit Gewicht wie Geschwindigkeit überfordert zeigte. Auf den nur wenige Wochen lang gebauten FV folgten sechs weitere Evolutionsstufen, die zum einen eine Cabrio-Version brachten, zum anderen die Chrysler-PowerFlyte-Automatik sowie größere Motoren mit bis zu 6,4 Liter Hubraum. Die Höchstgeschwindigkeit stieg damit auf knapp 230 km/h – immerhin waren die Bremsen mittlerweile servounterstützt.

Bild: © automedienportal

Preise	1	2	3	4	5
FV3, Cpe	210.000	160.000	108.400	51.600	k. N.
FV2B, Cpe	200.000	155.000	103.700	49.100	k. N.

Motor/Antrieb	
Bauart	V8
Lage/Antrieb	Front/Heck
Hubraum in cm³	4528 bis 6430
PS/min	180 bei 4400 bis 325 bei k.A.
Vmax in km/h	172 bis 230
Karosserie	
Bauart	Coupé, Cabriolet
Tragstruktur	Rohrrahmen
Material	Stahlblech
Stückzahl und Marktsituation	
Produktionszahl	ca. 310
Verfügbarkeit	gegen null
Teilesituation	sehr schwierig
Unterhaltskosten	hoch

Facel Vega Excellence — 1958-1964

Weit amerikanischer als das ebenfalls 1958 vorgestellte Coupé wirkte die 5,23 Meter lange viertürige Limousine, die ohne B-Säule auskam. Ihr technischer Aufbau entsprach dem HK 500. Statt 2,66 Meter betrug sein Radstand allerdings üppige 3,17 Meter. Facel-Vega war der französische Nobelhersteller der frühen sechziger Jahre: Prominenz und Geldadel wählten mit Vorliebe diese Marke. Beeindruckende Leistungsfähigkeit und jeglicher denkbare Luxus kennzeichneten diese Limousine, die ab 1961 mit einem nochmals größeren Motor angeboten wurde – das Chrysler-Triebwerk verfügte jetzt über 6,3 Liter Hubraum. Allerdings lagen die von Facel verlangten Preise auf Rolls-Royce-Niveau – das wäre nicht weiter schlimm gewesen, wenn der Gegenwert gestimmt hätte. Doch über die nonchalante Verarbeitung ärgerten sich viele Kunden.

Bild: © automedienportal

Preise	1	2	3	4	5
Excellence HT (4-türig), Cpe	166.000	131.000	96.000	65.000	k.N.

Motor/Antrieb	
Bauart	V8
Lage/Antrieb	Front/Heck
Hubraum in cm³	5907, 6286
PS/min	335/4600 bis 355/5300
Vmax in km/h	200 bis 210
Karosserie	
Bauart	Hardtop (4-türig)
Tragstruktur	Rohrrahmen
Material	Stahlblech
Stückzahl und Marktsituation	
Produktionszahl	152
Verfügbarkeit	gegen null
Teilesituation	sehr schwierig
Unterhaltskosten	hoch

Facel Vega HK 500 — 1958-1961

Ähnlichkeiten mit dem ersten Facel-Vega von 1954 besaß der HK 500. Ebenso wie die Karosserie stammte auch das Rohrrahmenchassis aus eigener Fertigung. Für Vortrieb sorgte beim HK 500 wiederum ein bärenstarker V8-Motor aus dem Hause Chrysler, das knapp sechs Liter große Aggregat wurde ursprünglich im De Soto Adventurer verwendet. Wahlweise gab es ihn im Facel kombiniert mit einem Vierganggetriebe oder einer Dreistufen-Automatik. Der HK 500 konkurrierte aufgrund seiner enormen Fahrleistungen mit der etablierten europäischen Konkurrenz, beispielsweise Maserati oder Bentley. Im Innenraum erfreuten zahlreiche Rundinstrumente, reichlich Leder und Edelholzoptik, die in Wahrheit aus bemaltem Blech bestand. Ergonomie und Bedienungsfreundlichkeit ließen jedoch zu wünschen übrig, dafür sorgten die geschmackvollen Karosserien überall für großes Aufsehen.

Preise	1	2	3	4	5
HK 500, Cpe	163.000	128.000	89.800	63.400	k.N.

Motor/Antrieb	
Bauart	V8
Lage/Antrieb	Front/Heck
Hubraum in cm³	5907
PS/min	360/5200, 355/4600
Vmax in km/h	210 bis 230
Karosserie	
Bauart	Coupé
Tragstruktur	Rohrrahmen
Material	Stahlblech
Stückzahl und Marktsituation	
Produktionszahl	458
Verfügbarkeit	gegen null
Teilesituation	sehr schwierig
Unterhaltskosten	hoch

Facel Vega Facellia, Facellia F-2 und F-2 S — 1959-1963

1959 wurde der Facellia vorgestellt, der das Markenprogramm abrunden und den Hersteller so absichern sollte. Doch es kam ganz anders: Das ambitionierte Projekt litt unter einem selbst entwickelten Motor mit zwei obenliegenden Nockenwellen, der nicht ausgereift war und den Ruf der Marke nachhaltig beschädigte. Den hohen Ölverbrauch und die Eigenschaft, Löcher in die Kolben zu brennen, konnte Facel mit seinen begrenzten Mitteln nicht kurieren. Das zunächst als 2+1-sitziges Cabrio vorgestellte Modell wurde dann 1960 um ein viersitziges Coupé ergänzt. Im Frühjahr 1961 folgte ein knapp bemessenes 2+2-sitziges Coupé. Diese Modelle trugen das Kürzel F-2. Zahlreiche technische Verbesserungen flossen zu diesem Zeitpunkt in die Serie ein. Die Variante F-2 S leistete mit Doppelvergasern und erhöhter Verdichtung 126 PS.

Preise	1	2	3	4	5
Facellia, Cpe	83.300	60.300	39.200	17.600	7.100
Facellia, Cab	108.000	68.600	49.000	22.500	12.400

Motor/Antrieb	
Bauart	Vierzylinder (Reihe)
Lage/Antrieb	Front/Heck
Hubraum in cm³	1647
PS/min	115/6400 bis 126/6400
Vmax in km/h	180 bis 195
Karosserie	
Bauart	Coupé, Cabriolet
Tragstruktur	Rohrrahmen
Material	Stahlblech
Stückzahl und Marktsituation	
Produktionszahl	1258
Verfügbarkeit	schlecht
Teilesituation	sehr schwierig
Unterhaltskosten	mittel

Facel Vega Facel II — 1961-1964

Im Herbst 1961 zeigte Facel den Nachfolger des HK 500 in deutlich modernisierter Form, doch beileibe nicht weniger aufregend. Die Panoramascheibe gab es bei diesem schlicht Facel II genannten Modell nicht mehr, insgesamt wirkte das Styling verfeinert. Bei gleichem Radstand von 2,66 Meter war die Außenlänge um 16 Zentimeter auf 4,75 Meter gewachsen. Noch brutaler als bisher packte der knapp 6,3 Liter große und 390 PS starke Chrysler-V8 zu. Auch am Interieur hatte man Hand angelegt und für bessere Alltagstauglichkeit gesorgt. Mehr Komfort brachte eine serienmäßige Klimaanlage. Neben der Automatik war auch ein deutlich teureres Schaltgetriebe lieferbar. Trotz der Verbesserungen verkaufte sich der Facel II viel schlechter als sein Vorgänger: Der Ruf war ruiniert, und die Konkurrenz war stärker geworden.

Bild: © Ralf Christian Kunkel

Preise	1	2	3	4	5
Facel II, Cpe	280.000	213.000	155.000	80.000	k.N.

Motor/Antrieb	
Bauart	V8
Lage/Antrieb	Front/Heck
Hubraum in cm³	6286
PS/min	355/4800 bis 390/5400
Vmax in km/h	215 bis 245
Karosserie	
Bauart	Coupé
Tragstruktur	Rohrrahmen
Material	Stahlblech
Stückzahl und Marktsituation	
Produktionszahl	184
Verfügbarkeit	gegen null
Teilesituation	sehr schwierig
Unterhaltskosten	hoch

Facel Vega Facel III, Facel 6 — 1963-1964

Bei dem Versuch, zu retten, was zu retten war, griff man bei Facel auf einen 1,8 Liter großen Motor von Volvo zurück, der den im April 1963 vorgestellten Facel III antrieb. Doch nachdem der Ruf durch die defektanfällige Facellia-Motorentechnik völlig ruiniert war, entschieden sich nur 400 Käufer für den Facel III. Er besaß wieder eine Rohrrahmenkonstruktion mit aufgesetzter Karosserie, die sich jedoch stylistisch an den Facel II anglich. Die große Lücke zwischen dem Facel II und III sollte zuletzt der Facel 6 schließen, der im Mai 1964 vorgestellt wurde. Er war bei gleichem Radstand fünf Zentimeter länger und trug den etwas verkleinerten Sechszylinder aus dem Austin-Healey 3000 unter seiner Haube. Fahrwerk und Chassis hatten die Facel-Konstrukteure verstärkt. Doch das Interesse war gleich null: Nur 32 dieser Modelle konnten noch verkauft werden.

Bild: © Archiv HEEL Verlag

Preise	1	2	3	4	5
Facel III, Cpe	97.000	59.800	46.100	16.700	10.800
Facel III, Cab	107.000	65.700	51.900	18.600	10.800
Facel 6, Cpe	126.000	78.400	60.800	21.600	13.700
Facel 6, Cab	140.000	86.200	67.600	24.500	13.700

Motor/Antrieb	
Bauart	Vier-/Sechszylinder (Reihe)
Lage/Antrieb	Front/Heck
Hubraum in cm³	1780, 2860
PS/min	108/6000 bis 150/5250
Vmax in km/h	180 bis 195
Karosserie	
Bauart	Coupé, Cabriolet
Tragstruktur	Rohrrahmen
Material	Stahlblech
Stückzahl und Marktsituation	
Produktionszahl	432
Verfügbarkeit	gegen null
Teilesituation	schwierig
Unterhaltskosten	mittel

Ferrari (I) • seit 1946

Gibt es im gesamten automobilen Spektrum einen Namen, der mehr Feuer und Leidenschaft ausdrückt als Ferrari? Das „cavallino rampante", das sich wild aufbäumende Pferd, tragen alle Schöpfungen Enzo Ferraris im Wappen. 1898 geboren, lernte Ferrari zunächst im Kfz-Betrieb seines Vaters und wurde Testfahrer bei Alfa Romeo. Später leitete er die Scuderia Ferrari, die als inoffizielles Werksteam von Alfa Romeo galt und entsprechende Unterstützung genoss.

Obhut, glücklicherweise ohne die Eigenständigkeit aufgeben zu müssen: Enzo Ferrari behielt weiterhin das Sagen.

Als der eigenwillige Commendatore 1988 starb, galt er bereits als Legende: Nach seinem Tod explodierten die Preise historischer Ferrari-Modelle, gefolgt von einem bislang einmaligen Run auf hochwertige Klassiker anderer Hersteller. Panikartige Käufe lenkten den Fokus der Medien erstmals intensiv auf die internationale Oldtimerszene.

Sein Name wurde weltweit zum Synonym für schnelle Sportwagen: Enzo Ferrari (1898-1988).

Durchschlagend erfolgreich war Niki Lauda 1975 und 1976 in der Formel 1 mit diesem 312T. Hier ist der Monoposto in Goodwood zu sehen.

1946 erschien das erste Fahrzeug mit Ferraris Namen und dem springenden Pferd im Wappen. Zahllose Rennsiege in den fünfziger und sechziger Jahren verbreiteten den Namen rund um die Welt und festigten den Ruf kompromissloser Sportlichkeit und Schnelligkeit. Eine nennenswerte Serienfertigung begann bei Ferrari erst in den späten fünfziger Jahren. Anfangs verließen bescheidene 300 Fahrzeuge pro Jahr die Werkshallen in Maranello, und trotzdem ist die Modellgeschichte überaus komplex und vielschichtig. 1969 geriet Ferrari unter Fiat-

Ferrari blieb durch die Erfolge in der Formel 1 bis heute dauerhaft im Gespräch, auch als Motorenlieferant für Sauber. In der Saison 2023 war Ferrari darüber hinaus mit dem neuen Hypercar 499P nach 50 Jahren Abstinenz wieder beim 24-Stunden-Rennen von Le Mans am Start – und siegte auf Anhieb. Im Jahr darauf, 2024, wiederholte Ferrari den Erfolg. Basis des Antriebs ist ein V6-Mittelmotor mit einer elektrisch angetriebenen Vorderachse.

Seit Oktober 2015 ist Ferrari kein Teil von FCA (Fiat Chrysler Automobiles) mehr, sondern ein eigenständiges, börsennotiertes Unternehmen.

Im Geschäft mit Straßenfahrzeugen ist Ferrari bestens aufgestellt. Trotz der hohen Nachfrage halten die Italiener die Stückzahlen streng begrenzt und setzen immer stärker auf den Status einer lebendigen Ikone.

Im Jahr 2022 kam mit dem Ferrari Purosangue das erste SUV der Marke ins Programm, zugleich der erste Viertürer. Für 2026 hat Ferrari den Elettrica angekündigt, das erste vollelektrische Modell der Marke. Die Fans diskutieren heftig, ob dieser Schritt der richtige ist – und ob Ferrari die Transformation gelingen wird.

Das Wappen mit dem springenden Pferd steht für den Rennstall Sucderia Ferrari.

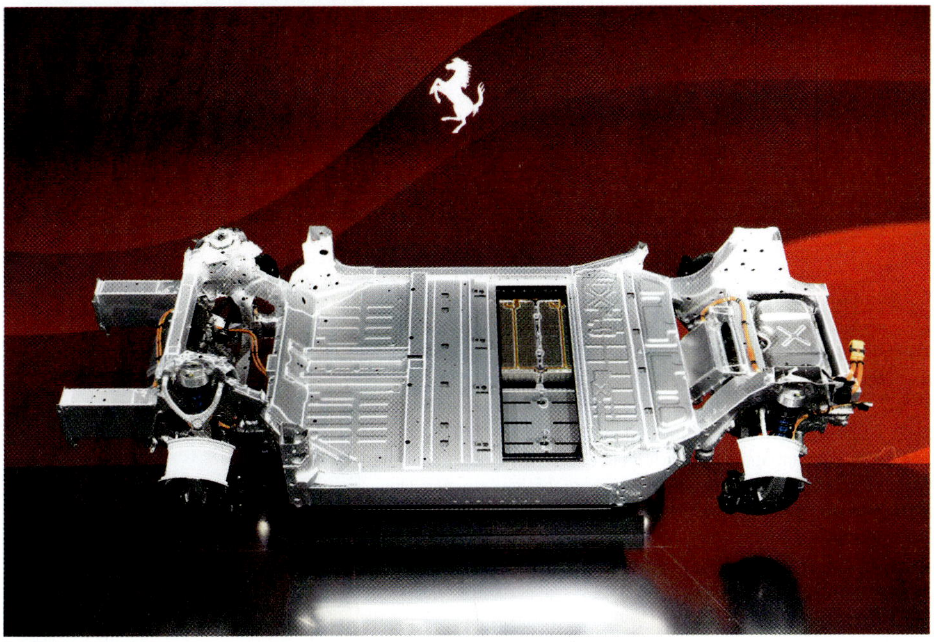

Zum ersten Mal wird Ferrari elektrisch: Ab 2026 soll das Modell Elettrica ein neues Zeitalter der Marke definieren.

F

Der Mythos gedeiht: Die frühen Ferrari

Am 11. Mai 1947 startet in Piacenza erstmals ein Ferrari-Rennwagen bei einer Motorsport-Veranstaltung. Es ist der Tag null einer beispiellosen Erfolgsgeschichte. Von Beginn an sind die kleinen Zwölfzylinder-Motoren im Einsatz, die ursprünglich nur anderthalb Liter Hubraum messen, aber umso höher drehen – sie werden zum Markenzeichen der Italiener. Seit über 60 Jahren fertigt Ferrari sie ohne Unterbrechung. Kaum ein anderer Hersteller kann eine ähnliche Kontinuität vorweisen.

Die direkte Verbindung von Motorsport und Straßensportwagen machen die Marke schnell über alle geographischen Grenzen hinaus bekannt. Autorennen sind für Enzo Ferrari kein reines Marketinginstrument, viel mehr verkauft der Commendatore nur deshalb straßentaugliche Sportwagen, weil sich damit seine Scuderia finanzieren lässt.

In den frühen Tagen, lange bevor man bei Ferrari nur ansatzweise von einer Serienproduktion sprechen kann, entstehen so eine Reihe fabelhafter Gran Turismo in winzigen Auflagen und in unterschiedlichsten Ausführungen. Kaum ein Auto gleicht dem anderen. Es entstehen hauptsächlich Spider-Karosserien, die alle für den Einsatz im Rennsport gedacht sind. Doch auch Coupés werden bereits 1948 gefertigt; sie bleiben allerdings noch Einzelstücke.

Im Jahr darauf, 1949, baut Ferrari dann eine erste Kleinserie. Es ist das 166 Inter Touring Coupé, das in einer Auflage von immerhin 18 Stück entsteht. Auch Stabilimenti Farina baut einige Coupés (fünf Exemplare) und Cabriolets (drei Exemplare). Schon 1948 vorgestellt, bietet Ferrari im Jahr darauf die 166 Mille Miglia Touring Barchetta an, die in 24 Exemplaren produziert wird. Nur 650 Kilogramm Leergewicht erlauben der Rennversion eine Beschleunigung auf rund 220 km/h.

Auf zahllose 166-Varianten folgt 1950 eine aufgebohrte Version, die den Namen 195 trägt, im Jahr darauf folgt der Typ 212. Die Zahlen übrigens sind eine Ferrari-Spezialität: Sie stehen für den Hubraum jedes einzelnen Zylinders.

F

Ferrari 125 S, 159 — 1947

Am 11. Mai 1947 begann auf der Rennstrecke von Piacenza die Geschichte Ferraris als Marke: Der neu entwickelte 125 S markierte den Anfang einer großen Karriere. Seine kleine Barchetta-Karosserie beherbergte einen nur 1,5 Liter großen V12-Motor mit 60 Grad Zylinderwinkel, entworfen von Gioacchino Colombo. Dieser Motor sollte für vier Jahrzehnte das Ansehen von Ferrari mitbestimmen, unter anderem in der legendären 250er-Serie. Ein Sieg in Piacenza gelang den beiden neuen Ferrari-Fahrzeugen zwar nicht, doch in Folge gewannen die bereits deutlich über 210 km/h schnellen Ferrari 125 S sechs von 13 Rennen, bei denen sie in den folgenden vier Monaten an den Start gegangen waren. Noch 1947 bohrte Ferrari den kleinen Motor auf gut 1,9 Liter Hubraum auf: So entstand der 159 S – die Zahlen 125 und 159 geben jeweils den Inhalt eines Zylinders in Kubikzentimeter an. Als 1,5-Liter-Version setzte Ferrari den Colombo-V12 mit Roots-Kompressoren später noch in GP-Rennen ein, blieb jedoch damit erfolglos.

Bild: © Ferrari

Preise	1	2	3	4	5
125, Rds	k.N.	k.N.	k.N.	k.N.	k.N.
159 S, Rds	k.N.	k.N.	k.N.	k.N.	k.N.

Motor/Antrieb	
Bauart	V12
Lage/Antrieb	Front/Heck
Hubraum in cm³	1497, 1903
PS/min	72 bis 118 bei 6800
Vmax in km/h	210
Karosserie	
Bauart	Roadster
Tragstruktur	Rohrrahmen
Material	Aluminium
Stückzahl und Marktsituation	
Produktionszahl	3
Verfügbarkeit	sehr schlecht
Teilesituation	schwierig
Unterhaltskosten	hoch

Ferrari 166 Inter, 195 Inter — 1950-1951

Extrem selten sind die Ferrari der Frühzeit, und trotzdem ist es schwer, sich einen Überblick über die Produktion der ersten Jahre zu verschaffen: Die exklusiven Kleinstserien und vielen Einzelstücke führen zu einer kaum zu katalogisierenden Vielfalt. So gab es die Inter-Serie, die ab 1950 bestellt werden konnte, mit Karosserien von Touring, Vignale, Farina und Ghia. Angetrieben wurde die 166 genannte erste Serie der Coupés und Cabriolets von jenem legendären V12-Motor, der gerade über zwei Liter Hubraum verfügte und 110 PS bei 6000/min freisetzte. Im selben Jahr debütierte auch der 2,3 Liter große und jetzt 135 PS starke V12, der bei den 195 Inter-Modellen zum Einsatz kam. Das Inter Ghia Coupé besaß, im Gegenteil zu den von anderen Karossiers gefertigten Aufbauten, eine Außenhaut aus Stahlblech. Die Inter-Modelle siegten bei zahllosen Rennen.

Preise	1	2	3	4	5
166, Cpe	970.000	800.000	590.000	k.N.	k.N.
195, Cpe	1.050.000	860.000	590.000	k.N.	k.N.

Motor/Antrieb	
Bauart	V12
Lage/Antrieb	Front/Heck
Hubraum in cm³	1995, 2341
PS/min	110/6000 bis 135/6000
Vmax in km/h	170 bis 190
Karosserie	
Bauart	Coupé, Roadster
Tragstruktur	Rohrrahmen
Material	Stahlblech/Aluminium
Stückzahl und Marktsituation	
Produktionszahl	k.A.
Verfügbarkeit	gegen null
Teilesituation	sehr schwierig
Unterhaltskosten	hoch

Ferrari 212 Inter — 1950-1953

Der fantastische V12 blieb, geriet allerdings beim 195-Nachfolger namens 212 größer und stärker. Die Ingenieure in Maranello ließen zunehmend ihre Erfahrungen aus dem Rennsport in die Serie einfließen – wobei das Wort Serie eigentlich falsch ist: Ferrari war eine Manufaktur in jenen Jahren, und die meisten Fahrzeuge, die das Werk verließen, eigneten sich auch für einen Einsatz im Rennsport – und sei es nur zum Spaß am Wochenende. Die Einkleidung der international erfolgreichen 212-Modelle übernahmen Karossiers wie Michelotti, Vignale und Ghia, aber auch Pinin Farina stattete 1952 mit einem Cabriolet-Entwurf seinen ersten Ferrari aus. Es sollte der Beginn einer bis heute währenden Partnerschaft sein.

Preise	1	2	3	4	5
212 Inter, Cpe	2.200.000	1.700.000	1.200.000	k.N.	k.N.

Motor/Antrieb	
Bauart	V12
Lage/Antrieb	Front/Heck
Hubraum in cm³	2562
PS/min	130/6500 bis 170/6600
Vmax in km/h	180
Karosserie	
Bauart	Coupé, Roadster
Tragstruktur	Rohrrahmen
Material	Stahlblech/Aluminium
Stückzahl und Marktsituation	
Produktionszahl	k.A.
Verfügbarkeit	gegen null
Teilesituation	sehr schwierig
Unterhaltskosten	hoch

Bild: © BMW AG Konzernarchiv

Goldene Jahre mit dem 250: Die Ära des Colombo V12

Die magische Zahl 250 benennt eine Vielzahl zwischen 1952 und 1965 gebauter Modelle. Ferrari hat sie unterschiedlich ausgelegt, wobei viele Wettbewerbsfahrzeuge bald auch über deutlich mehr Hubraum verfügen – es entstehen Zwölfzylinder-Versionen, die unter anderem die Ziffercodes 340, 375 und 410 tragen.

Der erste der legendären Drei-Liter-Ferrari (250 x 12 = 3000) entsteht im März 1952. Ferrari bohrt einen 225er-Motor auf. Damit wächst der legendäre Zwölfzylinder, der auf dem Zeichenbrett des Ferrari-Ingenieurs Gioacchino Colombo entstanden ist, auf einen Hubraum von 2953 Kubikzentimeter. Ferrari rundet die exakt 246 Kubikzenter eines einzelnen Zylinderkopfes auf 250, fertig ist die neue Typenbezeichnung. Die 250 S Vignale Berlinetta wird zum ersten Vertreter der 250-Familie, ein sehr erfolgreicher dazu: Sie sicherte Ferrari 1952 einen Sieg bei der Mille Miglia, jenem gnadenlosen Straßenrennen von Brescia nach Rom und zurück. Die deutschen 300 SL geschlagen – welch' ein Triumph.

In diesen umtriebigen Jahren gedeiht der Mythos um die roten Traumwagen des charismatischen Enzo Ferrari. Alberto Ascari gewinnt 1952 und 1953 den Grand-Prix-Weltmeistertitel, dazu addieren sich zahllose Siege bei Sportwagenrennen rund um den Globus. Die 250er-Sippe wächst weiter, und 1962 stößt der unerreichte und in nur 39 Exemplaren gefertigte 250 GTO hinzu. An ihm zeigt sich die ganze Bandbreite der Ferrari-Modellpolitik: Gilt er als reinrassiges Motorsport-Gerät, bedienen Modelle wie der zeitgleich gebaute 250 GTE als 2+2-Sitzer eine völlig andere Klientel. Auch der California Spyder war zunächst schick – und darüber hinaus selbstverständlich höllisch schnell. Mit ihm geht Ferrari erstmals auf die Bedürfnisse des nordamerikanischen Marktes ein.

Völlig gegensätzlich ausgerichtet zeigt sich 1963 dagegen der 250 LM, der als erster straßentauglicher Mittelmotor-Ferrari gilt. Das beweist die Vielfältigkeit dieser vom 250er-Zwölfzylinder geprägten Ferrari-Epoche, in der aus der kleinen Rennwagenmanufaktur in Maranello eine weltweit renommierte und begehrte Marke entstanden ist.

F

Ferrari 250 GT 1954-1962

Der Ferrari 250 GT besaß seinerzeit den einzigen Zwölfzylinder-Motor, den die Automobilindustrie produzierte. Er saß vorne, und dort blieb das von Colombo entworfene kurzhubige Dreiliter-Triebwerk auch in den anderen Ferrari-Modellen bis 1975, als der 365 GT 4 eingestellt wurde. Je eine obenliegende Nockenwelle steuerte die Ventile des bis zu 240 PS starken Kraftpakets. Hohe Drehzahlen bereiteten ihm keine Probleme – die maximale Leistung fiel bei 7000 Touren an. Zunächst begnügte sich aber auch dieser Vertreter der sportlichen Weltklasse mit einer hinteren Starrachse, deren Stöße noch von Blattfedern abgefangen wurden. Und Scheibenbremsen zügelten erst ab 1959 das Temperament des bis zu 230 km/h schnellen Coupés. Die ruhigen Linien der 2+2-Karosserie überzeugen mit schlichter, absolut zeitloser Eleganz und stammen aus der Feder Pinin Farinas.

Bild: © Dieter Rebmann

Preise	1	2	3	4	5
250 GT Boano, Cpe	1.700.000	1.200.000	840.000	k.N.	k.N.
250 GT Pininfarina, Cpe	680.000	500.000	360.000	220.000	k.N.

Motor/Antrieb	
Bauart	V12
Lage/Antrieb	Front/Heck
Hubraum in cm³	2953
PS/min	240/7000
Vmax in km/h	210 bis 230
Karosserie	
Bauart	Coupé
Tragstruktur	Rohrrahmen
Material	Stahlblech
Stückzahl und Marktsituation	
Produktionszahl	350
Verfügbarkeit	ausreichend
Teilesituation	schwierig
Unterhaltskosten	hoch

Ferrari 250 GT Testa Rossa 1957-1961

Gab es unter den Ferrari 250 GT-Modellen mondäne, schnelle Reisewagen, bildete der Testa Rossa – oder kurz TR – das andere Extrem: Er steht für Rennsport pur. Der Name leitete sich von den rot lackierten Ventildeckeln ab; Testa Rossa heißt auf deutsch „roter Kopf". Entwickelt hat Ferrari das neue Modell für die Sportwagen-WM 1957, bei der eine neue Hubraumobergrenze von drei Litern galt. Scaglietti und später Fantuzzi dengelten das Blech des 250 TR, von dem bis 1961 verschiedene Evolutionsstufen entstanden, zum Beispiel mit DeDion-Hinterachse, Fünfganggetriebe (1959), mehrfach verkürztem Radstand, geändertem Gitterrohrrahmen (1959, 1961) oder Einzelradaufhängung (1960). Zu seinen Triumphen zählen Siege beim 24-Stunden-Rennen von Le Mans und der Gewinn dreier Sportwagen-WM-Titel.

© Dieter Rebmann

Preise	1	2	3	4	5
250 GT Testa Rossa, Rw	k.N.	k.N.	k.N.	k.N.	k.N.

Motor/Antrieb	
Bauart	V12
Lage/Antrieb	Front/Heck
Hubraum in cm³	2953
PS/min	300/7200 bis 315/7500
Vmax in km/h	ca. 270
Karosserie	
Bauart	Roadster
Tragstruktur	Rohrrahmen
Material	Aluminium
Stückzahl und Marktsituation	
Produktionszahl	32
Verfügbarkeit	schlecht
Teilesituation	schwierig
Unterhaltskosten	hoch

Ferrari 250 GT Berlinetta swb 1959-1962

Die knappe wie legendäre Chiffre „swb" ist eine Zauberformel. Die drei Buchstaben stehen für „short wheel base", also den verkürzten Radstand der Sport-Variante des Ferrari 250 GT. Die bullige Karosserie mit dem kräftigen Hüftschwung hatte ebenfalls Pininfarina entworfen, gebaut wurde sie von Scaglietti – und zwar aus Aluminium, um Gewicht zu sparen und dadurch die Agilität zu verbessern. Dank seiner Handlichkeit und dem um 40 PS erstarkten Motor zog der kurze 250 trotz der Tatsache, dass er immer noch eine hintere Starrachse besaß, um die zahllose Konkurrenz auf der Rennstrecke oft Kreise. Viele berühmte Rennfahrer steuerten dieses legendäre Ferrari-Modell zu großen Siegen. Dieser Ruhm schlägt sich heute in extrem hohen Preisen nieder.

Bild: © Dieter Rebmann

Preise	1	2	3	4	5
250 GT Berlinetta swb (Stahlb.), Cpe	9.400.000	7.300.000	5.900.000	k.N.	k.N.

Motor/Antrieb	
Bauart	V12
Lage/Antrieb	Front/Heck
Hubraum in cm³	2953
PS/min	280/7000
Vmax in km/h	210 bis 270
Karosserie	
Bauart	Coupé
Tragstruktur	Rohrrahmen
Material	Stahlblech/Aluminium
Stückzahl und Marktsituation	
Produktionszahl	175
Verfügbarkeit	gegen null
Teilesituation	schwierig
Unterhaltskosten	hoch

F

Ferrari 250 GT Cabriolet, 250 GT California Spyder 1960-1963

In zwei offenen Versionen bot Ferrari seinen 250 GT an. Das Cabriolet trug Rundscheinwerfer und gab sich etwas komfortorientierter, selbst ein Hardtop konnten die Kunden mitbestellen. Sportlicher fiel der Spyder aus, der an seinen aerodynamischen Scheinwerferabdeckungen zu erkennen war und zwischen vorderem Radhaus und der A-Säule auffällige Entlüftungskiemen trug. Wahlweise lieferte Ferrari den Spyder mit Blech- oder Aluminiumkarosserie. Auf Wunsch gab es sogar eine Version mit kurzem Radstand – in dieser sportlichsten Ausführung nahm der California Spyder sogar an Rennen teil. Wegen der höheren Karosseriesteifigkeit war für diesen Einsatzzweck jedoch die Berlinetta das geeignetere Objekt.

Bild: © BMW AG Konzernarchiv

Preise	1	2	3	4	5
250 GT Ser. 2 Pininfarina, Cab	1.750.000	1.300.000	940.000	680.000	k.N.
250 GT SWB Cal.Spyder, Cab	15.000.000	9.500.000	8.000.000	k.N.	k.N.
250 GT LWB California Spyder, Cab	11.500.000	8.500.000	7.200.000	k.N.	k.N.

Motor/Antrieb	
Bauart	V12
Lage/Antrieb	Front/Heck
Hubraum in cm³	2953
PS/min	280/7000
Vmax in km/h	230 bis 250
Karosserie	
Bauart	Cabriolet
Tragstruktur	Rohrrahmen
Material	Stahlblech/Aluminium
Stückzahl und Marktsituation	
Produktionszahl	k.A.
Verfügbarkeit	gegen null
Teilesituation	schwierig
Unterhaltskosten	hoch

Ferrari 250 GT Lusso 1962-1964

Eine aufregend-attraktive Form, Leistung satt und ganze 350 Exemplare gebaut: Die Eckdaten eines automobilen Traums. Der Ferrari 250 GT Lusso wird von einem V12 angetrieben, der für diesen Einsatzzweck um 30 PS Leistung beschnitten wurde – es blieben stattliche 250 PS, die bei 7500 Touren freigesetzt wurden. Das elegante Coupé mit dem komfortablen Interieur erreichte damit ein Tempo von 240 Stundenkilometern. Dabei blieb die Straßenlage dank einer vom GTO abstammenden Hinterachsführung stets tadellos. Als der 250 GT Lusso 1962 präsentiert wurde, empfahl ihn Ferrari als Nachfolger der 250 GT Berlinetta swb. Trotz seiner Seltenheit wurde er nicht vom Frevel verschont: Einige der 250 GT Lusso wurden im Laufe der Jahrzehnte zu unechten GTO umfrisiert – deren Preisniveau war deutlich höher.

Bild: © Dieter Rebmann

Preise	1	2	3	4	5
250 GT Lusso, Cpe	2.000.000	1.500.000	1.100.000	700.000	k.N.

Motor/Antrieb	
Bauart	V12
Lage/Antrieb	Front/Heck
Hubraum in cm³	2953
PS/min	250/7500
Vmax in km/h	240
Karosserie	
Bauart	Coupé
Tragstruktur	Rohrrahmen
Material	Stahlblech
Stückzahl und Marktsituation	
Produktionszahl	350
Verfügbarkeit	gegen null
Teilesituation	sehr schwierig
Unterhaltskosten	hoch

Ferrari 250 GTE 1962-1963

Die Produktion des Ferrari 250 GTE ist typisch für eine Entwicklung, die eine erfolgreiche Firma wie Ferrari nahm, deren Fokus auf dem Motorsport lag: Das steigende Renommée brachte neue Kunden, doch die waren anspruchsvoller und forderten mehr Komfort. Das vertrug sich nicht wirklich mit dem Bau von Rennfahrzeugen, doch Ferrari musste dieser Nachfrage entsprechen: Mit einer überarbeiteten 250 GT-Karosserie präsentierten die Italiener den 250 GTE, der durch ein Fließheck eine elegante, gestreckte Form erhielt. Der V12 im Bug leistete weiterhin 240 PS, was für glänzende Fahrleistungen ausreichte. Mit 950 gebauten Exemplaren zählt der 250 GTE im Vergleich zu anderen Ferrari-Typen beinahe zu einem Massenmodell – auch deswegen liegen seine Preise nicht in deren Schwindel erregenden Höhen.

Preise	1	2	3	4	5
250 GTE, Cpe	543.000	382.000	277.000	220.000	92.000

Motor/Antrieb	
Bauart	V12
Lage/Antrieb	Front/Heck
Hubraum in cm³	2953
PS/min	240/7000
Vmax in km/h	225
Karosserie	
Bauart	Coupé
Tragstruktur	Rohrrahmen
Material	Stahlblech
Stückzahl und Marktsituation	
Produktionszahl	950
Verfügbarkeit	schlecht
Teilesituation	schwierig
Unterhaltskosten	hoch

„JEDER TRÄUMT DAVON EINEN FERRARI ZU FAHREN – DAS WAR VON ANFANG AN MEINE ABSICHT.“
ENZO FERRARI
MARANELLO WORLD
DAS MAGAZIN FÜR FERRARISTI
30 JAHRE FERRARI KOMPETENZ
50 JAHRE 308
JUBILÄUMSFAHRT: MIT DEM QUATTROVALVOLE OFFEN ÜBER DIE ALPEN
849 TESTAROSSA
DER NACHFOLGER DES SF90 TRÄGT EINEN GROSSEN NAMEN
FEUERLÖSCHER
DIE EINZIGARTIGE GESCHICHTE DES 348 TB DER CEA SQUADRA CORSE
FERRARI-SZENE USA
CONCOURS D'ELEGANCE PEBBLE BEACH, MONTEREY CRAZY CAR WEEK, HOCHKARÄTIGE AUKTIONEN
ALLE 3 MONATE NEU IM HANDEL
• XL-FORMAT
• 100 SEITEN
www.maranello-world.de

Ferrari 250 GTO 1962-1964

Der Ferrari 250 GTO gilt zu Recht als Ikone. Er ist der Letzte in einer Reihe großer Gran Turismo-Sportwagen und birgt das gesamte Wissen, das Anfang der 1960er Jahre über den Sportwagenbau vorhanden war. Auf einen leichten Rohrrahmen zog Scaglietti eine knappe, sehr dynamisch gezeichnete Coupé-Karosserie aus Aluminium. Der V12-Motor, von Colombo entworfen, saß vorne. Das drei Liter große Aggregat ließ sich von sechs Weber-Zweifachvergaseranlagen kräftig beatmen und leistete dann rund 290 PS bei 7500/min. Vier Scheibenbremsen waren selbstverständlich, weniger dagegen die Tatsache, dass Ferrari weiterhin eine Starrachse ins Heck schraubte. Das „O" hinter dem GT steht übrigens für Omologato, zu deutsch: homologiert. Bis heute ist die Rennpiste die wahre Heimat des GTO.

Bild: © Dieter Rebmann

Preise	1	2	3	4	5
250 GTO, Cpe	k.N.	k.N.	k.N.	k.N.	k.N.

Motor/Antrieb	
Bauart	V12
Lage/Antrieb	Front/Heck
Hubraum in cm³	2953
PS/min	290/7500
Vmax in km/h	270
Karosserie	
Bauart	Coupé
Tragstruktur	Rohrrahmen
Material	Stahlblech
Stückzahl und Marktsituation	
Produktionszahl	39
Verfügbarkeit	gegen null
Teilesituation	sehr schwierig
Unterhaltskosten	hoch

Formvollendet: Die Ferrari 275, 330 und 365

Im Oktober 1964 stellt Ferrari zwei neue Modelle vor: den 275 GTB (B für Berlinetta) und 275 GTS (S für Spyder). Der jetzt 3285 Kubikzentimeter messende V12-Motor liefert nun 280 PS bei 7600/min, ein stolzer Wert in den 1960er Jahren. Wer Porsche fährt in jenen Tagen, kann aus einem Leistungsportfolio zwischen 60 und 95 PS wählen.

Ferrari hat stark aufgerüstet. Immer weiter diversifiziert die Supersportwagen-Manufaktur ihre Produktion. So findet der bisherige Typ 250, mit dem Ferrari sehr erfolgreich ist, gleich zwei Nachfolgemodelle. Neben dem 275 gilt auch der Ferrari 330 als Erbe des 250. Er trägt den traditionellen Colombo-V12, der sich inzwischen weiterentwickelt zeigt und größere Zylinderabstände aufweist.

Kleinstserien von einem halben Dutzend Exemplaren, manchmal auch nur 20 oder gar 50, sind zu dieser Zeit keine Seltenheit. Selbst die größeren Serien sind noch von höchst überschaubaren Stückzahlen gekennzeichnet. Den Ferrari 330 gibt es in Straßenausführung als America (50 Exemplare), als 330 GT 2+2 (1080 Exemplare) und 330 GTC/GTS (598/100 Exemplare). Dazu kommen Varianten für den Renneinsatz: 330 Le Mans Berlinetta und der 330 P als Mittelmotor-Konstruktion für den Prototypen-Rennsport.

Ab 1966 folgt die Baureihe 365. Der V12 bietet nun einen Hubraum von 4,4 Liter (365 x 12 = 4380). Was mit dem luxuriösen 365 California Pininfarina Cabriolet beginnt, geht über die legendären „Daytona"-Modelle weiter, die Ferrari jedoch offiziell nie so genannt hat. Sehr unterschiedlich interpretiert Ferrari in den Folgejahren seine Baureihe 365: Als 365 GT/4 2+2 bietet er ab 1972 mit seiner kantigen Karosserie viel Raum und gilt als 2+2-Sitzer.

Ganz anders tritt dagegen der 365 GT/4 auf. Die Namensähnlichkeit verwirrt, denn der später als „Berlinetta Boxer" getaufte folgt einer gänzlich anderen Konzeption als der 2+2-Sitzer: Sein 180-Grad-V12-Flachmotor ist völlig neu, zudem sitzt er in der Mitte des Wagens hinter den Sitzen. Enzo Ferrari soll die Idee des Mittelmotors nicht gemocht haben, doch dem allgemeinen Trend konnte selbst er sich nicht entziehen.

Ferrari 275 GTB und GTB/4 1964-1968

Der Nachfolger des 250 erschien mit einigen wesentlichen Veränderungen. Bereits in der Typenbezeichnung spiegelt sich der auf 3,3 Liter angewachsene Hubraum wider. Deutlich modernisiert hat Ferrari auch das Fahrwerk mit hinterer Einzelradaufhängung und einer besseren Gewichtsverteilung – das Fünfganggetriebe war jetzt am Differenzial angeblockt. Von diesen Maßnahmen profitierte das Fahrverhalten nachhaltig, und so steigerte Ferrari mit gutem Gewissen ab 1966 die Leistung von 280 auf 300 PS, die bei respektablen 8000 Umdrehungen anfielen. Doppelte Nockenwellen unterstützten die Drehfreudigkeit des agilen Triebwerks. Die 275 GTB und GTB/4 sind rar und zählen zu den besonders gesuchten Ferrari-Varianten – und sind deswegen sehr teuer.

Bild: © Dieter Rebmann

Preise	1	2	3	4	5
275 GTB (Short Nose), Cpe	2.600.000	2.200.000	1.700.000	k.N.	k.N.
275 GTB/4, Cpe	3.900.000	3.100.000	2.500.000	k.N.	k.N.

Motor/Antrieb	
Bauart	V12
Lage/Antrieb	Front/Heck
Hubraum in cm³	3285
PS/min	280/7600 bis 300/8000
Vmax in km/h	245 bis 270
Karosserie	
Bauart	Coupé
Tragstruktur	Rohrrahmen
Material	Stahlblech/Aluminium
Stückzahl und Marktsituation	
Produktionszahl	465, 280
Verfügbarkeit	schlecht
Teilesituation	schwierig
Unterhaltskosten	hoch

Ferrari 330GT 2+2 — 1964-1967

Der 330 GT 2+2 folgte dem 250 GT 2+2 nach. Sein Radstand fiel um fünf Zentimeter länger aus, hinten behielt er die für Ferrari damals noch typische Starrachse mit ihren Längsblattfedern. Auch der 330 GT 2+2 glänzte mit einem V12-Motor, der jedoch eine neue Konstruktion war, die Ferrari als Tippo 209 führte. Wegen ihrer charakteristischen Scheinwerfer ging die neue 2+2-Karosserie, die Pininfarina-Designer Tom Tjaarda gezeichnet hatte, als „Chinese Eyes" in die Ferrari-Modellgeschichte ein. Allerdings erhielten nur die 625 Fahrzeuge der ersten Serie, die Pininfarina von Anfang 1964 bis Sommer 1965 fertigte, diese Front. Für die Modelle der zweiten Serie kamen konventionelle Rundscheinwerfer zum Einsatz, zudem löste eine fünfgängige Schaltbox das zuvor verwendete Vierganggetriebe mit Overdrive ab. Auch gab es nun auf Wunsch eine Klimaanlage sowie eine Servolenkung. Neben den Serienkarosserien entstanden einige Sonderaufbauten von Michelotti, Vignale und Neri e Bonaschi.

Preise	1	2	3	4	5
330 GT (2+2), Cpe	354.000	270.000	166.000	114.000	62.000

Motor/Antrieb	
Bauart	V12
Lage/Antrieb	Front/Heck
Hubraum in cm³	3967
PS/min	300 bei 6600
Vmax in km/h	245
Karosserie	
Bauart	Coupé
Tragstruktur	Rohrrahmen
Material	Stahlblech
Stückzahl und Marktsituation	
Produktionszahl	ca. 1210
Verfügbarkeit	ausreichend
Teilesituation	ausreichend
Unterhaltskosten	hoch

F

Ferrari 365 GT 2+2 — 1967-1971

Der 365 GT 2+2 löste 1967 den 330 GT ab, der seinerzeit den 250 GTE beerbt hatte. Inzwischen war der Hubraum des V12 auf 4,4 Liter angewachsen, die Leistung betrug 320 PS. Das Coupé war inzwischen nahezu familientauglich und bot im Inneren viel Platz und Komfort. Das lag an einer Klimaanlage, servounterstützten Bremsen und Lenkung – sogar elektrische Fensterheber baute Ferrari den verwöhnten Kunden ein. Trotz des Mehrgewichts erreichte der Gran Turismo noch eine Spitze von 250 km/h, nur die wahren Fans schüttelten den Kopf: Als echten Sportwagen mochten sie ihn nicht mehr akzeptieren. An Käufern mangelte es dennoch nicht: Über 800 Exemplare lieferte Ferrari aus. Heute wird der 365 GT 2+2 zu recht moderaten Preisen gehandelt.

Bild: © Dieter Rebmann

Preise	1	2	3	4	5
365 GT (2+2), Cpe	273.000	223.000	148.000	79.000	41.000

Motor/Antrieb	
Bauart	V12
Lage/Antrieb	Front/Heck
Hubraum in cm³	4390
PS/min	320/6600
Vmax in km/h	250
Karosserie	
Bauart	Coupé
Tragstruktur	Rohrrahmen
Material	Stahlblech
Stückzahl und Marktsituation	
Produktionszahl	801
Verfügbarkeit	schlecht
Teilesituation	schwierig
Unterhaltskosten	hoch

Ferrari 365 GTB/4 („Daytona") — 1968-1973

Unter dem Namen der berühmten Rennstrecke in Florida wurde der 365 GTB/4 bekannt – nur das Werk selbst benutzte ihn nicht. Die Radaufhängungen und das Getriebe, das mit dem Differenzial verblockt war, stammten noch vom 275 GTB. Sechs Weber-Zweifachvergaser beatmeten den 4,4 Liter großen V12, der zwei obenliegende Nockenwellen je Zylinderreihe besaß. 352 PS katapultierten den Zweisitzer bis auf 275 Stundenkilometer – keine einfache Übung für den Piloten. Wer mit dem Ferrari-Klassiker schnell unterwegs sein will, muss nicht nur reaktionsschnell sein, sondern auch Kraft haben: Pedalerie und Schaltung bedürfen herzhaften Zugriffs. Die moderne Karosserie mit den charakteristischen Breitbandscheinwerfern wurde knapp über 1000 mal verkauft, lediglich 122 davon verließen als Cabrios das Werk. Heute kursieren einige nachträglich eröffnete Spider auf dem Markt – der hohe Preis lockt die Fälscher.

Bild: © Dieter Rebmann

Preise	1	2	3	4	5
365 GTB/4, Cpe	850.000	660.000	430.000	220.000	130.000

Motor/Antrieb	
Bauart	V12
Lage/Antrieb	Front/Heck
Hubraum in cm³	4390
PS/min	352/7500
Vmax in km/h	275
Karosserie	
Bauart	Coupé
Tragstruktur	Rohrrahmen
Material	Stahlblech
Stückzahl und Marktsituation	
Produktionszahl	1005
Verfügbarkeit	ausreichend
Teilesituation	ausreichend
Unterhaltskosten	hoch

Ferrari 365 GTC/4 — 1971-1972

Ganze 500 gefertigte Exemplare und eine kurze Bauzeit kennzeichnen den Ferrari 365 GTC/4, der den Motor des Daytona im Bug trägt. Allerdings fehlen dem ebenfalls 4,4 Liter großen V12 rund 30 PS, was in einer etwas gemäßigteren Charakteristik resultiert. Auch die restliche Technik hat Ferrari leicht modifiziert: Statt der Transaxle-Konstruktion verfügt der 365 GTC/4 über ein am Motor angeflanschtes Fünfgang-Getriebe. Die sanfteren Linien seiner Karosserie nahmen dem geräumigen Coupé gegenüber dem Daytona einiges an Aggressivität. Der 365 GTC/4 gab sich eleganter und wies auch im Innenraum mehr Platz und Komfort auf.

Preise	1	2	3	4	5
365 GTC/4, Cpe	337.000	250.000	162.000	84.000	57.000

Motor/Antrieb	
Bauart	V12
Lage/Antrieb	Front/Heck
Hubraum in cm³	4390
PS/min	320/6600
Vmax in km/h	245
Karosserie	
Bauart	Coupé
Tragstruktur	Rohrrahmen
Material	Stahlblech
Stückzahl und Marktsituation	
Produktionszahl	500
Verfügbarkeit	schlecht
Teilesituation	ausreichend
Unterhaltskosten	hoch

Ferrari 365 GT 4 2+2, 400, 400i, 412 — 1972-1994

Gediegene Eleganz auf schnellen Reiseetappen versprach der noble Ferrari 365 GT 4. Die Karosserie entstand in den Studios Pininfarinas und überzeugt mit ihren ruhigen, geraden Linien und der gestreckten Form. Besonders charakteristisch gerieten die Klappscheinwerfer des 365 GT 4, der mit seinem Stufenheck die klassische Silhouette des 250 GT wieder aufnahm. Im Inneren bot der Viersitzer erstaunlich viel Platz und verwöhnte seine Passagiere mit reichlich Komfort. Langsam waren sie nicht unterwegs: Der 4,4 Liter große V12 leistete 340 PS und beschleunigte den 365 GT 4 auf ein flottes Reisetempo von bis zu 240 km/h. 1976 schockierte Ferrari seine Fans, denn mit dem hubraumgesteigerten neuen 400 kam ein Automatikgetriebe als Option – das erste in einem Ferrari! Heute überzeugen die erschwinglichen Einstiegspreise der Modellreihe, die allerdings leicht über die hohen Unterhaltskosten hinwegtäuschen können. Vom 365 GT 4 2+2 entstanden 470 Exemplare, vom 400/400i sogar 501 und vom 412 belief sich die Gesamtproduktion auf 576 Stück.

Bild: © Dieter Rebmann

Preise	1	2	3	4	5
365 GT4 (2+2), Cpe	117.000	92.000	61.000	31.000	21.000

Motor/Antrieb	
Bauart	V12
Lage/Antrieb	Front/Heck
Hubraum in cm³	4390, 4823, 4942
PS/min	340/6800, 340/6000
Vmax in km/h	240 bis 255
Karosserie	
Bauart	Coupé
Tragstruktur	Rohrrahmen
Material	Stahlblech
Stückzahl und Marktsituation	
Produktionszahl	470, 501, 576
Verfügbarkeit	ausreichend
Teilesituation	ausreichend
Unterhaltskosten	hoch

F

Ferrari 365 GT/4 BB, 512 BB, 512 BBi — 1973-1984

Das Debüt des 365 GT4/BB, das Doppel-B stand für Berlinetta Boxer, läutete im Sommer 1973 für Ferrari eine Wende ein: Beim Nachfolger des Frontmotor-Daytona setzte Ferrari auf das Konzept des Mittelmotors, wie es Lamborghini bereits im Miura realisiert hatte. Trotz der bekannten Bezeichnung 365 war das Herzstück ein Novum: Anders als bei der V-förmigen Bauweise des Vorgängers war der 380 PS starke 4,4 Liter-Motor mit zwölf liegenden Zylindern konstruiert worden. 1976 präsentierte Ferrari eine überarbeitete Version des Berlinetta Boxer. Bis auf eine Vergrößerung des Hubraums auf 4943 Kubikzentimeter unterschied sich das Triebwerk kaum von der alten Konstruktion. Die Modellbezeichnung lautete nun 512 BB, die der 1982 eingeführten Version mit Bosch K-Jetronic nannte Ferrari 512 BBi. Letzter verkaufte sich 1007 mal; vom kleinen Bruder fanden noch 929 und vom 365 GT/4 BB noch 387 Fahrzeuge einen neuen Besitzer.

Bild: © Dieter Rebmann

Preise	1	2	3	4	5
365 GT/4 BB, Cpe	485.000	370.000	242.000	124.000	81.000.
512 BB, Cpe	293.000	229.000	164.000	113.000	k.N.
512 BBi, Cpe	332.000	259.000	186.000	127.000	k.N.

Motor/Antrieb	
Bauart	Zwölfzylinder (Flachmotor)
Lage/Antrieb	Mitte/Heck
Hubraum in cm³	4391, 4943
PS/min	380/7200 bis 340/6000
Vmax in km/h	300
Karosserie	
Bauart	Coupé
Tragstruktur	Rohrrahmen
Material	Stahlblech
Stückzahl und Marktsituation	
Produktionszahl	387/928/1007
Verfügbarkeit	ausreichend
Teilesituation	ausreichend
Unterhaltskosten	hoch

Die Traum-Ferrari der 1980er Jahre

Man kann es nicht anders sagen: Ferrari löst in den 1980er Jahren eine wahre Euphorie aus. Schöne, schnelle und sündhaft teure Sportwagen baut die Manufaktur in Maranello schon seit Jahrzehnten. Autofans waren verzückt, doch nahm die breite Öffentlichkeit von den High-End-Sportwagen nur am Rande Notiz.

Das alles ändert sich 1984 mit der Vorstellung des Testarossa. Ferrari nimmt schon die Präsentation auf dem Pariser Salon ausgesprochen wichtig, dazu kommt der griffige Name, der an die erfolgreichen 250 Testa Rossa (deutsch: rote Köpfe, gemeint sind die rot lackierten Ventildeckel) erinnert. In der offiziellen Nomenklatur folgt der Testarossa dem 512 BBi nach, und wie bei seinem Vorgänger ist der Zwölfzylinder-Flachmotor hinter den Sitzen montiert.

Trotz der hohen Leistung von 390 PS gelingt es Pininfarina, eine Karosserie zu entwerfen, die ohne Heckspoiler auskommt – letztlich fungiert der gesamte Abschluss als Abtriebshilfe. Und das setzt ein starkes Zeichen in einer Zeit, in der Spoiler quer durch alle Marken und Hersteller en vogue sind.

Der F40 dagegen kommt nicht mehr ohne Spoiler aus. Als ihn Ferrari 1987 zum 40-jährigen Firmenjubiläum (F40!) vorstellt, fallen die Fans weltweit vor ihm auf die Knie: Nie hat ein einzelnes Automodell derart für globale Begeisterung gesorgt wie dieser radikale Entwurf. Statt einer limitierten Produktion von 450 Exemplaren, wie Ferrari sie zunächst vorsieht, werden 1331 F40 gebaut. Treue Kunden und Sammler ärgern sich darüber massiv, dennoch geschieht Skurriles: Der Neupreis von 444.000 DM springt beim Weiterverkauf auf ein Vielfaches. Millionenbeträge sind keine Seltenheit, erst recht nicht, als am 14. August 1988 die Nachricht vom Tode Enzo Ferraris um die Welt geht. In einer kollektiven Panik stürzt sich die Szene auf Ferrari-Sportwagen, zuvorderst den F40. Und selbst die Bburago-Modellautos sind ausverkauft und werden zu Schwarzmarktpreisen gehandelt.

In den Folgejahren beruhigt sich der Markt wieder. Die Preise brechen massiv ein. Doch mit dieser verrückten Ferrari-Zeit der 1980er Jahre bleiben zwei Modelle für alle Zeit verbunden: der Testarossa und der F40.

Ferrari 288 GTO — 1984-1985

Nimmt man es genau, dann hieß der 288 GTO lediglich GTO – als Erinnerung an den legendären 1962er Ferrari 250 GTO. Optisch erinnert der 288 GTO dagegen an das bekannte Straßenmodell Ferrari 308. Doch unter der Außenhaut des 288 GTO aus Kevlar und anderen leichten Materialien steckte eine grundlegend andere Technik, zum Beispiel ein eigens für dieses Projekt entwickelter, turbogeladener 2,8-Liter-V8, der 400 PS leistete und hier längs, nicht quer vor der Hinterachse eingebaut war. Ferrari hatte mit dem 288 GTO geplant, im Rallyesport in der Gruppe B zu starten – das scheiterte jedoch am Reglement und am Ende der wilden Gruppe B nach einigen schweren Unfällen. Der 288 GTO gilt heute als direkter Vorläufer von Ferrari-Supersportwagen wie dem Ferrari F40 und F50 sowie dem Enzo.

Bild: © Dieter Rebmann

Preise	1	2	3	4	5
288 GTO, Cpe	4.000.000	3.200.000	2.250.000	k.N.	k.N.

Motor/Antrieb	
Bauart	V8
Lage/Antrieb	Mitte/Heck
Hubraum in cm³	2855
PS/min	400/7000
Vmax in km/h	305
Karosserie	
Bauart	Coupé
Tragstruktur	Rohrrahmen
Material	Kunststoff
Stückzahl und Marktsituation	
Produktionszahl	272
Verfügbarkeit	schlecht
Teilesituation	schwierig
Unterhaltskosten	sehr hoch

Ferrari Testarossa 1984-1996

Traumautos der 1980er Jahre gibt es viele. Solche, die wirklich stilbildend sind, sind selten. Der Ferrari Testarossa gehört fraglos dazu. Und das nicht nur wegen seines famosen Zwölfzylinders, der die aerodynamisch ausgefeilte Pininfarina-Karosserie problemlos an die 300-km/h-Grenze katapultierte. Es waren auch seine scharfen Kiemen, die viele Tuner zu Extrabreit-Umbauten inspirierten oder die dezent roten Ventildeckel, von denen der „Rote Kopf" („Testa Rossa") seinen Namen erhielt. Die Mischung aus Stil, Kraft und Kult ließen den Testarossa letztlich sogar zum heimlichen Star der US-Kult-Serie Miami Vice werden. Zwischen 1984 und 1996 entschieden sich rund 7500 Kunden für einen Testarossa. Ein Verkaufsergebnis wie das Auto: ein Traum.

Bild: © Dieter Rebmann

Preise	1	2	3	4	5
Testarossa, Cpe	180.000	129.000	95.000	56.000	k.N.

Motor/Antrieb	
Bauart	V12 (Flachmotor)
Lage/Antrieb	Mitte/Heck
Hubraum in cm^3	4942
PS/min	390/6300
Vmax in km/h	290-315 km/h
Karosserie	
Bauart	Coupé
Tragstruktur	Rohrrahmen
Material	Karosserie Alu-/Stahlblech
Stückzahl und Marktsituation	
Produktionszahl	9957
Verfügbarkeit	sehr gut
Teilesituation	sehr gut
Unterhaltskosten	sehr hoch

F

Ferrari F40 1987-1992

Die Zeit der Zurückhaltung machte gerade Pause in der zweiten Hälfte der 1980er Jahre. Kriegerische Kampfanzüge hatten im Sportwagenbau Konjunktur. Dies zeigte vor allem einer, der unter den Ferrari-Fans bis heute als wahre Ikone gilt: der Ferrari F40. Mit scharfen Kanten, keilförmigem Aufbau und mannshohem Heckflügel erregte der F40 die Gemüter wie allenfalls sein einziger Konkurrent, der Über-Porsche 959. Doch die interessierten Reaktionen waren durchaus berechtigt, denn der F40 bot nicht pure Rennsporttechnik. Dass er zudem der letzte Ferrari war, der unter der persönlichen Aufsicht des Commendatore Enzo Ferrari entwickelt wurde, macht den F40 für echte Markenfans noch immer schlicht zu einem nationalen Heiligtum.

Bild: © Dieter Rebmann

Preise	1	2	3	4	5
F40, Cpe	2.700.000	2.000.000	1.600.000	k.N.	k.N.

Motor/Antrieb	
Bauart	V8
Lage/Antrieb	Mitte/Heck
Hubraum in cm^3	2936
PS/min	478/7000
Vmax in km/h	325 km/h
Karosserie	
Bauart	Coupé
Tragstruktur	Rohrrahmen
Material	Kunststoff
Stückzahl und Marktsituation	
Produktionszahl	1331
Verfügbarkeit	ausreichend
Teilesituation	sehr gut
Unterhaltskosten	sehr hoch

Ferrari F50 1995-1997

Die Zahl 50 in der Modellbezeichnung markiert das Jubiläum, auf das Ferrari 1995 zusteuerte – und der F50 sollte als Krönung der vielen großartigen Entwürfe aus einem halben Jahrhundert dienen. Mit dem F50 konstruierte der Hersteller einen kompromisslosen Supersportwagen, technisch und aerodynamisch nahe an der Formel 1 und daher frei von allen verweichlichenden Zutaten: Servolenkung, Bremskraftverstärker oder gar ABS bot der F50 nicht, dafür ein 4,7-Liter-Derivat des Formel-1-V12. Ein manuelles Sechsgang-Schaltgetriebe reichte die bis zu 520 PS weiter, das Fahrwerk ließ sich elektronisch steuern. Räder aus Magnesium und Bolzen aus Titan beweisen den unlimitierten Aufwand, den Ferrari sich für den F50 gegönnt hatte. Die auf 349 Exemplare limitierte Auflage war bereits vor dem Baubeginn an gute Kunden verkauft. Allzu wild führte sich der F50 trotz seiner Grundanlage nicht auf: Er zickt nicht beim Langsamfahren und lässt sich sogar offen genießen, weil sich sein Dachteil herausnehmen lässt.

Bild: © 2020 Courtesy of RM Sotheby's

Preise	1	2	3	4	5
F50, Trg	4.300.000	3.400.000	2.800.000	k.N.	k.N.

Motor/Antrieb	
Bauart	V12
Lage/Antrieb	Mitte/Heck
Hubraum in cm^3	4698
PS/min	519/8000
Vmax in km/h	312
Karosserie	
Bauart	Coupé (mit entfernbarem Dachteil)
Tragstruktur	Karbon
Material	Karbon, GFK
Stückzahl und Marktsituation	
Produktionszahl	349
Verfügbarkeit	ausreichend
Teilesituation	ausreichend
Unterhaltskosten	hoch

Der Dino und seine Erben: Die Einstiegs-Modelle

Der Name Dino geht auf Alfredo „Dino" Ferrari zurück, Enzos 1956 im Alter von nur 24 Jahren an Muskelschwäche verstorbenen Sohn. Er hatte die Entwicklung eines V6-Motors angeregt, der in Formel 1- und Formel 2-Rennwagen eingesetzt wurde.

Mit dem Dino 206 stößt Ferrari 1967 das Tor zu einer neuen Fahrzeugklasse auf. Bislang dominierten die V12-Triebwerke von Colombo die Ferarri-Modelle, nun bietet der bei Fiat gebaute Leichtmetall-V6 eine neue Möglichkeit, Ferrari zu fahren. Oder auch nicht: Denn „Dino" hat Enzo Ferrari als eigenständige Marke etabliert, das springende Pferd als Logo durften sie zunächst nicht tragen. Mit den Jahren verwischt die bewusste Trennung: Auch der Dino geht heute als Ferrari durch, und zwar als erstes in nennenswerter Serie gebautes Modell mit V6-Antrieb und Mittelmotor.

Die zweite Dino-Auflage kommt 1973 auf den Markt. Sie fällt deutlich kantiger aus als der klassische Pininfarina-Entwurf des Vorgängers. Erstaunlich für viele Fans, dass Ferrari den Dino-Nachfolger von Bertone entwerfen ließ – eine Premiere. Dessen Aufgabe ist nicht einfach: Ein 2+2-Coupé mit Mittelmotor zu kombinieren, stellt selbst erfahrene Designer vor schwierige Aufgaben. Statt des V6 trägt der zweite Dino nun einen V8-Motor, den nicht mehr Fiat im Auftrag, sondern Ferrari selbst fertigt. Ab 1977 dürfen die 208 GT/4 und 308 GT/4 offiziell mit Ferrari-Logo fahren.

Als Nachfolger des 308 GT/4 gilt der 1980 präsentierte Ferrari Mondial, während der 208 GTB/GTS das Erbe des 208 GT/4 antritt. Auch der ab 1976 angebotene Ferrari 308 GTB tritt in Dino-Fußstapfen: Er übernimmt als klassisch-eng geschnittener Zweisitzer die Rolle, die der Ur-Dino 246 einige Jahre zuvor spielte. Technisch jedoch lehnt er sich an den 308 GT/4 an. Die Karosserie ließ Ferrari wieder bei Pininfarina entwerfen.

Dino 206 GT, 246 GT und 246 GTS 1969-1973

1966 hatte Ferrari Dino gegründet. Das unabhängige Unternehmen erhielt seinen Namen nach Ferraris früh verstorbenem Sohn Alfredino, der als Konstrukteur von V6-Motoren bekannt wurde. 1969 erschien der harmonisch gezeichnete Dino 206, der sich in seiner ersten Version mit zwei Litern Hubraum als zu drehmomentschwach für die anspruchsvolle Klientel erwies. Nur 100 Stück dieser ersten Serie entstanden. Der Nachfolger 246 GT überzeugte mit seinen 195 PS aus 2,4 Litern Hubraum und wurde demnach auch knapp 4000 mal verkauft – trotz der fehlenden, imageträchtigen Ferrari-Embleme, die viele Besitzer allerdings nachrüsteten. Einen Konkurrenten sahen die Italiener im Porsche 911, doch ernsthaft gefährden konnte der Dino den deutschen Boxer nie. 1972 präsentierte Ferrari den Dino 246 GTS, der ein herausnehmbares Dachteil besitzt.

Bild: © Dieter Rebmann

Preise	1	2	3	4	5
Dino 246 GT, Cpe	370.000	290.000	230.000	140.000	k.N.
Dino 246 GTS, Cab	495.000	370.000	273.000	179.000	k.N.

Motor/Antrieb	
Bauart	V6
Lage/Antrieb	Mitte/Heck
Hubraum in cm³	1987, 2418
PS/min	180/8000 bis 195/7500
Vmax in km/h	230 bis 240
Karosserie	
Bauart	Coupé (auch mit entfernbarem Dachteil)
Tragstruktur	Rohrrahmen
Material	Stahlblech/Aluminium
Stückzahl und Marktsituation	
Produktionszahl	100, 3912
Verfügbarkeit	ausreichend
Teilesituation	ausreichend
Unterhaltskosten	hoch

Ferrari Dino 308 GT/4 1973-1979

Im 308 GT/4 fand die Dino-Geschichte ihre Fortsetzung. Bertone entwarf eine deutlich kantigere Karosserie im Stil der Zeit, musste bei allem Formempfinden aber auch den Widerspruch eines möglichst großen Innenraumangebots mit der Platzierung des Motors in der Mitte des Fahrzeugs lösen. Während seinem Vorgänger die Ferrari-Insignien noch verwehrt geblieben waren, durften wenigstens die letzten Exemplare der 308-Baureihe offiziell das springende Pferd auf dem Blech tragen. Seine Leistung rechtfertigte dies auch: Der neue Dreiliter-V8 mobilisierte mit je zwei obenliegenden Nockenwellen 255 PS bei strammen 7700 Touren. Das reichte für 240 Stundenkilometer – der Dino 308 GT/4 war ein Auto zum beherzten Fahren. Dennoch griffen nur rund 2800 Kunden zu dem kleinen Ferrari, der heute trotzdem niedriger notiert als der erste Dino: ein echter Geheimtipp.

Bild: © Dieter Rebmann

Preise	1	2	3	4	5
Dino 308 GT/4, Cpe	113.000	77.000	57.000	34.000	19.000

Motor/Antrieb	
Bauart	V8
Lage/Antrieb	Mitte/Heck
Hubraum in cm³	2926
PS/min	255/7700
Vmax in km/h	240
Karosserie	
Bauart	Coupé
Tragstruktur	Rohrrahmen
Material	Stahlblech
Stückzahl und Marktsituation	
Produktionszahl	2826
Verfügbarkeit	ausreichend
Teilesituation	ausreichend
Unterhaltskosten	hoch

Dino 208 GT/4 1975

Ferrari stellte den 208 GT/4 im Frühjahr 1975 in Genf vor und betrat mit ihm abermals Neuland. Nach vielen Jahren bot der Sportwagen-Hersteller wieder ein Fahrzeug an, dessen Hubraum unterhalb der Zwei-Liter-Grenze lag. Der V8-Motor verfügte über exakt 1991 cm³ und leistete 170 PS, die bei 7700 Umdrehungen anfielen. Wichtig war diese Beschränkung für den italienischen Markt: Ab zwei Liter Hubraum fielen dort Luxussteuern an, was die Nachfrage nach potenten, aber kleinen Triebwerken enorm steigen ließ. Für den Exportmarkt war die abgespeckte Version weniger interessant und wurde deswegen auch nicht außerhalb Italiens angeboten. Außer einer kleineren Zylinderbohrung, einem einzelnen Auspuffendrohr und fehlenden Nebelscheinwerfern ist die kleinere Version vom stärkeren 308 GT/4 nicht zu unterscheiden.

Bild: © Dieter Rebmann

Preise	1	2	3	4	5
Dino 208 GT/4, Cpe	93.000	62.000	48.000	28.000	16.000

Motor/Antrieb	
Bauart	V8
Lage/Antrieb	Mitte/Heck
Hubraum in cm³	1991
PS/min	170/7700
Vmax in km/h	200
Karosserie	
Bauart	Coupé
Tragstruktur	Rohrrahmen
Material	Stahlblech
Stückzahl und Marktsituation	
Produktionszahl	840
Verfügbarkeit	ausreichend
Teilesituation	ausreichend
Unterhaltskosten	hoch

Ferrari 208, 308, 328 (GTB, GTS, GTBI, GTSI, Quattrovalvole, Turbo) 1976-1989

Ferrari-Hausdesigner Pininfarina zeichnete die zeitlos-schöne Linie des neuen 308, den der italienische Sportwagenhersteller auf dem Pariser Salon 1975 präsentierte. Das Modell geriet zum echten Mittelmotor-Sportler, denn Ferrari platzierte das potente V8-Triebwerk dieses Mal unmittelbar hinter den beiden Sitzen: Im Gegensatz zum 308 GT/4, von dem das neue Modell wesentliche technische Komponenten wie Motor und Fahrwerk übernommen hatte, fanden jetzt nur noch zwei Personen Platz. 255 PS leistete das 2,9 Liter große Aggregat zunächst, im Ferrari 328 standen dann 270 PS aus 3,2 Litern Hubraum zur Verfügung, was Höchstgeschwindigkeiten zwischen 250 und 260 km/h garantierte. Ab 1980 regelt eine Bosch K-Jetronic die Gemischaufbereitung. Die Pininfarina-Karosserie entstand zu Beginn der Bauzeit auch aus Fiberglas („vetroresina"), später trug der Gitterrohrrahmen – der letzte, der bei Ferrari entstand – ausschließlich eine Haut aus Stahlblech.

Bild: © Dieter Rebmann

Preise	1	2	3	4	5
308 GTB (Ser. 1975-1980), Cpe	114.000	77.000	57.000	33.000	20.000
308 GTS, HD	126.000	86.000	63.000	37.000	22.000
308 GTBi, Cpe	106.000	71.000	55.000	32.000	19.000
328 GTS , HD	157.000	97.000	68.000	37.000	21.000

Motor/Antrieb	
Bauart	V8
Lage/Antrieb	Mitte/Heck
Hubraum in cm³	2926, 3195
PS/min	255/7700, 270/7000
Vmax in km/h	250 bis 260
Karosserie	
Bauart	Coupé (auch mit entfernbarem Dachteil)
Tragstruktur	Rohrrahmen
Material	Kunststoff/Stahlblech
Stückzahl und Marktsituation	
Produktionszahl	k.A.
Verfügbarkeit	gut
Teilesituation	gut
Unterhaltskosten	hoch

F

Ferrari Mondial 8, Mondial Quattrovalvole 1980-1988

Der Ferrari Mondial 8 war als Nachfolger des 308 GT/4 im März 1980 auf dem Genfer Salon dem Publikum präsentiert worden. Der einst drehfreudige und potente V8 jedoch gab sich im Mondial eigenartig zugeschnürt: Die Einspritzung sorgte nicht gerade für gesteigerte Agilität des Drei-Liter-Triebwerks, wenn man es mit den früheren Vergaser-Versionen verglich. Ganze 214 PS standen dem Mondial-Piloten noch zur Verfügung. Ferrari reagierte 1982 schließlich auf den Missstand: Der Namenszusatz Quattrovalvole stand für vier Ventile pro Zylinder. Daraus resultierten wieder 240 PS, die dem Dreiliter-V8 die alte Farbigkeit zurückgaben.

Bild: © Jürgen Schlegelmilch

Preise	1	2	3	4	5
Mondial 8, Cpe	58.500	39.800	28.000	17.400	k.N.
Mondial QV, Cpe	63.500	43.000	30.200	18.800	k.N.
Mondial QV, Cab	68.500	46.600	32.600	20.300	k.N.

Motor/Antrieb	
Bauart	V8
Lage/Antrieb	Mitte/Heck
Hubraum in cm³	2926
PS/min	214/6600 bis 240/6600
Vmax in km/h	250
Karosserie	
Bauart	Coupé, Cabriolet
Tragstruktur	selbsttragend
Material	Stahlblech
Stückzahl und Marktsituation	
Produktionszahl	k.A.
Verfügbarkeit	üppig
Teilesituation	gut
Unterhaltskosten	hoch

Ferrari 348 (tb, ts, GTB, GTS, Spider) 1989-1995

Der 348 brachte im Jahr 1989 alles mit, was die Sport- und Rennwagenschmiede bis heute ausmacht: Charisma, Design und überragende Fahrleistungen. Das Styling des Zweisitzers stammte von Pininfarina und zitierte mit seinen seitlichen Lüftungskiemen den großen Bruder Testarossa. Wie seine Vorgänger erhielt auch der 348 ein klassisches Mittelmotor-Layout. Das Herz des 348 stammte konstruktiv noch aus den 1970er Jahren, erhielt aber vor seinem Einzug in das neue Volumenmodell eine umfangreiche Überarbeitung. Die Art und Weise, wie der 3,4-Liter-V8 seine Leistung freisetzt, erfüllte seine Schöpfer mit Stolz. Das Drehzahlband des 348 reicht bis 7500 Umdrehungen pro Minute, das maximale Drehmoment liegt bei 4200 Touren an. Erst bei 278 km/h endet der Vortrieb. Die Markteinführung erfolgte 1989 als Coupé (tb) und in einer Version mit herausnehmbarem Dachteil (ts). 1993 schob Ferrari schließlich den Spider nach, tb und ts hießen ab dann GTB und GTS.

Bild: © Dieter Rebmann

Preise	1	2	3	4	5
348 GTB, Cpe	127.000	82.000	50.000	27.000	k.N.

Motor/Antrieb	
Bauart	V8
Lage/Antrieb	Mitte/Heck
Hubraum in cm³	3405
PS/min	300/7200, 320/7800
Vmax in km/h	275, 278
Karosserie	
Bauart	Cpe (auch mit entf. Dachteil), Cab
Tragstruktur	selbsttragend
Material	Stahlblech
Marktsituation	
Produktionszahl	8.764
Verfügbarkeit	gut
Teilesituation	gut
Unterhaltskosten	hoch

Ferrari F355 Berlinetta, GTS, Spider 1994-1999

Auch wenn es der unbedarfte Betrachter beim ersten Blick nicht erkennen mag: Der Ferrari F355 war bei seiner Premiere auf dem Genfer Auto-Salon des Jahres 1994 ein in weiten Teilen völlig neues Auto. Die betuchte Kundschaft konnte sich wieder zwischen der geschlossenen Berlinetta, dem GTS mit herausnehmbarem Dachteil und einem völlig offenen Spider entscheiden. Damals war der F355 so etwas wie eine Wiedergutmachung für den inferioren 348, heute gilt er als Vermächtnis der Erfolgsära Luca di Montezemolos. Der F355 wog 50 Kilo weniger und geriet 30 Prozent steifer, zudem war er als erstes Ferrari-Modell mit der sequenziellen F1-Paddelschaltung erhältlich. Hinter den Sitzen kreischt ein begeisternd drehwilliger Achtzylinder mit Fünfventiltechnik und 380 PS (später: 381 PS) auf bis zu 8250 Touren. Den Sprint von 0 auf 100 km/h absolvierte der italienische Sportler in knappen 4,7 Sekunden, die Tachonadel kletterte bis auf 295 km/h.

Bild: ©Dieter Rebmann

Preise	1	2	3	4	5
F 355 Berlinetta, Cpe	151.900	128.100	94.200	k.N.	k.N.
F 355 GTS, Trg	189.000	159.600	117.600	k.N.	k.N.
F 355 Spider, Cab	171.500	144.600	106.400	k.N.	k.N.

Motor/Antrieb	
Bauart	V8
Lage/Antrieb	Mitte/Heck
Hubraum in cm³	3495
PS/min	380/8250 bis 381/8250
Vmax in km/h	295
Karosserie	
Bauart	Coupé, Cabriolet, HD
Tragstruktur	selbsttragend
Material	Stahlblech
Stückzahl und Marktsituation	
Produktionszahl	11.273, F1-Schaltung: 2624
Verfügbarkeit	gut
Teilesituation	gut
Unterhaltskosten	hoch

Neuer Luxus: Mit Stil schnell reisen

Neben den sportlich orientierten und knapper geschnittenen Modellen bot Ferrari seit Anbeginn auch stets Coupés für das Vergnügen schneller Reisen an, die mehr dem souveränen Luxus frönten denn wilden motorsportlichen Ehrgeiz befriedigten. Nach dem Baustopp des nach 17 Jahren Fertigung nicht mehr zukunftsfähigen Modells 412 interpretierte Ferrari diese Gran-Turismo-Klasse Anfang der 1990er Jahre neu. Zwar erwartete die globale Fangemeinde einen typischen Ferrari eher als sportliches Gefährt ohne allzu viele Kompromisse, doch ein nicht zu vernachlässigender Anteil der potenten Klientel tendierte weiterhin zu der Verbindung aus Luxus und Leistung – ein Modell, das zum Geschäftserfolg maßgeblich beitrug.

Nach einer Pause von rund zwei Jahren konnte Ferrari 1993 den lang ersehnten Nachfolger für den 412 vorstellen: Der 456 griff mit V12-Frontmotor und seinem Layout traditionelle Werte auf und übersetzte sie gekonnt in die Sprache der 1990er Jahre. Nach gut einem Jahrzehnt machte der 456 im Jahr 2003 Platz für seinen Nachfolger, den Ferrari 612 Scaglietti, der 2004 in Detroit seine Premiere feierte und nochmals größer sowie luxuriöser ausfiel. Ihm folgte 2011 der Ferrari FF, den wiederum der GTC4 Lusso 2016 ablöste. Dieses nur bis 2020 gebaute Modell trug im Prinzip eine Kombi-Karosserie, die als Shooting Brake gelabelt wurde.

Bild: © Ferrari

Nur fünf Jahre im Angebot: Der Ferrari GTC4 Lusso blieb ohne Nachfolger.

Mit ihm hat Ferrari das Kapitel nobler Reise-GT beendet. Seit 2019 übernimmt der Ferrari Roma mit seinem V8 und der 2+2-Auslegung die Rolle des GT im Programm. Der 2022 gezeigte "Nicht-SUV" Purosangue – als großer Viertürer ein absoluter Tabubruch – war trotz seines üppigen Preises vom Markt begeistert aufgenommen worden. Selbstbewusst installierten die Ingenieure einen V12-Saugmotor in das neue Modell. Nach wenigen Wochen schloss Ferrari die Auftragsbücher bereits wieder, weil die Produktion von über zwei Jahren ausverkauft war.

Bild: © Ferrari

Die Preise beginnen bei knapp unter 400.000 Euro, ausgeliefert wird ab dem zweiten Quartal 2023: der Ferrari Purosangue.

Ferrari 456 GT, 456 GTA, 456M — 1993-2004

Wer mit einem 456 auf Reisen geht, dem wird es an nichts mangeln. An Leistung nicht, denn Ferrari gönnte seinem neuen Gran-Turismo-Modell zu seiner Präsentation 1992 (Baustart: Januar 1993) einen respektablen 5,5 Liter großen V12 unter der vorderen Haube, der 442 PS und üppige 550 Nm Drehmoment via dreifach gelagerter Antriebswelle zu dem an der Hinterachse platzierten ZF-Sechsgang-Getriebe leitete. Sein Hubraum von 456 Kubikzentimeter pro Zylinder gab dem 2+2-Modell seinen Namen. An Komfort und Luxus fehlte es ebenso wenig: Wahlweise konnten 456-Käufer auch eine Vierstufen-Automatik ordern – dafür steht das A in der Typenbezeichnung. Das aufwändige Fahrwerk bot eine serienmäßige Niveauregulierung, drei wählbare Fahrmodi und bereits eine Menge weiterer Elektronik. 1998 präsentierte Ferrari die modellgepflegten 456M GT und GTA – das M steht für Modificato. Ab Werk erhielten übrigens alle 456 ein exklusives Lederkofferset von Schedoni.

Bild: © Oldtimer Galerie Toffen

Preise	1	2	3	4	5
456 GT, Cpe	82.700	67.500	52.900	31.700	k.N.
456 GTA, Cpe	74.500	60.700	47.600	28.600	k.N.
456M, Cpe	87.100	71.000	55.700	33.400	k.N.

Motor/Antrieb	
Bauart	V12
Lage/Antrieb	Front/Heck
Hubraum in cm^3	5474
PS/min	442/6250
Vmax in km/h	298; 302
Karosserie	
Bauart	Coupé
Tragstruktur	Rohrrahmen
Material	Aluminium
Stückzahl und Marktsituation	
Produktionszahl	ca. 3300
Verfügbarkeit	gut
Teilesituation	gut
Unterhaltskosten	hoch

Fiat (I) • seit 1899

1899 gründeten finanz- und tatkräftige Turiner die „Fabbrica Italiana Automobili Torino", abgekürzt F.I.A.T. Als Fiat – Ende 1906 ließ man die Punkte weg – schrieb die Firma viele spannende Kapitel Automobil- und Industriegeschichte.

Ihr erster Generaldirektor war Giovanni Agnelli I. Mit den Patenten des Motorwagenherstellers Ceirano sicherte er die Zukunft des Herstellers. Die Marke plante erfolgreich die Motorisierung Italiens, in der Kleinwagen- und Mittelklasse übernahm Fiat schnell die Führung. Legendär bis heute sind die Modelle Balilla und der 500, den alle Welt nur Topolino nennt. Die Popularität von Fiat bei der Masse verhinderte allerdings hartnäckig jeden Erfolg in der Oberklasse – dafür schienen die Produkte nicht exklusiv genug.

In der Nachkriegszeit sorgte Fiat nachhaltig für die Motorisierung nicht nur Italiens. Der Topolino lief in überarbeiteter Form weiter, 1955 kam der 600 dazu, der die Lücke zu dem bereits 1953 vorgestellten Modell 1100 schloss. In Deutschland sicherte man sich in dieser Zeit über die Heilbronner NSU-Werke guten Marktzugang.

1969 übernahm Fiat den italienischen Konkurrenten Lancia, der seine Eigenständigkeit nach und nach verlor. Mehrheitsanteile bei Ferrari kamen ebenfalls 1969 dazu, doch blieben die Sportwagen aus Maranello stets entkoppelt von der Fiat-Entwicklung. 1971 kaufte Fiat den kleinen Hersteller Abarth, die Zweitmarke Autobianchi bot Rückendeckung für konstruktive Experimente. 1986 kam schließlich Alfa Romeo in den Konzern, gefolgt von Maserati. Eine Allianz mit General Motors wurde geschmiedet und wieder aufgegeben. Zudem hatte Fiat Auto, wie die Autosparte des Industriemultis heißt, ihre Präsidenten und Integrationsfiguren verloren: Giovanni Agnelli starb 2003, sein Bruder Umberto 2004. Seither ist Luca di Montezemolo Vorstandsvorsitzender des Fiat-Konzerns. Ebenfalls 2004 übernahm Sergio Marchionne die operativen Geschäfte, später auch den Vorsitz bei Fiat Group Automobiles. Auf dieser Position war zuvor Herbert Demel, ehemaliger Audi-Vorstand und Magna Steyr-Chef, mit seiner strategischen Ausrichtung nach nur 15 Monaten gescheitert. Marchionne dagegen gelang es, den Supertanker Fiat wieder auf Kurs zu bringen: Weniger Bürokratie, besseres Umsetzen der Marktanforderungen, clevere Produktion und nicht zuletzt neue Modelle haben Fiat wieder auf den Weg nach vorne gebracht. Im Herbst 2008 sah Marchionne für die Auto-Branche jedoch schwarz: Seiner Meinung nach wurden die weltweite Automobilkrise nur Hersteller überleben, die mindestens 5,5 Millionen Fahrzeuge pro Jahr fertigen. Fiat übernahm im Sommer 2009 die Kontrolle über Chrysler.

Im Oktober 2014 wurde die niederländische Holding FCA (Fiat Chrysler Automobiles) gegründet, in der die Konzerne Fiat (samt der Marken Alfa Romeo und Lancia) sowie die Chrysler Group (mit den Marken Chrysler, Dodge, Jeep, Ram Trucks und SRT) verschmolzen. Ungeachtet des rechtlichen Firmensitzes in den Niederlanden bleiben die operativen Abteilungen Fiats weiterhin in Turin beheimatet.

Sergio Marchionne, der Architekt des heutigen FCA-Konzerns, hatte bereits 2014 angekündigt, spätestens 2018 die Führung abzugeben. Überraschend starb er im Juli 2018 nach schwerer Krankheit.

Im Herbst 2019 beschlossen die Opel-Mutter PSA und Fiat Chrysler ihre Fusion. Durch diesen Zusammenschluss entstand unter dem Namen Stellantis der viertgrößte Autohersteller der Welt. Zuletzt meldete der Konzern erhebliche Verluste.

Fiat produzierte den Balilla nach modernen Methoden.

Masse und Klasse: Die Vorkriegsmodelle von Fiat

Popularität und attraktive Preise lauteten die beiden Erfolgsfaktoren, an die sich die 1899 gegründete „Fabbrica Italiana Automobili Torino" schon früh hielt. Mit dieser Ausrichtung konnten sich die Turiner im breit gefächerten Automobilangebot der 1920er Jahre gut behaupten.

Zu frühem Ansehen hatte es Fiat bereits mit Erfolgen im Motorsport gebracht. Für ein gutes geschäftliches Ergebnis sorgten rechtzeitig aufgelegte Serienmodelle wie die Typen 501, 509 und 514. Der Durchbruch gelang dann dem 508 Balilla, einem echten Volkswagen – dem ersten Italiens. Er war unkompliziert, solide, günstig und überaus beliebt. In den 1950er Jahren sollte ihn der Fiat 1100 beerben.

Früh hatte Fiat verstanden, die Produktion straff zu organisieren und somit rentabler zu machen. Doch die Turiner Automobilbauer lösten auch andere Aufgaben. Das bewies der extrem luxuriöse „Superfiat" von 1921 mit seinem 6,8 Liter großen V12-Motor. Oder, ab Mitte der 1930er Jahre, der Fiat 1500, ein Sechszylinder im Stil der Stromlinien-Avantgarde dieses Jahrzehnts. Seine Linie wies in die Zukunft und beeinflusste auch das Design eines Modells, das später zu einem epochalen Erfolg werden sollte: Die Rede ist vom ersten Fiat 500, genannt Topolino. Doch der verdient seine eigene Geschichte.

Fiat 514 — 1929-1932

Innerhalb der 500 genannten Baureihe, die Fiat mit der Vorstellung des Modells 501 im Jahr 1919 gestartet hatte, gehörte der 514 zu den erfolgreichsten Typen. Er wird von einem 1,5 Liter großen Vierzylinder angetrieben, der in seiner Standardversion 28 PS leistet, stärkere Ausführungen boten bis zu 37 PS. Das gesamte Fahrzeuglayout entsprach den Gepflogenheiten der Zeit: Stehende Ventile, von einer unten liegenden Nockenwelle angetrieben, vier Seilzug-Trommelbremsen und ein Vierganggetriebe galten als guter Durchschnitt für Fahrzeuge dieser Größe. Fiat bot den 514 in zahllosen Karosserievarianten an: Er konnte als Limousine, Coupé, Cabriolet Royal, Torpedo und Spider geordert werden. Für den gewerblichen Einsatz war der Fiat 514 Commerciale konfiguriert: Es gab ihn als Lieferwagen auf langem Fahrgestell. Gerne setzten auch italienische Taxichauffeure das Modell 514 ein.

Preise	1	2	3	4	5
514, L4t	26.200	16.700	11.400	6.400	2.300
514, Tou	28.500	19.200	13.100	7.400	2.800

Bild: © Fiat AG

Motor/Antrieb	
Bauart	Vierzylinder (Reihe)
Lage/Antrieb	Front/Heck
Hubraum in cm^3	1438
PS/min	28/3400, 37/3700
Vmax in km/h	82 bis 110
Karosserie	
Bauart	Limousine, Coupé, Cabriolet, Roadster
Tragstruktur	Kastenrahmen
Material	Stahlblech
Stückzahl und Marktsituation	
Produktionszahl	k.A.
Verfügbarkeit	schlecht
Teilesituation	sehr schwierig
Unterhaltskosten	hoch

F

Fiat 508 Balilla 1932-1937

1932 hatte Fiat das Auto für Jedermann auf dem Mailänder Automobilsalon präsentiert: den Balilla. Der 508 zählt zu den wichtigsten Autos des Turiner Konzerns und war ein überaus guter Erfolg. Zunächst gab es den 508 als zweitürige Limousine, als Spider und Torpedo, wie das viersitzige Cabriolet genannt wurde. Später erweiterte Fiat die Modellpalette um verschiedene Lieferwagenaufbauten. Die erste Serie ist an ihrer steil stehenden Kühlermaske zu erkennen, die etwas flachere Version kennzeichnet die zweite Modellreihe, die ab 1934 in Serie ging. Motorisiert wurden die Balilla-Modelle von Reihenvierzylindern mit einem Liter Hubraum, ihre Leistung lag bei den Normalversionen zwischen 20 und 24 PS. Ein Dreiganggetriebe („tre marce") übertrug die Kraft, ab 1934 kam ein Getriebe mit vier Gängen zum Einsatz.

Bild: © Fiat AG

Preise	1	2	3	4	5
508 Balilla Ser. 1, L2t	15.400	10.500	7.200	3.600	1.300
508 Balilla Ser. 1, Tou	19.900	13.600	9.300	4.800	1.600

Motor/Antrieb	
Bauart	Vierzylinder (Reihe)
Lage/Antrieb	Front/Heck
Hubraum in cm^3	995
PS/min	20/3400, 24/3800
Vmax in km/h	80 bis 100
Karosserie	
Bauart	Limousine, Cabriolet
Tragstruktur	Kastenrahmen
Material	Stahlblech
Stückzahl und Marktsituation	
Produktionszahl	160.000
Verfügbarkeit	schlecht
Teilesituation	schwierig
Unterhaltskosten	niedrig

F

Fiat 508 Balilla Sport 1933-1934

Auch für sportliche Fahrer bot Fiat einige Varianten der erfolgreichen 508 Balilla-Baureihe an, die in verschiedenen Versionen auch in Rennen eingesetzt wurden. Die Versionen Balilla Sport (die es auch als Berlinetta gab) und Spider überzeugten zudem mit ihren hübschen Karosserien, deren lange Motorhauben keinen Zweifel an der sportlichen Bestimmung der kleinen Wagen ließen. Auch technisch konnten die schnellen Balilla überzeugen: Der Reihenvierzylinder war zwar im Hubraum unverändert geblieben, doch leistete er jetzt 30, später sogar 34 und 36 PS. Wie die gesamte Baureihe verfügte selbstverständlich auch der 508 Balilla Sport bereits über vier hydraulisch betätigte Bremsen. Besonders flott war der 508 Siata, ein Rennsport-Einsitzer mit Roots-Kompressor, der 1933 gebaut wurde und bis zu 155 km/h schnell war.

Bild: © Fiat AG

Preise	1	2	3	4	5
508 Balilla Sport, Rds	135.000	101.000	76.000	44.000	k.N.

Motor/Antrieb	
Bauart	Vierzylinder (Reihe)
Lage/Antrieb	Front/Heck
Hubraum in cm^3	995
PS/min	30/4000, 36/4400
Vmax in km/h	k.A.
Karosserie	
Bauart	Roadster, Coupé
Tragstruktur	Kastenrahmen
Material	Stahlblech
Stückzahl und Marktsituation	
Produktionszahl	k.A.
Verfügbarkeit	gegen null
Teilesituation	sehr schwierig
Unterhaltskosten	hoch

Fiat 1500 1935-1948

Der Fiat 1500, den der Turiner Konzern 1935 vorgestellt hatte, überraschte mit einem mutigen Design, das auf die Stromlinienmode der 1930er Jahre reagierte und ohne B-Säule auskam. Die schräg stehende Front bot dem Fahrtwind weit weniger Widerstand als die kubischen Karosserieformen, die Fiat bislang bevorzugte. Sogar die Scheinwerfer waren fast flächig in die Kotflügel eingelassen. Doch auch unter dem Blech ließen sich beim Fiat 1500 Innovationen finden: Die Vorderachse wurde durch eine Einzelradaufhängung ersetzt, die über Schraubenfeder und Druckzylinder verfügte. Der 1,5 Liter große Sechszylindermotor bot mit seinen hängenden Ventilen eine angemessene Motorisierung. Er leistete 45 PS (später 47 PS) bei 4400/min und beschleunigte die Limousine auf damals beachtliche 115 km/h – auch Italien hatte bereits seine erste „Autostrada".

Bild: © Fiat AG

Preise	1	2	3	4	5
1500, L2t	31.500	21.900	12.800	8.100	k.N.

Motor/Antrieb	
Bauart	Sechszylinder (Reihe)
Lage/Antrieb	Front/Heck
Hubraum in cm^3	1493
PS/min	45/4400, 47/4400
Vmax in km/h	115
Karosserie	
Bauart	Limousine, Cabriolet
Tragstruktur	Kastenrahmen
Material	Stahlblech
Stückzahl und Marktsituation	
Produktionszahl	k.A.
Verfügbarkeit	schlecht
Teilesituation	schwierig
Unterhaltskosten	hoch

Nur äußerlich ein „Mäuschen": Der Fiat 500 Topolino

Autos für alle – dafür stehen die Turiner Autobauer nicht erst seit den 1950er Jahren. Das Segment der in Großserie produzierten Kleinwagen hatten die Italiener schon weit früher im Blick, nämlich schon zu Zeiten, als die formalen Gestaltungsgesetze für Automobile den Formen der Stromlinie folgten.

Dieser Mode entsprach auch der 500 Topolino, jener kleine Italiener, der aus der Feder des erst 29-jährigen Ingenieurs und Designers Dante Giacosa stammte. Dank des ausgeklügelten Konstruktionsprinzips – mit einem weit nach vorne gerückten Motor, einem tiefen Schwerpunkt und guter Sitzanordnung – zeigte er den idealen Aufbau eines funktionalen Kleinwagens. Der Konkurrenz war er um Jahre voraus.

An ein Topolino, ein Mäuschen also, erinnerte die Italiener die Front des Fiat 500 mit seinen beiden keck empor ragenden Scheinwerfern, und so erhielt er rasch diesen Kosenamen. Dem Topolino war ein langes Leben beschieden: Nicht nur, weil der Zweite Weltkrieg alle Modellzyklen einfror, sondern auch, weil sein sparsamer Umgang mit Benzin und die robuste Bauweise exakt den Erfordernissen der kargen Nachkriegszeit entsprachen. Sogar in einer Kombi-Version bot ihn Fiat an – ideal für Familien wie Händler.

Ein unscheinbares Mäuschen war der Topolino nur äußerlich. Denn das Turiner Kleinwagenmodell schrieb das wichtigste Kapitel in der Erfolgsgeschichte des Konzerns und verhalf Fiat zu einem Ruf als einem der großen Pioniere der Kleinwagenklasse.

F

Fiat 500 (Serie A, „Topolino") 1936-1948

Der neue Fiat 500 war nicht nur klein, sondern wirkte auch formal eher ungewohnt: Der Fiat-Designer Dante Giacosa hatte eine Karosserie entworfen, die sich mit dem schräg nach hinten schwingenden Grill an dem im Jahr zuvor präsentierten Fiat 1500 orientierte und so einen Hauch von Aerodynamik in die kleine Klasse trug. Die beiden Passagiere saßen genau in der Mitte zwischen den Achsen, was ihnen einen akzeptablen Fahrkomfort bescherte. Dahinter lag ein üppiger Gepäckraum, in dem zur Not auch ein Kind Platz finden konnte. Angetrieben wurde der 500 von einem weit vorne eingebauten wassergekühlten Vierzylindermotor mit 569 cm³, der zunächst 13 PS leistete und den Topolino auf 85 km/h beschleunigte. Die vordere Einzelradaufhängung sorgte für eine gute Straßenlage.

Bild: © Fiat AG

Preise	1	2	3	4	5
500 A Topolino, L2t	16.300	11.900	7.400	3.800	1.700

Motor/Antrieb	
Bauart	Vierzylinder (Reihe)
Lage/Antrieb	Front/Heck
Hubraum in cm³	569
PS/min	13/4000
Vmax in km/h	85
Karosserie	
Bauart	Limousine (2-türig), Roadster
Tragstruktur	Kastenrahmen
Material	Stahlblech
Stückzahl und Marktsituation	
Produktionszahl	122.000
Verfügbarkeit	schlecht
Teilesituation	schwierig
Unterhaltskosten	niedrig

Fiat 500 B („Topolino") 1948-1949

Wie bei den meisten Firmen bestand das Modellangebot nach 1945 zunächst aus Vorkriegskonstruktionen, die zum Teil modifiziert waren. Nicht anders bei Fiat, die den Ur-Topolino bis 1948 im Programm ließen, und auch danach, als Modell B, hatte sich nicht viel geändert: Der kleine Motor wies nun hängende statt stehende Ventile auf, was aber an dem bescheidenen Temperament wenig änderte. Der Kühlkreislauf wurde nach dem Thermosyphonprinzip in Schwung gehalten. Die Lebensdauer der kleinen Triebwerke konnte überzeugen. Für Cabrio-Feeling sorgte ein großes serienmäßiges Rolldach bei der Limousine, die Giardiniera genannte Kombiversion bot dagegen praktische Vorzüge. Der Kleinwagen ist heute eine durchaus attraktive und sympathische Alternative zu deutschen Nachkriegsklassikern.

Bild: © Ralf Christian Kunkel

Preise	1	2	3	4	5
500 B Topolino, Cal	15.900	11.100	7.500	3.100	1.600
500 B Giardiniera, Kom	17.300	12.700	8.300	3.500	1.700

Motor/Antrieb	
Bauart	Vierzylinder (Reihe)
Lage/Antrieb	Front/Heck
Hubraum in cm³	569
PS/min	16,5/4400
Vmax in km/h	90 bis 95
Karosserie	
Bauart	Cabrio-Limousine, Kombi (3-türig)
Tragstruktur	Kastenrahmen
Material	Stahlblech
Stückzahl und Marktsituation	
Produktionszahl	k.A.
Verfügbarkeit	gegen null
Teilesituation	schwierig
Unterhaltskosten	niedrig

Fiat 500 C („Topolino") 1949-1954

Ein deutliches Facelift führte vom Topolino B zum C: Der Kleinwagen hatte seine typischen Mickey-Mouse-Ohren verloren, die einst für den Spitznamen gesorgt hatten – die bislang frei stehenden Scheinwerfer hatten die Fiat-Stylisten nun in die Kotflügel integriert. Vier Zentimeter mehr Gesamtlänge brachten dem Kofferraum etwas mehr an Format. Glücklicherweise wurde das serienmäßige Rolldach beibehalten, was der Fahrfreude auch heute noch, trotz der mäßigen Fahrleistungen, sehr zuträglich ist. Bei der Technik hatte sich wenig getan: Sie stammte weitgehend aus dem Vorgänger, und vergeblich kratzte der „Topolino" – der Name blieb weiterhin im Sprachgebrauch erhalten – an der 100-km/h-Marke. Neben der viersitzigen Giardiniera-Version, die ab 1951 Belvedere hieß, bot Fiat den 500 C auch als Kastenwagen an.

Bild: © Fiat AG

Preise	1	2	3	4	5
500 C, Cal	14.000	10.200	6.900	2.700	1.500
500 C Belvedere, Kom	14.400	11.000	7.200	3.100	1.600
500 C Giardiniera, Kom	15.300	11.400	7.500	3.200	1.600

Motor/Antrieb	
Bauart	Vierzylinder (Reihe)
Lage/Antrieb	Front/Heck
Hubraum in cm³	569
PS/min	16,5/4400
Vmax in km/h	90 bis 95
Karosserie	
Bauart	Cabrio-Limousine, Kombi (3-türig)
Tragstruktur	Kastenrahmen
Material	Stahlblech
Stückzahl und Marktsituation	
Produktionszahl	376.368
Verfügbarkeit	schlecht
Teilesituation	schwierig
Unterhaltskosten	niedrig

Fiat zeigt Flagge: Das Experiment Oberklasse

Neben den erfolgreichen Kleinwagen besannen sich die Fiat-Verantwortlichen nach Kriegsende wieder ihrer Geschichte als Hersteller stattlicher Limousinen – ein Segment, das die Turiner besonders in den 1930er Jahren mit innovativen Entwürfen besetzt hatten.

In dieser Tradition zeigten sich auch die 1950 präsentierten Modellreihen 1400 und 1900: Vollkommen neu konstruiert und im topmodernen Ponton-Dress präsentierten sich die beiden Entwürfe, die durchaus dem von amerikanischen Stileinflüssen geprägten Nachkriegsgeschmack Rechnung trugen.

Nicht weniger zeitgemäß gestaltete Fiat die Blechkleider der folgenden Modellreihen. Ob mit den sachlich-schicken Varianten der 1800/2100-Reihe oder den eleganten Luxusklasse-Limousinen und Coupés vom Typ 2300 – wer sich in den ersten Nachkriegsjahrzehnten einen Sechszylinder aus Turin zulegte, war standesgemäß unterwegs. Wenig Erfolg war dann den kantigen Modellen der 130er-Reihe beschieden: Zu groß und zu schwer geriet der italienische Mercedes. Bis heute blieb der 130 das letzte Modell, mit dem Fiat in der Oberklasse Flagge zeigte.

Bild: © Fiat AG

F

Fiat 1400 — 1950-1958

Grundlegend neu war der Fiat 1400, den das Werk auf dem Genfer Salon im Frühjahr 1950 vorstellte. Seine Konstruktion beruhte nicht mehr auf einem Kastenrahmen, sondern auf einer selbsttragenden Karosseriestruktur. Die erste Serie, die bis 1954 gebaut wurde, unterscheidet sich von den später gebauten 1400 durch eine andere Gestaltung der Front. Die Pontonform des 1400 ist von bestechender Klarheit und zeigt mit ihren glattflächigen Flanken eine konsequente Umsetzung des neuen Konstruktionsprinzips. Der 1400 war zudem der erste Fiat, der serienmäßig eine Heizung besaß. Angetrieben wurde der 1400 von einem zunächst 44 PS, später 50 PS und 54 PS starken 1,4-Liter-Vierzylinder. Einen 1,9 Liter großen Diesel bot Fiat zwischen 1953 und 1956 an. Besonders überzeugend wirkte das von Fiat entworfene Cabriolet, das bis 1954 angeboten wurde.

Bild: © Fiat AG

Preise	1	2	3	4	5
1400, L4t	22.100	15.500	9.400	4.800	1.700
1400 A, L4t	21.400	14.800	8.700	4.400	1.600
1400 B, L4t	21.600	15.100	8.900	4.300	1.600

Motor/Antrieb	
Bauart	Vierzylinder (Reihe)
Lage/Antrieb	Front/Heck
Hubraum in cm³	1395, 1901
PS/min	40/3200, 54/4600
Vmax in km/h	95 bis 120
Karosserie	
Bauart	Limousine (4-türig), Cabriolet
Tragstruktur	selbsttragend
Material	Stahlblech
Stückzahl und Marktsituation	
Produktionszahl	k.A.
Verfügbarkeit	schlecht
Teilesituation	schwierig
Unterhaltskosten	hoch

Fiat 1900 — 1952-1958

Ebenfalls im geschmackvoll-dezenten Kleid der 1950 präsentierten Ponton-Limousine 1400 ergänzte Fiat seine moderne Mittelklasse zwei Jahre darauf um eine rund 600 Kubikzentimeter stärkere Variante, den Fiat 1900. Äußerlich entsprach der Neue dem wegweisenden 1400, dem ersten Fiat mit einer selbsttragenden Ganzstahlkarosserie. Sein 1,9-Liter-Vergasermotor dagegen war eine modifizierte Version der Antriebseinheit des Turiner Geländewagenmodells mit dem Namen Campagnola. Der Debütversion folgten 1954 mit der Serie A und 1956 der Serie B zwei überarbeitete Modelle, die bei gleichbleibendem Hubraum mit höherer Leistung und äußerlichen Retuschen aufwarteten.

Bild: © Fiat AG

Preise	1	2	3	4	5
1900 B, L4t	28.900	19.100	11.100	5.400	1.800

Motor/Antrieb	
Bauart	Vierzylinder
Lage/Antrieb	Front/Heck
Hubraum in cm³	1901
PS/min	58 bis 80/4000
Vmax in km/h	135
Karosserie	
Bauart	Limousine (4-türig), Coupé
Tragstruktur	selbsttragend
Material	Stahlblech
Stückzahl und Marktsituation	
Produktionszahl	15.759
Verfügbarkeit	schlecht
Teilesituation	schwierig
Unterhaltskosten	hoch

Fiat 1500 L, 1800, 2100 und 2300 — 1959-1968

1959 setzte Fiat sein Engagement in der oberen Mittelklasse mit einem neuen Modell fort. Standesgemäßer Antrieb dafür war nun ein Sechszylindermotor, den die Turiner neu entwickelten: Mit schräg hängenden Ventilen, hoch im Block liegender Nockenwelle und kurzen Stößeln wusste er in Sachen Kultiviertheit zu überzeugen. Die würdevolle wie geräumige Pininfarina-Karosserie im modischen Trapezlinien-Stil bot fünf bis sechs Personen Platz. Formal gelungen war auch die geräumige Kombiversion. Damit der große Fiat auch als Taxi Akzeptanz fand, bot Fiat auch eine Vierzylinder-Version mit dem Namen 1500 L an. 1961 wuchs der Hubraum des Reihensechszylinders von 2,1 auf 2,3 Liter, und auch dem kleineren Modell kamen die nun serienmäßigen vier Scheibenbremsen zugute. Das etwas schwammige Fahrwerk der großen Fiat-Modelle bestand aus vorderer Einzelradaufhängung mit hinterer Starrachse.

Bild: © Fiat AG

Preise	1	2	3	4	5
1800, L4t	22.400	14.500	7.900	3.500	1.200
2100, L4t	25.600	16.500	9.000	4.000	1.500
2300, L4t	25.100	16.500	9.600	4.100	1.500

Motor/Antrieb	
Bauart	Vier-/Sechszylinder (Reihe)
Lage/Antrieb	Front/Heck
Hubraum in cm³	1795, 2054, 2279
PS/min	67/5200 bis 105/5300
Vmax in km/h	140 bis 160
Karosserie	
Bauart	Limousine (4-türig), Kombi (5-türig)
Tragstruktur	selbsttragend
Material	Stahlblech
Stückzahl und Marktsituation	
Produktionszahl	185.000
Verfügbarkeit	gegen null
Teilesituation	schwierig
Unterhaltskosten	hoch

Fiat 2300 Coupé, 2300 S Coupé 1961-1968

Viel Bewunderung gab es 1960 in Turin und Anfang 1961 in Genf für das Coupé, das Fiat auf der Basis der großen Limousinen entworfen hatte. Dem prestigeträchtigen Modell hatte Ghia eine modisch-elegante Karosserie geschneidert, die über eine große, dreigeteilte Heckscheibe verfügte. Gefertigt wurden die Blechhüllen beim Karosseriespezialisten OSI. Der 2+2-Sitzer zeigte sich nicht nur als luxuriöses, sehr komfortables Coupé, er bot auch eine Motorleistung, die einem sportlichen Gran Turismo dieses Zuschnitts anstand. Ebenso überzeugten die Fahreigenschaften. Besonders flott zeigte sich der 2300 S, der bis 1968 gebaut wurde. Carlo Abarth hatte hier seine geschickten, leistungssteigernden Hände im Spiel, er entlockte dem Triebwerk bis zu 136 PS. Damit erreichte der 2300 S mit rund 190 km/h eine beeindruckende Geschwindigkeit. „Unkompliziert und fahrerisch reizvoll", lobte einst das Fachmagazin *auto motor und sport* das Coupé.

Bild: © Fiat AG

Preise	1	2	3	4	5
2300, Cpe	51.400	38.300	26.700	13.600	4.900
2300 S, Cpe	57.200	41.700	29.900	14.600	5.300

Motor/Antrieb	
Bauart	Sechszylinder (Reihe)
Lage/Antrieb	Front/Heck
Hubraum in cm^3	2279
PS/min	105/5300 bis 136/5600
Vmax in km/h	175 bis 190
Karosserie	
Bauart	Coupé
Tragstruktur	selbsttragend
Material	Stahlblech
Stückzahl und Marktsituation	
Produktionszahl	k.A.
Verfügbarkeit	schlecht
Teilesituation	schwierig
Unterhaltskosten	hoch

F

Fiat 130 Berlina 1969-1976

Nachdem sich Fiat in den vorangegangenen Jahren verstärkt um kleinste und kleine Automobile gekümmert hatte, wollte der Anschluss in der Oberklasse nicht mehr so recht gelingen. Trotz hohen Aufwands mit einem von Ferrari konstruierten V-Sechszylindermotor und einem anspruchsvollen Fahrwerk konnte sich der Fiat 130 nicht durchsetzen. Sein Innenraum bot viel Platz und hochwertige Ausstattung, doch das fehlende Prestige muss die potenzielle Käuferschaft abgeschreckt haben. Damit ging es den Turinern nicht besser als Ford und Opel in Deutschland. Verschreckt von dem Misserfolg des 130, der gleichwohl bis 1976 in Produktion blieb, enthielt sich die Marke in diesem Segment fortan jeglicher Beteiligung.

Bild: © Fiat AG

Preise	1	2	3	4	5
130/2800, L4t	19.900	12.500	8.600	4.100	1.800
130/3200, L4t	22.100	14.000	9.600	4.500	1.900

Motor/Antrieb	
Bauart	V6
Lage/Antrieb	Front/Heck
Hubraum in cm^3	2866, 3235
PS/min	140/5800 bis 165/5600
Vmax in km/h	175 bis 190
Karosserie	
Bauart	Limousine (4-türig)
Tragstruktur	selbsttragend
Material	Stahlblech
Stückzahl und Marktsituation	
Produktionszahl	k.A.
Verfügbarkeit	schlecht
Teilesituation	schwierig
Unterhaltskosten	hoch

Fiat 130 Coupé 1971-1977

Pininfarina zeichnete die elegant-kantige Silhouette des 130 Coupés ganz im Stil der frühen 1970er Jahre. Der voluminöse Zweitürer war auf Basis der 1969 präsentierten Fiat 130 Limousine entstanden. Statt Doppelscheinwerfer trug er Breitbandleuchten, besonders charakteristisch geriet das weit überhängende Heck. Seine Länge reicht, um auch die Fondpassagiere bequem unterzubringen. Für ausreichend Vortrieb sorgt ein durstiger V6 mit 3,2 Litern Hubraum und 165 PS. Die Benzinknappheit in der Ölkrise sorgte für ein äußerst zurückhaltendes Interesse potenzieller Kunden, die auch durch das vornehm-noble Interieur mit Velours und Holz nicht mehr zum Kauf animiert werden konnten. Noch dazu bei den von Fiat aufgerufenen Preisen, die auf dem Niveau vergleichbarer deutscher Konkurrenten lagen. So war das Fiat 130 Coupé Zeit seines Lebens eine Rarität.

Bild: © Fiat AG

Preise	1	2	3	4	5
130 Coupé, Cpe	28.500	17.800	12.300	6.300	2.700

Motor/Antrieb	
Bauart	V6
Lage/Antrieb	Front/Heck
Hubraum in cm^3	3235
PS/min	165/5600
Vmax in km/h	190 bis 195
Karosserie	
Bauart	Coupé
Tragstruktur	selbsttragend
Material	Stahlblech
Stückzahl und Marktsituation	
Produktionszahl	4500
Verfügbarkeit	ausreichend
Teilesituation	schwierig
Unterhaltskosten	hoch

Ungeahnte Vielfalt: Die Mittelklasse von Fiat

Was der Fiat Balilla vor dem Krieg erstmals ermöglichte, führte der 1100 ab 1953 weiter: preiswürdige Mobilität für eine große Zielgruppe. Zwar griffen die neuen Viertürer der unteren Mittelklasse technisch noch auf das Vorkriegsmodell „1100 Nuova Balilla" zurück, an ihrem Erfolg änderte dies jedoch nichts, wie zahlreiche Lizenzbauten bewiesen, darunter auch eine deutsche Version mit dem Namen NSU-Fiat Neckar.

An sportlich orientierte Familienväter richtete sich ab 1957 der Fiat 1200, der – als Limousine nur marginal geliftet – erstmals auch als schickes Cabriolet erhältlich war. Doch nicht nur damit begannen neue Zeiten in Turin: Im schnörkellosen Dress der Sechziger demonstrierte der Fiat 1500 neues Selbstbewusstsein in der Mittelklasse, egal, ob als sachliche Limousine, elegantes Cabriolet oder spektakuläres Ghia-Coupé 1500 GT.

Als echter 68er könnte dagegen der Fiat 125 durchgehen. 1967 vorgestellt, verfolgte der neue Viertürer eine gänzlich neue, gegen alle bisherigen Konventionen gerichtete Linienführung.

Dass die Turiner Mittelklasse mit dem Typ 125 allerdings auch einen deutlichen Imageverlust erfahren sollte, lag sicher nicht an der neuen Sachlichkeit. Es war die zunehmend laxe Verarbeitung und schlechte Blechqualität, die das Ansehen der Modelle der unteren Mittelklasse aus Turin nachhaltig beschädigten.

Fiat 1100 — 1953-1957

Viel Neues brachte das 1953 vorgestellte Mittelklassemodell Fiat 1100, auch wenn der Name und der Motor noch dem Vorkriegs-1100er glichen. Trotz moderner Pontonbauweise hatte sich Fiat für eine recht konservative Linie entschieden. So waren die vorderen Türen noch an der B-Säule angeschlagen. Ein interessantes Detail war der den sportlichen Modellen vorbehaltene dritte Scheinwerfer, der in der Mitte des Kühlergrills montiert war. Neben der Limousine offerierte Fiat ein Kombimodell namens Familiare, das deutlich mehr praktischen Nutzwert bot. In Deutschland wurde der Wagen ab 1955 bei der Deutschen Fiat in Heilbronn in Lizenz gefertigt und unter dem Namen NSU-Neckar-Fiat verkauft – preiswerter übrigens als die aus Italien importierten Versionen.

Bild: © Fiat AG

Preise	1	2	3	4	5
1100-103, L4t	17.300	11.800	6.700	3.200	1.100
1100-103 D, L4t	16.300	11.000	6.100	2.800	1.000
1100 D (103), L4t	13.000	8.900	5.100	2.400	800

Motor/Antrieb	
Bauart	Vierzylinder (Reihe)
Lage/Antrieb	Front/Heck
Hubraum in cm^3	1089, 1221
PS/min	34/4400 bis 52/5200
Vmax in km/h	115 bis 135
Karosserie	
Bauart	Limousine (4-türig), Kombi (5-türig)
Tragstruktur	selbsttragend
Material	Stahlblech
Stückzahl und Marktsituation	
Produktionszahl	1.700.000
Verfügbarkeit	schlecht
Teilesituation	schwierig
Unterhaltskosten	niedrig

Fiat 1100-103 E Trasformabile, 1200 Granluce Cabriolet — 1955-1959

Ein Versuch von Fiat, in das Marktsegment der kleinen Spezialkarossiers einzudringen, stellt der Entwurf des Trasformabile auf Basis der 1100er-/1200er-Modelle dar. Die selbsttragende Bauweise erschwerte die Produktion kleinster Serien, die mit individuellen Karosserien versehen wurden. Zum Erfolg wurde der sportliche Zweisitzer nicht: Mit insgesamt knapp 3400 Exemplaren blieb der ungewöhnlich proportionierte Wagen mit der großen Panoramascheibe und den potent aussehenden Lufthutzen in der Motorhaube ein Außenseiter in dem auf Masse ausgerichteten Fiat-Markenprogramm. Zwischen 50 und 55 PS leisteten die Vierzylindermotoren, die den Trasformabile auf rund 140 km/h beschleunigten. Heute sind die frühen Fiat-Spider teuer – zudem ist das Angebot verschwindend klein.

Bild: © Jürgen Schlegelmilch

Preise	1	2	3	4	5
1100-103 E TV, Cab	52.000	34.700	21.700	10.000	4.100
1200 Granluce, Cab	72.000	48.600	32.400	13.400	7.500

Motor/Antrieb	
Bauart	Vierzylinder (Reihe)
Lage/Antrieb	Front/Heck
Hubraum in cm^3	1089, 1221
PS/min	50/5400 bis 55/5300
Vmax in km/h	135 bis 140
Karosserie	
Bauart	Cabriolet
Tragstruktur	selbsttragend
Material	Stahlblech
Stückzahl und Marktsituation	
Produktionszahl	1030, 2363
Verfügbarkeit	gegen null
Teilesituation	schwierig
Unterhaltskosten	mittel

Fiat 1100 R — 1966-1969

1966, also drei Jahre vor dem Ende der Baureihe, ließ Fiat seinen 1100er-Typen eine grundlegende Modellpflege angedeihen. Rein äußerlich ist die überarbeitete Version an der anderen Front zu erkennen, das gesamte Layout jedoch blieb unverändert. Auch den 1100 R bot Fiat wieder als Kombi an, der Familiare hieß. Unter der vorderen Haube versah weiterhin der altbekannte 1,1-Liter-Vierzylinder seinen Dienst, der mit seiner untenliegenden Nockenwelle kein Ausbund an Drehfreudigkeit war. 48 PS leistete das Aggregat bei 5200 Umdrehungen, genug für eine Höchstgeschwindigkeit von 132 Stundenkilometer. Der Verbrauch war relativ niedrig, und mit einem Mittelschalthebel – bisher musste der Pilot am Lenkrad schalten – und Gürtelreifen im 155/13-Format gelang dem 1100 R der Anschluss an die Moderne. Im Jahre 1966 traf er bereits auf seinen Nachfolger, den Fiat 124.

Bild: © Fiat AG

Preise	1	2	3	4	5
1100 R (103), L4t	12.000	8.200	4.700	2.200	800
1100 R (103), Kom	13.400	9.100	5.200	2.400	900

Motor/Antrieb	
Bauart	Vierzylinder (Reihe)
Lage/Antrieb	Front/Heck
Hubraum in cm^3	1089
PS/min	48/5200
Vmax in km/h	132
Karosserie	
Bauart	Limousine (4-türig), Kombi (5-türig)
Tragstruktur	selbsttragend
Material	Stahlblech
Stückzahl und Marktsituation	
Produktionszahl	k.A.
Verfügbarkeit	schlecht
Teilesituation	schwierig
Unterhaltskosten	mittel

Fiat 1100 T, 1100 T2, 1100 T4, 1100 TN — 1957-1971

Auch Italien hatte seinen „Schnelllaster" – südlich der Alpen war es der Fiat 1100 T, der ab 1957 zahllose Transportaufgaben erledigte. Er baute auf keinem Pkw-Modell auf, sondern war als kompakter Frontlenker eine neue Konstruktion. Angetrieben wurde er von einem 38 PS starken Vierzylinder, der aus dem Fiat 1100 stammte – daher auch sein Name. Fiat baute das Modell mit Kasten- und Pritschenaufbauten sowie als Chassis nur mit Fahrerkabine. Auch ein Kleinbus war bereits im Angebot. Die Zuladung betrug enorme 1100 Kilogramm, das zulässige Gesamtgewicht 2400 Kilogramm. Der Nachfolger 1100 T2 erhielt 1959 einen 45 PS starken 1,2-Liter Motor, später bis zu 1,5 Liter große Motoren. Der T4 (1968 bis 1971) profitierte vom gedrosselten Motor des Fiat 124 S (1,4 Liter, 51 PS). Auch Dieselmotoren kamen zum Einsatz. Die Nachfolge fiel dem Fiat 238 zu.

Bild: © Fiat AG

Preise	1	2	3	4	5
1100 T2, Kast	17.500	12.100	6.700	2.300	1.200

Motor/Antrieb	
Bauart	Vierzylinder (Reihe)
Lage/Antrieb	Front/Heck
Hubraum in cm^3	1089 bis 1895
PS/min	38/4800 bis 53/5000
Vmax in km/h	90 bis 105
Karosserie	
Bauart	Kleinbus, Kastenwg., Pickup, Fahrgest.
Tragstruktur	Kastenrahmen
Material	Stahlblech
Stückzahl und Marktsituation	
Produktionszahl	k.A.
Verfügbarkeit	schlecht
Teilesituation	schwierig
Unterhaltskosten	mittel

Fiat 1200 (1200 Grandvue, 1200 Granluce) 1957-1960

Die Leistungs- und Luxusvariante zum volksnahen Fiat 1100 trug die simple Modellbezeichnung 1200, die um den Zusatz Grandvue und Grandluce ergänzt wurde. Er ersetzte die potenten TV-Modelle der 1100er-Serie. Neben reichlich verzierenden Elementen an der ansonsten identischen Karosserie, die von einem anderen Grill geprägt wurde, war es vor allem die höhere Motorleistung des zweifarbig lackierten Viertürers, die den Unterschied ausmachte. Auch der Innenraum des 1200 zeigte sich aufgewertet. Mit bis zu 55 PS erreichte der Fiat 1200 bis zu 135 km/h Spitzentempo. Gut 400.000 Käufer fanden an dem kleinen Italiener allein in der kurzen Bauzeit zwischen 1957 und 1960 Gefallen. Noch 1959 ließ Fiat den 1200er-Modellen eine Modellpflege angedeihen. Heute sind die Fiat-Modelle eine reizvolle Alfa-Alternative.

Bild: © Fiat AG

Preise	1	2	3	4	5
1200, L4t	19.200	13.200	7.700	3.600	1.200

Motor/Antrieb	
Bauart	Vierzylinder (Reihe)
Lage/Antrieb	Front/Heck
Hubraum in cm³	1221
PS/min	55/5300
Vmax in km/h	135
Karosserie	
Bauart	Limousine (4-türig)
Tragstruktur	selbsttragend
Material	Stahlblech
Stückzahl und Marktsituation	
Produktionszahl	400.066
Verfügbarkeit	ausreichend
Teilesituation	schwierig
Unterhaltskosten	mittel

F

Fiat 1200 und 1500 Spider, Coupé 1959-1966

Einen wahren Lichtblick gab es 1959, als Fiat den 1200 Spider vorstellte. Die schnörkellosen, feinen, aber nicht zaghaften Linien der Karosserie stammten aus der Feder Pininfarinas und harmonierten gut mit den zunächst nicht übertrieben sportlichen Fahrleistungen. Das Konzept sah weniger die fahrdynamischen Aspekte im Vordergrund: Besonderen Wert legte Fiat auf leichte Bedienbarkeit und ein hohes Maß an Komfort. Das wurde durch die etwas weiche Fahrwerksabstimmung auch erreicht. Mit der Einführung des 75 PS starken 1,5-Liter-Motors stiegen die Fahrleistungen – bis zu 165 km/h war der Spider jetzt schnell. Vordere Scheibenbremsen hielten ihn im Zaum. Verblüffend ähnlich sah das zwei Jahre später vorgestellte Peugeot 404 Cabrio aus, dessen Styling ebenfalls von Pininfarina stammte.

Bild: © Fiat AG

Preise	1	2	3	4	5
1200 Cabrio (Ser. 1959-1963), Cab	32.500	21.800	15.100	7.400	3.200

Motor/Antrieb	
Bauart	Vierzylinder (Reihe)
Lage/Antrieb	Front/Heck
Hubraum in cm³	1221, 1481
PS/min	58/5300 bis 75/5400
Vmax in km/h	140 bis 165
Karosserie	
Bauart	Coupé, Cabriolet
Tragstruktur	selbsttragend
Material	Stahlblech
Stückzahl und Marktsituation	
Produktionszahl	11.851, 22.630
Verfügbarkeit	ausreichend
Teilesituation	schwierig
Unterhaltskosten	mittel

Fiat 1500 S Coupé, 1500 S Cabriolet und 1600 S Coupé, 1600 S Cabriolet 1959-1966

Mit anderen Ambitionen als die komfortorientierten Brüder startete das auch optisch überarbeitete Modell 1500 S, das als Cabriolet und Coupé angeboten wurde. Vor allem unter der Motorhaube, die jetzt eine Lufthutze trug, hatte sich einiges getan. Der Motor mit zwei obenliegenden Nockenwellen war bei OSCA von den Maserati-Brüdern konstruiert worden, gab sich aber im Serieneinsatz etwas zivilisierter. Die zunächst 75 PS genügten aber durchaus für sportliche Fahrleistungen. Rassiger noch trat der 1963 eingeführte 1600 S mit immerhin 90 PS an, der seine Kraft via Fünfganggetriebe entfalten durfte. Trotz des gelungenen Pakets erreichte Fiat nur niedrige Verkaufszahlen, was nicht zuletzt an den deutlich höheren Einstiegspreisen lag – noch heute sind sie überaus teuer. Die Coupés kamen erst 1964, zwei Jahre vor dem Produktionsende, auf den Markt.

Bild: © Jürgen Schlegelmilch

Preise	1	2	3	4	5
1500 Cabrio (Ser. 1963-1965), Cab	28.000	18.700	13.300	6.500	2.900
1500 S, Cab	42.300	32.000	21.400	11.400	6.400
1600 S, Cab	44.200	33.900	22.600	12.200	6.700

Motor/Antrieb	
Bauart	Vierzylinder (Reihe)
Lage/Antrieb	Front/Heck
Hubraum in cm³	1481, 1568
PS/min	75/6000 bis 90/6500
Vmax in km/h	165 bis 175
Karosserie	
Bauart	Coupé, Cabriolet
Tragstruktur	selbsttragend
Material	Stahlblech
Stückzahl und Marktsituation	
Produktionszahl	3089
Verfügbarkeit	schlecht
Teilesituation	schwierig
Unterhaltskosten	mittel

Fiat 1300, 1500, 1500 C 1961-1967

Mit einem ähnlichen Konzept wie bei den Sechszylindermodellen ging Fiat auch in der Mittelklasse auf Erfolgskurs. Die mit Doppelscheinwerfern geschmückte Karosserie bot viel Platz und Komfort, wenngleich die Fahrwerksabstimmung deutlich straffer ausfiel. Das jedoch passte gut zu den ansehnlichen Fahrleistungen, die der Wagen auch mit 60 PS erreichte. Die Vierzylindermotoren waren um zwei Einheiten gekappte Sechszylinder, das Fahrwerk gab sich mit Starrachse hinten recht simpel. Beliebt war der 75 PS starke 1500 C aber auch als Kombi oder als Taxi mit um 46 Zentimeter verlängertem Radstand. Doch schon die Normalmodelle boten ein dem großen Fiat vergleichbares Platzangebot. Eine Neukonstruktion war das vollsynchronisierte Vierganggetriebe, und auch das Sicherheitsdenken nahm langsam Formen an. Die Baureihe wurde ein großer Exporterfolg.

Bild: © Fiat AG

Preise	1	2	3	4	5
1300, L4t	13.300	8.800	5.700	2.700	900
1500, L4t	14.200	9.400	6.000	2.900	1.100
1500 L (Ser. 1962-1968), L4t	15.300	10.800	6.000	2.600	1.000

Motor/Antrieb	
Bauart	Vierzylinder (Reihe)
Lage/Antrieb	Front/Heck
Hubraum in cm³	1295, 1481
PS/min	60/5200 bis 75/5200
Vmax in km/h	140 bis 165
Karosserie	
Bauart	Limousine (4-türig), Kombi (5-türig)
Tragstruktur	selbsttragend
Material	Stahlblech
Stückzahl und Marktsituation	
Produktionszahl	600.000
Verfügbarkeit	schlecht
Teilesituation	schwierig
Unterhaltskosten	mittel

(Fiat) Ghia 1500 GT 1962-1967

Auf der technischen Basis des anspruchslosen Fiat 1500 entstand ab 1962 ein sehr attraktives Coupé. Die Turiner Firma Ghia hatte diesen gut aussehenden GT in Eigenregie entwickelt und dabei nicht wenig Aufwand betrieben. So wurde die selbsttragende Karosseriestruktur ein ganzes Stück verkürzt. Zehn Zentimeter weniger Radstand und ein dezent leistungsgesteigerter 1,5-Liter-Vierzylinder sorgten für beachtliche 180 km/h Höchstgeschwindigkeit. Schon damals hatte das attraktive Paket einen hohen Preis. Bis zum Produktionsende in Turin entstanden nur rund 800 dieser kompakten und agilen Wagen. Der Preis liegt heute zwar auf moderatem Niveau, doch angeboten werden Fahrzeuge äußerst selten.

Bild: © Fiat AG

Preise	1	2	3	4	5
Ghia 1500 GT, Cpe	69.800	43.700	24.200	10.200	4.700

Motor/Antrieb	
Bauart	Vierzylinder (Reihe)
Lage/Antrieb	Front/Heck
Hubraum in cm³	1481
PS/min	84/5200
Vmax in km/h	180
Karosserie	
Bauart	Coupé
Tragstruktur	teilw. selbsttragend
Material	Stahlblech
Stückzahl und Marktsituation	
Produktionszahl	ca. 800
Verfügbarkeit	gegen null
Teilesituation	sehr schwierig
Unterhaltskosten	mittel

F

Fiat 125, 125 Special 1967-1972

Unverkennbar sind die Ähnlichkeiten zwischen dem kleineren Fiat 124 und dem in der Mittelklasse angesiedelten Modell 125. Eckige Doppelscheinwerfer an der Front bestimmen sein Gesicht. Die größere Karosserie bot mehr Platz und Ausstattungskomfort. Mit 90 PS im Normalmodell und 100 PS im Special erreichte der Fiat 125 überlegene Fahrleistungen, die trotz blattgefederter Starrachse hinten weitgehend sicher auf die Straße gebracht werden konnten. Ein wenig mehr Feinschliff hätte dem Modell allerdings ebenso gut getan wie eine gründliche Rostvorsorge. So überzeugten die 125er zwar im Alltag, gaben sich aber auch recht raubeinig und verärgerten ihre Besitzer durch Qualitätsmängel.

Bild: © J. Schlegelmilch

Preise	1	2	3	4	5
125, L4t	13.800	9.500	6.400	3.400	1.300
125 Special, L4t	14.800	10.100	6.900	3.600	1.400

Motor/Antrieb	
Bauart	Vierzylinder (Reihe)
Lage/Antrieb	Front/Heck
Hubraum in cm³	1608
PS/min	90/5600 bis 100/5600
Vmax in km/h	170 bis 175
Karosserie	
Bauart	Limousine (4-türig)
Tragstruktur	selbsttragend
Material	Stahlblech
Stückzahl und Marktsituation	
Produktionszahl	k.A.
Verfügbarkeit	schlecht
Teilesituation	schwierig
Unterhaltskosten	mittel

Heute nur noch Nebendarsteller: Der Fiat 600

Bis zur Präsentation des Nuova 500 sollte es 1955 noch zwei Jahre dauern. So sollte zunächst der Fiat 600 das Erbe des erfolgreichen Kleinwagens Topolino antreten, der sich aufs Altenteil zurückgezogen hatte.

Eine Aufgabe, für die der moderne „Seicento" beste Voraussetzungen mitbrachte: Denn nicht nur sein schickes Blechkleid sorgte für viel Publikumsbeifall, sondern auch der wassergekühlte Vierzylinder und die selbsttragende Karosserie fanden Applaus. Die Einzelradaufhängung rundum sicherte dem Turiner zudem eine überraschende Agilität und Fahreigenschaften, wie sie in seiner Klasse noch lange nicht selbstverständlich waren.

Dass es nicht nur unter dem Blech der 600-Modelle vielseitig zuging, bewies Fiat auch mit dem Großraumableger 600 Multipla, jenem Urahn aller Monovolumina – der Vans von heute.

Dem Turiner Autohersteller gelang mit dem 600 ein großer Verkaufserfolg. Doch nur recht wenige Oldtimerfans würdigen den „Seicento" heute entsprechend. Ihm bleibt eher der Status eines Nebendarstellers: Denn es war letztlich der kleinere Bruder des Fiat 600, der deutlich puppigere Nuova 500, der trotz seiner primitiveren Technik und den zahmeren Fahrleistungen neben der Vespa zum Sinnbild der italienischen Nachkriegsmotorisierung in die Geschichte eingehen sollte.

Fiat 600, 600 D 1955-1973

Als Dauerbrenner mit 18-jähriger Präsenz erwies sich der 1955 eingeführte Fiat 600. Das Heckmotorfahrzeug bot unter seiner rundlichen Hülle ein ordentliches Raumangebot auch für vier Erwachsene. Sein Layout bildete das Vorbild für den zwei Jahre später gestarteten Fiat 500. Bei voller Beladung musste sich der zunächst nur 19 PS starke Reihenmotor des 600 abmühen, und die Agilität blieb so eher bescheiden. Das war vielleicht auch besser, denn das Fahrwerk, mit der unausgewogenen Gewichtsverteilung strapaziert, konnte im Grenzbereich für Überraschungen sorgen. Zahllose Modellpflegemaßnahmen ermöglichten dem Fiat 600 ein Leben bis 1973. Mit rund 2,5 Millionen gebauten Exemplaren ist der Markt heute gut gefüllt – selbst wenn der Rost viele 600 früh dahingerafft hat.

Bild: © Fiat AG

Preise	1	2	3	4	5
600, L2t	13.300	9.200	5.600	2.200	800
600 D (Ser. 1960-1964), L2t	11.600	7.500	4.600	1.800	700
600 D (Ser. 1965-1969), L2t	12.100	8.700	5.200	2.000	700

Motor/Antrieb	
Bauart	Vierzylinder (Reihe)
Lage/Antrieb	Heck/Heck
Hubraum in cm³	633, 767
PS/min	19/4600 bis 29/4800
Vmax in km/h	100 bis 110
Karosserie	
Bauart	Limousine (2-türig)
Tragstruktur	selbsttragend
Material	Stahlblech
Stückzahl und Marktsituation	
Produktionszahl	2.500.000
Verfügbarkeit	üppig
Teilesituation	gut
Unterhaltskosten	niedrig

Fiat 600 Multipla 1955-1969

Aus heutiger Sicht wirkt der Fiat 600 Multipla als ein Vorläufer der Großraum-Limousinen moderner Prägung: Bis zu sechs Personen konnten in dem eigenwillig gestylten Wagen mitfahren. Weil die Sitze der beiden hinteren Reihen umgelegt werden konnten, war der Innenraum sehr variabel nutzbar. Die technische Basis stammte vom Fiat 600 ab, von dem auch die Motorenpalette stammte. Im 600 D, den Fiat von 1960 bis zur Produktionseinstellung 1967 anbot, kam der größere 767-cm^3-Antrieb zum Einsatz, dessen 29 PS den Multipla zwar etwas agiler machten, ihn aber noch nicht beflügelten. Gegenüber der normalen 600-Limousine war der Multipla um 32 Zentimeter verlängert und maß somit insgesamt 3,54 Meter. Wegen ihrer originellen Konzeption sind diese Fahrzeuge heute sehr gesucht und kosten deutlich mehr als ein Fiat 600.

Bild: © Fiat AG

Preise	1	2	3	4	5
600 Multipla, Bus	39.500	26.300	19.300	8.700	3.000
600 D Multipla, Bus	38.400	25.600	19.000	8.600	3.000

Motor/Antrieb	
Bauart	Vierzylinder (Reihe)
Lage/Antrieb	Heck/Heck
Hubraum in cm^3	633, 767
PS/min	19/4600 bis 29/4800
Vmax in km/h	95 bis 110
Karosserie	
Bauart	Limousine (2-türig)
Tragstruktur	selbsttragend
Material	Stahlblech
Stückzahl und Marktsituation	
Produktionszahl	k.A.
Verfügbarkeit	gegen null
Teilesituation	ausreichend
Unterhaltskosten	niedrig

F

Fiat 600 Jolly by Ghia 1957-1966

Auf ein enormes Preisniveau gestiegen sind die von Ghia gebauten Strandwagen auf Fiat-600-Basis: Die luftigen Gefährte mit Korbgestühl und Sonnenmarkise lassen sich Sammler heute enorm viel Geld kosten. Für die Hautevolee der 1960er, besonders in Mittelmeerhäfen und in den USA, waren die offenen Kleinen der ideale, unkomplizierte Shuttle zwischen Villa, Jacht und Strandcafé – Aristoteles Onassis, Grace Kelly und Gianni Agnelli besaßen zum Beispiel einen Jolly. 1958 hatte Ghia mit der Fertigung begonnen, keine ganz einfache Aufgabe, da die Struktur des Fiat 600 bereits selbsttragend ist. Am Ende kostete ein Jolly nahezu das Doppelte eines normalen Fiat 600, was die Verbreitung limitierte – ebenso wie der eingeschränkte Alltagsnutzen. Die exakte Stückzahl ist unbekannt, die Gefahr von Fälschungen nicht zu verachten.

Bild: © Fiat AG

Preise	1	2	3	4	5
600 Jolly (Ghia), Tou	133.400	96.000	69.400	42.700	k.N.

Motor/Antrieb	
Bauart	Vierzylinder (Reihe)
Lage/Antrieb	Heck/Heck
Hubraum in cm^3	633, 767
PS/min	19/4600 bis 29/4800
Vmax in km/h	100 bis 110
Karosserie	
Bauart	Cabriolet
Tragstruktur	selbsttragend
Material	Stahlblech
Stückzahl und Marktsituation	
Produktionszahl	k.A.
Verfügbarkeit	ausreichend
Teilesituation	ausreichend
Unterhaltskosten	niedrig

Kleines Glück: Fiat Nuova 500 und Fiat 126

Jeder kennt ihn, den Nuova 500. Er steht für bezahlbaren automobilen Charme und hat seinem Mutterkonzern jede Menge Sympathie beschert. 1957 startete der Cinquecento, offiziell Nuova 500, seine Karriere als Nachfolger des nicht minder geliebten Topolino, dessen Entwurf noch aus der Zeit vor dem Zweiten Weltkrieg stammte.

Auch der Nuova 500 ging wieder auf den Topolino-Designer Dante Giacosa zurück. Es störte die Kundschaft nicht, dass der neue kleine Fiat mit zunächst 13 PS keine Bäume ausriss. Schließlich erhielt sie ein vollwertiges und vielseitiges Auto zum kleinen Preis.

An seinen Auftritt haben sich die Italienier zwar erst gewöhnen müssen, zu sehr war ihnen der Topolino ans Herz gewachsen. Doch schließlich gewann auch der Nuova 500 ihre Sympathie.

Das gelang seinem Nachfolger nicht mehr. Der 126, in dessen schlichter Hülle die simple 500er-Technik ab 1972 zunächst weiter werkeln durfte, war zwar weit verbreitet, Emotionen jedoch löste er kaum noch aus. Das will ihm selbst in einem Alter nicht gelingen, in dem er schon lange ein H-Kennzeichen tragen darf.

Kein Wunder also, dass sich Fiat auf den charismatischen Nuova 500 berief, als der Hersteller 2004 eine Studie im Retro-Design zeigte: Trepiuno hieß sie, und sie nahm den Fiat 500 voraus, der ab 2007 der Marke Fiat nicht nur Käufer brachte, sondern endlich wieder Fans.

Fiat 500 (Nuova 500) 1957-1975

Mit dem neuen Fiat 500 entkräftete der italienische Hersteller die Vorwürfe, nach denen er nur noch Autos für Besserverdienende bauen würde. Der 1957 lancierte Nuova 500 erreichte schnell Popularität und wurde zum würdigen Nachfolger des legendären Topolino. Er bildete den neuen Abschluss der Modellpalette nach unten. Der ursprünglich geplante Zweizylindermotor hatte statt 400 cm³ beim Serienanlauf etwas mehr Volumen erhalten. Der luftgekühlte Viertakter sorgte mit anfangs 13 PS für akzeptable Fahrleistungen. In seiner langen, bis 1975 anhaltenden Karriere machte er zahlreiche Modellpflegemaßnahmen mit. Am Erscheinungsbild und dem offenherzigen Charme des kleinen Fiat änderte sich nur wenig. Sein Wert in der Klassiker-Szene ist heute längst erkannt, der Zuspruch steigt ständig. Nur frühe Exemplare sind heute selten.

Bild: © Fiat AG

Preise	1	2	3	4	5
500 D, L2t	17.400	12.200	7.500	3.400	1.000
500 F, L2t	14.100	9.800	6.200	2.700	700
500 Lusso, L2t	14.400	10.100	6.400	2.800	800
500 R, L2t	13.900	9.600	6.000	2.500	600

Motor/Antrieb	
Bauart	Zweizylinder (Reihe)
Lage/Antrieb	Heck/Heck
Hubraum in cm³	479, 499, 594
PS/min	13/4000 bis 22/4800
Vmax in km/h	85 bis 105
Karosserie	
Bauart	Limousine (2-türig), Kombi
Tragstruktur	selbsttragend
Material	Stahlblech
Stückzahl und Marktsituation	
Produktionszahl	3.400.000
Verfügbarkeit	üppig
Teilesituation	gut
Unterhaltskosten	niedrig

Fiat 500 Giardiniera/Familiare/Kombi 1960-1972

Eine ausgeklügelte Unterflur-Motorkonstruktion mit liegenden Zylindern machte den Fiat 500 Giardiniera („Gärtnerin") zum geräumigsten Kleinwagen der 1960er Jahre. Acht Bierkästen passten bei umgelegter Ladefläche problemlos in die dreitürige Kombiversion – ein fraglos konkurrenzloses Ladevolumen in dieser Klasse. Zu allen, rund 170.000 gebauten Giardiniera-Exemplaren gehörte ein Faltdach, das den kleinen Italiener schnell in ein praktisches Frischluftwägelchen verwandelte. Während der letzten Produktionsjahre lief der „Giardiniera", der in Deutschland unter dem Namen „Familiare" verkauft wurde, bei der Fiat-Tochter Autobianchi vom Band.

Bild: © Fiat AG

Preise	1	2	3	4	5
500 Giardiniera, Kom	19.600	13.600	8.400	3.700	1.100

Motor/Antrieb	
Bauart	Zweizylinder (Reihe)
Lage/Antrieb	Heck/Heck
Hubraum in cm³	499
PS/min	17,5/4600
Vmax in km/h	95
Karosserie	
Bauart	Kombi (3-türig)
Tragstruktur	selbsttragend
Material	Stahlblech
Stückzahl und Marktsituation	
Produktionszahl	ca. 170.000
Verfügbarkeit	schlecht
Teilesituation	schwierig
Unterhaltskosten	niedrig

Fiat 126 1972-1987

Als Nachfolger des Nuova 500 trat 1972 der 126 an. Er hat weit mehr mit seinem Vorgänger gemein, als es seine grundlegend modernisierte Karosserie vermuten lässt. Sowohl die Fahrwerkskonzeption als auch der Zweizylindermotor stammten – wenn auch in abgeänderter Form – vom populären Vorgänger ab. 1973/74 verstärkten eine zusätzliche Version mit Faltschiebedach und ein Luxusmodell namens „Personal 4", das nach einem Ideenwettbewerb als „Bambino" verkauft wurde, das Modellprogramm. Ob es die nüchterne Formgebung oder die Stückzahlen der ab 1974 bei der polnischen Firma FSM in Lizenz gebauten Polski-Fiat waren, bleibt offen. Der Fiat 126 wird heute jedenfalls kaum als Kleinwagen-Klassiker wahrgenommen. Dabei stand er seinem Vorgänger als frecher Stadtfloh für kleines Geld in keiner Weise nach.

Bild: © Fiat AG

Preise	1	2	3	4	5
126, L2T	9.200	5.100	3.600	1.700	800

Motor/Antrieb	
Bauart	Zweizylinder (Reihe)
Lage/Antrieb	Heck/Heck
Hubraum in cm³	594, 654
PS/min	23/4500
Vmax in km/h	ca. 105
Karosserie	
Bauart	Limousine (2-türig)
Tragstruktur	selbsttragend
Material	Stahlblech
Stückzahl und Marktsituation	
Produktionszahl	ca. 3,6 Mio
Verfügbarkeit	gut
Teilesituation	gut
Unterhaltskosten	niedrig

Fiat 126 BIS 1987-1990

Auf den ersten Blick wirkt dieser Fiat 126 kaum anders. Doch Kenner bemerken sofort die seitlichen Luftschlitze und das große Heckfenster in seiner Heckklappe. Mit Pfiffigkeit hatten die Fiat-Ingenieure dem alten 126 einen wassergekühlten Unterflurmotor verpasst, so dass nun ein ansehnlicher und von außen zugänglicher Kofferraum im Heck des nur 3,10 Meter langen Minimalautomobils entstanden war. Als Antrieb diente ein liegender Paralleltwin, der mit 26 PS jedoch nicht mehr Leistung zauberte als sein luftgekühlter Vorgänger. Das reichte für eine Spitzengeschwindigkeit von 124 km/h, allerdings benötigte auch der modernisierte Fiat 126 langwierige 42,9 Sekunden von Null auf 100 km/h. 1987 punktete der Fiat 126 BIS mit 8550 D-Mark als billigster Wagen auf dem deutschen Markt. Er lief in Lizenz bei FSM in Polen vom Band. Zugelassen war der 126 BIS übrigens für vier Personen – eher ein theoretischer Wert.

Bild: © Fiat AG

Preise	1	2	3	4	5
126 BIS, L2t	7.000	3.900	2.800	1.300	600

Motor/Antrieb	
Bauart	Zweizylinder (Twin)
Lage/Antrieb	Heck/Heck
Hubraum in cm³	704
PS/min	26/4500
Vmax in km/h	116
Karosserie	
Bauart	Limousine (2-türig)
Tragstruktur	selbsttragend
Material	Stahlblech
Stückzahl und Marktsituation	
Produktionszahl	k.A.
Verfügbarkeit	gut
Teilesituation	gut
Unterhaltskosten	niedrig

Kleine Klasse im Aufbruch: Fiat 850 und 133

Mehr Innenraum, mehr Platz fürs Gepäck, letztlich mehr Pragmatismus: So lauteten die Kleinwagentrends der frühen 1960er Jahre. Der neue Fiat 850 folgte ihnen zweifelsohne. Dabei konnten sein verlängerter Kofferraum und das Bürzelheck seine Herkunft ebenso wenig verleugnen wie die verräterische Dachlinie der Limousine: Dem 850, der 1964 in die Verkaufsräume der Fiat-Händler rollte, sah man die Basis des Vorgängers 600 deutlich an. Das galt auch für die Technik, die sich lediglich leicht modifiziert den gewachsenen Ansprüchen angepasst zeigte. Dennoch war der 850 auf der Höhe der Zeit – einer Zeit, die nach deutlich erwachseneren Kleinwagenvarianten verlangte.

Fiat folgte diesen Anforderungen nicht nur mit der größeren Limousine, sondern bot auch ein hübsches Coupé und einen schicken Spider auf dieser Basis an. Diese sportlichen Versionen erhielten gar vordere Scheibenbremsen, dazu größere Räder und ein verbessertes Fahrwerk.

Das Ende der kleinen Italiener war dagegen unspektakulär: So ging der zuverlässige Heckmotor des 850 unter dem nüchternen Kleid des Typs 133 – einer von der Fiat-Tochter Seat gestylten Karosserie – bis 1978 noch in eine letzte Runde.

Bild: © Fiat AG

F

Fiat 850 Berlina (850 Normal, 850 Super, 850 Special) 1964-1974

Auf dem Turiner Salon 1964 präsentierte Fiat den neuen 850, einen Zweitürer, der dem Heckmotor-Prinzip treu blieb, das die Italiener in der kleinen Klasse konsequent verfolgten. Konzipiert wurde die Berlina – das italienische Wort, das für Limousine steht – mit dem kecken Stummelheck als preiswerter und kompakter Kleinwagen, gegenüber dem der Fiat 600 bereits antiquiert wirkte. In der Basisversion leistete der wassergekühlte Vierzylinder-Motor des 850 flotte 34 PS. Das reichte immerhin für eine Spitzengeschwindigkeit von 121 km/h. Noch 1965 legte Fiat aber nach: Als 850 Super bot der kleine Fiat drei PS mehr Leistung und wirkte einen Hauch agiler. Ab 1968 kam der 850 Special dazu, dessen 47 PS (später 49 PS) starkes Triebwerk für ein noch deutlich rascheres Vorankommen sorgte.

Bild: © Fiat AG

Preise	1	2	3	4	5
850, L2t	9.800	6.800	4.100	1.200	500
850 Special, L2t	12.100	8.000	4.900	1.600	800

Motor/Antrieb	
Bauart	Vierzylinder (Reihe)
Lage/Antrieb	Heck/Heck
Hubraum in cm³	843
PS/min	34/5000 bis 49/6400
Vmax in km/h	120 bis 136
Karosserie	
Bauart	Limousine (2-türig)
Tragstruktur	selbsttragend
Material	Stahlblech
Stückzahl und Marktsituation	
Produktionszahl	k.A.
Verfügbarkeit	ausreichend
Teilesituation	gut
Unterhaltskosten	niedrig

Fiat 850 Coupé, 850 Sport Coupé 1965-1973

Besonders gelungen zeigt sich das 850 Coupé, das nicht nur eine hübsche Karosserie, sondern auch praktische Talente besitzt. Bei der Technik griff Fiat natürlich auf die Großserienelemente zurück, die das Coupé genauso robust werden ließen wie die Limousinen. Dabei ermöglichten die kleinen Reihenvierzylinder durchaus ansehnliche Fahrleistungen: bis zu 145 km/h schnell waren die bis zu 52 PS starken Zweitürer. Im Innenraum dokumentierten sportliche Armaturen den Anspruch des 850 Coupé. Das fast 350.000 mal gebaute Modell kann bis heute überzeugen, auch liegen seine Preise heute in erträglichem Rahmen. Vorsicht ist allerdings beim Kauf geboten: Ungemein heftiger Rostbefall sorgte bei der gesamten 850er-Baureihe für Verdruss.

Bild: © Fiat AG

Preise	1	2	3	4	5
850 Coupé, Cpe	17.200	11.500	7.000	2.400	1.100
850 Sport Coupé, Cpe	16.000	10.700	6.500	2.300	1.000

Motor/Antrieb	
Bauart	Vierzylinder (Reihe)
Lage/Antrieb	Heck/Heck
Hubraum in cm³	843, 903
PS/min	47/6200 bis 52/6400
Vmax in km/h	140 bis 145
Karosserie	
Bauart	Coupé
Tragstruktur	selbsttragend
Material	Stahlblech
Stückzahl und Marktsituation	
Produktionszahl	342.873
Verfügbarkeit	ausreichend
Teilesituation	ausreichend
Unterhaltskosten	niedrig

Fiat 850 Spider 1965-1973

Technisch entsprach der 850 Spider dem Coupé der Baureihe. Seine Karosserie dagegen ähnelte nicht den geschlossenen Varianten: Eine komplett eigenständige Gestaltung machte den kleinen Spider zu einem überaus begehrenswerten Angebot. Seine knackigen Linien überzeugen bis heute. Auch die Variabilität des offenen Sportlers kann überzeugen: Mit dem angebotenen Hardtop bot der Spider sogar Coupé-Qualitäten. Zudem besaß das von Bertone gezeichnete Cabrio eine verlässliche und einfache Verdeckkonstruktion. Die beiden Motoren sorgten für einen markant-röhrenden Sound, und rund 50 PS garantierten ordentliche Fahrleistungen. Damals entschieden sich viel mehr Käufer für die geschlossene Version, die heute deutlich geringere Marktpreise erzielt. Beide hatten übrigens, anders als die 850 Limousine, Scheibenbremsen an der Vorderachse.

Bild: © Fiat AG

Preise	1	2	3	4	5
850 Spider, Cab	18.000	12.200	7.900	3.700	1.800
850 Sport Spider, Cab	17.200	11.300	7.700	3.600	1.800

Motor/Antrieb	
Bauart	Vierzylinder (Reihe)
Lage/Antrieb	Heck/Heck
Hubraum in cm³	843, 903
PS/min	49/6400 bis 52/6400
Vmax in km/h	140 bis 145
Karosserie	
Bauart	Cabriolet
Tragstruktur	selbsttragend
Material	Stahlblech
Stückzahl und Marktsituation	
Produktionszahl	124.600
Verfügbarkeit	ausreichend
Teilesituation	ausreichend
Unterhaltskosten	niedrig

Fiat 850 T Familiare — 1964-1971

Der Fiat 850 Familiare setzte auf die Basis des Kompaktlieferwagens Fiat 600 T, der ab 1961 als universeller Alltagshelfer eingesetzt wurde. Nun baute Fiat auf ein neues Konzept und nutzte den vorhandenen Raum für immerhin bis zu sieben (allerdings enorm enge) Sitzplätze, die in drei Reihen angeordnet sind. Den Antrieb übernimmt der Motor aus dem Fiat 850 N, ein 34 PS starker Vierzylinder. Zur äußeren Unterscheidung des Familiare dienten nicht nur Fenster, sondern auch seine Front mit markanten Doppelscheinwerfern, die ihn von den Nutzfahrzeugvarianten unterschied – Fiat baute den 850 T nämlich ebenso als Kombi mit Klappsitzen, als Lieferwagen (italienisch: Furgonetta), zudem mit einer aufschiebbaren Ladeluke im Dach und einem Hochdach oder sogar als Pickup.

Bild: © Fiat AG

Preise	1	2	3	4	5
850 T Familiare, Bus	27.300	17.200	10.600	4.800	1.400

Motor/Antrieb	
Bauart	Vierzylinder (Reihe)
Lage/Antrieb	Heck/Heck
Hubraum in cm³	843
PS/min	34/5000
Vmax in km/h	110
Karosserie	
Bauart	Kleinbus, Kastenwagen
Tragstruktur	selbsttragend
Material	Stahlblech
Stückzahl und Marktsituation	
Produktionszahl	k.A.
Verfügbarkeit	schlecht
Teilesituation	schlecht
Unterhaltskosten	niedrig

F

Fiat 133 — 1974-1979

Wer kennt den Fiat 133? Fast niemand. Manche meinen, es sei ein Derivat des 127. Andere sehen einen vergrößerten 126. Stimmt alles nicht, obwohl der Vergleich mit dem Heckmotor-126 schon eher stimmt. Seat hatte den 133 entwickelt, um mit ihm ab 1974 die Lücke zu schließen, die man zwischen dem 600 und 127 auszumachen glaubte. Bislang hatte die das Modell 850 gefüllt: Somit ist der mit dem bekannten wassergekühlten Heckmotor bestückte 133 der legitime Nachfolger des charmanten 850, wenn auch von Seat gebaut. Fiat hatte immerhin für einige Märkte das eigene Logo aufs Blech geklebt. Im Raumangebot übertraf er seinen Vorgänger, nicht jedoch in der Leistung, selbst nicht in der Version Seat 133 Especial, die 44 PS aus dem gleichen Hubraum holte. Sie blieb dem spanischen Markt vorbehalten.

Bild: © Fiat AG

Preise	1	2	3	4	5
133, L2t	7.100	4.300	2.900	1.000	400

Motor/Antrieb	
Bauart	Vierzylinder (Reihe)
Lage/Antrieb	Heck/Heck
Hubraum in cm³	843
PS/min	34/4800
Vmax in km/h	122
Karosserie	
Bauart	Limousine (2-türig)
Tragstruktur	selbsttragend
Material	Stahlblech
Stückzahl und Marktsituation	
Produktionszahl	k.A.
Verfügbarkeit	ausreichend
Teilesituation	gut
Unterhaltskosten	niedrig

Voll im Plan: Der Fiat 124 bietet eine neue Basis

Kaum ein Fiat-Modell vereint so starke Gegensätze in sich wie der 124: Er konnte einen Bogen schlagen zwischen vermögenden Lebemenschen an der Côte d'Azur und sowjetischen Plan-Erfüllern im Donezk-Becken, vorausgesetzt, der eine fuhr einen Fiat 124 Spider und der andere einen Lada 2101 „Shiguli".

Denn: Was der Turiner Chef-Designer Dante Giacosa 1966 mit Hilfe aufwändiger Crashtests unter dem Zahlenkürzel 124 völlig neu entworfen hatte, sollte Fiat nicht nur in eine neue Ära der Großserienherstellung führen, sondern als Lizenzbau ab 1971 auch in die Sowjetunion gelangen. Dort wurde die Limousinenversion des Fiat 124 bis 1988 unter dem Markenzeichen Lada für eine kleine, privilegierte Oberschicht gebaut.

Beinahe privilegiert waren auch die westlichen 124-Fahrer, die sich für ein Coupé oder eben den eleganten Spider entscheiden konnten. Letzterer wurde zum Bestseller, der sich sogar bis 1985 im Programm halten konnte.

So erfolgreich der Fiat 124 auch wurde, mit dem Beginn der Massenherstellung schlichen sich zunehmend Verarbeitungsmängel ein. Dazu kam der Rost. Für die wenig begehrten Limousinen-Modelle bedeutete das ein frühes Aus – selbst heute lohnt sich das Schweißen nur für wahre Fans.

Im November 2015 feierte der neue 124 Spider seine Weltpremiere auf der Los Angeles Auto Show: Die ersten Exemplare des neuen Modells, als dessen Basis der japanische Roadster Mazda MX-5 dient, wurden in Deutschland ab Juni 2016 zu Preisen ab 23.990 € angeboten.

Fiat 124 Berlina, 124 Familiare — 1966-1974

Auf dem Genfer Salon 1966 stellte Fiat den Nachfolger der 1300/1500-Familie vor: Der 124 Berlina, eine völlige Neukonstruktion, setzte sich von Beginn an auf dem Markt durch. So geriet er zum Verkaufserfolg, obgleich die Stilistik polarisierte: die Karosserie wurde vielfach als zu sachlich empfunden, vermied andererseits aber mit ihren klaren Linien alle modischen Schnörkel. Die reduzierte Form führte zu einer gewissen Zeitlosigkeit. Das war gut so, wie wir heute wissen: Als Lada wurde der 124 über Jahrzehnte hinweg in Lizenz gebaut – mit über fünf Millionen Stück ist er in Russland bis heute massiv auf den Straßen vertreten. Auch die Ur-Version von Fiat war volkstümlich: 1,92 Millionen bauten die Turiner. Den Löwenanteil fraß jedoch der Rost, und die wenigen Fiat-Originale, die überlebt haben, würdigt kaum jemand eines Blicks.

Bild: © Fiat AG

Preise	1	2	3	4	5
124 (66-70), L4t	11.600	7.900	5.400	2.800	900
124 Familiare (66-70), Kom	16.700	11.400	7.800	4.100	1.300

Motor/Antrieb	
Bauart	Vierzylinder (Reihe)
Lage/Antrieb	Front/Heck
Hubraum in cm³	1197
PS/min	60/5600
Vmax in km/h	145 bis 147
Karosserie	
Bauart	Limousine (2-/4-türig), Kombi (5-türig)
Tragstruktur	selbsttragend
Material	Stahlblech
Stückzahl und Marktsituation	
Produktionszahl	1,92 Mio (plus Lizenzbauten)
Verfügbarkeit	ausreichend
Teilesituation	ausreichend
Unterhaltskosten	niedrig

Fiat 124 Spider (124 Sport Spider, Spider 2000) 1966-1982

Fast zeitgleich mit dem Alfa Romeo Spider präsentierte Fiat sein Angebot an die Frischluft-Fans. Der 124 Sport Spider überzeugte auf Anhieb mit seiner aparten, typisch italienisch gestylten Karosserie, die Pininfarina gezeichnet hatte. Doch Fiat bot das Offenfahr-Vergnügen rund 2000 Mark billiger an als Alfa, ohne dass die Kunden auf viel verzichten mussten: Der Motor besaß zwei obenliegende Nockenwellen, die von einem Zahnriemen angetrieben wurden – eine damals ungewohnte Lösung. Das Getriebe enthielt fünf Fahrstufen, und das Handling begeisterte selbst sportliche Piloten. Der anfänglich nur 1,4 Liter große Motor wuchs bald auf 1,6 und 1,8 Liter, in den späten Siebzigern sogar bis auf zwei Liter Hubraum. Den letzten Versionen spendierte Fiat eine Bosch Motronic, was besonders im Hinblick auf die scharfen US-Abgasbestimmungen geschah.

Bild: © Fiat AG

Preise	1	2	3	4	5
124 Spider (AS), Cab	28.500	17.100	12.000	6.900	3.100
124 Spider (BS), Cab	26.500	15.900	11.100	6.300	2.800
124 Spider (CS), Cab	26.300	15.700	11.000	3.600	2.800
124 Spider (CSO), Cab	24.700	14.800	10.300	6.000	2.700

Motor/Antrieb	
Bauart	Vierzylinder (Reihe)
Lage/Antrieb	Front/Heck
Hubraum in cm^3	1438, 1608, 1758, 1995
PS/min	90/6600 bis 118/6000
Vmax in km/h	165 bis 180
Karosserie	
Bauart	Cabriolet
Tragstruktur	selbsttragend
Material	Stahlblech
Stückzahl und Marktsituation	
Produktionszahl	ca. 197.000
Verfügbarkeit	üppig
Teilesituation	sehr gut
Unterhaltskosten	mittel

F

Fiat 124 Sport Coupé 1967-1972

Auch ein Coupé entsteht auf der Basis des neuen Fiat 124, der 1966 der Öffentlichkeit vorgestellt worden war. Neben der von Pininfarina entworfenen Spider-Variante konnte so Fiat auch die Coupé-Klientel bedienen – in den ausgehenden sechziger Jahren galten Spider und Cabriolets nur noch als eine stilistische Fingerübung. An eine große oder gar steigende Nachfrage glaubte niemand mehr, die Zukunft lag, so glaubte man, in den geschlossenen Varianten, die sicherer und komfortabler waren. Fiat hatte die Styling-Aufgabe im eigenen Haus gelöst: Die schlichten, etwas kantigen und gestreckten Linien des Coupés entstanden auf den Zeichenbrettern des Centro Stile Fiat in Turin. Fahrwerk und Motor entsprachen ganz der offenen Variante, und so konnte der immerhin 90 PS starke 1,5-Liter-Motor mit ordentlicher Agilität überzeugen, was nicht zuletzt an den beiden obenliegenden Nockenwellen lag.

Bild: © Fiat AG

Preise	1	2	3	4	5
124 Sport (1967-1969), Cpe	23.300	14.900	9.900	4.900	2.200
124 Sport (1969-1972), Cpe	22.300	14.300	9.400	4.600	2.000

Motor/Antrieb	
Bauart	Vierzylinder (Reihe)
Lage/Antrieb	Front/Heck
Hubraum in cm^3	1438
PS/min	90/6600
Vmax in km/h	170
Karosserie	
Bauart	Coupé
Tragstruktur	selbsttragend
Material	Stahlblech
Stückzahl und Marktsituation	
Produktionszahl	k.A.
Verfügbarkeit	schlecht
Teilesituation	schwierig
Unterhaltskosten	hoch

Fiat 124 Special, Special T 1970-1974

Als sportlichste Limousine der überaus erfolgreichen 124-Serie fungierte der Fiat 124 Special T. Das Topmodell wurde zunächst von einem immerhin 80 PS starken 1,4-Liter-Reihenvierzylinder mit zwei obenliegenden Nockenwellen zu beachtlichen Fahrleistungen angetrieben. Allerdings konnte die simple Fahrwerkskonstruktion mit einer trampeligen hinteren Starrachse die Beschaffenheit der Straßenoberfläche kaum verheimlichen. Nach außen trug das Modell die kantige, etwas biedere Karosserie des 124. Genau wie die zivilen Geschwister litt der schnelle 124 unter seiner nachlässigen Verarbeitung. Zudem hat die Rostanfälligkeit den Bestand längst dramatisch reduziert: Originale, gut erhaltene Exemplare dürften nur mit viel Glück noch zu finden sein. Doch selbst die sucht kaum jemand.

Bild: © Fiat AG

Preise	1	2	3	4	5
124 Special T (1970-1972), L4t	13.000	8.800	6.000	3.200	1.100
124 Special T (1972-1974), L4t	13.200	8.900	6.100	3.200	1.100

Motor/Antrieb	
Bauart	Vierzylinder (Reihe)
Lage/Antrieb	Front/Heck
Hubraum in cm^3	1438, 1592
PS/min	80/6000 und 95/6000
Vmax in km/h	165 bis 170
Karosserie	
Bauart	Limousine (4-türig)
Tragstruktur	selbsttragend
Material	Stahlblech
Stückzahl und Marktsituation	
Produktionszahl	k.A.
Verfügbarkeit	gegen null
Teilesituation	ausreichend
Unterhaltskosten	mittel

(Fiat) Pininfarina Spidereuropa 1982-1985

Im Herbst 1982 hatte sich Fiat gegen den 124 Spider entschieden, das Konzept schien überholt, die Verkaufszahlen zu niedrig. Das sah Pininfarina, in dessen Werk der Fiat Spider von Beginn an gebaut wurde, jedoch anders und handelte mit Fiat die Fortführung der Produktion aus. Das führte zu einer Umbenennung des damals aktuellen Modells 124 DS, das zwar weiter von Fiat, doch nun nicht mehr unter eigenem Markennamen vertrieben wurde, sondern künftig Pininfarina hieß – das einzige Mal, dass der Designer und Kleinserienproduzent als Marke auftrat. Das Modell hieß nun Spidereuropa, was darauf hinweist, dass der einst so wichtige amerikanische Markt keine Rolle mehr spielte. Noch bis Sommer 1985 baute Pininfarina den Spidereuropa mit dem bekannten 2,0-Liter-Vierzylindermotor, der zuletzt auch für den deutschen Markt mit einem Katalysator ausgestattet wurde.

Bild: © Fiat AG

Preise	1	2	3	4	5
124 Spidereuropa Cab	24.200	14.500	10.200	5.900	2.600

Motor/Antrieb	
Bauart	Vierzylinder (Reihe)
Lage/Antrieb	Front/Heck
Hubraum in cm³	1995
PS/min	103/5500
Vmax in km/h	über 180
Karosserie	
Bauart	Cabriolet
Tragstruktur	selbsttragend
Material	Stahlblech
Stückzahl und Marktsituation	
Produktionszahl	k.A.
Verfügbarkeit	ausreichend
Teilesituation	ausreichend
Unterhaltskosten	mittel

F

Pininfarina Spidereuropa Volumex 1984-1985

Abarth, die Fiat-Tuning-Abteilung, hatte dem Spidereuropa Mitte der 1980er Jahre eine Extraportion Leistung via dröhnendem Rootskompressor gegönnt. Damit lieferte das von einem Weber-Doppelvergaser beatmete Doppelnockenwellentriebwerk nun 135 PS, genug für eine Spitze von gut 200 km/h. Breite Speedline-Aluräder künden vom Werkstuning, das auch mit zwei Zusatzscheinwerfern, feinen Zierlinien und schwarzen Kotflügelverbreiterungen dokumentiert wurde. Den Volumex gab es zudem nur in Schwarz- und Weinrot-metallic. Die Preise für diesen Über-Spider, den Pininfarina in einer Auflage von 500 Exemplaren gefertigt hat, zogen schon vor Jahren erheblich an. Im Unterschied zu früheren Spider-Generationen ist der Volumex hauptsächlich nach Deutschland verkauft worden.

Bild: © Fiat AG

Preise	1	2	3	4	5
124 Spider Vol., Cab	51.800	32.600	21.100	12.000	5.800

Motor/Antrieb	
Bauart	Vierzylinder (Reihe)
Lage/Antrieb	Front/Heck
Hubraum in cm³	1995
PS/min	135/5600
Vmax in km/h	205
Karosserie	
Bauart	Cabriolet
Tragstruktur	selbsttragend
Material	Stahlblech
Stückzahl und Marktsituation	
Produktionszahl	500
Verfügbarkeit	ausreichend
Teilesituation	gut
Unterhaltskosten	hoch

Turiner Vielfalt: Die Fiat 128-Modelle

Die Fiat-Modellreihen 850 und 124 hatten es bereits vorgemacht: Breit gefächert statt eingleisig, so lautete eine der Grundvoraussetzungen für eine erfolgreiche und zeitgemäße Modellpolitik in den 1970er Jahren. Der Fiat 128 machte da keine Ausnahme: Neben der Limousine gab es die kantige Mittelklasse aus Turin auch als Kombi sowie auch in zwei Coupé-Versionen.

Völlig neu war hingegen das in der 128er-Modellreihe erstmals umgesetzte Konzept vom quer eingebauten Frontmotor mit Vorderradantrieb. Trotz des eher unsportlichen Stylings waren selbst die eckigen 1,1-Liter-Stufenhecklimousinen dank guter Fahrleistungen ihren direkten Konkurrenten VW Käfer oder Ford Escort überlegen. Erst recht galt dies für die Sport-Modelle mit 1,3-Liter-Motor.

Dass der Fiat 128 nicht nur schnell fahren, sondern auch sportlich aussehen konnte, bewies zuletzt der X1/9, ein eigenwilliges Mittelmotor-Coupé von Bertone, das mit ausgeprägter Keilform und einem – sehr zeittypisch! – herausnehmbaren Dachteil aufwartete. Mit ihm hatte Fiat vornehmlich eine amerikanische Kundschaft im Blick.

Fiat 128 (Berlina, Familiare, Rally) 1969-1985

Mit dem Fiat 128 stellen die Italiener 1969 in Turin eine neue Baureihe vor, die mit unterschiedlichsten Karosserien und Motorisierungen ihren Platz am Markt suchte. Zwei 55 PS und 60 PS starke Motoren mit 1,1 und 1,3 Litern trieben den kompakten Italiener an der Vorderachse an. Damit schlug der 128 ein neues Kapitel in der Firmengeschichte auf, dessen Folgen bis heute wirken: Er war der erste Frontriebler in der Geschichte des Unternehmens. Fiat griff auf die Erfahrungen mit dem Autobianchi Primula zurück. Unter diesem Label testete Fiat manche neue Entwicklung. Das rundum neu konstruierte Fahrwerk besitzt auch hinten eine unabhängige Radaufhängung. Ab 1972 vertreibt Fiat in Deutschland – parallel zum Steilheck-Kombi – den Schrägheck-Kombi Zastava 101, eine in Jugoslawien gebaute 128-Version. Besonders interessant ist der 128 Rally mit seinem 67 PS starken Motor.

Bild: © Fiat AG

Preise	1	2	3	4	5
128 (1969-1976), L4t	9.200	6.000	3.600	1.800	600
128/1100 (1976-1985), L4t	8.500	5.500	3.200	1.600	500
128/1300 (1976-1985), L4t	8.500	5.500	3.200	1.600	500

Motor/Antrieb	
Bauart	Vierzylinder (Reihe)
Lage/Antrieb	Front/Front
Hubraum in cm³	1116 bis 1290
PS/min	55/6000 bis 67/6200
Vmax in km/h	140 bis 152
Karosserie	
Bauart	Lim (2-türig), Lim (4-türig), Ko
Tragstruktur	selbsttragend
Material	Stahlblech
Stückzahl und Marktsituation	
Produktionszahl	k.A.
Verfügbarkeit	gut
Teilesituation	gut
Unterhaltskosten	niedrig

Fiat 128 Coupé und Berlinetta (3P) 1971-1978

Nach der Aufgabe des Heckmotorkonzepts setzte Fiat auch bei den sportlichen Coupés auf den Frontantrieb mit quer installierten Triebwerken. Die Vorteile dieser Platz sparenden Lösung kamen den Passagieren zugute. Die Coupé-Version des erfolgreichen 128 zeigte als 1100 und 1300 von 1971 bis 1975 noch einen charakteristischen Hüftknick, die späteren 3P-Modelle wiesen dann eine gerade Seitenlinie auf, die sie etwas langweiliger erscheinen ließ. Der praktische Vorteil des Facelifts zeigte sich jedoch an der großen Heckklappe. Das flotte Äußere ging einher mit einer gelungenen Innenraum- und Armaturenbrettgestaltung. Lebhafte Motoren mit bis zu 75 PS Leistung unterstrichen die Sportlichkeit: Bis zu 160 Stundenkilometer erreichten die kompakten Fiat-Coupés.

Bild: © Fiat AG

Preise	1	2	3	4	5
128 Sport 1,1, Cpe	14.400	9.300	5.350	2.800	1.000
128 Sport 1,3, Cpe	15.800	10.200	6.000	3.100	1.200
128 3P 1,1, Cpe	14.500	9.400	5.600	2.900	1.100
128 3P 1,3, Cpe	15.900	10.300	6.100	3.100	1.300

Motor/Antrieb	
Bauart	Vierzylinder (Reihe)
Lage/Antrieb	Front/Front
Hubraum in cm³	1116, 1290
PS/min	64/6000 bis 75/6400
Vmax in km/h	150 bis 160
Karosserie	
Bauart	Coupé
Tragstruktur	selbsttragend
Material	Stahlblech
Stückzahl und Marktsituation	
Produktionszahl	330.897
Verfügbarkeit	ausreichend
Teilesituation	ausreichend
Unterhaltskosten	mittel

F

Fiat X 1/9 1972-1989

Auf einer Design-Studie von Bertone basierte der modern gezeichnete Mittelmotorsportler, den Fiat ab 1972 unter der Bezeichnung X 1/9 an die Verkaufsfront schickte. Mit Heckmotor, Klappscheinwerfern und herausnehmbarem Dachteil versehen, machte er seinen Weg. Vierzylinder-Reihenmotoren mit 75 und ab 1980 mit 85 PS hielten die Unterhaltskosten in Grenzen, konnten aber für flotte Fahrleistungen sorgen. Das Fahrwerk zeigte sich mit Einzelradaufhängung rundum und Scheibenbremsen auf modernem Stand und war entsprechend sicher, wenngleich Konzept bedingt der Grenzbereich schmal war. Fiat besetzte mit dem X 1/9 erfolgreich eine Nische. 1982 ging die Produktion an Bertone über, wo das Auto bis 1989 mit besonders luxuriöser Ausstattung weitergebaut wurde. Lange verkannt und sogar geschmäht, wirkt der X 1/9 heute zunehmend reizvoll.

Bild: © Jürgen Schlegelmilch

Preise	1	2	3	4	5
X 1/9, HD	18.500	11.200	6.900	3.700	1.600
X 1/9 (Fünfgang), HD	20.900	12.600	7.800	4.200	1.800

Motor/Antrieb	
Bauart	Vierzylinder (Reihe)
Lage/Antrieb	Mitte/Heck
Hubraum in cm³	1290, 1499
PS/min	75/6000 bis 85/6000
Vmax in km/h	170 bis 180
Karosserie	
Bauart	Coupé (Dachteil entfernbar)
Tragstruktur	selbsttragend
Material	Stahlblech
Stückzahl und Marktsituation	
Produktionszahl	ca. 180.000
Verfügbarkeit	gut
Teilesituation	sehr gut
Unterhaltskosten	mittel

Erfolgreiche Neudefinition: Fiat 127, Uno und Punto

Das klassische „Three Box"-Modell – die von Motorhaube, Dach und Kofferdeckel gezeichnete Karosserie-Silhouette – hatte in den frühen 1970er Jahren ausgedient. Besonders in der Kleinwagenklasse waren neue Lösungen gefragt. Hier ging es noch mehr um Raumökonomie und Kosten als in den weiter oben angesiedelten Klassen.

Vorbilder gab es bereits. So hatte der Renault R4 seine Praktikabilität längst bewiesen, auch der Glas 1004 CL war, wenn schon kein Erfolg, zumindest ein überaus cleverer Entwurf, der mit einer großen Heckklappe punktete. Fiat hatte moderne Konzepte wie diese im Blick, als es um die Aufgabe ging, einen Nachfolger für das Erfolgsmodell 850 zu entwickeln.

Zeitgemäß sollte er sein, ein praktischer Alltags- und Einkaufswagen für Stadt- und Landstraßen. Der 127 zeigte bereits 1971 die Formen, die den Kompaktwagenbau des gesamten Jahrzehnts bestimmen sollten: Eine hübsche Schrägheckkarosserie, die bald zudem über eine zu öffnende Heckklappe verfügte. Auch technisch fiel der 127 radikal anders aus als sein Vorgänger: Statt Heckmotor und -antrieb verfügte er über ein quer eingebautes Front-Triebwerk und Vorderradantrieb.

Der Erfolg blieb nicht aus. 1971 erhielt der Fiat 127 den renommierten Titel „Auto des Jahres", zudem erzielte Fiat mit rund 5,6 Millionen gebauten Einheiten nicht nur einen neuen hauseigenen Produktionsrekord, sondern stellte mit dem praktischen Dreitürer auch einen Wegbereiter der Kleinwagenklasse auf die Räder. Denn andere kamen später: Der Audi 50 beispielsweise zeigte sich erst 1974, der Ford Fiesta wartete bis 1976. Die Ford-Designer, so heißt es, sollen sich den Fiat 127 sehr genau angesehen haben, bevor sie den Fiesta entwarfen.

Nach zwei Facelifts 1977 und 1982 ersetzte Fiat den 127 nach und nach durch den neuen Uno. Auch international hatte der Fiat 127 Karriere gemacht: In Spanien baute ihn Seat in Lizenz und entwickelte ihn sogar zum Fünftürer weiter, in Jugoslawien stellte er die Basis des Yugo. Auch in Griechenland entstand ein Derivat, und in Brasilien sowie Argentinien fertigte die dortige Fiat-Tochter den 127 als 147 in vielen Varianten. Erst 1996 endete hier die Produktion.

Auch der Uno legte eine internationale Karriere hin. Unter anderem in Brasilien lief er bis 2014 als Fiat Mille vom Band, während in Italien der Punto bereits ab Ende 1993 den Uno Schritt für Schritt ablöste. 1999 folgte die zweite, 2005 die dritte Punto-Modellgeneration.

Fiat 127 1971-1983

Eine der größten Erfolgsgeschichten in der Fiat-Historie begann 1971 mit dem Debüt des Fiat 127. Der völlig neu konstruierte Kompaktwagen lehnte sich stilistisch und konzeptionell an seine großen Brüder an, wenn auch zunächst der Motor vom 850 Sport übernommen wurde. Im Folgejahr erhielt der 127 eine große Heckklappe und gehörte damit zur frühen Garde moderner Kompaktwagen. Der Millionseller war auch auf dem deutschen Markt erfolgreich, zumal deutsche Hersteller dem kleinen Drei- bzw. Fünftürer anfangs nichts entgegenzusetzen hatten. Mit dem 127 Sport debütierte der Kleinwagen mit agilen 70 PS aus 1049 cm³. Ab 1981 war der 127 D der kleinste Diesel-Pkw der Welt (1301 cm³, 45 PS). Fiat Panorama nannte sich ab 1980 der dreitürige Kombi, 127 C der Fünftürer und 127 Fiorino der Kastenwagen.

Bild: © Fiat AG

Preise	1	2	3	4	5
127 (1971-1977), L2t	10.400	6.300	3.800	1.700	700

Motor/Antrieb	
Bauart	Vierzylinder (Reihe)
Lage/Antrieb	Front/Front
Hubraum in cm³	903, 965, 1049, 1301
PS/min	40/5400 bis 70/6500
Vmax in km/h	130 bis 162
Karosserie	
Bauart	Lim (2/4-türig), Kombi (3-türig)
Tragstruktur	selbsttragend
Material	Stahlblech
Stückzahl und Marktsituation	
Produktionszahl	über 5 Mio
Verfügbarkeit	gut
Teilesituation	gut
Unterhaltskosten	niedrig

Fiat Uno 1983-1990

Mit dem Uno präsentierte Fiat 1983 einen Nachfolger für den 127. Giorgetto Giugiaro hatte die Form entworfen, einen Zwei- sowie Viertürer mit steilem Heck. Zudem bot Fiat eine Kombi- wie Stufenheckversion an, die unter dem Namen Duna vermarktet wurde. Auch ein Kastenwagen entstand auf Uno-Basis. Fiat hatte den Uno betont auf Rationalisierung hin konstruiert und er ließ sich weitgehend von Robotern fertigen. Als einer der erfolgreichsten Importwagen der 1980er Jahre war er auch in Deutschland in großen Stückzahlen unterwegs. Aufgehoben wurden jedoch nur wenige Exemplare, zu reizlos erschien der pragmatische Kleinwagen – und auf überdurchschnittlich lange Lebenszeit war die Produktqualität auch nicht ausgelegt. Aus Sammlersicht besonders reizvoll sind die Varianten Turbo i.e., speziell als Racing mit 112 PS. Diese sind jedoch kaum mehr in gutem, originalem Zustand zu finden – falls doch: Es könnte sich lohnen.

Bild: © Fiat AG

Preise	1	2	3	4	5
Uno 75 i.e. Kat, L3t	k.N.	4.000	2.400	1.000	k.N.
Uno Turbo, L3t	k.N.	14.900	8.000	4.300	k.N.

Motor/Antrieb	
Bauart	Vierzylinder
Lage/Antrieb	Front/Front
Hubraum in cm³	903 bis 1677
PS/min	44/5600 bis 112/6000
Vmax in km/h	145 bis 200
Karosserie	
Bauart	Limousine (2-/4-türig)
Tragstruktur	selbsttragend
Material	Stahlblech
Stückzahl und Marktsituation	
Produktionszahl	6.032.911
Verfügbarkeit	ausreichend
Teilesituation	gut
Unterhaltskosten	niedrig

F

Fiat Punto Cabrio 1994-1997

Fiat hatte den Uno-Nachfolger auf den Punkt gebracht: Punto hieß der moderne Kleinwagen, für den Fiat 1994 sogar – Überraschung! – eine Cabrio-Version entwickelt hatte. Fiat bot ihn mit dem 1,2-Liter-Motor (58 bis 86 PS) und 1,6-Liter-Motor (88 PS) an, jedoch nicht mit der Basismotorisierung oder den potenten Turbo-Varianten. So knapp bemessen der Uno von außen war, bot der offene Punto doch vier Personen ausreichend Platz – zwar nicht unbedingt auf Reisen, doch auf kurzen Strecken allemal. Zudem zeigte sich das Cabrio als recht solide und überzeugte viele preisbewusste Frischluftfans. Auch wenn das Punto Cabrio nicht so flott wie der Fiat Barchetta, der auf der gleichen Bodengruppe aufbaut, in das Herz der Oldtimerfans fahren wird: Ein gut erhaltenes Punto Cabrio ist heute günstig in Kauf und Unterhalt, bietet agiles Autovergnügen in und um die Stadt – und wird als Star auf jeder 90er-Party begrüßt.

Bild: © Fiat AG

Preise	1	2	3	4	5
Punto 1,1, Cab	k.N.	1.700	700	300	k.N.
Punto 1,2, Cab	k.N.	2.400	1.000	500	k.N,

Motor/Antrieb	
Bauart	Vierzylinder
Lage/Antrieb	Front/Front
Hubraum in cm³	1242, 1581
PS/min	58/5500 bis 88/5750
Vmax in km/h	160 bis 178
Karosserie	
Bauart	Cabrio
Tragstruktur	selbsttragend
Material	Stahlblech
Stückzahl und Marktsituation	
Produktionszahl	k.A.
Verfügbarkeit	gut
Teilesituation	gut
Unterhaltskosten	niedrig

Der verkannte Familientyp: Fiat 131

Wäre Dr. Jekyll aus Italien gekommen, er hätte sich sicherlich für ein Fahrzeug von Fiat entschieden, und zwar für jenes mit der unscheinbaren Zahlenkombination 131 am Heck, denn kaum eine Familienlimousine seiner Preisklasse hatte es Ende der 1970er Jahre so faustdick hinter den Ohren wie der stets etwas bieder wirkende Italiener.

Den Mr. Hide unter den braven 131-Versionen markiert dagegen jener brachiale 131 Abarth Rally, mit dem der deutsche Rallye-Großmeister Walter Röhrl 1977, 1978 und 1980 Rallye-Weltmeister wurde. Nach dem Vorbild des Weltmeisterwagens präsentierte Fiat 1978 auch den 131 Sport, den es sogar als Sondermodell mit Halogen-Scheinwerfern, zahlreichen Spoileranbauten und mit einer faksimilierten Unterschrift Röhrls auf der C-Säule gab.

Heute sind die sachlichen Mittelklasse-Limousinen nicht nur selten geworden, sondern längst in Vergessenheit geraten. Damit reiht sich der Fiat 131 in die Reihe all jener Modelle ein, denen selbst beachtenswerte innere Werte nicht zu einem langen Andenken verhelfen konnten.

Fiat 131, 131 Sport, 131 Panorama, 131 Mirafiori, 131 Mirafiori Special, Supermirafiori, 131 Abarth Rally, 131 Diesel, 131 Supermirafiori Compressore 1974-1983

Auf dem Turiner Salon 1974 begann die Karriere des kantigen Mittelklasse-Typs. Fast ein Jahrzehnt prägte er nicht nur in Italien das Straßenbild, auch in Deutschland war der 131 nicht ohne Erfolg. Verschiedene Typen trugen den Beinamen Mirafiori, so hieß das Fiat-Werk. Als Supermirafiori gingen ab 1978 sportlicher ausgelegte Modelle auf Kundenfang. Ihre Motoren besaßen, bei identischem Volumen, jedoch zwei obenliegende Nockenwellen und gaben sich so erheblich drehfreudiger. Im selben Jahr debütierte der 131 Sport mit 115 PS. Zwei Jahre zuvor hatte der 131 bereits richtig Zähne gezeigt: Der rund 190 km/h schnelle 131 Abarth Rally gehört nicht nur zum schärfsten, was Fiat unter dem Kürzel 131 verkaufte, sondern diente auch als Basis für den WM-Erfolg Walter Röhrls Ende der 1970er Jahre – für Fiat ein unschätzbarer Imagegewinn.

Bild: © Fiat AG

Preise	1	2	3	4	5
131 (Ser. 1), L4t	9.400	5.900	3.600	1.700	700
131 (Ser. 2), L4t	10.800	6.700	4.200	2.000	800
131 (Ser. 3), L4t	15.900	10.200	6.300	3.000	1.200

Motor/Antrieb	
Bauart	Vierzylinder (Reihe)
Lage/Antrieb	Front/Heck
Hubraum in cm³	1297-1995; 1995, 2445
PS/min	55/5000 bis 215/7000
Vmax in km/h	140 bis 190
Karosserie	
Bauart	Lim (2-/4-türig), Kombi (5-türig)
Tragstruktur	selbsttragend
Material	Stahlblech
Stückzahl und Marktsituation	
Produktionszahl	k.A.
Verfügbarkeit	schlecht
Teilesituation	gut
Unterhaltskosten	niedrig

Die tolle Kiste: Der Fiat Panda

Er war anders. Er war ein Auto für selbstbewusste Minimalisten, für Freunde praktischer Kleinwagen und auch diejenigen, denen die Ente zu frankophil aufgeladen und etablierte Kompaktgrößen wie VW Golf oder Ford Fiesta viel zu bürgerlich daherkamen. Für sie alle gab es den kleinen Fiat Panda, jenen kompromisslosen Kleinwagen, dem man nicht zuletzt dank einer ausgeklügelten Werbekampagne die Eigenschaft, nichts Überflüssiges an Bord zu haben, noch als Tugend anrechnete.

Der Turiner Kompaktkleinwagen war eine völlige Neukonstruktion, die sich nicht nur im Innenraum vielfach variieren ließ, sondern auch unter dem gekanteten Blech ein breites Spektrum bot – von der 30-PS-Standardversion bis hin zum raffiniert konstruierten Allrad-Panda 4x4, der ein echtes Unikum in seiner Klasse darstellte. So gelang es dem Massenmodell, zugleich ein Auto für Individualisten, für sparsame Zweitwagenfahrer oder klamme Führerscheinneulinge gleichermaßen zu sein – mit dem Panda lösten die Turiner Autobauer wahrlich das ein, was sie zur Markteinführung öffentlichkeitswirksam versprachen: Der Panda war eine tolle Kiste.

Fiat Panda 1980-1985

Unter den Kleinwagen ist er so unverwechselbar und originär wie kaum ein anderer Entwurf seiner Epoche. Gerade der Minimalismus ist der Vorzug des Fiat Panda, seine Pragmatik der wahre Luxus. Darin näherte sich seine Idee dem R4 von Renault und der Ente an, die Seelenverwandtschaft ist unverkennbar. Und mit diesen Brüdern im Geiste teilt er den nonchalanten Umgang mit der Qualität – es ging um den Genuss am Nutzen im Hier und Heute, nicht ums Aufheben. Ergo: Frühe Panda – die ersten für Italien bestimmten Versionen besaßen noch den luftgekühlten Motor des Fiat 126 – haben selten überlebt, und finden sich doch welche, kosten sie fast nichts. Irgendwie schade, dass viele die existenzialistischen Qualitäten des Panda längst vergessen haben.

Bild: © Fiat AG

Preise	1	2	3	4	5
Fiat Panda, L2t	11.200	6.200	3.600	1.700	k.N.

Motor/Antrieb	
Bauart	Zwei-/Vierzylinder (Reihe)
Lage/Antrieb	Front/Front
Hubraum in cm^3	652, 903
PS/min	30/5500, 45/5600
Vmax in km/h	115 bis 140
Karosserie	
Bauart	Limousine (2-türig)
Tragstruktur	selbsttragend
Material	Stahlblech
Stückzahl und Marktsituation	
Produktionszahl	ca. 4.000.000
Verfügbarkeit	ausreichend
Teilesituation	sehr gut
Unterhaltskosten	niedrig

Kompaktes Leid: Der Fiat Ritmo

Ganz nach den Vorgaben der boomenden Kompaktwagen-Mode gestaltete Fiat Ende der 1970er Jahre ein neues Volumenmodell für die untere Mittelklasse, den Ritmo. Ein Projekt, das zunächst zu glücken schien: Dank quer eingebautem Motor, Frontantrieb und modischem Schrägheck bot der Ritmo überdurchschnittlich viel Raum, der zudem von einem mutigen, unkonventionellen Design umhüllt wurde.

Ein vergleichbarer Verkaufserfolg wie seinem Vorgänger 128 gelang dem Fiat Ritmo dennoch nicht: Zu sehr enttäuschte er durch mangelnde Rostvorsorge und schlampige Verarbeitung. Dies sollte letztlich auch dazu beitragen, dass der Fiat Ritmo bereits zehn Jahre nach Produktionsende nahezu spurlos aus dem Straßenbild verschwunden war, was bei einem Herstellungsvolumen von knapp 1,8 Millionen Fahrzeugen keine Selbstverständlichkeit war. Damit blieb er rund eine Million hinter dem 128 zurück – enttäuschend für Fiat.

Fiat Ritmo (Serie 1), Ritmo 60, Ritmo 65, Ritmo 75, Ritmo Super 75, Ritmo Super 85, Ritmo Diesel 1978-1982

Wer den Fiat Ritmo wegen seines unkonventionellen Äußeren als reine Neukonstruktion betrachtet, liegt falsch. Unter dem Kleid des eigenwilligen Kompaktwagens steckte zunächst teilweise die Technik des Fiat 128. Als ebenbürtiger Konkurrent des Kompaktklassen-Primus Golf konnte der Ritmo allerdings nie bestehen, zu individualistisch war er vielen potenziellen Kunden geraten. Wer dennoch Vertrauen fasste, wurde schnell enttäuscht. Nahezu alle Besitzer machten Bekanntschaft mit Verarbeitungs- und Rostproblemen – den typischen Leiden der Spätsiebziger-Fiats. Als „Strada" bot Fiat den Ritmo in den USA und England an.

Bild: © Fiat AG

Preise	1	2	3	4	5
Ritmo 60, L3t	k.N.	4.100	2.400	800	k.N.
Ritmo 75, L3t	k.N.	4.500	2.600	900	k.N.

Motor/Antrieb	
Bauart	Vierzylinder (Reihe)
Lage/Antrieb	Front/Front
Hubraum in cm^3	1108-1714
PS/min	55/4500 bis 85/5800
Vmax in km/h	145 bis 163
Karosserie	
Bauart	Limousine (3-/5-türig)
Tragstruktur	selbsttragend
Material	Stahlblech
Stückzahl und Marktsituation	
Produktionszahl	k. A.
Verfügbarkeit	ausreichend
Teilesituation	ausreichend
Unterhaltskosten	niedrig

Fiat (Bertone) Ritmo Cabrio 1981-1987

Aus dem mutig gestylten Golf-Konkurrenten Fiat Ritmo sollte Bertone ein Cabriolet bauen. Wie beim Golf setzte der Designer auf einen versteifenden Überrollbügel, der sich recht gefällig in die Gesamterscheinung einfügte. Er erreichte zudem, dass sich das Verdeck hinter dem Passagierraum besser verstauen ließ und sich nicht so hoch auf dem Heckdeckel auftürmte wie bei dem deutschen Konkurrenten. Mit 82 bis 101 PS aus 1,5 und 1,6 Litern Hubraum erreichte das Ritmo Cabrio trotz des Gewichtszuwachses im Vergleich zur Limousine immer noch ordentliche Spritzigkeit. Dennoch blieb der Wagen nur fünf Jahre im Verkauf und erreichte bei weitem nicht den Erfolg des Wolfsburger Vorbilds. Daran hatte nicht zuletzt die mangelnde Zuverlässigkeit der italienischen Technik ihren maßgeblichen Anteil – und, wie so meist, die katastrophale Rostanfälligkeit. Restaurieren lohnt sich nicht, und so ist das Ritmo Cabrio reif für ein abgeschlossenes Kapitel Automobilgeschichte.

Bild: © Fiat AG

Preise	1	2	3	4	5
Ritmo 1,6, Cab	k.N.	9.000	4.700	2.500	k.N.

Motor/Antrieb	
Bauart	Vierzylinder (Reihe)
Lage/Antrieb	Front/Front
Hubraum in cm^3	1498, 1585
PS/min	82/5600 bis 101/6100
Vmax in km/h	160 bis 170
Karosserie	
Bauart	Cabriolet
Tragstruktur	selbsttragend
Material	Stahlblech
Stückzahl und Marktsituation	
Produktionszahl	k.A.
Verfügbarkeit	ausreichend
Teilesituation	gut
Unterhaltskosten	mittel

Fiat Ritmo Abarth 105 TC, 130 TC 1981-1987

Die Italienier wären keine Italiener, hätten sie in der Golf-Klasse keine schnelle Antwort auf das Wolfsburger GTI-Phänomen gefunden. Wenn auch mit etwas Verzögerung. Aber auch das ist irgendwie typisch. Ab Mai 1981 rüstete Fiat den Ritmo genannten Kompaktwagen mit einem neuen Doppelnockenwellen-Motor aus und nannte ihn 105 TC – 105 PS, TC steht für Twin Cam. Schon ein halbes Jahr später, im Herbst 1981, stand auf der Frankfurter IAA der Ritmo Abarth 125 TC. Seine üppige, auf sportliche Fahrer zugeschnittene Ausstattung machte den heißen Italiener begehrlich. Ab 1982 trug der Ritmo das geglättete und vereinheitlichte Fiat-Gesicht mit den fünf diagonalen Stäben, und im Jahr darauf legte Fiat nochmals nach: Mit dem Abarth 130 TC gewinnt der sportliche Ritmo nochmals an Attraktivität. Er war eines der letzten Fiat-Modelle mit zwei Weber-Vergasern – Kult!

Bild: © Fiat AG

Preise	1	2	3	4	5
Ritmo Abarth (130 TC), L2t	k.N.	15.300	9.300	4.300	1.000

Motor/Antrieb	
Bauart	Vierzylinder (Reihe)
Lage/Antrieb	Front/Front
Hubraum in cm^3	1585, 1995
PS/min	105/6100, 130/5900
Vmax in km/h	175, 198
Karosserie	
Bauart	Limousine (2-türig)
Tragstruktur	selbsttragend
Material	Stahlblech
Stückzahl und Marktsituation	
Produktionszahl	k.A.
Verfügbarkeit	ausreichend
Teilesituation	gut
Unterhaltskosten	mittel

Fiat furios: Die sportliche Luxusklasse

Der Plan, die Massen Italiens mit Fahrzeugen der kleinen und unteren Mittelklasse zu motorisieren, war Fiat schon vor Beginn des Zweiten Weltkriegs gelungen. Dass es für den Turiner Autobauer aber auch eine Welt außerhalb der Cinque- und Millecento-Modelle gab, bewiesen nicht zuletzt die großen Coupés, mit denen Fiat in den ersten Nachkriegsjahrzehnten auf dem Markt erschien.

Dass starke Motoren und gutes Design kein Garant für einen nachhaltigen Image-Wandel sind, zeigten sowohl der gänzlich markenuntypische Achtzylinder „Otto Vu" (italienisch für 8V), mit dem Fiat an seine Renntradition aus Vorkriegstagen anknüpfen wollte, als auch die sportlichen Ferrari-Derivate namens Dino, die in Kooperation mit der Sportwagenmanufaktur entstanden.

Der Erfolg im Massenmarkt, der Fiat im Laufe seiner Geschichte hatte groß werden lassen, vereitelte in diesem Fall eine nachhaltige Präsenz im Segment schneller Luxusfahrzeuge: Vom Kleinwagenbauer zur Sportwagenmanufaktur – dieser Spagat war der statusbewussten Luxus-Kundschaft trotz jener furiosen Fiat-Modelle dann doch zu groß.

Fiat 8V („Otto Vu") 1952-1954

Der Genfer Salon besaß 1952 eine besondere Attraktion: Der von Fiat präsentierte 8V – italienisch ausgesprochen hieß das Otto Vu – sorgte für erhebliches Aufsehen. Seine Karosserie bestand aus Stahlblechpressteilen, die als zwei Schalen gegeneinander verschweißt waren. Ein Rohrrahmen trug die Konstruktion. Neben der Werkskarosserie bauten bekannte Firmen wie Ghia, Vignale, Pinin Farina und Zagato Versionen des 8V. 1954 stellte Fiat sogar eine Version mit Kunststoffkarosserie vor – es war das erste italienische Auto, das aus dem neuen Werkstoff gefertigt worden war. Für den Antrieb sorgte ein V8-Motor, der aus zwei Litern Hubraum zunächst 105 PS schöpfte. In zwei weiteren Leistungsstufen mobilisierte das Triebwerk 115 und 127 PS. Der V8 ist eine Fiat-Entwicklung, die ursprünglich für eine Oberklassenlimousine gedacht war, die jedoch nie gebaut wurde.

Bild: © Fiat AG

Preise	1	2	3	4	5
8V, Cpe	k.N.	1.200.000	850.000	k.N.	k.N.

Motor/Antrieb	
Bauart	V8
Lage/Antrieb	Front/Heck
Hubraum in cm^3	1996
PS/min	105/5600 bis 127/6000
Vmax in km/h	190 bis 210
Karosserie	
Bauart	Coupé
Tragstruktur	Rohrrahmen
Material	Stahlblech/Kunststoff
Stückzahl und Marktsituation	
Produktionszahl	114
Verfügbarkeit	gegen null
Teilesituation	sehr schwierig
Unterhaltskosten	hoch

Fiat Dino Spider — 1966-1972

Es war eine gute Zeit für Pininfarinas Styling-Studio: 1966 präsentierte das Design-Studio neben dem Alfa Romeo Duetto und dem Fiat 124 Spider auch den Dino Spider. Der Über-Sportler sprengte das Fiat-Format, und trotz des begeisternden Sounds des von Ferrari entwickelten Leichtmetall-V6 fanden sich insgesamt nur 1588 Käufer. Das drehfreudige Zweiliter-Triebwerk besaß vier obenliegende Nockenwellen und mobilisierte 160 PS, mitunter etwas zuviel für die hintere Starrachse, die bei entsprechender Gangart zum Trampeln neigte. 1969 überarbeitete Fiat seinen Top-Athleten und gönnte ihm 180 PS aus jetzt 2,4 Liter Hubraum. Auch die hinteren Räder waren jetzt einzeln aufgehängt. Die niedrigen Stückzahlen sorgen bei dem noblen Fiat für ein Maß an Exklusivität, von dem mancher Ferrari-Besitzer träumt – allerdings schlägt sich das auch im Preis nieder, der die Fiat-Maßstäbe sprengt.

Bild: © Fiat AG

Preise	1	2	3	4	5
Dino 2000 Spider, Cab	155.000	107.000	78.000	44.000	20.000
Dino 2400 Spider, Cab	160.000	111.000	81.000	46.000	21.000

Motor/Antrieb	
Bauart	V6
Lage/Antrieb	Front/Heck
Hubraum in cm^3	1987, 2418
PS/min	160/7200 bis 180/6600
Vmax in km/h	200 bis 210
Karosserie	
Bauart	Cabriolet
Tragstruktur	selbsttragend
Material	Stahlblech
Stückzahl und Marktsituation	
Produktionszahl	1168, 420
Verfügbarkeit	schlecht
Teilesituation	schwierig
Unterhaltskosten	hoch

F

Fiat Dino Coupé — 1967-1972

Mit besonderem Geschick erfüllte Bertone den Auftrag von Fiat, eine passende Coupé-Karosserie für das neue Cabriolet zu entwerfen. Mit sehr ausgewogenen Linien wissen beide Modelle zu überzeugen. Das Coupé mit seiner dynamischen Seitenlinie und dem schnörkellosen Heck wurde von einem zunächst zwei, später 2,4-Liter großen Sechszylindermotor in V-Anordnung befeuert. Er war von Ferrari-Ingenieuren entwickelt worden, die das Triebwerk später an Fiat weiterreichten, um die notwendigen Homologationsstückzahlen für den Motorsport zu erreichen. Dieses Triebwerk verleiht dem Fiat Dino nicht nur eine gehörige Portion Renommee, sondern sorgt auch für herausragende Fahrleistungen. Inzwischen hat sich das auch im Preisniveau niedergeschlagen. Der Unterhalt war und ist, bedingt durch die aufwändige Technik, ebenfalls teuer.

Bild: © Fiat AG

Preise	1	2	3	4	5
Dino 2000 Coupé, Cpe	65.000	44.000	33.000	22.500	12.000
Dino 2400 Coupé Cpe	68.000	48.000	35.000	24.000	12.500

Motor/Antrieb	
Bauart	V6
Lage/Antrieb	Front/Heck
Hubraum in cm^3	1987, 2418
PS/min	160/7200 bis 180/6600
Vmax in km/h	200 bis 210
Karosserie	
Bauart	Coupé
Tragstruktur	selbsttragend
Material	Stahlblech
Stückzahl und Marktsituation	
Produktionszahl	3670, 2398
Verfügbarkeit	ausreichend
Teilesituation	schwierig
Unterhaltskosten	hoch

Fiat Coupé Fiat — 1994-2000

1994 knüpfte Fiat an die große eigene Coupé-Tradition an. Der auffällige Keil mit den markanten Sicken über den Rädern ist unverwechselbar. Chris Bangle, der spätere BMW-Design-Chef, hatte ihn entworfen. Damals war er für das Centro Stile Fiat verantwortlich. Pininfarina gestaltete das Interieur, dort ließ Fiat auch die Karosserie fertigen. Trotz seines Frontantriebs geriet das Coupé Fiat (so der offizielle Name) durchaus zu einem ernsthaften Sportwagen, insbesondere als 2.0 20V Turbo: Die 220 PS des Fünfzylinders sorgten für eine Spitze von bis zu 250 km/h. Ein Viscodrive genanntes Differenzial versuchte dabei, den Schlupf der Antriebsräder zu minimieren. Im Jahr 2000 rollte das letzte Coupé Fiat zum Kunden. Einen Nachfolger bot Fiat bis heute nicht an.

Bild: © Fiat AG

Preise	1	2	3	4	5
Coupé Fiat 2.0 16V (94-96), Cpe	k.N.	6.100	3.600	1.900	k.N.
Coupé Fiat Turbo (97-2000) Cpe	k.N.	11.100	6.300	3.500	k.N.

Motor/Antrieb	
Bauart	Vier-/Fünfzylinder (Reihe)
Lage/Antrieb	Front/Front
Hubraum in cm^3	1747, 1995, 1998
PS/min	130/6300 bis 220/5750
Vmax in km/h	205 bis 250
Karosserie	
Bauart	Coupé
Tragstruktur	selbsttragend
Material	Stahlblech
Stückzahl und Marktsituation	
Produktionszahl	72.762
Verfügbarkeit	ausreichend
Teilesituation	gut
Unterhaltskosten	mittel

Fiat Barchetta — 1995-2005

Mitte der 1990er Jahre gelang Fiat eine Punktlandung: Mit dem Fiat Barchetta lancierten die Italiener einen kompakten Roadster im klassischen Format. Als Basis diente die abgeänderte Punto-Plattform, auf der Designer Andreas Zapatinas eine knapp geschnittene, prägnante Karosserie entwarf, die in der Tradition von erfolgreichen Modellen wie dem 850 Spider und dem 124 Spider stand und trotzdem sehr aktuell auftrat. Fiat beließ es bei einer einzigen Motor-Variante, einem 1,8-Liter-Vierzylinder mit agilen 131 PS. Dazu gab es ein simples, von Hand zu bedienendes Verdeck, einen ausreichend großen Kofferraum, charmante Details wie schön gezeichnete Instrumente oder voll versenkbare Türgriffe – der Fiat Barchetta war unverkennbar der Italiener neben dem Vernunft-Roadster (und Konkurrenten) Mazda MX-5.

Bild: © Fiat AG

Preise	1	2	3	4	5
Barchetta, Cab	k.N.	6.800	4.000	1.800	k.N.

Motor/Antrieb	
Bauart	Vierzylinder (Reihe)
Lage/Antrieb	Front/Front
Hubraum in cm^3	1747
PS/min	131/6300
Vmax in km/h	200
Karosserie	
Bauart	Roadster
Tragstruktur	selbsttragend
Material	Stahlblech
Marktsituation	
Produktionszahl	57.521
Verfügbarkeit	gut
Teilesituation	gut
Unterhaltskosten	mittel

Fiat Cinquecento: Der dritte 500er

Auf eine solche Idee muss man erst einmal kommen: ein Auto Cinquecento zu nennen. Nicht 500, sondern ausgeschrieben Cinquecento. Das für Nichtitaliener schwierig auszusprechende Wort heißt zwar schlicht Fünfhundert, doch wer wusste das anfangs? 500: Das wäre auf der Hand gelegen, weil diese Zahl eine große Tradition hat in der Fiat-Geschichte. 500 hieß im Jahr 1936 der erste kleine Fiat, der Italien mobilisierte – und den sie im Volksmund schnell Topolino nannten. Der „Nuova 500", der Neue 500, folgte 1957 und ist heute ebenfalls längst ein Kult-Klassiker. An diese Erfolge suchte Fiat 1992 anzuknüpfen und wählte für den neuen Kleinstwagen als Variante eben das ausgeschriebene Wort für 500. Mit dem Auto selbst hatte das nichts zu tun, außer, dass er wie einst der kleinste Fiat im Programm war: Seine Motoren jedoch besaßen keine 500 cm³ Hubraum mehr wie einst, sondern mindestens 704 cm³, für die meisten Exportmärkte jedoch 899 cm³. Die Fertigung erfolgte, wie bereits beim Fiat 126, in Polen.

Bild: © Fiat AG

Fiat Cinquecento Sporting 1994-1998

Dieser kleine Fiat aus dem Werk im polnischen Tychy zog mit seiner sportlichen Optik viele Blicke an: Oft gelb lackiert, mit ab Werk tiefer gelegter Karosserie, Leichtmetallrädern, einem Frontspoiler, Sportsitzen, Lederlenkrad und roten Gurten zeigte der Cinquecento klar seine Bestimmung. Das Fahrwerk mit härteren Dämpfern und einem vorderen Stabilisator war ebenfalls auf sportliche Fahrweise hin optimiert, während Fiat beim Motor sparsam blieb: Der 1,1-Liter-Vierzylinder gab sich mit einer Leistung von 54 PS eher verhalten, bei 150 km/h endete der Vortrieb bereits. Wer es optisch noch ein wenig wilder mochte, griff zur Abarth-Version, die Fiat damals nur als Ausstattungslinie vermarktete: Mit Heckschürze, Seitenschwellern, einem nochmals geänderten Fahrwerk und Rädern trat er noch etwas schärfer auf. Wer jedoch nicht nur schneller aussehen wollte, musste bei einem Tuner vorstellig werden: Nach Einbau eines Abgasturboladers stieg die Leistung des kleinen Fiat auf wilde 101 PS – genug für eine Spitze von knapp über 200 km/h.

Bild: © Fiat AG

Preise	1	2	3	4	5
Cinquecento Sporting, L3t	k. N.	3.000	1.600	500	k. N.

Motor/Antrieb	
Bauart	Vierzylinder (Reihe)
Lage/Antrieb	Front/Front
Hubraum in cm³	1108
PS/min	54/5500
Vmax in km/h	150
Karosserie	
Bauart	Limousine (3-türig)
Tragstruktur	selbsttragend
Material	Stahlblech
Stückzahl und Marktsituation	
Produktionszahl	ca. 328.000
Verfügbarkeit	gut
Teilesituation	gut
Unterhaltskosten	mittel

Fiat ganz groß: Die Kastenwagen ab dem 238

Mit allerlei interessanten Nutzfahrzeuglösungen auf Basis von Personenwagen hatte Fiat bereits viel Ideenreichtum bewiesen. Nicht nur in den kleinen Klassen, zum Beispiel mit dem Fiat 850 T Familiare, schrieb Fiat Erfolgsgeschichten. Auch im Segment der Lastwagen war Fiat schon früh vertreten. 1975 jedoch hatte sich die Lkw-Sparte der Turiner mit dem ebenfalls italienischen Hersteller OM, der französischen Unic und Magirus-Deutz zu Iveco zusammengeschlossen.

Unabhängig davon verblieb die Sparte der Kleintransporter und -busse im Fiat-Universum, wo sie zunächst unter dem Namen LCV firmierte, die 2007 von Fiat Professional abgelöst wurde. Sie verantwortet heute unter anderem den erfolgreichen Ducato, der gemeinsam mit dem Peugeot Boxer und dem Citroën Jumper gefertigt wird.

Als Vorläufer des 1981 gestarteten ersten Ducato gilt das Modell 238, das Fiat 1966 auf den Markt gebracht hatte. Mit dem 238 startete Fiat auch in eine Branche, die heute für den Ducato enorm wichtig ist: Bei Weinsberg und Westfalia entstanden schon früh erste Campingausbauten des italienischen Kleintransporters.

Fiat 238, 238-1200, 238-1500, 238 S, 238 E 1966-1982

Mit 1,2 Litern und 43 PS startete das Einstiegsmodell des Fiat 238 in seine Karriere. Selbst die größeren Triebwerke blieben bescheiden: Knapp 1,5 Liter und 52 PS markierten die Spitze. Ein Manko bedeutete das anfangs nicht, schließlich lagen diese Daten noch auf dem üblichen Niveau der VW-Busse jener Jahre. Allerdings bot die moderne italienische Lösung dank ihres Frontmotors und Antrieb der Vorderachse einen großen Innenraum, der mit seinem durchgängig ebenen Boden exzellent nutzbar war. Fiat fertigte den 238 als Kastenwagen, Bus (auch in der Luxusversion Panorama), mit tiefliegender Pritsche – und auf Wunsch mit Doppelkabine. Als Schulbus gab es ihn sogar als 22-Sitzer. Auch als reine Chassisvariante für Sonderaufbauten war der 238 lieferbar. In Deutschland machte er sich besonders als Camper einen Namen: Weinsberg und Westfalia bauten den 238 zu kleinen Wohnmobilen aus. Zudem boten auch Hersteller wie Syro bereits maßgefertigte Ausbausätze für den 238 an.

Bild: © Fiat

Preise	1	2	3	4	5
238-1500, Bus	18.900	11.900	6.600	2.800	900

Motor/Antrieb	
Bauart	Vierzylinder (Reihe)
Lage/Antrieb	Front/Heck
Hubraum in cm³	1197 bis 1475
PS/min	43/4600 bis 52/4600
Vmax in km/h	90 bis 110
Karosserie	
Bauart	Kastenwagen, Bus, Fahrgest., Pritsche
Tragstruktur	selbsttragend
Material	Stahlblech
Stückzahl und Marktsituation	
Produktionszahl	k.A.
Verfügbarkeit	ausreichend
Teilesituation	schwierig
Unterhaltskosten	niedrig

Ford (D) • seit 1926

Mit seinem legendären T-Modell motorisierte Henry Ford ganz Amerika. Auch nach Deutschland kam die „Blechliesel", jedoch erst in der letzten Phase ihres Lebens: 1925, etwa zwei Jahre vor Produktionsende, eröffnete Ford eine Filiale in Berlin. Das Montagewerk in Moabit konnte Anfang 1926 die Fertigung aufnehmen. Hintergrund für den späten Start in Deutschland war die bis 1925 enorm restriktive Einfuhrgesetzgebung des Deutschen Reichs.

Doch Berlin blieb nicht lange der Standort für Ford. Bereits 1929 orientierte sich das Tochterunternehmen des US-Giganten Richtung Rhein: Am 2. Oktober 1930 reiste sogar Henry Ford eigens aus den Staaten an, um in Köln den Grundstein für sein neues Werk zu legen, das er – think big! – gleich für eine Jahreskapazität von einer Viertelmillion Fahrzeugen auslegen ließ. Die Opel-Übernahme durch General Motors im gleichen Jahr hatte ihn zunehmend unter Druck gesetzt. Der Aufbruch verlief jedoch deutlich holpriger als erwartet, weil die Weltwirtschaftskrise den Absatz auf nahezu null reduzierte und alle hochfliegenden Pläne kalt durchkreuzte.

Köln, Rheinland, Eifel und V8 nannte Ford in den 1930er Jahren die Produkte der deutschen Dependance, die in jenen Tagen das dunkelblaue Ford-Oval mit dem Zusatz „Deutsches Erzeugnis" trugen. Kurz vor Ausbruch des Zweiten Weltkriegs präsentierte Ford Köln die erste deutsche Eigenentwicklung, den neuen Taunus: Nur ein halbes Jahr lief er vom Band, bevor Ford als Rüstungsbetrieb sein Modellprogramm auf V8-Lastwagen konzentrieren, mit denen die Deutsche Wehrmacht ihren Bedarf deckte.

Bild: © Ford

Halle A in Köln-Niehl, 1931.

Nach der Pause, die der Krieg forderte, nahm Ford 1947 zunächst die Fertigung dieser Lastwagen wieder auf. In den Aufbaujahren galt die Kölner Tochter den Konzernherren in Michigan als eher ungeliebtes Anhängsel, dem anfangs sogar der Export seiner Automobile verboten war. Erst gegen Mitte der 1950er Jahre gelang den Ford-Managern am Rhein eine sanfte Emanzipation. Mit dem Wirtschaftswunder boomte die Autoproduktion, und Ford-Modelle für den deutschen Markt kamen nicht mehr nur aus Köln: Weitere Fertigungsstätten baute Ford Deutschland 1963 im belgischen Genk sowie 1970 in Saarlouis. Ende 2014 schloss Ford das Werk in Genk, wovon hauptsächlich der Standort Valencia profitiert. Bereits 1967 hatte die amerikanische Ford-Mutter die Deutschland- und England-Aktivitäten in einer europäischen Organisation zusammengeführt, die ihren Sitz bis heute in Köln hat.

Ein einschneidendes Ereignis war ein Großbrand, der am 20. Oktober 1977 in einer Halle der Ford-Werke ausbrach. Das Feuer zerstörte rund drei Viertel des zentralen Teilelagers. Unrettbar gingen damit auch Ersatzteile verloren, die heute bei der Versorgung von Ford-Oldtimern helfen könnten.

Vom Berliner zum Kölsche Jung: Die Ford-Vorkriegsmodelle

Fließbandproduktion und Einheitstypen erkannte Henry Ford schon Anfang des 20. Jahrhunderts als Schlagworte erfolgreicher Automobilherstellung. Bestes Beispiel: Das T-Modell – die bekannteste Vorkriegs-Konstruktion des US-Autobauers. Seit 1908 im Verkaufsprogramm, schwappte die Tin Lizzy erst mitten in den Roaring Twenties über den Atlantik: Zunächst ab 1926 in Berlin montiert, rollten die teutonischen Ford-Abkömmlinge ab 1931 am Niederrhein vom Band, und das nicht ohne Stolz: Ob als Köln, Rheinland oder Eifel – die Vorkriegs-Modelle von Ford bekannten Flagge zur neuen Heimat, die selbst dem letzten automobilen Wurf vor Kriegsbeginn einen nachhaltigen Namen mit auf den Weg gab, der zugegebenermaßen erst Jahre später unverkennbar mit dem Kölner Konzern in Verbindung gebracht werden sollte. Doch ehe der 1939 vorgestellte Taunus so richtig durchstarten durfte, liefen die Kölner Fließbänder erst im kriegswirtschaftlichen Gleichschritt – freilich ohne landschaftliche Namensbezüge: Das Ende der Vorkriegs-Ära der deutschen Fordwerke war feldgrau und konzentrierte sich auf V8-Lastkraftwagen für die Wehrmacht.

Ford Model T („Tin Lizzy") (1908) 1926-1927

Tin Lizzy, zu deutsch Blechliesel, hieß Henry Fords Welterfolg. Ab 1926 lief das Model T auch in einem Montagewerk in Berlin vom Band – knapp 20 Jahre nach seinem Debüt war es nicht mehr konkurrenzfähig. Doch seinem Gesamterfolg tat das späte Gastspiel in Deutschland keinen Abbruch, denn das robust konstruierte und extrem simple Mobil verkaufte sich bis zum Ende seiner Bauzeit unglaubliche 15 Millionen Mal – und schrieb vor allem in den USA Geschichte: Die individuelle Motorisierung beschleunigte erheblich die Entwicklung der ländlichen Gegenden, zudem war es preiswert genug, um auch für breite Schichten der amerikanischen Bevölkerung erschwinglich zu sein. Möglich war das durch den Bau am Fließband, den Henry Ford zwar nicht erfunden hatte, jedoch in dieser Form und diesem Umfang erstmalig realisierte.

Bild: © Ford AG

Preise	1	2	3	4	5
Model T (1917-1925), Tou	46.000	23.000	11.000	7.000	4.000

Motor/Antrieb	
Bauart	Vierzylinder (Reihe)
Lage/Antrieb	Front/Heck
Hubraum in cm³	2894
PS/min	20/1800
Vmax in km/h	65
Karosserie	
Bauart	Cabriolet
Tragstruktur	Leiterrahmen
Material	Holz, Stahlblech
Stückzahl und Marktsituation	
Produktionszahl	3771
Verfügbarkeit	schlecht
Teilesituation	ausreichend
Unterhaltskosten	mittel

Ford Model A 1928-1930

Der Erfolg des Vorgängers, der Tin Lizzy, ließ die Erwartungen an den Nachfolger steigen. Doch der simple Ur-Ford war zu clever, zu preiswert und zu universell gewesen, als dass er sich hätte übertreffen lassen. Das spürte auch Ford: Das Model A, das 1928 das Model T ablöste und auch in Deutschland gefertigt wurde, erreichte nie die Popularität des Vorgängers. Ein Erfolg war es dennoch, schließlich konnten über fünf Millionen Exemplare weltweit verkauft werden. Wieder setzte Ford nicht auf revolutionäre Technik, sondern bevorzugte simple Lösungen. Probleme bereitete die Produktionsumstellung, weil das gesamte Werk aus dem Stand auf die neue Produktion umgerüstet werden musste, was zu einem Produktionsausfall von einem halben Jahr führte. Heute gilt der Ford A mit seinem 40 PS starken, 3,3 Liter großen Motor als typischer und robuster US-Klassiker seiner Zeit.

Bild: © Jürgen Schlegelmilch

Preise	1	2	3	4	5
Model A, L2t	27.400	20.200	12.800	7.500	2.900
Model A, Tou	40.900	30.100	19.000	11.200	4.500
Model A, Rds	39.500	29.100	18.300	10.800	4.300

Motor/Antrieb	
Bauart	Vierzylinder (Reihe)
Lage/Antrieb	Front/Heck
Hubraum in cm³	2033, 3285
PS/min	28 und 40/2200
Vmax in km/h	75 bis 100
Karosserie	
Bauart	Limousine, Cabriolet, Roadster
Tragstruktur	Kastenrahmen
Material	Stahlblech
Stückzahl und Marktsituation	
Produktionszahl	8298
Verfügbarkeit	schlecht
Teilesituation	ausreichend
Unterhaltskosten	mittel

Ford Eifel 1935-1939

Der Ford Eifel löste 1935 den Ford Köln ab. Das neue Modell war allerdings keine eigene Entwicklung der deutschen Ford-Werke in Köln, sondern eine Konstruktion der englischen Ford-Tochter. Angetrieben wird der im typischen Design der 1930er Jahre gezeichnete Eifel von einem seitengesteuerten Vierzylindermotor, der über 1,2 Liter Hubraum verfügt. Durch seine hohe Zuverlässigkeit ist der Ford Eifel sehr beliebt, zudem lässt es sich mit ihm angenehm reisen. Auch der Anschaffungspreis ist mit unter 4000 Reichsmark im reellen Rahmen gehalten, der günstige Benzinverbrauch unterstreicht den vernunftorientierten Gesamteindruck. 1937 verlängert Ford das Heck – das entsprach eher deutschen Vorstellungen.

Bild: © Ford AG

Preise	1	2	3	4	5
Eifel , L2t	17.800	12.900	7.600	3.700	1.900

Motor/Antrieb	
Bauart	Vierzylinder (Reihe)
Lage/Antrieb	Front/Heck
Hubraum in cm³	1172
PS/min	34/4500
Vmax in km/h	100
Karosserie	
Bauart	Limousine (2-türig)
Tragstruktur	Kastenrahmen
Material	Stahlblech
Stückzahl und Marktsituation	
Produktionszahl	k.A.
Verfügbarkeit	schlecht
Teilesituation	schwierig
Unterhaltskosten	mittel

Kölner Gebirgsfeger: Der kleine Taunus

Sein leicht gekrümmter Rücken war kein Zeichen der Entbehrungen der Nachkriegszeit. Als sich Ford 1948 mit dem „Buckel-Taunus" auf dem Automarkt zurückmeldete, geschah dies nicht zuletzt auf Basis noch vorhandener Pläne aus dem Jahre 1939. Wenn auch noch etwas schwächlich auf der Brust, wurde das erste Nachkriegsmodell des Kölner Autobauers zum Urvater einer Baureihe, die in den folgenden Jahrzehnten zum Dauerbrenner avancierte. Mit innovativer Technik und kompakten Abmessungen demonstrierten die ersten Taunus-Generationen alles andere als provinzielle Wurzeln, wie sie ihr Mittelgebirgsname vorgaukelte: Im feinen Zwirn der Neuen Welt und mit einer emaillierten Erdkugel im Bug demonstrierte Ford schon früh seine Ambitionen als Global Player. Im Visier hatte das Unternehmen einen eher bodenständigen Kundenkreis, der sich vornehmlich für solide und preiswerte Fahrzeuge interessierte. Allenfalls mit sparsamem Chromschmuck ausgestattet, führten viele der nachfolgenden kleinen Taunus-Generationen ein unauffälliges Dasein in kleinbürgerlichen Vorstadtgaragen. Vielleicht einer der Gründe, weshalb aus dem rheinischen Biedermann ein gefragter Einstiegs-Oldie geworden ist.

Ford Taunus („Buckel-Taunus") 1948-1952

Fast ohne Modifikationen kehrte im November 1948 der Vorkriegs-Taunus in die Ford-Serienproduktion zurück. Mit seinem seitengesteuerten Motor und vorderer wie hinterer Starrachse zählte er nicht zu den fortschrittlichen Konstruktionen der damaligen Mittelklasse, aber er galt zu recht als verlässlich und sehr gewissenhaft verarbeitet. Sein Plattformrahmen lud zahlreiche Blechschneider zum Bau von Sonderkarosserien ein: Es gab eine unüberschaubare Vielzahl von Cabriolet-, Kombi- und Viertürer-Versionen von längst vergessenen Firmen wie Migö, Plasswilm oder Drauz. Eine verfeinerte Taunus de luxe-Version erschien Anfang 1951. Sie bot eine bessere Ausstattung und Chromschmuck nach US-Vorbild. Die Produktion des so genannten „Buckel-Taunus" endete Anfang 1952 mit der Premiere des neuen 12 M.

Bild: © Ford AG

Preise	1	2	3	4	5
Taunus , L2t	21.600	16.000	10.400	5.300	2.500

Motor/Antrieb	
Bauart	Vierzylinder (Reihe)
Lage/Antrieb	Front/Heck
Hubraum in cm³	1172
PS/min	34/4250
Vmax in km/h	95 bis 105
Karosserie	
Bauart	Lim (2-türig), Kombi (3-türig), Cab
Tragstruktur	Plattformrahmen
Material	Stahlblech
Stückzahl und Marktsituation	
Produktionszahl	76.590
Verfügbarkeit	gegen null
Teilesituation	sehr schwierig
Unterhaltskosten	niedrig

Ford Taunus 12, 12 M (Werkscode G 13, „Weltkugel-Taunus") 1952-1958

Als „Weltkugel-Taunus" ging der 12 M in die Automobil-Geschichte ein: Er war das erste deutsche Automobil mit selbsttragender Pontonkarosserie. Gestaltet hatte sie die Ford-Zentrale in Dearborn; ihr prägnantestes Merkmal war der emaillierte Globus über dem Kühlergrill. Das M in der Modellbezeichnung stand für „Meisterstück". Obwohl seine Verarbeitung anfänglich enttäuschte, ließ sich das Mittelklasse-Modell 12 M sehr gut verkaufen: Es bot einen großen Innenraum, moderaten Fahrkomfort und niedrige Unterhaltskosten. Unter der Motorhaube arbeitete noch immer das betagte Vorkriegs-Triebwerk mit seitlichen Ventilen. Das 12 M-Programm umfasste die zweitürige Limousine, einen Kombi und ein Cabriolet, das bei Deutsch in Köln-Braunsfeld entstand. Bis 1955 war auch eine sehr karge und daher glücklose Sparversion namens Ford 12 im Angebot.

Preise	1	2	3	4	5
12 M (Weltkugel), L2t	16.200	9.700	6.600	3.400	1.600
12 M (Weltkugel), Kom	18.800	11.300	7.700	4.000	1.900
12 (Basisversion), L2t	17.000	10.200	6.900	3.500	1.600
12 (Basisversion), Kom	20.700	12.500	8.500	4.400	2.100

Motor/Antrieb	
Bauart	Vierzylinder (Reihe)
Lage/Antrieb	Front/Heck
Hubraum in cm³	1172
PS/min	38/4250 bis 55/4250
Vmax in km/h	105 bis 130
Karosserie	
Bauart	Lim (2-türig), Kombi (3-türig), Cab
Tragstruktur	selbsttragend
Material	Stahlblech
Stückzahl und Marktsituation	
Produktionszahl	430.736
Verfügbarkeit	schlecht
Teilesituation	ausreichend
Unterhaltskosten	niedrig

Ford Taunus 15 M, Ford 15 M de luxe (Werkscode G4, G4b) 1955-1958

Eine Aufsteiger-Version des Weltkugel-Modells hob Ford zum Jahresbeginn 1955 ins Programm. Der 15 M G4 hatte einen anderen Kühlergrill als sein 1,2-Liter-Pendant, er war etwas feiner ausgestattet und besaß einen neu entwickelten 1498-cm³-Motor mit hängenden Ventilen. Damit begab sich Ford ins angestammte Revier seines Hauptkonkurrenten Opel, weshalb sich der 15 M nur zögerlich verkaufte. Zur Standard-Limousine, dem Kombi und dem sehr raren Deutsch-Cabriolet gesellte sich 1955 eine de luxe-Version (G4b) mit Zweifarbenlackierung und üppigen Chrom-Applikationen – aber auch sie brachte die Verkaufszahlen nicht mehr auf Trab. Als der neue Ford 17 M erschien, war die Karriere des 15 M G4 zu Ende.

Bild: © Ford AG

Preise	1	2	3	4	5
15 M, L2t	17.000	10.200	6.900	3.500	1.600
15 M, Kom	19.900	12.000	8.200	4.300	2.100

Motor/Antrieb	
Bauart	Vierzylinder (Reihe)
Lage/Antrieb	Front/Heck
Hubraum in cm³	1498
PS/min	55/4250
Vmax in km/h	120 bis 130
Karosserie	
Bauart	Lim (2-türig), Kombi (3-türig), Cab
Tragstruktur	selbsttragend
Material	Stahlblech
Stückzahl und Marktsituation	
Produktionszahl	134.127
Verfügbarkeit	schlecht
Teilesituation	ausreichend
Unterhaltskosten	niedrig

Ford Taunus 12 M (Werkscode G 13 ALS, „Seitenstreifen-Taunus") 1959-1962

Die emaillierte Weltkugel landete im Museum, statt dessen trug der 12 M ab August 1959 einen breiten weißen Streifen an der Seite. Als zählebig erwies sich der alte, seitengesteuerte 1,2-Liter-Motor aus den dreißiger Jahren: Bis zum Produktionsende des billigsten Ford im Frühjahr 1962 diente er als Basismotorisierung. Nur wenige Kunden bezahlten 400 Mark Aufpreis für das 1,5-Liter-Aggregat des ehemaligen 15 M; lieber nahmen sie spannende Überholvorgänge in Kauf: Die 38 PS des Ford 12 M kämpften bei vollbesetztem Wagen mit 1215 Kilogramm Lebendgewicht! Dafür galt der sogenannte „Seitenstreifen-Taunus" als Auto mit besonders attraktivem Preis-Leistungs-Verhältnis: Es war mit 5555 Mark nur wenig teurer als ein VW Käfer, bot dafür aber einen vernünftigen Innen- und Kofferraum. Das Modellprogramm bestand aus Limousine, Kombi und Cabriolet.

Bild: © Ford AG

Preise	1	2	3	4	5
12 M , L2t	14.600	8.700	6.000	3.000	1.400
12 M, Kom	16.800	10.100	6.900	3.500	1.700

Motor/Antrieb	
Bauart	Vierzylinder (Reihe)
Lage/Antrieb	Front/Heck
Hubraum in cm³	1172
PS/min	38/4250 bis 55/4250
Vmax in km/h	105 bis 130
Karosserie	
Bauart	Lim (2-türig), Kombi (3-türig), Cab
Tragstruktur	selbsttragend
Material	Stahlblech
Stückzahl und Marktsituation	
Produktionszahl	430.736
Verfügbarkeit	schlecht
Teilesituation	ausreichend
Unterhaltskosten	niedrig

Ford Taunus 12 M (Werkscode P4) 1962-1966

Er war das Kuckucksei im Kölner Nest: Ursprünglich hätte der 12 M als „Cardinal" den US-Markt sehen sollen, dann aber entschieden die Ford-Oberen anders. In Köln-Niehl wurde er kräftig überarbeitet und im September 1962 auf Band gelegt. Im Kampf gegen VW Käfer und Opel Kadett punktete der Ford vor allem mit seinem großzügigen Raumangebot, er ärgerte aber mit seinen zahlreichen Kinderkrankheiten. Mit dem 12 M führte Ford sein populäres V-Motoren-Konzept auf dem europäischen Markt ein: Es gab den 12 M als 1,2-Liter-Version mit 40 und 50 PS sowie ab 1963 als TS-Variante mit 1,5-Liter-Triebwerk und 55 PS. Ab September 1964 stattete Ford den 12 M TS sogar mit stolzen 65 PS aus. Neben Limousine und Kombi erschien im Herbst 1963 ein Coupé, das Deutsch auch zum Cabriolet umbaute. Serienmäßige vordere Scheibenbremsen kamen 1964 ins Programm.

Bild: © Ralf Christian Kunkel

Preise	1	2	3	4	5
12 M P4 Basis (1962-1966), L2t	12.300	7.300	4.400	2.400	1.000
12 M P4 TS (1964-1966), L4t	14.100	8.500	5.200	2.700	1.200
12 M P4 TS (1964-1966), Cpe	18.700	11.200	6.900	3.600	1.500

Motor/Antrieb	
Bauart	V4
Lage/Antrieb	Front/Front
Hubraum in cm³	1183 bis 1498
PS/min	40/4500 bis 65/4500
Vmax in km/h	120 bis 144
Karosserie	
Bauart	Lim (2-/4-türig), Kombi, Cpe, Cab
Tragstruktur	selbsttragend
Material	Stahlblech
Stückzahl und Marktsituation	
Produktionszahl	672.695
Verfügbarkeit	ausreichend
Teilesituation	ausreichend
Unterhaltskosten	niedrig

Ford (Taunus) 12 M, 15 M, 15 M TS, 15 M XL, 15 M RS (Werkscode P6) — 1966-1970

Einer wurde erwartet, zwei kamen: Zum Nachfolger des 12 M gesellte sich nach achtjähriger Pause wieder ein Ford 15 M. Der 12 M trug runde Scheinwerfer und tropfenförmige Heckleuchten, der 15 M besaß rechteckige Lampen und Rückleuchten. Die wesentliche Neuerung der beiden Modelle war die McPherson-Vorderachse anstelle der antiquierten Querblattfeder des Vorgängermodells. Mit der P6-Baureihe fand das Ford-Motto „So gut wie nötig" dennoch ihren Kulminationspunkt: Es waren verlässliche, aber spröde Automobile ohne jede technische Delikatesse. Das P6-Programm bestand aus Limousine, Kombi und Coupé mit 45, 50, 53, 55, 65 und 75 PS; der 12 M war nur in der Basisversion lieferbar, während sich der 15 M mit dem TS-Ausstattungspaket (ab 1967: XL) verfeinern ließ. 1968 kam der sportliche 15 M RS dazu, das Kölner Pendant zum Rallye-Kadett.

Bild: © Ford AG

Preise	1	2	3	4	5
12 M P6 1.2 Ltr (1966-1968), L2t	10.100	6.200	4.300	1.900	800
12 M P6 1,3 ltr., L4t	10.900	6.700	4.600	2.000	800
12 M P6 Turnier, Kom	14.500	9.000	6.100	2.900	1.100
15 M P6, Cpe	15.500	9.600	6.500	3.100	1.100

Motor/Antrieb	
Bauart	V4
Lage/Antrieb	Front/Front
Hubraum in cm³	1183, 1288, 1498, 1699
PS/min	45/4500 bis 75/5000
Vmax in km/h	125 bis 158
Karosserie	
Bauart	Lim (2-/4-türig), Kombi, Cpe
Tragstruktur	selbsttragend
Material	Stahlblech
Stückzahl und Marktsituation	
Produktionszahl	668.187
Verfügbarkeit	ausreichend
Teilesituation	ausreichend
Unterhaltskosten	niedrig

F

Ford Taunus (Werkscode TC, „Knudsen-Taunus") — 1970-1975

„Knudsen-Taunus" hieß der Nachfolger der P6-Baureihe im Volksmund. Den Namen erhielt er wegen seines prägnanten Blechfalzes im Bug: Er ging auf den Ford-Manager Bengt Knudsen zurück, der das Design damals nachhaltig mit beeinflusste. Mit dem neuen Mittelklasse-Modell (internes Kürzel: TC) kehrte Ford zur traditionellen Bezeichnung Taunus zurück. Zu den technischen Besonderheiten der Modellreihe gehörten neu entwickelte Reihenvierzylinder-Motoren mit zahnriemengetriebener Nockenwelle. Die Form kam zwar gut an, dafür aber zehrten bis 1973 Verarbeitungsmängel am Image. Die Palette bestand aus zwei- und viertürigen Limousinen, dem Turnier und dem Coupé. Es standen fünf Vierzylinder-Versionen mit 55 bis 88 PS sowie zwei V6-Motoren mit 90 und 108 PS in den Preislisten.

Bild: © Ralf Christian Kunkel

Preise	1	2	3	4	5
Taunus 1.3 Knudsen, L2t	12.400	7.300	5.300	2.000	700
Taunus 1.6 Knudsen, L4t	14.200	8.600	6.000	2.100	800
Taunus 2.0 Knudsen, Kom	18.700	11.100	7.800	3.900	1.200
Taunus 2.3 Knudsen, Cpe	20.800	12.400	8.800	4.300	1.400

Motor/Antrieb	
Bauart	Vierzylinder (Reihe), V6
Lage/Antrieb	Front/Heck
Hubraum in cm³	1285, 1576, 1981, 2274
PS/min	55/5500 bis 108/5000
Vmax in km/h	135 bis 173
Karosserie	
Bauart	Lim (2-/4-türig), Kombi (3-/5-türig), Cpe
Tragstruktur	selbsttragend
Material	Stahlblech
Stückzahl und Marktsituation	
Produktionszahl	ca. 1,1 Mio
Verfügbarkeit	ausreichend
Teilesituation	ausreichend
Unterhaltskosten	niedrig

Ford Taunus (Serie II) — 1976-1982

Wieder einmal besann sich Ford auf die Linie der Vernunft: Wie 16 Jahre zuvor hatte man den neuen Taunus II – interne Bezeichnung GBTS – radikal von allem stilistischen Barock befreit. Eine klassische Karosserie, mit klaren, glatten Linien: Mit dieser verhaltenen Moderne konnte die konservative Kundschaft gut leben, nur die Jüngeren trauerten um das ersatzlos gestrichene Coupé. Unter dem Blech waltete die alte Knudsen-Technik, immerhin mit breiter Motorenpalette bis hin zum 2,3 Liter-V6; Letzterer gerne kombiniert mit der Luxusausstattung, die nun unter dem Namen Ghia (statt bisher GXL) reichlich Holz und Velours sowie Vinyldach und Aluräder bot. Dem Kombi wurde das Ghia-Paket verwehrt – er sollte Lastesel bleiben. Die Modellpflege im September 1979 brachte technische und optische Retuschen – breitere Rücklichter zum Beispiel – sowie einen neuen Zwei-Liter-Vierzylinder mit 101 PS.

Bild: © Ford AG

Preise	1	2	3	4	5
Taunus 2.0 (76-79), L4t	14.100	8.400	5.600	2.800	1.100
Taunus 1.6 (79-82), L4t	11.300	6.600	4.400	2.100	800

Motor/Antrieb	
Bauart	Vierzylinder (Reihe), V6
Lage/Antrieb	Front/Heck
Hubraum in cm³	1294-1998, 1999, 2294
PS/min	55/5500 bis 114/5300
Vmax in km/h	137 bis 176
Karosserie	
Bauart	Lim (2-/4-türig), Kombi (3-/5-türig)
Tragstruktur	selbsttragend
Material	Stahlblech
Stückzahl und Marktsituation	
Produktionszahl	ca. 1,6 Mio
Verfügbarkeit	ausreichend
Teilesituation	ausreichend
Unterhaltskosten	niedrig

Premium de Cologne: Der große Taunus

„Darf es etwas mehr sein?" hieß es nicht nur immer öfter längs der Konsummeilen der 1950er Jahre. Kein Wunder, bereits 1955 hatte Deutschlands Wirtschaftswachstum den Zenit der Aufbau-Ära erreicht. Auch für die Freunde des Hauses Ford gab es ab 1957 die passende Konfektion: Blitzender Chrom, modische Zweifarbenlackierung und kecke Heckflossen läuteten eine neue Epoche in der Erfolgs-Story namens Taunus ein. Mit großzügigeren Abmessungen und stärkeren Motoren etablierte der Kölner Autobauer eine deutlich erwachsener gewordene Taunus-Klasse, die nicht nur mit zeitgemäßer Formgebung aufwartete, sondern beispielsweise mit dem 17 M P3 einen vielfach geachteten Design-Klassiker hervorbrachte, oder mit dem 26 M (Werkscode P7b) 1968 einen eleganten Hubraumriesen schuf, der es mit Doppelscheinwerfern und 125 PS mühelos mit der automobilen Oberklasse des Establishments aufnehmen konnte.

Der wahre Beau unter den Premium-Varianten der Taunus-Familie debütierte in den späten 1960ern und hatte seine Wurzeln nicht in Köln, sondern jenseits der Alpen: Mit dem OSI 20 M Coupé/20 M TS, geschneidert und montiert beim Turiner Karosseriespezialist OSI, wagte sich der Kölner Konzern erstmals ins Terrain eleganter Sportcoupés. Auch wenn der schnittige Schönling nur wenige Jahre im Programm blieb, ebnete er doch den Weg für ein weiteres Sportwagenprojekt, das kurz darauf unter der Bezeichnung Capri eine eigene Baugruppe begründen sollte.

Ford Taunus 17 M (Werkscode P2, „Barock-Taunus") 1957-1960

Der 17 M von 1957 wirkte wie ein Amischlitten, der beim Waschen eingelaufen war: Er lockte die Autokäufer des deutschen Wirtschaftswunders mit Heckflossen, gezackten Chrom-Zierleisten, buntem Zweifarben-Lack und glänzenden Lurexfäden in den Sitzpolstern. Dazu gab es die modische Lenkradschaltung, einen nierenförmigen Tacho und eine weiche, durchgehende Sitzbank. Seine US-Aura brachte dem 17 M zwar den spöttischen Namen „Barock-Taunus" ein, aber dennoch geriet er mit über 230.000 Verkäufen zum Kassenschlager. Vorgestellt wurde der 17 M P2 auf der IAA 1957, lieferbar war er als Zwei- und Viertürer-Limousine sowie als zweitüriger Kombi. Ford bot eine wenig verlangte Basisversion und die populäre de luxe-Ausstattung mit serienmäßiger Zweifarbigkeit an. Karossier Deutsch steuerte zweitürige Cabriolets bei.

Bild: © Alltagsklassiker

Preise	1	2	3	4	5
17 M P2, L2t	24.600	13.700	9.700	4.300	1.900
17 M P2, L4t	25.100	14.000	9.800	4.300	1.900
17 M P2, Kom	28.000	16.200	12.100	4.800	2.300

Motor/Antrieb	
Bauart	Vierzylinder (Reihe)
Lage/Antrieb	Front/Heck
Hubraum in cm³	1698
PS/min	60/4250
Vmax in km/h	120 bis 130
Karosserie	
Bauart	Lim (2-/4-türig), Kombi (3-türig), Cab
Tragstruktur	selbsttragend
Material	Stahlblech
Stückzahl und Marktsituation	
Produktionszahl	239.978
Verfügbarkeit	schlecht
Teilesituation	ausreichend
Unterhaltskosten	niedrig

F

Ford Taunus 17 M (Werkscode P3, „Badewanne") 1960-1964

Einen Design-Klassiker stellte Ford mit dem 17 M P3 auf die Räder: Er markierte die radikale Abkehr vom schwülstigen US-Stil der Fünfziger. Seine klare, rundliche Form prägte den Spitznamen „Badewanne". Dazu passte der Slogan der Markteinführung: „Die Linie der Vernunft". Erstmals gelang es Ford in den Jahren 1961/62 mit dem 17 M, den Rivalen Opel in der Verkaufsstatistik vom zweiten Platz hinter VW zu verdrängen. Lieferbar war der 17 M P3 als zwei- und viertürige Limousine, als Kombi (anfangs mit Rückleuchten über der Heckklappe) und Deutsch-Cabriolet. Im Premierenjahr wählten 17 M-Käufer aus zwei Motoren mit 55 und 60 PS, verbunden mit Drei- und Vierganggetriebe; 1961 kam der sportliche 17 M TS mit 70 PS dazu, der ab 1963 75 PS leistete. Schon im August 1962 hatten alle 17 M vordere Scheibenbremsen ohne Mehrpreis erhalten.

Bild: © Ford AG

Preise	1	2	3	4	5
17 M P3 Basis (1960-1964), L2t	17.400	11.200	6.700	2.400	1.200
17 M P3 TS, L4t	19.000	12.400	7.700	2.800	1.500
17 M P3 Turnier, Kom	23.900	14.100	9.300	2.900	1.300

Motor/Antrieb	
Bauart	Vierzylinder (Reihe)
Lage/Antrieb	Front/Heck
Hubraum in cm³	1498 bis 1758
PS/min	55/4250 bis 75/4500
Vmax in km/h	136 bis 154
Karosserie	
Bauart	Lim, Kombi, Cab
Tragstruktur	selbsttragend
Material	Stahlblech
Stückzahl und Marktsituation	
Produktionszahl	669.731
Verfügbarkeit	ausreichend
Teilesituation	ausreichend
Unterhaltskosten	mittel

Ford Taunus 17 M, 20 M und 20 M TS (Werkscode P5) 1964-1967

Mit dem Mittelklasse-Duo 17 M/20 M hatte die Vernunft der Badewannen-Ära ein Ende – Hauptattraktion der neuen Modelle war nicht mehr ihre Form, sondern die Technik. Speziell der 20 M brachte es als Preisbrecher der Sechszylinder-Klasse zu großer Popularität. Möglich machte das die kostensparende Herstellung der neuen Ford-V-Motoren: Der 17 M erschien wahlweise mit 60 oder 70 PS und V4-Aggregaten, während die V6-Motoren 85 oder 90 PS leisteten. Dabei stand der billigste 20 M für nur 7990 Mark in der Preisliste: Ein Opel-Sechszylinder kostete mindestens 1400 Mark mehr! Besonders sammelwürdig ist heute der 20 M Turnier als erster Sechszylinder-Kombi auf dem deutschen Markt. Beliebtester P5 bleibt neben den unvermeidlichen Deutsch-Cabriolets das 20 M TS Hardtop-Coupé mit 90-PS-Motor.

Bild: © Ford AG

Preise	1	2	3	4	5
17 M P5 (1964-1967), L2t	13.300	9.200	6.100	2.500	1.000
17 M P5 (1966-1967), Cpe	19.400	13.100	8.600	3.600	1.400
20 M P5 (1964-1967), L4t	15.200	10.600	7.000	3.000	1.200
20 M P5 Turnier, Kom	26.300	15.500	9.300	4.200	1.500

Motor/Antrieb	
Bauart	V4, V6
Lage/Antrieb	Front/Heck
Hubraum in cm³	1498 bis 1998
PS/min	60/4500 bis 90/5000
Vmax in km/h	140 bis 161
Karosserie	
Bauart	Lim (2-/4-türig), Kom, Cpe, Cab
Tragstruktur	selbsttragend
Material	Stahlblech
Stückzahl und Marktsituation	
Produktionszahl	710.059
Verfügbarkeit	ausreichend
Teilesituation	ausreichend
Unterhaltskosten	mittel

Ford 17 M, 20 M, 20 M TS, 20 M RS (Werkscode P7a) 1967-1968

Die sogenannte P7a-Modellreihe war – neben dem Scorpio der 1990er Jahre – der größte Flop der deutschen Ford-Geschichte: Die unveränderte Technik der bisherigen 17/20 M-Modelle hatten die Ford-Designer mit neuen Karosserien verhüllt, deren wuchtiger Stil keinerlei Anklang fand. Nicht einmal der Innenraum war größer geworden. Das glücklose Modellprogramm war markentypisch fein gestuft: Es gab die Limousine mit zwei und vier Türen, den zweitürigen Kombi („Turnier"), Hardtop-Coupé und Deutsch-Cabriolet, lieferbar mit drei Ausstattungs-Paketen und sechs Motor-Varianten von 60 bis 108 PS Leistung. Als Sammlerstück ist besonders der 20 M RS von Interesse, dessen Sport-Paket unter anderem verchromte Felgen, mattschwarze Rallyestreifen, Recaro-Sitze, Halogen-Zusatzscheinwerfer und Zusatz-Instrumente in der Mittelkonsole umfasste.

Bild: © Jürgen Schlegelmilch

Preise	1	2	3	4	5
17M (1500), L2t	14.000	9.500	6.200	2.900	1.200
17M (1700S), Cpe	15.400	10.500	6.800	3.100	1.300
20M TS (2000S), L2t	20.800	14.200	9.200	4.200	1.700
20M (2300S), Cpe	27.000	18.400	11.900	5.400	2.200

Motor/Antrieb	
Bauart	V4, V6
Lage/Antrieb	Front/Heck
Hubraum in cm³	1498, 1699, 1998, 2293
PS/min	60/4800 bis 108/5100
Vmax in km/h	135 bis 170
Karosserie	
Bauart	Lim (2-/4-türig), Kom, Cpe, Cab
Tragstruktur	selbsttragend
Material	Stahlblech
Stückzahl und Marktsituation	
Produktionszahl	155.780
Verfügbarkeit	ausreichend
Teilesituation	ausreichend
Unterhaltskosten	mittel

Ford OSI 20 M Coupé, 20 M TS Coupé 1967-1968

Er sah aus wie ein Ferrari, und er kam aus Italien – aber unter der Haube des OSI-Coupés schämte sich der 90-PS-Motor des Ford 20 M und ermöglichte eine Höchstgeschwindigkeit von mageren 165 Stundenkilometern. Die schöne Illusion wurde auf dem Turiner Salon 1966 vorgestellt und traf auf riesigen Zuspruch – Ford entschloss sich zur Serienfertigung. Die Kölner ließen ihr Topmodell bei OSI in Turin montieren und über ihr Händlernetz vertreiben; Kölner Ingenieure wachten über das Finish der Italo-Karosserien. Dennoch erwies sich das glamouröse Coupé als sehr rostempfindlich, und nach einem kurzen Anfangserfolg ließen die Bestellungen nach. Ab Anfang 1968 gab es auf Wunsch auch den neuen 2,3-Liter-Motor mit 108 PS, der das Leistungsmanko etwas dämpfte. Trotzdem war die Karriere des Ford OSI beendet: Der neue Capri näherte sich der Serienreife.

Bild: © Jürgen Schlegelmilch

Preise	1	2	3	4	5
OSI 2000 S, Cpe	56.000	36.000	25.000	14.000	6.000
OSI 2300 S, Cpe	62.000	40.000	27.000	14.000	6.000

Motor/Antrieb	
Bauart	V6
Lage/Antrieb	Front/Heck
Hubraum in cm^3	1998, 2293
PS/min	90/5000 bis 108/5100
Vmax in km/h	165 bis 175
Karosserie	
Bauart	Coupé
Tragstruktur	selbsttragend
Material	Stahlblech
Stückzahl und Marktsituation	
Produktionszahl	2500
Verfügbarkeit	schlecht
Teilesituation	ausreichend
Unterhaltskosten	mittel

F

Ford 17 M, 20 M, 26 M (Werkscode P7b) 1968-1971

Nach nur einem Jahr erschien eine kräftig überarbeitete P7-Version, mit der Ford Köln seine alte Marktposition zurückerobern konnte. Die Karosserie erhielt ruhigere, elegantere Linien, Längslenker hielten nun die blattgefederte hintere Starrachse im Zaum. Das überarbeitete Interieur wirkte mit neuem Armaturenbrett und dezenteren Polsterfarben gediegener. Neu im Programm waren eine kleine, preislich attraktive V6-Variante mit 82 PS (ab 9150 Mark) und eine Topversion mit 125 PS aus 2,3 Litern Hubraum (20 M RS, 10.490 Mark). Die gleiche PS-Leistung, aber rund zehn Prozent mehr Drehmoment stemmte ab 1969 der neue 26 M auf die Kurbelwelle: Das als Limousine und Hardtop-Coupé lieferbare Spitzenmodell bot zudem eine komfortablere Ausstattung und war von außen an Doppelscheinwerfern und speziellen Radkappen zu erkennen.

Preise	1	2	3	4	5
17M (1700), L2t	14.600	9.900	6.500	2.900	1.200
20M XL (2000S), Cpe	20.500	14.000	9.100	4.200	1.700
20M RS (2300S), Cpe	29.700	20.200	13.100	5.900	2.400
26M (2600S), Cpe	28.900	19.700	12.700	5.800	2.400

Motor/Antrieb	
Bauart	Vierzylinder (Reihe), V6
Lage/Antrieb	Front/Heck
Hubraum in cm^3	1498-1998, 2293, 2550
PS/min	60/4800 bis 125/5300
Vmax in km/h	135 bis 180
Karosserie	
Bauart	Lim (2-/4-türig), Cpe, Cab
Tragstruktur	selbsttragend
Material	Stahlblech
Stückzahl und Marktsituation	
Produktionszahl	567.482
Verfügbarkeit	ausreichend
Teilesituation	ausreichend
Unterhaltskosten	mittel

Biedermanns Begleiter: Der Ford Escort

Weit stärkerem Gegenwind musste der Kompaktwagen-Entwurf Escort standhalten, nachdem er im September 1968 auf den deutschen Markt gebracht worden war. Zu sehr waren Opels beliebter Kadett, der zukunftsweisende 128 von Fiat oder der alte Freund VW Käfer in den 1970er Jahren in der Gunst der Kompaktklassen-Kundschaft verankert, als dass der „very british" gezeichnete, etwas schrullige Escort, der wegen seines eigentümlichen Kühlergrills den wenig charmanten Beinamen „Hundeknochen" erhielt, hätte punkten können. Auch die zweite Escort-Auflage mit wesentlich glatteren Zügen und schnittigem Rücken vermochte bis Anfang der 1980er Jahre das Blatt nicht zu wenden.

Letztlich sollte die Baureihe ihre Zielgruppe dann doch in einer konservativeren Klientel finden, die in der Regel entweder das schlichte Basis-Modell oder manchmal auch die luxuriös ausgestattete Ghia-Variante bevorzugte. Dass die Kölner mit den sportlichen RS-Modellen ab 1973 ein besonders heißes Escort-Eisen im Feuer hatten, konnte dem spröden Biedermann auch nicht zum Verkaufserfolg verhelfen. Allein von der ersten Escort-Serie konnte Ford nur ein Zehntel der Gesamtproduktion in Deutschland absetzen.

Ford Escort I 1968-1974

Chancenlos stand Ford mit dem Escort I der Konkurrenz von Opel, VW und Fiat gegenüber: Die britische Kompaktwagen-Konstruktion hatte es schwer, sich mit ihrem laxen Finish und dem harten, unkomfortablen Fahrwerk in ihrer Klasse durchzusetzen. Zudem entsprach seine stämmige Figur mit dem skurrilen Hundeknochen-Kühlergrill nicht dem differenzierten deutschen Käufergeschmack. Ford Köln hatte den Escort I im September 1968 auf den deutschen Markt gebracht. Gebaut wurde der gebürtige Brite in Genk und im neuen Ford-Werk Saarlouis: als zwei- und viertürige Limousine und als Kombi. Im Angebot kam und ging bis Ende 1974 eine verwirrende Vielzahl von Vierzylinder-Motoren mit 40, 44, 45, 48, 52, 55, 57, 64 und 72 PS.

Bild: © Ford AG

Preise	1	2	3	4	5
Escort (Knochen), L2t	17.300	10.300	7.100	3.400	1.200
Escort (Knochen), L4t	15.100	9.000	6.200	3.000	1.100

Motor/Antrieb	
Bauart	Vierzylinder (Reihe)
Lage/Antrieb	Front/Heck
Hubraum in cm^3	1098, 1298, 1993
PS/min	40/5300 bis 72/5700
Vmax in km/h	127 bis 160
Karosserie	
Bauart	Lim (2-türig), Lim (4-türig), Kombi
Tragstruktur	selbsttragend
Material	Stahlblech
Stückzahl und Marktsituation	
Produktionszahl	über 2,14 Mio
Verfügbarkeit	schlecht
Teilesituation	gut
Unterhaltskosten	mittel

Ford Escort RS (Serie I) 1973-1974

Das Charakterstück der Escort I-Reihe war im letzten Serienjahr der RS 2000. Sein 1993 cm³ großer Motor aus dem US-Teileregal besitzt im Unterschied zu den im Rennsport eingesetzten Varianten nur eine einfache obenliegende Nockenwelle. Er leistet 100 PS, rund 20 PS weniger als die britische Profi-Variante mit 1,6 Liter-dohc-Triebwerk. Die zivilere Abstimmung sollte die Alltagstauglichkeit erhöhen. Das Fahrwerk hatte die Ford Rallye-Abteilung im englischen Dagenham vom Standard-Escort übernommen: Die hintere Starrachse versah auch im RS ihren Dienst, die Abstimmung war natürlich deutlich härter geraten. Allerdings fanden die hinteren Trommelbremsen keine Gnade, sie wurden durch Scheiben ersetzt. Der Escort RS feierte viele Renn- und Rallye-Erfolge. Ford baute 4000 Exemplare des 100-PS-Racers – die meisten wurden längst verheizt.

Bild: © Jürgen Schlegelmilch

Preise	1	2	3	4	5
Escort RS, L2t	72.000	43.000	29.000	15.000	7.000

Motor/Antrieb	
Bauart	Vierzylinder (Reihe)
Lage/Antrieb	Front/Heck
Hubraum in cm³	2000
PS/min	100/5700
Vmax in km/h	180
Karosserie	
Bauart	Limousine (2-türig)
Tragstruktur	selbsttragend
Material	Stahlblech
Stückzahl und Marktsituation	
Produktionszahl	4000
Verfügbarkeit	schlecht
Teilesituation	schwierig
Unterhaltskosten	mittel

F

Ford Escort (Serie II) 1975-1980

Auch die zweite Auflage des Escort tat sich schwer im Kampf gegen Golf und Kadett. Entwickelt wurde sie diesmal allein von den Kölner Ford-Werken, vom Band lief sie wiederum in Deutschland und Großbritannien. Der Escort II geriet harmonischer als sein Vorgänger. Er galt als ausgereift, geräumig und preiswert, blieb aber konservativ. So setzte der Escort – gegen den Trend – weiterhin auf Heckantrieb und ließ die praktische Heckklappe vermissen, die Mitte der 1970er Jahre bereits en vogue war. Auch fehlten anfangs noch wichtige Sicherheitsdetails wie eine Verbundglasfrontscheibe oder eine aufprallsichere Lenksäule. Ford bot den zweiten Escort wieder als zwei- und viertürige Limousine sowie als Kombi namens Turnier an, wobei der – bis auf eine optisch angepasste Front – die Karosserie des Vorgängers auftrug. Einen gewissen Sammlerwert haben heute die luxuriös ausgestatteten Ghia-Versionen, deren Preis damals in die Region des Granada vorstieß.

Bild: © Ford AG

Preise	1	2	3	4	5
Escort II 1600, L2t	22.500	12.900	8.600	4.700	2.400
Escort II 1.3 Turnier, Kom	18.800	10.600	6.400	2.400	1.300

Motor/Antrieb	
Bauart	Vierzylinder (Reihe)
Lage/Antrieb	Front/Heck
Hubraum in cm³	1097, 1297, 1598
PS/min	44/5500 bis 84/5500
Vmax in km/h	127 bis 162
Karosserie	
Bauart	Limousine (2-/4-türig), Kombi
Tragstruktur	selbsttragend
Material	Stahlblech
Stückzahl und Marktsituation	
Produktionszahl	ca. 780.000
Verfügbarkeit	ausreichend
Teilesituation	ausreichend
Unterhaltskosten	mittel

Ford Escort RS 2000 (Serie II) 1976-1980

Im März 1975 war es endlich soweit: In Genf präsentierte Ford die zweite Generation den neuen RS 2000. Der bewährte Zweiliter-Motor leistete nun, besonders dank Optimierungen an der Abgasanlage, 110 PS. Die Verpackung der zweiten Auflage des RS 2000 hatte Ford neu gestaltet – besonders die Front sorgte für Aufsehen: Hier trug der neue RS 2000 einen schrägen Doppelscheinwerfer-Grill aus weichem Polyurethan. Das brachte, so versprach Ford, eine bessere Aerodynamik (bei der auch die um 16 Zentimeter gewachsene Länge half), zudem sollte das Weichteil leichte Stöße wegstecken und bei härteren problemlos getauscht werden können. Ford zielte mit seinem Angebot bewusst in den Volks-Motorsport: Der RS 2000 war für die Gruppe 1 homologiert und ließ sich mit Werkszubehör einfach tunen. Er bot zudem die richtige Basis für erfolgreiche Rallye-Varianten: Björn Waldegaard wurde 1979 Weltmeister, und Ari Vatanen fuhr 1981 mit schnellen Escort-Hecktrieblern an die Spitze.

Bild: © Ford AGr

Preise	1	2	3	4	5
Escort II RS 2000, L2t	43.700	29.200	20.300	11.400	5.700

Motor/Antrieb	
Bauart	Vierzylinder (Reihe)
Lage/Antrieb	Front/Heck
Hubraum in cm³	1993
PS/min	110/5500
Vmax in km/h	178
Karosserie	
Bauart	Limousine (2-türig)
Tragstruktur	selbsttragend
Material	Stahlblech
Stückzahl und Marktsituation	
Produktionszahl	k.A.
Verfügbarkeit	schlecht
Teilesituation	schwierig
Unterhaltskosten	mittel

F

Ford Escort (Serie III) 1980-1986

Der VW Golf, auf dem Markt seit 1974, hatte dem Ford Escort mit seinem modernen Konzept das Leben zunehmend schwer gemacht. Deswegen erarbeitete Ford mit gewaltigem Einsatz Ende der 1970er Jahre eine grundlegend neue Escort-Version. Diese folgte dem modernen Kompaktwagen-Layout: Quer eingebaute Motoren mit Frontantrieb, hinten Einzelradaufhängung als Standard. Die modern geschnittene Karosserie endete in einem Schrägheck mit markantem Kofferraumstummel. Innen bot der neue Escort deutlich mehr Platz als sein Vorgänger. Zugleich wuchs der Variantenreichtum: Es gab einen Kombi, einen Kastenwagen und sogar ein Cabriolet, das Karmann baute. Als Golf-GTI-Konkurrent machte sich zudem der Escort XR3 (ab 1982: XR3i) einen Namen. Wer es noch sportlicher wünschte, der konnte ab 1982 auch den 115 PS starken RS 1600 i bestellen oder wartete auf den ab 1984 lieferbaren RS 1600 Turbo mit 132 PS.

Bild: © Ford AG

Preise	1	2	3	4	5
Escort III 1.3, L3t	6.900	4.400	2.900	1.200	400
Escort III 1600, L3t	7.200	4.600	3.100	1.300	400
Escort III XR3i, L3t	15.100	9.700	6.400	2.700	900

Motor/Antrieb	
Bauart	Vierzylinder (Reihe)
Lage/Antrieb	Front/Front
Hubraum in cm³	1117, 1296, 1597, 1608
PS/min	50/5000 bis 132/6000
Vmax in km/h	145 bis 202
Karosserie	
Bauart	Lim (2-/4-türig), Kombi, Cab
Tragstruktur	selbsttragend
Material	Stahlblech
Stückzahl und Marktsituation	
Produktionszahl	k.A.
Verfügbarkeit	ausreichend
Teilesituation	ausreichend
Unterhaltskosten	mittel

Ford Orion (L, GK, CL, CLX) 1983-1990

Der Orion erhielt von Ford einen eigenen Namen, der seine selbstständige Positionierung im Modellsegment unterstreichen sollte. In der Tat war er jedoch ein Escort mit Kofferraum, wenn auch mit eigenständigem Grill, der auch eine Unterscheidung von vorne ermöglichen sollte. Ford positionierte den Orion allerdings etwas höher im Markt, wie das Angebot der Motorisierungen und Ausstattungen zeigt: Die Magerversion des Escort mit 1,1-Liter-Motor fand kein Pendant in der Orion-Baureihe. In Deutschland sprach der Orion eine konservative, reifere Klientel an, die sich weder mit einem Schrägheck, noch einem Kombi anfreunden konnte. Beliebter war der Orion auf ausländischen Märkten, wo klassische Stufenheck-Limousinen länger eine wichtige Rolle spielten.

Bild: © Ford AG

Preise	1	2	3	4	5
Orion 1.6, L4t	7.700	4.900	1.900	800	300

Motor/Antrieb	
Bauart	Vierzylinder (Reihe)
Lage/Antrieb	Front/Front
Hubraum in cm³	1296, 1597, 1608
PS/min	54/4800 bis 105/6000
Vmax in km/h	146 bis 185
Karosserie	
Bauart	Limousine (4-türig)
Tragstruktur	selbsttragend
Material	Stahlblech
Stückzahl und Marktsituation	
Produktionszahl	k. A.
Verfügbarkeit	ausreichend
Teilesituation	ausreichend
Unterhaltskosten	niedrig

Ford Escort XR3i 1983-1990

Der Escort XR3i gehörte in den 1980er Jahren zur munteren Riege der Kompaktsportler – als Youngtimer bleib er allerdings lange verschmäht, obwohl extrem zeitgeistig. Doch das Blatt wendet sich langsam, denn die Modelle bekommen neue Fans. Dem Topmodell XR3i packt Ford einen zahnriemengetriebenen 1,6-Liter-Vierzylinder quer unter die Haube. Seine dank einer geänderten Nockenwelle und einer Bosch K-Jetronic mobilisierten 105 PS ließen den XR3i zwar nicht zum GTI-Killer wachsen, allerdings konnte der Kölner mit einem knackigen Fahrwerk punkten – und inzwischen auch mit seinem Seltenheitsstatus. Sportliche VW Golf-Versionen aus dieser Zeit gibt es heute dagegen wie Sand am Meer. Auch eine offene Version lieferte Ford von seinem XR3i, die ab 1983 wie das Golf-Cabrio bei Karmann in Osnabrück gefertigt wurde. Serienmäßig erhielt der Escort sogar ein elektrohydraulisches Verdeck – sehr modern!

Bild: © Ford AG

Preise	1	2	3	4	5
Escort XR3i, L3t	15.100	9.700	6.400	2.700	900
Escort XR3 i, Cab	14.500	9.200	6.000	2.600	900

Motor/Antrieb	
Bauart	Vierzylinder (Reihe)
Lage/Antrieb	Front/Front
Hubraum in cm³	1598
PS/min	105/6000
Vmax in km/h	186
Karosserie	
Bauart	Limousine (2-türig), Cabriolet
Tragstruktur	selbsttragend
Material	Stahlblech
Marktsituation	
Produktionszahl	k.A.
Verfügbarkeit	ausreichend
Teilesituation	ausreichend
Unterhaltskosten	mittel

Ford Escort RS Turbo 1984-1990

Bislang war der Escort RS ein Rallye-Gerät gewesen, in der neuen Version wurde er straßentauglich: 131 Turbo-PS sorgten an der Vorderachse des kompakten Sportlers für Furore. Gebaut wurde der nur als Zweitürer und zunächst nur in weiß gelieferte Escort RS Turbo im deutschen Ford-Werk Saarlouis, wobei ein Großteil der Produktion als Rechtslenker nach Großbritannien exportiert wurde. Der Escort RS Turbo war der erste in Europa gefertigte Ford mit Turbomotor, zudem der erste Fronttriebler, der serienmäßig ein Sperrdifferenzial erhielt. Neu auch der hintere Querstabilsator, den der Orion beisteuerte. Er verhalf dem immerhin 205 km/h schnellen Escort zu einer unkritischeren Straßenlage. Für die Gemischaufbereitung griff Ford zu einer KE-Jetronic, den Turbolader lieferte Garett zu. Aller Leistung zum Trotz setzte Ford noch auf hintere Trommelbremsen.

Bild: © Ford AG

Preise	1	2	3	4	5
Escort III RS 1600 Turbo, L3t	31.100	21.200	13.500	7.100	3.700

Motor/Antrieb	
Bauart	Vierzylinder (Reihe)
Lage/Antrieb	Front/Front
Hubraum in cm³	1597
PS/min	131/5750 bzw. 6000
Vmax in km/h	205
Karosserie	
Bauart	Limousine (2-türig)
Tragstruktur	selbsttragend
Material	Stahlblech
Stückzahl und Marktsituation	
Produktionszahl	k. A.
Verfügbarkeit	ausreichend
Teilesituation	ausreichend
Unterhaltskosten	mittel

Ford Escort RS 2000 (Serie V) 1991-1996

Nachdem im Herbst 1990 Ford einen neuen Escort vorgestellt hatte, folgte rasch die begehrte Sportversion, der RS 2000. Der DOHC-Vierzylinder lieferte mit nun 16 Ventilen gesunde 150 PS ab, dazu 196 Newtonmeter Drehmoment bei 4600/min, von denen jedoch 90 Prozent bereits bei knapp über 2000/min anlagen. Neu war das MTX75-Fünfgang-Schaltgetriebe. Von der straffen Dämpfung sowie der um 30 Millimeter tiefergelegten Karosserie profitierte das Handling, dabei blieb der sportliche Escort ausreichend komfortabel und zeigte sich gemütvoll mit einem leichten Hang zum Untersteuern. Dazu kam, dass Ford dem 210 km/h schnellen RS 2000 nun endlich rundum Scheibenbremsen gegönnt hatte, auch ein Fahrerairbag war an Bord – neben serienmäßigen sportlichen Accessoires wie Recaro-Gestühl, Frontspoiler, Heckflügel, Nebelscheinwerfern und Alu-Rädern und 195/50R15-Bereifung. Nochmals deutlich gewinnen konnte der Sport-Escort, als Ford optional einen Allradantrieb anbot.

Bild: © Ford AG

Preise	1	2	3	4	5
Escort V RS 2000, L3t	k.N.	8.100	5.100	2.400	900

Motor/Antrieb	
Bauart	Vierzylinder (Reihe)
Lage/Antrieb	Front/Front, 4x4
Hubraum in cm³	1993
PS/min	150/5500
Vmax in km/h	210
Karosserie	
Bauart	Limousine (2-türig)
Tragstruktur	selbsttragend
Material	Stahlblech
Stückzahl und Marktsituation	
Produktionszahl	k.A.
Verfügbarkeit	ausreichend
Teilesituation	ausreichend
Unterhaltskosten	mittel

F

Ford Escort RS Cosworth 1992-1995

Der Witz bei diesem Escort ist: Er ist gar keiner, sondern ein gekürzter Sierra. Dahinter steckt die Idee, auf der einen Seite die für Rallye-Weltmeisterschaft konkurrenzfähigere Technik-Basis des Sierra nutzen zu können, auf der anderen Seite jedoch ein kompakteres Fahrzeug zu bauen – der Sierra war zu wuchtig. Gefertigt hat den Ford-Klon Karosseriespezialist Karmann in Osnabrück. Ein permanenter Allradantrieb sorgte beim „Cossie" für optimale Traktion und sicheres Handling, den Motor beatmete ein Turbolader. Typische äußere Kennzeichen waren die geschlitzte Motorhaube sowie eine voluminöse Heckspoiler-Anlage, die es in zwei Versionen gab. Trotz der guten Gene blieben größere Sporterfolge aus: In der Bilanz stehen lediglich elf Siege bei Rallye-WM-Läufen. Nicht zu verwechseln ist der RS Cosworth mit dem RS 2000, den es ebenfalls mit Allradantrieb gab.

Bild: © Ford AG

Preise	1	2	3	4	5
Escort RS Cosworth, L3t	k.N.	49.300	35.200	18.800	k.N.

Motor/Antrieb	
Bauart	Vierzylinder (Reihe)
Lage/Antrieb	Front/Front
Hubraum in cm³	1993
PS/min	220 bei 6000
Vmax in km/h	232
Karosserie	
Bauart	Limousine (3-türig)
Tragstruktur	selbsttragend
Material	Stahlblech
Stückzahl und Marktsituation	
Produktionszahl	k.A.
Verfügbarkeit	schlecht
Teilesituation	ausreichend
Unterhaltskosten	mittel

Ford-Schritt mit Happy End: Die Capri-Coupés

„Er sieht aus wie ein teurer Sportwagen. Er fährt sich wie ein Sportwagen. Und doch haben vier Erwachsene angenehm darin Platz", offerierten die Kölner Autobauer Anfang der 1970er Jahre ihren neuesten Coup namens Capri, der nicht zuletzt dank eines Startpreises von 6993 DM auf Anhieb ein Verkaufsschlager wurde. Kein Wunder, dass Ford den in deutsch-englischer Teamarbeit entworfenen Zweitürer permanent weiterentwickelte und in drei Generationen auflegte, vom sportlich-eleganten Capri I über eine praktische Heckklappen-Version bis hin zur Topversion der dritten Generation mit 2,8 Liter Turbo-Motor – der heute begehrtesten Capri-Variante. Auch wenn sich Ford bei der Gestaltung der dritten Reihe wieder einer überzeugenderen Optik zuwandte, konnte der Verkaufserfolg der frühen Jahre nicht mehr erreicht werden. Nicht mehr auf der Höhe der Zeit und von der Tuning-Szene zunehmend zum Gegenspieler des Rüsselsheimer Sportrochens Manta gemacht, endete die Epoche der schicken Sportwagen 1984 diesseits, drei Jahre darauf auch jenseits des Ärmelkanals.

Ford Capri (Serie I) 1969-1973

Einen Trendsetter schuf Ford mit dem Capri I: Dem Familien-Coupé gelang es auf Anhieb, den durchschlagenden Erfolg des Ford Mustang in Amerika zu wiederholen. Die Entwicklung des Capri hatten sich die Ford-Ingenieure in England und Deutschland geteilt; das neue Coupé wurde in beiden Ländern produziert. Ein Teil seines Erfolgsrezepts war das eng gestufte Modellprogramm: Die schwächste Capri-Version quälte sich mit einem V4-Triebwerk, das 50 PS aus 1,3 Litern Hubraum schöpfte, der stärkste Capri hieß RS 2600 – Leistung: 150 PS. Im Herbst 1972 strich Ford die schwachen V4-Modelle aus dem Programm und bot die neu entwickelten Reihen-Vierzylinder des Knudsen-Taunus an. Zusätzlich gab es das 140 PS starke Drei-Liter-Aggregat des neuen Granada. Zum Triumph des Capri trug auch sein günstiger Preis pro PS bei: Ein 2000 GT beispielsweise kostete im Premierenjahr nur 8600 Mark.

Bild: © Ford AG

Preise	1	2	3	4	5
Capri I 1300, Cpe	19.900	12.400	9.200	4.100	1.600
Capri I 2000 GT, Cpe	30.000	18.300	14.000	6.200	2.500
Capri I RS 2600, Cpe	75.400	50.500	37.700	17.600	12.600

Motor/Antrieb	
Bauart	V4, Vierzylinder (Reihe), V6
Lage/Antrieb	Front/Heck
Hubraum in cm³	1288-1998, 2293-2993
PS/min	50/5000 bis 150/5600
Vmax in km/h	133 bis 205
Karosserie	
Bauart	Coupé
Tragstruktur	selbsttragend
Material	Stahlblech
Stückzahl und Marktsituation	
Produktionszahl	dt. Produktion: 784.000
Verfügbarkeit	ausreichend
Teilesituation	sehr gut
Unterhaltskosten	mittel

Ford Capri (Serie II) 1974-1978

Nach der Ölkrise von 1973 ließ der Capri Federn. Das sportliche Coupé wandelte sich zum praktischen Kombi-Coupé mit großer Heckklappe. Seine Formen wurden gestrafft, doch sie verloren dadurch an Eleganz und Unverwechselbarkeit. Das Interesse an dem Capri der zweiten Serie erreichte nicht mehr die Euphorie, die nach der Präsentation der ersten Modellreihe im Herbst 1969 geherrscht hatte: Die Verkaufszahlen blieben weit hinter den Erwartungen zurück. Daran konnte auch eine gründliche Modellpflege im Mai 1976 nicht mehr allzu viel ändern. Das Topmodell der Capri-Serie war nicht mehr der RS 2600, sondern die Drei-Liter-Version, die mit dem Essex-V6-Motor ausgestattet war, den Ford auch im Granada anbot. Er galt als wenig standfest.

Bild: © Ford AG

Preise	1	2	3	4	5
Capri II 1.6, Cpe	13.500	8.600	6.000	3.400	1.200
Capri II 2.3, Cpe	19.200	12.200	8.500	4.800	1.700
Capri II 3.0, Cpe	23.600	15.000	10.500	5.800	2.100

Motor/Antrieb	
Bauart	Vierzylinder (Reihe), V6
Lage/Antrieb	Front/Heck
Hubraum in cm³	1297-1999, 2294, 2993
PS/min	54/5500 bis 138/5000
Vmax in km/h	140 bis 200
Karosserie	
Bauart	Coupé
Tragstruktur	selbsttragend
Material	Stahlblech
Stückzahl und Marktsituation	
Produktionszahl	k.A.
Verfügbarkeit	ausreichend
Teilesituation	ausreichend
Unterhaltskosten	hoch

Ford Capri (Serie III) 1978-1987

In seiner dritten Version fand der Capri zu einer überzeugenden Optik zurück, aber nicht mehr zum Verkaufserfolg der frühen Jahre. 1984 endete der Verkauf in Deutschland, nicht aber die Produktion: Englische Käufer konnten den gealterten Trendsetter noch bis 1987 bestellen. Zu erkennen war die dritte Modellreihe an ihrem neuen Kühlergrill mit integrierten Doppelscheinwerfern und am Heckspoiler; serienmäßig gab es zudem das straffere Fahrwerk des S-Pakets für alle Modelle. Die Motoren-Auswahl begann nun mit einem 1,6 Liter großen Aggregat, das 72 PS leistete, 1981 löste der 2,8i die 3-Liter-Topmotorisierung ab. Krönung des Programms war 1981/82 der 2,8 Turbo mit 188 PS Leistung – bis heute das begehrteste aller späten Capri-Modelle.

Bild: © Ford AG

Preise	1	2	3	4	5
Capri III 2.0, Cpe	18.400	11.800	8.300	4.600	1.600
Capri III 2.3, Cpe	24.600	15.800	11.000	6.200	2.300
Capri III 2.8 i, Cpe	29.500	18.800	13.200	7.400	2.700

Motor/Antrieb	
Bauart	Vierzylinder (Reihe), V6
Lage/Antrieb	Front/Heck
Hubraum in cm³	1593-1999, 2294-2993
PS/min	72/5500 bis 188/5500
Vmax in km/h	150 bis 220
Karosserie	
Bauart	Coupé
Tragstruktur	selbsttragend
Material	Stahlblech
Stückzahl und Marktsituation	
Produktionszahl	Capri II und III: 568.357
Verfügbarkeit	gut
Teilesituation	sehr gut
Unterhaltskosten	niedrig

Rheinischer Barock: Vom Ford Consul und Granada bis zum Scorpio

„Europas Spitzenklasse hat Konkurrenz bekommen", so stellten die Werbestrategen von Ford 1972 selbstbewusst zwei sorgfältig entwickelte Neukonstruktionen vor: Mit frischen Typennamen, neuer Größe und flottem Karosserie-Hüftschwung luden Granada und Consul zum Ausflug in die gehobene Mittelklasse – ein Spaß, der mit 1,7 Liter Hubraum begann und bei der Drei-Liter-Marke endete. Schnell entwickelte sich das Duo zum Sinnbild für günstige, vorrangig mit V6-Motoren bestückte Limousinen. Dass der Consul bereits Mitte der 1970er Jahre abtrat, änderte nichts am Erfolg seines Bruders Granada, der sich bis 1985 vom barocken Dickschiff zum betont kantigen Typen gewandelt hatte und damit sogar die stilistischen Entwicklungen der 1980er Jahre vorwegnahm. Ihr heutiger Stand als begehrte Hubraum-Youngtimer ist dem Duo alles andere als in den Schoß gefallen: Bevor die üppig dimensionierten und wohl motorisierten Kölner Sänften als erhaltenswert erkannt wurden, waren viele als Caravan-Zugtiere oder Südosteuropa-Pendler verheizt worden.

1985 versuchte der wackere Scorpio, an die Erfolgsgeschichte der großen Ford anzuknüpfen. Das jedoch gelang ihm nicht überzeugend – obwohl er unterm Strich ein gutes Auto war. Als Ford die Baureihe 1998 – nach einem kräftigen Facelift im Modelljahr 1995 – schließlich einstellte, gab es keinen Nachfolger mehr. Innerhalb der damaligen Konzernstruktur kam tatsächlich dem Volvo S80 sowie dem Jaguar S-Type die Aufgabe zu, die vom Scorpio hinterlassene Lücke auszufüllen – es war ein skurriles Kabinettstück der Automobilgeschichte.

Ford Consul (Consul, Consul L und Consul GT) 1972-1975

Consul und Granada waren optisch und technisch weitgehend identische Wagen der gehobenen Mittelklasse, die sich nur in ihren Ausstattungspaketen und der Motoren-Auswahl unterschieden. Der Consul war das Basismodell des Duos, das Anfang 1972 gemeinsam in Serie ging. Es gab ihn nur in den drei Ausstattungsversionen Consul, Consul L und GT. Die Preisliste begann knapp unter 10.000 Mark für das billigste Modell, das mit einem 1,7-Liter-V4-Motor ausgestattet war. Als stärkste Variante konnten Ford-Kunden eine Dreiliter-Variante ordern, die 138 PS leistete und den Consul auf knapp über 180 Stundenkilometer Höchstgeschwindigkeit beschleunigte. Die Modellreihe lief nur drei Jahre lang und ging dann im Granada-Programm auf.

Bild: © Ford AG

Preise	1	2	3	4	5
Consul 1700, L2t	13.400	7.800	5.100	2.700	1.000
Consul 2000, L4t	14.400	8.400	5.500	2.900	1.100
Consul 3000, Cpe	30.700	17.900	11.500	6.200	2.400
Consul 2.0, Kom	17.700	10.200	6.600	3.500	1.300

Motor/Antrieb	
Bauart	V4, Vierzylinder (Reihe), V6
Lage/Antrieb	Front/Heck
Hubraum in cm³	1699-1998, 2293-2993
PS/min	65/4800 bis 138/5000
Vmax in km/h	136 bis 182
Karosserie	
Bauart	Lim (2-/4-türig), Kombi, Cpe
Tragstruktur	selbsttragend
Material	Stahlblech
Stückzahl und Marktsituation	
Produktionszahl	k.A.
Verfügbarkeit	gut
Teilesituation	gut
Unterhaltskosten	mittel

Ford Granada (Serie I) 1972-1977

Wie kein anderes Auto festigte der Granada den Ruf der Marke Ford als Anbieter preiswerter Sechszylinder-Limousinen. Mit Vierzylinder-Motoren wurde er nur wenig verkauft. Als konkurrenzloses Angebot auf dem Automarkt jener Jahre galt dagegen der Turnier: Kein anderer Hersteller bot diese Kombination aus Laufkultur und verschwenderischem Platzangebot. Im Vergleich zum Erzrivalen Opel Rekord punktete der Granada außerdem mit seiner modernen Schräglenker-Hinterachse. Als Sammlerstücke kommen heute speziell die großen 2,6-, 2,8- und 3,0-Sechszylinder in Betracht, die meist mit den Top-Ausstattungspaketen GXL und Ghia verbunden waren. Das Kürzel S stand für ein zusätzlich erhältliches Sportpaket mit strafferem Fahrwerk, Lederlenkrad und Alufelgen. Eine Modellpflege ersetzte 1975 den Chromglanz der Ur-Modelle gegen mattschwarze Zierteile.

Bild: © Jürgen Schlegelmilch

Preise	1	2	3	4	5
Granada 2.0 Ser. 1, L2t	16.600	9.600	6.200	3.400	1.300
Granada 2.3 Ser. 1, L4t	20.100	11.600	7.500	4.100	1.500
Granada 3.0 Ser. 1, Cpe	34.300	19.900	13.100	6.900	2.700

Motor/Antrieb	
Bauart	V4, Vierzylinder (Reihe), V6
Lage/Antrieb	Front/Heck
Hubraum in cm³	1699 bis 2993
PS/min	54/4500 bis 160/5700
Vmax in km/h	127 bis 193
Karosserie	
Bauart	Lim (2-/4-türig), Kombi, Cpe
Tragstruktur	selbsttragend
Material	Stahlblech
Stückzahl und Marktsituation	
Produktionszahl	Con. u. Granada 1.619.265
Verfügbarkeit	gut
Teilesituation	gut
Unterhaltskosten	mittel

F

Ford Granada (Serie II) 1977-1985

Mit dem neuen Granada endet für Ford Köln eine grundlegende Überarbeitung des kompletten Modellprogramms. Sämtlicher Barock ist verschwunden, die schwülstigen Formen des schmuckreichen Vorgängermodells strich Ford zugunsten klarer, sachlicher und betont kantiger Linien zusammen. So geriet der neue Granada zu einem der stilistischen Vorboten der achtziger Jahre. Ford liefert den Granada als zwei- und viertürige Limousine und als Kombi aus, der bei Ford weiterhin als Turnier bezeichnet wird. Nicht mehr erhältlich ist die Coupé-Variante. Neun verschiedene Motoren stehen dem Granada-Interessenten zur Verfügung: Die Palette beginnt mit einem Diesel mit 54 PS, die Benziner starten mit dem 70 PS starken 1,7-Liter-Aggregat. Nach oben markiert ein Drei-Liter-V6 das Angebot. 1981 kommt ein kleinerer, aber stärkerer 2,8-Liter-Motor aus Kölner Produktion. Er leistet 160 PS und besitzt mit der K-Jetronic bereits eine (allerdings noch mechanische) Benzineinspritzung.

Bild: © Ford AG

Preise	1	2	3	4	5
Granada 2,0 Ser. II (78-80), L2t	12.800	7.500	4.700	2.300	700
Granada 2,3 S Ser. II (81-85), L4t	14.900	9.900	6.100	3.200	900

Motor/Antrieb	
Bauart	V4, V6
Lage/Antrieb	Front/Heck
Hubraum in cm³	1699 bis 2993
PS/min	54/4500 bis 160/5700
Vmax in km/h	127 bis 193
Karosserie	
Bauart	Lim (2-/4-türig), Kombi (5-türig)
Tragstruktur	selbsttragend
Material	Stahlblech
Stückzahl und Marktsituation	
Produktionszahl	k.A.
Verfügbarkeit	gut
Teilesituation	gut
Unterhaltskosten	mittel

Ford Scorpio (Serie I) 1985-1994

Mit dem Scorpio präsentierte Ford 1985 den Erben des Granada: Der Neue sollte sich in der oberen Mittelklasse behaupten. Er wurde 1986 zum „Auto des Jahres" gewählt und erhielt Lob, weil er das erste Großserienmodell mit serienmäßigem ABS war. Doch trotz des traditionellen Heckantriebs und guten Kritiken lief der Verkauf für Ford nicht so gut wie ursprünglich erhofft. So haderte die konservative Kundschaft lange mit der in dieser Klasse ungewohnten Schrägheck-Lösung, die Ford „Aero-Heck" nannte. Erst 1989 folgte als Ergänzung eine klassische Stufenheck-Limousine, und der abermals Turnier genannte Kombi kam gar erst 1992. Ford bot eine V6-Variante des Scorpio auch mit Allradantrieb an, zudem gab es eine kleine Serie mit einem Cosworth-Triebwerk.

Bild: © Ford AG

Preise	1	2	3	4	5
Scorpio 2.0, L5t	k.N.	3.400	1.800	600	k.N.

Motor/Antrieb	
Bauart	Vierzylinder (Reihe), V6
Lage/Antrieb	Front/Heck/4x4
Hubraum in cm³	1993, 1998, 2394-2933
PS/min	69/4200 bis 195/5750
Vmax in km/h	158 bis 225
Karosserie	
Bauart	Lim (4-türig),Kombi (5-türig)
Tragstruktur	selbsttragend
Material	Stahlblech
Stückzahl und Marktsituation	
Produktionszahl	k.A.
Verfügbarkeit	ausreichend
Teilesituation	gut
Unterhaltskosten	mittel

Ford Scorpio 2.0i, 2.0i 16V, 2.3i 16V, 2.9i, 2.9i 24V, 2.5 TD (Serie II) 1994-1998

Mit dem zweiten Scorpio verabschiedete sich Ford aus dem gehobenen Segment in Europa. Das Aeroheck mit großer schräger Heckklappe gab es nicht mehr, nur Stufenheck und Kombi blieben als Varianten. Nicht untypisch für Ford: Der Turnier genannte Kombi behielt das Heck des Vorgängers, während die Limousine sich sowohl von vorn als auch von hinten neu zeigte. Am ungewohnten, sehr rundlichen Scorpio-Styling schieden sich die Geister. Zwar versuchte Ford, mit günstigen Preisen und umfangreicher Ausstattung Marktanteile zu halten, doch die Kunden wandten sich mehr und mehr ab. Fürs Geschichtsbuch aber bleibt der Scorpio 2 der erste Ford, dessen Design komplett digital an Bildschirmen entstanden ist. Bis heute verwöhnt er mit viel Komfort auf langen Strecken.

Bild: © Ford AG

Preise	1	2	3	4	5
Scorpio 2.0 16V. L4t	k.N.	3.100	1.500	700	k.N.

Motor/Antrieb	
Bauart	Vierzylinder (Reihe), V6
Lage/Antrieb	Front/Heck
Hubraum in cm³	1998 bis 2935
PS/min	115/4200 bis 207/6000
Vmax in km/h	198 bis 225
Karosserie	
Bauart	Limousine (4-türig),Kombi (5-türig)
Tragstruktur	selbsttragend
Material	Stahlblech
Stückzahl und Marktsituation	
Produktionszahl	k.A.
Verfügbarkeit	ausreichend
Teilesituation	gut
Unterhaltskosten	mittel

Kleiner Kölner: Der Fiesta und der Ka

Audi, VW, Renault, Peugeot oder Fiat hatten Mitte der 1970er Jahre bereits ein gänzlich neues Marktsegment etabliert, das bald aus dem Straßenverkehr nicht mehr wegzudenken war: Sachliches Design und günstiger Preis, gepaart mit moderaten Fahrleistungen, sparsamem Verbrauch und praktischer Heckklappe, so lauteten die wichtigsten Kennzeichen der neuen Kleinen.

Mit dem Fiesta griff auch Ford 1976 das zukunftsträchtige Konzept auf und gab dem Neuling neben zuverlässiger Technik ein pfiffiges Blechkleid mit auf den Weg, was besonders bei der jungen Kundschaft sehr gut ankam. Dank solider Technik und ausgeprägter Nehmerqualitäten gipfelten im Fiesta selbst die ersten Schaltversuche zahlloser Führerscheinneulinge selten im Fiasko – einer von vielen Gründen, die eine feste Basis für den guten Ruf des Kleinwagens bildeten.

Immerhin hatten bis 1983 über eine Million kleine Kölner der ersten Serie die Werkshallen am Rhein verlassen – mit Sicherheit „ein großer Wurf", wie die *Auto Zeitung* 1975 den sachlichen Zwerg bewertete.

Nach fast 40 Jahren hat Ford allerdings im Juli 2023 die Produktion des großartigen Erfolgsmodells eingestellt. Ohne Nachfolger.

Ford Fiesta (Serie I) 1976-1983

Als die Kölner die Klasse der kompakten Dreitürer für sich entdeckten, war diese zwar mit Audi 50 und VW Polo schon besetzt, doch das moderne Design und Konzept des Fiesta – leichtes Handling und einfache, solide Technik– kamen an: Bald nach seiner Markteinführung im Herbst 1976 kletterte der neue Fiesta auf Rang eins in dieser Klasse. Die junge, vorwiegend weibliche Kundschaft schätzte den kleinen Kölner, der auch von englischen und spanischen Ford-Bändern lief, insbesondere in der sparsamen Basismotorisierung: 40 PS aus einem Liter Hubraum reichten – bei kleinsten Unterhaltskosten – im Stadtverkehr aus. Das sahen später ganze Generationen von Fahranfängern genauso: Bis in die 1990er Jahre war der Fiesta der ersten Baureihe eine Massenerscheinung auf deutschen Schul- und Uni-Parkplätzen.

Bild: © Ford AG

Preise	1	2	3	4	5
Fiesta 1.0 (76-79), L3t	k.N.	5.000	2.300	800	400

Motor/Antrieb	
Bauart	Vierzylinder (Reihe)
Lage/Antrieb	Front/Front
Hubraum in cm^3	957, 1117, 1297, 1598
PS/min	40/5500 bis 84/5500
Vmax in km/h	132 bis 172
Karosserie	
Bauart	Limousine (2-türig)
Tragstruktur	selbsttragend
Material	Stahlblech
Stückzahl und Marktsituation	
Produktionszahl	k. A.
Verfügbarkeit	ausreichend
Teilesituation	ausreichend
Unterhaltskosten	niedrig

Ford Fiesta XR2 (Serie II) 1984-1989

Klein zu sein genügte längst nicht mehr in den 1980er Jahren. Die Ansprüche fächerten sich auf, neue Nischen entstanden und mit ihnen neue Angebote. Ein Beispiel dafür waren sportliche Kleinwagen, die früher allenfalls Kleinstanbieter oder Tuner wie Abarth im Angebot hatten. Schon zwischen 1981 und 1983 hatte sich Ford mit einem ersten Fiesta XR2 zu diesem Trend bekannt. 1983 folgte die zweite Auflage: Statt 84 PS sorgten jetzt stolze 96 PS im ansonsten zwar überaus praktischen, aber recht freudlosen Zweitürer aus Köln für ordentlichen Vortrieb. Auch äußerlich bekannte sich der schnelle Stadtwagen zum Straßenräuber: Mit Frontspoiler, Zierstreifen, Zusatzscheinwerfern, Radlaufverbreiterungen und Sportlenkrad lockte der schnelle Fiesta junge Käufer an. Dass damals weder Opel noch Volkswagen vergleichbare Modelle anbieten konnten, freute Ford besonders. Doch es dauerte nicht lange, bis sich das änderte.

Bild: © Ford AG

Preise	1	2	3	4	5
Fiesta II XR2, L3t	k.N.	9.000	4.800	2.400	1.000

Motor/Antrieb	
Bauart	Vierzylinder (Reihe)
Lage/Antrieb	Front/Front
Hubraum in cm^3	1597
PS/min	96/6000
Vmax in km/h	175
Karosserie	
Bauart	Limousine (2-türig)
Tragstruktur	selbsttragend
Material	Stahlblech
Stückzahl und Marktsituation	
Produktionszahl	k.A.
Verfügbarkeit	schlecht
Teilesituation	ausreichend
Unterhaltskosten	mittel

Ford Ka 1.0, 1.3, 1.6 1996-2008

Dass Kleinstwagen in den 1990er Jahren gezielt auf das Thema Lifestyle setzten, beweist neben dem Smart City-Coupé und dem Renault Twingo vor allem der Ford Ka. Während der unterhalb des Ford Fiesta platzierte Ka konzeptionell nicht in neue Sphären vordrang, zeigte das mehrfach prämierte Design eine Menge Zeitgeist. Ford-Designchef Claude Lobo setzte das New-Edge-Design erstmals in einem Serienprodukt um: Durch weiche, harmonische Formen ziehen sich akzentuierende Linienbögen, die von Materialkontrasten unterstützt werden. Als „Auto mit Seele" bewarb Ford den Ka anfangs in Bezug auf seinen Namen, der im Altägyptischen für einen Teil der Seele steht. Gefertigt wurden die für den europäischen Markt bestimmten Ka in Spanien. Anfangs bot Ford im modern auftretenden Stadtwagen noch den aus dem ersten Fiesta bekannten Motor mit untenliegender Nockenwelle an, zudem besaß die 50-PS-Einsteigerversion keine serienmäßige Servolenkung. Umso progressiver zeigte sich Ford bei der Vermarktung: Zahllose Sondermodelle unterstützten den Verkaufserfolg.

Bild: © Ford AG

Preise	1	2	3	4	5
KA 1.3, L3t	k.N.	1.400	800	400	k.N.
KA 1.3 (60 PS), L3t	2.500	1.600	900	300	k.N.

Motor/Antrieb	
Bauart	Vierzylinder (Reihe)
Lage/Antrieb	Front/Front
Hubraum in cm^3	999, 1299, 1599
PS/min	50 bis 95
Vmax in km/h	147 bis 174
Karosserie	
Bauart	Limousine (2-türig)
Tragstruktur	selbsttragend
Material	Stahlblech
Stückzahl und Marktsituation	
Produktionszahl	ca. 1,5 Mio
Verfügbarkeit	sehr gut
Teilesituation	sehr gut
Unterhaltskosten	niedrig

Ford Puma 1997-2002

Was man aus einem Fiesta alles machen kann: Ford zeigte 1997 mit dem Puma ein kleines Sportcoupé, das die Kunden, besonders die Kundinnen, sehr erfreute. Erstaunlich war der hohe Anteil an Handarbeit, der im Kölner Ford-Werk in die Karosserie des Puma investiert werden musste. Um für den Puma ein sportliches Image aufzubauen, initiierte Ford den Puma Cup, der von 1998 bis 2002 mit auf 145 PS getunten 1,7-Liter-Motoren ausgetragen wurde. Einen unmittelbaren Nachfolger für den Puma bot Ford nicht an. Nebenbei: Die Rechte für den Namen Puma musste Ford erst kaufen, und zwar vom brasilianischen Hersteller gleichen Namens, der mit VW- und General-Motors-Technik Sportwagen mit Kunststoffkarosserie fertigte. Die Rechte erwarb Ford allerdings nur für den europäischen Markt. Seit 2019 gibt es wieder einen Ford Puma, allerdings als SUV.

Bild: © Ford AG

Preise	1	2	3	4	5
Puma 1.7i 16V, Cpe	k.N.	3.100	1.300	700	k.N.

Motor/Antrieb	
Bauart	Vierzylinder (Reihe)
Lage/Antrieb	Front/Front
Hubraum in cm^3	1388, 1596, 1679
PS/min	90/5500 bis 125/6300
Vmax in km/h	180 bis 203
Karosserie	
Bauart	Coupé
Tragstruktur	selbsttragend
Material	Stahlblech
Stückzahl und Marktsituation	
Produktionszahl	k.A.
Verfügbarkeit	üppig
Teilesituation	sehr gut
Unterhaltskosten	niedrig

F

Neuer Name, neuer Auftritt: Ford Sierra

Ford, das war – wie bei Opel – gerne auch das etwas Biedere: Taunus zum Beispiel. Die solide Limousine der Mittelklasse hieß nach einem deutschen Mittelgebirge. Einen ersten Vertreter hatten die Kölner noch vor dem Zweiten Weltkrieg entwickelt, dann kam der Aufschwung im Wirtschaftswunder – doch irgendwann überholen sich selbst Erfolgsgeschichten. So auch bei Ford, die Ende der 1970er Jahre fieberhaft unter dem Projektnamen „Toni" an einem Nachfolger der Taunus-Modellreihe arbeiteten, die sich zunehmend schlechter verkaufte.

Alles sollte sich ändern, so wollte es Ford. Und über lange Zeit rätselten die einschlägigen Automobil-Magazine damals, wie wohl die Zukunft aus Köln aussehen würde – futuristische Erlkönige ließen einigen Mut erwarten. Und tatsächlich: Der neue Taunus, der nun Sierra hieß, trat völlig anders auf. Besonders überraschend war die Karosserieform, die das traditionelle Limousinen-Design völlig aufgab. Mit seiner leichten Keilform war der Sierra ebenso Up-to-date wie mit seiner großen Heckklappe. Den kurzen Heckstummel taufte Ford übrigens „Aero-Heck", 1982 war eine Form wie die des Sierra noch durchaus erklärungsbedürftig. Ebenfalls ein Hingucker: Die Front, die auf jede Form von Kühlergrill verzichtete, galt damals als sehr modern. Weniger überraschend geriet die Technik. Der Sierra behielt noch Hinterradantrieb, wenn auch die einzeln aufgehängten Hinterräder ihn vom Taunus emanzipierten. Motoren und Getriebe ähnelten dem Vorgänger, wobei Ford dem Sierra bis zum Bauzeitende 1993 eine Reihe Motoren spendierte, die es beim Taunus nicht gab – zum Beispiel den potenten 2,8-Liter-V6 im Ford Sierra XR4i. Darüber hinaus begeisterten Erfolge im Motorsport die Ford-Fans.

Das Durchhaltevermögen des Taunus allerdings war dem Sierra nicht gegeben. Schon 1993 kam der Nachfolger mit neuem Namen: Mondeo.

Bild: © Ford AG

Seriensieger im Tourenwagensport: Mit dem Sierra RS Cosworth kam Ford wieder in die Erfolgsspur.

Ford Sierra (Serie I) 1982-1986

Zu Beginn seiner Karriere bot Ford den neuen Sierra ausschließlich mit dem neuen „Aero-Heck" an. Doch für die angestammte Klientel war so viel Modernismus eine Herausforderung. Immerhin schob Ford 1982 einen Kombi nach, der nach Haus-Tradition Turnier hieß. Anfangs war der Sierra in vier Ausstattungslinien im Programm: Sierra, Sierra L, Sierra GL und Sierra Ghia, wobei zunächst nur die Top-Modelle mit der ungewohnt geschlossenen Front ausgestattet waren. Im Frühjahr 1983 folgte mit dem XR4i eine sportliche dreitürige Kombi-Limousine, die mit einem voluminösen Doppelflügel am Heck auffiel. 1985 ersetzte der Sierra XR4x4 mit permanentem Allradantrieb den bisherigen XR4i.

Bild: © Ford AG

Preise	1	2	3	4	5
Sierra 2.0, L5t	k.N.	4.900	3.100	1.500	400

Motor/Antrieb	
Bauart	Vierzylinder (Reihe), V6
Lage/Antrieb	Front/Heck/4x4
Hubraum in cm^3	1593-1993, 1998-2792
PS/min	67/4200 bis150/5700
Vmax in km/h	155 bis 207
Karosserie	
Bauart	Limousine (2-/4-türig), Kombi (5-türig)
Tragstruktur	selbsttragend
Material	Stahlblech
Stückzahl und Marktsituation	
Produktionszahl	k.A.
Verfügbarkeit	ausreichend
Teilesituation	gut
Unterhaltskosten	niedrig

Ford Sierra RS Cosworth 1988-1989

Mit dem RS Cosworth zeigte Ford bereits auf dem Genfer Salon 1985 allen Freunden der Marke, was auf der Basis des Sierra machbar war: Schon der riesige Doppelspoiler auf der Heckklappe ließ vermuten, dass es der Sport-Ausgabe der Familienlimousine um ernsthaften Motorsport ging. Tatsächlich konnte der aufgetakelte Sierra sein Versprechen halten, schließlich hatte sich der britische Rennmotoren-Spezialist Cosworth Engineering um die technische Aufrüstung des Sierra mit Turbolader und 16-Ventil-Zylinderkopf gekümmert. Heraus kam ein knochentrockenes und sauschnelles Auto, das sich bestens für Motorsporteinsätze eignete. Inzwischen gelten originale RS Cosworth als höchst respektable, zukunftsfähige Klassiker.

Bild: © Ford AG

Preise	1	2	3	4	5
Sierra Cosworth, L3t	81.000	53.000	37.000	k.N.	k.N.
Sierra Cosworth 4x4, L4t	38.700	25.100	15.500	7.500	2.400

Motor/Antrieb	
Bauart	Vierzylinder (Reihe)
Lage/Antrieb	Front/Heck/4x4
Hubraum in cm^3	1993
PS/min	204/6000
Vmax in km/h	238
Karosserie	
Bauart	Limousine (4-türig)
Tragstruktur	selbsttragend
Material	Stahlblech
Stückzahl und Marktsituation	
Produktionszahl	k.A.
Verfügbarkeit	schlecht
Teilesituation	ausreichend
Unterhaltskosten	mittel

Mit Blick auf Wolfsburg: Ford Transit

Enorm erfolgreich war er, der Transit, nur zum Kultobjekt taugte ein Transit nie. Ganz im Unterschied zum VW-Bus, der schon früh als Weltreise-, Hippie-, Surfer-Mobil und schließlich als Sammel-Objekt Karriere machte. Die beiden zeigen, wie Ford als weltweit aufgestellter Konzern die Aufgabe anders löste als Volkswagen in Wolfsburg. So hatte Ford in Köln zunächst ein kompaktes Nutzfahrzeug entwickelt, das als FK 1000 (FK für Ford Köln) im Jahr 1953 auf den Markt kam – eine direkte Antwort auf den VW-Bus aus Wolfsburg. Sein großer Vorteil war, dass er als Frontmotor-Wagen eine durchgehende Ladefläche zuließ. Erst 1961 kam der Name Transit auf, zunächst noch in Kombination mit dem Namen „Taunus". 1965 folgte die Ablösung durch eine zweite Transit-Generation, die deutlich größer ausfiel und auf einer englischen Entwicklung beruhte. Sie bot deutlich mehr Nutzwert als der VW-Bus, war allerdings, schon wegen ihres Karosserievolumens, nun oberhalb des Volkswagen-Pendants positioniert.

Ford Transit (1. Generation) 1953-1965

Als man in Köln sah, mit welcher Nachfrage nach dem kleinen VW-Bus und Transporter die Konkurrenz in Wolfsburg sich konfrontiert sah, starteten die Ford-Verantwortlichen ein ähnliches Projekt. An der Entwicklung beteiligt war Alfred Haesner, der zuvor für Volkswagen eben jenen nun so erfolgreichen Transporter entwickelt hatte. Mit einer Tonne Nutzlast und einem ebenen Ladeboden bot der zunächst FK 1000 genannte Frontlenker-Transporter eine Reihe an Vorteilen. Als Minuspunkte fielen jedoch der durch den Motor beengte Raum für Fahrer und Beifahrer auf, zudem wurde es recht laut. Auch das Fahrwerk bleib einfachst: Vorne und hinten mussten trampelige Starrachsen genügen. Die angebotenen Motoren, ausschließlich Vierzylinder aus dem Pkw-Bereich, ernteten dagegen wenig Kritik.

Bild: © Ford AG

Preise	1	2	3	4	5
Transit FK 1250, Kst	23.200	17.200	11.100	3.700	2.100
Transit FK 1250, Bus	98.000	73.500	43.100	23.500	10.800

Motor/Antrieb	
Bauart	Vierzylinder (Reihe)
Lage/Antrieb	Front/Heck
Hubraum in cm^3	1172, 1498, 1698
PS/min	38/4250 bis 60/4250
Vmax in km/h	95 bis 100
Karosserie	
Bauart	Kstw., Bus (Kombi), Fhgst., Pritsche
Tragstruktur	Kastenrahmen
Material	Stahlblech
Stückzahl und Marktsituation	
Produktionszahl	ca. 250.000
Verfügbarkeit	schlecht
Teilesituation	schlecht
Unterhaltskosten	mittel

Ford Transit (2. Generation) 1965-1978

Völlig anders als bisher präsentierte sich die zweite Generation des Transit: Statt eines Frontlenkers gab es nun eine Kurzhauben-Konstruktion, die zudem deutlich größer war – und von Ford aus England stammte, wo auch das zunächst einzige Werk stand. Die neue Größe sowie die internationale Vermarktung führten zum Erfolg: Die Nachfrage nach dem Transit zog spürbar an. Mit bis zu 3,25 Tonnen konnte der Transit deutlich mehr schleppen als der VW-Bus. Zudem offerierte Ford nicht nur mehrere Aufbauten wie einen Kleinbus, Kasten- oder Pritschenwagen, sondern auch zwei Radstände und Zwillingsbereifung. Neben V4-Motoren, die aus der Pkw-Palette stammten, gab es den Transit nun auch erstmals mit einem Diesel.

Bild: © Ford AG

Preise	1	2	3	4	5
Transit, Kst	20.400	12.800	8.900	4.300	1.800
Transit, Bus	25.300	15.700	10.600	5.300	2.300

Motor/Antrieb	
Bauart	Vierzylinder (Reihe), V4
Lage/Antrieb	Front/Heck
Hubraum in cm^3	1183-2358
PS/min	45/4500 bis 80/4750
Vmax in km/h	ca. 100 bis 120
Karosserie	
Bauart	Kstw., Bus (Kombi), Fhgst., Pritsche
Tragstruktur	Kastenrahmen
Material	Stahlblech
Stückzahl und Marktsituation	
Produktionszahl	k. A.
Verfügbarkeit	schlecht
Teilesituation	schlecht
Unterhaltskosten	mittel

Ford Transit (3. Generation) 1978-1985

Keine grundsätzlichen Änderungen bescherte die dritte Auflage dem Ford-Kleintransporter, der auch im Kölner Ford-Werk gefertigt wurde. Eine umgestaltete Front kennzeichnete das neue Modell, zudem profitierte es von einer modernisierten Innenausstattung und neuen Motoren. Den bisher verwendeten Essex-V4 löste der Reihenvierzylinder mit obenliegender Nockenwelle ab, der auch im Escort und Taunus zum Einsatz kam. Ford bot auch zwei Diesel-Varianten mit 2,3 und 2,5 Liter Hubraum an, zudem einen durstigen 3,0 Liter großen V6-Benziner. Simpel und konservativ blieb Ford beim Fahrwerk: Vorne wie hinten kamen wieder Starrachsen mit Blattfedern zum Einsatz. Dieser Lastwagen-Technik widersetzte sich ab 1981 das Sondermodell Clubmobil zumindest optisch: Bullaugen, weit nach unten reichende Fenster und (auf Wunsch) ein Hochfloorteppich zeichneten diesen Lifestyle-Van aus. Ab der dritten Transit-Version, die Ford in 37 Aufbauvariationen lieferte, waren auch viele Wohnmobil-Versionen im Angebot.

Bild: © Ford AG

Preise	1	2	3	4	5
Transit, Kst	k.N.	10.900	6.600	3.000	700
Transit, Kom	k.N.	11.600	7.400	3.800	600

Motor/Antrieb	
Bauart	Vierzylinder (Reihe), V6
Lage/Antrieb	Front/Heck
Hubraum in cm^3	1584 bis 3000
PS/min	65/4850 bis 100/3400
Vmax in km/h	110 bis 135
Karosserie	
Bauart	Kastenwg., Bus (Kombi), Pritsche
Tragstruktur	Kastenrahmen
Material	Stahlblech
Stückzahl und Marktsituation	
Produktionszahl	k.A.
Verfügbarkeit	ausreichend
Teilesituation	ausreichend
Unterhaltskosten	mittel

Ford (F) • 1947-1954

Bereits 1916 entstand ein französischer Ford-Ableger in Bordeaux. Die Initiative dazu war aus England gekommen: Der damalige Chef von Ford of Britain, Percival Perry, plante strategisch die Expansion nach Frankreich, wo in Folge Montagewerke für die Model T, später Model A und Model Y entstanden. Ab 1929 firmierte Ford Frankreich als Aktiengesellschaft und gründete 1934 gemeinsam mit Mathis aus dem Elsass das Unternehmen Matford. Unter der neuen Marke, einem Kunstwort aus Mathis und Ford, liefen V8-Wagen nach zunächst amerikanischem Muster vom Band. 1936 kam mit dem Modell Alsace eine europäischer ausgelegte Version, die jedoch weiterhin mit V8-Motoren ausgerüstet war. Trotz der Auflösung des Gemeinschaftsunternehmens im Jahr 1940 folgte zwischen 1940 und 1943 noch die Fertigung eines Lastwagens mit dem Namen Matford. Ford produzierte das Modell nach dem Ende des Zweiten Weltkrieges von 1949 bis 1954 weiter.

1946 hatte Ford im Werk Poissy die Produktion wieder aufnehmen können. 1948 debütierte der neue Vedette, der nach US-Strickmuster in Detroit entwickelt worden war. Es folgten 1952 der luxuriösere Ford Vendôme und der innovative Kombi Ford Abeille, der über zwei horizontal geteilte Heckklappen verfügte. Das elegante, 1951 präsentierte Modell Comète verführte dagegen mit einer bei Facel gebauten Coupé-Karosserie. Obwohl neue Modelle bereits entwickelt waren, verkaufte Ford Mitte 1954 seine französische Tochter an Simca. Während in Frankreich die Typbezeichnung Vedette zum Markennamen des neuen Modells wurde, vertrieb man die Autos im Ausland weiterhin teilweise als Ford.

F

Ford Vedette und Vendôme — 1947-1954

Ab 1947 fertigte Ford France die Vedette, eine mit amerikanischer Linienführung gezeichnete, sechsfenstrige Schrägheck-Limousine. Europäischen Ansprüchen angemessen waren die einzeln aufgehängten Räder der Vorderachse. Der kleine V8-Motor kam mit nur 2,2 Litern Hubraum aus. Auch Coupé- und Cabrioversionen waren ab 1949 erhältlich. Im Herbst 1952 erschien die Neuauflage mit ungeteilter Frontscheibe und angesetztem Gepäckraum bei ansonsten unveränderter Dachlinie. Das Vedette-Cabrio wandelte sich zur Cabrio-Limousine. Mit der alten Karosserie erschien dann noch das Modell Vedette Abeille als Kombi. Die Luxus-Version der Vedette hieß Vendôme, erschien im Herbst 1953 und besaß einen fast vier Liter großen Achtzylinder, der 92 PS oder 100 PS leistete. Seine Karosserie zeigte sich in glänzendem Chromornat.

Bild: © Archiv HEEL Verlag

Preise	1	2	3	4	5
Vedette, L4t	26.500	16.200	9.400	4.100	1.400
Vendome, L4t	34.900	22.300	14.600	6.100	2.400

Motor/Antrieb	
Bauart	V8
Lage/Antrieb	Front/Heck
Hubraum in cm³	2158, 3923
PS/min	60/4000 bis 100/3700
Vmax in km/h	125 bis 145
Karosserie	
Bauart	Lim (4-türig), Kombi, Cab, Cpe
Tragstruktur	Kastenrahmen
Material	Stahlblech
Stückzahl und Marktsituation	
Produktionszahl	k.A.
Verfügbarkeit	gegen null
Teilesituation	schwierig
Unterhaltskosten	hoch

Ford Comète und Comète Monte Carlo — 1951-1955

Außerordentlich elegant waren die Cabrio- und Coupé-Varianten auf Vedette-Basis. Das geschlossene Modell wurde 1951 vorgestellt und war mit einer von Facel hergestellten Karosserie versehen. Die geöffnete Version kam im Herbst 1952. Beide erhielten Anfang 1953 einen auf 80 PS leistungsgesteigerten Motor mit 2355 cm³. Ab 1954 trug der Comète den Beinamen Monte Carlo und zeichnete sich durch die auf 105 PS gebrachte Vierliter-V8-Maschine aus. Doch auch mit dieser Motorisierung sahen die Wagen sportlicher aus, als sie sich aufgrund des konventionellen Fahrwerks fuhren. Allein das Modell Monte Carlo blieb über 1954 hinaus in Produktion und wurde als Simca Monte Carlo bis zum Frühling 1955 weitergebaut.

Bild: © Ivar Engerud

Preise	1	2	3	4	5
Comète, Cpe	103.700	61.000	42.700	20.700	k. N.
Comète Monte Carlo, Cab	129.300	78.100	54.900	31.700	k. N.

Motor/Antrieb	
Bauart	V8
Lage/Antrieb	Front/Heck
Hubraum in cm³	2159, 2355, 3923
PS/min	66/4500 bis 105/3800
Vmax in km/h	130 bis 155
Karosserie	
Bauart	Coupé, Cabriolet
Tragstruktur	Kastenrahmen
Material	Stahlblech
Stückzahl und Marktsituation	
Produktionszahl	k.A.
Verfügbarkeit	gegen null
Teilesituation	schwierig
Unterhaltskosten	hoch

Ford (GB) • seit 1911

Schon 1911 war der englische Ableger des amerikanischen Ford-Konzerns als Ford Motor Company Ltd. gegründet worden. In Dagenham wurden eigene Wagen, aber auch amerikanische Modelle gebaut. Nach dem Zweiten Weltkrieg ging es mit Vorkriegskonstruktionen weiter, und die Modellpalette wurde sukzessive ausgebaut. Der erste internationale Ford war 1968 der Escort, er wurde sowohl von Ford Deutschland als auch in England gefertigt.

1931 eröffnete Ford das Werk in Dagenham, London. Dort entstanden bis heute nicht nur knapp 11 Millionen Fahrzeuge, wie zum Beispiel das Modell Anglia, sondern auch über 37 Millionen Motoren.

Ford Anglia 1938-1953

Solidität und Zuverlässigkeit bei niedrigen Unterhalts- und Anschaffungskosten machten Fords Vorschlag für ein Massenautomobil in der frühen Nachkriegszeit erfolgreich. Der kleine Anglia bot als Vorkriegskonstruktion all das, was in den Augen der Kundschaft wichtig war – mehr aber auch nicht. Die knapp bemessene und antiquierte Seitenventil-Motorisierung in Kombination mit dem Dreiganggetriebe ließ keine Gedanken an Fahrdynamik aufkommen. Auch bei Bremsen und Fahrwerk genügte das Minimum. Sportliche Coupé- und Cabrio-Karosserien auf technischer Basis des alten Anglia fanden in den fünfziger Jahren noch großen Anklang.

Bild: © Ford AG

Preise	1	2	3	4	5
Anglia (1938-1948), L2t	11.200	7.300	4.900	2.000	800
Anglia (1948-1953), L2t	10.700	7.100	4.800	1.900	700

Motor/Antrieb	
Bauart	Vierzylinder (Reihe)
Lage/Antrieb	Front/Heck
Hubraum in cm^3	933
PS/min	24/4000
Vmax in km/h	90
Karosserie	
Bauart	Limousine (2-türig)
Tragstruktur	Kastenrahmen
Material	Stahlblech
Stückzahl und Marktsituation	
Produktionszahl	166.864
Verfügbarkeit	schlecht
Teilesituation	schwierig
Unterhaltskosten	niedrig

Ford Pilot 1947-1950

Das Mutterhaus in Amerika konnte zumindest direkt nach dem Krieg auch die englische Dependance nicht ganz verleugnen. Das auf einem Kastenrahmen basierende Modell Pilot bot den US-Autostil auch für eine europäische Zielgruppe. Mit einem unverwüstlichen Seitenventil-Achtzylindermotor bot er ausreichend Kraft aus dem Drehzahlkeller, allerdings schaffte es das simpel aufgebaute Fahrwerk nur mühsam, die Leistung sicher auf die Straße zu bringen. Immerhin beschleunigte der V8 den Ford Pilot mit bis zu 86 PS auf rund 130 Stundenkilometer. Eine besonders attraktive Variante war der Kombi, der mit zweigeteilter Heckklappe und Holzaufbau besonders an die amerikanischen Vorbilder erinnerte.

Bild: © Ford AG

Preise	1	2	3	4	5
Pilot 3,6 V8, L4t	22.300	14.300	9.600	4.200	1.500

Motor/Antrieb	
Bauart	V8
Lage/Antrieb	Front/Heck
Hubraum in cm^3	2535, 3622
PS/min	67/4000 bis 86/3500
Vmax in km/h	120 bis 130
Karosserie	
Bauart	Limousine (4-türig), Kombi (5-türig)
Tragstruktur	Kastenrahmen
Material	Stahlblech
Stückzahl und Marktsituation	
Produktionszahl	22.189
Verfügbarkeit	schlecht
Teilesituation	schwierig
Unterhaltskosten	hoch

Ford Consul, Zephyr Six 1950-1956

Das biedere Aussehen des ersten Zephyr-Modells sollte nicht darüber hinwegtäuschen, dass unter dem im Ponton-Stil geformten Blech ausgesprochen fortschrittliche Technik zum Einsatz kam. In der oberen Mittelklasse setzten die Briten modernste Konstruktionsprinzipien in Sachen Karosserie-, Motoren- und Fahrwerksbau ein, während die Konkurrenz noch im Denken an Vorkriegskonstruktionen verhaftet blieb. Der selbsttragende Aufbau der Karosserie, ein Sechszylindermotor (als Ford Zephyr) mit im Kopf hängenden Ventilen und die Einzelradaufhängung vorn bildeten zusammen mit der gewohnt seriösen Konstruktionsweise ein überzeugendes Angebot, bei dem auch ein Cabriolet mit fünf Sitzen nicht fehlte.

Bild: © Ford AG

Preise	1	2	3	4	5
Zephyr Mk I, L4t	16.000	9.600	6.500	2.500	900
Zephyr Mk I, Cab	40.700	28.600	17.500	8.500	3.700

Motor/Antrieb	
Bauart	Vier-/Sechszylinder (Reihe)
Lage/Antrieb	Front/Heck
Hubraum in cm^3	1508, 2262
PS/min	48/4400, 69/4000
Vmax in km/h	115 bis 130
Karosserie	
Bauart	Limousine (4-türig), Cabriolet
Tragstruktur	selbsttragend
Material	Stahlblech
Stückzahl und Marktsituation	
Produktionszahl	180.000
Verfügbarkeit	schlecht
Teilesituation	schwierig
Unterhaltskosten	mittel

Ford Zephyr, Zodiac Mk II 1956-1962

Mit einer viel gestreckteren Karosserie, bei der allein der Grill an den Vorgänger erinnerte, präsentierte Ford die zweite Auflage der Zephyr-/Zodiac-Baureihe. Die Linien wirkten zwar immer noch recht amerikanisch, wohltuend war jedoch der weitgehende Verzicht auf unnötige Schnörkel. Die Vierzylinder-Version nannte Ford zur Unterscheidung Consul. Von der gehobeneren Sechszylinderausführung gab es neben dem Zephyr auch das luxuriöse Modell Zodiac. Zusätzlich zur viertürigen Limousine und einem fünftürigen Kombi bot Ford zudem wieder ein Viersitzer-Cabriolet an. Sogar auf Rallyepfaden schlugen sich die großen Ford erstaunlich tapfer.

Preise	1	2	3	4	5
Zephyr Mk II, L4t	17.300	10.300	7.000	2.800	900
Zodiac Mk II, L4t	17.700	10.600	7.300	2.900	900

Motor/Antrieb	
Bauart	Sechszylinder (Reihe)
Lage/Antrieb	Front/Heck
Hubraum in cm^3	2553
PS/min	87/4200 bis 90/4200
Vmax in km/h	140
Karosserie	
Bauart	Lim (4-türig), Kombi (5-türig), Cab
Tragstruktur	selbsttragend
Material	Stahlblech
Stückzahl und Marktsituation	
Produktionszahl	350.244
Verfügbarkeit	schlecht
Teilesituation	schwierig
Unterhaltskosten	mittel

Ford Anglia 105E 1960-1967

Noch ein Jahr vor dem Citroën Ami 6 zeigte der neue Ford Anglia eine aerodynamische Dachform mit nach innen geneigter Heckscheibe. Die Wagenfront erinnert dezent an den Daimler SP 250, die ausgeprägten Heckflossen waren typische Mode. Flott waren nicht nur das Erscheinungsbild, sondern auch die Fahrleistungen, für die ein kurzhubiger Einliter-Motor sorgte. Die Tuningspezialisten Costin und Duckworth entdeckten ihn als leicht frisierbare Kraftquelle, weshalb dieses Triebwerk nicht nur im 105E, sondern auch in diversen Formel-3-Autos auf der Piste auftauchte. Mit knapp einer Million produzierten Fahrzeugen ist der Anglia bis heute keine Seltenheit – und entsprechend üppig ist das Angebot zu vertretbaren Preisen.

Preise	1	2	3	4	5
Anglia (105E), L2t	11.300	7.300	5.000	2.100	700

Bild: © Ford AG

Motor/Antrieb	
Bauart	Vierzylinder (Reihe)
Lage/Antrieb	Front/Heck
Hubraum in cm³	997
PS/min	40/5000
Vmax in km/h	120
Karosserie	
Bauart	Limousine (2-türig), Kombi (3-türig)
Tragstruktur	selbsttragend
Material	Stahlblech
Stückzahl und Marktsituation	
Produktionszahl	945.713
Verfügbarkeit	gut
Teilesituation	ausreichend
Unterhaltskosten	niedrig

F

Ford Consul Capri 1961-1964

Zwei Namen, die dem deutschen Publikum in den 1970er Jahren noch sehr vertraut wurden, führt Ford England bereits 1961 ein: beim Coupé Consul Capri. Mit dem hier vorgestellten Coupé-Konzept, wie es der Consul Capri vertrat, war der englische Hersteller seiner Zeit aber wohl zu weit voraus. Der Kundenzuspruch blieb weitgehend aus, weshalb das pfostenlose, zweitürige und an den amerikanischen Thunderbird erinnernde Modell nach kurzer Bauzeit wieder vom Markt genommen wurde. Dabei hätte der modern und elegant gestylte Viersitzer durchaus mehr Beachtung verdient, nicht zuletzt wegen seiner lebhaften Vierzylindermotoren, die aus dem Cortina stammten.

Preise	1	2	3	4	5
Consul Capri (109E), Cpe	17.500	11.300	7.600	3.300	1.100

Bild: © Ford AG

Motor/Antrieb	
Bauart	Vierzylinder (Reihe)
Lage/Antrieb	Front/Heck
Hubraum in cm³	1340, 1498
PS/min	55/4900 bis 76/5100
Vmax in km/h	135 bis 150
Karosserie	
Bauart	Coupé
Tragstruktur	selbsttragend
Material	Stahlblech
Stückzahl und Marktsituation	
Produktionszahl	18.716
Verfügbarkeit	gegen null
Teilesituation	schwierig
Unterhaltskosten	mittel

Ford Zephyr und Zodiac Mk III 1962-1966

Den Zeichen der Zeit folgend, ließ Ford die dritte Auflage des Zephyr um Einiges größer werden. In der Form zeigte sich dieser Wagen wieder etwas verspielter mit ausgeprägten Heckflossen und einem zerklüfteten Bug. Auf eine Cabriolet-Ableitung – wie sie beiden Vorgängern an die Seite gestellt worden waren – verzichtete Ford beim Mk III leider. Die doch etwas zu modische Gestaltung sorgte für einen verkürzten Modellzyklus von nur vier statt sechs Jahren. Gemindert wurde die Attraktivität des Ford-Topmodells zudem durch die Eingliederung des vierzylindrigen Consul als Zephyr 4 in die Baureihe.

Preise	1	2	3	4	5
Zephyr 4 Mk III, L4t	12.500	7.600	5.200	2.200	800
Zephyr 6 Mk III, L4t	15.000	8.900	6.100	2.500	900

Bild: © Ford AG

Motor/Antrieb	
Bauart	Vier-/Sechszylinder (Reihe)
Lage/Antrieb	Front/Heck
Hubraum in cm³	1703, 2553
PS/min	65/4700, 107/4750
Vmax in km/h	140 bis 160
Karosserie	
Bauart	Limousine (4-türig), Kombi (5-türig)
Tragstruktur	selbsttragend
Material	Stahlblech
Stückzahl und Marktsituation	
Produktionszahl	282.117
Verfügbarkeit	schlecht
Teilesituation	schwierig
Unterhaltskosten	mittel

Ford Lotus Cortina 1963-1966

Als Ableitung einer gutbürgerlichen Kompaktlimousine nahm dieses Modell das GTI-Konzept vorweg: Im historischen Motorsport ist der Lotus Cortina heute ein vielversprechendes Gerät, entsprechend begehrt und teuer ist er. Der Name deutet schon auf den geistigen Vater des Wagens hin: Colin Chapman, Lotus-Gründer, implantierte seinen berühmten 1,6-Liter-dohc-Motor unter die Haube des biederen Mittelklassewagens und machte ihn mit einem modifizierten Fahrwerk zu einem sehr erfolgreichen Rennwagen. Da der Lotus Cortina als Homologationsmodell für den Sport geplant war, entstanden nur wenig mehr als 4000 Wagen in dieser Spezifikation.

Preise	1	2	3	4	5
Lotus Cortina Mk I, L2t	67.000	46.000	32.000	20.000	12.000

Bild: © Ford AG

Motor/Antrieb	
Bauart	Vierzylinder (Reihe)
Lage/Antrieb	Front/Heck
Hubraum in cm³	1558, 1594
PS/min	106/6000 bis 140/6500
Vmax in km/h	175 bis 190
Karosserie	
Bauart	Limousine (2-türig)
Tragstruktur	selbsttragend
Material	Stahlblech
Stückzahl und Marktsituation	
Produktionszahl	4012
Verfügbarkeit	schlecht
Teilesituation	ausreichend
Unterhaltskosten	mittel

Ford GT 40 — 1966-1972

Auch Großserienhersteller sind in der Lage, Sportwagenlegenden zu bauen. Beweis dafür kann der Ford GT 40 sein, dessen ursprünglicher Einsatzzweck es war, die Ferrari-Zwölfzylinder aus Maranello auf der Rennstrecke zu besiegen. Das gelang auch mehrfach, unter anderem in Le Mans. Der GT 40 ist ein aggressiv gestylter Zweisitzer, der über ein 4,7 Liter großes Mittelmotorherz mit acht Zylindern verfügte. Die Konstruktion besorgte Lola-Mitbegründer Eric Broadley, gebaut wurden die Renner in Fords Advanced-Vehicle-Tochterunternehmen in Slough. Die Straßenversion des GT 40 konnten auch wohlhabende Fans ordern. Doch die knappe Schalldämpfung und die permanente Wärmeabstrahlung des Motors forderten – neben einer gut gefüllten Kasse – wahren Sportsgeist.

Bild: © Ford AG

Preise	1	2	3	4	5
GT 40, Cpe	je nach Originalität und Historie zwischen 3 bis 10 Mio. Euro				

Motor/Antrieb	
Bauart	V8
Lage/Antrieb	Mitte/Heck
Hubraum in cm³	4728
PS/min	340/6250
Vmax in km/h	270
Karosserie	
Bauart	Coupé
Tragstruktur	teilw. selbsttragend
Material	Stahlblech
Stückzahl und Marktsituation	
Produktionszahl	107
Verfügbarkeit	gegen null
Teilesituation	sehr schwierig
Unterhaltskosten	hoch

F

Ford Lotus Cortina Mk II („Twin Cam") — 1967-1970

Die zweite Fassung des Lotus Cortina kostet heute deutlich weniger als die erste Version. Das ist für Interessenten dieser unscheinbaren und dennoch potenten Kompaktlimousine zwar angenehm, im historischen Motorsport spielt diese kurz „Twin Cam" genannte Cortina aber keine große Rolle. Die Kriegsbemalung stand seiner geglätteten Karosserie weniger gut, die Hülle wirkte langweiliger und weit weniger aggressiv. Schlimmer noch: Auch vom herzhaften Biss des Erstauflage-Motors war einiges auf der Strecke geblieben. Ein Trost für Interessenten bleibt jedoch, denn bei weiterhin guten Fahrleistungen und erfreulich agilem Fahrverhalten ist der Twin Cam deutlich alltagstauglicher als der Ur-Cortina.

Bild: © Ford AG

Preise	1	2	3	4	5
Lotus Cortina MkII, L2t	42.000	29.400	20.500	10.800	5.500

Motor/Antrieb	
Bauart	Vierzylinder (Reihe)
Lage/Antrieb	Front/Heck
Hubraum in cm³	1558
PS/min	106/6000
Vmax in km/h	175
Karosserie	
Bauart	Limousine (2-türig)
Tragstruktur	selbsttragend
Material	Stahlblech
Stückzahl und Marktsituation	
Produktionszahl	4000
Verfügbarkeit	schlecht
Teilesituation	ausreichend
Unterhaltskosten	mittel

Ford (USA) • seit 1903

Henry Ford, geboren 1863, erlangte Weltruhm mit dem legendären Model T, seinem ab 1908 gebauten Bestseller. Erst der Käfer schaffte es Jahrzehnte später, die von der Tin Lizzy aufgestellten Rekorde zu brechen: rund 15 Millionen Exemplare des Model T rollten von Fords Fließbändern.

1893 hatte Henry Ford die ersten motorisierten Fahrzeuge auf der Weltausstellung in Chicago gesehen. Die Idee reizte ihn, und schon 1896 präsentierte er mit dem Quadricycle seine erste Konstruktion. 1899 gründete er die Detroit Automobile Company, die allerdings – mangels eines marktfähigen Modells – nur ein Jahr existierte. Ford gab nicht auf: 1901 entstand die Henry Ford Company, doch auch sie scheiterte, weil sich die potenziellen Kunden nicht für Rennwagen wie seinen Arrow oder das Model 999 interessierten.

Erst seiner Ford Motor Company, 1903 gegründet, gelang der Durchbruch mit Zwei-, Vier- und Sechszylinder-Modellen. Fünf Jahre später, Ford war bereits Marktführer in den USA, landete er mit dem Model T einen Treffer ins Schwarze: Zuverlässigkeit statt Luxus lautete sein Credo.

Die hohe Nachfrage konnte Ford nicht mehr durch per Hand zusammengeschraubte Fahrzeuge befriedigen. So kam er auf die Idee, die Fertigung zu automatisieren. Das Fließband, das Ford ab 1913 zunehmend einsetzte, fand als fertigungstechnische Innovation – Ford produzierte bereits 650 Modelle pro Tag – schnell weltweite Nachahmer. Mit Produktionsstätten in Argentinien, Australien, Brasilien, Deutschland, England, Indien, Neuseeland, Thailand und auch Frankreich baute Ford rund um den Globus Automobile. Die Jahre der internationalen Expansion, in denen Ford große Namen wie die britischen Traditionsmarken Jaguar, Land Rover und Aston Martin einsammelte, dazu Volvo und Teile von Mazda, sind endgültig vorbei.

Die Automobilkrise riss Ford in die Tiefe. Schon 2007 kam die Meldung, Ford wolle sich von Jaguar und Land Rover trennen. 2008 griff der indische Tata-Konzern zu und übernahm die englischen Traditionshersteller. Volvo dagegen legte sich 2010 der chinesische Automobilproduzent Geely in sein Portfolio. Für Ford geht es seitdem wieder bergauf: Das Unternehmen erwirtschaftet Gewinne und konnte seine Marktanteile wieder steigern. Ein beeindruckendes Jubiläum feierte Ford im August 2012: In Thailand lief mit einem Ford Focus das 350-millionste von Ford gebaute Automobil vom Band.

2017 stornierte Ford den ursprünglichen Plan, für die Fertigung des Ford Focus ein neues Werk in Mexico zu bauen. Hintergrund war die Wahl Donald Trumps zum Präsidenten. Stattdessen investierte Ford massiv in den Ausbau seines Stammwerks in Dearborn sowie eines Campus' in Michigan, wo das Unternehmen sich mit der Entwicklung autonomer und elektrisch angetriebener Fahrzeuge beschäftigt. Parallel dazu trimmten einschneidende Sparmaßnahmen den Konzern stärker in Richtung Gewinn. Ein Baustein dazu war eine Ankündigung aus dem Jahr 2018: Ford wolle künftig auf dem Heimatmarkt USA keinerlei Personenwagen mehr verkaufen – zu aufwendig und zu unrentabel sei das. Ausgenommen davon bliebe nur der Mustang. Im Zentrum des amerikanischen Angebots bleiben die überaus erfolgreichen Trucks, wie die Amerikaner ihre Pickups nennen. Mehr und mehr wollte Ford auf die Elektrifizierung der Antriebe setzen, doch mittlerweile hat sich der Wind schon wieder gedreht. Lediglich der Mustang Mach-E, der F-150 Lightning sowie der E-Transit sind vollelektrisch, den Escape gibt es mit Hybridantrieb. Weiterhin als Verbrenner kommen der Mustang, der Bronco und der Bronco Sport, der Explorer sowie der große Expedition.

Der Erfinder des „universal car": Henry Ford (1863-1947).

Die üppige Mitte: Modische Station Wagons und Convertibles

Neu sind sie in den 1950er Jahren nicht: Cabriolets und Kombis kauften Kunden schon früher. Schon zu seligen Tin-Lizzy-Zeiten fuhr nicht nur der Ford-Käufer oft unter freiem Himmel. Das war einfach und deswegen billig.

In den glamourösen 1950er Jahren hat sich das geändert. Die Notwendigkeiten haben sich verschoben, und Ford setzt mit seinen „Luxury Convertibles" andere Prioritäten, als es die offene Version des stabil-spartanischen Model T tat. Nun zählte ein mächtiger Auftritt, chromspiegelnder Luxus und leistungsstarke Motoren. Mit diesen Attributen feiert das prosperierende Amerika den Aufbruch in eine neue Epoche, in der alte Grenzen keine Gültigkeit mehr haben. Unbeschwert baut auch Ford an der Zukunft mit. Speziell der Skyliner wird 1957 zum Hingucker. Sein Hardtop faltet sich auf Knopfdruck spektakulär in den Kofferraum zusammen. Durchsetzen kann sich das bereits in den 1930er Jahren von Peugeot etablierte Dachkonzept jedoch nicht: Es ist für einen Erfolg schlicht zu teuer, selbst für das reiche Amerika.

Ähnlich liest sich die Chronik der Station Wagons. Als Ford 1929 das Model A auch als praktischen Kombinationswagen anbietet, begründet es eine neue Fahrzeuggattung. In diesen wirtschaftlich heiklen Jahren baut Ford die Ladeflächen der Station Wagons aus Holz – Stahlblech scheint dafür noch zu teuer. Ford führt erst 1952, als letzter der US-Hersteller, die Ganzstahlbauweise bei Kombi-Modellen ein. 1955 erhebt der Auto-Gigant aus Dearborn den Station Wagon sogar in den Status einer eigenen Modellreihe und liefert unzähligen Vorstadtfamilien das ideale Fortbewegungsmittel, um ihre schicken Bungalows in den neuen Suburbs zu erreichen. Und schon schaut man verklärt zurück: Aufgeklebtes Holz-Imitat an den Flanken erinnert an die Einschränkungen von gestern, die längst überwunden sind.

Ford Custom Country Squire 1950-1951

Die 1950er Jahre brachten neue Strukturen in das Leben der Menschen – am schnellsten in Amerika. Wachsender Wohlstand führte zu mehr Freizeit, die Familie wurde immer wichtiger. Erstmals spielten deswegen auch Station Wagons, wie die Kombis in Amerika hießen, eine Rolle im privaten Bereich. Bislang waren sie eher als ungeliebte Arbeitspferde auf den harten beruflichen Einsatz beschränkt gewesen. Ford ging 1951 mit dem Custom Country Squire einen anderen Weg. Die Custom-Serie rangierte 1951 als zweite Modellreihe über den DeLuxe-Typen. Der Country Squire war das teuerste aller Ford-Modelle und lag preislich noch über dem Convertible Coupé – ein sicheres Indiz, dass er kaum jemals auf Baustellen eingesetzt wurde. Als Motorisierung bot Ford einen Reihensechszylinder und einen V8. Er war übrigens der letzte Woody von Ford, wie jene typisch amerikanischen, mit Holz verkleideten Kombis hießen.

Preise	1	2	3	4	5
Custom Country Squire, Kom	79.000	53.000	33.000	13.000	6.000

Motor/Antrieb	
Bauart	Sechszylinder (Reihe), V8
Lage/Antrieb	Front/Heck
Hubraum in cm^3	3528, 3917
PS/min	83/3600, 88/3800
Vmax in km/h	135
Karosserie	
Bauart	Kombi
Tragstruktur	Kastenrahmen
Material	Stahlblech
Stückzahl und Marktsituation	
Produktionszahl	k.A.
Verfügbarkeit	gegen null
Teilesituation	sehr schwierig
Unterhaltskosten	mittel

Ford Fairlane Sunliner Convertible 1955-1959

Den Sunliner Convertible bot Ford ab 1955 in der neuen Fairlane-Modellreihe an, der über den Mainline und Customline genannten Serien die Spitze der Modellpalette markierte. Mit dem Zusatz Fairlane offerierte Ford darüber hinaus noch drei Victoria Hardtop Coupé genannte Varianten, von denen eine über ein Glasdach verfügte. Zudem gab es mit einem Club Sedan und einem Town Sedan zwei Limousinen im Angebot. Als Standardmotorisierung bot Ford 1955 für alle Modelle einen Reihensechszylinder mit 3,6 Litern Hubraum an, der 122 PS leistete. Gegen Aufpreis gab es in allen Modellen auch ein standesgemäßes V8-Triebwerk, das mit 164 PS für etwas mehr Agilität sorgte.

Preise	1	2	3	4	5
Fairlane Sunliner (1955-1956), Cab	73.800	49.100	32.900	15.000	7.400

Motor/Antrieb	
Bauart	Sechszylinder (Reihe), V8
Lage/Antrieb	Front/Heck
Hubraum in cm^3	3654, 4457
PS/min	122/4000, 164/4400
Vmax in km/h	145 bis 160
Karosserie	
Bauart	Limousine, Coupé, Cabriolet
Tragstruktur	Kastenrahmen
Material	Stahlblech
Stückzahl und Marktsituation	
Produktionszahl	k.A.
Verfügbarkeit	schlecht
Teilesituation	sehr schwierig
Unterhaltskosten	hoch

Bild: © Archiv Günther Zink

Ford Fairlane Skyliner Retractable 1957-1959

Immer wieder wurde versucht, die Vorteile eines stabilen Blechdachs mit denen eines Cabriolets zu kombinieren. Auch der amerikanische Ford-Konzern hatte zwischen 1957 und 1959 ein entprechendes Modell im Angebot, den Fairlane Skyliner. Gut bedacht oder von Frischluft umspült konnten dabei bis zu vier Personen komfortabel reisen, in einem im typischen Geschmack der Jahre gestalteten, großen Wagen mit langen Überhängen. Mit geöffnetem Dach blieb von dem vormals riesigen Kofferraum allerdings nichts übrig. Ein anderer Nachteil der Konstruktion fand sich in der Defektanfälligkeit der Dachkinematik. Außerdem war das Gewicht sehr hoch. Immerhin fast 49.000 Exemplare des Zwitters sorgen bis heute für eine gute Grundversorgung mit diesen skurrilen Cabrio-Coupés.

Preise	1	2	3	4	5
Fairlane Skyliner (1957-1959), Cab	77.400	51.500	34.600	15.800	7.800

Motor/Antrieb	
Bauart	V8
Lage/Antrieb	Front/Heck
Hubraum in cm^3	4457 bis 5766
PS/min	193/4500 bis 304/4600
Vmax in km/h	155 bis 175
Karosserie	
Bauart	Cabriolet
Tragstruktur	Kastenrahmen
Material	Stahlblech
Stückzahl und Marktsituation	
Produktionszahl	48.394
Verfügbarkeit	ausreichend
Teilesituation	ausreichend
Unterhaltskosten	hoch

Ford LTD Country Squire 1966-1978

Bevor Chrysler der Welt den Minivan schenkte, fuhren Amerikas Mommys und Daddys Station Wagons. Diese Landyachten transportierten bis zu zehn Personen samt Gepäck (auf der Dachreling) und ohne Probleme die neuen Verandadielen vom Baumarkt nach Hause. 1966 führte Ford seine „Magic Door" ein, eine Heckklappe, die sich entweder traditionell zur Seite aufklappen ließ – oder nach unten, wenn man vorher die Heckscheibe versenkte. Über den Modellen Galaxie 500 und LTD rangierte damals der Country Squire als Topmodell. Sein Name bezeichnete zu Beginn der 1950er-Jahre noch die echten „Woodies" der Marke, also Kombis mit nennenswertem Holzanteil in der Karosserie. Bei den Country Squire der 1960er sind die Holzpanels dagegen ein optischer Gag, den Ford für den LTD Country Squire noch bis 1991 anbot.

Bild: © Ford Motor Company

Preise	1	2	3	4	5
LTD Country Squire, Kom	33.400	20.800	12.700	5.900	3.000

Motor/Antrieb	
Bauart	V8
Lage/Antrieb	Front/Heck
Hubraum in cm^3	4727 bis 6990
PS/min	203 bei 4400 bis 350 bei 4600
Vmax in km/h	ca. 160
Karosserie	
Bauart	Kombi
Tragstruktur	Kastenrahmen
Material	Stahlblech
Stückzahl und Marktsituation	
Produktionszahl	k.A.
Verfügbarkeit	ausreichend
Teilesituation	gut
Unterhaltskosten	mittel

Vom Corvette-Gegner zum Boulevard-Cruiser: Die Thunderbirds

Als die Ford Motor Company 1955 ihr offenes „Personal Car" vorstellt, fehlt nur noch ein klangvoller Name für das neue Modell. Ein Griff in die Geschichte der amerikanischen Ureinwohner bringt die Lösung: Den Thunderbird (deutsch: Donnervogel) beschreibt die indianische Mythologie als zornigen Boten der Götter, der mit seinem kraftvollen Flügelschlag den Donner auslöst. Leuchtende Schlangen soll er mit sich tragen, die wir Weltbürger als Blitze wahrnehmen.

Seit Beginn der 1950er Jahre beobachten die Strategen der „Big Three" den Run auf offene Zweisitzer europäischer Herkunft. Allerdings beginnt Ford erst mit der Entwicklung des Thunderbird, nachdem Chevrolet mit der Corvette einen offenen Sportwagen auf den Markt bringt. Bis zu diesem Zeitpunkt gelten Sportwagen in den Chefetagen der US-Autogiganten als wenig rentable Marktnische.

Im Premierenjahr 1955 verkauft Ford 16.155 Thunderbird, während Chevrolet gerade mal 674 Corvette absetzen kann. Ford geht mit dem Thunderbird gezielt auf die Bedürfnisse der Kunden ein, die eine sportliche Silhouette zwar schätzen, allerdings nicht auf Luxus verzichten möchten.

Man weiß sich auf dem richtigen Weg. Um die Verkaufszahlen weiter zu steigern, mutiert der Thunderbird in seiner zweiten Auflage zum Viersitzer. Er wächst in alle Richtungen. Nur konsequent, dass nun nicht mehr von einem komfortbetonten Softsportler die Rede ist, sondern vom neuen „Personal Luxury Car". Ford verfolgt diesen Weg konsequent weiter, bis man 1997 mit der zehnten Generation die Baureihe einstellt.

Doch 2002 zeigt Ford im Rahmen des „Living Legends"-Programms den Retro-Thunderbird. Die Produktion läuft an, allerdings gerät die weichgespülte Reinkarnation des 1957er-Modells, trotz einiger netter Details wie den obligatorischen Bullaugen im Hardtop, zum Flop. Schon drei Jahre später streicht Ford den Thunderbird abermals aus dem Programm – nun vermutlich endgültig.

Ford Thunderbird (Serie I) 1955-1957

Ford hatte seinen Konkurrenten Chevrolet genau beobachtet, und daher fiel es leicht, die bei der ersten Corvette gemachten Fehler zu vermeiden. Die für amerikanische Verhältnisse sehr schlanke und schnörkellose Karosserie des Thunderbird versprach die sportlichen Fahrleistungen, die seine von Beginn an leistungsstarken Motoren halten konnten. Bis zu 300 PS stark waren die Zweisitzer, deren Stahlkarosserie nach üblichem Muster auf einem Kastenrahmen platziert war. Außerdem gestand Ford den Sportwagenfahrern mit einem soliden Faltverdeck und weiteren Details einen angemessenen Gesamtkomfort zu. Damit war man wesentlich erfolgreicher als der Gegner, der aber rasch zum Konter bereit war.

Bild: © Dieter Rebmann

Preise	1	2	3	4	5
Thunderbird 292 V8 (1955), Cab	68.800	42.200	28.600	14.700	7.700
Thunderbird 292 V8 (1956), Cab	66.100	40.600	27.500	14.100	7.500
Thunderbird 292 V8 (1957), Cab	82.800	51.000	34.500	17.800	9.400

Motor/Antrieb	
Bauart	V8
Lage/Antrieb	Front/Heck
Hubraum in cm^3	4780, 5113
PS/min	193/4400 bis 300/4800
Vmax in km/h	185 bis 210
Karosserie	
Bauart	Cabriolet
Tragstruktur	Kastenrahmen
Material	Stahlblech
Stückzahl und Marktsituation	
Produktionszahl	53.166
Verfügbarkeit	ausreichend
Teilesituation	ausreichend
Unterhaltskosten	hoch

Ford Thunderbird (Serie II, „Squarebird") 1958-1960

Die klare, sportliche Linie der ersten Thunderbird-Modelle wurde mit dem Styling der ab 1958 verkauften zweiten Serie verspielt. Mit einer manieristisch verzierten und verspielten Karosserie des sogenannten „Squarebird", die zudem jetzt Platz für 2+2 Passagiere bot, war das Konzept aufgeweicht und längst nicht mehr so reizvoll für Puristen. Dem Durchschnittskäufer aber gefiel es dennoch: Knapp 200.000 Verkäufe kamen in den drei Baujahren zusammen. Neben dem Cabriolet hielt Ford auch ein Coupé im Angebot, das von immer größeren Motoren mit über sieben Litern Hubraum und über 300 PS vorangetrieben wurde. Im Gegensatz zur überladenen Karosserie wirkte jedoch die Bauweise in selbsttragender Ausführung recht modern.

Bild: © Dieter Rebmann

Preise	1	2	3	4	5
Thunderbird 352 V8 („Squarebird"), Cpe	40.500	24.900	16.800	8.600	4.600
Thunderbird 352 V8 („Squarebird"), Cab	70.700	43.500	29.400	15.000	8.000

Motor/Antrieb	
Bauart	V8
Lage/Antrieb	Front/Heck
Hubraum in cm^3	5766, 7056
PS/min	304/4600 bis 355/4400
Vmax in km/h	180 bis 200
Karosserie	
Bauart	Cabriolet, Hardtop
Tragstruktur	selbsttragend
Material	Stahlblech
Stückzahl und Marktsituation	
Produktionszahl	198.191
Verfügbarkeit	ausreichend
Teilesituation	ausreichend
Unterhaltskosten	hoch

Ford Thunderbird (Serie III, „cigar shape") 1961-1963

Bei den Thunderbird der Jahrgänge 1961 bis 1963 änderte sich fast nichts an der Technik, doch das Konzept wurde weiter abgeändert. Die Sportlichkeit der ersten Generation schien nun endgültig in den Hintergrund gedrängt, obwohl ein Modell namens Roadster offeriert wurde. Dieses viersitzige Cabrio besaß jedoch lediglich eine Abdeckung über der Rückbank. Das Styling des Donnervogels war etwas weniger verspielt und weit glattflächiger als beim direkten Vorgänger geraten, eine spitz zulaufende Front, halb abgedeckte Hinterräder und durchgehende Kanten von den vorderen bis zu den hinteren Kotflügelspitzen prägten sein Äußeres. In der Publikumsgunst stand der wegen seiner Form „cigar shape" genannte Thunderbird weiterhin gut da, und daran konnte auch noch sein bis 1966 gebauter Nachfolger mit nochmals größeren Motoren anschließen.

Bild: © Ford AG

Preise	1	2	3	4	5
Thunderbird 1960/61, Cpe	42.600	26.000	17.600	9.200	4.900
Thunderbird 1960/61, Cab	53.500	32.700	22.100	11.500	6.200

Motor/Antrieb	
Bauart	V8
Lage/Antrieb	Front/Heck
Hubraum in cm³	6348
PS/min	304/4400 bis 344/4600
Vmax in km/h	180 bis 200
Karosserie	
Bauart	Cabriolet, Hardtop
Tragstruktur	selbsttragend
Material	Stahlblech
Stückzahl und Marktsituation	
Produktionszahl	214.375
Verfügbarkeit	ausreichend
Teilesituation	ausreichend
Unterhaltskosten	hoch

Ein Pony macht Karriere: der Mustang und sein gescheiterter Nachfolger

Lee Iaccoca, Vorsitzender der Fairlane Group, einer Arbeitsgruppe bei Ford, die sich in den frühen 1960er Jahren mit den Bedürfnissen des US-Automarktes befasst, diskutiert mit seinen Managern den Erfolg des Chevrolet Corvair. Man ist sich einig, dass die Konkurrenz das Potenzial dieser Marktnische nicht ausschöpft. Bald beginnt Ford mit den Entwicklungen zum Projekt „T-5". Erwähnenswert: Unter dieser Bezeichnung steht der Mustang später in Deutschland beim Händler. Die Firmen Kreidler und Krupp hatten sich die Rechte am Namen Mustang schützen lassen.

Im Jahr 1962 präsentiert Ford das Mustang I Concept Car. Zwar trägt der Wagen schon in diesem frühen Stadium seine endgültige Bezeichnung, mutet aber mit fehlendem Dach, versenkten Scheinwerfern und dem Ansatz einer Windschutzscheibe eher wie ein Sportprototyp an. Im Spätjahr 1963 folgt schließlich die Studie Mustang II, die schon einige Details aufweist, die sich später im Serien-Mustang wiederfinden.

Der Rest ist Geschichte. Im Herbst des Jahres 1964 übernachten tausende potenzieller Mustang-Käufer vor den Toren ihrer Ford-Dealer, um sich rechtzeitig ein Pony Car zu sichern. Dem Mustang gelingt es rasch, dem „American Way Of Drive" ein neues Symbol zu geben, mehr noch: zum Namensgeber einer Fahrzeuggattung zu werden. Als „Affordable Sportscar" steigt er zur Ikone auf. Zwar wird der ewig jugendliche Mustang mit den Jahren fülliger und in Folge der Ölkrise auch deutlich phlegmatischer, doch seinem Nimbus tut das keinen Abbruch.

Wenig erfolgreich blieb Ford dagegen mit dem Probe: Er kam 1989 mit dem Ziel auf den Markt, langfristig die Rolle des Mustang einzunehmen, was ihm jedoch nicht gelingen sollte.

Im neuen Jahrtausend kehrte die Legende zurück: Nachdem Ford bereits den Thunderbird und den GT 40 reanimiert hatte, folgte 2005 der Mustang. Seine fünfte Generation wurde als Coupé wie Cabriolet zum Erfolg, der alte Name zog immer noch. Zudem lehnte sich die Neuauflage optisch an das 1967er Modell des Fastback an. Unverhohlen bot er reichlich Leistung zum fairen Preis, ein Rezept, das die sechste Auflage (2014-2023) aufs Neue verfolgte. Auf der Detroit Motor Show 2022 präsentierte Ford mit dem S650 die siebte Generation des Mustang. Top-Motorisierung: ein V8 mit 826 PS (limitiertes Sondermodell GTD).

Ford Mustang 1964-1973

Mitten ins Schwarze traf Ford mit dem Modell Mustang. Der Trendsetter in Sachen Pony Car zeigte die typischen Stilelemente dieser Gattung: lange Schnauze, kurzes Heck, Platz für vier und bei Bedarf richtig leistungsstark. Der Mustang hatte jedenfalls eine lange Karriere vor sich, die er mit etlichen Karosseriemodifikationen erfolgreich abritt. Allein in den ersten beiden Jahren wurden weit über 600.000 dieser gelungenen Fahrzeuge verkauft, als Cabriolet, Hardtop und Fastback. Anspruchsvolle Fahrwerke erwartete die Kundschaft dabei nicht – sie bekam sie auch nicht, doch die Motorkraft reichte bei einigen Modellen für den ganz scharfen Ritt: Bis zu sieben Liter Hubraum und fast 400 PS waren auf Wunsch lieferbar. Schade nur, dass die Bremsanlage dieser Power nicht gewachsen war. Hinter dem Ganzen stand als geistiger Vater der ideenreiche Lee Iacocca.

Bild: © Ford AG

Preise	1	2	3	4	5
Mustang 289/225 V8 (64-66), Cab	70.700	44.000	27.800	13.900	7.500
Mustang GT Fastb. 289/271 (1967) Cpe	141.400	88.100	56.100	27.700	14.800
Mustang 350/250 V8 Hardt. (68-69), Cab	40.700	25.300	16.200	8.000	4.400
Mustang 350 V8 Sportsroof (71-72), Cpe	33.600	20.900	13.200	6.600	3.600

Motor/Antrieb	
Bauart	Sechszylinder (Reihe), V8
Lage/Antrieb	Front/Heck
Hubraum in cm³	2781 bis 6964
PS/min	101/4400 bis 390/5400
Vmax in km/h	150 bis 225
Karosserie	
Bauart	Hardtop, Coupé, Cabriolet
Tragstruktur	selbsttragend
Material	Stahlblech
Stückzahl und Marktsituation	
Produktionszahl	k.A.
Verfügbarkeit	üppig
Teilesituation	gut
Unterhaltskosten	hoch

Ford Mustang (Serie II) 1973-1979

Wie sich die Zeiten ändern: Vorbei die Herrlichkeit der dumpf bollernden Big-Block-Triebwerke, der Ölpreisschock bremste auch im Land der unbegrenzten Möglichkeiten die Leistungswelle aus. Im Mustang II waren Gewichts- und Verbrauchsreduzierung wichtigste Vorgaben bei der Konstruktion. Dabei blieb es karosserieseitig bei der Pony-Car-Anmutung, die sich als Stufenheck oder mit großer Heckklappe an individuellen Kaufvorstellungen orientierte. Doch unter der Haube fanden sich plötzlich auch Vierzylindermotoren mit nur 2,3 Litern Hubraum und mageren 89 PS wieder. Erst nach Jahren erholte man sich vom Schock und setzte auch wieder Achtzylindertriebwerke ein, die – garniert mit sportlichen Ausstattungen – durchaus an die herrliche Zeit der Ur-Mustangs erinnern konnten.

Bild: © Ford AG

Preise	1	2	3	4	5
Mustang II 2.3 V6 2+2), Cpe	k.N.	12.200	7.500	3.100	1.200
Mustang II 2.8 V6 (2+2), Cpe	k.N.	14.000	8.600	3.300	1.200

Motor/Antrieb	
Bauart	Vier-/Sechszylinder (Reihe), V8
Lage/Antrieb	Front/Heck
Hubraum in cm³	2301-4942
PS/min	89/5000 bis 139/3600
Vmax in km/h	160 bis 190
Karosserie	
Bauart	Limousine (2-türig), Coupé
Tragstruktur	selbsttragend
Material	Stahlblech
Stückzahl und Marktsituation	
Produktionszahl	k.A.
Verfügbarkeit	ausreichend
Teilesituation	ausreichend
Unterhaltskosten	hoch

Ford Mustang (Serie III) 1980-1987

Neues Format gewann der Mustang wieder ab 1979, als er mit einer harmonischen Linienführung neu präsentiert wurde. Es blieb bei dem Konzept, mit Stufenheck und Coupé eine Vielzahl der Kundenwünsche aufzufangen, für Frischluftvergnügen sorgten herausnehmbare Dachhälften des Coupés. Nahezu unverändert übernahm Ford auch die Motorenpalette vom Vorgänger, das Publikum hatte sich inzwischen an die niedrigeren Leistungen gewöhnt. Als Ergänzung war ein 2,3-Liter-Vierzylinder mit Turbolader aufgenommen worden, ebenso ein nur 85 PS starker 3,3-Liter-Sechszylinder. Die Kunden sprachen dem neuen Modell trotz der fehlenden Leistung gut zu. Die Preise liegen heute auf erfeulich niedrigem Niveau.

Bild: © Ford AG

Preise	1	2	3	4	5
Mustang III V8 (1979), Cpe	k.N.	8.100	4.500	2.100	k.N.
Mustang III V8 (1984), Cpe	k.N.	12.600	7.100	3.300	k.N.

Motor/Antrieb	
Bauart	Vier-/Sechszylinder (Reihe), V6, V8
Lage/Antrieb	Front/Heck
Hubraum in cm³	2301, 2793, 3273, 4942
PS/min	85/4800 bis 140/3600
Vmax in km/h	165 bis 195
Karosserie	
Bauart	Limousine (2-türig), Coupé
Tragstruktur	selbsttragend
Material	Stahlblech
Stückzahl und Marktsituation	
Produktionszahl	k.A.
Verfügbarkeit	gut
Teilesituation	gut
Unterhaltskosten	hoch

Ford Probe ('89, 1. Serie) 1989-1992

Den Ford Probe gab es zwar auch in Deutschland, allerdings blieb seine Stückzahl hierzulande klein. Das Coupé entstammte einer Kooperation mit Mazda und wurde in den USA wie auch Japan gefertigt. Ford verfolgte das Ziel, mit diesem Modell langfristig den Mustang zu ersetzen – ein Plan, der nicht aufging. Ford Deutschland bot den Probe offiziell an, musste dazu allerdings jedes Fahrzeug aufwändig an die deutschen Bestimmungen anpassen. Das betraf beispielsweise die Beleuchtung. Die Ausstattung war für die Zeit überraschend gut, so war ABS bereits Serie, ebenso eine Zentralverriegelung, elektrische Fenster und Spiegel. Eine Klimaanlage war gegen Aufpreis lieferbar. Ford Deutschland beschränkte den Import auf die 2,2-Liter-Turbo-Version des Probe.

Bild: © Ford AG

Preise	1	2	3	4	5
Probe 1 (2.2), Cpe	10.200	6.600	3.800	1.800	600

Motor/Antrieb	
Bauart	Vierzylinder (Reihe), V6
Lage/Antrieb	Front/Front
Hubraum in cm³	2169, 2986
PS/min	112/4700 bis 141/4800
Vmax in km/h	190 bis 210
Karosserie	
Bauart	Coupé
Tragstruktur	selbsttragend
Material	Stahlblech
Stückzahl und Marktsituation	
Produktionszahl	k. A.
Verfügbarkeit	gut
Teilesituation	gut
Unterhaltskosten	mittel

Ford Probe 2.0 16V, 2.5 24V ('92, 2. Serie) 1992-1997

Auch die zweite Auflage des Probe, die auf der Mazda-GE-Plattform aufbaute und die Ford Ende 1992 auf dem amerikanischen Markt lancierte, war nicht für einen Verkauf in Europa vorgesehen. Dennoch konnten deutsche Ford-Händler ab Sommer 1993 den Probe der zweiten Serie anbieten, es musste jedoch jedes Exemplar noch einzeln auf die deutschen Vorgaben umgerüstet werden. Im Jahr darauf erbarmten sich die Ford-Bosse und gaben grünes Licht für eine Europa-Version, die jedoch nicht mit Automatikgetriebe lieferbar war. Als Antriebe fungierten ein 2,0-Liter-Vierzylinder sowie ein 2,5-Liter-Sechszylinder mit 115 und 163 PS. Überragend war die umfassende Ausstattung, die sogar beheizbare Außenspiegel und eine Lendenwirbelstütze umfasste. Ebenso gab es ABS und einen Fahrerairbag ab Werk. Der serienmäßige Beifahrer-Airbag folgte 1994. Als Nachfolger platzierte Ford 1997 den Cougar.

Bild: © Ford AG

Preise	1	2	3	4	5
Probe 2 24V, Cpe	9.000	5.400	3.300	1.500	600

Motor/Antrieb	
Bauart	Vierzylinder (Reihe), V6
Lage/Antrieb	Front/Front
Hubraum in cm³	1991, 2497
PS/min	115/5500, 163/5500
Vmax in km/h	204, 220
Karosserie	
Bauart	Coupé
Tragstruktur	selbsttragend
Material	Stahlblech
Stückzahl und Marktsituation	
Produktionszahl	k.A.
Verfügbarkeit	gut
Teilesituation	gut
Unterhaltskosten	mittel

Die F-Serie: Eine amerikanische Legende

Los ging es 1948: Ford startete in die Zeit nach dem Zweiten Weltkrieg mit einem Fahrzeug, das wir in Deutschland gerne kurz Pickup nennen – in Amerika heißen sie dagegen Trucks. Und dort haben sie sich, was wiederum hierzulande kaum vorstellbar ist, zu einem Erfolg emporgeschwungen, der in seinen Verkaufszahlen, Reichweite und Beliebtheit an das erinnert, was früher dem Käfer bei uns gelungen war. Seit 1977 hält der F-150 den Titel des bestverkauften Trucks, und seit 1981 führt er sogar die gesamte Fahrzeugstatistik an. Das sagt einiges aus über das Land jenseits des Atlantiks, über seine Weite, die Aufgaben seiner Bewohner und auch deren Grundhaltung, dass immer irgendetwas getan werden muss. Ein Truck ist ein grundehrliches Auto – und für viele Amerikaner wie ein Stück Heimat.

Die F-Serie jedoch bot und bietet (es gibt sie bis heute) verschiedene Optionen, vom light-duty truck über den medium-duty truck bis hin zum full-size pickup truck, dazu kommen chassis cab trucks und mehr. 2015 erschien die 13. Generation der Legende, die längst eine riesige Modellpalette umfasst: Neben der populären leichten Baureihe F-150 ergänzten Super-Duty-Modelle das Angebot, das vom F-250 bis zum F-750 reichte. Seit 2020 ist die 14. Auflage in Produktion. Neu ist die rein batterieelektrisch angetriebene Variante F-150 Lightning, die – je nach Batterie – 458 oder 589 PS leistet.

Ford F-100, F-250, F-350, F-700 (2. Generation) 1953-1956

Den Erfolg des Ur-Modells von 1948 führte die modernisierte zweite Auflage ab 1953 stringent fort: Optisch setzte sie sich mit einem breiten Kühlergrill in Szene, der nun die Scheinwerfer mit einbezog und selbstbewusster auftrat. Die Ausstattung fiel nun komfortabler aus, außerdem konnten die Kunden nun auch die Ford-O-Matic und eine Servolenkung für ihren Truck ordern. Das Modellprogramm jedoch hatte Ford reduziert: Die schweren Modelle, die hohe Zuladungen erlaubten, fielen vorerst weg, damit auch die großen Ausführungen der V8-Motoren. Neu geordnet zeigten sich auch die Bezeichnungen, die bis heute Gültigkeit haben: Statt F-1 wie bisher hieß das leichteste Modell nun F-100, höhere Zuladungen erlaubten der F-250 (bisher: F-2, F-3) und der F-350 (bisher: F-4). Zudem vertrieb Ford nun auch die bislang nur für den kanadischen Markt vorgesehenen Mercury-Modelle in den USA und ließ die Variante zwischen 1957 und 1962 auch in einem Werk der brasilianischen Ford-Tochter bauen.

Preise	1	2	3	4	5
F-100, Pup	53.900	39.700	24.000	17.700	7.500

Motor/Antrieb	
Bauart	Sechszylinder (Reihe), V8
Lage/Antrieb	Front/Heck, 4x4
Hubraum in cm³	3650 bis 5195
PS/min	115 bis 200
Vmax in km/h	k.A.
Karosserie	
Bauart	Pick-up
Tragstruktur	Kastenrahmen
Material	Stahlblech
Stückzahl und Marktsituation	
Produktionszahl	505.184
Verfügbarkeit	ausreichend
Teilesituation	gut
Unterhaltskosten	mittel

Ford F-100, F-250, F-350 (Gen. 3) 1956–1960 (1971)

Mit neuer Optik startete Fords dritte Generation des F-Modells. Erstmals kam eine pontonförmige Karosserie zum Einsatz, bei der die Kotflügel nicht mehr als eigene Gestaltungselemente dienten. In gut ein Dutzend US-Werken liefen die Pickups mittlerweile vom Band, zudem in Argentinien und Brasilien. Neben der klassischen Variante, bei der die Ladepritsche eingezogene Bordwände und freiliegende Kotflügel besaß, kurz Flare Side genannt, gab es die modernere Style-Side-Lösung, bei der die Seitenlinie ohne Einzüge durchlief. Zudem bot Ford zum letzten Mal einen so genannten Panel Van an, der über einen verblechten Aufbau verfügte. Die lieferbaren Motoren unterschieden sich prinzipiell nicht von denen der Pkw-Modelle. Neben zwei V8 der Y-Serie mit 4,5 und 4,8 Litern Hubraum (272 bzw. 292 cui) stand auch ein Mileage Maker genannter Reihensechszylinder mit 3,7 Litern zur Auswahl. Ab 1958 konnten die F-Series-Modelle zudem erstmals mit Allradantrieb ab Werk geordert werden.

Bild: © Ford

Preise	1	2	3	4	5
F-100 (Gen. 3), Pup	41.500	30.700	18.400	13.700	5.800
F-250 (Gen. 3), Pup	42.000	30.900	18.600	13.900	5.800
F-350 (Gen. 3), Pup	44.500	32.800	19.800	14.600	6.200

Motor/Antrieb	
Bauart	Sechszylinder (Reihe), V8
Lage/Antrieb	Front/Heck, 4x4
Hubraum in cm³	3653, 4465, 4778
PS/min	114 bis 200
Vmax in km/h	k.A.
Karosserie	
Bauart	Pick-up, Kastenwagen
Tragstruktur	Rahmen
Material	Stahlblech
Stückzahl und Marktsituation	
Produktionszahl	k.A.
Verfügbarkeit	ausreichend
Teilesituation	gut
Unterhaltskosten	niedrig

Ford F-100, F-250, F-350 (Gen. 4) 1961-1966

Mit der vierten Generation der Ford F-Pickups kam mit dem so genannten Unibody erstmals die Option einer einteiligen Karosserie, die keine Trennung mehr zwischen der Kabine und der Ladepritsche besaß. Dies vereinfachte die Fertigung deutlich, kam jedoch nur bei den kleineren F-100 und F-250 zum Einsatz, zudem nur bei heckgetriebenen Modellen. Die größeren Pickups und alle vierradgetriebenen Ford der F-Series erhielten weiterhin den getrennten, aufwändigeren Aufbau. Der Markt jedoch akzeptierte diese Änderung nicht, und bereits 1963 musste Ford diese Methode wieder aufgeben. Ab Oktober 1964 nutzte Ford einen neuen Rahmen, zudem erhielten die heckgetriebenen F-Modelle vorne eine Einzelradaufhängung, die die bisherige Starrachse ersetzte. 1965 bot Ford erstmals eine Ausstattungsvariante mit dem Namen Ranger an, die unter anderem besser konturierte Sitze bot.

Bild: © Ford

Preise	1	2	3	4	5
F-100 (Gen. 4), Pup	30.700	22.700	13.600	10.400	4.400
F-250 (Gen. 4), Pup	32.800	24.300	14.600	11.100	4.700
F-350 (Gen. 4), Pup	32.800	24.300	14.600	11.100	4.700

Motor/Antrieb	
Bauart	Sechszylinder (Reihe), V8
Lage/Antrieb	Front/Heck, 4x4
Hubraum in cm³	3653 bis 5770
PS/min	114 bis 208 bei 4000
Vmax in km/h	k.A.
Karosserie	
Bauart	Pick-up (2-/4-türig)
Tragstruktur	Rahmen
Material	Stahlblech
Stückzahl und Marktsituation	
Produktionszahl	k.A.
Verfügbarkeit	ausreichend
Teilesituation	gut
Unterhaltskosten	niedrig

Ford F-75, F-100, F-250, F-350 (Gen. 5) 1966-1971 (1992)

Die mittlerweile fünfte Generation der F-Serie nutzte weitgehend die technische Basis seines Vorgängers. Allerdings erfuhr der Rahmen eine Verstärkung, zudem hatte Ford die Kabine vergrößert und das Design dem Geschmack der Zeit angepasst. Wie populär der Pickup mittlerweile war, zeigten die nahezu 20 Produktionsstätten, in denen die Modelle produziert oder zumindest montiert wurden. Dabei entstanden Varianten nicht nur in den USA, sondern auch in Australien, Argentinien, Chile und Brasilien, wo das Modell sogar bis 1992 in Produktion blieb. Ford bot die fünfte Generation der F-Serie wahlweise wieder mit einer viertürigen Karosserie an und erlaubte die Auswahl aus einem großen Angebot an Antrieben, in den USA meistens ein V8. 1968 gab es erstmals die Option einer Klimaanlage ab Werk. Im Jahr darauf änderte Ford in einer kleinen Modellpflege den Grill. Zudem blieb eine Reihe an Sonderausführungen im Programm, zum Beispiel die spezielle Konfiguration für die Nutzung als Camper.

Bild: © Ford

Preise	1	2	3	4	5
F-75 (Gen. 5), Pup	k.N.	k.N.	k.N.	k.N.	k.N.
F-100 (Gen. 5), Pup	40.400	24.200	13.600	7.000	3.000
F-250 (Gen. 5), Pup	40.800	24.400	13.700	7.100	3.000
F-350 (Gen. 5), Pup	47.600	28.500	16.000	8.200	3.500

Motor/Antrieb	
Bauart	Vier-/Sechszylinder (Reihe), V8
Lage/Antrieb	Front/Heck, 4x4
Hubraum in cm³	2301 bis 6400
PS/min	89 bis 265 bei 4100
Vmax in km/h	k.A.
Karosserie	
Bauart	Pick-up (2-/4-türig)
Tragstruktur	Rahmen
Material	Stahlblech
Stückzahl und Marktsituation	
Produktionszahl	k.A.
Verfügbarkeit	ausreichend
Teilesituation	gut
Unterhaltskosten	niedrig

Ford F-100, F-150, F-250, F-350 SRW (6. Generation) 1972-1979

Anfang der 1970er Jahre war der Ford-Truck ein Selbstläufer, günstig und robust, vielseitig und so beliebt, dass er sich ab 1976 an die Spitze der Verkaufshitlisten setzte. Die mittlerweile sechste Generation profitierte vor allem von dem verbesserten Materialeinsatz: Der höhere Anteil an verzinktem Blech hielt den lästigen Rost deutlich besser in Schach. Mit bis zu 7,5 Liter Hubraum konnten Kunden damals ihren Truck ordern – die V8-Motoren bot Ford in immerhin sechs Varianten an, zusätzlich noch zwei kleinere Reihen-Sechszylinder. Neu war eine längere Kabine für bis zu sechs Personen sowie der F-350 SRW (Single Rear Wheel), der sich speziell für das Aufsetzen von Wohnkabinen eignete. In diese Generation fällt auch das Debut der neuen Variante F-150, die bis heute die beliebteste Ausführung geblieben ist. Ford nutzte zudem ab 1978 die gekürzte Basis des F-100 für die überarbeitete zweite Auflage des Bronco.

Bild: © Ford

Preise	1	2	3	4	5
F-100, Pup	34.500	20.600	11.500	6.000	2.400

Motor/Antrieb	
Bauart	Sechszylinder (Reihe), V8
Lage/Antrieb	Front/Heck, 4x4
Hubraum in cm³	3930 bis 7540
PS/min	117 bis 239
Vmax in km/h	k.A.
Karosserie	
Bauart	Pick-up
Tragstruktur	Kastenrahmen
Material	Stahlblech
Stückzahl und Marktsituation	
Produktionszahl	k.A.
Verfügbarkeit	gut
Teilesituation	gut
Unterhaltskosten	mittel

Ford F-100, F-150, F-350 (7. Generation) 1980-1987

Zur siebten Auflage dieses überaus beliebten All American Car gönnte Ford seiner Truck-Reihe ein grundlegende Überarbeitung: Rahmen und Karosserie, die seit 1965 unverändert waren, zeigten sich neu entwickelt. Das Ziel, den Verbrauch zu senken, sorgte allerdings unter anderem für Gewichtseinsparungen an den Chassis, die sich in Folge weniger stabil zeigten als die seiner Vorgänger. Ford sah sich gezwungen, diese Maßnahmen zum Modelljahr 1982 wieder zu korrigieren. Ebenfalls nur kurz im Programm waren V6-Motoren und verkleinerte V8-Versionen, für die sich jedoch nur wenige Kunden erwärmen konnten. Ford bot diese F-Reihe erstmals mit einer Reihe speziell zusammengestellter Ausstattungslinien und zudem drei Kabinen-Typen an, darunter auch eine viertürige Variante mit einer Gesamtlänge von über sechs Metern. Das schwere Modell F-350 stattete Ford nun ausschließlich mit Zwillingsrädern an der Hinterachse aus.

Preise	1	2	3	4	5
F-100, Pup	28.100	17.100	9.400	5.000	2.100

Motor/Antrieb	
Bauart	Sechszylinder (Reihe), V6, V8
Lage/Antrieb	Front/Heck, 4x4
Hubraum in cm³	3800 bis 7540
PS/min	110 bis 245
Vmax in km/h	k.A.
Karosserie	
Bauart	Pick-up
Tragstruktur	Kastenrahmen
Material	Stahlblech
Stückzahl und Marktsituation	
Produktionszahl	Stahlblech
Verfügbarkeit	gut
Teilesituation	gut
Unterhaltskosten	mittel

Fuldamobil (D) • 1950-1969

Die Mobile aus Fulda in Hessen erwiesen sich als langlebigster Kleinstwagen-Entwurf seiner Zeit: Erst 1969 wurde das letzte Exemplar zugelassen. Die Väter des Fuldamobils waren der Elektromaschinen-Fabrikant Karl Schmitt und der Techniker Norbert Stevenson, auf den die Konstruktion des Kleinstwagens zurückgeht. Die Fertigung übernahm Schmitt, der auch Lizenzen an die Nordwestdeutsche Fahrzeugbau GmbH (NWF) in Wilhelmshaven und ins Ausland verkaufte. So gab es Fuldamobil-Kleinserien in Argentinien (Markenname „Bambi"), Holland („Bambino"), Schweden („King"), Griechenland („Attika") und England („Nobel"). Schmitt fertigte in den sechziger Jahren nur noch auf Bestellung treuer Kunden, die zumeist nur den alten Führerschein der Klasse IV besaßen.

Fuldamobil 250, Fuldamobil NWF 200 1950-1969

Das Ur-Fuldamobil von 1950 war ein Primitiv-Auto mit 250-cm³-ILO-Motor und rundlicher Sperrholz-Karosserie, die mit Kunstleder überzogen war. Ab 1951 war die Karosserie mit Aluminiumblech beplankt; im Heck saß ein 360-cm³-Motor von Sachs. Auf Wunsch war auch ein Cabriolet lieferbar. Etwa zeitgleich mit der Lizenzvergabe an NWF erhielt das Fuldamobil 1953 eine Ganzstahlkarosserie und einen 200-cm³-Motor von ILO. Ab 1956 umhüllte eine GFK-Karosserie einen 200-cm³-Motor, der wieder von Sachs stammte. Spätere Exemplare soll ein Heinkel-Triebwerk befeuert haben. Die NWF-Version von 1953 bis 1957 ist an eckigen Türunterkanten erkennbar; später gab es halbrunde Türausschnitte.

Preise	1	2	3	4	5
Typ N1 (250 ccm), Klw	26.800	18.500	12.400	7.600	3.400
Typ S7 (4-Takt), Klw	23.700	16.600	10.700	6.800	3.000

Bild: © Mario De Rosa

Motor/Antrieb	
Bauart	Zweizylinder-Zweitaktmotor
Lage/Antrieb	Heck/Heck
Hubraum in cm³	191, 250, 360
PS/min	10/5200
Vmax in km/h	60
Karosserie	
Bauart	Coupé, Cabriolet
Tragstruktur	Rohrrahmen
Material	Sperrholz/Kunstleder; Alu.; GFK
Stückzahl und Marktsituation	
Produktionszahl	ca. 2900
Verfügbarkeit	gegen null
Teilesituation	sehr schwierig
Unterhaltskosten	niedrig

GAZ (RUS) • seit 1932

Zuhause ist der Automobilhersteller GAZ in Nischni Nowgorod, der mit rund 1,3 Millionen Einwohnern fünftgrößten Stadt Russlands. Sie liegt im äußersten Osten Europas und hieß von 1932 bis 1990 Gorki. Seit dem frühen 20. Jahrhundert hatte sie sich aus einem Handelszentrum zu einem der wichtigsten Industriestandorte Russlands entwickelt. Sie durfte als „geschlossene Stadt" bis zum Ende der UdSSR nur von speziellen Personenkreisen besucht werden, denn neben Automobilen entstanden in Gorki auch Kampfflugzeuge, Panzer und U-Boote.

Das Kürzel GAZ steht für Gorkovsky Avtomobilny Zawod, zu deutsch „Produktionsvereinigung Automobilwerk Gorki". Am 1. April 1932 wurde die Produktion aufgenommen. Damit folgte man den Vorgaben des ersten sowjetischen Fünfjahresplans aus dem Jahre 1928, der den Aufbau einer Automobilproduktion vorsah. Ab 1932 hießen die Produktionsanlagen für einige Zeit offiziell „Molotow-Werk Gorki" (Zavod Imeni Molotowa, ZIM), ohne dass der Name GAZ aufgegeben wurde.

Doch die Verantwortlichen hatten zuvor einige Hürden zu nehmen: Aus dem Stand ließ sich ein derart komplexes Vorhaben nicht umsetzen, und deswegen entschied GAZ, Fertigungsanlagen und Lizenzen für den Automobilbau im Westen einzukaufen. Ford (USA) kam schließlich mit GAZ ins Geschäft, und das Spartak-Werk in Moskau (später Moskwitsch) kümmerte sich um die Anpassung der amerikanischen Automobiltechnik auf die sowjetischen Einsatzbedingungen. Insbesondere Federung und Aufhängung, aber auch die Kraftübertragung wurden verstärkt.

So ist es kein Wunder, dass der erste GAZ schlicht „Model A" hieß, erinnerte er doch in allen Belangen stark an den amerikanischen Ford A. Im Programm fanden sich zudem Lieferwagen-Aufbauten, aber auch ein Omnibus oder ein Kipper. Es gab ein weiteres Personenwagen-Modell, dass dem Ford V8 entsprach, zudem entstanden verschiedene Lastwagen-Modelle, die den eigentlichen Schwerpunkt der Produktion bildeten. Nach dem Zweiten Weltkrieg startete die Fertigung von Modellen, die unter Namen wie „Wolga" oder „Tschaika" (Möwe) auf den Markt kamen. Auch geländegängige Fahrzeuge wie der GAZ-69 entstanden, größtenteils für militärische Zwecke.

Nach dem Zusammenbruch der Sowjetunion gelang GAZ die Entwicklung der Modelle „Sobol" und „Gazelle", einem Transporter, der unter anderem auch mit Allradantrieb angeboten wird. In Russland ist GAZ damit Marktführer, doch wie die meisten Fahrzeuge, die GAZ gebaut hat, spielen sie auf westlichen Exportmärkten keine tragende Rolle.

Der Name GAZ tauchte zuletzt dennoch mehrfach in den globalen Medien auf. Für besonderes Aufsehen sorgte die GAZ Group im Jahr 2009, als man gemeinsam mit der ebenfalls russischen Sberbank und Magna, einem österreichischen Automobilzulieferer mit kanadischem Background, den kränkelnden Autohersteller Opel übernehmen wollte. Das hätte den Russen im Handstreich Zugang zu modernster Automobiltechnik ermöglicht. Dazu kam es freilich nicht: General Motors entschied sich in letzter Minute, Opel doch zu behalten.

GAZ suchte weiterhin nach einem West-Partner. Ende 2010 hatte man Erfolg, als GAZ mit Daimler eine Partnerschaft eingehen konnte. In Nischni Nowgorod rollten ab Juli 2013 Mercedes-Benz Sprinter Classic für den russischen Markt vom Band, zudem technische Komponenten wie Motoren oder Getriebe. Die Deutschen hatten 100 Mio. Euro in Russland geplant, während GAZ – mit 90 Mio Euro Investitionen dabei – auf einen Technologietransfer hoffte, der bei der Erneuerung der größtenteils völlig veralteten Modellpalette helfen sollte. Im Jahr 2020 hatte Daimler das Joint Venture wieder beendet, bereits zwei Jahre vorher war der letzte Sprinter aus dieser Kooperation gebaut worden.

G

GAZ 12 ZIM (Zavod Imeni Molotowa) 1950-1960

Der GAZ 12 ZIM entstand auf Wunsch des mittleren bis gehobenen Führungskaders der Sowjetunion. Als Basis diente dem GAZ 12 ZIM das bereits ab 1946 gebaute Mittelklassemodell GAZ 20 Popeda. Erstaunlich, dass beide bereits auf einer selbsttragenden Karosseriestruktur aufbauen. Konservativ fiel dagegen der seitengesteuerte Reihensechszylinder aus, den GAZ dem Lastwagen-Programm entlehnt hatte. Der GAZ 12 ZIM soll eine beheizbare Rücksitzbank mit Lederbezug besessen haben, dazu bereits ein serienmäßiges Autoradio. Immerhin rund 21.500 Exemplare des luxuriösen Wagens, der dem zeitgenössischen US-Look folgte, baute GAZ. Einige davon wurden in kommunistische Bruderländer sowie nach Finnland exportiert. Sogar als viertüriges Cabriolet sind einige GAZ 12 ZIM gebaut worden.

Bild: © Ralf Christian Kunkel

Preise	1	2	3	4	5
ZIM 12, L4t	k.N.	70.000	46.000	24.000	k.N.

Motor/Antrieb	
Bauart	Sechszylinder (Reihe)
Lage/Antrieb	Front/Heck
Hubraum in cm^3	3485
PS/min	95/3600
Vmax in km/h	125 bis 130
Karosserie	
Bauart	Limousine (4-türig); Cabriolet
Tragstruktur	selbsttragend
Material	Stahlblech
Stückzahl und Marktsituation	
Produktionszahl	ca. 21.500
Verfügbarkeit	schlecht
Teilesituation	schwierig
Unterhaltskosten	mittel

GAZ M21 Wolga 1956-1970

1956 kam der erste Wolga auf den Markt. Er übernahm manches von seinem Vorgänger, dem GAZ 20 Popeda. Einige Jahre erhielt er eine Dreigang-Automatik. Doch auch mit Schaltgetriebe galt er als asthmatisch – und außerordentlich trinkfest. Dafür störte er sich nicht an schlechten Wegen, nicht an lausigem Sprit, nicht an grober Behandlung. Das machte ihn zum idealen Vehikel zahlloser Behördenchefs und Parteifunktionäre, und auch als Taxi war der M21 Wolga beliebt. Sogar außerhalb des sozialistischen Kosmos hatte GAZ einigen Erfolg: Die Skandinavier mochten den robusten Russen, und in Belgien wurden ab den 1960ern gar Diesel-Motoren in Wolga-Modelle geschraubt, die von Rover und Indenor (Zulieferer für Peugeot und Ford) stammten.

Bild: © Ralf Christian Kunkel

Preise	1	2	3	4	5
Wolga M 21 2.4, L4t	27.500	17.000	11.100	6.100	2.800

Motor/Antrieb	
Bauart	Vierzylinder (Reihe)
Lage/Antrieb	Front/Heck
Hubraum in cm^3	2445
PS/min	75/4000
Vmax in km/h	135
Karosserie	
Bauart	Limousine (4-türig)
Tragstruktur	selbsttragend
Material	Stahlblech
Stückzahl und Marktsituation	
Produktionszahl	k.A.
Verfügbarkeit	ausreichend
Teilesituation	ausreichend
Unterhaltskosten	niedrig

GAZ 13 Tschaika — 1959-1981

Unverblümt gaben die GAZ-Designer zu, wem sie nacheiferten: Der neue GAZ 13, präsentiert auf der Weltausstellung 1958 in Brüssel, schien ein Klon des 1955er Packard Patrician zu sein, dem damals nobelsten Modell des US-Autobauers. Er war das erste Produkt des Herstellers GAZ, das den Markennamen Tschaika (Möwe) trug. In der Hierarchie rangierte der Tschaika an zweiter Stelle, unterhalb der ZIL-Modelle, die den höchsten Regierungskreisen vorbehalten blieben. Angetrieben wurde der GAZ 13 von einem standesgemäßen V8 mit zunächst 4,9 Litern Hubraum und einer Dreigang-Automatik. Neben der Limousine entstanden auch viertürige Cabrios und sogar einige Kombis. Erstaunlich ist die lange Produktionszeit: Bis 1981 fertigte GAZ den zuletzt völlig antiquierten Ur-Tschaika.

Bild: Ralf Christian Kunkel

Preise	1	2	3	4	5
GAZ 13 Tschaika, L4t	105.000	67.000	46.000	26.000	12.000

Motor/Antrieb	
Bauart	V8
Lage/Antrieb	Front/Heck
Hubraum in cm³	4890, 5526
PS/min	180 bis 220 bei 4200
Vmax in km/h	160 bis 175
Karosserie	
Bauart	Limousine (4-türig); Cabriolet; Kombi
Tragstruktur	Kastenrahmen
Material	Stahlblech
Stückzahl und Marktsituation	
Produktionszahl	3179 (GAZ 13, GAZ 14)
Verfügbarkeit	schlecht
Teilesituation	schwierig
Unterhaltskosten	mittel

GAZ 24 Wolga — 1968-1985

Bereits in den frühen 1960er Jahren kümmerten sich die GAZ-Ingenieure um den Nachfolger der M21-Serie. Man träumte zunächst von Sechszylindermotoren und Automatikgetrieben, musste sich in der Praxis jedoch mit einem 2,5 Liter großen Reihenvierzylinder begnügen. Sehr langsam lief die Serienfertigung 1968 an, und erst ab 1970 konnte GAZ nennenswerte Stückzahlen liefern. Auch spezielle Taxi-Versionen bot GAZ auf Basis des M24 an, die sich in der Konfiguration des Motors von den Standardmodellen unterschieden. Völlig anders dagegen war der Antrieb, den sich der russische Geheimdienst KGB in seinen GAZ 24 Wolga gönnte: Für den Spezialkunden montierte GAZ einen 5,5 Liter großen und 195 PS starken V8 in eine entsprechend verstärkte Karosseriestruktur. Dazu gab es eine Servolenkung und Dreigangautomatik.

Bild: © Archiv Günther Zink

Preise	1	2	3	4	5
Wolga M 24, L4t	19.700	12.300	8.000	3.500	1.900

Motor/Antrieb	
Bauart	Vierzylinder (Reihe)
Lage/Antrieb	Front/Heck
Hubraum in cm³	2445
PS/min	95/4700
Vmax in km/h	145
Karosserie	
Bauart	Limousine (4-türig); Kombi
Tragstruktur	selbsttragend
Material	Stahlblech
Stückzahl und Marktsituation	
Produktionszahl	k.A.
Verfügbarkeit	ausreichend
Teilesituation	ausreichend
Unterhaltskosten	niedrig

G

GAZ 14 Tschaika — 1977-1988

Ende der 1970er Jahre präsentierte GAZ den Nachfolger des gealterten GAZ 13, der dennoch bis 1981 parallel zu seinem Nachfolger gebaut wurde. Der neue GAZ 14 Tschaika erhielt eine deutlich geglättete, sehr kantige Karosserie, die dem Stil der damaligen Zeit folgte. In der Länge maß sie stolze 6,11 Meter, in der Breite 2,02 Meter. Das Leergewicht stieg bis auf 2,6 Tonnen, eine ganze Reihe an luxuriösen Extras im Inneren verwöhnte die Genossen aus dem sowjetischen Führungskader. Unterm Blech hatte sich jedoch wenig getan, die Technik blieb in weiten Bereichen unverändert: Der nun 5,5 Liter große V8 war nur leicht modernisiert und leistete 220 PS. Eine Dreigangautomatik reichte bis zu 450 Nm Drehmoment an die hintere Starrachse weiter. 1988 endete die Tschaika-Modellreihe.

Bild: © Archiv HEEL Verlag

Preise	1	2	3	4	5
GAZ 14 Tschaika, L4t	67.000	42.000	30.000	16.000	6.500

Motor/Antrieb	
Bauart	V8
Lage/Antrieb	Front/Heck
Hubraum in cm³	5526
PS/min	220/4200
Vmax in km/h	175
Karosserie	
Bauart	Limousine (4-türig); Cabriolet
Tragstruktur	Kastenrahmen
Material	Stahlblech
Stückzahl und Marktsituation	
Produktionszahl	3179 (GAZ 13, GAZ 14)
Verfügbarkeit	schlecht
Teilesituation	schwierig
Unterhaltskosten	mittel

Gilbern (GB) • 1961-1974

Die Marke Gilbern stammte aus Wales. Die Gilbern Sports Car & Components aus Pontypridd (Glamorgan) bot ab 1961 den GT Mk I mit Kunststoffkarosserie an. Kunden konnten das Fahrzeug auch als Bausatz erwerben. Bald schon erhielt das viersitzige Coupé einen stärkeren Motor, den Gilbern vom MGB adaptiert hatte.

Später fanden Ford-Motoren Verwendung, darunter auch Sechszylinder mit Benzineinspritzung. Zuletzt fertigte Gilbern das Modell Invader. 1974 endete die Produktion, der handarbeitsintensive Fertigungsprozess war zu teuer geworden.

Gilbern 1800 GT — 1962-1967

Mit einigen positiven Eigenschaften kam 1962 dieses harmonisch geformte 2+2-sitzige Coupé auf den Markt: Es offerierte den zumeist aus England stammenden Interessenten genau jenes Extra an Alltagstauglichkeit und Nutzwert, den so manches Konkurrenzprodukt aus der vielfältigen britischen Kleinstserienherstellung vermissen ließ. Die Zutaten des Gilbern waren bewährt: Der Motor stammte aus dem MGB, der wie die leichte Kunststoffkarosserie von einem Rohrrahmen getragen wurde. Solche Handarbeit ließ sich in kleinen Stückzahlen durchaus an den Käufer bringen und ist bis heute attraktiv.

Bild: © Alex

Preise	1	2	3	4	5
1800 GT, Cpe	29.100	19.800	12.200	6.700	2.900

Motor/Antrieb	
Bauart	Vierzylinder (Reihe)
Lage/Antrieb	Front/Heck
Hubraum in cm^3	1798
PS/min	95/5400
Vmax in km/h	165
Karosserie	
Bauart	Coupé
Tragstruktur	Rohrrahmen
Material	Kunststoff/Stahlblech
Stückzahl und Marktsituation	
Produktionszahl	280
Verfügbarkeit	gegen null
Teilesituation	ausreichend
Unterhaltskosten	mittel

G

Gilbern Genie — 1966-1969

Italienisch anmutende Karosserielinien und leistungsstärkere Sechszylindermotoren machten den Nachfolger des 1800 GT zu einem weitaus erwachseneren Auto. Der Zweitürer bot im Innenraum mehr Platz und überzeugte durch eine hochstehende Verarbeitungsqualität. Das Modell war auch als steuerbegünstigter Kit erhältlich. Ob ein Eigenbau den Qualitätsmaßstäben des Werkes entspricht, wird sich oft erst bei der Restaurierung herausstellen. Die geringe Stückzahl macht den Genie zur Rarität, die in jedem Fall zu sehr ansprechenden Fahrleistungen in der Lage ist.

Bild: © Ralf Christian Kunkel

Preise	1	2	3	4	5
Genie, L2t	17.100	12.400	8.000	4.200	2.200

Motor/Antrieb	
Bauart	Sechszylinder (Reihe), V6
Lage/Antrieb	Front/Heck
Hubraum in cm^3	2495, 2994
PS/min	121/4750 bis 138/5100
Vmax in km/h	180 bis 195
Karosserie	
Bauart	Limousine (2-türig)
Tragstruktur	Rohrrahmen
Material	Kunststoff/Stahlblech
Stückzahl und Marktsituation	
Produktionszahl	197
Verfügbarkeit	gegen null
Teilesituation	ausreichend
Unterhaltskosten	hoch

Gilbern Invader — 1969-1973

Immerhin 600 Fahrzeuge konnte Gilbern von diesem letzten Modell der Marke absetzen. Der Invader war ein überarbeiteter Genie, den es nur noch als Komplett-Modell und nicht mehr als Bausatz gab, denn das hätte der Qualitätsanspruch der Marke nicht mehr zugelassen. Materialstärke und Verarbeitung der GFK-Karosserie gelten bis heute als vorbildlich. Mit dem drei Liter großen Essex-V6 von Ford erreichte der Wagen ansehnliche Fahrleistungen. Leider aber machte die aufwändige Handarbeit der Gilbern-Fertigung die Fahrzeuge ziemlich teuer, was sie ihrer Marktchancen beraubte.

Preise	1	2	3	4	5
Invader, L2t	20.800	15.200	10.000	5.200	1.500

Motor/Antrieb	
Bauart	V6
Lage/Antrieb	Front/Heck
Hubraum in cm^3	2994
PS/min	138/5100
Vmax in km/h	185
Karosserie	
Bauart	Limousine (2-türig), Kombi (3-türig)
Tragstruktur	Rohrrahmen
Material	Kunststoff/Stahlblech
Stückzahl und Marktsituation	
Produktionszahl	600
Verfügbarkeit	gegen null
Teilesituation	ausreichend
Unterhaltskosten	hoch

Ginetta (GB) • seit 1958

Mit sportlichen Spidern startete Ende der fünfziger Jahre die Marke Ginetta, die – trotz des italienisch klingenden Phantasienamens – von vier Brüdern namens Walklett in Witham/ Essex gegründet worden war.

Das erste Modell namens G1 baute auf der Technik des Wolseley Hornet auf. Weil die Lösung überzeugte, entschieden sich die Brüder Walklett, eine Serie aufzulegen. So erschien 1958 der Ginetta G2 auf dem Markt. Mit Gitterrohrrahmen bot er ambitionierten Karosseriebau, dazu kam die sportliche Erscheinung, die an Lotus erinnerte. Als Motor kam ein 1,2 Liter großer Vierzylinder von Ford zum Einsatz. 1959 folgte bereits der G3, den es auch als Kit-Car gab.

Trotz kleinster Stückzahlen konnte sich Ginetta unter einer Reihe neuer Besitzer bis heute am Markt halten. Zwar hatten die Walklett-Brüder 1989 ihr Unternehmen an eine Gruppe von Enthusiasten verkauft, zwei der Gründer nahmen jedoch Mitte der 1990er Jahre die Fertigung der Modelle G4 und G12 erneut auf. Ginetta wechselte 2005 ein weiteres Mal den Besitzer. Unternehmer Lawrence Tomlinson hatte die Leitung übernommen. Unter der Führung des passionierten Rennfahrers entstand unter anderem das Modell Ginetta G50, das im Langstrecken-Rennsport Karriere machte. So fuhr Tomlinson mit zwei Co-Piloten unter der Flagge seines Teams LNT Panoz Esperante 2006 auf Platz 1 seiner Klasse beim 24-Stunden-Rennen von Le Mans. Seither fokussiert Ginetta auf Fahrzeuge für den Motorsport,

Bild: © Ginetta

insbesondere auch für Einsteiger. Zuletzt überraschte Ginetta auf dem Genfer Automobilsalon 2019. Dort zeigte die englische Sportwagenmanuaktur ihr neues Modell Akula, einen rund 1150 Kilogramm wiegenden brutalistischen Supersportwagen mit bis zu 600 PS. Die Serienversion war jedoch erst fünf Jahre später fertig. Zudem gibt es noch das Modell GTR sowie den G10, eine Hommage an die eigene Historie.

Mit 600 PS aus einem wahren V8: Der Akula verspricht Leistung klassischer Machart.

Ginetta G 4 — 1961-1970

Den ersten wahren Markterfolg für Ginetta erzielte das Modell G 4. Auch diese Variante war nach klassisch britischer Kit-Car-Manier konstruiert und begeisterte mit sensationellen Fahreigenschaften. Der G 4 überzeugte ganz besonders im Renntrimm. In der Regel kamen unter der sehr kompakten und flachen Kunststoffhülle Ford-Motoren mit bis zu 1,5 Litern Hubraum zum Einbau, doch auch Sonderwünsche wurden erfüllt. Ab Serie III war der G 4 zudem als gelungenes Coupé mit einigen stilistischen Änderungen zu haben. Den straßentauglichen G 4 gab es übrigens dank steter Nachfrage als Werks-Replica.

Preise	1	2	3	4	5
G 4 1500, Rds	43.000	33.200	22.400	14.100	6.200

Motor/Antrieb	
Bauart	Vierzylinder (Reihe)
Lage/Antrieb	Heck/Heck
Hubraum in cm³	997, 1498
PS/min	39/5000 bis 85/6000
Vmax in km/h	160 bis 200
Karosserie	
Bauart	Roadster, Coupé
Tragstruktur	Rohrrahmen
Material	Kunststoff/Stahlblech
Stückzahl und Marktsituation	
Produktionszahl	ca. 500
Verfügbarkeit	gegen null
Teilesituation	schwierig
Unterhaltskosten	mittel

Ginetta G 15 — 1967-1974

Als meistproduziertes Modell der Marke fährt der G 15 vor. Trotz des kleinvolumigen Alu-Heckmotors aus dem Hillman Imp kam die Ginetta flott in Fahrt – das Leichtgewicht war gerade einmal 500 Kilogramm schwer. Wer den G 15 mit den kleinen Abarth vergleicht, stellt fest, dass eine Ginetta heute viel billiger ist, aber ähnlich reizvoll. Die britische Motorsportszene mischte das nur knapp über 3,60 Meter messende Wägelchen gehörig auf. Dieses Renommee führt zusammen mit ausgesprochen günstigen Unterhaltskosten zur heute großen Beliebtheit. Bei knapp 800 gebauten Exemplaren ist die Chance, einen G 15 zu entdecken, zwar nicht groß, aber bei etwas Geduld durchaus gegeben.

Preise	1	2	3	4	5
G 15, Cpe	18.200	11.500	6.900	3.000	1.500

Motor/Antrieb	
Bauart	Vierzylinder (Reihe)
Lage/Antrieb	Heck/Heck
Hubraum in cm³	875
PS/min	55/6000 bis 58/6100
Vmax in km/h	170
Karosserie	
Bauart	Coupé
Tragstruktur	Rohrrahmen
Material	Kunststoff/Stahlblech
Stückzahl und Marktsituation	
Produktionszahl	796
Verfügbarkeit	ausreichend
Teilesituation	ausreichend
Unterhaltskosten	niedrig

Ginetta G 21 — 1970-1978

In Anlehnung an die erfolgreiche G 15-Karosserielinie zeichnete man bei Ginetta auf verlängertem Fahrgestell ein elegantes Fließheckmodell. Der Motor wanderte dabei vom Heck in den verlängerten Bug. Als G 21 balgte er sich um Marktanteile im Segment der „specialized" cars. Die Motoren kamen meistens von Rootes, es waren Vierzylinder aus dem Sunbeam Alpine/Rapier oder Sceptre. Doch einige Exemplare erhielten auch den Dreiliter-Essex-Motor mit sechs Zylindern von Ford und, damit verbunden, einige Fahrwerksmodifikationen – immerhin touchierten die potenten G 21-Modelle die 200-Stundenkilometer-Marke. Die stärkeren Modelle stehen in der Liebhabergunst heute weitaus besser da als die Vierzylinder mit der schlichten hinteren Starrachse.

Preise	1	2	3	4	5
G 21, Cpe	23.800	15.000	9.400	4.000	2.000

Motor/Antrieb	
Bauart	Vierzylinder (Reihe), V6
Lage/Antrieb	Front/Heck
Hubraum in cm³	1725, 2993
PS/min	79/5200 bis 138/5100
Vmax in km/h	170 bis 195
Karosserie	
Bauart	Coupé
Tragstruktur	Rohrrahmen
Material	Kunststoff/Stahlblech
Stückzahl und Marktsituation	
Produktionszahl	250
Verfügbarkeit	schlecht
Teilesituation	schwierig
Unterhaltskosten	mittel

Glas (D) • 1951-1967

Die Landmaschinenfabrik des Hans Glas existierte bereits seit über 100 Jahren, bevor sie neben ihren Isaria-Sämaschinen auch ein Motorfahrzeug hervorbrachte: 1951 begann das Familienunternehmen in Dingolfing mit der Produktion des Goggo-Motorrollers. Die Konstruktion dieses Erstlingsstücks initiierte Glas-Sohn Andreas („Anderl"); benannt war der Goggo-Roller nach dem Kosenamen seines kleinen Sohnes.

1954 entwickelte die Glas-Crew das Goggomobil, aber erst vier Jahre später kam mit dem Isar erstmals der Markenname Glas ins Spiel. Unbeirrt wilderte das Unternehmen in der Mittelklasse, um 1965 sogar ein Luxuscoupé mit V8-Motor zu lancieren.

Diese Investitionen durchbrachen allerdings die dünne Kapitaldecke der Familie Glas. 1967 übernimmt BMW die Werke. Der Münchner Konzern führte einige Glas-Modelle wie den 1700 GT unter dem eigenen Markenzeichen weiter, ließ die Produktion aber nach und nach einschlafen. In Dingolfing werden derzeit pro Jahr knapp 245.000 Fahrzeuge gefertigt. Vom Band rollen hier gleich fünf BMW-Baureihen: der 4er, 5er, 6er, 7er und 8er. Hinzu kommen Komponentenfertigungen für die vollelektrischen iX und i7 sowie Karosserien für Rolls-Royce.

G

Goggomobil T 250, T 300, T 400 Limousine — 1955-1969

Im Februar 1955 begann die Serienfertigung des Goggomobils, das seine Käufer vor allem unter den Besitzern des alten Führerscheins der Klasse IV fand. Diese Lizenz – sie konnte bis 1954 erworben werden – war auf Fahrzeuge bis 250 cm^3 Hubraum beschränkt. Und der Marktführer dieser Klasse kam bis 1969 aus Dingolfing. Zwar gab es das Goggomobil auch mit 300-cm^3- und 400-cm^3-Motoren, aber die meisten Exemplare wurden mit dem 250er-Maschinchen geordert, das 13,6 PS entwickelte. Während seiner 14-jährigen Bauzeit blieb das Goggomobil praktisch unverändert: 1957 gab es Kurbel- statt Schiebefenster und geänderte Heckleuchten, 1964 vorn angeschlagene Türen. Zuletzt war als Hersteller übrigens BMW in den Fahrzeugpapieren angegeben.

Bild: © Jürgen Schlegelmilch

Preise	1	2	3	4	5
Goggomobil T 250, Klw	13.200	7.600	5.500	3.500	1.300
Goggomobil T 300, Klw	13.900	7.900	5.900	3.500	1.300
Goggomobil T 400, Klw	16.300	9.100	6.700	4.000	1.500

Motor/Antrieb	
Bauart	Zweizylinder-Zweitaktmotor
Lage/Antrieb	Heck/Heck
Hubraum in cm^3	247, 296, 395
PS/min	13,6/5400 bis 20,0/5000
Vmax in km/h	72 bis 95
Karosserie	
Bauart	Limousine (2-türig)
Tragstruktur	teilw. selbsttragend
Material	Stahlblech
Stückzahl und Marktsituation	
Produktionszahl	210.531
Verfügbarkeit	gut
Teilesituation	gut
Unterhaltskosten	niedrig

Goggomobil 600/700, Glas Isar — 1957-1965

Der Glas Isar zählt heute zu den vergessenen Autos der deutschen Nachkriegsgeschichte: Obwohl über 87.000 Stück ausgeliefert wurden, blieben nur wenige Dutzend Exemplare erhalten. Mit dem Isar stieß Glas in die untere Mittelklasse vor. Zur Premiere hieß das pummelige Autochen noch Goggomobil 600/700, zwei Jahre später durfte es den Familiennamen Glas tragen. Die Bezeichnung Isar erinnerte an die Isaria-Landmaschinen des Unternehmens. Unter der Haube saß ein Zweizylinder-Boxermotor mit 19 oder 30 PS. Neben der etwas unbeholfenen Formgebung litt das Fullsize-Goggomobil vor allem an seinen Kinderkrankheiten: Seine Karosserie erwies sich anfangs als viel zu weich. 1959 erschien eine Kombi-Version, 1960 gab es ein vergrößertes Heckfenster und neue Heckleuchten: Fünf Jahre lang lief der Isar noch ohne große Modifikationen vom Band.

Bild: © Jürgen Schlegelmilch

Preise	1	2	3	4	5
Isar T 600, L2t	14.400	10.400	7.400	3.200	1.200
Isar T 700, L2t	15.000	10.800	7.700	3.400	1.400
Isar K 600, Kom	16.000	11.600	8.400	3.900	1.400
Isar K 700, Kom	17.000	12.100	9.500	4.200	1.500

Motor/Antrieb	
Bauart	Zweizylinder (Boxer)
Lage/Antrieb	Heck/Heck
Hubraum in cm^3	584, 688
PS/min	19/4800 bis 30/4900
Vmax in km/h	97 bis 110
Karosserie	
Bauart	Limousine (2-türig), Kombi (3-türig)
Tragstruktur	selbsttragend
Material	Stahlblech
Stückzahl und Marktsituation	
Produktionszahl	87.585
Verfügbarkeit	gegen null
Teilesituation	schwierig
Unterhaltskosten	niedrig

Goggomobil TS 250, TS 300, TS 400 Coupé — 1957-1969

Zur nüchtern gestalteten Limousine kam 1957 die Luxusversion des Goggomobils, ein Coupé mit hinterer Panoramascheibe, Kühlergrill-Attrappe, modischen Kunstleder-Polstern und Zweifarben-Lackierung. Anfangs war es sogar serienmäßig mit der elektromagnetischen Vorwählschaltung ausgestattet. Dass das Coupé mit 3722 Mark bereits auf dem Preisniveau eines VW Käfer lag, tat seinem Erfolg keinen Abbruch: Gekauft wurde es – wie die Limousine – vor allem von älteren Herrschaften mit Führerschein IV. Die meisten von ihnen wählten jedoch konservativ: Nur rund ein Viertel der Goggomobilproduktion entfiel auf das Coupé.

Bild: © Jürgen Schlegelmilch

Preise	1	2	3	4	5
Goggomobil TS 250, Cpe	16.600	10.700	7.200	4.200	1.700
Goggomobil TS 300, Cpe	16.100	10.400	7.000	4.300	1.700
Goggomobil TS 400, Cpe	19.000	11.900	9.000	5.000	2.000

Motor/Antrieb	
Bauart	Zweizylinder-Zweitaktmotor
Lage/Antrieb	Heck/Heck
Hubraum in cm^3	247, 296, 395
PS/min	13,6/5400 bis 20/5000
Vmax in km/h	84 bis 100
Karosserie	
Bauart	Coupé
Tragstruktur	teilw. selbsttragend
Material	Stahlblech
Stückzahl und Marktsituation	
Produktionszahl	66.511
Verfügbarkeit	ausreichend
Teilesituation	gut
Unterhaltskosten	niedrig

Glas 1004, 1204, 1304 Limousine, Coupé und Cabriolet 1962-1967

Die 04-Baureihe war ein Technik-Meilenstein im Schlafrock: Hinter ihrer behäbigen, kantigen Karosserielinie verbarg sich der erste Serienmotor der Welt mit obenliegender Nockenwelle, der über einen Zahnriemen verfügte. Den Anfang machte 1962 das skurril aussehende 1004 Coupé mit 42 PS und 992 cm³. Für Freunde des fülligeren Drehmoments bot Glas ab 1963 den 1204 mit 53 PS an, der 1965 vom 1304 mit 60 PS abgelöst wurde. Die Modelle 1004 und 1304 blieben bis 1967 im Angebot – dann strich sie der neue Hausherr BMW aus den Preislisten. Das Coupé entschlief schon 1965, dafür gab es ab 1963 ein Cabriolet, das heutige Glas-Fans besonders mögen.

Bild: © Jürgen Schlegelmilch

Preise	1	2	3	4	5
1004, L2t	15.600	10.000	7.700	3.700	1.600
1004, Cpe	26.000	15.900	9.800	5.900	2.200
1204, L2t	19.700	12.000	7.100	4.200	1.500
1204, Cpe	27.000	17.000	11.300	6.300	2.600

Motor/Antrieb	
Bauart	Vierzylinder (Reihe)
Lage/Antrieb	Front/Heck
Hubraum in cm³	992, 1189, 1290
PS/min	42/4800 bis 60/5000
Vmax in km/h	130 bis 165
Karosserie	
Bauart	Lim (2-türig), Cpe, Cab
Tragstruktur	selbsttragend
Material	Stahlblech
Stückzahl und Marktsituation	
Produktionszahl	30.437
Verfügbarkeit	schlecht
Teilesituation	ausreichend
Unterhaltskosten	niedrig

Glas 1004 TS, 1204 TS, 1304 TS Limousine und Cabriolet 1963-1967

Nicht nur im Rundstrecken-Sport machten die TS-Modelle aus Dingolfing Furore, sondern auch in der Hand privater Fans, die Kraft und Understatement liebten. Kein anderer Hersteller bot damals ein vergleichbares Auto an: Die TS-Modelle wogen höchstens 790 Kilogramm, rannten aber bis zu 170 km/h schnell. Glas bestückte sie serienmäßig mit vorderen Scheibenbremsen, auf Wunsch gab es auch ein Sperrdifferenzial. Dennoch war das Fahrverhalten der Sport-Limousinen mit dem kurzen Radstand ein Abenteuer: Heftiges Untersteuern und Übersteuern wechselten sich jäh ab. Den Anfang machte 1963 der Glas 1004 TS (64 PS); noch im gleichen Jahr erschien der 1204 TS (70 PS). Der 1304 TS (75 PS) stürmte in zwölf Sekunden von null auf 100 km/h. Er kostete 7770 Mark, so viel wie der billigste Opel Rekord.

Bild: © Archiv Günther Zink

Preise	1	2	3	4	5
1004 TS, Cab	31.900	20.000	13.100	7.500	3.400
1204 TS, Cab	33.100	20.200	13.300	7.400	3.500
1304 TS, Cab	34.300	21.000	14.000	7.900	3.700

Motor/Antrieb	
Bauart	Vierzylinder (Reihe)
Lage/Antrieb	Front/Heck
Hubraum in cm³	992, 1189, 1290
PS/min	64/5000 bis 75/5500
Vmax in km/h	140 bis 168
Karosserie	
Bauart	Lim (2-türig), Cpé, Cab
Tragstruktur	selbsttragend
Material	Stahlblech
Stückzahl und Marktsituation	
Produktionszahl	2033
Verfügbarkeit	schlecht
Teilesituation	ausreichend
Unterhaltskosten	niedrig

Glas 1300 GT 1964-1967

Eine weitere Attraktion der 1963er IAA hieß Glas GT, ein graziler kleiner Sportwagen mit Frua-Karosserie. Der Turiner Gestalter belieferte Glas auch mit den Rohkarossen der GT-Baureihe, die als Coupé und Cabriolet lieferbar war. Neben der stilsicheren Karosserieform überzeugte der Glas 1300 GT mit seinen sportlichen Fahrleistungen und einem atemberaubend schönen Armaturenbrett, dessen Uhren-Galerie an italienische Nobelmarken erinnerte. Die ersten Wagen wurden im März 1964 ausgeliefert: Sie leisteten erst 75, ab September 1965 schließlich 85 PS. Vordere Scheibenbremsen gab es ohne Aufpreis. Hinderlich war nur der Name Glas, der mehr mit zweitaktenden Goggomobilen verbunden war. Seniorchef Hans Glas drohte Betrachtern, die den neuen GT als „Goggo" bezeichneten, im Scherz Prügel an.

Bild: © Jürgen Schlegelmilch

Preise	1	2	3	4	5
1300 GT, Cab	78.400	61.800	40.200	18.300	8.500
1300 GT, Cpe	46.500	35.700	26.000	11.300	5.100

Motor/Antrieb	
Bauart	Vierzylinder (Reihe)
Lage/Antrieb	Front/Heck
Hubraum in cm³	1290
PS/min	75/5500 bis 85/5800
Vmax in km/h	170 bis 174
Karosserie	
Bauart	Coupé, Cabriolet
Tragstruktur	selbsttragend
Material	Stahlblech
Stückzahl und Marktsituation	
Produktionszahl	ca. 3580
Verfügbarkeit	gegen null
Teilesituation	ausreichend
Unterhaltskosten	mittel

Glas 1700, 1700 TS 1964-1967

Auf der IAA 1963 verblüffte Glas die Fachwelt mit einer schlanken, sportlichen Limousine der oberen Mittelklasse. Der Glas 1700 konkurrierte mit dem BMW 1600/1800, dem Ford 20 M und den besseren Versionen des Opel Rekord, er bot aber den individuellen Touch eines Kleinserien-Autos. Die Karosserie hatte Pietro Frua bereits 1960 entworfen, und zwar im Auftrag des Goliath-Werks in Bremen. Auf der IAA stand das neue Modell noch mit 1,5-Liter-Motor; in der Serie gab es ein 1,7-Liter-Triebwerk mit 80, später 85 PS. Im Juli 1965 kam die wenig verlangte, 100 PS starke TS-Version mit Zwei-Vergaser-Motor auf den Markt, 1966 eine Automatik-Version mit selbst entwickelter, elektrohydraulischer Schalthilfe. BMW verkaufte die Presswerkzeuge 1967 nach Südafrika, wo der Glas 1700 mit BMW-Technik und -Markenzeichen noch bis 1977 gefertigt wurde.

Bild: © Archiv HEEL Verlag

Preise	1	2	3	4	5
1700, L4t	20.500	13.100	8.100	4.900	1.800
1700 TS, L4t	22.700	15.500	9.600	4.200	2.000

Motor/Antrieb	
Bauart	Vierzylinder (Reihe)
Lage/Antrieb	Front/Heck
Hubraum in cm³	1682
PS/min	80/4800 bis 100/5500
Vmax in km/h	150 bis 165
Karosserie	
Bauart	Limousine (4-türig)
Tragstruktur	selbsttragend
Material	Stahlblech
Stückzahl und Marktsituation	
Produktionszahl	13.789
Verfügbarkeit	gegen null
Teilesituation	schwierig
Unterhaltskosten	mittel

G

Glas 1700 GT — 1965-1967

Die kräftigere Glas-GT-Version war ab Mai 1965 lieferbar und an der markanten Hutze in der Motorhaube zu erkennen. Darunter arbeitete der Zweivergaser-Motor des 1700 TS, der mit einem Wagengewicht von 920 (Cabriolet: 960) Kilogramm leichtes Spiel hatte: Der 1700 GT beschleunigte in elf Sekunden von null auf 100 km/h. Seine Höchstgeschwindigkeit betrug 183 km/h, das galt in den Mittsechzigern als anerkannter Sportwagen-Wert. Der Aufpreis für den 1,7-Liter-Motor betrug zwar nur 1400 Mark, dennoch verkaufte sich der schwächere 1300 GT doppelt so oft wie das Topmodell.

Bild: © Jürgen Schlegelmilch

Preise	1	2	3	4	5
1700 GT, Cpe	57.700	43.700	33.500	17.100	8.700
1700 GT, Cab	86.200	66.300	45.300	19.800	9.700

Motor/Antrieb	
Bauart	Vierzylinder (Reihe)
Lage/Antrieb	Front/Heck
Hubraum in cm^3	1682
PS/min	100/5500
Vmax in km/h	183
Karosserie	
Bauart	Coupé, Cabriolet
Tragstruktur	selbsttragend
Material	Stahlblech
Stückzahl und Marktsituation	
Produktionszahl	insges. ca. 1790, Cab 363
Verfügbarkeit	schlecht
Teilesituation	ausreichend
Unterhaltskosten	mittel

G

Glas 1004 CL, 1304 CL — 1966-1967

Leider kam der Glas CL – das Kürzel stand für Combi-Limousine – erst kurz vor Serienende auf den Markt: Es war das erste deutsche Kompakt-Automobil mit dritter Tür im Heck und nahm damit eine Automode vorweg, die erst zehn Jahre später populär werden sollte. Die Fließheck-Version des Glas war als 1004 und 1304 lieferbar; die Preise begannen bei 6385 Mark. Das neue Karosserie-Konzept des Glas CL lebte in ähnlicher Form ab 1971 übrigens im BMW touring weiter, der allerdings noch ähnlich erfolglos blieb. Bis heute ist der Glas CL nur Insidern bekannt.

Bild: © Archiv HEEL Verlag

Preise	1	2	3	4	5
1004 CL, Kom	18.100	11.800	8.600	4.300	2.100
1304 CL, Kom	21.000	12.800	9.600	4.800	2.300

Motor/Antrieb	
Bauart	Vierzylinder (Reihe)
Lage/Antrieb	Front/Heck
Hubraum in cm^3	992, 1290
PS/min	40/4800 bis 85/5800
Vmax in km/h	130 bis 168
Karosserie	
Bauart	Lim (2-türig), Kombi (2-türig)
Tragstruktur	selbsttragend
Material	Stahlblech
Stückzahl und Marktsituation	
Produktionszahl	8233
Verfügbarkeit	schlecht
Teilesituation	ausreichend
Unterhaltskosten	niedrig

Glas V8 2600, Glas V8 3000, BMW V8 3000 — 1966-1968

Die Idee war richtig, sie kam aber zu spät: Mit exklusiven Kleinserien-Coupés ließ sich in den 1960er Jahren hartes Geld verdienen. Also präsentierte Glas auf der IAA 1965 einen Gran Turismo mit Frua-Karosserie und 2,6-Liter-V8-Motor, der aus zwei 1300er-Triebwerken entstanden war. Mit 19.400 Mark war der V8, dessen Serie im Juli 1966 anlief, bemerkenswert preiswert. Die DeDion-Achse und ein serienmäßiger Niveauausgleich durch Boge-Federbeine ließen das Bemühen um Feinschliff erkennen; das Fahrverhalten des Glas V8 litt aber unter seinem kurzen Radstand von nur 2,50 Metern. Schwierig war auch die Positionierung des Kleinstwagen-Namens Glas in der Oberklasse. Unter BMW-Regie erhielt der V8 im Herbst 1967 das weiß-blaue Emblem und einen Drei-Liter-Motor, aber schon im Herbst 1968 endete die Karriere des schwer absetzbaren Prestigemodells.

Bild: © Jürgen Schlegelmilch

Preise	1	2	3	4	5
V8, Cpe	126.100	74.200	48.200	33.700	17.000

Motor/Antrieb	
Bauart	V8
Lage/Antrieb	Front/Heck
Hubraum in cm^3	2580, 2982
PS/min	150/5600, 160/5100
Vmax in km/h	195
Karosserie	
Bauart	Coupé
Tragstruktur	selbsttragend
Material	Stahlblech
Stückzahl und Marktsituation	
Produktionszahl	277 + 389 = 666
Verfügbarkeit	schlecht
Teilesituation	schwierig
Unterhaltskosten	hoch

Goliath (D) • 1931-1961

Goliath war das kleinste der drei unabhängigen Werke der Borgward-Gruppe. Ursprünglich produzierte das Unternehmen kleine Drei- und Vierradfahrzeuge, darunter viele Lieferwagen – sie waren auch nach dem Zweiten Weltkrieg das Rückgrat der Borgward-Marke.

Goliath startete die Karriere mit preiswerten Dreirad-Fahrzeugen.

Speziell das Goliath-Dreirad GD 750 bescherte Borgward gute Gewinne, die Vierrad-Transporter GV und Express blieben dagegen erfolglos. 1950 kam erstmals ein Personenwagen der Mittelklasse dazu, der in seinen besten Zeiten eine tägliche Produktion von 70 Exemplaren erreichte.

Das Goliath-Werk im Bremer Stadtteil Hastedt ging 1961 im Strudel des Borgward-Konkurses unter; ein 1,3-Liter-Prototyp erreichte das Serienstadium nicht mehr.

Goliath 700, 700 E, 900, 900 E — 1950-1957

Nach dem Zweiten Weltkrieg heuerte Carl F. W. Borgward eine Gruppe ehemaliger DKW-Techniker an, die ihm einen Mittelklassewagen in bester Auto Union-Manier konstruierten. Mit dem GP 700 entstand ein Fronttriebler mit Zweizylinder-Zweitakt-Motor und geräumiger Pontonkarosserie auf Zentralrohrrahmen. Lieferbar war der GP 700 als zweitürige Limousine, als Cabriolet und Kombi. 1952 erschien er wahlweise mit Bosch-Benzineinspritzung und mauserte sich zum innovativen Automobil, dessen Fehler stets der gleiche blieb: mangelnde Serienreife. Immer wieder gab es Retuschen, Modellpflege-Maßnahmen und neue Motorvarianten, zuletzt auch ein 900-cm^3-Modell. Als auch dessen Absatz stockte, beendete Borgward die Zweitakt-Experimente und ließ ein Viertakt-Modell entwickeln. Goliath 700 und 900 sind heute extrem seltene, aber nicht allzu wertvolle Autos.

Bild: © Jürgen Schlegelmilch

Preise	1	2	3	4	5
700, L2t	16.400	11.000	7.600	4.300	2.200
700, Kom	25.300	17.100	11.800	6.600	3.300
900, L2t	24.200	16.400	11.300	6.300	3.00
900, Kom	33.900	22.900	15.800	8.900	4.600

Motor/Antrieb	
Bauart	Zweizylinder-Zweitaktmotor
Lage/Antrieb	Front/Front
Hubraum in cm^3	688 bis 886
PS/min	24/4000 bis 40/4000
Vmax in km/h	100 bis 120
Karosserie	
Bauart	Lim, Kom, Cab-Lim, Cab, Cpe
Tragstruktur	Rohrrahmen
Material	Stahlblech
Stückzahl und Marktsituation	
Produktionszahl	8071 (900)
Verfügbarkeit	gegen null
Teilesituation	schwierig
Unterhaltskosten	niedrig

Goliath 1100 Limousine, Combi, Coupé und Cabriolet — 1957-1958

Einen ersten Achtungserfolg erzielte Goliath mit dem 1100er: Seine hochbordige Karosserie mit langer Schnauze und kurzem Heck stammte in ihren Grundzügen vom GP 900 ab, aber die neue Technik war brillant. Vor der Vorderachse war nun ein Vierzylinder-Viertakt-Boxermotor mit Alugehäuse eingebaut, der 40 PS aus 1100 cm^3 Hubraum schöpfte. Der muntere Fronttriebler überzeugte mit seiner sicheren Straßenlage und gab sich genügsam. Im Februar 1957 begann die Serienfertigung; im Herbst debütierten eine Luxus-Version und ein Coupé – beide mit 55 PS-Motor und Doppelvergaser. Daneben bot Goliath einen Kombi und eine Cabrio-Limousine an. Die Produktion endete schon im Sommer 1958: Borgward präsentierte einen Nachfolger mit gestraffter Karosserie und dem neuen Namen Hansa, der weniger nach Lieferdreirädern klang als die Marke Goliath.

Bild: © Rudolf Dodenhoff

Preise	1	2	3	4	5
1100, L2t	18.300	14.500	10.600	5.600	1.500
1100, Cpe	30.500	21.600	15.200	7.000	2.700

Motor/Antrieb	
Bauart	Vierzylinder (Boxer)
Lage/Antrieb	Front/Front
Hubraum in cm^3	1093
PS/min	40/4200 bis 55/5500
Vmax in km/h	125 bis 135
Karosserie	
Bauart	Lim (2-türig), Cab-Lim, Kom, Cpe
Tragstruktur	Rohrrahmen
Material	Stahlblech
Stückzahl und Marktsituation	
Produktionszahl	14.908
Verfügbarkeit	schlecht
Teilesituation	sehr schwierig
Unterhaltskosten	mittel

G

Hansa 1100 Limousine, Combi, Coupé — 1958-1961

Der Hansa 1100 war eine Weiterentwicklung des ersten Viertakt-Goliath: Hauptunterscheidungsmerkmal waren seine modischen Heckflossen und die geschwungene seitliche Zierleiste. Technisch unterschieden sich die beiden Modelle nicht. Das änderte sich schon ein Jahr nach der Premiere des Hansa 1100 mit der nächsten Modellpflege-Stufe im August 1959: Da erhielt der Mittelklässler ein komplett neues Interieur und Lenkradschaltung statt des vorherigen Krückstock-Hebels. Er galt nun als ausgereiftes Auto und als Geheimtipp der deutschen Mittelklasse, ging aber 1961 mit Borgward unter.

Preise	1	2	3	4	5
Hansa 1100, L2t	19.100	13.900	10.200	5.600	1.600
Hansa 1100, Cpe	29.900	19.600	13.700	6.600	2.700
Hansa 1100, Kom	32.500	21.300	15.000	7.100	3.100

Motor/Antrieb	
Bauart	Vierzylinder (Boxer)
Lage/Antrieb	Front/Front
Hubraum in cm^3	1093
PS/min	40/4200 bis 55/5000
Vmax in km/h	125 bis 135
Karosserie	
Bauart	Lim (2-türig), Kombi (2-türig), Cpe
Tragstruktur	Rohrrahmen
Material	Stahlblech
Stückzahl und Marktsituation	
Produktionszahl	28.778
Verfügbarkeit	schlecht
Teilesituation	sehr schwierig
Unterhaltskosten	mittel

Goliath Express Luxus-Bus, Express 1100 Luxus-Bus — 1955-1961

1953 hatte Goliath einen neuen Vierrad-Lieferwagen an den Start geschickt: den attraktiven Goliath Express, der seinen erfolglosen Vorgänger GV 800 ablöste, der nur von 1951 bis 1953 gebaut worden war. Zunächst trieb den Lieferwagen der 29 PS starke Zweitakt-Einspritzer an. Auf dieser Basis wagten die Bremer eine „Luxus Bus"-Variante mit acht – oder auf Wunsch auch zehn – kunstlederbezogenen Sitzen, Gepäcknetzen, elf Fenstern, einer „gewölbten Dachrandverglasung" (Prospekt) und einem 1,44 Meter langen Golde-Faltdach. Damit schielte Goliath auf die mächtige Wolfsburger Konkurrenz, die den Samba-Bus im Rennen hatte. Trotz des ab 1957 dann 40 PS starken 1,1-Liter-Viertakters und einem spürbar günstigeren Kaufpreis als der Volkswagen hielten sich die Kunden zurück: Nur rund 500 „Luxus-Bus"-Modelle fanden einen Käufer. Wer heute eines der charmanten Exemplare sucht, braucht Unmengen an Geduld und das nötige Kleingeld. Es sind nur noch einzelne Exemplare bekannt.

Bild: © Karl-Heinz Witte

Preise	1	2	3	4	5
Express 1100 , Bus	65.200	38.900	24.000	12.300	4.500

Motor/Antrieb	
Bauart	Vierzylinder (Boxer)
Lage/Antrieb	Front/Front
Hubraum in cm^3	887, 1093
PS/min	40/4000 bzw. 40/4250
Vmax in km/h	90
Karosserie	
Bauart	Kleinbus
Tragstruktur	Kastenrahmen
Material	Stahlblech
Stückzahl und Marktsituation	
Produktionszahl	rund 500
Verfügbarkeit	gegen null
Teilesituation	sehr schwierig
Unterhaltskosten	mittel

Gordon-Keeble (GB) • 1964-1966

Von kurzer Dauer erwies sich das Leben der Marke Gordon-Keeble. Die Firma Gordon in Slough/Bucks, die mit dem Bau von Dreirädern befasst war, kündigte 1960 einen Gordon GT mit Bertone-Karosserie an. Jim Keeble hatte einen Fachwerkrahmen dazu entwickelt, das Fahrwerk mit DeDion-Hinterachse folgte europäischem Standard.

Zum Serienanlauf kam es erst 1964 durch das in Southampton neugegründete Unternehmen Gordon-Keeble. Statt Stahl entstand die Karosserie jedoch nun aus Kunststoff, wohl aus Kostengründen. Ein potenter Chevrolet-V8 sorgte für ausreichend Leistung. Nach 75 gebauten Wagen ging die Firma im September 1965 in Konkurs, der Nachfolger Keeble Cars baute 1966 nochmals 24 Fahrzeuge. Vereinzelt entstanden auch noch später wenige Exemplare.

Gordon-Keeble GK 1 — 1964-1967

Mit den besten Voraussetzungen schickte Gordon-Keeble einen attraktiven und potenten Rivalen ins Rennen um die Käufer hochwertiger Coupés. Es ging dennoch schief, obwohl die Kunststoff-Karosserie im italienischen Bertone-Design sehr elegant aussah. Zudem konnte die hochwertige Fahrwerkstechnik überzeugen, und ein bärenstarker Achtzylinder-Chevrolet-Motor im geschweißten Fachwerkrahmen sorgte für außergewöhnliche Fahrleistungen. Auch die Verarbeitungsqualität konnte sich an etablierten Größen messen. Ob es das fehlende Leder im Interieur war oder nur der unbekannte Markenname – zu schade: Nach nur knapp 100 gebauten Wagen entschlief das Projekt.

Bild: © David Hodges Collection

Preise	1	2	3	4	5
GK 1, Cpe	k.N.	95.000	68.500	41.700	k.N.

Motor/Antrieb	
Bauart	V8
Lage/Antrieb	Front/Heck
Hubraum in cm^3	5354
PS/min	280/5100
Vmax in km/h	235
Karosserie	
Bauart	Coupé
Tragstruktur	Rohrrahmen
Material	Kunststoff/Stahlblech
Stückzahl und Marktsituation	
Produktionszahl	99
Verfügbarkeit	gegen null
Teilesituation	schwierig
Unterhaltskosten	hoch

Gutbrod (D) • 1949-1954

Seniorchef Wilhelm Gutbrod startete im Ludwigsburg der zwanziger Jahre die Herstellung von Motorrädern der Marke Standard. In den dreißiger Jahren verlegte er seine Produktionsstätte zunächst nach Stuttgart, später nach Plochingen.

Neben Motorrädern und Motormähern für die Landwirtschaft fertigte er auch ziemlich primitive Kleinstwagen und Transporter mit Heckmotor. Nach Wilhelm Gutbrods Tod übernahm Walter, der älteste Sohn, das Unternehmen und konzentrierte sich auf die Automobilfertigung.

1950 zogen die Produktionsanlagen nach Calw im Schwarzwald um. Neben dem Superior hatte Gutbrod den Kleintransporter Atlas im Angebot, konnte sich aber mit beiden Modellen nicht durchsetzen: 1954 drohte der Konkurs, die Produktion stand bald still.

Die Gutbrod-Werke in Calw und Plochingen wurden daraufhin verkauft, die Gründerfamilie musste das Unternehmen verlassen. Übrig blieb nur das Markenzeichen und ein Zweigwerk im Saarland, das noch in den siebziger Jahren Traktoren namens Gutbrod Superior herstellte.

Gutbrod Superior — 1950-1954

Der Gutbrod Superior galt bei seiner Premiere im Winter 1949/50 als moderner Luxus-Kleinwagen mit sportlicher Note. Sein Zweizylinder-Zweitakt-Motor leistete 20 PS und trieb die Vorderräder an, die Pontonkarosserie folgte der neuesten Nachkriegs-Mode. 1951 verblüffte Gutbrod die Fachwelt mit einer Direkt-Benzineinspritzung, die in Zusammenarbeit mit Bosch entstanden war und in identischer Form auch im Goliath 700 E zum Einsatz kam. Die stärkste Superior-Variante leistete nun 30 PS; gleichzeitig kam auch der Vergaser-Motor dank höherer Verdichtung auf 26 PS. Die Kraftstoff-Einspritzung litt allerdings zeitlebens unter dem hartnäckigen Ruf der Unzuverlässigkeit. Lieferbar war der Superior als zweitürige Cabriolimousine in Standard- und Luxusausstattung sowie als dreitüriger Kombi.

Bild: © Nord Sieck

Preise	1	2	3	4	5
Superior, Cal	34.000	27.200	18.400	8.200	3.900
Superior, Kom	38.000	30.000	21.500	9.000	5.000

Motor/Antrieb	
Bauart	Zweizylinder-Zweitaktmotor
Lage/Antrieb	Front/Front
Hubraum in cm^3	593, 663
PS/min	20/4000 bis 30/4300
Vmax in km/h	100 bis 115
Karosserie	
Bauart	Cabrio-Limousine, Kombi (3-türig)
Tragstruktur	Plattformrahmen
Material	Stahlblech
Stückzahl und Marktsituation	
Produktionszahl	7726, davon 866 Kombi
Verfügbarkeit	gegen null
Teilesituation	sehr schwierig
Unterhaltskosten	niedrig

Hanomag (D) • 1924-1951

Die Hannoversche Maschinenbau AG (Hanomag) war einer der ältesten Industriebetriebe Deutschlands gewesen. Seine Wurzeln reichten zurück bis ins Jahr 1835, Gründungsort war Linden bei Hannover. Neben Lokomotiven, Nutzfahrzeugen und Baumaschinen fertigte Hanomag ab 1925 eine Zeit lang auch Automobile.

HANOMAG
HANNOVER-LINDEN

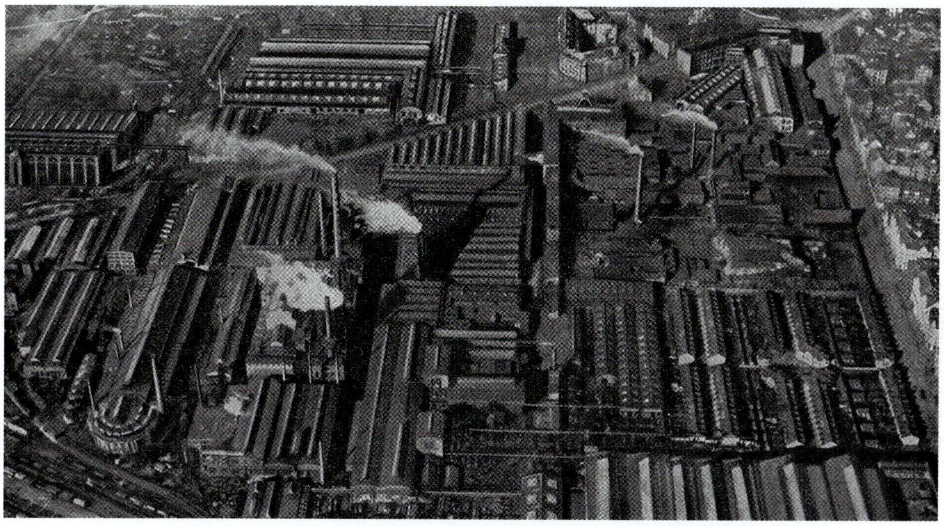

Überflug 1921: Hanomag war im Deutschen Reich ein Industrie-Gigant.

Bild: © Hanomag

Den Entschluss, ins Pkw-Geschäft einzusteigen, hatte 1924 der damalige Generaldirektor Dr. Gustav ten Meer gefasst. Er stellte mit Fidelis Böhler und Carl Pollich nicht nur zwei Ingenieure ein, sondern erwarb ihre Entwicklung – einen Kleinwagen – gleich mit. Dieser erste gebaute Hanomag-Pkw war der 2/10 PS, im Volksmund rasch seiner Form wegen Kommissbrot genannt. Es war das erste deutsche Automobil, das in rationeller Fließbandfertigung produziert wurde.

Beim Eröffnungsrennen des Nürburgrings am 19. Juni 1927 gingen drei Hanomag mit ihren schmalbrüstigen 499-Kubik-Motoren an den Start – und zwar in der Rennwagenklasse, in der sich die schnellen Mercedes-Benz und Bugatti tummelten. Das Spitzentempo der Hanomag lag nur bei 90 km/h, doch Rennfahrer Hellmuth Butenuth gewann die Wertung seiner Klasse bis 750 ccm – er kam letztlich als Einziger ins Ziel. Erstaunlich hoch jedoch lag sein Schnitt von 60,6 km/h. Der Vergleich zeigt, wie respektabel diese Leistung war: Der schnellste Mann des Tages, Rudolf Caracciola auf Mercedes-Benz Typ S, schaffte einen Schnitt von 96,5 km/h – ein Ergebnis üppiger 6,8 Liter Hubraum, Kompressor und 180 PS. Hanomag erwarb sich schnell einen exzellenten Ruf – und warb offensiv damit: „HANOMAG – ein Begriff für Qualität und unbedingte Zuverlässigkeit!"

Neben eigenen Konstruktionen fertigte Hanomag ab 1937 auch Teile und Lizenzbauten von Stoewer für die Wehrmacht, zudem war das Unternehmen im Rüstungsgeschäft sehr aktiv. Hanomag setzte, wie Mercedes-Benz und Citroën, schon früh auf die Diesel-Technologie. So startete Ingenieur Karl Haeberle 1939 zu einer denkwürdigen Rekordfahrt in einem Diesel-Rennwagen mit 1,9-Liter-Motor und Stromlinienkarosserie. Auf der Autobahn bei Dessau stellte er vier Weltrekorde auf. Der verloren gegangene, inzwischen jedoch nachgebaute Rennwagen wurde bis zu 165 km/h schnell, trotz seiner nur 35 PS Leistung: In dem niedrigen, aerodynamisch optimierten Wagen arbeitete der Serienmotor, den Hanomag bereits seit 1938 in seinem Erfolgsmodell Rekord einsetzte.

Carl Pollich, der Kommissbrot-Entwickler, blieb bis 1963 im Unternehmen und verantwortete als Chefkonstrukteur die gesamte Pkw- und Lkw-Entwicklung. Insgesamt fertigte Hanomag rund 95.000 Personenwagen. Nach dem kleinen 2/10 PS folgten die 3/16 PS und 4/20 PS, bald auch größere Wagen, die Namen wie Garant, Kurier, Sturm oder Rekord trugen. Die selbsttragenden Karosserien dazu lieferte meist Ambi-Budd, aber auch Hebmüller und Karmann fertigten für Hanomag. Bemerkenswert ist der 1,3 Liter, ein Stromlinienwagen, den Hanomag von 1938 bis 1941 baute.

Nach dem Zweiten Weltkrieg versuchte Hanomag 1951 mit dem Modell Partner an die großen Erfolge anzuknüpfen. Es blieb jedoch bei Prototypen. Mit dem Zukauf der Vidal-Werke, dem Hersteller der Tempo-Hanseat-Dreiräder, konzentrierte sich Hanomag auf den Bau leichter Nutzfahrzeuge unter den Markennamen Rheinstahl-Hanomag und Hanomag-Henschel (siehe auch Mercedes-Benz L206D, L207D, L307D). Nach vielen Wirren gingen die Reste des großen Traditionsunternehmens Hanomag 2016 in der Komatsu Germany GmbH auf.

Bild: © Hanomag

Bild: © Hanomag

Hanomag 2/10 PS („Kommissbrot") 1925-1928

Ja, der Rat war ernst gemeint, dass man als Beifahrer besser ein Korken zwischen die Zähne klemmen sollte, damit man sich beim Gerappel auf Kopfsteinpflaster nicht auf die Zunge biss. Die Leute scherzten: „Ein Pfund Blech, ein Pfund Lack, fertig ist der Hanomag." Trotzdem fand dieses innovative Klein-Auto mit nur einer Tür 15.775 begeisterte Käufer. Selbst der ADAC setzte den Kommissbrot genannten zuverlässigen Kleinwagen als Pannenhelfer ein. Mit seinem großen Zentralscheinwerfer und der damals hochmodernen Form, gepaart mit einem rauen Einzylinder im Heck, war er anders als alle anderen. Dazu kam die Baulage des Motors kurz vor der Hinterachse: In puncto Steigfähigkeit und Wintertauglichkeit machten ihm auch weit größere Wagen nichts vor. Hanomag entschied sich nach drei Jahren Bauzeit dennoch gegen eine Weiterentwicklung.

Bild: © Autostadt

Preise	1	2	3	4	5
2/10 PS „Kommissbrot", Rds	35.700	26.500	15.100	7.600	4.800

Motor/Antrieb	
Bauart	Einzylinder-Viertaktmotor
Lage/Antrieb	Mitte/Heck
Hubraum in cm^3	502
PS/min	10/2500
Vmax in km/h	60
Karosserie	
Bauart	Lim, Cab-Lim u. Cab (2-türig), Rdst
Tragstruktur	Kastenrahmen
Material	Stahlblech
Stückzahl und Marktsituation	
Produktionszahl	15.775
Verfügbarkeit	schlecht
Teilesituation	sehr schwierig
Unterhaltskosten	mittel

Hanomag 3/16 PS, 3/17 PS, 3/18 PS, 4/20 PS, 4/23 PS, Garant, Kurier — 1928-1938

Mit seinen konservativen Modellen bot Hanomag zuverlässige Autos für alle Anforderungen. Ein Hanomag galt als Wahl der Vernunft von Landärzten und Handelsvertretern. Die soliden Hannoveraner gab es zu einem fairen Preis, sie waren stabil und lösten kaum Neid aus. Mit 750 ccm schwangen sie sich bis auf 75 km/h auf. Ab 1933 lösten sie Modelle mit den zutreffenden Namen Garant und Kurier ab, die fortan nicht nur die bis dahin üblichen Zahlenkombinationen ersetzten, sondern auch stärkere, 1,1 Liter große Vierzylinder boten. Der gefällige Garant ließ sich als zweitürige Limousine sowie als Cabrio-Limousine, jedoch nicht mehr wie die Vorgänger als Cabriolet bestellen. Etwas moderner war der erfolgreiche Kurier gestaltet, auch etwas besser ausgestattet und teurer. Garant und Kurier lagen mit ihren Stückzahlen auf gleichem Niveau.

Bild: © Karmann

Preise	1	2	3	4	5
3/16 PS, L2t	22.000	13.800	9.100	4.400	1.700

Motor/Antrieb	
Bauart	Vierzylinder (Reihe)
Lage/Antrieb	Front/Heck
Hubraum in cm^3	745, 1089, 1097
PS/min	16/3500 bis 23/3500
Vmax in km/h	ca. 75 bis 85
Karosserie	
Bauart	Lim u. Cab-Lim (2-türig); Cab (2-türig)
Tragstruktur	Kastenrahmen
Material	Stahlblech
Stückzahl und Marktsituation	
Produktionszahl	ca. 42.000
Verfügbarkeit	schlecht
Teilesituation	sehr schwierig
Unterhaltskosten	mittel

Hanomag 6/32 PS, Rekord, Rekord Diesel — 1933-1940

Im Herbst 1933 startete ohne großes Aufsehen die Produktion des Hanomag 6/32 PS, eines Wagens in der hart umkämpften 1,5-Liter-Klasse. Von nun an wollte man dort mitspielen, wo es nicht nur um die Zuverlässigkeit ging, sondern auch ein leiser Hauch von Luxus und Großstadt wehte. Die ersten gebauten Wagen vom Typ 6/32 PS wirkten noch ein wenig altväterlich, doch der Rekord mit seiner neuen Karosserie von Ambi-Budd samt abgerundetem Kühlergrill und schrägerer Frontscheibe zeigte sich im zeitgemäßen Stil der 1930er Jahre. Hanomag rühmte den Wagen dank seiner modernen Kühlung mit Wasserpumpe und obengesteuerten Ventilen als autobahnfest. Den Rekord gab es mit zwei und vier Türen, als Limousine wie als Cabrio – und sogar als Roadster. Ab 1936 bot Hanomag auch einen 1,9-Liter-Dieselmotor an, eine Sensation, die Hanomag zeitgleich mit dem Mercedes-Benz 260 D präsentierte. Von 1938 bis 1940 wurden immerhin knapp 1100 Rekord Diesel gefertigt.

Bild: © Hanomag

Preise	1	2	3	4	5
Rekord, L2t	36.100	24.400	14.000	6.200	k.N.
Rekord Diesel, L4t	26.000	18.100	11.600	4.700	k.N.

Motor/Antrieb	
Bauart	Vierzylinder (Reihe)
Lage/Antrieb	Front/Heck
Hubraum in cm^3	1494, 1910
PS/min	32/3000 bis 35/3500
Vmax in km/h	90 bis 100
Karosserie	
Bauart	Lim u. Cab (2-/4-türig), Rdst; Kübel
Tragstruktur	Kastenrahmen
Material	Stahlblech
Stückzahl und Marktsituation	
Produktionszahl	ca. 19.500, Diesel: 1074
Verfügbarkeit	schlecht
Teilesituation	sehr schwierig
Unterhaltskosten	mittel

Hanomag 1,3 Liter Autobahn — 1939-1941

Es ist dieses Modell, das zeigt, wie viel Hanomag hätte erreichen können, wenn der Zweite Weltkrieg nicht alle Kräfte in die Rüstungsproduktion gezogen hätte. Der Hanomag 1,3 Liter Autobahn war in vielen Belangen hochmodern: Seine Stromlinienform versprach Tempo, zudem war es die erste selbsttragende Karosserie eines Hanomag. Sein obengesteuerter, 32 PS starker Motor – so der Hersteller – sei mit 100 km/h autobahnfest. Ebenso galt sein vollsynchronisiertes Vierganggetriebe als außergewöhnlich. Eine Zentralschmieranlage verminderte die Wartungsstopps an Tankstellen, und der 35-Liter-Tank ließ bei etwas verhaltener Fahrweise Reichweiten von bis zu 400 Kilometern zu: 1939 galten diese Fakten als beeindruckend zukunftsweisend. Nur 9187 Exemplare konnte Hanomag fertigen, bis das Werk die Produktion kriegsbedingt einstellen musste.

Bild: © Chekandino

Preise	1	2	3	4	5
1,3 Liter „Autobahn“, L2t	46.000	34.000	16.000	7.500	k.N.

Motor/Antrieb	
Bauart	Vierzylinder (Reihe)
Lage/Antrieb	Front/Heck
Hubraum in cm^3	1298
PS/min	32/3600
Vmax in km/h	115
Karosserie	
Bauart	Limousine (2-türig)
Tragstruktur	Kastenrahmen
Material	Stahlblech
Stückzahl und Marktsituation	
Produktionszahl	9187
Verfügbarkeit	schlecht
Teilesituation	sehr schwierig
Unterhaltskosten	mittel

Hansa (D) • 1905-1938

Der Verleger Robert Allmers und der Ingenieur August Sporkhorst gründeten 1905 im oldenburgischen Varel unter dem Namen Hansa Werke einen Versuchsbetrieb zur Herstellung eines selbst entwickelten „Automobilgetriebes mit direktem Eingriff". Als man in die Automobilproduktion einstieg, firmierte man in Hansa-Automobil-Gesellschaft um, später in Hansa Automobilwerke. Aus dieser Epoche stammen Fahrzeuge wie der Hansa Telegram A6 mit 18-PS-Vierzylindermotor. 1914 erfolgte der Zusammenschluss mit Lloyd zu Hansa-Lloyd; unter der Marke Hansa enstanden fortan Personenwagen der Mittel- bis Oberklasse, so beispielsweise das Modell H von 1923 mit dem „Trumpf Aß"- Motor, dem ersten deutschen Achtzylinder. Sorgfältige Verarbeitung und fortschrittliche Technik begründeten den hervorragenden Ruf der Hansa-Automobile. 1929 gelang es dem aufstrebenden Bremer Automobilfabrikanten Carl F. W. Borgward, die Firma Hansa-Lloyd aufzukaufen. Die Pkw-Produktion wurde in Bremen-Hastedt zusammengefasst, und 1938 baute Borgward in Bremen-Sebaldsbrück ein völlig neues Werk, wo erfolgreiche Typen wie Hansa 1100/1700 oder der große Hansa 2000 vom Band liefen. Mit der 1938 erfolgten Umfirmierung der Hansa-Lloyd-und-Goliath-Werke GmbH in Carl F. W. Borgward Automobil- und Motorenwerke verschwand der Markenname Hansa. Die Namensrechte blieben aber im Konzern, und so diente Hansa als Typenbezeichnung zahlreicher Borgward-Automobile wie dem legendären Borgward Hansa 2400. Nach dem jähen Ende der Borgward-Gruppe im Jahr 1961 enstanden aus Restteilen noch 487 Hansa 1100 – es waren die letzten Autos mit dem großen Namen.

Hansa 1100, Hansa 1700 — 1934-1940

Das moderne Duo Hansa 1100/1700 wurde Borgwards erster großer Erfolg auf dem Mittelklasse-Markt. Und nicht von ungefähr: Die beiden Bremer waren mit ihrer frühen Stormlinienform elegant und boten fortschrittliche Technik bei solider Verarbeitung zu moderatem Preis – der zweitürige 1100 kostete beispielsweise 2750 Mark. Die Reihenmotoren waren mit ihren via Stirnrad getriebenen, hängenden Ventilen hochmodern und – ein Novum im jungen Borgward-Konzern – selbst entwickelt und gebaut. Beide wurden auch als Cabriolet geliefert. Optisch unterscheidet sich der 1700 vom 1100 durch eine fünfte seitliche Luftklappe an der Motorhaube und einem 17 Zentimeter längeren Radstand. Die vom NS-Regime ab 1938 diktierte Typenbeschränkung beendete den Erfolg des Duos; allein der 1100 ging bis 1940 in kleinen Stückzahlen in den Export, zuletzt bereits als Borgward Hansa 1100.

Bild: © Ralf Christian Kunkel

Preise	1	2	3	4	5
Hansa, L2t	k.N.	20.000	10.000	5.000	k.N.

Motor/Antrieb	
Bauart	Vier-/Sechszylinder (Reihe)
Lage/Antrieb	Front/Heck
Hubraum in cm^3	1088, 1634
PS/min	27,5/3600 bis 40/3800
Vmax in km/h	90 bis 100
Karosserie	
Bauart	Lim (2-türig), Cab-Lim, (2-türig)
Tragstruktur	Kastenrahmen
Material	Stahlblech
Stückzahl und Marktsituation	
Produktionszahl	ca. 27.000
Verfügbarkeit	schlecht
Teilesituation	schwierig
Unterhaltskosten	mittel

Healey (GB) • 1946-1952

Donald Healey erfüllte sich 1946 den Traum einer eigenen Automobilfabrik. Der ehemalige Rennfahrer, Triumph-Entwickler und Humber-Mitarbeiter gründete nach dem Zweiten Weltkrieg in Warwick die Donald Healey Motor Company. Obengesteuerte Riley-Motoren sorgten für den Antrieb der beiden ersten Healeys, des Elliott Saloons und des Westland Roadsters. Den Rahmen fertigte Healey selbst, die aerodynamischen Karosserieformen versprachen nicht nur einen sportlich-eleganten Auftritt – die Healey galten auch als die schnellsten Wagen der frühen Nachkriegszeit.

1949 erschien der Healey Silverstone, ein sportlicher Roadster, der sich in zahllosen Renneinsätzen einen guten Namen machte. Ab 1950 arbeitete Healey mit dem amerikanischen Hersteller Nash zusammen. Mit dem Healey 100 begann 1952 die Zusammenarbeit mit Austin. Die Marke hieß fortan Austin-Healey.

Healey 2.4 Elliott Saloon — 1946-1950

Healey taufte das Auto zwar Elliott Saloon, doch es war keine Limousine. Das formschöne Coupé basierte auf dem Westland Roadster, eine Verwandtschaft, die von vorn betrachtet trotz anderer Scheinwerferanordnung recht deutlich wird. Dank nochmals besserer Aerodynamik schaffte der Elliott stolze 175 Stundenkilometer Spitze bei gleicher Motorisierung. Er galt damit als schnellster Viersitzer der Insel. Motorsporterfolge im In- und Ausland blieben unter diesen günstigen Voraussetzungen natürlich nicht aus. Die Fahrwerkstechnik blieb mit schraubengefederter Einzelradaufhängung vorn und starrer Hinterachse konventionell, konnte damit aber durchaus den Ansprüchen genügen. Ordentliche Bremsen sorgten dafür, dass der schnelle Healey auch gebührend sicher wieder zum Stehen kam.

Preise	1	2	3	4	5
Elliott, Cpe	61.000	47.000	34.000	24.000	k.N.

Motor/Antrieb	
Bauart	Vierzylinder (Reihe)
Lage/Antrieb	Front/Heck
Hubraum in cm^3	2443
PS/min	105/4500
Vmax in km/h	175
Karosserie	
Bauart	Coupé
Tragstruktur	Kastenrahmen
Material	Stahlblech
Stückzahl und Marktsituation	
Produktionszahl	101
Verfügbarkeit	gegen null
Teilesituation	sehr schwierig
Unterhaltskosten	hoch

Healey Westland Roadster 1946-1949

Donald Mitchell Healey betrieb nach dem Zweiten Weltkrieg eine erstaunlich umfangreiche Automobilfertigung. Sein Typenprogramm umfasste sportliche Modelle: Roadster, Cabriolets und Coupés. Als Einheitsmotorisierung für alle Typen griff der später mit dem Austin-Healey weltberühmt gewordene Konstrukteur auf den drehmomentstarken 2,4-Liter-Riley-Reihenvierzylinder aus der Vorkriegszeit zurück, dessen Gaswechsel mit hochgelegten Nockenwellen vollzogen wurden. Der Westland Roadster zeichnete sich durch seine sportliche 2+2-sitzige Karosserie und besonders leichte Bauweise aus, und sogar der damals bei der Entwicklung durchaus nicht übliche Windkanal (bei Armstrong Whitworth) half dem Wagen, die angestrebte 100-Meilen-Schallmauer leicht zu durchbrechen.

Preise	1	2	3	4	5
Westland, Rds	175.000	112.000	66.000	43.000	24.000

Motor/Antrieb	
Bauart	Vierzylinder (Reihe)
Lage/Antrieb	Front/Heck
Hubraum in cm³	2443
PS/min	105/4500
Vmax in km/h	165
Karosserie	
Bauart	Roadster
Tragstruktur	Kastenrahmen
Material	Stahlblech
Stückzahl und Marktsituation	
Produktionszahl	64
Verfügbarkeit	schlecht
Teilesituation	sehr schwierig
Unterhaltskosten	hoch

Healey Silverstone 1949-1951

Kompromissloser als der Westland Roadster oder der Elliott Saloon wirkte der Healey Sportroadster mit dem klangvollen Beinamen Silverstone. Dieses 1949 vorgestellte Modell war speziell für sportliche Einsätze konzipiert, was während der Bauzeit auch eindrucksvoll demonstriert wurde. Das konsequent auf Leichtbau ausgerichtete Fahrzeug wies einen Leiterrahmen auf, mit dem sich sein Handling gegenüber den größeren Westland- und Elliott-Ausführungen verbessert zeigte. Kürzere Beschleunigungszeiten waren der Lohn für einen karg ausstaffierten Innenraum, dem sämtliche Verweichlichungsattribute fehlten. Für den Renneinsatz gab es eine flachere Scheibe. Technischen Rückschritt bedeutete die Verwendung hinterer Halbelliptik-Federn an der Starrachse. Für etliche Klassensiege, unter anderem auf der namengebenden Rennstrecke von Silverstone, reichte es aber allemal.

Bild: © David Hodges Collection

Preise	1	2	3	4	5
Silverstone, Rds	272.000	199.000	131.000	68.000	34.000

Motor/Antrieb	
Bauart	Vierzylinder (Reihe)
Lage/Antrieb	Front/Heck
Hubraum in cm³	2443
PS/min	105/4500
Vmax in km/h	175
Karosserie	
Bauart	Roadster
Tragstruktur	Kastenrahmen
Material	Stahlblech
Stückzahl und Marktsituation	
Produktionszahl	105
Verfügbarkeit	gegen null
Teilesituation	sehr schwierig
Unterhaltskosten	hoch

Healey Abbott Drophead Coupé 1951-1954

Analog zum Healey Tickford bot der Konstrukteur das klangvoll Abbott Drophead Coupé genannte Cabriolet an. Auch dieses Modell war auf mehr Komfort getrimmt: Mit richtigen Kurbelfenstern statt Steckscheiben und einem aufwändigen Verdeck anstelle eines leichten Flatterzelts stieg das Leergewicht ähnlich wie beim Tickford doch merklich an. Das dämpfte die Fahrleistungen, aber zu den Untermotorisierten musste sich der Abbott Drophead Coupé-Fahrer dennoch nicht zählen. Ende 1954 stellte Donald Healey seine eigenen Aktivitäten ein und arbeitete exklusiv für BMC und Nash. Diese Zusammenarbeit beglückt die Klassiker-Freunde bis heute – besonders diejenigen mit einem Faible für englische Fahrzeuge.

Bild: © David Hodges Collection

Preise	1	2	3	4	5
Abbott, Cab	63.000	48.000	37.000	26.000	10.000

Motor/Antrieb	
Bauart	Vierzylinder (Reihe)
Lage/Antrieb	Front/Heck
Hubraum in cm³	2443
PS/min	105/4500
Vmax in km/h	165
Karosserie	
Bauart	Cabriolet
Tragstruktur	Kastenrahmen
Material	Stahlblech
Stückzahl und Marktsituation	
Produktionszahl	77
Verfügbarkeit	gegen null
Teilesituation	sehr schwierig
Unterhaltskosten	hoch

Healey Tickford 1951-1954

Im Vergleich zum Silverstone war der Healey Tickford geradezu opulent ausgerüstet. Feines Leder und Wurzelholzambiente verhalfen dem Coupé zu einer komfortableren Ausstrahlung, was nur den einen Nachteil hatte, dass die Fahrleistungen in Mitleidenschaft gezogen wurden. Dem begegnete Healey mit einer kürzeren Übersetzung, doch die hohen Drehzahlen ließen den Motor unwillig brummen. Der so entstandene GT, wie alle Vorgänger mit dem langhubigen Riley-Triebwerk bestückt, verkaufte sich besser als die Modelle zuvor. Tickford ist übrigens der Name einer renommierten Karosseriebau- und Tuningfirma.

Bild: © David Hodges Collection

Preise	1	2	3	4	5
Tickford, Cpe	53.000	41.000	30.000	22.000	9.000

Motor/Antrieb	
Bauart	Vierzylinder (Reihe)
Lage/Antrieb	Front/Heck
Hubraum in cm³	2443
PS/min	105/4500
Vmax in km/h	170
Karosserie	
Bauart	Coupé
Tragstruktur	Kastenrahmen
Material	Stahlblech
Stückzahl und Marktsituation	
Produktionszahl	224
Verfügbarkeit	schlecht
Teilesituation	sehr schwierig
Unterhaltskosten	hoch

Healey 3 Litre Sport Convertible („Alvis Healey") 1951-1954

Nicht wie bislang auf die 2,4 Liter großen Riley-Vierzylindermotoren, sondern auf einen Reihensechszylinder von Alvis mit knapp 3,0 Liter Hubraum setzte Healey bei diesem Modell, das zwischen 1951 und 1954 in einer Auflage von nur rund 25 Exemplaren entstand. Dabei kam ebenfalls das Chassis des Typs G zum Einsatz, das Healey für die Modelle Abbott und Tickford verwendete. Als Aufbau wählte man eine Cabriolet-Karosserie, die Panelcraft in Birmingham fertigte und die um einiges moderner wirkte als die anderen zeitgleich gebauten Healey-Modelle. Der leistungs- und drehmomentstarke, von Healey getunte Alvis-Motor mit seitlicher Nockenwelle und hängenden Ventilen sorgte für gute Fahrleistungen des exklusiv ausgestatteten Wagens. Er sollte der letzte sein, der unter dem Markennamen Healey im Werk Warwick entstand.

Bild: © Archiv HEEL Verlag

Preise	1	2	3	4	5
Sports, Cab	68.000	49.000	40.000	29.000	k.N.

Motor/Antrieb	
Bauart	Sechszylinder (Reihe)
Lage/Antrieb	Front/Heck
Hubraum in cm^3	2993
PS/min	106 bei 4200
Vmax in km/h	ca. 160
Karosserie	
Bauart	Roadster
Tragstruktur	Kastenrahmen
Material	Stahlblech
Stückzahl und Marktsituation	
Produktionszahl	ca. 25
Verfügbarkeit	gegen null
Teilesituation	sehr schwierig
Unterhaltskosten	hoch

Heinkel (D) • 1955-1958

Mit dem Viertakt-Motorroller Tourist und den Perle-Mopeds hatte sich die Stuttgarter Ernst Heinkel AG einen soliden Ruf erworben. Für Zweirad-Aufsteiger bot das Unternehmen des Flugzeug-Pioniers Heinkel ab 1956 auch einen Kabinenroller an. Er ähnelte der BMW Isetta, war aber eine völlig eigenständige Konstruktion, die sich allerdings bei weitem nicht so gut absetzen ließ wie das BMW-Ei. Nach nur zwei Jahren verkaufte Heinkel die Produktionsanlagen an ein irisches Unternehmen, das seine Lizenz wiederum an die britische Firma Trojan weitergab. Als Trojan 200 lebte die Heinkel-Kabine bis 1966 weiter. Die meisten Exemplare im heutigen Angebot sind solche späten Lizenzbauten.

HEINKEL

Heinkel Kabine 1956-1958

Die Heinkel Kabine war rund 25 Zentimeter länger als ihre Hauptkonkurrentin BMW Isetta. Sie bot, im Gegensatz zur Isetta, hintere Notsitze und war 110 Kilogramm leichter, allerdings auch wesentlich schwächer motorisiert. Der Einzylindermotor arbeitete üblicherweise in den Tourist-Motorrollern und sorgte in der Kabine für ein kaum zu ertragendes Geräuschniveau. Daran änderte auch das überarbeitete Modell mit zehn statt 9,2 PS nichts, das bereits nach vier Baumonaten im Oktober 1956 auf den Markt kam. Gleichzeitig erhielt die bis dahin dreirädrige Kabine zwei Hinterräder. Im Juli 1958 stellte Heinkel den Bau der Vierrad-Kabine ein. Einige Auslandsmärkte – etwa England, Österreich, Holland – bediente Heinkel ausschließlich mit Dreirad-Modellen.

Bild: © Jürgen Schlegelmilch

Preise	1	2	3	4	5
Kabine 150, Klw	22.100	14.600	11.600	6.700	3.600
Kabine 200, Klw	23.900	15.900	12.800	7.900	4.100

Motor/Antrieb	
Bauart	Einzylinder-Viertaktmotor
Lage/Antrieb	Heck/Heck
Hubraum in cm^3	174, 198, 204
PS/min	9,2/5000 bis 10/5500
Vmax in km/h	82 bis 86
Karosserie	
Bauart	Coupé
Tragstruktur	Rohrrahmen
Material	Stahlblech
Stückzahl und Marktsituation	
Produktionszahl	11.975
Verfügbarkeit	schlecht
Teilesituation	schwierig
Unterhaltskosten	niedrig

Hillman (GB) • 1907-1977

Die Marke Hillman war bereits 1907 vom englischen Rennfahrer William Hillman gegründet worden. 1928 kam der Vertrieb unter die Regie des Handelsunternehmens Rootes. Mit den Marken Singer, Sunbeam, Humber und Hillman zählte Rootes zu den größten englischen Automobilherstellern. Früh wurden nach amerikanischem Muster Synergie-Effekte innerhalb des Konzerns genutzt.

Das erste Großserienmodell mit dem Namen Hillman startete 1932. Für den Kleinwagen Imp baute der Konzern in Schottland eine neue Fabrik, doch 1964 endete dieses Kapitel: Die Rootes-Marken gingen an Chrysler und 1978, wiederum umgewandelt, weiter an Peugeot.

Automobile mit Hillman-Schriftzügen wurden bis 1977 gebaut.

Hillman Minx Mark I bis Mark VIII, Series I, II, III, IV, V, VI — 1946-1977

Der Minx war Hillmans Modell für alle Tage: Schon vor dem Krieg gab es diese Typbezeichnung, und sie lebte nach 1945 wieder auf. In der Nachkriegszeit besaß der Minx allerdings eine selbsttragende Karosserie. Rationalisierung nach amerikanischem Muster bedeutete nicht nur, dass aus wenigen Grundelementen (Fahrgestelle, Motoren, Karosserien) viele Modelle kombiniert wurden, sondern auch, dass die Konzernmarke Sunbeam den Minx als Modell Rapier verkaufen konnte. Der Minx jedenfalls konnte sich als robustes Alltagsfahrzeug in der unteren Mittelklasse gut behaupten.

Bild: © Archiv HEEL Verlag

Preise	1	2	3	4	5
Minx Ser. I-VI, L4t	12.000	7.900	4.600	1.700	600
Minx Ser. I-III, Cab	15.200	10.900	6.300	2.900	900

Motor/Antrieb	
Bauart	Vierzylinder (Reihe)
Lage/Antrieb	Front/Heck
Hubraum in cm³	1184-1725
PS/min	36/4100 bis 85/5500
Vmax in km/h	105 bis 150
Karosserie	
Bauart	Lim (4-türig), Kombi (5-türig), Cab
Tragstruktur	selbsttragend
Material	Stahlblech
Stückzahl und Marktsituation	
Produktionszahl	k.A.
Verfügbarkeit	schlecht
Teilesituation	schwierig
Unterhaltskosten	mittel

Hillman Super Minx Series I, II, III, IV — 1962-1966

Mit etwas mehr Leistung und Hubraum sollten die Super-Minx-Modelle das Hillman-Programm nach oben abrunden. Die überarbeitete Karosserie zeigte im Design noch Anklänge an das kleinere Modell und war ebenfalls als viertürige Limousine, fünftüriger Kombi und viersitziges Cabriolet erhältlich. In rascher Folge legte Hillman immer neue Karosserie- und Motorvarianten auf. Als Topmodell fungierte der Super Minx IV GTL mit immerhin 85 PS aus 1,7 Litern. Der Hillman alias Sunbeam Hunter ersetzte ganz im Zeichen einer leicht erratischen Marken- und Modellpolitik des Konzerns Chrysler den Super Minx ab 1966.

Preise	1	2	3	4	5
Super Minx, L4t	9.700	6.300	3.400	1.300	300
Super Minx (1962-1964), Cab	14.900	10.700	6.200	2.900	900

Motor/Antrieb	
Bauart	Vierzylinder (Reihe)
Lage/Antrieb	Front/Heck
Hubraum in cm³	1592, 1725
PS/min	58/4400 bis 85/5500
Vmax in km/h	130 bis 155
Karosserie	
Bauart	Lim (4-türig), Kombi (5-türig), Cab
Tragstruktur	selbsttragend
Material	Stahlblech
Stückzahl und Marktsituation	
Produktionszahl	k.A.
Verfügbarkeit	schlecht
Teilesituation	schwierig
Unterhaltskosten	mittel

Hillman Imp 1963-1976

Als untaugliches Instrument im Kampf um Marktanteile gegen den überaus erfolgreichen Mini scheiterte der Hillman Imp. Dem Namen (übersetzt: Kobold) wird vor allem der lebhafte Motor gerecht: Dieses interessante Triebwerk war im Heck installiert, hatte eine obenliegende Nockenwelle und war ein kleinvolumiger, kurzhubiger Alu-Vierzylinder, den es in verschiedenen Leistungsstufen gab. Das Konzept stammte von Coventry Climax, selbst gegen Drehzahlen von über 6000/min hatte er nichts einzuwenden. Dennoch wurden die Maschinen ein ums andere Mal überfordert, was dem Imp – zu Unrecht – prompt den Ruf der Unzuverlässigkeit einbrachte. Hillman produzierte den Imp immerhin bis 1976. Besonders gesucht sind heute die kräftigen Rally Imp.

Preise	1	2	3	4	5
Imp, L2t	8.800	5.900	3.300	1.700	500

Motor/Antrieb	
Bauart	Vierzylinder (Reihe)
Lage/Antrieb	Heck/Heck
Hubraum in cm³	875, 998
PS/min	39/5000 bis 60/6200
Vmax in km/h	125 bis 155
Karosserie	
Bauart	Limousine (2-türig)
Tragstruktur	selbsttragend
Material	Stahlblech
Stückzahl und Marktsituation	
Produktionszahl	440.032
Verfügbarkeit	ausreichend
Teilesituation	ausreichend
Unterhaltskosten	niedrig

Hillman Avenger (auch: Chrysler/Talbot/ Sunbeam Avenger, Dogde 1500/1800/Polara, Plymouth Cricket, Volkswagen 1500) 1970-1990

Der Roots-Konzern entwickelte ab Mitte der 1960er Jahre mit dem Hillman Avenger einen automobilen Weltbürger. Aus seinem Vorgänger, dem Minx, übernahmen die Entwickler kaum ein Teil. Vorn erhielt der Avenger moderne McPherson-Federbeine, hinten genügte eine Starrachse an Blattfedern. Die Motoren besaßen anfangs 1,2 und 1,5 Liter Hubraum, die Linienführung folgte amerikanischen Idealen. Wahlweise lieferte Hillman die Limousine mit zwei oder vier Türen, zudem fanden Kunden eine Kombiversion im Programm. So trat man ab 1970 gegen Ford Cortina und Morris Marina Viva an, gegen den sportlichen Triumph Dolomite Sprint positionierte sich der Avenger Tiger. Kurios ist, dass der Avenger unter vielen Marken in England, Südafrika, Brasilien und Argentinien seine Karriere fortsetzte. Erst 1990 liefen die letzten Exemplare als Volkswagen 1500 in Argentinien vom Band.

Bild: © Citroën

Preise	1	2	3	4	5
Avenger, L4t	k.N.	k.N.	k.N.	k.N.	k.N.

Motor/Antrieb	
Bauart	Vierzylinder (Reihe)
Lage/Antrieb	Front/Heck
Hubraum in cm³	1248 bis 1598
PS/min	53 bis 93
Vmax in km/h	130 bis 175
Karosserie	
Bauart	Limousine (2-/4-türig), Kombi (5-türig)
Tragstruktur	selbsttragend
Material	Stahlblech
Stückzahl und Marktsituation	
Produktionszahl	k.A.
Verfügbarkeit	schlecht
Teilesituation	schwierig
Unterhaltskosten	mittel

Hispano-Suiza (E) • 1904-1943

Die faszinierende Marke Hispano-Suiza wurde von dem Schweizer Ingenieur Marc Birkigt 1904 in Barcelona gegründet, nachdem dieser bereits erste Erfahrungen im Bau und der Konstruktion von Automobilen gemacht hatte. Der fliegende Storch wurde zum Markenzeichen der bald auch in Genf in Lizenz gefertigten Fahrzeuge. Nichts anderes als die beiden Länder Spanien-Schweiz drückt auch der Name Hispano-Suiza aus.

Neben Personenwagen entstanden ab 1906 auch Busse, Lastwagen und Bootsmotoren. Die Autopalette wurde enorm ausgedehnt, ab 1911 baute die Marke auch in der Nähe von Paris. Bald waren Flugzeugmotoren für den Ersten Weltkrieg wichtiger, Birkigt tüftelte unterdessen an neuen Automodellen.

Vierzylindermotoren mit obenliegender Nockenwelle fertigte Hispano-Suiza bis 1934 (Modelle T16, T30, T48), Sechszylinder ab 1919 für die Modelle H6, Boulogne, Monza, H6c, 46 CV, T56, T49, 20 CV, HS 26 Junior, 26 CV, T64 mit obenliegender Nockenwelle, mit hängenden Ventilen für die zwischen 1932 und 1943 gebauten Modelle T60, K6 und 30 CV.

Herausragend waren die V12-Zylinder-Modelle mit 9,5 und 11,3 Litern Hubraum: J12, 54 CV und T68. Sie entstanden in den Jahren 1931 und 1938. Später wurde das Unternehmen von Pegaso übernommen. Der letzte Hispano-Suiza verließ 1943 das Werk in Barcelona.

Nach vielen Jahrzehnten Tiefschlaf (zumindest als Automobilhersteller) tauchte Hispano Suiza im neuen Jahrtausend wieder auf. Genauer gesagt: Ein Österreicher namens Erwin Leo Himmel, seines Zeichens Automobildesigner, hatte sich die wohlklingenden Markenrechte gesichert und zeigte 2019 auf dem Genfer Automobilsalon (nach einem ersten Anlauf 2010) einen angeblch serienreifen Supersportwagen – den Maguari HS1 GTC. Er sollte in einer auf 300 Exemplare limitierten Auflage in der Bugatti-Liga räubern, mit bis zu knapp 1100 PS und 2,2 Millionen Euro Einstandspreis. 2022 endete das Abenteuer mit einer Insolvenz.

Hispano-Suiza T60, T60 RL, T60 RLA 1932-1943

Hispano-Suiza stellte 1932 den T60 als kleines Modell vor, was einerseits verdeutlicht, wie hoch die Maßstäbe des spanischen Herstellers üblicherweise waren. Andererseits zeigt es, dass der Markt mit großen, luxuriösen Fahrzeugen weitgehend gesättigt schien und damit die eigentliche Kompetenz der Marke nicht mehr so stark gefragt war wie früher. Der Hispano-Suiza T60 erhielt einen drei Liter großen ohv-Sechszylindermotor. Die drei Gänge ließen sich über einen Mittelschalthebel wechseln, die Höchstgeschwindigkeit lag bei rund 110 Stundenkilometern. Ab 1934 entstanden die Nachfolger T60 RL und T60 RLA, die über einen längeren Radstand und ein 3,4 Liter großes Triebwerk verfügten. Sie besaßen zudem als erwähnenswerte technische Innovation eine Servohilfe, die mit den hydraulischen Bremsen von Lockheed gekoppelt war.

Preise	1	2	3	4	5
T 60, L4t	k.N.	85.000	59.500	31.000	k.N.
T 60, Cab	k.N.	130.000	95.000	44.000	k.N.

Motor/Antrieb	
Bauart	Sechszylinder (Reihe)
Lage/Antrieb	Front/Heck
Hubraum in cm³	3016, 3405
PS/min	k.A.
Vmax in km/h	110
Karosserie	
Bauart	Lim, Cpe, Cab
Tragstruktur	Kastenrahmen
Material	Stahlblech
Stückzahl und Marktsituation	
Produktionszahl	k.A.
Verfügbarkeit	gegen null
Teilesituation	sehr schwierig
Unterhaltskosten	hoch

Holden (AUS) • 1856-2020

Holden ist in Australien so legendär wie Kängurus und Foster's Dosenbier. Und auch wenn jeder Holden technisch stets ein GM ist: Down Under gilt er als einheimische Marke, etwas, worauf man stolz ist. Und auch stolz sein kann, denn die Wurzeln des Unternehmens reichen weiter zurück, als man glaubt: Bereits im Jahr 1856 gründet James Alexander Holden eine Sattlerei. Nach einer Insolvenz entwickelt sie sein Sohn Henry James zu einem Karosseriebaubetrieb weiter, der unter dem Gründerenkel Edward Wheewall Holden – später zum Sir geadelt – als Tochtergesellschaft 1931 unter das Dach des GM-Konzerns schlüpfte.

Erst nach dem Zweiten Weltkrieg fertigt Holden komplette Fahrzeuge. Mastermind hinter dieser Entwicklung ist der englischstämmige Ingenieur Sir Laurence Hartnett. Ihm schwebt ein durch und durch australisches Fahrzeug vor, für das er kämpft, doch GM bremst ihn schließlich aus. Frustriert verlässt er die Firma.

GM sieht Australien als Markt für Modelle, die in den USA keinen Erfolg haben. Das erste Modell, der Holden 48-215, ist eigentlich ein leicht veränderter Chevrolet, den das Publikum in den USA ablehnt. Dennoch: In Australien hat Holden mit diesem und vielen weiteren Modellen großen Erfolg, wird schnell zum Marktführer. Mitunter warten Kunden zwei Jahre auf ihre bestellten Fahrzeuge. Sie gelten als robuste, ausdauernde Arbeitstiere, die klaglos ihren Job verrichten. Zeitweise teilen sich die europäischen Marken Vauxhall und Opel mit Holden einige Modellbezeichnungen (Commodore, Astra), andere Holden-Modelle fußen auf asiatischen (Daewoo) oder amerikanischen Entwicklungen.

Das letzte Modell, das Holden fertigt, ist der Commodore ZB. Der ist nichts anderes als ein Opel Insignia mit Holden-Emblem und wird sogar in Rüsselsheim montiert, weil Holden 2017 die eigene Produktion beenden muss. Im Jahr 2020 kündigt GM die Einstellung der schon seit den frühen 2000ern sich in Schieflage befindlichen Marke Holden an, die ohne die längst eingestellten staatlichen Subventionen auf Dauer der starken Konkurrenz aus Asien nicht auf Augenhöhe begegnen kann.

Bild: © ????

GM in „Down Under": Ab 1931 agiert Holden als eine Tochtergesellschaft des US-amerikanischen Automobilkonzerns General Motors mit Unternehmenssitz in Melbourne, Australien. Knapp 70 Jahre später gehen die Lichter in den Produktionsstätten für immer aus.

H

Holden 50-2106 (FX Ute, FJ Ute) 1951-1957

Tochtergesellschaft von GM hin oder her: Der Wille zu einem authentisch australischen Fahrzeug ist stark in Australien. Und so entwickelt das Team vor Ort die Limousine 48-215 – eigentlich ein Chevrolet, den die US-Kunden als zu klein empfinden – weiter zu einem Pick-up. In Down under heißt so etwas „2-door coupe utility", oder im Volksmund einfach „Ute" – und nicht Truck, wie es in Nordamerika der Fall ist. Auch das „FX" ist eine volkstümliche Bezeichnung, die zunächst die späteren 48-215 mit verbessertem Fahrwerk beschreibt und heute als Synonym für die gesamte Modellreihe gilt. Ute, die wahrscheinlich beste Freundin der Farmer und Handwerker, kommt 1951 auf den Markt und erlebt 1953, nun „FJ" genannt, ein kleines technisches wie optisches Update. Seit diesem frühen Erfolg gehören Ute-Versionen ganz selbstverständlich zu der australischen Marke.

Bild: © Chris Keating

Preise	1	2	3	4	5
50-2106 (FX Ute, FJ Ute), Pup	k.N.	k.N.	k.N.	k.N.	k.N.

Motor/Antrieb	
Bauart	Sechszylinder (Reihe)
Lage/Antrieb	Front/Heck
Hubraum in cm^3	2171
PS/min	61/3800
Vmax in km/h	120
Karosserie	
Bauart	Pick-up (2-türig)
Tragstruktur	selbsttragend
Material	Stahlblech
Stückzahl und Marktsituation	
Produktionszahl	k.A.
Verfügbarkeit	ausreichend
Teilesituation	ausreichend
Unterhaltskosten	mittel

Holden Monaro Coupé, Monaro GTS, Monaro GTS 327, Monaro GTS 350 (Modelle HK, HT, HG) 1968-1971

Er ist der Star einer für die breite Masse erschwinglichen Coupé-Truppe namens Monaro und gilt als Stolz der australischen Auto-Kultur: der Holden Monaro GTS 350 mit einem herrlichen V8 unter seiner mächtigen Haube. Weitere Varianten der bis 1971 gebauten ersten Monaro-Serie beschränken sich dagegen auf kleinere Reihensechszylinder. Als Pate des Namens Monaro dient ein weitläufiger Höhenzug im australischen Bundesstaat New South Wales, die Ausmaße des Fahrzeugs geraten dagegen europäisch kompakt: Der Monaro erinnert an den Opel Rekord C, doch die Basis bilden die Holden-Modelle Belmont und Kingswood. Sein Erscheinen fällt in die goldene Ära von Holden, als die Australier selbstbewusst den GM-Baukasten durchforsten und mit eigenem Design Zeichen setzen.

Bild: © Holden

Preise	1	2	3	4	5
Monaro/ Monaro GTS Coupé Cpe	k.N.	k.N.	k.N.	k.N.	k.N.

Motor/Antrieb	
Bauart	Sechszylinder (Reihe), V8
Lage/Antrieb	Front/Heck
Hubraum in cm^3	2640 bis 5733
PS/min	114 bis 304/4800
Vmax in km/h	165 bis 200
Karosserie	
Bauart	Coupé
Tragstruktur	selbsttragend
Material	Stahlblech
Stückzahl und Marktsituation	
Produktionszahl	29.529
Verfügbarkeit	schlecht
Teilesituation	ausreichend
Unterhaltskosten	mittel

Honda (JAP) • seit 1962

Der erfolgreichste Motorradproduzent der Welt, gegründet von Soichiro Honda, bereitete seinen Einstieg in die Welt der Autofabrikanten ab 1962 vor. 1966 begann man mit dem Bau eines kleinen Sportwagens, dem 1967 ein Kleinstwagen folgte. Mit Formel-1-Erfolgen ab 1964 stellte Honda sein Können unter Beweis, doch erst ab 1973 gelang mit dem Modell Civic der internationale Erfolg.

Heute ist Honda ein multinationaler Autokonzern, der eigene Forschungs- und Entwicklungsgesellschaften in Japan, Amerika, Großbritannien und Deutschland betreibt. Als einer der größten Automobil- und Motorradhersteller leistet man sich in Nordamerika sogar eine Zweitmarke im Luxussegment: Acura. Außerdem stellt die Marke vielerlei Freizeit- und Hobbygeräte her – vom Außenbordmotor bis zum Rasenmäher.

HONDA

Honda S 600 — 1964-1966

Aus dem noch etwas unreifen S 500, der im Oktober 1963 eingeführt wurde, entwickelten die Japaner bis März 1964 den S 600, der ab 1965 um eine Coupé-Variante ergänzt wurde. Mit diesen kleinen Sportwagen versuchte der Motorradhersteller Honda auch in Europa erfolgreich zu sein – Konkurrenten wie die kleinen Healey oder Fiat 850 gab es genügend. Skepsis in den Augen der Käufer weckte dann auch die Kraftübertragung auf die Hinterräder mittels zweier Rollenketten oder etwa das ungewohnte Drehzahlniveau von bis zu 8800/min. Die sehr stilsicher gezeichnete Karosserie aus Stahlblech wurde nach traditioneller Methode auf einem Kastenrahmen befestigt. Noch war das deutsche Publikum für solche Kombinationen nicht zu erwärmen, doch mit über 13.000 Exemplaren hatte Honda einen Achtungserfolg gelandet.

Bild: © Honda

Preise	1	2	3	4	5
S 600, Cpe	36.900	28.400	21.200	12.000	5.200
S 600, Cab	39.400	30.300	23.000	13.100	5.600

Motor/Antrieb	
Bauart	Vierzylinder (Reihe)
Lage/Antrieb	Front/Heck
Hubraum in cm³	606
PS/min	57/8800
Vmax in km/h	155
Karosserie	
Bauart	Coupé, Cabriolet
Tragstruktur	Kastenrahmen
Material	Stahlblech
Stückzahl und Marktsituation	
Produktionszahl	13.084
Verfügbarkeit	gegen null
Teilesituation	schwierig
Unterhaltskosten	mittel

Honda N 360, N 500, N 600 — 1966-1973

Dem Motorradhersteller Honda gelang es nicht, im Automobilbau der filigranen Zweiradtechnik ganz zu entsagen, und so startete auch der N 360 als superkompakter Kleinwagen mit knappem Hubraum und heulenden, hochdrehenden Zweizylinder-Reihenmotoren, die ihre Kraft via klauengeschaltetem Getriebe weitergaben. Das war Mitte der sechziger Jahre zu wenig für die zunehmend anspruchsvolle deutsche Kundschaft. 1967 wurde ein Rolldach offeriert, 1970 folgte sogar ein dreitüriger Kombi. Ergänzt wurde das Programm ab Oktober 1970 durch das technisch identische, optisch jedoch pfiffigere Z GT Coupé. Der N 600 war übrigens neben dem englischen Mini der einzige Kleinwagen, den es mit einer Vollautomatik gab.

Bild: © Jürgen Schlegelmilch

Preise	1	2	3	4	5
N 360 , L2t	14.500	8.700	4.700	2.500	900
N 600, L2t	16.900	10.000	5.500	2.900	1.100

Motor/Antrieb	
Bauart	Zweizylinder (Reihe)
Lage/Antrieb	Front/Heck
Hubraum in cm³	354, 599
PS/min	27/8000 bis 42/6600
Vmax in km/h	115 bis 135
Karosserie	
Bauart	Lim (2-türig), Kombi (3-türig)
Tragstruktur	selbsttragend
Material	Stahlblech
Stückzahl und Marktsituation	
Produktionszahl	k.A.
Verfügbarkeit	schlecht
Teilesituation	ausreichend
Unterhaltskosten	niedrig

Honda S 800 — 1966-1970

Im Januar 1966 fertiggestellt, zeigte Honda den S 800, das Nachfolgemodell des S 600, auf dem Autosalon in Paris. Der appetitliche dohc-Vierzylinder mit nadelgelagerter Kurbelwelle verfügte nun über knapp 0,8 Liter Hubraum, statt Winkeltrieb und Einzelradketten gab es jetzt einen üblichen Hypoid-Achsantrieb und Kardanwelle: Das ganze Paket hochentwickelter Technik hatte mehr Feinschliff erhalten. Optisch dokumentierte ein geänderter Kühlergrill die Modellpflege, die technisch mit vorderen Scheibenbremsen komplettiert wurde. Für den Klassiker-Freund von heute ist der S 800 ein zeitgemäßes Konzept, extrem raumökonomisch, technisch hochinteressant und qualitativ vom Feinsten. Echten Fahrspaß bietet der Wagen besonders auf winkligen Landstraßen, und im Winter möchte man den Ultrakompakten am liebsten mit ins Wohnzimmer nehmen.

Bild: © Dieter Rebmann

Preise	1	2	3	4	5
S 800, Cpe	38.300	29.300	21.600	12.200	5.300
S 800, Cab	42.900	33.000	25.100	14.200	5.900

Motor/Antrieb	
Bauart	Vierzylinder (Reihe)
Lage/Antrieb	Front/Heck
Hubraum in cm³	791
PS/min	67/7750 bis 70/8000
Vmax in km/h	165
Karosserie	
Bauart	Coupé, Cabriolet
Tragstruktur	Kastenrahmen
Material	Stahlblech
Stückzahl und Marktsituation	
Produktionszahl	11.406
Verfügbarkeit	ausreichend
Teilesituation	ausreichend
Unterhaltskosten	mittel

Honda Civic (Serie 1) 1972-1979

Nach netten, leicht skurrilen Kleinwagen – teilweise mit enorm sportlichem Appeal – startete Honda 1972 mit dem neuen Civic in der neuen Fahrzeugklasse der Kompakten. 1974 gelangten die ersten Civic nach Deutschland. Der kleine Japaner startete seine bis heute andauernde Karriere als Zweitürer, dem noch 1972 Schrägheck-Varianten mit zwei oder vier Türen folgten. Die Civic-Konstruktion entsprach dem Trend der Zeit: Der Motor, ein 1,2-Liter-Vierzylinder, war quer eingebaut, er trieb die Vorderräder an, vorne besaß er bereits Scheibenbremsen. Während Europa noch zögerte, griff Amerika kräftig zu. Legendär sind die Rostprobleme der ersten Civic-Generation: Weil Fahrwerksteile betroffen waren, musste Honda einen gigantischen Rückruf starten.

Bild: © Honda

Preise	1	2	3	4	5
Civic 1.2, L3t	k.N.	10.400	6.000	2.400	k.N.

Motor/Antrieb	
Bauart	Vierzylinder (Reihe)
Lage/Antrieb	Front/Front
Hubraum in cm^3	1169, 1240, 1488
PS/min	55/5500 bis 70/5500
Vmax in km/h	140 bis 160
Karosserie	
Bauart	Lim (2-/4-türig), Kombi (5-türig)
Tragstruktur	selbsttragend
Material	Stahlblech
Stückzahl und Marktsituation	
Produktionszahl	936.774
Verfügbarkeit	ausreichend
Teilesituation	ausreichend
Unterhaltskosten	mittel

Honda Z GT Coupé 1970-1971

Eigenartig und skurril mutet heute das Honda Z GT Coupé an, das der größte Motorradproduzent der Welt 1970 auf dem Autosalon in Tokio vorgestellt hatte. Der ganze 3,20 Meter lange Zweitürer basierte auf dem Kleinwagen N 360, der bereits seit 1966 im Honda-Programm war. Ungewohnt waren auch hier die technischen Merkmale: Der nur 354 cm^3 große Reihen-Zweizylinder lieferte dank zweier Keihin-Horizontalvergaser statt 27 PS nun stramme 36 PS an die Vorderräder – und zwar bei einer Drehzahl von 9000/min! Zusammen mit dem serienmäßigen Fünfganggetriebe versprach das kleine Z GT Coupé jede Menge Fahrspaß. Bis zu 120 Stundenkilometer war der Honda schnell. Er wurde nur bis 1971 gebaut, und es dürfte nahezu aussichtslos sein, ein gut erhaltenes Exemplar zu finden.

Bild: © Jürgen Schlegelmilch

Preise	1	2	3	4	5
Z GT, Cpe	25.700	16.300	10.400	4.900	2.100

Motor/Antrieb	
Bauart	Zweizylinder (Reihe)
Lage/Antrieb	Front/Front
Hubraum in cm^3	354
PS/min	36/9000
Vmax in km/h	120
Karosserie	
Bauart	Coupé
Tragstruktur	selbsttragend
Material	Stahlblech
Stückzahl und Marktsituation	
Produktionszahl	k.A.
Verfügbarkeit	gegen null
Teilesituation	sehr schwierig
Unterhaltskosten	hoch

Honda Accord 1976-1981

Der im Mai 1976 vorgestellte Accord mit 1,6 Litern Hubraum erschien als zweitüriges Coupé mit durchaus ansehnlichen Formen. Im nächsten Jahr folgte die gleichfalls gelungene viertürige Limousine. Deutschland erreichten diese Modelle, die mit feiner Technik und guter Ausstattung mehr als nur Achtungserfolge erzielten, immer mit einer gewissen Zeitverzögerung. Moderne Technik wie Frontantrieb, quer installierte Motoren, rundum einzeln geführte Räder oder Servolenkung und Automatikgetriebe konnten beeindrucken. 1979 sorgte eine Modellpflege für größere Rückleuchten. Die zweite Accord-Generation beerbte 1981 die gelungene Mittelklasse-Limousine, die als Lizenzfertigung in anderer Form auch als Triumph Acclaim verkauft wurde.

Bild: © Honda

Preise	1	2	3	4	5
Accord, L4t	k.N.	5.900	2.900	1.800	k.N.
Accord, Cpe	k.N.	6.200	3.000	1.900	k.N.

Motor/Antrieb	
Bauart	Vierzylinder (Reihe)
Lage/Antrieb	Front/Front
Hubraum in cm^3	1599
PS/min	80/5300 bis 82/5900
Vmax in km/h	147 bis 163
Karosserie	
Bauart	Limousine (4-türig), Coupé
Tragstruktur	selbsttragend
Material	Stahlblech
Stückzahl und Marktsituation	
Produktionszahl	k.A.
Verfügbarkeit	ausreichend
Teilesituation	ausreichend
Unterhaltskosten	mittel

Honda Prelude 1979-1984

Das sportliche Mittelklasse-Coupé mit dem charakteristischen Stufenheck erschien im Sommer 1979 als Vorspiel einer neuen Honda-Generation – daher der Name. Spitzen-Feature der reichhaltigen Serien-Ausstattung war das serienmäßig elektrisch betätigte Glasschiebedach. Die Gestaltung des Prelude zeigte im Detail noch deutliche Züge des japanischen Siebziger Jahre-Barocks, obwohl die Honda-Werbung seinerzeit das „betont sachliche und zeitgemäße Styling" des Prelude anpries. Der ohc-Vierzylinder kam, leicht abgewandelt und geräuschoptimiert, vom Accord, das Fahrwerk hingegen war neu: Schräg- statt Querlenker hinten und eine Offset-Federung sorgten für besseren Fahrkomfort. Die Standard-Bereifung war mit 155 SR 13 eher bescheiden, dafür überzeugte die reichhaltigen Serienausstattung: Zusätzlich zum bereits erwähnten Glasschiebedach gab es – aufpreisfrei bei allen Honda-Modellen – Fünfganggetriebe und Metalliclackierung.

Bild: © Honda

Preise	1	2	3	4	5
Prelude 1.6, Cpe	k.N.	8.100	4.900	1.900	k.N.

Motor/Antrieb	
Bauart	Vierzylinder (Reihe)
Lage/Antrieb	Front/Front
Hubraum in cm^3	1508, 1602
PS/min	80/5300
Vmax in km/h	162
Karosserie	
Bauart	Coupé
Tragstruktur	selbsttragend
Material	Stahlblech
Stückzahl und Marktsituation	
Produktionszahl	k.A.
Verfügbarkeit	ausreichend
Teilesituation	ausreichend
Unterhaltskosten	mittel

Honda CRX 1.5i, CRX 1.6i 16V (Serie 1) — 1983-1984

Anfang der 1980er Jahre besann sich Honda auf die eigenen Wurzeln: Mit knapp geschnittenen, sehr sportlichen Coupés begeisterten die Japaner bereits Mitte der 1960er Jahre. 1983 debütierte der CRX auf der Frankfurter IAA, und von Beginn an stieß die sportliche Civic-Variante auf lebhaftes Interesse. So knackig vermochte damals kein europäischer Hersteller ein Coupé zu bauen – nicht einmal die Italiener. Der 190 km/h, später über 200 km/h schnelle CRX gefiel zudem durch sein großes Schiebedach, das nach außen öffnete, sowie durch innovative Lösungen wie dem großflächigen Einsatz von Kunststoff bei der Karosserie oder geklebten Scheiben, die der CRX-Struktur mehr Steifigkeit gaben. Enttäuschend dagegen, dass Honda hinten eine Starrachse mit Trommelbremsen montierte.

Bild: © Honda

Preise	1	2	3	4	5
CRX, Cpe	k.N.	12.000	6.800	2.500	k.N.
CRX 1.6-16, Cpe	k.N.	10.600	6.000	2.200	k.N.

Motor/Antrieb	
Bauart	Vierzylinder (Reihe)
Lage/Antrieb	Front/Front
Hubraum in cm³	1488, 1590
PS/min	100/5750 bis 130/6800
Vmax in km/h	190 bis 202
Karosserie	
Bauart	Coupé
Tragstruktur	selbsttragend
Material	Stahlblech, Kunststoff
Stückzahl und Marktsituation	
Produktionszahl	k.A.
Verfügbarkeit	ausreichend
Teilesituation	ausreichend
Unterhaltskosten	mittel

Honda NSX (NA1) — 1990-1997

Honda goes Supersport: Die Japaner wollten mit diesem Prestige-Projekt der Welt ihre Technik-Kompetenz beweisen. Als das zweisitzige Mittelmotor-Coupé nach rund drei Jahren Entwicklungsarbeit 1989 debütierte, staunte die Fachwelt über den ambitionierten Entwurf der Japaner, der mit vollelektronischer Servolenkung und Drosselklappensteuerung überraschte. Abgestimmmt hatten die Japaner den NSX für den US-Markt: Die sportliche Attitüde des von einem hoch drehenden, 274 PS starken 3,0-Liter-V6-Saugmotor befeuerten Aluminium-Coupés untermalte Honda mit einer komfortablen Auslegung des Fahrwerks und Luxus-Komponenten wie Klimaautomatik, Tempomat, aufwändiger Soundanlage und elektrisch verstellbaren Sitzen. Zudem lieferte Honda den NSX auf Wunsch mit Viergang-Automatik aus.

Bild: © Honda

Preise	1	2	3	4	5
NSX, Cpe	k.N.	88.400	65.500	47.800	k.N.

Motor/Antrieb	
Bauart	V6
Lage/Antrieb	Mitte/Heck
Hubraum in cm³	2977
PS/min	255/6800, 274/7300
Vmax in km/h	260 bis 270
Karosserie	
Bauart	Cpe (ab 1995 auch mit HD)
Tragstruktur	selbsttragend
Material	Aluminium
Stückzahl und Marktsituation	
Produktionszahl	k.A.
Verfügbarkeit	ausreichend
Teilesituation	ausreichend
Unterhaltskosten	hoch

Honda Legend (KA7) — 1990-1996

Im Oktober 1990 brachte Honda die zweite Auflage des Legend auf den Markt, mit dem die Japaner neben dem amerikanischen auch den deutschen Markt im Blick hatten. Der in der Größe spürbar gewachsene Viertürer erhielt einen neu konstruierten, 3,2 Liter großen V6-Benzinmotor, der längs eingebaut war und die Vorderräder antrieb. Gekoppelt war er mit einem Fünf- oder Sechsgangschaltgetriebe, wahlweise auch einer Vierstufenautomatik. Auf dem deutschen Markt blieb die zunächst 69.900 Mark teure Limousine schon wegen ihres hohen Preises eine Randerscheinung. Dafür kam der Legend serienmäßig mit Klimaautomatik, Airbag, ABS und Lederpolsterung. Als Extra bot Honda im Legend bereits ein Navigationssystem an, das aus Daten verschiedener Sensoren den Kurs ohne GPS-Signale berechnen konnte.

Bild: © Honda

Preise	1	2	3	4	5
Legend, L4t	k.N.	7.300	3.600	1.800	k.N.

Motor/Antrieb	
Bauart	V6
Lage/Antrieb	Front/Front
Hubraum in cm³	3206
PS/min	205/5500
Vmax in km/h	223
Karosserie	
Bauart	Limousine (4-türig)
Tragstruktur	selbsttragend
Material	Stahlblech
Stückzahl und Marktsituation	
Produktionszahl	k.A.
Verfügbarkeit	schlecht
Teilesituation	ausreichend
Unterhaltskosten	mittel

Honda Legend Coupé (KA8) 1991-1996

Parallel zur Oberklassenlimousine brachte Honda mit dem zweiten Legend auch wieder ein Coupé auf den Markt. Mit 74.000 Mark war es im oberen Preissegment verankert und lag in etwa auf Augenhöhe mit dem Mercedes-Benz 300 CE. Im Unterschied zu diesem bot der Legend jedoch eine komplette Ausstattung auf hohem Niveau: Gurtstraffer waren ebenso serienmäßig wie eine Zuziehautomatik für die großen Türen, eine elektrische Sitzverstellung mit Memory-Funktion wie ein Fahrer-Airbag. Als einzigen Posten führte die Aufpreisliste ein Automatikgetriebe für 2800 Mark auf. Der leise, starke, neue V6-Motor mit 3,2 Liter Hubraum und 205 PS überzeugte mit souveränen Fahrleistungen und hoher Zuverlässigkeit, eher enttäuscht zeigten sich Tester vom rauen Motorlauf und der schlechten Traktion.

Bild: © Honda

Preise	1	2	3	4	5
Legend, Cpe	k.N.	10.500	5.200	2.400	k.N.

Motor/Antrieb	
Bauart	V6
Lage/Antrieb	Front/Front
Hubraum in cm^3	3206
PS/min	205/5500
Vmax in km/h	223
Karosserie	
Bauart	Coupé
Tragstruktur	selbsttragend
Material	Stahlblech
Stückzahl und Marktsituation	
Produktionszahl	k.A.
Verfügbarkeit	schlecht
Teilesituation	ausreichend
Unterhaltskosten	mittel

Honda S2000 1999-2009

Der Honda S2000 war ursprünglich als kleine Sonderserie zum 50-jährigen Firmenjubiläum geplant, doch wegen der großen Nachfrage hat ihn Honda dann zehn Jahre lang gebaut. Einen Vorgänger besaß er nicht, lediglich ideell galt der kleine S800 aus den 1960er Jahren als Vorbild. Die Konstruktion des S2000 nutzte tatsächlich viele klassische Zutaten: Ein längs und weit hinten montierter, bis über 9000/min drehender Vierzylinder-Saugmotor, dazu Heckantrieb und eine kompakte wie verwindungssteife Karosserie bewiesen die Ernsthaftigkeit des Konzepts. Honda trieb viel Aufwand bei der Fertigung, insbesondere beim Motor, der mit einem hohen Anteil an Handarbeit entstand. 2004 erhielt der S2000 ein Facelift an Front und Heck, 2006 folgte ein Stabilitätsassistent in Verbindung mit einem elektrischen Gaspedal. Für die amerikanischen und japanischen Märkte fertigte Honda auch eine drehzahlreduzierte 2,2-Liter-Variante des S2000.

Bild: © Honda

Preise	1	2	3	4	5
S 2000, Cab	k.N.	30.600	21.200	12.200	k.N.

Motor/Antrieb	
Bauart	Vierzylinder (Reihe)
Lage/Antrieb	Front/Heck
Hubraum in cm^3	1997
PS/min	241/8300
Vmax in km/h	240
Karosserie	
Bauart	Roadster
Tragstruktur	selbsttragend
Material	Stahlblech
Stückzahl und Marktsituation	
Produktionszahl	ca. 110.000
Verfügbarkeit	ausreichend
Teilesituation	gut
Unterhaltskosten	mittel

H

Horch (D) • 1899-1939

August Horch gilt unbestritten als einer der großen Pioniere und Impulsgeber des Automobilbaus. Der Ingenieur arbeitete ab 1896 bei Carl Benz in Mannheim, zunächst im Motorenbau, dann als Abteilungsleiter im Motorwagenbau. 1899 drängte es ihn, der seine zahllosen Ideen bei Benz nicht umsetzen konnte, in die Selbständigkeit.

Zunächst gründete er in Köln die Horch & Cie, und im Jahr 1900 präsentierte er mit dem Modell 1 sein erstes Automobil. Horch verwendete bereits Aluminiumguss für Motor- und Getriebegehäuse, ersetzte anfällige Ketten durch haltbare Kardanwellen und griff zu hochfestem Stahl bei der Fertigung der Getriebezahnräder. 1902 zog es Horch nach Sachsen, und zwei Jahre später ließ er sich in Zwickau nieder.

Die soliden Konstruktionen und sein sportlicher Ehrgeiz brachten dem Namen Horch frühen Ruhm und Glanz: 1906 gewann ein Horch die weltweit anspruchsvollste Langstreckenprüfung, die Herkomer-Fahrt. Doch innerhalb des Unternehmens gab es Probleme. Der Vorstand und der Aufsichtsrat verstanden den Ingenieur Horch nicht mehr und umgekehrt – 1909 verließ der Gründer die Firma, die dennoch weiter seinen Namen tragen wird.

Noble, solide Automobile rollten weiterhin aus dem Zwickauer Werk. Sie trugen immer noch August Horchs Handschrift. Doch jetzt prägten andere, prominente Namen die Horch-Werke: 1923 war Paul Daimler, der Sohn Gottlieb Daimlers, aus Stuttgart-Untertürkheim nach Zwickau gekommen, um dort die technische Leitung zu übernehmen. Ab 1926 traten die Horch-Modelle mit neu konstruiertem Reihenachtzylinder an – dem ersten in deutscher Serienproduktion. Die außergewöhnlich langhubigen Reihenmotoren besaßen zwei obenliegende Nockenwellen, angetrieben von einer Königswelle: ein technisch aufwändiges Konzept für einen zunächst nur 60 PS leistenden Motor. Kritik ernteten allerdings die schweren, doch wenig verwindungsfesten Kastenrahmen der Horch-Automobile, die in einem labilen, indifferenten Fahrverhalten ihren Ausdruck fanden.

Nach den zwanziger Jahren, in denen Horch eine recht überschaubare Modellpolitik pflegte, reagierten die Zwickauer ab 1930 mit Nachdruck auf die veränderten Forderungen des Marktes. Eine Vielzahl von Typen entstand, dazu gab es nun die Wahl unter Motoren mit unterschiedlichsten Größen, verschiedenen Radständen und Karosserien. Auch elegante, große Sportcabriolets und Roadster entstanden, unter anderem mit Karosserien von Gläser aus Dresden.

Das Programm der leisen, laufruhigen Motoren krönte in den Jahren 1931 bis 1933 ein sechs Liter großer V12. Von ihm sollen allerdings nur rund 80 Exemplare entstanden sein – er war kein lohnendes Geschäft für Horch.

1932 mussten sich die vier großen ostdeutschen Automobilhersteller Horch, Audi, Wanderer und DKW zur Auto Union zusammenschließen. Horch übernahm dabei die Rolle des Primus. Das gekrönte H als Markenzeichen lebte somit noch einige Jahre weiter, auch wenn die Exklusivität nach und nach verloren ging. Daran konnte auch das elegante, wenn auch voluminöse Sportcabriolet 853 nichts mehr ändern.

Nach einem kurzen Aufflackern in der Nachkriegszeit – mit einem Entwurf namens Sachsenring sollte in der frühen DDR wieder ein Horch entstehen – verschwand der große Name bis heute in den Annalen. Insgesamt stellte Horch rund 18.000 Autos her.

1900 präsentiert August Horch (rechts) das Modell 1, sein erstes Automobil.

Horch 8 — 1926-1935

Wie sehr Horch für Luxus stand, bewies der noch unabhängige Hersteller 1926: Als das Modell 303 (auch als 12/60 PS bezeichnet) auf den Markt kam, bewunderte die Branche den ersten Achtzylinder-Reihenmotor in einem deutschen Serienautomobil. Das Triebwerk hatte Horch-Motorenkonstrukteur Paul Daimler – Sohn von Gottlieb Daimlers – mit erheblichem Aufwand realisiert: Der 3,2-Liter-Motor besaß paarweise zusammengefasste Zylinder und zwei obenliegende Nockenwellen. Verschiedene Änderungen führten bis 1935 zu zwei Dutzend Typen, die jeweils mit einer dreistelligen Zahl benannt wurden. Ein technologischer Rückschritt erfolgte dabei 1930, als Horch in Reaktion auf die Weltwirtschaftskrise den Typ 430 als „Sparmodell" mit drei Litern Hubraum anbot. Aufbauten waren, wie damals üblich, in großer Bandbreite lieferbar: vom offenen Tourenwagen über Pullman-Limousinen bis hin zu Cabriolets und Roadstern.

Bild: © Audi Tradition

Preise	1	2	3	4	5
500, L4t	k.N.	k.N.	k.N.	k.N.	k.N.

Motor/Antrieb	
Bauart	Achtzylinder (Reihe)
Lage/Antrieb	Front/Heck
Hubraum in cm³	4944
PS/min	100 bei 3400
Vmax in km/h	120 bis 125
Karosserie	
Bauart	Limousine, Coupé, Cabriolet
Tragstruktur	Kastenrahmen
Material	Stahlblech
Stückzahl und Marktsituation	
Produktionszahl	ca. 12.000
Verfügbarkeit	gegen null
Teilesituation	sehr schwierig
Unterhaltskosten	hoch

Horch 12 (Typ 670, 600) — 1931-1934

Nur rund zwei Jahre nach Ausbruch der Weltwirtschaftskrise wagte sich Horch mit einem neuen V12-Modell auf den Markt. Der Typ 670 debütierte als großes, zweitüriges Sportcabriolet – gelb lackiert, mit grünem Leder und braunem Verdeck – auf dem Pariser Salon 1931. Der aufwendig konstruierte, enorm laufruhige 6,0-Liter-Zwölfzylinder mit 120 PS war mit einem synchronisierten ZF-Aphon-Viergang-getriebe gekoppelt. Ebenso zählte eine hydraulische Vierradbremse mit Servounterstützung zum Standard. Ergänzend zum zweitürigen Sportcabriolet bot Horch ein viertüriges Cabriolet an. Im März 1932 folgte der Typ 600 mit längerem Radstand, jedoch auf 100 PS reduzierter Leistung. Auf diesem Chassis entstanden Pullman-Cabriolets und -Limousinen. Trotz der hohen Qualität und der erheblich unter der Konkurrenz von Mercedes-Benz und Maybach liegenden Preise war Horchs V12 kein Erfolg gegönnt.

Bild: © Audi Tradition

Preise	1	2	3	4	5
670, L4t	k.N.	k.N.	k.N.	k.N.	k.N.

Motor/Antrieb	
Bauart	V12
Lage/Antrieb	Front/Heck
Hubraum in cm³	6031
PS/min	120 bei 32000
Vmax in km/h	130 bis 140
Karosserie	
Bauart	Limousine (4-türig), Cabriolet
Tragstruktur	Kastenrahmen
Material	Stahlblech
Stückzahl und Marktsituation	
Produktionszahl	670: 53; 600: 28
Verfügbarkeit	gegen null
Teilesituation	sehr schwierig
Unterhaltskosten	hoch

Horch 830, 830 B, 830 BK/BL, 830 BL, 930, 930 V — 1933-1939

Nachdem 1932 der Zusammenschluss von Horch, Audi, DKW und Wanderer zur Auto Union vollzogen war, standen Rationalisierungsmaßnahmen auf dem Programm. Horch stellte die Fertigung seines legendären V12-Motors ein, nutzte aber die gewonnenen Erfahrungen, um ein neues V8-Triebwerk mit 70 PS Leistung und drei Litern Hubraum zu entwickeln, das sich schnell durchsetzte und nach und nach die alten Reihenachtzylinder ablöste. Im 930 und 930 V, der zwischen 1937 und 1939 angeboten wurde, leistete der 3,5 und später 3,8 Liter große V8 zunächst 82 (später 92) PS bei 3600/min und beschleunigte den Horch auf rund 130 km/h. Der Horch 951/951 A, der ebenfalls ab 1937 im Angebot war, besaß dagegen noch den Reihenachtzylinder. Er stellte aus 4,9 Litern 120 PS zur Verfügung. Dieses repräsentative Modell war preislich noch über dem 500 angesiedelt.

Bild: © Audi Tradition

Preise	1	2	3	4	5
930 V, L4t	138.000	95.000	64.500	38.700	k.N.
930 V, Cab	320.000	240.000	181.000	69.000	k.N.
951 A, Cab	870.000	700.000	k.N.	k.N.	k.N.

Motor/Antrieb	
Bauart	V8
Lage/Antrieb	Front/Heck
Hubraum in cm³	3004-3823
PS/min	70/3500 bis 92/3600
Vmax in km/h	110 bis 130
Karosserie	
Bauart	Limousine, Cabriolet
Tragstruktur	Kastenrahmen
Material	Stahlblech
Stückzahl und Marktsituation	
Produktionszahl	k.A.
Verfügbarkeit	gegen null
Teilesituation	sehr schwierig
Unterhaltskosten	hoch

Horch 855 — 1939-1940

So sahen am Vorabend des Zweiten Weltkriegs die letzten Träume der Superreichen aus: Opulente Formen und fließende Volumen, akzentuiert von glänzenden Linien aus Chrom. Keine Spur von Bescheidenheit legte Horch 1939 an den Tag, um seinen Platz unter den deutschen Luxusherstellern zu verteidigen: serienmäßiges Autoradio, weißes Leder, spanisches Perl-Mahagoni am Armaturenbrett und ein fünf Liter großer Reihenachtzylinder, der über eine Königswelle verfügte und 120 PS mobilisierte. Soviel Luxus kostete damals 22.000 Reichsmark, eine Summe, für die es auch schon ein Einfamilienhaus gab. Nur sieben Interessenten meldeten sich zum Erwerb eines 855 bei den Horch-Werken in Zwickau, die – längst unter Auto Union-Regie – im Konzern mit diesem Luxusroadster das Gegenstück zum kleinen DKW positionierten. Vier Exemplare sind heute bekannt; das gezeigte Exemplar steht, kürzlich komplett restauriert, im Audi-Museum in Ingolstadt.

Bild: © Audi Tradition

Preise	1	2	3	4	5
855 , Rds	je nach Originalität und Historie bis zu 5 Mio. Euro				

Motor/Antrieb	
Bauart	Achtzylinder (Reihe)
Lage/Antrieb	Front/Heck
Hubraum in cm³	4944
PS/min	120/3400
Vmax in km/h	135
Karosserie	
Bauart	Roadster
Tragstruktur	Kastenrahmen
Material	Stahlblech
Stückzahl und Marktsituation	
Produktionszahl	7
Verfügbarkeit	gegen null
Teilesituation	sehr schwierig
Unterhaltskosten	hoch

Horch 850 Sport, 853 und 853 A — 1935-1940

Mit dem Horch 850 Sport (auch 853 genannt) präsentierte das Zwickauer Unternehmen ein neues Achtzylinder-Sportkabriolett, das im Februar 1935 auf der Automobilausstellung in Berlin erstmals gezeigt wurde. Horchs neuer 5,0-Liter-Reihenmotor verfügte über eine oben liegende Nockenwelle, die wiederum eine Königswelle antrieb. Die Form des Wagens begeisterte Publikum wie Presse, jedoch litt der rasch auf dem Markt eingeführte Wagen unter einigen konstruktiven Mängeln, die zu massiven Schwingungen führten. Horch musste korrigieren, büßte jedoch Renommee ein. Die sportlichen Karosserien fertigte Horch selbst, einige Aufbauten stammten jedoch auch von Erdmann & Rossi oder Voll & Ruhrbeck. Der 853 A kam mit einem speziellen Autobahn-Ferngang. Nochmal rund 50 Prozent teurer war das Modell 855, ein enorm exklusiver Spezialroadster, den Horch nur sieben Mal bauen konnte.

Bild: © Audi Tradition

Preise	1	2	3	4	5
853 A, Cab	530.000	430.000	350.000	k.N.	k.N.

Motor/Antrieb	
Bauart	Achtzylinder (Reihe)
Lage/Antrieb	Front/Heck
Hubraum in cm^3	4944
PS/min	
Vmax in km/h	130 bis 140/3400
Karosserie	
Bauart	Cabriolet, Coupé, Roadster
Tragstruktur	Kastenrahmen
Material	Stahlblech
Stückzahl und Marktsituation	
Produktionszahl	k.A.
Verfügbarkeit	gegen null
Teilesituation	sehr schwierig
Unterhaltskosten	hoch

Horch P 240, Sachsenring P 240 — 1956-1959

Doch es gab oberhalb von Trabant und Wartburg noch etwas richtig Großes in der DDR: ein zunächst Horch P 240, nach einem verlorenen Rechtsstreit ab 1958 dann Sachsenring P 240 genanntes Sechszylinder-Modell. Oberklasse also, die sogar einem Programmbeschluss der DDR-Führung zum Pkw-Bau folgte. 1953 hatte die Entwicklung in Karl-Marx-Stadt (ab 1990 wieder Chemnitz) begonnen, das frühere Horch-Werk in Zwickau führte sie weiter. Die Grundkonstruktion des Motors mit 2,4 Litern Hubraum stammte aus einem fürs Militär entworfenen Kübelwagen namens P2M, 1956 stand der opulent mit Chrom geschmückte Wagen auf der Leipziger Messe. 80 PS schufen klare Distanz zum Volk, ebenso die Spitze von 140 km/h. Für 27.500 Mark der DDR gab es zudem eine feudale (sprich funktionärstaugliche) Ausstattung, sogar Liegesitzbeschläge waren an Bord. Nach nur 1382 gebauten Exemplaren endete auf sowjetischen Druck die Produktion: Die DDR-Oberen sollten Wolga und Tschaika fahren, befand der große Bruder.

Bild: © CHEKANDINO Archives

Preise	1	2	3	4	5
Sachsenring P 240, L4t	k.N.	59.000	35.000	19.000	9.500

Motor/Antrieb	
Bauart	Sechszylinder (Reihe)
Lage/Antrieb	Front/Heck
Hubraum in cm^3	2407
PS/min	80/4250
Vmax in km/h	140
Karosserie	
Bauart	Lim (4-), Cab (4-), Kom (5-türig)
Tragstruktur	Kastenrahmen
Material	Stahlblech
Marktsituation	
Produktionszahl	1382
Verfügbarkeit	schlecht
Teilesituation	schlecht
Unterhaltskosten	mittel

Hudson (USA) • 1909-1957

Die Marke Hudson verzeichnete frühe Erfolge. 1909 gegründet, gelang dem nach J. L. Hudson benannten Unternehmen schnell der Aufstieg in die Gruppe der bedeutenden Automobilfabriken: 1929 war die Hudson-Essex-Gruppe Nummer drei in den USA. Die einst beliebten Essex-Modelle wurden jedoch 1934 eingestellt.

Mit ungewöhnlichem Design und fortschrittlicher, teilweise selbsttragender Karosseriestruktur machte Hudson nach dem Zweiten Weltkrieg von sich reden. Von den fünf Baureihen spielten neben dem Hornet der Pacemaker und der teure Commodore eine Rolle. Nach stolzen 3,7 Millionen gebauten Exemplaren fusionierte Hudson im Jahr 1954 mit Nash zur American Motors Corporation. Nachdem die Hudson-Modelle zunächst Karosserien von Nash trugen, ließen die Konzernbosse 1957 die Marke Hudson sterben.

Hudson Wasp, Super Wasp — 1948-1954

Bereits 1948 sorgte Hudson mit einer teilweise selbsttragenden Karosserie für Aufsehen – viele Jahre vor der Konkurrenz. Die auffälligen, fließenden Linien entsprachen dem aerodynamischen Stilempfinden der Zeit und wirken heute wie eine Ikone der späten vierziger Jahre. Ein nicht nur optisch tiefer Schwerpunkt setzte Maßstäbe für ein Fahrverhalten des 5,3 Meter langen Sauriers, das die Amerikaner in dieser Qualität bislang nicht gewohnt waren. Sie verehrten die voluminösen Hudsons, die auch als zweitürige Hardtop-Coupés und Cabriolets erhältlich waren. Trotz der altertümlichen Sechszylinder-Triebwerke überzeugte der Hornet mit zahllosen Sporterfolgen – er war immerhin bis zu 160 km/h schnell. 1955 erhielt der Hudson eine weniger extravagante Karosserie. Erfolg war ihm anschließend nicht mehr beschieden.

Preise	1	2	3	4	5
Hudson Wasp	43.200	26.300	17.000	11.000	5.900

Motor/Antrieb	
Bauart	Sechs-/Achtzylinder (Reihe)
Lage/Antrieb	Front/Heck
Hubraum in cm^3	3298, 5053
PS/min	105/4000 bis 172/4000
Vmax in km/h	140 bis 160
Karosserie	
Bauart	Lim (2-/4-türig), Hardtop, Cab
Tragstruktur	selbsttragend
Material	Stahlblech
Stückzahl und Marktsituation	
Produktionszahl	k.A.
Verfügbarkeit	gegen null
Teilesituation	schwierig
Unterhaltskosten	hoch

Hudson Hornet — 1951-1954

Bereits im Jahr 1947 stellte Hudson den Commodore mit „Stepdown"-Karosserie vor, bei der die Bodenbleche in die Träger eingeschweißt wurden und nicht darauf. Wer in einen Hudson einsteigt, macht also einen Schritt nach unten, wie auch beim 1951 eingeführten Hornet. Dank des daraus resultierenden niedrigen Schwerpunktes war der Hornet seinerzeit das dominierende Auto auf den Stock-Car-Pisten: So gewann Hudson in der 1952er Saison 27 von 34 NASCAR-Rennen. Der seitengesteuerte Fünfliter-Reihensechszylinder in der „Twin H"-Version war, dank zweier Einzelvergaser und doppeltem Ansaugsteg, mit 170 PS der damals stärkste Nicht-V8-Motor Amerikas. Dass sich Hudson Mitte der 1950er Jahre der neuen V8-Mania verweigerte, wurde dem Autobauer jedoch letztlich zum Verhängnis. Dennoch kennt ihn heute jeder: Als „Doc Hudson" im rührenden Animationsfilm „Cars" brannte sich der Hornet nicht nur ins kindliche Kollektivgedächtnis.

Bild: © Archiv HEEL Verlag

Preise	1	2	3	4	5
Hornet, Cab	111.200	67.500	43.600	28.300	15.500

Motor/Antrieb	
Bauart	ausreichend
Lage/Antrieb	Front/Heck
Hubraum in cm^3	5047
PS/min	147 bei 3800 bis 172 bei 4000
Vmax in km/h	155 bis 170
Karosserie	
Bauart	Limousine (2-/4-türig), Cabriolet
Tragstruktur	selbsttragend
Material	Stahlblech
Stückzahl und Marktsituation	
Produktionszahl	131.618
Verfügbarkeit	schwierig
Teilesituation	sehr schwierig
Unterhaltskosten	hoch

Hyundai (KOR) • seit 1967

H

HYUNDAI

Die Hyundai Motor Corporation startete 1967 in Seoul, Südkorea, mit einem – ja: Ford Taunus. Genau genommen war es dessen englischer Bruder, der Ford Cortina, den Hyundai in Lizenz fertigte. Doch bald kamen mit Unterstützung britischer Konstrukteure eigene Entwicklungen zum Zuge. 1975 stellten die damals als exotische Autonation wahrgenommenen Südkoreaner ihren neuen Hyundai Pony auf dem Turiner Salon aus. Er erhielt einige Aufmerksamkeit, stammte dessen Design doch von Italdesign und somit Giorgetto Giugiaro. 1978 lieferte Hyundai erstmals Fahrzeuge nach Europa: zunächst nach Benelux, später auch nach Spanien und Griechenland und ab 1982 auch nach Großbritannien, Kanada sowie Mittelamerika. Bei den größeren Modellen nutzte Hyundai zunächst Plattformen und Lizenzen von Mitsubishi, bevor in den 1990er Jahren nach und nach eine Umstellung auf eigene Konstruktionen erfolgte.

Hyundai machte sich besonders auf den asiatischen Märkten mit leichten und schweren Lastwagen und Bussen einen Namen. Der Hyundai-Konzern, zu dem der Fahrzeughersteller gehört, ist hauptsächlich mit Reedereien und Werften aktiv. 1998 übernahm Hyundai den südkoreanischen Fahrzeug-Pionier Kia, der 1944 gegründet worden war und seit den frühen 1960er Jahren Motorräder, später auch Last- und Personenwagen, fertigte. 1976 war dann Asia Motors zu Kia gestoßen. Heute befinden sich Kia Motors und die Hyundai Motor Company unter dem Dach der Hyundai Kia Automotive Group, einem weit verzweigten südkoreanischen Mischkonzern.

Nach Deutschland kam Hyundai 1991 mit den vier Modellreihen Pony, S-Coupé, Lantra und Sonata, die alle noch auf älteren Mitsubishi-Konstruktionen basierten. Mit überraschendem Erfolg: 0,7 Prozent Marktanteil aus dem Stand hatte den hierzulande völlig unbekannten Südkoreanern niemand zugetraut. Doch ein gutes Netz aus 230 Händlern, günstige Preise und eine unüblich lange Garantiezeit von drei Jahren überzeugten viele deutsche Kunden. Bis heute ist die Marke Hyundai recht stark auf dem deutschen Markt vertreten: Der Anteil liegt stabil über drei Prozent. 2020 gründete Hyundai die Elektromarke Ioniq.

Bild: © Hyundai

Die erste Generation des Hyundai Pony, dessen Fließheckkarosserie von Italdesign gezeichnet wurde, erschien 1975.

Hyundai S-Coupé (1. Serie) — 1989-1993

Als Basis für das S-Coupé nutzte Hyundai die zweite Serie des Kompaktwagens Pony. Das frontgetriebene Sportcoupé – daher der Name S-Coupé – kam zum Markteintritt der Marke Hyundai ab Sommer 1991 auch nach Deutschland. Es überzeugte hier mit seinem günstigen Preis von 23.690 Mark und seiner für die damaligen Standards umfangreichen Ausstattung: Ein Fünfgang-Schaltgetriebe war serienmäßig, ebenso eine Servolenkung und ein ausstellbares Glas-Schiebedach – dazu sportliche Attribute wie Breitreifen, Drehzahlmesser, Heckspoiler und Sportsitze. Ein Viergang-Automatikgetriebe gab es gegen Aufpreis. Angetrieben wurde das S-Coupé von einem älteren Mitsubishi-1,5-Liter-Vierzylinder, der sich mit 85 PS bei einem Leergewicht von knapp unter 1000 Kilogramm als durchzugskräftig und spontan erwies, bei höheren Drehzahlen jedoch brummig und angestrengt wirkte. Noch nicht auf europäischem Niveau zeigte sich das Fahrwerk, das zum Stuckern neigte und in Kurven relativ früh das Heck ausbrechen ließ.

Bild: © Hyundai

Preise	1	2	3	4	5
S-Coupé, Cpe	k.N.	2.900	1.300	500	k.N.

Motor/Antrieb	
Bauart	Vierzylinder (Boxer/Reihe)
Lage/Antrieb	Front/Front
Hubraum in cm^3	1468
PS/min	84/5500
Vmax in km/h	176
Karosserie	
Bauart	Coupé
Tragstruktur	selbsttragend
Material	Stahlblech
Stückzahl und Marktsituation	
Produktionszahl	k.A.
Verfügbarkeit	ausreichend
Teilesituation	ausreichend
Unterhaltskosten	mittel

Innocenti (I) • 1960-1997

Die Società Anonima Fratelli Innocenti, 1933 in Lambrate bei Mailand als Metallbaufirma gegründet, verewigte sich durch den Bau von Lambretta-Motorrollern. Mit dem Bau von Automobilen begann das Unternehmen, angeregt durch die Import-Kontingentierung in Italien, erst zu Beginn der sechziger Jahre.

BMC, die British Motor Corporation, hatte einen Lizenzvertrag zum Bau des Austin A 40 und des Morris 1100 angeboten. Nach dem Tod des Firmengründers 1966, wurde Innocenti im Mai 1972 zur offiziellen Leyland-Tochter, drei Jahre später erfolgte bereits die Produktionseinstellung. Der Wiederbelebungsversuch von 1976 brachte die Firma unters Dach des DeTomaso-Konzerns.

Neben Lizenzaufträgen für BMC fertigte Ferdinando Innocenti auch eigene Kreationen wie den Spider S.

Bild: © Archiv HEEL Verlag

Innocenti 950 Sport, Spider S, C Coupé — 1961-1970

Die italienische Alternative zum Austin-Healey Sprite brachte Innocenti 1961 auf den Markt. Als Coupé und Cabriolet zeigten die kompakten Wagen durchaus überzeugende Linien und sind bis heute zu erschwinglichen Tarifen zu haben. Technisch stimmten die Zweisitzer weitgehend mit dem englischen Vorbild überein. Die komplette Bodengruppe wurde vom Sprite übernommen, und kleine Reihenvierzylinder mit 950 und 1100 cm^3 und bis zu 55 PS sorgten für Vortrieb. OSI hatte die bis 1970 gebaute Coupé-Version gezeichnet, Ghia war für die Gestaltung des Cabrios verantwortlich gewesen.

Bild: © Archiv HEEL Verlag

Preise	1	2	3	4	5
Spider S, Cab	20.200	15.100	9.900	5.700	2.400

Motor/Antrieb	
Bauart	Vierzylinder (Reihe)
Lage/Antrieb	Front/Heck
Hubraum in cm^3	948, 1098
PS/min	48/5200 bis 55/5500
Vmax in km/h	140 bis 145
Karosserie	
Bauart	Cabriolet, Coupé
Tragstruktur	Kastenrahmen, selbsttragend
Material	Stahlblech
Stückzahl und Marktsituation	
Produktionszahl	ca. 10.000
Verfügbarkeit	gegen null
Teilesituation	ausreichend
Unterhaltskosten	niedrig

Innocenti Mini 90, 120 — 1974-1982

Lange wurde es für unmöglich gehalten, den Mini gewinnbringend zu modifizieren. 1974 zeigte Innocenti eine Lösung, die mit einer proper aussehenden Karosserie dem Konzept treu blieb. Bertone hatte das Styling besorgt und die praktischen Talente mit einer Heckklappe gefördert. Bei weiterhin sehr kompakten Abmessungen zeigte sich der Innenraum sogar etwas vergrößert, mehr Sicherheit (mit Kopfstützen) und mehr Komfort brachte der Kleine gleichfalls. Das Fahrwerk mit 12-Zoll-Rädern wusste zu überzeugen, technisch schimmerte vor allem durch die Präsenz der altbekannten Triebwerke unverändert das Original durch. Die Leistungsbandbreite reichte von 44 bis 74 PS.

Bild: © Archiv Günther Zink

Preise	1	2	3	4	5
90 , L2t	9.900	6.300	4.200	1.800	900
120, L2t	11.200	7.200	4.700	2.100	1.000

Motor/Antrieb	
Bauart	Vierzylinder (Reihe)
Lage/Antrieb	Front/Front
Hubraum in cm^3	998, 1275
PS/min	44/5600 bis 74/6100
Vmax in km/h	140 bis 165
Karosserie	
Bauart	Limousine (2-türig)
Tragstruktur	selbsttragend
Material	Stahlblech
Stückzahl und Marktsituation	
Produktionszahl	k.A.
Verfügbarkeit	ausreichend
Teilesituation	ausreichend
Unterhaltskosten	niedrig

Innocenti Mini DeTomaso, 3 Turbo DeTomaso — 1976-1982

Was den Engländern ihr Mini Cooper war, besorgte in Italien der Innocenti DeTomaso, der 1976 erstmals im Angebot war. Den potenten Kleinwagen auf der Basis des von Bertone gestylten Zweitürers gab es über die Jahre in verschiedenen Versionen. Schon bei seinem ersten Auftritt demonstrierte er seine Kraft mit einer Spoilerstoßstange und einer mattschwarzen Lufthutze auf der Motorhaube. Sein 1275 cm^3 großer Vierzylinder leistete stolze 74 PS – genug, um den 3,12 Meter langen Innocenti auf über 160 Stundenkilometer zu beschleunigen. Und 1983, nach der Umstellung auf Dreizylindermotoren, leistete das jetzt nur noch einen Liter große Aggregat mit einer obenliegenden Nockenwelle 72 PS – und besitzt einen Turbolader! Neben dem Cooper war einst der Autobianchi A112 Abarth eine Konkurrenz des Heißsporns gewesen.

Bild: © Archiv Günther Zink

Preise	1	2	3	4	5
DeTomaso, L2t	17.600	11.200	7.400	3.300	1.500

Motor/Antrieb	
Bauart	Vier-/Dreizylinder (Reihe)
Lage/Antrieb	Front/Front
Hubraum in cm^3	1275, 993
PS/min	74/6100, 72/6200
Vmax in km/h	160 bis 165
Karosserie	
Bauart	Limousine (2-türig)
Tragstruktur	selbsttragend
Material	Stahlblech
Stückzahl und Marktsituation	
Produktionszahl	k.A.
Verfügbarkeit	gut
Teilesituation	gut
Unterhaltskosten	niedrig

Intermeccanica (I) • 1967-1975

Die Firma Intermeccanica wurde von einem in Amerika lebenden Ungarn in Italien gegründet: Frank A. Reisner baute ab 1959 in Turin Rennwagen, Prototypen und Karosserien. Bis Ende 1970 hatte das Unternehmen rund 500 Fahrzeuge gefertigt, die unter dem Namen Torino (ab 1968: Italia) mit Plymouth- und Ford-Motoren bestückt waren.

Der Nachfolger Intermeccanica Indra stand im Frühjahr 1971 auf dem Genfer Salon – mit Opel-Mechanik und einer Karosserie, die von Franco Scaglione entworfen worden war. Der Deutschland-Importeur Erich Bitter hatte maßgeblich am Indra mitgewirkt.

1973 kündigte Bitter Intermeccanica die Partnerschaft und begann mit der Entwicklung eigener Autos wie dem Bitter CD. Die letzten Indra verließen 1975 die Werkshallen. Anschließend verlegte die Firma ihren Sitz nach Kalifornien, um dort einen Neuanfang zu wagen und Replicas zu fertigen, unter anderem Fahrzeuge im Stil des Jaguar S.S. 100 und des Porsche 356 Speedster. 1981 verlegte Intermeccanica seinen Sitz nach Kanada, nahe Vancouver. Heute bietet das neu gegründete Unternehmen Intermeccanica International weiterhin verschiedene offene 356-Replicas aus Kunststoff an, seit 1995 ergänzt von einer Kübelwagen-Version (Volkswagen Typ 82). Basis sind eigene Rahmenkonstruktionen und wer möchte, erhält seinen Intermeccanica-Kübel sogar mit einem wassergekühlten Subaru-Boxermotor. Inzwischen sind auch Varianten mit E-Motor bestellbar.

Firmengründer Frank A. Reisner starb im Oktober 2001. Seither führt sein Sohn Henry Reisner das Unternehmen.

Intermeccanica Italia 1967-1970

Verzwickt wie die Vita des Firmengründers liest sich auch die Geschichte des Intermeccanica Italia. Mit immerhin rund 500 gefertigten Modellen in nur gut zwei Produktionsjahren war dem Hybrid-Konzept aus amerikanischer Motortechnik und italienischem Styling mit europäischem Fahrwerk doch ein ansehnlicher Erfolg beschieden. Intermeccanica lieferte Karosserien an den amerikanischen Autohändler Jack Griffith, ein 1964/65 von Robert Cumberford gezeichnetes Coupé, das auch die Firmen Omega und Genser-Forman erhielten. Genser-Forman verkaufte den Wagen dann als Torino, nach 1967 als Italia. Der ab 1969 gebaute Intermeccanica Italia hatte einen Ford-V8 im Bug, es gab ihn auch als Cabriolet. Der Italia IMX von 1969 war gut 20 Zentimeter länger, mit ihm sollte der europäische Markt vermehrt erschlossen werden.

Preise	1	2	3	4	5
Italia, Cpe	93.000	65.000	40.000	25.000	k.N.
Italia, Cab	172.000	120.000	80.000	48.000	k.N.

Motor/Antrieb	
Bauart	V8
Lage/Antrieb	Front/Heck
Hubraum in cm^3	5766
PS/min	310/5500
Vmax in km/h	220 bis 265
Karosserie	
Bauart	Coupé, Cabriolet
Tragstruktur	teilw. selbsttragend
Material	Stahlblech
Stückzahl und Marktsituation	
Produktionszahl	ca. 500
Verfügbarkeit	gegen null
Teilesituation	schwierig
Unterhaltskosten	hoch

Intermeccanica Indra 1971-1975

Beim Nachfolger des Italia verhielt es sich ähnlich: Auch der Indra trug ein extravagantes Blechkleid, das im Gegensatz zum eher rundlichen Vorgänger mit seinen scharfen Konturen und den herausgezogenen Kotflügeln eine deutlich aggressivere Ausstrahlung zeigte. Zur Wahl standen drei Karosserievarianten: die ursprüngliche Stufenheck-Coupé-Version, dazu ein Fastback-Modell und ein Cabrio. Technisch hatten die Italiener auf Betreiben Erich Bitters nun auf Opel-Diplomat-Technik umgestellt. Der Indra mit Sechs- und Achtzylindermotoren des deutschen Herstellers ließ sich besonders in Deutschland ganz ordentlich verkaufen, doch mit der Verarbeitungsqualität war es trotz einiger Routine immer noch nicht zum Besten bestellt.

Preise	1	2	3	4	5
Indra, Cpe	80.000	56.000	41.000	21.000	k.N.
Indra, Cab	122.000	86.000	64.000	36.000	k.N.

Motor/Antrieb	
Bauart	Sechszylinder (Reihe), V8
Lage/Antrieb	Front/Heck
Hubraum in cm^3	2784, 5354, 5733
PS/min	165/5000 bis 280/5600
Vmax in km/h	210 bis 240
Karosserie	
Bauart	Coupé, Cabriolet
Tragstruktur	teilw. selbsttragend
Material	Stahlblech
Stückzahl und Marktsituation	
Produktionszahl	125
Verfügbarkeit	schlecht
Teilesituation	schwierig
Unterhaltskosten	hoch

Isdera (D) • 1982, 2018-2025

Nein, „Auto Schulz" wäre kein klangvoller Name gewesen. Deshalb nennt der Selfmade-Automobildesigner Eberhard Schulz 1982 seine Fahrzeuge Isdera, eine geheimnisvoll, fast mythisch klingende Abkürzung, die man in die Welt der Sagen und Legenden einordnen mag, zumal in Kombination mit dem Greifvogel im Logo der Marke. Doch Isdera bedeutet nichts anderes als „Ingenieurbüro für Styling, Design und Racing". Und von all diesen Dingen versteht Eberhard Schulz eine ganze Menge. Der 1940 geborene Universalkönner hat zunächst Maschinenbau studiert, das Studium jedoch früh abgebrochen.

Bild: © Auto-Medienportal.Net/Prien

Gründer des Ingenieurbüros für Styling, Design und Racing: Isdera-Chef Eberhard Schulz.

Bild: © Alexander Migl

im Jahr 2006 baute Eberhard Schulz ein ambitioniertes Modell namens Autobahnkurier 116i, eine Reminiszenz an die Opulenz und Stromlinienliebe der 1930er-Jahre.

Bild: © YesSportscars

Mit großem Anspruch ein letzter Versuch: Im Isdera Commendatore GT lieferten zwei Elektromotoren eine Gesamtleistung von 816 PS und 1060 Nm.

Von 1968 an entwickelt er sein erstes Automobil, den Erator GTE, einen Mittelmotor-Sportwagen mit Stahlrohrrahmen. Das Einzelstück rüstet er mit immer stärkeren Motoren aus und nimmt es als rollendes Bewerbungsschreiben mit nach Stuttgart und Zuffenhausen. Porsche holt das Talent 1971 ins Team, lässt ihm aber Raum für eigene Projekte. Das wohl Bekannteste davon: Der CW 311. Wieder ein Mittelmotor-Sportwagen, der sogar den Mercedes-Stern tragen darf. Schulz entwickelt ihn gemeinsam mit Rainer Buchmann, der damals mit seiner Firma bb Furore macht. Unsterblich wird der Wagen durch seinen Auftritt im legendären Film „Car-Napping" aus dem Jahre 1980. Zwei Jahre später bildet dieser CW 311 die Grundlage für die ersten Isdera-Modelle: den Imperator sowie den Spyder. Darauf folgen als Unikate der Commendatore und 2006 der Autobahnkurier, eine eigensinnige Mischung aus VW-Käfer-Karosserieteilen und überlangem Vorbau im Stile eines Vorkriegs-Mercedes. Als Antrieb dienten zwei V8-Motoren von Mercedes-Benz, die beide vor dem Fahrer saßen. Einer trieb die Vorder-, der andere die Hinterachse an.

Im Jahr 2018 stellt Isdera in Kooperation mit WM Motors den vollelektrischen Commendatore GT vor, einen 2+2-Sitzer mit Flügeltüren, zwei 300-kW-Elektromotoren und einer theoretischen Höchstgeschwindigkeit von 302 km/h. Bislang sollen zwei dieser Fahrzeuge existieren. Mehr werden es vermutlich auch nicht werden: Im April 2025 rutschte Isdera in die Insolvenz.

Isdera Imperator 108i — 1984-2001

Auf dem Genfer Automobilsalon zog er 1980 alle Blicke auf sich: der CW 311, selbstbewusst mit seinem bb-Logo und dem (nicht lizenzierten, nur geduldeten) Mercedes-Stern. Es ist der automobile Geniestreich von Eberhard Schulz und Tuning-Legende Rainer Buchmann, ein Prototyp mit Mercedes-Motor und Vorläufer des Isdera Spyder 033i und des Isdera Imperator 108i, dem meistgebauten Isdera. Zwischen 1984 und 2001 entstehen jedoch nur 30 dieser Wagen, mit immer stärkeren Motoren. Meist dokumentiert ist der 5-Liter-Motor mit 330 PS, gegen Ende der Produktion stieg die Leistung bis 410 PS an. Als Kraftquelle dient dann das 6,0-Liter-Aggregat aus einem SL 60 AMG. Die Imperator-Modelle der Serie 1 tragen die Frontscheinwerfer noch unter einer Kunststoffabdeckung, während die Serie 2 mit Klappscheinwerfern und seitlichen Lufteinlässen ausgestattet ist.

Bild: © Isdera

Preise	1	2	3	4	5
Imperator 108i, Cpe	810.000	620.000	490.000	k.N.	k.N.

Motor/Antrieb	
Bauart	V8
Lage/Antrieb	Mitte/Heck
Hubraum in cm³	4973
PS/min	330/5500
Vmax in km/h	292
Karosserie	
Bauart	Coupé
Tragstruktur	Rohrrahmen
Material	Kunststoff
Stückzahl und Marktsituation	
Produktionszahl	30
Verfügbarkeit	gegen null
Teilesituation	schwierig
Unterhaltskosten	hoch

I

Isdera Commendatore 112i — 1994-1996

Der Name ist eine Hommage an Enzo Ferrari, der 1988 gestorben ist. Die ersten Zeichnungen sind noch sehr unbestimmt, mehr Formen nimmt das Projekt später an. 1993 steht der Commendatore tatsächlich auf der IAA, mit einem V12 von Mercedes, mit Flügeltüren, vorn ein wenig an den Porsche 928 erinnernd, hinten eine mächtige, geteilte Motorhaube, die das ganze Heck freigibt. Ein Traum auf Rädern, der lange ein Traum bleibt: Es soll bis 1999 dauern, ehe der erste (und auch einzige) Commendatore verkauft werden kann. 7,6 Millionen D-Mark hat das Projekt bis dahin an Entwicklungskosten gefressen – ein finanzielles Debakel für Isdera. Nach einigen Eigentümern hat Isdera selbst den Commendatore 112i wieder in den Auslieferungszustand versetzt. Bei der letzten Versteigerung des Unikats im Jahr 2021 erlöst es über 1,1 Millionen Euro.

Bild: © Isdera

Preise	1	2	3	4	5
Commendatore 112i, Cpe	1.100.000	890.000	k.N.	k.N.	k.N.

Motor/Antrieb	
Bauart	V12
Lage/Antrieb	Mitte/Heck
Hubraum in cm³	5987
PS/min	420/5900
Vmax in km/h	332
Karosserie	
Bauart	Coupé
Tragstruktur	Rohrrahmen
Material	Kunststoff
Stückzahl und Marktsituation	
Produktionszahl	1
Verfügbarkeit	gegen null
Teilesituation	schwierig
Unterhaltskosten	hoch

Iso (I) • 1953-1976

ISO hatte sich mit der Konstruktion der später von BMW in Lizenz gebauten Isetta einen Namen gemacht. Das erste Luxuscoupé der Marke präsentierte Direktor Renzo Rivolta im Jahr 1962, die Konstruktion stammte von Giotto Bizzarrini.

Im Folgejahr erschien der Iso Grifo. Als Renzo Rivolta 1966 starb, übernahm sein Sohn Piero Barberi Rivolta die Geschäfte. Aus dem Formel-1-Engagement von 1973 entwickelte sich später der Williams-Rennstall. Ende 1973 übernahm Ivo Pera die Mehrheit bei Iso, doch bereits 1974 musste ISO die Fertigung einstellen. Der Anschluss an die Konkurrenten Maserati und Co. war auch unter dem Markennamen Ennezeta nicht gelungen.

Bild: © Jürgen Schlegelmilch

Iso Rivolta — 1962-1970

Der Traum von der eigenen Nobelmarke lockte Kühlschrank-König Renzo Rivolta auf das Parkett: Mit italienischer Karosserie und Fahrwerkstechnik sowie einem amerikanischen Motor baute er Anfang der 1960er Jahre seinen ersten Spitzen-GT. Der seriöse Hintergrund wurde mit der Verpflichtung Giotto Bizzarrinis als Konstrukteur dokumentiert, und der schöpfte aus dem Vollen: eine aufwändige DeDion-Hinterachse, vier Scheibenbremsen sowie eine vollverschweißte Halbmonocoque-Struktur von Karosserie und Chassis. Das ansehnliche, von Bertone geschnürte Paket bot 2+2 Passagieren ordentlich Platz und erhielt einen Achtzylindermotor von Chevrolet, der einer Leistungskur unterzogen wurde. Mit bis zu 400 PS war Kraft reichlich vorhanden.

Preise	1	2	3	4	5
Rivolta 300, Cpe	160.000	117.000	81.300	50.000	26.500
Rivolta 340, Cpe	170.000	123.000	85.300	53.900	26.500

Motor/Antrieb	
Bauart	V8
Lage/Antrieb	Front/Heck
Hubraum in cm³	5354
PS/min	304/5000 bis 400/6000
Vmax in km/h	210 bis 250
Karosserie	
Bauart	Coupé
Tragstruktur	teilw. selbsttragend
Material	Stahlblech
Stückzahl und Marktsituation	
Produktionszahl	797
Verfügbarkeit	schlecht
Teilesituation	schwierig
Unterhaltskosten	hoch

Iso Grifo, Grifo 7 Litri — 1963-1974

Zwei Jahre nach der Einführung des Rivolta stellte Iso den Grifo vor, der wiederum von Bertone schick in Schale geworfen worden war. Das verkürzte Rivolta-Chassis war die Basis für den Ferrari-Konkurrenten, der für einigen Wirbel im supersportlichen Marktsegment sorgte. Heute noch wirkt die Karosserie bullig, aggressiv und elegant zugleich. Motorseitig setzte Rivolta weiter auf amerikanische Achtzylinderaggregate, die ab 1969 aus satten sieben Litern Hubraum schöpften. Die Fahrleistungen standen den prominenten Zwölfzylindern nicht nach, zeigten aber bei Beanspruchung auch thermische Probleme. Die Bilanz nach langjähriger Produktion war jedoch ernüchternd. Das faszinierende Fahrzeug war in der schwächeren Version – auch mit herausnehmbarem Dachteil – zwar über 400 mal verkauft worden, der monströse, legendäre Siebenliter fand jedoch nur 90 Abnehmer.

Bild: © BMW Konzernarchiv/Concorso d'Eleganza Villa d'Este

Preise	1	2	3	4	5
Grifo GL 300, Cpe	500.000	370.000	270.000	220.000	140.000
Grifo GL 350, Cpe	520.000	390.000	280.000	230.000	150.000
Grifo 7 Litri, Cpe	640.000	480.000	350.000	280.000	180.000

Motor/Antrieb	
Bauart	V8
Lage/Antrieb	Front/Heck
Hubraum in cm³	5354, 6996
PS/min	304/5000 bis 406/5200
Vmax in km/h	240 bis 270
Karosserie	
Bauart	Cpe (auch mit entfernbarem Dachteil)
Tragstruktur	teilw. selbsttragend
Material	Stahlblech
Stückzahl und Marktsituation	
Produktionszahl	414, 90
Verfügbarkeit	schlecht
Teilesituation	schwierig
Unterhaltskosten	hoch

Iso Fidia S4 — 1968-1974

Als erstes Modell unter der Leitung Piero Rivoltas erschien im Herbst 1967 das Iso-Thema in viertüriger Form. Das frühe Werk des talentierten Giorgetto Giugiaro wurde bei Ghia realisiert, konnte aber nicht die formale Ausgewogenheit des Rivolta zeigen. Die Technik des Fidia stammte aus dem Rivolta. In den letzten beiden Baujahren wurden allerdings Ford-Motoren verwendet. Auch damit war der Viertürer einer der schnellsten seiner Art, doch die Verkaufszahlen waren mickrig. Der Grund für den Misserfolg mag in dem hohen Preisniveau und der Enge dieser auch von Maserati und DeTomaso bearbeiteten Marktnische gelegen haben.

Preise	1	2	3	4	5
Fidia 300, L4t	91.200	66.000	47.500	26.400	14.700
Fidia 350, L4t	97.000	70.600	51.000	27.600	15.800

Motor/Antrieb	
Bauart	V8
Lage/Antrieb	Front/Heck
Hubraum in cm³	5354
PS/min	304/5000 bis 355/5800
Vmax in km/h	220 bis 230
Karosserie	
Bauart	Limousine (4-türig)
Tragstruktur	teilw. selbsttragend
Material	Stahlblech
Stückzahl und Marktsituation	
Produktionszahl	192
Verfügbarkeit	gegen null
Teilesituation	schwierig
Unterhaltskosten	hoch

Iso Lele — 1969-1974

Ein Jahr nach der Vorstellung des Viertürers zeigte Iso den Lele, der den erfolgreichen Rivolta ablösen sollte. Bertone hielt sich stilistisch in keiner Weise an den Vorgänger und schuf recht eigenwillige Linien, die in einem voluminösen Fließheck endeten. Der Hubraum des Lele war etwas gewachsen, kein Zweifel also an den herausragenden Fahrleistungen. Die luxuriöse Ausstattung des reich bestückten Innenraums kam höchsten Ansprüchen entgegen. Aber die Zeiten für solche Autos waren schwer: Die Ölkrise sorgte für Absatzschwierigkeiten, die das Aus der Marke bald besiegelten. Daran konnte auch der ab 1973 mehr Leistung bietende Motor nichts ändern.

Preise	1	2	3	4	5
Lele 300, Cpe	91.100	62.400	45.200	26.900	14.400
Lele 350, Cpe	96.000	65.300	47.000	27.800	14.400

Motor/Antrieb	
Bauart	V8
Lage/Antrieb	Front/Heck
Hubraum in cm³	5733
PS/min	304/4800 bis 355/5600
Vmax in km/h	230 bis 250
Karosserie	
Bauart	Coupé
Tragstruktur	teilw. selbsttragend
Material	Stahlblech
Stückzahl und Marktsituation	
Produktionszahl	317
Verfügbarkeit	schlecht
Teilesituation	schwierig
Unterhaltskosten	hoch

Bild: © Archiv HEEL Verlag

I

J

Jaguar (GB) • seit 1901

Mit der Firma Swallow Sidecar, kurz SS, hatte William Lyons schon 1922 Motorrad-Seitenwagen gebaut. Spezialkarosserien auf Fahrgestellen verschiedener Hersteller – unter anderen auch Fiat, Morris und Wolsley – folgten. Bekannt wurde Lyons mit seinem Austin Seven Swallow.

1931 entstand eine Kooperation mit dem Automobilhersteller Standard. Das Ergebnis, der SS1, stand bereits im gleichen Jahr auf der Automobilausstellung in London. Der niedrige Preis sorgte für begeisterte Reaktionen und hohe Nachfrage nach Lyons' erstem Automobil.

Die in SS Cars Ltd. umbenannte Firma (SS stand nun für Standard Swallow) entwickelte weitere Karosserievarianten und für 1935 mit dem SS 90 ein neues Modell. Erstmalig taucht hier ein prägnanter Name für den offenen Sportwagen auf: Jaguar hieß das Modell, das schnell vom SS Jaguar 100 abgelöst werden sollte – ein Konkurrent für den BMW 328.

Nach dem Zweiten Weltkrieg war das Kürzel SS nicht mehr tragbar. Coventry, der Sitz der Firma, hatte wie keine andere Stadt Großbritanniens unter den deutschen Luftangriffen gelitten. Der Jaguar, bislang nur Name für einzelne Modelle, wurde jetzt zum Namen der Firma – Jaguar Cars Ltd.

Schon bald konnte die Marke in Amerika Fuß fassen. Ihr sportlicher Ruf mehrte sich rasch, unter anderem durch einen Sieg beim 24-Stunden-Rennen in Le Mans. Die XK-Modelle waren sehr beliebt, richtig Furore löste dann der potente E-Type aus, der zudem formal überaus gelungen war – er gilt bis heute als Design-Ikone. Zudem garantierte der knapp kalkulierte Preis gute Verkaufszahlen.

1960 übernahm Jaguar die ebenfalls in Coventry beheimateten Daimler-Werke und den Lastwagenhersteller Guy, Anfang 1963 kam der Rennmotorenspezialist Coventry Climax dazu. 1964 endete die Einkaufstour mit der Übernahme der Meadows-Motorenwerke. 1966 erfolgte die Vereinigung mit British Motor Corporation (BMC), zwei Jahre später der Übergang zur British Leyland Motor Corporation (BLMC). Fertigungs- und Qualitätsprobleme beutelten bis in die 1980er Jahre den Ruf der Jaguar-Modelle. Zwischen 1989 und 2008 hatte die Raubkatze Asyl unter dem Dach der Ford Motor Corporation gefunden. Seither ist sie, gemeinsam mit Daimler (als Marke) und Land Rover, im Besitz des indischen Tata-Konzerns.

Mit großem Engagement widmet sich der bereits 1983 gegründete Jaguar Daimler Heritage Trust

Jaguar wuchs aus der Fertigung von Motorrad-Seitenwagen: Swallow Sidecar hieß die Firma ursprünglich.

Als es den Namen Jaguar noch nicht gab: Der SS 1 – hier als Sports Coupé – war das erste Modell von William Lyons.

Bild: © Jaguar

Von den insgesamt für die E-Type Lightweights reservierten Fahrgestellnummern blieben sechs unbenutzt. Jaguar entschloss sich im Jahr 2014, diese Lücke zu füllen. Es bleibt die Frage offen, ob diese Replicas, die ja eigentlich Originale sind, von der Fangemeinde als „echte" Lightweights akzeptiert werden.

Bild: © Jaguar

Seit 2016 kümmert sich der Geschäftsbereich Jaguar Land Rover Classic mit einem breitgefächerten Portfolio an Services rund um alle Belange des Classic Car-Marktes.

(JDHT) der Geschichte der Marke. Seit 2015 sitzt diese Stiftung in einem großen Gebäudekomplex in Gaydon. Die eigene Sammlung umfasst rund 160 Fahrzeuge, dazu bietet der JDHT eine Werkstatt, ein Archiv und eine Reihe an Dienstleistungen an. Zudem existiert mit Jaguar Classic Parts eine eigene Division, die sich weltweit um die Ersatzteilbeschaffung kümmert.

Nach einigen guten, erfolgreichen Jahren stimmten die Zahlen nicht mehr. Probleme hatte Jaguar, gemeinsam mit Land Rover, unter anderem in China, wo die Konkurrenz besonders hart ist, und dem Heimatmarkt Großbritannien. 2019 dementierte Tata Gerüchte, neue Investoren an Bord zu nehmen oder Teile von Jaguar Land Rover verkaufen zu wollen. Im gleichen Jahr stellte Jaguar das langjährige Erfolgsmodell XJ ein und bot in diesem Modellsegment fortan kein Fahrzeug mehr an.

2021 kündigte der indische Mutterkonzern an, dass Jaguar sich bis 2025 zur rein elektrischen Luxusmarke wandeln soll.

Den Schritt setzte Jaguar Ende 2024 radikal um und hatte damit für einen Aufschrei unter den Fans gesorgt: Das Konzeptfahrzeug Type 00 sollte einen Ausblick auf eine glorreiche Zukunft geben. Es werde eine neue Ära kommen, verspricht Jaguar, und dies sei der Vorgeschmack – ganz im Sinne des „Copy Nothing"-Ethos des Gründers Sir William Lyons.

Bild: © Jaguar

„Eine Momentaufnahme des aktuellen Stands" sei diese „furchtlose Form" des Jaguar Type 00, erklärt der Hersteller im Frühjahr 2025 sein Konzeptfahrzeug.

Das neue Logo soll den Aufbruch der Marke spiegeln.

J

Jaguar S.S. 100 2.5 und 3.5 Litre — 1935-1939

Was heute Jaguar ist, ging mit ihm los: Der S.S. 100 war das erste Modell der Firma Swallow Sidecars, das den Raubtiernamen trug. Ihm voraus war der S.S. 90 gegangen, der noch nicht den Jaguar-Beinamen führte und auf dem verkürzten Chassis des Modells S.S. 1 entstanden war. Der S.S.100 startete seine kurze Karriere mit einem 2,6-Liter-Reihensechszylinder der Standard Motor Company, ergänzt ab 1937 von einer 3,5-Liter-Version. Nicht mehr als 191 Exemplare des 2.5 Litre entstanden, vom 3.5 Litre gingen sogar nur 181 Fahrzeuge an Kunden. Der englische BMW-328-Konkurrent war leicht und schnell, ein echtes 100-mph-Auto (rund 160 km/h) – das galt als Schallgrenze schlechthin. Der Zweite Weltkrieg setzte der Produktion der im Motorsport erfolgreichen Roadster ein Ende. Zum Nachfolger dieser ersten Jaguar-Ikone war ab 1948 der elegante XK 120 bestimmt.

Bild: © Jaguar

Preise	1	2	3	4	5
S.S. 100 2.5 Liter, Rds	350.000	260.000	200.000	120.000	k.N.

Motor/Antrieb	
Bauart	Sechszylinder (Boxer)
Lage/Antrieb	Front/Heck
Hubraum in cm^3	2663, 3485
PS/min	102/4600, 125/4250
Vmax in km/h	154, 164
Karosserie	
Bauart	Roadster
Tragstruktur	Kastenrahmen
Material	Stahlblech
Stückzahl und Marktsituation	
Produktionszahl	191 (2.5 L), 181 (3.5 L)
Verfügbarkeit	schlecht
Teilesituation	schwierig
Unterhaltskosten	hoch

Jaguar 1.5, 2.5 und 3.5 Litre 1938-1948

Auch Jaguar griff nach 1945 wieder bewährte Vorkriegskonstruktionen auf, doch hatte die Firma auch bereits an neuen Konzepten gearbeitet. 1948 wurde daher bereits die Baureihe abgelöst, die trotz altbackenem Underslung-Rahmen und Starrachsen vorn wie hinten, der antiquierten Karosserie und ihren wenig agilen Motoren ein guter Verkaufserfolg wurde. Von der Sportlichkeit späterer Generationen blieb dieses Modell, das als viertürige Limousine und als Cabriolet angeboten wurde, jedoch weit entfernt.

Bild: © Archiv Michael Herbold

Preise	1	2	3	4	5
1,5 Litre, L4t	46.100	33.300	21.800	11.500	4.800
2,5 Litre, L4t	58.800	40.200	26.200	14.900	6.700
3,5 Litre, L4t	63.700	45.100	28.600	16.300	7.600
3,5 Litre, Cab	127.000	89.300	60.000	39.400	14.400

Motor/Antrieb	
Bauart	Vierz-/Sechszylinder (Reihe)
Lage/Antrieb	Front/Heck
Hubraum in cm³	1776, 2664, 3486
PS/min	66/4500 bis 126/4250
Vmax in km/h	120 bis 155
Karosserie	
Bauart	Limousine (4-türig), Cabriolet
Tragstruktur	Kastenrahmen
Material	Stahlblech
Stückzahl und Marktsituation	
Produktionszahl	25.359
Verfügbarkeit	gegen null
Teilesituation	schwierig
Unterhaltskosten	hoch

Jaguar Mk V 2.5 Litre und 3.5 Litre 1948-1951

Modernisert, aber dennoch mit erkennbarer stilistischer Nähe zum Vorgänger, schob Jaguar-Gründer Bill Lyons dieses Modell für eine Übergangszeit ins Programm. Markant waren die Verbesserungen am Fahrwerk: Die vordere Einzelradaufhängung erlaubte nun auch, das Leistungspotenzial etwas nachhaltiger auszuschöpfen, ohne Gefahr für Leib und Seele zu laufen. Der Entfall des kleinen Vierzylindermotors deutete die Richtung an, in die sich Jaguar bewegen wollte. Es waren nur Sechszylinder-ohv-Motoren in zwei Leistungsstufen verfügbar. Bei der Cabriolet-Version ließ sich das Verdeck übrigens nur über den Vordersitzen öffnen – wie bei einem Coupé de Ville.

Preise	1	2	3	4	5
Mk V 2,5, L4t	49.000	35.500	23.000	12.000	4.800
Mk V 3,5, L4t	55.900	43.200	28.800	14.900	6.200
Mk V 3,5, Cab	131.000	90.200	61.400	40.300	14.900

Motor/Antrieb	
Bauart	Sechszylinder (Reihe)
Lage/Antrieb	Front/Heck
Hubraum in cm³	2664, 3486
PS/min	104/4600 bis 126/4250
Vmax in km/h	145 bis 155
Karosserie	
Bauart	Limousine (4-türig), Cabriolet
Tragstruktur	Kastenrahmen
Material	Stahlblech
Stückzahl und Marktsituation	
Produktionszahl	10.466
Verfügbarkeit	schlecht
Teilesituation	schwierig
Unterhaltskosten	hoch

J

Jaguar Mk VII, VII M, VIII 1950-1959

Zusätzlichen Schwung ins florierende Geschäft brachte das neue Modell. Die elegante Formgebung wurde von anmutigen Rundungen und einer langen Motorhaube dominiert. Besonders das Triebwerk machte von sich reden: Der neue Sechszylindermotor mit zwei obenliegenden Nockenwellen verhalf bereits mit den anfangs zur Verfügung stehenden 162 PS zu sportlichen Fahrleistungen: Bis zu 180 km/h waren die Limousinen schnell. Darüber hinaus gehörte eine erlesene Innenausstattung zu den Selbstverständlichkeiten, und der Markterfolg ließ aufgrund der Kampfpreise auch nicht auf sich warten. Das war die Grundlage für die sensationelle Entwicklung der Marke aus Coventry.

Bild: © Jürgen Schlegelmilch

Preise	1	2	3	4	5
Mk VII, L4t	49.100	35.200	21.300	10.800	4.700
Mk VII M, L4t	52.300	37.300	22.700	11.500	5.000
Mk VIII, L4t	53.400	38.200	23.100	11.700	5.100

Motor/Antrieb	
Bauart	Sechszylinder (Reihe)
Lage/Antrieb	Front/Heck
Hubraum in cm³	3442
PS/min	162/5200 bis 213/5750
Vmax in km/h	170 bis 180
Karosserie	
Bauart	Limousine (4-türig)
Tragstruktur	Kastenrahmen
Material	Stahlblech
Stückzahl und Marktsituation	
Produktionszahl	37.181
Verfügbarkeit	schlecht
Teilesituation	schwierig
Unterhaltskosten	hoch

Jaguar 2.4 Litre, 3.4 Litre (Mk I) 1955-1959

Kompakt und sportlich gaben sich die Limousinen, die unter der Leitung von William Lyons entstanden waren. Sie rundeten ab 1955 die Modellpalette nach unten ab. Die selbsttragenden Karosserien gerieten schwer und solide, ohne dass es ihnen an Eleganz mangelte. Zunächst kam ein 2,4 Liter großer Reihensechszylinder zum Einsatz, der aus dem XK 120-Aggregat abgeleitet worden war. Das Triebwerk mit den zwei obenliegenden Nockenwellen leistete nur 105 PS – zu wenig, um auf dem wichtigen Exportmarkt USA Fuß zu fassen. Prächtigen Details wie einem Wurzelholz-Armaturenbrett stand eine magere Serienausstattung entgegen, die sogar eine Heizung vermissen ließ. Im März 1957 legte Jaguar nach: Die 3,4 Liter große Variante sorgte mit ihren 160 PS und vier Scheibenbremsen für adäquate Leistungsdaten.

Bild: © Ralf Christian Kunkel

Preise	1	2	3	4	5
Mk I 2,4, L4t	38.600	24.700	15.300	7.500	3.800
Mk I 3,4, L4t	51.300	32.800	20.300	9.900	5.000

Motor/Antrieb	
Bauart	Sechszylinder (Reihe)
Lage/Antrieb	Front/Heck
Hubraum in cm³	2483, 3442
PS/min	105/5700 bis 160/5500
Vmax in km/h	160 bis 190
Karosserie	
Bauart	Limousine (4-türig)
Tragstruktur	selbsttragend
Material	Stahlblech
Stückzahl und Marktsituation	
Produktionszahl	19.891, 17.404
Verfügbarkeit	schlecht
Teilesituation	ausreichend
Unterhaltskosten	hoch

Jaguar Mk IX — 1958-1961

Kleinere Retuschen an der Karosserie und ein auf 3,8 Liter Hubraum vergrößerter Motor mit mehr Leistung waren die Fortsetzung des mit dem Mk V begonnenen Konzepts. Dabei setzte Jaguar unverändert auf den technisch inzwischen überholten Kastenrahmen mit aufgesetzter Karosserie. Dennoch kann der Mk IX als Höhepunkt der klassischen Nachkriegslimousinen-Serie gelten. Mit vier Scheibenbremsen wurde dem neuen Leistungsniveau sicherheitstechnisch Tribut gezollt und auch eine Servolenkung hielt Einzug, um den fast zwei Tonnen schweren Luxuswagen noch einigermaßen handlich fahren zu können. Der Mk IX bietet auch heute noch sehr viel Auto für einen überschaubaren Einsatz – und wirkt durch seine Höhe nobler als sein Nachfolger Mk X, der bereits in den Startlöchern stand.

Bild: © Jaguar

Preise	1	2	3	4	5
Mk IX, L4t	56.400	40.400	24.500	12.500	5.400

Motor/Antrieb	
Bauart	Sechszylinder (Reihe)
Lage/Antrieb	Front/Heck
Hubraum in cm³	3781
PS/min	223/5500
Vmax in km/h	185
Karosserie	
Bauart	Limousine (4-türig)
Tragstruktur	Kastenrahmen
Material	Stahlblech
Stückzahl und Marktsituation	
Produktionszahl	10.009
Verfügbarkeit	schlecht
Teilesituation	ausreichend
Unterhaltskosten	hoch

Jaguar Mk II (2.4 Litre, 3.8 Litre, 240, 340) — 1959-1969

Als Mk II schrieb der sportliche Viertürer Automobilgeschichte. Jaguar gelang es, den (so nie genannten) Mk I mit gezielter Modellpflege sanft zu modernisieren und dabei seinen Charakter noch zu unterstreichen – ein Unterfangen, das sonst selten gut geht. Größere Fensterflächen durch schmalere Dachpfosten weiteten optisch den Dachaufbau, ein anderer Kühlergrill und mehr Chrom unterstrichen zusätzlich zu weiteren Verbesserungen den gediegenen Anspruch an die kleine Jaguar-Limousine. Besonders der potente 3.8 Litre sorgte für überlegenen Fahrspaß, die Tachonadel zeigte bei entsprechendem Einsatz stolz auf 200 km/h. Erst mit den 1967 vorgestellten 240 und 340, die einfacher ausgestattet waren, sank der Stern etwas. Am großen Erfolg – Jaguar verkaufte knapp 61.000 Mk II – konnte dies nichts mehr ändern.

Bild: © Jaguar

Preise	1	2	3	4	5
Mk II 2,4, L4t	43.200	27.600	17.100	8.400	4.300
Mk II 3,4, L4t	53.800	34.400	21.300	10.400	5.300
Mk II 3,8, L4t	58.700	37.600	23.300	11.400	5.800
240, L4t	38.400	24.600	15.300	7.500	3.800

Motor/Antrieb	
Bauart	Sechszylinder (Reihe)
Lage/Antrieb	Front/Heck
Hubraum in cm³	2483, 3442, 3781
PS/min	120/5750 bis 223/5500
Vmax in km/h	165 bis 200
Karosserie	
Bauart	Limousine (4-türig)
Tragstruktur	selbsttragend
Material	Stahlblech
Stückzahl und Marktsituation	
Produktionszahl	60.940
Verfügbarkeit	gut
Teilesituation	gut
Unterhaltskosten	hoch

J

Jaguar Mk X und 420 G — 1961-1970

Der Übergang zur selbsttragenden Karosserie erfolgte bei Jaguar mit dem Mk X. Viel gestreckter wirkte die modernisierte neue Linie, aber nicht unbedingt sportlicher. Stärken besaß der Mk X eher im Komfortbereich, vor allem das Platzangebot war respektabel. Allerdings konnten die Handlingqualitäten trotz hinterer Einzelradaufhängung nicht überzeugen. Ab 1964 ergänzte ein 4,2 Liter großer Sechszylinder das 3,8-Liter-Triebwerk, mit dem der Mk X 1961 angetreten war. Der 420 G folgte dem Mk X. Oft wird er mit dem kleineren 420 verwechselt, was nicht nur an der Namensähnlichkeit liegt: Auch beide Fronten ähneln sich. Aus dieser Form entwickelte Jaguar auch den später legendären XJ, der 1968 debütierte.

Bild: © Jaguar

Preise	1	2	3	4	5
Mk X 3,8, L4t	44.100	25.900	15.200	6.900	3.400
420 G, L4t	43.000	25.500	15.100	6.900	3.400

Motor/Antrieb	
Bauart	Sechszylinder (Reihe)
Lage/Antrieb	Front/Heck
Hubraum in cm³	3781, 4235
PS/min	223/5500 bis 269/5400
Vmax in km/h	185 bis 200
Karosserie	
Bauart	Limousine (4-türig)
Tragstruktur	selbsttragend
Material	Stahlblech
Stückzahl und Marktsituation	
Produktionszahl	18.519, 5763
Verfügbarkeit	schlecht
Teilesituation	ausreichend
Unterhaltskosten	hoch

Jaguar S (3.4 und 3.8) 1963-1968

Als Mischung aus dem Mark II und dem Mark X sollten beim 1963 lancierten Jaguar S bestimmte Schwächen des kleinen Viertürers ausgemerzt sein. Der S verfügte über ein verlängertes Heck, das an das Gepäckabteil des größeren Mark X erinnerte. Das Fahrwerk war mit hinterer Einzelradaufhängung statt blattgefederter Halbelliptik-Starrachse wesentlich verfeinert. Bessere Fahreigenschaften auf schlechten Straßen waren das positive Resultat. 1968 hatte der S ausgedient: Trotz Verbesserungen gegenüber dem Mark II, der durchaus Schwächen hatte, war das verwässerte Konzept beim S weniger erfolgreich.

Bild: © Ralf Christian Kunkel

Preise	1	2	3	4	5
S-Type 3,4, L4t	41.200	26.400	16.400	8.000	4.100
S-Type 3,8, L4t	44.200	28.300	17.500	8.600	4.400

Motor/Antrieb	
Bauart	Sechszylinder (Reihe)
Lage/Antrieb	Front/Heck
Hubraum in cm^3	3443, 3781
PS/min	213/5500 bis 223/5500
Vmax in km/h	200
Karosserie	
Bauart	Limousine (4-türig)
Tragstruktur	selbsttragend
Material	Stahlblech
Stückzahl und Marktsituation	
Produktionszahl	24.900
Verfügbarkeit	ausreichend
Teilesituation	ausreichend
Unterhaltskosten	hoch

Jaguar 420, Daimler Sovereign 1966-1969

Statt grundlegende Innovationen anzustreben, verzettelte sich Jaguar in Variationen. Der 420 von 1966 ist dafür ein Beispiel. Er war im Prinzip ein verlängerter Jaguar S, bei dem die Front allerdings dem Mk X angenähert war. Der Aufbau dagegen entsprach dem S-Modell. Auf Wunsch gab es den 4,2-Liter-Motor auch mit 255 SAE-PS statt 248 PS. Das Vierganggetriebe konnte wahlweise auch mit Overdrive geordert werden, neue Sitze verbesserten den Komfort. Die Kundschaft akzeptierte das Zwischenmodell nur sehr zögerlich, woran auch die parallel angebotene Luxusversion unter dem Daimler-Signet nichts änderte. Nach drei Jahren stand das Ende der etwas unausgewogenen Zwitter fest.

Preise	1	2	3	4	5
420, L4t	42.000	25.900	16.000	6.800	3.500
Daimler Sovereign, L4t	40.300	24.700	15.300	6.500	3.300

Motor/Antrieb	
Bauart	Sechszylinder (Reihe)
Lage/Antrieb	Front/Heck
Hubraum in cm^3	4235
PS/min	248/5500 bis 255/5500
Vmax in km/h	195
Karosserie	
Bauart	Limousine (4-türig)
Tragstruktur	selbsttragend
Material	Stahlblech
Stückzahl und Marktsituation	
Produktionszahl	9801, 5831
Verfügbarkeit	ausreichend
Teilesituation	ausreichend
Unterhaltskosten	hoch

J

Jaguar XK 120 1948-1954

Mit durchschlagendem Erfolg präsentierte Jaguar den ersten Sportwagen nach dem Krieg. Der XK 120 verschlug den Betrachtern den Atem, weil er mit aufregend gezeichneter, schwungvoller Karosserie, den damals noch raren zwei Nockenwellen im Zylinderkopf und Fahrleistungen aufwartete, die neue Maßstäbe setzen konnten. Die Bestellungen rissen nicht ab, und die Produktion hatte große Mühe, alle Kaufwünsche zu erfüllen. Dem Roadster wurde dann im Frühjahr 1951 das Coupé zur Seite gestellt. Die Preise waren – typisch Jaguar – niedrig: Gemessen an ihrer Leistungsfähigkeit waren die Fahrzeuge erschwinglich. Das sorgte vor allem in Amerika für einen sehr guten Verkauf.

Bild: © Jaguar

Preise	1	2	3	4	5
XK 120, Cpe	97.900	73.200	52.300	31.400	19.000
XK 120, Cab	125.000	93.100	67.800	39.800	24.300
XK 120, Rds	118.000	88.200	63.200	37.700	22.500

Motor/Antrieb	
Bauart	Sechszylinder (Reihe)
Lage/Antrieb	Front/Heck
Hubraum in cm^3	3442
PS/min	162/5200 bis 213/5800
Vmax in km/h	190 bis 265
Karosserie	
Bauart	Roadster, Coupé
Tragstruktur	Kastenrahmen
Material	Aluminium, Aluminium/Stahlblech
Stückzahl und Marktsituation	
Produktionszahl	12.087
Verfügbarkeit	schlecht
Teilesituation	ausreichend
Unterhaltskosten	hoch

Jaguar XK 140 1954-1957

Nach rund sechsjähriger Bauzeit modernisierte Jaguar seine Sportwagenbaureihe. Hinter dem Kürzel XK 140 verbarg sich ein Modell mit gesteigertem Komfort, einem geänderten Kühlergrill und wuchtigen Chromstoßstangen. Um das größere Gewicht zu kaschieren, wurde die Motorleistung mit steileren Nocken und damit längeren Ventilöffnungszeiten erhöht. Das Coupé bot nun ein größeres Cockpit mit zusätzlichem Gepäckraum im Fond. Die neue Zahnstangenlenkung vermittelte ein präziseres Gefühl als die bisherige Konstruktion. Für Rennsportfreunde gab es die Special-Equipment-Ausführung mit satten 213 PS. Wer es gemütlicher mochte, konnte auch ein Automatikgetriebe ordern. Heute sind die XK 140-Modelle weniger gefragt als ihre Vorgänger, was nicht heißt, dass sie keine ansehnlichen Preise erzielen würden.

Bild: © Jaguar

Preise	1	2	3	4	5
XK 140, Cpe	86.000	65.000	47.500	28.500	17.000
XK 140, Cab	127.000	95.100	69.400	41.200	24.300
XK 140, Rds	119.000	89.700	66.000	38.800	23.800

Motor/Antrieb	
Bauart	Sechszylinder (Reihe)
Lage/Antrieb	Front/Heck
Hubraum in cm^3	3442
PS/min	192/5500 bis 213/5700
Vmax in km/h	200 bis 225
Karosserie	
Bauart	Roadster, Coupé
Tragstruktur	Kastenrahmen
Material	Stahlblech
Stückzahl und Marktsituation	
Produktionszahl	8884
Verfügbarkeit	ausreichend
Teilesituation	ausreichend
Unterhaltskosten	hoch

Jaguar XK 150, XK 150 S — 1957-1961

Schon drei Jahre nach dem Start des XK 140 schickte Jaguar im Mai 1957 erneut einen Nachfolger auf den Markt. Die Grundform des Vorgängers war nur dezent geglättet worden, der Hüftknick vor den Hinterrädern zeigte sich weniger stark ausgeprägt. Kurbelfenster in den Türen, eine durchgehende Windschutzscheibe und Notsitze im Fond zählen zu den Weiterentwicklungen. Eine sinnvolle Neuerung waren die vier Scheibenbremsen, die den Piloten besonders den 268 PS starken 3,8-Liter-Motor unbeschwerter genießen ließen. Die einstigen Holzapplikationen am Armaturenbrett ersetzte jetzt ein Lederbezug. Die XK 150-Modelle, Le Mans-Sieger im Jahr 1957, kurbelten den Absatz kräftig an.

Bild: © Jaguar

Preise	1	2	3	4	5
XK 150 3,4, Cpe	139.000	105.000	76.400	45.100	26.500
XK 150 3,4, Cab	172.000	128.000	94.100	57.800	35.300
XK 150 3,4, Rds	144.000	107.000	78.400	46.100	27.400

Motor/Antrieb	
Bauart	Sechszylinder (Reihe)
Lage/Antrieb	Front/Heck
Hubraum in cm^3	3442, 3781
PS/min	213/5000 bis 268/5500
Vmax in km/h	220 bis 240
Karosserie	
Bauart	Coupé, Cabriolet, Roadster
Tragstruktur	Kastenrahmen
Material	Stahlblech
Stückzahl und Marktsituation	
Produktionszahl	9395
Verfügbarkeit	ausreichend
Teilesituation	ausreichend
Unterhaltskosten	hoch

Jaguar E-Type 3.8 Litre (Series 1) — 1961-1964

Nicht weniger Aufsehen als der 1948 präsentierte XK 120 erregte im März 1961 der E-Type. Das Coupé (mit nach links öffnender Heckklappe) und das Cabriolet erinnerten an den legendären Le Mans-Gewinner D-Type. Die aufregende Form hatte Malcolm Sayer geschaffen, Sir William Lyons legte anschließend noch Hand an. Die Nähe zu den siegreichen Rennwagen D-Type und die trotz aller Jaguar-üblichen Rundungen sehr maskuline Gestaltung sollten ihre Wirkung nicht verfehlen. Nur beim Motor griff Jaguar auf bewährte Bauteile zurück. Wie gehabt auch die Preisgestaltung: Für das, was der E-Type bot, war er erstaunlich günstig. Diese Zeiten sind jedoch lange vorbei, die Preise steigen von Jahr zu Jahr beharrlich an.

Bild: © BMW AG Konzernarchiv

Preise	1	2	3	4	5
E-Type 3,8, Cpe	136.000	100.000	71.200	35.600	18.400
E-Type 3,8, Cab	216.000	159.000	112.000	68.000	36.000

Motor/Antrieb	
Bauart	Sechszylinder (Reihe)
Lage/Antrieb	Front/Heck
Hubraum in cm^3	3781
PS/min	265/5500
Vmax in km/h	240
Karosserie	
Bauart	Cabriolet, Coupé
Tragstruktur	selbsttragend
Material	Stahlblech
Stückzahl und Marktsituation	
Produktionszahl	7827, 7669
Verfügbarkeit	schlecht
Teilesituation	ausreichend
Unterhaltskosten	hoch

Jaguar E-Type 4.2 Litre (Series 1 und 1 1/2) — 1964-1968

Schon nach gut 15.000 gebauten E-Types verfeinerte Jaguar das gelungene Konzept dieses nach wie vor preiswerten Sportlers. Unter der ellenlangen Haube pochte ein vergrößertes Herz – Hubraum war schon damals durch nichts zu ersetzen. Die Modellpflege setzte bei Interieur und Bedienungskomfort an, ließ aber auch die Technik nicht unberührt: Ein neues Getriebe kam zum Einsatz. Die inoffiziell Series 1 1/2 genannte Bauform zeigte sich ab 1967 im Detail weiter überarbeitet: Hier fehlten, als erstes Zeichen um sich greifender amerikanischer Sicherheitsvorstellungen, die charakteristischen Plexiglas-Abdeckungen der Scheinwerfer. Auch die ab Frühjahr 1966 angebotene 2+2-Version auf verlängertem Fahrgestell war eine Reaktion auf starke amerikanische Nachfrage.

Bild: © Archiv HEEL Verlag

Preise	1	2	3	4	5
E-Type S1 4,2, Cpe	131.000	97.800	68.700	34.300	17.900
E-Type S1 4,2, Cab	156.000	115.000	83.200	41.700	23.000
E-Type S1 1/2, Cpe	112.000	84.200	58.100	29.800	15.500
E-Type S1 1/2, Cab	138.000	102.000	72.800	35.600	18.500

Motor/Antrieb	
Bauart	Sechszylinder (Reihe)
Lage/Antrieb	Front/Heck
Hubraum in cm^3	4235
PS/min	265/5400
Vmax in km/h	240
Karosserie	
Bauart	Cabriolet, Coupé
Tragstruktur	teilw. selbsttragend
Material	Stahlblech
Stückzahl und Marktsituation	
Produktionszahl	22.920
Verfügbarkeit	ausreichend
Teilesituation	ausreichend
Unterhaltskosten	hoch

Jaguar E-Type (Series 2) 1968-1971

Mit Rücksicht auf den amerikanischen Markt und das gestiegene Komfortbedürfnis korrigierte Jaguar den Charakter des E-Types der Serie 2. Von der einst kompromisslosen Sportlichkeit war hier längst nicht mehr so viel zu spüren, Kritiker bezeichneten das Modell trotz identischer Leistung und nach wie vor attraktiven Fahrleistungen etwas despektierlich als zahnlos. Doch die siebenjährige Bauzeit war tatsächlich nicht spurlos an dem Jaguar vorbeigegangen. Trotz dieser teilweise heftigen Vorwürfe an den Korrekturen verkaufte sich der E-Type weiterhin blendend – sowohl als Coupé als auch mit Cabriolet-Karosserie.

Preise	1	2	3	4	5
E-Type S2, Cpe	88.800	68.600	47.300	20.700	9.400
E-Type S2, Cab	117.000	87.800	59.100	25.000	12.600

Motor/Antrieb	
Bauart	Sechszylinder (Reihe)
Lage/Antrieb	Front/Heck
Hubraum in cm^3	4235
PS/min	265/5400
Vmax in km/h	240
Karosserie	
Bauart	Cabriolet, Coupé
Tragstruktur	teilw. selbsttragend
Material	Stahlblech
Stückzahl und Marktsituation	
Produktionszahl	18.820
Verfügbarkeit	gut
Teilesituation	ausreichend
Unterhaltskosten	hoch

Jaguar E-Type V 12 (Series 3) 1971-1975

Zehn Jahre nach der Vorstellung des legendären Sportlers musste sich Jaguar bemühen, den Anschluss an die ehedem schockierte Konkurrenz zu halten. Der prestigeträchtige Zwölfzylinder passte problemlos unter die Motorhaube und verlieh dem E-Type nochmals ein Plus an Power und machte ihn zudem recht leise. Auf der Strecke blieben die kompakteren, reinen Zweisitzer – es entstanden nur noch Modelle mit langem Radstand. Darunter litt in formaler Hinsicht vor allem das Cabriolet, weil längst nicht mehr die ursprüngliche Spannung in den Linien steckte. Dennoch wirkte die Technik inzwischen antiquiert, und im Segment der luxuriösen Sportler hatte die Konkurrenz inzwischen auch schlagkräftige Angebote in ihrem Programm, die sich im Alltag weniger anfällig und kapriziös zeigten.

Bild: © Jaguar

Preise	1	2	3	4	5
E-Type S3, Cpe	76.500	56.100	37.800	16.500	8.400
E-Type S3, Cab	115.000	85.100	57.400	24.300	12.900

Motor/Antrieb	
Bauart	V12
Lage/Antrieb	Front/Heck
Hubraum in cm^3	5343
PS/min	276/5850
Vmax in km/h	245
Karosserie	
Bauart	Cabriolet, Coupé
Tragstruktur	teilw. selbsttragend
Material	Stahlblech
Stückzahl und Marktsituation	
Produktionszahl	7990, 7297
Verfügbarkeit	gut
Teilesituation	ausreichend
Unterhaltskosten	hoch

J

Jaguar XJ 6 2.8 und 4.2 (Series I) 1968-1972

Einen Neuanfang wagte die XJ-Baureihe, die dem unübersichtlichen Variantenreichtum im Limousinensektor ein Ende machte. Der XJ ersetzte die S-Modelle, doch auch 420 und Mk II hielten sich nicht mehr lange. Die Karosserieform fand auf Anhieb Gefallen. Zwar war der Radstand nur um 3,5 Zentimeter gewachsen, doch insgesamt stand der Wagen mit über 4,80 Meter Länge sehr repräsentativ da. Die bewährte hintere Einzelradaufhängung wurde durch eine neukonstruierte Vorderradführung mit Trapez-Dreiecksquerlenkern und Schraubenfedern ergänzt. Neu im Programm war der 2,8-Liter-Sechszylinder mit zwei obenliegenden Nockenwellen, den es in zwei Leistungsstufen (149 und 186 PS) gab. Mit der Qualität war es aber leider nicht zum Besten bestellt, sodass auch die günstigen Preise Jaguar langfristig nicht den gewünschten Erfolg brachten.

Bild: © Jaguar

Preise	1	2	3	4	5
XJ 6 2,8 S1, L4t	34.500	21.200	10.700	4.800	1.900
XJ 6 4,2 S1, L4t	36.100	22.000	11.100	4.900	2.100

Motor/Antrieb	
Bauart	Sechszylinder (Reihe)
Lage/Antrieb	Front/Heck
Hubraum in cm^3	2791, 4235
PS/min	149/6000 bis 248/5500
Vmax in km/h	190 bis 205
Karosserie	
Bauart	Limousine (4-türig)
Tragstruktur	selbsttragend
Material	Stahlblech
Stückzahl und Marktsituation	
Produktionszahl	78.891
Verfügbarkeit	ausreichend
Teilesituation	ausreichend
Unterhaltskosten	hoch

Jaguar XJ 12 5.3 (Series I) 1972-1973

Zwei Jahre nach der Einführung der XJ-Baureihe führte Jaguar eine neue Dimension ein: Zwölfzylinder-Motoren gelten als automobilistischer Leckerbissen, dem hohe Aufmerksamkeit gewiss ist. Über den Zwölfzylinder waren in der Szene schon länger Gerüchte zu hören. Außer Ferrari und Lamborghini bot 1970 kein anderer Hersteller einen Zwölfzylinder an. Nun kam die britische Katze als komfortabel-sportlicher Viertürer dazu. Die einzigartige Kombination aus Fahrkomfort und Laufruhe sowie bei Bedarf stürmischer Leistungsentfaltung entwickelte ganz eigene Reize. Dabei sollte aber nicht übersehen werden, dass der Unterhalt der vielen Zylindereinheiten ein teures Vergnügen ist. Andererseits gilt das Triebwerk als nicht sonderlich anfällig. Unter Ausfallerscheinungen leidet eher die Peripherie.

Bild: © Jaguar

Preise	1	2	3	4	5
XJ 12 S1, L4t	43.100	26.300	14.000	6.600	2.400

Motor/Antrieb	
Bauart	V12
Lage/Antrieb	Front/Heck
Hubraum in cm^3	5343
PS/min	254/5500
Vmax in km/h	230
Karosserie	
Bauart	Limousine (4-türig)
Tragstruktur	selbsttragend
Material	Stahlblech
Stückzahl und Marktsituation	
Produktionszahl	ca. 17.000 LHD, 600 RHD
Verfügbarkeit	ausreichend
Teilesituation	ausreichend
Unterhaltskosten	hoch

Jaguar XJ 6 C und XJ 12 C 1975-1978

Immer beliebter wurden über die Jahre die zweitürigen Coupés auf XJ-Basis. Mit der formal äußerst gelungenen Hardtop-Karosserie, deren ausgewogen-harmonische Linien den perfekten Spannungsbogen zwischen massiger Kraft und graziler Eleganz ziehen, zeigt sich der Jaguar-Zweitürer als echtes Highlight. Besonders als V12 ist das XJ Coupé ein stilvolles Automobil. Nur kann es die üblichen Qualitätsansprüche nicht erfüllen – besonders die C-Modelle litten in der für Jaguar sehr schwierigen Unternehmensphase unter, freundlich ausgedrückt, stark schwankendem Niveau. Kenner warnen zudem vor zu weichen Karosserien, die fehlende B-Säule sorgt oft für Verzug. Für Sammler dagegen ist die recht niedrige Stückzahl sehr verführerisch. In den Preisen schlägt sich dies noch nicht nieder.

Bild: © Jaguar

Preise	1	2	3	4	5
XJ 6 C, Cpe	49.000	28.500	15.000	7.500	3.500
XJ 12 C, Cpe	53.000	31.000	16.000	8.000	4.000

Motor/Antrieb	
Bauart	Sechszylinder (Reihe), V12
Lage/Antrieb	Front/Heck
Hubraum in cm³	4235, 5343
PS/min	171/4750 bis 287/5750
Vmax in km/h	195 bis 235
Karosserie	
Bauart	Coupé
Tragstruktur	selbsttragend
Material	Stahlblech
Stückzahl und Marktsituation	
Produktionszahl	6505, 1873
Verfügbarkeit	schlecht
Teilesituation	ausreichend
Unterhaltskosten	hoch

Jaguar XJ 6 (Series II) 1973-1979

Für die zweite Serie überarbeitete Jaguar den XJ gründlich. Als er im September 1973 auf der Frankfurter IAA präsentiert wird, ist sein auffälligstes Merkmal die nach oben gerückte vordere Stoßstange und der flachere Grill, der dem XJ-Gesicht eine völlig neue Ausdrucksform verleiht. Grund hierfür waren, wie bei vielen anderen Fahrzeugen, die amerikanischen Sicherheitsbestimmungen. Zahllose Details änderten sich zudem, zum Beispiel verlegte Jaguar die Nummernschildbeleuchtung von der Stoßstange in die Heckklappe. Weiterhin bemängelten Kunden jedoch die Unzuverlässigkeit und schlechte Verarbeitungsqualität ihres XJ. Lack und Chrom waren schlecht ausgeführt, die Passungen stimmten nicht und es gab viel Ärger mit der Elektrik. Weiterhin lieferte Jaguar den Luxus-XJ als Daimler Vanden Plas-Version. Der 4,2-Liter-Sechszylinder fiel wegen einer zurückgenommenen Verdichtung etwas schwächer aus (172 statt 186 PS). 1975 kam ein neuer 3,4-Liter-Sechszylinder (163 PS) hinzu.

Bild: © Jaguar

Preise	1	2	3	4	5
XJ6 (Series II), L4t	28.400	17.400	8.800	3.700	1.400

Motor/Antrieb	
Bauart	Sechszylinder (Reihe)
Lage/Antrieb	Front/Heck
Hubraum in cm³	3442, 4235
PS/min	163/5000 bis 172/4500
Vmax in km/h	188 bis 190
Karosserie	
Bauart	Limousine (4-türig)
Tragstruktur	selbsttragend
Material	Stahlblech
Stückzahl und Marktsituation	
Produktionszahl	36.583
Verfügbarkeit	gut
Teilesituation	ausreichend
Unterhaltskosten	hoch

Jaguar XJ 12 (Series II) 1973-1979

Auch der Zwölfzylinder machte die optischen Änderungen zur zweiten Serie mit. Der weiterhin 5,3 Liter große V12-Motor kam zunächst weitgehend unverändert zum Einsatz. Er konnte für den Jaguar wie auch als Daimler-Version geordert werden. Ab Mai 1975 bot Jaguar ihn mit einer elektronischen Einspritzanlage an, was die zuvor im Zuge eines optimierten Abgasverhaltens reduzierte Leistung wieder steigen ließ – um immerhin 14 Prozent auf 289 PS. Die speziell auf das Einsatzgebiet eines Zwölfzylinders umgerüstete Bosch-Lucas D-Jetronic erhielt ihre Impulse von einem Steuergerät im Kofferraum. Der Hinweis „Fuel Injection" am Heck verwies auf die neue Technik, und wie beim Coupé erhielten die Dächer der noblen Zwölfzylinder einen Vinylbezug.

Preise	1	2	3	4	5
XJ12 (Series II), L4t	38.000	23.100	12.400	5.800	2.100

Motor/Antrieb	
Bauart	V12
Lage/Antrieb	Front/Heck
Hubraum in cm³	5343
PS/min	289/6850
Vmax in km/h	237
Karosserie	
Bauart	Limousine (4-türig)
Tragstruktur	selbsttragend
Material	Stahlblech
Stückzahl und Marktsituation	
Produktionszahl	18.518
Verfügbarkeit	gut
Teilesituation	ausreichend
Unterhaltskosten	hoch

Jaguar XJ-S 1976-1981

Weder das Styling des XJ-S noch seine Fahrleistungen konnten viele hartgesottene Markenfans überzeugen. Dem XJ-S fehlte von Beginn an – trotz seiner üppigen Zwölfzylinder-Motorisierung – ein auch nur irgendwie sportlich geartetes Flair, an dem auch einige Erfolge im europäischen Tourenwagensport nichts ändern konnten. Als Motorisierungs- und Modellvarianten wurden in den Folgejahren auch Sechszylinder-Versionen angeboten, dazu kam schließlich ein Cabriolet. Alle Modelle sind heutzutage zu außerordentlich günstigen Preisen zu bekommen, die aber nicht über hohe Unterhaltskosten, defektanfällige und teuer zu reparierende Technik hinwegtäuschen sollten. In den Kreis der Youngtimer ist der XJ-S inzwischen aufgenommen.

Bild: © Jaguar

Preise	1	2	3	4	5
XJ-S, Cpe	34.900	22.700	13.300	4.600	2.200

Motor/Antrieb	
Bauart	V12
Lage/Antrieb	Front/Heck
Hubraum in cm³	5343
PS/min	287/5750
Vmax in km/h	240
Karosserie	
Bauart	Coupé, Cabriolet
Tragstruktur	selbsttragend
Material	Stahlblech
Stückzahl und Marktsituation	
Produktionszahl	k.A.
Verfügbarkeit	üppig
Teilesituation	gut
Unterhaltskosten	hoch

Jaguar XJ (Series III) 1979-1992

In seiner dritten Evolutionsstufe startete der Jaguar XJ mit einer sanften optischen Überarbeitung, hinter der jedoch kein geringerer steckte als der italienische Designexperte Pininfarina. Die sanfte Modernisierung fällt jedoch nur im Vergleich mit dem Vorgänger auf: Größere Fenster, Änderungen im Grill, größere Heckleuchten und Gummileisten auf den weiterhin klassisch verchromten Stoßstangen waren die neuen Details. Reichlich unübersichtlich gestaltete sich das Ausstattungs- und Modellprogramm mit der noblen Linie namens Sovereign, die zunächst als Daimler, ab 1982 als Jaguar angeboten wurde. Die Sechszylinder gab es mit 3,4 und 4,2 Litern Hubraum, und weiterhin lieferbar war auch der famose, jedoch aufwändig zu wartende V12-Motor mit gut 5,3 Litern Hubraum. Für dieses Triebwerk hatte der Schweizer Motorenexperte Michael May einen Zylinderkopf mit Fireball-Technologie entworfen. Er kam ab 1981 zum Einsatz und senkte den Verbrauch spürbar.

Bild: © Jaguar

Preise	1	2	3	4	5
XJ6 3.4 Serie 3, L4t	23.300	14.300	7.200	3.000	1.200
XJ6 4.2 Serie 3, L4t	24.100	14.700	7.500	3.100	1.300
XJ12 5.3 Serie 3, L4t	28.700	17.500	9.400	4.300	1.500

Motor/Antrieb	
Bauart	Sechszylinder (Reihe), V12
Lage/Antrieb	Front/Heck
Hubraum in cm³	3442, 4235, 5343
PS/min	163/5000 bis 295/5500
Vmax in km/h	185 bis 230
Karosserie	
Bauart	Limousine (4-türig)
Tragstruktur	selbsttragend
Material	Stahlblech
Stückzahl und Marktsituation	
Produktionszahl	132.952
Verfügbarkeit	gut
Teilesituation	gut
Unterhaltskosten	mittel

Jaguar XJ 40 1986-1994

1968 landete der erste XJ einen so großen Coup, dass den Series II und III eine sanfte Modernisierung genügte. Die vierte XJ-Generation behielt zwar ihre klassischen Proportionen, doch fiel der Auftritt weniger elegant aus. 1986 debütierte der XJ 40, der so hieß, weil er mit einem 4,0-Liter-Motor geplant war. Der kam jedoch erst 1989, vorher musste ein 3,6 Liter-Sechszylinder genügen. Auch eine 2,9-Liter-Version war im Angebot, nicht jedoch in Deutschland. Hier rundete ab 1989 ein 3,2 Liter großer Motor die XJ 40-Palette nach unten ab. Zudem gab es in den Jahren 1993 und 1994 auch eine V12-Version. Erstaunlicherweise tolerierten viele Kunden die mangelnde Zuverlässigkeit, die sich erst ab 1990 besserte.

Bild: © Jaguar

Preise	1	2	3	4	5
XJ 40 4.0, L4t	21.300	12.300	6.800	3.100	1.200

Motor/Antrieb	
Bauart	Sechszylinder (Reihe), V12
Lage/Antrieb	Front/Heck
Hubraum in cm³	2919, 3239, 3980, 5993
PS/min	165/5600 bis 311/5350
Vmax in km/h	193 bis 245
Karosserie	
Bauart	Limousine (4-türig)
Tragstruktur	selbsttragend
Material	Stahlblech
Stückzahl und Marktsituation	
Produktionszahl	k.A.
Verfügbarkeit	gut
Teilesituation	ausreichend
Unterhaltskosten	hoch

Jaguar XJ220 1992-1994

Sein Baby sollte das schnellste werden. Das war 1988 erklärtes Ziel des Saturday Clubs, des Samstag-Clubs, um Jaguar-Chefkonstrukteur Jim Randle, der seine Truppe in ihrer Freizeit auf sein Projekt eingeschworen hatte. Was ein Ferrari F40 oder ein Porsche 959 auf der Straße konnten, das sollte ein Jaguar übertreffen – immerhin gewann Jaguar die 24 Stunden von Le Mans in den Jahren 1988 und 1990. Die Jaguar-Bosse, seinerzeit unter Ford-Führung, entschieden sich nach überwältigendem Applaus des Prototyps für eine Kleinserie. Statt des ursprünglich angedachten, jedoch sehr lauten V12-Motors kam nun ein Renn-V6 zum Einsatz, den der externe Jaguar-Rennexperte Tom Walkinshaw mit seinen Ingenieuren für seinen neuen Einsatzzweck massiv überarbeitete. Auch ohne den ursprünglich geplanten Allradantrieb überzeugte das Ergebnis: Der über 350 km/h schnelle englische Supersportwagen umrundete im Serientrim den Nürburgring in spektakulären 7:47 Minuten.

Bild: © Jaguar

Preise	1	2	3	4	5
XJ 220, Cpe	580.000	450.000	340.000	k. N.	k. N.

Motor/Antrieb	
Bauart	V6
Lage/Antrieb	Mitte/Heck
Hubraum in cm³	3498
PS/min	549 bei 7000
Vmax in km/h	322
Karosserie	
Bauart	Coupé
Tragstruktur	Monocoque
Material	Leichtmetall
Stückzahl und Marktsituation	
Produktionszahl	271
Verfügbarkeit	schlecht
Teilesituation	ausreichend
Unterhaltskosten	hoch

Jaguar XJ6, XJ Sport, Sovereign, XJR, XJ12, Daimler Six, Daimler Double Six (X300) — 1994-1997

Ford war damals Herr im Hause Jaguar, und entsprechend klar war das Ziel des gigantischen US-Konzerns, die feine englische Tochter auf wirtschaftlich erfolgreichen Kurs zu bringen. Das erste Ergebnis dieser Bemühungen war die intern X300 genannte Baureihe, die das legitime Erbe der Bestseller-Modelle XJ anzutreten hatte. Der Plan war wie folgt: Optisch lockte der Neue wieder mit emotionalen Rundungen – Ford setzte hier auf eine positive Wirkung der Retro-Karte bei der an Traditionen orientierten Klientel. Unter dem Blech jedoch ließen die Amerikaner vieles auf links drehen. Moderne Technik ergänzte die überarbeiteten Sechszylindermotoren, während die großen V12 keine großen Änderungen erfuhren. Ihre Epoche endete 1997 in dieser Baureihe. Versionen mit längerem Radstand folgten 1995. Eine betont sportliche Attitüde unterstrich das XJR genannte Derivat der Limousine mit kompressorgestützen 325 PS.

Bild: © Jaguar

Preise	1	2	3	4	5
XJ6 3.2 (X300), L4t	k.N.	10.500	5.800	2.800	1.000
XJR (X300), L4t	25.500	16.000	10.400	5.200	2.000
XJ12 (X300), L4t	22.400	14.000	9.200	4.500	1.800
Daimler Double Six (X300), L4t	29.000	17.700	10.600	5.100	1.900

Motor/Antrieb4	
Bauart	Sechszylinder (Reihe), V12
Lage/Antrieb	Front/Heck
Hubraum in cm³	3239 bis 5993
PS/min	203/5250 bis 322/5400
Vmax in km/h	210 bis 254
Karosserie	
Bauart	Limousine (4-türig)
Tragstruktur	selbsttragend
Material	Stahlblech
Stückzahl und Marktsituation	
Produktionszahl	92.038
Verfügbarkeit	gut
Teilesituation	gut
Unterhaltskosten	mittel

Jeep (USA) • seit 1941

Bild: © Jeep

Jeep – so heißt im Volksmund auch heute noch jeder Geländewagen, sofern er nicht weichgespült wie ein Asphalt-SUV daherrollt. Die Geschichte der Marke ist skurril, keine Frage. Und ursprünglich war Jeep nicht einmal eine Marke, sondern eine Modellbezeichnung: nämlich jene für den Urahn aller Jeeps. Woher der Name stammt, bleibt bis heute im Dunkeln: Lange wurde die auf Englisch ausgesprochene Form der Buchstaben GP, die Ford als Modellbezeichnung wählte, als Urheber vermutet. Andere Behauptungen bringen eine Comic-Figur mit dem Namen „Eugene the Jeep" vor, die alles bezwang und vor keinem Hindernis kehrt machte. Sicher scheint nur, dass der Name in Verbindung mit dem Fahrzeug zum ersten Mal am 20. Februar 1941 veröffentlicht wurde: Die Zeitung Washington Daily berichtete von einer Pressevorstellung mit dem allradgetriebenen Vierteltonner, so lautete sein technischer Name: „1/4 ton 4x4".

Nach dem Zweiten Weltkrieg nutzte Willys-Overland dann Jeep als Marke, was 1950 ein Gericht für rechtmäßig erklärte. Drei Jahre später übernahm Kaiser-Frazer das Unternehmen, ab 1963 hieß es Kaiser-Jeep. 1970 erfolgte die nächste Übernahme: AMC, die American Motors Corporation, schluckte Kaiser-Jeep, ging selbst jedoch 1987 in Chrysler auf. An den Rest erinnern wir uns noch: 1998 kam die unselige Allianz namens DaimlerChrysler, die sich 2007 wieder löste – Jeep blieb dabei an Chrysler angedockt. 2009 kam dann Fiat an Bord, womit ein technologischer Schulterschluss zwischen dem uramerikanischen Jeep und dem Fiat-Konzern aus Italien entstand. Heute gehört die Marke Jeep zum niederländischen Konsortium Stellantis.

(Jeep) Willys MB — 1941-1945

1940, mitten im Zweiten Weltkrieg, beginnt die Geschichte des Ur-Modells aller Jeep. Drei Firmen spielten bei der Ausschreibung des amerikanischen Militärs eine Rolle – Bantam, Willys Overland und Ford. Den Zuschlag erhielt der Willys MA. Willys-Overland musste mit Ford den Produktionsauftrag teilen und so entstand neben dem überarbeiteten Modell Willys MB der nahezu baugleiche Ford GPW – das W stand für die Willys-Entwicklung. Zu Hunderttausenden wurden sie im Zweiten Weltkrieg eingesetzt. Der Willys MB besaß beste Anlagen für den schwierigen Job: eine simple, robuste Konstruktion mit einem 60 PS starken 2,2-Liter-Benziner, der den sinnigen Namen „Go Devil" trug. Ein zuschaltbarer Allradantrieb machte den Jeep zum Allesüberwinder.

Bild: © Jeep

Preise	1	2	3	4	5
MB, Glw	42.500	29.100	19.800	12.100	4.700

Motor/Antrieb	
Bauart	Vierzylinder (Reihe)
Lage/Antrieb	Front/4x4
Hubraum in cm³	2199
PS/min	60/4000
Vmax in km/h	max. 100
Karosserie	
Bauart	Cabriolet
Tragstruktur	Kastenrahmen
Material	Stahlblech
Stückzahl und Marktsituation	
Produktionszahl	ca. 370.000
Verfügbarkeit	gut
Teilesituation	gut
Unterhaltskosten	niedrig

Jeep CJ-5, CJ-6 — 1954-1983

Er geriet zu einem richtigen Dauerbrenner: Drei Jahrzehnte lang hatte der Jeep CJ-5 Erfolg. Während dieser Zeit erschienen zwar einige neue Modelle, doch das konnte ihn nicht stoppen. Der CJ-5 war für den zivilen Markt konfiguriert, auch wenn seine Technik an den Militär-Jeeps Anleihen nahm. Im Laufe seiner Bauzeit trieben den CJ-5 verschiedene Sechszylinder an, doch auch Vierzylinder (sogar ein Diesel!) sowie ein Fünfliter-V8 fanden den Weg unter seine Haube – nun war er längst im Lifestyle der Städte angekommen. Der CJ-6 kam 1955 an die Seite des CJ-5: Er war der größere Bruder mit deutlich längerem Radstand (plus 50,8 Zentimeter). Sehr beliebt war er allerdings nicht, und so endete seine Produktion bereits 1981. Auch ihn gab es mit V6- und V8-Motoren.

Bild: © Jeep

Preise	1	2	3	4	5
CJ-6, Glw	28.100	19.200	13.100	8.100	3.200

Motor/Antrieb	
Bauart	V6, Sechszylinder (Reihe), V8
Lage/Antrieb	Front/4x4
Hubraum in cm³	2471 bis 4971
PS/min	60/3400 bis 121/3450
Vmax in km/h	100 bis 150
Karosserie	
Bauart	Cabriolet
Tragstruktur	Kastenrahmen
Material	Stahlblech
Stückzahl und Marktsituation	
Produktionszahl	603.303 (CJ-5); 50.172 (CJ-6)
Verfügbarkeit	ausreichend
Teilesituation	gut
Unterhaltskosten	mittel

Jeep Cherokee (Typ XJ) 1984-1996

Deutlich kompakter als sein Vorgänger trat die zweite Auflage des heute als Vorreiter des SUV-Trends geltende Cherokee auf und bot für amerikanische Verhältnisse wenig Raum. Die Karosserie entstand nun in selbsttragender Bauweise, es gab sie als Zwei- und Viertürer. Die Hauptrolle bei den Motoren spielte der von Jeep selbst entwickelte Reihensechszylinder mit 4,0 Liter Hubraum, der bis zu 185 PS leistete. Der Allradantrieb ließ sich zuschalten, eine Viergang-Automatik war eine beliebte Option. Wer die hohen Durchschnittsverbräuche von rund 15 Liter senken wollte, konnte zwar Diesel-Varianten ordern, die jedoch nicht nur mit zäher Leistungsentfaltung nervten, sondern sich auch als wenig standfest erwiesen. Jeep offerierte den Cherokee in zahlreichen Ausstattungs- und Modellvarianten, unter anderem als Sport oder Chief, auch einen Pickup mit dem Namen Comanche gab es. Eine deutlich größere Karosserie und einen V8-Motor bot die Variante Grand Cherokee.

Bild: © Jeep

Preise	1	2	3	4	5
Cherokee, Glw	k. N.	13.500	6.900	4.300	k. N.

Motor/Antrieb	
Bauart	Vier-/Sechszylinder (Reihe), V6
Lage/Antrieb	Front/Heck, 4x4
Hubraum in cm³	2068 bis 3956
PS/min	82 bei 3750 bis 185 bei 4500
Vmax in km/h	140 bis 175
Karosserie	
Bauart	Kombi (3-/5-türig)
Tragstruktur	selbsttragend
Material	Stahlblech
Stückzahl und Marktsituation	
Produktionszahl	k.A.
Verfügbarkeit	gut
Teilesituation	gut
Unterhaltskosten	mittel

Jeep Wrangler YJ 1987-1995

Nach dem langen Erfolg des CJ rollte ab 1987 der neue Wrangler in die Herzen der Fans. Er versuchte es zumindest: Die eckigen Scheinwerfer mochten die Traditionalisten unter den Fans zwar nicht, doch immerhin steckten auch unter dem Wrangler zwei blattgefederte Achsen – er meinte es also noch ernst. Vorbei war es jedoch mit den ganz großen Motoren: Wrangler-Fahrer wählten zunächst zwischen einem 2,5-Liter-Vierzylinder und einem 4,2-Liter-Sechszylinder – beide noch mit Vergaser! Damit war 1991 Schluss: Der Vierzylinder erhielt eine Einspritzung, während die starke Wrangler-Variante nun einen moderneren 4,0-Liter-Motor erhielt, ebenfalls mit Einspritzung. Kult blieb ein Jeep als Wrangler, kultiviert war er noch lange nicht – das Ungehobelte lieben seine Fans.

Bild: © Jeep

Preise	1	2	3	4	5
YJ, Glw	k.N.	17.700	10.500	5.500	k.N.

Motor/Antrieb	
Bauart	Vier-, Sechszylinder (Reihe)
Lage/Antrieb	Front/4x4
Hubraum in cm³	2464 bis 4235
PS/min	114/3000 bis 119/5250
Vmax in km/h	130 bis 145
Karosserie	
Bauart	Cabriolet
Tragstruktur	Kastenrahmen
Material	Stahlblech
Stückzahl und Marktsituation	
Produktionszahl	685.071
Verfügbarkeit	sehr gut
Teilesituation	gut
Unterhaltskosten	mittel

Jeep Wagoneer, Grand Wagoneer 1963-1991

Allein dieser Name: Wagoneer! Als er 1963 erschien, sah die Welt einen ihrer ersten SUV: Bislang hatten weder Käufer noch Hersteller sich zu einem luxuriösen Allradler Gedanken gemacht. Der imposante Wagoneer kam jedoch als 4x4 mit Servolenkung und Automatikgetriebe, bot viel Platz und den Komfort, an den sich Amerikaner längst gewöhnt hatten. Noch besser erfüllte der von 1966 bis 1969 gebaute Super Wagoneer diese Ansprüche – zum Beispiel mit einer Klimaanlage. Bis 1968 baute Jeep den Wagoneer auch als Zweitürer, sogar als Kastenwagen ohne hintere Fenster war er lieferbar. 1984 wurde der Name Wagoneer nach unten durchgereicht und der alte, große SUV Jeep hieß nun Grand Wagoneer, um die Größe zu unterstreichen. Doch Vorsicht: Nach 1993 gebaute Grand Wagoneer basieren auf den kleineren Cherokee-Modellen.

Bild: © Jeep

Preise	1	2	3	4	5
Wagoneer, Glw	k.N.	25.700	15.100	8.100	k.N

Motor/Antrieb	
Bauart	Sechszylinder (Reihe), V8
Lage/Antrieb	Front/4x4
Hubraum in cm³	5896
PS/min	146/3200
Vmax in km/h	150
Karosserie	
Bauart	Kombi (5-türig)
Tragstruktur	Kastenrahmen
Material	Stahlblech
Stückzahl und Marktsituation	
Produktionszahl	k.A.
Verfügbarkeit	gut
Teilesituation	gut
Unterhaltskosten	mittel

Jensen (GB) • 1936-1976

Bild: © Jürgen Schlegelmilch

Die Brüder Richard und Alan Jensen führten seit Mitte der 1920er Jahre in West Bromwich einen Betrieb für Spezialkarosserien. Nebenbei entstanden ab 1936 auch sportliche Luxuswagen auf Basis anderer Fahrzeuge. 1946 erschien der 4 Litre, eine recht konservativ gehaltene Limousine. Aber Jensen wagte auch den Einsatz innovativer Technik: 1956 war der Jensen 541 de Luxe erster Viersitzer mit vier Scheibenbremsen, 1965 überraschte der Hersteller mit dem ersten permanenten Allradantrieb in Serie. Das Modell Jensen-Healey brachte zwar stückzahlmäßig Aufschwung, doch wirtschaftlich war das Unternehmen nicht mehr zu halten. Das Aus folgte 1976.

Nur im Herbst 1983 sah man nochmals einen neuen Jensen Interceptor – er stand auf der Motorfair in London.

Nach einigen weiteren erfolglosen Versuchen, die Marke wiederzubeleben – so scheiterten die beiden Ingenieure Keith Rauer und Robin Bowler 2002, als die Produktion des 1998 präsentierten Roadsters Jensen S-V8 nach nur 32 gebauten Exemplaren eingestellt werden musste –, vertreibt seit dem Jahr 2008 der Kleinserienhersteller V Eight Ltd unter dem Namen Jensen International Automotive Ltd den Jensen Interceptor S und R. Dabei handelt es sich um originale Fahrzeuge, die komplett neu aufgebaut und mit neuen Triebwerken ausgestattet werden. Zum Einsatz kommen dabei ein neues Fahrwerk- und Bremsen-Kit inclusive Rädersatz sowie eine neue Auspuffanlage und ein überarbeiteter Tank. Angetrieben wird der so restaurierte Oldtimer (siehe Bild unten) von einem 430 PS oder 550 PS starken LS3-V8 aus einer Corvette. Die Preise beginnen bei rund 100.000 Pfund.

J

Jensen 541, 541 de Luxe, 541 S, 541 R, 541 Standard — 1953-1963

Nach den recht konservativen Limousinen und Cabriolets mit 3,9-Liter-Meadows-Motor wechselte Jensen ab 1949 zu Austin-Motoren. Mit diesem aus dem Princess stammenden, vier Liter großen Sechszylinder etablierte sich auch ein moderneres Design, das für den ab 1953 angebotenen Jensen 541 nochmals verfeinert wurde. Um Gewicht einzusparen, wurde die Karosserie nun teilweise aus Kunststoff gefertigt – statt 1370 Kilogramm brachte die neue Version nur 1220 Kilogramm auf die Waage. Das wirkte sich besonders aufs Durchzugsvermögen positiv aus. Jensen verlangte relativ hohe Preise, was die Verbreitung der attraktiven Fließheck-Coupés naturgemäß einschränkte.

Bild: © Archiv HEEL Verlag

Preise	1	2	3	4	5
541 R, Cpe	72.200	51.900	33.400	15.200	6.500
541 S, Cpe	70.900	51.000	33.000	14.900	6.100

Motor/Antrieb	
Bauart	Sechszylinder (Reihe)
Lage/Antrieb	Front/Heck
Hubraum in cm³	3993
PS/min	135/3700, 152/4100
Vmax in km/h	175 bis 195
Karosserie	
Bauart	Coupé
Tragstruktur	Kastenrahmen
Material	Kunststoff
Stückzahl und Marktsituation	
Produktionszahl	535
Verfügbarkeit	schlecht
Teilesituation	schwierig
Unterhaltskosten	hoch

Jensen C-V8, Mk II, Mk III — 1962-1966

Trotz optischer Anlehnung an den Jensen 541 zeigte der C-V8 getaufte Nachfolger eine viel aggressiver gestylte Kunststoffkarosserie. Dem wurde das Coupé mit seiner deutlich gestiegenen Leistung gerecht: Unter der Haube saßen nun Hubraumriesen von Chrysler, die Leistung und Drehmoment in Hülle und Fülle boten. Auf dem Londoner Autosalon im Oktober 1965 überraschte Jensen dann mit dem ersten permanenten Allradantrieb. Das Kürzel FF stand für Ferguson Formula. Äußerlich ließ sich diese Technik am zehn Zentimeter längeren Radstand erkennen. Ein viersitziges Cabriolet auf C-V8-Basis blieb dagegen im Prototypen-Stadium stecken.

Bild: © Jürgen Schlegelmilch

Preise	1	2	3	4	5
C-V8 Mk II, Cpe	68.900	44.600	24.300	12.900	5.600
C-V8 Mk III, Cpe	76.200	48.600	27.200	14.600	6.700

Motor/Antrieb	
Bauart	V8
Lage/Antrieb	Front/Heck
Hubraum in cm³	5916, 6286
PS/min	305/4600 bis 335/4600
Vmax in km/h	225
Karosserie	
Bauart	Coupé
Tragstruktur	Kastenrahmen
Material	Kunststoff
Stückzahl und Marktsituation	
Produktionszahl	460
Verfügbarkeit	gegen null
Teilesituation	schwierig
Unterhaltskosten	hoch

Jensen Interceptor, Interceptor FF und Interceptor SP (Mk I, Mk II, Mk III) — 1967-1976

Viel bekannter als die Vorgänger wurde das im Herbst 1966 vorgestellte Modell Interceptor. Das viersitzige Luxuscoupé trug eine markante Glaskuppel am Heck. Mit der von Vignale gezeichneten Karosserie, die nun aus Stahlblech gefertigt wurde, handelte sich der Konstrukteur leider auch Rostprobleme ein. Doch das änderte nichts an seinem beachtlichen Markterfolg. Die Mannen in West Bromwich hielten an den Chrysler-Motoren fest, die zwischen 6,3 und 7,2 Liter Hubraum aufwiesen. Den Interceptor gab es wiederum auch mit Vierradantrieb von Ferguson, und sogar ein mechanisches Antiblockiersystem von Dunlop kam zum Einsatz. Die hohen Unterhaltskosten schrecken heute viele Interessenten trotz vergleichsweise niedriger Einstandspreise nachhaltig ab.

Bild: © Alltagsklassiker

Preise	1	2	3	4	5
Interceptor Mk II, Cpe	64.400	43.100	27.500	12.700	4.900
Interceptor SP, Cpe	75.500	49.900	30.800	14.800	6.600
Interceptor Mk III 7,2, Cpe	102.000	68.400	43.200	20.300	8.400

Motor/Antrieb	
Bauart	V8
Lage/Antrieb	Front/Heck
Hubraum in cm³	6276, 7217
PS/min	330/4600 bis 384/5000
Vmax in km/h	220
Karosserie	
Bauart	Coupé
Tragstruktur	Rohrrahmen
Material	Stahlblech
Stückzahl und Marktsituation	
Produktionszahl	6700
Verfügbarkeit	ausreichend
Teilesituation	ausreichend
Unterhaltskosten	hoch

Jensen-Healey, Healey GT — 1972-1976

Keinen Erfolg hatte der Versuch, ein Jensen-Modell in erschwinglicheren Preisregionen anzusiedeln. Trotz des zugkräftigen Beinamens von Healey scheiterte das anglo-amerikanische Konzept. Das lag weniger an der Technik, die sich mit dem Lotus-Vierventilmotor durchaus anspruchsvoll zeigte, als viel mehr an dem durchschnittlichen, unauffällig-harmlosen Design. Außerdem nervte das Fahrzeug mit Unzulänglichkeiten bei der Verarbeitung. Neben dem offenen Zweisitzer gab es einen GT genannten Sportkombi, der beinahe interessanter ist, weil ihn Jensen nur in geringen Stückzahlen gebaut hat und bei ihm beinahe alle Kinderkrankheiten kuriert waren.

Bild: © Archiv HEEL Verlag

Preise	1	2	3	4	5
Healey, Cab	21.300	13.500	8.600	3.600	2.000
Healey GT, Cpe	23.500	16.000	10.100	5.800	3.100

Motor/Antrieb	
Bauart	Vierzylinder (Reihe)
Lage/Antrieb	Front/Heck
Hubraum in cm³	1973
PS/min	142/6500
Vmax in km/h	200
Karosserie	
Bauart	Cabriolet, Kombi-Coupé
Tragstruktur	selbsttragend
Material	Stahlblech
Stückzahl und Marktsituation	
Produktionszahl	10.926
Verfügbarkeit	gut
Teilesituation	ausreichend
Unterhaltskosten	hoch

J

K

Kleinschnittger (D) • 1950-1957

In Arnsberg, einer Kleinstadt im Sauerland, ließ der Tüftler Paul Kleinschnittger 1950 das Fließband seiner eigenen Automobilfabrik anlaufen. In ihren besten Zeiten, bis Anfang 1955, befassten sich 50 Mann in den Kleinschnittger-Werken mit der Produktion eines kleinen Roadsters, in dessen Bug sich ein 125-cm³-ILO-Motor versteckte. Paul Kleinschnittger arbeitete an einem neuen, größeren Modell mit 250-cm³-Motor, musste aber 1957 Konkurs anmelden, weil mit Erscheinen des Goggomobils und der Isetta die Nachfrage für sein Mini-Cabriolet weggebrochen war.

Noch bis in die 1980er Jahre kümmerte sich der Kleinstwagen-Pionier persönlich um die Wartung und Ersatzteilversorgung der originellen Autos, die seinen Namen trugen. Er war auch auf vielen Treffen zugegen. Paul Kleinschnittger starb 1989.

Kleinschnittger F 125 — 1950-1957

In seiner konsequenten Einfachheit entsprach der Kleinschnittger F 125 durchaus den Bedürfnissen der frühen Nachkriegsjahre. Das Aufkommen komfortablerer Konkurrenz-Modelle ließ den 170 Kilogramm leichten Roadster aber schnell veraltet wirken. Kleinschnittgers Kleinster besaß weder eine Heizung noch einen Rückwärtsgang; als Wetterschutz bot er nur ein dünnes Notverdeck. Bemerkenswert war für die damalige Zeit der Karosserie-Werkstoff Aluminium, der Unfallreparaturen aber noch enorm erschwerte. Entgegen zahlreicher anderer Quellen baute Kleinschnittger nur rund 2000 Exemplare des F 125. Die meisten entstanden in den Jahren 1951 bis 1955.

Bild: © Jörn Weber

Preise	1	2	3	4	5
F 125, Rds	28.000	19.600	12.100	7.200	3.900

Motor/Antrieb	
Bauart	Einzylinder-Zweitaktmotor
Lage/Antrieb	Front/Front
Hubraum in cm³	123
PS/min	4,5/5000
Vmax in km/h	70
Karosserie	
Bauart	Roadster
Tragstruktur	Rohrrahmen
Material	Aluminium
Stückzahl und Marktsituation	
Produktionszahl	ca. 2000
Verfügbarkeit	gegen null
Teilesituation	schwierig
Unterhaltskosten	niedrig

Lada (RUS) • seit 1970

1966 entstand in Togliatti, eine rund 1000 Kilometer östlich von Moskau an der Wolga gelegene Stadt, das staatliche AwtoWAS-Werk. Es gilt heute als größte Produktionsstätte für Automobile in Russland. Die Stadt prägen zudem Anlagen der Chemie- und Maschinenbau-Industrie. Auch für die Produktion von Lebensmitteln ist Togliatti bekannt.

Als Markennamen auf den Märkten sozialistischer Länder nutzte AwtoWAS über viele Jahre „Schiguli", der Name einer nahegelegenen Bergkette. Auch die kleinen Segelboote, die auf der Wolga unterwegs waren, hießen so. Deren stilisiertes Abbild zeigt sich auch auf dem Logo. Fahrzeuge, die AwtoWAS in westliche Länder lieferte, trugen dagegen den Namen Lada. Besonders bekannt wurde Lada mit dem preiswerten Offroad-Modell Niva, das 1977 in Produktion ging. Heute spielt Lada auf den hochentwickelten Märkten nur noch eine geringe Rolle. Umso stärker ist die Position im eigenen Land. 2008 erwarb Renault ein Viertel der Aktien und hält seitdem eine Sperrminorität. Dennoch ist die wirtschaftliche Lage desolat, trotz massiver Staatshilfen. Rund 100.000 Menschen arbeiteten 2009 allein für AwtoWAS, die Zulieferer nicht mitgerechnet.

Zum Start der Automobilproduktion 1966 benötigten die Kreml-Führer einen potenten, technisch versierten westlichen Partner. Die Wahl fiel auf Fiat, nicht zuletzt, weil die italienischen Kommunisten damals großen Einfluss auf die Unternehmensführung in Turin hatten. In Folge benannten die Stadtoberen ihre bislang Stawropol-Wolschkij geheißene Stadt kurzerhand in Togliatti um. Palmiro Togliatti war ein Führer der italienischen Kommunisten, der während des Zweiten Weltkrieges in der Sowjetunion gelebt hatte und 1964 gestorben war.

Als erstes Modell adaptierte AwtoWAS mit italienischer Unterstützung deren erfolgreiches, modernes Modell 124 auf russische Verhältnisse. Als Schiguli 2101 kam er auf den Markt, und ab 1974 trat er als Lada 1200 in Deutschland an. Da die Sowjetunion keine ausreichenden Devisenmengen zur Bezahlung der Fiat-Leistungen besaß, lieferte sie Recycling-Stahl nach Italien. Doch der war wegen seines hohen Kupferanteils von derart schlechter Haltbarkeit, dass die damaligen Modelle des Fiat-Konzerns (ab 1971) in atemberaubendem Tempo rosteten – das Blech litt massiv unter seinem eingebauten Selbstzerstörungstrieb.

Die russische Abwandlung des Fiat 124 wurde in zahlreichen Varianten und Entwicklungsstufen gebaut. In Lizenz werden Lada-Modelle in Kasachstan, in der Ukraine, aber auch in Ecuador und Uruguay gefertigt. 2001 kam es unter dem Namen GM-AVTOVAZ zu einem Joint-Venture mit General Motors. 2008 stieg Renault-Nissan in das Unternehmen ein, zunächst mit 25 Prozent, baute im Laufe der Jahre das Engagement jedoch aus. Aktuell liegt das Joint-Venture auf Eis: Renault zog sich aufgrund des russischen Überfalls auf die Ukraine aus dem Russland-Geschäft zurück. Bereits 2020 hatte Lada die Verträge mit den westeuropäischen Importeuren gekündigt, angeblich wegen Problemen bei der Einhaltung der Abgasvorschriften. Ob künftig der beliebte alte Niva, der heute Taiga heißt, per Einzelvereinbarung nach Deutschland geliefert werden kann, steht noch nicht fest. Die Produktion des Lada Vesta (auf Renault/Dacia-Basis) musste inzwischen wegen fehlender Komponenten eingestellt werden. Seitdem baut Lada wieder den hoffnunglos veralteten Granta - allerdings ohne jegliche Elektronik.

LADA

Das Lada-Logo zeigt ein stilisiertes Wolga-Boot.

Bild: © Lada

Sogar im internationalen Motorsport bewegte sich Lada. 2008 startete ein Lada 110 bei der Tourenwagen-Weltmeisterschaft, an den Start brachte ihn das private Team Russian Bears Motorsport. 2009 folgte sogar ein offizielles Engagement des Herstellers unter dem Namen LADA Sport. Lada konnte zwar keine überraschenden Erfolge, jedoch immerhin mit einer Fahrt auf Platz sechs einige Weltmeisterschaftspunkte verbuchen. Gegen eigene Ankündigungen zog sich Lada jedoch nach dem Ende der Saison 2009 wieder vom Tourenwagensport zurück. 2012 war LADA Sport wieder da und startete mit dem neuen Lada Granta 1600T WTCC in einigen Läufen der World Touring Car Championship (WTCC, Tourenwagen-Weltmeisterschaft der FIA) zu Testzwecken. 2013 und 2014 fuhr LADA Sport dann jeweils die komplette Saison.

Zum Ende der Saison 2018 erklärte Lada abermals seinen Rückzug aus der WTCC.

Lada 1200 (Schiguli 2101) — 1970-1986

Es musste schon ein Tag mit Bedeutung sein: Am 22. April 1970, Lenin hätte seinen 100sten Geburtstag gefeiert, rollten die ersten Modelle des Modells Schiguli 2101 von den Bändern des AwtoWAS-Werks. Wer Rückständigkeit wittert, täuscht sich: Im Gegensatz zur italienischen Version besitzt das sowjetische Fiat-Derivat sogar eine obenliegende Nockenwelle. Zudem passten die Techniker das Fahrwerk den schlechten Bedingungen russischer Straßen an, indem sie die Bodenfreiheit erhöhten und die Abstimmung weicher wählten. AwtoWAS lieferte den Schiguli 2101 ab 1971 als Lada 1200 auch ins westliche Ausland. Ab Sommer 1972 wurde er unter Modell-Code 2102 auch als Kombi gefertigt. Ein Fünfganggetriebe oder eine General-Motors-Automatik waren ab 1986 bestellbar.

Bild: © Lada

Preise	1	2	3	4	5
1200 (VAZ 2101), L4t	11.400	7.400	4.300	1.600	800
1200 (VAZ 2102), Kom	13.300	8.600	5.000	2.000	900

Motor/Antrieb	
Bauart	Vierzylinder (Reihe)
Lage/Antrieb	Front/Heck
Hubraum in cm^3	1198
PS/min	60/5600
Vmax in km/h	ca. 140
Karosserie	
Bauart	Limousine (4-türig), Kombi (4-türig)
Tragstruktur	selbsttragend
Material	Stahlblech
Stückzahl und Marktsituation	
Produktionszahl	k. A.
Verfügbarkeit	gut
Teilesituation	sehr gut
Unterhaltskosten	niedrig

Lada 1500 (Schiguli 2103) — 1973-1984

Der Fiat 124 Special bot die Basis für den VAZ-2103, wie der Lada 1500 auf seinem Heimatmarkt hieß. Im Januar 1973 stellte der Produzent AwtoWas das neue Modell ausgerechnet in New York vor – was unterstreicht, wie groß die Exporthoffnung des sowjetischen Herstellers war. Wie sein italienisches Vorbild, das sein Debüt bereits 1968 erlebte, zeichneten den Schiguli 2103 sportliche Doppelscheinwerfer in einem verchromten Grill aus, auch sonst trug der Wagen durchaus Zierrat als Zeichen einer weltläufigen Eleganz. Der robuste 1,5-Liter-Vierzylinder leistete immerhin 77 PS, als Spitze erreichte er über 150 km/h. Eine Variante mit 1,3-Liter-Motor (69 PS) folgte.

Bild: © Lada

Preise	1	2	3	4	5
1500 (VAZ 2103), L4t	13.600	8.800	5.100	2.000	900

Motor/Antrieb	
Bauart	Vierzylinder (Reihe)
Lage/Antrieb	Front/Heck
Hubraum in cm^3	1451
PS/min	77 bei 5600
Vmax in km/h	150
Karosserie	
Bauart	Limousine (4-türig)
Tragstruktur	selbsttragend
Material	Stahlblech
Stückzahl und Marktsituation	
Produktionszahl	k. A.
Verfügbarkeit	ausreichend
Teilesituation	gut
Unterhaltskosten	niedrig

Lada 1600 (Schiguli 2106) — 1976-2005

Ab 1976 bot AwtoWas den VAZ-2106 an, der als Lada 1600 in den Export ging. Anfangs galt er als das Top-Modell der Lada-Palette mit zum Teil luxuriöser Ausstattung. Äußerlich unterschied er sich nur in einigen Details vom Lada 1500 (VAZ-2103), bot jedoch einen knapp 1,6 Liter großen Vierzylinder, der 78 PS leistete. Über die Jahre seiner Produktionszeit stattete AwtoWas das Erfolgsmodell zunehmend einfacher aus, schließlich übernahm er immer mehr die Rolle des zentralen Stückzahlmodells der Palette. Neben dem Hauptwerk in Togliatti entstand der Lada 1600 auch in drei anderen Werken, unter anderem in der Ukraine. Auch in Deutschland hatte der Lada 1600 einen kleinen Erfolg – als vollwertige Limousine zum Preis eines Kleinwagens.

Bild: © Lada

Preise	1	2	3	4	5
1600 (VAZ 2106), L4t	13.800	9.000	5.200	2.000	1.000

Motor/Antrieb	
Bauart	Vierzylinder (Reihe)
Lage/Antrieb	Front/Heck
Hubraum in cm³	1569
PS/min	78 bei 5200
Vmax in km/h	154
Karosserie	
Bauart	Limousine (4-türig)
Tragstruktur	selbsttragend
Material	Stahlblech
Stückzahl und Marktsituation	
Produktionszahl	ca. 4,4 Mio
Verfügbarkeit	ausreichend
Teilesituation	gut
Unterhaltskosten	niedrig

Lada Niva (Schiguli 2121) — 1976-heute

Mit dem Niva ist AwtoWAZ ein echter Klassiker der Moderne gelungen: Der Schiguli 2121, der in Deutschland Lada Niva und in Österreich Lada Taiga heißt, nutzt zwar Komponenten des 1976 erschienenen Schiguli 2106, einer Abwandlung des Fiat 124, doch Karosserie, der permanente Allradantrieb mit seiner zuschaltbaren Differenzialsperre und Geländereduktion sowie die Vorderachse entstammen der eigenen Entwicklung. Der Niva gilt als ordentlicher Kletterer. 1985 erhielt er ein Fünfganggetriebe, zeitweise war ein 1,9-Liter-Peugeot-Diesel lieferbar. 1995 folgte ein sanftes Facelift, zugleich ersetzte ein 1,7-Liter-Motor mit G-Kat das bisherige 1600er-Aggregat. 2004 brachte eine neue Bosch-Einspritzung den Motor wieder auf den damals aktuellen Abgas-Stand.

Bild: © Lada

Preise	1	2	3	4	5
Niva 1.6 (1976-1987), Glw	15.900	9.900	4.700	2.200	800

Motor/Antrieb	
Bauart	Vierzylinder (Reihe)
Lage/Antrieb	Front/4x4
Hubraum in cm³	1569,1690, 1905
PS/min	65/4600 bis 80/5000
Vmax in km/h	130 bis138
Karosserie	
Bauart	Kombi (2-türig)
Tragstruktur	selbsttragend
Material	Stahlblech
Stückzahl und Marktsituation	
Produktionszahl	k. A.
Verfügbarkeit	sehr gut
Teilesituation	sehr gut
Unterhaltskosten	niedrig

Lada Nova (Schiguli 2104, 2105, 2107) — 1980-2012

Der Fiat 124 hatte sich für AwtoWAS als gute Wahl erwiesen. 1980 kam eine weitere überarbeitete Version auf den Markt, die in den sozialistischen Bruderländern als Schiguli 2104 (Kombi-Modell), 2105 (Stufenheck-Version) und 2107 (eine etwas luxuriösere Ausführung) verkauft wurde. Auf einigen Märkten Westeuropas stand er dagegen als Lada Nova bei den Händlern, in England allerdings hieß er Lada Riva – auf der britischen Insel gelangen den Russen erstaunliche Verkaufserfolge. Sogar in Kanada war der Wagen im Angebot, hier trug er die Namen Lada 1500 und Signet. Als auffälligstes Merkmal hatte der Nova neue Rechteck-Scheinwerfer erhalten, unterm Blech blieb er der alten Technik weitgehend treu. 1992 erhielt der Nova eine Einspritzanlage sowie Katalysatoren.

Bild: © Ralf Christian Kunkel

Preise	1	2	3	4	5
Nova 1.3 (VAZ 2105), L4t	9.500	6.200	3.500	1.400	700
Nova 1.5 (VAZ 2104), Kom	14.300	9.300	5.400	2.100	1.000
Nova 1.7 (VAZ 2107), L4t	12.400	8.100	4.600	1.800	900

Motor/Antrieb	
Bauart	Vierzylinder (Reihe)
Lage/Antrieb	Front/Heck
Hubraum in cm³	1198, 1294, 1452, 1569
PS/min	60/5600 bis 78/5400
Vmax in km/h	135 bis 157
Karosserie	
Bauart	Limousine (4-türig), Kombi (4-türig)
Tragstruktur	selbsttragend
Material	Stahlblech
Stückzahl und Marktsituation	
Produktionszahl	k. A.
Verfügbarkeit	sehr gut
Teilesituation	sehr gut
Unterhaltskosten	niedrig

Lada Samara (WAS-2108, WAS-2109, WAS-21099) — 1984-2013

Mit dem Samara brach für Lada 1984 die Moderne an: Er war das erste Modell mit Frontantrieb und stellt im Prinzip den Nachfolger des Lada Nova dar, den UdSSR-Lizenzbau des Fiat 124. Porsche spielte als Entwicklungspartner bei der Motorkonstruktion eine tragende Rolle. Lada bot den Samara zunächst als Dreitürer (Typ 2108) an, ein Fünftürer (Typ 2109) folgte 1986, eine Limousine mit klassischem Stufenheck 1991 (Typ 21099). Ab 1997 fertigte Lada den Samara nicht nur im heimischen Togliatti, sondern hatte zudem den finnischen Spezialisten Valmet Automotive mit der Fertigung des Typ 2109 beauftragt, der unter dem Namen Lada Baltic vertrieben wurde – und in Finnland neben dem Opel Calibra sowie dem Saab 900 gebaut. Sie unterschieden sich durch einen Fahrerairbag sowie ein anderes Armaturenbrett vom russischen Samara. Mitte 2004 endete der Samara-Import nach Deutschland.

Bild: © Lada

Preise	1	2	3	4	5
Samara 1.3 (65 PS), L3t	k.N.	2.900	1.400	500	k.N.

Motor/Antrieb	
Bauart	Vierzylinder (Reihe)
Lage/Antrieb	Front/Front
Hubraum in cm³	1100, 1288, 1500
PS/min	55/5600 bis 75/5600
Vmax in km/h	139 bis 156
Karosserie	
Bauart	Limousine (2-/4-türig), Cabrio
Tragstruktur	Selbsttragend
Material	Stahlblech
Stückzahl und Marktsituation	
Produktionszahl	k.A.
Verfügbarkeit	sehr gut
Teilesituation	gut
Unterhaltskosten	niedrig

Lagonda (GB) • 1905-1963

Schwere Tourenwagen und Sportmodelle kennzeichneten das Lagonda-Markenprogramm vor dem Zweiten Weltkrieg. Firmengründer Wilbur Gunn jubelte 1935 über den Sieg seiner Marke bei den 24 Stunden von Le Mans.

Den ersten Nachkriegs-Lagonda hatte W. O. Bentley konstruiert. Doch bevor das Geschäft wieder richtig anlaufen konnte, hatten sich finanzielle Probleme angestaut. Der Industrielle David Brown kaufte das Unternehmen 1945 auf und führte es mit Aston Martin in Newport Pagnell zu einer Marke zusammen.

1958 wurde die Lagonda-Produktion eingestellt, doch mit dem Rapide läutete man 1961 eine Wiedergeburt ein. Bis 1963 entstanden allerdings nur 55 Exemplare der schnellen Limousine. Als Sondermodell der Marke Aston Martin erschien dann 1974 abermals ein Fahrzeug mit dem Schriftzug Lagonda.

Bild: © Jürgen Schlegelmilch

Lagonda 2 1/2 Litre 1947-1953

Dieses Modell wurde ab 1947 gebaut, zuerst in Einzelfertigung und ab 1949 in Serie. Es gab den Wagen als fünfsitzige Limousine und als Cabriolet. Bemerkenswert ist die X-förmige Rahmenkonstruktion mit einer darüberliegenden Plattform. Eine rundum unabhängige Einzelradaufhängung war zu dieser Zeit noch sehr ungewöhnlich, der Lagonda bot jedoch auch dieses Merkmal. Neuheit auf der Insel war auch das halbautomatische Cotal-Getriebe, in der Serie wurden sie allerdings selten eingebaut – übliche Viergang-Modelle dominierten. Der Lagonda-Motor, wie schon der Rahmen von W. O. Bentley konstruiert, wurde später für die Aston-Martin-Modelle übernommen.

Preise	1	2	3	4	5
2,5 Litre, L4t	35.000	27.000	17.000	8.500	4.500
2,5 Litre, Cab	105.000	77.500	46.400	29.700	9.700

Motor/Antrieb	
Bauart	Sechszylinder (Reihe)
Lage/Antrieb	Front/Heck
Hubraum in cm^3	2580
PS/min	105/5000
Vmax in km/h	150
Karosserie	
Bauart	Limousine (4-türig), Cabriolet
Tragstruktur	Kastenrahmen
Material	Stahlblech
Stückzahl und Marktsituation	
Produktionszahl	550
Verfügbarkeit	gegen null
Teilesituation	schwierig
Unterhaltskosten	hoch

Lagonda 3 Litre 1953-1958

Im Oktober 1953 präsentierte Lagonda den Nachfolger des 2 1/2 Litre mit komplett neuer Karosserie. Mit moderner Coupéform, später auch als Cabriolet und als viertürige Limousine, wurde der 3 Litre von einem etwas leistungsreduzierten Aston Martin DB3 S-Motor befeuert. Ab 1957 gab es nur noch den Viertürer. Die knapp fünf Meter langen, überaus sportlich-noblen Fahrzeuge kamen zu sehr stolzen Preisen auf den Markt. 1958 wurde die Lagonda-Produktion vorläufig eingestellt: Der Besitzer David Brown wollte sich auf seine zweite Marke Aston Martin konzentrieren.

Preise	1	2	3	4	5
3,0 Litre, L4t	72.600	46.800	29.800	14.500	8.100
3,0 Litre, Cab	148.000	108.000	78.000	33.000	17.000

Motor/Antrieb	
Bauart	Sechszylinder (Reihe)
Lage/Antrieb	Front/Heck
Hubraum in cm^3	2922
PS/min	142/5000
Vmax in km/h	165
Karosserie	
Bauart	Coupé, Cabriolet, Limousine (4-türig)
Tragstruktur	Kastenrahmen
Material	Stahlblech
Stückzahl und Marktsituation	
Produktionszahl	430
Verfügbarkeit	gegen null
Teilesituation	schwierig
Unterhaltskosten	hoch

Lagonda Rapide 1961-1964

Ende 1961 stellte Lagonda den luxuriösen Rapide vor. Touring in Mailand fertigte die viertürige Karosserie in Superleggera-Bauweise auf Basis eines verlängerten Chassis des Aston Martin DB 4. Von diesem Modell stammte auch der Motor, der hier 236 bhp leistete. Er war auf besonders weichen Lauf ausgelegt, leistete dafür ein paar PS weniger im Vergleich zum 3,7-Liter-Aston Martin. Hinten sorgte eine DeDion-Aufhängung für adäquate Straßenlage, eine Zweikreis-Servo-Bremsanlage sicherte gute Verzögerung. Die Kraftübertragung übernahm eine Borg Warner-Dreistufen-Automatik, nur sieben Exemplare erhielten ein Viergang-Schaltgetriebe. Insgesamt ließen sich nur 55 Rapide verkaufen.

Preise	1	2	3	4	5
Rapide, L4t	200.000	140.000	114.000	k.N.	k.N.

Motor/Antrieb	
Bauart	Sechszylinder (Reihe)
Lage/Antrieb	Front/Heck
Hubraum in cm^3	3995
PS/min	236/5000
Vmax in km/h	200
Karosserie	
Bauart	Limousine (4-türig)
Tragstruktur	Rohrrahmen
Material	Aluminium
Stückzahl und Marktsituation	
Produktionszahl	55
Verfügbarkeit	gegen null
Teilesituation	schwierig
Unterhaltskosten	hoch

Bild: © Jürgen Schlegelmilch

Lamborghini (I) • seit 1963

Aus einer kleinen Reparaturwerkstatt in der Nähe Bolognas baute Ferruccio Lamborghini eine Sportwagenmarke von Weltruf auf. Kurz nach dem Zweiten Weltkrieg hatte er zunächst mit dem Bau von Traktoren begonnen, der Erfolg nahm ab 1952 stetig zu. Das Unternehmen baute eigene Motoren, zudem war der agile Ferruccio Lamborghini mit Heizungen und Klimaanlagen erfolgreich.

Bild: © Lamborghini

Eine „Hommage an das Erbe" der Marke: Im August 2021 präsentierte Lamborghini den LPI 800-4 „New Countach".

Bild: © Lamborghini

Als Plug-in-Hybrid setzte der Lamborghini Temerario neue Zeichen. Sein Name stammt wieder von einem Kampfstier, wie es die Tradition der Marke will.

Der Unternehmer ärgerte sich der Legende nach über Ferrari und beschloss, einen besseren Sportwagen zu bauen. 1963 präsentierte die Marke mit dem Stier im Wappen – Lamborghinis Sternzeichen – ihren ersten exklusiven Sportwagen mit hochkarätiger Zwölfzylindertechnik. In Sant' Agata Bolognese errichtete Lamborghini ein neues Werk, wo mit Hilfe von Giotto Bizzarrini und Giampaolo Dallara sowie namhaften Zulieferern ein konkurrenzfähiges Projekt entstand. Wenig später sorgte der Miura für weltweites Aufsehen.

1972 verkaufte Lamborghini 51 Prozent seiner Anteile und zog sich wenig später auf sein Weingut zurück. 1978 kam der Konkursverwalter nach Sant' Agata Bolognese, zwei Jahre später wurde eine neue Firma namens Nuova Automobili Ferruccio Lamborghini gegründet. 1998 übernahm Audi die Marke und baute in Folge das Modellprogramm strategisch aus. Bei der Technologie kann Lamborghini seither die Ressourcen des Volkswagen-Konzerns nutzen und auf Synergien setzen. So entstanden beispielsweise bereits die Karosserien für den Gallardo in Neckarsulm, und der aktuelle Lamborghini-SUV mit dem Namen Urus baut auf dem modularen Längsbaukasten auf, den auch Audi Q7, Bentley Bentayga oder Porsche Cayenne nutzen. Seit 2025 hat Lamborghini mit dem Temerario einen Plug-in-Hybriden im Programm. Er folgt dem Huracán nach. Seinen über 10.000 Touren drehenden Vier-Liter-V8 befeuern zwei Turbolader, die drei Elektromotoren ergänzen. Die Systemleistung liegt bei 920 PS. Geschaltet wird mit einem Achtgang-Doppelkupplungsgetriebe.

Bild: © Lamborghini

Vorbild Ferrari: Neben der Produktion von Straßenautos belieferte Lamborghini Engineering von 1989 bis 1993 sogar eine Reihe unterschiedlicher Formel-1-Teams mit Zwölfzylindermotoren.

Lamborghini 350 GT — 1963-1966

Ferruccio Lamborghini wusste um die Stärken und Schwächen des von ihm angepeilten Konkurrenten. Wie Ferrari setzte er daher auf Zwölfzylindertechnik bei den Motoren, versuchte aber, den bereits etablierten Konkurrenten mit verfeinerter Technik zu überbieten. Vier obenliegende Nockenwellen bezeugten das Bemühen ebenso wie das Fahrwerk, das auch hinten über Einzelradaufhängung verfügte. So erregte der 350 GT als Cabrio und Coupé durchaus einiges Aufsehen, auch wenn bei der Produktion noch die Routine fehlte und Lamborghini formal mit diesem ersten Fahrzeug noch keine vollendete Ausgewogenheit erreichte. Die neue Sportwagenmarke erwies sich bald als Gegner mit viel Durchhaltewillen – 129 verkaufte 350 GT waren mehr als ein Achtungserfolg.

Bild: © Lamborghini

Preise	1	2	3	4	5
350 GT, Cpe	670.000	430.000	280.000	k.N.	k.N.

Motor/Antrieb	
Bauart	V12
Lage/Antrieb	Front/Heck
Hubraum in cm^3	3464
PS/min	270/6500 bis 360/8000
Vmax in km/h	260 bis 280
Karosserie	
Bauart	Coupé, Cabriolet
Tragstruktur	teilw. selbsttragend
Material	Stahlblech
Stückzahl und Marktsituation	
Produktionszahl	129
Verfügbarkeit	gegen null
Teilesituation	sehr schwierig
Unterhaltskosten	hoch

Lamborghini 400 GT — 1965-1968

Nach dem 350 GT mit 3,5 Litern Hubraum erschien bereits 1965 der überarbeitete 400 GT. Mit nun vier Litern Hubraum war die Leistung des aufwändigen Zwölfzylindermotors auf satte 320 PS gestiegen. Das Fahrzeug war aber dadurch nicht nur schneller, sondern auch besser geworden. Vor allem in der Detail- und Verarbeitungsqualität zeigten sich die Fortschritte, die auch die Kunden zunehmend honorierten. Äußerlich an Doppelscheinwerfern zu identifizieren, machten ein neu gestaltetes Armaturenbrett und verbesserte Sitze das Leben mit dem Supersportler noch angenehmer. Bis 1968 ließen sich immerhin 273 dieser von Touring gezeichneten und in Superleggera-Bauweise gefertigten Cabriolets und Coupés an den Kunden bringen.

Bild: © Lamborghini

Preise	1	2	3	4	5
400 GT (2+2), Cpe	650.000	420.000	270.000	k.N.	k.N.

Motor/Antrieb	
Bauart	V12
Lage/Antrieb	Front/Heck
Hubraum in cm^3	3929
PS/min	320/6500
Vmax in km/h	270
Karosserie	
Bauart	Coupé, Cabriolet
Tragstruktur	teilw. selbsttragend
Material	Stahlblech
Stückzahl und Marktsituation	
Produktionszahl	273
Verfügbarkeit	gegen null
Teilesituation	schwierig
Unterhaltskosten	hoch

Lamborghini Miura P 400, Miura S und SV 1966-1973

Statt den Zwölfzylinder vorn unter der Haube zu tragen, fand sich beim Miura das leistungsstarke Aggregat quer vor der Hinterachse eingebaut. Nicht nur deshalb sorgte der Wagen für Aufsehen. Herausragend war das faszinierende Design der halbselbsttragenden Karosserie, die Bertone entworfen hatte. Der extrem flache Renner zeigte sich sehr handlich und kurvengierig, litt jedoch unter einem nervösen Geradeauslauf, einer hakeligen Schaltung und quälte die Insassen mit einer unbequemen Sitzposition. So ließ der Verkaufserfolg nach anfänglicher Begeisterung nach, auch wenn die Leistung von 350 auf 385 PS gestiegen war und den Miura zu einem der schnellsten Straßensportwagen seiner Zeit machte.

Bild: © Lamborghini

Preise	1	2	3	4	5
Miura P400, Cpe	1.850.000	1.500.000	1.150.000	k.N.	k.N.
Miura P400 S, Cpe	2.100.000	1.650.000	1.300.000	k.N.	k.N.
Miura P400 SV, Cpe	3.500.000	2.800.000	2.300.000	k.N.	k.N.

Motor/Antrieb	
Bauart	V12
Lage/Antrieb	Mitte/Heck
Hubraum in cm^3	3929
PS/min	350/7000 bis 385/7850
Vmax in km/h	290 bis 300
Karosserie	
Bauart	Coupé
Tragstruktur	teilw. selbsttragend
Material	Aluminium
Stückzahl und Marktsituation	
Produktionszahl	474, 140, 150
Verfügbarkeit	schlecht
Teilesituation	ausreichend
Unterhaltskosten	hoch

Lamborghini Espada 1968-1978

Lamborghini ließ sich nicht dazu verführen, einen Viertürer zu bauen. Dennoch bot er ein familientaugliches Auto an, den Espada. Den ganz im Gegensatz zum im selben Jahr präsentierten Islero futuristisch wirkenden Wagen hatte Bertone gezeichnet, und er wurde ein großer Erfolg. In gut zehn Baujahren ließ sich der zweitürige Viersitzer über 1200 mal absetzen und war damit viel erfolgreicher als Quattroporte, Fidia oder Deauville. Was für die sportlichen Coupés von Lamborghini galt, stimmt auch für den Espada, der neu einen hohen Preis kostete. Guten Gegenwert bot die extravagante Erscheinung, die dank des bewährten und leistungsstarken Zwölfzylindermotors mit exzellenten Fahrleistungen aufwarten konnte. Heute zählt er zu den individuellsten Klassikern der 1970er Jahre.

Bild: © Lamborghini

Preise	1	2	3	4	5
Espada Ser. 1, Cpe	201.000	147.000	102.000	57.000	k.N.
Espada Ser. 2, Cpe	185.000	135.000	94.000	52.000	k.N.
Espada Ser. 3, Cpe	158.000	116.000	80.000	45.000	k.N.

Motor/Antrieb	
Bauart	V12
Lage/Antrieb	Front/Heck
Hubraum in cm^3	3929
PS/min	325/6500 bis 350/7500
Vmax in km/h	250
Karosserie	
Bauart	Coupé
Tragstruktur	selbsttragend
Material	Stahlblech
Stückzahl und Marktsituation	
Produktionszahl	1217
Verfügbarkeit	ausreichend
Teilesituation	ausreichend
Unterhaltskosten	hoch

L

Lamborghini Islero, Islero S 1968-1969

Das äußerlich geradezu schlicht anmutende Coupé hatte es faustdick unter der Haube: Wie beim Vorgänger, dem 400 GT, sorgte der Zwölfzylindermotor für Musik. Die Marke hatte sich in erstaunlich kurzer Zeit am Markt etabliert und bot mit dem Islero ein perfektes Auto für bekennende Understatement-Jünger. Wem statt eines springenden Pferdes auch ein Kampfstier zusagte, der fand bei Lamborghini neben viel Leistung ein komfortables Interieur mit elektrischen Fensterhebern, leichtgängiger Servolenkung und serienmäßiger Klimaanlage. Das aufwändige Fahrwerk mit vier Scheibenbremsen verdaute auch die Kraftkur von 1969 gut, als der Islero S mit 350 PS eingeführt wurde. Der Motor zeigte sich trotz hoher Drehzahlen inzwischen als recht ausgereift.

Bild: © Lamborghini

Preise	1	2	3	4	5
Islero GT, Cpe	315.000	265.000	180.000	k.N.	k.N.
Islero GTS, Cpe	320.000	268.000	181.000	k.N.	k.N.

Motor/Antrieb	
Bauart	V12
Lage/Antrieb	Front/Heck
Hubraum in cm^3	3929
PS/min	320/6500 bis 350/7500
Vmax in km/h	260 bis 265
Karosserie	
Bauart	Coupé
Tragstruktur	Rohrrahmen
Material	Stahlblech
Stückzahl und Marktsituation	
Produktionszahl	225
Verfügbarkeit	schlecht
Teilesituation	schwierig
Unterhaltskosten	hoch

Lamborghini Jarama 400 GT, Jarama S 1970-1978

Ein kürzerer Radstand sorgte beim Nachfolger des Islero für eine weit verbesserte Handlichkeit. Es war wiederum Bertone, der das Blechkleid des Jarama entworfen hatte, doch die langen vorderen und hinteren Überhänge zählen zu den Schwächen der Linienführung. Der knapp geschnittene 2+2-Sitzer hatte den markentypischen Zwölfzylinder mit zunächst 350 PS unter der Haube, das 1973 eingeführte Modell Jarama S kam sogar auf 365 PS. Die zurückhaltende Eleganz verführte jedoch trotz neunjähriger Bauzeit nur 327 Käufer zu diesem Modell, das wie der Espada in selbsttragender Bauweise karossiert war.

Bild: © Lamborghini

Preise	1	2	3	4	5
Jarama 400 GT, Cpe	181.000	125.000	73.000	44.000	k.N.
Jarama 400 GTS, Cpe	190.000	131.000	77.000	47.000	k.N.

Motor/Antrieb	
Bauart	V12
Lage/Antrieb	Front/Heck
Hubraum in cm^3	3929
PS/min	350/7500 bis 365/7500
Vmax in km/h	255
Karosserie	
Bauart	Coupé
Tragstruktur	selbsttragend
Material	Stahlblech
Stückzahl und Marktsituation	
Produktionszahl	327
Verfügbarkeit	schlecht
Teilesituation	ausreichend
Unterhaltskosten	hoch

Lamborghini Urraco P 250 und 300 — 1970-1979

Zusätzlich zu den in gewisser Weise etablierten Zwölfzylinder-Fahrzeugen bot Lamborghini ab 1970 auch ein kleines Modell mit Achtzylindermotor an. Dieses Triebwerk mit zwei obenliegenden Nockenwellen pro Zylinderbank schwächte allerdings die Markenreputation durch Unausgereiftheit. Zudem belasteten erhebliche Verarbeitungsmängel den Ruf der Marke. Doch die Qualität konnte schnell gesteigert werden: Die Dreiliter-Version des V8 war schon wesentlich zuverlässiger. Das Mittelmotorcoupé wurde in selbsttragender Bauweise gefertigt und bot zur Not auch vier Personen Platz. Mit 776 gebauten Urracos war Lamborghini allerdings längst nicht so erfolgreich wie Ferrari mit dem Dino 308.

Bild: © Lamborghini

Preise	1	2	3	4	5
Urraco P 250, Cpe	153.000	106.000	63.000	28.000	k.N.
Urraco P 300, Cpe	174.000	118.000	74.000	33.000	k.N.

Motor/Antrieb	
Bauart	V8
Lage/Antrieb	Mitte/Heck
Hubraum in cm³	2463, 2996
PS/min	220/7500 bis 265/7500
Vmax in km/h	240 bis 260
Karosserie	
Bauart	Coupé
Tragstruktur	selbsttragend
Material	Stahlblech
Stückzahl und Marktsituation	
Produktionszahl	776
Verfügbarkeit	ausreichend
Teilesituation	schwierig
Unterhaltskosten	hoch

Lamborghini Countach LP 400 — 1974-1979

Nichts war von der aufregend rundlichen Erscheinung des Miura geblieben: Der Countach war entsprechend dem Zeitgeschmack äußerst kantig-futuristisch gestylt. Auffällig gerieten die großen Lufteinlässe zur Beatmung und Kühlung des potenten Zwölfzylinders, Aufsehen erregend die vorn in der keilförmigen Karosserie angeschlagenen Flügeltüren. Anders als beim Vorgänger war das Triebwerk nun längs hinter dem Rücken der Passagiere installiert. Die Fahrleistungen lagen mit einer Spitze von 300 km/h nochmals über den Werten des Miura, der ja schon nicht von Schwächlichkeit geprägt war. 150 verkaufte Countach sicherten die wirtschaftliche Existenz des Kleinserienherstellers, der bei diesem Modell auf eine Karosserie aus Stahl und Aluminium setzte, die von einem Rohrrahmen getragen wurde.

Bild: © Lamborghini

Preise	1	2	3	4	5
Countach LP 400, Cpe	1.200.000	860.000	610.000	410.000	k.N.
Countach LP 400 S, Cpe	940.000	620.000	460.000	230.000	k.N.

Motor/Antrieb	
Bauart	V12
Lage/Antrieb	Mitte/Heck
Hubraum in cm³	3929
PS/min	385/8000
Vmax in km/h	300
Karosserie	
Bauart	Coupé
Tragstruktur	Rohrrahmen
Material	Stahlblech/Aluminium
Stückzahl und Marktsituation	
Produktionszahl	150
Verfügbarkeit	schlecht
Teilesituation	ausreichend
Unterhaltskosten	hoch

Lamborghini Silhouette, Jalpa — 1976-1986

Ganz aufgeben wollte Lamborghini das Konzept des Achtzylinder-Sportlers nicht. Stark überarbeitet wurde aus dem Urraco zunächst der Silhouette, bei dem auf die doch weitgehend funktionslosen Notsitze verzichtet wurde. Ein herausnehmbares Dachteil sorgte hingegen für mehr Fahrvergnügen, das Interieur zeigte sich komplett überarbeitet. Doch diese Bemühungen schlugen sich nicht in einem Verkaufserfolg nieder. Also gingen die Lamborghini-Entwickler noch einmal in Klausur und präsentierten 1981 den wiederum modifizierten Jalpa, dessen Motor mit 3,5 Litern Hubraum größer und mit 270 PS auch etwas stärker geworden war. Erstaunlicherweise fand sich unter der Haube immer noch eine Vergaseranlage zur Gemischaufbereitung, obwohl die Einspritztechnik in den meisten Motoren längst zum Standard geworden war.

Bild: © Lamborghini

Preise	1	2	3	4	5
Urraco Silhouette, HD	249.000	170.000	105.000	49.000	k.N.
Jalpa 3500, HD	129.000	86.000	71.000	33.000	k.N.

Motor/Antrieb	
Bauart	V8
Lage/Antrieb	Mitte/Heck
Hubraum in cm³	2996, 3485
PS/min	255/7000 bis 270/7500
Vmax in km/h	250 bis 265
Karosserie	
Bauart	Coupé
Tragstruktur	selbsttragend
Material	Stahlblech
Stückzahl und Marktsituation	
Produktionszahl	54, 250
Verfügbarkeit	gegen null
Teilesituation	schwierig
Unterhaltskosten	hoch

Lamborghini LM002 — 1986-1993

1986 fielen rasende Geländewagen noch auf: Lamborghini zeigte mit dem über 220 km/h schnellen LM002, was machbar war, wenn man die Grenzen der Vernunft nicht akzeptiert. 1982 stand der LM002 als Prototyp auf dem Genfer Salon. Er überraschte als riesige, enorm kantige und brutale Plastik, der Lamborghini den V12-Motor des Countach unters Blech geschraubt hatte. Innen ging es sehr eng zu, und statt eines Kofferraumes gab es eine kleine Ladefläche im Freien – ein Sinn fand sich im LM002 kaum. Er war Überbleibsel eines Versuchs, dem amerikanischen Militär Ende der 1970er Jahre einen neuen Geländewagen zu verkaufen. Doch die Ausschreibung gewann das HMMWV, das später als Hummer zivil wurde. Das gescheiterte Projekt übernahm Lamborghini. Doch selbst reiche Scheichs griffen nur verhalten zu – mehr als 301 Exemplare ließen sich nicht verkaufen.

Bild: © Lamborghini

Preise	1	2	3	4	5
LM 002, Glw	k.N.	288.000	182.000	115.000	k.N.

Motor/Antrieb	
Bauart	V12
Lage/Antrieb	Front/4x4
Hubraum in cm³	5167
PS/min	420/6800 bis 450/6800
Vmax in km/h	ca. 220
Karosserie	
Bauart	Pickup (4-türig)
Tragstruktur	Rohrrahmen
Material	Aluminium
Stückzahl und Marktsituation	
Produktionszahl	301
Verfügbarkeit	schlecht
Teilesituation	ausreichend
Unterhaltskosten	hoch

Lamborghini Diablo 1990-2001

Der Teufel, so heißt Diablo auf deutsch, kam 1990 als Nachfolger des Countach auf den Markt, also zu Zeiten, in denen Lamborghini noch zu Chrysler gehörte. Über 5,7 Liter Hubraum maß nun der hauseigene V12-Motor, der mit seinen zunächst 492 PS unmittelbar hinter den zwei Sitzen tobte. 1993 folgte eine Variante namens Diablo VT, die über Allradantrieb und ein elektronisch gesteuertes Fahrwerk verfügte, zwei Jahre später folgte eine Roadster-Ausführung des Diablo. Der Diablo SV kam 1995, besaß etwas mehr Leistung, blieb aber beim Heckantrieb. 1999 fielen nach einem Facelift unter anderem die Klappscheinwerfer weg, zudem montierte Lamborghini im Diablo den grundlegend erneuerten, nun 6,0 Liter großen V12-Motor.

Bild: © Lamborghini

Preise	1	2	3	4	5
Diablo VT, Cpe	280.000	201.000	144.000	k.N.	k.N.

Motor/Antrieb	
Bauart	V12
Lage/Antrieb	Mitte/Heck/4x4
Hubraum in cm^3	5707, 5992
PS/min	492/7000 bis 590/7300
Vmax in km/h	325 bis 338
Karosserie	
Bauart	Coupé, Cabriolet
Tragstruktur	Rohrrahmen
Material	Aluminium, Karbonfiber
Stückzahl und Marktsituation	
Produktionszahl	2903
Verfügbarkeit	gut
Teilesituation	gut
Unterhaltskosten	hoch

Lancia (I) • seit 1906

Vincenzo Lancia, 1881 geborener Sohn eines reichen Konservenfabrikanten, arbeitete zunächst als Buchhalter und später für Fiat als Rennfahrer und Versuchsleiter, bevor er sich mit einer eigenen Firma selbständig machte. Der 29. November 1906 gilt als Gründungsdatum des Automobilunternehmens, das Lancia zusammen mit Claudio Fogolin gestartet hatte. 1907 konnte Lancia sein erstes Automobil als Prototyp vorstellen, einen 12 HP-Wagen, der als „Alpha" bekannt wurde.

Ihre fortschrittliche Technik machte die Lancia-Wagen schnell berühmt: 1913 verfügten sie bereits über elektrische Beleuchtung und einen Anlasser. 1922 zeigte die Firma die erste weitgehend selbsttragende Karosserie der Welt, die mit dem Lambda dann auch in Serie ging. Mit seinen eleganten, konstruktiv oft brillanten Entwürfen erwarb sich Lancia einen hervorragenden Ruf.

In den frühen 1950er Jahren war Lancia im Motorsport erfolgreich, sogar in der Formel 1. Nach dem tödlichen Unfall von Vertragsfahrer Alberto Ascari, der 1955 starb, stellte das Werk die Beteiligung am Rennsport jedoch wieder ein.

1959 kaufte der Zementfabrikant Pesenti die finanziell angeschlagene Marke. Doch auch ihm fehlte das Glück. 1969 übernahm Fiat das Kommando bei Lancia. Teilweise exquisite Entwürfe brachten keine große Resonanz, auch wenn die Rallye-Erfolge der Modelle Stratos und Delta den Namen Lancia nochmals in alle Welt trugen.

Bild: © I-LA

Vincenzo Lancia (1881-1937) war Rennfahrer, Konstrukteur und Gründer des Autoherstellers Lancia.

Im Sommer 2009 hatte Fiat die Kontrolle über Chrysler gewonnen. Damit änderte Fiat auch die Strategie für seine Marke Lancia: Lancia kooperierte nun mit Chrysler. Ab 2011 folgten als neue Lancia-Modelle Flavia, Thema und Voyager auf Basis von Chrysler-Entwicklungen. Die Marke Lancia lebte jedoch nur in Teilen Europas weiter – mit geringem Erfolg. Ab 2015 war ist der Ypsilon das einzige Modell der Marke, bis 2017 war es in Deutschland noch erhältlich. Mit dem 2024 vorgestellten neuen, deutlich größeren Modell Ypsilon meldet sich Lancia wieder zurück. Er soll auch außerhalb Italiens angeboten werden, auch in Deutschland. Gebaut wird er in Spanien parallel zum Opel Corsa F. Auch in den Rallyesport wird Lancia wieder einsteigen: Eine Rückkehr mit dem Ypsilon Rally2 HF Integrale in Rallye-Weltmeisterschaft steht bereits fest. Debüt ist im Januar 2026 anlässlich der Monte Carlo Rallye. Bereits seit 2021 gehört Lancia zur Stellantis-Gruppe mit Sitz in den Niederlanden.

Lancia Lambda Serie I bis Serie IX 1923-1931

Lancia stellte das neue Modell Lambda 1922 auf dem Pariser Salon vor, wo man es mit größtem Interesse aufnahm. Kein Wunder: Vordere Einzelradaufhängung und eine leichte, weil selbsttragende Karosserie – Vincenzo Lancia besaß ein Patent für den aus gepressten Blechen gefertigten Rahmen – wiesen weit in die Zukunft. Eine für die damalige Zeit hervorragende Straßenlage und beeindruckende Fahrleistungen sicherten dem Lancia, der in neun Serien gebaut worden ist, dauerhaften Erfolg. Angetrieben wurde er von einem kompakten V4, der einen Zylinderwinkel von nur 13 Grad aufwies. Eine Königswelle trieb die obenliegende Nockenwelle an. Als weiteres, in den frühen Zwanzigern noch nicht selbstverständliches Extra besaß der Lambda Vorderradbremsen.

Bild: © Lancia

Preise	1	2	3	4	5
Lambda, Tou	210.000	125.000	87.000	45.000	k.N.

Motor/Antrieb	
Bauart	V4
Lage/Antrieb	Front/Heck
Hubraum in cm^3	2120, 2370, 2570
PS/min	50/3250, 59/3250, 69/3500
Vmax in km/h	115 bis 120
Karosserie	
Bauart	Tourer, Limousine, Roadster
Tragstruktur	selbsttragend
Material	Stahlblech, Holz/Kunstleder
Stückzahl und Marktsituation	
Produktionszahl	rund 13.000
Verfügbarkeit	gegen null
Teilesituation	sehr schwierig
Unterhaltskosten	hoch

L

Lancia Aprilia 1937-1949

Mit vier einzeln aufgehängten Rädern und einer im Windkanal des Turiner Polytechnikums aerodynamisch optimierten, selbsttragenden Karosserie, setzte der Aprilia 1937 einen weiteren wichtigen Meilenstein in der Geschichte der Marke. Der leichte Wagen verfügte über eine 1352 ccm große Version des kompakten Vierzylinder-V-Motors, dessen enger Zylinderwinkel die Verwendung eines einzelnen Zylinderkopfs ermöglichte und der von den 1920er bis in die 1970er Jahre als Markenzeichen der kleinen Lancia-Modelle galt. Das gute Fahrwerk und die windschlüpfige Karosserie verhalfen dem Aprilia zu außergewöhnlichen Fahrleistungen. Die erste Serie von gut 10.000 Fahrzeugen wurde von 1937 bis 1939 gebaut. Die zweite Serie war mit einem auf 1,5 Liter Hubraum vergrößerten Triebwerk ausgestattet und wurde bis 1949 in über 11.000 Exemplaren hergestellt. Hinzu kamen knapp 7000 rollende Chassis aus beiden Serien, die von italienischen Karosseriebauern mit Coupé- und Cabriolet-Aufbauten versehen wurden.

Bild: © Lancia

Preise	1	2	3	4	5
Aprilia 1500, L4t	48.100	28.800	19.200	8.200	4.400

Motor/Antrieb	
Bauart	V4
Lage/Antrieb	Front/Heck
Hubraum in cm³	1352, 1486
PS/min	48/4300
Vmax in km/h	126
Karosserie	
Bauart	Limousine (4-türig)
Tragstruktur	selbsttragend
Material	Stahlblech
Stückzahl und Marktsituation	
Produktionszahl	ca. 21.000
Verfügbarkeit	sehr schwierig
Teilesituation	sehr gut
Unterhaltskosten	mittel

Lancia Aurelia B10, B12, B15, B20, B21 1950-1954

Dem technischen Anspruch der Marke folgend, zeigte auch das 1950 eingeführte Modell Aurelia feinste Technik. Der Sechszylinder-V-Motor bot zunächst nur knapp 1,8 Liter Hubraum, wurde jedoch im Laufe der Baujahre bald auf zwei, später auch 2,3 Liter vergrößert. Die Leistung wuchs von 57 auf knapp 85 PS und sorgte für ansehnliche Fahrleistungen. Unter der selbsttragenden Stahlblechkarosserie fanden sich eine aufwändige DeDion-Hinterachse, ein am Differenzial verblocktes Getriebe sowie innenliegende Bremsen. Trotz eleganter Linienführung zeigte die Karosserie mit ihren auffälligen Kotflügelausbuchtungen noch Anklänge an frühere Zeiten. Mit weniger als 13.000 verkauften Wagen scheint das Konzept insgesamt zu fortschrittlich für die damalige Zeit gewesen zu sein.

Bild: © Lancia

Preise	1	2	3	4	5
Aurelia B 10, L4t	40.500	25.800	16.600	8.700	4.200
Aurelia B 12, L4t	47.000	29.500	19.800	10.600	4.700

Motor/Antrieb	
Bauart	V6
Lage/Antrieb	Front/Heck
Hubraum in cm³	1754, 1991
PS/min	56/4000 bis 85/4800
Vmax in km/h	135 bis 160
Karosserie	
Bauart	Limousine (4-türig), Cabriolet
Tragstruktur	selbsttragend
Material	Stahlblech
Stückzahl und Marktsituation	
Produktionszahl	12.784
Verfügbarkeit	gegen null
Teilesituation	schwierig
Unterhaltskosten	hoch

L

Lancia Aurelia B20 GT 1951-1958

Drei Jahre nach der Aurelia Limousine führte Lancia den Aurelia GT ein, ein bis heute sehr harmonisch wirkendes Coupé. Es wurde von Sechszylinder-V-Motoren mit zwei und 2,5 Litern Hubraum angetrieben und bestach durch seine elegante Pininfarina-Karosserie. Dem Renommee zuträglich waren sicher auch die zahlreichen Erfolge bei Rennen und Rallyes, die ihre Fortsetzung heute im historischen Motorsport finden. 185 km/h Spitzentempo galten in den fünfziger Jahren als beeindruckende Leistung, die dank eines sicheren Fahrwerks zuverlässig auf die Straße zu bringen war. Der bullige Auftritt macht die in zahlreichen Versionen gebaute Aurelia GT zur Ausnahmeerscheinung, die ganze 3870 mal die Lancia-Werkshallen verließ.

Bild: © Lancia

Preise	1	2	3	4	5
Aurelia B20 GT (2500), Cpe	210.000	117.000	85.000	50.000	29.000

Motor/Antrieb	
Bauart	V6
Lage/Antrieb	Front/Heck
Hubraum in cm³	1991, 2451
PS/min	80/5000 bis 118/5200
Vmax in km/h	160 bis 185
Karosserie	
Bauart	Coupé
Tragstruktur	selbsttragend
Material	Stahlblech
Stückzahl und Marktsituation	
Produktionszahl	3870
Verfügbarkeit	gegen null
Teilesituation	sehr schwierig
Unterhaltskosten	hoch

Lancia Appia Cabriolet, Appia Coupé 1953-1963

Neben der Limousinen- und der Kombiversion offerierte Lancia auch Coupés und Cabriolets auf der Basis des Appia. In die von Pininfarina, Zagato und Vignale eingekleideten Kompakt-Sportler hatte Lancia leistungsgesteigerte Motoren installiert, die mit 53 bis 60 PS für bessere Fahrleistungen als bei den Standardmodellen sorgten. Die Karosserien, die es – je nach Karossier – in verschiedenen Formen gab, entstanden aus Stahlbech oder teilweise auch Aluminium. Montiert wurden sie auf dem Plattformrahmen der Appia. In den sechs Produktionsjahren sind nur gut 5000 Appia als Coupé, Cabrio oder mit Sonderaufbauten entstanden.

Bild: © Lancia

Preise	1	2	3	4	5
Appia, Cab	35.000	24.900	17.400	7.700	2.800
Appia, Cpe	33.000	21.600	14.900	6.700	k.N.

Motor/Antrieb	
Bauart	V4
Lage/Antrieb	Front/Heck
Hubraum in cm³	1090
PS/min	53/5200 bis 60/5400
Vmax in km/h	135 bis 150
Karosserie	
Bauart	Cabriolet, Coupé, Sonderkarosserie
Tragstruktur	Plattformrahmen
Material	Stahlblech
Stückzahl und Marktsituation	
Produktionszahl	5161
Verfügbarkeit	gegen null
Teilesituation	sehr schwierig
Unterhaltskosten	mittel

Lancia Appia Serie 1, 2 und 3 — 1953-1963

Nicht nur optisch war der kleine Lancia Appia ein fortschrittliches Automobil. Die Marke, die schon so manche zukunftsweisende Technik vor allen anderen in Serie gefertigt hatte, motorisierte den kompakten Viertürer mit einem Vierzylinder-V-Motor, der einen sehr kleinen Zylinderwinkel von nur wenig mehr als zehn Grad aufwies. Die Karosserie mit großzügigem Platzangebot präsentierte sich mit einem schlichten, glattflächigen Schrägheck; die hinteren Türen waren an der C-Säule angeschlagen. Die Karosserie war halbselbsttragend gefertigt. Der hohe konstruktive Aufwand schlug sich in stolzen Preisen nieder. In der letzten Serie, die zwischen 1959 und 1963 gebaut wurde, bereicherte ein dreitüriger Kombi das Angebot. Die Leistung war um zehn auf 48 PS gestiegen.

Bild: © Lancia

Preise	1	2	3	4	5
Appia C10 Serie 1, L4t	19.400	12.200	6.800	3.500	1.900
Appia C10 Serie 2, L4t	18.400	11.600	6.500	3.400	1.800
Appia Serie 3, L4t	17.100	10.800	6.000	3.100	1.600

Motor/Antrieb	
Bauart	V4
Lage/Antrieb	Front/Heck
Hubraum in cm³	1090
PS/min	38/4800 bis 48/4800
Vmax in km/h	120 bis 130
Karosserie	
Bauart	Limousine (4-türig), Kombi (3-türig)
Tragstruktur	teilw. selbsttragend
Material	Stahlblech
Stückzahl und Marktsituation	
Produktionszahl	98.006
Verfügbarkeit	gegen null
Teilesituation	sehr schwierig
Unterhaltskosten	mittel

Lancia Aurelia B24 Spider — 1955-1958

1955 lancierte Lancia ein zweisitziges Cabriolet auf der Plattform des Aurelia-Coupés (B20 GT) mit einer Karosserie von Pininfarina. Die fließende Linienführung mit flach auslaufendem Heck und spektakulär gebogener Panorama-Windschutzscheibe nahm stilistische Anleihen aus dem Bootsbau, der in den 1950er Jahren ebenfalls eine italienische Domäne von internationalem Renommee war. Preislich konkurrierte der B24 Spider mit ungleich potenteren Modellen von Ferrari und Maserati, was einer größeren Verbreitung ebenso im Wege stand wie die Tatsache, dass ein Fünftel der ersten Produktions-Baureihe – 50 von 240 Wagen – im Juli 1956 auf der Überführung nach New York an Bord der „Andrea Doria" im Atlantik versank. Das mit einem komfortableren Verdeck ausgestattete Nachfolgemodell heißt B24 Convertible und unterscheidet sich vom Spider unter anderem durch eine konventionelle Windschutzscheibe sowie durchgehende Stoßstangen vorn und hinten.

Bild: © Lancia

Preise	1	2	3	4	5
Aurelia B 24 Spider, Rds	800.000	550.000	420.000	k.N.	k.N.

Motor/Antrieb	
Bauart	V6
Lage/Antrieb	Front/Heck
Hubraum in cm³	1754, 1991, 2266
PS/min	57/4700 bis 85/4800
Vmax in km/h	135 bis 160
Karosserie	
Bauart	Limousine (4-türig), Cabriolet
Tragstruktur	selbsttragend
Material	Stahlblech
Stückzahl und Marktsituation	
Produktionszahl	783
Verfügbarkeit	gegen null
Teilesituation	sehr schwierig
Unterhaltskosten	hoch

Lancia Flaminia Berlina — 1957-1970

Nur wenig öfter als der Aurelia GT wurde die viertürige Limousine Flaminia zwischen 1957 und 1970 gebaut. Warum die Italiener so lange an der sehr aufwändigen, aber leider weitgehend erfolglosen Konzeption festgehalten haben, bleibt eines ihrer Geheimnisse. Beim Serienstart verwendete Lancia den aus dem Aurelia stammenden Motor mit 2,5 Litern Hubraum, dessen Leistung auf 100 PS reduziert worden war. Dadurch stellte er etwas mehr Drehmoment zur Verfügung. 1963 stieg der Hubraum auf 2,8 Liter an, und die daraus resultierenden 128 PS ließen die Spitzengeschwindigkeit auf 160 km/h steigen. Das Transaxle-Prinzip und eine DeDion-Hinterachse zeugten vom Anspruch, den Lancia mit der Flaminia verfolgte. Die halbselbsttragende Karosserie bot üppigen Raum: Dank vorderer Sitzbank fanden bis zu sechs Personen Platz.

Bild: © Lancia

Preise	1	2	3	4	5
Flaminia Berlina (1957-1963), L4t	36.400	23.700	15.300	6.800	2.300
Flaminia Berlina (1963-1970), L4t	37.900	24.500	16.000	7.300	2.700

Motor/Antrieb	
Bauart	V6
Lage/Antrieb	Front/Heck
Hubraum in cm³	2451, 2775
PS/min	100/4600 bis 128/5200
Vmax in km/h	155 bis 165
Karosserie	
Bauart	Limousine (4-türig)
Tragstruktur	teilw. selbsttragend
Material	Stahlblech
Stückzahl und Marktsituation	
Produktionszahl	3943
Verfügbarkeit	gegen null
Teilesituation	sehr schwierig
Unterhaltskosten	hoch

Lancia Flaminia GT — 1959-1965

Karosseriebauer Touring hatte für das hinreißende Kleid der Flaminia GT gesorgt. Die auffälligen Doppelscheinwerfer mit den keck hochgezogenen Augenbrauen sind das markante Erkennungszeichen des als Coupé und Cabrio angebotenen Spitzenmodells mit dem Namen Flaminia GT. Eine leichte Aluminiumkarosserie sparte Gewicht, und so hatten die bis zu 150 PS des Sechszylinders ein leichtes Spiel: Nach einem fulminanten Antritt erreicht die optisch durchaus nicht zierliche Italienerin über 190 km/h Spitze. Zur guten Straßenlage trägt auch die durch die Transaxle-Konstruktion optimierte Gewichtsverteilung bei – Lancia montierte bereits damals das Getriebe mit dem Differenzial an der Hinterachse. Trotzdem überzeugte das Coupé die knapp 2900 Kunden mehr durch seinen distinguierten Komfort als mit ungebändigter Sportlichkeit.

Bild: © Lancia

Preise	1	2	3	4	5
Flaminia GT Touring (1959-1963), Cab	150.000	110.000	65.000	43.000	22.000
Flaminia GT Touring, Cpe	75.000	51.000	35.000	16.000	9.000

Motor/Antrieb	
Bauart	V6
Lage/Antrieb	Front/Heck
Hubraum in cm³	2451, 2775
PS/min	119/5100 bis 150/5400
Vmax in km/h	170 bis 190
Karosserie	
Bauart	Coupé, Cabriolet
Tragstruktur	teilw. selbsttragend
Material	Aluminium
Stückzahl und Marktsituation	
Produktionszahl	2866
Verfügbarkeit	gegen null
Teilesituation	sehr schwierig
Unterhaltskosten	hoch

Lancia Flaminia Coupé 1959-1967

Nochmals teurer als die ohnehin nicht gerade preisgünstige Flaminia Berlina bot Lancia das Flaminia Coupé an. Es hielt sich allerdings nur bis 1967 im Programm, zeigte sich bei den Verkaufszahlen dennoch führend. Pininfarina hatte aus dem großen Viertürer eine elegante wie exquisite Erscheinung gezaubert: Keinen zierlichen Sportwagen, sondern einen noblen Zweitürer, der auf den glamourösen Boulevards dieser Welt großen Eindruck machte. Die kecken Heckflossen lagen 1959 voll im Trend. Im Innenraum blieb auch, wie in der Limousine, weiterhin genügend Platz. Die Motoren jedoch stellten den Coupés mehr Leistung als den Limousinen zur Verfügung. Sie trieben den Zweitürer schwungvoll an: Mit 190 km/h gehörten die Piloten der Flaminia Coupés schon damals zu den Schnellsten.

Bild: © Mario de Rosa

Preise	1	2	3	4	5
Flaminia Pininfarina (1959-1963), Cpe	62.400	44.700	27.100	12.500	5.700
Flaminia Pininfarina (1963-1967), Cpe	65.900	46.400	28.200	13.200	6.200

Motor/Antrieb	
Bauart	V6
Lage/Antrieb	Front/Heck
Hubraum in cm³	2451, 2775
PS/min	119/5100 bis 140/5600
Vmax in km/h	170 bis 190
Karosserie	
Bauart	Coupé
Tragstruktur	teilw. selbsttragend
Material	Stahlblech
Stückzahl und Marktsituation	
Produktionszahl	5236
Verfügbarkeit	gegen null
Teilesituation	sehr schwierig
Unterhaltskosten	hoch

Lancia Flavia Berlina, Flavia Coupé, Flavia Convertible, Flavia Sport Zagato (Serie I) 1960-1967

1960 überraschte Lancia mit der Einführung der Flavia. Die Mittelklasse-Limousine wurde von komplett aus Aluminiumguss gefertigten, leider nicht allzu zuverlässigen Vierzylinder-Boxermotoren mit 1,5 bis 1,8 Litern Hubraum unter der Haube angetrieben. Mit Vorderradantrieb und vier Scheibenbremsen war das Konzept voll auf der Höhe der Zeit. Die parallel zur Limousine angebotenen Cabriolets und Coupés überzeugten mit ihrer Eleganz. Ungewohnt wirkte das von Zagato eingekleidete Modell, das vor allem für den Einsatz im Motorsport gedacht war. Ein großer Erfolg war den Flavia-Modellen nicht gegönnt: Die Verkaufszahlen in der achtjährigen Bauzeit blieben eher bescheiden.

Bild: © Lancia

Preise	1	2	3	4	5
Flavia 1500 (1960-1966), L4t	18.200	12.600	6.900	3.000	1.600
Flavia Sport Zagato 1.8, Cpe	64.700	46.300	34.700	22.500	11.700

Motor/Antrieb	
Bauart	Vierzylinder (Boxer)
Lage/Antrieb	Front/Front
Hubraum in cm³	1488, 1500, 1800
PS/min	75/5600 bis 102/5800
Vmax in km/h	150 bis 170
Karosserie	
Bauart	Limousine (4-türig), Coupé, Cabriolet
Tragstruktur	selbsttragend
Material	Stahlblech
Stückzahl und Marktsituation	
Produktionszahl	41.114
Verfügbarkeit	gegen null
Teilesituation	sehr schwierig
Unterhaltskosten	mittel

L

Lancia Fulvia Berlina 1963-1972

Erfolgreicher noch als die Appia war für Lancia das Nachfolgemodell Fulvia. In ihrer knapp zehnjährigen Bauzeit fand die Limousine über 190.000 Käufer. Sie war ein typischer Lancia geblieben: Der Vierzylinder-V-Motor fiel wiederum durch einen sehr kleinen Zylinderwinkel auf, aus seinem knapp bemessenen Hubraum von 1,1 Litern schöpfte er zunächst immerhin 58 PS. Mit dem Hubraumzuwachs auf 1,2 und später 1,3 Liter stieg die Leistung auf bis zu 87 PS. Obwohl das Fahrwerk einfach konstruiert war und noch Blattfedern an der Hinterachse besaß, war es mit der agilen Fulvia nicht überfordert. Der robuste Viertürer überzeugte mit seiner hohen Praxistauglichkeit – seine Besitzer sollen ihn auch im Alltagsbetrieb einst sehr geschätzt haben. Heute punktet er als unprätentiöser, charakterfester Klassiker für Italo-Fans.

Bild: © Lancia

Preise	1	2	3	4	5
Fulvia 1100 (1963-1967), L4t	13.100	8.400	5.900	2.600	1.100
Fulvia GT (1967-1969), L4t	19.300	14.100	8.700	4.200	2.000
Fulvia 1300 (1969-1972) L4t	13.200	9.100	6.100	2.800	900

Motor/Antrieb	
Bauart	V4
Lage/Antrieb	Front/Front
Hubraum in cm³	1091, 1216, 1298
PS/min	58/5800 bis 87/6000
Vmax in km/h	140 bis 160
Karosserie	
Bauart	Limousine (4-türig)
Tragstruktur	selbsttragend
Material	Stahlblech
Stückzahl und Marktsituation	
Produktionszahl	192.097
Verfügbarkeit	schlecht
Teilesituation	schwierig
Unterhaltskosten	mittel

Lancia Fulvia Coupé 1965-1976

Das elegante Coupé mit dem überaus grazilen, lichtdurchfluteten Dachpavillon bot sich weniger als Sportler, denn als gediegener Reise-Gran-Turismo an. Lancia hatte ihn von der kantigen Fulvia Berlina abgeleitet, als 2+2-Sitzer erhielt er einen kürzeren Radstand und einen stärkeren Motor. Ab 1967 entstand die Karosserie teilweise aus Leichtmetall. Das V4-Triebwerk, das es mit zunächst 1,2 und 1,3 Litern Hubraum gab, fiel durch seinen engen Zylinderwinkel auf. Später stieg das Hubvolumen auf 1,6 Liter. Die mit dem Kürzel HF versehenen Rennversionen glänzten mit zwei Rallye-Weltmeisterschaften und drei Europameister-Titeln. Sie setzten auf Leichtbau durch Verzicht auf Stoßstangen und Einsatz von Plexiglas an den Seiten- und Heckscheiben. Insgesamt genossen rund 140.000 Besitzer den kultivierten Fahrspaß, den ihnen das Fulvia Coupé bescherte.

Bild: © Lancia

Preise	1	2	3	4	5
Fulvia Coupé, Cpe	31.900	20.000	12.500	6.900	2.600
Fulvia Coupé 2. Ser., Cpe	29.800	18.600	11.300	6.000	2.200
Fulvia Coupé 3. Ser. Cpe	26.500	16.600	10.200	5.300	1.900

Motor/Antrieb	
Bauart	V4
Lage/Antrieb	Front/Front
Hubraum in cm³	1216, 1298, 1584
PS/min	80/6200 bis 114/6500
Vmax in km/h	160 bis 185
Karosserie	
Bauart	Coupé
Tragstruktur	selbsttragend
Material	Stahlblech
Stückzahl und Marktsituation	
Produktionszahl	140.409
Verfügbarkeit	gut
Teilesituation	schwierig
Unterhaltskosten	mittel

Lancia Fulvia Sport (Zagato) 1965-1972

Weit individueller als das Fulvia Coupé präsentiert sich der von Zagato gestylte Fulvia Sport. Lange war das nur gut 6100 mal gebaute Coupé selbst in Klassikerkreisen unterbewertet. Noch heute liegen die Preise auf einem erstaunlich moderaten Niveau. Bereits 1965, also nahezu zeitgleich zum Coupé mit Werkskarosserie, stand der Zagato bei den Händlern. Zunächst trug er eine leichte, empfindliche Aluminium-Karosserie. Später wurde die Hülle aus üblichem Stahlblech geformt – hier hat die Korrosion dann erbarmungslos zugeschlagen. Technisch hatte sich im Vergleich zum Fulvia Coupé nichts verändert, Leistung und Fahrwerte sind daher gleich. Praktischer als das Stufenheck war jedoch die große Heckklappe der Fulvia Sport, die sich außerdem durch eine völlig neue Innenraumgestaltung zu unterscheiden wusste.

Bild: © Lancia

Preise	1	2	3	4	5
Fulvia Sport Zagato 1,3, Cpe	51.000	37.300	27.100	11.900	4.900
Fulvia Sport Zagato 1,6, Cpe	60.600	44.600	34.600	14.000	7.400

Motor/Antrieb	
Bauart	V4
Lage/Antrieb	Front/Front
Hubraum in cm³	1216, 1298, 1584
PS/min	80/6200 bis 114/6500
Vmax in km/h	160 bis 185
Karosserie	
Bauart	Coupé
Tragstruktur	selbsttragend
Material	Aluminium/Stahlblech
Stückzahl und Marktsituation	
Produktionszahl	6102
Verfügbarkeit	gegen null
Teilesituation	schwierig
Unterhaltskosten	mittel

Lancia Flavia Berlina (Serie II) 1967-1972

Die zweite Serie der Flavia Berlina schickte Lancia mit einer geglätteten Front ins Rennen: Jetzt saßen die Doppelscheinwerfer nicht mehr so markant wie bisher in den Kotflügeln, sondern wurden in den Grill integriert. Damit verlor die Flavia ihren barocken Touch, der nie so recht zum schlichten Rest der Karosserielinie passen wollte. Die luxuriöse Mittelklasselimousine blieb in ihrem sonstigen Layout unverändert. Sie besaß wiederum Frontantrieb, angetrieben wurde sie von drei Motoren: Neben dem 1,5 Liter großen Boxermotor gab es eine 1,8 Liter große Version, die 92 PS leistete. Zudem bot Lancia eine Variante des größeren Motors mit einer Kugelfischer-Einspritzung an, die den Motor besser mit Gemisch fütterte – 102 PS leistete das Triebwerk jetzt. Ab 1969 stand für die 1800er-Modelle zusätzlich eine LX genannte Luxusversion in den Preislisten.

Bild: © Lancia

Preise	1	2	3	4	5
Flavia Berlina 1,8, L4t	19.400	13.400	7.400	3.300	1.700

Motor/Antrieb	
Bauart	Vierzylinder (Boxer)
Lage/Antrieb	Front/Front
Hubraum in cm³	1488, 1800
PS/min	80/5600, 92/5200, 102/5200
Vmax in km/h	152 bis 170
Karosserie	
Bauart	Limousine (4-türig)
Tragstruktur	selbsttragend
Material	Stahlblech
Stückzahl und Marktsituation	
Produktionszahl	k.A.
Verfügbarkeit	schlecht
Teilesituation	schwierig
Unterhaltskosten	hoch

Lancia Beta 1972-1975

Die vereinfachende Handschrift des auf Rationalisierung bedachten Fiat-Konzerns war bei dem ersten unter deren Ägide eingeführten Modell zu spüren. Aus dem Hause bereits bekannte Vierzylinder-Reihenmotoren mit 1,4, 1,6 und 1,8 Litern Hubraum verhalfen zu standesgemäßen Fahrleistungen, ließen aber technische Exklusivität völlig vermissen. Die Schrägheck-Limousine mit Vorderradantrieb zeigte ein schlichtes und funktionelles Äußeres, das nicht ohne Schick war. Der Innenraum war mit luxuriösen Zutaten aufgewertet. Ein richtiger Verkaufsrenner wurde die Beta-Limousine trotz vielfältigster Modellpflegemaßnahmen nie, doch erreichte sie durchaus ihren Zweck: Sie sollte die Basis bilden für den geplanten Wiederaufstieg der Traditionsmarke. Nur wenige Beta fanden den Weg in Liebhaberhand.

Bild: © Lancia

Preise	1	2	3	4	5
Beta 1,6, L4t	k.N.	5.700	3.500	1.200	300
Beta 1,8, L4t	k.N.	6.000	3.600	1.300	300

Motor/Antrieb	
Bauart	Vierzylinder (Reihe)
Lage/Antrieb	Front/Front
Hubraum in cm³	1438, 1592, 1756
PS/min	90/6000 bis 110/6000
Vmax in km/h	165 bis 185
Karosserie	
Bauart	Limousine (4-türig)
Tragstruktur	selbsttragend
Material	Stahlblech
Stückzahl und Marktsituation	
Produktionszahl	k.A.
Verfügbarkeit	schlecht
Teilesituation	ausreichend
Unterhaltskosten	hoch

Lancia Beta Coupé, Beta HPE, Beta Spider 1973-1985

Da Lancia im Fiat-Konzern als Ergänzung zu den Großserienprodukten die elegant-sportlichen Modelle anbieten sollte, wurden auf der Basis des Beta verschiedene Karosserievarianten präsentiert. Obwohl das Coupé mehr Ausstrahlung als die Limousine zeigte, fand es relativ wenig Zuspruch. Einen stilsicheren Auftritt, verbunden mit praktischen Talenten, zeigte eher das Modell HPE, ein Sportkombi, der mit seinem gediegenen Interieur mehr Erfolg verdient gehabt hätte. Als Spider bezeichneten die Marketing-Strategen ein Modell, dessen Dachmittelteil aus Kunststoff herausgenommen werden konnte. Der hintere Teil des Dachs war als Faltverdeck ausgebildet und konnte weggeklappt werden. Besondere Wertschätzung erfahren die seltenen VX-Modelle, die es als Coupé und HPE gab: Ein Kompressor sorgte hier für mehr Leistung.

Bild: © Lancia

Preise	1	2	3	4	5
Beta Coupé 1600, Cpe	14.500	9.700	5.800	2.800	1.000
Beta HP Executive 2000 i.E., Cpe	18.300	10.900	6.400	2.900	1.500
Beta Spider 2000 (1976-1982), HD	19.200	12.700	7.200	4.100	1.500

Motor/Antrieb	
Bauart	Vierzylinder (Reihe)
Lage/Antrieb	Front/Front
Hubraum in cm³	1297, 1585, 1992
PS/min	82/6200 bis 135/5500
Vmax in km/h	160 bis 195
Karosserie	
Bauart	Kombi-Coupé, Coupé (auch mit HD)
Tragstruktur	selbsttragend
Material	Stahlblech
Stückzahl und Marktsituation	
Produktionszahl	199.897
Verfügbarkeit	ausreichend
Teilesituation	ausreichend
Unterhaltskosten	hoch

Lancia Stratos 1973-1974

Die Erfolge mit dem Fulvia Coupé waren schon ein wenig verblasst, als Lancia den Stratos lancierte. Bereits optisch signalisiert das Modell jene Angriffsbereitschaft, die es viele Rallyeeinsätze siegreich beenden ließ. Tatsächlich wurde der Stratos gezielt für den Einsatz im Sport entwickelt, viel mehr als die für die Homologation notwendigen 500 Exemplare sollten nie entstehen. Mit seinem robusten Rohrrahmen, den aus dem Dino entliehenen starken Motor, seinem kurzen Radstand und den weit aufklappbaren Hauben war die richtige Basis gelegt. Alle wichtigen Technik-Bauteile waren leicht zu erreichen, das aufwändige Fahrwerk ließ sich leicht verstellen. Ablagefächer für Sturzhelme sind der letzte Beweis für die konsequente Sporttauglichkeit des Rallye-Superstars. Heute sind die Stratos bei weitem die teuersten Lancia.

Bild: © Jürgen Schlegelmilch

Preise	1	2	3	4	5
Stratos, Cpe	550.000	410.000	290.000	210.000	k.N.

Motor/Antrieb	
Bauart	V6
Lage/Antrieb	Mitte/Heck
Hubraum in cm³	2418
PS/min	190/7000
Vmax in km/h	230
Karosserie	
Bauart	Coupé
Tragstruktur	Rohrrahmen
Material	Kunststoff
Stückzahl und Marktsituation	
Produktionszahl	592
Verfügbarkeit	gegen null
Teilesituation	schwierig
Unterhaltskosten	hoch

Lancia Beta 2. Serie 1975-1981

Die zweite Auflage des Beta als Limousine startete 1975. Pininfarina kümmerte sich um das Re-Design: Die Front erhielt einen überarbeiteten Kühlergrill und die Scheinwerfer Deckgläser, ebenso wurden die Heckleuchten und weitere Details geändert. 1978 folgten abermals neue Scheinwerfer, zudem änderte sich der Grill ein weiteres Mal. Bereits 1975 änderte Lancia auch die Motorisierungsoptionen: Als Top-Motorisierung fungierte ein neuer 2,0-Liter-Vierzylinder mit 115 PS, der den 1,8-Liter-Motor ersetzte. Darunter gab es den überarbeiteten 1,6-Liter (100 PS) und einen 1,3-Liter (82 PS). Neu war eine Automatik, die auf Wunsch in Kombination mit den beiden größeren Motoren erhältlich war. Im Frühling 1979 nahmen sich die Designer auch das Interieur vor: Es gab ab sofort ein leicht psychedelisches Armaturenbrett mit 25 runden Vertiefungen, in denen sich die Instrumente blendsicher verbargen. Zeitgleich entfiel der 1,3-Liter-Vierzylinder. Ende 1981 stoppte Lancia die Produktion.

Bild: © Lancia

Preise	1	2	3	4	5
Beta 1600, L4t	k.N.	8.100	4.400	1.900	200

Motor/Antrieb	
Bauart	Vierzylinder (Reihe)
Lage/Antrieb	Front/Front
Hubraum in cm³	1297, 1585, 1992
PS/min	82/6200 bis 119/5500
Vmax in km/h	160 bis 180
Karosserie	
Bauart	Limousine (4-türig)
Tragstruktur	selbsttragend
Material	Stahlblech
Stückzahl und Marktsituation	
Produktionszahl	194.916 (1972-1981)
Verfügbarkeit	schlecht
Teilesituation	ausreichend
Unterhaltskosten	mittel

L

Lancia Beta Montecarlo, Lancia Montecarlo 2. Serie 1976-1982

Pininfarina schuf mit klaren Linien den Montecarlo für Lancia. Auffällig war der relativ lange vordere Überhang, während das Heck eher kompakt ausfiel. Der Zweisitzer nutzte den Beta als Basis, der zwei Liter große Reihenvierzylinder saß als Mittelmotor direkt hinter den Passagieren. Die dortige Haube klappt seitlich auf, Besitzer wie Werkstätten beklagten die schlechte Zugänglichkeit des Triebwerks. Typisch für die Mittelmotorbauweise war auch das Fahrverhalten: Viel Spaß in Kurven, doch keine Warnung, bevor es zu eng wurde. Als Extra konnten Montecarlo-Kunden ein abnehmbares Stoffdach ordern. Auch auf dem amerikanischen Markt offerierte Lancia den Montecarlo, allerdings vertrauten die Italiener nicht auf den sportlichen Klang des Namens jenseits des Atlantiks: In den USA trat der Montecarlo unter dem Namen Scorpion an.

Bild: © Lancia

Preise	1	2	3	4	5
Beta Montecarlo, Cpe	25.900	18.000	10.500	5.500	2.400

Motor/Antrieb	
Bauart	Vierzylinder (Reihe)
Lage/Antrieb	Mitte/Heck
Hubraum in cm³	1995
PS/min	120/6000
Vmax in km/h	190
Karosserie	
Bauart	Coupé
Tragstruktur	selbsttragend
Material	Stahlblech
Stückzahl und Marktsituation	
Produktionszahl	6.789
Verfügbarkeit	schlecht
Teilesituation	schwierig
Unterhaltskosten	mittel

Lancia Gamma Berlina 1976-1984

Nicht nur stilistisch folgte der Lancia Gamma dem kleineren Beta. An ihm orientierte sich auch die Modellbezeichnung, die dem griechischen Alphabet entlehnt war. Der Gamma sollte als Limousine, die auch Designstrukturen der kleineren Modelle aufwies, in der oberen Mittelklasse punkten. Auch er besaß eine große Heckklappe, die jedoch die Käufer in dieser Klasse damals nur selten goutierten. Unübliche Wege ging die Firma bei der Motorisierung: Ein 2,5 Liter großer Boxermotor trieb die Limousine an. Die 140 PS sorgten für standesgemäße Fahrleistungen, doch viele Aggregate gingen durch einen überspringenden Zahnriemen zugrunde. Zusammen mit der nachlässigen Verarbeitung konnte in diesem anspruchsvollen Segment das Klassenziel nicht erreicht werden. So scheiterte auch die letzte Automobilkonstruktion nach klassischer Lancia-Philosophie.

Bild: © Lancia

Preise	1	2	3	4	5
Gamma 2500, L4t	13.900	9.700	6.600	1.900	600
Gamma 2500/E., L4t	11.100	7.500	4.400	1.500	400

Motor/Antrieb	
Bauart	Vierzylinder (Boxer)
Lage/Antrieb	Front/Front
Hubraum in cm³	2484
PS/min	140/5400
Vmax in km/h	190
Karosserie	
Bauart	Limousine (4-türig)
Tragstruktur	selbsttragend
Material	Stahlblech
Stückzahl und Marktsituation	
Produktionszahl	7.576
Verfügbarkeit	ausreichend
Teilesituation	schwierig
Unterhaltskosten	hoch

Lancia Gamma Coupé 1976-1984

Eine rare Chance für Kunden mit ausgefallenem Geschmack und ausreichend gefüllten Konten bot Lancia ab 1976. Der von Pininfarina als Coupé karossierte Lancia Gamma war teuer, bot aber repräsentative Eleganz wie kaum ein zweites Coupé jener Zeit. Unter der vorderen Haube fanden die Vierzylinder-Boxermotoren der Limousine mit zwei und 2,5 Litern Hubraum Platz, deren sonorer Sound deutlich mehr begeisterte als ihre Zuverlässigkeit. Unüblich für ein Fahrzeug dieser Größe und Leistung war in jenen Jahren auch der Frontantrieb, der in schnellen Kurven für mangelhafte Traktion des kurveninneren Rades verantwortlich war. Die letzten Jahre reduzierte eine Bosch L-Jetronic den Verbrauch, das Kürzel i.e. trägt diese Botschaft nach außen. Die überarbeitete Version ist auch am Lochdesign der Leichtmetallfelgen zu erkennen.

Bild: © Lancia

Preise	1	2	3	4	5
Gamma 2500, Cpe	19.600	13.200	6.900	3.200	800
Gamma 2500 i.E., Cpe	19.100	12.900	6.500	3.200	700

Motor/Antrieb	
Bauart	Vierzylinder (Boxer)
Lage/Antrieb	Front/Front
Hubraum in cm^3	1999, 2484
PS/min	120/5500 bis 140/5400
Vmax in km/h	185 bis 195
Karosserie	
Bauart	Coupé
Tragstruktur	selbsttragend
Material	Stahlblech
Stückzahl und Marktsituation	
Produktionszahl	15.272
Verfügbarkeit	ausreichend
Teilesituation	schwierig
Unterhaltskosten	hoch

Lancia Trevi 1980-1985

Ein neuer Name, ein ähnliches Schicksal: Der Lancia Beta wurde gegen Ende seiner Bauzeit noch mit einem Stufenheck versehen und als Trevi vermarktet. Die konventionell ausgefallene Limousine war mit üppigen Komfortextras ausgestattet, bot aber ansonsten nur bekannte Technik: Der Reihenvierzylindermotor leistete in der Normalausführung 122 PS, interessanter ist die VX-Ausführung, die dank leistungssteigerndem Kompressor 135 PS leistete. Damit war der unscheinbare Viertürer immerhin 195 km/h schnell. Zwar hatte die Beta-Baureihe im Laufe der Baujahre an Qualität zugelegt, doch auch die letzten Jahrgänge zeigten weiterhin Mängel und eine nachhaltige Rostanfälligkeit – und das galt in gleichem Maße für den Trevi. Seine bis heute nicht veraltet wirkende Form macht ihn zum Undercover-Youngtimer.

Bild: © Lancia

Preise	1	2	3	4	5
Trevi 2000 i.E., L4t	k.N.	8.900	5.700	2.900	1.300

Motor/Antrieb	
Bauart	Vierzylinder (Reihe)
Lage/Antrieb	Front/Front
Hubraum in cm^3	1995
PS/min	122/5500 bis 135/5500
Vmax in km/h	185 bis 195
Karosserie	
Bauart	Limousine (4-türig)
Tragstruktur	selbsttragend
Material	Stahlblech
Stückzahl und Marktsituation	
Produktionszahl	478.645
Verfügbarkeit	ausreichend
Teilesituation	ausreichend
Unterhaltskosten	hoch

Lancia Thema 1984-1994

Der 1984 vorgestellte Nachfolger des Lancia Beta war das Resultat eines Joint-Venture von Saab und Fiat, auf dessen Basis die Modelle Saab 9000, Fiat Croma, Alfa Romeo 164 und Lancia Thema entstanden. Auch unter der Haube kam europäische Technik zum Einsatz: Der Thema nutzte als Top-Motorisierung den unter dem Kürzel PRV bekannten Euro-V6 mit 2,8 Litern Hubraum, der auch bei Peugeot, Renault und Volvo verwendet wurde. Größere Verbreitung fand der Zweiliter-Reihenvierzylinder mit und ohne Turboaufladung sowie ein 2,5-Liter-Vierzylinder-Turbodiesel, der den Thema zum Vorreiter einer neuen Generation schneller und sparsamer Reiselimousinen machte. Während die Karosserie der viertürigen Limousine von Giorgetto Giugiaro (Italdesign) gestaltet war, wandte man sich 1986 wegen der Adaption eines Kombihecks an Pininfarina. Der Thema der zweiten Serie erfuhr 1988 einige optische Retuschen, die von 1992 bis zum Produktionsende 1994 gebaute dritte Serie erlebte die Einführung des konzerneigenen Dreiliter-V6.

Bild: © Lancia

Preise	1	2	3	4	5
Thema 2000 i.e. 16V, L4t	k.N.	4.800	2.700	1.200	k.N.

Motor/Antrieb	
Bauart	Vierzylinder (Reihe), V6
Lage/Antrieb	Front/Front
Hubraum in cm^3	1995 bis 2959
PS/min	101/4100 bis 171/5500
Vmax in km/h	185 bis 220
Karosserie	
Bauart	Limousine (4-türig), Kombi (5-türig)
Tragstruktur	selbsttragend
Material	Stahlblech
Stückzahl und Marktsituation	
Produktionszahl	44.472
Verfügbarkeit	gut
Teilesituation	gut
Unterhaltskosten	mittel

Lancia Thema 8.32 1986-1992

Schnelle Limousinen haben immer schon Konstrukteure (und einige vermögende Kunden) gereizt, doch eine so feinsinnige Kombination konnten nur Italiener liefern: Sie kombinierten den zurückhaltend-eleganten Lancia Thema mit dem famosen V8-Motor aus dem Ferrari 308 GTB Quattrovalvole. 32 Ventile, drei Liter Hubraum und – dank einer dem Einsatzzweck angepassten Kurbelwelle – seine hohe Laufkultur sorgten im Lancia-Topmodell für einen souveränen Auftritt. Optisch hielt sich der 8.32 zurück, Kenner wussten jedoch um die Details wie den geänderten Kühlergrill oder die Räder im Ferrari-Design. Spektakulär war einst der automatisch aus der Heckklappe ausfahrende Spoiler. Heute gilt die dezente Preziose als höchst sammelwürdig, jedoch auch als so teuer im Unterhalt wie ein echter Ferrari. Als Manko bleibt dem 8.32 zudem der an der Grenze des damals Machbaren operierende Vorderradantrieb. 1988 folgte eine zweite Auflage des 8.32 mit Katalysator.

Bild: © FCA

Preise	1	2	3	4	5
Thema 8.32, L4t	k.N.	25.300	15.200	6.200	k.N.

Motor/Antrieb	
Bauart	V8
Lage/Antrieb	Front/Front
Hubraum in cm^3	2927
PS/min	205 und 215 bei 6750
Vmax in km/h	240
Karosserie	
Bauart	Limousine (4-türig)
Tragstruktur	selbsttragend
Material	Stahlblech
Stückzahl und Marktsituation	
Produktionszahl	3284
Verfügbarkeit	ausreichend
Teilesituation	ausreichend
Unterhaltskosten	hoch

Lancia (Autobianchi) Y10 — 1985-1996

Überraschend ungewöhnlich, somit zu Lancia passend, präsentierte sich der neue Kleinwagen der Marke im März 1985 auf dem Genfer Automobilsalon: Der Y10 zeigte sich glattflächig und mit einer prägnanten, da stets mattschwarz ausgeführten Heckklappe, die jedoch nicht, wie oft vermutet, aus Kunststoff besteht, sondern aus lackiertem Blech. Die Motoren stammen aus der FIRE-Reihe von Fiat und bestehen aus lediglich 273 Teilen. Der extravagante, teure Italiener, der den Autobianchi A112 beerbte, überzeugte zeitgenössische Tester zwar durch einige ungewöhnliche Detaillösungen, nicht jedoch mit seiner Verarbeitungsqualität. Lancia legte 1989 eine Modellpflege auf, 1992 folgte ein gründlich überarbeitetes Modell.

Bild: © Lancia

Preise	1	2	3	4	5
Y 10 Fire, L3t	k.N.	3.400	1.500	700	k.N.
Y 10 Kat, L3t	k.N.	3.300	1.500	700	k.N.

Motor/Antrieb	
Bauart	Vierzylinder (Reihe)
Lage/Antrieb	Front/Front
Hubraum in cm^3	999, 1049
PS/min	45/5000 bis 85/5750
Vmax in km/h	145 bis 180
Karosserie	
Bauart	Limousine (3-türig)
Tragstruktur	selbsttragend
Material	Stahlblech
Stückzahl und Marktsituation	
Produktionszahl	667.429; Serie 2: 942.741
Verfügbarkeit	ausreichend
Teilesituation	ausreichend
Unterhaltskosten	niedrig

Lancia Delta — 1979-1994

Seit 1974 arbeitete Lancia bereits an der neuen Kompaktlimousine Delta. Die Fiat-Bosse verlangten die Verwendung der Bodengruppe sowie technischer Komponenten des Massenmodells Ritmo, um die Kosten in den Griff zu bekommen. Giorgetto Giugiaro, der für Volkswagen den ersten Golf entworfen hatte, zeichnete für Lancia eine strenge, dabei sehr feinsinnige Karosserie. Unter dem Blech gelang es Lancia, eine Variante der Querlenker-Hinterachse zu montieren, die bereits im Beta Verwendung fand. Der neue Delta wurde begeistert aufgenommen, 1980 wurde er als „Auto des Jahres" ausgezeichnet. Agil, fahraktiv und stilvoll bis luxuriös ausgestattet gab sich der Lancia Delta – eine Mischung, die bei den Kompakten jener Zeit selten war.

Bild: © Lancia

Preise	1	2	3	4	5
Delta 1600 GT, L5t	k.N.	10.300	4.800	2.200	k.N.

Motor/Antrieb	
Bauart	Vierzylinder (Reihe)
Lage/Antrieb	Front/Front/4x4
Hubraum in cm^3	1301, 1498, 1585, 1929
PS/min	75/5800 bis 165/6400
Vmax in km/h	155 bis 208
Karosserie	
Bauart	Limousine (4-türig)
Tragstruktur	selbsttragend
Material	Stahlblech
Stückzahl und Marktsituation	
Produktionszahl	Lim 336.465, Kom 21.096
Verfügbarkeit	gut
Teilesituation	ausreichend
Unterhaltskosten	mittel

L

Lancia Delta HF Integrale — 1986-1989

Der HF Integrale bildete die Topversion der Delta-Baureihe. Bereits 1982 hatte Lancia auf dem Turiner Salon den Prototypen einer allradgetriebenen Version vorgestellt. Mit der Modellpflege kam 1986 die Delta HF 4WD genannte Version auf den Markt, die im Folgejahr der Delta HF integrale ersetzte. Mit elektronischer Weber-Einspritzung und Garrett-Turbolader mobilisierte der 2,0-Liter-Motor nun 185 PS, die ein zentrales Planetenrad-Verteilergetriebe auf die vier Räder verteilte – 56 Prozent nach vorne, 44 Prozent nach hinten. Eine zentrale Ferguson-Sperre unterstützte den Vortrieb auf schwierigem Grund, dazu kam eine Torsen-Sperre an der Hinterachse. Lancia hatte auch Front und Heck modifiziert, besonders auffällig jedoch gerieten die markant ausgestellten Kotflügel.

Bild: © Ralf Christian Kunkel

Preise	1	2	3	4	5
Delta Integrale (185 PS), L3t	53.900	33.900	20.800	14.000	k.N.
Delta Integrale HF EVO, L5t	107.000	67.100	41.000	28.000	k.N.

Motor/Antrieb	
Bauart	Vierzylinder (Reihe)
Lage/Antrieb	Front/4x4
Hubraum in cm^3	1995
PS/min	177/5250 bis 185/5250
Vmax in km/h	215
Karosserie	
Bauart	Limousine (4-türig)
Tragstruktur	selbsttragend
Material	Stahlblech
Stückzahl und Marktsituation	
Produktionszahl	9.841
Verfügbarkeit	ausreichend
Teilesituation	ausreichend
Unterhaltskosten	mittel

Lexus (JAP) • 1989 bis heute

Viele klangvolle Marken des Automobilbaus, besonders in der Spitzenklasse, untermauern ihren Ruf mit Historie und den langen Traditionen eines großen Oeuvres. Oft gelang dies auch mit Übernahmen: Während BMW sich Rolls-Royce einverleibte, Volkswagen dagegen Bugatti und Lamborghini, Mercedes-Benz im eigenen Archiv noch die Maybach-Rechte fand, setzte Toyota – immerhin 1937 gegründet – für die Vermarktung seiner Premiumprodukte ab 1988 auf eine neu gegründete, komplett synthetische Marke. Bereits Lexus als Name ist ein Kunstwort. Die Assoziation mit Luxus liegt auf der Hand, doch offiziell solle, so heißt es, keine Bedeutung aus dem Namen herausgelesen werden. Toyota war bei diesem Schritt nicht frei von Vorbildern: Honda hatte 1986 bereits Acura lanciert, während Nissan wenig später Infiniti als neue Top-Marke ankündigte.

Der Name Lexus soll, so Toyota, auf nichts verweisen, sondern für sich stehen.

Die USA mit ihrer großen Nachfrage nach luxuriösen, technisch anspruchsvollen Import-Automobilen hatte Toyota als wichtigsten Zielmarkt klar vor Augen. Zum Start der neuen Division schickte Lexus keinen neu benannten Toyota ins Rennen, allein schon deshalb nicht, weil sich kein annähernd international konkurrenzfähiges Modell der Top-Liga im Portfolio der Japaner befand. Stattdessen forschte ein eigens gebildetes Team mit einem Budget von über einer Milliarde US-Dollar nach einer Lösung.

Die Task Force nahm ab 1983 die komplette Neuentwicklung einer großen Limousine unter dem Code F1 in Angriff – F für Flagship, zu deutsch: Flaggschiff. Mit ihm wollte der damalige Toyota-Chef Toyoda Eiji der Welt das beste Auto schenken, das sich bauen ließ. Große Ziele, deren Erreichen nach dieser Formulierung nicht mehr in Frage gestellt werden konnten.

Als der Lexus LS 400 schließlich im Herbst 1989 debütierte, fielen die Kritiken tatsächlich einhellig positiv aus. Um das zu garantieren, hatten die F1-Entwickler nicht nur den amerikanischen Oberklasse-Lifestyle sorgfältig observiert, sondern auch einen neuen V8-Motor entwickelt.

Bild: © Lexus

Mit dem Lexus RX 300 erfindet Lexus 1998 die Kategorie der Luxus-SUV.

Schon zur Premiere 1989 wollte sich Lexus jedoch auf eine Positionierung im reinen Luxussegment nicht beschränken. Von Beginn an stand dem neuen LS 400 mit dem ES 250 ein Mittelklassemodell zur Seite, das in der Tat nichts anderes als ein auf Lexus gelabelter und etwas aufgehübschter Toyota Camry war.

Der Ausbau der Produktpalette folgte Zug um Zug. Längst sind unter dem Namen Lexus von der Kompaktklasse über Sportwagen bis zum Van alle wichtigen Segmente abgedeckt, Hybridantriebe eingeschlossen – eine Technologie, die sich Toyota früh angeeignet hatte. Auf den europäischen Markt kam Lexus bereits 1990, wenn auch hier nur minimale Markterfolge gelangen. Lexus trägt bis heute den Nimbus einer Marke mit Produkten von hoher Qualität und Anspruch, denen es jedoch an der Dimension einer großen Geschichte mangelt.

Bild: © Lexus

Ab 1989 kamen Weltklasse-Automobile plötzlich nicht mehr nur aus Deutschland. Mit dem LS 400 positionierte sich Lexus im Fokus einer anspruchsvollen Klientel.

Lexus LS 400 (UCF10) 1989–1994

Mit dem LS 400 erreichte Lexus sein Ziel aus dem Stand: In den USA nahmen die Autokäufer der Oberklasse 1989 die neue große Limousine aus Japan mit großem Interesse auf. Viel Lob gab es insbesondere wegen seiner Preiswürdigkeit. Toyota bot Top-Qualität zu Tarifen, die ein Drittel und mehr unter denen der europäischen Konkurrenz lagen. Besonders betroffen hiervon waren BMW mit dem 7er und Mercedes-Benz mit seiner S-Klasse, die in Folge unter einem massiven Absatzrückgang zu leiden hatten. In Deutschland dagegen wählten die Kunden traditioneller, zudem fiel der Preisvorsprung geringer aus. Somit blieb die Stückzahl des mit einem 245 PS starken 4,0-Liter-V8 ausgestatteten Neulings aus Japan hier sehr gering. Und das, obwohl *auto motor und sport* 1992 nach einem 100.000-Kilometer-Dauertest dem LS 400 eine tadellose Leistung attestierte: Im Unterschied zu den deutschen Nobel-Modellen erforderte der Lexus keinerlei außerplanmäßigen Werkstattaufenthalt.

Bild: © Lexus

Preise	1	2	3	4	5
LS 400, L4t	22.200	16.700	8.800	3.400	k.N.

Motor/Antrieb	
Bauart	V8
Lage/Antrieb	Front/Heck
Hubraum in cm^3	3967
PS/min	245/5400
Vmax in km/h	250
Karosserie	
Bauart	Limousine (4-türig)
Tragstruktur	selbsttragend
Material	Stahlblech
Stückzahl und Marktsituation	
Produktionszahl	169.000
Verfügbarkeit	ausreichend
Teilesituation	ausreichend
Unterhaltskosten	mittel

L

Lexus SC 300, SC 400 (Z30) 1991–2000

Toyota wollte mit seiner Luxusmarke Lexus den amerikanischen Markt in den Fokus nehmen. Um eine gewisse Emotionaliät zu erzielen, brauchte es ein schickes Coupé. Der SC 400 nutzte viele mechanische Komponenten der Limousine LS 400, trat jedoch völlig eigenständig auf. Seine ruhigen, unaufgeregt eleganten Linien entstanden in direkter Tuchfühlung mit der amerikanischen Klientel: In Kalifornien unterhielt Toyota damals bereits das Designstudio Calty. Der SC 400 nutzte zunächst das 250 PS starke V8-Triebwerk des LS 400 sowie ein in seiner Übersetzung modifiziertes Automatikgetriebe. Mit serienmäßigem ABS und vier innenbelüfteten Bremsscheiben hob Lexus die gesamte Technik auf ein angemessenes Niveau. Tester zeigten sich insbesondere von der sportlichen Fahrwerks- und Lenkungsabstimmung angetan, ebenso vom günstigen Preis, der in den USA die europäische Konkurrenz deutlich unterbot. 1992 folgte mit dem SC 300 eine Variante mit dem 3,0 Liter großen Reihensechszylinder.

Bild: © Lexus

Preise	1	2	3	4	5
SC 400, Cpe	k.N.	11.400	6.300	2.700	k.N.

Motor/Antrieb	
Bauart	Sechszylinder (Reihe), V8
Lage/Antrieb	Front/Heck
Hubraum in cm^3	2997, 3969
PS/min	228/6000 bis 294/6000
Vmax in km/h	248, 250
Karosserie	
Bauart	Coupé, Cabrio
Tragstruktur	selbsttragend
Material	Stahlblech
Stückzahl und Marktsituation	
Produktionszahl	k.A.
Verfügbarkeit	ausreichend
Teilesituation	ausreichend
Unterhaltskosten	mittel

Ligier (F) • 1971-1977

Guy Ligier, geboren 1930, ist eine schillernde Figur der französischen Automobilszene. Er startete 1966 und 1967 bei 13 Formel 1-Rennen als unabhängiger Fahrer. Das Ergebnis seines Einsatzes: ein WM-Punkt beim Großen Preis von Deutschland. Auch Rugby spielte Ligier, und später tat er sich als Konstrukteur hervor. Kaum weniger skurril: Neben seinem Engagement als Entwickler von Rennsport-Technik, Formel 1-Teamgründer und dem Bau straßentauglicher Sportwagen kennt man Ligier als Hersteller jener Miniatur-Automobile, die mit ihrer extrem begrenzten Geschwindigkeit als Verkehrshindernis gefährlich werden. Auch Quads baut Ligier heute.

Das erste Sportwagen-Projekt, der JS1, wurde mit seiner Weiterentwicklung Ende der 1960er-Jahre in JS2 umbenannt. Auf die zunächst verbauten Ford-Motoren folgten ab 1972 Maserati-Triebwerken. Auch ein Modell JS3 soll es noch gegeben haben. Die Bezeichnung JS steht übrigens für die Initialien Jo Schlesser. Damit ehrte Guy Ligier den 1968 bei einem Rennunfall ums Leben gekommenen Freund.

Ab 1972 entstand bei Ligier auch der Citroën SM. 1980 startete Ligier in einer neuen Liga, den Kleinstfahrzeugen. Es soll ein höchst lukratives Geschäft sein.

Ligier JS2 — 1971-1977

Einziges Modell der Marke war ein formschönes Mittelmotorcoupé, das aber aufgrund seines hohen Einstandspreises sehr selten blieb und gegen den viel preiswerteren Renault Alpine V6 schließlich keine Chance mehr hatte. Der JS2 debütierte im Juli 1971. Während Fahrwerk und Karosserie eigener Entwicklung entstammten, griff Ligier beim Motor auf den V-Sechszylinder zurück, der in Kooperation mit Maserati bei Citroën entstanden ist. Ab Februar 1973 hatte das ursprünglich 2670 cm^3 große Triebwerk dann knapp drei Liter Hubraum. Mit beiden Maschinen erreichten die nur 925 Kilogramm leichten Wagen enorme Fahrleistungen. Auf Wunsch gab es neben dem 195 PS starken Dreiliter noch eine 220 PS starke Version. Drei Fallstrom-Weber-Doppelvergaser speisten hier den Motor, der seine Kraft via Fünfganggetriebe an die Hinterräder lieferte.

Bild: © A. Stahlkocher

Preise	1	2	3	4	5
JS 2, Cpe	k. N.	k.N.	k.N.	k.N.	k. N.

Motor/Antrieb	
Bauart	V6
Lage/Antrieb	Mitte/Heck
Hubraum in cm^3	2670, 2965
PS/min	170/5500 bis 220/6500
Vmax in km/h	240
Karosserie	
Bauart	Coupé
Tragstruktur	Plattformrahmen
Material	Kunststoff
Stückzahl und Marktsituation	
Produktionszahl	100
Verfügbarkeit	gegen null
Teilesituation	schwierig
Unterhaltskosten	hoch

Lincoln (USA) • seit 1917

Hinter der Marke Lincoln stand Henry Martin Leland (1843-1932), ein begabter Feinmechaniker mit vielen Erfahrungen aus der Waffenindustrie. Zudem war er an industriellen Fertigungsabläufen interessiert. Leland war von 1902 an Berater bei der Henry Ford Company, überwarf sich aber mit Ford – der, so das überraschende Ergebnis, schließlich gehen musste. Leland übernahm dessen Anteile, benannte die Firma umgehend in Cadillac um und verkaufte sie 1909 an General Motors. Im Cadillac-Vorstand wirkte Leland bis 1917.

Die Lincoln Motor Company gründete Leland, inzwischen bereits 74 Jahre alt, erst nach seinem Ausscheiden bei Cadillac. Er benannte sie nach dem US-Präsidenten Abraham Lincoln, dessen prägende Amtszeit in den 1860er Jahren er selbst miterlebt hatte. Zunächst nahm sich Lelands Firma den Bau von Flugzeugtriebwerken vor, erst ab 1919 fertigte man ein luxuriöses Automobil, das Lincoln Model L. Diese Umstellung brachte das Unternehmen in erhebliche Schieflage. Ausgerechnet Henry Ford brachte nun die Rettung: Er kaufte das Unternehmen, was für Ford einen späten Sieg über seinen Kontrahenten Leland bedeutete. Interessant dabei ist die neue Konstellation im Luxussegment der amerikanischen Automobilindustrie: Die Ford-Marke Lincoln stand nun gegen die General Motors-Marke Cadillac, die ebenfalls einst Leland gehört hatte.

Lincoln setzte sich rasch als erste Wahl amerikanischer Präsidenten durch. Trotz eines aufwändigen V12-Motors überstand Lincoln die Zeit der schweren Depression Ende der 1920er Jahre. Die Nachkriegszeit prägten enorm große Fahrzeuge, darunter riesige Coupés oder das Continental Convertible, das mit seinen vier Türen in den 1960er Jahren für Aufmerksamkeit sorgte.

Bis heute hat die Luxusmarke überlebt. Die Stückzahlen von Cadillac erreichte der feine Ford-Ableger freilich nie, und der Exportanteil blieb stets sehr niedrig. Seit 2014 jedoch vertreibt Ford Modelle der Marke Lincoln auch in China.

L

Lincoln Continental V12 — 1946-1948

Neben dem ganzen Sechs- und Achtzylinderallerlei ragte der Lincoln Continental von 1946 heraus: Sein Triebwerk war aus einem Ford V8-Motor zum Zwölfzylinder verlängert worden, der allerdings aus fünf Litern Hubraum nur bescheidene 130 PS zur Verfügung stellte. Das Nachkriegsmodell basierte technisch auf seinem Vorgänger, und auch optisch zeigte sich noch vieles aus vergangenen Tagen. Mit der hohen Haube und wuchtigen Kotflügeln, garniert mit chromschwelgenden Anbau- und Zierteilen wirkte die solide Karosserie schwerfällig. Getragen wurde das Ganze von einem Kastenrahmen, was die Verwirklichung einer viertürigen Limousine ebenso ermöglichte wie eine Coupé- und Cabriolet-Ausführung. Die Preise liegen heute relativ hoch.

Bild: © Ford

Preise	1	2	3	4	5
Continental V12 (46 - 48), Cab	84.000	58.000	37.000	19.000	10.000
Continental V12 Club (46 - 48), Cpe	62.000	43.000	25.000	11.000	6.000

Motor/Antrieb	
Bauart	V12
Lage/Antrieb	Front/Heck
Hubraum in cm^3	4990
PS/min	130/3600
Vmax in km/h	150
Karosserie	
Bauart	Limousine (4-türig), Coupé, Cabriolet
Tragstruktur	Kastenrahmen
Material	Stahlblech
Stückzahl und Marktsituation	
Produktionszahl	k.A.
Verfügbarkeit	gegen null
Teilesituation	sehr schwierig
Unterhaltskosten	hoch

Lincoln Continental Mk II — 1956-1957

Trug der Continental V12 von 1946 sein Reserverad noch frei am Wagenheck, so war es beim Modell von 1956 mit großem Aufwand verborgen worden: Der Buckel in der Gepäckraumhaube verrät den Standort auf Anhieb. Vom Zwölfzylinder hatte sich die Marke verabschiedet und einen gut sechs Liter großen V-Achtzylinder installiert, der mit nun 304 PS das Fahrleistungsniveau kräftig angehoben hatte. Mit einem dezenten Hüftknick verstrahlte die glattflächige Karosserie eine dem hohen Preis entsprechende Eleganz, die von einem luxuriösen Interieur und hervorragender Verarbeitung gekrönt wurde. Vielleicht hätte ein protzigeres Aussehen für das damals teuerste amerikanische Auto einen größeren Markterfolg gebracht: Nach nur 1769 Exemplaren stellte Lincoln die Fertigung des Continental Mk II wieder ein.

Bild: © Ford

Preise	1	2	3	4	5
Continental Mk II HT, Cpe	75.600	47.400	32.000	15.400	8.000

Motor/Antrieb	
Bauart	V8
Lage/Antrieb	Front/Heck
Hubraum in cm^3	6031
PS/min	304/4800
Vmax in km/h	180
Karosserie	
Bauart	Hardtop, Cabriolet
Tragstruktur	Kastenrahmen
Material	Stahlblech
Stückzahl und Marktsituation	
Produktionszahl	1769
Verfügbarkeit	schlecht
Teilesituation	schwierig
Unterhaltskosten	hoch

Lincoln Continental 1961-1967

Als viertüriges Cabriolet zählt das Lincoln Continental Convertible zu den automobilen Raritäten. Dabei besaß es keinen Rahmen, sondern erhielt eine selbsttragende Karosserie. Der Lincoln Continental war 1961 erschienen und erlangte zwei Jahre später traurige Berühmtheit, als in diesem Modell US-Präsident John F. Kennedy erschossen wurde. Die hervorragende Qualität, mit strengen Prüfmethoden gesichert, machte den Continental zur ersten Wahl des US-Staatsoberhauptes. Seine ruhige Linienführung verzichtet auf die extremen Auswüchse modischer Gestaltung jener Zeit. Anders verhielt es sich bei den Motoren: Sie glänzten, wie damals allgemein üblich, mit üppigem Hubraum – sie waren über sieben Liter groß. Mit 320 bis 365 PS zeigte der Luxusliner Fahrleistungen auf hohem Niveau: Über 200 km/h schnell waren die Spitzenmodelle amerikanischer Automobilproduktion.

Preise	1	2	3	4	5
Continental (4-türig), Cab	114.400	71.900	49.300	20.200	12.700
Continental, L4t	49.600	31.200	21.400	8.700	5.500

Bild: © Ford

Motor/Antrieb	
Bauart	V8
Lage/Antrieb	Front/Heck
Hubraum in cm^3	7045, 7560
PS/min	320/4600 bis 365/4600
Vmax in km/h	190 bis 210
Karosserie	
Bauart	Cabriolet
Tragstruktur	selbsttragend
Material	Stahlblech
Stückzahl und Marktsituation	
Produktionszahl	21.347
Verfügbarkeit	ausreichend
Teilesituation	ausreichend
Unterhaltskosten	hoch

Lloyd (D) • 1906-1914, 1950-1961

Die Automobilmarke Lloyd existierte von 1906 bis 1914 als Tochterfirma der Schifffahrtsgesellschaft „Norddeutscher Lloyd"; der Automobilfabrikant Carl F. W. Borgward reaktivierte den Markennamen nach dem Zweiten Weltkrieg: Ursprünglich gründete er die Lloyd Motoren Werke freilich nicht als Automobilfabrik, sondern zur Herstellung von Teppichwebe-Maschinen. Seinen Sitz hatte das Unternehmen seit 1949 auf dem Gelände des Bremer Goliath-Werks. Schon Anfang 1950 präsentierten die Lloyd-Leute ihren ersten Kleinwagen, den LP 300, der sich sofort zum Verkaufsrenner entwickelte. Der Nachfolger namens LP 400 rückte 1954 auf den dritten Platz der deutschen Zulassungs-Statistik vor.

Zudem hatte Lloyd seit 1952 einen sechssitzigen Van im Angebot („Großraum-Pkw"). Unter wachsendem Konkurrenzdruck verloren die Lloyd-Kleinwagen nach 1955 an Marktanteil und Bedeutung. Das neue Modell Arabella konkurrierte ab 1959 mit dem Käfer, fuhr aber Verluste ein. 1961 zog der Konkursverwalter den Schlussstrich unter die Lloyd-Geschichte.

Lloyd-Logo (um 1956).

LLOYD

Bild: © Archiv HEEL Verlag

L

Lloyd LT 500, LT 600 1952-1961

Ende 1952 zog ein „Großraum-Pkw" ins Lloyd-Programm ein: Auf Basis des späteren 400ers bot der LT 500 sechs Sitzplätze und wurde so zum Urahn moderner Vans. Der Bug mit dem Teddybär-Blick bestand aus Blech, die restliche Karosserie fertigte Lloyd dagegen noch aus Sperrholz, das mit Blech beplankt wurde. Die Dauerhaltbarkeit litt darunter – heute sind die LT-Modelle extrem selten. 1955 erhielt der LT die Technik aus dem Lloyd 600 und war auf Wunsch auch mit verlängertem Radstand lieferbar. Kurz vor Ende der Bauzeit reagierte Lloyd auf eine neue Mode, auf die VW mit seinem Bus bereits aufgesprungen war: Ab 1959 offerierten die Bremer ein Campingmobil, das auf den Namen Lloyd Theodor hörte.

Preise	1	2	3	4	5
LT 500, Bus	25.700	18.000	10.700	6.100	3.400
LT 600, Bus	27.700	19.500	11.600	6.600	3.600

Bild: © A. Beyer

Motor/Antrieb	
Bauart	Zweizylinder (Zwei- u. Viertaktmotor)
Lage/Antrieb	Front/Front
Hubraum in cm^3	386, 596
PS/min	13/3750 bis 19/4500
Vmax in km/h	70 bis 90
Karosserie	
Bauart	Kleinbus
Tragstruktur	Zentralträger-/Holz-/Stahlrahmen
Material	Stahlrahmen
Stückzahl und Marktsituation	
Produktionszahl	ca. 40.000
Verfügbarkeit	gegen null
Teilesituation	schwierig
Unterhaltskosten	niedrig

Lloyd LP 300, LC 300, LS 300, LK 300 1950-1952

Der Ur-Lloyd war ein simples, aber enorm preiswertes Klein-Automobil mit 10-PS-Motor, Frontantrieb und einer Holzkarosserie, die sich unter einer Bespannung aus Filz und Kunstleder verbarg. Er kam im Juni 1950 auf den Markt und galt bald als Wegbereiter des folgenden Kleinstwagen-Booms. Den vielen anderen Konstruktionen hatte der Lloyd sein modernes, erwachsenes Aussehen voraus. Zudem war er in Anschaffung und Unterhalt konkurrenzlos billig: 3334 Mark kostete der LP 300, nur 98 Mark ein Austauschmotor. Im Volksmund hieß er wegen seiner Karosserie-Bauart „Leukoplastbomber", und Verkäufer der Konkurrenz dichteten den Spott-Spruch „Wer den Tod nicht scheut, fährt Lloyd". Borgward fand 18.000 mutige Kunden: Sie hatten die Wahl aus den Modellen LP (Personenwagen), LC (Coupé), LS (Stationswagen) und LK 300 (Kastenwagen).

Preise	1	2	3	4	5
LP 300, L2t	13.600	9.100	5.400	2.300	1.500
LS 300, Kom	14.100	9.500	5.600	2.300	1.500
LK 300, Kst	19.400	14.400	8.000	3.700	1.800

Bild: © Lothar Spurzem

Motor/Antrieb	
Bauart	Zweizylinder-Zweitaktmotor
Lage/Antrieb	Front/Front
Hubraum in cm^3	293
PS/min	10/4000
Vmax in km/h	75
Karosserie	
Bauart	Lim (2-türig)/Kombi (3-türig), Cpe
Tragstruktur	Zentralträgerrahmen
Material	Holz
Stückzahl und Marktsituation	
Produktionszahl	18.087
Verfügbarkeit	gegen null
Teilesituation	schwierig
Unterhaltskosten	niedrig

Lloyd LP 400, LC 400, LS 400, LK 400, LP 250 — 1953-1957

Der Lloyd 400 war eine komfortablere Weiterentwicklung des Ur-Modells. Anfänglich besaß auch der 400er eine Holz-Karosserie, aber schon ab März 1953 waren seine Kotflügel und Türen aus Metall, und ab Januar 1954 gab es auch Haube und Heckteil aus Stahlblech. Eine Cabrio-Limousine (LC 400) bereicherte das Lloyd-Programm ab 1955, und für Besitzer des alten Führerscheins IV boten die Bremer das schlicht ausgestattete Billigmodell LP 250 an. Der Lloyd 400 galt als zuverlässiges, haltbares Klein-Automobil mit überschaubaren Unterhaltskosten: Als der VW für den Mittelstand noch unerreichbar war, nahm der Lloyd die Position des wahren Volkswagens ein: 60 Prozent der Produktion gingen an Arbeiter, Beamte und Angestellte. In der DDR diente der LP 400 übrigens als Vorbild des ersten Trabant.

Preise	1	2	3	4	5
LP 250 (Basis), L2t	11.600	7.800	4.800	2.000	1.200
LP 400, L2t	14.000	9.400	5.500	2.300	1.500
LC 400, Cal	14.700	9.900	5.800	2.400	1.600
LS 400, Kom	17.400	11.600	6.800	2.700	1.900

Motor/Antrieb	
Bauart	Zweizylinder-Zweitaktmotor
Lage/Antrieb	Front/Front
Hubraum in cm³	250 bis 383
PS/min	11/5000 bis 13/3750
Vmax in km/h	75
Karosserie	
Bauart	Lim (2-türig), Kom (3-türig), Cab-Lim
Tragstruktur	Zentralträgerrahmen
Material	Holz/Stahl
Stückzahl und Marktsituation	
Produktionszahl	109.878/3768
Verfügbarkeit	gegen null
Teilesituation	schwierig
Unterhaltskosten	niedrig

Lloyd LP 600, LC 600, LS 600, LK 600, Lloyd Alexander — 1955-1961

Auch die Käufer von Kleinstwagen forderten Mitte der 1950er Jahre mehr Bequemlichkeit und Geltungswert. Als Ergebnis einer Großbefragung unter Lloyd-400-Fahrern brachte das Bremer Werk 1955 den Lloyd LP 600 heraus. Neu war allerdings nur der Motor, ein Viertakt-Twin mit 19 PS. Weil das unveränderte Fahrwerk nach dieser Kraft-Kur an seine Grenzen geraten war, schob Lloyd schon 1957 den weniger straff ausgelegten Alexander nach. Er brachte außerdem ein vollsynchronisiertes Vierganggetriebe und eine verfeinerte Innenausstattung mit. Zudem war der Kofferraum jetzt erstmals von außen zugänglich.

Bild: © A. Beyer

Preise	1	2	3	4	5
LP 600, L2t	14.600	9.700	5.800	2.400	1.500
LC 600, Cal	14.900	9.900	5.900	2.400	1.500
LS 600, Kom	15.200	10.200	6.000	2.500	1.600
LK 600, Kst	29.800	22.000	11.300	5.000	2.500

Motor/Antrieb	
Bauart	Zweizylinder (Reihe)
Lage/Antrieb	Front/Front
Hubraum in cm³	596
PS/min	19/4500
Vmax in km/h	95
Karosserie	
Bauart	Lim (2-türig), Kom (3-türig), Cab-Lim
Tragstruktur	Zentralträgerrahmen
Material	Stahlblech
Stückzahl und Marktsituation	
Produktionszahl	176.524
Verfügbarkeit	ausreichend
Teilesituation	ausreichend
Unterhaltskosten	niedrig

L

Lloyd Alexander TS — 1958-1961

Als Kleinwagen mit gediegener Luxus-Ausstattung und munteren Fahrleistungen galt der Alexander TS bei seiner Premiere im Herbst 1958. Das Kürzel TS stand für Touren-Sport; im Alltag ließen sich immerhin 30-PS-Käfer niederringen. Für mehr Überholprestige sorgte der neue, breite Kühlergrill, für eine bessere Kurvenlage die neu entwickelte Schräglenker-Hinterachse. Der Hauptkonkurrent des Alexander TS hieß damals Fiat 600: Ihm hatte der Lloyd das viel liebevollere Finish und deutlich niedrigere Unterhaltskosten voraus.

Bild: © A. Beyer

Preise	1	2	3	4	5
Alexander TS, L2t	14.900	10.100	6.200	4.000	1.500

Motor/Antrieb	
Bauart	Zweizylinder (Reihe)
Lage/Antrieb	Front/Front
Hubraum in cm³	596
PS/min	25/5000
Vmax in km/h	107
Karosserie	
Bauart	Limousine (2-türig), Kombi (3-türig)
Tragstruktur	Zentralträgerrahmen
Material	Stahlblech
Stückzahl und Marktsituation	
Produktionszahl	k. A.
Verfügbarkeit	ausreichend
Teilesituation	ausreichend
Unterhaltskosten	niedrig

Lloyd Alexander TS Frua — 1958-1959

In einer Mini-Serie von nur 49 Exemplaren baute Karosserie-Spezialist Frua in Turin dieses grazile Schaustück auf dem Chassis des Alexander TS. Leider quälte sich unter der großen Haube aber auch dessen unveränderter 25-PS-Motor, so dass die Fahrleistungen weit hinter dem sportlichen Habitus zurückblieben. Die Form war eine gelungene Arbeit des Designers Pietro Frua; ebenso nobel wirkte das Interieur mit serienmäßigem Nardi-Lenkrad, Drehzahlmesser und zweifarbigem Kunstleder. Für 5980 Mark ging der Alexander TS Frua hauptsächlich an Lloyd-Händler, die sich das Glanzstück in ihr Schaufenster stellten.

Bild: © A. Beyer

Preise	1	2	3	4	5
Alexander TS Frua, Cpe	18.700	12.800	7.900	5.000	1.800

Motor/Antrieb	
Bauart	Zweizylinder (Reihe)
Lage/Antrieb	Front/Front
Hubraum in cm³	596
PS/min	25/5000
Vmax in km/h	105
Karosserie	
Bauart	Coupé
Tragstruktur	Zentralträgerrahmen
Material	Stahlblech
Stückzahl und Marktsituation	
Produktionszahl	49
Verfügbarkeit	gegen null
Teilesituation	sehr schwierig
Unterhaltskosten	niedrig

Lotus (GB) • seit 1952

Als Colin Chapman 1952 die Lotus Cars Ltd. gründete, hatte dessen Karriere bereits begonnen. Schon 1948 präsentierte er einen später Mk 1 genannten Sportwagen, den er auf der Basis eines 1930 gebauten Austin Seven 750 aufgebaut hatte. Es folgten weitere Umbauten, und die leichten Autos stießen auf großes Interesse.

Mit dem Lotus MK 6 offerierte das junge Unternehmen ein erstes Kleinserienmodell. Es war nur als Bausatz erhältlich. Das sparte zum einen die hohe Umsatzsteuer, die der britische Staat auf komplette Autos erhob, zum anderen besaß die kleine Firma nicht die Fertigungskapazität für die rund 100 Exemplare, die von diesem ersten Modell entstanden.

Neben weiteren Sport- und Rennsportmodellen wie dem Lotus 8 und seinen Nachfolgern Mk 9, Mk 10, Mk 11 und Mk 12 bot Lotus mit dem bildhübschen Elite auch ein Straßenmodell an. Allen gemein war, dass sie strikt nach Chapmans Leichtbau-Credo

Colin Chapman, der Leichtbau-Papst, und sein Lotus Seven.

gefertigt waren: Statt immer stärkere Motoren einzubauen, verlegte sich Colin Chapman auf kreative Methoden des Abspeckens.

Das Lotus-Logo stand einst für radikalen Leichtbau und echte Sportwagen.

Das brachte konkurrenzlose Leistungsgewichte, ihm allerdings auch den Vorwurf ein, die Sicherheit seiner Kunden und Fahrer zugunsten des extremen Leichtbaus aufs Spiel zu setzen. Doch gleichermaßen galt er als genialer Konstrukteur, den nicht zuletzt seine späteren Formel-1-Entwicklungen unsterblich gemacht haben. 1982 starb „Mr. Leichtbau" Colin Chapman im Alter von nur 54 Jahren.

Der ruhmreiche Name ging 1986 an General Motors, um im August 1993 von Romano Artioli, Eigner der neu gegründeten Firma Bugatti, übernommen zu werden. Aus dieser Ära stammt auch der Name Elise: Artioli benannte den Erfolgstyp nach seiner Enkelin.

Ab 1996 führte der malaysische Hersteller Proton Regie, zunächst als Teilhaber, ab 2003 als Alleinbesitzer. Im Jahr 2012 kaufte der ebenfalls in Malaysia angesiedelte Konzern DRB-HI-COM die Unternehmen, 2017 übernahm der chinesische Konzern Geely 51 Prozent der Anteile.

Als Ergänzung der damaligen Typen Elise S2, Exige S2 und Europa S hatte Lotus 2008 den neuen Evora vorgestellt, das erste neue Modell seit der Präsentation des Elise 13 Jahre zuvor. Ein V6-Mittelmotor trieb den 2+2-Sitzer an. In der Automobilgeschichte findet sich übrigens ein anderes Beispiel für diese Art der Auslegung: der Dino 308 GT/4, gestylt von Bertone. 2010 hatte Lotus eine Flut an Neuheiten angekündigt, scheiterte jedoch an dieser ambitionierten Auf-

Puzzle für Fortgeschrittene: Lotus lieferte bevorzugt Bausätze.

gabe. Ebenfalls ohne Umsetzung blieb zunächst das nach dem Einstieg von Geely im Jahr 2017 angekündigte leichte SUV, den Lotus als Konkurrent zum Porsche Macan in Position bringen wollte.

Dafür feierte am 6. Juli 2021 beim Goodwood Festival of Speed der Lotus Emira seine Premiere. Er gilt als Nachfolger für Elise, Exige und Evora. Als Antrieb dient ein V6-Motor eines Zulieferers mit rund 400 PS, der Einstiegspreis soll bei knapp 96.000 Euro liegen. Der Emira soll der letzte Lotus mit Verbrennungsmotor sein. Für die Zukunft setzt Lotus auf Elektroantrieb. Im Oktober 2022 enthüllte der Sportwagenhersteller das Modell Eletre, ein „Hyper-SUV". Auf gleicher Plattform entsteht der Lotus Emeya, ein Viertürer mit zwei Elektromotoren, Allradantrieb und Luftfederung. Lotus fertigt beide Modelle in seinem neuen Werk im chinesischen Wuhan, mit dem die Marke die Stückzahlen massiv nach oben skalieren will. Bis 2028 will Lotus mit fünf Elektromodellen am Markt vertreten sein.

L

Mit den beiden Viertürern Eletre (hinten) und Emeya wollen die Lotus-Eigentümer die Stückzahlen nach oben ziehen.

Der Lotus Emira soll das letzte Modell der Marke mit Verbrennungsmotor sein. Seit 2022 ist er in Produktion.

Lotus Elite 1957-1961

Technik-Freunde sind von diesem Wagen seit Jahrzehnten fasziniert. Colin Chapmans außergewöhnliche Ideen sorgten für ein auffallend fahraktives Auto. Es verfügte über eine selbsttragende Karosserie aus Kunststoff und kam ganz ohne einen sonst üblichen Rahmen zur Stabilisierung und Aufnahme der Fahrwerkskomponenten aus. Das machte die Karosseriestruktur ungemein komplex, hatte aber den Vorteil, dass sie federleicht war. In Verbindung mit den kleinen, aber starken Coventry Climax-Motoren und der hochentwickelten Fahrwerkstechnologie ergab sich eine unbändige Fahrdynamik, die besonders auf den Rennstrecken geschätzt wurde. Fast 1000 dieser gewagten Sportcoupés ließen sich absetzen.

Preise	1	2	3	4	5
Elite, Cpe	90.000	67.200	42.000	24.200	k.N.

Bild: © Lotus

Motor/Antrieb	
Bauart	Vierzylinder (Reihe)
Lage/Antrieb	Front/Heck
Hubraum in cm^3	1216
PS/min	76/6100 bis 105/7250
Vmax in km/h	180 bis 210
Karosserie	
Bauart	Coupé
Tragstruktur	selbsttragend
Material	Kunststoff
Stückzahl und Marktsituation	
Produktionszahl	988
Verfügbarkeit	schlecht
Teilesituation	schwierig
Unterhaltskosten	mittel

Lotus Seven (Series 1, 2, 3) 1958-1970

Auch nach über 40 Jahren begeistert das Konzept des Lotus Super Seven. Noch heute profitieren Nachahmer vom Genius des Colin Chapman, der mit dem Seven ein Maximum an Fahrfreude mit einem Minimum an Auto bieten konnte. Die leichtgewichtigen Zweisitzer mit dürftigem Wetterschutz besaßen Fahreigenschaften, die Formel-Rennern ähnelten und wurden in relativ großer Stückzahl produziert. Es gab sie für den handwerklich begabten Fan auch als Bausatz. Für Vortrieb sorgten verschiedene Ford-Motoren, die ganz nach Bedarf in verschiedenen Tuningstufen zu haben waren. Die Ausstattung beschränkte sich auf das Notwendigste. Am interessantesten sind heute die S3-Modelle, besonders als Big-Valve-Ausführung mit 126 PS. Die Originale sind freilich selten: Es entstanden nur 1940 Seven.

Preise	1	2	3	4	5
Seven S2, Rds	37.000	26.300	15.800	7.800	4.100
Seven S3, Rds	47.000	38.100	22.700	10.200	5.400

Motor/Antrieb	
Bauart	Vierzylinder (Reihe)
Lage/Antrieb	Front/Heck
Hubraum in cm³	1172, 1599, 1558
PS/min	40/4500 bis 125/6200
Vmax in km/h	130 bis 172
Karosserie	
Bauart	Roadster
Tragstruktur	Rohrrahmen
Material	Kunststoff/Aluminium
Stückzahl und Marktsituation	
Produktionszahl	1940
Verfügbarkeit	ausreichend
Teilesituation	gut
Unterhaltskosten	mittel

Lotus Elan S1, S2, S3, S4, Sprint 1962-1973

Auch mit dem optisch noch harmonischeren Modell Elan blieb sich Chapman treu. Das heute teure Kleinod überzeugte mit einem ausgefeilten Fahrwerk, das fahrsicher und handlich war, dazu kamen leistungsstarke Motoren, die in Verbindung mit dem niedrigen Wagengewicht für freudvolle Fahrleistungen sorgten. Auf kleinen Landstraßen ist der Lotus Elan auch heute noch eines der potentesten Autos. Die Weiterentwicklung führte zum Elan Sprint mit 126 PS, der heute gesuchtesten und teuersten Version. Alltagstauglichkeit und Komfort standen nicht allzusehr im Hintergrund, unabhängig davon, ob die Coupé- oder Cabrioversion gewählt wurde. Einen einzigen unbestreitbaren Nachteil besitzt der Elan: In gutem Zustand kostet er heute über 20.000 Euro – ein Trost: Es gibt keine allzu großen Ersatzteilengpässe.

Bild: © Jürgen Schlegelmilch

Preise	1	2	3	4	5
Elan S2, Cab	51.400	32.900	22.000	12.800	7.700
Elan S3, Cpe	40.500	25.900	17.400	10.100	6.100
Elan S3, Cab	49.700	31.800	21.300	12.400	7.400
Elan S4, Cpe	41.200	26.400	17.700	10.300	6.200

Motor/Antrieb	
Bauart	Vierzylinder (Reihe)
Lage/Antrieb	Front/Heck
Hubraum in cm³	1558
PS/min	106/5500 bis 126/6500
Vmax in km/h	185 bis 195
Karosserie	
Bauart	Cabriolet, Coupé
Tragstruktur	Zentralträgerrahmen
Material	Kunststoff
Stückzahl und Marktsituation	
Produktionszahl	12.224
Verfügbarkeit	gut
Teilesituation	ausreichend
Unterhaltskosten	mittel

L

Lotus Elan +2, +2S und 130 1967-1974

Der Zusatz „+2" signalisiert beim Elan einen verlängerten Radstand, der in Verbindung mit einer gestreckten Karosserie die Alltagstauglichkeit der Baureihe fördern sollte. Als Viersitzer war er aber dennoch nur im äußersten Notfall verwendbar. Der Innenraum des Spitzenmodells im damaligen Lotus-Programm war mit Edelholzfurnieren aufgewertet. Bei dem auf Wunsch auch mit Lederpolsterung bestellbaren Elan +2 kamen als Motorisierung nur die stärksten Aggregate der jeweiligen Entwicklungsstufe zum Einsatz. Eine Cabrio-Version hat es nie gegeben. Die verlängerten +2-Modelle sind – obwohl sie in der Summe ihrer Eigenschaften sehr ausgewogen sind – bei weitem nicht so beliebt wie die kurzen Modelle – und deswegen auch erheblich preiswerter.

Bild: © Lotus

Preise	1	2	3	4	5
Elan +2, Cpe	35.000	21.000	12.800	6.900	3.600
ELan +2 S, Cpe	36.400	21.800	13.300	7.200	3.700
Elan +2S 130, Cpe	38.500	23.100	14.100	7.600	4.000

Motor/Antrieb	
Bauart	Vierzylinder (Reihe)
Lage/Antrieb	Front/Heck
Hubraum in cm³	1558
PS/min	115/5800 bis 126/6500
Vmax in km/h	185 bis 200
Karosserie	
Bauart	Coupé
Tragstruktur	Zentralträgerrahmen
Material	Kunststoff
Stückzahl und Marktsituation	
Produktionszahl	5200
Verfügbarkeit	ausreichend
Teilesituation	ausreichend
Unterhaltskosten	mittel

Lotus Europa S1, S2, TC, Special 1967-1975

Extrem flach geriet der nur gut einen Meter hohe Lotus Europa, der als Mittelmotorsportler das Markenprogramm der 1960er Jahre ergänzte. Chassis- und Karosseriekonzept mit Zentralträger und Kunststoffhülle entsprechen dem Elan, doch heute erreicht der Flachmann bei weitem nicht dessen Beliebtheit. Dank des niedrigen Leergewichts erreichte der Europa auch mit dem zunächst verwendeten Renault-16-Motor ansehnliche Fahrleistungen, die im Grenzbereich allerdings schwer beherrschbar waren. Das gilt besonders für die stärkeren Ausführungen, die mit Doppelnockenwellenaggregaten auf der Basis von Ford-Triebwerken zum Kunden kamen. Seine kompromisslose Formgebung mit den typischen Heckfinnen und die geringe Bauhöhe schränkten die Alltagstauglichkeit des Lotus Europa drastisch ein.

Preise	1	2	3	4	5
Europa S2, Cpe	36.000	23.700	12.800	5.900	3.000
Europa TC, Cpe	39.000	23.600	13.500	7.900	3.800
Europa Special, Cpe	41.000	27.300	14.900	9.100	4.300

Motor/Antrieb	
Bauart	Vierzylinder (Reihe)
Lage/Antrieb	Mitte/Heck
Hubraum in cm³	1470, 1588, 1565
PS/min	78/6000 bis 126/6500
Vmax in km/h	175 bis 200
Karosserie	
Bauart	Coupé
Tragstruktur	Zentralträgerrahmen
Material	Kunststoff
Stückzahl und Marktsituation	
Produktionszahl	9230
Verfügbarkeit	ausreichend
Teilesituation	ausreichend
Unterhaltskosten	mittel

Lotus Super Seven (Series 4, S4) — 1969-1972

Durch gezielte Modellpflege erhielt der Lotus-Roadster etwas mehr Komfort, ohne dass bei diesem Auto wirkliche Verweichlichungstendenzen zu befürchten waren. Die Puristen ärgerte es dennoch, was allerdings keine Probleme bereitete: Die 1000 gebauten Exemplare fanden alle ihre Käufer. Heute ist das Angebot an originalen Super Seven der vierten Generation entsprechend dürftig. Als Vorteile im Vergleich zu den Vorgängern gelten ein besserer Wetterschutz, die komfortablere Innenausstattung und gestiegene Verarbeitungsqualität. Umstritten war besonders eine Hardtop-Version mit Flügeltüren. Nach drei Jahren Bauzeit lief die Baureihe bei Lotus aus.

Preise	1	2	3	4	5
Super Seven S4 GT (Ford Kent), Rds	k.N.	27.800	18.100	10.200	k.N.

Motor/Antrieb	
Bauart	Vierzylinder (Reihe)
Lage/Antrieb	Front/Heck
Hubraum in cm³	1340, 1498, 1558, 1598
PS/min	66/4600 bis 126/6500
Vmax in km/h	155 bis 180
Karosserie	
Bauart	Roadster
Tragstruktur	Rohrrahmen
Material	Kunststoff/Aluminium
Stückzahl und Marktsituation	
Produktionszahl	1000
Verfügbarkeit	ausreichend
Teilesituation	gut
Unterhaltskosten	mittel

Lotus Elite, Eclat — 1974-1982

Den klangvollen Namen des Elite trug auch ein heute weniger beliebter Nachfolger. Das Design folgte dem Zeitgeist, doch dem Zentralträgerchassis und der Kunststoffkarosserie blieb Lotus treu. Neu unter der Haube war der eigens entwickelte Zweiliter-16 V-Motor, der 160 PS zur Verfügung stellte. Dieser Motor kam auch beim Jensen-Healey und dem Sunbeam Lotus zum Einsatz. Gewöhnungsbedürftig, aber nicht unpraktisch, war auch die Formgebung der Karosserie mit ihrem steilen Heck. Ab 1975 ergänzte der Eclat, der eine geänderte Karosserie trug, den Elite S1 mit identischer Technik. Der Elite lief 1980 aus, den Eclat baute Lotus noch zwei Jahre länger.

Bild: © Lotus

Preise	1	2	3	4	5
Elite (Ser. 1974-1982), Cpe	25.000	14.800	8.900	4.500	1.900
Eclat, Cpe	37.500	24.500	15.200	6.700	2.500

Motor/Antrieb	
Bauart	Vierzylinder (Reihe)
Lage/Antrieb	Front/Heck
Hubraum in cm³	1974
PS/min	160/6200
Vmax in km/h	195
Karosserie	
Bauart	Coupé
Tragstruktur	Zentralträgerrahmen
Material	Kunststoff
Stückzahl und Marktsituation	
Produktionszahl	2398, 1299
Verfügbarkeit	ausreichend
Teilesituation	ausreichend
Unterhaltskosten	hoch

Lotus Esprit S1 (Series 1) — 1976-1980

Der Name Esprit ist bis heute aktuell bei Lotus. Schon 1976 war die erste Generation präsentiert worden, die formal auf eine Designstudie Giorgio Giugiaros zurückgeht. Mit leichten Retuschen ging die extrem keilförmige Karosserie in Serienfertigung und wirkt immer noch unverändert attraktiv. Wie im Eclat S1 kam hier wiederum der Zweiliter-16 V-Motor zum Einsatz, der längs vor der Hinterachse angeordnet ist. Dem anspruchsvollen Ruf der Marke konnte aber die von etlichen Detailmängeln getrübte Verarbeitung nicht standhalten. Und auch mit den Fahrleistungen war die Kundschaft auf Dauer nicht ganz zufrieden – ein großer Erfolg wurde der Esprit der ersten Serie nicht: Nur etwas über 1000 Exemplare sind entstanden – seine weitere Karriere, hat dies jedoch in keinster Weise beeinträchtigt.

Bild: © Lotus

Preise	1	2	3	4	5
Esprit S1/S2, Cpe	71.500	53.300	36.100	15.400	7.600

Motor/Antrieb	
Bauart	Vierzylinder (Reihe)
Lage/Antrieb	Mitte/Heck
Hubraum in cm³	1974
PS/min	160/6200
Vmax in km/h	210
Karosserie	
Bauart	Coupé
Tragstruktur	Zentralträgerrahmen
Material	Kunststoff
Stückzahl und Marktsituation	
Produktionszahl	1060
Verfügbarkeit	ausreichend
Teilesituation	ausreichend
Unterhaltskosten	hoch

Lotus Esprit Turbo — 1980-1987

Dem Kundenwunsch nach mehr Leistung kam Lotus mit einem Turbolader und mehr Hubraum entgegen. Danach passten die durch das dynamische Outfit geweckten Erwartungen und das Fahrleistungspotenzial besser zusammen. Ein Garrett-Turbolader hauchte dem auf 2,2 Liter vergrößerten Triebwerk über 200 PS ein. Damit stieg die Maximalgeschwindigkeit auf befriedigende 235 km/h. Entsprechend modifiziert und verbessert konnte auch das Fahrwerk mit diesem Tempo Schritt halten. Für die passende Aerodynamik sorgten die Spoiler an Front und Heck. Kühl- und Atemluft wurde über Lufteinlässe im Schwellerbereich zugeführt.

Bild: © Lotus

Preise	1	2	3	4	5
Esprit Turbo, Cpe	54.000	39.900	27.000	11.600	5.800

Motor/Antrieb	
Bauart	Vierzylinder (Reihe)
Lage/Antrieb	Mitte/Heck
Hubraum in cm³	2174
PS/min	205/6500
Vmax in km/h	235
Karosserie	
Bauart	Coupé
Tragstruktur	Zentralträgerrahmen
Material	Kunststoff
Stückzahl und Marktsituation	
Produktionszahl	1658
Verfügbarkeit	üppig
Teilesituation	gut
Unterhaltskosten	hoch

Lotus Esprit V8, V8 GT, Sport 350, GT3 — 1987-2003

Lotus stand im Jahr 1996 wieder einmal zum Verkauf. Da traf es sich gut, dass das Topmodell Esprit nach zwei Jahrzehnten endlich den Motor bekam, den es immer verdient hatte. Hinter dem Cockpit steckte nun kein Vierzylinder mehr, sondern ein 3,5-Liter-V8 mit einer um 180 Grad gekröpften Kurbelwelle, den zwei Garrett-Turbolader bis zu 0,75 bar unter Druck setzten. Mit 354 PS erreichte der Esprit nun in Sachen Leistung seinen Gipfel – viel Power, die die Esprit-Fahrer mit einem knorpeligen Fünfgangschaltgetriebe aus dem Renault 25 portionieren mussten. Das war natürlich nicht das Beste, was die Männer aus Norfolk hätten kaufen können, jedoch das Einzige, das in den Mittelmotor-Sportwagen passte. Die Kunststoffkarosserie hatte indes bereits 1987 ihr großes Facelift erhalten. Peter Stevens war es damals, der das Faltpapier-Design aus der Feder Giorgetto Giugiaros mit organischeren Formen ins Hier und Jetzt holte.

Bild: © Lotus

Preise	1	2	3	4	5
Esprit S4, Cpe	56.100	41.800	28.300	12.000	6.000
Esprit V8 Turbo, Cpe	76.500	56.800	38.500	16.400	8.300
Esprit Sport 350, Cpe	115.000	85.000	58.000	26.000	12.000

Motor/Antrieb	
Bauart	Vierzylinder (Reihe); V8
Lage/Antrieb	Mitte/Heck
Hubraum in cm³	1969 bis 3506
PS/min	215 bei k.A. bis 354 bei k.A.
Vmax in km/h	235 bis 282
Karosserie	
Bauart	Coupé
Tragstruktur	Zentralträgerrahmen
Material	Kunststoff
Stückzahl und Marktsituation	
Produktionszahl	k.A.
Verfügbarkeit	ausreichend
Teilesituation	ausreichend
Unterhaltskosten	hoch

Lotus Elan (M100) — 1989-1995

Mit dem Elan M100 besann sich Lotus seiner klassischen Werte – teilweise. Auch der Neue geriet klein, leicht und trug eine Kunststoffkarosserie. Doch unter der rundlichen Hülle aus der Feder von Peter Stevens hatte sich einiges getan. Die Männer aus Norfolk setzten nun auf Vorderradantrieb und packten den Motor quer zwischen die Vorderräder. Die Antriebseinheit – ein 1,6-Liter-Vierventiler mit oder ohne Turboaufladung – stammte von Isuzu. Die Japaner gehörten damals wie Lotus zum Autogiganten General Motors. Für die genialsimple Verdeckkonstruktion des M100 stand indes der BMW Z1 Pate. Weil der Verkauf vor allem in den USA schlechter als erwartet lief, stellte GM die Produktion bereits 1992 wieder ein. Der neue Lotus-Eigentümer Romano Artioli legte den Elan später mit Detailverbesserungen wieder auf. Zwischen 1996 und 1999 folgte ein weiteres Revival unter koreanischem Label als Kia Elan.

Bild: © Lotus

Preise	1	2	3	4	5
Elan S2, Cab	25.600	14.800	8.900	4.300	1.400

Motor/Antrieb	
Bauart	Vierzylinder (Reihe)
Lage/Antrieb	Front/Front
Hubraum in cm³	1588
PS/min	132 bei 7200; 167 bei 6600
Vmax in km/h	196 bis 220
Karosserie	
Bauart	Roadster
Tragstruktur	Zentralträgerrahmen
Material	Kunststoff/Stahl
Stückzahl und Marktsituation	
Produktionszahl	k.A.
Verfügbarkeit	ausreichend
Teilesituation	ausreichend
Unterhaltskosten	mittel

L

M

Lotus Elise S1 — 1996-2000

Superclever, weil superradikal: 1995 zeigte Lotus auf der IAA in Frankfurt einen Roadster, der ganz im Geiste Colin Chapmans stand: Kompakt, leicht, ohne Komfort, ein kleiner Mittel-Motor und exzellente Fahrleistungen zu einem nachvollziehbaren Preis elektrisierten die Presse und das Publikum. Die Elise wurde im Handumdrehen zur begehrten Ikone. Sie baut auf einem nur 65 Kilogramm wiegenden, verklebten und vernieteten Aluminiumchassis und einer GFK-Karosserie auf. Das Gesamtgewicht der Elise-Modelle lag bei rund 750 Kilogramm. Den Antrieb übernahm ein 1,8-Liter-Vierzylinder mit vier Ventilen pro Zylinder, die MG Rover als K-Serie baute. Neben der Basisversion, der Elise 111 mit 122 PS, lieferte Lotus ab 1998 auch die Elise 111 S (1483 Exemplare), die unter anderem dank variabler Ventilsteuerung 145 PS leistete. Erheblich tiefgreifender fielen die Modifikationen für die Elise Sport aus, die Lotus als 135, 160 und 190 anbot (136, 158 und 192 PS; insgesamt 347 Exemplare).

Bild: © Lotus

Preise	1	2	3	4	5
Elise (S1), Cab	49.000	29.300	19.100	8.700	k.N.
Elise (S1) Sport 160, Cpe	58.200	34.800	23.000	10.200	k.N.

Motor/Antrieb	
Bauart	Vierzylinder (Reihe)
Lage/Antrieb	Mitte/Heck
Hubraum in cm³	1796
PS/min	120/5500 bis 192/7000
Vmax in km/h	202 bis 227
Karosserie	
Bauart	Roadster
Tragstruktur	Monocoque
Material	Kunststoff
Stückzahl und Marktsituation	
Produktionszahl	10.571 (alle Versionen)
Verfügbarkeit	ausreichend
Teilesituation	gut
Unterhaltskosten	mittel

Maico (D) • 1955-1958

Die Motorrad-Fabrik der Gebrüder Maisch im schwäbischen Pfäffingen ging von 1955 bis 1958 unter die Automobil-Bauer. Zum Discountpreis übernahm Maico die Fertigungsanlagen des glücklosen Champion 400, der von Oktober 1955 bis Juni 1956 in Pfäffingen produziert wurde. Sein Nachfolger war der viersitzige Maico 500.

Auf dem Zentralrohrrahmen der etwas plump aussehenden Limousine entstanden 1956/57 ganze sieben Sportcabriolets, deren Karrosserie die Schweizer Firma Beutler beisteuerte. Die Brüder Maisch hofften auf Exportaufträge aus Amerika, aber bevor die Serie starten konnte, gab Maico das Abenteuer Automobilbau wieder auf. Die Gründe ähnelten denen anderer Kleinwagen-Produzenten der 1950er Jahre: Zu wenig Geld, zu wenig Know-how – und, daraus resultierend, zu schlechte Autos, die zu wenig Käufer fanden.

Maico 500 — 1956-1958

In seiner letzten Version war der frühere Champion zum brauchbaren Auto geworden. Mit seinem Preis von 3665 Mark konkurrierte er aber vergeblich mit dem VW Standard-Käfer. Zu den Vorzügen des Maico 500 zählten seine geräumige Karosserie, die gute Verarbeitung und sein leidlich komfortables Fahrwerk. Allerdings entpuppte sich der Motor als arger Radaubruder, die Bremsen waren zu schwach und das Kundendienstnetz viel zu dünn. Zudem musste Maico fast alle Baugruppen dazukaufen – der Motor kam von Heinkel, die Karosserie von Baur – und produzierte mit dem 500 vor allem rote Zahlen. Wendler fertigte zudem drei Coupés und zwei Roadster – schmucke, längst vergessene Relikte der deutschen Nachkriegsära.

Bild: © Martin Sauter

Preise	1	2	3	4	5
500, L2t	30.000	23.000	16.000	11.000	7.000
500, Cab	55.000	40.000	25.000	18.000	11.000

Motor/Antrieb	
Bauart	Zweizylinder (Reihe)
Lage/Antrieb	Front/Front
Hubraum in cm^3	452
PS/min	18/4000
Vmax in km/h	98
Karosserie	
Bauart	Limousine (2-türig), Coupé, Roadster
Tragstruktur	Zentralträger-/Holz-/Stahlrahmen
Material	Stahlblech
Stückzahl und Marktsituation	
Produktionszahl	ca. 6301
Verfügbarkeit	gegen null
Teilesituation	schwierig
Unterhaltskosten	niedrig

Marcos (GB) • 1959-1999, seit 2001-2007

Der Bau der eigenwilligen Marcos-Fahrzeuge startete 1959: Jem Marsh und Frank Costin (daher Marcos) begannen mit einem aus Holz und Kunststoff gefertigten, selbsttragenden Fahrgestell. Der Hersteller im englischen Luton nannte sich Speedex Castings and Accessories Ltd, man baute auch Guss- und Zubehörteile für die Autoindustrie. Die Marcos Cars Ltd wurde dann 1962 gegründet.

1973 wurde die Marcos-Produktion vorübergehend eingestellt. Doch zwei Jahre später übernahm Jem Marshs neue Firma Midas Cars die Herstellung der Automobile, die 1982 vorübergehend sogar die Produktion der kaum veränderten alten Modelle wieder aufnahm. Auch dieses Projekt wollte sich nicht zu einem Erfolg entwickeln und schlief 1999 wieder ein.

2001 jedoch schrieb Tony Stelliga, ein kanadischer Millionär und Liebhaber englischer Extremsportwagen, die Marcos-Geschichte für einige Jahre weiter. Er reanimierte die Marke mit ambitionierten Plänen. Nur knapp über 1100 Kilogramm wog der Marcos TSO, der 2004 mit einem Chevrolet-V8-Motor auf den Markt kam und wahlweise 355 oder 406 PS leistete. Auch ein TSO GTC war angekündigt, doch letztlich schlitterte Marcos 2007 in die Pleite. Nur maximal sieben TSO sollen entstanden sein.

Bild: © J. Schlegelmilch

Marcos 1800 GT, L, IRS — 1964-1969

Im Januar 1964 stellte Marcos den von Dennis Adams designten Marcos 1800 GT vor. Das nur 1,05 Meter hohe, dramatisch gestylte und kompromisslos zweisitzige Coupé besaß eine Kunststoff-Karosserie auf Holzstruktur – die Dauerhaltbarkeit dieser Bauweise ließ jedoch zu wünschen übrig. Nach gut 500 gebauten „Holz-Marcos" (einschließlich des ersten Marcos GT) verwendete der Hersteller ab 1969 eine Stahlstruktur, die stabiler war. Gepäckraum und Tank konnten dadurch vergrößert werden. Schon 1965 lancierte Marcos das Modell 1800 L, das mit einem 115 SAE-PS starken Volvo-Motor ausgerüstet wurde. Der 1800 IRS erhielt sogar anstelle von Längsschubstreben mit Panhardstab eine hintere Einzelradaufhängung. Außergewöhnlich für die 1960er Jahre waren die serienmäßig montierten Sitze mit Kopfstützen.

Preise	1	2	3	4	5
1800 GT, Cpe	51.400	34.400	24.100	14.900	7.200

Motor/Antrieb	
Bauart	Vierzylinder (Reihe)
Lage/Antrieb	Front/Heck
Hubraum in cm^3	1778
PS/min	108/5800 bis 115/5800
Vmax in km/h	185 bis 220
Karosserie	
Bauart	Coupé
Tragstruktur	
Material	Kunstst./Holz, Kunstst./Stahlblech
Stückzahl und Marktsituation	
Produktionszahl	99
Verfügbarkeit	schlecht
Teilesituation	ausreichend
Unterhaltskosten	mittel

M

Mini-Marcos 850 GT Mk II, 1300 GT Mk II — 1965-1973

Einen großen sportlichen Erfolg erzielte der Mini-Marcos im zweiten Produktionsjahr: 1966 erreichte das skurril gestylte Coupé in Le Mans einen beachtlichen 13. Platz in der Gesamtwertung. Aber nicht nur das führte zu einer erstaunlichen Nachfrage: Der Marcos GT bediente sich als Kit-Car der billigen und in großen Mengen verfügbaren technischen Komponenten des (Austin) Mini, insbesondere seiner Motor-/Getriebeeinheit sowie der Fahrwerksteile. Die ähnlich wie beim alten Lotus Elite selbsttragend ausgelegte Kunststoff-Karosserie beendete alle Sorgen um Rost ein für alle Mal. Dank seines geringen Gewichts waren gute Fahrleistungen mühelos erreichbar: Mit der 77 PS starken 1,3-Liter-Maschine erreichte der Marcos 170 km/h. Zwischenzeitlich war der Mini-Marcos sogar nochmals als Neuwagen erhältlich gewesen.

Preise	1	2	3	4	5
850 GT Mini Marcos, Cpe	28.100	18.200	10.100	4.900	k.N.
1300 GT Mini Marcos, Cpe	33.100	21.500	11.900	5.200	k.N.

Motor/Antrieb	
Bauart	Vierzylinder (Reihe)
Lage/Antrieb	Front/Front
Hubraum in cm^3	848, 1275
PS/min	38/5500 bis 77/6000
Vmax in km/h	125 bis 170
Karosserie	
Bauart	Coupé
Tragstruktur	selbsttragend
Material	Kunststoff
Stückzahl und Marktsituation	
Produktionszahl	ca. 800
Verfügbarkeit	schlecht
Teilesituation	ausreichend
Unterhaltskosten	niedrig

Marcos 3 Litre — 1969-1972

Kulitivierte Motoren mit mehr Power beflügelten das elegante Marcos-Coupé ab 1969. Drei verschiedene Sechszylindermotoren wurden verwendet: der Dreiliter-Essex-Motor von Ford, der 2,5-Liter-Reihensechszylinder von Triumph sowie der Dreiliter-Reihensechszylinder von Volvo, der auch mit einem Getriebeautomaten kombiniert werden konnte. Mit diesen Triebwerken ließen sich exzellente Fahrleistungen erreichen, was auch heute noch für besonders intensive Nachfrage sorgt. Aus Kostengründen und zur Rationalisierung der Fertigung entschloss sich Marcos während der Bauzeit, das Holzchassis aufzugeben und eine Stahlstruktur zu verwenden.

Preise	1	2	3	4	5
3,0 Litre, Cpe	46.900	31.400	22.000	13.600	6.500

Motor/Antrieb	
Bauart	V6, Sechszylinder (Reihe)
Lage/Antrieb	Front/Heck
Hubraum in cm^3	2494, 2978, 2994
PS/min	140/4750 bis 143/5700
Vmax in km/h	200
Karosserie	
Bauart	Coupé
Tragstruktur	Rohrrahmen
Material	Kunststoff
Stückzahl und Marktsituation	
Produktionszahl	180, 11, 250
Verfügbarkeit	schlecht
Teilesituation	ausreichend
Unterhaltskosten	hoch

Maserati (I) • seit 1926

Schon vor dem Ersten Weltkrieg hatten die fünf Brüder Maserati von sich reden gemacht, besonders die Rennfahrer Carlo und Alfieri. In seiner eigenen Werkstatt, der Officine Alfieri Maserati, entwickelte Alfieri Rennwagen, doch erst 1926 setzte der Erfolg ein. Ernesto Maserati führte die Firma 1938 in die Hände des finanzkräftigen Orsi-Konzerns. 1940 folgte der Umzug nach Modena, bis heute Sitz des Unternehmens.

Die drei verbliebenen Maserati-Brüder gründeten 1947 eine neue Firma, die sich auf Rennwagen spezialisierte: OSCA. 1968 begann die Zusammenarbeit zwischen Maserati und Citroën, die Franzosen übernahmen in der Folgezeit 60 Prozent des Kapitals von der Familie Orsi. Citroën trennte sich von Maserati bereits 1975 wieder, und De Tomaso übernahm die Renommiermarke für umgerechnet 500 Euro. Ab 1981 folgte der Umbau des Unternehmens hin zu größeren Stückzahlen, 1989 übernahm Fiat zunächst 49 Prozent des Unternehmens, 1993 die restlichen Anteile. 1997 gliederte Fiat Maserati bei Ferrari ein, seit 2005 ist Maserati eine eigenständige Aktiengesellschaft. Nach erfolgreichen Jahren meldete Maserati jedoch für den Winter 2015 einen längeren Produktionsstopp, nachdem die Nachfrage eingebrochen war.

2016 brachte Maserati den Luxus-SUV Levante an den Start, dessen Konzept bereits 2010 als Studie Kubang vorgestellt worden war. Generell jedoch bleibt für Maserati die Lage wegen der überalterten Modellpalette schwierig. Die hohen Absatzziele verfehlt Maserati seit Jahren massiv.

Seit 2021 zählt Maserati zu Stellantis, bleibt aber mit seiner Positionierung im Luxus-Segment weitgehend eigenständig.

Zudem liefert Ferrari keine Motoren mehr zu. Künftig will Maserati sich auf Elektroantriebe konzentrieren, hat auf diesem Gebiet jedoch viel Know-how aufzuholen. Mit Ghibli und Levante Hybrid startet Maserati mit eher zaghaften Schritte in Richtung E-Antriebe, setzt aber mit dem Supersportwagen MC20 (ab 2025 MCPura) auch weiterhin auf klassische Verbrenner. Gleiches gilt für den Grecale, ein SUV-Modell auf Basis des Alfa Romeo Stelvio, das im Herbst 2021 seine Premiere feierte.

Die rein elektrische Version heißt Folgore und kommt mit einer Systemleistung von rund 1200 PS.

Bild: © Maserati

Maserati

Der Dreizack stammt von einer Neptun-Statue, die im Stadtzentrum Bolognas steht.

Der 2,0 Liter große V6-Benziner des MCPura liefert 630 PS. Maserati hat ihn neu entwickelt.

Bild: © Maserati

Maserati 3500 GT und GTI — 1958-1964

Bodenständiger und robuster als die Ferrari-Modelle jener Zeit wirken die Schöpfungen aus dem Hause Maserati. Das kam zum einen in der Karosseriegestaltung zum Ausdruck, zeigte sich aber auch in der Technik. Die Sechszylinder-Reihenmotoren mit zwei obenliegenden Nockenwellen gingen – wie das Chassis – auf die erfolgreichen 300S-Rennsportwagen zurück. Sie liefen kultiviert, waren überaus zuverlässig und boten genügend Leistungsreserven. Als Coupé trägt er eine Superleggera-Karosserie von Touring, während die Cabriolet-Version von Vignale stammte. Mit dem 3500 setzte die Modeneser Firma einen Standard in der Gran Turismo-Klasse und war zudem sehr erfolgreich, wie 2000 gebaute Exemplare eindrucksvoll belegen können.

Bild: © Jürgen Schlegelmilch

Preise	1	2	3	4	5
3500 GT, Cpe	276.000	212.000	130.000	83.000	49.000
3500 GT, Cab	910.000	700.000	430.000	k.N.	k.N.
3500 GTi, Cpe	281.000	216.000	133.000	84.000	50.000

Motor/Antrieb	
Bauart	Sechszylinder (Reihe)
Lage/Antrieb	Front/Heck
Hubraum in cm^3	3485
PS/min	220/5500 bis 235/5500
Vmax in km/h	215 bis 235
Karosserie	
Bauart	Coupé, Cabriolet
Tragstruktur	Rohrrahmen
Material	Aluminium
Stückzahl und Marktsituation	
Produktionszahl	ca. 2000
Verfügbarkeit	schlecht
Teilesituation	schwierig
Unterhaltskosten	hoch

Maserati Sebring 1962-1965

Getreu der Devise, dass Hubraum durch nichts zu ersetzen sei, außer durch noch mehr Hubraum, bot Maserati dieses für den amerikanischen Markt konzipierte Sebring-Coupé an. Vignale hatte dem 2+2-Sitzer optisch mehr Leichtigkeit verliehen, doch tatsächlich basierte es auf dem schweren Rahmen des 3500 GT Cabriolet. Klimaanlage und Automatikgetriebe machen die Zielsetzung in Übersee deutlich, doch so recht klappen wollte es nicht – nur 446 Exemplare ließen sich absetzen. Überarbeitet wurde der Motor: Mit 3,7 Litern Hubraum stieg die Leistung auf 245 PS, einige wenige Exemplare bekamen auch den gut vier Liter großen Reihensechser mit 255 PS implantiert. Obwohl sie rar sind, werden diese Maserati weit preiswerter als die Ferrari-Modelle dieser Jahre gehandelt.

Bild: © Günther Zink

Preise	1	2	3	4	5
Sebering, Cpe	239.000	184.000	113.000	72.000	42.000

Motor/Antrieb	
Bauart	Sechszylinder (Reihe)
Lage/Antrieb	Front/Heck
Hubraum in cm^3	3485, 3695, 4014
PS/min	235/5500 bis 255/5500
Vmax in km/h	235
Karosserie	
Bauart	Coupé
Tragstruktur	Kastenrahmen
Material	Stahlblech
Stückzahl und Marktsituation	
Produktionszahl	446
Verfügbarkeit	schlecht
Teilesituation	schwierig
Unterhaltskosten	hoch

Maserati Mistral 1963-1970

Der Nachfolger des 3500 GT und des Sebring wurde ein bildhübsches, eigenständiges Auto. Die feinen Karosserielinien stammen aus der meisterlichen Hand von Pietro Frua, der den langen Vorbau mit einem glaskuppelbewehrten Heck mit großer Klappe kombinierte. Der heiße Wind – denn das ist der Mistral – erhielt die gleichen Motoren wie der Sebring, war aber doch rund 250 Kilogramm leichter und zeigte sich daher als das agilere, handlichere Fahrzeug. Das Chassis war gegenüber dem Vorgänger durch Versteifungsbleche stabilisiert, die Karosserie jedoch aus simplem Stahlblech gearbeitet. Maserati hat den Mistral auch mit einer reizvollen Spider-Karosserie angeboten, die aber mit nur 120 gebauten Exemplaren sehr selten ist.

Bild: © Jürgen Schlegelmilch

Preise	1	2	3	4	5
Mistral 3,7, Cpe	231.000	151.000	96.000	64.000	24.000
Mistral 4,0, Cpe	237.000	155.000	98.000	66.000	25.000
Mistral 4,0, Cab	580.000	420.000	290.000	k.N.	k.N.

Motor/Antrieb	
Bauart	Sechszylinder (Reihe)
Lage/Antrieb	Front/Heck
Hubraum in cm^3	3485, 3693, 4014
PS/min	235/5500 bis 255/5500
Vmax in km/h	235 bis 245
Karosserie	
Bauart	Coupé, Cabriolet
Tragstruktur	Rohrrahmen
Material	Stahlblech
Stückzahl und Marktsituation	
Produktionszahl	948
Verfügbarkeit	schlecht
Teilesituation	schwierig
Unterhaltskosten	hoch

Maserati Quattroporte 1964-1971

Die treffende Modellbezeichnung Quattroporte heißt nichts anderes als „Viertürer". Auch Maserati wagte sich in dieses winzige Marktsegment, das von verschiedenen Anbietern wie Aston Martin oder DeTomaso immer wieder gefüllt wurde. Aus den Händen gerissen wurde den Herstellern keines der Produkte, doch Maserati gelang wenigstens ein Achtungserfolg. Das lag nicht zuletzt am erstmals eingebauten, technisch leicht abgewandelten V8-Motor, den man bisher nur im extrem selten gebauten Renommiermodell 5000 GT gesehen hatte. Die vorne etwas zerklüftete Frua-Karosserie knüpfte stilistisch an den 3500 GT an. Das zunächst mit einer DeDion-Hinterachse ausgestattete Fahrwerk wurde später vereinfacht. Mit 260 bis 300 PS aus 4,1 bis 4,7 Litern Hubraum erreichte der luxuriöse Viertürer bis zu 240 km/h Höchstgeschwindigkeit.

Bild: © Maserati

Preise	1	2	3	4	5
Quattroporte 4,7, L4t	114.000	80.000	48.000	27.000	14.000

Motor/Antrieb	
Bauart	V8
Lage/Antrieb	Front/Heck
Hubraum in cm^3	4136, 4719
PS/min	260/5200 bis 300/5000
Vmax in km/h	220 bis 240
Karosserie	
Bauart	Limousine (4-türig)
Tragstruktur	selbsttragend
Material	Stahlblech
Stückzahl und Marktsituation	
Produktionszahl	760
Verfügbarkeit	schlecht
Teilesituation	schwierig
Unterhaltskosten	hoch

Maserati Ghibli 1966-1973

Im selben Jahr, in dem das Modell Mexico seinen Marktauftritt feierte, brachte Maserati auch das Modell Ghibli an die Verkaufsfront. Motorseitig zeigte es sich verstärkt. Neben dem 4,7 Liter großen V-Achtzylinder, der 310 PS leistete, kam ab 1970 auch die auf 4,9 Liter vergrößerte Version mit 335 PS zum Einsatz. Diese Alumotoren stemmten wahre Berge von Drehmoment auf die Kurbelwelle und schoben den Ghibli mit bis zu 280 km/h durch den Wind. Höchstes Lob verdient auch die gestreckte, elegante Karosserie, die Giugiaro in den Ghia-Werkstätten zu Papier gebracht hat. Neben dem Coupé gab es von diesem potenten Fahrzeug auch einige Cabriolets. Insgesamt über 1200 gebaute Ghibli bedeuteten für die Marke mit dem Dreizack im Wappen einen ansehnlichen Erfolg.

Preise	1	2	3	4	5
Ghibli 4,7, Cpe	233.000	184.000	129.000	83.000	41.000
Ghibli SS, Cpe	250.000	200.000	140.000	85.000	43.000

Motor/Antrieb	
Bauart	V8
Lage/Antrieb	Front/Heck
Hubraum in cm³	4719, 4920
PS/min	310/5500 bis 335/5000
Vmax in km/h	270 bis 280
Karosserie	
Bauart	Coupé, Cabriolet
Tragstruktur	selbsttragend
Material	Stahlblech
Stückzahl und Marktsituation	
Produktionszahl	1247
Verfügbarkeit	schlecht
Teilesituation	schwierig
Unterhaltskosten	hoch

Maserati Mexico 1966-1972

Drei Jahre nach dem Mistral ergänzte Maserati das Markenprogramm um ein Achtzylinder-Coupé. Technisch ist es nah verwandt mit dem Quattroporte. Es kamen die gleichen Motoren zum Einsatz, selbst die Leistung war identisch. Fahrwerksseitig musste allerdings die simplere Starrachsversion ausreichen. Vignale hatte eine schlichte, an den Iso Rivolta erinnernde Karosserie mit dem typischen Markengesicht geschaffen, doch trotz reduzierter Abmessungen waren die Fahrleistungen nicht besser als beim Viertürer. Weder in Europa noch in Amerika konnte sich der knapp geschnittene Viersitzer richtig in Szene setzen. Nur 250 Exemplare, die auf Wunsch auch mit Klimaanlage und Automatikgetriebe bestückt wurden, ließen sich verkaufen. Heute zählt der Mexico zu den raren, dabei nicht übermäßig teuren Maserati-Spezialitäten.

Bild: © Ralf Christian Kunkel

Preise	1	2	3	4	5
Mexico 4,2, Cpe	125.000	90.000	60.000	31.000	16.000
Mexico 4,7, Cpe	137.000	98.000	66.000	34.000	18.000

Motor/Antrieb	
Bauart	V8
Lage/Antrieb	Front/Heck
Hubraum in cm³	4136, 4719
PS/min	260/5200 bis 300/5000
Vmax in km/h	220 bis 240
Karosserie	
Bauart	Coupé
Tragstruktur	selbsttragend
Material	Stahlblech
Stückzahl und Marktsituation	
Produktionszahl	483
Verfügbarkeit	schlecht
Teilesituation	schwierig
Unterhaltskosten	hoch

M

Maserati Indy 1968-1974

Trotz gewisser Ähnlichkeiten zum Ghibli kann der zwei Jahre später eingeführte Indy formal nicht ganz so überzeugen. Dem Vignale-Entwurf fehlt dazu die Spannung, doch insgesamt ist auch er ein beeindruckendes Fahrzeug. Mit den V8-Motoren bestückt, erreichte der Indy erfreuliche Fahrleistungen – bis zu 265 km/h war er schnell. Er schöpfte seine 260, 290 und 320 PS aus 4,1, 4,7 und 4,9 Litern Hubraum und wurde ausschließlich als Coupé gebaut. Die Schwächen des Wagens werden am antiquiert ausgefallenen Fahrwerk deutlich, das trotz hoher Motorleistung mit einer simplen Starrachse auskommen musste. Obwohl der Indy geringere Stückzahlen erreichte als der Ghibli, liegt sein Preisniveau heute etwas niedriger.

Bild: © Jürgen Schlegelmilch

Preise	1	2	3	4	5
Indy 4,2, Cpe	112.500	71.600	50.000	28.800	13.500
Indy 4,7, Cpe	129.400	82.300	57.300	33.300	15.700

Motor/Antrieb	
Bauart	V8
Lage/Antrieb	Front/Heck
Hubraum in cm³	4136, 4719, 4930
PS/min	260/5500 bis 320/5500
Vmax in km/h	245 bis 265
Karosserie	
Bauart	Coupé
Tragstruktur	selbsttragend
Material	Stahlblech
Stückzahl und Marktsituation	
Produktionszahl	1136
Verfügbarkeit	schlecht
Teilesituation	schwierig
Unterhaltskosten	hoch

Maserati Bora 1971-1980

Neue Wege beschritt Maserati mit dem 1971 vorgestellten Modell Bora. Zwar blieb es bei den bewährten Achtzylindermotoren mit viel Hubraum und Kraft, doch sie befeuerten ein geradezu zierliches Coupé, das von Ital Design unter der Leitung Giugiaros karossiert worden war. Mit einem modernisierten Fahrwerk, das nun Doppelquerlenker statt der trampelnden hinteren Starrachse brachte, waren einwandfreie Fahreigenschaften geboten. Nicht so recht passen wollte zu diesem italienischen Supersportwagen, dass nun die finanziell beteiligten Franzosen von Citroën einige Bauteile einbrachten. Trotz dieser eigentümlichen Technik-Mischung erzielen die Bora-Coupés heute beachtliche Preise. Bei nur 571 gebauten Exemplaren dürfen sich Interessenten allerdings auf eine längere Suche einstellen.

Bild: © Maserati

Preise	1	2	3	4	5
Bora 4,7, Cpe	204.000	136.000	82.000	42.000	18.000
Bora 4,9, Cpe	227.000	151.000	91.000	46.000	21.000

Motor/Antrieb	
Bauart	V8
Lage/Antrieb	Mitte/Heck
Hubraum in cm³	4719, 4930
PS/min	310/5500 bis 335/5500
Vmax in km/h	270 bis 280
Karosserie	
Bauart	Coupé
Tragstruktur	selbsttragend
Material	Stahlblech
Stückzahl und Marktsituation	
Produktionszahl	571
Verfügbarkeit	gegen null
Teilesituation	schwierig
Unterhaltskosten	hoch

Maserati Merak und Merak SS 1972-1983

Einfach, aber doch etwas zu kurz gedacht war das Bemühen von Maserati, in erschwinglichere Preisregionen vorzudringen. Man kürzte das Achtzylindertriebwerk um zwei Einheiten und stülpte über diesen 90-Grad-V6-Motor eine nahezu unveränderte Bora-Karosserie. Aus drei Liter Hubraum leistete diese Maschine 190 PS. Ab 1974 trat der auf 220 PS gesteigerte Merak SS an. Weil es den Merak an Zuverlässigkeit, Durchzugskraft und Laufkultur mangelte, sind sie heute relativ preiswert. Außerdem litt der Merak noch stärker unter dem von Citroën verordneten Griff ins Teileregal der französischen Großserie. Dennoch verkaufte sich der Merak mit 1800 Exemplaren ganz ordentlich. Wenig reizvoll ist die für den italienischen Markt konfigurierte Zweiliter-Version.

Bild: © Maserati

Preise	1	2	3	4	5
Merak, Cpe	82.500	58.100	38.200	18.300	10.100
Merak SS, Cpe	94.700	66.700	43.900	21.000	11.600

Motor/Antrieb	
Bauart	V6
Lage/Antrieb	Mitte/Heck
Hubraum in cm³	2000, 2965
PS/min	170/7000 bis 220/6500
Vmax in km/h	220 bis 250
Karosserie	
Bauart	Coupé
Tragstruktur	selbsttragend
Material	Stahlblech
Stückzahl und Marktsituation	
Produktionszahl	1800
Verfügbarkeit	ausreichend
Teilesituation	schwierig
Unterhaltskosten	hoch

Maserati Khamsin 1974-1982

Als Nachfolger von Ghibli und Indy kann der nur 421 mal gebaute Maserati Khamsin gelten. Er hatte den großvolumigen Achtzylinder noch unter der langen vorderen Haube. Die extravaganten Linien mit ausgeprägter Keilform und kleinen seitlichen Fensterflächen waren bei Bertone unter der Federführung Marcello Gandinis entstanden und verhießen tolle Fahrleistungen. Denn dafür konnte die Power durchaus sorgen, zumal das Fahrwerk nicht mehr mit starrer Hinterachse antreten musste. Für Irritationen sorgten da eher die Citroën-Komponenten wie Lenkung und Bremse, die viel Gewöhnung verlangten. Dennoch ist das Coupé ein verführerisches Angebot aus Leistung und Komfort, in den letzten Jahren haben jedoch die Preise deutlich angezogen.

Bild: © Ralf Christian Kunkel

Preise	1	2	3	4	5
Khamsin, Cpe	197.000	145.000	91.000	45.000	20.000

Motor/Antrieb	
Bauart	V8
Lage/Antrieb	Front/Heck
Hubraum in cm³	4930, 4822
PS/min	320/5500, 275/5200
Vmax in km/h	255/270
Karosserie	
Bauart	Coupé
Tragstruktur	selbsttragend
Material	Stahlblech
Stückzahl und Marktsituation	
Produktionszahl	421
Verfügbarkeit	schlecht
Teilesituation	schwierig
Unterhaltskosten	hoch

Maserati Kyalami 1977-1983

Als Alejandro De Tomaso die angeschlagene Firma Maserati übernahm, fand er die Modelle Bora, Merak und Khamsin vor. Er legte den Kyalami nach, der von leistungsreduzierten Achtzylindermotoren angetrieben wurde. Äußerlich glich dieses Modell zwar dem De Tomaso Longchamp zum Verwechseln, doch unter der etwas sehr schlichten Karosserie wurde weiterhin pure Maserati-Technik verbaut. Die Orientierungslosigkeit der Marke, deren Modellprogramm so wenig Klarheit zeigte, schlug sich dann auch in Erfolglosigkeit nieder. Nur 150 gebaute Kyalami in sechs Produktionsjahren zeigen die Trostlosigkeit, in die jene ruhmreiche Marke zur Mitte der 1970er Jahre geschlittert war. Angesichts des moderaten Preisniveaus könnte man ernsthaft über den Erwerb des Understatement-Renners nachdenken – wäre da nicht der Unterhalt ...

Bild: © Maserati

Preise	1	2	3	4	5
Kyalami 4,9, Cpe	84.200	63.400	42.100	23.300	10.000

Motor/Antrieb	
Bauart	V8
Lage/Antrieb	Front/Heck
Hubraum in cm³	4136, 4931
PS/min	253/6000 bis 257/5800
Vmax in km/h	240
Karosserie	
Bauart	Coupé
Tragstruktur	selbsttragend
Material	Stahlblech
Stückzahl und Marktsituation	
Produktionszahl	150
Verfügbarkeit	ausreichend
Teilesituation	ausreichend
Unterhaltskosten	hoch

Maserati Quattroporte, Royale 1979-1990

Nachdem das Original von 1964 doch einigermaßen erfolgreich war, versuchte Maserati 1979 eine Neuauflage des luxuriösen Viertürers. Er basierte auf dem schlichten Kyalami und hatte eine ausladende, von Giugiaro gezeichnete Karosserie. Mit 255 bis 280 PS – abhängig davon, ob der 4,2 oder der 4,9 Liter große Achtzylinder geordert wurde – kamen ordentliche Fahrleistungen zustande. Neben einem manuellen Getriebe bot Maserati auch eine Automatik an. Und an Prestige und Ausstrahlung fehlte es dem Italiener sowieso nicht. Der Innenraum war mit edelsten Materialien aufs Wohnlichste eingerichtet. Nur die Verarbeitungsqualität ließ zu wünschen übrig. 1986 lief der letzte Quattroporte vom Band in den folgenden 4 Jahren wurde noch 53 Royale gefertigt. Zehn Jahre später zeigte Maserati, jetzt unter Fiat-Flagge wieder deutlich im Aufwind, einen Nachfolger des Viertürers.

Bild: © Maserati

Preise	1	2	3	4	5
Quattroporte 4,9, L4t	45.000	30.100	18.900	9.800	4.100

Motor/Antrieb	
Bauart	V8
Lage/Antrieb	Front/Heck
Hubraum in cm³	4136, 4930
PS/min	255/6000 bis 280/5600
Vmax in km/h	220 bis 235
Karosserie	
Bauart	Limousine (4-türig)
Tragstruktur	selbsttragend
Material	Stahlblech
Stückzahl und Marktsituation	
Produktionszahl	k.A.
Verfügbarkeit	ausreichend
Teilesituation	ausreichend
Unterhaltskosten	hoch

Maserati Biturbo (Biturbo Coupé, Biturbo Coupé ES, Biturbo Spyder, Biturbo 425) 1981-1987

Mit einem weiteren Versuch, Maserati-Modelle auch in preislich günstigeren Regionen anzubieten, startete die Marke fünf Jahre nach der Übernahme durch De Tomaso. Das Auto hieß Biturbo, war ein knapp geschnittener Viersitzer mit zwei Türen und limousinenähnlichem Aufbau. Wie aus der Modellbezeichnung schon abzulesen ist, hauchen zwei Turbolader dem Sechszylinder-V-Triebwerk mit zwei Litern Hubraum stolze 180 PS ein, doch der unelastische Dreiventiler ärgerte mit geringer Standfestigkeit. Trotzdem ließen sich eine ganze Menge dieser kompakten und edel ausstaffierten Wagen unters Volk bringen. Allerdings störte die nachlässige Verarbeitung, und das drückt bis heute auf die Preise.

Bild: © Maserati

Preise	1	2	3	4	5
Biturbo 2,0, L2t	k.N.	14.700	9.900	5.700	k.N.

Motor/Antrieb	
Bauart	V6
Lage/Antrieb	Front/Heck
Hubraum in cm³	1995, 2491
PS/min	180/6000 bis 200/5500
Vmax in km/h	215
Karosserie	
Bauart	Lim (2-türig), Lim (4-türig), Cabriolet
Tragstruktur	selbsttragend
Material	Stahlblech
Stückzahl und Marktsituation	
Produktionszahl	k.A.
Verfügbarkeit	ausreichend
Teilesituation	schwierig
Unterhaltskosten	hoch

Maserati Shamal 1989-1995

Den Shamal, benannt nach einem mesopotamischen Wind, realisierte Maserati zu seinem 75-jährigen Firmenjubiläum auf Basis des erfolgreichen Biturbo Spyder, der einen kürzeren Radstand als die Limousinen aufwies. Ausgestattet wurde er mit einem aufgeladenen 3,2-Liter-Vierventil-V8-Motor, einem Sechsgang-Getriebe von Getrag sowie einem elektronischen Stoßdämpfersystem von Koni. Das Design stammte von Marcello Gandini, zu erkennen an den für ihn typischen angeschnittenen hinteren Radausschnitten. Auch mit den pointiert ausgestellten Kotflügeln, betont breiten, schwarzen B-Säulen und den ungewöhnlichen Scheinwerfern unterstrich Gandini den Charakter – Maserati positionierte den Shamal als starken, muskulösen Kerl und sah ihn nicht als verweichlichten Boulevard-Schönling. Letztlich griffen in den gut sechs Jahren Bauzeit nur 369 Maserati-Fans zu. Für Sportwagen-Fans ist der Shamal allein deswegen heute interessant.

Bild: © Maserati

Preise	1	2	3	4	5
Shamal, Cpe	k.N.	75.400	50.600	22.400	k.N.

Motor/Antrieb	
Bauart	V8
Lage/Antrieb	Front/Heck
Hubraum in cm³	3217
PS/min	326/6000
Vmax in km/h	270
Karosserie	
Bauart	Coupé
Tragstruktur	selbsttragend
Material	Stahlblech
Stückzahl und Marktsituation	
Produktionszahl	369
Verfügbarkeit	ausreichend
Teilesituation	schwierig
Unterhaltskosten	hoch

Matra (F) • 1962-2003

Unter ihren Initialen DB hatten sich Charles Deutsch und René Bonnet hohes Ansehen im Automobilbau erworben. 1961 trennten sich die beiden, die Marke ging unter.

Ein geplantes, neues Coupé kam als Panhard CD (Charles Deutsch) 1962 auf den Markt. René Bonnet dagegen ging eine Kooperation mit Renault ein und konstruierte unter eigener Marke (Bonnet). Er verkaufte seine Anteile an der Konstruktionsfirma im Jahr 1962 an Matra, einen Spezialisten für Fernlenkwaffen und Raketen. Ab Herbst 1964 entstand daraus die Marke Matra-Bonnet. Matra-Sports konnte bereits 1965 einen Sportwagen mit Kunststoffkarosserie auf Zentralrohrrahmen und Renault-Motor vorstellen. Mit einem neuen Modell, dem M 530, machte man 1967 auf sich aufmerksam. Durch Beteiligung an der Formel 1, für die Matra leistungsfähige Zwölfzylinder-Motoren lieferte, rückte der Hersteller 1968 ins Rampenlicht.

1970 begann mit dem Verkauf an den US-Giganten Chrysler, der die Matra-Fahrzeuge unter dem Markennamen „Matra-Chrysler-Simca“ anbot, ein langer Leidensweg. 1980 stieß Chrysler den französischen Hersteller wieder ab, der damals noch junge PSA-Konzern, die Allianz aus Peugeot und Citroën also, übernahm Matra und bot Fahrzeuge – zum Beispiel den Rancho – fortan unter dem Namen Talbot-Matra an.

Schon 1984 löste sich diese Konstellation wieder auf. Renault übernahm das Ruder. Unter anderem fertigte Matra bis 2002 den Espace, anschließend den selbst entwickelten und produzierten Avantime. Glück brachte das ambitionierte Projekt dem kleinen Hersteller nicht. 2003 musste das Werk schließen. Pininfarina übernahm in Folge die Entwicklungsabteilung von Matra Automotive.

Matra Djet V, VS, 5, 5S, Jet 6 1964-1968

René Bonnets kleiner Renner mit Kunststoff-Karosserie entwickelte sich unter Matra-Regie zum Matra-Bonnet Djet V und VS. Der Renault-Motor dieses weltweit ersten serienmäßigen Mittelmotor-Sportwagens stammte aus dem Renault R 8 und war längs vor der Hinterachse eingebaut. Ab 1965 hießen die Wagen Matra Djet 5 und 5 S, zusätzliche DeLuxe-Modelle waren an einer modifizierten Front und aufgewertetem Innenraum zu erkennen. Während sich motorseitig nichts änderte, gewann die Karosserie zwei Zentimeter an Länge. Als Chassis diente eine Zentralrohrkonstruktion mit Gitterrahmen. Vorn und hinten besaß das Fahrwerk Dreieckslenker und Schraubenfedern. Die ab 1966 gebauten Modelle Djet 6 trugen einen 1255 cm³ großen Gordini-Motor mit anfangs 105, später 103 PS.

Preise	1	2	3	4	5
Djet V, Djet 5, Cpe	50.000	34.500	21.500	8.700	k.N.
Djet VS, Djet 5 S, Cpe	59.000	38.800	24.500	9.800	k.N.
Djet 6, Cpe	69.000	46.000	29.300	11.700	k.N.

Motor/Antrieb	
Bauart	Vierzylinder (Reihe)
Lage/Antrieb	Mitte/Heck
Hubraum in cm³	1108, 1255
PS/min	72/5800 bis 105/6800
Vmax in km/h	175 bis 210
Karosserie	
Bauart	Coupé
Tragstruktur	Rohrrahmen
Material	Kunststoff
Stückzahl und Marktsituation	
Produktionszahl	1681
Verfügbarkeit	schlecht
Teilesituation	schwierig
Unterhaltskosten	mittel

Matra M 530, M 530 A, M 530 LX und SX — 1967-1973

Der im März 1967 als Nachfolger des Djet vorgestellte M 530 wirkte längst nicht so harmonisch gestylt. Im Gegensatz zum sportbetonten Vorgänger präsentierte sich hier eher ein Softie mit langen Federwegen, der mit einem in Fahrzeugmitte angeordneten, serienmäßig belassenen 1,7-Liter-Ford-V4-Motor ausgerüstet war. Immerhin: die Scheibenbremsen rundum und Knautschzonen zeugten von Sicherheitsbewusstsein, Komfort und Raumangebot waren deutlich verbessert. Als Sportwagen aber konnte sich der 530 kaum profilieren. Ab 1968 lief der 530 A vom Band, und 1969 wurde die Motorleistung mit Doppelvergaser auf 90 SAE-PS angehoben. Auch die Ausstattung wurde ab 1970 beim 530 LX nochmals aufgewertet. Die Sparausführung SX erschien 1971 ohne das bis dahin übliche herausnehmbare Dachteil. Bei den Fahreigenschaften wussten alle Modelle zu überzeugen.

Preise	1	2	3	4	5
M 530 LX, Cpe	32.200	22.800	13.700	5.800	2.800
M 530 SX, Cpe	29.100	20.400	12.900	5.400	2.700

Motor/Antrieb	
Bauart	V4
Lage/Antrieb	Mitte/Heck
Hubraum in cm^3	1699
PS/min	70/4800 bis 90/5000
Vmax in km/h	170 bis 175
Karosserie	
Bauart	Coupé (Dachteil entfernbar), Coupé
Tragstruktur	Plattformrahmen
Material	Kunststoff
Stückzahl und Marktsituation	
Produktionszahl	9609
Verfügbarkeit	ausreichend
Teilesituation	ausreichend
Unterhaltskosten	mittel

Matra Bagheera — 1973-1980

Schon der Vorgänger war in die Chrysler/Simca-Verkaufsorganisation eingegliedert gewesen, und der 1973 erschienene Nachfolger namens Bagheera verwendete zudem noch die Technik des Simca. Die Kunststoffkarosserie hatte Matra in Eigenregie entwickelt. Auffällig war das Platzangebot: 3 Sitze nebeneinander. Konzipiert war der Bagheera nach bewährtem Rezept mit Stahlrahmen und Mittelmotor. Die Simca-Triebwerke ließen die Sportlichkeit der ersten Modelle vermissen, sie besaßen zunächst 1,3 Liter, später 1,5 Liter Hubraum. Eine erwartete Zweiliter-Variante erschien nie. Mechanische Teile durften aus Preisgründen nicht vom Simca 1100 abweichen. Trotz dieser Großserientechnik war die Verarbeitungsqualität schlecht, auch das plüschige Interieur hielt sich meist nicht lange in ansehnlichem Zustand.

Preise	1	2	3	4	5
Bagheera 1,3, Cpe	17.700	10.800	6.400	3.200	1.400
Bagheera 1,5, Cpe	21.500	13.100	7.600	3.800	1.600

Motor/Antrieb	
Bauart	Vierzylinder (Reihe)
Lage/Antrieb	Mitte/Heck
Hubraum in cm^3	1294, 1442
PS/min	85/6000 bis 90/5800
Vmax in km/h	175 bis 185
Karosserie	
Bauart	Coupé
Tragstruktur	Stahlrahmen
Material	Kunststoff
Stückzahl und Marktsituation	
Produktionszahl	47.802
Verfügbarkeit	ausreichend
Teilesituation	ausreichend
Unterhaltskosten	mittel

Matra-Simca Rancho, Talbot-Matra Rancho — 1977-1983

Als der Rancho im Jahr 1977 erschien, war er ein Pionier: Er fuhr der erst 30 Jahre später in voller Blüte stehenden Soft-SUV-Welle weit voraus. Als tragende Basis nutzte er den Simca 1100, dazu den Motor des Simca 1308. Für Entwicklung und späteren Bau zeichnete sich der französische Industriemulti Matra verantwortlich. Hinter dem Design stand der griechische Entwerfer Antonis Volanis, der zudem den Bagheera, Murena sowie den ersten Renault Espace gezeichnet hatte – dieser zeigte, ebenso wie der Rancho, Volanis feine Antennen für künftige Wünsche der Klientel. Die prägnanten Rancho-Details im pointierten Offroad-Look, zum Beispiel die schwarzen Kunststoffradläufe sowie die in die Stoßstange eingelassenen Zusatzscheinwerfer, werden noch Jahrzehnte später zitiert. Einen Allradantrieb, zunächst geplant, lehnte das Talbot-Marketing schließlich ab, weil er in Entwicklung und Produktion zu teuer für das angestrebte Marktumfeld gekommen wäre. Trotz seiner innovativen Form blieb der Erfolg des Rancho überschaubar. Einen Nachfolger etablierte Talbot nicht.

Bild: © Talbot

Preise	1	2	3	4	5
Rancho 1.4, 80 PS, Kom	20.600	13.200	7.400	3.900	1.700

Motor/Antrieb	
Bauart	Vierzylinder (Reihe)
Lage/Antrieb	Front/Front
Hubraum in cm^3	1442
PS/min	80/5600, 92/5200, 102/5200
Vmax in km/h	145
Karosserie	
Bauart	Kombi
Tragstruktur	selbsttragend
Material	Stahlblech, Kunststoff
Stückzahl und Marktsituation	
Produktionszahl	ca. 56.000
Verfügbarkeit	ausreichend
Teilesituation	gut
Unterhaltskosten	mitel

Matra Murena — 1980-1984

Auch beim Murena verfolgte die inzwischen zum PSA-Konzern gehörende Marke die Idee der drei vorderen Sitze weiter, doch wirkte sie hier weniger gezwungen. Optisch hatte das Kunststoffcoupé durch eine feinere, ausgewogene Linienführung gewonnen. Die viel kritisierten Schwachstellen hatten sich die Entwickler gezielt vorgenommen und weitgehend eliminiert. Rost war nun aufgrund einer vollverzinkten Bodengruppe kein Thema mehr. Dank neuer Motoren mit 1,6 und 2,2 Litern Hubraum, die aus den Modellen Talbot Solara und Tagora stammten, waren die Fahrleistungen gestiegen. Ihre Kraft wurde per Fünfganggetriebe an die Hinterräder geleitet. Die Verkaufszahlen des Murena blieben trotz allen Fortschritts aber weit hinter denen des Bagheera zurück.

Preise	1	2	3	4	5
Murena 1,6, Cpe	18.900	11.300	7.200	3.500	1.400
Murena 2,2, Cpe	22.400	13.300	8.400	4.100	1.700

Motor/Antrieb	
Bauart	Vierzylinder (Reihe)
Lage/Antrieb	Mitte/Heck
Hubraum in cm^3	1592, 2156
PS/min	92/5400 bis 142/6000
Vmax in km/h	180 bis 210
Karosserie	
Bauart	Coupé
Tragstruktur	Plattformrahmen
Material	Kunststoff
Stückzahl und Marktsituation	
Produktionszahl	10.613
Verfügbarkeit	gut
Teilesituation	ausreichend
Unterhaltskosten	hoch

M

Maybach (D) • 1921-1941, 2002-2012

Maybach ist ein Name von höchstem Glanz in der Automobilhistorie, oft verglichen mit Rolls-Royce. Wilhelm Maybach, der Namensgeber, war zudem der geniale Schöpfer der Mercedes-Automobile, ein Freund Gottlieb Daimlers, der seine Fähigkeiten einst entdeckt und gefördert hatte. „König der Konstrukteure" war bereits ein zu seinen Lebzeiten oft genannter Titel, ausgesprochen auch aus Bewunderung für Maybachs Gespür für das technisch Machbare.

Maybachs Sohn Karl gründete 1910 am Bodensee die Firma Motorenbau Friedrichshafen. Seine Idee war, sich als Zulieferer ausschließlich auf den Bau hochwertiger Motoren zu konzentrieren, um die Hersteller teurer Automobile von der Last zu befreien, eigene Triebwerke entwickeln zu müssen. Der Plan scheiterte, wohl auch aus Gründen des Renommees – große Namen der Branche sahen es nicht gern, dass die Konkurrenz mit den gleichen Motoren fuhr.

Nachdem es an Abnehmern für die Motoren mangelte, fertigte Maybach um 1919 den Typ W 1 (Wagen 1). Er war nicht nur Versuchsträger für die Motoren, sondern auch Basis für den Bau eigener Automobile. Inzwischen firmierte das Unternehmen unter dem Namen Maybach Motorenbau.

Mensch und Maschine: Karl Maybach (2. von rechts) vor einem Typ W 3 und der Produktionshalle der Maybach-Motorenbau GmbH (1924/25).

Für Karl Maybach war die Richtung klar: Seine Automobile müssen ausgereifte Technik, höchste Qualität, komfortable Bedienung und besten Komfort bieten. Unter dem Kürzel W 2 entstand ein 5,7 Liter großer Sechszylinder. Als W 3 präsentierte Maybach 1921 auf der Berliner Automobil-Ausstellung das erste eigene Modell. Angetrieben wurde es von einer überarbeiteten Version des W 2-Motors.

Bis 1929 baute Maybach die Sechszylindermodelle W 3 und W 5, die mit 5,7 und sieben Litern Hubraum schon recht üppig ausgefallen waren und zwischen 72 und 120 PS leisteten. Den elastischen Triebwerken reichten zunächst zwei Gänge, später wurde ein dritter Schnellgang aufgesetzt.

1929 erschien der erste Zwölfzylinder der Marke, mit sieben Litern in V-Anordnung 150 PS leistend. Die berühmten Zeppelin-Modelle folgten ab 1930 als DS7 und DS8 mit sieben und acht Liter großen V12-Motoren, die bis zu 200 PS leisteten, die beim größeren Modell mit sieben Gängen in Vortrieb umgewandelt wurden. Mit obenliegenden Ventilen wurde dieses prunkvolle Auto bis 1940 gebaut, während parallel Sechszylindermaschinen mit obenliegender Nockenwelle für die Modelle SW 35, SW 38 und SW 42 hergestellt wurden. Zur Wahl standen seit 1930 verschiedene Radstände, die, wie damals üblich und in der Spitzenklasse gefordert, von diversen Karossiers ganz nach Kundenwunsch eingekleidet wurden. Maybach selbst kümmerte sich wenig um die Art der Karossierung – für ihn stand alleine die Technik im Mittelpunkt.

Bis Ende der 1990er Jahre klang die Marke nur noch in den Ohren der kleinen, aber umso aktiveren Sammlerszene. Doch seit 1997 lief die aktive Wiederbelebung: Daimler-Benz präsentierte in Tokio eine pompöse Studie unter dem alten Namen Maybach. Der nun aus Stuttgart stammende Maybach war der erste im neuen High-Class-Segment, der nach vielen Jahrzehnten wieder den absoluten Luxus als einzigen Maßstab anerkannte. Doch die zwei Modelle, die zwischen dem Herbst 2002 und Ende 2012 im Angebot waren, konnten die Erwartungen des Konzerns nicht erfüllen. Maybach als Marke ist damit wieder Geschichte – doch Daimler führt den Namen unter anderem als Ausstattungsvariante für eine betont luxuriöse Version der Mercedes-Benz S-Klasse (W 222) weiter. Zudem entstand 2017 in limitierter Auflage der Mercedes Maybach G 650 Landaulet. Ebenfalls für Aufsehen sorgte 2017 im Rahmen des Concours d'Elegance in Pebble Beach die Studie eines superluxuriösen Roadsters namens Mercedes-Maybach Cabriolet 6.

Außerdem feierte Daimler den 100. Geburtstag der Marke Maybach mit einigen Sondermodellen. Damit gehört der legendäre Name weiter zum lebendigen automobilen Kosmos.

Gottlieb Daimler erkannte seine Fähigkeiten: Wilhelm Maybach, (1846–1929).

Alle Bilder: © Daimler AG

Markenemblem Maybach-Motorenbau GmbH (1930).

Exquisit und riesig: Die Studie des Mercedes-Maybach erinnerte an die automobile Opulenz der 1930er Jahre.

M

Maybach W 5 — 1927-1928

Maybach stellte 1927 den W 5 vor, der über einen sieben Liter großen Sechszylindermotor verfügte. 120 PS leistete das Aggregat bei entspannten 2400 Umdrehungen. Das sorgte für beeindruckende Fahrleistungen: Bis zu 120 km/h schnell war der W 5, der immerhin zwischen 2,5 und drei Tonnen auf die Waage brachte. Maybach verfolgte das Ziel, einen getriebelosen Wagen zu bauen – also ein Auto, das über genügend Drehmoment verfügte, um kein Getriebe mehr zu benötigen. Zum Anfahren bemühte der Maybach den üppig ausgelegten Anlasser. Der Motor wurde von Maybach auch als Antriebsquelle für Lastwagen, Busse und Boote geliefert. Der W 5 zählte zu den nobelsten Automobilen der ausgehenden zwanziger Jahre. Schon der Grundpreis seines Chassis betrug 25.000 Mark.

Bild: © Daimler AG

Preise	1	2	3	4	5
W 5, L4t	k.N.	150.000	95.000	49.000	k.N.

Motor/Antrieb	
Bauart	Sechszylinder (Reihe)
Lage/Antrieb	Front/Heck
Hubraum in cm³	6995
PS/min	120/2400
Vmax in km/h	120
Karosserie	
Bauart	Cabriolet, Limousine
Tragstruktur	Kastenrahmen
Material	Stahlblech
Stückzahl und Marktsituation	
Produktionszahl	k.A.
Verfügbarkeit	gegen null
Teilesituation	sehr schwierig
Unterhaltskosten	hoch

Maybach 12 Typ Zeppelin (DS 7, DS 8) 1930-1939

Mit dem neuen Namen „Zeppelin" meldete der große Maybach unmissverständlich seinen Anspruch an: Er stand für Größe, Luxus, Fortschritt und Zuverlässigkeit gleichermaßen, einem „von jeder Erdenschwere befreiten Dahinschweben", wie Maybach selbst in einer Anzeige schrieb. Der Zeppelin brachte mit seinem weiterentwickelten V12-Triebwerk (DS: Doppel Sechs) und seinen riesigen Ausmaßen die Grundlagen mit, um sich in der Weltelite des Automobilbaus an die Spitze zu setzen. In dieser Liga spielten unter anderem Rolls-Royce, Cadillac, Hispano-Suiza und Bugatti mit, und selbstverständlich hatten die wenigen solventen Kunden, die einen Zeppelin orderten, nahezu freie Wahl bei Ausstattung und Aufbau ihres „Symbols höchster Verkehrsmittel-Kultur", wie Maybach sein Top-Modell beschrieb. Besonders die sanfte Gewalt seiner Leistungsentfaltung beeindruckte die damalige Presse nachhaltig. Ab 1933 bot Maybach auch ausdrücklich eine betont moderne Stromlinienkarosserie für seine Modelle an, inklusive des Zeppelin. Sie stieß jedoch auf wenig Gegenliebe bei den Kunden.

Bild: © Daimler AG

Preise	1	2	3	4	5
Zeppelin DS 8, Cab	je nach Originalität und Historie bis zu 3,5 Mio. Euro				

Motor/Antrieb	
Bauart	V12
Lage/Antrieb	Front/Heck
Hubraum in cm³	6962
PS/min	150 bei 2800 bis 200 bei 3200
Vmax in km/h	140 bis 165
Karosserie	
Bauart	Limousine, Cabriolet, Coupé, Roadster
Tragstruktur	Kastenrahmen
Material	Stahlblech
Stückzahl und Marktsituation	
Produktionszahl	ca. 300
Verfügbarkeit	schwierig
Teilesituation	schwierig
Unterhaltskosten	hoch

Maybach SW 35, SW 38, SW 42 1936-1941

Auch Maybach sah sich genötigt, in den 1930er Jahren sein Modellprogramm neu aufzustellen. Neben der absoluten Luxusklasse baute der Hersteller aus Friedrichshafen seine Palette nun in Richtung hochmodernem, fahraktivem, dennoch qualitativ unangefochten überlegenem Automobil aus. So entstand der so genannte „Vollschwingachswagen", kurz SW. Die Wagen lagen deutlich tiefer und gaben sich beinahe sportlich – ideal für den Einsatz auf den neuen Autobahnen. Der neue Typ, ausgerüstet mit Sechszylindermotoren mit 3,5 bis 4,2 Litern Hubraum, geriet mit rund 1100 gebauten Exemplaren zwar zum Erfolg, gemessen an den damaligen Zahlen. Dennoch blieb die Zahl zu gering, um Maybach zu einer rentablen Fertigung zu verhelfen. Kunden konnten ihren „Kleinen Maybach" in zahllosen Karosserievarianten ordern, darunter auch als extreme Stromlinie oder als meisterhaften Roadster, wie das im Bild gezeigte Modell von Spohn. 2016 fand dieser SW 38 bei einer Auktion in Kalifornien für über 915.000 Euro einen neuen Besitzer.

Bild: © Patrick Ernzen 2016 Courtesy of RM Sotheby's

Preise	1	2	3	4	5
SW 38, Plm	400.000	270.000	170.000	100.000	k.N.

Motor/Antrieb	
Bauart	Sechzylinder (Reihe)
Lage/Antrieb	Front/Heck
Hubraum in cm³	3435, 3817, 4197
PS/min	140 bei 4000, 140 bei 4500
Vmax in km/h	145 bis 165
Karosserie	
Bauart	Limousine, Cabriolet, Coupé, Roadster
Tragstruktur	Kastenrahmen
Material	Stahlblech
Stückzahl und Marktsituation	
Produktionszahl	ca. 1100
Verfügbarkeit	schwierig
Teilesituation	schwierig
Unterhaltskosten	hoch

M

Mazda (JAP) • seit 1960

Aus dem 1920 gegründeten Unternehmen Toyo Cork Kogyo entwickelte sich erst ab 1960 ein Automobilhersteller von Rang. Mit den Wankel-Lizenzrechten entwickelte die Marke ihr erstes Auto mit Drehkolbenmotor, den 1967 vorgestellten Mazda Cosmo. Gut elf Jahre später waren bereits über eine Million Wankelmotoren gebaut worden, viele Entwicklungsstufen später folgte sogar ein Sieg beim Langstrecken-Klassiker Le Mans, der erste für eine japanische Marke und mit Wankelmotor überhaupt.

Die Sumitomo-Bank und das Handelshaus Itoh übernahmen Mitte der 1970er Jahre die Kontrolle über Mazda. Im November 1979 erwarb Ford 25 Prozent der Anteile. Für den wichtigen deutschen und europäischen Markt gründete Mazda 1988 ein Entwicklungs- und Forschungszentrum in Oberursel bei Frankfurt. Heute ist es eines von drei weltweit.

1996 hatte Ford seinen Anteil an Mazda zunächst auf 33,4 Prozent aufgestockt und war so zum Hauptaktionär geworden, musste ihn jedoch in Folge der Finanzkrise deutlich verringern. Zudem verfolgte Ford zunehmend eine Strategie der Unabhängigkeit. Die Anteile übernahmen meist japanische, Mazda nahestehende Unternehmen.

Mazda Cosmo 110 S 1967-1973

Die Rechte am Wankelmotor hatte Mazda sich bereits 1961 von NSU gesichert. Nach drei Jahren Entwicklungszeit war nicht nur ein elegantes, futuristisch wirkendes Sportcoupé entstanden, auch den Kreiskolbenmotor haben die Japaner perfektioniert. 1964 fanden erste Fahrversuchsreihen statt, doch erst im Mai 1967 startete der Verkauf des Cosmo. Dieses erste japanische Wankel-Fahrzeug verbuchte schnelle Erfolge. Laufkultur und Fahrleistungen überzeugten trotz Blattfeder-Fahrwerk auch europäische Tester. Motorausfälle waren nie ein Thema – die Japaner hatten das Dichtungsproblem von Beginn an im Griff. Der Cosmo 110 ist heute selbst in seiner Heimat eine gesuchte Rarität – nach Europa wurde er ohnehin nie exportiert.

Bild: © Mazda

Preise	1	2	3	4	5
Cosmo 110 S, Cpe	173.600	112.000	80.000	46.000	k.N.

Motor/Antrieb	
Bauart	Zweischeiben-Wankel
Lage/Antrieb	Front/Heck
Hubraum in cm³	2 x 654 cm³ Kammer-Vol.
PS/min	110/6000
Vmax in km/h	185
Karosserie	
Bauart	Coupé
Tragstruktur	selbsttragend
Material	Stahlblech
Stückzahl und Marktsituation	
Produktionszahl	k.A.
Verfügbarkeit	gegen null
Teilesituation	schwierig
Unterhaltskosten	hoch

Mazda 616 Limousine, 616 Coupé 1970-1979

Das von Mazda 1970 vorgestellte Mittelklasse-Modell Capella kam zwei Jahre später als Mazda 616 auf den deutschen Markt, zunächst als Limousine, kurz darauf auch als Coupé mit identischer Technik. Der gut ausgestattete und verarbeitete 616 besaß einen konventionellen 1,6-Liter-Vierzylinder mit 75 PS. Einziges Manko des 616 war das schwülstige Design des Japaners. Es war auf den amerikanischen Geschmack zugeschnitten, in Deutschland fand der Japan-Barock wenig Freunde. Daran änderten auch die Modellpflege von 1974 nichts. Heute vermag der japanische Zeitgeist zu entzücken – das schrille Design und die grundsolide Technik machen die 616er zum preiswerten Geheimtipp. Kaum zu finden ist dagegen der RX-2, so der Name des 616 in Wankel-Ausführung. Er wurde in die USA exportiert – und in die Schweiz ...

Bild: © Mazda

Preise	1	2	3	4	5
616 1.6, 75 PS, L4t	8.900	5.600	3.200	1.300	500
616, Cpe	10.500	6.800	4.200	1.700	700

Motor/Antrieb	
Bauart	Vierzylinder (Reihe)
Lage/Antrieb	Front/Heck
Hubraum in cm³	1586
PS/min	75/5000
Vmax in km/h	152
Karosserie	
Bauart	Limousine (4-türig), Coupé
Tragstruktur	selbsttragend
Material	Stahlblech
Stückzahl und Marktsituation	
Produktionszahl	k.A.
Verfügbarkeit	ausreichend
Teilesituation	ausreichend
Unterhaltskosten	mittel

Mazda RX-3 (1. Generation) 1972-1978

Mazda setze Anfang der 1970er mit Nachdruck auf den Wankel. Jedem Hubkolben-Modell stellten die Japaner eine Wankel-Alternative zur Seite, so dem 818 den RX-3. Stark und schnell präsentierte sich der sehr kompakte Viertürer, den es wahlweise auch in einer Kombi- und Coupévariante gab. Auf über 175 km/h beschleunigte der Wagen mit seinem turbinenartig hochdrehenden Motor in Tests, eine Leistung, dem besonders das Fahrwerk nicht gewachsen schien. Auch die Federung überzeugte nicht, dafür jedoch Lenkung und Bremsen. In Deutschland kostete der japanische Importwagen allerdings üppige 12.500 Mark, war somit eine teure Offerte – zudem lag der Verbrauch mit oft über 15 Liter auf 100 Kilometer für einen Wagen dieser Klasse sehr hoch.

Bild: © Mazda

Preise	1	2	3	4	5
RX-3, Cpe	50.400	50.400	17.900	10.000	4.600

Motor/Antrieb	
Bauart	Zweischeiben-Wankel
Lage/Antrieb	Front/Heck
Hubraum in cm³	2 x 573 cm³ Kammer-Vol.
PS/min	120/6500
Vmax in km/h	ca. 190
Karosserie	
Bauart	Lim. (4-türig), Kombi (5-türig), Coupé
Tragstruktur	selbsttragend
Material	Stahlblech
Stückzahl und Marktsituation	
Produktionszahl	k. A.
Verfügbarkeit	schlecht
Teilesituation	schwierig
Unterhaltskosten	mittel

Mazda RX-5 1800 (Cosmo) 1975-1979

Die mit dem Cosmo gemachten guten Erfahrungen veranlassten Mazda in den frühen 1970er Jahren, alle größeren Modelle wahlweise mit Wankelmotor anzubieten. So auch das sportliche Coupé RX-5, das als Nachfolger des Cosmo galt. Es erhielt den bewährten Zweischeiben-Motor des Cosmo mit nunmehr 2 x 654 cm³ Kammervolumen, was einem Hubraum von 2,6 Liter entspricht. Der Wankel bestach mit Laufruhe, Vibrationen waren kaum zu spüren. Auf der Minus-Liste standen seine relativ geringe Elastizität und der hohe Verbrauch von etwa 17 Litern. Alternativ wurde das Coupé unter dem Namen Mazda 1800 mit Vierzylinder-Ottomotor (1,8 Liter, 83 PS) angeboten. Im Gegensatz zu seinem gelungenen, aber in Europa nicht erhältlichen Vorgänger Cosmo kam der RX-5 auf die hiesigen Märkte. Doch sein wuchtiges amerikanisches Outfit stieß auf wenig Gegenliebe.

Bild: © Mazda

Preise	1	2	3	4	5
RX-5, Cpe	37.800	21.200	12.000	6.300	3.400

Motor/Antrieb	
Bauart	Zweischeiben-Wankel
Lage/Antrieb	Front/Heck
Hubraum in cm³	2 x 654 cm³ Kammer-Vol.
PS/min	115/6000
Vmax in km/h	185
Karosserie	
Bauart	Coupé
Tragstruktur	selbsttragend
Material	Stahlblech
Stückzahl und Marktsituation	
Produktionszahl	k.A.
Verfügbarkeit	gegen null
Teilesituation	schwierig
Unterhaltskosten	hoch

Mazda 323 (Typ FA4) 1977-1980

Mitte der 1970er Jahre sortierte Mazda sein Angebot in der Kompaktklasse neu. Auf die Modellreihe 1000, 1200 und 1300, die es in Japan und den USA sogar mit einem Zwei-Scheiben-Wankelmotor gegeben hatte, folgte 1977 das komplett neu entwickelte Modell 323 – das von Beginn an auch in Deutschland erhältlich war. Ganz im Stil der Zeit debütierte der neue Golf-Konkurrent aus Japan mit einer Schrägheckkarosserie, die mit drei oder fünf Türen lieferbar war. Einen ebenfalls dreioder fünftürigen Kombi, der den Namen Variabel trug, schob Mazda bereits im Premierenjahr nach. Auf eine Stufenhecklimousine verzichteten die Japaner in der ersten 323-Serie noch, boten jedoch ein Sportmodell an, das 70 PS leistete und das Kürzel SP trug. Im Jahre 1979 retuschierte Mazda den 323 leicht: Die ursprünglich runden Scheinwerfer wichen eckigen H4-Exemplaren, die Rückleuchten fielen größer aus. In der USA nannte Mazda den 323 übrigens GLC – eine Abkürzung für Great Little Car, so viel wie „großartiges kleines Auto".

Bild: © Mazda

Preise	1	2	3	4	5
323 1.0, 45 PS, L3t	k.N.	5.000	3.000	1.300	k.N.

Motor/Antrieb	
Bauart	Vierzylinder (Reihe)
Lage/Antrieb	Front/Front
Hubraum in cm³	985, 1272, 1416
PS/min	45/5500 bis 70/5700
Vmax in km/h	125 bis 146
Karosserie	
Bauart	Lim (3-/5-türig), Kom (3-/5-türig)
Tragstruktur	selbsttragend
Material	Stahlblech
Stückzahl und Marktsituation	
Produktionszahl	k.A.
Verfügbarkeit	ausreichend
Teilesituation	ausreichend
Unterhaltskosten	niedrig

Mazda RX-7 — 1978-1986

Erst im November 1972 beginnt die offizielle Geschichte von Mazda Deutschland. Die japanische Mutter hatte bereits 1966 das zweimillionste Fahrzeug gebaut, hierzulande musste man sich 1973 mit bescheidenen 400 Verkäufen zufriedengeben. In diesem Jahr baute Mazda aber rund 600.000 Wankelmotoren. Schon mit dem Cosmo 110 S von 1967 hatte die Marke dieses Prinzip propagiert, dessen späterer Nachfolger, der hier gezeigte RX-7, allerdings wesentlich problemloser und zuverlässiger war. Die ersten in Deutschland verkauften Mazda hießen 616 und 818, mit Reihenvierzylindermotoren, 75 PS stark, als Limousinen und Coupés karossiert. Dazu im Angebot: der RX-3 mit 95 PS starkem Zweischeiben-Wankel. Erst mit dem ab 1977 offerierten Modell 323, damals noch mit Hinterradantrieb, stellte sich nennenswerter Erfolg ein.

Bild: © Mazda

Preise	1	2	3	4	5
RX-7, Cpe	23.700	13.100	7.900	4.200	1.900

Motor/Antrieb	
Bauart	Zweischeiben-Wankel
Lage/Antrieb	Front/Heck
Hubraum in cm^3	2 x 573 cm^3 Kammer-Vol.
PS/min	115/6000
Vmax in km/h	195
Karosserie	
Bauart	Coupé
Tragstruktur	selbsttragend
Material	Stahlblech
Stückzahl und Marktsituation	
Produktionszahl	k.A.
Verfügbarkeit	gut
Teilesituation	gut
Unterhaltskosten	hoch

Mazda 929 Coupé — 1982-1987

Mit dem 929 Coupé zog 1982 der neue Japan-Schick auch in die obere Mittelklasse der luxuriösen Zweitürer ein. Einen Hauch Futurismus versprachen ab 1985 das elektrisch verstellbare Fahrwerk und die Doppelscheinwerfer unter Klappen. Dazu gab es einige Instrumente, die digital aussahen, aber noch analog waren – klare Unterschiede zur Limousine, von der das Coupé die üppige Serienausstattung erbte. BMW- und Mercedes-Kunden griffen jedoch selten zu: Wer sich hierzulande ein Coupé leisten konnte, wählte meist ein Produkt aus renommiertem europäischen Haus. Für einige Märkte bot Mazda das 929 Coupé auch mit Wankelmotor an. Hier mussten sich 929-Coupé-Fahrer mit einem 2,0-Liter-Vierzylinder begnügen (101 und 120 PS).

Bild: © Mazda

Preise	1	2	3	4	5
929, Cpe	k.N.	16.300	9.300	5.800	k.N.

Motor/Antrieb	
Bauart	Vierzylinder (Reihe)
Lage/Antrieb	Front/Heck
Hubraum in cm^3	1998
PS/min	101/5500, 120/5300
Vmax in km/h	180, 192
Karosserie	
Bauart	Coupé
Tragstruktur	selbsttragend
Material	Stahlblech
Stückzahl und Marktsituation	
Produktionszahl	k.A.
Verfügbarkeit	schlecht
Teilesituation	schwierig
Unterhaltskosten	mittel

Mazda 626, 626 Coupé (Serie 1) — 1979-1982

Mit dem 626 drängte Mazda weiter in die Mittelklasse vor, besonders in Europa und Deutschland erzielte der japanische Hersteller gute Verkaufszahlen. Mit dem kompakten 323 hatte Mazda, so schrieb man stolz, bereits zwei Jahre zuvor ein „europäisch gestyltes" Fahrzeug gezeigt. Tatsächlich wirkte der 626 moderner und seine Karosserie glattflächiger als seine Vorgänger 616 und 618. Käufer konnten unter einer Limousine und einem Coupé wählen, das jedoch mit seinem Stufenheck recht konservativ ausfiel. Mit einem 1,6- und einem 2,0-Liter-Vierzylinder standen zwei moderne, 75 oder 90 PS starke Triebwerke zur Wahl, der Antrieb blieb hinten. Den größeren Motor kombinierte Mazda mit einem Fünfganggetriebe, auch eine Automatik gab es. Überrascht hat in Deutschland damals die Ausstattung: Einen elektrisch zu öffnenden Kofferraumdeckel gab es selbst in der Oberklasse nicht, und einzeln umlegbare Rücksitzlehnen galten in Stufenheckmodellen ebenfalls als Novität.

Bild: © Mazda

Preise	1	2	3	4	5
626 1. Serie, Cpe	k.N.	7.400	4.100	1.900	k.N.

Motor/Antrieb	
Bauart	Vierzylinder (Reihe)
Lage/Antrieb	Front/Heck
Hubraum in cm^3	1568; 1970
PS/min	75 bei 5000; 90 bei 4800
Vmax in km/h	160 bis 175
Karosserie	
Bauart	Limousine (4-türig); Coupé
Tragstruktur	selbsttragend
Material	Stahlblech
Stückzahl und Marktsituation	
Produktionszahl	k.A.
Verfügbarkeit	schlecht
Teilesituation	schlecht
Unterhaltskosten	mittel

Mazda 626 (GC) — 1982-1987

Genau in die Mitte zielte Mazda auch mit der zweiten Auflage des 626, der in Japan weiterhin als „Capella" vermarktet wurde. Was blieb, waren die drei Karosserievarianten – neben der klassischen Stufenhecklimousine gab es ein „Fließheck" (so nannte es Mazda) sowie ein Coupé. Technisch fiel dagegen die Umstellung auf Frontantrieb auf, während die Motoren wenig Neues boten. Die Palette startete mit einem 64-PS-Diesel, nach oben rundete der 2.0 GT das 626-Angebot ab. Der Erfolg für Mazda hielt an, insbesondere auch in Deutschland, weil die Kunden positiv auf die Ausstattungspolitik der Japaner reagierten: Statt jedes Detail, das über Mindeststandard lag, einzeln teuer zu verkaufen, wie es bei deutschen Herstellern noch üblich war, schickte Mazda den 626 serienmäßig komplett ausgestattet ins Rennen: Wo gab es in der Mittelklasse Velours, vier elektrische Fensterheber und eine Zentralverriegelung ohne Extrakosten? Dazu kam nicht nur ein günstiger Paketpreis, sondern auch eine enorme Zuverlässigkeit der Fahrzeuge – und somit überdurchschnittlich zufriedene Kunden.

Bild: © Mazda

Preise	1	2	3	4	5
626 2.0i, L4t	k.N.	4.100	2.300	1.000	k.N.
626 2.0i, Cpe	k.N.	5.200	2.900	1.300	k.N.

Motor/Antrieb	
Bauart	Vierzylinder (Reihe)
Lage/Antrieb	Front/Front
Hubraum in cm^3	1576 bis 1998
PS/min	64 bei 4650 bis 120 bei 5400
Vmax in km/h	155 bis 195
Karosserie	
Bauart	Limousine (4-/5-türig), Coupé
Tragstruktur	selbsttragend
Material	Stahlblech
Stückzahl und Marktsituation	
Produktionszahl	k.A.
Verfügbarkeit	ausreichend
Teilesituation	ausreichend
Unterhaltskosten	mittel

Mazda 626 (GD/GV) 1987-1992

Die dritte Auflage des 626 bot zunächst wenig Überraschungen. Immerhin war 1988 als neue Karosserievariante ein Kombi dazugekommen. Deutlich interessanter geriet die 626-Palette dann ab 1990: Mazda offerierte mit dem 4WD eine Allradoption für die Limousinen und Coupés, die zwar nicht allzu viel Käufer lockte, doch für große Aufmerksamkeit sorgte. Ähnliches galt für die exotische Allradlenkung, die Mazda als 4WS anbot: Bis 35 km/h lenkten die hinteren Räder im Gegensinn zu den Vorderrädern, um den Wendekreis zu verkleinern. Bei höherem Tempo folgten sie den Vorderrädern, um so die Fahrstabilität zu erhöhen. Als recht sportlich stellte sich zudem die GT-Variante dar, deren 2-Liter-Vierzylinder mit zwei obenliegenden Nockenwellen und vier Ventilen pro Zylinder glänzte. Zudem überzeugte Mazda weiterhin mit komplett ausgestatteten Fahrzeugen. Als erster Japaner gewann er einen großen Vergleichstest: „Kein Auto, das begeistert, doch eines, dass sich keine Blöße gibt", lobte *auto motor und sport* 1987.

Bild: © Mazda

Preise	1	2	3	4	5
626 2.0i (GE), L4t	k.N.	3.200	1.800	800	k.N.

Motor/Antrieb	
Bauart	Vierzylinder (Reihe)
Lage/Antrieb	Front/Front
Hubraum in cm^3	1576 bis 1998
PS/min	64 bei 4650 bis 140 bei 6000
Vmax in km/h	160 bis 206
Karosserie	
Bauart	Limousine (4-/5-türig), Coupé
Tragstruktur	selbsttragend
Material	Stahlblech
Stückzahl und Marktsituation	
Produktionszahl	k.A.
Verfügbarkeit	ausreichend
Teilesituation	ausreichend
Unterhaltskosten	mittel

Mazda MX-5 (NA) 1989-1998

Der MX-5 ist unbestritten ein Glücksfall der Automobilgeschichte: Er rettete den Roadster und zeigte zugleich, dass ein offener Sportwagen auch dann noch viel Spaß machen kann, wenn er günstig, zuverlässig und langlebig ist. Dabei hatte Ende der 1980er Jahre niemand an den Erfolg des Projektes geglaubt: Mazda hoffte, 5000 Exemplare des MX-5, der im wichtigen Exportmarkt USA Miata hieß, verkaufen zu können – es wurden letztlich viele 100.000. Die Mazda-Entwickler hatten nichts dem Zufall überlassen, sondern bewusst die Roadster-Legenden bis ins Detail studiert, um alle nötigen Gene zu extrahieren. Dass kein synthetisches Mode-Objekt daraus wurde, sondern ein durchweg stimmiges, sogar ausgewogenes Auto, zeugt von der richtigen Strategie der Mazda-Entwickler.

Bild: © Mazda

Preise	1	2	3	4	5
MX 5, Cab	17.600	11.000	6.200	3.100	k.N.

Motor/Antrieb	
Bauart	Vierzylinder (Reihe)
Lage/Antrieb	Front/Heck
Hubraum in cm^3	1598, 1840
PS/min	90/6000 bis 131/6500
Vmax in km/h	175 bis 198
Karosserie	
Bauart	Cabriolet
Tragstruktur	selbsttragend
Material	Stahlblech
Stückzahl und Marktsituation	
Produktionszahl	431.506
Verfügbarkeit	sehr gut
Teilesituation	sehr gut
Unterhaltskosten	niedrig

Mazda RX-7 (FC3S) 1985-1991

Hat da ein Mazda-Designer auf Porsche geschielt? Die zweite Auflage des RX-7 hatte in der Form des Porsche 944 ihr Vorbild gefunden. Zunächst bot Mazda den neuen RX-7 mit einer Saugversion des Zweischeiben-Wankels an, die 150 PS (210 km/h) leistete. In Japan war eine Turbo-Version von Beginn an zu haben, nach Europa kamen sie jedoch erst 1987 (180 PS, 230 km/h) und 1989 (200 PS, 240 km/h). Mit den RX-7 Turbo strich Mazda die Saugversion aus den Preislisten, bot jedoch ab 1989 die stärkste Motorisierung auch als Cabrio an. Mazda hatte zudem bei der zweiten RX-7-Auflage deutlich das Fahrwerk nachgebessert – nun gab es hinten nicht nur endlich einzeln aufgehängte Räder, sie waren sogar mitlenkbar konstruiert.

Bild: © Mazda

Preise	1	2	3	4	5
RX-7 (1982-1985), Cpe	21.700	12.200	7.300	3.900	1.800

Motor/Antrieb	
Bauart	Zweischeiben-Wankel
Lage/Antrieb	Front/Heck
Hubraum in cm^3	2 x 654 cm^3 Kammer-Vol.
PS/min	150/6500 bis 200/6500
Vmax in km/h	210 bis 240
Karosserie	
Bauart	Coupé, Cabrio
Tragstruktur	selbsttragend
Material	Stahlblech
Stückzahl und Marktsituation	
Produktionszahl	k.A.
Verfügbarkeit	gut
Teilesituation	gut
Unterhaltskosten	mittel

Mazda RX-7, Ẽfini RX-7 (FD3S) 1991-2002

Einmal ging es noch: 1991 stellte Mazda die dritte und letzte Bauserie des beliebten RX-7 vor. Die Karosserie zeigte sich deutlich überarbeitet und folgte der typischen runden Mazda-Designsprache jener Jahre. Weiterhin mit Turbo, allerdings deutlich überarbeitet zeigte sich der Zweischeiben-Wankelmotor. Bis zu 280 PS mobilisierte er in seiner höchsten Ausbaustufe, das Drehmoment wuchs auf 315 Nm bei geschmeidigen 5000/min. In Deutschland konnten sich Wankel-Fans allerdings nur zwischen 1992 und 1996 über das potente Coupé freuen: Mazda schaffte es nicht, die strengen Abgasnormen für Neuwagen zu erfüllen, sah aber auch keinen Sinn in hohen Investitionen: Die abgesetzten Stückzahlen – nicht zuletzt wegen des hohen Neupreises – sind gering geblieben. Bis 2002 lief der Verkauf noch in Japan. Dort wurde der RX-7 auch unter der Nobelmarke Ẽfini angeboten.

Bild: © Mazda

Preise	1	2	3	4	5
RX-7, 239 PS (1991-1993), Cpe	77.000	42.100	25.600	13.200	6.100

Motor/Antrieb	
Bauart	Zweischeiben-Wankel
Lage/Antrieb	Front/Heck
Hubraum in cm^3	2 x 654 ccm Kammer-Vol.
PS/min	265 bis 280/6500
Vmax in km/h	250
Karosserie	
Bauart	Coupé
Tragstruktur	selbsttragend
Material	Stahlblech
Stückzahl und Marktsituation	
Produktionszahl	k.A.
Verfügbarkeit	gut
Teilesituation	gut
Unterhaltskosten	mittel

M

Mazda Xedos 6 1992-1999

Heute kaum vorstellbar, doch im Jahr 1992 erstaunte das Design der neuen Mazda-Mittelklasse: Eine derart organische Form war ungewohnt. Den Xedos 6 platzierten die Japaner zwar noch in der Mittelklasse, jedoch sollte er mehr Prestige ausstrahlen als das etablierte Modell 626. Anfangs bot Mazda den Xedos 6 nur mit einem 144 PS starken V6-Motor an, schob jedoch 1994 noch einen 107 PS starken 1,6-Liter-Vierzylinder nach. Dennoch blieb der Anspruch, dass der Xedos damals den Hauch des Luxus und des Außergewöhnlichen in sein Segment tragen sollte: Neben einer Lederausstattung konnte noch Alcantara gewählt werden, dazu auf Wunsch ein Tempomat, Klimaautomatik, Automatik oder ein – selbstverständlich elektrisches – Schiebedach. Die Idee der Japaner ging nicht auf: In Deutschland soll Mazda über die Jahre nur rund 20.000 Xedos 6 verkauft haben.

Bild: © Mazda

Preise	1	2	3	4	5
Xedos 6, 144 PS (1992-1994), L4t	k.N.	4.600	2.400	700	k.N.

Motor/Antrieb	
Bauart	Vierzylinder (Reihe), V6
Lage/Antrieb	Front/Front
Hubraum in cm³	1598, 1995
PS/min	107/6200, 144/6000
Vmax in km/h	175 bis 216
Karosserie	
Bauart	Limousine (4-türig)
Tragstruktur	selbsttragend
Material	Stahlblech
Stückzahl und Marktsituation	
Produktionszahl	72.101
Verfügbarkeit	ausreichend
Teilesituation	ausreichend
Unterhaltskosten	mittel

McLaren (GB) • 1969-1971, seit 1993

Der Name McLaren geht auf den neuseeländischen Rennfahrer und Konstrukteur Bruce McLaren zurück (1937–1970). Das Team, das seinen Namen trägt, ist noch Jahrzehnte später im Munde aller Formel 1-Fans.

Der charismatische McLaren stand auch hinter dem Projekt M6 GT, einem ambitionierten CanAm-Rennwagen, dem jedoch die Homologation verwehrt wurde. So ließ McLaren eine straßentaugliche Ausführung von Trojan Ltd. in Croydon fertigen. Bruce McLarens tödlicher Unfall während einer Testfahrt im englischen Goodwood am 2. Juni 1970 stoppte den Plan einer weiteren Vermarktung.

Über zwei Jahrzehnte dauerte es, bevor wieder ein neuer Super-Sportwagen mit dem legendären Namen McLaren öffentliche Straßen unter die Räder nehmen konnte. 1993 zeigte die Firma McLaren Cars Ltd. ihr neues Modell namens F1, das einen von BMW entwickelten und gebauten V12-Motor trug. Es sollte alle Superlative neu definieren – wie viele Jahre später der Bugatti Veyron. Nur war McLaren in nahezu allem deutlich radikaler. Inzwischen zählt der McLaren F1 mit Bewertungen im zweistelligen Millionenbereich zur Liga der teuersten klassischen Automobilen.

Bruce McLaren (1937–1970) war Rennfahrer und Konstrukteur. Er starb bei einer Testfahrt in Goodwood.

Bild: © Lothar Spurzem

Bild: © McLaren

Allein der V8-Motor des neuen McLaren W1 liefert 928 PS, dazu kommen 347 PS aus einem Elektromotor.

Einige andere Projekte scheiterten jedoch, vermutlich am Veto des neuen Partners DaimlerChrysler, der die Kosten davonlaufen sah. Der Mercedes-Benz SLR McLaren dagegen wurde realisiert und ging 2003 in Produktion. Allerdings geriet er weit luxuriöser und verspielter als seine Vorgänger.

2011 kehrte McLaren zurück: Zunächst mit dem MP4-12C (Coupé und Spider), den 2014 der 650S ablöste. Zudem bot McLaren ab 2013 den Mittelmotor-Hybrid-Sportwagen P1 an, die Auflage war auf 375 Exemplare limitiert. Mittlerweile sortiert McLaren seinen Produkterfolg in drei Segmente: Sports Series, Super Series und Ultimate Series. In dieser High-End-Klasse sorgten der McLaren Senna sowie der McLaren Speedtail für erhebliches Aufsehen – ein Hyper-GT mit einer Hybridleistung von 1050 PS. McLaren sortiert die aktuelle Modellpalette in drei Serien. Als Supercar läuft der seit 2021 gebaute Artura, als Super Series der seit 2023 in Produktion befindliche 750S. In der Ultimate Series bietet McLaren den GTS, den Solus GT und ab 2026 den W1. Von ihm sind bereits alle 399 Exemplare reserviert, der Preis beginnt bei 2,2 Millionen Euro. Seine Systemleistung liegt bei 1275 PS. Rein elektrisch fährt der W1 rund zwei Kilometer weit.

M

McLaren M6 GT 1969-1971

Vorläufer des modernen McLaren-Supersportwagens mit Zwölfzylinder-BMW-Motor war ein leicht modifizierter Rennwagen, der seine Abstammung wahrlich nicht verleugnen konnte: Ein Aluminium-Monocoque in bester Renntradition, aufwändige Radführungselemente vorn und hinten sowie ein markant bollernder und individuell nach Kundenwunsch modifizierter Chevrolet-Achtzylinder bildeten das Kerngerüst dieses Boliden. Nach dem tragischen Unfalltod von Bruce McLaren 1971 auf der Strecke von Goodwood wurde das Projekt ad acta gelegt. Die Kenner sind sich heute nicht einmal über die genaue Anzahl der produzierten Premium-Sportwagen im Klaren: Je nach Quellenlage hört man von zwei bis vier Exemplaren.

Bild: © McLaren

Preise	1	2	3	4	5
M6 GT	k.N.	200.000	150.000	k.N.	k.N.

Motor/Antrieb	
Bauart	V8
Lage/Antrieb	Mitte/Heck
Hubraum in cm³	k.A.
PS/min	k.A.
Vmax in km/h	k.A.
Karosserie	
Bauart	Coupé
Tragstruktur	selbsttragend
Material	Aluminium
Stückzahl und Marktsituation	
Produktionszahl	2 bis 4
Verfügbarkeit	gegen null
Teilesituation	sehr schwierig
Unterhaltskosten	hoch

McLaren F1 — 1992-1997

Geht es um Supersportwagen, dann war der McLaren F1 in den 1990ern ganz vorne dabei. Kein zum Straßenverkehr zugelassenes Fahrzeug war schneller: Mit 386 km/h hielt er den Rekord bis 2005. Keines stärker: Mit den 627 PS seines BMW V12-Motors von der M-GmbH schaffte er es ins Guiness-Buch der Rekorde. Keines teurer: Rund 1,5 Mio. Mark mussten die Kunden ausgeben. Und wo sonst sitzt der Fahrer in der Mitte, flankiert von zwei Passagieren links und rechts von ihm? Von 106 gebauten Exemplaren waren 72 für eine Straßenzulassung vorgesehen, der Rest wurde für die FIA-GT-Meisterschaft ausgerüstet. Ein McLaren F1 gewann zudem das 24-Stunden-Rennen von Le Mans. In die Schlagzeilen kam der F1 auch durch seine spektakulären Unfälle, die Prominente wie der damalige BMW-Chef Bernd Pischetsrieder oder Rowan Atkinson alias Mr. Bean verursachten.

Bild: © McLaren

Preise	1	2	3	4	5
F1, Cpe	je nach Originalität und Historie über 15 Mio. Euro				

Motor/Antrieb	
Bauart	V12
Lage/Antrieb	Mitte/Heck
Hubraum in cm³	6064
PS/min	680 bei 7400
Vmax in km/h	386
Karosserie	
Bauart	Coupé
Tragstruktur	selbsttragend
Material	Karbon
Stückzahl und Marktsituation	
Produktionszahl	106
Verfügbarkeit	schlecht
Teilesituation	schlecht
Unterhaltskosten	hoch

Melkus (DDR) • 1959-1986, 2006-2013

Es waren keine Konstruktionsbüros volkseigener Betriebe, die den einzigen wettbewerbsfähigen Rennsportwagen der DDR entwickelten. Heinz Melkus, erfolgreichster Automobilsportler der ehemaligen DDR, hieß der Mann, der mit einer Eigenkonstruktion auf Wartburg-Basis Motorsportgeschichte schrieb.

Dass die flachen Melkus RS 1000-Coupés während der Teilung Deutschlands außerhalb der DDR nur wenig bekannt waren, minderte nicht ihren Wert im real existierenden Sozialismus – bereits lange vor der Wende standen die Flügeltürer aus Dresden in vermögenden Sammlerkreisen Ostdeutschlands hoch im Kurs.

Ohne Beziehungen und Geld waren die ausschließlich für Rennsportzwecke reservierten Sachsen-Flundern ohnehin nicht zu kriegen: Wer an einen Melkus RS 1000 gelangen wollte, konnte sein Ziel nur über das Ost-Pendant des ADAC, den Allgemeinen Deutschen Motorsportverband (ADMV), und zum doppelten Preis eines Wartburg 353 erreichen.

Sein legendärer Ruf verhalf dem Dresdner Sport-Zweitakter nun sogar zu einer späten Renaissance: 2007 hat Melkus – seit der Wende als Familienunternehmen im Autohandel tätig – den RS 1000 nach Vorbild des Originals in einer Kleinserie von 15 Stück neu auferstehen lassen. Wie damals hatte der Einstieg in die Flügel-Flunder wieder seinen Preis: Rund 50.000 Euro verlangte Melkus für den Retro-Sportler.

Als Nachfolgemodell stellte der Dresdner auf der IAA 2009 den Melkus RS 2000 vor, ganz der Tradition folgend wieder mit Flügeltüren. Als Antrieb sah Melkus einen potenten 2,0-Liter-Vierzylinderreihenmotor vor, den Yamaha beisteuerte. Das Chassis entlieh sich Melkus von Lotus. Als Jahresproduktion strebten die sächsischen Sportwagenbauer rund 25 Stück an. 2010 erhielten zwar die ersten Kunden ihren RS 2000, den Melkus als GT und GTS anbot. Doch die Nachfrage blieb stockend: Im August blieb der Melkus Sportwagen GmbH nur noch der Weg in die Insolvenz.

Bild: © Melkus

Konnten das Unternehmen nicht retten: Die 2012 präsentierten Modelle RS 2000 GT und GTS mit 300 bzw 350 PS sollten rund 148.000 Euro kosten.

Melkus RS 1000 — 1969-1980

1969 schlägt die Geburtsstunde des Melkus RS 1000, des einzigen echten Sportwagens der DDR. Basis des vom Dresdener Rennfahrer und Konstrukteur Heinz Melkus gebauten RS 1000 bildet der Kastenrahmen des Wartburg 353. Im Gegensatz zur Eisenacher Konstruktion verlegte Melkus den Motor vor die Hinterachse und versah seinen Wagen mit Heckantrieb. Die Leistung wurde um 20 auf 70 PS gesteigert, die Rennversion entwickelte dank Rennvergaser sogar 90 PS – genug um das leichte Coupé auf Werte jenseits von 170 km/h zu beschleunigen. Bei den verwendeten Karosseriematerialien zeigt sich der RS 1000 vielseitig: Während das Vorder- und Heckteil nach bewährter DDR-Manier aus Kunststoff gefertigt wurden, sind Flügeltüren und Dach aus Leichtmetall, die Bodenabdeckung wiederum aus Stahlblech. Seine geringe Stückzahl macht den Melkus RS 1000 heute zu einem absoluten Exoten.

Bild: © Melkus

Preise	1	2	3	4	5
RS 1000, Cpe	132.000	105.000	79.000	51.000	k.N.

Motor/Antrieb	
Bauart	Dreizylinder-Zweitaktmotor
Lage/Antrieb	Mitte/Heck
Hubraum in cm³	993, 1100
PS/min	70 bis 90/3500
Vmax in km/h	165 bis 210
Karosserie	
Bauart	Coupé
Tragstruktur	Kastenrahmen
Material	Stahlblech, Kunststoff
Stückzahl und Marktsituation	
Produktionszahl	101
Verfügbarkeit	gegen null
Teilesituation	gut
Unterhaltskosten	niedrig

Mercedes-Benz (D) • seit 1925

Carl Friedrich Benz (1844-1929).

Gottlieb Daimler (1834-1900).

beide Bilder © Daimler AG

Seit 1925 leuchtet der Stern im Lorbeerkranz. In jenem Jahr fusionierten die bislang eigenständigen Unternehmen Benz & Cie. und Daimler-Motoren-Gesellschaft zu Daimler-Benz. Im Jahr zuvor hatten sich beide Firmen bereits zu einer Interessengemeinschaft zusammengetan und die Mercedes-Benz Automobil GmbH gegründet: Aus den beiden unabhängigen Marken Mercedes und Benz war das neue Konstrukt Mercedes-Benz entstanden. Unter diesem Namen kommen seither alle Modelle auf den Markt.

Nach einer großen Ära mit wichtigen Modellen und großen Sporterfolgen spielte das Unternehmen eine tragende Rolle in der deutschen Rüstungsproduktion. Verheerende Zerstörungen im Zweiten Weltkrieg waren die Folge. Dennoch konnte Daimler-Benz bereits 1947 die Pkw-Produktion wieder aufnehmen.

Die 1950er Jahre markierten für das Traditionsunternehmen den Weg in die Massenproduktion, zunächst mit der sogenannten Ponton-Reihe. In den 1960er Jahren machte die florierende Konjunktur die Wagen der ehemaligen Feudal-Marke auch für Käufer des bürgerlichen Mittelstands immer erreichbarer. Mit der Strich-Acht-Baureihe erzielte Mercedes-Benz bis 1976 erstmals ein siebenstelliges Produktionsergebnis.

Bild © Mercedes-Benz AG

Benz Patent-Motorwagen, 1886: Als Mercedes-Benz 1925 entstand, lag die Erfindung des Automobils durch Carl Benz (hier am Steuer) beinahe 40 Jahre zurück.

Zu allen Zeiten strahlte der Stern als Leitbild des automobilen Fortschritts. Besonders die Wagen der S-Klasse fungierten stets als Technologieträger; mit Details wie der Sicherheits-Fahrgastzelle, dem Antiblockiersystem oder dem Airbag setzten sie immer wieder neue Maßstäbe in der passiven Sicherheit.

Das Jahr 1998 markierte eine große Zäsur in der Geschichte des Unternehmens: Daimler-Benz und Chrysler fusionierten zu einer neuen Gesellschaft, der DaimlerChrysler AG. Die Marke Mercedes-Benz blieb davon jedoch unberührt, ebenso der Name Chrysler.

Am 3. August 2007 erfolgte die von Insidern oft prophezeite Trennung: Der Finanzinvestor Cerberus Capital Management übernahm die Chrysler-Anteile. Die Stuttgarter firmierten anschließend unter Daimler AG und teilten den Konzern 2019 auf. Es entstanden die drei eigenständigen Unternehmen Mercedes-Benz AG (Pkw und Vans), Daimler Truck AG und Daimler Mobilität AG. Seit Februar 2022 ist die Truck-Sparte unabhängig und börsennotiert. Die verbliebenen Unternehmensteile sind nun unter dem Dach der Mercedes-Benz Group AG zusammengefasst, die an der Daimler Truck AG allerdings noch 35 Prozent der Anteile hält.

Für Aufsehen sorgte im Mai 2022 die Versteigerung des Mercedes-Benz 300 SLR "Uhlenhaut-Coupés" aus dem Fundus des Mercedes Museums, versteigert durch RM Sotheby's. Es erzielte am 5. Mai 2022 die Rekordsumme von 135 Millionen Euro. Die Oldtimer-Welt ist seither gespalten: Darf ein Traditionsunternehmen sein Tafelsilber veräußern? Mercedes-Benz unterstrich mit dem teuersten Automobil der Welt seine neue Luxusstrategie und argumentierte, der Erlös fließe in Bildungsstipendien und so in eine bessere Zukunft. Zudem werde der Wagen weiterhin für Museumszwecke zur Verfügung stehen. Der neue Eigner ist ein anonymer Sammler, Medienberichten zufolge aus Großbritannien.

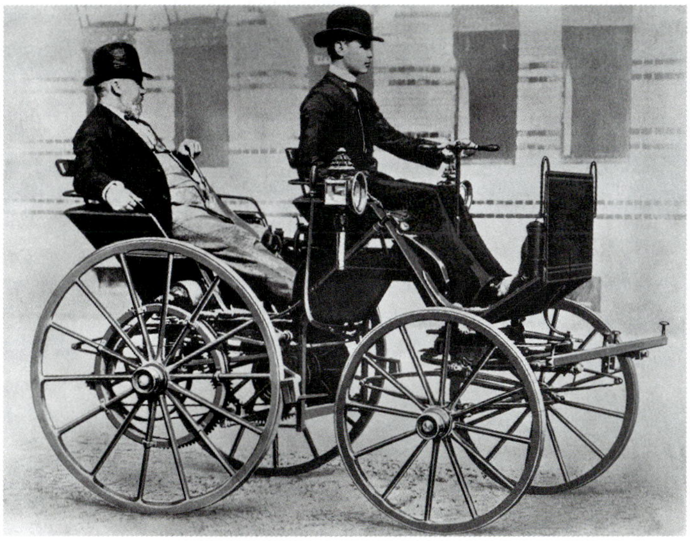

Bild © Mercedes-Benz AG

Gottlieb Daimler (links) ließ ebenfalls im Jahr 1886 einen seiner kompakten Gasmotoren in eine Kutsche einbauen.

Der Stern war Gottlieb Daimlers Idee. Heute gilt er als eines der bekanntesten Markenzeichen weltweit.

M

Familiengründung: Die Vorkriegsmodelle

Die Fusion der Firmen Daimler und Benz im Jahre 1926 markierte im PKW-Programm einen Neubeginn; die wenigen übernommenen Mercedes- und Benz-Modelle, wie der Benz 16/50 PS, wurden nach Jahresfrist gestrichen. Erster Chefkonstrukteur der jungen Marke Daimler-Benz war ein Ingenieur, den Daimler erst 1922 ins Boot geholt hatte: Ferdinand Porsche. Seine Leidenschaft waren Renn- und Luxuswagen; nur ungern entwickelte er das Mittelklasse-Modell Mercedes-Benz 8/38 PS – und verließ 1929 das Haus. Sein Nachfolger wurde Hans Nibel, vormals langjähriger Benz-Konstruktionschef. Alle künftigen Neuentwicklungen – vom 170 bis zum 770 – sollten seine Handschrift tragen. Diese Typen markieren die Eckpunkte eines weiten Modellprogramms, mit dem Daimler-Benz in den 1930er Jahren in geradezu einmaliger Vielfalt alle automobilen Zielgruppen erobern konnte, vom großbürgerlichen Mittelstand – Ärzte und Unternehmer wählten einen 170 oder den Typ Mannheim – über die internationale Prominenz – Filmstars schmückten sich mit einem 370, Nürburg oder 540 K – bis hin zum „Großen Mercedes": Der in jeder Hinsicht jenseitige Typ 770 galt als Weltspitze des Automobilbaus. Daneben spielten die Schwaben in einer weiteren Topliga: Die Motorsport-Erfolge der Rennsportwagen-Reihe SS bis SSKL brachten der Marke und ihrem bekanntesten Piloten Rudolf Caracciola Weltruhm.

Auf der anderen Seite war das Auto des kleinen Mannes nie Sache der Stuttgarter. Dennoch erlebten viele Deutsche ihre erste Autofahrt in einem Mercedes-Benz – als Taxi. In dieser Branche waren die Untertürkheimer dank ihrer innovativen Diesel-Pkw Marktführer.

Mercedes-Benz Typ S, SS, SSK, SSKL (W 06) 1926-1934

Auf wenige Modelle der Automobilgeschichte treffen die Begriffe Kult und Ikone so zu wie auf den SSK. Er basierte auf dem Modell SS, dem Super Sport, der ab 1927 in einer Auflage von nur 155 Stück gebaut worden war. Ein Jahr später legte die junge Marke Mercedes-Benz sogar noch nach: Der SSK debütierte auf einem verkürzten Fahrgestell – das K bedeutet also kurz, nicht Kompressor. Nur 45 Exemplare entstanden von diesem hauptsächlich für den Sport- und Renneinsatz gedachten Wagen. Noch seltener ist der SSKL, von dem nur sieben Stück gebaut wurden: Das L steht für leicht; unter anderem durch großzügige Bohrungen im Chassis wurde ein Mindergewicht von 200 kg erzielt. Knapp gesagt: Mit bis zu 300 PS für 1500 kg Gewicht rannte der von Piloten wie Rudolf Caracciola oder Manfred von Brauchitsch pilotierte Wagen bis zu 235 km/h. Die heutige Szene leidet unter zahllosen Fälschungen.

Bild: © Daimler AG

Preise	1	2	3	4	5
SSK, Rds	je nach Originalität und Historie bis zu 5 Mio. Euro				

Motor/Antrieb	
Bauart	Sechszylinder (Reihe)
Lage/Antrieb	Front/Heck
Hubraum in cm³	7068
PS/min	170/3200 bis 300/3400
Vmax in km/h	192 bis 235
Karosserie	
Bauart	Speedster, Cabrio
Tragstruktur	Stahl-Niederrahmen
Material	Stahlblech
Stückzahl und Marktsituation	
Produktionszahl	52
Verfügbarkeit	gegen null
Teilesituation	schwierig
Unterhaltskosten	hoch

Mercedes-Benz 770 (W 07, „Großer Mercedes") 1930-1938

Mit dem Prunkstück Mercedes 770 besetzten die Stuttgarter den Olymp des internationalen Elite-Automobilbaus. Regierungschefs und Monarchen zahlreicher Länder und nicht zuletzt Kaiser Wilhelm II. schätzten den exklusiven Schwaben; so wurde er unter dem Namen Kaiserwagen legendär – fast bescheiden nahm sich dagegen der offizielle Name aus: der „Große Mercedes". Was nicht falsch war; der über fünfeinhalb Meter lange 2,7 Tonnen-Koloss wurde von einem auf Wunsch kompressorunterstützten Achtzylinder mit 200 PS angetrieben. Die von Josef Bildstein entworfenen Serienaufbauten verströmten trotz ihrer imposanten Größe eine noble Eleganz. Das Sindelfinger Werk bot auch Einzelanfertigungen nach individuellen Wünschen an. Geld spielte keine Rolle, weder seitens der Kundschaft noch bei der Entwicklung und Ausstattung des hoch technisierten Avantgarde-Automobils.

Bild: © Daimler AG

Preise	1	2	3	4	5
770 (W 150), Plm	je nach Originalität und Historie bis 3,5 Mio. Euro				

Motor/Antrieb	
Bauart	Achtzylinder (Reihe)
Lage/Antrieb	Front/Heck
Hubraum in cm³	7655
PS/min	105 bis 200/2800
Vmax in km/h	150 bis 160
Karosserie	
Bauart	Limousine (4-türig), Cabriolet
Tragstruktur	U-Profil-Rahmen
Material	Stahlblech
Stückzahl und Marktsituation	
Produktionszahl	117
Verfügbarkeit	gegen null
Teilesituation	sehr schwierig
Unterhaltskosten	hoch

Mercedes-Benz 500, 500 N (W 08), 500 K (W 29/24), 540 K (W 29/129/24) 1933-1939

Nach den glorreichen Zeiten der S-, SS- und SSK-Modelle blickte Mercedes-Benz erwartungsvoll in die Zukunft. Ein hervorragendes Renommee weltweit schuf die Basis für die ab 1933 – das Jahr Hitlers Machtergreifung – lancierte 500er-Reihe. Ende 1933 arbeiteten die Triebwerksingenieure an der aufgeladenen Version des 100 PS starken Fünf-Liter-Triebwerks, das bei zugeschaltetem Kompressor sogar 160 PS leistete. 1936 stand der 540 K auf dem Salon in Paris – Leistung und Preis waren so enorm wie seine Schönheit. Allein das Fahrgestell des bei zugeschaltetem Kompressor jetzt 180 PS leistenden Mercedes kostete 15.500 Reichsmark. Verschiedene Karossiers realisierten ihre Entwürfe, viele Formen stammen aber auch aus Sindelfingen – zum Beispiel der Spezialroadster, aber auch Stromlinien-Coupés, Cabriolets und Limousinen.

Bild: © Dieter Rebmann/Helga Lade

Preise	1	2	3	4	5
500, L4t	300.000	240.000	190.000	130.000	k.N.
540 K, Cab	2.100.000	1.400.000	970.000	700.000	k.N.

Motor/Antrieb	
Bauart	Achtzylinder (Reihe)
Lage/Antrieb	Front/Heck
Hubraum in cm³	5019 bis 5401
PS/min	100 bis 115 (180/3400)
Vmax in km/h	160 bis 174
Karosserie	
Bauart	Lim (4-türig), Cpe, Cabriolet, Roadster
Tragstruktur	Kastenrahmen
Material	Stahlblech
Stückzahl und Marktsituation	
Produktionszahl	k.A.
Verfügbarkeit	schlecht
Teilesituation	sehr schwierig
Unterhaltskosten	hoch

M

Mercedes-Benz 170 (W 15) 1931-1936

Die Rezession der frühen 1930er Jahre veranlasste Mercedes-Benz zur Einführung ihrer bis dahin kleinsten Sechszylinder-Limousine: Der von Hans Nibel konstruierte Typ 170 (W 15) – nicht zu verwechseln mit dem späteren, völlig abweichenden Typ 170 V (W 136) – fand bei seiner Präsentation 1931 viel Beifall in der Fachwelt. Aufsehen erregte vor allem die hervorragende Straßenlage, die der Kompakt-Benz seiner hinteren Schwingachse verdankte – jener Zweigelenk-Pendelachse, die für Jahrzehnte typisches Merkmal von Mercedes-Wagen werden sollte. Ein weiteres Novum für die Stuttgarter war die hydraulische Bremsanlage. Der konventionelle, seidenweich laufende Reihen-Sechszylinder ermöglichte mit 32 PS aus 1,7 Litern Hubraum hohe Reisedurchschnitte bei maximal 90 km/h. Während der fünfjährigen Bauzeit erweiterten die Schwaben ihre Baureihe 170 um Cabriolet, Roadster und offenen Tourenwagen.

Bild: © Daimler AG

Preise	1	2	3	4	5
170 (W15), L4t	46.000	29.000	17.000	10.000	6.000

Motor/Antrieb	
Bauart	Sechszylinder (Reihe)
Lage/Antrieb	Front/Heck
Hubraum in cm³	1692
PS/min	32/3200
Vmax in km/h	90
Karosserie	
Bauart	Lim (2-/4-türig), Cab, Roadster
Tragstruktur	Kastenrahmen
Material	Holz, Stahlblech
Stückzahl und Marktsituation	
Produktionszahl	13.775
Verfügbarkeit	schlecht
Teilesituation	sehr schwierig
Unterhaltskosten	hoch

Mercedes-Benz 290 (W 18) 1933–1937

Der Mercedes 290 schloss ab 1933 die Lücke in der großbürgerlichen Dreiliter-Klasse, die nach dem Auslauf der Typen Stuttgart und Mannheim entstanden war. Die konservativ gestaltete Limousine trieb der vom Typ 260 bekannte, nun weiterentwickelte Sechszylinder mit zunächst 60, später 68 PS aus 2,9 Litern Hubraum an. Sein Rahmenaufbau und die moderne Einzelradaufhängung lehnten sich konstruktiv an den kleineren Typ 200 an. Umfassende Auswahl bot die große Zahl von 16 Aufbauten: Vom Roadster über verschiedene Cabrios bis hin zur Pullman-Limousine reichte die Artenvielfalt der Baureihe. Dagegen mangelte es dem 290 etwas an Temperament: So quälte sich die 68-PS-Limousine in 27 Sekunden auf 80 Stundenkilometer. Das besserte sich erst 1937 mit dem Nachfolger-Typ, dem Mercedes 320.

Bild: © Daimler AG

Preise	1	2	3	4	5
290 (W 18), L4t	100.000	73.000	48.000	32.000	16.000
290 (W 18), Cab B	400.000	285.000	210.000	110.000	k.N.
290 (W 18), Rds	410.000	300.000	215.000	k.N.	k.N.

Motor/Antrieb	
Bauart	Sechszylinder (Reihe)
Lage/Antrieb	Front/Heck
Hubraum in cm³	2847
PS/min	60/3200
Vmax in km/h	105
Karosserie	
Bauart	Lim (4-türig), Cab, Roadster
Tragstruktur	Kastenrahmen
Material	Stahlblech
Stückzahl und Marktsituation	
Produktionszahl	7495
Verfügbarkeit	schlecht
Teilesituation	schwierig
Unterhaltskosten	hoch

Mercedes-Benz 130 (W 23) 1934-1936

Angesichts des in den späten 1920er Jahren rückläufigen Geschäfts mit Luxuswagen suchte Mercedes-Benz in der volkstümlichen Klasse Fuß zu fassen: Ein preiswerter Klein-Mercedes sollte helfen, das Volk zu mobilisieren. So entstand in Untertürkheim unter Chefkonstrukteur Hans Nibel der erste Baby-Benz – mit Heckmotor. Dieses Konzept der kompakt im Heck zusammengefassten Technik versprach Kosteneinsparung. Ein Erfolg wurde der 130 allerdings nicht. Das lag nicht am ungewohnten, weil kühlerlosen Gesicht, vielmehr am tückischen Fahrverhalten: Der große, hoch bauende Reihenmotor machte den W 23 zur Heckschleuder. Ferner bot der 130 keinen Gepäckraum und war insgesamt zu teuer. Auch der Nachfolger 170 H brachte es nur auf etwa 1500 Stück. Vom Zwischentyp 150, ein Sportmodell mit Mittelmotor, wurden gar nur einige Dutzend Exemplare gebaut.

Bild: © Daimler AG

Preise	1	2	3	4	5
130, L2t	55.000	39.000	27.000	14.000	k.N.

Motor/Antrieb	
Bauart	Vierzylinder (Reihe)
Lage/Antrieb	Heck/Heck
Hubraum in cm³	1308
PS/min	26/3600
Vmax in km/h	92
Karosserie	
Bauart	Lim, Cabriolimousine, Tourenwagen
Tragstruktur	Zentralrohrrahmen
Material	Stahlblech
Stückzahl und Marktsituation	
Produktionszahl	4298
Verfügbarkeit	schlecht
Teilesituation	sehr schwierig
Unterhaltskosten	mittel

Mercedes-Benz 260 D (W 138) 1935-1940

Äußerlich war der 1936 in Berlin vorgestellte 260 D nicht neu, er entsprach dem bekannten 200-lang. Die Sensation saß unter der Haube: ein Dieselmotor! Damit war der 260 D der erste Diesel-Pkw der Welt – und Grundstein einer Mercedes-Legende. Schwierig hatte sich seine Entwicklung gestaltet; erst die neuartige Vorkammer-Einspritzung ermöglichte die für Lebensdauer und Pkw-Einsatz nötige Laufruhe. Gemessen am damaligen Stand der Diesel-Technik galt der neue Selbstzünder als äußerst kultiviert und mit 45 PS bei 3000/min sehr agil und drehfreudig. Hauptargument für den Diesel war schon damals der ökonomische Betrieb mit rund 60 Prozent weniger Spritkosten gegenüber dem Benzin-Typ 230, der als Basis des Serien-260 D diente. Damit wollten die Untertürkheimer hauptsächlich das Taxigewerbe ködern. 70 Jahre und Hunderttausende von Diesel-Mercedes-Taxis später wissen wir: Dies ist ihnen gelungen.

Bild: © Daimler AG

Preise	1	2	3	4	5
260 D (W138), L4t	63.000	40.000	27.000	14.000	k.N.

Motor/Antrieb	
Bauart	Vierzylinder (Reihe)
Lage/Antrieb	Front/Heck
Hubraum in cm³	2545
PS/min	45/3000
Vmax in km/h	95
Karosserie	
Bauart	Lim (4-türig), Landaulet, Cabriolet
Tragstruktur	Kastenrahmen
Material	Stahlblech
Stückzahl und Marktsituation	
Produktionszahl	1967
Verfügbarkeit	schlecht
Teilesituation	sehr schwierig
Unterhaltskosten	hoch

Mercedes-Benz 320 (W 142) 1937-1942

Der Mercedes-Benz 320 trat 1937 die Nachfolge des erfolgreichen Typs 290 in der großbürgerlichen Dreiliter-Klasse an. Die wichtigste Verbesserung galt der Leistungserhöhung von 68 auf 78 PS, genug für rund 130 km/h Höchsttempo. Damit hatten die Stuttgarter den Schwachpunkt des alten Modells, sein mangelndes Temperament, ausgemerzt. Das Rahmen-Fahrgestell mit moderner Einzelradaufhängung konnte fast unverändert bleiben, und auch die Optik der langen Limousine lehnte sich eng an die des Vorgängers an. Die erfolgreichen Cabriolets, in den Ausführungen B und D mit zwei beziehungsweise vier Türen lieferbar, erhielten ein rundes und damit moderneres Heck. Als schönste Varianten galten aber das geschwungene Cabrio A und der Roadster. In allen Ausführungen galt der Mercedes-Benz 320 als ein geräumiger, edel ausgestatteter und trotz seiner respektablen Größe handlicher Komfort-Reisewagen.

Bild: © Daimler AG

Preise	1	2	3	4	5
320 Cabrio B, Cab	430.000	315.000	235.000	120.000	k.N.

Motor/Antrieb	
Bauart	Sechszylinder (Reihe)
Lage/Antrieb	Front/Heck
Hubraum in cm³	3207, 3405
PS/min	78/4000 bzw. 78/3400
Vmax in km/h	126 bis 129
Karosserie	
Bauart	Lim (4-türig), Cabriolet, Roadster
Tragstruktur	Kastenrahmen
Material	Stahlblech
Stückzahl und Marktsituation	
Produktionszahl	5189
Verfügbarkeit	schlecht
Teilesituation	sehr schwierig
Unterhaltskosten	hoch

M

Mercedes-Benz definiert mit den Baureihen 201 und 202 die kleine Limousine neu

„190“ – diese Zahlenkombination zierte schon früher den kleinsten Stern aus dem Hause Daimler-Benz. 1982 war das nicht anders, als ein neues Modell mit diesem Namen seine Premiere feierte. Ungewohnt dagegen war der Spitzname „Baby-Benz“, mit dem der 190 schon vorab in der Presse tituliert worden war. Mit ungewohnt kompakten Abmessungen sollte die viertürige Limousine fortan im wachsenden Segment der Mittelklasse neue Kunden gewinnen. Mercedes-Benz ergänzte mit der Baureihe 201 seine über Generationen etablierten Mittel- und Oberklasse-Modelle um eine neue, dritte Pkw-Modellreihe, die ohne direkten Vorgänger war.

Lange war man sich bei Mercedes-Benz nicht sicher gewesen. Kann das funktionieren, ein kleiner Wagen mit Stern? Würden die Kunden ihn akzeptieren? 1976 war der Entschluss im Vorstand schließlich zugunsten des Projektes gefallen. Die zunehmend strengeren Vorschriften des Flottenverbrauchs hatten die Verantwortlichen ebenso zu der neuen, kompakten Baureihe gedrängt wie die immer agilere und zunehmend beliebte Konkurrenz aus Ingolstadt und München. So positionierte sich der 190 direkt gegen Audi 80 und 3er BMW.

Bild: © Daimler AG

Die Größe reduzierte Mercedes-Benz, die Anforderungen an die Sicherheit jedoch blieben.

Überraschend kantig zeigte sich der kleine Benz, dessen Linie unter Design-Chef Bruno Sacco entstanden waren. Pragmatisch, dabei aerodynamisch und nicht ohne verhaltene Eleganz trat der neue 190 auf. Konservative Mercedes-Kunden zeigten sich anfangs dennoch verstört. Zudem schreckten die hohen Preise des 190 neue Interessenten ab, obwohl sie als Gegenleistung aufwändige Technik wie eine Raumlenkerhinterachse und einen hohen Sicherheitsstandard erhielten – Kompromisse kamen für die Stuttgarter auch in der kompakten Klasse nicht in Frage.

Bild: © Daimler AG

Pragmatisch, aerodynamisch und verhalten elegant: Bruno Sacco (1933–2024) entwickelte das Design des 190.

Trotz aller Vorbehalte stellte sich der von der Konzernführung erhoffte (und anfangs von Presse wie Publikum bezweifelte) Absatzerfolg mit den Jahren ein. Die rund 1,8 Millionen Limousinen, die zwischen 1982 und 1993 die Mercedes-Werkshallen in Sindelfingen und Bremen verließen, gaben der einst mutigen Entscheidung recht. Die Werke hatten für die Produktion einen neuen modernen, flexiblen Produktionsverbund gebildet. Mit seinen Absatzzahlen zählt der 190er zu einer der erfolgreichsten Baureihen von Mercedes-Benz – und bot im Laufe seiner Karriere sogar veritablen Sport-Versionen eine geeignete Basis.

Damit hatte der W 201 den Weg für die zweite Auflage bestens vorbereitet. Den Nachfolger nannte Mercedes-Benz W 202; er folgte 1993 und lief bis Anfang 2001 von den Bändern. Der inzwischen etablierten Form und dem Format blieb er treu, bot jedoch in allen Belangen ein Plus: mehr Raum, mehr Sicherheit, mehr Komfort und mehr Extras. Und vor allem folgte 1996 eine Kombi-Variante (S 202), wieder mit der Werksbezeichnung T-Modell. Auch die Palette der sportlichen Derivate baute Mercedes-Benz weiter aus.

Mercedes-Benz 190 E — 1982–1993

Im Doppelpack traten die neuen Baby-Benz auf: Neben dem einfachen 190, der tatsächlich noch einen Vergaser besaß, präsentierte Mercedes-Benz im Dezember 1982 auch den 190 E. Bei ihm übernahm eine neu entwickelte Ausführung der mechanisch-elektronisch geregelten Bosch KE-Jetronic die Gemischaufbereitung – sie wurde hier erstmals bei Mercedes-Benz eingesetzt. Der 2,0 Liter große Vierzylinder zählte zur Motorenfamilie M 102, aus der auch der Antrieb des Modells 200 stammte. Mit 122 PS lieferte er immerhin 13 PS mehr als in der einfachen Vergaser-Variante. Der 190 E entwickelte sich zum Erfolgsmodell: Bis zu den Werksferien 1993 rollten 638.180 Exemplare von den Bändern.

Bild: © Daimler AG

Preise	1	2	3	4	5
190 E, L4t	15.300	7.900	3.600	1.500	800

Motor/Antrieb	
Bauart	Vierzylinder (Reihe)
Lage/Antrieb	Front/Heck
Hubraum in cm^3	1997
PS/min	118/5100 bis 122/5100
Vmax in km/h	190 bis 195
Karosserie	
Bauart	Limousine (4-türig)
Tragstruktur	selbsttragend
Material	Stahlblech
Stückzahl und Marktsituation	
Produktionszahl	638.180
Verfügbarkeit	gut
Teilesituation	sehr gut
Unterhaltskosten	mittel

Mercedes-Benz 190 E 2.3-16 1983-1988

Für die einen war er ein Renner im Rentnerdress, andere verehrten ihn als Sportwagen im Limousinenkleid: Der Mercedes-Benz 190 E 2.3-16 polarisiert noch heute. Dabei hatte der martialisch daher kommende 185-PS-Schwabe Besonderes unter der Haube: einen 2,3-Vierzylindermotor (Typ M102), dem spezielle Kolben, Nockenwellen und eine gehärtete Kurbelwelle besondere Drehzahlfestigkeit verliehen. Und dies gefiel nicht nur der typischen finanzkräftigen Mercedes-Klientel. Gerade ab der Zweiten Hand hieß es für die dynamischen Daimler Vollgas statt Vollwaschprogramm. Auch wenn das Angebot scheinbar gut gewarteter 16-Ventiler noch groß ist, sind solide gepflegte Modelle heute selten geworden. Wer einen sucht, sollte sich beeilen. Günstiger werden sie garantiert nicht mehr.

Bild: © Daimler AG

Preise	1	2	3	4	5
190 E 2.3-16, L4t	56.900	31.700	16.700	7.700	3.400

Motor/Antrieb	
Bauart	Vierzylinder (Reihe)
Lage/Antrieb	Front/Heck
Hubraum in cm³	2299
PS/min	177/5800 bis 185/6200
Vmax in km/h	220 bis 230
Karosserie	
Bauart	Limousine (4-türig)
Tragstruktur	selbsttragend
Material	Stahlblech
Stückzahl und Marktsituation	
Produktionszahl	19.487
Verfügbarkeit	ausreichend
Teilesituation	sehr gut
Unterhaltskosten	mittel

Mercedes-Benz 190 E 2.5-16 Evolution 1989-1989

Mit dem 190 2.5-16 Evolution schuf Mercedes-Benz sich die Basis für den Einstieg in die Deutsche Tourenwagen-Meisterschaft (DTM). Der Motor fiel jedoch für Sporteinsätze deutlich zu langhubig aus und ließ deshalb nicht die gewünschten Drehzahlen zu. So entwickelten die Mercedes-Konstrukteure eine Variante mit kürzerem Hub und größerer Bohrung, während der Hubraum nahezu identisch blieb. Zudem drapierten sie an ihren durchweg bürgerlichen Baby-Benz nun nötige Sport-Accessoires wie Spoiler, einen Heckflügel, Kotflügelverbreiterungen und Schwellerblenden. Üppige 87.204,30 Mark kostete diese 502-mal gebaute Homologationsversion 1989. Eine lange Sonderausstattungsliste trieb die tatsächlich gezahlten Preise jedoch meist noch erheblich nach oben. Hoch gelobt haben Tester damals nicht nur den trotz seiner hohen Leistung überaus kultivierten Motor, sondern auch das stoisch neutrale Kurvenverhalten sowie die üppig dimensionierte Bremsanlage dieses fein austarierten Stuttgarter Sportpakets.

Bild: © Daimler AG

Preise	1	2	3	4	5
190 E Evo I, L4t	185.000	100.000	45.000	16.000	k.N.

Motor/Antrieb	
Bauart	Vierzylinder (Reihe)
Lage/Antrieb	Front/Heck
Hubraum in cm³	2463
PS/min	204/6750, 195/6800
Vmax in km/h	230, 235
Karosserie	
Bauart	Limousine (4-türig)
Tragstruktur	selbsttragend
Material	Stahlblech
Stückzahl und Marktsituation	
Produktionszahl	502
Verfügbarkeit	schlecht
Teilesituation	sehr gut
Unterhaltskosten	mittel

Mercedes-Benz 190 E 2.5-16 EVO II 1990

Auf den Evo I folgte bereits 1990 der Evo II. Er debütierte, wie sein Vorläufer, auf dem Genfer Automobilsalon. Mit 235 PS hatte die zweite Auflage an Leistung nochmals zugelegt. Besonders im Bereich der Motorkühlung waren dafür aufwändige Änderungen nötig gewesen. Leichtere Pleuel und eine auf vier Kurbelgewichte reduzierte und optimierte Kurbelwelle ergänzten gemeinsam mit einem ebenfalls überarbeiteten Ventiltrieb die Maßnahmen zur Leistungssteigerung. Zudem ersetzen Metallkatalysatoren die bisher auf keramischer Basis gefertigten Abgasreiniger. Die ebenfalls angepassten und noch deutlich radikaleren aerodynamischen Anbauteile – besonders eindrucksvoll zeigte sich ein riesiger Heckspoiler – verringerten den Luftwiderstand und erhöhten zugleich den Anpressdruck an Vorder- und Hinterwagen. Wie schon beim Evo I limitierte Mercedes-Benz die Stückzahl auf 502 Exemplare. Auch sie waren wieder ausnahmslos in Blauschwarz-Metallic lackiert.

Bild: © Daimler

Preise	1	2	3	4	5
190 E Evo II, L4t	320.000	185.000	120.000	85.000	k.N.

Motor/Antrieb	
Bauart	Vierzylinder (Reihe)
Lage/Antrieb	Front/Heck
Hubraum in cm³	2463
PS/min	235/7200
Vmax in km/h	250
Karosserie	
Bauart	Limousine (4-türig)
Tragstruktur	selbsttragend
Material	Stahlblech
Stückzahl und Marktsituation	
Produktionszahl	502
Verfügbarkeit	ausreichend
Teilesituation	ausreichend
Unterhaltskosten	mittel

Mercedes-Benz C 180, C 200, C 200 Kompressor, C 220, C 230, C 230 Kompressor, C 240, C 280, C 200 Diesel, C 200 CDI, C 220 Diesel, C 220 CDI, C 250 Diesel, C 250 Turbodiesel (W 202) 1993-2000

Nach neun Jahren Bauzeit hatte der Mercedes-Benz 190 bewiesen: Auch die angestammte Klientel mag die kleine Klasse. Der Nachfolger W 202, nun C-Klasse genannt, führte sich in den Vergleichstests jener Zeit umgehend gut ein: hoher Komfort, gute Fahreigenschaften, funktionale Karosserie, moderne Technik – zum Beispiel mit CAN-Bus. Eine Vielzahl von Motorisierungen, neu definierte Ausstattungslinien und die gewohnt langen Aufpreislisten prägten den Lebenslauf des W 202. Im Juni 1997 erfuhr er eine große Modellpflege und profitierte von vollständig lackierten Stoßfängern, Seitenschwellern, einer Quersicke am unteren Rand der Heckklappe sowie einem geänderten Kühlergrill. Wichtiger war die Einführung des C 220 CDI, des ersten Common-Rail-Diesels der Marke. Knapp 1,63 Millionen Limousinen liefen vom Band.

Bild: © Daimler AG

Preise	1	2	3	4	5
C 180, L4t	k.N.	5.700	3.000	1.300	k.N.
C 280, L4t	k.N.	6.500	3.500	1.500	k.N.

Motor/Antrieb	
Bauart	Vier-, Fünf- u. Sechszylinder (Reihe), V6
Lage/Antrieb	Front/Heck
Hubraum in cm³	1799 bis 2799
PS/min	75/4600 bis 197/5800
Vmax in km/h	160 bis 232
Karosserie	
Bauart	Limousine (4-türig))
Tragstruktur	selbsttragend
Material	Stahlblech
Stückzahl und Marktsituation	
Produktionszahl	k.A.
Verfügbarkeit	sehr gut
Teilesituation	sehr gut
Unterhaltskosten	mittel

Mercedes-Benz C 180, C 200, C 200 Kompressor, C 230, C 230 Kompressor, C 240, C 280, C 200 Diesel, C 200 CDI, C 220 Diesel, C 220 CDI, C 250 Turbodiesel (T-Modelle) (S 202) — 1996-2001

Zwar verzichteten die Stuttgarter beim W 201 aufgrund der Lage seines Benzintanks an der Hinterachse noch auf eine Kombi-Variante, aber das kleine T-Modell sollte mit der neuen C-Klasse kommen: 1996 startete der S 202 als Lifestyle-Kombi mit durchaus hohem Nutzwert. Mit 1510 Liter maximalem Ladevolumen (465 Liter im normalen Betrieb) erreichte das Modell einen guten Wert in der Klasse kompakter Kombis. Mit seiner Robustheit und Langlebigkeit punktete das T-Modell auch im Taxigewerbe. Bis zu einem Drittel der Produktion im Werk Bremen entfiel zeitweise auf die Kombiversionen, allerdings blieb die Summe aller Exemplare doch deutlich hinter der Limousine zurück. Offiziell trugen die Kombimodelle den Buchstaben T übrigens nicht mehr an der Heckklappe.

Bild: © Daimler AG

Preise	1	2	3	4	5
C 180 T, Kom	k.N.	6.200	3.300	1.500	k.N.
C 230 T, Kom	k.N.	6.900	3.700	1.600	k.N.

Motor/Antrieb	
Bauart	Vier-, Fünf- u. Sechszylinder (Reihe), V6
Lage/Antrieb	Front/Heck
Hubraum in cm^3	1799 bis 2799
PS/min	88/5000 bis 197/5800
Vmax in km/h	170 bis 229
Karosserie	
Bauart	Kombi (5-türig)
Tragstruktur	selbsttragend
Material	Stahlblech
Stückzahl und Marktsituation	
Produktionszahl	k.A.
Verfügbarkeit	sehr gut
Teilesituation	sehr gut
Unterhaltskosten	mittel

Mercedes-Benz C 36 AMG, C 43 AMG, C 43 AMG (T-Modell), C 55 AMG (W 202, S 202) — 1993-2000

Auch in Stuttgart hatte man mitbekommen, dass in München die schnellen M-Modelle nicht nur Geld in die Kasse brachten, sondern auch für Reputation sorgten. Im September 1993 zeigte Mercedes-Benz mit dem C 36 AMG einen gut ausgestatteten, 280 PS starken Viertürer, der wegen des hohen Drehmoments von 385 Nm ausschließlich mit Automatik erhältlich war. Vier Jahre später, 1997, folgte der nun von einem 306 PS starken V8 angetriebene C 43 AMG, der bereits serienmäßig über ESP verfügte und auch als T-Modell geordert werden konnte. Eher im Verborgenen hielt Mercedes-Benz die schnellste Variante des W 202: Der C 55 AMG entstand in kleinsten Stückzahlen auf Basis des C 43 AMG – damals übrigens auch als Umbau von Fahrzeugen, die zuvor bereits in Kundenhand unterwegs waren.

Bild: © Daimler AG

Preise	1	2	3	4	5
C 43 AMG, L4t	k.N.	30.800	16.300	7.200	k.N.
C 55 AMG, L4t	k.N.	37.200	19.700	8.700	k.N.

Motor/Antrieb	
Bauart	Sechszylinder (Reihe), V8
Lage/Antrieb	Front/Heck
Hubraum in cm^3	3606, 4266, 5439
PS/min	180/5750 bis 347/5500
Vmax in km/h	250
Karosserie	
Bauart	Limousine (4-türig), Kombi (5-türig)
Tragstruktur	selbsttragend
Material	Stahlblech
Stückzahl und Marktsituation	
Produktionszahl	k.A.
Verfügbarkeit	gut
Teilesituation	sehr gut
Unterhaltskosten	hoch

Mercedes-Benz CLK 200, CLK 200 Kompressor, CLK 230 Kompressor, CLK 320, CLK 430, CLK 55 AMG (C 208) — 1997-2003

Bereits im März 1993 hatte Mercedes-Benz mit einer Coupé-Studie auf dem Genfer Salon für einiges Aufsehen gesorgt. Vier Jahre später – so viel Zeit konnte man sich in den 1990er Jahren noch gönnen – folgte das Serienmodell. Das Coupé nutzte, anders als sein Vorgänger C 124, nicht mehr die Plattform der größeren E-Klasse, sondern die Basis der kompakteren C-Klasse. Auch die Technik stammte vom W 202: Damit bot der CLK 200 einen Einstieg mit dem 136 PS starken Vierzylinder; viel weiter oben im Ranking positionierte sich dagegen der CLK 430 mit seinem üppigen V8. Oft bedauerter Nachteil des neuen Coupé-Konzepts war die nun vorhandene B-Säule, die keine komplette Öffnung der Seitenscheiben mehr ermöglichte. Eine umfangreiche Modellpflege gönnte Mercedes-Benz seiner Coupé-Baureihe 208 im September 1999.

Bild: © Daimler AG

Preise	1	2	3	4	5
CLK 200 Kompressor, Cpe	k.N.	5.000	3.300	1.200	k.N.
CLK 320, Cpe	k.N.	7.400	4.800	1.700	k.N.

Motor/Antrieb	
Bauart	Vierzylinder (Reihe), V6, V8
Lage/Antrieb	Front/Heck
Hubraum in cm^3	1998, 2295, 3199, 4266, 5439
PS/min	136/5500 bis 347/5500
Vmax in km/h	208 bis 250
Karosserie	
Bauart	Coupé
Tragstruktur	selbsttragend
Material	Stahlblech
Stückzahl und Marktsituation	
Produktionszahl	ca. 100.000
Verfügbarkeit	sehr gut
Teilesituation	sehr gut
Unterhaltskosten	hoch

Mercedes-Benz CLK Cabriolet A (A 208) — 1997-2002

Wie ein Zwitter trat das CLK Cabriolet an: Als technische Basis diente ihm die damals aktuelle C-Klasse (W 202), während das Design sich eher an der E-Klasse (W 210) orientierte. Dazu kam, so lässt es sich im Mercedes-Stammbaum lesen, dass es den Platz des bisherigen 124er-Cabrios (A 124) einnehmen sollte. Betont weitgefächert stellte sich die Motorenpalette dar, die vom 2,0-Liter-Vierzylinder im CLK 200 (1998 cm^3) bis zum 5,4 Liter großen V8 im CLK 55 AMG reichte. Serienmäßig bot Mercedes vier Airbags, ABS und ASR an, jedoch noch kein ESP. Dafür ließ sich das Stoffdach ab Werk elektrohydraulisch in 20 Sekunden per Knopfdruck öffnen und zudem schluckte der 390 Liter messende Kofferraum eine Menge Gepäck. Gefertigt hat die Frischluftvariante des CLK übrigens Karmann in Osnabrück für Daimler-Benz. Rost bleibt ein begrenztes Problem, viel häufiger nerven die hakeligen Schaltgetriebe und Elektrik-Macken.

Bild: © Daimler AG

Preise	1	2	3	4	5
CLK 230 Kompressor, Cab	k.N.	8.900	5.800	2.100	k.N.
CLK 430, Cab	k.N.	13.500	8.800	3.100	k.N.

Motor/Antrieb	
Bauart	Vierzylinder (Reihe), V6, V8
Lage/Antrieb	Front/Heck
Hubraum in cm^3	1998, 2295, 3199, 4266
PS/min	136/5500 bis 347/5500
Vmax in km/h	208 bis 250
Karosserie	
Bauart	Cabriolet
Tragstruktur	selbsttragend
Material	Stahlblech
Stückzahl und Marktsituation	
Produktionszahl	k.A.
Verfügbarkeit	sehr gut
Teilesituation	sehr gut
Unterhaltskosten	mittel

M

Masse mit Klasse: Vom 170 V bis zur E-Klasse

Nach 1945 wurde die Mittelklasse zum wichtigsten Standbein des Unternehmens, denn für noble Großlimousinen bestand im verarmten Nachkriegsdeutschland zunächst kaum Bedarf. Die erste Neuentwicklung, der gelungene „Ponton-Mercedes" Typ 180, etablierte sich als erste Wahl der noch kleinen Schicht der Besserverdiener. Die Heckflossen-Modelle der 1960er Jahre fanden bereits enorme Verbreitung, nicht zuletzt dank der zunehmend beliebten Diesel-Versionen. Als Volks-Mercedes etablierte sich die „Strich-Acht"-Baureihe W 114/115 und geriet mit fast zwei Millionen Exemplaren zum bis dahin meistverkauften Automobil der Unternehmensgeschichte. Die Nachfolger W 123 und W 124 setzten die Erfolgsgeschichte fort, ab 1993 unter der prägnanten Modellreihen-Bezeichnung E-Klasse. Bis heute blieb das Konzept unverändert: gediegene Reisewagen der oberen Mittelklasse mit Langzeit-Prestige, wenn auch Technik und Karosserie über die Jahre nicht immer auf höchstem Niveau solide waren.

Die E-Klasse und ihre Vorgänger.

Bild: © Daimler AG

Mercedes-Benz 170 V, 170 D, 170 Va, 170 Da, 170 Vb, 170 Db (W 136) 1946-1953

Bereits 1946 bot Mercedes-Benz den 170 V wieder an, eine praktisch unveränderte Neuauflage des gleichnamigen Vorkriegsmodells (Premiere 1936). Allerdings gab es bis 1947 keine Personenwagen, sondern nur zweisitzige Nutzfahrzeuge mit hölzerner Pritsche im Heck. Eine Nachkriegs-Konstruktion war der Motor des 170 D, der im Mai 1949 ins Programm kam. Im Mai 1950 erschienen die Versionen 170 Va/Da mit mehr Hubraum und Leistung, Fahrwerksverbesserungen und verfeinerter Ausstattung. Hinter dem Kürzel 170 Vb/Db verbargen sich ab Mai 1953 die abermals optimierten Versionen mit breiterer hinterer Spur und vergrößerter Frontscheibe. Zu den raren Derivaten zählen die Kombis, deren Umbau der Mercedes-Benz Händler Lueg in Bochum besorgte, sowie eine Kleinserie von 530 Viertürer-Cabriolets auf 170 Da-Basis, die Mercedes an den Bundesgrenzschutz lieferte.

Bild: © Daimler AG

Preise	1	2	3	4	5
170 V, L4t	38.300	24.300	17.700	9.300	3.700
170 Vb, L4t	34.900	22.400	16.200	8.400	3.600
170 Da, L4t	35.000	22.500	16.200	8.400	3.600
170 Db, L4t	34.300	21.900	15.700	8.300	3.600

Motor/Antrieb	
Bauart	Vierzylinder (Reihe)
Lage/Antrieb	Front/Heck
Hubraum in cm³	1697, 1767
PS/min	38/3200 bis 45/3600
Vmax in km/h	100 bis 116
Karosserie	
Bauart	Lim (4-türig), Cab (4-türig), Kom
Tragstruktur	Rohrrahmen
Material	Stahlblech
Stückzahl und Marktsituation	
Produktionszahl	83.190
Verfügbarkeit	schlecht
Teilesituation	ausreichend
Unterhaltskosten	mittel

Mercedes-Benz 170 S Cabriolet A und B (W 136) 1949-1951

Zwei unerschwingliche Luxusgeschöpfe waren zu ihrer Zeit die Cabriolet-Versionen des 170 S: Die viersitzige Variante, Cabriolet B genannt, kostete 12.850 Mark; das Cabriolet A stand als zweisitzige Sportvariante für 15.850 Mark in den Preislisten – zum gleichen Preis gab es damals drei Opel Olympia oder fünf Lloyd-Kleinwagen. Speziell das Cabriolet A mit seinen spektakulär geschwungenen Linien findet bei heutigen Mercedes-Benz-Enthusiasten größte Zuneigung und befindet sich meist in fester Liebhaber-Hand. Gemeinsam war beiden Modellen die exklusive Ausstattung mit feinstem Leder, edlen Hölzern und dem perfekt verarbeiteten Verdeck, das mit zwei verchromten Sturmstangen zu arretieren war.

Bild: © Daimler AG

Preise	1	2	3	4	5
170 S Cab A, Cab	140.100	92.100	63.800	35.100	16.200
170 S Cab B, Cab	130.700	87.100	60.800	33.300	15.200

Motor/Antrieb	
Bauart	Vierzylinder (Reihe)
Lage/Antrieb	Front/Heck
Hubraum in cm³	1767
PS/min	52/4000
Vmax in km/h	122
Karosserie	
Bauart	Cabriolet
Tragstruktur	Rohrrahmen
Material	Stahlblech
Stückzahl und Marktsituation	
Produktionszahl	Cab A: 1606; Cab B: 830
Verfügbarkeit	gegen null
Teilesituation	ausreichend
Unterhaltskosten	mittel

M

Mercedes-Benz 170 S, 170 S-V, 170 S-D (W 136), 170 Sb, 170 DS (W 191) 1949-1955

Während die ersten deutschen Hersteller zur modernen wie modischen Pontonform übergingen, behielt Mercedes-Benz die konservative Vorkriegs-Linie des 170 bei. Der neue Spitzentyp 170 S wurde im Mai 1949 nur sanft modernisiert: Er erhielt einen stärkeren Motor und eine verbesserte Vorderradaufhängung. Mit dieser Modellpflege sprang der Preis auf 10.100 Mark, was den 170 S zur ersten Wahl der liquiden Nachkriegsoberschicht werden ließ. Im Januar 1952 hob Mercedes-Benz eine weiterentwickelte Version namens 170 Sb ins Programm, zu erkennen an Details wie Lenkradschaltung und Anlasserknopf am Armaturenbrett. Gleichzeitig erschien der 170 DS. Die Baureihen 170 V/D und S/DS verschmolzen 1953 in den neuen Typen 170 S-V und S-D. Es handelte sich um Fahrzeuge mit S-Karosserie und alter V-Technik; wenig geschätzte Billigtypen, die immerhin bis 1955 gebaut wurden.

Bild: © Daimler AG

Preise	1	2	3	4	5
170 S, L4t	47.300	30.100	22.100	11.500	4.900
170 DS, L4t	37.800	24.000	17.500	9.200	3.800
170 S-D, L4t	42.000	27.300	19.500	10.300	4.400

Motor/Antrieb	
Bauart	Vierzylinder (Reihe)
Lage/Antrieb	Front/Heck
Hubraum in cm³	1767
PS/min	40/3200 bis 52/4000
Vmax in km/h	105 bis 122
Karosserie	
Bauart	Lim (4-türig), Kombi (5-türig)
Tragstruktur	Rohrrahmen
Material	Stahlblech
Stückzahl und Marktsituation	
Produktionszahl	39.980, 27.872
Verfügbarkeit	schlecht
Teilesituation	ausreichend
Unterhaltskosten	mittel

Mercedes-Benz 180 (180 a, b, c und 180 D) (W 120) — 1953-1962

Als einer der letzten deutschen Hersteller vollzog Mercedes-Benz den Schritt von der Rahmen-Konstruktion zur selbsttragenden Karosserie, was die Autos leichter und geräumiger machte. Die sogenannten Ponton-Modelle mit dem Three-Box-Design begründeten diese neue Epoche im Juli 1953, sie folgten auf die 170er-Reihe. Das Modell 180 erlebte in seiner neunjährigen Bauzeit eine Fülle von Verbesserungen. Wesentlichstes Merkmal des 180 a (bis Juli 1959) war der neue 65-PS-Motor mit obenliegender Nockenwelle. Der 180 b (bis August 1961) erhielt lediglich einen breiteren Kühler und kleine Detail-Verbesserungen, und der 180 c (bis Oktober 1962) besaß einen Motor mit modifiziertem Ventiltrieb. Der 40 PS starke 180 Diesel kam im Februar 1954 ins Programm, wurde im Juli 1959 zum 180 Db mit breiterem Kühler und erhielt 1961 als 180 Dc einen stärkeren Motor.

Bild: © Daimler AG

Preise	1	2	3	4	5
180, L4t	45.800	28.900	16.500	6.500	3.200
180 b, L4t	42.100	26.700	15.100	6.000	3.000
180 D, L4t	41.700	26.400	15.100	6.000	3.000

Motor/Antrieb	
Bauart	Vierzylinder (Reihe)
Lage/Antrieb	Front/Heck
Hubraum in cm^3	1767, 1897, 1988
PS/min	40/3200 bis 68/4400
Vmax in km/h	112 bis 136
Karosserie	
Bauart	Limousine (4-türig)
Tragstruktur	selbsttragend
Stückzahl und Marktsituation	
Produktionszahl	118.234, 152.983 (180 D)
Verfügbarkeit	ausreichend
Teilesituation	ausreichend
Unterhaltskosten	mittel

Mercedes-Benz 190, 190 D (W 121) — 1956-1961

Die feinere Version der schwäbischen Mittelklasse hieß ab 1956 Mercedes-Benz 190, erkennbar an der Zierleiste unter den Fenstern und der besseren Ausstattung. Die besten Verkaufsargumente waren aber der neue Motor mit obenliegender Nockenwelle und die verbesserten Bremsen. Der Mehrpreis zum 180 hielt sich mit 690 Mark in Grenzen. Auf den 190 folgte 1959 der 190 b mit breitem Kühler und 80 statt 75 PS; im September 1961 endete die Produktion zugunsten der neuen Heckflossen-Baureihe. Seit August 1958 gab es auch eine Diesel-Version mit 50 PS.

Bild: © Daimler AG

Preise	1	2	3	4	5
190, L4t	45.600	28.700	16.400	6.600	3.100
190 D, L4t	40.900	25.700	14.800	5.900	2.900

Motor/Antrieb	
Bauart	Vierzylinder (Reihe)
Lage/Antrieb	Front/Heck
Hubraum in cm^3	1897
PS/min	50/4000 bis 80/4800
Vmax in km/h	126 bis 144
Karosserie	
Bauart	Limousine (4-türig)
Tragstruktur	selbsttragend
Material	Stahlblech
Stückzahl und Marktsituation	
Produktionszahl	89.808, 81.938 (190 D)
Verfügbarkeit	ausreichend
Teilesituation	ausreichend
Unterhaltskosten	mittel

M

Mercedes-Benz 190 c und Dc, 200 und 200 D (W 110) — 1961-1968

Die kleinen Heckflossen-Modelle teilten sich ihre Rohkarosse mit den 220 S-Typen (W 111/2), allerdings trugen sie eine kürzere Motorhaube und entsprechende Kotflügel. Auch das Fahrwerk der Vier- und Sechszylinder-Modelle war identisch. Der 80-PS-Motor des Mercedes-Benz 190 c kam vom Ponton-Vorgänger, während der 190 D mit einem fünf PS stärkeren Selbstzünder-Triebwerk ausgestattet war. Ab August 1962 gab es den 190 c mit Automatik, im Jahr darauf auch den 190 Dc. Gleichzeitig erhielten beide Modelle vordere Scheibenbremsen. Im Juli 1965 kamen die optimierten Modelle 200 und 200 D auf den Markt, erkennbar an neuen, größeren Blinkleuchten unter den vorderen Scheinwerfern und Chromschwingen an den C-Säulen. Der 200 leistete nun 95 PS, das Diesel-Triebwerk blieb unverändert.

Bild: © Daimler AG

Preise	1	2	3	4	5
190 c (W 110), L4t	30.700	19.300	10.900	5.100	2.100
190 Dc (W 110), L4t	30.600	19.300	10.900	5.100	2.100
200 (W 110), L4t	35.200	22.000	12.600	5.800	2.200
200 D (W 110), L4t	32.100	20.300	11.400	5.400	2.200

Motor/Antrieb	
Bauart	Vierzylinder (Reihe)
Lage/Antrieb	Front/Heck
Hubraum in cm^3	1897, 1988
PS/min	55/4200 bis 95/5400
Vmax in km/h	130 bis 160
Karosserie	
Bauart	Limousine (4-türig), Kombi (5-türig)
Tragstruktur	selbsttragend
Material	Stahlblech
Stückzahl und Marktsituation	
Produktionszahl	588.024
Verfügbarkeit	ausreichend
Teilesituation	ausreichend
Unterhaltskosten	mittel

Mercedes-Benz 230 (W 110), 230 S (W 111 IA) — 1965-1968

Mit den Modellen 230 und 230 S füllte Mercedes die Lücke, die sich zwischen dem Heckflossen-200er und den brandneuen S-Modellen der Reihe W 108, die das Marktsegment ab 2,5 Liter Hubraum besetzten, aufgetan hatte. Der Mercedes 230 war im Prinzip ein 200er-Modell mit 105 PS starkem Sechszylindermotor, der 230 S erschien als einfach ausgestatteter 220 b-Nachfolger mit 120-PS-Vergaser-Triebwerk. Beide Modelle kamen im Juli 1965 auf den Markt; der 230 erhielt Mitte 1966 den 120-PS-Motor. Die Preise lagen bei 11.950 und 14.000 Mark. Mit dem 230 S Universal, umgebaut von der belgischen Spezialfirma IMA, kam 1966/67 erstmals ein Kombi ins offizielle Mercedes-Benz-Programm. Das Aus für das 230-Duo folgte im Januar 1968, als die neue „Strich-Acht"-Baureihe auf den Markt kam.

Bild: © Daimler AG

Preise	1	2	3	4	5
230 (W 110), L4t	39.100	24.500	13.900	6.500	2.800
230 S (W 111), L4t	44.400	28.400	15.900	11.100	5.300

Motor/Antrieb	
Bauart	Sechszylinder (Reihe)
Lage/Antrieb	Front/Heck
Hubraum in cm^3	2281
PS/min	105/5200 bis 120/5400
Vmax in km/h	165 bis 175
Karosserie	
Bauart	Lim (4-türig), Kom (5-türig) (230 S)
Tragstruktur	selbsttragend
Material	Stahlblech
Stückzahl und Marktsituation	
Produktionszahl	40.258
Verfügbarkeit	ausreichend
Teilesituation	ausreichend
Unterhaltskosten	mittel

Mercedes-Benz 200 D, 220 D, 240 D, 240 D 3.0 (W 115, „Strich-8") 1967-1976

Hinter dem Kennzeichen D verbergen sich die erfolgreichsten Typen der /8-Baureihe: Alleine der 220 Diesel verkaufte sich über 420.000 Mal! Laufleistungen von über 300.000 Kilometern sind völlig alltäglich – allerdings war die Mechanik wesentlich haltbarer als das Blech: Alle /8-Modelle litten in den ersten vier Baujahren unter massiven Rostproblemen. Zum Debüt der Diesel-Baureihe bot Mercedes-Benz nur die sehr schwach motorisierten Modelle 200 D und 220 D an. Erst 1973 rückte als dritter Diesel der 240 D nach, dessen 65 PS etwas zeitgemäßere Fahrleistungen ermöglichten. Ein Meilenstein der Selbstzünder-Entwicklung war 1974 der 240 D 3.0, dessen Fünfzylinder-Motor unter der Ägide des späteren VW-Chefs Ferdinand Piëch entstanden war. Der 240 D 3.0 war zu seiner Zeit der stärkste und schnellste Diesel-Pkw der Welt und ist heute fast ausgestorben.

Bild: © Daimler AG

Preise	1	2	3	4	5
200 D (1968-1973), L4t	24.800	12.800	8.200	3.500	1.200
240 D (1973-1976), L4t	25.800	13.200	8.700	3.600	1.300
240 D 3,0 (1974-1976), L4t	27.300	14.800	9.400	3.800	1.400

Motor/Antrieb	
Bauart	Vier-/Fünfzylinder (Reihe)
Lage/Antrieb	Front/Heck
Hubraum in cm³	1988, 2197, 2404, 2971
PS/min	55/4200 bis 80/4000
Vmax in km/h	125 bis 149
Karosserie	
Bauart	Limousine (4-türig)
Tragstruktur	selbsttragend
Material	Stahlblech
Stückzahl und Marktsituation	
Produktionszahl	945.206
Verfügbarkeit	gut
Teilesituation	sehr gut
Unterhaltskosten	mittel

Mercedes-Benz 200, 220, 230.4 (W 115), 230.6, 250, 280 E (W 114, „Strich-8") 1967-1976

Es ist kaum zu glauben, aber trotz rund 1,8 Millionen gebauter Exemplare – keine Mercedes-Benz Baureihe war je erfolgreicher – sind exzellente Exemplare dieser Erfolgsbaureihe heute Raritäten. Die Karriere des /8 – das Kürzel dient der Unterscheidung vom Vorgänger und markiert das Premierenjahr – begann mit einer Vorserie im Herbst 1967; die Auslieferung startete im Januar 1968. Anfangs gab es die /8-Benziner als 200 und 220 mit Vierzylinder-Motor sowie als Sechszylinder-Typen 230 und 250. Den 230 gab es ab 1973 auch mit Vierzylinder-Motor (230.4), und der 250er war ab 1969 auch mit 2,8 Litern Hubraum erhältlich. Im April 1972 kamen die 280er-Modelle als Vergaser- und Einspritz-Versionen auf den Markt: Sie erhielten den neu entwickelten Doppelnockenwellen-Motor der S-Klasse. Eine Sonderstellung nehmen heute die sehr raren Langversionen mit drei Sitzreihen ein, die in Kleinserie entstanden.

Bild: © Daimler AG

Preise	1	2	3	4	5
200 (1968-1973), L4t	24.600	12.500	8.100	3.500	1.200
230.6 (1973-1976), L4t	24.800	12.800	8.200	3.500	1.200
280 E (1973-1976), L4t	36.100	19.500	12.000	4.700	1.400

Motor/Antrieb	
Bauart	Vier-/Sechszylinder (Reihe)
Lage/Antrieb	Front/Heck
Hubraum in cm³	1988-2307, 2292-2746
PS/min	85/5000 bis 185/6000
Vmax in km/h	158 bis 200
Karosserie	
Bauart	Limousine (4-türig)
Tragstruktur	selbsttragend
Material	Stahlblech
Stückzahl und Marktsituation	
Produktionszahl	ca. 1,8 Millionen
Verfügbarkeit	gut
Teilesituation	sehr gut
Unterhaltskosten	niedrig

Mercedes-Benz 250 C, 250 CE, 280 C, 280 CE (W 114, „Strich-8") 1968-1976

Den höchsten Sammlerwert aller /8-Modelle erreicht heute die Coupé-Version: Es gab sie nur mit Sechszylinder-Motor und meistens mit großzügiger Sonderausstattung wie Lederpolstern oder Klimaanlage. Mit Preisen bis zu 30.000 Mark war sie im Mercedes-Benz Programm das Bindeglied zwischen Mittel- und Oberklasse. Die ersten Coupé-Exemplare standen im November 1968 beim Händler. Anfangs gab es nur die Modelle 250 C mit 130 PS und CE mit 150 PS – letztere Spielart wurde in der Limousine nicht angeboten. 1972 kamen die Modelle 280 C und CE hinzu. Die meisten Coupés wurden mit Automatikgetriebe ausgeliefert, was ihrem gravitätischen Charakter besser entsprach als die Schaltgetriebe, die unter einer knochigen Führung litten.

Bild: © Daimler AG

Preise	1	2	3	4	5
250 CE (1968-1973), Cpe	39.800	23.500	13.200	6.100	2.100
280 CE (1973-1976), Cpe	43.000	24.900	14.200	6.300	2.200

Motor/Antrieb	
Bauart	Sechszylinder (Reihe)
Lage/Antrieb	Front/Heck
Hubraum in cm³	2496, 2778, 2746
PS/min	130/5000 bis 185/6000
Vmax in km/h	175 bis 200
Karosserie	
Bauart	Coupé
Tragstruktur	selbsttragend
Material	Stahlblech
Stückzahl und Marktsituation	
Produktionszahl	67.048
Verfügbarkeit	ausreichend
Teilesituation	gut
Unterhaltskosten	hoch

M

Mercedes-Benz 200 D, 220 D, 240 D, 300 D (W 123) 1976-1985

Auch in der Diesel-Variante hat sich der W 123 inzwischen einen Stammplatz bei Sammlern erobert, preislich liegen sie nur wenig unter den Benziner-Varianten. Zu den großen Seltenheiten der Youngtimer-Branche zählen W 123-Diesel-Modelle mit Vollausstattung, zu der Lederpolster, Klimaanlage und elektrische Fensterheber zählen. Mit Ausnahme des 220 D, der nur bis 1979 lief, gab es alle Diesel-Modelle über die gesamte Bauzeit der W 123-Reihe. Die Leistung des 200 D wurde 1979 von 55 auf 60 PS erhöht, der 240 D leistete nun 72 statt 65 PS, der 300 D 88 statt 80 PS. Nur für den US-Markt bot Mercedes-Benz ab 1981 eine 300er Turbodiesel-Variante mit 125 PS an. Besonders beliebt waren die Diesel-Modelle als Taxi: Im harten Einsatz galt ihre Langlebigkeit, das Manko der Langsamkeit zählte weniger.

Bild: © Daimler AG

Preise	1	2	3	4	5
200 D (1982-1985), L4t	25.300	13.500	8.300	2.900	1.600
240 D (1982-1985), L4t	24.500	13.100	8.100	2.800	1.600
300 D, L4t	26.500	14.200	8.800	3.100	1.800

Motor/Antrieb	
Bauart	Vier-/Fünfzylinder (Reihe)
Lage/Antrieb	Front/Heck
Hubraum in cm³	1988, 2197, 2404, 3005
PS/min	55/4200 bis 88/4400
Vmax in km/h	125 bis 155
Karosserie	
Bauart	Limousine (4-türig)
Tragstruktur	selbsttragend
Material	Stahlblech
Stückzahl und Marktsituation	
Produktionszahl	1.297.574
Verfügbarkeit	üppig
Teilesituation	sehr gut
Unterhaltskosten	mittel

Mercedes-Benz 200, 230, 230 E, 250, 280, 280 E (W 123) 1976-1985

Für viele Markenkenner ist die Baureihe W 123 der letzte Mercedes-Benz klassischer Machart: nicht so gut wie nötig, sondern so gut wie möglich. Trotz der stattlichen Produktionszahl von 2,6 Millionen Exemplaren hat sich der W 123 als Sammlerstück längst einen Namen gemacht: Sehr gute, originale Exemplare mit geringer Laufleistung sind preislich in den letzten Jahren bereits nach oben geschossen. Die Produktion des W 123 begann im Januar 1976, das Benziner-Programm bestand aus den Modellen 200, 230, 250, 280 und 280 E. Die Motoren, fast alle vom Vorgänger Strich-Acht übernommen, wirkten Ende der 1970er Jahre jedoch nicht mehr zeitgemäß: Unter dem Kürzel M 102 kam eine stärkere, sparsamere Vierzylinder-Generation ins Programm (200, 230 E). 230 und 280 mit Vergasermotor liefen 1981 aus; der 250 blieb ungeliebtes Zwischenmodell.

Bild: © Daimler AG

Preise	1	2	3	4	5
200 (1982-1985), L4t	25.800	13.700	8.500	2.900	1.600
230 E (1982-1985), L4t	26.700	14.200	8.800	3.100	1.700
250 (1982-1985), L4t	23.800	12.700	7.900	2.700	1.500
280 E, L4t	30.400	16.300	10.000	3.500	2.000

Motor/Antrieb	
Bauart	Vier-/Sechszylinder (Reihe)
Lage/Antrieb	Front/Heck
Hubraum in cm³	1988-2299, 2525, 2746
PS/min	94/4800 bis 185/5800
Vmax in km/h	160 bis 200
Karosserie	
Bauart	Limousine (4-türig)
Tragstruktur	selbsttragend
Material	Stahlblech
Stückzahl und Marktsituation	
Produktionszahl	ca. 2,6 Mio.
Verfügbarkeit	üppig
Teilesituation	sehr gut
Unterhaltskosten	mittel

M

Mercedes-Benz 230 C, 230 CE, 280 C, 280 CE (C 123) 1977-1985

Das W 123-Coupé folgte im Stil seinem /8-Vorgänger: Sechszylinder-Motor, im Detail feinere Ausstattung, etwas niedrigeres Dach und voll versenkbare Seitenfenster ohne B-Säule. Weil die W 123 Coupés noch harmonischer wirkten als ihre Vorläufer, war ihnen der entsprechende Markterfolg sicher. Schon früh zählten diese Fahrzeuge zu akzeptierten Youngtimern. Von den Limousinen aus jenen Jahren unterscheiden sie sich im Wesentlichen durch rechteckige Scheinwerfer-Streuscheiben, wie sie ansonsten zunächst nur das Top-Duo 280/280 E besaß, und Wurzelholz-Einlagen auf dem Armaturenbrett. Im Preis von mindestens 25.100 Mark (Stand 1977) war aber auch das deutlich feinere Image inbegriffen. Das galt sogar für die Modelle 300 CD und 300 CDT, US-Versionen mit Selbstzünder-Triebwerk.

Bild: © Daimler AG

Preise	1	2	3	4	5
230 C , Cpe	27.500	14.700	9.100	3.100	1.800
230 CE, Cpe	28.900	15.600	9.600	3.300	1.900
280 C, Cpe	31.500	17.000	10.400	3.600	2.000
280 CE, Cpe	36.600	19.800	12.100	4.200	2.300

Motor/Antrieb	
Bauart	Vier-/Sechszylinder (Reihe)
Lage/Antrieb	Front/Heck
Hubraum in cm³	2299, 2307, 2746
PS/min	109/4800 bis 185/5800
Vmax in km/h	170 bis 200
Karosserie	
Bauart	Coupé
Tragstruktur	selbsttragend
Material	Stahlblech
Stückzahl und Marktsituation	
Produktionszahl	84.375 (ohne Diesel)
Verfügbarkeit	gut
Teilesituation	sehr gut
Unterhaltskosten	mittel

Mercedes-Benz 200 T, 230 T, 230 TE, 240 TD, 250 T, 280 TE, 300 TD 300 TD Turbo (S 123) 1978-1985

Das Kürzel T stand für Touristik und Transport (auch für teuer, wie Fachjournalisten unkten) – dennoch war der erste Serien-Kombi mit Stern vom Start weg ein Markterfolg. Gelobt wurde bei der Premiere im April 1978 seine harmonische Form, das gute Platzangebot und die perfekten Details des Luxus-Lasters. Die T-Modelle waren nicht länger als die W 123-Limousinen, aber etwa 100 Kilogramm schwerer und rund 4000 Mark teurer. Die hydropneumatische Niveauregulierung und breitere Reifen (195/70 statt 175/14) waren im Grundpreis enthalten. Das Kombi-Angebot bestand 1978 aus den Modellen 230 T, 240 TD, 250 T, 280 TE und 300 TD. 1979 kam der 300 TD Turbo mit 125-PS-Diesel ins Programm, 1980 der 200 T.

Bild: © Daimler AG

Preise	1	2	3	4	5
200 T (1982-1985), Kom	32.500	17.500	10.700	3.700	2.100
230 TE (1982-1985), Kom	44.600	23.800	14.700	5.300	2.900
240 TD (1982-1985), Kom	31.300	16.700	10.300	3.600	2.000
280 TE, Kom	44.600	23.800	14.700	5.300	2.900

Motor/Antrieb	
Bauart	Vier-/Sechszylinder (Reihe)
Lage/Antrieb	Front/Heck
Hubraum in cm³	1988-2299, 2525, 2746
PS/min	94/4800 bis 185/5800
Vmax in km/h	160 bis 200
Karosserie	
Bauart	Kombi (5-türig)
Tragstruktur	selbsttragend
Material	Stahlblech
Stückzahl und Marktsituation	
Produktionszahl	1.100.593
Verfügbarkeit	üppig
Teilesituation	sehr gut
Unterhaltskosten	mittel

Mercedes-Benz 200, 200 E, E 200, 220 E, E 220, 230 E, 260 E, 280 E, E 280, 300 E, 300 E 4MATIC, 300 E-24, 300 E-24 AMG, 320 E, E 320 (W 124) — 1984-1997

Der Nachfolger der erfolgreichen W 123-Modelle blieb konservativ auf Linie. Aus zeitgenössischer Sicht hatte jedoch eine nahezu erschütternde Moderne Einzug gehalten, schließlich trug der W 124 eine geglättete, flächige und (bis auf den Grill) nahezu chromfreie Karosserie. Zu Beginn der Bauzeit gab es lediglich vier Varianten mit Benzinmotor, darunter das Einstiegsmodell 200, das bis 1990 noch mit einem einfachen Vergaser auskommen musste. Bereits seit 1988 stattete Daimler-Benz alle W 124 mit ABS aus, vier Jahre später folgten Fahrerairbags. Mit den Jahren wuchs die Palette der Benzinmotoren, ab 1992 kamen die neuen Vierventiler. Der hauseigene Allradantrieb 4MATIC folgte 1987 als Option, 1993 erhielten die W 124-Modelle zur zweiten Modellpflege einen neuen Namen: E-Klasse.

Bild: © Daimler AG

Preise	1	2	3	4	5
200 E Kat (89-92), L4t	17.900	9.400	4.800	2.300	1.200
230 E Kat (85-89), L4t	18.700	9.800	4.900	2.400	1.200
260 E Kat (85-89). L4t	20.600	10.900	5.600	2.800	1.500
300 E-24 Kat (89-92), L4t	29.500	16.000	8.200	4.200	2.100

Motor/Antrieb	
Bauart	Vier-/Fünf-/Sechszyl. (Reihe)
Lage/Antrieb	Front/Heck, 4x4
Hubraum in cm^3	1997 bis 3199
PS/min	109/5200 bis 220/5500
Vmax in km/h	185 bis 237
Karosserie	
Bauart	Limousine (4-türig)
Tragstruktur	selbsttragend
Material	Stahlblech
Stückzahl und Marktsituation	
Produktionszahl	2058777 (alle 124)
Verfügbarkeit	gut
Teilesituation	sehr gut
Unterhaltskosten	mittel

Mercedes-Benz 200 D, E 200 Diesel, 250 D, E 250 Diesel, 250 D Turbo, E 250 Turbodiesel, 300 D, 300 D 4MATIC, 300 D Turbo, 300 D Turbo 4Matic, E 300 Turbodiesel 4MATIC, E 300 Diesel (W 124) — 1984-1997

Als Selbstzünder war die neue Baureihe W 124 in nur drei Varianten gestartet. Dabei war ein gemütvoller, langlebiger, nageliger und sparsamer 2,0-Liter-Vorkammerdiesel, der mit 72 PS und Vierganggetriebe bereits aus dem neuen W 201 bekannt war und zwar mit Leistung geizte, jedoch den alten Mercedes-Tugenden treu blieb. Agiler fiel der 250er aus, insbesondere mit Turboaufladung und 126 PS. Eine Kategorie darüber lag der 3,0 Liter große Sechszylinder-Diesel im 300 D, den es auch als Turbo und sogar mit Allradantrieb gab, was ihn fast so schnell machte wie den 230 E. Erste Diesel mit Vierventiltechnik folgten ab Sommer 1993. Größere Hubräume als 3,0 Liter bot Daimler-Benz in der W 124-Baureihe nicht an.

Bild: © Daimler AG

Preise	1	2	3	4	5
200 D (85-89), L4t	19.500	10.300	5.300	2.600	1.300
250 D (85-89), L4t	21.100	11.200	5.700	2.900	1.400
300 D Turbo (89-93), L4t	21.300	11.200	5.700	2.900	1.500

Motor/Antrieb	
Bauart	Vier-/Fünf-/Sechszyl. (Reihe)
Lage/Antrieb	Front/Heck, 4x4
Hubraum in cm^3	1997 bis 2996
PS/min	72/4600 bis 143/4600
Vmax in km/h	155 bis 202
Karosserie	
Bauart	Limousine (4-türig)
Tragstruktur	selbsttragend
Material	Stahlblech
Stückzahl und Marktsituation	
Produktionszahl	762.323
Verfügbarkeit	gut
Teilesituation	sehr gut
Unterhaltskosten	mittel

Mercedes-Benz 200 T, 200 TE, E 200 T, 220 TE, E 220 T, 230 TE, 280 TE, E 280 T, 300 TE, 300 TE 4MATIC, 300 TE-24, 300 TE-24 AMG, E 36 AMG T, 320 TE, E 320 T; 200 TD, 250 TD, E 250 Diesel T, 250 TD Turbo, 300 TD, E 300 Diesel T, 300 TD Turbo , E 300 Turbodiesel T, E 300 Turbodiesel T 4MATIC (S 124) — 1985-1997

Der W 124 mit Heckklappe hieß wieder T-Modell und verstand sich eher als Spezialfall einer Limousine mit maximalem Raumangebot – und nicht als Handwerkermobil. Das unterstrich der mit Teppich ausgelegte Kofferraum ebenso wie eine erstmals als Option erhältliche elektrische Zuziehhilfe der Heckklappe. Bei den Motorisierungen folgte die S 124 (nicht W 124) genannte Baureihe weitgehend den Limousinen, allerdings fehlte der 260 E sowie der 300 D, der später folgte. Optional waren die S 124-Modelle mit einer dritten Sitzreihe erhältlich.

Bild: © Daimler AG

Preise	1	2	3	4	5
200 TD (89-91), Kom	24.100	13.300	6.700	3.500	1.800
230 TE Kat (89-92), Kom	23.500	12.900	6.500	3.400	1.700
E 320 T (93-96), Kom	37.600	20.700	10.500	5.300	2.700

Motor/Antrieb	
Bauart	Vier-/Fünf-/Sechszyl. (Reihe)
Lage/Antrieb	Front/Heck, 4x4
Hubraum in cm^3	1997 bis 3604
PS/min	72/4600 bis 272/5750
Vmax in km/h	150 bis 240
Karosserie	
Bauart	Kombi (5-türig)
Tragstruktur	selbsttragend
Material	Stahlblech
Stückzahl und Marktsituation	
Produktionszahl	533.686
Verfügbarkeit	gut
Teilesituation	sehr gut
Unterhaltskosten	mittel

M

Mercedes-Benz 400 E, E 420, 500 E, E 500, E 60 AMG (W 124) — 1990-1995

Ab 1990 setzte Daimler-Benz seiner W 124-Baureihe die Krone auf: Dank der freien Kapazitäten des damals strauchelnden Sportwagenherstellers Porsche, entwickelte man das Topmodell nicht nur in enger Kooperation mit den Experten in Zuffenhausen, sondern lieferte an Porsche auch die Rohkarosserie zur Modifikation. Zum Lackieren ging es wieder zurück ins Daimler-Werk nach Sindelfingen, die Technik schraubte wiederum Porsche in Zuffenhausen in die Karossen. Somit waren die Achtzylinder-W 124 enorm aufwändige, teure und bis heute überaus begehrte Manufakturprodukte. Dabei sind die potenten Modelle beide charakteristisch durchaus unterschiedlich: Der 1992 nachgeschobene 400 E (ab 1993: E 420) mit seinem 4,2-Liter-V8 gab sich komfortabler und dezenter als der auch optisch sportiver auftretende 500 E (ab 1993: E 500).

Bild: © Daimler AG

Preise	1	2	3	4	5
500 E, L4t	91.000	54.000	30.000	18.000	9.000
500 E AMG 6.0, L4t	200.000	130.000	72.000	42.000	18.000

Motor/Antrieb	
Bauart	V8
Lage/Antrieb	Front/Heck
Hubraum in cm^3	4196, 4973, 5956
PS/min	279/5700 bis 381/5600
Vmax in km/h	250
Karosserie	
Bauart	Limousine (4-türig)
Tragstruktur	selbsttragend
Material	Stahlblech
Stückzahl und Marktsituation	
Produktionszahl	500 E/E 500: 10.479
Verfügbarkeit	gut
Teilesituation	sehr gut
Unterhaltskosten	hoch

Mercedes-Benz 200 CE, 230 CE, 300 CE, 300 CE-24, E 200, E 220, E 320 Coupé (C 124) 1987-1996

So war es immer: Wenn Mercedes-Benz aus einer Limousine eine Coupé-Version entwickelte, geriet die Kurzversion eleganter und erreichte viel früher Klassiker-Status und entsprechende Preisnotierungen. So auch in der Baureihe 124. Das formal gelungene, ungewohnt sportlich wirkende Coupé C 124 stand erstmals auf dem Genfer Salon 1987. Die Modellpalette umfasste zunächst mit 230 CE und 300 CE nur je einen Vier- und Sechszylinder. Im Folgejahr schöpften die 220 PS des 300 CE-24 mit Vierventiltechnik aus dem Vollen. Die 1993er Modellpflege verjüngte mit dem Plaketten-Kühlergrill die Optik, gleichzeitig wurde die Nomenklatur auf E-Klasse umgestellt. Bereits im Vorjahr wurde die neue Vierventil-Motorengeneration M 111/112 eingeführt.

Bild: © Daimler AG

Preise	1	2	3	4	5
230 CE Kat (87-92), Cpe	22.300	11.900	6.100	3.200	1.600
300 CE-24 Kat (89-92), Cpe	30.900	16.200	8.300	4.100	2.100

Motor/Antrieb	
Bauart	Vier-/Sechszylinder (Reihe)
Lage/Antrieb	Front/Heck
Hubraum in cm³	2199, 2962, 3199
PS/min	136/5100 bis 220/5500
Vmax in km/h	203 bis 235
Karosserie	
Bauart	Coupé
Tragstruktur	selbsttragend
Material	Stahlblech
Stückzahl und Marktsituation	
Produktionszahl	k.A.
Verfügbarkeit	gut
Teilesituation	sehr gut
Unterhaltskosten	mittel

Mercedes-Benz E 200 Cab, E 220 Cab, 300 CE-24 Cab, E 320 Cab, E 3.4 AMG, E 36 AMG Cab (A 124) 1991–1997

Im September 1991 zeigte Mercedes-Benz mit dem 300 CE-24 Cabriolet eine offene Variante der 124er-Baureihe – es war das erste große, viersitzige Cabriolet der Marke seit zwei Jahrzehnten. Entwickelt wurde es auf der Basis des Coupés (C 124), fiel jedoch 230 Kilogramm schwerer aus, ein Tribut an die hohen eigenen Ansprüche an die Karosseriesteifigkeit. Rund 1000 neu konstruierte Teile waren dazu nötig, spezielle Schwingungstilger sollten zudem ein Zittern der offenen Karosserie verhindern, was weitgehend, jedoch nicht perfekt gelang. Dazu kam ein in 0,3 Sekunden ausfahrender Überrollbügel hinter der Rücksitzbank, der so gestaltet war, dass er für die Fondspassagiere auch als Kopfstützen dienen konnte. Typisch schwäbisch auch die Verdeckkonstruktion: 27 Gestänge, 34 Gelenke und rund 43 Kilogramm Gewicht dokumentieren den hohen Aufwand der Konstrukteure.

Bild: © Daimler AG

Preise	1	2	3	4	5
E 200 (W 124), Cab	40.600	21.100	10.600	5.400	2.800
E 220 (W124), Cab	43.800	22.800	11.400	5.800	3.000
E 320 (W124), Cab	47.900	24.800	12.400	6.200	3.200

Motor/Antrieb	
Bauart	Vier- (Reihe), Sechszylinder (Reihe)
Lage/Antrieb	Front/Heck
Hubraum in cm³	1998-3606
PS/min	136/5500 bis 272/5750
Vmax in km/h	195 bis 250
Karosserie	
Bauart	Cabriolet
Tragstruktur	selbsttragend
Material	Stahlblech
Stückzahl und Marktsituation	
Produktionszahl	33.968
Verfügbarkeit	gut
Teilesituation	sehr gut
Unterhaltskosten	mittel

M

Mercedes-Benz E 200, E 200 Kompressor, E 230, E 240, E 280, E 280 4MATIC, E 320, E 320 4MATIC, E 420, E 430, E 430 4MATIC, E 200 Diesel, E 200 CDI, E 220 Diesel, E 220 CDI, E 250 Diesel, E 250 Turbodiesel, E 270 CDI, E 290 Turbodiesel, E 300 Diesel, E 300 Turbodiesel, E 320 CDI (W 210) 1995-2002

Die 1995 vorgestellte Baureihe 210 ersetzte das rund 2,7 Millionen Mal gebaute Erfolgsmodell 124. Der neue Benz für die obere Mittelklasse prägte mit seinen vier runden Scheinwerfern für lange Zeit die Designsprache bei Mercedes-Benz. Erstaunlich in diesem Segment: Der geringe cw-Wert von nur 0,27. Zunächst kam die Limousine (W 210) auf den Markt. Die Ausstattungslinien folgten der Logik der C-Klasse: Classic, Elegance und Avantgarde. 1999 erhielt die E-Klasse ein großes Facelift, leicht zu erkennen am dynamischeren Frontstoßfänger und dem nur noch zum Teil von der Haube eingefassten Kühlergrill. Wichtigster Kritikpunkt heute ist der Rost.

Bild: © Daimler AG

Preise	1	2	3	4	5
E 200 Kompressor (W210), L4t	k.N.	8.100	3.600	2.000	700
E 280 (W210), L4t	k.N.	8.600	3.900	2.100	800
E 430 (W210), L4t	k.N.	9.700	4.400	2.400	900

Motor/Antrieb	
Bauart	Vier- u. Sechszylinder (Reihe), V6, V8
Lage/Antrieb	Front/Heck, 4x4
Hubraum in cm³	1997 bis 4266
PS/min	88/5000 bis 279/5750
Vmax in km/h	177 bis 250
Karosserie	
Bauart	Limousine (4-türig)
Tragstruktur	selbsttragend
Material	Stahlblech
Stückzahl und Marktsituation	
Produktionszahl	k.A.
Verfügbarkeit	sehr gut
Teilesituation	sehr gut
Unterhaltskosten	mittel

STEFAN COMMERTZ (HRSG.)
HERIBERT HOFNER I TOBIAS ZOPOROWSKI
MERCEDES-BENZ
W 124
DER WEG ZUR E-KLASSE
MERCEDES-BENZ W 124
HEEL

EDITION OLDTIMER MARKT
Roland Löwisch
BMW E36
DER KULT-3ER
Geschichte – Technik – Entwicklung
BMW E36 DER KULT-3ER
HEEL

Frank Thomas Dietz
irmscher
50 Jahre Innovation und Style
Die Story
HEEL

Mercedes-Benz E 200 T, E 200 Kompressor T, E 230 T, E 240 T, E 280 T, E 280 4MATIC, E 320 T, E 320 4MATIC T, E 420 T, E 430 T, E 430 4MATIC T, E 200 CDI T, E 250 Diesel T, E 250 Turbodiesel T, E 270 CDI T, E 290 Turbodiesel T, E 300 Turbodiesel T, E 320 CDI T (S 210) 1996-2002

Das intern S 210 genannte T-Modell überzeugte mit einem üppigen Ladevolumen von 600 Litern, bei optimaler Nutzung – also umgeklappter Sitzlehne und entfernten Kissen – lassen sich beinahe zwei Kubikmeter Ladung an Bord nehmen. Das steile Heck und die lange Ladefläche wirkten nicht sonderlich dynamisch, überzeugen jedoch viele Fans noch heute und machen den S 210 zu einem enorm praktikablen Klassiker, den Mercedes-Benz einst mit sehr vielen, jedoch längst nicht allen Motoren kombinierte. Erstaunlich ist, dass der Kombi mit knapp 280.000 gebauten Exemplaren nur auf rund 20 Prozent aller gebauten 124er-Limousinen kam.

Bild: © Daimler AG

Preise	1	2	3	4	5
E 200 T (W210), Kom	k.N.	7.400	3.300	1.800	600
E 240 T, Kom	k.N.	8.300	3.800	2.100	800
E 320 T (W210), Kom	k.N.	10.200	4.600	2.500	900

Motor/Antrieb	
Bauart	Vier-, Fünf- u. Sechszylinder (Reihe), V6
Lage/Antrieb	Front/Heck, 4x4
Hubraum in cm^3	1997 bis 4266
PS/min	88/5000 bis 279/5750
Vmax in km/h	177 bis 250
Karosserie	
Bauart	Kombi (5-türig)
Tragstruktur	selbsttragend
Material	Stahlblech
Stückzahl und Marktsituation	
Produktionszahl	ca. 280.000
Verfügbarkeit	sehr gut
Teilesituation	sehr gut
Unterhaltskosten	mittel

Mercedes-Benz E 36 AMG, E 50 AMG, E 50 AMG T, E 55 AMG, E 55 AMG 4MATIC, E 55 AMG T, E 55 AMG 4MATIC T, E 60 AMG, E 60 AMG T, E 60 AMG 6.3 (W 210, S 210) 1995-2002

AMG kümmerte sich um mehr PS (und eine deutlich gehobene Ausstattung) bei knapp einem Dutzend verschiedener Derivate der Baureihe 210. Den Einstieg bildete der nahbare E 36 AMG mit seinem 3,6 Liter großen Reihensechszylinder, der immerhin 280 PS bei 5750/min lieferte und bei 250 km/h abregelte. Weiter oben markierte eine Palette aus 5,0 bis 6,3 Liter großen V8-Motoren eine breite Spitze. Bis zu 405 PS lieferten die zunehmend nachgefragten Sportmodelle, von denen Mercedes-Benz einige auch als Kombi baute – teure Versionen, die teilweise auf so komplizierte Namen wie E 55 AMG 4MATIC T hören. AMG-Derivate gelten heute als besonders gesucht, wobei die superraren E 60 eine Sonderrolle einnehmen.

Bild: © Daimler AG

Preise	1	2	3	4	5
E 36 AMG (W210), L4t	k.N.	22.000	13.100	6.000	2.000
E 60 AMG (W210), L4t	k.N.	44.000	26.500	11.900	3.900

Motor/Antrieb	
Bauart	Sechszylinder (Reihe), V8
Lage/Antrieb	Front/Heck, 4x4
Hubraum in cm^3	3606 bis 6298
PS/min	280/5750 bis 405/5500
Vmax in km/h	250
Karosserie	
Bauart	Limousine (4-türig), Kombi (5-türig)
Tragstruktur	selbsttragend
Material	Stahlblech
Stückzahl und Marktsituation	
Produktionszahl	k.A.
Verfügbarkeit	ausreichend
Teilesituation	gut
Unterhaltskosten	hoch

Synonym für Spitzenklasse: Die S-Klasse und ihre Vorläufer

Als erste Adresse für hochwertige Luxuslimousinen hatte sich Mercedes-Benz schon vor 1939 längst etabliert. Dieser Ruf verpflichtete die Schwaben, nach dem Neubeginn in den 1950er Jahren dieses Segment wieder zu besetzen – mit Erfolg: Schon bald war Mercedes-Benz erneut erste Wahl in der Premiumklasse. Im wachsenden Wohlstand der jungen Marktwirtschaft wuchs eine finanzstarke Oberschicht von nie gekanntem Umfang heran; analog dazu entwickelte sich der Markterfolg der Mercedes-Wagen mit dem S am Typenschild. Die ersten vier Generationen basierten optisch noch weitgehend auf den jeweiligen Mittelklasse-Modellen, die technischen Delikatessen blieben unterm Blech verborgen. Erst die Reihe W 108/109 wartete ab 1965 mit einer völlig eigenständigen Karosserie auf und schuf damit eine eigene Identität als abgegrenzte Klasse Prestige trächtiger Luxus-Automobile, die Mercedes-Benz bis in die Gegenwart erfolgreich verteidigt. Daher wird der W 108 heute mitunter als erste S-Klasse bezeichnet. Ideell betrachtet mag dies zutreffen, offiziell nicht: Mercedes-Benz führte diesen Begriff erst 1972 für die Baureihe W 116 ein.

Mercedes-Benz 220 (W 187) 1951-1955

Mit dem Kapitän sicherte sich Opel einen festen Platz in der Oberklasse; Mercedes-Benz konterte ab Juli 1951 mit dem Typ 220. Fahrwerk und Karosserie stammten vom 170 S, der Motor dagegen war eine hochmoderne Neuentwicklung mit obenliegender Nockenwelle. Das entsprechende Überholprestige auf den Autobahnen der Aufbau-Epoche stellten Retuschen am Bug sicher: Die Scheinwerfer des 220 waren in die Kotflügel eingelassen. Für damalige Verhältnisse galt die 80-PS-Limousine als temperamentvolles Oberklasse-Automobil; die Beschleunigung von null auf 100 km/h dauerte 21 Sekunden. Während der Motor in immer weiterentwickelter Form noch jahrzehntelang im Mercedes-Benz Programm blieb, war die Karosserieform des 220 schon beim Erscheinen veraltet. Nach vier Jahren kam deshalb im Juni 1954 ein Nachfolger im glattflächigen Ponton-Design.

Preise	1	2	3	4	5
220 (W 187), L4t	50.400	36.300	25.100	13.100	7.000

Motor/Antrieb	
Bauart	Sechszylinder (Reihe)
Lage/Antrieb	Front/Heck
Hubraum in cm^3	2195
PS/min	80/4850
Vmax in km/h	140
Karosserie	
Bauart	Limousine (4-türig)
Tragstruktur	Rohrrahmen
Material	Stahlblech
Stückzahl und Marktsituation	
Produktionszahl	16.154
Verfügbarkeit	schlecht
Teilesituation	ausreichend
Unterhaltskosten	mittel

Mercedes-Benz 220 Cabriolet A, 220 Cabriolet B, 220 Coupé 1951-1955

Analog zum 170 S gab es auch den 220er als viersitziges Cabriolet A und zweisitziges Cabriolet B. In den 1950er Jahren, der anbrechenden Ära der Massenproduktion, wirkten diese beiden Edel-Versionen bereits wie Relikte der 1930er Jahre und sprachen nur einen kleinen Kreis von betuchten Liebhabern an. So haben nicht wenige der 2275 gebauten Cabriolets überlebt und zählen heute zu den hochpreisigen Mercedes Benz-Klassikern. Kaum weniger reizvoll, aber wesentlich seltener ist das 220 Coupé: Zum fulminanten Preis von 20.850 Mark entstanden nur 85 Exemplare. Heute zählen beide zu den gesuchtesten aber auch schwierig zu restaurierenden Mercedes-Benz Klassikern: Der große Handarbeits-Anteil der Fertigung fordert die Kenntnisse des Könners.

Bild: © Daimler AG

Preise	1	2	3	4	5
220 Cab A, Cab	152.500	108.900	82.200	46.000	25.700
220 Cab B, Cab	131.700	94.100	71.200	39.900	21.900
220, Cpe	186.100	126.700	91.100	54.500	28.700

Motor/Antrieb	
Bauart	Sechszylinder (Reihe)
Lage/Antrieb	Front/Heck
Hubraum in cm^3	2195
PS/min	80/4850 bis 85/4800
Vmax in km/h	145
Karosserie	
Bauart	Cabriolet, Coupé
Tragstruktur	Rohrrahmen
Material	Stahlblech
Stückzahl und Marktsituation	
Produktionszahl	Cab A und B: 2275, Cpe: 85
Verfügbarkeit	gegen null
Teilesituation	ausreichend
Unterhaltskosten	mittel

Mercedes-Benz 220 a, 220 S (W 180), 220 SE (W 128), 219 (W 105) Limousine 1954-1959

Im Juni 1954 lieferte Mercedes-Benz die ersten Ponton-220er aus. Sie waren 23 Zentimeter länger als das gedrungen wirkende Vorgänger-Modell, das noch auf dem 170 basierte. Der 220 leistete fünf PS mehr und passte wesentlich besser zum Zeit- und Stilgefühl der 1950er Jahre. Entsprechend gut verkauften sie sich – besonders, nachdem Mercedes-Benz die Modellpalette erweitert hatte. Das Urmodell 220 a lief bis April 1956, zwei Nachfolger beerbten ihn. Der 219 behielt den 85-PS-Motor, besaß aber eine Karosserie mit sparsamerem Chromschmuck und der einfachen Ausstattung des 190. Der 220 S kombinierte 100 PS mit der Ausstattung des 220 a und zusätzlichen Glanzteilen. 1957 wurde die Verdichtung beider Motoren angehoben; sie leisteten nun 90 und 106 PS. Als Topmodell kam 1958 der 220 SE mit Benzineinspritzung und 115 PS.

Bild: © Daimler AG

Preise	1	2	3	4	5
220 a (W 180), L4t	52.700	31.400	16.800	8.500	3.800
220 S (W 180), L4t	56.600	31.900	17.500	8.700	3.900
220 SE (W 128), 4tl	58.300	32.900	18.000	9.000	3.900

Motor/Antrieb	
Bauart	Sechszylinder (Reihe)
Lage/Antrieb	Front/Heck
Hubraum in cm^3	2195
PS/min	85/4800 bis 115/4800
Vmax in km/h	150 bis 160
Karosserie	
Bauart	Limousine (4-türig)
Tragstruktur	selbsttragend
Material	Stahlblech
Stückzahl und Marktsituation	
Produktionszahl	83.190
Verfügbarkeit	ausreichend
Teilesituation	ausreichend
Unterhaltskosten	mittel

Mercedes-Benz 220 S und 220 SE Cabriolet und Coupé (W 128) 1956-1960

In Handarbeit und kleiner Serie entstanden ab 1956 die Edel-Versionen der 220-Ponton-Baureihe. Ihre Verbreitung blieb aber naturgemäß eingeschränkt: 220 S Cabriolet und Coupé waren 9000 Mark teurer als die Limousine! Dabei arbeitete unter ihrem eleganten Blech die unveränderte Technik des Basismodells. Viel verschwenderischer wirkten jedoch die Materialien im Innenraum: Es gab jede gewünschte Holzmaserung auf dem Armaturenbrett, dicke Lederpolster und eine Detailverarbeitung für die Ewigkeit. Die meisten dieser Luxusversionen gingen an kaufkräftige Kunden in Nordamerika, wo Mercedes-Benz und Studebaker damals eine Vertriebsgemeinschaft bildeten. Die Produktion der 220 S Cabriolets und Coupés endete im Oktober 1959; die Einspritzer-Variante blieb bis Ende 1960 im Angebot.

Bild: © Dieter Rebmann/Helga Lade

Preise	1	2	3	4	5
220 S (W 180), Cpe	86.500	67.500	42.300	22.700	10.500
220 SE (W 128), Cpe	90.400	69.200	42.800	21.900	10.400
220 S (W 180), Cab	150.900	108.800	66.900	41.400	19.500
220 SE (W 128), Cab	158.800	112.000	69.600	42.300	19.300

Motor/Antrieb	
Bauart	Sechszylinder (Reihe)
Lage/Antrieb	Front/Heck
Hubraum in cm^3	2195
PS/min	100/4800, 115/4800
Vmax in km/h	160
Karosserie	
Bauart	Cabriolet, Coupé
Tragstruktur	selbsttragend
Stückzahl und Marktsituation	
Produktionszahl	3429 (220 S), 1942 (220 SE), 3290 (Cab), 2081 (Cpe)
Verfügbarkeit	ausreichend
Teilesituation	ausreichend
Unterhaltskosten	hoch

Mercedes-Benz 220 b, 220 Sb, 220 SEb (W 111) — 1959-1965

Konservative Mercedes-Benz Käufer lehnten die Heckflossen-Baureihe anfangs ab – aber in der heutigen Oldtimer-Szene ist sie aus dem gleichen Grund besonders gefragt. Zu den stilistischen Charaktermerkmalen zählten neben den zeitgeistigen Flossen, die Mercedes-Benz – dann doch ganz Schwaben – verschämt „Peilstege" nannte, die markanten Hochkant-Scheinwerfer und der aufrecht stehende Balkentacho im Armaturenbrett. Es gab den einfach ausgestatteten 220 b mit 95 PS, den 220 Sb mit 110 PS und den 220 SEb mit Einspritzung und 120 PS. Zu den sparsamen Modellpflege-Maßnahmen zählte der Übergang auf vordere Scheibenbremsen im April 1962 (220 b: August 1963). Ab August 1962 stand ein Viergang-Automatikgetriebe zur Verfügung, dessen harte Gangwechsel allerdings den Spitznamen „Ruckomatik" prägten.

Bild: © Daimler AG

Preise	1	2	3	4	5
220 b (W 111), L4t	37.200	24.300	14.000	9.900	4.300
220 Sb (W 111), L4t	43.600	28.300	15.700	10.700	4.800
220 SEb (W 111), L4t	44.900	28.700	16.000	11.100	5.300

Motor/Antrieb	
Bauart	Sechszylinder (Reihe)
Lage/Antrieb	Front/Heck
Hubraum in cm^3	2195
PS/min	95/4800, 120/4800
Vmax in km/h	160 bis 172
Karosserie	
Bauart	Limousine (4-türig)
Tragstruktur	selbsttragend
Material	Stahlblech
Stückzahl und Marktsituation	
Produktionszahl	296.896
Verfügbarkeit	ausreichend
Teilesituation	ausreichend
Unterhaltskosten	mittel

Mercedes-Benz 220 SE, 250 SE, 280 SE Coupé und Cabriolet (W 111) — 1961-1971

Ein Klassiker war das elegante Mercedes-Benz-S-Klasse-Coupé schon, als es neu in den Läden stand: Es gehörte zu den elegantesten und kultiviertesten Automobilen seiner Zeit. Als Sammlerstück erreicht speziell das Cabriolet in sehr gutem Zustand das Fünffache seines ehemaligen Neupreises. Während der zehnjährigen Produktionsdauer kamen alle Motoren der damaligen S-Klasse-Limousinen zum Einsatz. Den Anfang machten die Coupés und Cabriolets mit 220 SEb-Triebwerk: Ihre Produktion begann im Februar bzw. September 1961. Ab Oktober 1965 waren die Zweitürer mit dem 250 SE-Motor bestückt; jetzt gab es auch hintere Scheibenbremsen. Von Dezember 1967 bis Mai 1971 war serienmäßig das 280 SE-Aggregat im Programm. Einen Nachfolger fand das Coupé im Mercedes-Benz-Programm nicht, daher blieben viele dieser Wagen lange in erster Hand.

Bild: © Daimler AG

Preise	1	2	3	4	5
220 SE (W 111), Cpe	71.000	46.900	29.000	15.500	8.000
280 SE (W 111), Cpe	88.400	58.200	36.400	19.800	9.900
220 SE (W 111), Cab	148.000	109.000	57.400	27.700	15.800
280 SE (W 111), Cab	217.000	159.000	81.000	39.000	22.000

Motor/Antrieb	
Bauart	Sechszylinder (Reihe)
Lage/Antrieb	Front/Heck
Hubraum in cm^3	2195, 2496, 2778
PS/min	120/4800 bis 160/5500
Vmax in km/h	172 bis 193
Karosserie	
Bauart	Coupé, Cabriolet
Tragstruktur	selbsttragend
Stückzahl und Marktsituation	
Produktionszahl	16.902 (220), 6213 (250), 5187 (280)
Verfügbarkeit	ausreichend
Teilesituation	ausreichend
Unterhaltskosten	hoch

M

Mercedes-Benz 300 SE und 300 SE lang (W 112/3) — 1961-1965

Die Luxusversion der Heckflossen-Reihe sollte den 300er Adenauer-Mercedes-Benz ablösen, brachte es aber niemals auf dessen überragendes Image. Ursache dafür war wohl die wenig prestigeträchtige Einheits-Karosserie: Der 300 SE hob sich nur mit überreichlicher Chrom-Garnierung von den kleineren Typen ab. Vom bisherigen 300 d erbte das neue Topmodell den Sechszylinder-Motor mit 160 PS (ab 1964 mit 170 PS). Ein innovatives Ausstattungsdetail war die serienmäßige Luftfederung, bei der Federbälge aus Gummi die Funktion herkömmlicher Metallfedern übernahmen. Im März 1963 erschien noch der 300 SE lang mit zehn Zentimeter größerem Radstand, blieb aber ohne Bedeutung: Der Mercedes-Benz 600 nahm noch im gleichen Jahr die Position des Spitzenmodells der Stuttgarter Palette ein.

Bild: © Dieter Rebmann/Helga Lade

Preise	1	2	3	4	5
300 SE (W 112), L4t	65.400	43.700	26.500	13.900	6.700

Motor/Antrieb	
Bauart	Sechszylinder (Reihe)
Lage/Antrieb	Front/Heck
Hubraum in cm^3	2996
PS/min	160/5000 bis 170/5400
Vmax in km/h	175 bis 200
Karosserie	
Bauart	Limousine (4-türig)
Tragstruktur	selbsttragend
Material	Stahlblech
Stückzahl und Marktsituation	
Produktionszahl	6748, davon 1546 SEL
Verfügbarkeit	schlecht
Teilesituation	ausreichend
Unterhaltskosten	hoch

Mercedes-Benz 300 SE Coupé und Cabriolet — 1962-1967

Eine Exklusiv-Variante der S-Klasse-Coupés und -Cabriolets schob Mercedes-Benz im Februar 1962 nach – mit Motor, Getriebe und dem luftgefederten Fahrwerk der 300 SE Limousine. Mit einem Grundpreis von 33.350 Mark zählte das Auto zur ersten Garnitur der damaligen Premiumklasse. Der Grundpreis entsprach sieben VW Export-Käfern. 300 SE Coupé und Cabriolet überlebten die gleichnamige Heckflossen-Limousine um zwei Jahre; mit 3127 gebauten Exemplaren sind sie die seltenste Spielart ihrer Modellreihe. Wie bei allen W 111-Modellen erreichen die weniger gesuchten Coupés nur etwa 40 Prozent der Cabriolet-Notierungen; ein 300 SE Coupé in Topzustand ist demnach für unter 75.000 Euro zu haben.

Bild: © Daimler AG

Preise	1	2	3	4	5
300 SE (W 112), Cpe	102.000	67.200	41.700	21.900	11.200
300 SE (W 112), Cab	219.000	161.000	81.000	40.000	20.000

Motor/Antrieb	
Bauart	Sechszylinder (Reihe)
Lage/Antrieb	Front/Heck
Hubraum in cm^3	2996
PS/min	160/5000 bis 170/5400
Vmax in km/h	175 bis 200
Karosserie	
Bauart	Coupé, Cabriolet
Tragstruktur	selbsttragend
Material	Stahlblech
Stückzahl und Marktsituation	
Produktionszahl	3127
Verfügbarkeit	gegen null
Teilesituation	ausreichend
Unterhaltskosten	hoch

Mercedes-Benz 250 S, 250 SE, 280 S, 280 SE, 280 SE 3.5, 300 SEb (W 108) 1965-1972

Mit diesen S-Modellen landete Mercedes-Benz einen spontanen Verkaufserfolg, obwohl Kinderkrankheiten ihren Ruf verdunkelten. Die 2,5-Liter-Motoren machten Probleme: Sie waren nicht vollgasfest und neigten zu hohem Ölverbrauch. Mercedes-Benz bekam dieses Problem erst mit den überarbeiteten Motoren des 280 S und 280 SE in den Griff. Die Produktion der 250-Modelle begann im Juli 1965 und endete im März 1969; die 280er starteten im November 1967 und liefen bis September 1972. Daneben gab es von 1965 bis 1967 noch den 300 SE mit dem bekannten 170-PS-Motor, aber ohne Luftfederung. Im März 1971 kam noch der 280 SE 3.5 mit dem neuen V8-Motor auf dem Markt. Eine 4,5-Liter-Version gab es nur für Amerika.

Bild: © Alltagsklassiker

Preise	1	2	3	4	5
250 SE (W 108), L4t	30.900	20.400	12.700	6.800	3.100
280 SE (W 108), L4t	33.500	22.000	13.800	7.300	3.500
280 SE 3,5, L4t	47.900	30.100	16.000	8.300	4.400
300 SEb (W 108), L4t	50.600	31.800	16.700	8.700	4.600

Motor/Antrieb	
Bauart	Sechszylinder (Reihe), V8
Lage/Antrieb	Front/Heck
Hubraum in cm³	2496, 2778, 2996, 3499
PS/min	130/5400 bis 200/5800
Vmax in km/h	177 bis 210
Karosserie	
Bauart	Limousine (4-türig)
Tragstruktur	selbsttragend
Stückzahl und Marktsituation	
Produktionszahl	129.858 (250), 184.986 (280), 11.309 (3,5), 2737 (300)
Verfügbarkeit	ausreichend
Teilesituation	ausreichend
Unterhaltskosten	hoch

Mercedes-Benz 280 SEL, 280 SEL 3.5 (W 108), 300 SEL, 300 SEL 3.5, 300 SEL 6.3 (W 109) 1966-1972

Während der gesamten Bauzeit der W 108-Reihe waren die Mercedes-Benz-typischen Langversionen im Angebot. Sie erhielten das Modell-Kürzel W 109 und einen zehn Zentimeter längeren Radstand. Den Anfang machte ab März 1966 der 300 SEL mit Luftfederung – er war 6500 Mark teurer als der gleich starke 300 SE. Die Produktion endete im Dezember 1967. Als Nachfolger kamen die Typen 280 SEL (160 PS, Schraubenfedern) und 300 SEL (170 PS, Luftfederung) ins Programm. Den 300 SEL gab es nur bis Anfang 1970; ihn löste der ebenfalls luftgefederte 300 SEL 3.5 mit V8-Motor ab. Im März 1971 kam auch das Ende des 280 SEL, für ihn erschien der 280 SEL 3.5. Zum Kult-Automobil wurde der 300 SEL 6.3: Ihn schob der V8-Motor des Mercedes-Benz 600 zu sensationellen Fahrleistungen an. Er war einmal die schnellste Serien-Limousine der Welt!

Bild: © Archiv HEEL Verlag

Preise	1	2	3	4	5
280 SEL 3,5, L4t	50.200	31.300	16.800	8.900	4.500
300 SEL 3,5, L4t	55.300	34.500	19.500	10.300	5.700
300 SEL 6,3, L4t	91.900	66.100	31.500	16.600	9.000

Motor/Antrieb	
Bauart	Sechszylinder (Reihe), V8
Lage/Antrieb	Front/Heck
Hubraum in cm³	2778, 2996, 3499, 6330
PS/min	160/5500 bis 250/4000
Vmax in km/h	185 bis 221
Karosserie	
Bauart	Limousine (4-türig)
Tragstruktur	selbsttragend
Material	Stahlblech
Stückzahl und Marktsituation	
Produktionszahl	27.829 (+ 10.726 SEL 4.5)
Verfügbarkeit	schlecht
Teilesituation	ausreichend
Unterhaltskosten	hoch

Mercedes-Benz 280 SE 3.5 Coupé und Cabriolet (W 111) 1969-1971

Einen glanzvollen Endpunkt fand die Ära der viersitzigen S-Klasse-Coupés und Cabriolets mit dem neu entwickelten V8-Motor, der ab 1971 auch den neuen SL der Baureihe 107 antrieb. Sein dunkel brummelndes Laufgeräusch erinnerte an amerikanische Spitzen-Automobile – und tatsächlich waren die USA damals der Hauptabsatzmarkt der großen Mercedes-Benz Modelle. Einige wenige Exemplare der 200-PS-Wagen wurden übrigens nicht mit der üblichen Viergang-Automatik ausgeliefert, sondern mit Schaltgetriebe. Diese typisch europäische Konfiguration ermöglichte Fahrleistungen auf Porsche-911-Niveau und gehört heute zu den ganz raren Funden der Mercedes-Benz-Szene. Wie alle Cabriolets der Baureihe W 111 erfreut sich der 280 SE 3.5 einer deutlich ansteigenden Preiskurve.

Bild: © Daimler AG

Preise	1	2	3	4	5
280 SE 3,5, Cpe	151.000	112.000	66.500	28.500	11.400
280 SE 3,5, Cab	410.000	300.000	160.000	78.000	46.000

Motor/Antrieb	
Bauart	V8
Lage/Antrieb	Front/Heck
Hubraum in cm³	3499
PS/min	200/5800
Vmax in km/h	210
Karosserie	
Bauart	Coupé, Cabriolet
Tragstruktur	selbsttragend
Material	Stahlblech
Stückzahl und Marktsituation	
Produktionszahl	4502
Verfügbarkeit	ausreichend
Teilesituation	gut
Unterhaltskosten	hoch

Mercedes-Benz 280 S, 280 SE, 280 SEL, 350 SE, 450 SE, 450 SEL (W 116) — 1972-1980

Als erstes Oberklassen-Automobil durfte sich die S-Klasse mit dem Prädikat „Auto des Jahres" schmücken. Viele Tester jener Zeit gingen noch etwas weiter und nannten den Mercedes-Benz mit dem Kürzel W 116 schlicht „Das beste Auto der Welt". Dabei bot er bei seiner Premiere im September 1972 keine Epoche machenden Neuerungen, sondern beeindruckte mit seiner besonderen Souveränität und Ausgewogenheit, die kein Mitbewerber erreichte. Analog zum Vorgänger-Modell gab es den W 116 anfangs als 280 S, 280 SE und 350 SE. Der 450 SE kam im März 1973 auf den Markt, gleichzeitig debütierte der 450 SEL mit zehn Zentimeter längerem Radstand. Ab 1974 gab es ihn auch mit dem 280er-Motor. Zur umfangreichen Liste von Sonderausstattungen zählte ab 1979, also kurz vor Serienende, auch das neu entwickelte ABS.

Bild: © Daimler AG

Preise	1	2	3	4	5
280 S , L4t	23.900	13.800	8.400	3.300	1.300
280 SEL, L4t	27.700	15.900	9.800	3.900	1.600
350 SE, L4t	28.600	16.400	10.000	4.000	1.700
450 SE, L4t	32.600	18.800	11.600	4.700	2.000

Motor/Antrieb	
Bauart	Sechszylinder (Reihe), V8
Lage/Antrieb	Front/Heck
Hubraum in cm^3	2746, 3499, 4520
PS/min	156/5000 bis 225/5000
Vmax in km/h	190 bis 210
Karosserie	
Bauart	Limousine (4-türig)
Tragstruktur	selbsttragend
Material	Stahlblech
Stückzahl und Marktsituation	
Produktionszahl	437.021
Verfügbarkeit	üppig
Teilesituation	sehr gut
Unterhaltskosten	hoch

Mercedes-Benz 450 SEL 6.9 (W 116) — 1975-1980

Nie mehr danach bot Mercedes-Benz ein Auto mit so üppigem Hubraum und derart gewaltigem Drehmoment an: Die teuerste S-Klasse der 1970er Jahre kam mit 6,9-Liter-Motor auf den Markt und stemmte ein maximales Drehmoment von 560 Newtonmetern. Zur Serienausstattung des 450 SEL 6.9 zählten eine neu entwickelte, hydropneumatische Federung, ein Sperrdifferenzial, der verlängerte Radstand und eine Klimaanlage. Der 6.9 erreichte die 100 km/h-Markierung in nur acht Sekunden und zeigte sich dem damaligen Porsche 911 ebenbürtig. Nicht wenige der 7380 gebauten Exemplare haben überlebt: Weil der 6.9 keinen Nachfolger fand, wurde er schon früh zum Liebhaberobjekt und bringt es auf stabile Preisnotierungen, zumal inzwischen viele Exemplare das steuermindernde H-Kennzeichen erlangt haben.

Bild: © Daimler AG

Preise	1	2	3	4	5
450 SEL 6,9, L4t	81.200	46.900	29.000	13.100	5.000

Motor/Antrieb	
Bauart	V8
Lage/Antrieb	Front/Heck
Hubraum in cm^3	6834
PS/min	286/4250
Vmax in km/h	225
Karosserie	
Bauart	Limousine (4-türig)
Tragstruktur	selbsttragend
Material	Stahlblech
Stückzahl und Marktsituation	
Produktionszahl	7380
Verfügbarkeit	ausreichend
Teilesituation	sehr gut
Unterhaltskosten	hoch

M

Mercedes-Benz 260 SE, 280 S/SE/SEL, 300 SE/SEL, 380 SE/SEL, 420 SE/SEL, 500 SE/SEL, 560 SE/SEL (W 126) — 1980-1991

Auf der IAA 1979 präsentierte Mercedes-Benz die S-Klasse der 1980er Jahre: weniger wuchtig gestylt als die Vorgänger-Modelle, leichter, sparsamer und kraftvoller. Mit ihrer eleganten, zeitlosen Linienführung marschiert sie sicher in Richtung Klassiker. Die Baureihe W 126 war ein triumphaler Erfolg; sie hielt sich bis 1991 im Modellprogramm. Sie bietet samtige Laufkultur und eine Verarbeitung für die Ewigkeit, zudem als V8-Versionen souveräne Fahrleistungen und oft eine umfangreiche Ausstattung, zu der neben Luxus-Features wie Klimaanlage und Lederpolstern oft bereits ABS und Airbag zählen. Doch solche Fahrzeuge, noch dazu in gutem Pflegezustand, sind längst selten. Weniger gefragt sind sparsam ausgestattete Sechszylinder aus der Produktion bis Herbst 1985. Sie besitzen zudem noch keinen serienmäßen Katalysator.

Bild: © Daimler AG

Preise	1	2	3	4	5
280 SE (1979-1985) , L4t	22.500	13.400	8.300	3.700	2.000
300 SE Kat (1987-1991), L4t	26.500	15.700	9.300	4.400	2.300
500 SEL (1981-1985), L4t	32.000	19.200	11.500	4.500	2.200
560 SEL Kat (1987-1992), L4t	42.700	25.600	16.300	6.400	3.300

Motor/Antrieb	
Bauart	Sechszylinder (Reihe), V8
Lage/Antrieb	Front/Heck
Hubraum in cm^3	2599-5547
PS/min	156/5500 bis 299/5200
Vmax in km/h	200 bis 225
Karosserie	
Bauart	Limousine (4-türig)
Tragstruktur	selbsttragend
Material	Stahlblech
Stückzahl und Marktsituation	
Produktionszahl	ca. 350.000
Verfügbarkeit	gut
Teilesituation	sehr gut
Unterhaltskosten	hoch

Mercedes-Benz 380 SEC, 420 SEC, 500 SEC, 560 SEC (C 126) — 1981-1991

Zu den Sammlerstücken der nahen Zukunft zählt sicher das S-Klasse-Coupé der 1980er Jahre. Es knüpfte optisch wie mit seiner Markt-Positionierung an die Mercedes-Benz Tradition der 1950er- und 1960er Jahre an und verteidigte über zehn Jahre seine gar nicht so kleine Marktnische. Das Debüt fand im Herbst 1981 auf der IAA statt: Dort stand das Duo 380 SEC und 500 SEC. Die Preise begannen bei rund 65.000 Mark; sie erreichten 1991, gegen Ende der Bauzeit, die 180.000 Mark-Grenze für den 560 SEC mit allen Extras. Dieses Spitzenmodell hatte Mercedes-Benz 1985 nachgeschoben, gleichzeitig wurde der 380 durch den 420 SEC ersetzt. Ihre besondere Eleganz, die souveränen Fahreigenschaften und die hervorragende Verarbeitung sicherten dem SEC bis zuletzt eine ausgezeichnete Nachfrage. Gute Exemplare sind – auch ohne G-Kat, den es ab 1985 gab – nicht ganz billig.

Bild: © Daimler AG

Preise	1	2	3	4	5
420 SEC Kat, Cpe	36.000	22.500	13.800	5.300	3.000
500 SEC (1981-1985), Cpe	36.600	22.700	13.800	5.400	3.000
560 SEC Kat (1987-1991), Cpe	56.100	33.500	20.700	8.200	4.300

Motor/Antrieb	
Bauart	V8
Lage/Antrieb	Front/Heck
Hubraum in cm^3	3818-5547
PS/min	218/5500 bis 300/5200
Vmax in km/h	210 bis 245
Karosserie	
Bauart	Coupé
Tragstruktur	selbsttragend
Material	Stahlblech
Stückzahl und Marktsituation	
Produktionszahl	71.204
Verfügbarkeit	gut
Teilesituation	sehr gut
Unterhaltskosten	hoch

Mercedes-Benz 300 SD, 300 SE 2.8, 300 SEL, 400 SE/SEL, 500 SE/SEL, 600 SE/SEL; S 350 Turbodiesel, S 320 lang, S 280, S 420 /lang, S 500 /lang, S 600 /lang (Baureihe W 140) — 1991–1998

Dem einen galt sie als Symbol für rollende Umweltzerstörung, andere sahen in ihr eine monströse Kriegserklärung an den übrigen Straßenverkehr. Dabei sticht die üppigste schwäbische Nachkriegslimousine mit Vorzügen heraus, die sie heute einmalig macht. Erstmals fand in dieser Baureihe ein V12-Motor Einzug unter die Haube einer S-Klasse. Zudem loben Mercedes-Fans Verarbeitung und Zuverlässigkeit. Dies mag auch der Grund sein, weshalb das dicke S-Modell heute fast verschwunden ist: Viele W 140 gingen als Gebrauchtwagen in den Export. Wer sich heute für ein gutes Exemplar interessiert, muss bereits Geduld aufbringen.

Bild: © Daimler AG

Preise	1	2	3	4	5
400 SEL (140), L4t	25.400	16.000	7.400	3.800	k.N.
500 SE (140), L4t	28.200	17.600	8.200	4.400	k.N.
600 SE (140), L4t	36.700	22.800	10.400	6.100	k.N.

Motor/Antrieb	
Bauart	Sechszylinder (Reihe), V8, V12
Lage/Antrieb	Front/Heck
Hubraum in cm³	2799 bis 5987
PS/min	150/4000 bis 408/5200
Vmax in km/h	185 bis 250
Karosserie	
Bauart	Limousine (4-türig)
Tragstruktur	selbsttragend
Material	Stahlblech
Stückzahl und Marktsituation	
Produktionszahl	406.532
Verfügbarkeit	sehr gut
Teilesituation	sehr gut
Unterhaltskosten	hoch

Mercedes-Benz 500 SEC, 600 SEC; S 420 Coupé, S 500 Coupé, S 600 Coupé; CL 420, CL 500, CL 600 (Baureihe C 140) — 1992–1998

Populär waren andere. Das große S-Klasse-Coupé, interner Code C 140, hatte es schon während seiner Bauzeit nicht einfach: Zu monumental empfanden viele Coupé-Freunde den mächtigen schwäbischen Luxusliner aus der Feder von Bruno Sacco, der wegen seines bräsigen Blicks bald den Spitznamen „Mörderbiene" weg hatte. Wie seine Limousinen-Schwester W 140 stand auch das massive Reisecoupé in der Kritik des Zeitgeists der 1990er Jahre. Dabei war der Zweitürer aus Stuttgart formal durchaus stimmig: Er vereinte die solide und technisch ambitionierte Auslegung des W 140 mit dem Flair echter Exklusivität. Künftige Wertstabilität dürfte die Seltenheit des vollschlanken Coupés versprechen, schließlich wurden vom C 140 nur 26.022 Exemplare gebaut.

Bild: © Daimler AG

Preise	1	2	3	4	5
S 500 C (C140), Cpe	37.300	24.300	11.000	6.100	k.N.
S 600 Coupe (C140), Cpe	43.800	27.600	12.900	6.700	k.N.
CL 600, Cpe	45.700	28.700	13.400	7.000	k.N.

Motor/Antrieb	
Bauart	V8, V12
Lage/Antrieb	Front/Heck
Hubraum in cm³	4196 bis 5987
PS/min	279/5700 bis 394/5200
Vmax in km/h	250
Karosserie	
Bauart	Coupé
Tragstruktur	selbsttragend
Material	Stahlblech
Stückzahl und Marktsituation	
Produktionszahl	26.022
Verfügbarkeit	sehr gut
Teilesituation	sehr gut
Unterhaltskosten	hoch

Superior-Klasse: Die Modelle 300 und 600

Die Zeit der Kaiserwagen war vorbei. In den 1950er Jahren fragte niemand nach ultimativen Spitzenlimousinen nach Art des 770. Oder doch? Die Kapitäne des Wirtschaftswunders und ihre Regierung brauchten schließlich einen angemessenen Repräsentationswagen. Mit dem Typ 300 schuf Mercedes-Benz Fakten. Und die Zielgruppen griffen zu: Industriebosse ließen sich im 300 chauffieren, der Dienstwagen des Bundeskanzlers verlieh dem 300er gar seinen landläufigen Namen: Adenauer-Mercedes. Zum Gegenwert von neun Volkswagen bot er zu seiner Zeit das Optimum an automobilem Komfort und Prestige. Noch höher hinaus gelangte ab 1963 der Mercedes-Benz 600. Er knüpfte direkt an die Tradition der Kaiserwagen an und galt – gemäß seinem Lastenheft – als bestes Auto der Welt. Mit den in Handarbeit gefertigten 600ern konnten die Schwaben zwar kein Geld verdienen, aber ihre Aufgabe als Technologie- und Imageträger erfüllten sie par excellence. Der 600 ist bis heute Inbegriff der deutschen Staatskarosse, aber auch in aller Welt fuhren Regierungschefs im 600, ebenso Popstars – und selbst Päpste.

Bild: © Daimler AG

Mercedes-Benz 300 (300, 300 b, 300 c (W 186), 300 d (W 189) — 1951-1957

Zusammen mit dem neuen 220 stand der Spitzentyp 300 auf der IAA 1951. Er war bei seinem Fertigungsbeginn im November 1951 der schnellste und stärkste Serienwagen Deutschlands. Als „Adenauer-Mercedes" ging er in die Geschichte ein, weil ihn der erste deutsche Bundeskanzler zu seinem Dienstwagen auserkoren hatte. Mercedes-Kenner unterscheiden drei Baureihen, die sich eine fast unveränderte Karosserie teilen: Den Ur-Typ 300 gab es bis März 1954; der 300 b wartete mit höherer Leistung (125 statt 115 PS) und verbesserten Bremsen auf. Der 300 c erschien im September 1955 mit manuellem Viergang-Getriebe oder Automatik. Ab Juli 1956 gab es auf Wunsch eine Version mit längerem Radstand und Trennscheibe; zum gleichen Zeitpunkt endete die Fertigung des viertürigen 300 Cabriolet D – der große Buchstabe D steht dabei für die Version des Cabriolets.

Bild: © Daimler AG

Preise	1	2	3	4	5
300 a, L4t	88.500	58.400	36.700	21.100	12.500
300 b/c, L4t	95.000	63.100	39.600	23.000	14.400
300 a Cabrio D, Cab	203.000	148.000	118.000	68.000	44.000
300 b Cabrio D, Cab	212.000	155.000	121.000	71.000	47.000

Motor/Antrieb	
Bauart	Sechszylinder (Reihe)
Lage/Antrieb	Front/Heck
Hubraum in cm³	2996
PS/min	115/4600 bis 125/4500
Vmax in km/h	155 bis 163
Karosserie	
Bauart	Limousine (4-türig), Cabriolet (4-türig)
Tragstruktur	Rohrrahmen
Material	Stahlblech
Stückzahl und Marktsituation	
Produktionszahl	7646, 642 (Cabriolet)
Verfügbarkeit	schlecht
Teilesituation	ausreichend
Unterhaltskosten	hoch

Mercedes-Benz 300 S, 300 Sc (W 188) — 1951-1958

Der 300 S war das teuerste deutsche Automobil seiner Zeit. Unverkennbar knüpfte er an das Image der Vorkriegsentwicklungen an. Mindestens 34.500 Mark kostete das Mercedes-Benz Topmodell, damals der Gegenwert eines Einfamilienhauses – es ist daher kaum verwunderlich, dass sich in sieben Jahren nur 760 Käufer fanden. Die geringe Stückzahl teilte sich in zwei Baureihen und drei Karosserie-Varianten auf: Bis August 1955 bot Mercedes-Benz den 300 S mit 150-PS-Vergasermotor an, danach gab es den 300 Sc mit üppigeren Chromverzierungen und 175-PS-Einspritzmotor. Die Käufer wählten bis zum Serienende im April 1958 zwischen dem Coupé, dem Cabriolet A und dem Roadster mit weniger aufwändigem, voll versenkbarem Verdeck. Zuletzt ließ die Nachfrage nach; heute zählen die 300 S-Modelle zu den begehrenswertesten Klassikern mit dem Stern am Bug.

Bild: © Daimler AG

Preise	1	2	3	4	5
300 S, Cpe	340.000	250.000	200.000	125.000	75.000
300 S, Cab	470.000	370.000	280.000	200.000	110.000
300 S, Rds	570.000	460.000	360.000	260.000	150.000

Motor/Antrieb	
Bauart	Sechszylinder (Reihe)
Lage/Antrieb	Front/Heck
Hubraum in cm³	2996
PS/min	150/5000 bis 175/5400
Vmax in km/h	175 bis 185
Karosserie	
Bauart	Cabriolet, Coupé, Roadster
Tragstruktur	Rohrrahmen
Material	Stahlblech
Stückzahl und Marktsituation	
Produktionszahl	760
Verfügbarkeit	gegen null
Teilesituation	ausreichend
Unterhaltskosten	hoch

Mercedes-Benz 300 d (W 189) — 1957-1962

Nach sechs Jahren wurde der Mercedes-Benz 300 umfassend modifiziert, speziell auch im Hinblick auf den US-Markt, den die Stuttgarter Marke seit 1955 bediente. Es gab offiziell nur die Limousine mit längerem Radstand; der Motor erhielt eine mechanische Bosch-Einspritzung, war höher verdichtet und leistete 160 PS. Die Dreigang-Automatik zählte zur Serienausstattung, während die manuelle Viergang-Schaltung nur auf Wunsch zu haben war. Gleiches galt für die Cabriolet-Version: Sie fand sich nicht auf den Preislisten, konnte aber – zum Preis von 35.500 Mark – geliefert werden: 65 Exemplare verließen das Werk. Etwas modischer gerieten die Karosserielinien des überarbeiteten 300: Das Heck war weniger rundlich, die hinteren Kotflügel liefen in angedeuteten Flossen aus. Zudem waren die Fensterflächen größer geworden.

Bild: © Daimler AG

Preise	1	2	3	4	5
300 d, L4t	110.000	72.300	45.600	26.200	16.500
300 d Cab D, Cab	350.000	260.000	160.000	84.000	53.000

Motor/Antrieb	
Bauart	Sechszylinder (Reihe)
Lage/Antrieb	Front/Heck
Hubraum in cm³	2996
PS/min	160/5300
Vmax in km/h	165 bis 170
Karosserie	
Bauart	Limousine (4-türig), Cabriolet (4-türig)
Tragstruktur	Rohrrahmen
Material	Stahlblech
Stückzahl und Marktsituation	
Produktionszahl	3077, Cabriolet 65
Verfügbarkeit	schlecht
Teilesituation	ausreichend
Unterhaltskosten	hoch

M

Mercedes-Benz 600 (W 100) — 1964-1981

Das technisch Machbare bildete für Mercedes-Benz schon immer die interessanteste Herausforderung. Erstmalig nach dem Krieg stellten sich die Stuttgarter bei der Entwicklung des Mercedes 600 wieder dieser Aufgabe. Das Entwicklungsziel war knapp formuliert: Das beste Auto der Welt sollte er werden. Auf der IAA 1963 stand er dann, ein 5,45 Meter langer Technologieträger voller Komfortextras, mit 6,3-Liter-V8-Triebwerk und Luftfederung. Zur gravitätischen Form des 600 kamen die Fahrleistungen eines Sportwagens: Aus dem Stand war in zehn Sekunden die 100-km/h-Marke erreicht. Speziell die Pullman-Version – Länge 6,24 Meter – avancierte nach Auslieferungsbeginn im September 1964 zum bevorzugten Automobil unzähliger Regierungschefs und Prominenter. Sie bekamen von Mercedes-Benz jeden Sonderwunsch erfüllt, laut Prospekt auch rosa Teppiche zu grasgrünem Lack. Erst im Juni 1981 rollte der letzte neue 600 aus der Manufaktur – und direkt ins Museum.

Bild: © Daimler AG

Preise	1	2	3	4	5
600, L4t	195.000	121.000	88.000	54.000	25.000
600 Pullmann, Plm	510.000	300.000	170.000	84.000	50.000

Motor/Antrieb	
Bauart	V8
Lage/Antrieb	Front/Heck
Hubraum in cm³	6330
PS/min	250/4000
Vmax in km/h	200 bis 207
Karosserie	
Bauart	Lim (4-türig), Lim (6-türig), La
Tragstruktur	selbsttragend
Material	Stahlblech
Stückzahl und Marktsituation	
Produktionszahl	2677
Verfügbarkeit	schlecht
Teilesituation	ausreichend
Unterhaltskosten	hoch

Schöner Leben: Die SL-Modelle

Die Premiere des ersten Mercedes-Benz SL-Modells liegt weit zurück: Nur neun Jahre nach dem Ende des Zweiten Weltkriegs konnte Mercedes-Benz den längst legendären Flügeltürer präsentieren. Seither begeistert dieser schwäbische Sportler mit dem charakteristischen großen Stern am Bug. Jener Erstling, der 300 SL, war von Beginn an ein Über-Auto: Design, Technik und Fahrleistungen fielen phänomenal aus – sein Preis allerdings auch. Doch das beflügelte seinen Erfolg eher: Auf diese Weise blieb er einem exklusiven Kreis finanzstarker Liebhaber vorbehalten, die sein Image befeuerten. Alle nachfolgenden Modelle orientierten sich technisch und preislich zwar an den großen Limousinen ihrer Zeit, zeigten sich preislich jedoch nicht mehr so exaltiert wie die erste Auflage, ohne sich deswegen einem breiten Publikum zu öffnen. Zu allen Zeiten befeuerte den Nimbus der SL-Reihe sowohl sein Design – alle Modelle spiegelten den jeweiligen Zeitgeist in souveräner, arrivierter und stets eleganter Form – als auch seine nie überpotente, zudem stets zuverlässige Technik: Mit leistungsbetonter, dabei ausgewogener Motorisierung garantiert jeder SL zuverlässig sportliche und zugleich betont komfortable Freiluft-Touren.

Die ersten SL-Generationen.

Bild: © Daimler AG

Mercedes-Benz 300 SL Coupé, „Flügeltürer", „Gullwing" (W 198 I) — 1954-1957

Seinen eigenen Mythos schuf der 300 SL nicht nur mit rennsportlichem Ruhm, sondern auch mit seinem Auftritt: Die prägnanten Türen öffneten Flügeln gleich nach oben. Der 300 SL war die Straßenversion der gleichnamigen Rennsport-Prototypen und erreichte – für damalige Maßstäbe – geradezu überirdische Fahrleistungen. Zudem war er das weltweit erste Serienautomobil mit Viertakt-Einspritzmotor. Sein Preis von 29.000 Mark lag zwar unter dem Mercedes-Benz 300 S, was nichts an seiner Unerschwinglichkeit änderte: In Deutschland blieben nur 60 Wagen; 1100 von 1400 Exemplaren gingen an kaufkräftige US-Kunden. Speziell im warmen Kalifornien mussten sie leidensfähig sein: Das Wageninnere ließ sich nicht wirksam be- und entlüften; Treibhaus-Temperaturen waren (und sind) der Preis, einen Meilenstein der Automobilgeschichte bewegen zu dürfen.

Preise	1	2	3	4	5
300 SL, Cpe	1.900.000	1.400.000	1.150.000	900.000	k.N.

Motor/Antrieb	
Bauart	Sechszylinder (Reihe)
Lage/Antrieb	Front/Heck
Hubraum in cm³	2996
PS/min	215/5800
Vmax in km/h	235
Karosserie	
Bauart	Coupé
Tragstruktur	Rohrrahmen
Material	Stahlblech
Stückzahl und Marktsituation	
Produktionszahl	1400 (davon 29 mit Alu-Kar.)
Verfügbarkeit	schlecht
Teilesituation	ausreichend
Unterhaltskosten	hoch

Mercedes-Benz 190 SL (W 121) 1955-1963

Der Boulevard-Sportler, dessen Karosserieform vom 300 SL abgeleitet war, entstand 1954 auf Initiative des US-Importeurs Max Hoffman. Im Mai 1955 begann die Serienfertigung des Cabriolets, in dem der neu entwickelte Vierzylinder-OHC-Motor sein Debüt abgab. Im 190 SL leistete er 105 PS, die Ponton-Limousinen erhielten gedrosselte Versionen des Aggregats. Der 190 SL kostete 16.500 Mark (mit Hardtop 17.650 Mark) und war damit nicht nur für betuchte US-Kunden erreichbar, sondern auch für die gehobene Gesellschaft des deutschen Wirtschaftswunders. Einer von 25.881 gebauten 190 SL sollte allerdings reichen, das Image zu erschüttern: Er gehörte dem Frankfurter Nobel-Callgirl Rosemarie Nitribitt, die mit ihrem schwarzen 190 SL auf Freier-Fang ging. Als sie 1957 ermordet wurde, ging das Foto der blonden Dame mit ihrem Mercedes-Benz durch die Weltpresse.

Bild: © Daimler AG

Preise	1	2	3	4	5
190 SL, Cab	145.000	106.000	69.000	50.000	33.000

Motor/Antrieb	
Bauart	Vierzylinder (Reihe)
Lage/Antrieb	Front/Heck
Hubraum in cm³	1897
PS/min	105/5700
Vmax in km/h	171
Karosserie	
Bauart	Cabriolet
Tragstruktur	selbsttragend
Material	Stahlblech
Stückzahl und Marktsituation	
Produktionszahl	25.881
Verfügbarkeit	ausreichend
Teilesituation	ausreichend
Unterhaltskosten	mittel

Mercedes-Benz 300 SL Roadster (W 198 II) 1957-1963

Die bekannten Schwächen der Flügeltürer-Karosserie führten zur Entwicklung des 300 SL Roadster, der zwar kommoder im Alltag war, aber auch weit weniger spektakulär als der Ur-SL. Der Roadster erschien – bis auf eine geänderte Hinterachse – mit der Technik des Flügeltürers. Die wesentlichste Modellpflege-Maßnahme griff im März 1961: Die bei hartem Einsatz zum Fading neigenden Trommelbremsen wurden durch Scheibenbremsen ersetzt. Ab 1958 war ein Hardtop lieferbar, das den Roadster wetterfest machte. Sechs Jahre blieb der 300 SL Roadster im Programm: Es war die Ironie seines Schicksals, dass er sich im Verhältnis schlechter verkaufte als der Flügeltürer. Er ist noch heute weniger begehrt als sein Vorgänger und daher im Topzustand deutlich billiger zu haben – einer der seltenen Fälle, in denen ein Coupé teurer als die offene Variante gehandelt wird.

Bild: © Daimler AG

Preise	1	2	3	4	5
300 SL, Rds	1.600.000	1.100.000	900.000	720.000	k.N.
300 SL (Scheibenbremse), Rds	1.700.000	1.200.000	980.000	760.000	k.N.

Motor/Antrieb	
Bauart	Sechszylinder (Reihe)
Lage/Antrieb	Front/Heck
Hubraum in cm³	2996
PS/min	215/5800
Vmax in km/h	220 bis 250
Karosserie	
Bauart	Cabriolet
Tragstruktur	Rohrrahmen
Material	Stahlblech
Stückzahl und Marktsituation	
Produktionszahl	1858
Verfügbarkeit	schlecht
Teilesituation	ausreichend
Unterhaltskosten	hoch

M

Mercedes-Benz 230 SL, 250 SL, 280 SL (W 113) 1963-1971

Im Vergleich zum sanfter motorisierten 190 SL begeisterte der 230 SL mit Fahrleistungen auf Sportwagen-Niveau. Sein Motor war eine aufgebohrte Version des 220 SE-Triebwerks und leistete 150 PS. Die Form des SL, der im Juli 1963 erschien, wirkte eher unspektakulär, überzeugte auf Dauer aber mit ihrer eleganten Zeitlosigkeit. Das auffälligste Detail gab dem SL der 1960er Jahre seinen Spitznamen „Pagoden-Mercedes": Die Krümmung seines Hardtops erinnerte Betrachter an die Dachform japanischer Tempelbauten. Den 230 SL gab es bis Anfang 1967, dann löste ihn der 250 SL ab, der ebenfalls 150 PS leistete, aber etwas mehr Drehmoment bot. Schon im Januar 1968 rückte der 280 SL mit 170 PS ins Programm, den Kenner heute für den harmonischsten Pagoden-SL halten.

Bild: © Daimler AG

Preise	1	2	3	4	5
230 SL (W 113), Cab	126.000	85.700	56.600	32.300	17.800
250 SL (W 113), Cab	120.000	81.000	53.500	30.500	16.800
280 SL (W 113), Cab	153.000	104.000	68.600	39.100	21.400

Motor/Antrieb	
Bauart	Sechszylinder (Reihe)
Lage/Antrieb	Front/Heck
Hubraum in cm³	2281, 2496, 2778
PS/min	150/5500 bis 170/5750
Vmax in km/h	190 bis 200
Karosserie	
Bauart	Cabriolet
Tragstruktur	selbsttragend
Material	Stahlblech
Stückzahl und Marktsituation	
Produktionszahl	48.912
Verfügbarkeit	ausreichend
Teilesituation	ausreichend
Unterhaltskosten	hoch

Mercedes-Benz 280 SL, 300 SL, 350 SL, 380 SL, 420 SL, 450 SL, 500 SL, 560 SL (R 107) — 1971-1989

Die SL-Modelle der Baureihe 107 zählen zu den erfolgreichsten Sportwagen der deutschen Automobilgeschichte. Bemerkenswert ist nicht nur ihre Stückzahl von 237.000 Exemplaren, sondern auch die Bauzeit von 19 Jahren. Den Auftakt bildete im April 1971 der 350 SL mit V8-Motor, im März 1973 kam der 450 SL hinzu. Nach der Ölkrise erschien 1974 die Sechszylinder-Variante 280 SL. Die erste größere Modellpflege griff im März 1980: 380 und 500 SL lösten die Vorgänger 350 SL und 450 SL ab. Zum zweiten und letzten Mal wurde 1985 das Motorenangebot umstrukturiert: Der preiswerteste 107er hieß jetzt 300 SL, der 380er stieg zum 420 SL auf. Für den US-Export gab es neben dem 500 auch einen 560 SL – einige wenige Exemplare kamen auf Initiative von SL-Enthusiasten nach Deutschland zurück.

Bild: © Daimler AG

Preise	1	2	3	4	5
280 SL (1980-1985), Cab	51.900	33.700	19.500	9.900	4.500
350 SL (1971-1980), Cab	42.600	27.700	16.100	8.200	3.700
420 SL Kat (1985-1989), Cab	61.700	40.100	23.300	11.900	5.400
450 SL (1973-1980), Cab	47.400	30.800	17.900	9.100	4.100

Motor/Antrieb	
Bauart	Sechszylinder (Reihe), V8
Lage/Antrieb	Front/Heck
Hubraum in cm³	2746-5547
PS/min	177/6000 bis 245/4750
Vmax in km/h	205 bis 225
Karosserie	
Bauart	Cabriolet
Tragstruktur	selbsttragend
Material	Stahlblech
Stückzahl und Marktsituation	
Produktionszahl	237.000
Verfügbarkeit	üppig
Teilesituation	sehr gut
Unterhaltskosten	hoch

Mercedes-Benz 280 SLC, 350 SLC, 380 SLC, 450 SLC, 450 SLC 5.0, 500 SLC (C 107) — 1971-1981

Die Coupé-Version des SL sollte die S-Klassen-Coupés der Baureihe W 111 ablösen, erreichte aber nie deren Kult-Status. Dabei überzeugten die SLC – wegen ihres 36 Zentimeter längeren Radstands – mit ausgewogeneren Fahreigenschaften als der SL-Roadster und waren mit ihren vier Sitzplätzen auch familientauglich. Weil der Erfolg des SLC dennoch hinter den offenen Varianten zurückblieb, gab Mercedes-Benz diese Oberklasse-Modellreihe 1981 auf. Die Motor-Varianten teilte sich der SLC mit dem SL bis auf eine Ausnahme: 1977 erschien der 450 SLC 5.0, dessen V8-Motor 240 PS leistete. Zu erkennen war dieses Topmodell an seinem serienmäßigen Spoiler auf dem Kofferraumdeckel. Letzterer bestand, wie auch die Motorhaube, aus Aluminium. Es blieb bei einer kleinen, feinen Serie von 2769 Wagen, die heute besonders gesucht sind.

Bild: © Daimler AG

Preise	1	2	3	4	5
280 SLC (1974-1981), Cpe	35.900	21.600	12.500	6.400	3.100
350 SLC (1971-1980), Cpe	34.100	20.500	11.900	6.100	3.000
450 SLC 5,0 (1977-1981), Cpe	64.100	38.000	22.400	11.500	5.600

Motor/Antrieb	
Bauart	Sechszylinder (Reihe), V8
Lage/Antrieb	Front/Heck
Hubraum in cm³	2746-5025
PS/min	177/6000 bis 240/5000
Vmax in km/h	205 bis 225
Karosserie	
Bauart	Coupé
Tragstruktur	selbsttragend
Material	Stahlblech
Stückzahl und Marktsituation	
Produktionszahl	62.888
Verfügbarkeit	gut
Teilesituation	sehr gut
Unterhaltskosten	hoch

Mercedes-Benz 300 SL, 300 SL-24, 500 SL, AMG 500 SL 6.0, 600 SL; SL 280, SL 320, SL 500, SL 60 AMG, SL 600, SL 73 AMG (R 129) — 1989-2001

Nachfolger haben es meistens schwer. Dieses Schicksal drohte anfangs auch dem SL der fünften Generation, dem R 129, der 1989 die Nachfolge des Dauerbrenners R 107 antreten musste. Doch seine glatte, dabei markante Form traf den Geschmack der Zeit. Sein Schöpfer Bruno Sacco hatte es verstanden, den Kult der SL-Reihe in die Sprache des ausgehenden Jahrtausends zu übersetzen. Konkret hieß dies, formschönen Auftritt mit Luxus und technischen Innovationen zu verbinden. Besonderes Merkmal des R 129: Sein automatischer Überrollbügel, der sich im Ernstfall blitzschnell hinter die Insassen spannte. Dank seiner großen Motorenbandbreite hat der R 129 schon als Gebrauchtwagen einen treuen Fankreis gefunden. Und dieser dürfte in Zukunft sicher noch wachsen.

Bild: © Daimler AG

Preise	1	2	3	4	5
300 SL-24 (R129), Cab	39.600	23.000	14.400	9.800	k.N.
500 SL (R129), Cab	45.200	26.400	16.900	11.200	k.N.
SL 60 AMG (R 129), Cab	110.000	62.000	40.000	26.500	k.N.
SL 280 (R129), Cab	38.900	23.800	14.800	10.100	k.N.

Motor/Antrieb	
Bauart	Sechszylinder (Reihe), V8, V12
Lage/Antrieb	Front/Heck
Hubraum in cm³	2799 bis 7291
PS/min	193/5500 bis 525/5500
Vmax in km/h	230 bis 307
Karosserie	
Bauart	Roadster
Tragstruktur	selbsttragend
Material	Stahlblech
Stückzahl und Marktsituation	
Produktionszahl	209.940
Verfügbarkeit	sehr gut
Teilesituation	sehr gut
Unterhaltskosten	hoch

Lebenslust im Kleinformat: Die SLK-Baureihe

Die Idee eines kleinen, kompakten SL greift Mercedes-Benz Mitte der 1990er Jahre ein zweites Mal auf. Warum es so lange gedauert hat, lässt sich schwer anders erklären als mit einer gewissen Behäbigkeit und einem Selbstverständnis, das über Jahrzehnte nicht sonderlich marketinggetrieben war. Dabei hatte einst der 190 SL (W 121 BII, 1955–1963), der SLK-Vorgänger im Geiste, ein durchaus erfolgreiches Kapitel in der Firmengeschichte geschrieben. Er galt und gilt bis heute als beliebt. Während der 190 SL auf der Ponton-Reihe basiert hatte, ist es Mitte der 1990er Jahre folgerichtig die C-Klasse der Baureihe 202, die viele technische Komponenten wie Motoren, Getriebe und Fahrwerk beisteuert.

Mercedes-Benz wäre freilich nicht Mercedes-Benz, wenn eine Neuheit nicht auch in dieser Klasse deutliche Züge des hauseigenen Ingenieursethos getragen hätte. Das gelingt eindrucksvoll mit dem Vario-Dach, einem sich innerhalb von 25 Sekunden virtuos zusammenfaltenden Verdeck aus Stahlblech, das aus dem Roadster per Elektrohydraulik ein Coupé macht und umgekehrt. Zum einen dient das der Sicherheit, wie Crash-Tests bis hin zum Überschlag beweisen. Zudem bietet das feste Dach rund ums Jahr den passenden Fahrspaß. Sein Namenskürzel, das Mercedes-Benz lange nicht kommentiert hatte, steht tatsächlich für "SL kurz", der Kosename aus der Entwicklungszeit.

Den Beginn des SLK-Stammbaums markiert die Baureihe R 170 (1996–2004). Am 22. April 1994 hatte sich ein erster Vorbote dem Publikum auf dem Autosalon in Turin gezeigt, und der damalige Designer Michael Maurer war dabei ganz dem Trend seiner Zeit gefolgt: Offene, kleine Sportwagen erleben Mitte der 1990er Jahre eine starke Renaissance. Populär zu sein, war somit von Beginn an die Mission der kurzen, kleinen Variante des legendären großen SL. Tatsächlich tummelt sich der SLK ganz vorn in dieser Klasse und liefert schnell überaus eindrucksvolle Verkaufserfolge. Jürgen Hubbert, damals Vorstand, resümiert später: „Die Modelle SLK, CLK oder die M-Klasse haben viel zu einem neuen Image von Mercedes-Benz beigetragen." Die Marke mit dem Stern wird dank des SLK spürbar agiler und jünger.

Der zweite SLK trägt das Baureihenkürzel R 171 (2004–2011), gefolgt vom SLK der Baureihe R 172 (2011–2020), der ab 2016 unter dem Verkaufsnamen SLC geführt wird. Im Jahr 2020 beendet Mercedes-Benz die lange Erfolgsgeschichte des SLK.

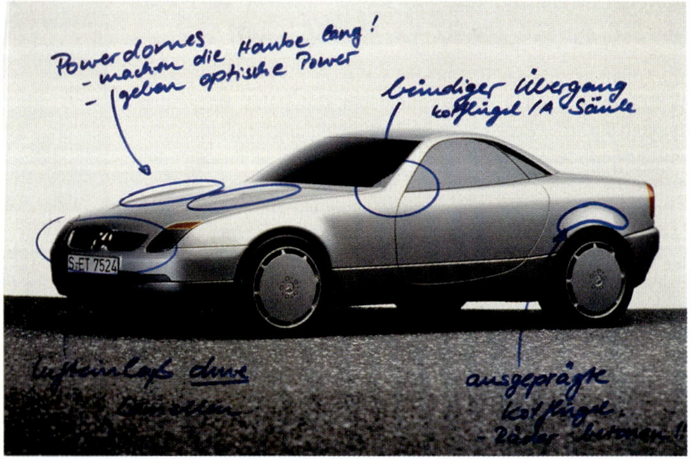

Mercedes-Benz SLK (Baureihe R 170) 1996-2004

Kompakte, offene Zweisitzer waren gerade wieder in Mode gekommen, der Mazda MX-5 hatte diese Gattung 1989 überraschend erfolgreich wiederbelebt. Hier setzte Mercedes-Benz 1996 an und definierte in der Klasse einen neuen Standard: Trotz der kompakten Maße gelang es den Ingenieuren, ein in 25 Sekunden voll versenkbares Klappdach aus Blech zu konstruieren. Damit ist der SLK Roadster und Coupé zugleich. Ein Vorteil, den viele Kunden zu schätzen wussten – auch wenn das Kofferraumvolumen bei offenem Dach doch arg schrumpfte. Die technische Basis bot die damals aktuelle C-Klasse (Baureihe W 202). Als Einstiegsmotorisierung bot Mercedes-Benz den 136 PS starken SLK 200 an, den es ab 2004 auch mit Kompressor gab (163 PS). Nach oben rundete der SLK 32 AMG mit gewaltigen 354 PS und 450 Nm Drehmoment das Spektrum ab. Für Sammler dürften Exemplare mit einer der designo-Ausstattungen interessant sein – die sind teils sehr mutig, sehr zeitgeistig.

Bild: © Daimler AG

Preise	1	2	3	4	5
SLK 200 Kompressor, Cab	15.300	8.400	5.300	2.500	k.N.
SLK 230 Kompressor, Cab	15.900	8.800	5.500	2.700	k.N.
SLK 320, Cab	19.200	11.600	7.300	3.300	k.N.

Motor/Antrieb	
Bauart	Vierzylinder (Reihe), V6
Lage/Antrieb	Front/Heck
Hubraum in cm^3	1998, 2295, 3199
PS/min	136/5500 bis 354/6100
Vmax in km/h	203 bis 250
Karosserie	
Bauart	Roadster
Tragstruktur	selbsttragend
Material	Stahlblech
Stückzahl und Marktsituation	
Produktionszahl	311.222
Verfügbarkeit	sehr gut
Teilesituation	sehr gut
Unterhaltskosten	mittel

Neue Konzepte: Die innovative A-Klasse

So viele radikale Brüche und visionäre Ideen wie in der neuen, kleinen Baureihe W 168 hatte Mercedes-Benz bislang in keinem anderen Modell verwirklicht. Nach konstruktiv ausgefeilten Lösungen hatten die Ingenieure unter dem Leitbild des Sterns schon immer gesucht, doch standen meist Langlebigkeit, Komfort, Sicherheit und (mitunter) Leistung im Fokus. Mit diesem neuen, sehr kompakten Format formulierte der Hersteller auch die Haltung, dass es für eine zukünftige Mobilität mehr brauche als ein beständiges Nachjustieren der bekannten und bewährten Systeme. Ein Automobil mit Stern, einmal komplett neu gedacht: Als Ergebnis kam 1997 die A-Klasse auf den Markt, der W 168.

Bereits in den frühen 1980er Jahren hatte Daimler-Benz mit Überlegungen und Forschungen nach einem neuen Konzept für die innerstädtische Mobilität begonnen. Das Ergebnis dieser eher internen Überlegungen kam erst gegen 1986 ans Tageslicht: Damals staunte die automobile Welt über dieses winzige, kantige Citymobil mit dem Mercedes-Stern, das ursprünglich die spröde Arbeitsbezeichnung NAFA trug, kurz für Nahverkehrsfahrzeug. Im grundsätzlichen Layout gab dieser nur 2,40 Meter lange Superkompakte damit bereits einen Ausblick auf den späteren Smart, zu dem allerdings noch viele andere Initiativen beitrugen.

Eine mögliche Blickrichtung für die künftige Erweiterung der Modellpalette war damit definiert. 1991 folgte ein technologischer Meilenstein in Richtung der künftigen A-Klasse: Mercedes-Benz-Ingenieure hatten das so genannte Sandwich-System erfunden, eine Art Kellergeschoss oder doppelten Fahrzeugboden, in dem beispielsweise Batterien für einen elektrischen Antrieb Platz finden können. Mit diesem Schritt war der Weg frei für die Studie A, die bereits einen recht präzisen Ausblick auf die Baureihe W 168 gab – und noch mehr: Denn Mercedes-Benz stellte neben zwei Dreizylinderversionen, einmal als Diesel, einmal als Benziner, sogar eine Variante mit einem 54 PS starken Elektro-Asynchronmotor vor. Erstmals zeigte Mercedes-Benz die Studie A auf der Frankfurter Internationalen Automobilausstellung 1993 – und war damals keinesfalls alleine, weder beim Thema Stadtautomobil noch Elektroantrieb. Überlegungen, wie die Zukunft aussehen könnte, lagen durchaus im Trend.

Auch Mercedes-Benz forschte und entwickelte am Elektroantrieb weiter. Eine 30-kWh-Batterie, ZEBRA genannt und aus 448 kleinen Zellen bestehend, war in Kooperation mit der Anglo American Corp. entwickelt worden. Bei einer auf 128 km/h limitierten Höchstgeschwindigkeit versprach sie in der neuen A-Klasse immerhin eine Reichweite von 200 Kilometern. Was Mercedes-Benz jedoch nicht in den Griff bekam, waren die Kosten: Eine Serienfertigung für das ambitionierte Konzept geriet zu teuer.

Das Sandwich-Konzept nutzten die Ingenieure für eine neuartige Crashsicherheit bei kompakten Fahrzeugen. Bei einem Frontaufprall drückt es Motor und Getriebe unter die Passagiere. Zudem bietet die hohe Sitzposition beste Übersicht, auch das Innenraumgefühl war für ein Auto dieser Größe ungewohnt. Kurz nach der Premiere auf dem Genfer Automobilsalon 1997 allerdings geschah ein Fiasko: Als schwedische Tester die A-Klasse am 21. Oktober 1997 einem Ausweichtest (schnell als „Elchtest" tituliert) bei Tempo 65 unterzogen, kippte das Fahrzeug um. Viel Häme und Spott war das Ergebnis, auf das Mercedes-Benz – nach kurzer Schockstarre und einem vierteljährigen Produktionsstopp – mit dem serienmäßigen Einbau des Anti-Schleuder-Systems ESP sowie angepasstem Fahrwerk und Reifen reagierte. Trotz dieser Anlaufprobleme geriet die A-Klasse mit rund 1,1 Millionen verkauften Exemplaren zum Erfolg.

Bild: © Daimler AG

Mercedes-Benz A-Klasse (W 168) 1997-2004

Superinnovativ war der W 168 gestartet, und dann das: Erst kippt die A-Klasse in Schweden beim Elchtest um, dann schafft es Mercedes-Benz nicht, den fortschrittlichen Sandwich-Boden wie gedacht zu nutzen, nämlich als Stauraum für Batterien. Statt der zu teuren E-Technologie kamen herkömmliche Benzin- und Dieselmotoren zum Einsatz, zudem als Vier- und nicht als Dreizylinder. Nach ESP-Adaption und Fahrwerks-Update fuhr die A-Klasse immerhin sicher. Neuartig waren neben dem Format auch Details wie Kotflügel und Heckdeckel aus Kunststoff. Innen zeigte sich der W 168 zwar mit ungewohnt hohem Boden, gab sich jedoch enorm variabel, weil sich neben der Rücksitzbank auch der Beifahrersitz ausbauen ließ. 2001 folgte neben der ersten großen Modellpflege auch eine zweite Variante der A-Klasse mit 17 Zentimeter mehr Radstand. Diese V 168 genannte Modellreihe, erkennbar an längeren hinteren Türen, bot den Passagieren im Fond sogar mehr Fußraum als die S-Klasse.

Bild: © Daimler AG

Preise	1	2	3	4	5
A 140, L4t	k.N.	3.300	1.600	700	k.N.
A 160, L4t	k.N.	3.400	1.600	700	k.N.
A 190, L4t	k.N.	3.600	1.700	900	600

Motor/Antrieb	
Bauart	Vierzylinder (Reihe)
Lage/Antrieb	Front/Front
Hubraum in cm³	1397 bis 3770
PS/min	60/3600 bis 250/4000
Vmax in km/h	170 bis 230
Karosserie	
Bauart	Limousine (4-türig)
Tragstruktur	selbsttragend
Material	Stahlblech
Stückzahl und Marktsituation	
Produktionszahl	ca. 1,1 Mio.
Verfügbarkeit	gut
Teilesituation	gut
Unterhaltskosten	niedrig

Mercedes-Benz A 160 F1 Limited Edition 1998-1999

David Coulthard und Mika Häkkinen, beide für Mercedes-Benz in der Formel 1 aktiv, gewinnen in der Saison 1998 nicht nur die Konstrukteurs-WM. Häkkinen lässt sogar Ferrari-Konkurrenten Michael Schumacher hinter sich und wird Weltmeister. Grund für Mercedes-Benz, diese Triumphe kokett mit einer optimierten A-Klasse zu feiern. Den beiden Piloten dient je ein Exemplar zum unübersehbaren Rumkurven im Fahrerlager, und weil die Nachfrage nach den Unikaten so hoch ist, legt Mercedes-Benz zwei Satz mit je 125 Stück auf – einmal mit Häkkinen-, einmal mit Coulthard-Schriftzug auf der Seite. Innen dominiert rotes Leder, doch beim Fahren stehen das Sportfahrwerk und die 17-Zoll-AMG-Räder in Kontrast zur Halbautomatik und dem knapp 102 PS starken 1,6-Liter-Vierzylinder. Dank ihrer Seltenheit gelten die A 160 F1 Limited Edition jedoch als Raritäten.

Bild: © Daimler AG

Preise	1	2	3	4	5
A 160 F1 Limited Edition, L4t	k.N.	15.100	8.000	4.400	k.N.

Motor/Antrieb	
Bauart	Vierzylinder (Reihe)
Lage/Antrieb	Front/Front
Hubraum in cm³	1598
PS/min	102/5860
Vmax in km/h	180
Karosserie	
Bauart	Limousine (4-türig)
Tragstruktur	selbsttragend
Material	Stahlblech
Stückzahl und Marktsituation	
Produktionszahl	2 x 125
Verfügbarkeit	ausreichend
Teilesituation	gut
Unterhaltskosten	niedrig

Vorstoß auf unbekanntes Terrain: Die Mercedes-Geländewagen

Mit dem G-Modell drang Mercedes-Benz in ein neues Segment ein, das sich damals, Ende der 1970er Jahre, fest in englischer Hand befand: Geländewagen. Das geschah allerdings nicht aus eigener Kraft: Die Schwaben kooperierten mit dem österreichischen Hersteller Steyr-Puch; das gemeinsame Tochterunternehmen Steyr-Daimler-Puch entwickelte den funktionalen, trotzdem gefällig gestalteten Offroader. Zwei Jahre nach Produktionsaufnahme zogen sich die Stuttgarter aus der Beteiligung zurück, seitdem entstehen die G-Wagen im Lohnauftrag im Grazer Werk von Steyr-Puch. In Österreich und in der Schweiz wurde das G-Modell unter dem Namen Puch verkauft, die sternlosen Geländegänger erzielten jedoch nur geringe Stückzahlen. Das vielseitige Mercedes-Benz G-Modell dagegen fand eine feste Fangemeinde, deren verlässliche Nachfrage die Produktion bis heute andauern lässt. Im Jahr 2018 folgte nach einer tiefgreifenden technischen Überarbeitung eine neue G-Klasse. Die Baureihenbezeichnung W 463 blieb jedoch bestehen, unter anderem sollen Homologationsgründe dafür verantwortlich sein. 2023 erfolgte mit dem W 464 eine umfangreich überarbeitete neue Version der G-Klasse, die bereits 2024 als W 465 weitergeführt wurde. Den G 580 gibt es seitdem auch als vollelektrische Version EQ, nachdem bereits 2021 mit dem Concept EQG eine erste mögliche elektrische G-Klasse vorgestellt worden war.

Bild: © Mercedes-Benz

Dieses Foto des fliegenden G-Modells wurde berühmt und steht für das große Können des Modells im Gelände.

Bild: © Daimler AG

Gelungene Kombination aus Funktionalität und Technik: Mercedes-Benz G-Reihe.

M

Mercedes-Benz 230 G, 230 GE, 280 GE, 240 GD, 250 GD, 300 GD, (Baureihe 460, „G-Modell") — 1979-1989

Das G-Modell ist noch ein echter Offroader: Sein ausgereiftes Fahrwerk mit zuschaltbaren Allradantrieb und Geländeuntersetzung brachte ihm den Ruf des Alleskönners ein. Auch die Modellvielfalt bestach: Versionen mit langem oder kurzem Radstand, mit offenem oder geschlossen Aufbau, als Kombi oder Kastenwagen, dazu die große PKW-Motorenpalette vom 72-PS-Diesel bis zum 156 PS starken 280 GE – und alles fast beliebig kombinierbar. So fand schon in der ersten Baureihe 460 jeder seinen individuellen „G" – selbst die Bundeswehr orderte über 10.000 Stück. Ab 1989 fuhr das G-Modell als Baureihe 463 optisch und technisch aktualisiert in die zweite Runde. Als Nutzfahrzeug gab es den G fortan in der Baureihe 461.

Bild: © Daimler AG

Preise	1	2	3	4	5
300 GD, Glw	65.500	40.200	24.200	14.700	6.000
280 GE, Glw	55.100	33.800	20.400	12.300	5.100

Motor/Antrieb	
Bauart	Vier-/Fünf-/Sechszylinder (Reihe)
Lage/Antrieb	Front/4x4
Hubraum in cm³	2299-2404, 2497, 2746
PS/min	72/4000 bis 156/5250
Vmax in km/h	115 bis 150
Karosserie	
Bauart	Kombi (3-/5-türig), Cabriolet
Tragstruktur	Kastenrahmen
Material	Stahlblech
Stückzahl und Marktsituation	
Produktionszahl	ca. 61.000
Verfügbarkeit	gut
Teilesituation	sehr gut
Unterhaltskosten	mittel

Mercedes-Benz G-Klasse (W 461, W 462, W 463) — 1989-2018

Um 1990 fächerte Mercedes-Benz die G-Klasse-Palette weiter auf: Der W 461 folgte 1993 auf den W 460 und fungierte als Arbeitsgerät. Ihn gab es nicht mehr als Cabrio, zudem entfielen viele Komfort-Extras. Unter anderem erhielt er 1997 das Armaturenbrett des Sprinters. 2001 wurde er zunächst eingestellt, 2003 jedoch für den Export wieder gefertigt. Erst ab 2009 ist der W 461 für private Kunden lieferbar. Der W 463 war dagegen 1990 als private Variante der G-Klasse gestartet. Diese Baureihe erhielt zunehmend neue Motor- und Ausstattungsoptionen. Im Unterschied zu den W 460 und W 461, bei denen die Vorderachse während der Fahrt zuschaltbar war, verfügte der W 463 über einen permanenten Vierradantrieb. Eine Baureihe W 462 gab es auch: Sie entspricht technisch den W 461-Modellen. Der griechische Rüstungskonzern ELBO fertigt sie in Lizenz.

Bild: © Daimler AG

Preise	1	2	3	4	5
230 GE (kurz), Glw	45.800	28.100	16.900	10.300	4.300
250 GD (kurz), Blw	57.900	35.600	21.400	13.100	5.400
300 GD (lang), Glw	63.400	39.000	23.500	14.300	5.800
G320 (lang), Glw	70.400	43.200	26.100	15.900	6.600

Motor/Antrieb	
Bauart	Vier-/Sechszylinder (Reihe), V8, V12
Lage/Antrieb	Front/4x4
Hubraum in cm³	1997 bis 6258
PS/min	94 /4600 bis 612/5500
Vmax in km/h	132 bis 230
Karosserie	
Bauart	Kombi (3-/5-türig), Cabriolet
Tragstruktur	Kastenrahmen
Material	Stahlblech
Stückzahl und Marktsituation	
Produktionszahl	k.A.
Verfügbarkeit	gut
Teilesituation	gut
Unterhaltskosten	mittel

Mercedes-Benz M-Klasse (W 163) 1997-2005

Den Trend weg vom harten Geländewagen und hin zum komfortablen SUV hatte Mercedes-Benz rechtzeitig erkannt. Bereits 1997 präsentierten die Schwaben auf der Auto Show in Detroit die neue M-Klasse, die eine Konzeptstudie bereits ein Jahr zuvor angekündigt hatte. Permanenter Allradantrieb und ein stabiler Rahmen als Basis kennzeichneten die Modelle. Dank dieser Konfiguration eignen sich die ML-Modelle (so die Verkaufsbezeichnung) bestens als Zugfahrzeuge. Mercedes-Benz setzte auf eine Einzelradaufhängung, was die Fähigkeiten in schwerem Gelände entsprechend limitierte. Neben diversen Benzinmotoren von vier bis acht Zylindern war der ML auch mit Commonrail-Dieseln lieferbar. Mercedes-Benz platzierte 1997 einen ML in Steven Spielbergs populären Kinofilm Jurassic Park II, was die Bekanntheit des neuen Modells enorm steigerte. Bis zur ersten Modellpflege Anfang 2002 galt die Qualität der im US-Werk Tuscaloosa gefertigten ML allerdings als enttäuschend.

Bild: © Daimler AG

Preise	1	2	3	4	5
ML 320, SUV	k.N.	10.900	5.600	3.400	k.N.

Motor/Antrieb	
Bauart	Vier-/Fünfzylinder (Reihe), V6, V8
Lage/Antrieb	Front/4x4
Hubraum in cm³	2295 bis 5439
PS/min	150/5400 bis 347/5500
Vmax in km/h	177 bis 235
Karosserie	
Bauart	Kombi (5-türig)
Tragstruktur	Kastenrahmen
Material	Stahlblech
Stückzahl und Marktsituation	
Produktionszahl	k.A.
Verfügbarkeit	gut
Teilesituation	gut
Unterhaltskosten	mittel

Viel Raum mit Stern: Die Mercedes-Benz Transporter

Mercedes-Benz hatte schon früh eine große Tradition in der Beförderung von Lasten. Carl Benz stattete auf Wunsch sein Velo, den ersten in größerer Serie produzierten Kleinwagen, sogar mit geschlossenen Kästen als „Lieferungswagen" aus. In Form und Format erinnern manche der heutigen E-Mobile von Paketzustellern an jene Entwürfe. Hauptsächlich jedoch war es das Vorgängerunternehmen Daimler-Motoren-Gesellschaft, das im Lkw-Bereich auf große Erfahrungen zurückblicken konnte. Bereits 1896 war der erste große Lastwagen mit Verbrennungsmotor im Angebot, und nach der Fusion mit Benz & Cie. im Jahr 1926 blieb die Lkw-Sparte als wichtiger Teil im Programm. Auch leichtere Varianten zählten weiterhin dazu, die jedoch noch nicht als Transporter gesondert gesehen wurden. Pkw-Modelle mit speziellen Aufbauten im Heck rundeten das Angebot nach unten ab. Sie starteten mit 300 Kilogramm Nutzlast.

Nach dem Zweiten Weltkrieg kamen neue Modelle in verschiedenen Baureihen hinzu. In der Klasse für den in den 1950er Jahren stark zunehmenden Verteilerverkehr in den rasant wachsenden Städten hatte Mercedes-Benz zunächst jedoch kein Fahrzeug im Angebot. Hier fasste der Wettbewerb, allen voran Volkswagen, jedoch auch DKW oder Ford, deutlich schneller Fuß. Nur den 170 V (W 136) rüstete Mercedes-Benz weiterhin mit Pritschen und Kästen aus, unter anderem auch als Krankenwagen.

Erst 1955 meldeten sich die Stuttgarter in der volumenstarken Klasse bis 7,5 Tonnen zurück. Der neue L 319 stand auf der Frankfurter Automobilausstellung und erhielt viel Applaus: Sein eigenständiges, schickes Frontlenker-Design, seine durchdachte und langlebige Konstruktion und die Vielfalt des Angebots überzeugten den Markt und forderten den Wettbewerb, vor allem Hanomag und Borgward, mit Nachdruck heraus. 1967 löste diese Baureihe der „Düsseldorfer" ab, kantiger gestaltet und mit kurzer Motorhaube versehen. Ab 1971 konnte Mercedes-Benz sein Portfolio nach unten hin nochmals ergänzen. Möglich war dies nach der kompletten Übernahme der Hanomag-Henschel-Fahrzeugwerke, zu deren Inventar auch die ehemalige Tempo-Produktionsstätte in Hamburg-Harburg und Borgward in Bremen zählten. Damit erwarb Mercedes-Benz hauptsächlich Produktionskapazitäten, zusätzlich jedoch auch ein Modell, das weitergebaut wurde: den bisherigen Matador, der erst unter Tempo-, später unter Hanomag-Logo entstanden war. Ab 1971 erschien das Modell parallel als Hanomag-Henschel und Mercedes-Benz auf dem Markt.

Dieser Unternehmenszukauf sollte sich auf lange Sicht als strategisch wichtige Entscheidung bewähren. 1977 folgte mit dem „Bremer Transporter", gebaut am ehemaligen Borgward-Standort in Bremen-Sebaldsbrück, der erste selbst entwickelte Transporter, der den „Düsseldorfer" nach unten ergänzte. Ihn ergänzte, wiederum nach unten, ab 1987 der im spanischen Vitoria gefertigte MB 100.

Beide erhielten Mitte der 1990er Jahre einen Nachfolger: Den MB 100 beerbte ab 1996 der ebenfalls in Spanien gefertigte Vito (Baureihe 638), während den „Düsseldorfer" die Baureihen 901 bis 905 ablösten – ein Modell, dessen prägnanter Name schnell für die gesamte Gattung stand: der Sprinter.

Bild: © Daimler AG

Mercedes-Benz L206D, L207D, L307D 1970-1977

Als „Harburger Transporter" ging diese Baureihe in die Geschichte ein. Der Name stammt vom Werksstandort Hamburg-Harburg, wo 1949 das Tempo-Werk mit dem Matador die Produktion eines Leichttransporters gestartet hatte. Ab 1965 führte der neue Eigentümer, die Rheinstahl-Hanomag, die Produktion des im selben Jahr vorgestellten Nachfolgers fort, bereits mit Dieselmotoren von Mercedes-Benz oder Benzinern des englischen Herstellers Austin. 1969 wurde die Produktion nach Bremen-Sebaldsbrück verlagert. Als Daimler-Benz 1971 seine Beteiligung von 51 auf 100 Prozent gesteigert hatte, blieb die Baureihe als passende Ergänzung der „Düsseldorfer Transporter" nach unten im Programm und bot verschiedene Nutzlasten in der Klasse unter vier Tonnen. Die Fahrzeuge trugen entweder den Mercedes-Stern oder fuhren unter Hanomag-Henschel-Logo. Im Januar 1973 retuschierte Mercedes-Benz lediglich das aufwändige Fahrgestell, verbesserte dafür Lenkung und Bremsen.

Bild: © Mercedes-Benz

Preise	1	2	3	4	5
L206D, Bus	37.600	23.300	11.700	3.900	1.700
L207, Kst	22.900	13.500	6.800	2.300	1.000
L307, Kst	29.800	18.500	9.200	3.000	1.300

Motor/Antrieb	
Bauart	Vierzylinder (Reihe)
Lage/Antrieb	Front/Front
Hubraum in cm³	1988, 2197
PS/min	55 bis 60 bei 4200
Vmax in km/h	90 bis 100
Karosserie	
Bauart	Kastenwagen, Bus, Fahrgest., Pritsche
Tragstruktur	selbsttragend/Kastenrahmen
Material	Stahlblech
Stückzahl und Marktsituation	
Produktionszahl	k.A.
Verfügbarkeit	ausreichend
Teilesituation	gut
Unterhaltskosten	niedrig

M

Mercedes-Benz MB 100, MB 140, MB 160, MB 180 (Typ MB 100–180) — 1988-1995

Im Januar 1987 stellte Mercedes-Benz auf Mallorca den neuen MB 100 vor, der die bestehende Lücke in der Klasse von 1,0 bis 1,8 Tonnen Nutzlast schließen soll. Ähnlich wie beim „Harburger Transporter" blickt auch der MB 100 auf eine bewegte Vergangenheit zurück: Er basierte auf dem DKW F1000, der von IMOSA im spanischen Vitoria entwickelt und gebaut wurde. Positive Aufnahme fanden die bewährten, zuverlässigen und langlebigen Dieselmotoren sowie die vielfältigen Aufbaumöglichkeiten, die sich aus dem Konzept mit Frontmotor, Frontantrieb und einem leicht zu verändernden Rahmen ergaben. 1995 löste der ebenfalls in Vitoria gebaute Vito den MB 100 ab. In Korea und China jedoch baute Ssangyong Derivate des MB 100 für den asiatischen Markt weiter, teilweise sogar mit Mercedes-Stern.

Bild: © Mercedes-Benz

Preise	1	2	3	4	5
MB 100 D, Kst	k.N.	7.600	3.800	2.100	k.N.

Motor/Antrieb	
Bauart	Vierzylinder (Reihe)
Lage/Antrieb	Front/Front
Hubraum in cm^3	1988, 2399
PS/min	55/4200 bis 72/4400
Vmax in km/h	90 bis 110
Karosserie	
Bauart	Kastenwg., Bus, Fahrgest., Pritsche
Tragstruktur	selbsttragend/Kastenrahmen
Material	Stahlblech
Stückzahl und Marktsituation	
Produktionszahl	k.A.
Verfügbarkeit	ausreichend
Teilesituation	gut
Unterhaltskosten	niedrig

Mercury (USA) • 1938-2010

Die Marke Mercury wurde 1938 von Lincoln gegründet und diente als Bezeichnung von Ford-Versionen. Damit wollte Ford der Konkurrenz begegnen: Zwischen Ford und Lincoln positioniert, sollte Mercury eine Antwort auf Buick, Oldsmobile und Pontiac sein.

Reichte anfangs ein verlängerter Radstand und mehr Chromzier zur Unterscheidung von banalen Ford-Modellen, bekamen die Wagen ab 1949 eine größere Identität mit eigenem Design. Zu Beginn der 1970er Jahre lehnten sich die Formen an die Lincoln-Modelle an.

Im Sommer 2010 kündigte Ford an, die Marke Mercury zum Jahresende aufzugeben. Neue Lincoln-Modelle ersetzten die eingestellten Mercury-Typen.

Auf dem Weg zum eigenständigen Design: Mercury Monterey Sedan von 1964.

Bild: © Ford AG

M

Mercury Custom und Monterey Sport Coupé — 1951-1954

Zum Modelljahr 1952 präsentierten sich die Mercury-Modelle in neuem Karosseriedesign, dessen Synthese aus Vierziger-Jahre-Rundlichkeit und Fünfziger-Jahre-Futurismus den amerikanischen Autogeschmack jener Zeit gut zu treffen schien. Die Karosserielinie veränderte sich bis 1954/55 jedenfalls nur in den damals üblichen Chrom-Nuancen. Erstmals bot die Ford-Marke ab 1951/52 nicht nur zwei eigenständige Modell-Linien namens Custom und Monterey an, sondern auch ein Hardtop-Coupé mit voll versenkbaren Seitenscheiben und ohne störende B-Säule. Neben dem seltenen Cabriolet gehört es zu den reizvollsten Mercury-Modellen jener Jahre. Bis 1951 waren die Mercury ausschließlich mit Reihen-Sechszylindermotoren lieferbar; zum Modelljahr 1952 rückte ein zeitgemäßer V8 ins Programm. Auf Wunsch gab es eine Vollautomatik namens „Merc-o-matic".

Bild: © Ford AG

Preise	1	2	3	4	5
Custom Sport, Cpe	41.400	27.800	17.400	7.000	3.600
Monterey Hardtop, Cpe	47.200	31.600	19.900	7.800	4.100

Motor/Antrieb	
Bauart	V8
Lage/Antrieb	Front/Heck
Hubraum in cm^3	4185
PS/min	127/3800
Vmax in km/h	145
Karosserie	
Bauart	Hardtop
Tragstruktur	Kastenrahmen
Material	Stahlblech
Stückzahl und Marktsituation	
Produktionszahl	k.A.
Verfügbarkeit	schlecht
Teilesituation	schwierig
Unterhaltskosten	hoch

Mercury Montclair Hardtop Coupé — 1955-1956

Amerikanisches Design als Vorbild für deutsche Produkte brachte der Montclair von Mercury: Seine Front erinnert nicht ganz zufällig an den Barock-Taunus von 1957. In den USA traf das Modell den Geschmack des sportlich orientierten Kunden. Es wurde in konventioneller Manier auf einem Kastenrahmen aufgebaut und trug einen gut 200 PS starken Achtzylindermotor mit 4,7 Litern Hubraum unter der Haube. Seine Eleganz unterstrich das Hardtop-Coupé wie alle Vertreter seiner damals sehr populären Art durch voll versenkbare Seitenscheiben und den Verzicht auf eine B-Säule. Mit insgesamt über 73.000 gebauten Coupés hatte die Marke im Modelljahr 1955/56 jedenfalls einen beachtlichen Erfolg zu verzeichnen; ein Nischenmodell war es trotzdem: Alle Mercury-Modelle brachten es auf fast 330.000 Verkäufe.

Bild: © J. Schmidt

Preise	1	2	3	4	5
Montclair Hardtop, Cpe	61.500	40.800	23.200	11.100	5.800

Motor/Antrieb	
Bauart	V8
Lage/Antrieb	Front/Heck
Hubraum in cm^3	4785
PS/min	201/4400
Vmax in km/h	165
Karosserie	
Bauart	Hardtop
Tragstruktur	Kastenrahmen
Material	Stahlblech
Stückzahl und Marktsituation	
Produktionszahl	73.375
Verfügbarkeit	schlecht
Teilesituation	schwierig
Unterhaltskosten	hoch

Mercury Cougar 1967-1973

Um das Potenzial des von Ford mit dem Mustang begründeten Pony-Car-Segments voll auszuschöpfen, wurde unter der Markenbezeichnung Mercury ein weiterer Vertreter dieser Gattung geschaffen. Der Cougar war nach dem gleichen Schema als 2+2-sitziges Coupé zwar längst nicht so erfolgreich wie das Original, hat aber gerade deshalb als Klassiker seine besonderen Reize. Entsprechend der höheren Positionierung wurden hier nur Achtzylindermotoren mit mindestens 4,7 Litern Hubraum eingesetzt, die nicht weniger als 200 PS leisteten. Das stärkste Paket kam auf 324 PS aus 6,4 Litern. An die scheinbar scheinwerferlose Eleganz des hier gezeigten Modells reichten spätere Nachfolger nicht mehr heran.

Bild: © Ford AG

Preise	1	2	3	4	5
Cougar, Cpe	41.400	25.800	16.200	8.200	4.400

Motor/Antrieb	
Bauart	V8
Lage/Antrieb	Front/Heck
Hubraum in cm³	4728 bis 6384
PS/min	203/4400 bis 324/4800
Vmax in km/h	175 bis 200
Karosserie	
Bauart	Hardtop
Tragstruktur	selbsttragend
Material	Stahlblech
Stückzahl und Marktsituation	
Produktionszahl	150.893
Verfügbarkeit	schlecht
Teilesituation	ausreichend
Unterhaltskosten	hoch

Messerschmitt (Fend, FMR) (D) • 1953-1964

Aus einem behelfsmäßigen Versehrten-Fahrzeug entwickelte der ehemalige Flugzeug-Ingenieur Fritz Fend einen der prägnantesten deutschen Nachkriegs-Kleinwagen. Ursprünglich hieß Fends Gefährt „Flitzer" und hatte Handantrieb; später schraubte der Tüftler aus Rosenheim kleine Einzylinder-Zweitaktmotoren mit 38 und 98 cm³ an.

Nach der Weiterentwicklung seines „Flitzers" gelang es Fend 1953, den Regensburger Flugzeugbauer Messerschmitt für die Fertigung zu interessieren. In drei gemeinsamen Jahren liefen aber vor allem Schulden auf. Daher kaufte Fend zusammen mit dem Autoteile-Fabrikanten Valentin Knott die Produktionsanlagen zurück und gründete die Firma FMR (Fahrzeug- und Maschinenbau GmbH Regensburg). FMR behielt den Kabinenroller bis 1964 im Programm und konzentrierte sich anschließend auf andere Produkte wie etwa Getränkeautomaten.

F M R

Messerschmitt KR 175 1953-1955

Mit dem Preis von 2100 Mark unterbot das Duo Messerschmitt/Fend alle anderen deutschen Kleinstwagen-Anbieter. Auch wenn der KR 175 sich sehr gut verkaufte, genügte er den Ansprüchen der Alltagstauglichkeit nur minimal. Den Volksmund beflügelte vor allem die Plexiglashaube, die dem KR 175 Spötteleien wie „Menschen in Aspik" oder „Schneewittchensarg" eintrugen. Der Fichtel & Sachs-Einzylinder-Zweitaktmotor saß vor dem Hinterrad, das er über eine Kette antrieb. Die Produktion des KR 175 lief nur von Frühjahr 1953 bis Anfang 1956; dann griffen die bitter notwendigen Verbesserungen. Heute liegen die Preise auf hohem Niveau.

Preise	1	2	3	4	5
KR 175, Kbr	37.400	24.400	18.800	8.900	5.000

Motor/Antrieb	
Bauart	Einzylinder-Zweitaktmotor
Lage/Antrieb	Heck/Heck
Hubraum in cm³	174
PS/min	11/5250
Vmax in km/h	80
Karosserie	
Bauart	Kleinwagen
Tragstruktur	Rohrrahmen
Material	Stahlblech
Stückzahl und Marktsituation	
Produktionszahl	ca. 10.000
Verfügbarkeit	schlecht
Teilesituation	schwierig
Unterhaltskosten	niedrig

Messerschmitt KR 200, FMR KR 200, KR 201 1955-1964

Zur ausgereiften Konstruktion wurde der Kabinenroller in seiner zweiten Auflage. Zu erkennen ist sie an ihren Radausschnitten in den vorderen Kotflügeln und am flugzeugähnlichen Steuerknüppel, der den motorradartigen Lenker des KR 175 ablöste. Der Motor von Fichtel & Sachs hatte 191 cm³ und lieferte etwas mehr Drehmoment als der Vorgänger, vor allem aber ermöglichte er eine Höchstgeschwindigkeit von 90 km/h. Neben der Kabinenroller-Version mit Plexiglashaube gab es ab 1957 einen Roadster namens KR 201. Seine besten Jahre hatte der KR 200 bis 1958 erlebt: Mit steigender Kaufkraft des mittelständischen Publikums sackte die Nachfrage bald ab und ermöglichte nur noch kleinste Stückzahlen. Seine letzten Jahre verbrachte der „Karo" bereits als leicht skurriles Liebhaberstück; ein automobiles Spielzeug, das es fabrikfrisch zu kaufen gab.

Bild: © Jürgen Schlegelmilch

Preise	1	2	3	4	5
KR 200, Kbr	40.500	26.400	19.500	10.100	5.400
KR 201, Rds	36.700	23.800	17.800	8.800	5.000

Motor/Antrieb	
Bauart	Einzylinder-Zweitaktmotor
Lage/Antrieb	Heck/Heck
Hubraum in cm³	191
PS/min	9,7/5000 bis 10,2/5250
Vmax in km/h	90
Karosserie	
Bauart	Kleinwagen
Tragstruktur	Rohrrahmen
Material	Stahlblech
Stückzahl und Marktsituation	
Produktionszahl	ca. 46.000
Verfügbarkeit	schlecht
Teilesituation	schwierig
Unterhaltskosten	niedrig

FMR Tg 500 — 1958-1961

Eigentlich sollte die Sportversion des Kabinenrollers Tiger heißen – aber diesen Namen hatte sich der Lkw-Hersteller Krupp reserviert. Also blieb es beim Kürzel Tg 500, hinter dem sich vier Räder, zwei Zylinder und 19,5 PS Leistung verbargen. In Verbindung mit der fast 1:1 übersetzten Achsschenkellenkung und dem geringen Gewicht von 360 Kilogramm kam uriger Fahrspaß auf. Mit seinem Preis von 3700 Mark erreichte der Tiger allerdings schon VW-Dimensionen. Der Tg 500 war ein Fall für Enthusiasten und so blieb es bei einer Mini-Serie von 290 Stück; 90 davon gingen in den Export.

Preise	1	2	3	4	5
Tg 500, Kbr	k.N.	120.000	86.000	64.000	k.N.

Motor/Antrieb	
Bauart	Zweizylinder-Zweitaktmotor
Lage/Antrieb	Heck/Heck
Hubraum in cm³	493
PS/min	19,5/5000
Vmax in km/h	125
Karosserie	
Bauart	Kleinwagen
Tragstruktur	Rohrrahmen
Material	Stahlblech
Stückzahl und Marktsituation	
Produktionszahl	290
Verfügbarkeit	schlecht
Teilesituation	schwierig
Unterhaltskosten	niedrig

MG (GB) • 1923-1980, 1985-2005, seit 2007

In der Morris Garage, kurz MG, entstand 1923 unter der Leitung von Cecil Kimber das erste Automobil, das den Namen MG trug. Sport- und Luxuswagen machten die Marke mit dem Oktaeder weltberühmt. Cecil Kimber verunglückte bereits 1945 im Alter von 54 Jahren tödlich.

Nach 1945 wurden in Abingdon die TC-Modelle gefertigt, hinter der Marke stand nun der Nuffield-Konzern mit den Marken Morris, MG, Wolseley und Riley. 1952 kam die Nuffield-Gruppe zur BMC, die sich 1968 zur BLMC vergrößerte.

Nachdem der Markenname einige Jahre geschlummert hatte, wurde 1995 wieder ein MG-Roadster präsentiert, als Modell der Marke Rover, die bis März 2000 zu BMW gehörte. MG überlebte in der MG Rover Group bis zu deren Konkurs im April 2005.

Noch im gleichen Jahr griffen die Chinesen zu: Nanjing Automobile kaufte Rover – um 2007 von der ebenfalls chinesischen SAIC aufgekauft zu werden. Die begann 2007 tatsächlich mit der Fertigung des TF Roadster sowie des Roewe 750, dem Nachfolger des Rover 75. Von 2008 bis 2016 existierte zudem eine Fahrzeugmontage von in China vorproduzierten Teilen im englischen Longbridge.

Seither verkauft MG lediglich zwei in China produzierte, günstige Fahrzeugmodelle. Zudem befindet sich die Designabteilung von SAIC in London. Weiterhin in England aktiv ist SAIC mit einem Entwicklungszentrum, in dem mehrere hundert Mitarbeiter MG-Modelle entwickeln. Aktuell sind auf dem europäischen Markt neun vollelektrische Modelle erhältlich.

Bild: © MG

Alte Marke, neue Technik: Vollelektrische Modelle sollen die Zukunft von MG sichern.

M

MG J1 Midget, J2 Midget, J3 Supercharged, J4 Supercharged — 1932-1934

In einer kurzen Zeitspanne von nur rund vier Jahren produzierte MG die sportlichen, kleinen und hübschen J-Modelle, die der Marke eine enorme Reputation einbrachten – nicht zuletzt, weil sie dank ihrer Vierzylindermotoren mit obenliegender Nockenwelle und Querstromkopf eine Menge Leistung zu einem noch erschwinglichen Tarif boten. Den J1 gab es mit offenen oder geschlossenen Karosserien für vier Personen, während der J2 als zweisitziger Sportwagen gebaut wurde. Die Modelle J3 und der kompromisslos schnelle J4 besaßen ab Werk Kompressoren und einen auf 746 cm³ reduzierten Hubraum, um in der 750-cm³-Klasse starten zu können. Trotz ihrer günstigen Preise stattete MG die J-Modelle bereits mit einem Zwölf-Volt-System und einer Zentralschmierung aus, ebenso besaßen sie Vierganggetriebe, die allerdings noch unsynchronisiert waren.

Preise	1	2	3	4	5
J2 Midget, Rds	36.000	28.000	20.000	11.000	k. N.

Motor/Antrieb	
Bauart	Vierzylinder (Reihe)
Lage/Antrieb	Front/Heck
Hubraum in cm³	746, 847
PS/min	36/5500 bis 72/6000
Vmax in km/h	105 bis 160
Karosserie	
Bauart	Limousine (2-türig), Coupé, Cabriolet
Tragstruktur	Kastenrahmen
Material	Stahlblech
Stückzahl und Marktsituation	
Produktionszahl	J1: 380; J2: 2083
Verfügbarkeit	ausreichend
Teilesituation	ausreichend
Unterhaltskosten	mittel

MG TA, TB — 1936-1939

1936 kam der MG TA auf den Markt, ein beliebtes Sportgerät für junge und junggebliebene Leute, das unter Europas Enthusiasten begeisterte Aufnahme fand. Sein fast 1300 cm³ großer Vierzylinder-Motor hatte mit 50 PS durchaus genügend Leistung für viel Fahrspaß auf kurvigen Landsträßchen. Mit 54 PS bot der kurz vor dem Krieg erschienene TB etwas mehr Leistung, an der technischen Grundkonstruktion hatte sich aber auch beim nach dem Krieg gebauten MG TC praktisch nichts geändert. Der bekannte Automobil-Journalist Paul Simsa charakterisierte den Reiz der frühen MG auf unübertreffliche Art: „Würzig wie alter Whiskey" nannte er die knorrigen Automobile, von denen einst eine Generation junger Sportfahrer träumte.

Preise	1	2	3	4	5
TA, Rds	36.900	27.200	18.800	9.900	5.900

Motor/Antrieb	
Bauart	Vierzylinder (Reihe)
Lage/Antrieb	Front/Heck
Hubraum in cm³	1292, 1250
PS/min	50/4500, 54/5200
Vmax in km/h	120 bis 125
Karosserie	
Bauart	Roadster
Tragstruktur	Kastenrahmen
Material	Stahlblech
Stückzahl und Marktsituation	
Produktionszahl	3381
Verfügbarkeit	ausreichend
Teilesituation	ausreichend
Unterhaltskosten	niedrig

Bild: © Archiv HEEL Verlag

MG TC **1945-1949**

Mit viel Charme präsentierte sich der erste Nachkriegssportwagen der Marke MG, der schon 1945 auf den Markt kam. Besonders in Amerika entwickelte er sich zu einem sensationellen Verkaufserfolg. Die Konstruktion nach alter Väter Sitte stammte in direkter Linie vom MG TB von 1939 ab: Ein nicht sonderlich steifer Kastenrahmen, der 1250-cm^3-Vierzylinder mit 54 PS und die feinen Linien der Roadster-Karosserie im klassischen Stil vermittelten lebhafte Sportwagenfreuden bei recht günstigen Anschaffungs- und Unterhaltskosten. Von seinem erfreulichen Charakter hat der TC bis heute nichts eingebüßt – im Gegenteil. Nur mit dem Preis schaut es nicht so rosig aus: Die seltenen Besitzerwechsel werden heutzutage vom Geknister zahlreicher großer Geldscheine begleitet.

Bild: © Jürgen Schlegelmilch

Preise	1	2	3	4	5
TC, Rds	37.500	27.700	19.100	9.400	5.700

Motor/Antrieb	
Bauart	Vierzylinder (Reihe)
Lage/Antrieb	Front/Heck
Hubraum in cm^3	1250
PS/min	54/5200
Vmax in km/h	120 bis 130
Karosserie	
Bauart	Roadster
Tragstruktur	Kastenrahmen
Material	Stahlblech
Stückzahl und Marktsituation	
Produktionszahl	10.000
Verfügbarkeit	ausreichend
Teilesituation	ausreichend
Unterhaltskosten	niedrig

MG YA, YT, YB **1947-1953**

Geschmackssicher führte MG 1947 auch eine kompakte viertürige Limousine ein. Mit an der B-Säule angeschlagenen Türen zeigte sie sich durchaus zeitgemäß, das robuste Fahrwerk mit vorderer Einzelradaufhängung war sogar modern. Auch ein viersitziges Cabriolet wurde angeboten. 1947 repräsentierte die Y-Limousine die sportlich angehauchte untere Mittelklasse, wobei der gute Ruf des Markennamens beim Verkauf half. Ungewöhnlich waren Teile der Ausstattung, beispielsweise die serienmäßig montierten hydraulischen Wagenheber. Mit dem serienmäßigen Sonnendach bot auch die Limousine viel Frischluftvergnügen. 1952 erfolgten geringe Karosseriemodifikationen und es gab kleinere 15-Zoll-Räder. Das Cabriolet erschien erst 1950 auf dem Markt.

Bild: © Jürgen Schlegelmilch

Preise	1	2	3	4	5
YA, L4t	19.300	12.700	8.400	4.700	2.100
YB, L4t	19.900	13.000	8.600	4.900	2.200

Motor/Antrieb	
Bauart	Vierzylinder (Reihe)
Lage/Antrieb	Front/Heck
Hubraum in cm^3	1250
PS/min	47/4800 bis 54/5200
Vmax in km/h	115 bis 120
Karosserie	
Bauart	Limousine (4-türig), Cabriolet
Tragstruktur	Kastenrahmen
Material	Stahlblech
Stückzahl und Marktsituation	
Produktionszahl	ca. 7035
Verfügbarkeit	schlecht
Teilesituation	schwierig
Unterhaltskosten	niedrig

MG TD **1949-1953**

Der Modellwechsel vom TC zum TD bedeutete einen großen technischen Fortschritt. Das neue, schon bei der kleinen Limousine gezeigte Fahrwerk hatte nun vorn Einzelradaufhängung, die Räder waren 15 Zoll groß, und trotz traditionell gehaltener Linie wirkte das Aussehen durchaus zeitgemäß und modern. Der TD wurde zum meistverkauften T-Serie-MG, heute liegt deswegen sein Preis auch leicht unter seinen Vorgängermodellen. Der TD Mk II besaß acht PS mehr als der Vorgänger und drehte etwas höher.

Bild: © Archiv HEEL Verlag

Preise	1	2	3	4	5
TD, Rds	32.700	24.500	17.100	8.800	5.200

Motor/Antrieb	
Bauart	Vierzylinder (Reihe)
Lage/Antrieb	Front/Heck
Hubraum in cm^3	1250
PS/min	55/5200 bis 63/5800
Vmax in km/h	120 bis 130
Karosserie	
Bauart	Roadster
Tragstruktur	Kastenrahmen
Material	Stahlblech
Stückzahl und Marktsituation	
Produktionszahl	29.664
Verfügbarkeit	ausreichend
Teilesituation	ausreichend
Unterhaltskosten	niedrig

MG Magnette ZA, ZB **1953-1959**

Schon vor dem Krieg hatte es MG-Magnette-Modelle gegeben, und 1953 lebte der Name wieder im Programm auf. Die hübsche, von Garry Palmer entworfene Karosserie gab es schon seit dem Vorjahr als Wolseley 4/44. Unter der Haube fand sich auch kein spezieller MG-Motor, sondern ein BMC-Aggregat mit 1,5 Litern Hubraum und 61 oder 69 PS. Im Innenraum beherrschten großflächige Holztäfelungen und üppige Ledersessel das Bild. Auch an sachlichen Vorzügen hatten die Magnette-Modelle Einiges zu bieten: ein gutes Raumangebot, gute Fahreigenschaften und auch tüchtige Fahrleistungen. Hier zu Lande wurden die Magnette-Modelle nicht offiziell vertrieben; sie gehören daher heute zu den absoluten Ausnahme-Klassikern im deutschen Oldtimer-Angebot.

Bild: © Archiv HEEL Verlag

Preise	1	2	3	4	5
Magnette ZA, L4t	17.700	11.000	6.800	2.600	800
Magnette ZB, L4t	18.500	11.400	7.100	2.900	900

Motor/Antrieb	
Bauart	Vierzylinder (Reihe)
Lage/Antrieb	Front/Heck
Hubraum in cm^3	1489
PS/min	61/4600 bis 69/5400
Vmax in km/h	130 bis 145
Karosserie	
Bauart	Limousine (4-türig)
Tragstruktur	selbsttragend
Material	Stahlblech
Stückzahl und Marktsituation	
Produktionszahl	12.754
Verfügbarkeit	schlecht
Teilesituation	schwierig
Unterhaltskosten	mittel

MG TF 1250, TF 1500 — 1953-1955

Heute würde der Modellwechsel vom TD zum TF nur als Facelift bezeichnet, denn mehr war es nicht: Eine leicht modernisierte Karosserie, ein anderes Armaturenbrett mit zentral angeordneten Instrumenten und der 1954 eingeführte 1500er-Motor waren hier die Highlights. Speziell der TF 1500 ist heute begehrt und erzielt hohe Preise auf dem Klassikermarkt – er wurde nur rund 3400 Mal hergestellt und verbindet die Vorkriegs-Tradition der Marke MG mit den erfüllten Leistungswünschen der 1950er Jahre. Der TF-Motor sorgte überdies für neue Sporterfolge: Vor dem Einsatz in der Serie hatte Captain George Eyston mit einem MG-Rekordfahrzeug auf dem Salzsee in Utah einige Geschwindigkeitsrekorde mit dem 1500er-Motor aufgestellt. Letztlich verlangte aber speziell der US-Markt nach einem Sportwagen auf der Höhe seiner Zeit: So blieb es für den TF bei einer Fertigungsdauer von nur zwei Jahren.

Bild: © Jürgen Schlegelmilch

Preise	1	2	3	4	5
TF 1250, Rds	34.000	25.300	17.300	8.900	5.300
TF 1500, Rds	35.600	26.300	17.900	9.300	5.600

Motor/Antrieb	
Bauart	Vierzylinder (Reihe)
Lage/Antrieb	Front/Heck
Hubraum in cm³	1250, 1466
PS/min	58/5500 bis 64/5000
Vmax in km/h	130 bis 140
Karosserie	
Bauart	Roadster
Tragstruktur	Kastenrahmen
Material	Stahlblech
Stückzahl und Marktsituation	
Produktionszahl	6200, 3400
Verfügbarkeit	ausreichend
Teilesituation	ausreichend
Unterhaltskosten	mittel

MG A Roadster — 1955-1962

Mit der schlichten Modellbezeichnung A kam 1955 endlich ein lang gehegtes Projekt des Konstrukteurs Sidney Enever auf den Markt. Der Zusammenschluss zur BMC hatte das Projekt verzögert. Für Erfolg sorgte neben dem gelungenen Aussehen die zweckorientierte Technik mit robusten Motoren und einem narrensicheren Fahrwerk. Zwar war der MG A leistungsmäßig seinen Hauptkonkurrenten, den Triumph-Modellen TR 2 und TR 3, unterlegen, doch überflügelte er diese an der Verkaufsfront deutlich. Er avancierte zum erfolgreichsten britischen Sportwagen in der zweiten Hälfte der 1950er Jahre. Gezielte Modellpflege sicherte den anhaltenden Erfolg dieses Modells. Wen interessierte da am Ende noch das gequälte Aufstöhnen der MG-Fundamentalisten, die ihn 1955 als Sportwagen für Girlies und Weichlinge gebrandmarkt hatten?

Bild: © Ralf Christian Kunkel

Preise	1	2	3	4	5
MG A 1500, Rds	35.300	24.400	16.000	8.600	4.000
MG A Mk I, Rds	36.800	25.300	16.600	9.000	4.200
MG A Mk II, Rds	37.200	25.600	16.800	9.100	4.200

Motor/Antrieb	
Bauart	Vierzylinder (Reihe)
Lage/Antrieb	Front/Heck
Hubraum in cm³	1489, 1588, 1622
PS/min	69/5500 bis 90/5500
Vmax in km/h	155 bis 170
Karosserie	
Bauart	Roadster
Tragstruktur	Kastenrahmen
Material	Stahlblech
Stückzahl und Marktsituation	
Produktionszahl	98.967 (inkl. Coupé)
Verfügbarkeit	gut
Teilesituation	gut
Unterhaltskosten	mittel

M

MG A Coupé — 1956-1962

Dem MG A steht auch das feste Coupédach gut, doch die Freunde britischer Sportwagen bevorzugen heute natürlich den Roadster. Nach den Regeln des Marktes ist das Coupé daher die deutlich preiswertere Alternative, bei der dennoch viel Atmosphäre geboten wird. An der Technik und somit auch an der Fahrdynamik änderte sich im Vergleich zur offenen Version nichts, wohl aber an der Ausstattung. Unter dem rundlichen Dach verwöhnte das A-Coupé mit viel Komfort: mit gepolstertem Armaturenbrett, Teppichboden und seitlichen Ausstellfenstern. Die Komfort-Beigaben ändern aber natürlich nichts daran, dass ein perfektes Coupé mindestens 20 Prozent billiger gehandelt wird als der Roadster.

Bild: © Kai Achenboch

Preise	1	2	3	4	5
MG A 1500, Cpe	31.300	21.500	14.200	7.700	3.500
MG A Mk I, Cpe	31.600	21.700	14.300	7.700	3.500
MG A Mk II, Cpe	32.800	22.600	14.800	8.100	3.700

Motor/Antrieb	
Bauart	Vierzylinder (Reihe)
Lage/Antrieb	Front/Heck
Hubraum in cm³	1489, 1588, 1622
PS/min	69/5500 bis 90/5500
Vmax in km/h	155 bis 165
Karosserie	
Bauart	Coupé
Tragstruktur	Kastenrahmen
Material	Stahlblech
Stückzahl und Marktsituation	
Produktionszahl	98.967 (inkl. Roadster)
Verfügbarkeit	gut
Teilesituation	gut
Unterhaltskosten	mittel

MG A Twin Cam — 1958-1960

Deutlich geringere Stückzahlen und ein kräftigerer Motor sorgen heute für hohe Preise beim MG A Twin Cam. Auch in den 1950er Jahren galt er als aufregendes Auto: 108 PS reichten damals aus, um die Überholspuren der Welt souverän dominieren zu können. Ganz gesund war die dohc-Version des doch schon betagten Vierzylinders freilich nicht: Nur drei Kurbelwellenlager bei Drehzahlen bis zu 7000/min sorgten für zahlreiche Motorschäden. Die übergroße Anfälligkeit kratzte am guten Ruf des Zweisitzers, der wie die schwächeren Modelle als Roadster und Coupé offeriert wurde. Da die Konstruktionsschwächen inzwischen durchaus zu besiegen sind, ist der Twin Cam gerade im Hinblick auf den historischen Motorsport heute eine besonders gefragte Ausführung.

Bild: © Archiv HEEL Verlag

Preise	1	2	3	4	5
MG A Twin Cam, Cpe	48.000	36.800	24.000	13.200	7.800
MG A Twin Cam, Rds	53.800	39.800	27.900	15.700	8.800

Motor/Antrieb	
Bauart	Vierzylinder (Reihe)
Lage/Antrieb	Front/Heck
Hubraum in cm³	1588
PS/min	108/6500
Vmax in km/h	180
Karosserie	
Bauart	Coupé, Roadster
Tragstruktur	Kastenrahmen
Material	Stahlblech
Stückzahl und Marktsituation	
Produktionszahl	2111
Verfügbarkeit	schlecht
Teilesituation	schwierig
Unterhaltskosten	hoch

MG Magnette Mk III und Mk IV — 1959-1968

Auch bei diesem Modell rührt die Markenidentität hauptsächlich vom Oktaeder, dem Markenemblem. Die gleichen, von Pinin Farina geschaffenen Karosserie-Linien hatten auch andere BMC-Mittelklassemodelle. Dem sportlichen Image folgend, zeigte der Innenraum des Viertürers einige sportliche Merkmale. Unter der Haube arbeitete im Mk III der bekannte 1,5-Liter-Vierzylinder, der im Mk IV 1,6 Liter Hubraum aufwies. Insgesamt war dies zu wenig, um Markenfreunde wirklich zu überzeugen. Weniger als 30.000 verkaufte Magnette sprechen eine deutliche Sprache.

Bild: © Archiv HEEL Verlag

Preise	1	2	3	4	5
Magnette Mk III, L4t	17.200	10.500	6.700	3.700	1.500
Magnette Mk IV, L4t	17.800	10.900	6.900	3.800	1.500

Motor/Antrieb	
Bauart	Vierzylinder (Reihe)
Lage/Antrieb	Front/Heck
Hubraum in cm³	1489, 1622
PS/min	67/5200 bis 68/5000
Vmax in km/h	140
Karosserie	
Bauart	Limousine (4-türig)
Tragstruktur	selbsttragend
Material	Stahlblech
Stückzahl und Marktsituation	
Produktionszahl	15.676, 13.738
Verfügbarkeit	schlecht
Teilesituation	ausreichend
Unterhaltskosten	mittel

MG Midget — 1961-1979

Wer den Midget mit einem Austin-Healey Sprite Mk II verwechselt, liegt so falsch nicht. Schließlich unterscheiden sich die beiden fast nur durch einen anderen Kühlergrill, leicht geänderten Chromzierrat und die entsprechenden Markenembleme. Die daraus resultierenden Synergieeffekte mögen für das Unternehmen positiv gewesen sein, doch für die Freunde der Marke blieb es eine bittere Pille. Man schluckte sie dennoch 18 Jahre lang fast eine viertel Million mal, denn Fahrvergnügen bot der Midget so günstig wie kaum ein anderer. Zuletzt wanderte sogar noch ein Motor von Triumph unter die Haube: der langhubige 1,5 Liter aus dem Spitfire. Davon war das Publikum weniger begeistert, ebenso stießen die hässlichen Gummistoßstangen auf wenig Gegenliebe, doch die US-Zulassungsbestimmungen hatten sie gefordert.

Bild: © Andreas Beyer

Preise	1	2	3	4	5
Midget Mk I (1100), Rds	22.200	14.000	9.000	4.400	1.900
Midget Mk II, Cab	21.400	13.300	8.400	4.000	1.900
Midget Mk III, Cab	20.600	12.800	8.200	3.900	1.800
Midget 1500, Cab	14.900	9.500	5.900	2.900	1.300

Motor/Antrieb	
Bauart	Vierzylinder (Reihe)
Lage/Antrieb	Front/Heck
Hubraum in cm³	948, 1098, 1275, 1493
PS/min	46/5500 bis 66/5500
Vmax in km/h	135 bis 160
Karosserie	
Bauart	Roadster
Tragstruktur	selbsttragend
Material	Stahlblech
Stückzahl und Marktsituation	
Produktionszahl	224.839
Verfügbarkeit	üppig
Teilesituation	sehr gut
Unterhaltskosten	mittel

MG B — 1962-1980

Erheblich moderner zeigte sich der Nachfolger des MG A. Das folgerichtig MG B genannte Modell zeichnete sich durch eine selbsttragende Karosserie mit gefälligen, klaren Linien und einen stärkeren Motor aus. Die kontinuierliche Weiterentwicklung sorgte dann auch für einen überragenden Markterfolg, der bis 1980 anhielt und ihn zum erfolgreichsten britischen Sportwagen aller Zeiten machte. Heute werden die Modelle mit verchromten Stoßstangen bevorzugt, denn die später verwendeten Gummistoßfänger machten den Wagen nicht gerade attraktiver – und nicht wenige Besitzer haben die Chromschnauze nachgerüstet. Alle Modelle überzeugen mit guter Alltagstauglichkeit und niedrigen Unterhaltskosten: Es gibt praktisch kein MG B-Ersatzteil, das nicht lieferbar wäre! Allerdings ist die Qualität mitunter schlecht.

Bild: © Jürgen Schlegelmilch

Preise	1	2	3	4	5
MG B Mk I (1964-1967), Cab	28.400	18.500	12.800	7.500	3.600
MG B Mk II (1967-1971), Cab	25.800	16.800	11.500	6.800	3.300
MG B Mk III (1971-1974), Cab	25.800	16.800	11.600	6.800	3.300
MG B (1974-1980), Cab	20.400	13.300	9.000	5.300	2.600

Motor/Antrieb	
Bauart	Vierzylinder (Reihe)
Lage/Antrieb	Front/Heck
Hubraum in cm³	1798
PS/min	92/5400 bis 95/5500
Vmax in km/h	165 bis 175
Karosserie	
Bauart	Roadster
Tragstruktur	selbsttragend
Material	Stahlblech
Stückzahl und Marktsituation	
Produktionszahl	387.259
Verfügbarkeit	üppig
Teilesituation	sehr gut
Unterhaltskosten	mittel

MG B GT — 1965-1980

Besonders reizvoll wirkt bis heute die Kombination von Sportlichkeit und praktischen Talenten. Der MG B GT bietet beides, weil er die Basis des B-Roadsters mit einer weit öffnenden Heckklappe und umlegbaren Rücksitzen verbindet. Das Modell wurde 1965 eingeführt und kam bis 1980 auf die erstaunliche Produktionszahl von über 125.000 hergestellten Fahrzeugen. Offensichtlich erschloss sich der GT neue Kundenkreise, die in ihm den preiswerten Sportwagen mit ausgeprägten praktischen Qualitäten fanden. Technisch ist der GT mit dem Roadster identisch.

Bild: © Alltagsklassiker

Preise	1	2	3	4	5
MG B GT Mk I (1965-1967), Cpe	29.200	19.000	13.000	7.000	3.700
MG B GT Mk II (1967-1971), Cpe	27.300	17.800	12.300	7.200	3.500
MG B GT Mk III (1971-1974), Cpe	26.200	17.000	11.700	6.900	3.300
MG B GT (1974-1980), Cpe	19.100	12.400	8.500	5.000	2.400

Motor/Antrieb	
Bauart	Vierzylinder (Reihe)
Lage/Antrieb	Front/Heck
Hubraum in cm³	1798
PS/min	92/5400 bis 95/5500
Vmax in km/h	170
Karosserie	
Bauart	Coupé
Tragstruktur	selbsttragend
Material	Stahlblech
Stückzahl und Marktsituation	
Produktionszahl	125.621
Verfügbarkeit	üppig
Teilesituation	sehr gut
Unterhaltskosten	mittel

MG C und GT, MG B GT V8 — 1967-1976

Nach der Papierform hätte es ein Knaller werden müssen: Als Nachfolger des Austin-Healey hatte der MG C viel Leistung unter der kompakten Karosserie. Enttäuschend jedoch die Praxis: Trotz 15-zölliger Räder und Änderungen an der Vorderachse fuhr sich das Auto zu kopflastig. Das änderte sich zwar mit dem Einsatz des Rover-V8-Motors, half aber den Verkaufszahlen auch nicht mehr auf die Sprünge. Eine Lufthutze auf der Motorhaube kündet beim C-Modell vom Leistungszuwachs gegenüber den Vierzylindern. Die niedrigen Stückzahlen sorgen indes heute für ein stolzes Preisniveau.

Bild: © MG

Preise	1	2	3	4	5
MG C, Cab	34.700	22.800	15.400	7.600	3.000
MG C GT, Cpe	34.100	22.900	14.700	7.300	3.000
MG B GT V8 (1974-1976), Cpe	34.500	23.200	14.300	7.300	2.600

Motor/Antrieb	
Bauart	Sechszylinder (Reihe), V8
Lage/Antrieb	Front/Heck
Hubraum in cm³	2912, 3528
PS/min	145/5250 bis 137/5000
Vmax in km/h	185 bis 195
Karosserie	
Bauart	Coupé, Roadster
Tragstruktur	selbsttragend
Material	Stahlblech
Stückzahl und Marktsituation	
Produktionszahl	8899, 2591
Verfügbarkeit	ausreichend
Teilesituation	gut
Unterhaltskosten	hoch

MG RV8 — 1993-1996

Anfang der 1990er holte Rover den MGB in sein zweites Leben. Mazda hatte mit dem MX-5 gerade in der Nische des Roadsters erfolgreich gestochert – und standen da nicht noch irgendwo die Presswerkzeuge der eigenen Roadster-Legende seit 1980 nutzlos herum? Also ein Comeback wagen: Immerhin 2000 Exemplare des MG RV8, wie der neue Alte hieß, bauten die Insulaner bis 1995. Alle mit dem 190 PS starken, mächtigen Vierliter-Range-Rover-V8 unter der Haube, viel Holz und Leder innen und rustikaler Starrachse samt Blattfedern hinten. Immerhin ein Viertel aller Komponenten, unter anderem die Hauben und Türen, waren absolut baugleich mit den einstigen MGB-Teilen. Gewöhnung erforderte vor allem die moderne Plastikfront, die keine rechte Symbiose mit der klassischen MGB-Silhouette eingehen mochte. Rover bot den RV8 nur als zweisitzigen Roadster an, nicht als Coupé. Abgelöst wurde er vom modernen MGF mit Mittelmotor. Schon zu seinen Lebzeiten galt der RV8 als schrulliger Anachronismus. Heute ist dieser anglophile Haudegen als Klassiker umso begehrenswerter.

Bild: © MG

Preise	1	2	3	4	5
RV8 (1993-1996), Rds	40.100	28.100	19.100	13.700	k.N.

Motor/Antrieb	
Bauart	V8
Lage/Antrieb	Front/Heck
Hubraum in cm³	3947
PS/min	190/4750
Vmax in km/h	217
Karosserie	
Bauart	Roadster
Tragstruktur	selbsttragend
Material	Stahlblech
Stückzahl und Marktsituation	
Produktionszahl	2000
Verfügbarkeit	ausreichend
Teilesituation	ausreichend
Unterhaltskosten	mittel

MG F, TF — 1995-2005

Mitte der 1990er Jahre keimte nochmals Hoffnung auf. MG präsentierte den F, der rasch als der beliebteste Sportwagen Großbritanniens galt. Sein knappes Format war eine Antwort auf den erfolgreichen Mazda MX-5. Allerdings hob er sich mit seinem Mittelmotor-Konzept deutlich von den Mitbewerbern ab. Rover, damals zu BMW gehörend, bot den MG F mit verschiedenen 1,6- und 1,8-Liter-Motoren an, der mit seinem komfortablen wie sportlichen Hydragas-Fahrwerk eine weitere Besonderheit aufwies. Die entfiel ab 2002 jedoch, als mit dem MG TF ein modellgepflegtes Fahrzeug auf den Markt kam, dessen Name an den klassischen TF der 1950er Jahre erinnern sollte. 2005 brach MG Rover zusammen, die Produktion stoppte, bis sie die neuen chinesischen Eigner 2007 wieder aufleben ließen.

Bild: © MG

Preise	1	2	3	4	5
MG TF, Rds	k.N.	8.000	4.700	2.400	800

Motor/Antrieb	
Bauart	Vierzylinder (Reihe)
Lage/Antrieb	Mitte/Heck
Hubraum in cm³	1588, 1795
PS/min	120/5500 bis 160/6900
Vmax in km/h	190 bis 220
Karosserie	
Bauart	Roadster
Tragstruktur	selbsttragend
Material	Stahlblech
Stückzahl und Marktsituation	
Produktionszahl	k.A.
Verfügbarkeit	ausreichend
Teilesituation	ausreichend
Unterhaltskosten	hoch

Midas (GB) • seit 1975

Das Midas-Projekt geht auf die Firma D&H Fibreglass Techniques in Greenfield (Vereinigtes Königreich) zurück, die 1975 von Jem Marsh die Produktionslizenz für den Mini Marcos übernommen hatte. Harold Dermott, ehemaliger Jaguar-Entwickler, und Maurice Holt, die Männer hinter D&H, ließen 1977 die Karosserieform des Mini Marcos vom führenden Kit-Car Designer Richard Oakes überarbeiten. Sogar der ehemalige Formel-1-Konstrukteur Gordon Murray, selbst Midas-Besitzer, war an dem Projekt in den frühen 1980er Jahren beratend beteiligt. Einige aerodynamische Verbesserungen wurden auf seinen Rat hin umgesetzt. 1989 setzte ein Großbrand der Produktion ein Ende. In Folge gingen die Rechte an Midas durch verschiedene Hände, bis sie 2003 bei dem Unternehmen Alternative Cars landeten, das seither nicht nur den Midas Gold baut, sondern zudem einen Excelsior genannten Roadster sowie ein Coupé, das als Cortez vermarktet wird. Als dessen technische Basis dient der Rover Metro.

Aktuelle Angaben sind schwierig zu bekommen, da die Website der Marke seit 2007 nicht mehr aktualisiert worden ist. Auch über weitere Aktivitäten ist nichts bekannt.

Midas Bronze 1978-1989

Längst nicht alle englischen Bausatzautos zeigten die Qualitäten des Midas Bronze. Der bestach nämlich mit einer wohlgeformten Karosserie aus Kunststoff auf einem Monocoque aus gleichem Material, einer hochwertigen Qualität und robuster Technik vom Mini. Der hohe Anteil von Kunststoff und ein vorderer Hilfsrahmen aus verzinktem Blech machten den kleinen Sportwagen fast völlig immun gegen Rost. In zehnjähriger Bauzeit entstanden 350 solcher Wagen, die trotz der niedrigen Stückzahl heute recht preiswert zu finden sind. Schuld daran ist das knuffige Design der Midas-Karosserie, ein etwas kantiger Entwurf im Stil der 1970er Jahre, dessen skurriler Charme nicht unbedingt mehrheitsfähig ist.

Preise	1	2	3	4	5
Bronze, Cpe	10.100	5.900	3.000	1.800	500

Motor/Antrieb	
Bauart	Vierzylinder (Reihe)
Lage/Antrieb	Front/Front
Hubraum in cm³	998, 1275
PS/min	46/5500 bis 72/6000
Vmax in km/h	150 bis 170
Karosserie	
Bauart	Coupé
Tragstruktur	selbsttragend
Material	Kunststoff
Stückzahl und Marktsituation	
Produktionszahl	350
Verfügbarkeit	schlecht
Teilesituation	ausreichend
Unterhaltskosten	mittel

Midas Gold, Gold Cabriolet 1985-1989

Parallel zum Midas Bronze baute die Firma ab 1985 auch das unter Mithilfe des ehemaligen Brabham Formel-1-Designers Gordon Murray weiterentwickelte Modell Gold. Die knuffige Karosserie mit Respekt heischenden Kotflügelverbreiterungen zeigte zeitgemäße Rundungen. Neben den Bausätzen wurden nun auch – dem wandelnden Käuferverhalten entsprechend – Fertigfahrzeuge angeboten. Angetrieben wurden die Midas Gold vom 1,3-Liter-Vierzylinder aus dem Austin Metro. Das Gold Cabriolet entstand nur in ganz geringer Stückzahl, die niemals genau beziffert werden konnte.

Preise	1	2	3	4	5
Gold, Cpe	k.N.	k.N.	k.N.	k.N.	k.N.
Gold, Cab	10.600	6.200	3.100	1.900	500

Motor/Antrieb	
Bauart	Vierzylinder (Reihe)
Lage/Antrieb	Front/Front
Hubraum in cm³	1275
PS/min	69/6000 bis 94/6150
Vmax in km/h	170 bis 190
Karosserie	
Bauart	Coupé, Cabriolet
Tragstruktur	selbsttragend
Material	Kunststoff
Stückzahl und Marktsituation	
Produktionszahl	ca. 150
Verfügbarkeit	schlecht
Teilesituation	ausreichend
Unterhaltskosten	mittel

Mini (GB) • seit (1959) 1969

M

Einem einzigartigen Welterfolg wurde 1969 eigener Markenstatus zuteil. Als Austin und Morris Mini hatte der kleine Fronttriebler seit 1959 Geschichte geschrieben, und auch die Versionen von Innocenti hatten Erfolg. Als Rover Mini wurde dieser klassenlose Liebling noch bis 2001 gebaut. Sein Erbe, der New Mini, ist unter der Leitung von BMW entstanden. Vom Ur-Mini übernahm er allerdings allein den Namen und einige Design-Zitate.

Garantierter Fahrspaß: Die Mini-Modellpalette.

Bild: © BMW AG Konzernarchiv

Mini Countryman und Traveller 1960-1967

Sie sind klein, doch passt viel rein: Die beiden Kombivarianten des Mini hießen Austin Countryman, der Morris trug den Beinamen Traveller. Guten Zugang zu dem erweiterten Gepäck- und Ladeabteil gewährte die zweiflügelige Hecktür. Die Anklänge an klassische Fahrzeuge ergaben sich durch die Holzstruktur. Heute sind die Kombis zum einen selten, weil oft abgewirtschaftet und zweitens recht gesucht von Klassiker-Individualisten. Das macht sie nach den Regeln des Marktes relativ teuer. Ebenso selten sind die fensterlosen Versionen – statt Holz gibt es hier nur Blech. Der meist harte Einsatz bei Handwerkern hat ihren Bestand stark dezimiert.

Preise	1	2	3	4	5
Mini Countryman/Traveller Mk I, Kom	31.800	21.700	11.500	5.800	3.700

Motor/Antrieb	
Bauart	Vierzylinder (Reihe)
Lage/Antrieb	Front/Front
Hubraum in cm³	848, 998
PS/min	34/5000 bis 41/5000
Vmax in km/h	115 bis 130
Karosserie	
Bauart	Kombi (3-türig)
Tragstruktur	selbsttragend
Material	Stahlblech
Stückzahl und Marktsituation	
Produktionszahl	k.A.
Verfügbarkeit	ausreichend
Teilesituation	gut
Unterhaltskosten	niedrig

Mini Cooper

1961-1969

John Cooper, der britischen Motorsport-Legende, war es vorbehalten, 1961 den ersten frisierten Mini auf den Markt zu bringen. Unter seiner Hand hatte der Einliter eine Kraftkur auf 56 PS mitgemacht. Die Mehrleistung wurde durch eine vordere Scheibenbremsanlage, die Hydrolastic-Federung und einen sportlicher bestückten Innenraum ergänzt. Das Dach war farblich abgesetzt lackiert. Bei diesem attraktiven Angebot sollte ein noch drehfreudigerer Kurzhubmotor für mehr Spaß sorgen, doch dieses 1964 eingeführte Aggregat setzte sich am Markt nicht durch. Mini-Raritäten mit dieser Maschine sind heute besonders gefragt.

Bild: © BMW AG Konzernarchiv

Preise	1	2	3	4	5
Cooper 997, L2t	40.600	30.500	18.300	8.800	4.400
Cooper 998, L2t	37.300	28.100	16.900	8.100	4.100

Motor/Antrieb	
Bauart	Vierzylinder (Reihe)
Lage/Antrieb	Front/Front
Hubraum in cm³	997, 998
PS/min	56/5800, 56/6000
Vmax in km/h	145
Karosserie	
Bauart	Limousine (2-türig)
Tragstruktur	selbsttragend
Material	Stahlblech
Stückzahl und Marktsituation	
Produktionszahl	101.242
Verfügbarkeit	schlecht
Teilesituation	gut
Unterhaltskosten	niedrig

Mini Cooper S

1963-1971

Der Wahlspruch „Mehr Sein als Schein" trifft für den Cooper S in besonderem Maße zu. Unter dieser Bezeichnung traten ab 1963 die sportlichsten Minis an, die einen bis heute würdevollen Begriff für potente Kleinwagen vertreten. Motoren mit 970, 1071 und 1275 cm³ leisteten zwischen 65 und 77 PS. Das reichte für freche Fahrleistungen auf der Straße und erwies sich als taugliche Basis für den Motorsport. Besonders das 1275er-Triebwerk mit mehr Drehmoment und satten 77 PS erfreute in der Praxis. Speziell die hubraumschwächeren Versionen sind heute sehr begehrt und außerordentlich teuer, weil sie nur in geringen Stückzahlen gebaut wurden und sich für die Verwendung im historischen Motorsport eignen.

Bild: © Archiv HEEL Verlag

Preise	1	2	3	4	5
Cooper S 1275, L2t	40.400	26.300	17.400	8.400	4.300

Motor/Antrieb	
Bauart	Vierzylinder (Reihe)
Lage/Antrieb	Front/Front
Hubraum in cm³	970, 1071, 1275
PS/min	65/6500 bis 77/5900
Vmax in km/h	155 bis 165
Karosserie	
Bauart	Limousine (2-türig)
Tragstruktur	selbsttragend
Material	Stahlblech
Stückzahl und Marktsituation	
Produktionszahl	45.438
Verfügbarkeit	schlecht
Teilesituation	gut
Unterhaltskosten	niedrig

M

Mini Moke

1964-1968

Als leichtes Militärfahrzeug wurde die Adaption des Mini nicht akzeptiert. Für den Moke war das die Chance auf eine zivile Karriere: Die aufkommende Freizeitgesellschaft zeigte sich – besonders in den südlichen Ländern – von dem simplen, preiswerten und grenzenlos offenen Viersitzer recht angetan und orderte den Zwerg mit 850- oder 1000-cm³-Motor. Dieser Offenste aller Minis hatte weniger mit dem Rost zu kämpfen als die geschlossenen Brüder, denn er wurde ja hauptsächlich in schneefreien und regenarmen Gebieten eingesetzt – zwischen Jacht und Downtown St. Tropez beispielsweise. Er ist daher weniger rar als befürchtet, wenn auch nicht mehr wirklich billig.

Preise	1	2	3	4	5
Mini Moke, Tou	31.900	21.400	13.400	6.800	2.900

Motor/Antrieb	
Bauart	Vierzylinder (Reihe)
Lage/Antrieb	Front/Front
Hubraum in cm³	848, 998
PS/min	34/5000 bis 41/5000
Vmax in km/h	115 bis 130
Karosserie	
Bauart	Roadster
Tragstruktur	selbsttragend
Material	Stahlblech
Stückzahl und Marktsituation	
Produktionszahl	29.393
Verfügbarkeit	schlecht
Teilesituation	ausreichend
Unterhaltskosten	niedrig

Mini Clubman

1969-1981

Unter der Leitung des British Leyland Konzerns bekam der Mini 1969 ein Facelift verpasst, das im Nachhinein schlicht missraten wirkt. Damals sollte der kantige Bug mit dem etwas wichtigtuerischen Kühlergrill und den integrierten Scheinwerfern wohl einfach progressiv aussehen – als wenn der Mini jemals rückständig gewesen wäre ... Mit dem weiterhin angebotenen Original konnte der Neue einfach nicht mithalten. Als neuer Motor kam ein 1,1-Liter-Aggregat ins Programm. Doch das Publikum konnte sich nicht mit diesem verwässerten Konzept anfreunden – nur beim Traveller überlebte die kantige Schnauze bis 1981.

Bild: © BMW AG Konzernarchiv

Preise	1	2	3	4	5
Clubman, L2t	17.500	10.800	7.000	3.700	1.900
Clubman 1,0, Kom	22.300	15.000	8.300	3.900	2.000

Motor/Antrieb	
Bauart	Vierzylinder (Reihe)
Lage/Antrieb	Front/Front
Hubraum in cm³	998, 1098
PS/min	38/5250 bis 41/4850
Vmax in km/h	130 bis 135
Karosserie	
Bauart	Limousine (2-türig), Kombi (3-türig)
Tragstruktur	selbsttragend
Material	Stahlblech
Stückzahl und Marktsituation	
Produktionszahl	413.154
Verfügbarkeit	ausreichend
Teilesituation	sehr gut
Unterhaltskosten	niedrig

Mini 850 und 1000 (1959) 1969-1984

Zehn Jahre nach seiner Markteinführung sahen die Marketingexperten endlich ein, dass man ein im Prinzip gleiches Auto auf Dauer nicht sinnvoll parallel als Morris und Austin (siehe auch dort) vermarkten sollte. Also wurde aus dem Modell Mini die Marke Mini, was aufgrund seiner Eigenständigkeit durchaus als logischer Schritt angesehen werden kann. Kontinuierliche Modellpflege führte jedenfalls zu einer beachtlichen Reife. Mit über vier Millionen gebauten Exemplaren ist er keine Rarität, doch die frühen Baureihen machen Klassikerfreunde besonders im Originalzustand berechtigterweise an. Der 850-cm^3-Motor wurde ab 1967 durch den stärkeren Einliter-Motor ergänzt, der im Export dominierte.

Bild: © BMW AG Konzernarchiv

Preise	1	2	3	4	5
Mini (1959-1967), L2t	28.900	17.900	11.300	5.900	3.100
Mini 1000 (1969-1976), L2t	19.100	11.800	7.600	3.900	2.100
Mini 1100 Special (1977-1981), L2t	19.100	11.900	7.700	4.100	2.200

Motor/Antrieb	
Bauart	Vierzylinder (Reihe)
Lage/Antrieb	Front/Front
Hubraum in cm^3	848, 998
PS/min	34/5000 bis 41/5000
Vmax in km/h	115 bis 130
Karosserie	
Bauart	Limousine (2-türig)
Tragstruktur	selbsttragend
Material	Stahlblech
Stückzahl und Marktsituation	
Produktionszahl	ca. 4 Mio
Verfügbarkeit	üppig
Teilesituation	sehr gut
Unterhaltskosten	niedrig

Mini 1275 GT 1970-1980

Auch in seiner starken Version war der überarbeitete Mini wenig beliebt. Wer jedoch einen gutgehenden und ausgereiften Mini mit dem großen Motor sucht, kann hier zu Freundschaftspreisen fündig werden. Sein Vierzylinder mit 1275 cm^3 präsentierte sich in einer abgerüsteten Form mit 61 PS bei recht zivilen 5300/min. Sportliche Stahlräder, Rallyestreifen und eine reichhaltig bestückte Armaturentafel entsprechen ganz dem Stil der 1970er Jahre. Ein wenig aufgesetzt wirkte es freilich schon. Denn die großen Motorsport-Erfolge des wilden Cooper S lagen schließlich schon geraume Zeit zurück.

Bild: © A. Delzig

Preise	1	2	3	4	5
1275 GT, L2t	23.800	15.500	10.200	4.900	2.500

Motor/Antrieb	
Bauart	Vierzylinder (Reihe)
Lage/Antrieb	Front/Front
Hubraum in cm^3	1275
PS/min	61/5300
Vmax in km/h	140
Karosserie	
Bauart	Limousine (2-türig)
Tragstruktur	selbsttragend
Material	Stahlblech
Stückzahl und Marktsituation	
Produktionszahl	k.A.
Verfügbarkeit	ausreichend
Teilesituation	gut
Unterhaltskosten	niedrig

Austin Mini 1000 HLE, Mayfair Sport, Rover Mini, Rover Mini Cooper 1984-2001

1984 erhielten die Minis 12-Zoll-Räder und vordere Scheibenbremsen. Sieben Jahre lang musste die Einliter-Maschine mit 42 PS genügen, erst ab 1991 konnten sich sportliche Mini-Freunde wieder einen Cooper bestellen, dessen 1,3-Liter-Aggregat zunächst 61 PS leistete. Mit geregeltem Kat erhielt der Cooper eine Zentraleinspritzung, die ungeregelte Version blieb dem SU-Vergaser treu. Der Einliter-Mini war nur ohne oder mit U-Kat zu haben, beide Versionen leisteten mit SU-Vergaser 41 PS. 1993, der kleine Brite trat inzwischen als Rover Mini an, fiel der Einliter-Motor weg. Auch der schwächere Mini erhielt damals das 1275-ccm^3-Aggregat, gedrosselt auf 50 PS, später 53 PS. Der Cooper leistete 63 PS, beide Modelle verfügten jetzt über Zentraleinspritzung und G-Kat. 1996 entfiel die 53 PS-Version. Die letzten fünf Jahre ihrer Karriere fuhren Mini und Mini Cooper einheitlich mit 63 PS. Das ist nicht viel – aber absolut kultig.

Bild: © Dieter Rebmann

Preise	1	2	3	4	5
Mini 1000 (1984-1992), L2t	18.200	11.300	7.300	3.800	2.100
Mini 1.3i Kat. (1992-1996), L2t	19.400	12.200	8.300	4.100	2.200
Mini Cooper 1.3i Kat. (1996-2000), L2t	27.000	17.500	11.600	5.500	2.900

Motor/Antrieb	
Bauart	Vierzylinder (Reihe)
Lage/Antrieb	Front/Front
Hubraum in cm^3	998, 1274
PS/min	42/5000 bis 63/5500
Vmax in km/h	132 bis 148
Karosserie	
Bauart	Limousine (2-türig)
Tragstruktur	selbsttragend
Material	Stahlblech
Stückzahl und Marktsituation	
Produktionszahl	k.A.
Verfügbarkeit	üppig
Teilesituation	sehr gut
Unterhaltskosten	niedrig

M

Mitsubishi (JAP) • seit 1917

Die große Werft Mitsubishi Dockyard Works im japanischen Kobe ging auf die 1873 von den Samuraifamilien Iwasaki und Yamanouchi gegründete Handelsgesellschaft Mitsubishi Shokai zurück. Ab 1917 entstanden erste Automobile unter dem Markennamen Mitsubishi. Zunächst bot das Unternehmen Kleinwagen nach Fiat-Vorbild an, später auch Lastwagen und Omnibusse. Nach 1945 begann Mitsubishi mit Rollern und Dreirad-Lieferwagen. Erst 1959 folgt der (Wieder-)Einsteig in die Pkw-Produktion.

1977 entschied sich die Marke mit den drei Diamanten – so die deutsche Übersetzung des Namens – für eine Expansion in Richtung Deutschland. Den ersten Auftritt absolvierten die Modelle Galant, Lancer und Sapporo. Zwei Jahre später verbuchte das Kompaktmodell Colt den ersten großen Erfolg für Mitsubishi hierzulande.

Seither war Mitsubishi mit Modellen wie dem Eclipse, dem 3000 GT und dem Sigma in Deutschland vertreten. Ab 2003 brachte der Outlander, ein SUV, Mitsubishi eine gewisse Aufmerksamkeit. Mit dem Elektro-Kleinwagen i-MiEV versuchte Mitsubishi seit 2009 in diesem neuen Segment Fuß zu fassen. In Deutschland spielt Mitsbishi eine untergeordnete Rolle: Der Marktanteil pendelt seit Jahren bei rund einem Prozent, zuletzt ist er leicht rückläufig.

MITSUBISHI

Mitsu = drei, bishi= Diamanten.

Mitsubishi Lancer (Serie 1) — 1973-1979

1973 wollte Mitsubishi die untere Mittelklasse mit einem neuen Modell abdecken: dem Lancer. Nach der Versorgung des eigenen Marktes in Japan sowie einem Export nach Amerika, begann 1977 der Verkauf des Lancer in Europa. Dort zielte er auf Modelle wie den Ford Escort oder den Opel Kadett. Die hierzulande noch unbekannte Marke Mitsubishi versuchte mit günstigen Preisen und umfangreicher Ausstattung Kunden zu gewinnen. Nur vier von über einem Dutzend international verfügbarer Versionen des Lancer bot Mitsubishi an: den stets zweitürigen 1200 (55 PS), den 1400 (68 PS) als viertürige Limousine oder Kombi, dazu den wieder zweitürigen 1600 GSR als 86 PS starkes Spitzenmodell.

Bild: © Mitsubishi

Preise	1	2	3	4	5
Lancer, L4t	k.N.	7.400	4.300	1.400	k.N.

Motor/Antrieb	
Bauart	Vierzylinder (Reihe)
Lage/Antrieb	Front/Heck
Hubraum in cm³	1238, 1439, 1597
PS/min	55/5000 bis 86/5000
Vmax in km/h	145 bis 155
Karosserie	
Bauart	Lim (2-/4-türig), Kom (5-türig), Cpe
Tragstruktur	selbsttragend
Material	Stahlblech
Stückzahl und Marktsituation	
Produktionszahl	k.A.
Verfügbarkeit	schlecht
Teilesituation	schlecht
Unterhaltskosten	niedrig

Mitsubishi Galant (Serie 3) — 1976-1980

Erstmals lieferte Mitsubishi den Galant in seiner dritten Generation nach Deutschland. Er trat ab 1977 in der Mittelklasse gegen etablierte Modelle einheimischer Hersteller an, zum Beispiel den Opel Ascona, mit dem der Japaner in Format und Motorisierung durchaus vergleichbar war. Für den Exoten aus Asien, den Mitsubishi als Limousine und als Kombi mit 1,6 oder 2,0 Litern Hubraum anbot, war der Einzug in Europa keine leichte Aufgabe. Denn der Galant, der auf dem japanischen Heimatmarkt den Zusatz Sigma trug, konnte zwar mit einer charakteristischen Form und umfangreicher Serienausstattung punkten, auch der Preis stimmte. Doch Tester bemängelten müde Fahrleistungen sowie fehlende Fahrkultur.

Bild: © Mitsubishi

Preise	1	2	3	4	5
Galant, L4t	k.N.	7.300	4.300	1.600	k.N.

Motor/Antrieb	
Bauart	Vierzylinder (Reihe)
Lage/Antrieb	Front/Heck
Hubraum in cm³	1597, 1995
PS/min	75/5000 bis 90/5500
Vmax in km/h	150 bis 175
Karosserie	
Bauart	Limousine (2-/4-türig), Kombi
Tragstruktur	selbsttragend
Material	Stahlblech
Stückzahl und Marktsituation	
Produktionszahl	k.A.
Verfügbarkeit	schlecht
Teilesituation	schlecht
Unterhaltskosten	niedrig

M

Mitsubishi Colt (A150) — 1978-1984

Als 1978 der erste Mitsubishi Colt nach Deutschland kam, trat der kompakte Japaner in der noch jungen Golf-Klasse an. Trotz aller Vorbehalte, die es damals gegenüber japanischen Automobilen gab, konnte sich der Colt relativ gut behaupten: Er galt als dauerhaft, günstig, unprätentiös und dennoch sehr zuverlässig. Mitsubishi lieferte den Colt als Zwei- und als Viertürer mit unterschiedlichen Radständen. Sogar einen Hauch Sport atmete der Colt, als Mitsubishi ihn 1982 in der GT-Version mit einem immerhin 105 PS starken, 1,4 Liter großen Vierzylinder ausstattete, dessen Clou die Aufladung mittels eines Abgasturboladers war. Da konnte ein Golf GTI nicht mithalten. Einen Dieselmotor bot Mitsubishi für den Colt allerdings nicht an.

Bild: © Mitsubishi

Preise	1	2	3	4	5
Colt, L3t	k.N.	5.200	2.800	1.200	k.N.

Motor/Antrieb	
Bauart	Vierzylinder (Reihe)
Lage/Antrieb	Front/Front
Hubraum in cm³	1244, 1411, 1598
PS/min	55/5000 bis 105/5500
Vmax in km/h	147 bis 180
Karosserie	
Bauart	Limousine (2-/4-türig)
Tragstruktur	selbsttragend
Material	Stahlblech
Stückzahl und Marktsituation	
Produktionszahl	k.A.
Verfügbarkeit	schlecht
Teilesituation	schlecht
Unterhaltskosten	niedrig

Mitsubishi Lancer (Serie 2) — 1979-1983

Völlig neu zeigte sich 1979 die zweite Serie des Mitsubishi Lancer. Der rundliche Japan-Barock war gewichen, stattdessen fuhr der Japaner nun mit einer bewusst kantigen, zu seiner Zeit sehr modernen Karosserie in das heiß umkämpfte Feld der unteren Mittelklasse. Als einzige Variante bot Mitsubishi eine viertürige Limousine an, die Vierzylinder mit 1,2, 1,4 oder 1,6 Litern Hubraum antrieben. Eine 2,0-Liter-Variante kam 1980 hinzu, die als Option sogar einen Garrett-Abgasturbolader bot. Die Leistung stieg dadurch auf beachtliche 170 PS. Ebenfalls außergewöhnlich war die serienmäßige Ausstattung mit einem Fünfganggetriebe, das Mitsubishi allen Lancer-Modellen oberhalb des 1,2 Liter gönnte.

Bild: © Mitsubishi

Preise	1	2	3	4	5
Lancer, L4t	k.N.	6.700	3.900	1.800	k.N.

Motor/Antrieb	
Bauart	Vierzylinder (Reihe)
Lage/Antrieb	Front/Heck
Hubraum in cm³	1239, 1411, 1598, 1995
PS/min	55/5000 bis 170/5500
Vmax in km/h	150 bis 175
Karosserie	
Bauart	Limousine (4-türig)
Tragstruktur	selbsttragend
Material	Stahlblech
Stückzahl und Marktsituation	
Produktionszahl	k.A.
Verfügbarkeit	ausreichend
Teilesituation	schlecht
Unterhaltskosten	niedrig

Mitsubishi Pajero (L040) 1982-1990

Mit Geländewagen hatte Mitsubishi lange eher am Rande zu tun: Seit 1952 bauten die Japaner den amerikanischen Willys Jeep in Lizenz. 1978 kam der Pickup L200, auf dessen Chassis der 1982 vorgestellte Pajero stand. Es gab den neuen Geländewagen als Zwei- und Viertürer mit unterschiedlichen Radständen, die kurze Version war zudem als Cabrio lieferbar. Mit seinem kantigen, pragmatischen Auftritt, mit soliden Fahrleistungen im Gelände und erfolgreichen Teilnahmen bei der Rallye Paris–Dakar (Sieg 1985) fand der günstige Konkurrent der Mercedes-Benz G-Klasse schnell weltweit Freunde – nur in spanischsprachigen Ländern lachte man: Pajero heißt nicht nur eine patagonische Wildkatze, sondern steht auch für ein vulgäres Schimpfwort. Mitsubishi änderte den Namen in diesen Ländern auf Montero ab.

Bild: © Mitsubishi

Preise	1	2	3	4	5
Pajero, Glw	k.N.	12.600	6.900	2.400	k.N.

Motor/Antrieb	
Bauart	Vierzylinder (Reihe)
Lage/Antrieb	Front/4x4
Hubraum in cm^3	1997, 2477, 2555
PS/min	84/4200 bis145/5500
Vmax in km/h	130 bis 145
Karosserie	
Bauart	Kombi (3-/5-türig); Cabriolet
Tragstruktur	Kastenrahmen
Material	Stahlblech
Stückzahl und Marktsituation	
Produktionszahl	k.A.
Verfügbarkeit	schlecht
Teilesituation	schlecht
Unterhaltskosten	mittel

Mitsubishi Lancer (Serie 3) 1983-1989

Die dritte Auflage des international erfolgreichen Lancer erschien 1983. Das kantige Design entsprach den Vorstellungen der 1980er Jahre. Zunächst lieferte Mitsubishi den Lancer nur als viertürige Limousine mit klassischem Stufenheck an. 1985 folgte ein Kombi, der als Besonderheit ab 1986 auch mit permanentem Allradantrieb bestellt werden konnte – offensichtlich schielte Mitsubishi auf die Erfolge, die Subaru mit seinen vierradgetriebenen Fahrzeugen einfuhr. Als Motoren lieferte Mitsubishi 1,5- und 1,8-Liter-Vierzylinder, die bereits mit Katalysator ausgestattet waren. Auch ein 1,8-Liter-Diesel mit 58 PS war im Angebot. Den Lancer III gab es in Europa nur in den Ausstattungsvarianten GL und GLX.

Bild: © Mitsubishi

Preise	1	2	3	4	5
Lancer, L4t	k.N.	3.300	1.600	900	k.N.

Motor/Antrieb	
Bauart	Vierzylinder (Reihe)
Lage/Antrieb	Front/Heck, 4x4
Hubraum in cm^3	1299, 1468, 1796
PS/min	55/5000 bis 120/5500
Vmax in km/h	145 bis 193
Karosserie	
Bauart	Limousine (4-türig), Kombi (5-türig)
Tragstruktur	selbsttragend
Material	Stahlblech
Stückzahl und Marktsituation	
Produktionszahl	k.A.
Verfügbarkeit	schlecht
Teilesituation	schlecht
Unterhaltskosten	niedrig

Mitsubishi Starion 2000 Turbo ECI, Starion 2600 ECI Turbo KAT 1982-1991

Mit seinen Klappscheinwerfern in der auffällig langen Frontpartie war das kantige Sportcoupé Starion ein typischer Vertreter des japanischen 1980-Jahre-Designs. 1982 bekam ihn das Publikum in Genf das erste Mal zu Gesicht, zunächst mit einem 180 PS starken Turbo-Vierzylinder und elektronischer Einspritzung. 1984 retuschierte Mitsubishi die Karosserie, ein 200 PS starker Dreiventiler kam hinzu. Eine dritte Variante besaß einen auf 2,6 Liter vergrößerten Hubraum, wobei die Leistung nur 155 PS betrug. Trotzdem ist gerade dieser Starion heute interessant: Er besitzt bereits einen geregelten Katalysator. In den USA wurde der Starion übrigens zeitweise auch als Chrysler Conquest verkauft.

Bild: © Archiv Günther Zink

Preise	1	2	3	4	5
Starion, Cpe	k.N.	12.000	7.200	3.700	k.N.

Motor/Antrieb	
Bauart	Vierzylinder (Reihe)
Lage/Antrieb	Front/Heck
Hubraum in cm^3	1983, 1997, 2555
PS/min	155/5000 bis 180/6000
Vmax in km/h	215 bis 230
Karosserie	
Bauart	Coupé
Tragstruktur	selbsttragend
Material	Stahlblech
Stückzahl und Marktsituation	
Produktionszahl	k.A.
Verfügbarkeit	gut
Teilesituation	gut
Unterhaltskosten	mittel

Mitsubishi 3000 GT 1990-2000

Mit dem 3000 GT trat Mitsubishi gegen Hochkaräter aus dem eigenen Land an, darunter Toyota Supra und Nissan 300 ZX. Um in einem solchen Konkurrenzumfeld die Nase vorn zu haben, geizte das Coupé nicht mit Innovationen: Allradantrieb, Vierradlenkung und elektronisch geregelte Dämpfer gehörten zur Serie. Ebenso das „Active-Aero-System", bedeutet: Die Frontschürze senkt sich bei 80 km/h automatisch ab, der Heckflügel drückt sich parallel dazu gegen den Fahrtwind, um zusätzlichen Abtrieb zu generieren. Der Dreiliter-V6-Biturbo leistet 286 PS, genug, um den 3000 GT in nur 5,7 Sekunden auf 100 km/h preschen zu lassen. Ohne elektronischen Begrenzer sind 280 km/h Spitze drin. So viel ausgetüftelte Technik hatte natürlich ihren Preis: Ein 3000 GT kostete neu rund 120.000 Mark. Anfangs bot Mitsubishi den 3000 GT noch mit dem 210 PS 12V SOHC als Basismotor an. Nur 30mal gab es die handsignierte „Beckenbauer Edition" in Gelb – und mit C-Netz-Telefon.

Bild: © Mitsubishi

Preise	1	2	3	4	5
3000 GT, Cpe	k.N.	25.700	15.700	7.500	k.N.

Motor/Antrieb	
Bauart	V6
Lage/Antrieb	Front/4x4
Hubraum in cm^3	2972
PS/min	163/4000 bis 286/4000
Vmax in km/h	280
Karosserie	
Bauart	Coupé
Tragstruktur	selbsttragend
Material	Stahlblech
Stückzahl und Marktsituation	
Produktionszahl	k.A.
Verfügbarkeit	ausreichend
Teilesituation	ausreichend
Unterhaltskosten	mittel

Mitsubishi Evolution I (CD9A) 1992-1994

Da hatte Mitsubishi Anfang der 1990er eine enorm sportliche Idee: Die Japaner planten einen Durchmarsch an die internationale Spitze im Rallyesport. Was tun? Sie nahmen ihre Mittelklasselimousine Lancer und schraubten so intensiv an der Technik, dass das Ziel gelang. Mit dem Evo(lution) I startete Mitsubishi eine lange Serie enorm erfolgreicher Rallyefahrzeuge, die stets auch in einer Version für die Straße verfügbar waren. Die Mischung aus viertüriger Spießer-Karosse und wildem Flügelwerk, Allradantrieb sowie unanständig viel Leistung sowie Grip sorgte für ein breites Grinsen in den Gesichtern motorsportlich orientierter Familienväter. Volle 250 Turbo-PS taten sich mit dem 1200-Kilo-Wagen nicht schwer. Hinzu kam ein aktives Differenzial, das den Schlupf intelligent begrenzte. Der 2-Liter-Motor stammte ursprünglich aus dem braven Modell Galant. Er bot noch eine Menge Luft nach oben, was Tuner gerne ausnutzten. Im originalen, nicht komplett zerrittenen Zustand sind Evo-I-Modelle längst eine große Rarität.

Bild: © Mitsubishi

Preise	1	2	3	4	5
Lancer Evolution I, L4t	k.N.	23.000	15.200	7.800	k.N.

Motor/Antrieb	
Bauart	Vierzylinder (Reihe)
Lage/Antrieb	Front/4x4
Hubraum in cm^3	1997
PS/min	250 bei 6000
Vmax in km/h	229
Karosserie	
Bauart	Limousine (4-türig)
Tragstruktur	selbsttragend
Material	Stahlblech
Stückzahl und Marktsituation	
Produktionszahl	5.000
Verfügbarkeit	schlecht
Teilesituation	ausreichend
Unterhaltskosten	hoch

Monteverdi (CH) • 1967-1982

Schon 1957 machte sich der junge Peter Monteverdi einen Namen in Basel: Der aktive Rennfahrer und Sohn eines Werkstattbesitzers eröffnete eine Ferrari-Vertretung. In den kommenden Jahren begann Monteverdi unter dem Namen MBM (Monteverdi-Basel-Motors) Rennsportwagen und Sportcoupés zu konstruieren. 1961 entstand unter seiner Regie der erste schweizerische Grand-Prix-Rennwagen.

Im Herbst 1967 präsentierte Peter Monteverdi auf der IAA in Frankfurt ein von Pietro Frua gestaltetes 2+2-sitziges Coupé. Nur für kurze Zeit hieß es MBM GT, bald wurde es in Monteverdi High Speed umgetauft. Der Schöpfer aus Binningen bei Basel erregte mit seinem Wagen verdiente Aufmerksamkeit, und Weiterentwicklungen ließen nicht lange auf sich warten.

Großvolumige Motoren amerikanischer Provenienz – meist von Chrysler – sorgten für exzellente Fahrleistungen der Monteverdi-Konstruktionen. Neben Coupés und Cabriolets entstanden auch Limousinen und Geländewagen mit Monteverdi-Logo. Auch auf der Basis der Mercedes-Benz S-Klasse entwickelte und baute Monteverdi luxuriöse Modelle.

1982 stellte Monteverdi die Fertigung eigener Automobile ein. Die Zulassungsanforderungen stiegen, Crash-Tests mussten absolviert werden – dafür waren die Stückzahlen zu klein. 1998 starb Monteverdi.

Er baute exklusive Hochleistungsautomobile in Basel: Peter Monteverdi (1934–1998).

M

Monteverdi High Speed 375 S, L, C und Palm Beach 1967-1977

Von Frua stammten die ersten 50 High Speed-Karosserien, dann übernahm Fissore die Fertigung – mit eigenem Entwurf. Unter den langen Hauben sorgten Chrysler-V8 mit üppigem Hubraum von 7,2 Litern für bulligen Vortrieb bei niedrigen Drehzahlen (und, bis heute, für eine gewisse technische Überschaubarkeit bei Reparaturen und Restaurierungen). Der massive Kastenrahmen, auf dem die Stahlblechhülle mit großen Fensterflächen montiert war, war kombiniert mit einem Fahrwerk, das hinten eine DeDion-Hinterachse und rundum Scheibenbremsen zu bieten hatte. Das zweisitzige Modell hieß 375 S, das Coupé in der 2+2-Version – mit längerem Radstand – kam als Monteverdi 375 L auf den Markt. Selten blieben die 375 C getauften Cabriolets. Lange schien die Szene die Monteverdi-Schöpfungen nicht recht zu würdigen. In den letzten Jahren jedoch haben die Preise spürbar angezogen.

Preise	1	2	3	4	5
375 S (Fissore), Cpe	380.000	270.000	190.000	110.000	k.N.

Motor/Antrieb	
Bauart	V8
Lage/Antrieb	Front/Heck
Hubraum in cm^3	7206
PS/min	350/4600
Vmax in km/h	250 bis 255
Karosserie	
Bauart	Coupé, Cabriolet
Tragstruktur	Kastenrahmen
Material	Stahlblech
Stückzahl und Marktsituation	
Produktionszahl	k.A.
Verfügbarkeit	schlecht
Teilesituation	ausreichend
Unterhaltskosten	hoch

Monteverdi Hai 450 SS, 450 GTS 1970-1973

Mit dem Hai setzte Peter Monteverdi auf pure Emotion – und bewies einmal mehr, wie eng beieinander Genie und Wahnsinn mitunter liegen. Sein Ziel war es, mit einem Hochleistungs-Mittelmotorcoupé Aufmerksamkeit zu erzeugen. Die Schweizer Reaktion auf den Lamborghini Miura und den De Tomaso Mangusta stand 1970 auf dem Genfer Salon: Der Hai 450 SS, so sein Name, geriet zum viel beachteten Highlight der Messe. Sein 450 PS starker Hemi-V8 von Chrysler saß längs in der Mitte und schränkte den Innenraum spürbar ein. Fissore hatte die eindrucksvolle Karosserie geschaffen, nicht ohne Einflüsse des Alpine A 310. An eine Serienproduktion allerdings wagte sich Monteverdi nie: Dem Hai-Prototypen folgte erst 1973 ein zweites Exemplar mit sechs Zentimeter längerem Radstand. In den 1980er Jahren fertigte Monteverdi zwei weitere Hai-Exemplare. Verkauft hatte der Hersteller nur den Prototypen aus dem Jahr 1970: eine berühmte Ikone der Sportwagenträume jener Zeit, die dennoch ein Unikat bleiben musste.

Bild: © CHEKANDINO Archives

Preise	1	2	3	4	5
Hai 450 SS/450 GTS, Cpe	k.N.	k.N.	k.N.	k.N.	k.N.

Motor/Antrieb	
Bauart	V8
Lage/Antrieb	Mitte/Heck
Hubraum in cm^3	6974
PS/min	360 bis 450 bei 5000
Vmax in km/h	270 bis 280
Karosserie	
Bauart	Coupé
Tragstruktur	Rohrrahmen
Material	Stahlblech
Stückzahl und Marktsituation	
Produktionszahl	2 (plus 2 Werks-Repliken)
Verfügbarkeit	schlecht
Teilesituation	schwierig
Unterhaltskosten	hoch

Monteverdi 375/4 1971-1977

Bereit zur Erfüllung von Sonderwünschen zeigte sich Monteverdi bei seinem Versuch, einen hochpotenten Viertürer an die betuchte Klientel zu bringen. Neben dem starken Chrysler-Motor mit reichlich Hubraum und vergleichsweise bescheidener Literleistung beeindruckten die gestreckten, wie mit einem Lineal gezogenen Linien der Luxuslimousine. Sie basierte technisch auf dem High Speed, besaß das gleiche Fahrwerk. Der ab 1971 angebotene und serienmäßig mit allem erdenklichen Luxus ausstaffierte Wagen war und ist teuer und wurde zwischen 1971 und 1977 in Minimal-Auflage gebaut. Sein Nachfolger jedenfalls trat mit deutlich bescheidenerer Leistung an – vor allem aber mit weit zurückhaltenderem Design.

Preise	1	2	3	4	5
375/4, L4t	235.000	167.000	118.000	71.000	k.N.

Motor/Antrieb	
Bauart	V8
Lage/Antrieb	Front/Heck
Hubraum in cm³	7206
PS/min	310/4600
Vmax in km/h	235
Karosserie	
Bauart	Limousine (4-türig)
Tragstruktur	Kastenrahmen
Material	Stahlblech
Stückzahl und Marktsituation	
Produktionszahl	k.A.
Verfügbarkeit	gegen null
Teilesituation	ausreichend
Unterhaltskosten	hoch

Monteverdi Berlinetta und 375 L Hemi 1971-1977

Wem die satten 350 PS der High-Speed-Modelle nicht reichten, dem verlieh Monteverdi mit den Hemi-Versionen noch spannkräftigere Flügel. Dazu wurde dem Chrysler-Achtzylinder ein neuer Zylinderkopf mit hemisphärischen, also halbkugelförmigen Brennräumen verpasst, was die Leistung zusammen mit weiteren Maßnahmen auf 390 PS steigerte. Mit dem Drehzahlniveau kletterten die Fahrleistungen hier nochmals ein ganzes Stück; wenig Zurückhaltung offenbarten die Triebwerke allerdings beim Kraftstoffverbrauch. Und von ihrer Unverwüstlichkeit hatten sie zudem eingebüßt, thermische Probleme sorgten für manchen Kollaps. Diese Ängste halten den Marktwert im Zaum – bis heute.

Preise	1	2	3	4	5
Berlinetta, Cpe	330.000	230.000	160.000	96.000	k.N.
375 L, Cpe	320.000	220.000	150.000	90.000	k.N.

Motor/Antrieb	
Bauart	V8
Lage/Antrieb	Front/Heck
Hubraum in cm³	6974
PS/min	390/5000
Vmax in km/h	275
Karosserie	
Bauart	Coupé
Tragstruktur	Kastenrahmen
Material	Stahlblech
Stückzahl und Marktsituation	
Produktionszahl	k.A.
Verfügbarkeit	schlecht
Teilesituation	ausreichend
Unterhaltskosten	hoch

Monteverdi Safari 1976-1982

Peter Monteverdi wusste genau, was er wollte. Der schweizerische Automobilproduzent fuhr selbst einen Range Rover und schätzte dessen Luxus, vermisste allerdings ein automatisches Getriebe. 1976 präsentierte er auf dem Automobil-Salon in Genf seine Alternative: Der Safari folgte dem Layout des Range Rover und war eine bemerkenswert gelungene Erscheinung. Trotzdem löste er viele Diskussionen aus: Der Markt war auf große und luxuriöse Geländewagen noch nicht vorbereitet. Monteverdi baute den Safari auf einem eigens konstruierten Kastenrahmenchassis auf, vorne und hinten montierte er Starrachsen und Halbelliptik-Blattfedern. Das Fahrwerk und die Bremsen entlieh er dem robusten International Scout II, die V8-Motoren stammten von Chrysler. Neben einer Automatik bot Monteverdi auch ein Viergang-Schaltgetriebe an. Im Straßenbetrieb lief der Safari, im Gegensatz zum Range Rover, übrigens nur mit Heckantrieb.

Preise	1	2	3	4	5
Safari, Glw	81.000	57.000	40.000	26.000	14.000

Motor/Antrieb	
Bauart	V8
Lage/Antrieb	Front/4x4
Hubraum in cm³	5210, 5898, 5653, 7206
PS/min	152/4000 bis 305/4200
Vmax in km/h	160 bis 200
Karosserie	
Bauart	Kombi (3-türig)
Tragstruktur	selbsttragend
Material	Stahlblech
Stückzahl und Marktsituation	
Produktionszahl	k.A.
Verfügbarkeit	schlecht
Teilesituation	ausreichend
Unterhaltskosten	hoch

Monteverdi Sierra 1977-1984

Etwas steifer als der gestreckte 375/4 sah der 1977 präsentierte Nachfolger des luxuriösen Viertürers aus: Manchen etwas despektierlichen Betrachter erinnerte er an eine seltsame Kreuzung aus Ford Granada und Fiat 130 Limousine. Die Zeit der Supersportwagen schien bei Monteverdi erst einmal vorüber zu sein, und er wollte mit einem preislich weit abgespeckten Oberklassemodell größere Stückzahlen erreichen. Gegenüber der schlagkräftigen Konkurrenz aus dem Hause Mercedes-Benz oder etwa BMW hatte er aber einen schweren Stand. Die Motoren bezogen die Schweizer weiterhin bei Chrysler, der neue Achtzylinder wies indes nur noch 5,2 Liter Hubraum auf und leistete nicht eben herausragende 170 PS bei entspannten 3500/min. Damit fielen auch die Fahrleistungen ins Mittelfeld der Klasse. Fahrwerksseitig enttäuschte der Sierra mit seiner schraubengefederten Starrachse hinten.

Preise	1	2	3	4	5
Sierra, L4t	71.000	49.000	36.000	24.000	13.000

Motor/Antrieb	
Bauart	V8
Lage/Antrieb	Front/Heck
Hubraum in cm³	5210
PS/min	170/3500
Vmax in km/h	195
Karosserie	
Bauart	Limousine (4-türig)
Tragstruktur	selbsttragend
Material	Stahlblech
Stückzahl und Marktsituation	
Produktionszahl	k.A.
Verfügbarkeit	gegen null
Teilesituation	schwierig
Unterhaltskosten	hoch

Morgan (GB) • seit 1910

H. F. S. Morgan gründete 1909 sein Unternehmen Morgan Motor Co. Ltd. in Malvern Link, Worcestershire. Seine Karriere als Fahrzeughersteller begann er mit Dreirädern, die so erfolgreich waren, dass er sie in Varianten bis 1952 baute.

Erst 1935 folgte ein vierrädriger Wagen. Dieser sportliche, zweisitzige Roadster ging nach dem Zweiten Weltkrieg wieder in Produktion. Das war das übliche Vorgehen der Hersteller; erstaunlich nur, dass die Modelle auch in den folgenden 60 Jahren lediglich eine behutsame Weiterentwicklung erfuhren. Nicht nur an der traditionellen Formensprache, auch an der altherkömmlichen Bauweise mit Chassis und Eschenholzaufbau hat Morgan bis heute weitgehend festgehalten – mit Erfolg. Lange Zeit mussten Interessenten mehrere Jahre auf die Auslieferung ihrer Bestellungen warten.

Die Motoren für die knorrigen Roadster kaufte Morgan bei Ford, Coventry Climax, Fiat und Rover. Ein treuer Fankreis steht fest hinter dem britischen Unternehmen, und aus trotzigem Bewahren der eigenen Tradition hat sich längst ein Kult entwickelt, zu dem insbesondere der dank des montierten Rover-V8-Motors enorm leistungsstarke Plus 8 beigetragen hatte. Morgan hatte das Modell 1968 vorgestellt. Bedauerlicherweise gibt es weder Rover noch deren V8 mehr, und so wählte Morgan ab 2004 Drei-Liter-V6-Triebwerke von Ford als Ersatz. Im skurril gestylten Aero 8, der 2002 in Serie ging, arbeitet dagegen ein 4,4 Liter großer V8-Motor von BMW. Erstaunlicherweise hat der überzeichnete Entwurf dem Wachsjacken- und Tweed-Image Morgans nicht schaden können.

2011 erschien ein neues Morgan-Modell, das den Blick weit zurück wagt: Der Three Wheeler bringt das legendäre Dreirad zurück. Ein schöner (und 100 PS starker) V-Motor wie einst, dazu die alte Optik – der neue, alte Morgan sorgt seither für viel Furore unter den Fans. Sogar eine Straßenzulassung gibt es – als Motorrad.

Die meiste Zeit war Morgan im Familienbesitz gewesen. Allerdings hatte Charles Morgan als letztes Familienmitglied sich bereits im Oktober 2013 aus der Geschäftsführung zurückziehen müssen. Im März 2019 verkündete Morgan, dass die italienische Beteiligungsfirma Investindustrial das englische Unternehmen übernommen habe. Bis heute hält jedoch die Morgan-Familie eine Minderheitsbeteiligung. Aktuell hat Morgan drei Modelle im Angebot: den Plus Four, den Super 3 und seit 2025 den Supersport.

Bild: © Morgan

Seit dem Produktionsstart des P101 im Jahr 2011 hat Morgan 2500 Exemplare des berühmten Threewheeler abgesetzt. Kurz vor der Produktionspause erschien 2021 noch mal eine limitierte Auflage von 33 Exemplaren (Preis: rund 50.000 Euro plus Steuer), bevor ab 2022 der neue Zwei-Zylinder-V-Motor fertig ist.

M

Morgan F4 und Super (Threewheeler) — 1934-1952

Dreirädrige Fahrzeuge mögen als Schlaglochsuchgeräte mit wirklichen Nachteilen behaftet sein; eine preiswerte Art der Motorisierung waren sie dennoch zumeist. In der kargen Nachkriegszeit hielt Morgan daher folgerichtig an dem bewährten Konzept fest und bot weiterhin Dreiräder an, die F4- und F-Super-Modelle nämlich, die mit gut 900 und 1100 cm^3 großen Ford-Seitenventil-Motoren unter der klassischen Motorhaube bestückt waren. Mit anderen Triebwerken, die teilweise aus Motorrädern stammten und viel Leistung zeigten, sind die hier vorgestellten Modelle kaum zu vergleichen, doch auch sie schafften rund 120 km/h – im Leistungsspektrum der Vorkriegszeit ein respektabler Wert. Für flotte Kurvenfahrten waren und sind freilich Fingerspitzengefühl und eine gehörige Portion Mut gefragt.

Bild: © M. Helsig

Preise	1	2	3	4	5
F4 Threewheeler, Rds	34.300	25.900	18.000	10.100	5.600
F4 Super Threewheeler, Rds	36.800	27.700	19.000	10.400	5.800

Motor/Antrieb	
Bauart	Vierzylinder (Reihe)
Lage/Antrieb	Front/Heck
Hubraum in cm^3	933, 1172
PS/min	36/4400 bis 39/5000
Vmax in km/h	120
Karosserie	
Bauart	Roadster
Tragstruktur	Kastenrahmen
Material	Stahlblech
Stückzahl und Marktsituation	
Produktionszahl	245
Verfügbarkeit	gegen null
Teilesituation	schwierig
Unterhaltskosten	niedrig

Morgan 4/4 Series (Flat Rad) — 1936-1957

Noch länger als die Dreiräder hielten sich die 4/4-Versionen der Marke im Programm. Schon seit 1936 bildeten sie die Basis vierrädriger Morgan-Motorisierung und waren mit Motoren verschiedener Hersteller lieferbar. Die Leistung von 34 bis 40 PS reichte für das niedrige Gewicht und die damaligen Straßenverhältnisse völlig aus. Es gab zwei- und viersitzige Versionen, die als Roadster mit Steckscheiben und Flatterverdeck oder als Drophead mit solidem Faltdach und gerader oberer Türlinie samt Kurbelfenstern ausgeliefert wurden. Charakteristisch für beide Versionen sind die hinten befestigten Ersatzräder und der flache Kühler.

Bild: © Morgan

Preise	1	2	3	4	5
4/4 Ser. I, Rds	39.200	27.900	19.600	12.700	5.400

Motor/Antrieb	
Bauart	Vierzylinder (Reihe)
Lage/Antrieb	Front/Heck
Hubraum in cm^3	1098 bis 1267
PS/min	34/4500 bis 40/4300
Vmax in km/h	120 bis 130
Karosserie	
Bauart	Roadster, Cabriolet
Tragstruktur	Kastenrahmen
Material	Stahlblech
Stückzahl und Marktsituation	
Produktionszahl	1084 (1946 bis 50)
Verfügbarkeit	gegen null
Teilesituation	schwierig
Unterhaltskosten	niedrig

Morgan Plus 4 — 1954-1969

Auf den ersten Blick sind die Plus 4-Modelle von den Morgan 4/4 kaum zu unterscheiden. Bei geöffneter Haube wird es einfacher: Motoren mit rund zwei Litern Hubraum fanden sich im Plus 4 – zunächst der Standard-Vanguard-Vierzylinder mit zwei Litern Hubraum, ein flacher Kühler ist sein Markenzeichen. In der Folgezeit ging Morgan zu den etwas großvolumigeren Triumph-TR-Maschinen und einer geänderten, jetzt abgerundeten Kühlergrillstruktur über. Mit bis zu 104 PS in den Normalversionen waren die leichten Fahrzeuge üppig motorisiert. Lieferbar waren ein leichtes und ein komfortableres (Drophead-) Verdeck.

Bild: © Morgan

Preise	1	2	3	4	5
Plus 4 Flat Rad, Rds	53.500	39.100	28.600	16.600	8.000
Plus 4 High Cowl, Rds	49.100	35.900	25.400	15.700	7.500
Plus 4 (1961-1969), Rds	51.700	37.700	26.900	16.700	7.800

Motor/Antrieb	
Bauart	Vierzylinder (Reihe)
Lage/Antrieb	Front/Heck
Hubraum in cm³	1991, 2088, 2138
PS/min	69/4200 bis 104/4200
Vmax in km/h	135 bis 165
Karosserie	
Bauart	Roadster, Cabriolet
Tragstruktur	Kastenrahmen
Material	Stahlblech
Stückzahl und Marktsituation	
Produktionszahl	3737
Verfügbarkeit	ausreichend
Teilesituation	ausreichend
Unterhaltskosten	mittel

Morgan 4/4 Series II, III, IV, V und 1600 (Cowled Rad) — 1955-heute

Bis heute blieb Morgan dieser Linie treu, der 4/4 ist der Dauerbrenner im Programm. Im Detail unterscheiden sich die Modelle von damals natürlich doch erheblich von aktuellen Ausführungen, die klassische Anmutung blieb jedoch zur Freude der Fans erhalten. Unter der geschlitzten Motorhaube kamen bei diesen Modellen Ford-Reihenvierzylinder zum Einsatz. Die gewölbten Kühlerstreben (Cowled Radiator) verhalfen der Baureihe zu einem flotteren Aussehen. Die Drophead-Variante gab es nur in der ersten Bauserie. Am Heck findet sich nur noch ein einzelnes Ersatzrad.

Bild: © Ralf Christian Kunkel

Preise	1	2	3	4	5
4/4 Ser. II, Rds	31.600	23.100	16.400	10.200	4.900
4/4 Ser. III, Rds	32.900	24.000	17.000	10.500	5.100
4/4 Ser. IV, Rds	39.100	28.600	20.400	12.500	6.000
4/4 Ser. V, Rds	43.700	31.800	22.600	13.900	6.700

Motor/Antrieb	
Bauart	Vierzylinder (Reihe)
Lage/Antrieb	Front/Heck
Hubraum in cm³	997 bis 1597
PS/min	36/4400 bis 88/5500
Vmax in km/h	130 bis 165
Karosserie	
Bauart	Roadster
Tragstruktur	Kastenrahmen
Material	Stahlblech
Stückzahl und Marktsituation	
Produktionszahl	k.A.
Verfügbarkeit	ausreichend
Teilesituation	gut
Unterhaltskosten	mittel

Morgan Plus 8 — 1968-2004

1968 hatte der bekannte Rover-Achtzylinder mit dreieinhalb Litern Hubraum aus dem ohnehin nicht schwachbrüstigen Plus 4 einen kraftvollen Sportwagen voller Charakter gemacht. Trotz des enormen Leistungszuwachses hatte Morgan das Fahrwerk kaum verändert, ebensowenig die Karosserie – sie folgte der traditionellen Bauweise. Dennoch ging das Konzept auf: Mit dem knüppelharten Plus 8 wurde Morgan weit über die Grenzen Großbritanniens hinaus bekannt. Das Modell hatte sich optisch bis zur Produktionseinstellung 2003 nur wenig verändert, wagte allerdings den Spagat in die Neuzeit – wer Airbags mochte, konnte sie bestellen. Immer restriktivere Abgasbestimmungen haben dem Plus 8 das Ende gesetzt, ein Erbe erschien im Jahr 2012 mit einem modernen 4,7-l-V8 aus dem Hause BMW.

Preise	1	2	3	4	5
Plus 8 (Moss-Getriebe), Rds	63.800	49.700	33.500	21.400	8.900
Plus 8 (Viergang), Rds	63.400	48.700	32.800	20.000	9.000
Plus 8 (Fünfgang), Rds	66.400	51.300	34.500	21.000	9.500
Plus 8 Inj. (1984-1990), Rds	70.100	53.800	36.000	21.600	9.800

Motor/Antrieb	
Bauart	V8
Lage/Antrieb	Front/Heck
Hubraum in cm³	3528
PS/min	184/5200
Vmax in km/h	200
Karosserie	
Bauart	Roadster
Tragstruktur	Kastenrahmen
Material	Stahlblech
Stückzahl und Marktsituation	
Produktionszahl	k.A.
Verfügbarkeit	üppig
Teilesituation	sehr gut
Unterhaltskosten	hoch

Morris (GB) • 1913-1983

William Richard Morris (1877-1963) war einer der großen Automobilindustriellen des 20. Jahrhunderts. Der später zum Lord Nuffield geadelte Morris startete bereits 1913, im Alter von 36 Jahren, mit seinem ersten selbst entwickelten Modell, dem Morris Oxford. Freilich entstand der noch aus zugekauften Teilen. 1915 folgte der Morris Cowley, der einigen Erfolg haben sollte. Schon Mitte der zwanziger Jahre war Morris der größte Automobilhersteller in England. 1929 entstand der erste Morris Minor, ein Kleinwagen, der sich mit seinen Nachfolgern wie ein roter Faden durch die gesamte Unternehmensgeschichte gezogen hat.

Morris begab sich früh auf Expansionskurs. 1923 war die Marke MG aus Morris-Bestandteilen gegründet worden (Morris Garage), 1927 kam die Marke Wolseley zum Konzern, und 1938 übernahm das Unternehmen noch Riley.

Nach dem Krieg arbeitete Alec Issigonis, der Entwickler des legendären Mini, als Konstrukteur für Morris. 1952 fusionierten die Nuffield-Marken (Morris, MG, Wolseley und Riley) mit Austin zur British Motor Corporation, kurz BMC. Das Durcheinander bekam auch der heute legendäre Mini zu spüren, der zunächst als Morris, später als Austin vermarktet wurde.

1968 gab es eine weitere Korrektur in der Konzernarchitektur. Damals übernahm Leyland Motors die British Motor Corporation. Das neue Unternehmen firmierte unter British Leyland. Eine glückliche Hand fand sich nicht mehr, und nach erfolglosen Modellen wie dem Marina und dem Ital endete 1983 die Morris-Geschichte in Agonie.

Morris Minor Saloon 1948-1971

Dieses Auto muss mehr als gut sein, nämlich fast unverwüstlich, denn noch heute gehört er zum alltäglichen Straßenbild in Großbritannien. Wie für den Mini, zeichnet auch für dieses robuste britische Massenmobil der geniale Alec Issigonis verantwortlich. Seine konventionelle Auslegung zeigt einen längs eingebauten Motor und Hinterradantrieb, ein ordentliches Raumangebot, zuverlässige Technik, geringe Unterhaltskosten und nicht zuletzt ein adrettes Aussehen. Und genau das macht auch heute noch den Reiz des Minor aus. Die Briten haben ihren knuffigen Volkswagen in ihrer kauzigen Art kultiviert: Dort werden die Alten völlig aufgearbeitet und technisch verbessert, um quasi als Neuwagen weiter ihren Zweck zu erfüllen. An Ersatzteilen – durchweg zum günstigen Preis – besteht also überhaupt kein Mangel.

Bild: © Dieter Rebmann

Preise	1	2	3	4	5
Minor 1000 S 3, L2t	15.000	10.700	6.600	3.400	1.400
Minor 1000 S 4, L2t	14.900	10.800	6.700	3.500	1.400

Motor/Antrieb	
Bauart	Vierzylinder (Reihe)
Lage/Antrieb	Front/Heck
Hubraum in cm³	803, 918, 948, 1098
PS/min	27/4400 bis 48/5100
Vmax in km/h	100 bis 125
Karosserie	
Bauart	Limousine (2-/(4-türig)
Tragstruktur	selbsttragend
Material	Stahlblech
Stückzahl und Marktsituation	
Produktionszahl	1.015.218
Verfügbarkeit	üppig
Teilesituation	sehr gut
Unterhaltskosten	niedrig

Morris Minor Tourer 1948-1971

Nicht alle Morris Minor Cabrio-Limousinen sind original. Die Liebe der Briten zu diesem Automobil hat dazu geführt, dass bis zum heutigen Tag geschlossene Minor mittels Umbausatz in reizvolle Fast-Cabrios umgestrickt werden. Das hat ja auch durchaus seine Reize, Originalitäts-Freaks sollten aber vorgewarnt sein und zu einem der gesuchten und teureren Originale greifen. Technische Unterschiede zwischen der geschlossenen und der offenen Version gab es übrigens nicht, und so gehört der Minor Tourer zu den besten und billigsten Möglichkeiten, einen alltagstauglichen Open-Air-Klassiker zu erstehen. Linksgelenkte Exemplare finden sich am ehesten auf dem US-Markt.

Bild: © Jürgen Schlegelmilch

Preise	1	2	3	4	5
Minor 1000 Tourer S 3, Cab	21.700	15.600	9.700	5.000	2.000
Minor 1000 Tourer S 4, Cab	23.400	16.900	10.500	5.400	2.100

Motor/Antrieb	
Bauart	Vierzylinder (Reihe)
Lage/Antrieb	Front/Heck
Hubraum in cm³	803, 918, 948, 1098
PS/min	27/4400 bis 48/5100
Vmax in km/h	100 bis 125
Karosserie	
Bauart	Cabrio-Limousine
Tragstruktur	selbsttragend
Material	Stahlblech
Stückzahl und Marktsituation	
Produktionszahl	74.960 (bis 1968)
Verfügbarkeit	ausreichend
Teilesituation	sehr gut
Unterhaltskosten	niedrig

M

Morris Minor Traveller 1953-1971

Mit nur gut 215.000 gebauten Wagen ist der Traveller für seine lange Bauzeit von fast zwei Jahrzehnten recht selten geblieben. Als echter Woody mit tragenden Holzkomponenten am Kombiheck repräsentiert der Minor Traveller die praktische und gleichzeitig charmante Spielart dieses Automobils. Das große Ladeabteil ist durch eine zweiflügelige Hecktür leicht zugänglich. Technisch ist er mit den anderen Minor weitgehend identisch. Da die Fraktion der Woody-Freunde nicht gerade klein ist, sind die Kombis heutzutage recht teuer. Auch Restaurierungen können aufgrund der sensiblen Fachwerkstruktur ins Geld gehen, Wasserschäden sind nicht selten. Allerdings sind komplette Holzsätze problemlos lieferbar.

Bild: © Ralf Christian Kunkel

Preise	1	2	3	4	5
Minor 1000 Traveller S 3, Kom	22.600	16.400	10.100	5.300	2.100
Minor 1000 Traveller S L1584, Kom	24.300	17.600	10.800	5.600	2.100

Motor/Antrieb	
Bauart	Vierzylinder (Reihe)
Lage/Antrieb	Front/Heck
Hubraum in cm³	803, 918, 948, 1098
PS/min	27/4400 bis 48/5100
Vmax in km/h	100 bis 125
Karosserie	
Bauart	Kombi (3-türig)
Tragstruktur	selbsttragend
Material	Stahlblech/Holz
Stückzahl und Marktsituation	
Produktionszahl	215.331
Verfügbarkeit	ausreichend
Teilesituation	sehr gut
Unterhaltskosten	niedrig

Morris Marina 1300, 1750, 1800, 1800 TC 1971-1979

Doch, so war es. Der Marina war der Nachfolger des Morris Minor. Zumindest folgte das Modell der unteren Mittelklasse allen Ideen des Minor: Er war preiswert, unkompliziert, robust. So wunderte es nicht, dass Konstruktion und Styling sehr unaufgeregt ausfielen. Hinten mussten eine Starrachse und Längsblattfedern genügen, und vorne gab es im Standard-Modell sogar nur Trommelbremsen – Scheiben kosteten Aufpreis. Etwas mehr Freude konnten die eingesetzten Triebwerke auslösen: Immerhin offerierte der von einem Doppelvergaser versorgte stärkste TC ordentliche 87 PS. Mit dem Marina hatte übrigens die britische Automobilgeschichte ein weiteres ihrer unverständlichen Kapitel aufgeschlagen: Er war das erste Modell der British Leyland Motors Corporation (BLMC), die sich aus BMC und British Leyland gebildet hatte.

Bild: © Martin Schimak

Preise	1	2	3	4	5
Marina 1.3, Cpe	11.100	7.300	4.400	2.100	600

Motor/Antrieb	
Bauart	Vierzylinder (Reihe)
Lage/Antrieb	Front/Heck
Hubraum in cm³	1256, 1767, 1798
PS/min	57/5500 bis 87/5500
Vmax in km/h	138 bis165
Karosserie	
Bauart	Lim (2/4-türig), Cpe, Kombi (5-türig)
Tragstruktur	selbsttragend
Material	Stahlblech
Stückzahl und Marktsituation	
Produktionszahl	ca. 660.000
Verfügbarkeit	ausreichend
Teilesituation	ausreichend
Unterhaltskosten	mittel

Moskwitsch (RUS) • 1945-2006

Nach dem Zweiten Weltkrieg entschied der „Rat der Volkskommissare", der damals unter anderem als Gesetzgeber fungierte, dass ein Kleinwagen zu entwickeln sei. Man bestimmte zur Ausführung des Auftrages das „Moskauer Automobilwerk" (KIM). Das war bereits im Dezember 1930 gegründet worden, hatte das Ford Model A sowie Ford-Lastwagen in Lizenz gebaut, war jedoch zwischen 1933 und 1939 dem Hersteller GAZ unterstellt worden. Nun sollte der englische Ford Prefect als Vorbild der sowjetischen Massenmotorisierung dienen, doch die Umsetzung der Pläne scheiterte am Zweiten Weltkrieg.

Der 1945 angestrebte neue Kleinwagen sollte, so die Vorgabe, „Moskwitsch" heißen, auf deutsch: der Moskowiter. Das Werk wurde dafür 1945 in „Moskauer Fabrik für kleinmotorige Automobile" (russisches Kürzel: MZMA bzw. MSMA) umbenannt und verfügte ab Mitte 1946 über die kompletten Fertigungsanlagen des Opel Kadett. Alle für die Produktion nötigen Werkzeuge und Maschinen waren in Rüsselsheim zuvor als Reparationsleistung demontiert worden und auf Zügen nach Moskau gerollt. Dort hatte man umgehend mit dem Aufbau begonnen, so dass bereits Ende 1946 der erste Moskwitsch 400 fertiggestellt war.

Drei Jahre später begann der Export. Als erster Markt wurde das Nachbarland Finnland bedient, später folgten Dänemark, Frankreich, Niederlande und Großbritannien. Auch in die DDR wurden Moskwitsch-Modelle geliefert, die sich dort im Laufe der Jahre eine Position zwischen Trabant und Wartburg sicherten. Er galt nicht als besonders beliebt, und phasenweise sollen Moskwitsch-Modelle sogar kurzfristig erhältlich gewesen sein. Oft wurden sie von Behörden eingesetzt, sie galten als robust, allerdings auch als grobschlächtig.

Nach dem Zusammenbruch der UdSSR gelang es Moskwitsch nicht, sich an die neuen Erfordernisse der Märkte anzupassen. Nicht zuletzt bot der heimische Konkurrent Lada modernere, überzeugendere Modelle an. Nach etwa vier Millionen gebauten Fahrzeugen erklärte im Jahr 2006 ein russisches Gericht den Moskauer Hersteller schließlich für insolvent. Zu diesem Zeitpunkt soll er umgerechnet rund 700 Mio Euro Schulden angehäuft haben.

Bild: © Archiv HEEL Verlag

Im Jahr 1967 lief der millionste Moskwitsch vom Band: ein 408.

Moskwitsch 400, 401 — 1946-1956

Der Moskwitsch 400 basierte wesentlich auf dem deutschen Opel Kadett (Typ K 38) aus der Vorkriegszeit. In Rüsselsheim war 1940 die Produktion kriegsbedingt gestoppt worden, ab 1946 ließ die Sowjetunion die Montageanlagen als Reparationsleistung abbauen und nahm eine Fertigung in Moskau auf. Explizit hatte der Auftrag gelautet, die Fahrzeuge so zu konstruieren, dass sie sich auch für den Export eigneten. Hintergrund war nicht, dass der heimische Markt zu wenig Autos hätte aufnehmen können, sondern der dringende Bedarf an Devisen. Immerhin rund eine Viertelmillion Exemplare des Moskwitsch 400 konnte das Werk bis 1954 bauen, wie viele davon in den Export gingen, ist nicht bekannt. Als Nachfolger schob Moskwitsch den 401 nach, der ebenfalls den 1074-cm³-Motor besaß, jedoch nun 26 statt 23 PS leistete und geringfügig schneller lief. Neben der geschlossenen Version gab es auch ihn wieder als Cabrio-Limousine.

Bild: © A. Savin

Preise	1	2	3	4	5
M 401 (1.1, 26 PS), L4t	18.000	12.100	7.300	3.700	1.600
M 401 (1.1, 26 PS), Cab	23.700	14.000	8.400	3.800	1.500

Motor/Antrieb	
Bauart	Vierzylinder
Lage/Antrieb	Front/Heck
Hubraum in cm³	1074
PS/min	23 bis 26/4000
Vmax in km/h	90
Karosserie	
Bauart	Lim, Cab-Lim
Tragstruktur	selbsttragend
Material	Stahlblech
Stückzahl und Marktsituation	
Produktionszahl	ca. 250.000
Verfügbarkeit	ausreichend
Teilesituation	schlecht
Unterhaltskosten	niedrig

Moskwitsch 402, 407, 403, 410, 423, 424, 431, 432 — 1955-1965

Rund zehn Jahre nach der Premiere des ersten Moskwitsch änderte das Werk bei Moskau die Karosserie. Statt der alten Kadett-Form mit ihren freistehenden Kotflügeln folgte auch Moskwitsch dem internationalen Trend zu Ponton-Karosserien, dazu kamen Zweifarb-Lackierungen und modische Zierleisten. Er wirkte sehr hochbeinig, da das Fahrwerk ganz auf die in weiten Teilen der Sowjetunion schlechten Straßen ausgelegt war. Die neue Karosserie baute Moskwitsch nun auch als fünftürigen Kombi (Modell 423, später 424) und Lieferwagen (432), nicht mehr jedoch als Cabrio-Limousine. Während der 402 sich noch mit einem 1,2-Liter-Motor und 35 PS begnügen musste, erhielt der 407 (ab 1957) einen moderner aufgebauten 1,4-Liter-Motor mit zeitgemäßen 50 PS. Außergewöhnlich und selten ist der Moskwitsch 410: Die höhergelegte Limousine war mit einer zuschaltbaren Vorderachse ausgestattet, besaß also Allradantrieb. Dazu kamen zwei Geländeuntersetzungen.

Bild: © Ralf Christian Kunkel

Preise	1	2	3	4	5
403 (1.2, 35 PS), L4t	12.100	7.900	4.600	1.800	900
M 407 (1.4, 45 PS), L4t	12.300	7.800	4.700	1.900	800

Motor/Antrieb	
Bauart	Vierzylinder
Lage/Antrieb	Front/Heck
Hubraum in cm³	1220, 1400
PS/min	35, 50 bei 4500
Vmax in km/h	105 bis 115
Karosserie	
Bauart	Limousine (4-türig), Kombi (5-türig)
Tragstruktur	selbsttragend
Material	Stahlblech
Stückzahl und Marktsituation	
Produktionszahl	k.A.
Verfügbarkeit	ausreichend
Teilesituation	gut
Unterhaltskosten	niedrig

Moskwitsch 408, 426, Scaldia 1964-1975

„Einer der modernsten Wagen seiner Klasse", titelte Moskwitsch auf dem Cover eines deutschsprachigen Katalogs, der den 408 Elite mit seinen kecken Heckflossen anpries – gedruckt war er nicht für die DDR, sondern für die Bundesrepublik Deutschland. Der neue Moskwitsch zeuge vom guten Geschmack seines Herstellers. Betont wurden die Entwicklung einer neuen Achsaufhängung und das „gut durchdachte Klima-System". Zudem besaß er nun statt des bisherigen Dreiganggetriebes vier Gänge und war mit 13- sowie 15-Zoll-Rädern erhältlich – abermals ein Tribut an die schlechten Straßen in den Weiten der Sowjetunion. Neben der Limousine (Typ 408) gab es wieder einen fünftürigen Kombi (Typ 426). Besonders skurril: In Belgien importierte die Firma Sobimpex Moskwitsch der 408-Baureihe, jedoch ohne Motor und Getriebe. Statt der originalen Benzinmotoren wurden die unter dem Markennamen Scaldia angebotenen Fahrzeuge mit 1,6-Liter-Dieselmotoren von Perkins ausgestattet.

Bild: © Ralf Christian Kunkel

Preise	1	2	3	4	5
408 (1.4, 50 PS), L4t	12.700	8.200	4.800	1.700	700

Motor/Antrieb	
Bauart	Vierzylinder
Lage/Antrieb	Front/Heck
Hubraum in cm³	1381, 1620
PS/min	43 bis 50/4750
Vmax in km/h	125 bis 165
Karosserie	
Bauart	Limousine (4-türig), Kombi (5-türig)
Tragstruktur	selbsttragend
Material	Stahlblech
Stückzahl und Marktsituation	
Produktionszahl	k.A.
Verfügbarkeit	ausreichend
Teilesituation	gut
Unterhaltskosten	niedrig

Nash (USA) • 1916-1958

Aus der Thomas B. Jeffery Corporation war 1916 die Nash Motor Co. in Kenosha, Wisconsin, hervorgegangen. Ab 1918 hießen die Wagen dann Nash, die Produktion wurde nach Chicago verlagert. Selbsttragende Karosserien hatte man schon 1940 eingeführt, die Spezialitäten beibehalten: Liegesitze und die besonders wirksame Klimaanlage namens Weather Eye.

In den fünfziger Jahren wirkte Pinin Farina bei der Gestaltung der Karosserien mit. 1954 erfolgte der Zusammenschluss von Nash mit Hudson zur AMC. Das Nash-Modell Rambler bekam eigenen Markenstatus ab Modelljahr 1956 und feierte Erfolge auf dem Markt der amerikanischen Compact Cars. Nash wurde dagegen 1958 als Marke aufgegeben.

M N

Nash Statesman 1951-1954

Gute technische Ansätze sicherten Nash neben den beherrschenden Großkonzernen in Amerika vorläufig die Existenz. Mit ansprechender Stromlinienform in selbsttragender Bauweise, dem Hudson nicht ganz unähnlich, zeigte der Statesman viel Eigenständigkeit. Er war als zwei- und viertürige Limousine bis 1951 im Angebot. Nash bot den Reihensechszylindermotor mit Hubräumen zwischen schmalen 2,8 und knapp 3,9 Liter an. Mit 83 bis 114 PS reichte das für moderate Fahrleistungen. Der Erfolg stellte sich vor allem über die Preisschiene ein: Die Nash-Wagen waren billiger als die Konkurrenz (die freilich schon V8-Motoren anbot!). Dieses Manko bekam die Marke zu Beginn der Fünfziger immer stärker zu spüren, und es wirkt sich auch noch immer auf die Preise aus: Ein Nash ist selbst im Topzustand nicht allzu teuer.

Bild: © Ivar Engerud

Preise	1	2	3	4	5
Statesman (1951), L4t	22.800	15.300	9.600	4.800	2.400
Statesman (1952-1954), L4t	23.900	16.100	10.100	5.000	2.500

Motor/Antrieb	
Bauart	Sechszylinder (Reihe)
Lage/Antrieb	Front/Heck
Hubraum in cm³	2830, 3855
PS/min	83/3800 bis 114/3400
Vmax in km/h	130 bis 145
Karosserie	
Bauart	Limousine (2-/4-türig)
Tragstruktur	selbsttragend
Material	Stahlblech
Stückzahl und Marktsituation	
Produktionszahl	k.A.
Verfügbarkeit	gegen null
Teilesituation	schwierig
Unterhaltskosten	hoch

Nash-Healey 1951-1954

Als Wegbereiter für spätere Healey-Erfolge in den Staaten war der Nash-Healey ein erfolgreiches Joint-Venture-Produkt. Der Einstieg in den großen US-Markt fiel schwer, obwohl sich der Brite mit einem heimischen Hersteller verbunden hatte. In drei Jahren wurden nur gut 500 der von Pinin Farina eingekleideten Roadster und Coupés verkauft. Unter deren Hauben wummerte der zunächst 3,9 und später bis 4,2 Liter große Reihensechszylinder von Nash, der in leicht frisiertem Zustand immerhin 126 bis 135 PS zu liefern bereit war. Für einen größeren Verkaufserfolg waren jedoch die Preise viel zu hoch; außerdem boten die großen US-Konkurrenten bereits potente V8-Motoren an, die Nash nicht im Sortiment hatte. So war es an Chevrolet, mit der Corvette den einzig wahren US-Sportwagen anzubieten.

Preise	1	2	3	4	5
Healey (1952-1954), Cab	129.000	100.000	75.000	46.000	29.000

Motor/Antrieb	
Bauart	Sechszylinder (Reihe)
Lage/Antrieb	Front/Heck
Hubraum in cm³	3855, 4138
PS/min	126/4000 bis 135/4000
Vmax in km/h	175
Karosserie	
Bauart	Coupé, Cabriolet
Tragstruktur	Kastenrahmen
Material	Stahlblech
Stückzahl und Marktsituation	
Produktionszahl	506
Verfügbarkeit	gegen null
Teilesituation	sehr schwierig
Unterhaltskosten	hoch

Nash Metropolitan 1954-1962

Der Versuch, den Amerikanern ein kompaktes zweisitziges Wägelchen mit kleinen Motoren schmackhaft zu machen, schien nicht allzu erfolgreich zu sein – wenn man die relativ niedrigen Stückzahlen betrachtet. Dennoch war der Metropolitan auf dem US-Markt ein geachtetes Kompakt-Automobil, das heute echten Kult-Status genießt und sich steigender Preisnotierungen erfreut. Das britisch anmutende Aussehen des in Birmingham bei Austin gebauten Metropolitan bekam durch die teilweise Abdeckung der Vorderräder skurrile Züge. Die nur 1,2 bis 1,5 Liter großen Reihenvierzylinder von Austin galten als haltbar und (für US-Verhältnisse) sehr sparsam; die rein zweisitzige Auslegung stempelte den Met allerdings zum typischen Zweitwagen. Dreiganggetriebe und Lenkradschaltung galten als kleinwagentypische Details jener Epoche.

Preise	1	2	3	4	5
Metropolitan (1954-1956), Cab	30.000	21.200	12.000	6.500	2.800
Metropolitan (1954-1956), Cpe	19.800	14.000	7.800	4.100	1.900
Metropolitan (1956-1962), Cab	35.600	20.900	12.900	7.000	4.800
Metropolitan (1956-1962), Cpe	26.100	15.300	9.500	5.100	3.000

Motor/Antrieb	
Bauart	Vierzylinder (Reihe)
Lage/Antrieb	Front/Heck
Hubraum in cm^3	1200, 1489
PS/min	43/4500 bis 60/4600
Vmax in km/h	115 bis 135
Karosserie	
Bauart	Coupé, Cabriolet
Tragstruktur	selbsttragend
Material	Stahlblech
Stückzahl und Marktsituation	
Produktionszahl	ca. 100.000
Verfügbarkeit	schlecht
Teilesituation	ausreichend
Unterhaltskosten	mittel

NSU (D) • 1901-1977

Die Marke NSU ging 1873 aus einer Strickmaschinenfabrik hervor, die sich später erfolgreich mit der Produktion von Fahrrädern befasste. 1901 kamen Motorräder ins Programm, 1906 entstand das erste NSU-Automobil. Die Pkw-Produktion musste NSU unter dem Einfluss der Weltwirtschaftskrise 1929 aufgeben, die Produktionsanlagen wurden zusammen mit den Namensrechten an Fiat verkauft.

So entstand ein Kuriosum der deutschen Automobilgeschichte: Bis in die sechziger Jahre konnten die Italiener ihre deutschen Personenwagen unter dem Namen NSU-Fiat vertreiben. Erfolgreich blieb NSU als Motorrad-Marke – 1955 stand in Neckarsulm das größte Zweirad-Werk der Welt. Doch die große Motorrad-Dämmerung kündigte sich bereits an, weshalb NSU 1957 zum Bau von Autos zurückkehrte.

Die Erfolgsstory dauerte nur zwölf Jahre. Dann übernahm der VW-Konzern das finanzschwache Unternehmen und gliederte es der Marke Audi an. Der VW K 70 (1970) war ursprünglich eine NSU-Konstruktion und das erste Produkt der Zusammenarbeit. Heute werden in Neckarsulm die Modelle A5, A6, A8 und e-tron GT produziert.

Sympathieträger aus Neckarsulm: Der kleine Prinz und seine Verwandten

Schön sollte der Name des mutigen NSU-Neustarts in der Autowelt klingen. Für den neuen Kleinwagen hatte man sich „Rex" überlegt, „Monaco", „Lido", „Baron" – und eben „Prinz". Der Adelsspross machte schließlich das Rennen und sicherte dem kleinen NSU eine hohe Wiedererkennbarkeit.

„Fahre Prinz und Du bist König" – mit diesem Slogan lockte der Neckarsulmer Fahrzeughersteller ab den späten 1950er Jahren seine Kundschaft von den etablierten Zweirädern des Hauses in neu entwickelte Automobil-Zwerge. Vom Motorrad stammte auch der Zweizylinder-Motor, wenn auch in stark abgewandelter Form: Er war ein aus zwei Einzylindern gekoppelter Parallel-Twin, der nun 600 cm^3 maß. Charmant, durchaus etwas verspielt wirkte der Kleinwagen, der sich in einem gut besetzten Konkurrenzumfeld behaupten musste. Für Kunden ohne Auto-Führerschein bot ihn NSU auch mit dem 250-cm^3-Zweitakter aus dem Goggomobil an, doch bald forderte die Zeit nicht weniger, sondern mehr von den schwäbischen Königskindern: Mit vier Zylindern, stolzen 1000 cm^3 Hubraum und einer erwachseneren Karosserie debütierte Mitte der 1960er Jahre der Prinz 1000.

Er blieb auf Erfolgskurs: Ob als zivile Version oder als Kompaktrenner namens TT oder TTS – flotte Familienväter interessierten sich ebenso brennend für den Prinz wie preisbewusste Automobilisten. 1967 legten die Neckarsulmer den noblen Adelstitel allerdings sang- und klanglos ab: Schon der gestreckte Verwandte des Prinz, der 1965 auf den Markt kam, hieß nur noch schlicht und etwas technokratisch „Typ 110".

1972 war nach rund 15 Produktionsjahren die große Zeit der kleinen Prinzen und ihren Nachfolgern zu Ende. Das Zeitalter neuer Kompaktwagen mit praktischer Heckklappe stand unmittelbar bevor – und die Heckmotor-Konzepte gerieten zum Auslaufmodell.

NSU Prinz (Prinz I, II, III, 30 und 30 E) 1958-1962

Eigentlich hatte NSU einen Dreirad-Kabinenroller geplant, dann erschien der Prinz doch als zeitgemäßerer Vierrad-Kleinwagen. Nur die abgerundete hintere Fensterpartie erinnerte bei der Premiere im Herbst 1957 noch an die Kabinen-Pläne. Die Produktion startete im März 1958 mit den 20-PS-Modellen Prinz I und II. Der Prinz II war etwas besser ausgestattet und erhielt 1959 ein vollsynchronisiertes Getriebe. Gleichzeitig gab es für den Prinz II auf Wunsch einen 30-PS-Motor und die sogenannte E- (Export-) Ausstattung mit Liegesitzen. Der Prinz III mit 23 PS ersetzte 1960 das 20-PS-Modell und bot etwas mehr Drehmoment. Trotz der hausbackenen Form verkaufte sich der erste NSU Prinz recht ordentlich.

Preise	1	2	3	4	5
Prinz I, L2t	13.500	9.500	5.700	2.500	1.200
Prinz II, L2t	13.700	9.600	5.800	2.600	1.200
Prinz III, L2t	13.200	9.500	5.600	2.500	1.200
Prinz 30, L2t	14.000	9.800	5.900	2.600	1.200

Motor/Antrieb	
Bauart	Zweizylinder (Reihe)
Lage/Antrieb	Heck/Heck
Hubraum in cm^3	583
PS/min	20/4600 bis 30/5500
Vmax in km/h	105 bis 118
Karosserie	
Bauart	Limousine (2-türig)
Tragstruktur	selbsttragend
Material	Stahlblech
Stückzahl und Marktsituation	
Produktionszahl	94.549
Verfügbarkeit	schlecht
Teilesituation	schwierig
Unterhaltskosten	niedrig

Bild: © Jürgen Schlegelmilch

N

NSU Prinz 4 (Prinz 4, 4S, 4L) 1961-1973

Viel weltmännischer als sein gedrungener Vorgänger wirkte der Prinz 4, den NSU auf der IAA 1961 präsentierte. Die Technik blieb im Wesentlichen unverändert, aber die Karosserie war 30 Zentimeter länger und sieben Zentimeter breiter geworden. Formal folgte sie dem damals hochmodernen „Badewannen-Stil" des Chevrolet Corvair. Anfangs lieferte NSU den Prinz 4S mit normaler Ausstattung und das kaum verlangte Mager-Modell Prinz 4 mit lackierten Stoßstangen. 1965 erschien der komfortablere Prinz 4L, 1969 entfielen Prinz 4 und Prinz 4S. Im gleichen Jahr erhielt der erfolgreiche Kleinwagen eine behutsame Modellpflege, erkennbar an der neuen, breiten Alublende am Bug. Diese späten Modelle hatten auf dem Inlandsmarkt aber kaum noch Chancen: Die meisten wurden nach Italien exportiert.

Bild: © Archiv Günther Zink

Preise	1	2	3	4	5
Prinz 4, L2t	9.300	6.600	4.100	2.000	1.000
Prinz L, L2t	9.600	6.800	4.200	2.000	1.000
Prinz S, L2t	9.600	6.800	4.200	2.000	1.000

Motor/Antrieb	
Bauart	Zweizylinder (Reihe)
Lage/Antrieb	Heck/Heck
Hubraum in cm^3	598
PS/min	30/5600
Vmax in km/h	116
Karosserie	
Bauart	Limousine (2-türig)
Tragstruktur	selbsttragend
Material	Stahlblech
Stückzahl und Marktsituation	
Produktionszahl	570.000
Verfügbarkeit	ausreichend
Teilesituation	ausreichend
Unterhaltskosten	niedrig

NSU Prinz 1000, NSU 1000 1964-1972

Viele Prinz-Fahrer verlangten zu Beginn der sechziger Jahre nach einem größeren NSU. Als Prinz 1000 stand er auf der IAA 1963 und war ab April 1964 offiziell zu haben. Im Prinzip handelte es sich um eine 35 Zentimeter verlängerte Version des Prinz 4 mit neu entwickeltem Vierzylinder-Motor. Das luftgekühlte 43-PS-Triebwerk mit obenliegender Nockenwelle trat gegen ein Leergewicht von nur 650 Kilogramm an, die Fahrleistungen galten für damalige Begriffe als sehr flott. Ohne größere Retuschen blieb der NSU 1000 acht Jahre lang im Programm: 1967 entfiel der Name Prinz, gleichzeitig erhielt er eine neue Alublende am Bug und leistete nur noch 40 PS, um eine günstigere Versicherungsklasse zu erreichen. 1969 wurde das Bordnetz von 6 auf 12 Volt umgestellt.

Bild: © Audi AG

Preise	1	2	3	4	5
Prinz 1000, L2t	13.000	9.100	5.100	2.500	1.000
1000, L2t	12.700	8.900	5.000	2.400	1.000

Motor/Antrieb	
Bauart	Vierzylinder (Reihe)
Lage/Antrieb	Heck/Heck
Hubraum in cm^3	996
PS/min	40 bis 43/5500
Vmax in km/h	131 bis 135
Karosserie	
Bauart	Limousine (2-türig)
Tragstruktur	selbsttragend
Material	Stahlblech
Stückzahl und Marktsituation	
Produktionszahl	196.000
Verfügbarkeit	ausreichend
Teilesituation	ausreichend
Unterhaltskosten	mittel

NSU 110, 110 S, 110 SC, 1200, 1200 C 1965-1973

Die Kaufkraft des typischen NSU-Kunden wuchs in den sechziger Jahren schneller an, als die Schwaben konstruieren konnten. So blieb der NSU 1000 nur ein Zwischenmodell auf dem Weg zum Über-Prinz, der im Herbst 1965 als NSU 110 erschien. Auf den ersten Blick erkennbar war das neue Modell an seiner 17 Zentimeter längeren Schnauze und dem barocken Zierrat am Bug. Große Rechteck-Scheinwerfer sicherten zudem mehr Autobahn-Prestige. Der Motor entsprach anfangs dem TT, leistete aber zwei PS weniger. Der Buchstabe C im Modellnamen kennzeichnete die gegen Mehrpreis erhältliche „Comfort"-Ausstattung. 1966 rückte ein 1,2-Liter-Aggregat mit 60, später 55 PS ins Programm; 1967 wurde das Modell in NSU 1200 umbenannt. Ab 1970 gab es nur noch den 1200 C. Das langnasige Modell überlebte bis 1973.

Bild: © Archiv Günther Zink

Preise	1	2	3	4	5
Typ 110 , L2t	10.700	7.000	3.900	1.600	700
1200 C, L2t	10.700	7.000	3.900	1.800	800

Motor/Antrieb	
Bauart	Vierzylinder (Reihe)
Lage/Antrieb	Heck/Heck
Hubraum in cm^3	1085, 1177
PS/min	53/5600 bis 60/5600
Vmax in km/h	140 bis 150
Karosserie	
Bauart	Limousine (2-türig)
Tragstruktur	selbsttragend
Material	Stahlblech
Stückzahl und Marktsituation	
Produktionszahl	227.938
Verfügbarkeit	ausreichend
Teilesituation	ausreichend
Unterhaltskosten	niedrig

N

Mehr Sport fürs Volk: Sport-Prinz und Wankel-Spider

Es scheint ein Widerspruch zu sein: der Prinz und Sport. Doch rennbegeisterte NSU-Kunden versuchten es Ende der 1950er Jahre mit allen Tricks und mutigen Konstruktionen, den kleinen Prinzen schnell über Rennpisten zu bewegen. Das gelang auch nach einigen Anlaufschwierigkeiten, dennoch wünschten sich die NSU-Verantwortlichen, ein eigenständiges, sportliches Modell an die Seite des Prinz zu stellen.

Die Neckarsulmer wussten, dass dazu vor allem eines nötig war: eine schöne, elegante Karosserie. Sie engagierten mit Nuccio Bertone 1958 einen der umtriebigen norditalienischen Couturiers, die gerade dabei waren, sich international einen großen Namen zu machen. Umgehend forderte Bertone zehn Zentimeter mehr Radstand von NSU, den die Neckarsulmer aus Kostengründen verweigerten. Dennoch gelang es den Italienern, einen überzeugend hübschen Entwurf zu präsentieren. Vielleicht lag das Geheimnis des Auftritts auch daran, dass sich Bertone der NSU-Forderung widersetzt hatte, möglichst viele Teile des Prinz II zu verwenden.

NSU schluckte die Eigenmächtigkeit der Italiener und erteilte Bertone sogar den Auftrag zum Bau der Coupés. Über die gelieferte Qualität, so berichten Quellen, war man allerdings entsetzt. NSU setzte alles daran, die Verarbeitung im Detail zu verbessern – ein mühevolles Unterfangen. Bertone durfte in Folge nur noch Karosserien liefern, später erhielt der Karosseriebauer Drauz im nahen Heilbronn den Auftrag.

Bereits Ende der 1950er Jahre experimentierte NSU mit einer offenen Variante des Coupés. Die Karosserie des Spider entstand testweise aus Kunststoff, in Serie fertigte NSU ihn jedoch aus Stahlblech. Große Hoffnungen knüpften die Neckarsulmer an ihren smarten Spider – nicht zuletzt, weil er das erste Serienautomobil mit einem Wankelmotor war. NSU unterstützte aktiv die Entwicklungsarbeit von Felix Wankel, denn man hoffte, bei einem Durchbruch der innovativen Technik eine tragende Rolle spielen zu können. Dazu sollte es zwar nicht kommen, doch seinen besonderen Platz in der Automobilhistorie hat sich der Wankel Spider als Debütant sichern können.

NSU Sport-Prinz 1959-1967

Der Sport-Prinz war in den acht Jahren seiner Produktion kein Verkaufsschlager. Er half aber, das Image der jungen Automarke NSU zu heben und war der ersehnte Blickfang in den Schauräumen der Händler. Das Karosserie-Design des Sport-Prinz stammte von Nuccio Bertone, der anfangs auch die Produktion der Blechkleider übernommen hatte. Ab 1962 entstand der Prinzen-Frack bei der Spezialfirma Drauz in Heilbronn. Unter dem schicken Blech steckte die unveränderte Mechanik der Prinz-Typen II, III und 4. Der Preis von anfangs 6550 Mark sank auf 5710 und schließlich 5135 Mark, nachdem NSU den Karossier Drauz übernommen hatte. Gute Sport-Prinzen sind heute auch deshalb rar, weil eine seriöse Restaurierung in keinem Verhältnis zum günstigen Marktwert steht.

Bild: © J. Schlegelmilch

Preise	1	2	3	4	5
Sport Prinz, Cpe	21.000	15.800	9.800	4.100	1.500

Motor/Antrieb	
Bauart	Zweizylinder (Reihe)
Lage/Antrieb	Heck/Heck
Hubraum in cm³	583, 598
PS/min	30/5500, 30/5600
Vmax in km/h	120
Karosserie	
Bauart	Coupé
Tragstruktur	selbsttragend
Material	Stahlblech
Stückzahl und Marktsituation	
Produktionszahl	20.831
Verfügbarkeit	schlecht
Teilesituation	ausreichend
Unterhaltskosten	niedrig

NSU Wankel Spider 1964-1967

Seit den fünfziger Jahren unterstützte NSU die Kreiskolben-Projekte des Motoren-Erfinders Felix Wankel. Bereits 1957 lief in der Neckarsulmer Entwicklungsabteilung der erste Rotarier, und 1963 konnte NSU das erste Wankel-Serienautomobil der Welt präsentieren. Die Karosserie basierte auf dem Sport-Prinz, der Motor leistete 50 PS. Der Kampf um die Alltags-Reife fand in Kundenhand statt, was den Ruf des kleinen Technologieträgers verdüsterte. Viele Spider zerstörten gleich mehrere Austausch-Aggregate. Entsprechend schleppend lief der Absatz des 8500 Mark teuren Autos. Mit der Premiere des Ro 80 endete die Produktion; Restexemplare wurden noch bis 1968 losgeschlagen.

Bild: © Audi AG

Preise	1	2	3	4	5
Wankel-Spider, Rds	42.800	32.400	20.300	8.200	3.500

Motor/Antrieb	
Bauart	1-Scheiben/Wankel
Lage/Antrieb	Heck/Heck
Hubraum in cm³	500 Kam.-Vol.
PS/min	50/6000
Vmax in km/h	152
Karosserie	
Bauart	Cabriolet
Tragstruktur	selbsttragend
Material	Stahlblech
Stückzahl und Marktsituation	
Produktionszahl	2375
Verfügbarkeit	schlecht
Teilesituation	schwierig
Unterhaltskosten	mittel

NSU Prinz 1000 TT, 1000 TTS, 1200 TT 1965-1972

Der Golf GTI der Sechziger kam aus Neckarsulm und war die scharfe Version des 1000er Prinz. Das Kürzel TT erinnerte an die Erfolge der einstigen Zweiradmarke NSU bei der Tourist Trophy auf der Isle of Man. Der Ur-TT war ein Prinz 1000 mit sportlicher Ausstattung und aufgebohrtem Motor, der 12 PS mehr leistete als die Basis-Version. In nur 15 Sekunden beschleunigte der TT auf 100 km/h – ein Wert, der dem damaligen Mercedes-Benz 230 entsprach. Mit dem NSU TTS kam 1967 ein 70 PS starkes Basisgerät für private Rennsportler hinzu, und 1968 erhielt der TT den 1,2-Liter-Motor des neuen Modells 110, gekrönt von zwei Doppel-Fallstromvergasern. Im Juni 1967 fiel der etwas antiquierte Name Prinz weg.

Bild: © Audi AG

Preise	1	2	3	4	5
1000 TT, L2t	32.900	22.600	14.800	9.400	4.700
1200 TT, L2t	36.400	24.700	16.400	10.800	5.600

Motor/Antrieb	
Bauart	Vierzylinder (Reihe)
Lage/Antrieb	Heck/Heck
Hubraum in cm³	1085, 1177
PS/min	55/5800 bis 70/6150
Vmax in km/h	148 bis 160
Karosserie	
Bauart	Limousine (2-türig)
Tragstruktur	selbsttragend
Material	Stahlblech
Stückzahl und Marktsituation	
Produktionszahl	64.269 (TT), 2402 (TTS)
Verfügbarkeit	ausreichend
Teilesituation	ausreichend
Unterhaltskosten	mittel

Seiner Zeit voraus: Der NSU Ro 80

Unglaublich, was NSU sich leistete: Der einstige Motorrad-, dann Kleinwagenhersteller aus Neckarsulm zeigte 1967 mit dem Ro 80 einen revolutionären Entwurf, der in der oberen Mittelklasse Fuß fassen sollte. Dessen schlanke, elegante, aerodynamische Karosserie war in ihrer Form und vielen Details ohne Beispiel. Sie sollte stilbildend wirken.

Der zweite Coup saß unter der Haube: Statt eines gewöhnlichen Hubkolbenmotors setzte NSU auf den neuartigen und heiß diskutierten Drehkolbenmotor, den Felix Wankel entwickelt hatte. Daher stammte auch der Name des neuen Modells: „Ro" steht für Rotationskolben.

Die Aufgabe geriet für NSU ein wenig zu groß. Der hohe Umfang an Entwicklungsarbeit schluckte viel Geld, dann kam eine Fülle technischer Probleme, die es zu lösen galt. Garantie- und Kulanzleistungen erforderten in Neckarsulm starke Nerven in jenen Jahren. Dazu kam ein viel zu geringer Ertrag aus den kleinen Heckmotor-Modellen, und nicht zuletzt versuchte man noch, als Bindeglied zum Ro 80 ein neues, etwas kompakteres Modell zu entwickeln. Ro 70 sollte es heißen.

NSU fehlte das nötige Kapital für Projekte dieser Größenordnungen. 1969 sprachen die Neckarsulmer mit vielen Herstellern, darunter Daimler-Benz, BMW, Fiat und Chrysler. Und eben Volkswagen – man verstand sich, man ergänzte sich und unterzeichnete noch im selben Jahr einen Verschmelzungsvertrag. NSU und die VW-Tochter Auto Union schlossen sich unter dem VW-Dach zusammen, während Volkswagen den Ro 70 annektierte und als K 70 vermarktete – mit konventionellem Hubkolbenmotor allerdings.

Dem Ro 80 ließ Volkswagen den Wankel-Antrieb. Kein geringerer als Technik-Vorstand Ludwig Kraus, der Ex-Mercedes-Mann, nahm sich der unzähligen kleinen Fehler an und arbeitete mit seinem Team intensiv an einer verbesserten Haltbarkeit der Kreiskolbenmotoren. Immer wieder kam es zu Rückschlägen, doch nach und nach bekam Kraus die Probleme in den Griff. Letztlich waren es zu viele, um dem Ro 80 und seiner Technik eine große Zukunft zu bescheren – dabei lief die Technik der späten Baujahre weitgehend problemlos.

NSU setzte sich als Marke mit dem Ro 80 ein Denkmal. Geholfen hat es nichts: Es sollte das letzte Automobil sein, das den Namen mit den drei Buchstaben auf seinem Blech trug.

N

NSU Ro 80 — 1967-1977

Für gewaltiges Aufsehen im Auto-Establishment sorgte 1967 das Debüt des Ro 80. Die mangelnde Standfestigkeit der frühen Zweikammer-Wankelmotoren verhinderte seinen großen Durchbruch. Auf der Haben-Seite verbuchten die Freunde des Ro 80 aber seine revolutionäre Form, die unvergleichliche Laufkultur und seine sicheren Fahreigenschaften. Zur Serienausstattung zählten von Anfang an vier Scheibenbremsen, Zweikreis-Bremssystem und eine Kupplungs-Automatik. Ständige Änderungen am Motor des Ro 80 sorgten ab etwa 1971 zwar für eine befriedigende technische Reife, aber auch für Irritationen bei den Kunden. Zeitlebens blieb der Ro 80 ein Fall für Fans und Individualisten, was ihm zwar einen legendären Ruf einbrachte, aber keinen wirtschaftlichen Erfolg. Deutsche Finanzämter stuften den Ro 80 übrigens nach Gewicht ein – Hubraum besitzt er ja keinen.

Bild: © Audi AG

Preise	1	2	3	4	5
Ro 80, L4t	30.400	16.600	10.900	3.900	1.700

Motor/Antrieb	
Bauart	2-Scheiben/Wankel
Lage/Antrieb	Front/Front
Hubraum in cm³	497,5 Kam.-Vol.
PS/min	115/5500
Vmax in km/h	176 bis 181
Karosserie	
Bauart	Limousine (4-türig)
Tragstruktur	selbsttragend
Material	Stahlblech
Stückzahl und Marktsituation	
Produktionszahl	37.398
Verfügbarkeit	gut
Teilesituation	ausreichend
Unterhaltskosten	hoch

NSU-Fiat (D) • 1929-1969

Vielen ist es heute nicht mehr bekannt: Der italienische Autoriese Fiat zählte eine Zeit lang auch als deutscher Hersteller. Von 1929 bis 1969 unterhielt der Turiner Konzern eine Fertigungsstätte in Heilbronn. Fiat und die Dresdner Bank hatten sich je zur Hälfte an einer Firma beteiligt, die von NSU deren neues Werk in Neckarsulm übernommen hatte. NSU selbst war in finanzielle Not geraten und besaß keine Anteile an dem neuen Unternehmen NSU-Fiat.

Nach einigen Anlaufproblemen startete 1934 die Lizenzfertigung des Fiat Balilla in Heilbronn; Drauz und Weinsberg lieferten die Karosserien. Später kamen andere Modelle, unter anderem auch der Topolino dazu. In den 1950er und 1960er Jahren lief in Heilbronn die Lizenzfertigung der Modelle 500 C, 600 (deutsche Bezeichnung: NSU-Fiat Jagst), 1100 (NSU-Fiat Neckar), 124, 125 und 128 auf Hochtouren. Teilweise wurden hohe Stückzahlen produziert: Der Jagst erreichte allein 1962 eine Auflage von über 50.000 Exemplaren.

Nachdem der alte Namensinhaber NSU ab 1958 nicht mehr nur Zweiräder, sondern selbst wieder Automobile fertigte, entbrannte ein Streit um die Namensrechte. NSU-Fiat änderte seinen Namen daraufhin in „Neckar", allerdings nicht sehr konsequent. Ab 1967 hießen die in Heilbronn gefertigten Lizenzmodelle wie in ihrem Heimatland Italien schlicht „Fiat". 1973 endete die Heilbronner Produktion, weil sich inzwischen importierte Fahrzeuge als preiswerter erwiesen als die in Lizenz gebauten.

Fiat nutzte die Heilbronner Dependance noch bis 2006 als deutsche Vertriebsgesellschaft.

NSU-Fiat Neckar, Europa — 1953-1966

Mit dem pontonförmigen Fiat 1100 stellte der Turiner Konzern 1953 ein Erfolgsmodell der Mittelklasse vor, das mit modernem Design, großräumiger Karosserie und sportlichen Fahreigenschaften glänzte. Im Deutschland der fünfziger und sechziger Jahre sprach der Millecento vor allem Individualisten an, denen ein VW Käfer oder Ford 12 M einfach zu bürgerlich war. Diese Zielgruppe war groß genug, um eine eigene 1100-Fertigungslinie im Heilbronner Fiat-Montagewerk rentabel zu machen. Die deutschen 1100er unterschieden sich nur in Details vom italienischen Original – und natürlich im Namen: Neckar. Während der 13-jährigen Produktionsdauer erlebte der NSU-Fiat Neckar ein halbes Dutzend Mal eine Modellpflege; seine Karosserie wurde dabei kantiger und reicher mit Chrom verziert. Die Technik blieb dagegen weitestgehend unangetastet.

Bild: © Archiv HEEL Verlag

Preise	1	2	3	4	5
Neckar (1953-1956), L4t	17.300	11.800	6.700	3.200	1.100
Neckar (1966-1969), L4t	12.000	8.200	4.700	2.200	800

Motor/Antrieb	
Bauart	Vierzylinder (Reihe)
Lage/Antrieb	Front/Heck
Hubraum in cm³	1089
PS/min	36/4000 bis 48/5000
Vmax in km/h	120 bis 130
Karosserie	
Bauart	Limousine (4-türig)
Tragstruktur	selbsttragend
Material	Stahlblech
Stückzahl und Marktsituation	
Produktionszahl	
Verfügbarkeit	schlecht
Teilesituation	ausreichend
Unterhaltskosten	niedrig

NSU-Fiat Jagst — 1956-1969

Zu den populärsten Import-Automobilen auf dem deutschen Markt zählte in den 1950er Jahren der Fiat 600. Der große Anklang, den er im Land der Käfer fand, führte schließlich zu einer deutschen Version, die nach dem schwäbischen Flüsschen Jagst benannt war und im Heilbronner Fiat-Montagewerk gebaut wurde. Technisch und optisch handelte es sich um einen 600er, der sich von seinen italienischen Brüdern nur durch den Jagst-Schriftzug unterschied. Allzu viele haben übrigens nicht überlebt: Fast alle starben den langen, quälenden Tod des vernachlässigten Low-Budget-Automobils. Auf dem Gebrauchtwagenmarkt waren Jagst beliebt, weil sie zum Preis eines Fiat 500 viel mehr Platz und Leistung boten.

Bild: © W. Hoffmann

Preise	1	2	3	4	5
Jagst 600, L2t	14.500	10.900	6.600	2.600	900
Jagst 770, L2t	12.100	8.700	5.200	2.000	700
Jagst 2, L2t	12.100	8.700	5.200	2.000	700

Motor/Antrieb	
Bauart	Vierzylinder (Reihe)
Lage/Antrieb	Heck/Heck
Hubraum in cm³	633 bis 767
PS/min	21/4600 bis 23/4500
Vmax in km/h	100 bis 110
Karosserie	
Bauart	Limousine (2-türig)
Tragstruktur	selbsttragend
Material	Stahlblech
Stückzahl und Marktsituation	
Produktionszahl	k.A.
Verfügbarkeit	schlecht
Teilesituation	gut
Unterhaltskosten	niedrig

N

NSU-Fiat Weinsberg 500 — 1959-1963

Als eigenständiges Modell der deutschen Fiat-Dependance erschien 1959 die Luxusversion des Fiat 500 D. Die Karosseriewerke Weinsberg hatten dem italienischen Kleinwagen ein Luxus-Kleidchen im barocken Stil der 50er Jahre übergestreift: Das Heck trug Flösschen, die Scheinwerfer saßen unter einem angespitzten Kotflügel-Dach, Zweifarben-Lack und gezackte Zierleisten waren serienmäßig. Es gab zwei Versionen, beide mit Faltdach: einmal die viersitzige Limousette, zum anderen das zweisitzige Coupé mit hinterer Panoramascheibe nach Art des Goggomobils. Die Preisliste begann bei 3990 Mark; damit war der Edel-Cinquecento teurer als ein VW Standard-Käfer.

Bild: © Archiv Günther Zink

Preise	1	2	3	4	5
Weinsberg 500, Cpe	23.700	15.300	8.900	4.500	1.700
Weinsberg 500, L2t	19.200	12.600	8.200	3.700	1.400

Motor/Antrieb	
Bauart	Zweizylinder (Reihe)
Lage/Antrieb	Heck/Heck
Hubraum in cm³	476, 499
PS/min	15/4250 bis 15/4400
Vmax in km/h	95 bis 100
Karosserie	
Bauart	Limousine (2-türig), Coupé
Tragstruktur	selbsttragend
Material	Stahlblech
Stückzahl und Marktsituation	
Produktionszahl	4668 (Lim), 1560 (Cpe)
Verfügbarkeit	schlecht
Teilesituation	ausreichend
Unterhaltskosten	niedrig

NSU-Fiat 770 Riviera — 1961-1964

Auf der Basis des Fiat 500-Nachfolgers 600/770 entstanden zu Anfang der 1960er Jahre schicke Cabriolets und Coupés. Der italienische Karossier Vignale hatte die Linien entworfen, und bei ihm wurde das Wägelchen auch gebaut. „An Individualisten mit Niveau hat der Karossier gedacht, der dieses kleine Meisterwerk schuf", lasen Interessenten im Prospekt. Die deutschen Exemplare wurden unter dem eingeführten Label NSU-Fiat ab Heilbronn vertrieben. Der nur 767 cm³ große Reihenvierzylinder im Heck leistete 25 PS und konsumierte rund sieben Liter Sprit. Sportlicher als die Fahrleistungen war die Knüppelschaltung, mit der sich das teilsynchronisierte Viergang-Getriebe betätigen ließ. Auf deutschen Straßen blieb er ein äußerst rarer Exot, dessen ab Werk unkonserviertes Blech empfindlich auf winterliches Streusalz reagierte.

Bild: © Archiv Günther Zink

Preise	1	2	3	4	5
770 Riviera, Cab	36.000	27.200	16.400	6.300	2.600

Motor/Antrieb	
Bauart	Vierzylinder (Reihe)
Lage/Antrieb	Heck/Heck
Hubraum in cm³	767
PS/min	25/4800
Vmax in km/h	120
Karosserie	
Bauart	Coupé, Cabriolet
Tragstruktur	selbsttragend
Material	Stahlblech
Stückzahl und Marktsituation	
Produktionszahl	k.A.
Verfügbarkeit	gegen null
Teilesituation	schwierig
Unterhaltskosten	niedrig

Oldsmobile (USA) • 1897–2004

Schon 1896, noch vor Gründung der Firma in Lansing, Michigan, war der erste Oldsmobile entstanden. Ransom Eli Olds hieß der Mann hinter der Marke, der als amerikanischer Automobilpionier Geschichte schreiben sollte. Bereits 1887 hatte er seinen ersten Dampfwagen gebaut.

1901 enstand der Runabout, der später wegen seiner schwungvollen Front als „Curved Dash" berühmt wurde. Mit diesem Erfolgsmodell gelang es Oldsmobile, nahezu aus dem Stand zum größten Automobilhersteller der Welt aufzusteigen. Rund 6500 Exemplare entstanden im Jahr 1905 – von Ford und seiner Tin Lizzy war zu dieser Zeit noch nicht die Rede. Bis nach Russland exportierte der junge Hersteller Oldsmobile.

Trotz des Erfolgs überwarfen sich die Mehrheitseigentümer mit Ransom Olds, der sein Konzept nicht nach ihren Wünschen weiterentwickeln wollte. Die Konsequenz: Olds ging und gründete umgehend eine neue Firma, die seine Initialen trug – REO Motor Car. Sie war in den Folgejahren erfolgreicher als Oldsmobile.

1908 kauft Willam C. Durant das Unternehmen Oldsmobile als Baustein für seinen General Motors-Konzern. Nach dem Zweiten Weltkrieg galt Oldsmobile als überaus erfolgreiche Marke in Amerika. 1950 lief der dreimillionste Olds vom Band, und die Marke profilierte sich zunehmend als Technik-Vorreiter im Konzern. Ungewöhnlich war 1966 der Schritt zum Frontantrieb, den das riesige Modell „Toronado" erhielt.

In den 1970er Jahren nahm das Badge-Engineering innerhalb des General Motor-Verbunds weiter zu. Das wiederum verwässerte das Image der Marken, auch Oldsmobile verlor durch Misswirtschaft deutlich an Rückhalt bei seinen Käufern. Anfang der 2000er Jahre erodierten die Verkaufszahlen. General Motors zog einen Schlussstrich: Am 29. April 2004 entsorgte der Konzern seine traditionsreiche Marke.

Oldsmobile 88 und 98 Futuramic — 1948-1953

Ein Oldsmobile – das war bis Ende 1948 das Fuhrwerk der beleibten älteren Herren, ein biederes Dickschiff mit zähem Reihensechszylinder-Motor. Die große Kehrtwende kam zum Modelljahr 1949: Mit dem so genannten Rocket-Motor hielt endlich ein potentes V8-Triebwerk unter der Haube Einzug. Dazu kam ein neues, gestrafftes Karosseriedesign, das die Oldsmobile zu den attraktivsten US-Automobilen ihrer Zeit machte. Es gab zwei Modell-Linien namens 88 und 98 und – auf Wunsch – das vollautomatische GM-Hydramatic-Getriebe. Die Sechszylinder-Motoren blieben für kostenbewusste Kunden im Sparmodell 76 weiterhin lieferbar. Bis zum Modelljahr 1954 wandelten sich die Olds-Typen nur in unbedeutenden Karosserie- und Technik-Details. Es gab sie wie die meisten US-Großserienautomobile als Limousinen, Hardtop-Coupés, Cabriolets und Station Wagons.

Preise	1	2	3	4	5
88, L4t	37.500	24.900	13.900	6.300	3.000
88 Holiday Hardtop, Cpe	47.500	32.000	17.500	8.000	3.900
98 Fiesta, Cab	125.000	77.000	45.000	21.000	10.000

Motor/Antrieb	
Bauart	V8
Lage/Antrieb	Front/Heck
Hubraum in cm³	4947
PS/min	157/3600 bis 172/3600
Vmax in km/h	150 bis 160
Karosserie	
Bauart	Lim (2-/4-türig), Kom, Hardtop, Cab
Tragstruktur	Kastenrahmen
Material	Stahlblech
Stückzahl und Marktsituation	
Produktionszahl	1.529.695
Verfügbarkeit	ausreichend
Teilesituation	gut
Unterhaltskosten	niedrig

Oldsmobile Super 88 und 98 — 1958-1959

Zu den spektakulärsten Kreationen der Oldsmobile-Geschichte zählte der Modelljahrgang 1959, ein komplett neuer Styling-Entwurf, der alle Verbindungen zu den Vorläufermodellen rigoros kappte. Es handelte sich um die bis dahin größten und leistungsstärksten Modelle der General-Motors-Marke. Zu den Erkennungszeichen des 59er Jahrgangs zählten die mutig gekrümmte „Vista Panoramic"-Frontscheibe, vordere Doppelscheinwerfer mit dazwischenliegenden Blinkern und mächtige Heckflossen mit integrierten ovalen Rückleuchten. Fast alle der 382.864 gebauten Exemplare des Modelljahrgangs 1959 wurden mit dem Automatikgetriebe namens „Jetaway-Hydramatic" geliefert, das für die günstigeren 88-Modelle nur gegen Aufpreis zu haben war. Den luxuriösen 98 gab es dagegen nur mit Schalthilfe – und auf Wunsch sogar mit Luftfederung.

Bild: © GM Corp.

Preise	1	2	3	4	5
88 Holiday Hardtop (4-türig), Cpe	34.000	22.500	13.500	6.000	2.900
88 Holiday Hardtop (2-türig), Cpe	46.800	34.700	22.200	10.300	5.500
98, Cab	56.500	37.100	25.600	11.700	6.000

Motor/Antrieb	
Bauart	V8
Lage/Antrieb	Front/Heck
Hubraum in cm^3	6076, 6466
PS/min	274/4600 bis 319/4600
Vmax in km/h	165 bis 180
Karosserie	
Bauart	Lim (2-/4-türig), Kom, Hardtop, Cab
Tragstruktur	Kastenrahmen
Material	Stahlblech
Stückzahl und Marktsituation	
Produktionszahl	382.864
Verfügbarkeit	ausreichend
Teilesituation	gut
Unterhaltskosten	niedrig

Oldsmobile Toronado — 1966-1970

Schon in den sechziger Jahren realisierte die US-Marke Oldsmobile, was noch lange später von Kritikern als unmöglich abgetan wurde: die Kombination eines großvolumigen, leistungsstarken Triebwerks mit Frontantrieb. Was jedoch bei Cadillac und dessen Modell Fleetwood Eldorado gelang, schaffte man auch beim Toronado. Mit 7,0 und 7,5 Litern Hubraum und 380 bis 406 PS unterstrich das elegante und große Auto die sportlichen Ambitionen. Das optisch ansprechende und dennoch gewaltige 5,4 Meter lange Coupé hatte der GM-Chefstylist Bill Mitchell entworfen, der auch Schöpfer des Buick Riviera war. Zum Glück ist der Betrieb des hübschen Rückens aufgrund der hiesigen Steuergesetzgebung mittlerweile auch zu finanzieren – dem H-Kennzeichen sei dank!

Bild: © GM Corp.

Preise	1	2	3	4	5
Toronado, Cpe	45.200	30.000	17.100	8.600	4.200

Motor/Antrieb	
Bauart	V8
Lage/Antrieb	Front/Front
Hubraum in cm^3	6995, 7446
PS/min	380/4600 bis 406/4800
Vmax in km/h	200
Karosserie	
Bauart	Hardtop
Tragstruktur	Kastenrahmen
Material	Stahlblech
Stückzahl und Marktsituation	
Produktionszahl	143.134
Verfügbarkeit	schlecht
Teilesituation	ausreichend
Unterhaltskosten	hoch

Oldsmobile 442 (F-85) — 1968

Der 442 war anfangs nicht mehr als ein Schnellschuss, eine hastige Antwort auf Pontiacs GTO, mit dem die Konzernschwester unter John Z. DeLorean einen unverhofften Volltreffer gelandet hatte. War der 442 anfangs nicht mehr als ein aufpreispflichtiges Kraftpaket für den Cutlass, ernannte Oldsmobile 1968 den 442 zur eigenen Baureihe. Der Basismotor mit 6,5 Litern Hubraum lieferte in Kombination mit Drei- und Viergangschaltgetrieben 350 PS, jene mit Automatikgetrieben begnügten sich mit 325 PS. Als Topmodell platzierte Oldsmobile den W30 mit 7,5 Litern Hubraum und 360 PS. Bis heute gilt der 455-cui-Big-Block als größter Motor, den Oldsmobile jemals in einem Serienauto verbaut hat. Besonders rar sind die „Hurst/Olds"-Sondermodelle, die in Zusammenarbeit mit dem Zulieferer Hurst entstanden. Der Hurst/Olds des Jahrgangs 1968 war auf 515 Stück limitiert und ausschließlich in der Farbe „Peruvian Silver" zu haben.

Bild: © GM Corp.

Preise	1	2	3	4	5
Cutlass S 442, Cpe	17.100	12.000	6.600	3.800	1.400

Motor/Antrieb	
Bauart	V8
Lage/Antrieb	Front/Heck
Hubraum in cm^3	6554
PS/min	350 bei 4600
Vmax in km/h	160 bis 200
Karosserie	
Bauart	Coupé; Cabriolet
Tragstruktur	Kastenrahmen
Material	Stahlblech
Stückzahl und Marktsituation	
Produktionszahl	ca. 33.000
Verfügbarkeit	ausreichend
Teilesituation	ausreichend
Unterhaltskosten	mittel

O

Opel (D) • seit 1898

Die ersten Produkte Adam Opels waren Nähmaschinen, die er ab 1862 an Kunden in aller Welt lieferte. Bald darauf weiteten Adams Söhne die Fertigung auf Fahrräder aus und um 1890 war das hessische Unternehmen bereits die größte Fahrradfabrik der Welt.

Nach Adam Opels Tod 1895 beschlossen seine Söhne, mit dem Automobilbau einen neuen Geschäftszweig zu erschließen. Sie erstanden 1898 die Rechte am System Lutzmann: Friedrich Lutzmann hatte mit seiner Anhaltinischen Motorwagenfabrik seit 1894 Fahrzeuge gebaut. 65 Exemplare lieferte Opel bis 1901 aus. 1902 erschien der Opel-Darracq in Lizenz des französischen Herstellers. Besonderen Erfolg verbuchte Opel mit Fahrzeugen wie dem 4/8 PS „Doktorwagen“ von 1909. Mit dem 4/12 PS „Laubfrosch“ von 1924 wuchs die Marke zum erfolgreichen Automobilhersteller heran.

OPEL Motorwagen

ADAM OPEL
Rüsselsheim b. Frankfurt a. M.

Dem Zuge der Zeit folgend habe ich die Fabrikation von Motorwagen aufgenommen.
Um meinen geschätzten Abnehmern keine Versuchsobjekte zu liefern, sondern auch in diesem Zweige den guten Ruf, der sich an alle „Opel“-Fabrikate knüpft, zu befestigen, habe ich die ganze

Patent-Motorwagen-Fabrik
F. Lutzmann, Dessau

eine der ersten und ältesten Deutschlands, deren Fabrikate sich durch ihre Leistungsfähigkeit und Solidität in allen Weltteilen des besten Rufes erfreuen, käuflich erworben und incl. aller Arbeiter nach Rüsselsheim verpflanzt.
Ich bin dadurch in den Stand gesetzt, Motorwagen in jeder gewünschten Stärke und Ausführung in kürzester Frist zu liefern.
Unter persönlicher Leitung eines Fachmannes, wie dies Herr Direktor Lutzmann ist, und gestützt auf einen Stamm alter, in der Motorbranche durch und durch geschulter Arbeiter und die reichen Erfahrungen, die ich durch 35jährige Thätigkeit in der Maschinenbranche erworben habe, hoffe ich meinen Abnehmern ein Fabrikat bieten zu können, von dem es, wie bei meinen Nähmaschinen und Fahrrädern heissen soll:

„Opel-Motorwagen sind die besten“.

Die Motorwagen-Fabrikation ist von meinen übrigen Fabrikationszweigen vollständig getrennt und wolle man Correspondenzen lediglich an die Motorwagen-Fabrik ADAM OPEL adressieren.

Bild: © Opel Automobile GmbH

„Opel-Motorwagen sind die besten“: Opel begann den Automobilbau mit der Übernahme eines Produktionsbetriebs.

1929, im Jahr der Weltwirtschaftskrise, verkaufte die Familie Opel ihr Werk an den US-Konzern General Motors, mit dessen Kapitalkraft sich Opel in den dreißiger Jahren zum größten deutschen Automobilbauer entwickelte.

1947 lief die Produktion des Vorkriegs-Erfolgsmodells Olympia wieder an. Das wichtigste Nachkriegs-Ereignis fand 1962 statt: der Produktionsanlauf des Kadetts im neuen Zweigwerk Bochum. Seit 1948 ist Opel der zweitgrößte deutsche Autohersteller nach VW. In den 1990er Jahren zehrten Qualitätsmängel am Ruf der Traditionsmarke. Inzwischen ist das Formtief überwunden, aber die drohende Pleite des Mutterkonzerns gefährdete auch Opel. Nach dem gescheiterten Verkauf an den österreichischen Zulieferer Magna im Jahre 2009, hat GM beschlossen, Opel mit seinen über 25.000 Mitarbeitern selbst zu sanieren.

2013 teilte General Motors mit, bis zum Jahr 2016 rund vier Milliarden Euro in die europäischen Opel- und Vauxhall-Standorte zu investieren, um neue Modelle und Motoren zu entwickeln. Im Rahmen der Umstrukturierung wurde allerdings auch der traditionsreiche Standort Bochum geschlossen, wo im Dezember 2014 der letzte Opel vom Band lief. Im Februar 2017 übernahm die französische Group PSA die Adam Opel AG und die englische Marke Vauxhall Motors für rund 1,3 Mrd. Euro von GM. Die Aktivitäten von Vauxhall und Opel werden in der Opel Automobile GmbH fortgeführt. Der niederländische Konzern Stellantis, zu dem Opel mittlerweile gehört, hat seinen Deutschlandsitz am alten Stammsitz von Opel in Rüsselsheim.

Mit diesem Plakat warb Opel in der Frühzeit des Automobilbaus.

Bild: © Opel Automobile GmbH

Adam Opel (1837-1895).

Das aktuelle Logo zeigt noch den Blitz, jedoch in moderner Form.

OPEL

Erfolg am laufenden Band: Die frühen Volks-Wagen von Opel

Mit der Fließbandproduktion kam für Opel der große Erfolg. Zwar hatten sich die Hessen in den frühen 1920er Jahren mit der Manufaktur hochwertiger Reisewagen aller Leistungsklassen längst einen Namen gemacht, aber erst mit der 1924 erstmalig in der deutschen Automobilbranche eingeführten Massenfertigung – und den damit realisierbaren günstigen Preisen – begann der Aufstieg nach ganz oben.

Erster großer Erfolg wurde der Laubfrosch genannte Opel 4/12 PS: Die große Nachfrage ließ Produktion und Belegschaft in vier Jahren auf das Dreifache anwachsen. Um 1928 betrug der Marktanteil 40 Prozent; damit war Opel größter deutscher Automobilproduzent.

Mit der neuen finanzstarken Konzernmutter GM im Rücken legte Opel im folgenden Jahrzehnt noch zu: Ein weit gefächertes Modellprogramm vom Kleinwagen 1,2 Liter bis hin zum repräsentativen Sechszylinder etablierte Opel in den 1930er Jahren als unangefochtene Nummer eins. Auch die langlebigen, sehr kultivierten Opel-Motoren und das gute Kundendienstnetz trugen zum guten Ruf der Marke bei.

Basis des Erfolgs und Hauptgeschäft der Rüsselsheimer war jedoch immer der sehr preiswerte Mittelklassewagen mit unspektakulärer, aber zuverlässiger Technik. So wurde der technisch altbackene, aber solide und unschlagbar billige Opel P4 zum meistverkauften deutschen Automobil. 1936 übernahm der fortschrittliche und attraktive Olympia diese Spitzenrolle, der kleine Kadett und der souveräne Kapitän rundeten das Angebot nach unten und oben ab – ebenfalls mit überragendem Erfolg. 1939 bauten fast 30.000 Mitarbeiter rund 10.000 Autos im Monat.

Opel 4/12 PS („Laubfrosch“) 1924-1926

Die Wagen der Baureihe Opel 4 PS – so die damalige, an den Steuer-PS orientierte Werksbezeichnung – fanden durch ihren ungewohnt günstigen Preis in sieben Jahren rund 120.000 Käufer. Das erste Modell, der Opel 4/12 PS, ging 1924 in Serie. Überwiegend Selbstständige erschlossen sich mit ihm bei 50 km/h Dauergeschwindigkeit neue mobile Welten. Der offene Zweisitzer wurde ausschließlich in grüner Lackierung ausgeliefert, was ihm im Volksmund den Spitznamen Laubfrosch einbrachte. Technisch bot er keine Finessen; sein Einliter-Reihenvierzylinder mit Fallstromvergaser und Bosch-Magnetzündung leistete 12 PS. Der Laubfrosch war übrigens keine Eigenkonstruktion, sondern ein Plagiat: Opel hatte den Citroën 5 CV nachgebaut. Die Franzosen prozessierten, aber die deutschen Gerichte entschieden zugunsten der Rüsselsheimer.

Bild: © Opel Automobile GmbH

Preise	1	2	3	4	5
4/12 PS, Rds	36.000	22.000	16.000	9.000	4.500

Motor/Antrieb	
Bauart	Vierzylinder (Reihe)
Lage/Antrieb	Front/Heck
Hubraum in cm^3	951
PS/min	12 bis 14/2400
Vmax in km/h	60
Karosserie	
Bauart	Cabriolet
Tragstruktur	U-Profil-Rahmen mit Quertraversen
Material	Holz, Stahlblech
Stückzahl und Marktsituation	
Produktionszahl	k.A.
Verfügbarkeit	schlecht
Teilesituation	sehr schwierig
Unterhaltskosten	hoch

Opel 1,2 Liter, P4 — 1931-1937

Der Opel P4 sah Mitte der Dreißiger zwar aus wie ein kantiges Überbleibsel der späten Zwanziger – technisch gesehen war er das auch –, dennoch wurde er zum populärsten Automobil Deutschlands: Der Hauptgrund dafür war neben seiner anspruchslosen Technik sein sensationell niedriger Preis von nur 1450 Reichsmark, was dem Gegenwert eines besseren Motorrads entsprach. Es war am Ende auch die aggressive Preispolitik der GM-Tochter Opel, die das Aus des Opel P4 besiegelte: Seine Beliebtheit drohte die Volkswagen-Pläne des NS-Regimes zu stören, sodass die Produktion auf Druck von oben zum Jahresende 1937 auslief. Erstaunlich viele der kleinen Limousinen haben die Wirren des Zweiten Weltkriegs überlebt, weil die Wehrmacht sie nicht requirieren mochte.

Bild: © Opel Automobile GmbH

Preise	1	2	3	4	5
P4 (1935-1937), L2t	20.900	14.300	10.100	5.800	2.700

Motor/Antrieb	
Bauart	Vierzylinder (Reihe)
Lage/Antrieb	Front/Heck
Hubraum in cm³	1073
PS/min	23/3400
Vmax in km/h	85
Karosserie	
Bauart	Limousine (2-türig)
Tragstruktur	Rohrrahmen
Material	Stahlblech
Stückzahl und Marktsituation	
Produktionszahl	65.864
Verfügbarkeit	schlecht
Teilesituation	schwierig
Unterhaltskosten	mittel

Mittelstands-Vereinigung: Opel Olympia und Olympia Rekord

Als Opel 1935 das neue Mitteklasse-Modell Olympia präsentierte – der Name entstand übrigens aus der Euphorie über die bevorstehenden Olympischen Spiele in Berlin – gaben die erfolgsverwöhnten Rüsselsheimer ihrem Neuling gute Marktchancen, boten sie doch getreu ihrer Marktpolitik einen attraktiven Wagen zum kleinen Preis. Dass ihm eine Reihe von sieben Modellgenerationen folgen sollte, die über 25 Jahre Schwerpunkt des Lieferprogramms und Inbegriff des Opel-Personenwagens schlechthin wurde, ahnte niemand.

Nach dem Zweiten Weltkrieg sicherte der Olympia den Opelanern das Überleben: Als zunächst einziges Modell konnte er – bis auf Details unverändert – weitergebaut werden.

Ein Meilenstein wurde der erste von Grund auf neu entwickelte Olympia nach dem Krieg: Das 1953er Modell traf mit seinem modernen Ponton-Kleid genau den Zeitgeschmack und wurde – jetzt mit dem stolzen Namenszusatz Rekord versehen – aus dem Stand zum Verkaufsrenner: Über Jahre belegte es den zweiten Platz in der deutschen Zulassungsstatistik, gleich nach dem Volkswagen. Unverkennbar blieb zukünftig der Einfluss der Amerikaner auf die Hessen, sowohl optisch – alle Olympia-Modelle der 1950er Jahre sahen aus wie geschrumpfte Detroiter Straßenkreuzer – als auch angesichts der schnelllebigen Modellpolitik. Das amerikanische Design kam als Hauch der großen weiten Welt sehr gut an, die Modellwechsel weniger: Manch ein Olympia-Fahrer wechselte verärgert zur Konkurrenz, nachdem sein Neuwagen bereits nach Monaten zum Alt-Modell degradiert worden war.

Opel Olympia — 1935-1940

Der 1935 präsentierte Olympia punktete wie alle Opel-Wagen durch sein günstiges Preis-Leistungs-Verhältnis: nur 2500 Reichsmark kostete die kompakte, aber geräumige Mittelklasse-Limousine mit 24 PS-Vierzylinder. Großes Aufsehen erregte jedoch seine selbsttragende Karosserie: Der Olympia war das erste Großserien-Automobil der Welt, das auf einen stabilisierenden Rahmen verzichtete! Opel bot eine geschlossene sowie eine Cabrio-Limousine an und montierte bis 1940 fast 170.000 Wagen; die weitere Karriere vereitelte der Zweite Weltkrieg mit seiner bedingungslosen Ausrichtung auf die Rüstungsproduktion. Ende 1937 war das Erfolgsmodell noch überarbeitet worden und hatte einen neuen, kopfgesteuerten 1,5-Liter-Motor mit 37 PS sowie einen repräsentativeren Kühlergrill erhalten.

Bild: © Opel Automobile GmbH

Preise	1	2	3	4	5
1.5 Olympia (1938-1940), L2t	20.400	14.000	9.100	4.800	2.400
1.5 Olympia (1938-1940), L4t	21.900	14.900	10.500	5.900	2.900
1.5 Olympia (1938-1940), Cal	24.600	17.200	12.400	6.800	3.400

Motor/Antrieb	
Bauart	Vierzylinder (Reihe)
Lage/Antrieb	Front/Heck
Hubraum in cm³	1288, 1488
PS/min	24/3300 bis 37/3500
Vmax in km/h	100 bis 112
Karosserie	
Bauart	Lim (2-/4-türig), Cabrio-Limousine
Tragstruktur	selbsttragend
Material	Stahlblech
Stückzahl und Marktsituation	
Produktionszahl	167.974
Verfügbarkeit	gegen null
Teilesituation	schwierig
Unterhaltskosten	mittel

O

Opel Olympia — 1947-1949

Im Dezember 1947 war der Trümmerschutt in Rüsselsheim so weit beiseite geräumt, dass Opel die ersten Nachkriegs-Pkw bauen konnte. Das Mittelklasse-Modell Olympia befand sich bis auf die modifizierte Vorderrad-Aufhängung auf dem Stand des 1938er Modells. Die Innenausstattung war jedoch etwas nüchterner als ehedem, und die Radkappen waren anfangs lackiert statt verchromt. Der Preis betrug nach der Währungsreform stolze 6785 D-Mark, was den Olympia anfangs zum Luxusartikel für gut betuchte Käufer machte. Bestellen durfte ihn bis 1949 sowieso nur, wer einen Bezugsschein der Alliierten vorlegen konnte. Die ersten 30.000 Nachkriegs-Olympia, die bis 1949 produziert wurden, sind heute große Raritäten.

Bild: © Opel Automobile GmbH

Preise	1	2	3	4	5
Olympia (1947-1949), L2t	20.200	13.900	9.000	4.200	2.100

Motor/Antrieb	
Bauart	Vierzylinder (Reihe)
Lage/Antrieb	Front/Heck
Hubraum in cm³	1488
PS/min	37/3500
Vmax in km/h	112
Karosserie	
Bauart	Limousine (2-türig)
Tragstruktur	selbsttragend
Material	Stahlblech
Stückzahl und Marktsituation	
Produktionszahl	29.952
Verfügbarkeit	gegen null
Teilesituation	schwierig
Unterhaltskosten	mittel

Opel Olympia 1950-1953

Mit breitem Chrom-Grill und dynamischer geformten Kotflügeln startete der Olympia in die fünfziger Jahre: Im ersten Jahr nach diesem Modellwechsel verdoppelten sich die Verkaufszahlen! Neben den Design-Retuschen wartete der Mittelklasse-Opel mit Verbesserungen wie teilsynchronisiertem Getriebe, Lenkradschaltung und besseren Materialien im Innenraum auf. Zur geschlossenen Version kamen eine Cabrio-Limousine für erste Genießer des Wirtschaftswunders und ein Kastenwagen. Das Modelljahr 1951 brachte dem Olympia zwei PS mehr Leistung, ein vergrößertes Heckfenster und eine Kofferraumklappe. Die zweite Olympia-Auflage seit Kriegsende gab es von Januar 1950 bis März 1953.

Bild: © Jürgen Schlegelmilch

Preise	1	2	3	4	5
Olympia (1950-1953), L2t	19.800	13.500	8.400	3.300	1.200
Olympia (Ser. 1950-1953), Cal	27.600	19.600	11.900	4.800	2.100

Motor/Antrieb	
Bauart	Vierzylinder (Reihe)
Lage/Antrieb	Front/Heck
Hubraum in cm^3	1488
PS/min	37/3500 bis 39/3700
Vmax in km/h	105 bis 112
Karosserie	
Bauart	Lim (2-türig), Kombi (3-türig), Cab-Lim
Tragstruktur	selbsttragend
Material	Stahlblech
Stückzahl und Marktsituation	
Produktionszahl	157.103
Verfügbarkeit	schlecht
Teilesituation	schwierig
Unterhaltskosten	mittel

Opel Olympia Rekord (Modell 1954) 1953-1954

Dass der völlig neu konstruierte Olympia Rekord des Modelljahrgangs 1954 so viel Anklang fand, hatte mehrere Gründe: Zum bemerkenswert günstigen Preis von 6410 Mark bot Opel eine solide verarbeitete, ordentlich motorisierte Limousine mit großzügigem Platzangebot. Zudem wirkte die Pontonkarosserie mit dem Haifischmaul-Kühlergrill ausgesprochen modern und repräsentativ. Und anders als viele Konkurrenten durchlitt der Rekord keine Kinderkrankheiten: Seine Technik stammte – mit nur leichten Veränderungen – vom Vorgänger-Modell. Neben Limousine, Kombi – bei Opel CarAVan genannt – und Kastenwagen bot Opel seine Cabrio-Limousine an, die trotz des geringen Aufpreises von 300 Mark leider nur selten geordert wurde. Gebaut wurde der erste Ponton-Rekord von März 1953 bis Juli 1954.

Bild: © Opel Automobile GmbH

Preise	1	2	3	4	5
Olympia Rekord (1953-1954), L2t	19.000	12.700	8.200	3.500	1.200

Motor/Antrieb	
Bauart	Vierzylinder (Reihe)
Lage/Antrieb	Front/Heck
Hubraum in cm^3	1488
PS/min	40/3800
Vmax in km/h	115 bis 120
Karosserie	
Bauart	Lim (2-türig), Cab-Lim, Kombi (3-türig)
Tragstruktur	selbsttragend
Material	Stahlblech
Stückzahl und Marktsituation	
Produktionszahl	136.028
Verfügbarkeit	schlecht
Teilesituation	schwierig
Unterhaltskosten	mittel

Opel Olympia Rekord (Modell 1955) 1954-1955

Nach amerikanischem Vorbild brachte Opel jedes Jahr eine umgestaltete Version der Rekord-Baureihe auf den Markt. Der Facelift sollte wohlhabenden Kunden die Möglichkeit der „sozialen Differenzierung" geben, so Opel-Chef Edward Zdunek. Jede Überarbeitung ließ den Wert der Vorgänger-Modelle sinken, obwohl sich die Technik nur im Detail veränderte. Das Rekord-Modell 1955, gebaut bis Juli 1956, ging mit größerem Rückfenster, einem veränderten Kühlergrill und einer verchromten Motorhauben-Verzierung („Gurkenraspel") an den Start. Das Modellprogramm erweiterte Opel mit der Einfachstversion Olympia, deren nüchterne Ausstattung sich speziell an Behörden und andere Großkunden wandte.

Bild: © Opel Automobile GmbH

Preise	1	2	3	4	5
Olympia Rekord (1954-1955), L2t	19.200	12.900	8.200	3.500	1.200

Motor/Antrieb	
Bauart	Vierzylinder (Reihe)
Lage/Antrieb	Front/Heck
Hubraum in cm^3	1488
PS/min	40/3800
Vmax in km/h	120
Karosserie	
Bauart	Lim (2-türig), Cab-Lim, Kombi (3-türig)
Tragstruktur	selbsttragend
Material	Stahlblech
Stückzahl und Marktsituation	
Produktionszahl	131.588
Verfügbarkeit	schlecht
Teilesituation	schwierig
Unterhaltskosten	mittel

O

Opel Olympia Rekord (Modell 1956) 1955-1956

Die Änderungen des Rekord-Jahrgangs 1956 beschränkten sich auf einen neuen Kühlergrill, den Wegfall der Hauben-Verzierung und der Stoßstangen-Hörner sowie eine leichte Verdichtungs-Erhöhung. Der ansonsten unveränderte Motor leistete 45 PS und sicherte eine etwas gestiegene Höchstgeschwindigkeit. Neu an Bord war auch eine leichtgängigere Kugelumlauf-Lenkung. Zum letzten Mal war bis Juli 1956 eine Cabrio-Limousine im Angebot, die sich jedoch nur schleppend verkaufte – heute ist sie das gefragteste Olympia-Rekord-Modell. Opel-Freunde, die eines der raren Exemplare an Land ziehen konnten, lassen sich meistens weder für Geld noch gute Worte wieder zur Trennung überreden.

Bild: © Opel Automobile GmbH

Preise	1	2	3	4	5
Olympia Rekord (1955-1956), L2t	17.500	12.100	7.500	3.000	1.100

Motor/Antrieb	
Bauart	Vierzylinder (Reihe)
Lage/Antrieb	Front/Heck
Hubraum in cm^3	1488
PS/min	45/3900
Vmax in km/h	120
Karosserie	
Bauart	Lim (2-türig), Cab-Lim, Kombi (3-türig)
Tragstruktur	selbsttragend
Material	Stahlblech
Stückzahl und Marktsituation	
Produktionszahl	144.587
Verfügbarkeit	schlecht
Teilesituation	schwierig
Unterhaltskosten	mittel

Opel Olympia Rekord (Modell 1957) 1956-1957

Zu vielgepriesener Eleganz kam der Rekord in seiner 1957er Version mit vergrößertem Kühlergrill, angedeuteten Heckflossen, etwas flacherem Dach und überarbeiteter Innenausstattung. Zudem bot der Rekord ab Juli 1956 ein vollsynchronisiertes Dreigang-Getriebe. Käufer des Vorgänger-Modells ärgerten sich nicht nur darüber, dass ihr Auto über Nacht uralt aussah: Opel senkte den Preis des neuen Modells um satte 300 Mark! Dennoch kam der Bestseller allmählich in die Jahre; im Konkurrenz-Vergleich wirkte er zu hochbeinig und pummelig, weshalb auch er nach einem Jahr aus den Preislisten gestrichen wurde.

Bild: © Opel Automobile GmbH

Preise	1	2	3	4	5
Olympia Rekord (1956-1957), L2t	17.700	12.200	7.500	3.000	1.100

Motor/Antrieb	
Bauart	Vierzylinder (Reihe)
Lage/Antrieb	Front/Heck
Hubraum in cm³	1488
PS/min	45/3900
Vmax in km/h	122
Karosserie	
Bauart	Limousine (2-türig), Kombi (3-türig)
Tragstruktur	selbsttragend
Material	Stahlblech
Stückzahl und Marktsituation	
Produktionszahl	169.721
Verfügbarkeit	schlecht
Teilesituation	schwierig
Unterhaltskosten	mittel

Opel Olympia Rekord P1 1957-1960

Das Design des Rekord P1 traf ab August 1957 punktgenau den Geschmack des deutschen Mittelstands: Der neue Opel sah aus wie ein verkleinerter Buick Roadmaster. Besonders fortschrittlich wirkten die beiden Panoramascheiben, die Heckflossen und das modisch gestaltete Interieur des Rekord P1. Kleine Unpässlichkeiten nahmen die Opel-Kunden dabei gern in Kauf: Der Ausläufer der Vollsicht-Scheibe zielte beim Einsteigen direkt auf die Kniescheibe. Unverändert war anfangs die Technik des Rekord geblieben; ab Juli 1959 hatten Rekord-Käufer aber die Wahl aus zwei Motoren (1500 mit 45 PS, 1700 mit 55 PS) und konnten auf Wunsch auch einen Viertürer ordern. Gleichzeitig entfiel das Sparmodell Olympia. Auf Wunsch gab es die automatische „Olymat"-Kupplung. Raritäten blieben die Cabrio- und Coupé-Umbauten von Autenrieth in Darmstadt.

Bild: © Opel Automobile GmbH

Preise	1	2	3	4	5
Olympia Rekord P1 (1959-1960), L2t	25.300	15.900	8.800	4.100	1.400
Olympia Rekord P1, L4t	23.400	15.100	8.400	3.800	1.400
Olympia Rekord P1 Caravan, Kom	26.100	16.400	11.500	4.400	1.900

Motor/Antrieb	
Bauart	Vierzylinder (Reihe)
Lage/Antrieb	Front/Heck
Hubraum in cm³	1488, 1680
PS/min	45/3900 bis 55/4000
Vmax in km/h	125 bis 132
Karosserie	
Bauart	Lim (2-/4-türig), Kom, Cpe, Cab
Tragstruktur	selbsttragend
Material	Stahlblech
Stückzahl und Marktsituation	
Produktionszahl	817.003
Verfügbarkeit	schlecht
Teilesituation	schwierig
Unterhaltskosten	mittel

Opel 1200 1959-1962

Als Konkurrent des Ford 12 M und Nachfolger des allzu einfachen Olympia lancierte Opel im August 1959 das Modell 1200. Es teilte sich die Karosserie mit dem stärkeren Rekord, trug aber weniger aufwändige Chromverzierung und leistete nur 40 PS. Unter seiner Haube saß der Rekord-Motor mit von 80 auf 72 Millimeter reduzierter Bohrung. Der 1200 war geräumig und zuverlässig, er bot viel Auto fürs Geld, aber nur schwächliches Drehmoment. In der heutigen Oldtimer-Szene spielt das fast ausgestorbene Modell keine Rolle: Die Restaurierung eines Rekord P1 ist schließlich nicht teurer, und der Mager-Ausstattung des 1200 fehlt viel vom Fünfziger-Jahre-Flair des größeren Modells.

Bild: © Opel Automobile GmbH

Preise	1	2	3	4	5
1200 (1959-1962), L2t	19.500	12.800	7.200	3.400	1.100

Motor/Antrieb	
Bauart	Vierzylinder (Reihe)
Lage/Antrieb	Front/Heck
Hubraum in cm³	1196
PS/min	40/4400
Vmax in km/h	120
Karosserie	
Bauart	Limousine (2-türig)
Tragstruktur	selbsttragend
Material	Stahlblech
Stückzahl und Marktsituation	
Produktionszahl	67.952
Verfügbarkeit	gegen null
Teilesituation	schwierig
Unterhaltskosten	mittel

Opel Rekord P2 1960-1963

Dem Trend zur neuen Sachlichkeit folgte nicht allein der Kapitän, sondern – im Sommer 1960 – auch der Opel Rekord. Die Statur der Karosserie blieb stämmig mit hoher Gürtellinie. Moderner wirkte der Mittelklasse-Opel aber durch den Wegfall der Panoramascheiben, den verbreiterten Kühlergrill und die flacheren Heckflossen. Besonderes Erkennungsmerkmal waren die vier warzenförmigen Heckleuchten. Opel setzte mit dem P2 den Ausbau des Modellprogramms fort: Neben Limousinen und CarAVans mit 50 und 55 PS gab es ab August 1961 ein Coupé und ab Juni 1962 den komfortableren Rekord L. Die beiden teureren Typen erhielten den 1,7-Liter-S-Motor mit 60 PS. Autenrieth steuerte Cabriolet-Umbauten und einige frühe Coupés bei. Als erster Rekord war der P2 auf Wunsch auch mit Viergang-Getriebe lieferbar. Die Bauzeit dauerte bis Februar 1963.

Bild: © Opel Automobile GmbH

Preise	1	2	3	4	5
Rekord P2 1500, L2t	22.400	13.300	8.000	3.500	1.200
Rekord P2 1700, L2t	23.500	13.700	8.200	3.600	1.200
Rekord P2 1700 S, Cpe	30.100	20.100	11.800	6.000	2.000

Motor/Antrieb	
Bauart	Vierzylinder (Reihe)
Lage/Antrieb	Front/Heck
Hubraum in cm³	1488, 1680
PS/min	50/4000 bis 60/4100
Vmax in km/h	125 bis 140
Karosserie	
Bauart	Lim (2-/4-türig), Kom, Cpe, Cab
Tragstruktur	selbsttragend
Material	Stahlblech
Stückzahl und Marktsituation	
Produktionszahl	787.684
Verfügbarkeit	schlecht
Teilesituation	schwierig
Unterhaltskosten	mittel

Opel Rekord CarAvan P2 — 1960-1963

Heute sind zweitürige Kombis als Karosserievariante ausgestorben. Zu Beginn der 1960er Jahre allerdings waren Besitzer eines Rekord CarAvan vollständige Mitglieder des Wirtschaftswunders. Damals waren Handwerker und Gewerbetreibende die Käufer, als Lifestyle-Vehikel hatte sich diese Autoform noch lange nicht etabliert. Der CarAvan machte im Jahr 1960 nur rund ein Fünftel der P2-Produktion aus. Stilistisch überzeugte er deutlich mehr als das Coupé, das der Volksmund als „rasenden Kofferraum" verschrie. Mit den „Crossed Flags" auf den hinteren Flanken, nach vorn geneigten Dachsäulen und kecken Heckflossen eiferte er seinem amerikanischen Onkel, dem Chevrolet Nomad, nach. Erhältlich war der CarAvan mit 1,5-Liter-Motor und 50 PS für 6845 Mark sowie als CarAvan 1700 mit 55 PS für 6920 Mark. Unterm Blech unterschied sich der CarAvan mit größeren hinteren Trommelbremsen sowie Blattfedern mit vier statt drei Lagen von der Limousine.

Bild: © Opel Automobile GmbH

Preise	1	2	3	4	5
Rekord Caravan P2 1700, Kom	26.200	16.700	9.800	4.100	1.600

Motor/Antrieb	
Bauart	Vierzylinder (Reihe)
Lage/Antrieb	Front/Heck
Hubraum in cm³	1488, 1680
PS/min	50/4000 bis 60/4100
Vmax in km/h	125 bis 140
Karosserie	
Bauart	Kom (2-türig)
Tragstruktur	selbsttragend
Material	Stahlblech
Stückzahl und Marktsituation	
Produktionszahl	k. A.
Verfügbarkeit	schlecht
Teilesituation	schwierig
Unterhaltskosten	mittel

Modelle für Millionen: Opel Rekord A bis E

Der 1963 präsentierte Opel Rekord A war eigentlich nur die Fortsetzung der erfolgreichen Baureihe Olympia-Rekord – und dennoch ein Neubeginn: Die völlig neue Karosserie hatte mit den bisherigen Typen keine Ähnlichkeit mehr, eine moderne, sachlich-dezente Form mit glatten Flächen, niedriger Gürtellinie und in den Kühlergrill integrierten Scheinwerfern hatte die barocke Ästhetik der 1950er Jahre ersetzt. So gekleidet markierte der Rekord A den Beginn einer neuen Zeit und bildete die Basis für alle zukünftigen Generationen, die zwar den jeweiligen Zeitgeist zitierten, dem Grundkonzept und damit ihrem Charakter und Image jedoch immer treu blieben: Ein Opel Rekord war zu allen Zeiten ein braver, zuverlässiger Familienwagen für bürgerliche Ansprüche, ohne technische oder stilistische Finessen – pragmatisch und problemlos. Daran änderten auch die zahlreichen Leistungssteigerungen nichts; die Rüsselsheimer erfüllten lediglich die wachsenden Ansprüche ihrer Kundschaft.

Auch die beliebten Kombi-Versionen – in Rüsselsheim CarAVan genannt – traten bürgerlich auf: Lange vor der Ära edler Prestige-Kombis transportierten CarAVans statt Ski-Ausrüstung eher Farbeimer und Schweinehälften.

Wer dagegen in der Rekord-Klasse nach mehr PS, Prestige und sportlichem Auftritt verlangte, konnte ab 1967 zum Commodore greifen: Er bot als Über-Rekord Leistung und Ambiente, kam insbesondere als Coupé kraftvoll-bullig daher und konnte in der GS/E-Version den wesentlich teureren BMW- und Mercedes-Sportcoupés Paroli bieten. Doch blieben diese Renner eine Spezialität für Fans; das Volks-Modell Rekord wurde dagegen Inbegriff für Vatis Auto. Noch heute hören Fahrer klassischer Opel Rekord auf den Straßen täglich denselben Ausruf: Den hatten wir damals auch!

Opel Rekord (Serie A) — 1963-1965

Der Opel-Absatz litt zu Beginn der sechziger Jahre unter dem großen Erfolg des Konkurrenz-Modells Ford 17 M. Die Antwort aus Rüsselsheim war Anfang 1963 der Opel Rekord A (anfangs auch Rekord R 3 genannt), dessen Design vom erfolgreichen US-Modell Chevrolet II inspiriert war. Der Rekord A wirkte schlanker und sportlicher als seine Vorgänger, griff aber auf deren bewährtes technisches Layout zurück: Vierzylinder-Motor mit seitlicher Nockenwelle (55 und 60 PS), Vorderachse mit Querlenkern und Schraubenfedern, starre Hinterachse mit Blattfederpaketen. Erst nach und nach kam Pep ins Programm: mit dem eleganten Coupé und der L-Version mit 67 PS (ab September 1963), vor allem aber mit dem Opel Rekord L-6. Dieser Commodore-Vorläufer kam im März 1964 mit dem 2,6-Liter-Motor des Kapitän. Opel löste den Rekord A schon nach zwei Jahren ab – ohne Not, denn er fand bis zum Schluss reißenden Absatz.

Preise	1	2	3	4	5
Rekord A 1500, L2t	14.700	9.000	5.900	2.500	1.000
Rekord A 1700, L4t	15.400	9.500	6.100	2.600	1.000
Rekord A 1700 S, Cpe	26.500	16.200	10.200	4.500	1.900

Motor/Antrieb	
Bauart	Vier-/Sechszylinder (Reihe)
Lage/Antrieb	Front/Heck
Hubraum in cm³	1488, 1680, 2605
PS/min	55/4500 bis 100/4600
Vmax in km/h	130 bis 170
Karosserie	
Bauart	Lim (2-/4-türig), Kom, Cpe, Cab
Tragstruktur	selbsttragend
Material	Stahlblech
Stückzahl und Marktsituation	
Produktionszahl	887.488
Verfügbarkeit	schlecht
Teilesituation	schwierig
Unterhaltskosten	mittel

Opel Rekord (Serie B) 1965-1966

Er war von vornherein als Zwischenmodell gedacht und lebte deshalb nur ein kurzes Jahr: Der Rekord B war ein sanft modifizierter A-Rekord mit neuen Motoren. Bis Mitte der 80er Jahre blieben diese Triebwerke im Opel-Programm; sie liefen unter dem Kürzel „cih", was „camshaft in head" bedeutet und auf eine technische Besonderheit hindeutet: Ihre Nockenwelle rotiert zwar im Zylinderkopf, aber unterhalb der Ventile. Den Rekord B gab es als 1500 (60 PS), 1700 S (75 PS) sowie 1900 S (90 PS); eine Sonderstellung nahm nach wie vor der L-6 mit 100 PS ein. Erstmals wurden alle Rekord-Modelle ohne Aufpreis mit vorderen Scheibenbremsen geliefert, der 1900 S war als erster Mittelklasse-Opel auch mit Automatik zu haben. Optische Erkennungsmerkmale des Rekord B (Bauzeit August 1965 bis Juli 1966) sind rechteckige Front-Scheinwerfer und vier runde Heckleuchten.

Bild: © Opel Automobile GmbH

Preise	1	2	3	4	5
Rekord B 1500, L2t	15.500	9.500	6.000	2.500	1.100
Rekord B 1700, L4t	16.000	10.400	6.500	2.800	1.100
Rekord B 1700 S, Cpe	25.000	15.100	9.500	4.000	1.600
Rekord B 1700, Kom	20.500	12.500	8.300	3.700	1.500

Motor/Antrieb	
Bauart	Vier-/Sechszylinder (Reihe)
Lage/Antrieb	Front/Heck
Hubraum in cm^3	1492, 1698, 1897, 2605
PS/min	60/4800 bis 100/4600
Vmax in km/h	135 bis 170
Karosserie	
Bauart	Lim (2-/4-türig), Kombi (3-türig), Cpe
Tragstruktur	selbsttragend
Material	Stahlblech
Stückzahl und Marktsituation	
Produktionszahl	296.627
Verfügbarkeit	schlecht
Teilesituation	schwierig
Unterhaltskosten	mittel

Opel Rekord (Serie C) 1966-1971

Die dritte Auflage des Mittelklässlers war rekordverdächtig erfolgreich: Als erstes Mittelklasse-Modell der Marke entwickelte sich der C-Rekord zum Millionseller. Diesen Erfolg verdankte die Baureihe ihrer mustergültigen Modellkonstanz: Der C-Rekord blieb viereinhalb Jahre ohne größere Modifikationen im Programm. Zu den neu entwickelten cih-Motoren des Vorgängers passte nun auch die repräsentative Karosserie des Rekord C mit modischem Hüftschwung als besonderem Erkennungszeichen. Außerdem lösten Schraubenfedern die Blattfedern an der Hinterachse ab. Opel setzte mit dem C-Rekord auf die Erweiterung des Modellprogramms: Es gab nun auch eine viertürige CarAVan-Version, eine Sechszylinder-Variante mit 2,2 Litern Hubraum und die sportlich aufgemachten Sprint-Modelle mit 106 PS. Sie sind heute besonders rar und gesucht.

Bild: © Opel Automobile GmbH

Preise	1	2	3	4	5
Rekord C 1500, L2t	15.500	9.900	6.100	3.100	1.200
Rekord C 1700, L4t	16.500	11.200	6.900	3.500	1.400
Rekord C 1900 S, L4t	19.500	12.400	7.600	4.000	1.600
Rekord C Coupé Sprint, Cpe	32.900	22.200	14.200	7.500	3.100

Motor/Antrieb	
Bauart	Vier-/Sechszylinder (Reihe)
Lage/Antrieb	Front/Heck
Hubraum in cm^3	1492, 1698, 1897, 2239
PS/min	58/4800 bis 106/5600
Vmax in km/h	130 bis 175
Karosserie	
Bauart	Lim (2-/4-türig), Kom, Cpe, Cab
Tragstruktur	selbsttragend
Material	Stahlblech
Stückzahl und Marktsituation	
Produktionszahl	1.276.681
Verfügbarkeit	gut
Teilesituation	ausreichend
Unterhaltskosten	mittel

Opel Commodore, Commodore GS, Commodore GS/E, Commodore GS 2800 (Serie A) 1967-1971

Der große Bruder des erfolgreichen Rekord hieß Commodore und kam im Februar 1967 ins Opel-Programm. Beide Modelle teilten sich die gleiche Karosserie, der Commodore hob sich aber durch reichhaltigeren Zierrat, bessere Ausstattung und serienmäßige Sechszylinder-Motoren vom Rekord ab. Auch war kein Kombi im Angebot: Die Baureihe bestand aus zwei- und viertüriger Limousine sowie dem Coupé. Die Basis-Version war mit 95 PS aus 2,2 Litern Hubraum mild motorisiert. Ab Herbst 1967 unterstrich der GS mit zwei Vergasern und 130 PS den sportlichen Charakter der Commodore-Modelle; ab März 1970 kam der GS/E mit 150 PS und elektronischer Kraftstoff-Einspritzung dazu. Mit dem Commodore etablierte sich Opel erfolgreich im angestammten Marktsegment von Mercedes-Benz und BMW: Opel bot das Image seriöser Sportlichkeit zum viel günstigeren Preis.

Bild: © Opel Automobile GmbH

Preise	1	2	3	4	5
Commodore A 2500 S, L4t	22.000	14.700	9.800	5.000	2.300
Commodore A 2500 S, Cpe	31.000	21.100	14.000	7.500	3.300
Commodore A GS, L4t	27.900	17.800	12.600	6.500	2.800
Commodore A GS/E, Cpe	47.900	30.500	21.800	11.000	4.700

Motor/Antrieb	
Bauart	Sechszylinder (Reihe)
Lage/Antrieb	Front/Heck
Hubraum in cm^3	2239, 2490, 2784
PS/min	95/4800 bis 150/5800
Vmax in km/h	160 bis 195
Karosserie	
Bauart	Lim (2-türig), Lim (4-türig), Cpe, Cab
Tragstruktur	selbsttragend
Material	Stahlblech
Stückzahl und Marktsituation	
Produktionszahl	156.330
Verfügbarkeit	ausreichend
Teilesituation	ausreichend
Unterhaltskosten	hoch

Opel Rekord II (Serie D) 1971-1977

Als zwei- und viertürige Limousine, als drei- und fünftüriger Kombi und als Coupé ging Ende 1971 eine neue Generation des Rekord mit dezent-glatter Linienführung an den Start. In der Werbung hieß er zunächst Rekord II, was für Verwirrung sorgte; erst später etablierte sich die logische Nummerierung mit dem Buchstaben D. Opel bot Benzinmotoren mit 1,7, 1,9 und 2,0 Litern Hubraum an, im September 1972 folgte ein 2,1 Liter großer Diesel mit Wirbelkammer und 60 PS, dessen Einbauhöhe nach einem Buckel auf der Motorhaube verlangte. Der Rekord Sprint zeichnete sich nicht mehr durch einen stärkeren Motor aus, sondern nur noch durch eine sportliche Ausstattung. Berlina hießen die opulent aufgewerteten Rekord. Beliebteste Variante des Millionsellers war die viertürige Limousine mit 1,9-Liter-S-Motor. Eher rar blieb das Coupé mit 1,7-Liter-Normalmotor: Von ihm wurde ein Exemplar gebaut.

Bild: © Dieter Rebmann

Preise	1	2	3	4	5
Rekord D 1700, L2t	12.700	8.200	5.600	2.500	1.300
Rekord D 1900 SH, L4t	14.300	9.500	6.400	3.000	1.600
Rekord D 2000 S, Cpe	17.900	11.800	7.400	3.200	1.800
Rekord D Caravan 1900, Kom	15.400	10.100	6.800	3.000	1.900

Motor/Antrieb	
Bauart	Vierzylinder (Reihe)
Lage/Antrieb	Front/Heck
Hubraum in cm^3	1698, 1897, 1979, 2068
PS/min	60/4400 bis 100/5200
Vmax in km/h	130 bis 170
Karosserie	
Bauart	Lim (2-/4-türig), Kom, Cpe
Tragstruktur	selbsttragend
Material	Stahlblech
Stückzahl und Marktsituation	
Produktionszahl	1.128.196
Verfügbarkeit	gut
Teilesituation	ausreichend
Unterhaltskosten	mittel

Opel Commodore (Serie B) 1972-1977

Parallel zum Rekord D baute Opel wieder den in Karosserie und Fahrwerkstechnik weitgehend gleichen, aber luxuriös ausgestatteten Commodore. Ihm waren wie bisher ausschließlich Sechszylindermotoren vorbehalten, die vom Vorgänger übernommen wurden. Der Basistyp 2500 S erreichte mit 115 PS fast 180 km/h; das Topmodell hieß wie gewohnt GS/E, war nun aber mit 160 PS stärker und schneller als sein Vorgänger – doch der Biss fehlte und die Ausstrahlung. Neben der viertürigen Limousine war auch die Coupéform lieferbar. Die Preise lagen zwischen knapp 13.000 Mark für den 2500 S zu Verkaufsbeginn und knapp 23.000 für das GS/E-Coupé im April 1977. Im Juli 1977 endete die Produktion nach knapp 100.000 gebauten Limousinen und gut 40.000 Coupés.

Bild: © Opel Automobile GmbH

Preise	1	2	3	4	5
Commodore B 2.5 S, L4t	17.200	11.400	6.800	3.900	1.600
Commodore B GS, L4t	21.500	14.200	8.500	4.900	2.100
Commodore B GS/E, Cpe	27.000	18.100	11.700	6.500	2.800

Motor/Antrieb	
Bauart	Sechszylinder (Reihe)
Lage/Antrieb	Front/Heck
Hubraum in cm³	2490, 2784
PS/min	115/5200 bis 160/5400
Vmax in km/h	170 bis 200
Karosserie	
Bauart	Limousine (2-/4-türig), Coupé
Tragstruktur	selbsttragend
Material	Stahlblech
Stückzahl und Marktsituation	
Produktionszahl	140.827
Verfügbarkeit	ausreichend
Teilesituation	ausreichend
Unterhaltskosten	hoch

Opel Rekord (Serie E 1) 1977-1982

Mit völlig umgestalteter Karosserie ging die E-Generation 1977 in eine neue Rekord-Runde. Hinter der jetzt keilförmigen Front walteten noch immer die aus der Rekord-B-Ära bekannten Motoren, nun auch in verschiedenen Zwei-Liter-Versionen erhältlich, auf Wunsch sogar als 2.0 E mit L-Jetronic-Einspritzung. Gerade diese 110-PS-Ausführung, mit der aufpreispflichtigen Servolenkung, der veloursplüschigen Berlina-Ausstattung und möglichst in zeitgeistigen Farben lackiert, lässt heute Youngtimer-Herzen höher schlagen. Nicht so das andere Extrem: Der billige zweitürige E-Rekord mit müder 60-PS-Basismotorisierung und Schmalhans-Ausstattung existiert in stumpfem Weißlack nur noch in kollektiver Erinnerung. Diese Exemplare des Beinahe-Millionsellers sind mangels Liebhaber längst ausgestorben.

Bild: © Opel Automobile GmbH

Preise	1	2	3	4	5
Rekord E 1,7N, L4t	8.000	5.200	3.400	1.900	800
Rekord E 1,9N, L4t	8.800	5.700	3.500	1.900	800
Rekord E 2,0E, L4t	9.900	6.600	4.100	2.300	1.000

Motor/Antrieb	
Bauart	Vierzylinder (Reihe)
Lage/Antrieb	Front/Heck
Hubraum in cm³	1698, 1897, 1979, 2068
PS/min	60/4800 bis 110/5400
Vmax in km/h	135 bis 179
Karosserie	
Bauart	Lim (2-/4-türig), Kombi (3-/5-türig)
Tragstruktur	selbsttragend
Material	Stahlblech
Stückzahl und Marktsituation	
Produktionszahl	962.218
Verfügbarkeit	üppig
Teilesituation	gut
Unterhaltskosten	mittel

Opel Rekord E 2 1982-1986

Nicht völlig neu, aber kräftig modernisiert zeigte sich 1982 die neue Ausgabe des Opel Rekord, E 2 genannt. Der Stufenheck-Zweitürer entfiel, auch der sportliche SR/E war nicht mehr lieferbar. Neu dagegen waren die Motoren, nur die 2,0-Liter-Vierzylinder blieben unverändert. Erstmals bot Opel ab 1984 den Rekord auch mit Turbo-Diesel an (86 PS). Bereits 1983 war das Topmodell CD auf den Markt gekommen, welches auch als Caravan (Kombi) lieferbar war. Ab 1985 konnte Opel den Rekord mit ABS liefern, ein Jahr später folgte mit dem 1.8i eine erste Variante mit Katalysator. Als Opel 1986 die Produktion des Rekord E 2 einstellte, endete auch die Ära des Namens „Rekord". Zum Nachfolger wurde der Omega.

Bild: © Opel Automobile GmbH

Preise	1	2	3	4	5
Rekord E2 1.8i (Kat), L4t	7.800	5.000	3.100	1.800	900
Rekord E2 2.0 S, L4t	8.300	5.300	3.200	1.800	900
Rekord E2 2.2i, L4t	9.300	5.800	3.500	2.100	1.000

Motor/Antrieb	
Bauart	Vierzylinder (Reihe)
Lage/Antrieb	Front/Heck
Hubraum in cm³	1698–2260
PS/min	60/4000 bis 110/5400
Vmax in km/h	143 bis 176
Karosserie	
Bauart	Limousine (2-/4-türig), Kombi (5-türig)
Tragstruktur	selbsttragend
Material	Stahlblech
Stückzahl und Marktsituation	
Produktionszahl	487.193
Verfügbarkeit	ausreichend
Teilesituation	gut
Unterhaltskosten	mittel

O

Kadetten-Parade

„Opel Kadett – kurz gesagt OK": Mit diesem Werbeslogan präsentierten die Hessen 1962 ihren Käfer-Killer. Zwar versuchten damals alle Hersteller, den Volkswagen von seinem Thron zu stürzen, keiner jedoch mit vergleichbarem Aufwand. Opel betrat gleich in mehrfacher Hinsicht neues Terrain: Zunächst im Wortsinn, denn eigens für den neuen Kadett wurde in Bochum ein neues Werk errichtet. Der Arbeitskräftemangel im Deutschland jener Jahre hatte die Hessen ins Ruhrgebiet geführt, wo durch den niedergehenden Bergbau genügend Arbeitsuchende zur Verfügung standen. Nach zwanzigjähriger Unterbrechung erschien der Wiedereinstieg Opels in die Kompaktklasse vielen Kunden ebenfalls neu, einzig der Traditionsname zeugte von der ruhmreichen Vergangenheit. Ein weiteres Novum war der Versuch, mit einem Hauch jugendlicher Sportlichkeit das inzwischen entstandene, viel zitierte Hosenträger-Image der Marke abzubauen.

Dies gelang schon dem ersten Modell, dem kompakt-kantigen Kadett A. Der rundum moderne, leichtfüßige

Kleinwagen fand in zwei Jahren über 600.000 Käufer. Beim Nachfolger zog Opel ab 1965 alle Register: Mit einer nie gekannten Vielfalt an Karosserieversionen und Motorisierungen konnten mehr als zweieinhalb Millionen Kadett B unters Volk gebracht werden. Über Jahre war die Baureihe auf Platz zwei der Zulassungsliste abonniert – Nummer eins blieb allerdings der Käfer.

In den 1970er Jahren war der Name Kadett längst zum Inbegriff der Kompaktlimousine geworden. Das C-Modell setzte die Erfolgsgeschichte fort, wenngleich der Wind durch den neuen, populären Fünftürer VW Golf schärfer wurde. Opel antwortete mit dem ähnlich konzipierten Kadett D und – ab 1984 – der Generation E. Mit deren Produktionsstopp starb 1991 der Name Kadett. Damit ging Opels letzter militärischer Dienstgrad außer Dienst – und eine Ära zu Ende.

1991 trat der Astra das Erbe an. Wie fest er in der Erbfolge steht, beweist allein der Buchstabe F: Als Astra F folgte er auf den Kadett E. Inzwischen ist der Astra beim Buchstaben L angekommen. Diese aktuelle Version wird seit Januar 2022 in Rüsselsheim als Kompaktwagen und als Kombi (seit Juli 2022) gebaut und wieder also Opel und Vauxhall vermarktet. Es gibt den Astra auch als Hybrid und als vollelektrische Version (seit 2023) mit 156 PS und 413 km Reichweite.

Opel Kadett 1936-1940

Knapp zwei Jahre nach dem Debüt des erfolgreichen Olympia schob Opel ein neues Einsteiger-Modell namens Kadett nach: ebenfalls mit moderner, selbsttragender Karosserie, aber mit dem 1,1-Liter-Motor des vormaligen P4. Der Kadett entwickelte sich sofort zum Marktführer der Kleinwagen-Klasse und fand bereits im ersten Jahr seiner Karriere mehr als 30.000 Käufer. Ab Dezember 1937 war der Kadett als einfach ausgestattete Normal-Limousine (mit starrer Vorderachse) und als Spezial-Ausführung (mit Synchronfederung und mehr Chrom) lieferbar. Als die Produktion im Mai 1940 endete, waren mehr als 107.000 Kadett produziert worden. Viele durften den Krieg überleben, und nicht zuletzt aufgrund ihrer simplen, aber soliden Technik gehörten sie bis weit in die 1950er Jahre hinein zum deutschen Straßenbild.

Bild: © Opel Automobile GmbH

Preise	1	2	3	4	5
Kadett (36-37), L2t	21.600	14.800	10.500	5.400	2.400
Kadett (38-40), L4t	19.200	13.400	8.000	4.200	1.700
Kadett (38-40), Cal	24.000	16.500	11.400	6.300	2.800

Motor/Antrieb	
Bauart	Vierzylinder (Reihe)
Lage/Antrieb	Front/Heck
Hubraum in cm^3	1073
PS/min	23/3400
Vmax in km/h	95
Karosserie	
Bauart	Lim (2-/4-türig), Cab-Lim
Tragstruktur	selbsttragend
Material	Stahlblech
Stückzahl und Marktsituation	
Produktionszahl	107.608
Verfügbarkeit	schlecht
Teilesituation	schwierig
Unterhaltskosten	mittel

Opel Kadett (Serie A) 1962-1965

Der Kadett A war eine echte Alternative zum Käfer: Der kantige, heckgetriebene Kleinwagen punktete mit dem Temperament seiner 40 PS und seiner geräumigen, sehr übersichtlichen Karosserie mit betont großem Kofferraum. Einziges Minus gegenüber dem VW war das sparsame Fahrwerk mit Blattfedern und zierlichen 12-Zoll-Rädern – andererseits sprach die harte Auslegung auch sportliche Fahrer an. Als enorm standfest und genügsam erwies sich der agile Ein-Liter-Motor des Kadett, dessen Karosserie dagegen bald als Rostfalle berüchtigt war. Im Oktober 1962 erschienen die Limousine und der CarAVan; ein Jahr später legte Opel das Coupé nach. Dessen S-Motor leistete flotte 48 PS und beflügelte auf Wunsch auch Limousinen und Kombis. 1964 erhielt der Kadett mit einer neugestalteten Front ein erwachseneres Gesicht. Trotz ungebrochen hoher Nachfrage brachte Opel zur IAA 1965 den Nachfolger ins Spiel.

Bild: © Opel Automobile GmbH

Preise	1	2	3	4	5
Kadett A, L2t	12.900	8.200	5.100	2.300	900
Kadett A, Cpe	18.700	12.000	7.500	3.400	1.300
Kadett A Caravan, Kom	17.300	11.100	7.000	3.000	1.200

Motor/Antrieb	
Bauart	Vierzylinder (Reihe)
Lage/Antrieb	Front/Heck
Hubraum in cm^3	993
PS/min	40/5000 bis 48/5400
Vmax in km/h	120 bis 133
Karosserie	
Bauart	Lim (2-türig), Kombi (3-türig), Cpe
Tragstruktur	selbsttragend
Material	Stahlblech
Stückzahl und Marktsituation	
Produktionszahl	649.512 (inkl. Coupé)
Verfügbarkeit	schlecht
Teilesituation	ausreichend
Unterhaltskosten	mittel

Opel Kadett (Serie B) 1965-1973

Zu außergewöhnlicher Modell-Konstanz fand Opel mit dem volkstümlichen Kadett B: Er blieb acht Jahre lang im Programm und begründete eine vielköpfige Modellfamilie. Bei seiner Präsentation auf der IAA 1965 sorgte speziell das neue, elegant geratene Kadett Coupé für Aufsehen. Daneben gab es jetzt auch eine Viertürer-Limousine, ab 1967 kamen ein viertüriger Kombi und die Fließheck-Limousine LS dazu. Zum Vorläufer späterer GSI-Modelle wurde der sportlich aufgepeppte Rallye-Kadett, ein Coupé mit 1,1-Liter-Doppelvergaser-Motor (60 PS) oder 1,9-Liter-Rekord-Triebwerk (90 PS). Zeitweilig war der Kadett auch mit dem 75-PS-Aggregat des Rekord erhältlich. Die meisten der 2,69 Millionen gebauten Exemplare trieb dagegen der 1,1-Liter-Motor mit 45 oder 55 PS an. Heute ist der Opel Kadett einer der dankbarsten Alltags-Klassiker.

Bild: © Opel Automobile GmbH

Preise	1	2	3	4	5
Kadett B 1100, L2t	11.800	7.500	5.300	2.300	900
Kadett B 1200 S Caravan, Kom	15.200	9.800	6.800	3.000	1.300
Kadett B 1100 S (Kieme), Cpe	16.900	10.700	7.500	3.300	1.400
Kadett B LS 1200 S, Cpe	15.700	10.100	7.000	3.000	1.300

Motor/Antrieb	
Bauart	Vierzylinder (Reihe)
Lage/Antrieb	Front/Heck
Hubraum in cm^3	1078, 1196, 1698, 1897
PS/min	45/5000 bis 90/5100
Vmax in km/h	125 bis 165
Karosserie	
Bauart	Lim (2-/4-türig), Kom, Cpe
Tragstruktur	selbsttragend
Material	Stahlblech
Stückzahl und Marktsituation	
Produktionszahl	2.691.300
Verfügbarkeit	gut
Teilesituation	gut
Unterhaltskosten	mittel

O

Opel Kadett Rallye (Serie B) — 1966-1973

Alles beginnt mit einem 16. Platz im Gesamtklassement der Rallye Monte Carlo Anfang 1966. Ein röhrender Kadett mit der Nummer 228 lässt Opel-Fans jubeln, und in Rüsselsheim kommt ihnen eine Idee: Ein Sondermodell! Nun erobert der Kadett Rallye mit schwarzer Kriegsbemalung die Herzen zahlloser Rennsport-Amateure. An Bord: Stahl-Sportfelgen (ab 1971: Leichtmetall), Gürtelreifen, Scheibenbremsen vorn, Zweikreis-Bremssystem mit Bremskraftverstärker und quirlige Vierzylinder-Motoren, erst mit 60, ab 1967 sogar mit 90 PS. Das 90-PS-Aggregat spendiert der große Rekord dem kleinen Bruder – der Baukasten und ein großzügiger Motorraum machen es möglich. So legt der Kadett B Rallye den Grundstein für eine stolze Serie sportlicher Kadett- und Astra-Modelle. Originale Rallye-Modelle sind extrem rar, da spezifische Rallye-Teile kaum noch zu finden sind.

Bild: © Opel/FCA

Preise	1	2	3	4	5
Kadett B Rallye 1100 SR (Kieme), Cpe	28.300	19.400	14.300	7.100	3.000
Kadett B LS Rallye 1900, Cpe	45.300	31.100	20.400	11.600	5.100

Motor/Antrieb	
Bauart	Vierzylinder (Reihe)
Lage/Antrieb	Front/Heck
Hubraum in cm^3	1078, 1897
PS/min	60/5200, 90/5100
Vmax in km/h	140, 166
Karosserie	
Bauart	Coupé
Tragstruktur	selbsttragend
Material	Stahlblech
Stückzahl und Marktsituation	
Produktionszahl	k. A.
Verfügbarkeit	schlecht
Teilesituation	ausreichend
Unterhaltskosten	mittel

Opel Olympia — 1967-1970

Als Vorläufer des Ascona hob Opel 1967 den Olympia ins Programm: Er sollte die Lücke zum Rekord schließen. Es handelte sich um eine mit reichlich Kunstleder und Holzdekor verfeinerte Version des viertürigen Kadett LS mit Fließheck-Karosserie; zudem bot Opel eine Coupé-Version an. Äußerlich gab sich der Über-Kadett nur durch die veränderte Kühlermaske und ein Zierblech am Heck zu erkennen. Basis-Ausstattung war der 60-PS-Motor des Rallye-Kadett, gegen Mehrpreis konnten die Rekord-Triebwerke mit 75 und 90 PS geordert werden. Einen CarAVan gab es hingegen nicht. Mit seinem Grundpreis von rund 7200 Mark konkurrierte der Olympia speziell mit dem populären VW 1600, erreichte auf dem Markt aber nur Außenseiter-Status; zu eng war die Verwandtschaft zum billigeren Kadett. Viel erfolgreicher wurde der Ascona, der den Nobel-Kadett 1970 ablöste.

Bild: © Opel Automobile GmbH

Preise	1	2	3	4	5
Olympia (Kadett B) 1100 SR, L2t	13.800	9.000	6.400	2.900	1.300
Olympia (Kadett B) 1700 S, L4t	16.300	10.600	7.700	3.500	1.600
Olympia (Kadett B) 1900 S, Cpe	21.800	15.500	11.200	5.100	2.300

Motor/Antrieb	
Bauart	Vierzylinder (Reihe)
Lage/Antrieb	Front/Heck
Hubraum in cm^3	1078, 1698, 1897
PS/min	60/5200 bis 90/5100
Vmax in km/h	140 bis 165
Karosserie	
Bauart	Lim (2-türig), Lim (4-türig), Cpe
Tragstruktur	selbsttragend
Material	Stahlblech
Stückzahl und Marktsituation	
Produktionszahl	80.637 (inkl. 1500)
Verfügbarkeit	schlecht
Teilesituation	ausreichend
Unterhaltskosten	mittel

Opel Kadett (Serie C) — 1973-1979

Erfolg hat Opel auch mit der dritten Nachkriegsversion des Kadett. Den Hecktriebler gibt es als zwei- und viertürige Stufenhecklimousine, als Coupé und als Kombi namens Caravan. Ab Mai 1975 bemüht sich der verkürzte und mit einer großen Heckklappe versehene Kadett City, als konservative Alternative gegen den modernen Golf zu punkten. Teure Exoten im sonst populären Kadett-Programm bleiben der Kadett 1900 E und 2000 E, mit ca. 8600 Exemplaren. Die große Masse der Kunden beschränkt sich auf die 52 PS oder 60 PS des bewährten, dauerhaften 1,2-Liter-Standardmotors. Das dankbare wie typische Opel-Modell der 1970er Jahre gilt heute als idealer Einstieg in die Oldtimerszene. Viele der einst rund 1,7 Millionen produzierten Exemplare haben das harte Alltagsleben jedoch nicht überstanden und rare Versionen genießen einen hohen Stellenwert.

Bild: © M. Schäfer

Preise	1	2	3	4	5
Kadett C 1200, L2t	14.300	9.100	5.800	3.000	1.300
Kadett C City 1200 S, L3t	13.900	9.000	5.700	3.000	1.300
Kadett C 1.6 S, Cpe	22.600	15.600	11.100	6.300	3.300
Kadett C Caravan 1200, Kom	16.500	10.600	6.800	3.500	1.600

Motor/Antrieb	
Bauart	Vierzylinder (Reihe)
Lage/Antrieb	Front/Heck
Hubraum in cm^3	933, 1196, 1584, 1979
PS/min	40/5400 bis 115/5600
Vmax in km/h	120 bis 190
Karosserie	
Bauart	Lim (2-/4-türig), Kombi-Coupé, Cpe
Tragstruktur	selbsttragend
Material	Stahlblech
Stückzahl und Marktsituation	
Produktionszahl	1.701.076
Verfügbarkeit	ausreichend
Teilesituation	gut
Unterhaltskosten	niedrig

Opel Kadett Coupé (Serie C) — 1973-1979

Der Star im Kadett-Ensemble bleibt auch in der dritten Kadett-Auflage neuer Zeitrechnung das Coupé. Während die Fans beim Vorgänger noch um stilistische Finessen wie Kiemen stritten, ist beim Nachfolger die Linie vollkommen klar. Und dank vieler Rallye-Erfolge des kleinen Bochumers gerät das Coupé schnell zum Verkaufsschlager. Technisch folgt das Coupé eng der Limousine, auch die optischen Änderungen macht es mit. So wandern 1977 die Blinker, bislang unterhalb der Stoßstange, hinauf neben die Scheinwerfer. Mag es am Gewicht, der Aerodynamik oder am Marketing liegen: Ein Coupé zeigt sich zumindest auf dem Papier immer schneller als die gleich motorisierten Viertürer, und vielleicht färbt auch das Topmodell GT/E 2000 EH mit seiner fortschrittlichen Einspritzanlage ab. Seine 105 PS, in der letzten Ausbaustufe sogar 115 PS, genügen vollauf.

Bild: © Opel/FCA

Preise	1	2	3	4	5
Kadett C Rallye 1.6 S, Cpe	27.100	19.900	12.900	6.800	3.500
Kadett C Rallye 2.0 E, Cpe	37.800	25.700	16.400	8.600	5.100
Kadett C GT/E 1.9, Cpe	42.800	29.200	19.300	10.600	5.800
Kadett C GT/E 2.0 (1000er Serie), Cpe	41.600	28.700	18.800	10.500	5.800

Motor/Antrieb	
Bauart	Vierzylinder (Reihe)
Lage/Antrieb	Front/Heck
Hubraum in cm^3	933, 1196, 1584, 1979
PS/min	40/5400 bis 115/5600
Vmax in km/h	125 bis 190
Karosserie	
Bauart	Coupé
Tragstruktur	selbsttragend
Material	Stahlblech
Stückzahl und Marktsituation	
Produktionszahl	165.411
Verfügbarkeit	ausreichend
Teilesituation	gut
Unterhaltskosten	niedrig

Opel Kadett Aero — 1976-1978

Karosseriespezialist Baur aus Stuttgart verwandelte ab 1976 den kleinen Opel in ein luftiges Gefährt. Die Idee war in der Energiekrise entstanden: Fahrspaß auch mit wenig Leistung. Der Zweitürer war zunächst nur mit 1200er-Motor und erst zum zweiten Modelljahr auch in einer 1,6-Liter-Version lieferbar. Doch niemand wollte den Aero, nur 1242 Käufer waren bereit, für doch nicht richtiges Offen-Fahrvergnügen stolze 15.000 Mark zu zahlen. So strich Opel ihn schon nach zwei Jahren aus dem Programm. Wie viele Klassiker, die in ihrer Jugend kaum verkäuflich waren, erfreut sich der Aero sehr reger Nachfrage in Liebhaber-Kreisen, zumal unverbastelte Originale besonders rar sind. Zu sehr lud das schwächliche Halbcabrio zum Tunen ein.

Bild: © Opel Automobile GmbH

Preise	1	2	3	4	5
Kadett C Aero 1.2 S, HD	23.300	16.500	10.800	5.500	2.800
Kadett C Aero 1.6 S, HD	25.200	17.500	11.500	6.000	3.000

Motor/Antrieb	
Bauart	Vierzylinder (Reihe)
Lage/Antrieb	Front/Heck
Hubraum in cm^3	1196, 1584
PS/min	60/5400 bis 75/5200
Vmax in km/h	145 bis 160
Karosserie	
Bauart	Coupé (Dachteil entfernbar)
Tragstruktur	selbsttragend
Material	Stahlblech
Stückzahl und Marktsituation	
Produktionszahl	1242
Verfügbarkeit	ausreichend
Teilesituation	sehr gut
Unterhaltskosten	niedrig

Opel Kadett (Serie D) — 1979-1984

Auf den Kadett C folgte 1979 der D. Er trat kantiger auf, doch die wichtigsten Änderungen trug er unter dem Blech: Mit ihm führte Opel die modernen Kompaktwagen-Prinzipien wie Quermotor und Frontantrieb ein. Vorgemacht hatte es der Golf, der ab 1974 von einem Erfolg zum nächsten eilte – und sogar der „Golf-Klasse" ihren Namen gab. Trotz des Bruchs mit Traditionen blieb dem Kadett weiterhin sein altertümlich-militärischer, jedoch vertrauter und unabhängig von seiner ursprünglichen Bedeutung wirkender Name. Opel baute den Kadett D als Schrägheck und Kombi (Caravan), jedoch nicht mehr als Stufenheck und Cabrio. In Deutschland begann die Motorisierung mit dem bekannten 1,2-Liter-Benziner, zudem gab es 1,3- und 1,6-Liter-Varianten. Der 1,8-Liter-Motor blieb dem sportlichen GTE vorbehalten. Opel bot den Kadett D auch mit einem 54 PS Saugdiesel an, der seine geringe Kraft aus 1,6 Litern Hubraum schöpfte.

Bild: © Opel Automobile GmbH

Preise	1	2	3	4	5
Kadett D 1.2, L3t	6.800	4.600	2.800	1.400	700
Kadett D 1.6S, L3t	14.500	9.700	5.000	2.600	1.200

Motor/Antrieb	
Bauart	Vierzylinder (Reihe)
Lage/Antrieb	Front/Front
Hubraum in cm^3	1196, 1297, 1598
PS/min	53/5400 bis 90/5800
Vmax in km/h	140 bis 173
Karosserie	
Bauart	Kombi-Lim (2-/4-türig), Kom, Kastenw.
Tragstruktur	selbsttragend
Material	Stahlblech
Stückzahl und Marktsituation	
Produktionszahl	2,02 Mio.
Verfügbarkeit	ausreichend
Teilesituation	gut
Unterhaltskosten	niedrig

Opel Kadett D GTE — 1983-1984

Ab Mitte der 1970er Jahre machten starke Kompakte Karriere: Der GTI aus Wolfsburg, aber auch der GT/E aus Rüsselsheim sorgten für glänzende Augen der Fans. Die stellte Opel 1979 mit der Einstellung des GT/E auf eine harte Probe. Erst 1983 folgte der heiß erwartete Kadett D GTE (nun ohne Schrägstrich), dessen Motor mit 1,8 Liter etwas kleiner ausfiel, mit 115 PS aber die gleiche Leistung bot. Er stammte aus der neuen Motoren-Baureihe mit obenliegender (beim GTE schärferer) Nockenwelle und Zahnriemenantrieb, dazu gab es eine moderne Bosch-LE-Jetronic mit Schubabschaltung. Serienmäßige Alufelgen, ein optimiertes Fahrwerk, innenbelüftete Scheibenbremsen und Recaro-Sportsitze ergänzten das Paket. Nur ein Jahr produzierte Opel den GTE, dann stand der Wechsel auf den Kadett E an. Von den rund 36.500 gebauten Exemplaren haben nur wenige im originalen Zustand überlebt.

Bild: © Opel Automobile GmbH

Preise	1	2	3	4	5
Kadett D 1.8 GTE, L3t	17.500	11.800	6.900	3.600	1.700

Motor/Antrieb	
Bauart	Vierzylinder (Reihe)
Lage/Antrieb	Front/Front
Hubraum in cm^3	1796
PS/min	115/5800
Vmax in km/h	185
Karosserie	
Bauart	Kombilimousine (2-/4-türig)
Tragstruktur	selbsttragend
Material	Stahlblech
Stückzahl und Marktsituation	
Produktionszahl	ca. 36.500
Verfügbarkeit	schlecht
Teilesituation	gut
Unterhaltskosten	niedrig

Opel Kadett (Serie E) 1984-1991

Der neue Kadett E läutete 1984 eine neue Epoche im Segment der Kompaktwagen ein. Nach 1200 Stunden im Windkanal und rund 1,5 Milliarden Mark Entwicklungskosten präsentierte Opel einen betont modernen, windschlüpfigen Kadett. Unterm Blech blieben viele Komponenten des Vorgängers Kadett D erhalten. Opel bot zum Start sechs Motoren an. Die Palette eröffnete ein 1,2-Liter-Triebwerk mit 55 PS. Neben Schrägheck, Caravan (mit drei oder fünf Türen) und Kastenwagen gab es nun wieder eine Stufenheck-Limousine und ein Cabriolet. In seinem Segment lieferte der Kadett E mit einem Anteil von 23,7 Prozent ein gutes Bild ab – er rangierte nach dem Golf auf Platz zwei. In den neuen Bundesländer eroberte er zeitweise gar Platz eins.

Bild: © Opel Automobile GmbH

Preise	1	2	3	4	5
Kadett E 1.3, L3t	k.N.	3.500	1.800	900	300
Kadett E 1.6i (Kat), L3t	k.N.	3.900	2.000	1.000	400
Kadett E 1.8 S, L4t	k.N.	3.800	2.000	1.000	400
Kadett E Caravan 1.4i (Kat), Kom	k.N.	4.200	2.200	1.100	400

Motor/Antrieb	
Bauart	Vierzylinder (Reihe)
Lage/Antrieb	Front/Front
Hubraum in cm^3	1196-1998
PS/min	55/4600 bis 150/6000
Vmax in km/h	140 bis 220
Karosserie	
Bauart	Lim (4-türig), KombiLim, Kombi
Tragstruktur	selbsttragend
Material	Stahlblech
Stückzahl und Marktsituation	
Produktionszahl	3,78 Mio.
Verfügbarkeit	gut
Teilesituation	gut
Unterhaltskosten	niedrig

Opel Kadett Cabrio (Serie E) 1987-1993

Als Opel 1978 den Bau des erfolglosen Kadett Aero eingestellt hatte, konnte sich niemand in der Opel-Fangemeinde ernsthaft einen neuen Versuch in Sachen Cabrio vorstellen. Doch 1985 zeigte Opel Mut: Auf der IAA stand eine weiße Cabrio-Variante des Kadett E. Bertone hatte nicht nur beim Design mitgeholfen, in Grugliasco bei Turin sollte der offene Kadett auch gefertigt werden. Aus Deutschland schickte Opel nur die Teile, die das Cabrio mit den geschlossenen Varianten gemein hatte. Die umfangreichen Verstärkungen, inklusive des Überrollbügels, stammten dagegen von Bertone. Opel bot das Kadett Cabrio nicht nur mit der 1,6-Liter-Maschine an, sondern steckte wahlweise auch den 2,0-Liter-GSi-Motor unter die aerodynamische Haube. Damit war der Kadett bestens aufgestellt, um der Konkurrenz – hauptsächlich bestehend aus Golf- und Escort-Cabrio – auf Augenhöhe zu parieren.

Bild: © Opel Automobile GmbH

Preise	1	2	3	4	5
Kadett E 1.6i Cabrio (Kat), Cab	k.N.	6.100	3.800	2.000	800
Kadett E GSi Cabrio (Kat), Cab	k.N.	9.800	6.100	3.200	1.200

Motor/Antrieb	
Bauart	Vierzylinder (Reihe)
Lage/Antrieb	Front/Front
Hubraum in cm^3	1598, 1998
PS/min	75/5200 bis 115/5600
Vmax in km/h	167 bis 195
Karosserie	
Bauart	Cabrio
Tragstruktur	selbsttragend
Material	Stahlblech
Stückzahl und Marktsituation	
Produktionszahl	60.218
Verfügbarkeit	gut
Teilesituation	gut
Unterhaltskosten	niedrig

Opel Kadett GSi (Serie E) 1989-1991

Auf GT/E und GTE folgte 1984 der GSi, der sportlich ambitionierte Opel-Fans ansprach. Zu Beginn mussten – wie beim Vorgänger – 115 PS aus 1,8 Liter Hubraum genügen, doch ab 1986 montierte Opel ein 2,0-Liter-Aggregat, das nun mit souveränen 130 PS (Kat-Version: 115 PS) für ordentlichen Vortrieb und eine Spitze von 208 km/h sorgte. Opel baute ihn als Drei- und Fünftürer, sogar als Cabrio, jedoch nicht in der Kombi-Version. Alu-Räder mit „Breitreifen" im Format 185/60 x 13 kosteten Aufpreis. Richtig exotisch war dagegen das auf Wunsch gelieferte Cockpit mit digitalen Anzeigen – das „Mäusekino" faszinierte, erhielt jedoch auch Kritik. Ab 1987 legte Opel einen neuen Scheit ins Feuer: Der GSi 16V konterte den Angriff aus Wolfsburg, vorgetragen vom Golf GTI 16V. Und sah dabei exzellent aus: 150 PS stark, hochkarätige Technik, 218 km/h schnell – ein Kadett zum Träumen.

Bild: © Opel Automobile GmbH

Preise	1	2	3	4	5
Kadett E GSI (Kat), L3t	k.N.	11.600	6.500	3.500	1.200
Kadett E GSi 16V, L3t	k.N.	17.300	10.200	5.300	1.900

Motor/Antrieb	
Bauart	Vierzylinder (Reihe)
Lage/Antrieb	Front/Front
Hubraum in cm^3	1796, 1998
PS/min	115/5800, 150/6000
Vmax in km/h	203, 218
Karosserie	
Bauart	Kombilimousine (2-/4-türig)
Tragstruktur	selbsttragend
Material	Stahlblech
Stückzahl und Marktsituation	
Produktionszahl	46.031 (nur Kadett GSi 16V)
Verfügbarkeit	ausreichend
Teilesituation	gut
Unterhaltskosten	niedrig

O

Opel Astra GSi 2.0 16V 1991-1994

Bereits 1991 offerierte Opel diese sportliche Variante, die sich anfangs deutlich vom Serienmodell abhob – nicht nur optisch mit einem Aerodynamik-Paket, sondern auch technisch: So bot das Spitzenmodell 2.0 16V serienmäßig eine elektronische Traktionskontrolle, ABS, 205/50R15-Bereifung auf Leichtmetallrädern sowie einen Stabilisator an der Hinterachse. Sein 150 PS starker Zweiliter-16V-Motor besaß eine sequenzielle Einspritzung, die den Verbrauch und die Leistung optimieren half. Opel hatte für den Astra GSi zudem bis zum Facelift 1994 noch einen 1,8-16V-Motor im Programm, der 125 PS leistete und weniger üppig ausgestattet war. Ebenfalls bis 1994 gab es den GSi auch mit einer Variante des Zweilitermotors, die sich mit zwei Ventilen pro Zylinder und 115 PS begnügen musste. Auch dessen Ausstattung fiel magerer aus: Bei ihm montierte Opel schmalere Stahlräder mit Abdeckungen, es gab kein Lederlenkrad und nur ein einfaches Auspuffendrohr – beim GSi 2.0 16V montierte Opel dagegen ein Doppelendrohr im Rechteck-Design.

Bild: © Opel Automobile GmbH

Preise	1	2	3	4	5
Astra F GSi, L3t	k.N.	8.200	4.600	1.900	k.N.
Astra F GSi 16V, L3t	k.N.	11.200	6.200	2.500	k.N.

Motor/Antrieb	
Bauart	Vierzylinder (Reihe)
Lage/Antrieb	Front/Front
Hubraum in cm^3	1998
PS/min	150/6000
Vmax in km/h	220
Karosserie	
Bauart	Kombilimousine (2-türig)
Tragstruktur	selbsttragend
Material	Stahlblech
Stückzahl und Marktsituation	
Produktionszahl	k.A.
Verfügbarkeit	ausreichend
Teilesituation	gut
Unterhaltskosten	mittel

Opel Astra F Cabrio (Serie 1) — 1994-2000

Die Lust am offenen Fahren erlebte Anfang der 1990er-Jahre eine große Renaissance. 1993 lancierte Opel deshalb bereits kurz nach der Einführung des Astra F eine von Bertone gestaltete Cabrio-Version mit Stoffverdeck auf dem Markt. Es war eine schicke Abwandlung der eher biederen Stufenhecklimousine – und kam ohne einen optisch störenden Überrollbügel aus, den sein Vorgänger, das Kadett Cabrio, noch tragen musste. Zu Beginn standen zwei Einspritzmotoren zur Wahl: ein 1,6-Liter-Vierzylinder mit 71 PS für 35.900 Mark sowie ein 2,0-Liter-Vierzylinder mit 115 PS für 41.500 Mark. Das Verdeck surrte elektrisch in den Verdeckkasten, dessen Abdeckung wiederum von Hand aufgeknöpft werden musste. Wer heute gerne 1990er-Jahre-Eurodance-Hits auf alten Kassetten hört, für den ist der Astra F eine großartige Gelegenheit, für wenig Geld ein grundsolides Cabriolet mit vier vollwertigen Sitzen zu fahren.

Bild: © Opel Automobile GmbH

Preise	1	2	3	4	5
Astra F Cabriolet 1.6i, Cab	k.N.	4.200	2.300	800	k.N.
Astra F Cabriolet 1.8i 16V, Cab	k.N.	6.300	3.500	1.300	k.N.

Motor/Antrieb	
Bauart	Vierzylinder (Reihe)
Lage/Antrieb	Front/Front
Hubraum in cm^3	1389 bis 1998
PS/min	71/5000 bis 115/5400
Vmax in km/h	163 bis 195
Karosserie	
Bauart	Cabriolet
Tragstruktur	selbsttragend
Material	Stahlblech
Stückzahl und Marktsituation	
Produktionszahl	k.A.
Verfügbarkeit	gut
Teilesituation	gut
Unterhaltskosten	niedrig

Aufstieg und Fall der großen Opel-Modelle

Schon früh blickten die Rüsselsheimer in Richtung Oberklasse: Der erste Sechszylinder entstand bereits 1916 als Typ 18/50 PS – allerdings noch in geringen Stückzahlen für Behörden und Militär. Die Stückzahlen blieben zunächst gering, erst ab 1927 nahm die Produktion der großen Modelle Fahrt auf. Nach verschiedenen Zwischenstufen folgte 1928 ein neuer, kleinerer Sechszylinder. Opel konnte zunehmend auf moderne Fertigungsmethoden aus den USA zurückgreifen – seit Frühjahr 1929 besaß General Motors aus Detroit die Mehrheit an dem deutschen Unternehmen. Nun definierten die Rüsselsheimer eine neue Marktlücke: Sie boten Sechszylinder-Luxus zum günstigen Tarif. 1931 folgte der erfolgreiche Opel 1,8 Liter, 1934 der Opel 2 Liter, der auch den Namen Opel 6 trug. 1937 ersetzte ihn der erfolgreiche Super 6 mit seinem neu konstruierten, nun 55 PS starken und 2,5 Liter großen Reihensechszylinder mit hängenden Ventilen und OHV-Ventilsteuerung. Die Rolle seines Nachfolgers übernahm Ende 1938 der erste Opel Kapitän.

O

Auch nach oben ließ Opel keine Luft. Ab 1937 bot der neue Admiral (75 PS, 3,6 Liter) eine ernste Alternative zu den Oberklasse-Modellen renommierter Marken wie Horch, Maybach oder Mercedes-Benz. Der Admiral galt als modern, schnell und komfortabel, sein Marktanteil lag bei rund einem Viertel in der Klasse – doch der Zweite Weltkrieg beendete 1939 seine Produktion.

Der nach dem Ende des Krieges 1948 wiederbelebte Kapitän etablierte die Vormachtstellung der Hessen als zunächst einziger deutscher Sechszylinder. In den 1950er Jahren blieb der große Opel trotz der zunehmenden Konkurrenz aus Stuttgart erfolgreichster Wagen in der deutschen Oberklasse. Er war die erste Wahl aller Besserverdiener, die mit einem gewissen Understatement signalisierten, oben angekommen zu sein, einen Mercedes-Benz jedoch für zu großspurig hielten.

Genau dies sollte sich ändern: In den 1960er Jahren wurde der arrivierte Autokäufer selbstbewusster und war nun auch in der Lage, für eine prestigeträchtige schwäbische Limousine deren bedeutenden Mehrpreis aufzubringen. Analog dazu begann der Stern der großen Opel zu sinken: Mit dem Trio Kapitän, Admiral und Diplomat boten die Hessen ab 1964 zwar gleich drei elegante, souverän motorisierte Komfortlimousinen zum attraktiven Preis – jede also ein vernünftiger Kauf. Aber sie repräsentierten die volkstümliche Marke der Massenmodelle Kadett und Rekord, was Käufer im Luxussegment nicht mehr akzeptieren wollten. Den großen Drei blieb der Erfolg versagt – sehr schade.

Nicht besser ging es ab 1978 dem neuen Senator, dem die Hessen mit dem Monza sogar eine rassige Coupé-Version zur Seite stellten: Das Image der erfolgreichen Wettbewerber im Einstiegsbereich der Oberklasse, also besonders Mercedes-Benz und BMW, erreichte Opel nicht mehr – trotz souveräner Leistung und Ausstattung, die auf Augenhöhe lag. Doch die Rüsselsheimer ließen sich vorerst nicht entmutigen und starteten ab 1987 mit dem sechszylindrigen Omega 3000 einen weiteren Versuch, den sie mit dem Senator B – der die Basis des Omega nutzte – noch toppten. Von einem durchschlagenden Erfolg konnte jedoch keine Rede sein: Die Stückzahlen in diesem Marktsegment blieben für Opel so enttäuschend, dass mit Produktionsende des Senator B 1993 die Ära Opels als Anbieter von Oberklassefahrzeugen (und damit auch als Vollsortimenter) endete.

Bild: © Opel Automobile GmbH

Opel Admiral — 1937-1939

Klar in die etablierte Oberklasse zielte Opel im Februar 1937 mit dem neuen Modell Admiral. Die Wettbewerber von Mercedes-Benz, Maybach und Horch griff Opel mit einem günstigen Preis an, begegnete ihnen dennoch auf Augenhöhe – vielleicht sogar noch ein wenig darüber: Seine vom damaligen amerikanischen Stromlinien-Geschmack bestimmte Karosserie galt als enorm modern, seine Technik ebenfalls. Der 3,6 Liter große Sechszylinder überzeugte mit einem hohen Drehmoment und bot mit hängenden, ohv-gesteuerten Ventilen auch eine zukunftsweisende Konstruktion. Den Admiral gibt es als Limousine und Cabriolet, beide viertürig. Zudem fertigen Karosseriebauer wie Gläser oder Hebmüller exklusive, elegante Sonderaufbauten auf dem Rahmenfahrzeug, das von einzeln aufgehängten Vorderrädern, hydraulischen Stoßdämpfern und Stabilisatoren profitierte – einem System, das als „Opel-Synchron-Federung" vermarktet wurde. Der Admiral überzeugte damals als famoser, schneller und ausdauernder Reisewagen. Sein Motor fand auch im Lkw Opel Blitz Verwendung.

Bild: © Opel Automobile

Preise	1	2	3	4	5
Admiral, L4t	74.000	51.000	33.500	20.000	10.000
Admiral, Cab	155.000	130.000	95.000	60.000	k.N.

Motor/Antrieb	
Bauart	Sechszylinder (Reihe)
Lage/Antrieb	Front/Heck
Hubraum in cm^3	3626
PS/min	75 bei 3200
Vmax in km/h	132
Karosserie	
Bauart	Limousine (4-türig), Cabrio
Tragstruktur	Leiterrahmen
Material	Stahlblech
Stückzahl und Marktsituation	
Produktionszahl	6.404
Verfügbarkeit	gegen null
Teilesituation	schwierig
Unterhaltskosten	hoch

Opel Super 6 — 1937-1938

Neben dem neuen Admiral präsentierte Opel 1937 auf der Internationalen Automobil- und Motorradausstellung in Berlin auch einen neuen 2,5-Liter-Sechszylinder, der die bisherige 2-Liter-Version ersetzte. Als Super 6 rollte das optisch nur leicht amerikanisierte neue Modell der gehobenen Mittelklasse zu den Kunden, die in Deutschland bereits von rund 2000 Kundendienststellen profitierten. Einen großen Schritt in Richtung Zukunft zeigten die neu konstruierten Motoren: Die Opel-Ingenieure setzten auf hängende Ventile, kurzen Hub, vierfach gelagerte Kurbel- und Nockenwellen sowie jede Menge Drehmoment – kurz: Es war ein Wagen entstanden, der wie gemacht schien für die neuen Autobahnen. Opel warb für den neuen Super 6 bereits mit der Zeile „Der Zuverlässige" und versprach, moderne Technik zu einem günstigen Preis zu liefern. Mit 46.453 Exemplaren geriet der Super 6 zu einem ansehnlichen Erfolg. Rar und besonders reizvoll waren die zweitürigen Cabrios und Roadster, insbesondere in der Version des Dresdner Karosseriebauers Gläser.

Bild: © Opel Automobile

Preise	1	2	3	4	5
Super 6, Cab	83.500	58.000	41.900	17.200	10.100

Motor/Antrieb	
Bauart	Sechszylinder (Reihe)
Lage/Antrieb	Front/Heck
Hubraum in cm^3	2473
PS/min	55 bei 3600
Vmax in km/h	115
Karosserie	
Bauart	Limousine (4-türig), Cabrio, Roadster
Tragstruktur	Leiterrahmen
Material	Stahlblech
Stückzahl und Marktsituation	
Produktionszahl	46.453
Verfügbarkeit	gegen null
Teilesituation	schwierig
Unterhaltskosten	hoch

Opel Kapitän — 1938-1940

Bemerkenswert amerikanisch sah er aus, der Opel Kapitän, der Ende 1938 erschien, um den deutschen Markt der gehobenen Klasse aufzumischen. Zu diesem Zweck brachte er eine selbsttragende, modisch gestaltete Karosserie, ein komfortbetontes Fahrwerk und einen seidenweichen 2,5-Liter-Sechszylindermotor mit. Die Preisskala begann 1938 bei moderaten 3575 Reichsmark für die zweitürige Limousine; daneben gab es für 3975 Reichsmark einen konservativen Viertürer und für 4325 Reichsmark ein Cabriolet. Eindrucksvolle Cabrio-Sonderkarosserien der Kleinserien-Hersteller Gläser und Hebmüller waren ebenfalls im Angebot. Im Oktober 1940 musste die Produktion eingestellt werden, „aus kriegswichtigen Gründen", wie es damals hieß. Die meisten Kapitäne wurden von der Wehrmacht eingezogen und an der Front zusammengeschossen; das macht sie heute rar.

Bild: © Opel Automobile

Preise	1	2	3	4	5
Kapitän (1938-1940), L4t	47.400	32.200	20.800	12.700	5.200

Motor/Antrieb	
Bauart	Sechszylinder (Reihe)
Lage/Antrieb	Front/Heck
Hubraum in cm^3	2473
PS/min	55/3600
Vmax in km/h	126
Karosserie	
Bauart	Limousine (2-/4-türig), Cabriolet
Tragstruktur	selbsttragend
Material	Stahlblech
Stückzahl und Marktsituation	
Produktionszahl	25.374
Verfügbarkeit	gegen null
Teilesituation	schwierig
Unterhaltskosten	mittel

Opel Kapitän (Modell 1949) — 1948-1951

Die stärkste deutsche Limousine kam in den 1940er Jahren nicht aus Stuttgart, sondern hieß Opel Kapitän. Ab Oktober 1948 konnten wohlhabende Käufer die praktisch unveränderte Neuauflage des 1939er Modells bestellen. Stil und Fahrgefühl der Sechszylinder-Limousine folgten amerikanischen Auto-Idealen der dreißiger Jahre; speziell der seidenweiche und drehmomentstarke Motor fand großen Beifall. Drei Fahrstufen reichten aus, um ihn bei Laune zu halten: Ab 1950 wurden sie per modischer Lenkradschaltung sortiert. Der Grundpreis von 9950 Mark machte den Kapitän zum standesgemäßen Automobil der Direktoren, Chefärzte und Großstadt-Bürgermeister. Im Gegensatz zum populären Nachfolgemodell sind die frühen Kapitäne praktisch ausgestorben.

Bild: © Opel Automobile

Preise	1	2	3	4	5
Kapitän (1948-1951), L4t	37.300	26.800	15.200	7.800	3.000

Motor/Antrieb	
Bauart	Sechszylinder (Reihe)
Lage/Antrieb	Front/Heck
Hubraum in cm^3	2473
PS/min	55/3500
Vmax in km/h	125
Karosserie	
Bauart	Limousine (4-türig)
Tragstruktur	selbsttragend
Material	Stahlblech
Stückzahl und Marktsituation	
Produktionszahl	30.431
Verfügbarkeit	gegen null
Teilesituation	schwierig
Unterhaltskosten	hoch

O

Opel Kapitän (Modell 1951) 1951-1953

Die Zeit bis zum Erscheinen des Kapitän mit Ponton-Karosserie überbrückte eine retuschierte Version des großen Opel mit modischen US-Stilelementen. Für die Überarbeitung waren die GM-Designer in Detroit verantwortlich; sie orientierten sich am Aussehen der 1948er Chevrolet-Modelle. Abgesehen vom Karosserie-Facelift hielten sich die Veränderungen in Grenzen: Wesentlichstes Merkmal war eine Leistungs-Erhöhung um drei PS, die Opel durch leichtes Anheben der Verdichtung erreichte. Dennoch war der Kapitän kein Auto zum Schnellfahren, sondern mehr ein Cruiser im US-Stil, was vor allem die watteweiche Federung signalisierte. Die Kundschaft hat´s goutiert: Sie bestand aus zumeist bürgerlichen Aufsteigern, denen es hinterm Steuer nach Geborgenheit zumute war.

Bild: © Opel Automobile

Preise	1	2	3	4	5
Kapitän (1951-1953), L4t	38.100	27.000	15.500	7.800	3.000

Motor/Antrieb	
Bauart	Sechszylinder (Reihe)
Lage/Antrieb	Front/Heck
Hubraum in cm^3	2473
PS/min	58/3700
Vmax in km/h	130
Karosserie	
Bauart	Limousine (4-türig)
Tragstruktur	selbsttragend
Material	Stahlblech
Stückzahl und Marktsituation	
Produktionszahl	48.491
Verfügbarkeit	schlecht
Teilesituation	schwierig
Unterhaltskosten	hoch

Opel Kapitän (Modell 1954) 1953-1955

Wie gut es den Deutschen wieder ging, zeigten Mitte der 50er Jahre die Absatz-Zahlen des Rüsselsheimer Topmodells: 1954 verkaufte Opel über 44.000 Kapitäne – die Sechszylinder-Limousine rangierte hinter dem Volkswagen und dem Opel Rekord auf dem dritten Platz der Zulassungsstatistik. Den Erfolg verdankte der Kapitän des Modell-Jahrgangs 1954 vor allem seiner neu gestalteten, sehr imposanten Ponton-Karosserie im US-Stil. Die Technik stammte prinzipiell vom Vorgänger-Typ: Der Motor leistete nun aber 68 PS, ab Oktober 1954 sogar 71 PS. Drei Fahrstufen reichten, um das drehmomentstarke Triebwerk bei Laune zu halten. Die Baureihe war von November 1953 bis Juli 1955 erhältlich. Ihre Technik war zwar zäh, aber die Karosserien neigten zum schnellen Rosten, weshalb nicht allzu viele der großen Opel überleben durften.

Bild: © Opel Automobile

Preise	1	2	3	4	5
Kapitän (1953-1955), L4t	32.700	20.100	13.100	4.600	2.100

Motor/Antrieb	
Bauart	Sechszylinder (Reihe)
Lage/Antrieb	Front/Heck
Hubraum in cm^3	2473
PS/min	68/3700 bis 71/3700
Vmax in km/h	140
Karosserie	
Bauart	Limousine (4-türig)
Tragstruktur	selbsttragend
Material	Stahlblech
Stückzahl und Marktsituation	
Produktionszahl	61.543
Verfügbarkeit	schlecht
Teilesituation	schwierig
Unterhaltskosten	hoch

Opel Kapitän (Modell 1956) 1955-1958

Geschickte Karosserie-Retuschen machten den 1956er Kapitän moderner und weltmännischer als seinen Vorgänger. Dabei beschränkten sich die Überarbeitungen auf den vergrößerten Kühlergrill, runde vordere Nebelleuchten und kantigere hintere Kotflügel. Die Motorleistung stieg auf 75 PS. Nach Erscheinen des Mercedes-Benz 220 a drohte der größte Opel an Marktanteilen zu verlieren, weshalb der Grundpreis um 150 Mark sank. Mitte 1957 kam der Kapitän L mit üppigerer Ausstattung ins Programm, zudem gab es für 650 Mark einen zuschaltbaren Overdrive. Kapitäne mit Schongang waren an einem kleinen Glasschildchen auf der Hutablage zu erkennen. 1957/58 sackten die Verkaufszahlen ab, und es kam zu einem einmaligen Vorgang in der Opel-Geschichte: Im Februar 1958 endete die Kapitän-Produktion; erst vier Monate später kam der Nachfolger.

Bild: © Opel Automobile

Preise	1	2	3	4	5
Kapitän (1955-1958), L4t	33.500	20.500	13.600	4.700	2.100

Motor/Antrieb	
Bauart	Sechszylinder (Reihe)
Lage/Antrieb	Front/Heck
Hubraum in cm^3	2473
PS/min	75/3900
Vmax in km/h	140
Karosserie	
Bauart	Limousine (4-türig)
Tragstruktur	selbsttragend
Material	Stahlblech
Stückzahl und Marktsituation	
Produktionszahl	92.555
Verfügbarkeit	schlecht
Teilesituation	schwierig
Unterhaltskosten	hoch

O

Opel Kapitän P 2,5 1958-1959

Einen Fehlstart par excellence legte im Sommer 1958 der neue Kapitän hin: Den GM-Designern glückte zwar eine imposante Form, viele Kunden ärgerten sich aber über den knappen Kopfraum im Fond und die kleinen hinteren Türen. Tadellos blieben hingegen der Fahrkomfort und die Laufruhe des Sechszylinder-Motors, der es nun auf 80 PS brachte. Das Modellprogramm bestand – wie beim Vorgänger – aus dem Standard-Kapitän und der luxuriösen L-Version; auf Wunsch gab es das bewährte Overdrive-Getriebe. In den Jahren 1958 und 1959 verkaufte Opel jeweils 20.000 Kapitäne weniger als 1954: Daher wurde das glücklose Modell schon nach einem Jahr abgelöst. Der „Schlüsselloch-Kapitän" – den Spitznamen verdankt er der Form seiner Rückleuchten – blieb selten und gilt heute als besonders gesuchtes Modell unter den klassischen Opel-Großwagen.

Bild: © Dieter Rebmann

Preise	1	2	3	4	5
Kapitän P (1958-1959), L4t	43.200	27.700	17.300	8.300	4.000

Motor/Antrieb	
Bauart	Sechszylinder (Reihe)
Lage/Antrieb	Front/Heck
Hubraum in cm^3	2473
PS/min	80/4100
Vmax in km/h	145
Karosserie	
Bauart	Limousine (4-türig)
Tragstruktur	selbsttragend
Material	Stahlblech
Stückzahl und Marktsituation	
Produktionszahl	34.842
Verfügbarkeit	gegen null
Teilesituation	schwierig
Unterhaltskosten	hoch

Opel Kapitän P 2,6 — 1959-1963

Zur alten Hochform fand Opels Spitzenmodell im Sommer 1959 zurück. Die Karosserie des Kapitän wirkte weniger verspielt und wurde etwas länger, im Fond herrschten großzügige Platzverhältnisse – damit qualifizierte sich der teuerste Opel wieder als der Chauffeurwagen, den die Kundschaft wünschte. Der Hubraum wurde auf 2,6 Liter vergrößert, die Leistung stieg auf 90 PS, das maximale Drehmoment auf 187 Nm bei 1900/min. Niedriger wurde nur der Preis: Das Standard-Modell kostete 9975 statt zuvor 10.250 Mark. Im Programm blieben L-Paket und Overdrive, während später noch zwei Technik-Spezialitäten dazukamen: Ab Dezember 1960 gab es das automatische Hydra-Matic-Getriebe, und ab Juli 1962 war der Kapitän mit Servolenkung lieferbar. Mit diesen Extras festigte er seinen Ruf als amerikanischster Großwagen Europas.

Bild: © Opel Automobile

Preise	1	2	3	4	5
Kapitän P 2,6 (1959-1963), L4t	40.100	25.800	15.000	7.800	3.900

Motor/Antrieb	
Bauart	Sechszylinder (Reihe)
Lage/Antrieb	Front/Heck
Hubraum in cm³	2605
PS/min	90/4100
Vmax in km/h	150
Karosserie	
Bauart	Limousine (4-türig)
Tragstruktur	selbsttragend
Material	Stahlblech
Stückzahl und Marktsituation	
Produktionszahl	145.618
Verfügbarkeit	schlecht
Teilesituation	ausreichend
Unterhaltskosten	hoch

Opel Kapitän, Admiral, Diplomat, Diplomat V8 (KAD A) — 1964-1968

Sie hätten das Zeug gehabt, die Vormachtstellung der Rüsselsheimer in der Sechszylinder-Klasse zu halten: Das Oberklasse-Dreigestirn KAD (für Kapitän, Admiral, Diplomat) war gelungen und ausgereift – und bot gute Ausstattung bei fairen Preisen. So kostete der 125 PS starke Admiral mit 2,8-Liter-Sechszylinder 1967 rund 13.000 Mark – 3000 Mark weniger als der Basis-Typ 250 S der Mercedes-S-Klasse. Dennoch konnten sich nicht viele Kunden mit den edlen Deutsch-Amerikanern anfreunden. Kapitän und Admiral teilten sich bis 1965 den 2,6-Liter-Motor des Kapitän P-LV; dann kam das 2,8-Liter-Triebwerk mit 125 und später 140 PS zum Einsatz. Als Power-Pack hielt Opel ab Ende 1964 einen 4,6-Liter-Chevrolet-V8 mit 190 PS bereit, ab 1966 sogar mit 5,4 Liter und 230 PS. Im Herbst 1967 griff eine Modellpflege mit kleineren Detail-Retuschen, im September 1968 wurden die letzten Exemplare gebaut.

Bild: © Opel Automobile

Preise	1	2	3	4	5
Kapitän A 2.6 100 PS, L4t	23.600	16.400	10.700	4.800	2.600
Admiral A 2.8 140 PS, L4t	26.900	18.600	12.200	5.300	2.800
Diplomat 4.6, L4t	52.000	36.900	24.200	12.700	5.500

Motor/Antrieb	
Bauart	Sechszylinder (Reihe), V8
Lage/Antrieb	Front/Heck
Hubraum in cm³	2605, 2784, 4638, 5354
PS/min	100/4600 bis 230/4700
Vmax in km/h	155 bis 200
Karosserie	
Bauart	Limousine (4-türig), Coupé
Tragstruktur	selbsttragend
Material	Stahlblech
Stückzahl und Marktsituation	
Produktionszahl	89.277
Verfügbarkeit	schlecht
Teilesituation	ausreichend
Unterhaltskosten	hoch

Opel Diplomat V8 Coupé — 1965-1967

Ein Exot im Programm des Großserien-Anbieters Opel war das Diplomat V8 Coupé. Die Produktion übernahm Karmann im neuen Werk Rheine, den Motor lieferte Konzernmutter GM: einen 5,4-Liter-V8-Block von Chevrolet. Sein stämmiges Drehmoment von 435 Nm gab er serienmäßig an ein Powerglide-Automatikgetriebe weiter, wie es auf Wunsch auch für die Sechszylinder-Limousinen erhältlich war. Das Interesse an dem 25.500 Mark teuren Coupé flaute ab, als das 230-PS-Aggregat gegen Mehrpreis auch in die Diplomat V8 Limousine einzog – es blieb daher bei einer Kleinst-Auflage von 304 Wagen. Darunter war übrigens auch ein Cabriolet-Prototyp, der sich heute in vollrestauriertem Zustand im Besitz eines Opel-Sammlers befindet.

Bild: © Opel Automobile

Preise	1	2	3	4	5
Diplomat V8 (1965-1967) 5.4 ltr, Cpe	220.000	154.000	102.000	70.000	45.000

Motor/Antrieb	
Bauart	V8
Lage/Antrieb	Front/Heck
Hubraum in cm³	5354
PS/min	230/4700
Vmax in km/h	210
Karosserie	
Bauart	Coupé
Tragstruktur	selbsttragend
Material	Stahlblech
Stückzahl und Marktsituation	
Produktionszahl	304
Verfügbarkeit	gegen null
Teilesituation	schwierig
Unterhaltskosten	hoch

O

Opel Kapitän, Admiral, Diplomat, Diplomat V8 (Serie B) — 1969-1977

Sie waren hervorragende Autos, aber kaum jemand hat es bemerkt: Das unglückselige Billig-Image stand wie eine Mauer zwischen den Oberklasse-Käufern und den großen Drei von Opel. Ihre Karosserie wirkte repräsentativ, aber auch sehr amerikanisch; Prunkstück ihres kultivierten Fahrwerks war die neu entwickelte DeDion-Hinterachse. Speziell das Topmodell Diplomat V8 war ein reizvolles Automobil, das viel Raum und Leistung für sein Geld bot. Ab Mai 1973 gab es sogar eine V8-Version mit 15 Zentimeter verlängertem Radstand. Gekauft wurde aber meist der Admiral mit 2,8-Liter-Triebwerk, während der mager ausgestattete Kapitän bereits 1970 aus dem Programm fiel. Opels Hubraum-Riesen sind längst H-Kennzeichen-tauglich, trotzdem gelten sie bis heute als echte Geheimtipps.

Bild: © Opel Automobile

Preise	1	2	3	4	5
Kapitän B 2.8 S, L4t	20.200	13.100	8.800	3.800	2.200
Admiral B 2.8 E, L4t	28.900	18.200	11.400	4.800	2.800
Diplomat B V8, L4t	41.800	26.900	16.900	7.100	4.200

Motor/Antrieb	
Bauart	Sechszylinder (Reihe), V8
Lage/Antrieb	Front/Heck
Hubraum in cm³	2784, 5354
PS/min	129/5000 bis 230/4700
Vmax in km/h	170 bis 190
Karosserie	
Bauart	Limousine (4-türig)
Tragstruktur	selbsttragend
Material	Stahlblech
Stückzahl und Marktsituation	
Produktionszahl	51.000
Verfügbarkeit	ausreichend
Teilesituation	ausreichend
Unterhaltskosten	hoch

Opel Monza 1978-1986

Als mustergültig wurde bei der Premiere im Mai 1978 speziell das Fahrwerk der beiden großen Opel namens Monza und Senator gewertet: Die Marke hatte ihre starren Hinterachsen ins Museum gerollt und setzte nun auf eine hochmoderne Schräglenker-Konstruktion. Überzeugen konnten auch die kraftvollen, kultivierten Motoren und die gediegene Ausstattung, während der Karosserie ihre Abstammung vom Rekord etwas zu deutlich anzusehen war. Bis zum Herbst 1982 war das Urmodell mit seinen Chromstoßstangen (intern: Monza A1) im Angebot. Abgelöst wurde es durch eine gründlich modernisierte Version (A2), die bis zum Juni 1986 in den Opel-Preislisten blieb. Die interessantesten dieser späten Modelle hießen Monza GSE und verbanden ihre besonders umfangreiche Ausstattung mit einem Sportfahrwerk.

Bild: © Opel Automobile

Preise	1	2	3	4	5
Monza A 2.0 E, Cpe	17.400	11.100	7.200	3.800	1.600
Monza A 3.0 E, Cpe	21.200	13.500	8.800	4.500	2.000

Motor/Antrieb	
Bauart	Vier-/Sechszylinder (Reihe)
Lage/Antrieb	Front/Heck
Hubraum in cm^3	1979, 2197, 2490, 2968
PS/min	110/5400 bis 180/5800
Vmax in km/h	180 bis 200
Karosserie	
Bauart	Coupé
Tragstruktur	selbsttragend
Material	Stahlblech
Stückzahl und Marktsituation	
Produktionszahl	43.812
Verfügbarkeit	gut
Teilesituation	gut
Unterhaltskosten	hoch

Opel Senator (Serie A) 1978-1986

Opels Oberklasse-Limousine stirbt gegenwärtig aus: Die Zahl der Überlebenden in gutem Zustand hat sich bereits auf wenige hundert Wagen reduziert. Die Karriere von Monza und Senator verlief seit der Vorstellung auf der IAA 1977 praktisch parallel. Einziger Unterschied: Es gab den Senator A auch als besonders großzügig ausgestattete CD-Version, zu der ohne Aufpreis auch eine Klimaanlage gehörte. Ab 1983 erhielt der Senator CD auch ABS, das bei Mercedes-Benz noch jahrelang auf der Mehrpreis-Liste stand, und im Februar 1984 ersetzten LCD-Anzeigen die Rundinstrumente im Armaturenbrett. Gleichzeitig kam eine verlängerte Senator-Version ins Programm, die es sogar in schusssicherer Ausführung gab. Späte Modelle waren auch mit G-Kat lieferbar, zudem legte Opel 1985 eine Sonderserie von 700 Senator Turbodiesel mit BBC-Comprex-Druckwellenlader auf.

Bild: © Opel Automobile

Preise	1	2	3	4	5
Senator A 2.8 S, L4t	12.700	8.100	4.300	2.300	1.100
Senator A 3.0 E, L4t	15.300	10.100	5.600	3.000	1.300

Motor/Antrieb	
Bauart	Vier-/Sechszylinder (Reihe)
Lage/Antrieb	Front/Heck
Hubraum in cm^3	1979, 2197-2968
PS/min	110/5400 bis 180/5800
Vmax in km/h	170 bis 200
Karosserie	
Bauart	Limousine (4-türig)
Tragstruktur	selbsttragend
Material	Stahlblech
Stückzahl und Marktsituation	
Produktionszahl	129.644
Verfügbarkeit	gut
Teilesituation	gut
Unterhaltskosten	hoch

Opel Omega 3000, 3000 24V 1986-1993

Der Omega 3000 trat gegen die damalige Nobel-Riege an, den Audi 200 turbo, den BMW 530i oder auch den Ford Sierra Cosworth. Kein Serien-Opel war je schneller – mit 227 km/h markierte er einen neuen Spitzenwert. Doch der antiquierte Grauguss-Reihensechszylinder konnte nicht überzeugen, er gab sich zugeschnürt und zaghaft. Ab 1988 gab es auch den Caravan mit dem großen Motor, ein rares Angebot für schnelle Kombi-Freunde. 1989 folgte der Vierventiler, der die Leistung von bislang 177 PS (mit Kat: 156 PS) auf immerhin 204 PS steigerte. Als die schnellen, aber mäßig verarbeiteten Omega Jahre später günstig wurden, hat die Fraktion der Heizer zugegriffen. So haben nur wenige wirklich gute Exemplare überlebt.

Bild: © Opel Automobile

Preise	1	2	3	4	5
Omega A 3000 (Kat), L4t	20.400	12.600	7.000	2.900	1.300
Omega A 3000-24, L4t	23.300	14.400	8.100	3.400	1.500

Motor/Antrieb	
Bauart	Sechszylinder (Reihe)
Lage/Antrieb	Front/Heck
Hubraum in cm^3	2969
PS/min	177/5800, 204/6800
Vmax in km/h	227, 242
Karosserie	
Bauart	Limousine (4-türig), Kombi (5-türig)
Tragstruktur	selbsttragend
Stückzahl und Marktsituation	
Produktionszahl	15.917 (Omega 3000), 15.383 (Omega 3000 24V)
Verfügbarkeit	ausreichend
Teilesituation	gut
Unterhaltskosten	niedrig

Opel Senator B 1987-1993

Es war der erste Omega, der dem Luxus-Opel Senator beinahe den Garaus gemacht hätte: Es gab ihn mit Sechszylindermotor, was ihn gefährlich nahe an den Senator gebracht hatte. Opel rang mit sich, um dann 1987 mit dem neuen Senator doch ein neues Flaggschiff vom Stapel zu lassen. Doch im Vergleich zu den großen Opel aus frühen Tagen geriet er wenig eigenständig – letztlich glich er sogar in Fahrwerk und Karosserie dem Omega A. Länger ist nur der Senator, nämlich um 15 Zentimeter. Das genügte zwar nahezu 70.000 Käufern, doch eine Zukunft gab es nicht mehr: Während *auto motor und sport* 1987 noch „Fahrstuhl nach oben" titelte, blieb es tatsächlich bis heute Opels letzte Fahrt in Richtung Oberklasse.

Bild: © Opel Automobile

Preise	1	2	3	4	5
Senator B (Kat) 2.6, L4t	10.500	6.500	3.800	1.600	1.100

Motor/Antrieb	
Bauart	Sechszylinder (Reihe)
Lage/Antrieb	Front/Heck
Hubraum in cm^3	2594, 2969
PS/min	150/5600 bis 204/6000
Vmax in km/h	213 bis 240
Karosserie	
Bauart	Limousine (4-türig)
Tragstruktur	selbsttragend
Material	Stahlblech
Stückzahl und Marktsituation	
Produktionszahl	ca. 70.000
Verfügbarkeit	ausreichend
Teilesituation	ausreichend
Unterhaltskosten	mittel

O

Bochumer Breitensport: Die ambitionierten Opel-Coupés

Der erste GT-Prototyp stand auf der IAA 1965 und sollte – so das offizielle Opel-Statement – nur ein rollendes Experimentallabor sein. Das flache Zweisitzer-Sportcoupé mit den versenkbaren Scheinwerfern entfachte aber solche Begeisterungsstürme, dass Opel den GT ins Programm hievte. Die Karosserieproduktion übernahm die französische Firma Brissonneau & Lotz, Opel montierte die Fahrzeuge im Bochumer Werk, wobei man überwiegend auf die Technik des Kadett zurückgriff. Im September 1968 standen die ersten GT in den Verkaufsräumen – allerdings nie lange: Die Nachfrage war reißend. Insbesondere junge, sportlich orientierte Fans begeisterten sich für den Volks-Sportwagen, der nicht nur wie eine kleine US-Corvette aussah, sondern auch durch seine sportlichen Fahrleistungen punktete. Opel-typisch sorgten auch moderate Preise für rege Nachfrage: 1968 war ein 1900 GT ab 11.880 Mark zu haben. Das faire Angebot lockte nicht nur bei uns: Achtzig Prozent aller GT wurden exportiert, seine größte Fangemeinde fand der kleine Zweisitzer in den USA.

Für Opel bedeutete der GT nicht nur einen wirtschaftlichen Erfolg; der erste Sportwagen erschloss eine für Opel neue, jung-dynamische Zielgruppe – damit gelang es ihm, das Image der Marke mit dem Blitz-Symbol erstmals deutlich zu verjüngen. Die Marketing-Strategen machten daraus keinen Hehl: Legendär wurde der Fernseh-Werbespot, in dem ein biederer, beleibter Herr vergebens versucht, das enge GT-Coupé zu besteigen. Als er verzweifelt aufgibt, erklärt eine tröstende Off-Stimme, Opel hätte auch für ihn einen passenden Wagen.

Der frühe Tod des Opel GT im Herbst 1973 hatte zwei Gründe: Das französische Karosseriewerk konnte nach einer Übernahme durch Renault den Vertrag nicht verlängern; ferner hätten verschärfte Sicherheits- und Abgasbestimmungen im wichtigsten Exportland USA zu umfangreiche Konstruktionsänderungen bedingt.

Der Idee, die Technik der eher bürgerlichen Baureihen zu nutzen, um schicke und begehrte Coupés zu konfigurieren, blieb Opel treu. Auf Ascona-Basis entstanden so Manta A und Manta B, der Calibra folgte als gelungenes Vectra-Derivat 1990. Und 1994 wagte sich Opel gar an eine Sportcoupé-Variante des Corsa B: Tigra hieß das durchaus gelungene wie erfolgreiche Konzept.

In völlig anderer Form präsentierte sich dagegen die Enkel-Generation des GT, die 2007 auf den Markt kam und auf Pontiac-Basis aufbaut.

Opel GT, GT/J — 1968-1973

Als Prototyp und offiziell nur als ein rollendes Versuchslabor auf der IAA 1965 präsentiert, begeisterte das flache Zweisitzer-Sportcoupé mit den Klappscheinwerfern sowohl die Besucher als auch die Fachwelt. Und Opel war gut beraten, die Pläne für eine Serienfertigung dieses Designklassikers intensiv voran zu treiben. Der GT wurde optisch verfeinert und bereicherte ab 1968 als preiswerter Volks-Sportwagen im Stil der US-Corvette die Modellpalette. Sein Fahrwerk kam aus dem Kadett wie der 1,1-Liter-Basismotor mit 60 PS. Souveränere Fahrleistungen sicherte allerdings das gefragtere 1,9-Liter-Triebwerk des Rekord. Ab März 1971 war das preiswerte Basismodell GT/J erhältlich. Obwohl sich der Opel GT gut verkaufte, endete seine Karriere schon 1973. Wichtigster Grund dafür waren verschärfte Sicherheits-Bestimmungen in den USA, dem größten Absatzmarkt des GT.

Bild: © Opel Automobile

Preise	1	2	3	4	5
GT/J, Cpe	32.400	22.400	14.200	8.400	2.900
GT/AL 1100, Cpe	31.800	22.000	13.900	8.200	2.800
GT/AL 1900, Cpe	36.500	25.200	15.700	9.300	3.100

Motor/Antrieb	
Bauart	Vierzylinder (Reihe)
Lage/Antrieb	Front/Heck
Hubraum in cm^3	1078, 1897
PS/min	60/5200 bis 90/5100
Vmax in km/h	155 bis 190
Karosserie	
Bauart	Coupé
Tragstruktur	selbsttragend
Material	Stahlblech
Stückzahl und Marktsituation	
Produktionszahl	103.373
Verfügbarkeit	gut
Teilesituation	gut
Unterhaltskosten	mittel

Opel Manta (Serie A) — 1970-1975

Der Manta musste einfach ein Erfolg werden – mit dieser schnittigen Karosserie! Allgemeine Begeisterung erntete der Rüsselsheimer Flitzer schon bei seiner Präsentation im Sommer 1970. Die Technik war zwar hausbacken, aber warum auch nicht? Das aus dem Opel-Baukasten zusammengesetze Fahrwerk ermöglichte durchaus sportliche Ausritte und die langlebigen Motoren aus dem Rekord sorgten für genügend Vortrieb – wenn man nicht ausgerechnet die 1,2 Liter-Version wählte. Kundenwünsche nach einer komfortablen Ausstattung erfüllte Opel ab 1972 mit dem Berlinetta genannten Luxus-Paket. Ab 1974 machte der Manta GT/E auf der Autobahn Jagd: mit 105 PS starkem Einspritzmotor. Nach einer für ein Nischen-Automobil beachtlichen Stückzahl von fast einer halben Million trat die zweite Generation des Manta im Herbst 1975 ein schweres Erbe an.

Bild: © Opel Automobile

Preise	1	2	3	4	5
Manta A 1200 S, Cpe	22.300	15.500	10.400	5.300	2.600
Manta A 1900 S, Cpe	27.300	19.400	12.600	6.600	3.200
Manta A GT/E, Cpe	40.300	26.700	19.100	9.900	4.800

Motor/Antrieb	
Bauart	Vierzylinder (Reihe)
Lage/Antrieb	Front/Heck
Hubraum in cm^3	1196, 1584, 1897
PS/min	60/5200 bis 105/5400
Vmax in km/h	145 bis 185
Karosserie	
Bauart	Coupé
Tragstruktur	selbsttragend
Material	Stahlblech
Stückzahl und Marktsituation	
Produktionszahl	498.553
Verfügbarkeit	gut
Teilesituation	gut
Unterhaltskosten	mittel

O

Opel Manta (Serie B) 1975-1988

Über Manta-Witze lacht schon lange niemand mehr. Doch der Manta B litt lange unter dem dumpfen Manni-Klischee. Erst in jüngerer Zeit entdecken Youngtimer-Fans Werte des typischen Sportcoupés im Stil der Siebziger. Aus dem Alltagsverkehr ist es längst verschwunden, insbesondere gute Originale der ersten Baureihe bis 1982 sind heute bereits sehr selten. In den 13 Jahren Bauzeit bot Opel 14 Motorvarianten, vom asthmatischen 1,2 N mit 55 PS bis hin zum nur in einer Kleinserie von 245 Stück entstandenen, 144 PS starken Manta 2,4. Die Karriere des Breitensportlers begann im August 1975; als zweite Variante neben dem Coupé kam 1978 das Fließheck-Coupé CC mit großer Heckklappe dazu. Im März 1982 erhielten alle Manta eine modernisierte Front mit auffälligem Plastik-Spoiler; im Juni 1988 endete die Reihe nach über 534.000 gebauten Fahrzeugen.

Bild: © Opel Automobile

Preise	1	2	3	4	5
Manta B 1.9 S, Cpe	18.300	12.300	8.300	4.000	2.000
Manta B GT/E 1.9	30.500	20.200	14.000	6.400	3.000
Manta B GSi, Cpe	26.400	17.300	12.100	5.700	2.900

Motor/Antrieb	
Bauart	Vierzylinder (Reihe)
Lage/Antrieb	Front/Heck
Hubraum in cm^3	1196-2410
PS/min	55/5400 bis 144/5200
Vmax in km/h	138 bis 210
Karosserie	
Bauart	Coupé
Tragstruktur	selbsttragend
Material	Stahlblech
Stückzahl und Marktsituation	
Produktionszahl	534.634
Verfügbarkeit	gut
Teilesituation	sehr gut
Unterhaltskosten	mittel

Opel Calibra 1990-1997

1990, zwei Jahre nach dem Produktionsende des Opel Manta, konnten sportliche Opel-Fans endlich aufatmen. Opel präsentierte den Calibra, der trotz seiner technischen Nähe zum sachlich-spröden Viertürer Vectra A vergleichsweise emotional daherkam: elegant im Auftritt, stark im eigenständigen Design und weltmeisterlich in der Aerodynamik. Der neue Opel bot den Manta-Spöttern keine Chance, auch den Calibra zum Zoten-Ziel zu krönen. Mancher Kommentator sah ihn formal gar gelungener an als den ungleich teureren und exklusiveren BMW 8er. Zu mäkeln gab es beim Calibra nicht viel: Sogar die Einstiegsmotorisierung, der bekannte 2,0-Liter-Einspritzer, leistete mit einer verbesserten Motronic-Steuerung akzeptable 115 PS; später kamen Versionen mit 16 Ventilen, Turbo, Allrad sowie V6-Motor dazu. Selbst die nüchternen Details wie der Innenraum des Vectra störten nur wenige Opel-Fans: Unterm Strich bekam der Calibra-Kunde viel fürs Geld.

Bild: © Opel Automobile

Preise	1	2	3	4	5
Calibra 2.0i (Kat), Cpe	k.N.	6.800	4.100	1.800	900
Calibra 2.0i 16V, Cpe	k.N.	9.000	5.300	2.300	1.100
Calibra Turbo 4x4, Cpe	k.N.	18.200	11.300	5.300	2.300
Calibra V6, Cpe	13.900	9.200	5.500	2.400	1.100

Motor/Antrieb	
Bauart	Vierzylinder (Reihe)
Lage/Antrieb	Front/Front, 4x4
Hubraum in cm^3	1998, 2498
PS/min	115/5200 bis 204/5600
Vmax in km/h	205 bis 245
Karosserie	
Bauart	Coupé
Tragstruktur	selbsttragend
Material	Stahlblech
Stückzahl und Marktsituation	
Produktionszahl	239.639
Verfügbarkeit	gut
Teilesituation	gut
Unterhaltskosten	mittel

Opel Tigra 1.4 16V, 1.6 16V 1994-2001

Er steht bis ins Detail für den Stil der 1990er Jahre: der Tigra beglückte ab 1994 die Jugend. Seine problemlose technische Basis erhielt er vom Corsa B, sein Design folgte dem damals aktuellen Trend zu glubschigen Rundungen. Zudem lag der Tigra, selbst in seiner stärksten Version, noch unter der magischen Grenze von 30.000 Mark. Damit hatte Opel ein Paket geschnürt, für das es seinerzeit wesentliche Konkurrenz nur aus Asien gab. Zwei Benzinmotoren aus der Opel Ecotec-Reihe standen im Tigra zur Wahl, und der stärkere – der 1,6-Liter-Vierzylinder aus dem Corsa GSi, der jedoch nur bis August 1998 erhältlich war – ließ es recht flott angehen und versprach sogar eine Höchstgeschwindigkeit von über 200 km/h. Dazu passten Aufbau und die Abstimmung des Fahrwerks, das für flinke Kurven bestens geeignet war. Vorne montierte Opel passenderweise innenbelüftete Scheiben, ABS kostete jedoch Aufpreis. Dafür gab es zwei Airbags serienmäßig.

Bild: © Opel Automobile

Preise	1	2	3	4	5
Tigra 1.4 16V, Cpe	k.N.	4.300	2.500	1.000	k.N.
Tigra 1.6 16V, Cpe	k.N.	5.000	2.900	1.100	k.N.

Motor/Antrieb	
Bauart	Vierzylinder (Reihe)
Lage/Antrieb	Front/Front
Hubraum in cm^3	1389, 1598
PS/min	90/6000, 106/6000
Vmax in km/h	190, 203
Karosserie	
Bauart	Coupé
Tragstruktur	selbsttragend
Material	Stahlblech
Stückzahl und Marktsituation	
Produktionszahl	256.392
Verfügbarkeit	gut
Teilesituation	gut
Unterhaltskosten	niedrig

O

Mit jedem Kilometer wächst die Freundschaft: Opel Ascona und Vectra

In den späten 1960er Jahren klafften im Rüsselsheimer Lieferprogramm gleich zwei Lücken: Zum einen fehlte zwischen dem einfachen, kompakten Kadett und dem inzwischen zu stattlichem Format gewachsenen Familienwagen Rekord eine Limousine mittlerer Größe. Zum anderen hatte Opel dem erfolgreichen Ford Capri nichts entgegenzusetzen.

So landeten die Hessen 1970 einen Doppel-Coup: Kurz hintereinander erschienen Manta und Ascona. Beide glänzten mit neuen, den Zeitgeschmack treffenden Karosserien, während sich die Technik-Entwickler aus dem Opel-Baukasten der bewährten Modelle bedient hatten.

„Mit jedem Kilometer wächst die Freundschaft", texteten die Opel-Werber Und die Neulinge kamen bei ihren jeweiligen Zielgruppen gut an. Der Ascona galt als erste Wahl für Kadett-Aufsteiger und überzeugende Alternative zu seinem Hauptkonkurrenten Ford Taunus, während der Manta ein respektables Stück des Marktes seinem Hauptgegner Ford Capri abnehmen konnte.

Als unspektakuläres, zugleich bezahlbares, solides und zuverlässiges Modell der Mittelklasse zielte der Ascona in die Mitte der deutschen Bevölkerung. Vernünftige Abmessungen und passende Leistung bildeten die Lebenswirklichkeit der Zielgruppe perfekt ab, zudem brachten schnelle Erfolge bei internationalen Veranstaltungen wie der Rallye Akropolis oder der Rallye Monte Carlo ein wenig Ruhm und Lorbeer in jede Reihenhausgarage, in der ein Ascona parkte. „Der Ascona ist robust und zäh, sein Fahrwerk sicher", versprach Opel in Anzeigen: „Der Ascona gewinnt für Sie jeden Tag."

Über drei Bauserien und 18 Jahren hinweg bauten sich die Ascona-Modelle einen treuen Kundenkreis auf. 1988 gab Opel den etablierten Namen Ascona auf. Der neue Mittelklasse-Vertreter hieß Vectra, der – ebenfalls über drei Bauserien – bis 2008 im Programm blieb.

Opel Ascona (Serie A) 1970-1975

Endlich: Opel hatte wieder eine harmonische Limousine der unteren Mittelklasse im Programm. Der erste Ascona begeisterte mit seiner gelungenen, weil schlank und dezent gestalteten Karosserie und guten Fahrleistungen. Zunächst wurde er nur mit 1600er Motor angeboten. Mit dessen wahlweise 68 oder 80 PS war der Ascona ideal motorisiert. Dennoch schob Opel 1972 für Sparfüchse die etwas fußlahmen 1,2-Liter nach. Dagegen machte der Typ 1900 S mit der 90-PS-Maschine aus dem Rekord richtig Spaß. Der bei Opel obligatorische Caravan trat diesmal ungewöhnlich auf: Der Ascona Voyage war ein Luxus-Kombi, der mit seitlichen Holzdekorfolien das Handwerkerimage zu umfahren versuchte. Das funktionierte insofern, als dieser große Kundenkreis tatsächlich fernblieb. Insgesamt jedoch fand die Baureihe in fünf Jahren fast 700.000 zufriedene Kunden, einen beachtlichen Teil von ihnen im Ausland.

Bild: © Opel Automobile

Preise	1	2	3	4	5
Ascona A 1200, L2t	13.800	8.900	6.600	3.300	1.300
Ascona A 1900 S, L4t	17.600	12.300	8.800	4.200	1.800
Ascona A Voyage 1900 S, Kom	23.200	15.300	10.900	5.400	2.300

Motor/Antrieb	
Bauart	Vierzylinder (Reihe)
Lage/Antrieb	Front/Heck
Hubraum in cm³	1196, 1584, 1897
PS/min	60/5400 bis 90/5100
Vmax in km/h	135 bis 160
Karosserie	
Bauart	Limousine (2-/4-türig), Kombi (3-türig)
Tragstruktur	selbsttragend
Material	Stahlblech
Stückzahl und Marktsituation	
Produktionszahl	691.438
Verfügbarkeit	ausreichend
Teilesituation	ausreichend
Unterhaltskosten	mittel

Opel Ascona (Serie B) 1975-1981

Keine Experimente, lautete das Motto bei der Entwicklung der zweiten Ascona-Auflage: Nicht mehr ganz so schlank wie der Vorgänger, aber dafür weiterhin gut aussehend, so stellten die Rüsselsheimer 1975 den Ascona B vor. Fahrschüler und Familienväter griffen zu, Rallye-Fans und Sonntagsfahrer. Mehr als nur blechgewordenes Mittelmaß also, dennoch wurde dieses zu seinem Problem: Zu wenig Kult und Emotion ließen den Ascona B zum Verbrauchsgut werden. Selbst stolze Chrommodelle wurden in den Neunzigern noch bedenkenlos im Alltag abgewetzt. Dies ist auch der Grund, weshalb bis heute nur wenige B-Ascona überlebt haben. Wer dennoch ein gutes Exemplar findet, darf sich freuen: Denn auch die zweite Ascona-Generation genoss den Ruf, überaus zuverlässig zu sein. Mehr Aufregung dagegen verspricht der nur 268-mal gebaute Ascona 400, den Opel für den Rallye-Sport homologieren ließ.

Bild: © Opel Automobile

Preise	1	2	3	4	5
Ascona 1.2 B, L2t	12.600	8.200	5.100	2.300	1.000
Ascona B 2.0, L2t	16.800	11.100	7.300	3.100	1.200
Ascona B 400, L2t	110.000	80.000	55.000	40.000	k.N.

Motor/Antrieb	
Bauart	Vierzylinder (Reihe)
Lage/Antrieb	Front/Heck
Hubraum in cm³	1196-1988
PS/min	55/5400 bis 144/5200
Vmax in km/h	138 bis über 200
Karosserie	
Bauart	Limousine (2-/4-türig)
Tragstruktur	selbsttragend
Material	Stahlblech
Stückzahl und Marktsituation	
Produktionszahl	1,513 Mio.
Verfügbarkeit	gut
Teilesituation	gut
Unterhaltskosten	mittel

Opel Ascona (Serie C) 1981-1988

Opel mischte die dritte Generation seines Mittelklasse-Bestsellers 1981 nach bewährtem Rezept: unauffällig, zuverlässig und belastbar – Opel hatte acht Jahre lang entwickelt, ohne sich an Experimente zu verlieren. Den damaligen Trends folgte der neue Ascona jedoch: Er besaß nun Frontantrieb und erhielt eine neue Variante mit praktischem Schrägheck. Zudem hatte General Motors den Ascona C als Mitglied einer globalen Typenfamilie etabliert: Unter dem Kürzel J-Car rollten Verwandte als Vauxhall Cavalier (Großbritannien), als Chevrolet Cavalier (USA), als Chevrolet Monza (Brasilien), als Holden Camira (Australien) und als Isuzu Aska (Japan) von den Bändern. Erfolg hatte er: Mit 1,72 Millionen Einheiten übertraf der Ascona C seinen Vorgänger deutlich. Sogar einige tausend, größtenteils professionell gefertigte Cabrio-Umbauten des Ascona C gab es.

Bild: © Opel Automobile

Preise	1	2	3	4	5
Ascona C 1.3, L4t	6.200	4.100	2.100	700	k.N.
Ascona C 1.3 S, L4t	6.800	4.500	2.300	700	k.N.
Ascona C 1.6i CC (Kat), L5t	7.100	4.700	2.700	800	k.N.
Ascona C 1.8 SR/E, L4t	12.200	8.000	4.200	1.600	600

Motor/Antrieb	
Bauart	Vierzylinder (Reihe)
Lage/Antrieb	Front/Front
Hubraum in cm³	1297, 1598, 1796, 1998
PS/min	60/5800 bis 130/5600
Vmax in km/h	150 bis 193
Karosserie	
Bauart	Lim (2-/4-türig), KombiLim (4-türig)
Tragstruktur	selbsttragend
Material	Stahlblech
Stückzahl und Marktsituation	
Produktionszahl	1,72 Mio.
Verfügbarkeit	gut
Teilesituation	gut
Unterhaltskosten	niedrig

Opel Ascona Cabriolet Hammond & Thiede 1983-1989

Opel selbst war 1981 vorausgeprescht und hatte auf der IAA den Prototyp eines offenen Ascona gezeigt, den die American Sunroof Company (ASC) im Auftrag der Rüsselsheimer als Einzelstück gebaut hatte. Opel selbst verfolgte die Idee nicht weiter, dafür rechneten andere sich Chancen aus: Am erfolgreichsten und professionellsten umgesetzt hat die Idee die deutsch-englische Firma Hammond & Thiede, die den Umbau beim Spezialisten Voll in Würzburg-Heidingsfeld auf Basis der zweitürigen Limousine – selbst als 54-PS-Saugdiesel! – durchführen ließ. Rund 300 Teile mussten eingebaut werden. Die offenen Ascona konnten offiziell bei jedem Opel-Händler bestellt werden, der auch eigene Prospekte bereithielt – ähnlich wie die Baur-Varianten bei BMW. Immerhin 2873 Exemplare entstanden so in Handarbeit, rund die Hälfte lieferte Hammond & Thiede als Vauxhall Chevalier nach Großbritannien.

Bild: © Hammond & Thiede

Preise	1	2	3	4	5
Ascona C 1.8i, 115 PS, Cab	16.200	10.600	6.900	4.000	1.200

Motor/Antrieb	
Bauart	Vierzylinder (Reihe)
Lage/Antrieb	Front/Front
Hubraum in cm³	1297, 1598, 1796, 1998
PS/min	54/4600 bis 130/5600
Vmax in km/h	140 bis ca. 185
Karosserie	
Bauart	Cabriolet
Tragstruktur	selbsttragend
Material	Stahlblech
Stückzahl und Marktsituation	
Produktionszahl	2873
Verfügbarkeit	ausreichend
Teilesituation	gut
Unterhaltskosten	niedrig

O

irmscher-tuning
WALTER RÖHRL
JOCHEN BERGER
OSLO
22
BOSCH
174
PIRELLI

Bild: © Irmscher Automobilbau GmbH & Co. KG

Opel Vectra (Serie A) 1988-1995

Opel disponierte in den 1980er Jahren um. Die Modellreihen legten ihre bekannten Namen ab, es sollte hörbar Neues entstehen: Opel wollte moderner, dynamischer und fortschrittlicher werden. So löste 1988 der neue Vectra den Ascona C ab. Der neue Mittelklasse-Opel überzeugte mit guter Aerodynamik, günstigen Verbräuchen und sehr ordentlichen Fahrleistungen, auch Komfort und Handling galten als absolut zeitgemäß. Nur die klapprige Verarbeitung rügten zeitgenössische Tester immer wieder. Was Opel weiterhin nicht anbot, war ein Caravan: Der Vectra A entstand ausschließlich als Stufen- und Schrägheckliмousine. Besonders reizvoll sind für Sammler seltene Varianten wie der Vectra V6 Exclusive oder der 204 PS starke Vectra Turbo 4x4. Den gemeinsam mit Steyer-Daimler-Puch entwickelten Allradantrieb bot Opel zwischen 1989 und 1994 auch für andere Motorisierungen als Ausstattungsoption an.

Bild: ©Opel Automobile

Preise	1	2	3	4	5
Vectra A 2,5i V6, L4t	k.N.	9.800	5.800	3.000	1.300
Vectra A 2000 4x4, L4t	k.N.	15.200	9.000	4.500	1.900
Vectra A Turbo 4x4, L4t	k.N.	19.400	12.600	6.500	2.900

Motor/Antrieb	
Bauart	Vierzylinder (Reihe), V6
Lage/Antrieb	Front/Front, 4x4
Hubraum in cm³	1398-2498
PS/min	57/4600 bis 204/5600
Vmax in km/h	152 bis 240
Karosserie	
Bauart	Limousine (4-/5-türig)
Tragstruktur	selbsttragend
Material	Stahlblech
Stückzahl und Marktsituation	
Produktionszahl	k.A.
Verfügbarkeit	sehr gut
Teilesituation	gut
Unterhaltskosten	niedrig

Einstieg in die kleine Klasse: der Opel Corsa

Das wurde nun auch Zeit: Opel, die zweite große Volksmarke in Deutschland, gönnte sich viele Jahre lang die Abwesenheit in der kleinen Klasse. Man hatte es schlicht versäumt, ein passendes Modell zu entwickeln, hatte Chancen und Notwendigkeiten falsch eingeschätzt. Volkswagen hatte den Polo bereits 1975 an den Start geschickt, Ford zog 1976 mit dem Fiesta nach. Die Rüsselsheimer traten dagegen mit ihrem Corsa erst 1982 an.

Das machte es für Opel allerdings auch ein Stück einfacher: Man hatte ja viel zu studieren. Formen, Motorisierungen, Marktakzeptanz beispielsweise. So wundert es nicht, dass der erste Corsa zwar nicht revolutionär, dafür aber recht durchdacht ausfiel. Opel bot ihn von Beginn an nicht nur in der Schrägheckausführung an, sondern auch in einer Stufenheck-Variante, die besonders in Südeuropa beliebter war als der kürzere Corsa ohne angesetzten Kofferraum. In Deutschland wiederum spielte die Kofferraum-Version des Corsa keine Rolle, und Opel stellte 1987 den Verkauf wieder ein.

Apropos Südeuropa: Opel ließ den neuen Kompakten zunächst in Spanien fertigen. Schon der Corsa A machte international Karriere: als Vauxhall Nova in Großbritannien, in Japan als Opel Vita. Auch die folgenden Modelle wurden auf verschiedenen Märkten von Südamerika bis Indien angeboten, teilweise unter den Markennamen Chevrolet, Buick oder Holden.

Bild: © Opel Automobile GmbH

Treffen der Generationen: Der aktuelle Opel Corsa F, Modelljahr 2019, und Corsa A aus dem Jahr 1983.

1993 folgte der Corsa B, 2000 der Corsa C, den 2006 der Corsa D und 2014 der Corsa E ablöste. Die aktuelle F-Generation rollt seit 2019 von den Fertigungsbändern im spanischen Saragossa. Parallel dazu gibt es mit dem Corsa-e erstmals auch eine Variante mit Elektromotor.

Opel Corsa (Serie A) 1982-1992

Opel und Kleinwagen? Bis 1982 war das undenkbar. Doch der einstige Marktführer der Mittel- und Oberklasse musste sich Anfang der 1980er Jahre neue Märkte erschließen. Mit dem Opel Corsa wollten die Rüsselsheimer im stark wachsenden Segment der Kleinwagen ein gehöriges Wort mitreden. Das war 1982 und der Plan ging auf: Technisch befand sich der Corsa auf einer Höhe mit der Konkurrenz, konnte aber in Stufen- wie Schrägheckausführung mit vergleichsweise großzügigen Innenraumabmessungen punkten. Die Motorenpalette begann mit dem antiquierten 45 PS starken 1,0-Liter-Motor, der schon den ehemaligen Opel Kadett B angetrieben hatte. Was kein Fehler war: Das Aggregat besaß zwar noch eine untenliegende Nockenwelle, gab sich aber überaus zuverlässig und bot dennoch ordentliches Temperament.

Bild: © Opel Automobile

Preise	1	2	3	4	5
Corsa A GSi, L3t	k.N.	9.000	4.600	2.100	k.N.
Corsa A 1.3i (Kat), L3t	k.N.	3.900	1.900	900	k.N.

Motor/Antrieb	
Bauart	Vierzylinder (Reihe)
Lage/Antrieb	Front/Front
Hubraum in cm³	993-1598
PS/min	45/5400 bis 100/5600
Vmax in km/h	141 bis 190
Karosserie	
Bauart	Lim (2-/4-türig), KombiLim (2-/4-türig)
Tragstruktur	selbsttragend
Material	Stahlblech
Stückzahl und Marktsituation	
Produktionszahl	3,1 Mio.
Verfügbarkeit	gut
Teilesituation	gut
Unterhaltskosten	mittel

Opel Corsa GSi 16V (Serie B) 1993-2000

Die schnellen Kleinen waren zu Beginn der 1990er Jahre überaus beliebt. Kein Wunder, dass Opel auch den Corsa B umgehend wieder in einer sportlichen Version auflegte: Sein Vierventilmotor erhielt einen Kopf, den Kooperationspartner Lotus entwickelt hatte und der dafür sorgte, dass der Fahrspaß erst ab rund 4000 Touren richtig losging. Als Manko galt jedoch das Getriebe, dem Opel kein Update hatte zukommen lassen: Es schaltete sich weder präzise, noch stimmten die Abstufungen zu den Anforderungen des Motors. Positiv dagegen zeigte sich die Lenkung, die ab Werk mit Servounterstützung ausgerüstet war und sehr direkt, fast übereifrig die Lenkbefehle umsetzte. In einem Vergleich mit dem Renault Clio RSi und dem Ford Fiesta 1.8 S, den *auto motor und sport* 1993 unternahm, fuhr der Corsa ganz nach vorn. Die Tester lobten den „drehfreudigen und sparsamen Motor", die „hervorragende Handlichkeit und eine zeitgemäße Sicherheitsausstattung". Größtes Manko: der mit 27.800 Mark höchste Preis des Trios.

Bild: © Opel Automobile

Preise	1	2	3	4	5
Corsa B GSi, L3t	k.N.	3.600	1.800	800	k.N.

Motor/Antrieb	
Bauart	Vierzylinder (Reihe)
Lage/Antrieb	Front/Front
Hubraum in cm³	1598
PS/min	109/6000
Vmax in km/h	190
Karosserie	
Bauart	Limousine (2-türig)
Tragstruktur	selbsttragend
Material	Stahlblech
Stückzahl und Marktsituation	
Produktionszahl	k.A.
Verfügbarkeit	ausreichend
Teilesituation	gut
Unterhaltskosten	mittel

Packard (USA) • 1899-1959

Diese Marke zählt zu den ältesten Amerikas, gleichzeitig genoss sie weltweit höchstes Ansehen als Hersteller von Luxusautos. Die Firma Packard war in Detroit beheimatet und brachte 1946 aktualisierte Vorkriegsmodelle auf den Markt. 1947 feierte man eine Million produzierter Packard-Wagen und hielt auch danach noch einige Jahre an längst überholten, seitengesteuerten Reihen-Achtzylindermotoren fest.

1954 schloss sich Packard mit Studebaker zusammen, die Luft war für kleine Hersteller dünn geworden. 1956 ging Studebaker-Packard an den Curtiss-Wright-Konzern über. Die neuen Besitzer rationalisierten mit Nachdruck: Der Packard Clipper von 1957 war in Wahrheit ein Studebaker, die großen Packard wurden eingestellt. 1959 erlosch der klangvolle Name.

Bild: © Tony Tiger

Ganz auf der Höhe der Zeit: 1929er Packard 640 Custom Eight mit einer Karosserie von Larkins.

Packard 200 1951-1952

Der klangvolle Name Packard sicherte den Verkaufserfolg nicht von allein, und die wirtschaftlichen Sorgen der Nobelmarke führten zu dem schlicht 200 getauften Sparmodell. Er wurde als zwei- und viertürige Limousine ausschließlich mit dem ältlichen Reihenachtzylindermotor angeboten. Das langsamdrehende Aggregat versprach neben höchster Laufkultur auch große Zuverlässigkeit, herausragende Spitzenleistungen blieben dem 4,7 Liter aber versagt. Die gefälligen Rundungen der auf einem Kastenrahmen ruhenden Pontonkarosserie zeigten an der Front den typisch reichhaltigen Chromschmuck. Mit mehr als 18.000 verkauften Wagen war der Packard 200 der letzte nennenswerte Verkaufserfolg der großen Marke.

Preise	1	2	3	4	5
200 Club, L2t	37.800	27.000	17.400	8.200	4.100
200, L4t	27.700	19.400	12.800	6.000	3.100

Motor/Antrieb	
Bauart	Achtzylinder (Reihe)
Lage/Antrieb	Front/Heck
Hubraum in cm³	4719
PS/min	139/3600
Vmax in km/h	145
Karosserie	
Bauart	Limousine (2-/4-türig)
Tragstruktur	Kastenrahmen
Material	Stahlblech
Stückzahl und Marktsituation	
Produktionszahl	18.082
Verfügbarkeit	schlecht
Teilesituation	schwierig
Unterhaltskosten	hoch

Packard Caribbean 1953-1956

Den Übergang vom Reihenmotor zu V-förmig angeordneten Zylindern machte das Modell Caribbean mit. Nachdem es 1953 noch mit dem alten Triebwerk auf den Markt kam, gab es das Topmodell der Marke ab 1955 schließlich auch mit dem leistungsstärkeren V-Motor. Das Edel-Cabriolet war damit immerhin bis zu 310 PS stark, doch die Konkurrenz verkaufte besser. Angesichts der nur knapp 2200 verkauften Fahrzeuge können sich heutige Besitzer aber ansehnlich hoher Preise erfreuen. Vergnüglich stimmt jedoch nicht nur diese Tatsache, sondern auch der sehr weit gefasste Ausstattungsluxus des dinosauriergroßen Dampfers mit der eindrucksvollen Chrommaske.

Preise	1	2	3	4	5
Caribbean (Ser. 1953-1954), Cab	92.000	64.000	46.000	21.000	k.N.
Caribbean V8 (Ser. 1955-1956), Cab	93.000	65.000	47.000	21.000	k.N.

Motor/Antrieb	
Bauart	Achtzylinder (Reihe), V8
Lage/Antrieb	Front/Heck
Hubraum in cm³	5358, 5883, 5773, 6096
PS/min	183/4000 bis 310/4600
Vmax in km/h	155 bis 190
Karosserie	
Bauart	Cabriolet, Hardtop
Tragstruktur	Kastenrahmen
Material	Stahlblech
Stückzahl und Marktsituation	
Produktionszahl	2189
Verfügbarkeit	gegen null
Teilesituation	sehr schwierig
Unterhaltskosten	hoch

Packard Hawk 1958

Die Ehe von Packard und Studebaker führte kurz vor dem Ende der Renommiermarke zu dem Modell Packard Hawk. Dem eigenwillig gestalteten Coupé wuchsen am Heck recht üppige Flossen, die Front dominierte der über die ganze Breite reichende, flache Grill. Die Gestaltung war vom Studebaker Golden Hawk bekannt, Raymond Loewy zeichnete dafür verantwortlich. Als Packard zeigte der auf einem Kastenrahmen basierende Wagen eine luxuriöse Ausstattung, die sich indes nur 588 Käufer leisteten. Der 4,7 Liter große V-Achtzylinder leistete in der Grundversion 210 PS, konnte aber als Kompressorversion auch 275 PS stark sein. Das sorgte für sehr ansehnliche Fahrleistungen, minderte aber die Lebensdauer.

Bild: © Archiv HEEL Verlag

Preise	1	2	3	4	5
Hawk, Cpe	92.000	64.000	40.000	18.000	9.000

Motor/Antrieb	
Bauart	V8
Lage/Antrieb	Front/Heck
Hubraum in cm³	4738
PS/min	210/4500 bis 275/4800
Vmax in km/h	175 bis 200
Karosserie	
Bauart	Hardtop
Tragstruktur	Kastenrahmen
Material	Stahlblech
Stückzahl und Marktsituation	
Produktionszahl	588
Verfügbarkeit	gegen null
Teilesituation	schwierig
Unterhaltskosten	hoch

Panhard (F) • 1889-1967

Bereits 1889 gab es die Marke Panhard, sie ist damit neben Peugeot die älteste der Welt. Panhard & Levassor bauten vor allem Luxusfahrzeuge und Rennwagen, die sehr erfolgreich waren und Maßstäbe setzten. Nach dem Zweiten Weltkrieg gab Panhard die Herstellung von Prestigemodellen zugunsten wirtschaftlicher Kleinwagen auf.

Konstrukteur und Frontantriebsspezialist J. A. Gregoire entwickelte die technische Basis des Panhard Dyna. Stromlinienförmige, windschlüpfige Karosserien, niedriges Gewicht und gute Bremsen waren seine Markenzeichen. Die Chassisgestaltung ermöglichte es vielen Spezialisten, eigene Karosserien auf Panhard-Fahrgestellen zu schaffen – wie z. B. Ghia-Aigle, Allemano, Callista, Drews und Wendler.

1955 hatte Citroën Teile des Panhard & Levassor-Kapitals übernommen, die Produktionskapazitäten waren geschätzt. Im Frühjahr 1965 übernahm Citroën die Marke Panhard komplett. 1967 lief die Produktion endgültig aus: Das Ende einer der legendärsten Automarken. Was blieb, war das Rüstungsgeschäft.

Panhard Dyna 110, 120, 120 Sprint, 120 Junior, Dyna 130 1946-1954

Das Flair des Besonderen umgab die Fahrzeuge des Automobilbau-Pioniers Panhard stets – das war auch beim ersten Nachkriegsmodell nicht anders. Der Dyna zeigte sich mit aufwändigen, luftgekühlten Zweizylinder-Viertaktboxermotoren, Frontantrieb und einem Leichtbaukonzept mit Aluminium-Karosserieteilen als anspruchsvolle und richtungweisende Konstruktion. Dank des niedrigen Gewichts reichten die kleinvolumigen Triebwerke für gute Fahrleistungen völlig aus. Die gute Wirtschaftlichkeit war der Nachkriegssituation bestens angepasst. Das eigenwillige Karosserie-Styling stand dem ungewöhnlichen Dyna nicht schlecht. Sein Rohrrahmenchassis war eine willkommene Basis für eine Vielfalt von Aufbauvarianten.

Bild: © Archiv HEEL Verlag

Preise	1	2	3	4	5
Dyna 120, L4t	28.300	17.400	9.400	5.000	3.400

Motor/Antrieb	
Bauart	Zweizylinder (Boxer)
Lage/Antrieb	Front/Front
Hubraum in cm³	610, 745, 850
PS/min	24/4000 bis 40/5000
Vmax in km/h	100 bis 130
Karosserie	
Bauart	Lim (4-türig), Kombi (3-türig), Cab
Tragstruktur	Rohrrahmen
Material	Stahlblech
Stückzahl und Marktsituation	
Produktionszahl	55.000
Verfügbarkeit	schlecht
Teilesituation	sehr schwierig
Unterhaltskosten	niedrig

Panhard 54, 55, 56, 57, 58 1954-1959

Konzeptionell unterschied sich der im Juni 1954 weiterentwickelte Dyna 54 kaum vom Vorgänger. Das eigenwillige, charaktervolle Design machte ihn zu einer gelungenen Erscheinung, der Wagen war halb ponton-, halb stromlinienförmig gezeichnet. Bei einem Gesamtgewicht von nur 640 Kilogramm reichten dem von 3,82 auf 4,50 Meter gewachsenen Wagen weiterhin die kleinen Zweizylinder-Viertakt-Boxer für ordentliche Fahrleistungen. Sie wurden in verschiedenen Leistungsstufen angeboten. Der 50 PS starke Tigre-Motor hatte wie die anderen nur 850 cm³, sparsam und flott waren alle. Die Namensgebung folgte dem Kalenderjahr. Das zweitürige Cabriolet blieb sehr rar und ist daher heute nur schwer zu finden.

Bild: © Archiv Michael Herbold

Preise	1	2	3	4	5
54, L4t	23.500	14.700	8.300	4.400	2.000

Motor/Antrieb	
Bauart	Zweizylinder (Boxer)
Lage/Antrieb	Front/Front
Hubraum in cm³	850
PS/min	35/5000 bis 50/6300
Vmax in km/h	110 bis 145
Karosserie	
Bauart	Limousine (4-türig), Cabriolet
Tragstruktur	Plattformrahmen
Material	Stahlblech
Stückzahl und Marktsituation	
Produktionszahl	k.A.
Verfügbarkeit	gegen null
Teilesituation	schwierig
Unterhaltskosten	mitte

Panhard PL 17, PL 17 B, PL 17 Tigre 1959-1964

Mit leichten Retuschen an Front und Heck profitierte der PL 17 gegenüber dem Dyna auch von den 1957 eingeführten federnden Stoßdämpfern und einem Kühlgebläse sowie ab 1958 besserer Geräuschdämpfung. Auch der Innenraum des PL 17 war größer, doch Kostenersparnis und Rationalisierungsdruck des Mutterhauses Citroën machten sich immer stärker bemerkbar. Panhard verlor an Profil, der Zweizylindermotor schien nicht mehr zeitgemäß. Dennoch hat dieses Modell bis heute eine erstaunlich starke Ausstrahlung, nicht zuletzt aufgrund des potenten Tigre-Motors. Ab 1960 waren die vorderen Türen vorn angeschlagen, das Cabriolet kam jetzt auch offiziell ins Angebot. 1963 erschien noch ein PL 17 unter der Marke Panauto als fünftüriger Kombi auf dem Markt.

Bild: © Archiv HEEL Verlag

Preise	1	2	3	4	5
PL 17, L4t	17.800	10.700	7.200	4.400	2.000
PL 17 B, L4t	17.600	10.400	6.900	4.300	1.900

Motor/Antrieb	
Bauart	Zweizylinder (Boxer)
Lage/Antrieb	Front/Front
Hubraum in cm³	850
PS/min	42/5300 bis 50/6300
Vmax in km/h	130 bis 150
Karosserie	
Bauart	Limousine (4-türig), Cabriolet
Tragstruktur	Plattformrahmen
Material	Stahlblech
Stückzahl und Marktsituation	
Produktionszahl	k.A.
Verfügbarkeit	schlecht
Teilesituation	schwierig
Unterhaltskosten	mittel

Panhard 24 C, CT, B, BT 1963-1967

Mit den 1963 eingeführten Modellen 24 C und CT verblasste das Licht der französischen Traditionsmarke. Gegen die vierzylindrige Konkurrenz halfen auch einige optische Retuschen an Front und Heck nicht mehr, obwohl sie den Wagen sehr modern und elegant aussehen ließen. Der 24 C war ein viersitziges Coupé, der CT galt als 2+2-Sitzer. Beide hatten einen wie beim PL 17 halbselbsttragenden Aufbau, der mit einer kräftigen Stahlträgerstruktur gestützt wurde. 1964 kamen zusätzlich die Modelle B und BT mit auf 2,55 Meter verlängertem Radstand auf den Markt, die Außenlänge wuchs von 4,26 auf 4,49 Meter. 1965 ersetzte der 24 BA den Panhard 17. Der Rost hat diese interessanten Fahrzeuge ebenso wie die meisten 17er unwiederbringbar dahingerafft, selbst in Frankreich sind sie inzwischen selten.

Bild: © Dieter Rebmann

Preise	1	2	3	4	5
24 CT, Cpe	28.900	17.700	10.200	5.300	2.500
24 BT, Cpe	24.700	15.400	9.100	5.000	2.200

Motor/Antrieb	
Bauart	Zweizylinder (Boxer)
Lage/Antrieb	Front/Front
Hubraum in cm³	848
PS/min	42/5250 bis 50/5750
Vmax in km/h	130 bis 160
Karosserie	
Bauart	Limousine (2-türig), Coupé
Tragstruktur	Plattformrahmen
Material	Stahlblech
Stückzahl und Marktsituation	
Produktionszahl	ca. 27.000
Verfügbarkeit	schlecht
Teilesituation	schwierig
Unterhaltskosten	mittel

Panhard CD GT, CD Rallye 1963-1965

Furios, was Panhard am Ende seiner Unabhängigkeit noch auf die Beine stellte. Das Kürzel CD stand für Charles Deutsch, ein französischer Rennfahrer, Aerodynamiker und Konstrukteur, der von 1938 bis 1961 gemeinsam mit René Bonnet die Marke Automobilies D.B. (auch: Deutsch & Bonnet) betrieb und anschließend eng mit Panhard kooperierte. Mit 850 cm³ großen, luftgekühlten Zweizylinder-Boxermotoren, die aus dem Panhard PL 17 Tigre stammten, einem Zentralrohrrahmen und einer aerodynamisch ausgeklügelten GFK-Karosserie, die besonders am Heck an den Bertone-Entwurf des Alfa Romeo Giulietta Sprint Speciale erinnerte, sorgte der CD für Aufsehen. Ein Prototyp sicherte sich den Klassensieg bei den 24 Stunden von Le Mans 1962, in den Verkauf kam der Panhard CD dann ab 1963. Bis 1965 gingen 122 Panhard CD GT an Kunden, zudem 57 Panhard CD Rallye. Trotz ihrer lediglich 50 PS erreichten die GT-Varianten rund 165 km/h, die Rallye-Versionen mit ihren 60 PS und einer längeren Übersetzung sogar 180 km/h.

Bild: © Archiv HEEL Verlag

Preise	1	2	3	4	5
CD, Cpe	109.000	79.000	55.000	29.000	15.000

Motor/Antrieb	
Bauart	Zweizylinder (Boxer)
Lage/Antrieb	Front/Front
Hubraum in cm³	848
PS/min	60/5800
Vmax in km/h	180
Karosserie	
Bauart	Coupé
Tragstruktur	Plattformrahmen
Material	Stahlblech
Stückzahl und Marktsituation	
Produktionszahl	k.A.
Verfügbarkeit	sehr schwieig
Teilesituation	schwierig
Unterhaltskosten	mittel

P

Panther (GB) • 1971-1994

Die Modelle der englischen Marke Panther sind die Realisation des persönlichen Autotraums eines vermögenden Briten. Robert „Bob" Jankel, Ingenieur und Motorsport-Fan, hatte mit Mode Geld gemacht. 1972 gründete er die Panther Westwind Ltd. in Walton-on-Thames (Surrey) und präsentiert noch im gleichen Jahr den Panther J 72: Das Konzept, klassische Jaguar-Formen mit moderner Technik zu verbinden, erwies sich als tragfähig und erfolgreich. Handarbeit war bei den geringen Stückzahlen selbstverständlich. Insgesamt sollen 13 verschiedene Modelle gebaut worden sein, die allerdings nicht alle Serienreife erlangten.

Finanzielle Probleme machten 1980 einen Verkauf der Firma nötig. Die Jindo-Group, ein koreanischer Konzern, produzierte Rohkarossen und Fahrgestelle in Asien weiter, die Qualität der Panther stieg dabei merklich – eine britische, spleenige Idee, standfeste Technik und asiatische Fertigungstechnik verbanden sich zu einem durchaus guten Ergebnis.

Die Ssangyong Motor Company, die Panther schließlich von der Jindo-Group übernommen hatte, besaß allerdings kein großes Interesse am Kallista, dem zuletzt und am häufigsten gefertigten Modell. 1994 wurde die Produktion eingestellt. Vier Jahre später kaufte Robert Jankel die Markenrechte zurück, von einem Relaunch des Kallista wurde jedoch nichts bekannt. Im Mai 2005 starb Robert Jankel im Alter von 67 Jahren.

Panther J 72 — 1972-1980

Sie sehen aus wie Vorkriegsklassiker – aber nur auf den ersten Blick. Bei genauerer Betrachtung sind moderne Elemente sichtbar. Als Youngtimer gehen die Nachempfindungen des Jaguar SS 100 inzwischen durch. Der Panther J 72 hat tatsächlich etwas von einem Jaguar – den 4,2-Liter-Sechszylinder-Motor aus dem XJ. Die klassisch anmutende Karosserie wurde aus Aluminium gefertigt. Obwohl die Form nicht eigenständig ist, kombiniert der J 72 eine hochwertige und handwerkliche Bauweise. Zwölf Exemplare des J 72 erhielten den 5,3-Liter-V12 von Jaguar, die ersten 25 produzierten J 72 besaßen den klassischen 3,8-Liter-Motor. Inzwischen sind die ersten J 72 mit H-Kennzeichen unterwegs – ganz zu Recht. Denn schließlich kam Bob Jankel die Idee der klassischen Hülle um moderne Technik bereits Ende der 1960er Jahre.

Preise	1	2	3	4	5
J 72 (Sechszylinder), Rds	43.100	30.400	17.700	12.100	4.800

Motor/Antrieb	
Bauart	Sechszylinder (Reihe), V12
Lage/Antrieb	Front/Heck
Hubraum in cm³	4235, 5343
PS/min	186/5100 bis 270/5750
Vmax in km/h	190 bis 220
Karosserie	
Bauart	Roadster
Tragstruktur	Kastenrahmen
Material	Aluminium
Stückzahl und Marktsituation	
Produktionszahl	368
Verfügbarkeit	schlecht
Teilesituation	ausreichend
Unterhaltskosten	hoch

Panther De Ville — 1974-1980

Panthers größter Entwurf war der De Ville, der dem Stil schwerer Repräsentationslimousinen aus dem Amerika der 1930er Jahre folgte. Details wie die Kühlermaske in Hufeisenform zeigten dagegen Ähnlichkeiten mit den damaligen Kreationen Ettore Bugattis. Unter der langgezogenen Haube des De Ville waltete ausnahmslos Jaguar-Technik, bevorzugt kam die V12-Maschine zum Einsatz. Von der geschlossenen Variante, dem De Ville Saloon, sind nur 46 Exemplare entstanden, dazu kamen elf Convertible, ein Coupé und ein Sechstürer. Die meisten großen Panther fanden Kunden in den USA, aber auch in den Golf-Staaten und im heimischen England befindet sich heute so mancher De Ville in – oft prominenter – Liebhaberhand. Die üppigen Preise beweisen, wie hoch Skurrilität im Kurs stehen kann.

Preise	1	2	3	4	5
De Ville, L4t	46.100	32.400	19.000	12.800	5.200

Bild: © Bodo Möhrke

Motor/Antrieb	
Bauart	V 12
Lage/Antrieb	Front/Heck
Hubraum in cm³	5343
PS/min	272/5850 bis 299/5500
Vmax in km/h	ca. 200 bis 220
Karosserie	
Bauart	Lim (4-/6-türig), Coupé, Cabriolet
Tragstruktur	selbsttragend
Material	Stahlblech
Stückzahl und Marktsituation	
Produktionszahl	59
Verfügbarkeit	gegen null
Teilesituation	ausreichend
Unterhaltskosten	hoch

Panther Lima — 1974-1980

In populäreren Preis- und Leistungsregionen war auch der Lima ein ansehnlicher Erfolg. Firmenboss Jankel ließ sich auch bei der Formgebung dieses Modells von klassischen Linien inspirieren und verwendete preiswerte Technik – der 2,3 Liter große Vierzylinder stammte beispielsweise von Bedford. Schade, dass er ausgerechnet zu Vauxhall griff, die damals noch Eigenständiges bauten: Heute ist die Ersatzteilversorgung schwierig geworden. Der Markterfolg gab Jankel und seiner Konstruktion recht. Unter den größeren Stückzahlen litt jedoch die Verarbeitungsqualität zunehmend, was aber angesichts relativ günstiger Preise akzeptiert wurde.

Preise	1	2	3	4	5
Lima; Cab	24.400	14.300	8.200	4.200	1.300

Motor/Antrieb	
Bauart	Vierzylinder (Reihe)
Lage/Antrieb	Front/Heck
Hubraum in cm³	2279
PS/min	110/5000
Vmax in km/h	170
Karosserie	
Bauart	Roadster
Tragstruktur	Kastenrahmen
Material	Kunststoff
Stückzahl und Marktsituation	
Produktionszahl	897
Verfügbarkeit	gegen null
Teilesituation	ausreichend
Unterhaltskosten	mittel

Panther Kallista — 1982-1992

Mit modifizierter Aluminium-Karosserie, die in Südkorea gefertigt wurde, einem neuen Interieur und Ford-Motoren ging der Nachfolger des Lima an den Start. Die Verarbeitungsqualität konnte beim Kallista wieder gesteigert werden, zur Wahl standen Triebwerke mit vier und sechs Zylindern, die zwischen 1,6 und 2,9 Litern Hubraum aufwiesen. 333 Kallista fanden über den hiesigen Generalimporteur den Weg nach Deutschland – sie werden zu recht moderaten Preisen gehandelt und können als Tipp für die Zukunft gelten.

Preise	1	2	3	4	5
Kallista (Vierzylinder), Cab	21.600	14.400	9.500	3.700	1.400
Kallista (V6), Cab	30.700	20.500	13.500	5.300	2.000

Bild: © Dieter Rebmann

Motor/Antrieb	
Bauart	Vierzylinder (Reihe), V6
Lage/Antrieb	Front/Heck
Hubraum in cm³	1598, 2792
PS/min	96/6000, 150/5200
Vmax in km/h	169 bis 195
Karosserie	
Bauart	Roadster
Tragstruktur	Kastenrahmen
Material	Aluminium
Stückzahl und Marktsituation	
Produktionszahl	k.A.
Verfügbarkeit	ausreichend
Teilesituation	gut
Unterhaltskosten	mittel

Peel (GB) • Automobilbau 1955-1966, ab 2008

Diese Geschichte ist so skurril, dass sie tatsächlich nur im Vereinigten Königreich spielen kann. In Kürze: Ausgerechnet in einem verträumten Fischerdorf auf der nicht minder verträumten Isle of Man (die nur während der legendären Motorradrennen heftig von Besuchern geflutet wird), überlegte sich ein gewisser Cyril Cannell zu Beginn der 1950er Jahre, wie denn in großen Städten die Probleme individueller Mobilität künftig zu lösen sein könnten. Praktische Erfahrungen mit Staus, schlechter Luft oder zu engen Straßen begegneten ihm jedenfalls in der Praxis nicht – auf der Isle of Man erledigte den täglichen Verkehr ein Morris Minor ebenso entspannt wie ein Land Rover für etwas abwegiger gelegene Ziele. Doch Cannell war ein vorausblickender Mann, ein Unternehmer war er zudem – er fertigte mit seiner Peel Engineering Company Teile aus Kunststoff für Motorräder und Automobile.

Gemeinsam mit seinem Geschäftspartner George Henry Kissack startete das Unternehmen in Peel tatsächlich eine Automobilproduktion – und zwar die des kleinsten in Serie hergestellten Autos der Welt. Nach einem ersten Prototyp stiegen sie 1962 in die Serienproduktion des Peel P50 ein, der letztlich nicht viel mehr war als ein Stuhl mit Hülle und Rädern darunter, den ein DKW-Kleinstmotor bedächtig vorwärts schob.

Drei Jahre später legte Peel einen nicht weniger skurrilen Zweisitzer nach, den Trident. Zu einem Erfolg wurden die beiden rudimentären Mobile nicht, auch nicht der 1966 in einer Kleinstserie gefertigte Viking Sport, bestehend aus einer GFK-Karosserie, die Peel auf Mini-Unterbauten montierte.

Offiziell lösten die Witwen der beiden Peel-Unternehmer die Firma Ende 1974 auf. Doch als Ikonen blieben die kleinen Mobile in Erinnerung, und das führte 2008 zu einer Wiederbelebung in der Nähe von London: Dort begann eine Peel Engineering, die

Bild: © Peel

den Namen übernommen hatte, den Bau eines nur leicht veränderten Peel P50, der wahlweise nun auch mit Elektroantrieb zu haben war. Inzwischen baut eine Firma namens P50 Cars den P50, als Variante sogar in einer limitierten Spyder-Edition. Auch der Trident ist wieder bestellbar.

Peel P50 — 1962-1965

Für einen Erwachsenen und eine Einkaufstasche war der Peel P50 ausgelegt. Da braucht es nicht viel: Die Karosserie maß nur 1,37 Meter in der Länge, 99 Zentimeter war sie breit. Mit weniger als 60 Kilogramm Leergewicht dürfte das Auto oft leichter gewesen sein als viele seiner Fahrer – ebenso ein Rekord wie die Tatsache, dass der Peel P50 als kleinstes je in Serie produziertes Automobil gilt. Als Antrieb diente ein gebläsegekühlter DKW-Zweitakter mit 50 cm³, der keuchend knapp über drei PS abzugeben bereit war, sowie ein Dreiganggetriebe. Das Fahrverhalten des P50 muss unterhaltsam bis kriminell sein, berichten tapfere Piloten wie Journalist Jeremy Clarkson, der in einer legendären Top-Gear-Episode sich erst (mit 1,96 Meter) in den P50 faltete, um mit diesem dann durch das BBC-Gebäude zu fahren, bis er sein Meeting erreichte. Schrill wie alles am P50 sind auch die Preise: 176.000 Dollar bezahlte ein Sammler 2016 bei einer RM Sotheby's-Auktion im amerikanischen Amelia Island.

Bild: © Grey Keysar Courtesy of RM Sotheby's

Preise	1	2	3	4	5
Peel P50, Klw	90.000	55.000	40.000	25.000	k.N.

Motor/Antrieb	
Bauart	Einzylinder
Lage/Antrieb	Heck/Heck
Hubraum in cm³	49
PS/min	3,5/4950
Vmax in km/h	ca. 45
Karosserie	
Bauart	Coupé
Tragstruktur	Monocoque
Material	Kunststoff
Stückzahl und Marktsituation	
Produktionszahl	ca. 47
Verfügbarkeit	schlecht
Teilesituation	schlecht
Unterhaltskosten	mittel

Peel Trident — 1965-1966

Mit dem Trident bot das kleine Unternehmen von der Isle of Man ein zweites Gefährt an, das noch skurriler ausfiel: Es sah aus, als hätten es Ufos von fernen Planeten als Tender mitgebracht – das Design erinnert noch heute an die futuristischen Weltraumfantasien jener Jahre. Tatsächlich war der Trident jedoch nicht für grüne Männchen, sondern für den normalen Straßenverkehr erdacht und zugelassen, und sein Hauptunterschied zum P50 war, dass in ihm zwei Menschen sitzen konnten, zumindest, wenn sie sehr eng zusammenrücken und gerne gemeinsam schwitzen wollten – unter der Plastikkuppel kann es brüllend heiß werden. Zum Einstieg klappt die obere Hälfte des Autos nach vorne. Auch den Trident treibt ein 50 cm³ großer DKW-Zweitakter an. Als Erfolg konnte Peel auch diese zweite Auflage der Mini-Auto-Idee nicht verbuchen: Es sollen nur 86 Exemplare gebaut worden sein. Günstiger als sein Vorgänger ist er zwar, dennoch: RM Sotheby's erzielte 2019 für einen Trident in Monterey 67.200 Dollar.

Bild: © Tim Scott Courtesy of RM Sotheby's

Preise	1	2	3	4	5
Peel Trident, Klw	75.000	46.000	30.000	20.000	k.N.

Motor/Antrieb	
Bauart	Einzylinder
Lage/Antrieb	Heck/Heck
Hubraum in cm³	49
PS/min	3,5/4950
Vmax in km/h	ca. 45
Karosserie	
Bauart	Coupé
Tragstruktur	Monocoque
Material	Kunststoff
Stückzahl und Marktsituation	
Produktionszahl	ca. 86
Verfügbarkeit	schlecht
Teilesituation	schlecht
Unterhaltskosten	mittel

Peerless (GB) • 1957-1960

Viel Erfolg war der Peerless Motors Ltd. mit Sitz im englischen Slough (Buckinghamshire) nicht vergönnt. 1957 nutzte man den Trend, günstige GT-Coupés mit individuellen Kunststoff-Karosserien auf bekannter Technik aufzubauen. In diesem Fall zeichnete der Rennmechaniker Bernie Rodger für die Konstruktion verantwortlich. Zudem standen zwei Rennfahrer hinter dem Projekt, John Gordon und James Byrnes.

Der Peerless-Prototyp war noch aus Aluminiumblech gedengelt, das Serienmodell entstand später mit einer Kunststoff-Karosserie. Die Technik stammte vom Triumph TR3.

Doch bei der Umsetzung des Peerless (zu deutsch: unvergleichlich) ging einiges schief. Zum einen geriet der Wagen so teuer wie eine ausgewachsene Jaguar-Limousine, zum anderen konnte die Fertigungsqualität selbst tolerante Kunden nicht überzeugen. Die großen Hoffnungen, einige tausend Exemplare pro Jahr verkaufen zu können, verpufften somit schnell. Nach nur 325 gefertigten Peerless GT war 1960 Schluss. Unter dem Namen Warwick gelang nur eine kurze Wiederbelebung des Projekts.

Nicht verwechselt werden sollte die englische Marke Peerless mit ihrem amerikanischen Namensvetter.

Peerless GT 1957-1960

Ambitioniert zeigte sich das Konzept dieses Sportcoupés: Dem Zeitgeschmack entsprachen die kleinen Heckflossen der leichten Kunststoff-Karosserie, unter der sich feine Technik verbarg. Der Gitterrohrrahmen, eine DeDion-Hinterachse und die Motor-/ Getriebeeinheit samt Vorderachse und Bremsanlage vom Triumph TR 3 garantierten ein gelungenes Gesamtpaket. Es gab einen respektabel abgeschlossenen Le-Mans-Start im Jahr 1958, doch aus der Planung, 20 bis 25 Wagen pro Woche zu bauen, wurde mangels Nachfrage nichts. Und finanzielle Engpässe verhinderten – wie bei so vielen britischen Kleinstmarken – die Weiterentwicklung – schade drum.

Bild: © Jürgen Schlegelmilch

Preise	1	2	3	4	5
2 Litre GT, Cpe	36.700	26.100	13.600	6.800	2.900

Motor/Antrieb	
Bauart	Vierzylinder (Reihe)
Lage/Antrieb	Front/Heck
Hubraum in cm^3	2138
PS/min	100/5000
Vmax in km/h	170
Karosserie	
Bauart	Coupé
Tragstruktur	Kastenrahmen
Material	Kunststoff
Stückzahl und Marktsituation	
Produktionszahl	325
Verfügbarkeit	gegen null
Teilesituation	ausreichend
Unterhaltskosten	mittel

Pegaso (E) • 1951-1958

Die Geschichte der Marke Pegaso geht auf den legendären Hersteller Hispano-Suiza zurück. 1946 hatte die staatseigene E.N.A.S.A. (Empresa Nacional de Autocamiones SA) dessen Werk in Barcelona übernommen, um dort Diesel-Omnibusse und -Lastwagen herzustellen. Als Markenname wählte man den Pegasus, das geflügelte Pferd der griechischen Mythologie.

Man suchte eine clevere Idee, um der neuen Marke zu Renommee zu verhelfen. So entstand der Pegaso Z-102, der 1951 auf dem Pariser Salon gezeigt wurde. Ein bemerkenswert ambitioniertes Automobil, das sich umgehend einen Platz in den Herzen der Sportwagenfans sicherte – keine einfache Aufgabe für einen Neuling.

Hinter dem Pegaso-Sportwagen-Projekt stand der Ingenieur Wilfredo Ricart, der früher in Diensten von Alfa Romeo gewesen war. Technische Leckerbissen bis hin zu aufgeladenen V8-Motoren mit vier obenliegenden Nockenwellen sorgten für Furore. Seine Entwürfe positionierte Ricart gegen die Produkte Enzo Ferraris, seines einstigen Widersachers bei Alfa Romeo.

1955 folgte mit dem Z-103 ein zweites Modell, das ebenfalls über V8-Motoren verfügte. Viele namhafte Karossiers kleideten Pegaso-Fahrzeuge ein, eine Art Standard-Modell stammte aus der Feder von Touring Superleggera. 1958 lief die Sportwagenproduktion der Spanier nach einem Veto des Diktators Franco aus. Erstaunlich, dass die insgesamt nur rund 86 gebauten Fahrzeuge den Namen Pegaso bis heute so populär gehalten haben.

Pegaso Z 102 1951-1956

Kleinvolumige V8-Motoren aus Aluminium mit zwei obenliegenden Nockenwellen pro Zylinderbank beflügelten das spanische Renommierprojekt Pegaso, in dessen Markenemblem sich ein geflügeltes Pferd fand. Parallelen zu italienischen Spitzensportlern sind nicht rein zufällig zu sehen, doch der Zuspruch zu diesem ambitionierten, die Belegschaft des Lastwagenherstellers motivierenden Fahrzeug blieb weit hinter den Erwartungen zurück. Dabei hatte man keinen Aufwand gescheut, um potenziellen Kunden den Sportwagen schmackhaft zu machen – so gab es neben der exquisiten Technik verschiedene Karosserien aus Aluminium. Als schnellster Straßensportwagen der Welt durfte sich lange Zeit die mit zwei Roots-Kompressoren auf 360 PS gebrachte Spitzenversion des Pegaso Z 102 bezeichnen.

Preise	1	2	3	4	5
Z 102; Cpe	880.000	620.000	460.000	k.N.	k.N.

Motor/Antrieb	
Bauart	V8
Lage/Antrieb	Front/Heck
Hubraum in cm^3	2472, 2810, 3178
PS/min	160/6800 bis 360/6600
Vmax in km/h	200 bis 250
Karosserie	
Bauart	Coupé, Cabriolet, Sonderkarosserie
Tragstruktur	Plattformrahmen
Material	Aluminium
Stückzahl und Marktsituation	
Produktionszahl	k.A.
Verfügbarkeit	gegen null
Teilesituation	ausreichend
Unterhaltskosten	mittel

Pegaso Z 103 1955-1958

Mit mehr Hubraum und nur noch bis zu 300 PS versuchte der Z 103 von Pegaso, eine erfolgreichere Rolle im Sportwagensegment zu spielen. Doch auch das 1955 vorgestellte und auf mehr Alltagstauglichkeit ausgelegte Produkt konnte nicht überzeugen. Die Verarbeitungsqualität des in winzigen Stückzahlen gefertigten Modells stand in keinem guten Verhältnis zum Verkaufspreis. Die Achtzylinder-V-Motoren zeigten hier einen deutlich geringeren Bauaufwand, mit ohv-Technik anstelle obenliegender Nockenwellen waren sie kultivierter und leiser. 1958 endete die Bauzeit des als Cabriolet und Coupé angebotenen Spaniers sang- und klanglos.

Bild: © Dieter Rebmann

Preise	1	2	3	4	5
Z 103; Cpe	770.000	540.000	360.000	k.N.	k.N.

Motor/Antrieb	
Bauart	V8
Lage/Antrieb	Front/Heck
Hubraum in cm^3	3988, 4450, 4681
PS/min	230/6000 bis 300/5500
Vmax in km/h	220 bis 250
Karosserie	
Bauart	Coupé, Cabriolet, Sonderkarosserie
Tragstruktur	Plattformrahmen
Material	Aluminium
Stückzahl und Marktsituation	
Produktionszahl	k.A.
Verfügbarkeit	gegen null
Teilesituation	sehr schwierig
Unterhaltskosten	hoch

P

Peugeot (F) • seit 1889

Peugeot gilt heute als die älteste noch existierende Automarke der Welt. Als Unternehmer war die Familie Peugeot indes schon Jahrzehnte aktiv, bevor sie das erste Auto anbot. Ab 1810 fertigte die Marke mit dem Löwen – seit 1850 geschützt! – Sägeblätter, und 1885 kamen Fahrräder hinzu.

Das erste Peugeot-Fahrzeug, ein dreirädriger Dampfwagen, hatte die Firma schon 1889 auf der Pariser Messe vorgestellt. Die Antriebsform erwies sich als ungeeignet, und Armand Peugeot sah sich nach passenderer Technik um – er fand sie in dem von Gottlieb Daimler produzierten und von Panhard & Levassor verkauften Verbrennungsmotor.

Schon ein Jahr später hatte Peugeot die nächste Entwicklungsstufe erreicht – einen Benzinmotor im Heck, der Rahmen, analog zum Fahrradbau, aus Stahlrohr gefertigt. Die Experimente liefen weiter, durchaus erfolgreich. Während 1912 Peugeot mit dem kleinen Bébé, einer Bugatti-Konstruktion, einen ersten Verkaufsschlager erzielte, feierten Peugeot-Rennwagen mit zwei obenliegenden Nockenwellen große Erfolge beim Grand Prix von Frankreich und selbst bei den 500 Meilen von Indianapolis.

Er initiierte die französische Automobilproduktion: Armand Peugeot (1849-1915).

Bild: © Peugeot

Der gute Ruf der Marke reichte bis Deutschland: Peugeot, so hieß es, sei der französische Mercedes-Benz. Dank ihrer Erfolge konnte die Marke auf Expansionskurs gehen: Peugeot schluckte Bellanger und de Dion-Bouton, später auch Chenard-Walcker und Hotchkiss.

Nach dem Zweiten Weltkrieg lagen die Peugeot-Fabriken in Schutt und Asche. Mit dem Vorkriegstyp 202 konnten die Franzosen die Serienfertigung langsam wieder aufnehmen. 1948 stellte Peugeot den komplett neuen 203 vor, der bis 1960 produziert wurde.

1967 vereinbarte Peugeot eine technische Zusammenarbeit mit Renault. Das Ergebnis war der Euro-Motor, der zusammen mit Volvo entstand. Das Unternehmen verleibte sich 1976 den Konkurrenten Citroën ein, ohne jedoch die Marke aufzugeben.

1969 galt Peugeot als der zweitgrößte Automobilhersteller Frankreichs, nach dem Kauf der europäischen Chrysler-Filialen war Peugeot ab 1978 sogar größter Auto-Konzern Europas. Aus Chrysler entstand Talbot, doch die aufwändig wiederbelebte Marke blieb ohne Fortune: Bereits 1983 wurde die Verbindung mit Chrysler wieder gelöst. 1980 übernahm Peugeot die Talbot-Organisation, um sie 1984 wieder auszugliedern.

Neben diesen Expansionsbestrebungen baute Peugeot unter eigenem Namen erfolgreich Automobile. Zu Dauerläufern entwickelten sich in den 1970er Jahren der 504, während der 205 die 1980er Jahre prägte.

In Deutschland ging der Marktanteil kontinuierlich zurück. 2003 lag er noch bei 3,8 Prozent, zehn Jahre später nur noch bei knapp über zwei Prozent.

Die typische dreiziffrige Peugeot-Modellbezeichnung setzt Peugeot ab 2014 noch konsequenter um. Dabei bleibt die erste Ziffer als Hinweis auf das Segment und kennzeichnet somit die Größe des Modells. Die mittlere Ziffer Null bleibt als patentiertes Markenzeichen bestehen, bis auf die SUV- und Van-Modelle, die ihre Doppel-Null behalten. Die Endziffern benannten bisher die Generation (207 folgte auf 206 die wiederum auf 205 folgte). Künftig werden diese Endziffern jedoch auf die Ziffer Acht eingefroren.

Steter Wandel, nur der Löwe blieb: Peugeot-Markenzeichen.

Strategisch schmiedete der Konzern neue Allianzen. Von 2012 bis 2013 war General Motors beteiligt, und ebenfalls 2012 begann die seit 1976 unter dem Namen PSA Peugeot Citroën firmierende Dachorganisation mit Toyota zu kooperieren, ebenso bestehen Allianzen mit BMW, Ford und Mitsubishi. Der chinesische Dongfeng-Konzern investierte ab 2014 in den nun in PSA Groupe umbenannten Konzern, der selbst 2017 Opel und Vauxhall kaufte. Im Herbst 2019 folgte der Zusammenschluss mit Fiat Chrysler Automobiles (FCA). Heute ist Peugeot eine Marke des niederländischen Konsortiums Stellantis.

Der Peugeot für die Familie: vom 402 bis zum 405

Wer Peugeot primär als Massenhersteller kompakter Kleinwagen versteht, überblättert ein großes Kapitel der Firmengeschichte. In kaum einem Modellsegment war die französische Traditionsmarke einst so bedeutend wie in der Mittelklasse. Oft elegant gezeichnete Limousinen fuhren von den frühen 1930er- bis in die 1970er Jahre den Löwenanteil des Geschäftserfolgs ein.

Dabei waren die Peugeot-Modelle nicht durchweg konservativ. So schien der 202 einst gar progressiver als Citroën-Modelle, und der 403 verriet mit seiner Pontonform viel Gespür für einen zeitgemäßen Auftritt. Gleiches galt für den 404 mit seinen kecken Heckflossen à la mode. Keine der großen Peugeot-Limousinen musste während der ersten Nachkriegsjahrzehnte den Vergleich mit den etablierten Konkurrenten scheuen: Ein Peugeot war, so sprach und schrieb man hierzulande, der französische Mercedes.

Die Kunden griffen reichlich zu. Ab 1968 rollte mit dem 504 ein neues Modell vom Band, das in den kommenden Jahren zur erfolgreichsten aller Peugeot-Limousinen werden sollte. Mit mehr als 3,3 Millionen gebauten Exemplaren blieb der 504 über Jahre ein Bestseller.

Mit ihm endete jedoch die Dominanz der Limousinen im Peugeot-Modellprogramm. Die 1980er Jahre jedenfalls eroberte sich ein kompaktes Modell mit der Ziffer 205. Hinter dessen Erfolg verblasste der etwas farblos geratene 505, der sich mit der Nachfolge des 504 deutlich schwerer tat als erhofft.

Peugeot 402 — 1935-1943

Peugeot überraschte 1935 mit dem Design des neuen Modells 402: Die modische Stromlinie diktierte die Form, die besonders durch die hinter dem Kühlergrill platzierten Scheinwerfer unverwechselbar wurde. Diese Avantgarde stieß bei den Kunden auf Gegenliebe – der 402 geriet für Peugeot zum Erfolg. Erstaunlich modern zeigten sich auch einige Detaillösungen des Mittelklassemodells: So gönnte Peugeot dem in großer Karosserievielfalt gebauten 402 bereits ein Zwölf-Volt-System, als Option gab es ein elektromagnetisches Vorwählgetriebe mit drei Gängen. Als Motorisierung diente ein 2,0-Liter-Vierzylinder, der ab 1938 auf 2,15 Liter vergrößert wurde. Der geplante Diesel wurde durch den Kriegsausbruch verhindert.

Preise	1	2	3	4	5
402, L4t	29.300	17.000	11.400	5.800	2.800

Bild: © Peugeot

Motor/Antrieb	
Bauart	Vierzylinder (Reihe)
Lage/Antrieb	Front/Heck
Hubraum in cm^3	1991, 2142
PS/min	55/4000
Vmax in km/h	90 bis 120
Karosserie	
Bauart	Lim. (2-/4-türig), Coupé, Cabriolet, Rdst.
Tragstruktur	Kastenrahmen
Material	Stahlblech
Stückzahl und Marktsituation	
Produktionszahl	rund 75.000
Verfügbarkeit	schlecht
Teilesituation	schwierig
Unterhaltskosten	mittel

Peugeot 403 — 1956-1967

Peugeots Mittelklassemodell war ab 1955 unter der Nummer 403 zu erreichen. Keine Revolution, monierte die französische Presse – und tatsächlich: Fahrwerk und der auf 1,5 Liter Hubraum vergrößerte Motor stammten vom Vorgänger 203, lediglich die elegante Verpackung war neu. Das unaufgeregte, glattflächige Ponton-Kleid zeigte die Handschrift des Meisters Pininfarina. Dafür gab sich der 403 als solider und zuverlässiger Kamerad für den Alltag. 1959 bot Peugeot, zunächst nur im Kombi, auch ein 1,8 Liter großes Dieseltriebwerk an. Ab 1960 gab es als Nachfolger für den inzwischen ausrangierten 203 auch eine Version mit 1,3-Liter-Maschine. Nach Serienanlauf des Nachfolgers 404 blieb der 403 als preiswerte, aber nun konservativ wirkende Alternative noch für Jahre im Programm – und überschritt 1963 als erster Peugeot die Stückzahl von einer Million.

Bild: © Peugeot

Preise	1	2	3	4	5
403 (1956-1961), L4t	16.100	10.400	6.700	3.000	1.100
403 Diesel (1960-1965), L4t	13.300	8.800	5.900	2.700	1.000
403 L Familiale, Kom	20.900	13.600	9.000	4.200	1.500

Motor/Antrieb	
Bauart	Vierzylinder (Reihe)
Lage/Antrieb	Front/Heck
Hubraum in cm³	1290, 1468, 1816
PS/min	48/4000 bis 65/4750
Vmax in km/h	120 bis 135
Karosserie	
Bauart	Lim (4-türig), Kom (5-türig), Cab
Tragstruktur	selbsttragend
Material	Stahlblech
Stückzahl und Marktsituation	
Produktionszahl	1.214.130
Verfügbarkeit	ausreichend
Teilesituation	ausreichend
Unterhaltskosten	mittel

Peugeot 404 — 1960-1975

Als moderner und eleganter Wurf präsentierte sich der Peugeot 404, der ab 1960 in den Verkauf gelangte. Dieses Modell wurde, wie der Vorgänger 403 zum 203, eine Weile parallel zum 403 gebaut und setzte die Markenphilosophie ungebrochen fort. Zeitgemäß hatten seine Konstrukteure die Eigenschaften Komfort, Geräumigkeit, Langlebigkeit und Zuverlässigkeit weiterentwickelt. Optisch modische Flossen zierten das Heck des Pininfarina-Entwurfes der, dank nach rechts geneigtem Motor, eine gute Sicht über die zwischen den Scheinwerfern abfallende Motorhaube nach vorn gewährte. Die Maschine selbst war auf gut 1,6 Liter vergrößert worden, erst ab 1962 im Commerciale-Kombi und ab 1967 im 404 Berline war auch der 1468 cm³ große Antrieb wieder zu haben. Den Diesel offerierte Peugeot in zwei Versionen, den 1,6-Benziner auch als noch etwas defektanfälligen Einspritzer.

Bild: © M. Schäfer

Preise	1	2	3	4	5
404 (64-68), L4t	14.700	9.200	6.000	3.100	1.300
404 Injection SL, L4t	19.100	11.900	8.000	4.000	1.700
404 Break SL, Kom	21.500	13.500	9.000	4.600	2.000

Motor/Antrieb	
Bauart	Vierzylinder (Reihe)
Lage/Antrieb	Front/Heck
Hubraum in cm³	1469, 1618, 1816, 1948
PS/min	53/5000 bis 88/5700
Vmax in km/h	110 bis 160
Karosserie	
Bauart	Lim (4-türig), Kom (5-türig)
Tragstruktur	selbsttragend
Material	Stahlblech
Stückzahl und Marktsituation	
Produktionszahl	2.769.361
Verfügbarkeit	gut
Teilesituation	gut
Unterhaltskosten	mittel

Peugeot 504 — 1968-1983 (2005)

Als Abrundung des Modellprogramms nach oben angekündigt, erschien der Peugeot 504 im Jahr 1968. Wiederum hatte Pininfarina für ein typisches Familiengesicht gesorgt, besonders chrakteristisch war sein Knick im Heck. Einzelradaufhängung statt hinterer Starrachse und Scheibenbremsen rundum gab es schon zum Start. Als Motor kam zunächst eine überarbeitete 404-Maschine mit 1,8 Litern Hubraum unter die Haube, wahlweise als Vergaser oder Einspritzer. Knautschzonen vorn und hinten sowie Sitze mit ausziehbaren Kopfstützen zeugten vom Sicherheitsbewusstsein des Konstrukteurs. Unzählige Modellpflegemaßnahmen während der 14-jährigen (europäischen) Produktionszeit ließen den 504 zu einem echten Konkurrenten für deutsche Produkte heranreifen. Bis Ende 2005 lief er noch in Nigeria vom Band.

Bild: © Peugeot

Preise	1	2	3	4	5
504 Injection (1968-1972), L4t	18.500	11.200	7.200	3.300	1.300
504 GL (1973-1979), L4t	16.400	10.000	6.400	3.000	1.100
504 Break Diesel, Kom	16.500	10.100	6.400	3.000	1.100

Motor/Antrieb	
Bauart	Vierzylinder (Reihe)
Lage/Antrieb	Front/Heck
Hubraum in cm³	1795, 1971, 1948, 2112
PS/min	50/4500 bis 104/5200
Vmax in km/h	130 bis 175
Karosserie	
Bauart	Lim(4-türig), Kom (5-türig), Pick-Up
Tragstruktur	selbsttragend
Material	Stahlblech
Stückzahl und Marktsituation	
Produktionszahl	ca. 3,7 Mio.
Verfügbarkeit	üppig
Teilesituation	sehr gut
Unterhaltskosten	mittel

P

Peugeot 505 — 1979-1992

Der Peugeot 505 – das letzte heckangetriebene Modell von Peugeot – kam weniger harmonisch daher als sein erfolgreicher Vorgänger 504. Schon dies machte klar, dass es für die neue Mittelklasse-Limousine keine leichte Aufgabe werden würde, die Zuneigung der von der Eleganz verwöhnten Stammkundschaft zu gewinnen. So war es das sachliche Styling, das trotz trapezförmiger Linienführung vielen Kunden zu konservativ erschien. Dass der 505 an den Verkaufserfolg des 504 nicht herankommen konnte, lag sicher nicht an seiner robusten Technik, die zum großen Teil noch aus der 504-Ära stammte. Selbst wenn der 505 mit einer Auflage von über 1,3 Millionen Exemplaren letztlich nicht als Misserfolg gelten kann, verblasst diese Zahl klar gegenüber der Auflage von 3,3 Millionen, die sein Vorgänger 504 erreicht hatte. Sein Status als automobiler Hinterbänkler und die über viele Jahre anhaltende Nachfrage aus afrikanischen Ländern haben den Bestand an gut erhaltenen 505-Limousinen bereits dramatisch verringert.

Bild: © Peugeot

Preise	1	2	3	4	5
505 GTI, L4T	k.N.	8.200	4.800	2.200	900
505 V6, L4t	k.N.	10.000	5.900	3.000	1.500
505 Turbo L4t	k.N.	12.100	7.300	3.800	2.000
505 Break Diesel, Kom	k.N.	7.300	4.300	2.000	700

Motor/Antrieb	
Bauart	Vierzylinder (Reihe), V6
Lage/Antrieb	Front/Heck
Hubraum in cm³	1796 bis 2849
PS/min	70/4600 bis 143/5800
Vmax in km/h	160 bis 197
Karosserie	
Bauart	Limousine (4-türig), Kombi
Tragstruktur	selbsttragend
Material	Stahlblech
Stückzahl und Marktsituation	
Produktionszahl	ca. 1,3 Mio
Verfügbarkeit	ausreichend
Teilesituation	mittel
Unterhaltskosten	mittel

Peugeot 405 — 1987-1996

Als Massenmodell für die Mittelklasse zeigte Peugeot 1987 das neue Modell 405, dessen Auftritt die Handschrift Pininfarinas jener Jahre verrät. Der Wagen trat das Erbe von 305 und 505 gleichermaßen an und geriet zum großen Erfolg, sowohl als Limousine wie als Kombi namens Break. Die gute Haltbarkeit der Motoren, insbesondere der Dieselmodelle, stand dabei in typischer Peugeot-Tradition. Anfangs waren die kleinen Motoren noch mit Vergasern ausgestattet, für die stärkeren Varianten ließ sich als Option ein Allradantrieb wählen. Als Top-Modell der Baureihe fungierte der limitierte 405 Turbo 16. Peugeot fertigte den 405 bis 1996, Lizenzbauten entstehen weiterhin in Iran und Ägypten.

Bild: © Peugeot

Preise	1	2	3	4	5
405 SRI, L4t	k.N.	4.900	2.800	1.200	k.N.
405 Mi16, L4t	k.N.	12.100	7.000	3.600	1.200
405 Break 2.0, Kom	k.N.	4.400	2.400	1.000	k.N.

Motor/Antrieb	
Bauart	Vierzylinder (Reihe)
Lage/Antrieb	Front/Front, 4x4
Hubraum in cm³	1361 bis 1998
PS/min	69/4600 bis 158/6500
Vmax in km/h	165 bis 220
Karosserie	
Bauart	Limousine (4-türig), Kombi
Tragstruktur	selbsttragend
Material	Stahlblech
Stückzahl und Marktsituation	
Produktionszahl	k.A.
Verfügbarkeit	ausreichend
Teilesituation	gut
Unterhaltskosten	niedrig

Einsteiger-Klasse aus Sochaux: Die kompakten Familien-Peugeot

Schon früh bot Peugeot auch Fahrzeuge für Familien an, deren Budget etwas überschaubarer war. Die kompakteren und preisgünstigeren Fahrzeuge galten als populär und sicherten Peugeot eine gute Reputation im französischen Heimatmarkt. Dennoch gönnte sich der Hersteller eine längere Pause: Nach den Modellen 201 (1929-1937) und 202 (1938-1949) ging es mit dem erfolgreichen und robusten 203 zwar bis 1960 weiter, doch dann hatte der Markt zu warten, bis 1964 der Peugeot 204 folgte. Immerhin fiel das neue Modell für die untere Mittelklasse sehr modern aus: Mit ihm begann 1965 bei Peugeot die Ära der Fronttriebler samt quer eingebauter Motoren.

Trotz diesen Innovationen kam das Modell der traditionellen französischen Vorliebe für kompakte, bequeme Fortbewegungsmittel ebenso entgegen wie dem Zeitgeist, der Mitte der 1960er Jahre nicht nur verlangte, knappe Außenmaße mit Komfort und Raum zu kombinieren, sondern auch moderne Formen liebte. Dass dieses Konzept aufging, bewies nach den 204-Modellen auch die Nachfolge-Baureihe 304, die Peugeot 1969 vorgestellt hatte. Mit dem neuen, kantigeren Markengesicht und einem deutlichen Längenzuwachs bot er bis in die frühen 1980er Jahre einen Einstieg ins Segment der kleinen Limousinen aus Sochaux.

Längst hat der Rost die meisten der einst zahlreichen Limousinen und Kombis der 204- und 304-Baureihen zerfressen, eine Rettung ist entsprechend aufwändig. Auch der 1977 als Nachfolger lancierte Peugeot 305, immerhin bis 1988 gebaut, ist nur noch selten zu sehen.

Peugeot 202 — 1938-1949

Ein seltener Spagat gelang dem 202: Er war überaus robust und gab sich volksnah, obwohl er für seine Zeit avantgardistisch auftrat. Als besonderes Kennzeichen wirkten die hinter dem Kühlergitter platzierten, eng zusammen stehenden Scheinwerfer – jahrelang formten sie das typische Gesicht. Verkleidete Hinterräder unterstützen die elegante Linie. Ebenfalls als modern galt die Torsionsfederung, die allerdings nur bis 1942 zum Einsatz kam, und die vordere Einzelradaufhängung. Der gut 1,1 Liter große Vierzylinder leistete solide 30 PS. Neben der Limousine befanden sich auch eine Cabriolimousine und ein charmantes Cabriolet im Angebot. Nach einer kriegsbedingten Pause war 1945 die Herstellung des populären 202 wieder aufgenommen worden. Weltweit sollen rund 200 Fahrzeuge überlebt haben, rund 30 in Deutschland.

Bild: © Peugeot

Preise	1	2	3	4	5
202 (Ser. 1938-1942); L4t	19.700	10.700	7.300	2.800	1.300
202 (Ser. 1945-1948), L4t	16.200	9.900	6.900	2.700	1.200

Motor/Antrieb	
Bauart	Vierzylinder (Reihe)
Lage/Antrieb	Front/Heck
Hubraum in cm³	1133
PS/min	30/4000
Vmax in km/h	100
Karosserie	
Bauart	Lim (2-/4-türig), Cab-Lim, Cab
Tragstruktur	Kastenrahmen
Material	Stahlblech
Stückzahl und Marktsituation	
Produktionszahl	122.878
Verfügbarkeit	schlecht
Teilesituation	schwierig
Unterhaltskosten	niedrig

P

Peugeot 203 — 1948-1960

Allein die Bauzeit gibt einen zuverlässigen Hinweis auf grundsolide Merkmale damaliger Peugeot-Konstruktionen. Stolze zwölf Jahre war die Nummer 203 im Angebot. Futuristische Merkmale gingen dem Fahrzeug zwar ab, doch immerhin konnte das Fahrwerk mit Einzelradaufhängung vorn ebenso überzeugen wie der robuste ohv-Vierzylindermotor mit Leichtmetallzylinderkopf oder das Viergang-getriebe. Zahlreiche moderne Konstruktionselemente ließen die Nachfrage nach dem 203 jedenfalls lange anhalten. Mit etlichen verschiedenen Karosserievarianten befriedigte Peugeot unterschiedlichste Kundenwünsche. Während die Limousinen heute noch relativ einfach zu finden sind – manche stehen gar noch täglich im Einsatz –, zählt das Cabrio zu den begehrten Raritäten.

Bild: © Peugeot

Preise	1	2	3	4	5
203 (1948-1954), L4t	24.500	15.200	10.100	4.600	1.900
203 C (1954-1960), L4t	22.600	14.000	9.300	4.200	1.700
203 CL Familiale, Kom	26.400	16.400	10.800	4.800	1.900
203 Cabriolet, Cab	79.000	49.000	35.000	23.000	10.600

Motor/Antrieb	
Bauart	Vierzylinder (Reihe)
Lage/Antrieb	Front/Heck
Hubraum in cm³	1290
PS/min	42/4500 bis 45/4500
Vmax in km/h	105 bis 120
Karosserie	
Bauart	Lim (2-/4-türig), Cab-Lim, Cab, Cpe, Kombi (5-türig)
Tragstruktur	Stahlblech
Stückzahl und Marktsituation	
Produktionszahl	685.828
Verfügbarkeit	ausreichend
Teilesituation	ausreichend
Unterhaltskosten	mittel

Peugeot 204 Limousine, Break 1964-1976

Im April 1965 präsentierte Peugeot den modernen Stufenheck-Viertürer 204. Auch bei diesem Entwurf hatte Pininfarina mitgewirkt, der längst zum angestammten Designer der Pariser geworden war. Einen großen Schritt vollzog Peugeot mit der Umstellung des technischen Konzeptes: Der Motor war nun quer eingebaut und trieb die Vorderräder an. Einzelradaufhängung rundum und Scheibenbremsen vorn galten Mitte der 1960er Jahre als wahre Technik-Highlights in dieser Wagenklasse. Im Oktober 1965 stellte Peugeot die Kombi-Version 204 Break mit fünf Türen vor. Ab Herbst 1967 sorgte ein 1,2-Liter-Dieselmotor für Furore: Die Neukonstruktion mit Leichtmetallblock und obenliegender Nockenwelle drehte bis 6000/min – für einen Selbstzünder war das ungewöhnlich hoch.

Bild: © Peugeot

Preise	1	2	3	4	5
204 (Ser. 1964-1969), L4t	10.900	7.100	4.200	2.000	800
204 Break (Ser. 1965-1976), Kom	13.400	8.400	4.800	2.300	1.100
204, Cpe	20.200	12.400	7.300	3.700	1.300
204, Cab	24.000	15.800	9.400	4.500	1.800

Motor/Antrieb	
Bauart	Vierzylinder (Reihe)
Lage/Antrieb	Front/Front
Hubraum in cm³	1130, 1255
PS/min	35/5000 bis 59/6250
Vmax in km/h	125 bis 140
Karosserie	
Bauart	Limousine (4-/5-türig)
Tragstruktur	selbsttragend
Material	Stahlblech
Stückzahl und Marktsituation	
Produktionszahl	1.604.296
Verfügbarkeit	schlecht
Teilesituation	schwierig
Unterhaltskosten	mittel

Peugeot 304, 304 S 1969-1980

Der 1969 eingeführte Peugeot 304 komplettierte das Modellprogramm und ersetzte gewissermaßen den 1966 entfallenen 403. Technisch basierte er auf dem 204, er hatte den gleichen Radstand, war aber durch ein modifiziertes, steil abgeschnittenes Heck 16 Zentimeter länger, also 4,14 Meter lang. Die Wagenfront erinnerte an den 504. Neben dem aus dem 204 bekannten 1,2- Liter gab es vor allem einen neukonstruierten 1,3-Liter-ohc-Treibsatz, der 65 PS leistete. Im 304 S wurden sogar 80 PS geboten. Der fünftürige Kombi folgte 1970 ins Angebot, den Selbstzünder gab es im 304 erst ab 1976.

Bild: © Peugeot

Preise	1	2	3	4	5
304 (Ser. 1969-1972), L4t	10.600	7.100	4.200	2.100	900
304 S (Ser. 1972-1975), L4t	11.300	7.400	4.400	2.100	1.000
304 Break (Ser. 1970-1979), Kom	11.300	7.400	4.400	2.200	1.000

Motor/Antrieb	
Bauart	Vierzylinder (Reihe)
Lage/Antrieb	Front/Front
Hubraum in cm³	1127-1548
PS/min	45/5000 bis 80/6100
Vmax in km/h	130 bis 160
Karosserie	
Bauart	Limousine (4-türig), Kombi (5-türig)
Tragstruktur	selbsttragend
Material	Stahlblech
Stückzahl und Marktsituation	
Produktionszahl	1.178.423
Verfügbarkeit	schlecht
Teilesituation	ausreichend
Unterhaltskosten	niedrig

Peugeot 305 GL, GLS, GR, SR, GT, GTX, GLD, GRD, SRD 1977-1989

Der 305 ist ein typischer Peugeot seiner Zeit. Schließlich galt die Societé Peugeot in Sochaux unweit der schweizerischen Grenze als konservativ. Sie nannte ihre Fahrzeuge in der Werbung „diskret“ und setzte auf die pragmatische Philosophie, nur Modelle zu bauen, die auf Jahre hinweg Gültigkeit haben. Wie den Peugeot 305, der mit rund 1,9 Millionen Exemplaren viele Jahre als das meistverkaufte Modell der Löwenmarke galt. Den 305 fertigte Peugeot als klassische Stufenheck-Limousine sowie als Kombi. 1982 bekam er ein Facelift spendiert, das man am ehesten daran erkennt, dass das 305-Logo von der vorderen Haube entfernt wurde. Motoren zwischen 1,3 und 2,0 Litern (60 bis 98 PS, sogar mit Katalysator ab 1986) und der aus dem PSA-Konzern bekannte Diesel mit 1,9 Litern Hubraum und 65 PS kamen zum Einsatz. Tester lobten die exakte Schaltung, das Platzangebot, die Bremsen und die gute Serienausstattung. Überlebt haben nur wenige.

Bild: © Peugeot

Preise	1	2	3	4	5
305, L4t	k.N.	3.800	1.900	800	k.N.
305 SR, L4t	k.N.	4.700	2.500	900	k.N.

Motor/Antrieb	
Bauart	Vierzylinder (Reihe)
Lage/Antrieb	Front/Front
Hubraum in cm³	1290 bis 1905
PS/min	49/5000 bis 105/5600
Vmax in km/h	135 bis 185
Karosserie	
Bauart	Limousine (4-türig), Kombi (5-türig)
Tragstruktur	selbsttragend
Material	Stahlblech
Stückzahl und Marktsituation	
Produktionszahl	1.649.176
Verfügbarkeit	ausreichend
Teilesituation	gut
Unterhaltskosten	niedrig

P

Petit Lion: Der Peugeot 104

Die ersten Schritte in der neuen Kompaktwagenklasse waren für Peugeot deutlich schwieriger, als es der 104 heute glauben lassen möchte. 1972 hatte ihn der französische Hersteller präsentiert, um seine Modellpalette unterhalb des Modells 304 abzurunden. Doch der anfangs nur mit kleiner Heckklappe ausgestattete und als Viertürer lieferbare Kleinwagen, dessen Entwurf von Pininfarina stammte, wirkte in Details noch nicht völlig ausgereift.

Peugeot legte nach: Zunächst mit einem Zweitürer, der den ersten Mini-Löwen dank verkürztem Radstand knackiger wirken ließ, sowie mit einer großen, praktischen Heckklappe, die schnell zu einem unverzichtbaren Markenzeichen jener neuen Fahrzeuggattung der Subkompakten geworden war.

Mit diesem nun überzeugenden Gesamtpaket sicherte sich der Stammhalter aller Peugeot-Kleinwagen dann schließlich doch den Status eines Bestsellers: Über 1,6 Millionen Exemplare des 104 verkaufte Peugeot bis 1988 – im Prinzip waren es sogar noch mehr: Denn der 104 gilt auch als erster Peugeot, den es als Citroën gab. Mit eigenem Motor und dem Doppelwinkel zwar, aber die Fahrzeugkonstruktion entsprach dem 104. Auch Talbot partizipierte mit dem Modell Samba an der Lösung – und fertigte sogar ein Cabriolet auf dieser Basis.

© Peugeot

Peugeot 104, 104 C — 1972-1988

1972 stellte Peugeot den kürzesten Viertürer Europas vor: Der kleine 104, ganze 3,58 Meter lang, erschien im typischen Pininfarina-Design und ergänzte das Markenprogramm nach unten. Benzinmotoren mit knapp einem bis 1,4 Litern wurden eingesetzt. Ab 1974 kam der nur 3,30 Meter lange 104 C mit Heckklappe neu in das Angebot. Das Facelift im Jahr 1982 bekamen auch die deutschen Kunden noch mit, der Import des Wagens wurde jedoch 1983 eingestellt. 1986 folgte noch ein weiteres Facelift, das für zwei Jahre Bestand hatte. 1988 endete die Bauzeit endgültig – nach immerhin über 1,6 Millionen Exemplaren.

Preise	1	2	3	4	5
104 (Ser. 1975-1979), L2t	17.500	10.700	6.400	2.800	800
104 (Ser. 1979-1983), L4t	9.100	5.400	3.400	1.400	500

Bild: © Peugeot

Motor/Antrieb	
Bauart	Vierzylinder (Reihe)
Lage/Antrieb	Front/Front
Hubraum in cm³	954, 1124, 1219, 1361
PS/min	45/6000 bis 72/6000
Vmax in km/h	130 bis 160
Karosserie	
Bauart	Lim (4-türig), Lim (2-türig)
Tragstruktur	selbsttragend
Material	Stahlblech
Stückzahl und Marktsituation	
Produktionszahl	1.619.787
Verfügbarkeit	ausreichend
Teilesituation	ausreichend
Unterhaltskosten	niedrig

Durchgestartet: Der erfolgreiche 205

1980 ist in der Geschichte von Peugeot kein gutes Jahr: Erstmals schreibt der zweitälteste Autohersteller der Welt, seit 1976 mit Citroën zum PSA-Konzern zusammengeschlossen, rote Zahlen. Grund der Krise: Eine verworrene Firmenpolitik, in der sich verschiedene Marken gegenseitig Kunden abjagen. Ende der 1970er Jahre begann Peugeot mit der Entwicklung eines neuen Kompaktmodells, das nach seiner Markteinführung 1983 unter gehörigem Erfolgsdruck stand.

Als Nachfolger des wenig pfiffigen PSA-Konstrukts Peugeot 104 geriet der neue 205 zum Verkaufsschlager auf ganzer Linie. Bis 1998 konnten die Franzosen mehr als fünf Millionen Exemplare verkaufen. Dies war besonders seiner klassenlosen Stellung – er war irgendwo zwischen Polo und Golf angesiedelt – und einer breit gefächerte Motorenpalette zu verdanken. Als GTI entwickelte er sich für den Namensvetter aus Wolfsburg zu einem erstzunehmenden Konkurrenten. Den drei- oder fünftürigen Karosserien stellte Peugeot 1986 zudem ein von Pininfarina entworfenes Cabriolet zur Seite. Die Idee einer Kombi-Variante, von der es einen Prototyp gab, wurde allerdings verworfen.

Wie bedeutend der kleine Löwe für sein Mutterhaus war, zeigten auch seine sportlichen Qualitäten: Mit dem 205 sicherte sich Peugeot 1985 und 1986 den Markentitel in der Rallye-WM. 205er nahmen erfolgreich an der Rallye Paris–Dakar teil, ebenso beeindruckten sie beim legendären Hill Climb am Pikes Peak. Jene mit Mittelmotor ausgerüsteten 205 Turbo 16 hatten allerdings außer der Bodengruppe nur noch wenig mit dem Standard-205er gemeinsam.

Kompakter Franzose: Peugeot 205.

© Peugeot

Peugeot 205 GTI 1.6; 205 GTI 1.9 — 1984-1993

Kaum hatte sich der Peugeot 205 zum Verkaufserfolg gemausert, legten die Ingenieure aus Sochaux nach. Nach dem Vorbild des VW Golf GTI präsentierte Peugeot 1983 ebenfalls eine sportliche Variante des kompakten Löwen, den 205 GTI. Und dieser ließ schon durch seinen Namen keinen Zweifel, in wessen Gebiet er wildern wollte. Zunächst bot Peugeot den kompakten Heißsporn mit 1,6-Liter-Motor und 105 PS an. 1986 folgte der 205 GTI 1.9, der mit 128 PS und einer Höchstgeschwindigkeit von über 200 Stundenkilometern dem Wettrüsten – in Wolfsburg war der Golf GTI 16V angetreten – Paroli bot. Später folgte eine Katalysatorversion, die den agilen 1,9-Liter-Vierzylinder auf 120 PS zähmte. Wie sein teutonisches Pendant ist Frankreichs agiler Junglöwe in authentischem Zustand längst ein Fall für die Rote Liste geworden.

Preise	1	2	3	4	5
205 GTI 1.6, L2t	28.300	19.200	12.800	5.800	2.100
205 GTI 1.9, L2t	30.600	20.800	13.800	6.300	2.200

Bild: © Peugeot

Motor/Antrieb	
Bauart	Vierzylinder (Reihe)
Lage/Antrieb	Front/Front
Hubraum in cm³	1580, 1905
PS/min	105/6250; 128/6000, 120/6000
Vmax in km/h	196 bis 202
Karosserie	
Bauart	Limousine (2-türig)
Tragstruktur	selbsttragend
Material	Stahlblech
Stückzahl und Marktsituation	
Produktionszahl	k. A.
Verfügbarkeit	gut
Teilesituation	gut
Unterhaltskosten	niedrig

P

Peugeot 205 Cabrio — 1986-1994

Der Kult um den kleinen Löwen kannte neben dem sportlichen GTI einen zweiten Grund: Die offene Version bot eine Extra-Portion Charme. Dem Faltdach-205 gelang es, in der zweiten Hälfte der 1980er Jahre einen veritablen Boom auszulösen – selbst der Überrollbügel, vom VW Golf Cabrio bereits eingeführt, wurde akzeptiert. Die Jugend war begeistert, immerhin lag der Preis doch deutlich unter dem der Wolfsburger Konkurrenten, und allzu viel Wettbewerb gab es in dieser Klasse nicht. Freiluft-Puristen mit schmalem Budget schwärmten für den 205 CJ, das elegant orientierte Klientel griff zum Sondermodell 205 „Roland Garros“. Für die sportliche Kundschaft stand der 205 CTI parat. Heute sind selbst die wenigen Exemplare, die im guten Zustand überlebt haben, nicht teuer – obwohl es eine echte Pininfarina-Schöpfung ist.

Preise	1	2	3	4	5
205 CTi, Cab	k.N.	8.700	5.800	2.400	900

Bild: © Peugeot

Motor/Antrieb	
Bauart	Vierzylinder (Reihe)
Lage/Antrieb	Front/Front
Hubraum in cm³	1124, 1360, 1580, 1905
PS/min	60/5800 bis 113/6000
Vmax in km/h	162 bis 190
Karosserie	
Bauart	Cabrio
Tragstruktur	selbsttragend
Material	Stahlblech
Stückzahl und Marktsituation	
Produktionszahl	k. A.
Verfügbarkeit	gut
Teilesituation	gut
Unterhaltskosten	niedrig

Feine Franzosen: Die Coupés und Cabriolets

Über viele Jahrzehnte ruhte der Erfolg des traditionsreichen Automobilherstellers Peugeot auf modernen, robusten Limousinen. Doch bereits seit den 1930er Jahren setzen luxuriöse Cabriolets und Coupés ihre Glanzlichter in das Modellprogramm.

Dass die Peugeot-Ingenieure dabei Außergewöhnliches zu leisten vermochten, bewies in besonderem Maße der noch heute als Meilenstein geltende 402 Eclipse. Er war eines der ersten Cabriolets der Welt, das über ein klappbares Blechdach verfügte, das sich im Heck des Wagens versenken ließ.

Ob offen oder als formschönes Coupé, oft war es mondäne Eleganz, die den schicken zweitürigen Peugeot-Modellen eine stetig wachsende Fangemeinde sicherten. Und dies nicht nur im Heimatland: Besonders beliebt waren die Cabriolets der 1970er Jahre, die mit den Varianten auf der Basis des 204 und des 304 einen günstigen Einstieg in die offene Klasse ermöglichten. Der zeitweise mit einem V6-Motor erhältliche 504 bot dagegen einen verhältnismäßig preiswerten Start in die Coupé- und Cabrio-Oberklasse.

Peugeot 402 Eclipse — 1936-1942

Im Peugeot 402 Eclipse erlebte das beeindruckende Cabrio-Konzept mit elektrisch betriebenem Blechdach die zweite Auflage. Sein Vorgänger, der Peugeot 401, besaß ebenfalls dieses System, wurde jedoch nur 79-mal gefertigt. Entwickelt hatte das Faltdach Georges Paulin, ein Zahnarzt, der jedoch als Autodesigner arbeitete und später als Widerstandskämpfer von der deutschen Besatzungsmacht ermordet wurde. Der 402 Eclipse entstand von 1935 bis 1940 in einer Auflage von vermutlich 473 Exemplaren, andere Quellen sprechen von rund 580 Stück. Nur sehr wenige davon wurden als Zweisitzer mit kürzerem Radstand gefertigt. Von dem damals wie heute enorm teuren Wagen sollen etwa 30 Fahrzeuge überlebt haben.

Bild: © Peugeot

Preise	1	2	3	4	5
402 Eclipse, Cab	215.000	140.000	90.000	k. N.	k. N.

Motor/Antrieb	
Bauart	Vierzylinder (Reihe)
Lage/Antrieb	Front/ Heck
Hubraum in cm³	1991, 2142
PS/min	54 bis 63
Vmax in km/h	ca. 120
Karosserie	
Bauart	Cabriolet
Tragstruktur	Kastenrahmen
Material	Stahlblech
Stückzahl und Marktsituation	
Produktionszahl	473
Verfügbarkeit	schlecht
Teilesituation	schwierig
Unterhaltskosten	mittel

Peugeot 403 Cabriolet — 1956-1961

Besonders rar und begehrt ist heute die elegante Cabriolet-Version des 403. Peugeot hatte die hübsche Frischluft-Französin 1956 nachgeschoben, ein Jahr nach dem Debut der Limousine. Die Ausstattung gab sich mit serienmäßigem Leder-Interieur nobler, die simple aber zuverlässige Technik war unverändert übernommen worden, mit einer wichtigen Ausnahme: Das Cabrio erhielt – als Weltneuheit! – einen thermostatisch geregelten Kühlerventilator, der die Nutzleistung erhöhte und den Verbrauch reduzierte. Das Cabriolet galt und gilt als rundum gelungen, dennoch entstanden bis zur Ablösung durch den offenen 404 gerade 2050 Exemplare. In den 1970er Jahren kam das Cabrio noch einmal zu internationalem Ruhm: Trenchcoat-Detektiv Columbo fuhr in der gleichnamigen Fernsehserie stets seinen vergammelten Open-Air-403.

Bild: © Peugeot

Preise	1	2	3	4	5
403 (Ser. 1957-1961), Cab	77.900	48.500	29.900	17.100	8.100

Motor/Antrieb	
Bauart	Vierzylinder (Reihe)
Lage/Antrieb	Front/Heck
Hubraum in cm³	1468
PS/min	55/4800
Vmax in km/h	135
Karosserie	
Bauart	Cabriolet
Tragstruktur	Kastenrahmen
Material	Stahlblech
Stückzahl und Marktsituation	
Produktionszahl	2050
Verfügbarkeit	schlecht
Teilesituation	schwierig
Unterhaltskosten	mittel

Peugeot 404 Cabriolet und Coupé — 1963-1968

Die Coupé- und Cabriolet-Varianten des 404 erhielten, anders als die Vorgänger mit identischer Formgebung, eine weitgehend eigenständige Karosserie. Sie waren von Pinin Farina in Anlehnung an die Limousinen- und Kombilinien gezeichnet worden. Unter dem Blech dieser geräumigen Zweitürer mit komfortorientiertem, kultiviertem Charakter hatte sich dagegen nichts getan. Auch für diese Modelle war auf Wunsch der stärkere Einspritzmotor zu haben, doch selbst damit erreichten die Wagen bestenfalls als flott zu bezeichnende Fahrleistungen. Komfortables Reisen in gepflegter Atmosphäre war hier angesagt. Für das häufiger gebaute Cabrio werden stattliche Preise verlangt, dasselbe gilt für die selteneren Coupés.

Bild: © Peugeot

Preise	1	2	3	4	5
404 Injection (Ser. 1964-1968), Cpe	52.400	32.400	21.400	11.600	6.100
404 Injection (Ser. 1964-1968), Cab	56.000	34.600	23.200	12.600	6.400

Motor/Antrieb	
Bauart	Vierzylinder (Reihe)
Lage/Antrieb	Front/Heck
Hubraum in cm³	1468, 1618
PS/min	65/5000 bis 88/5700
Vmax in km/h	155 bis 165
Karosserie	
Bauart	Cabriolet, Coupé
Tragstruktur	selbsttragend
Material	Stahlblech
Stückzahl und Marktsituation	
Produktionszahl	(Cab) 10.387, (Cpe) 6837
Verfügbarkeit	ausreichend
Teilesituation	ausreichend
Unterhaltskosten	mittel

Peugeot 204 Cabriolet und Coupé 1966-1970

Offen und sportlich gab sich der zukunftsweisende Peugeot 204 ab 1966: Ob als schickes Cabriolet oder als flottes Coupé – beide übernahmen das moderne Frontantriebskonzept der 204-Limousinen ebenso wie die zeitgemäße Motorenkonstruktion des 1,1-Liter-Vierzylinders. Im Gegensatz zur Limousine stehen das zweisitzige Cabriolet und das 2+2-sitzige Coupé auf einem um 29 Zentimeter verkürzten Fahrgestell. Besonders die offene Version, für die es ab Herbst 1967 auch ein Hardtop gab, ist heute stark gefragt. Das Coupé gehört heute zu den besonders seltenen Vertretern dieser Reihe.

Bild: © Peugeot

Preise	1	2	3	4	5
204, Cpe	20.200	12.400	7.300	3.700	1.300
204, Cab	24.000	15.800	9.400	4.500	1.800

Motor/Antrieb	
Bauart	Vierzylinder (Reihe)
Lage/Antrieb	Front/Front
Hubraum in cm³	1130
PS/min	53/5800
Vmax in km/h	ca. 140
Karosserie	
Bauart	Cabriolet, Coupé
Tragstruktur	selbsttragend
Material	Stahlblech
Stückzahl und Marktsituation	
Produktionszahl	(Cab) 18.181, (Cpe) 42.765
Verfügbarkeit	schlecht
Teilesituation	schwierig
Unterhaltskosten	mittel

Peugeot 304, 304 S Cabriolet und Coupé 1970-1975

Der Übergang zum 304 beendet die Bauzeit von 204 Cabriolet und Coupé. Das wenig tiefgreifende Facelift lässt sich an den eckigen statt ovalen Frontscheinwerfern leicht identifizieren und brachte stärkere Motoren, besonders die leistungsfähige S-Variante war sehr attraktiv. Mit einer großen Heckklappe ausgestattet, konnte das Coupé über das Formale hinaus auch mit guten Tugenden in der Praxis überzeugen. Bedauerlicherweise hat der Rost eine Vielzahl dieser interessanten 304-Versionen wegradiert. Von den meist als Sommerfahrzeug eingesetzten Cabrios haben bis heute mehr überlebt als vom Coupé, das weniger geschont wurde.

Bild: © Peugeot

Preise	1	2	3	4	5
304, Cpe	18.400	12.200	7.200	3.500	1.500
304 S, Cpe	19.100	12.600	7.400	3.600	1.500
304, Cab	21.600	14.300	8.500	4.100	1.800
304 S, Cab	22.300	14.800	8.800	4.200	1.800

Motor/Antrieb	
Bauart	Vierzylinder (Reihe)
Lage/Antrieb	Front/Front
Hubraum in cm³	1288
PS/min	65/6000 bis 75/6000
Vmax in km/h	150 bis 160
Karosserie	
Bauart	Coupé, Cabriolet
Tragstruktur	selbsttragend
Material	Stahlblech
Stückzahl und Marktsituation	
Produktionszahl	(Cab) 60.186, (Cpe) 18.647
Verfügbarkeit	schlecht
Teilesituation	ausreichend
Unterhaltskosten	mittel

Peugeot 504 Cabriolet und Coupé 1969-1983

1969 gab es – analog zum Vorgänger 404 – wieder offene und geschlossene Zweitürer-Varianten zur großen Limousine. Auch hier hatte Pininfarina beim Design mitgearbeitet, die Karosserien wirken heute besonders harmonisch und gelungen. Der Radstand war gegenüber der Limousine um 19 Zentimeter auf 2,55 Meter verkürzt. Zunächst fanden die Vierzylinder-Einspritzer den Weg unter die Motorhaube, ab 1974 sorgte auch der Euro-V6-Motor mit knapp 2,7 Litern Hubraum für mehr Antriebskomfort. Ab 1981 war das Cabrio wieder nur noch mit dem Vierzylinder erhältlich, während das Coupé bis 1983 weiterhin mit dem Sechszylinder zu haben war. Rundinstrumente verschönerten bei dieser späteren Serie das Interieur, unschön wirkten die voluminöseren (und lackierten) Plastikstoßfänger.

Bild: © Peugeot

Preise	1	2	3	4	5
504 (Ser. 1970-1974), Cpe	32.200	19.700	13.900	6.700	2.500
504 V6 (Ser. 1977-1979), Cpe	40.800	25.000	17.700	8.700	3.300
504 Serie (1969-1971), Cab	45.200	27.500	19.900	9.600	3.700
504 V6 (Ser. 1975-1977), Cab	59.400	37.500	26.800	13.300	5.700

Motor/Antrieb	
Bauart	Vierzylinder (Reihe), V6
Lage/Antrieb	Front/Heck
Hubraum in cm³	1971, 2664
PS/min	100/5000 bis 144/5500
Vmax in km/h	170 bis 190
Karosserie	
Bauart	Cabriolet, Coupé
Tragstruktur	selbsttragend
Material	Stahlblech
Stückzahl und Marktsituation	
Produktionszahl	(Cab) 8135, (Cpe) 26.629
Verfügbarkeit	üppig
Teilesituation	gut
Unterhaltskosten	hoch

Peugeot 306 Cabriolet 1994-2001

Peugeot lieferte seinen kompakten Golf-Konkurrenten 306 auch in einer Cabrio-Version. Pininfarina sorgte nicht nur für das überzeugende Design, sondern baute – wie schon oft zuvor – die offenen Modelle auch in eigenen Fertigungsanlagen. Das 306 Cabriolet fiel wohlproportioniert und elegant aus, weil es nicht nur auf einen Überrollbügel verzichtete, sondern zudem ein voll versenkbares Stoffverdeck trug und statt eines Stummels ein langes, formal klar definiertes Heck aufwies. Auf Wunsch bot Peugeot sogar eine elektrohydraulische Verdeckbetätigung an, damals noch eine Option, die in dieser Klasse für erhebliches Aufsehen sorgte. 1997 erhielt die 306-Baureihe ein leichtes Facelift. Besonders reizvoll ist die potente Zwei-Liter-Variante, die 121 PS (ab 1997: 133 PS) bietet. Peugeot stattete das 306 Cabrio auf Wunsch mit einer ZF-Automatik aus, nie jedoch mit Dieselmotor.

Bild: © Peugeot

Preise	1	2	3	4	5
306; 1.8, Cab	k.N.	4.700	2.800	1.200	k.N.

Motor/Antrieb	
Bauart	Vierzylinder (Reihe)
Lage/Antrieb	Front/Front
Hubraum in cm³	1587, 1761, 1998
PS/min	88/5600 bis 133/5500
Vmax in km/h	180 bis 196
Karosserie	
Bauart	Cabrio
Tragstruktur	selbsttragend
Material	Stahlblech
Stückzahl und Marktsituation	
Produktionszahl	77.834
Verfügbarkeit	üppig
Teilesituation	sehr gut
Unterhaltskosten	niedrig

P

Peugeot 406 Coupé 1997-2005

Keine billige Zweitürenlösung, nein: Peugeot brachte 1997 mit dem 406 Coupé nochmals einen aufwendigen, wundervoll proportionierten und klassisch-schönen Pininfarina-Entwurf an den Start. Auch die Fertigung des Zweitürers übernahm Pininfarina wieder im eigenen Werk, wie schon bei vielen Peugeot-Kleinserien zuvor. Peugeot bot das Coupé mit einem 2,0-Liter-Vierzylinder (später 2,2 Liter) oder einem 3,0-Liter-V6-Motor an, 2001 folgte eine Variante mit dem 2,2 Liter großen Vierzylinder-Diesel. Die Coupé-Modelle waren oft gut ausgestattet, allerdings innen auch von einer Menge Kunststoff geprägt. Dafür können die 406 Coupé mit ihrem Fahrwerk und Handling überzeugen.

Bild: © Peugeot

Preise	1	2	3	4	5
406 2.2 16V, Cpe	k.N.	6.200	3.800	1.600	k.N.
406 V6, Cpe	k.N.	6.300	3.800	1.600	k.N.

Motor/Antrieb	
Bauart	Vierzylinder (Reihe)
Lage/Antrieb	Front/Front
Hubraum in cm³	1997 bis 2946
PS/min	133/4000 bis 207/6000
Vmax in km/h	208 bis 240
Karosserie	
Bauart	Cabriolet
Tragstruktur	selbsttragend
Material	Stahlblech
Stückzahl und Marktsituation	
Produktionszahl	107.633
Verfügbarkeit	gut
Teilesituation	sehr gut
Unterhaltskosten	mittel

Exkursion in die Oberklasse: Die Peugeot mit der Ziffer 6

Wenn Frankreichs Kulturhüter nicht mit Argusaugen auf die Reinheit ihrer Sprache achten würden, könnte das amerikanische Erfolgs-Credo „Think big" am besten zu dem passen, was Peugeot Mitte der 1970er Jahre präsentierte: Erstmals seit 1931 versuchte der französische Autobauer wieder mit Nachdruck, in der Oberklasse Fuß zu fassen.

Gelingen sollte der Coup mit dem neuen 604, einer Sechszylinder-Limousine, die den luxuriösen Coupés und Cabriolets der 504-Reihe als viertürige Variante beiseite gestellt wurde. Dabei machten seine mächtigen Abmessungen den Peugeot 604 schon äußerlich zum Paradebeispiel eines Repräsentationsfahrzeugs – ein Auftritt, der nicht nur von Frankreich, sondern auch vom DDR-Regime für staatliche Dienste in Anspruch genommen wurde.

Auch wenn der Peugeot 604 in Sachen Luxus und Komfort seinen deutlich teureren Klassen-Kameraden in nichts nachstand, blieb die französische Großlimousine letztlich nur eine Randnotiz in der Geschichte der automobilen Oberklasse. Nach zehn Jahren Bauzeit stoppte Peugeot 1985 die Produktion der Sechszylinder-Limousine. Große Stückzahlen hatte sie nie erreicht. So verwundert es nicht, dass der 604 zu den besonders seltenen Exemplaren der Marke gehört.

© Peugeot

Peugeot 604 (604 SL V6, 604 V6 TI, 604 GTI, 604 D turbo, 604 GTD turbo) 1975-1985

Nach fast 40 Jahren Abstinenz im Sechszylinder-Limousinensegment erschien 1975 der Peugeot 604. Wie im 504 Cabrio/Coupé kam der Euro-V6 zum Einsatz. Markentypisch war der hohe Fahrkomfort der stattlichen Limousine mit Einzelradaufhängung rundum. Auch die serienmäßige Ausstattung bot eine Menge Luxus. Die etwas strengere Linienführung entstand gleichwohl unter Pininfarina-Mithilfe und passte gut in dieses Segment. Obwohl es an sachlichen Qualitäten dieses Wagens nicht mangelte, konnte er sich wegen fehlenden Prestiges auf dem deutschen Markt nicht durchsetzen. Der GTI mit 2849 cm³ großem und 150 PS starkem Motor erschien 1983. Ein Turbodiesel mit 80 PS war schon 1979 ins Angebot genommen worden. Doch auch mit der Vielzahl der Varianten kam der Hecktriebler in zehn Jahren Bauzeit nur auf gut 153.000 Stück.

Bild: © Peugeot

Preise	1	2	3	4	5
604 SL V6, L4t	14.700	8.400	5.000	2.300	k.N.
604 V6 TI, L4t	16.200	9.400	5.500	2.500	k.N.
604 D Turbo, L4t	12.500	7.300	4.500	2.100	k.N.

Motor/Antrieb	
Bauart	Vierzylinder (Reihe), V6
Lage/Antrieb	Front/Heck
Hubraum in cm³	2304, 2664, 2849
PS/min	80/4150 bis 150/5650
Vmax in km/h	150 bis 190
Karosserie	
Bauart	Limousine (4-türig)
Tragstruktur	selbsttragend
Material	Stahlblech
Stückzahl und Marktsituation	
Produktionszahl	153.266
Verfügbarkeit	ausreichend
Teilesituation	ausreichend
Unterhaltskosten	hoch

P

Peugeot 605 (605 2.0, 605 3,0 V6, 2,1 D, 2,5 D) 1989-1999

Mit dem 604 etablierte Peugeot auch in der gehobenen Mittelklasse den dort noch ungewohnten Frontantrieb. Der neue 604 war parallel mit dem ebenfalls 1989 erschienenen Citroën XM entwickelt worden, mit dem er sich die Plattform teilte. Peugeot allerdings blieb einer konservativen Designsprache treu, die aus der Kooperation der Franzosen mit Pininfarina entstanden war. An den Oberklasse-Nimbus seines kantigen Vorgängers 604 knüpfte der 605 nicht mehr an: Er war zwar nur eine Handbreit über dem 505 positioniert, diente aber dennoch dem damaligen französischen Präsidenten Jacques Chirac als Dienstwagen. Als Motoren bot Peugeot verschiedene 2,0-Liter-Benziner an, auch mit Turboaufladung, zudem einen 3,0 Liter großen V6 mit 200 PS. Diesen löste jedoch 1997 der etwas müder agierende Euro-V6 ab. Auch drei Diesel-Varianten gab es, die 2,1 und 2,5 Liter Hubraum boten.

Bild: © Peugeot

Preise	1	2	3	4	5
605 3.0, L4t	k. N.	6.300	3.800	1.700	k. N.

Motor/Antrieb	
Bauart	Vierzylinder (Reihe), V6
Lage/Antrieb	Front/Front
Hubraum in cm³	1998 bis 2968
PS/min	83 bei 4600 bis 200 bei 6000
Vmax in km/h	176 bis 236
Karosserie	
Bauart	Limousine (4-türig)
Tragstruktur	selbsttragend
Material	Stahlblech
Stückzahl und Marktsituation	
Produktionszahl	k.A.
Verfügbarkeit	sehr gut
Teilesituation	gut
Unterhaltskosten	mittel

Plymouth (USA) • 1928-2001

Bei Plymouth sind die Bücher längst geschlossen. Die Marke liefert ein Paradebeispiel für die Dramaturgie eines langen, großen Erfolges und eines zähen, mutlosen Endes.

1928 wurde die Marke Plymouth von Chrysler gegründet. Zuerst galt Plymouth nur als Modellbezeichnung, setzte sich aber rasch als eigene Marke durch, die in der populären Klasse gegen die Konkurrenten von Ford und Chevrolet antreten musste. Dabei galt Plymouth unter den „Drei Großen" als die qualitätvollste.

Der Erfolg kam rasch. Noch vor dem Zweiten Weltkrieg arbeitete sich Plymouth auf Platz zwei der amerikanischen Zulassungsstatistik vor. Der Erfolg ging auch nach dem zweiten Weltkrieg weiter, 1957 feierte die Marke das zehnmillionste Auto und 1960 ging man zur selbsttragenden Karosseriebauweise über.

Erst in den 1960er Jahren bekam die makellose Karriere einen deutlichen Knick. Das Design kam bei den Kunden nicht mehr gut an, Dodge – obwohl aus dem eigenen Haus – machte mühevolle Konkurrenz.

Auch in der Folgezeit kam Plymouth nicht mehr dauerhaft in Schwung. Daran konnten auch die einiges Aufsehen erregenden Retro-Modelle Prowler (1997-2001) und PT Cruiser (ab 2000) nichts mehr ändern. Nach der Fusion von Daimler-Benz mit Chrysler nutzte das neue Unternehmen die Marke Plymouth ab 2001 nicht mehr.

Plymouth Fury 1956-1959

„Plötzlich schreiben wir das Jahr 1960." Mit dieser selbstbewussten Aussage wirbt Plymouth im Jahre 1957 für den neuen Fury. Mit seiner glattgebügelten Linienführung, die ohne den sonst obligatorischen Hüftschwung auskommt, ist er seinen barock gestalteten Konkurrenten tatsächlich ein Stück voraus. Chrysler gilt in jenen Jahren als Trendsetter in Sachen Design und kann diesen Ruf mit dem Fury untermauern. 1957 erhält der Fury ausschließlich den 5,2-Liter-V8 (318 ci), der später für seine einfache Modifizierbarkeit bekannt werden sollte. Ab 1958 gibt es auf Wunsch auch den 5,7 Liter großen „Golden Commando"-V8, der als Einspritzer 315 PS leistet. Im Jahr 1959 folgt eine 5,9 Liter große Variante. Dem serienmäßigen Dreigang-Schaltgetriebe stellt Plymouth die TorqueFlite-Dreigangautomatik zur Seite, die als eine der Besten ihrer Zeit gilt.

Bild: © Chrysler

Preise	1	2	3	4	5
Fury, L4t	41.600	26.000	16.200	8.000	k.N.
Fury, Hardtop	87.700	63.700	39.400	14.700	5.600

Motor/Antrieb	
Bauart	V8
Lage/Antrieb	Front/Heck
Hubraum in cm^3	5208 bis 5907
PS/min	233/4000 bis 315/5000
Vmax in km/h	170 bis 200
Karosserie	
Bauart	Lim (2-/4-türig), Hardtop (2-/4-türig), Cab, Kombi (4-türig)
Tragstruktur	Kastenrahmen
Stückzahl und Marktsituation	
Produktionszahl	k. A.
Verfügbarkeit	ausreichend
Teilesituation	ausreichend
Unterhaltskosten	mittel

Plymouth Valiant 1963-1966

Der Erfolg des konservativ gestylten Plymouth Valiant zeigt, dass die Amerikaner sich wieder mit weniger dick auftragenden Automobilen anfreunden können. Anfangs ist die 1959 eingeführte Kompaktlimousine sogar nur mit Reihensechszylindern lieferbar, erst ab 1964 rüstet Plymouth sie auch mit einem 4,5-Liter-V8-Motor aus. Die angepeilten Konkurrenten des Valiant sind der Ford Falcon und der Chevrolet Corvair, wobei der Ford sich am besten verkauft. Trotzdem macht die Valiant-Produktion eine Zeit lang einen großen Anteil des Gesamtabsatzes der Marke aus. Der Plymouth Valiant wird auch in Australien (ab 1962 als Chrysler) und der Schweiz (ab 1960) gebaut.

Bild: © Chrysler

Preise	1	2	3	4	5
Valiant, L4t	15.800	10.000	6.400	3.900	1.700
Valiant, Hardtop	20.700	13.000	8.400	5.100	2.200
Valiant, Kom	20.000	12.600	8.000	4.700	2.500

Motor/Antrieb	
Bauart	Sechszylinder (Reihe), V8
Lage/Antrieb	Front/Heck
Hubraum in cm^3	2789 bis 4473
PS/min	102/4400 bis 182/4200
Vmax in km/h	145 bis 170
Karosserie	
Bauart	Lim (4-türig), Hardtop (2-türig), Cab, Kombi
Tragstruktur	selbsttragend
Stückzahl und Marktsituation	
Produktionszahl	k. A.
Verfügbarkeit	ausreichend
Teilesituation	ausreichend
Unterhaltskosten	mittel

Plymouth Barracuda (Gen I) 1964-1966

Den Namen des gefährlichen Raubfisches Barracuda trug dieser Plymouth nicht zu Unrecht: In seiner potentesten Fassung leistete das 2+2-sitzige Coupé immerhin 288 PS aus einem 4,5 Liter großen Achtzylindermotor. Das für amerikanische Verhältnisse erstaunlich klar gezeichnete Auto hatte nur dezente Ansätze von Heckflossen und ein großzügig verglastes Schrägheck. Die Basisversion kam dagegen mit einem recht zahmen, nur 102 PS starken 2,8-Liter-Sechszylindermotor daher. Die Modellentwicklung sah in den Jahren nach 1964 diverse Karosserieretuschen und auch noch kraftvollere Maschinen, die ihn zum würdigen Vertreter der aufblühenden Muscle-Car-Mode machten.

Bild: © Chrysler

Preise	1	2	3	4	5
Barracuda, Cpe	51.000	36.100	22.200	8.900	k.N.

Motor/Antrieb	
Bauart	Sechszylinder (Reihe), V8
Lage/Antrieb	Front/Heck
Hubraum in cm^3	2790, 3682, 4490
PS/min	102/4400 bis 288/5200
Vmax in km/h	140 bis 190
Karosserie	
Bauart	Coupé
Tragstruktur	selbsttragend
Material	Stahlblech
Stückzahl und Marktsituation	
Produktionszahl	126.068
Verfügbarkeit	schlecht
Teilesituation	schwierig
Unterhaltskosten	hoch

P

Plymouth Barracuda (Gen II) 1967-1969

Für das Modelljahr 1967 überarbeitet Plymouth die Optik seines bisher etwas schrullig gestylten Kompakt-Sportlers gründlich. Doch auch das gefällige neue Blechkleid – vor allem als Fastback überzeugt der Barracuda – ändert nichts daran, dass der stählerne Raubfisch während seiner kompletten Karriere ein Außenseiterdasein führt. Zum Vergleich: Ford kann im Jahr 1967 über 472.000 Mustang an den Mann bringen, während Plymouth gerade mal 60.000 Barracuda absetzt. Plymouth leidet unter einem Image-Problem, denn die Motorenpalette steht der Konkurrenz in nichts nach. Den Einstieg bietet ein 145 PS starker Reihensechszylinder. 1969 markiert ein 375 SAE-PS leistender 7,2-Liter-V8 in der Performance-Variante „Cuda" den Leistungszenit der zweiten Barracuda-Generation. Für das Modelljahr 1970 präsentiert die Chrysler-Tochter die dritte Generation ihres Pony Cars.

Bild: © Chrysler

Preise	1	2	3	4	5
Barracuda V8, Cpe	46.400	31.000	19.400	7.600	3.400
Barracuda V8, Cab	41.700	29.600	18.100	7.300	k.N.

Motor/Antrieb	
Bauart	Sechszylinder (Reihe), V8
Lage/Antrieb	Front/Heck
Hubraum in cm³	3682 bis 7206
PS/min	147/4000 bis 380/4600
Vmax in km/h	140 bis 190
Karosserie	
Bauart	Coupé, Cabriolet, Fließheck
Tragstruktur	selbsttragend
Material	Stahlblech
Stückzahl und Marktsituation	
Produktionszahl	k. A.
Verfügbarkeit	ausreichend
Teilesituation	ausreichend
Unterhaltskosten	mittel

Plymouth Barracuda (Gen III) 1970-1974

Ab 1970 überzeugt die dritte Version des Barracuda mit einem deutlich schärferen Styling. Auf eine echte Schrägheck-Variante verzichtet Plymouth ab sofort, das Cabriolet bleibt neben dem Stufenheck-Coupé jedoch im Programm. Das teils sehr potente Modell muss sich auch nicht mehr mit den Einschränkungen des Valiant-Chassis begnügen. Der neue Barracuda nutzt den größeren E-Body, eine breite Version der B-Plattform. Neben Reihensechszylindern montiert Plymouth auch lustvoll große V8, unter anderem den 426er Hemi, ein 425 PS starkes, wildes Monster. Doch der Zenit ist erreicht, die Versicherung solcher Fahrzeuge wird auch in den USA irrwitzig teuer, zudem gelten immer strengere Abgasvorschriften. Als dann auch noch die Ölkrise den Spaß an Leistung verdirbt, zieht Plymouth 1974 nach exakt 10 Jahren den Schlussstrich unter sein Barracuda-Kapitel.

Bild: © Chrysler

Preise	1	2	3	4	5
Barracuda Gran Coupé 383 (70-71), Cpe	88.800	56.500	36.300	14.800	k.N.
Barracuda 340 (70-71), Cpe	116.200	74.000	47.500	19.400	k.N.
Barracuda 318 (72-74), Cpe	57.100	40.800	26.200	10.600	k.N.

Motor/Antrieb	
Bauart	Sechszylinder (Reihe), V8
Lage/Antrieb	Front/Heck
Hubraum in cm³	3244 bis 7210
PS/min	102/4000 bis 431/4800
Vmax in km/h	150 bis 235
Karosserie	
Bauart	Coupé, Cabriolet
Tragstruktur	selbsttragend
Material	Stahlblech
Stückzahl und Marktsituation	
Produktionszahl	k. A.
Verfügbarkeit	ausreichend
Teilesituation	ausreichend
Unterhaltskosten	mittel

Plymouth Road Runner Superbird 1970

Ende des Jahres 1969 erblickt der Charger Daytona das Licht der Welt – es lebe das „Wing Car"! Die Ingenieure der Konzernschwester Plymouth optimieren den Road Runner nach dem Vorbild des Daytona mit einem mächtigen Heckflügel und einer strömungsgünstigen Frontverkleidung. Sein neuer Name: „Superbird". Acht Laufsiege stehen am Ende der 1970er-Rennsaison in den Büchern. Das NASCAR-Reglement schreibt eine straßentaugliche Variante vor, von der Plymouth 1970 rund 1800 Stück verkaufen kann – die meisten jedoch nur mit großzügigen Rabatten. Serienmäßig ist der Superbird mit einem 380 PS starken 440-cid-V8 bestückt, optional bot Plymouth noch eine 431 PS starke Hemi-Variante an. Im Alltag ist die unübersichtliche Karosserie ein Hindernis, zudem verursacht die kleine Kühlermaske im Stadtverkehr Thermikprobleme. Heute spielt das keine Rolle mehr: Längst sind die so genannten „Wing Cars" Kult – und wegen der geringen Stückzahl selten und teuer.

Bild: © Chrysler

Preise	1	2	3	4	5
Road Runner Superbird, Cpe	k.N.	270.000	150.000	k.N.	k.N.

Motor/Antrieb	
Bauart	V8
Lage/Antrieb	Front/Heck
Hubraum in cm³	6974 bis 7206
PS/min	380/4600 bis 431/5000
Vmax in km/h	k.A.
Karosserie	
Bauart	Coupé
Tragstruktur	selbsttragend
Material	Stahlblech
Stückzahl und Marktsituation	
Produktionszahl	k. A.
Verfügbarkeit	schlecht
Teilesituation	ausreichend
Unterhaltskosten	hoch

P

Pontiac (USA) • 1926-2010

Pontiac entstand 1926 als neue Marke im General Motors-Konzern. Alfred P. Sloan, der damals das Unternehmen führte, wünschte sich einen „Wagen für jeden Geldbeutel" aus seinem Haus. Und da zwischen den preiswerten Chevrolet und den teuren Cadillacs eine große Lücke klaffte, wurde Pontiac geschaffen, um sie zu schließen.

Die Marke übernahm den Namen ihres Sitzes, der Stadt Pontiac in Michigan. Sie ist nach dem großen Indianerhäuptling der Ottawa, Chief Pontiac, benannt, der im 18. Jahrhundert gegen die Briten kämpfte, die das Stammesgebiet der Ottawa zu kolonialisieren trachteten. Der stilisierte Indianerkopf erinnert an die Geschichte.

Pontiac wurde als Marke parallel zu Oakland aufgebaut. Oakland gehörte seit der General Motors-Gründung 1908 zum Konzern, war aber wenig erfolgreich. Tatsächlich überrundete Pontiac die Schwestermarke Oakland aus dem Stand, unter anderem dank günstigerer Preise.

Im General Motors-Konzern spielte Pontiac weiter die Rolle individualisierter Chevrolets. Skurril: 1961 fand sich im Pontiac-Programm der einzige Vierzylindermotor amerikanischer Produktion – und zwar mit rekordverdächtigen 3,2 Litern Hubraum. Außergewöhnlich in der Pontiac-Geschichte, die von adaptierten Modellen lebt, war zudem der Fiero – das von 1983 bis 1988 gebaute Mittelmotor-Coupé entstand damals als eigene Konstruktion.

2009 kündigte General Motors an, die Marke Pontiac nicht fortzuführen. Im Oktober 2010 entstand der letzte Wagen mit Pontiac-Logo, bezeichnenderweise rollte er in Südkorea von einem Daewoo-Band.

Pontiac Tempest 1961-1962

Der Sturm, den Pontiac mit dem Modell Tempest gern entfacht hätte, entwickelte sich zum lauen Lüftchen: Trotz großer innovativer Kraft, die mit selbsttragender Bauweise der zurückhaltend gezeichneten Karosserie, Transaxle-Anordnung des Getriebes und rekordverdächtigem 3,2 Liter großen Vierzylindermotor dokumentiert wurde, verhielt sich die Kundschaft recht zurückhaltend. Ergänzend war auch ein V-Achtzylinder aus Aluminium in der Motorenpalette, ein Triebwerk, das aber bald an Rover verkauft wurde und von dort aus in viele verschiedene Fahrzeuge gelangte. Als Karosserievarianten wurden zwei- und viertürige Limousinen, ein Kombi und ein Cabriolet angeboten.

Bild: © GM Corp.

Preise	1	2	3	4	5
Tempest (`61-`62), Cpe	23.800	17.200	10.900	5.600	1.900
Tempest (`61-`62), L4t	25.100	16.600	10.900	5.500	2.700
Tempest (`62), Cab	25.000	18.500	11.300	5.900	2.300

Motor/Antrieb	
Bauart	Vierzylinder (Reihe), V8
Lage/Antrieb	Front/Heck
Hubraum in cm^3	3185, 3535
PS/min	112/3800 bis 157/4600
Vmax in km/h	140 bis 160
Karosserie	
Bauart	Lim (2-/4-türig), Cpe, Kombi (5-türig), Cab
Tragstruktur	selbsttragend
Stückzahl und Marktsituation	
Produktionszahl	243.976
Verfügbarkeit	gegen null
Teilesituation	schwierig
Unterhaltskosten	hoch

Pontiac Grand Prix (Generation 1) 1962-1968

Pontiac baute ab 1962 mit dem neuen Grand Prix die Varianten des Modellprogramms aus. Als Basis diente das Catalina Coupé, das jedoch sportlicher und hochwertiger ausgestattet wurde. Die Motoren entsprachen wiederum der Catalina-Serie und starteten mit einem 6,4-Liter-V8 (389 cui), der gut 300 PS leistete. Es gab zudem eine ganze Reihe an weiteren Motorisierungsoptionen, bis hin zu einem 405 PS starken 7,0-Liter-V8 (421 cui) – vordere Scheibenbremsen kamen allerdings erst 1967 als aufpreispflichtiges Extra. Bis 1968, dem Ende der ersten Generation, änderten sich Karosserie und Ausstattung jährlich. Ausschließlich im Modelljahr 1967 gab es zudem eine Cabriolet-Variante des Grand Prix.

Bild: © GM Corp.

Preise	1	2	3	4	5
Grand Prix, Cpe	40.500	32.700	24.600	12.900	7.400

Motor/Antrieb	
Bauart	V8
Lage/Antrieb	Front/Heck
Hubraum in cm^3	6400, 6900
PS/min	303 bis 370
Vmax in km/h	k. A.
Karosserie	
Bauart	Coupé, Cabriolet
Tragstruktur	selbsttragend
Material	Stahlblech
Stückzahl und Marktsituation	
Produktionszahl	k.A.
Verfügbarkeit	ausreichend
Teilesituation	gut
Unterhaltskosten	mittel

Pontiac GTO 1964

Bevor Pontiac mit dem GTO die Ära der High Performance Cars einläutet, haftet der Marke ein biederes Image an. Die Wende kommt im Herbst 1963: Die entzückende Linienführung des für amerikanische Verhältnisse kompakten Le Mans-Coupés in Verbindung mit dem 325 oder wahlweise 348 SAE-PS starken 6,4-Liter-V8 trifft den Nerv der Zeit. Die Viertelmeile aus dem Stand schafft der Le Mans Temptest GTO in 15 Sekunden, was ihn zum König aller Ampel-Duelle macht. Im Jahre 1964 kann der Le Mans Temptest GTO 32.450 Käufer überzeugen. Obwohl Pontiac ein üppiges Zubehör-Programm am Start hat, werden die meisten GTO mit relativ karger Ausstattung geordert, was den Profit schmälert. 1965 erreicht der Urvater aller Muscle Cars den Status einer eigenständigen Modellreihe und ist somit keine bloße Ausstattungsvariante mehr.

Bild: © GM Corp.

Preise	1	2	3	4	5
GTO, Cpe	48.700	32.200	21.100	10.100	4.800
GTO, Cab	63.500	42.000	27.500	13.900	6.600

Motor/Antrieb	
Bauart	V8
Lage/Antrieb	Front/Heck
Hubraum in cm^3	6364
PS/min	330/4800, 353/4900
Vmax in km/h	ca. 190
Karosserie	
Bauart	Coupé, Cabrio
Tragstruktur	Kastenrahmen
Material	Stahlblech
Stückzahl und Marktsituation	
Produktionszahl	32.450
Verfügbarkeit	ausreichend
Teilesituation	gut
Unterhaltskosten	mittel

Pontiac Firebird 1967-1970

Im Januar 1967 wird der Pontiac Firebird der Öffentlichkeit vorgestellt. Division-Chief DeLorean wünscht sich ursprünglich einen kompakten Sportwagen, allerdings sind die nötigen Kapazitäten hierfür nicht vorhanden. So entscheidet sich Pontiac für die Entwicklung eines Muscle Cars unterhalb des GTO und bedient sich des Chassis des 1966 eingeführten Ford Mustang-Killers Chevrolet Camaro. Optisch ist der Firebird unverkennbar ein Pontiac, was er vor allem seiner charakteristischen Kühlermaske zu verdanken hat. Auf der Motoren-Seite stehen ausschließlich Eigenentwicklungen zur Auswahl. Sechs- und Achtzylindermaschinen leisten zwischen 117 und 340 PS. Topmodell ist der Firebird 400, zu dessen umfangreicher Ausstattung Zusatzinstrumente, eine kurz übersetzte Hinterachse und vordere Scheibenbremsen gehören.

Bild: © GM Corp.

Preise	1	2	3	4	5
Firebird 250 R6 (1967-1969), Cpe	56.300	35.100	22.100	10.200	5.000
Firebird 350 V8 (1967-1969), Cpe	61.500	38.400	24.100	11.200	5.400
Firebird 400 V8 (1967-1969), Cab	66.400	41.500	26.000	12.100	5.800

Motor/Antrieb	
Bauart	Sechszylinder (Reihe), V8
Lage/Antrieb	Front/Heck
Hubraum in cm^3	4093 bis 6558
PS/min	117/4800 bis 340/5300
Vmax in km/h	165 bis 185
Karosserie	
Bauart	Coupé, Cabrio
Tragstruktur	selbsttragend
Material	Stahlblech
Stückzahl und Marktsituation	
Produktionszahl	k. A.
Verfügbarkeit	ausreichend
Teilesituation	gut
Unterhaltskosten	mittel

Pontiac Firebird II — 1970-1982

1970 präsentiert Pontiac den Firebird für das neue Jahrzehnt. Wie schon bei der ersten Generation ihrer Pony Cars, arbeiten Chevrolet und Pontiac auch diesmal zusammen. So tragen Firebird sowie auch Camaro ein Blechkleid, das diverse italienische Vorbilder zitiert. Auffällig sind die in Wagenfarbe lackierte Kunststoffnase und Heckverkleidung – auf verchromten Rammschutz wird komplett verzichtet. Die zweite Auflage des „Feuervogels" schlägt bei weitem nicht so ein wie die erste: 48.700 Exemplare kann Pontiac im ersten Jahr absetzen. Eine echte Rarität bleibt der 370 PS starke Firebird Trans Am Ram Air IV – nur 88 Mal wird das Pony Car in dieser Konfiguration geordert. 1977 wird der Firebird II einem umfangreichen Facelift unterzogen, 1982 folgt die dritte Auflage.

Bild: © GM Corp.

Preise	1	2	3	4	5
Firebird 350 V8 (1972-1974), Cpe	37.900	23.700	14.700	6.500	3.300
Firebird Formula (1975-1976), Cpe	39.300	24.600	15.300	6.700	3.400
Firebird Trans AM LE (1978-1979), Cpe	53.600	37.800	24.000	12.500	7.600

Motor/Antrieb	
Bauart	Sechszylinder (Reihe), V8
Lage/Antrieb	Front/Heck
Hubraum in cm³	4093 bis 6558
PS/min	157/4200 bis 370/5000
Vmax in km/h	160 bis 205
Karosserie	
Bauart	Coupé
Tragstruktur	selbsttragend
Material	Stahlblech
Stückzahl und Marktsituation	
Produktionszahl	k. A.
Verfügbarkeit	ausreichend
Teilesituation	gut
Unterhaltskosten	mittel

Pontiac Firebird III (3. Generation) — 1982-1992

Der Öl-Schock saß tief, so tief, dass General Motors sich für die dritte Auflage des sportlichen Coupés allerlei ausdachte: Leichter und kleiner musste er wieder werden, auch Vierzylindermotoren hielten Einzug. Immerhin verwarfen die Entwickler den angedachten Frontantrieb wieder. Der Pontiac Firebird baute auf derselben Basis auf wie der Chevrolet Camaro, Pontiac bot ihn neben der Basisversion auch als S/E, Formula und Trans Am an, der stärksten und schnellsten Ausführung. Charakteristisch für die dritte Firebird-Generation sind die versenkten Scheinwerfer, zudem gab es eine Cabrio-Ausführung. Das populäre Modell bot Pontiac auch mit V6- und V8-Motoren an, zudem in einigen Sonderserien, die heute unter Sammlern begehrt sind. Berühmt wurden Firebirds dieser Serie in ihren Filmrollen in „Smokey and the Bandit" und als KITT in „Knight Rider". Nach stetigen Überarbeitungen erhielt der Firebird 1991 ein deutliches Facelift mit einer längeren, flacheren Front.

Bild: © GM Corp.

Preise	1	2	3	4	5
Firdebird Trans AM (1982-1984), Cpe	25.700	18.000	11.400	6.000	3.500
Firebird 5.0 (1989-1992), Cpe	16.700	11.700	7.500	3.900	2.300

Motor/Antrieb	
Bauart	Vierzylinder (Reihe), V6, V8
Lage/Antrieb	Front/Heck
Hubraum in cm³	2471 bis 5733
PS/min	93 bei 4400 bis 228 bei 4400
Vmax in km/h	155 bis 220
Karosserie	
Bauart	Coupé , Cabriolet
Tragstruktur	selbsttragend
Material	Stahlblech
Stückzahl und Marktsituation	
Produktionszahl	k.A.
Verfügbarkeit	gut
Teilesituation	gut
Unterhaltskosten	mittel

Pontiac Fiero — 1983-1988

Er ist speziell, der Fiero: Pontiac hatte keine echte Tradition im Bau zweisitziger Sportwagen, zudem baute niemand in den USA ein Großserienautomobil mit Mittelmotor. Seine knappe, modern und betont sportlich gezeichnete Karosserie nutzte Kunststoffteile, die flache Front mit den versenkbaren Scheinwerfern spiegelte den sportlichen Stil ihrer Zeit. Neben einer Version mit Stufenheck bot Pontiac auch ein Schrägheck an. Als Motoren kamen ein Vierzylinder sowie – im Fiero GT ab 1985 – ein V6 zum Einsatz, und neben Vier- und Fünfgangschaltgetrieben (unter anderem von Getrag) gab es den Fiero auch mit einer Dreigang-Automatik. Die Nachfrage in den USA war anfangs enorm hoch, auch wenn es deutliche Stimmen gab, die mehr Leistung und modernere Motoren forderten. Wegen seines Radstandes und seiner Karosseriebauart diente der Fiero später vielen Ferrari-Imitationen als Basis, die unter anderem das Design des Testarossa oder F355 aufnahmen.

Bild: © GM Corp

Preise	1	2	3	4	5
Fiero SE, Cpe	19.900	11.600	6.900	3.000	k. N.

Motor/Antrieb	
Bauart	Vierzylinder (Reihe), V6
Lage/Antrieb	Mitte/Heck
Hubraum in cm³	2471, 2838
PS/min	93 bei 4440 bis 142 bei 5200
Vmax in km/h	170 bis 200
Karosserie	
Bauart	Coupé
Tragstruktur	Spaceframe
Material	Kunststoff
Stückzahl und Marktsituation	
Produktionszahl	k. A.
Verfügbarkeit	gut
Teilesituation	gut
Unterhaltskosten	mittel

P

Porsche (D) • seit 1948

Bild: © Porsche AG

Er schuf den legendären Käfer: Ferdinand Porsche (1875–1951).

Als Konstrukteur hatte sich der charismatische wie cholerische Ferdinand Porsche längst einen guten Namen geschaffen, bevor er sich im April 1931 mit einem eigenen Büro in Stuttgart selbständig machte. Mit dem legendären Volkswagen Käfer entwickelte Porsche in dieser Zeit eines der wichtigsten Modelle der Automobilgeschichte.

Sportwagen, die den Namen Porsche trugen, entstanden erst ab 1948. Unter der Konstruktionsnummer 356 hatte Ferdinands Sohn Ferry im österreichischen Gmünd aus Käfer-Bauteilen einen Sportwagen konstruiert, der in abgewandelter Form ab 1950 in Serie gefertigt wurde. Frühe Sporterfolge machten aus dem kleinen Hersteller innerhalb weniger Jahre eine Firma von Weltruf.

Mit dem Porsche 911, der 1963 vorgestellt wurde, entstand ein Klassiker, der durch konstante Weiterentwicklung (und treue Fans) bis heute eine tragende Säule des Porsche-Geschäfts ist. Neben eigenen Automobilen gilt das Entwicklungszentrum in Weissach als Kernstück des Unternehmens: Hier werden unter anderem Fahrwerke und Motoren für verschiedene Hersteller entwickelt und verfeinert.

Ende der Achtziger schlitterte Porsche knapp am Abgrund vorbei, Gerüchte von einer Übernahme eines der kleinsten Automobilhersteller weltweit kursierten ohne Unterlass. Der 928 mit seinem V8 und die Vierzylindermodelle 924 und 944 waren ausrangiert, doch allein mit dem immer noch in handwerklicher Manier gefertigten 911 war eine Rückkehr in die Gewinnzone unmöglich.

Die überraschende Kehrtwende gelang unter der Führung von Porsche-Chef Wendelin Wiedeking, der 1992 mit gerade 39 Jahren das Ruder in Zuffenhausen übernommen hatte. Er brachte die Produktion auf modernen Industriestandard, schmerzliche Maßnahmen wie die Entlassung zahlloser treuer Porsche-Werker eingeschlossen. Heftiger Protest war die Folge, doch der mutige Coup gelang: Porsche schaffte – dank verschlankter Produktion und des vom Markt akzeptierten neuen Boxster – die Rückkehr zu schwarzen Zahlen. Zum Erfolg trägt seit 2002 auch der Geländewagen Cayenne in erheblichem Maße bei – übrigens nach dem legendären Geländefahrzeug Jagdwagen von 1955 erst der zweite Offroader aus der Stuttgarter Sportwagenschmiede. 2008 kam die Sport-Limousine Panamera als weitere Baureihe hinzu. Auch sonst brachen alte Dogmen weg: Sogar Dieselmotoren sind inzwischen möglich. 2005 begann das Porsche-Engagement bei Volkswagen, und seit 2007 war bekannt, dass Porsche die Mehrheit in Wolfsburg anstrebte. Finanzielles Geschick hat der Sportwagenbauer jedenfalls bewiesen: 2008 gelang ihm das Kunststück, mehr Geld zu verdienen als Umsatz gemacht zu haben. Die Ausgangslage änderte sich jedoch dramatisch. Infolge des gescheiterten Übernahmeversuchs seitens der Stuttgarter, erwarb im Gegenzug nun die Volkswagen AG am 7. Dezember 2009 einen Anteil von 49,9 Prozent an dem Sportwagenbauer und gliederte Porsche als zehnte Automarke in den weltweit größten Autokonzern ein.

Bild: © Porsche AG

Prägte über Jahrzehnte die Heckmotor-Boxer: Ferdinand „Ferry" Porsche (1909–1998).

Zum 1. August 2012 hatte die Volkswagen AG die Porsche AG komplett übernommen. An der Volkswagen AG wiederum ist die Porsche Automobil Holding SE – also nicht der Automobilproduzent, sondern eine reine Beteiligungsgesellschaft – mit knapp über 50 Prozent der Stimmrechte beteiligt.

Nach einigen starken Jahren ist die Stimmung bei Porsche aktuell gedämpft. Oliver Blume musste seinen Chefposten räumen, er hat bei Volkswagen genug zu tun. Ihm folgt zu Jahresanfang 2026 Michael Leiters nach. Für das Jahr 2025 hatte Porsche die Umsatzprognose nach unten anpassen müssen, Gewinn und Rendite sind geschrumpft. Zugleich stottert das China-Geschäft, die E-Mobilität läuft zäher an als erhofft, die US-Zölle lasten auf den Zahlen. Die nächsten Jahre werden auch für Porsche viel entscheiden.

Flotte Fünfziger: Porsche 356 und Derivate

Vom Käfer-Derivat zum Rennsport-Heißsporn – schon das Debüt der Sportwagenschmiede namens Porsche zeigte, welches Potenzial ein durchdachtes Fahrzeug-Konzept auf die Straße bringen konnte: Der Porsche 356, für viele bis heute eines der schönsten Coupés der Aufbau-Ära. Konzipiert und handgedengelt im österreichischen Gmünd, liefen die ersten Serien-356er ab 1950 im Stuttgarter Stadtteil Zuffenhausen vom Band. Kraftvolle Fahrleistungen bei einem elegant-exklusiven Blechkleid waren die Hauptkriterien, mit denen das Zuffenhausener Coupé Akzente setzte, ohne dabei überschwänglich luxuriös zu wirken.

Die Kunden standen darauf: Über 54.000 Exemplare der Modellreihen Vor-A und A bis C verließen zwischen 1949 und 1966 die Porsche-Manufaktur, um nur wenige Jahre später als Kultgefährt wiederentdeckt zu werden.

Zusätzlichen Ruhm erntete der Stuttgarter Schönling durch seine Auftritte an der Seite bekannter Hollywoodschauspieler wie Michael J. Fox, Eddie Murphy oder dem berühmtesten Porscheliebhaber der Filmgeschichte, James Dean, dessen ausgeprägtes Faible für Porsche im Kauf eines 550er Spyder gipfelte, hinter dessen Steuer er 1955 tödlich verunglückte. Auch wenn das Wrack zur Abschreckung durch die USA gefahren wurde, tat dies dem Kult um die kompromisslose Sportvariante des 356er keinerlei Abbruch: Der 550 Spyder ist heute einer der begehrtesten Porsche überhaupt.

Porsche 356, 356 Super — 1949-1955

Noch vor der Serienherstellung des im März 1949 offiziell vorgestellten Porsche 356 entstanden in Gmünd/Österreich 23 Aluminium-Coupés und 23 Fahrgestelle für Cabrio-Karosserien. Ab April 1950 wurde in Stuttgart-Zuffenhausen das 1100 Coupé, wenig später auch das Cabriolet gefertigt. Sie kosteten 10.200 und 12.200 Mark. Im nächsten Jahr folgte der stärkere 1300-cm³-Motor – zum gleichen Preis. Mitte 1952 ging die ungeteilte, geknickte Frontscheibe in Serie, ab Oktober sind die Wagen acht Zentimeter länger und haben größere Bremsen. Der Zusatz Super bei den Modellen der Jahre 1953 bis 55 kennzeichnet Motoren mit mehr Leistung. Die erste Speedster-Generation ab September 1954 kostete 13.300 Mark.

Bild: © Dieter Rebmann

Preise	1	2	3	4	5
356 (Ser. 1950-1952), Cpe	480.000	400.000	300.000	250.000	k.N.
356 (Ser. 1950-1952), Cab	570.000	470.000	370.000	280.000	k.N.

Motor/Antrieb	
Bauart	Vierzylinder (Boxer)
Lage/Antrieb	Heck/Heck
Hubraum in cm³	1086, 1286, 1290, 1488
PS/min	40/4000 bis 70/5000
Vmax in km/h	140 bis 175
Karosserie	
Bauart	Coupé, Cabriolet, Speedster
Tragstruktur	Kastenrahmen
Material	Stahlblech
Stückzahl und Marktsituation	
Produktionszahl	7627
Verfügbarkeit	schlecht
Teilesituation	ausreichend
Unterhaltskosten	mittel

P

Porsche 356 A — 1955-1959

Nach außen ist die Weiterentwicklung des ersten Porsche 356 an der gewölbten Frontscheibe zu erkennen. Bei dieser Baureihe war der 1100er-Motor nicht mehr lieferbar, doch schon der aufgebohrte 1500er-Motor zeigt im 356 A 1600 Super mit 75 PS, wohin die Richtung geht: Leistung. Der legendäre Fuhrmann-Motor mit vier Nockenwellen wurde im Carrera kommerzialisiert. Der 1300er-Motor lief im Sommer 1957 nach einigen hundert gebauten Wagen aus, im Folgejahr ersetzte der Convertible D mit Drauz-Karosserie den Speedster. Die Preise lagen bei 11.400 Mark für das 1300 Coupé und 15.750 Mark für den 1600 Super mit Hardtop oder als Cabriolet.

Bild: © Porsche AG

Preise	1	2	3	4	5
356 A 1600 (Ser. 1955-1957), Cpe	144.000	102.000	74.000	47.000	k.N.
356 A 1600 (Ser. 1955-1957), Cab	178.000	137.000	96.000	64.000	k.N.
356 A 1600 Conv. D (Ser. 1958-1959), Cab	193.000	149.000	104.000	68.000	k.N.

Motor/Antrieb	
Bauart	Vierzylinder (Boxer)
Lage/Antrieb	Heck/Heck
Hubraum in cm^3	1290, 1582
PS/min	44/4200 bis 75/5000
Vmax in km/h	145 bis 175
Karosserie	
Bauart	Coupé, Cabriolet, Speedster
Tragstruktur	Kastenrahmen
Material	Stahlblech
Stückzahl und Marktsituation	
Produktionszahl	21.045
Verfügbarkeit	ausreichend
Teilesituation	ausreichend
Unterhaltskosten	mittel

Porsche 1500/1600 GS Carrera — 1955-1959

Als extremer Kurzhub-Motor brauchte die Carrera-Maschine keine Scheu vor hohen Drehzahlen zu haben. Seine Maximalleistung erreichte er bei über 6000 Umdrehungen und erst wenig vorher (bei 5000 bis 5500/min) lag auch das höchste Drehmoment an. Der Sportmotor machte die 835 bis 900 Kilogramm schweren Speedster, Coupés und Cabriolets aber rund 200 km/h schnell. Technisch aufwändig, mit Doppelzündung und Nockenwellenantrieb über Königswellen, blieben diese Carrera-Modelle, die als de Luxe- und Gran Turismo-Versionen lieferbar waren, denkbar selten.

Bild: © Porsche AG

Preise	1	2	3	4	5
356 A Carrera GS, Cpe	580.000	460.000	380.000	k.N.	k.N.
356 A Carrera GS, Cab	640.000	520.000	420.000	k.N.	k.N.

Motor/Antrieb	
Bauart	Vierzylinder (Boxer)
Lage/Antrieb	Heck/Heck
Hubraum in cm^3	1498, 1588
PS/min	100/6200 bis 115/6500
Vmax in km/h	200
Karosserie	
Bauart	Coupé, Cabriolet, Speedster
Tragstruktur	Kastenrahmen
Material	Stahlblech
Stückzahl und Marktsituation	
Produktionszahl	ca. 700
Verfügbarkeit	gegen null
Teilesituation	schwierig
Unterhaltskosten	hoch

Porsche 356 Speedster — 1955-1958

Kennzeichnend für diese 356-Variation ist die flache Frontscheibe, die die Bauhöhe von 1,31 auf 1,22 Meter sinken lässt. Dank reduzierter Ausstattung war der Speedster auch leichter als die anderen 356: 40 bis 65 Kilogramm weniger Gewicht als das Convertible oder Cabriolet brachte er auf die Waage. Lieferbar mit 60 und 75 PS (im Super), aber auch mit dem 100 bis 110 PS starken 1500er Carrera-Motor, kostete die Legende zwischen 1955 und 1958 11.900 bis 17.700 Mark. Noch im September 1957 hatte er an der Modellpflege teilhaben dürfen, die beispielsweise den Umstieg von der Spindel- auf eine Schneckenlenkung brachte. James Dean war einer der populärsten Speedster-Kunden, bei seinem tragischen Unfall jedoch saß er im Typ 550.

Bild: © Porsche AG

Preise	1	2	3	4	5
356 A Speedster 1600 S, Rds	360.000	280.000	230.000	140.000	k.N.
356 1500 Speedster, Rds	380.000	280.000	226.000	145.000	k.N.

Motor/Antrieb	
Bauart	Vierzylinder (Boxer)
Lage/Antrieb	Heck/Heck
Hubraum in cm^3	1498, 1582
PS/min	60/4500 bis 110/6400
Vmax in km/h	160 bis 200
Karosserie	
Bauart	Speedster
Tragstruktur	Kastenrahmen
Material	Stahlblech
Stückzahl und Marktsituation	
Produktionszahl	k.A.
Verfügbarkeit	gut
Teilesituation	ausreichend
Unterhaltskosten	hoch

P

Porsche Spyder 550, Spyder 550 A — 1955-1957

Ist er nur ein Auto? Der knackige Porsche Spyder schrieb an so vielen Legenden und Geschichten mit, dass er als eine der ganz großen Ikonen der Automobilgeschichte gilt. Konzentrieren wir uns auf die Fakten: Das rundum gründlich optimierte 356-Derivat erhielt ab Werk einen 1,5 Liter großen, luftgekühlten Boxer, der zwischen Passagieren und Hinterachse platziert wurde. Seine Besonderheit: Zwei Königswellen trieben die beiden obenliegenden Nockenwellen pro Zylinderbank an. Damit stellte der extrem flach gezeichnete Spyder 110 PS zur Verfügung, gut für rund 220 km/h Höchstgeschwindigkeit. Auch die leichte Alu-Karosserie von Wendler trug zu den guten Leistungsdaten bei. Der kleine Porsche meinte es also ernst, und viele Käufer setzten den Spyder erfolgreich im Motorsport ein. Unter anderem Kino-Rebell James Dean, der im September 1955 auf dem Weg zu einem Rennen tödlich verunglückte.

Preise	1	2	3	4	5
550/550 A, Rds	je nach Originalität und Historie 4 Mio. Euro				

Motor/Antrieb	
Bauart	Vierzylinder (Boxer)
Lage/Antrieb	Heck/Heck
Hubraum in cm^3	1498
PS/min	110/6200, 135/7200
Vmax in km/h	220, 240
Karosserie	
Bauart	Speedster
Tragstruktur	Kastenrahmen
Material	Stahlblech
Stückzahl und Marktsituation	
Produktionszahl	90
Verfügbarkeit	schlecht
Teilesituation	ausreichend
Unterhaltskosten	hoch

Porsche 356 B — 1959-1963

Ab September 1959 bot Porsche den Typ 356 mit sprichwörtlichem Facelift an: Stoßstangen und Scheinwerfer lagen nun rund 10 Zentimeter höher als beim Vorgänger. Der 1300er-Motor wurde nicht mehr angeboten, doch den 1600er gab es auch als stärkere Super 90-Variante. Die Karosserielänge war auf 4,01 Meter gewachsen. Modelle ab Herbst 1961 fallen durch größere Fenster auf und den Motorhaubendeckel mit zwei Lüftungsgittern. Die Hardtop-Cabriolets fertigte Karmann. Der für den Motorsport 1960/61 gefertigte 1600 GS Carrera GT wurde in Leichtbauweise hergestellt und kam auf etwa 40 Exemplare.

Bild: © Porsche AG

Preise	1	2	3	4	5
356 B 1600 N, Cpe	98.000	65.000	47.000	31.000	k.N.
356 B 1600 N, Cab	138.000	100.000	73.000	46.000	k.N.
356 B S 90, Cab	159.000	119.000	83.000	53.000	k.N.

Motor/Antrieb	
Bauart	Vierzylinder (Boxer)
Lage/Antrieb	Heck/Heck
Hubraum in cm³	1582, 1588
PS/min	60/4500 bis 115/6500
Vmax in km/h	160 bis 200
Karosserie	
Bauart	Coupé, Cabriolet, Roadster, Hardtop
Tragstruktur	Kastenrahmen
Material	Stahlblech
Stückzahl und Marktsituation	
Produktionszahl	30.963
Verfügbarkeit	ausreichend
Teilesituation	ausreichend
Unterhaltskosten	mittel

Porsche 356 B und C 2000 GS Carrera 2 — 1961-1964

Anders als der Leichtbau-1600 GS Carrera GT hatte der 2000 GS Carrera 2 eine normale, reichhaltige Ausstattung. Ein neuer Motor mit vollen zwei Litern Hubraum, aber ebenfalls vier Nockenwellen und der aufwändigen Doppelzündung sorgte für stolze 130 PS und, bei 1020 Kilogramm Leergewicht, für ebenso stolze Fahrleistungen. Neun Sekunden reichten für den Sprint von null auf 100 km/h. Die Carrera 2 kosteten als Coupé, Cabriolet und Hardtop/Cabriolet 23.700, 24.850 und 25.750 Mark.

Bild: © Porsche AG

Preise	1	2	3	4	5
2000 GS Carrera, Cpe	570.000	460.000	390.000	k.N.	k.N.

Motor/Antrieb	
Bauart	Vierzylinder (Boxer)
Lage/Antrieb	Heck/Heck
Hubraum in cm³	1966
PS/min	130/6200
Vmax in km/h	200
Karosserie	
Bauart	Coupé, Cabriolet, Hardtop
Tragstruktur	Kastenrahmen
Material	Stahlblech
Stückzahl und Marktsituation	
Produktionszahl	436
Verfügbarkeit	gegen null
Teilesituation	schwierig
Unterhaltskosten	hoch

Porsche 356 C — 1963-1965

Die letzte Serie der 356-Baureihe versteckt ihre wesentlichen Änderungen unterm Blech: Wie beim Carrera 2 seit 1962 werden alle vier Räder mit Scheibenbremsen verzögert. Das Motorenangebot ist um die 60-PS-Version verkürzt worden. Die 75-PS-Ausführung (1600 C) ist ebenso überarbeitet wie der 1600 SC, der auf 95 PS kommt. Und zur Wahl stehen nur noch Coupé-, Cabriolet- und Hardtop/Cabriolet-Karosserie, sie kosten zwischen 15.000 und 16.900 Mark. In Zuffenhausen sind indes die Weichen in Richtung Zukunft gestellt. Schon im Herbst 1963 wird der Porsche 911 (zunächst als 901) vorgestellt.

Bild: © Porsche AG

Preise	1	2	3	4	5
356 C 1600, Cpe	111.000	78.000	57.000	37.000	k.N.
356 C 1600, Cab	153.000	116.000	82.000	52.000	k.N.
356 C 1600 SC, Cpe	119.000	85.000	61.000	40.000	k.N.
356 C 1600 SC, Cab	173.000	133.000	94.000	63.000	k.N.

Motor/Antrieb	
Bauart	Vierzylinder (Boxer)
Lage/Antrieb	Heck/Heck
Hubraum in cm³	1582
PS/min	75/5200 bis 95/5800
Vmax in km/h	175 bis 185
Karosserie	
Bauart	Coupé, Cabriolet, Hardtop
Tragstruktur	Kastenrahmen
Material	Stahlblech
Stückzahl und Marktsituation	
Produktionszahl	16.668
Verfügbarkeit	ausreichend
Teilesituation	ausreichend
Unterhaltskosten	mittel

P

Porsche 904, Carrera GTS 1963-1965

Was passiert, wenn Rennsporttechnik mit künstlichen Karosseriewerkstoffen kombiniert wird, bewiesen Porsche und der Ludwigshafener Chemie-Konzern BASF in den 1960er Jahren: 180 PS bei einem Gewicht von 650 Kilogramm verhalfen dem Porsche 904 Carrera GTS mühelos zu Geschwindigkeiten von annähernd 260 Stundenkilometern – Eckdaten, die den Schwaben zu einem der schnellsten Straßenwagen seiner Zeit machten. Dies hatte einen Grund, denn dort wurde der Kunststoff entwickelt, der ihn gegenüber seinem Vorgänger um 150 Kilogramm erleichterte. Der 904 gilt darüber hinaus als erster aus Kunststoff gefertigter Porsche überhaupt – ein Status, der ihn neben der geringen Stückzahl (120 Exemplare) zur großen Rarität aus Zuffenhausen macht.

Bild: © BASF Unternehmensarchiv LU/Rhein

Preise	1	2	3	4	5
904 Carrera GTS, Cpe	je nach Originalität und Historie bis zu 2,5 Mio. Euro				

Motor/Antrieb	
Bauart	Vier-/Sechs-/Achtzylinder (Boxer)
Lage/Antrieb	Mitte/Heck
Hubraum in cm^3	1966, 1991, 1982, 2195
PS/min	155/6900 bis 270/8600
Vmax in km/h	über 250
Karosserie	
Bauart	Coupé
Tragstruktur	Kastenrahmen
Material	Kunststoff
Stückzahl und Marktsituation	
Produktionszahl	ca. 120
Verfügbarkeit	schlecht
Teilesituation	schwierig
Unterhaltskosten	hoch

Porsche Carrera 6 Coupé, Bergspyder (906) 1965-1966

Jeder Carrera-Rennbahnbesitzer kennt ihn: den Porsche 906, Verkaufsbezeichnung Carrera 6. Denn der Deal zwischen der Spielwarenfabrik JNF und dem damaligen Pressechef von Porsche lautete: Ihr dürft unseren Namen verwenden, wenn in jeder Starterpackung ein Porsche-Modell ist. Und das ist oft der 906. Der echte Porsche Carrera 6, den Ferdinand Piëch auf Basis des 904 entwickelt, darf sogar am öffentlichen Straßenverkehr teilnehmen. Trotzdem bleibt er ein Rennwagen für Werk und Privatiers, der ab 1966 die Europa-Bergmeisterschaft und Markenweltmeisterschaft aufmischt. Das Rezept dafür: Gitterrohrrahmen, GFK-Karosserie und Sechs- oder Achtzylinder-Boxer, die zwischen 210 und 270 PS leisten. Bis 1971 wird der 906 rennmäßig eingesetzt. Seinen ersten Sieg fährt er bei der Targa Florio 1966 für das Genfer Rennteam Scuderia Filipinetti ein.

Bild: © Porsche AG

Preise	1	2	3	4	5
906, Rwg	je nach Originalität und Historie bis zu 2 Mio Euro				

Motor/Antrieb	
Bauart	Sechs-/Achtzylinder (Boxer)
Lage/Antrieb	Mitte/Heck
Hubraum in cm^3	1991 bis 2195
PS/min	210/8000 bis 270/8600
Vmax in km/h	260 bis 280
Karosserie	
Bauart	Coupé, Spyder
Tragstruktur	Rohrrahmen
Material	Kunststoff
Stückzahl und Marktsituation	
Produktionszahl	ca. 65
Verfügbarkeit	schlecht
Teilesituation	schwierig
Unterhaltskosten	hoch

Zeitloser Zuffenhausener: Der 911 und seine Nachfolger

„Es wird immer mehr Leute geben, die von diesem Auto träumen, als Leute, die es besitzen", betonten die Porsche-Werbestrategen 1969 die Einzigartigkeit des 911, dessen Erfolgsgeschichte im Herbst 1963 auf der IAA in Frankfurt begann: Mit der Premiere des ersten Neun-elfer hatte Porsche einen Longplayer vorgestellt, der die Geschichte des Stuttgarter Unternehmens dauerhaft beeinflussen sollte. Mit zeitlosem Styling und perfektem Zusammenspiel von Sportlichkeit und Zuverlässigkeit sicherte der 911er nicht nur die Existenz seines Elternhauses, sondern demonstrierte der Autowelt, wie sich mobile Leidenschaft anfühlen musste: Ob als zivile Variante oder als Fahrmaschine reinster Güte – Porsche hatte mit seinen Sportfahrzeugen stets ein Gespür für die Neigungen einer treuen Fangemeinde. Und die war nicht zimperlich: Getreu dem Motto, es kann nur Einen geben, tun sich bekennende 911-Enthusiasten noch heute schwer mit Veränderungen, ganz zu schweigen von neuer Verwandtschaft: Wenn schon der 912 mit abgespeckter Motorisierung kaum Beachtung fand, war es kein Wunder, dass die Frontmotor- und die Viersitzer-Konzepte aus den 1980er Jahren vollständig durchfielen. Vielleicht wäre dies anders gekommen, wenn sich die Studie des Ur-Elfers 754 T 7 von 1960 durchgesetzt hätte, der mit längerem Radstand und mehr Kopfraum im Fond einen viersitzigen Aufbau des 356-Nachfolgers vorsah.

Porsche 911, 911 L, 911 T, 911 S (ab 1967: A-Serie) 1964-1969

Rund ein Jahr nach seiner ersten offiziellen Vorstellung wurde der Porsche 911 ab September 1964 regulär produziert. Für das erste Sechszylindermodell, das aus einem zwei Liter großen luftgekühlten Boxermotor im Heck 130 PS leistete, verlangten die Händler 21.900 Mark. Ab 1966 ergänzte der 911 S mit höher verdichtetem Motor und 160 PS das Angebot. Die anfänglichen Verarbeitungsprobleme und technischen Schwierigkeiten waren überwunden. Ab 1967 rundete der 2000 Mark billigere 911 T mit 110 PS die Sechszylinderpalette nach unten ab. Der weiterhin 130 PS starke Ur-911 hieß jetzt 911 L. Die Getriebe gab es mit vier und fünf Gangstufen. Kennzeichen der ersten 911-Generation ist der kurze Radstand von nur 2,21 Meter. Die ab August 1967 gebaute A-Serie gab es auch mit Halbautomatik, die 1000 Mark Aufpreis kostete.

Bild: © Dieter Rebmann

Preise	1	2	3	4	5
911 2,0 (Ser. 1964-1967), Cpe	171.000	129.000	94.000	65.300	41.400
911 L 2,0 (Ser. 1968-1969), Cpe	138.000	100.000	70.300	43.500	28.300
911 S 2,0 (1966-1968), Cpe	180.000	133.000	96.000	66.200	42.500

Motor/Antrieb	
Bauart	Sechszylinder (Boxer)
Lage/Antrieb	Heck/Heck
Hubraum in cm^3	1991
PS/min	110/5800 bis 160/6600
Vmax in km/h	195 bis 220
Karosserie	
Bauart	Cpe (auch mit entfernbarem Dachteil)
Tragstruktur	selbsttragend
Material	Stahlblech
Stückzahl und Marktsituation	
Produktionszahl	k.A.
Verfügbarkeit	ausreichend
Teilesituation	gut
Unterhaltskosten	hoch

P

Porsche 912 — 1965-1969

Den Vierzylindermotor, den bislang der 356 1600 SC im Heck getragen hatte, bot Porsche ab 1965 auch in der 911-Karosserie an. Der abgemagerte Sportwagen erhielt das Kürzel 912 und war 16.250 Mark teuer. Die sonstige Technik stammte jedoch vom schnelleren und stärkeren 911. Dank reduzierter Ausstattung wog der 1,6-Liter-Boxer rund 100 Kilogramm weniger als die Sechszylindermodelle. Bis 1968 gab es den 912 wahlweise mit Vier- und Fünfganggetriebe, bei der B-Serie, die einen auf 2,27 Meter verlängerten Radstand erhalten hatte, nur noch mit vier Gängen. Im August 1969 wurde die Produktion dieses Zwischentyps jedoch eingestellt, der zuletzt für 17.540 Mark zu haben war.

Bild: © Porsche AG

Preise	1	2	3	4	5
912, Cpe	72.000	51.800	36.000	20.200	12.700
912, HD	73.400	52.900	37.000	21.000	12.300

Motor/Antrieb	
Bauart	Vierzylinder (Boxer)
Lage/Antrieb	Heck/Heck
Hubraum in cm³	1582
PS/min	90/5800
Vmax in km/h	185
Karosserie	
Bauart	Cpe (auch mit entfernbarem Dachteil)
Tragstruktur	selbsttragend
Material	Stahlblech
Stückzahl und Marktsituation	
Produktionszahl	30.745
Verfügbarkeit	schlecht
Teilesituation	ausreichend
Unterhaltskosten	mittel

Porsche 911 E, 911 T, 911 S (B-Serie) — 1968-1971

Ab August 1968 lief die B-Serie des 911 vom Band: Sein Radstand war um 57 Millimeter gewachsen. Von der Modellpflege kündeten außerdem größere Radausschnitte und breitere Kotflügel. Der Nachfolger des 911 L hieß 911 E und war wie der 911 S mittels einer mechanischen Saugrohr-Einspritzung an amerikanische Abgasvorschriften angepasst worden. Die C-Serie, die es ab 1969 gab, besaß mehr Hubraum: Statt aus 2,0 schöpfte der Boxer seine Kraft jetzt aus 2,2 Litern Volumen. Damit war auch die Leistung gestiegen: Bis zu 180 PS leistete der Elfer, was ihn zu Geschwindigkeiten von bis zu 225 Stundenkilometer beflügelte. Die Preise, die Porsche Ende der sechziger Jahre aufrief, zeugten von Selbstbewusstsein: Zwischen 19.970 Mark für das neue Basismodel 911 T, das mit Weber-Vergasern ausgerüstet war, und rund 27.000 Mark für den potenten 911 S mussten die Interessenten investieren.

Bild: © Porsche AG

Preise	1	2	3	4	5
911 T 2,0, Cpe	129.000	95.000	66.300	41.100	26.800
911 T 2,0, HD	121.000	90.000	62.900	39.000	25.400
911 S 2,2, Cpe	173.000	129.000	90.000	55.800	35.500
911 S 2,2, HD	167.000	125.000	86.000	52.800	34.500

Motor/Antrieb	
Bauart	Sechszylinder (Boxer)
Lage/Antrieb	Heck/Heck
Hubraum in cm³	1991, 2195
PS/min	110/5800 bis 180/6500
Vmax in km/h	195 bis 225
Karosserie	
Bauart	Cpe (auch mit entfernbarem Dachteil)
Tragstruktur	selbsttragend
Material	Stahlblech
Stückzahl und Marktsituation	
Produktionszahl	k.A.
Verfügbarkeit	ausreichend
Teilesituation	gut
Unterhaltskosten	hoch

Porsche 911 T, 911 E, 911 S (E- und F-Serie) — 1971-1973

Ab August 1971 fertigte Porsche die E-Serie des 911: Mit ihrem verlängerten Kolbenhub verfügten die Motoren nun über 2,4 Liter Hubraum. Der Leistungszuwachs war bescheiden, denn man hatte die Verdichtung für die Umstellung auf Normalbenzin bewusst niedrig gehalten. Drei Millimeter mehr Radstand und ab August 1972 (F-Serie) auf 80 Liter Fassungsvermögen vergrößerte Tanks sind neben der 16 Millimeter kürzeren Gesamtlänge Kennzeichen dieser Modelle, die etwas höhere Verbräuche aufwiesen. Die Preise lagen mittlerweile zwischen 23.000 und 32.500 Mark.

Bild: © Porsche AG

Preise	1	2	3	4	5
911 S 2,4, Cpe	196.000	144.000	102.000	63.700	41.200
911 S 2,4, HD	186.000	136.000	96.000	59.900	38.900
911 T 2,4, Cpe	121.000	87.400	61.400	39.100	24.700
911 T 2,4, HD	117.000	83.700	58.600	36.400	23.600

Motor/Antrieb	
Bauart	Sechszylinder (Boxer)
Lage/Antrieb	Heck/Heck
Hubraum in cm³	2341
PS/min	130/5600 bis 190/6500
Vmax in km/h	200 bis 230
Karosserie	
Bauart	Cpe (auch mit entfernbarem Dachteil)
Tragstruktur	selbsttragend
Material	Stahlblech
Stückzahl und Marktsituation	
Produktionszahl	k.A.
Verfügbarkeit	ausreichend
Teilesituation	gut
Unterhaltskosten	mittel

P

Porsche 911 Carrera RS — 1972-1975

Im Oktober 1972 ließ Porsche den Namen Carrera für das sportliche Topmodell wiederauferstehen. Der Carrera RS erhielt ein auf 2,7 Liter aufgebohrtes Aggregat und trug im Heck einen markanten Spoiler, der schnell den Spitznamen „Entenbürzel" bekam. Ebenfalls auffällig war der schwungvolle Carrera-Schriftzug auf den Flanken. Weniger einfach erkennbar blieben die vordere Haube aus Dünnblech oder die leichtere Verglasung. Serienmäßig bot Porsche den RS spartanisch ausgestattet an, um möglichst viel Gewicht zu sparen – Ziel erreicht: 975 Kilogramm konnten sich sehen lassen. Die meisten Kunden orderten ihren RS allerding in der Touring-Ausstattung, die dem Interieur des 911 S entsprach. Damit erhielten sie praktische Details wie Rücksitze, Türarmlehnen, eine Uhr sowie eine Beifahrer-Sonnenblende. Statt der geplanten 1000 Exemplare baute Porsche letztlich 1590 Carrera RS, davon allein 1308 in der Touring-Variante. Heute sind leider viele Fälschungen des Carrera RS im Umlauf.

Bild: © Porsche AG

Preise	1	2	3	4	5
911 Carrera RS Touring (72-73), Cpe	650.000	470.000	330.000	k.N.	k.N.

Motor/Antrieb	
Bauart	Sechszylinder (Boxer)
Lage/Antrieb	Heck/Heck
Hubraum in cm³	2687
PS/min	210/6300
Vmax in km/h	240
Karosserie	
Bauart	Coupé
Tragstruktur	selbsttragend
Material	Stahlblech
Stückzahl und Marktsituation	
Produktionszahl	1590
Verfügbarkeit	schlecht
Teilesituation	gut
Unterhaltskosten	hoch

Porsche 911, 911 S, Carrera (G- und I-Modell) 1973-1977

Das erste prägende Facelift ließ Porsche seinem 911 im Jahr 1973 angedeihen, nicht unbedingt zur Freude aller Fans: Die aufpralldämpfenden Stoßstangen und Faltenbälge sahen im Vergleich zum schlichten Ur-Modell gewöhnungsbedürftig aus, zudem hatte sich das Maß von 4,15 auf 4,29 Meter verlängert. Auch das durchgehende, rote Leuchtenband am Heck veränderte die Optik des Elfers. Mit der Bosch K-Jetronic leistete das Einstiegsmodell bereits 150 PS, das höher verdichtete S-Modell erreichte 175 PS. Die I-Serie ab 1975 brachte dann erhebliche Vorteile: Es wurden zunehmend feuerverzinkte Bleche verwendet, die einen deutlich verbesserten Rostschutz boten. Das S-Modell entfiel zugunsten des neuen Carrera, der volle drei Liter Hubraum hatte.

Bild: © Porsche AG

Preise	1	2	3	4	5
911 2,7 (150 PS), Cpe	76.000	50.000	33.600	20.200	10.500
911 Carrera 2,7, Cpe	198.000	143.000	99.000	60.200	33.100
911 Carrera 3,0, Cpe	111.000	73.400	49.200	29.600	15.300

Motor/Antrieb	
Bauart	Sechszylinder (Boxer)
Lage/Antrieb	Heck/Heck
Hubraum in cm³	2687, 2993
PS/min	150/5700 bis 200/6000
Vmax in km/h	205 bis 235
Karosserie	
Bauart	Cpe (auch mit entfernbarem Dachteil)
Tragstruktur	selbsttragend
Material	Stahlblech
Stückzahl und Marktsituation	
Produktionszahl	k.A.
Verfügbarkeit	gut
Teilesituation	gut
Unterhaltskosten	hoch

Porsche 912 E 1975-1976

Nur für den Export nach Nordamerika legte Porsche 1975 nochmals einen Vierzylinder-911 auf. Der nur als Coupé lieferbare 912 E trug unter der Haube den von VW stammenden und auch im 914 verwendeten Zweiliter-Einspritzmotor, der allerdings auf 87 PS gedrosselt war. Trotz der geringen Leistung konsumierte er nicht wenig: Der Verbrauch lag bei 13 Litern pro 100 Kilometer. Das Fahrwerk des 912 E glich zwar den in diesen Jahren 165 PS starken Sechszylinder-Modellen, rollte allerdings auf schmalen 165 R 15-Reifen. Die 912-Neuauflage erreichte nur kleinste Stückzahlen und spielt auf dem deutschen Markt keine Rolle.

Preise	1	2	3	4	5
912 E, Cpe	52.700	38.000	27.500	16.500	9.400

Motor/Antrieb	
Bauart	Vierzylinder (Boxer)
Lage/Antrieb	Heck/Heck
Hubraum in cm³	1971
PS/min	87/4900
Vmax in km/h	175
Karosserie	
Bauart	Coupé
Tragstruktur	selbsttragend
Material	Stahlblech
Stückzahl und Marktsituation	
Produktionszahl	2100
Verfügbarkeit	schlecht
Teilesituation	gut
Unterhaltskosten	mittel

Porsche turbo 1975-1989

Auf dem Pariser Salon 1974 zündet Porsche einen neuen Knaller: den Turbo. Seine Kraft schöpfte er aus drei Litern Hubraum, und der Abgasturbolader blies ihn in neue Leistungsdimensionen. Allerdings kostete er aber auch satte 21.000 Mark mehr als der Carrera 2.7. Ab März 1975 wird der Turbo ausgeliefert, es gibt ihn zunächst nur als Coupé. Im Juli 1977 erhielt der Turbo einen Ladeluftkühler. Sein verlängerter Hub erhöhte den Hubraum auf 3,3 Liter, seine Leistung wuchs in gleichem Zug auf beeindruckende 300 PS. Es dauerte weitere zehn Jahre, bis 1987 auch die Cabriolet- und Targa-Variante mit Turbomotor lieferbar waren – heute ganz besondere Spezialitäten. Erst 1989 führte Porsche das Fünfganggetriebe ein. Stolze Summen standen damals in den Preislisten: Das Coupé kostete zuletzt knapp 139.000 Mark, für die offene Version waren fast 161.000 Mark anzulegen.

Bild: © Porsche AG

Preise	1	2	3	4	5
911 Turbo I, Cpe	227.000	150.000	100.000	60.000	k.N.
911 Turbo II, Cpe	182.000	121.000	82.000	49.200	k.N.

Motor/Antrieb	
Bauart	Sechszylinder (Boxer)
Lage/Antrieb	Heck/Heck
Hubraum in cm³	2993, 3299
PS/min	260/5500 bis 300/5500
Vmax in km/h	220 bis 270
Karosserie	
Bauart	Cpe (auch mit HD), Cab
Tragstruktur	selbsttragend
Material	Stahlblech
Stückzahl und Marktsituation	
Produktionszahl	20.652
Verfügbarkeit	üppig
Teilesituation	gut
Unterhaltskosten	hoch

P

Porsche 911 SC (K-Modell) 1977-1983

Mit dem neuen Kürzel SC startete ein neuer Abschnitt im Leben der Porsche-Legende, der letzte, wie viele Fans und Journalisten damals befürchteten. Der Super Carrera schien ein Auslaufmodell zu sein, sein designierter Nachfolger der 928 – die Zeit bewies, dass es anders kommen sollte. Dabei konnte der erste SC nicht sonderlich überzeugen: Im Heck einer nahezu unveränderten Karosserie saß weiterhin der drei Liter große Boxer, der allerdings mit 180 PS um zehn PS schwächer ausgefallen war und mit 225 km/h auch nicht mehr so flott unterwegs war wie sein Vorgänger. Und das bei einem Verbrauch von rund 17 l/100 km! Eine Vielfalt an Abgasvorschriften – besonders im wichtigen Exportmarkt USA – hatten Eingriffe nötig gemacht. Doch Porsche bekam den SC in den Griff: Über 188 PS stieg die Leistung ab Modelljahr 1981 dann auf 204 PS, gleichzeitig war er deutlich sparsamer geworden.

Bild: © Porsche AG

Preise	1	2	3	4	5
911 SC, Cpe	84.000	57.800	38.200	22.900	11.900
911 SC, HD	82.000	57.300	37.800	22.700	11.800

Motor/Antrieb	
Bauart	Sechszylinder (Boxer)
Lage/Antrieb	Heck/Heck
Hubraum in cm³	2994
PS/min	180/5500 bis 204/5900
Vmax in km/h	225 bis 235
Karosserie	
Bauart	Cpe (auch mit HD), Cab
Tragstruktur	selbsttragend
Material	Stahlblech
Stückzahl und Marktsituation	
Produktionszahl	57.972
Verfügbarkeit	gut
Teilesituation	gut
Unterhaltskosten	hoch

Porsche 911 Carrera (3,2 Liter) 1983-1989

Kaum ein Fahrzeug aus den Achtzigern hat in den letzten Jahren einen derartigen Run ausgelöst wie der Carrera, mit dem Porsche 1983 die letzte Runde des Faltenbalg-911 einläutete: Klassisch genug für viele, dabei zuverlässig und sparsam – und das alles kombiniert mit den Qualitäten eines wahren Supersportwagens. Abgesehen von den verschiedenen Kat-Versionen, die – damals üblich – leistungsschwächer ausfielen, konnte der auf 3,2 Liter Hubraum aufgestockte Boxer mit stolzen 231 PS überzeugen. Mit ihm setzte eine erste 911-Renaissance ein, die Porsche kongenial (wenn auch wirtschaftlich nicht erfolgreich) mit zahllosen Varianten unterstützte: Es gab ein Cabrio, das noch als SC sein Debüt gefeiert hatte, zwei Speedster-Versionen, den Targa sowieso – und alle konnten Fans auch mit turbobreiter Karosserie ordern.

Bild: © Porsche AG

Preise	1	2	3	4	5
911 Carrera 3.2, Cpe	91.000	63.000	41.600	24.500	12.700
911 Carrera 3.2, HD	93.000	63.900	42.200	24.900	12.900
911 Carrera 3.2, Cab	95.000	65.500	43.200	25.500	13.300
911 Speedster (1989), Cab	250.000	175.000	120.000	k.N.	k.N.

Motor/Antrieb	
Bauart	Sechszylinder (Boxer)
Lage/Antrieb	Heck/Heck
Hubraum in cm³	3164
PS/min	231/5900 (mit Kat: 207/5900 und 217/5900)
Vmax in km/h	235 bis 245
Karosserie	
Bauart	Cpe (auch mit HD), Cab
Tragstruktur	selbsttragend
Stückzahl und Marktsituation	
Produktionszahl	49.629
Verfügbarkeit	gut
Teilesituation	gut
Unterhaltskosten	hoch

Porsche 959 1986-1988

Ein Über-Porsche stand auf der IAA 1983: Der „Gruppe B" sah dem späteren 959 bereits sehr ähnlich. 1985 war der 959 marktreif, ab 1986 wurde er für stolze 420.000 Mark abgegeben – nicht kostendeckend, so kolportierte die Presse damals: Porsche habe mit dem 959 das teuerste Werbegeschenk aller Zeiten gebaut. Gigantisch war alles an ihm: Sein Motor leistete mit zwei Turboladern und zwei Ladeluftkühlern gewaltige 450 PS. Permanenter Allradantrieb ermöglichte es, die Kraft gesittet auf die Straße zu bringen. Ein Sechsganggetriebe und die Luftdruckanlage für die Sicherheits- und Notlaufreifen gehörten ebenso zur Serienausrüstung des Technologieträgers wie Magnesium-Gussräder mit Zentralverschluss. Der Run blieb nicht aus: Schon damals wurde für gebrauchte 959 zeitweise über eine Millionen Mark bezahlt.

Bild: © Porsche AG

Preise	1	2	3	4	5
959, Cpe	1.600.000	1.100.000	k.N.	k.N.	k.N.

Motor/Antrieb	
Bauart	Sechszylinder (Boxer)
Lage/Antrieb	Heck/4x4
Hubraum in cm³	2850
PS/min	450/6500
Vmax in km/h	315
Karosserie	
Bauart	Coupé
Tragstruktur	selbsttragend
Material	Stahlblech
Stückzahl und Marktsituation	
Produktionszahl	283
Verfügbarkeit	schlecht
Teilesituation	ausreichend
Unterhaltskosten	hoch

Porsche Carrera 2, Carrera 4 (Typ 964) 1989-1994

1988 schaute die 911-Fangemeinde genau hin: Porsche präsentierte den Typ 964, der als Carrera 4 in die Geschichte einging. Kein Wunder, besaß er neben einem komplett neuen Fahrwerk auch einen Allradantrieb, der auf Technik-Konzepte und Erfahrungen des 959 zurückgriff. Obwohl der neue Elfer seinem Vorgänger optisch ziemlich ähnelte, sprach Porsche von nur 15 Prozent gleichen Teilen. Tatsächlich fuhr er sich völlig anders: Die typisch-tückischen Lastwechselreaktionen, für die der 911 berüchtigt war, gab es nun nicht mehr. 1990 folgte der heckgetriebene Carrera, zudem war nun die „Tiptronic" als aktive Automatik lieferbar. Ebenso neu für den 911 waren Servolenkung und ABS. Beide 964-Versionen bot Porsche als Coupé, Targa und Cabriolet an.

Bild: © Porsche AG

Preise	1	2	3	4	5
911 Carrera 2 (964), Cpe	103.000	77.000	51.200	29.200	k.N.
911 Carrera 4 (964), Cpe	110.000	83.000	54.400	31.100	k.N.
911 Carrera 2 (964), HD	113.000	86.000	56.300	32.100	k.N.
911 Carrera 2 (964), Cab	105.000	79.000	52.400	29.900	k.N.

Motor/Antrieb	
Bauart	Sechszylinder (Boxer)
Lage/Antrieb	Heck/Heck; 4x4
Hubraum in cm³	3600
PS/min	250/6100
Vmax in km/h	260
Karosserie	
Bauart	Cpe (auch mit HD), Cab
Tragstruktur	selbsttragend
Material	Stahlblech
Stückzahl und Marktsituation	
Produktionszahl	ca. 53.500
Verfügbarkeit	gut
Teilesituation	sehr gut
Unterhaltskosten	hoch

Porsche 911 turbo, 911 turbo S (Modell 964) 1991-1993

Pünktlich zum Modelljahr 1991 kam Porsche erneut mit einer Turbo-Version des 911 auf den Markt. Im Gegensatz zur Saugerversion, die eine Hubraumaufstockung auf 3,6 Liter erhalten hatte, begnügte sich der Turbo mit den 3,3 Litern, die seit 1975 das Modell prägten. Der Motor lieferte 320 PS, war jedoch auf Wunsch auch in einer auf 381 PS gesteigerten Version als 911 Turbo S lieferbar. Im Januar 1993 erhöhte Porsche den Hubraum des 911 Turbo auf 3,6 Liter, zugleich stieg die Leistung auf 360 PS. Ein Ladeluftkühler war selbstverständlich, auch Katalysatoren gab es serienmäßig. Porsche verzichtete jedoch bei den Turbo-Modellen auf die bei den Saug-911 bereits übliche Doppelzündung.

Bild: © Porsche AG

Preise	1	2	3	4	5
911 Turbo (964), Cpe	242.000	172.000	113.000	67.000	k.N.

Motor/Antrieb	
Bauart	Sechszylinder (Boxer)
Lage/Antrieb	Heck/Heck
Hubraum in cm^3	3299
PS/min	320/5750, 381/6000
Vmax in km/h	275, 290
Karosserie	
Bauart	Coupé
Tragstruktur	selbsttragend
Material	Stahlblech
Stückzahl und Marktsituation	
Produktionszahl	6142
Verfügbarkeit	ausreichend
Teilesituation	sehr gut
Unterhaltskosten	hoch

Porsche Carrera, Carrera 4 (Typ 993) 1993-1998

Vier Jahre Arbeit und 400 Millionen Mark Entwicklungskosten hatte der neue Typ 993 verschlungen: Porsche tat 1993 alles, damit der Umsatzgarant 911 das siechende Unternehmen retten konnte. Optisch bot der Neue keine Revolution – etwas flachere Scheinwerfer, hinten voluminösere Kotflügel. Er geriet stärker, war dabei aber sparsamer und wartungsfreundlicher. Dazu gab es erstmals ein Sechsganggetriebe. Eine Mehrlenker-Hinterachse sorgte für ein agileres Fahrverhalten, die Abstimmung geriet feinfühliger. Porsche sparte eisern in jenen Jahren, um zu überleben – der 993 litt kaum darunter. Er gilt bis heute als äußerst ausgereift und markierte zudem das Ende einer Epoche: Am 27. März 1998 wurde der letzte aller luftgekühlten Boxer-Motoren montiert. Es war der Tag, an dem Ferry Porsche starb.

Bild: © Porsche AG

Preise	1	2	3	4	5
911 Carrera (993), Cpe	95.000	72.000	47.500	25.800	k.N.
911 Carrera 4 (993), Cab	107.000	82.000	54.500	29.700	k.N.
911 Carrera 4 S (993), Cpe	149.000	111.000	72.500	38.000	k.N.
911 Carrera (993), HD	127.000	98.000	63.900	34.200	k.N.

Motor/Antrieb	
Bauart	Sechszylinder (Boxer)
Lage/Antrieb	Heck/Heck; 4x4
Hubraum in cm^3	3600
PS/min	272/6100 bis 285/6100
Vmax in km/h	270 bis 275
Karosserie	
Bauart	Cpe (auch mit HD), Cab
Tragstruktur	selbsttragend
Material	Stahlblech
Stückzahl und Marktsituation	
Produktionszahl	ca. 64.750 (alle 993)
Verfügbarkeit	gut
Teilesituation	sehr gut
Unterhaltskosten	hoch

Porsche 911 turbo, 911 turbo S (Modell 993) 1995-1998

Auch den letzten luftgekühlten 911 bot Porsche wieder als turbo an, zugleich das Topmodell der Baureihe. Als Basis diente der 3,6-Liter-Boxer, den jetzt zwei Turbolader mit Ladeluftkühler auf 408 PS trieben. Dank einer kleineren Geometrie sprachen die Lader schneller an, damit verschwand das legendäre Turboloch nun weitgehend. Wer mochte, konnte als Extra eine „Werksleistungssteigerung" bestellen – damit leistete der 911 turbo 430 PS oder, in Stufe 2, sogar 450 PS. Neu am 911 Turbo der Baureihe 993 war der serienmäßige Allradantrieb. Ausnahme waren 14 Cabriolets, die Porsche für treue Kunden schuf: Sie erhielten eine schmale Karosserie, Heckantrieb und den Motor des Vorgängermodells.

Bild: © Porsche AG

Preise	1	2	3	4	5
911 Turbo (993), Cpe	209.000	144.000	112.000	k.N.	k.N.

Motor/Antrieb	
Bauart	Sechszylinder (Boxer)
Lage/Antrieb	Heck/4x4
Hubraum in cm^3	3600
PS/min	408/5750, 450/6000
Vmax in km/h	290, 300
Karosserie	
Bauart	Coupé, Cabrio
Tragstruktur	selbsttragend
Material	Stahlblech
Stückzahl und Marktsituation	
Produktionszahl	5157
Verfügbarkeit	ausreichend
Teilesituation	sehr gut
Unterhaltskosten	hoch

P

Porsche 911 GT2 (993) — 1995-1997

Turbo-Power, dazu Hinterrad- statt Allradantrieb – und Leichtbau: So wollte Porsche in den 1990ern die GT-Meisterschaft aufrollen. Als Basismodell für den Rennsport stellte der GT2 die heftigste Eskalationsstufe des letzten luftgekühlten Elfers dar. Der Sechszylinder-Boxer versteckte sich beim GT2 unter einem zusätzlichen Ölkühler, und den Ladedruck der beiden KKK-Turbolader hoben die Porsche-Ingenieure auf 0,9 bar an. Die hinteren Notsitze entfielen komplett, die Heckscheibe ließ Porsche aus extra dünnem Glas fertigen, Türen und Kofferraumdeckel aus Aluminium. 430 PS lassen den Super-Elfer in 3,9 Sekunden auf 100 km/h schießen, seine Spitze: 295 km/h. Auf der Motorklappe türmt sich ungeniert ein kapitaler Heckflügel, doch der zusätzliche Abtrieb ändert nichts daran, dass ungeübte GT2-Fahrer stets nur einen Gaspedal-Tapps von der nächsten Pirouette entfernt sind. Noch heute gilt der GT2 mit Abstand als teuerster 911 der Baureihe 993.

Bild: © Porsche AG

Preise	1	2	3	4	5
911 GT 2 (993), Cpe	1.100.000	900.000	k.N.	k.N.	k.N.

Motor/Antrieb	
Bauart	Sechszylinder (Boxer)
Lage/Antrieb	Heck/Heck
Hubraum in cm³	3600
PS/min	430 bei 5750
Vmax in km/h	295
Karosserie	
Bauart	Coupé
Tragstruktur	selbsttragend
Material	Stahlblech
Stückzahl und Marktsituation	
Produktionszahl	k.A.
Verfügbarkeit	ausreichend
Teilesituation	sehr gut
Unterhaltskosten	hoch

Porsche 911 (Typ 996) — 1997-2006

In seiner Jugendzeit wegen der Form und Farbe seiner Scheinwerfer als Spiegelei verspottet oder wegen des Abschieds von der Luftkühlung als Wasserkocher verpönt, ist die fünfte Generation des Porsche 911 längst zum arrivierten (und nicht mehr günstigen) Klassiker mit Fangemeinde gereift. Vorbei sind die Zeiten, als man die frühen Modelle verschämt auf die Facelift-Version ab 2002 mit den runden Scheinwerfern umrüstete. Die Porsche-Modelle jener Zeit tragen ihr Gesicht heute mit Stolz. Heute steht das damals neue Familiengesicht für die Jahrtausendwende, als Porsche mit dem neuen Look und neuer Technik den Aufbruch wagte, sowohl was das Design, als auch die Marktsegmente angeht. Den 996 gab es als Coupé, zudem als heute bei Fans gesuchten Targa mit großem Glasdach sowie als klassisches Cabriolet.

Bild: © Porsche AG

Preise	1	2	3	4	5
911 Carrera (996), Cpe	46.700	29.400	21.100	k.N.	k.N.
911 Carrera 4 (996), Cab	51.400	31.800	22.600	k.N.	k.N.

Motor/Antrieb	
Bauart	Sechszylinder (Boxer)
Lage/Antrieb	Heck/Heck
Hubraum in cm³	3387, 3596, 3600
PS/min	300/6800 bis 450/5700
Vmax in km/h	280 bis 307
Karosserie	
Bauart	Coupé (auch mit HD), Cabrio
Tragstruktur	selbsttragend
Material	Stahlblech
Stückzahl und Marktsituation	
Produktionszahl	175.262
Verfügbarkeit	sehr gut
Teilesituation	sehr gut
Unterhaltskosten	hoch

Porsche GT3 (996) — 1999-2004

Als GT3 zählen bei Porsche seit 1999 die besonders sportlichen Varianten des 911 mit Saugmotor, während GT1 und GT2 jeweils eine Turboaufladung besaßen. Der GT3 gilt somit als legitimer Erbe der berühmten Carrera RS. Seinen Namen entlieh er der Rennklasse bei Langstreckenrennen, in der er startberechtigt war. Als auffälliges Merkmal trägt der GT3 einen zweiteiligen Heckspoiler, der in der Neigung verstellt werden und so dem Einsatzzweck angepasst werden kann. Den Motor baute Porsche auf dem 964-Kurbelgehäuse auf, er erhielt leichte Titanpleuel und verstellbare Einlassnockenwellen. 360 PS bei 7200/min waren das Ergebnis, und mit Walter Röhrl am Steuer gelang es dem GT3 als erstem Auto, die Acht-Minuten-Grenze auf der Nordschleife zu unterbieten. Die Innenausstattung fiel, wie einst beim Carrera RS, spartanischer aus als bei den 911-Modellen. Kunden mit Rennsport-Ambitionen erhielten für den gleichen Preis (1999: 179.500 Mark) eine Clubsport-Version mit Überrollkäfig, Sechs-Punkt-Gurten und anderen speziellen Extras.

Bild: © Porsche AG

Preise	1	2	3	4	5
911 GT3 (996), Cpe	128.000	78.000	47.900	k.N.	k.N.

Motor/Antrieb	
Bauart	Sechszylinder (Boxer)
Lage/Antrieb	Heck/Heck
Hubraum in cm³	3600
PS/min	360/7200
Vmax in km/h	302
Karosserie	
Bauart	Coupé
Tragstruktur	selbsttragend
Material	Stahlblech
Stückzahl und Marktsituation	
Produktionszahl	1868
Verfügbarkeit	ausreichend
Teilesituation	sehr gut
Unterhaltskosten	hoch

Porsche 911 turbo, turbo S (996) — 2000–2006

Mit serienmäßigem Allradantrieb schickte Porsche ab Februar 2002 die Turbo-Modelle der anfangs wegen ihres Designs wenig geschätzten Baureihe 996 ins Rennen. Genau genommen waren sie sogar Bi-Turbos: Zwei Ladeluftkühler und Lader pushten die Leistung des neu konstruierten, 3,6 Liter großen und nun wassergekühlten Boxers auf stolze 420 PS. Auf Wunsch baute Porsche die Tiptronic S mit fünf Gängen ein, zudem konnten Kunden ein Jahr nach der Einführung die legendäre Sonderausstattung X50 ordern, also die Leistungssteigerung ab Werk (hier auf 450 PS). 2004 folgte der Turbo S, ebenfalls mit 450 PS und serienmäßig ausgestattet mit Keramikbremsen und 18-Zoll-Rädern. Sogar als Cabrio (rund 10.000 Euro Aufpreis) fertigte Porsche die bis zu 307 km/h schnellen Super-Elfer. Der Erfolg stellte sich, trotz der Kritik, rasch ein und verleitete Porsche, die Turbo-Versionen des 996 bis 2006 zu bauen – obwohl mit dem 997 bereits 2004 die nächste 911-Generation an den Start ging.

Bild: © Porsche AG

Preise	1	2	3	4	5
911 Turbo (996), Cpe	94.100	58.400	44.600	k.N.	k.N.
911 Turbo S (996), Cpe	132.000	83.300	56.800	k.N.	k.N.

Motor/Antrieb	
Bauart	Sechszylinder (Boxer)
Lage/Antrieb	Heck/4x4
Hubraum in cm³	3600
PS/min	420/6000, 450/5700
Vmax in km/h	307
Karosserie	
Bauart	Coupé, Cabrio
Tragstruktur	selbsttragend
Material	Stahlblech
Stückzahl und Marktsituation	
Produktionszahl	20.500, 1.500
Verfügbarkeit	gut
Teilesituation	sehr gut
Unterhaltskosten	hoch

P

911 GT2 (996) 2001-2005

Auch beim Porsche 996 spielen die Zuffenhausener wieder sehr geschickt die Leistungsklaviatur und schieben Jahr für Jahr potentere Modelle nach. Die Spitze markiert der kompromisslose Porsche 911 GT2, mit dem die Kunden am Straßenverkehr ebenso teilnehmen können wie am Getümmel auf der Rennstrecke. 2001 debütiert der erste wassergekühlte GT2, der gegenüber dem Vorgänger 993 GT2 rund 30 PS mehr bietet. Der 3,6 Liter große Biturbo im Heck liefert seine 620 NM Drehmoment exklusiv an die Hinterräder, was eine wundervolle Fahrdynamik ermöglicht. Der GT2 liegt nochmals um 20 Millimeter tiefer, serienmäßig ist er mit den sündhaft teuren Porsche Ceramic Composite Brakes ausgerüstet. 2003 gönnen ihm die Porsche-Ingenieure in Weissach nochmals mehr Leistung: Nun stehen den aktiven Kunden 483 PS und 640 NM zur Verfügung, genug für stolze 319 km/h Spitze.

Bild: © Porsche AG

Preise	1	2	3	4	5
911 GT2 (996), 2001-2003, Cpe	181.000	108.000	75.000	k.N.	k.N.

Motor/Antrieb	
Bauart	Sechszylinder (Boxer)
Lage/Antrieb	Heck/Heck
Hubraum in cm^3	3600
PS/min	462, 483/5700
Vmax in km/h	315, 319
Karosserie	
Bauart	Coupé
Tragstruktur	selbsttragend
Material	Stahlblech
Stückzahl und Marktsituation	
Produktionszahl	ca. 1100
Verfügbarkeit	ausreichend
Teilesituation	sehr gut
Unterhaltskosten	hoch

Schwäbischer Haubenzauber: Die Frontmotor-Modelle

Klappscheinwerfer und Glasheckklappe – viele Elemente der Frontmotor-Modelle gäbe es aufzuzählen, mit denen Porsche ab Mitte der 1970er Jahre einen konsequent neuen Weg aus der Einmodellpolitik suchte. Mit schnörkellosem Blechkleid und glatten Flächen sollten die neuen Reihen 928, 924 und ab Anfang der 1980er Jahre der 944er den legendär gewordenen 911 ersetzen und zugleich die Sportwagenschmiede in eine erfolgreiche Zukunft führen. Zunächst mit Erfolg: So mauserte sich der kleinste Frontmotor-Spross 924 trotz Spar-Ausstattung und Audi-Motor zwischenzeitlich zum meistverkauftesten Sportwagen der Welt. Dennoch: Mangelnder Porsche-Stallgeruch und das Stigma des Audi-Motors ließen echte Porsche-Fans beim Anblick des Kleinsten die Nase rümpfen, auch wenn Porsche 1981 mit dem 944 einen echten seiner Art nachlegte.

Vom Aufbruch zum Rückzug verstrichen rund zwei Jahrzehnte. Bis 1994 hielt Porsche mit dem 968 am Frontmotor-Coupé fest, ein ernsthafter Thronfolger für den Erfolgsgaranten 911 war indes nie darunter. Im Gegenteil: Glanzvolle Innovationen wie eine vollverzinkte Karosserie führten letztlich sogar zu einer schleichenden Abwertung des Rufes, weil die neue Langlebigkeit den Fahrzeugen allzu häufig ein längeres Leben bescherte, sie dabei aber nicht selten in der Hand chronisch klammer Besitzer traurig strandeten.

Ein kleines, spätes Glück erlebt heute der 928. Dem Mercedes SL-Konkurrenten war zwar zu Bauzeiten kein großer Erfolg beschieden, dafür liegt der bullige Stuttgarter inzwischen vor allem dank seiner massiven Motorisierung bei einem treuen Fan-Zirkel hoch im Kurs.

Porsche 924 1976-1985

Auf große Begeisterung stieß Porsche bei den Fans nicht, als die Sportwagenmanufaktur mit dem 924 den Nachfolger des glücklosen VW-Porsche 914 lanciert hatte. Auch er war in Zusammenarbeit mit VW entstanden, doch wurde er als reiner Porsche vermarktet. Der vorn längs installierte Vierzylinder stammte ursprünglich aus dem Audi 100, war aber von Porsche überarbeitet worden. Besonders mit der ab 1978 angebotenen Turbo-Aufladung – sein Kennzeichen: Schlitze in der Haube – erwies er sich als kurzlebig. Das 4,21 Meter lange Coupé mit der großen Glas-Heckklappe verkaufte sich im Ausland besser als in Deutschland, obwohl das Konzept des Transaxle-Sportlers interessant ist und viel Nutzwert bot. Die Preise begannen 1976 bei gut 23.000 Mark, der bis 1982 verkaufte Turbo stand anfangs für knapp 40.000 bei den Händlern.

Bild: © Porsche AG

Preise	1	2	3	4	5
924 (Ser. 1979-1985), HD	20.000	13.000	7.500	2.900	1.500

Motor/Antrieb	
Bauart	Vierzylinder (Reihe)
Lage/Antrieb	Front/Heck
Hubraum in cm^3	1984
PS/min	125/5800 bis 177/5500
Vmax in km/h	195 bis 230
Karosserie	
Bauart	Coupé
Tragstruktur	selbsttragend
Material	Stahlblech
Stückzahl und Marktsituation	
Produktionszahl	k.A.
Verfügbarkeit	gut
Teilesituation	ausreichend
Unterhaltskosten	hoch

P

Porsche 924 Turbo (Typ 931) 1979-1982

Zwar haderten die 911-Fans mit dem neuen Porsche 924, doch der Markt hatte ihn gut aufgenommen. Häufigster Kritikpunkt war die für einen Sportwagen zu geringe Leistung. Porsche adaptierte deswegen einen KKK-Turbolader und konstruierte den Zylinderkopf neu, sodass die Leistung nun auf 170 PS (125 kW) stieg. Der aufgeladene 924 war nun immerhin 225 km/h schnell. Porsche hatte auch das Fahrwerk und die Bremsen entsprechend angepasst, nach außen dokumentierte der 924 Turbo seine Aufladung durch vier Lufteinlässe zwischen den Scheinwerfern sowie einen in der Motorhaube. Mit rund 40.000 Mark kostete der 924 Turbo rund doppelt so viel wie die Standardversion des Porsche 924.

Bild: © Porsche AG

Preise	1	2	3	4	5
924 Turbo (1978-1980), Cpe	25.600	20.000	11.300	6.100	2.400

Motor/Antrieb	
Bauart	Vierzylinder (Reihe)
Lage/Antrieb	Front/Heck
Hubraum in cm³	1984
PS/min	170/5500, 177/5500
Vmax in km/h	225 bis 230
Karosserie	
Bauart	Coupé
Tragstruktur	selbsttragend
Material	Stahlblech
Stückzahl und Marktsituation	
Produktionszahl	12.385
Verfügbarkeit	ausreichend
Teilesituation	ausreichend
Unterhaltskosten	hoch

Porsche 924 Carrera GT, 924 Carrera GTS, 924 Carrera GTR 1980-1981

In einer Sonderserie baute Porsche gegen Ende 1980 den 924 Carrera GT, der dank Ladeluftkühlung seinen Turbomotor immerhin 210 PS freisetzen lässt. Als reine Wettbewerbsfahrzeuge dienen die 245 PS starken Carrera GTS und die üppige 280 PS starken Carrera GTR, von denen insgesamt nur 50 Autos entstehen. Die folgenden Sporterfolge sorgen zwar für einen Imagegewinn, helfen aber nicht, den deutschen Markt zu beleben. Erst die Einführung des Porsche 944 im Herbst 1981 bringt etwas Bewegung. Seine bullige Erscheinung ist an die Optik des 924 Carrera angelehnt.

Bild: © Porsche AG

Preise	1	2	3	4	5
924 Carrera GT, Cpe	k.N.	90.000	64.000	39.000	k.N.

Motor/Antrieb	
Bauart	Vierzylinder (Reihe)
Lage/Antrieb	Front/Heck
Hubraum in cm³	1984
PS/min	210/6000 bis 280/k.A.
Vmax in km/h	240 bis 270
Karosserie	
Bauart	Coupé
Tragstruktur	selbsttragend
Material	Stahlblech
Stückzahl und Marktsituation	
Produktionszahl	450
Verfügbarkeit	gut
Teilesituation	ausreichend
Unterhaltskosten	hoch

Porsche 924 S 1986-1988

Der Porsche 924 S kam als Nachfolger des 924 auf den Markt. Er erhielt den 2,5-Liter-Vierzylinder aus dem Porsche 944, der jedoch niedriger verdichtet war und so 150 PS (110 kW) leistete. Tester lobten damals die Fahrleistungen sowie den kultivierten, sehr elastischen Motor und attestierten dem Wagen eine außerordentliche Handlichkeit. Während sich an der 924-Karosserie kaum etwas geändert hatte, stammten nun auch Fahrwerk und Bremsen im Prinzip aus dem stärkeren Schwestermodell. Den 924 S lieferte Porsche auf Wunsch gegen Aufpreis auch mit geregeltem Katalysator aus – der, einer neuen Porsche-Vorgabe folgend, gleich viel zu leisten hat wie die ungereinigten Versionen.

Bild: © Porsche AG

Preise	1	2	3	4	5
924 S, Cpe	23.000	15.000	8.300	3.400	1.700

Motor/Antrieb	
Bauart	Vierzylinder (Reihe)
Lage/Antrieb	Front/Heck
Hubraum in cm³	2479
PS/min	150/5800, 160/5900
Vmax in km/h	215 bis 220
Karosserie	
Bauart	Coupé
Tragstruktur	selbsttragend
Material	Stahlblech
Stückzahl und Marktsituation	
Produktionszahl	16.282
Verfügbarkeit	gut
Teilesituation	ausreichend
Unterhaltskosten	mittel

Porsche 928, 928 S, 928 S4, 928 GT, 928 GTS 1977-1995

In Verkennung der wirklichen Kundenwünsche glaubte Porsche, mit dem Modell 928 den betagten 911 ablösen zu können. Mit dem Transaxle-Konzept und seiner bulligen Coupé-Karosserie mit großer Heckklappe ähnelte er dem Layout des 924. Doch unter seiner Haube wummerte ein anfangs 4,5 Liter großer V-Achtzylinder. Im März 1977 feierte der Porsche 928 Premiere, er stand mit üppigen 55.000 Mark in den Preislisten. 1978 kürte ihn – als ersten Sportwagen – eine Jury zum „Auto des Jahres". Ab 1979 gab es den 928 S, der mit 4,7 Liter großem Achtzylinder sogar 73.000 Mark teuer war. Die fast 4,45 Meter langen Luxusfahrzeuge wogen gut 1,5 Tonnen, obwohl die vorderen Kotflügel und Türen aus Aluminium gefertigt wurden. Ab 1987 folgte zunächst die Version 928 S4 und zwei Jahre später der 330 PS starke 928 GT. Beide Modelle wurden ab 1992 bis Produktionsende durch den 178.000 Euro teuren GTS abgelöst, der mit dem 350 PS leistenden 5,4-Liter-Motor stärksten Ausführung dieser Modellreihe.

Bild: © Porsche AG

Preise	1	2	3	4	5
928 (Ser. 1977-1982), Cpe	51.000	35.000	22.400	10.300	5.000
928 S (Ser. 1979-1983), Cpe	57.000	38.000	24.600	11.200	5.500

Motor/Antrieb	
Bauart	V8
Lage/Antrieb	Front/Heck
Hubraum in cm³	4474 bis 5397
PS/min	240/5250 bis 350/5900
Vmax in km/h	225 bis 255
Karosserie	
Bauart	Coupé
Tragstruktur	selbsttragend
Material	Stahlblech
Stückzahl und Marktsituation	
Produktionszahl	k.A.
Verfügbarkeit	gut
Teilesituation	ausreichend
Unterhaltskosten	hoch

P

Porsche 944, 944 Turbo, 944 S2 — 1981-1991

Wie so oft hatte Porsche kein ideales Gespür für gutes Marketing. Oder waren die Zuffenhausener aus Not zu bescheiden? Als im September 1981 der neue Porsche 944 auf der IAA stand, sah er aus wie ein aufgeplusterter 924. Das Geld für eine neue Karosserieentwicklung hatte gefehlt. Dabei trug der 944 unter der Haube kein Audi 100-Derivat wie der kleine Bruder, sondern einen reinen Porsche-Motor – im Prinzip das halbierte V8-Triebwerk aus dem 928. 1982 begann die Produktion, drei Jahre später kam die Turbo-Variante dazu. Mit einem Vierventilmotor befeuert, steigerte der 944 in der S-Variante ab 1986 den Fahrspaß nochmals beträchtlich. Ab 1989 kamen auch Cabrio-Fans auf ihre Kosten.

Bild: © Porsche AG

Preise	1	2	3	4	5
944 (163 PS, 1984-1987) Cpe	28.000	18.000	11.800	6.600	3.300

Motor/Antrieb	
Bauart	Vierzylinder (Reihe)
Lage/Antrieb	Front/Heck
Hubraum in cm³	2479, 2681, 2990
PS/min	163/5800 bis 250/6000
Vmax in km/h	233 bis 240
Karosserie	
Bauart	Coupé, Cabriolet
Tragstruktur	selbsttragend
Material	Stahlblech
Stückzahl und Marktsituation	
Produktionszahl	k.A.
Verfügbarkeit	gut
Teilesituation	ausreichend
Unterhaltskosten	hoch

Porsche 968 Coupé, 968 CS Coupé, 968 Cabriolet, 968 Turbo S — 1991-1994

Der Porsche 968 hatte in den schwersten Zeiten, die der Stuttgarter Sportwagenbauer zu überstehen hatte, die Nachfolge des gut konstruierten, aber glücklos gebliebenen 944 antreten müssen. Keine leichte Aufgabe, weil die Fans auch in ihm zu sehr nach 911-Genen suchten und sie nicht fanden. Der drei Liter große Vierzylinder war bereits aus seinem 944-Einsatz bekannt und kam überarbeitet zum Einsatz. Mit 305 Nm bei 4100/min stellte der Saugmotor ein gewaltiges Drehmoment zur Verfügung – der Wert galt seinerzeit als Weltrekord. Die Verarbeitung auf gewohnt hohem Niveau sichert auch heute noch viel Fahrspaß, besonders in der Clubsport-Variante. Hinter den Kulissen haben sich Porsche-Fans längst die besten Fahrzeuge gesichert. Er war nie preiswert, bietet dafür aber maximales Understatement.

Bild: © Porsche AG

Preise	1	2	3	4	5
968 CS, Cpe	76.500	49.000	30.500	19.200	9.600

Motor/Antrieb	
Bauart	Vierzylinder (Reihe)
Lage/Antrieb	Front/Heck
Hubraum in cm³	2990
PS/min	240/6200 bis 305/5400
Vmax in km/h	252 bis 280
Karosserie	
Bauart	Coupé, Cabrio
Tragstruktur	selbsttragend
Material	Stahlblech
Stückzahl und Marktsituation	
Produktionszahl	11.245
Verfügbarkeit	üppig
Teilesituation	ausreichend
Unterhaltskosten	hoch

Ab in die Mitte: Porsche zaubert einen Boom

1991 war Wendelin Wiedeking mit nur 39 Jahren in den Porsche-Vorstand aufgestiegen, zu einer Zeit also, in der es für den Sportwagen-Bauer aus Zuffenhausen schlecht stand; so schlecht, dass das Ende der Unabhängigkeit schon nicht mehr zur Diskussion stand, sondern nur noch die Frage zu beantworten war, wie lange es noch dauert. Da kam Wiedeking, sprühte vor Ideen, krempelte alles um – und stellte, nach dem schlechtesten Ergebnis der zurückliegenden zwölf Jahre, 1993 eine Studie auf der damals noch enorm wichtigen nordamerikanischen Automobilmesse in Detroit vor: den Boxster. So stellte sich Wiedeking, inzwischen Porsche-Boss, zusammen mit seinem Entwicklungschef Horst Marchart und Chef-Designer Harm Lagaay die Zukunft vor.

„Wir wissen, dass wir ganz unten sind, aber wir wollen wieder dahin, wo uns ein Platz gebührt, bei den großen Sportwagenherstellern dieser Autowelt", zitierte *auto motor und sport* Wiedeking in Detroit.

Und dann das: Eine überwältigende Reaktion schlug Porsche entgegen. Alles hatten sie richtig gemacht, den 911 zurückgedacht, kleiner, leichter und pointierter skizziert, als knackigen Spider im Spaß-Format für Einsteiger, der dennoch ganz nach einem Porsche aussah. An den 550 Spyder, den „Little Bastard" von James Dean, erinnerte er, sein Name kombinierte Boxer und Roadster.

1996 kam der Boxster auf den Markt. Die Wende gelang durch ihn, und er wurde zu dem nicht mehr möglich scheinenden Erfolg, für den Wiedeking und seine Männer damals alles gegeben hatten.

P

Porsche Boxster, Boxster S (Typ 986) — 1996-2004

1993 hatte Porsche in Detroit eine Studie namens „Boxster Concept" gezeigt – und erhielt derart viel Applaus, dass der Bau nicht mehr in Frage stand. 1996 erschien der neue, ausschließlich offen gebaute Mittelmotor-Sportler mit dem geglückten Kunstnamen, der die Worte Boxer und Roadster kombinierte. Ein 2,5 Liter großer, wassergekühlter Sechszylinder-Boxer saß hinter den zwei Sitzen und vor der Hinterachse, insgesamt bot der Wagen dann überraschend viel Gepäckraum, war andererseits jedoch auch größer ausgefallen, als sich das mancher Fan im Rückblick auf den legendären 550 Spyder gewünscht hatte – größer als der damalige 911! Mit allein über 14 Zentimetern mehr Radstand konnten dann auch die Porsche-Fahrwerksprofis keine Handlichkeit hinzaubern, die einem Auto wie dem Boxster gut gestanden hätte. Immerhin, sehr sicher war er. Und nur halb so teuer wie der große Bruder 911 (damals in der Version 996), was Porsche neue Kunden brachte. Der Boxster S kam 1999, er besaß den Boxer in einer 3,2-Liter-Variante.

Bild: © Porsche AG

Preise	1	2	3	4	5
Boxster 2.7 (986), Cab	k.N.	19.400	14.400	8.400	k.N.
Boxster S 3.2 (986), Cab	k.N.	22.400	17.000	9.200	k.N.

Motor/Antrieb	
Bauart	Sechszylinder (Boxer)
Lage/Antrieb	Mitte/Heck
Hubraum in cm³	2480, 2687, 3179
PS/min	204/6000 bis 266/6200
Vmax in km/h	240 bis 266
Karosserie	
Bauart	Cabrio
Tragstruktur	selbsttragend
Material	Stahlblech
Stückzahl und Marktsituation	
Produktionszahl	151.951
Verfügbarkeit	sehr gut
Teilesituation	sehr gut
Unterhaltskosten	hoch

Porsche Spezial

Dass manchmal nicht Porsche drauf stehen muss, obwohl unter dem Blech echte Porsche-Arbeit steckt, bewiesen die Zuffenhausener nicht erst in den 1990er Jahren, als sie durch ihre Mitarbeit die sportlichen Audi 80 Avant RS 2 adelten, die als Trendsetter unter den damals aufstrebenden Schnelllastern galten. Es gibt interessante Beispiele für gelungene Engagements der Porsche-Ingenieure jenseits des Sportwagen-Kerngeschäfts: der bei Privatpiloten bis heute sehr geschätzte Porsche-Flugmotor 3200 oder die Über-Limousine Mercedes-Benz 500 E, deren Endmontage bei Porsche erfolgte. Das eigene Projekt eines in den 1980er Jahren bereits weit entwickelten Viertürers hatte Porsche dagegen jäh gestoppt. Erst 2009 kam mit dem Panamera diese Idee in einer neuen Form als vierte Baureihe auf die Straßen. An Familien und deren schnellen Transport dachte der Sportwagenhersteller dagegen bereits früher: Auf Basis des VW-Bus war mittels 911-Boxer-Implantat einer der extremsten automobilen Zwitter entstanden, die es ab Werk zu kaufen gab.

Bild: © Porsche AG

Der Mercedes-Benz 500 E wurde von Porsche entwickelt und von 1990 bis 1995 in Zuffenhausen produziert.

Porsche B32 — 1984-1985

Im Jahr 1984 machte Porsche einem Wolfsburger gehörig Beine, der bisher so ganz und gar nicht für sportliche Ambitionen bekannt geworden war. Ohne offen in Erscheinung zu treten, verpflanzten die Porsche-Ingenieure in den als Familienlimousine geplanten Porsche B32 den Antriebsstrang des 911 in die Hülle eines traditionellen VW-Kleinbusses und schufen damit einen Mix, der bis heute von etlichen VW-Bus-Fans kopiert wird. Originale B32-Exemplare, die durch Zuteilung einer eigenen Fahrgestellnummer offiziell zu echten Porsche-Fabrikaten gehören, sind dagegen sehr selten. Gerade neun einer 20 Exemplare umfassenden Kleinserie kamen in den freien Verkauf, wovon der Fangemeinde acht Modelle bekannt sind.

Bild: © Volkswagen AG

Preise	1	2	3	4	5
Porsche B32, Bus	je nach Originalität und Historie ab 250.000 Euro				

Motor/Antrieb	
Bauart	Sechszylinder (Boxer)
Lage/Antrieb	Heck/Heck
Hubraum in cm^3	3164
PS/min	231/5900
Vmax in km/h	200
Karosserie	
Bauart	Kleinbus
Tragstruktur	selbsttragend
Material	Stahlblech
Stückzahl und Marktsituation	
Produktionszahl	ca. 20
Verfügbarkeit	gegen null
Teilesituation	gut
Unterhaltskosten	hoch

Puma (BR) • 1967-1985, 2017

Puma? Kommt von Ford, oder? Richtig: 1995 hatte Ford die Namensrechte für Europa gekauft, doch von 1967 bis 1985 stand Puma für einen brasilianischen Sportwagen. Einer, in dem verschiedenste Herzen schlugen, nämlich von DKW, von Volkswagen und später von General Motors, und der – ganz gleich, welche Technik darunter steckte – immer ein hinreißendes GFK-Kleid auf einem Rohrrahmen trug. Bereits 1964 hatte der brasilianische Rennfahrer Genaro Rino Malzoni mit drei weiteren Gesellschaftern die Sociedade de Automóveis Lumimari gegründet, den Vorläufer der späteren Firma und Marke Puma. Malzoni hatte von einem eleganten Coupé mit bewährter DKW-Technik geträumt. Die deutschen Zweitakter erlebten in Brasilien, von der Firma Vemag in Lizenz gefertigt, ihren zweiten Frühling.

Von 1964 bis 1966 verließen 35 DKW Malzoni GT mit dem Segen von Vemag und mit der Erlaubnis, das Firmenlogo zu führen, die kleine Unternehmung in São Paulo, 1967 folgten weitere 135 Exemplare als Puma GT mit Zweitakt-Frontmotor. Danach war mit der bewährten Technik auch in Brasilien Schluss. Die Zuständigkeiten in Deutschland hatten sich geändert, nachdem die Ingolstadter Auto Union erst von Mercedes-Benz, dann von Volkswagen übernommen wurde. Schade, denn erste Rennerfolge machten deutlich, welches Potenzial die leichten, flachen Coupés besaßen.

Puma brauchte neue Technik. Da bot sich Volkswagen do Brasil an, die fast alle benötigten Teile im

Bild: © Puma

Gescheiterter Neustart: Das 2017 angekündigte Modell blieb ein Projekt.

Land produzierte – ähnlich wie es auch Vemag getan hatte, um hohe Einfuhrzölle zu vermeiden. Das bedeutete zugleich den kompletten Umbau der Konstruktion, nämlich Abkehr vom Frontmotor mit Frontantrieb zum Heckmotor mit Heckantrieb, doch die brasilianischen Sportwagen-Bauer rechneten sich durchaus ein temperamentvolles Fahrverhalten aus. Schließlich blieb den Puma-Modellen als Coupé und als geplanter Spider nicht nur eine recht leichte GFK-Karosserie als Trumpf, sondern das Team hatte auch reichlich Erfahrung mit standfestem Tuning. So schlug sich der Puma, der die Plattformen des Karmann Ghia und später des Brasilia nutzte, dann auch tatsächlich erfolgreich im südamerikanischen Rennsport und avancierte zum kleinen Star auf den Straßen Brasiliens. Der Erfolg blieb nicht unbeachtet: Rasch gab es auch in anderen Ländern Versuche, Puma-Modelle zu importieren oder sogar zu fertigen. Meist ging das schief, weil sich mal die Geldgeber als unseriös entpuppten, mal hohe Sicherheitsauflagen den Import verhinderten. Am besten lief das Auslandsgeschäft in Südafrika, wo Bromer Motor Assemblies in New Germany/Natal immerhin rund 275 sehr spezielle Pumas fertigte, denn, anders als die brasilianischen Brüder, ruhten Südafrika-Pumas auf Käfer-Fahrgestellen – in Südafrika waren nur Käfer verfügbar. Einzelne Fahrzeuge entstanden sogar mit Ford-V8- oder Porsche-Motoren.

Insgesamt hat Puma in Brasilien rund 20 verschiedene Modelle hergestellt, von denen die auf VW-Basis – hier besonders GTE und GTS – sowie der GTB auf Basis des Chevrolet Opala die größten Erfolge erzielten. Insgesamt sollen etwa 25.000 Puma entstanden sein. Zu ihnen rechnet man auch die Exemplare, die noch nach dem endgültigen Zusammenbruch der Firma 1985 auf den Markt tröpfelten. Der Wegfall der Zölle hob den Schutz des heimischen Marktes auf, und viele schöne, günstige und schnelle Sportwagen fluteten den Markt, die meisten aus Japan. Puma strauchelte, dennoch versuchten ab 1985 zwei Gesellschaften, die Unternehmung wieder zu beleben. Das erste Projekt scheiterte rasch, das zweite, Alfa Metais des Puma-Fans Nivio de Lima, brachte tatsächlich neue Modelle auf den Markt. Wirtschaftlich jedoch gelang Puma keine Rückkehr auf einen Erfolgskurs: Zwischen 1988 und 1993 melden die Statistiken nur etwa 200 Stück auf Volkswagen-Basis (AM 1 bis AM 4) und General-Motors-Basis (AMV 4.1). Anschließend entstanden noch einige Puma aus vorhandenen Neuteilen, vornehmlich in Südafrika. 2017 meldete sich Puma nochmals aus Brasilien und kündigte ein neues, überzeugend designtes Coupé namens Puma GT Lumimari an. Sogar eine eigene Rennserie sollte für die von einem 1,6-Liter-Vierzylinder befeuerten Sportwagen entstehen. Das Projekt liegt seither jedoch auf Eis.

(Malzoni) Puma GT — 1964-1967

Der DKW Malzoni GT – der spätere Puma DKW GT – entstand als Prototyp bereits 1964. Der Schöpfer Rino Malzoni hatte als angesehener Rennfahrer beim DKW-Lizenznehmer Vemag beste Karten. Vemag, damals mit den Zweitaktern deutscher Machart immer noch Brasiliens drittgrößter Autoproduzent, konnte sich freuen: Beim Mil Milhas-Rennen (der Südamerika-Version der Mille Miglia) von 1966 hätte ein solcher Wagen in Rennversion beinahe gewonnen. Am Steuer: Jan Balder und der blutjunge Emerson Fittipaldi. Technische Probleme warfen sie zurück, doch am Ende retten sie einen viel beachteten dritten Rang. In der später folgenden, 810 Kilogramm leichten Serienversion verwöhnte der hinreißend designte GFK-Sportwagen seine zwei Passagiere mit einem klassischen Innenraum – und ölhaltigem Zweitakt-Abgas. Seine rund 60 SAE-PS genügten, um das flache Coupé bis auf gut 150 km/h zu beschleunigen. Vom Malzoni GT und Puma DKW GT entstanden insgesamt nur rund 170 Exemplare.

Bild: © Puma

Preise	1	2	3	4	5
Malzoni GT, Cpe	k.N.	42.500	27.000	13.500	k.N.

Motor/Antrieb	
Bauart	Dreizylinder (Reihe)
Lage/Antrieb	Front/Front
Hubraum in cm³	981
PS/min	60
Vmax in km/h	150
Karosserie	
Bauart	Coupé
Tragstruktur	Kastenrahmen
Material	GFK
Stückzahl und Marktsituation	
Produktionszahl	ca. 170
Verfügbarkeit	gegen null
Teilesituation	schlecht
Unterhaltskosten	mittel

Puma GT, GTE, GTS, GTI, GTC — 1968-1984

Puma musste 1968 umstellen: Die neuen Modelle basierten nun auf dem brasilianischen Karmann Ghia, erhielten also einen Heckmotor. Der Kühlergrill entfiel, dafür leiteten Lufteinlässe an der C-Säule des Coupés Kühlluft zum Boxer. Der Spider, GTS genannt, kam 1971 hinzu. Die frühen Modelle des Puma zeichneten sich durch eine feine erhabene Mittellinie längs auf der Front aus (Zwirbelbart). Später entfiel dieses etwas barock anmutende Ornament. Im Jahr 1976 krempelten die Techniker den Puma komplett um: Da Volkswagen die Produktion des brasilianischen Karmann Ghia eingestellt hatte, erhielt der Puma nun die Bodengruppe des VW Brasilia. Ein neues Heck mit tiefergesetzter Heckscheibe beim Coupé und eine etwas kantigere Linienführung beim Cabrio folgten. 1981 taufte Puma die Modelle nach optisch starker Überarbeitung in GTI und GTC um. Sie boxten sich noch bis 1984 durch.

Bild: © Puma

Preise	1	2	3	4	5
Puma GT 1600, Cpe	k.N.	29.000	18.000	9.000	k.N.
Puma GT 1600 S2, Cpe	k.N.	28.000	17.500	9.000	k.N.

Motor/Antrieb	
Bauart	Vierzylinder (Boxer)
Lage/Antrieb	Heck/Heck
Hubraum in cm³	1584 bis 1630
PS/min	70/4700 bis 87/5200
Vmax in km/h	150 bis 190
Karosserie	
Bauart	Coupé, Spider
Tragstruktur	Zentralrohrrahmen
Material	GFK
Stückzahl und Marktsituation	
Produktionszahl	k.A.
Verfügbarkeit	schlecht
Teilesituation	ausreichend
Unterhaltskosten	mittel

Puma GTB S2, S3, S4 — 1973-1985

Neue Wege ging Puma ab 1973, um im heimischen Markt ein Muscle Car amerikanischer Prägung bieten zu können. Die Technik dafür kam von GM, die für den brasilianischen Markt den Chevrolet Opala im Angebot hatten. Neben einem 2,5-Liter-Vierzylinder ließ ein Sechszylinder mit 4,1 Litern Hubraum aufhorchen. Die noch etwas zerklüftete erste GFK-Karosserie des GTB wurde 1978 vom aufgeräumteren GTB S2 abgelöst, der sogar mit einer Klimaanlage lieferbar war. Der GTB S3 diente ab 1983 mit seinen vier Zylindern als Einstiegsmodell, der S4 dagegen folgte 1984 mit einem Sechszylinder-Turbo – angeblich waren von diesen Versionen allerdings nur jeweils drei Fahrzeuge als Muster- und Messewagen entstanden. Der Puma GTB galt als das teuerste brasilianische Auto. Von allen GTB-Versionen wurden insgesamt etwa 1700 Stück gebaut.

Bild: © Puma

Preise	1	2	3	4	5
Puma GTB S2, Cpe	k.N.	27.000	17.500	k.N.	k.N.

Motor/Antrieb	
Bauart	Vier-/Sechszylinder (Reihe)
Lage/Antrieb	Front/Heck
Hubraum in cm³	2512, 4093
PS/min	81/4000 bis 168/4800
Vmax in km/h	ca. 180 bis 190
Karosserie	
Bauart	Coupé
Tragstruktur	Kastenrahmen
Material	GFK
Stückzahl und Marktsituation	
Produktionszahl	ca. 1700
Verfügbarkeit	ausreichend
Teilesituation	ausreichend
Unterhaltskosten	mittel

Rambler (USA) • 1901-1971

In Kenosha, Wisconsin, gründete Thomas B. Jeffery 1901 die Automobilfabrik Rambler. Das erste Fahrzeug war bereits im Vorjahr entstanden, und mit leichten und preiswerten Zweisitzern stieg der Geschäftsmann in den boomenden Automobilmarkt ein. Mit ihren Einzylindermotoren gaben sich die Rambler genügsam und stießen auf große Resonanz.

Bereits 1911 hatte Rambler eine verstellbare Lenksäule entwickelt und angeboten. Nach 1914 wurden die Rambler unter dem Namen Jeffery angeboten, und schon 1916 übernahm Nash die Firma, deren ursprünglicher Name keine Rolle mehr spielte – bis 1950, als Nash ein Mittelklassemodell erfolgreich als Rambler platzierte. Aus der Fusion von Nash, Hudson und Rambler entstand 1954 die American Motors Corporation (AMC), die zwei Jahre später die Marken Hudson und Nash auslaufen ließ. Nachdem die Verkaufszahlen in den sechziger Jahren eingebrochen waren, lief 1971 der letzte Rambler vom Band.

Rambler American 1958-1969

1958 brachte Rambler das Modell American auf den Markt. Er stieß auf großes Interesse und verkaufte sich auch wegen seines günstigen Preises sehr gut. Technisch bot der Rambler American keine besonderen Goodies: Zwar verzichtete Rambler auf einen Rahmen und bot den American mit selbsttragender Karosserie an, die es zunächst nur als zweitürige Limousine und Kombi gab, doch der zunächst eingesetzte seitengesteuerte Reihensechszylinder bot mit seinen 91 PS eine eher asthmatische Leistungsentfaltung. Nach verschiedenen Modernisierungsschritten bot Rambler die American-Modelle Ende der 1960er-Jahre in drei Serien an. Lieferbar war sogar ein 5,6-Liter-V8-Motor, der 225 PS leistete – besonders reizvoll als Antrieb der Coupé-Variante.

Bild: © Archiv Günther Zink

Preise	1	2	3	4	5
American (Ser. 1961-1963), Cab	15.000	9.500	5.600	2.600	1.200

Motor/Antrieb	
Bauart	Sechszylinder (Reihe), V8
Lage/Antrieb	Front/Heck
Hubraum in cm³	3205 bis 5622
PS/min	91/3800 bis 228/4700
Vmax in km/h	130 bis 190
Karosserie	
Bauart	Limousine, Coupé, Kombi
Tragstruktur	selbsttragend
Material	Stahlblech
Stückzahl und Marktsituation	
Produktionszahl	k.A.
Verfügbarkeit	gut
Teilesituation	gut
Unterhaltskosten	hoch

Reliant (GB) • 1935-2001

Die Reliant Engineering Co. Ltd. war 1935 im englischen Tamworth (Staffordshire) gegründet worden. Der Schwerpunkt des Unternehmens lag in der Fertigung von Dreiradfahrzeugen, einer britischen Spezialität, weil das dortige Steuerrecht enorme Privilegien für diese Fahrzeugform vorsah.

Der erste Reliant (auf deutsch: der Zuverlässige) entstand auf Basis des zwischen 1931 und 1934 von Raleigh gebauten Light Delivery Vans, erhielt aber nun ein geschlossenes Fahrerhaus. 1935 konnte der Firmengründer Tom Lawrence Williams die ersten Fahrzeuge ausliefern. Nach und nach überarbeitete und verbesserte Reliant die kleine Lieferwagen-Konstruktion der zunächst von Austin Seven-Motoren angetriebenen Dreiräder. Später baute Reliant sogar eigene Motoren.

Zwischen 1940 und 1946 musste Reliant die Fahrzeugproduktion unterbrechen. Ab 1950 erhielten die Dreiräder die Namen „Regent" und „Prince Regent". Mit dem „Regal", der 1951 vorgestellt wurde, betrat Reliant erstmals das Feld der Personenbeförderung. Zunächst gab es die Kunststoffkarosserien nur in offener Ausführung mit Verdeck, ab 1955 auch mit einem Hardtop. Zwischen 1962 und 1973 entstanden dann die Regal 3/25 und 3/30 mit festem Dach, das auch aus Kunststoff bestand. Ebenfalls als Dreiräder wurden die Nachfolgemodelle „Robin" (1973) und „Rialto" (1981) gebaut, der als automobile Skurrilität immerhin noch bis 1999 in Produktion blieb. Wie seine Vorgänger trieb ihn ein von Reliant selbst gefertigter Aluminiummotor an. Übrigens produzierte Reliant auch den Bond Bug – die Firma hatte man 1969 übernommen.

Doch auch auf dem Vierradsektor war Reliant ab 1958 tätig. Zum einen entwickelte man die britische Auto-Bausatz-Idee geschickt weiter und lieferte komplette Konstruktionen und Teile in Länder mit niedrigem Industrialisierungsstandard, zum Beispiel Israel, Griechenland, Türkei und Indien.

1964 startete ein Vierradautomobil unter eigenem Namen. Das kompakte Modell kam als Reliant „Rebel" auf den Markt. Der Wagen blieb ohne großen Erfolg, etwas besser schlug sich der Reliant „Kitten" (1975-1982).

Bekannt jedoch wurde Reliant mit dem „Sabre", einem klassischen Roadster, der auf einer Initiative des israelischen Kooperationspartners Autocars beruhte und insbesondere dessen Nachfolger „Scimitar", den es mit einer innovativen Sport-Kombi-Karosserie gab. Übrigens entstanden zwischen 1985 und 1986 die legendären Ford RS200 Gruppe B-Rallyewagen ebenfalls bei Reliant, zudem hatte man 1989 die Fertigung der traditionellen London-Taxen übernommen. 2001 verlegte Reliant seinen Firmensitz nach Cannock und stellte die Automobilproduktion ein.

Eine mit selbst gefertigtem Aluminiummotor angetriebene Dreiradkonstruktion unter einer Kunststoffkarosse: der Reliant Robin, Baujahr 1974.

R

Reliant Sabre 1962-1964

Der erste Versuch von Reliant, ein Fahrzeug mit vier Rädern zu vermarkten, geriet nicht eben zum durchschlagenden Erfolg: Gerade 160 dieser etwas skurril gestalteten Cabriolets und Coupés konnte die bisher nur als Hersteller von Dreirädern bekannte Firma Reliant absetzen. Das Modell Sabre war solide konstruiert und gebaut, zeigte jedoch unausgewogene Fahreigenschaften. Zu der sportlichen Erscheinung passte auch der träge 1,7-Liter-Ford-Zephyr-Motor wenig. Als Sabra Sport lief dieser Reliant auch in Israel vom Band. In Deutschland dürfte kaum eines dieser Fahrzeuge existieren.

Preise	1	2	3	4	5
Sabre, Cab	27.200	19.000	12.100	5.100	2.100

Motor/Antrieb	
Bauart	Vierzylinder (Reihe)
Lage/Antrieb	Front/Heck
Hubraum in cm³	1703
PS/min	91/4600
Vmax in km/h	165
Karosserie	
Bauart	Coupé, Cabriolet
Tragstruktur	Kastenrahmen
Material	Kunststoff
Stückzahl und Marktsituation	
Produktionszahl	160
Verfügbarkeit	schlecht
Teilesituation	sehr schwierig
Unterhaltskosten	mittel

Reliant Sabre Six 1962-1965

Wie ein vorweggenommener Triumph GT 6 sah die zweite vierrädrige Konstruktion von Reliant aus. Das gefällige Coupé Sabre Six, das 1962 auf den Markt kam, zeigte eine überzeugende, viel harmonischer gestaltete Frontpartie und runde Radausschnitte unter dem kecken Hüftschwung. Zusammen mit dem gut 2,5 Liter großen Ford Zephyr Six-Motor war der Reliant Sabre Six ein gelungenes Angebot. Ab 1963 gab es das Vierganggetriebe auch mit Schnellgang. Zum Modelljahr 1964 stieg die Leistung auf 110 PS. Die 4,10 Meter langen Sabre blieben in der Sechszylinderversion sehr selten: Nur 77 Exemplare hat Reliant gebaut.

Bild: © Archiv HEEL Verlag

Preise	1	2	3	4	5
Sabre Six, Cpe	23.500	16.800	10.700	4.500	1.800

Motor/Antrieb	
Bauart	Sechszylinder (Reihe)
Lage/Antrieb	Front/Heck
Hubraum in cm³	2553
PS/min	106/4750 bis 110/4800
Vmax in km/h	180
Karosserie	
Bauart	Coupé
Tragstruktur	Kastenrahmen
Material	Kunststoff
Stückzahl und Marktsituation	
Produktionszahl	77
Verfügbarkeit	schlecht
Teilesituation	ausreichend
Unterhaltskosten	hoch

Reliant Scimitar GT 1964-1970

Das erste Modell mit der später berühmten Bezeichnung Scimitar, zu deutsch: Türkensäbel, wurde 1964 vorgestellt. Der Karosserie-Entwurf der David Ogle Associates überzeugte durch seine sportlich-glattflächigen Gran-Turismo-Linien in klassischer Stufenheckausführung. Attraktiv sah auch das Interieur aus. Reliant vertraute zunächst weiter auf den Zephyr Six-Motor, der mit drei Vergasern auf 120 SAE-PS kam, später auch 120 DIN-PS leistete. Anfang 1966 stellte die Firma den Scimitar mit Dreiliter-Ford-V6 aus dem Zodiac Mk IV vor. Das Scimitar Coupé mit seiner erwachsenen Optik gilt als robustes Fahrzeug, von dem trotz geringer Produktionszahlen in drei Bauserien noch einige Exemplare am Markt zu finden sind. Erstaunlicherweise erschließen sich seine Qualitäten nur einem kleinen Fankreis.

Bild: © Archiv HEEL Verlag

Preise	1	2	3	4	5
Scimitar GT (SE4), Cpe	20.200	13.500	9.200	4.400	1.800
Scimitar GT (SE4 a/b), Cpe	17.500	9.900	6.600	3.100	1.500

Motor/Antrieb	
Bauart	Sechszylinder (Reihe), V6
Lage/Antrieb	Front/Heck
Hubraum in cm³	2553, 2495, 2994
PS/min	120/5000 bis 146/4750
Vmax in km/h	180 bis 210
Karosserie	
Bauart	Coupé
Tragstruktur	Kastenrahmen
Material	Kunststoff
Stückzahl und Marktsituation	
Produktionszahl	296, 590, 117
Verfügbarkeit	schlecht
Teilesituation	ausreichend
Unterhaltskosten	hoch

Reliant Scimitar GTE 1968-1975

Mit dem Modell GTE hatte Scimitar seine Linie gefunden. Zudem brachte die Firma damit einen der ersten Sportkombis auf den Markt. Neben guten Fahrleistungen wurden hier eben auch praktische Talente geboten. Scimitar galt als einer der größten Verarbeiter von Glasfibermaterial für Autokarosserien und verpasste dem GTE eine ausgereifte Kunststoffhülle. Mit ihrer sportlichen Kombiheck-Gestaltung, einem großen, zu öffnenden Heckfenster und den die Keilform betonenden hochgezogenen hinteren Seitenscheiben setzte die Form neue Akzente. Zwar wurde das Styling durch leichte Dimensionsveränderungen im Laufe der Jahre bei verschiedenen Modellpflegemaßnahmen etwas verwässert, doch das tat der Attraktivität kaum Abbruch. Nur 1968/69 kam der 2,5-Liter-V6 zum Einsatz, der Dreiliter hielt sich bis zum Jahr 1975. Trotz professioneller Herstellungsmethoden litt der GTE etwas unter fehlendem Feinschliff.

Bild: © Joachim Krüger

Preise	1	2	3	4	5
Scimitar GTE (SE5), Cpe	15.200	9.400	6.100	2.900	1.200
Scimitar GTE (SE5a), Cpe	15.200	9.400	6.100	3.000	1.200

Motor/Antrieb	
Bauart	V6
Lage/Antrieb	Front/Heck
Hubraum in cm³	2495, 2994
PS/min	121/4750 bis 136/4750
Vmax in km/h	175 bis 195
Karosserie	
Bauart	Kombi-Coupé
Tragstruktur	Kastenrahmen
Material	Kunststoff
Stückzahl und Marktsituation	
Produktionszahl	5927
Verfügbarkeit	gut
Teilesituation	gut
Unterhaltskosten	hoch

Reliant Scimitar (SE6a/b) 1979-1985

Spätestens ab 1979 waren etliche Mängel des Vorgängers aus der Welt geschafft. Viel Detailarbeit an Fahrwerk, Ausstattung und Technik ließ den GTE zu einem konkurrenzfähigen Produkt reifen. Daran hatte auch der nun aus Kölner Ford-Produktion stammende 2,8-Liter-Sechszylinder seinen Anteil – er ersetzte den betulichen Dreiliter-Essex-V6. Zwar glänzte der neue Motor in Sachen Drehmoment weniger, doch dafür entschädigte das Aggregat mit günstigerem Benzinverbrauch und vor allem höherer Zuverlässigkeit. Statt der aufwändigen Laycock-de-Normanville-Overdrive-Lösung stand nun ein Fünfganggetriebe zur Verfügung. Der solcherart verfeinerte GTE wurde bis Ende 1985 gebaut, um dann Platz für einen völlig neuen Nachfolger gleichen Namens zu machen.

Bild: © Jürgen Schlegelmilch

Preise	1	2	3	4	5
Scimitar (SE6a/b), Cpe	12.500	8.200	5.600	2.600	1.000

Motor/Antrieb	
Bauart	V6
Lage/Antrieb	Front/Heck
Hubraum in cm³	2792
PS/min	135/5200
Vmax in km/h	190
Karosserie	
Bauart	Kombi-Coupé
Tragstruktur	Kastenrahmen
Material	Kunststoff
Stückzahl und Marktsituation	
Produktionszahl	4311
Verfügbarkeit	üppig
Teilesituation	gut
Unterhaltskosten	mittel

Reliant Scimitar GTC 1980-1986

Mit einem die Karosserie stabilisierenden T-Roof suchte der Scimitar auch im Segment der offenen Sportler eine Chance. Man vertraute auf die bewährte und inzwischen ausgereifte Technik des Sportkombis, war aber nicht in der Lage, das Gesamtpaket zu einem für die Kunden attraktiven Preis anzubieten. Das verhinderte im wirtschaftlich gebeutelten Großbritannien einen besseren Absatz ebenso wie die fehlenden Aktivitäten im Bereich des Exportmarketings. Daran änderten auch die prinzipiellen Qualitäten des GTC nichts, für den auch ein Hardtop angeboten wurde. Die niedrigen Stückzahlen verhelfen dem Scimitar heute zu einem Raritäten-Status, der die Preise auf ein relativ hohes Niveau treibt.

Bild: © Archiv HEEL Verlag

Preise	1	2	3	4	5
Scimitar GTC, Cab	15.800	10.600	6.200	3.200	1.300

Motor/Antrieb	
Bauart	V6
Lage/Antrieb	Front/Heck
Hubraum in cm³	2792
PS/min	135/5200
Vmax in km/h	190
Karosserie	
Bauart	Cabriolet
Tragstruktur	Kastenrahmen
Material	Kunststoff
Stückzahl und Marktsituation	
Produktionszahl	443
Verfügbarkeit	ausreichend
Teilesituation	gut
Unterhaltskosten	mittel

Reliant Scimitar SS1, SST, Sabre 1984-1995

Mit einem neuen Modell wollte Reliant auf Stückzahlen kommen. Das verwaiste Marktsegment kleiner Roadster schien gerade recht, und 1984 lancierten die Engländer das neue Modell Scimitar SS1 – die Abkürzung steht für Small Sports. Das eigenwillige Design der Kunststoffkarosserie stammt vom Zeichenbrett des italienischen Designers Giovanni Michelotti, der unter anderem auch den Triumph Spitfire entworfen hatte. Neben verschiedenen Ford-Motoren kam auch ein turbogeladener Vierzylinder von Nissan zum Einsatz. Ab 1986 erhielt der Roadster ein verzinktes Chassis, 1990 benannte Reliant das in seinem Karosserieaufbau umkonstruierte Modell in SST um (T für Town, zu deutsch: Stadt). Ab 1992 hieß es Sabre.

Preise	1	2	3	4	5
Scimitar SS 1, Cab	11.500	7.600	3.800	1.600	500

Motor/Antrieb	
Bauart	Vierzylinder (Reihe)
Lage/Antrieb	Front/Heck
Hubraum in cm³	1297, 1598, 1809
PS/min	69/6000 bis 135/6000
Vmax in km/h	159 bis 179
Karosserie	
Bauart	Roadster
Tragstruktur	Kastenrahmen
Material	Kunststoff
Stückzahl und Marktsituation	
Produktionszahl	k.A.
Verfügbarkeit	schlecht
Teilesituation	ausreichend
Unterhaltskosten	mittel

R

Renault (F) • seit 1898

Mit nur 21 Jahren baute der technikbegeisterte Louis Renault 1898 sein erstes Automobil in einem Schuppen auf dem Grundstück seiner Eltern. Als starke Nachfrage einsetzte, gründete er mit seinen beiden Brüdern Marcel und Fernand das Unternehmen Renault Frères. In Billancourt entstand in kurzer Zeit eine der wichtigsten industriellen Anlagen Frankreichs. Schon 1911 hatte Louis Renault den amerikanischen Automobilpionier Henry Ford getroffen und viele seiner neuen Ideen mit nach Europa gebracht.

Bereits mit 21 Jahren baute er sein erstes Automobil: Louis Renault auf seiner Voiturette Typ A (1898).

Um Effizienz und technische Neuerungen unter Beweis zu stellen, nahmen Renault-Wagen an vielen Motorsportveranstaltungen teil. Die krisengeschüttelten dreißiger Jahre überstand die Marke dank ihrer vielfältigen Modellpalette, doch im Zweiten Weltkrieg musste Renault für die deutschen Besatzer Automobile bauen – unweigerlich fielen daher alliierte Bomben auf die Werke. Louis Renault wurde inhaftiert und der Kollaboration angeklagt – er starb unter ungeklärten Umständen im Gefängnis. Im Januar 1945 wurden die Renault-Werke verstaatlicht, die Régie Nationale entstand.

Noch während des Krieges hatte Renault einen Volks-Wagen entwickelt, der rationell zu fertigen war und daher besonders preiswert angeboten werden konnte. 1946 lief die Personenwagen-Produktion wieder an, und der kleine 4 CV entwickelte sich zum Publikumsliebling. In den folgenden Jahren bot Renault auch größere Modelle an.

Praktische Autos, Autos zum Leben – nicht nur das war und ist Renault-typisch. Bereits gegen Ende der siebziger Jahre war die Marke mit Turbomotoren in der höchsten Motorsport-Klasse vertreten, eine Technik, die erfolgreich in die Großserie übernommen werden konnte.

1999 entstand zunächst ein Bündnis mit Nissan, ab 2002 gründeten die beiden Hersteller eine gemeinsame Gesellschaft mit dem Namen Renault Nissan mit Sitz in Amsterdam. 2018 kam Firmenboss Carlos Ghosn wegen massiver Vorwürfe finanzieller Verfehlungen in Haft. In Folge verlor er seine Ämter bei Renault, Nissan und Mitsubishi.

Renault ist inzwischen stark auf dem Markt der Elektro- und Hybridfahrzeuge aufgestellt. Insbesondere mit Dacia gelang dem Konzern auch ein deutliches Wachstum. Neue vollelektrische Versionen des R4 und R5 gelten als gelungene Neuinterpretationen klassischen Renault-Designs.

Bild: © Renault

R4, R8 und Dauphine: Renaults Bestseller mit unverkennbarer Formensprache der 1960er und 1970er Jahre trafen den Geschmack der Kunden.

Bild: © Renault

Schon 2021 gab Renault Design-Direktor Gilles Vidal einen Ausblick auf das neue Design, das deutlich in der eigenen Geschichte zurückblickt.

20/30 PS Roi de Belges (1910) — 1910

„Fahrzeuge für Statusverweigerer", „Autos für Jedermann" – an Etiketten, die eine Verbundenheit zum Volk ausdrückten, hat es Renault in seiner jüngeren Geschichte nicht gemangelt. Dass die Marke mit dem rautenförmigen Logo dagegen alles andere als zurückhaltend begann, davon zeugen heute die wenigen Vertreter, die bis in die 1920er Jahre gebaut wurden: Luxuriöse und massive Automobile für die Eliten der Grande Nation. Der sportliche Erfolg der Brüder Louis und Marcel Renault beschleunigte Anfang des 20. Jahrhunderts rasch den wirtschaftlichen Erfolg der jungen Automarke. 1907 präsentiert Renault einen 20-CV-Motor mit vier Zylindern. Ob als offene „Roi de Belges"-Version oder mit geschlossener Doppel-Phaeton-Karosserie – mit über vier Litern Hubraum kamen die mondänen Renault-Limousinen alles andere als zurückhaltend daher.

Bild: © Günther Zink

Preise	1	2	3	4	5
20/30	80.000	55.000	40.000	22.000	k.N.

Motor/Antrieb	
Bauart	Vierzylinder (Reihe)
Lage/Antrieb	Front/Heck
Hubraum in cm³	4390
PS/min	20/30
Vmax in km/h	65
Karosserie	
Bauart	Cabriolet (4-türig)
Tragstruktur	Kastenrahmen
Material	Stahlblech
Stückzahl und Marktsituation	
Produktionszahl	k. A.
Verfügbarkeit	gegen null
Teilesituation	sehr schwierig
Unterhaltskosten	mittel

R

Renault 4 CV („Cremeschnittchen") — 1947-1961

Der französische Volkswagen wurde von Renault gebaut und erschien 1947 auf dem Markt. Liebevoll taufte ihn das Volk „Cremeschnittchen", und er war der Beginn einer ganzen Serie höchst erfolgreicher Heckmotor-Kleinwagen. Die Ausführung war dabei erstaunlich fortschrittlich und modern: selbsttragende Karosserie, Einzelradaufhängung rundum, hydraulische Bremsen, Zahnstangenlenkung und lebhafte ohv-Vierzylindermotoren. Stolze 14 Jahre lang blieb er im Programm, die Kundschaft liebte ihn. Renault offerierte auch eine feine Sportversion mit 42 PS, die es bis auf 140 km/h Höchstgeschwindigkeit brachte. Wenig gebaut und daher heute selten sind die inzwischen sehr gesuchten Rolldach-Limousinen. 1996 stellte Renault eine Studie mit dem Namen Fiftie vor, die an den schmackhaften 4 CV erinnerte.

Bild: © Renault

Preise	1	2	3	4	5
4 CV (Ser. 1947-1961), L4t	18.500	12.100	7.200	3.300	1.700
4 CV (Ser. 1950-1961), Cal	24.700	17.500	11.100	5.300	2.900

Motor/Antrieb	
Bauart	Vierzylinder (Reihe)
Lage/Antrieb	Heck/Heck
Hubraum in cm³	760, 747
PS/min	18/4000 bis 42/6000
Vmax in km/h	95 bis 140
Karosserie	
Bauart	Limousine (4-türig), Cabrio-Limousine
Tragstruktur	selbsttragend
Material	Stahlblech
Stückzahl und Marktsituation	
Produktionszahl	1.105.543
Verfügbarkeit	schlecht
Teilesituation	ausreichend
Unterhaltskosten	niedrig

Renault Frégate, Amiral, Domaine 1951-1960

Der große Renault hieß zu Beginn der fünfziger Jahre Frégate und war wie eine Mischung aus Peugeot- und Opelmodellen der Zeit gestaltet. Unter der langen Motorhaube steckten konventionelle Vierzylindertriebwerke mit 2,0 und 2,1 Litern Hubraum und ansehnlicher Leistungsausbeute. Trotz eines modernen Fahrwerks mit rundum einzeln aufgehängten Rädern und einer guten Zuverlässigkeit ist das Modell der gehobenen Mittelklasse nur rund 200.000 mal gebaut worden. Im Vergleich zu seinen zeitgenössischen Konkurrenten Citroën Traction Avant, DS und ID ist es heute nahezu vergessen. Die Luxusversion des Frégate hieß Amiral, die fünftürige Kombiversion erhielt den Beinamen Domaine. 1957 überraschte Renault mit einem halbautomatischen Getriebe, das erste seiner Art bei einem französischen Automobil.

Bild: © Renault

Preise	1	2	3	4	5
Fregate (Ser. 1951-1957), L4t	16.000	9.900	6.500	3.100	1.500
Amiral (Ser. 1955-1958), L4t	17.900	11.100	7.100	3.500	1.500
Domaine (Ser. 1956-1960), Kom	19.200	12.200	8.000	3.800	1.600

Motor/Antrieb	
Bauart	Vierzylinder (Reihe)
Lage/Antrieb	Front/Heck
Hubraum in cm³	1997, 2141
PS/min	56/3800 bis 80/4000
Vmax in km/h	115 bis 140
Karosserie	
Bauart	Limousine (4-türig), Kombi (5-türig)
Tragstruktur	selbsttragend
Material	Stahlblech
Stückzahl und Marktsituation	
Produktionszahl	ca. 200.000
Verfügbarkeit	gegen null
Teilesituation	schwierig
Unterhaltskosten	hoch

Renault Dauphine (Dauphine, Dauphine Gordini, Dauphine 1093) 1956-1968

Renault setzte den Erfolg des Cremeschnittchens ab 1956 mit der Dauphine fort. Dieses Modell entsprach in der Konzeption dem 4 CV: Heckmotor, hintere Pendelachse, selbsttragende Karosserie. Die rund 35 Zentimeter längere, dem Zeitgeschmack angepasste Karosserie konnte bei 17 Zentimetern mehr Radstand entsprechend mehr Platz aufweisen. Auch die Motoren waren etwas größer und stärker geworden. Die Dauphine wurde im Rahmen einer Kooperation übrigens auch bei Alfa Romeo gebaut. 1957 präsentierte die Régie den Dauphine Gordini, der in Zusammenarbeit mit Amédée Gordini entstanden war – äußerlich nahezu unverändert, aber der Vierzylinder war mit fast 40 PS kräftiger geworden und mit einem Vierganggetriebe gekoppelt. Noch mehr leistete das sportlich ausstaffierte Homologationsmodell 1093: Rund 47 PS gab der stärkste Dauphine-Motor an die Hinterräder ab.

Bild: © Renault

Preise	1	2	3	4	5
Dauphine (Ser. 1956-1965), L4t	16.100	9.800	6.000	2.700	1.200
Dauphine 1093 (Ser. 1962-1963), L4t	36.300	23.000	13.700	6.900	2.500
Dauphine Gordini (Ser. 1958-1968), L4t	22.000	13.300	8.100	3.700	1.500

Motor/Antrieb	
Bauart	Vierzylinder (Reihe)
Lage/Antrieb	Heck/Heck
Hubraum in cm³	845
PS/min	27/4250 bis 47/5600
Vmax in km/h	115 bis 145
Karosserie	
Bauart	Limousine (4-türig)
Tragstruktur	selbsttragend
Material	Stahlblech
Stückzahl und Marktsituation	
Produktionszahl	2.120.220
Verfügbarkeit	schlecht
Teilesituation	ausreichend
Unterhaltskosten	niedrig

Renault Floride S und Caravelle 1959-1968

Als solide und bis heute elegant wirkende Entwürfe gelten die bei Pietro Frua gezeichneten Karosserien von Renault Floride und Caravelle – Modelle, die technisch von der Dauphine abgeleitet waren: mit Heckmotor, Einzelradaufhängung vorn und hinten. Das von Brissoneaux & Lotz bei Paris montierte Auto zeigte im Innenraum eine modische Gestaltung und war als Cabrio und Coupé erhältlich. In Amerika hieß es stets Caravelle. Ab Ende 1962 hörte das nunmehr allein verfügbare Coupé auch in Europa auf diesen Namen. Der Floride S von 1962/63 hatte einen um gut 100 cm³ vergrößerten Motor, Caravelle und Caravelle S wiesen ab 1963 nochmals mehr Hubraum auf: 1108 cm³. Damit stiegen auch Leistung und Fahrwerte.

Bild: © Renault

Preise	1	2	3	4	5
Floride (Ser. 1959-1962), Cpe	20.800	13.500	9.500	4.400	1.900
Floride (Ser. 1959-1962), Cab	29.400	18.800	13.000	6.000	2.600
Floride S (Ser. 1962-1963), Cab	31.500	20.200	13.900	6.400	2.800

Motor/Antrieb	
Bauart	Vierzylinder (Reihe)
Lage/Antrieb	Heck/Heck
Hubraum in cm³	845, 956, 1108
PS/min	35/5000 bis 51/5100
Vmax in km/h	125 bis 145
Karosserie	
Bauart	Cabriolet, Coupé
Tragstruktur	selbsttragend
Material	Stahlblech
Stückzahl und Marktsituation	
Produktionszahl	k.A.
Verfügbarkeit	schlecht
Teilesituation	ausreichend
Unterhaltskosten	mittel

R

Renault 4 1961-1992

Anfangs als Kiste geschmäht, konnte der Renault 4 doch als epochale Konstruktion in die Automobilhistorie eingehen. Sein Konzept setzte neue Maßstäbe bei den Kleinwagen: Frontmotor und Vorderradantrieb, kompakte Abmessungen der Karosserie, dabei sehr guter Nutzwert mit vier Türen und großer Heckklappe, herausnehmbare Rücksitzbank. Die Karosserie ruhte auf einem Plattformrahmen, was dem Wagen viel Bauhöhe verlieh, aber einen sehr bequemen Zugang ermöglichte. Der aus dem Armaturenbrett ragende Schalthebel wurde nicht von allen geliebt, seine günstigen Betriebskosten hingegen schon. Mit vier unabhängig gefederten Rädern fuhr sich der R 4 sehr komfortabel, und er war auch nicht so spartanisch wie die Ente ausgestattet. Erst 1992 endete die Bauzeit nach über 30 Jahren und rund acht Millionen gebauten Exemplaren.

Bild: © Renault

Preise	1	2	3	4	5
R 4 (Ser. 1961-1962), L5t	17.600	10.600	7.000	2.900	1.200
R 4 Super (Ser. 1962), L5t	25.500	16.300	10.400	4.300	1.800
R 4 (Ser. 1972-1974), L5t	15.300	9.200	6.000	2.500	1.100
R 4 GTL (Ser. 1975-1983), L5t	15.600	9.400	6.100	2.500	1.000

Motor/Antrieb	
Bauart	Vierzylinder (Reihe)
Lage/Antrieb	Front/Front
Hubraum in cm³	747, 845, 956
PS/min	24/4500 bis 34/5000
Vmax in km/h	105 bis 120
Karosserie	
Bauart	Limousine (5-türig)
Tragstruktur	Plattformrahmen
Material	Stahlblech
Stückzahl und Marktsituation	
Produktionszahl	ca. 8 Mio
Verfügbarkeit	gut
Teilesituation	sehr gut
Unterhaltskosten	niedrig

Renault 8 (R 8, R 8 Major 1100, R 8 S, R 8 Gordini) 1962-1973

Renault versuchte das erfolgreiche Heckmotorkonzept auch in größere Klassen zu übertragen: Der Renault 8 entsprach der Dauphine in der technischen Auslegung. Immerhin konnte sich die kantige Heckschleuder zehn Jahre lang am Markt halten. Nur anfangs blieb die Leistung auf 40 SAE-PS beschränkt, doch schon 1964 erschien der stärkere R 8 Major mit 1,1 Liter Hubraum. Enthusiasten begeistert bis heute die Gordini-Version mit satten 95 PS, die ebenfalls ab 1964 angeboten wurde. Renn- und Rallyeerfolge stellten sich bald ein. Der Renault 8 Gordini war an weißen Streifen auf der Karosserie und Zusatzscheinwerfern vorn zu erkennen. Gerade diese Versionen sind heute natürlich teuer und gesucht, weil sie im historischen Motorsport einsatz- und wettbewerbsfähig sind.

Bild: © Renault

Preise	1	2	3	4	5
R 8 (Ser. 1962-1967), L4t	12.300	8.200	6.200	3.600	1.300
R 8 Major (Ser. 1964-1973), L4t	12.500	8.300	6.300	3.600	1.300
R 8 S (Ser. 1968-1971), L4t	23.200	14.300	10.200	5.200	2.300
R 8 Gordini (Ser. 1964-1970), L4t	58.100	37.700	29.100	16.800	8.200

Motor/Antrieb	
Bauart	Vierzylinder (Reihe)
Lage/Antrieb	Heck/Heck
Hubraum in cm^3	956, 1108, 1255
PS/min	40/5200 bis 95/6500
Vmax in km/h	125 bis 175
Karosserie	
Bauart	Limousine (4-türig)
Tragstruktur	selbsttragend
Material	Stahlblech
Stückzahl und Marktsituation	
Produktionszahl	1.329.372
Verfügbarkeit	schlecht
Teilesituation	ausreichend
Unterhaltskosten	niedrig

Renault 10 (R 10, R 10 Major) 1965-1973

Ab 1965 ergänzte der Renault 10 das Markenprogramm. Technisch gleich konzipiert, unterschied sich auch die Form im Vergleich zum kompakteren Renault 8 nur geringfügig. So war der Radstand gleich geblieben, die Überhänge an Front und Heck jedoch um insgesamt 20 Zentimeter verlängert. Detailänderungen gab es nicht nur äußerlich, auch der Innenraum erfuhr Überarbeitung. 1968 wurden Holzimitationen im Cockpit angebracht, neue Rechteckscheinwerfer gaben ein anderes Gesicht. Ab 1969 kam ein neuer 1,3-Liter-Vierzylindermotor zum Einsatz. Eine Umwandlung in attraktive Sportvarianten machte hier kaum Sinn.

Bild: © Renault

Preise	1	2	3	4	5
R 10 Major (Ser. 1965-1969), L4t	12.100	7.800	4.800	2.200	1.000
R 10 Major (Ser. 1969-1971), L4t	13.000	8.300	5.200	2.300	1.000

Motor/Antrieb	
Bauart	Vierzylinder (Reihe)
Lage/Antrieb	Heck/Heck
Hubraum in cm^3	1108, 1289
PS/min	43/4600 bis 48/4800
Vmax in km/h	130 bis 140
Karosserie	
Bauart	Limousine (4-türig)
Tragstruktur	selbsttragend
Material	Stahlblech
Stückzahl und Marktsituation	
Produktionszahl	k.A.
Verfügbarkeit	schlecht
Teilesituation	ausreichend
Unterhaltskosten	niedrig

Renault 16 (R 16 TL, R 16 TS, R 16 TX) 1965-1979

Als weiteren automobilen Meilenstein schickte Renault ab 1965 das Modell 16 ins Rennen um die Käufergunst. Der großzügige Viertürer mit Frontantrieb ist Vorbild für eine Vielzahl moderner Mittelklassefahrzeuge. Leider ist der Renault 16 aus dem Straßenbild nicht nur hierzulande fast völlig verschwunden. Es gibt in Deutschland kaum noch gut erhaltene Exemplare, obwohl der R 16 immerhin bis 1979 im Verkaufsprogramm war. Besonders überzeugen konnte der variable Innenraum: Die umlegbaren Rücksitze und die große Heckklappe waren überaus praktisch. Zudem glänzten die sicheren Fahrwerke mit gutem Federungskomfort. In den Varianten TS und TX mit ihren leistungsgesteigerten Vierzylindermotoren und aufgewerteter Innenausstattung wirken die R 16 heute besonders reizvoll.

Bild: © Renault

Preise	1	2	3	4	5
R 16 (Ser. 1965-1970), L5t	17.000	10.200	6.300	2.900	1.100
R 16 TL (Ser. 1970-1979), L5t	17.400	10.400	6.500	3.000	1.200
R 16 TS (Ser. 1968-1976), L5t	20.400	12.300	7.600	3.300	1.600
R 16 TX (Ser. 1973-1979), L5t	20.800	12.400	7.700	3.400	1.700

Motor/Antrieb	
Bauart	Vierzylinder (Reihe)
Lage/Antrieb	Front/Front
Hubraum in cm^3	1470, 1565, 1647
PS/min	55/5000 bis 94/6000
Vmax in km/h	140 bis 165
Karosserie	
Bauart	Limousine (5-türig)
Tragstruktur	selbsttragend
Material	Stahlblech
Stückzahl und Marktsituation	
Produktionszahl	1.846.000
Verfügbarkeit	ausreichend
Teilesituation	gut
Unterhaltskosten	mittel

Renault 6 (R 6, R 6 TL) 1968-1980

Im Herbst 1968 stellte Renault, noch schwer gebeutelt von ausgiebigen Streiks, ein neues Modell vor: den Renault 6. Konzeptionell glich er dem kleineren R 4, dessen Radstand er auch übernommen hatte. Die etwas kantigere Karosserie war anders als beim R 4 mit dem Plattformrahmen verschweißt, die Bauteile ließen sich deswegen nicht so problemos demontieren und tauschen. Das Heck fiel nicht so steil ab wie beim R 4, sondern zeigte etwas mehr Eleganz, der Innenraum war zudem komfortabler ausgestattet. Der TL mit mehr Leistung debütierte im Herbst 1970. Ein Facelift für die gesamte Baureihe wurde 1974 vorgestellt. 1980 endet die Bauzeit der Limousine.

Bild: © Renault

Preise	1	2	3	4	5
R 6 (Ser. 1968-1975), L5t	9.300	6.400	3.200	1.000	400
R 6 TL (Ser. 1968-1975), L5t	9.700	6.700	3.400	1.100	500

Motor/Antrieb	
Bauart	Vierzylinder (Reihe)
Lage/Antrieb	Front/Front
Hubraum in cm^3	845, 1108
PS/min	34/5000 bis 48/5000
Vmax in km/h	120 bis 140
Karosserie	
Bauart	Limousine (5-türig)
Tragstruktur	Plattformrahmen
Material	Stahlblech
Stückzahl und Marktsituation	
Produktionszahl	k.A.
Verfügbarkeit	ausreichend
Teilesituation	ausreichend
Unterhaltskosten	niedrig

Renault 6 Rodeo — 1969-1981

Der Renault 6 Rodeo war die französische Antwort auf Mini Moke und Buggy, die meist mit VW-Käfer-Fahrgestellen und zum Teil skurrilen Kunststoffkarosserien angeboten wurden. Die Rodeo-Technik stammte weitgehend vom R 6. Als reines Freizeitauto für die wärmeren Gefilde und das Cruisen an den Strandpromenaden der Côte d'Azur gedacht, wurde der Rodeo mit dünnem und fummeligem Verdeck bis 1981 gebaut – auf Wunsch sogar mit Allradantrieb.

Bild: © Renault

Preise	1	2	3	4	5
R 6 Rodeo (Ser. 1977-1981), Tou	15.900	9.900	4.800	1.800	900

Motor/Antrieb	
Bauart	Vierzylinder (Reihe)
Lage/Antrieb	Front/Front; 4x4
Hubraum in cm³	845, 1108
PS/min	34/5000 bis 48/5000
Vmax in km/h	120 bis 140
Karosserie	
Bauart	Cabriolet
Tragstruktur	Plattformrahmen
Material	Kunststoff
Stückzahl und Marktsituation	
Produktionszahl	k.A.
Verfügbarkeit	ausreichend
Teilesituation	ausreichend
Unterhaltskosten	niedrig

Renault 12, R 12 L, (R 12 TL, R 12 TS, R 12 Gordini) — 1969-1979

Ein völlig neues Modell brachte Renault mit dem R 12 im Jahr 1969 auf den Markt. Die Zahl wies ihm seinen Platz zwischen R 6 und R 16 zu, zudem hatte er die Modelle R 8 und R 10 abzulösen. Etwas gewöhnungsbedürftig zeigte sich die Linie der Stufenhecklimousine mit ihrer leichten Keilform und einem Hüftknick. Mit angetriebenen Vorderrädern und Frontmotor war der R 12 eine moderne Konstruktion. Anfangs hatte der Wagen einen 1,3 Liter großen Motor, der als Weiterentwicklung der im R 8 eingeführten 950-cm³-Baureihe auf 54 PS kam. Im Juli 1972 legte Renault den R 12 TS mit 60 PS nach. Als weitere Version kam ein fünftüriger Kombi namens Variable ins Programm, und sogar mit Allradantrieb war der R 12 lieferbar. Als Gordini gab es den R 12 nur in Frankreich – mit 113 PS war er ein echter Underdog.

Bild: © Renault

Preise	1	2	3	4	5
R 12 TL (Ser. 1969-1975), L4t	10.200	6.100	4.200	2.400	900
R 12 TS (Ser. 1974-1975), Kom	11.600	7.000	4.900	2.800	1.200

Motor/Antrieb	
Bauart	Vierzylinder (Reihe)
Lage/Antrieb	Front/Front; 4x4
Hubraum in cm³	1289, 1565
PS/min	50/5000 bis 113/6250
Vmax in km/h	135 bis 185
Karosserie	
Bauart	Limousine (4-türig), Kombi (5-türig)
Tragstruktur	selbsttragend
Material	Stahlblech
Stückzahl und Marktsituation	
Produktionszahl	über vier Millionen
Verfügbarkeit	ausreichend
Teilesituation	ausreichend
Unterhaltskosten	niedrig

Renault 15 (R 15 TL, R 15 TS), Renault 17 (R 17 TL, R 17 TS) — 1971-1979

Schicke Coupés auf der Basis von Großserientechnik waren zu Beginn der siebziger Jahre durchaus Renner im Programm der Marken Ford, Opel und Volkswagen. Renault durfte nicht zurückstehen und stellte auf der Basis des R 12 ebenfalls ein zweitüriges Modell vor. Der Misserfolg von R 15 und R 17 hatte mehrere Gründe: Einerseits hatten diese komfortabel gefederten Renault-Modelle keine sportliche Ausstrahlung, andererseits fehlte es an Motorversionen und die Produktqualität der Fahrzeuge konnte in keiner Weise überzeugen. Rostfraß und liederliche Verarbeitung sorgten alsbald für einen schlechten Ruf. Dabei war der R 17 TS kein schlechtes Angebot: Die schicke, jalousieartige Verkleidung des seitlichen Fensters, das elektrische Faltdach und 108 PS unter der Haube sorgten für Freude. Im Hauptabsatzmarkt Frankreich wurde der schwächere R 15 bevorzugt.

Bild: © Renault

Preise	1	2	3	4	5
R 15 TL (Ser. 1971-1979), Cpe	12.800	7.900	5.200	2.100	800
R 15 TS (Ser. 1971-1976), Cpe	16.400	10.300	6.700	2.700	1.300
R 17 TL (Ser. 1971-1976), Cpe	18.300	11.400	7.400	3.000	1.400
R 17 TS (Ser. 1976-1979), Cpe	18.300	11.400	7.500	2.900	1.300

Motor/Antrieb	
Bauart	Vierzylinder (Reihe)
Lage/Antrieb	Front/Front
Hubraum in cm³	1289, 1565
PS/min	60/5500 bis 108/6000
Vmax in km/h	150 bis 175
Karosserie	
Bauart	Coupé
Tragstruktur	selbsttragend
Material	Stahlblech
Stückzahl und Marktsituation	
Produktionszahl	207.854, 92.589
Verfügbarkeit	schlecht
Teilesituation	ausreichend
Unterhaltskosten	mittel

Renault 5 — 1972-1984

Renaults zweiter Streich in der Klasse kompakter Kleinwagen hätte nicht cleverer sein können: Viel Platz zum kleinen Preis, garniert mit schlichter Eleganz und den praktischen Vorzügen des Vorgängers R 4. Dies machte den R 5 nicht nur zum idealen Stadtwagen, sondern auch zum „kleinen Freund" – so über lange Zeit der Renault-Slogan für den R 5 – vieler Damen, die sich scharenweise für den charmanten Kleinwagen erwärmten. Ganz anders als die wilden Alpine- und Turbo-Versionen kamen die gewöhnlichen R 5 teilweise mit Schiebestockschaltung, Einfachausstattung und rauem Motorlauf eher bescheiden daher. Vor wenigen Jahren gehörten sie noch zum alltäglichen Straßenbild, heute ist der einstige Bestseller aus Billancourt kaum mehr im Alltag anzutreffen, dafür hat ihn unlängst der neue Renault R5 als Elektro-Version beerbt.

Bild: © Renault

Preise	1	2	3	4	5
R5 (B/C40), L3t	k.N.	7.600	4.400	1.900	600
R5 GTL, L3t	k.N.	7.400	4.200	1.800	600

Motor/Antrieb	
Bauart	Vierzylinder (Reihe)
Lage/Antrieb	Front/Front
Hubraum in cm³	845, 956, 1108, 1289, 1397
PS/min	36/5500 bis 63/5250
Vmax in km/h	124 bis 160
Karosserie	
Bauart	Limousine (3-/5-türig)
Tragstruktur	selbsttragend
Material	Stahlblech
Stückzahl und Marktsituation	
Produktionszahl	ca. 5,5 Mio
Verfügbarkeit	gut
Teilesituation	gut
Unterhaltskosten	niedrig

R

Renault 20, Renault 30 — 1975-1984

Einen glücklosen Vorstoß in die Oberklasse startet Renault im Februar 1975. Der Renault 30 folgte dem Konzept des R 16 mit einer besonders praktisch veranlagten Karosserieform mit Schrägheck. Mit vier Türen und großer Heckklappe hatte das neue Topmodell alle Vorzüge der kleineren Renaults geerbt. Im November folgte eine Vierzylinderversion mit leichten Änderungen an der Front als R 20. Diese Version wurde vom Publikum recht gut angenommen. Beim R 30 kam der Euro-V6 mit 2,7 Litern Hubraum zum Einsatz, doch als Oberklasse-Limousine fiel der R 30 vor allem in Deutschland glatt durch. Die zu enge Verwandtschaft zum R 20 ließ erst gar kein Prestige aufkommen. Die weniger imagebesessenen Kunden konnten jedoch mit dem Wagen durchaus zufrieden werden, sofern sie das Glück hatten, nicht von den unzähligen Qualitätsmängeln geplagt zu werden.

Bild: © Renault

Preise	1	2	3	4	5
R 20 (Ser. 1975-1984), L4t	k.N.	5.700	3.900	1.400	k.N.
R 30 (Ser. 1975-1984), L4t	k.N.	8.300	5.600	2.200	k.N.

Motor/Antrieb	
Bauart	Vierzylinder (Reihe), V6
Lage/Antrieb	Front/Front
Hubraum in cm³	1647 bis 2664
PS/min	90/5750 bis 143/5800
Vmax in km/h	165 bis 190
Karosserie	
Bauart	Limousine (4-türig)
Tragstruktur	selbsttragend
Material	Stahlblech
Stückzahl und Marktsituation	
Produktionszahl	k.A.
Verfügbarkeit	gut
Teilesituation	gut
Unterhaltskosten	hoch

Renault R 14 LS, TL, GTL, TS — 1976-1982

Eine Überraschung war der R 14 nicht, als Renault mit ihm ab 1976 im Segment der unteren Mittelklasse Fuß fassen wollte. Er sollte die Lücke zwischen R 12 und R 16 schließen und trat gegen Golf und Kollegen an. Sein Layout folgte der Mode jener Zeit, die mit vier Türen, Schrägheck und großer Heckklappe durch und durch pragmatischen Werten verpflichtet war. Unaufgeregt und nur mit einem Hauch französischem Chic war das Design geraten. Den modernen Vierzylinder entlieh sich Renault aus dem Peugeot-Regal, er hatte schon im kleinen 104 seine Tauglichkeit bewiesen: Mit einem Querstromkopf, von einer Kette angetriebener obenliegender Nockenwelle und fünffach gelagerter Kurbelwelle erhielten die R 14-Käufer einen laufruhigen, leidlich agilen Motor. Das einstige Massenprodukt R 14 dürfte nur in geringen Stückzahlen überlebt haben: Rost und restriktive Neuwagen-Politik haben auch ihn zur Rarität werden lassen.

Bild: © Renault

reise	1	2	3	4	5
R 14 TL 1.2, L5t	k.N.	3.900	2.500	700	k.N.
R 14 TS 1.3, L5t	k.N.	4.500	2.800	1.100	k.N.

Motor/Antrieb	
Bauart	Vierzylinder (Reihe)
Lage/Antrieb	Front/Front
Hubraum in cm³	1218, 1360
PS/min	57/6000 bis 71/6000
Vmax in km/h	143 bis 156
Karosserie	
Bauart	Limousine (5-türig)
Tragstruktur	selbsttragend
Material	Stahlblech
Stückzahl und Marktsituation	
Produktionszahl	k.A.
Verfügbarkeit	ausreichend
Teilesituation	gut
Unterhaltskosten	mittel

Renault 5 Alpine, Alpine Turbo — 1976-1984

Nach dem Schema des Mini Cooper waren Mitte der siebziger Jahre stramm motorisierte Kleinwagen mit guten Erfolgsaussichten am Markt gesegnet. Der ansonsten 36 bis 63 PS starke Renault 5 wurde nach bewährtem Alpine-Muster einer Kraftkur unterzogen, bei der dem 1,4-Liter-Motor ein Doppelvergaser verpasst und die Verdichtung erhöht wurde. Ein Fünfganggetriebe rundete die Maßnahmen ab. Mit daraus resultierenden 93 PS wandelte sich der Einkaufswagen in einen kompakten Sportler, der Begeisterung wecken konnte. Zusätzlich sorgte der R 5-Cup für mehr sportliches Image. Aus Renaults Erfahrung mit Turbomotoren entstand 1980 die nächste Stufe der Gewalt. Der Lader blies dem kleinen Triebwerk immerhin 110 PS ein, aber nicht alle Motoren widerstanden dem dauernden Druck durch schwere Gasfüße.

Bild: © Renault

Preise	1	2	3	4	5
R 5 Alpine (Ser. 1976-1979), L3t	22.300	14.100	10.200	5.300	2.700
R 5 Alpine Turbo (Ser. 1981-1984), L3t	30.600	18.500	13.200	6.800	3.400

Motor/Antrieb	
Bauart	Vierzylinder (Reihe)
Lage/Antrieb	Front/Front
Hubraum in cm³	1397
PS/min	93/6400 bis 110/6000
Vmax in km/h	175 bis 185
Karosserie	
Bauart	Limousine (3-türig)
Tragstruktur	selbsttragend
Material	Stahlblech
Stückzahl und Marktsituation	
Produktionszahl	ca. 59.000
Verfügbarkeit	schlecht
Teilesituation	schlecht
Unterhaltskosten	mittel

R

Renault Fuego TS, GTS, TX, GTX, Turbo — 1980-1986

Fuego heißt Feuer, auf spanisch. Das stellten sich die Marketing-Strategen bei Renault so vor: Heißblütige Familienväter stürzen sich voll Leidenschaft auf das verwegene Coupé, um dann mit Frau und Sprösslingen zum Einkaufen zu fahren. Dabei war der Fuego hübsch geraten: Die aerodynamisch günstige Karosserie weist viele Styling-Elemente auf, die dem Geschmack jener Jahre entsprechen. Heute gilt er als typischer Vertreter der damaligen Familien-Coupé-Mode. Als Basis für den Fuego griff Renault zur Mittelklassen-Limousine R 18. Mit dem zwei Liter großen Leichtmetallmotor aus dem R 20 kratzte die schnellste Fuego-Variante sogar an der 200 km/h-Marke, und das galt Anfang der 1980er Jahre als durchaus respektabler Wert. In der GTX-Ausstattung bot der Fuego mit Goodies wie elektrischen Fensterhebern, Zentralverriegelung und Leichtmetallrädern ein für die Zeit außergewöhnlich luxuriöses Ambiente.

Bild: © Renault

Preise	1	2	3	4	5
Fuego 1.7, Cpe	11.700	7.400	4.100	1.800	700

Motor/Antrieb	
Bauart	Vierzylinder (Reihe)
Lage/Antrieb	Front/Front
Hubraum in cm³	1565, 1647, 1995
PS/min	96/5750 bis 132/5500
Vmax in km/h	180 bis 198
Karosserie	
Bauart	Coupé
Tragstruktur	selbsttragend
Material	Stahlblech
Stückzahl und Marktsituation	
Produktionszahl	k.A.
Verfügbarkeit	ausreichend
Teilesituation	gut
Unterhaltskosten	mittel

Renault 5 Turbo I, II — 1980-1986

Nur eine optische Verwandtschaft zum Großserienmodell verbindet den Renault 5 Turbo mit dem Kompaktmodell. Er wurde vielmehr als Homologations-Special für die Rallye-Weltmeisterschaft zum Modelljahr 1980 vorgestellt. Speziell für die Beteiligung an dieser Sportveranstaltung wandelte die Régie das Auto dramatisch um: Anstelle der Rücksitzbank hatte man einen per Turbolader mächtig aufgeblasenen Motor eingebaut, der seine Gewalt an die Hinterräder abließ. Als Zweisitzer hatte er auch ein komplett neues Fahrwerk mit üppigen Kotflügelausbuchtungen für die fetten Reifen. Nicht wenige Turbo-5er sind abgebrannt und alle zeigten mangelnde Alltagstauglichkeit. Nach knapp zwei Jahren brachte Renault eine überarbeitete, etwas zivilisiertere Fassung auf den Markt, die deutlich zuverlässiger war. Beide Versionen sind heute rar und teuer.

Bild: © Dieter Rebmann

Preise	1	2	3	4	5
R 5 Turbo I, L3t	137.000	95.000	69.000	44.000	k.N.
R 5 Turbo II, L3t	110.000	79.000	54.000	35.000	k.N.

Motor/Antrieb	
Bauart	Vierzylinder (Reihe)
Lage/Antrieb	Mitte/Heck
Hubraum in cm³	1397
PS/min	160/6000
Vmax in km/h	200
Karosserie	
Bauart	Limousine (2-türig)
Tragstruktur	selbsttragend
Material	Stahlblech
Stückzahl und Marktsituation	
Produktionszahl	ca. 4000
Verfügbarkeit	schlecht
Teilesituation	ausreichend
Unterhaltskosten	hoch

Renault 9, Renault 11 — 1981-1988

Als Nachfolger des R14 brachte Renault 1981 den R9 als klassische Stufenhecklimousine an den Start, den ab 1983 der R11 mit seiner drei- oder fünftürigen Schrägheckkarosserie ergänzte. Renault hatte die Modelle gemeinsam mit der American Motors Corporation (AMC) entwickelt, die seit 1980 mehrheitlich den Franzosen gehörten – Renault wollte sich auf dem amerikanischen Markt in der Kompaktklasse etablieren. In den USA wurden der R9 als Alliance (dort sogar mit einer Cabrio-Variante) und der R11 als Encore vermarktet. Das Technik-Paket, das Renault den Mittelklasse-Modellen mitgab, galt als wenig ambitioniert: Der Vierzylinder mit seiner seitlichen Nockenwelle war bereits seit zwei Jahrzehnten im Einsatz. Am interessantesten gelten heute die nobler ausgestatteten GTX- und TXE-Modelle (bis 90 PS) sowie der GTE (94 PS) und der Turbo (bis 115 PS), die auch als Basis für Rallye-Versionen dienten. Skurrill war zudem die elektronische Sprachausgabe in einigen Modellen.

Bild: © Renault

Preise	1	2	3	4	5
R 9 1.1, L4t	k.N.	2.900	1.700	700	k.N.
R 9 1.4, L4t	k.N.	3.300	1.800	700	k.N.
R 11 GTE, L3t	k.N.	6.000	3.900	1.500	k.N.
R 11 TSE, L5t	k.N.	3.600	2.100	800	k.N.

Motor/Antrieb	
Bauart	Vierzylinder (Reihe)
Lage/Antrieb	Front/Front
Hubraum in cm³	1108 bis 1595
PS/min	48 bei 2500 bis 115 bei 5750
Vmax in km/h	140 bis 190
Karosserie	
Bauart	Limousine (3-/4-/5-türig)
Tragstruktur	selbsttragend
Material	Stahlblech
Stückzahl und Marktsituation	
Produktionszahl	k.A.
Verfügbarkeit	ausreichend
Teilesituation	ausreichend
Unterhaltskosten	niedrig

Renault R25 (TS, GTS, GTX, V6 injection, V6 Turbo, TD, GTD, Turbo D, Turbo DX) — 1984-1992

Aus zwei mach eins: Der neue Renault 25 (kurz R25) hatte ab 1984 die Aufgabe, sowohl die bisherige Vierzylinder-Mittelklasse (R20) als auch die höher positionierten Sechszylinder-Modelle (R30) zu ersetzen. Wie bisher setzt Renault auch bei dem neuen Modell auf eine Karosserie mit Schrägheck, die mit einem cw-Wert von 0,28 beeindruckend aerodynamisch ausfiel. Konservative Stufenheck-Käufer bedienten die Franzosen nicht. Als Motorisierung wählte Renault eine Reihe von Reihenvierzylindern und V6-Motoren, zusätzlich je einen Saug- und einen Turbodiesel. Typisch für die Zeit war ein Bordcomputer. Der im R25 konnte jedoch sogar sprechen – ein kleiner Blick in die weitere Zukunft des Automobils. 1988 ließ Renault beim R25 eine Modellpflege folgen.

Bild: © Renault

Preise	1	2	3	4	5
R 25 2.0, L4t	k.N.	4.900	3.000	1.100	k.N.

Motor/Antrieb	
Bauart	Vierzylinder (Reihe), V6
Lage/Antrieb	Front/Front
Hubraum in cm³	1995–2664
PS/min	64/4500 bis 182/5500
Vmax in km/h	155 bis 225
Karosserie	
Bauart	Limousine (4-türig)
Tragstruktur	selbsttragend
Material	Stahlblech
Stückzahl und Marktsituation	
Produktionszahl	k.A.
Verfügbarkeit	ausreichend
Teilesituation	ausreichend
Unterhaltskosten	mittel

R

Renault Espace (Typ J11, Phase 1) 1984-1991

Nach einer Konstruktionsphase von fast sechs Jahren war Matra das Geld ausgegangen. Renault schlug zu und übernahm den Urvater aller europäischen Familienvans, den Espace, ins eigene Programm. Der futuristische Siebensitzer veränderte 1984 die Welt der Familienautos, war Bus und Kombi zugleich und doch viel mehr als nur eine Kreuzung zweier Fahrzeugklassen – seine variable Bestuhlung und das völlig neue Raumgefühl setzten neue Maßstäbe. Matra verfügte über viel Erfahrung im Kunststoff-Karosseriebau, die sie bei der Entwicklung des Espace voll ausspielten, indem sie den feuerverzinkten Rahmen mit ultraleichten Polyester-Panels beplankten. Das Resultat ist ein Leergewicht von gerade mal 1200 Kilogramm, und das bei einer Außenlänge von 4,25 Metern! Ab 1988 gab es sogar die Allrad-Version Quadra – und ein Facelift. Ein epochales Konzept, ohne das es Opel Zafira und Co. vielleicht nie gegeben hätte. Oder erst viel später.

Bild: © Renault

Preise	1	2	3	4	5
Espace 2.0, Van	k.N.	7.700	4.100	1.600	k.N.

Motor/Antrieb	
Bauart	Vierzylinder (Reihe)
Lage/Antrieb	Front/Front, 4x4
Hubraum in cm³	1995, 2068, 2165
PS/min	88/4250 bis 120/5500
Vmax in km/h	160 bis 175
Karosserie	
Bauart	Kleinbus
Tragstruktur	selbsttragend
Material	Stahlblech/Kunststoff
Stückzahl und Marktsituation	
Produktionszahl	191.674
Verfügbarkeit	ausreichend
Teilesituation	ausreichend
Unterhaltskosten	mittel

Renault 19 1.2, 1.4, 1.7, 1.8s, 1.8i, 16V, 1.9d, 1.9dT, Chamade, Bellevue, Cabriolet 1988-1997

Renault schrieb Mitte der 1980er Jahre rote Zahlen in Milliardenhöhe. In Deutschland lag der Marktanteil 1988 bei nur noch 2,8 Prozent. Damit war der R19 zum Erfolg verdammt – und er lieferte: Im ersten wichtigen deutschen Vergleichstest landete er auf Platz zwei, knapp hinter dem VW Golf II. Als populäres Auto des Jahres 1989 setzte er sich zeitweise auf Platz eins der Importcharts in Deutschland. Renault bot den R19 als Drei- und Fünftürer mit Schrägheck, als viertürige Stufenheck-Limousine (Chamade) und als Cabriolet an, das Karmann entwickelte und im Werk Rheine auch fertigte. Ein umfassendes Facelift (Phase 2) folgte 1992. Die europäische Produktion von Schräg- und Stufenheck endete 1995, in Brasilien und Argentinien sowie der Türkei lief der R19 weiter von den Bändern – der letzte 2003. Das Cabrio gab es bis 1997.

Bild: © Renault

Preise	1	2	3	4	5
R 19 1.7, L5t	k.N.	2.900	1.500	700	k.N.

Motor/Antrieb	
Bauart	Vierzylinder (Reihe)
Lage/Antrieb	Front/Front
Hubraum in cm³	1171 bis 1870
PS/min	64/4500 bis 135/6500
Vmax in km/h	161 bis 208
Karosserie	
Bauart	Limousine (3-/5-türig), Cabriolet
Tragstruktur	selbsttragend
Material	Stahlblech
Stückzahl und Marktsituation	
Produktionszahl	k.A.
Verfügbarkeit	ausreichend
Teilesituation	ausreichend
Unterhaltskosten	niedrig

Renault Twingo I 1993-2007

Da war sie endlich wieder, die Lust der Franzosen auf automobilen Ungehorsam: Hinfort mit dem normativen Geist der Vernunft, her mit dem Twingo! Er setzte die alten Ideen neu um, die schon die Ente einst unsterblich machten. Wer wagte es damals sonst, ein simples Faltdach mit einem digitalen Tacho zu mixen, und das alles in einem Mini-Van? Klappte aber, dazu kam das absolut unverwechselbare, fröhliche und damals topaktuelle „Bio"- Styling, das der damalige Renault-Designchef Patrick le Quéement bis in die Serie durchsetzte. Anfangs offerierte Renault den Twingo ausschließlich mit einem 55 PS starken 1,2-Liter-Vierzylinder, als Extras gab es lediglich ein Faltdach und eine Klimaanlage. Erst mit den Jahren öffnete Renault das stringente Konzept, es kommen Servolenkung, automatisierte Schaltgetriebe und Luxus-Accessoires wie eine Lederausstattung hinzu – und eine lange Reihe Sondermodelle. Mit rund 2,5 Mio gebauten Exemplaren in 15 Jahren wird der charmante Nonkonformist ein großer Erfolg.

Bild: © Renault

Preise	1	2	3	4	5
Twingo 1.2, L3t	k.N.	3.300	1.800	500	k.N.

Motor/Antrieb	
Bauart	Vierzylinder (Reihe)
Lage/Antrieb	Front/Front
Hubraum in cm³	1149, 1239
PS/min	55/5300 bis 75/5500
Vmax in km/h	150 bis 168
Karosserie	
Bauart	Limousine (2-türig)
Tragstruktur	selbsttragend
Material	Stahlblech
Stückzahl und Marktsituation	
Produktionszahl	ca. 2,5 Mio.
Verfügbarkeit	sehr gut
Teilesituation	sehr gut
Unterhaltskosten	niedrig

R

Renault Clio Williams 1994-1997

Renault Sport präsentierte den Clio Williams im Jahr 1993 als Homologationsmodell für die Gruppe A der französischen Rallyemeisterschaft. Damit der Kleine dort antreten durfte, musste Renault mindestens 2500 Stück fertigen. Der Clio Williams trat einst in die Fußstapfen von Renault-Kraftmodellen wie R8 Gordini und R5 GT Turbo. Von außen ist der Zwerg mit dem Formel-1-Nachnamen an seinen bauchigen Kotflügeln und den goldenen Speedline-Rädern zu erkennen, zudem lackierte Renault den Clio Williams ausschließlich im Farbton 449 – „Sports Blue". Der Zweiliter des Williams basierte auf dem 1,8-Liter-Vierzylinder des Clio 16V. Renault Sport bohrte den Hubraum auf zwei Liter auf und steigerte die Motorleistung durch weiteres klassisches Tuning wie größere Ventile, eine scharfe Nockenwelle und geänderte Krümmer auf 147 PS. Der Williams gehört mit seiner straffen Lenkung, dem sportlichen Fahrwerk und seiner unerhörten Nonchalance bis heute zu den reizvollsten „Hot Hatches".

Bild: © Renault

Preise	1	2	3	4	5
Clio 16V Williams, L3t	k.N.	28.600	18.400	8.200	k.N.

Motor/Antrieb	
Bauart	Vierzylinder (Reihe)
Lage/Antrieb	Front/Front
Hubraum in cm³	1998
PS/min	147 bei 6100
Vmax in km/h	215
Karosserie	
Bauart	Limousine (2-türig)
Tragstruktur	selbsttragend
Material	Stahlblech
Stückzahl und Marktsituation	
Produktionszahl	5000
Verfügbarkeit	ausreichend
Teilesituation	ausreichend
Unterhaltskosten	mittel

Renault Sport Spider 1995-1999

Renault kann auch radikal: Der Sport Spider verbarg bei seinem Erscheinen 1995 die Herkunft aus dem Motorsport in keiner Weise. Sein Konzept entstammte der Idee, eine eigene Rennserie im Vorfeld der Formel 1 starten zu lassen. Als Tragstruktur diente dem Sport Spider ein Aluminiumrahmen mit Hilfsrahmen vorne und hinten. Der 2,0-Liter-Vierzylinder mit 147 PS war hinter den Sitzen quer montiert, die Karosserie aus GFK gefertigt. Die Bremsen stammten aus der Alpine A610 Turbo und das aufwändige Fahrwerk erhielt querliegende Dämpfer vorne, um die Höhe niedrig zu halten. Aufsehen erregten die nach oben schwenkenden Türen, ein Verdeck bot Renault nicht an – lediglich eine Persenning gab es. Auch die Windschutzscheibe ist nur ein Zugeständnis an den Komfort: Die ursprüngliche Version verzichtete darauf und bot stattdessen einen niedrigen, patentierten Windabweiser – auch diese puristische Version ist straßenzugelassen. Renault empfahl das Fahren mit einem Vollvisierhelm.

Bild: © Renault

Preise	1	2	3	4	5
Sport Spider, Rds	55.000	38.000	29.000	k.N.	k.N.

Motor/Antrieb	
Bauart	Vierzylinder (Reihe)
Lage/Antrieb	Mitte/Heck
Hubraum in cm³	1998
PS/min	147/6000
Vmax in km/h	215
Karosserie	
Bauart	Roadster
Tragstruktur	Monocoque
Material	Kunststoff
Stückzahl und Marktsituation	
Produktionszahl	1640
Verfügbarkeit	schlecht
Teilesituation	schwierig
Unterhaltskosten	mittel

Riley (GB) • 1898-1969

Zwischen 1896 und 1898 baute Percy Riley sein erstes Automobil, eine Voiturette. Es ging noch nicht in Serie.

Schon 1898 gab es das erste Riley-Automobil. Der in Coventry beheimatete Hersteller hatte mit Fahrrädern begonnen und spezialisierte sich nach der Jahrhundertwende zunächst auf Kleinwagen. Trotz hohen Ansehens musste Riley die Eigenständigkeit aufgrund finanzieller Schwierigkeiten 1938 aufgeben, die Marke kam zum Nuffield-Konzern (als weitere Marke neben Morris, MG und Wolseley).

Nach dem Zweiten Weltkrieg hatte Riley schnell eine komplette Neukonstruktion parat, typisches Detail: kunstlederbezogene Dächer. 1949 wurde die Riley-Produktion nach Abingdon (MG) verlegt. Ab 1952 gehörte Riley zur BMC, die Eigenständigkeit nahm immer weiter ab. 1969 ordnete British-Leyland-Chef Lord Stokes das Ende der Marke Riley an. Heute besitzt BMW die Markenrechte, ein Überbleibsel des Rover-Kaufs.

Ein querliegender Rhombus in Blau: Riley-Logo.

Riley 9 1926-1935

Einen Prototyp des neuen Modells 9 hatte Riley im Sommer 1926 bei einem Bergrennen gezeigt. Einen kompakten, leichten, dennoch anspruchsvollen und luxuriösen Wagen gab es von englischen Herstellern zu dieser Zeit kaum. Anfang 1927 konnte Riley die ersten Fahrzeuge des Modells 9 ausliefern. Die erste Kariosserievariante, eine viertürige Limousine mit Kunstleder-Holz-Karosserie, ging als Monaco an den Start. Sein Vierzylinder profitierte von V-förmig hängenden Ventilen, Querstromzylinderkopf und, außergewöhnlich damals, zwei Nockenwellen sowie einem Vierganggetriebe. Innerhalb von zehn Jahren produzierte Riley nahezu 30.000 Exemplare des Modells 9, der sich schnell einen exzellenten Namen gemacht hatte. Rasch baute Riley die Modellpalette enorm aus, die Vielfalt war kaum zu übersehen. Neben geschlossenen Saloons, darunter den Kestrel mit seinem charakteristischen Stromlinienheck, bot Riley viersitzige Tourer, zweisitzige Roadster und Coupés an.

Bild: © Bugatti

Preise	1	2	3	4	5
Nine Lynx, Tou	49.000	32.700	21.600	11.400	4.500

Motor/Antrieb	
Bauart	Vierzylinder (Reihe)
Lage/Antrieb	Front/Heck
Hubraum in cm³	1087
PS/min	29 bei 3600 bis ca. 50
Vmax in km/h	95 bis 115
Karosserie	
Bauart	Limousine (4-türig), Roadster, Cabriolet
Tragstruktur	Kastenrahmen
Material	Stahlblech u.a.
Stückzahl und Marktsituation	
Produktionszahl	ca. 30.000
Verfügbarkeit	ausreichend
Teilesituation	schwierig
Unterhaltskosten	mittel

R

Riley 1.5 Litre, 2.4 Litre — 1946-1955

Mit elegant-klassischen Linien brachte Riley schon 1946 eine sportlich orientierte und technisch anspruchsvoll konzipierte Neuheit auf den Markt. Neben der viertürigen Limousine waren auch ein Cabriolet und ein Roadster im Angebot, die im Innenraum mit Behaglichkeit durch Holz und Leder überzeugten. Unverändert vom Vorkriegsmodell übernommen wurde der berühmte obengesteuerte Riley-Motor mit zwei hochliegenden Nockenwellen – eine echte Sportmaschine. Ende 1946 ergänzte der 2.4 Litre das Angebot, sein Kennzeichen: längere Motorhaube. Dieser Motor, eine Weiterentwicklung des Vorkriegsaggregates, galt als weltgrößter Vierzylinder und hatte zunächst 90 PS.

Preise	1	2	3	4	5
1.5 Liter RMA/RME, L4t	22.800	17.500	12.100	6.000	3.000
2.5 Liter RMB, L4t	26.500	20.100	14.200	7.500	3.000
2.5 Liter RMC, Rds	92.000	65.000	39.500	18.000	9.000
2.5 Liter RMD, Cab	78.000	54.000	32.500	15.000	7.500

Motor/Antrieb	
Bauart	Vierzylinder (Reihe)
Lage/Antrieb	Front/Heck
Hubraum in cm³	1496, 2443
PS/min	56/4500 bis 101/4500
Vmax in km/h	125 bis 160
Karosserie	
Bauart	Lim (4-türig), Roadster, Cabriolet
Tragstruktur	Kastenrahmen
Material	Stahlblech
Stückzahl und Marktsituation	
Produktionszahl	22.909
Verfügbarkeit	schlecht
Teilesituation	schwierig
Unterhaltskosten	hoch

Riley Pathfinder — 1953-1959

Mit einem tiefen Einschnitt beendete Riley 1953 mit der Einführung des Modells Pathfinder die klassische Formgebung ihrer Produkte. Die Karosserie zeigte zwar vorn den typischen Grill, statt geschwungener Kotflügel präsentierte sich die Karosserie jedoch im modernen, glattflächigen Ponton-Look mit einem hinten sanft gerundeten Heck. Den Übergang zur selbsttragenden Bauweise hatte man trotz komplett neuen Rahmens nicht geschafft, immerhin wurde jetzt in Ganzstahl-Bauweise vorgegangen. Die Fahrgastzelle war erheblich größer geworden und bot bei durchgehender vorderer Sitzbank bis zu sechs Personen Platz. Riley bot sowohl bei Links- wie bei Rechtslenkung den Schalthebel außen neben dem Sitz. Ab 1957 kam ein langhubiger 2,6-Liter-Sechszylindermotor aus dem BMC-Programm zum Einsatz – mit einer seitlichen Nockenwelle bereits antiquiert, doch immerhin gab er sich elastisch.

Bild: © Archiv HEEL Verlag

Preise	1	2	3	4	5
Pathfinder (Ser. 1953-1957), L4t	20.200	13.900	10.000	4.800	1.500
2.6 Liter (Ser. 1957-1959), L4t	21.000	15.000	10.700	5.300	1.700

Motor/Antrieb	
Bauart	Vier-/Sechszylinder (Reihe)
Lage/Antrieb	Front/Heck
Hubraum in cm³	2443, 2639
PS/min	103/4500, 110/4500, 102/4500
Vmax in km/h	155 bis 160
Karosserie	
Bauart	Limousine (4-türig)
Tragstruktur	Kastenrahmen
Material	Stahlblech
Stückzahl und Marktsituation	
Produktionszahl	5152
Verfügbarkeit	schlecht
Teilesituation	schwierig
Unterhaltskosten	hoch

Riley 1.5 („One Point Five") — 1957-1965

Rileys Wiedereinstieg in die Kleinwagenklasse erfolgte 1957 mit dem Modell One Point Five, das im Wesentlichen auf dem Morris Minor basierte: Bodengruppe samt Radaufhängungen sowie die Lenkung stammten vom Morris-Erfolgsmodell. Motorisiert war der Riley mit einem vom MG Magnette abgeleiteten 1,5-Liter-Vierzylinder, der stattliche 69 PS bei 5400/min ablieferte. Die Bremsen waren dem Leistungspotenzial angepasst. Im Innenraum setzte man markentypisches und auf der Insel verbreitetes Edelholzfurnier und Lederbezüge zur Steigerung der Wohnqualität ein. Die 3,89 Meter langen 1.5er wurden gut 40.000 mal gebaut und gelten inzwischen als nahezu ausgestorben.

Bild: © Archiv HEEL Verlag

Preise	1	2	3	4	5
1.5 (Ser. 1957-1965), L4t	15.100	11.200	7.100	3.300	1.000

Motor/Antrieb	
Bauart	Vierzylinder (Reihe)
Lage/Antrieb	Front/Heck
Hubraum in cm³	1489
PS/min	69/5400
Vmax in km/h	140
Karosserie	
Bauart	Limousine (4-türig)
Tragstruktur	selbsttragend
Material	Stahlblech
Stückzahl und Marktsituation	
Produktionszahl	40.577
Verfügbarkeit	schlecht
Teilesituation	schwierig
Unterhaltskosten	mittel

Riley Elf — 1961-1969

Nicht eben viele Kunden fanden sich für dieses Mini-Derivat, das den chromschwelgenden, markentypischen Kühlergrill an der Front trug. Modifiziert war auch das Heck, denn hier sorgten zusätzliche 22 Zentimeter für Zuwachs an Gepäckraum. Bei der Technik blieb es hingegen bei bewährten Komponenten, die den Umgang mit diesem exotischen Gefährt bis heute recht einfach gestalten: Unter der Haube kam der 850er-Motor zum Einsatz, ab 1964 auch der Einliter aus dem Mini Cooper, wenn auch mit nur 39 PS. Innenraum und Ausstattung des Riley waren auf höherwertiges Niveau gebracht worden. Die wenigen überlebenden Exemplare des technisch mit dem Basis-Mini identischen Elf erzielen heute recht hohe Preise.

Bild: © Archiv HEEL Verlag

Preise	1	2	3	4	5
Elf Mk I, L2t	16.300	10.800	7.300	3.500	1.800
Elf Mk II/III, L2t	16.600	11.000	7.400	3.500	1.800

Motor/Antrieb	
Bauart	Vierzylinder (Reihe)
Lage/Antrieb	Front/Front
Hubraum in cm³	848, 998
PS/min	35/5500, 39/5250
Vmax in km/h	115 bis 125
Karosserie	
Bauart	Limousine (2-türig)
Tragstruktur	selbsttragend
Material	Stahlblech
Stückzahl und Marktsituation	
Produktionszahl	30.912
Verfügbarkeit	schlecht
Teilesituation	ausreichend
Unterhaltskosten	niedrig

R

Rolls-Royce (GB) • seit 1904

Es war 1903, als sich ein gewisser Frederick Henry Royce verärgert über die Unzuverlässigkeit seines französischen Decauville zeigte. Der Elektroingenieur und Unternehmer entschloss sich, es besser zu machen – und baute auf der vorhandenen Basis sein eigenes Auto. Dessen Ausführung begeisterte wiederum Charles Rolls, Rennfahrer und adliger Autofan aus London, so sehr, dass er sich entschloss, das Projekt zu finanzieren.

Aus dieser Kooperation entstand 1904 die Marke Rolls-Royce. Ihr erster Auftritt war auf dem Pariser Salon, das Portfolio war bereits umfangreich: vier Modelle konnten präsentiert werden. Zudem sah die Welt das erste Mal den charakteristischen Kühler, der von einem griechischen Tempel inspiriert wurde und bis heute ein Rolls-Royce-Merkmal geblieben ist.

Die Nachfrage stimmte. Auf der Motor Show im Londoner Olympia offerierte Rolls-Royce 1906 ein neues Modell, den 40/50 HP, der als Silver Ghost bekannt wurde. Für rund zwei Jahrzehnte blieb er erfolgreich und als einziges Modell des Unternehmens im Programm. Qualität und Zuverlässigkeit der Fahrzeuge als unangreifbares Dogma standen hinter den Produkten.

Zunächst war Rolls-Royce in Derby zu Hause, 1946 zog das Unternehmen nach Crewe um. 1931 wurde der gestrauchelte Hersteller Bentley geschluckt, man gönnte ihm aber nicht mehr als die Rolle des eleganten Sportlers im Haus. Konservativ blieben beide Marken, was die Modellpolitik über Jahrzehnte konsequent bewies. Erst mit dem Silver Shadow, der 1965 kam, verabschiedeten sich Rolls-Royce und Bentley vom Kastenrahmen und setzten auf selbsttragende Pontonkarosserien.

Typisch britisch sind auch die zahllosen Legenden, die sich um die Marke ranken. Das Ticken der mechanischen Uhr im Armaturenbrett sei einst lauter gewesen als der Motor, lautet eine der vielen Anekdoten. Zu den Eigenarten gehörte über Jahrzehnte auch, dass das Werk sich zur Leistung der Motoren nicht konkret äußerte. Genügend, lautete stets die diskrete Aussage. Bis heute hat keine zweite Marke das Renommee von Rolls-Royce erreichen können: Jahrzehnte stand die Marke in aller Welt als unantastbares Symbol für Perfektion im Automobilbau.

Seit 2000 gehört die Autosparte von Rolls-Royce zu BMW. Das erste Modell unter der neuen Ägide war 2003 der Phantom, von dem es auch eine offene Version (Drophead Coupé, ab 2007) und eine Coupé-Variante (ab 2008) gibt. Seit 2009 ergänzt der Ghost die Modellpalette. Mit seinen 5,40 m Länge ist der rund 210.000 Euro teure „kleine" Rolls unterhalb der Phantom-Modellreihe angesiedelt. 2013 folgte der Wraith, die Coupé-Version des Ghost. Das Cabriolet Dawn ergänzt das Angebot seit 2016. Ein neuer Phantom, in durchgängiger Zählweise VIII genannt, folgte 2017, während Rolls-Royce 2018 mit dem Superluxus-SUV Cullinan ein völlig neues Kapitel seiner Modellpolitik aufstieß.

Seit Ende 2023 gibt es mit dem Spectre erstmalig ein batterieelektrisches Modell der Marke.

Bild: © BMW AG Konzernarchiv

Konstruierte aus Unzufriedenheit sein eigenes Automobil: Frederick Henry Royce (1863-1933).

Abenteurer, Rennfahrer und Aeronaut: Charles Stewart Rolls (1877-1910).

Shocking, a bit: Rolls-Royce rollt mit dem Cullinan seit 2018 auch im Markt der Superluxus-SUV mit.

40/50 H.P. („Silver Ghost") — 1906-1925

„The best Car in the World" lautete der Anspruch an das neue Modell, das Rolls-Royce im November 1906 auf der London Motor Show präsentiert hatte. Konservativ, aus besten Materialien sorgfältig konstruiert präsentierte sich der 40/50 H.P. als zuverlässiges, langlebiges Automobil. Zum Namen Silver Ghost kam es 1907: Mit poliertem Chassis und versilberten Blechteilen glänzte ein von Barker karossierter 40/50 H.P., der nicht nur auf Messen ausgestellt wurde, sondern sich zudem auf langen Zuverlässigkeitsfahrten einen hervorragenden Ruf erarbeitete – nach einem 15.000 Meilen-Trip mussten Mechaniker lediglich Ersatzteile für zwei Pfund einbauen. Erst ab 1911 bot Rolls-Royce übrigens die „Spirit of Ecstasy" als Kühlerfigur an, die der Bildhauer Charles Sykes nach der Geliebten des Lord Montagu of Beaulieu geschaffen hatte.

Bild: © Günther Zink

Preise	1	2	3	4	5
Silver Ghost, Tou	340.000	220.000	150.000	90.000	k.N.

Motor/Antrieb	
Bauart	Sechszylinder (Reihe)
Lage/Antrieb	Front/Heck
Hubraum in cm^3	7036, 7428
PS/min	48/1250 bis 80/2250
Vmax in km/h	max. 135
Karosserie	
Bauart	Lim (4-türig), Cab, Sonderkarosserie
Tragstruktur	Kastenrahmen
Material	Stahlblech
Stückzahl und Marktsituation	
Produktionszahl	6173
Verfügbarkeit	schlecht
Teilesituation	sehr schwierig
Unterhaltskosten	hoch

R

Rolls-Royce Phantom I, II — 1925-1935

Edelhersteller Rolls-Royce weist immer wieder gerne darauf hin, dass von ihren seit 1904 gebauten Fahrzeugen wahrscheinlich heute noch mehr als 50 Prozent erhalten sind. Das spricht für die Qualität dieser stets teuren Wagen. Phantom I und II waren noch mit Sechszylindermotoren bestückt, deren üppiger Hubraum von 7668 cm^3 für etwa 95 PS gereicht haben dürfte. Die Karosserien wurden zwischen 1925 und 1935 noch nicht in Serie gefertigt, sondern auf speziellen Kundenwunsch konfektioniert. Das war nicht anders beim Phantom II, dessen gleichgroßer Sechszylinder ca. 120 PS mobilisierte.

Bild: © BMW AG Konzernarchiv

Preise	1	2	3	4	5
Phantom I, L4t	132.000	86.000	59.000	31.000	k.N.
Phantom II, L4t	137.000	99.000	59.000	k.N.	k.N.

Motor/Antrieb	
Bauart	Sechszylinder (Reihe)
Lage/Antrieb	Front/Heck
Hubraum in cm^3	7668
PS/min	k.A.
Vmax in km/h	140 bis 147
Karosserie	
Bauart	Limousine, Cabriolet, Coupé
Tragstruktur	Kastenrahmen
Material	Stahlblech
Stückzahl und Marktsituation	
Produktionszahl	2916
Verfügbarkeit	gegen null
Teilesituation	sehr schwierig
Unterhaltskosten	hoch

Rolls-Royce Phantom III — 1936-1939

Mit einem Leichtmetall-V12, zu dem Rolls-Royce ein Flugmotor aus eigener Fertigung inspiriert hatte, erschien die dritte Serie des Phantom auf dem Markt. Der Motor verfügte über einen Hubraum von 7,3 Litern und überzeugte mit seinem seidenweichen Lauf. Selbst mit schweren Karosserien beschleunigte er den Phantom III noch auf rund 160 Stundenkilometer. Unabhängig aufgehängte vordere Räder, ein System, das Rolls-Royce als Lizenz von General Motors übernommen hatte, garantierten jetzt mehr Fahrkomofort und Sicherheit. Leider hielten viele Motoren Volllasteinsätzen nicht stand, und erst der später eingeführte lange vierte Gang verringerte diese Gefahr. Rund 500 der 727 gebauten Phantom III sollen heute noch existieren.

Bild: © BMW AG Konzernarchiv

Preise	1	2	3	4	5
Phantom III, L4t	130.000	89.000	55.000	k.N.	k.N.

Motor/Antrieb	
Bauart	V12
Lage/Antrieb	Front/Heck
Hubraum in cm³	7338
PS/min	k.A.
Vmax in km/h	150 bis 164
Karosserie	
Bauart	Limousine, Coupé, Cabriolet
Tragstruktur	Kastenrahmen
Material	Stahlblech
Stückzahl und Marktsituation	
Produktionszahl	727
Verfügbarkeit	gegen null
Teilesituation	sehr schwierig
Unterhaltskosten	hoch

Rolls-Royce Wraith — 1938-1939

1938 bot Rolls-Royce ein neues Modell in der sogenannten „kleinen Serie" an. Es war das erste, das mit „Wraith" einen offiziellen Namen erhielt, statt nur den Leistungscode zu tragen. Den 4,2 Liter großen Motor hatte Rolls-Royce völlig neu konstruiert, auch wenn sich seine Abmessungen mit dem Vorgängermodell deckten. Rund 120 PS leistete das Sechszylinder-Reihentriebwerk, das weiterhin aus Stahlguss bestand. Ein wichtiges Entwicklungsziel war die Vollgasfestigkeit gewesen. Wie schon im Phantom III erhielt der Wraith unabhängig aufgehängte Vorderräder, allerdings diesmal nach einem Packard-Entwurf, der der Lösung im größeren Phantom überlegen war – dieses System hatte Rolls-Royce von General Motors übernommen. Die Karosserien orderten die Kunden nach Wunsch, Spezialisten übernahmen das Einkleiden. Als Basis diente ein stabiler Stahlleiterrahmen, der erste von Rolls-Royce übrigens, der verschweißt war.

Bild: © BMW AG Konzernarchiv

Preise	1	2	3	4	5
Wraith, L4t	95.000	67.000	39.000	19.000	k.N.

Motor/Antrieb	
Bauart	Sechszylinder (Reihe)
Lage/Antrieb	Front/Heck
Hubraum in cm³	4257
PS/min	120
Vmax in km/h	139
Karosserie	
Bauart	Limousine, Coupé, Cabriolet
Tragstruktur	Kastenrahmen
Material	Stahlblech
Stückzahl und Marktsituation	
Produktionszahl	491
Verfügbarkeit	gegen null
Teilesituation	sehr schwierig
Unterhaltskosten	hoch

Rolls-Royce Silver Wraith — 1946-1959

Keinen Anlass zu einem radikalen Bruch mit den bewährten Vorkriegstraditionen sah Rolls-Royce bei der Entwicklung seines ersten Nachkriegsmodells. Wie gewohnt saßen auch hier auf einem solide dimensionierten Kastenrahmen mit kreuzförmigen Verstrebungen offene und geschlossene Aufbauten bekannter Karosserieschneider. Prestige, Komfort und vorbildliche Qualität zählten für Rolls-Royce-Fahrer weiterhin als vorrangiges Kaufargument. So störte es auch nicht, dass die nach wie vor wechselgesteuerten Motoren nicht gerade durch lebhafte Leistungsabgabe glänzten – sie überzeugten vielmehr durch Laufkultur und Dauerhaltbarkeit. 1951 wurde der Hubraum des Reihensechszylinders von 4257 auf 4566 cm³ erhöht, 1955 sogar auf 4887 cm³. Rolls-Royce hielt sich weiterhin mit Angaben zur Motorleistung dezent zurück.

Bild: © BMW AG Konzernarchiv

Preise	1	2	3	4	5
Silver Wraith (Ser. 1951-1955), L4t	90.200	62.700	41.200	23.500	k.N.

Motor/Antrieb	
Bauart	Sechszylinder (Reihe)
Lage/Antrieb	Front/Heck
Hubraum in cm³	4257, 4566, 4887
PS/min	k.A.
Vmax in km/h	130 bis 150
Karosserie	
Bauart	Limousine (4-türig), Sonderkarosserie
Tragstruktur	Kastenrahmen
Material	Stahlblech
Stückzahl und Marktsituation	
Produktionszahl	1783
Verfügbarkeit	schlecht
Teilesituation	schwierig
Unterhaltskosten	hoch

R

Rolls-Royce Silver Dawn 1949-1959

Nur langsam trug Rolls-Royce den sich wandelnden gesellschaftlichen Strömungen Rechnung. Viele Käufer waren nicht mehr von adeligem Familienstand, sondern hatten oft einfach nur genügend Geld. Der Silver Wraith-Nachfolger diente mit seiner Serienkarosserie somit weniger dem Repräsentieren, sondern wies merklich kompaktere und schlichtere Linien auf, auch der Radstand war im Vergleich zum Silver Wraith um 17 Zentimeter kürzer. Doch weiterhin waren diverse Spezialisten mit der Herstellung von Karosserien betraut. Besonderen Hang zu profaner Rostanfälligkeit zeigten die Werkskarosserien, sie wurden allerdings weit seltener als beim Vorgänger geordert. Antriebsseitig blieb es bei Bewährtem: Die 4,3 und 4,6 Liter großen Sechszylinder fanden weiterhin ihren Platz unter der immer noch voluminösen vorderen Haube.

Bild: © BMW AG Konzernarchiv

Preise	1	2	3	4	5
Silver Dawn, L4t	68.600	47.500	31.400	18.100	8.800

Motor/Antrieb	
Bauart	Sechszylinder (Reihe)
Lage/Antrieb	Front/Heck
Hubraum in cm³	4257, 4566, 4887
PS/min	k.A.
Vmax in km/h	130 bis 150
Karosserie	
Bauart	Limousine (4-türig), Sonderkarosserie
Tragstruktur	Plattformrahmen
Material	Stahlblech
Stückzahl und Marktsituation	
Produktionszahl	760
Verfügbarkeit	ausreichend
Teilesituation	ausreichend
Unterhaltskosten	hoch

Rolls-Royce Silver Cloud I, II, III 1955-1966

Auf dem Weg zur Pontonkarosserie markieren die Modelle Silver Cloud I bis III weitere Zwischenschritte. Im Vergleich zum Silver Dawn war die Silberwolke nun wieder deutlich üppiger dimensioniert. Unter der serienmäßig hergestellten Stahlblechkarosserie hatte ein neuer Rahmen Platz gefunden. Bei der ersten Version des Silver Cloud musste unter der Motorhaube immer noch der antiquierte, wechselgesteuerte Reihensechszylinder Schwerstarbeit leisten, um dem gewichtigen Gesamtpaket den nötigen Schwung zu verleihen. Aber auch moderne Technik hielt unaufhaltsam Einzug bei Rolls-Royce: Die Serien II und III bekamen endlich einen modernen Vollaluminium-Achtzylinder-V-Motor, der kultiviert und stark genug für die Ansprüche der Klientel war. Äußere Kennzeichen der dritten Serie sind die Doppelscheinwerfer und ein etwas flacherer Kühlergrill.

Bild: © BMW AG Konzernarchiv

Preise	1	2	3	4	5
Cloud I, L4t	70.600	44.200	28.800	15.800	7.400
Cloud II, L4t	65.700	42.200	27.800	15.400	6.900
Cloud III, L4t	75.500	48.000	30.700	16.800	7.900

Motor/Antrieb	
Bauart	Sechszylinder (Reihe), V8
Lage/Antrieb	Front/Heck
Hubraum in cm³	4887, 6230
PS/min	k.A.
Vmax in km/h	160 bis 180
Karosserie	
Bauart	Lim (4-türig), Cab, Sonderkarosserie
Tragstruktur	Kastenrahmen
Material	Stahlblech
Stückzahl und Marktsituation	
Produktionszahl	7365
Verfügbarkeit	ausreichend
Teilesituation	ausreichend
Unterhaltskosten	hoch

Rolls-Royce Silver Shadow I und II 1965-1980

Ausschließlich mit dem modernen Aluminium-Achtzylindermotor wurde das Modell Silver Shadow ausgeliefert. Aber nicht nur deshalb war dieser Rolls-Royce ein zeitgemäßes Luxusfahrzeug: Mit der Abkehr vom Kastenrahmen verschwanden auch die schwülstigen Karosserielinien, die einer glattflächigen, modernen Pontonform mit nur leicht angedeuteten Heckflossen Platz machen mussten. Unter der selbsttragenden Hülle kam der 6,2 Liter große Alu-V8 gut zur Geltung, sein Hubraum wurde im Jahr 1970 auf 6,7 Liter vergrößert. Fahrwerkseitig sorgte die neue Einzelradaufhängung hinten für Komfort und Fahrsicherheit, eine standfeste Vierrad-Scheibenbremse für zuverlässige Verzögerung. Der renovierte Silver Shadow II stand ab 1977 in den Verkaufsräumen und zeigte sich weiter verfeinert.

Bild: © Dieter Rebmann

Preise	1	2	3	4	5
Silver Shadow I 6,3, L4t	40.500	23.400	13.600	6.800	2.700
Silver Shadow I 6,8 Litre, L4t	42.700	24.800	14.300	7.200	2.800
Silver Shadow II, L4t	38.400	22.100	12.900	6.600	2.600

Motor/Antrieb	
Bauart	V8
Lage/Antrieb	Front/Heck
Hubraum in cm³	6230, 6750
PS/min	k.A.
Vmax in km/h	180 bis 195
Karosserie	
Bauart	Lim (4-türig), Cpe, Sonderkarosserie
Tragstruktur	selbsttragend
Material	Stahlblech
Stückzahl und Marktsituation	
Produktionszahl	29.025
Verfügbarkeit	gut
Teilesituation	gut
Unterhaltskosten	hoch

R

Rolls-Royce Corniche 1971-1995

Als Ablösung für die zweitürigen und als Cabriolet erhältlichen Silver Shadow-Varianten wurde schon 1971 der neue Corniche auf den Markt gebracht. In der optischen Anmutung glichen sie sich zwar weitgehend, doch der Wagen wirkte durch den leichten Hüftknick, eine deutlich flachere Dachlinie und die schräger gestellte C-Säule sportlicher. Der kleinere Achtzylindermotor wurde hier nicht angeboten, es kam nur eine leistungsgesteigerte Variante des 6,7-Liter-V8 zum Einsatz. Two Door Saloon und Drophead Coupé fanden guten Kundenzuspruch und hielten sich auch nach Erscheinen des Silver Spirit im Jahr 1981 noch lange im Markenprogramm. Die schon damals sehr teuren Wagen sind auch heute keine Sonderangebote, doch die lange Marktpräsenz sorgt für gute Chancen, einen Youngtimer dieser Nobelklasse zu finden.

Bild: © BMW AG Konzernarchiv

Preise	1	2	3	4	5
Corniche, Cpe	64.000	38.500	25.000	14.000	k.N.
Corniche, Cab	81.000	56.600	39.400	20.200	k.N.

Motor/Antrieb	
Bauart	V8
Lage/Antrieb	Front/Heck
Hubraum in cm³	6750
PS/min	k.A.
Vmax in km/h	180 bis 185
Karosserie	
Bauart	Coupé, Cabriolet
Tragstruktur	selbsttragend
Material	Stahlblech
Stückzahl und Marktsituation	
Produktionszahl	k.A.
Verfügbarkeit	ausreichend
Teilesituation	gut
Unterhaltskosten	hoch

Rolls-Royce Camargue 1975-1986

Altmeister Sergio Pininfarina zeichnete die ruhigen, gestreckten Linien des Camargue, der ab 1975 die kleine Modellpalette des britischen Nobelherstellers anführen sollte. Der Silver Shadow steuerte die Bodengruppe bei, der Motor stammte aus dem Corniche. Sportlichen Ambitionen hatte der Zweitürer nicht zu folgen, im Gegenteil: Luxus stand im Mittelpunkt, und selbst im Fond konnten zwei Personen mit Anstand reisen. Rolls-Royce stattete den Camargue zudem mit einer Klimaanlage aus, die Kopf- und Fußraum getrennt temperierte – das war weltweit ein Novum. Mit rund 400.000 Mark kostete er den Gegenwert von immerhin fast fünf Mercedes 500 SEC, die damals bereits als sündhaft teuer galten. Rolls-Royce nannte die Karosserieform übrigens nie Coupé, sondern adelte sie als „Owner Driven Two Door Saloon".

Bild: © BMW AG Konzernarchiv

Preise	1	2	3	4	5
Camargue, Cpe	98.000	69.000	42.000	28.000	k.N.

Motor/Antrieb	
Bauart	V8
Lage/Antrieb	Front/Heck
Hubraum in cm³	6750
PS/min	95 bis 165
Vmax in km/h	195
Karosserie	
Bauart	Coupé
Tragstruktur	selbsttragend
Material	Stahlblech
Stückzahl und Marktsituation	
Produktionszahl	525
Verfügbarkeit	schlecht
Teilesituation	gut
Unterhaltskosten	hoch

Rometsch (D) • 1950-1961

Die Berliner Firma Karosserie Friedrich Rometsch wurde bereits 1924 gegründet und erwarb sich rasch einen guten Namen. Weithin bekannt wurde Rometsch jedoch erst in den Nachkriegsjahren. Zwar war das einstige Kerngeschäft, die individuelle Karossierung von Chassis nobler Hersteller, inzwischen weggebrochen. Doch Rometsch war clever genug, sich neue Geschäftsfelder zu erschließen. So bot man für den Volkswagen einen Taxi-Umbau an: Dazu verlängerte Rometsch den Plattform-Rahmen um rund 30 Zentimeter und baut zwei hintere Türen ein.

1950 zeigte Rometsch sogar ein eigenes Modell auf Volkswagen-Basis vor. Das Cabrio entstand damit deutlich vor dem später so erfolgreichen Karmann Ghia. Dennoch konnte es sich gegen die übermächtige Konkurrenz lange behaupten. 1957 kam ein Nachfolge-Modell in amerikanisierter Formensprache; es blieb bis 1961 im Angebot. Die politische Entwicklung mit ihren Auswirkungen in Berlin beendete auch Rometschs Erfolg: Nach dem Bau der Mauer in Berlin (1961) konnte die Hälfte der Belegschaft nicht mehr zum Dienst antreten, und ein adäquater Ersatz ließ sich in der umzingelten Stadt nicht finden.

Die Firma Rometsch existierte noch bis ins Jahr 2000. Als Karosseriebauer war das Unternehmen in der Unfallinstandsetzung und im Omnibusbau tätig.

Rometsch-VW 1950-1961

Bekannt als „Rometsch-Banane" ist der Karosserie-Entwurf von Johannes Beeskow, der zwischen 1950 und 1957 aus Aluminium gefertigt und auf ein Käfer-Fahrgestell geschraubt wurde. In Handarbeit von unglaublichen 1200 Stunden pro Fahrzeug entstanden rund 9500 Mark teure, elegante Coupés und Cabriolets, die als Besonderheit einen dritten Sitz quer zur Fahrtrichtung aufwiesen. Die zweite Karosserie-Version, die ab 1957 die „Banane" ersetzte, ist weit seltener und zeigt amerikanische Design-Merkmale. Schon 1954 ersetzte eine gewölbte, durchgehende Frontscheibe das Split-Window.

Bild: © Jürgen Schlegelmilch

Preise	1	2	3	4	5
VW-Cabrio, Cab	k.N.	240.000	170.000	110.000	k.N.

Motor/Antrieb	
Bauart	Vierzylinder (Boxer)
Lage/Antrieb	Heck/Heck
Hubraum in cm³	1192
PS/min	30/3400
Vmax in km/h	120
Karosserie	
Bauart	Coupé, Cabriolet
Tragstruktur	Plattformrahmen
Material	Stahlblech/Aluminium
Stückzahl und Marktsituation	
Produktionszahl	ca. 500
Verfügbarkeit	gegen null
Teilesituation	ausreichend
Unterhaltskosten	mittel

Rover (GB) • seit 1904

Automobile mit dem Namen Rover gibt es seit 1904. Die Firma hatte zuvor Fahrräder gebaut. Hochwertige Mittelklassewagen kennzeichneten das Programm zwischen den Weltkriegen. 1945 lag das Werk in Coventry in Schutt und Asche, neue Produktionsanlagen wurden in Solihull eingerichtet.

Mit neuen Modellen eroberte sich die Marke ab 1949 einen feinen Kundenkreis, dem urigen Land Rover kam wachsende Bedeutung zu. 1965 übernahm Rover die Marke Alvis, und 1966 einigten sich Leyland und Rover auf einen Zusammenschluss. Rover wurde damit die zweite Pkw-Marke (neben Triumph) im Leyland-Konzern. 1968 folgte die große Fusion von Leyland mit der BMH (Austin, Morris, MG, Wolseley, Riley, Jaguar und Daimler) zur BLMC. 1978 entstand Land Rover als eigene Marke.

Später folgte eine Kooperation mit Honda, und zwischen 1994 und 2000 folgte die unglückliche Liaison mit BMW. Die Geländewagenmarke Land Rover verkauften die Münchner in Folge an Ford, während Mini als Marke bei BMW verblieb. Die Marke Rover hingegen wurde für den symbolischen Preis von 10 Euro an die aus vier Gesellschaftern bestehende Phoenix-Venture Group verkauft. Deren Plan, durch die Umbenennung der Firma in „MG Rover Group" eine erfolgreiche Wiederbelebung der Marke zu erreichen, scheiterte jedoch und so wechselte sie erneut den Besitzer. Im Jahre 2005 übernahm der chinesische

Bild: © Jürgen Schlegelmilch

Konzern Nanjing Automobile Corporation die Rover-Vermögenswerte aus der Konkursmasse.

Die Namensrechte an Rover und Land Rover gab Ford 2008 im Rahmen des Verkaufs von Jaguar Land Rover an Tata Motors (Indien) weiter. Heute gehört die Marke Rover somit zu Land Rover, wird jedoch aktuell nicht genutzt.

Ein Rover für die ganze Welt: Karriere im Gelände

Am 30. April 1948, drei Jahre nach dem Ende des Zweiten Weltkriegs, stellte Rover in Amsterdam einen Geländewagen mit Allradantrieb vor. Als Vorbild hatten die Rover-Konstrukteure den amerikanischen Jeep gewählt, der sie in seiner Robustheit, Geländegängigkeit und Variabilität beeindruckt hatte. Zur Umsetzung eignete sich ein stabiles Kastenchassis mit zwei angetriebenen Starrachsen sowie einer Karosserie aus Aluminium am besten. Um Treibstoff zu sparen, konnte der Antrieb der Vorderachse abgeschaltet werden. Die simple, kastige Form zeigte sich unempfindlich, geräumig und leicht zu reparieren. Überhaupt war die simple Wartung einer der großen Vorteile des Land Rover: Über 80 Prozent der Produktion gingen in den Export, und in vielen Ländern standen oft nur wenig qualifizierte Werkstätten zur Verfügung. Noch heute sollen rund um die Erde über 75 Prozent aller produzierten Land Rover im Einsatz sein – beim Militär, bei Farmern, Behörden, Hilfsorganisationen und im Tourismus, besonders in den Commonwealth-Staaten. Trotz seines zunehmenden Alters ließ die Nachfrage lange nicht nach: 1976 verließ der einmillionste Land Rover das Werk Solihull, der zweimillionste entstand 2015 und wurde in London für umgerechnet rund 550.000 Euro versteigert.

In den 1990er Jahren wandelte sich die Wahrnehmung des Land Rovers. Der herbe Allradler war plötzlich reif für die Boulevards, er war der Dreitagebart unter den vielen glattrasierten Geländewagen-Gesichtern. Oft allerdings enorm aufgehübscht, mit Zubehör behängt, rollt er als geliebter Anachronismus durch die Innenstädte. Seine Modernisierung blieb stets so minimal wie möglich, und letztlich fuhr er kantig und aufrecht (wenn auch flankiert von drei angehübschten Sondermodellen) seinem Ende zu: Nach beinahe 68 Jahren endete 2015 die Produktion einer der großen automobilen Legenden.

Bild: © Land Rover

Land Rover Defender Fertigung.

Bild: © Land Rover

Gelungene Marketing-Aktion: Sie war eines der größten automobilen Abenteuer aller Zeiten: die „Oxford & Cambridge Far Eastern Expedition". Einer der zwei Land Rover der Serie I, die 1955 den Road-Trip über Land von London nach Singapur bewältigten, wurde 64 Jahre später wieder zurück in die britische Hauptstadt gefahren. Und begegnet dabei seinem Nachfolger - dem neuen Land Rover Defender 2019 …

Land Rover Series I — 1948-1958

Mit ihm beginnt die Land Rover-Story: Der später Series I genannte Ur-Landy kam zunächst in einer Version mit 80 Inch (rund 2,0 Meter) Radstand. Als Antrieb diente ein 2,0-Liter-Benziner, das Getriebe stammte aus dem Rover P3. Charakteristisch für den frühen Land Rover sind seine innenliegenden Scheinwerfer und die extrem pragmatische Ausstattung – alles an ihm war, ähnlich wie beim zeitgleich entstandenen Unimog, auf Funktion und Arbeit ausgerichtet, wie auch die vielen Anschlussmöglichkeiten für externe Geräte bewiesen. 1953 folgte eine Version mit 86 Inch (2,18 Meter) und ein Pickup mit 107 Inch (2,72 Meter) Radstand, 1956 folgte unter anderem der erste Fünftürer. Auch das doppelte Safari-Dach stammt aus dieser Zeit.

Bild: © Land Rover

Preise	1	2	3	4	5
Land Rover 86 (Ser. I), Glw	48.900	34.400	23.300	12.300	6.500
Land Rover 107 (Ser. I), Glw	45.800	32.000	21.800	12.000	6.100

Motor/Antrieb	
Bauart	Vierzylinder (Reihe)
Lage/Antrieb	Front/4x4
Hubraum in cm³	1595, 2000
PS/min	51/4000
Vmax in km/h	ca. 90
Karosserie	
Bauart	Kombi (2-/4-türig), Cabriolet, Pickup
Tragstruktur	Kastenrahmen
Material	Stahlblech/Aluminium
Stückzahl und Marktsituation	
Produktionszahl	k.A.
Verfügbarkeit	ausreichend
Teilesituation	gut
Unterhaltskosten	mittel

Land Rover Series II, IIA — 1958-1971

Der Start war dem Land Rover mit Erfolg geglückt. Die Series II schloss nahtlos an, inzwischen hatten sich die Radstände (nun 88 und 109 Inch) als Grundlage der Modellbezeichnung etabliert. Mit ihr wuchsen die Karosseriedimensionen, auch die Formen wurden verfeinert. Neben einer breiteren Spur erhielten die neuen Land Rover nun einen 2,25 Liter großen Benziner, der zunächst rund 60 PS leistete. Bis zu zwölf enge Sitzplätze wiesen die Kombi-Versionen (Station Wagon) nun auf, die kurzen Land Rover transportierten immerhin bis zu sieben Personen. 1961 folgten die Modelle der Series IIA mit einem ebenfalls 2,25 Liter großen Diesel, zudem ein 2,6-Liter-Reihensechszylinder. 1969 rückten die Scheinwerfer in die Kotflügel.

Bild: © Land Rover

Preise	1	2	3	4	5
Land Rover Serie II A 88, Glw	41.700	27.400	17.000	9.000	5.200

Motor/Antrieb	
Bauart	Vier-/Sechszylinder (Reihe)
Lage/Antrieb	Front/4x4
Hubraum in cm³	2286, 2625
PS/min	60/4000 bis 77/4250
Vmax in km/h	ca. 100
Karosserie	
Bauart	Kombi (2-/4-türig), Cabriolet, Pickup
Tragstruktur	Kastenrahmen
Material	Stahlblech/Aluminium
Stückzahl und Marktsituation	
Produktionszahl	k.A.
Verfügbarkeit	ausreichend
Teilesituation	gut
Unterhaltskosten	mittel

Land Rover Series III 1971-1984

Ohne große Änderungen rollte der Land Rover in diesen Abschnitt: Es gab ihn weiterhin in Radständen von 88 und 109 Inch. Nach außen verändert zeigte er sich durch einen Grill, der nicht mehr aus Metall, sondern aus Kunststoff gefertigt war. Zudem kam als Ergänzung der 3,5 Liter große V8-Motor aus dem Range Rover, der hier gedrosselt jedoch nur 91 PS leisten durfte. Konstruktive Änderungen führten nun zu einem permanenten Allradantrieb, die Option der abschaltbaren Vorderachse entfiel. Viele weitere Modifikationen flossen in die Series-III-Modelle ein, so beispielsweise die Synchronisierung des Getriebes oder die Aufwertung des Innenraums. Die lange Version erhielt nun zudem serienmäßig die verstärkte Salisbury-Hinterachse.

Bild: © Land Rover

Preise	1	2	3	4	5
Land Rover Serie III 109, Glw	41.100	26.800	16.700	9.000	5.100

Motor/Antrieb	
Bauart	Vier-/Sechszylinder (Reihe), V8
Lage/Antrieb	Front/4x4
Hubraum in cm^3	2286, 2625, 3500
PS/min	63/4000 bis 135/4000
Vmax in km/h	100 bis 130
Karosserie	
Bauart	Kombi (2-/4-türig), Cabriolet, Pickup
Tragstruktur	Kastenrahmen
Material	Stahlblech/Aluminium
Stückzahl und Marktsituation	
Produktionszahl	k.A.
Verfügbarkeit	ausreichend
Teilesituation	gut
Unterhaltskosten	mittel

Land Rover (Series IV), Land Rover Defender 1983-2015

Statt Series IV werden alle Land Rover der letzten Generation meist Defender genannt. Dieser Name wurde jedoch erst 1990 eingeführt, als eine Unterscheidung zum damals neuen Discovery nötig wurde. Zuvor hießen die Modelle 90, 110 und 127 (130), den nochmals verlängerten Radständen folgend. Die Karosserievarianten reichten vom Pickup über Soft Tops und Hard Tops bis hin zum Station Wagon. Eine wesentliche Änderung war die Umstellung von Blatt- auf Schraubenfedern, zudem wurden Dieselmotoren immer wichtiger: Nach den Vierzylindern der 200 Tdi-Serie folgten die 300 Tdi, die 1998 der Td5 als Fünfzylinder ablöste. Ab 2007 kamen Ford-Vierzylinder zum Einsatz, zudem wurde der Wagen in vielen Details nochmals überarbeitet.

Bild: © Land Rover

Preise	1	2	3	4	5
Defender 90 Tdi (90-94), Glw	29.400	19.700	11.100	5.600	2.600
Defender 110 Td5 (1999-2006), GLW	51.000	34.100	22.200	13.800	k.N.
Defender 110 TD4 (2012-2015), GLW	60.900	35.600	28.100	16.100	k.N.

Motor/Antrieb	
Bauart	Vier-/Fünfzylinder (Reihe), V8
Lage/Antrieb	Front/4x4
Hubraum in cm^3	2500, 2200, 3500
PS/min	122/4200 bis 135/4000
Vmax in km/h	110 bis 140
Karosserie	
Bauart	Kombi (2-/4-türig), Cabriolet, Pickup
Tragstruktur	Kastenrahmen
Material	Stahlblech/Aluminium
Stückzahl und Marktsituation	
Produktionszahl	k.A.
Verfügbarkeit	ausreichend
Teilesituation	gut
Unterhaltskosten	mittel

Range Rover 1970-1993

Es war ein Blick in die ferne Zukunft. Eine Art Über-Land Rover hatten sich die Geländewagenexperten vorgestellt, mit mehr Leistung, mehr Pkw-Charakter und somit geeignet für ein Publikum, das nicht ständig in der Sahara oder dem Himalaya unterwegs war. 1967 war bereits ein Prototyp gelungen, der die wesentlichen Merkmale des späteren Range Rover vorwegnahm, unter anderem seine zeitlose Form, die noch heute seinen Auftritt prägt. Mit einem kräftigen V8, einem soliden Kastenrahmen und zwei Starrachsen trat der Range Rover einst an, seine gute Geländegängigkeit kombinierte er mit einer Spitze von bereits fast 150 km/h – das schuf eine neue Fahrzeuggattung. Mit den Jahren zog dann zunehmend auch Luxus in den einst kargen Innenraum. Im Jahr 2017 kündigte Land Rover die Produktion von zehn Range Rover der ersten Serie nach den exakten Spezifikationen der 1970er Jahre an – Preis: ab 157.000 Euro.

Bild: © Land Rover

Preise	1	2	3	4	5
Range Rover V8 2tr (70-81), Glw	67.500	41.900	28.200	14.400	7.800
Range Rover V8 4tr (81-86), Glw	44.200	26.300	15.800	7.400	3.500
Range Rover Vogue SE 3.9 (90-96), Glw	64.800	40.600	22.700	11.900	4.600

Motor/Antrieb	
Bauart	Diesel: Vierzylinder (Reihe), V8
Lage/Antrieb	Front/4x4
Hubraum in cm^3	2393, 2500, 3582-3947
PS/min	135/4750 bis 202/4850; Diesel: 112/4200 bis 121/4200
Vmax in km/h	148 bis 180
Karosserie	
Bauart	Kombi (3-türig), Kombi (5-türig)
Tragstruktur	selbsttragend
Stückzahl und Marktsituation	
Produktionszahl	k.A.
Verfügbarkeit	gut
Teilesituation	gut
Unterhaltskosten	hoch

R

Range Rover SE, HSE, DSE (Werksbezeichnung P38a, Mk II/LP) 1994-2002

Es sollte bis 1994 dauern, bis sich die Engländer auf einen Nachfolger für den längst Range Rover Classic genannten Urahn durchrangen – kein Wunder, das Paket stimmte einfach. Und ebenfalls kein Wunder, dass die Neuversion nur wenig anders machte; alle deutlich avancierteren Designs hatte man während der Entwicklungsphase wieder verworfen. Der „New Range Rover" stammt aus der BMW-Ära, also der Zeit, in der die Münchner Hausherr bei Rover waren. Das heißt nicht, dass die gesamte Technik nun aus Bayern stammte: die V8-Motoren mit 4,0 und 4,6 Litern Hubraum basierten immer noch auf dem alten Buick-Block, nur die 136 PS starken 2,5-Liter-Diesel-Reihensechser stammten tatsächlich von BMW. Geblieben sind dem modernisierten und luxuriös ausstaffierten Range Rover allerdings sein permanenter Allradantrieb sowie seine beiden Starrachsen, die jedoch eine elektronisch gesteuerte Luftfederung in Zaum hielt.

Bild: © Land Rover

Preise	1	2	3	4	5
Range Rover II DSE 2.5, Glw	k.N.	7.500	4.400	2.100	k.N.
Range Rover II HSE 4.6, Glw	k.N.	16.500	8.000	3.800	k.N.

Motor/Antrieb	
Bauart	Sechszylinder (Reihe), V8
Lage/Antrieb	Front/4x4
Hubraum in cm³	2497, 3947, 4552
PS/min	136/4400 bis 226/4750
Vmax in km/h	170 bis 200
Karosserie	
Bauart	Kombi (5-türig)
Tragstruktur	Kastenrahmen
Material	Stahlblech
Stückzahl und Marktsituation	
Produktionszahl	k.A.
Verfügbarkeit	sehr gut
Teilesituation	sehr gut
Unterhaltskosten	hoch

Land Rover Discovery 200 Tdi, 300 Tdi, V8 (Series I) 1989-1998

Wer auf die Modellpalette von Land Rover in den 1980er Jahren blickte, erkannte das Defizit schnell: Zwischen dem ruralen, klassischen Land Rover (ab 1990: Defender) und dem luxuriösen Range Rover zeigte sich Raum für ein weiteres Modell. Der neue Land Rover sollte den zunehmend auf den Markt drängenden Japanern Paroli bieten. Von 1985 an entwickelte Land Rover den Discovery, der im Oktober 1989 auslieferungsbereit war. Er geriet für den Hersteller zum erhofften Erfolg: Der Discovery war deutlich günstiger als der Range Rover, bot jedoch eine ähnlich überzeugende Kombination aus guten Fahreigenschaften auf Asphalt wie im Gelände. Der Defender sprach dagegen eine andere Zielgruppe an. Überzeugen konnte der Discovery zudem mit seiner eigenständigen Optik und dem neuen Vierzylinder-Turbodiesel, den die Engländer vom österreichischen Spezialisten AVL („Anstalt für Verbrennungskraftmaschinen List") entwickeln ließen.

Bild: © Land Rover

Preise	1	2	3	4	5
Discovery Tdi, 2.5, 113 PS, Glw	k.N.	12.100	5.600	2.700	1.300
Discovery V8, Glw	k.N.	12.400	6.100	2.800	1.300

Motor/Antrieb	
Bauart	Vierzylinder (Reihe), V8
Lage/Antrieb	Front/4x4
Hubraum in cm³	1994, 2494, 3532, 3947
PS/min	113/4000 bis 182/4750
Vmax in km/h	148 bis 176
Karosserie	
Bauart	Kombi (3-/5-türig)
Tragstruktur	Kastenrahmen
Material	Stahlblech
Stückzahl und Marktsituation	
Produktionszahl	353.843
Verfügbarkeit	gut
Teilesituation	gut
Unterhaltskosten	mitel

Land Rover Freelander (Gen. 1, Typ LN) 1997-2006

Immer umströmte einen Land Rover etwas von Abenteuer und Adel. Diese Kombination sollte der britische Hersteller unter der BMW-Ägide in den 1990er Jahren um die Komponente Alltag bereichern: Die Marketingstrategen sahen Bedarf an einem kompakten Allradler, der im Stadtverkehr und in der Freizeit für gute Laune sorgen sollte. Schon zum Debüt 1997 kam er in zwei Versionen: Neben einem geschlossenen Viertürer war ein sportiv geschnittener Zweitürer mit herausnehmbarem Dachteil und Faltverdeck im Heck im Angebot. Aus der Rover Pkw-Palette stammten die Triebwerke. Als Spitzenmotorisierung kam ab 2000 ein 2,5-Liter-V6 zum Einsatz. Dass die Freelander oft die ihnen aufgrund von Form und Format spontan zugedachte Sympathie enttäuschten, lag an dem erschreckend hohen Maß an Defektanfälligkeit. Die BMW-Verantwortlichen arbeiteten hart daran, die Situation Stück für Stück zu verbessern.

Bild: ©Land Rover

Preise	1	2	3	4	5
Freelander (Gen. 1), Glw	k.N.	5.600	3.000	1.300	k.N.

Motor/Antrieb	
Bauart	Vierzylinder (Reihe), V6
Lage/Antrieb	Front/4x4
Hubraum in cm³	1786 bis 2497
PS/min	97 /4200 bis 177/6250
Vmax in km/h	156 bis 182
Karosserie	
Bauart	Kombi (3-/5-türig), Cabriolet
Tragstruktur	selbsttragend
Material	Stahlblech
Stückzahl und Marktsituation	
Produktionszahl	k.A.
Verfügbarkeit	gut
Teilesituation	schwierig
Unterhaltskosten	mittel

Die Rover-Personenwagen: Solide Exzentrik

Rover startete zwar früh, doch zunächst nicht sonderlich erfolgreich den Bau von Personenwagen. Das erste Modell, der kleine Rover 8, zeichnete sich durch ein ungewöhnliches Zentralrohrchassis aus, das Komponenten wie Getriebe und Motorblock als tragende Teile nutzte. Zudem experimentierte Rover mit ventillosen Motoren, ähnlich der Knight-Konstruktion. Doch kommerziellen Erfolg brachte erst der konventionell aufgebaute Nachfolger, der 1919 erschien und ebenfalls Rover 8 hieß. Für ihn errichtete Rover eine neue Fabrik in Tyseley (Birmingham). Ihm folgte 1926 der Rover 9, ebenfalls ein kleines Auto, das 1927 der Rover 10 ablöste, der immerhin bis 1947 in Produktion bleiben sollte. Daneben produzierte Rover eine Vielzahl an etwas größeren Automobilen, die unter den Baureihen 12, 14 und 16 zusammengefasst wurden.

Rover 12 P2 Saloon 1939.

Einen besonderen Namen machte sich Rover nach dem Zweiten Weltkrieg mit der Entwicklung einer Gasturbine für den Einsatz in Automobilen. 1950 entstand JET1, der erste Prototyp mit dieser ungewöhnlichen Antriebstechnik, der auch ausgiebig getestet wurde. Rover baute weitere Gasturbinen-Wagen, unter anderem startete das Unternehmen 1963 und 1965 beim 24-Stunden-Rennen von Le Mans, mit respektablem Erfolg.

In den 1950er Jahren ging es mit Rover bergauf. Dies war vor allem dem Land Rover zu verdanken, der sich ausgesprochen gut verkaufte. Zum anderen gelang es Rover, mit der P3-Serie ab 1948 wieder im Segment der Personenwagen Fuß zu fassen. Doch der Durchbruch sollte 1949 mit den modernen Mittelklasse-Modellen der Baureihe P4 gelingen, denen man heute das Prädikat Premium verpassen würden – damals waren sie distinguiert, durchaus teuer, doch nicht protzig.

Rover 60, 75, 80, 90, 95, 100, 105, 105 S, 105 R, 110 (Werkscode P4, „Tantchen", „Auntie") 1949-1964

Lange vierzehn Jahre blieb Rover diesem Tantchen treu. Schon 1949 startete die im Volksmund Auntie getaufte P4-Serie mit eher antiquierter Technik, die aber Grundsolides bot. Ein stabiler Kastenrahmen trug die bis Anfang 1963 teilweise aus Aluminium bestehende Karosserie, die tatsächlich etwas von einer gestreng dreinblickenden, älteren Dame hatte. Motorisiert wurden die P4-Modelle von zehn verschiedenen Triebwerken, davon zwei Vierzylinder und acht Sechszylinder, als Rover 60, 75, 80, 90, 95, 100, 105 und 110 standen sie in den Preislisten. Erst 1955 wurde der bis dahin stets verwendete Freilauf aufgegeben. Die Modelle 105 S und 105 R erhielten leistungsgesteigerte 2,6-Liter-Motoren, sie vergrößerten die Rover-Palette ab Oktober 1956.

Bild: © Jürgen Schlegelmilch

Preise	1	2	3	4	5
75 (P4, Cyclop, Ser. 1949-1952), L4t	15.800	11.200	6.900	3.300	1.700
75 (P4, Ser. 1955-1959), L4t	12.300	7.700	4.800	2.400	1.400
100 (P4, Ser. 1960-1962), L4t	14.200	8.900	5.500	2.600	1.500

Motor/Antrieb	
Bauart	Vier-/Sechszylinder (Reihe)
Lage/Antrieb	Front/Heck
Hubraum in cm³	1997 bis 2638
PS/min	61/4000 bis 125/5000
Vmax in km/h	125 bis 165
Karosserie	
Bauart	Limousine (4-türig), Coupé, Cabriolet
Tragstruktur	Kastenrahmen
Material	Stahlblech/Aluminium
Stückzahl und Marktsituation	
Produktionszahl	130.342
Verfügbarkeit	ausreichend
Teilesituation	ausreichend
Unterhaltskosten	hoch

Rover 3 Litre, Mk II, Mk III, 3 Litre Coupé (Werkscode P5) 1959-1967

Größer und eleganter kam der Sechszylinder-Rover ab 1959 daher. Das Blechkleid folgte der bewährten Linie, war aber nun nicht mehr auf einem Kastenrahmen montiert, sondern in selbsttragender Bauweise ausgeführt. Unter dem Blech blieb jedoch vieles beim Alten, vor allem triebwerksseitig musste sich unverändert ein wechselgesteuerter Sechszylinder mühen, der allerdings durch drei Liter Hubraum angemessenes Drehmoment bereitstellte. Ab 1963 kam der Motor nach Änderungen des Zylinderkopfes (von Weslake) und am Ansaugtrakt auf 136 PS. Das 3 Litre Coupé hatte wie die Limousine vier Türen, aber eine um fünf Zentimeter abgesenkte Dachlinie mit vergrößerter Frontscheibe. Diese Version, „Elefant" genannt, ist heute selten zu finden.

Bild: © Jürgen Schlegelmilch

Preise	1	2	3	4	5
3 Litre MK I (P5), L4t	17.300	10.800	6.800	2.700	1.300
3 Litre MK II (P5, Ser. 1963-1967), Cpe	21.900	13.600	8.300	3.200	1.600

Motor/Antrieb	
Bauart	Sechszylinder (Reihe)
Lage/Antrieb	Front/Heck
Hubraum in cm³	2995
PS/min	117/4250 bis 136/5000
Vmax in km/h	160 bis 185
Karosserie	
Bauart	Limousine (4-türig), Coupé (4-türig)
Tragstruktur	selbsttragend
Material	Stahlblech
Stückzahl und Marktsituation	
Produktionszahl	48.541
Verfügbarkeit	ausreichend
Teilesituation	ausreichend
Unterhaltskosten	hoch

Rover 2000, SC, TC, 2200 SC, TC, 3500 und 3500 S (Werkscode P6) 1963-1977

Die Ablösung für den technisch veralteten P4 brach mit alten Rover-Traditionen. Die völlig neue, selbsttragende Karosserie mit angeschraubten Außenblechen, Scheibenbremsen rundum oder der De-Dion-Hinterachse bezeugen den Entwicklungsaufwand, den Rover betrieben hatte. Als Motoren kamen zunächst ohc-Vierzylinder zum Einsatz, das Kürzel TC deutete auf den Doppelvergaser (Twin Carburettor) hin. Der Popularität zuträglich war 1968 die Einführung des 3,5-Liter-Achtzylinders, dessen Mehrleistung verstärkte Bremsen und Radaufhängungen Rechnung trugen. Als skurrile Idee ging die Platzierung der Reserveräder in die Automobilgeschichte ein: Rover hatte sie bei einigen Modellen auf dem Heckdeckel montiert. Auch eine Kombiversion gab es: Der Rover 2000 Crayford Estate blieb allerdings selten.

Bild: © Jürgen Schlegelmilch

Preise	1	2	3	4	5
2000 SC (P6, Ser. 1964-1973), L4t	12.800	7.800	4.800	1.800	500
2200 TC (P6), L4t	13.800	8.600	5.200	2.300	700
3500 P6, L4t	20.800	12.300	7.100	2.900	1.200

Motor/Antrieb	
Bauart	Vierzylinder (Reihe), V8
Lage/Antrieb	Front/Heck
Hubraum in cm³	1978, 2205, 3532
PS/min	81/5000 bis 161/5200
Vmax in km/h	160 bis 195
Karosserie	
Bauart	Limousine (4-türig), Kombi (5-türig)
Tragstruktur	selbsttragend
Material	Stahlblech
Stückzahl und Marktsituation	
Produktionszahl	439.135
Verfügbarkeit	gut
Teilesituation	ausreichend
Unterhaltskosten	hoch

R

Rover 3.5 Litre (Werkscode P5B) 1968-1973

Im September 1967 war die Ära der gegengesteuerten Pkw-Motoren vorbei. Rover modifizierte einen Buick/Oldsmobile-V8 für die eigenen Zwecke: Dieser Achtzylinder wog rund 60 Kilogramm (!) weniger als der altbackene Reihensechszylinder, wurde auf europäische Anforderungen neu ausgelegt und ausschließlich mit Borg-Warner-Getriebeautomatik kombiniert – ein manuelles Schaltgetriebe gab es nicht. Äußerlich änderte sich indes wenig: Der geringfügig modifizierte Kühlergrill wurde von Nebelleuchten flankiert, neue Radkappen und Gummistreifen auf den Stoßstangenhörnern sind seine Kennzeichen. Mit 161 PS schaffte der P5B genannte, 4,74 Meter lange Wagen stolze 190 Stundenkilometer Spitze. Auch mit dieser Motorisierung entstanden wieder viertürige Coupés mit flacherer Dachlinie.

Bild: © Jürgen Schlegelmilch

Preise	1	2	3	4	5
3.5 Litre Coupé (P5B), L4t	26.800	17.500	9.900	4.300	2.000

Motor/Antrieb	
Bauart	V8
Lage/Antrieb	Front/Heck
Hubraum in cm³	3532
PS/min	161/5200
Vmax in km/h	190
Karosserie	
Bauart	Limousine (4-türig), Coupé (4-türig)
Tragstruktur	selbsttragend
Material	Stahlblech
Stückzahl und Marktsituation	
Produktionszahl	20.600
Verfügbarkeit	ausreichend
Teilesituation	ausreichend
Unterhaltskosten	hoch

Rover 2600, 3500, Vanden Plas (Werkscode SD1) 1976-1987

Nichts mehr war vom traditionellen Rover-Stil geblieben, als 1976 der P6 vom Modell 2600/3500 abgelöst wurde. Der neue Viertürer zeigte ein völlig verändertes Aussehen mit seiner modischen, leicht keilförmigen Schrägheckkarosserie. Vereinfachte Technik in den Bereichen Fahrwerk und Karosseriebau sorgte für die gewünschte Rationalisierung, Zweifel an der Produktqualität konnten sie indes nicht ausräumen. Neben deutlicher Rostanfälligkeit und etlichen Detailmängeln nagte besonders der unausgereifte Triumph-Motor mit 2,6 Litern Hubraum am soliden Ruf der Marke. Er war ab 1979 eingesetzt worden. Mit dem Aluminium-Achtzylinder hingegen harmonierten das elegante Erscheinungsbild und die Fahrleistungen besser. Unter der Bezeichnung Vanden Plas wurde eine opulent ausgestattete Luxusvariante angeboten.

Bild: © Archiv HEEL Verlag

Preise	1	2	3	4	5
2600 (SD1), L4t	11.700	7.400	4.800	2.100	1.100
3500 (SD1), L4t	15.100	9.700	6.200	2.800	1.600

Motor/Antrieb	
Bauart	Sechszylinder (Reihe), V8
Lage/Antrieb	Front/Heck
Hubraum in cm³	2597, 3532
PS/min	126/5000 bis 157/5250
Vmax in km/h	175 bis 190
Karosserie	
Bauart	Limousine (4-türig)
Tragstruktur	selbsttragend
Material	Stahlblech
Stückzahl und Marktsituation	
Produktionszahl	k. A.
Verfügbarkeit	ausreichend
Teilesituation	gut
Unterhaltskosten	hoch

Rover Vitesse 1983-1987

Die erste Ausgabe der Deutschen Tourenwagenmeisterschaft gewann Rover mit einer Ableitung der Vitesse. Dieser Erfolg reichte jedoch nicht, den von Qualitätsmängeln beeinträchtigten Ruf der Marke in Deutschland zu regenerieren. Es war die letzte vollständig britische Konstruktion vor dem Einfluss von Honda. Die Vitesse sollte die sportliche Speerspitze im Rover-Programm sein: Frontspoiler, Leichtmetallräder, ein betont sportliches Ambiente auch im Innenraum und ein nicht ganz harmonischer Spoiler unterhalb der Heckscheibe komplettierten das Outfit. Wichtigeres hatte sich unter dem Blech getan: Der 3,5-Liter-Achtzylinder leistete dank erhöhter Verdichtung und einer elektronischen Einspritzanlage fast 200 PS, wobei der Verbrauch in der Relation zur Leistung erfreulich gering blieb.

Bild: © Archiv HEEL Verlag

Preise	1	2	3	4	5
3500 Vitesse, L4tt	19.900	12.800	8.100	3.500	2.000

Motor/Antrieb	
Bauart	V8
Lage/Antrieb	Front/Heck
Hubraum in cm³	3532
PS/min	193/5250
Vmax in km/h	215
Karosserie	
Bauart	Limousine (4-türig)
Tragstruktur	selbsttragend
Material	Stahlblech
Stückzahl und Marktsituation	
Produktionszahl	k.A.
Verfügbarkeit	ausreichend
Teilesituation	gut
Unterhaltskosten	hoch

Rover 800, 820, 820 e, 820 i, 820 Si, 820 D, 825 i, 825 SD (Serie 800) 1986-1999

Immerhin 14 Jahre lang baute die MG Rover Group die 800er-Serie, mit der sie das Segment der gehobenen Mittelklasse bediente. Neben einer betont klassisch gestalteten Stufenhecklimousine bot Rover wieder eine Schrägheckvariante und zudem ab 1992 ein Coupé an. Entwickelt wurde die Serie 800 in Kooperation mit Honda. Die Japaner nutzten die Bodengruppe, Teile der Tragstruktur und des Fahrwerks sowie die eigenen V6-Motoren gemeinsam mit den Engländern. Aus eigener Entwicklung dagegen stammten die 2,0-Liter-Benziner (Serie M), die über vier Ventile pro Zylinder verfügten. Ein 118 PS starkes Dieselaggregat ergänzte die Antriebspalette, das der italienische Hersteller VM Motori zulieferte und das auch den Range Rover antrieb. Besondere Hoffnungen hatte Rover im Hinblick auf Exporte nach Nordamerika, scheiterte damit jedoch wegen der ungenügenden Qualität und der zu hohen Preise. Besser hielt sich die Serie 800 in Europa.

Bild: © MG Rover

Preise	1	2	3	4	5
820, 2.0, 133 PS, L4t	5.400	3.500	1.600	600	k.N.
827, 2.6, 169 PS, L4t	7.000	4.600	2.500	1.100	k.N.

Motor/Antrieb	
Bauart	Vierzylinder (Reihe), V6
Lage/Antrieb	Front/Front
Hubraum in cm³	1996, 2500, 2675
PS/min	118/4200 bis 169/5900
Vmax in km/h	190 bis 214
Karosserie	
Bauart	Limousine (4-/5-türig)
Tragstruktur	selbsttragend
Material	Stahlblech
Stückzahl und Marktsituation	
Produktionszahl	ca. 317.000
Verfügbarkeit	ausreichend
Teilesituation	ausreichend
Unterhaltskosten	mittel

R

Rover 827 Coupé SC (Serie 800) 1992-1996

Für eine anspruchsvolle Klientel lieferte Rover eine mondäne Coupé-Version der Serie 800. Sie kam ein Jahr nach dem ersten Facelift der Baureihe (1991) auf den Markt, obwohl die Entwicklung bereits deutlich vorher fertiggestellt war. Mit dem Zweitürer hatte Rover explizit den amerikanischen Markt im Fokus, verkaufte ihn jedoch auch in Europa. In Deutschland gab es nur die Version 827, die mit dem V6-Triebwerk des Honda Legend ausgestattet war. In anderen Märkten gab es das Coupé auch mit 2,0-Liter-Vierzylindern, auf Wunsch mit und ohne Turbo. Auf Kritik am Fahrwerk der frontgetriebenen 800er-Serie hatte Rover reagiert und es deutlich straffer ausgelegt, als Vorbild soll der 5er-BMW gedient haben – dennoch wurde das Handling auch beim Coupé weiter kritisiert. Überzeugend hochwertig geriet die Ausstattung, mit der Rover das Coupé anbot: Neben ABS gab es eine Klimaautomatik, Tempomat sowie elektrische Fensterheber.

Bild: © MG Rover

Preise	1	2	3	4	5
827 Coupé SC, Cpe	8.300	5.500	3.200	1.300	k.N.

Motor/Antrieb	
Bauart	V6
Lage/Antrieb	Front/Front
Hubraum in cm³	2675
PS/min	169/5900
Vmax in km/h	214
Karosserie	
Bauart	Coupé
Tragstruktur	selbsttragend
Material	Stahlblech
Stückzahl und Marktsituation	
Produktionszahl	k.A.
Verfügbarkeit	ausreichend
Teilesituation	ausreichend
Unterhaltskosten	mittel

Rover 75 1,8, 1,8 T, 2.0 V6, 2,5 V6, 4,6 V8, 2,0 CDT, 2,0 CDTi 1998-2005

Mit dem Rover 75 verabschiedete sich die britische Traditionsmarke von der Weltbühne. Das goutierten auch die Tester, die den geräumigen Rover 75 wegen seines guten Federungskomforts und seines Interieurs mit viel Wurzelholz-Noblesse bei gefälligem Karosseriedesign lobten. Auch die anfangs guten Verkaufszahlen sprachen für den neuen Rover der oberen Mittelklasse, der mit prestigeträchtigen V6- und V8-Motoren (neben Reihenvierer als Benziner und Diesel) in Richtung der angestammten BMW- oder Mercedes-Kundschaft schielte. Das Facelift 2004 bekam dem Rover schlecht, auch die Tourer genannte Kombi-Variante (2004-2005) änderte nichts am nahenden Ende: Der Rover 75 ging mit der MG Rover Group 2005 unter. Als Roewe 750 und MG 750 wurde er in China noch von 2006 bis 2016 in überarbeiteter Form gebaut.

Bild: © Rover

Preise	1	2	3	4	5
75 1.8T, L4t	4.400	2.700	1.400	500	k.N.
75 CDTi, Kom	4.100	2.500	1.400	500	k.N.
75 2.5 V6, L4t	5.100	3.200	1.500	500	k.N.

Motor/Antrieb	
Bauart	Vierzylinder (Reihe), V6, V8
Lage/Antrieb	Front/Heck
Hubraum in cm³	1795 bis 4601
PS/min	115/4000 bis 260/5000
Vmax in km/h	190 bis 243
Karosserie	
Bauart	Limousine (4-türig), Kombi (5-türig)
Tragstruktur	selbsttragend
Material	Stahlblech
Stückzahl und Marktsituation	
Produktionszahl	k.A.
Verfügbarkeit	ausreichend
Teilesituation	ausreichend
Unterhaltskosten	mittel

RUF (D) • seit 1975 (als Hersteller seit 1981)

Der Ritterschlag erfolgte bereits 1981: Damals erkannte das Kraftfahrt-Bundesamt RUF als Automobilhersteller an. In der Gemengelage aus anspruchsvoller Vorschriften- und Normenlage und nicht minder komplexer Technik aus Zuffenhausen war das tatsächlich eine erstaunliche Auszeichnung. Gegründet worden war das bis heute erfolgreiche Unternehmen bereits 1939 als AUTO RUF von Alois Ruf sen. in Pfaffenhausen im Unterallgäu. Er startete mit einer Werkstatt, später kamen eine Tankstelle und ein eigenes Busunternehmen dazu, alles wuchs in der Wirtschaftswunderzeit. Mittendrin folgte 1963 ein einschneidendes Erlebnis: Ruf sah vom Steuer seines Busses, wie ihn ein Porsche 356 erst überholte, dann unmittelbar danach von der Straße abkam und sich zwei Mal überschlug. Der Sportwagen-Fahrer blieb unverletzt, Alois Ruf barg ihn und fuhr ihn ins Krankenhaus. Und kaufte in Folge den arg lädierten Porsche 356 an – es war der Startschuss für eine Spezialisierung, die zu dem führte, was RUF heute ist.

Bild: © RUF

Individueller geht es nicht: Jedes CTR-Triebwerk wird einzeln zusammengebaut.

In den 1970er Jahren begann das kleine Unternehmen mit verschiedenen Maßnahmen Porsche-Modellen zu mehr Leistung zu verhelfen. Richtig los ging es mit dem Turbo: Nicht lange nach seiner Präsentation durch Porsche konnte Ruf eine deutlich stärkere Version des neuen Supersportlers präsentieren: Statt 3,0 Litern Hubraum und 260 PS, die der Über-911 ab Werk bot, konnte der RUF-Turbo mit 3,3 Litern Hubraum und 303 PS punkten. Auch für Saugmotoren hatte RUF bald Leistungssteigerungen im Programm. Mittlerweile hatte Alois Ruf jr. das Unternehmen übernommen; sukzessiv baute er das Angebot weiter aus. Legendär war der ab 1983 – nun bereits nicht mehr als Porsche, sondern als RUF mit eigener Fahrgestellnummer – angebotene BTR, der als straßenzugelassenes Fahrzeug 1984 die 300-km/h-Grenze bei einem „World's fastest Car"-Vergleich riss. Legendär bis heute und oft zitiert ist der CTR, ein 1987 von RUF vorgestelltes Modell, das als Biturbo auf 469 PS kam und mit 342 km/h gestoppt wurde. Seither sind eine Vielzahl weiterer Modelle entstanden, unter anderem bereits 2008 der eRUF, der als erster elektrisch angetriebener Sportwagen aus Deutschland galt. Inzwischen blickt RUF auch in die Geschichte zurück: Mit dem RUF CTR 2017 entstand ein komplett im eigenen Haus konstruierter Sportwagen im 911-Design der 1990er Jahre, der allerdings aus einem Karbon-Monocoque samt Karbon-Karosserie besteht und von einem dank Biturbo 710 PS starken Sechszylinder-Boxer angetrieben wird. RUF restauriert im Kundenauftrag zudem nicht nur RUF-Modelle, sondern alle Porsche – oft auch Originale. Unter der Marke Modern Classic entstehen zudem spannende Zwitter wie der RUF R56.11, ein 356 mit einem um zwei Zylinder reduzierten 911-Boxer – was jedoch blieb und Drehfreude sichert, sind die beiden obenliegenden Nockenwellen. Auch das Handling orientiert sich am 911.

Bild: © RUF

Beträchtlicher Aufwand: Leichtbaukarosserie, optimierte Aerodynamikteile, bärenstarkes Turbotriebwerk und zahlreiche andere Sportkomponenten kommen bei RUF zum Einsatz.

RUF BTR 1983-1989

Mit dem BTR startete RUF als Fahrzeughersteller: Auf Basis des Porsche turbo entstand in Pfaffenhausen der RUF BTR mit eigener Fahrgestellnummer. 3,4 Liter Hubraum und 374 PS zeichneten den Sportler aus dem Unterallgäu aus, dazu kam ein eigenes Fünfganggetriebe, das Porsche selbst damals noch nicht anbieten konnte. Als 1984 das amerikanische Automagazin *Road & Track* die schnellsten Autos der Welt verglich, fuhr der RUF an namhaften Konkurrenten wie Ferrari 512 BB oder Lamborghini Countach vorbei und riss die 300-km/h-Marke. Den BTR baute Ruf übrigens auf einer schmalen SC-Karosserie auf, nur auf Wunsch gab es die breitere Turbo-Version. Besonders aufwendig war die Adaption der Turbo-Bremse an die Achsgeometrie des SC-Fahrwerks. Dafür entwickelte und fertigte RUF eigene Bremssättel. Das Magazin *sport auto* lobte 1987: „Der RUF präsentiert sich in allen Lebenslagen gutmütig" und „mit eindeutigem Verhalten im Grenzbereich". Und das, obwohl insbesondere die Turbo-Modelle als enorm tückisch galten.

Bild: © RUF

Preise	1	2	3	4	5
BTR 3.4, Cpe	350.000	265.000	k.N.	k.N.	k.N.

Motor/Antrieb	
Bauart	Sechszylinder (Boxer)
Lage/Antrieb	Heck/Heck
Hubraum in cm³	3367
PS/min	374/6000
Vmax in km/h	304
Karosserie	
Bauart	Coupé
Tragstruktur	selbsttragend
Material	Stahlblech
Stückzahl und Marktsituation	
Produktionszahl	31
Verfügbarkeit	schlecht
Teilesituation	gut
Unterhaltskosten	hoch

RUF CTR („Yellowbird") 1987-1991

„Yellowbird" ist bis heute der Spitzname des gelben Coupés, das Alois Ruf als CTR in die Sportwagenwelt geschickt hatte: Mit seinem Biturbo bot es 469 PS – das C in seinem Namen zitiert die Gruppe-C-Teile, die Ruf verbaut hatte. Als Basis diente ein gewichtsoptimierter 911. Mit Einsatz von GFK und Aluminium, zum Beispiel an den Türen und beim Kofferraumdeckel, senkte RUF allein das Leergewicht der Karosserie um rund 200 Kilogramm. *Road & Track* testete wieder, und der CTR fuhr noch 1987 den ebenfalls angetretenen Porsche 959, Ferrari Testarossa und Lamborghini Countach 5000S davon. Ein Jahr später zog der CTR auf dem Rekordoval im süditalienischen Nardo unter Leitung von *auto motor und sport* seine Runden – und war dabei bis zu 342 km/h schnell. Damit setzte sich RUF wieder von seinen Wettbewerbern ab: Der CTR galt damals als das schnellste straßenzugelassene Fahrzeug der Welt. RUF lieferte den CTR mit Fünf- oder Sechsganggetriebe aus.

Bild: © RUF

Preise	1	2	3	4	5
CTR, Cpe	900.000	800.000	k.N.	k.N.	k.N.

Motor/Antrieb	
Bauart	Sechszylinder (Boxer)
Lage/Antrieb	Heck/Heck
Hubraum in cm³	3367
PS/min	469/5950
Vmax in km/h	342
Karosserie	
Bauart	Coupé
Tragstruktur	selbsttragend
Material	Stahlblech
Stückzahl und Marktsituation	
Produktionszahl	29, zudem Umbauten
Verfügbarkeit	schlecht
Teilesituation	gut
Unterhaltskosten	hoch

Saab (S) • Automobilbau seit 1949-2014

Die Svenska Aeroplan Aktie Bolaget, kurz Saab, wurde 1937 gegründet. Ein Vorgängerunternehmen reicht sogar bis 1891 zurück.

Saab war ein im Bau von Flugzeugen überaus erfolgreiches Unternehmen. Doch nach dem Ende des Zweiten Weltkriegs war mit Jagdbombern kein Geschäft mehr zu machen, und so versuchten die Verantwortlichen, das vorhandene Know-how auf den Automobilbau zu transferieren. Gunnar Ljungström gilt als Vater des Saab-Automobilbaus, zudem wurde der junge, talentierte Ingenieur Rolf Mellde für die Entwicklung eingestellt.

Ab 1946 entwickelte Saab nach DKW-Vorbild einen interessanten Fronttriebler mit Zweizylinder-Zweitaktmotor und vier unabhängig aufgehängten Rädern. Sein Name entsprach der Projektnummer: 92. Ende 1949 lief die Serienfertigung des optisch radikal neuen, aerodynamischen Modells, dessen Profil an eine Tragfläche erinnerte – der erfolgreiche Versuch, einen Technologietransfer zu leisten. Der Entwurf stammt von Sixten Sason, der zuvor für Saab schon Flugzeuge entworfen hatte.

Starke Auftritte in der internationalen Motorsport-Szene – Saab siegte unter anderem bei der Rallye Monte Carlo 1962 und 1963 – machten den schnellen Zweitakter weithin bekannt, und entsprechend positiv entwickelte sich auch das Export-Geschäft. Leider nicht mit langem Atem waren die Rennsport-Projekte gesegnet: Die Sonett-Modelle entwickelten sich zwar nach Stückzahlen nicht zum Verkaufsschlager, beweisen aber bis heute die großen Ambitionen des kleinen Herstellers aus Göteborg.

Saab bemühte sich, ähnlich wie Volvo, um ein Höchstmaß an Sicherheit für die Insassen. Auch Rostvorsorge war früh ein Thema. Dass sie stilistisch stets Außenseiter blieben, schadete dem Erfolg nicht. Auf die eigensinnige Zweitakt-Technik verzichtete Saab erst spät: Der Umstieg auf Viertaktmotoren folgte 1966. Die Vierzylinder lieferten dann Ford und Standard-Triumph.

Die Modelle ab dem Saab 900 II (ab 1993) bauten auf Opel- und GM-Basis auf. Im Februar 2009 meldete der schwedische Hersteller als erste GM-Tochter Insolvenz an. Nach 10 Jahren unter dem Dach des Mutterkonzerns General Motors erfolgte im Februar 2010 der Verkauf des Unternehmens an die niederländische Sportwagenschmiede Spyker Cars. Doch der Weg war steinig, das Geld knapp. Im Oktober 2011 sollten zwei chinesische Unternehmen die Saab-Aktien übernehmen, allerdings scheiterten die Verhandlungen mit den potenziellen Käufern nach dem Veto von General Motors. Der amerikanische Autobauer befürchtete einen zu großen Techniktransfer an die chinesische Konkurrenz. Am 19. Dezember 2011 gab die Saab-Firmenleitung die Einreichung eines Insolvenzantrags bekannt.

Das chinesisch-japanische Betreiberkonsortium NEVS (National Electric Vehicle Sweden) übernahm 2012 die Marke Saab. Von Dezember 2013 bis Mai 2014 konnte in Trollhättan wieder der Saab 9-3 mit Benzinmotor produziert werden, dann stoppten die Bänder mangels Liquidität. Eine Insolvenz konnte NEVS im Herbst 2014 zwar abwenden, doch ein Drittel der Mitarbeiter wurde entlassen.

Im Zuge dieser Schritte verlor NEVS die Nutzungsrechte am Markennamen Saab, der weiterhin dem Mutterkonzern des früheren Autoherstellers gehört, der SAAB AB. NEVS hatte von 2019 bis 2021 mit dem schwedischen Supersportwagenhersteller Koenigsegg kooperiert. Beide Unternehmen wollten strategisch und konstruktiv zusammenarbeiten.

Saab wird als Automobilmarke eine abgeschlossene Geschichte bleiben. Immerhin versorgt das Unternehmen Orio, 2013 aus Saab Automobile Parts hervorgegangen, weiterhin Saab-Besitzer mit Ersatzteilen. Im Dezember 2024 geriet NEVS endgültig in die Insolvenz. Die verbliebenen Arbeitsverträge wurden beendet, das Werk in Trollhättan verkauft.

Eine frühe Skizze des ersten Saab: 1946 zeichnete Sixten Sason den Saab 92001.

Sehr ambitioniert, beinahe futuristisch: der Saab 92 aus dem Jahr 1947.

Mit Know-how aus der Luftfahrt: Die Saab-Limousinen

Ohne Saab wäre die Automobilgeschichte um einige spannende Kapitel und bunte Anekdoten ärmer. Dabei baute Saab hauptsächlich Limousinen, also keine exotische Ware. Doch der Geist der Schweden, ihre Luftfahrtexpertise und ihr Qualitätsanspruch, ihre verlässliche, wenn auch mitunter schrullige Individualität liefern einer kleinen, internationalen Klientel Automobile, die keinen Vergleich kennen. Ein Saab ist spätestens ab der 900er-Reihe ein Auto für Intellektuelle und bürgerliche Sondergänger, die sehr bewusst keinen Mercedes-Benz, BMW oder Opel wählen wollen, die weder italo- noch frankophil sind oder gar mit der amerikanischen Automobilkultur anbandeln können.

Da Saab heute eine abgeschlossene Geschichte ist, lässt sich ein großer Bogen spannen. Mit der visionären Stromlinienkarosserie des 92001 startet Saab 1947 seine automobilen Ambitionen, das Serienmodell folgt bereits 1949 und läuft – mit einer Modellpflege im Jahr 1952 – immerhin bis 1956. Er nutzt, ebenso wie sein Nachfolger Saab 93 (1955–1960), einen Zweitaktmotor, nun mit drei statt zwei Zylindern. Vorbild dafür sind DKW-Triebwerke, ehemalige Werksingenieure helfen beim Entwickeln. Der 93B kommt 1957, mit durchgehender Frontscheibe, erstmals Blinkern und (typisch Schweden) mit Befestigungspunkten für Sicherheitsgurte an den Frontsitzen. Immer noch im prinzipiell gleichen Layout folgt 1960 der Saab 96 nach, der als Kombi Saab 95 heißt. Bis 1980 baut Saab die Modelle, stets nur zurückhaltend modernisiert, jedoch ab 1967 mit einem Viertaktmotor, einem kompakten V4 von Ford. Nachfolger bekommt der Saab 96 auch: Sie heißen Saab Lancia 600 und Saab-Valmet Horizon, jeweils leicht veränderte Lancia Delta und Talbot Horizon. Beide überzeugen auf dem schwedischen Heimatmarkt nicht.

Authentischer zeigt sich der von 1968 bis 1984 gebaute Saab 99, den wieder Sixten Sason zeichnet, der Schöpfer des Saab 92 und seinen Nachfolgern. Auf den Saab 99 folgt von 1984 bis 1987 der Saab 90, der als solides Einstiegsmodell fungiert, jedoch auch Elemente des seit 1978 gefertigten Saab 900 aufweist.

Der Saab 900 gilt heute als Ikone mit hohen Sympathiewerten. Saab baut das erfolgreiche Mittelklassemodell als Limousine mit klassischem Stufen- sowie Schrägheck, jeweils als Zwei- oder Viertürer – und das überraschende Cabriolet (1986–1994).

Mit dem Saab 9-3 (1998–2014, mit Unterbrechung zwischen 2012 und 2013) folgt zunehmend der Bruch mit den Traditionen. So basiert der 9-3 der zweiten Generation (ab 2002) auf der Epsilon-Plattform von General Motors. Auch den 9-3 gibt es als Cabriolet, zudem als SportCombi.

Ab 1985 bedient Saab auch oberhalb des Modells 900 den Markt. Zunächst ist es der Saab 9000 (1985–1998), der als ein Derivat aus der Kooperation hervorgeht, die auch den Fiat Croma, den Lancia Thema und den Alfa Romeo 164 entwickelt. Ihm folgt zwischen 1997 und 2011 der Saab 9-5 nach, den es als Limousine und SportCombi gibt. Mit der Insolvenz von Saab endet 2011 die Produktion der Saab-Limousinen.

92 und 92B — 1949-1956

1947 geistern Berichte über den neuen schwedischen Kleinwagen des Flugzeugherstellers Saab durch Europa. 1949 ist es soweit: Der Saab 92 geht in Produktion, um den inländischen Bedarf an günstigen Kleinwagen zu decken. Der Import verläuft wegen des gerade geendeten Krieges nur schleppend. Vorbild für Ingenieur Ljungström und sein Team war der in Schweden vor dem Krieg sehr erfolgreiche DKW mit Zweitakter und Frontantrieb. Das Ganze überspannt eine fortschrittliche, glattflächige und aerodynamisch günstige Karosserie, wie sie eines Flugzeugherstellers würdig ist. Der Zweizylinder-Zweitakter beruht auf einer Konstruktion von Hans Müller, Andernach, einem ehemaligen DKW-Versuchsingenieur. 1952 erhält der Saab 92 eine große Modellpflege. Wichtigste Neuerungen: von außen zugänglicher Kofferraum, ein größeres Heckfenster und 3 PS mehr Leistung.

Bild: © Saab

Preise	1	2	3	4	5
92 (Ser. 1949-1952), L2t	29.600	17.400	11.300	6.100	3.100
92 B (Ser. 1952-1955), L2t	26.100	16.200	10.300	4.100	1.800

Motor/Antrieb	
Bauart	Zweizylinder-Zweitaktmotor
Lage/Antrieb	Front/Front
Hubraum in cm³	764
PS/min	25/3800, 28/4000
Vmax in km/h	90, 100
Karosserie	
Bauart	Limousine (2-türig)
Tragstruktur	selbsttragend
Material	Stahlblech
Stückzahl und Marktsituation	
Produktionszahl	20.128
Verfügbarkeit	schlecht
Teilesituation	schwierig
Unterhaltskosten	mittel

Saab 93, 93 B, GT 750 — 1955-1962

Nach gut 20.000 Exemplaren der Modelle Saab 92 und 92 B, die zwischen 1950 und 1956 gebaut wurden, stellte die schwedische Marke 1955 das überarbeitete Modell 93 vor. Es wirkte nicht mehr so futuristisch, hatte aber seine typisch rundliche Form behalten. Weiterhin sorgten Motoren nach dem Zweitaktprinzip für Vortrieb, die jetzt über drei statt zwei Zylinder und mehr Leistung verfügten. Dem gestiegenen Fahrleistungspotenzial war auch das Fahrwerk mit einer schraubengefederten Starrachse hinten angepasst worden. Durch beachtliche Erfolge im Rallye-Sport animiert, ergänzte ab 1958 der GT 750 das Modellprogramm: Diese sportlicher ausgestattete Version holte aus knapp 750 cm³ immerhin bis zu 55 PS. Damit war der Fronttriebler ein erstaunlich munteres Fahrzeug.

Bild: © Saab

Preise	1	2	3	4	5
93 (Ser. 1955-1957), L2t	23.800	14.600	9.700	4.100	1.800
93 B (Ser. 1957-1960), L2t	25.000	15.700	10.300	4.100	1.800

Motor/Antrieb	
Bauart	Dreizylinder-Zweitaktmotor
Lage/Antrieb	Front/Front
Hubraum in cm³	748
PS/min	33/4200 bis 55/4800
Vmax in km/h	120 bis 160
Karosserie	
Bauart	Limousine (2-türig)
Tragstruktur	selbsttragend
Material	Stahlblech
Stückzahl und Marktsituation	
Produktionszahl	52.731
Verfügbarkeit	schlecht
Teilesituation	schwierig
Unterhaltskosten	mittel

Saab 95, 96 und GT 850 — 1960-1980

Ein modernes Aussehen mit klareren Linien bringt dem 1960 eingeführten Saab 96 ein verbessertes Innenraumangebot, ohne mit der typischen Form des Vorgängers zu brechen. Das Kombimodell mit einer dritten Sitzbank im Laderaum kommt als Saab 95 auf den Markt. Der Schwede setzt seine Karriere zunächst mit dem Dreizylinder-Zweitaktmotor fort, dessen Hubraum allerdings auf knapp 850 ccm angewachsen ist. Neben dem 38 PS starken Grundmodell spricht der ab 1962 angebotene 96 Sport (auch: 96 GT, GT 850) mit 52 PS das leistungshungrige Rallye-Klientel an. Für die überfällige Umstellung auf Viertaktmotoren einigt sich Saab mit Ford Mitte der 1960er Jahre auf den Bezug von V4-Motoren, die aus dem Modell Ford 12 M stammen. Saab entlockt dem bereits etwas antiquierten 1,5-Liter-Triebwerk bis zu 68 PS und montiert es ab Modelljahrgang 1967.

Bild: © Saab

Preise	1	2	3	4	5
95, Kom	29.100	17.500	11.200	4.800	2.500
96 Langnase, L2t	19.400	12.600	8.000	3.300	1.500
96 Rundnase, L2t	23.200	14.400	9.400	3.900	1.800
96 V4 (Ser. 1966-1969), L2t	16.600	11.600	6.800	3.200	1.500

Motor/Antrieb	
Bauart	Dreizylinder-Zweitaktmotor, V4
Lage/Antrieb	Front/Front
Hubraum in cm³	841, 1498
PS/min	38/4250 bis 68/5500
Vmax in km/h	125 bis 145
Karosserie	
Bauart	Limousine (2-türig), Kombi (3-türig)
Tragstruktur	selbsttragend
Material	Stahlblech
Stückzahl und Marktsituation	
Produktionszahl	547.221
Verfügbarkeit	ausreichend
Teilesituation	ausreichend
Unterhaltskosten	mittel

Saab 99 — 1968-1977

Die Affinität zum amerikanischen Markt brachte Saab frühzeitig zum Thema Sicherheit. So war das neue, 1968 eingeführte Modell mit der Typbezeichnung 99 ein entscheidender und richtiger Schritt. Das Thema passive Sicherheit, beim 99 erfolgreich in Angriff genommen, wurde vom amerikanischen Markt gefordert. Neben vielen durchdachten Details ließ sich die Kundschaft auch von der soliden Verarbeitung, dem sicheren Fahrwerk mit vier Scheibenbremsen und der Absenz von Zweitaktmotoren überzeugen. Saab hatte bei Triumph einen modernen Reihenvierzylinder mit 1,7 Litern Hubraum und einer obenliegenden Nockenwelle gekauft, der mit seinen 80 PS zwar kein überschäumendes Temperament an den Tag legte, aber doch für ausreichende Dynamik sorgte. Noch lange, bis 1987, blieb das Modell im Angebot, zuletzt mit 100 PS starkem Zweilitermotor.

Bild: © Saab

Preise	1	2	3	4	5
99, L2t	15.300	8.600	5.000	2.100	800
99, L4t	14.800	8.300	4.900	2.100	800

Motor/Antrieb	
Bauart	Vierzylinder (Reihe)
Lage/Antrieb	Front/Front
Hubraum in cm³	1709
PS/min	80/5200 bis 87/5500
Vmax in km/h	155
Karosserie	
Bauart	Limousine (2-/4-türig)
Tragstruktur	selbsttragend
Material	Stahlblech
Stückzahl und Marktsituation	
Produktionszahl	k.A.
Verfügbarkeit	gut
Teilesituation	gut
Unterhaltskosten	mittel

Saab 99 Turbo — 1977-1982

Gegen Ende der siebziger Jahre war der Wunsch nach hoher Motorleistung gestiegen. Der Zweiliter-Vierzylinder kam zwar mit Einspritzung auf bis zu 118 PS, doch Saab bot ab 1978 noch mehr. Dank eines Garrett-Turboladers, der mit 0,7 bar Druck arbeitete, entlockte Saab dem Triebwerk 145 PS. Das Ganze radierte auf schmalen 175/70er Reifen über den Asphalt – bis zu 235 Nm Drehmoment wirkten auf die Gummis. Dieses Paket war reichlich publicityträchtig, nicht nur weil das Auto in weniger als neun Sekunden auf 100 Stundenkilometer beschleunigte, sondern auch weil die Turbotechnik im Serien-Pkw bisher noch kaum eingesetzt worden war. Äußeres und Inneres des 99 Turbo zeigten sich dem sportlich orientierten Leistungsniveau angepasst: Spoiler vorn, Aluräder und Lederlenkrad rundeten die Erscheinung ab.

Bild: © Saab

Preise	1	2	3	4	5
99 Turbo, L2t	25.400	15.800	9.300	4.000	1.700

Motor/Antrieb	
Bauart	Vierzylinder (Reihe)
Lage/Antrieb	Front/Front
Hubraum in cm³	1985
PS/min	145/5000
Vmax in km/h	195
Karosserie	
Bauart	Limousine (2-türig)
Tragstruktur	selbsttragend
Material	Stahlblech
Stückzahl und Marktsituation	
Produktionszahl	k.A.
Verfügbarkeit	ausreichend
Teilesituation	gut
Unterhaltskosten	hoch

Saab 900, 900 Turbo — 1978-1993

Mit dem neuen 900 sicherte sich Saab einen Platz in der oberen Mittelklasse, einem Segment, das Volvo bereits seit langem bediente und in vielen Märkten sehr gefragt war. Basis des 900 war der Saab 99, der in den sechziger Jahren entwickelt worden war und noch in den Preislisten stand. Zunächst boten die Schweden den neuen 900 mit einer großen Heckklappe an, die den Saab mit den praktischen Eigenschaften eines Kombis ausstattete. Später legte der Hersteller eine Stufenheck-Karosserie nach, deren Kofferraum sehr hoch angesetzt war und die durch ihre schräge Linie auffällt – beinahe ein Fließheck. Neben den umfangreichen Sicherheitsmerkmalen lieferte Saab damals schon eine Sitzheizung.

Bild: © Saab

Preise	1	2	3	4	5
900 i (1983-1988), L5t	17.100	9.300	5.000	2.300	800
900 i 2.1 16V, L4t	18.300	10.100	5.300	2.500	1.100
900 S (1990-1993), L3t	27.400	15.100	8.300	3.800	1.500
900 Turbo 16S (1985-1992), L3t	42.400	23.200	13.800	6.400	2.500

Motor/Antrieb	
Bauart	Vierzylinder (Reihe)
Lage/Antrieb	Front/Front
Hubraum in cm³	1985
PS/min	108/5200 bis 145/5000
Vmax in km/h	169 bis 195
Karosserie	
Bauart	Limousine (2-/4-türig)
Tragstruktur	selbsttragend
Material	Stahlblech
Stückzahl und Marktsituation	
Produktionszahl	k.A.
Verfügbarkeit	üppig
Teilesituation	gut
Unterhaltskosten	mittel

S

Saab 9000 — 1985-1998

Wohlproportioniert war er, doch etwas unauffällig: Der Saab 9000, der seine Basis mit dem Alfa Romeo 164, dem Fiat Croma und dem Lancia Thema teilte, kam 1985 für die Verhältnisse seines Mutterhauses fast etwas beliebig daher. Sein Design, immerhin gezeichnet vom Karosserie-Guru Giorgetto Giugiaro, ließ ihn gar schmächtig wirken, obwohl der Große aus Trollhättan stattliche Limousinenmaße aufwies. Dies demonstrierte der Schwede auf der Straße: Sein 175 PS starker 2,0-Liter-Vierzylinder stammte aus dem Saab 900 Turbo und beschleunigte ihn in knapp acht Sekunden von Null auf 100 km/h. Mit einer Höchstgeschwindigkeit von 222 km/h gehörte der große Saab damit zu den schnellsten Limousinen der 1980er Jahre. Auch wenn bis 1998 über eine halbe Million Saab 9000 gebaut wurden, droht die erste große Saab-Sänfte bereits in Vergessenheit zu geraten.

Bild: © Saab

Preise	1	2	3	4	5
9000 2.0 (Kat), L4t	k.N.	9.800	4.700	2.600	900
9000i 16, L4t	k.N.	7.400	3.800	2.100	k.N.
9000 Turbo 16, L4t	k.N.	10.700	5.500	2.600	1.000

Motor/Antrieb	
Bauart	Vierzylinder (Reihe)
Lage/Antrieb	Front/Front
Hubraum in cm³	1985, 2290, 2962
PS/min	130/5500 bis 224/5500
Vmax in km/h	156 bis 204
Karosserie	
Bauart	Limousine (4-türig)
Tragstruktur	selbsttragend
Material	Stahlblech
Stückzahl und Marktsituation	
Produktionszahl	503.087
Verfügbarkeit	ausreichend
Teilesituation	gut
Unterhaltskosten	mittel

Saab 900 Cabriolet 1986-1993

Mit einer Cabriolet-Studie auf der Basis des Saab 900 überraschte der schwedische Hersteller bereits auf der IAA 1983. Drei Jahre später ging der erste offene Saab seit dem Ur-Sonett in Serie – die Skandinavier erwarteten von ihrem Wetter jetzt wohl nicht mehr Sonne als früher, denn nur 400 Einheiten waren einst exklusiv für den US-Markt geplant. Doch die große Nachfrage der Exportmärkte ließ die Schweden kräftig nachlegen: Besonders in Deutschland, Italien und auch in Amerika fanden die viersitzigen 900 Cabriolets ihre Liebhaber. Die offene Version des 900 war als Yuppie-Auto über Jahre beliebt, und selbst heute haben die 900 Cabriolets kaum an Image-Wirkung verloren – ganz im Gegenteil zu den BMW Dreier-Cabriolets, die damals zur Konkurrenz zählten. Mit dem zwei Liter großen 16-Ventil-Turbo Aggregat war die Frischluft-Variante sehr agil.

Bild: © Saab

Preise	1	2	3	4	5
900i Cabrio Kat, Cab	37.800	20.300	10.900	5.200	1.900
900 Turbo 16 Cabrio, Cab	51.000	28.400	14.400	6.800	2.600

Motor/Antrieb	
Bauart	Vierzylinder (Reihe)
Lage/Antrieb	Front/Front
Hubraum in cm^3	1985
PS/min	160/5500
Vmax in km/h	200
Karosserie	
Bauart	Cabriolet
Tragstruktur	selbsttragend
Material	Stahlblech
Stückzahl und Marktsituation	
Produktionszahl	k.A.
Verfügbarkeit	üppig
Teilesituation	sehr gut
Unterhaltskosten	mittel

Saab 9-5 (Typ YS3E; 1. Generation) 1997-2010

Parallel mit seinem kleineren Bruder, dem 9-3 I, basierte der große Saab auf der GM2900-Plattform, die auch die beiden ersten Opel-Vectra-Modelle sowie der Opel Calibra nutzten. Anders als bisher rückte Saab von der Idee der Fließheckkarosserie ab und offerierte den Sport-Sedan, eine Art Limousine mit kurzem Kofferraumheck, sowie einen SportCombi. Saab glänzte wieder mit sicherheitstechnischen Innovationen wie aktiven Kopfstützen unter dem Namen SAHR (Saab Active Head Restraints), die sich bei einem Heckaufprall so an den Kopf schmiegen, dass ein Schleudertrauma vermieden werden kann. Nach zwei Überarbeitungen, 2001 und 2005, gab Saab alle Rechte an diesem inzwischen in die Jahre gekommenen Modell an den chinesischen Hersteller Beijing Automobile Works ab, die den 9-5 I als Senova D-Series (inzwischen D-70) auf dem heimischen Markt anbieten.

Bild: © Saab

Preise	1	2	3	4	5
Saab 9-5 2.3 Turbo, L4t	k.N.	6.200	3.700	1.300	k.N.
9-5 2.0t SportCombi, Kom	k.N.	4.800	2.600	1.000	k.N.

Motor/Antrieb	
Bauart	Vierzylinder (Reihe), V6
Lage/Antrieb	Front/Front
Hubraum in cm^3	1985 bis 2958
PS/min	120/4000 bis 260/5200
Vmax in km/h	195 bis 250
Karosserie	
Bauart	Limousine (4-türig), Kombi
Tragstruktur	selbsttragend
Material	Stahlblech
Stückzahl und Marktsituation	
Produktionszahl	483.593
Verfügbarkeit	ausreichend
Teilesituation	gut
Unterhaltskosten	mittel

Saab 9-3 1998-2003

Schon beim Saab 900 II, der 1993 kam, steckte unter dem Blech bereits eine Menge Opel-Technik, konkret: des Vectra A, aber auch von anderen Modellen aus dem GM-Programm. Saab-Freunde störten sich daran, auch an dem verwässerten, längst nicht mehr so freigeistigen Charakter, der Saab früher stets auszeichnete. 1998 schickte Saab das Modell 9-3 ins Rennen, das sich optisch wenig vom 900 II unterschied und auch technisch keine grundlegend neue Konstruktion war. Das typische drei- und fünftürige Schrägheck war ihm geblieben, ebenso gab es den 9-3 wieder als Cabrio. Neu allerdings war ein 2,2-Liter-Dieselmotor, den Opel für Saab fertigte. Als Benziner gab es weiterhin die 2,0- und 2,3-Liter-Benziner als Reihenvierzylinder, jedoch nicht mehr den 2,5 Liter großen V6-Motor, mit dem der 900 II noch lieferbar war. Kritik erntete der Saab 9-3 mit seiner mangelnden Zuverlässigkeit – Saab-Freunde kannten das anders.

Bild: © Saab

Preise	1	2	3	4	5
Saab 9-3, L5t	k.N.	4.200	2.100	900	k.N.
9-3 Turbo, L3t	k.N.	6.800	3.400	1.300	k.N.

Motor/Antrieb	
Bauart	Vierzylinder (Reihe)
Lage/Antrieb	Front/Front
Hubraum in cm^3	985, 2171, 2290
PS/min	131/6100 bis 224/5500
Vmax in km/h	200 bis 250
Karosserie	
Bauart	Limousine (3-/5-türig), Cabrio
Tragstruktur	selbsttragend
Material	Stahlblech
Stückzahl und Marktsituation	
Produktionszahl	326.370
Verfügbarkeit	sehr gut
Teilesituation	gut
Unterhaltskosten	mittel

S

Straßenmusik: Die drei Saab Sonett

Saab versteht den Motorsport – oder auch: leichte, offene Sportzweisitzer – schon früh als optimales PR-Instrument. Noch lange, bevor das Modell 96 Anfang der 1960er Jahre bei Rallyes wie der Monte Carlo legendäre Siege einfährt, kümmern sich die Schweden in Trollhättan um das Thema. Bereits 1955 startet das Projekt, und es lässt vermuten, dass die Verantwortlichen bei Saab ziemlich genau auf den schier unermesslichen Exportmarkt USA schauen. Dort reüssieren Mitte der 1950er Jahre exakt jene Modelle aus Europa, die sexy und leicht sind, offen und schnell. Warum nicht einen Versuch wagen?

Letztlich wissen wir aus dem weiteren Verlauf der Geschichte, dass diese Rechnung nicht aufgehen wird. So schick der Ur-Sonett ausfällt, so clever und aufwändig er konstruiert ist und so schnell er fährt: Es genügt nicht für einen Erfolg. Die Amerikaner fremdeln mit dem Zweitakter, und veränderte Regeln im Rennsport lassen die aufwändige Saab-Lösung obsolet werden. Da hilft auch der freundliche Name nicht,

Bild: © Saab

der nichts mit einem Gedicht zu tun hat, wie die Legende berichtet: „Så nätt den är" heißt auf deutsch „Wie nett er ist".

Saab spürt den Rückschlag, gibt jedoch nicht auf. Auf den über ein Prototypenstadium nicht herausgekommenen Ur-Sonett, heute meist Sonett I genannt, folgt Ende der 1960er Jahre der Sonett II, den Saab ab 1967 mit dem Ford-V4-Viertakter ausstattete.

Das Jahr 1970 startet mit dem Sonett III, der mit seinem kantigeren Design den aktuellen Geschmack besonders des amerikanischen Publikums treffen sollte. Diese Hoffnung bestätigt sich nicht, auch wenn der Sonett III der erfolgreichste des Trios werden soll. Bereits 1974 beendet Saab die Produktion.

Kurz vor dem harten Ende, das Saab bestimmt ist, kommen ein letztes Mal Pläne für einen neuen Sonett auf den Tisch. Unter diesem Namen planen die Schweden einen 2+2-sitzigen Sportwagen mit bis zu 400 PS, der wegweisend für die Zukunft des Herstellers werden soll. Die Insolvenz begräbt auch diese Initiative.

Bild: © Saab

Sonett (Sonett I) — 1955-1957

Als kleiner, leichter Sportwagen soll der Ur-Sonett auch mit wenig Leistung Großes erreichen. Er geht auf den Saab-Ingenieur Rolf Mellde (1922–2009) zurück, der ihn mit einem kleinen Team in einer Scheune entwickelt – mit jeder Menge Enthusiasmus, Können und kleinem Budget. Saab präsentiert den offenen Zweisitzer auf der Stockholmer Automobilausstellung 1956. Entwickelt hat Saab den nur 600 Kilogramm wiegenden, offenen Zweisitzer für den Rennsport. Das Unternehmen peilt 2000 Stück an. Technisch baut der Saab Sonett auf einem Aluminium-Monocoque auf, die Karosserie besteht aus GFK. Als Triebwerk nutzen Mellde und sein Team den Zweitakter aus der Limousine, hier jedoch auf 57,5 SAE-PS leistungsgesteigert – genug für beachtliche 190 km/h. Neue Reglements lassen die Rennsportpläne scheitern, und nur sechs Fahrzeuge können entstehen.

Bild: © Saab

Preise	1	2	3	4	5
Sonett I, Rds	k.N.	k.N.	k.N.	k.N.	k.N.

Motor/Antrieb	
Bauart	Dreizylinder-Zweitaktmotor
Lage/Antrieb	Mitte/Front
Hubraum in cm³	748
PS/min	57,5/5200
Vmax in km/h	190
Karosserie	
Bauart	Spyder
Tragstruktur	Monocoque
Material	Kunststoff
Stückzahl und Marktsituation	
Produktionszahl	6
Verfügbarkeit	sehr schlecht
Teilesituation	schlecht
Unterhaltskosten	mittel

Saab Sonett II, V4 — 1966-1970

Das erste Sonett-Kapitel, das Saab geschrieb, hatte einen kleinen Roadster hervorgebracht, der leider nie Serienreife erreichte. Beim zweiten Sonett, der ab 1966 mit Zweitaktmotor in geringen Stückzahlen verkauft wurde, überzeugte vor allem die eigenständige Kunststoffkarosserie mit langer Haube, schwungvollem Hüftknick und großzügig verglastem Heck. Mit dem Einbau des Ford-Viertaktmotors stiegen die Verkaufszahlen etwas an, doch die etwas mehr als 1500 abgesetzten Wagen entsprachen bei weitem nicht den Vorstellungen der Verantwortlichen, die den Erfolg vor allem in Amerika gesucht hatten. Schade, dass der sympathische, wieder von Saab-Chefkonstrukteur Rolf Mellde initiierte Sonett heute so selten und teuer ist.

Bild: © Saab

Preise	1	2	3	4	5
Sonett II, Cpe	36.400	29.700	14.900	6.900	2.600
Sonett II V4, Cpe	34.700	23.000	13.800	6.500	2.600

Motor/Antrieb	
Bauart	Dreizylinder-Zweitaktmotor, V4
Lage/Antrieb	Front/Front
Hubraum in cm³	841, 1498
PS/min	60/5200 bis 65/5000
Vmax in km/h	155 bis 160
Karosserie	
Bauart	Coupé
Tragstruktur	Plattformrahmen
Material	Kunststoff
Stückzahl und Marktsituation	
Produktionszahl	258, 1510
Verfügbarkeit	schlecht
Teilesituation	ausreichend
Unterhaltskosten	mittel

S

Saab Sonett III — 1970-1974

Das Scheitern des Sonett II ließ Saab nicht ruhen, und so wurde das Modell einem kräftigen Facelift unterzogen. Dabei erhielt der Sonett III einen längeren Vorbau mit stabilen Stoßstangen und in den Kühlergrill integrierten Scheinwerfern. Sergio Coggiola aus Italien hatte die Kunststoffkarosserie auch am Heck überarbeitet, technisch blieb jedoch vieles beim Bewährten. Der Zweitakter hatte ausgedient, weiterhin in Ehren gehalten wurde der V4-Motor, der nun über eine Knüppelschaltung stilgerechter in Schwung gehalten wurde. Damit machte das kleine Coupé seinen Weg weit erfolgreicher als der Vorgänger und ließ sich in vier Produktionsjahren immerhin mehr als 8300 mal verkaufen. Leider hat Saab bis heute keinen Nachfolger gebaut – aber vielleicht greifen die Schweden in Zukunft die Idee wieder auf.

Bild: © Saab

Preise	1	2	3	4	5
Sonett III, Cpe	28.600	18.400	11.400	5.900	2.300

Motor/Antrieb	
Bauart	V4
Lage/Antrieb	Front/Front
Hubraum in cm³	1498
PS/min	65/5000
Vmax in km/h	160
Karosserie	
Bauart	Coupé
Tragstruktur	Plattformrahmen
Material	Kunststoff
Stückzahl und Marktsituation	
Produktionszahl	8368
Verfügbarkeit	ausreichend
Teilesituation	ausreichend
Unterhaltskosten	mittel

Seat (E) • seit 1950

Als „Sociedad Española de Automóviles de Turismo" (kurz: Seat) wurde das spanische Unternehmen am 9. Mai 1950 gegründet. Beteiligt waren der spanische Staat sowie einheimische Banken, dazu Fiat mit einer Minderheit von sieben Prozent. Ziel war zunächst, das eigene Land mit Automobilen zu versorgen. Drei Jahre später standen die Fertigungsanlagen in der Zona Franca, einem verkehrsstrategisch günstig gelegenen Bezirk nahe Barcelonas. Am 13. November 1953 wurde der erste Seat, ein Modell 1400, fertiggestellt. In Folge entstanden Fiat-Modelle in Lizenz.

Seat exportierte in den ersten Jahren keine Fahrzeuge. Zum einen, weil die Versorgung des einheimischen Marktes zum Kernauftrag des staatlich kontrollierten Unternehmens zählte, zum anderen, weil die Lizenzen mit Fiat Exporte weithin unterbanden. Umgekehrt erreichten keine ausländischen Automobile den spanischen Markt, extrem hohe Importzölle verhinderten das. Das führte dazu, dass ausländische Automobilhersteller sich mit eigenen Produktionswerken in Spanien ansiedelten. Insbesondere waren dies Renault, Citroën, Suzuki und Land Rover.

Erst nach und nach konnte sich Seat Exporten widmen. Märkte wie Finnland, Niederlande und Belgien machten den Anfang, in Deutschland wurden einige Seat-Modelle als Fiat verkauft – so der Seat 600 D als Fiat 770. Auch der Seat 133 kam als Fiat 133 hier in den Verkauf. Über einen privaten Importeur, die Firma Walter Hagen, kamen in der zweiten Hälfte der 1970er Jahre Bocanegra-Modelle (offiziell: Seat 1430 Sport) nach Deutschland.

1983 startete Seat offiziell mit dem Import unter eigener Leitung und Namen. Das von Grund auf neu konstruierte Modell Ibiza hatte dazu den Ausschlag gegeben, es wurde zum ersten großen internationalen Erfolg für die Spanier. Zwischen Fiat und Seat hatte es zuvor bereits gekriselt. Die zunehmende Eigenständigkeit, die Seat anstrebte, widersprach den Vorstellungen der Italiener, auf deren Entwicklungen und Technik die Seat-Modelle aufbauten. Den Streit und die folgende Trennung wiederum nutzte Volkswagen – und schloss verschiedene Abkommen mit den Spaniern. Die Kooperation endete schließlich in der Übernahme von Seat durch Volkswagen. Anschließend verlegte der Konzern den Firmenhauptsitz von der Zona Franca in die rund 35 Kilometer entfernte Stadt Martorell, da die räumlichen Kapazitäten am alten Standort keine ausreichenden Reserven für einen weiteren Ausbau boten. Heute befinden sich am ursprünglichen Seat-Standort in der Zona Franca noch ein Presswerk sowie die Historische Sammlung.

Fröhliches Kurvenzirkeln im SEAT Marbella: Motorsport war den Spaniern schon immer wichtig.

Bild: © Seat

Sie sehen aus wie Fiat, doch gebaut wurden diese Modelle bei SEAT nahe Barcelona.

Bild: © Seat

Seit 2018 existiert zudem ein Unternehmen mit dem Namen Seat Cupra. Es kümmert sich nicht nur um die Motorsportaktivitäten der Spanier, sondern fungiert seither auch mit CUPRA als eigene Marke samt eigenem Logo.

CUPRA

Weil SEAT doch zu altbacken klang, entstand die neue Marke CUPRA, ein Kürzel von Cup Racer.

Seat 1400, 1400 A, 1400 B, 1400 C — 1953-1964

Mit der Übernahme des Fiat-Modells 1400 startete SEAT die eigene Produktion. Von Effizienz war noch nicht die Rede: Nur fünf Fahrzeuge wurden pro Tag durchschnittlich fertig, obwohl bereits rund 1000 Arbeiter bei SEAT beschäftigt waren. Dabei wurden anfänglich CKD-Bausätze (Completely Knocked Down, meint: in Teilen geliefert) als Grundlage für die Fertigung eingesetzt. Nur die Montage der Einzelteile erfolgte bei SEAT. Zwei Jahre später begann sich das Blatt zu wenden: Der 1400 A konnte bereits komplett in Spanien gefertigt werden. Die überarbeitete Version der Limousine leistete nun 50 statt bisher 44 PS. Mit 58 PS startete ab 1959 der SEAT 1400 B, er folgte damit eng dem italienischen Vorbild. Als 1400 C bezeichnete SEAT schließlich die 1959 vorgestellte Version, die technisch unverändert geblieben war, jedoch die moderne, kantige Karosserie des Fiat 1800 trug. Rar blieben die weiteren Versionen. Dazu zählten ein zweitüriges Cabriolet, ein Kombi sowie ein verblechter Lieferwagen und ein Pick-up.

Bild: © SEAT

Preise	1	2	3	4	5
1400, L4t	22.100	15.500	9.400	4.800	1.700

Motor/Antrieb	
Bauart	Vierzylinder (Reihe)
Lage/Antrieb	Front/Heck
Hubraum in cm³	1395
PS/min	44/4400 bis 58/3700
Vmax in km/h	116 bis 135
Karosserie	
Bauart	Lim (4-türig), Cab, Kom (5-türig), Liefer.
Tragstruktur	selbsttragend
Material	Stahlblech
Stückzahl und Marktsituation	
Produktionszahl	k.A.
Verfügbarkeit	ausreichend
Teilesituation	gut
Unterhaltskosten	niedrig

S

Seat 600, 600 D, 600 D Descapotable, 600 E, 600 L, 600 Sedan, 600 Comercial, 800 — 1957-1973

Auch den seit 1955 erfolgreichen Fiat 600 übernahm SEAT in die eigene Produktion. Der 633 cm³ kleine Vierzylinder im Heck erstarkte 1959 von 21,5 auf immerhin 28,5 PS, 1963 folgte das 767 cm³ große Nachfolge-Triebwerk – stets etwas später als in Italien bei Fiat. Dieser SEAT 600 D leistete 32 PS. Erst 1970 stellte SEAT mit dem 600 E auf vorne angeschlagene Türen um; zu dieser Zeit war die Produktion in Italien bereits eingestellt. Interessant sind heute die Modellvarianten, die es nur von SEAT gab: Der wichtigste ist der zwischen 1963 und 1967 immerhin rund 18.200-mal gebaute 600 Sedan (ab 1964: 800), der 30 Zentimeter länger ausfiel und sogar vier Türen besaß – in Spanien war er ein beliebtes Taxi. Zudem bot SEAT eine zweitürige Variante mit Faltdach als Descapotable sowie einen kleinen Lieferwagen als Comercial an, der jedoch wegen des Heckmotors nur sehr eingeschränkt als solcher nutzbar war.

Bild: © SEAT

Preise	1	2	3	4	5
600 D, L2t	11.600	7.500	4.600	1.800	700

Motor/Antrieb	
Bauart	Vierzylinder (Reihe)
Lage/Antrieb	Heck/Heck
Hubraum in cm³	633, 767
PS/min	21,5/4600 bis 32/4800
Vmax in km/h	95 bis 110
Karosserie	
Bauart	Lim (2-/4-türig), Cal, Lieferwagen
Tragstruktur	selbsttragend
Material	Stahlblech
Stückzahl und Marktsituation	
Produktionszahl	783.745
Verfügbarkeit	ausreichend
Teilesituation	gut
Unterhaltskosten	niedrig

Seat 1200 Sport, 1430 Sport („Bocanegra") 1975-1980

Bocanegra heißt schwarzer Mund. Der Spitzname des kompakten Coupés erklärt sich durch den markanten Kunststoffrahmen, den der italienische Designer Aldo Sessano um Scheinwerfer und Grill gelegt hatte. Ursprünglich war sein Entwurf für einen Heckmotor-NSU auf Prinz-Basis entstanden, was die Lüftungsschlitze unterhalb der C-Säulen erklärt. SEAT übernahm den Entwurf und setzte ihn auf der Bodengruppe des 127 um. Der Motor stammte jedoch aus dem 124, wurde hier allerdings quer und um 17 Grad geneigt montiert. Ab 1977 kam das 77 PS starke Triebwerk aus der Limousine SEAT 1430 zum Einsatz, einem weiterentwickelten 124. Einen wirtschaftlichen Erfolg bescherte der in nur 19.332 Exemplaren gebaute Bocanegra den Spaniern zwar nicht, doch er machte deutlich, dass SEAT künftig als Hersteller wahrgenommen werden wollte und nicht mehr nur als Montagewerk für Fiat-Produkte.

Bild: © SEAT

Preise	1	2	3	4	5
1200 Sport, Cpe	k.N.	7.500	5.100	2.200	k.N.
1430 Sport, Cpe	k.N.	8.700	5.900	2.600	k.N.

Motor/Antrieb	
Bauart	Vierzylinder (Reihe)
Lage/Antrieb	Front/Front
Hubraum in cm^3	1197, 1438
PS/min	67/5600, 77/5400
Vmax in km/h	160 bis 165
Karosserie	
Bauart	Coupé
Tragstruktur	selbsttragend
Material	Stahlblech
Stückzahl und Marktsituation	
Produktionszahl	19.332
Verfügbarkeit	ausreichend
Teilesituation	gut
Unterhaltskosten	niedrig

Seat Ibiza Special, J, L, XL, CL, CLX, GLX, SX, SXI, Crono, Comfort, Disco, Friend, Sportline (Typ 021A, B) 1984-1993

Der Seat Ibiza (Typ 021A) war 1984 die erste Eigenentwicklung der Spanier. Das Design hatte Giugiaro übernommen, Porsche Engineering die Weiterentwicklung der Benziner ab 1,2 Liter Hubraum. Die Plattform des Ibiza basierte noch auf dem Seat Ronda, dessen Wurzeln wiederum auf den Fiat Ritmo zurückgingen. Der Ibiza entstand in der Phase, in der Seat sich von Fiat löste und Volkswagen zuwandte. Im Verlauf seiner Bauzeit kamen deshalb einige VW-Komponenten in den Ibiza, so der Lenkstockschalter, der die von Testern oft bemängelte Kommandokonsole ersetzte. Die anfangs bemängelte Qualität steigerte Seat über die Baujahre, doch Fahrwerksschwächen, unpräzise Lenkung und hohes Geräuschniveau blieben. Den Ibiza gab es als Drei- und Fünftürer, 1991 erhielt er ein Facelift, das jedoch den Charme des klaren Erstentwurfs verspielte.

Bild: © Seat

Preise	1	2	3	4	5
Ibiza 1.1, L3t	k.N.	3.000	1.900	800	k.N.

Motor/Antrieb	
Bauart	Vierzylinder (Reihe)
Lage/Antrieb	Front/Front
Hubraum in cm^3	903 bis 1714
PS/min	44/5800 bis 103/5700
Vmax in km/h	129 bis 182
Karosserie	
Bauart	Limousine (3-/5-türig)
Tragstruktur	selbsttragend
Material	Stahlblech
Stückzahl und Marktsituation	
Produktionszahl	k.A.
Verfügbarkeit	gut
Teilesituation	gut
Unterhaltskosten	niedrig

Shelby (USA) • 1962-1970

Auch wenn es sich bei Shelby nicht um eine Marke im eigentlichen Sinne handelt, so hat sich die ursprünglich in Los Angeles beheimatete Firma einen eigenen Eintrag schon aufgrund der legendären Cobra- und Mustang-Varianten verdient. Der Firmengründer Carroll Hall Shelby wurde am 11. Januar 1923 in Leesburg, Texas, als Sohn eines Farmers geboren. Die tägliche Arbeit im elterlichen Betrieb war für ihn jedoch nie so reizvoll wie sein Interesse für Technik. Nachdem er im Zweiten Weltkrieg als Fluginstruktor und Testpilot bei den amerikanischen Luftstreitkräften gedient hatte, bestritt er Anfang der 50er Jahre sein erstes Rennen auf einem geliehenen MG. Zahlreiche Erfolge stellten sich ein, wobei sein Sieg beim 24-Stunden-Rennen von Le Mans im Jahre 1959 mit Teamkollege Roy Salvadori auf einem Aston Martin DBR 1 der wohl international bedeutendste Erfolg war. Nach Beendigung seiner aktiven Laufbahn 1960 widmete sich Shelby ganz seinem Traum von einem eigenen Sportwagen, der seinen Namen tragen sollte. Ab Anfang der 60er Jahre entstanden in seiner Firma Shelby-American – in Zusammenarbeit mit Ford – zunächst Fahrzeuge für den Rennbetrieb, aber bis 1963 hatten schon 125 Cobras die kalifornischen Fertigungsstätten verlassen. Es entstanden unter Shelbys Führung jedoch nicht nur Cobras, sondern auch Ford GT 40 und die berühmten Shelby Mustangs, die ab Ende 1967 in Ionia/Michigan gefertigt wurden und die ruhmreiche Motorsporttradition

Bild: © Carroll Shelby Foundation

des Hauses fortsetzten. Heute hat die Firma Shelby ihren Hauptsitz in Las Vegas. Der vielseitige Firmengründer Shelby litt jahrelang an einem schweren Herzleiden, dem er am 10. Mai 2012 in Dallas, Texas, erlag.

S

Shelby GT 350 und GT 500 1965-1970

Ein ganz spezielles Aufbautraining führte Shelby mit dem Pony Car Ford Mustang durch: Neben leichten Modifikationen der Karosserie zeichneten sich seine Kreationen durch einen erheblichen Leistungszuwachs aus, der im sieben Liter großen und 406 PS starken Achtzylinder gipfelte. Dabei wurde nicht nur das Coupé umgerüstet, sondern auch das Cabriolet. Nach einer Weile der selbständigen Fertigung in eigenen Räumlichkeiten übernahm Ford die Regie wieder. Nicht nur der mit zahlreichen Siegen verbundene Name Shelby macht die Fahrzeuge gesucht und teuer: Mit weniger als 15.000 gebauten Shelby GT's blieben die Tuning-Mustangs recht selten.

Bild: © Ford AG

Preise	1	2	3	4	5
GT 350 Fastback (1965), Cpe	500.000	320.000	220.000	k.N.	k.N.
GT 500 Fastback (1967), Cpe	261.000	174.000	114.000	62.000	k.N.

Motor/Antrieb	
Bauart	V8
Lage/Antrieb	Front/Heck
Hubraum in cm^3	4728 bis 6989
PS/min	253/4800 bis 406/5600
Vmax in km/h	190 bis 220
Karosserie	
Bauart	Coupé, Cabriolet
Tragstruktur	selbsttragend
Material	Stahlblech
Stückzahl und Marktsituation	
Produktionszahl	14.366
Verfügbarkeit	schlecht
Teilesituation	ausreichend
Unterhaltskosten	hoch

Siata (I) • 1926-1970

Die Societá Italiana Applicazioni Technice Auto-Aviazione, kurz Siata, gilt als ältester Tuningbetrieb Italiens. Ein stolzes Stück Automobilgeschichte also, und tatsächlich schaffte es Siata in den 1930er Jahren, die Leistung von Fiat-Motoren durch die Bearbeitung der Zylinderköpfe und die Umstellung von seiten- auf obengesteuerte Ventile zu verdoppeln, ganz im Sinne des Firmengründers Giorgio Ambrosini, einem Rennfahrer.

Als er 1926 Siata aus der Taufe hob, war das bereits das zweite Automobilwerk, das er leitete. Allerdings existierte seine erste Firma Vittoria nur von 1914 bis 1915. Mit Siata gelang ihm ein größerer Erfolg: 44 Jahre lang fiel das Unternehmen mit schönen und außergewöhnlichen Automobilen auf. In dieser Zeit glänzte das kleine Werk mit viel Sinn für Design an ambitionierten Eigenkonstruktionen, die meist auf Fiat-Modellen fußten. Bemerkenswert: ein Siata Topolino – ein Cabrio auf Basis des Fiat Topolino, als Versuchswagen jedoch 30 PS stark (Fiat Topolino: 14 PS, Siata Topolino Serienversion: 20 PS) und mit einer Höchstgeschwindigkeit von 120 km/h. 1936 fuhr Siata damit einen Klassenrekord ein bei einer 24 Stunden Dauerfahrt mit einem Schnitt von 113 km/h!

Sportlich zogen Giorgio Ambrosini und sein Sohn Renato trotz des ausgebombten Werkes kurz nach dem Krieg wieder alle Register: Querstromköpfe, Kompressoren, Zagato-Alu-Karosserien, sogar ein Mittelmotorwagen – Sieg um Sieg folgten, dazu kam der eigene Rennstall Squadra Siata. Die breite Modellpalette dieser spannenden wie wilden 1950er Jahre reichte von Kleinwagen bis hin zu traumhaft schönen Sportmodellen. Nebenbei konstruierte Siata 1945 den einzylindrigen Fahrradhilfsmotor Cucciolo, den unter anderem Ducati in großer Serie fertigte – über 100.000 Mal!

Alles in allem ein gewagter Spagat, der 1959 in eine Krise führte. Zu viele Modelle, erst zu häufige, meist unkoordinierte, schließlich keine Renneinsätze mehr, zu starke Konzentration auf den US-Markt, so dass die Marke Siata in Europa immer mehr ins Hintertreffen geriet. Zudem konnte Siata die von den US-Importeurslegenden Tony Pompeo und Ernie McAfee gewünschten Stückzahlen nicht liefern – und schon gar nicht die geforderte Qualität. Die neue Welt, in die Vater und Sohn Ambrosini große Hoffnungen gesetzt hatten, zeigte ihnen schnell die kalte Schulter. Abarth stieg bei Siata ein, allerdings währte diese Liaison nur kurz.

1961 gründete Renato Ambrosini aus den Resten eine neue Firma: Siata Auto. Fortan konzentrierte sich das kleine Werk auf Sonderserien der Fiat 1300 und 1500 sowie das Tuning von Motoren. Wegen der engen Verzahnung von Fiat und Seat wagte sich Siata schließlich auf den spanischen Markt – sogar mit kleinen Lieferwagen und Vans. Das dortige Werk ging 1971 an den Nutzfahrzeughersteller Ebro.

Zum Schlussakkord geriet der Siata Spring, der zwischen 1967 und 1970 als letztes Automobil der heute kaum noch bekannten Marke sogar einen Produktionsrekord markierte: Kein Siata-Modell wurde häufiger gebaut als das kompakte Spaßmobil.

1970 musste Siata den Geschäftsbetrieb einstellen. Wegen der Vielzahl der Karosserie- und Modellvarianten ist es schwierig, verlässliche Stückzahlen zu nennen. Neben den schon erwähnten Topolino-Derivaten, dem 208 und dem Spring gab es den Siata Amica, Amica 600, Daina und Daina Cabriolet, den 750 Spider, den 1400 Gran Sport, den 1100 GT, das Coupé 750, das Caracas 1400 Coupé, den Spyder 500, das Coupé 1300 GT, das Coupé 1500 – auch als TS-Version – sowie den 300 BC Barchetta Competizione, dazu zahlreiche weitere Straßen- und noch mehr Rennfahrzeuge. Siata war bei weitem mehr als ein Fiat-Tuner, als der er heute oft verkürzt gesehen wird. Von den großen Ambitionen zeugt heute vor allem der Siata 208, der bei Oldtimer-Auktionen als begehrter Klassiker zuverlässig hohe Preise erzielt.

Bild: © Siata

Vielfalt trotz beschränkten Möglichkeiten: Siata zeigte sich unfassbar umtriebig.

Siata 208, 400 — 1951-1953

Mit dem Siata 208 sind zwei unterschiedliche Legenden verknüpft. Legende Nummer eins hört auf den Namen Otto Vu, dem berühmten Fiat-Zwei-Liter-V8, der auch den 208 antreibt. Legende Nummer zwei: Der junge Steve McQueen kaufte in den frühen 1950er Jahren einen der ersten Siata 208 S Spider in den USA und soll die Siata-Zeichen durch Ferrari-Logos ersetzt haben. Neben Spider- gab es auch Coupé-Versionen, meist von Farina und Balbo karossiert, die zur Unterscheidung Gran Turismo hießen und auffällige Klappscheinwerfer tragen. Für den US-Markt montierte Siata auf Kundenwunsch auch V8-Motoren von Chrysler und Cadillac – dieses Modell hieß offiziell Siata 400. Dies geschah auch, weil Fiat die Produktion des sensiblen 8V einstellte. Nur zwischen 35 und 50 Exemplare der Baureihe sind insgesamt entstanden.

Bild: © BMW AG

Preise	1	2	3	4	5
208 S spider, Rds	1.300.000	1.000.000	800.000	k.N.	k.N.

Motor/Antrieb	
Bauart	V8
Lage/Antrieb	Front/Heck
Hubraum in cm³	1996, div. US-V8
PS/min	ca. 120/6300
Vmax in km/h	über 200
Karosserie	
Bauart	Coupé, Spider
Tragstruktur	Rohrrahmen
Material	Stahlblech
Stückzahl und Marktsituation	
Produktionszahl	ca. 35 bis 50
Verfügbarkeit	schlecht
Teilesituation	schwierig
Unterhaltskosten	hoch

Siata 850 Spring — 1967-1970; 1973-1976

Er folgte unbeschwert den Spuren der beliebten Jolly und Tender Cars der 1960er Jahre: Der Siata 850 Spring gedieh in einer ersten, kleinen Retro-Welle. Der Spring war viel günstiger als ein Excalibur SS oder ein Zagato-Nachbau des Alfa Romeo 6C 1750 (und dennoch so teuer wie ein voll ausgestatteter Mittelklasse-VW!): 7183 D-Mark, übrigens vertrieben vom Versandhaus Neckermann. Der kleine Hecktriebler mit Fiat-850-Technik eiferte optisch den MG T-Modellen nach. Tester lobten damals die robuste Mechanik und die geringen Kosten, bemängelten jedoch eine schlechte Verarbeitung, primitive Details und viel zu kurze Sitzschienen. Regisseur Jaques Tati feierte den Spring in seinem grandiosen Kino-Spätwerk Trafic (1971). Schon 1970 war der Spring mit Siata untergegangen, doch einige wenige Exemplare montierte Orsa auf Sardinien von 1973 bis 1976.

Bild: © Siata

Preise	1	2	3	4	5
850 Spring, Rds	20.000	13.300	9.400	4.900	2.000

Motor/Antrieb	
Bauart	Vierzylinder (Reihe)
Lage/Antrieb	Heck/Heck
Hubraum in cm³	843
PS/min	37/5200 bis 47/6400
Vmax in km/h	130 bis 140
Karosserie	
Bauart	Spider
Tragstruktur	selbsttragend
Material	Stahlblech
Stückzahl und Marktsituation	
Produktionszahl	k.A.
Verfügbarkeit	ausreichend
Teilesituation	ausreichend
Unterhaltskosten	niedrig

Simca (F) • 1935-1978

Die Marke Simca geht auf Henri Théodore Pigozzi (ursprünglich: Enrico Teodoro Pigozzi) zurück. Der gebürtige Italiener (1898-1964) wurde 1926 von Fiat-Chef Giovanni Agnelli als Generalvertreter nach Frankreich entsandt. Bereits im Jahr darauf ließ er den Fiat Balilla in Frankreich fertigen, um die hohen Einfuhrzölle zu umgehen, die einen Import von Automobilen unterbinden sollten. Die französischen Fiat entstanden aus einer Mischung von in Frankreich gefertigten und importierten Teilen.

1934 ergriff Pigozzi eine Chance und kaufte eine brach liegende Automobilfabrik in Nanterre. Im gleichen Jahr noch gründete er die Société Industrielle de Mécanique et Carosserie Automobile (kurz: SIMCA). Hauptanteilseigner war Fiat selbst. In der auf neuesten technischen Stand gebrachten Fabrik liefen bereits im kommenden Frühjahr die ersten Balilla-Lizenzbauten, die in Frankreich 6 CV hießen, vom Band. 1936 folgte der Simca 5, der nichts anderes war als die französische Ausgabe des Fiat Topolino.

Nach dem Zweiten Weltkrieg expandierte Simca. 1954 übernahm man die Ford-Werke in Poissy, Ende 1959 kam Talbot-Lago dazu. Wenig später verhandelte Henri Théodore Pigozzi intensiv mit Chrysler über deren Beteiligung, zudem teilte sich das Unternehmen in eine Auto- und eine Nicht-Auto-Sparte. Tatsächlich stieg Chrysler Zug um Zug ein, bis die Amerikaner 1971 nahezu die vollständige Kontrolle übernommen hatten. Pigozzi jedoch war bereits 1963 als Simca-Chef abgelöst worden.

Unter der Chrysler-Regie blieb zwar der Markennamen Simca bestehen, auch wenn die Firma selbst nun Chrysler France hieß. 1978 ging Simca an Peugeot-Citroën (PSA Group) über. Die bisherigen Modelle vermarktete man bis 1986 unter dem ehrwürdigen alten Namen Talbot weiter, an dem das Unternehmen weiterhin die Rechte hält.

Simca 5 und 6 — 1946-1951

Die Ähnlichkeiten dieser Modelle zum Fiat Topolino sind nicht zufällig. Als Lizenzbau zeigten sich der Simca 5 bis auf die Markenembleme und der Simca 6 zusätzlich bis auf Front- und Heckgestaltung als nur wenig modifizierte Italiener. Der Simca 5 entsprach dem Topolino B mit freistehenden Scheinwerfern auf den Kotflügeln und der Simca 6 dem Topolino C mit integrierten Lampen und mehr pontonförmiger Karosserie. Bis 1951 wurde die Fertigung der französischen Mäuschen fortgesetzt. Erst dann besann sich der französische Hersteller auf eine selbständige Markenidentität und zeigte eigene Konstruktionen. Das Original von Fiat blieb übrigens noch bis 1955 in Produktion.

Preise	1	2	3	4	5
Simca 5, Cal	20.200	12.600	8.100	3.400	1.500
Simca 6, Cal	22.400	13.400	8.500	3.500	1.600

Motor/Antrieb	
Bauart	Vierzylinder (Reihe)
Lage/Antrieb	Front/Front
Hubraum in cm^3	569
PS/min	14/4000 bis 16/4400
Vmax in km/h	85 bis 95
Karosserie	
Bauart	Cabrio-Limousine, Kombi (3-türig)
Tragstruktur	Kastenrahmen
Material	Stahlblech
Stückzahl und Marktsituation	
Produktionszahl	k. A.
Verfügbarkeit	gegen null
Teilesituation	schwierig
Unterhaltskosten	niedrig

Simca Aronde — 1951-1963

Mit Erfolg präsentierte Simca zu Beginn der fünfziger Jahre die erste eigene Konstruktion: den Mittelklassewagen Aronde. Das gelungene, zeitgemäße Styling der Limousine konnte zahlreiche Kunden überzeugen. Sie wurden auch von der Technik nicht enttäuscht. Zwar verzichtete Simca auf extravagante Lösungen, dafür sorgten standfeste Triebwerke und eine zuverlässige Konstruktion für Langlebigkeit. Mit gezielten Modellpflegemaßnahmen und mittels eines großen Facelifts im Jahr 1961 wurde die Baureihe zu höchster Reife geführt. Die 13-jährige Produktionsdauer steht auch für die Qualität der Simca-Konstruktion. Mit einem dreitürigen Kombi sowie dem Cabrio Océane und dem Hardtop-Coupé Plein Ciel wurde die Baureihe abgerundet und Simca stieg auf in den Kreis vollwertiger Automobilhersteller.

Bild: © Archiv HEEL Verlag

Preise	1	2	3	4	5
Aronde 1300 (Ser. 1955-1959), L4t	14.500	9.600	6.100	2.900	1.000
Aronde P60 (Ser. 1960-1962), Kom	17.600	11.700	7.400	3.600	1.100

Motor/Antrieb	
Bauart	Vierzylinder (Reihe)
Lage/Antrieb	Front/Heck
Hubraum in cm^3	1090, 1221, 1290
PS/min	40/4600 bis 70/5200
Vmax in km/h	110 bis 140
Karosserie	
Bauart	Lim (2-/4-türig), Kombi (3-türig)
Tragstruktur	selbsttragend
Material	Stahlblech
Stückzahl und Marktsituation	
Produktionszahl	1.274.859
Verfügbarkeit	schlecht
Teilesituation	ausreichend
Unterhaltskosten	mittel

Simca Vedette und Ariane — 1954-1963

Durch die Übernahme von Ford France kam diese große Limousine ins Markenprogramm. Der modern wirkenden Linienführung stand ein altbackener Seitenventil-V8 mit nicht eben üppigem Hubraum gegenüber, der bereits rund zwanzig Jahre vor Erscheinen des Modells konstruiert worden war. Viel Leistung produzierte die Maschine nicht, doch sie gewährte immerhin eine überzeugende Laufkultur. Das Modellprogramm war nicht gerade von großer Übersichtlichkeit geprägt: Als Ariane werden die Modelle bezeichnet, die in der Vedette-Karosserie mit dem Aronde-Vierzylindermotor aufwarteten. Es gab auch die Vedette-Versionen Beaulieu und deren Luxusausführung Chambord sowie den reichhaltigen Kombi namens Marly.

Preise	1	2	3	4	5
Vedette V8, L4t	29.900	17.800	10.000	4.300	1.400
Ariane, L4t	24.700	17.000	8.800	3.800	1.300

Motor/Antrieb	
Bauart	Vierzylinder (Reihe), V8
Lage/Antrieb	Front/Heck
Hubraum in cm^3	1290, 2351
PS/min	52/4900 bis 84/4800
Vmax in km/h	130 bis 150
Karosserie	
Bauart	Limousine (4-türig), Kombi (5-türig)
Tragstruktur	teilw. selbstragend
Material	Stahlblech
Stückzahl und Marktsituation	
Produktionszahl	k. A.
Verfügbarkeit	schlecht
Teilesituation	schwierig
Unterhaltskosten	hoch

S

Simca Plein Ciel und Océane 1956-1963

Klare Linien und modische Panoramascheiben kennzeichnen die beiden zweisitzigen Aronde-Ableger. Als Hardtop-Coupé trug er den Beinamen Plein Ciel, als Cabrio hörte er auf die Bezeichnung Océane. Schicke Weißwandreifen gehörten zur Serienausstattung. Die geringen Stückzahlen sorgen heute für ein stolzes Preisniveau bei überaus geringem Angebot. Diese Simca-Modelle überzeugten wie das Limousinen-Pendant mit robusten Motoren, die allerdings nicht mit überschäumendem Temperament glänzten. Den 1,3-Liter-Motor gab es mit 57 und 70 PS, die kleineren Versionen waren im Plein Ciel und im Océane nicht erhältlich. Die schlanken Karosserien fertigte Nobelhersteller Facel.

Preise	1	2	3	4	5
Plein Ciel (Ser. 1959-1963), Cpe	32.300	21.100	13.700	7.400	2.900
Oceane (Ser. 1959-1963), Cab	42.100	27.400	17.600	9.300	3.900

Motor/Antrieb	
Bauart	Vierzylinder (Reihe)
Lage/Antrieb	Front/Heck
Hubraum in cm³	1290
PS/min	57/5200 bis 70/5200
Vmax in km/h	135 bis 145
Karosserie	
Bauart	Coupé, Cabriolet
Tragstruktur	selbsttragend
Material	Stahlblech
Stückzahl und Marktsituation	
Produktionszahl	11.540
Verfügbarkeit	gegen null
Teilesituation	schwierig
Unterhaltskosten	mittel

Simca 1000, Rallye 1, Rallye 2, Rallye 3 1961-1978

Obwohl sich die Ära der Heckmotor-Kleinwagen ihrem Ende zuneigte, brachte Simca 1961 einen kompakten Viertürer nach diesem populären Strickmuster in den Markt. Der Erfolg gab Simca recht. In der Praxis überzeugte das Angebot durch gute Raumausnutzung, bequemen Zugang und einen großzügig dimensionierten Gepäckraum unter der vorderen Haube. Mit vier einzeln aufgehängten Rädern war der technische Aufwand beim Fahrwerk zwar groß, doch das Fahrverhalten im Grenzbereich blieb tückisch und der Geradeauslauf unruhig. Als Vorläufer der GTI-Welle können die sportlich profilierten Ausführungen des kleinen Franzosen gelten, die als optisch auffällig gestaltete Rallye 1-, Rallye 2- und Rallye 3-Versionen bei jungen Käufern in der Gunst ganz oben standen. Diese Priorität hat sich bis heute bei den Klassiker-Freunden nicht geändert.

Bild: © Peugeot

Preise	1	2	3	4	5
1000 GLS (Ser. 1965-1976), L4t	12.000	7.800	4.800	2.400	800
Rallye 1 (Ser. 1972-1976), L4t	36.000	25.500	17.000	11.000	k.N.
Rallye 2 (Ser. 1973-1976), L4t	43.000	32.000	20.000	12.500	k.N.
Rallye 3 (1978), L4t	59.000	41.000	28.000	19.000	k.N.

Motor/Antrieb	
Bauart	Vierzylinder (Reihe)
Lage/Antrieb	Heck/Heck
Hubraum in cm³	944, 1294
PS/min	32/5000 bis 103/6200
Vmax in km/h	115 bis 180
Karosserie	
Bauart	Limousine (4-türig)
Tragstruktur	selbsttragend
Material	Stahlblech
Stückzahl und Marktsituation	
Produktionszahl	1.642.091
Verfügbarkeit	gut
Teilesituation	gut
Unterhaltskosten	mittel

Simca Sportcoupé 1000, 1200 S 1962-1971

Hübsch und hierzulande nahezu unbekannt ist das Simca Coupé, das 1962 auf dem Genfer Salon als Konkurrent zur Renault Caravelle vorgestellt worden war. Bertone hatte das klassisch-dezente Layout zu Papier gebracht, im Innenraum sorgten Holz, schwarzes Kunstleder und Jaeger-Instrumente für ein sportliches Flair. Der wassergekühlte Reihenvierzylinder saß im Heck und stammte aus der kleinen Simca 1000-Limousine. Mit nur 944 cm³ und knapp 50 PS gestaltete sich der Vortrieb zunächst verhalten, doch das änderte sich ab 1967: Das Coupé 1200 S mit 80 PS (und später 85 PS) überzeugte durch einen fulminanten Antritt. Zwei Solex-Doppelvergaser und ein Zylinderkopf aus Leichtmetall unterstrichen den Sport-Appeal. Knappe 180 Stundenkilometer Spitze lief das Coupé, das seinen Wasserkühler hinter einem Grill in der Wagenfront trug.

Preise	1	2	3	4	5
1000 Coupé (Ser. 1962-1967), Cpe	27.000	19.300	12.000	5.300	2.000
1200 S Coupé (Ser. 1969-1971), Cpe	37.100	27.800	16.800	7.200	2.400

Motor/Antrieb	
Bauart	Vierzylinder (Reihe)
Lage/Antrieb	Heck/Heck
Hubraum in cm³	944, 1204
PS/min	46/5400 bis 80/85/6200
Vmax in km/h	145 bis 180
Karosserie	
Bauart	Coupé
Tragstruktur	selbsttragend
Material	Stahlblech
Stückzahl und Marktsituation	
Produktionszahl	ca. 10.000, 14.741
Verfügbarkeit	schlecht
Teilesituation	schwierig
Unterhaltskosten	mittel

Simca 1300/1500, 1301/1501 1963-1975

Von überzeugender Klarheit künden auch die Designlinien des Aronde-Nachfolgers, der unter der simplen numerischen Bezeichnung 1300/1500 im Jahr 1963 ins Modellprogramm aufgenommen wurde. Mit seinem ausreichenden Platzangebot sprach das Modell besonders Familien an. Unter dem schnörkellosen Aufbau tat eine unverändert robuste Technik Dienst. Die Fahrleistungen lagen auf dem Stand des damals Üblichen, der neukonstruierte Motor mit 1,5 Litern Hubraum knüpfte an die Tugenden des 1300ers nahtlos an. Das Käuferpotenzial fand sich nicht nur in Frankreich, zumal das Angebot ab Herbst 1966 durch die bei gleichem Radstand 21 Zentimeter verlängerten Versionen 1301 und 1501 ergänzt wurde.

Bild: © Archiv HEEL Verlag

Preise	1	2	3	4	5
1300 (Ser. 1963-1967), L4t	13.200	8.200	5.000	2.300	1.400
1500 (Ser. 1964-1966), L4t	15.200	9.400	5.700	2.600	1.600
1301 (Ser. 1970-1975), L4t	12.400	7.700	4.700	2.100	1.300
1501 (Ser. 1966-1975), L4t	13.900	8.600	5.200	2.300	1.400

Motor/Antrieb	
Bauart	Vierzylinder (Reihe)
Lage/Antrieb	Front/Heck
Hubraum in cm³	1290, 1475
PS/min	54/5200 bis 84/5400
Vmax in km/h	130 bis 160
Karosserie	
Bauart	Limousine (4-türig), Kombi (5-türig)
Tragstruktur	selbsttragend
Material	Stahlblech
Stückzahl und Marktsituation	
Produktionszahl	275.626, 162.183
Verfügbarkeit	schlecht
Teilesituation	schwierig
Unterhaltskosten	mittel

Simca 1100 — 1967-1982

Eine überaus moderne Neukonstruktion stellte Simca 1967 vor: den Simca 1100. Dieser Fronttriebler mit quer installiertem Motor und Einzelradaufhängung war 3,9 Meter lang und mit seiner richtungweisenden Heckklappe sehr praktisch ausgerüstet. Neben der drei- und fünftürigen Limousine gab es auch einen dreitürigen Kombi, der fünftürige Kombi folgte später, ebenso ein City-Laster mit hohem Kastenaufbau. Auch an den Insassenschutz hatte man bei der Gestaltung gedacht, beispielsweise mit einer abgewinkelten Lenksäule und Polsterungen am Armaturenbrett. Auch nach der Übernahme durch Peugeot wurde der Wagen noch weitergebaut: als Talbot 1100 und 1200 bis 1983.

Bild: © Peugeot

Preise	1	2	3	4	5
1100 LS, L3t	11.900	7.500	4.100	1.400	700
1100 TI, L5t	19.100	12.000	6.700	2.700	1.300

Motor/Antrieb	
Bauart	Vierzylinder (Reihe)
Lage/Antrieb	Front/Front
Hubraum in cm³	944, 1118, 1204, 1294
PS/min	45/6000 bis 82/6000
Vmax in km/h	130 bis 160
Karosserie	
Bauart	Lim (3-/5-türig), Kombi
Tragstruktur	selbsttragend
Material	Stahlblech
Stückzahl und Marktsituation	
Produktionszahl	k. A.
Verfügbarkeit	schlecht
Teilesituation	ausreichend
Unterhaltskosten	niedrig

Simca 1307 S, GLS, 1308 S, GLS, GT — 1975-1979

Mit dem 1307 und 1308 versuchte Simca, in den zunehmend wichtigen Markt der Mittelklasse einzudringen. Als einer der Hauptkonkurrenten galt beispielsweise der VW Passat. Diesem Layout folgte der Simca rein äußerlich mit seinem langen Fließheck, aber auch unter dem Blech: Quer eingebaute Vierzylindermotoren und Frontantrieb hatten sich in den 1970er Jahren in der Mittelklasse als Standard durchgesetzt. Komfort schrieben die Franzosen groß, die allerdings längst nicht mehr unabhängig agieren konnten, seitdem sie zum amerikanischen Chrysler-Konzern gehörten. Technisch überzeugten die Simca 1307 und 1308 weniger durch große Innovationen als durch zeitgemäße Details wie einer hinteren Längslenkerachse und Querstabilisatoren. Komfort und Fahrsicherheit waren demnach gewährleistet, dazu kamen gute Noten in der Wirtschaftlichkeit – all das führte zur Auszeichnung zum „Auto des Jahres" 1976. Immerhin.

Bild: © Peugeot

Preise	1	2	3	4	5
1307, L5t	k.N.	4.800	3.100	1.200	k.N.

Motor/Antrieb	
Bauart	Vierzylinder (Reihe)
Lage/Antrieb	Front/Front
Hubraum in cm³	1294, 1442
PS/min	55/5200 bis 85/5800
Vmax in km/h	140 bis 165
Karosserie	
Bauart	Limousine (5-türig)
Tragstruktur	selbsttragend
Material	Stahlblech
Stückzahl und Marktsituation	
Produktionszahl	k. A.
Verfügbarkeit	ausreichend
Teilesituation	ausreichend
Unterhaltskosten	mittel

Simca (Talbot Simca) Horizon LD, LS, GL, GLS ,EX, SX — 1977-1986

Der kleine Fünftürer nahm in der eigenen Modellpalette den freien Platz zwischen dem längst antiquierten 1100 und den modernen 1307 ein. Die große Heckklappe entsprach dem damals bereits üblichen Standard, ebenso die quer und geneigt eingebauten Vierzylindermotoren, die ihre Kraft an die Vorderachse abgaben. Typisch französisch war die reichhaltige Serienausstattung, die in der Golf-Klasse noch ungewöhnlich war. Sogar ein Automatik-Getriebe konnten Kunden für ihren Horizon ordern. Den klangvollen Namenszusatz Talbot trugen die Horizon wie die restliche Modellpalette nach dem Zusammenschluss der Marken Chrysler – allerdings nur die französische und englische Dependance –, Matra, Simca und Sunbeam. Das Konglomerat hatte unter dem Dach des PSA-Konzerns (Peugeot und Citroën) Zuschlupf gefunden.

Bild: © Peugeot

Preise	1	2	3	4	5
Horizon, L5t	k.N.	2.900	1.700	800	k.N.

Motor/Antrieb	
Bauart	Vierzylinder (Reihe)
Lage/Antrieb	Front/Front
Hubraum in cm³	1118 bis 1905
PS/min	55/5200 bis 90/5400
Vmax in km/h	140 bis 170
Karosserie	
Bauart	Limousine (5-türig)
Tragstruktur	selbsttragend
Material	Stahlblech
Stückzahl und Marktsituation	
Produktionszahl	k. A.
Verfügbarkeit	ausreichend
Teilesituation	ausreichend
Unterhaltskosten	niedrig

S

Singer (GB) • 1905-1970

Singer zählt zu den großen, alten Automobilmarken Großbritanniens. Über den Fahrradbau (ab 1875) kam George Singer zu ersten motorisierten Fahrzeugen, zunächst Zwei- und Dreiräder. 1905 baute die Singer & Co. in Coventry ihr erstes Automobil, das in Abwandlung eines Lea-Francis-Modells entstand. Es wurde ein Flop.

Dennoch legte Singer nach. Die Motoren kaufte man zu, und immer neue Typen entstanden. 1912 kam der erste Kleinwagen der Marke, er trug sogar einen selbst konstruierten Vierzylindermotor. Das Getriebe saß, ganz in Transaxle-Manier, an der Hinterachse. Der Wagen war gut gelungen, und die Verkaufszahlen zogen an.

Ein weiterer, noch größerer Erfolg gelang Singer ab 1926 mit dem Modell Junior, das sich durch einen Motor mit obenliegender Nockenwelle besonders auszeichnete. Die Verkaufszahlen explodierten förmlich, und Singer fand sich kurz auf Rang drei der nationalen Zulassungsstatistik wieder. Anschließend verzettelte man sich jedoch und fiel rasch wieder erheblich zurück.

Für einige Furore sorgten die sportlichen Erfolge des schnellen Singer „Nine Le Mans" in den Jahren 1933 bis 1937. Nach dem Zweiten Weltkrieg nahm Singer die Produktion überarbeiteter Vorkriegsmodelle wieder auf. Doch der Erfolg wollte nicht zurückkehren, und für eine grundlegend neue Produktpalette fehlte es an Ressourcen.

1955 griff die Rootes Group zu und kaufte die inzwischen Singer Motors Ltd. heißende Firma. Singer fand sich nun mit den Marken Hillman, Sunbeam und Humber unter einem Dach wieder. Die Eigenständigkeit war damit Geschichte, und neue Singer-Modelle entsprachen bald modifizierten Hillman-Versionen – der Singer „Gazelle" war nichts anderes als ein optisch aufgefrischter Hillman Minx. Aber er war, so ist es in den Chroniken zu lesen, erfolgreicher als alle Singer je zuvor. Mit dem Singer „Vogue" und dem Singer „Chamois" entstanden zwei weitere luxuriöse Hillman-Derivate.

1970 übernahm Chrysler das Ruder bei der Rootes-Gruppe. Für eine Marke Singer fand man nun allerdings keine Verwendung mehr.

Singer Nine Roadster, SM Roadster — 1946-1956

Als Alternative zu den T-Modellen von MG können Enthusiasten auch dem Singer 9 Roadster verfallen. Allerdings ist die Auswahl nicht mehr sehr groß, denn Rost hat von den nur 3440 hergestellten Wagen die meisten verzehrt. Noch 1951 erschien er als behutsam aufgewertetes Vorkriegsauto. Highlight in diesem Fahrzeug mit klassischer Linienführung und traditionellem Konzept war der kleine ohc-Vierzylinder, zunächst mit 1,1 Liter, ab 1950 mit 1,5 Litern Hubraum. Fahrzeuge mit dem größeren Aggregat verfügten zudem über eine vordere Einzelradaufhängung. Mit knapp 40 und 60 PS waren die SM-motorisierten Singer recht flott unterwegs.

Bild: © Jürgen Schlegelmilch

Preise	1	2	3	4	5
Nine (Ser. 1946-1950), Rds	23.700	17.300	11.000	4.300	1.900
Nine (UAD), Rds	22.800	16.600	10.500	4.000	1.900

Motor/Antrieb	
Bauart	Vierzylinder (Reihe)
Lage/Antrieb	Front/Heck
Hubraum in cm³	1074, 1497
PS/min	36/5000 bis 59/4800
Vmax in km/h	115 bis 130
Karosserie	
Bauart	Roadster
Tragstruktur	Kastenrahmen
Material	Stahlblech
Stückzahl und Marktsituation	
Produktionszahl	3440
Verfügbarkeit	gegen null
Teilesituation	schwierig
Unterhaltskosten	mittel

Singer Gazelle — 1956-1967

Das Modell Gazelle wurde 1956 präsentiert, kurz nachdem die Firma im Rootes-Konzern aufging. Technisch ist er mit dem Hillman Hunter identisch, mit einem anderen Kühlergrill, unterschiedlichen Schmuckelementen und einem aufgewerteten Interieur wurde daraus das neue Singer-Modell – „badge-engineering" gab es damals wie heute. Die Gazelle war weder schlecht noch hässlich, als aber 1958 der Singer-eigene ohc-Vierzylinder aus Rationalisierungsgründen dem Hillman-ohv-Aggregat weichen musste, sprach kaum mehr etwas für diesen Außenseiter der britischen Automobilszene. Der Gazelle Kombi mit vier Türen und horizontal geteilter Heckklappe erschien 1957.

Bild: © Archiv HEEL Verlag

Preise	1	2	3	4	5
Gazelle, L4t	12.800	8.300	4.800	1.800	700
Gazelle, Cab	22.400	14.500	8.200	3.700	1.200

Motor/Antrieb	
Bauart	Vierzylinder (Reihe)
Lage/Antrieb	Front/Heck
Hubraum in cm³	1497, 1494, 1592
PS/min	50/4500 bis 65/4600
Vmax in km/h	125 bis 140
Karosserie	
Bauart	Lim (4-türig), Kom (5-türig), Cab
Tragstruktur	selbsttragend
Material	Stahlblech
Stückzahl und Marktsituation	
Produktionszahl	86.000
Verfügbarkeit	schlecht
Teilesituation	schwierig
Unterhaltskosten	mittel

Škoda (CS) • Automobilbau seit 1923

Škoda ist eine überaus traditionsreiche Automobilfabrik. 1925 übernahm das tschechoslowakische Unternehmen, das Waffen, Maschinen und Lokomotiven fertigte, den renommierten, aber unter einer dünnen Kapitaldecke leidenden Hersteller Laurin & Klement. Dessen Wurzeln wiederum reichten ins Jahr 1906 zurück, während sich Škoda ab 1923 mit dem Automobilbau beschäftigte – mit einer gescheiterten Lizenzfertigung von Ballot-Modellen und einer erfolgreicheren Kooperation mit dem Luxushersteller Hispano-Suiza.

Erst in den dreißiger Jahren besann sich Škoda auf eine Ausweitung des Marktes nach unten. Mit dem 4 R, einem Vierzylinder mit 32 PS, und dem

Projekt „Le Mans": Ende 1957 ging der Bau des ŠKODA 1100 OHC – interne Bezeichnung 968 – in die letzte Phase. Aufgrund der politischen Entwicklungen trat der 92 PS starke Renner allerdings nicht bei dem Langstreckenklassiker an.

Bild: © Škoda

S

6 R, einem Dreiliter-Sechzylinder mit 50 PS, stiegen die Produktionszahlen allerdings nur langsam. Es waren die ersten Modelle, die nicht mehr den Namen Laurin & Klement als Zusatz trugen. 1933 erschien der Typ 420, ein Vierzylinder mit 20 PS und Vorläufer des später erfolgreichen Popular. Als Mittelklassemodell kam 1935 der Škoda Rapid hinzu, der das 1934 erschienene Luxusmodell Superb ergänzte.

Ab 1936 bot Škoda den Favorit an, der zwischen Rapid und Superb platziert war. 1946 wurde Škoda verstaatlicht und nahm die Produktion mit überarbeiteten Vorkriegsmodellen wieder auf. Nach der Machtübernahme der Kommunisten hieß das Unternehmen Volkseigener Betrieb Automobilwerke (auf Tschechisch: Automobilové Zavody Narodni Podnik, kurz AZNP), ohne auf das Škoda-Logo zu verzichten. Das erste Modell mit Pontonkarosserie, der Typ 1201, erschien 1956. Konstante Weiterentwicklung stützte den Markenruf anspruchsloser Robustheit. Als Škoda beschloss, sich auf einen Heckmotorwagen zu konzentrieren, lieferte Renault Planungen und Einrichtungen, doch die Entwicklung zog sich so lange hin, dass dieses Konzept zur Einführung 1964 schon veraltet war. Heute ist Škoda eine erfolgreiche Marke im Volkswagen-Konzern.

Škoda Octavia, Octavia Super, Felicia 1959-1965

Die Octavia genannte Limousine und das Felicia getaufte Cabriolet waren unter dem Blech weitgehend baugleich. Das wenig Komfort bietende Fahrwerk hatte eine gegenüber dem Vorgänger verbesserte Vorderradaufhängung, und die hintere Pendelachse erhielt eine progressive Federkennung. Die Felicia bot den gegenüber dem Octavia um 11 PS stärkeren 1089-cm^3-Motor, der Leistungszuwachs wurde mit einem zweiten Vergaser und erhöhter Verdichtung realisiert. Für die robuste Konstruktion konnte auch ein Hardtop geordert werden. Dank stabilem Rahmen und schier unverwüstlichen Motoren zeigte die Felicia beachtliche Nehmerqualitäten, doch der westliche Massengeschmack akzeptierte sie dennoch nicht.

Bild: © Škoda

Preise	1	2	3	4	5
Octavia, L2t	13.600	8.900	5.700	2.500	1.100
Octavia Super, L2t	15.200	10.000	6.700	3.100	1.300
Felicia (Ser. 1962-1965), Cab	33.600	22.200	14.800	6.500	2.700

Motor/Antrieb	
Bauart	Vierzylinder (Reihe)
Lage/Antrieb	Front/Heck
Hubraum in cm^3	1089, 1221
PS/min	38/4600 bis 49/5750
Vmax in km/h	125 bis 140
Karosserie	
Bauart	Lim (2-türig), Kombi (3-türig), Cabriolet
Tragstruktur	Rohrrahmen
Material	Stahlblech
Stückzahl und Marktsituation	
Produktionszahl	15.864
Verfügbarkeit	schlecht
Teilesituation	schwierig
Unterhaltskosten	mittel

Škoda 1000 MB, 1000 MB de luxe, 1000 MBX 1964-1969

1954, acht Jahre vor der Produktionsaufnahme, hatte Škoda mit der Planung für den 1000 MB begonnen, der als Mittelklassemodell platziert werden sollte. Zugleich errichtete Škoda ein neues Werk für den Bau des neuen Modells in Mlada Boleslav, daher das MB im Modellnamen. Erste Prototypen entstanden, darunter auch Modelle mit Frontmotor und Versuche mit einem Wankelantrieb. Für die Serie entschied sich Škoda jedoch aus Kostengründen für einen Heckmotor. Der Vierzylinder besaß einen Hubraum von 988 cm^3 und lieferte, je nach Ausführung, zwischen 35 und 45 PS. Neben der viertürigen Limousine entwickelte Škoda auch eine zweitürige, flachere Coupé-Version, die unter dem Namen 1000 MBX auf den Markt kam, mit nur 1403 Exemplaren jedoch sehr rar blieb.

Bild: © Škoda

Preise	1	2	3	4	5
1000 MB, L4t	14.800	9.000	5.500	2.300	800

Motor/Antrieb	
Bauart	Vierzylinder (Reihe)
Lage/Antrieb	Heck/Heck
Hubraum in cm^3	988, 1107
PS/min	35 bis 45/4650
Vmax in km/h	125
Karosserie	
Bauart	Limousine (2-/4-türig)
Tragstruktur	selbsttragend
Material	Stahlblech
Stückzahl und Marktsituation	
Produktionszahl	k.A.
Verfügbarkeit	ausreichend
Teilesituation	ausreichend
Unterhaltskosten	niedrig

S

Škoda 100, 100 L, 110 LS, 110 R 1969-1974

Ein weiteres Mal versuchte die Škoda-Führung, auf ein zeitgemäßeres Fahrzeug-Layout umzustellen. Doch Frontmotor und -antrieb, wie es die westlichen Automobilhersteller vormachten, lehnten die Verantwortlichen in der Regierung ab – viel zu teuer, weil auch Investitionen in Fertigungsanlagen notwendig gewesen wären. So waren dem neuen Škoda 100 keine großen Schritte gegönnt – er basierte auf der bekannten Technik des Škoda 1000 MB, erhielt jedoch eine neue Karosserie, zudem vordere Scheibenbremsen und ein Zweikreis-Bremssystem. Unter dem Namen 110 R bot Škoda ein sportliches Coupé an, das eine Front mit vier (statt zwei) Rundscheinwerfern erhielt. Dieses Gesicht erhielt auch der 110 LS (ab 1971), die Top-Version der Limousine.

Bild: © Škoda

Preise	1	2	3	4	5
100, L4t	9.100	5.800	3.600	1.400	500

Motor/Antrieb	
Bauart	Vierzylinder (Reihe)
Lage/Antrieb	Heck/Heck
Hubraum in cm^3	988, 1107, 1174
PS/min	42/4650 bis 52/4650
Vmax in km/h	125 bis 145
Karosserie	
Bauart	Limousine (4-türig), Coupé
Tragstruktur	selbsttragend
Material	Stahlblech
Stückzahl und Marktsituation	
Produktionszahl	ca. 478.000
Verfügbarkeit	ausreichend
Teilesituation	ausreichend
Unterhaltskosten	niedrig

Škoda 105, 120, 125, 130, 135 (Werkscode 742) — 1976-1990

Škoda blieb dem Heckmotor treu – bis 1990 fertigten die Tschechen ihre intern 742 bezeichnete Baureihe mit dem seltsamen, vorn liegenden Kofferraum und seinem seitlich zu öffnenden Deckel. Als Einstiegsmodell trat der 105 S an, wobei die Zahl für den Hubraum von 1046 ccm stand, das S für Standard. Entsprechend gab es eine Ausstattung L für de Luxe und GL für Grand de Luxe, was sich in Details wie mehr Chrom, Kopfstützen oder Bremskraftverstärker zeigte. Parallel zum kleinen 105 bot Škoda einen 1,2-Liter-Motor im Modell 120 an, das es im Laufe der langen Bauzeit von 1976 bis 1990 in vielen Ausstattungen und mit einigen Veränderungen gab. Erst 1984 kam der Škoda 130 hinzu. Mit dem 150 km/h schnellen Top-Modell versuchten die Tschechen auch in Großbritannien Fuß zu fassen; dort hieß das Modell Škoda Estelle. Selbst nach dem Bauende 1990 wurden noch einige Jahre lang im Škoda-Werk Mladá Boleslav aus Restteilen Fahrzeuge montiert und verkauft.

Bild: © Škoda

Preise	1	2	3	4	5
120, L4t	8.000	4.800	3.000	1.100	k.N.

Motor/Antrieb	
Bauart	Vierzylinder (Reihe)
Lage/Antrieb	Heck/Heck
Hubraum in cm³	1046, 1174, 1289
PS/min	45/4800 bis 63/5000
Vmax in km/h	130 bis 150
Karosserie	
Bauart	Limousine (4-türig)
Tragstruktur	selbsttragend
Material	Stahlblech
Marktsituation	
Produktionszahl	ca. 1,9 Mio.
Verfügbarkeit	gut
Teilesituation	gut
Unterhaltskosten	niedrig

Standard Motor Company (GB) • 1903-1964

Die englische Traditionsmarke Standard, 1903 von Reginald Walter Maudslay gegründet, lag 1945 nach den Luftangriffen des Zweiten Weltkriegs in Trümmern. Triumph übernahm den Hersteller.

Die überarbeiteten Vorkriegsmodelle boten wenig Revolutionäres, erst das Modell Vanguard hob sich vom Durchschnitt deutlich ab. 1954 geriet mit 86.000 hergestellten Fahrzeugen zum Rekordjahr. Trotz vieler Neuerungen rutschte die Standard-Gruppe 1959 in wirtschaftliche Schieflage. 1961 kam Standard-Triumph unter den Einfluss des Leyland-Konzerns. Die neuen Besitzer favorisierten die Marke Triumph, und so kamen die letzten Modelle unter dem Namen Standard 1964 auf den Markt.

Praktisch und italienisches Design: Michelotti und Vignale gestalteten die Karosse des Vanguard Phase III des Modelljahrs 1959.

Standard Vanguard Phase I und II — 1948-1956

In seinem Erscheinungsjahr konnte der Vanguard durchaus überzeugen: Die Neukonstruktion basierte zwar noch auf einem traditionellen Kastenrahmen, zeigte aber besonders als Fließheckmodell recht moderne Linien. Als Kombiversion fehlte von der Eleganz Einiges, doch dafür überzeugten die praktischen Talente. Neben einem robusten 2,1-Liter-Vierzylinder-Benziner, der später in leicht veränderter Form auch die Triumph TR-Sportwagen bis 1967 mit großem Erfolg antrieb, kam auch ein Dieselmotor zum Einsatz. Nach heutigen Begriffen war das Fahrverhalten der Limousinen mit hohem Schwerpunkt allerdings recht träge. Ab 1950 gab es auch eine Cabrioversion, und im Frühjahr 1953 erschien der Vanguard II mit Stufenheck. Die anfänglichen Mängel wurden bei dieser weniger eleganten Serie abgestellt.

Bild: © Archiv HEEL Verlag

Preise	1	2	3	4	5
Vanguard Phase I (Ser. 1948-1952), L4t	17.300	10.500	6.700	2.700	900
Vanguard Phase II (Ser. 1953-1956), L4t	14.800	9.000	5.700	2.300	800

Motor/Antrieb	
Bauart	Vierzylinder (Reihe)
Lage/Antrieb	Front/Heck
Hubraum in cm³	2088, 2092
PS/min	40/3000 bis 69/4200
Vmax in km/h	95 bis 130
Karosserie	
Bauart	Lim (4-türig), Kombi (5-türig), Cabriolet
Tragstruktur	Kastenrahmen
Material	Stahlblech
Stückzahl und Marktsituation	
Produktionszahl	267.846
Verfügbarkeit	gegen null
Teilesituation	schwierig
Unterhaltskosten	mittel

S

Standard Eight, Ten, Pennant — 1953-1959

Im Herbst 1953 antwortete die Standard-Triumph-Gruppe auf den Morris Minor und die Austin A30/35-Serie mit dem Modell Eight. Bei den Modellen Ten und Pennant ging Standard über zur Bauweise mit selbsttragender Karosserie, die freilich ein recht eigenwilliges Styling aufwies. Für den Vortrieb der als Viertürer und Kombi lieferbaren Baureihe sorgten 800 und 950 cm³ große ohv-Vierzylinder mit maximal 38 PS Leistung. Für ein wenig mehr Leistung sorgte auf Wunsch und gegen Mehrpreis eine Zweivergaser-Anlage. Neben den karg ausstaffierten Modellen Eight und Ten avancierte der Pennant zum Spitzenmodell, das 1957 auf den Markt kam und mit viel Chrom und auffälliger Lackierung an der leicht vergrößerten Karosserie bestach. Im Innenraum zeugte ein geändertes Armaturenbrett vom Top-Status.

Bild: © Archiv HEEL Verlag

Preise	1	2	3	4	5
Eight (Ser. 1953-1959), L4t	9.100	6.100	3.100	1.600	300
Pennant (Ser. 1957-1960), L4t	8.800	6.000	3.100	1.600	400

Motor/Antrieb	
Bauart	Vierzylinder (Reihe)
Lage/Antrieb	Front/Heck
Hubraum in cm³	803, 948
PS/min	26/4500 bis 42/5500
Vmax in km/h	100 bis 120
Karosserie	
Bauart	Lim (4-türig), Kombi (3-/5-türig)
Tragstruktur	selbsttragend
Material	Stahlblech
Stückzahl und Marktsituation	
Produktionszahl	351.727
Verfügbarkeit	schlecht
Teilesituation	schwierig
Unterhaltskosten	niedrig

Standard Vanguard III, Sportsman, Vignale, Luxury Six — 1956-1963

Standard verließ den erfolgreich eingeschlagenen Weg der früheren Vanguard-Modelle und kehrte 1956 zu weit konventionelleren Formen zurück. Dem Beinamen Sportsman sollte eine leistungsgesteigerte Variante des 2,1-Liter-Motors gerecht werden, doch mit seiner durchschnittlichen Karosseriegestaltung und dem viel zu weich abgestimmten Fahrwerk war das eine ebenso wenig harmonische wie erfolgreiche Lösung. 1960 kam ein Zweiliter-Sechszylinder mit 81 DIN-PS dazu, der Vorläufer der Triumph 2000- und GT 6-Maschine. Der Sportsman floppte und wurde nach nur zweijähriger Bauzeit wieder aus dem Programm genommen. Von 1958 bis 1961 war eine von Vignale überarbeitete Version als Limousine und als Kombi zu haben.

Bild: © Thomas Detzner

Preise	1	2	3	4	5
Vanguard Vignale (Ser. 1958-1961), L4t	17.100	10.400	6.600	2.700	900
Vanguard III (Ser. 1955-1958), L4t	16.600	10.100	6.400	2.600	900

Motor/Antrieb	
Bauart	Vier-/Sechszylinder (Reihe)
Lage/Antrieb	Front/Heck
Hubraum in cm³	1998, 2088
PS/min	69/4200 bis 81/4500
Vmax in km/h	135 bis 150
Karosserie	
Bauart	Limousine (4-türig), Kombi (5-türig)
Tragstruktur	selbsttragend
Material	Stahlblech
Stückzahl und Marktsituation	
Produktionszahl	k. A.
Verfügbarkeit	gegen null
Teilesituation	schwierig
Unterhaltskosten	mittel

Steyr-Puch (A) • seit 1920

Das Ende des Ersten Weltkrieges brachte für die Österreichische Waffenfabriksgesellschaft das Aus. Eine Ausweichmöglichkeit sah die in Steyr angesiedelte Firma in der Produktion von Automobilen. Erster Konstrukteur war Hans Ledwinka, der nach einigen Entwürfen für Steyr 1921 zu Tatra wechselte und dort Weltruhm erlangte. 1926 kam mit Ferdinand Porsche ein weiterer berühmter Konstrukteur zu Steyr.

Seit 1929 kooperierte Steyr mit Puch, 1935 kam es zwischen Steyr und Austro-Daimler zu einer Fusion. In den dreißiger Jahren glänzte Steyr mit fortschrittlichen und soliden Produkten. Nach dem Zweiten Weltkrieg montierte Steyr-Puch Fiat-Modelle für den österreichischen Markt, ab 1953 wurde ein weiterentwickelter Fiat 1900 mit einem selbstkonstruierten Zweilitermotor angeboten.

1957 folgte der Fiat 500, er erhielt ebenfalls einen eigenen Motor. Die Fiat-126-Version von Steyr-Puch, die 1974 auf den Markt gekommen war, konnte an den Erfolg des Vorgängers nicht anschließen. Mit dem Haflinger war in den sechziger Jahren ein kleiner Allrad-Frontlenker ins Programm gekommen, der für den Einsatz in unwegsamen Berggegenden ideal geeignet war. Aus ihm entstand später der Pinzgauer, der über sechs Antriebsräder verfügte. Bis heute ist Steyr-Puch Spezialist für Allradantrieb.

Steyr-Puch 500, 500 D/DL, 500 S, 650 T und TR, 700 C — 1956-1971

Richtig wild waren die kleinen Österreicher, die unter dem arglosen Kleid des Fiat 500 bis zu 40 PS bereithielten. Das reichte, um die kompakten Wagen bis auf 140 Stundenkilometer zu beschleunigen. Neben dem eigens entwickelten Zweizylinder-Boxermotor stammten auch die Aufhängungsteile von Steyr-Puch-Ingenieuren. Optisch unterscheiden sich die österreichischen 500 in den entsprechenden Emblemen von der italienischen Serie, ab 1959 erhielt das Dach, das im Original stets mit einem Klappverdeck ausgerüstet war, eine feste Verkleidung. Die Giardinetta-Version (Kombi) nannte Steyr-Puch 700, und der 650 T löste Ende 1962 den 500 ab. Als 650 TR markierte er die Leistungsspitze der 500-Derivate – ein ideales Fahrzeug für den historischen Motorsport.

Bild: © Jürgen Schlegelmilch

Preise	1	2	3	4	5
500 D/DL, L2t	27.000	18.400	11.900	5.400	1.900
500 S, L2t	21.800	14.900	9.600	4.300	1.500
650 T, L2t	29.400	20.000	12.900	5.800	2.100
650 TR, L2t	40.200	27.400	18.000	8.200	2.900

Motor/Antrieb	
Bauart	Zweizylinder (Boxer)
Lage/Antrieb	Heck/Heck
Hubraum in cm³	493, 643, 660
PS/min	16/4600 bis 40/5800
Vmax in km/h	95 bis 140
Karosserie	
Bauart	Limousine (2-türig), Kombi (3-türig)
Tragstruktur	selbsttragend
Material	Stahlblech
Stückzahl und Marktsituation	
Produktionszahl	k. A.
Verfügbarkeit	schlecht
Teilesituation	schwierig
Unterhaltskosten	niedrig

Studebaker (USA) • 1902-1966

Studebaker wurde bereits 1902 gegründet und war in South Bend, Indiana, angesiedelt. 1945 wurde das 1939 eingeführte Modell Champion wieder weitergebaut, für eine Sensation sorgte man dann im Jahre 1946: Der von Raymond Loewy, der heute als bedeutendster Industriedesigner der Geschichte gilt, gezeichnete Wagen war aerodynamisch ausgefeilt und zeigte ungewöhnliche Stilelemente.

Schon 1950 konnte Studebaker die Produktion des millionsten Nachkriegswagen feiern. Das Unternehmen blieb in den Karosserieabmessungen auf europäischem Format, im Vergleich zur US-Konkurrenz waren die Wagen auffällig niedrig gebaut. 1954 vereinten sich Studebaker und Packard im Kampf gegen die großen Drei (Ford, GM, Chrysler). Ab 1957 übernimmt Studebaker sogar den Vertrieb von Mercedes-Benz-Modellen in den USA, jedoch ohne großen Erfolg.

Im Dezember 1963 stellte Studebaker die Autoproduktion in South Bend ein, bis Anfang 1966 wurde noch im kanadischen Werk weiter produziert.

Studebaker Champion und Commander 1950-1951

Anders als die anderen sahen Studebaker-Autos schon aus: Für das außergewöhnliche und originelle Erscheinungsbild der Champion- und Commander-Modelle sorgte Raymond Loewy. Es gab sie in der üblichen Vielfalt, von der zwei- und viertürigen Limousine über ein Coupé bis hin zum Cabriolet. Jedenfalls war Studebaker zu Anfang der fünfziger Jahre noch so erfolgreich, dass über 600.000 dieser Modelle verkauft werden konnten. Die Motoren mit sechs und acht Zylindern hatten mit rund 2,8 Litern und 3,8 bis vier Litern Hubraum vernünftige Ausmaße und zeigten sich mit 86 bis 121 PS in der Leistung sehr zurückhaltend. So war von den Fahrleistungen niemand überfordert, denn auf fahrwerksseitige Revolutionen hatte Studebaker verzichtet.

Bild: © Mario De Rosa

Preise	1	2	3	4	5
Champion, L4t	23.800	15.700	10.200	4.100	1.900
Champion Starlight, Cpe	31.300	19.500	12.200	4.800	2.600
Commander, Cab	k.N.	28.700	18.100	7.700	k.N.
Commander V8, Cab	k.N.	29.200	18.400	7.800	k.N.

Motor/Antrieb	
Bauart	Sechszylinder (Reihe), V8
Lage/Antrieb	Front/Heck
Hubraum in cm³	2779, 2786, 3811, 4024
PS/min	86/4400 bis 121/4000
Vmax in km/h	130 bis 140
Karosserie	
Bauart	Lim (2-/4-türig), Cpe, Cab
Tragstruktur	Kastenrahmen
Material	Stahlblech
Stückzahl und Marktsituation	
Produktionszahl	343.166 (1950), 268.566
Verfügbarkeit	gegen null
Teilesituation	schwierig
Unterhaltskosten	hoch

Studebaker Champion und Commander 1953-1954

Immer weiter sanken die Verkaufszahlen von Studebaker, obwohl das neue Modell wiederum mit einer sehr attraktiven Karosserielinie zu überzeugen wusste. Der Durchschnittskäufer war vielleicht damit überfordert, denn Auffallen ist nicht jedermanns Sache, und auch das Motorenangebot überzeugte mit Blick auf die Konkurrenz nicht ganz. Die hatte nämlich schon weitaus komfortablere Triebwerke mit deutlich mehr Leistung zu bieten. Die neuen Modelle wirkten recht europäisch, sie waren viel flacher und schlanker als die Vorgänger, im Innenraum boten sie allerdings auch entsprechend weniger Platz. Die drastisch eingebrochenen Verkaufszahlen und die unzureichende Produktivität der Studebaker-Werke sorgte für nachdenkliche Gesichter bei den Verantwortlichen.

Preise	1	2	3	4	5
Champion, L4t	19.400	13.000	8.300	3.400	1.600
Commander Starliner, Cpe	35.000	23.000	14.500	6.700	3.100

Motor/Antrieb	
Bauart	Sechszylinder (Reihe), V8
Lage/Antrieb	Front/Heck
Hubraum in cm³	2779, 3811
PS/min	86/4000 bis 121/4000
Vmax in km/h	135 bis 145
Karosserie	
Bauart	Lim (2-/4-türig), Hardtop, Kom (3-türig)
Tragstruktur	Kastenrahmen
Material	Stahlblech
Stückzahl und Marktsituation	
Produktionszahl	169.899 (1953), 81.922
Verfügbarkeit	schlecht
Teilesituation	schwierig
Unterhaltskosten	hoch

S

Studebaker Golden Hawk 1957-1958

Oberhalb der inzwischen in Silver Hawk umbenannten Champion- und Commander-Baureihe platzierte Studebaker das Topmodell Golden Hawk, das dem Packard Hawk sowohl technisch als auch formal sehr nahe steht. Die Linien der kleineren Modelle griff der Golden Hawk auf, mit nicht zu knapp bemessenen Heckflossen und einem großen Kühlergrill gaben sie sich aber dramatischer. Mit 210 PS stand im Top-of-the-Line-Modell von Studebaker ausreichend Kraft zur Verfügung; zudem gab es eine stärkere Version, die mittels Kompressor aus ebenfalls 4,7 Litern immerhin 275 PS zauberte. Doch weder davon noch von der gehobeneren Ausstattung waren die Kunden wirklich begeistert – sie blieben, wenn überhaupt, dem Silver Hawk treu.

Bild: © Studebaker

Preise	1	2	3	4	5
Golden Hawk, Cpe	81.000	51.000	32.000	12.000	k.N.

Motor/Antrieb	
Bauart	V8
Lage/Antrieb	Front/Heck
Hubraum in cm³	4738
PS/min	210/4500 bis 275/4800
Vmax in km/h	175 bis 200
Karosserie	
Bauart	Coupé
Tragstruktur	Kastenrahmen
Material	Stahlblech
Stückzahl und Marktsituation	
Produktionszahl	5234
Verfügbarkeit	gegen null
Teilesituation	schwierig
Unterhaltskosten	hoch

Studebaker Avanti 1962-1964

Studebaker profilierte sich zu Beginn der sechziger Jahre in einer Art letztem Kraftakt: Bevor in South Bend alle Lichter ausgingen, sorgte das überragend von Loewy gestylte Kunststoff-Coupé Avanti für Aufsehen. Unter der modernen Hülle, die mit eckigen Scheinwerfern ab 1969 unter der Marke Avanti wieder aufleben sollte, steckten freilich ein althergebrachter Kastenrahmen und die üblichen Fahrwerkselemente mit blattgefederter Starrachse. Immerhin gab man dem angeblich bis zu 575 PS gewaltigen Kompressormodell ein paar Scheibenbremsen mit auf den schnellen Weg, das der Fünfliter-V8 auf bis zu 260 Stundenkilometer beschleunigte. Nach Europa gelangten nur sehr wenige der insgesamt gut 4600 gebauten Studebaker-Coupés.

Bild: © Archiv HEEL Verlag

Preise	1	2	3	4	5
Avanti, Cpe	k.N.	47.100	30.300	13.700	k.N.

Motor/Antrieb	
Bauart	V8
Lage/Antrieb	Front/Heck
Hubraum in cm^3	4736, 4973
PS/min	240/4600 bis 575/n.a.
Vmax in km/h	210 bis 260
Karosserie	
Bauart	Coupé
Tragstruktur	Kastenrahmen
Material	Kunststoff
Stückzahl und Marktsituation	
Produktionszahl	4643
Verfügbarkeit	gegen null
Teilesituation	ausreichend
Unterhaltskosten	hoch

Subaru (JAP) • seit 1958

Die Wurzeln des Autoherstellers Subaru liegen im japanischen Ota, wo der Ingenieur Chikuhei Nakajima 1917 ein Versuchslabor für Flugzeugtechnik einrichtete. Die daraus enstandene Nakajima Aircraft Company belieferte die japanische Luftwaffe mit Kampfflugzeugen und Motoren, die sich im Zweiten Weltkrieg bewährten. Der Konzern wurde nach 1945 zunächst aufgelöst, dann in zwölf Einzelunternehmen aufgeteilt. Sechs davon schlossen sich als Fuji Sanyo (ab 1953: Fuji Heavy Industries) zusammen und produzierten Zulieferteile für die zivile Verkehrsindustrie und Fertigprodukte – vom Motorroller über Omnibuskarosserien bis zu Flugmotoren.

Erst 1958 stellten die Fuji Heavy Industries ihr erstes Automobil vor, den Kleinwagen Typ 360 – und lieferten auch einen neuen Markennamen: Subaru. Ab den 1970er Jahren machte sich Subaru mit Allrad-Pkw einen Namen, damals noch eine ungewöhnliche Mischung. Besonders in der Schweiz feierte Subaru damit frühe Erfolge. Typisches Merkmal sind zudem die exotischen Boxer-Motoren, an denen Subaru weiterhin festhält. Von 2008 bis 2017 bot Subaru sogar eine Diesel-Version des Boxers an.

Zwischen 1990 und 2008 beteiligte sich Subaru zudem an der WRC (World Rallye Championship) und gewann je dreimal die Teamwertung (1995, 1996, 1997) sowie die Fahrerwertung (1995, 2001, 2003). Bis heute profitiert das Image der Marke von diesen Erfolgen.

Subaru 360, 360 de Luxe, 360 Cabrio 1959-1971

Der Kleinwagen Subaru 360 kam 1959 als automobiles Erstlingswerk der Fuji Heavy Industries auf den Markt. Der Winzling mit dem Teddy-Blick entsprach in den Abmessungen in etwa dem Fiat 500. Er verkaufte sich von Beginn an gut, doch dass er eine Art japanischer Volkswagen würde und als Dauerbrenner die siebziger Jahre noch erleben sollte, ahnte anfangs freilich niemand. Technisch gesehen war der Kleine mit Hydraulikbremse, vorderen Schraubenfedern, Teilsynchro-Getriebe mit drei (ab 1969 vier) Gängen durchaus erwachsen und mit seinem luftgekühlten Zweizylinder-Zweitaktmotor zeitgemäß motorisiert: 16 PS, später 25 PS traten gegen 420 kg Leergewicht an. Hierzulande ist der 360 weitgehend unbekannt – schade eigentlich!

Bild: © Subaru

Preise	1	2	3	4	5
360, L2t	18.900	12.900	7.600	4.500	1.700

Motor/Antrieb	
Bauart	Zweizylinder (Reihe)
Lage/Antrieb	Heck/Heck
Hubraum in cm^3	356
PS/min	16/4500 bis 25/5500
Vmax in km/h	85 bis 110
Karosserie	
Bauart	Limousine (2-türig), Cabrio, Kombi
Tragstruktur	selbsttragend
Material	Stahlblech
Stückzahl und Marktsituation	
Produktionszahl	k. A.
Verfügbarkeit	schlecht
Teilesituation	sehr schwierig
Unterhaltskosten	mittel

S

Subaru 1600 4WD, 1800 4WD (Leone) 1979-1984

Es ist nicht immer einfach, die japanische Modellpolitik zu durchleuchten. So auch bei Subaru: Unter dem Namen „Leone" boten die Japaner zwischen 1971 und 1994 ein Mittelklassemodell an, das als Limousine, Kombi und Coupé auf den Markt kam. 1979 erschien die zweite Generation, die ab 1980 nach Deutschland exportiert wurde, allerdings unter einer anderen Bezeichnung: 1600 4WD und 1800 4WD. Zwei Merkmale machten die Subaru-Modelle interessant: Allradantrieb und Boxermotoren. Deutschland staunte über die 4x4-Technik im Pkw-Format, doch einige griffen zu: Bergbauern, Jäger oder Baufirmen fanden endlich das, was sie bislang vergebens suchten. Besonders in den Alpenregionen machte Subaru sich einen guten Namen.

Bild: © Subaru

Preise	1	2	3	4	5
1800 WD, L4t	k.N.	3.900	2.100	900	k.N.

Motor/Antrieb	
Bauart	Vierzylinder (Reihe)
Lage/Antrieb	Front/4x4
Hubraum in cm^3	1595, 1782
PS/min	82/5200 bis 87/5600
Vmax in km/h	135 bis 145
Karosserie	
Bauart	Limousine (2-/4-türig), Kombi
Tragstruktur	selbsttragend
Material	Stahlblech
Stückzahl und Marktsituation	
Produktionszahl	k.A.
Verfügbarkeit	schlecht
Teilesituation	schwierig
Unterhaltskosten	mittel

Subaru Libero E10, E12/1200 — 1984-1993

Der nur 3,41 Meter lange Subaru Libero ist ein winziger Alleskönner: Er besitzt einen Leiterrahmen wie ein Geländefahrzeug, dazu einen pneumatisch zuschaltbaren, starren Allradantrieb – und Platz für sechs Personen. Hinzu kommen rundum einzeln aufgehängte Räder sowie ein geringes Leergewicht. Der Libero führte in Deutschland zeitlebens ein Nischendasein. Als E10 mit 1,0 Liter-Maschine und E12 mit 1,2 Liter-Motor erzielte er nur bescheidene Geschwindigkeiten von rund 125 km/h. Die Basisversion war 1984 für 14.999 Mark zu haben. Der ungewöhnliche Allradler erhielt einen platzsparenden Dreizylinder-Heckmotor. Trotz seines tiefen Schwerpunkts blieb der Libero tückisch anfällig auf Seitenwind, dafür kraxelte er tapfer an unwegsame Ziele. 1993 löste ihn eine neue Generation ab.

Bild: © Subaru

Preise	1	2	3	4	5
Libero, Bus	k.N.	6.500	3.400	1.300	k.N.

Motor/Antrieb	
Bauart	Dreizylinder (Reihe)
Lage/Antrieb	Heck/4x4
Hubraum in cm³	997, 1189
PS/min	50 bis 52/4400
Vmax in km/h	120 bis 130
Karosserie	
Bauart	Kleinbus
Tragstruktur	selbsttragend
Material	Stahlblech
Stückzahl und Marktsituation	
Produktionszahl	k.A.
Verfügbarkeit	ausreichend
Teilesituation	ausreichend
Unterhaltskosten	mittel

Subaru XT Turbo — 1985-1991

In den Mittachtzigern überraschte Subaru mit dem XT, einem Sportcoupé mit – logisch für Subaru – Allradantrieb. Es basierte auf dem Mittelklassemodell L 1800, zeigte eine für jene Epoche typisch japanische, leicht futuristische Karosserieform mit Klappscheinwerfern. Als Antrieb auf dem deutschen Markt diente ein 1,8 Liter großer Vierzylinder-Alu-Boxer mit Turbo. Wer fest an die Zukunft glaubte, konnte den XT sogar mit digitalen Armaturen ordern – dem letzten Schrei jener Jahre. Subaru vermarktete den XT auf wichtigen Exportmärkten, insbesondere den USA, wo er auch als XT-6 mit einem Sechszylinder-Boxer verfügbar war. In Deutschland spielte der XT keine große Rolle: Es fanden sich in sieben Jahren nur wenig mehr als 1000 Käufer.

Bild: © Subaru

Preise	1	2	3	4	5
XT Turbo (Kat), Cpe	k.N.	12.100	6.200	2.500	k.N.

Motor/Antrieb	
Bauart	Vierzylinder (Boxer)
Lage/Antrieb	Front/4x4
Hubraum in cm³	1782
PS/min	120/5200
Vmax in km/h	187 bis 195
Karosserie	
Bauart	Coupé
Tragstruktur	selbsttragend
Material	Stahlblech
Stückzahl und Marktsituation	
Produktionszahl	98.918
Verfügbarkeit	schlecht
Teilesituation	schwierig
Unterhaltskosten	mittel

Subaru SVX — 1991-1997

„Der beste Subaru, den es je gab", lobte *auto motor und sport* den SVX in einem Test. Der aufwändige Sechszylinder-Boxer mit vier Ventilen pro Zylinder und je zwei oben liegenden Nockenwellen lieferte 230 PS. Seine Leistungsentfaltung konnte überzeugen, jedoch verbrauchte der Motor dabei recht ungezügelt Benzin. Airbags, Seitenaufprallschutz und eine Viergangautomatik gehörten beim SVX zur Serienausstattung, typisch für den Hauptzielmarkt USA. Doch trotz der von Giorgetto Giugiaro entworfenen Karosserie mit ihren ungewöhnlich weit ins Dach reichenden Glasflächen und zweigeteilten Seitenscheiben kam das große Sportcoupé dort nur auf enttäuschende Verkaufszahlen, das Subaru als Ergänzung in einer nur front- statt allradgetriebene Variante auflegen ließ. Im Rest der Welt fiel es Subaru allerdings noch schwerer, Kunden zu überzeugen: Nach Deutschland sollen nur 854 Exemplare verkauft worden sein – der Preis lag mit 73.530 Mark allerdings auch sehr hoch.

Bild: © Subaru

Preise	1	2	3	4	5
SVX, Cpe	k.N.	15.300	9.300	4.300	k.N.

Motor/Antrieb	
Bauart	Sechszylinder (Boxer)
Lage/Antrieb	Front/Front, 4x4
Hubraum in cm³	3319
PS/min	230/5600
Vmax in km/h	237
Karosserie	
Bauart	Coupé
Tragstruktur	selbsttragend
Material	Stahlblech
Stückzahl und Marktsituation	
Produktionszahl	ca. 25.000
Verfügbarkeit	ausreichend
Teilesituation	schwierig
Unterhaltskosten	mittel

Subaru Impreza I, II, III, IV, V, VI (GC/GF) — 1992-2000

Impreza nennt der auf Allrad-Pkw spezialisierte Hersteller Subaru seine 1992 völlig neu aufgelegte Modellreihe der Kompaktklasse. Die Japaner fächern die Karosserievarianten weit auf: Den Impreza gibt es als Stufen- und Schrägheck, zudem als Kombi und als Coupé. Typisch für Subaru: Boxermotoren. Subaru baut auch Impreza-Varianten mit reinem Frontantrieb, die jedoch nicht in Europa verkauft werden. Im August 1993 startet der erste Impreza in Rallye-Weltmeisterschaften, was seine Popularität weltweit anfacht. Subaru bot in Folge einige WRX-Varianten des Impreza im normalen Programm an. Nach einem Doppelgewinn der Rallye-Weltmeisterschaft 1995 – der Fahrertitel geht an Colin McRae, Subaru erringt den Konstrukteurspokal – erweitert Subaru seine Impreza-Palette deutlich, insbesondere mit weiteren sportlichen Varianten mit bis zu 280 PS.

Bild: © Subaru

Preise	1	2	3	4	5
Impreza 2.0 (1995-1996), L4t	k.N.	7.300	3.900	1.800	k.N.
Impreza 2.0 GT (1999), Kom	k.N.	18.200	11.600	6.800	k.N.

Motor/Antrieb	
Bauart	Vierzylinder (Boxer)
Lage/Antrieb	Front/4x4
Hubraum in cm³	1493, 1820, 1994
PS/min	97/6000
Vmax in km/h	175 bis 220
Karosserie	
Bauart	Limousine (4-türig), Kombi, Coupé
Tragstruktur	selbsttragend
Material	Stahlblech
Stückzahl und Marktsituation	
Produktionszahl	k.A.
Verfügbarkeit	gut
Teilesituation	gut
Unterhaltskosten	mittel

S

Subaru WRX STi (Version I) 1994-1995

Auf der Basis des Impreza baute Subaru eine limitierte erste Auflage der STi-Modelle auf. Basis bildete der Impreza WRX, den Subaru als Rallyeversion homologieren wollte: Der 2,0 Liter große Turbo-Boxer lieferte nun 250 PS, er war so typisch für Subaru wie der Allradantrieb. Nach außen dokumentierten ein riesiger Heckspoiler, übergroße Nebelscheinwerfer und Lufteinlässe die sportlichen Ambitionen des Impreza-Derivats, das in seiner ersten Version noch aufwendig von Hand im Werk auf STi-Spezifikationen umgebaut wurde. Die Ausstattung blieb spartanisch, um Gewicht zu sparen – schließlich zielte er auf die kleine Zielgruppe aktiver Rallyefahrer und wollte kein Boulevardsportler sein, obwohl Subaru ihn nicht nur als Limousine, sondern auch als Kombi anbot. Den STi gab es zudem als typeRA, wobei RA für „Race Altered" steht, zu Deutsch etwa: rennoptimiert. Bereits 1995 änderte Subaru die Konfiguration, zudem entstanden weitere Modellspezifikationen für den japanischen Markt.

Bild: © Subaru

Preise	1	2	3	4	5
Impreza WRX Sti (GC), L4t	k.N.	20.600	12.000	6.200	k.N.

Motor/Antrieb	
Bauart	Vierzylinder (Boxer)
Lage/Antrieb	Front/4x4
Hubraum in cm³	1994
PS/min	250/ k.A.
Vmax in km/h	k.A.
Karosserie	
Bauart	Limousine (4-türig), Kombi
Tragstruktur	selbsttragend
Material	Stahlblech
Stückzahl und Marktsituation	
Produktionszahl	k.A.
Verfügbarkeit	sehr gut
Teilesituation	sehr gut
Unterhaltskosten	mittel

Subaru Forester (Serie I) 1997-2002

Mit seiner relativ niedrigen Aufbauhöhe stach der ab 1997 angebotene Forester aus der Masse der rasch an Popularität gewinnenden Kompakt-SUV heraus. Er wirkte beinahe wie eine klassische Kombilimousine, verfügte aber mit permanentem Allradantrieb mit Reduziergetriebe sowie respektablen 20 Zentimetern Bodenfreiheit über echte Geländewagen-Qualitäten. Als Antrieb der so genannten SF-Baureihe diente der bewährte Vierzylinder-Boxermotor mit zwei Litern Hubraum, wahlweise mit Fünfgang-Schaltgetriebe oder Vierstufen-Automatik kombiniert. Letztere verfügte bereits über eine elektronisch gesteuerte Lamellenkupplung, die die Antriebskraft schlupfabhängig auf Vorder- und Hinterachse verteilte. Die 1998 eingeführte Turbo-Version mit 177 PS Leistung machte den Forester zu einem der schnellsten Geländewagen seiner Epoche. Im Jahr 2000 wurde ein umfangreiches Facelift durchgeführt, das vor allem die Front- und Heckpartien betraf. 2003 wurde die Forester-Baureihe SF von der SG abgelöst, die auf der neuen Impreza-Plattform aufbaute.

Bild: © Subaru

Preise	1	2	3	4	5
Forester 2.0, Kom	k.N.	7.100	3.600	1.800	k.N.

Motor/Antrieb	
Bauart	Vierzylinder (Boxer)
Lage/Antrieb	Front/4x4
Hubraum in cm³	1994
PS/min	122 PS/5600 bis 177/5600
Vmax in km/h	178 bis198
Karosserie	
Bauart	Kombi (5-türig)
Tragstruktur	selbsttragend
Material	Stahlblech
Stückzahl und Marktsituation	
Produktionszahl	k.A.
Verfügbarkeit	sehr gut
Teilesituation	sehr gut
Unterhaltskosten	mittel

Sunbeam (GB) • 1899-1937, 1938-1981

Sunbeam ist ein alter, großer Name der Automobilgeschichte. Und ein vergessener, denn in der Nachkriegszeit konnten die per „badge engineering" als Sunbeam ausgezeichneten Standard Vanguard-, Humber- und Hillman-Modelle nicht an die großen Ambitionen der 1899 in Wolverhampton gegründeten Marke anknüpfen.

Sunbeam machte in den zwanziger Jahren mit erfolgreichen Renn- und Rekordfahrzeugen auf sich aufmerksam. Der Ex-Fiat-Ingenieur Bertarione hatte an den Erfolgen großen Anteil. Zwischen 1920 und 1927 konnte Sunbeam sogar sieben Mal den Geschwindigkeitsweltrekord aufstellen, und auch den ersten Grand-Prix-Sieg einer britischen Firma verbuchte Sunbeam für sich.

Von 1920 bis 1935 bildete Sunbeam einen Teil der Sunbeam-Talbot-Darracq-Gruppe; sie wurde 1935 vom Rootes-Konzern übernommen. Die letzten Sunbeam-Modelle alter Güte entstanden bis 1937.

Rootes schuf 1938 die Sunbeam-Talbot Ltd. und fertigte unter dem Label Talbot die Luxuswagen der Gruppe. Chrysler übernahm schließlich die Aktienmehrheit des Rootes-Konzerns, doch die Amerikaner stiegen bald wieder aus und überließen neben Simca auch die Markenrechte für Sunbeam dem französischen Hersteller Peugeot. Halbherzige Wiederbelebungsversuche – siehe Talbot Sunbeam Lotus – waren zum Scheitern verurteilt, und so verschwand der große Name 1981. Diesmal wohl endgültig.

Sunbeam-Talbot 80 Mark I, 90 Mark I, 90 Mark II, 90 Mark IIA 1948-1954

Weit weniger erfolgreich als beim Standard Vanguard verlief die Karriere des Sunbeam-Talbot 80 und seiner Verwandten. Als eines von vielen Angeboten in der britischen Limousinen-Mittelklasse fiel es in der Publikumsgunst trotz sportlichen Appeals weitgehend durch. Da half auch der prestigeträchtige Namenszusatz Talbot nicht, selbst die gelungene Cabrioversion brachte keinen Wandel. Für Vortrieb sorgten drei recht unterschiedliche Motoren, der kleinste mit bescheidenen 1,2 Litern Hubraum. Technisch unzulänglich war die starre Vorderachse, die bis zum Herbst 1950 verwendet wurde. Weitere Motorisierung war ein Humber-Vierzylinder mit knapp zwei Litern Hubraum, der 1951 bei Einführung der Mk II-Serie auf knapp 2,3 Liter vergrößert wurde. Die sportlichen Talente des Wagens erstaunten, immerhin brachte er es 1955 sogar zum Sieg bei der Rallye Monte-Carlo.

Bild: © Sunbeam-Talbot

Preise	1	2	3	4	5
Sunbeam-Talbot 90 Mk II, L4t	18.000	12.300	8.100	4.100	1.200
Sunbeam-Talbot 90 Mk II/IIA, Cab	34.200	23.300	14.700	5.800	3.000

Motor/Antrieb	
Bauart	Vierzylinder (Reihe)
Lage/Antrieb	Front/Heck
Hubraum in cm³	1184, 1944, 2267
PS/min	48/4800 bis 78/4100
Vmax in km/h	115 bis 140
Karosserie	
Bauart	Limousine (4-türig), Cabriolet
Tragstruktur	Kastenrahmen
Material	Stahlblech
Stückzahl und Marktsituation	
Produktionszahl	17.000
Verfügbarkeit	schlecht
Teilesituation	schwierig
Unterhaltskosten	mittel

Sunbeam Mark II A, Alpine Mk III — 1953-1955

Sunbeam bediente sich bei der Herstellung des eleganten Alpine-Zweisitzers der vorhandenen Technik aus dem Modell 90. Der neue Roadster verwendete dessen Kastenrahmen-Chassis in zusätzlich stabilisierter Form, übernahm die komplette Front des Viertürers sowie dessen Motorisierung. Mit 80 oder später 96 PS verhalf der knapp 2,3 Liter große Reihenvierzylinder zu attraktiven Fahrleistungen, die dem stattlich wirkenden Fahrzeug kaum zugetraut wurden. Unter den kundigen Händen eines Stirling Moss zeigte der Alpine sogar hervorragende Rallye-Eignung.

Bild: © Archiv HEEL Verlag

Preise	1	2	3	4	5
Alpine Mk IIA/III (Ser. 1953-1955), Cab	79.000	54.000	34.000	17.000	9.000

Motor/Antrieb	
Bauart	Vierzylinder (Reihe)
Lage/Antrieb	Front/Heck
Hubraum in cm³	2267
PS/min	80/4200 bis 96/4500
Vmax in km/h	150 bis 175
Karosserie	
Bauart	Roadster
Tragstruktur	Kastenrahmen
Material	Stahlblech
Stückzahl und Marktsituation	
Produktionszahl	3000
Verfügbarkeit	schlecht
Teilesituation	schwierig
Unterhaltskosten	mittel

Sunbeam Rapier, Rapier Mk II, Rapier Mk III, Rapier Mk IV — 1955-1967

Auf eine deutlich längere Laufzeit brachte es das Sunbeam-Modell Rapier, das immerhin zwölf Jahre im Verkaufsprogramm der Marke zu finden war. Mit leistungsfähigen Motoren bestückt, gab es den Rapier nur als zweitüriges Hardtop-Coupé und als Cabriolet. In mehreren Evolutionsschritten wuchsen Hubraum und Motorleistung dieses Mittelklassewagens, der über eine gute, interessante Ausstattung verfügte. Spezielle Unterschiede zu den in vielen Bauteilen gleichen Hillman-Minx-Modellen zeigten sich an anderen Vergasern und modifizierten Zylinderköpfen, die für mehr Leistung sorgten. Das Image wurde durch gezielte Rallye-Einsätze gepflegt. Der Version Mk II von 1958 waren kleine Heckflossen gewachsen, und eine etwas größere Maschine steigerte hier die Fahrleistungen. Ab 1959 gab es Scheibenbremsen vorn.

Preise	1	2	3	4	5
Rapier Mk V (Ser. 1965-1967), L2t	15.500	10.000	6.000	2.600	1.000
Rapier Mk III A (Ser. 1961-1963), Cab	25.400	16.700	10.000	3.900	1.500

Motor/Antrieb	
Bauart	Vierzylinder (Reihe)
Lage/Antrieb	Front/Heck
Hubraum in cm³	1390, 1494, 1592, 1725
PS/min	62/5000 bis 94/5200
Vmax in km/h	140 bis 160
Karosserie	
Bauart	Hardtop, Cabriolet
Tragstruktur	selbsttragend
Material	Stahlblech
Stückzahl und Marktsituation	
Produktionszahl	k. A.
Verfügbarkeit	schlecht
Teilesituation	ausreichend
Unterhaltskosten	mittel

Sunbeam Alpine (Alpine, Alpine Mk II bis Alpine Mk V) — 1959-1968

Eine gute Alternative zu den rauen, etwas harten und dennoch so beliebten MG- und Triumph-Modellen bot Sunbeam ab 1959 mit dem zweisitzigen Sportcabriolet Alpine. Dessen sanfterer Charakter zeigte sich bereits im charmanten Auftritt, der Alpine war der einzige britische Roadster mit Kurbelfenstern und großzügigem Cockpit. Zudem war die hübsche Karosserie auch fahrwerksseitig komfortabler abgestimmt als die seiner Konkurrenten. Die konservative Technik galt als solide, ambitionierte Experimente hatte Sunbeam nicht gewagt. Trotz intensiver Bemühungen, mit Sporteinsätzen das wahre Potenzial der Konstruktion aufzuzeigen, blieb das Interesse verhalten. Vielleicht mussten (und müssen) englische Roadster gewisse Härten zeigen? Noch heute ist die Nachfrage nach diesem ehrlichen Entwurf schwächer als bei der erwähnten Konkurrenz.

Preise	1	2	3	4	5
Alpine Mk II/III (Ser. 1960-1964), Cab	26.800	17.900	10.900	5.800	2.400
Alpine Mk V (Ser. 1965-1968), Cab	29.100	19.700	11.800	6.000	2.500

Motor/Antrieb	
Bauart	Vierzylinder (Reihe)
Lage/Antrieb	Front/Heck
Hubraum in cm³	1494, 1592, 1725
PS/min	78/5300 bis 94/5500
Vmax in km/h	150 bis 165
Karosserie	
Bauart	Roadster
Tragstruktur	selbsttragend
Material	Stahlblech
Stückzahl und Marktsituation	
Produktionszahl	69.251
Verfügbarkeit	ausreichend
Teilesituation	ausreichend
Unterhaltskosten	mittel

S

Sunbeam Venezia — 1963-1964

Speziell für den italienischen Markt hat Sunbeam das Modell Venezia geschaffen. Die ruhig gezeichnete, zweitürige Karosserie stammte von Touring und war in der patentierten Superleggera-Bauweise mit Alubeplankung auf Stahlrohrrahmen gefertigt. Unter dem Blech kam die Rootes-Technik der Modelle Hillman Super Minx oder Humber Sceptre zum Einsatz. Mit leicht getuntem Motor konnten sich die Fahrleistungen des leichten Coupés durchaus sehen lassen. Der Venezia wurde ansonsten aus italienischen Teilen zusammengebaut, doch nach nur gut einem Jahr endete die Bauzeit. Sein hoher Preis und die vielleicht allzu zurückhaltende Karosserie hinterließen bei der potenziellen Käuferschaft wohl zu wenig Eindruck. Vielleicht hätte auch ein potenterer, dennoch kompakter Sechs- oder Achtzylinder, der die Fahrleistungen nachhaltig verbessert hätte, mehr Erfolg gebracht.

Bild: © Jürgen Schlegelmilch

Preise	1	2	3	4	5
Venezia Superleggera, Cpe	63.000	40.000	28.000	14.000	k.N.

Motor/Antrieb	
Bauart	Vierzylinder (Reihe)
Lage/Antrieb	Front/Heck
Hubraum in cm³	1592
PS/min	85/5800
Vmax in km/h	160
Karosserie	
Bauart	Coupé
Tragstruktur	Rohrrahmen
Material	Aluminium
Stückzahl und Marktsituation	
Produktionszahl	k. A.
Verfügbarkeit	gegen null
Teilesituation	ausreichend
Unterhaltskosten	mittel

Sunbeam Tiger I und II — 1964-1967

Mit nur geringen äußerlichen Modifikationen ergänzte Sunbeam das Alpine-Angebot um den Tiger. Seine Krallen zeigten sich in Form von kraftvollen V8-Motoren, die für beeindruckende Fahrleistungen sorgten. Sunbeam montierte eine Zahnstangenlenkung und ein Vierganggetriebe, womit – in Verbindung mit einem V8 – ein völlig neues Fahrerlebnis garantiert war. Das Fahrwerk erschien jedoch im Tiger ein wenig zu weich – für amerikanische Bedürfnisse mag es jedoch gepasst haben. Der Tiger II erschien 1967, sein 4,7 Liter großer Motor bot noch mehr Kraft. Neue Zierelemente und ein modifizierter Kühler kennzeichnen diese Modelle, die entsprechend der doch recht schwachen Verkaufszahlen heute zu recht stattlichen Preisen gehandelt werden – und nicht wenig reizvoll sind.

Preise	1	2	3	4	5
Tiger I, Cab	92.000	55.000	36.000	24.000	13.000
Tiger II, Cab	120.000	76.000	50.000	33.000	20.000

Motor/Antrieb	
Bauart	V8
Lage/Antrieb	Front/Heck
Hubraum in cm³	4260, 4737
PS/min	164/4400 bis 200/4400
Vmax in km/h	190 bis 215
Karosserie	
Bauart	Roadster
Tragstruktur	selbsttragend
Material	Stahlblech
Stückzahl und Marktsituation	
Produktionszahl	7067
Verfügbarkeit	ausreichend
Teilesituation	ausreichend
Unterhaltskosten	hoch

Sunbeam Rapier, Rapier H 120 — 1967-1976

Nur den Namen des Vorgängers behielt Sunbeam bei, ansonsten war der Rapier von 1967 ein komplett neues Auto, das technisch auf dem Hunter und dem Sceptre basierte. Die moderne Karosserie zeigte sich weniger konventionell als bei den übrigen Modellen der Marke. Neben der 85 PS starken Normalversion gab es ab 1968 einen H 120 mit 100 PS, dessen Motor durch die Firma Holbay Racing Engineers getrimmt worden war. Diverse sportliche Accessoires kennzeichnen den H 120: mattschwarze Zierstreifen, spezielle Felgen, Abrisskante am Gepäckraumdeckel. Auch das Interieur erfuhr eine Aufwertung. Noch sind die Rapier enorm preisgünstig zu bekommen.

Bild: © Archiv HEEL Verlag

Preise	1	2	3	4	5
Rapier, Cpe	15.900	10.500	6.400	2.900	1.400

Motor/Antrieb	
Bauart	Vierzylinder (Reihe)
Lage/Antrieb	Front/Heck
Hubraum in cm³	1725
PS/min	85/5200 bis 100/5200
Vmax in km/h	165 bis 170
Karosserie	
Bauart	Coupé
Tragstruktur	selbsttragend
Material	Stahlblech
Stückzahl und Marktsituation	
Produktionszahl	k. A.
Verfügbarkeit	schlecht
Teilesituation	ausreichend
Unterhaltskosten	mittel

Suzuki (JAP) • Automobilbau seit 1961

Seit 1909 gibt es Suzuki bereits. In der ersten Hälfte des 20. Jahrhunderts machte sich der japanische Konzern hauptsächlich mit Textilverarbeitungsmaschinen einen Namen. Ein zweisitziger Prototyp war zwar schon 1936 entstanden, doch mit der Produktion von Automobilen begann Suzuki erst 1961: Der Suzulite 360 war nur knapp drei Meter lang und wurde von einem Zweizylinder-Zweitakt-Motor angetrieben. Ein größerer Viertürer blieb damals im Vorserienstadium stecken.

Mit dem Fronte 360, der später auch 500 und 800 cm³ große Motoren erhielt, blieb Suzuki auch nach 1967 dem Kleinwagensektor treu. Der weltweite Durchbruch auf dem Automobilmarkt gelang dem als Motorradhersteller längst etablierten Werk in den frühen achtziger Jahren mit dem kompakten Geländewagen LJ 80 und dessen Nachfolgern.

2009 gingen Suzuki und Volkswagen eine strategische Partnerschaft ein, nachdem GM die enge Zusammenarbeit mit den Japanern, die seit 1981 bestand, gekündigt hatte.

Nach 17 Jahren Pause nahm Suzuki im Frühjahr 2015 den Vitara wieder ins Programm auf. Seit 2025 gibt es ihn auch als batterieelektrisches Modell e Vitara, bauähnlich mit Modellen von Toyota und Daihatsu. Er wird in Indien gefertigt.

Suzuki eljot, Jimny (Jipsy) LJ 55, LJ 80 — 1979-1981

Der kleine Suzuki läutete 1979 die Ära der Geländefahrzeuge ein, die fortan mehr auf den Boulevards der Großstädte denn im unwegsamen Terrain zu Hause waren. Dabei galt der kleine Kletterer als „Mehrzweckfahrzeug mit Vierradantrieb" und wühlte sich vortrefflich durch Wald und Wiese. Sein uriges Äußeres entsprach dem robusten Einsatz, für den er gebaut war. Suzuki lieferte den Jimny mit geschlossenem Stahldach und als Cabrio, zudem gab es zwei Motorversionen, von denen nur die stärkere nach Deutschland kam. Wegen des Kürzels LJ kurz für Light Jeep und ausgesprochen Elliot, gab es sogar noch Ärger mit Walt Disney, die ein Fabelwesen auf diesen Namen getauft hatten. 1982 löste bereits der SJ mit einer größeren und geglätteten Karosserie den knuffigen Jimny ab. Gut erhaltene Originale, die nicht im Geländeeinsatz verschlissen wurden, sind heute bereits schwer zu finden.

Bild: © Suzuki

Preise	1	2	3	4	5
LJ 80, Glw	18.000	10.700	6.900	3.900	1.800

Motor/Antrieb	
Bauart	Drei-/Vierzylinder (Reihe)
Lage/Antrieb	Front/4x4
Hubraum in cm³	539, 797
PS/min	28/5000 bis 41/5500
Vmax in km/h	100 bis 105
Karosserie	
Bauart	Kombi (3-türig), Cabriolet
Tragstruktur	Kastenrahmen
Material	Stahlblech
Stückzahl und Marktsituation	
Produktionszahl	k. A.
Verfügbarkeit	gut
Teilesituation	ausreichend
Unterhaltskosten	niedrig

Suzuki 550, SJ 410, SJ 413, Samurai — 1981-2004

Der Klassiker LJ 80 fand 1981 einen würdigen Erben: Dieser hatte wieder einen stabilen Kastenrahmen, an den Suzuki solide Starrachsen geschraubt hatte, darüber saß ein knappes Häuschen mit zu öffnendem Verdeck, wahlweise auch ein Blechdach – am Rezept hatten die Japaner nichts geändert. Auch die Windschutzscheibe war weiterhin umklappbar, der Allradantrieb zuschaltbar. Eine Reduktion fürs Gelände war ebenfalls an Bord, vorne gab es Freilaufnaben. Im Laufe der Serie stellte Suzuki die vorderen Bremsen von Trommeln auf Scheiben um. Der SJ 413 folgte 1984 und bot nun 64 PS statt bescheidenen 45 PS im SJ 410, auch ein Fünfganggetriebe gab es nun. Nach einem Facelift hieß der kleine 4x4 ab 1988 Samurai.

Bild: © Suzuiki

Preise	1	2	3	4	5
SJ 410, Glw	k.N.	7.700	4.800	2.100	700
SJ Samurai, Glw	k.N.	8.600	5.400	2.400	1.000

Motor/Antrieb	
Bauart	Drei-/Vierzylinder (Reihe)
Lage/Antrieb	Front/4x4
Hubraum in cm³	539 bis 1905
PS/min	28/4500 bis 64/5500
Vmax in km/h	100 bis 134
Karosserie	
Bauart	Limousine (3-türig), Cabriolet
Tragstruktur	Kastenrahmen
Material	Stahlblech
Stückzahl und Marktsituation	
Produktionszahl	k.A.
Verfügbarkeit	schlecht
Teilesituation	ausreichend
Unterhaltskosten	niedrig

Suzuki Swift (Typ AA) — 1983-1989

Ein kleines Weltauto hatte Suzuki in enger Kooperation mit General Motors geplant: Das kompakte Schrägheckmodell war unter dem Code SA310 entwickelt worden, erhielt jedoch für seine Karriere verschiedene Namen: Suzuki Swift hieß er in Europa, Cultus daheim in Japan und Forsa in den USA, wo es ihn auch als Sprint (von Chevrolet), Firefly (von Pontiac) und Metro (von Geo) gab. Eindrucksvolle Erfolge gelangen ihm zudem in Indien, Pakistan und Kenia. Auch in Europa überzeugten die günstigen Preise, die Zuverlässigkeit und Sparsamkeit des Swift, der sich in seinen kleinen Versionen mit einem damals unüblichen Dreizylinder begnügte. In Deutschland erregte der Swift mit seinen sportlichen Varianten GXi und GTi deutlich mehr Aufsehen: Mit 1,3 Litern Hubraum und 101 PS galt er als kleiner, frecher Straßenfeger, der sich immerhin bis zu einem Tempo von 186 km/h aufschwang. Andere Kunden dagegen schätzten den Swift, weil er als einer der wenigen Kleinwagen als Option mit Automatikgetriebe bestellbar war.

Bild: © Suzuki

Preise	1	2	3	4	5
Swift Gti, L3t	k.N.	6.700	4.100	1.700	k.N.

Motor/Antrieb	
Bauart	Dreizylinder (Reihe), Vierzylinder (Reihe)
Lage/Antrieb	Front/Front
Hubraum in cm³	993 bis 1299
PS/min	50 bei 5800 bis 101 bei 6600
Vmax in km/h	141 bis 186
Karosserie	
Bauart	Limousine (3-/5-türig)
Tragstruktur	selbsttragend
Material	Stahlblech
Stückzahl und Marktsituation	
Produktionszahl	k.A.
Verfügbarkeit	schlecht
Teilesituation	ausreichend
Unterhaltskosten	niedrig

Suzuki Cappuccino — 1991-1997

Sehr knuffig tritt der Cappuccino auf: Er galt in Japan als steuerbegünstigtes Kei Car und unterliegt deswegen Beschränkungen in Länge und Motorisierung. Mehr als 660 cm³ Hubraum dürfen nicht sein, doch die nutzt der Cappuccino mit seinem Leichtmetall-Dreizylindermotor voll aus. Mit Turbolader und Ladeluftkühlung stehen dem Mini-Roadster immerhin 64 PS bei 6500/min zur Verfügung, bei nur 690 kg Gewicht ist er ausreichend flott – rund 150 km/h soll er schnell sein. Rundum einzeln aufgehängte Räder, ein Fünfganggetriebe und vier Scheibenbremsen zeigen, dass es Suzuki durchaus ernst meinte mit dem Cappuccino, von dem 120 Exemplare offiziell nach Deutschland gekommen sind.

Bild: © Suzuki

Preise	1	2	3	4	5
Cappuccino, Rds	k.N.	10.100	6.000	3.200	k.N.

Motor/Antrieb	
Bauart	Dreizylinder (Reihe)
Lage/Antrieb	Front/Heck
Hubraum in cm³	657
PS/min	64 bei 6500
Vmax in km/h	150
Karosserie	
Bauart	Roadster
Tragstruktur	selbsttragend
Material	Stahlblech
Stückzahl und Marktsituation	
Produktionszahl	ca. 27.000
Verfügbarkeit	ausreichend
Teilesituation	ausreichend
Unterhaltskosten	mittel

Swallow (GB) • 1954-1955

Hinter Swallow steckt eine weitere skurrile Episode aus der englische Automobilgeschichte. Einziges Modell der Marke war der Doretti, von dem sich aber nur 276 Exemplare verkaufen ließen.

Und das kam so: Bereits 1922 war eine Swallow Sidecars Company in Blackpool gegründet worden. Hinter der Firma standen William Lyons und William Walmsley. Als Hersteller für Motorradseitenwagen wurde das Unternehmen berühmt, bis sich Lyons entschied, auch Automobile zu bauen. Das war 1935, die Firma nannte er kurzerhand S.S. Cars Ltd. Sie nahm später den Namen Jaguar an.

Zeitgleich wurde die Swallow Sidecars Company in Swallow Coachbuilding Company umbenannt. 1945 verkaufte William Lyons dieses Unternehmen an die Tube Investments Group, die mit Stahlrohren handelte und als Automobilzulieferer fungierte. Warum nicht selbst ins Geschäft einsteigen, dachte man sich dort. Kurzerhand entstand auf Triumph TR-Basis der Swallow „Doretti", der insbesondere in Kalifornien Liebhaber fand, weil er sich deutlich gesitteter als die harschen Briten des Schlages Triumph TR oder Austin-Healey gab.

Einer jedoch fand das nicht lustig: William Lyons soll gegen die Konkurrenz, die auch gegen seine Jaguar-Modelle von der ehemals eigenen Firma aufgebaut wurde, heftig protestiert haben. Als guter Kunde der Tube Investements Group konnte er genügend Einfluss nehmen, um das Projekt zu stoppen, bevor es seinen eigenen Produkten gefährlich werden konnte. Immerhin, ein großes Lob. Das Ende bedeutete es trotzdem.

Swallow Doretti 1954-1955

Trotz seinem formal wie technisch überzeugenden Auftritt blieb dem Swallow Doretti der Erfolg versagt. Vor allem in Amerika sollte er den Sportwagenmarkt aufmischen. Ein massiver Rohrrahmen trug hier ein Stahlblechgerippe, an dem die Aluminium-Außenbleche befestigt wurden. Große Teile der Technik stammten vom Triumph TR 2: Motor, Getriebe und Vorderradaufhängung. Das Antriebsaggregat war aber weiter nach hinten gerückt eingebaut, was die Platzverhältnisse stark einschränkte, gleichzeitig aber wohltuend auf die Fahreigenschaften wirkte. Die solide Auslegung und Bauweise jedoch trieben das Gewicht in die Höhe, die Fahrleistungen litten darunter. So machte die namhafte Konkurrenz mit ihren preiswerteren Angeboten das Geschäft. Der größte Teil der vermutlich 276 gebauten Doretti trug eine Roadster-Karosserie, nur einige wenige sind als Coupé ausgeliefert worden.

Preise	1	2	3	4	5
Doretti, Rds	62.400	39.200	26.500	17.200	6.900

Motor/Antrieb	
Bauart	Vierzylinder (Reihe)
Lage/Antrieb	Front/Heck
Hubraum in cm³	1991
PS/min	90/4800
Vmax in km/h	165
Karosserie	
Bauart	Roadster, Coupé
Tragstruktur	Rohrrahmen
Material	Aluminium
Stückzahl und Marktsituation	
Produktionszahl	276
Verfügbarkeit	gegen null
Teilesituation	schwierig
Unterhaltskosten	mittel

Talbot (F) • 1902-1938, 1979-1986

Überaus wechselvoll war der Werdegang der Marke Talbot. Er beginnt mit einem Montagewerk in London, das Fahrzeuge der französischen Marke Clément allerdings zunächst nur importierte und unter dem Namen Clément-Talbot anbot – der Graf von Shrewsbury and Talbot war der Finanzier der Unternehmung. Zug um Zug baute Talbot jedoch eine eigene Automobilfertigung auf. Nach dem Ersten Weltkrieg verlor der Graf das Interesse an seinem Werk, das in der Folge vom französischen Autopionier Darracq übernommen wurde. Die STD-Gruppe aus Sunbeam, Talbot und Darracq entstand.

Mitte der Dreißiger übernahm Anthony Lago die Société des Automobiles Talbot, den französischen Zweig von Talbot. Nach dem Krieg hießen die Wagen Talbot Lago, sportlich-luxuriös knüpfte man an Vorkriegskonstruktionen an. Die Zeiten waren allerdings für solche Produkte nicht eben günstig. Wirtschaftliche Schwierigkeiten zeichneten sich bereits 1951 ab, die Produktionszahlen sanken von jährlich rund 400 Wagen im Jahr 1950 stetig. Zum 31. Dezember 1958 ging Talbot an Simca über.

Nachdem der PSA-Konzern Chrysler Europe übernommen hatte, belebte Peugeot die Marke Talbot wieder. Doch das Revival ab 1979 währte lediglich zwei Jahre. Heute nutzt Peugeot den Markennamen Talbot nicht mehr.

Talbot-Lago T 150-C SS Teardrop Coupé 1937-1938

Das Teardrop Coupé – deutsch unsagbar: das Tränen-Coupé, auf Französisch weit poetischer: Goutte d'Eau – beeindruckt bereits in seiner Form als reine Skulptur. Die exaltierte Ästhetik seiner Stromlinie, die mehr dekorativ als funktional sein wollte und vom französischen Karosseriebauer Figoni & Falaschi stammte, wirkt bis heute nach: Das Coupé tritt als Headliner (und Gewinner) vieler Concours d'Elegance auf. Figoni & Falaschi fertigte die Karosserie in verschiedenen Abwandlungen, nur zwei Exemplare jedoch besitzen vollständig geschlossene vordere Kotflügel mit in der Karosserie integrierten, übergitterten Scheinwerfern. Auch Chassis und die Motorisierungen unterschieden sich, Supersportwagen jedoch waren sie alle: Ihre Technik orientierte sich eng an den Rennwagen, mit denen Talbot-Lago in jenen Jahren reihenweise Grand-Prix-Siege einfuhr. Elf Exemplare sollen entstanden sein, darunter auch Cabriolets.

Bild: © Peter Braun

Preise	1	2	3	4	5
Lago/150C-SS Teardrop Coupé, Cpe	k.N.	k.N.	k.N.	k.N.	k.N.

Motor/Antrieb	
Bauart	Sechszylinder (Reihe)
Lage/Antrieb	Front/Heck
Hubraum in cm³	3994
PS/min	170/4100
Vmax in km/h	175
Karosserie	
Bauart	Coupé
Tragstruktur	Kastenrahmen
Material	Stahlblech/Aluminium
Stückzahl und Marktsituation	
Produktionszahl	k.A.
Verfügbarkeit	gegen Null
Teilesituation	sehr schwierig
Unterhaltskosten	hoch

Talbot Tagora (GL, GLS, DT, SX) 1980-1983

Aus den frühen siebziger Jahren stammen Idee und Konzept des Talbot Tagora, einer Limousine, die der Marke den Weg in die obere Mittelklasse ebnen sollte. Talbot war damals mit dem Markennamen Simca im Chrysler-Konzern integriert. Die modern gestylte Limousine, die Talbot auf dem Pariser Salon 1980 präsentiert hatte, überzeugte mit ihren ruhigen Linien und Flächen. Den Antrieb übernahm neben dem PRV-V6 ein 2,2-Liter-Vierzylinder, der mit obenliegender Nockenwelle und verlängertem Hub aus der Chrysler-Limousine übernommen worden war. Der insgesamt sehr durchschnittlich ausgefallene Tagora konnte die Kunden nur mit bescheidenem Erfolg umwerben. Heute ist er ein Nischen-Youngtimer für Liebhaber skurril-exzentrischer Fortbewegungsmittel, die unerkannt bleiben – kaum ein Betrachter erkannte sie als solche.

Bild: © Peugeot

Preise	1	2	3	4	5
Tagora (2,2 Liter), L4t	10.100	6.600	3.500	1.300	k.N.

Motor/Antrieb	
Bauart	Vierzylinder (Reihe), V6
Lage/Antrieb	Front/Heck
Hubraum in cm³	2156 bis 2664
PS/min	115/5400 bis 165/6000
Vmax in km/h	171 bis 195
Karosserie	
Bauart	Limousine (4-türig)
Tragstruktur	selbsttragend
Material	Stahlblech
Stückzahl und Marktsituation	
Produktionszahl	k. A.
Verfügbarkeit	schlecht
Teilesituation	schwierig
Unterhaltskosten	mittel

S T

Talbot Sunbeam Lotus 1979-1981

Ein Youngtimer mit hohem Potenzial zu außergewöhnlicher Wertsteigerung ist dieses Fahrzeug mit den drei Markennamen. Höchste Sportlichkeit ist garantiert, denn unter der Haube macht ein knapp 2,2 Liter großer Lotus-Vierzylinder mit 150 PS dem Kompaktwagen Dampf. Damit wurde der üblicherweise so arglose Kleinwagen zum wahren Tier. Dank Heckantrieb, dem Kenner zergeht es auf der Zunge, eignete sich der Talbot für den Rallye-Sport, was auch deutlich am Weltmeistertitel des Jahres 1981 (Guy Frequelin und Jean Todt) zu erkennen ist.

Bild: © Peugeot

Preise	1	2	3	4	5
Talbot Sunbeam Lotus, L3t	43.600	29.300	18.200	9.500	k.N.

Motor/Antrieb	
Bauart	Vierzylinder (Reihe)
Lage/Antrieb	Front/Heck
Hubraum in cm³	2172
PS/min	150/5750
Vmax in km/h	205
Karosserie	
Bauart	Limousine (3-türig)
Tragstruktur	selbsttragend
Material	Stahlblech
Stückzahl und Marktsituation	
Produktionszahl	2298
Verfügbarkeit	ausreichend
Teilesituation	schwierig
Unterhaltskosten	mittel

Talbot Samba Cabrio 1982-1986

Der 1981 lancierte Samba sollte bei der Neustrukturierung des Talbot-Angebots die Rolle des Kleinsten übernehmen – dabei war er aber nichts Anderes als ein facegelifteter zweitüriger Peugeot 104. Gleichwohl erwies sich das ein Jahr später auf den Markt gekommene Bügel-bewehrte Cabriolet als durchaus attraktives Angebot: Es war in den achtziger Jahren das billigste Cabrio auf dem Markt. Die Endmontage übernahm Pininfarina in Italien, wo auch die Gestaltung entstanden war. Das kompakte Fahrzeug überzeugte mit einer komfortablen Federung und war mit dem zunächst 72 PS, später sogar 79 PS starken, knapp 1,4 Liter großen Vierzylindermotor recht lebhaft motorisiert.

Bild: © Peugeot

Preise	1	2	3	4	5
Samba , Cab	10.300	7.000	4.400	2.200	900

Motor/Antrieb	
Bauart	Vierzylinder (Reihe)
Lage/Antrieb	Front/Front
Hubraum in cm³	1360
PS/min	72/5000 bis 79/5800
Vmax in km/h	170
Karosserie	
Bauart	Cabriolet
Tragstruktur	selbsttragend
Material	Stahlblech
Stückzahl und Marktsituation	
Produktionszahl	k. A.
Verfügbarkeit	ausreichend
Teilesituation	ausreichend
Unterhaltskosten	mittel

Tatra (CZ) • 1923-1999

Die lange Geschichte der Marke Tatra geht auf die Nesselsdorfer Wagenfabrik zurück, das erste Auto wurde dort bereits 1897 gebaut. Doch erst nach dem Ende des Ersten Weltkriegs, als das Gebiet tschechisch geworden war, wandelte das Unternehmen den Markennamen in Tatra.

Hans Ledwinka war von 1897 an Konstrukteur, unterbrochen allerdings von 1902 bis 1905 und von 1916 bis 1921. In diesen Phasen war er für andere Unternehmen, unter anderem Steyr, tätig. Der fortschrittliche Ingenieur setzte schon in den 1920er Jahren auf Zentralrohrrahmen, luftgekühlte Heckmotoren, Stromlinienform und Einzelradaufhängung.

Ab 1953 legte Tatra eine Verschnaufpause beim Automobilbau ein, das Unternehmen konzentrierte sich auf Nutzfahrzeuge. Der neue Tatra 603 war das Topmodell für die sozialistischen Würdenträger. Mit Detailverbesserungen hielt es sich fast zwanzig Jahre im Programm. Ab 1969 gab es den neuen Tatra 613 mit einer Karosserie von Vignale. 1999 zog sich Tatra aus dem Personenwagenbau zurück. Lastwagen werden allerdings weiterhin gebaut.

Bild: © Jürgen Schlegelmilch

Tatra 77, 77A, 87 1934-1950

Die schon 1937 als Tatra 77 vorgestellte Heckmotorlimousine wurde nur in Details verändert, um zehn Jahre später als Modell 87 weiterzuleben. Damals war man der Zeit so weit voraus gewesen, dass dies kein Manko darstellte: Tatra baute überaus stromlinienförmige Karosserien mit einem Cw-Wert von bereits 0,36 – aufbauend auf einem Zentralträgerrahmen aus Blechprofilen mit angeschweißten Bodenblechen, die als mittragendes Element der Karosserie dienten. Auffällig war der (ab 77A) dritte Frontscheinwerfer. Mit Einzelradaufhängung vorn und Pendelachse hinten zeigte sich das Fahrwerk durchaus auf der Höhe seiner Zeit. Allerdings gab sich der Wagen im Grenzbereich schwer berechenbar bis heimtückisch, zumal der luftgekühlte ohc-Achtzylinder die Heckschleudertendenz nachhaltig förderte. Die interessante Konstruktion fand ihre Liebhaber auch jenseits der östlichen Prominenz.

Preise	1	2	3	4	5
Typ 87, L4t	270.000	195.000	147.000	85.000	47.000

Motor/Antrieb	
Bauart	V8
Lage/Antrieb	Heck/Heck
Hubraum in cm³	2554, 2968, 3378
PS/min	60/3500 bis 95/5000
Vmax in km/h	145 bis 160
Karosserie	
Bauart	Limousine (4-türig), Cabriolet
Tragstruktur	Zentralträgerrahmen
Material	Stahlblech
Stückzahl und Marktsituation	
Produktionszahl	3023 (T87)
Verfügbarkeit	schlecht
Teilesituation	schwierig
Unterhaltskosten	mittel

Tatra 603 und 2-603 — 1956-1975

Das Konzept des urigen Typ 87 fand seine Fortsetzung fünf Jahre nach dessen Bauende mit dem Typ 603. Lange diente er als Staatslimousine, hatte aber einen gegenüber dem Vorgänger um rund einen halben Liter kleineren Motor, der nach wie vor im Heck platziert und luftgekühlt war. Die eindrucksvolle Front mit zwei Doppelscheinwerfern und die zur Motorbeatmung notwendigen Kiemen an den hinteren Wagenseiten sind Teil der überaus charakteristischen Optik. Zwar hatte Tatra die halbselbsttragende Bauweise durch eine selbsttragende Karosserie ersetzt, doch für laufende Modellpflege reichten die Finanzmittel nicht, vielleicht fehlte auch der Anreiz des Wettbewerbes eines offenen Marktes. So war schon der 1962 eingeführte 2-603 im Grunde technisch veraltet, was um so mehr gegen Ende der Bauzeit galt.

Preise	1	2	3	4	5
603, L4t	k.N.	k.N.	k.N.	k.N.	k.N.
2-603, L4t	59.700	40.200	28.800	18.000	7.200

Motor/Antrieb	
Bauart	V8
Lage/Antrieb	Heck/Heck
Hubraum in cm³	2545, 2472
PS/min	95/4800 bis 105/4800
Vmax in km/h	160 bis 165
Karosserie	
Bauart	Limousine (4-türig)
Tragstruktur	selbsttragend
Material	Stahlblech
Stückzahl und Marktsituation	
Produktionszahl	k. A.
Verfügbarkeit	ausreichend
Teilesituation	ausreichend
Unterhaltskosten	hoch

Tatra T 613 — 1969-1983

Mit Hilfe aus Italien gelang Tatra 1969 die Renovierung des angejahrten Modells 603, das dennoch bis 1975 gebaut wurde. Die neue, von Vignale geradlinig gezeichnete Karosserie mit ihrem Schrägheck zeigte Klasse und bot der Marke weiterhin einen höchst eigenständigen Auftritt. Die Technik zeigte konstruktive Parallelen zum Vorgänger, denn auch hier saß ein V8-Motor im Heck. Mit deutlich mehr Hubraum, jetzt 3,5 Liter, stieg die Leistung auf immerhin 165 PS. Der damit erreichbaren Fahrdynamik trug ein wesentlich modernisiertes Fahrwerk Rechnung: Die hintere Schräglenkerachse verbesserte das Fahrverhalten, auch der Komfort war merklich gestiegen. Preislich liegt der T 613 heute zwischen 2000 und 3000 Euro unter seinem Vorgänger 603, ist allerdings schwerer zu finden. Ebenso sind Ersatzteile für den T 613 seltener.

Preise	1	2	3	4	5
T 613, L4t	k.N.	35.700	27.100	15.100	6.500

Motor/Antrieb	
Bauart	V8
Lage/Antrieb	Heck/Heck
Hubraum in cm³	3495
PS/min	165/5200
Vmax in km/h	195
Karosserie	
Bauart	Limousine (4-türig)
Tragstruktur	selbsttragend
Material	Stahlblech
Stückzahl und Marktsituation	
Produktionszahl	k. A.
Verfügbarkeit	schlecht
Teilesituation	schwierig
Unterhaltskosten	hoch

Thurner (D) • 1969-1974

Versicherungskaufmann Rudolf Thurner realisierte seinen Traum vom eigenen Sportwagen im Allgäu. Auf der Basis des NSU 1200 mit NSU-Motorentechnik fertigte er einen an den legendären Porsche 904 erinnernden Zweisitzer mit Kunststoffkarosserie und Flügeltüren auf einem Stahlrohrrahmen. Das Leichtgewicht war recht ordentlich verarbeitet. Die Idee eines weiteren Wagens gab es nur auf dem Papier: Mit abgewandeltem VW 1303-Fahrgestell und Zweiliter-Einspritzmotor sollte er den RS noch übertreffen …

RT

T

Thurner RS — 1969-1974

Doppelscheinwerfer hinter Plexiglas und Flügeltüren machten den Thurner RS zur Attraktion. Das 3,95 Meter lange Auto war auf der um zehn Zentimeter verkürzten Basis des NSU 1200 C entstanden. Die niedrige Karosserie duckte sich 1,10 Meter flach über den Asphalt und kostete 13.500 bis 15.600 Mark. Im Angebot war auch eine Rennausführung mit 135 PS starkem Abt-Tuningmotor für stolze 30.000 Mark. Das 640 Kilogramm schwere Straßenmodell kam mit dem 65 PS starken 1,2-Liter-Motor auf eine Spitze von 180 km/h.

Preise	1	2	3	4	5
Thurner RS, Cpe	k.N.	69.000	44.000	25.000	k.N.

Motor/Antrieb	
Bauart	Vierzylinder (Reihe)
Lage/Antrieb	Heck/Heck
Hubraum in cm³	1177
PS/min	65/5500, 135
Vmax in km/h	180
Karosserie	
Bauart	Coupé
Tragstruktur	Rohrrahmen
Material	Kunststoff
Stückzahl und Marktsituation	
Produktionszahl	ca. 120
Verfügbarkeit	schlecht
Teilesituation	ausreichend
Unterhaltskosten	mittel

Bild: © Mario De Rosa

Toyota (JAP) • seit 1937

Kiichiro Toyoda, Besitzer einer der großen Hersteller von Webereimaschinen in Japan, entwickelte ab September 1932 einen ersten Prototyp, der allerdings noch wenig Erfolg brachte. Immerhin gründete man 1937 die Firma Toyota Motor Co. Die erste, von Packard inspirierte Fabrik nahm 1938 den Betrieb auf. Nach dem Krieg rettete ein Bankenkonsortium Toyota vor dem Konkurs, worauf das Unternehmen dann schnell am Aufschwung teilnahm.

1957 begann der Export nach Amerika, zunächst erfolglos, nach dem Neustart 1965 allerdings mit guter Resonanz. Als Nutzfahrzeugmarke erwarb Toyota 1966 den Marktführer Hino, 1967 kamen Teile der Firma Daihatsu dazu. In Deutschland wurden Toyota ab 1971 verkauft. Als zusätzliche Luxusmarke gründete Toyota die Firma Lexus, der vor allem in Amerika viel Zuspruch zuteil wird. Zukäufe anderer Unternehmen lehnt Toyota aus Prinzip ab: Die Japaner besinnen sich lieber auf die eigene Kraft bei der Umsetzung ihrer Ziele. Und das funktioniert, wie man sehen kann, auch in einem globalisierten Markt bestens.

TOYOTA

Nichts ist unmöglich: Toyota.

Toyota Land Cruiser BJ 40 — 1967-1984

In zahlreichen Ausführungen lieferte Japans größte Automobilfabrik einen Geländewagen eigener Konstruktion. Es gab drei verschiedene Radstände, nach Deutschland kamen die schon länger gebauten Fahrzeuge ab 1975 mit zwei Motoren: als 4,2 Liter großer Benziner mit 122 PS oder als Dreiliter-Diesel mit 76 PS. Mit überlegenen Eigenschaften im Gelände und einer sprichwörtlichen Robustheit konnte er sich vor allem in der dritten Welt durchsetzen. Der Allradantrieb kam ohne Differenzialsperren aus, die Kraftübertragung übernahmen je nach Wahl ein Dreigang- oder Vierganggetriebe mit zusätzlicher Geländeübersetzung.

Bild: © Toyota

Preise	1	2	3	4	5
Land Cruiser J4 (Ser. 1977-1984), Glw	44.000	26.000	17.700	7.900	2.500

Motor/Antrieb	
Bauart	Vier-/Sechszylinder (Reihe)
Lage/Antrieb	Front/4x4
Hubraum in cm³	2977 bis 4230
PS/min	76/4000 bis 122/3600
Vmax in km/h	110 bis 155
Karosserie	
Bauart	Kombi (3-türig)
Tragstruktur	Kastenrahmen
Material	Stahlblech
Stückzahl und Marktsituation	
Produktionszahl	k. A.
Verfügbarkeit	gut
Teilesituation	gut
Unterhaltskosten	hoch

Toyota Land Cruiser Station FJ 55 — 1967-1981

Technisch unterschied sich der Station genannte lange Land Cruiser nur geringfügig vom kurzen Modell. Auffällig ist die andere Gestaltung mit der eigenwilligen Front und den angedeuteten Kotflügeln. Bei dem äußerst robusten Fahrzeug – vorne wie hinten führten blattgefederte Starrachsen die Räder – mussten die Passagiere mit einem Minimum an Komfort zufrieden sein. Das Design folgt konsequent der Funktion, Sinn für Gags und Spielereien hatte Toyota damals nicht. In Deutschland wurde der FJ 55 ab 1977 angeboten, allerdings nur mit dem großen Benzinmotor, der Diesel war hierzulande nicht im Programm.

Bild: © Toyota

Preise	1	2	3	4	5
Land Cruiser J5 (Ser. 1977-1981), Kom	64.500	38.300	26.000	11.700	4.600

Motor/Antrieb	
Bauart	Sechszylinder (Reihe)
Lage/Antrieb	Front/4x4
Hubraum in cm³	3878 bis 4230
PS/min	122/3600 bis 135/3800
Vmax in km/h	125 bis 155
Karosserie	
Bauart	Kombi (3-türig), Kombi (5-türig)
Tragstruktur	Kastenrahmen
Material	Stahlblech
Stückzahl und Marktsituation	
Produktionszahl	k. A.
Verfügbarkeit	ausreichend
Teilesituation	gut
Unterhaltskosten	mittel

Toyota 2000 GT — 1967-1970

Um die eigene Kompetenz zu beweisen, stellte Toyota 1967 ein Supermodell auf die Räder. Völlig unerwartet zeigten die Japaner in einer Zeit, als ihre Serienmodelle in verchromtem Barock auftraten, mit dem 2000 GT eine Ausnahmeerscheinung. Die dynamisch-elegante Karosserie mit langer Schnauze und kurzem Heck hatte Graf Albrecht von Goertz gezeichnet. Unter der Haube wirkte ein filigraner Reihensechszylindermotor, den Yamaha konstruiert hatte. Mit zwei obenliegenden Nockenwellen holte er aus zwei Litern Hubraum 150 PS. Damit erreichte der Wagen sehr gute Fahrleistungen und konnte als Imageträger den Boden für profanere Exportmodelle vorbereiten. Mit nur 337 gebauten Fahrzeugen, die vornehmlich für den Heimatmarkt bestimmt waren, blieb der Ausstoß denkbar gering. Die heute gezahlten Sammlerpreise sind durchaus auf Ferrari-Niveau.

Bild: © Toyota

Preise	1	2	3	4	5
2000 GT, Cpe	800.000	610.000	420.000	k.N.	k.N.

Motor/Antrieb	
Bauart	Sechszylinder (Reihe)
Lage/Antrieb	Front/Heck
Hubraum in cm³	1988
PS/min	150/6600
Vmax in km/h	220
Karosserie	
Bauart	Coupé
Tragstruktur	Zentralträgerrahmen
Material	Stahlblech
Stückzahl und Marktsituation	
Produktionszahl	337
Verfügbarkeit	gegen null
Teilesituation	sehr schwierig
Unterhaltskosten	hoch

Toyota Corona Mark II 1900 — 1968-1972

1968 startete der Händler Walter Hagen in Krefeld mit dem Verkauf von Toyota-Modellen, offiziell importierten die Japaner erst 1971 nach Deutschland. Zunächst versuchte der Corona 1900 als viertürige Stufenheck-Limousine sowie als Hardtop – in diesem Fall ein Coupé – Fuß zu fassen. Mit 4,3 Metern Länge wog der Wagen 1060 Kilogramm, seine 87 PS beschleunigten ihn auf immerhin 160 km/h. Das Fahrwerk besaß vorn einzeln geführte Räder, hinten kam eine Starrachse mit Halbelliptikfedern zum Einsatz. Das Vierganggetriebe leitete die Kraft an die Hinterräder. Ein Jahr Garantie über 20.000 Kilometer waren ein viel versprechendes Wort, doch der Fahrkomfort und die Lenkung des 8900 Mark (Limousine) teuren Wagens (Coupé 9700 Mark) standen in der Kritik. Das Facelift vom Herbst 1971 hatte nur ein Jahr lang Bestand: Dann stand der Corona 2000 zur Ablösung in den Startlöchern.

Bild: © Toyota

Preise	1	2	3	4	5
Corona MkII, L4t	k.N.	11.600	6.600	2.400	k.N.

Motor/Antrieb	
Bauart	Vierzylinder (Reihe)
Lage/Antrieb	Front/Heck
Hubraum in cm³	1858
PS/min	87/5500
Vmax in km/h	160
Karosserie	
Bauart	Limousine (4-türig), Coupé
Tragstruktur	selbsttragend
Material	Stahlblech
Stückzahl und Marktsituation	
Produktionszahl	k. A.
Verfügbarkeit	gegen null
Teilesituation	schwierig
Unterhaltskosten	mittel

Toyota Celica (Celica LT, ST, GT, TA 22, TA 23) — 1970-1978

Mit etwas barockem Kleid zielte der 1970 in Tokio präsentierte Celica auf das populäre Marktsegment sportlicher Mittelklasse-Coupés. Besonders überzeugend war das ausgezeichnete Preis-Leistungs-Verhältnis und die herausragende Produktqualität des Celica, der technisch dem Carina entsprach. Einstiegsmodell war der LT mit 79 PS, serienmäßig mit Fünfganggetriebe und vorderen Scheibenbremsen bestückt. Ab 1972 ergänzte der stärkere Celica ST das Angebot, die Baureihe erhielt ein leichtes Facelift: Entlüftungsschlitze auf der Motorhaube, neuer Kühlergrill, neue Schriftzüge. Topmodell der Baureihe wurde 1973 der Celica GT mit 108 PS, was am schwarzen Kühlergrill und chromgefassten Radläufen zu erkennen war. Die zweite Serie Celicas wurde zwischen 1976 und 1978 angeboten, sie war äußerlich kaum zu unterscheiden.

Bild: © Toyota

Preise	1	2	3	4	5
Celica TA 22, Cpe	34.000	22.100	13.900	5.300	2.700
Celica TA 23, Cpe	31.600	20.500	12.900	4.800	2.600

Motor/Antrieb	
Bauart	Vierzylinder (Reihe)
Lage/Antrieb	Front/Heck
Hubraum in cm³	1588, 1968
PS/min	79/5400 bis 120/5800
Vmax in km/h	165 bis 195
Karosserie	
Bauart	Coupé, Kombi-Coupé
Tragstruktur	selbsttragend
Material	Stahlblech
Stückzahl und Marktsituation	
Produktionszahl	k. A.
Verfügbarkeit	gut
Teilesituation	ausreichend
Unterhaltskosten	mittel

Toyota Carina 1600 — 1971-1978

Der Limousinenableger der Celica kam mit der gleichen Technik als geräumiger Mittelklasse-Viertürer nach Deutschland und konnte auf Anhieb überzeugen. Das Design wurde in der siebenjährigen Bauzeit mehrfach modifiziert, die Technik wurde jeweils übernommen. Mit solider Technik zu günstigen Preisen (ab 9350 Mark) wurden auch flotte Fahrleistungen geboten: Die knapp 80 PS aus 1,6 Litern Hubraum trieben die weniger als 1000 Kilogramm schwere Limousine auf rund 150 Stundenkilometer Spitze. Selbst das Fahrwerk konnte mit McPherson-Federbeinen vorn und der Starrachse mit Schraubenfedern hinten den Anforderungen gerecht werden. Hinterradantrieb und Vierganggetriebe waren damals noch Selbstverständlichkeiten – getönte Scheiben, Drehzahlmesser und verschließbarer Tankdeckel in Serie waren dagegen durchaus erwähnenswert.

Bild: © Toyota

Preise	1	2	3	4	5
Carina 1.6 (Ser. 1971-1978), L4t	k.N.	6.600	3.600	1.700	k.N.

Motor/Antrieb	
Bauart	Vierzylinder (Reihe)
Lage/Antrieb	Front/Heck
Hubraum in cm³	1588
PS/min	75/5400 bis 86/5600
Vmax in km/h	150 bis 160
Karosserie	
Bauart	Limousine (4-türig)
Tragstruktur	selbsttragend
Material	Stahlblech
Stückzahl und Marktsituation	
Produktionszahl	k. A.
Verfügbarkeit	schlecht
Teilesituation	schwierig
Unterhaltskosten	mittel

Toyota Corolla 1200 — 1971-1975

Seit 1966 hatte Toyota den Corolla im Programm, ein Kleinwagen mit 1,1 Litern Hubraum. Ablösung für ihn kam nach vier Jahren im Mai 1970. Mit etwas Zeitverzögerung war dieses Modell dann auch bei den ersten nach Deutschland exportierten Wagen. Das simple Starrachsfahrwerk war zwar etwas unkomfortabel, doch der robuste Motor mit 1166 cm³ und 58 PS sorgte für muntere Fahrleistungen, die bei höheren Geschwindigkeiten lautstark von der Mechanik und Windgeräuschen kommentiert wurden. Gute Ausstattung und solide Verarbeitung für rund 6900 bis 7650 Mark (Coupé) bot die Kadett/Escort-Alternative aus Fernost. Das Facelift im Herbst brachte einen geänderten Grill, ab Frühjahr 1972 war auch ein dreitüriger Kombi zusätzlich im Angebot. Im Herbst 1974 endete der Import von Coupé und Kombi wieder, die Motorleistung der Limousine sank auf 55 PS. Ab März 1975 kam der neue Corolla nach Deutschland.

Bild: © Toyota

Preise	1	2	3	4	5
Corolla 1200, Cpe	k.N.	8.900	5.300	2.100	k.N.

Motor/Antrieb	
Bauart	Vierzylinder (Reihe)
Lage/Antrieb	Front/Heck
Hubraum in cm³	1166
PS/min	55/5600 bis 58/6300
Vmax in km/h	145
Karosserie	
Bauart	Lim (2-/4-türig), Cpe, Kom (3-türig)
Tragstruktur	selbsttragend
Material	Stahlblech
Stückzahl und Marktsituation	
Produktionszahl	k. A.
Verfügbarkeit	schlecht
Teilesituation	schwierig
Unterhaltskosten	mittel

Toyota Corona Mark II 2000 — 1972-1977

Die Japaner suchten nach einem geeigneten Erscheinungsbild ihrer Fahrzeuge und lehnten sich an den amerikanischen Zeitgeschmack an. Dass dies den europäischen Nerv nicht unbedingt traf, zeigte sich an den anfangs recht bescheidenen Stückzahlen. Der Corona 2000 zeigte ein leicht überarbeitetes Fahrwerk mit Schraubenfedern und Längslenkern statt Blattfedern, der Motor war auf knapp zwei Liter vergrößert und leistete nun 89 PS bei moderaten 4900/min. Im Juli 1975 brachte eine Modellpflege mehr Gepäckraum, Automatik-Sicherheitsgurte, 14-Zoll-Räder und allerlei optische Änderungen. Die vollständige Ausstattung bis hin zu Sitzen beim Zweitürer, die beim Einstieg in den Fond vorrutschten und anschließend wieder in ihre alte Position zurückfanden, überzeugte über die Bauzeit auch zunehmend deutsche Käufer.

Bild: © Toyota

Preise	1	2	3	4	5
Corona Mk II 2000, Cpe	k.N.	11.300	6.200	2.800	k.N.

Motor/Antrieb	
Bauart	Vierzylinder (Reihe)
Lage/Antrieb	Front/Heck
Hubraum in cm³	1968
PS/min	89/4900
Vmax in km/h	165
Karosserie	
Bauart	Limousine (4-türig), Coupé
Tragstruktur	selbsttragend
Material	Stahlblech
Stückzahl und Marktsituation	
Produktionszahl	k. A.
Verfügbarkeit	gegen null
Teilesituation	schwierig
Unterhaltskosten	mittel

Toyota Crown — 1973-1983

Toyotas Crown erreichte 1973 eine neue Stufe seiner Evolution. Das Topmodell des japanischen Konzerns war eine geräumige Limousine, angetrieben von einem Sechszylinder-Motor. Das Äußere folgte zunächst den barocken Tendenzen der frühen siebziger Jahre: Viel Chromschmuck umgab die Karosserie, besonders auffällig waren die hochgezogenen Stoßstangen und die in die Motorhaube integrierten Blinker. Insgesamt gab sich das Styling sehr dem amerikanischen Geschmack hin und fand in Europa deswegen nur wenig Anhänger – mit der Ausnahme der Schweiz, in der sich heute noch eher große Toyotas finden lassen als in Deutschland. Die zwischen zwei und 2,6 Liter großen Vier- und Sechszylinder trieben drei Karosserievarianten an: Neben der viertürigen Limousine bot Toyota eine Hardtop genannte Coupé-Version und einen Kombi an.

Bild: © Toyota

Preise	1	2	3	4	5
Crown 2.6, L4t	k.N.	9.300	5.400	2.700	k.N.

Motor/Antrieb	
Bauart	Vier-/Sechszylinder (Reihe)
Lage/Antrieb	Front/Heck
Hubraum in cm³	1988, 2563
PS/min	98/5200, 140/5400
Vmax in km/h	140 bis 180
Karosserie	
Bauart	Lim (4-türig), Coupé, Kombi (5-türig)
Tragstruktur	Kastenrahmen
Material	Stahlblech
Stückzahl und Marktsituation	
Produktionszahl	k. A.
Verfügbarkeit	gegen null
Teilesituation	sehr schwierig
Unterhaltskosten	hoch

Toyota Celica (TA/RA 40) — 1977-1982

Auch die Nachfolge-Generation des Celica basierte wieder auf dem Carina, doch stilistisch hatte sich das Coupé der Zeit angepasst und präsentierte sich mit wohltuend gestrafften Linien. Klare Formen ohne übertriebenen Schnickschnack prägten die Erscheinung, die aber schon zwei Jahre später mit Rechteck-Doppelscheinwerfern modifiziert wurde. Die komplette Ausstattung sorgte weiterhin für ein gutes Preis/Leistungsverhältnis, doch trotz vergrößerter Innenraumabmessungen blieb der Wagen ein 2+2-Sitzer. Vom versicherungsgerechten 75-PS-Modell bis zum sportlichen Zweiliter mit 123 PS wurden alltagstaugliche, robuste Triebwerke offeriert. Schon 1980 wurde dem Celica eine umfassende Modellpflege zuteil. PR-trächtige Aktionen gelangen auch: Achim Warmbold konnte die Deutsche Rallye-Meisterschaft auf einem Celica GT gewinnen.

Bild: © Toyota

Preise	1	2	3	4	5
Celica 1.6 ST Liftback, Cpe	k.N.	12.400	6.700	2.900	1.100

Motor/Antrieb	
Bauart	Vierzylinder (Reihe)
Lage/Antrieb	Front/Heck
Hubraum in cm³	1588, 1968
PS/min	75/5200 bis 123/5800
Vmax in km/h	165 bis 195
Karosserie	
Bauart	Coupé, Kombi-Coupé
Tragstruktur	selbsttragend
Material	Stahlblech
Stückzahl und Marktsituation	
Produktionszahl	k. A.
Verfügbarkeit	gut
Teilesituation	sehr gut
Unterhaltskosten	mittel

Toyota Corolla III — 1975-1979

Die dritte Corolla-Generation erreichte 1975 Deutschland, ein Jahr nach ihrem Antritt in Japan. Sie zeigte sich gewachsen und europäischer, zudem fertigte Toyota den Corolla III in zahlreichen Karosserievarianten, unter anderem als fünftürigen Kombi oder Hardtop-Coupé, das allerdings nicht nach Deutschland kam. Als Motorisierung mussten sich die Kunden hierzulande zunächst mit einem kleinen 1,2-Liter-Motor begnügen; die potenteren 1,4- und 1,6-Liter-Versionen behielt Toyota anderen Märkten vor. Unausgewogen schien die Ausstattung, die zwar Teppiche und eine heizbare Heckscheibe bot, aber dafür mit schweißtreibendem Kunstleder nervte und eine Windschutzscheibe aus Verbundglas selbst gegen Aufpreis nicht vorsah. 1976 legte Toyota den Liftback nach, eine Schrägheck-Version mit praktischer, großer Heckklappe. Den sportiv auftretenden Dreitürer gab es auch mit dem agileren 1,6-Liter-Motor.

Bild: © Toyota

Preise	1	2	3	4	5
Corolla Liftback 1.2, L3t	k.N.	6.700	3.700	1.300	k.N.

Motor/Antrieb	
Bauart	Vierzylinder (Reihe)
Lage/Antrieb	Front/Heck
Hubraum in cm³	1166, 1588
PS/min	55/5600 bis 84/5400
Vmax in km/h	140 bis 160
Karosserie	
Bauart	Lim (4-türig), Kom, Cpe, Kom-Cpe
Tragstruktur	selbsttragend
Material	Stahlblech
Stückzahl und Marktsituation	
Produktionszahl	k.A.
Verfügbarkeit	schlecht
Teilesituation	schlecht
Unterhaltskosten	niedrig

Toyota Cressida 1977-1981

Als neues Spitzenmodell der Marke wurde 1977 der Cressida eingeführt. Die 4,53 Meter lange Limousine hatte ein einfaches Fahrwerk mit Starrachse hinten, die mit Schraubenfedern und Längslenkern bestückt war. Die Kombiversion musste sich mit Blattfedern begnügen. Als weitere Alternative bot Toyota auch ein Coupé an, allen drei Versionen ist der Zweiliter-Reihenmotor gemeinsam, der mit seinen 90 PS die Cressida-Varianten auf rund 160 km/h beschleunigte. Mit dem Facelift 1979 erhielt die GL-Ausstattung nicht nur ein Fünfganggetriebe, sondern auch eine verstellbare Lenksäule, Warnton für nicht abgeschaltetes Licht und fernentriegelbare Heck- und Tankklappe. Der Grundpreis war von knapp 14.500 Mark auf inzwischen fast 17.000 Mark geklettert. Auch der 1981 eingeführte Nachfolger gleichen Namens bot die identische, konservative Technik.

Bild: © Toyota

Preise	1	2	3	4	5
Cressida, Cpe	k.N.	8.500	4.900	2.300	k.N.

Motor/Antrieb	
Bauart	Vierzylinder (Reihe)
Lage/Antrieb	Front/Heck
Hubraum in cm³	1967
PS/min	90/5000
Vmax in km/h	160
Karosserie	
Bauart	Lim (4-türig), Kombi (5-türig), Coupé
Tragstruktur	selbsttragend
Material	Stahlblech
Stückzahl und Marktsituation	
Produktionszahl	k. A.
Verfügbarkeit	ausreichend
Teilesituation	ausreichend
Unterhaltskosten	mittel

Toyota Tercel (L10) 1978-1982

Mit dem Tercel, der 1979 auf dem Genfer Salon Europapremiere feierte, brachte Toyota eine Art Weltauto auf den Markt. In Asien, Nordamerika und Europa war der erste Fronttriebler von Toyota (allerdings weiterhin traditionell mit längs und nicht quer montierten Motoren) unter verschiedenen Namen und Ausführungen im Angebot – er hieß unter anderem auch Corolla II, Corolla Tercel oder Corsa. Nicht nach Deutschland lieferte Toyota zudem eine Schrägheck-Variante mit großem Glasheckdeckel. Der Tercel profitierte von neu konstruierten Triebwerken, von denen zunächst nur der 1,3-Liter-Vierzylinder mit agilen 65 PS für die Exporte nach Europa ausgewählt wurde, wahlweise stand bereits ein Fünfganggetriebe zur Verfügung. Ungewöhnlich für die Klasse war Ende der 1970er Jahre auch die Schräglenker-Hinterachse. Bereits 1980 gönnte Toyota dem Tercel ein Facelift. Der ungewöhnliche Name Tercel steht übrigens für einen männlichen Falken.

Bild: © Toyota

Preise	1	2	3	4	5
Tercel, L4t	k.N.	5.500	2.900	1.400	k.N.

Motor/Antrieb	
Bauart	Vierzylinder (Reihe)
Lage/Antrieb	Front/Front
Hubraum in cm³	1296
PS/min	65/5400
Vmax in km/h	150
Karosserie	
Bauart	Limousine (2-/4-türig), Kombi-Coupé
Tragstruktur	selbsttragend
Material	Stahlblech
Stückzahl und Marktsituation	
Produktionszahl	k.A.
Verfügbarkeit	ausreichend
Teilesituation	schlecht
Unterhaltskosten	niedrig

Toyota Corolla (E70) 1979-1983

Der Erfolg gab Toyota recht: Der Corolla verkaufte sich blendend. Er mauserte sich zum Weltauto, das auch in Europa zunehmend gut ankam. Seine hohe Zuverlässigkeit festigte seinen Ruf. 1979 sollte der kantige und sachliche Auftritt der neuen Corolla-Generation besonders Europäer ansprechen, dazu erhielt der Corolla mehr Innenraum bei nahezu unveränderten Außenmaßen. Hinten blieb ihm die trampelige, immer wieder kritisierte Starrachse, auch wenn sie nun, verglichen mit dem Vorgänger, besser geführt und gefedert war. Unter dem Blech arbeiteten neue Motoren, mit Ausnahme des 1,6-Liter-Triebwerks, das auf der Vorgänger-Version basiert. Sogar sportive SE- und GT-Varianten bot Toyota an, allerdings nur bis 1982. Im März desselben Jahres griff auch eine Modellpflege, die den Corolla mit neuem Grill und Scheinwerfern sowie anderen Rückleuchten modernisierte.

Bild: © Toyota

Preise	1	2	3	4	5
Corolla 1.6 (E70), L4t	k.N.	5.700	3.300	1.400	k.N.

Motor/Antrieb	
Bauart	Vierzylinder (Reihe)
Lage/Antrieb	Front/Heck
Hubraum in cm³	1290, 1588, 1839
PS/min	58/4500 bis 110/6200
Vmax in km/h	140 bis 185
Karosserie	
Bauart	Lim (4-türig), Kom, Cpe, Kom-Cpe
Tragstruktur	selbsttragend
Material	Stahlblech
Stückzahl und Marktsituation	
Produktionszahl	k.A.
Verfügbarkeit	schlecht
Teilesituation	schlecht
Unterhaltskosten	niedrig

T

Toyota Corolla (E80) 1983-1987

Wie viele andere Hersteller in jener Zeit stellte Toyota seine Massenmodelle von Heck- auf Frontantrieb um. Dies betraf auch den Corolla, der 1983 seine mittlerweile fünfte Auflage erlebte. Die leichten Fahrzeuge (alle unter 1000 Kilogramm) galten auch aufgrund der neuen Motoren als verhältnismäßig sparsam, obwohl die Gemischaufbereitung noch durchweg ein Vergaser erledigte. Eine 64 PS starke Diesel-Version mit gut 1,8 Litern Hubraum spielte nur eine Nebenrolle. Äußerst vielseitig zeigten sich die Karosserien: Toyota lieferte den Corolla als Limousine mit Stufen- wie Fließheck, zudem gab es einen Kombi und eine kurze Version, die Toyota Compact nannte. Dazu kam ein eigenständiges Coupé, das es wiederum in zwei Formen gab – mit Stummel-Stufenheck oder einer schrägen, großen Heckklappe. Als GT leistete dieses sportliche Corolla-Format 124 PS.

Bild: © Toyota

Preise	1	2	3	4	5
Corolla 1.6 (E80), L4t	k.N.	4.400	2.700	1.600	k.N.

Motor/Antrieb	
Bauart	Vierzylinder (Reihe)
Lage/Antrieb	Front/Front
Hubraum in cm³	1295, 1587, 1839
PS/min	64 bei 4500 bis 124 bei 6600
Vmax in km/h	150 bis 195
Karosserie	
Bauart	Limousine (2-/4-/5-türig), Coupé, Kombi
Tragstruktur	selbsttragend
Material	Stahlblech
Stückzahl und Marktsituation	
Produktionszahl	k.A.
Verfügbarkeit	ausreichend
Teilesituation	gut
Unterhaltskosten	niedrig

Toyota Celica ST, XT, GT (TA6) 1982-1985

Die dritte Auflage des Toyota-Mittelklasse-Coupés fiel mit ihren markanten Scheinwerfern auf, die in Ruhestellung schräg in der aerodynamischen Frontmaske ruhten – der c_W-Wert lag bei beeindruckenden 0,34. Neben einem klassischen Zweitürer mit Stufenheck gab es einen Liftback mit Schrägheck und großer Klappe. Zudem lieferte Toyota drei Ausstattungspakete (ST, XT und GT) sowie verschiedene Vierzylinder mit 1,6 und 2,0 Litern Hubraum. Bereits 1983 folgte ein Facelift mit geänderter Front, bei der zwar die Schräge blieb, die Scheinwerfer jedoch voll versenkt waren. Neu war auch der moderne 1,6 Liter große 16V-Motor mit 124 PS, der den mit 105 PS schwächeren Zweiliter ablöste. Zeit war's: Das alte Triebwerk mit seitlicher Nockenwelle war nicht mehr auf der Höhe der Zeit. Gleiches galt für die hinteren Starrachsen, mit denen Toyota die Basis-Modelle noch ausstattete. Allein der GT zeigte sich beim Fahren dank seiner Schräglenker-Konstruktion deutlich agiler und sicherer.

Bild: © Toyota

Preise	1	2	3	4	5
Celica 2.0 GT, Cpe	k.N.	9.600	5.100	2.200	800

Motor/Antrieb	
Bauart	Vierzylinder (Reihe)
Lage/Antrieb	Front/Heck
Hubraum in cm³	1588, 1968, 1972
PS/min	86/5400 bis 124/5400
Vmax in km/h	169 bis 190
Karosserie	
Bauart	Coupé (2-/3-türig)
Tragstruktur	selbsttragend
Material	Stahlblech
Stückzahl und Marktsituation	
Produktionszahl	k.A.
Verfügbarkeit	ausreichend
Teilesituation	ausreichend
Unterhaltskosten	mittel

Toyota Celica Supra 2.8i (TA6) 1982-1985

Als Top-Variante (und zwar eine, die erheblichen Abstand zum Rest hielt) lancierte Toyota auch in dieser Celica-Baureihe wieder den Supra. Bereits im Herbst 1981 wurde sie gezeigt, und sie hob sich besonders durch ihren 2,8 Liter großen Sechszylinder-Reihenmotor von den Standardmodellen ab. Auch optisch trug sie andere Details, zum Beispiel an der Frontmaske oder in der Seitenansicht. Technisch zog Toyota auch beim Fahrwerk nach, vier innenbelüftete Scheibenbremsen, ein Sperrdifferenzial und eine Servolenkung zählten zur Serienausstattung des Supra. Auf Wunsch gab es eine elektronisch geregelte, selbst entwickelte Automatik. Ein Jahr vor Produktionsende erhielten alle Supra einen technologischen Gimmick, der damals als Sonderklasse galt: eine digitale Geschwindigkeits- und Drehzahlanzeige.

Bild: © Toyota

Preise	1	2	3	4	5
Celica Supra, Cpe	k.N.	15.300	8.700	3.200	k.N.

Motor/Antrieb	
Bauart	Sechszylinder (Reihe)
Lage/Antrieb	Front/Heck
Hubraum in cm³	2740
PS/min	170/5600
Vmax in km/h	210
Karosserie	
Bauart	Coupé (2-türig)
Tragstruktur	selbsttragend
Material	Stahlblech
Stückzahl und Marktsituation	
Produktionszahl	k.A.
Verfügbarkeit	ausreichend
Teilesituation	ausreichend
Unterhaltskosten	mittel

Toyota MR2 (W10) 1984-1989

Das kryptische Kürzel des neuen Sportwagens vermied jede Emotion, dabei hatte es Toyota nicht zufällig gewählt: Es steht für „mid-ship engined, rearwheel driven, 2-seater" – abgekürzt MR2. Keine Frage, das sind beste Zutaten für echten Fahrspaß auf vier Rädern, und wer sich an dem kantigen Japan-Look nicht zu sehr störte, erhielt mit dem MR2 ab 1985 ein ausgewogenes Mittelmotor-Coupé, das gut am Gas hing und ungefilterten Fahrspaß bot – auf Wunsch sogar mit herausnehmbarem Dachteil aus Glas. Den einzigen Fehler schien Toyota tatsächlich mit der Namenswahl gemacht zu haben: Besonders unglücklich klang das Kürzel auf französisch – emm-er-döh, wie merde oder merdeux, was zu Deutsch nichts anderes bedeutet als „Scheiße" und „Rotzlöffel".

Bild: © Toyota

Preise	1	2	3	4	5
MR2 (W1), HD	k.N.	15.200	8.800	4.900	2.000

Motor/Antrieb	
Bauart	Vierzylinder (Reihe)
Lage/Antrieb	Mitte/Heck
Hubraum in cm³	1587
PS/min	116/6600, 124/6600
Vmax in km/h	ca. 195
Karosserie	
Bauart	Coupé
Tragstruktur	selbsttragend
Material	Stahlblech
Stückzahl und Marktsituation	
Produktionszahl	ca. 163.000
Verfügbarkeit	ausreichend
Teilesituation	gut
Unterhaltskosten	niedrig

Toyota MR2 (W20) 1989-1999

Die zweite Auflage des MR2 präsentierte Toyota 1989 als deutlich gewachsenes Modell: Um 22 Zentimeter war das Coupé in die Länge gegangen, um drei Zentimeter in die Breite. Dafür bot es ein spürbares Plus auf der technischen Seite: Mit 2 Litern Hubraum lieferten die weiterhin zentral montierten Vierzylinder wahlweise 156 und 170 PS. Für den japanischen Markt gab es sogar eine Turbo-Variante mit 245 PS, die als Grauimport auch nach Deutschland kam. Weitere (auch deutlich schwächere) Versionen fertigte Toyota für Nordamerika. Besonders reizvoll war die weiterhin lieferbare Karosserievariante mit herausnehmbarem Dachteil. Grundsätzlich trug der MR2 einen üppigen, freistehenden Heckspoiler. 1992 optimierte Toyota nach Medienkritik wegen allzu tückischen Übersteuerns des MR2 die Radaufhängungen und Reifen – was fahraktive Fans wiederum bedauerten. 1993 zeigte sich der MR2 optisch überarbeitet, 1996 und 1998 folgten weitere, kleine Modifikationen.

Bild: © Toyota

Preise	1	2	3	4	5
MR2 (W2), HD	k.N.	14.700	8.500	4.900	2.200

Motor/Antrieb	
Bauart	Vierzylinder (Reihe)
Lage/Antrieb	Mitte/Front
Hubraum in cm³	1998
PS/min	156 bei 7000 bis 170 bei 7000
Vmax in km/h	200 bis 225
Karosserie	
Bauart	Coupé (auch mit entfernbarem Dachteil)
Tragstruktur	selbsttragend
Material	Stahlblech
Stückzahl und Marktsituation	
Produktionszahl	ca. 137.000
Verfügbarkeit	ausreichend
Teilesituation	gut
Unterhaltskosten	mittel

Toyota Celica Turbo 4WD 1989-1993

Toyota wollte es wissen: 1989 steckten die Japaner alles an Technik in ihr Sportcoupé Celica, was schick und teuer war. Dazu zählten ein Turbo-Vierventiler, bei dessen Entwicklung Yamaha geholfen hatte, und permanenter Allradantrieb mit zentraler Visco-Sperre sowie einem selbstsperrenden Torsen-Differenzial im Heck, typische automobile Verlockungen der späten 1980er Jahre. Viel Konkurrenz hatte die flotte Celica damit nicht, trotz eines Preises von 55.800 Mark. Geschmeidig und kraftvoll trat das Coupé an, doch wenn's schneller zuging, lärmte es und wurde durstig. Zudem fehlten ihm Finessen im Fahrwerk, am Limit kickte die flotte Celica durchaus spontan ihr Heck in die Kurve. 1992 legte Toyota mit dem Sondermodell Carlos Sainz nochmals nach: In jenem Jahr gewann der Spanier die Rallye-WM auf einem Celica Turbo 4WD. Diese Version limitierte Toyota auf 5000 Exemplare – sie gilt heute unter Fans als besonders begehrt.

Bild: © Toyota

Preise	1	2	3	4	5
Celica Turbo 4x4, Cpe	k.N.	17.400	9.000	4.200	1.400

Motor/Antrieb	
Bauart	Vierzylinder (Reihe)
Lage/Antrieb	Front/4x4
Hubraum in cm³	1998
PS/min	204 bei 6000 bis 235 bei 5600
Vmax in km/h	228
Karosserie	
Bauart	Coupé
Tragstruktur	selbsttragend
Material	Stahlblech
Stückzahl und Marktsituation	
Produktionszahl	Sondermdl. Carlos Sainz: 5000
Verfügbarkeit	ausreichend
Teilesituation	gut
Unterhaltskosten	mittel

Toyota Supra (MA70/MA71) 1986-1992

1986 kam ein neuer Supra auf den Markt, erstmalig als eigenständiges Modell. Bislang hatte Toyota die Top-Varianten seiner Modellreihe Celica mit dem Zusatz Supra vermarktet. Ab sofort trat der Sportler nun solo auf, auch, weil Toyota die Celica auf Frontantrieb umstellte. Dem Supra dagegen blieb der Antrieb im Heck, zudem zog er ein Stück nach oben davon. Das unterstrichen die Turbo-Varianten, die in einer Version mit 3,0 Liter Hubraum und zunächst 235 PS gipfelten. Freude bereitete die Leistung jedoch nicht immer: Supra-Piloten klagten zuhauf über mangelnde Standfestigkeit der Vollaluminium-Motoren der bis zu 245 km/h schnellen Coupés, die es auch mit einem herausnehmbaren Dachteil gab. Toyota stattete sie, typisch für japanische Hersteller damals, exzellent aus: ABS und ein 25-prozentiges Sperrdifferenzial zählten ebenso dazu wie ein elektrisch verstellbarer Fahrersitz, Fensterheber und – dies gegen Aufpreis – eine Klimaanlage, die sogar abhängig vom Sonnenstand regelte.

Bild: © Toyota

Preise	1	2	3	4	5
Supra, Cpe	k.N.	15.300	8.700	3.200	k.N.

Motor/Antrieb	
Bauart	Sechszylinder (Reihe)
Lage/Antrieb	Front/Heck
Hubraum in cm³	1998 bis 2954
PS/min	204 bei 6000 bis 235 bei 5600
Vmax in km/h	224 bis 245
Karosserie	
Bauart	Coupé (auch mit entfernbarem Dachteil)
Tragstruktur	selbsttragend
Material	Stahlblech
Stückzahl und Marktsituation	
Produktionszahl	k.A.
Verfügbarkeit	ausreichend
Teilesituation	gut
Unterhaltskosten	mittel

Toyota Supra (Mk IV, JZA80) 1993-2002

Tatsächlich, so lange ist das schon wieder her: 2002 beendete Toyota die Supra-Baureihe. Die letzte Version des japanischen Sportcoupés war 1993 gestartet, bereits 1996 beendete Toyota den Export nach Europa, baute den Supra jedoch noch bis 2002 für den japanischen Markt. Den Reihensechszylinder gab es in einer Sauger-Variante und einer Ausführung mit Bi-Turbo-Aufladung, nach Wahl mit Viergangautomatik oder Fünf-(Turbo: Sechs-)Gangschaltgetriebe. Neben einer Coupévariante war der Supra auch mit herausnehmbarem Dachteil bestellbar – deutsche Kunden allerdings hatten keine Wahl: Hier gab es offiziell nur die offene Karosserie in Verbindung mit dem Turbo-Antrieb. Derzeit sind viele Supra Mk IV im Angebot, die aus den USA und besonders aus Japan stammen und nach Deutschland exportiert wurden.

Bild: © Toyota

Preise	1	2	3	4	5
Supra, Cpe	k.N.	82.000	49.000	25.000	k.N.

Motor/Antrieb	
Bauart	Sechszylinder (Reihe)
Lage/Antrieb	Front/Heck
Hubraum in cm³	2997
PS/min	225/6000, 330/5600
Vmax in km/h	245 bis 280
Karosserie	
Bauart	Coupé (auch mit entfernbarem Dachteil)
Tragstruktur	selbsttragend
Material	Stahlblech
Stückzahl und Marktsituation	
Produktionszahl	k.A.
Verfügbarkeit	ausreichend
Teilesituation	gut
Unterhaltskosten	hoch

T

Trabant (DDR) • 1957 bis 1991

Es spricht noch heute vom Wollen nach Aufbruch, wenn man auf das Werden des Trabants aus Zwickau zurückblickt: Ein Kleinwagen, mit großen Ambitionen im Mangel entstanden, erhielt nicht nur eine schnöde Typenbezeichnung, sondern einen Namen, der in die Zukunft wies – Trabant, ein treuer Begleiter also. Es spiegelt das Geschehen der Zeit wider, denn 1957, als sich in Zwickau Ingenieure um die Serienreife des ersten Kleinwagens der DDR bemühten, hatte der große sozialistische Bruder, die Sowjetunion, gerade erfolgreich ihren ersten Satelliten Sputnik in die Erdumlaufbahn geschossen. Diesen Moment der Zukunft hielt das Wort Trabant fest.

Die Stadt Zwickau im Südwesten Sachsens hatte sich schon kurz nach 1900 zu einem Zentrum des Automobilbaus entwickelt. August Horch baute ab 1904 sein erstes Unternehmen hier auf, gefolgt vom Audi-Werk ab 1909. In den 1930er Jahren produzierte die Auto Union in Zwickau DKW-Modelle mit Zweitaktmotor, zuletzt noch den erst 1939 vorgestellten DKW F8, der bis 1942 im früheren Audi-Werk montiert wurde. Dieses Modell griffen die Verantwortlichen nach Ende des Zweiten Weltkriegs 1947 wieder auf – und bauten es technisch nahezu unverändert als DKW-IFA F8 noch bis 1955 weiter.

Anfang 1954 hatte das Präsidium des Ministerrates der DDR den zuständigen Minister angewiesen, einen neuen Kleinwagen entwickeln zu lassen. Als Rahmendaten nannte das Papier zwei Haupt- sowie zwei Nebensitze, maximal 600 Kilogramm Gewicht und einen angestrebten Verbrauch von 5,5 Liter. 4000 Mark kalkulierte die Staatsführung, und mindestens 12.000 Exemplare sollten jährlich gefertigt werden. Später war von 60.000 Stück die Rede. Auch das Material der Karosserie nannte die Vorgabe bereits: Kunststoff – Stahlblech war nicht in ausreichendem Maße verfügbar, das Pressen zudem zu teuer. Dass die Umsetzung dieser Vorgaben dann länger dauerte als geplant, lag an den doktrinären Strukturen einerseits, andererseits an Rivalitäten verschiedener Institutionen. Bürokratische Bremser unterminierten große Ambitionen, die in Aussicht gestellten Mittel schmolzen dahin. Doch 1955 war es dann soweit: Mit dem P70 schickte das VEB Automobilwerk Zwickau einen modern aussehenden Nachfolger des DKW-IFA F8 ins Rennen. Doch sogar die Verantwortlichen stuften ihn mehr als Zwischentyp ein denn als großen Wurf.

Sachsenring, Werkstor 1 im Jahr 1990: Die Trabant-Ära ging mit der DDR zu Ende.

Der nächste Schritt war dann entscheidend. 1958 stellte sich ein „neuer leistungsstarker Wagen aus Zwickau" vor, der nur intern P50 hieß, was auf den neuen, kleineren Hubraum von 500 Kubikzentimetern hinwies. Als Hersteller trat nun der VEB Sachsenring Automobilwerke Zwickau auf. Der Wagen gefiel, feierte kleine Erfolge im (sogar internationalen) Motorsport und selbst der Export ins „nichtsozialistische Wirtschaftsgebiet" lief an. Die weiteren Entwicklungsschritte blieben dann, bedingt durch mangelnden Zugriff auf Ressourcen, über Jahrzehnte sehr zögerlich. Schon in den ausgehenden 1960ern war der Trabant im Vergleich zum Wettbewerb enorm zurückgefallen – nur in der DDR hatte das wenig Einfluss. Hier gab es keinen Wettbewerb.

1990 gab's dann zum Finale noch ein kleines Feuerwerk. Der Versuch, nach dem Mauerfall zum Westen aufzuschließen, gipfelte in einem Viertakt-Triebwerk, das die IFA von Volkswagen zukaufte, und einer neuen Vorderachsaufhängung. Das war zu wenig, das wollte niemand mehr – die Zeiten waren nun andere. Und der Trabant ein geschlossenes Kapitel Automobilgeschichte. Unmittelbar im Anschluss begann Volkswagen, im Zwickauer Werk den Polo zu fertigen. Heute laufen dort nur noch Elektro-Modelle vom Band.

DKW-IFA F8 — 1949-1955

F8, das ist ein Kürzel, das Autofahrer 1939 zum ersten Mal hörten – und zwar von DKW, die bis 1942 den frontgetriebenen DKW F8 in den Zwickauer Audi-Werken der AUTO UNION bauten. Exakt dort gab es bereits ab 1946 wieder Pläne, die Produktion des alten Modells wieder aufzunehmen. Ein Jahr später sah das Publikum den DKW-IFA F8 auf der Leipziger Messe, zwei Jahre später (und nach Freigabe durch die Sowjets) startete die Fertigung im „VEB Kraftfahrzeugwerk Audi Zwickau". Der 690-cm³-Zweitakter war der seit 1933 aus den DKW-Modellen bekannte, der später (wie das gesamte Modell F8) die Basis für den Trabant bilden sollte. Den IFA F8 gab es nicht nur als Limousine, Cabrio-Limousine, Cabrio und Kastenwagen, sondern auch als Kombi und sogar als Pritsche. Der Karosserie-Aufbau, geliefert vom VEB Karosseriewerk Dresden, einst als Karosserie Gläser berühmt, bestand teils aus Stahlblech, teils aus einer Holzkonstruktion mit Kunstlederbezug.

Bild: © Lothar Spurzem

Preise	1	2	3	4	5
F8, L2t	17.800	12.400	6.200	3.200	1.400

Motor/Antrieb	
Bauart	Zweizylinder-Zweitaktmotor (Reihe)
Lage/Antrieb	Front/Front
Hubraum in cm³	690
PS/min	20 bei 3500
Vmax in km/h	85
Karosserie	
Bauart	Limousine (2-türig), Cabriolet, Kombi
Tragstruktur	Kastenrahmen
Material	Stahlblech, Holz/Kunstleder; Kunststoff
Marktsituation	
Produktionszahl	ca. 25.000
Verfügbarkeit	ausreichend
Teilesituation	ausreichend
Unterhaltskosten	niedrig

AWZ P 70 Zwickau — 1955-1959

Der Nachfolger des IFA F8 erschien im Juni 1955 mit verkürztem Radstand, nun 2,38 Meter lang, einem leicht überarbeiteten Zweizylinder-Zweitaktmotor und einer einzigartigen Bauweise: Auf Stahlrahmen, mit Holz und Duroplastschalen waren sowohl die Limousine als auch der Kombi (ab 1956) und das Coupé (ab 1957) karossiert. Der Fronttriebler hatte ein Getriebe mit drei unsynchronisierten Gängen und abschaltbarem Freilauf, die Modelle wogen zwischen 800 und 875 Kilogramm.

Preise	1	2	3	4	5
AWZ P 70, L2t	12.300	7.500	5.000	2.200	800
AWZ P 70, Kom	15.700	11.200	7.600	3.400	1.400

Bild: © Ralf Christian Kunkel

Motor/Antrieb	
Bauart	Zweizylinder-Zweitaktmotor
Lage/Antrieb	Front/Front
Hubraum in cm³	684
PS/min	22/3500
Vmax in km/h	90
Karosserie	
Bauart	Lim (2-türig), Cpe, Kombi (3-türig)
Tragstruktur	Stahlrahmen
Material	Kunststoff
Stückzahl und Marktsituation	
Produktionszahl	36.800
Verfügbarkeit	schlecht
Teilesituation	ausreichend
Unterhaltskosten	niedrig

T

Trabant (P50, P50/1, auch: 500) — 1958-1962

Mit dem P50 ging es endlich los: Er wurde das erste Automobil, das tatsächlich in größerer Serie in der DDR gebaut werden konnte. Ende 1956 war ein Prototyp fertig, der den seitens des Ministerrates der DDR geforderten Vorgaben entsprach. Er erhielt bald den Beinamen „Trabant" (für Begleiter), zuvor hieß er schlicht AWZ P50 (AWZ für Automobilwerke Zwickau). Seine Karosserie bestand aus dem Kunststoff Duroplast, denn Stahl war wegen eines Embargos der westlichen Länder knapp. 1959 erschien der P50/1 mit nun 20 PS (bisher 18 PS), zudem begann der Bau des neuen Kombi. Noch 1962, im letzten Baujahr, erschien der Trabant P50/2, der abermals einen geänderten Motor erhielt. Ab 1962 waren zudem alle vier Gänge synchronisiert, einen permanenten Freilauf gab es jedoch nur noch im vierten Gang.

Bild: © CHEKANDINO Archives

Preise	1	2	3	4	5
500 (P50), L2t	14.000	8.000	5.200	2.200	1.000
500 Universal (P50), Kom	15.200	9.200	5.700	2.600	1.100

Motor/Antrieb	
Bauart	Zweizylinder-Zweitaktmotor
Lage/Antrieb	Front/Front
Hubraum in cm³	499
PS/min	18/3750, 20/3900
Vmax in km/h	90, 95
Karosserie	
Bauart	Limousine (2-türig), Kombi
Tragstruktur	Stahlrahmen
Material	Kunststoff
Stückzahl und Marktsituation	
Produktionszahl	131.495
Verfügbarkeit	ausreichend
Teilesituation	ausreichend
Unterhaltskosten	niedrig

Trabant P 60, 600, 601 — 1962-1990

In den 1960er Jahren entwickelte Sachsenring den Trabant weiter – sehr behutsam allerdings. Zunächst hoben sie 1962 den Hubraum des Zweitakters von 500 auf 600 Kubikzentimeter an und nannten den neuen Trabant passend P 60. 23 statt bisher 20 PS standen nun zur Verfügung – es blieb ein magerer Wert. Mit dem P 601 erschien 1964 eine neue, modernisierte Karosserieform, dazu kam 1967 die Variante eines Kübelwagens. Die Technik übernahm er jedoch vom Vorgänger. Der P 601 erhielt nun auch ein synchronisiertes Getriebe, als Option war ein Hycomat lieferbar, wie Sachsenring die automatische Kupplung umschrieb. Der Kombi nannte sich ab 1965 Universal, zudem baute Sachsenring die Palette um die Modelle S (wie Sonderwunsch) und S de luxe aus. Der S kam mit besseren Sitzen, einem Lenkradschloss und einem neuen Grill in der Frontmaske. Als de luxe erhielt er sogar verchromte Stoßstangen, ein Dach in anderer Farbe sowie eine höherwertige Innenausstattung.

Bild: © CHEKANDINO Archives

Preise	1	2	3	4	5
600 (P60), L2t	14.400	8.700	5.500	2.400	1.000
601 (74-90), L2t	11.500	6.900	4.300	2.000	800
601 Universal, Kom	12.900	7.700	4.800	2.200	900

Motor/Antrieb	
Bauart	Zweizylinder-Zweitaktmotor
Lage/Antrieb	Front/Front
Hubraum in cm³	500, 595
PS/min	18/3750 bis 26/4200
Vmax in km/h	90 bis 110
Karosserie	
Bauart	Lim (2-türig), Kom (3-türig), Cab
Tragstruktur	Stahlrahmen
Material	Kunststoff
Stückzahl und Marktsituation	
Produktionszahl	ca. 3,088 Mio
Verfügbarkeit	üppig
Teilesituation	sehr gut
Unterhaltskosten	niedrig

Trabant 601 Kübel, 601 Tramp, 1.1 Tramp — 1966-1990

So wie in Westdeutschland der Volkswagen 181 auf dem Käfer basiert, so basiert in der DDR der Trabant Kübel oder Tramp auf dem bekannten Typen 601. Die Ostdeutschen sind jedoch schneller: Der Trabant Kübel kommt bereits 1966, der Typ 181 für die Bundeswehr und andere Einsatzzwecke erst 1968. Die Anforderungen an den offenen Trabant? Platz für vier bis fünf Personen und Marschgepäck, möglichst einfacher Zu- und Abstieg, technisch so anspruchslos wie möglich. So macht sich der Trabant auf die Reise, sehr oft die deutsch-deutsche Grenze entlang. Erst 1978 folgt eine zivile Variante, der Tramp, den die DDR sogar als Devisenbringer nutzt und exportiert. Zum Ende seiner Karriere erhält auch der Tramp noch ein Viertakt-Herz, doch von dieser Version werden 1990 und 1991 lediglich 496 Stück gebaut. Heute sind die offenen Trabant sehr beliebt.

Bild: © Archiv HEEL Verlag

Preise	1	2	3	4	5
601 Kübel NVA (1969-1974), Tou	19.400	12.500	7.600	4.800	1.900
601 Kübel NVA (1974-1990), Tou	17.400	11.700	6.800	4.200	1.700
1.1 Tramp, Tou	21.200	13.000	9.200	4.400	1.800

Motor/Antrieb	
Bauart	Zweizyl.-Zweitaktmotor, Vierzyl. (Reihe)
Lage/Antrieb	Front/Front
Hubraum in cm³	595, 1043
PS/min	23/3800 bis 40/5300
Vmax in km/h	90 bis 125
Karosserie	
Bauart	Cabriolet
Tragstruktur	Stahlrahmen
Material	Kunststoff
Stückzahl und Marktsituation	
Produktionszahl	11.646
Verfügbarkeit	ausreichend
Teilesituation	gut
Unterhaltskosten	niedrig

T

Trabant 1.1 — 1990-1991

Zu seinem Finale trat der Trabant mitten aus den wegbrechenden Strukturen der untergehenden DDR an. Doch auch ohne Politik und Staatswesen im Blick hatte sich der Trabant längst überlebt: Seine Konstruktion, einst moderner als der Käfer, hatte keine Zukunft mehr. Geld zur Erneuerung fehlte, besser gesagt floss es in den nun aufwändig implementierten VW-Polo-Motor, den VEB Barkas-Werke in Lizenz für Sachsenring produzierte. Wie weltfremd die Verantwortlichen in jenen Tagen des Umbruchs planten, zeigten die Vorgaben, dass der Trabant 1.1 nicht vor 1994 den alten 601 vollständig ablösen sollte, eine neue Karosserie hätte gar erst 1996 kommen sollen. Der verzweifelte sowie sture Rettungsversuch des alten Trabant ging schief: Alt und neu, Ost und West, beides fügte sich im Trabant 1.1 nicht zu einem Ganzen. Bis heute hat es dieser Zwitter schwer, Freunde zu finden – Ostalgiker bevorzugen die originäre Zweitakttechnik seiner Vorgänger, auch Oldtimerfreunde suchen lieber das Ursprüngliche.

Bild: © CHEKANDINO Archives

Preise	1	2	3	4	5
1.1, L2t	9.600	5.700	3.600	1.400	600
1.1 Universal, Kom	10.100	6.100	3.800	1.600	700

Motor/Antrieb	
Bauart	Vierzylinder (Reihe)
Lage/Antrieb	Front/Front
Hubraum in cm³	1043
PS/min	40 bei 5300
Vmax in km/h	125
Karosserie	
Bauart	Lim (2-türig), Kom (3-türig), Cab, Pick-up
Tragstruktur	Stahlrahmen
Material	Kunststoff
Stückzahl und Marktsituation	
Produktionszahl	ca. 39.000
Verfügbarkeit	ausreichend
Teilesituation	sehr gut
Unterhaltskosten	niedrig

Treser (D) • 1985 bis 1988

Bild: © Treser

Mit seinem Klappdach-Quattro erregte Walter Treser 1983 erhebliches Aufsehen.

Als echter Car Guy fiel Walter Treser (*1940) schon früh auf. Er fuhr mit 22 Jahren Rennen auf DKW Junior, ließ sich als Werksfahrer von der Auto Union verpflichten und wollte eine Formel-3-Karriere starten, für die jedoch seine finanziellen Mittel nicht reichten. Um 1970 ging er als Werkspilot für BMW Alpina in der Tourenwagen-Europameisterschaft ins Rennen, studierte zudem Fahrzeug- und Flugzeugbau, um dann als Ingenieur beim Reifenhersteller Veith-Pirelli zu arbeiten. Mit 36 Jahren fing er bei Audi an – als Leiter der Vorentwicklung. Gemeinsam mit Fahrwerkschef Jörg Bensinger brachte er das Allrad-Programm auf den Weg, das für Audi eines der zentralen technischen Merkmale für die kommenden Jahrzehnte sein sollte. Auf Treser ging auch die Idee zurück, die vierradgetriebenen Modelle Quattro zu nennen. Ab 1980, vier Jahre nach seinem Start bei Audi, leitete Treser die Sportabteilung in Ingolstadt. Es war die Epoche der großen Erfolge, die unter anderem Hannu Mikola und Michèle Mouton auf dem Quattro einfuhren.

Tresers Logo spielte mit der Ziffer 1, die Audi während der Vorkriegszeit genutzt hatte.

Doch den umtriebigen Ingenieur drängte es in die Selbstständigkeit – und zum Bau eines eigenen Fahrzeugs. Er sah Potenziale, insbesondere bei den Produkten seines Arbeitgebers, und gründete zwei Firmen. Neben einem Tuningbetrieb in der Nähe Ingolstadts begann er 1982 mit Treser Automobilbau, in Berlin Audi-Modelle umzubauen – unter anderem fertigte Treser eine Cabriolet-Version des Quattro-Cabriolet, deren Blechdach versenkbar war. Treser fungierte mit diesem Modell bereits als unabhängiger Hersteller.

Seine Pläne jedoch waren größer: Mit dem Treser T1, einem offenen Sportwagen mit Audi-Genen, wollte er 1985 richtig durchstarten. Die Produktion lief an, scheiterte jedoch rasch, weil sich keine Investoren finden lassen wollten, die bereit waren, in Tresers Idee ausreichend zu investieren. Auch sein Hydro Aluminium Cup, eine ambitionierte Rennserie für den TR1, der Rennversion der T1, war damit bereits nach dem ersten Start auf der AVUS im Mai 1988 gescheitert.

Doch Treser blieb dem Automobilbau und dem Motorsport nach seinem Scheitern treu. Bei Opel leitete er ab 1991 die Sportabteilung, wo er dem DTM-Calibra einen Allradantrieb verpasste. Ab 1996 war er Chef der Vorausentwicklung. Trotz der kurzen Episode Tresers als Hersteller ist sein Name weiterhin ein Begriff. Zudem gibt es einen aktiven Club, der Walter Treser die Ehrenpräsidentschaft verliehen hat.

Am 13. November 2021 verstarb der umtriebige Automobilenthusiast im Alter von 81 Jahren.

Treser T1 — 1987-1988

Mit dem T1 zeigte Walter Treser einen eigenwillig gestylten Roadster mit zukunftsweisender Kunststoff-Verbundtechnik. Mit dem unverwechselbaren Design wollte Treser bewusst auffallen – er wusste, dass Gefälligkeit nicht punktete. Sein Ziel war, ein „Jugendauto" zu schaffen, eine Art Ferrari für Einsteiger. Dazu bediente er sich Großserientechnik aus Ingolstadt und Wolfsburg, konfigurierte jedoch alles nach eigenen Plänen. So saß der 1,8-Liter-16V-Motor des Golf GTI quer vor der Hinterachse, den Wagenkörper entwarf er aus einem genieteten und verklebten Kunststoff-Aluminiumverbund, den er AVUS taufte – als Kürzel für Aluminium-Verbund-Struktur. Er ließ sie patentieren, ebenso die Konstruktionsdetails seines elektrisch versenkbaren Faltdachs. Treser überließ nichts dem Zufall: Sogar das Passat-Fünfganggetriebe hatte er überarbeitet, unexakt blieb es dennoch. „Dieser Roadster fährt sich wie schon lange kein Roadster mehr", lobte 1988 *auto motor und sport* – leider vergeblich, denn noch im gleichen Jahr ging Treser das Geld aus.

Bild: © Treser

Preise	1	2	3	4	5
Treser TR 1, Rds	k.N.	31.600	20.000	k.N.	k.N.

Motor/Antrieb	
Bauart	Vierzylinder (Reihe)
Lage/Antrieb	Mitte/Heck
Hubraum in cm^3	1781
PS/min	130 bei 5800
Vmax in km/h	210
Karosserie	
Bauart	Roadster
Tragstruktur	Verbundrahmen
Material	Kunststoff
Stückzahl und Marktsituation	
Produktionszahl	2 (plus: 22 TR1, 1 Coupé)
Verfügbarkeit	sehr schwierig
Teilesituation	schlecht
Unterhaltskosten	hoch

Trident (GB) • 1965-1978

Trident Cars Ltd. zählte zu einer der zahllosen kleinen, dafür umso ambitionierteren Marken in Großbritannien. 1965 war Trident in Woodbridge, Suffolk, gegründet worden. Hinter dem Projekt stand William „Bill" J. Last, ein TVR-Händler und Hersteller, der sich eines gescheiterten TVR-Projekts annahm: Dort war der von Trevor Fiore (eigentlich: Trevor Frost) entworfene Prototyp aus Geldmangel gestoppt worden. Zuvor hatte TVR das Coupé noch auf dem Genfer Salon ausgestellt. Die Karosserie bestand aus Stahl- und Aluminiumblech; gebaut hat sie Fissore. Als Trident „Clipper" startete das hoffnungsvolle Modell. Die Umsetzung geriet typisch englisch: Die hübsche Karosserie wurde nun aus Kunststoff gefertigt, zudem bot Trident den Clipper nicht nur fertig, sondern auch als Bausatz an.

1968 zog Trident Cars Ltd. nach Ipswich um. Zugleich stellte man die Modelle Venturer und Tycoon vor. 1974 strauchelte Trident: zu wenig Geld, zu wenig Kunden, Energiekrise – kein gutes Klima für Kleinstserienhersteller. 1976 bäumte sich Trident nochmals für zwei Jahre auf, letztlich jedoch vergeblich.

Wiederbelebt wurde der Name Trident 1999 in Fakenham, Norfolk, für ein Sportwagen-Projekt namens „Iceni". Der Produktionsanlauf wurde jedoch mehrmals verschoben.

T

Trident Clipper, Clipper Super 1966-1978

Erfolgversprechend war das Konzept des Trident Clipper nicht nur aufgrund seiner Eckdaten: Die sahen neben der leichten Kunststoffkarosserie leistungsstarke Achtzylindermotoren vor. Diese Kombination hatte schon mehrfach für atemberaubende Fahrleistungen gesorgt, und auch die Form des Clipper wusste wohl zu überzeugen. Die Beziehungen der Hersteller zu TVR – für den dieses Modell anfangs mit Alu-Karosserie geplant war – sind nicht zu übersehen. Zunächst sollte ein TVR Grantura-Chassis die Basis bilden, es wurde dann später abgelöst durch das vom Austin-Healey 3000. Es gab neben dem Coupé auch eine Cabriolet-Ausführung. Nicht so überzeugend waren jedoch die Handlingeigenschaften. Mit der Einführung des abgeänderten Triumph TR 6-Rahmens sollte sich das bessern, wurde jedoch durch nochmals stärkere V8-Triebwerke von Chrysler und Ford wieder etwas relativiert.

Preise	1	2	3	4	5
Clipper, Cpe	k.N.	43.300	24.500	9.700	k.N.

Motor/Antrieb	
Bauart	V8
Lage/Antrieb	Front/Heck
Hubraum in cm³	4727, 4950, 5562, 5898
PS/min	140/3600 bis 250/6000
Vmax in km/h	225 bis 260
Karosserie	
Bauart	Coupé, Cabriolet
Tragstruktur	Plattformrahmen
Material	Kunststoff
Stückzahl und Marktsituation	
Produktionszahl	225
Verfügbarkeit	gegen null
Teilesituation	ausreichend
Unterhaltskosten	hoch

Trident Venturer und Tycoon 1969-1978

Einige optische und technische Retuschen machten aus dem Clipper die Modelle Venturer und Tycoon. Sie entstanden auf dem Chassis des Triumph TR 6. Anstelle der großvolumigen und kraftstrotzenden Achtzylindertriebwerke kamen Sechszylindermotoren zum Einsatz. Man bediente sich bei Ford und wählte den Dreiliter aus dem Zodiac mit 146 PS für den Venturer, der Tycoon wurde mit dem 2,5-Liter-Einspritzer des TR 6 ausgerüstet. Über Mangel an Temperament war auch bei diesen Modellen nicht zu klagen. Für die kurzlebige Neuauflage ab 1976 – nach dem vorläufigen Produktionsstopp im Jahr 1975 – wechselte man die fortschrittliche hintere Einzelradaufhängung wieder gegen eine banale Starrachse aus. 1978 waren Clipper und Venturer am Ende ihrer Bauzeit angelangt.

Preise	1	2	3	4	5
Venturer, Cpe	k.N.	37.100	20.000	8.600	k.N.
Tycoon, Cpe	k.N.	k.N.	k.N.	k.N.	k.N.

Bild: © Archiv HEEL Verlag

Motor/Antrieb	
Bauart	Sechszylinder (Reihe), V6
Lage/Antrieb	Front/Heck
Hubraum in cm³	2498, 2994
PS/min	146/5500, 138/4750
Vmax in km/h	200
Karosserie	
Bauart	Coupé
Tragstruktur	Plattformrahmen
Material	Kunststoff
Stückzahl und Marktsituation	
Produktionszahl	k.A.
Verfügbarkeit	gegen null
Teilesituation	ausreichend
Unterhaltskosten	hoch

Triumph (GB) • 1923-1980

1901 begann die von einem Deutschen in Coventry gegründete Firma mit der Produktion von Motorrädern. 1923 erschien mit dem 10/20 das erste Triumph-Automobil. Die Marke machte sich in Sportkreisen schnell einen guten Namen.

Donald Healey übernahm in den Dreißigern die Entwicklungsabteilung. Zu jener Zeit entstanden auch ambitionierte Achtzylinder mit zwei Nockenwellen. Die Finanzprobleme, die Triumph bis zuletzt beutelten, hatten schon früh eingesetzt.

Bereits 1939 fand sich das Werk einem Konkursverwalter unterstellt. Trotz des großen Erfolgs der TR- und Spitfire-Baureihen überlebte Triumph die Wirren der britischen Automobilwirtschaft nicht. Zuletzt wurde bis 1984 unter dem Triumph-Logo eine englische Version des Honda Accord angeboten – ein trauriges Ende für diese große Marke, über die heute BMW verfügt. Triumph ist, als Überbleibsel des Rover-Packages, heute in München gestrandet.

TRIUMPH

Triumph TR 2, TR 3, TR 3A 1953-1961

Die frühen TR sehen aus, wie man sich Legenden vorstellt: eine Karosserie voll spannender Schwünge, eine knappe Scheibe und tief ausgeschnittene Türen, so dass der Fahrer fast auf die Straße greifen kann. Über 80.000 Roadster-Fans begeisterten sich weltweit für die urtümliche Art der Fortbewegung. Die Technik versprach keine Spannung, robuste Reihenvierzylinder mit zwei und 2,2 Litern Hubraum sorgten mit 90, 95 und 100 PS für sportwagenmäßige Fahrleistungen. Dabei gaben sich die Triebwerke recht sparsam, die Bremsen waren wirkungsvoll und die Schaltung exakt. Heute profitieren die Fans nicht nur von dem reichhaltigen Angebot, auch die Teileversorgung ist rundum gesichert – und der stabile Kastenrahmen macht Restaurierungen überschaubar.

Preise	1	2	3	4	5
TR 2, Rds	47.900	32.900	20.900	11.100	4.400
TR 3, Rds	42.900	30.000	18.100	8.600	3.400
TR 3A, Rds	42.700	29.800	17.800	8.500	3.400

Motor/Antrieb	
Bauart	Vierzylinder (Reihe)
Lage/Antrieb	Front/Heck
Hubraum in cm³	1991, 2138
PS/min	90/4800 bis 100/5000
Vmax in km/h	160 bis 165
Karosserie	
Bauart	Roadster
Tragstruktur	Kastenrahmen
Material	Stahlblech
Stückzahl und Marktsituation	
Produktionszahl	80.241
Verfügbarkeit	gut
Teilesituation	gut
Unterhaltskosten	mittel

Triumph TR 4, TR 4 IRS 1961-1967

Die britisch-italienische Allianz findet im TR 4 einen ihrer größten Erfolge. Der vom Turiner Karossier Michelotti gezeichnete Roadster löste 1961 die TR 3-Reihe ab. Seine ruhigeren Karosserielinien verzichteten auf tief ausgeschnittene Türen, die jetzt sogar Kurbelfenster trugen. Ein besonders charakteristisches Merkmal der neuen TR-Modelle waren die in die Motorhaube ragenden Hutzen über den Scheinwerfern. Neben dem Zweiliter-Aggregat war ein 2,2 Liter großer Vierzylinder erhältlich, der zusammen mit dem vollsynchronisierten Getriebe bald zur serienmäßigen Ausrüstung zählte. 1965 ersetzte Triumph die solide, aber trampelnde hintere Starrachse durch einzeln aufgehängte Räder. Stolz trugen diese Modelle ein IRS (Independent Rear Suspension) am Heck, doch die Konstruktion war noch nicht ausgereift.

Bild: © Archiv HEEL Verlag

Preise	1	2	3	4	5
TR 4, Cab	38.400	26.300	16.600	8.100	3.100
TR 4 A IRS, Cab	38.000	26.000	16.400	8.000	3.000

Motor/Antrieb	
Bauart	Vierzylinder (Reihe)
Lage/Antrieb	Front/Heck
Hubraum in cm³	1991, 2138
PS/min	100/4600 bis 104/4700
Vmax in km/h	175
Karosserie	
Bauart	Roadster
Tragstruktur	Kastenrahmen
Material	Stahlblech
Stückzahl und Marktsituation	
Produktionszahl	71.665
Verfügbarkeit	gut
Teilesituation	gut
Unterhaltskosten	mittel

Triumph TR 5 PI, TR 250 1967-1969

Innerhalb der TR-Reihe zählt der TR 5 zu den Raritäten. Die Karosserie hatte er von seinem Vorgänger geerbt. Unter ihr fand sich jetzt der auf 2,5 Liter vergrößerte Reihensechszylinder aus dem Triumph 2000 wieder, der sein Gemisch erstmalig von einer Lucas-Benzineinspritzung erhielt. Dieses imageträchtige Feature erreichte sein Ziel nicht ganz: Die chronische Defektanfälligkeit machte es zum ungeliebten Extra der TR 5-Reihe. Mit der um rund 40 Prozent gesteigerten Leistung zeigte sich zudem das Fahrwerk überfordert, das die Triumph-Ingenieure ebenfalls aus dem TR 4 entlehnt hatten. Die Amerikaner hatten ganz andere Sorgen: Sie litten, wie meist in jenen Jahren, unter speziell konfigurierten Exportmodellen mit erheblichen Leistungseinbußen. Doch der TR 250, wie die US-Version hieß, besaß dafür Vergaser und gilt bis heute als weitaus zuverlässiger.

Bild: © Archiv HEEL Verlag

Preise	1	2	3	4	5
TR 5 PI, Cab	51.900	37.200	19.900	10.100	3.900
TR 250, Cab	40.200	28.500	16.900	8.200	3.200

Motor/Antrieb	
Bauart	Sechszylinder (Reihe)
Lage/Antrieb	Front/Heck
Hubraum in cm³	2498
PS/min	143/5500, 123/5100
Vmax in km/h	185 bis 200
Karosserie	
Bauart	Roadster
Tragstruktur	Kastenrahmen
Material	Stahlblech
Stückzahl und Marktsituation	
Produktionszahl	2947, 8484
Verfügbarkeit	gut
Teilesituation	sehr gut
Unterhaltskosten	hoch

Triumph TR 6 1969-1976

Das Design des TR 6 stammt aus Deutschland: Triumph hatte Karmann mit der Überarbeitung des Michelotti-Entwurfs beauftragt. Unter dem geglätteten und dem Zeitgeschmack angepassten Blech blieb weitgehend alles beim alten – eine Folge der chronischen Geldknappheit bei Triumph. Doch die zunächst 143 PS des wild röhrenden 2,5 Liter großen Sechszylinders reichten für beeindruckende Fahrleistungen des britischen Roadsters, der weiterhin über einen Kastenrahmen mit aufgesetzter Karosserie verfügte – beim Restaurieren ein unschätzbarer Vorteil. Die US-Versionen wurden stets auf rund 104 PS gedrosselt ausgeliefert, und ab 1973 müssen sich auch die Europäer mit emissionsbedingten 124 PS begnügen. Fast 95.000 Exemplare verkaufte Triumph vom TR 6 in alle Welt – nur in England dürfte die Suche schwieriger sein: Über 90 Prozent der Produktion ging ins Ausland.

Bild: © Andreas Beyer

Preise	1	2	3	4	5
TR 6 PI, Cab	39.500	27.500	16.600	8.600	3.600
TR 6 (USA), Cab	35.500	25.000	15.500	8.000	3.200

Motor/Antrieb	
Bauart	Sechszylinder (Reihe)
Lage/Antrieb	Front/Heck
Hubraum in cm³	2498
PS/min	143/5500, USA: 104/4500
Vmax in km/h	170 bis 200
Karosserie	
Bauart	Roadster
Tragstruktur	Kastenrahmen
Material	Stahlblech
Stückzahl und Marktsituation	
Produktionszahl	94.619
Verfügbarkeit	üppig
Teilesituation	sehr gut
Unterhaltskosten	hoch

Triumph TR 7 Coupé 1975-1981

Bis heute ungeliebt und missverstanden blieb Triumphs Antwort auf die neue Zeit. Der Roadster ist tot, dachten sich die Konzernbosse und platzierten ein Coupé, das auch im Aufbau seiner Karosserie mit ur-britischen Traditionen brach: Seine Karosserie war selbsttragend und von prägnanter Keilform. Triumphs verzweifelter wie mutiger Schritt nach vorne fand Ende der siebziger Jahre durchaus Resonanz: Trotz schlechter Verarbeitungsqualität und reizlosem Zwei-Liter-Vierzylinder entschieden sich über 110.000 Triumph-Freunde für den modischen Faustkeil mit Klappscheinwerfern. Niedrige Unterhaltskosten, ordentliche Fahrleistungen und – im Vergleich zu den Vorgängern – akzeptabler Komfort trösteten etwas über den Verlust der Frischluft hinweg.

Bild: © Andreas Beyer

Preise	1	2	3	4	5
TR 7, Cpe	12.800	8.700	5.400	2.600	900

Motor/Antrieb	
Bauart	Vierzylinder (Reihe)
Lage/Antrieb	Front/Heck
Hubraum in cm³	1998
PS/min	105/5000
Vmax in km/h	175
Karosserie	
Bauart	Coupé
Tragstruktur	selbsttragend
Material	Stahlblech
Stückzahl und Marktsituation	
Produktionszahl	112.368
Verfügbarkeit	ausreichend
Teilesituation	ausreichend
Unterhaltskosten	mittel

Triumph TR 7 Cabrio — 1979-1981

1979 wollte es Triumph dann doch noch wissen. Auf der Basis des TR 7-Coupés präsentierten die Briten eine neue Roadster-Version in sehr eigenständigem, hochmodernem Design, das die knochigen Traditionen weitgehend ignorierte. Sie konnte freilich nicht mehr den wilden Sechszylindern früherer Ausgaben das Wasser reichen. Für komfortverwöhnte Amerikaner bot Triumph wahlweise ein Automatikgetriebe an, mit dem der lediglich 105 PS starke TR 7 nur noch müde agiert. Doch auch mit dem serienmäßigen Fünfganggetriebe bleibt das Zweiliter-Aggregat farblos. Ärgerlich war auch, dass die roadstererprobten Briten für den TR 7 keine zeitgemäße Verdeckkonstruktion anbieten konnten.

Bild: © Andreas Beyer

Preise	1	2	3	4	5
TR 7 Cabrio, Cab	14.900	10.100	6.300	3.000	1.000

Motor/Antrieb	
Bauart	Vierzylinder (Reihe)
Lage/Antrieb	Front/Heck
Hubraum in cm^3	1998
PS/min	105/5500
Vmax in km/h	175
Karosserie	
Bauart	Cabriolet
Tragstruktur	selbsttragend
Material	Stahlblech
Stückzahl und Marktsituation	
Produktionszahl	28.864
Verfügbarkeit	gut
Teilesituation	ausreichend
Unterhaltskosten	mittel

Triumph TR 8 — 1980-1981

Futuristische Form, Leistung satt und keine 2500 Exemplare gebaut: Der TR 8 ist auf dem besten Weg zum raren Klassiker. Triumph hatte den schwachbrüstigen TR 7 mit dem 3,5 Liter großen Aluminium-V8 von Rover kombiniert und so dem Roadster bei den leistungshungrigen Amerikanern eine gewisse Akzeptanz verschafft. Nicht überarbeitet hatten die Briten leider das Chassis und die Bremsen: Ein Versäumnis, das heute den Fahrspaß trotz der souveränen Kraftentfaltung nicht so entspannt genießen lässt, wie es eigentlich wünschenswert wäre.

Bild: © Archiv Michael Herbold

Preise	1	2	3	4	5
TR 8 Cabrio, Cab	24.500	18.200	12.400	6.500	2.200

Motor/Antrieb	
Bauart	V8
Lage/Antrieb	Front/Heck
Hubraum in cm^3	3532
PS/min	157/5250
Vmax in km/h	205
Karosserie	
Bauart	Cabriolet
Tragstruktur	selbsttragend
Material	Stahlblech
Stückzahl und Marktsituation	
Produktionszahl	2497
Verfügbarkeit	ausreichend
Teilesituation	gut
Unterhaltskosten	hoch

Triumph Herald (Herald, Herald 1200, 12/50, 13/60) — 1959-1971

1959 erschien der Herald auf dem Markt. Die eigenwillige Karosserie von Giovanni Michelotti, saß auf einem stabilen Kastenrahmen. Dadurch war es für Triumph leicht, unterschiedlichste Bauformen anzubieten: Den Herald gab es als zweitürige Limousine, als Kombi und Coupé, sogar ein viersitziges Cabrio konnte geordert werden. Wie beim Spitfire (für den der Herald die Basis lieferte) klappt die gesamte Vorderfront des Herald nach oben, wenn die Motorhaube geöffnet wird. Sein kleiner Wendekreis von nur 7,6 Metern ist noch heute legendär. Seine unspektakuläre und robuste Technik sorgte für niedrige Unterhaltskosten, die Motorenpalette spannte zwischen 950 und 1300 cm^3. Sportlich bewegen ließ sich allein der Coventry-Climax-motorisierte Herald, der es 1961/62 mit seinem 1220-cm^3-Aggregat auf 83 SAE-PS brachte – ausreichend für 165 Stundenkilometer Spitze.

Preise	1	2	3	4	5
Herald, L2t	13.400	7.900	4.900	1.900	800
Herald 1200 Cabrio, Cab	17.400	11.200	6.700	3.400	1.600
Herald 13/60 Cabrio, Cab	19.500	13.900	8.300	3.800	1.700

Motor/Antrieb	
Bauart	Vierzylinder (Reihe)
Lage/Antrieb	Front/Heck
Hubraum in cm^3	948, 1147, 1220, 1296
PS/min	35/4500 bis 83
Vmax in km/h	110 bis 165
Karosserie	
Bauart	Lim (2-türig), Kom, Cpe, Cab
Tragstruktur	Kastenrahmen
Material	Stahlblech
Stückzahl und Marktsituation	
Produktionszahl	482.502
Verfügbarkeit	ausreichend
Teilesituation	ausreichend
Unterhaltskosten	niedrig

T

Triumph Spitfire 4 und Mk II — 1962-1967

Wie bei den im Jahr zuvor erschienenen TR 4 stammt auch die Spitfire-Linie aus der Hand des italienischen Karosseriedesigners Giovanni Michelotti. Der kompakte Roadster basiert auf dem Rahmen des Triumph Herald, der die Karosserie mit der riesigen Haube trägt, die in einem Teil nach vorne geklappt wird. Dadurch werden Arbeiten am Motor und an der Vorderachse sehr vereinfacht. Im Heck entschied sich Triumph gegen eine Starrachse, doch die einzeln aufgehängten Hinterräder sind so nachlässig geführt, dass sie bei schneller Kurvenfahrt zum Einknicken neigen – das Heck reagiert tückisch. Der 1,1 Liter große Vierzylinder leistete nach einer Kur mit schärferen Nockenwellen, höherer Verdichtung und zwei Vergasern 63 PS. Der 1965 vorgestellte Mk II erhielt nur Detailänderungen an der Karosserie, profitierte aber von einer auf 67 PS leicht angehobenen Leistung.

Bild: © Archiv HEEL Verlag

Preise	1	2	3	4	5
Spitfire 4 (Mk I), Cab	24.800	18.400	9.600	4.800	2.500
Spitfire Mk II, Cab	24.200	18.100	9.300	4.500	2.300

Motor/Antrieb	
Bauart	Vierzylinder (Reihe)
Lage/Antrieb	Front/Heck
Hubraum in cm^3	1147
PS/min	63/5750 bis 67/6000
Vmax in km/h	150 bis 155
Karosserie	
Bauart	Roadster
Tragstruktur	Kastenrahmen
Material	Stahlblech
Stückzahl und Marktsituation	
Produktionszahl	45.753, 37.409
Verfügbarkeit	ausreichend
Teilesituation	ausreichend
Unterhaltskosten	mittel

Triumph Vitesse (Vitesse, Vitesse 2 Litre, Mk II) — 1962-1971

Viel frecher als der Herald sieht die Vitesse aus – die Scheinwerfer waren leicht schräg angeordnet, das galt in den Sechzigern als letzter Schrei. Mit verstärktem Chassis erhielt die viersitzige Vitesse, die auch als Cabrio angeboten wurde, einen Sechszylinder-Motor unter die vordere Haube, die wie beim Herald und Spitfire aus dem gesamten Vorderwagen besteht. Vordere Scheibenbremsen unterstrichen einen sportlichen Anspruch, mit dem sich der zunächst nur 1,6 Liter große Reihensechser etwas schwer tat. 1966 montierte Triumph das hauseigene Zweiliter-Aggregat mit 95 und 105 PS. Die Agilität stieg, leider auch die Angst der Piloten: Die labile hintere Pendelachse tanzte auf kurvigen Strecken ungebührlich. Abhilfe kam 1969 mit einer neu konstruierten Einzelradaufhängung, die mit der Dynamik des Motors nicht mehr überfordert war.

Bild: © Andreas Beyer

Preise	1	2	3	4	5
Vitesse 1600, L2t	16.000	9.800	6.000	2.600	1.000
Vitesse 2 Litre Mk II, Cab	27.000	16.500	10.200	4.300	1.800

Motor/Antrieb	
Bauart	Sechszylinder (Reihe)
Lage/Antrieb	Front/Heck
Hubraum in cm^3	1596, 1998
PS/min	70/5000 bis 105/5300
Vmax in km/h	145 bis 165
Karosserie	
Bauart	Limousine (2-türig), Cabriolet
Tragstruktur	Kastenrahmen
Material	Stahlblech
Stückzahl und Marktsituation	
Produktionszahl	51.182
Verfügbarkeit	ausreichend
Teilesituation	ausreichend
Unterhaltskosten	hoch

Triumph GT 6 (Mk I, Mk II, Mk III) — 1966-1973

Seitdem der erste Spitfire verkauft worden war, hofften die Fans auf eine stärkere Sechszylinder-Version. 1966 präsentierte Triumph den GT 6, der auf Spitfire-Basis entstanden war, aber ein hübsches Blechdach trug und mit einem mächtigen Buckel in der Motorhaube Platz für den zwei Liter großen, rund 100 PS starken Motor einräumte. Der sorgte für flottes Vorankommen, das feste Dach für ein akzeptables Maß an Komfort – ein echter Gran Turismo also. Seine Fahreigenschaften waren etwas gewöhnungsbedürftig: Der große Motor wog schwer in der Front. Allerdings profitierte der GT 6 zunächst von einer modifizierten und spurtreueren Hinterachskonstruktion, die ihn vom Spitfire abhob. Die Modellwechsel machte das Coupé mit: Der Mk III entsprach dem Spitfire Mk IV.

Bild: © Andreas Beyer

Preise	1	2	3	4	5
GT 6 MkI, Cpe	34.300	24.500	13.900	8.100	4.500
GT 6 MkII, Cpe	36.800	26.600	15.200	8.600	4.900
GT 6 Mk III, Cpe	29.800	20.300	11.100	5.900	3.100

Motor/Antrieb	
Bauart	Sechszylinder (Reihe)
Lage/Antrieb	Front/Heck
Hubraum in cm^3	1998
PS/min	95/5000 bis 105/5300
Vmax in km/h	175 bis 180
Karosserie	
Bauart	Coupé
Tragstruktur	Kastenrahmen
Material	Stahlblech
Stückzahl und Marktsituation	
Produktionszahl	40.926
Verfügbarkeit	gut
Teilesituation	gut
Unterhaltskosten	hoch

Triumph Spitfire Mk III — 1967-1970

Nach erfolgreichen fünf Jahren debütierte die überarbeitete Version des Spitfire. Ein komfortables Klappverdeck ersetzte die Zeltdachkonstruktion, und vorne war die Stoßstange entsprechend den US-Bestimmungen auf eine Mindesthöhe gerückt und saß jetzt direkt vor dem Kühlergrill. Glücklicher fiel die Wahl bei der neuen Technik aus: Der potente 1300er Motor produzierte 76 PS, die für echte 100 Meilen ausreichten – der Spitfire knackte damit die 160-km/h-Marke. Gegen Aufpreis lieferte Triumph einen drehzahlsenkenden Overdrive und sportliche Speichenräder ab Werk.

Bild: © Andreas Beyer

Preise	1	2	3	4	5
Spitfire Mk III, Cab	23.100	17.200	8.800	4.200	2.100

Motor/Antrieb	
Bauart	Vierzylinder (Reihe)
Lage/Antrieb	Front/Heck
Hubraum in cm^3	1296
PS/min	76/6000
Vmax in km/h	160
Karosserie	
Bauart	Roadster
Tragstruktur	Kastenrahmen
Material	Stahlblech
Stückzahl und Marktsituation	
Produktionszahl	65.320
Verfügbarkeit	ausreichend
Teilesituation	gut
Unterhaltskosten	mittel

Triumph Spitfire Mk IV, 1500 — 1970-1980

Die einzige gründliche Überarbeitung des Spitfire-Entwurfs stammt vom Meister selbst: Giovanni Michelotti zeichnete die flachere Front mit den integrierten Stoßfängern und das neue Heck mit dem charakteristischen Schwalbenschwanz-Einschnitt. Doch auch die Technik hat Triumph entrümpelt: Eine überarbeitete Hinterachse sorgt beim Mk IV für stabilere Kurvenfahrt, und das Getriebe besitzt nun auch im ersten Gang eine Synchronisierung. 1974 wandelte sich der Mk IV zum 1500: Die nötige Hubraumerweiterung für den stetig schwerer gewordenen Spitfire war gut gemeint, doch der aufgebohrte Motor litt in der Praxis unter eingeschränkter Standfestigkeit. Seine nur drei Lagerstellen reagieren empfindlich auf hohe Drehzahlen. Für Triumph war die Spitfire-Modellreihe ein großer Erfolg – rund 160.000 Exemplare ließen sich absetzen.

Preise	1	2	3	4	5
Spitfire Mk IV, Cab	19.400	14.200	7.400	3.100	1.400
Spitfire 1500, Cab	20.000	14.500	7.600	3.300	1.500

Motor/Antrieb	
Bauart	Vierzylinder (Reihe)
Lage/Antrieb	Front/Heck
Hubraum in cm^3	1296, 1474
PS/min	62/5500 bis 69/5250
Vmax in km/h	150 bis 160
Karosserie	
Bauart	Roadster
Tragstruktur	Kastenrahmen
Material	Stahlblech
Stückzahl und Marktsituation	
Produktionszahl	70.021, 95.829
Verfügbarkeit	üppig
Teilesituation	gut
Unterhaltskosten	mittel

Triumph 1800 und 2000 Roadster — 1946-1949

Der Vorläufer der erfolgreichen TR-Modelle hieß zwar Roadster, ist im Gegensatz zu seinen Erben aber keiner, denn die Triumph-Verantwortlichen hatten ihm Kurbelfenster und ein Verdeck gegönnt. Mehr elegant und luxuriös denn sportlich gab sich auch sein Äußeres: Voluminöse, freistehende Kotflügel und eine lange Motorhaube erinnerten an das Design aus der Vorkriegszeit, auch die Aluminium-Karosserie, die über einen Rohrrahmen mit Eschenholzgerippe gestülpt war, erinnerte an traditionelle Auffassungen vom Automobilbau. Leicht war die Konstruktion nicht geworden, so dass die 65 PS (später 68 PS) für eher moderate Beschleunigung sorgten. Für viele Interessenten blieb das noble Sportcabriolet ein Traum: Ganze 4500 Kunden orderten den frühen Triumph.

Preise	1	2	3	4	5
1800 Roadster (1946-1948), Cab	40.400	27.200	15.200	7.300	2.600
2000 Roadster (Ser. 1948-1949), Cab	43.300	28.600	16.700	7.500	3.000

Motor/Antrieb	
Bauart	Vierzylinder (Reihe)
Lage/Antrieb	Front/Heck
Hubraum in cm^3	1176, 2088
PS/min	65/4400 bis 68/4200
Vmax in km/h	120 bis 125
Karosserie	
Bauart	Cabriolet
Tragstruktur	Rohrrahmen
Material	Aluminium
Stückzahl und Marktsituation	
Produktionszahl	2501, 2000
Verfügbarkeit	schlecht
Teilesituation	schwierig
Unterhaltskosten	hoch

Triumph Mayflower — 1950-1953

Als adlige Nobel-Limousine im Kleinformat sollte er – den namensgleichen Schiffen der Pilger aus dem 17. Jahrhundert folgend – Amerika erobern. Schon bei der Konstruktion hatte man auf den US-Export geschielt. Doch die Rechnung ging nicht auf: Die Amis verschmähten den Taschen-Rolls-Royce, dessen Razor-Edge-Karosse nicht recht zu den kompakten Abmessungen passen wollte; zudem stand das altehrwürdige Design auch für altbackene britische Automobilproduktion. Für beides hatten die Kunden im Autowunderland USA nichts übrig. Ihr Geschmack spiegelte sich in den schwülstigen Detroiter Boliden wider, mit denen Triumphs konservativ-kubisches Mauerblümchen so gar nichts gemein hatte. So konnten nur rund 500 Mayflower an der US-Küste anlegen. Heute weckt der skurrile Charme des Mayflower Sympathie; Technik und Ausstattung bieten zwar keine Leckerbissen, faszinieren aber durch Komfort und Solidität – ein ehrwürdiger Brite eben.

Bild: © Dieter Rebmann

Preise	1	2	3	4	5
Mayflower, L2t	17.200	9.900	6.700	3.100	1.000

Motor/Antrieb	
Bauart	Vierzylinder (Reihe)
Lage/Antrieb	Front/Heck
Hubraum in cm^3	1247
PS/min	38/4200
Vmax in km/h	105
Karosserie	
Bauart	Lim (2-türig), Cabrio-Lim, (2-türig)
Tragstruktur	selbsttragend
Material	Stahlblech
Stückzahl und Marktsituation	
Produktionszahl	ca. 32.000
Verfügbarkeit	schlecht
Teilesituation	schwierig
Unterhaltskosten	mittel

Triumph 2.5 P.I., Mk II — 1968-1975

Hierzulande kaum bekannt ist das Spitzenprodukt der frühen Siebziger von Triumph. Dabei verkörpert die von Michelotti gezeichnete viertürige Limousine durchaus britische Werte – trotz der selbsttragenden Karosserie mit ihren modernen Linien. Angetrieben wurde der auch als Kombi angebotene 2.5 P.I. vom 2,5 Liter großen Sechszylinder des TR 5, der ursprünglich aus dem Triumph 2000 stammte. Der in der Limousine auf 135 PS gedrosselte Motor beschleunigte den komfortablen Triumph immerhin auf sportliche 180 Stundenkilometer, für jene Zeit eine respektable Geschwindigkeit für einen Viertürer dieser Größe. Das Cockpit verführt mit reichhaltiger Bestückung zum aktiven Fahrgenuss. Schon 1969 erschien der Mk II mit leichtem Facelift, während 1974 die stets problembehaftete Benzineinspritzung durch eine Vergaser-Version abgelöst wurde.

Bild: © Charles

Preise	1	2	3	4	5
2,5 PI Mk II, L4t	15.300	8.700	5.200	1.600	600
2,5 Mk II, Kom	17.000	9.600	6.400	2.800	900

Motor/Antrieb	
Bauart	Sechszylinder (Reihe)
Lage/Antrieb	Front/Heck
Hubraum in cm^3	2498
PS/min	135/5450
Vmax in km/h	180
Karosserie	
Bauart	Limousine (4-türig), Kombi (5-türig)
Tragstruktur	selbsttragend
Material	Stahlblech
Stückzahl und Marktsituation	
Produktionszahl	56.484
Verfügbarkeit	ausreichend
Teilesituation	ausreichend
Unterhaltskosten	hoch

Triumph Stag 1970-1977

Der Versuch, in der Klasse der Luxuscabriolets mitzumischen, gelang Triumph nur ansatzweise. Dabei waren die Voraussetzungen gut: eine elegante Karosserie, von Triumph-Hofdesigner Giovanni Michelotti gezeichnet (und der zwei Jahre zuvor vorgestellten Limousine 2.5 P.I. wie aus dem Gesicht geschnitten), die als besonderen Gimmick einen Überrollbügel erhielt. Das entsprach dem Sicherheitsdenken der Siebziger, speziell in den USA herrschte damals Angst vor einem generellen Cabrio-Verbot. Nicht überzeugen konnte das hastig aus zwei Vierzylindern zusammengeschraubte V8-Aggregat: Der exklusiv im Stag verbaute Motor litt enorm unter Hitzeproblemen und mangelnder Standfestigkeit. Schnell war der anfangs gute Ruf ruiniert, und der für Triumph so wichtige US-Markt orderte immer weniger der sensiblen Stag, bis die Produktion nach nur knapp 26.000 Exemplaren eingestellt wurde.

Bild: © Andreas Beyer

Preise	1	2	3	4	5
Stag, Cab	35.500	23.100	14.200	6.000	2.400

Motor/Antrieb	
Bauart	V8
Lage/Antrieb	Front/Heck
Hubraum in cm^3	2997
PS/min	145/5500 bis 147/5750
Vmax in km/h	190
Karosserie	
Bauart	Cabriolet
Tragstruktur	selbsttragend
Material	Stahlblech
Stückzahl und Marktsituation	
Produktionszahl	25.877
Verfügbarkeit	ausreichend
Teilesituation	ausreichend
Unterhaltskosten	hoch

Triumph Dolomite Sprint 1973-1980

Im Jahr 1973, als Triumph mit dem Sprint die sportliche Variante der Mittelklasse-Limousine Dolomite präsentierte, galt dessen Vierventiltechnik als atemberaubend modern. Die überragenden Fahrleistungen – er lief stramme 185 Stundenkilometer – prädestinierten den Viertürer zum Einsatz auf der Rennpiste, wo er für viel Aufsehen sorgte. Auf der Straße war er seltener zu sehen, denn trotz der siebenjährigen Bauzeit verkaufte Triumph nur knapp 23.000 Exemplare des Sprint. Vielleicht lag das auch an der Nonchalance, mit der das chronisch finanzschwache Werk auch hier die technische Entwicklung betrieb: Der Ruf der Unzuverlässigkeit eilte der sportlichen Limousine mit den Leichtmetallrädern und den modischen schwarzen Zierstreifen voraus. Vielleicht wäre aus ihr sonst ein ernstzunehmender BMW-Konkurrent geworden.

Preise	1	2	3	4	5
Dolomite Sprint, L4t	24.500	14.800	9.200	3.300	1.900

Motor/Antrieb	
Bauart	Vierzylinder (Reihe)
Lage/Antrieb	Front/Heck
Hubraum in cm^3	1998
PS/min	129/5700
Vmax in km/h	185
Karosserie	
Bauart	Limousine (4-türig)
Tragstruktur	selbsttragend
Material	Stahlblech
Stückzahl und Marktsituation	
Produktionszahl	22.941
Verfügbarkeit	ausreichend
Teilesituation	schwierig
Unterhaltskosten	hoch

Tucker (USA) • 1946-1948

The car of tomorrow – today! – So der Plan des cleveren US-Geschäftsmannes Preston Tucker, mit dem er ab 1946 für sein Großprojekt warb. Er wollte ein Auto bauen, dass in puncto Sicherheit, Fahrleistungen und Komfort seiner Zeit – und den Flotten der Detroiter Automobilgiganten – weit voraus war. Durch großspurige Kampagnen und Versprechungen gelang es dem Charismatiker in kürzester Zeit, namhafte Designer, Techniker und Branchenkenner an Bord zu holen. Dutzende Geschäftsleute und hunderte Autohändler gaben Kredite, Tucker gab Aktien aus und spülte so 26 Millionen Dollar als Vorfinanzierung in seine Kasse. Ende 1946 mietete er das Dodge-Flugmotorenwerk in Chicago – die Arbeiten konnten beginnen.

Der im Folgejahr vorgestellte Prototyp des Torpedo genannten Wunderautos enttäuschte als eilig improvisiertes Flickwerk. Eine wesentlich bessere Figur machte der im März 1948 präsentierte fertige Tucker. Zwar hatten sich manche der angekündigten Features wie Benzineinspritzung oder Scheibenbremsen als nicht realisierbar erwiesen, doch der Tucker (der Name Torpedo war inzwischen entfallen) war ein außerordentlicher Wagen. Seine Gegner aus Detroit hatte Tucker allerdings unterschätzt: Sie schickten ihm die Finanzkontrollbehörde ins Haus, die sich für die windige Vorfinanzierung interessierte. Tatsächlich waren etliche Millionen unbekannt versickert. Bereits im Juli 1948 fuhr das eilig aufgebaute und hemdsärmelig geführte Unternehmen in die Pleite, 2000 Mitarbeiter standen auf der Straße. Preston Tucker wurde der Bilanzfälschung angeklagt, jedoch freigesprochen. Ein amerikanischer Traum war nach 51 handgefertigten Automobilen geplatzt.

Tucker (Torpedo) 1948

Preston Tuckers „Auto der Zukunft" war tatsächlich seiner Zeit voraus. Das rassige, ungewohnt aerodynamische Design (cw-Wert 0,3) erregte berechtigtes Aufsehen, neuartig war auch der zentrale dritte Scheinwerfer. Die verstärkte Fahrgastzelle folgte mit einem weichen Armaturenbrett und einer lösbaren Frontscheibe konsequent Sicherheitsaspekten, war zugleich aber auch komfortabel gestaltet – bis hin zu den in die Dachlinie gezogenen Türen. Ursprünglich war – unter der Prämisse großer Hubraum gleich große Lebensdauer – ein 9,6-Liter-Sechszylindermotor im Heck des Tucker vorgesehen. Zum Einsatz kam aber aus Termingründen ein Hubschraubermotor von Franklin. Der 5,4 Liter große Sechszylinder-Boxer beschleunigte den Boliden in weniger als zehn Sekunden auf 100 km/h und trieb ihn auf über 200 km/h. Der Plan, später einen Caproni-Turbinenmotor einzusetzen, ging im Trubel des jähen Endes unter.

Bild: © Tucker Automobile Club of America

Preise	1	2	3	4	5
Torpedo, L4t	2.000.000	1.500.000	1.250.000	k.N.	k.N.

Motor/Antrieb	
Bauart	Sechszylinder (Boxer)
Lage/Antrieb	Heck/Heck
Hubraum in cm^3	5500
PS/min	166/2700
Vmax in km/h	220
Karosserie	
Bauart	Limousine (4-türig)
Tragstruktur	Kastenrahmen
Material	Stahlblech
Stückzahl und Marktsituation	
Produktionszahl	51
Verfügbarkeit	gegen null
Teilesituation	sehr schwierig
Unterhaltskosten	hoch

T

TVR (GB) • seit 1954

1948 gründete Trevor Wilkinson die Marke TVR. Die Buchstaben entnahm er seinem Vornamen. Zunächst baute Wilkinson Rennfahrzeuge, doch als das Geld für eine Kleinserienfertigung vorhanden war, startete er mit dem Bau des TVR Jomar. Die Herstellerfirma des TVR nannte sich Layton Sports Cars, der Jomar hieß ab 1960 Grantura.

1965 übernahm TVR-Fan Martin Lilley die siechende Sportwagenschmiede. Zusammen mit seinem Sohn entwickelte Lilley aus TVR eine angesehene Liebhabermarke, die sich mit potenten Sportwagen erfolgreich am Markt behaupten konnte – längere Zeit als größte unabhängige Automobilmarke in britischem Besitz. 1982 stieg Peter Wheeler ein, ebenfalls ein TVR-Fan. Im Sommer 2004 kam mit dem damals erst 24-jährigen Russen Nikolai Smolensky, der in England als Sohn eines Oligarchen aufgewachsen war und als TVR-Fan gilt, der nächste Besitzer des in Blackpool ansässigen Unternehmens. Einige Starts beim 24-Stunden-Rennen in Le Mans brachten zwar Aufmerksamkeit, doch wenig Erfolg: Im Oktober 2006 erklärte Smolensky, die Produktion nach Turin (Italien) zu verlagern. TVR, seit 2013 im Eigentum von Computer-Spieleentwickler Les Edgar, präsentierte 2017 den neuen Griffith mit 507 PS. Preis: 90.000 Pfund. Partner sind der legendäre Formel-1-Konstrukteur Gordon Murray sowie Cosworth. Sogar eine Rückkehr nach Le Mans ist wieder im Fokus. Der Fertigungsbeginn war ursprünglich für 2020 geplant, noch immer ist es nicht soweit. Grund für die Verzögerung ist fehlendes Kapital: Rund 25 Millionen Pfund muss TVR einsammeln, um die Produktion starten zu können.

Bild: © TVR

TVR Jomar, Grantura — 1958-1966

Auch die ersten TVR-Modelle wurden mit den Zutaten typisch britischer Kleinserientechnik zubereitet. Über einen Rohrrahmen stülpte man eine kompakte, leichte Kunststoffkarosserie und organisierte sich die technischen Komponenten bei Großserienherstellern und den üblichen Zulieferern. Treffsicher hatte TVR gelungene Karosserielinien mit aggressiven Elementen gefunden, die bis 1980 typisch für die Marke blieben. Die Motoren kamen von den Anbietern MG, Coventry-Climax und Ford. Die recht wechselhafte Fertigungsqualität verlangte vom TVR-Fahrer allerhand Arbeitsaufwand. Ab 1962 wurde beim Grantura Mk III der Rohrrahmen durch einen steiferen Fachwerkrahmen ersetzt, der Radstand wuchs um vier Zentimeter, Änderungen am Fahrwerk und Detailmodifikationen an der Karosserie bezeugen die Modellpflege.

Preise	1	2	3	4	5
Jomar, Cpe	k.N.	k.N.	k.N.	k.N.	k.N.
Grantura Mk I/Mk II, Cpe	45.000	31.500	20.200	10.500	5.100

Motor/Antrieb	
Bauart	Vierzylinder (Reihe)
Lage/Antrieb	Front/Heck
Hubraum in cm³	997 bis 1798
PS/min	38/4500 bis 98/5200
Vmax in km/h	150 bis 195
Karosserie	
Bauart	Coupé
Tragstruktur	Rohrrahmen
Material	Kunststoff
Stückzahl und Marktsituation	
Produktionszahl	680
Verfügbarkeit	schlecht
Teilesituation	ausreichend
Unterhaltskosten	mittel

TVR Griffith — 1963-1967

Der amerikanische Rennfahrer Jack Griffith empfand den Vierzylinder-Reihenmotor des Grantura doch als etwas schwach auf der Brust. Nach einem bereits mehrfach erfolgreich praktizierten Rezept implantierte er in das filigrane Fahrzeug einen Achtzylinder von Ford, der mit seinen 4,7 Litern Hubraum und anfangs 195 PS dem kompakten TVR zu neuen Fahrleistungsdimensionen verhalf. Schwachbrüstigkeit konnte dieser Rakete keiner mehr vorwerfen, aber es gab andere Probleme, beispielsweise die unzureichende Kühlung. Spitzengeschwindigkeiten von bis zu 260 km/h und äußerst druckvolle Beschleunigung machten solche Mängel für Fans entschuldbar. Spätere Modelle basierten auf der am höchsten entwickelten Grantura-Generation und erhielten meist die auf 275 PS getunte Motorversion. Auch damit kam das Fahrwerk zurecht.

Preise	1	2	3	4	5
Griffith 400, Cpe	89.000	60.000	41.000	26.000	13.000

Motor/Antrieb	
Bauart	V8
Lage/Antrieb	Front/Heck
Hubraum in cm³	4728
PS/min	195/4400 bis 275/6000
Vmax in km/h	225 bis 260
Karosserie	
Bauart	Coupé
Tragstruktur	Rohrrahmen
Material	Kunststoff
Stückzahl und Marktsituation	
Produktionszahl	310
Verfügbarkeit	gegen null
Teilesituation	ausreichend
Unterhaltskosten	hoch

TVR Vixen 1600, 1800, S 2, S 3, S 4 — 1968-1972

TVR blieb der markanten Karosserielinie treu, bot weiterhin nur Coupés an und verzichtete auf offene Versionen. Das tat der Idee keinen Abbruch. Mit verbesserter Fertigungsqualität und Feinschliff im Detail überzeugten die Vixen-Modelle, die als Ablösung des Grantura 1967 auf den Markt kamen. Zunächst sorgten 1,8-Liter-Motoren von MG für Vortrieb, doch nach rund einem Dutzend dieser Versionen wurden ausschließlich Ford-1600er eingebaut. Für mehr Innenraum sorgte die Radstandsverlängerung, die beim Modell S 2 parallel mit einigen Retuschen am Aussehen eingeführt wurde. Neben einer breiteren Spur hatte sich vor allem am Aufbau etwas getan, was Restaurierer von heute erfreut: Karosserie und Rahmen lassen sich einfacher trennen. Modellpflege betraf schließlich auch die Gestaltung des Interieurs. Der letzte Vixen, das Modell S 4, war ein in nur 23 Exemplaren hergestellter Interimstyp mit dem neuen M-Series-Chassis.

Preise	1	2	3	4	5
Vixen S1-S4, Cpe	27.300	19.100	12.400	6.000	2.900

Motor/Antrieb	
Bauart	Vierzylinder (Reihe)
Lage/Antrieb	Front/Heck
Hubraum in cm³	1599, 1798
PS/min	95/5400 bis 117/5000
Vmax in km/h	185 bis 200
Karosserie	
Bauart	Coupé
Tragstruktur	Rohrrahmen
Material	Kunststoff
Stückzahl und Marktsituation	
Produktionszahl	756
Verfügbarkeit	schlecht
Teilesituation	ausreichend
Unterhaltskosten	mittel

TVR Tuscan V6, V8, SE — 1967-1971

Parallel zum Vixen mit Vierzylindermotoren offerierte TVR in Blackpool auch die deutlich potentere Tuscan-Baureihe. Mit Sechs- und Achtzylindermotoren bestückt war für hohe Fahrleistungen reichlich Reserve vorhanden. In der Kombination mit dem Dreiliter Ford-Zodiac-Motor zeigte sich das Fahrwerk dem Potenzial noch gewachsen. Anders sah es beim Achtzylinder aus, dessen Power von 203 bis 275 Pferdchen selbst bei verlängertem Radstand und breiterer Spur des M-Serie-Chassis eindeutig zuviel für den zierlichen Unterbau war. Zum rechten Erfolg wurde der Tuscan nicht, nur 174 Exemplare wurden abgesetzt.

Preise	1	2	3	4	5
Tuscan V6, Cpe	33.700	23.500	16.300	10.200	6.100
Tuscan V8, Cpe	59.200	40.800	27.500	17.300	9.200

Motor/Antrieb	
Bauart	V6, V8
Lage/Antrieb	Front/Heck
Hubraum in cm^3	2994, 4728
PS/min	146/4750 bis 275/6500
Vmax in km/h	210 bis 270
Karosserie	
Bauart	Coupé
Tragstruktur	Rohrrahmen
Material	Kunststoff
Stückzahl und Marktsituation	
Produktionszahl	174
Verfügbarkeit	schlecht
Teilesituation	ausreichend
Unterhaltskosten	hoch

TVR 2500 M — 1972-1977

Deutlich bessere Verkaufszahlen konnte der Tuscan-V6-Nachfolger aufweisen: Mit knapp 950 Exemplaren erreichte dieses Modell der M-Serie neue Bestwerte beim Verkauf. Die Amerikaner erhielten den nach strengen US-Vorschriften entsprechend entgifteten Triumph-TR-6-Motor, der mit seinen nur 106 PS nicht gerade durch überschäumendes Temperament auffiel und die Höchstgeschwindigkeit auf bescheidene 175 km/h begrenzte. Aber die kraftvollen Achtzylinder, die TVR im Tuscan angeboten hatte, waren ja nicht auf größeren Zuspruch gestoßen. Die leicht modifizierte Karosserie zeigte noch die typischen Linien des Vorgängers. Gelohnt hat sich die Detailarbeit, denn viele Details gerieten praktischer, was dem TVR-Eigner den Alltag erleichterte.

Preise	1	2	3	4	5
2500 M, Cpe	25.900	17.600	11.500	5.800	2.900

Motor/Antrieb	
Bauart	Sechszylinder (Reihe)
Lage/Antrieb	Front/Heck
Hubraum in cm^3	2498
PS/min	106/4900
Vmax in km/h	175
Karosserie	
Bauart	Coupé
Tragstruktur	Rohrrahmen
Material	Kunststoff
Stückzahl und Marktsituation	
Produktionszahl	947
Verfügbarkeit	schlecht
Teilesituation	ausreichend
Unterhaltskosten	hoch

TVR 3000 M — 1972-1979

Das M-Modell für die europäische Kundschaft von TVR wies drei Liter Hubraum auf. Dieser Ford-Motor in V-Bauart erreichte immerhin 138 PS und sorgte für bekömmliche 195 km/h Spitzentempo. Mehr Vielfalt bot die Firma nun bei den Ausstattungen an, darunter auch eine Version mit serienmäßigem Vinyldach, in das ein simpel konstruiertes Faltschiebedach eingelassen war. Neues Design gab es bei den Leichtmetallrädern, die das gefällige Erscheinungsbild des inzwischen nicht mehr als Bausatz lieferbaren Wagens abrundeten. Der 3000 M sicherte sich auch in Deutschland während der späten siebziger Jahre einen treuen Freundeskreis, weshalb trotz nur 654 gebauter Fahrzeuge immer wieder Exemplare zu angemessenen Preisen angeboten werden.

Preise	1	2	3	4	5
3000 M, Cpe	27.200	18.500	12.100	6.100	3.100

Motor/Antrieb	
Bauart	V6
Lage/Antrieb	Front/Heck
Hubraum in cm^3	2994
PS/min	138/5000
Vmax in km/h	195
Karosserie	
Bauart	Coupé
Tragstruktur	Rohrrahmen
Material	Kunststoff
Stückzahl und Marktsituation	
Produktionszahl	654
Verfügbarkeit	üppig
Teilesituation	gut
Unterhaltskosten	hoch

Bild: © Archiv HEEL Verlag

T

TVR Taimar 1976-1979

Neben dem Zierstreifen an der Flanke ist die große Heckklappe das wichtigste Unterscheidungsmerkmal zum TVR 3000 M. Der Taimar konnte entstehen, weil die Firma aufgrund ihres Erfolgs über ausreichend Mittel zur Umsetzung dieser praktischen Lösung verfügte. Es verbarg sich zwar nicht besonders viel Stauvolumen unter der Haube, doch sie betonte die Praxistauglichkeit dieser englischen Sportcoupés. Motorseitig kam allein der leicht überarbeitete Ford-Essex-V6 mit 142 PS zum Einsatz, bei einigen wenigen Modellen half zudem ein Turbolader leistungsmäßig auf die Sprünge.

Preise	1	2	3	4	5
Taimar, Cpe	27.000	18.400	12.000	6.000	3.000

Motor/Antrieb	
Bauart	V6
Lage/Antrieb	Front/Heck
Hubraum in cm³	2994
PS/min	142/5000
Vmax in km/h	195
Karosserie	
Bauart	Coupé
Tragstruktur	Rohrrahmen
Material	Kunststoff
Stückzahl und Marktsituation	
Produktionszahl	395
Verfügbarkeit	gut
Teilesituation	gut
Unterhaltskosten	hoch

TVR 3000 S 1978-1979

Stolze 20 Jahre ließ sich der Hersteller in Blackpool Zeit, eines der gelungensten Coupés auch ohne Dach anzubieten. Dabei hatte die Roadster-Tradition ihre tiefsten Wurzeln gerade bei Kleinserienherstellern … 1978 war es bei TVR soweit: Als offene Version bot der 3000 S nun auch die Freuden des Frischluftfahrens. Ein etwas kompliziertes Kunststoffdach und seitliche Steckscheiben machten ihn zum echten Roadster. Nicht alle Betrachter konnten an der neuen Linie Gefallen finden, mit 258 gebauten Exemplaren ist der 3000 S eher selten geblieben und erzielt, angesichts des Cabriobooms der letzten Jahre, inzwischen beachtliche Preise. Weiteres Merkmal: die veränderte Armaturenbrettgestaltung mit zentral angeordneten Instrumenten.

Bild: © Michael Herbold

Preise	1	2	3	4	5
3000 S , Cab	33.900	23.000	15.000	7.500	3.800

Motor/Antrieb	
Bauart	V6
Lage/Antrieb	Front/Heck
Hubraum in cm³	2994
PS/min	142/5000
Vmax in km/h	195
Karosserie	
Bauart	Roadster
Tragstruktur	Rohrrahmen
Material	Kunststoff
Stückzahl und Marktsituation	
Produktionszahl	258
Verfügbarkeit	ausreichend
Teilesituation	gut
Unterhaltskosten	hoch

TVR Tasmin S1, 200, 280 i, 350 i, 350 SE, 390 SE, 420 SE, 420 SE/SEAC, 430 SE, 450 SEAC 1980-1991

Technisch basierte der Tasmin auf einem modifizierten M-Rahmen mit neuem Fahrwerk. Unter der nach wie vor ellenlangen Motorhaube sorgte zunächst ein 2,8 Liter großer Ford-Motor aus Köln mit 160 PS für mehr Dampf und eine Spitze von 200 km/h. Der 160 PS starke Einspritzer wurde zunächst nur im Coupé angeboten, binnen Jahresfrist stieß eine 2+2-sitzige Version hinzu, die allerdings sehr selten blieb. Das Cabrio mit zeitgemäßer, komfortabler Verdecktechnik fand am meisten Freunde. Über die Jahre experimentierte TVR mit verschiedensten Motoren. Vom mit 101 PS schwachbrüstigen Vierzylinder bis hin zu einem 4,2 Liter messenden V8, der mmerhin 269 PS leistete, reichte die Motorenpalette. Am stärksten war jedoch der 3,9 Liter große Rover-V8: Stolze 279 PS setzte er im TVR-Keil frei.

Bild: © Frank Tanner

Preise	1	2	3	4	5
Tasmin S1, Cpe	17.600	12.100	7.800	4.200	2.100

Motor/Antrieb	
Bauart	Vierzylinder (Reihe), V6, V8
Lage/Antrieb	Front/Heck
Hubraum in cm³	1993, 2792, 3532-4203
PS/min	101/5200 bis 279/5500
Vmax in km/h	184 bis 265
Karosserie	
Bauart	Coupé, Cabriolet
Tragstruktur	Rohrrahmen
Material	Kunststoff
Stückzahl und Marktsituation	
Produktionszahl	k. A.
Verfügbarkeit	ausreichend
Teilesituation	gut
Unterhaltskosten	hoch

T

TVR Griffith 1991-2002

Als leichtgewichtiger Zweisitzer mit aufwändigem, selbst entwickeltem Fahrwerk und potenter Großserien-Antriebstechnik blieb der 1991 eingeführte TVR Griffith konzeptionell seinem Vorbild aus den sechziger Jahren treu. Im Gegensatz zu diesem war der Griffith jedoch ein offener Roadster mit rudimentärem Wetterschutz. Unter der flachen Motorhaube der Fiberglaskarosserie kam zunächst ein mit schärferen Nockenwellen, später auch mit komplett überarbeiteten Zylinderköpfen bestückter Aluminium-V8 aus dem zeitgenössischen Range Rover zum Einsatz. Dieser wurde 1993 durch den von TVR entwickelten Fünfliter-V8 mit 345 PS Leistung ersetzt, die Modellbezeichnung änderte sich dadurch in Griffith 500. Als 2000 das baldige Produktionsende bekannt wurde, legte TVR eine auf 100 Exemplare limitierte Sonderserie (LE) auf, die sich u.a. durch die Verwendung von Ausstattungsdetails aus den Schwestermodellen Chimaera (komfortabler Roadster) und Cerbera (Hardtop-Coupé) vom normalen Griffith 500 unterschied.

Bild: © Ballisticbanana

Preise	1	2	3	4	5
Griffith 500, Cab	44.500	29.400	18.800	10.100	k.N.

Motor/Antrieb	
Bauart	V8
Lage/Antrieb	Front/Heck
Hubraum in cm³	3950, 4280, 4495, 4988
PS/min	243/5250 bis 345/5500
Vmax in km/h	245 bis 272
Karosserie	
Bauart	Roadster
Tragstruktur	Rohrrahmen
Material	Kunststoff
Stückzahl und Marktsituation	
Produktionszahl	ca. 4000
Verfügbarkeit	ausreichend
Teilesituation	gut
Unterhaltskosten	hoch

TVR Cerbera 1996-2003

Der Cerbera – benannt nach Zerberus, dem dreiköpfigen Höllenhund und Hüter des Hades – ist nur einer kleinen Fangemeinde bekannt. Dabei besitzt dieser TVR selbst entwickelte Motoren. Bei anderen TVR-Modellen griffen die Ingenieure in die Regale großer Hersteller (z. B. Ford oder Rover). Der Cerbera machte seinem Namen alle Ehre: Die beiden V8 mit 4,2 und 4,5 Liter Hubraum und einer Leistung von 365 PS und 426 PS ermöglichtenTempo 300 und katapultierten den Supersportwagen in rund vier Sekunden von Null auf 100 km/h – ohne Traktionskontrolle oder sonstige elektronischen Helfer. Später folgte ein 4-Liter-Sechszylinder mit 355 PS. Die Kunststoffkarosserie saß auf einem pulverbeschichteten Gitterrohrrahmen, der zugleich die Achillesferse des Höllenhundes darstellt: Die Ummantelung ist leider nicht haltbar, der Stahl darunter rostet oft sehr.

Bild: © TVR

Preise	1	2	3	4	5
Cerbera Speed Six, Cpe	33.300	24.400	14.900	8.300	k.N.
Cerbera V8, Cpe	48.900	35.800	22.000	12.200	k.N.

Motor/Antrieb	
Bauart	Sechszylinder (Reihe), V8
Lage/Antrieb	Front/Heck
Hubraum in cm³	3996 bis 4475
PS/min	355/6800 bis 426/7250
Vmax in km/h	274 bis 312
Karosserie	
Bauart	Coupé
Tragstruktur	Rohrrahmen
Material	Kunststoff
Stückzahl und Marktsituation	
Produktionszahl	k.A.
Verfügbarkeit	ausreichend
Teilesituation	gut
Unterhaltskosten	hoch

Vanden Plas (GB) • 1960-1980

Aus dem Modell Austin Princess wurde 1958 eine eigene Marke Princess, die aus konzernstrategischen Gründen 1960 in Vanden Plas umgetauft wurde. BMC wollte damit das Karosseriewerk Vanden Plas stützen, dessen Mutterfirma sich bis ins Jahr 1880 zurückverfolgen lässt. 1946 war das britische Zweigwerk des ursprünglich belgischen Wagenbauers Van den Plas von Austin übernommen worden. 1960 begann Vanden Plas, Austin-Modelle besonders luxuriös auszustatten und unter eigenem Namen anzubieten.

Als 1968 die große Fusion zur BLMC stattfand, erübrigte sich diese Luxusmarke, denn bei Jaguar und Daimler gab es genügend Modelle in dieser Kategorie. Nur der Vanden Plas 1300, ein modifizierter Austin/Morris 1300, lief für einige Zeit weiter. 1980 verschwand Vanden Plas als Marke.

Bild: © Archiv Heel Verlag

Vanden Plas Princess 3 Litre, Mk II und 4 Litre R 1959-1969

Als Princess 3 Litre erschien 1959 ein luxuriöses, mit viel Handarbeit hergestelltes Automobil, das als Chauffeurlimousine gedacht war. Ende 1961 erschien der 3 Litre Mk II mit höherer Motorleistung und fünf Zentimeter verlängertem Radstand – die Technik entsprach dem Austin A 110 Westminster. 1964 wurde der 3 Litre durch den 4 Litre R abgelöst (nicht zu verwechseln mit dem pompösen Modell 4 Litre), der etwas rundlichere hintere Kotflügel bekam. Der Motor des 4 Litre R war eine Neukonstruktion von Rolls-Royce: Dieses kultiviert laufende Aggregat aus Aluminium zeigte mit wechselgesteuerten Ventilen traditionelle Handschrift. Der Innenraum präsentierte sich hier von der nobelsten Sorte: Reichlich Leder, Walnussholz und dicke Wollteppiche schufen ein einmaliges Ambiente im äußerlich eher schlichten, von Pinin Farina gezeichneten Wagen.

Bild: © Archiv HEEL Verlag

Preise	1	2	3	4	5
Princess 3 Litre, L4t	19.000	11.400	8.200	4.400	1.900
Princess 4 Litre R, L4t	20.300	12.200	8.800	4.700	2.100

Motor/Antrieb	
Bauart	Sechszylinder (Reihe)
Lage/Antrieb	Front/Heck
Hubraum in cm³	2912, 3909
PS/min	100/4750 bis 175/4800
Vmax in km/h	160 bis 180
Karosserie	
Bauart	Limousine (4-türig)
Tragstruktur	Kastenrahmen
Material	Stahlblech
Stückzahl und Marktsituation	
Produktionszahl	7000
Verfügbarkeit	schlecht
Teilesituation	sehr schwierig
Unterhaltskosten	hoch

Vanden Plas Princess 1100 und 1300 — 1964-1974

„Badge engineering" in Richtung Luxus musste der Austin 1100 über sich ergehen lassen. Dazu verpasste ihm Vanden Plas unter anderem einen chromglänzenden, wuchtigen Kühlergrill. Besonders im Innenraum erinnerte keine Spur mehr an die profane Abstammung: Holzapplikationen hier und dort, verstellbare Ledersitze, reichhaltige Instrumentierung und bessere Teppiche nahmen den Insassen das Gefühl, in einem Kleinwagen zu sitzen. Wegen seines höheren Gewichts hatte die Motorisierung MG-Spezifikation erhalten, ein zweiter Vergaser sorgte für besseren Füllungsgrad und damit Leistung. Besser als der 1100er konnte das noch die 1300er-Maschine mit 66 PS, die ab 1967 verwendet wurde. Individualisten und Freunde kleiner Luxuswagen können mit dem speziellen Konzept durchaus glücklich werden.

Bild: © Jürgen Schlegelmilch

Preise	1	2	3	4	5
Princess 1100, L4t	13.100	7.900	5.500	2.900	1.600
Princess 1300, L4t	14.200	8.500	6.000	3.200	1.400

Motor/Antrieb	
Bauart	Vierzylinder (Reihe)
Lage/Antrieb	Front/Heck
Hubraum in cm³	1098, 1275
PS/min	55/5500 bis 66/5750
Vmax in km/h	130 bis 145
Karosserie	
Bauart	Limousine (4-türig)
Tragstruktur	selbsttragend
Material	Stahlblech
Stückzahl und Marktsituation	
Produktionszahl	39.732
Verfügbarkeit	ausreichend
Teilesituation	ausreichend
Unterhaltskosten	mittel

Vauxhall (GB) • Automobilbau seit 1903

Als Automarke gibt es Vauxhall seit 1903. Gegründet hatte das Unternehmen, das unter anderem als Schiffsmotorenbauer einen guten Ruf genoss, Alexander Wilson allerdings schon 1857. 1896 gab es die ersten Versuche mit Verbrennungsmotoren.

Sportlich startete Vauxhall seine Karriere: Die Modelle waren von Beginn an leistungsorientiert. Erfolgreiche Teilnahmen bei Bergrennen führten zum Versuch, sich für die Tourist Trophy 1905 zu qualifizieren – vergeblich allerdings. Dafür gewann Vauxhall 1908 den Reliability Trail über immerhin 2000 Meilen und glänzte auf der Prinz-Heinrich-Fahrt 1910. Bekannt wurde Vauxhall mit seinem Modell 30/98, das ab 1914 gebaut wurde und nach dem Ersten Weltkrieg als Type E weiterproduziert wurde.

1925 übernahm General Motors die kleine britische Firma. Wie Opel behielt Vauxhall zunächst weitreichende Eigenständigkeit. Neben sportlichen Modellen erschien der luxuriöse Type S sogar mit Schiebermotor. Bekannt wurde 1931 der leichte und preiswerte Cadet wegen seines im Folgejahr eingeführten synchronisierten Getriebes. Der Type D überraschte ab 1935 mit vorderer Einzelradaufhängung, und ab 1938 baute Vauxhall mit dem Type H das erste englische Automobil mit selbsttragender Karosserie.

Bild: © GM Corp.

Aus dem Vollen schöpfen: Vauxhall-Gestalter in den späten 1940er Jahren.

Bild: © GM Corp.

Der vergebliche Versuch zu mehr Eigenständigkeit und Dynamik: Der XRV war 1966 das erste Concept Car.

Nach der Rüstungsproduktion im Zweiten Weltkrieg nahm Vauxhall schnell die Automobilproduktion wieder auf. 1948 folgte mit dem Wyvern das erste neue Modell, 1955 erschien der Cresta auf dem Markt. Mit dem 1963 eingeführten Modell Viva wurden erstmals Synergieeffekte zwischen Opel und Vauxhall mit gemeinsamer Entwicklungsarbeit offensichtlich. Bis Ende der 1970er Jahre konnte Vauxhall noch weitgehend eigenständig konstruieren doch der Einfluss von Opel nahm immer weiter zu. Im Jahr 2017 übernahm die französische Gruppe PSA (Peugeot, Citroën) die Regie bei Vauxhall sowie Opel. Seit 2021 heißt das gemeinsame Dach Stellantis.

Vauxhall Velox und Cresta — 1957-1962

Unter der Regie von General Motors zeigte sich auch bei den britischen Produkten von Vauxhall der unverkennbare Einfluss aus Amerika. Mit den beliebten Panoramascheiben vorn und hinten sowie den ausgeprägten Heckflossen ist der Velox ebenso wie der Cresta ein Kind des Zeitgeistes. Weniger intensiv als dem Äußeren widmeten sich die Vauxhall-Ingenieure der Technik: Die Motoren stammten aus dem Vormodell. Immerhin ersparte die Vollsynchronisierung des Dreiganggetriebes das lästige Zwischengas. Im Laufe der Produktionszeit gab es eine Menge kleinerer Modifikationen, wichtiger war jedoch die Einführung des knapp 2,7 Liter großen Motors im Jahr 1961. Für deutsche Klassiker-Fans mag das Angebot aus Preisgründen reizvoll erscheinen, zu beachten ist jedoch die kritische Lage bei der Ersatzteilversorgung.

Bild: © GM Corp.

Preise	1	2	3	4	5
Velox/Cresta (2.3), L4t	22.900	14.900	8.200	3.700	1.500
Velox/Cresta (2.7), L4t	23.600	15.300	8.400	3.800	1.500

Motor/Antrieb	
Bauart	Sechszylinder (Reihe)
Lage/Antrieb	Front/Heck
Hubraum in cm³	2262, 2651
PS/min	72/4400, 104/4800
Vmax in km/h	140 bis 150
Karosserie	
Bauart	Limousine (4-türig)
Tragstruktur	selbsttragend
Material	Stahlblech
Stückzahl und Marktsituation	
Produktionszahl	81.841, 91.923
Verfügbarkeit	schlecht
Teilesituation	sehr schwierig
Unterhaltskosten	hoch

Vauxhall Viva, Magnum — 1970-1979

Bis Ende der siebziger Jahre spielten Überlegungen zu wirksamen Sparkonzepten nur eine Nebenrolle. So entwickelte Vauxhall ohne große Rücksicht auf Synergieeffekte parallel zu dem deutschen Opel Ascona die Modelle Viva und Magnum. Dieses simpel gemachte Großserienprodukt mit einer großen Anzahl möglicher Ausstattungs- und Motorisierungsvarianten machte als Alltagsauto eine durchaus gute Figur. Ihre technische Basis war noch weitgehend eigenständig. Den Viva gab es als zwei- und viertürige Limousine sowie als dreitürigen Kombi mit 1,3- oder gegen Aufpreis mit 1,8-Liter-Motor. Ende 1978 wurden die Magnum-Modelle wie auch die Viva mit Luxusausstattung aus dem Programm gestrichen, obwohl speziell ein mit dem 2,3-Liter-Vierzylinder angetriebenes Magnum-Coupé seine Reize hatte. In Deutschland gab es kaum Resonanz auf die Vauxhall-Modelle.

Bild: © GM Corp.

Preise	1	2	3	4	5
Viva, L4t	8.000	4.800	2.900	1.000	400
Magnum (2.3), Cpe	9.100	5.400	3.200	1.200	500

Motor/Antrieb	
Bauart	Vierzylinder (Reihe)
Lage/Antrieb	Front/Heck
Hubraum in cm³	1256, 1759, 2279
PS/min	60/5600 bis 106/5600
Vmax in km/h	140 bis 170
Karosserie	
Bauart	Lim (2-/4-türig), Kombi (3-türig), Cpe
Tragstruktur	selbsttragend
Material	Stahlblech
Stückzahl und Marktsituation	
Produktionszahl	k. A.
Verfügbarkeit	üppig
Teilesituation	gut
Unterhaltskosten	mittel

Vauxhall Ventora — 1972-1976

Optisch aufgewertete VX 4/90 machten diesen Vauxhall zum Ventora: An reichlich Chrom, dem Vinyldach und seiner reichhaltigen Ausstattung ist die Sechszylinder-Variante leicht zu identifizieren. Die Motoren zeichneten sich nicht durch besonders fortschrittliche Merkmale aus. Zur Wahl standen ein 2,8 Liter und ein 3,3-Liter-Reihenmotor mit jeweils sehr moderater Literleistung. 118 und 123 PS beeindruckten das unveränderte Fahrwerk kaum, die hintere, schraubengefederte Starrachse genügte nur bescheidenen Komfortansprüchen. Insgesamt blieben auch die Ventora-Modelle der alten Vauxhall-Tradition treu, sie waren grundsolide, bequeme, aber auch etwas schwerfällige Fahrzeuge. Als letzte Vauxhall-eigene Konstruktion der Oberklasse genießt der Ventora langsam steigende Wertschätzung.

Bild: © GM Corp.

Preise	1	2	3	4	5
Ventora, L4t	8.400	5.000	3.000	1.100	500

Motor/Antrieb	
Bauart	Sechszylinder (Reihe)
Lage/Antrieb	Front/Heck
Hubraum in cm³	2793, 3294
PS/min	118/5000 bis 123/4600
Vmax in km/h	165
Karosserie	
Bauart	Limousine (4-türig)
Tragstruktur	selbsttragend
Material	Stahlblech
Stückzahl und Marktsituation	
Produktionszahl	k. A.
Verfügbarkeit	gut
Teilesituation	gut
Unterhaltskosten	hoch

Vauxhall VX 4/90 — 1972-1979

Erst ab 1975 bekam Vauxhall ernstzunehmende Konkurrenz – aus dem eigenen Haus. Die Konzernfiliale in Rüsselsheim schickte den Opel Rekord als Vauxhall Carlton über den Kanal. Bis dahin übernahm der VX 4/90 die Rolle des sportlich angehauchten Mittelklasse-Viertürers. Mit ansehnlichem Styling und ausschließlich mit dem 2,3 Liter großen, 116 PS starken Vierzylinder lieferbar, bestach der Wagen nicht zuletzt durch seine sportlich-elegante Innenausstattung. In Großbritannien war der VX 4/90 ein guter Erfolg, als solides Gesamtpaket hatte er auf dem Binnenmarkt weder von British Leyland noch von Ford viel Konkurrenz zu fürchten. Die Karriere der selbst konstruierten Modelle der Traditionsmarke wurde mit der Einführung der Opel-Modelle allerdings schon vor vielen Jahren gestoppt.

Bild: © GM Corp.

Preise	1	2	3	4	5
VX 4/90, L4t	10.800	6.400	3.900	1.400	600

Motor/Antrieb	
Bauart	Vierzylinder (Reihe)
Lage/Antrieb	Front/Heck
Hubraum in cm³	2279
PS/min	116/5000
Vmax in km/h	170
Karosserie	
Bauart	Limousine (4-türig)
Tragstruktur	selbsttragend
Material	Stahlblech
Stückzahl und Marktsituation	
Produktionszahl	k. A.
Verfügbarkeit	gut
Teilesituation	gut
Unterhaltskosten	mittel

Vauxhall Firenza Droopsnoot — 1973-1975

Zur Rarität wurde der Vauxhall Firenza, der dem Leistungsbewusstsein der siebziger Jahre Rechnung trug. Der Vorgänger des sportlichen Coupés war zwar recht attraktiv, ließ aber eine markante Ausstrahlung vermissen. Also verpasste man ihm 1973 eine neue, schräggestellte Front mit hinter Glas versteckten Scheinwerfern, schwärzte alle vormals in Chrom gehaltenen Teile und montierte neu gestylte Leichtmetallräder. Sportlich aufgepeppt wurde auch der Innenraum. Um diesem Outfit wirklich gerecht zu werden, wählte man eine kraftvolle Motorisierung: Ein auf stattliche 132 PS frisierter 2,3-Liter-Vierzylinder sorgte im Zusammenspiel mit einem ZF-Fünfganggetriebe für echte Sportwagen-Fahrleistungen. Der Droopsnoot blieb eine Rarität, nur 200 Exemplare ließen sich in den vom Ölschock geprägten Jahren absetzen.

Bild: © GM Corp.

Preise	1	2	3	4	5
Firenza Droopsnoot, Cpe	18.400	11.500	8.100	4.400	1.700

Motor/Antrieb	
Bauart	Vierzylinder (Reihe)
Lage/Antrieb	Front/Heck
Hubraum in cm³	2279
PS/min	132/5500
Vmax in km/h	195
Karosserie	
Bauart	Coupé
Tragstruktur	selbsttragend
Material	Stahlblech
Stückzahl und Marktsituation	
Produktionszahl	200
Verfügbarkeit	schlecht
Teilesituation	schwierig
Unterhaltskosten	hoch

Vauxhall Chevette HS 2300 — 1976-1979

Auf der Basis des simplen Chevette entstand dieser dreitürige Kleinwagen, der mit dem Opel Kadett C City bis auf die Front im Wesentlichen baugleich war. Um ihn zum Wolf im Schafspelz zu machen, die GTI-Welle schwappte gerade hoch, erhielt er den hauseigenen, 2,3 Liter großen Vierzylindermotor mit satten 135 PS. Darauf pflanzte Vauxhall einen Vierventil-Zylinderkopf und quetschte das ganze Paket mühsam unter die Haube. Ein großer Spoiler vorn und Leichtmetallräder komplettierten das sportliche Outfit des Kompaktrenners mit Hinterradantrieb, der in der britischen Rallyemeisterschaft eine durchaus gute Figur machte. Für Freunde des gekonnten Heckschwenks ist der kompakte HS 2300 ein sicherer Quell der Freude.

Bild: © GM Corp.

Preise	1	2	3	4	5
Chevette HS 2300, L3t	26.500	18.100	11.400	6.200	2.200

Motor/Antrieb	
Bauart	Vierzylinder (Reihe)
Lage/Antrieb	Front/Heck
Hubraum in cm³	2279
PS/min	135/5500
Vmax in km/h	195
Karosserie	
Bauart	Kombi-Coupé
Tragstruktur	selbsttragend
Material	Stahlblech
Stückzahl und Marktsituation	
Produktionszahl	k. A.
Verfügbarkeit	schlecht
Teilesituation	schwierig
Unterhaltskosten	hoch

Veritas (D) • 1946-1952

Schon 1946 bauten die ehemaligen BMW-Mitarbeiter Ernst Loof, Schorsch Meier und Lorenz Dietrich alte BMW 328 in BMW-Veritas-Rennsportwagen um. Offiziell wurde die Firma im März 1948 in Messkirch/Baden gegründet. 1950 siedelte sie nach Muggensturm um, wo rund 70 Autos mit 100 PS starken Zweiliter Veritas-Heinkel-Motoren und Spohn-Karosserie entstanden: das Coupé Saturn, das Cabriolet Scorpion, der Sportwagen Comet und der Rennwagen Comet S.

Ernst Loof baute nach dem finanziellen Zusammenbruch der Veritas GmbH am Nürburgring etwa 20 weitere Autos – zwischen Herbst 1951 und August 1953. BMW übernahm und gründete den Stützpunkt Nürburgring, den Ernst Loof in Folge leitete. Lorenz Dietrich dagegen gründete die Firma Dyna und fertigte in Zusammenarbeit mit Panhard den Dyna-Veritas in Baden-Baden, bis auch hier nach kurzer Zeit das Geld ausging.

Um den im Jahr 2008 von der VerMot AG präsentierten Prototyp Veritas RS III war es schnell wieder still geworden: Der wahlweise mit V8- oder V12-Triebwerken aus dem Hause BMW bestückte offene Sportwagen sollte ab 2010 in einer Kleinserie von 30 Exemplaren gefertigt werden. Doch dazu kam es nicht. 2018 wurde die VerMot AG insolvent und aufgelöst.

Bild: © Jürgen Schlegelmilch

Dyna-Veritas — 1950-1952

Die Karosserien für den hübschen Dyna-Veritas wurden bei Baur in Stuttgart bezogen. Komplettierung und Vertrieb hatte Lorenz Dietrich in seinen Händen. Die Technik steuerte die fortschrittliche Firma Panhard aus Frankreich bei. Das 2+2-sitzige Cabriolet war mit dem Zweizylinder-Boxermotor recht munter motorisiert und brachte, bei einer Länge von 3,90 Meter, nur 720 Kilogramm auf die Waage. Der Fronttriebler begnügte sich mit 7,5 Litern Benzin auf 100 Kilometer. Allerdings war das Modell mit 8300 Mark sehr teuer. So musste das Verkaufsergebnis – ganze 176 Exemplare sind entstanden – enttäuschen.

Bild: © Archiv HEEL Verlag

Preise	1	2	3	4	5
Dyna, Cab	k.N.	29.000	18.000	8.000	k.N.

Motor/Antrieb	
Bauart	Zweizylinder (Boxer)
Lage/Antrieb	Front/Front
Hubraum in cm³	744
PS/min	32/5000
Vmax in km/h	115
Karosserie	
Bauart	Cabriolet
Tragstruktur	Kastenrahmen
Material	Stahlblech
Stückzahl und Marktsituation	
Produktionszahl	176
Verfügbarkeit	gegen null
Teilesituation	sehr schwierig
Unterhaltskosten	mittel

Veritas Saturn, Scorpion, Comet und Comet S — 1950

BMW-Veritas waren mit 1,5-Liter- und Zweiliter-Motoren des öfteren siegreiche Rennsportwagen, und diesen guten Ruf gedachte man bei Veritas umzumünzen. Brauchbare BMW-Motoren gab es aber nicht mehr. So ersetzte Veritas den Langhuber durch einen quadratisch ausgelegten Leichtmetall-Reihensechszylinder von Heinkel mit obenliegender Nockenwelle. Die Hecktriebler trugen bereits ein Fünfganggetriebe. Karosserievarianten gab es reichlich: Veritas lieferte 2+2-sitzige Coupés und Cabriolets (Saturn, Scorpion) und zweisitzige Sport- und Rennsportwagen. Die Straßenmodelle waren mit Preisen zwischen gut 17.000 und knapp 20.000 Mark enorm teuer, technisch aber anspruchsvoll und aufwändig.

Bild: © Archiv HEEL Verlag

Preise	1	2	3	4	5
Saturn, Cpe	k.N.	180.000	120.000	k.N.	k.N.
Scorpion, Cab	k.N.	200.000	150.000	k.N.	k.N.

Motor/Antrieb	
Bauart	Sechszylinder (Reihe)
Lage/Antrieb	Front/Heck
Hubraum in cm³	1988
PS/min	100/5000
Vmax in km/h	165
Karosserie	
Bauart	Coupé, Cabriolet
Tragstruktur	Plattformrahmen
Material	Aluminium
Stückzahl und Marktsituation	
Produktionszahl	k. A.
Verfügbarkeit	schlecht
Teilesituation	schwierig
Unterhaltskosten	hoch

Victoria (Bayerische Autowerke, Spatz) (D) • 1956-1959

Im Jahr 1956 hatte sich hoffnungsvoll die Bayerische Autowerke GmbH mit Sitz in Nürnberg-Traunreut gegründet. Beteiligte waren Harald Friedrich und die Victoria-Werke, die zuletzt rund 50 Jahre lang nur Zweiräder gebaut hatten. Mit einer Konstruktion von Egon Brütsch versuchte man noch auf den Zug zum Kleinwagen aufzuspringen. Ende 1956 schied Friedrich als Teilhaber aus, Victoria fertigte in Eigenregie weiter, schickte das erfolglose Vehikel aber im Februar 1958 aufs Altenteil. 1959 übernahm die Regensburger Firma Burgfalke Materialien, Ersatzteile und Werkzeuge. Das Abenteuer überforderte den neuen Besitzer jedoch finanziell, und nach nur wenigen Exemplaren musste er die Produktion endgültig einstellen.

Herzig: Spatz-Logo.

Nüchtern: Späterer Victoria-Schriftzug.

Victoria Spatz 200, Victoria 250 1956-1958

Als Dreisitzer sollte der minimal motorisierte Spatz 200 den Umstieg vom Roller schmackhaft machen. Als „Traumwagen des kleinen Sportfahrers" sollte er Geschichte machen. Es sei ein „gleichspuriges, betont sportliches Fahrzeug", lasen Interessenten im Prospekt. Bevor die Konstruktion in Serie ging, griff Hans Ledwinka noch verfeinernd ein. Mit 3350 Mark war das aus Fiberglas karossierte Wägelchen allerdings zu teuer geraten. Ab 1957 kam ein Victoria-Motor mit 250 cm³ zum Einsatz, mehr Erfolg war dem kleinen Vogel damit allerdings nicht beschieden. Nach nur 859 Exemplaren des Spatz 200 und 729 Exemplaren des Victoria 250 sowie einigen Burgfalke-Wagen entschlief das leicht brennbare Heckmotor-Projekt, ohne selbst das erhoffte Wirtschaftswunder zu werden.

Bild: © Archiv Günther Zink

Preise	1	2	3	4	5
Spatz 200, Rds	25.800	16.700	11.000	6.900	3.000
Victoria 250, Rds	25.600	15.800	11.200	k.N.	k.N.

Motor/Antrieb	
Bauart	Einzylinder-Zweitaktmotor
Lage/Antrieb	Heck/Heck
Hubraum in cm³	191, 248
PS/min	10,2/5250 bis 14,0/5200
Vmax in km/h	75 bis 95
Karosserie	
Bauart	Roadster
Tragstruktur	Rohrrahmen
Material	Kunststoff
Stückzahl und Marktsituation	
Produktionszahl	1588
Verfügbarkeit	schlecht
Teilesituation	schwierig
Unterhaltskosten	niedrig

Volkswagen (D) • seit 1936

Bild: © Volkswagen AG

Vater des Käfers: Ferdinand Porsche (1875-1951).

Die Idee eines deutschen Volks-Wagens, eines für die breite Masse in Anschaffung und Unterhalt erschwinglichen Automobils, war Mitte der 1930er Jahre zwar nicht neu, wurde aber als propagandistisches Großprojekt des NS-Regimes erstmals realisiert. Als Entwicklungschef war Ferdinand Porsche der richtige Mann, er hatte auf diesem Gebiet bereits Erfahrungen in Zusammenarbeit mit Zündapp und NSU gesammelt. Aber das Ziel, ein leistungsfähiges Automobil zum Verkaufspreis von nur 990 Reichsmark zu realisieren, war im Grunde utopisch und gelang nur mit massiver staatlicher Unterstützung. Bei ihrer Präsentation erregte die moderne Konstruktion weltweites Aufsehen. Die Deutschen sparten fleißig, ihre „Kraft durch Freude"-Sparkarten wurden jedoch zum Kriegsausbruch Makulatur – zum Produktionsanlauf kam es nicht. Statt Volkswagen rollten Kübelwagen und anderes Kriegsgerät von den Bändern in der neu errichteten „Stadt des KdF-Wagens" Wolfsburg.

Nach Kriegsende begann im stark zerstörten Werk eine zunächst zaghafte Pkw-Produktion. Mit der Währungsreform 1948 trat der Volkswagen unter Generaldirektor Heinrich Nordhoff seinen unvergleichlichen Siegeszug an. Vom im Jahre 1950 eingeführten Bus abgesehen, pflegten die Wolfsburger lange die Monokultur des Käfers; erst in den 60er Jahren kamen auch Mittelklasse-Limousinen ins VW-Programm, freilich mit demselben Konzept und ähnlicher Technik.

Gleichzeitig wurde das bundeseigene Unternehmen teilprivatisiert. Von Daimler-Benz übernahm Volkswagen 1964 die Auto Union in Ingolstadt, fünf Jahre später kam NSU hinzu. Trotz des Einkaufs neuer Technologien hielt VW zunächst am System luftgekühlter Boxermotoren im Heck fest – beinahe zu lange. Die Verkaufszahlen sanken immer weiter, denn die Konkurrenz bot zeitgemäßere Technik.

Sieht man von dem aus der NSU-Erbmasse übernommenen K 70 ab, begann eine wirklich neue Zeitrechnung erst 1973 mit der Präsentation des Passat. Unterstützt von der Konzerntochter Audi, die mit den Modellen Audi 80 und 100 moderne Lösungen bereit hielt, hatten die Wolfsburger endlich zum wassergekühlten Frontmotor gefunden. Im Folgejahr erschien der Golf, der sich schnell als Thronfolger des angejahrten Käfers erwies, eine eigene Fahrzeugklasse begründete und diese bis heute anführt. Heute, sechs Generationen Golf später, bildet Volkswagen mit Audi, Seat und Škoda den größten Automobilkonzern Europas, der mit den Luxus-Marken Bentley, Bugatti und Lamborghini auch im Segment exklusiver Edel-Automobile vertreten ist. Seit 2005 stieg Porsche massiv bei Volkswagen ein. Eine Mehrheitsbeteiligung war das Ziel – die Entwicklung sollte aber noch eine überraschende Wende erfahren: Im Dezember 2009 übernahmen die Wolfsburger 49,9 Prozent von Porsche.

Zum 1. August 2012 hatte die Volkswagen AG die Porsche AG komplett übernommen. An der Volkswagen AG – dem nach Toyota zweitgrößten Automobilhersteller weltweit – wiederum ist die Porsche Automobil Holding SE – also nicht der Automobilproduzent, sondern eine reine Beteiligungsgesellschaft – mit knapp über 50 Prozent der Stimmrechte beteiligt.Im Herbst 2015 geriet die Volkswagen AG unter massiven Druck. Die Vorwürfe, Abgastests mittels Software manipuliert zu haben, bestätigte Volkswagen schließlich. Vorstandschef Martin Winterkorn, der kurz zuvor aus einer Auseinandersetzung mit dem damaligen Aufsichtsratschef Ferdinand Piëch noch als Sieger hervorging, musste zurücktreten. Neuer Vorstandschef wurde Matthias Müller, der bis dahin die Geschicke bei Porsche lenkte. Volkswagen gab eine Gewinnwarnung heraus. Bis heute summieren sich die aufgelaufenen Kosten auf einen mittleren zweistelligen Milliardenbetrag. Unter der Führung von Ex-BMW-Mann Herbert Diess, der 2015 zu VW kam und von 2018 bis 2022 das Unternehmen führte, richtete sich Volkswagen stark in Richtung Elektromobilität aus.

Bild: © Volkswagen AG

30 Exemplare des Typ 30 gingen auf umfangreiche Testfahrten.

Bild: © Porsche AG

Hier fährt der Typ 60 (V3) aus dem Hof der Porsche-Villa in Stuttgart-Nord.

Ihm folgte Oliver Blume nach, der zugleich bis Ende 2025 auch Porsche führte.

Zur Volkswagen AG gehören nicht nur die Marken Volkswagen und Volkswagen Nutzfahrzeuge, sondern auch Audi mit Audi Sport, Bentley und Lamborghini, darunter sammeln sich Ducati und Italdesign Giugiaro. Weitere Marken sind Scout, SEAT mit Cupra und Skoda. Dazu kommen weitere Unternehmen wie der Softwareentwickler Cariad, ein Joint Venture von Rivian und der VW Group, der Mobilitätsdienstleister Moia und der Nutzfahrzeughersteller Traton, unter dem sich wiederum MAN, Neoplan, Scania, International und noch weitere sammeln.

Zwei Buchstaben, viele Formen: Doch im Prinzip ist VW sich treu geblieben.

Mythos für Millionen: Der Käfer

1945, Kriegsende, Stunde Null: Deutschland war am Boden zerstört, doch zwischen den Trümmern der Wolfsburger Werkshallen entstanden mit tatkräftiger Unterstützung der britischen Besatzer die ersten Volkswagen – es war der Beginn einer Produktion, die erst nach 58 Jahren und über 21,5 Millionen Exemplaren enden sollte. Damit wurde der Volkswagen erfolgreichstes Automobil aller Zeiten.

Aber der Reihe nach: Die Konstruktion war zum Serienanlauf zwar fast zehn Jahre alt, doch wirkte der VW mit seinem luftgekühlten Boxermotor, der montagefreundlichen Stahl-Karosserie und dem komfortablen Fahrwerk noch immer modern. Schnell entwickelte er sich zum Bestseller, bereits 1955 feierte Wolfsburg den millionsten Volkswagen. Mit jedem Modelljahr erfolgten zahlreiche Verbesserungen, das Konzept blieb jedoch unverändert – warum auch nicht, der VW verkaufte sich weltweit blendend.

In den 1960er Jahren lief die fortschrittliche Konkurrenz dem Noch-Bestseller allmählich davon, Wolfsburg aber hielt unbeirrt an der inzwischen altbackenen Konstruktion fest und investierte lieber in groß angelegte Werbekampagnen, die in Deutschland den Namen Käfer lancierten und deren bekanntester Slogan noch heute geläufig ist: Er läuft … und läuft … und läuft …

Aber der Käfer lief eben nicht mehr wie gewohnt. Die 1970er Jahre verlangten nach Autos mit Technik und Design im Stil der neuen Zeit, der alt gewordene VW sprach nur noch seine Fangemeinde an. Modisch aufgepeppte Sondermodelle waren verzweifelte Versuche, ein längst gestriges Produkt los zu schlagen. Folgerichtig gab der Konzern die Käfer-Produktion 1978 in Deutschland auf, lieferte allerdings weiterhin Exemplare aus der mexikanischen Fertigung. 1985 war auch damit Schluss: Bis zur endgültigen Einstellung im Jahr 2003 waren Liebhaber auf private Mexiko-Importe oder Importaktion von Supermarktketten angewiesen.

Volkswagen Standard und Export 1945-1953

Als Brezelfenster-Käfer sind die Volkswagen aus den Jahren 1945 bis 1953 bekannt geworden. Anfangs gab es nur die Version Standard – intern Typ 11 genannt. Ab 1949 bot die teurere Version Export (Typ 11a) eine gehobene Ausstattung und verchromte Außendetails. Da sich die Materialversorgung immer weiter verbesserte, konnte der Käfer weiter optimiert werden. Ab Mai 1950 war ein Faltschiebedach lieferbar, ab April 1951 zierte das Wolfsburger Wappen die vordere Haube. Größere Änderungen kamen im Oktober 1952. Damals erhielt der Export-Käfer ein teilsynchronisiertes Getriebe, es gab unter anderem ein neues Armaturenbrett, ausstellbare Dreiecksfenster und größere Stoßstangen. Das anfangs 5300 Mark teure Standard-Modell kostete ab September 1952 nur noch 4400 Mark.

Bild: © Volkswagen AG

Preise	1	2	3	4	5
Käfer Standard (Ser. 1949-53), L2t	70.600	51.100	33.400	17.000	7.700
Käfer Export (Ser. 1945-1953), L2t	66.200	47.500	31.900	15.200	6.900

Motor/Antrieb	
Bauart	Vierzylinder (Boxer)
Lage/Antrieb	Heck/Heck
Hubraum in cm³	1131
PS/min	25/3300
Vmax in km/h	105
Karosserie	
Bauart	Limousine (2-türig)
Tragstruktur	Plattformrahmen
Material	Stahlblech
Stückzahl und Marktsituation	
Produktionszahl	ca. 400.000
Verfügbarkeit	schlecht
Teilesituation	ausreichend
Unterhaltskosten	mittel

Hebmüller Cabriolet 1949-1953

Ob offen oder geschlossen, das Hebmüller Cabriolet überzeugt seit über 50 Jahren mit einer Extraportion Schick. Ein Vorläufer dieses Zweisitzers war schon 1946 entstanden. Ab März 1949 begann eine auf zunächst 2000 Stück begrenzte Serie. Im Sommer jenen Jahres wurde die Wülfrather Firma durch einen Großbrand weitgehend zerstört, doch die Produktion konnte weitergeführt werden. Trotz der guten Auftragslage konnte Hebmüller die eigenen finanziellen Schwierigkeiten nicht bewältigen, der Konkurs war unvermeidlich. Bis 1953 wurde zwar noch heftig geschraubt, doch nach 696 Wagen kam das Aus. Karmann hätte den hübschen Wagen gerne weitergebaut; der geplante Karmann-Ghia veranlasste VW jedoch, die Produktion des schicken offenen Käfers einzustellen.

Bild: © Volkswagen AG

Preise	1	2	3	4	5
Hebmüller, Cab	250.000	160.000	110.000	48.000	25.000

Motor/Antrieb	
Bauart	Vierzylinder (Boxer)
Lage/Antrieb	Heck/Heck
Hubraum in cm³	1131, 1192
PS/min	25/3300 bis 30/3400
Vmax in km/h	105 bis 115
Karosserie	
Bauart	Cabriolet
Tragstruktur	Plattformrahmen
Material	Stahlblech
Stückzahl und Marktsituation	
Produktionszahl	696
Verfügbarkeit	schlecht
Teilesituation	schwierig
Unterhaltskosten	mittel

Volkswagen Cabriolet 1949-1980

Schon unter den ersten drei Versuchswagen befand sich eine offene Version. Ab September 1949 baute Karmann den Typ 15, das viersitzige Cabriolet. Der Osnabrücker Karosseriebauer blieb über die Jahrzehnte der Produzent für die offene Käfer-Version. In Technik und Ausstattung entsprach das Cabrio der jeweils zeitgenössischen Export-Limousine. Ab 1965 bestand das voluminöse und dick gefütterte Verdeck aus Kunststoff statt aus Baumwolle. Senkrecht stehende Scheinwerfer-Streuscheiben führte VW 1967 ein. Auch heute noch ist ein frühes Käfer Cabriolet eine besonders reizvolle Variante des deutschen Nachkriegsangebots. Nicht schnell, aber angenehm lässt es sich mit dem zuverlässigen Boxer reisen.

Bild: © Volkswagen AG

Preise	1	2	3	4	5
Käfer 1200 (Ser. 1954-1960), Cab	60.700	39.100	23.200	10.600	4.600
Käfer 1300 (Ser. 1965-1966), Cab	50.400	30.300	18.800	8.500	3.500
Käfer 1500 (Ser. 1966-1970), Cab	39.600	24.500	15.200	7.000	2.900

Motor/Antrieb	
Bauart	Vierzylinder (Boxer)
Lage/Antrieb	Heck/Heck
Hubraum in cm³	1131, 1192, 1285, 1584
PS/min	25/3300 bis 50/4000
Vmax in km/h	105 bis 135
Karosserie	
Bauart	Cabriolet
Tragstruktur	Plattformrahmen
Material	Stahlblech
Stückzahl und Marktsituation	
Produktionszahl	331.847
Verfügbarkeit	mittel
Teilesituation	sehr gut
Unterhaltskosten	mittel

Volkswagen 1200 1953-1957

Ab März 1953 wurde der Käfer mit ovalem Rückfenster geliefert, Fans nennen diese Modelle daher liebevoll Ovali. Sein leicht aufgebohrter Motor leistete nun 30 PS. Wie gehabt bot VW eine Standard- und Export-Ausstattung. Letztere erhielt eine hydraulische Bremsanlage, während der spartanische Standard noch bis 1962 mit Seilzugbremsen auskommen musste. Zahlreiche Detailverbesserungen, sei es mehr Platz unter der vorderen Haube durch einen anders geformten Tank, zwei Auspuffrohre (ab 1955) oder schlauchlose Reifen (ab 1956) kennzeichneten das Bemühen der Wolfsburger, ihr Einheitsprodukt aktuell zu halten. Bis zum größeren Facelift ab August 1957 sank der Preis dank der weiter expandierenden Großserienfertigung für den Standard auf 3790 Mark, der Export kostete 4600 Mark. Damit wurde er – verbunden mit steigenden Einkommen – für immer mehr Bundesbürger zum erfüllbaren Traum der Unabhängigkeit.

Bild: © Volkswagen AG

Preise	1	2	3	4	5
Käfer 1200 Export (Ser. 1953-1957; „Ovali"), L2t	33.300	23.000	14.000	7.200	3.200

Motor/Antrieb	
Bauart	Vierzylinder (Boxer)
Lage/Antrieb	Heck/Heck
Hubraum in cm³	1192
PS/min	30/3400
Vmax in km/h	110
Karosserie	
Bauart	Limousine (2-türig)
Tragstruktur	Plattformrahmen
Material	Stahlblech
Stückzahl und Marktsituation	
Produktionszahl	ca. 1,2 Mio
Verfügbarkeit	schlecht
Teilesituation	schwierig
Unterhaltskosten	mittel

Volkswagen 1200 — 1957-1973

Nach den Werksferien 1957 zeigte sich der Käfer mit vergrößertem, rechteckigem Rückfenster und größerer Frontscheibe. Im Inneren hatte die Gasrolle ausgedient, es gab ein richtiges Pedal, und die neue Armaturentafel fiel ins Auge. Viele Verbesserungen blieben zunächst dem Export-Modell vorbehalten, beispielsweise die ab 1957 vergrößerten Bremsen oder der Stabilisator an der Vorderachse ab Oktober 1959. Während der 1200 Export schon ab 1960 mit 34-PS-Motor und vollsynchronisiertem Getriebe unterwegs war, blieben diese Neuerungen dem Standard noch vorenthalten, er erhielt erst 1964 die komfortablere Schaltung, der 34-PS-Motor und eine neue Vorderachse wurden ab 1965 im 1200 A eingebaut. Nach Erscheinen der 1300er Modelle fungierte der einfach ausgestattete und schmucklose VW 1200 als Sparmodell für Pragmatiker und Behörden.

Bild: © Volkswagen AG

Preise	1	2	3	4	5
Käfer 1200 Export (57-60), L2t	27.300	19.400	11.900	6.100	2.700
Käfer 1200 Export (60-65), L2t	26.500	18.500	11.300	5.800	2.600
Käfer 1200A (64-66), L2t	23.000	16.300	9.900	5.100	2.300
Käfer 1200 (67-73), L2t	16.400	11.100	6.800	3.100	1.300

Motor/Antrieb	
Bauart	Vierzylinder (Boxer)
Lage/Antrieb	Heck/Heck
Hubraum in cm^3	1192
PS/min	30/3400 bis 34/3600
Vmax in km/h	110 bis 115
Karosserie	
Bauart	Limousine (2-türig)
Tragstruktur	Plattformrahmen
Material	Stahlblech
Stückzahl und Marktsituation	
Produktionszahl	k.A.
Verfügbarkeit	gut
Teilesituation	gut
Unterhaltskosten	mittel

Volkswagen 1300 und 1500 — 1965-1973

Mit mehr Leistung versuchte Volkswagen den stetig steigenden Ansprüchen der immer noch zahlreichen Käuferschaft nachzukommen. Der 1300er kam als Ablösung für das Exportmodell 1965 auf den Markt, er zeigte sich fahrwerksseitig überarbeitet und wurde im Folgejahr mit breiterer Spur nochmals geändert. Der 67er-Jahrgang ist an stärkeren Stoßstangen erkennbar. Sicherheit wurde langsam größer geschrieben: Zweikreis-Bremsanlage, 12-Volt-Elektrik, zwei Scheibenwischer-Geschwindigkeiten, Sicherheitslenksäule. Ab 1968 waren auch vordere Scheibenbremsen lieferbar. Ab 1970 betrug die Motorleistung 44 PS wie beim 1500, ab 1971 gab es eine größere Heckscheibe und einen Diagnose-Stecker im Motorraum. Der Super-Käfer 1500 hatte diese Details teilweise schon früher erhalten.

Bild: © Volkswagen AG

Preise	1	2	3	4	5
Käfer 1300 (65-67), L2t	23.200	16.400	10.000	5.100	2.300
Käfer 1500 (66-67), L2t	25.900	17.800	10.900	5.600	2.500
Käfer 1500 (67-70), L2t	20.700	14.900	9.000	4.300	1.400

Motor/Antrieb	
Bauart	Vierzylinder (Boxer)
Lage/Antrieb	Heck/Heck
Hubraum in cm^3	1285, 1493
PS/min	40/4000 bis 44/4000
Vmax in km/h	120 bis 130
Karosserie	
Bauart	Limousine (2-türig)
Tragstruktur	Plattformrahmen
Material	Stahlblech
Stückzahl und Marktsituation	
Produktionszahl	k.A.
Verfügbarkeit	gut
Teilesituation	sehr gut
Unterhaltskosten	mittel

VW Kübel (Typ 181) — 1969-1979

Als Mehrzweck- und Kurierwagen, als VW Safari oder Kübel wird der Typ 181 bezeichnet. Die Entwicklung fand für den militärischen Bereich statt, doch der größte Teil wurde an zivile Nutzer geliefert. Technisch war der Wagen eine Mischung aus Typ 15, Typ 1 und Typ 2, also Karmann Ghia, Käfer und Transporter. Große Räder und eine Vorgelege-Übersetzung sollten eine gewisse Geländetauglichkeit erzeugen, damit ist er im Grunde ein Vorläufer der Geländewagen-Mode im Alltagsverkehr. Mit simpler und robuster Ausstattung, grenzenlos offen bis zur umlegbaren Frontscheibe, konnte der 181 vor allem Frischluftfreunde überzeugen, Fahrspaß war Nebensache. Der Kübel wurde auch in Mexiko und Indonesien gebaut.

Bild: © Volkswagen AG

Preise	1	2	3	4	5
181 (Ser. 1974-1979), Glw	23.700	15.700	9.900	5.300	1.800

Motor/Antrieb	
Bauart	Vierzylinder (Boxer)
Lage/Antrieb	Heck/Heck
Hubraum in cm^3	1493, 1584
PS/min	44/3800 bis 48/4000
Vmax in km/h	115 bis 120
Karosserie	
Bauart	Cabriolet (4-türig)
Tragstruktur	Plattformrahmen
Material	Stahlblech
Stückzahl und Marktsituation	
Produktionszahl	90.883
Verfügbarkeit	gut
Teilesituation	ausreichend
Unterhaltskosten	mittel

V

1302 L, S, LS und 1303, A, L, S, LS 1970-1975

Ab August 1970 sollte eine neue Käfer-Generation der immer stärkeren – weil moderneren – Konkurrenz Paroli bieten, doch das gelang nur teilweise. Vom 20 Millimeter längeren Radstand profitierte vor allem der Gepäckraum mit fast doppelter Größe, die Vorderachse mit McPherson-Federbeinen und die Doppelgelenk-Hinterachse versprachen bessere Fahreigenschaften des apostrophierten „Super-Käfers". Die Motoren des 1302 mit 44 und 50 PS waren oft Spritsäufer, die zudem schnell verschlissen. 1972 kam der 1303 mit gewölbter Frontscheibe und modernem Cockpit auf den Markt, mit 9060 Mark trug er das teuerste Preisschild aller Käfer-Limousinen. Mit ihm endete zudem eine Ära: Im August 1975 übernahm der Golf die Rolle des zukünftigen Volks-Wagens.

Bild: © Volkswagen AG

Preise	1	2	3	4	5
Käfer 1302 S (70-72), L2t	20.100	14.000	8.400	4.000	1.500
Käfer 1303 (72-75), L2t	19.500	14.200	8.300	4.100	1.400

Motor/Antrieb	
Bauart	Vierzylinder (Boxer)
Lage/Antrieb	Heck/Heck
Hubraum in cm³	1192, 1285, 1584
PS/min	34/3800, 44/4100, 50/4000
Vmax in km/h	115 bis 135
Karosserie	
Bauart	Limousine (2-türig)
Tragstruktur	Plattformrahmen
Material	Stahlblech
Stückzahl und Marktsituation	
Produktionszahl	k.A.
Verfügbarkeit	üppig
Teilesituation	sehr gut
Unterhaltskosten	mittel

Volkswagen 1302/1303 Cabriolet 1970-1980

In den 1970er Jahren entwickelte sich das VW Käfer Cabriolet zum ab Werk lieferbaren Liebhaberstück, das gegen Ende seiner Karriere sogar noch einen immensen Anstieg der Nachfrage erlebte. Selbst nachdem am 10. Januar 1980 die Produktion ausgelaufen war, hielt das Interesse an und sorgte für Preise, die über dem einstigen Neuwert lagen. Die besten Jahre des Open-Air-Evergreens hatten 1970 begonnen, als das 1302 Cabriolet mit wahlweise 44 oder 50 PS auf den Markt gekommen war, und setzten sich 1972 mit dem Debüt des 1303 Cabriolets fort, das ohne wesentliche Retuschen acht Jahre lang in Produktion blieb. VW-Gourmets schätzen heute den selteneren VW 1302, während das Gros im aktuellen Angebot den Schriftzug 1303 trägt. Insider der Käfer-Szene warnen vor der hohen Anzahl von verkaufslackierten Blendern, die auf neue, nicht allzu kompetente Besitzer warten.

Preise	1	2	3	4	5
Käfer 1302 Cabrio, Cab	42.800	27.500	16.800	8.100	2.900
Käfer 1303 Cabrio, Cab	46.600	28.900	18.300	8.200	3.400

Motor/Antrieb	
Bauart	Vierzylinder (Boxer)
Lage/Antrieb	Heck/Heck
Hubraum in cm³	1285, 1584
PS/min	44/4100 bis 50/4000
Vmax in km/h	125 bis 132
Karosserie	
Bauart	Cabriolet
Tragstruktur	Plattformrahmen
Material	Stahlblech
Stückzahl und Marktsituation	
Produktionszahl	155.000
Verfügbarkeit	gut
Teilesituation	gut
Unterhaltskosten	mittel

Volkswagen 1200 (bis 1978), 1200 L 1975-1985

1985 war Schluss. Offiziell jedenfalls: Denn seit Ende Juli 1985 führten deutsche Volkswagen-Händler keine Käfer mehr im Sortiment. Damit neigte sich eine große Epoche ihrem Ende zu. 1981 hatte der Käfer Jubiläum gefeiert, als das zwanzigmillionste Exemplar von den Bändern rollte. Das geschah freilich nicht mehr in Deutschland, sondern bereits im mexikanischen Puebla, das vor Ort gerne „Castillo de los lobos" genannt wurde – Wolfsburg. Dabei waren die letzten deutschen Käfer nicht im Stammwerk, sondern in Emden produziert worden, wo am 19. Januar 1978 die VW-Werker die Fertigung einstellten. Alle Käfer, die hier zu Lande geordert wurden, kamen fortan aus mexikanischer Produktion. 1984, im letzten kompletten Käfer-Jahr, hielten immerhin noch 11.000 deutsche Käufer dem Käfer die Treue. Nach 1985 kümmerten sich private Importeure um die Versorgung der Käfer-Freunde.

Bild: © Volkswagen AG

Preise	1	2	3	4	5
Käfer 1200 (73-78), L2t	14.800	10.200	5.700	3.000	1.400
Käfer 1200 (78-85; „Mexico"), L2t	13.600	10.000	5.400	3.000	1.300

Motor/Antrieb	
Bauart	Vierzylinder (Boxer)
Lage/Antrieb	Heck/Heck
Hubraum in cm³	1192
PS/min	34/3800
Vmax in km/h	115
Karosserie	
Bauart	Limousine (2-türig)
Tragstruktur	Plattformrahmen
Material	Stahlblech
Stückzahl und Marktsituation	
Produktionszahl	k. A.
Verfügbarkeit	gut
Teilesituation	sehr gut
Unterhaltskosten	mittel

Volkswagen 1600 (Mexiko-Käfer) 1985-2003

Als am 30. Juli 2003 die Fertigungsbänder im mexikanischen Puebla anhielten, endete mit dem 21.529.480sten Käfer nach 58 Jahren das letzte Kapitel der Auto-Legende. In beiden Disziplinen – Stückzahl und Bauzeit – war er längst Weltrekordler. Im Laufe seines langen Autolebens tausendmal modifiziert, war der Käfer doch immer der Alte geblieben, bis zum Schluss Ferdinand Porsches Kind – mit all seinen Stärken und Schwächen, für die ihn seine Fans liebten. Daran änderten auch die jüngsten mexikanischen Modifikationen wie Multipoint-Benzineinspritzung, Katalysator und umschäumtes Lenkrad à la Golf gar nichts. Zuletzt fanden nur noch wenige Käfer den Weg in den Export, Hauptkunden waren Mexikos Taxifahrer. Und dieser Markt brach 2002 weg, als eine neue Verordnung nur noch viertürige Taxis zuließ. Ein Treppenwitz der Geschichte: Zwei Türen waren des Käfers Tod.

Bild: © Volkswagen AG

Preise	1	2	3	4	5
Käfer 1600i („Mexiko"), L2t	14.500	10.500	5.800	3.300	1.400

Motor/Antrieb	
Bauart	Vierzylinder (Boxer)
Lage/Antrieb	Heck/Heck
Hubraum in cm³	1584
PS/min	50/4000
Vmax in km/h	140
Karosserie	
Bauart	Limousine (2-türig)
Tragstruktur	Plattformrahmen
Material	Stahlblech
Stückzahl und Marktsituation	
Produktionszahl	k. A.
Verfügbarkeit	üppig
Teilesituation	gut
Unterhaltskosten	niedrig

V

Ein Kasten macht Karriere: der VW-Bus und seine Ableger

Deutschlands erfolgreichstes Transportfahrzeug war ein Kind karger Zeit: Im Frühjahr 1950 ging es an den Start, um den großen Bedarf der Wiederaufbaujahre zu decken – und führte den (noch kleinen) Markt der Dreiviertel-Tonner sofort an: Das vielseitige Arbeitstier war mit unerreichten 4,6 m² Nutzfläche, einem großzügig verglasten Führerhaus für drei Personen und nicht zuletzt dank der soliden VW-Technik erste Wahl. Die Nachfrage explodierte; auf Jahre hinaus wurde der Wolfsburger Lastesel nicht verkauft, sondern verteilt, mit Lieferfristen von mehreren Monaten. Erfolgsgeheimnis des Volkswagens sind die unbedingte Zuverlässigkeit, Preiswürdigkeit, Platz und Leistung – so raunte die Verkaufsabteilung des DKW-Schnelllasters nicht ohne Neid. Nur auf eines musste der Erfolgs-Wagen verzichten: Der Transporter hatte offiziell keinen Namen. Intern reichte die Bezeichnung Typ 29 aus, der Volksmund sprach vom Bulli oder schlicht Bus.

Obwohl Volkswagen die Nachfrage kaum befriedigen konnte, erschlossen die Entwickler über die Jahre mit immer mehr Modellvarianten und zahlreichen Verbesserungen weitere Kundenkreise. Erst Mitte der 1960er Jahre gingen die Umsätze langsam zurück. Der Transporter war in 17 Jahren in Ehren ergraut, die Konkurrenz erstarkt. Erst jetzt entschloss sich VW-Chef Nordhoff zu einer Neuauflage. Die T2 genannte zweite Generation war 1967 allerdings nicht viel mehr als eine bessere Modellpflege des Veteranen – was dem Erfolg des Neuen freilich keinen Abbruch tat: Zwölf Baujahre lang fand er nicht nur reißenden Absatz, der Tausendsassa vereinigte gleich mehrere Fahrzeuggattungen zu einem Synonym: Man sprach nicht mehr von Kleintransportern, Lieferwagen, Kleinbussen oder immer mehr von Camping-Mobilen – ein Begriff genügte: VW-Bus.

Eine Fortsetzung, zudem eine äußerst erfolgreiche, erfuhr dagegen der VW Bus ab 1979 mit der nächsten Generation, T3 genannt. Sie war bis 1992 in Produktion, im südafrikanischen VW-Werk sogar bis 2002. Der T3 fuhr erstmals in der VW-Bus-Geschichte auch mit Dieselmotoren (1981), Wasserkühlung (1982) und Allrad (1985). Der T4 folgte 1990.

Volkswagen Bus T1 („Bulli") 1950-1967

Als Typ 2, also als zweite Baureihe des Volkswagen-Werkes nach dem Käfer (Typ 1), startete 1950 ein Kleintransporter seine Karriere. T1 ist das Kürzel für diese erste Generation der bis heute erfolgreichen Fahrzeuggattung - die korrekte Bezeichnung lautete also Volkswagen Typ 2 T1. Das bald im Nachkriegsdeutschland aufkeimende Wirtschaftswunder ebnete den Weg der Busse und Transporter zum Verkaufsschlager. Bereits im Debütjahr 1950 lieferte VW den geschlossenen Kastenwagen, den Kombi mit drei Fenstern je Seite und den Achtsitzer, alle mit 24,5-PS-Boxer, weitere Varianten folgten rasch. 1962 konnte Volkswagen die erste Bulli-Million feiern. Gegen Aufpreis erhielt der Bus nun den 1,5-Liter-Motor des Typ 3. Das Folgejahr brachte eine optionale seitliche Schiebetür sowie eine Hochdach-Version, Modelle ab Herbst 1963 erkennt man an der breiteren Heckklappe mit großem Fenster. Im Juli 1967 endete die T1-Reihe nach rund 1,8 Millionen gebauten Exemplaren.

Bild: © Volkswagen AG

Preise	1	2	3	4	5
Bulli T 1 (1960-1963), Bus	96.000	55.900	36.300	17.600	5.900
Bulli T 1 (63-67), Kom	95.100	55.300	35.900	17.500	5.800
Bulli T 1 (63-67), Kast	57.200	33.300	21.600	10.300	3.800

Motor/Antrieb	
Bauart	Vierzylinder (Boxer)
Lage/Antrieb	Heck/Heck
Hubraum in cm³	1131, 1192
PS/min	25/3300 bis 44/4000
Vmax in km/h	80 bis 100
Karosserie	
Bauart	Kleinbus
Tragstruktur	teilw. selbsttragend
Material	Stahlblech
Stückzahl und Marktsituation	
Produktionszahl	1,85 Mio (alle Versionen)
Verfügbarkeit	gut
Teilesituation	gut
Unterhaltskosten	mittel

Volkswagen Bus T1 Campingwagen (1950) 1961-1967

Kaum gab es den VW-Bus, startete seine Camping-Biographie. Sein Platzangebot verführte förmlich zu dieser Nutzung, und aus diesem Grund entwickelte der unabhängige Aufbau-, Anhänger- und Teilehersteller Westfalia in Kooperation mit Volkswagen eine „Camping-Box", die alles enthielt, was Reisende für ein Wochenende im VW-Bus benötigten – unter anderem einen Gaskocher, Klapptisch, Hängeregale und einen herausnehmbaren Schrank. Der riesige Erfolg führte bis 1961 zum ersten fertigen Reisemobil, das beide Firmen in Kooperation entwickelten. Nun gab es eine spezielle Bank, die sich zum Bett umbauen ließ, einen Wassertank und – auf Wunsch – weitere Optionen wie einen Küchenblock, eine Chemietoilette oder ein Hubdach, das Stehhöhe brachte, was besonders zum Kochen oder Umziehen praktisch war. Für Kinder gab es Schlaflösungen im Bereich der Vordersitze. Zusammen mit der von Volkswagen als Zubehör erhältlichen Standheizung entstanden so rundum reisetaugliche Campingwagen.

Bild: © Volkswagen AG

Preise	1	2	3	4	5
Bus T1 Westfalia (1960-1963), Bus	91.700	53.400	34.600	16.800	5.600

Motor/Antrieb	
Bauart	Vierzylinder (Boxer)
Lage/Antrieb	Heck/Heck
Hubraum in cm³	1131, 1192
PS/min	25/3300 bis 44/4000
Vmax in km/h	80 bis 100
Karosserie	
Bauart	Kleinbus, Reisemobil
Tragstruktur	teilw. selbsttragend
Material	Stahlblech
Stückzahl und Marktsituation	
Produktionszahl	k.A.
Verfügbarkeit	ausreichend
Teilesituation	gut
Unterhaltskosten	mittel

Volkswagen Bus T1 Sonderausführung („Samba") 1951-1967

Schon im ersten Jahr seiner Produktion erahnte Volkswagen die vielen Möglichkeiten, die im noch jungen Kleintransporter steckten: 1951 zeigten sie auf der ersten IAA nach dem Krieg eine Luxusausgabe der Kombiversion des Kastenwagens. Sie zeichnete sich außen durch eine anfangs dreifarbige Lackierung aus, die Chromstreifen trennten. Auch das markante VW-Emblem und die Radkappen zeigten sich hochglänzend, über den Passagieren ließ sich ein riesiges Faltdach öffnen, zudem gab es ein Röhrenradio. Herausragendes Element jedoch waren die zunächst 23 Fenster, wobei die gebogenen Dach- und Eckfenster aus dem modernen Werkstoff Plexiglas hergestellt waren. In Sammlerkreisen war die bald inoffiziell „Samba" genannte Version schon früh besonders begehrt: Die Preise für gute Originale schossen in sechsstellige Bereiche. Als unausweichliche Folgen boten Betrüger bald Fälschungen an – eine fachliche Prüfung vor einem Kauf wird dringend empfohlen.

Bild: © Volkswagen AG

Preise	1	2	3	4	5
Bus T1 Samba (1960-1963), Bus	108.000	63.000	41.000	20.000	7.000

Motor/Antrieb	
Bauart	Vierzylinder (Boxer)
Lage/Antrieb	Heck/Heck
Hubraum in cm³	1131, 1192
PS/min	25/3300 bis 44/4000
Vmax in km/h	80 bis 100
Karosserie	
Bauart	Kleinbus
Tragstruktur	teilw. selbsttragend
Material	Stahlblech
Stückzahl und Marktsituation	
Produktionszahl	k.A.
Verfügbarkeit	ausreichend
Teilesituation	gut
Unterhaltskosten	mittel

Volkswagen Bus T1 Pritschenwagen 1951-1967

Gestartet war der Kleintransporter in seine Karriere als Fensterbus mit Sitzen sowie als Kastenwagen. Schon 1951 ergänzte Volkswagen das Programm mit einer Pritsche: Hinter der Kabine schloss sich eine Ladefläche an, die – aufgrund des Motors im Heck – entsprechend hoch lag. Ein Nachteil war das jedoch für die meisten Nutzer nicht: Sie schätzten den dazwischen entstehenden Laderaum, der mit Klappen verschlossen war, den sogenannten „Tresor". Zubehör wie Plane und Spriegel bot nicht nur Volkswagen an, sondern auch rasch zahlreiche unabhängige Betriebe. Viele Spezialaufbauten wie Hubsteiger entstanden auf der Basis der Pritsche, wobei Volkswagen selbst auch eine größere, aus Holz gefertigte Ladefläche ins Angebot aufnahm. 1959 folgte eine zweite Version der Pritsche mit Doppelkabine und kürzerer Ladefläche. Eine hintere Türe gab es bei ihr nur auf der Beifahrerseite. Pritschen gelten heute als gesuchte Objekte, oft auch für Umbau- und Tuningeingriffe.

Bild: © gemeinfrei

Preise	1	2	3	4	5
Bus T1 Pritschenwagen (60-63), Ptw	57.000	33.200	21.500	10.500	3.500

Motor/Antrieb	
Bauart	Vierzylinder (Boxer)
Lage/Antrieb	Heck/Heck
Hubraum in cm³	1131, 1192
PS/min	25/3300 bis 44/4000
Vmax in km/h	80 bis 100
Karosserie	
Bauart	Pritsche
Tragstruktur	teilw. selbsttragend
Material	Stahlblech
Stückzahl und Marktsituation	
Produktionszahl	k.A.
Verfügbarkeit	ausreichend
Teilesituation	gut
Unterhaltskosten	mittel

Volkswagen Typ 147 („Fridolin") 1964-1974

Was für ein cleveres Auto! Anfang der 1960er Jahre war der Post der VW-Bus zu groß, ein klassischer Kombi zu unpraktisch. Ein neues Konzept musste her: mit Schiebetüren, weil normale Türen im Stadtverkehr eher hinderlich sind. Mit 400 Kilogramm Nutzlast, zwei Kubikmetern Raum und einem Durchgang vom Fahrersitz zum Laderaum. Volkswagen realisierte das Projekt aus dem hauseigenen Baukasten: Viele Teile stammten vom Käfer, andere vom Transporter, das Chassis wiederum steuerte der Karmann Ghia bei. Neben der Deutschen Bundespost freute sich auch die Schweizer Post über die praktische Entwicklung aus Wolfsburg. Sonst allerdings niemand – der Entwurf lag weit vor seiner Zeit. Heute fände ein Fridolin sicher viele Freunde, schließlich ist das Konzept ein Vorläufer der inzwischen so beliebten Hochdachkombis.

Bild: © Jürgen Schlegelmilch

Preise	1	2	3	4	5
Typ 147 (Fridolin), Lwg	120.000	81.000	40.500	22.300	15.200

Motor/Antrieb	
Bauart	Vierzylinder (Boxer)
Lage/Antrieb	Heck/Heck
Hubraum in cm³	1192, 1285
PS/min	30/3400, 44/4000
Vmax in km/h	100
Karosserie	
Bauart	Kleinlieferwagen
Tragstruktur	teilw. selbsttragend
Material	Stahlblech
Stückzahl und Marktsituation	
Produktionszahl	6139
Verfügbarkeit	schlecht
Teilesituation	ausreichend
Unterhaltskosten	mittel

Volkswagen Bus T2 1967-1979

Im August 1967 erschien die zweite VW-Transporter-Generation mit durchgehender Frontscheibe und stärkerem 1,6-Liter-Motor, der anfangs 47 PS leistete. Schon 1970 erstarkte er auf 50 PS, im Jahr darauf debütierte eine 1,7-Liter-Variante mit 66 PS. Weitere Kraftkuren brachten 1973 ein 1,8-Liter-Triebwerk (68 PS) und 1975 die Zwei-Liter-Variante mit 70 PS. VW-Kenner unterscheiden die Modellreihen allerdings nicht nur nach ihrer Leistung: Die wichtigste Modellpflege griff im August 1970 und bescherte dem Transporter vordere Scheibenbremsen sowie höher gerückte Blinker und viele Optimierungen im Detail. Begehrte Varianten sind heute das so genannte „Sondermodell" mit acht Sitzen und großem Stahlschiebedach sowie die Sonderserie der Baujahre 1978/79, vom Volksmund wegen der auffälligen Metalliclackierung „Silberfisch" getauft.

Bild: © Volkswagen AG

Preise	1	2	3	4	5
Bulli T2 (Ser. 1970-1972), Kast	44.100	30.900	19.000	10.900	4.500
Bulli T2 (Ser. 1970-1972), Bus	46.000	32.200	19.200	11.400	4.700
Bulli T2 Doka, Pts	35.800	24.900	14.800	8.800	3.700

Motor/Antrieb	
Bauart	Vierzylinder (Boxer)
Lage/Antrieb	Heck/Heck
Hubraum in cm³	1584, 1679, 1795, 1970
PS/min	47/4000 bis 70/4200
Vmax in km/h	100 bis 130
Karosserie	
Bauart	Kleinbus
Tragstruktur	teilw. selbsttragend
Material	Stahlblech
Stückzahl und Marktsituation	
Produktionszahl	ca. 3 Mio
Verfügbarkeit	gut
Teilesituation	sehr gut
Unterhaltskosten	mittel

Volkswagen Bus T2 Campingwagen, Westfalia 1967-1979

Mit der zweiten Auflage des VW-Busses ab 1967 nahm die Popularität der Reisemobilausbauten massiv zu: Volkswagen setzte auf die Kooperation mit Westfalia, doch es gab eine Reihe weiterer Unternehmen, die sich auf der beliebten Basis Lösungen ausdachten, die zum Reisen dienten – besonders in den USA. Die Vielzahl nahm also erheblich zu, auch bei Westfalia, die (immer unter der Typbezeichnung 23-517) den verschiedenen Ausbauvarianten ab 1971 Städtenamen gaben wie Luxemburg, Helsinki oder Madrid, in den USA Los Angeles, Houston und Miami. Westfalia lieferte zudem drei Versionen der Aufstelldächer. Das einfachste war das kleine Pilzdach zum Stehen, zudem gab es bis 1973 ein seitlich aufklappbares Dach von Dormobile sowie eine selbstentwickelte Aufklapplösung, die zunächst vorne angeschlagen war (und so zum Schlafen zu wenig Platz bot), später hinten – und so durchschlagenden Erfolg brachte.

Bild: © Volkswagen AG

Preise	1	2	3	4	5
Bus T2 Westfalia (1967-1971), Bus	68.600	48.100	28.700	17.100	6.900

Motor/Antrieb	
Bauart	Vierzylinder (Reihe)
Lage/Antrieb	Front/Front
Hubraum in cm³	1295, 1587, 1839
PS/min	64/4500 bis 124/6600
Vmax in km/h	150 bis 195
Karosserie	
Bauart	Kleinbus
Tragstruktur	selbsttragend
Material	Stahlblech
Stückzahl und Marktsituation	
Produktionszahl	k.A.
Verfügbarkeit	ausreichend
Teilesituation	gut
Unterhaltskosten	niedrig

Volkswagen Bus T3 (1.6, 1.6 D, 1.6 TD, 1.7 D, 1.9, 2.0, 2.1) 1979-1992 (2002)

Der VW Bus war längst so etwas wie eine deutsche Institution, als Volkswagen 1979 die dritte Generation vorstellte. Ungewohnt kantig fiel sie aus, und auch unterm Blech hatte sich eine Menge getan. Zwar blieb es bis 1982 noch bei der Luftkühlung der Boxermotoren, allerdings hatte Volkswagen nun eine moderne Zahnstangenlenkung spendiert, und die antiquierte vordere Kurbellenkerachse ersetzte nun eine Konstruktion mit unteren Dreieckslenkern; hinten erhielt der neue T3 eine Schräglenkerachse. 1981 brachte Volkswagen erstmals einen VW-Bus mit Dieselmotor auf den Markt, zudem feierte der noble Caravelle seine Premiere. 1982 folgte die Umstellung auf Wasserkühlung – ein Meilenstein in der VW-Bus-Geschichte.

© Volkswagen AG

Preise	1	2	3	4	5
T3 Transporter 1.6, Kom	20.500	13.200	7.000	3.500	k.N.

Motor/Antrieb	
Bauart	Vierzylinder (Boxer), Vierzylinder (Reihe)
Lage/Antrieb	Heck/Heck
Hubraum in cm³	1570–2081
PS/min	50/4000 bis 112/4800
Vmax in km/h	110 bis 150
Karosserie	
Bauart	Kleinbus, Kastenwagen, Pritsche
Tragstruktur	teilw. selbsttragend
Material	Stahlblech
Stückzahl und Marktsituation	
Produktionszahl	ca. 2 Mio
Verfügbarkeit	gut
Teilesituation	sehr gut
Unterhaltskosten	mittel

Volkswagen Bus T3 Syncro 1985-1992

Der VW-Bus konnte ja schon bisher eine ganze Menge, und er kam auch meist dorthin, wo sein Fahrer sein Ziel hatte. Doch dann präsentierte Volkswagen Ende 1984 den T3 Syncro mit permanentem Allradantrieb. Gebaut hat ihn Steyr Daimler Puch in Österreich. Die Änderungen gegenüber der Hecktriebs-Variante waren tiefgreifend: Wegen der nötigen Kardanwelle saß der Tank nun oberhalb des Getriebes an der Hinterachse. Statt eines zentralen Verteilerdifferenzials besaß er eine Visko-Kupplung, und ein zusätzlicher Kriechgang half in unwegsamem Gelände. Gegen Mehrpreis lieferte Volkswagen auch mechanische Sperren für beide Achsen – unterm Strich konnten die Geländeeigenschaften des Syncro überzeugen. ABS war nicht lieferbar. Besonders kultig (und damals wie heute deutlich teurer) ist die Syncro-Version mit den großen 16-Zoll-Rädern. Standard war eine 14-Zoll-Bereifung.

Bild: © Volkswagen AG

Preise	1	2	3	4	5
T3 Transporter Syncro, Bus	58.300	37.600	25.200	13.800	k.N.

Motor/Antrieb	
Bauart	Vierzylinder (Boxer); Vierzylinder (Reihe)
Lage/Antrieb	Heck/4x4
Hubraum in cm³	1588, 1913, 2109
PS/min	70/4500 bis 95/4800
Vmax in km/h	117 bis 135
Karosserie	
Bauart	Kleinbus
Tragstruktur	selbsttragend
Material	Stahlblech
Stückzahl und Marktsituation	
Produktionszahl	45.478
Verfügbarkeit	ausreichend
Teilesituation	sehr gut
Unterhaltskosten	mittel

Volkswagen Bus T3 WBX 6 Oettinger 1986-1991

Auch VW-Tuner Oettinger fühlte sich vom T3 angezogen – und setzte die Idee um, einen wassergekühlten Sechszylinder-Boxer ins Heck zu verpflanzen, WBX genannt. Mit überragendem Erfolg, zumindest, was die Fahrleistungen anbelangte: Rund 180 km/h Spitze waren drin. Den WBX-Motor konfigurierte Oettinger mit 3,2 und 3,7 Litern Hubraum und zwischen 140 und 180 PS Leistung. Mit der Einstiegsversion kam ein Fünfganggetriebe klar, die stärkeren Motoren kombinierte Oettinger mit einer verstärkten Automatik. Die Ausstattung fiel betont hochwertig aus, und selbstverständlich gab es jede Menge Optionen. Ledervollausstattung? Kein Thema. Elektrische Sitze im Fond? Waren genauso bestellbar wie Tempomat, ABS oder eine zweite Batterie. Oettinger schraubte sein Fahrwerk unter den Bus, 16-Zöller von Fuchs kamen dazu, auch die Instrumentierung (Tacho bis 210!) war speziell. Für so viel Fahrfreude waren bereits Ende der 1980er Jahre mindestens 32.940 Mark fällig – allein für die Technikkomponenten.

Bild: © J. Schlegelmilch

Preise	1	2	3	4	5
T3 WBX 6 Oettinger, Bus	k.N.	k.N.	k.N.	k.N.	k.N.

Motor/Antrieb	
Bauart	Sechszylinder (Boxer)
Lage/Antrieb	Heck/Heck
Hubraum in cm³	3164, 3700
PS/min	140/5000 bis 180/5000
Vmax in km/h	165 bis 180
Karosserie	
Bauart	Kleinbus
Tragstruktur	selbsttragend
Material	Stahlblech
Stückzahl und Marktsituation	
Produktionszahl	k.A.
Verfügbarkeit	schlecht
Teilesituation	schlecht
Unterhaltskosten	hoch

Volkswagen Bus T4 — 1990-2003

Mit dem neuen Volkswagen T4 endet die Ära der heckgetriebenen Busse bei Volkswagen. So sinnvoll es 1950 war, den Motor samt Getriebe hinten zu belassen, um mit dem Käfer möglichst viele Gleichteile zu haben, so anachronistisch gestaltete es sich dann beim Volkswagen Bus T3. Dennoch trauern die Fans, während Umbauer jubeln: Sie können endlich Campmobile auf Basis robuster Volkswagentechnik leichter realisieren, da auch Volkswagen nun auf das Triebkopfprinzip setzt. Der vorn quer eingebaute wassergekühlte Motor treibt die Vorderräder an (außer bei der Allrad-Variante). Die Motoren reichen vom betulichen Diesel bis zum VR6, der aus dem T4 einen Kandidaten für die linke Spur macht. Der Erfolg ist groß: Von 1990 bis 2003 fertigt Volkswagen annähernd zwei Millionen T4. Das wichtigste Facelift erfolgt 1996, erkennbar an der modernen Front.

Bild: © Volkswagen AG

Preise	1	2	3	4	5
Bus T4 Caravelle D (1990-1998), Bus	19.100	13.000	7.600	3.500	k.N.
Bus T4 2.0 Multivan, Bus	31.600	20.400	11.900	6.100	k.N.
Bus T4 VR6 Multivan (2000-2003), Bus	42.400	27.400	15.800	7.900	k.N.

Motor/Antrieb	
Bauart	Vierz-/Fünfzylinder (Reihe), VR6
Lage/Antrieb	Front/Front
Hubraum in cm^3	1781 bis 2792
PS/min	60/3700 bis 204/6200
Vmax in km/h	126 bis 174
Karosserie	
Bauart	Kleinbus, Kastenwagen, Pritsche
Tragstruktur	selbsttragend
Material	Stahlblech
Stückzahl und Marktsituation	
Produktionszahl	1.873.033
Verfügbarkeit	gut
Teilesituation	sehr gut
Unterhaltskosten	mittel

Luftgekühlte Mittelklasse: VW 1500/1600 und 411/412

Den steigenden Ansprüchen ihrer Kundschaft hatte Volkswagen Ende der 1950er Jahre nichts entgegenzusetzen. Um das Abwandern der Käfer-Aufsteiger zu stoppen, entwickelten die Wolfsburger eine Mittelklasse-Limousine, die zwar mehr Raum, Komfort und Prestige bot, aber unverkennbar ein Volkswagen sein musste: So folgte der im September 1961 präsentierte VW 1500 strikt den Käfer-Konventionen. Die Technik des intern Typ 3 genannten Mittelklassewagens war weitgehend vom VW 1200 übernommen, und auch die rundliche Karosserieform signalisierte die enge Verwandtschaft. Ungewohnt und praktisch war dagegen die erstmals bei VW gebotene Vielfalt: Neben der klassischen Stufenheck-Limousine war ein Variant genannter Kombi erhältlich. Damit erschlossen die Wolfsburger den Käuferkreis der Großfamilien und Handwerker. Beide Versionen waren vom IAA-Stand weg ein Erfolg. Ein ebenfalls 1961 vorgestelltes viersitziges Cabriolet ging leider nicht in Serie. Zur Modellpflege 1965 erschien zusätzlich eine Fließhecklimousine, die in Form und Funktion jedoch nicht ganz geglückt war und die erhoffte Marktresonanz verfehlte.

1968 schien die Zeit reif für einen weiteren Schritt nach oben. Mit dem VW 411 erhielt der Typ 3 einen großen Bruder. Dieser Typ 4 war als bisher größter Volkswagen erstmals mit vier Türen erhältlich, ferner besaß er eine selbsttragende Karosserie. Damit erschöpften sich die Neuerungen allerdings, eine Abkehr vom luftgekühlten Boxermotor im Heck kam für VW-Chef Nordhoff nicht in Frage. Fachwelt und Publikum zeigten sich enttäuscht. Das unglückliche Design des 411 – der Volksmund sprach vom Nasenbär – tat ein Übriges, um die Reihe am Markt durchfallen zu lassen. Daran änderte auch die 1972 vorgenommene Modellpflege nichts, lediglich der praktische Variant erzielte brauchbare Umsätze.

Volkswagen 1500, 1500 S (Typ 3) — 1961-1965

Als großer Käfer bot der VW 1500 technisch kaum Neues. Der Motor war durch Aufbohren der bekannten 1200er-Maschine entstanden und leistete nun 45 PS. Wen diese etwas magere Motorisierung störte, bediente VW ab 1963 mit dem VW 1500 S, dessen zweiter Vergaser den 1500er auf 54 PS brachte. Auch Fahrwerk, Rahmen und Ausstattung folgten den Käfer-Prinzipien. Trotzdem – oder gerade deshalb? – wurde der Typ 3 ein großer Erfolg; zusammen mit der späteren Version VW 1600 fand die Reihe in zwölf Produktionsjahren über zweieinhalb Millionen Käufer. Sogar in den USA gewann er viele Freunde. Dabei polarisierte der Typ 3 von Beginn an: er galt als solide, aber altbacken. Seine Rolle als großer und vielseitiger Käfer spielte er jedenfalls glänzend. Bis in die 1980er Jahre hinein gehörte der dankbare Alltags-Kumpel fest zum deutschen Straßenbild.

Bild: © Volkswagen AG

Preise	1	2	3	4	5
1500 N (Ser. 1963-1965), L2t	20.300	12.700	7.700	2.900	1.500
1500 N Variant (Ser. 1963-1965), Kom	22.700	14.900	8.900	3.400	1.500
1600 (Ser. 1965-1969), L2t	21.300	12.500	7.500	3.000	1.600
1600 TL (Ser. 1965-1969), L2t	25.300	15.000	9.700	3.500	1.700

Motor/Antrieb	
Bauart	Vierzylinder (Boxer)
Lage/Antrieb	Heck/Heck
Hubraum in cm^3	1493, 1584
PS/min	45/3800 bis 54/4000
Vmax in km/h	130 bis 140
Karosserie	
Bauart	Limousine (2-türig), Kombi (3-türig)
Tragstruktur	Plattformrahmen
Material	Stahlblech
Stückzahl und Marktsituation	
Produktionszahl	704.475
Verfügbarkeit	ausreichend
Teilesituation	ausreichend
Unterhaltskosten	mittel

Volkswagen 1600 A, L/LE, TL/TLE, Variant (Typ 3) — 1965-1973

Eine Hubraumerhöhung beim Typ 3 machte im August 1965 den VW 1500 zum 1600, der 1500 S entfiel dafür. Mit diesem Motor erschien auch die Fließheck-Karosserie VW 1600 TL. Die Chance, den TL mit einer Heckklappe nach Art des Renault 16 zu versehen, wurde jedoch vertan: Es blieb beim Kofferraumdeckel, und der Heckmotor verwehrte weiterhin die Aufnahme größerer Gepäckstücke. TL – Traurige Lösung, spottete der Volksmund. Die große Modellpflege im August 1969 brachte einen verlängerten Bug („Langschnauzer"), größere Heckleuchten und Frontblinker sowie neue Stoßstangen. Dass der insgesamt eher konservative VW 1600 einmal Meilenstein technischer Innovation war, ist heute fast vergessen: Der Typ VW 1600 LE war 1968 mit seiner Bosch D-Jetronic erstes Serienautomobil mit elektronisch gesteuerter Benzineinspritzung.

Bild: © Volkswagen AG

Preise	1	2	3	4	5
1600 (69-73), L2t	20.800	12.200	7.300	3.000	1.500
1600 TL (69-73), L2t	23.200	13.700	8.100	3.200	1.600
1600 Variant (69-73), Kom	22.700	14.400	8.700	3.200	1.600

Motor/Antrieb	
Bauart	Vierzylinder (Boxer)
Lage/Antrieb	Heck/Heck
Hubraum in cm^3	1493, 1584
PS/min	45/3800 bis 54/4000
Vmax in km/h	125 bis 135
Karosserie	
Bauart	Limousine (2-türig), Kombi (3-türig)
Tragstruktur	Plattformrahmen
Material	Stahlblech
Stückzahl und Marktsituation	
Produktionszahl	1.837.584
Verfügbarkeit	ausreichend
Teilesituation	ausreichend
Unterhaltskosten	mittel

Volkswagen 411 und 412 — 1968-1974

Keine Experimente! Unter dieser Prämisse mag der VW 411 entstanden sein. Die solide, aber veraltete Konstruktion trug alle prinzipiellen Nachteile des Käfers in die obere Mitteklasse, was deren Kunden nicht akzeptierten. Das zunächst glupschäugige Gesicht des 411 korrigierte VW schon zum zweiten Modelljahr durch Einsatz von Doppelscheinwerfern, die als mäßig kritisierten Fahrleistungen verbesserte der mit elektronischer Benzineinspritzung ausgerüstete 411 E. Ab August 1972 kam der 412 E mit umgestalteter Frontpartie und Armaturenbrett im Holz-Look auf den Markt. Im Folgejahr ersetzten Vergasermodelle mit mehr Hubraum die Einspritzversionen. Im Mai 1974 endete die Produktion. In sechs Jahren Bauzeit waren nur rund 355.000 VW 411/412 entstanden.

Bild: © Volkswagen AG

Preise	1	2	3	4	5
411 (Ser. 1968-1969), L2t	17.900	11.800	6.800	2.700	800
411 E Variant (Ser. 1969-1972), Kom	22.100	14.500	8.500	2.700	900
412 E (Ser. 1972-1973), L2t	15.700	10.300	5.800	2.100	700
412 LS Variant (Ser. 1973-1974), Kom	22.100	14.000	8.000	2.500	900

Motor/Antrieb	
Bauart	Vierzylinder (Boxer)
Lage/Antrieb	Heck/Heck
Hubraum in cm³	1679, 1795
PS/min	68/4500 bis 85/5000
Vmax in km/h	140 bis 160
Karosserie	
Bauart	Lim (2-/4-türig), Kombi (3-türig)
Tragstruktur	selbsttragend
Material	Stahlblech
Stückzahl und Marktsituation	
Produktionszahl	355.087
Verfügbarkeit	ausreichend
Teilesituation	ausreichend
Unterhaltskosten	mittel

Damenwahl: Die Karmann Ghia-Modelle

Heinrich Nordhoff wollte eigentlich kein Coupé. Als der Osnabrücker Karossier Wilhelm Karmann ihm aber 1953 die vom italienischen Design-Atelier Ghia entworfene Sportwagenstudie präsentierte, gab der Volkswagen-Direktor sein OK – er wird der Schönheit des eleganten Italieners erlegen sein, wie später einige hunderttausend Käufer – und Käuferinnen.

Das auf der Frankfurter IAA 1955 vorgestellte Karmann Ghia-Coupé ging sofort in Serie, die traumhafte Cabrioversion folgte 1957. Beide entstanden als Co-Produktion von Karmann und Volkswagen nach dem schon beim Käfer-Cabrio bewährten Prinzip: Die Westfalen fertigten die Karosserien und nahmen die Endmontage vor, Wolfsburg lieferte die Technik und übernahm den Vertrieb.

Der Verkauf des mit 7500 Mark recht teuren Ghia überstieg alle Erwartungen. Denn mit dem intern Typ 14 genannten Sportwagen bot VW erstmals einen extravagant-eleganten Auftritt. Unter der Blechschale steckte dabei ein grundsolider, unkomplizierter Kern. Die volkstümliche Käfer-Technik des kleinen Italieners ließ sich in jeder Werkstatt preiswert warten.

Zeitlebens erfreuten sich die Karmann Ghia großer Nachfrage, insbesondere die Amerikaner liebten den Deutsch-Italiener. Rund drei Viertel der Gesamtproduktion ging von Wolfsburg in alle Welt. Das Aus kam erst nach fast zwei Jahrzehnten: Im Juni 1974 lief der letzte Wagen vom Osnabrücker Band.

Ungleich weniger gefragt war dagegen sein großer Bruder, der ab 1961 gelieferte Karmann Ghia 1500 Typ 34. Die Osnabrücker hatten dem neuen VW Typ 3 ein elegantes, wenngleich mit seinem charakteristischen Faltenbug etwas eigenwilliges Blechkleid verpasst. An den Erfolg des Typs 14 konnte der große Karmann leider nicht anknüpfen, zumal ihm eine offene Version versagt blieb.

Volkswagen Karmann Ghia Coupé und Cabrio (Typ 14) — 1955-1974

Die Ghia-Karosserie wirkte mit ihren geschwungenen Formen sehr sportlich, zumal sie geringfügig länger und breiter, aber 17 Zentimeter flacher als der Volkswagen ausfiel. Unter dem Blechkleid waltete dagegen die bekannte Technik des Export-Käfers. Mit dessen bescheidenem 30 PS-Boxer standen die Fahrleistungen im krassen Gegensatz zur rasanten Optik. Im September 1957 kam zusätzlich das Cabriolet ins Angebot. Größere Lufteinlässe vorn und größere Scheinwerfer kennzeichnen die Modelle ab August 1959. Das Armaturenbrett im Holz-Appeal war ab 1971 mattschwarz, gleichzeitig brachte die Modellpflege größere Rückleuchten und wuchtige, gummibelegte Stoßstangen. Im Juli 1974 endete die Produktion. Die Stückzahlen – insgesamt wurden 443.482 Typ 14 gebaut, davon 80.897 Cabrios – belegen den Erfolg des eleganten Osnabrückers.

Bild: © Volkswagen AG

Preise	1	2	3	4	5
Karmann Ghia 1200 (1955-1960), Cpe	63.700	39.200	28.000	10.800	4.900
Karmann Ghia 1600 (1970-1971), Cpe	31.400	20.900	15.100	5.800	2.600
Karmann Ghia 1600 (1971-1974), Cpe	30.100	20.200	14.700	5.500	2.500
Karmann Ghia 1600 (1971-1974), Cab	39.200	26.500	18.900	7.500	3.300

Motor/Antrieb	
Bauart	Vierzylinder (Boxer)
Lage/Antrieb	Heck/Heck
Hubraum in cm³	1192, 1285, 1493, 1584
PS/min	30/3400 bis 50/4000
Vmax in km/h	118 bis 140
Karosserie	
Bauart	Coupé, Cabriolet
Tragstruktur	Plattformrahmen
Material	Stahlblech
Stückzahl und Marktsituation	
Produktionszahl	443.482
Verfügbarkeit	gut
Teilesituation	gut
Unterhaltskosten	mittel

Volkswagen Karmann Ghia Coupé (Typ 34) — 1961-1969

Ab November 1961 ermöglichte VW auch der Coupé-Klientel den Aufstieg in die Mittelklasse. Der Karmann Ghia 1500 – werksintern Typ 34 genannt – basierte auf dem neuen Mittelklasse-Erfolgsmodell VW 1500. Anders als der damenhafte Typ 14 wirkte der große Ghia eher bullig-aggressiv. Eine Cabrio-Version war ursprünglich als Typ 353 geplant; leider blieb es bei wenigen Prototypen. Das kantige Coupé mit vier runden Scheinwerfern ging als 1500 mit 45 PS an den Start, es folgten 1500 S und ab 1965 der 1600 L. Analog zum kleinen Schwestermodell machte auch der Typ 34 alle Evolutionsstufen des Basismodells VW 1500/1600 durch, jedoch nur bis August 1969 – dann wurde er aus dem Programm gestrichen. Als Ersatz hatte Volkswagen – laut offiziellem Statement – den VW-Porsche 914 parat.

Bild: © Volkswagen AG

Preise	1	2	3	4	5
Karmann Ghia 1500 (Typ 34), Cpe	55.000	44.600	26.800	10.500	4.700
Karmann Ghia 1500 S (Typ 34), Cpe	53.100	43.100	25.800	10.100	4.500

Motor/Antrieb	
Bauart	Vierzylinder (Boxer)
Lage/Antrieb	Heck/Heck
Hubraum in cm³	1493, 1584
PS/min	45/3800 bis 54/4000
Vmax in km/h	135 bis 150
Karosserie	
Bauart	Coupé
Tragstruktur	Plattformrahmen
Material	Stahlblech
Stückzahl und Marktsituation	
Produktionszahl	42.505
Verfügbarkeit	schlecht
Teilesituation	schwierig
Unterhaltskosten	mittel

Wasserkühlung – die Morgendämmerung der Moderne

Auf den ersten Blick war der VW K 70 der erste moderne Volkswagen, mit wassergekühltem Reihenmotor vorn und Frontantrieb – streng genommen war er jedoch kein VW. Die Neckarsulmer NSU hatte den modernen Wagen gerade fertig entwickelt und seine Präsentation für März 1969 geplant, als das Unternehmen in die Auto Union und damit in den VW-Konzern integriert wurde. Wolfsburg stoppte die Markteinführung zunächst aus Angst vor hauseigener Konkurrenz für die noch neuen Typen VW 411 und Audi 100. Andererseits bot der NSU K 70 die Gelegenheit, mit geringem Aufwand einen modern konzipierten Volkswagen zu lancieren. So debütierte die sachlich-kantige Limousine im Frühjahr 1970 als VW K 70. Das Auto, das niemand von VW erwartet hatte – so die selbstironische Werbung jener Tage – wurde in vier Jahren im eigens errichteten Werk Salzgitter in gut 211.000 Exemplaren gebaut.

Als Stunde Null des neuzeitlichen Volkswagens gilt im Rückblick die Präsentation des ersten Passat im Mai 1973. Auch er war keine Wolfsburger Entwicklung, sondern ein Derivat des Audi 80; Giugiaro hatte lediglich das Audi-Stufenheck durch ein Fließheck ersetzt. Aber der Passat war Erstgeborener einer großen Modellfamilie. Konzept, Technik und Design – alles war neu und aus einem Guss. Nichts erinnerte mehr an den luftgekühlten Vorgänger VW 1600, außer der Markterfolg: Allein der Passat der ersten Generation fand in sieben Jahren rund zwei Millionen Käufer. Bis heute steht der Name Passat für Kontinuität in der erfolgreichen Mittelklasse aus Wolfsburg.

Volkswagen K70 — 1970-1975

Als VW erzielte der K70 nicht ganz den erwarteten Absatz; konservative VW-Kunden taten sich mit dem wassergekühlten Fronttriebler schwer, zumal das modische, betont kantige Design so gar nichts mit vertrauten Wolfsburger Produkten gemein hatte. Der K70 bot dank seinem langen Radstand und dem modernen Fahrwerk mit McPherson-Federbeinen vorn und Schräglenkern hinten gute Fahreigenschaften. VW-untypisch waren auch der großzügige Innenraum und das mit fast 600 Litern riesige Gepäckabteil. Mehrere Modellpflege-Maßnahmen brachten Halogen-Doppelscheinwerfer (im K70 L), Sicherheitslenkrad, Startautomatik und, ab Mai 1973 im K70 LS, einen aufgebohrten 1,8-Liter-Motor mit 100 PS. Ende 1974 lief die Produktion aus – ohne Nachfolger, so dass geneigte VW-Kunden in dieser Leistungsklasse auf den Audi 100 ausweichen mussten.

Bild: © Volkswagen AG

Preise	1	2	3	4	5
K 70 (75 PS, Ser. 1970-1974), L4t	11.900	8.800	4.900	2.500	900
K 70 S (100 PS, Ser. 1973-1974), L4t	13.000	9.500	5.700	2.800	1.000

Motor/Antrieb	
Bauart	Vierzylinder (Reihe)
Lage/Antrieb	Front/Front
Hubraum in cm³	1605, 1807
PS/min	75/5200 bis 100/5300
Vmax in km/h	148 bis 165
Karosserie	
Bauart	Limousine (4-türig)
Tragstruktur	selbsttragend
Material	Stahlblech
Stückzahl und Marktsituation	
Produktionszahl	211.127
Verfügbarkeit	schlecht
Teilesituation	schwierig
Unterhaltskosten	mittel

Volkswagen Passat (Typ B1) — 1973-1980

Als Vorreiter der neuen VW-Flotte trat der erste Passat im Mai 1973 an, um den betagten VW 1600 (Typ 3) zu beerben. Als zwei- und viertürige Schrägheck-Limousine verkaufte er sich vom Start weg blendend – kaum überraschend, basierte der Passat doch auf dem bereits populären Audi 80. Mit vorn quer installierten, wahlweise 55, 75 oder 85 PS starken Motoren und Frontantrieb erwies sich das Konzept als zeitgemäß. Die ab 1974 erhältlichen, wieder Variant genannten Kombis waren beim Publikum besonders beliebt. Die Limousine wurde erst 1975 durch die optionale Heckklappe zum Fünftürer. Eine Modellpflege brachte 1977 eine modernisierte Front- und Heckpartie mit formschlüssig herumgezogenen Kunststoff-Stoßfängern. Die Vielfalt an Motorvarianten, vom 1978 eingeführten 50-PS-Diesel bis zum 110-PS-Einspritzer (ab 1979) hielten den Passat der ersten Serie bis zu seiner Ablösung im Oktober 1980 in der Kundengunst hoch.

Bild: © Volkswagen AG

Preise	1	2	3	4	5
Passat (75 PS, Ser. 1973-1975), L4t	17.200	10.600	4.900	2.600	2.000
Passat (75 PS, Ser. 1973-1975), Kom	18.000	11.000	5.800	2.800	2.300
Passat (55 PS, Ser. 1973-1977), L2t	14.500	8.700	4.900	2.600	2.000
Passat (55 PS, Ser. 1973-1977), Kom	17.200	10.600	4.900	2.800	2.300

Motor/Antrieb	
Bauart	Vierzylinder (Reihe)
Lage/Antrieb	Front/Front
Hubraum in cm³	1297, 1471, 1588
PS/min	55/5500 bis 110/6100
Vmax in km/h	140 bis 175
Karosserie	
Bauart	Lim (2-/4-türig), Kombi (3-/5-türig)
Tragstruktur	selbsttragend
Material	Stahlblech
Stückzahl und Marktsituation	
Produktionszahl	ca. 2 Mio
Verfügbarkeit	gut
Teilesituation	sehr gut
Unterhaltskosten	mittel

Volkswagen Passat (Typ B2) — 1980-1988

Die zweite Passat-Generation (Typ B2, intern 32B) schickte Volkswagen 1980 ins Rennen. Volkswagen blieb der äußeren Linie treu, auch wenn sich unter dem Blech viel getan hatte. Besonders die Verbundlenkerhinterachse sorgte für einen großen Schritt nach vorne und verbesserte das Fahrverhalten deutlich. 1982 ergänzte erstmals ein Turbodiesel (2,2 Liter, 80 PS) die Motorenpalette, 1985 gönnte Volkswagen dem Passat II ein Facelift mit flächigeren Stoßfängern, anderen Rückleuchten sowie einem geänderten Grill. Besonders interessant war der 1984 präsentierte Passat Syncro, dessen permanentes Allradsystem auf der Audi-quattro-Technologie basierte. Den Syncro gab es nur in der Kombi-Ausführung Variant. Von Audi stammten auch die Fünfzylindermotoren des Passat B2, der nicht nur in Deutschland, sondern zudem auf zahlreichen Auslandsmärkten ein großer Erfolg war.

Bild: © Volkswagen AG

Preise	1	2	3	4	5
Passat (90 PS), L4t	13.000	8.400	4.500	2.000	k.N.
Passat (115 PS), L4t	15.300	9.900	5.700	3.300	k.N.
Passat Variant (115 PS), Kom	11.600	7.500	3.200	1.000	k.N.

Motor/Antrieb	
Bauart	Vier-, Fünfzylinder (Reihe)
Lage/Antrieb	Front/Front, 4x4
Hubraum in cm³	1272-2226
PS/min	54/4800 bis 140/6400
Vmax in km/h	140 bis 197
Karosserie	
Bauart	Lim (2-/4-türig), Kombi (3-/5-türig)
Tragstruktur	selbsttragend
Material	Stahlblech
Stückzahl und Marktsituation	
Produktionszahl	ca. 4,5 Mio.
Verfügbarkeit	gut
Teilesituation	gut
Unterhaltskosten	mittel

Volkswagen Santana (Typ B1) 1981-1984 (2006)

Der Santana ist hierzulande als frühe Stufenheck-Version des zweiten Passat bekannt. Von 1981 bis 1984 war diese klassische Karosserieform im Angebot, die Volkswagen etwas höher positioniert hatte als den Passat, den es mit Schrägheck und als Kombi gab. Allerdings war dem Santana wegen der starken Konkurrenz – nicht zuletzt mit Audi aus dem eigenen Konzern – in Deutschland kein Erfolg vergönnt. Den jedoch hatte der Santana auf anderen Märkten. In bis zu neun Ländern fertigte Volkswagen den Santana zeitgleich. Besonders beliebt war das Modell in Brasilien, wo es auch eine zweitürige Variante gab und es bis 2006 gebaut wurde, unter anderem auch als Ford Versailles. In China spielte der Santana jedoch seine Hauptrolle: Ab 1985 lief er dort vom Band eines Joint-Venture-Unternehmens, das Volkswagen mit der chinesischen Firma SAIC gegründet hat. 1995 folgte der überarbeitete Santana 2000, später der Santana 3000 und der Vista. In Europa wurde der Santana B2 ab 1985 übrigens als Passat Stufenheck weiter vertrieben.

Bild: © Volkswagen AG

Preise	1	2	3	4	5
Santana (90 PS), L4t	12.100	7.800	3.300	1.000	k.N.

Motor/Antrieb	
Bauart	Vier-, Fünfzylinder (Reihe)
Lage/Antrieb	Front/Front
Hubraum in cm³	1272-1994
PS/min	54/4800 bis 115/5400
Vmax in km/h	140 bis 184
Karosserie	
Bauart	Limousine (4-türig)
Tragstruktur	selbsttragend
Material	Stahlblech
Stückzahl und Marktsituation	
Produktionszahl	k.A.
Verfügbarkeit	gut
Teilesituation	gut
Unterhaltskosten	mittel

Volkswagen Passat (B3, Typ 35i) 1988-1993

Nur rund sechs Jahre währte die Karriere der dritten Passat-Generation: Vielleicht war die ungewohnte Front mit dem fehlenden Grill ein Grund für das frühe Aus. Der neu entwickelte Mittelklassewagen trat damit modern auf, zudem erhielt er – im Unterschied zu seinen Vorgängern – den Motor quer eingebaut, was den länger ausfallenden Fünfzylinder nun ausschloss, den kompakten VR6 allerdings ermöglichte. Zudem verhalf diese Einbauform zu Vorteilen in der Raumökonomie, besonders im Fond fanden Passagiere überraschend viel Platz. Neben der klassischen Stufenheck-Karosserie bot Volkswagen auch wieder den beliebten Kombi Variant an. Den Passat lieferte Volkswagen als einfachen CL, als komfortbetonten GL und als sportlich angehauchten GT. Das spannendste Modell der B3-Baureihe ist bis heute der G60: Wie im Golf II sorgt hier ein G-Lader für ein Leistungsplus, die Höchstgeschwindigkeit liegt bei 215 km/h. Zudem war serienmäßig Allradantrieb an Bord.

Bild: © Volkswagen AG

Preise	1	2	3	4	5
Passat (90 PS) B3, L4t	6.200	4.000	2.200	1.000	k.N.
Passat Variant (107 PS) B3, Kom	7.800	5.000	2.900	1.400	k.N.

Motor/Antrieb	
Bauart	Vierzylinder (Reihe), VR6
Lage/Antrieb	Front/Front, 4x4
Hubraum in cm³	1595 bis 2792
PS/min	68/4400 bis 174/5800
Vmax in km/h	155 bis 220
Karosserie	
Bauart	Limousine (4-türig), Kombi (5-türig)
Tragstruktur	selbsttragend
Material	Stahlblech
Stückzahl und Marktsituation	
Produktionszahl	k.A.
Verfügbarkeit	gut
Teilesituation	gut
Unterhaltskosten	niedrig

Der Golf

Schon in den 1960er Jahren war vielen Verantwortlichen in Wolfsburg klar geworden, dass der Käfer keine ewige Zukunft haben würde. Doch erst nach dem Tod Heinrich Nordhoffs, als VW-Firmenchef über Jahrzehnte eiserner Verfechter des luftgekühlten Heckmotors, war der Weg 1968 für einen völlig neuen Volkswagen frei geworden. Für die Konstrukteure und Designer war es keine leichte Aufgabe, nach dem einzigartigen Erfolg des Käfers einen adäquaten Nachfolger zu konzipieren. Das Hin und Her endete in einem Blick zur Tochter Audi nach Ingolstadt, wo der Audi 80 als leuchtendes Vorbild zeigte, wie moderne Autos zu konstruieren sind – das hatte schon beim Passat geholfen. Dieser konzerninterne Technologietransfer erklärt auch die außergewöhnlich kurze Entwicklungszeit für den Typ 17, wie der erste Golf im Werksjargon hieß. Er brach radikal mit dem Käfer: quer eingebaute, wassergekühlte Reihenvierzylinder, Frontantrieb und eine betont sachliche, aber mit viel Gespür für Proportion und Details gezeichnete Karosserie von Giorgio Giugiaro – später Ital Design – verhalfen dem Golf trotz anfänglicher Qualitätsprobleme schnell zu großer Akzeptanz. Das war jedoch auch dringend nötig: Alles andere hätte für Volkswagen vermutlich das Ende bedeutet. So jedoch erhielt der Käfer einen würdigen Nachfolger, der über Jahrzehnte Standards setzte und sogar eine eigene Klasse begründete.

Volkswagen Golf (Baureihe I) 1974-1983

Mit einem quer eingebauten, wassergekühlten Frontmotor startete im Mai 1974 der Typ 17, dem die Wolfsburger glücklicherweise einen einprägsamen Namen gegeben haben: Golf. Der Kompakte schien nüchtern und hatte die schwierige Aufgabe vor sich, die gusseiserne Klientel des charismatischen Käfers ebenso zu überzeugen wie die längst zur Konkurrenz Abgewanderten. Doch es gelang ihm, trotz einiger nervenden Kinderkrankheiten: Der Golf geriet zum durchschlagenden Erfolg. Der Fronttriebler, anfangs nur 3,70 Meter lang, kam dank praktischer Talente und dem gelungenen Styling von Giorgetto Giugiaro gut an. Der Zwei- und Viertürer mit Heckklappe war bald auch mit 50 PS lieferbar. Aber auch die sparsamen Dieselmotoren, ab 1976 angeboten, Turbodiesel ab 1982, kamen sehr gut an. Der billigste Golf kostete zu Beginn 8000 Mark. Längst kümmert sich eine Fan-Szene um den Golf I.

Bild: © Volkswagen AG

Preise	1	2	3	4	5
Golf 1.1 (Ser. I, 1974-1978), L3t	14.900	10.600	5.700	3.700	1.600
Golf 1.6 (Ser. I, 1975-1977), L5t	19.000	13.700	7.200	4.600	1.900

Motor/Antrieb	
Bauart	Vierzylinder (Reihe)
Lage/Antrieb	Front/Front
Hubraum in cm³	1093-1781
PS/min	50/5000 bis 112/5800
Vmax in km/h	135 bis 190
Karosserie	
Bauart	Limousine (3-/5-türig)
Tragstruktur	selbsttragend
Material	Stahlblech
Stückzahl und Marktsituation	
Produktionszahl	ca. 6 Mio
Verfügbarkeit	üppig
Teilesituation	sehr gut
Unterhaltskosten	mittel

Volkswagen Golf GTI (Baureihe I) 1975-1983

Ursprünglich war er eine Feierabend- und Mittagspausen-Spielerei einiger VW-Ingenieure, dann sollte er ein Kleinserien-Sondermodell werden – am Ende aber entwickelte sich der VW Golf GTI der ersten Generation zum bejubelten Lifestyle-Produkt der späten siebziger Jahre. Er war leicht, wog nur 870 Kilogramm, leistete aber 110 PS und sicherte Sportwagen-Fahrleistungen im nüchternen Kleid des Mainstream-Autos. Das alles war mit 13.850 Mark (März 1976) konkurrenzlos günstig. Heute ist der Golf GTI ein gesuchter Youngtimer, dessen Freunde nur eine Tatsache betrauern: Die meisten Exemplare wurden in der Provinz verheizt und zuschande getunt; nur wenige gute Originale sind noch am Leben.

Bild: © Volkswagen AG

Preise	1	2	3	4	5
Golf GTI (Ser. I, 1976-1978), L3t	38.100	27.800	14.300	9.400	4.100
Golf GTI (Ser. I, 1978-1982), L3t	31.000	21.900	12.500	7.200	3.000
Golf GTI Pirelli (Ser. I, 1982-1983), L3t	34.800	22.200	13.000	8.600	3.400

Motor/Antrieb	
Bauart	Vierzylinder (Reihe)
Lage/Antrieb	Front/Front
Hubraum in cm³	1588, 1781
PS/min	110/6100 bis 112/5800
Vmax in km/h	183 bis 187
Karosserie	
Bauart	Limousine (3-türig)
Tragstruktur	selbsttragend
Material	Stahlblech
Stückzahl und Marktsituation	
Produktionszahl	350.000
Verfügbarkeit	schlecht
Teilesituation	sehr gut
Unterhaltskosten	mittel

Volkswagen Golf Cabriolet 1980-1992

Er trat ein schweres Erbe an, der Golf. Der Käfer war in allen Herzen, das Cabriolet besonders. Keiner traute dem offenen Golf die Nachfolge zu, und dennoch wurde er über seine lange Bauzeit hinweg zum Trendsetter und ersten Yuppie-Mobil. Mit ihm überlebte das klassische Cabriolet seine schwersten Zeiten, trotz des gewöhnungsbedürftigen Golf-Stummelhecks und des Überrollbügels, der ihm den despektierlichen Beinamen „Erdbeerkörbchen" einbrachte. 1979 in Genf präsentiert, stellte Karmann im Januar 1980 die Produktion von Käfer auf Golf Cabriolet um. Volkswagen baute sich mit dem Neuen eine unangreifbare Position aus: Der offene Golf war steif, dicht und gut verarbeitet. Wo zogen da noch logische Argumente gegen das Offenfahren? Inzwischen hat sich der erste offene Golf, trotz anfänglicher Fremdelei, als Klassiker fest etabliert.

Bild: © Volkswagen AG

Preise	1	2	3	4	5
Golf 1 Cabrio (1980-1983), Cab	30.300	19.600	9.900	3.200	1.500

Motor/Antrieb	
Bauart	Vierzylinder (Reihe)
Lage/Antrieb	Front/Front
Hubraum in cm³	1457, 1781
PS/min	70/5600, 112/5800
Vmax in km/h	150 bis 180
Karosserie	
Bauart	Cabriolet
Tragstruktur	selbsttragend
Material	Stahlblech
Stückzahl und Marktsituation	
Produktionszahl	ca. 80.000
Verfügbarkeit	gut
Teilesituation	sehr gut
Unterhaltskosten	niedrig

Volkswagen Golf 1,3, 1,6, 1,8, 1,6 D, 1,6 TD, (Baureihe II) 1983-1992

War bei der Einführung des Golf I noch unsicher, wie die Kunden den Verlust des Käfers verarbeiten würden, schien 1983 alles klar: Der zweite Golf macht das Rennen. Er folgte im Auftritt dem Golf I, zeigte sich nur etwas gerundeter und gewachsen. Auch ihn gab es wieder als Drei- und Fünftürer, und Volkswagen staffelte die Ausstattungen in Pakete mit den Namen C, CL, GL und GLX, der Vorgänger des Carat. Deutlich verbessert wurde beim Golf II der Korrosionsschutz, zudem lieferte Volkswagen mehr (und teilweise neue) Motoren. Ab 1985 waren nach und nach Katalysatoren gegen Aufpreis erhältlich. ABS gab es – gegen 1800 Mark Zuzahlung – erst ab 1987. Airbags waren im Golf II nicht lieferbar.

Bild: © Volkswagen AG

Preise	1	2	3	4	5
Golf 2 (1.6, 75PS), L3t	9.400	5.300	2.800	900	300
Golf 2 Fire & Ice, L5t	16.700	9.500	4.800	2.200	800
Golf 2 (Kat), L3t	8.600	4.700	2.400	1.100	500

Motor/Antrieb	
Bauart	Vierzylinder (Reihe)
Lage/Antrieb	Front/Front
Hubraum in cm³	1272 bis 1781
PS/min	54/4800 bis 90/5250
Vmax in km/h	151 bis 178
Karosserie	
Bauart	Limousine (3-/5-türig)
Tragstruktur	selbsttragend
Material	Stahlblech
Stückzahl und Marktsituation	
Produktionszahl	insgesamt: ca. 6,3 Mio
Verfügbarkeit	sehr gut
Teilesituation	sehr gut
Unterhaltskosten	niedrig

Volkswagen Golf GTI, GTI 16V, GTI G60, GTI G60 Limited (Baureihe II) 1984-1991

Der gefestigte Erfolg des ersten GTI ließ niemanden zweifeln, dass Volkswagen nachlegen würde: 1984 kam der Golf GTI der zweiten Generation. Unter dem Blech saß zunächst der bekannte 1,8-Liter-Motor mit 112 PS, doch 1986 präsentierte Volkswagen eine Variante mit 16 Ventilen und 139 PS. Im Jahr darauf folgten die Katalysator-Versionen. Üppige Kraft stellte dann ab 1990 der Golf GTI G60 zur Verfügung: Der mechanische G-Lader hob die Leistung auf 160 PS, zeigte sich technisch optimiert und war zudem mit dem Allradantrieb Syncro erhältlich. Er gilt heute als interessante Variante für Liebhaber, die allerdings ein GTI G60 Limited noch toppt: Er wurde nur 71-mal gebaut.

Bild: © Volkswagen AG

Preise	1	2	3	4	5
Golf 2 GTI (1984-1988), L3t	22.000	14.900	8.900	3.000	1.300
Golf 2 GTI 16V, L3t	23.100	15.700	9.500	3.400	1.400
Golf 2 G60 Limited, L5t	79.400	58.700	41.400	25.900	10.500

Motor/Antrieb	
Bauart	Vierzylinder (Reihe)
Lage/Antrieb	Front/Front
Hubraum in cm³	1781
PS/min	112/5500 bis 210/6500
Vmax in km/h	191 bis 230
Karosserie	
Bauart	Limousine (3-/5-türig)
Tragstruktur	selbsttragend
Material	Stahlblech
Stückzahl und Marktsituation	
Produktionszahl	k.A.
Verfügbarkeit	ausreichend
Teilesituation	sehr gut
Unterhaltskosten	niedrig

Volkswagen Golf syncro (Baureihe II) 1987-1991

Im Unterschied zum Golf I setzte Volkswagen bei der zweiten Auflage auf mehr Vielfalt – unter anderem beim Antrieb. Ab 1986 gab es den Golf Syncro, der über einen permanenten Allradantrieb verfügt. Eine Viskokupplung leitet die Kraft automatisch in dem Maß an die Hinterachse weiter, wie sie dort gebraucht wird. Zwischendifferenziale benötigt das System nicht, zudem besitzt der Syncro an den Hinterrädern einen Freilauf, was wiederum den Einsatz von ABS ermöglicht. Das clevere Allradsystem sichert dem 4x4-Golf ein Weiterkommen auf glatten Untergründen – geländegeeignet ist der Golf damit freilich nicht. Den Syncro gab es ausschließlich mit 1,8-Liter-Vierzylinder und zunächst 90 PS, ab 1987 dann mit 98 PS.

Bild: © Volkswagen AG

Preise	1	2	3	4	5
Golf 2 Syncro (Kat), L5t	18.800	10.000	5.800	2.600	1.000

Motor/Antrieb	
Bauart	Vierzylinder (Reihe)
Lage/Antrieb	Front/4x4
Hubraum in cm³	1781
PS/min	90/5200, 98/5400
Vmax in km/h	175 bis 180
Karosserie	
Bauart	Limousine (3-/5-türig)
Tragstruktur	selbsttragend
Material	Stahlblech
Stückzahl und Marktsituation	
Produktionszahl	k.A.
Verfügbarkeit	gut
Teilesituation	sehr gut
Unterhaltskosten	niedrig

Volkswagen Golf Country 1990-1991

Skurril anmutende „Cross"-Modelle und Schlamm aus der Dose: Diese Zeitgeist-Phänomene des neuen Jahrtausends waren Ende der 1980er Jahre noch völlig unbekannt. Umso mehr überraschte ein außergewöhnliches Modell auf dem Genfer Salon 1989. Sein Name? Golf Country. Und diese Bezeichnung war Programm: Mit höher gelegtem Fahrwerk, 15 Zoll großen Rädern, monströsem Rammschutz und frech aufgesatteltem Ersatzrad markierte der Gelände-Golf auch optisch den Naturburschen. Zusammen mit den ziviler auftretenden 4x4-VW, die alle den Namen Syncro trugen, entstand der Country-Golf beim österreichischen Allrad-Spezialisten Daimler-Steyr-Puch. Mancher Landwirt und Förster wurde schwach, nur Hobby-Offroader gab es noch zu wenige. VW hatte hier einen Trend erspürt, bevor es ihn überhaupt gab.

Bild: © Volkswagen AG

Preise	1	2	3	4	5
Golf Country, L5t	23.800	15.500	9.000	3.700	1.500

Motor/Antrieb	
Bauart	Vierzylinder (Reihe)
Lage/Antrieb	Front/4x4
Hubraum in cm³	1781
PS/min	98/5400
Vmax in km/h	163
Karosserie	
Bauart	Limousine (5-türig)
Tragstruktur	selbsttragend
Material	Stahlblech
Stückzahl und Marktsituation	
Produktionszahl	7735
Verfügbarkeit	ausreichend
Teilesituation	gut
Unterhaltskosten	niedrig

Volkswagen Golf Rallye 1989-1991

Leistung im Überfluss und Karosserie-Kits, die Serienautos zu Rennfahrzeugen aufbliesen: So mussten echte Heißsporne Ende der 1980er Jahre aussehen. Der BMW M3 trug diese Mode, und der Rallye Golf stand dem Trend in nichts nach. Pausbackig und zupackend markierte der 160-PS-Sportler den ersten echten Über-Golf. Seinen Status als Basis eines Wettbewerbsautos sowie die optische Abgrenzung zu den bisherigen Top-Modellen GTI, GTI 16V und G 60 garantierten bereits ein gewisses Maß an Exklusivität. Dazu kam die kleine Auflage – VW baute nur 5000 Stück –, und längst besitzt der Rallye Golf einen treuen Fankreis. Seltenheitswert genießen längst die Exemplare, die nicht wildem Tuning zum Opfer fielen oder im Hobby-Renneinsatz zerrieben wurden.

Bild: © Volkswagen AG

Preise	1	2	3	4	5
Golf Rallye, L3t	53.000	30.700	18.700	9.300	3.800

Motor/Antrieb	
Bauart	Vierzylinder (Reihe)
Lage/Antrieb	Front/4x4
Hubraum in cm³	1763
PS/min	160/5600
Vmax in km/h	210
Karosserie	
Bauart	Limousine (3-türig)
Tragstruktur	selbsttragend
Material	Stahlblech
Stückzahl und Marktsituation	
Produktionszahl	5000
Verfügbarkeit	ausreichend
Teilesituation	gut
Unterhaltskosten	

Volkswagen Golf GTI (Baureihe III) 1991-1997

Aus dem Wagnis von 1975 hatte sich der GTI zum Erfolgsgaranten entwickelt. Klar, dass Volkswagen auch die dritte Auflage des Golfs umgehend mit einer GTI-Version krönte: Der Start gelang mit einem 115 PS starken 2-Liter-Motor – das war zwar etwas mehr Hubraum als im Urmodell, doch nur marginal mehr Leistung. Daher legte Volkswagen schon 1993 nach und bot den GTI mit einem 16-Ventil-Motor an, der mit 150 PS eine Klasse agiler ausfiel und die 200-km/h-Marke deutlich knackte. Sondermodelle wie „GTI Edition" (1994) und „20 Jahre GTI" (1996 bis 1997) stattete Volkswagen deutlich aufwändiger aus, zum Beispiel mit serienmäßigen Leichtmetallrädern und einer anderen Innenausstattung. Beide Modelle gelten heute als gesucht, während die Variante mit dem Namen Golf GTI TDI, angetrieben von einem 110 PS starken 1,9-Liter-Turbodiesel, Fans weniger passend schien. Auch die GTI-Varianten, ausgenommen blieben nur 16V-Modelle, stattete Volkswagen auf Wunsch mit Automatikgetrieben aus. 1995 gab es den GTI zudem in einer syncro-Variante.

Bild: © Volkswagen AG

Preise	1	2	3	4	5
Golf 3 GTi (2.0, 115 PS), L5t	k.N.	7.000	4.000	1.600	k.N.

Motor/Antrieb	
Bauart	Vierzylinder (Reihe)
Lage/Antrieb	Front/Front, 4x4
Hubraum in cm³	1984
PS/min	110 bei 4150 bis 150 bei 6000
Vmax in km/h	190 bis 215
Karosserie	
Bauart	Limousine (3-/5-türig)
Tragstruktur	selbsttragend
Material	Stahlblech
Stückzahl und Marktsituation	
Produktionszahl	k.A.
Verfügbarkeit	ausreichend
Teilesituation	gut
Unterhaltskosten	mittel

Ein Golf mit Rucksack: Der Jetta

In den späten 1970er Jahren richtete VW seine Modellpolitik neu aus. Die Wolfsburger begannen, von aktuellen Schräghecklimousinen Varianten mit Stufenheck abzuleiten. Der Polo mit Kofferraum wurde zum Derby, der Passat zum Santana – und der Golf zum Jetta. Mit der Namensgebung versuchte Volkswagen, die neuen Typen als eigenständige Modelle zu positionieren. Dies gelang nicht überzeugend, wie der Jetta zeigte: Er galt damals als Rucksack-Golf. Dabei war die schlichte Formgebung der Stufenheck-Limousine gelungen; anstatt einer Heckklappe bot der Jetta-Kofferraum ein stattliches Fassungsvermögen von 510 Litern.

Die Jetta-Modelle der ersten Generation waren sowohl als Zwei- sowie als Viertürer erhältlich. 1979 kostete das Basismodell mit dem 1,1-Liter-Motor rund 2000 Mark mehr als ein vergleichbarer Golf I. Trotz ihres Alters werden selbst die frühen Jetta-Modelle erst vereinzelt als angehende Liebhaberfahrzeuge akzeptiert – ganz im Unterschied zum Golf.

Es mag daran liegen, dass dem Jetta in Deutschland nie der Durchbruch gelingen wollte. Ganz anders in Amerika: Dort verbuchte die konservative VW-Limousine über Jahre solide Erfolge. Ein Grund, weshalb Volkswagen in den USA auf ständige Namenswechsel verzichtete, die den europäischen Jetta-Modellen Wortschöpfungen wie Vento oder Bora einbrachten. 2005 kehrte VW auch in Deutschland wieder zur Bezeichnung Jetta zurück – gebracht hat es nichts: Bis zum endgültigen Ende 2018 blieb ihm nur eine Außenseiterrolle.

Volkswagen Jetta (Baureihe I) 1979-1983

Seine offizielle Rückkehr in die deutschen VW-Showrooms im Herbst 2005 brachte dem Jetta-Image keinerlei Aufschwung. Auch seine Urversion fristet ein eher tristes Dasein. Vielleicht ist er vielen noch immer zu hausbacken, vielleicht ließen spröde Farbkombinationen und uninspirierte Sport-Modelle wie der 110 PS starke GLi einfach keinen Kultstatus zu. Technisch ist der Jetta I nichts anderes als ein Stufenheck-Golf. Ein Punkt, der nicht nur für seine Zuverlässigkeit spricht, sondern auch seine Ersatzteilversorgung weitgehend unkritisch erscheinen lässt. Der Jetta I mag daher für Youngtimer-Einsteiger besonders interessant sein, zumal gut erhaltene Exemplare aus erster Hand noch immer für ein Handgeld erhältlich sind.

Bild: © Volkswagen AG

Preise	1	2	3	4	5
Jetta, L2t	8.800	5.700	2.800	1.000	k.N.

Motor/Antrieb	
Bauart	Vierzylinder (Reihe)
Lage/Antrieb	Front/Front
Hubraum in cm³	1093-1588
PS/min	50/5000 bis 110/6100
Vmax in km/h	142 bis 182
Karosserie	
Bauart	Limousine (2-/4-türig)
Tragstruktur	selbsttragend
Material	Stahlblech
Stückzahl und Marktsituation	
Produktionszahl	616.000
Verfügbarkeit	ausreichend
Teilesituation	sehr gut
Unterhaltskosten	niedrig

Volkswagen Jetta (Baureihe II) 1984-1992

Bis 1984 mussten konservative Käufer warten, wenn sie den neuen Jetta bestellen wollten. Er war nicht nur größer geworden (Länge: plus zwölf Zentimeter), sondern trat auch erwachsener und ausgewogener auf. Dabei hatte sich im Grunde, abgesehen von der behutsamen formalen Anpassung an die 1980er Jahre, am Konzept nichts geändert. Volkswagen lieferte den Jetta weiterhin als Zwei- und Viertürer. Ein deutliches Plus-Argument für den Jetta war sein riesiger Kofferraum: Mit 575 Litern schluckte er mehr Gepäck als viele Konkurrenten, sogar mehr als ein S-Klasse-Mercedes. Ein Skisack war gegen Aufpreis erhältlich. Wie den Golf, offerierte Volkswagen auch für den Jetta wahlweise den Allradantrieb namens Syncro.

Bild: © Volkswagen AG

Preise	1	2	3	4	5
Jetta 2 (Kat; 66 KW), L4t	8.800	5.700	3.300	1.400	k.N.

Motor/Antrieb	
Bauart	Vierzylinder (Reihe)
Lage/Antrieb	Front/Front, 4x4
Hubraum in cm³	1272, 1588, 1595, 1781
PS/min	54/4800 bis 129/5800
Vmax in km/h	141 bis 196
Karosserie	
Bauart	Limousine (2-/4-türig)
Tragstruktur	selbsttragend
Material	Stahlblech
Stückzahl und Marktsituation	
Produktionszahl	k. A.
Verfügbarkeit	ausreichend
Teilesituation	sehr gut
Unterhaltskosten	niedrig

Wüstenwind und Volks-Sportler: Scirocco und Corrado

Das nach dem Passat zweite Modell der neuzeitlichen VW-Flotte feierte im März 1974 auf dem Genfer Salon Premiere. Nüchtern betrachtet war der Scirocco nur die Coupé-Ausführung des (wenige Wochen später vorgestellten) Golf, aber, weitaus wichtiger: Er war Nachfolger der eleganten Auto-Legende Karmann Ghia Typ 14. Dabei hätte der Modellwechsel nicht krasser ausfallen können: Das damenhaft zierliche Coupé mit seinen zarten Rundungen hatte einem knackig-kantigen Renner Platz gemacht. Auch diesen neuen 2+2-Sitzer mit großer Heckklappe baute Karmann. Die von Giugiaro gezeichnete, keilförmige Karosserie wurde als zu nüchtern und emotionslos kritisiert – in Anbetracht des Vorgängers verständlich.

Dennoch verkaufte sich der Scirocco sehr gut: In sechs Produktionsjahren lief eine runde halbe Million des „Autos des Jahres 1974" vom Band. Trotz kompakter Abmessungen bot das Coupé einen geräumigen Innenraum, es punktete mit gutem Fahrkomfort, sicherer Straßenlage und zeitgemäßer Leistung. Dagegen erschien sein bereits vom Passat her bekanntes Konzept mit quer im Bug eingebautem, wassergekühlten Reihen-Vierzylinder und Frontantrieb vielen VW-Kunden noch immer gewöhnungsbedürftig.

Die erste Serie läuft 1981 aus. Der nachfolgende Scirocco II, ein hauseigener Entwurf, war deutlich weicher und dezenter geraten als sein markanter Ahne und blieb weit hinter dessen Stückzahlen zurück. Obwohl auch dieses sportlich angehauchte Alltags-Coupé mit seinen kultivierten Motoren und solider VW-Technik kein schlechter Kauf war. Ab 1988 setzte Volkswagen nicht mehr auf Scirocco, sondern brachte den Corrado an den Start. 2008 jedoch folgte die Rückbesinnung: Bis 2017 wurde die dritte Auflage des Scirocco gefertigt.

Volkswagen Scirocco 1974-1980

Der Scirocco basierte auf dem zeitgenössischen Golf, folglich erlebte das technisch fast identische Coupé die gleichen Evolutionsstufen wie dieser. Zu Beginn bot Volkswagen drei Motor-Varianten mit 50, 70 und 85 PS – immerhin gut für eine Spitze von 170 km/h – sowie drei Ausstattungsstufen L, LS und TS, letztere erkennbar an den auffälligen runden Doppelscheinwerfern. Im Juni 1976 erschien analog zum Golf der 110 PS starke Scirocco GTI. Eine gründliche Modellpflege bescherte dem Scirocco im Herbst 1977 ein neues Gesicht. Große Kunststoff-Stoßfänger trugen dazu ebenso bei wie ein geänderter Kühlergrill mit in den Kotflügeln integrierten Frontblinkern. Ferner wurde die Motorenpalette neu abgestimmt, wobei der schwache 50 PS-Basistyp durch ein erheblich agileres 60-PS-Aggregat ersetzt wurde. Der zuverlässige Alltags-Sportler lief Ende 1980 aus, seine Technik lebte im Scirocco II weiter.

Bild: © Volkswagen AG

Preise	1	2	3	4	5
Scirocco 1.1 (Ser. I, 50 PS, 1974-77), Cpe	20.400	12.100	7.400	3.800	1.800
Scirocco 1.6 (Ser. I, 85 PS, 1975-76), Cpe	25.500	15.400	9.600	4.800	2.200
Scirocco GTI (110 PS, Ser. I, 1976-77), Cpe	30.700	18.400	11.000	5.500	2.600

Motor/Antrieb	
Bauart	Vierzylinder (Reihe)
Lage/Antrieb	Front/Front
Hubraum in cm³	1093-1588
PS/min	50/6000 bis 110/6100
Vmax in km/h	145 bis 190
Karosserie	
Bauart	Coupé
Tragstruktur	selbsttragend
Material	Stahlblech
Stückzahl und Marktsituation	
Produktionszahl	ca. 495.000
Verfügbarkeit	ausreichend
Teilesituation	sehr gut
Unterhaltskosten	mittel

VW Scirocco II 1981-1992

Im März 1981 zeigte Volkswagen die Neuauflage des erfolgreichen Sport-Coupés. Statt von Giugiaro stammte dieses Mal das Design aus dem eigenen Haus. Die Kanten und Ecken verschwanden, der Auftritt geriet strömungsgünstiger und weicher – kein Fehler bei der überdurchschnittlichen Frauenquote. Sie wünschten sich zwar ein sportives Auto, doch kein übertrieben maskulines. Konsequent vereinte der Scirocco II wieder die Beständigkeit des Golf mit einem Hauch von Coupé-Exklusivität. Die Motorenpalette eröffnete ein 1,3-Liter-Vierzylinder mit mageren 60 PS, oben markierte der 1,8-Liter-Motor mit 112 PS zunächst das Limit. Ab 1985 konnte Volkswagen auch einen 16-Ventiler anbieten, der 139 PS (Kat: 129 PS) leistete.

Bild: © Volkswagen AG

Preise	1	2	3	4	5
Scirocco 2 1.6 85 PS, Cpe	k.N.	9.400	5.200	2.400	1.200
Scirocco 2 Kat 1.8 95 PS, Cpe	k.N.	11.600	6.000	2.700	1.300
Scirocco 2 GT 16V, Cpe	k.N.	12.400	6.500	3.100	1.400

Motor/Antrieb	
Bauart	Vierzylinder (Reihe)
Lage/Antrieb	Front/Front
Hubraum in cm³	1272, 1781
PS/min	60/5600 bis 139 bis 6100
Vmax in km/h	156 bis 204
Karosserie	
Bauart	Coupé
Tragstruktur	selbsttragend
Material	Stahlblech
Stückzahl und Marktsituation	
Produktionszahl	k.A.
Verfügbarkeit	ausreichend
Teilesituation	gut
Unterhaltskosten	mittel

VW Corrado 1988-1995

In den späten 1980er Jahren gab VW mächtig Gas: Neben dem legendären Golf Rallye schickten die Wolfsburger den Corrado auf die Piste. 1988 war das, und seinen Namen verdankte der sportliche Volkswagen dem spanischen Verb „correr" (auf deutsch: rennen). VW bot zunächst nur den G60 mit Spirallader und Ladeluftkühler an. Seine Leistung war eine Lust: Der Corrado garantierte viel Fahrspaß und punktete mit technischen Raffinessen wie einem bei 120 km/h automatisch ausfahrenden Heckspoiler. Auf der anderen Seite zeigte sich die G-Lader-Version anfällig. Ab 1991 folgten die Einsteigerversion 16V sowie das 2,9-Liter-Sechszylinder-Modell VR6, 1993 noch ein 2,0-Liter-Motor. Alle verlockten zu einem eher ambitionierten Fahrstil.

Bild: © Volkswagen AG

Preise	1	2	3	4	5
Corrado G 60, Cpe	k.N.	16.800	10.300	5.000	2.000

Motor/Antrieb	
Bauart	Vierzylinder (Reihe); VR6
Lage/Antrieb	Front/Front
Hubraum in cm³	1781, 1984, 2792, 2861
PS/min	115/5400 bis 190/5800
Vmax in km/h	196 bis 235
Karosserie	
Bauart	Coupé
Tragstruktur	selbsttragend
Material	Stahlblech
Stückzahl und Marktsituation	
Produktionszahl	97.521
Verfügbarkeit	ausreichend
Teilesituation	gut
Unterhaltskosten	mittel

V

Kleiner Audi aus Wolfsburg: Der Polo

Bild: © Volkswagen AG

Im Deutschland der frühen 1970er Jahre wurde der wichtige Markt der Kleinwagen nur von Importeuren bedient: R 4, Ente, Fiat 126 und Mini hießen die Renner.

Und die heimischen Hersteller? Fehlanzeige – bis im Herbst 1974 der Audi 50 auf dem Markt erschien. Dieser erste deutsche Mini der Neuzeit kam zwar gut an, konnte aber nicht alle Kleinwagen-Zielgruppen bedienen, da er sehr gut ausgestattet und damit relativ teuer war.

Hier setzte Volkswagen an: Die Wolfsburger präsentierten den Kompakt-Audi in einer optisch unveränderten Sparversion im März 1975 als eigenes Modell unter dem Namen Polo. Dieser bis dahin kleinste VW überhaupt versprach mit seiner spartanischen Ausstattung und dem bescheidenen 900-cm³-Motor niedrige Anschaffungs- und Unterhaltskosten. Entsprechend groß war die Nachfrage: Zum Basispreis von 7555 Mark bot der Polo viel Auto fürs Geld, zumal auch er die beim Golf geschätzte, praktische Heckklappe bot. Motiviert vom großen Erfolg des Kleinen lancierte VW in den Folgejahren eine Vielzahl von Ausstattungs- und Leistungsstufen – und drängte so den Audi 50 an die Wand. Im Juli 1978 lief der konzerneigene Konkurrent aus.

Ab 1977 bediente Wolfsburg jene Kunden, die den kleinen Polo mit großem Kofferraum wünschten mit einer Stufenheck-Variante, die unter dem Namen Derby eine halbwegs eigenständige Modellreihe bildete. Der konservativer, aber auch erwachsener wirkende Derby verkaufte sich anfangs besser als der Polo, fiel dann aber stark zurück. Dennoch erhielt auch die zweite Generation Polo ein Derby-Derivat; es spielte allerdings nur eine Nebenrolle. Renner war in den 1980er Jahren vielmehr der sogenannte Polo Steilheck, ein gelungener Mini-Kombi für preisbewusste Pragmatiker.

Volkswagen Polo (Typ 86) — 1975-1981

In seiner Urversion präsentierte sich der Audi 50-Ableger Polo als typischer Kleinwagen: sachlich, kantig, preiswert und praktisch. Komfort und Ambiente wie auch die Agilität des Kleinwagens lagen allerdings auf Linienbus-Niveau. Aber seine pragmatische Kundschaft schätzte ihn als idealen Anfänger- oder Zweitwagen; billiger und zuverlässiger konnte man kaum von A nach B gelangen. Mit den Jahren wuchsen die Ansprüche: VW bot ab 1975 bessere Ausstattung, ab 1976 einen 1,1-Liter-Motor mit 50 oder 60 PS und im Herbst 1979 gar eine sportlich aufgemachte GT-Version. Das Facelift von 1979 ließ den Polo mit wuchtigen Kunststoff-Stoßfängern und neuem Kühlergrill massiver wirken. Im Sommer 1981 endete die erste Serie. Trotz aller Aufwertungen hatte mehr als die Hälfte der Polo-Käufer Basis-Ausstattung und -Motorisierung gewählt.

Bild: © Volkswagen AG

Preise	1	2	3	4	5
Polo (Ser. I, 40 PS, 1975-1979), L3t	11.300	7.200	4.200	1.800	600
Polo (Ser. I, 50 PS, 1975-1979), L3t	12.500	8.000	4.800	1.900	600

Motor/Antrieb	
Bauart	Vierzylinder (Reihe)
Lage/Antrieb	Front/Front
Hubraum in cm³	771, 895, 1093
PS/min	34/6000 bis 60/6000
Vmax in km/h	125 bis 152
Karosserie	
Bauart	Limousine (3-türig)
Tragstruktur	selbsttragend
Material	Stahlblech
Stückzahl und Marktsituation	
Produktionszahl	ca. 1,05 Mio
Verfügbarkeit	üppig
Teilesituation	sehr gut
Unterhaltskosten	mittel

Volkswagen Polo II (Typ 86C) — 1981-1990

Er wird als Dauerbrenner in die Geschichtsbücher des VW-Konzerns eingehen: der Polo der zweiten Generation. Für heutige Verhältnisse unglaubliche 14 Jahre blieb der kleine Wolfsburger im VW-Programm, beinahe so lange wie sein Vorgänger und Nachfolger zusammen. Kein Wunder, denn VW fächerte die zweite Polo-Generation weit auf: Für den Pragmatiker gab es die praktische Steilheckvariante oder den Derby, die Stufenheck-Version, Ästheten griffen ab 1982 dagegen zum formschönen Coupé. Der Polo 2 ließ mit seiner breit aufgestellten Motorenpalette kaum einen Wunsch offen. Sie reichte vom simplen, beliebten Einstiegsmodell Polo Fox über Diesel-Varianten bis hin zum Heißsporn für ambitionierte Sportfahrer, dem VW Polo G40 – mit Sicherheit einer der begehrenswertesten Kleinwagen-Klassiker dieser Epoche.

Bild: © Volkswagen AG

Preise	1	2	3	4	5
Polo Coupe Kat (86C) 1.3 55PS, L3t	k.N.	4.700	2.500	900	k.N.
Polo G40 (86 C), L3t	k.N.	21.000	10.900	4.800	k.N.

Motor/Antrieb	
Bauart	Vierzylinder (Reihe)
Lage/Antrieb	Front/Front
Hubraum in cm³	1043, 1093, 1272, 1398
PS/min	40/5300 bis 113/6000
Vmax in km/h	138 bis 196
Karosserie	
Bauart	Lim (2-türig), Kom-Lim (2-türig), Cpe
Tragstruktur	selbsttragend
Material	Stahlblech
Stückzahl und Marktsituation	
Produktionszahl	k.A.
Verfügbarkeit	üppig
Teilesituation	sehr gut
Unterhaltskosten	niedrig

Volkswagen Polo II (Typ 86C 2F) — 1990-1994

Volskwagen gönnte dem Polo II (Typ 86) 1990 ein großes Facelift, intern nun Typ 86 2F (F für Facelift) genannt. Flächigere Stoßfänger, eine geneigte Front mit nun seitlich neben den Scheinwerfern montierten Blinkern, ein überarbeitetes Heck sowie eine Menge Detailarbeit machten den runderneuerten Polo II um rund zehn Prozent windschlüpfiger. Auch innen hatte Volkswagen seinen Kleinsten frisch gemacht: Das neue Armaturenbrett bot nun mehr Ablagen, das Radio war besser erreichbar, die Türen und Seitenteile zudem voll verkleidet. Der große Erfolg dieser Polo-Baureihe ließ Volkswagen das Erscheinen des Nachfolgers Polo III verschieben. Die Kunden bei Laune hielten auch zahllose Sondermodelle wie der sportliche Genesis oder der hochwertiger ausgestattete Fantasy. Zudem gab es weiterhin die besonders interessanten sportlichen Varianten Polo GT und den G40, der sich optisch mit modisch dunkel eingefärbten Heckleuchten, weißen Blinkern und Nebelscheinwerfern von der Polo-Masse abhob und zudem nun über einen Katalysator verfügte.

Bild: © Volkswagen AG

Preise	1	2	3	4	5
Polo Coupé, L3t	k.N.	2.700	1.500	800	k.N.
Polo G40, L3t	k.N.	14.400	8.200	4.700	k.N.

Motor/Antrieb	
Bauart	Vierzylinder
Lage/Antrieb	Front/Front
Hubraum in cm^3	1043, 1272, 1391
PS/min	45/5600 bis 113/6000
Vmax in km/h	145 bis 196
Karosserie	
Bauart	Lim (2-türig), Kom-Lim (2-türig), Cpe
Tragstruktur	selbsttragend
Material	Stahlblech
Stückzahl und Marktsituation	
Produktionszahl	k.A.
Verfügbarkeit	üppig
Teilesituation	sehr gut
Unterhaltskosten	niedrig

Volkswagen Polo Harlekin — 1995-1997

Über die dritte Auflage des Volkswagen Polo würde niemand heute ein Wort verlieren, hätte es nicht das Modell Harlekin gegeben: einen aus bunt lackierten Bauteilen scheinbar wild zusammengewürfelten, viertürigen Polo. Ursprünglich hatten die Wolfsburger nur 20 dieser Hingucker zur Markteinführung gefertigt und präsentierten den bunten Polo in Anzeigen, verbunden mit dem Hinweis, dass es ihn für „kein Geld der Welt" so zu kaufen gäbe. Dann überraschte ein riesiges Echo Volkswagen – man reagierte professionell und spontan mit einer etwas anders ausgestatteten Kleinserie und einem Namen: „Der Polo Harlekin. Sie haben es nicht anders gewollt", ließen die Anzeigen verlauten. Ab Werk gab es „vier verschiedene kunterbunte Variationen", die stets die Farbtöne Chagallblau, Ginstergelb, Flashrot und Pistazie kombinierten. Zudem standen drei Motoren zur Wahl. Insgesamt sollen 3806 Polo Harlekin produziert worden sein, hinzu kommen einige private Nachahmer.

Bild: © Volkswagen AG

Preise	1	2	3	4	5
Polo (6N), 60 PS, L5t	k.N.	3.200	1.500	600	k.N.

Motor/Antrieb	
Bauart	Vierzylinder (Reihe)
Lage/Antrieb	Front/Front
Hubraum in cm^3	1043, 1390, 1598
PS/min	45/5200 bis 75/5500
Vmax in km/h	145 bis 172
Karosserie	
Bauart	Limousine (5-türig)
Tragstruktur	selbsttragend
Material	Stahlblech
Stückzahl und Marktsituation	
Produktionszahl	3806
Verfügbarkeit	ausreichend
Teilesituation	sehr gut
Unterhaltskosten	niedrig

VW auf allen Wegen

Volkswagen und Geländefahrzeuge – diese Kombination gehörte in den Anfängen der Wolfsburger Automobilfabrikation zusammen. Was mit dem Allrad-Schwimmwagen begonnen hatte, fand nach dem Zweiten Weltkrieg jedoch keine Fortsetzung. Der hochwertige, technoide Allradkünstler Iltis oder der Golf Country als Vorreiter der neuen Offroad-Mode folgten erst Jahrzehnte später.

Ihren Anfang nahmen die Allrad-Projekte bei Volkswagen 1938, als das Heereswaffenamt das Konstruktionsbüro Porsche mit der Entwicklung einer geländetauglichen Version des KdF-Wagens beauftragte. Nachdem 1939 erste Prototypen des Typs 82 (Kübelwagen) getestet worden waren, begann die Serienproduktion im Frühjahr 1940. Im Kriegseinsatz bewährte sich der Kübelwagen trotz einfachem Heckantrieb durch Geländegängigkeit und Robustheit. Wegen seines geringen Gewichts waren seine 23,5 PS vollkommen ausreichend. Vom Typ 82 wurde auch der Typ 166 abgeleitet, der nicht nur schwimmfähig war, sondern auch als erster VW mit Allradantrieb gilt.

Nach dem Krieg und der Gründung der Bundeswehr wurde der Ruf nach einem allradgetriebenen Geländewagen wieder laut. Zwischen 1956 und 1968 lieferte diesen zunächst Auto Union mit dem DKW Munga (Mehrzweck-Universal-Geländewagen mit Allradantrieb). Als technischer Nachfolger des Munga kam Ende der 1970er Jahre der VW Iltis, der bis in die späten 1990er Jahre zum festen Teil des Bundeswehr-Fuhrparks gehörte und Audi zum quattro-Konzept animierte. Den ersten reinen Zivilisten unter den Geländegängern präsentierte VW 1989. Doch der Golf Country (siehe Beitrag unter Golf) kam zu früh – von 15.000 geplanten Einheiten verkauften die Wolfsburger nur 7735 Stück.

Volkswagen Iltis — 1978-1982

VW und Militär – es gibt sicher günstigere Verbindungen in der Geschichte jener Marke, die nach dem Zweiten Weltkrieg angetreten war, um Deutschlands Massen zu mobilisieren. Der VW Iltis musste diesen Spagat leisten: Wie sein Vorgänger, der DKW Munga, war er Diener einer defensiven Armee, Kampfeinsätze blieben ihm erspart. Vom Munga erbte der Iltis den kurzen Radstand – eine Besonderheit, die die Bundeswehr aus Werkstattgründen gefordert hatte. Zusammen mit dem hohen Schwerpunkt ergab sich ein Fahrverhalten, dass auf Straßen durchaus einige Lenker überforderte. Meist waren es Wehrpflichtige, die ins Rudern kamen, denn ein Leben in Zivil war dem Iltis nur sehr beschränkt vergönnt. Mit rund 40.000 Mark war die Jäger- und Förster-Ausführung zu teuer geraten, um viele Freunde zu finden.

Bild: © Volkswagen AG

Preise	1	2	3	4	5
Iltis	25.600	16.600	11.100	3.400	1.600

Motor/Antrieb	
Bauart	Vierzylinder (Reihe)
Lage/Antrieb	Front/4x4
Hubraum in cm^3	1695
PS/min	75/5500
Vmax in km/h	130
Karosserie	
Bauart	Cabriolet
Tragstruktur	Kastenrahmen
Material	Stahlblech
Stückzahl und Marktsituation	
Produktionszahl	9547
Verfügbarkeit	ausreichend
Teilesituation	gut
Unterhaltskosten	niedrig

Die Neuerfindung der Urahnen: Der New Beetle

Die Geschichte des Golf im Retro-Käfer-Look beginnt als spektakuläres Projekt: Volkswagen plant in den 1990er Jahren ein innovatives Fahrzeug, das emissionsfrei fahren sollte. Als Zielmarkt hat der Konzern Kalifornien vor Augen, und da dort der Käfer seit jeher hohe Popularität genießt, führt der stilistische Weg zu einem der erfolgreichsten Entwürfe des damals schnell sehr beliebten Retro-Designs. Als Designer sind Freeman Thomas und J. Mays aktiv, ihr Ergebnis ist die Designstudie „VW Concept", ein Name, der trotz seiner Einfachheit bereits eine Menge Anspruch in sich trägt.

Die Idee begeistert. In Detroit jubeln 1994 Publikum und Presse auf der Motor Show, im Jahr darauf schraubt Volkswagen mit einem Cabriolet auf dem Genfer Automobilsalon die Erwartungen weiter in die Höhe. Noch 1995 kommt die Zusage zur Serienfertigung.

Allerdings fallen die hehren Ansprüche an Emissionsfreiheit schnell in sich zusammen. Volkswagen wittert das Geschäft und entwickelt ein Serienmodell auf Basis des aktuellen Golf IV. Der emotionale Kompakte lockt weiterhin im gepimpten Käfer-Ornat, kommt jedoch mit Frontmotoren, die vom zahmen 75-PS-Vierzylinder über drei Diesel-Varianten bis hin zum obszön unvernünftigen Beetle RSI mit 224 PS starkem VR6 reichen, einer der typischen Fingerübungen für Ingenieure der Piëch-Ära.

Gut gelungen ist auch die Serienversion des Cabriolets, das mit seiner weit vorn stehenden Scheibe ein überzeugendes Offenfahrerlebnis bietet. Die hohe Stückzahl des New Beetle bremst den Kurs zum Klassiker aktuell noch ein wenig, jedoch werden gut erhaltene Exemplare bereits gesucht. Sie gelten als reizvoll und zeittypisch.

Bild: © Volkswagen AG

Käfer im gelungenen Retro-Design: der New Beetle als Cabrio-Version.

Volkswagen New Beetle 1997-2010

Ab Herbst 1997 baut Volkswagen zwei Käfer, den klassischen und den New Beetle. Beide laufen im mexikanischen Puebla vom Band des dortigen Volkswagenwerks, sechs Jahre lang. Während der alte mit seinem Boxermotor im Heck noch Reminiszenzen an die Entwicklung der 1930er Jahren unter Professor Porsche liefert, atmet die neue Version tief den Zeitgeist des anstehenden Millenniums. Retro-Design gilt in den ausgehenden Neunzigern als der letzte Schrei, der Blick zurück gelingt bonbonbunt und mit ruhigen, runden und dennoch klaren Formen, die an den Käfer erinnern. Unter dem ikonisch geformten Blech steckt die Technik des Golf IV – bis hin zur A4-Plattform, die somit auch Frontmotoren erforderlich machte, die im New Beetle zwischen 75 und 150 PS leisten. Allerdings ist der New Beetle mit zunächst 34.950 Mark teurer als der Alleskönner Golf.

Bild: © Volkswagen AG

Preise	1	2	3	4	5
New Beetle 1.6, L3t	k.N.	3.700	2.300	700	k.N.
New Beetle 2.0, L3t	k.N.	5.500	3.400	1.000	k.N.

Motor/Antrieb	
Bauart	Vierzylinder (Reihe), VR6
Lage/Antrieb	Front/Front
Hubraum in cm³	1390 bis 3189
PS/min	75/5000 bis 150/5800
Vmax in km/h	161 bis 225
Karosserie	
Bauart	Limousine (2-türig), Cabriolet
Tragstruktur	selbsttragend
Material	Stahlblech
Stückzahl und Marktsituation	
Produktionszahl	k.A.
Verfügbarkeit	üppig
Teilesituation	gut
Unterhaltskosten	mittel

Volkswagen New Beetle Cabriolet 2002-2010

Neun Jahre müssen Fans warten, bis die Cabrio-Version des New Beetle serienreif ist. Die offene Studie des Concept 1 begeistert schon im Frühling 1994 auf dem Genfer Salon, doch Volkswagen zögert – der Aufwand ist hoch: Der neue Frischluft-Star soll zwingend ohne Überrollbügel auskommen, seine Frontscheibe weit vorne tragen und das geöffnete Verdeck wie einst sauber gefaltet auf dem Heck aufliegen. Sie konstruieren alles neu, Sicherheit spielt eine große Rolle. Hochfeste Rohre versteifen A- und B-Säulen, dazu kommen verstärkte Türen und Teile der Bodengruppe. Hinter den Kopfstützen der Rücksitze verbirgt sich ein Überroll-Schutzsystem, das bei einem Unfall sofort hochschnellt. Es bietet ein Freiheitsgefühl. Volkswagen montiert Motoren von 75 bis 150 PS, sogar Diesel. Der Zwei-Liter-Benziner ist sogar mit einer Sechsgang-Tiptronic kombinierbar.

Bild: © Volkswagen AG

Preise	1	2	3	4	5
New Beetle Cabrio 1.4, Cab	k.N.	7.900	4.900	2.000	k.N.
New Beetle Cabrio 2.0, Cab	k.N.	8.200	5.000	2.100	k.N.

Motor/Antrieb	
Bauart	Vierzylinder (Reihe), VR6
Lage/Antrieb	Front/Front
Hubraum in cm³	1390 bis 3189
PS/min	75/5000 bis 150/5800
Vmax in km/h	161 bis 225
Karosserie	
Bauart	Cabriolet
Tragstruktur	selbsttragend
Material	Stahlblech
Stückzahl und Marktsituation	
Produktionszahl	k.A.
Verfügbarkeit	üppig
Teilesituation	gut
Unterhaltskosten	mittel

Volkswagen New Beetle RSi 2001

Projekte wie diese prägen die Modellkultur der Marke Volkswagen: Perfektion, abgeschmeckt mit einer Prise Wahnsinn. Das erklärt auch den smarten New Beetle, den ein üppiger VR6-Motor voranpeitscht. Aus 3,2 Litern Hubraum liefert er 224 PS, die ein Sechsgang-Schaltgetriebe an alle vier Räder über Haldexkupplungen weiterreicht. Optisch ähnelt er dem Rennwagen, den Volkswagen für den New Beetle Cup auf die Räder gestellt hat – mit einem markanten Heckspoiler, 86 Millimetern mehr Breite und großformatiger Bereifung. In 6,4 Sekunden sprintet der New Beetle RSi (für Rennsport Injection) von null auf 100 km/h. Passend zu diesem Anspruch fällt der Innenraum aus: Der RSi erhält einen großen Drehzahlmesser, dazu eine Schaltpunktanzeige und zusätzliche Instrumente. Ein wilder, schriller New Beetle, limitiert auf 250 Stück.

Bild: © Volkswagen AG

Preise	1	2	3	4	5
New Beetle RSi, L3t	76.000	49.500	24.000	16.000	k.N.

Motor/Antrieb	
Bauart	VR6
Lage/Antrieb	Front/4x4
Hubraum in cm³	3200
PS/min	224/6200
Vmax in km/h	250
Karosserie	
Bauart	Limousine (2-türig)
Tragstruktur	selbsttragend
Material	Stahlblech
Stückzahl und Marktsituation	
Produktionszahl	k.A.
Verfügbarkeit	ausreichend
Teilesituation	gut
Unterhaltskosten	mittel

V

VW-Porsche (D) • 1969-1975

Zur eigenen Marke mit ausgegliederter Vertriebsgesellschaft in Ludwigsburg bei Stuttgart wurde VW-Porsche, als der gleichnamige Volkssportler mit VW 411-Mittelmotor auf den Markt kam. Der Erfolg des Projekts war auf dem Inlandsmarkt nicht allzu berauschend, weil es dem an sich gelungenen Auto am Image fehlte; in Amerika dagegen verkaufte sich der VW-Porsche in ordentlichen Stückzahlen. 1975 lief die Produktion aus, der Nachfolger trug das Porsche-Wappen und hieß 924.

So simpel kann Werbung sein: Zeitgenössische Plakatwerbung für den 914.

VW-Porsche 914, 914 1.7, 914 1.8, 914 2.0 — 1969-1975

Für 12.560 Mark bot Porsche ab August 1969 eine Neukonstruktion mit Mittelmotor und herausnehmbarem Dachteil an. Der 914 entstand unter Zuhilfenahme von VW-Teilen. Der 1,7 Liter große Boxermotor aus dem VW 411 E brachte den 940 Kilogramm schweren Hecktriebler ordentlich in Fahrt. Ab 1972 wurde er auch als Zweiliter angeboten (14.400 Mark). Dieses Triebwerk ersetzte den nicht akzeptierten, weil mit rund 20.000 Mark zu teuren 914/6 mit dem Sechszylinder des 911 T. Ab 1973 wurde der 412 S-Vergasermotor mit 1,8 Litern Hubraum verwendet. Der knapp vier Meter lange 914 mit Vierzylinder wurde bei Karmann montiert, wo auch die Karosserien entstanden.

Bild: © Porsche AG

Preise	1	2	3	4	5
914 1,7, HD	38.800	24.400	15.500	9.000	3.500
914 1,8, HD	36.500	23.000	14.600	8.400	3.300
914 2,0, HD	43.500	27.400	17.400	10.100	3.900

Motor/Antrieb	
Bauart	Vierzylinder (Boxer)
Lage/Antrieb	Mitte/Heck
Hubraum in cm^3	1679, 1795, 1971
PS/min	80/4900 bis 100/5000
Vmax in km/h	170 bis 190
Karosserie	
Bauart	Coupé (Dachteil entfernbar)
Tragstruktur	selbsttragend
Material	Stahlblech
Stückzahl und Marktsituation	
Produktionszahl	115.646
Verfügbarkeit	gut
Teilesituation	ausreichend
Unterhaltskosten	mittel

VW-Porsche 914/6 — 1969-1972

Über 200 km/h schnell rannte der 914 mit dem Sechszylinderboxer aus dem 911 T. Der bei Porsche in Zuffenhausen zusammen mit den 911-Modellen montierte Mittelmotor-Sportler bot begeisternde Fahrleistung, stieß aber dennoch nur auf wenige Interessenten – er war mit rund 20.000 Mark fast so teuer wie der preiswerteste 911, litt aber unter dem Stigma des billigen VW-Images. Insgesamt konnte Porsche bis 1972 nur 3382 Exemplare absetzen, darunter eine kleine Zahl an wettbewerbsmäßig aufgebauten 914/6 GT genannten Exemplaren. Dazu kamen elf 916 getaufte Exemplare mit Stahldach, Kotflügelverbreiterungen und Kunststoff-Front und -Heck. Den Antrieb besorgten 2,4-Liter-S- oder 2,7-Liter-Carrera-Boxer. Sie kommen ebensowenig in den Verkauf wie zwei Stück mit 908-Motor. Einen erhielt Ferry Porsche zu seinem 60. Geburtstag geschenkt.

Bild: © Porsche AG

Preise	1	2	3	4	5
914/6, HD	96.800	60.900	38.700	22.600	8.700

Motor/Antrieb	
Bauart	Sechszylinder (Boxer)
Lage/Antrieb	Mitte/Heck
Hubraum in cm^3	1991
PS/min	110/5800
Vmax in km/h	201
Karosserie	
Bauart	Coupé (Dachteil entfernbar)
Tragstruktur	selbsttragend
Material	Stahlblech
Stückzahl und Marktsituation	
Produktionszahl	3332
Verfügbarkeit	schlecht
Teilesituation	ausreichend
Unterhaltskosten	hoch

Volvo (S) • seit 1927

„Ich rolle" heißt das lateinische Wort Volvo auf deutsch. Die 1927 gegründete Marke wurde erst nach 1945 mit ihren Personenwagen über die schwedischen Grenzen hinaus bekannt.

Durch Schwedens Neutralität während des Zweiten Weltkriegs war es Volvo bereits 1944 möglich, mit der Produktion der 1940 vorgestellten Limousine PV 444 zu beginnen. Ab 1966 setzte die Marke verstärkt auf passive Sicherheit und überdurchschnittliche Rostvorsorge. Der Ruf unerschütterlicher Haltbarkeit hielt über Jahrzehnte.

Ein Großteil der Produktion ging stets nach Amerika, das wichtigste Exportland. Mit der Beteiligung an der holländischen Firma DAF rundeten die Schweden das Modellprogramm nach unten ab. Seit 1999 war Volvo unter dem Dach der Ford Motor Corporation zu Hause. 2010 erfolgte der Verkauf an den chinesischen Hersteller Geely. Zunächst war von einer Neupositionierung der Marke die Rede, doch Volvo blieb seiner Linie bislang treu.

Volvo setzte in den letzten Jahren zunehmend auf batterieelektrische SUV-Modelle.

VOLVO

„Ich rolle": Volvo.

Eigenwillig und robust: Der Buckel-Volvo

Schwedens erster automobiler Erfolgstyp war ein echter Spätzünder: Man sah dem Volvo PV 444 schon äußerlich an, dass seine Karosserie noch aus den Tagen der stromlinienverliebten Vorkriegsmode stammte.

Trotz des wenig schmeichelhaften Spitznamens „Buckel-Volvo", der auf die gekrümmte Dachlinie zurückging, entwickelte sich die markante Limousine zum Bestseller. Grund dieses Erfolgs: Entgegen des biederen Äußeren vereinigte der Buckel-Volvo Solidität mit ausgezeichneter Sportlichkeit.

Als erstes Auto mit serienmäßigen Dreipunktgurten setzte der PV 444 schon Maßstäbe, als andere Hersteller Fahrzeugsicherheit noch allein mit Auto-Alarmanlagen in Verbindung brachten. Praktiker und alle jene, die sich mit der eigenwilligen Dachform nicht so recht anfreunden mochten, mussten in den 1950er Jahren dennoch nicht auf einen Volvo verzichten. Für sie gab es ab 1953 mit der Kombiversion Duett die passende Garderobe.

Bild: © Volvo Cars Corporation

Zeigte auch im Motorsport echte Nehmerqualitäten: der PV 544.

Volvo PV 444 („Buckel-Volvo") 1944-1958

Formal nicht eben die eleganteste Erscheinung, sprach das schon 1944 vorgestellte neue Volvo-Modell doch ein breites Publikum an. Die robuste Konstruktion war hochmodern mit selbsttragender Karosserie ausgeführt, und auch beim Thema Sicherheit zeigten die Schweden frühzeitig Flagge. Als Buckel-Volvo fand der PV 444 in 14 Produktionsjahren viele Freunde. Langlebige Reihenvierzylindermotoren mit zunächst 1,4 Litern Hubraum, später auch 1,6 Litern und 40 bis 85 PS stark, sorgten für ausreichend Vortrieb des anfangs nur 900 Kilogramm schweren Wagens. Amerika entwickelte sich rasch zu einem der wichtigsten Exportziele für Volvo.

Bild: © Volvo Cars Corporation

Preise	1	2	3	4	5
PV 444 (A), L2t	24.000	16.500	11.100	4.400	2.100
PV 444 (B-E), L2t	22.800	15.800	10.400	4.100	1.900
PV 444 (L), L2t	20.800	14.500	9.500	3.800	1.600

Motor/Antrieb	
Bauart	Vierzylinder (Reihe)
Lage/Antrieb	Front/Heck
Hubraum in cm^3	1414, 1585
PS/min	40/3800, 85/5500
Vmax in km/h	110 bis 150
Karosserie	
Bauart	Limousine (2-türig)
Tragstruktur	selbsttragend
Material	Stahlblech
Stückzahl und Marktsituation	
Produktionszahl	196.005
Verfügbarkeit	schlecht
Teilesituation	schwierig
Unterhaltskosten	mittel

Volvo PV 445 und P 210 Duett 1953-1969

Anders als die Limousine war der Kombi nicht mit einer selbsttragenden Karosserie versehen worden. Sein Einsatz als Lastesel legte ein separates Fahrgestell in Form eines stabilen Kastenrahmens nahe, das dem ladefreundlichen Schweden eine außergewöhnliche Robustheit verlieh. Eine zweiflügelige Hecktür machte den Zugang zur Ladefläche einfach. 1960 wurde der 445 einfach in 210 umgetauft, der Beiname Duett sollte den zweifachen Einsatz als beruflich und privat nutzbares Vehikel unterstreichen. 1962 erhielt auch der Duett den soliden B-18-Motor, den auch das parallel angebotene, zweite Kombimodell der Marke unter der Haube trug.

Bild: © Volvo Cars Corporation

Preise	1	2	3	4	5
PV 445, Kom	24.200	16.300	10.100	4.000	1.600
P 210 (B18), Kom	25.200	17.800	11.100	4.300	1.900

Motor/Antrieb	
Bauart	Vierzylinder (Reihe)
Lage/Antrieb	Front/Heck
Hubraum in cm^3	1414, 1585
PS/min	44/3800 bis 60/4600
Vmax in km/h	125 bis 135
Karosserie	
Bauart	Kombi (3-türig)
Tragstruktur	Kastenrahmen
Material	Stahlblech
Stückzahl und Marktsituation	
Produktionszahl	85.000
Verfügbarkeit	schlecht
Teilesituation	ausreichend
Unterhaltskosten	mittel

Volvo PV 544 1958-1965

Mehr Platz im Innenraum, ein völlig neu gestaltetes Armaturenbrett und einige Karosserieretuschen machten aus dem PV 444 den PV 544. Er ist an der ungeteilten Frontscheibe, die weiterhin aus zukunftsweisendem Verbundglas bestand, leicht zu identifizieren. Das Auto sah zwar nicht unbedingt agil aus, doch stellte es seine sportlichen Talente bei zahlreichen Rallye-Einsätzen eindrucksvoll unter Beweis. In der langen Bauzeit wurden viele technische Verbesserungen eingeführt, beispielsweise die Umstellung der Bordelektrik von 6 auf 12 Volt im Jahre 1961. Das 1,6-Liter-Triebwerk wich im gleichen Jahr einer stärkeren Version mit 1,8 Litern, die sich als äußerst robust und praktisch unzerstörbar an der Legendenbildung nachhaltig beteiligte.

Bild: © Jürgen Schlegelmilch

Preise	1	2	3	4	5
PV 544 (A-B), L2t	22.800	15.600	10.400	4.100	1.700
PV 544 (C-G), L2t	23.800	16.000	10.700	4.100	1.700

Motor/Antrieb	
Bauart	Vierzylinder (Reihe)
Lage/Antrieb	Front/Heck
Hubraum in cm^3	1585, 1778
PS/min	66/4500 bis 95/5600
Vmax in km/h	140 bis 160
Karosserie	
Bauart	Lim (2-/4-türig), Kombi (3-türig)
Tragstruktur	selbsttragend
Material	Stahlblech
Stückzahl und Marktsituation	
Produktionszahl	246.995
Verfügbarkeit	ausreichend
Teilesituation	ausreichend
Unterhaltskosten	mittel

V

Kämpferische Schönheit: Der Volvo Amazon

„Das Auto, das Volvo auf die Weltkarte setzte", schrieb der schwedische Hersteller über seine 1956 eingeführte Amazon-Baureihe in einer offiziellen Broschüre. Die anfänglich gewählte Typbezeichnung Amazon war aber nicht von langer Dauer. Der Grund: Der deutsche Motorradhersteller Kreidler hatte sich den charmanten Namen schützen lassen. Der eleganten Limousine gelang es jedoch auch unter der spröderen Bezeichnung P 121, die Käuferherzen zu erobern.

Dank der vom PV 444 übernommenen Motor- und Fahrwerkskonzeption verfügte auch der Amazon über eine gehörige Portion Sportlichkeit. Dass es ein Amazon war, der 1963 die Rallye-Europameisterschaft gewann, verblüffte angesichts seiner agilen Eigenschaften nur wenige Zeitgenossen. Auch heute hat die Amazon-Baureihe, die es neben dem Zwei- und dem Viertürer auch als besonders gelungene Kombiversion gab, nichts von ihrem Charme verloren. Dank seiner robusten Eigenschaften ist der Volvo Amazon besonders bei Oldtimer-Fans gefragt, die einen unkomplizierten Alltagsklassiker suchen.

Volvo 121 („Amazon") 1956-1970

Wer sich mit dem rundlichen Buckel der Modelle PV 444 und 544 nicht anfreunden konnte, dem bot Volvo ab 1957 eine klassische Stufenhecklimousine an, die zunächst nur mit vier Türen verkauft wurde. Erst 1961 folgte auch eine zweitürige Ausführung, die 1962 um den fünftürigen Kombi mit der Bezeichnung P 220 ergänzt wurde. Die eigentlich gewählte Bezeichnung Amazon erwies sich als von Kreidler geschützt. Der Mopedhersteller klagte gegen Volvo – aber im Volksmund hielt sich der Name bis heute. Technisch unterschieden sich die Volvo 121 nur geringfügig vom Buckelmodell. Es blieb bis zum Ende der bis 1970 andauernden Fertigung bei grundsolider Fahrwerks- und Motorentechnik. Der anhaltende Erfolg gab dem Konzept recht.

Bild: © Dieter Rebmann

Preise	1	2	3	4	5
P 121 (A-F), L2t	22.600	13.800	8.600	3.600	1.600
P 121 (S-T) 2+2, L4t	24.300	14.700	9.300	4.000	1.700

Motor/Antrieb	
Bauart	Vierzylinder (Reihe)
Lage/Antrieb	Front/Heck
Hubraum in cm^3	1585, 1780
PS/min	60/4500 bis 82/4700
Vmax in km/h	135 bis 160
Karosserie	
Bauart	Lim (2-/4-türig), Kombi (5-türig)
Tragstruktur	selbsttragend
Material	Stahlblech
Stückzahl und Marktsituation	
Produktionszahl	644.716
Verfügbarkeit	ausreichend
Teilesituation	ausreichend
Unterhaltskosten	mittel

Volvo 122 S („Amazon") 1958-1970

Um dem Ruf von Sportlichkeit besser gerecht zu werden, ergänzte Volvo das Amazon-Angebot ab 1958 um eine leistungsfähigere Ausführung, die unter der Bezeichnung 122 S angeboten wurde. Mit zunächst 80 PS starkem B-18-Motor stand allerdings eher eine moderate Leistung parat, selbst der 1968 eingeführte Zweilitermotor vom Typ B 20 kam mit 100 PS nicht auf überragende Werte. Beide Motoren verfügten über zwei SU-Vergaser. Die Fahrleistungen waren jedoch ganz ansehnlich, als Manko des B-20-Triebwerks erschien jedoch die reduzierte Langlebigkeit, die Ausdauerqualitäten des kleineren Motors erreichte es nicht. Für die Konstruktion spricht, dass ein restaurierter 122 S auch heute noch, 35 Jahre nach Produktionsende, zu den beliebtesten, weil alltagstauglichen Klassikern zählt.

Bild: © Volvo Cars Corporation

Preise	1	2	3	4	5
P 122 S (D-F), L2t	24.400	14.900	9.400	4.000	1.700
P 122 S (E-K), L4t	23.400	14.400	9.000	3.700	1.600

Motor/Antrieb	
Bauart	Vierzylinder (Reihe)
Lage/Antrieb	Front/Heck
Hubraum in cm^3	1778, 1986
PS/min	80/5500 bis 100/5500
Vmax in km/h	150 bis 170
Karosserie	
Bauart	Limousine (2-/4-türig)
Tragstruktur	selbsttragend
Material	Stahlblech
Stückzahl und Marktsituation	
Produktionszahl	k.A.
Verfügbarkeit	gut
Teilesituation	gut
Unterhaltskosten	mittel

Volvo P 221 („Amazon Kombi") 1962-1969

Die Nachfrage der ohnehin begehrten Amazon-Modellreihe kurbelte Volvo 1962 weiter an: Im Februar erschien mit dem P 221 ein sehr eleganter fünftüriger Kombi. Als praktische Besonderheit erwies sich seine horizontal zweigeteilte Heckklappe. Technisch entsprach der Kombi der Limousine, lediglich die Hinterachsübersetzung wurde im Hinblick auf seine Lastentransportfunktion verkürzt. Ein Lastesel war der Amazon-Kombi jedoch nicht, mit seiner komfortablen Ausstattung wirkte er oft als gediegenes Großfamillien-Mobil. 1964 erhielt der Kombi als erster Volvo Servobremsen ab Werk. Für ein Jahr erhielt der Kombi im August 1968 noch den Zwei-Liter-Motor B 20. Im August 1969 lief dann der letzte P 221 vom Band.

Bild: © Volvo Cars Corporation

Preise	1	2	3	4	5
P 221 (M-P), Kom	32.900	20.800	13.500	6.100	2.900
P 221 (S), Kom	34.100	21.500	14.000	6.300	3.000

Motor/Antrieb	
Bauart	Vierzylinder (Reihe)
Lage/Antrieb	Front/Heck
Hubraum in cm^3	1778, 1990
PS/min	68/4500 bis 82/5500
Vmax in km/h	143 bis 160
Karosserie	
Bauart	Kombi (5-türig)
Tragstruktur	selbsttragend
Material	Stahlblech
Stückzahl und Marktsituation	
Produktionszahl	73.196
Verfügbarkeit	ausreichend
Teilesituation	ausreichend
Unterhaltskosten	mittel

Volvo 123 GT 1966-1969

Noch mehr Sportlichkeit als beim „S"-Modell versprach der Volvo 123 GT, der 1966 mit der stärksten Ausführung des B-18-Motors auf den Markt kam. Mit 96 PS übertraf er den 122 S zunächst deutlich, mit der Einführung des Zweilitermotors war die Leistung auf dem gleichen Niveau. Äußerlich ließen sich die beiden Modelle durch einen anderen Kühlergrill und die beim GT verwendeten Zusatzscheinwerfer vorn unterscheiden. Im Innenraum zeigte sich der heute besonders gefragte GT durch ein Sportlenkrad und einen zusätzlichen Drehzahlmesser für flottere Gangart gewappnet. Das Vierganggetriebe hielt durch einen Overdrive auch bei höheren Geschwindigkeiten die Drehzahlen in einem gesunden Bereich.

Bild: © Volvo Cars Corporation

Preise	1	2	3	4	5
123 GT, L2t	34.500	21.200	13.500	5.800	2.800

Motor/Antrieb	
Bauart	Vierzylinder (Reihe)
Lage/Antrieb	Front/Heck
Hubraum in cm³	1778, 1986
PS/min	96/5600 bis 100/5500
Vmax in km/h	165 bis 170
Karosserie	
Bauart	Limousine (2-türig)
Tragstruktur	selbsttragend
Material	Stahlblech
Stückzahl und Marktsituation	
Produktionszahl	k.A.
Verfügbarkeit	schlecht
Teilesituation	gut
Unterhaltskosten	mittel

Volle Kante: Die Volvo-Modelle 142 bis 850

Mit dem Kombi auf die Piste: Volvo startete mit dem 850 bei der Britischen Tourenwagenmeisterschaft.

Bild: © Volvo Cars Corporation

Volvo brach mit dem kantigen Nachfolger des populären Buckel-Volvo mit der eigenen Tradition: Statt rundlichem Blechrücken prägte nun eine betont kantige Form das Bild der Schweden-Autos. Den längst gefestigten Ruf, die sichersten Auto der Welt zu bauen, wollte Volvo mit der 1966 vorgestellten 140er-Baureihe untermauern.

Nur mit dem Sport war vorerst Schluss: Der neue, kastige Volvo besaß einige herausragende Eigenschaften, doch zu den Schnellen und Agilen zählte er nicht. Das sollte sich mit dem 240 bereits wieder ändern: Er galt in den 1980er Jahren als überaus erfolgreicher Tourenwagen und gewann mit Per Stureson am Steuer die Deutsche Tourenwagen Meisterschaft 1985. Dem Volvo 850 blieb der Sport-Appeal erhalten. 1994 ging Volvo mit einem 850 T5-R bei der Britischen Tourenwagenmeisterschaft an den Start – erstaunlicherweise mit einem Kombi! Die Schwedenkiste auf der Rennpiste sorgte für erhebliches Aufsehen, erfolgreich war sie zudem.

Seine kantigen Urahnen vom Schlage eines 142, 144 oder 145 trafen dagegen mit ihren modernen Sicherheitskonzepten wie großzügig bemessenen Knautschzonen einen ganz anderen Nerv. Die Kundschaft suchte Sicherheit, Eigenständigkeit und viel Platz. Sie bekam es.

1968 erweiterte Volvo sein Programm. Im Dress der Vierzylinder-Modelle erschien 1968 die Sechszylinder-Baureihe 164, die den Ruf der Schweden, solide, sichere und dauerhafte Fahrzeuge zu bauen, auch in die oberen Regionen der Mittelklasse trug. Ihm folgte 1982 der 760 nach, noch eckiger und radikaler in der Form. Mit nur leicht abgewandelter Karosserie ergänzte ihn ab 1984 der 740. Er löste jedoch die 240er nicht ab, wie heute immer wieder vermutet wird – Volvo produzierte beide Baureihen parallel.

1991 kam bereits der neue 850 dazu, mit seinem Frontantrieb und den Fünfzylindermotoren ein Novum für Volvo. Als er 1996 auslief, sorgte der – damals noch unabhängige – Hersteller für eine stringente Fortsetzung mit dem Duo S70 (Limousine) und V70 (Kombi).

Besonders auf dem deutschen Markt waren die eckigen Kombis der Baureihen 240, 260, 740, 760 und 850 weitaus beliebter als die Stufenheck-Limousinen. Viele Exemplare weisen heute hohe Kilometerleistungen auf. Gute, gepflegte und wenig gelaufene Kombis gelten längst als gesuchte Raritäten.

Volvo 142, 144, 145 und S 1966-1974

Mit einem weiteren Angebot lockte Volvo ab 1966 noch mehr Kunden. Die vier Jahre lang parallel zum Amazon angebotene 140er-Baureihe ließ allerdings die sportlichen Ambitionen der Marke in Vergessenheit geraten. Sicherheit und Komfort waren die Akzente, die Volvo mit der neuen Baureihe in den Vordergrund schob. Neben den zwei- und viertürigen Limousinen erreichten die Kombis eine größere Bedeutung als bei den Vorgängern. Erst ab 1970 verfolgte die Marke wieder mehr die Leistungsschiene und legte einen 124 PS starken Einspritzer nach. Die Kraftkur kombinierte Volvo mit einer üppigen GL-Ausstattung.

Bild: © Volvo Cars Corporation

Preise	1	2	3	4	5
142 2,0, L2t	14.800	8.500	5.100	2.500	1.200
144 2,0, L4t	13.500	8.000	4.700	2.200	1.200
145 S 2,0, Kom	19.200	12.000	7.500	2.900	1.300

Motor/Antrieb	
Bauart	Vierzylinder (Reihe)
Lage/Antrieb	Front/Heck
Hubraum in cm³	1780, 1986
PS/min	75/4700 bis 124/6000
Vmax in km/h	145 bis 180
Karosserie	
Bauart	Lim (2-/4-türig), Kombi (5-türig)
Tragstruktur	selbsttragend
Material	Stahlblech
Stückzahl und Marktsituation	
Produktionszahl	1.205.111
Verfügbarkeit	ausreichend
Teilesituation	gut
Unterhaltskosten	hoch

V

Volvo 164, 164 E — 1968-1975

Als neues Spitzenmodell legte Volvo 1968 den 164 auf Kiel, der viele kaum veränderte Linien des 140ers zeigte, sich jedoch durch eine neue Gestaltung der länger bauenden Front formal abhob. Neu war der Sechszylinder-Reihenmotor, der mit seinen anfangs lediglich 130 PS nicht überzeugte, da er die inzwischen in der Oberklasse geforderten Fahrleistungen nicht erzielen konnte. Mit der Einführung der Einspritzversion, die auf immerhin 160 PS kam, änderte sich das. Von der im Vergleich zum 140er größeren Gesamtlänge profitierte allerdings das Platzangebot im Innenraum nicht: Ab der A-Säule nach hinten zeigen sich beide Baureihen identisch. Dem angepeilten Segment entsprechend bot Volvo für den 164 eine umfangreiche Ausstattung. Weiterhin untadelig zeigte sich die hohe Zuverlässigkeit der Volvo-Fahrzeuge, mit der auch der 164 den Ruf der Marke weiter festigen konnte.

Bild: © Volvo Cars Corporation

Preise	1	2	3	4	5
164, L4t	24.200	15.500	9.300	3.900	1.800
164 E, L4t	25.400	16.300	9.500	3.900	1.800

Motor/Antrieb	
Bauart	Sechszylinder (Reihe)
Lage/Antrieb	Front/Heck
Hubraum in cm³	2978
PS/min	130/5000 bis 160/5500
Vmax in km/h	170 bis 190
Karosserie	
Bauart	Limousine (4-türig)
Tragstruktur	selbsttragend
Material	Stahlblech
Stückzahl und Marktsituation	
Produktionszahl	155.068
Verfügbarkeit	ausreichend
Teilesituation	ausreichend
Unterhaltskosten	hoch

Volvo 264, 265 — 1974-1985

An der leicht herausgezogenen Kühlernase unterschied sich der üppiger motorisierte Volvo vom Schwestermodell, beide zeigten jedoch nahe optische Verwandtschaft zum bereits 1966 erschienenen Erfolgsmodell mit der Modellnummer 144. Als 264 steckte unter seiner Haube der von Peugeot, Renault und Volvo gemeinsam entwickelte Euro-V6. Dieses durstige Triebwerk erreichte moderate Leistungswerte und trieb den schweren Wagen in seiner stärksten Ausführung auf über 180 km/h Spitzentempo. 265 hieß die Kombiversion, die ein Maximum an Platz und Leistung kombinierte. Die meisten Volvo-Kunden jedoch verkniffen sich den Luxus und griffen lieber zum ebenso geräumigen aber preiswerteren Vierzylindermodell.

Bild: © Volvo Cars Corporation

Preise	1	2	3	4	5
264 (Ser. 1980-1982), L4t	22.000	14.200	8.500	3.300	k.N.
265 (Ser. 1980-1982), Kom	26.200	16.900	9.300	3.200	k.N.

Motor/Antrieb	
Bauart	V6
Lage/Antrieb	Front/Heck
Hubraum in cm³	2664, 2849
PS/min	125/5250 bis 155/5500
Vmax in km/h	170 bis 185
Karosserie	
Bauart	Limousine (4-türig), Kombi (5-türig)
Tragstruktur	selbsttragend
Material	Stahlblech
Stückzahl und Marktsituation	
Produktionszahl	16.424
Verfügbarkeit	gut
Teilesituation	gut
Unterhaltskosten	hoch

Volvo 244 GLT — 1979-1980

Sicherheit aus Schwedenstahl wurde den Volvo-Limousinen vorbehaltlos zugestanden, doch fand sich Ende der siebziger Jahre auch wieder ein sportlicheres Modell im Programm der Marke. Als 244 GLT wies der kantige Viertürer einen auf 2,3 Liter Hubraum gebrachten Vierzylindermotor auf, der mit seinen 133 PS sogar das Niveau der Sechszylinderversion erreichte und eine sehr bullige Leistungscharakteristik zeigte. Leichtmetallräder und der Verzicht auf Chromschmuck dokumentierten den sportlichen Anspruch nach außen, Niederquerschnittsreifen verbesserten die Straßenlage. Die Kundschaft goutierte das gelungene Paket auch als geräumigen Kombi.

Bild: © Volvo Cars Corporation

Preise	1	2	3	4	5
244 GLT (Ser. 1979-1980), L4t	15.700	10.100	5.600	2.300	k.N.

Motor/Antrieb	
Bauart	Vierzylinder (Reihe)
Lage/Antrieb	Front/Heck
Hubraum in cm³	2316
PS/min	133/5400
Vmax in km/h	185
Karosserie	
Bauart	Limousine (4-türig), Kombi (5-türig)
Tragstruktur	selbsttragend
Material	Stahlblech
Stückzahl und Marktsituation	
Produktionszahl	k.A.
Verfügbarkeit	gut
Teilesituation	sehr gut
Unterhaltskosten	hoch

Volvo 244 Turbo — 1980-1986

Leistungssteigerung per Turbolader hatten die Saab-Techniker dem schwedischen Konkurrenten bereits vorgemacht. Die Extraportion Kraft steigerte die Attraktion des 155 PS starken Volvo 244 Turbo: Optisch unauffällig wie seine leistungsschwächeren Brüder ermöglichte das 2,1 Liter große Triebwerk stolze Fahrleistungen, trieb allerdings den Spritkonsum in zweifelhafte Höhen. Das solide Mittelklasse-Modell gab damit sogar eine gute Basis für den Motorsport: Der 244 Turbo erzielte einige Erfolge auf der Rundstrecke. Dennoch blieb er in seiner Straßenversion ein typischer Vertreter der Marke Volvo: Mit solider Mechanik, gutem Platzangebot, vortrefflicher Verarbeitung und Richtung weisender passiver Sicherheit überzeugte er auch leistungsbewusste Käufer.

Bild: © Volvo Cars Corporation

Preise	1	2	3	4	5
244 Turbo (Ser. 1982-1984), L4t	30.800	19.900	11.700	4.800	k.N.

Motor/Antrieb	
Bauart	Vierzylinder (Reihe)
Lage/Antrieb	Front/Heck
Hubraum in cm³	2127
PS/min	155/5500
Vmax in km/h	195
Karosserie	
Bauart	Limousine (4-türig), Kombi (5-türig)
Tragstruktur	selbsttragend
Material	Stahlblech
Stückzahl und Marktsituation	
Produktionszahl	k.A.
Verfügbarkeit	schlecht
Teilesituation	sehr gut
Unterhaltskosten	hoch

Volvo 760 — 1982-1990

Als Volvo 1982 den Nachfolger der 260er-Reihe präsentierte, provozierte dessen extrem kantige Form, die sich an die aktuelle US-Mode anlehnte. Doch sie war aerodynamisch günstig, bot viel Raum, guten Einstieg, beste Übersichtlichkeit und neigte weniger zum Aufheizen. Zudem hatte Volvo eine Form gesucht, die auf Dauer besteht und allzu exaltierte italienische Entwürfe abgelehnt. Dass ein 760 deutlich größer wirkt als ein 240, bleibt eine optische Täuschung – und ist ein Beweis für die ausgeklügelte Karosserieform. Zunächst trieben den 760 nur Sechszylindermotoren an, neben dem Euro-V6 auch ein 2,4 Liter großer Diesel. Ab 1984 kam der 760 sogar in einer Vierzylinder-Variante. Mit der Kombi-Variante ließ sich Volvo erstaunlich viel Zeit: Sie erschien erst 1985. Im Jahr zuvor bereits bot Volvo in einigen 760-Versionen ABS und eine Antischlupfregelung an.

Bild: © Volvo Cars Corporation

Preise	1	2	3	4	5
760 GLE V6, L4t	12.300	7.900	4.700	2.000	k.N.
760 Turbo Kat,L4t	13.900	8.900	5.200	2.400	k.N.

Motor/Antrieb	
Bauart	Vier-/Sechszylinder (Reihe); V6
Lage/Antrieb	Front/Heck
Hubraum in cm^3	2316, 2382, 2849
PS/min	109/4800 bis 170/5400
Vmax in km/h	168 bis 195
Karosserie	
Bauart	Limousine (4-türig), Kombi (5-türig)
Tragstruktur	selbsttragend
Material	Stahlblech
Stückzahl und Marktsituation	
Produktionszahl	Lim: 183.864; Kom: 221.309
Verfügbarkeit	gut
Teilesituation	gut
Unterhaltskosten	mittel

Volvo 740 — 1984-1992

Zwei Jahre nach dem Start des 760 rundete Volvo sein Top-Modell nach unten ab. Der 740 GLE durfte auf die 760er-Karosserien zurückgreifen, war aber simpler ausgestattet – zum Beispiel mit Stahlrädern, einem mattschwarzen Grill und einer einfacheren Innenausstattung. Wer zahlte, bekam die meisten Extras dann doch und hatte am Ende einen 740, der sich vom luxuriösen 760 kaum unterscheiden ließ, aber deutlich günstiger war und somit den 240er-Fahrern eine reelle Aufstiegschance bot. Übrigens lieferte Volvo den 740 tatsächlich auch mit einem Sechszylinder aus – allerdings war das zunächst der müde 2,4-Liter-VW-Saugdiesel, der nur 82 PS leistete. Als Nachfolger des 740 platzierte Volvo ab 1990 in einem sanften Übergang den 940: Beide gab es über zwei Jahre lang parallel.

Bild: © Volvo Cars Corporation

Preise	1	2	3	4	5
740 GL, L4t	9.700	6.200	3.500	1.400	k.N.
740 Turbo Kat, Kom	15.600	10.000	5.500	2.000	k.N.

Motor/Antrieb	
Bauart	Vier-/Sechszylinder (Reihe)
Lage/Antrieb	Front/Heck
Hubraum in cm^3	1986, 2316, 2383
PS/min	82/4800 bis 200/5300
Vmax in km/h	155 bis 213
Karosserie	
Bauart	Limousine (4-türig), Kombi (5-türig)
Tragstruktur	selbsttragend
Material	Stahlblech
Stückzahl und Marktsituation	
Produktionszahl	Lim: 650.443; Kom: 358.952
Verfügbarkeit	gut
Teilesituation	gut
Unterhaltskosten	mittel

Volvo 850 — 1991-1996

Nur auf den ersten Blick war Volvo 1991 beim Alten geblieben. Doch unter dem kantigen Blech des 850 war alles anders: Ein quer eingebauter Fünfzylinder brach gemeinsam mit dem Vorderradantrieb alte Traditionen. Erst im März 1993 folgte die Kombi-Version, interessanterweise zum gleichen Preis. Kein Wunder, dass vier von fünf hierzulande verkaufter 850 die Kombi-Karosserie erhielten. Für den kleinen Hersteller Volvo war der 850 ein Mammutprojekt. Innovationen wie die Deltalink-Hinterachse oder der SIPS genannte Seitenaufprallschutz sind eigene Entwicklungen. Volvo lieferte den 850 später auch mit einem Audi-TDI, als bärenstarken 850 R (mit 250 PS), als Bi-Fuel (Erdgas und Benzin) oder Allradmodell. 1996 schickte Volvo die Modelle S70 und V70 als Nachfolger ins Rennen.

Bild: © Volvo Cars Corporation

Preise	1	2	3	4	5
850 GLE, L4t	8.000	5.100	2.600	1.200	k.N.
850 T5, Kom	25.100	16.100	9.900	3.600	k.N.

Motor/Antrieb	
Bauart	Fünfzylinder (Reihe)
Lage/Antrieb	Front/Front, 4x4
Hubraum in cm^3	1984, 2319, 2435, 2461
PS/min	126/6250 bis 250/5400
Vmax in km/h	190 bis 250
Karosserie	
Bauart	Limousine (4-türig), Kombi (5-türig)
Tragstruktur	selbsttragend
Material	Stahlblech
Stückzahl und Marktsituation	
Produktionszahl	ca. 715.000
Verfügbarkeit	gut
Teilesituation	gut
Unterhaltskosten	mittel

Schöne Schweden: Die Coupés und Cabriolets von Volvo

Volvo ist im Laufe seiner Geschichte zum Inbegriff vieler Pioniertaten geworden: Vom Wegbereiter der Kombi-Mode bis hin zum Vordenker der automobilen Sicherheitsentwicklung.

Dass der schwedische Autobauer auch anders konnte, bewies er in unregelmäßigen Intervallen – und wenn, dann richtig: So sorgten die Schweden 1955 erstmals mit einem Roadster für Aufsehen, der mit elegantem Styling und einer Karosserie aus modernem Kunststoff bestach. Auch das schicke P 1800-Coupé entstand auf Basis der erfolgreichen Amazon-Baureihe und brachte es als Dienstwagen von US-Serienheld Simon Templar alias „The Saint" zu nachhaltigem Ruhm.

Einen ganz besonderen Platz in der Automobilgeschichte sicherte sich der Sportkombi P 1800 ES, der als „Schneewittchensarg" nicht nur eingefleischten Volvo-Fans zum Begriff wurde.

Dass sich elegante Akzente und starres Formdiktat zu einem ganz besonderen Mix kombinieren ließen, bewies der Volvo 262 C. Bertones Versuch, der kantigen Formgebung einen Hauch Emotion zu verleihen, führte zu einem Coupé der etwas skurrileren Art. Seinem Wert tat dies keinen Abbruch. Heute zählen die schrägen Coupés zu angehenden Klassikern.

Volvo P 1900 Cabriolet 1956-1957

Doppel-Überraschung im Januar 1955: Volvo präsentiert seinen ersten Sportwagen – und dazu mit Kunststoffkarosserie! Mit Blick auf den US-Markt hatten die Schweden vom kalifornischen Karossier Glasspar einen eleganten Roadster im modernen, zukunftsträchtigen Werkstoff schneidern lassen. Darunter fand sich Göteborger Wertarbeit: Die Mechanik kam vom PV 444, das Fahrgestell ebenso, jedoch kürzer und modifiziert. Neu war der Sportmotor B 14 A mit 70 PS. Die Auslieferung begann nach zahllosen technischen Problemen erst im Frühjahr 1956. Es kam noch schlimmer: Niemand wollte den schönen Schweden. Zahllose Kinderkrankheiten ruinierten den Ruf, und Volvo bekam die labile Kunststoff-Konstruktion nicht in den Griff. Nur ein Jahr später kam das Aus, weil der P 1900 mit den Ansprüchen an die Volvo-Qualität unvereinbar sei, so der Vorstand. Ganze 67 Exemplare des teuren Schweden waren verkauft worden.

Bild: © Volvo Cars Corporation

Preise	1	2	3	4	5
P 1900, Cab	120.000	90.000	k.N.	k.N.	k.N.

Motor/Antrieb	
Bauart	Vierzylinder (Reihe)
Lage/Antrieb	Front/Heck
Hubraum in cm^3	1414
PS/min	70
Vmax in km/h	k.A.
Karosserie	
Bauart	Roadster
Tragstruktur	Stahlrahmen
Material	Kunststoff
Stückzahl und Marktsituation	
Produktionszahl	67
Verfügbarkeit	schlecht
Teilesituation	ausreichend
Unterhaltskosten	mittel

Volvo P 1800 (P 1800, P 1800 S, P 1800 E) 1961-1972

Im Vergleich zu den urigen PV 544 mutet die 1961 vorgestellte Volvo-Kreation P 1800 außergewöhnlich an. Ihre Karosserie zeigte viele verspielte Elemente, die in kleinen Flossen am Heck gipfelten. Der 2+2-Sitzer mit dem kompakten Dachaufbau war anfangs mit einer 90 PS starken Version des B-18-Motors bestückt und wurde bei Jensen in England montiert. Die Verarbeitung war nicht überzeugend, weshalb das Modell 1800 S dann wieder in seiner schwedischen Heimat gebaut wurde. Ab 1966 entstanden die Versionen mit 106 PS, die dem Zweilitermotor entlockt wurden. Ende 1969 folgte der P 1800 E mit 124 PS starkem Einspritzer, der sich optisch durch einen modernisierten Kühlergrill und im Innenraum durch ein überarbeitetes Cockpit auszeichnete. Aber auch damit war der Wagen eher ein komfortabler GT als ein Sportler.

Bild: © Volvo Cars Corporation

Preise	1	2	3	4	5
P 1800, Cpe	58.800	39.900	26.500	13.300	8.100
P 1800 S (M-P), Cpe	45.900	33.800	22.600	11.000	6.300
P 1800 E (U-W), Cpe	43.700	31.100	20.400	9.600	5.200

Motor/Antrieb	
Bauart	Vierzylinder (Reihe)
Lage/Antrieb	Front/Heck
Hubraum in cm^3	1780, 1986
PS/min	90/5500 bis 124/6000
Vmax in km/h	165 bis 180
Karosserie	
Bauart	Coupé
Tragstruktur	selbsttragend
Material	Stahlblech
Stückzahl und Marktsituation	
Produktionszahl	39.407
Verfügbarkeit	ausreichend
Teilesituation	ausreichend
Unterhaltskosten	mittel

Volvo P 1800 ES 1971-1973

Es bedurfte nicht vieler Schritte, um das P 1800 Coupé zu einem im Alltag weit praktischeren Modell umzubauen. Als sportlicher Kombi mit auffälliger, großzügig verglaster Heckklappe zeigte er weiterhin eine elegante Linienführung, doch der Nutzwert konnte erheblich gesteigert werden. Nach dem Messerschmitt Kabinenroller bekam auch dieser Volvo den Spitznamen „Schneewittchensarg". Technisch unterschied sich der ES nicht vom Coupé, es blieb bei bewährten Fahrwerkskomponenten und dem Zweiliter-Triebwerk, dessen Einspritzanlage allerdings nicht immer fehlerfrei arbeitete. Mit über 8000 gebauten Fahrzeugen blieb der Sportkombi weitaus seltener als das fast 40.000 mal gebaute Coupé.

Bild: © Alltagsklassiker

Preise	1	2	3	4	5
P 1800 ES, Kom	47.700	34.800	24.600	13.000	6.200

Motor/Antrieb	
Bauart	Vierzylinder (Reihe)
Lage/Antrieb	Front/Heck
Hubraum in cm^3	1986
PS/min	124/6000
Vmax in km/h	185
Karosserie	
Bauart	Kombi-Coupé
Tragstruktur	selbsttragend
Material	Stahlblech
Stückzahl und Marktsituation	
Produktionszahl	8078
Verfügbarkeit	ausreichend
Teilesituation	ausreichend
Unterhaltskosten	hoch

Volvo 262 Coupé 1977-1981

Eine mutige Idee war es, den kantigen Volvo 264 in ein Coupé zu verwandeln. Volvo-Designer in Schweden hatten den Zeichenstift angesetzt und eine neue Linie entworfen. Das Ergebnis sah eigentümlich unproportioniert aus, denn der unveränderte Karosseriekörper trug nun ein flaches Hardtop-Dach. Als Topmodell der Marke gedacht, sprach das Coupé nur wenige Käufer an und wurde nach nur vierjähriger Bauzeit wieder gestrichen. Nur wenig mehr als 6600 Exemplare des 262 C waren bis 1981 bei Bertone in Grugliasco entstanden, ein Grund, weshalb er sich als Rarität heute wieder steigender Wertschätzung in Liebhaberkreisen erfreut. Sie bekommen ein mit allem erdenklichen Luxus ausstaffiertes Fahrzeug, das in typischer Volvo-Manier solide war und nur wenig Neigung zur Sportlichkeit aufwies.

Bild: © Volvo Cars Corporation

Preise	1	2	3	4	5
262 Coupé, Cpe	k.N.	20.700	11.100	5.100	k.N.

Motor/Antrieb	
Bauart	Sechszylinder (Reihe)
Lage/Antrieb	Front/Heck
Hubraum in cm^3	2664, 2849
PS/min	140/6000 bis 155/5500
Vmax in km/h	185 bis 190
Karosserie	
Bauart	Coupé
Tragstruktur	selbsttragend
Material	Stahlblech
Stückzahl und Marktsituation	
Produktionszahl	6622
Verfügbarkeit	ausreichend
Teilesituation	gut
Unterhaltskosten	hoch

Volvo 780 — 1985-1991

Selbst Raritäten bekommen manchmal einen Nachfolger. So blieb der schrullig-elegante 262 C kein Unikat in der Volvo-Geschichte, sondern bekam einen Erben: Nuccio Bertone schuf auf der Basis der 760-Limousine einen Zweitürer, der mit ruhigen Linien eine verhaltene Eleganz verströmt – ganz Volvo, vom italienischen Standpunkt betrachtet. Kein Blechteil teilt er mit dem Viertürer. Bertone ist keine Kompromisse eingegangen, alle Proportionen stimmen. Kritiker vermissten jedoch Spannung, Fans sahen dagegen in seinem zurückhaltenden Auftritt wahre Noblesse. Die schlug sich auch im Preis nieder: Da der 780 mit mehr als 90.000 Mark kalkuliert war, bot ihn Volvo in Deutschland erst gar nicht an. Skurril bleibt der kantige Italo-Schwede auch unter dem Blech: Neben einem Euro-V6 konnten Individualisten auch zu einem 129 PS starken Sechszylinder-Diesel greifen, der immerhin für 185 km/h gut war.

Bild: © Volvo Cars Corporation

Preise	1	2	3	4	5
780, Cpe	k.N.	22.000	13.200	5.800	k.N.

Motor/Antrieb	
Bauart	V6; Diesel: Sechszylinder (Reihe)
Lage/Antrieb	Front/Heck
Hubraum in cm^3	2849; Diesel: 2383
PS/min	147/5100; Diesel: 129/4800
Vmax in km/h	177 bis 185
Karosserie	
Bauart	Coupé
Tragstruktur	selbsttragend
Material	Stahlblech
Stückzahl und Marktsituation	
Produktionszahl	9047
Verfügbarkeit	gut
Teilesituation	ausreichend
Unterhaltskosten	mittel

Volvo S70, V70 (Typ L) — 1996-2000

Mit kantigen Kombis hatte sich Volvo bestens auf dem Markt positioniert. Insbesondere der Volvo 850 war in den 1990er Jahren so beliebt, dass die Schweden beim notwendigen Nachfolger keine großen Brüche riskieren wollten. Anders gesagt: Einen 850 unterscheiden nur Kenner optisch vom V70, selbst technisch hatte sich nicht viel getan. Nur die Stufenhecklimousine S70 hatte sich von ihrem Vorgänger formal etwas emanzipiert, hauptsächlich im Heckbereich. Sie blieb deutlich weniger beliebt als die Kombiversionen. Den gab es als allradgetriebene und höhergelegte Variante namens V70 XC, zudem in einer Sportversion V70 R, die Volvo als zwei- sowie als vierradgetriebene Ausführung anbot. Unter Sammleraspekten sind diese raren Versionen heute von besonderem Interesse. Neben verschiedenen Benzin-Varianten montierte Volvo damals auch einen 140 PS starken Turbodiesel-Fünfzylinder, der aus dem Audi A6 stammte.

Bild: © Volvo Cars Corporation

Preise	1	2	3	4	5
S70 2.5 (140 PS), L4t	k.N.	3.800	2.100	1.000	k.N.
V70 2.4 (144 PS), Kom	k.N.	6.700	3.600	1.300	k.N.

Motor/Antrieb	
Bauart	Fünfzylinder (Reihe)
Lage/Antrieb	Front/Front
Hubraum in cm^3	1984, 2315, 2461
PS/min	126/6250 bis 250/5700
Vmax in km/h	195 bis 245
Karosserie	
Bauart	Limousine (5-türig), Kombi
Tragstruktur	selbsttragend
Material	Stahlblech
Stückzahl und Marktsituation	
Produktionszahl	k.A.
Verfügbarkeit	sehr gut
Teilesituation	sehr gut
Unterhaltskosten	mittel

Volvo C70 — 1997-2005

Die auf der Bodengruppe des 850 aufbauende Modellreihe C70 gilt als eine der letzten eigenständigen (schwedischen) Volvo-Entwicklungen. Während der C70 mit zweitüriger Coupé-Karosserie 1997 – mit siebenjähriger Verspätung – die Nachfolge des 780 antrat, wurde dem C70 Cabriolet die Ehre des ersten offenen Volvo seit dem P1900 von 1957 zuteil. Das mit einem elektrisch betätigten Stoffverdeck ausgestattete Cabriolet wurde in den USA bereits 1998 eingeführt, in Europa erst ein Jahr später. Als Motoren standen für beide Karosserievarianten ausschließlich Fünfzylindermotoren mit 2, 2,3 und 2,4 Litern Hubraum (mit und ohne Turboaufladung) zur Verfügung, die dem komfortabel ausgelegten Frontriebler mit bis zu 239 PS respektable Fahrleistungen ermöglichten. Die erste Modellpflege im Herbst 2002 betraf nur das Cabriolet, die Produktion des Coupés wurde eingestellt. Das Verdeck verschwand im geöffneten Zustand unter einer festen Klappe. 2005 lief die Produktion der ersten C70-Serie aus.

Bild: © Volvo Cars Corporation

Preise	1	2	3	4	5
C70 2.0 T	k.N.	5.800	3.900	1.700	k.N.
C70 2.4 T	k.N.	7.200	4.800	2.000	k.N.
C70 T5	k.N.	9.600	5.600	2.500	k.N.

Motor/Antrieb	
Bauart	Fünfzylinder (Reihe)
Lage/Antrieb	Front/Front
Hubraum in cm^3	1984, 2319, 2435
PS/min	163/5100 bis 239/5400
Vmax in km/h	210 bis 240
Karosserie	
Bauart	Coupé, Cabrio
Tragstruktur	selbsttragend
Material	Stahlblech
Stückzahl und Marktsituation	
Produktionszahl	k.A.
Verfügbarkeit	sehr gut
Teilesituation	sehr gut
Unterhaltskosten	mittel

Neue Nordlichter: Die kleinen Volvos

Volvo investierte während der 1970er Jahre nicht nur in die Entwicklung großer Limousinen, sondern wendete sich nach der Übernahme des niederländischen Autobauers DAF 1975 auch einem ganz neuen Segment zu: der Kleinwagenklasse.

Aus der holländischen DAF-Erbmasse fertigten die Schweden den Volvo 66, ein reines DAF-Derivat – bis hin zur Variomatic, einem stufenlosen Automatikgetriebe. Auch die Basisvariante des 1976 präsentierten Volvo 343 verfügte noch über den vollautomatischen Riemenantrieb. Neben dem Dreitürer gab es den kleinen Volvo auch als Fünftürer (Typ 345). Sowohl der 343 als auch der 345 waren als Stufen- oder Schrägheckversionen erhältlich. Im Kampf gegen die etablierten Hersteller kompakter Kleinwagen half dies nur wenig. Zu bieder und farblos empfanden viele Zeitgenossen Volvos kleine Klasse. Erst vor wenigen Jahren hat sich eine Fangemeinde gebildet, die sich der unscheinbaren Schweden annimmt. Ob der noch junge Volvo 480 von den Volvo-Fans angenommen wird, ist noch nicht absehbar. Dank unverwechselbarem Design und sportlichem Touch dürften seine Chancen aber nicht schlecht stehen.

Volvo 66 DL, 66 GL 1975-1980

Nun, ein richtiger Volvo ist der Kleine nicht. 1975 hatten die Schweden die komplette Personenwagen-Produktion des holländischen Herstellers DAF übernommen. Im Portfolio befand sich der DAF 66, der fortan nach kleineren Retuschen unter Volvo-Logo weiter im Marktsegment der Kleinwagen um Käufer buhlte. Damals, Mitte der 1970er Jahre, sprach Volvo noch von einem „Fünfsitzer der unteren Mittelklasse", ein etwas hochgegriffener Anspruch an das 3,9 Meter lange Auto. Die 1,1 und 1,3 Liter großen Vierzylinder boten 45 PS und 57 PS, dazu kam die noch von DAF bekannte vollautomatische Variomatic – sicher eines der stärksten Kaufargumente für den neuen kleinen Volvo.

Bild: © Volvo Cars Corporation

Preise	1	2	3	4	5
66, L2t	8.500	5.000	3.900	1.500	600

Motor/Antrieb	
Bauart	Vierzylinder (Reihe)
Lage/Antrieb	Front/Heck
Hubraum in cm³	1108, 1289
PS/min	45/5000 bis 57/5200
Vmax in km/h	133 bis 145
Karosserie	
Bauart	Limousine (2-/3-türig)
Tragstruktur	selbsttragend
Material	Stahlblech
Stückzahl und Marktsituation	
Produktionszahl	ca. 106.000
Verfügbarkeit	ausreichend
Teilesituation	gut
Unterhaltskosten	niedrig

Volvo 343 L, 343 DL, 343 GL, 345 GL, 345 GLS 1976-1982

Mit dem 343 sorgte Volvo 1976 für eine Überraschung, denn mit ihm besetzten die Schweden erstmals seit den 1940er Jahren wieder die Kompaktklasse. Gebaut wurde der 343 in den Niederlanden im ehemaligen DAF-Werk, wo der kompakte Dreitürer – fünftürig war erst der 1979 präsentierte 345 – bereits vor der Übernahme durch Volvo als DAF 77 geplant war – so erhielt auch der Volvo die Variomatic. Positiv fiel das Fahrwerk mit DeDion-Hinterachse auf, allein der zunächst ausschließlich angebotene, etwas schwächliche 1,4-Liter-Motor von Renault passte nicht zum durchaus agilen Gesamtbild. Erst 1980 kam im 343/345 DLS ein hauseigenes 2-Liter-Aggregat mit 95 PS hinzu. Allerdings gab es dieses nicht mit Variomatic, und im Folgejahr verschwand sie auch aus der 1,4-Liter-Version. 1982 erfuhr die Reihe ein Facelift und lief fortan unter den neuen Namen 340/360.

Bild: © Volvo Cars Corporation

Preise	1	2	3	4	5
343 1.4, L3t	k.N.	3.500	2.000	900	k.N.

Motor/Antrieb	
Bauart	Vierzylinder (Reihe)
Lage/Antrieb	Front/Heck
Hubraum in cm³	1397, 1986
PS/min	70/5500 bis 95/5400
Vmax in km/h	145 bis 165
Karosserie	
Bauart	Limousine (3-/5-türig)
Tragstruktur	selbsttragend
Material	Stahlblech
Stückzahl und Marktsituation	
Produktionszahl	ca. 374.000
Verfügbarkeit	ausreichend
Teilesituation	gut
Unterhaltskosten	niedrig

Volvo 480 (480 ES, 480 S, 480 Turbo) 1986-1995

Modern und extravagant – dies war die Welt des Volvo 480, des ersten Volvos mit coupéhafter Linienführung seit dem legendären „Schneewittchensarg" P 1800 ES. Heute zeigt sich der schöne Schwede häufig nicht ganz frei von Problemen. So leidet die umfangreiche Bordelektronik häufig an Altersschwäche. Ganz untypisch für einen Volvo trüben sogar Mängel in der Verarbeitung das Bild des modischen Dreitürers. Ob als gewöhnlicher 480 ES oder mit 1,7-Liter-Turbomotor – gut erhaltene Exemplare sind noch preiswert zu bekommen. Die Zeit, einen gepflegten 480 zu ergattern, scheint daher besser denn je. Noch haben viele den besonderen Reiz des keilförmigen Volvos, der so ganz und gar anders sein wolte, als seine größeren Geschwister, noch nicht für sich entdeckt.

Bild: © Volvo Cars Corporation

Preise	1	2	3	4	5
480 ES, Cpe	k.N.	5.500	3.200	1.500	k.N.
480 Turbo, Cpe	k.N.	9.100	5.400	2.500	k.N.

Motor/Antrieb	
Bauart	Vierzylinder (Reihe)
Lage/Antrieb	Front/Front
Hubraum in cm³	1721, 1996
PS/min	90 bis 120/5400
Vmax in km/h	190 bis 200
Karosserie	
Bauart	Limousine (3-türig)
Tragstruktur	selbsttragend
Material	Stahlblech
Stückzahl und Marktsituation	
Produktionszahl	93.800
Verfügbarkeit	gut
Teilesituation	gut
Unterhaltskosten	mittel

Wanderer (D) • 1913–1940

Wanderer ist heute eine nahezu vergessene Marke aus Chemnitz. Dabei spielte sie zwischen den beiden Weltkriegen eine enorme Rolle als Hersteller zuverlässiger, gut verarbeiteter Mittelklasse-Automobile. Das erste in Serie gebaute Modell war der Wanderer 5/12 PS, den es ab 1913 gab – ein Kleinwagen, bei dem die beiden Passagiere hintereinander saßen. Schnell hatte er den Spitznamen „Puppchen" weg, weil er bei der gleichnamigen Operette als Bühnenstar fungierte.

Gegründet hatten das Unternehmen bereits im Februar 1885 Johann Baptist Winklhofer und Richard Adolf Jaenicke. Beide wollten ins Radgeschäft einsteigen, zunächst nur als Händler mit Werkstatt, bald jedoch schon als Hersteller. Auch Maschinen baute Wanderer, 1902 kamen Motorräder hinzu, 1903 Schreibmaschinen, 1909 Rechenmaschinen. Der Automobilbau passte gut zu dem stetig wachsenden Unternehmen.

1921 ergänzte Wanderer das Fahrzeugangebot um den Wanderer 6/18 PS, Typ W6, einem Modell, das in der Mittelklasse konkurrierte. Es folgte der etwas größere 6/30 PS, Typ W10, der 1926 mit Vierradbremsen und Linkslenkung kam, zwei damals bemerkenswerte Ausstattungen. Als Mitte der 1920er Jahre vermehrt sehr günstige amerikanische Sechszylinder-Modelle nach Deutschland kamen, zog Wanderer nach und gab einen Sechszylindermotor bei Ferdinand Porsche in Auftrag. Auch Achtzylindermotoren hatte Wanderer bestellt, diese jedoch letztlich nicht realisiert. Schon 1927 hatte Wanderer ein großes, neu errichtetes Werk in Siegmar bei Chemnitz in Betrieb genommen, das auf die Fertigung von bis zu 100 Autos pro Tag ausgelegt war. Die starke Konkurrenz allerdings und die 1929 ausgebrochene Weltwirtschaftskrise verhinderten eine adäquate Auslastung der neuen Anlagen. Das führte 1932 dazu, dass Wanderer sie an die neu gegründete Auto Union verpachtete und zudem die nicht rentable Automobilabteilung aus dem Unternehmen herauslöste und abstieß. Wanderer steht somit für einen der vier Ringe der Auto Union.

Wanderer 10/50 PS W 11 — 1930-1933

1928 brachte Wanderer sein erstes Sechszylinder-Modell auf den Markt, es entstand ab Oktober 1928 im neuen Werk Siegmar. Als Basis des neuen Motors diente der zwei Jahre alte, 1,5 Liter große Vierzylinder aus dem Typ W 10. Durch die Erweiterung um zwei Zylinder konstruierte Ferdinand Porsche einen Zweiliter-Sechszylinder, dessen Hubraum jedoch im Rahmen der Erprobung auf 2,5 Liter angehoben wurde. Damit wollte Wanderer den gestiegenen Ansprüchen der Kunden gerecht werden. Der 10/50 PS ist zudem der erste Wanderer, der das geflügelte W als Markenzeichen auf dem Kühler trug. Eine Hydraulik-Vierradbremse erhielt der W 11 ebenfalls ab Werk. Aufbauten gab es als Limousine (von Ambi-Budd), dazu kamen Kabrioletts und Roadster.

Bild: © Audi AG

Preise	1	2	3	4	5
W 11, L4t	63.400	43.200	27.400	16.300	6.700
W 11, Cab	173.000	130.000	77.800	k.N.	k.N.

Motor/Antrieb	
Bauart	Sechszylinder (Reihe)
Lage/Antrieb	Front/Heck
Hubraum in cm³	2540
PS/min	50/3400
Vmax in km/h	97
Karosserie	
Bauart	Lim. (4-türig), Cabriolets (2-/4-türig)
Tragstruktur	Kastenrahmen
Material	Stahlblech
Stückzahl und Marktsituation	
Produktionszahl	k.A.
Verfügbarkeit	schlecht
Teilesituation	schlecht
Unterhaltskosten	hoch

Wanderer W 25 K — 1936-1938

Ab dem 15. Februar 1936 standen die neuen Wanderer W 25 K auf dem Stand der Auto Union der Berliner Automobilausstellung: Ein reinrassiger Sportroadster mit Kompressoraufladung begeisterte das Publikum. Als Basis des Motors diente der von Porsche entwickelte 2,0-Liter-Sechszylinder, der in vielen Details optimiert wurde. So erhielt er einen Leichtmetall-Querstromkopf, zudem saß zwischen Vergaser und Ansaugkrümmer ein ständig mitlaufender, zweiflügeliger Roots-Kompressor. 85 PS erzielte der Motor auf diese Weise, leider zeigte sich die Konstruktion – wie auch das Getriebe – als nicht sonderlich standfest. Neben der Roadster-Karosserie lieferte Wanderer den W 25 K auch als Sport-Cabriolet. Beide Karosserien fertigte Baur in Stuttgart.

Bild: © Audi AG

Preise	1	2	3	4	5
W 25 K, Rds	410.000	340.000	230.000	154.000	110.000

Motor/Antrieb	
Bauart	Sechszylinder (Reihe)
Lage/Antrieb	Front/Heck
Hubraum in cm³	1950
PS/min	85/4000
Vmax in km/h	145
Karosserie	
Bauart	Roadster
Tragstruktur	Kastenrahmen
Material	Stahlblech
Stückzahl und Marktsituation	
Produktionszahl	258
Verfügbarkeit	schlecht
Teilesituation	schlecht
Unterhaltskosten	hoch

Wartburg (DDR) • 1898 bis 1903, 1956 bis 1991

Bild: © gemeinfrei/Softeis

1898 entstand bereits das erste Automobil in Eisenach. Es trug den Namen Wartburg.

Eisenach ist klein, doch weltberühmt. Das liegt daran, dass auf der nahen Wartburg Luther erst 1521 die Bibel übersetzte, dann 1685 Johann Sebastian Bach hier geboren wurde. Dazu kommen viele Kapitel Automobilgeschichte, und das erste davon schlugen Vater und Sohn Ehrhardt bereits 1898 mit ihrer Fahrzeugfabrik Eisenach auf. Die beiden Industriellen kannten sich mit Großaufträgen, unter anderem fürs Militär, bestens aus. Nun wollten sie in Eisenach, neben Geschützen und Fahrrädern, erstmals ein Automobil bauen – sie nannten es „Wartburg Motorwagen", doch technisch war es der Lizenzbau eines Decauville Voiturelle aus Frankreich. Als 1904 die Firmengründer nach rund 250 gefertigten Wagen ausstiegen, entschied sich die Fahrzeugfabrik Eisenach, fortan den Markennamen „Dixi" zu verwenden – und blieb weiterhin auf Erfolgskurs, zumindest bis zum Einschnitt des Ersten Weltkriegs. 1927 sollte dann der Dixi 3/15, eine Lizenzproduktion des englischen Austin 7, den erhofften Aufschwung bringen. Das gelang nicht, dafür stieg 1928 BMW aus München ein: Dort hatte man sich vorgenommen, nun auch aufs Automobilgeschäft zu setzen und übernahm kurzerhand Dixi samt ihrer Austin-Lizenz. Das Werk hieß nun „BMW Zweigniederlassung Eisenach". Hier fertigte BMW zehn Jahre später den hochmodernen, später legendären Roadster 328. Nach dem Ende des Zweiten Weltkriegs enteigneten die neuen Verantwortlichen den Besitz. Unter sowjetischer Kontrolle entstand 1946 die AWTOWELO, eine Form der Aktiengesellschaft. Eine komplette Demontage des zu erheblichen Teilen zerstörten Werks ließ sich nicht nur verhindern, sondern es konnten sogar wieder Automobile gefertigt werden. Zunächst baute das Werk den BMW 321 weiter, später auch den BMW 326 und den daraus entstandenen BMW 340. 1952 setzte BMW von München aus gerichtlich durch, dass die Eisenacher Fahrzeuge, obwohl BMW-Konstruktionen, nicht mehr unter dem alten Namen angeboten werden dürfen. Die neuen Fabrikherren reagierten pragmatisch und münzten BMW in EMW um – Eisenacher Motoren Werke. Zeitgleich zogen sich die Sowjets aus der Verwaltung des Werks zurück, das sich ab 1953 VEB Automobilwerk Eisenach nannte. Die Produktion mittelgroßer, hochwertiger Modelle lief jedoch aus, stattdessen verfügten die Machthaber in Berlin, dass ein Nachfolger des bislang in Zwickau gefertigten Zweitakt-Modells DKW F9 nun in Eisenach zu bauen sei – daraus entstand 1955 der Wartburg 311.

Wartburg als Marke sollte bis 1991 Bestand haben. Nach dem Anschluss der DDR an die Bundesrepublik und der Währungsumstellung hatte jedoch der zuletzt mit viel Aufwand, Kosten und Mühen modernisierte Wartburg keine Chance mehr auf eine Zukunft. Opel war bereits seit 1990 mit enormen Investitionen vor Ort, auch Bosch und sogar BMW bauten Fertigungen in Eisenach auf, nicht zuletzt wegen der großen Zahl an fachlich hochqualifiziertem Personal. Heute entstehen in Eisenach zum Beispiel nahezu alle Blechteile der aktuellen Rolls-Royce-Produktion.

Nicht nur der Automobilstandort Eisenach war damit gerettet, auch die Erinnerung an das ehemalige Werk verblasst nicht. So stehen das alte Torhaus und andere Gebäude unter Denkmalschutz und werden als Museum der „automobile welt eisenach" genutzt.

1948 verließen die ersten 15 BMW-Wagen nach dem Krieg das nun volkseigene Automobilwerk Eisenach.

Bild: © Allgemeiner Deutscher Nachrichtendienst - Zentralbild (Bild 183)

W

(Awtovelo) BMW 321/2 — 1945-1950

In Eisenach befand sich das Automobilwerk von BMW. Dort wurde ab Januar 1939 der BMW 321 produziert, der direkte Nachfolger des BMW 320 (1937 bis 1938). Noch 3637 Exemplare des Sechszylinders konnte BMW bis 1941 fertigstellen, dann musste BMW den Automobilbau wegen des Krieges einstellen. Nach Kriegsende ordnete die sowjetische Verwaltung sehr früh, bereits 1945, die Fortführung des Automobilbaus in dem zu knapp zwei Dritteln zerstörten Werk an. Als verantwortliches Unternehmen trat ab 1946 die Awtovelo Aktiengesellschaft auf, die den Wagen als BMW 321/2 anbot und bis 1950 immerhin rund 8900 Exemplare produzieren konnte. Das eigentliche Unternehmen BMW mit Sitz in München hatte zu dieser Zeit keinen Zugriff mehr auf seine ehemalige Fertigungsstätte in Eisenach – der 321/2 ist somit ein von BMW entwickeltes Fahrzeug, das auch unter diesem Namen gebaut wurde, allerdings nicht mehr in Verantwortung von BMW.

Bild: © Magnus Manske

Preise	1	2	3	4	5
EMW 321, L2t	44.300	28.700	18.600	9.400	3.500

Motor/Antrieb	
Bauart	Sechszylinder (Reihe)
Lage/Antrieb	Front/Heck
Hubraum in cm³	1971
PS/min	45 bei 4000
Vmax in km/h	115
Karosserie	
Bauart	Limousine (2-türig)
Tragstruktur	Kastenrahmen
Material	Stahlblech
Stückzahl und Marktsituation	
Produktionszahl	ca. 8900
Verfügbarkeit	schlecht
Teilesituation	schwierig
Unterhaltskosten	mittel

(Awtovelo) BMW 327, EMW 327, EMW 327/2 — 1948-1956

Drei Jahre nach der wiederaufgenommenen Produktion des BMW 321 startete die sowjetische Awtovelo Aktiengesellschaft in Eisenach auch die Fortführung des BMW 327, einem Sechszylinder-Wagen (2,0 Liter) der gehobenen Klasse, den eine elegante Stromlinienkarosserie auszeichnete. Auch in der Nachkriegszeit entstand der 327 in mehreren Versionen, unter anderem wieder als zweitüriges Cabriolet – allerdings insgesamt nur 491 Exemplare. 1951 konnte BMW aus München einen kleinen Erfolg verbuchen: Man hatte zwar keinen Zugriff mehr auf die Produktionsanlagen, setzte aber immerhin seine Markenrechte durch. Die Fahrzeuge mussten ab sofort einen neuen Namen tragen – und liefen ab 1952 nach der Verstaatlichung unter EMW (Eisenacher Motoren-Werke). 1953 erfolgte die Umbenennung in VEB Automobilwerke Eisenach (AWE).

Bild: © Ralf Christian Kunkel

Preise	1	2	3	4	5
EMW 327-2, Cab	44.300	28.700	18.600	9.400	3.500

Motor/Antrieb	
Bauart	Sechszylinder (Reihe)
Lage/Antrieb	Front/Heck
Hubraum in cm³	1971
PS/min	55 bei 3750
Vmax in km/h	125
Karosserie	
Bauart	Cabrio, Coupé
Tragstruktur	Kastenrahmen
Material	Stahlblech
Stückzahl und Marktsituation	
Produktionszahl	ca. 500
Verfügbarkeit	schlecht
Teilesituation	schwierig
Unterhaltskosten	mittel

Awtovelo BMW 340, EMW 340, EMW 340/2 — 1949-1955

Die nicht stark beschädigten BMW-Werke in Eisenach konnten ab Oktober 1945 wieder Fahrzeuge herstellen. Als Ableitung des BMW 326 wurde 1949 das Modell 340 vorgestellt. Äußerlich kündet ein wuchtiger Grill mit neun horizontalen Chromstreben vom Neustart, unter der Haube sorgte weiterhin der renommierte Reihen-Sechszylinder für Musik. Auf dem 340-Fahrgestell entstanden jedoch nicht nur viertürige Limousinen, die IFA-Karosseriewerke Halle steuerten auch eine zweitürige Kombi-Hülle sowie Sanitätskraftwagen- und Kastenlieferwagen-Karosserien bei. Der 327, zwischen 1949 und 1955 angeblich 505 mal als Cabriolet und Coupé gebaut, hatte eine bei Gläser in Dresden hergestellte Karosserie.

Bild: © Ralf Christian Kunkel

Preise	1	2	3	4	5
EMW 340-2, L4t	44.300	28.700	18.600	9.400	3.500

Motor/Antrieb	
Bauart	Sechszylinder (Reihe)
Lage/Antrieb	Front/Heck
Hubraum in cm³	1971
PS/min	55/3750
Vmax in km/h	120
Karosserie	
Bauart	Limousine (4-türig), Kombi (3-türig)
Tragstruktur	Kastenrahmen
Material	Stahlblech
Stückzahl und Marktsituation	
Produktionszahl	21.250
Verfügbarkeit	schlecht
Teilesituation	schwierig
Unterhaltskosten	mittel

IFA F9, EMW 309 — 1950-1953 (1956)

DKW hatte geplant, 1940 mit dem optisch moderneren und mit einem 900 cm^3 großen Dreizylinder-Zweitakter ausgestatteten F9 den bisherigen F8 abzulösen. Der Zweite Weltkrieg jedoch hatte diesen Plan unterbunden. Erst 1948 konnte der Industrieverband Fahrzeugbau (IFA) auf der Leipziger Frühjahrsmesse den F9 zeigen. Im Gegensatz zum F8 entstanden die Karosserien des F9 in Zwickau, und zwar im früheren Horch-Werk. Nur der Cabrio-Aufbau stammte vom ehemaligen Karosseriebauer Gläser, der nun Karosseriewerk Dresden heißen musste. 1953 endete der Bau in Zwickau, doch in Eisenach fand der IFA F9 eine Fortsetzung: Dort wurde er im ehemaligen BMW-Werk als EMW 309 noch bis 1956 gebaut. Die Leistung stieg dabei von 28 auf 30 PS, die Frontscheibe war nun einteilig, das Heckfenster größer. Als sein direkter Nachfolger gilt der Wartburg 311. In der Bundesrepublik gab es parallel zum IFA F9 den nahezu baugleichen DKW F89 (1950 bis 1954). Er kam auf gut die doppelte Auflage der rund 40.000 gebauten DDR-Exemplare.

Bild: © Deutsche Fotothek

Preise	1	2	3	4	5
IFA F9, L2t	19.100	13.600	6.800	3.500	1.500
IFA F9, Cab	30.200	21.000	10.800	5.300	2.300

Motor/Antrieb	
Bauart	Dreizylinder-Zweitaktmotor (Reihe)
Lage/Antrieb	Front/Front
Hubraum in cm³	900
PS/min	28/3600, 30/3800
Vmax in km/h	90 bis 110
Karosserie	
Bauart	Lim (2-türig), Cab, Cab-Lim, Kom
Tragstruktur	selbsttragend
Material	Stahlblech
Stückzahl und Marktsituation	
Produktionszahl	29.952
Verfügbarkeit	gegen null
Teilesituation	schwierig
Unterhaltskosten	Mittel

Wartburg 311, 312 — 1956-1966

Mit dem Wartburg Typ 311 wurde der IFA F9 abgelöst. Die Serienfertigung startete 1956 mit der Technik des Vorgängers. Die viertürige Limousine und der Kombi waren schwungvoll gezeichnet und bekamen 1958 einen neuen Kühlergrill. Bei einem Radstand von 2,45 Meter war der Wagen 4,3 Meter (Kombi: 4,25 m) lang und wog 960 Kilogramm (Kombi: 1070). Ab 1962 kommt ein aufgebohrter Motor zum Einsatz, der bei gleichzeitig höherer Verdichtung fünf PS mehr als der Vorgänger leistet. Dieser Wartburg 1000 (Typ 312) ist etwas leichter und schneller als der Vorgänger, die optischen Unterschiede sind gering. Ab September 1965 verkürzt der 312/1 mit neuem Fahrwerk und kleineren Rädern die Wartezeit auf den Nachfolger 353.

Bild: © Jürgen Schlegelmilch

Preise	1	2	3	4	5
311, L4t	26.400	16.600	10.400	5.300	2.300
311 Kombi (Rund), Kom	32.400	21.300	14.000	7.300	3.300
312, L4t	24.600	15.600	9.800	4.900	2.200

Motor/Antrieb	
Bauart	Dreizylinder-Zweitaktmotor
Lage/Antrieb	Front/Front
Hubraum in cm³	900, 992
PS/min	37/4000 bis 45/4200
Vmax in km/h	100 bis 122
Karosserie	
Bauart	Limousine (4-türig), Kombi (3-türig)
Tragstruktur	Kastenrahmen
Material	Stahlblech
Stückzahl und Marktsituation	
Produktionszahl	292.723 (o. Sport)
Verfügbarkeit	ausreichend
Teilesituation	ausreichend
Unterhaltskosten	mittel

Wartburg Cabrio und Reise-Coupé — 1956-1966

Gleichzeitig mit der Limousine und dem Kombi wurde 1956 auch das viersitzige Cabriolet vorgestellt. Wie beim VW Käfer lag das aufgeklappte Verdeck hoch aufgetürmt auf dem Wagen. Die Karosserie kam aus Dresden, wo früher Karosserie-Spezialist Gläser gewirkt hatte. Die Karosserie des zwischen 1958 und 1961 gebauten viersitzigen Reise-Coupés mit Panorama-Rückscheibe hingegen kam aus Meerane. Vom Typ 312 gab es dann zwischen 1965 und 1966 einen 2+2-sitzigen Roadster mit Hardtop aus Kunststoff. Hier deutete ein neuer Grill den Übergang zum Modell 353 an.

Bild: © Archiv HEEL Verlag

Preise	1	2	3	4	5
311 Cabriolet, Cab	52.500	41.200	29.600	15.500	7.200
Reise-Coupé, Cpe	48.400	37.800	27.100	14.200	6.400

Motor/Antrieb	
Bauart	Dreizylinder-Zweitaktmotor
Lage/Antrieb	Front/Front
Hubraum in cm³	900, 992
PS/min	37/4000 bis 45/4200
Vmax in km/h	115 bis 125
Karosserie	
Bauart	Cabriolet, Coupé
Tragstruktur	Kastenrahmen
Material	Stahlblech
Stückzahl und Marktsituation	
Produktionszahl	k.A.
Verfügbarkeit	schlecht
Teilesituation	ausreichend
Unterhaltskosten	mittel

Wartburg Camping Limousine — 1957-1963

Ab 1957 wurde der Wartburg auch als Camping Limousine angeboten. Der Viertürer zeigt sich am Heck großzügig verglast, die Seitenscheiben sind bis ins Dach hochgezogen. Gebaut hat diesen 311-5 genannten Wartburg das Karosseriewerk Dresden, wie die einstige Firma Gläser unter sozialistischer Herrschaft hieß. Der noble Kombi wurde bis 1961 gebaut. Auch er machte die Modellpflege 1958 mit: bessere Bremsen mit vergrößerter Belagfläche. Bei einer Länge von 4,21 Metern wog dieses Modell 1040 Kilogramm. In Westdeutschland wurde es für 6900 Mark angeboten. Käufer fand es allerdings kaum. Heute zählen die Camping Limousinen zu den großen Raritäten.

Bild: © Jürgen Schlegelmilch

Preise	1	2	3	4	5
311 Camping, Kom	39.300	26.000	17.100	9.000	4.000
312 Camping, Kom	34.700	22.900	14.900	8.000	3.700

Motor/Antrieb	
Bauart	Dreizylinder-Zweitaktmotor
Lage/Antrieb	Front/Front
Hubraum in cm³	900, 992
PS/min	37/4000 bis 45/4200
Vmax in km/h	100 bis 105
Karosserie	
Bauart	Kombi (5-türig)
Tragstruktur	Kastenrahmen
Material	Stahlblech
Stückzahl und Marktsituation	
Produktionszahl	k.A.
Verfügbarkeit	schlecht
Teilesituation	ausreichend
Unterhaltskosten	mittel

Wartburg Sport — 1957-1960

Ein viel zu seltenes Highlight im trüben DDR-Alltag blieb der hübsche Wartburg Sport. Dem formal sehr gelungenen Roadster, der sogar in den USA einen Schönheitspreis erhalten hatte, konnte auch ein Coupédach aufgesetzt werden. Die schwungvollen hinteren Kotflügel erinnern ein wenig an das Borgward-Modell Isabella, seitliche Kiemen und die lange Motorhaube an den BMW 507. Der 900-cm³-Motor leistete, dank zwei Vergasern, jetzt 50 PS und gab sich mit elf Litern Sprit auf 100 Kilometer zufrieden. Dieser Typ 313-1 wurde bis 1960 nur 469 mal gebaut.

Bild: © Ralf Christian Kunkel

Preise	1	2	3	4	5
Wartburg Sport (313), Cab	140.000	97.000	65.000	44.000	25.000

Motor/Antrieb	
Bauart	Dreizylinder-Zweitaktmotor
Lage/Antrieb	Front/Front
Hubraum in cm³	900
PS/min	50/4500
Vmax in km/h	140
Karosserie	
Bauart	Cabriolet
Tragstruktur	Kastenrahmen
Material	Stahlblech
Stückzahl und Marktsituation	
Produktionszahl	469
Verfügbarkeit	schlecht
Teilesituation	ausreichend
Unterhaltskosten	mittel

Wartburg 353 — 1966-1988

Der Nachfolger des Wartburg 312 hatte den gleichen Motor und das Fahrwerk mit Doppel-Querlenker und Schraubenfedern vorn sowie eine Schräglenker-Hinterachse. Bei gleichem Radstand baute die glattflächige, viertürige Limousine sogar etwas kompakter (Länge 4,22 Meter). Ein vollsynchronisiertes Getriebe kam ab 1969 beim 353/1 zum Einsatz. Lenkrad- oder Knüppelschaltung standen zur Wahl. Den 353 W zeichnet die hydraulische Zweikreis-Bremsanlage aus. Die Karosserie-Varianten beschränkten sich auf die Limousine und den Kombi, beide gab es als Standard- und Luxus-Ausführung. Sie kosteten in West-Geld zwischen 5500 und 6035 Mark.

Bild: © Ralf Christian Kunkel

Preise	1	2	3	4	5
353 Tourist, Kom	13.000	8.200	5.000	2.700	1.000
353 L4t	11.200	7.000	4.400	2.300	900
353 S, L4t	12.800	8.100	5.000	2.700	1.000

Motor/Antrieb	
Bauart	Dreizylinder-Zweitaktmotor
Lage/Antrieb	Front/Front
Hubraum in cm³	992
PS/min	45/4250 bis 50/4250
Vmax in km/h	125 bis 130
Karosserie	
Bauart	Limousine (4-türig), Kombi (5-türig)
Tragstruktur	Kastenrahmen
Material	Stahlblech
Stückzahl und Marktsituation	
Produktionszahl	1.225.190
Verfügbarkeit	gut
Teilesituation	gut
Unterhaltskosten	mittel

Wartburg 1.3 — 1988-1991

Mit großem Aufwand wurde in den letzten Tagen der DDR der Wartburg 353 umkonstruiert, damit sich künftig ein 1,3-Liter-Vierzylinder von VW vorn quer im Motorraum verbauen ließ. Zwar hatten die Ingenieure in der DDR mehrfach sehr vielversprechende Viertaktmotoren für den Wartburg entwickelt, jedoch fehlte der DDR stets das Kapital für eine Produktionsumstellung. In einer letzten Kraftanstrengung kam nun ein West-Motor zum Einsatz – mit horrendem Aufwand: Die Produktion eines Wartburg kostete 14.440 D-Mark, der Verkaufspreis lag jedoch bei nur 7600 D-Mark. Der Wartburg 1.3 wurde als viertürige Limousine und als fünftüriger Kombi namens Tourist angeboten. Insgesamt entstanden immerhin etwas über 150.000 Exemplare. Der letzte Wagen lief am 10. April 1991 vom Band.

Bild: © irmscher

Preise	1	2	3	4	5
1.3 Tourist, Kom	13.200	7.000	3.600	1.400	700
1.3, L4t	11.100	6.100	3.000	1.000	500

Motor/Antrieb	
Bauart	Vierzylinder (Reihe)
Lage/Antrieb	Front/Front
Hubraum in cm³	1272
PS/min	58/5400, 64/5400
Vmax in km/h	135 bis 141
Karosserie	
Bauart	Lim (4-türig), Kombi (5-türig)
Tragstruktur	Kastenrahmen
Material	Stahlblech
Stückzahl und Marktsituation	
Produktionszahl	152.775
Verfügbarkeit	gut
Teilesituation	gut
Unterhaltskosten	niedrig

Warwick (GB) • 1960-1962

Bernard „Bernie" Rodger hieß der Mann hinter Warwick. Die kleine englische Marke gehörte der Bernard Rodger Developments Ltd. im englischen Colbrook (Buckinghamshire). Rodger übernahm das gescheiterte Peerless-GT-Projekt und überarbeitete die Konstruktion wie die Karosserie, die aus Kunststoff gefertigt war. Doch geänderte Details wie ein neu entworfenes Armaturenbrett und anders gestaltete Scheinwerfer genügten nicht, um das bislang strauchelnde Modell in einen Erfolg zu verwandeln.

Warwick ließ die Karosserie von James Whitson & Co. bauen und nutzte zugelieferte Technik, die unter anderem vom Triumph TR 3 stammte. Auch griff Warwick zu einem Buick-V8-Triebwerk samt angeflanschtem Jaguar-Getriebe, doch diese Version blieb im Prototypen-Stadium stecken – wie im Prinzip alle Exemplare dieser kleinen Marke: Die Verarbeitung soll äußerst nachlässig gewesen sein, was kein Zufall war, weil der Hersteller unter permanenter Geldnot gelitten haben soll. So wundert es nicht, dass nur rund 20 Exemplare des Warwick GT zwischen 1960 und Ende 1961 entstanden sind.

Warwick GT — 1960-1962

Vielleicht hätte schon Peerless das eindrucksvolle Coupé mit stärkeren Motoren anbieten sollen. So aber konnte auch Warwick den Abgesang des Fahrzeugs nicht mehr verhindern. Nach dem Vierzylindertriebwerk mit knapp 2,2 Litern Hubraum folgte die Buick-V8-motorisierte Version mit 3,5 Litern Hubraum zu spät in den 2+2-sitzigen GT. Mit einigen leichten Retuschen an der Karosserie und im Innenraum waren die eigentlichen Krankheiten beileibe nicht beseitigt. Der verstärkte Rohrrahmen war noch schwerer, die Antriebstechnik blieb zunächst gleich. Das Hauptproblem jedoch war die schwankende Verarbeitungsqualität, die in der Finanzschwäche des Herstellers begründet war. Das Rohrrahmenchassis besaß ein Fahrwerk mit DeDion-Hinterachse.

Preise	1	2	3	4	5
GT, Cpe	32.000	22.400	16.300	9.300	2.900

Motor/Antrieb	
Bauart	Vierzylinder (Reihe), V8
Lage/Antrieb	Front/Heck
Hubraum in cm³	1991, 3532
PS/min	101/5000 bis 157/4600
Vmax in km/h	180 bis 200
Karosserie	
Bauart	Coupé
Tragstruktur	Rohrrahmen
Material	Kunststoff
Stückzahl und Marktsituation	
Produktionszahl	ca. 20
Verfügbarkeit	gegen null
Teilesituation	schwierig
Unterhaltskosten	hoch

Wiesmann (D) • seit 1988

Als „Manufaktur der Individualisten" trat Wiesmann auf, ein 1988 im westfälischen Dülmen von zwei Brüdern gegründetes Unternehmen. Friedhelm und Martin Wiesmann fertigten zunächst Hardtops für Cabriolets, rüsteten dann allerdings schnell auf und zeigten mit dem Modell MF30 bereits 1993 das erste eigene Automobil, einen Roadster in klassischem Layout und mit hochwertiger, potenter BMW-Technik, die der damalige Entwicklungschef Wolfgang Reitzle nach einer Probefahrt zugesagt haben soll. Auf ebenso hohes Niveau versuchten die Brüder die gesamte Fertigung abzustellen: Die Idee war, einen klassischen, eleganten Roadster zu bauen, der emotional verführt und dennoch Qualität verspricht.

Nach zehn Jahren, 2003, schob Wiesmann eine geschlossene Variante mit dem Namen GT MF4 Coupé nach. Der Erfolg hielt an, auch Prominente wie der Fußballer Lukas Podolski fuhren Wiesmann. 2007 schien keine Grenze mehr zu gelten: 187 verkaufte Neuwagen, ein Umsatz von 31,7 Millionen Euro und dazu der Umzug in eine kostspielige, neu errichtete Firmenzentrale, die – spektakulär – die Form eines riesigen Geckos aufwies. Dies spielte mit dem Markenzeichen Wiesmanns, das dafür stand, dass ein Wiesmann auf dem Asphalt klebt wie ein Gecko an der Wand.

Der Gecko als Logo: Er soll die überragende Bodenhaftung der Autos symbolisieren.

Schwarze Wolken allerdings waren schon vorher über der Manufaktur aufgezogen: Die Brüder Wiesmann hatten zunehmend die Kontrolle über ihre Firma verloren, das Unternehmen leitete bereits seit 2003 Stefan Breuer. Zu hohe Kosten, zu unprofessionelle Vermarktung, zu geringe Innovationen brachten die Zahlen zunehmend in Schieflage, und 2012 waren die beiden Gründer nur noch Zuschauer: Friedhelm war freiwillig gegangen, Martin warfen die Eigentümer raus. Sie waren tragisch gescheitert, wie andere große Namen vor ihnen: Selbst einen Karl Benz oder August Horch hatte einst ein ähnliches Schicksal ereilt.

Am 14. August 2013, nach etwa 1600 fertiggestellten Fahrzeugen seit 1993, folgte die Insolvenzanmeldung. Dramatisch ging es weiter: Ein Sanierungsplan, der die Umwandlung in eine Aktiengesellschaft vorsah, scheiterte, bevor im Mai 2014 die Objekte der Insolvenzmasse versteigert wurden. Doch Wiesmann schien als Marke zu wertvoll und bekannt, um endgültig unterzugehen. Im Februar 2016 übernahmen Roheen und Sahir Berry, zwei Finanzinvestoren aus England, das Unternehmen in Dülmen für 5,7 Millionen Euro. Dazu zählten nicht nur die Markenrechte, sondern auch die Produktionsinfrastruktur sowie das charakteristische Firmengebäude in Form eines Gecko. Ihr erklärtes Ziel war es, mit zweistelligen Millioneninvestitionen die Fertigung und den Vertrieb in Dülmen wieder aufzunehmen. Für

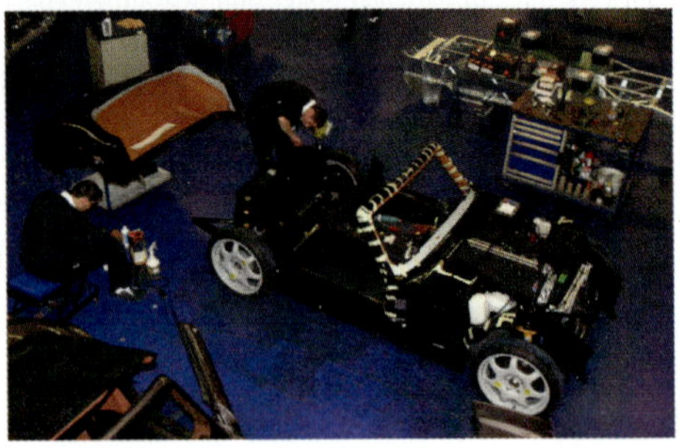

Grundbausteine eines erfolgsversprechenden Konzeptes: Retro-Design, solide Technik und Handarbeit.

2020 hatte der Kleinserienhersteller noch ein neues Modell mit dem Projektnamen Gecko angekündigt. Vergeblich: Mitte 2021 meldete Wiesmann erneut Insolvenz an. Ziel sei, das Unternehmen zukunftsorientiert aufzustellen. Derzeit ist man dabei, einen vollelektrischen Wiesmann Roadster zu entwickeln: den Thunderball, der ab 2024 erhältlich sein sollte, aber bislang noch nicht außerhalb verheißender Produktfotos erschienen ist.

Martin Wiesmann, einer der Gründer und Konstrukteur, ist auch nach seinem Ausstieg im Sommer 2012 seinem Projekt treu geblieben. In Münster kümmert er sich unter dem Namen Drehzahl & Momente um gebrauchte Wiesmann-Sportwagen. Sein Bruder Friedhelm war ebenfalls 2012 ausgeschieden und hat mit dem Roadster Boldmen CR4 (bold = mutig, men = Männer) 2022 wieder einen Kleinserien-Renner geschaffen. Als Antrieb, keine Überraschung, dient wieder ein BMW-Sechszylinder.

Wiesmann MF30, MF3 — ab 1993

Mit diesem Modell starteten Martin und Friedhelm Wiesmann ihre Automobilproduktion. Ihre Initialen bildeten das Kürzel MF, das dem Roadster seinen Namen gab. Als konstruktive Basis diente ein Gitterrohrrahmen aus Stahl, der mit Aluminium beplankt war. Die Karosserieform selbst wiederum bestand aus Kunststoff. Als Antrieb erhielt der MF30 den 3,0-Liter-Reihensechszylinder, wie er auch in den BMW-Modellen Z3, der 3er- und der 5er-Reihe zum Einsatz kam. 231 PS kümmerten sich um den Vortrieb des gut 1000 Kilogramm schweren Zweisitzers, der seine Kunden mit der spannenden Kombination aus einem klassischen Formenkanon, besonders auch im lederbezogenen Cockpit mit seinen vielen Runduhren, und moderner, starker BMW-Technik lockte. Der Nachfolger MF3 ähnelte dem MF30, erhielt jedoch das 343 PS starke Triebwerk des BMW M3. Spätestens dann war klar: Der Retro-Roadster sieht nicht nur klasse aus, er fährt mit 255 km/h auch richtig schnell.

Bild: © Wiesamnn

Preise	1	2	3	4	5
MF 3, Cab	144.000	105.000	76.800	k.N.	k.N.
MF 30, Cab	117.500	85.900	63.100	k.N.	k.N.

Motor/Antrieb	
Bauart	Sechszylinder (Reihe)
Lage/Antrieb	Front/Heck
Hubraum in cm^3	2979, 3246
PS/min	231/5900, 343/7900
Vmax in km/h	230, 255
Karosserie	
Bauart	Roadster
Tragstruktur	Rohrrahmen
Material	Stahlblech/Aluminium
Stückzahl und Marktsituation	
Produktionszahl	k.A.
Verfügbarkeit	gut
Teilesituation	gut
Unterhaltskosten	mittel

Wolseley (GB) • 1895-1976

Auf das Jahr 1895 geht der erste Wolseley zurück. Entwickelt hatte diesen Wagen ein gewisser Herbert Austin, der zehn Jahre später mit seiner eigenen Marke Karriere machte. 1926 ging Wolseley bankrott, William Morris übernahm sie und kam daher in den Besitz auch einer kompetenten Motorenentwicklung.

Wolseley gehörte später zum Nuffield-Konzern mit den Marken Morris, MG und Riley, die 1952 mit Austin zur BMC zusammengeschlossen wurden. Die Markenidentität verlor sich mehr und mehr, als weiterer Beschleuniger für diese Entwicklung sollte der 1968 erfolgte Übergang zur BLMC dienen. 1976 endete die Existenz von Wolseley schließlich – trauriges Ende für einen großen Namen.

Bild: © Jürgen

Wolseley 4/44 und 15/50 — 1952-1958

Als Marke unter einem Konzerndach wollte und konnte Wolseley keine eigenen Entwicklungen betreiben. Für ein passendes Mittelklassemodell griff man daher auf den von Garry Palmer entworfenen MG Magnette zurück, der mit entsprechenden, markentypischen Garnierungen versehen wurde und nur wenig später auf dem Markt erschien. Neben den unterschiedlichen Zierelementen sorgte anfangs die etwas schwächere Motorisierung des Wolseley für geringe Unterschiede. 1956 löste der 15/50 den 4/44 ab. Als neuer Motor kam ein BMC-Triebwerk mit 1,5 Litern Hubraum und mehr Leistung zum Einsatz, er ersetzte die fast 20 Jahre vorher eingeführte MG-Konstruktion mit 1250 cm³. Ledersitze und das holzgetäfelte Armaturenbrett unterstrichen den Wolseley-Stil. Die Lenkradschaltung wich einer Mittelschaltung.

Bild: © Archiv HEEL Verlag

Preise	1	2	3	4	5
4/44, L4t	15.800	9.500	5.900	2.400	800
15/50, L4t	17.000	10.300	6.600	2.600	900

Motor/Antrieb	
Bauart	Vierzylinder (Reihe)
Lage/Antrieb	Front/Heck
Hubraum in cm³	1250, 1489
PS/min	47/4800 bis 56/4400
Vmax in km/h	120 bis 125
Karosserie	
Bauart	Limousine (4-türig)
Tragstruktur	selbsttragend
Material	Stahlblech
Stückzahl und Marktsituation	
Produktionszahl	29.845, 12.353
Verfügbarkeit	schlecht
Teilesituation	schwierig
Unterhaltskosten	mittel

Wolseley 6/99 — 1959-1961

Die von Pinin Farina gestylte BMC-Limousine wurde zur Einheitskarosserie im Konzern. Also gab es auch ein entsprechendes Modell mit dem Wolseley-Signet. Den Luxus-Appeal unterstrichen dabei üppiger Chromschmuck, der typische Kühlergrill, attraktive Zweifarben-Lackierungen und, wie üblich bei Wolseley, verschwenderisch ausgestattete Interieurs. Der große 6/99 konnte mit 4,78 Metern Länge und 2,74 Metern Radstand im Innenraum reichlich Platz zur Verfügung stellen. Zwar erreichten die 6/99-Modelle mit ihren Dreilitermotoren durchaus ansehnliche Fahrleistungen, doch Fahrdynamik war nicht ihre Stärke. Besser waren die Voraussetzungen für komfortables Dahingleiten: Die weiche Fahrwerksabstimmung mit einer sehr indirekten Lenkung vereitelte sportliche Ambitionen nachhaltig.

Preise	1	2	3	4	5
6/99, L4t	19.700	11.900	7.700	4.000	1.200

Motor/Antrieb	
Bauart	Sechszylinder (Reihe)
Lage/Antrieb	Front/Heck
Hubraum in cm³	2912
PS/min	114/4750
Vmax in km/h	165
Karosserie	
Bauart	Limousine (4-türig)
Tragstruktur	selbsttragend
Material	Stahlblech
Stückzahl und Marktsituation	
Produktionszahl	13.108
Verfügbarkeit	schlecht
Teilesituation	schwierig
Unterhaltskosten	hoch

Zündapp (D) • 1957-1958

Die Zündapp-Werke gehörten Fritz Neumeyer, in den 1920er Jahren war die Marke eine der größten Motorradfabriken in Europa. Für Zündapp hatte Ferdinand Porsche einen Volkswagen-Vorläufer konstruiert, der jedoch nicht in Serie ging.

Neumeyer war von Autos begeistert, zu einer eigenen Fertigung kam es, abgesehen von einigen Lieferwagen, jedoch nicht. 1957 versuchte Zündapp am Kleinwagen-Boom zu partizipieren. Dazu adaptierte man den von Claudius Dornier konstruierten Janus-Wagen und versah ihn mit einem Zündapp-Motor. Nach nur einem Jahr war das Abenteuer bereits zu Ende, die Nürnberger Werke wurden verkauft.

Roller, Mopeds und Bootsmotoren entstanden unter dem Namen Zündapp bis 1984 in München, dann übernahm eine chinesische Gruppe für 16 Millionen Mark sämtliche Anlagen und exportierte sie – bis zur letzten Schraube, wie Zeugen berichteten.

Zündapp Janus — 1957-1958

„Hier euer Janus! Bitte sehr!/Ihr überblickt – ganz ohne Frage –/von ihm aus bestens jede Lage!/Man schuf, da der Verkehr jetzt dichter,/ihn gleich für 2x2 Gesichter:/Zwei blicken vorwärts – zwei zurück!/Das Ganze ist ein Meisterstück!", dichteten die Zündapp-Werbetexter. Diese verblüffendste Version des Kabinenrollers hatte Claudius Dornier entwickelt. Sie ging als Zündapp Janus im Juni 1957 in Serie. Die vier Sitzplätze waren Rücken an Rücken angeordnet, unter der Bank pochte der Einzylinder-Zweitaktmotor. Er wurde als zu schwach und zu laut kritisiert, Fahreigenschaften und Federung jedoch als sehr gut beurteilt. Vorn und hinten gab es eine Tür, Gepäck musste in den Fußraum. Der 2,89 Meter lange Janus wog 440 Kilogramm und kostete 3470 Mark.

Bild: © Jürgen Schlegelmilch

Preise	1	2	3	4	5
Janus (Ser. 1957-1958), Klw	39.800	23.700	14.300	7.500	4.300

Motor/Antrieb	
Bauart	Einzylinder-Zweitaktmotor
Lage/Antrieb	Mitte/Heck
Hubraum in cm³	248
PS/min	14/5000
Vmax in km/h	80
Karosserie	
Bauart	Limousine (2-türig)
Tragstruktur	selbsttragend
Material	Stahlblech
Stückzahl und Marktsituation	
Produktionszahl	6902
Verfügbarkeit	schlecht
Teilesituation	schwierig
Unterhaltskosten	niedrig

Diese aktualisierte und erweiterte Ausgabe über den Urvater der E-Klasse beschreibt detailliert die Entwicklungsgeschichte der Baureihe W 124, präsentiert die große Bandbreite an Modellen, erzählt Mercedes-Benz-Geschichte, Geschichten und reichlich Anekdoten aus Insiderkreisen. Natürlich enthält das Buch einen ausführlichen Datenteil mit Hinweisen zu Modell, Motorisierung, Kraftübertragung, Rahmen und Fahrwerk, Maße und Gewicht, Leistungsdaten, Stückzahlen und Kaufpreis bei Veröffentlichung. Abgerundet wird dieses informative, gut recherchierte, mit Sachverstand und viel Liebe zum Detail geschriebene Buch mit einer Vielzahl fantastischer (bislang unveröffentlichter) Bilder verschiedener Modelle des W 124, die eigens für dieses Buch angefertigt worden sind.

312 Seiten, zahlreiche Abbildungen, 245 x 290 mm, Hardcover mit Schutzumschlag,
ISBN 978-3-95843-996-2

€ 49,95

1990 als Nachfolger der Baureihe E30 vorgestellt, wurde der E36 schnell zu einem großen Erfolg für die Münchner Autoschmiede. In 10 Jahren wurden über 2,7 Millionen Fahrzeuge in unterschiedlichsten Karosserieversionen verkauft. Die Fahrzeuge sind heute beliebte Klassiker, die ersten Modelle bereits Oldtimer und gesuchte Sammlerfahrzeuge, insbesondere die leistungsstarke M-Version.

128 Seiten, zahlreiche farbige Abbildungen, 215 x 302 mm, Hardcover
ISBN 978-3-96664-776-2

€ 28,–

Der Name Irmscher steht für Fahrzeug-Tuning und Rennsport wie kaum ein zweiter. Weltbekannte Rennfahrer wie der zweifache Rallyeweltmeister Walter Röhrl waren auf Irmscher-Opel international erfolgreich. Berühmt sind nicht zuletzt frisierte Opel Manta und Ascona als Ikonen glorreicher Tuning-Zeiten.

176 Seiten, zahlreiche Abbildungen, 245 x 290 mm, Hardcover
ISBN 978-3-95843-697-8

€ 39,95

Bestellen Sie unter: www.heel-verlag.de oder Tel. 0531 7088560